ZHONGGUO XIANDAI GUOSHU ZAIPEI

中国现代果树栽培

下册

龙兴桂　冯殿齐　苑兆和　林顺权　颜昌瑞　主编

中国农业出版社
北　京

目录

第三篇　落叶果树

第二篇

落叶果树

第三篇　落叶果树

第四十五章　苹　　果

概　　述

苹果是世界上的重要果树之一，主要分布在欧洲、亚洲和北美洲，在南美洲、大洋洲和非洲也有栽培。苹果为一栽培种，迄今尚未发现其野生原种。关于现代苹果的起源，目前多数研究者认为起源于伊朗北部、俄罗斯高加索南部一带。苹果属植物全世界约有 35 种，主要分布在北温带，包括亚洲、欧洲和北美洲；中国已知有 23 种，主要分布于陕西、甘肃、四川 3 省区，其次为云南、山东、山西和辽宁等省区。全世界的苹果栽培品种迄今不下 1 万种，不过每个时期用于生产栽培的只有一二十种。

我国自 1871 年引进西洋苹果，至 1937 年的 60 多年间，苹果生产发展一直较缓慢。据不完全统计，1934 年前后，我国苹果属果树的栽培面积约为 1.5 万 hm^2，产量约为 8.5 万 t。抗日战争时期，我国苹果业受到很大打击，特别是山东省，仅福山一县的苹果园面积就减少了 70%左右。1945 年后，苹果栽培面积有所恢复，到 1949 年，全国苹果栽培面积有近 1.4 万 hm^2，产量为 3.4 万 t。1949 年后，苹果生产得到迅速恢复，到 1952 年，全国苹果栽培面积达到 3.1 万 hm^2，产量为 19.8 万 t。1956—1957 年，我国苹果生产出现了第一个发展高潮，山东、河南、河北等省发展迅速，尤其是黄河故道地区和秦岭北麓，50 hm^2 以上的国营大苹果园星罗棋布，集体成片果园也大量兴建。1962—1964 年，各地苹果生产有着不同程度的发展，山东、河南、河北等省发展较快。20 世纪 70 年代中后期，西北、西南各省的苹果生产蓬勃兴起，建立了晋中、陕北、甘东南、川西北、川云贵金沙江两岸的新兴优质苹果基地。80 年代是我国苹果的第二次大发展时期，各地苹果栽培面积和产量均有较大提高，苹果品种也得到有效更新。90 年代以来，我国苹果生产总体呈上升趋势，除了 2000—2003 年产量徘徊在 2 000 万～2 100 万 t 外，几乎每 5 年产量就增加 1 000 万 t。据国家统计局数据，2017 年全国苹果栽培面积和产量分别达到 194.7 万 hm^2 和 4 139.0 万 t，主要集中在渤海湾、西北黄土高原、黄河故道和西南冷凉高地四大产区。

苹果含有丰富的糖类，主要是蔗糖和还原糖，以及蛋白质、脂肪、磷、钾等物质，还含有苹果酸、奎宁酸、柠檬酸、酒石酸、单宁酸、果胶、纤维素、B 族维生素、维生素 C 及微量元素锌、铁等营养物质，具有生津止渴、清热除烦、健胃消食、调整肠道菌群、滋润皮肤的功用。苹果除生食外，还可加工制成果干、果酱、果汁、罐头等，不仅丰富了人们的日常生活，还拉长了果品的产业链条，提高了生产附加值，社会效益和经济效益显著，发展前景广阔。

第一节　种类和品种

一、种类

（一）原产中国苹果属植物的栽培种

原产中国苹果属植物的栽培种和杂交种共 6 个种，1 个亚种，6 个变种，它们以品种群或品种的方式存在。

1. 中国苹果 别名柰，起源于中国新疆的塞威士苹果，在中国有近 2 000 年的栽培历史，是中国特有的地理亚种，有林檎、频婆、槟子、香果 4 个变种。作为经济栽培，中国苹果不如西洋苹果优，但作为苹果种质资源保存，在苹果种质的开发、利用及研究苹果属植物的起源演化等问题上，中国苹果具有重要的科学价值。

2. 花红 别名沙果、蜜果、林檎、文林郎果、亚洲苹果，有重庆矮花红 1 个变种。本种树冠开张，叶大质薄，较光滑，果扁圆形至圆形，梗洼较深，果面无棱。花红除鲜果供食外，还可用于加工，又可作为苹果砧木。

3. 楸子 别名海棠果、林檎、基泰伊卡。楸子类型繁多，抗寒、抗旱、抗风、耐湿且耐盐碱。楸子或用于观赏，或供作砧木，大果型的楸子供鲜食或加工，但自西洋苹果引入中国后，楸子除用作砧木嫁接苹果良种外，已无成园栽培。

4. 扁棱海棠 别名八棱海棠，属楸子的杂交种。本种抗逆性和抗病性皆强，可作为苹果的多抗性砧木，特别是抗寒力强，能耐－37 ℃低温。果实色鲜肉脆，鲜食、加工皆宜。

5. 西府海棠 别名海红、小果海棠、子母海棠。本种耐寒、耐热、抗旱力皆强，易结果而丰产。可供作为中国苹果和花红的砧木用，嫁接亲和性良好。由于起源于杂种，常具有亲本的特点，既具有山荆子的抗寒、耐瘠特性，又具有海棠花的观赏价值，适宜庭院栽培或盆栽。

6. 海棠花 别名海棠、海红、海棠果，有粉红重瓣海棠花、白色重瓣海棠花 2 个变种。本种为中国历来著名的观赏植物，能适应南方和北方各种气候，河北、山东、陕西、江苏、浙江、云南等省均有分布，海拔 50～2 000 m 的平原和山地皆有栽培，常见于庭院栽培或盆栽。

（二）国外引进苹果属植物的栽培种

我国百余年来自国外引进的苹果栽培种仅西洋苹果 1 种，营养系砧木多种。

1. 西洋苹果 别名苹果（通称）、洋苹果、大苹果，起源于西方，与中国苹果有共祖关系，在我国迄今已有 140 多年栽培历史，在生产上几乎完全取代了中国苹果。西洋苹果品种繁多，适应范围宽广，近 60 年来在我国栽培规模不断扩大。

2. 乐园苹果和道生苹果 其营养系类型皆属西洋苹果的营养系砧木，20 世纪初由 Hotton 在英国的东茂林试验站选出，故称东茂林（EM）砧，或简称茂林（M）砧。在我国试用较多的有 M9、M26、M7，此外还有英国东茂林试验站和约翰英斯园艺研究所在墨尔顿共同育成的抗苹果绵蚜砧木，如 MM106 等。

二、品种

（一）早熟品种

1. 早捷 由美国纽约州农业试验站育成，亲本为 Quintex×Julyred，1961 年杂交，1982 年开始推广，1984 年引入我国。

树冠开张，树势中庸，萌芽率高而成枝力较低，早果性好，较丰产，有腋花芽结果习性，初果期以腋花芽结果为主，后逐渐转化为短果枝结果为主。果实扁圆形，中大，平均单果重 146 g，最大果重 215 g。底色黄绿，表色为全面鲜红色，并有蜡质光泽，无果锈，鲜艳美丽。果柄短粗，梗洼浅广，萼洼浅，果点小而不明显，灰白色。果肉乳白色，汁多，风味甜酸，可溶性固形物含量 12%左右，含酸量 0.77%～1.05%，香味浓郁，品质中上。果实生育期 65 d，在山东、江苏省中南部地区 6 月上中旬成熟。

2. 贝拉 由美国新泽西州大学园林系与新泽西州农业试验站合作，通过两代育种家多亲本杂交（四代杂交）培育而成，1963 年以“NJ36”发表，1979 年引入我国。

树势中庸，树姿半开张，易形成花芽，有腋花芽结果习性，坐果能力中等，三年生幼树即可开花结果。果实扁圆形，中大，平均单果重 158 g。底色黄绿，充分着色时全面鲜红色或暗红并富有光泽，果面覆一层白色果粉。果点大、不规则形、较稀疏，果柄短粗，梗洼中深、稍广，萼洼浅、较广。果肉浅黄色，肉质中粗，稍松软，果汁中多，味酸、微甜，具特殊香味，品质中等。果实生育期 90 d 左右，在河南省郑州地区 6 月下旬成熟，在河北省石家庄地区 7 月中旬成熟。因成熟期不一致，应分期采收。采收前有轻微落果现象。

3. 萌 日本品种，由日本农林省（现为农林水产省）果树试验场与新西兰国家科学研究所合作育成，1969 年杂交，亲本为嘎拉×富士，故又称嘎富。1990 年在日本农林水产省注册，1996 年引入。

树势中庸，树姿半开张，萌芽率高，成枝力差，有腋花芽，三、四年生幼树以腋花芽结果为主，以后逐渐转向中、短果枝结果，形成花芽容易，进入结果期早，丰产性能好，无采前落果现象。果实近圆形或圆锥形，果个较大，平均单果重 200 g，最大果重 280 g。果面底色黄绿，表色为鲜红色或浓红色，片红，外观鲜艳美丽。果柄细长，果顶部有不明显的微棱突起。果肉黄白色，肉质致密，果汁多，有香气，风味适中或微酸，可溶性固形物含量 13.5%左右，品质中上。果实生育期 90 d 左右，在河北省深州市 7 月中旬成熟。

4. 藤牧 1 号 由美国普渡大学等 3 所院校联合育成，1986 年由日本引入我国。

树势中庸，树姿开张，萌芽率高，成枝力较强，易成花，有腋花芽结果习性，高接后第二年结果，定植后 3 年开花结果。初结果以腋花芽结果为主，以后逐渐转为中、短果枝结果，丰产性能好。果实为圆形或长圆形，萼洼处有明显的五棱，果个较大，平均单果重 200 g 左右，最大果重 300 g 以上。果皮底色黄绿，表色为浓红色或鲜红色条纹，着色度达 70%～80%，外观美丽，果面洁净。果肉黄白色，肉质松脆多汁、甜酸适口，有香味，可溶性固形物含量 12%左右，品质上等。果实生育期 90 d 左右，在山东省中部 7 月中旬成熟。

5. 信浓红 日本品种，亲本为津轻×贝拉，1997 年定名，1999 年引入我国。

树势强健，萌芽率和成枝力中等。结果早，高接第一年开花株率达 80%以上。坐果率高，花序坐果率达 75%左右。果实圆锥形，果形端正，高桩。平均单果重 180 g，最大果重 260 g。果皮底色黄绿色，表色鲜红色，外观鲜艳美观。果肉白色，肉质松脆多汁，甜酸适口，有香气，可溶性固形物含量 13%～14%，品质上。果实生育期 100 d 左右，在山东中部 7 月下旬成熟。常温可贮藏 15～20 d。

6. 安娜 原产以色列，1984 年由中国农业科学院郑州果树研究所从美国引进。

树势中庸，树姿开张，萌芽率高，成枝力强。叶片大而浓绿，叶片平展、光滑。易成花，有腋花芽结果习性，坐果率高，花序坐果率为 82%，花朵坐果率为 42%，丰产性能强。初果期以腋花芽结果为主，后逐渐转为中、短果枝结果为主。果实长圆锥形，大型高桩。平均单果重 210 g，最大果重 300 g。果面底色黄白，覆鲜红色霞晕，果顶有五棱突起，果面光洁无锈，果点小而稀，不明显。果肉乳白色，肉质酥脆，汁多味浓，酸甜适口，有芳香，可溶性固形物含量 13.5%～15.0%，品质上。果实生育期 105 d，在河北省中南部 7 月下旬至 8 月上旬成熟。

7. 松本锦 日本品种，由日本绿产株式会社培育，亲本为津轻×内罗 26，1994 年引入我国。

树势中庸，树姿开张，萌芽率高，成枝力中等，有腋花芽结果习性，初结果以腋花芽结果为主，后转为以中、短果枝结果为主。栽后 3 年见果，坐果率高，丰产性能好。无生理落果和采前落果现象。果实近圆形，果形端正。果实个大，平均单果重 280 g，最大果重 410 g。果面底色浅黄色，成熟后全面浓红色，光洁鲜艳。果肉乳白色，肉质松脆多汁，风味酸甜适口，可溶性固形物含量 12.5%～14.5%，品质上。果实生育期 110 d，在山东省东部 8 月上旬成熟。在室温下可存放 20 d 左右。

8. 珊夏 由新西兰科学产业研究所于 1969 年杂交培育出的苹果品种，亲本为嘎拉×茜。经日本果树试验场盛冈分场栽培，1981 年选出，编号为盛冈 42。1986 年在日本农林水产省以“农林 7 号”

进行登记，并定名为“Sansa”，1987 年引入我国。

幼树生长旺盛，树姿直立，开始结果以后，树势生长较中庸。枝条直立、细软，易成花，丰产性好。四年生树萌芽率达 72%，成枝力 33%。枝条高接后当年即可形成腋花芽，第二年花枝率达 32.5%。初果期以长果枝和腋花芽结果为主。果实中大，平均单果重 127 g，最大果重 220 g。果形整齐，短圆锥形。果面光滑，底色黄绿，色泽为鲜红晕色，果点稀而小，果梗中长。果肉淡黄色，肉质脆细，酸甜适中，风味较浓，可溶性固形物含量 13.9%，品质上等。果实生育期 110 d，在山东省东部、河北省石家庄市、辽宁省南部地区 8 月上旬成熟。采后常温下贮藏 20 d 左右。

9. 美国 8 号 由美国纽约州农业试验站从嘎拉的杂交后代中选育出的优良单系，原代号为 NY543。在中国农业科学院郑州果树研究所于 1984 年从美国引进的一批品种中编号为“8”，故称美国 8 号。

树势较强，幼树生长旺盛，结果后逐渐趋向中庸。萌芽率中等，成枝力强，花芽形成容易，有腋花芽结果习性，进入结果期早，定植后第三年开花株率 90%以上。初结果以腋花芽和长果枝为主，以后逐渐转向以中、短果枝结果为主。果实近圆形或短圆锥形，果个较大，平均单果重 240 g，最大果重 380 g。果面底色乳黄色，充分成熟后鲜红色。果面光洁无锈，有较厚的蜡质，外观极美。果肉黄白色，肉质细脆多汁，风味甜酸适口，有香味，可溶性固形物含量 14.2%～15.8%，品质上。在室温条件下可存放 1 个月。果实生育期 115 d，在山东省中南部 8 月上中旬成熟。

（二）中熟品种

1. 嘎拉及其芽变品系

（1）嘎拉。新西兰品种，由新西兰果树育种家基德以红基橙×金冠杂交育成。1939 年选出，1960 年发表，1979 年由日本青森县引入中国河北省。

树势中庸，树姿开张。结果早，坐果率高，丰产性能好。果实中大，平均单果重 150 g 左右。果实圆锥形或圆形，萼洼处五棱明显。果面底色橘黄，阳面有浅色红晕或红色断续条纹。果形端正、美观，果皮较薄，有光泽，果梗细长。果肉乳黄色，肉质致密细脆，果汁中多，风味甜，略有酸味，芳香浓郁，可溶性固形物含量 13.8%，品质上等。果实生育期 125 d，在山东省中部、河北省中南部 8 月中下旬成熟。有轻微采前落果现象。较耐贮藏。

（2）丽嘎拉。新西兰品种，1995 年引入我国。

果实圆锥形，果形指数 0.87。果实个大，平均单果重 220 g，最大果重 350 g。果实着色比皇家嘎拉早，着色好，成熟后全面浓红，片红。果点白色，明显，果面蜡质多，果皮稍厚，较皇家嘎拉耐贮运。果肉风味浓，可溶性固形物含量 13.6%，品质上等。果实生育期 115 d，成熟期比皇家嘎拉早 10 d 左右，果实在辽宁省中南部 9 月初成熟。

（3）烟嘎 1 号。由烟台市果树站于 1992 年在蓬莱市登州镇西关村果园选出的嘎拉芽变优系。

幼树生长旺盛，树冠扩展快，树姿开张。开始结果早，长、中、短果枝和腋花芽均可结果，花序坐果率高，丰产，稳产，高接在八年生国光树上，第二年始果，第三年丰产。果实圆形至椭圆形，高桩。果个中大，单果重 187～232 g，大小均匀。8 月中旬开始着色，充分成熟时，果面光洁，色泽浓红、鲜艳，条红，全红果率为 48.9%～70.0%，着色指数 76%～86%。果肉乳黄色，肉质细脆爽口，可溶性固形物含量 13.3%～14.5%，果肉硬度 8.4 kg/cm^2，汁多味甜，微香，品质上等。在山东省东部 9 月上旬成熟。

（4）烟嘎 2 号。由烟台市果树站于 1994 年在招远市蚕庄镇前孙家村选出的嘎拉芽变优系。

幼树生长强健，生长量大，树姿开张。结果早，长、中、短果枝和腋花芽均可结果，花序坐果率高，丰产，稳产。果实圆形至椭圆形，高桩，果形指数 0.86～0.90。平均单果重 202～228 g，果实大小均匀。果实着色快，初上色为条红，充分成熟时全面浓红，色泽艳丽，着色指数为 84%～95%，全红果率 45.6%～75.0%。果肉乳黄色，致密多汁，香甜可口，可溶性固形物含量 13.8%～14.8%，

果肉硬度 6.2 kg/cm²，品质上。果实生育期 125 d。在山东省东部 8 月下旬成熟。

（5）烟嘎 3 号。由烟台市果树站于 1997 年在蓬莱市龙山店镇龙洋村苹果园中选出的嘎拉芽变优系。

果实中型，平均单果重 183～187 g，大小均匀。果形圆至卵圆形，果形指数为 0.86。8 月中旬开始着色，比烟嘎 1 号、2 号早 7～10 d。果实成熟时，色相片红，色调鲜红至浓红，全红果比例高达 64%～78%，着色指数高达 97%，着色性状优于烟嘎 1 号、2 号。果点明显，果面比烟嘎 1 号、2 号略粗糙。果肉乳白色，肉质细脆爽口，果肉硬度 6.67 kg/cm²，可溶性固形物含量为 14.5%。果实生育期 110～120 d，在烟台地区 8 月底成熟。

（6）皇家嘎拉。由新西兰从嘎拉中选出的优良变异，于 1971 年被发现，是新西兰三大主栽品种之一。1991 年冬从美国引入。

果实近圆形或短圆锥形。果实中大，平均单果重 150～200 g，最大果重 250 g。果色光滑洁净，有光泽，无果锈。果色底色黄绿，全面着鲜红色条纹，外观美丽。肉质细脆，甜酸适口，汁多，香气浓郁，品质上等。果实生育期 125 d，在陕西省关中地区、河北省中南部地区 8 月中下旬成熟。

嘎拉的优良变异系品种很多，现在世界上已选出 40 多种。优系嘎拉的共同特点是适应性广，抗逆性强，对早期落叶病、白粉病、轮纹病等都有较强的抗性，在苹果适宜区均可栽培。嘎拉早果、丰产性强，管理容易，但栽培不当、产量控制不严、负载量过大，容易出现果个偏小和大小不均的现象。嘎拉果实成熟不一致，有采前落果现象，应进行分期采收。

2. 华冠　由中国农业科学院郑州果树研究所于 1976 年以金冠×富士杂交育成，1989 年命名，1990 年发表，1993 年和 1999 年分别通过河南和山西的品种审定。

树冠近圆形，树姿半开张，成枝力和萌芽率中等。以短果枝和中果枝结果为主，连续结果能力强，有较强的腋花芽结果能力，坐果率高。果实单果重 180 g，近圆锥形，果面着 1/3～1/2 着鲜红色，带有红色连续条纹，延期采收可全面着色。果面光洁无锈，果点稀疏、小，果皮厚而韧。果肉淡黄色，风味酸甜适中，有香味，可溶性固形物含量 15.4%左右，果肉硬度 6.9 kg/cm²。在河南省郑州地区 9 月底至 10 月初成熟。在常温条件下，果实可贮藏至翌年 4 月。

3. 千秋　日本品种，系日本秋田县果树试验场以东光×富士杂交育成，1974 年入选，1978 年命名，1979 年发表，1980 年按日本农林水产省种苗法在秋田县完成品种登记，1981 年引入我国。

幼树生长旺盛，枝条直立，进入结果期后树势中庸，树姿较开张，萌芽率 87%，成枝力弱，短果枝比例占 60%，结果枝细弱，成花容易，腋花芽数量较多，进入结果期较早，栽后 4 年即可结果。长、中、短果枝及腋花芽都能结果，但以短果枝结果为主，坐果率高。果台枝连续结果能力较强，丰产、稳产。果实圆形或长圆形，果个中大，平均单果重 200 g 左右，最大果重 350 g。果皮光滑，底色绿黄，全面被鲜红色彩霞和明显的断续条纹，外观艳丽。梗洼内不着色，残留绿色是其明显特征；另一特征是萼洼比一般品种狭小。果肉黄白色，肉质致密细脆，汁液多，酸甜适口，微有香气，可溶性固形物含量 13.5%～15.0%，果肉硬度 7.2 kg/cm²，品质上等。果实生育期 130 d，在辽宁省兴城地区 9 月中下旬成熟。在常温下果实可贮藏 1 个月以上。

4. 津轻及其芽变品系

（1）津轻。由日本青森县苹果试验场育成，其母本为金冠，父本不明。1943 年选出，1973 年 10 月发表，1974 年进行品种登记时正式命名为“津轻”，1979 年引入我国。

幼树生长势较强，枝条粗壮直立，树冠扩展快，进入结果期后树势趋向中庸、开张。萌芽力和成枝力均强，长、中、短果枝均能结果良好，并具有腋花芽结果能力。花序坐果率 75%，花朵坐果率 35%左右。具有早果、早丰性能。高接树第二年见花，第三年大量结果。有采前落果现象，在河北省中南部平原及黄河故道栽培区果实着色欠佳，是制约津轻发展的两个原因。

（2）红津轻。1970 年以来，日本陆续从津轻红色芽变系中选出一批浓红型新品种（系），并称其为“着色系”津轻，而在中国我们称其为红津轻。已选出的有轰系津轻，芳明，秋香，美铃系1、4、5、6、7等8个品种（系）。轰系津轻是从日本长野县长野市轰氏果园中选出的；美铃系津轻是1970年从长野市坂田氏果园中选出的；芳明是从长野县中野市古幡芳明氏果园中发现的；秋香是从山形县中岛天香园中选出的。这些浓红芽变品种都已引入我国，并已在生产中选择应用。

① 轰系津轻。平均单果重200 g，最大果重320 g。果面平滑有光泽，无果锈，全面着暗红色条纹，色泽优于津轻，可溶性固形物含量13%，品质上等。有采前落果现象，其他同津轻。

② 芳明。果实近圆形，果形指数0.85，单果重213 g。果面被鲜红条纹，着色指数95%，光洁无锈，蜡质厚，果点大而稀。梗洼深广，萼洼狭深，萼片直立闭合。果肉乳白色，肉质松脆，味酸甜，有香气，果汁多，残渣少，可溶性固形物含量13.5%，果肉硬度8.1 kg/cm^2，品质上等。果实生育期135 d，在黄河故道地区8月中旬成熟。有采前落果现象，其他同津轻。

5. 新乔纳金 由日本青森县的斋藤昌美于1973年从乔纳金中选出的着色芽变，1980年登记并发表，1981年从日本引入。

树势中庸，树冠中大，枝条开张。叶片大，浅绿色，向上翻卷。有腋花芽结果能力，早果性和丰产性强。果实圆形，大，平均单果重约300 g。果皮底色黄色，着红色条纹，艳丽美观。果肉黄白色，肉质松脆，汁多，甜酸适口，味清香，可溶性固形物含量15%，品质上等。果实生育期155 d，果实在辽宁省、河北省北部10月中下旬成熟。

6. 凉香 日本品种，由日本山形县南阳市船中和孝氏在富士与红星的混栽园中发现的，为富士的早熟芽变品种。1997年进行种苗登记，1998年引入我国。

树势较强健，树姿开张，幼树生长旺盛，新梢生长量大，萌芽率高，成枝力强，早果性强，丰产。幼树以长果枝结果为主，并有腋花芽结果习性，进入结果期后以中、短果枝结果为主，采前有轻微落果现象。对病害有较强的抗性，特别是对斑点落叶病有较强的抵抗能力，抗寒性也略强于富士。果实大型，平均单果重325 g，最大果重410 g。果实近圆形或长圆形，高桩，果形指数0.92。果实底色黄绿，成熟时全面着鲜红色，艳丽美观，果面光洁无锈，有光泽，果点中大而稀，圆形，无蜡质，果粉中多。果柄粗而短，梗洼中深、中广，萼洼中深。果肉淡黄色，肉质致密细脆，汁多，风味甜酸适度，芳香浓郁，可溶性固形物含量15.4%，品质上等。果实生育期145 d，在山东省中部9月上中旬成熟。

7. 寒富 由沈阳农业大学与内蒙古宁城县巴林果树试验站培育的抗寒、耐贮藏优良品种，亲本为东光×富士，1978年杂交，1994年通过品种审定，定名为寒富。

树体健壮，树冠紧凑，叶片肥大，短枝率79.8%。进入结果期早，高接第二年就开始结果，定植第三年即可开始结果，五年生树平均株产12.5 kg。果实短圆锥形，果形端正，果个较大，平均单果重250 g，最大果重510 g。果实底色黄绿，可以全面着红色。果肉浅黄色，有香味，酥脆多汁，甜酸适口，可溶性固形物含量15.2%，总糖12.5%，总酸0.34%，每100 g中维生素C含量8.1 mg。品质优良。

抗寒性强，在年均气温7.6 ℃、1月平均气温−12 ℃、绝对低温−32.7 ℃的内蒙古宁城县栽植的嫁接苗，一般年份没有发生冻害，个别低温年份秋梢有轻微抽条现象，顶花芽受冻5%，但仍能正常开花结果。在沈阳地区9月下旬果实成熟。

8. 元帅系芽（枝）变品系

（1）新红星。元帅系第三代品种。原产美国俄勒冈州，1953年在该州发现的十二年生红星全株芽变，1956年由斯达克兄弟种苗公司命名并发表。1966年引入我国，已成为我国中熟苹果主栽品种之一。

树势较强或中庸，树冠紧凑，节间短，树姿直立。萌芽率高达70%以上，而成枝率仅有16%左右，短枝性状明显，形成花芽容易，结果早，丰产性强，定植第二年即有部分植株开花，以短果枝结

果为主，连续结果能力较差，适应性较强。果实中大，单果重 150～200 g，最大果重 500 g 以上。果面浓红，色泽艳丽，果形高桩，五棱突出，外观美。果实香甜可口，可溶性固形物含量 13.5%，果肉硬度 9.9 kg/cm^2，品质上等。果实生育期 150 d，在山东省东部 9 月中旬成熟。果实采摘后须及时冷藏，在常温下极易沙化。

（2）超红。元帅系第三代品种。原产美国华盛顿州，1957 年在该州瓦帕图县发现的红星芽变，1972 年定名为超红，1974 年斯达克兄弟种苗公司开始销售苗木，1981 年引入中国。

幼树生长势较强，为短枝型品种，分枝角小，树姿直立而呈抱头状，萌芽率高，成枝力较弱。苗木栽后 3 年开始结果，以短果枝结果，有腋花芽，花序坐果率中等，每花序坐 1～2 个果，较丰产。果实圆锥形，单果重约 180 g，果顶五棱突出。果实底色黄绿，全面浓红，色相片红。果面蜡质多。果点小，果皮较厚韧。果肉绿白色，贮后转为乳白色，肉质脆，汁多，风味酸甜，有香气，可溶性固形物含量 13%左右，品质上等。外观优于新红星。果实生育期 150 d，在山东省东部 9 月中旬成熟。

（3）首红。元帅系第四代品种。1967 年在美国华盛顿州奥赛罗县发现的新红星单枝芽变，又称康拜尔首红，1976 年正式发表。

树势中庸，树冠紧凑，树姿直立，属于半矮化型。萌芽率高，成枝力较弱，短枝多。花芽形成容易，结果早。果实圆锥形，单果重 180 g 左右，果顶五棱明显。底色黄绿，全面浓红并有不明显条纹，果面有光泽，果点小，蜡质多。果肉乳白色，肉质细脆，汁多，风味酸甜，有香气，可溶性固形物含量 13%左右，果肉硬度 8.5 kg/cm^2，品质上等。果实生育期 150 d，9 月上中旬成熟。

9. 红将军　由日本山形县东根市矢获良藏氏在自家早生富士果园中发现的着色系芽变品种。1995 年引入我国，现全国各地均有栽培。2000 年通过山东省农作物品种审定委员会审定。

树势中庸，树姿较开张。萌芽率 45.38%，成枝力较强。一年生枝条红褐色，皮孔圆形，不规则，茸毛中多，节间平均长度 2.5 cm 左右，以中、短果枝结果为主，有较多腋花芽，易抽生 1～2 个果台副梢。果实近圆形，果形端正，果形指数 0.86。果个大，平均单果重 254 g，最大果重 416 g。果面光洁，着色早，色泽艳丽。果肉黄白色，肉质细，松爽可口，汁多，甜酸适度，可溶性固形物含量 13.5%。在山东省中部 9 月中旬成熟。

（三）晚熟品种

1. 华红　由中国农业科学院果树研究所以金冠×惠杂交育成。1976 年杂交，1995 年年底通过专家验收，1998 年通过辽宁省品种审定委员会审定。

树势中庸，树姿较开张，萌芽率较高，成枝力中等。有短枝性状，枝条甩放后易形成短果枝，短截后发枝易形成花芽，果台副梢亦易成花结果。幼树以腋花芽和短果枝结果为主。果实长圆形，果形指数 0.98。果实中大，平均单果重 245 g，最大果重 400 g 以上。果皮底色黄绿，被鲜红色彩霞或全面鲜红色，有不显著的条纹。果面光滑，蜡质较厚，果点小，外观美。果肉淡黄色，肉质松脆，汁液多，风味酸甜适度，有香气，可溶性固形物含量 15.5%，果肉硬度 6.7 kg/cm^2，品质上等。制汁性能优良，出汁率 82.6%，且褐变程度轻，果汁颜色为淡黄色，有香气，风味浓。果实生育期 150 d，在辽宁省兴城地区 10 月上中旬成熟。果实耐贮性强，是鲜食、加工兼用型苹果优良品种。

2. 王林　日本品种，为一自然实生种，亲本可能为金冠×印度，1952 年命名，1978 年引入我国。

树势较强，树姿直立，分枝角度小，萌芽率中等，成枝力强，发中、长枝较多，枝条较硬。始果期早，栽后第三年可结果。长、中、短果枝均有结果能力，以短果枝和中果枝结果较多，腋花芽也可结果，花序坐果率中等，果台枝连续结果能力较差，采前落果少，较丰产。果实卵圆形或椭圆形，单果重约 180～200 g。全果黄绿色或绿黄色，果面光洁，果皮较厚。果肉乳白色，肉质细脆，汁多，风味酸甜，有香气，可溶性固形物含量 12%～13%，品质上等，在黄河故道地区 9 月中旬成熟。较耐贮藏。

3. 富士及其芽（枝）变品系　富士是日本农林省果树试验场盛冈分场于 1939 年以国光×元帅进

行杂交，历经20余年，选育出的苹果优良品种，具有晚熟、质优、味美、耐贮等优点，于1962年正式命名，是世界上最著名的晚熟苹果品种。1966年引入我国山东省烟台地区。1980年，有选择地引入了长富2号、秋富1号和长富6号等几个着色好的富士品系的苗木和接穗，安排在苹果主产区的多个试点进行系统观察和研究。如今富士系苹果在我国已发展近百万公顷，在辽宁、山东、河北、北京、山西、陕西、天津、河南、江苏、安徽、甘肃等省（直辖市），均已代替了晚熟品种国光。

（1）长富2号。由日本长野县佐原氏果园中发现的富士芽变品种，1980年引入我国。

果实圆形或近圆形，果个大，平均单果重250 g，最大果重500 g。果面光滑，有光泽，蜡质多，果粉少，无锈。果皮底色黄绿，被有鲜红色条纹（有的果实色相变成片红），色泽艳丽。果柄长，中粗。果肉黄白色，肉质细而致密，松脆多汁，酸甜适口，芳香浓郁，可溶性固形物含量15%，品质上或极上。果实生育期190 d，在山东省东部10月下旬成熟。

（2）岩富10。由日本岩手县园艺试验场从本县吉田重雄果园中选出的富士红色芽变，1979年引入我国。

果个大，平均单果重340 g，最大果重420 g。果实近圆形，桩较高，果形指数0.97，着色浓红或鲜红，果点稀。果肉淡黄色，肉质似富士，可溶性固形物含量16%左右，品质上等。生长、结果习性同富士，抗寒性优于富士。

（3）烟富1号。由烟台市果树站于1991年从招远市长富2中选出的优系，1998年通过山东省农作物品种审定委员会审定。果实圆至长圆形．果形端正、果形指数0.88～0.91，果实大型，平均单果重256～318 g。着色较早，8月下旬开始着色，红色发育进程快，10月中旬即达到全红，外围、内膛果实均能着色，着色指数为96%左右，全红果比例高达76%～87%，色调浓红艳丽。肉质清脆爽口，风味酸甜适度，可溶性固形物含量15.4%～16.6%，果肉硬度8.6～9.1 kg/cm^2，品质上等。果实生育期190 d，在山东省东部10月下旬成熟。贮藏性能同长富2，外观明显优于长富2号。

（4）烟富3号。由烟台市果树站于1991年在牟平区观水镇从长富2中选出的优系，1998年通过山东省农作物品种审定委员会审定。果实圆形至长圆形，端正，果形指数0.86～0.89，大型果，平均单果重245～314 g。易着色，全红果比例78%～80%，着色指数95.6%，色调浓红艳丽。果肉致密脆甜，可溶性固形物含量14.8%～15.4%，果肉硬度8.7～9.4 kg/cm^2。果实生育期190 d，在山东省东部10月下旬成熟。果实贮藏性能同长富2号，综合性状优于长富2号。

（5）烟富6号。由烟台市果树工作站从惠民短枝富士中选出的优系，属芽变选种。原代号为“惠民3号”，1998年经山东省农作物品种审定委员会审定定名为“烟富6号”。大型果，单果重253～271 g。果实圆至近长圆形，果形指数0.86～0.90。易着色，色浓红，全红果比例80%～86%，着色指数95.6%～97.2%。果面光洁，果皮较厚。果肉淡黄色，致密硬脆，汁多、味甜，可溶性固形物含量15.2%，果肉硬度9.8 kg/cm^2，品质上等。短枝性状稳定，树冠较紧凑。果实生育期190 d，在山东省东部10月下旬成熟。耐贮藏，在室温条件下可贮至翌年3～4月。

4. 粉红女士 澳大利亚品种，亲本为威廉女士×金冠。1973年杂交，1979年选出，1985年发表，1995年引入我国。

生长势强健，树姿直立，萌芽率高，成枝力强，成花容易，进入结果期早。高接树第二年开花株率为100%，有腋花芽结果习性，丰产、稳产。适应性强，对苹果褐斑病、白粉病、早期落叶病、炭疽病、轮纹病及金纹细蛾也有较强的抗性。果实近圆柱形或长圆形，果形指数0.94，果个中大，平均单果重220 g，最大果重306 g。果皮底色黄绿，全面着粉红色或鲜红色，果面洁净，无果锈，蜡质多而果粉少，外观美。果肉乳白色，较粗，肉质硬脆，汁液多，酸味较重，无香气。经存放1～2个月后，果肉变成淡黄色，酸甜适口，香味浓，风味佳。果肉硬度9.16 kg/cm^2，可溶性固形物含量16.6%，品质中上。果实生育期200 d，在山东省东部11月上旬成熟。果实极耐贮藏，是鲜食、加工兼用型品种。

第二节 苗木繁殖

一、实生苗培育

(一) 种子的检验和处理

1. 生活力测定 种子的生活力是指种子发芽潜在能力和种胚所具有的生命力，通常是指一批种子中具有生命力的（即活的）种子数占种子总数的百分率。测定种子的生活力，有利于正确评定种子品质。种子在衰老过程中，胚细胞结构和功能都发生显著的变化，其中最重要的是原生质膜失去选择透性，细胞内物质较易外渗，细胞外的重金属化合物和高分子染料也能进入细胞，故细胞被染色；而生活细胞原生质膜则具有选择透性，某些染料不能通过质膜进入细胞，因此不被染色。所以用染料对种子进行处理，根据胚组织染色反应可区分种子有无生活力。

正式列入国际种子检验规程和我国农作物种子检验规程的生活力测定方法是氯化三苯基四氮唑（TTC）法。具体方法为：将待测种子用30～35℃温水浸泡2～3h，待种子充分吸胀后备用。取吸胀的种子100粒，将准备好的种子置于培养皿中，加入稀释的TTC溶液，以浸没种子为宜，在20℃左右的室温下放置40～60min。染色后用清水反复冲洗种子，至冲洗液无色便可观察种子胚的情况。凡种胚不着色者，即表示种子具有较强的生活力；如种胚染为淡红色者，则为生活力弱的种子；如种胚染成深红色者，则为无生活力的种子。

用TTC染色测定种子生活力，具有简单方便、快速准确的优点，较可靠地判断种子生活力的强弱，即种子发芽潜在能力的高低。

2. 发芽试验 苹果种子眠期较长，发芽试验前需进行层积处理。层积处理可采用沙藏法，即将种子与含水量为田间持水量60%左右的河沙混匀，种子与河沙体积比为1∶3，在4℃条件下层积处理。每天观察，种子露白时即视为开始萌发，记录第一粒种子露白时的沙藏天数。记录种子沙藏30d、40d、50d的发芽种子数，计算发芽率。

3. 催芽方法 苹果种子催芽主要采用低温层积催芽法。低温层积催芽又称沙藏或露天埋藏，因为催芽的温度是低温，故称低温层积催芽。

（1）低温层积催芽的原理。通过低温层积，能使种子内源激素发生变化，脱落酸等抑制物质逐渐减少，赤霉素等生长素逐渐增多。赤霉素能抵消脱落酸的抑制作用，因此低温层积也是解除由内含抑制物质引起休眠的良好办法。另外，层积催芽对促进种子完成后熟作用有良好的效果。所以，低温层积催芽法在当前生产上应用广泛，对于深休眠种子和强迫休眠的种子都适用，尤其对含萌发抑制物质而形成深休眠种子的效果最好。

目前低温层积催芽是种子催芽效果最好的方法之一，但催芽所需时间较长。

（2）低温层积催芽所需条件

① 温度。温度对低温层积催芽的效果起着决定性的作用。低温阶段的温度控制在0～5℃效果最好，温度高了效果不好。以苹果种子为例，催芽150d的发芽率，6℃的是93.5%，11℃的是33%，20℃的未发芽。如前所述，种子中的萌发抑制物质在低温的条件下才能使它的含量减少，降低其抑制作用，打破种子休眠；同时在低温的环境中才利于种子产生赤霉素。所以，含萌发抑制物质的种子适于在低温的环境中催芽。此外，催芽的温度如果过高，种子处于高温高湿的环境中容易霉烂。播种前1周左右检查种子，如果尚未露白，移于温度20℃左右处催芽。

② 水分。经过干藏的种子水分不足，所以要用温水或冷水浸种，使种皮吸水膨胀后再层积。浸种的时间一般为1～3d。为了保证种子在催芽过程中所必需的水分，催芽时要给种子混加湿润物，如湿沙或湿泥炭。湿沙的含水量为饱和含水量的60%为宜（用手试，抓一把湿沙用力握时沙子不滴水，松开沙子团又不散开）。如用泥炭做湿润物，泥炭的含水率可达饱和程度。

③ 通气条件。种子在催芽过程中，因为种子内部要进行一系列的物质转化活动，呼吸作用较活跃，需要氧气。催芽过程中要使种子能得到所需的氧气并排出二氧化碳，所以催芽时要有通气设备，如秸秆、竹笼、钻孔木筒、草把等，以利通气良好，防止霉变。

④ 催芽的天数。催芽的效果除决定于上述的温度、水分和通气条件外，时间的长短也很重要，日期过短达不到要求。低温层积发芽所需的时间因品种而异。主要苹果砧木种子适宜层积时间为山荆子和湖北海棠 30～50 d，塞威士苹果 70 d 左右，楸子 60～80 d，西府海棠和河南海棠 60 d 左右。

(3) 低温层积催芽方法。低温层积一般多在室外进行，因为在催芽过程中要使种子经常处于低温条件，在室外把种子埋在地下便于控制种子的湿度并利用冬季的低温，而在室内进行低温层积催芽，种沙混合物的水分蒸发较快，要经常洒水和翻倒，较费工。选择催芽的地点，要求在背风向阳的地方，地势较高、排水良好，而且沟底不会出水。催芽沟（或坑）的深度直接影响温度，所以沟的深度要根据土壤结冻的深度而定。原则上沟底在结冻层以下，在地下水位以上，使种沙混合物能经常保持催芽所要求的温度为准。沟过深，则沟内温度高，种子容易腐烂。沟底宽度为 0.5～0.7 m，最宽不超过 1.0 m，过宽种子的温度不一致。沟的长度依种子的数量而定。

种子与湿润物的体积比为 1∶2 或 1∶3，种子与沙子都要先经过消毒。催芽沟底用湿沙（或其他利于排水的铺垫物）铺底，厚度约 10 cm 左右，以利排水。种子与湿润物充分混合均匀。把通气设备放到沟底通气、测温，每隔 1 m 左右设 1 个，再将种沙混合物放入沟中，厚度不宜超过 70 cm，过厚温度不均。其上加湿沙约 10 cm，然后再盖土使顶部成屋脊形以利排水。上层覆土的厚度以能控制催芽所要求的温度为原则。在催芽沟的周围要做小排水沟。

在催芽过程中要定期检查种沙混合物的温度和湿度，如果发现有不符合要求的情况，要及时设法调节，必须控制好催芽所要求的温度。温度如果高了，不仅会降低催芽效果，还会使种子腐烂。当种子裂嘴和露胚根的总数达 20%～40%时即可播种。要防止催芽过度，如果已达到要求的程度，要立即播种或使种子处于低温（稍高于 0 ℃）条件，使胚根不继续生长；如果种子的催芽程度不够，在播种前 1～3 周（依品种情况而定）把种子取出用高温（20 ℃左右）催芽。催芽的种子要播在湿润的土壤上，如果把种子播在干播种沟中，会使种子芽干枯，造成严重损失。

（二）整地施肥

播种前，结合土壤深翻（深度在 20～30 cm）施入足量优质腐熟农家肥，施用量在 75 t/hm^2 以上，整平圃地，做畦，畦宽以 1.6 m 为宜，然后灌足水使土壤沉实。土传病害较重地块需进行土壤消毒。常用土壤消毒方法有如下几种：

(1) 药剂消毒。在播种前后将药剂施入土壤中，目的是防止种子带病和土传病的蔓延。主要施药方法如下：

① 喷淋或浇灌法。将药剂用清水稀释成一定浓度，用喷雾器喷淋于土壤表层，或直接灌溉到土壤中，使药液渗入土壤深层，杀死土中病菌。喷淋施药处理土壤适宜于大田、育苗营养土、草坪更新等；浇灌法施药适用于果菜、瓜类、茄果类作物的灌溉和各种作物苗床消毒。

② 毒土法。先将药剂配成毒土然后施用。毒土的配制方法：将农药（乳油、可湿性粉剂等）与具有一定湿度的细土按比例混匀制成。毒土的施用方法有沟施、穴施和撒施。

③ 熏蒸法。利用土壤注射器或土壤消毒机将熏蒸剂注入土壤中，在土壤表面盖上薄膜等覆盖物，于密闭或半密闭的设施中使熏蒸剂的有毒气体在土壤中扩散，杀死病菌。土壤熏蒸后，待药剂充分散发后才能播种，否则，容易产生药害。常用的土壤熏蒸消毒剂有溴甲烷、甲醛等。

(2) 蒸汽热消毒。蒸汽热消毒土壤，是用蒸汽锅炉加热，通过导管把蒸汽热能送到土壤中，使土壤温度升高，杀死病原菌，以达到防治土壤病害的目的。

(3) 电处理消毒。电处理消毒土壤，是埋设于土壤中的电极线在通以直流电后，可在土壤中产生剧烈的理化反应，其中会有大量的氯气、臭氧、酚类气体产生，这些气体在土壤团聚体间隙中的扩散就是灭菌消毒的过程；另一方面，土壤团聚体以及土壤胶体结构和特性的剧烈改变、土壤氧化还原特性以及水环境的剧烈变化改变了土壤微生物的生活环境，进而导致微生物种群活性的巨大改变，最终减轻微生物危害。

（三）播种

3 月上旬至 4 月上旬，当日平均气温达到 5 ℃以上、地温达到 7～8 ℃时即可播种。采用宽窄行条播法，宽行 50～60 cm、窄行 20～30 cm，每畦 4 行。播种深度依种子大小而定，如海棠为 1～1.2 cm，山荆子为 0.5～1 cm。按照每 667 m^2 出苗数不少于 10 000 株的标准确定播种量，山荆子和湖北海棠为 15.0～22.5 kg/hm^2，塞威士苹果、楸子、西府海棠、河南海棠为 22.5～30.0 kg/hm^2。播种后及时覆土、耙平、镇压，并封土埝或覆盖地膜。幼苗出土前，除去土埝。幼苗出土 10%～20%时，逐渐去膜。幼苗长出 3～4 片真叶时进行定苗，留苗量 9 万～12 万株/hm^2。幼苗长出 5～6 片真叶时，多中耕保墒，促进生根。1 个月后，适当增加灌水次数，5～6 月结合灌水追施氮肥，施纯氮 33～53 kg/hm^2，7 月上中旬追施复合肥 150 kg/hm^2，并及时中耕除草。

（四）出苗后管理

出苗后于嫁接前追肥 2～3 次，每次每 667 m^2 施硫酸铵 8 kg 左右，施肥后及时灌水。对出苗不足 50%的地方可及时补种，苗高 5 cm 以上开始间苗，移苗在 5 月底前结束，采用带土移栽法，将出双苗的穴位移植单株到补种后还未出苗的穴位，定苗后株距 15 cm，全部为单株苗。苗木生长旺盛期，根据土壤水分状况，及时灌水和中耕除草。根颈部喷施或根部浇灌多菌灵或硫酸亚铁溶液防治立枯病。选用啶虫脒、丙硫克百威、丁硫克百威等农药防治蚜虫。后期，结合根外追肥，每隔 15 d 喷施一次多菌灵溶液，防治早期落叶病。

二、嫁接苗培育

（一）砧木选择

目前生产上常用的砧木有山荆子、湖北海棠、塞威士苹果、楸子、西府海棠、河南海棠等。选择砧木时，要求砧木生长健壮，根系发达，嫁接亲和力强，适应当地气候和土壤条件，抗病虫能力强。

（二）接穗采集

选择适应当地生产条件，具备早实、优质、丰产性状，无病虫害，生长健壮的树作为采穗母树。如果从外地引进接穗，要确保品种纯正，严格进行检疫，防止杂乱品种及带有病、虫和病毒的接穗传入。

休眠期采集的接穗，可在地窖内或埋入湿沙中贮藏，也可用蜡封存。在地窖内贮藏时，应将接穗下半部埋在湿沙中，上半部露在外面，捆与捆之间用湿沙隔离，窖口要盖严，保持窖内冷凉，温度要求低于 4 ℃，空气相对湿度达 90%以上，在贮藏期间要经常检查沙子的温度和窖内的湿度，防止接穗发热霉烂或失水风干。也可在土壤封冻前在冷凉干燥背阴处挖贮藏沟，沟深 80 cm，宽 100 cm，长度依接穗多少而定，先在沟内铺 2～3 cm 厚的干净河沙，将接穗倾斜摆放在沟内，然后充填河沙至全部埋没，沟面上覆盖防雨材料。用石蜡封存的接穗，应根据嫁接的需要，将其剪成适宜的长度，并捆扎成捆，而且要长短整齐一致。封蜡时，需先将石蜡放入较深的容器中加热熔化，待蜡温升到 95～102 ℃时，迅速将接穗的一头放入石蜡中蘸一下，时间不要超过 1 s，然后再将另一头蘸一下，使整条接穗的表面都均匀地附上一层薄薄的石蜡。注意蜡温不要过低或过高，过低则蜡层厚，易脱落，过高则易烫伤接穗。蜡封接穗要完全凉透后再收集贮藏。

生长期采集的接穗，应立即剪去叶片，以减少水分蒸发。剪叶时，要留下长 1 cm 左右的叶柄，以利于作业和检查嫁接成活之用。接穗采下后，应立即存放在阴凉处，切勿在烈日下暴晒。短时间用不完的接穗，应将下端用湿沙培好，并经常喷水保湿，以防失水影响成活。

(三) 嫁接方法

生产上嫁接的方法较多，有 T 形芽接、嵌芽接、劈接、切接、插皮接、腹接和根接等，其中育苗应用最多的是 T 形芽接和嵌芽接。

1. T 形芽接 指芽接时，把树皮划开成 T 形，然后把芽插进去，再用带子捆起来。嫁接时间，我国南北方不同。北方地区以 7 月下旬至 8 月为宜；安徽、河南、江苏省等黄河故道地区，一般从 6 月上中旬开始，一直延续到 9 月上旬。

2. 嵌芽接 即带木质部芽接，在削取接穗的接芽时，盾形芽片的内面要削带一薄层木质部。这种方法不受砧木或接穗是否离皮的限制，从 5～9 月均可进行。

3. 劈接 即在砧木的截断面中央垂直劈开接口进行嫁接的方法。此法适用于较粗的砧木，一般选用一年生健壮的发育枝做接穗，在春季发芽前进行。

4. 切接 即先将砧木与近地面树皮平滑处剪断，在砧木断面一侧下切长 3～5 cm，然后将削成的保留 1～2 个饱满芽的接穗插入砧木，对准双方形成层，严密绑扎和埋土保湿，接穗外露 1～2 芽。此法适用于较细的砧木。

(四) 嫁接后苗木管理

1. 检查成活、解绑和补接 夏、秋两季，芽接愈合较快，一般嫁接后 7～10 d 即可愈合，嫁接后 10 d 左右，即可检查成活情况。凡接芽保持新鲜状态，芽片上的叶柄用手一触即落的，说明接芽已经成活；而芽片干缩，叶柄虽经触及也不脱落的，则是未成活，需要立即进行补接。春季嵌芽接，愈合时间较长，需 30 d 左右，检查成活的办法，主要看芽片是否新鲜和是否萌发生长。接芽成活后即可解绑。解绑过早，会影响接芽成活；解绑过晚，会影响接芽的生长和树体加粗。春季嵌芽接，需40～45 d 解绑。枝接后 40～50 d 解绑。

2. 剪砧 接芽成活以后，应及时将接芽以上的砧木部分剪掉，以便集中营养，供应接芽生长。剪砧时间不宜过早，以免剪口风干和受冻，需根据嫁接时间确定。春季嵌芽接苗，在确定接芽成活后至开始萌发前剪砧，采用塑料拱棚培育砧木苗时，因其生长期提前，芽接的时间也可提前至 6 月下旬至 7 月上旬，此时气温高，芽接愈合快，一般接后 15 d 左右，即愈合良好，可以解绑并同时剪砧；秋季嫁接的芽接苗，其接芽当年不萌发，因此，可在第二年春季接芽萌发前剪砧。

剪砧时，用锐利的枝剪刃面在接芽上方 0.5 cm 左右处剪，并向接芽对面稍微倾斜，剪口不能离接芽太近，更不能伤及接芽，注意防止劈裂，以免影响成活。

3. 除萌 芽接苗剪砧后，除接芽萌发生长外，从砧木的基部也会不断萌发大量萌蘖，须及时除去；如任其萌发，会与接芽争夺养分，影响接芽正常生长。因为萌蘖不断发生，所以要多次及时除萌。除萌时，应从基部掰除，防止再次发生。

枝接的砧木普遍较粗大，从砧木上容易萌发萌蘖，而且长势较旺，应及时除去，以免影响接芽的正常生长。

4. 肥水管理 幼苗生长迅速，应加强肥水管理。全年灌水 3～4 次，在嫁接苗速长期（5～7 月），结合灌水追施氮肥，施肥量根据苗木生长状况而定，每次追施纯氮 27～54 kg/hm^2。及时中耕除草、防治病虫害。

三、营养苗培育

(一) 优良母树的选择

选择优良母树是培育优质营养苗的前提。母树要选择品种纯正、生长健壮、无病虫害的优良品种植株。母树确定后，应加强肥水管理和病虫害防治，使新梢健壮生长。

(二) 营养苗培育方法

1. 根蘖法 苹果苗容易产生根蘖，因此在其繁育生产中常常可以利用根蘖作为砧木来进行育苗。

利用根蘖苗培育苹果苗有 3 种方式：

① 利用根蘖苗就地嫁接。

② 将根蘖苗刨出，集中在苗圃内栽植管理，秋季芽接。

③ 先将根蘖苗刨出，在果园中定植 2～3 年再进行劈接。

为了保护母树，每年不能取苗过多；切根部位每年应轮换进行。值得注意的是无论采用哪种方式，利用根蘖苗培育苹果苗时，都要注意将其基部的分枝剪除，以促使砧木苗粗壮、直立。但是从繁育苗木质量来看此法却并不是最佳的选择。

2. 压条法

(1) 直立压条法。春季栽植苹果砧木苗，株行距（0.3～0.5）m×2.0 m，开沟起垄，沟深和垄宽均为 30～40 cm，垄高 30 cm。萌芽前，从砧木苗基部留 2～3 cm 剪截，促发萌蘖，使成为压条母株。当新梢长 15～20 cm 时，进行第一次培土，培土高度为苗高的 1/2，宽约 2 cm。1 个月后，新梢长 40 cm 左右时，进行第二次培土，最终培土高度达 30 cm，宽度达 40 cm。培土前应先灌水，培土后注意保持土堆湿润。一般培土后 20 d 开始生根，入冬前即可分株起苗。起苗时，先扒开土堆，在每根萌蘖的基部靠近母株的地方，留 2 cm 左右剪截，没有生根的萌蘖也要同时短截。

(2) 水平压条法。首先结合土壤深翻（深度在 20～30 cm）施入足量优质腐熟农家肥，施用量在 75 t/hm^2 以上，整平圃地，做畦，畦宽以 1.6 m 为宜，灌足水使土壤沉实；然后按照株行距 0.3 m×1.0 m 将用于繁殖的砧木苗母株斜栽于栽植沟中，倾斜角度为 30°～45°；萌芽前，将母株压入 5 cm 深的沟内，并用枝杈固定，先不埋土，将枝的背上芽上方割伤，促使萌发；5 月底至 6 月上旬，分株苗高 15～20 cm 时，沿苗行向进行第一次培土；7 月上中旬，分株苗高 30 cm 左右时，进行第二次培土。两次培土高度均为 15 cm 左右，培土后都要及时进行施肥和灌水，并注意病虫害防治。秋季落叶后进行分株。

3. 埋条法　埋条法就是将剪下的一年生生长健壮的发育枝或徒长枝全部横埋于土中，使其生根发芽的一种繁殖方法，实际上就是枝条脱离母体的压条法。埋条时间多选在春季，分为平埋法和点埋法。

(1) 平埋法。在做好的苗床上，按一定行距开沟，沟深 3～4 cm，宽约 6 cm，将枝条平放于沟内。放条时要根据条的粗细、长短、芽的情况等搭配得当，并使多数芽向上或位于枝条两侧。为了防止缺苗断垄，在枝条多的情况下，最好双条排放，并尽可能地使有芽和无芽的地方交错开，以免发生芽的短缺现象，造成出苗不均。然后用细土埋好，覆土 1 cm 即可，切不可太厚，以免影响幼芽出土。

(2) 点埋法。按一定行距开深 3 cm 左右的沟，种条平放于沟内，然后每隔 40 cm，横跨条行堆成一长 20 cm、宽 8 cm、高 10 cm 左右的长圆形土堆。两土堆之间的枝条上应有 2～3 个芽，利用外面较高的温度发芽生长，土堆处生根。土堆埋好后要踩实，以防灌水时土堆塌陷。点埋法出苗快且整齐，株距比平埋法规则，有利于定苗，且保水性能也好于平埋法。但点埋法操作效率低，较费工。

埋条后应立即灌水，以后要保持土壤湿润。一般在生根前每隔 5～6 d 灌一次水。在埋条生根发芽之前，要经常检查覆土情况，扒除厚土，掩埋露出的枝条。埋入的枝条一般在条基部较易生根，而中部以上生根较少但易发芽长枝，因而容易造成根上无苗、苗下无根的偏根现象。因此，当幼苗长至 10～15 cm 高时，结合中耕除草，于幼苗基部培土，促使幼苗新茎基部发生新根。待苗高长至约 30 cm时，便可进行间苗，一般分 2 次进行，第一次间去过密苗或有病虫害的弱苗；第二次按计划产苗量定苗。当幼苗长至约 40 cm 时，即可在苗行间施肥。结合培垄，将肥料埋入土中，以后每隔约 20 d 追施人粪尿 1 次，一直持续到雨季来临之前。当幼苗生长至约 40 cm 时，腋芽开始大量萌发，为使苗木加快生长，应该及时除蘖。一般除蘖高度为 1.2～1.5 m，不可太高，以防干茎细弱。

4. 埋根法　埋根法与埋条法相似，即将剪下的根全部横埋于土中，使其生根发芽的一种繁殖方法。埋根育苗在落叶后至发芽前均可进行，最好于冬初挖取 0.5～1.0 cm 粗的根，剪成 15～18 cm

长，50 根一捆，系上品种标签，进行沙藏，翌年 2 月下旬至 3 月上旬进行埋根，株行距 15 cm×35 cm，上端与地面平，埋后浇透水，然后盖地膜，可增温保湿，提高出苗率、成苗率。其他管理措施参考埋条法进行。

5. 扦插法 扦插分为硬枝扦插、绿枝扦插和根插。

（1）硬枝扦插。冬前采集充分成熟的一年生枝条经冬藏后，用吲哚丁酸或 ABT 生根粉、萘乙酸等处理，于 3 月上中旬在温室或小拱棚内保持一定的温度和湿度的条件下扦插。枝条贮藏前先剪去先端的幼嫩部分，截成长为 15～20 cm 的插条。剪插条时，上端离芽 2 cm 左右，平剪，下端斜剪，以利发根。每 50 或 100 支插条捆成一捆，拴上标签，注明品种名称、采集日期、地点，直立埋于湿沙或锯末中贮藏。贮藏期间的温度保持在 1～5 ℃。春季扦插时，为促进插条发根，可进行药剂催根处理。苹果砧木一般用 0.002 5%～0.010 0%的吲哚丁酸水溶液，浸泡插条基部 12～24 h；也可用粉剂处理，即先将插条基部用干净清水浸湿，蘸粉后进行扦插。

扦插方法分为畦插和垄插两种。畦插法，插畦宽约 1 m，长 8～10 m，株行距（0.15～0.2）m×（0.4～0.5）m。在地下水位高、地温较低的湿地，可采用垄插的方法。垄高 15～20 cm，宽 30 cm。畦和垄均以南北行为好。插条可直插也可斜插，插后覆土，踩实保墒。插条可全部插入土中，萌芽时再除去覆土。经过催根处理的插条，需先用木棒等扎孔，然后放入插条，并使其与土壤密接，以免损伤幼根。

（2）绿枝扦插。在生长季节进行，又称嫩枝扦插。用半木质化的枝条，剪成长为 10～15 cm 的插条，去掉下部叶片，用生根素处理后，插入有遮阴棚设备的苗床内。绿枝扦插比硬枝扦插容易生根，但扦插时对空气湿度和土壤湿度的要求都非常严格，需在人工喷雾（弥雾）的条件下进行。M 系苹果矮砧在塑料大棚内间断弥雾、遮光度 80%、棚内气温保持 30 ℃以下、空气相对湿度保持 90%的条件下进行绿枝扦插，用河沙、蛭石或珍珠岩做扦插基质，经萘乙酸溶液浸泡（速蘸）处理，M4 和 M5 生根率可达 60%以上，其他矮砧生根率多在 30%以下。插条基部纵向刻伤处理，可促进插条生根。对砧木母树枝条进行黄化处理，能够使枝条组织保持幼嫩状态，提高糖类和内源激素的含量水平，促使皮层增厚，形成较多的薄壁细胞，有利于发生根原体，可明显地提高插条的生根率。黄化处理的方法，是在早春母树萌芽前，用不透光的塑料薄膜、黑纸、黑布等将枝条基部裹罩一定时间，获得黄化插条。

（3）根插。利用根段进行扦插，使上端长出新梢，下端长出新根，成为一株完整的树苗。苹果营养系砧木可利用苗木出圃剪下的根段或留在地下的残根进行根插繁殖。根段粗 0.3～1.5 cm 为宜，剪成 10 cm 左右长，上口平剪，下口斜剪，以备扦插。扦插时可直插或平插，以直插发芽较快，但切勿倒插。插后床面灌水并覆盖保湿。秋季收集的根段可先行沙藏，于第二年春季扦插。根插比枝插容易成活。

（三）出苗后管理

出苗后按行距 50 cm、株距 15～20 cm 移栽至苗圃。移栽前每 667 m^2 圃地施 4 000～5 000 kg 腐熟农家肥和氮、磷、钾含量各 15%的三元复合肥 50 kg，深耕细耙后移栽。栽后浇足水，圃地保持不干不过湿，并加强病、虫、草害防治。在生长期还应适当追肥，在早春、初夏各追施一次复合肥，秋末再施用一次农家肥。还可进行叶面施肥，喷施尿素、磷酸二氢钾溶液的浓度控制在 0.3%～0.5%。

四、组织培养和脱毒苗培育

（一）组织培养

苹果生产上组织培养十分广泛，涉及的种、品种很多，并大多培养获得成功，如 M7、M9、M26 等 M 系，SH 系，山荆子，八棱海棠，小金海棠，珠美海棠等砧木；元帅、红富士、金矮生、长富 2 号、早富士、王林、丽红、乔纳金、新世界、嘎拉、金冠、秦冠等品种。苹果组织培养快速育苗技术包括以下几个技术环节：

1. 外植体采集和表面灭菌 外植体主要用茎尖和茎段，多在早春叶芽刚刚萌动或长出 1.0～1.5 cm 嫩茎时剥取。未萌动的休眠枝条，可在 20～25 ℃条件下水培催芽，待芽萌动后取材。用水冲洗后，剪成带单芽的茎段，剪去叶片，置于无菌烧杯中，进行表面灭菌，接种在起始培养基上进行培养。

2. 分化培养 起始培养基为 MS＋BA 0.5～1.5 mg/L＋NAA 0.01～0.05 mg/L＋蔗糖 30～35 g/L，pH 为 5.8。增殖培养采用 MS＋BA 0.5～1.0 mg/L＋CH（或 LH）300 mg/L。接种的芽先置光照下使之转绿后，随之进行暗培养，能较快地增加繁殖系数。暗培养每 30～50 d 转换一次新鲜的培养基，在转换培养基的同时进行扩繁。培养温度 25～30 ℃。一般在暗培养中增殖 2～3 代，随后要及时转入光照培养，以使培养苗生长健壮，光照度以 1 500～2 000 lx 为宜。在培养基中附加谷胱甘肽或水解酪蛋白 50～100 mg/L，对有些品种的起始培养是有利的。

3. 生根培养 将 2 cm 以上苗段转入生根培养基。用 1/2MS 或其他低盐培养基（如 White、Nitsch 等），有较好的生根效果。附加 IAA 1.0～1.5 mg/L，对各种苹果砧木的生根都有良好的促进作用。对苹果栽培品种采用 1/2MS＋IAA 1.0 mg/L＋IBA 0.2 mg/L 培养基，有较好的促根效果。

4. 炼苗和移栽 已生根的试管苗较难适应外移过程中的环境变化，极易失水萎蔫，移栽成活率低。为了提高移栽成活率，除应该培育壮苗外，还应该通过炼苗提高试管苗的适应能力。首先采用 50％遮光闭瓶炼苗 20 d 左右，然后打开瓶塞继续炼苗 2～5 d，使试管苗适应外界环境。从瓶内取出生根苗，洗去根际的培养基，移栽到营养钵中，基质应通气性好、保水力强，如 1/2 沙壤土与 1/2 蛭石混合。置于温度 25 ℃左右（大于 10 ℃，低于 35 ℃），光照度 18 000～20 000 lx 的温室或塑料大棚里，过渡移栽 30 d 左右。

5. 移栽后的管理 栽后要覆盖塑料小拱棚，空气相对湿度 85％以上，1 周后开始逐步揭膜放风，只要幼叶无萎蔫表现，尽量早通风，增强光照，控制温度在 25 ℃左右。选用杂菌比较少的基质，适当降低基质的含水量，用 25％多菌灵 1 000 倍液湿润基质并喷施小苗，以后每 1～2 周喷一次，对基质和苗进行消毒。

6. 大田移栽 经过驯化的试管苗可直接移到大田。要避免高温或低温移栽，成活率以春、秋两季最好。春季地温低，对苗木初期生长不利，也可以在春季晚些时候移栽。秋季（9 月）气温和光照都对移栽有利，但影响苗木越冬，在我国北方秋、冬季寒冷干燥地区不宜进行。喷施抗蒸腾剂，如 $CaCl_2$（0.05％～0.1％）、$NaHSO_3$（0.05％～0.1％），降低叶片蒸腾速率，可提高移栽成活率。

（二）脱毒苗木培育

果树感染病毒后，由于病毒吸收果树营养，影响果树正常的生理代谢，破坏其细胞和组织结构，可导致树体衰弱、产量降低、品质下降及需肥量增多等问题，对果树生产危害很大。目前，培育无病毒苗木是防治果树病毒病的唯一有效方法。

1. 无病毒核心母株的培育

（1）热处理脱毒。早春果树萌芽前，将需要脱毒的品种接穗嫁接在生长健壮的盆栽实生砧木上，翌年 2 月中旬移入温室内，将苗剪留 20 cm 高，当苗长出 3～5 片叶时，放入温度为（37±1）℃的恒温热处理箱中，热处理 28～30 d。然后将热处理过程中生长的新梢顶端截取长 1.5～2.0 cm 的嫩梢，绿枝嫁接在生长健壮的盆栽实生砧木上，并套上塑料袋保温保湿，放于阴凉处，1 周后取下塑料袋，过半月移到温室内有阳光处，待长出 2～3 片叶后移栽到田间，加强肥水管理和病虫防治，促进苗木迅速生长，然后进行病毒检验。热处理脱毒必须保证恒温的时间和足够的光照，否则很可能不能脱去病毒，还会造成盆栽苗大量死亡。

（2）茎尖组织培养脱毒。选择需要脱毒的生长健壮的品种幼树，当新梢长至 15～30 cm 时，截取 2～3 cm 长的顶端新梢，剥去所有展开的叶片，浸入 70％的酒精中浸泡 30 s 消毒，用无菌水冲洗 3～5 次，然后在双目解剖镜下用镊子、小针、小刀片剥取 0.1～0.2 mm 的茎尖，放于琼脂 6％、吲哚丁酸

0.1 mg/L、苄氨基嘌呤 1 mg/L、水解酪蛋白 200 mg/L 的 MS 培养基中，置于光照度 2 000～3 000 lx、光照时间 12 h 的培养室中培养，培养室温度为 25 ℃±1 ℃，诱导芽分化和小植株增殖。茎尖每隔 1 个月转接一次。待茎尖膨大、分化生长出新梢后，在无菌台上切取长 1.5～2.0 cm 的新梢，放于琼脂 5%、吲哚丁酸 0.3 mg/L 的 1/2MS 培养基中诱导生根。生根的组培苗栽植于塑料箱中，先移入遮阴的温室内，保持温度在 18～20 ℃，以后逐渐去除遮阴设备（材料），待组培苗成活后，移入田间，然后进行病毒检验。

2. 无病毒母本园建立　为了繁殖无病毒苗木，在获得无病毒核心母株的基础上，应分级建立无病毒母本园。母本园一般分三级逐步建立：一级母本园（原原种），省级母本园（原种），县（地）级母本园（二级原种）。母本园一般建在土壤肥沃、排灌良好、未种过果树的地块，要求园四周 250 m 的范围内无果树，以防止类病毒等由于工具或根部接触传染。母本园的接穗必须来自原原种或原种，砧木必须是生长健壮的实生砧。母本园的栽培管理，必须在各级植保部门和有关科研单位的监督指导下进行，以保证母本树正常生长，并定期对母本树进行病毒检验，一旦发现病毒，应立即淘汰，确保母本园绝对无毒。

3. 无病毒苗木的生产　无病毒苗木的生产程序如图 45－1 所示。生产无病毒苗木的苗圃，要求土壤肥沃、质地好，并具有良好的排灌条件。苗圃地最好选择未种植过果树的地块；已种过果树的土壤要进行消毒；育苗用的工具如剪子、嫁接刀等也要进行消毒并专管专用。苗圃周围 250 m 范围内不能栽植果树。生产无病毒苗木的接穗必须来自无病毒母本园。砧木必须是采用种子繁殖的实生砧，如发现生长不良的砧木应及时去除，以保证苗木健壮生长。

脱毒苗→病毒检验→原种母本树→一级母本树→二级母本树→专业苗圃→无毒苗木（分级、挂牌、出圃）

图 45－1　无病毒苗木生产程序

无病毒苗木培育的方法与一般果树苗木相同。育苗过程中要注意加强肥水管理和病虫防治，使苗木达到一级标准，以利于早果、丰产。

五、苗木出圃

（一）起苗

起苗前，首先应核对苗木品种及数量，系好标签。如中间有少数混杂单株，先将其做好特殊标签，以便起苗时单放，防止混杂。其次做好人力、机械和其他工具准备。一般在春季和秋季起苗。秋季起苗应在苗木接近完全落叶、土壤封冻前进行。如春季起苗，应在土壤解冻后至苗木萌动前进行。在起苗前 1 周检查土壤是否干旱，如干旱过硬，要先进行灌水，以便机械或人工起苗。人工起苗时，应 2 人一组。在苗两侧距苗 30 cm 左右处向下深挖 40 cm 左右断根起苗，抖掉附土。检查根部有无病虫害和劈裂，按照苗木规格进行分级。

（二）苗木分级、假植

苹果优质苗木标准参考 GB 9847—2003《苹果苗木》文件，具体标准如表 45－1 所示：

表 45－1　苹果苗木等级规格指标

项　目	1 级	2 级	3 级
基本要求	品种和砧木类型纯正，无检疫对象和严重病虫害，无冻害和明显的机械损伤，侧根分布均匀舒展、须根多，接合部和砧桩剪口愈合良好，根和茎无干缩皱皮		
$D\geqslant0.3$ cm、$L\geqslant20$ cm 的侧根[a]（条）	≥5	≥4	≥3
$D\geqslant0.2$ cm、$L\geqslant20$ cm 的侧根[b]（条）	≥10		

（续）

项　目		1级	2级	3级
根砧长度（cm）	乔化砧苹果苗	≤5		
	矮化中间砧苹果苗	≤5		
	矮化自根砧苹果苗	15～20，但同一批苹果苗木变幅不得超过5		
中间砧长度（cm）		20～30，但同一批苹果苗木变幅不得超过5		
苗木高度（cm）		＞120	100～120	80～100
苗木粗度（cm）	乔化砧苹果苗	≥1.2	≥1.0	≥0.8
	矮化中间砧苹果苗	≥1.2	≥1.0	≥0.8
	矮化自根砧苹果苗	≥1.0	≥0.8	≥0.6
倾斜度		≤15°		
整形带内饱满芽数（个）		≥10	≥8	≥6

注：*D* 指粗度；*L* 指长度。a 指乔化砧苹果苗和矮化中间砧苹果苗；b 指矮化自根砧苹果苗。

苗木起出后，按照苗木的不同等级进行临时假植，防止苗木失水而影响成活。如苗木越冬保管，则要求在背风向阳的高处，挖宽 80～100 cm 的沟，沟深、沟长视苗高、苗量而定，在沟底垫上约 10 cm厚的湿河沙或细潮土。按苗木品种和级次做好标牌，将苗木斜立假植在沟中，然后再填入湿沙或细潮土，使根系与沙土密接，随即灌透水，最后埋土达苗高的 1/3～1/2，以防止失水抽干。在苗木越冬易抽条的地区，苗梢在初冬时也要埋土。

（三）苗木包装、运输

在运输过程中，应尽量减少苗木水分的流失和蒸发，以保证苗木的成活率，这就要求必须注意苗木的包装与运输。

1. 苗木包装　苗木包装用的包装材料有草包、蒲包、聚乙烯袋、涂沥青不透水的麻袋和纸袋及集运箱等。可用包装机或手工包装。包装时先将湿润物放在包装材料上，然后将苗木根对根放在上面，并在根间加些湿润物如（湿稻草、湿麦秸等）；或者将苗木的根部蘸满泥浆。然后放苗到适宜的重量，将苗木用绳子卷成捆。包装时附上标签，在标签上注明树种的苗龄，苗木数量，等级，苗圃名称等。

2. 苗木运输　以防苗根不失水为原则，长距离运输时，裸根苗根部一定要蘸泥浆，带土球的苗要先在枝叶上喷水，再用湿苫布将苗木盖上。

（四）苗木检疫

苗木检疫是一项传统的植物保护措施，但又不同于其他的病虫防治措施。它是通过法律、行政和技术的手段，防止危险性植物病、虫、杂草和其他有害生物的人为传播。当前，苹果蠹蛾在我国新疆和甘肃省已有发生，苹果棉蚜在不同果区已有分布，苹果小裂绵蚜已在云南省发现。因此，生产中，要对苗木、接穗、插条、种子等繁殖材料及果品等进行严格检疫，防止危险性的病、虫（如苹果绵蚜、苹果黑星病、苹果蠹蛾、美国白蛾、地中海实蝇等）、杂草和其他有害生物传播蔓延，坚决切断传染源。

第三节　生物学特性

一、根系生长特性

（一）根系生长动态

苹果的根系没有自然休眠期，在一年内只要满足根系生长的条件，可全年不停地生长。春季随土温升高根系开始活动，一年中出现2～3次发根高峰。第一次生长高峰是萌芽前1周左右至春梢旺长前10天左右出现，这次发根的时间较短，但发根数量较多，主要发生吸收根；第二次高峰是在春梢生长缓慢至停长期。此时地上部新梢停止生长，当年的养分积累较多，土温适宜，是全年发根最多的时期，约延续30 d；第三次高峰是从秋梢开始缓慢生长至落叶前，是全年发根持续时间最长的时期。生产上在此期前施基肥，有利于增加树体的贮藏养分。

盛果期的大树则只有春、秋两次生长高峰。

（二）根系生长与土壤的关系

苹果的根系生长在7～20 ℃最适宜，1～7 ℃和20～30 ℃时生长减弱，当土温低于0 ℃或高于30 ℃时，根就不能生长。长期处于高温（35 ℃以上）或低温（－12 ℃）条件下，根系会死亡。土壤湿度为田间最大持水量的60%～80%，有利于根系生长，低于50%根系生长受阻。土壤空气中的含氧量10%以上时，根系才能正常活动，15%以上时发生新根，低于5%则根系停长。当土壤中的二氧化碳含量达到10%时，抑制根系生长。土壤孔隙度达10%以上时，根才能正常生长。由此可见，土壤肥沃，水、气、热量平衡时，苹果的根系发达。

苹果根系的加粗生长只表现在永久性根上，一般在9月上旬有一段显著加粗的时期，一般为10 d左右。另外，根系与地上部的枝类组成密切相关。当树体中、长枝多时，1～5 mm的根多；短枝多时，小于0.5 mm的细根多。同时按功能将新根分成延长根（生长根）和吸收根。前者长而粗壮，生长迅速，主要功能是延长和扩大根系分布范围，也具有一定的吸收能力；后者细短，密生成网状，发生量大，主要具有吸收功能但不能加粗，寿命为15～25 d。

苹果根系喜微酸性到微碱性的土壤，pH以5.5～6.7为宜。pH在4.0以下的酸性土壤生长不良，易出现缺磷、钙、镁等症状；pH在7.8以上的碱性土壤严重制约苹果生长，易出现缺铁、硼和锰等现象，使苹果出现缺素症。

二、芽、枝和叶生长特性

（一）芽

1. 芽的类型 苹果的芽有花芽、叶芽之分。花芽为混合芽，一般充实饱满，芽体较大，鳞片包被紧，芽顶钝圆；叶芽多瘦小，芽顶尖，芽体茸毛较多。苹果的花为两性花，由花梗、花托、花萼、雄蕊、雌蕊几部分组成；苹果的果实为假果，由子房和花托发育而成。

2. 生长发育 叶芽外面有鳞片包被着，芽内有枝叶原始体，叶芽萌发生长留有鳞痕。一般充实饱满的苹果芽常有鳞片6～7个，内生叶原始体7～8个。苹果的叶芽是枝叶生长的基础，由于芽的异质性对新梢生长强度有一定的影响。当春季日夜平均温度达10 ℃左右时，叶芽即开始萌动。潜伏芽的寿命长。芽具有早熟性，相对更容易形成花芽。

（二）枝

1. 枝的类型 枝条是由叶芽萌发而成，当年生长的部分，在落叶前称新梢，落叶后称一年生枝。苹果的枝条分为叶丛枝、短枝、中枝、长枝和发育枝5类。枝长在0.5 cm以下的称为叶丛枝；0.5～5 cm的称为短枝；5～15 cm的称为中枝；15～30 cm的称为长枝；30 cm以上的枝称为发育枝，发育枝多数有春梢和秋梢。带有花芽的枝条称为果枝。枝长5 cm以下的为短果枝；5～15 cm的为中果枝，15 cm以上的为长果枝；另外，有些品种在幼树期新梢上部有可利用结果的腋花芽枝。苹果的花芽萌发后先长一段短枝，随之膨大成果台，果台顶端着生花序。叶腋内可萌发1～2个枝条，称为果台枝（即果台副梢），连续结果能力强的品种，又能形成短果枝群。

2. 生长发育 当春季日平均气温稳定在10 ℃以上时叶芽开始生长。枝条越长，生长的天数越多。新梢的加长、加粗生长受枝芽异质性、顶端优势、方位等影响。其加长生长过程分为叶簇期、迅速生长期、缓慢生长期、顶芽形成期和秋梢形成期。加粗生长期与加长生长同步进行，不过相对较

慢，到后期加粗生长较快一些。停止加粗生长也比加长生长较晚些。多年生枝干仅有加粗生长。

叶丛枝和短梢生长期短，萌芽后大约1个月顶芽停长，叶片制造的养分主要用于自身消耗。生长量大的长梢和发育新梢生长期长，萌发后经缓慢生长阶段后一直旺盛生长，长成不带秋梢的长枝和发育枝。还有一种新梢，在停顿一段时间后，顶芽又重新萌发，生长分为两段，前期生长的一般称为春梢，后期生长的一般称为秋梢，前期消耗的养分多，后期积累外运的多，对树体贮藏营养有重要作用。中枝初期生长缓慢，随之旺盛生长，到5月底6月初形成饱满的顶芽，积累养分较早，对当年生长、芽的分化以及营养物质积累均有一定作用。

（三）叶

苹果的单叶形成过程可分成5个时期：即叶原始体形成期、叶片迅速生长期、叶片原生质充实期、叶功能期和衰老期。

叶片开始生长后，光合作用最强的一段时间称为叶功能期，此时的光合产物除自身消耗外，还能外运供应新梢和果实生长所需。由此，保护功能叶，提高光合效率，延长功能期，栽培上多采用改善光照条件、应用根外追肥及加强病虫防治等措施。

叶幕的结构与苹果的生长发育和产量有密切关系，而一年中全树的叶幕形成与新梢组成有关。80%的叶面积是在中、长梢顶芽形成前长成。短梢数量愈多，叶幕形成愈快，全树的营养积累期也早。相反，叶幕形成期延长，却不利于早期成花、坐果。增加叶面积可以增加受光面积，积累更多光合产物。但叶面积增加到一定程度，有效叶面积减少，光合能力下降。因而，苹果的叶面积指数以保持3.0～3.5为宜。

三、开花与结果习性

（一）开花

1. 花芽分化的条件　从叶芽转化为花芽是从量变到质变的过程，这一过程称作花芽分化。在通常情况下成龄苹果树一年只开1次花，结1次果。

苹果花芽形成必须具备三个条件：

（1）芽的生长点细胞必须处在缓慢分裂状态。只有芽原体处于分化阶段的芽，才有可能分化花芽。

（2）营养物质积累达到一定水平，特别是糖类和氨基酸的积累，使细胞液浓度提高。

（3）适宜的环境条件，如充足的光照，适宜的温度和湿度。一般温度20～25℃、土壤相对湿度60%为花芽分化的适宜条件。

在年生长周期中，当新梢生长转缓、糖类大量积累时，开始花芽分化。一年中有两个集中分化期：一是春梢停长后，主要是短梢和部分中梢顶芽分化形成花芽；二是秋梢停长后，主要是腋花芽和副梢顶芽形成花芽。

2. 花芽分化影响因素　花芽分化的早晚与树龄、树势有关。盛果期的大树花芽分化早；幼树生长旺、停长晚，花芽分化晚；同株树上短梢最早，中梢次之，长梢较晚，而腋花芽及副梢芽最晚。

花芽分化可分为生理分化期、形态分化期和性细胞形成期。苹果的芽在其发育初期，叶芽和花芽没有区别，只是发育到一定阶段后，有的芽具备了向花芽转化的条件，芽内生长点的生理状态向花芽方向转化，进入生理分化期。苹果花芽的生理分化期在形态分化期之前1～7周。经过生理分化的芽继续形态分化，顺序经过花序分化期、萼片分化期、花瓣分化期、雄蕊分化期和雌蕊分化期，至冬季休眠前完成形态分化。不同部位及不同类型的芽开始形态分化的时间不同，但均在休眠前完成雌蕊分化。

解除休眠后，完成形态分化的花芽继续发育，至花芽萌动为止。从花芽萌动开始，雄蕊的孢原组织向花粉母细胞发展，同时，雌蕊出现胚珠突起。当花序伸出和分离时，从花粉母细胞形成，进而形成双核花粉粒，经 2～3 周。同时，雌蕊逐渐形成胚珠，花序分离时雌蕊中形成孢原细胞，花序分离后 4～5 d，胚囊形成。这些过程的进行均依靠树体内积累的营养物质。因此，春季树体内有足够的贮藏营养与花器官的继续发育有直接的作用。

3. 物候期 春季当日平均气温达到 15 ℃以上时，多数苹果品种即开花。不同地区开花早晚主要与当地、当年的气候条件有关。同一地点，因年度间的气候及地势条件差异，花期早晚也不同。

苹果开花过程可分为花芽膨大期、开绽期、花序分离期、展叶期、初花期、盛花期和谢花期。一朵花从开放到落瓣需 2～6 d，一个花序开完约 1 周，整个花期一般半个月左右。花期长短与温度及湿度有关。气候冷凉，空气湿度大，花期长；高温、干燥则花期短。每个花序的中心花先开，边花顺次开放。在同一株树上，短果枝花先开，中、长果枝随后开，腋花芽开花最晚。盛果期树开花较早，幼龄树开花较晚。

（二）坐果

花朵开放标志着雄蕊的花粉囊和雌蕊的胚囊成熟，进而花粉囊开裂，散出花粉，雌蕊柱头分泌黏液，通过昆虫等媒介把花粉传至柱头，花粉粒落于雌蕊柱头。经过受精的花朵，子房内胚和胚乳开始发育而成幼果。

苹果能否顺利完成授粉、受精，与授粉树、温度等因素有关。绝大多数品种自花不实，需有不同品种为之授粉。选用苹果授粉树，要注意品种间的花期是否一致或互相重叠期的长短，授粉树应能产生大量可稔性花粉，同一品系的品种间不能互作授粉树。花期温度在 10～25 ℃时，有利于花粉发芽和花粉管生长；盛开的花在－3.9～－2.2 ℃可能受冻，雌蕊在低温下先受冻，雄蕊较耐低温。

（三）落花落果

未受精或受精不良及养分供应不足的幼果则出现落花落果现象。

苹果有 3 次落花落果。第一次在谢花后，未受精的花朵子房未见膨大，首先脱落（落花）；第二次在谢花后 15 d 左右，幼果脱落，主要是受精不良和营养不足；第三次在谢花后 30～50 d，已膨大的幼果脱落，主要是营养不良造成的。过多的落花落果易造成减产。生产上满足授粉、受精条件可减轻第一次落果，而第二次落果对产量影响较大，应加强树体及地下管理，提高树体的营养水平，及时进行人工疏花疏果，重视治虫保叶，避免因营养不良导致的大量落花落果。花期喷硼、弱树喷尿素、旱地灌溉、适当重剪等措施都可减轻落果，提高坐果率。

四、果实生长发育与成熟

（一）果实生长动态

苹果花从子房受精到果实成熟，在外部形态变化上可分为果实发生期、萼片闭合期、梗洼形成期、果实色泽变化期、果实采收期等。

苹果的果实生长，需经过细胞数目增加和细胞体积增大两个过程。果实发育第一阶段是细胞数目增加。一般花原基形成便开始细胞分裂，开花时暂时停止，受精后子房、花托加快细胞分裂，持续 4～6 周。第二阶段是细胞体积增大。胚发育后，果实细胞进入膨大期。在细胞分裂的同时，靠近果心的细胞首先膨大，随后是外层细胞逐渐增大。果实细胞膨大主要靠糖分和水分充实果实细胞。果实发育的中后期树体叶幕形成，光合产物大多供应果实，使果肉细胞膨大，水分增加，干重也增加。只有贮藏营养充足，叶片功能强，才能结出大的果。

（二）果实成熟

果实中种子数目和分布影响果实的大小和形状。种胚在发育过程中产生各种激素，激素起着向果实中调运营养的作用，使光合产物源源不断地流入果实。使用植物生长调节剂，可以促使果实增大。果实体积的增长速度，一般初期和末期较慢，中期到成熟前较快。果实的重量以成熟前 1 个月增长最快。达到成熟的果实，具有品种固有的色、香、味，果实呼吸强度不高，果肉具一定硬度，从而保证商品质量和较强的耐贮性。不同品种从花瓣开始脱落到果实成熟所需的天数不同。在山东气候条件下，辽伏 70～80 d，藤牧 1 号 90～100 d，元帅、金冠 140～145 d，新红星等元帅系短枝型品种150 d，富士 180 d 以上。

影响果实增大的因素，还有内源激素、水分、温度和光照等。苹果在细胞分裂期，生长素、赤霉素、细胞分裂素都参与活动，种子的胚和胚乳形成激素能促进果肉的发育，乙烯和脱落酸能促进果实的成熟和形成离层。苹果果实细胞分裂主要是原生质增长过程，需要有足够的氮、磷、钾、糖类等无机和有机营养供应。果实中的水分占 80%～90%，保证供水是果实增大的必要条件。干旱缺水时，叶片从幼果中夺水，影响幼果细胞分裂，使果实停止生长或缩小，水分充足，可增大果形指数。温度和光照影响叶片光合作用，左右呼吸强度，关系到糖分合成和积累，与果实增大关系密切。

第四节　对环境条件的要求

一、土壤

苹果性喜微酸性至中性土壤，pH 以 5.5～6.7 为宜，pH 在 4.0 以下生长不良，易出现缺磷、钙、镁等症状，pH 在 7.8 以上时严重制约苹果生长，易出现缺铁、锌、硼、锰等现象。苹果不同砧木对土壤的酸碱度适应性不一，如山荆子抗寒，较耐酸，但不抗盐碱，而海棠类作为砧木时，在 pH 高的土壤中适应性强。苹果耐盐力不高，据研究，土壤中氯化盐含量在 0.13%以下苹果生长正常，0.28%以上时则受害重。

苹果的根系不耐涝，地下水位必须在 1 m 以下。土壤含氧量在 10%以上时能正常生长，10%以下时生长受到抑制，5%以下时根和地上部均停止生长，1%以下时细根死亡，地上部严重受害。苹果栽培要求土层深厚，有效活土层应在 80 cm 以上；土层浅苹果生长不良，抗性差，易遭旱害。由此，苹果需土层深厚、有机质含量丰富、通气良好、疏松肥沃、保肥保水性好、中性的土壤，有机质含量对于土壤良好理化性状的形成和维持有重要作用。

二、温度

苹果原产夏季空气干燥、冬季气温冷凉的地区。温度是限制苹果栽培的主要因子，一般认为，年平均温度在 7.5～14.0 ℃的地区都可栽培苹果，温度过高或过低都不利于苹果生长。冬季温度高则不能满足冬季休眠期所需低温，一般要求冬季最冷月平均气温在－10～10 ℃。苹果抗寒性较强，休眠季可抗－30 ℃以下低温，但依品种、树体充实程度、休眠深浅及温度变化速度等而不同。苹果春季萌动时对低温敏感，我国北方地区栽培苹果易受早春倒春寒或晚霜危害。

春季昼夜平均气温 3 ℃以上时苹果植株地上部开始活动，8 ℃左右开始生长，15 ℃以上生长最活跃，整个生长季（4～10 月）平均气温在 12～18 ℃，夏季（6～8 月）平均气温在 18～24 ℃，最适合苹果生长。生长季热量不足则花芽分化不好，果实小而酸，色泽差，不耐贮藏。夏季温度过高，如平均温度在 26 ℃以上则花芽分化不良；秋季温度白天高、夜间低，昼夜温差大时有利于果实品质的提高，秋季温度过高易发生采前落果。

三、湿度

苹果要求夏季较为干燥的气候，夏季高温多雨病害严重，也影响到果实品质。苹果较为抗旱，生长季降水量达 540 mm 即可满足苹果生长与结果所需，我国北方沿海地区年降水量在 600 mm 左右，但降水量分布极为不均，70%～80%集中在 7～8 月，因此建园必须设置排灌系统。

苹果新梢旺盛生长期是一年中需水最多的时期，此时水分充足，则新梢生长迅速，并能及时停长，对果实发育和花芽分化均有利；水分过多，则枝叶生长过旺，大量营养被枝条所消耗，花芽数量少，生产中需排水。

四、光照

苹果属喜光性树种，要充分发挥叶片的同化机能，需要 1 500 lx 的光照度。据研究，金冠、红星等苹果光补偿点为 600～800 lx，光饱和点为 3 500～4 500 lx，在此范围内光照度增加，光合作用增强。光照度影响果实着色，如红色品种需年日照 1 500 小时以上；对一株树而言，树冠中的入射光强为自然光强的 70%以上时着色良好。光质对着色也有较大影响，紫外光能诱发果实中产生乙烯，促进了花青苷的合成，有利于着色。日照不足时则枝叶徒长，叶大而薄，枝纤弱，贮藏营养不足，花芽分化不良，抗病虫力差，开花坐果率低，果实品质差。但光线过强也不利于光合作用，而且常引起高温伤害，造成果实日灼现象。

五、风

大风不仅直接损害果实，且随之降温，降低叶片机能，开花期损害花器，阻碍昆虫活动，影响授粉、受精，冬季寒风可引起或加重树体的冻害。强风可引起落果、损叶、折枝、树冠偏斜等。因此，在风大的地区建立苹果园，必须营造防风林。

六、其他因素

空气污染如空气中的有害气体成分二氧化硫、一氧化碳、硫化氢等可对苹果树产生毒害，影响其正常的生理机能；另外，工业废水、农药、化肥等造成的土壤污染也会破坏土壤结构，毒害果树。

第五节 建园和栽植

一、建园

（一）园地选择

建立苹果园，首先应选择土层深厚、肥沃疏松、保墒性强、排水良好、酸碱度适宜的土壤条件。土层厚度 80 cm 以上，土壤孔隙中空气的含氧量 15%以上，土壤 pH 以 5.5～6.5 为宜，地下水位 1.5 m 以下，土壤肥力最好能在 1%以上，且地势平坦，有良好的排灌条件。为让苹果树上山下滩，改良山区挖大定植穴、河滩地抽沙换土。选址土壤以肥沃的壤土和沙壤土为宜。其次，应根据苹果品种对气候条件的适应能力选择适宜的生长发育环境。如温度、光照、水分等。再次，选址要考虑地形、地势、坡度、坡向的影响。最后，果园应集中连片，便于管理；交通便利，附近有贮果场及设备。还应有果园防护林，避开重茬地，躲避城市近郊污水及有害气体的危害。

（二）园地规划设计

园地规划设计主要包括水利系统的配置、栽培小区的划分、防护林的设置以及道路、房屋的建设等。

1. 水利系统配置 水是建立苹果园首先要考虑的问题，要根据水源条件设置好水利系统。有水源的地方要合理利用，节约用水；无水源的地方要设法引水入园，拦蓄雨水，做到能排能灌，并尽量少占土地面积。

2. 小区设计 为了便于管理，可根据地形、地势以及土地面积确定栽植小区。一般平原地每 1～2 hm^2 为一个小区，主栽品种 2～3 个；小区之间设有田间道，主道宽 8～15 m，支道宽 3～4 m。山地要根据地形、地势进行合理规划。

3. 防护林设置 防护林能够降低风速、防风固沙、调节温度与湿度、保持水土，从而改善生态环境，保护果树的正常生长发育。因此，建立苹果园时要搞好防风林建设工作。一般每隔 200 m 左右设置一条主林带，方向与主风向垂直，宽度 20～30 m，株距 1～2 m，行距 2～3 m；在与主林带垂直的方向上，每隔 400～500 m 设置一条副林带，宽度 5 m 左右。小面积的果园可以仅在外围迎风面设一条 3～5 m 宽的林带。

二、栽植

（一）栽植密度与方式

栽植密度应依据立地条件、品种类型、管理水平等综合考虑。土层深厚的平原地，栽植密度宜小；山区和河滩地土壤瘠薄，密度宜大；乔砧树密度小，短枝型及矮化砧树密度宜大；管理水平高，肥水条件好，树体发育健壮且生长量大，密度宜小。近年来实行密植栽培，乔砧树的株行距一般为（3～4）m×5 m，短枝型品种或矮化砧树株行距一般为（2～3）m×4 m。适当加大密度可提高早期产量，增加经济效益。

（二）授粉树配置

1. 授粉树选择　授粉树与主栽品种授粉亲和力强，最好能相互授粉。授粉品种花粉量大，与主栽品种花期一致，树体长势、树冠类型基本相似。授粉品种果品质量较好，经济价值高（表 45－2）。

2. 授粉树配置比例　主栽品种与授粉品种的比例一般为（4～5）∶1，授粉树缺乏时，至少能保证（8～10）∶1。应根据昆虫的活动范围、授粉树花粉量大小而定，一般距离主栽品种不超过 40～50 m，花粉量小的要更近一些。

3. 授粉树的配置方式　生产中可采用两种方式：一种是成行栽植，每隔 4～5 行配置一行授粉品种，便于田间操作；另一种是梅花形或间隔式，按照（4～5）∶1 的原则，在周围 4～5 株主栽品种间配置 1 株授粉品种。如果两个品种互为授粉树时，可采用各品种 2～4 行相间对等排列方式。另外，要注意多倍体品种，如新乔纳金、陆奥、世界一、北斗等，因其自身花粉发芽率低，配置授粉树时最好选配 2 个品种，以便相互传粉。

表 45－2　苹果品种的适宜授粉组合

主栽品种	授粉品种
富士系	元帅系、王林、千秋、金冠、嘎拉
短枝富士	首红、新红星、金矮生
乔纳金系	王林、富士、嘎拉、元帅系
王林	嘎拉、富士、千秋
元帅系短枝型	金矮生、短枝富士
嘎拉	富士、金冠等
藤牧 1 号	嘎拉、新红星等

（三）栽植方法

1. 挖定植穴（沟）　在规划的园地上用仪器和测绳打点，确定定植穴（沟）的位置。按定植点挖宽 1.0 m、深 0.8 m 的定植穴。宽行密植的可挖定植沟。在挖定植穴（沟）时，要把熟土和生土各放一边。挖好后每株用 50 kg 有机肥再加 0.2 kg 氮肥和 0.5 kg 磷肥与表土混匀，填入穴（沟）中，后填底土，随填土随压实，填至距地面 20 cm 为止。

2. 栽植　将劈裂的根剪去，较粗的断根剪成平茬，然后用清水浸泡或用磷肥泥浆蘸根。磷肥泥浆配制方法：过磷酸钙 1.5 kg，水 50 kg，黄土 5 kg，腐熟牛粪 2.5 kg，充分搅匀即可。栽植时要纵横对齐，按株行距定好苗位。苗木放正后，填入表土，并轻提苗干，使根系自然舒展，与土壤密接，随即填土踏实，填土至稍低于地面为止，打好树盘，灌足底水，待水渗下后，封土保墒。栽苗深度要适当，让根颈稍高于地面，待穴（沟）内灌水沉实、土面下陷后，根颈与地面相平为度。栽苗过深，树不发旺；栽苗过浅，容易倒伏。

(四) 栽后管理

1. 定干除萌 春季定干高度一般为 70～90 cm。苗木发芽后，及时除去萌蘖。个别出现下芽抽条旺长现象，可行摘心，以免影响上部新梢的生长。萌芽前在苗木的适当部位采用目伤法，刺激抽生长枝，以满足整形要求。

2. 保墒 有灌溉条件的苹果园，一般栽后灌水 3～5 次。旱地果园，冬季要抓好树盘积雪、春季刨园、松土保墒、整修树盘。夏秋用杂草、绿肥覆盖保墒。

栽后覆膜能提高地温，保持土壤水分，确保苗木成活率，缩短缓苗期，加速幼树生长。密植成行的果园可成行整株覆盖，中密度以下的，可单株覆盖。覆盖前先行树盘耙平，成行覆盖宽度一般为 1.0 m 左右；单株覆盖的 1 m^3 左右。

3. 套袋防虫 为了防止苗木抽干和金龟子等害虫对幼芽的危害，可对树苗套塑料薄膜袋。袋宽 10 cm，长 60 cm 左右。要用韧厚的塑料膜做成的袋，以免大风刮碎。苗木发芽后，根据气温高低和芽生长情况，适时打开上部的袋口放风，以免袋内温度过高，灼伤嫩梢，放风几天后将袋拆除。

4. 补苗 幼苗发芽展叶后，随时检查成活情况。地上部抽干的，可剪至正常处，促抽枝。生长季发现死苗，可于翌年春季用假植苗补齐，以保持幼龄苹果园整齐度。

5. 埋土防寒 在冬季寒冷区，秋植苗应在封冻前压弯苗木，埋土防寒，防止冻旱抽条，翌年春季发芽前撤除埋土，扶正苗木。

第六节 土肥水管理

一、土壤管理

(一) 扩穴

幼树定植几年后，每年或隔年向外深翻扩大栽植穴，直到全园株行间全部翻遍为止。这种方式用工量少，深翻的范围小，但需 3～4 次才能完成全园深翻，且伤根较多。也可采用隔行深翻，即隔 1 行深翻 1 行，分 2 次完成，每次只伤一侧根系，对果树影响较小，这种行间深翻便于机械作业。或全园深翻：将栽植穴以外的土壤一次深翻完毕。全园深翻范围大，只伤一次根，翻后便于平整园地和耕作，但用功量多。

深翻注意与施肥、灌水相结合。施用有机肥以增加土壤腐殖质，促进团粒结构的形成，变生土为熟土。在墒情不好的干旱地区，深翻一定结合灌水，防止干旱、冻害等现象的发生。深翻时，表土与底土分别堆放，表土回填时，应填在根系分布层。有黏土层的要深翻打破黏土层，并把沙土和黏土拌均匀后回填。尽量少伤、断根，特别是 1 cm 以上的较粗大的根，不可断根过多，对粗大的根宜剪平断口，回填后要浇水，使根与土密接。深翻方式视果树具体情况而定，小树、幼树根系少，一次深翻伤根不多，影响不大，成年树、大树根系分布范围大，以隔行或对边开沟方式较为适合。山地果园深翻要注意保持水土，沙地果园要注意防风固沙。

(二) 改土

结合客土法和增施有机肥深翻改土。对果园土壤进行合理深翻，能使土壤熟化，疏松多孔，增加土壤的透气性，有利于根系向垂直和水平方向生长，扩大根系的吸收面积，增加土壤保蓄水分的能力。土壤结构差的重黏土、重沙土和沙砾土，进行"客土掺和"，即重黏土掺沙土，沙土掺黏土、塘泥，沙砾土捡去大砾石掺塘泥或黏土。再结合多施有机肥和合理间作，就可改良成良好的土壤。

(三) 翻耕

1. 秋季深翻 通常在果实采收前后结合秋施基肥进行。此时树体地上部分生长较慢或基本停止，

养分开始回流和积累，又值根系再次生长高峰，根系伤口易愈合，易发新根；深翻结合灌水，使土粒与根系迅速密接，利于根系生长；深翻还有利于土壤风化和积雪保墒。因此，秋季是果园深翻较好的时期。但在干旱无浇水条件的地区，根系易受旱、冻害，地上枝芽易枯干，不宜进行秋季深翻。

2. 春季深翻　应在土壤解冻后及早进行。此时地上部分尚处于休眠状态，而根系刚开始活动，深翻后伤根易愈合和再生。从水分季节变化规律看，春季化冻后，土壤水分向上移动，土质疏松，操作省工。我国北方地区多春旱，翻后需及时浇水，早春多风地区，蒸发量大，深翻过程中应及时覆土，保护根系。风大、干旱缺水和寒冷地区，不宜春季深翻。

3. 冬季深翻　宜入冬后至土壤封冻前进行。冬季深翻后要及时填土，以防冻根；如墒情不好，应及时灌水，防止露风伤根；如果冬季雨雪稀少，翌年宜及早春灌。北方寒冷地区不宜深翻。

4. 深翻深度　以比果树根系集中分布层稍深为度，且还应考虑土壤结构、质地、树龄等。如山地土层薄，下部为半风化的岩石，或耕层下有砾石层或黏土层，深翻一般为 80～100 cm；如果土层深厚，沙质壤土，则深度可适当浅些。

（四）间作

幼龄果园、实行宽行密植未交接封行的果园均可实行间作。实行合理间作不但不会影响果树生长，而且可以防止杂草丛生，避免土地资源的浪费，提高幼树期的土地利用率，增加果园的经济效益。间作要选择适宜间作物，对果树根系影响较小，避开果树需能关键期的作物。豆科作物如花生、大豆、绿豆等根系具有根瘤菌，能够把空气中的氮气转化为植物可以吸收利用的氮素，从而具有培肥地力的作用，是果园首选的间作物。另外，矮秆的地瓜、西瓜、草莓、葱、蒜等也可用于间作，但要加强土壤施肥和灌水，不但不妨碍果树生长，而且由于提高了土壤肥力，反而促进其生长。茎秆较高的作物如小麦、玉米、棉花、黄烟、谷子等作物根系分布范围深广，吸肥吸水能力强，与果树争水争肥矛盾突出，地上部由于茎秆较高，影响果园通风透光，极大地妨碍果树生长，经济上得不偿失，因此应严禁选择这类作物进行间作。应当注意的是，间作时要留足树盘，定植当年可留出 1 m 宽的树盘，随树冠逐年扩大树盘也要扩大，树盘的面积不小于树冠的投影面积，树盘内不能种植间作作物。总之，间作要以不妨碍果树生长为前提。

（五）其他措施

1. 果园生草　果园生草能够改良土壤结构，提高土壤有机质含量和土壤肥力，调节地温；能改善果园生态环境，形成良好的果园生态系统，为天敌提供生存繁殖条件，有利于生物防治；能有效保持水土，涵养水分、富集水分，尤其是山坡地、河滩沙荒地，效果更突出；能抑制杂草生长，减少用工。果园生草适宜在年降水量 500 mm，最好在 800 mm 以上的地区或有良好灌溉条件的地区采用。幼树期即可进行生草栽培；高密度果园宜覆草。果园生草有人工种植和自然生草两种方式，又有全园生草、行间生草等。

草种以白三叶草、紫花苜蓿、田菁等豆科类为好，另外，还有黑麦草、百脉根、百喜草、草木樨、大花野豌豆（毛苕子）、小冠花、早熟禾、羊胡子草等。

播种时间多为春、秋季。春播一般在 3 月中下旬至 4 月，气温稳定在 15 ℃以上时进行。秋季播种一般从 8 月中旬开始，到 9 月中旬结束。草种用量：白三叶、紫花苜蓿、田菁等，每 667 m^2 用 0.5～1.5 kg，黑麦草每 667 m^2 2.0～3.0 kg。

自然生草是根据果园内自然长出的各种草，把有益的草保留，将有害草及时拔除，选留几种适于当地自然条件的草种形成草坪。这是一种省时省力的生草方法。

2. 果园覆盖

（1）覆草。覆草前，应先浇足水，按每 667 m^2 10～15 kg 的数量施用尿素，以防脱氮和满足微生物分解有机质时对氮的需要。

覆草一年四季均可，以春、夏季最好。全园覆草，每 667 m^2 用草量宜在 1 500 kg 左右；树盘覆草 1 000 kg 左右。厚度应在 10～20 cm。覆草应连年进行，3～4 年后可在冬季深刨一次，深度 15 cm 左右，将地表已腐烂的杂草翻入表土，然后加施新鲜杂草继续覆盖。

（2）覆盖地膜。覆膜前需先追施肥料，地面必须先整细、整平。在干旱、寒冷、多风地区以早春（3 月中下旬至 4 月上旬）土壤解冻后覆盖为宜。夏季进入高温季节时，注意在地膜上覆盖一些草秸等，以防根际土温过高，一般不超过 30 ℃为宜。

（3）覆盖反光膜。覆盖反光膜主要目的是增加树冠内膛光照度，促进果实着色，改善果实外观品质，提高果实商品性。苹果园覆盖反光膜至少应在采收前 20 d 以上进行。

二、施肥管理

（一）施肥的意义

苹果树是多年生木本植物，长期生长在同一个位置，生长点固定，根系极易受到土壤营养状况的影响。土壤条件差，不但养分含量低，养分不平衡，而且水、气、热状况也不协调，土壤生物状况也差。由于我国大部分果树种植在山区、丘陵和滩涂等地区，土层薄，土壤肥力差，保水保肥性差，在多数情况下，土壤并不能自然地为果树生长发育提供最佳的环境条件。如有些平原地果园，土层深厚黏重，夏季高温多雨易涝，树体表现出长枝比例高、春梢叶小芽秕、秋梢叶黄化、内膛叶秋季早落的现象，幼树外旺内虚、难以成花。由于果园土壤状况的制约，极大地限制了果品的产量和品质。因此，生产上，要重视果园土壤改良和培肥地力的重要性，并根据树体营养需求来调节土壤环境，采取以增施有机肥为基础的培肥地力技术，使之适合于果树植株的生长发育，发挥土壤的最大效益。

（二）基肥

1. 种类

（1）有机肥。常用的有机肥主要指农家肥，含有大量动植物残体、排泄物、生物废物等，如堆肥、绿肥、秸秆、饼肥、沤肥、厩肥、沼肥等。使用有机肥不仅能为农作物提供营养，且肥效期长，可增加土壤有机质，促进微生物繁殖，改善土壤的理化性状和生物活性，是苹果生长主要养分的来源（表 45－3）。

表 45－3 有机肥料中氮、磷、钾含量

单位：%

有机肥种类	N	P	K
人尿	1.00	0.50	0.37
人粪	0.50	0.13	0.19
人粪尿	0.5～0.8	0.2～0.4	0.2～0.3
猪厩肥	0.45	0.10	0.60
马厩肥	0.58	0.28	0.63
牛厩肥	0.45	0.50	0.23
羊厩肥	0.83	0.23	0.67
混合厩肥	0.50	0.25	0.60
鸡粪	1.63	1.54	0.85
蚕粪	2.2～3.5	0.5～0.8	2.4～3.4
大豆饼	7.00	1.32	2.13
棉籽饼	3.80	1.45	1.09
花生饼	6.40	1.25	1.50
麦秸堆肥	0.18	0.29	0.52
玉米秸堆肥	0.12	0.16	0.84
稻秸堆肥	0.92	0.29	1.74
棉秸堆肥	0.92	0.29	1.74
大豆秸堆肥	1.31	0.31	0.50

（2）微生物肥。指用特定微生物菌种培养生产的具有活性有机物的制剂。该肥料无毒、无害、无污染，通过特定微生物的生命活力增加植物的营养和提高植物生长激素含量，促进植物生长。土壤中的有机质以及使用的厩肥、人粪尿、秸秆、绿肥等，很多营养成分在未分解之前作物是不能吸收利用的，要通过微生物分解变成可溶性物质才能被作物吸收利用。如根瘤菌能直接利用空气中的氮气合成氮肥，为植物生长提供氮素营养。微生物肥的使用严格按照使用说明的要求操作，有效活菌的数量应符合相关标准中的规定。

（3）腐殖酸类肥。指泥炭、褐煤、风化煤等含有腐殖酸类物质的肥料，能促进果树的生长发育、增加产量、改善品质。

（4）绿肥。果园种植绿肥作物有利于改良土壤、调节土温、增加土壤有机质含量、提高果实内在品质，是果树所需重要有机肥。在果树行间种植绿肥，土壤有机质含量可达 2.5%以上。

绿肥大部分为豆科植物，含有氮、磷、钾等多种养分和有机质（表 45-4）。据中国农业科学院果树研究所自 1983—1987 年在红富士、金帅园片种植毛叶苕子试验结果表明，压青果园与对照园相比，夏季地表温度压青园为 30.3 ℃，对照园为 36.3 ℃，春季土壤水分比对照园提高 1.9%～6.0%，有机质含量提高 0.28%。连续 5 年种植绿肥压青的盛果期红富士果园，绿肥区全糖、总酸分别为 11.09%和 0.38%，对照区为 10.52%和 0.39%。

表 45-4 主要绿肥植物鲜草养分含量

绿肥种类	养分含量（%）			每 500 kg 鲜草相当化肥量（kg）		
	N	P_2O_5	K_2O	硫酸铵	过磷酸钙	硫酸钾
毛叶苕子	0.56	0.13	0.43	14.0	3.6	4.3
苜蓿	0.56	0.18	0.31	14.0	5.0	3.6
紫穗槐	1.32	0.30	0.79	33.0	8.5	7.5
田菁	0.52	0.07	0.15	13.0	2.0	1.5
柽麻	0.44	0.15	0.30	11.0	4.1	3.0
草木樨	0.52	0.04	0.19	13.0	1.1	2.0

（5）其他肥料。如锯末、刨花、木材废弃物等组成的肥料，不含防腐剂的鱼渣、牛羊毛废料、骨粉、氨基酸残渣、家禽家畜加工废料、糖厂废料等有机物料制成的肥料。主要有不含合成添加剂的食品、纺织工业的有机副产品等。

2. 施肥数量 苹果树施肥量的确定至关重要，一般情况下，苹果的产量和品质常随着施肥量的增加而提高，但当施肥量达到一定水平时，果实的产量和品质却会随着施肥量的增加而降低，由此必须确定经济施肥量。这与结果量、品种特性、树势强弱有关。

山东省苹果园的施肥量标准是每生产 100 kg 果实，施纯 N 1.54 kg，P_2O_5 0.64 kg，K_2O 1.60 kg，土杂肥 160 kg；不同树龄的施肥量（表 45-5）。

表 45-5 山东省不同树龄苹果树单株的施肥量

单位：kg

树龄（年）	土杂肥	硫酸铵	过磷酸钙	草木灰
3～5	100			
6～10	150～200	0.5～1.0	1.0～1.5	1.0～1.5
11～15	200～300	1.0～1.5	2.0～2.5	2.0～2.5
16～20	300～400	1.5～2.0	3.0～4.0	3.0～4.0
21～30	400～600	2.5～3.0	4.0～5.0	4.0～5.0

日本长野县根据不同肥力水平施肥量见表45－6。

表45－6 不同肥力水平时红富士的施肥量

单位：kg

土壤肥力水平	每667 m² 年施肥量		
	氮	磷	钾
上	8.0	2.7	6.7
中	10.0	3.3	8.0
下	13.3	4.0	9.3

3. 时期与方法

（1）时期。秋施基肥是苹果园最重要的一次施肥，基肥可缓慢地分解释放出养分，供给果树各项生命活动之所需。基肥以有机肥为主，配合施入速效性化肥。有机肥和磷肥可一次施入，速效性氮肥施入全年施用量的50%～60%，速效钾肥易淋失可留作追肥用，缺铁、缺锌的果园铁肥和锌肥可在施基肥时一次施入。苹果树定植时每株应施基肥20～25 kg，定植后每年施一次基肥，1～2年生时每公顷施30 t优质有机肥，3～4年生树每公顷施37.5～45 t，进入盛果期后应加大基肥施用量，按每千克果2 kg肥的标准施入优质有机肥。基肥施用量一般占全年施肥量的70%左右。施基肥的时间应在早秋，即中熟品种如元帅系在采果后立即施入，晚熟品种如红富士可带果施入基肥。早秋施基肥正值苹果树根系秋季发根高峰，因此断根后易愈合，在断根部位促发大量新根（主要是吸收根），翌年春季秋根可直接萌生出新根，发生早，根量大，对早春的萌芽、展叶、开花、坐果、抽枝有利，春梢生长加快，早长早停，利于花芽形成。此时施入基肥根系可很快吸收利用，对于提高叶片光合作用，增加贮藏营养有重要作用。早秋施基肥后经过晚秋、冬季和早春漫长时间的腐熟分解，肥效在来年春季苹果需肥最多的营养临界期得到最大限度的发挥。

（2）施基肥的方法。可沿树冠投影外沿开环状沟或条沟，沟宽50 cm左右，深度在50～60 cm，然后把有机肥、土、化肥混合施入。深翻扩穴的果园可结合深翻施入基肥，但不宜施得过深。基肥浅施可利于吸收根的发生，有利于早成花结果，同时基肥分解时放出二氧化碳，提高叶片光合作用。密植果园根系分布浅且集中，可在离树干1 m的地方开放射状沟5～6条，深30 cm左右，近树干的一头稍浅，树冠外围较深，施入基肥后应立即灌水沉实，使土和根紧密结合在一起，利于肥料的分解和利用。

（三）追肥

1. 种类

（1）复混肥。主要由有机物和无机物混合或化合制成的肥料，包括经无害化处理后得到的畜禽粪便加入适量的锌、锰、硼、铝等微量元素制成的肥料和以发酵工业废业干燥物质为原料，配合种植蘑菇或养禽用的废弃混合物发酵废液制成的干燥复合肥料。按其所含氮、磷、钾有效养分的不同，可分为二元、三元复合肥料。

（2）无机肥。矿物钾肥、硫酸钾、矿物磷肥、煅烧磷酸盐等。增施有机肥和化肥有利于果树高产和稳产，尤其是磷、钾肥与有机肥混合使用可以提高肥效。

（3）叶面肥。指喷施于植物叶片并能被其吸收利用的肥料，可含有少量天然的植物生长调节剂。叶面肥料要求腐殖酸含量大于或等于8.0%，微量元素大于或等于6.0%，杂质镉、砷、铅的含量分别不超过0.01%、0.02%、0.02%。按使用说明稀释，在果树生长期内，喷施2～3次或多次。

2. 数量 氮、磷、钾的适宜比例，不同品种、不同地区以及不同树龄等有不同要求。如新红星适宜比例为0.4∶0.3∶0.35。红富士适宜比例，渤海湾地区，幼树期为2∶2∶1或1∶2∶1，结果期为2∶1∶2；西北地区幼树期比例为2∶2∶1，结果期为1∶1∶2；山东省烟台地出提出比例为幼树期2∶1.5∶2，结果期3∶1∶3或2∶0.5∶2。

据中国农业科学院果树研究所对全国苹果施肥网点总结表明，成龄苹果树丰产园氮、磷、钾的适宜比例为2∶1∶2，幼龄树为2∶2∶1或1∶2∶1。当然，具体施肥时，可先按产量高低计算出施氮量，再根据氮、磷、钾的比例，计算出磷、钾肥的施用量，最后根据树体生长势加以调整。

3. 时期　追肥为速效肥，而基肥为缓效肥。追肥主要追施速效性化肥，在生长季苹果树需肥量最多的时期施入，满足果树对肥料的急需。根际追肥是基肥之外必不可少的施肥途径，可以弥补基肥肥效缓慢的不足。苹果树需肥时期与各器官建成的时期相吻合，一般可分为4次追肥。

(1) 芽前肥。在萌芽前1～2周进行。此期是苹果树的氮素营养临界期，应以氮肥为主，施用量占全年氮肥总用量的20%。

(2) 花后肥。时期为5月底6月初。此时苹果树中、短枝停长，花芽开始分化，树体贮藏营养消耗殆尽，叶片由发叶初期的浅黄绿色转为深绿色，开始完全依靠当年叶片制造的同化养分，是全年碳素营养临界期，此期追肥对花芽分化及幼果生长十分有利。以氮、磷、钾复合肥为好，氮肥占全年施入总量的20%，钾肥占60%。

(3) 催果肥。时期为7～8月。叶片光合效能最强，果实生长迅速，是决定果实大小及当年产量的关键时期，因此追肥能明显提高产量。追肥可用三元素复合肥，氮肥占全年施用量的10%，钾肥占40%。

(4) 采后肥。果实采收后结合施基肥进行，对于迅速恢复叶功能，增加树体贮藏营养十分有利。追肥时可采用放射状沟施或环状沟施，也可多点穴施。追肥宜浅，深度应在20 cm左右，施在根系集中分布区。在保肥保水能力差的沙滩地、山坡丘陵地，注意追肥时应少量多次。

4. 根外追肥　把肥料溶解在水中，喷布于叶片上或枝干上。根外追肥可直接被叶片、嫩枝、幼果等的气孔、皮孔、皮层吸收，见效快，肥料利用率高，是除基肥、根际追肥外的应急补缺措施。如套袋苹果叶面喷布氨基酸钙对于防止缺钙症的发生具有良好效果；对于易被土壤固定的钙肥、磷肥、铁肥、锌肥，采用叶面喷肥，效果十分明显。但要注意根据根外追肥的目的和时期，选择好肥料种类和浓度（表45-7）；要在温度较低（18～25 ℃最适）、蒸发量小的情况下喷布以保持肥液的湿润状态，延长叶片的吸收时间，增加叶片吸收量；喷布叶背面，有利提高肥效；掌握好浓度，避免肥害的发生；根外追肥不能代替土壤施肥。

表45-7　根外追肥肥料种类、适宜浓度及效果

种　类	浓　度	时　期	效　果
尿素	0.3%～0.5%	开花到采果前	提高坐果率，促进生长发育
硫酸铵	0.1%～0.2%	开花到采果前	提高坐果率，促进生长发育
过磷酸钙	1.0%～3.0%（浸出液）	新梢停止生长	有利花芽分化，提高果实质量
氯化钾	0.3%～0.5%	生理落果后，采收前	有利于花芽分化，提高果实质量
硫酸钾	0.3%～0.5%	生理落果后，采收前	有利于花芽分化，提高果实质量
磷酸二氢钾	0.2%～0.3%	生理落果后，采收前	有利于花芽分化，提高果实质量
硼酸	0.1%～0.3%	盛花期	提高坐果率
硼砂	0.2%～0.5% 加生石灰适量	5～6月	防缩果病
柠檬酸铁	0.05%～0.1%	生长季	防缺铁黄叶病

三、水分管理

（一）灌水

灌水时期应根据降雨、土壤缺水情况及果树需水规律而定。我国北方苹果产区果园灌水应掌握

"春灌、夏排、秋稍旱、冬灌越冬保安全"的原则。春季土壤解冻之后、果树发芽之前浇一遍水可促进根系对肥料的吸收，有利于开花、坐果和新梢、果实的生长。另外，果树秋末冬初施完基肥后可紧接着灌一遍透水，即封冻水，对于加速肥料分解，保证果树安全越冬，防止冻害和抽条极有作用。除冬、春两季灌水外，夏季和秋季的灌水应根据土壤干旱状况灵活掌握，5月底6月初正值苹果树花芽分化临界期，此时适度干旱会促使花芽分化，而灌水过多会影响花芽分化，减少花芽分化数量。秋季特别是果实采收前应禁止灌水，以提高果实含糖量和增进果实着色。

一次灌水的量不宜太多，以湿透根系分布层为度。具体来讲，应根据树龄、树势、灌水时期及果园土壤类型灵活掌握。幼树、长势旺盛的树灌水量宜少，以抑制其旺长，促进成花；老弱树、结果多的树适当多灌，以促进其生长；春季萌芽前的春灌和秋后灌冻水的灌水量宜大，其他几次灌水量宜小。

（二）灌水方法

1. 漫灌 向整个果园里放水浇灌整个果园。这种灌水方法不但浪费水而且容易破坏土壤结构，灌水量偏大，灌水初期往往造成积涝现象，最好不要采用。

2. 树盘灌 这是目前我国果园普遍采用的灌水方法，灌水量比大水漫灌小，但也易破坏土壤结构，沿树盘灌溉还容易传播根系病害。

3. 沟灌 即顺地势每隔1 m左右挖宽40～60 cm、深20～30 cm的沟，通过沟向果园灌水，利用渗透的方法渗透至整个果园。这种灌水方法用水量较少，不容易传播病害，不破坏土壤结构，是目前较好的灌水方法。

（三）排涝

土壤中水分含量过多易发生涝害，造成土壤中空气含量太少，根系处于缺氧窒息状态，功能下降，吸肥吸水能力受阻，轻者叶片光合作用下降，重者造成烂根，甚至出现死树现象。苹果树较为耐涝，但从土壤水分管理的要求来看必须坚持排水。果园应开挖排水沟，尤其在地势低洼和容易积涝的果园，要做到旱能浇、涝能排。

（四）滴灌节水技术

滴灌是滴水灌溉的简称，是将水加压，有压水通过输水管输送，并利用安装在末级管道（称为毛管）上的滴头将输水管内的有压水流消能，围绕树干设置滴头，使水一滴一滴地滴入土中，使土壤保持湿润状态，该种灌水方法灌水效果最好，提高了水分利用率，节约用水，有利于苹果生长发育，方便、准确、省工，改善果园生态环境，还可结合灌水施肥，对水质也有较高的要求。

1. 滴灌的方式 滴灌是将水过滤、加压，必要时连同可溶性化肥（或农药）一起，通过管道输送到滴头，通过滴头消能，以水滴形式，适时适量地向作物根系供应水分和养分。每一个滴头滴出的水在土壤中形成一个洋葱头状湿润区，紧靠滴头的土壤含水量达到饱和，随即向周围扩散。一条具有许多均匀分布滴头的滴灌带会形成链状湿土区，果树从链状湿土区获取所需的水分、养分。

滴灌分为地下滴灌和地表滴灌。地表滴灌是通过安装在地上的滴头灌溉作物根系附近的土壤。地下滴灌是将毛管和滴水器埋入地表下20～30 cm，灌溉水从灌水器渗出湿润土壤。这种灌水方式可以减缓毛管和灌水器的老化，防止丢失，方便田间作业。但存在一旦灌水器堵塞，不便查找和清洗的问题（于洋，2007）。滴灌水离开滴头时压力为零，只有重力作用于土壤表面，对土壤冲击力较小。滴灌不同于传统的地面灌溉或喷灌要将土壤全部表面灌水，而是只湿润作物根系附近的局部土壤。采用滴灌灌溉果树，其灌水所湿润土壤面积的湿润比只有15%～30%，因此比较省水（于洋，2007）。

2. 滴灌系统的组成 滴灌系统主要由首部枢纽、管路和滴头三部分组成。

（1）首部枢纽。包括水泵（及动力机）、过滤器、控制与测量仪表等。其作用是抽水，调节供水压力与供水量，进行水的过滤等。

（2）管路。包括干管、支管、毛管以及必要的调节设备（如压力表、闸阀、流量调节器等）。其

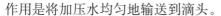

作用是将加压水均匀地输送到滴头。

（3）滴头。安装在塑料毛管上，或是与毛管成一体，形成滴灌带，其作用是使水流经过微小的孔道，形成能量损失，减小其压力，使它以点滴的方式滴入土壤中。滴头通常放在土壤表面，亦可以浅埋保护。

另外，有的滴灌系统还有肥料罐，装有浓缩营养液，用管子直接连接在控制首部的过滤器前面。

3. 注意事项

（1）滴灌系统对水质的要求极严，要求水中不含泥沙、杂质、藻类及化学沉淀物，否则容易堵塞。

（2）限制根系发展。

（3）当在含盐量高的土壤上进行滴灌或是利用咸水滴灌时，盐分会积累在湿润区边缘，这些盐分可能会引起盐害。

第七节 花果管理

一、花果管理的意义

实现苹果优质高效栽培，需根据品种特性、气候、土壤环境、管理条件来建立营养生长和生殖生长的平衡关系。苹果花、果留量过多，超过树体适宜负载能力，开花、坐果、幼果发育消耗大量贮藏营养和当年光合产物，严重影响新梢生长和花芽发育，还会加剧幼果之间对养分的竞争，导致大量落花落果，使产量得不到保证，易引起大小年结果现象；另外，留果过量，不但果个变小、糖度降低、风味变淡、果形差，还会导致营养生长不良，削弱树势。因此，花、果过多时，必须要通过疏花疏果进行调节。疏花疏果可有效地节约养分，特别是贮藏营养，并使糖分在植株中重新分配，形成新的源库关系，有利于开花和果实的生长发育，促进果实形成更强的糖分贮藏库，提高果实吸收利用糖分的能力，从而提高坐果率，改善果实品质；疏除多余的花、果后，减少了养分消耗，有利于新梢的生长发育，进而增加叶片的数量，而叶片作为营养供应器官反过来又会促进果实生长；另外，疏果能使果实中生长素、赤霉素和细胞分裂素这三大类促进生长的植物激素含量提高，进而促进细胞分裂，增加细胞数目，增大果个，改善果实品质，稳定树势，克服果树大小年结果，保证树体连年丰产、稳产。

二、保花、保果

1. 人工授粉

（1）花粉采集。选择适宜的授粉品种，采集含苞待放的铃铛花带回室内。采花时要注意不要影响授粉树的产量，可按疏花的要求进行。采花量根据授粉面积来定，每 10 kg 鲜花能出 1 kg 鲜花药；每 5 kg 鲜花药在阴干后能出 1 kg 干花粉，可供 2～3 hm^2 果园授粉用。

采回的鲜花应立即取花药。方法为将两花相对，互相揉搓，把花药接在光滑的纸上，去除花丝、花瓣等杂物，准备取粉。大面积授粉可采用花粉机制粉。

（2）取粉方法

① 阴干取粉。将花药均匀摊在光滑洁净的纸上，放在相对湿度 60%～80%，温度 20～25 ℃的通风房间内，经 2 d 左右花药即可自行开裂，散出黄色的花粉。

② 火炕增温取粉。在火炕上垫上厚纸板等物，放上光滑洁净的纸，纸上平放一温度计，将花药均匀摊在上面，保持温度在 22～25 ℃。一般 1 d 左右即可。

③ 温箱取粉。找一纸箱（或木箱等），箱底铺一张光洁的纸板或报纸，平放温度计，摊上花粉，上面悬挂一个 60～100 W 的灯泡，调整灯泡高度，使箱底温度保持 22～25 ℃，经 24 h 左右即可。干燥好的花粉连同花药壳一起收集在干燥的玻璃瓶中，放在阴凉干燥的地方备用。

(3) 授粉方法。苹果花开放当天授粉坐果率最高，因此，要在初花期，即全树约有25%的花开放时就抓紧开始授粉。授粉要在9:00～16:00进行。同时，要注意分期授粉，一般于初花期和盛花期授粉2次效果比较好。

① 点授。用旧报纸卷成铅笔状的硬纸棒，一端磨细成削好的铅笔样，用来蘸取花粉，也可以用毛笔或橡皮头。将花粉装在干净的小玻璃瓶中。授粉时将蘸有花粉的纸棒向初开的花心轻轻一点就行。一次蘸粉可点3～5朵花。一般每花序授1～2朵。

② 撒粉。将花粉混合50倍的滑石粉或甘薯面，装在两层纱布袋中，绑在长竿上，在树冠上方轻轻振动，使花粉均匀落下。

③ 液体喷粉。将花粉过筛，去除花药壳等杂物，每1 kg水加花粉2 g，糖50 g，尿素3 g，硼砂2 g，配成悬浮液，用超低量喷雾器喷雾。每株结果树喷布量为0.15～0.25 kg，一般要求在全树花朵开放60%左右时喷布为好，并要喷布均匀周到。注意悬浮液要随配随用。

2. 花期放蜂 苹果园花期放蜂，可以大大提高授粉工效，而且可避免人工授粉对时间掌握不准、对树梢及内膛操作不便等弊端。

生产中花期放蜂主要释放蜜蜂和角额壁蜂。

(1) 蜜蜂授粉。蜜蜂授粉是我国苹果园中长期采用的方法。一般情况下，每箱蜂可以保证0.5～0.7 hm^2 果园授粉。中华蜜蜂较耐低温，授粉工作时间长，比意大利蜜蜂授粉效率高，注意在开花前2～3 d将蜂放入果园，使蜜蜂熟悉果园环境，另外放蜂果园花期及花前不要喷用农药，以免引起蜜蜂中毒，造成损失。

(2) 壁蜂授粉。目前我国苹果主产区如山东的胶东地区，已大面积推广壁蜂授粉，现初步明确专门为果树授粉的壁蜂有5种：紫壁蜂、凹唇壁蜂、角额壁蜂、叉壁蜂和壮壁蜂，其中凹唇壁蜂和角额壁蜂在苹果上应用较多。

① 巢管和巢箱。巢管主要采用芦苇管，内径为6.0～6.8 mm。选择适宜内径的芦苇锯成16～18 cm长的芦管，一端留节，一端开口，管口应不留毛刺，芦管无虫孔。将管口染成红、绿、黄、白4种颜色，各颜色比例为20∶15∶10∶5。然后将芦苇巢管每50支用细绳、细铁丝等捆成一捆备用。

巢箱主要有3种：硬纸箱包裹一层塑料薄膜改制而成、木板钉成的木质巢箱和砖石砌成的永久性巢箱。各巢箱体积均为20 cm×26 cm×20 cm，5面封闭，1面开口，留檐长度不少于10 cm。巢管排列时先在巢箱底部放3捆，其上放一硬纸板，并突出巢管1～2 cm，在硬纸板上再放3捆巢管，上面再放一硬纸板，在巢箱上部的两个内侧面用石块或木条将纸板和巢捆固定在巢箱中，巢管顶部与巢捆间留一空隙，供放蜂时安放蜂茧盒之用。

在释放壁蜂前，设置好蜂巢。蜂巢场地选择在背风向阳处，要有活动空间，巢口向南，每隔20 m放一个，每667 m^2 放蜂巢1.5个，蜂巢距地面40～50 cm，蜂巢上盖防雨板，要超出蜂巢口10 cm。在蜂巢附近1～2 m远处挖一个长40 cm、宽30 cm、深30 cm的土坑，然后铺上塑料布，再装上一半土、一半水，并经常保持坑内半水半泥状态，给壁蜂采泥封茧用。为解决花粉不足的问题，可在蜂巢周围栽一些萝卜等蜜源植物。

② 放蜂时间和方法。将购回的蜂茧装入罐头瓶里，用纱布和橡皮筋将瓶口封紧，放在冰箱中保持0～4 ℃保存。释放前5～7 d从4 ℃调到8 ℃。在苹果树开花前3～4 d，将蜂茧从冰箱中取出，装在带有3个孔眼的小纸盒里（6.5 cm大小，可用小药品盒），每盒放60头蜂茧，分别放在蜂巢口前。放蜂8～9 d后检查蜂茧，对没有破茧的成虫要在茧突部位割一个小口以帮助出茧。另外，在放蜂期要防治蚂蚁、鸟雀等天敌为害，防止雨水浸湿蜂巢，并禁止喷农药。

③ 巢管保存。在壁蜂停止活动1周后，收回有蜂茧的巢管，将巢管捆好，挂在通风无污染的空房横梁上，以防鼠、鸟雀和螨等危害。于12月初剥巢取茧，然后每500个蜂茧装一罐头瓶中进行常温保存。春节后放入冰箱中0～4 ℃保存。

壁蜂的授粉能力是普通蜜蜂的 70～80 倍，每 667 m^2 果园仅需 60～80 头即可满足需要。果园放蜂要注意花期及花前不要喷用农药，以免引起蜂中毒，造成不必要的损失。

3. 花期喷布微肥　苹果的花期进行微肥的喷布，增加花期营养，可以明显提高坐果率。苹果的生理落果主要是因树体贮藏的营养不足造成的，因此，在加强土壤施肥的基础上，应在早春树上补充适量的速效氮肥，如花期和幼果期各喷 1 次 0.3%的尿素，或花期喷 2 次 0.3%的硼砂混加 0.3%的尿素；花后喷 0.05～0.1 mg/L 的细胞分裂素（6 - BA）。

4. 调控枝势

（1）环剥或环割。春季开花前至花后 10 d，在旺枝、徒长枝基部环剥、环割，上强树在一层主枝以上的中干上环剥，旺长新梢摘心，集中养分供应，不仅可以提高坐果率，而且可以增大果个。

（2）花前复剪。在早春苹果芽萌动至花期前进行，用于调整花量。当苹果树小年时，冬季修剪花芽难以识别，进行复剪，既可以不误剪花芽，又可疏除无用枝条；当冬季修剪留花芽过多时，需要进行复剪，可减少营养消耗，有利提高坐果率和果实品质。复剪时，可以去弱留强、去直留斜、兼起更新结果枝组的作用，复剪对调整大小年树更为重要。

三、疏花、疏果

疏花时期是从花序分离到初花期之间进行；疏果时期是从盛花后 1 周开始，在谢花后 25～30 d 疏完果为宜，疏果的适宜时期有 20 d 左右。疏果过早，由于果实太小，疏果技术很难掌握；疏果过晚，又起不到疏果的效果。

1. 以花定果法　疏花要于花序分离期开始，至开花前完成，越早越好，一次完成。按每 20～25 cm留 1 个花序，多余花序全部疏除。疏花时要先上后下，先里后外，先去掉弱枝花、腋花和顶头花，多留短枝花。然后疏除每花序的边花，只留中心花，小型果可多留 1 朵边花。

采用以花定果法，必须具有健壮的树势和饱满的花芽，冬季要进行细致修剪，剪除弱枝、弱花芽，选留壮枝、饱满芽；另外，果园内授粉树数量要充足，配备要合理，同时必须进行人工辅助授粉，以确保坐果。

2. 间距疏果法　疏果需在谢花后 10 d 开始，20 d 内完成。这样不仅能节省大量营养，促进幼果发育和枝叶生长，提高果品产量和质量，而且有利于花芽分化和形成，做到优质、丰产、稳产，同时，严格控制留果量，防止过量结果。

根据品种、树势和栽培条件，合理确定留果间距和留果量。大型果苹果品种如元帅系、红富士系等每隔 20～25 cm 留 1 个果台，每台只留 1 个中心果，壮树壮枝每 20 cm 留 1 个果，弱树弱枝每 25 cm留 1 个果，小型果品种每台可留 2 个果，其余全部疏掉。疏果时要首先去掉小果、病虫果和畸形果，留大果、好果。

疏花疏果要因树制宜，对于授粉条件好、坐果率高的苹果园，可以采用先疏花后定果的方法，即按照留果标准，选留壮枝花序以后把多余花序全部疏除，坐果后再定果；对于授粉条件差、坐果率较低的果园，可以采用一次性疏果定果的方法。如果前期疏花疏果时留量过大，要进行后期疏果。

四、果实套袋

苹果套袋栽培尽管增加了人力、物力和财力，但是生产高档苹果行之有效的措施之一；另外，套袋可避免果实直接与农药接触，防止污染，减少残毒，对生产无公害果品具有重要的现实意义。

（一）套袋的效果

1. 套袋促进果面着色　通过套袋，果实长期在遮光条件下生长，抑制了叶绿素的合成，从而使果皮表面的底色变浅，以利于花青苷的充分显现，使果实在极少量绿色底色的基础上，显现出鲜红的色泽。如红色品种红富士、新红星、乔纳金等。

2. 防除果锈，果面光洁 套袋后果实处在一个微域环境，减轻了风、雨、农药、有害光线等外界不良环境条件的直接刺激。另一方面，套袋遮光还使表皮层细胞分泌蜡质少，木质素合成减少，木栓形成层的发生及活动受到抑制，皮孔发生少且小。套袋除防治果锈、果点变小外，能杜绝污染果面的煤污斑、药斑、枝叶磨斑等，使果面光洁美观。

3. 预防病虫害，减少农药残留量 纸袋阻隔了果面与外界的接触，病菌侵入机会大大降低。如套袋对在果面及叶片上产卵的蛀果害虫如食心虫类、卷叶虫类、螨类、椿象类都有较好的防治效果；对于各种各样的果实病害如轮纹病、炭疽病、赤星病等烂果病亦有较好的防治效果，全年打药次数可减少2～4次。由于苹果套袋后减少了用药次数，从而降低了农药残留，经测定套袋果实农药残留量仅为0.045 mg/kg，而不套袋果为0.24 mg/kg。

4. 提高果实的贮藏性 套袋后皮孔覆盖值降低，角质层分布均匀一致，果实不易失水皱皮；套袋减少了病虫侵染，因此贮藏期病害大大减少，提高了果实的贮藏性能。

5. 提高商品价值，增加经济效益 套袋后可防止灰尘、农药等对果面的污染以及果面煤污病等，还可防止鸟雀、金龟子类、蜂类以及冰雹等危害，以及可防止裂果的发生。套袋前需结合疏果，大大提高了果实的等级果率。另外，套袋后对成熟期及生长不一致的品种有利于分期采收，提高果品等级和商品价值，增加经济效益。据近几年对套袋红富士苹果市场调查显示，售价比未套袋果高几倍。

6. 果实含糖量下降 苹果套袋也存在一些缺点：套袋栽培的果实风味差；套袋用工多，生产成本高。套袋果含糖量比不套袋果下降1个百分点左右。如新红星套袋果含糖量比对照下降0.5个百分点，红富士下降1.0～1.3个百分点。此外，套袋果实也易发生日灼。但这可以通过改善套袋方法以及采取补救措施来降低到最低限度。

（二）果实袋的选择

苹果果实袋由袋口、袋切口、捆扎丝、袋体、袋底、除袋切线和通气放水孔等部分组成。

1. 果实袋的种类 苹果果实袋的种类很多，如按照果实袋的层数可以分为单层袋、双层袋和三层袋；按照果实袋的大小可分为大袋和小袋；按照涂布的药剂不同可分为防虫袋、杀菌袋和防虫、杀菌袋三类；按照捆扎丝的放置位置可分横丝袋和竖丝袋两种；若按照袋口形状分类可分为平口袋、凹形口袋及V形口袋等。

日本苹果套袋栽培起步较早，套袋技术高，已经研制出针对不同苹果品种的各种果实专用袋，取得了良好的效果。我国苹果套袋栽培起步较晚，套袋技术水平低，纸袋的研制还在进行当中。袋的遮光性愈强，其促进着色的效果愈显著，双层纸袋一般比单层纸袋遮光性强，故促进着色的效果要好于单层袋，防病虫及降低果实农药残留量的效果也好于单层袋，但制袋成本较高，一般为单层纸袋的2倍左右。我国苹果有袋栽培中，所用纸袋多为双层袋和单层袋两种类型。三层纸袋套袋效果更佳，但成本高，日本有的果农用三层袋，我国果农极少应用。

（1）双层袋。日本所用的双层袋，主要由两个袋组合而成，外袋是双色纸，外侧主要是灰色、绿色、蓝色3种颜色，内侧为黑色。这样一来，外袋起到隔绝阳光的作用，果皮内叶绿素的合成在生长期即被抑制，套在袋内的果实果皮叶绿素含量极低；内袋由农药处理过的蜡纸制成，主要有绿色、红色和蓝色3种。我国大多数省份采用的双层袋，外袋外侧为灰色，内侧黑色，内袋为红色，但台湾地区所用的双层袋，外袋外侧则为灰色，内侧黑色，内袋为黑色。

（2）单层袋。生产中应用种类有外侧银灰色，内侧黑色；外侧灰色，内侧黑色单层袋（复合纸袋）；木浆纸原色单层袋；黄色涂蜡单层袋。除商品果袋外，果农自己制作的自制袋，套袋效果也不错，制作时应该用全木浆纸，这种纸机械强度较高，可避免使用过程中纸袋破损现象的发生，而不应该用草浆纸等。

2. 果实袋的合理选用 苹果套袋生产中，应依据品种、立地条件等因素选用果实袋。

（1）依品种选择。黄色和绿色苹果品种不需着色，这类苹果品种套袋的主要目的是促使果面光洁和降低果实中农药残留量，宜选用单层袋。此类苹果品种以金帅为代表，为防除金帅果锈，套袋是最有效的措施之一。我国主要选用原色木浆纸袋和复合型单层袋；日本选用 PK-5 号、牛皮纸小袋和千曲黑 2-8。

较易着色的红色苹果品种，如嘎拉、新红星、新乔纳金等主要采用单层袋，如复合型纸袋和原色木浆纸袋；较难着色的红色苹果品种，如红将军、红富士、乔纳金等，主要采用双层袋。

(2) 依立地条件选择。气候条件如光照、昼夜温差、降水等对套袋后的效果有很大影响，因此，不同的气候环境条件，即使同一品种所应用的果实袋类型也应有所差别。

如较难上色的红富士苹果在海拔高、温差大、光照强的地区，为节省套袋费用，可以选用单层袋，其促进着色的效果也不错，而在海洋性气候或内陆温差较小的地区，宜采用双层袋。

高温多雨地区宜选用通气性良好的果实袋，以防止袋内高温、高湿而诱发水锈；高温少雨的地区宜采用反光性强的纸袋，而不宜采用涂蜡纸袋，以期最大限度地避免日灼现象的发生；在西北黄土高原和西南高原等高海拔地区，一般苹果品种极易上色，有时会出现着色过浓的现象，为此可套单层袋解决。

(三) 套袋时期与方法

1. 套袋时期 依据苹果品种和套袋的目的不同而套袋时期也不同。一般苹果在花期由于授粉、受精不良或因花的质量差，以及树体营养问题等，存在一个生理落果过程，所以，套袋的时期过早，不能保证每个袋内生长成一个果实，假若套在袋内的果实脱落过多，不仅造成纸袋和人工的浪费，还会影响果树产量。因此，苹果的套袋时期应在生理落果后结合疏果进行，如中晚熟红色品种（红富士、新乔纳金、新红星等），于 6 月初进行，一直可延续至 7 月初。

由于黄绿色品种果锈发生期在落花后 10～40 d，为防止产生果锈或为使果点变浅，应在果锈发生前即在落花后 10 d 左右套袋。如金帅苹果落花后 10 d 内套袋几乎无果锈发生。另外，为防止浪费果袋，金帅在落花后 10～40 d、没有完成生理落果前可套小纸袋，只要此间套上的小袋不破碎，果锈可基本得到控制，待小袋撑裂再套大袋，则效果更好，且可以保持果面光洁。

2. 套袋方法 选定幼果后，手托纸袋，先撑开袋口或用嘴吹，使袋底两角的通风放水孔张开，袋体膨起；手执袋口下 3 cm 左右处，袋口向上或袋口向下，套上果实，然后从袋口两侧依次折叠袋口于切口处，将捆扎丝反转 90°，扎紧袋口于折叠处，让幼果处于袋体中央处，不要将捆扎丝缠在果柄上。

3. 日本长野县苹果套袋方法 将果实袋放在左手掌上；左手的 2 个手指扶住袋子，袋口向下，与手腕平行；用右手的食指把袋子取出的同时，把拇指放入袋口；用左手的拇指、食指和中指捏住袋的左角，向袋内吹气，使袋膨起；用左手的中指挟住果实的柄，使其向外；将袋子从里向外拉的同时，左手拇指也伸入袋内挟住果实；把袋子卷一下，再用两食指加上左手中指，在袋的开口处挟住果实；挟住果实的同时放开拇指，使右手拇指在固定金属片上，左手拇指在袋子的右上部；用左手将袋子的 7/10 的部位往左侧倾斜；用左手拇指支住袋子，用食指折回来；就这样用食指支住袋子，再将袋上原有的金属片用右手拇指从右往左折成 V 形，并让果实处于袋体中央。

套袋时应注意两点：①套袋时的用力方向始终向上，以免拉掉幼果；②袋口要扎紧，以免纸袋让风吹掉。

(四) 套袋树的管理

1. 提高套袋果含糖量 套袋苹果园应更加重视肥水管理，尤其是肥料的施用。由于苹果套袋后果实含糖量下降，应增加磷、钾肥的施用量。果实套袋后由于纸袋的独特作用效果，致使果实含糖量有所下降且易发生缺素症，如套袋苹果极易发生缺钙症。套袋苹果园施肥量、肥料种类、施肥方法等方面都应当有别于无袋栽培的苹果园，因此，套袋苹果园施肥量应大于无袋果园，同时加大微量元素肥料的施用量。在肥料种类上也应有所改变，即做到配方施肥，相应减少氮素化肥用量，增加磷、钾肥用量，氮、磷、钾比例应以 1∶0.5∶1 为好。

2. 套袋苹果树体指标 覆盖率适宜在 75%左右；枝量为 10 万～12 万条（冬剪后 7 万～9 万条）；枝类组成是中短枝比例 90%左右，其中一类短枝占总短枝量的 40%以上，优质花枝率占 25%～30%；花芽分化率占总枝量的 30%左右，冬剪后花芽与叶芽比为 1∶(3～4)，每 667 m^2 留量 1.2 万～1.5 万个；盛果期树树冠周围新梢长度 35～40 cm，幼龄树 50 cm 左右。

苹果的套袋栽培是一种高度集约化、规范化的栽培方式，树体不宜过高，一般要求大冠树树高在 3.5 m 以下，中冠树在 3.0 m 以下，小冠树在 2.5 m 以下。丰产树形主要采用小冠疏层形、纺锤形、改良纺锤形及二层开心形等；冬季修剪是在落叶后至萌芽前进行的一次细致修剪，主要调整树体结构、复壮结果枝组、理顺从属关系，保障树体的通风透光。

在花前复剪、人工授粉、合理疏花疏果节省大量养分的基础上，使树体负载合理，提高果品质量，保持树势，保证丰产、稳产，防止大小年结果。另外注意防止套袋后出现的特殊病虫害，如苦痘病、日灼、水锈、康氏粉蚧、玉米象等。

（五）摘袋时期与方法

1. 摘袋时期 摘袋时期应依据不同苹果品种，不同立地条件、气候特点等因素来确定。红色品种新红星、新乔纳金在海洋性气候、内陆果区，一般于采收前 15～20 d 摘袋；在冷凉或温差大的地区，采收前 10～15 d 摘袋比较适宜；在套袋防止果色过浓的地区，可在采收前 7～10 d 摘袋。

较难上色的红色品种红富士、乔纳金等，在海洋性气候、内陆果区，采收前 30 d 摘袋；在冷凉地区或温差大的地区采收前 20～25 d 摘袋为宜。

黄绿色品种，在采收时连同纸袋一起摘下，或采收前 5～7 d 摘袋。

不同季节的日照强度和长度不一样，苹果各品种摘袋时期也不一样。日照强度大、时间长和晴日多的地区或季节，摘袋时间可距采收期近一些；反之，则应早一些除袋。除袋时，最好选择阴天或多云天气进行。若在晴天摘袋，为使果实由暗光逐步过渡至散射光，在同一天内，应于 10:00～12:00 去除树冠东部和北部的果实袋，14:00～16:00 去除树冠西部、南部的果实袋，这样可减少因光照剧变而引起日灼的发生。

2. 摘袋方法 摘除双层袋时先去掉外层袋，摘除内层袋时，一般是在摘除外层袋 5～7 d 后进行，但应在阴天或晴天的 10:00～14:00 进行，而不宜选在早晨、傍晚。由于日灼的发生并非是因日光的直射而引起的，而是由于果皮表面温度的变化所造成的。选在中午摘除内层袋，就是因为此时果皮表面的温度与大气温度几乎相等或略高于大气温度，因而不至于产生较大的温差，可以避免日灼的发生。此外，若遇连阴雨天气，摘除内层袋的时间应推迟，以免摘袋后果皮表面再形成叶绿素。

摘除单层袋时，首先打开袋底放风或将纸袋撕成长条，3～5 d 后除袋。

（六）摘袋后的管理

1. 秋剪 树体要有一个良好的受光环境，就必须进行合理的整形修剪，树冠内相对日照量在 20%～30%为宜，为达到这个标准，就要进行秋季修剪，以使各处枝都可得到良好的光照，使每个枝的叶层光照均匀，各枝之间要有足够的空间，以便保证有足够的光照。这样在果实着色期内，即在除袋后，清除树冠内徒长枝，疏间外围竞争枝以及骨干枝背上直立旺梢，是解决光照的重要手段。

2. 摘叶 摘叶是用剪子将叶片剪除，仅留叶柄即可。其目的主要是为了摘除影响果实受光的叶片。

据王少敏等研究，红富士摘叶 30%时，不影响果实含糖量，却增加全红果率。原因是摘叶 30%不是一次摘除的，虽然第一次摘叶是在 9 月下旬，但摘叶量极少，仅摘除直接影响果面的叶片；另外第二、三次摘叶，尽管摘叶量大，但时间是在 10 月，此期由于气温逐渐下降，叶片光合作用逐渐减少，对树体贮藏营养的积累影响不大。

据久米靖穗（1980 年）进行的摘叶试验表明，当树冠上部的摘叶程度为 19%～59%，树冠下部

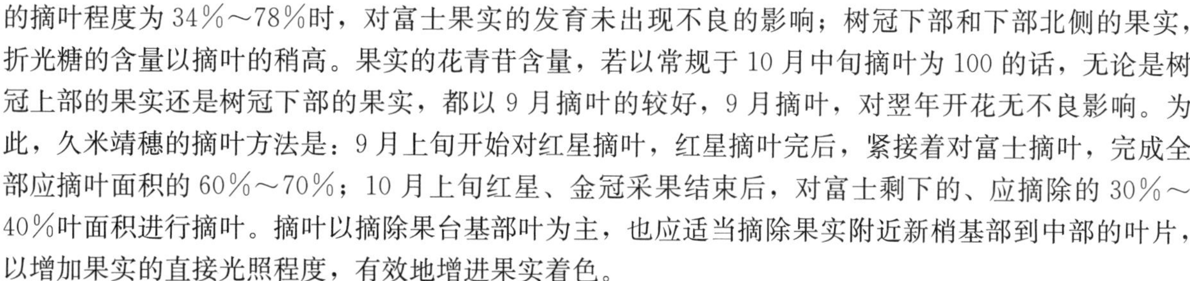

的摘叶程度为34%～78%时，对富士果实的发育未出现不良的影响；树冠下部和下部北侧的果实，折光糖的含量以摘叶的稍高。果实的花青苷含量，若以常规于10月中旬摘叶为100的话，无论是树冠上部的果实还是树冠下部的果实，都以9月摘叶的较好，9月摘叶，对翌年开花无不良影响。为此，久米靖穗的摘叶方法是：9月上旬开始对红星摘叶，红星摘叶完后，紧接着对富士摘叶，完成全部应摘叶面积的60%～70%；10月上旬红星、金冠采果结束后，对富士剩下的、应摘除的30%～40%叶面积进行摘叶。摘叶以摘除果台基部叶为主，也应适当摘除果实附近新梢基部到中部的叶片，以增加果实的直接光照程度，有效地增进果实着色。

3. 转果、垫果 转果的目的是为了使果实的阴面也能获得阳光的直射而使果面全面着色。转果的时期，是除袋后1周左右转果一次，共转2～3次。对于下垂果，因为没有可使转过的果实固定的地方，可用透明胶带连接在附近合适枝上固定住。转果时应注意，切勿用力过猛，以免扭落果实。垫果主要是防止果面与枝、叶磨伤。

4. 铺反光膜 反光膜是指涂上银粉，具有反光作用的塑料膜。铺反光膜主要是使果实萼洼部位和树冠下部及树冠北部的果实也能受光，从而增加全红果率。反光膜铺设时间，以内袋摘除后1周左右即采收前20 d铺完。铺设反光膜之前，进行第一次摘叶，并疏除徒长枝等，以增加透光率。铺设方法是顺行间方向整平树盘，在树盘的中外部铺设两幅，膜外缘与树冠外缘对齐，再用装土沙、石块或砖块的塑料袋多点压实，防止被风卷起和刮破，每667 m^2 铺设反光膜面积约500 m^2 左右。

第八节 整形修剪

一、与整形修剪有关的术语

（一）萌芽力

萌芽力是指苹果树一年生枝条上芽萌发的能力。常用萌芽数占总芽数的百分数来表示，百分数高者为萌芽力强，反之则弱。

不同品种之间，萌芽力的强弱有明显差异。如国光、印度、青香蕉等品种的萌芽力较弱，金帅、元帅系、富士系等品种的萌芽力较强。同一品种也有差异，短枝型品种比普通乔化型品种的萌芽力要强。此外，不同类型的枝条和不同树龄，萌芽力强弱也不一样，如徒长枝萌芽力比长枝弱，长枝比中枝弱，直立枝萌芽力低于平斜生长的枝和水平生长枝，幼树萌芽力比成龄树弱。随结果数量增加和枝条角度的开张，萌芽力也相应增强。在正常情况下，萌芽力的强弱与成花、结果的早晚有较大关系。萌芽力强的品种，抽生中短枝多，成花较易，结果较早，早期产量也高。但由于枝量较多，整形虽容易，也易造成树冠郁闭，修剪中应加以注意。同时，萌芽力强的品种，由于枝多、叶多，叶面积大，早期营养积累多，若采用早期拉枝、开角、延迟修剪等，更易获得早成花、多结果的明显效果。

（二）成枝力

成枝力是指芽萌发后抽生长枝的能力。抽生长枝比例大时，为成枝力强；抽生长枝比例小的，为成枝力弱。

成枝力强弱与品种、树龄、树势等密切相关。成枝力强的品种，一般年生长量较大，生长势较强，整形也比较容易，但成花、结果比较晚，如国光、红富士、青香蕉等，虽然幼树整形容易，但因总枝量不足，尤其是中、短枝数量不足，成花较难，相对结果也晚。可采用较大的冠型，骨干枝级次可多一些，这样便于充分利用各类枝条，尽快培养树形，且树体结构牢固。成枝力弱的品种，如短枝型品种新红星、短枝红富士等，生长量较小，生长势也比较缓和，且树冠紧凑，光照良好，整形和修剪比较容易，成花易、结果早，在树形上可选用小冠型，骨干枝级次要少。

（三）芽的异质性

芽由于发生的时间和着生部位不同，受不同内部营养条件和外界环境条件的影响，而形成在质量上的差异，称作芽的异质性。不同质量的芽，直接影响着芽的萌发能力和萌发后生长的强弱。在修剪中，经常利用这一特性达到平衡枝势、平衡树势、调节生长与结果的目的。

苹果当年生新梢上的芽，在自然状况下，有的能当年萌发，再次抽生新梢，生成副梢或二、三次枝，这种特性称为芽的早熟性。在修剪上常利用这种特性，促进枝条萌发，扩大树冠尽早成形，达到早期丰产的目的。

苹果树枝条基部的芽，不仅翌年不萌发，有的几年不萌发，但并不死亡，仍具有萌发能力，通常称为潜伏芽，当受到外界刺激或环境、营养条件适宜时，这些潜伏芽可以从休眠状态苏醒萌发生长。

（四）干性与层性

干性是指中心主干的强弱程度，即果树自身形成中干，并维持其生长势的能力。自身形成中干的能力强，中干生长势易维持的，称为干性较强；反之，自身形成中干的能力较弱，而中干的生长优势又不容易维持的，称为干性较弱。这一特性，除了与品种因素有关外，也与自然条件及管理水平有关。金帅、新红星、富士干性较强，青香蕉的干性较弱。干性较强的品种，整形修剪时宜采用有中干树形；干性弱者可采用开心形。

层性是指枝条在树冠中自然分层的能力。由于果树枝条具有明显的顶端优势，一些枝的发枝势力由上而下递减，这种现象多年重复，就形成了层性。因此，在中央领导干或主枝上就形成明显的分层现象。分层明显的，称为层性强；分层不明显的，则称为层性弱。对层性较强的品种，宜培养有中干的树形，但层间距不宜过大，如小冠疏层形、自由纺锤形等；对层性较弱的，则宜采用开心形，而维持较大的叶幕间距，以利通风透光。

（五）顶端优势

顶端优势又称极性，是指在同一枝条的上部或顶部的枝长势最强，越近顶端的芽，抽生的枝条越直立，长势越强，而向下侧依次减弱的现象。在苹果树的修剪中，利用和控制顶端优势是经常采用的一种措施。可以充分利用枝、芽的空间位置，也可以利用优势部位的壮枝、壮芽来增强树体的生长势力；而对强枝，可采用控制顶端优势的方法，压低枝、芽的生长空间，开张枝条角度，以缓和生长势力，这样可以达到抑强促弱、平衡树势的目的。

（六）分枝角度

所谓分枝角度，是指枝条与其母枝间的夹角。分枝角度越小，则分枝点的承受力越弱，因而也易于劈裂。分枝角度大，其夹角内的枝杈处生长结构牢固，承受力较强，不易劈裂。为使盛果期树的大枝不致因结果过多、负载过重而劈裂，在整形过程中应及早注意开张角度。

苹果树各品种的自然分枝角度有明显差异。金帅等分枝角度较大，新红星、富士等分枝角度较小。在生产上，特别强调主枝角度的开张，只要主枝角度开张适宜，一般树冠开张，结果早，果品质量也好，而且易于整形，枝组培养和树冠结构良好，通风透光，稳产高产，经济寿命也长，有利于立体结果。在整形修剪中，应根据树势和年龄的不同，调整骨干枝角度，以保证正常生长和结果。

（七）枝类组成和梢比系数

枝类组成是指长、中、短枝及叶丛枝等各类枝条在树冠中所占枝条总量的比例；梢的系数是指长、中、短梢等各类当年生新梢在树冠中所占枝条总数的比例。

由于不同类型的枝，在营养物质的制造、消耗、积累、分配和输送方向等方面都各不相同，因此，枝类组成和梢的系数不同的树，其树体所表现的生长和结果状况也有差异。短枝和叶丛枝的枝轴很短，叶片丛生，节间不明显，在多数情况下，只有顶芽，没有侧芽或侧芽很不明显，这种枝条只有一次生长，生长期较短。由于短枝上的叶片形成早、较集中、光合强度较高，营养物质积累较多，很易形成花芽。中枝节间也较短，但比较明显，具有顶芽和侧芽，生长期较长，一般只有一次生长，但营养消耗明显大于短枝和叶丛枝，其光合强度前期较高、后期较低。中枝制造的光合产物，既用于自身建造，又要输出一部分供应周围新梢生长。长枝的枝轴长而粗大，在年周期内常有一次或二次以上的旺盛生长过程，其生长强度因品种和立地条件不同而不同。第一次旺盛生长期形成的新梢称为春梢，第二次旺盛生长期形成的新梢称为秋梢。长梢形成的时间较长，营养消耗大。长梢叶片的光合强度，前期较低，中后期较高，所制造的光合产物大部分用于输出，供应其他枝条的生长，而用于自身建造的少，所以成长较难，采取相应措施可促使部分长枝成长。

由于不同枝梢在营养物质的制造、消耗、积累和分配方面的特性各不相同，当树冠中各类新梢的数量不相同时，整个树体的生长结果状况的表现也就不一致。因此，在整形修剪过程中，合理运用修剪技术，适当轻剪，并配合良好的土肥水管理措施，合理负载，适当调节枝类组成的比例，是实现早期结果、优质、高产、稳产的重要技术途径。丰产、稳产苹果园的枝类组成一般为：短枝、叶丛枝的总量应占总枝量的80%～90%，中长枝不能超过10%，外围发育枝（或旺长枝）控制在5%左右。

二、树形结构特点

目前苹果生产中主要采用小冠疏层形、自由纺锤形和改良纺锤形等3种树形。

（一）小冠疏层形

树体结构是干高40～50 cm，树高3.0 m左右。全树共有主枝5～6个。第一层有3个主枝，可以互相邻接或临近，开张角度60°～70°，每一主枝上相对应两侧各配备1～2个侧枝，无副侧枝；第二层1～2个主枝，方位插在一层主枝空间，开角50°～60°，其上直接着生中、小枝组；第三层1个主枝，其上着生小型枝组。该种树形树冠呈扁圆形，骨干枝级次少，光照良好，立体结果，枝势稳定。

（二）3种不同纺锤形的树体结构

1. 细长纺锤形（也称水杉形） 干高50～60 cm，树高2.5～3.0 m，冠径1.5～2.0 m，中心干直立，在中干上按15～20 cm的间距，着生15～20个主枝，不分层次，均与插空排列，水平单轴延伸，各主枝长势相似，下部略长，上部略短，树顶部呈锐角，主枝上无侧枝，直接着生中小型枝组，整个树冠呈细长纺锤形。

2. 自由纺锤形（也称雪松形） 与细长纺锤形相比，冠幅略大，干高60～70 cm，树高3.0 m左右，冠幅2.0～3.0 m，全树12～15个主枝，上部、下部略短，中部略长，主枝在中干上平均间距20 cm左右，向四周均与排列水平延伸，同向生长主枝的上下距离以50～60 cm为宜。主枝上无侧枝直接着生中小型结果枝组，树冠紧凑丰满，呈纺锤形。

3. 改良纺锤形 由三年生以上的幼树在小冠疏层形的基础上改造而成的，其结构特点是干高50 cm左右，中心干直立，在中干着生10～12个主枝，基本上按平均20 cm左右的间隔向四周均与排列，不分层次，主枝角度接近水平，下层主枝长1～2 m，向上依次递减，主枝上无侧枝，而是直接着生结果枝组，树冠紧凑呈纺锤状。与小冠疏层形相比结果早、产量高、质量好。

改造技术方法：

（1）疏枝。即疏除树干底部的裙枝，抬高树干，缩小树冠，疏掉中上部过密的大枝，打开层距，解决光照问题，平衡树势，疏除或压缩位置不当的侧枝。对保留的大枝外围疏去长条，保持单轴延伸，防止齐头并进。

（2）以侧代主，以辅代主。当主枝过粗（超过中干1/2）且生长过旺时，可选用最下部的一个侧枝代替主枝，将原头去掉。如无侧枝代替，则可就近选用上方的辅枝代替主枝，将原主枝锯掉。

（3）落头开心，控制树高。当树体高度超过行距时，应在中干上方选择一个方向部位适宜的主枝代替原头进行落头开心，降低树冠高度。当中干过粗，落头枝过细时，应先疏除落头枝以上的发育枝，限制其加粗生长，待落头枝粗度接近或超过中干的1/2时进行落头。落头枝对面留“跟枝”，以防干腐和腐烂病发生。

（4）开张角度。对保留下来的小枝采用埋、别、拉、撑等措施，将角度开张到80°～90°，以削弱顶端优势，缓和生长势。开张角度在秋季8～9月为宜。

（三）疏散分层形

疏散分层形又称主干疏层形，干高 60～80 cm，冠高 3.0 m、冠径 4 m 左右，成形后树高 4 m 以上。一般有 5～7 个主枝，在中心干上分 2～3 层排列，第一层 3 个，第二层 2 个，第三层 1～2 个。每层间距 80～100 cm，同一层 3 个主枝之间的角度为 120°。每个主枝上配备 2～3 个侧枝。为了改善光照条件和限制树高，成年后应在树顶部落头开心，并减少层次。多用于稀植的大、中冠树形。

三、控冠指标

能否控制好树冠，是矮化密植栽培成败的关键。为此，在整形修剪过程中，应严格控制树冠，以达到群体密、个体稀的目的。单株枝量不宜过多，有主无侧简化修剪。

（1）控制主枝和枝组的粗度，保持中干的绝对优势。在整形修剪过程中，自始至终要控制主枝和中干粗度及枝组与主枝粗度的比例，主枝的粗度不能超过中干的 50%。枝组的粗度不能超过主枝的 30%。超过时，应加以控制分枝的数量，以防分枝加粗过快削弱中干优势，导致树冠扩展迅速，达不到永久密植的目的。

（2）限制枝量。盛果期的果园生长季节每 667 m^2 枝量保持在 10 万条左右为宜，长、中、短枝（包括叶丛枝）的比例保持在 1∶1∶10 的范围内，优质短枝（具 4 片大叶）占短枝总量的 45%左右。新梢长度 40 cm 左右。

冬剪时每 667 m^2 留枝量以 7 万条左右为宜（再生枝系数为 1.2～1.5 倍）。单株留枝量＝修剪后每 667 m^2 枝量/每 667 m^2 栽株数。然后将单株留枝数均匀地分布到各主枝上，当枝量不足时，应轻剪多留；细枝、短枝多打头；长枝多缓放。当枝量够用时，应维持其恒量，当枝量超过时，应回缩和疏枝，以减少枝量。

（3）控制树冠体积。冠幅等于或略大于株距；冠间距为行距的 1/4；树高为行距的 3/4，覆盖率维持在 75%左右。

（4）控制结果枝组的大小，主枝上无大型侧枝，背上无大型直立枝组，而是直接着生中、小型结果枝组。枝组要求壮、稳、细、匀，芽体充实饱满。

（5）控制群体整齐度。果园群体整齐度是指在同一园片内，株间大小差异的百分率和高、中、低、无产树株（包括空株）各占的百分比。丰产园内树冠整齐度应达到 70%以上。高产树占 80%以上，低产树和无产树应控制在 5%以下。

四、修剪技术要点

（一）修剪时期和作用

不同品种、不同生长情况等，有不同的修剪时期。苹果一年中的修剪时期，可分为休眠期修剪（冬剪）和生长期修剪（夏剪）。生长期修剪可分为春季修剪、夏季修剪和秋季修剪。为提高修剪效果，除冬季修剪外还更应重视生长期修剪，尤其对生长旺盛的幼树更为重要。

1. 冬剪　亦称休眠期修剪。果树落叶至翌年春季萌芽前，冬季生长停止的时期，这一段时间即休眠期，进行的修剪称为冬剪或休眠期修剪。在生产上这是重要的修剪时期。一是落叶后树冠内便于辨认和操作；二是这个时期修剪，果树的营养损失少。另外，果园土壤管理上，不论是生草或种间作物，以冬剪影响最小。

2. 夏剪　除冬剪的时间外，由春季至秋末的修剪均称夏剪，又称带叶修剪。夏剪可调节光照、果实负载量、枝梢密度，夏剪更准确一些，也较合理。夏季修剪是现代果树生产最重要的修剪时期。

（二）修剪方法和运用

苹果主要修剪方法如短截、疏枝、缓放、回缩、刻伤等。

1. 短截　对一年生枝条剪去一部分，留下一部分称为短截。按短截的程度，一般可分为轻短截、中短截、重短截、极重短截和抬剪 5 种。

(1) 轻短截。只剪去枝条的顶端部分，剪口下留半饱满芽。由于剪口部位的芽不充实，从而削弱了顶端优势，芽的萌发率提高，且萌发的中、短枝较多，有缓和树势、促进花芽形成的作用。

(2) 中短截。在枝条中部剪截，剪口下留饱满芽。中短截的枝条，是将顶端优势下移，加强了剪口以下芽的活力，故成枝力高，生长势强。中短截常见于骨干枝的延长段，用于扩大树冠和培养大、中型枝组。

(3) 重短截。在枝条的下部，剪去枝条的大部分，剪口下留枝条基部的次饱满芽。由于剪去的芽多，使枝势集中到剪口芽，可以促使剪口下抽生 1～2 个旺枝，常用于更新枝条。

(4) 极重短截。在枝条基部轮痕处剪，剪口下留芽鳞痕。由于此处的芽不饱满，故剪后一般只能萌发 1～2 个中庸枝，起到降低枝位和削弱枝势的作用。

(5) 抬剪。在枝条基部留短桩剪，俗称抬剪。可促使基部瘪芽或副芽抽生 1～2 个短枝，有利于培养结果枝组。

2. 回缩 回缩也称缩剪，一般是在多年生枝或枝组上进行。对多年生枝或枝组回缩，主要用于改变枝条角度，促进局部或整体更新，削弱局部枝条生长量，促进局部枝条生长势，增加枝条密度，对弱树可起到促进成花的作用，对量大的枝条可起到减少营养消耗、提高坐果率的作用。

3. 疏剪 疏剪是指把一个一年生枝或多年生枝，从基部剪掉或锯掉。疏剪给母枝留下伤口，故对剪口以上的芽或枝有削弱作用；反之，对母枝剪口以下的枝则有促进作用。疏枝可改善通风透光条件，改善树冠内部或下部枝条养分的积累。在某种情况下，可以减少营养消耗，集中营养，促进花芽形成，特别是对生长强旺的植株或品种，疏剪比短截更有利于花芽形成。

4. 缓放 亦称长放，是指对一年生枝不剪，任其自然生长。缓放一般多在幼旺树辅养枝上应用。一般较长的营养枝的顶芽常发育不完善，就可相对削弱顶端优势，促进萌芽力的提高。缓放极易形成叶丛枝和短枝，为早果、丰产、稳产打下良好基础，但对直立枝、竞争枝和徒长枝的缓放应结合拉枝进行，以控制顶端优势，达到缓势促花芽之目的。

5. 复剪 复剪是在花期前进行，是冬季修剪的一种补充措施，主要用于调整花芽数量。当苹果树小年时，冬季修剪时花芽难以识别，进行复剪，既可以不误剪花芽，又可疏除无用枝条；当冬季修剪留花芽过多时进行复剪，可节约营养消耗，有利提高坐果率和果实品质。

6. 刻芽 亦称目伤。即在芽上方 0.5 cm 左右处，用刀或钢锯条横拉一道，深达木质部，其作用主要是促进芽的萌发，增加中、短枝比例。刻芽时间，以萌芽前 20 d 为宜。

7. 捋枝与拿梢

(1) 捋枝。一般是在春季萌芽前树液流动后，对较直立的中庸枝进行软化成花的一项措施。方法是将拇指压在枝条上，使枝条有一定弯度，从基部向尖端渐次捋出；另一法是拇指和食指捏住枝条中上部，将枝头向下，首先从枝基部弯曲依次向上推拿。捋枝可有效地提高枝条萌芽力，促发中、短枝，促进花芽形成。

(2) 拿梢。即用手握住当年生新梢，拇指向下慢慢压低，食指和中指上托，弯折时以能感到木质部轻轻断裂为止。树冠内直立生长的强旺梢、竞争梢，有空间需要保留时，可在 7～8 月进行拿梢。对生长较粗、生长势过强的应连续拿梢数次，使新梢呈平斜状态生长。拿梢作用效果同捋枝。

8. 环剥与环割 环剥即环状剥皮，就是将枝干上的皮层剥去一环的措施。环割即环状割伤，是在枝干上横割一道或数道圆环，深至木质部的刀口。环剥、环割破坏了树体上、下部正常的营养交流。根的生长暂时停止，最后根的吸收力减弱。同时阻止养分向下运输，能暂时增加环剥、环割口以上部位糖分的积累，并使生长素含量下降，从而抑制当年新梢营养生长，促进生殖生长，有利于花芽形成和提高坐果率。根据环剥作用和目的不同可分为春、夏两次进行。第一次是春季开花前至花后 10 d 进行环剥、环割，可抑制新梢生长和提高坐果率；第二次是在 5 月下旬至 6 月中下旬进行环剥、环割，可抑制营养生长和促进花芽分化。此期进行环剥、环割效果最佳，对某些成花较困难的元帅系品种有特效。

环剥、环割注意事项：

（1）环剥、环割应在较旺主枝及辅养枝上进行。主干环剥削弱树势过重，应依树势慎用。

（2）环剥口一般为被处理枝干处直径的 1/10 为宜。剥口过宽，伤口不能及时愈合，影响太大，严重抑制树体或枝条的生长势，甚至出现死亡；剥口过窄愈合过快，达不到预期效果。

（3）环剥不易过深过浅，过深伤至木质部，破坏形成层薄壁细胞，不利愈合。过浅韧皮部残留，效果不明显。

（4）元帅系品种对环剥、环割较为敏感，稍有不慎易出现死株现象，应注意不可太重，该两品系提倡主枝环剥。

（5）环剥后不宜触及形成层，为防止雨水冲刷，也可将剥口用塑料布包扎或牛皮纸、报纸等粘贴为好，有利愈合。

另外，在环剥前后，应补加追肥或根外施肥，使树体局部的营养处于较高水平，否则肥水跟不上，树势过弱，成花率低，且花芽质量差。

五、不同年龄期树的修剪

（一）幼树期

幼树期生长特点是树冠小、枝叶量少，生长势旺盛，发育枝多，枝条生长量一般在 1 m 以上，树冠开始迅速扩大，并形成少量花芽。这一时期修剪主要任务是促进树体生长发育，增加枝叶量，选好主枝，开张主枝角度，加快树形形成，培养枝组，并充分利用辅养枝，为幼树早果、丰产创造条件。以促为主，长留缓放，多截少疏，扩大树冠，并重视夏季修剪。

幼树期修剪，前 3 年尽量一枝不疏，多利用辅养枝结果，尤其是下垂枝，并促生中、短枝，尽早形成花芽结果，有空间的树继续扩大树冠。幼树主要靠辅养枝结果，采用压枝、缓放、别枝、曲枝、疏枝、环剥、刻芽等方法，让辅养枝早成花结果。随着幼树的生长，树冠不断扩大，辅养枝也由小变大。修剪时，可去强留弱，去直立留平斜，去大留小，多缓放少短截，多留结果枝，尽量使其多结果。当树冠已达到合理大小时，对辅养枝加以控制，主要是不让其影响骨干枝的生长发育结果，不能影响冠内枝组生长，要根据不同部位及其周围情况进行促控修剪。如控制第一、二层间着生在中央领导干上的辅养枝的长势，以避免影响第一层主枝的正常生长，同时，控制主枝背上、延长枝附近临时枝的长势，使其长势不过强。

（二）初果期

初结果期树生长特点是，树势健壮，新梢生长旺盛，枝条粗壮直立，树冠趋于稳定，枝条年生长量仍然较大，枝叶量迅速增长，树冠骨架基本形成但树冠仍继续扩大，结果部位逐渐增加，产量提高。该期修剪的主要任务是，首先继续培养各级骨干枝，扩大树冠，选留第三层主枝和第一、二层主枝的侧枝；调整主、侧枝的角度、间距，控制改造和利用辅养枝结果，完成整形任务；其次打开光路，解决树冠内通风透光问题；再次，培养好结果枝组，调整枝组密度，把结果部位逐渐移到骨干枝和其他永久枝上。特别是矮化密植园，树体已经长大，枝间开始交接，必须解决好光照问题。解决光照的方法有减少外围发育枝，处理层间辅养枝，解决好侧光；落头开心，解决好上光；疏除部分密挤的裙枝，解决好下光。

在解决光照的同时，努力培养好结果枝组，做好结果部位的过渡和转移，培养结果枝组的方法有逐步回缩成花结果的临时枝，培养大、中型结果枝组；把临时留下的主、侧枝以外的高级次分枝缩剪成大型枝组；骨干枝、延长枝附近的中长枝、中长果枝截顶去花，培养中小型结果枝组；骨干枝上的长枝拉平缓放，成花结果后回缩，形成中型结果枝组；具腋花芽的长枝，结果后回缩形成中型结果枝

组。长势中庸的枝，成花结果后回缩；长势旺的枝要慢缩，长势弱的枝要重缩，花多的要早缩、重缩，花少的要轻缩、晚缩。要冬夏结合培养结果枝组，这样枝组形成的快，早成花结果。结果的大枝组，要选留带头的营养枝，并在枝组内选留并保持1/3的营养枝、辅养枝组本身，同时作为预备结果枝，使枝组不断更新复壮。

但此时树势刚开始稳定，产量正大幅度增加，修剪应稳妥，若修剪过重，就会促使树势过旺，造成产量下降。但又必须及时处理辅养枝，在培养结果枝组的同时，打开光路，完成结果部位的过渡和转移。

（三）盛果期

果树进入盛果期，此时树势已逐渐缓和，树冠骨架基本牢固，树姿逐渐开张，发育枝与中、长果枝逐年减少，短果枝数量增多，结果量剧增，后期长势随结果量的增加而减弱，内膛小枝不断枯衰，往往出现树冠郁闭、通风透光不良以及大小年结果等现象。此期修剪任务是调节生长与结果的关系，维持健壮的树势，保持丰产、稳产，延长盛果期年限。修剪上要改善树冠内的光照，促发营养枝，控制花果数量，复壮结果枝组，及时疏弱留壮，抑前促后，更新复壮，保持枝组的健壮和高产、稳产，做到见长短截，以提高坐果率，增大果个。

1. 平衡树势，控制骨干枝　果园的覆盖率宜为75%，密植果园行间至少保留0.8 m的作业道。修剪时外围枝不再短截，同时应避免外围疏枝过多，要多用拉枝、拿枝的方法处理枝头，让其保持优势又不过旺。对中央领导干的修剪，要保持树体不要超过所要求高度，可对原中心领导枝轻剪缓放多结果，疏除竞争枝。对主枝的修剪，旺主枝前端的竞争旺枝可行疏除或重短截，减少外围枝，延长枝戴帽修剪，缓和树势，促进内膛枝生长势，解决光照，对弱主枝注意抬高枝头，减少主枝前端花芽量，以恢复其生长势，此时中干落头，抑上促下。

2. 调整辅养枝，保持树冠通风透光　密植园保留下来的辅养枝应逐步缩剪或疏除，给永久性骨干枝让路。层间大枝应首先疏除，以便保持良好的通风透光条件。

3. 更新结果枝组，稳定结果能力　强旺结果枝组，旺枝、直立徒长枝比例大，中、短枝少，成花也少，修剪时，要调整枝组生长，促进增加中、短枝和结果枝的数量。中庸枝组的修剪，应看花修剪，采取抑顶促花、中枝带头的方法，抑制枝组的先端优势，促使下部枝条的花芽量增加。衰弱枝组，旺条少，花芽量大，生长势弱，修剪时应留壮枝、壮芽回缩，以更新其生长结果能力。

4. 精细修剪，克服大小年　大年轻剪营养枝，重剪果枝，掌握好二轻、三重、二破、一缓。即轻剪树冠外围枝和结果枝组上的营养枝，少疏多留；对年年延伸的细长枝和细弱的果枝及需要去的大枝，进行重回缩或一次疏除；破除一部分中、长果枝的顶花芽，以花换花；破除长枝的顶叶芽，有利花芽的形成；缓放中、短营养枝，增加小年的花芽量。

小年轻剪结果枝，重剪营养枝。掌握好二轻、三重、一截、一更。二轻，即轻剪大枝（能暂时不去的尽量保留，等大年疏除），是花或疑似花的全部留下；三重是适当地疏除和回缩较多的外围枝，密集的弱枝组和竞争、徒长、直立的强旺枝条；一截是中截一部分长枝和中枝，抑制花芽形成，减少大年花量；一更是更新复壮一部分结果多年的枝组。在冬剪的基础上，于花前对不是花的枝进行回缩或疏除。

（四）衰老期

苹果进入衰老期，枝条生长势减少，树势衰弱，骨干枝延长枝生长缓慢，生长量小，树冠体积缩小，内膛枝组易枯死，结果部位明显外移，产量显著降低，骨干枝基部多萌发徒长枝。这一时期修剪的主要任务是更新复壮，恢复树冠，延长结果寿命。

宜提早进行更新复壮，在主、侧枝前部，选角度小、生长旺的枝条代替原头；树已衰老，骨干枝先端枯顶焦梢时，更应及早进行更新。对树势衰弱、发枝少而花芽多的衰老树，应重截弱枝，促发新枝，并对抽生的新枝留壮芽，短截促分枝，疏除过多的花芽，减少树体负载量；对树冠已不完整的衰老树，应充分利用徒长枝，以增强树势，防止树冠残缺不全；对无中心干且上部枝条较少的衰老树，最好选择上层主枝基部的徒长枝或直立枝进行培养，增加结果面积；对主、侧枝不截，促分枝补空间，培养为新的主、侧枝。对衰老树上的结果枝组应精细修剪，促发新枝，更新复壮，提高结果能力；对内膛细弱枝组，应先养壮，后回缩；对周围有新枝的弱枝组尽量疏除。衰老树的修剪，要结合土肥水的管理和严格的疏花疏果，控制负载量，再加上细致修剪，更新复壮，以期达到延长结果年限的目的。

（五）盛果期纺锤形的修剪方法

1. 对个体结构的处理 主要看树体结构的调整是否有利于个体、通风、透光和充分利用生长空间。

（1）树冠上小下大，上部主枝的长度为下部主枝的 1/3～1/2。

（2）骨干枝分布均匀，充分利用各个空间，主枝枝头之间的距离应在 80 cm 以上。

（3）骨干枝数目不宜过多，一般掌握在 8～12 个。

（4）同一方向重叠的骨干枝，其垂直距离应在 60 cm 以上。

（5）中心干要保持生长优势，根据行距的大小确定适宜的树高（树高为行距的 3/4），并及时落头或拉平开心。

（6）根据枝轴比（0.3～0.5）的要求，保持各级分枝与主轴具有良好的从属关系。

（7）利用拉、埋、别等方法开张骨干枝角度，使骨干枝角度保持 80°～90°。

（8）若骨干枝之间出现不平衡时，则要从留枝量、角度、留花量三个方面进行调整。

2. 对枝头的处理 主要看是否有利于充分扩大结果空间，调整骨干枝的生长势，维持生殖生长与营养生长的平衡，及时解决树冠的通风透光。

（1）若需要抑前促后，保持骨干枝生长优势，利用清头修剪，保持单轴延伸，疏除 1～3 个竞争枝。

（2）若先端生长无空间，则适当回缩或利用背上枝抬高枝头角度。

（3）疏除枝头附近过大、过密的枝组，适当控制背上枝组，以保持枝头生长优势，改善内膛光照条件。

3. 对枝组的处理 主要看对结果枝组的处理是否有利于高产、稳产和达到立体结果。

（1）骨干枝两侧的枝组分布均匀，有远有近，尽量扩大结果空间。

（2）背上枝组从严控制，高度一般不超过 20 cm，不留大型枝组。

（3）背下结过果的衰弱枝组，及时回缩或疏除。

（4）过密枝组必须疏除，中、小型枝组一般可按 15～20 cm 的间距保留。

4. 对背上直立枝的处理 主要看背上枝的处理是否有利于节省养分和解决光照。

（1）若无生长空间则可以从基部疏除。

（2）若有生长空间可先拉平再缓放。

（3）虽有空间但枝条过长，可先行重短截，然后疏枝缓放。

（4）也可当带头枝用。

（六）防止密植苹果园早衰

园片过密，树过旺，郁闭严重，极易导致树体早衰，主要表现树体上下、内外势差过大，内膛枝细，芽秕，叶片黄薄，枯死现象严重，叶片早落，结果部位严重外移，内膛果少、质差、色淡、无味。最后缩短经济年限，导致密植失控。因此必须注意及早解决，其方法有：

（1）调整根系。通过设置营养穴、营养带，局部调整根系环境，调节根系类型及分布，调整根系活力及其养分供应，延缓根系早衰，以利复壮树势。

（2）平衡冠内部位的势差。通过开张树冠，缓外养内，控上促下，调节枝类组成和分布，以平衡各部位的势力。

（3）通过人工手术（刻芽、环割与环剥）和局部化学药剂控制，以及根外多次追肥，抑强促弱，防止早衰。

（4）合理调整负荷，平衡分配营养，并注意防止枝叶病虫害发生。

六、主要品种或品种群修剪技术

（一）新红星

幼树成枝力低，延长枝不宜采用里芽外蹬或背后枝换头法开张主枝角度，而以撑、拉等方法开张角度为好。由于对修剪比较敏感，重剪易疯长、轻剪易衰弱，为保持树势中庸，除剪截外宜多采用缓放，三年生以前一枝不疏，辅养枝、临时枝一律拉平。

夏季修剪效果明显，对背上新梢于半木质化时留 3～5 片叶扭梢，当年就有 30%以上顶芽形成花。摘心成花也极明显，新梢生长发育至 30 cm 左右时，摘去 5～7 cm 顶梢，成花枝率较高，并且第一芽长出新梢还可进行第二次摘心。对环剥反应极敏感，容易过度削弱树势，因此主干不宜环剥。锥形枝较多（锥形枝特点是尖削度大、长度在 15 cm 以下），一般采用破顶芽剪，促生分枝、培养枝组；对两侧和下垂的锥形枝可让其自然生长，形成枝组。

壮旺枝短截后，除抽生 1～2 个长枝外，下部易形成短果枝成花，连续短截也可以成花，利用此特点培养不同类型枝组。中庸营养枝可缓放不剪，易成花，结果后回缩培养结果枝组。结果枝组以疏除过强和过弱枝、留中庸枝不断更新为好。大量结果后注意疏除过密枝组，以利通风透光。

（二）红富士

1. 普通红富士　对于普通红富士系品种新梢生长量大，生长势强，为缓和势力，以轻剪为主。另外，该品种对修剪反应较敏感，重截易冒旺条，因此，在轻剪、缓放的基础上可采用疏剪手法。

幼树轻剪，有利于缓和树势，提高坐果率。同时，注意开张角度，中心干上少留辅养枝，利用更换中心主干延长枝的办法调节树势，防止上强下弱。对骨干枝延长枝，适度轻剪长放。盛果期树修剪突出一个“疏”字，及时疏除外围旺枝、竞争枝，以利冠内通风透光。疏除冠内徒长枝、骨干枝背上旺枝，特别是骨干枝中上部旺枝，以及冠内密挤枝，疏除细弱枝和弱枝组。冗长的结果枝组要回缩疏除，促其后部分枝健壮成长，使结果部位紧凑。细弱果台枝芽小，连续结果能力差，需疏除较弱的果台枝，集中营养，促使留下的较好的果台枝延长生长。

健壮发育枝空间大时可连续中短截，培养大型结果枝组，或戴帽剪培养大型枝组；空间小时可重短截，促生中、小枝，培养中、小枝组。中庸枝空间大时，可行中截，培养中型结果枝组；空间小时，缓放中庸枝，结果后回缩成小枝组。细弱枝短截可形成小枝组。

及时更新结果枝组，对长势旺的枝组可剪去顶端旺枝，控制其顶端优势，抑前促后。背上直立枝可重短截，长出新梢后，再连续摘心，促生分枝，对形成的结果枝组去弱留强。长势中庸的健壮枝组，调整叶芽和花芽的比例，确保丰产稳产。

2. 短枝型红富士　幼树顶端优势强，易出现上强下弱现象。因此修剪应注意：疏除旺枝，多采用中庸枝换头；将强旺枝压平或压下垂以控制枝势。对骨干枝要特别注意角度开张。萌芽率高，枝条粗壮，易腋花芽结果，亦有一小部分 60 cm 左右长中庸枝顶芽结果，由此修剪特点应是只疏不截或少截，即疏除竞争枝和过密枝，骨干枝延长短截，其余枝甩放不剪。由于生长势强，定植后前两年骨干枝延长头可每年短截 2 次，以增加枝叶量，促进成花结果。一般 6 月剪截一次，留长 25～30 cm，冬剪时再截留 40～50 cm。

夏剪促花效果好。6 月上旬新梢 30 cm 左右时扭梢，成花枝率较高；8 月上旬拿枝（水平或下垂），成花率更高；四年生以后旺树旺枝可行环剥。果枝连续结果能力强，但枝组结果过多易急速衰弱，要注意早更新。枝组上缓放枝易成花，待结果后回缩更新。

（三）金帅

幼树干性强，易出现上强下弱现象。对中央领导枝要采用弯曲延伸方法削弱长势，必要时采用换头法加以控制。该品系枝条较开张，成形容易，对修剪反应不敏感。幼树骨干枝可多采用中截法，促生分枝，扩大树冠。一年生枝多短截，而多年生枝短截后容易枯死。一年生枝短截后，易抽生 2～3 个分枝，中下部多抽生 3～5 个短枝。成花容易，坐果率高，腋花芽较多。修剪时注意调节花量，延长枝疏除腋花芽，以免枝头结果过多下垂。

主枝上一般不配侧枝，中、长枝缓放成花后，回缩培养枝组；背上枝长势较弱，可短截培养小型枝组，可连续结果，并形成结果枝组。旺枝重截，发枝后缓放促花。壮枝行中截或重截，发枝后去直留斜，培养为中、小型结果枝组。细弱枝应加粗健壮后再进行短截，否则越短截越细，甚至干枯。细长枝连续缓放，果少、个小，且花枝形成也少，果台副梢不易成花，所以应在缓放出一串短果枝后，及时见花修剪，且要中重短截，果台副梢多次短截易成花。

（四）红将军

该品种需光性强、整形以高光照的自由纺锤形或二层主枝延迟开心形为主。幼树修剪以夏季修剪为主，冬季修剪为辅。幼树尽量不疏枝，以迅速增加枝量，促进树体生长。生长季及时疏除树冠内膛徒长枝。采用拉枝开角配合刻芽，缓和枝条生长势力，增进发枝，促进短枝花芽形成。对于过度强旺枝，可于 5 月中旬至 6 月上旬，在离主干 20 cm 处进行环切，控制旺长。结果枝组的培养多采用单轴延伸的方法培养生长结果稳定的“辫子枝组”，待结果衰弱后，改造成紧凑型枝组。冬季修剪主要采用放、疏、截、缩等措施平衡树冠营养和光照分配，保持树冠上下、内外平衡和稳定。四年生后，树体营养生长渐趋稳定，应及时清理树体，落头开心，去除严重影响树体光照的大枝（组）。进入盛果期后修剪的重点变为枝组的修剪，即“三套枝”修剪法。

花果管理。红将军具腋花芽结果能力，幼树期应充分利用以提高早期产量。进入盛果期后应严格疏花疏果，确保稳产优质。

七、密植园修剪技术

密植苹果园在整形修剪中应本着“三个为主”和“三个结合”的原则进行。“三个为主”即以小冠形为主；以疏剪、甩放为主；以夏剪为主。“三个结合”即控冠与丰产、稳产结合；夏、冬修剪结合；疏缓、回缩结合。

（一）按改良纺锤形方式改造修剪

方法是留基部三主枝，将着生于中干中上部过粗、过旺枝疏除，保留生长中庸枝作为结果枝轴。树顶部中央领导枝留一斜生或直立枝带头，保持中干优势，中干上的细弱辅养枝尽量保留，拉平缓放。对留下的基部主枝，少截、多缓，疏除竞争枝、过密枝，控制其生长势。当年萌发的背上新梢，采用摘心、扭梢等方法，培养成小枝组结果，中干上的辅养枝秋季拉枝培养成主枝轴。最终培养成为基部具有三主枝，中上部形成 5 个以上的轮生结果枝轴的改良纺锤形树形。该树形通风透光，有利于立体结果，提高果实品质。

（二）间移或间伐

1. 间移 以幼树期进行为好。可在第二年春季发芽前隔株或隔行进行移栽，移栽时要尽量确保根系的完整，并对移栽树进行较重的回缩修剪。移栽要施足肥、浇足水，保持土壤适宜的温度。

2. 间伐 对树龄较大不易移栽的树进行间伐。为了减少间伐后的减产幅度，对间伐株可采用逐年疏间或回缩主枝和辅养枝。为永久枝让路的压缩修剪办法，有利于永久枝的通风透光，提高光合作用。同时，对留下的永久株也要进行改造。先行疏除直立旺枝、密挤枝及竞争枝。对冗长的结果枝选壮枝、壮芽回缩，对于连年延伸且又偏弱的单轴枝组，无发展空间的可疏除，有空间可留壮芽回缩。疏除骨干枝下部的裙枝。对于内膛、骨干枝背下连年延伸不成花的小弱枝组等无效枝宜疏除。夏剪注

意拉枝开角。生长势强结果少的枝或树，可在轻剪缓放的基础上，进行主枝、主干环剥，以利成花，以果压冠，防止出现郁闭现象。

八、放任树修剪技术

（一）上强下弱与下强上弱树修剪

1. 上强下弱 中央领导干年年留壮枝、壮芽短截，枝势强，上升过快，致使二至三年生树就出现上强现象；第一层短截过重或疏枝过多枝叶量少，加粗生长缓慢，限制枝势和扩展树冠。另外，中干中上部出现过多大的旺枝，一层主枝开张角度过大，亦影响一层枝长势而出现上强下弱现象。

此类树一般情况下疏除中干中上部的过密、过旺枝留中庸枝当头，其余枝拉平缓放，同时对其骨干枝背上的直立旺枝尽量疏除。对下层主枝延长头采用中截法，多短截其两侧分枝，尽快增加枝量，增强生长势。

2. 下强上弱 中央领导干年年留弱枝、弱芽当头，上层主枝枝势弱，下层主枝长势强且粗大，势必造成下强；基部三主枝长势强且并生，易造成中干“掐脖”现象，影响中央领导干的生长。抑下促上，对下层主枝选弱枝当头，尽量疏除旺枝，并通过开张骨干枝角度，环剥促花，抑制树冠下层主枝的生长势，采用夏季修剪促进花芽的形成，让第一层主枝多结果。适当疏除上层主枝过密枝，第二、三层主枝、中央领导干，采用多短截的办法，加快增加枝叶量，控制花果量，增强其长势。

（二）弱树的修剪

苹果弱树主要表现在枝条年生长量小，内膛壮枝少，弱枝多，总枝叶量少；开花多，坐果少，产量低，果实品质差，易出现大小年现象。造成苹果树生长势衰弱的主要原因是土肥水管理不当；结果过多，负载量过大，病虫害严重；连年轻剪长放，未及时回缩更新。对于此类树，除加强土肥水管理及病虫害防治外，修剪调节亦是重要措施之一。

对衰弱树的修剪，首先要掌握好修剪量，修剪量过轻、过重时，都易引起树势衰弱；其次，是修剪方法应适当，修剪时，应适当加重一年生枝短截程度，注意保留、利用壮枝和壮芽；去弱留强，去平斜枝留直立枝；旺枝和徒长枝短截回缩，促其萌发强旺新梢，利用徒长枝换头或培养新的结果枝组，减少花芽数量；重新破顶去花芽，疏除骨干枝中上部特别是延长枝上的花芽。

利用好潜伏芽。对于潜伏芽寿命长的品种，缩剪可收到良好的效果。衰弱树冬剪时，以缩剪为主，缩剪的程度可较重，以促发新梢，恢复树势；衰弱较重的侧分枝可行重回缩，使结果部位降低到基部或后部；对生长势较弱的中、长果枝，回缩不宜过急，应轻度短截，使其坐果率高，果个大，品质好。

（三）低产旺长树修剪促花技术

该类树的特点是枝条旺长，花芽不足，产量太低。修剪的关键在于调整营养生长与生殖生长的关系，促进成花。主要措施是开张骨干枝角度，拉平辅养枝，缓和树势；冬剪除疏去过密枝、徒长枝、竞争枝外要轻剪长放并开张枝条角度，缓和枝势，促进成花；春季萌芽时修剪，可削弱树势促发中短枝以利成花；冬、夏结合，冬剪调整骨架结构，夏剪缓势促花。

（四）化学药剂控冠促花

1. 多效唑（PP_{333}）的应用技术

（1）树干包扎。于5月底6月初，在主干上部按5～10 cm的间距环割两圈，以割透皮层为度。两环中间如有粗皮时，可剥去老粗皮，以露白为度，然后贴上6～8层的卫生纸，外用塑料薄膜包扎严密，用注射器将15%多效唑20倍液，注在卫生纸上，以湿透湿匀为度。

（2）土施。秋施基肥掺入多效唑或在春季发芽前在树冠投影边缘处，随水开沟施入，每平方米树冠投影，用纯品0.3～0.5 g。

2. 喷丁酰肼（B_9）加乙烯利 对幼旺树在春梢长度达30 cm以上或秋梢旺长始期，喷布1.5～2.0 g/L B_9 加0.5 g/L乙烯利混合液，抑制旺长促花。

第九节 病虫害防治

一、主要病害及其防治

(一) 腐烂病

1. 为害特点 腐烂病（*Valsa mali* Miyabe et Yamada）主要为害结果树的枝干，管理不善的幼树和苗木也可发病。症状有溃疡型和枝枯型两种，以溃疡型为主。发病初期受害部位组织松软，红褐色，呈水渍状；以后病皮容易剥离，常流出黄褐色的汁液，烂皮呈鲜红褐色，有酒糟味；后期病斑干缩下陷，变成黑褐色，边缘清晰明显。枝枯型腐烂病多发生在衰弱树和小枝条上，病斑扩展迅速，形状不规则，边缘不清晰，很快包围整个枝条，造成枝条枯死。

2. 发病规律 腐烂病菌在病皮上越冬，随风雨传播，从伤口等生长势衰弱的部位侵入。有潜伏侵染的特点，当树体生长健壮时，病菌侵入后即处于潜伏状态，不能扩展为害，只有当树体或局部组织生长衰弱，抗病力降低时，潜伏的病菌才开始扩展为害，使皮层腐烂。在早春（2～3 月），病斑扩展最快，在晚秋也有一次扩展高峰。

3. 防治方法

（1）加强栽培管理，增强树势，提高树体的抗病能力，这是防治腐烂病的根本措施。同时要搞好果园卫生，彻底清理果园中的枯枝、病果。5～7 月重刮皮，刮去粗老树皮，露出新鲜组织，发现病斑彻底清除。

（2）刮治或涂治。刮治是指将病斑连同周围 0.5～1.0 cm 健康组织刮净，深达木质部，边缘刮成立茬，然后涂抹腐必清 3～5 倍液，或轮纹净 5～10 倍液、辛菌胺 50 倍液，以及果树愈合剂原液等药剂，防止病斑复发；涂治是指在病斑及周围 0.5～1.0 cm 健康组织上纵向划道，间隔 5 mm，然后涂抹药剂。

（3）化学防治。早春果树发芽前，对全树枝干周密喷布石硫合剂 3～5 波美度，或腐必清 50～70 倍液、5%辛菌胺 200 倍液，可有效地铲除病原。

(二) 苹果干腐病

1. 为害特点 苹果干腐病［*Botryosphaeria dothidea*（Moug. ex Fr.）Ces. et de Not］又称胴腐病，主要为害苹果树主干、小枝和果实。幼树受害多在嫁接部位附近形成暗褐色至黑褐色病斑，后沿树干向上扩大，严重时可致幼树枯死，被害部密生许多小黑点（分生孢子器）。大树发病，多在枝干上散生表面湿润、不规则的暗褐色病斑，病部溢出褐色黏液。随病斑不断扩大，被害部成为明显凹陷黑褐色干斑，病部形成很多黑色的小粒点。病健交界处往往裂开，病皮翘起。该病多发生在枝干的一侧，形成凹陷的条状斑，严重时病斑连成一片，导致整个枝干干缩枯死。果实多在成熟期和贮藏期发病，受害初期产生黄褐色小斑，后逐渐扩大成同心轮纹状病斑，条件适宜几天内可使全果腐烂。

2. 发病规律 真菌病害。病原菌以菌丝体、分生孢子器及子囊壳在枝干发病部位越冬，翌春以菌丝沿病部扩展危害。病菌孢子随风雨传播，多从伤口侵入，也可从枯芽和皮孔侵入。干腐病菌具有潜伏侵染特性，寄生力弱，先在伤口死组织上生长一段时间，再侵害活组织。在山东，6～8 月和 10 月为该病发病高峰。

干腐病的发生与树皮含水量有关，当树皮含水量较低时，病菌扩展迅速，因此在干旱年份或干旱季节发病重；管理水平低、地势低洼、肥水不足、偏施氮肥、结果过多的果园发生较重；果园土壤盐碱重、板结瘠薄，果树根系发育不良时发病重；苗木受伤过重或受旱害和冻害较重的易引起该病发生。

3. 防治方法

（1）培育无病苗。嫁接后保护伤口，减少病菌侵染机会；苗木在出圃和运输过程中避免机械损伤和失水。苗木定植时避免深栽，缩短缓苗时间。

（2）加强栽培管理，增强树势。改良土壤，提高土壤保水能力，果园要注意蓄水保墒；旱季及时灌溉，雨季注意防涝；冬季来临之前应及时涂白，防止冻害和日灼；及时防治枝干害虫，避免造成各种机械伤口。

（3）化学防治。有伤口的树可涂1%硫酸铜等药剂保护，促进愈合。果树发芽前要喷药防治，4%农抗120 30～50倍液，3～5波美度石硫合剂等，5～6月喷2次1∶2∶(200～240)的波尔多液或50%多菌灵600倍液。

（4）刮除病斑。病部刮治后，要用药剂如45%石硫合剂晶体30倍液等消毒保护；当枝干病害严重时，可在生长季进行重刮皮，以铲除树体所带病菌。

（三）苹果轮纹病

1. 为害特点　苹果轮纹病［*Botryosphaeria dothidea*（Moug. ex Fr.）Ces. et de Not］又称粗皮病，为害苹果的枝干和果实。枝干受害后，以皮孔为中心，形成直径3～20 mm的红褐色病斑，质地坚硬，中心呈瘤状突出，边缘发生龟裂，病组织翘起呈马鞍状。果实受害多在成熟期和贮藏期发病。初期以皮孔为中心形成水渍状褐色斑点，以后逐渐扩展成圆形的同心轮纹状红褐色病斑，最终导致全果腐烂。

2. 发病规律　病菌在枝干病瘤中越冬，随风雨传播，从枝干、果实的皮孔侵入。谢花后的幼果即可侵染，但不发病，到果实成熟后，抗病力降低时才发病。生长势偏弱的树、衰老树、管理粗放的果园发病重；果实生长前期降雨频繁、成熟期气温偏高的年份发病重。

3. 防治方法

（1）加强栽培管理，提高树体抗病能力。春季发芽前，彻底刮除枝干上的粗皮病瘤，刮后涂抹腐必清等；发芽前用石硫合剂等喷枝干；生长季重刮皮，清除病组织，减少病菌初侵染来源；实行果实套袋。

（2）化学防治。一般从苹果落花后开始直到9月，结合防治其他病害，每隔15 d左右喷药一次。常用药剂及浓度：50%多菌灵可湿性粉剂600倍液，1∶2∶240倍波尔多液，30%绿得保胶悬剂300～500倍液，80%代森锰锌可湿性粉剂800倍液，70%甲基硫菌灵可湿性粉剂800倍液，50%异菌脲可湿性粉剂1 000～1 500倍液等。幼果期温度低、湿度大时，不要使用铜制剂，以免产生锈。

（四）早期落叶病

1. 为害特点　早期落叶病包括褐斑病、灰斑病、轮斑病等几种，主要侵害叶片，在叶片上形成各种病斑，造成提前大量落叶，严重削弱树势。其中以褐斑病最常见，分布最广，危害最重。

2. 发病规律　病菌在病落叶中越冬，借雨水传播，从气孔侵入，一年可多次侵染，雨水及多雾是病害流行的主要条件。

3. 防治方法

（1）农业防治。清扫落叶，集中深埋或烧毁，可有效地铲除越冬菌源，降低发病基数。增施有机肥料，改善栽培条件，雨季注意排涝。

（2）化学防治。麦收前10 d喷第一遍1∶2∶200波尔多液，这是极为重要的一遍药，可以同时防治多种病害。有些品种为防止果锈，可改用锌铜波尔多液（硫酸锌0.3 kg，硫酸铜0.7 kg，生石灰2～3 kg，水240 kg）。以后每隔10～15 d喷药一遍，药剂可用10%宝丽安1 000～1 500倍液，1.5%多抗霉素300～500倍液，70%乙锰合剂300～400倍液，以及50%扑海因可湿性粉剂1 000～1 500倍液。

（五）苦痘病

1. 为害特点 果实发病初期，先由果皮下的果肉发生病变，果面现稍凹陷、色较暗的病斑。病斑下果肉呈海绵化的褐色斑点，病部果肉逐渐干缩呈蜂窝状，表皮坏死，呈凹陷褐色病斑。多发生在果顶部位。是苹果套袋栽培中主要病害之一。

2. 发病规律 由果实缺钙引起的生理病害。不同品种、不同砧木发病程度不同。幼旺树发病重，成龄树、弱树发病轻，果个越大发病越重；土壤有机质含量低、氨态氮含量高，地下水位高发病较重；苹果套袋后发病重。

3. 防治方法 ①在缺钙严重的园片，应补充钙肥或于花后3～4周内连续喷布2次氨基酸钙400倍液，可明显降低苦痘病的发生。②加强肥水管理，增施有机肥，防止过量施用氮肥。生长期在5～6月喷施氯化钙或硝酸钙（0.5%～1.0%）1～2次。适时采收、贮藏，防止温度过高，可减轻病害。

（六）根部病害

1. 为害特点 根部病害是苹果白绢病、白纹羽病、紫纹羽病、圆斑根腐病、根朽病的通称。这些病害是由病菌侵染引起的侵染性烂根，也有的是由冻害、水涝、土壤酸度偏高等引起的生理性烂根。侵害后，地上部均表现生长衰弱，叶小色黄，徒长枝不直立，先端逐渐枯死，以致最后全株死亡。

2. 发病规律 白绢病的菌丝体在根颈部或以菌核在土壤中越冬；白、紫纹羽病的菌丝体、根状菌索或菌核随着病根遗留在土壤中越冬；根朽病的菌丝体在病根或随病残体在土壤中越冬。苹果白绢病4月初至10月底均能发病，7～9月是发病高峰期，8～9月为菌核形成期；白纹羽病发病盛期略早于紫纹羽病；根朽病3～11月发病，6～9月为发病盛期，7～11月形成子实体。

3. 防治方法

（1）农业防治。加强土肥水管理：合理施用有机肥，增强树体长势，提高抗病能力，改良土壤，雨季注意防涝，及时中耕除草，合理灌溉，合理负载，防止大小年结果；选用无病苗木，搞好苗木消毒，定植前，将有病苗木根部放入五氯酚钠500倍液或撒石灰粉消毒；若病树发现前期或为预防根部病害，可将基部主根附近的土扒开，使根暴露在外，从春季开始到落叶为止，或重茬果园树穴换土，新土中掺入石硫合剂渣。

（2）化学防治。当发现白绢病，先将根颈病斑彻底刮除，用1%硫酸铜液进行伤口消毒，晾根10 d左右，再浇灌300倍液五氯酚钠10 kg消毒伤口；发现白纹羽病、紫纹羽病或根朽病，将霉烂根剪除，再浇药液。常用药剂有50%克菌丹可湿性粉剂500倍液，50%多菌灵或70%甲基硫菌灵可湿性粉剂800倍液，五氯酚钠250～300倍液，50%苯来特可湿性粉剂800倍液。

（七）日灼病

1. 为害特点 果实日灼病是由温度过高而引起的生理性病害，与干旱和高温关系密切。夏季温度过高时，由于水分供应不足，影响蒸腾作用，使树体体温难以调节，造成果实表面局部温度过高而遭到灼伤，从而形成日灼病。因此，干旱失水和高温致使局部组织死亡是造成日灼病发生的重要原因。套袋苹果的日烧主要发生在果实的向阳面，初期果实阳面叶绿素减少，局部变白，继而在果面出现水渍状的浅褐色或黑色斑块，以后病斑扩大形成黑褐色凹陷，随之干枯甚至开裂，发病处易受病菌的侵染而引起果实腐烂。是苹果套袋栽培生产中主要病害之一。

2. 发病规律 日灼病发生与气候、品种、树势、立地条件等有关。套袋果实遇干旱、高温不利气候，易发生日灼病。不同品种之间日灼病发生程度有所差异。果园管理水平高，套袋前后土壤墒情适宜的园片，套袋果实发病率低。

3. 防治方法

（1）农业防治。加强肥水管理，合理施肥、灌水，可促进树体健壮生长。高温干旱不能及时灌溉时，避免土壤追肥，更不能过量追施速效化肥，以防土壤胶体浓度升高，影响根系吸水。浇水条件差的果园，应覆盖保墒。

（2）合理套袋。叶面喷布磷酸二氢钾及其他光合微肥等，可提高叶片质量，促进有机物的合成、运输和转化，增加套袋果实的抗病性。干旱年份的特殊措施：推迟套袋时间，避开初夏高温；套袋前后浇足水，漏水果园应每 7～10 d 浇一遍水，以降低地温，改善果实供水状况；有条件果园，12:00～14:00 时进行喷雾降温；树冠上部和枝干背上暴露面大的果实不套袋。避免套劣质袋和塑膜袋。

（八）苹果炭疽病

1. 为害特点　苹果炭疽病［*Colletotrichum orbiculare*（Berk. & Ment.）］主要为害果实，也是贮藏期主要病害。初期表现为淡褐色小圆斑，病斑扩大后，病部稍下陷，呈漏斗状深入果心，果肉变褐色，味苦，从病部中心向外形成轮纹状排列的黑色小粒点。如遇雨季或天气潮湿，黑点处可溢出粉红色黏液，即分生孢子团。

2. 发病规律　真菌病害。病菌以菌丝在病弱枝干、僵果、干枯果台、落地病果上越冬。翌年，产生分生孢子，借风雨、昆虫传播危害。病菌越冬处往往先形成发病中心，然后向四周传播，呈伞状蔓延。分生孢子萌发后经伤口、皮孔或直接侵入，高温、高湿、多雨往往造成该病流行。该病在整个生长期中可多次再侵染，在北方果区，每年 5 月底 6 月初进入侵染初期，7～8 月为发病盛期。

3. 防治方法

（1）农业防治。加强栽培管理，增施有机肥，中耕除草。雨季及时排水，及时夏剪，改善通风透光，降低果园湿度。苹果园周围不要栽植刺槐树作为防风林。休眠期彻底剪除病弱枝、病僵果、干枯枝等，集中烧毁，减少初侵染源。

（2）化学防治。发芽前喷洒铲除剂，消灭枝条上越冬病菌。药剂可选用 5 波美度石硫合剂或农抗 120 100～200 倍液或福星乳油 2 000 倍液。谢花后 2～3 周，每隔半月喷一次杀菌剂。可选用 50%多菌灵可湿性粉剂 600 倍液、70%甲基硫菌灵可湿性粉剂 800 倍液、80%代森锰锌可湿性粉剂 800 倍液、50%异菌脲可湿性粉剂 1 000～1 500 倍液。进入雨季后可与石灰倍量式 200 倍波尔多液交替使用。

（九）苹果霉心病

1. 为害特点　苹果霉心病又称心腐病、果腐病、红腐病，该病只为害果实，其显著的特征是果实心室霉变、腐烂，长有粉红色霉状物或青绿色、黑褐色霉层，果实外观常表现正常。受害较重的果实易提前落果。贮藏期果实胴部可具水渍状、褐色、形状不规则的湿腐斑块，斑块彼此相连成片，最后全果腐烂，果肉味极苦。

2. 发病规律　由多种弱寄生菌混合侵染引起，常见的有粉红单端孢、链格孢、串珠镰孢，病菌以菌丝在病僵果、坏死组织或在芽的鳞片间越冬。翌春产生孢子，借风雨传播。开花后即能侵染花瓣、花萼、雄蕊等花器。以后菌丝从花萼筒处向心室扩展，侵入后大多呈潜伏状态。随着果实的发育，病菌开始不断繁殖，引起心室霉烂。果实萼片开张、心室呈开放形品种发病率高，降雨多、早，果园潮湿、通风不良均能加重发生。

3. 防治方法

（1）农业防治。加强田园管理，剪除枯死枝、病僵果，清除落地果，合理修剪，使树冠通风、透光。贮藏期间应加强管理，经常检查，以减少损失。

（2）化学防治。发芽前喷布 5 波美度石硫合剂或五氯粉钠 200 倍液。对发病较重的园片，于花前、谢花及花后 10 d 各喷一次杀菌剂。药剂可选用 70%甲基硫菌灵可湿性粉剂 800 倍液或 50%多菌灵可湿性粉剂 600 倍液、50%异菌脲可湿性粉剂 1 000～1 500 倍液、80%代森锰锌可湿性粉剂 800 倍液、25%粉锈宁可湿性粉剂 1 000～1 500 倍液。

（十）苹果斑点落叶病

1. 为害特点　苹果斑点落叶病（*Alternaria mali* Roberts）主要为害叶片，也可为害枝条和果实。在叶片上产生褐色圆形斑点，直径 2～3 mm，病斑周围常有紫红色晕圈，有的病斑可扩大到 5～6 mm，呈深褐色，有的数个病斑融合，造成不规则形。空气潮湿时，病斑正面中央和背面均可产生墨绿色至黑褐色霉状物（病菌的分生孢子梗和分生孢子）。有的病斑脱落，叶片穿孔。幼叶发病严重时，扭曲变形，干枯，易脱落。果实受害，果面上产生直径 2～5 mm 的褐色斑点，周围有红晕，有时数个病斑连成片，边缘不清晰，果实上的病斑一般仅局限在表皮。

2. 发病规律 该病病原菌属真菌，链格孢属，苹果轮斑病菌的强毒菌系。以菌丝在病落叶、枝条病斑等部位越冬，翌春苹果展叶期开始产生分生孢子，随气流传播，进行初次侵染。分生孢子一年有 2 个活动高峰：第一个高峰从 5 月上旬至 6 月中旬（春梢期）；第二个高峰在 9 月（秋梢期），造成大量落叶。病害的发生流行程度与品种、树势、叶龄、降雨及空气湿度关系密切。不同品种发病有明显区别，元帅系、青香蕉、王林及富士系品种易感此病，而金冠、国光少发病。树势衰弱，病害严重。病菌易侵染嫩叶。春季苹果展叶后，雨水多、降雨早、雨日多或空气相对湿度在 70%以上，则田间发病早，病叶率增长快。由于该病菌发育周期短，因而可在果树生长期内频频侵染，病害愈演愈烈。

3. 防治方法

（1）农业防治。加强肥水等管理，增强树势，提高抗病能力。休眠期剪除病枝、清扫落叶，集中烧毁减少病源。

（2）化学防治。发芽前结合防治其他病害喷布 5 波美度石硫合剂或农抗 120 100～200 倍液等铲除剂。花后 7～10 d 开始，每隔 10～15 d 喷布一次杀菌剂，有效杀菌剂有 50%异菌脲可湿性粉剂 1 000～1 500 倍，50%速克灵可湿性粉剂 1 500 倍，10%多抗霉素可湿性粉剂 1 000～1 200 倍，1.5%～3%多抗霉素可湿性粉剂 300～500 倍液，80%大生 800 倍液，乙锰混剂 300～500 倍液。药剂宜与波尔多液交替使用。春梢生长期为药剂保护的重点，应适当缩短喷药间隔期。

（十一）苹果白粉病

1. 为害特点 苹果白粉病［*Podosphaera leucotrlcha*（Ell. et Ev.）］主要为害嫩梢、叶片，也为害芽、花及幼果。叶片受害，其上生一层绒状菌丝层，后布满全叶。上生一层白粉，即分生孢子梗和分生孢子。嫩梢受害，生长受抑制，节间缩短，其上叶片变狭长、硬脆，叶缘上卷，最后变褐色，后期在嫩茎及叶腋间生出很多密集的黑色小粒点。花受害后变畸形，不能正常坐果。幼果受害，上生一层白粉，形成锈斑，生长受阻，后期形成裂口。

2. 发病规律 以菌丝体在芽鳞片中越冬。翌年春，病菌产生分生孢子，随风传播危害。菌丝和分生孢子可直接侵染嫩芽、嫩叶和幼果，秋季侵染秋梢。春季和秋季发病较重，夏季则较轻。春季温暖干旱、夏季多雨凉爽、秋季晴朗有利于病害的发生与流行。种植过密、偏施氮肥、土壤积水等都能加重该病的发生。红玉、红星、乔纳金、国光等品种较易感病，富士、元帅、金冠、青香蕉等品种较抗病。

3. 防治方法

（1）农业防治。结合冬剪，剪除病枝、病芽，春季发现病梢应及时修剪并集中烧毁。

（2）化学防治。发芽前喷 5 波美度石硫合剂。发病重的园片，花前、花后各喷一次杀菌剂，药剂可选用：70%甲基硫菌灵可湿性粉剂 800 倍液，25%粉锈宁可湿性粉剂 1 000～1 500 倍液，15%特谱唑可湿性粉剂 3 000 倍液。

（十二）锈果病

1. 为害症状 锈果病又称花脸病。症状主要表现在果实上，某些品种的幼树及成龄树的枝叶上也表现出症状。果实上的症状主要类型有锈果型、花脸型、锈果-花脸复合型、绿点型。

（1）锈果型。锈果型是主要的症状类型。常见于富士、国光等品种上，在落花后 1 个月左右从萼洼处开始出现淡绿色水渍状病斑，然后向梗洼处扩展，形成放射状的 5 条木栓化铁锈色病斑。若把病果横切，可见5条斑纹正与心室相对。在果实成长过程中，因果皮细胞木栓化，逐渐导致果皮龟裂，甚至造成畸形。有时果面锈斑不明显，而产生许多深入果肉的纵横裂纹，裂纹处稍凹陷，病果易萎缩脱落，不能食用。

（2）花脸型。花脸型是果实在着色前无明显变化，着色后，果面散生许多近圆形的黄绿色斑块；成熟后表现为红绿相间的“花脸”状。着色部分突起，不着色部分稍凹陷，果面略显凹凸不平状。

（3）复合型。复合型即为锈果和花脸的混合型。病果着色前，在萼洼附近出现锈斑；着色后，在未发生锈斑的果面或锈斑周围产生不着色的斑块，呈“花脸”状。

（4）绿点型。绿点型是果实着色后，在果面散生一些明显的稍凹陷的深绿色小晕点，晕点边缘不整齐，近似花脸，也有个别病果顶部呈锈斑。

2. 发病规律　病毒病害。该病毒通过各种嫁接方法传染，也可以通过在病树上用过的刀、剪、锯等工具传染，苹果一旦染病，病情逐年加重，成为全株永久性病害。套袋果发生的锈果病主要是花脸型，病果着色前无明显变化，着色后果面散生许多近圆形的黄色斑块。红色品种成熟后果面呈红、黄相间的花脸症状，黄色品种成熟后果面呈深浅不同的花脸症状。

3. 防治方法

（1）植物检疫。封锁在疫区内繁殖苗木或外调繁殖材料。新建果园发现病株要及时挖除。避免与梨树和其他寄生植物混栽。

（2）农业防治。选用无病毒苗木，种子繁殖可以基本保证砧木无病毒；嫁接时应选择多年无病的树为接穗的母树；嫁接后要经常检查，一旦发现病苗及时拔除烧毁。修剪时工具严格消毒等都可以有效控制该病的发生。

（3）化学防治。于初夏在病树树冠下面东、西、南、北各挖一个坑，各坑寻找0.5～1.0 cm的根，将根切断后插在已装好四环素、土霉素、链霉素或灰黄霉素150～200 mg/kg的药液瓶里，然后封口埋土，有明显防效。

（十三）疫腐病

1. 为害症状　苹果疫腐病是恶疫霉菌所引起的果实病害，恶疫霉菌还可侵染苹果的根茎部位和枝干，引起根颈和枝干树皮腐烂，最后导致整株死亡。根颈部位受害称为茎腐病，枝干受害因病斑能环绕枝干一周，所以称为环腐病。发病初期，果面产生边缘不清晰、不规则的淡褐色病斑。病斑多发生在萼洼、梗洼附近，发病快，扩展迅速。5～6 d即可发展到全部果面，果面颜色、果肉亦随之变深，变为深褐色，病果多脱落，有弹性，落地保持原形，不软腐。

2. 发病规律　树冠郁闭，下围裙枝多而低，通风透光不良，多雨高湿是此病流行的条件。

3. 防治方法

（1）农业防治。疏除下围裙枝，撑吊下部大枝，抬高结果部位，改善近地面的通风透光条件。

（2）化学防治。发病前用药剂处理土壤。可用甲霜灵、疫霜灵、乙磷铝、辛菌胺，这些药剂在2 d内能使土壤中的恶疫霉菌体失去活性，完全抑制孢子囊和卵孢子的产生。也可用于喷近地面的果实，因这些药剂具有保护和内吸作用，不仅能阻止病菌侵入，还能抑制侵入不久的病菌不扩展，使之不致病。

二、主要害虫及其防治

（一）山楂叶螨

1. 为害特点　山楂叶螨（*Tetranychus viennensis* Zacher）又名山楂红蜘蛛，主要为害梨、苹果、山楂、樱桃、桃等。以成、若螨群集叶片背面刺吸为害，叶片表面出现黄色失绿斑点。严重时，山楂叶螨在叶片上吐丝结网，引起焦枯和脱落。冬型雌成螨为鲜红色；夏型雌成螨初脱皮时为红色，后渐变深红色。

2. 发生规律 山楂叶螨1年发生5～13代，以受精雌成螨在果树主干、主枝、侧枝的老翘皮下、裂缝中或主干周围的土壤缝隙内越冬。果树萌芽期开始出蛰。山楂叶螨第一代发生较为整齐，以后各代重叠发生。6～7月的高温干旱最适宜山楂叶螨的发生，其数量急剧上升，形成全年危害高峰期。进入8月，雨量增多，湿度增大，其种群数量逐渐减少。一般于10月即进入越冬场所越冬。

3. 防治方法

（1）农业防治。结合果树冬季修剪，认真细致地刮除枝干上的老翘皮，并耕翻树盘，可消灭越冬雌成螨。

（2）生物防治。保护利用天敌是控制叶螨的有效途径之一。保护利用的有效途径是减少广谱性高毒农药的使用，选用选择性强的农药，尽量减少喷药次数。有条件的果园还可以引进释放扑食螨等天敌。

（3）化学防治。药剂防治关键时期在越冬雌成螨出蛰期及第一代卵和若螨期。药剂可选用：50%硫悬浮剂200～400倍液，20%螨死净悬浮剂2 000～2 500倍液，5%噻螨酮乳油2 000倍液，15%哒螨灵乳油2 000～2 500倍液，25%三唑锡可湿性粉剂1 500倍液。喷药要细致周到。

（二）苹果全爪螨

1. 为害特点 苹果全爪螨［*Panonychus ulmi*（Koch）］又名苹果叶螨、苹果红蜘蛛。叶片被害初期，先出现灰白色斑点，继而叶片全为苍灰色。

2. 发生规律 苹果全爪螨1年发生6～9代，在花芽周围、果台枝和一至二年生枝条上越冬。来年春季，苹果花芽露绿时，越冬卵开始孵化。全年以越冬代卵孵化最整齐，从开始孵化到孵化结束一般有15 d左右。红星、富士苹果花序分离期，谢花后7～10 d为第一代卵和幼若螨发生期，是选用杀卵剂防治苹果全爪螨的最佳时期。以后世代重叠，防治困难。苹果全爪螨天敌有捕食螨、瓢虫、中华草蛉、花蝽等。

3. 防治方法 ①在越冬卵量多的苹果园，防治苹果全爪螨可在苹果花序分离期，越冬卵已孵化，喷布95%机油乳剂200倍液或15%哒螨灵乳油2 500倍液。②苹果谢花后7～10 d即第一代卵和幼若螨期，园内又有山楂叶螨，可选用20%螨死净悬浮剂2 500倍液或5%噻螨酮乳油1 500～2 000倍液防治。③6～7月苹果全爪螨大发生期，每叶幼螨、成螨4～5头，天敌与害螨比小于1∶50时，选用15%哒螨灵乳油2 500倍液，25%三唑锡可湿性粉剂1 500倍液，73%克螨特乳油2 500倍液，有效控制期15～20 d。

（三）二斑叶螨

1. 为害特点 二斑叶螨（*Tetranychus urticae*）又名二点叶螨、白蜘蛛。可为害樱桃、桃、杏、苹果、草莓、梨等多种果树，还可为害多种蔬菜和花卉。以成、若螨刺吸叶片，被害叶表面出现失绿斑点，逐渐扩大呈灰白色或枯黄色细斑。螨口密度大时，被害叶片上结满丝网，叶片枯干脱落。雌成螨椭圆形，灰绿色或深绿色，体背两侧各有1个明显的褐斑。

2. 发生规律 二斑叶螨1年发生10余代。以受精的雌成螨在根颈、枝干翘皮下、杂草根部、落叶下越冬。来年3月出蛰。出蛰雌成螨先集中在荠菜、苦菜等杂草上取食，4月以后陆续上树危害。第一代卵的孵化盛期在4月中下旬。除第一代发生整齐外，以后则世代重叠，防治困难。9～10月陆续下树越冬。二斑叶螨喜高温干旱，7～8月降雨情况对其发生、发展影响较大。

3. 防治方法

（1）农业防治。及时清除果园杂草，并将锄下的杂草深埋或带出果园，可消灭草上的害螨。

（2）生物防治。在果园种植紫花苜蓿或三叶草，能够蓄积大量害螨的天敌，可有效控制害螨发生。

（3）化学防治。在害螨发生期，可选择以下农药进行喷药：1.8%阿维菌素乳油3 000～4 000倍液，5%霸螨灵乳油2 500倍液，10%浏阳霉素乳油1 000倍液，25%三唑锡可湿性粉剂1 500倍液。

喷药要均匀周到。

（四）金纹细蛾

1. 为害特点 金纹细蛾（*Lithocolletis ringoniella* Matsumura）以幼虫从叶背潜入皮下取食叶肉，使下表皮与叶肉分离，从叶正面看，虫斑筛孔状。被害严重的，一张叶片有数个虫斑，造成提早落叶。

2. 发生规律 金纹细蛾1年发生4～5代，以蛹在被害叶虫斑内越冬。4月上中旬越冬代蛹羽化。4月下旬至5月上旬第一代幼虫钻入叶内为害；第二代幼虫危害盛期在6月上中旬。第一代成虫盛期在5月中下旬；第二、三代成虫盛期分别在7月上中旬、8月上中旬；第四代成虫盛期在9月上中旬；10月第五代幼虫蛹越冬。金纹细蛾群体发生危害，第一、二代幼虫发生数量少、危害轻，经一、二代幼虫数量的积累，三、四代幼虫大发生。所以，一、二代幼虫期是全年防治的关键时期。

3. 防治方法

（1）农业防治。彻底清扫落叶，消灭越冬蛹，减少虫源。刨除树冠下萌蘖，使苹果展叶前越冬代成虫找不到寄主产卵。

（2）化学防治。5月下旬至6月上旬，第二代卵和初龄幼虫发生期，树上喷25%灭幼脲1 500～2 000倍，或20%杀铃脲悬浮剂6 000～8 000倍液、1.8%阿维菌素乳油4 000～5 000倍液、2.5%三氟氯氰菊酯乳油2 500倍液。

（五）桃小食心虫

1. 为害特点 桃小食心虫（*Carposina nipponensis* Walsingham）简称桃小，俗称豆沙馅或串皮干。主要为害苹果、梨、桃、山楂等果树。桃小食心虫为害苹果树，幼虫蛀果后2 d左右，果面上流出透明的水珠状果胶，俗称“流眼泪”，随之胶汁即变白干硬，幼虫蛀入果后，果肉被食成中空，虫粪满果，形成“豆沙馅”，早期危害影响果实生长，果面凹凸不平，俗称“猴头果”。

2. 发生规律 1年发生1～2代，以老熟幼虫做扁圆形冬茧越冬，越冬茧主要分布在根颈、冠下、包装场所，以树干基部为最多。越冬幼虫在麦收前后，当土壤含水量达8%～10%，5 cm下地温在18～22 ℃，气温在19 ℃以上，1～2 d就可破获茧出土。出土盛期一般在6月中下旬。一般从出土开始到结束需2个月，出土幼虫做茧化蛹，蛹期8～9 d，出土16～18 d后成虫出现。6月末7月初为第一代成虫产卵盛期，这一代成虫产卵对苹果的品种有选择，金冠着卵量最多，富士着卵量少；第二代卵期在8月上中旬至9月初。

3. 防治方法

（1）地面防治。越冬代幼虫出土初盛期和盛期，及时地面撒药，用3%～5%辛硫磷颗粒剂，每667 m^2 3 kg左右，或于树冠下喷洒50%辛硫磷200倍液，或50%地亚农乳剂400～500倍液，隔15～20 d再喷洒一次。或用4%敌马粉剂，每株结果树用粉剂0.25～0.40 kg撒于树盘内。

（2）清除虫源。及时清理堆果场地和果品库房，于5月中下旬喷洒辛硫磷，以杀灭脱果入土越冬幼虫；在第一代幼虫危害期，及时摘除被害果及拣拾落地虫果，集中消灭。

（3）根颈周围压土。在桃小食心虫出土前，在根颈周围压土或覆盖地膜，可阻隔桃小食心虫越冬幼虫出土。

（4）化学防治。当卵果率达1%以上时，进入树上药剂防治。常用药剂有20%灭扫利2 500倍液，或2.5%溴氰菊酯3 000倍液，或20%速灭杀丁乳油3 000倍液，或48%乐斯本乳油1 000～1 500倍液，25%灭幼脲1 500～2 000倍液。

（六）康氏粉蚧

1. 为害特点 康氏粉蚧（*Pseudococcus comstocki* Kuwana）属同翅目粉蚧科。食性很杂，为害苹果、梨等多种植物的幼芽、嫩枝和果实，其成虫和若虫均以刺吸式口器吸食汁液。

2. 发生规律 北方地区一般1年发生2～3代，以卵在被害枝干、枝条粗皮缝隙或石缝土块中以及其他隐蔽场所越冬。第一代若虫发生盛期在5月中下旬；第二、三代分别为7月中下旬和8月下旬。雌雄交尾后，雌成虫爬到枝干粗皮裂逢内或果实萼洼、梗洼等处产卵，产卵时，雌成虫分泌大量似棉絮状蜡质卵囊，卵即产在囊内。康氏粉蚧是苹果套袋栽培中常见的主要虫害之一。

3. 防治方法

(1) 物理防治。冬春季刮树皮，集中烧毁，或在晚秋雌成虫产卵之前结合防治其他潜伏在枝干越冬的害虫，进行束草等诱杀，翌春孵化前将草束等取下烧毁。

(2) 化学防治。早春喷施轻柴油乳剂或石硫合剂3～5波美度液，在各代若虫孵化期特别是套袋前，喷布50%杀螟松乳油800～1 000倍液、20%速灭杀丁乳油2 500倍液有良好效果。

(3) 生物防治。康氏粉蚧天敌种类较多，如草蛉及多种瓢虫等，这些天敌可抑制康氏粉蚧的危害，在防治上应考虑少用或不用广谱性杀虫药剂，尽可能选用对天敌杀伤作用较小的选择性药剂。

(七) 绣线菊蚜

1. 为害特点 绣线菊蚜（*Aphis citricola* Van de Goot）又名苹果黄蚜。主要为害新梢嫩叶，被害叶向叶背弯曲横卷，影响新梢的生长发育，对苹果幼树影响较大。

2. 发生规律 1年发生十余代，以卵在寄主枝条芽基部越冬，少数在树皮裂缝等处越冬。来年4月初，苹果芽萌动后越冬卵孵化，孵出的若蚜集中到芽和新梢嫩叶上危害。5～6月产生有翅蚜，转梢危害。10～11月产生性蚜，交尾后产卵越冬。苹果绣线菊蚜的天敌种类较多，主要有瓢虫、草蛉、食蚜蝇、蚜茧蝇、蚜小蜂等，对蚜虫有一定抑制作用。麦收后，麦田蚜虫天敌转移到果树上，对绣线菊蚜有较好的控制作用，蚜虫数量骤减，危害趋轻。

3. 防治方法

(1) 消灭越冬虫源。苹果萌芽前后，彻底刮除老皮，剪除有蚜枝条，集中烧毁。发芽前结合防治其他害虫可喷95%蚧螨灵80～100倍液，杀死越冬蚜虫。

(2) 保护天敌。绣线菊蚜的天敌有草蛉、瓢虫等数十种，要注意保护利用。结合夏剪，及时剪除被害枝条，集中烧毁。

(3) 化学防治。5～6月是蚜虫猖獗危害期，亦是防治的关键期。常用药剂及浓度为10%吡虫啉可湿性粉剂3 000倍液，20%氰戊菊酯乳油2 500倍液，3%啶虫脒乳油2 500倍液等。

(八) 苹果绵蚜

1. 为害特点 苹果绵蚜［*Eriosoma lanigerum*（Hausmann)］为国内外检疫对象。群集在剪锯口、病虫伤疤、主干枝裂缝、枝条叶腋及裸露地表根际等处寄生危害。被害部位多形成肿瘤，覆盖一层白色绵状物。受害的树体弱、结果少，严重时影响苹果的产量和质量。

2. 发生规律 1年发生10余代，主要以若蚜在根蘖基部、枝干裂缝、病虫伤疤边缘、剪锯口周围越冬。4月中旬出蛰，5月上中旬开始蔓延，此时群落小，易于着药，是树上防治的第一个关键时期。5月中旬至7月初绵蚜繁殖力极强，蔓延快，达全年危害高峰。8月气温高，不利于蚜虫的繁殖，加上天敌数量增加，绵蚜种群数量下降。9月中旬至10月，气温下降，适于苹果绵蚜繁殖，出现一年中第二次发生危害高峰，是全年树上喷药防治的第二个关键时期。11月下旬若蚜陆续越冬。

天敌主要有苹果绵蚜小蜂（又称日光蜂），其次有异色瓢虫、七星瓢虫等。绵蚜小蜂是苹果绵蚜主要天敌，寄生三、四龄若蚜和成蚜，全年寄生高峰在7月末至8月初。

3. 防治方法

(1) 植物检疫。加强检疫，严禁从疫区调运苗木和接穗，防止苹果绵蚜传入非疫区。

(2) 农业防治。苹果落叶后、发芽前，彻底刨除根蘖，刮除剪锯口、病虫伤疤、粗老翘皮处越冬绵蚜。

(3) 生物防治。苹果绵蚜小蜂是主要天敌。7～8月小蜂寄生高峰尽量少喷药。

(4) 化学防治。5月上中旬、9～10月两次发生高峰期为重点防治。药剂可选用40%蚜灭多乳油

1 000～1 500 倍液或 48%乐斯本乳油 1 000～1 500 倍液。

（九）美国白蛾

1. 为害特点 美国白蛾［*Hlyphantria cunea*（Drury）］又名秋幕毛虫，以幼虫吐丝结成网幕，数百头群集在网内为害叶片，仅剩下表皮和部分叶脉，幼虫 5 龄后爬出网幕，分散危害，严重的把叶片吃光。

2. 发生规律 美国白蛾 1 年 2 代，以蛹在翘皮下、枯枝落叶内及地面上越冬，来年 4 月末至 5 月上中旬成虫羽化，夜间活动产卵，5 月中下旬见到幼虫，危害盛期在 6 月上中旬；第二代幼虫危害盛期在 7～8 月，9 月见到越冬蛹。

3. 防治方法

（1）植物检疫。美国白蛾是国内外检疫对象，在防治上要特别注意。要严格检疫，严禁从疫区引进苗木。发现幼虫危害，剪除网幕，集中烧毁。

（2）化学防治。幼虫 4 龄前可选喷 90%敌百虫 800 倍液或 50%杀螟松乳油 1 000 倍等有机磷农药，2.5%溴氰菊酯乳油 2 500 倍液、4.5%高效氯氰菊酯乳油 2 000 倍液等拟除虫菊酯类农药防治。

（十）桑天牛

1. 为害特点 桑天牛［*Apriona germari*（Hope）］成虫为害嫩枝、皮和叶，幼虫在枝干的皮下和木质部蛀食，隧道内无粪屑，隔一定距离向外蛀一通气排粪孔。

2. 发生规律 北方果区 2～3 年 1 代，以幼虫在隧道内越冬。苹果萌动后开始为害，落叶时休眠越冬。幼虫经过 2～3 个冬天，于 6～7 月老熟，在隧道内两端填塞木屑筑蛹室化蛹。7～8 月为成虫发生期，成虫经 10～15 d 开始产卵。卵期 10～15 d，卵孵化后蛀入木质部内，稍大即蛀入髓部。

3. 防治方法 ①桑天牛成虫有假死性，早晨或雨后摇动树干将其振落在地面后杀死。②在成虫产卵及幼虫孵化初期（7～8 月），用小刀割将产卵槽内卵及初孵幼虫杀死。结合修剪剪除虫枝集中处理。③树干涂白，防止成虫产卵。在成虫大量羽化前（6 月上中旬）进行树干涂白。配方：5 kg 石灰、0.5 kg 硫黄、20 kg 水混合搅拌均匀。④熏杀幼虫。幼虫危害期，见有新粪排出，用磷化铝毒签放入新鲜排粪孔内，后用黏泥把上下排粪孔堵住。

（十一）玉米象

1. 为害症状 玉米象（*Sitophilus zeamais* Motschulsky）属鞘翅目象甲科，别名米牛、铁嘴，分布较广。果实被害后表面出现伤口，伤口少的仅几个，多的在十几处以上，果面呈麻子脸状；伤处面积，大的直径 1 cm 以上，小的 0.1 cm，虫口深 2～5 mm，形成凹陷圆斑，果肉变褐，木栓化，早期为害后可使整个果实呈现畸形。

2. 发生规律 寄主是玉米、豆类、荞麦、干果等。幼虫只蛀食禾谷类种子，其中以玉米、小麦、高粱受害重。玉米象等象甲类害虫，由于具有趋温、趋湿和畏光喜暗的习性，因而极易入袋为害果实。在套袋苹果园，如果地下覆盖麦草，其中可能带有玉米象的卵、幼虫或成虫等，从而造成果实受害较重。

主要以成虫潜伏在松土、树皮、田埂边越冬。卵期 3～16 d，幼虫期 13～28 d，蛹期 7～10 d，雌虫可产卵约 500 粒，成虫寿命 50～310 d。一般翌年 5 月中下旬越冬成虫开始活动，成虫产卵时，用口吻啮食麦粒，形成卵窝，分泌黏液；6 月中下旬至 7 月上中旬幼虫孵化，蛀入粒内，7 月中下旬化蛹，随后成虫羽化。玉米象 1 年一般发生 2 代，以 7 月发生的第二代成虫在 7 月中旬到 8 月中旬期间为害套袋苹果。玉米象为害套袋苹果园，均是树下覆盖了麦草，或套袋苹果园周围有麦垛，麦秸和麦糠壳中有残留的麦粒，携带有玉米象的卵、幼虫和成虫。成虫有假死性，喜暗畏光，趋温、趋湿，繁殖力强。苹果套袋后，袋内的微域环境恰好适合玉米象的生活习性，因而，套袋果极易遭受危害。

3. 防治方法 因为玉米象的活动是在一个固定的环境中，外界对其影响很少，在防治上比较容易。首先套袋苹果园尽量不要覆盖麦草，麦垛也尽量远离套袋苹果园；观察玉米象活动，一旦发现，及时喷布 48%乐斯本 1 000～1 500 倍液或其他杀虫剂，杀灭成虫，否则入袋危害便难以防治。

第十节 果实采收、分级和包装

一、果实采收

（一）采前准备

苹果果实采收期是否适宜，将影响果品的产量、品质和耐贮性及运输损耗。科学的包装是果实商品化、标准化的重要措施之一。为了顺利地进行采收，应提前做好各项工作：全面调查，进行较准确估产和判断果实质量，为采收提供依据；计划采果劳力；准备好采果用的工具，如采果袋或采果篓、凳或采果梯、塑料周转箱等。

（二）果实成熟指标

苹果果实充分发育、形态上达到本品种应有特征时，根据运输、贮藏和消费市场要求进行适期采收。

1. 依果实的成熟度 一般认为适期采收的成熟度为果个充分长成，果实底色由绿转为黄绿色，果面呈现该品种特有的颜色，果肉坚密不软，具有一定风味，种子变褐，果梗离层产生，采摘容易。

2. 依果实的生长期 同果区同一品种从盛花期至成熟期果实生长发育的天数是相对稳定的。据研究，中熟品种如新红星的成熟期为盛花后 140～150 d，首红为盛花后 133～143 d；晚熟品种红富士为盛花后 170～180 d。

3. 依果实的用途 一般采后直接销售或短期贮藏的果实，宜在食用成熟度采收；作为长期贮藏或远距离运输的果实，宜在接近成熟时采收。气调贮藏的果实较冷藏果实采收略早，冷藏果实较普通贮藏略早。

4. 依果肉硬度 红星苹果适宜采收时的果肉硬度为 7.7～8.2 kg/cm^2。果实采收时的果肉硬度与贮藏期限呈正相关，如红星苹果在果肉硬度为 7.7 kg/cm^2 时采收可贮放 5 个月，在 6.8 kg/cm^2 时可存放 3 个月，在 5.9 kg/cm^2 时则只能贮放 1 个月。适期采收者贮藏期长，品质降低程度小。

（三）采收方法

有些苹果品种果实的成熟期常常不一致，为了提高果实品质，可以根据果实的成熟度，分期选采成熟度合适的果实。如套袋红星苹果分期采收有利于增进树冠内膛果实着色，也有利于增加果实的单果重和提高果实可溶性固形物含量。山东胶东果区近几年来对套袋红富士苹果习惯分 2～3 批采收，只要达到较佳色泽就采，进行 2～3 次。分期采收要注意，特别是第一、二批采收时，要避免采收操作碰落果实，尽量减少损失。

（四）注意事项

采果要保证果实完整无损，特别是套袋苹果果皮嫩，采摘时更应注意。同时要防止折断果枝，以保证来年丰产丰收。

采收人员必须剪短指甲或戴上手套，树下应铺一塑料薄膜；采收为人工手采，严禁粗放采摘，并防止拉掉果柄；采收时应先下后上，先外后内进行，且多用梯凳，避免脚踩踏枝干碰落芽叶，以保护枝组；手掌将果实向上轻轻托起或用拇指轻压果柄离层，使其脱离；采下果实后，将过长果柄剪除一部分，避免刺伤果实，再用网套包裹果实，以避免挤压伤；盛放果实的篮子或果筐等内侧用棉质布或帆布等柔软物内衬。采收袋用帆布制成，上端有背带，下端易开口，果实采满袋后打开下部袋口，集中放入田间包装箱。田间包装容器根据流通途径不同，可分别选用纸箱、散装箱、小木箱或塑料周转箱等。

二、果实分级

苹果果实分级就是根据果实的大小、色泽、形状、成熟度、病虫害等情况，按照国家规定的分级标准，进行严格的挑选分级。在进行大量果实分级时，目前国内外已采用分级机。发达国家利用光电原理由计算机控制进行果实分级，实现了分级自动化。

三、包装

一般包装容器必须坚固、干燥、卫生、无不良气味，内外两面无钉头、尖刺等，应对果实具有完全的保护性能，包装材料及标志所用胶水无毒性。

1. 包装容器

（1）纸箱。用瓦楞纸板制成。底部尺寸为 60 cm×40 cm 或 50 cm×40 cm，总容量不超过 20 kg；瓦楞纸重量不低于 180 g/cm^2，两面箱板纸不低于 500 g/cm^2，抗压强度不低于 600 kg；纸箱两侧各打 4 个孔。

（2）散装箱（木制）。底面尺寸 80 cm×120 cm 或 100 cm×120 cm，外部高度 75 cm，内高60 cm，盛果量 400～500 kg，箱底开不少于箱底面积 15%的孔洞。

（3）钙塑瓦楞箱。以聚烯烃酯为材料，碳酸钙为填充料加入适量助剂，经加工制成钙塑瓦楞板，再按果箱规格制成的果品包装箱，具有较好的隔热、隔潮性能及抗压力强的特点。

2. 包装纸选择 包装纸应具有既可当衬垫物以减少果实的机械损伤和果实间磨损，又能降低温度变幅，减少水分蒸发和病害的相互感染等优点。一般可采用质地柔韧、无孔眼、无异味、干净的油光纸等，纸张大小应依果实大小而定。

3. 包果方法 首先取一张包果纸放在手上，然后将果梗朝上平放入纸的中央，随后将一角包裹在果梗处，再将两角包上，向前一滚即可。也可用网套包裹果实。

4. 装箱、标志 装外运销售箱，每个果实用柔软、洁净、有韧性、大小适宜的网套套上，分层装箱，每箱用两个托盘，使果实在托盘内只能略微移动。装满后用胶带封好。封好的苹果箱应打上标志，标明品名、品种、等级、产地、净重、发货人、包装日期，字迹应清晰端正，颜色不易脱落。

四、运输

包装后的苹果，如果不能立即销售，要尽可能快地将苹果置于冷藏条件下。在运输过程中，装车、卸车一定要轻拿轻放，避免摔、压、碰、挤，最好采用冷链运输。

第十一节 果实贮藏保鲜

一、贮藏保鲜的意义

苹果是世界四大果品之一，深受人们青睐，市场需求量大，以鲜销为主。但苹果生产具有一定的季节性和地域性，每年收成有丰有歉。且苹果成熟期温度较高，采后果实呼吸和代谢旺盛，容易腐烂。苹果的贮藏保鲜就是在选择适宜贮藏的优质果实基础上，根据果实中主要营养物质在成熟、衰老中的变化规律，创造适宜的贮藏条件，合理地控制果实中各种酶的活性，尽量降低呼吸强度，减少水分和营养的消耗，保持果品品质。

保鲜作为苹果产业化生产的重要一环，是果品产业化生产减损、保值、增值的基础。通过科学的贮藏保鲜，可以调节市场果品淡、旺季供应，丰富食物种类，提高生活质量；可以将产区生产的果品运往消费集中的城镇，以调节市场，缓解产销矛盾；还可以提高果品的附加值，增加果农收入，活跃城乡经济，促进农村经济的可持续发展。

二、贮藏保鲜技术

（一）简易贮藏

利用自然环境条件进行埋藏、堆藏、窖藏等，主要有砖窖、土窖、简易通风库等。这种贮藏多数是在产地进行，简便易行，贮藏成本低，若遇到某些年份气候条件适宜，贮藏效果较好。但总的讲受自然气候条件影响较大，贮藏期间温、湿度条件不能有效控制，所以，贮期较短，损耗较大，贮藏质量较差，有时甚至会出现不同程度的热烂或冻损。主要适用于红富士、国光等晚熟苹果，对金冠、元帅等中熟苹果不适宜。

简易贮藏应注意苹果采收后，应先在阴凉通风处散热预冷，白天适当覆盖遮阴防晒，夜间揭开降温，待霜降后气温较低时再行入贮，否则果实的田间热量和呼吸产生的热量聚集，很容易导致腐烂。入库时分品种、分等级码垛堆放。堆码时，垛底要垫放枕木（或条石），垛底离地 10～20 cm，在各层筐或几层纸箱间应用木板、竹篱笆等衬垫，以减轻垛底压力，便于码成高垛，防止倒垛。为便于通风，码垛不宜太大，要牢固整齐。贮藏中期主要任务是贮冷，即增加窖壁冷土层厚度，同时注意保温，防止冷空气骤袭造成冻害，在外界温度较低时，应注意利用草帘、秸秆、棉被等进行覆盖，以免受冻。外界冷空气经过通风口、通风管（道）进入窖内，通风量不要过大，将窖温控制在－2 ℃以上。一般在外界气温不低于－6 ℃的情况下放风比较安全。贮藏后期，外界温度开始回升时（外温高于窖温时），主要工作是保冷，封严窖门和通气孔，保持窖内的低温条件，尽可能减少库内冷源的散失。适时出库销售，出库顺序最好是先进的先出。果实出库后，将窖内彻底清扫，将窖门封严，以保持窖内的低温，减少夏季高温对窖内的影响，以便来年再次使用。此种方法如气候条件适宜，管理者经验丰富，一般可贮至来年 3 月。

（二）机械冷藏

机械冷藏即冷库贮藏，是指用制冷、调温等设备，调节库内温度、湿度至苹果最适贮藏条件。大多数品种的适宜贮温为－1～0 ℃，相对湿度为 90％～95％。不同品种适宜的贮藏温度不同。如国光可在－2 ℃下贮藏，红元帅贮温－2～－1 ℃，对易发生冷害的品种，如津轻、旭等，适宜温度为 2～4 ℃。苹果非常适宜冷藏，尤其对中熟品种最适合。元帅系品种应适时早采，金冠苹果应适时晚采。

苹果采后应在产地阴凉处挑选、分级、装箱（筐），避免到库内分级、挑选，重新包装。入冷库前应充分预冷。冷库预冷是主要方法，在冷库中通过正常空气流动来降低果实的温度。当放入冷库中的果实较多时，这种预冷方法不仅速度慢，效率也较低。有两种方法可以解决：一是将果实分开放入多个冷库进行预冷；二是只存入目前冷库制冷系统能负载的果实量。果品需预冷 48 h 后再入库，冷库入满后，要求 48 h 内库温进入技术规范状态。同一个冷库最好只放一个品种，码垛应注意留有空隙。尽量利用托盘、叉车堆码，以利堆高，增加库容量。苹果贮藏的最适相对湿度为 90％～95％，可采用库底人工洒水或加湿器加湿。湿度管理受温度的影响较大，蒸发器和贮藏温度的温差不宜太大，否则，蒸发器易结冰，导致库内湿度降低，库底水结冰同样会导致库内湿度降低。一般在库内中部、冷风柜附近和远离冷风柜一端挂置温、湿度计，每天最少观测记录 3 次温、湿度。要尽量保持库温稳定，波动幅度不超过±1 ℃，最好安装电脑遥测，自动记录库内温度，指导制冷系统及时调节库内温度，力求稳定适宜。贮藏过程中要适当通风换气，将库内积累的乙烯、二氧化碳、乙醇、乙醛等有害气体排出，一般在气温较低的早晨或夜间进行。在贮藏前期，果品代谢旺盛，特别要加强通风换气。

近几年我国小型冷库和可移动冷库在乡村兴起，小型冷库的容量一般在 10～20 t，投资在 2 万～4 万元，一般农户能接受。且多个小冷库建在一起可形成小冷库群，总容量可达数百吨，保鲜的产品品种更多，可依不同的苹果品种设置温度。它克服了大、中型冷库造价高、占地大，对管理水平要求高的缺点，使用灵活，易于管理，果农可大力发展。

冷库贮藏元帅系苹果可到新年、春节，金冠苹果可到翌年3～4月，国光、青香蕉、红富士等可到翌年4～5月，质量仍较新鲜。

（三）气调贮藏

气调贮藏是利用自动化控制设备调节贮藏环境温度、湿度和二氧化碳、氧气浓度等参数，使果品处于休眠状态，保持自身的营养价值，防止腐烂变质，达到延长保鲜期的目的。近几年，气调贮藏被广泛应用在苹果上，红富士及中熟品种金冠、红星等使用最多。气调冷藏比普通冷藏能延迟贮期约1倍时间。可贮至来年6～7月，果品品质仍新鲜如初。但气调库造价较高，动辄几百万元，且对管理水平要求较高，需要专业技术人员维护管理，适宜高档果和精品果的贮藏。

气调贮藏库在使用前要认真检修调试，确保果品入库后能正常平稳地运转。根据贮存苹果的数量、贮存周期设定好最佳参数，调控贮存环境的温度、湿度和二氧化碳、氧气浓度达到最适范围。不同的苹果品种、不同的生长条件以及调节控制气体条件设备的完备程度不同，所对应的气体组成和贮藏温度也不同。一般苹果气调贮藏适宜的气体条件是氧气2%～3%，二氧化碳0～5%，但不同品种具体要求的氧和二氧化碳气体指标有不同，红富士苹果氧气是2%～7%，二氧化碳是0～2%，国光苹果要求氧是2%～6%，二氧化碳是1%～4%，黄元帅苹果要求氧气是1%～5%，二氧化碳是1%～6%。最佳的气调条件取决于苹果的种类、生长条件和采收时间、条件、运输及包装方法等。封库后，要做好制冷、气调、控制设备的正常运行和库房维护、结构气密性及安全管理等工作。

如资金有限，没有条件建造气调库的，也可在普通冷库内设置塑料大帐罩封苹果，用碳分子筛气调机来调节内部气体成分。塑料大帐可用0.16 mm左右厚的聚乙烯或无毒聚氯乙烯薄膜加工热合成，一般帐长4.0～5.0 m、宽1.2～1.4 m、高3.0～4.0 m，每帐可贮苹果5～10 t。还可在塑料大帐上开设硅橡胶薄膜窗，自动调节帐内的气体成分，进行自发气调。塑料大帐内湿度大，一般采用木箱或塑料箱装苹果。在贮藏的过程中经常检测气体成分，并进行即时调节，为降低果品呼吸强度，应使氧含量降至5%以下。气调贮藏苹果应整库（帐）贮藏，整库（帐）出货，中间不便开库（帐）检查，一旦解除气调状态，应尽快调运上市供应。

塑料小包装气调贮藏苹果技术，可用0.04～0.06 mm厚的聚乙烯或无毒聚氯乙烯薄膜，制成装量20 kg左右的薄膜袋，果实采收后，就地分级，树下入袋封闭，及时入库（窖），最好是冷库，入库初期每2 d测一次气体成分，进入低温阶段每旬测气1～2次。入库后半个月要抽查一次果实品质，以后每月都要抽查。如出现氧气浓度低于2%超过15 d，或低于1%，果实有酒味，应立即开袋放气。此种方法适宜贮藏中熟品种如金冠、红星等，如能规范操作，严格控制气体成分，也能很好地保持果品品质。

随着科学技术的进步和生物技术的发展，在传统贮藏方法的基础上，国内外的学者开创了一些新的果蔬保鲜技术，如调压贮藏保鲜、辐射贮藏保鲜、静电场下果蔬保鲜及新型保鲜剂等，其中一些果蔬保鲜剂，如1-MCP（1-甲基环丙烯）已广泛应用于苹果的采后生产中，且取得较好的贮藏效果。

第十二节　优质高效栽培模式

一、果园概况

2009年春季，在山东省荣成市滕家镇北庄村，建立苹果矮砧密植栽培制度试验示范园，面积53.3 hm^2。采用矮化中间砧半成品苗（建园前1年的秋季，采集中间砧和品种接穗，嫁接好后，冷库贮存待用）建园，株行距1.0 m×3.0 m。

该地属于暖温带大陆性季风气候，四季变化和季风进退都较明显，年平均气温11.3 ℃，年平均降水量 785.4 mm，年平均日照时数 2 578.5 h。果园土壤为沙质壤土，肥力中等，pH 为 6.4，有机质含量 0.81%，全氮含量 0.051%，碱解氮含量 57.49 mg/kg，有效磷含量 6.73 mg/kg，速效钾含量 50.73 mg/kg，土壤持水能力较差。

该园三年生苹果树平均株产 16.8 kg，每 667 m^2 产量达到 3 746 kg，全红果率达到 100%，四年生苹果树每 667 m^2 产量可达到 5 000 kg 以上，经济效益显著。

二、整地建园

(一) 整地

定植前，挖深 80 cm、宽 100 cm 的土壤改良沟，将挖出的熟土和生土分开放置；回填时，先将拌有有机肥的熟土回填入沟内（每 667 m^2 施腐熟干鸡粪 3 000 kg），然后将生土填入沟内上层。回填完毕后，全园灌透水 1～2 次。

(二) 苗木

苗木为矮化中间砧半成品苗，由山东省果树研究所提供。砧穗组合为天红 2 号/SH38/平邑甜茶、天红 2 号/SH40/平邑甜茶，苗高 1.2 m，粗度≥1.0 cm，中间砧段长 25 cm，根系完整。

(三) 栽植技术

定植时，于定植沟内挖深 30 cm、宽 50 cm 的栽植穴，将平邑甜茶苗定植于栽植穴内，栽植密度 1.0 m×3.0 m。在离地面 2 cm 处剪砧，把已嫁接好的天红 2 号/SH38、天红 2 号/SH40 接穗嫁接到平邑甜茶上。授粉树按梅花式栽植，按照 8∶1 的比例，即间隔 2 行、第三行间隔 1～2 株配置 1 株授粉树，授粉树品种为石田蜡富。栽植时，取苗木放入穴中，使根系分布均匀且舒展，将土分层填入穴中，每填一层都要压实，并时时将苗木上下提动，使根系与土壤密接。

(四) 载后管理

栽植完毕后，立即灌透水沉实；水渗下后 1～2 d 覆土起垄。

三、第一年管理技术

(一) 土肥水管理

1. 土壤管理 采用行间人工生草的土壤管理方式，草种选用三叶草，于 4 月播种，播种方式为撒播，每 667 m^2 草种用量 1.0 kg。出苗后及时清除杂草，查苗补苗。生草最初的几个月不刈割，待草根扎深，植株体高达 30 cm 以上时开始刈割，生草当年刈割 1 次。

2. 施肥 栽植当年在施足基肥的情况下，适时追肥。追肥在春梢缓慢生长期和秋梢停长后进行，每株追施 0.25 kg 硫酸铵。

3. 灌水 采用沟灌的方法，在土垄两侧挖两条灌水沟，灌水沟采用倒梯形断面结构，上口宽 30～40 cm，下口宽 20～30 cm，沟深 30 cm。分别于 3 月下旬、5 月上旬、7 月上旬、9 月中旬灌水，每次灌水至水沟灌满为止。

(二) 整形修剪

采用高纺锤树形。栽植当年用钢管扶正幼苗使其顺直生长；冬季疏除主干上发出的强旺新梢，细弱枝可保留，疏枝时尽可能将剪口剪低，剪口平向上方，留出轮痕芽促发弱枝；冬剪时中干弱的可以在饱满芽处短截促其旺长，中干强壮的可以不短截。

(三) 病虫害防治

4 月初，喷 3 波美度石硫合剂；立冬以后树干涂白，涂白高度 70 cm。

(四) 其他措施

设立支架，即沿行向每隔 20 m 立直径 8.3 cm 钢管（高度 4 m）立架，钢管下端埋土深度 50 cm，在每 2 根粗钢管中间，按照株距埋直径 2 cm 钢管（高度 4 m），下端埋土深度 50 cm，分别在钢管离

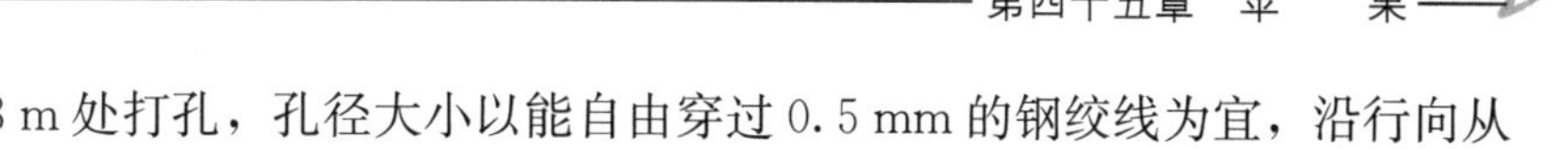

地 1 m、1.5 m、2 m、2.5 m、3 m 处打孔，孔径大小以能自由穿过 0.5 mm 的钢绞线为宜，沿行向从孔径内穿过钢绞线。

四、第二年管理技术

（一）土肥水管理

1. 土壤管理 果园生草应控制草的长势，适时刈割，全年割 3 次，割下的草覆盖于树盘上。

2. 施肥 追肥在春梢缓慢生长期和秋梢停长后进行，每株追施 0.25 kg 硫酸铵，生长前期喷布 1 次 0.3%～0.5%尿素溶液，生长中后期喷布 2 次 2%过磷酸钙、4%草木灰浸出液。

3. 灌水 同第一年管理。

（二）整形修剪

冬季修剪时，继续疏除主干上发出的强旺新梢，保留中干上长度 20 cm 以内的弱枝，疏枝时尽可能将剪口剪低，剪口平向上方，留出轮痕芽促发弱枝。中心干太弱的亦可在饱满芽处短截促其旺长。

（三）病虫害防治

萌芽期，全园喷洒 7.5%强力轮纹净 100 倍液并混入 34%金流星 1 000 倍液或 2%机油乳剂，亦可用 45%施纳宁 200～400 倍液和 3～5 波美度石硫合剂混合液喷洒树干。

（四）其他措施

春分前后，开始对主干进行刻芽，刻芽区域为地面 40 cm 向上至顶端 50 cm 向下的中间区域。刻芽在芽上方 0.5 cm 处进行，采取芽芽都刻的方法。40 cm 向下的区域，对芽的处理方法是留叶摘心。距离顶端 50 cm 之内区域的芽，长出 3～4 片叶时摘心，不抽枝。

五、第三年管理技术

（一）土肥水管理

同第二年管理。

（二）整形修剪

一般三年生树胸径可达 2 cm 以上，高度达 2 m 以上，冬剪时，中干上发出的主枝除强旺的疏除外，其余弱枝可全部保留。中干光秃部位在萌芽前进行刻芽，在中干上培养螺旋排列的主枝，尽可能使主枝生长势保持均衡，使同侧主枝保持 10～15 cm 的间距，一般三年生树中干原则上不再短截，如果中干上新枝发生困难，有严重光秃现象的，可适当短截。

（三）病虫害防治

萌芽期，全园喷洒 7.5%强力轮纹净 100 倍液并混入 34%金流星 1 000 倍液或 2%机油乳剂，亦可用 45%施纳宁 200～400 倍液和 3～5 波美度石硫合剂混合液喷洒树干。花期喷施 3%多抗霉素 800 倍液防苹果霉心病。果实膨大期可喷 50%多菌灵可湿性粉剂 1 000 倍液。

（四）其他措施

同第二年管理。

六、第四年管理技术

（一）土肥水管理

1. 土壤管理 同第三年管理。

2. 施肥 秋季施基肥，沟施，每 667 m^2 施腐熟干鸡粪 3 000 kg。追肥同第三年管理。

3. 灌水 同第三年管理。

（二）整形修剪

中干上发出的小主枝全部保留。中干上光秃部位在萌芽前进行刻芽，在中干上培养螺旋排列的主枝，同侧主枝保持 10～15 cm 的间距。一般中心干上发出的主枝会自然开张，但角度达不到整形要求，待主枝长至 45 cm 左右时，开张角度至 110°，促其成花。

（三）病虫害防治

同第三年管理。

（四）其他措施

定植第四年，树体开始进入初盛果期，树体生长和结果开始趋于稳定，高度控制在 3.5 m 左右，对粗度超过中心干直径 1/4 的主枝，在 3 月进行回缩更新修剪，剪口上斜，让其萌发短枝。对新生枝条进行刻芽，时间同上。刻芽原则，有新枝就刻芽，3～4 片叶时摘心，控制不旺长。更新枝的顺序是先中部，后上部，再下部下垂枝，对下垂枝的分枝回缩至弯曲处，避免一次性重修剪。

第四十六章　梨

概　　述

一、经济意义

梨为世界五大水果之一，是我国传统的优势果树。由于经济价值、营养保健价值高及鲜食、加工多种用途，深受生产者和消费者欢迎。

梨因其适应性强、结果早、丰产性强、经济寿命长等特点，故在我国栽培范围极广，长期以来在促进农村经济发展和增加农民收入方面一直发挥着重要作用。我国诸多梨产区，把梨果业作为农业产业结构调整的支柱产业，在振兴地方经济中做出了突出贡献。

梨果营养价值较高。每 100 g 果肉中含蛋白质 0.1 g，脂肪 0.1 g，糖分 12 g，钙 5 mg，磷6 mg，铁 0.2 mg，胡萝卜素、维生素 B_1、维生素 B_2 各 0.01 mg，烟酸 0.2 mg，维生素 C 3 mg。

梨果具有良好的医用价值。据古农书和古药典记载，梨果生食可祛热消毒，生津解渴，帮助消化，熟食具有化痰润肺，止咳平喘之功效。现代医学实践证明，长期食用梨果具有降低血压、软化血管的效果。

梨果味甜汁多，酥脆爽口，并有香味，是深受人们喜爱的鲜食果品，也是我国传统的出口果品。除鲜食外，还可加工梨汁、梨膏、梨干、梨酒、梨醋、罐头和梨脯等。

二、栽培历史

我国是梨属植物的中心发源地之一，生产上主要栽培的白梨、砂梨和秋子梨都原产我国。关于梨树在我国的栽培历史，多见于古书记载。根据古代文献《诗经》《夏小正》记载和近代考古资料分析，梨在我国的栽培历史至少应追溯到 3 000 年以前。

我国劳动人民在梨树栽培技术上积累了丰富的经验。后魏贾思勰所著的《齐民要术》中，对梨树嫁接、栽植、采收、贮藏等均有较详尽的记载，充分说明我国古代对栽培技术的重视及其达到的水平。在《史记》《广志》《三秦记》和《花镜》等古籍中，记载了我国许多地方的优良品种，如蜜梨、红梨、白梨、鹅梨等，有的沿用至今。

我国栽培的西洋梨原产于地中海沿岸至小亚细亚的亚热带地区，1870 年左右，美国传教士倪氏自美国带入我国山东烟台之后，在各地得到传播种植，由于我国气候、品种适应性和市场等原因，至今尚未广泛形成规模栽培。

三、我国梨树的分布

根据《中国果树志》第三卷（梨）和我国梨的分布实况，将我国梨产区划分为 7 个区。

1. 寒地梨区　寒地梨区为沈阳以北、呼和浩特以东的内蒙古地区，实际上齐齐哈尔以北已很少有梨的分布。该区冬季气温低，易发生冻害。年均温为 0.5～7.3 ℃，冬季绝对低温－25.0～－45.2 ℃，年降水量 400～729 mm，无霜期 125～150 d。秋子梨喜干燥、寒冷的气候，能耐－30.0～－35.0 ℃，只有局部小气候地区，可栽培苹果梨、明月、青皮梨及砂梨、白梨中较耐寒的品种。

2. 干寒梨区 干寒梨区为内蒙古西南部、甘肃、陕西北部、宁夏、青海西南部及新疆等地，相当于我国250 mm年等降水线地区。降水量均在400 mm以内，年均温6.9～10.8 ℃，无霜期125～150 d。本区气温虽比寒地梨区略高，但干寒并行，而以旱为主导，易造成冻害与抽条。这里季节变化与昼夜温差都很大，日照充足，对梨树营养物质的积累及果实品质、色泽、发育都很有利，所以商品品质很高，如砀山酥梨表现特别好。本区主栽秋子梨、白梨和部分西洋梨，是很有希望的梨商品基地，鸭梨、茌梨、苹果梨及一些抗性较强的日本梨品种和巴梨，在这里有灌溉条件的地区都生长很好。冬果梨、库尔勒香梨等原著名品种，在大力栽树种草及引雪山水、开发黄河工程中可大量发展。

3. 温带梨区 温带梨区为我国的主要梨区，产量占全国梨总产的70%。含淮河秦岭以北，寒地梨区以南，干寒梨区东南的大片地区。年均温10～25 ℃，绝对低温−15.0～−29.5 ℃，年降水量320～860 mm，无霜期200 d左右，著名的鸭梨、雪花梨、茌梨、酥梨、秋白梨、红梨、蜜梨等均原产该区。该区向西与干寒梨区气候相近，向北与寒地梨区相近，向南与暖温带梨区相近。白梨在本区内的西北、中北部发展较好，东南部稍差，由于加工出口需要，西洋梨近来也有发展。

4. 暖温带梨区 暖温带梨区是指长江流域、钱塘江流域，包括上饶以北、福建西北部地区。年均气温15.0～18.6 ℃，绝对最低气温−5.9～−13.8 ℃，年降水量686～1 321 mm，大多在1 000 mm左右，无霜期250～300 d。本区气候温暖多雨，主要栽培砂梨，为我国砂梨、日本梨的主产区，白梨也有栽培，著名的品种有严州雪梨、细花麻壳、半男女梨等。

5. 热带和亚热带梨区 热带和亚热带梨区为闽南、赣南、湘南以南地区。年平均温17 ℃以上，亚热带梨区最低温为−1～−4 ℃，热带地区全年无霜，年降水量在1 500～2 100 mm。本区多雨、炎热、潮湿，白梨很少，主栽沙梨。热带地区可见梨树周年生长、四季开花结果现象，但仍以立春开花、立秋前采收为主。著名的淡水红梨、灌阳雪梨、早禾梨等产于本区，日本梨栽培亦多。

6. 云贵高原梨区 云贵高原梨区为云南、贵州及四川西部、大小金川以南地区，海拔1 300～1 600 m的高山地带。因海拔较高的影响，成为温带落叶果树分布地带。这里降水多，气候温凉，栽培品种以沙梨为主，少数为白梨和川梨品种，著名的有宝珠梨、威宁黄梨、金川雪梨等。

7. 青藏高原梨区 青藏高原梨区以西藏为主，包括青海西南高原地区。多数地区海拔在4 000 m以上，气候寒冷，春迟冬早，梨4月萌动，10月即被迫休眠，生长季200 d左右，砂梨、白梨都可生长。以拉萨以东的雅鲁藏布江地带气候较好，1949年后大量引入鸭梨、茌梨、酥梨、苹果梨及日本梨品种。

目前，我国已形成了多个以名优品种为特色的梨栽培区，如河北中南部鸭梨、雪花梨栽培区；山东胶东半岛茌梨、长把梨、栖霞大香水梨栽培区；黄河故道及陕西乾县、礼泉、眉县酥梨栽培区；辽西秋白梨、小香水等秋子梨栽培区；长江中下游早酥、黄花、金川雪梨栽培区；四川金川、苍溪等地金花雪梨、金川雪梨、苍溪雪梨栽培区；新疆库尔勒、喀什等地库尔勒香梨栽培区；吉林延边、甘肃河西走廊苹果梨栽培区等。

四、栽培现状和发展趋势

据2000年统计，世界梨栽培面积为1.557×10^6 hm^2，总产量为1 646.5万t，产量排名前五位的国家依次为中国（861.8万t)、美国（484.3万t)、土耳其（250.0万t)、乌克兰（132.5万t）和波兰（128.0万t)。亚洲主要栽培脆肉型品种，人们习惯称之为亚洲梨或东方梨。欧洲、美洲、大洋洲和非洲等国均栽培软肉的西洋梨。

中国为世界第一产梨大国。据2000年统计，栽培面积95.4万hm^2，占世界梨栽培总面积的60.7%；量861.8万t，占世界梨产量的52.3%。在国内其产量仅次于苹果、柑橘位居第三。梨是我国南方、北方均可栽培的主要果树，就总产量而言前十名依次为河北（255.2万t)、山东（91.1万t)、湖北（63.3万t)、安徽（61.6万t)、陕西（45.8万t)、辽宁（45.5万t)、江苏（39.0万t)、四川（34.4万t)、河南（33.3万t)、甘肃（24.5万t)；面积依次为河北、辽宁、山东、湖北、陕西、甘肃、四川、云南、吉林、江苏。河北省的种植规模和出口量具有明显优势。近年来，南方早熟梨因其较高的经济效益呈现良好的发展势头。

梨作为我国传统的出口创汇果品，加入世界贸易组织（WTO）后出口范围和出口量均呈现明显增加趋势。出口量由1988年的6万t增至2000年的14.6万t，出口国家和地区由东南亚国家和中国港澳地区，拓展到美国、加拿大、澳大利亚、俄罗斯、中东和欧洲市场。年出口量居世界第五、六位，但出口量占生产总量的比例仍较小。出口品种主要为鸭梨、酥梨和库尔勒香梨。近年来，我国引种的日本梨、韩国梨和国内培育的早熟品种如黄冠、中梨1号等出口量逐年增加。河北省梨出口量最多，约占全国出口总量的40%，其次为山东、陕西等。

梨树生产中存在的主要问题是：①品种相对单一，果品质量欠佳；②采后商品化处理水平和产业化程度低；③优质高效新技术普及不够，很多产区优沿用传统的高产、稳产生产管理模式，特别是重树上管理、轻地下管理的误区严重。

针对梨树生产现状，今后发展趋势是：①稳定栽培面积和产量；②调整品种结构，调整区域布局；③提高果品质量，提高经济效益，提高产业化程度。应特别强化地下优化管理技术模式如诊断施肥、果园覆盖、节水灌溉等和花果精细管理技术的普及推广。

第一节　种类和品种

一、种类

梨属于蔷薇科（Rosaceae）梨属（*Pyrus.*）植物，共有30多个种，从栽培上划分为两大栽培种类群，即西方梨和东方梨。西方梨或称欧洲梨（European pear)，也称西洋梨，起源于地中海和高加索地区，除主栽于欧洲和北美洲外，也是南美洲、非洲和大洋洲生产栽培的主要种类。东方梨也称亚洲梨（Asian pear)，起源于中国，包括砂梨、白梨、秋子梨、新疆梨、川梨及野生的褐梨、杜梨、豆梨等原始种，主要栽培于中国、日本、韩国等亚洲国家。

（一）东方梨主要种类

1. 秋子梨　乔木，高达10～15 m。生长旺盛，发枝力强，老枝灰黄或黄褐色。叶多大型，广卵圆或卵圆形，基部圆或心形，叶缘锯齿芒状直出。花轴短。果多近球形，暗绿色，果柄短，萼宿存，经后熟可食，抗寒力强。

2. 白梨　乔木，高8～13 m。嫩枝较粗，有白色密生茸毛。嫩叶紫红色，密生白色茸毛，叶大，卵圆形，基部广圆或广楔或截形，叶缘锯齿尖锐有芒，向内合，叶柄长。果倒卵形至长圆形，果皮黄色，果柄长，子房4～5室，果肉多数细脆、味甜。多数优良品种属于本种。

3. 砂梨　乔木，高7～12 m。发枝少，枝多直立，嫩枝、幼叶有灰白色茸毛，二年生枝紫褐色或暗褐色。叶片大，长卵圆形，叶缘锯齿尖锐有芒，略向内合，叶基圆或近心形。花型一般较大。果多圆形，果皮褐色，杂交种砂梨有绿皮的，萼脱落，子房5室，肉脆、味甜、石细胞略多。

4. 西洋梨　乔木，高6～8 m。枝多直立，小枝无毛有光泽。叶小，卵圆或椭圆形，革质平展，全缘或钝锯齿，柄细长略短。栽培品种果多葫芦形、坛形。萼宿存，多数要后熟可食，肉软腻易溶，味美香甜，可加工，不耐贮藏。

5. 杜梨　乔木，高10 m左右。枝常有刺，嫩枝密生短白茸毛。叶面光滑，背面多短毛，叶片菱形或卵圆形，叶缘有粗锯齿。花小，花期晚。果球形，直径0.5～1.0 cm，褐色，萼脱落，子房2～3室。抗旱、寒、涝、碱、盐力均较强，分布广，类型多，为我国普遍应用的砧木。

6. 新疆梨　乔木，为西洋梨与白梨的自然杂交种，高6～9 m。小枝紫褐色，无毛。叶卵圆或椭圆形。果卵圆至倒卵圆形，果柄先端肥大，较长，萼宿存，果肉石细胞多。西北现有香蕉梨、花长把梨、克兹二介、可克二介等栽培品种和半栽培品种句句梨等。

7. 麻梨　乔木，高8～10 m。嫩枝有褐色茸毛，二年生枝紫褐色。叶卵圆至长卵圆形，具细锯齿，向内合。果小，直径1.5～2.2 cm，球形或倒卵形，色深褐，多宿萼，子房3～4室。产华中、西北各地，为西北常用砧木。

8. 木梨 乔木，高 8～10 m。嫩枝无毛或稀茸毛。叶卵圆或长卵圆形，叶基圆，实生树叶缘多钝锯齿，叶无毛。果直径 1.0～1.5 cm，小球形或椭圆形，褐色。抗赤星病。为西北常用砧木。

9. 豆梨 乔木，高 5～8 m。新梢褐色无毛。叶阔卵圆或卵圆形，叶缘细钝锯齿，叶展后即无毛。果球形，直径 1 cm 左右，深褐色，萼脱落，子房 2～3 室。为我国中南部通用砧木，适应温暖、湿润、多雨、酸性土壤地区。

10. 褐梨 乔木，高 5～8 m。嫩枝有白色茸毛，二年生枝褐色。果椭圆形或球形，褐色，子房 3～4 室，萼脱落，果实汁多、肉绵，北京、河北东北部山区有用作砧木。在西北、河北尚有部分栽培品种，果小，丰产、抗风。需后熟方可食，如吊蛋梨、糖梨、麦梨等 20 多个品种。

(二) 世界梨主要种类

世界梨树栽培有关的主要种如表 46－1 所示。

表 46－1 世界梨树栽培有关的种类

种群	种 名	学名	原产地	用途	特 点
欧洲种群	西洋梨	*P. communis* L.	西欧、东南欧、亚洲西部	栽培	
	高加索梨	*P. caucasica* Fed.	东南欧	砧木	适应性较广，较抗寒
	雪梨	*P. nivalis* Jacq.	西欧、中欧、南欧	砧木	
	心形梨	*P. cordata* Desv.	法国、西班牙	砧木	
地中海种群	扁桃形梨	*P. amygdaliformis* Vill.	土耳其、希腊、塞尔维亚	砧木	树势弱、不耐旱、黏，矿质吸收力弱，稍耐寒、抗病
	胡颓子梨	*P. elaeagrifolia* Pall.	突尼斯、叙利亚、利比亚	砧木	适应性广
	叙利亚利	*P. syriaca* Boiss.	摩洛哥	砧木	耐冬季温暖
	马摩仑梨	*P. mamorensis* Trab.	阿尔及利亚	砧木	适应较广、抗病虫
	朗吉普梨	*P. longipes* Coss. EtDur.	摩洛哥	砧木	耐冬季温暖、旱、酸、沙
	哈比纳梨	*P. gharbiana* Trab.			
中亚种群	柳叶梨	*P salicifolia* Pall.	伊朗北部、俄罗斯南部	砧木	适应性广
	雷格梨	*P. regelii* Rehd.	阿富汗	砧木	耐寒、酸，抗病、虫
	川梨	*P. pashia* D. Don.	中国、巴基斯坦、印度、尼泊尔	栽培砧木	耐温、湿、酸，抗病
东亚种群	砂梨	*P. pyrifolia* Nak.	中国、朝鲜、日本	栽培	
	甘肃梨	*P. kansuensis*	中国西北部	砧木	耐寒、抗病
	秋子梨	*P. ussriensis* Max.	中国、朝鲜、俄罗斯	栽培砧木	耐寒
	中国豆梨	*P. calleryana* Done.	中国中南部	砧木	耐温、湿、酸
	河北梨	*P. hopeiensis* Yu	中国河北	砧木	适应本地区
	新疆梨	*P. sinkiangensis* Yŭ.	中国新疆、甘肃、青海	栽培砧木	耐寒、旱
	麻梨	*P. serrulata* Rehd.	中国中、南、西部	砧木	耐寒、温、湿
	滇梨	*P. pseudopashia* Yŭ.	中国云南、贵州	砧木	
	杏叶梨	*P. axmeniacaefolia* Yŭ.	中国新疆西北	栽培砧木	耐寒、旱
	木梨	*P. xerophila* Yŭ.	中国陕西、甘肃、青海	砧木	耐旱、寒
	白梨	*P. bretschneideri* Rehd.	中国中北部	栽培	
	褐梨	*P. phaeocarpa* Rehd.	中国中北部	砧木	适应本地区
	杜梨	*P. betulaefolia* Bge.	中国北、中、东北部	砧木	适应性强
	朝鲜豆梨	*P. dimorphopylla* Nakino	朝鲜	砧木	抗逆、抗病虫、矮化、产量低
	日本豆梨	*P. dimorphopylla* Nakino	日本	砧木	抗病虫
	日本青梨	*P. hondoensis* Kik. et Nak	日本	砧木	耐寒、稍抗病虫
	楔叶豆梨	*P. koehmei* Schneid	中国南部（包括台湾地区）	砧木	耐温、湿，抗病虫

二、品种

梨品种资源十分丰富，据不完全统计全世界有 2 000 多个，我国有 1 200 余个。现就传统优良品种、优良新品种和新引进品种简介如下：

(一) 传统优良品种

1. 秋子梨系统

(1) 南果梨。主要分布在辽宁的鞍山，海城和辽阳地区，吉林、内蒙古及西北的部分地区也有栽培。

果实较小，平均单果重 45 g。果形为近圆形或扁圆形，果皮黄绿色，阳面有红晕。采收即可食用，脆甜多汁。贮藏 15～20 d 后果肉变软，易溶于口，汁多味甜，香气浓，石细胞少，品质上。鞍山 9 月上中旬成熟，一般可贮存 1～3 月。

栽后 4～5 年结果，丰产，二十年生树每年株产 300～350 kg。成年树以三至五年生枝上的短果枝结果为主，结果当年果台抽生极短副梢，形成短果枝群。腋花芽也能大量结果。

抗寒力强，高接树在－37 ℃时无冻害，适于冷凉及较寒冷地区栽培。对土壤及栽培条件要求不严，抗风力、抗黑星病能力强。

(2) 京白梨。又名北京白梨。原产北京附近，主要分布北京、昌黎一带，辽宁、吉林、内蒙古也有分布。

果实中小，单果重 93 g。果形为扁圆形，果梗基部的果肉常微有突起。黄绿色，成熟后黄色。果皮薄而光滑，果点小、褐色、较稀。果梗细长，多弯向一方。果肉黄白色，采时嫩脆，后熟后变软，汁多，味甜，有香气，果心中大，石细胞少，品质上。北京 8 月中下旬采收，后期 7～10 d，能贮存 20 d 左右。

栽后 6 年结果。主要在三至四年生枝上的中、短果枝结果，少数果台副梢当年能形成花芽，腋花芽也能结果，有隔年结果现象。

适于辽宁西部及北京一带的冷凉地区栽培，抗寒力强，新疆伊犁－36 ℃低温下表现良好，抗旱、抗风力均较强。

2. 白梨系统

(1) 鸭梨。原产河北，分布较广，北自辽宁，南至湖南、广东均有栽培，以河北泊头、魏县，山东阳信县、禹城，辽宁北镇较多。日本也有栽培。

果实中大，单果重 150～200 g。果形为倒卵形，果梗基部肉质，果肉呈鸭头状突起。果皮黄绿色，贮藏后呈黄色。皮薄，近梗部有锈斑，微有蜡质，果梗先端常弯向一方。脱萼，萼洼深广。果肉白色，肉质细面脆，汁多味甜，有香气，石细胞少，品质上。9 月中旬至下旬成熟，可贮存至翌年 2～3 月。

栽植后 2～4 年开始结果，10 年可大量结果，盛果期间以三至五年生枝上的短果枝结果为主。产量高而稳定。

适应性广，宜在干燥、冷凉地区栽培，较抗旱，对肥水要求较高，否则味淡而易早衰，喜沙壤土，抗寒力中等，抗病虫力较差。

(2) 酥梨。又名砀山酥梨、砀山梨，原产安徽砀山。分布于华北、西北、黄河故道地区。以白皮酥、金盖酥较好。

果实大，平均单果重 270 g。果形近圆柱形。果皮黄绿色，贮存后黄色。果皮光滑，果点小而密。果肉白色，肉质稍粗，但酥脆爽口，汁多味甜，有香气，果心小，品质上。9 月上旬成熟，稍耐贮藏。

栽后 3～4 年结果，较丰产、稳产，株产可达 500 kg。以短果枝结果为主，中、长果枝及腋花芽结果少。果台可抽生 1～2 个副梢，很少形成短果群，连续结果能力弱，结果部位易外移。

较抗寒，适于较冷凉地区栽培，抗旱、耐涝性也较强，抗腐烂病、黑星病能力较骑，受食心虫和黄粉虫危害较重。

(3) 茌梨。原产山东茌平，分布于北方各省。

果实大，单果重 220～280 g。果形不整齐，梗洼处常具突起。果皮绿色，贮存后变黄，微带绿色。果点较大，深褐色，粗糙。果肉细脆，汁多味浓甜，有微香，品质极上。9 月中下旬成熟，可贮存至翌年 1～2 月。

栽植后 4～6 年结果，以短果枝结果为主，腋花芽及中、长果枝结果能力很强，采前落果较重，寿命长，200 年以上大树仍能良好结果。

适于较冷凉地区栽培，喜沙壤土。抗寒力较弱，－22 ℃时枝条有冻害，－27 ℃时树冠冻死。不耐旱、涝，抗药力差。抗风力较弱，对栽培条件要求较高。

(4) 雪花梨。原产河北中南部，以河北赵县栽培最多，山东、辽宁、山西、西、江苏也有分布。

果实大，平均单果重 300 g。果形长卵圆或长椭圆形。果皮绿黄色，细而光滑，有蜡质，贮后变鲜黄色。果点褐色，较小而密，分布均匀。脱萼。果肉白色，脆而多汁，有微香，味甜，品质上。9 月上中旬成熟，耐贮运，可贮存至翌年 2～3 月。

栽植后 2～4 年结果，较丰产。以短果枝结果为主，中、长果枝及腋花芽结果能力较强。短果枝寿命较短，连续结果能力差，结果部位易外移。

要求肥水充足，喜肥沃、深厚沙壤土。抗病虫力较强，抗寒、抗旱力也较强，抗风力较差，抗药力也较差。

(5) 秋白梨。又名白梨（辽宁绥中、北镇），原产河北北部。主要分布在辽宁绥中、义县、北镇，河北昌黎、抚宁等地。

果实中大，平均重 150 g。果形为长圆或椭圆形。果皮黄色，有蜡质光泽，皮较厚。果点小而密，脱萼。果肉白色，质细而脆，汁多，味浓甜，无香味，果心小。9 月末成熟，极耐贮藏，可贮存至翌年 5～6 月。

栽植后 6～7 年结果，15 年时进入盛果期。结果部位主要在二至九年生枝上的各类结果枝上，以短果枝结果为主，大树腋花芽也能结果，果台枝连续结果能力较差，结果部位易外移。

适应性较广，耐旱，抗寒力强，适于山地栽培，抗风力、抗病虫力较差，

(6) 库尔勒香梨。原产新疆南部，以库尔勒地区较著名，北方各省已引种栽培。

果实小，平均单果重 80～100 g，最大可达 174 g。果形为倒卵圆形或纺锤形。果皮黄绿色，阳面有暗红色晕。果面光滑，果点小而不明显。脱萼或宿存。皮薄，果肉白色，质脆，汁多，味浓甜，香气浓郁，品质上。9 月下旬成熟，可贮存至翌年 4 月。

栽植 3 年结果，7 年丰产，以短果枝结果为主，腋花芽、长果枝结实力也很强。适应性广，沙壤土、黏重土均能适应。抗寒力较强，最低温度不低于－20 ℃地区可获丰产，－22 ℃时部分花芽受冻，－30 ℃受冻严重。耐旱，抗病虫力强，抗风力较差。

1969 年选出芽变单系沙 01 号，果实较大，平均单果重达 150 g。

(7) 苹果梨。分布于辽宁、甘肃、宁夏、山西，内蒙古、新疆、西藏等地。朝鲜也有引种。

果实大，平均单果重 250 g，最大可达 600 g。果形为不规则扁圆形。果皮黄绿色，阳面有红晕，外形似苹果。果肉白色，果心小，肉质细脆，汁多，甜酸适度，微带香气，品质中上。9 月下旬至 10 月上旬成熟，耐贮藏，可贮存至翌年 5～6 月。

栽植后 3 年结果，早期丰产，大树能连年丰产。

抗寒力强，能耐－36 ℃低温，适于冷凉地区栽培。喜深厚沙质壤土。抗旱、耐涝力强，抗风、抗病虫、抗药力较差。

(8) 冬果梨。主产于甘肃兰州，西北、华北各省有栽培。

果实中大，平均单果重 157 g。果形为倒卵形。果皮黄色，薄而光滑，果点小而密。脱萼或部分宿存。果肉白色，肉质细脆，汁多，味酸甜，品质中上。10 月上旬成熟，可贮存至翌年 5～6 月，贮后可提高风味。

栽后 3～4 年结果，20 年达盛果期，丰产。

适应性较强，耐旱、抗盐力也较强，抗寒、抗虫、抗风力较差。

3. 砂梨系统

(1) 苍溪梨。又名苍溪雪梨或施家梨，原产四川苍溪，四川栽培较多，陕西、湖北有少量栽培。

果实大，单果重 300～500 g。果形为长卵圆形或葫芦形。果皮黄褐色，有灰褐色斑点，果点大，较稀。梗细长，脱萼。果肉白色，质脆，汁多味甜，果心小，品质中上。8 月下旬至 9 月上旬成熟，可贮存至翌年 1～2 月。

栽植后 3～4 年结果，较丰产，以短果枝结果为主，长果枝、腋花芽结果能力弱。

适于温暖湿润地区栽培，宜密植。抗风、抗病虫力较弱。

(2) 晚三吉。为日本晚熟品种，长江中下游两岸地区栽培较多，现青海民和、河北遵化、山东威海等地栽培表现亦好。

平均单果重 196 g，在江苏一般在 250 g 以上。果形为卵圆或略扁圆形，宿萼，果皮褐色。果肉白色，质致密、细脆，汁多味甜。可溶性固形物含量江苏故道地区为 12.4%。10 月上旬成熟，耐贮藏。

耐旱、涝，较耐寒，较抗黑星病，易感轮纹病、黑斑病，对肥水要求高。要留壮花芽结果，控制坐果数，否则果小，树易早衰。

(3) 二十世纪。原产日本。我国辽宁、北京、上海、江苏、浙江等地都有少量栽培，西北各地多有引种。

果实中大，平均单果重 135 g。多数果形为近圆形。果皮成熟时黄绿色，果梗连接果实处膨大成肉质，外形美观。果肉白色，肉质细脆，味甜，汁多，石细胞少，品质中上或上等。上海市 7 月下旬至 8 上旬成熟。不耐贮。

生长势中等或偏弱，枝条稀疏，半直立，树冠小，适于密植。一般 3～4 年开始结果，早期丰产，着果率高，主要是短果枝群结果。植株寿命较短。

适应性较广，在山西、宁夏、四川西昌表现都好，新疆库尔勒至阿克苏一带也表现较好，但在江苏南部、江西红土丘陵表现为树势弱，果实小。对肥水及栽培条件要求较严。抗寒力在宁夏表现中等，花芽易冻但恢复力强。抗风力弱，对腐烂病、黑斑病、轮纹病和黑星病抵抗力弱。

4. 西洋梨系统

(1) 巴梨。又名香蕉梨（河南）、秋洋梨（大连）。原产英国，系自然实生种。分布于我国南北各省，主要分布在山东胶东半岛、辽宁大连地区。

果实较大，平均单果重 250 g。果形为粗颈葫芦形，果面凹凸不平。果皮黄色，阳面有红晕。果肉乳黄白色，经 7～10 d 后熟，肉质柔软，易溶，汁多，味浓甜，有芳香，品质极上。8 月末至 9 月上旬成熟。不耐贮藏，一般仅能存放 20 d 左右，冷库贮放可达 4 个月。

栽植后 2～5 年结果，丰产、稳产。以短果枝和短果枝群结果，中、长果枝结果较少，腋花芽也能结果。一般果枝可连续结果 5～6 年。

适应性较广，喜温暖气候及沙壤土，在冲积土上生育良好，也能适应山地及黏重黄土。抗寒力弱，仅耐－20 ℃低温，－25 ℃时冻害严重。抗病力弱，

(2) 伏茄梨。又名白来发（石家庄）、伏洋梨（烟台、牟平）。原产法国，系自然实生苗。我国各地均有栽培，以山东烟台、牟平、威海，河南郑州较多。

果实较小，单果重 60～80 g。果形为细葫芦形。果皮黄绿色，阳面有红晕。果肉乳白色，成熟时脆甜，经 3～5 d 后熟后，肉质柔软，易溶，汁多味甜，品质上。6 月下旬至 7 月上旬成熟。

结果较早，产量稳定，以短果枝结果为主。

适应性广，沙壤土、黏黄土均能良好生长。对栽培条件要求不严。抗寒力、抗病虫力较强。

（二）优良新品种

（1）早酥（苹果梨×身不知）。中国农业科学院果树研究所育成。我国北方各省均有栽培。

果大，单果重 200～250 g。果形为倒卵形，顶部突出，常具明显棱沟。果皮绿黄色。果肉白色，质细、酥脆，汁多味甜而爽口，品质中上。8 月中旬成熟，不耐贮藏。

栽植后 4 年结果，丰产性强，13 年后株产 75 kg。

适应性广，抗寒力略逊于苹果梨，抗黑星病、食心虫，对白粉病抵抗力差。

（2）锦丰（苹果梨×茌梨）。中国农业科学院果树研究所育成。我国北方各省均有栽培。

果大，平均单果重 230 g。果形为不整齐扁圆形或圆球形。果皮黄绿色。果点大而显。果肉细、稍脆，汁多，味酸甜，微香，品质上。9 月下旬成熟，耐贮藏，可贮存至翌年 5 月。贮后果皮转黄色，有蜡质光泽，风味更佳。

栽植后 4～5 年结果，丰产。以短果枝结果为主，中、长果枝及腋花芽均有结果能力。

抗寒力强，但不及苹果梨，适于冷凉地区栽培。喜深厚沙壤土。抗黑星病能力较强，但受梨小食心虫和黄粉虫危害较重。

（3）晋酥梨（鸭梨×金梨）。山西省果树研究所育成。

果大，单果重 200～250 g。果形为不整齐椭圆形。果皮黄绿色，皮薄，洁净，蜡质明显。果肉白色，质细而脆，汁多，有香气，果心小，甜酸适度，品质中上。9 月中下旬成熟，可贮存至翌年 3～4 月。

栽植后 3～4 年结果，较丰产。以短果枝结果为主，腋花芽也能正常结果。

适应性较强，较抗寒，抗寒力强于酥梨、茌梨和雪花梨，较抗旱、抗黑星病，受食心虫危害较重。

（4）黄冠（雪花梨×新世纪）。河北省农林科学院石家庄果树研究所育成。北京、天津、青海、江苏、湖南、浙江等地已引种试栽。

果实椭圆形，个大，平均单果重 235 g。果皮绿黄色，贮后变为黄色，果面光洁无锈，果点小而密，美观。萼片脱落，果心小，果皮薄。果肉白色，肉质细而松脆，汁液多，酸甜适口，有蜜香，石细胞少，可溶性固形物含量 11.4%，品质上等。在河北石家庄地区果实 8 月中旬成熟。果实不耐贮藏，室温下可存放 30 d，冷藏条件下可延长贮期。

植株生长健壮，幼树生长旺盛且直立，萌芽力强，成枝力中等。2～3 年即可结果，以短果枝结果为主，果台副梢连续结果能力强，幼树腋花芽较多，丰产、稳产。

适应性强，抗黑星病能力很强。适宜在华北、西北、淮河及长江流域的大部分地区栽培。

（5）中梨 1 号（早酥×幸水）。中国农业科学院郑州果树研究所育成。

果实大，平均单果重 220 g，近球形，绿色，肉白色，质细脆，味甜多汁，品质上等。山东淄博 7 月下旬采收，常温下可存放 1 个月。

树势中庸，栽后 2～3 年结果，丰产。

抗病虫能力较强。

（6）硕丰（苹果梨×酥梨）。山西农科院果树研究所育成。

果实大，平均单果重 250 g，近圆形或阔倒卵形，底色绿黄具红晕，肉白色，质细、松脆，味甜至酸甜，汁多，品质上等。晋中地区 9 月初成熟，耐贮藏。

树势中庸，栽后 3 年结果，丰产。

抗寒，较耐旱，对土壤要求不严，抗病力强。

（7）七月酥（幸水×早酥）。山西农科院果树研究所育成。

果实大，平均单果重 220 g，卵圆形，黄绿色，肉质细嫩、酥脆，多汁而甜，品质上等。河南郑州 7 月上旬成熟，不耐贮，常温下可放 2 周。

生长势较强，定植后 3 年结果，较丰产。

较抗旱、抗寒，耐涝、耐盐碱，抗病性较差。

（8）红香酥（库尔勒香梨×郑州鹅梨）。中国农科院郑州果树所育成。

果实大，平均单果重 220 g，纺锤形，底色绿黄，果面 2/3 覆以红色，肉白酥脆，汁多味甜，品质上等。河南郑州 9 月中旬成熟，耐贮藏，常温下可贮 2 个月。

生长势较强，3～4 年结果，丰产。

抗旱、耐寒、耐涝、耐盐碱，抗病力强。

（9）黄花梨（黄蜜×三花）。原浙江农业大学园艺系育成。

果实大，平均单果重 216 g，最大可达 400 g。果实近圆形。果皮黄褐色，果面平滑。果肉白色，肉质细嫩，汁液多，味甜，可溶性固形物含量 11.7%，最高可达 13.5%，品质上等。较耐贮运。最适食用期 8 月中旬。

生长强健，树形开张，发枝力强，枝条粗壮，萌芽率高，易形成腋花芽和短果枝。定植 2 年后即有部分树结果，5 年丰产。果台副梢具有连续结果能力，易形成短果枝群。

抗逆性强，耐湿，也耐夏季干旱，对黑斑病、黑星病和轮纹病抗性较强。

（10）翠冠［幸水×（杭青×新世纪）］。浙江省农业科学院园艺研究所培育的品种。

果实大，平均单果重 230 g，大果达 500 g。果实长圆形。果皮黄绿色，平滑，有少量锈斑。果肉白色，石细胞少，肉质细嫩、疏脆，汁多，味甜，可溶性固形物含量为 11.5%～13.5%，果心较小，品质上等。7 月底 8 月初成熟。

树势强健，生长势特强。树姿较直立，花芽较易形成，丰产性好。叶片浓绿，长椭圆形，大而厚。定植第三年结果。

抗性强，山地、平原、海涂都宜种植。抗病、抗高温能力明显优于日本梨。

（11）西子绿［新世纪×（八云×杭青）］。原浙江农业大学园艺系选育的品种。

果实中大，平均单果重 190 g，大果达 300 g。果实扁圆形。果皮黄绿色，果点小而少，果面平滑，有光泽，有蜡质，外观极美。果肉白色，肉质细嫩、酥脆，石细胞少，汁多味甜，品质上，可溶性固形物含量 12%。较耐贮运，7 月中旬成熟。

该品种树势开张，生长势中庸，萌芽率和成枝力中等，以中、短果枝结果为主。定植第三年结果。本品种花期迟，花不易受早春霜冻，花期长，有利于配置授粉品种。

（12）金水 2 号（翠伏）（长十郎×江岛）。湖北省农业科学院果树茶叶研究所选育。

果实中大，平均单果重 183.05 g，疏果后可达 200 g 以上，最大果重近 500 g。果实纵径 6.78 cm，横径 7.06 cm。果实圆形或倒卵形。果皮黄绿色，果面平滑，有光泽，外观美。果心中大。果肉乳白色，肉质细嫩、酥脆，石细胞少，汁液特多，可溶性固形物含量 11.20%，可滴定酸含量 0.24%，每 100 g 果肉含维生素 C 3.98 mg，味酸甜适度，微香，贮藏后香气更浓，品质上等。耐贮性较差，7 月下旬成熟。

树势健壮，萌芽率高，成枝力弱。

抗逆性和抗病虫性较强。因果实成熟后有香气，延迟采收易受吸果夜蛾危害。

（13）雪青（雪花×新世纪）。原浙江农业大学园艺系育成。

果实大，平均单果重 230 g，大的 400 g。果实圆形。果皮黄绿色，光滑，外观美。果肉白色，果心小，肉质细脆，多汁，味甜，可溶性固形物含量 12.5%，品质上。果实 8 月中旬成熟，可延迟采收。果实耐贮运。

树形开张，生长势较强。萌芽率和成枝力高。腋花芽多，以短果枝结果为主。丰产、稳产，抗性强。

授粉品种为黄花、新世纪、新雅。

(14) 大南果梨。为南果梨的大果型芽变，辽宁地区已推广栽培，吉林、内蒙古、甘肃等地已引种试栽。

果实扁圆形，中等大，平均单果重 125 g，最大达 214 g。果皮薄，绿黄色，贮后转为黄色，阳面有红晕，果面光滑，具有蜡质光泽，果点小而多。果心小，果肉黄白色，肉质细脆，采收即可食，经 7～10 d 后熟，果肉变软呈油脂状，柔软易溶于口，味酸甜并有香味。可溶性固形物含量 15.5%，品质上等。在辽宁兴城果实 9 月上中旬成熟，不耐贮运，常温条件下可贮放 25 d 左右，在冷藏条件下可贮放到翌年 3 月底。果实可供鲜食，也可制罐。

幼树生长势强，萌芽力和成枝力均强。一般定植 3 年后开始结果，以短果枝结果为主，并有腋花芽结果的习性。产量中等，采前落果轻。管理不善有隔年结果现象。适应性强，抗寒力强，可耐－30 ℃的低温。

抗旱、抗黑星病、抗轮纹病、抗虫能力均较强。可在寒冷的东北和西北山区栽培。

(15) 寒香梨（延边大香水×苹香梨）。吉林农业科学院果树研究所育成。

果实近圆形，单果重 150～170 g，果实大小整齐。果皮黄绿色，向阳面有红晕，果点小，萼片宿存。果皮薄，果肉白色，果心小，石细胞少。采收时果肉坚硬，经 10 d 后熟果肉变软，肉质细腻多汁，味酸甜，品质上等。可溶性固形物含量 16%，总糖含量 10.4%，有机酸含量 1.9%，每 100 g 鲜重维生素 C 含量 6.6 mg。耐贮藏。

树冠阔圆锥形，干性弱，幼树枝条较开张。萌芽率较高，成枝力强，自花结实率低，以短果枝和腋花芽结果为主。定植后 4 年结果，6 年丰产。

抗寒力强，适应性强，较抗黑星病。在吉林公主岭 9 月下旬成熟。

(16) 蔗梨（苹果梨×杭青）。吉林省农业科学院果树研究所育成。

果实圆形或圆锥形，单果重 200～250 g，最大达 450 g。果皮绿色，贮藏后鲜黄色，皮薄有薄蜡质，果点中大，萼片宿存。果肉白色，细脆多汁，可溶性固形物含量 13.5%左右，味香甜，食之如甘蔗甜味，果心小，石细胞极少或无，鲜食品质极佳，耐贮运。

树冠圆锥形，幼树较开张。树势强健，萌芽率高，成枝力中等。盛果期以短果枝和腋花芽结果为主，自花结实率低，定植后 3 年结果，5 年丰产。

抗寒力强，抗病力强，具良好的适应性。在吉林公主岭地区 9 月下旬成熟。

(17) 金花 4 号。金花梨芽变优系，由四川农学院和金川县于 1976 年共同选育而成。

果实椭圆形或长卵圆形，单果重 415～462 g。果皮黄色，果面光洁，蜡质多，有光泽。果点中大，黄褐色。果肉白色，肉质较强，松脆多汁，石细胞少，味甜，可溶性固形物含量 12.7%～17.0%，可溶性糖 10.43%，可滴定酸 0.15%，品质中上或上。果实耐贮性强。

树冠圆头形，幼树直立性强，结果后开张。萌芽率强，成枝力较弱。花粉量大，自花结实率低。早果性、丰产性强，定植后 2～3 年结果，5 年丰产。

抗病性强，抗寒性较强，能抗－20 ℃低温。在河北北部、辽宁西部 10 月上中旬成熟。

(三) 近年引进的优良新品种

1. 黄金梨 韩国于 1984 年用新高与二十世纪杂交育成。该品种果实近圆形，果形端正，果个整齐。平均单果重 430 g 左右，最大可达 500 g 以上。果皮乳黄色，细薄而光洁，具半透明感。果肉白色，肉质细嫩，石细胞极少，甜而清爽，果汁多，果心小，可溶性固形物含量 13.5%～15.0%。果实 9 月中旬成熟，常温下贮藏期为 30～40 d，在气调库内贮藏期可达 6 个月以上。

该品种生长势强，树姿较开张，树体小而紧凑，适应性强，抗黑斑病和黑星病，结果早，丰产性好。因雄蕊退化，花粉量极少，所以需配置两种授粉树。

2. 大果水晶　韩国从新高中选出的芽变品种，极易成花。平均单果重 500 g 以上。果面黄绿色，套袋乳黄色，有透明感。果肉含糖量 14%～16%。10 月上旬成熟，可延迟至 11 月中旬不落果，可贮藏至翌年 5 月。大果水晶梨美观、个大、丰产、抗病、耐贮藏，是一个发展前景广阔的晚熟绿皮梨新品种。

3. 丰水　日本农林省（现为农林水产省）园艺试验场于 1954 年育成，亲本为（菊水×八云）×八云。

果实中大，平均单果重 163 g，最大 230 g。果形圆形或不正圆形。果皮锈褐色，阳面微有红褐色，果面粗糙，有棱沟，果点大、多。果肉黄白色，果心中大，肉质细嫩，柔软多汁，味甜，石细胞少，可溶性固形物含量 9.6%～3.3%，可溶性糖 9.0%，可滴定酸 0.16%，品质上等。比长十郎耐贮。

幼树生长势旺，树姿半开张，萌芽力强，发枝力弱。3～4 年开始结果，以短果枝结果为主，中、长果枝及腋花芽较多，花芽容易形成，果台副梢抽生能力强，有的能抽 2～3 根副梢，连续结果能力比幸水强。在辽宁兴城地区 8 月下旬果实成熟。

4. 金二十世纪　日本品种，系二十世纪通过辐射诱变培育而成的抗黑斑病的品种。

果实圆形，单果重 300～500 g。果皮黄绿色，果点大，分布密，果面有果锈。果梗粗长，果心短小，纺锤形。果肉黄白色，肉质细软，含糖 10%，有酸味、香味，果汁多。

树势强，枝条粗，节间短，皮孔大，数量多。短果枝坐果多，腋花芽着生数量少。叶片卵圆形。开花期稍晚，比二十世纪稍晚成熟。不易患心腐病、蜜病、裂果等。果实贮藏期长，对黑斑病抗性极强。

5. 爱甘水　日本品种，用长寿和多摩杂交育成。

果实大，平均单果重 400 g，最大可达 800 g。果实圆形或扁圆形，褐色。果皮薄、有光泽。肉质细腻，汁多，品质上等，可溶性固形物含量 13%左右。河北深州地区 7 月 25 日成熟，是一个容易管理的早熟褐皮梨优良品种。

6. 新高　日本神奈川农业试验场杂交育成，亲本为失之川×今村秋。

果实圆形或圆锥形，果形端正。单果重 410～450 g。果皮黄褐色，果点较大，中密，果面粗糙；套袋后果皮淡黄绿色，较光滑，果点不明显。果肉白色，致密多汁，石细胞极少，果心小，味甘甜，无酸味、涩味和香气，品质中上。果实 10 月中下旬成熟。

该品种果个大，耐贮性较强，可作为晚熟品种适量发展。

7. 南水　由日本长野县南信农业试验场用越后×新水杂交选育而成。

果个大，平均单果重 360 g，大果可超过 500 g。果形扁圆形。果皮黄赤褐色，果面光滑。果肉白色，肉质中细，可溶性固形物含量 14.6%，甜味多，酸少，果汁多，品质上等。室温下可贮藏半个月以上，冷藏条件下可贮存 2 个月。树势稍强，短果枝多，以短果枝结果为主。抗黑星病强，但有轻微黑斑病。9 月上中旬成熟，该品种是一个有希望的晚熟日本梨最新品种。

8. 圆黄　韩国于 1994 年用早生赤与晚三吉杂交培育而成的一个优良中熟品种。

果实大，平均单果重 560 g。果实圆或扁圆形，外形美观。果皮淡黄色。果肉为透明的纯白色，肉质细腻，多汁，酥甜可口，石细胞少，并有奇特的香味，可溶性固形物含量为 15%～16%，品质极佳。果实 9 月上中旬成熟，常温下可贮藏 30 d 左右。

该品种树势强，树姿半开张，易成花，好管理，丰产，抗黑斑病。花粉多，与多数品种授粉亲和力强，也是良好的授粉树。

9. 晚秀　韩国于 1978 年用单梨与晚三吉杂交培育而成。

果个大，平均单果重 660 g。果实扁圆形。果皮黄褐色，外观极美。果肉白色，肉质细腻，石细胞少，无渣，汁多，味美可口，可溶性固形物含量为 14%～15%，品质极上，贮藏后风味更佳。果实 10 月 20 日前后成熟，极耐贮藏，低温条件下可贮藏 6 个月以上，属优良的大果型晚熟品种。

该品种树势强，树冠似晚三吉直立状。花粉多，但自花结实力低，宜选择圆黄作授粉树。

抗黑星病和黑斑病，抗干旱，耐瘠薄。

10. 红安久　美国华盛顿州发现的安久梨的浓红型芽变。

果实大，平均果重 230 g，最大 500 g。果实葫芦形。果皮全面紫红色，光亮、平滑，果点中多，小而明显，萼片宿存，外观美。果肉乳白色，肉质细，石细胞少。采后 1 周后熟变软，汁液多，味酸甜，有芳香，可溶性固形物含量 14%，品质极上。果实耐贮性较好。室温下可存放 40 d，冷藏 6～7 个月，气调可存放 9 个月。

树体中大，树姿直立，树冠近纺锤形。幼树长势强健，成龄树中庸或偏弱。萌芽率和成枝力均高。以短果树和短果枝群结果为主，连续结果能力强。自花结实率低，栽后 3～4 年结果，5 年丰产。在河北、山东一般 9 月下旬至 10 月上旬成熟。

适应性较强，较抗寒，对火疫病、黑星病和食心虫的抗性高于巴梨，对螨类特别敏感。

11. 红巴梨 澳大利亚发现的巴梨的红色芽变。

平均单果重 250 g。果实葫芦形。果面蜡质多，果点小、疏。幼果期果实全面紫红色，果实迅速膨大期阴面红色褪去变绿，成熟至后熟后的果实阳面为鲜红色，底色变黄。果肉白色，后熟后果肉柔软、细腻多汁，石细胞极少，果心小。可溶性固形物含量 13.8%，味香甜，香气浓，品质极上。果实成熟期为 8 月下旬，常温下贮存 15 d，0～3 ℃条件下可贮 2～3 个月而品质不变。

树势较强，树姿直立，幼树萌芽率高，成枝力中等。幼树 3 年结果，4 年丰产。以短果枝结果为主，部分腋花芽和顶花芽结果；连续结果能力弱，自花结实能力弱，授粉树以艳红为好。采前落果少，较丰产、稳产。

12. 粉酪 属西洋梨品种，1960 年意大利以 Coscia×Beurre Clairgeau 杂交育成，品种原名 Butirra Rosata Morettini 意为“粉色奶油”，故中译名为粉酪。1994 年自美国国家种质资源圃引入昌黎果树研究所，为无病毒材料。

平均单果重 325 g。果实葫芦形。果皮底色黄绿，60%着鲜红晕，果面光洁，果点小而密，萼片宿存。果肉白色，石细胞少。经后熟后果实底色变黄，果肉细嫩多汁，风味甜，香气浓郁，品质极上。果实 8 月上旬成熟，常温可贮存 15～20 d。

幼树生长较强，进入结果期早，成龄树中庸，定植后 2 年结果，4 年丰产，以短果枝结果为主。

抗病力较强，对火疫病敏感。

第二节 苗木繁殖

一、嫁接苗培育

(一) 砧木的种类

北方各省（河北、河南、山东、陕西、山西及江苏、安徽北部）多用杜梨作为砧木，少量用褐梨、豆梨；东北、西北以及山西和河北北部则多用秋子梨作为砧木；长江流域以南各省多用豆梨作为砧木；西北的甘肃等地多用木梨作为砧木。

1. 杜梨 为我国应用最广泛的砧木，与栽培梨的亲和力均好，根系发达，须根多，生长旺，结果早，对土壤适应性较强，抗旱、耐涝，耐盐、碱、酸。在北方表现好，在南方不及砂梨、豆梨。

2. 豆梨 豆梨与砂梨、白梨和西洋梨品种的亲和力强，对腐烂病的抵抗力强，并能抗旱、耐涝，耐旱、耐盐碱性略差于杜梨。长江流域及以南地区广泛应用，适宜温暖多雨湿润气候。

3. 秋子梨 秋子梨特别耐寒、耐旱，根系发达，适宜在山地生长。东北、内蒙古、陕西、山西等寒地梨区广泛应用，但在温暖湿润的南方不适应。所嫁接的品种植株高大、寿命长、丰产，抗腐烂病，与西洋梨的亲和力较弱。

4. 木梨 木梨主要用于西北的甘肃、宁夏、青海。对腐烂病抵抗力较弱。

5. 矮化砧木 榅桲属矮化砧木常用的有榅桲 A、榅桲 C，一般与西洋梨亲和力较好，与东方梨亲和力差；梨属矮化砧木常用的有 OH×F_{51}、极矮化砧木 PDR_{54}、矮化砧木 S_5、半矮化砧木 S_2，与

多数品种亲和力较好。

（二）砧木苗培育

杜梨中大粒种子每千克有 2 800 粒左右，小粒种子为 6 000～7 000 粒。播种用量：每公顷点播用大粒种子 15.0 kg 左右，小粒种 7.5～11.25 kg；条播每公顷用大粒种 22.5～30.0 kg，小粒种 15.0～22.5 kg。春播用种子应层积 50 d 以上。如能于播前进行种子催芽出苗率更高。杜梨的实生苗主根发达，侧根少而弱，移栽后成活慢，缓苗期长。若在两片真叶时切断主根先端，可使实生苗生长出较好的侧根。或在秋季嫁接成活后用长铲将苗木主根 25 cm 左右处铲断，亦可促发大量须根。

为按期达到嫁接粗度（>0.6 cm），可在苗高 30 cm 左右时，留大叶片 7～8 片处进行摘心。

（三）苗木嫁接

梨苗的嫁接常用 T 形芽接法。北方芽接适宜期为 7 月下旬至 8 月中旬，南方为 8 月中旬至 9 月下旬。梨苗亦可用枝接，在春季芽开始膨大至萌芽期进行，常用的枝接方法有切接法、劈接法、腹接法、皮下接等。

（四）矮化砧培育

矮化砧的繁殖常用无性繁殖法（或称营养繁殖法），如扦插法、压条法（水平压条和垂直压条）和组织培养法。

矮化砧梨苗的繁育，是在矮化砧木上直接嫁接梨品种，即得到矮化砧梨苗。嫁接方法同苗木嫁接部分。为解决榅桲与东方梨亲和力差的问题，可在砧木与品种间嫁接一段中间砧（常用哈代、故居梨等），采用二重芽接或二重枝接法即可。

二、脱毒苗培育

梨树病毒种类繁多，目前国内外报道的梨树病毒及类似病毒有 23 种，我国目前已鉴定明确的有 5 种，即梨石痘病毒、梨环纹花叶病毒、梨脉黄花病毒、榅桲矮化病毒和苹果茎沟病毒。脱除梨树病毒的方法主要有：

1. 恒温热处理　在 37～38 ℃恒温条件下热处理梨苗 28～30 d，然后切其顶梢（大小为 0.5～1.0 cm），嫁接在实生杜梨砧上，成活后进行病毒检测。

2. 变温热处理　在变温（30 ℃和 38 ℃两种温度每隔 4 h 换一次）条件下处理梨苗 3 周，然后切取长为 0.5～1.0 cm 的茎尖，嫁接在实生杜梨砧上，成活后进行病毒检测。

3. 茎尖培养　用无菌操作技术切取 0.1～0.3 mm 的茎尖，在准备好的培养基上培养，获得的无菌苗长到 2 cm 高时进行病毒检测。

4. 茎尖培养与热处理相结合　与茎尖培养法一样，培养出无根苗后，放入 37 ℃±1 ℃下处理 28 d，再切取 0.5 mm 左右茎尖进行培养，或者如热处理方法一样，进行热处理后取 0.5 mm 的茎尖接在培养基上进行培养，然后进行病毒鉴定。

经过脱毒处理所得的脱毒苗即为无病毒母本树，然后分级建立无病毒采穗圃，以满足生产无病毒苗木的需要。

第三节　生物学特性

一、根系生长特性

（一）根系的形成与分布

梨种子萌发后胚根生长快，发育成主根。主根粗壮、发达而须根少，影响定植成活。所以育苗时要经过移植或切断主根、促生侧根，以提高苗木质量。梨苗成活后，断口上部发生新根，早发生、生长迅速的，代替主根向下延伸而形成垂直骨干根。随垂直根向下生长逐年转弱，侧根即相应转强。上层侧根，强者发育成侧生骨干根，弱者发育成须根。侧生骨干根中开张角度大的，向水平方向延伸而形成水平骨干根。梨树的根系较深，是成层分布的，但第二层常少而软弱。垂直骨干根长到一定深度即不再延伸，有时甚至有部分死亡，而由侧生骨干根中开张角度小的和水平骨干根上向下生长的副侧根，与垂直骨干根共同形成下层土中的根系。

梨树根系的垂直分布，深2～3 m，水平分布一般为冠幅的2倍左右，少数可达4～5倍。根系分布的深广度和稀密状况，受砧木、树种品种、土质、土层深浅和结构、地下水位、地势、栽培管理等的影响较大。在土质疏松、深厚、少雨的陕西洛川地区，杜梨根可深达11 m以下。据中国科学院北京植物园在河北定县平原地区的观察发现，该区排水良好，土层深厚，梨根深3.6 m，水平分布4.5 m。原江苏农学院在淮阴区王兴公社观察，因土层深1.7 m处有厚黏淤层，所以根深仅为1.7 m，而水平分布却距主干9 m以远。河北农业大学在河北农业大学校内观察，由于土层浅花盖梨根深不及树高的1/10，而水平分布为枝展的2.28倍。日本川口研究发现，27年生长十郎的水平根，距主干1 m以内的根占总根量的57.4%，1～2 m占36.7%，2～3 m占5.9%，3 m以外根很少。垂直根深2.1 m，第一层分布于地面下30 cm以上，占26.1%，第二层根分布于地面下120～150 cm土层中，占20.5%。

综上所述，梨树根系一般多分布于肥沃、疏松、水分状况良好的上层土中，以20～60 cm最多，80 cm以下根很少，到150 cm根更少。水平分布则越近主干，根系越密，越远则越稀，树冠外一般根渐少，并多细长、少分叉的根。

（二）根系年生长动态

梨树根系生长一般每年有2次高峰。春季萌芽以前根系即开始活动，以后随温度上升而日见转旺；到新梢转入缓慢生长以后，根系生长明显增强，新梢停止生长后，根系生长最快，形成第一次生长高峰；以后转慢，到采果前根系生长又转强，出现第二次高峰；以后随温度的下降而进入缓慢生长期；落叶以后到寒冬时，根系生长微弱或被迫停止生长。

根据中国农业科学院果树研究所定县鸭梨工作组的研究，41年生鸭梨的根系3月14日开始活动，这时50 cm深处的土壤温度为0.4 ℃；5月上旬，开始加速生长，5月30日达到高峰，以后逐渐缓慢；7月中旬生长很少；8月下旬几乎停止；9月下旬又开始生长；10月上旬出现一次小高峰。落叶后10 d左右或迟至11月中旬以后被迫休眠。但梨树根系的年生长活动因地区或各年份气候的不同，发生提早或推迟，延长或缩短。又因树龄、树势、营养分配状况不同而有变化，如幼树、旺树，在萌芽前到新梢旺长前可有一次生长高峰。又如大年结果过多，光合产物大量供应果实，分配给根的大量减少，所以6、7月的根系生长弱，时间短，甚至出现新生根量比死亡须根少的情况，形成叶发黄，叶早落等情况，以致树体衰弱。要1～2年才得恢复。根系在萌芽前土温约为0.5 ℃时，即开始活动，但一般要在6～7 ℃时才活动明显，砧木不同，亦有差异，杜梨要求较低，砂梨、豆梨要求高。温度在21.6～22.2 ℃时，梨根进入生长最快时期，27.0～29.8 ℃时，生长相对停止。在20～70 cm土层中水分含量在15%～20%时，较适宜于根系生长，降至12%时，根生长即受抑制。日本岩田、土井等研究，40年生的二十世纪梨，在根窖土壤90 cm深处观察结果，60 ℃时开始明显生长。林真二等的研究，15 ℃时生长增快，25 ℃时生长最快，30 ℃时生长转弱以至停止（图46-1）。

二、树冠生长特性

梨树体高大，寿命长。秋子梨最高可达30 m，白梨次之，沙梨比白梨稍矮。山西原平300多年生夏梨树高9.5 m，干周3.25 m，树冠直径15 m，最高年产量曾达1 500 kg。砂梨比白梨寿命稍短，但江西仍有140～150年生麻壳梨树，树高达8 m左右。四川农学院1973年在云南会理调查，发现有200年以上的宝珠梨，曾年产500 kg以上。

梨树萌芽力强，成枝力弱，先端优势强。在一枝上一般可抽生1～4个长梢，其余均为中、短梢。因中心干每年都是上部数芽发枝，所以层性明显。一些成枝力弱的品种，在自然情况下，即形成疏层

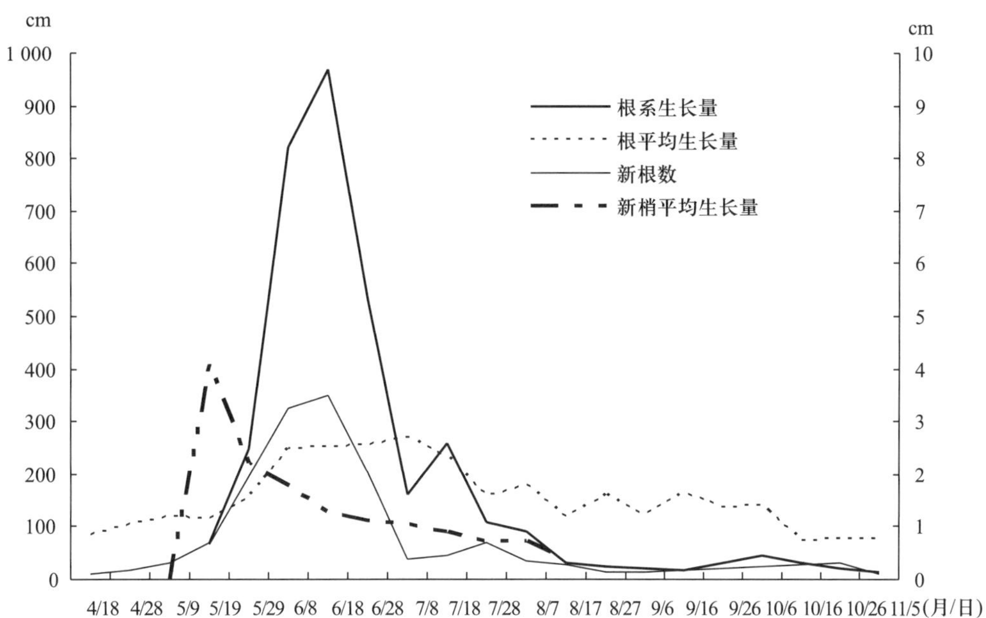

图 46－1　秋白梨根系与新梢的生长动态

（兴城试验站，1956）

形树冠。同一枝上同年发生的新梢，单枝生长势差异较大，所以竞争枝很少。同时因顶生枝特强，故常形成枝的单轴延伸。因此梨树树冠中常见无侧枝的大枝较多，而树冠稀疏。梨树幼树枝条常直立，树冠多呈紧密圆锥形，以后随结果增多，逐渐开张成圆头形或自然半圆形。由于种和品种的成枝力和树势强弱等差异，形成了树冠形状的种种变化。如金川雪梨、胎黄梨等生长势较强，枝多直立，树冠即较紧凑呈直立形；莱阳小香水梨等生长虽强，而枝多细软，易开张，萌芽力强，则树冠较开张，枝叶较稠密；鸭梨、茄梨、兰州长把梨等，枝条长软面弯曲，小树时树冠呈乱头形，大树时为自然半圆形；多数日本梨发枝少，多短枝，幼树时直立抱头，结果后开张，形成十分稀疏的自然半圆形或圆头形树冠。

梨树多中短枝，极易形成花芽，所以一般情况下梨树均可适期结果。只有因短截过重生长过旺的树，或受旱涝、病虫危害，管理粗放、生长过弱的树，才推迟结果。如加强管理，树势健壮，开张角度，轻剪长放，即可提早结果。长放后，枝条逐年延伸而生长势转缓，因而枝上盲节相对增多。处在后部位置的中、短枝，常因营养不良，甚至枯死，形成缺枝脱节和树冠内膛过早光秃现象。梨树隐芽多而寿命长，在枝条衰老或受损以及受到某种刺激后，可萌发抽枝，以利用树冠更新和复壮。

三、枝芽生长特性

（一）芽的类型

梨芽按性质分为花芽、叶芽、副芽和潜伏芽。

1. 花芽　梨的花芽为混合花芽，一个花芽形成一个花序，由多个花朵构成。大部分花芽为顶生，初结果幼树和高接树易形成一些侧生的腋花芽。一般顶生花芽质量高，所结果实品质好。

2. 叶芽　着生在枝条顶端或叶腋，故有顶生、侧生两种。叶芽分化是有节奏的，全过程可分为四个时期：

（1）第一时期。自春季叶芽萌动时起，随着幼茎各节间的伸长，自下而上逐节形成腋芽原基。随着所在节的伸长与节上叶片的增大，芽原基由外向内分化鳞片原基并生长发育为鳞片，到所在节间及节上叶片停长后不久即暂停分化。顶叶芽从春季萌动时起，不断地进行分化与生长，直到新梢停止生长后一定时期才暂停分化。但有芽外分化枝的顶叶芽，要在新梢停止生长后才开始第一分化时期。

（2）第二时期。一般要经炎夏后才开始，在第一时期形成鳞片的基础上开始分化叶原基，并生长成幼叶，一般分化叶原基 3～7 片，直到冬季休眠时暂停分化。绝大部分芽在此时期中确定叶片数，以后不再增加。短梢一般都没有腋芽，中、长梢基部 3～5 节亦为盲节，所以梨树常用枝条基部的副芽作为更新用芽。

（3）第三时期。在越冬芽萌芽前进行。营养条件较好的芽，方能进入第三时期，继续分化叶原基。在这一时期，短梢可增加 1～3 片叶，中、长梢可增加 3～10 片叶。所以在栽培上，冬季通过修剪、肥水等管理，促使芽进入第三时期分化，以增加枝叶量。

以上 3 个时期，均在芽内进行，称为芽内分化。中国梨芽内分化的叶片数，一般不超过 14 片，西洋梨一般不超过 6～8 片。

（4）第四时期。着生位置优越、营养充足及生长势较强的芽，在芽萌发以后，先端生长点仍能继续分化新的叶原基，继续增加节数，一直到 6～7 月，新梢停止生长以后才能再开始下一代顶芽分化的第一时期。这次分化是在芽外进行的，所以称芽外分化。芽外分化形成的新梢，一般都是强旺的长梢或徒长枝。但西洋梨的中、长梢都有芽外分化，仅基部 6～8 节节间很短的部分为芽内分化的叶，上部有较长节间的叶，均为芽外分化的叶片。

3. 副芽 着生在枝条基部的侧方（图 46－2）。在梨树腋芽鳞片形成初期最早发生的两片鳞片的基部，存在着潜伏性薄壁组织。腋芽萌发时，该薄壁组织进行分裂，逐渐发育为枝条基部副芽（也属于叶芽），因其体积很小，不易看到。该芽通常不萌发，受到刺激则会抽生枝条，故副芽有利于树冠更新。

4. 潜伏芽 多着生在枝条的基部，一般不萌发。梨潜伏芽的寿命可长达十几年，甚至几十年，有利于树体更新。

图 46－2 副芽形态示意

（二）枝的类型

枝是果树着生叶、芽、花和果实的重要营养器官，还是形成和构成树冠的基本器官。依其生长结果特性的不同分为营养枝（发育枝）和结果枝。

营养枝根据其生长发育特点和枝条长短分为发育枝、细弱枝、叶丛枝和徒长枝。发育枝生长健壮、叶片肥大、组织充实、芽体饱满；细弱枝较发育枝纤细而短，叶片较小而薄，芽体瘦小或“盲节”；叶丛枝是节间密集的短小枝，具顶芽和数片叶，多由弱芽萌发而成。

当年发出的新枝在秋季落叶前称为新梢，落叶后到翌年萌发前称为一年生枝，一年生枝到下年萌发前称为二年生枝，依此类推或称多年生枝。

（三）新梢年生长动态

1. 新梢的加长生长 加长生长主要是节间细胞活动的结果，使节间伸长，新梢也随之加长。而对于有芽外分化的长梢，加长生长还与顶端生长点的活动、不断分化叶原基形成新的“节”有关。随着新梢加长，枝内组织分化、叶原基发育成叶片，其后，枝内组织分化渐趋完成，节间伸长由缓慢至停止。

据莱阳农业大学（1978）报道，梨新梢加长生长期与其所具有的雏梢段有关，冬前雏梢段生长不超过 10 d，冬后雏梢段为 5～25 d，芽外分化的雏梢段其生长期与分化的节数多少有关，节数多则生长期长。因此，具有冬前雏梢、冬后雏梢和芽外雏梢段的鸭梨长梢，加长生长期为 45～60 d，具有冬前、冬后雏梢段的中梢为 10～30 d，仅具有冬前雏梢段的短梢为 10 d 左右。在河北中南部梨区，鸭梨新梢从 4 月中旬前后开始生长，短梢通常在 4 月下旬停止生长，中梢在 5 月上中旬停止生长，成龄树长梢多在 5 月底 6 月初停止生长；幼龄树生长旺，停止生长晚，但长梢最迟也在 6 月下旬停止生长。在生长期内，长梢有 2～3 个生长高峰，分别为冬前雏梢、冬后雏梢和芽外雏梢生长期，中梢有

1 个生长高峰，而短梢仅有 1 个高峰。由于鸭梨中梢和长梢的生长仅表现出生长快慢的不同而无明显的停止生长阶段，因此在外观上表现为一次生长，无夏梢、秋梢之说。但在春季过于干旱又无灌水条件的地区和年份，新梢过早停止生长后遇到降雨，又会重新开始生长，极像苹果的秋梢。

2. 新梢的加粗生长 新梢的加粗生长是枝条侧生分生组织即形成层分生活动的结果，多与加长生长相伴进行，但加粗生长开始时活动微弱，后逐渐加强，且停止也较晚。因此，在鸭梨长梢上表现为加长生长与加粗生长交互进行，每次加长生长高峰后出现一个加粗生长高峰。在加粗生长明显减慢以后，直到休眠前，枝条还有一个微弱增粗的过程。

四、开花与结果习性

（一）花芽分化

花芽分化分为生理分化期、形态分化期和性器官形成三个时期。

第一时期的分化即生理分化期与叶芽没有区别，第一时期中所形成芽的鳞片大小、多少，是芽好坏的一种标志，鳞片多而大，则芽质基础较好。莱阳农学院的研究表明，白梨的顶芽鳞片为 14～19 片；在梨长梢顶芽鳞片为 12～15 片，短梢顶芽为 15～17 片。田野宽一研究发现，日本梨花芽鳞片为 11～20 片，多数为 13～15 片；西洋梨花芽为 10～17 片，多数为 11～16 片。江苏农学院对莱阳小香水梨长梢上芽的初步观察发现，腋芽鳞片为 6～11 片；多数为 8～9 片。大叶节上的芽好，鳞片多数为 10～11 片；节上叶片小的，芽发育差，鳞片亦少。鳞片因树种品种、营养状况、枝龄、树势和芽分化生长发育时期的长短等不同而有差异，所以鳞片的多少、大小又是母枝好坏、树势强弱以及营养状况的一种形态指标。

如果生理分化期后芽的营养状况好，则进入花芽形态分化时期；反之仍然是叶芽。进入形态分化的芽，往往开始于新梢停止生长后不久。由于树势、各枝条生长强弱、停梢早迟、营养状况、环境条件等不同，花芽分化的开始时期亦有不同。中国农业科学院果树研究所在定县观察到 40 年生鸭梨花芽分化在 6 月中旬开始，6 月底到 8 月中旬为大量分化阶段；15～20 年生树比老树要迟 10 d 左右。据山西果树研究所研究，鸭梨、酥梨花芽分化自 7 月 10 日开始。莱阳农学院研究，在梨自 6 月上旬开始，至 9 月中旬结束，少数可迟到 10 月上旬。对具体芽来说，凡短枝上叶片多而大、枝龄较轻、母枝充实健壮、生长停止早的，花芽分化开始早，芽的生长发育亦好。中长梢停长早的，枝充实健壮的，花芽分化早；反之则迟。能及时停止生长的中、长梢，顶花芽分化早于腋花芽。生长强旺、停梢迟的旺枝，腋花芽分化又早于顶花芽。这一时期中，花芽分化生长发育要到冬季休眠时才停止。花芽在此期间依次分化花萼、花瓣、雄蕊和雌蕊原基后进入休眠。不论花芽开始分化早迟，到休眠期停止分化时，绝大部分花芽都形成了雌蕊原基。花芽分化开始迟的，分化速度快，这样花期才能表现出相对的集中。所以花芽分化开始迟的，因分化及发育的时间短，营养不足，常花朵数少，发育不良，受精坐果能力差，所结果实也小（图 46－3）。

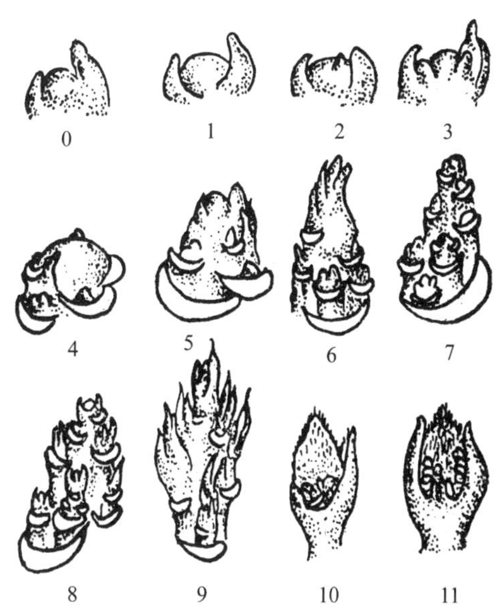

图 46－3 日本梨长十朗的花芽分化

0. 未分化 1. 分化第 1 期 2. 分化第二期 3. 分化第三期 4～7. 侧花分化期 8. 顶、侧花萼片形成期，侧花发育的早期 9. 花瓣形成期 10. 雄蕊形成期 11. 雌蕊形成期

（高木、可川，1973）

经休眠后的花芽，在第三时期继续雌蕊的分化和其他各部分的发育，直到最后形成胚珠，然后萌

芽开花。

(二) 开花坐果

梨花序为伞房花序，每花序有花5～10朵。通常可分为少花、中花、多花3种类型。平均每花序5朵以下的，为少花类型，如明月、今村秋、慈梨、汉源白梨等；5～8朵的为中花类型，如白酥、鸭梨、康德、长十郎、魁星、麻壳等多数品种；8朵以上的为多花类型，如二十世纪、菊水、山西夏梨、苹果梨、软把梨、京白梨等。梨是花序基部的花先开，先端中心花后开，先开的花坐果好。多数秋子梨、日本梨及西洋梨中的客发等品种坐果率较高，一般每花序可坐3果以上。其他大部分品种可坐2果以上。坐果少的品种只有苍溪梨、伏茄梨等少数品种，常坐1果。影响坐果多少的因素很多，亦很复杂。气候、土壤、授粉受精、营养、树势状况等等都为影响因子。梨正常落花落果一般为2次，据中国农业科学院果树研究所对定县鸭梨的研究表明，在定县落花终期最早为4月21日，最迟为4月30日，莱阳农学院5年间对茌梨的研究表明，落花期最早为5月2日，最迟到5月11日，生理落果期最早5月17日，最迟在6月21日。

梨自花结果率多数很低，原浙江农业大学（现为浙江大学）在27个品种60次的自交中，结实率为0的占53.2%，为1%～5%的占31.6%，为5%～10%的占8.4%，10%～40%的为6.8%，其中鸭梨自花结实率为0～5%，茌梨为0～2%，白酥为0。而日本的研究表明，鸭梨及茌梨均为0。所以，多数梨品种均要配置授粉品种。原浙江农业大学、云南农业大学的研究认为，梨树有花粉直感现象，能使果实外形、品质等因父本而有所变化。黄河故道地区的白酥梨，群众过去均用马蹄黄、面梨、鸡爪黄等为授粉品种，品质较差。近年发现用鸭梨授粉的果实风味、品质均较好。关于引起梨果实外形品质变化的原因较多，可因花粉直感所引起，亦或系同一花序中不同花朵所坐果实的差异，多数还因土壤、肥料、树势、树龄的不同而发生差异，可根据变化大小，视具体情况的不同分析原因，区别对待。据河北农大的研究表明，鸭梨从授粉到受精所需时间，上午授粉的约需48 h以上，中午和傍晚授粉的，在64 h内观察，基本未能坐果。日本平塚伸等研究（1980）异花授粉96 h后达到受精。日本林胁坂的研究在15～17 ℃时，长十郎等5个品种的花粉在6 h后萌芽率达90%以上。据浅见与七的研究（长十郎×今村秋）表明，授粉后3～4 d花粉管才进入胚囊受精。

(三) 结果习性

1. 结果年龄 梨树开始结果年龄，因树种和品种而异。一般砂梨较早，一般为3～4年；白梨4年左右；秋子梨较晚，为5～7年。但品种间差异亦大，如白梨中的鸭梨，3年即结果，而蜜梨要7～8年才结果。地方气候亦有关系，如蜜梨在江苏南部栽培，11年以上才结果。日本梨多数在我国3年即可结果，而在日本要5年左右。梨树枝条转化为结果枝较易，适当控制尖端优势，开张角度，轻剪密留，加强肥水，即可提早结果。河北石家庄果树研究所的亩栽334株密植鸭梨，2年结果，3年每667 m^2 产量达4 322.5 kg。

梨是高产果树。一般20年生以上树株产为100～150 kg，每667 m^2 产量达3 000～4 000 kg很容易。高产者每667 m^2 产量可达8 000 kg左右。日本梨因树冠较小，枝量较少，株产较低，特别是多数中小型果的品种，虽然株产较低；但可密植，高产的每667 m^2 亦可达5 000 kg以上。为提高果品质量，要求生产上每667 m^2 产量连年稳定在2 500～3 000 kg为宜。

2. 结果部位 梨树一般以短果枝结果为主，中、长果枝结果较少，但树种、品种间差异较大。秋子梨多数品种有较多的长果枝和腋花芽结果，而砂梨中的祇园、新世纪、幸水等及西洋梨则少见。白梨中如茌梨、雪花梨易见长果枝和腋花芽，而波梨、白酥梨等则少见。还因年龄时期不同而有所差异。一般结果初期易见中、长果枝结果，老年树少见。如红梨结果初期较多中、长果枝和腋花芽，而茌梨在盛果期长果枝，腋花芽特多。气候条件也有影响，渤海湾北部地区1957—1958年许多原本没有长果枝、腋花芽的品种大量形成长、中果枝及腋花芽。与栽培管理有关，生长健壮的树，及时夏剪，使副梢结果，可形成长、中果枝及腋花芽。但腋花芽结果能力总是比短果枝差，果实也较小。结

果枝的结果能力与枝龄有关，梨树以 2～6 年生枝的结果能力较强，7 年以后随年龄增大而结果能力衰退。但有的品种，如鸭梨短果枝寿命较长，在营养条件较好的情况下，8～10 年仍能较好结果。梨以基部第一、二序位的花结果质量高。

梨树果台上一般可发 1～2 个果台副梢，发生果台副梢的多少和类型与种类品种、树势、树龄、枝的强弱等有关。多数品种在一般情况下均易形成短果枝群，能连续结果。

五、果实发育与成熟

(一) 果实生长动态

梨果实的生长曲线为单 S 型，但纵径和横径、体积、重量的生长动态又各有特点。以鸭梨为例：

1. 纵径和横径的增长 鸭梨是倒卵圆形果实，在果实生长发育中纵径永远大于横径。在坐果初期，纵、横径的增长均较快，开始增快的日期，纵径在开花后 5 d，横径在开花后 21 d（韦军，1984）。到 6 月上旬至 7 月中旬胚迅速增长期，纵、横径的增长变缓。从 7 月中下旬胚充满种皮后，果径增长又变快。到果实成熟前 2～3 周（9 月），果径增长变缓。

2. 体积增长 坐果后体积增长量较小，到开花 70 d 前后（约在 7 月上旬），体积增长加快，在 7 月中下旬进入旺盛增长期，直到果实成熟前（图 46－4）。体积迅速增长期晚于果径的迅速增长期。

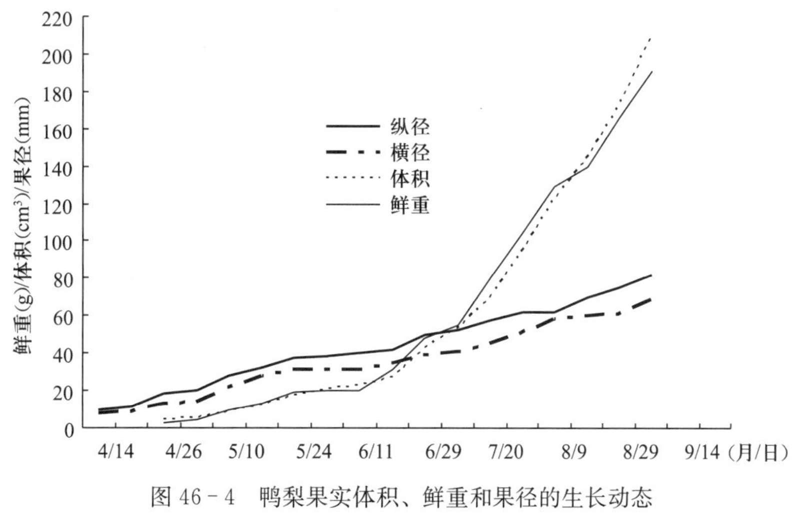

图 46－4 鸭梨果实体积、鲜重和果径的生长动态

3. 重量的增长 果实鲜重的增长基本与体积同步，在 6 月底以前增加量很少，直到 7 月上旬开始增长加快，7 月中下旬以后急速增长。果实干重迅速增长开始期稍早于体积和鲜重，约在花后 70 d，此后增长很快，到成熟前 2～3 周增长变缓。

(二) 果实外观品质发育

1. 果形 每一品种有其固有的果形，随果实的膨大果形发生一定的变化。如鸭梨果实呈倒卵圆形，果形指数为 1.1～1.2，果实在生长发育过程中，果形指数逐渐变小，鸭突逐渐明显。

影响果形的因素有：

(1) 果实着生序位。花序基部着生的果实果形端正。鸭梨随序位升高，果形指数有增大的趋势。同一序位果实中，树冠外围果形始于树冠内膛。

(2) 授粉条件。授粉、受精条件好的果形端正，若授粉条件不良，部分心室未形成种子，易产生畸形果。

(3) 硼素缺乏。幼果缺硼也会使果实畸形，梨区群众称之为“疙瘩梨”。其他如早期的梨黑星病、椿象危害等均会形成畸形果。

2. 果皮发育 梨的果实在植物学上称为假果，其外皮是由花托和萼筒（基部）外层组织形成的，与真果的果皮由子房壁形成不同，但在习惯上多称为“果皮”。

（1）成熟果的果皮结构。鸭梨的果皮由三部分组成，最外面是由蜡质和角质组成的覆盖物，其内是表皮细胞层，再内是木栓化细胞和厚壁细胞层（是“皮”的主要部分）（图46-5）。

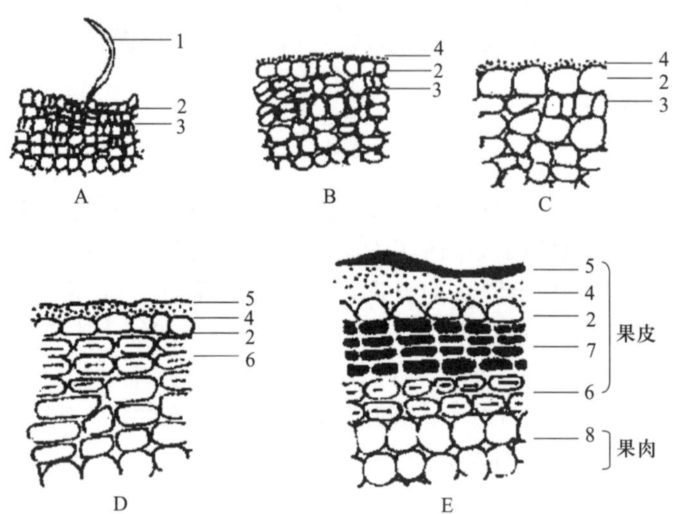

图46-5 鸭梨果皮结构及其发育

A. 花蕾膨大期 B. 开花期 C. 开花后15 d D. 花后30 d E. 花后110 d

1. 表皮毛 2. 表皮细胞 3. 刚完成分裂的细胞 4. 角质层 5. 蜡质 6. 厚壁细胞 7. 木栓化细胞 8. 薄壁细胞（果肉）

（傅玉瑚等，1995）

（2）表皮层发育。表皮细胞处在花托和萼筒的最外面，在开花前为小型的长方形细胞，排列紧密，细胞质浓，并含有许多叶绿体，使未成熟果呈现绿色。表皮上分布着气孔，并着生稀疏的表皮毛。在临开花前，表皮毛脱落。据邯郸农专研究，鸭梨的表皮细胞只进行垂周分裂，因而表皮层只有一层细胞，与茌梨、二十世纪梨有两层表皮细胞不同。随着幼果生长，表皮细胞形状逐渐由长方形变为方形、近半圆形或三角形，其外的角质逐渐“填充”到细胞间隙中去，表皮细胞排列显得十分松散。鸭梨果实的表皮层，除果柄周围由于尚不清楚的原因易自然破裂外，其余表皮在不遇到外来伤害（如机械伤害、冻害、药害等）的情况下，发育完整。

（3）角质和蜡质发育。角质覆盖在表皮层外。在梨的品种中，鸭梨、茌梨、秋白梨的角质层较厚，而锦丰梨较薄（张华云等，1997）。鸭梨的角质在临开花前开始出现，开花期已很明显，此时虽很薄，但厚度均匀。此后随果实生长逐渐加厚，开始出现厚薄不匀的情况，并随着表皮细胞间隙的扩大，逐渐“填充”到间隙中去。在自然条件下，角质发育较充分，厚度较大，而果实套袋后，角质厚度较薄。

蜡质覆盖在角质层外，为果实的最外层覆盖物。与苹果相比，梨的蜡质很薄。在梨的品种中，鸭梨的蜡质厚度薄且不均匀；而雪花梨、砀山酥梨则较厚，也较均匀。鸭梨的蜡质约在盛花后30 d产生，此后逐渐增厚。果实套袋后，促进了蜡质的发育，其厚度较不套袋果增加。

（4）木栓细胞层及厚壁细胞层发育。木栓细胞层在表皮层内，其内是厚壁细胞层，两者组成梨的坚韧果皮的主要部分。在梨的品种中，鸭梨、茌梨、秋白梨的木栓细胞和厚壁细胞层较厚，为6～10层，厚34～40 μm，而苹果梨、锦丰梨较薄，为2～4层，厚约20 μm（张华云等，1995）。鸭梨从盛花后20～25 d细胞停止分裂时起，靠近表皮的细胞胞壁开始加厚，逐渐发育成为厚壁细胞。厚壁细胞形成的顺序是由表皮向心、自果实梗端向萼端发展，其细胞形状也逐渐变为方形、长方形。

花后 40 d 左右，靠近表皮的厚壁细胞开始木栓化，木栓化的顺序与胞壁加厚的顺序相同，细胞的形状趋于扁平。到近成熟时（盛花后 150 d），果实梗端有 4～5 层木栓化细胞、2～4 层厚壁细胞。果实胴部、萼端的层数依次减少。

（5）影响果皮发育的因素。强光和干燥的气候促进角质发育，而弱光和较高的湿度则有利于蜡质发育，因此套袋果实比不套袋果的蜡质厚而角质薄。果面受到枝叶摩擦，幼果受波尔多液等农药的伤害，表皮及其覆盖物遭破坏，会使木栓化细胞暴露，形成锈斑。喷施多元素微肥则有利于蜡质的形成。

3. 果点和锈斑　梨的果点和锈斑对果实外观有重要影响。在梨的品种中，鸭梨的果点较小，但比京白梨、库尔勒香梨、早酥梨等品种的果点大。改善果实外观品质，应了解果点和锈斑的发育。

（1）果点发育。果点主要由果面的气孔演变而成，由于气孔在果实不同部位的密度不同（表 46－2），果点在果实各部位的密度也不相同，果实梗端果点稀少而大，萼端果点小而密集，胴部居中。

表 46－2　鸭梨花托不同部位气孔密度

（马克元等，1999）

花朵序位	近萼端	胴部	近梗端
1	96	80	54
6	94	78	52

注：开花期观察，10 个视野（160 倍）的平均数。

（2）果点发育过程。据马克元等研究，果点形成经过气孔期、皮孔期、果点形成及增大期三个阶段。

① 气孔期。指幼果果面保卫细胞破裂前的一段时期。此期果面为一层排列规则的长方形表皮细胞，其上无规则地分布着气孔器，它由两个半月形保卫细胞组成，并明显下陷于表皮细胞层之中，可正常行使气孔功能，表皮层外覆盖着角质层。

② 皮孔期。指保卫细胞内缘破裂，至出现填充细胞、形成皮孔，但填充细胞尚未木栓化之前的一段时期。此期表皮层以内的细胞胞壁开始加厚，表皮层以外的角质层更加明显，保卫细胞内缘开始破裂，最后全部消失形成孔洞，此孔即为皮孔。此时孔洞底部的细胞迅速分裂，产生许多小薄壁细胞（即填充细胞）来填充孔洞，起临时保护作用。

③ 果点形成及增大期。指填充细胞木栓化后突出果面的一段时期。此期表皮层外的角质层明显增厚，蜡质明显，皮孔内填充细胞逐渐增多并缓慢木栓化，形成栓化细胞群并突出果面，成为果点，有的栓化细胞群将表皮层顶起。此后，栓化细胞群体积增大，层次增多，栓化程度加重，颜色加深，果点厚度增加。

（3）果点发生、发育的时期。在一个果实上，梗端果点出现最早，在盛花后 20～30 d 开始发生；其次是胴部，约在盛花后 30 d；萼端出现最晚。果实各部位发生果点时间的长短，以梗端最短，约为 50 d，胴部为 70 d，萼端在 70 d 以上。果点发育（增大）的时间，用套袋方法间接推算，胴部果点约为 50 d。

（4）锈斑发育

① 锈斑发育过程。据马克元等对鸭梨研究报道（图 46－6），鸭梨锈斑的形成经过薄壁细胞期、厚壁细胞期、木栓形成期和锈斑形成期 4 个阶段。

薄壁细胞期。为幼果表皮细胞层内的薄壁细胞胞壁加厚前的一段时期。此期表皮细胞为规则的长方体，体积小，排列紧密，细胞质较浓，有许多叶绿体。表皮层外覆盖有一层较薄的角质。表皮层内为正在分裂的小薄壁细胞，其排列、大小近似表皮细胞，只是细胞质浓度较低、叶绿体少。其中，近

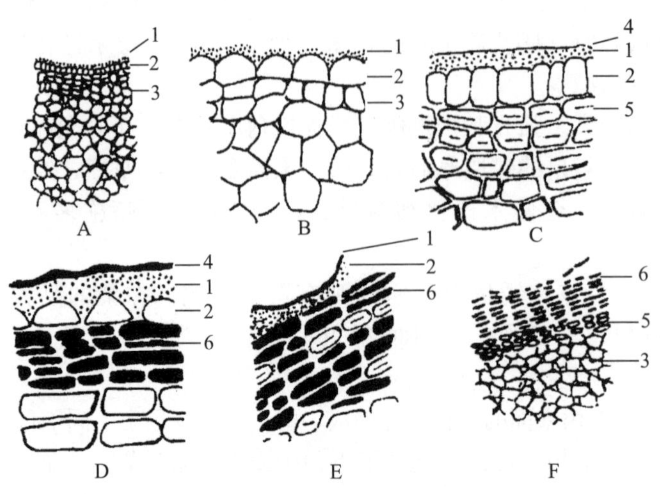

图 46-6 鸭梨锈斑的形成过程

A、B. 薄壁细胞期 C. 厚壁细胞期 D. 木栓形成期 E、F. 锈斑形成期

1. 角质层 2. 表皮层 3. 薄壁细胞 4. 蜡质 5. 厚壁细胞 6. 木栓化细胞

(马克元等，1991)

表皮层的一部分细胞即发育成未来的木栓化细胞，露出表皮后即成为锈斑，因此可称为锈原细胞。锈原细胞内是花托皮层细胞，它们体积大、壁薄、间隙大，排列不规则，是未来的果肉。

厚壁细胞期。为锈原细胞从胞壁加厚到木栓化前的一段时期。此期表皮层、角质和蜡质增厚而完整，但表皮细胞纵向加长，锈原细胞逐渐增大，胞壁开始加厚（越近表皮的细胞加厚越早）。此期内厚壁细胞层数逐渐增加。

木栓形成期。指锈原细胞逐渐栓化的过程。此期锈原细胞由近表皮层处向内逐渐木栓化，形状也由长方形变为扁平状。表皮层及其覆盖物仍很完整，但表皮细胞间隙大，叶绿体减少。

锈斑形成期。为表皮层及其覆盖物破裂、表皮细胞崩毁、木栓化细胞露出的时期。此期内表皮层及其覆盖物的破裂首先由果点周围开始，随后梗端其他部位也出现破裂和细胞崩毁，露出栓化细胞，形成锈斑。本期梗端栓化细胞和厚壁细胞达到 8～9 层，胴部及萼端层数较少。需要指出的是，在木栓形成期以后，整个鸭梨果实全部覆有木栓化细胞层，但由于表皮层细胞的崩毁及其覆盖物的破裂在自然条件下只发生在果实的梗端，因而锈斑只在梗端产生。如果果实的其他部位因枝叶摩擦或农药伤害了表皮及其覆盖物、露出栓化细胞，则该部位也会产生锈斑（图 46-6）。

② 锈斑发育时期。从一个果实看，锈原细胞壁的加厚以果实梗端开始最早，依次是胴部和萼端。梗端在盛花后 20～30 d 锈原细胞壁开始加厚，40 d 开始栓化，45 d 果点周围出现锈斑，60 d 果点以外出现锈斑。据此推算，以锈原细胞壁开始加厚，到出现锈斑约需 20 d。锈斑出现以后，逐步扩大。用果实套袋方法试验表明，锈斑扩大的时间很长，在 100 d 以上。

（5）影响果点和锈斑发育的因素及改善果面外观的技术途径

① 气候条件。花器及幼果遇到晚霜，花托或幼果的表皮层及其内的组织受冻害后，会在受害部位（多在果实胴部至萼端间）产生环状锈斑（霜环）或片状锈斑。

② 土壤条件。生产实践表明，粉沙土、沙壤土梨园的鸭梨果点小，而中壤、重壤和黏壤土的梨园果点大。

③ 农药及果面涂剂。鸭梨幼果期喷洒波尔多液后果点和锈斑增大。原因是鸭梨幼果对铜离子敏感，喷洒后损害幼果的果皮外层结构，形成锈斑并使果点增大。鸭梨还对硫悬浮剂等硫制剂敏感，在果实生长期使用也易造成药害，产生锈斑。另外，代森锰锌也易诱发果点、锈斑加重。

在农药中对果面有较好影响的是多菌灵，喷后果点显著变小，锈斑面积减少78.0%。果面涂抹保水剂也有显著作用，可能与其在果面形成一层保护膜有关。

④ 果实套袋。果实套袋能显著减少锈斑面积和果点直径，锈斑面积减少78.0%，果点直径减小近50%。其原因主要是套袋抑制了果点和锈斑的发育进程，因而缩短了果点和锈斑的发育时间。在果点发育中，套袋果实的皮孔晚出现15 d以上，果点晚形成30 d。由于果点的增大有一定时间，因而套袋果的果点扩大时间缩短。在锈斑发育过程中，套袋果实木栓化细胞晚出现45 d，表皮层及其覆盖物晚破裂30 d，因而锈斑晚形成30～45 d，锈斑增大期也比裸果大大缩短。

另外，在套袋条件下，果实受光照、降水、农药等的刺激小，也是果点、锈斑较小的原因之一。

（三）果实内在品质发育

果实品质是决定果实经济价值的重要因素，梨作为鲜食果品，其内部品质状况在市场竞争中显得更为重要。果实内部品质主要取决于糖、酸含量及比值，果肉质地，石细胞数量及香气。掌握梨内部品质形成机制和发育规律，有助于人为调控、改善果品质量。

1. 果肉生长 果肉系指表皮以内可食部分。主要由薄壁细胞组织构成，其间分布着微管组织、石细胞和其他异型细胞，如单宁细胞和晶体细胞等。

果肉细胞生长主要通过薄壁细胞分裂和细胞乃至胞间隙的膨大而实现。鸭梨薄壁细胞的分裂期通常自盛花后持续25 d左右，此后，果实增大则主要依靠已分裂完毕的细胞体积扩大和胞间隙增大。因此，果实大小主要取决于前期细胞分裂数量和中后期细胞体积膨大。掌握果实生长过程，是制订栽培技术和增大果实措施的理论依据。

果肉薄壁细胞的形状和大小影响着果实的肉质。据莱阳农学院报道（1978），梨果肉细胞有2种，即团围细胞和团间细胞。团围细胞指围绕石细胞团的长条形或椭圆形的细胞，呈放射状排列；团间细胞是指分布于团围细胞间的多边形细胞。团围细胞和团间细胞很少的梨品种表现肉质粗、渣滓多，如安梨、马蹄黄梨等；团围细胞短或长短不一，团间细胞大而多者则果肉质细、汁多，如鸭梨等。

果实的肉质受光照、氮素和土壤因素的影响。若光照过强将导致果实中多酚氧化酶、过氧化物酶活性增高，促进木质素合成，加速果肉中石细胞形成，使果肉变粗。施氮肥过多或单一施氮肥，则使细胞原生质增多，果肉质地变粗多渣，果实硬度变大。黏重土壤较沙质壤土生产的梨果肉质粗。因此，在生产管理中应针对这一特性，采取相应措施，以提高内在品质。

2. 果实中矿质元素含量年变化 在果实生长发育过程中，其内部矿质元素含量处于不断的动态变化中，河北农业大学对此进行了研究。

（1）常量元素年周期变化特点 果实中主要常量元素（氮、磷、钾、钙、镁）的含量，随果实发育进程表现出规律性变化（图46-7、图46-8）。

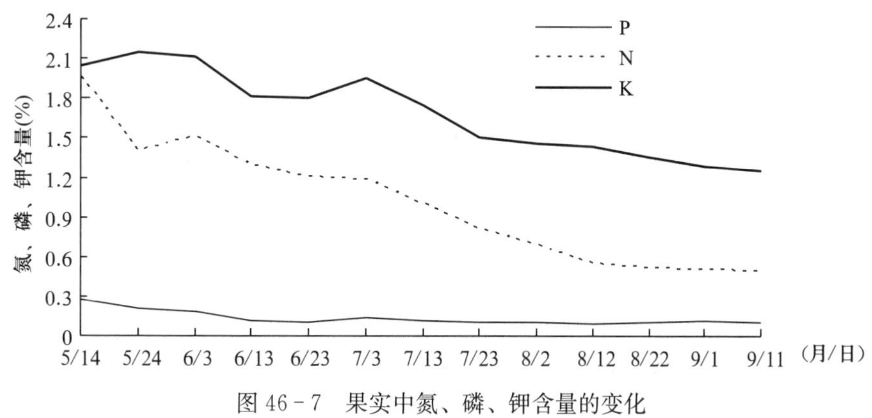

图46-7 果实中氮、磷、钾含量的变化

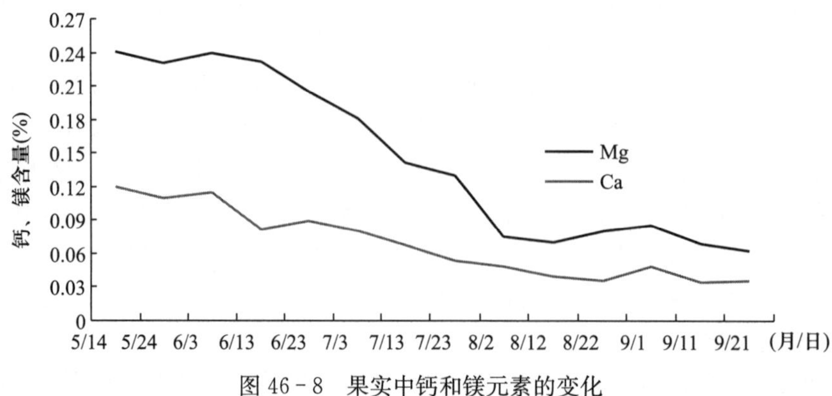

图 46-8 果实中钙和镁元素的变化

氮在果实的年发育周期中，花后 30 d（5 月 14 日）含量最高（2.06%），随着果实膨大，呈现较有规律递减。果实成熟期氮含量最低（0.36%）。前期氮的来源主要靠树体前一年贮藏养分供应。因此，应注意秋施基肥，并配合少量速效氮肥。

磷含量变化表现随果实膨大而递减，但趋势平缓。5 月 14 日幼果含磷量最高（0.24%），随果实的膨大至 6 月 4 日下降至 0.12%，果实采收时含磷量最低。

钾含量变化动态与氮相似，年周期变化波动较大，但总趋势是幼果期高于成熟期，如 5 月 14 日时含钾量为 2.04%，5 月 28 日含钾量最高，为 2.15%，以后随果实的发育，含钾量逐渐减少，至果实采收时含钾量最低（1.11%）。

钙含量与磷含量变化基本一致，表现为随着果实膨大而逐渐减少，幼果钙含量为 0.12%，而成熟果只有 0.03%。钙大部分存在于老枝、老叶中，且又为不可移动元素。因此，应在生长季内分期使用，尤其在果实膨大阶段，需要钙较多，及时补钙对提高果实机质有重要意义。

镁含量的变化特点与氮、钾等元素的变化特点相似，表现出幼果高于成熟果。如 5 月 14 日幼果含镁量为 0.24%，采收时含镁量为 0.05%。

（2）微量元素年周期变化特点。微量元素（铁、锌、硼、锰、铜）在鸭梨果实发育过程中起着重要的作用。

铁含量随果实的发育而呈现峰谷起伏较大的变化趋势。一年中 6 月 20 日出现一个含量小高峰（91.3 mg/kg），8 月 11 日达全年含量最高值（168.4 mg/kg）。此后果实中铁含量逐渐减少，在果实成熟期含量最低，仅为 20.4 mg/kg（图 46-9）。

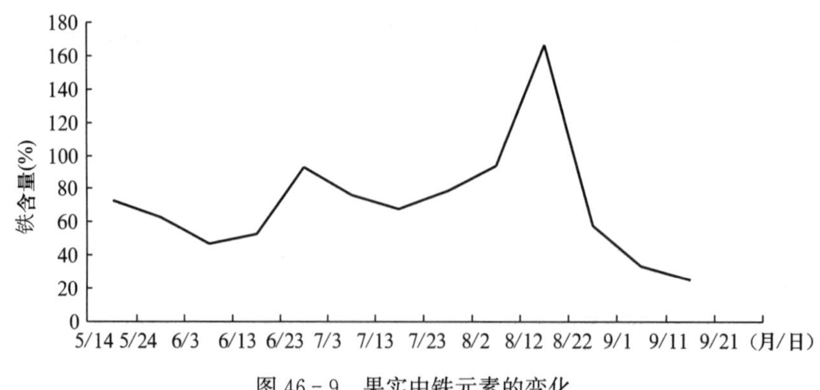

图 46-9 果实中铁元素的变化

锌含量变化特点与铁的变化特点相似，锌含量变化特点是 5 月 29 日出现第一高峰（28.9 mg/kg），经过一个阶段下降后，7 月 10 日出现一个小高峰（25.1 mg/kg），到 8 月 11 日达全年最高峰，含量为 42.7 mg/kg。此后迅速下降，到果实采收前含量最低（5.6 mg/kg）（图 46-10）。

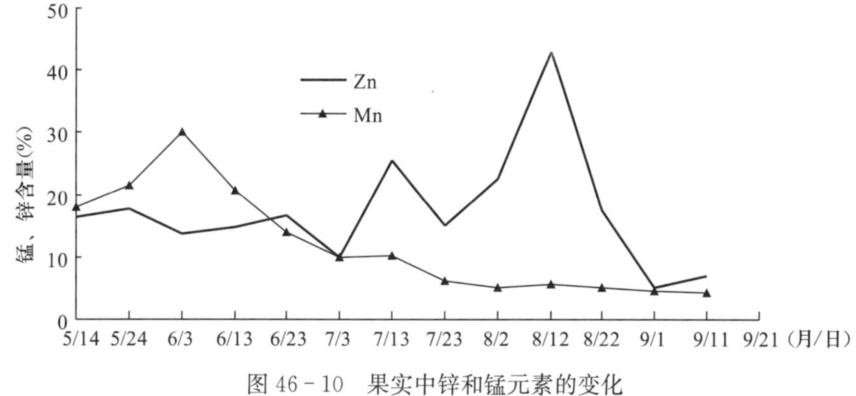

图 46-10 果实中锌和锰元素的变化

在鸭梨果实发育过程中锰含量较为平稳，但也呈逐渐递减趋势，5 月 14 日第一次取样时锰含量为 14.9 mg/kg，果实采收时只有 3.8 mg/kg。

硼在果实的年周期发育过程中也呈现波浪式的变化。6 月 20 日出现第一个吸收高峰，含量为 34.8 mg/kg，随果实的发育，8 月 21 日出现了第二个高峰，含量为 34.3 mg/kg，果实采收前含量较低，仅为 14.1 mg/kg。

果实中铜含量表现幼果时含量最高，此后随果实发育铜含量逐渐减少，7 月 21 日下降至含量最低，此后含量略有提高，8 月 1 日后铜含量逐渐下降，采收时含量最低，仅为 4.1 mg/kg（图 46-11）。

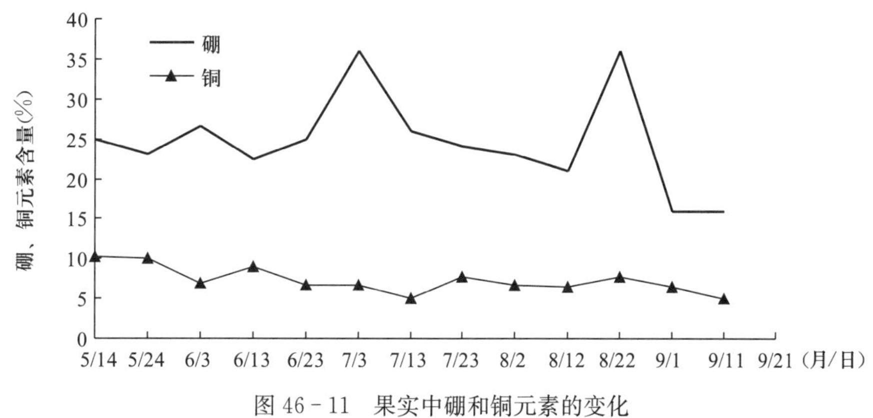

图 46-11 果实中硼和铜元素的变化

(3) 果实与叶片中矿质元素间周年变化相关性分析。通过对鸭梨叶片和果实中同一矿质元素进行单相关分析（河北农业大学，1996），结果表明，叶片与果实之间同一矿质元素在周年变化中氮(N)、磷（P）、钾（K）、硼（B）呈正相关，钙（Ca）、镁（Mg）、锰（Mn）呈负相关，铁（Fe）、铜（Cu）、锌（Zn）不相关。说明在增加叶片氮、磷、钾、硼的含量时，果实中氮、磷、钾、硼的含量相应提高，而叶片中钙、镁、锰的含量增加时，果实中钙、镁、锰的含量反而下降，原因待进一步研究。

3. 石细胞及石细胞团 人们食用时感受果肉中的“石细胞”实际上是由多个石细胞组成的石细胞团。石细胞团的大小和数量也是影响果实内在品质的因素之一，石细胞团的大小决定于石细胞的大小和多少，石细胞大或多，则石细胞团也大。

鸭梨在授粉后 9 d 开始形成单个石细胞，30 d 出现石细胞团。果肉中石细胞团的分布有一定规律性，鸭梨同大部分品种一样，从纵向看，以果顶部石细胞团最多，果腰次之，果基部最少；横向看，近果皮处的石细胞团较多且大，果肉中部较稀而少，果心周围最多且最大。鸭梨在石细胞团直径小于 100 μm 时，食用时不影响口感；白梨、砂梨系统的多数品种的石细胞团较小，直径为 100～250 μm；

秋子梨系统的多数品种的石细胞团多大于 250 μm。

从生理上讲，石细胞主要是由木质素沉积形成的。木质素是酚类化合物的聚合物，其生物合成途径是通过苯丙烷类代谢途径进行的。从木质素的生物合成途径看出，苯丙氨酸解氨酶（PAL）是整个苯丙烷类代谢的第一个关键酶，从肉桂酸开始，为木质素的生物合成提供前体的酶有肉桂酸-4-羟化酶（C_4H）、4-香豆酸 COA 内酯酶（4-CL）及多酚氧化酶（PO）等。香豆素醇、松柏醇及芥子醇在多酚氧化酶的作用下聚合成木质素。因此，生产上可以采用技术措施调节这些酶的活性，来影响木质素的产生。如果实套袋可抑制 PAL、PPO 活性，导致木质素含量明显下降，最终抑制了石细胞的形成。

4. 果实中糖、酸含量及其年变化 果肉的风味、品质主要由糖、酸含量及两者的比值决定。糖酸比高则味甜；反之则味酸，优质鸭梨的糖酸比多在 55 以上。同一糖酸比时，果实中糖、酸的绝对含量决定风味的浓淡，糖、酸含量高则风味浓。

（1）果实中糖含量及其年变化。梨果实中的糖主要来自叶片光合产物淀粉的分解，鸭梨同多数梨品种一样，其糖分主要有果糖、葡萄糖和蔗糖 3 种，其中果糖最多，葡萄糖次之，蔗糖最少。同一果实的不同部位糖含量不同，萼端最高，胴部、梗端依次降低；胴部从外向内含糖量依次降低（王彦敏等，1992）。

据河北农业大学胡庆祥、郗荣庭等研究报道，在鸭梨果实整个发育过程中，总糖和果糖含量不断增长，且有 2 个高峰（6 月中旬至 7 月上旬，8 月下旬至 9 月上旬），葡萄糖和蔗糖的增长较平缓，尤其是蔗糖几乎无高峰；淀粉含量变化呈抛物线状，5 月下旬至 6 月增长很快，6 月底达到高峰，从 7 月初迅速分解，含量下降，至采收时仅有少量。

（2）果实中酸含量及其年变化。梨果中的酸以苹果酸为主，其次为柠檬酸，还有其他少量的有机酸如琥珀酸、半乳糖醛酸、奎尼酸、莽草酸等，这些有机酸除少量与矿质金属离子（如钾）形成盐外，大部分呈游离酸的状态存在。

据胡庆祥、郗荣庭等报道（1996），鸭梨幼果期有机酸含量最高，以后随果实的发育呈逐渐降低趋势。

由于糖、酸含量的上述变化使果实成熟期糖酸比迅速提高。

5. 果实香气 果实香气是影响果实内在品质的重要因子，香味赋予了不同品种果实以特征风味。

（1）香气物质的种类及形成

① 香气物质的种类。鸭梨果实内挥发性物质包括酯类、醇类、醛类、酸类等，是果实芳香气味的主要成分。河北农业大学（1998）研究结果表明，未套袋鸭梨果实内含有挥发性成分 23 种，其中酯类 12 种，包括丙酸乙酯、丁酸乙酯、2-甲基丁酸乙酯、戊酸-3-甲酯、氰基戊酸甲酯、己酸乙酯、3-羟基己酸乙酯、辛酸乙酯、癸酸乙酯、十六酸乙酯、2，4，6-三甲基十二酸甲酯、3-庚炔-2，6-二酮-5-甲基-5（1-甲酯）等；烷类 3 种，包括正十五烷、正十七烷、三甲基-甲硼烷；酮类（3，4-环氧-3-乙基-2-丁酮）、醇类（1-己醇）和膦类（二乙基膦）各 1 种；未知成分 5 种。挥发性成分中，以酯类为主，酯类中以丁酸乙酯、己酸乙酯为主。

Takeoka 等（1986）报道，二十世纪、幸水等梨品种中芳香物质主要种类也为酯类，以 2-甲基丁酸乙酯、乙酸乙酯、丁酸乙酯、2-甲基丙酸乙酯、丙酸乙酯等为主。张国珍（1992）报道梨的主要成香成分是甲酸异戊酯。

② 香气物质的形成。关于香味挥发物的来源、形成和代谢机制的研究较少。脂肪酸代谢形成了一系列天然的挥发物，如脂肪族类、醇、酸和羰基化合物。果实成熟过程中，某些脂肪酸能转化成酯、酮和醇类，此外，在成熟过程中磷脂的降解速率也不断增加，这为挥发物的合成提供了游离的脂肪酸。Gallim'd（1968）发现苹果果实中脂肪酸主要成分亚油酸的比例，呼吸跃变前高于跃变后，Meigh 等（1967）发现苹果花朵落瓣 150 d 后脂肪酸的裂解速度几乎与合成一样快。由此可见，脂肪

酸可能是挥发性物质生物合成的重要前体之一。

梨在成熟时产生的果香，很多是由长链脂肪酸经β-氧化衍生而成的中碳链（C_6～C_{12}）化合物。2E，4Z-癸二烯酸乙酯是梨的特征嗅感物，它是由亚油酸经β-氧化生成的。

（2）香气物质的含量。河北农业大学（1998）报道，未套袋鸭梨果实中挥发性物质成分，酯类相对含量占68.79%，每100 g中绝对含量为14.91 μL；酮类相对含量为2.14%，每100 g中绝对含量为0.46 μL，醇类、膦类、烷类的相对含量分别为5.49%、0.81%、4.04%，每100 g中绝对含量分别为1.19 μL、0.18 μL、0.87 μL；而胎黄梨中酯类相对含量为92.85%，每100 g中绝对含量为25.31 μL。鸭梨果实酯类中，丁酸乙酯和己酸乙酯两者相对含量为39.9%，在酯类中占58.0%，每100 g中绝对含量之和为8.65 μL，在酯类中也占58.0%。

（3）影响香气物质含量的因子

① 品种（系）。梨不同品种间的挥发性成分含量不同，胎黄梨中酯类物质含量高于鸭梨（徐继忠等，1998）。

② 采收时间。生产实践表明，随着梨采收期的推迟，果实的香味逐渐浓郁。

③ 生长调节剂。Rimmfi等（1983）发现，乙烯生物合成和果实成熟的有效抑制剂AVG对梨果挥发物的产生有抑制作用。采前施用丁酰肼（B_9）1 000 mg/L，延缓了旭和科特兰苹果中5种香味挥发物的生成。Rizzlol等（1993）研究表明树体施用PP_3。明显抑制了果实采收时特征香气的产生。

④ 套袋。套袋后鸭梨果实内挥发性成分及含量均发生变化（表46-3）。套袋鸭梨果实内挥发性物质有24种，其中酯类8种，酮类、醇类、膦类各1种，烷类2种，未知待定成分11种；酯类相对含量为45.65%，每100 g中绝对含量为8.79 μL，与未套袋鸭梨相比，大部分酯类含量降低，如辛酸乙酯、癸酸乙酯、十六酸乙酯、丙酸乙酯、丁酸乙酯等。并且有一些成分消失，如己酸乙酯、戊酸-3-甲酯，但却增加了巯基乙酸乙酯、己酸-3-甲酯2种成分。套袋果实中醇类变化也较大，1-己醇由未套袋时的5.49%增加到13.54%。

表46-3 鸭梨果实中挥发性物质的成分

（徐继忠等，1998）

组分	相对含量（%）		绝对含量（%）	
	无袋鸭梨	套袋鸭梨	无袋鸭梨	套袋鸭梨
酯类	68.79	45.65	14.91	8.97
酮类	2.14	1.56	0.46	0.31
醇类	5.49	13.51	1.19	2.66
膦类	0.81	0.76	0.18	0.15
烷类	4.04	12.80	0.87	2.52
未知待定成分	18.73	25.69	3.19	4.42

六、物候期

我国幅员广阔，地形地势复杂，南北气候差异较大，使物候期相差可达2月之多。广东淡水终年无霜，梨不落叶，年可开花4次，均能结果。而吉林年无霜期仅125～150 d，常有冻害。同一地区，树种品种不同，物候期也有所不同；同一品种，地区不同，物候期差异也大（表46-4至表46-6）；同一品种，同一地区，年气温上升的早迟不同，物候期早迟也不同。

表 46－4 不同品种梨的物候期

（中国农业科学院果树研究所，兴城，1950—1957）

种 别	品种	萌动期	初花期	盛花期	落花期	果实成熟期	落叶期
秋子辈系统 *P. ussurensis* Maxim.	京白	4 月 17～19 日	5 月 6～9 日	5 月 8～13 日	5 月 13～17 日	9 月 12～23 日	10 月 31 日至 11 月 19 日
	香水	4 月 12～15 日	5 月 3～7 日	5 月 7～13 日	5 月 12～17 日	9 月 7～18 日	10 月 16～31 日
	安梨	4 月 7～17 日	4 月 30 日至 5 月 4 日	5 月 3～7 日	5 月 9～11 日	10 月 8～13 日	10 月 6～15 日
白梨系统 *P. bretschneideri* Rehd.	鸭梨	4 月 10～23 日	5 月 6～10 日	5 月 9～13 日	5 月 12～16 日	9 月 27 日至 10 月 5 日	11 月 2～12 日
	茌梨	4 月 13～26 日	5 月 7～9 日	5 月 11～13 日	5 月 13～18 日	10 月 8～12 日	11 月 5～16 日
砂梨系统 *P. pyrifolia* Naka	博多青	4 月 18～29 日	5 月 9～10 日	5 月 11～13 日	5 月 16～17 日	9 月中旬	10 月 16～29 日
西洋梨系统 *P. communis* Linn	巴梨	4 月 17～26 日	5 月 11～16 日	5 月 17～18 日	5 月 17～18 日	9 月中下旬	10 月 26 日至 11 月 16 日

表 46－5 全国各重点梨区主栽品种物候期

地 区	品 种	萌动期	开花期	果实成熟期	落叶期
吉林延边	苹果梨	5 月上旬	5 月中旬	10 月上旬	10 月下旬
辽宁鞍山	南果梨		5 月上旬	9 月上旬	
河北昌黎	蜜梨	3 月下旬	4 月下旬	10 月中下旬	11 月上旬至下旬
山东莱阳	茌梨	3 月上中旬	4 月中旬	10 月上旬	10 月末至 11 月下旬
山西原平	黄梨	3 月末	4 月中旬	9 月中旬	10 月中旬
河南郑州	鸭梨		4 月上旬	9 月中下旬	
陕西彬县	平梨	3 月下旬	4 月中旬	9 月上中旬	11 月
甘肃兰州	冬果梨	3 月中下旬	4 月中旬	9 月下旬至 10 月上旬	11 月上中旬
新疆库尔勒	香梨	3 月下旬	4 月上中旬	9 月中旬	10 月末至 11 月上旬
安徽砀山	酥梨	3 月下旬	4 月中旬	9 月上旬	11 月上中旬
浙江义乌	早三花	3 月下旬	4 月上旬	8 月上中旬	11 月上中旬
湖北枣阳	谢花甜	3 月中旬	4 月初	7 月中旬	
贵州威宁	大黄梨	3 月上旬	3 月中旬	9 月中旬	
云南呈贡	宝珠梨		3 月下旬至 4 月中旬	8 月下旬至 9 月下旬	
广东惠阳	淡水青梨		10 月下旬、1 月下旬、2 月中下旬、3 月上旬	5 月初、6 月初	

表 46－6 各地鸭梨物候期

地 名	年份	萌芽期	初花期	果实成熟期	落叶期
辽宁北镇	1957	4 月下旬	5 月初		
河北昌黎	1956		4 月下旬	9 月下旬	
河北定县	1957	3 月下旬	4 月中旬	9 月下旬	10 月上旬至 11 月上旬
山东莱阳	1959	3 月上旬	4 月中旬	9 月下旬	10 月下旬至 11 月上旬

（续）

地 名	年份	萌芽期	初花期	果实成熟期	落叶期
山西榆次	1957	4月初	4月下旬	9月上旬	10月下旬
江苏连云港	1960	3月中旬	3月下旬	9月中旬	
河南郑州			4月上旬	9月中下旬	
宁夏永宁	1958		4月下旬	9月中旬	10月上旬
四川成都	1954	3月下旬		10月中旬	
江苏金坛	1960	2月末	3月下旬	8月末	11月中旬
湖北武汉		3月中旬	3月末、4月初	9月上旬	11月下旬

梨树的各物候期是相联系的。从图46-12、图46-13即可知其相互关系。掌握各物候期中各器官的生长发育的相互关系，便能正确进行栽培管理。

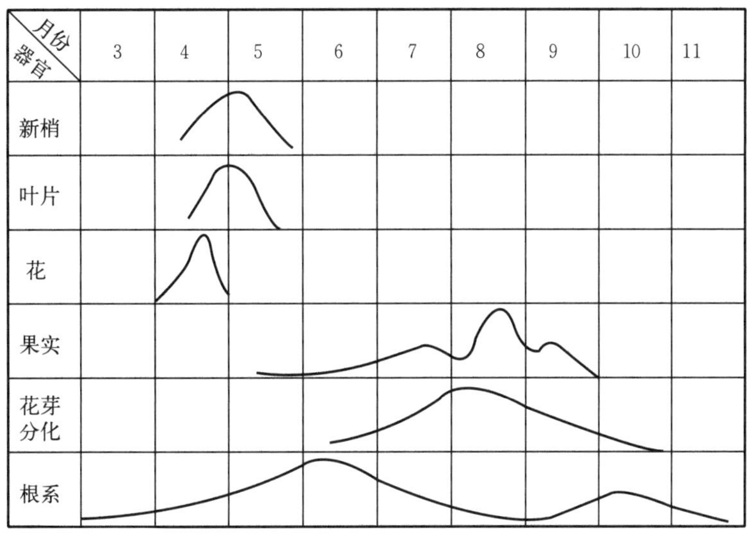

图46-12 鸭梨年周期的生长发育

（河北农业大学）

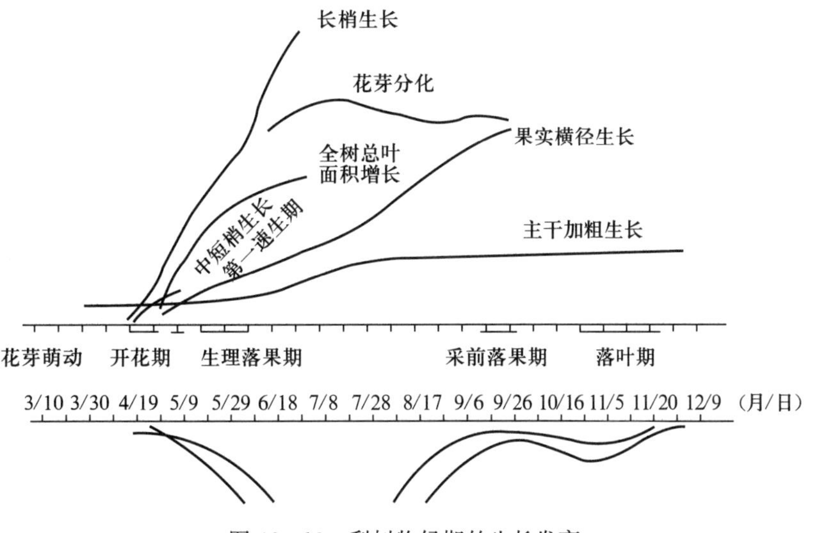

图46-13 梨树物候期的生长发育

第四节　对环境条件的要求

一、温度

不同种的梨，对温度的要求不同。秋子梨最耐寒，可耐－30～－35 ℃，白 梨可耐－23～－25 ℃，砂梨及西洋梨可耐－20 ℃左右。不同的品种亦有差异，如苹果梨可耐 32 ℃，日本梨中的明月可耐－28 ℃，比其他同种梨耐寒。梨树经济区栽培的北界，与 1 月均温密切相关，白梨、砂梨不低于－10 ℃；西洋梨不低于－8 ℃，秋子梨以冬季最低温－38 ℃作为北界指标。生长期过短，热量不够亦为限制因子，确定以≥10 ℃的日数不少于 140 d 为栽培区界限。梨树的需寒期，一般为小于 7.2 ℃的时数 1 400 h，但树种品种间差异很大，鸭梨、茌梨需 469 h，库尔勒香梨需 1 371 h，秋子梨的小香水需 1 635 h，砂梨最短，有的甚至无明显的休眠期。温度过高，亦不适宜，高达 35 ℃以上时，生理即受障碍，因此白梨、西洋梨在年均温大于 15 ℃地区不宜栽培，秋子梨大于 13 ℃地区不宜栽培。砂梨和西洋梨中的客发、铁头，新疆梨中的斯尔克甫梨等能耐高温。我国各种梨主要分布区的温度情况如表 46－7 所示。

表 46－7　各种梨主要分布区的气温状况（℃）

梨树种	生长气温（4～10 月）	休眠期气温（11 月至翌年 3 月）	绝 对 低 温
秋子梨	14.7～18.0	－13.3～－4.9	－33.1～－45.2
白　梨 西洋梨	18.7～22.2	－2.0～3.5	－15.0～－29.5
砂　梨	15.5～26.9	5.0～17.0	－5.9～－13.8

梨树开花要求 10 ℃以上的气温，14 ℃以上时，开花较快。梨花粉发芽要求 10 ℃以上气 温，24 ℃左右时，花粉管伸长最快，4～5 ℃时，花粉管即受冻。West Edifen 认为花蕾期冻害危险温度为－2.2 ℃，开花期为－1.7 ℃。有人认为－1～－30 ℃时花器就要遭受不同程度的伤害。但春季气温上升后突然回寒，往往气温并未降至如上低温时，亦会发生伤害。梨的花芽分化以 20 ℃左右气温为最好。

果实在成熟过程中，昼夜温差大，夜温较低，有利于同化物质积累，从而有利于着色和糖分积累。

我国西北高原、南疆地区夏季日较差多为 10～13 ℃，所以自东部引进的品种品质均比原产地好，耐贮运力亦增强。

二、光照

梨树喜光，年需日照在 1 600～1 700 h。山东农业大学研究，肥水条件较好的情况下，阳光充足，梨叶片可增厚，栅状组织第三层细胞也能分化成栅状细胞。树高在 4 m 时，树冠下部及内膛光照较好，有效光合叶面积较大。但上部阳光很充足，亦未表现出特殊优异，这可能与光过剩和枝龄较幼有关。树冠下层的叶，光合强度对光量增加反应迟钝，光合补偿点低（约 200 lx 以下）。树冠上层的叶，对低光反应敏感，光合补偿点高（约 800 lx）。下层最荫蔽区，虽光量增长，而光合效能却不高，因光合饱和点亦低，这与散射、反射等光谱成分不完全有关。一般以一天内有 3 h 以上的直射光为好。根据日本田边贤二光照条件对二十世纪梨果实品质的研究（1982），认为相对光量越低，果实色泽越差，含糖量也越低，短果枝上及花芽的糖与淀粉含量也相应下降，使次年开花的子房、幼果细胞分裂不充分，果实小，即或次年气候条件很好，果实的膨大也明显地差；认为全日照 50％以下时，果实品质即明显下降，20％～40％时即很差。日本梨为棚架整枝，棚下光为全日照的 25％时为光照好，

15%即不良。我国辽宁省果树研究所以光照对秋白梨的产量、质量的影响进行研究，认为光量多少与果形大小、果重、含糖量、糖酸比呈正相关，与石细胞数、果皮厚度呈负相关。安徽砀山果树研究所研究表明，90%的果和80%的叶在全光照30%～70%的范围内，可溶性固形物的含量与光照度呈正相关，含量9.2%～11.6%。日本杉山的研究认为，日本梨在5月，如每天日照8～14 h，光合生产率为2.42～5.2 g/m^2/d，就不致发生大小年。

三、水分

梨的需水量为353～564 mL，但种类品种间有区别。砂梨需水量最多，在年降水量1 000～1 800 mm地区，仍生长良好；白梨、西洋梨主要产在500～900 mm降水量地区；秋子梨最耐旱，对水分不敏感。日本山本隆俄的研究认为，梨的蒸腾与吸收比率的季节变化在品种间变化不大，当总日照量超过1 674.72 J/(cm^2·d)的时候，其比率即超过1。日蒸腾超过日吸收的临界值在巴梨为12 g/(dm^2·d)，二十世纪为10.5 g/(dm^2·d)。从日出到中午，叶片蒸腾率超过水分吸收率，尤其是在雨季的晴天。从午后到夜间吸收率超过蒸腾率时，则水分逆境程度减轻，水分吸收率和蒸腾率的比值8月下旬比7月上旬和8月上旬要大些。午间的吸收停滞，巴梨表现最大。根据林真二等的研究，如产梨4 000 kg，则年需水达640 t之多。在干旱状况下，白天梨果收缩发生皱皮，如夜间能吸水补足，则可恢复或增长，否则果小或始终皱皮。如久旱忽雨，可恢复肥大直至发生角质，明显龟裂。山本研究，当巴梨叶的水势在室内高于-2.0×10^6 Pa，露地为-1.0×10^6 Pa时，光合速率最大，低于这一水势，随之而下降，在室内-3.0×10^6 Pa时逐渐下降，-3.2×10^6 Pa时明显下降。梨比较耐涝，但在高温死水中浸渍，1～2 d即死树；在低氧水中9 d发生凋萎；在较高氧水中11 d凋萎，在浅流水中20 d亦不致凋萎。

四、土壤

梨对土壤要求不严，沙土、壤土、黏土都可栽培，但仍以土层深厚、土质疏松、排水良好的沙壤土为好。我国著名梨区大都是冲积沙地，或保水良好的山地，或土层深厚的黄土高原。但渤海湾地区，江南地区普遍易缺磷，黄土高原、华北地区易缺铁、锌、钙，西南高原、华中地区易缺硼。梨喜中性偏酸的土壤，但pH 5.8～8.5均可生长良好。不同砧木对土壤的适应力不同，砂梨、豆梨要求偏酸，杜梨可偏碱。梨亦较耐盐，但在0.3%含盐量时即受害。杜梨比砂梨、豆梨耐盐力强。

第五节 建园和栽植

一、建园

（一）园地选择

梨树的抗逆性强，适应性较广，沙地、山地和丘陵地均可栽培。对土质要求不严，较耐旱、耐涝和耐盐碱（含盐量不能超过0.3%）。土质以土层深厚、排水良好、较肥沃的沙壤土为宜。

梨树开花期较早，有些地区易遭晚霜冻害，选择园地时应注意避开遭受霜害的地方建园。

（二）土壤改良

1. 沙土和黏土地改良 沙地压黏土、黏土掺沙土可起到疏松土壤、增厚土层、改良土壤、增强蓄水保肥能力的作用，是沙地、黏土地土壤改良的一项有效措施。增施有机肥也是沙地、黏土地改良的有效措施，有利于幼树的生长发育。

2. 盐碱地土壤改良 盐碱地通过引淡水洗盐、修筑台田、种植绿肥作物、地面覆盖、中耕、增施有机肥等措施，能够有效改善土壤的理化特性，减轻土壤对幼树的危害。

二、栽植

（一）栽植密度及要求

定植的株行距：大中冠品种（大部分秋子梨、秋白梨、鸭梨、茌梨、酥梨等），株行距以（3～4）m×（5～6）m为宜。矮化密植和小冠品种可采用（1～2）m×(4～5) m。山地和瘠薄地还可适当密植。

栽植用苗木质量应符合标准要求，最好用大苗。北方栽植时间一般在早春顶凌栽植，栽植前一定要做好土壤改良工作（如种绿肥、深翻改土、水土保持）和灌排工程、防护林营造等工作。定植穴或定植沟应提前挖好，深 60～80 cm，宽 80 cm。定植方法可因地制宜。干旱少水地区可采用旱栽、深坑浅栽、灌足底水后覆膜等方法。盐碱地应用开沟修建台田、筑墩栽植方法以提高栽植成活率。

（二）授粉品种配置

梨多数品种属异花授粉、异花结实。建园时除主栽品种外，必须配置适宜的授粉品种（表 46－8）。

表 46－8 梨主栽品种和适宜授粉品种配置

主栽品种	适宜授粉品种
鸭　梨	雪花梨、锦丰梨、茌梨、胎黄梨、早酥梨
雪花梨	鸭梨、茌梨、锦丰梨、黄县长把梨
早酥梨	锦丰梨、鸭梨、雪花梨、苹果梨
茌　梨	鸭梨、栖霞大香梨、莱阳香水梨、苹果梨
秋白梨	鸭梨、雪花梨、香水梨、花盖梨、南果梨
苹果梨	锦丰梨、朝鲜洋梨、早酥梨、南果梨、茌梨
黄金梨	大果水晶、黄冠梨、丰水、幸水
黄冠梨	早酥梨、中梨 1 号、雪花梨
大果水晶	黄金梨、丰水、皇冠
中梨 1 号	皇冠、早酥、鸭梨

（三）梨园高接换优

1. 高接时期 梨树高接一般采用硬枝嫁接，嫁接时期在树体萌芽前后进行，嫁接用的接穗一定要在休眠期采集，并于低温处保湿贮藏，务使接穗上的芽不萌发。夏季采用普通芽接法，于 7 月中旬至 8 月中旬进行。

2. 高接树的处理 根据树体大小，对骨干枝进行接前修剪，尽量保持原树体骨干枝的分布，保持改接后的树冠圆满和各级之间的从属关系，一般中心领导干截留在 2 m 以内。骨干枝枝头接口的直径以 2～4 cm 为宜，侧枝或大枝组的接口直径以 1～3 cm 为宜。同侧枝组间距 50～60 cm。如果原树体结构或骨干枝分布不合理，在高接前进行树体改造，使之形成合理的结构。

中心领导枝上的辅养枝，高接时可保留 1～2 个。侧枝或枝组接口距枝轴应在 5～15 cm。目前，高接时将树体改造成开心形的为多。

3. 嫁接

（1）接穗处理。春季嫁接用的接穗，一般保留 1～2 芽，接穗剪截后应用蜡封以保持湿度。在接穗珍贵时，每穗可仅用 2 芽，嫁接时随接随剪取，但在接前需将整个接穗的基部浸于水中充分吸水。

（2）嫁接方法。硬枝高接的方法有插皮接、皮下腹接、切接、腹接、劈接、带木质部芽接。接口绑缚质量是高接成活的关键。河北省高接梨树时，接穗留 2 芽，接口用地膜绑缚，接穗的顶端以一层

薄膜套严，接口处绑紧，使接口不漏风，接穗成后活新芽能顶破薄膜，不影响生长。

(3) 高接换头数量。每株树上接头的数量与树体大小、树体结构有关，一般5～10年生树，接头数15～45个，盛果期大树，接头数45～120个。

4. 接后管理

(1) 除萌蘖。对已高接成活的砧树上萌生的原品种的枝条应及时抹除，对未成活接穗附近留1～2个萌蘖枝留作补接用。

(2) 补接。对未成活的接头要采用芽接或枝接方法进行补接。

(3) 绑立支柱。当接芽新梢长到40～50 cm时，应绑立支柱，以防风折或机械、人为碰折。

(4) 加强管理。除骨干枝延长新梢外，其他新梢应在长到30 cm左右时摘心，促使快成形、早结果。

第六节　土肥水管理

一、土壤管理

(一) 深翻与耕翻

深翻可加深根系分布层，使根系向土壤深处发展，减少上浮根，提高抗旱能力和吸收能力，对复壮树势、提高产量和质量有显著效果。生产上常采用隔行深翻法，2～3年通翻全园，可采用环状沟扩穴。深翻时间，以秋季落叶前完成为好，有利于根系愈合和新根发生。深翻方法，沟宽50～60 cm，深60～80 cm，深翻结合施基肥效果更好。

土壤耕翻以落叶前后进行为宜，耕翻深度10～20 cm。耕翻后不耙以利于土壤风化和冬季积雪，盐碱地耕翻有防止返盐的作用，并有利防止越冬害虫。

(二) 果园覆盖

覆盖能减少水分蒸发，抑制杂草生长，增加土壤有机质含量，保持土壤疏松，透气性好，根系生长期长，吸收根量增多，提高叶片光合能力，增强树势，改善果实品质。覆盖物可选用玉米秸秆、麦秸和杂草等，覆盖时间在5月上旬灌足水后进行，通常采用树盘内覆盖的方式，厚度15～20 cm，覆盖第三年秋末将覆盖物翻于地下，翌年重新覆盖。旱地梨园缺乏覆盖物时也可采用薄膜覆盖法。

(三) 中耕除草

年降水量较少的梨区多采用清耕法。树盘内应保持疏松无草，劳力不足时可采用化学除草剂除草。每次灌水或降雨后均应进行中耕，以防地面板结，影响保墒和土壤通透性。雨季过后至采收前可不再进行中耕使地面生草，以利吸收多余水分和养分，提高果实质量。

(四) 客土和改土

过沙和过黏的土壤都不利于梨树生长，均应进行土壤改良。沙土地可以土压沙或起沙换土，提高土壤肥力；黏土地可掺沙或炉灰，提高土壤通气性。改良土壤对提高产量和果品质量均有明显效果。

(五) 果园生草

在树盘以外行间播种豆科或禾本科等草种，生草后土壤不耕锄，能减轻土壤冲刷，增加土壤有机质，改善土壤理化性状，提高土壤肥力，提高果实品质。梨园适宜种植的草种有三叶草、黑麦草、瓦利斯、紫云英、黄豆、苕子等。生草梨园要加强水肥管理，于豆科草开花期和禾本科草长到30 cm时进行刈割，割下的草覆盖在树盘上。

在梨园土壤管理方面，最好的形式是行内覆盖行间生草法。

二、施肥管理

(一) 梨树的需肥特点

幼树阶段以营养生长为主，主要是树冠和根系发育，氮肥需求量最多，要适当补充钾肥和磷肥，以促进枝条成熟和安全越冬；结果期树从营养生长为主转入以生殖生长为主，氮肥不仅是不可缺少的营养元素，且随着结果量的增加而增加，钾肥对果实发育具有明显作用。因此，钾肥的使用量也随结果量的增加而增加。磷与果实品质关系密切，为提高果实品质，应注意增加磷肥的使用。

(1) 春季为梨树器官生长与建造时期，根、枝、叶、花的生长随气温上升而加速，授粉、受精、坐果都要求有充足的氮供应，树体吸收氮、钾的第一个高峰均在5月。

(2) 5～6月是幼果膨大期，大部分叶片定型，新梢生长逐渐停止，光合作用旺盛，糖分开始积累，此期对氮的需求量显著下降，但应维持平稳的氮素供应，过多易使新梢旺长，生长期延长，花芽分化减少；过少易使成叶早衰，树势下降，果实生长缓慢。8月中旬以后停止用氮，对果实大小无明显影响，如再供氮，果实风味即下降。

(3) 磷最大吸收期在5～6月，7月以后降低，养分吸收与新生器官生长相联系，新梢生长、幼果发育和根系生长的高峰期正是磷的吸收高峰期。

(4) 7月中旬为钾的第二个吸收高峰期，吸收量大大高于氮，此时正处于梨果迅速膨大期，钾到后期要求仍高，所以钾后期供应不足，果实不能充分发育，味也寡淡（图46-14）。

(5) 施肥促进根系生长，提高根系的吸收能力。根的生长活动与糖分的供应密切相关，如前一年贮存的糖分不足，根的生长活动下降，对枝、叶生长，开花坐果不利。

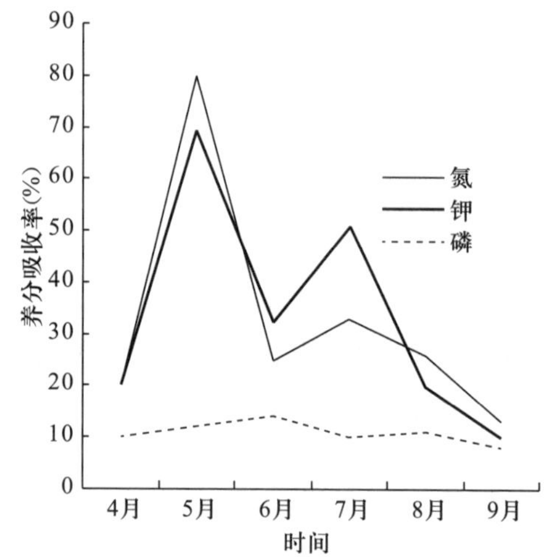

图46-14 二十世纪梨各时期养分吸收量的变化（成年树）
（佐藤）

(二) 树体需肥量

树体当年新生器官所需营养和器官质量的增加即为当年树体所需的营养总量。梨树每生产100 kg新根，需氮（N）0.63 kg、磷（P_2O_5）0.10 kg、钾（K_2O）0.17 kg；每生产100 kg新梢，需氮0.98 kg、磷0.20 kg、钾0.31 kg；每生产100 kg鲜叶，需氮1.63 kg、磷0.18 kg、钾0.69 kg；每生产100 kg果实，需氮0.2～30.45 kg、磷0.20～0.32 kg、钾0.28～0.40 kg。

理论施肥量的计算公式为：

$$理论施肥量=\frac{吸收量-土壤供给量}{肥料利用率}$$

施肥比例按N∶P∶K为2∶1∶2计；土壤天然供肥量一般氮按树体吸收量的1/3计，磷、钾按树体吸收量的1/2计；肥料利用率氮按50%计，磷按30%计，钾按40%计。最后除以肥料的元素有效含量百分比，即得出每公顷实际施入化肥量的数量。

我国关于梨树施肥的研究亦有较大进展，莱阳农学院认为每生产100 kg果实，需施氮0.40～0.45 kg。山西果树研究所调查报告中认为，丰产梨树每生产100 kg果实，应施氮0.7 kg、磷0.4 kg、钾0.7 kg。郗荣庭（1994）在河北藁城进行叶片诊断和配方施肥，结果表明，N∶P_2O_5∶K_2O以1∶0.5∶1的效果最好，比对照提高可溶性固形物1%以上。张玉星（1999）使用鸭梨专用有机-无机平衡肥料，每100 kg果实使用4～5 kg，一年仅春季开花前施用1次，结果表明，平衡肥可有效提高果实可溶性固形物含量，增加含糖量和糖酸比，果实风味变浓，且显著增大果实（表 46－9）。

表 46－9　施肥种类对鸭梨果实品质的影响

（河北农业大学，1999）

地点	处理	单果重（g）	硬度（kg/cm²）	可溶性固形物（%）	可滴定酸（%）	总糖（%）	糖酸比
辛集	对照	183.3	8.61	12.13	0.18	6.44	35.78
	氮磷钾	211.5	8.52	13.97	0.17	7.27	42.76
	梨平衡	223.0	8.39	15.10	0.17	7.47	43.94
泊头	对照	187.8	7.39	12.52	0.20	6.68	33.40
	氮磷钾	208.0	7.38	13.24	0.18	6.78	37.67
	梨平衡	215.5	7.40	13.65	0.16	6.94	43.38
曲阳	对照	221.8	7.37	11.97	0.20	6.17	30.85
	氮磷钾	250.5	8.26	12.41	0.17	7.11	41.82
	梨平衡	247.0	7.99	12.91	0.16	7.17	44.81

（三）叶分析

利用叶分析技术指导梨园平衡施肥在发达国家已广泛应用，并获得了显著的经济效益。梨树叶分析营养指标如表 46－10 所示。河北农业大学对河北辛集、泊头、曲阳和魏县 29 个梨园的 13～30 年生鸭梨树进行了 3 年叶分析研究，采用盈亏指数和综合诊断法指数进行营养状况分析，得出了不同土壤上鸭梨的需肥次序（表 46－11、表 46－12）。

表 46－10　梨叶分析标准

国家与地区	营养元素	浓度范围					备　注
		缺乏值	准缺乏值	适宜值	高值	过量或中度值	
澳大利亚	N（%）	<1.8	1.8～2.2	2.3～2.7	2.8～3.5	>3.5	2.0%～2.6%为适宜值
中国河北				1.72～2.0			河北省中部鸭梨
中国新疆		<1.3	<1.9	2.0～2.4			新疆库尔勒香梨
美国				2.3～2.6			
澳大利亚	P（%）	<0.1	0.1～0.13	0.14～0.2	0.21～0.3	>0.30	<0.12%作为缺乏值
中国河北				0.10～0.13			
中国新疆		<0.09	<0.11	0.12～0.25			
				0.1～0.3			
澳大利亚	K（%）	<0.7	0.7～1.1	1.2～2.0	>2.0		
中国河北				0.99～1.63			
中国新疆		<0.5	<0.7	1.0～2.0			
美国				0.7～3.0			
澳大利亚	Ca（%）	<0.8	0.8～1.4	1.5～2.2	2.2～3.7		可能有广泛的范围
中国河北				1.50～2.17			
中国新疆		<0.7		1.0～2.5			
美国				1.25～1.85			

（续）

国家与地区	营养元素	浓度范围					备 注
		缺乏值	准缺乏值	适宜值	高值	过量或中度值	
澳大利亚	Mg (%)	<0.13	0.13~0.29	0.3~0.5	0.51~0.90	>0.90	
中国河北				0.23~0.44			
中国新疆		0.06	<0.25	0.25~0.80			
美国				0.24~1.0			
澳大利亚	Fe (mg/kg)		<60	60~200	>200		
中国河北				96.9~168.6			
中国新疆		21~30		100			
美国				36~45			
澳大利亚	B (mg/kg)	<10	10~19	20~40	>40		
中国河北				16.2~27.8			
中国新疆			<15	20~50	155		
美国				30~75			
澳大利亚	Mn (mg/kg)	<20	20~59	60~120	121~220	>220	
中国河北				60.0~92.0			
中国新疆		<14		30~60			
美国				32~96			
澳大利亚	Zn (mg/kg)	<10	10~19	20~50	>50		
中国河北				15.6~33.8			
中国新疆		<10	<16	20~60			
美国				>16			
澳大利亚	Cu (mg/kg)	<5	5~8	9~20	21~50	>50	
中国河北				9.7~88.8			
中国新疆		3~5	<5	6~50			
美国				5.6~20			

表 46-11 不同土壤生态条件下鸭梨叶片的元素含量

（郗荣庭，中国鸭梨，1999）

土壤类型	N (%)	P (%)	K (%)	Ca (%)	Mg (%)	Fe (mg/kg)	Mn (mg/kg)	Cu (mg/kg)	Zn (mg/kg)	B (mg/kg)
魏县沙性土壤	1.57	0.11	1.10	2.24	0.39	143.1	92.3	52.30	19.34	24.81
辛集沙性土壤	1.79	0.00	1.28	1.74	0.35	144.5	75.4	122.08	25.09	27.08
泊头盐碱地	1.69	0.11	1.46	1.60	0.46	125.4	82.4	54.58	18.04	22.55
曲阳山前平原	1.95	0.12	0.96	1.87	0.28	91.1	91.2	143.05	18.65	25.15

表 46-12　不同土壤生态条件下鸭梨营养及需肥状况

（郗荣庭，中国鸭梨，1999 年）

地点	土壤类型	诊断指标	N	P	K	Ca	Mg	Fe	Mn	Cu	Zn	B
魏县	河流故道沙性土壤	盈亏指数	78	92	96	117	90	127	169	327	90	132
		综合诊断指数	−35.35	−18.41	−12.98	−0.8	−17.49	2.84	24.35	56.24	−7.74	9.54
		需肥次序	N>P>Mg>K>Zn>Ca>Fe>B>Mn>Cu									
辛集	河流故道沙性土壤	盈亏指数	88	92	112	91	80	128	138	763	117	126
		综合诊断指数	−35.68	−30.66	−15.21	−30.54	−38.47	−5.64	1.58	152.4	−0.96	3
		需肥次序	Mg>N>P>Ca>K>Fe>Zn>Mn>B>Cu									
泊头	盐碱地黏性土壤	盈亏指数	83	92	128	84	106	82	151	341	84	93
		综合诊断指数	−22.93	−14.18	4.96	−19.71	−4.17	−17.8	20.23	64.18	−7.69	−2.8
		需肥次序	N>Ca>Fe>P>Zn>Mg>B>K>Mn>Cu									
曲阳	山前平原土壤	盈亏指数	96	100	84	98	64	81	167	894	87	117
		综合诊断指数	−27.48	−23.54	−25.1	−25.1	−60.49	−37.8	20.11	202.03	−14.07	1.69
		需肥次序	Mg>Fe>K>N>Ca>P>Zn>B>Mn>Cu									

（四）施肥时期

1. 基肥　秋施基肥，断根早、发根多，肥效较好，而从多年改土、壮树的效果来看，仍以采后施肥为好。土壤封冻前和早春土壤解冻后及早施基肥亦可。早施基肥能保证春季树体有足够的营养供生长结果之需。基肥可用条沟深施、放射沟状或全园撒施，磷肥最好结合基肥施入，施肥后应及时灌水。

2. 追肥　一般梨树每年追肥 3 次，第一次在萌芽至开花前，以氮肥为主，占全年用量的 30%左右；第二次在幼果膨大期（疏果结束至套袋完成），氮、磷、钾配合，氮用全年用量的 40%左右，钾用 50%～60%，磷用全年用量（如果基肥未施用磷肥）；第三次于 7 月末使用，氮、钾配合。每次追肥后一定结合灌水，以利根系吸收。追肥的次数和数量要结合基肥用量、树势、花量、果实负载情况综合考虑，如基肥充足、树势强壮，追肥次数和用量均可相应减少。

3. 叶面喷肥　在叶片生长 25 d 以后至采收前，结合防治病虫，可掺入尿素、硼砂、磷酸二氢钾等叶面肥进行喷施，能提高叶片的光合作用。

三、水分管理

梨是需水量较多的树种，对水的反应亦比较敏感。我国北方梨区，干旱是主要矛盾之一。春夏干旱，对梨树生长结实影响极大，秋季干旱易引起早落叶，冬季少雪严寒，树易受冻害。据研究测定，梨树每生产 1 kg 干物质，需水 300～500 kg，生产果实 30 t/hm^2，全年需水 360～600 t，相当于360～600 mm 降水量。凡降水不足的地区和出现干旱时均应及时灌水，并加强保墒工作。

传统的灌水方法有沟灌、畦灌、盘灌、穴灌等，近年来，许多先进的灌溉技术在梨树上推广应用，如喷灌、滴灌、微喷灌和渗灌等。漫灌耗水量大，易使肥料流失，盐碱地易引起返碱。早春漫灌可降低地温，对萌芽开花不利。有条件的地区应改用喷灌、滴灌，或者采用开沟渗灌。盐碱地宜浅灌不宜深灌和大水漫灌。

梨树的主要灌水时期有萌芽至开花前、花后、果实膨大期、采后和封冻灌水。特别是果实发育期，如土壤含水量不足应及时补充灌溉。

位于低洼地、碱地、河谷地及湖、海滩地上的梨园，地下水位较高，雨季易涝，应建立好排水工程体系，做到能灌能排，保证雨季排涝顺畅。

第七节 花果管理

一、授粉期管理

（一）采粉制粉

花粉在适宜授粉品种上采为宜，也可以应用多个品种的混合花粉。采花时间以大蕾期为宜，即在开花前1～2 d采集花蕾。此时花粉已充分成熟，过早采花，花粉粒不成熟，发芽率低，过晚，花朵一旦开放不利于脱花药。脱下花药后，将花药均匀摊在光滑的纸上，置于25 ℃室内，经24 h的阴干，花粉散出。

筛出的花粉，按花粉与填充剂（干燥淀粉或滑石粉）比例为1∶(5～7)混合后装入瓶中，盖口防潮，备用。花粉比例过大时花粉直感表现明显。干燥的花粉如当年不用，应装入试管密封，放入干燥器，置于2～8 ℃低温、避光环境下，第二年仍可使用。

（二）人工授粉

梨花柱头接受花粉的最适期为开花的当天和第二天，以后渐次减弱，开花4 d以后授粉能力大大降低。

1. 点授法 授粉器可用毛笔、纸棒、带橡皮的铅笔、香烟嘴、软鸡毛等制作。花量大的树，间隔20 cm点授1个花序，每花序点授边花1～2朵。

2. 掸授法 在竹竿上绑一草把，外包白毛巾呈掸子状，于盛花期在授粉品种和主栽品种之间交替滚动，可达到授粉目的，最好在盛花期掸授2次。此法简单易行、速度快，适于品种搭配合理的梨园。

3. 液体喷雾授粉法 在10 kg水中加入花粉20 g、尿素30 g、砂糖500 g、硼砂10 g，用超低容量喷雾器喷洒，为防止花粉发芽，配好后在2 h内喷完。

花期在梨园中放养蜜蜂和日本角额壁蜂有良好的授粉效果。

二、霜冻预防

华北部分地区梨树的开花期多在终霜期以前，生产上常因花期霜冻造成减产。预防霜冻的方法有：

1. 加强综合栽培管理 通过加强综合栽培管理，增强树势，提高树体的营养水平，以增强自身抵御霜冻的能力。

2. 延迟发芽，避开霜冻 早春灌水、发芽前灌水或发芽前树冠喷水，树冠喷白（10%石灰液），均可延迟开花3～5 d。

3. 改善梨园小气候 熏烟法，熏烟材料以柴草锯末为好，当凌晨气温下降到－2 ℃时，点燃烟堆；吹风法，利用大型吹风机增强空气流通，吹散冷空气和阻止冷空气下沉。

三、疏花疏果

疏花应从冬季修剪留花芽量时开始。花芽量过多时，应疏弱留壮，少留腋花芽。花芽萌动至盛花期均可继续疏花，主要疏除发育不良、开花晚及过密的花序，疏去花序后的果台副梢可在当年形成花芽。凡是留用的花序，应留基部1～2朵花，疏去其余的花，以节省养分。留花要力求分布均匀，内膛、外围可少留；树冠中部应多留；叶多而大的壮枝多留，弱枝少留；光照良好的区域多留，阴暗部位少留。

在花期过后7～10 d，未授粉的花落掉，即可开始疏果。一般在5月上旬开始，最好在25 d内疏

完，要一次疏果到位。疏果的标准应因树因地而异，疏果的原则是，树势壮、土壤肥力水平较高者可多留，反之要少留。具体操作可参考以下疏果方法：

（一）果实负载量法

据单果重算出单株留果数量，然后再加上10%～15%保险系数。

例如鸭梨计划生产果实45 000 kg/hm^2，可留果270 000个左右。然后平均到每株所需果数，再根据树体大小和树势进行调整。

（二）叶果比法

盛果期梨树，中、大果型品种30～35个叶片留1个果，小果型品种25个叶片留1个果。

（三）枝果比法

即枝条与果实数量之比。枝果比是从叶果比衍生出来的，应用起来较叶果比简化实用。一般枝果比是（3.5～4.0）∶1。

（四）果实间距法

果实间距法更为直观、实用。中、大型果每序均留单果，果实间距为25～30 cm。

疏果和留果均应严格按操作规程进行。具体要求是：中、大型果每花序留基部第一和第二位果；留果形长、萼端突出的果，疏去球形果、歪形果和小果；留枝条下方位和侧方位的果，疏枝条背上的果；留有果台枝的果，去除无果台枝果。

（五）化学疏花疏果

近年来生长调节剂用于疏花疏果的研究很多。日本使用2-亚氨挂苄基-3-羟基-1,4-萘醌药剂，自基部第一朵花开放时起1～2 d喷5～10 mg/kg浓度溶液，效果很好；3 d以后要增加浓度；进入结果时期，要100 mg/kg以上浓度才有效。有时有的品种要用到500 mg/kg的浓度。对二十世纪、八幸、菊水等都有效，对新水、新雪无效。北京农业大学用NaNAA 400 mg/kg浓度溶液于盛花期喷鸭梨，NAD 150～300 mg/kg浓度溶液于盛花后10～30 d喷鸭梨均有较好疏果作用，对洋梨亦有效果。用NAA 20 mg/kg浓度溶液于盛花后14 d内喷，用CEPA 400 mg/kg浓度溶液于花蕾现红起到盛花期之间喷，都有良好效果，疏除量接近应疏标准，果大、品质好，无不良反应。壮树多喷，弱树少喷，外围多喷，内膛少喷。河北农业大学研究结果认为，于鸭梨盛花期喷20 mg/kg浓度的NAA溶液疏果效果达到人工疏果水平，萼片宿存率比高浓度的低。如初花期喷，萼片宿存多，影响品质。用0.5波美度石硫合剂于盛花期喷，或0.3波美度石硫合剂于初花期喷，疏除效果好。用CEPA 150～200 mg/kg。

四、果实套袋

果实套袋是生产优质无公害果品的关键措施，进入20世纪90年代以来，国内外市场对果品的要求趋向高档化、优质化，因此，果实套袋在梨树栽培中得到广泛应用。果实套袋可明显改善果实外观品质，成熟果实的果点和锈斑颜色变浅、面积变小，果面蜡质增厚，叶绿素含量减少，果皮细嫩、光洁、淡雅；套袋能改善果肉品质，使果实石细胞团小而少，从而使肉质口感细腻；套袋果实果面蜡质厚，果点小，贮藏期间失水少，果实黑心病发病率低，果实表面病菌侵染少、虫害极少，且机械伤害少，从而显著增强果实耐贮性；套袋后农药、烟尘和杂菌不易进入袋内，显著降低了果实有害污染，很受国内外市场欢迎。通过选择不同质地和透光度的果袋，还可以改变果品的皮色。

（一）果袋选择

河北农业大学鸭梨课题组对10种果实袋进行连续多年的对比研究，结果表明，从纸袋对果实品质的影响、成本造价等方面综合考虑，生产上以采用全木浆黄色单层袋和内层为黑色、外层为黄色双层纸袋为宜。目前，对新品种适宜的果袋仍在进一步研究中。

（二）套袋时期

果实套袋宜在疏果后至果点锈斑出现前进行。套袋早晚对果品外观质量影响较大，过晚果点变大、锈斑面积增大；过早影响幼果膨大。套袋开始时间以盛花后 25 d 左右为宜，持续 25～30 d 套完。

（三）套袋方法

操作方法是，选定梨果后，先撑开袋口，托起带底，用手或吹气令袋体膨胀，使袋底两角的通气放水口张开，然后手执袋口下 2～3 cm 处套上果实，从中间向两侧依次按折扇的方式折叠袋口，然后与袋口下方 2 cm 处将袋口绑紧，果实袋应捆绑在果柄上部，使果实在袋内悬空，防治袋纸贴近果皮而造成磨伤或日灼。绑口时切勿把袋口绑成喇叭口状，以免害虫入袋和过多的药液流入袋内污染果面。

（四）套袋树的管理

套袋栽培不同于一般栽培模式，在整形修剪、施肥、花果期管理、病虫防治等方面均需加强管理，如控制树高在 3.0～3.5 m，控制枝量，配方施肥，精细疏花疏果，严格进行病虫防治。套袋前喷布杀虫、杀菌剂，1 次喷药可套袋 3～5 d，要分期用药、分期套袋，以免将害虫套入果袋内。套袋结束后要立即喷施杀虫剂，主治黄粉虫、康氏粉蚧和梨木虱，果实生长期内要间隔 15 d 左右用药。

五、适期采收

采收时期早晚对梨果的外观和内在品质、产量及耐藏性都有很大影响。采收过早，果个尚未充分膨大，物质积累过程尚未完成，不仅产量低，而且果实品质差，同时由于果皮发育不完善，易失水皱皮；采收过晚，使果实过度成熟，易造成大量落果，贮藏过程中品质衰退也较快。过早、过晚采收都可能使某些生理病害加重发生。

适期采收就是在果实进入成熟阶段后，根据果实采后的用途，在适当的成熟度采收，易达到最好的效果。梨果的成熟度大致可分为 3 种：

（1）可采成熟度。此时果实的物质积累过程已基本完成，开始出现本品种固有的色泽和风味，果实体积和重量不再明显增长。此时果肉较硬，食用品质较差，但贮藏性良好，适于长期贮藏或远销外地。

（2）实用成熟度。此时果内积累的物质已适度转化，呈现本品种固有的风味，果肉也适度变软，食用品质最好，但耐贮性有所下降。适用于及时上市销售、加工或短期贮藏。

（3）生理成熟度。此时种子已充分成熟，果肉明显变软，食用品质明显降低，果实开始自然脱落，除用于采集种子外，不适用于其他用途。

第八节 整形修剪

一、梨树主要树形

我国梨区成年大树多采用主干疏层形，近年来为适应密植栽培和优质生产，树形发生了较大变化，目前生产上常用的树形如下：

（一）多主枝开心形

适于（3～4）m×（5～6）m 密度的梨园。干高 60 cm，主干上配备 4～5 个主枝，主枝开张角度 50°～60°，其上直接着生中小枝组和短果枝群，无中心干，树高 3.0 m 左右。该树形光照好，骨架牢固，丰产，易管理。

（二）单层一心形

适用于（4～5）m×（6～7）m 密度的梨园。结构特点是，干高 60 cm，具有明显的中心干，在中心干的下部错落着生一层主枝，主枝 3～4 个，层内距 50～60 cm，主枝与中心干夹角 55°～65°，每个

主枝上着生 2 个侧枝，其余为中小枝组。在中心干上不再培养主枝，而是每隔 40～50 cm 配置一个大型枝组，树高在 3.5 m。该树形是原疏散分层形的改良树形，主从分明，适用于做大树改造的树形。

（三）Y 形

适于（1～2）m×（4～5）m 密度的梨园。其结构特点是，干高 40 cm，主干上着生伸向行间的两大主枝，主枝基角 40°～50°，腰角 55°～60°，梢角 75°～85°，每个主枝上直接着生中、小型枝组和短果枝群，树高控制在 2.5 m 左右。该树形成形快，结果早，有利于管理和提高果品质量。

（四）棚网架树形

适于（4～5）m×（6～7）m 密度的梨园。其结构特点是，干高 50～60 cm，主干上着生 4 个主枝，主枝向四角伸展，基角 50°，腰角 70°，主枝上直接着生枝组，引缚于网架上。棚网距地面 2.0 m 左右，网线构成为 50 cm×50 cm 网格。棚网架栽培，树冠扩展快、成形早、早期叶面积总量大，枝条利用率高，树势稳定，树冠内光照条件良好，生产出的果实个大均匀，果实品质好，但架材成本较高。

二、整形

（1）梨树树体顶端优势明显，极性强（图 46 - 15），对修剪敏感。整形期间尽量轻剪，勿修剪过重造成旺长。梨的成枝力弱，发枝少，开张角小，因此主枝上发生长枝少，枝的密度小。在整形修剪一开始，就要注意开张枝条的角度，不使骨干枝单轴延伸过快，通过刻芽增加枝量。

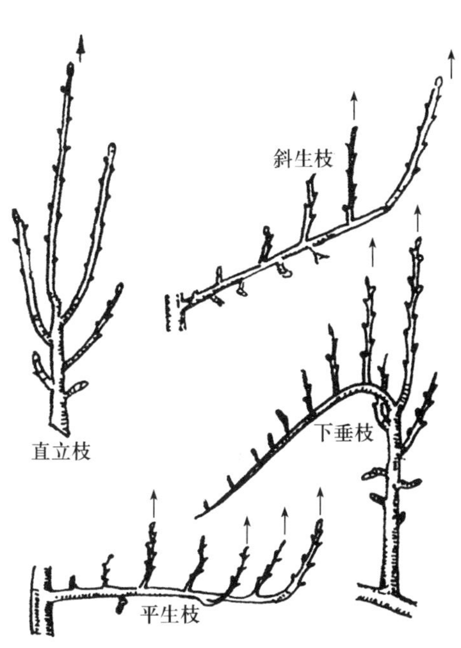

图 46 - 15　梨树的极性表现（箭头表示极性部位）
（仿郗荣庭，河北经济林）

（2）由于梨树先端优势特强，发枝少，开张角小，枝条间生长势力差异较大，因此中心干及主枝的延长枝常生长过强、上升及延伸过快，容易形成树冠抱合，上强下弱，主枝间、主侧间易失去平衡，对侧枝如不特别注意培养，甚至不能形成理想的侧枝；容易前旺后弱，前密后空。修剪时要控制中心干上升过快，以效缓长势，控制上强。对主枝要使基角开张，一般可在 50°以上。对日本梨等发枝特少的品种，主枝开张角不宜小于 60°或更大，以增加发枝，否则很容易在主枝上形成脱节现象，只发生较多的短果枝及短果枝群，侧生枝条既少又弱，这样的树产量低，易衰老。在梨树整形中使基角开张以后，每年还要注意梢角开张，如梢头上翘，则易发生前强后弱，内膛光秃加快。为了使多发枝，短截时，应在饱满芽前 1～2 个弱芽上剪截，这样可发生较多的长枝，且长势均匀，后部发生的短枝亦较壮。

（3）梨成枝力弱，对发生的长枝要尽量利用，以扩大早期枝叶量，争取早期丰产。特别对发枝很少的一些日本梨及鸭梨等要少疏枝，对发生的强枝尽量设法利用，通过改变方向、位置、长势，使长成有用的枝。如直立旺枝，可采取长放结果，结果后即开张下垂转弱，再回缩利用或强拉使平斜生长。对主枝背上发生的旺枝，可通过夏季摘心、扭梢，改变生长姿态加以利用。总之要使多发枝、少疏枝、多利用。

（4）尽早注意主枝中后部枝组的培养，多培养背斜侧大、中枝组，控制主、侧枝先端延伸速度，防止结果后下部空虚无枝。保留下来的长枝实行长放，使之转化结果。

（5）梨树定植后第一年为缓苗期，往往发枝很少，亦很弱。这种情况不要急于确定主枝，冬季可不修剪，或者对所发的弱枝去顶芽留放，并在主干上方位好的部位选壮短枝，在短枝上方目伤，使明年发枝，这种短枝所发的枝，基角好，生长发育好。对留下的弱枝，仅去掉顶芽，可使主枝间平衡，然后按强枝重截、弱枝轻截的办法平衡留用主枝之间的生长势。当一年选不出3个主枝时，则对留下的主枝要略偏重短截。对于辅养枝，应多留长放，撑拉开角，增加枝叶，使早成形、早结果。过于强旺枝条先拉平利用，当影响到骨干枝生长时，用缩、截、疏的方法为骨干枝让路。

（6）梨的大、中、小型枝组均易单轴延伸，所以应尽量使其多发枝，形成扇形展开式枝组，幼树期要多留早培养。

总之，梨树修剪要多采用疏、放方法，少短截、回缩。增加枝量靠刻芽实现，开张角度以拉枝为主。幼树尽量增大枝叶量，修剪宜轻；盛果期重点调节平衡关系、主从关系，精细修剪结果枝组。

三、不同年龄树整形修剪

（一）幼年树

包括幼树整形期和初果期树，该时期树的修剪原则是，以整形为主，兼顾结果，冬季修剪与夏季修剪相结合，使多形成枝叶，促进树冠扩大，提早成型和结果。

（1）除骨干枝的延长枝、大型枝组领头枝进行适度短截外，冠内多留枝、多长放，使留用的枝条尽快转化结果。当冠内枝条变密零乱后，根据骨干枝的安排，逐步选留大、中枝组，小枝组随大、中枝组的配置见缝插针留用，逐步疏删不必要的枝。对于留用的枝条，可分四类区别对待：第一类枝，对骨干枝延长枝生长有影响，要进行重剪，发枝后再行长放，不能在骨干枝头附近直接长放；第二类枝，处于骨干枝的侧面，呈斜生状态，发展空间较大，可进行中截或轻截，促发分枝，培养成大型或中型枝组；第三类枝，处于骨干枝背上优势部位，直立强壮，有空间时压倒、压平长放，结果后视情况再行改造，徒长性枝要疏除；第四类枝，为中庸枝、弱枝，一般均长放，促成花，早结果。处于大空间部位，需填补空间时，可以在该枝条上部深度刻伤，促使转化成长枝。

（2）在骨干枝的背上，幼年期只留小型枝组，枝轴长控制在25 cm以下，不留大型和中型枝组，如果势力转移，背上枝组转旺时，要及时进行夏剪或冬剪，剪时疏间强枝，留平斜弱枝。

（3）梨树成花容易，一般枝条长放后都能成花，所以在幼树期还需适当控制结果量，增加枝叶量，保证树冠扩展，使树冠内部形成丰满的枝组。进入结果期后，对树冠内长枝要区别对待，有长放、有短截，使每年在冠内形成一定量的长枝，长枝比例应占全树总枝量的1/15左右。如发生的长枝少，说明修剪量轻，需增加短截数量，如发生的长枝量大，说明修剪过重，需减少短截量，多留枝长放，目的是保证树体健壮，为盛果期丰产打下良好基础。

（二）盛果树

盛果期树修剪的原则是，调整树势，维持良好的平衡关系和主从关系，及时更新枝组，保持适宜枝量和枝果比例，使结果部位年轻，结果能力强，改善冠内光照条件，确保梨果高质量。修剪应注意以下几点：

1. 骨干枝修剪 维持骨干枝单轴延伸的生长方向和生长势，调整延长枝角度，对逐渐减弱的骨干枝延长枝适度短截。利用交替控制法解决株间枝头搭接问题。

2. 结果枝组修剪 结果枝组内结果枝数和挂果量要适当并留足预备枝，中、大型结果枝组应壮枝壮芽当头，年年发出新枝。枝组间要应有缩有放，错落有致。内膛枝组多截，外围枝组多疏枝少截，以确保内膛枝组能得到充足光照，维持较强的生长和结果能力。内膛发生的强壮新梢可先放后截或先截再放，培养成新结果枝组代替老枝组。利用回缩法及时更新细弱枝组。

3. 短果枝群的修剪 以短果枝群结果为主的品种，盛果期应进行精细修剪。每个短果枝群中不超过5个短果枝为宜，其中留2个结果，2～3个做预备枝，破顶芽。修剪方法掌握去弱留强、去平留斜、去远留近。

4. 徒长枝修剪 骨干枝背上发出的徒长枝，有空间时利用夏剪摘心或长放、压平等方法培养成枝组，无空间则疏除。

四、树体改造

生产优质梨必须控制产量，要控制过高的产量，首先要减少枝量，在此基础上确定合理留果量。此外，果实套袋、人工授粉、病虫害防治、果实采收等都需低冠条件更便于操作。因此，有必要调整树体结构以适应新的栽培方式。树体改造研究结果表明，20 多年生大冠稀植树，可通过降低树高、减少中上部大枝量，改造成单层一心形或双层半圆形，树高控制在 3.5 m 左右，10 多年生树，栽植方式为 3 m×5 m 或 4 m×6 m 的梨园，可通过疏除或中央领导干形改造成多主枝开心形。盛果期产量控制在 37 500～45 000 kg/hm^2。河北鸭梨优质丰产的主要树相指标如表 46－13 所示。

表 46－13　鸭梨优质丰产的主要树相指标

（河北农业大学，1999）

项　　目	标　　准
树高（m）	4.0～4.5（中冠形）、2.5～3.0（小冠形）
产量（kg/hm^2）	45 000～52 500
叶面积系数	3.0～3.5
覆盖率（%）	75～85
枝量（万/hm^2）	67.5～75.0
外围一年生枝长度（cm）	35～45
枝类比（长：中：短）	(0.8～1)：(1～1.2)：(7.8～8.2)
枝果比	(3.5～4.0)：1
叶果比	(30～35)：1
果间距（cm）	25～30
每花序留果量	1
每平方厘米干截面积负载果量（g）	300～450

第四十七章　桃

概　述

桃原产于我国的西北和西南部，是我国最古老的果树树种之一，栽培历史已有 4 000 多年，目前除黑龙江以外，全国各地均有栽培。

桃果是我国人民喜爱的传统夏令水果，不仅汁多味美，而且营养丰富。据分析，每 100 g 果肉中含糖 7～15 g，有机酸 0.2～0.9 g，蛋白质 0.4～0.8 g，脂肪 0.1～0.5 g，维生素 C 3～5 mg，维生素 B 0.01～0.02 mg，维生素 B_2 0.2 mg，并含有多种矿物质。俗话说“桃保人”，可见多食桃果有益人体健康，我国人民对桃果多有“仙桃”“寿星”之称。桃果不仅可以鲜食，还可以加工成多种食品，如糖水罐头、桃脯、桃汁、桃酱、速冻桃片、果冻等，尤其是一些加工制品如桃酱等可利用残次果进行加工，进而提高果农收入。桃树的根、叶、花、果、种仁均可入药，具有较好的医疗保健作用，因此可以说桃树浑身是宝。

在我国桃花盛开是春到人间的象征。历史上我国南北各地都把桃树集中栽植的地方以“桃花溪”“桃花湖”“桃花岛”“桃花峰”“桃花寺”等命名，流传至今，已被视为春游胜地。现在北京、四川成都等许多城市都在桃花盛开的季节举行盛大的桃花节，在东南沿海地区桃树更是备受青睐，有“中国圣诞树”的美称。专门用于观赏的碧桃、寿星桃、垂枝桃不但花色繁多、花型各异，而且树姿多样，是公园、庭院、度假村等风景名胜区的主要绿化树种。

桃树结果早，一般栽后 2 年见果，3 年即有经济效益，5 年进入盛果期。管理良好的桃园，盛果期每 667 m^2 可产优质桃果 2 500 kg 以上，而且能够连年丰产。因此，随着农村种植结构的调整，桃生产已成为部分地区农民脱贫致富和奔小康的途径之一。

桃产业发展迅速，且逐步向“以市场为导向，以效益为中心，以质量为目标，以科技为依托，以产业化为纽带，突出抓好品种改良、结构调整、提高果品质量，全面推进水果生产由面积数量型向质量效益型转变”。未来的桃树生产趋势是品种区域化、多样化、特色化、国际化；果实绿色化、优质化、高档化、品牌化，加工品营养化、自然化、情趣化，观赏桃产品要有创新，突出其艺术性和保健性；种植规模化、集团化；技术规范化、标准化；经营产业化、规则化；信息网络化；利用中国的桃文化，建设休闲农庄、观光桃园，体现文化情趣。

第一节　种类和品种

一、种类

桃在植物学上属于蔷薇科（Rosaceae）桃属（*Amygdalus* L.）。桃亚属共有 6 个种，即桃、山桃、光核桃、新疆桃、甘肃桃、陕甘山桃。

1. 桃　桃（*Amygdalus persica* L.）又名毛桃、普通桃。果实圆形，果面有毛。冬芽密被毛，叶片椭圆披针形，其侧脉未达叶缘即结合成网状，叶缘锯齿较密。核大，长扁圆形，表面有沟纹。本种栽培品种最多、分布最广，也是我国南北方栽培桃的主要砧木。桃有3个变种：

（1）蟠桃。蟠桃（var. *compressa* Bean.）果实扁平形，果顶处平或凹陷，核小而圆。品种较多，分有毛与无毛2种类型。

（2）油桃。油桃（var. *nectarina* Ait.）又称光桃、李光桃。果皮光滑无毛，果形圆或扁圆。

（3）寿星桃。寿星桃（var. *densa* Maxim.）树体矮小，约为普通桃树的1/3。有红花、粉红花、白花3种类型。一般作观赏用，可作桃的矮化砧木或矮化育种原始材料。

2. 山桃 山桃（*A. davidiana* Maxim.）产于我国华北、西北山岳地带。小乔木，树干表皮光滑，枝细长。果实圆形，成熟时干裂，不能食用。核圆形，表面有沟纹、点纹。耐寒、耐旱性强。有红花山桃、白花山桃2种类型。山桃是我国北方主要的桃树砧木类型。

3. 光核桃 光核桃［*A. mira*（Koehne）Kov. et kost］野生分布于西藏高原及四川等地。乔木，枝细长，小枝绿色。花白色，单生或2朵齐出。果近球形，稍小。核卵形，扁而光滑。果可食用或制干。

4. 新疆桃 新疆桃［*A. ferganensis*（Kost. et Rjab.）Kov. et Kost］产于中亚。叶片侧脉直出至叶缘时不结成网状。核表面有沟纹。广泛分布于南疆、北疆、东疆各地，多数甜仁桃属于此类。

5. 甘肃桃 甘肃桃（*A. kansuen* Skeels）产于陕甘地区。冬芽无毛，叶片卵圆披针形，叶缘锯齿较稀。核表面有沟纹，无点纹。花柱高于雌蕊。

6. 陕甘山桃 陕甘山桃［*A. potaninii*（Batal.）Yu］产于西北地区。叶基部圆形，锯齿圆钝。核椭圆形。

二、品种

目前全世界桃的栽培品种有4 000多个，我国各地主栽的品种与品系有1 000个左右。生产上依果实发育期的长短不同，将桃品种分为早熟品种、中熟品种、晚熟品种。生产上已推广的品种有：

（一）早熟品种

果实发育期不足100 d的品种属早熟品种。

1. 黄水蜜 果实椭圆形；果面底色金黄、着色鲜红，果皮厚，易剥皮；平均单果重200 g，最大可达280 g；果肉亮黄色，硬溶质，汁多，味甜，香气浓郁；离核；有花粉；丰产；在河南郑州地区6月25日左右成熟。

植株长势旺盛，树姿开张，萌芽力、成枝力均强。盛果期各类果枝均能结果。复花芽占58.3%，花芽的起始节位低。大花型，花粉多，成花容易。

2. 春艳 露地栽培，在山东栖霞6月20日左右果实成熟，果实发育期95 d左右。果实平顶、近圆形，缝合线较深，两半部基本对称，平均单果重130 g，最大单果重280 g。底色为乳白至乳黄色，色泽鲜红。果肉乳白色，可溶性固形物含量为11%，纤维少、汁液多，粘核，风味甜、桃香味浓郁。

该品种极易形成花芽，花粉多，早产、丰产，生产上应注意疏花疏果，加强早期肥水管理和磷、钾肥的施用。需冷量低，是理想的促成栽培和露地栽培早熟品种之一。

3. 早魁蜜 由江苏省农业科学院园艺所育成的蟠桃鲜食新品种，在江苏南京地区果实于7月初成熟。

该品种树势强健，树姿较开张，复花芽多，有花粉，花粉量多，以中、长果枝结果为主，丰产性好。平均单果重130 g，最大为180 g。果形扁平，果皮底色乳黄色，果面有玫瑰红晕。肉质柔软多汁，风味浓甜，有香气，可溶性固形物含量12%～15%。

4. 早霞露 由浙江农业科学院育成的鲜食品种。果实发育期58 d左右，在河南郑州地区于5月底6月初成熟，亦适于促早栽培。

该品种树势中庸，树姿开张，中、长果枝结果为主，复花芽多，有花粉，花粉量多，丰产。平均单果重86 g，最大单果重118 g。果实椭圆形，果皮底色绿白，顶部着鲜红色晕，果皮易剥离。粘核，果肉乳白色，肉质软溶，充分成熟的果实柔软多汁，可溶性固形物含量8%～10%。

5. 春花 由上海农业科学院育成的鲜食品种，果实发育期62 d，在河南郑州地区果实于6月上旬成熟，也可用于促早栽培。

该品种植株生长健壮，长势中庸，各类果枝均能结果，有花粉，花粉量多，丰产。平均单果重86 g，最大达142 g。果实近圆形，果皮底色黄绿，果顶及向阳部着紫红色晕，皮易剥离。粘核，果肉白色，肉质软溶，风味甜，有香气，可溶性固形物含量10%左右。

6. 曙光 由中国农科院郑州果树所培育的黄肉油桃鲜食品种。果实发育期65 d左右，在河南郑州地区果实于6月6日左右成熟，也适于促早栽培。

该品种树势中庸，树姿半开张，以中长果枝结果为主，单花芽多，有花粉，花粉量多，丰产性好。平均单果重96 g，最大单果重150 g。果实近圆形，全面着浓红色。粘核，果肉黄色，肉质硬溶，风味甜，有香气，可溶性固形物含量10%左右。

7. 早红珠 由北京市农林科学院植保环保所选育的油桃鲜食品种。果实发育期65 d左右，在河南郑州地区果实于6月5日前后成熟，也适于促早栽培。

该品种树势中等，树姿半开张，各类果枝均能结果，复花芽多。有花粉，花粉量多，丰产。平均单果重95 g，最大单果重130 g。果实近圆形，外观艳丽，着明亮鲜红色。粘核，果肉白色，肉质软溶，风味浓甜，香味浓郁，可溶性固形物含量11%左右。

8. 早露蟠桃 由北京市农林科学院林果研究所选育的蟠桃鲜食品种。果实发育期69 d左右，在河南郑州地区于6月上旬成熟。

该品种树势中庸，树姿开张，各类果枝均能结果。有花粉，花粉量多，丰产。平均单果重68 g，最大单果重95 g。果形扁平，果顶凹入，果皮底色乳黄，果面50%覆盖红晕，皮易剥离。粘核，果肉乳白色，软溶，微香，风味甜，可溶性固形物含量9%左右。

9. 新红早蟠桃 由陕西果树所培育的蟠桃鲜食品种。果实发育期70 d左右，在河南郑州地区果实于6月12日左右成熟，也适于促早栽培。

该品种树姿开张，树势强健，各类果枝均能结果，复花芽多，丰产。平均单果重67 g，最大单果重85 g。果形扁平，果皮底色浅绿白色，果面50%左右着玫瑰色点或晕，易剥皮。半离核，果肉乳白色，肉质软溶，汁液多，有香气，风味酸甜适中，可溶性固形物含量10.5%左右。

10. 霞晖1号 由江苏省农业科学院育成的鲜食品种。果实发育期70 d左右，在河南郑州地区果实于6月15日左右成熟。

该品种树势较强健，树姿半开张，各类果枝均能结果，复花芽多，无花粉，需配置授粉树。平均单果重130 g，最大单果重210 g。果实近圆形，果皮底色乳黄，顶部有玫瑰色红晕。粘核，果肉白色至乳黄色，可溶性固形物含量9%～10%。不宜在花期阴雨天气较多的地区栽植。

11. 雨花露 由江苏省农科院育成的鲜食品种。果实发育期70 d左右，在河南中部地区果实于6月中旬成熟。

该品种树势健壮，树姿开张，各类果枝均能结果。有花粉，花粉量多，丰产。平均单果重129 g，最大单果重177 g。果实长圆形，果皮底色乳黄，着鲜红色晕，皮易剥离。半离核，果肉乳白色，柔软多汁，味淡甜，有香气，可溶性固形物含量8%～11%。充分成熟时肉质发面，故应适当早采。

12. 早蜜蟠桃 由陕西果树研究所培育的蟠桃鲜食品种。果实发育期75 d左右，在河南郑州地区果实于6月19日左右成熟，适于促早栽培。

该品种树势强健，树姿较开张，各类果枝均能结果，复花芽多。有花粉，花粉量多，丰产性好。平均单果重80 g左右，最大单果重114 g。果实扁平，果皮底色浅绿白色，果面50%～70%着紫红斑点或晕。半离核，果肉白色，风味甜，可溶性固形物含量11.3%左右。

13. 大果甜 由河南农业大学育成的鲜食品种。果实发育期85 d左右，在河南郑州地区果实于6

月底7月初成熟。

该品种树姿开张，长势中庸，中、长果枝结果，复花芽多，有花粉，高产、稳产。平均单果重165 g，最大单果重260 g。果实圆形，果皮底色绿白到黄白，果顶及缝合线两侧着鲜红到紫红色晕，皮薄易剥离。离核，果肉水白，肉质软溶，汁液多，食味浓甜，微有香气，可溶性固形物含量13%。花期抗低温的能力强，个别年份存在果实有成熟度不一致的现象。

14. 瑞光3号　由北京市农林科学院林业果树研究所培育的油桃鲜食品种。果实发育期90 d左右，在河南郑州地区果实于7月上旬成熟，适于促早栽培。

该品种树势较强，树姿较开张，各类果枝均能结果，复花芽多，有花粉，花粉量多，丰产。平均单果重145 g，最大单果重235 g。果实近圆形，果皮底色绿白，果面75%左右的着红晕，皮不易剥离。半离核，果肉白色，肉质软溶，多汁，风味甜，有香气，可溶性固形物含量11.5%左右。多雨年份有裂果现象。

15. 瑞光5号　由北京市农林科学院林业果树研究所育成的油桃鲜食品种。果实发育期85 d左右，在河南郑州地区7月上旬成熟。

该品种树势强健，树姿半开张，各类果枝均能结果，复花芽多，有花粉，花粉量多，丰产。平均单果重146 g，最大单果重248 g。果实近圆形，果皮底色黄白，果面50%以上着紫色点或晕，果皮不易剥离。粘核，果肉白色，肉质硬溶，完全成熟后多汁，味甜，可溶性固形物含量10%左右。

16. 瑞光7号　由北京市农林科学院林业果树研究所育成的油桃鲜食品种。果实发育期90 d左右，在北京地区果实于7月上旬成熟。

该品种树势中等，树姿半开张，各类果枝均能结果，复花芽多，有花粉，花粉量多，丰产。平均单果重145 g，最大单果重240 g。果实近圆形，果皮底色黄白，全面着紫红色点或晕，皮不易剥离。粘核，果肉黄白色，肉质硬溶，耐贮运，完全成熟后多汁，味甜或酸甜可口，可溶性固形物含量11%左右。

17. 瑞蟠2号　由北京市农林科学院林业果树研究所培育的蟠桃鲜食品种。果实发育期90 d左右，在河南郑州地区果实于7月上旬成熟。

该品种树势中庸，树姿半开张，复花芽多，有花粉，花粉量多，极丰产。平均单果重160 g，最大单果重350 g。果实扁圆形，果皮底色乳白色，果面50%以上着玫瑰红晕。粘核，果肉白色，味甜、多汁，可溶性固形物含量12%左右。

18. 早红2号　原产美国的黄肉油桃鲜食品种。果实发育期90 d左右，郑州地区果实于7月上旬成熟，适于促早栽培。

该品种树势健壮，树姿半开张，各类果枝均能结果，复花芽多，有花粉，花粉量多，丰产性好。平均单果重118 g，最大单果重220 g。果实圆形，果皮底色橙黄，全面着鲜红色。离核，果肉橙黄色，肉质硬溶，果肉细，汁液丰富，味甜酸，可溶性固形物含量10%左右。

（二）中熟品种

果实发育期为100～120 d的品种属中熟品种。

1. 豫甜　由河南农业大学育成的鲜食加工兼用品种。果实发育期100 d左右，在河南郑州地区果实于7月中旬成熟。

该品种树势健壮，树姿半开张，长枝多而粗壮，中、长果枝结果为主，复花芽多，有花粉，花粉量多，丰产。平均单果重180 g，最大果重865 g。果实近圆形，果皮底色黄白，缝合线两侧及阳面着鲜红色晕，果皮易剥离。粘核，果肉乳白色，肉质硬溶，可溶性固形物含量12%～14%，食味浓甜，品质上等，六成熟即脆甜可食。果皮较厚，耐贮运性强。

2. 中油蟠1号　由中国农业科学院郑州果树研究所选育的油蟠桃鲜食品种。果实发育期120 d左右，在河南郑州地区果实于7月底成熟。

该品种树势中庸，树姿较开张，各类果枝均能结果，复花芽居多，有花粉，花粉量大，丰产性好。平均单果重 90 g。果实扁平，果皮光滑无毛，果顶扁平凹入，果皮底色浅绿白色，果顶有红色斑点或晕，外观美。粘核，果肉乳白色，肉质硬溶，汁液中等，风味浓甜，可溶性固形物含量 15%～17%。在多雨年份有裂果现象。

3. 农神 由美国新泽西州育成的蟠桃鲜食品种。果实发育期 100 d，在河南郑州地区果实于 7 月中旬成熟。

该品种树势健壮，树姿半开张，各类果枝均能结果，复花芽居多，有花粉，花粉量多，丰产。平均单果重 90 g，最大单果重 130 g。果实扁平，果顶凹入，果皮底色乳白，全面着红晕，皮易剥离。离核，果肉乳白色，肉质硬溶，风味浓甜，有香气，可溶性固形物含量 10.7%左右。

4. 豫白 由河南农业大学育成的白肉加工和鲜食兼用品种。果实发育期 105 d 左右，在河南中部地区果实于 7 月中下旬成熟。

该品种树势强健，树形较直立，中、短果枝结果为主。单花芽多，有花粉，花粉量多，自花结实率高，丰产，但进入丰产期较迟。平均单果重 150 g，最大单果重 375 g。果实圆形，呈乳白色，果皮不易剥离。粘核，果肉纯白、无红晕，肉质细致，不溶质，有韧性，汁水较少，风味浓甜，香气浓，鲜食、加工品质属上等。可溶性固形物含量 10%～15%。

5. 瑞光 11 由北京市农林科学院林业果树研究所选育的油桃鲜食品种。果实发育期 107 d 左右，在北京地区果实于 7 月 28 日至 8 月 5 日成熟。

该品种树势强健，树姿半开张，复花芽多，各类果枝均能结果，有花粉，花粉量多，丰产。平均单果重 146 g，最大单果重 520 g。果实近圆形，果皮底色黄白，50%以上着玫瑰红点或晕，果皮不易剥离。半离核，果肉白色，肉质硬溶，味甜。可溶性固形物含量 11%。

6. 瑞光 18 由北京市农林科学院林业果树研究所选育的黄肉油桃鲜食品种。果实发育期107 d左右，在北京地区果实于 7 月底至 8 月初成熟。

该品种树势强健，树姿半开张，各类果枝均能结果，复花芽多，有花粉，丰产。平均单果重 180 g，最大单果重 250 g。果实椭圆形，果实全面着亮红色，外观艳丽。粘核，果肉黄色，风味浓甜，多汁，可溶性固形物含量 12%左右。

7. 大久保 原产日本的鲜食品种。果实发育期 110 d 左右，在河南中部地区果实于 7 月中下旬成熟。

该品种树势旺盛，树姿开张，以长果枝结果为主，复花芽多，有花粉，花粉量多，自花结实率高，丰产。平均单果重 130 g，最大单果重 260 g。果实圆形，果皮底色黄白，阳面着红晕，果皮易剥离。离核，果肉乳白有红晕，肉质硬溶，偏软，果汁多，食味甜，品质上等，可溶性固形物含量 11%～12%。

8. 新川中岛 原产日本，为中熟品种。果实近圆形，鲜红色，光泽亮丽。单果重 270～460 g。半离核，果肉硬脆，浓甜，风味特异。耐贮运，结果早，坐果率高，极丰产，稳产，淮河流域 7 月底成熟。

9. 玉露 树势强健，树姿半开张。果皮淡黄绿色，果面布细小红点，间有较大红色斑点。果肉乳白色，近核处紫红色，柔软多汁，味甜、微酸，有香气，粘核，不耐贮运。在河南 8 月中旬成熟。

（三）晚熟品种

果实发育期 120 d 以上属晚熟品种。

1. 秋蜜红 由河南农业大学育成的晚熟鲜食新品种，2013 年通过国家审定。果实发育期 155 d 左右，在河南郑州地区果实于 9 月上中旬成熟。

该品种植株长势中庸，树姿开张，以中、长果枝结果为主，复花芽多，小花型，有花粉，花粉量多，自花授粉结实率高，丰产性好。平均单果重 336 g，最大单果重 438 g。果实近圆形，果皮底色黄白，全面着鲜红到紫红色晕，整个果面红白相衬，观感鲜艳，是晚熟品种所少见的，果皮可剥离。粘核，果肉乳白色，肉质硬溶可溶性固形物含量15%～18%，果汁黏稠似蜜，风味浓甜，品质极上。果皮厚，耐贮运。

2. 秦王 果实圆球形，果个特大，平均单果重205 g，最大单果重650 g。底色白，阳面玫瑰色并有不明晰条纹。在陕西关中地区，秦王桃3月中旬萌芽，4月上旬开花，8月上中旬果实成熟，果实生育期130 d左右。

该品系树势强健，树姿半开张，一年生枝褐红色，粗壮，长果枝节间长2.0～2.5 cm，叶为宽披针形，较大，平展，浅绿色，叶缘钝锯齿状。花蔷薇型，花瓣较大，粉红色，有花粉，能自花结实。

3. 京艳 由北京市农林科学院林业果树研究所培育的鲜食与罐藏加工兼用品种。果实发育期120 d左右，在郑州地区果实于7月底至8月初成熟。

该品种树势较旺盛，树姿开张，各类果枝均能结果，复花芽多，有花粉，花粉量多，极丰产。平均单果重160 g，最大单果重210 g。果实近圆形，果皮底色黄绿，近全面着稀薄的鲜红或深红色点状晕，果皮易剥离。粘核，果肉白色，肉质致密，完全成熟后柔软多汁，风味甜，有香气，品质上等，罐藏性优良。

4. 秋甜 由河南农业大学育成的鲜食品种。果实发育期125 d左右，在河南郑州地区果实于8月15日左右成熟。

该品种植株长势中庸，树冠开张，各类果枝均能结果，复花芽多，有花粉，花粉量多，自花受粉结实力强，丰产。平均单果重180 g，最大单果重240 g。果实圆形，果皮底色黄白，果顶及缝合线两侧着鲜红晕。粘核，果肉白色，硬溶质可溶性固形物含量12%～14%，充分成熟的果实柔软多汁，食味浓甜，品质极上。果皮厚，耐贮运。

5. 八月香 由河南农业大学育成的鲜食品种。果实发育期130 d左右，在河南郑州地区果实于8月20日左右成熟。

该品种植株长势中庸，树姿半开张，以中、长果枝结果为主，复花芽多，有花粉，自花结实率高，丰产。平均单果重189 g，最大单果重280 g。果实近圆形，果皮底色黄白，向阳处着鲜红到紫红色晕，果皮可剥离。粘核，果肉水白色，肉质硬溶，可溶性固形物含量15%，汁水多，风味甜，七成熟即可采收上市，品质上乘。果实耐贮运，抗逆性、适应性强。

6. 燕红 由北京东北义果园育成的鲜食品种。果实发育期130 d左右，在河南郑州地区果实于8月中旬成熟。

该品种树势中等偏强，树姿半开张，复花芽多，有花粉，花粉量多，丰产。平均单果重170 g，最大单果重300 g。果实近圆形，果皮底色绿白，近全面着暗红或深红色晕，果皮厚，完全成熟后易剥离。粘核，果肉乳白色，肉质硬溶，味甜，稍香，可溶性固形物含量12%，个别年份有裂果现象。

7. 中华寿桃 由山东选出的晚熟品种。果实发育期195 d左右，在河南郑州地区果实于10月中旬成熟。

该品种生长势强，树姿直立，以短果枝结果为主，有花粉，自花结实能力强，早期丰产性好。平均单果重278 g，最大单果重975 g。果实近圆形，顶端微凸出，果皮底色乳白，着红晕。粘核，果肉乳白，肉质硬溶，耐贮运，风味甜，可溶性固形物含量18%。但该品种裂果严重，应套袋栽培以减轻裂果。果实贮藏期间，果肉易褐变。

第二节 苗木繁殖

一、实生苗培育

（一）种子处理

1. 晒种 利用阳光暴晒种子，具有促进种子后熟和酶的活动、降低种子内抑制发芽物质含量、提高发芽率和杀菌等作用。

2. 精选 在种子晒干扬净后，采用粒选、筛选、风选和液选等方法精选种子。种子精选目的是消除秕粒、小粒、破粒、有病虫害的种子和杂物。

3. 浸种 作用是促进种子发芽和消灭病原物。方法有清水浸种、温汤浸种、药剂浸种。应按规程掌握药量、药液浓度和浸种时间，以免种子受药害或影响消毒效果。

4. 拌种 将药剂、肥料和种子混合搅拌后播种，以防止病虫危害、促进发芽和幼苗健壮。方法分干拌、湿拌和种子包衣。

5. 催芽 播前根据种子发芽特性，在人工控制下给以适当的水分、温度和氧气条件，促进发芽快、整齐、健壮。一般采用沙藏。

沙藏方法：沙藏的地点应选在背阴、通风、干燥、排水良好的地方。先挖沙藏沟，沟深 60～100 cm，宽 50～60 cm，长度随种子的多少而定。湿沙的湿度应以“手握成团、松手后一触即散”为宜。沟底先铺一层湿沙，然后将种子和湿沙按 1∶5 的比例，一层种子一层沙，或种子与湿沙拌匀，最上层覆盖 20 cm 厚的湿沙，再盖 20 cm 厚的土，使土高出地面，以防积水。沙藏的后期要进行上下翻动，调整沙子的湿度和种子周围的温度。如果因某种原因使毛桃的种子没有按时沙藏，只要在 1 月 10 日以前浸泡结束，将沙藏沟挖在向阳处，沟深 35～40 cm，宽 50 cm。先铺 10 cm 厚湿沙，再将种子和湿沙按 1∶5 的比例混合后放入，上面覆盖湿沙厚 10 cm，其上覆盖地膜，上面再扎上小拱棚，地膜上摆放温度计。使地膜上的温度保持 0～7 ℃，高于 7 ℃时把小拱棚打开放风。这种方法可使毛桃种子按时发芽，并保持较高的发芽率。

（二）整地施肥

播种的方法可采用带状畦播。畦长可根据地块确定，一般长 10 m，宽 1.2 m。每畦做 4 条垄，窄行 20～25 cm，宽行 45～50 cm，以便于嫁接操作，并有利于通风透光。结合整地每 667 m^2 施有机肥 1～2 t。

（三）播种

宜采用点播法播种，种子之间的距离为 5 cm，种子覆土厚度为 5 cm，每 667 m^2 播种量一般毛桃为 40～50 kg，山桃为 20～25 kg，秋播时应适当加大播种量。

（四）出苗后管理

种子播种后到出土前切忌大水漫灌，否则幼苗不易出土。干旱时可在傍晚适量喷水增墒。苗木出土后应视土壤墒情及时浇水和中耕、松土。后期雨水过多时注意排水。在土壤肥力中等的条件下一般不再追肥。同时还应注意防治蚜虫等病虫害。

二、嫁接苗培育

（一）砧木选择

常用的砧木有毛桃、山毛桃、毛樱桃 3 种类型。

1. 毛桃 毛桃为野生种，与品种桃嫁接亲和力强，嫁接后根系发达，生长快，适应性强，耐寒、较耐湿，能保持嫁接品种果实的质量和产量。既适应温暖多雨的南方气候，也适应西北干旱地区，尤其适于平原沙地生长，是桃树最优良的砧木之一。缺点是在山地栽种没有山毛桃抗旱。每千克种核约有 320 粒，出苗率约为 70%。

2. 山毛桃 山毛桃又称山桃，为野生种，与品种桃嫁接亲和力强，耐旱、耐寒、耐碱，适于高寒山地生长，不耐湿，不能在低洼地、黏土地、排水不良和地下水位很高的地方栽种。在透气性好、土壤瘠薄的荒沙地上栽种易感染线虫病、根癌病、颈腐病。山毛桃作为砧木的桃树，株型较小，但结果较早、较多，果实变小，红晕加深。山毛桃种核大小悬殊，一般每千克约有 750 粒，出苗率为 80%。

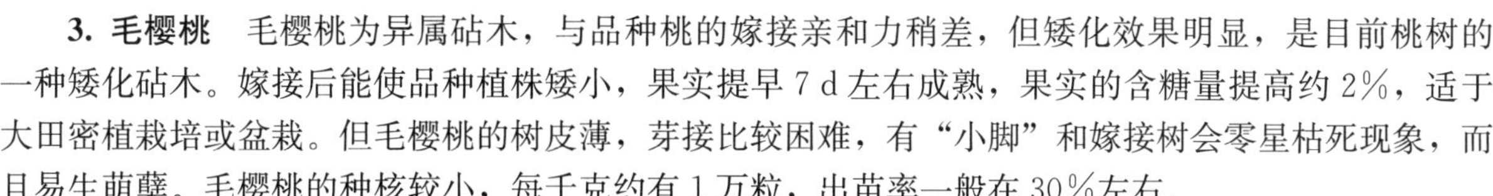

3. 毛樱桃　毛樱桃为异属砧木，与品种桃的嫁接亲和力稍差，但矮化效果明显，是目前桃树的一种矮化砧木。嫁接后能使品种植株矮小，果实提早 7 d 左右成熟，果实的含糖量提高约 2%，适于大田密植栽培或盆栽。但毛樱桃的树皮薄，芽接比较困难，有"小脚"和嫁接树会零星枯死现象，而且易生萌蘖。毛樱桃的种核较小，每千克约有 1 万粒，出苗率一般在 30%左右。

另外，用栽培品种的种子播种培育成的砧木，称为共砧，又称本砧。中、晚熟品种桃的种子大而饱满，所以播种出苗率较高，砧木苗比较整齐、粗壮。但其根系较野生砧木发育差，对土壤的适应能力差，容易发生根部病害；结果后树势容易衰弱，结果年限和树的寿命也相应缩短，共砧不宜在生产上大面积使用。

（二）接穗采集

用作采集接穗的母树应为树势健壮、无病、生长和结果良好的成龄树，初果期幼树不宜选作母树。应采集树冠外围、生长充实、腋芽饱满、无病虫害的当年生发育枝和长果枝。

1. 生长期接穗采集

（1）本地接穗采集。应立即剪去叶片和枝条顶端部分，以减少水分蒸发。生长期的接穗应随采随用，一般不宜久放。如果在当天接不完时，应放在室内潮湿阴凉的地方，接穗下端埋于湿沙中或浸入 3 cm 左右深的水中，上端覆盖湿毛巾进行存放。有条件的可将接穗放入温度较低的地方保存，如冷库（4 ℃左右）、深井中等。

（2）外地接穗采集。盛夏高温期间从外地采集的接穗要采用保湿贮藏运输技术。实践证明，采用此技术经过 6～7 d 的长途运输，接穗到达目的地后仍能保持新鲜状态，嫁接成活率高达 75%以上。

首先，采集粗壮、腋芽发育饱满的当年生成熟枝条，剪除叶片和枝条上部的幼嫩部分。接穗留 30～40 cm 长，按 30～50 支捆成捆（不能捆得太紧，以免损伤腋芽），并挂牌标记，注明品种。

然后，将已捆好的接穗用湿毛巾包裹严紧，外面用塑料薄膜包装，但接穗两端不宜封口。在运输途中要注意检查，发现问题及时处理。夜晚应取出接穗，用清水冲洗后，将下端浸入水中，水深3 cm 左右，并且毛巾和塑料薄膜也要冲洗干净，第二天再用上述方法包好。到达目的地后，用清水冲洗接穗，放在冷凉的地方，用湿沙或湿布覆盖，并尽快用于嫁接。

2. 春季枝接用的接穗采集

（1）本地接穗采集。可结合冬剪采集，按品种打成捆，挂好注明品种的标签，埋于湿沙中，保持适当湿度，注意保温防冻；也可将枝条两端用接蜡封闭，放冰箱内保存。

（2）外地接穗采集。休眠期在外地采集接穗，可用接蜡封闭两端，挂上注明品种的标签，用湿纸、湿布、湿麻袋等包好，再用塑料袋封闭运输。

（三）嫁接方法

桃树嫁接的方法有芽接和枝接两种。生长期多使用芽接法，休眠期多使用枝接法。

嫁接成活率除了受接穗和砧木的内在因素影响外，温度、湿度和光照都会影响嫁接成活率。桃树适宜的嫁接温度为 18～25 ℃。土壤湿度不能过大，过大时会造成土壤缺氧，直接影响到砧木的生理活动而影响成活率。为防止土壤干旱，在嫁接前 7 d 浇一次透水，嫁接期内不要浇水，嫁接后半个月也不浇水为好。据实践观察，嫁接部位受阳光直射或炎热高温时嫁接的成活率低，而且土壤湿度过大，嫁接口流胶，也影响成活率。因此，嫁接部位应选择在茎干的背光面，避开光照直射。为了便于嫁接操作，嫁接前要除掉砧木苗基部的分枝和行间的杂草。

（四）嫁接后苗木管理

目前生产上常用的桃树苗木主要有速成苗和芽苗两种。

1. 速成苗　速成苗又称当年生成苗（三当苗），是当年播种、当年嫁接、当年出圃的苗木。

育苗时要求在 2 月下旬播种结束，并覆地膜，四周用土压紧，出苗时破土让幼苗长出。对砧苗木加强肥水管理，当砧木长到 25 cm 时摘心，促进幼苗加粗生长。同时于 5 月上旬对嫁接品种的外围健壮枝条提早摘心，促进接芽尽快充实成熟。在河南地区应 5 月下旬开始嫁接，6 月中旬以前嫁接完毕。嫁接部位距地面 10～20 cm，保留接芽下部砧木上的叶片。嫁接成活后，剪砧（在接芽上部留 3～4 片叶将砧木剪去）或折砧，迫使接芽萌发，待接芽萌发长出新叶时，再将接芽上部砧木全部剪去。在整个幼苗生长的前期，每隔 15 d 喷一次 0.2%～0.5%尿素或磷酸二氢钾溶液。到冬季出圃时，苗高可达 100 cm 以上。

2. 芽苗 桃树的砧木上只有一个品种桃接芽的苗木称为芽苗。芽苗是 8 月中旬至 9 月中旬嫁接，嫁接部位一般在地面以上 20 cm 处，当年不剪砧，接芽不萌发，成为带有芽片的苗木，定植后剪去砧木。由于芽苗上品种接芽饱满，第二年萌发后，芽条长势旺、体积小，便于运输，是目前生产上应用最多的一种苗木之一。

三、苗木出圃

（一）出圃

1. 起苗 桃树苗木落叶后、土壤封冻前要进行起苗，若苗圃当时土壤干旱，应进行灌水，3～5 d 后再进行起苗。起苗时要尽量避免伤根，对已有伤口的根要进行修剪，剪口要平滑，并根据苗高以及根系发育状况进行分级。

2. 分级、包装 将同级苗木每 50～100 株绑成一捆，并挂上写有品种名称的标牌。需要向外运输的苗木都应进行包装，保护好根系和芽，以免损伤或失水风干。打捆前根系要用稠泥浆浸蘸，然后用草袋、蒲包包裹根部。

3. 假植 暂时不需要外运和定植的苗木，可立即挖沟假植，并充分灌水，水分下渗后封土镇压，封土厚度至苗高的 1/3 处，保墒防冻。

（二）优质苗木的标准

1. 优质速成苗的标准 苗高 80 cm 以上；接口处苗木粗度 0.8 cm，苗高 40～60 cm 处有 5～7 个生长健壮的饱满芽，接口和剪砧口愈合良好，无病虫害；有 3 条以上侧根，并且分布均匀、舒展，须根发育良好。

2. 优质芽苗的标准 要求株型小，芽接处愈合良好，无裂口；接芽充实饱满无损伤；有 3 条以上侧根，并且分布均匀、舒展，须根发育良好。

第三节 生物学特性

一、根系生长特性

（一）根系结构

1. 根系的结构 由砧木种子发育而成的桃树根系有主根、侧根、须根组成。主根向下生长伸入心土，主要起固定树体的作用。侧根沿着表土层向四周水平延伸。须根着生在主根和侧根上，在生长季节能发生大量白色鲜嫩的新根，其中较粗较长的称为生长根，较细较短的称为吸收根。吸收根是根系从土壤中吸收水分和无机营养的主要器官，寿命较短，长则 20～30 d，短则几天就会枯死；生长根也有吸收作用，但其主要的功能是向更深更远的土层中伸展，并进一步变成须根，使根系不断扩大。

2. 根系分布状态 桃树根系在土壤中的分布状态依砧木种类、土壤的物理性质不同而有差异。如以毛桃为砧木的桃树根系发达，能耐瘠薄的土壤，适于平地栽培；而以山毛桃为砧木的桃树主根发达，细根很少，但根系分布深，能耐旱、耐寒，适于高寒山地栽种；以毛樱桃为砧木的根系浅，细根多，能耐瘠薄的土壤，并对植株具有矮化作用。在土壤黏重、地下水位高或土壤瘠薄处的桃树，根系发育小，分布浅；而在土质疏松、肥沃、通气性良好的土壤中，根系特别发达。一般情况下，根系主要分布在 1 m 深左右的土层中，根系的幅度和地上部树冠的幅度大致相同或略微大些。桃树的吸收根则主要分布在树冠外围 20 cm 左右、深 20～50 cm 的土壤里，这个部位是施肥和灌水的最佳部位。

（二）根系的生长动态

桃的根系在年周期中没有明显的自然休眠现象，特别是在通气性良好、温湿度条件适宜的深层土壤中（概指 60 cm 以下的土壤中），即使是在冬季亦能生长。在湿润的土壤中，只要地温在 0 ℃以上，根就能顺利的吸收氮素，并将其合成为有机营养。

早春，当地温在 4～5 ℃时，根就开始活动，长出白色的吸收根，在 7.2 ℃时就能把吸收的养分向上部输送。新根生长最适宜的温度为 15～22 ℃，超过 30 ℃即生长缓慢或停止生长。年周期中桃的根系生长有两个高峰。第一次在 5～6 月，15 cm 深的土壤温度为 20～21 ℃，是根系生长最旺盛的季节。7～8 月，表层土壤温度过高，往往超过 26 ℃，同时多数品种正处于果实成熟阶段，要大量消耗养分，根系的生长趋于迟缓，吸收根的发生较少，切寿命也短。9～10 月，新梢停止生长，叶片制造的大量有机养分向根部输送，土温在 20 ℃左右，根系进入第二个生长高峰，新根的发生数量多，生长速度快，寿命较长，吸收能力较强；切断的小根容易愈合，再生新根，所以此时是桃园进行秋耕和施入基肥的最好时机。11 月以后，土温降至 10 ℃以下，根系生长即变得十分微弱，进入相对的冬眠时期。

二、芽和枝生长特性

（一）芽

1. 芽的类型　桃树的芽有叶芽和花芽两种。

（1）叶芽。呈圆锥形或三角形，着生在枝条的叶腋或顶端。桃枝的顶芽一般都是叶芽。桃叶芽萌发力强，大多数能在次年萌发成不同类型的枝条，仅有少数芽不萌发成为潜伏芽。桃的潜伏芽少且寿命短，萌发力差，是桃树树冠内膛容易光秃和老龄桃园更新困难的原因。1 个节位上仅生 1 个叶芽的称为单叶芽，1 个节位上着生 2 个或 2 个以上叶芽的称为复叶芽。

（2）花芽。桃花芽为纯花芽，外观呈椭圆形，只能开花、结果。着生在枝条的叶腋，春季萌发后开花、结果。1 个节位上仅生 1 个花芽的称为单花芽，1 个节位上着 2 个或 2 个以上花芽的称为复花芽。

2. 芽的特性　桃树当年生枝条上形成的腋芽当年就能萌发，称为芽的早熟性。生长旺盛的枝条 1 年可萌发二次枝或三次枝，这些二次枝或三次枝又称副梢。利用桃树芽的早熟性，可以使幼树提早形成树冠，早结果、早丰产。但这一特点也容易造成枝条过多，树冠郁闭。

（二）枝

1. 枝的类型　根据枝条的主要特性和功能，桃树的枝条可分为生长枝和结果枝两大类型。

（1）生长枝。只有营养生长而无花芽或花芽极少的枝条称为生长枝，可分为发育枝、徒长枝、单芽枝 3 种类型。

① 发育枝。一般着生在树冠外围光照条件较好的部位，组织充实，腋芽饱满且生长健壮。长度多在 50 cm 左右，最长可达 80 cm，粗度多在 0.5 cm 左右，最粗可达 1.5 cm，较粗较长的发育枝上会发生二次枝，有时还会形成数量很少的花芽。发育枝的主要作用是形成主枝、侧枝、枝组等树冠的骨架，使树冠不断扩大。

② 徒长枝。这种枝条多由树冠内膛的多年生枝上处于优势生长部位的潜伏芽萌发形成。它们的长势很旺，长度在 80 cm 以上，粗度多在 2 cm 左右，节间长，组织不充实，其上发生二次枝和三次枝，生长势特别旺的徒长枝还可抽生四次枝，因此体积大。如果控制不好，将会扰乱树形的正常发展，严重影响树冠内的光照条件，从而影响产量。一般应在生长初期彻底剪除。在树冠空缺部位的徒长枝也可通过修剪改造成枝组。

③ 单芽枝。这种枝条多发生在树的内膛，是营养不足或光照不足造成的。它们长度不足 1 cm，

只有 1 个顶芽。在生长季节，这个顶芽周围环绕生长着有 4～6 片叶子，所以又称叶丛枝，可多年保持单芽枝的状态。若条件继续恶化，便会枯死。但在受到外界刺激时，也能抽生为徒长枝、发育枝或结果枝。

(2) 结果枝。叶腋间着生花芽的枝条称为结果枝，依其生长状态和花芽的着生情况可分为徒长性果枝、长果枝、中果枝、短果枝、花束状果枝 5 种类型。

2. 枝条的生长规律 春季，枝条上的芽萌发，抽生为新梢。这时的外界温度低，新梢还不能制造大量营养物质，主要依靠树体贮藏的营养物质，所以新梢生长缓慢，表现出节间短，叶片小，叶腋里没有叶芽而形成盲节或者芽很小。

5～6 月，温度增高，气温适宜，新梢上叶的总面积增加。当叶片制造的营养能充足供应新梢生长之后，新梢就进入了迅速生长期。这是一年中桃树新梢生长最旺的时候，表现为单叶面积增大，节间加长，叶腋能形成肥大的腋芽，枝条往往从中部抽生二次枝。

7～8 月，气温很高，果实生长和花芽分化消耗的养分也很多，新梢的生长速度逐渐减慢，称为新梢的缓慢生长期。

9～10 月，各类新梢停止生长，进入新梢停止生长期。这段时间一直到 11～12 月落叶之前。这期间，成熟叶片制造的养分大量运送到树体各部，以促进枝的加粗、花芽的形成和新根的发生。

一年中，如果新梢生长前期有足够的生长量和大量的叶面积，后期又能及时停止生长，就能在树体内积累更多的营养物质。这样，一方面可增加树体冬季的抗寒力；另一方面可促进芽更好地分化，对来春的开花结果和生长前期叶片的肥大生长都有很好的作用。但若新梢生长过旺，停止生长过晚，树体内积累的营养便少，从而导致冬季抗寒力降低，容易受冻，而且花芽往往发育不饱满，翌春的坐果率也低。

三、开花与结果习性

(一) 花芽分化

桃树花芽分化一般都在新梢缓慢生长期到来之后，河南地区在 7～8 月。此时营养生长消耗的养分相对减少，芽内的有机营养（糖和氨基酸）和无机营养（磷酸）迅速积累，加上适宜的外界条件（温度、光照、水分）和成花激素的影响才能开始花芽的形成。9～10 月形成更细致的花粉囊、柱头、子房等生殖器官的主要组成部分。12 月至翌年 1 月随同植株落叶进入休眠阶段。休眠阶段需经低于 7.2 ℃的低温 500～1 200 h，才能使生殖器官中的性细胞进一步的正常发育和形成。2～3 月，当气温上升到 0 ℃以上时形成成熟的花粉粒和胚囊。3 月下旬，气温上升到 15 ℃左右时，花即开放。

调查发现：在夏秋季气温高、日照时间长、降水量少的年份，桃树花芽分化质量高，次年开花结果情况好。因此，在新梢缓慢生长期到来前的 6～7 月追施氮、磷肥，并进行夏季修剪以改善树冠内的光照条件，加上当时的高温和适当的干燥条件，都有利于提高花芽分化的数量和质量。

生产经验证明：成年的桃树比幼树的花芽分化期早；弱树、长势中庸的树比旺树分化期早；山冈坡地上比平原地上的树分化期早。形成这种差异的基本原因是它们进入新梢缓慢生长期的早晚各不相同。

(二) 开花和受精

桃树开花的早晚与春季日平均气温有关。当气温稳定在 10 ℃以上，即可开花，适宜温度为 12～15 ℃。河南郑州地区桃的花期在 3 月底到 4 月上旬。正常年份同一品种的花期可延续 7～10 d，遇干热风天气，花期可缩短至 2～3 d，遇寒流、低温可延续至 15 d 左右。

桃树为虫媒花，大多数品种有花粉，自花结实率高，一般都在 30%左右，最高可达 80%，单独栽种也可满足产量的要求，异花授粉结果更好。但有些品种，如砂子早生、丰白、仓方早生等没有花粉，必须有其他的品种传粉才能结实，定植时应特别注重授粉树的配置。

（三）坐果

开花时，花粉由昆虫传播在柱头上并萌发花粉管到达胚囊，雌、雄配子结合而形成胚，完成了受精过程，就称为坐果。

（四）落花落果

1. 落花落果时期与原因 桃树落果一般有3个时期。

(1) 第一期。第一期落果是在开花后的1～2周，落掉的是未膨大的子房，主要是由于缺乏授粉受精条件，花器不完全或雌蕊退化所致。这种现象的出现，主要是由于上年夏季管理不善，影响了花芽的分化和花器的形成，或花粉不育、发芽率低，而失去了受精能力。

(2) 第二期。第二期落果是在开花后3～4周。此时子房已经膨大，多由于受精不完全，胚的发育受阻，幼果缺乏胚供应的激素，或因花期遇阴雨天气，影响授粉，或花期缺氧，幼胚缺乏蛋白质供应，停止发育，均可引起落果。

(3) 第三期。第三期是已经受精的幼果在发育的过程中，因胚中途停止发育而造成落果，这个时期多在5月上旬至6月上旬，正值胚与新梢都处于旺盛生长、需要大量氮素的时期，由于氮素供应不足或供应过重促使新梢生长过旺，夺走了果实发育所需要的营养，从而导致胚缺乏营养，停止发育而落果。

2. 预防措施 针对桃树落果时期及原因可采取以下措施提高桃树的坐果率。

秋季果实采收后加强肥水管理、防治病虫害、改善树体营养条件、促进花芽分化、提高花芽的质量，这对因雌蕊发育不完全造成的落果是行之有效的办法。至于对缺乏授粉的品种，则应配植授粉树，或采用果园放蜂和人工授粉。为防止后期落果，应着重在硬核前适当供应肥水，调节氮肥的使用量，不宜过多也不宜过少；梅雨季节要及时排水，防止果园积水，及时进行土壤管理，改善根系生长条件；通过夏季修剪，防止枝条徒长，改善树冠内光照条件，提高叶片光合能力。此外，还应注意防治病虫害，防止早期落叶。除加强桃园的综合管理外，花后应用2,4-D、赤霉素等植物生长调节剂，也可提高坐果率，防止桃树落果现象发生。

四、果实发育与成熟

从开花受精到果实成熟，称为果实发育期。坐果后，果实开始发育，在发育过程中，先后出现两次迅速生长期，中间有一次缓慢生长期，即幼果迅速膨大期、果实缓慢生长期（硬核期）、第二次果实迅速膨大期。

1. 幼果迅速膨大期 指落花后子房开始膨大到果核核尖呈现浅黄色木质化这段时间。这个阶段主要以细胞的迅速分裂使果实的体积和重量迅速增加，不同成熟期的品种这个阶段的增长速度和时间大致相似，河南地区从4月至5月下旬，一般为40 d左右，其中前30 d是靠细胞个数的增加，后10 d主要靠单个细胞体积的增长和细胞间隙的扩大。

2. 果实缓慢生长期 自果核开始硬化到果核长到品种固有大小、达到一定硬度的这段时间，因果实增长缓慢故称果实缓慢生长期，又称硬核期。这个时期的长短因品种差异很大。极早熟品种春蕾几乎没有这一时期，一般早熟品种15～20 d，中熟品种25～35 d，晚熟品种40～50 d，极晚熟品种可达100 d左右。

3. 第二次果实迅速膨大期 从果核完全硬化到果实成熟的这段时间，在这一时期内，果实发育是靠果肉细胞体积的迅速增长，使果实的体积、重量增加。特别是果实成熟前的20～30 d，果实体积和重量增加的特别快，达总重量的50%～70%。成熟前的10 d左右，果实的内含物硬度、底色、彩色等明显发生变化，标志着果实成熟期的到来。

第四节 对环境条件的要求

了解桃树对环境条件的要求，就可以选择适宜的种植地区，并提供相应的栽培技术措施，在适地适树的条件下，生产高档、优质果品。

一、光照

桃树原产我国海拔高、日照长且光照充足的西北地区，形成了特别喜光的特性。一般年日照时数为1 200～1 800 h才能满足其生长发育的需要。

桃树在自然生长的状态下，随着树冠的扩大、枝条的增多，外围光照好的枝条很充实，花芽多且饱满，果实风味品质好，着色也好；树冠内部庇荫处的枝条花芽少且质量差，果实的风味、品质差，着色不良，小枝易枯死，造成大枝下部光秃，结果部位迅速外移，使其产量迅速下降。生产上经常看到管理好的桃园光照充足，树体健壮，枝条充实，花芽饱满，果实色艳味浓；如果管理不善，光照差，造成枝条徒长，树冠郁闭，内膛枝细小纤弱，甚至枯死，果实品质差。因此栽培上必须掌握合理密植的原则，不宜过度密植；树形上宜采用自然开心形，并注重夏季修剪，控制树冠密度，以创造良好的通风透光条件，满足桃树对光照的迫切需要。

二、温度

桃树对温度的适应范围很广，南方桃适宜年均温12～17 ℃，北方桃适宜年均温8～14 ℃，因此，我国经济栽培区多在北纬25°～45°的范围内。

桃树不同的生长发育时期要求的温度不同。生长期的适宜温度为18～25 ℃，气温高达31～32 ℃时生长缓慢，气温低于10 ℃生长迟缓；开花期需要的适宜温度为20 ℃以上，开花期的温度越低，开花期持续的时间越长，果实的成熟期就越不整齐；果实成熟期的适宜温度为25～30 ℃，此时昼夜温差大，湿度低，果实风味就浓；在休眠期，满足自然休眠适宜温度应在0～7 ℃的范围内。

桃树属耐寒果树，冬季气温在－23 ℃以下时易发生冻害，低于－27 ℃时可整株冬死。土温低于－10 ℃时，根系就会受到冻害，土温达4～12 ℃时根系开始活动，最适宜的生长土温为18 ℃。

不同器官对低温的适应能力也不一样，完成自然休眠后，花芽的受害温度为－15 ℃左右；花蕾的受害温度为－6.6～－1.7 ℃。盛花期的受害温度为－2.8 ℃，幼果的受害温度为－1.1 ℃。我国东北、华北地区的僵芽（即花芽枯死）现象就是来自低温的冻害。调查发现：冻害的发生，不仅取决于极限温度，有时虽未达到极限温度，但低温持续的时间较长，也会发生不同程度的冻害，如花期0 ℃的低温也会使花冻坏，冬季绝对低温达－18 ℃时，持续时间较长，也会使植株发生冻害。

三、水分

桃树原产于干燥的气候条件下，故性耐干旱而怕水涝，是落叶果树中需水量较低的种类。

一般生长在山坡上的桃树虽然终年不进行灌水也能结果，不过树型较小，寿命较短，产量较低；在具有灌水条件的平地果园中则树冠较大，寿命较长，产量也高。因此说桃树性耐干旱，并非说其喜欢干旱，适当的供应水分仍是高产、稳产的必要条件。特别是在开花后的核形成初期、果实膨大期和枝条迅速生长期必须有充足的水分供应，新梢和果实才能正常生长发育。如若缺水，就会使枝条生长不良，叶片光合作用减弱，果实膨大生长受到抑制，甚至引起落果，而造成减产和果实品质下降。

但若雨水太多，又会引起枝条徒长，花量减少，落花落果严重，果实外观和食味品质下降，裂果严重，引起炭疽病、褐腐病的发生。桃树不耐涝，在排水不良和地下水位高的桃园会引起根系早衰、叶薄，进而引起落叶、落果、流胶，以致整株死亡。尤其是夏秋季节，果园积水后2～3 d不能排除，

即能招致全园毁灭之祸。2000 年秋季河南雨量较大，新乡、焦作、周口、南阳等地大面积桃树被淹死。因此，作为经济栽培的桃园必须具备旱能浇、涝能排的条件。

四、土壤

桃树在平原、丘陵、山地都可种植，但因桃树较其他果树根系的呼吸强度大，好氧性强，最适宜在土质疏松、排水良好的沙质壤土上生长。在这种土壤上栽种的桃树，营养生长与生殖生长易趋平衡，结果期早，果实的品质好，盛果期也较长。黏重土壤因排水不良、透气性差，会抑制根系发育，树体易发生流胶。过于肥沃的园地易使植株旺长，发枝量多，树冠不宜控制，结果部位外移特别快，并易招致落果、流胶病、炭疽病和颈腐病的发生，进入结果期也较晚。在瘠薄和沙地肥水流失严重，会导致树体营养不良，果实成熟早，果个小，产量低，盛果期短。

桃树一般来说较耐盐碱，但以中性或微酸性土壤最好，pH 为 5～6 时生长最佳，pH 4～7 时能正常生长，若小于 4 或大于 8 时，就要严重影响生长。在土壤中含石灰量过多时，常因缺铁而发生黄叶病。土壤中的含盐量不能超过 0.28%，否则生长不良或致死。因此，盐碱地要栽培桃树需先进行土壤改良。

桃树在我国分布的地区广，品种多，不同品种对土壤的适应性也有差别。另外，适宜的栽培措施也会调整桃树对土壤的适应性。因此，建园时应根据土壤条件选择适宜的品种，或根据品种需求选择适宜的土壤，还可以对土壤进行适当的改良，来扩大桃树对土壤的适宜范围。

第五节　建园和栽植

桃树是多年生经济作物，一经栽植就会在原地生长 20 年以上，所以园地的选择、果园规划、品种的选择都十分重要。

一、建园

（一）园地选择

桃树在海拔 400 m 以下的地区，无论是平原、坡地、河滩、丘陵、山地均可种植。但以土层深厚、沙质、壤土、水源方便、自然排水流畅、交通方便的地区建园最好。土质黏重地、低洼易地、重盐碱地、不宜建园。

（二）果园规划

园地规划包括小区规划，防护林的营造，桃园内的道路和排灌系统规划。小区的划分应考虑地形，使区内小气候大体一致和便于运输，平地桃园小区面积以 1.7～2.0 hm^2 为好，山坡地以 0.5～1.0 hm^2 为宜。桃园道路的设置应便于栽培的管理、肥料的输送、农药的喷洒以及果实的采收和运送。桃园的排灌系统包括排水和灌水两部分，要做到旱能浇、涝能排。如果用井水灌溉，每 6.7 hm^2 要有 1～2 口井，有条件的桃园可建立喷灌和滴灌系统，以节约用水和改善桃园的微环境。

（三）应注意的问题

桃园的园址不同存在的主要问题不同，建园时应根据具体的情况做好应有的工作。

1. 河滩地建园　河滩地建园时因桃树不耐涝，要求常年地下水位在 1.5 m 以下，高出 1 m 时应采取高畦或台田种植，增加土层的深度，并要开挖排水沟。

2. 平地、丘陵地建园　平地、丘陵地建园在表土下有板结的黏盘层或僵石层应先深翻打通；漏水、漏肥的粗沙地，应进行客土改良或抽槽填施秸秆、土杂肥。

3. 山地建园　山地建园者应选背风的缓坡地栽植较为适宜。坡度在 30°以下，土层深厚，排水良好，阳光充足，宜于生长。东、西、南、北坡均宜种植。南坡阳光充足，土壤温、湿度变化大，可以提高果实品质；北坡保水保肥能力较强，果实成熟略迟。但干旱地区的西坡和西南坡易引起日灼病。山地、丘陵地栽植桃树，土壤易被冲刷，使土壤理化性质恶化，肥力降低，严重的还会导致塌方，常造成桃树根部裸露，影响生长和结果，因此必须修筑梯田。修筑梯田可以减少水土流失，便于农事操作，提高劳动效率，加厚土层，使土壤疏松，有利于根系发育。

梯田的阶面大多筑成水平式。修筑时沿山坡自上而下，每隔一定距离按水平线将坡面破开，铺成平面，就成为梯田。梯面的宽窄根据坡度大小而定。坡度大，梯田要窄；坡度小，梯面要宽。在开面时，将土壤表土和底土分开，随着修筑梯壁再按原来的土壤层次铺在梯壁内。梯壁最好用山石筑成。在梯面的内侧挖一条排水沟，以防雨水过多冲坏梯壁，并在梯田两侧挖涡水沟，引水流入山下。

4. 大风地段建园 农谚说："迎风李，背风桃。"说明在迎风的地方不宜栽种桃树。风是栽培桃树的大害，花期风大减少昆虫活动，影响授粉，从而影响坐果率；果实膨大期风大，造成落果而影响产量。因此，在风大的地方建园要营造防护林。防风林带的有效距离一般为树高的 20 倍左右，因此每隔 200～300 m 就应栽植不同行数的防风林带。果园外围的迎风面应有主林带，一般 6～8 行，最少 4 行。果园面积较小，可在果园外围迎风面栽几行即可。林带要高、中、矮树种相配合。靠近桃树的内缘宜栽灌木，外缘可栽易成活、好管理、生长比较迅速，不易传染病虫害的阔叶树。如果在山地种桃树，应选背风的坡向建园。

5. 老桃园地 前茬为桃树的园地土壤中残留有腐烂根系，容易传播根部病害。土壤中还含有扁桃苷（在水解时产生氢氰酸和苯甲醛），能杀死新根，抑制根系生长，造成新栽桃树根系生长缓慢，且易患干腐病、流胶病和根癌病，往往表现为生长弱，甚至有死树的现象。所以栽植桃树不宜重茬。如果一定要在老桃园定植，应注意除尽残根，深耕并多施有机肥，并种植绿肥、瓜菜和豆科作物进行土壤改良，相隔 2～3 年再栽植桃树为宜，忌连作。

二、栽植

（一）品种选择

栽植桃树，必须充分了解市场，掌握动向，因地制宜，合理安排品种，扬长避短，发挥优势；切不可不进行条件分析，别人种什么自己就种什么，盲目跟从，造成不必要的经济损失。一般应注意以下几点：

1. 适地适树，因地制宜 尽管桃树的适应性强，但具体到某一个地区的自然条件，品种间的适应性是不同的。因此，建园时要根据品种特性和当地的自然条件，选择适合当地的品种，做到"适地适树"，才能发挥优良品种的特性，产生最大的经济效益。

2. 早、中、晚熟品种配套 由于桃果不耐贮运，鲜果采收后 3～5 d 得不到及时处理就要腐烂，因此栽种时无论鲜食还是加工品种，栽培面积大时要注意早、中、晚熟品种配套，其比例一般为 4∶3∶3。这样一方面可以延长果实的供应期；另一方面又可避免成熟期过分集中，人力、物力紧张而影响果实的采摘质量和销售。但同一果园内的品种不宜过多，一般 3～4 个最好。

3. 市场的需求 应根据各地市场的需求情况选择品种，尤其要注意发展市场上缺少的断档品种。比如在城市郊区可发展一些极早熟和极晚熟品种，调节城市市场供应；在农村则应发展 6 月底 7 月初成熟的品种，满足农民麦收后走亲访友时的市场需要。外销的桃果也需要考虑外销市场的需求时期和需求量。

4. 市场的远近 根据当地交通条件选择品种。交通条件好，距离销售市场近的可选择水蜜桃品种；距离较远的可选择肉硬、耐贮运的品种。

5. 适宜授粉品种的搭配 桃的大多数品种是两性花，可以自花结实，但若能和其他同期开花的优良品种配合栽种，则可明显提高果实的产量和质量。尤其是无花粉的品种如砂子早生、仓方早生、秋硕等，必须配置 30%～50%的授粉树。授粉树必须与主栽品种花期一致，亲和力强，花期长，花粉多，与主栽品种有同等的经济价值，并且要求授粉树在全园中分布均匀。

（二）栽植方式

桃树栽植方式很多，常用的有以下几种：

1. 长方形栽植　行距大于株距，植株成长方形排列，是目前生产上广泛应用的一种良好的栽植方式。其优点是通风透光好，便于行间管理，有利于间作物的生长。

2. 正方形栽植　正方形栽植是行距和株距相等，植株呈正方形排列。其优点是果园内光照分布均匀，通风透光较好，有利于树冠的发展，便于纵横交叉耕作。缺点是不便于间作和管理，密植情况下容易出现果园郁闭。

3. 宽行密株形栽植　宽行密株形栽植就是行距特宽、株距特密，是长方形栽植的一种演变形式，适于密植栽培。一般行距宽 3～5 m，株距密至 1～2 m。其优点是用“密株不密行”解决桃园的通风透光问题，并有利于果园管理和果园间作，是目前新果区种植桃树的一种较好的方式。

4. 等高线栽植　山地果园一般用等高线栽植法。每层梯田上栽植 2 行桃树，株距 4 m 或 3 m 均可。

（三）栽植密度

桃树的芽具有早熟性，一年分枝次数很多，树冠增长很快，加上其喜光性很强，应适当密植。过度密植的情况下树冠内外郁闭，光照不良，会使树冠中下部的结果枝大量枯死，产量很快下降，即使初期产量可以提高，但多是果实小、品质差，缺乏市场竞争力，因此桃树栽植密度不能过大。为了提高产量，可以进行适度密植，但不提倡过度密植。

1. 一般桃园的栽植密度　在土、肥、水较好的平原，一般每 667 m^2 栽 33～37 株（株行距 4 m×5 m 或 3 m×6 m）；在土地瘠薄的丘陵、山地每 667 m^2 可栽 55～67 株（株行距 3 m×4 m 或 2 m×5 m）。

2. 高密桃园的栽植密度　如果进行密度栽培，应利用矮化砧木或生长抑制剂多效唑进行控制，并选择适于密植的树形，每 667 m^2 可以栽植 111～222 株（株行距 2 m×3 m 或 1 m×3 m）。

3. 计划密植　就是先密植后稀植的桃园。这种桃园在定植的时候，要确定永久株和临时株（加密株），等到树冠相接、果园郁闭时，伐除临时株。这种栽培方式，既可获得早期丰产，又能避免密植桃园后期郁闭而带来的副作用。

目前国内桃树计划密植建园时一般采用 2 m×2 m、3 m×2 m 和 3 m×3 m 的株行距，并确定出临时株和永久株。栽培过程中对永久株按照已定的树形进行正常的修剪；对临时株则应采取一切技术措施控制树冠，促使其早结果、早丰产，修剪时不考虑树形，为永久性植株让路。随着树龄的增长，树体的扩大，当树冠搭接时，要逐年回缩临时株，使它不影响永久株的生长，到不宜再回缩时就可将临时株伐除，以保证永久株长期生长结果。桃树一般是在第五个生长季节的果实采收后伐除临时株，就成了 2 m×4 m、3 m×4 m 和 3 m×6 m 的株行距。

（四）定植时间

春、秋两季均是栽植桃树的季节。北方桃树的定植时期多数选在土壤完全解冻到树木萌芽前的春季。由于冬季寒冷，秋季定植后还要培土防寒，严寒和干燥影响幼树成活。春季栽植，定植后马上进入生长季节，有利于树体成活和生长。我国南部地区大多在秋季落叶后至地面冻结前定植。秋季栽植挖苗时的根部伤口当年可愈合，并能很快发生新根。来年春季及时生长，成活率高，生长良好。

（五）芽苗的栽植要点

栽植芽苗要达到 1 年成形、2 年见果、3 年投产的目的，必须掌握以下栽植要点：

1. 挖大坑、施足基肥　如铅笔般大小的芽苗，想要在当年长成幼树（树高 1.5 m，冠幅 1.5 m，干高 20 cm 处直径 3 cm 左右，主枝 3 个，侧枝 6 个，长度 30 cm 以上的枝条 40 个，部分枝条上形成花芽），没有很好的土肥条件是不行的，因此要求定植前 1～2 个月挖好定植坑，坑大小为 1 m 或 80 cm 见方。挖坑时表土与心土要分开堆放。定植前先将表土填入坑里，再将心土与有机肥 25～35 kg、过磷酸钙 1 kg 混合搅拌回填到坑里，充分踏实。土壤质地不好的应尽量换入好土，土壤过黏的可混入适量细沙，纯沙地可混入适量黏土。

2. 先浇水，后栽苗 坑土填满踏实后充分灌水，渗透，使坑土进一步沉实，这样可以避免先栽苗后浇水造成的苗木下陷、接芽埋没土中的现象，并使底墒充足，引诱根系向深处伸展，对保证芽苗的成活和旺长有积极的作用。

3. 浅栽苗，立即剪砧 栽植穴灌水后下陷的深度若在 30 cm 左右，即可将坑土做成馒头形，将苗木直接放入，为防止萌芽后风将芽条吹劈，接芽应在迎风面，并使根系全部展开，封土栽植。若陷坑深度不够，可用锨适当加深，但切记根系入土深度宜浅不宜深。苗木的根颈部分（苗木根系与地上部分的交界处）应和地面平齐。封土后要充分踏实，使根系和土壤充分密接，再浇少量水，第二次封土、踏实。

4. 芽苗定植后的管理 春季芽苗栽植后即可剪除接芽以上的砧木。剪口的位置在接芽上 0.5 cm 左右处。留桩过高影响愈合，形成干橛；留桩过低，会使接芽干枯而死。也可先在接芽上方 2 cm 处剪去砧木，待接芽萌发成芽条后，再进行二次剪砧，即保证了接芽萌发，又保证了伤口的愈合。如果秋冬栽种，剪砧后应封土堆防干、防冻。次年春季除去土堆，促进发芽。整个栽植过程应严格，避免碰落接芽。

（六）成苗的栽植和管理

成苗栽植前的挖坑、施肥、灌水、定植的方法与芽苗栽植基本一样。桃成苗定植后，应立即定干。一般保留干高 60 cm 进行剪截，在剪口下 20 cm 的整形带中若有分枝可以用作主枝的予以保留，并短截至饱满芽处，令其生长形成新的树形。

第六节 土肥水管理

一、土壤管理

（一）扩穴

每年秋冬季节对桃树进行深翻扩穴，采取放射沟的方法，在离树 0.5 m 处开深 0.6 m、宽 0.5 m 的放射沟，当天挖当天回填，要结合施土杂肥，回填后灌足水，每隔 3～4 年对全园深翻一遍。

（二）压土

采用压土改良土壤的方法，在我国南北均可采用，具有增厚土层、保护根系、增加营养、改良土壤结构等作用，因水土流失而使耕作层变浅、根系裸露的桃园，压土效果则更显著。压土最好在冬季进行，这样不仅可起到冬季覆盖提高土温的作用，而且土壤经风化沉实的时间较长，便于第二年耕作。压土工作要连年进行，土质黏重的应压含沙质较多的疏松肥土，含沙质多的可培塘泥、河泥等较黏重的肥土。压土的方法是把土块均匀分布全园，经晾晒打碎，通过耕作把原先的土壤与后来压入的土壤逐步混合起来。压土厚度要适宜，过薄效果不明显，太厚通气不良对桃树根系生长不利，一般压土厚度为 5～10 cm，经 3～4 年再压一次。

（三）翻耕

深翻可熟化桃园土壤，是桃树增产的基本措施。桃园深翻结合施肥可以改善土壤的通气性和透水性，能调节土壤温度，促进微生物活动，从而使土壤的理化性质得到根本改善，促使土壤团粒结构的形成，提高土壤肥力。同时，深翻难免会切断一部分根系，等于对根系进行了修剪，可以增生须根，扩大总根量，增大吸收地下养分的总面积，明显促进桃树的生长发育，使果大、质优，连年丰产。因此，桃园一定要进行深翻改良土壤的工作。深翻的方法有：

1. 逐年扩穴 栽后第二年原来的定植穴已布满根群，根系再向外扩展已受到影响，因此应在树冠外缘逐年挖深、宽各 40 cm 的环状沟。尤其是在沙石地桃园还需进行掏沙石换土的工作。

2. 行间、株间深翻　在土壤黏重的桃园，宜在行间、株间进行深翻，深度 60 cm 左右，并可结合施肥进行。

3. 全园深翻　对密植桃园和大树桃园，可结合施肥进行全园深翻。其深度一般是从树冠下开始，由里向外逐渐加深。靠近树周围宜浅，约 10 cm，树冠周围可深到 20～30 cm，行间可深至 40 cm。

桃园深翻、扩穴一年四季均可进行，一般 9～10 月结合秋施基肥进行较好。此时地上部分生长已减缓，养分开始积累，深翻施肥后正是秋季根系生长的高峰，伤口愈合快，并能很快生出许多新根，再结合冬灌，使根系与土壤密接，有利翌春根系生长。

（四）间作

幼龄桃园行内有一定的空地，为了充分利用土地和光能，可播种一些间作物来增加收入，但间作物栽种应注意以下几点：

1. 间作物的选择　桃园间作物一般可选用绿肥、豆类、花生、薯类、草莓等矮秆作物。蔓性作物如黄瓜、丝瓜不宜作为间作物，以防止藤蔓缠绕果树。高秆的玉米、高粱也不能作为间作物，因为它们生长速度快、植株高大，影响桃树的通风透光。蔬菜也不宜间作，尤其是秋菜对桃树的影响大，因为进入秋季桃树需要控水，以防后期旺长消耗营养，而秋菜此时正值需水之际，两者之间的矛盾不好解决。此外，选择间作物时还应考虑病虫害，如棉花可招致蚜虫、红蜘蛛危害；番茄、黄瓜在沙地能使根结线虫加重，均不宜作为间作物。

2. 树盘处理　无论间作哪种作物，都必须留出树盘，应种植在树冠 33.3 cm 以外，防止间作物影响桃树树形的形成。

3. 施肥管理　间作物也要吸收肥料，因此桃园间作之后，要加强肥水供应，避免间作物和桃树争夺养分。

4. 间作年限　间作年限以不影响桃树生长为原则，行间大的桃园间作的时间可长些。

（五）其他措施

1. 中耕除草　中耕除草又称清耕法，适于平地成龄树桃园应用。生长季节，通常在灌水或降雨后，当土壤不黏时及时进行中耕除草，可以使土壤疏松通气，防止板结，保持墒情，有利于土壤微生物的活动和桃树根系的生长，有利于难溶养分的分解，从而提高土壤的肥力。中耕除草，在一定时间内可控制杂草的生长，减少杂草对土壤养分和水分的消耗，减少某些病虫害的寄生和传播。因此，生长季节桃园要进行中耕除草。

中耕深度随生长季节而异。早春灌水后中耕宜深些，达 8～10 cm，并把土壤整理的细碎，以利保墒。硬核期应进行浅耕除草，约 5 cm 深，尽量不伤及新根。雨季（7～8 月）只需除草，不必松土，以利雨后园中水分的径流和土壤水分蒸发。晚秋在大部分品种采收后中耕，也可适当加深，以便松土、通气，有利于根系秋季生长，恢复树势和积累贮藏养分。

2. 覆草　适于山地与干旱地区应用。在幼龄桃园的树盘下、成龄桃园的全园覆草（杂草、麦秸等）20 cm 左右，可抑制杂草的生长，减少水分蒸发，提高土壤湿度；覆草腐烂可增加土壤有机质，改善土壤团粒结构，提高土壤肥力，并能调节地温，早春可提高地温 1.8～2.6 ℃，夏季地表温度可降低 6.2 ℃，有利于桃树生长。以后逐年加厚 10 cm，4～5 年后耕翻，重新覆盖。因此，在土壤水分较少的山地、干旱地区覆草，具有良好的保水效果；在盐碱地还可以防治或减轻盐渍化。多年长期的覆盖，土壤表层温度、湿度较适宜，有利于根系生长。

但是树冠下覆草也有缺点：

（1）覆盖使桃树根系集中于表土层，削弱其抗旱、抗寒能力，一旦中断覆盖即对果树不利，因此应有意识进行深施肥，引诱根系向下生长。

（2）覆盖物易隐藏病虫害，增加病虫害的防治难度，要注意树冠下的杀菌消毒。

3. 清耕覆盖　山地、平原均可应用。春季桃园进行中耕除草，保持清耕，后期种植绿肥作物。

这种方法可以保证桃树生长前期水分和养分的供应，又可以在雨季前种绿肥。既可防止杂草生长，又可消耗土壤中多余的水分；既避免了绿肥与桃树争夺水分和养分的矛盾，又可增加土壤有机质的含量，改良土壤结构，提高土壤肥力。

4. 生草法 适于山地桃园应用。树盘内进行中耕除草，株行间种草或自然生长杂草。这种方法既可以防止山地水土流失，又利于增加土壤中有机质的含量，改良土壤结构，增加土壤肥力。

二、施肥管理

（一）施肥的意义

桃树一经定植，多年固定在一个地方生长，在其生长发育、开花结实的过程中需要多种营养元素。为了达到丰产、优质的目的，必须根据树体的生长结果需要适时补充必要的营养元素，这就需要果园施肥。

1. 桃树所需要的元素种类及其作用 了解各元素对桃树生长、开花、结实的主要作用，在生产中要注意元素之间比例的协调，才能达到预期的施肥效果。

（1）氮。氮肥可以促进枝叶营养生长，延迟衰老，增加叶面积，提高光合效率，提高坐果率，促进花芽分化和提高产量。桃树对氮素较敏感，主要表现在新梢生长上。幼树和结果初期的树施氮肥过多时，会引起桃树枝梢徒长、树冠郁闭，不易形成花芽，延迟结果，并加重生理落果，果实味淡，着色差。所以幼龄桃树要适当控制氮肥施用量。随着树龄的增大及产量增加，需要氮素数量增加，要增施氮肥。如果植株的氮素不足，成熟的叶或近于成熟的叶变为黄绿色，黄的程度逐渐加深，叶柄和叶脉则变红。严重缺氮时，叶肉出现红色斑点，后期斑点坏死，叶片从当年生长的新梢基部开始脱落，并逐渐向上发展。因此，缺氮的植株生长和结果都会受到影响，主要表现为新梢生长短且枝条细，叶片薄、叶色淡，光和能力下降；花芽少；坐果率低，果实小，色泽差，品质低；枝与芽的抗寒力下降。氮素过多或缺少都会给桃树带来不同程度的影响，所以桃树施用氮肥要结合树龄、结果状况适时适量。

（2）磷。磷能够增强桃树的生命力，促进花芽分化，保证良好的授粉受精作用，提高坐果率，增加果实含糖量。磷还能促进新根的发生和生长，提高根系的吸收能力，增强桃树的抗旱能力。桃树的需磷量比需氮量要少，但缺磷时新梢节间短；细根发育受到限制；叶片皱缩，叶狭小，初期叶色暗绿而后呈紫绿色，严重时背面的叶脉和叶柄变紫色，新梢基部叶片较早形成离层而脱落；果实小且成熟早，果色暗，肉质松软，味苦酸，可溶性固形物含量低，有斑点或裂皮。桃园缺磷时可施用磷酸盐肥料。但施用磷肥过多时可引起缺钾、缺锌，所以供磷也应适当。

（3）钾。桃树是需钾较多的果树，尤其是钾对桃树果实生长尤为重要。钾充足时，果实成熟早，果个大，含糖量高，风味浓，色泽鲜艳，产量高，树体的抗逆性强。桃树缺钾的症状是叶片向上纵卷，弯曲成镰刀状，夏季中期以后叶变浅绿色，从底叶到顶叶逐渐严重。严重缺钾时，老叶主脉附近皱缩，叶缘或近叶喙处出现坏死，形成不规则边缘和穿孔，最后枯萎脱落。由于叶片症状的出现，新梢变细，花芽分化减少，果实肥大期生理落果严重，果实小、畸形。桃树缺钾时，可根据树龄的大小，每株施氯化钾 0.5～2.7 kg，使树体内的钾素含量迅速恢复正常。草肥和禽肥也可以增加叶的含钾量。

（4）钙。桃树对钙敏感。缺钙时先是根系生长受抑制，根短而密；顶梢上的幼叶从尖端和中脉处坏死。严重缺钙时，枝条尖端以及嫩叶似火烧般的坏死，并迅速向下部枝条发展，致使许多小枝完全死亡；早、中熟品种果实的缝合线处变软。桃树缺钙时可于生长期对叶面喷施 0.1%的硫酸钙，连施 2 年。

（5）镁。桃树缺镁时，枝条基部叶片的叶缘和叶脉坏死，叶片很快脱落。严重缺镁时花芽减少。桃树缺镁时可以施用硫酸镁，单株每年使用量依树龄大小而异，范围在 0.5～1.0 kg。

(6) 铁。桃树的缺铁症又称黄叶病、白叶病、褪绿病等，在盐碱土或钙质土的桃园最易发生。桃树缺铁的症状主要表现在新梢的幼嫩叶片上，开始时，叶肉变黄，而叶脉两侧仍保持绿色，致使叶面呈绿色网纹状失绿。叶片失绿程度加重时，整叶变为白色，叶缘枯焦，引起落叶。严重缺铁时，新梢顶端枯死。桃树缺铁时可在发芽前对枝条喷施0.3%～0.5%的硫酸亚铁，或在生长初期叶面喷施0.2%的硫酸亚铁，并在整个新梢生长期重复使用。改土治碱，增施有机肥是防治缺铁症的根本措施。

(7) 锰。桃树缺锰时叶片长到一定大小后便呈现出特殊的侧脉间褪绿。严重缺锰时，脉间有坏死斑，叶片早期落叶，整个树体叶片稀少，根系不发达，开花结实少，果实色泽品质差，有时出现裂皮。桃树缺锰时，可于生长期喷布0.3%的硫酸锰溶液。

(8) 锌。沙地果园、灌水过多的果园及盐碱地果园，都容易出现缺锌症。桃树缺锌时新梢生长受阻，节间短；叶片小，常丛生在一起呈簇状（所以有时也称小叶病或丛簇病），叶片呈现出不规则的叶脉间失绿，而褪绿部分枯死脱落形成孔洞；花芽数量减少；结果少，果实小且畸形，品质差，成熟的果实多破裂。对缺锌树可于发芽前喷施4%～5%的硫酸锌，或发芽初期喷施0.1%的硫酸锌。同时，应对沙地、盐碱地、黏土地的果园采取改良土壤的措施，增施有机肥，从根本上解决缺锌问题。

(9) 硼。桃树缺硼的症状是新梢从上往下枯死，通常在春季发生。缺硼树桃果实如蚕豆大小，畸形，果面茸毛脱落，逐渐形成木栓状斑块。可在萌芽前喷施0.1%～0.5%的硼砂水溶液。

2. 桃树常用肥料的种类　为了给桃树补充营养元素，就需要施肥。桃树常用的肥料可以分为两大类，即农家肥料和化学肥料。

(1) 农家肥料。农家肥料为动、植物残体和动物排泄物，含有丰富的有机质和腐殖质，以及桃树所需要的各种营养元素。其特点是来源广，潜力大，养分完全，肥效期长而稳定，属迟效性肥料。施后能改良土壤，提高土壤肥力，提高果实品质，是生产高档优质桃果的必备肥料。主要包括人畜粪尿、圈肥、堆肥、草木灰、杂草和树叶等，一般都用作基肥。各种农家肥料的养分含量及肥效速度见表47-1至表47-5，生产上可以根据其养分含量和肥效速度，确定适宜的施入时间。

表47-1　粪尿肥的养分含量

单位：%

名称	有机物	含氮量	含磷量	含钾量
人粪尿	—	0.50～0.80	0.20～0.40	0.20～0.30
人　粪	20.0	1.00	0.30	0.40
人　尿	5.0	0.50	0.05	0.20
猪　粪	15.0	0.60	0.45～6.00	0.50
猪　尿	2.8	0.64	0.16	0.80
牛　粪	14.5	0.59	0.28	0.14
牛　尿	3.5	0.50	0.15	0.65
马　粪	21.0	0.56	0.30	0.33
马　尿	7.1	1.20	0.05	1.65
羊　粪	31.4	0.62	0.30	0.20
羊　尿	8.3	1.40	0.13	1.85
鸡　粪	25.5	1.63	1.54	0.85
鸭　粪	26.2	1.00	1.40	0.62
鹅　粪	23.4	0.55	0.50	0.95
鸽　粪	30.8	1.76	1.78	1.00

表 47－2 圈肥、堆肥和沤肥的养分含量

单位:%

肥料名称	含氮量	五氧化二磷	氧化钾
猪圈肥	0.45	0.19	0.60
牛圈肥	0.34	0.16	0.40
马圈肥	0.58	0.28	0.58
羊圈肥	0.83	0.23	0.67
土粪	0.12～0.58	0.12～0.68	0.26～1.53
青草堆肥	0.25	0.19	0.45
麦秸堆肥	0.18	0.29	0.52
麦糠堆肥	0.24	1.24	0.51
玉米秸堆肥	0.12	0.16	0.84
稻秸堆肥	0.92	0.29	1.74
棉秸堆肥	0.92	0.29	1.74
垃圾堆肥	0.33～0.36	0.11～0.39	0.17～0.32

表 47－3 秸秆肥的养分含量

单位:%

名 称	含氮量	含磷量	含钾量
稻 草	0.51	0.12	2.70
稻 壳	0.32	0.10	0.57
麦 秆	0.50	0.20	0.60
麦 糠	0.24	0.24	0.51
玉米秆	0.60	1.40	0.90
大豆秆	1.31	0.31	0.50
红薯藤叶	0.49	0.16	0.42
棉 秆	0.92	0.27	1.74
花生秧	3.20	0.40	1.30
油菜（鲜）	0.43	0.26	0.44

表 47－4 饼肥的养分含量

单位:%

名 称	含氮量	含磷量	含钾量
大豆饼	7.00	1.32	2.13
花生饼	6.32	1.17	1.34
棉仁饼	5.32	2.50	1.77
棉籽饼	3.41	1.63	0.97
芝麻饼	5.80	3.00	1.30
蓖麻籽饼	5.00	2.00	1.90
葵花籽饼	5.10	2.70	—
菜籽饼	4.60	2.48	1.40
茶籽饼	1.11	0.37	1.23
椿树籽饼	2.78	1.21	1.78

表 47-5　有机肥的肥效速度

肥料名称	各年肥效（%）			速效情况（几天之内可以发挥肥效，d）
	第一年	第二年	第三年	
腐熟粪	75	15	10	12～15
圈　粪	34	33	33	15～20
土　粪	65	25	10	15～20
炕　土	75	15	10	12～15
人　粪	75	15	10	10～15
人　尿	100	0	0	5～10
马　粪	40	35	25	15～20
羊　粪	45	35	20	15～20
猪　粪	45	35	20	15～20
牛　粪	25	40	35	15～20
鸡　粪	65	25	10	10～15
草木灰	75	15	10	12 d左右

（2）化学肥料。化学肥料是人工合成的肥料，具有养分含量高、肥效快、施用方便等优点。其缺点是不含有机质，养分单纯，肥效短，长期施用果实风味淡。有些化肥如果长期单独使用还会破坏土壤结构，使土质变坏，因此应根据桃树生长发育的需要，确定使用的种类、数量和时期。常用的氮肥有尿素、硝酸铵、碳酸铵、硫酸铵；常用的磷肥有过磷酸钙、磷矿粉；常用的钾肥有硫酸钾、氯化钾；常用的复合肥有硝酸钾、磷酸铵、磷酸二氢钾、氮磷钾复合肥，这类肥料既可作基肥也可作追肥。

常用的化学肥料的肥分含量、性质及使用方法见表 47-6。

表 47-6　各种化学肥料的肥分含量、性质及施用方法

肥料类型	肥料名称	养分含量	性　质	施用方法
铵态氮肥	硫酸铵	含氮 20%～21%	白色结晶粉末，有时淡黄色，弱酸性，易溶于水，吸湿性弱，速效	多作为追肥或根外追肥，不能与碱性肥料混施
	碳酸氢氨	含氮 17%～17.5%	白色或灰白色粉末，有氨味，易挥发，易潮解，速效，生理中性，适于酸性或中性土壤	多作为追肥，开沟深施覆土 7～10 cm，切不可与茎叶接触，以免烧伤。不能与碱性肥料混施
	氯化铵	含氮 24%～25%	白色结晶或淡黄色，易溶于水，生理酸性，吸湿性弱	宜作为追肥，盐碱地不易施用
	氨水	含氮 15%～17%	液体，带黄色，有氨味，强碱性，易挥发，有刺激性和腐蚀性	多作为追肥，旱地追肥时要加水稀释 20～30 倍，开沟深施后盖土，施用时避免与根接触，卸车远离植株，以免烧叶
硝态氮肥	硝酸铵	含氮 34%～35%	白色结晶，有时略呈黄色，粒状或粉末，中性，易溶于水，吸湿性强，应防潮贮存	宜作为追肥，应沟施覆土，不应与碱性肥料混施，肥料结块时应轻压碎，不可猛击，以防爆炸，也不可与易燃烧物混放
	硝酸钠	含氮 15%	白色或灰白色结晶，易溶于水，吸湿性强，吸湿后易成硬块，应贮存于通风干燥处。有助燃性	作为追肥不宜过多，不宜连年施用，可与有机肥配合施用以减少肥分损失。存放时注意防爆炸，防燃烧
	硝酸钙	含氮 13%	白色粒状，生理碱性，易溶于水，吸湿性强，应贮于通风干燥处	可作为追肥或基肥
	硝酸铵钙	含氮 20%～25%	浅灰白色或灰褐色粒状，碱性，速效，湿度大时易液化，应贮于通风干燥处	多作为追肥，宜施于酸性土壤，使用和贮存同硝酸铵，应防爆炸、防燃烧

（续）

肥料类型	肥料名称	养分含量	性　质	施用方法
尿素态氮肥	尿素	含氮42%～46%	白色小粒结晶，中性，吸湿性强，应贮于通风干燥处，肥效较前几种稍慢	可作为追肥，追肥时应较其他氮肥提前数天施用。施肥后要覆土，喷肥时加水300倍
氰氨态氮肥	石灰氮	含氮10%～20%	瓦灰色粉末或粒状，碱性，微溶于水，有吸湿性，吸湿后能结块，有腐蚀性	宜于酸性土壤堆，可于有机肥沤以后作为基肥
水溶性磷肥	过磷酸钙	含五氧化二磷16%～20%	灰白色粒状或粉末，酸性，有吸湿性和腐蚀性，速效	施用时砸碎过筛与有机肥混匀沤制，主要作为基肥，不宜与草木灰等碱性肥混用
	氨化过磷酸钙	含五氧化二磷13%～14%，氮2%～3%	中性，易溶于水	
	重过磷酸钙	含五氧化二磷40%～45%	酸性，易溶于水，吸湿性强，有腐蚀性	
	磷酸一铵	含五氧化二磷48%，氮11%	浅灰色或黄色粒状，遇石灰则成为不溶性的磷酸钙	可作为基肥、追肥，最好用作基肥。不能与碱性肥料混合施用
	磷酸二铵	含五氧化二磷20%，氮16%		
弱酸性磷肥	钙镁磷肥	含五氧化二磷16%～18%	褐色粒状碎块或粉末，碱性，不溶于水	肥效慢，与堆肥堆置腐熟后作为基肥，不宜于氨态氮肥混合施用
	钢渣磷肥	含五氧化二磷17%～20%	碱性肥料，淡灰色粉末	与农家肥混合堆积作为基肥，不能与氨态氮肥混合施用
难溶性磷肥	磷矿粉	含五氧化二磷7%～8%	不溶于水，溶于酸	迟效性肥料，与有机肥堆积，腐熟后作为基肥
	骨粉	含五氧化二磷20%～35%	不溶于水，溶于酸	
钾肥	硫酸钾	含氧化钾48%～52%	灰白色或灰黑色结晶，不吸湿，易溶于水，生理酸性	作为追肥，沙土易流失，可分次施用或与有机肥混合施用
	氯化钾	含氧化钾50%～60%	白色结晶粉末，工业品略带黄色，生理酸性，易溶于水	作为追肥，盐碱地不易施用
	硝酸钾	含氧化钾45%，氮13%～15%	纯品为白色结晶，有助燃性	作为基肥、追肥，不要存放在高温和有易燃品的地方
	窑灰钾肥	含氧化钾8%～25%	碱性，溶于水和弱酸液，吸湿性强，易结块	
	磷酸二氢钾	含五氧化二磷24%，氧化钾27%	酸性，无味，白色结晶，易溶于水，吸湿性强，易贮存，对人、畜无毒害，速效	喷肥使用浓度为300倍液
氮磷钾复合肥	由硫酸铵、硫酸钾、磷酸盐混合而成	含氮10%～20%，五氧化二磷20%～30%，氯化钾10%～15%	为灰白色粉末或颗粒，可吸湿，易溶于水，水溶液显弱酸性	作为基肥、追肥

3. 施肥方法 施肥的方法直接影响施肥效果。正确的施肥方法是将有限的肥料施到果树吸收根分布最多的地方而又不伤大根，从而最大限度地发挥肥效。桃园常用的施肥方法有以下几种：

（1）环状施肥法。就是在树冠的外缘挖环状沟。沟宽 40 cm，沟深要视主要吸收根分布深度而定，一般为 20～50 cm。基肥可以较深，追肥适宜较浅。将肥料施入沟中与土壤拌和后覆土。这种方法多用于幼树。

（2）猪槽式施肥法。就是将环状沟中断为 2～4 个猪槽式的沟，每次施肥最好更换挖沟位置。这种方法比环状施肥省工、省肥，也少伤根。

（3）放射沟施肥法。在树冠下距主干一定距离的地方开始，以主干为中心向外呈放射状挖沟 3～5 条，沟宽 30～40 cm，沟深 15～40 cm（近干处较浅，离干渐远渐深），沟长视树冠大小而定，以沟的外端超过树冠为好。施入的肥料与土壤拌和后覆土。每次施肥放射沟的位置要错开。这种方法适于成年树。优点是伤根少，施肥面积也较大。

（4）条沟施肥法。在桃树行间或株间开沟施肥。沟宽 50～60 cm，沟深 40～50 cm，施入的肥料与土壤拌和后覆土。注意每年行间、株间轮换位置，使根部逐年都得到肥料。

（5）全园撒施。将肥料均匀撒在园内，再用人力或畜力翻入土壤。此法用于密植园或根系已布满全园的成年桃园。优点是施肥的面积大而均匀，省工；缺点是容易将根系引向表层土壤。

（二）基肥

实践证明冬季农闲施基肥没有秋施基肥好。因为秋季（9～10 月）地温较高，有利于肥料的腐烂分解；此时正值桃树根系的第二次生长高峰，伤根容易愈合，并能发生新根；根的吸收能力强，促进当年的光合作用，可以增加树体的营养贮备，有利于花芽发育充实，并为来年春季发芽、新梢的生长、开花坐果提供物质基础。此外，秋施基肥比冬施基肥发挥作用早。因此，秋施比冬施更能减缓第二年新梢的长势，避免新梢旺长和果实发育的矛盾，减少生理落果。

基肥一般以迟效性有机肥为主。这类肥料含有丰富的有机物质，营养成分比较全面。施用有机肥料不仅可以为桃树的生长发育提供丰富的养分，还有利于改善土壤的胶体性质和土壤结构，增加透气性，促进有益微生物的活动，提高土壤的保肥蓄水能力，增加土壤可吸收态矿质元素的数量。实践证明，多施有机肥是提高果实风味品质的重要措施。常用的有厩肥、堆肥、人粪尿、禽粪、饼肥、秸秆等，并且配合施用适量的氮、磷、钾化学肥料，尤其是磷肥与有机肥混合腐熟后施用，其肥效更好。

（三）追肥

追肥应在桃树需要补充营养的关键时期施入，一般每年桃园追肥 2～3 次。具体的追肥次数和时期根据品种、产量、树势来定。追肥一般以速效性肥为主。

1. 追肥时期 桃树需要补充营养的关键时期如下：

（1）萌芽前追肥。春季化冻后施入，以速效氮肥为主，主要是针对树势较弱、产量很高的大树，补充上年树体贮藏营养的不足，促进根系和新梢的前期生长，保证开花和授粉受精的营养需要，提高坐果率。

（2）开花后追肥。落花后进行，以速效氮肥为主，配合磷、钾肥。主要是补充花期对营养的消耗，促进新梢和幼果的生长，减少落果，有利于极早熟品种的果实膨大。树势旺的可不施。

（3）硬核期追肥。果实硬核期开始施入（河南中部地区为 5 月中下旬）。此时正是花芽分化前期，需要大量营养，是全年最关键的一次追肥，应以钾肥为主，配以氮、磷肥。对早熟品种来说，这次追肥可以促进果实膨大。

（4）采前肥。又称催果肥，中、晚熟品种在果实采前的 15～20 d 追肥，氮、磷、钾结合，促进果实膨大，提高果实品质。

（5）采后肥。又称“月子肥”。主要是针对中、晚熟品种或弱树，而幼旺树不宜施采后肥。在果实采后追施，应以氮肥为主，配合磷肥，用以补充树体营养消耗，增强叶片光合作用和秋季物质的积累。

2. 叶面喷肥 叶面喷肥又称根外追肥，就是把肥料配成水溶液，用喷雾器直接喷到叶片上，直接供叶片吸收利用的追肥方法。肥料通过叶片表面气孔进入叶内，然后被运送到树体的各个器官，喷后 15 min 至 2 h 即可被叶片吸收利用。

(1) 叶面喷肥的特点。这种追肥方法简单易行，用肥量少，发挥作用快，能及时满足树体急需，而且不受养分分配中心的影响，又可避免土施磷、钾元素在土壤中被固定。有时，还可将肥料与农药同时喷洒，能节省大量人力，尤其是缺水地区、缺水季节、不便施肥的山坡地、盐碱地更有使用价值。

(2) 叶面喷肥的作用。叶面喷肥可使叶片增大、增厚，提高坐果率，增进果实品质。喷氮能提高叶片的光合作用；喷磷能促进根系生长；喷钾能促进新梢和果实的生长，提高果实含糖量。

(3) 桃树叶面喷肥的常用浓度。桃树上常用的各种肥料的喷施浓度：尿素 0.3%～0.4%，硫酸铵 0.4%～0.5%，磷酸二铵 0.5%～1%，磷酸二氢钾 0.3%～0.5%，过磷酸钙 0.5%～1.0%，硫酸钾 0.3%～0.4%，硫酸亚铁 0.2%，硼酸 0.1%，硫酸锌 0.1%，草木灰浸出液 10%～20%。与农药混用时，请仔细阅读农药说明书。

(4) 叶面喷肥应注意的事项。叶面喷肥时还应注意：喷肥的浓度，幼树比成龄树的要低些；喷肥应在晴天进行，夏季中午炎热不能进行喷肥，以免因气温高、蒸发快使得肥液浓缩太快而发生肥害；叶背面气孔多，为了有利于肥料的吸收和渗透，叶面喷肥时要求把叶片背面喷布均匀而周到；喷肥后 15 d 效果明显，20 d 后逐渐降低，到 25 d 后肥效完全消失。因此如想在某个关键时期发挥作用，最好每隔 15 d 喷一次，连续喷施。

三、水分管理

桃树树体的生长，土壤营养物质的吸收，光合作用的进行，有机物质的合成和运输，细胞的分裂和膨大等一系列重要的生命活动，都是在水的参与下进行的，因此，水分供应是否适宜是影响桃树生长发育、开花结果、高产稳产、果实品质的重要因素。桃树灌水的时期、次数、灌水量主要取决于降雨、土壤性质和土壤湿度及桃树不同生育期的需水情况等。

(一) 时期和作用

一年中若下列几个时期土壤含水量低，应及时灌溉。同时应注意每次土壤追肥后马上灌水。

1. 萌芽前 为保证萌芽、开花、坐果的顺利进行，要在萌芽前灌透水 1 次，并能下渗 80 cm 左右。

2. 硬核期 这一时期桃树对水分十分敏感，缺水或水分过多均易引起落果。因此，如果干旱应浇 1 次过堂水，即水量不宜过多。

3. 果实第二次速长期 也就是中、晚熟品种采收前 15～20 d。这时正是北方的雨季，灌水应视降水量情况而定。若土壤干旱可适当轻灌，切忌灌水过多。否则，易引起果实品质下降和裂果。

4. 落叶后 桃树落叶后、土壤冻结前可灌 1 次越冬水，以满足越冬休眠期对水分的需要。但秋雨过多，土壤过黏重的就不一定进行冬灌。灌水的时期不能固定不便，应根据桃树对水分的要求，视降水情况、土壤湿度及生产上的需要灵活掌握，确定适宜的灌溉时期。切记不可以叶片萎蔫为标准，当桃园水分降至使叶片萎蔫的程度时，桃树生长与结果已受到严重损害。

(二) 方法和数量

桃园灌水应以节水、减少土壤侵蚀和提高劳动效率为原则。常用的灌溉方式如下：

1. 畦灌 平整的土地采用畦灌，做成畦梗后引水灌溉，因此法耗水量大，在水源充足、能自流灌溉的果园可用。该方法方便、省工，供水量充足，但易使土壤板结，土壤结构遭到破坏，肥料易流失。

2. 沟灌　沟灌又称条沟灌溉。在行间根据株行距大小，开一至数条深20～25 cm的沟，也可以树为单位，绕树开环状沟，沟与水源相连，将水引入沟内，再自然下渗到根系，后封土保墒。在土地不平、水源缺乏时可用此法，较畦灌节水50%～70%。该法省水，对土壤结构的破坏程度较轻，便于机械或畜力开沟，是我国目前广泛使用的一种灌溉形式。

3. 穴灌　穴灌又称穴贮肥水技术。在山区，特别是无保水条件、灌溉设施较差的地区，往往由于缺水导致桃树生长发育不良，影响产量和果实品质。必须推行穴灌技术。具体方法是：结合深翻改土，在树冠外围做4～6个直径30 cm、深50 cm的肥水穴。捆绑直径30 cm、长50 cm的秸秆捆，浸透水后竖于穴中，使其与地面相平。其上覆盖农膜，周围用土压实，中间开一直径3 cm的小孔，用于以后灌水施肥。每次每穴灌水3～5 kg，水渗下后，将口封严。整个生长季节可根据天气情况灌水4～5次，并可结合施肥进行。在连用2～3年肥水穴后，可在树冠外围改变位置，用同样的方法再做穴。

4. 喷灌　喷灌又称人工降雨，就是利用机械设备把水喷射到空中，形成细小雾滴进行灌溉，这是目前先进的灌水方法。灌溉的基本原理是水在压力下通过管道，管道上按一定距离装有喷头，喷洒灌水。喷灌不会破坏土壤结构，不会造成水土流失，比畦灌节约用水30%～40%。此外，夏季灌溉还可以改变桃园的小气候，更适用于不平整的土地或地形复杂的山地果园。

5. 滴灌　滴灌是将灌溉水压入树下穿行的低压塑料管道，然后送到滴头，再由滴头形成水滴或细小的水流，缓慢流向树的根部，每棵树下有滴头2～4个。滴灌不产生地面水层和地表径流，可防止土壤板结，保证土壤均匀湿润，保证根部土壤的透气性，并能比畦灌节水80%～90%，比喷灌节水30%～50%。在山区为了节省能源，可把贮水罐放在地势高的地方，利用地势高低落差形成的压力进行滴灌。尤其是栽培油桃时更应注意，油桃对水分反应敏感，常因水分分配不合理而引起裂果。如久旱不雨，骤然降水，尤其在果实迅速膨大期，会发生严重的裂果现象，有时连阴雨也能引起裂果。滴灌是油桃最理想的供水方式，既节水又能均匀供给水分，可为油桃提供较为稳定的土壤和空气湿度，减轻或避免裂果。

（三）排涝

桃不耐水淹，怕涝。桃园短期积水就会造成黄叶、落叶，积水2～3 d能将桃树淹死。因此，必须重视排水，尤其是在秋雨较多、地势较低、土壤黏重的桃园，应提前挖好排水沟，以便及时排出多余水分。桃园规划建设时要做到"沟等水"，不能"水等沟"。排水系统建园时就应该设置，而且每年雨季到来以前进行维修，保证排水时渠道畅通。

第七节　花果管理

桃树萌芽率高、成枝力强，易成花且花量大，但不是所有的花都能结果，尤其是无花粉的品种，坐果率低，严重影响产量。生产中如何提高坐果率是丰产、优质的前提和保证。

一、保花保果

1. 加强桃园的综合管理　提高树体营养水平，保证树体正常生长发育，增加树体储存营养，保证树体营养充分，为花芽分化打下基础；加强桃园的病虫害防治水平，保护好叶片，避免造成早期落叶；加强夏季修剪，做到冬、夏修剪相结合，改善树体的通风透光条件；多施有机肥，改善土壤理化性状。

2. 进行合理的疏花疏果　控制好树体的负载量，合理的解决好果实与枝叶生长、结果与花芽分化的关系。

3. 创造良好的授粉条件　通过配置花期相遇的授粉树，并进行人工辅助授粉和花期放蜂，提高坐果率。人工授粉技术要点：选择花粉量大的品种，取含苞待放的花蕾采集花粉，两手将花蕾纵向撕开，再用手指将花药拨在干净的纸上，捡去花瓣和花丝，将花药撒开阴干，或用25～40 W的日光灯放在离纸25～30 cm处将花芽烤干，待花芽开裂后，将散出来的花粉收集起来，放在干净且干燥的瓶内，置于冰箱内备用；授粉应分别在40%～50%和80%花盛开时分两次进行，授粉时用铅笔的橡皮头蘸取花粉，直接点授到桃花的柱头上既可；授粉时间在9:00～16:00为宜，但授粉后3 h内遇雨应重授；一般长果枝点授6～8朵花，中果枝点授3～4朵花，短果枝点授2～3朵花。

4. 花期喷布微量元素 在桃树盛花期叶面喷施0.3%硼砂、0.2%磷酸二氢钾以及其他多元素微肥。

5. 花期喷生长调节剂 在桃树初花期和盛花期各喷一次1%爱多收水剂6 000倍液，或其他植物生长调节剂。

二、疏花疏果

在一般管理的情况下，花芽形成的数量远远大于实际用量，如果无限制的结果，树体负载量过大，表现出果个小、着色差、风味淡、商品率低，造成经济效益低，并且导致树体衰弱，影响下一年的产量。所以为保证连年丰产、稳产、优质和树体健壮的目标，在生产中必须合理地进行疏花疏果。

1. 疏花疏果时间 开花和坐果都要消耗一定的养分，所以疏花疏果的原则是越早越好。首先应结合冬季修剪，根据品种、树势疏除过多果枝；然后在气候比较稳定的地区，可以疏花蕾和幼果。一般是疏晚开的花、弱枝上的花、长果枝上的花和朝上花；在容易出现倒春寒、大风、干热风的地区，就要等到坐稳果后再疏。最后进行定果，在硬核期结束后进行定果，过早有生理落果现象，不好掌握留果量。

2. 疏果方法 在落花后15 d，果实黄豆大小时开始疏果。此时主要疏除畸形幼果，如双柱头果、蚜虫危害果、无叶片果枝上的果，及长、中果枝上的并生果（一个节位上有2个果）；第二次疏果在果实硬核期进行，疏除畸形果、病虫果、朝上果和树冠内膛弱枝上的小果。

三、果实套袋

1. 果实套袋的作用

① 防病虫害和鸟类危害。

② 减轻果实着色度，提高外观质量。

③ 促使果实成熟度均匀。

④ 缓解或减轻裂果现象。

2. 套袋时间 桃树套袋在定果后立即进行，在河南郑州地区一般在5月下旬进行，此时蛀果害虫尚未产卵。

3. 套袋前喷药 套袋前先对全园进行一次病虫害防治，杀死果实上的虫卵和病菌；常用农药为30%桃小灵1 500倍液+70%代森锰锌800倍液，或2.5%敌杀死2 000倍液+70%甲基硫菌灵1 000倍液等。

4. 果袋选择 红色品种选用浅颜色的单层袋，如黄色、白色袋即可，容易裂果的油桃和有冰雹的地区，选用浅色袋直到成熟时才去袋；对着色很深的品种，可以套用深色的双层袋，到果实成熟前几天再去袋，其外观十分鲜艳。

5. 套袋操作技术 桃的果柄很短，不同于苹果和梨，所以应将袋口捏在果枝上用铅丝或铁丝一同扎紧，注意不要将叶片绷进果袋中，一定要绑牢，刮风时会使纸袋打转，引起落果和果实磨损。

6. 套袋果实的管理 果实套袋后由于不见阳光，果实因不能进行光合作用风味变淡，同时由于果实的蒸腾量减少，随蒸腾液进入果实中的钙减少，果实肉质会变软，所以要加强肥水管理，除秋施基肥时每667 m^2 施过磷酸钙50 kg外还要进行叶面喷钙。在套袋后至果实采收前，一般每隔10～15 d

喷一次 0.3%硝酸钙溶液。

7. 果实去袋技术　由于品种、气候和立地条件的不同，去袋的时间也不相同。一般浅色袋不用去袋，采收时将果与袋一起采下，雨水多、容易裂果和有雹灾的地区，可以采用此法。双层袋去袋时，一般品种在采收前 7～10 d 进行，紫色品种在采收前 3～4 d 进行。最好在阴天、多云天气、晴天的下午光照不强时去袋，使光逐步过渡，10:00～12:00 去树冠北侧的袋，17:00 去树冠南侧的袋，也可把袋的下部拆开，2 d 后再全部去袋。

第八节　整形修剪

一、主要树形

桃树要想快速获得经济效益，唯一途径只有增加单位面积栽植株树，目前生产中常见的密植株行距在 1 m×3 m、2 m×3 m、2 m×4 m 之间变化。不同的栽植密度确定采用不同的树形。株行距1 m×3 m 采用细长主干形，2 m×3 m 采用纺锤形或 V 形，2 m×4 m 采用 V 形（表 47-7）。现将这 3 种树形的基本结构及优缺点绍如下：

1. 细长主干形

(1) 树体结构。由主干、中心干、结果枝三部分组成。中心干直立健壮生长，结果枝不分层次，互不交叉排列在主干上，上部果枝短些，下部果枝长些，树高 2～2.5 m，整个树冠呈上小下大树状。着生在中心干上的果枝粗度为 0.4～0.8 cm，过粗的果枝不留；各果枝着生角度为 45°～120°，上部果枝开张角度大些，下部小些。

(2) 优点。适宜密植栽培，成形快、结果早、见效快，结果枝着生在中心干上，结果部位不外移。整个树体没有寄生枝，树冠不郁蔽、光照好，结构简单、整形修剪技术易掌握。所结果实基本全部见光，优质果比率高。

(3) 缺点。一次性建园用苗数量多，为保证中心干直立生长，采用竹竿绑缚树干，并拉钢丝固定杆。夏季修剪季节性、时间性强，稍微管理不善就会导致树头过大。

2. 纺锤形

(1) 树体结构。整个树体结构由主干、中心干、侧生枝组或小主枝、各类果枝组成。主干高30～40 cm，树高 2～2.5 m，冠径 1.5～2.5 m，在中心干上自然错落着生 6～10 个小主枝或侧生枝组，向四方均匀分布。各主枝间距 15 cm 左右，同方向主枝间隔 30～40 cm，无明显层次。主枝单轴延伸，在主枝上直接着生结果枝组或果枝，主枝与中心干的夹角为 60°～80°，上部开张角度大，下部开张角度小些，整个树冠呈上小下大纺锤形。为防止与中心干竞争，主枝的粗度应控制在着生处主干粗度的 1/2 左右。

(2) 优点。适宜中密度栽培，树冠成形快，修剪量小，枝芽量多，结果早。主枝不分层排列且互不干扰，透光性好，树体立体结果产量高。树体结构简单，整形修剪技术比较容易掌握。

(3) 缺点。中心干不易培养，主枝控制不及时易影响通风透光，夏季修剪不及时上部主枝易旺长，形成“大头”树冠，严重影响下部树体生长。

表 47-7　3 种树形结构特点

树形	主干	中心干	主枝数量	侧枝	枝组	开张角度	适宜密度
细长主干形	有	有	无	无	无	45°～180°	222
纺锤形	有	有	6～10	无	中、小型	60°～80°	111
V形	有	无	2	4～6	大、中、小型	40°～50°	83

3. V形

（1）树体结构。树体由主干、两个主枝、侧枝、枝组组成。主干高40～50 cm，两个主枝相对伸向两边的行间，两个主枝间的夹角为40°～50°，每个主枝上着生2～3个侧枝。第一侧枝距主干35 cm左右，第二侧枝距第一侧枝40 cm，方位与第一侧枝相对，第三侧枝与第一侧枝方向相同，距第二侧枝60 cm左右。侧枝与主枝的夹角保持在60°左右，在主、侧枝上配置结果枝组。

（2）优点。适宜中密度栽培，树体结构简单，整形修剪技术易学，树体培养易掌握。树体通风透光条件好，树冠不易郁蔽，果实见光度好，便于生产优质果。

（3）缺点。树体培养需3年时间，进入盛果期较迟，不易实现极早丰产。主枝开张角度不易掌握，角度小树体易旺长，角度过大背上易发徒长枝。

二、修剪

（一）修剪时期和作用

果树栽培上经常提到的"土肥水是基础，植物保护是保证，整枝修剪是调整"的农谚，形象的阐明了修剪在整个果树栽培中的地位和作用。

1. 修剪时期 桃树的修剪因时间可分为冬季修剪和夏季修剪。

（1）冬季修剪。冬季修剪是在落叶后到翌春萌芽前进行的修剪，以落叶后到严冬到来之前进行最好。休眠期树体贮藏的养分充分，地上部分修剪后枝芽的数量减少，可集中利用贮藏养分加强新梢生长。因此，冬剪对桃树幼树的整形、结果树的树势平衡等都有重要的作用。

（2）夏季修剪。夏季修剪又称生长期修剪，就是春季萌芽后到落叶前的修剪。桃树的夏季修剪，可以调节生长发育，减少无效生长，节省养分，改善光照，加强养分的合成，调节主枝角度，平衡树势，促使新梢基部花芽饱满，提高果实的产量和品质。幼树的夏季修剪，对于其早成形、早结果起决定性作用；旺长枝摘心，可以萌发二次枝，促成结果枝组；无用枝、过密枝或徒长枝在嫩梢期利用夏季修剪及早除掉，可以避免消耗养分和扰乱树形；对旺长新梢可通过在木质化之前摘心、扭梢来抑制旺长，促使形成果枝。因此，桃树生长期的夏季修剪比冬季修剪的作用更大，合理、及时的夏季修剪可以减轻冬季修剪量。

2. 修剪的作用 整形和修剪是保证桃树具有合理树体结构和良好树体管理的重要措施，两者既有联系，又有区别。整形就是在幼树期间，根据果树的生长结果习性、栽培目的，通过修剪技术，把树体整理成具有一定结构、枝条分布合理、骨架又较牢固的树形。修剪就是在整形的基础上，进一步调节果树生长和结果的关系，充分利用土地和空间，合理配备枝组，达到早结果、早丰产和高产、优质、便于管理的目的，因此修剪要贯穿桃树的一生。整形和修剪的作用主要表现在以下几个方面：

（1）树冠整齐、骨架牢固。通过整形、修剪能使桃树主枝和侧枝分布均匀，着生位置和角度适当，从属关系明确，构成牢固的树冠骨架，给丰产、稳产打下良好的基础。同时，树冠整齐，树形一致，能经济利用土地和空间，有利于桃园各项作业的进行。

（2）增加果枝的数量，提高单株产量。正确的修剪能使养分集中，枝梢生长充实，促使枝梢形成花芽。同时，还可以控制结果枝的数量，使结果枝均匀分布，扩大结果面积，提高单株产量。如果桃树不进行修剪，任其生长，树冠扩大快，内膛通风透光不良，果枝容易枯死，结果部位迅速外移，内膛空虚，产量下降。

（3）平衡树势，延长盛果年限。修剪可以调节生长和结果之间的关系，延长盛果年限，防止树体早衰。根据每株桃树的生长势强弱和外界环境条件进行适当的修剪，可使各类枝条均衡发展，防止树势过强或过弱。如果树势过强，枝叶生长茂盛，大量养分和水分用于营养生长，会不利于花芽的形成，不能保证高产、稳产；如果树势过弱，花芽形成虽多，但所结的果实较小、品质差，消耗大量的养分，严重时引起树势早衰，同样不能高产、稳产。因此，合理的修剪，调节结果枝和发育枝的关系，可减少或缩小大小年现象，防止树体早衰。

（4）改善通风透光条件，提高果品质量。不修剪的桃树枝条密生，树冠郁闭，通风透光不良，内膛枝条细弱，容易发生病虫害。有的果实虽无病虫，但光照差，色泽不好，品质变差。而合理的修剪能克服上述缺点，使树体充分利用光能，有利于光合作用的顺利进行，保证花芽分化良好，且可使果实发育充分，提高果实的外观品质和风味，保证较高的优质果率，同时保证桃园丰产、丰收。

（二）修剪方法和运用

1. 冬季修剪的手法　冬季修剪的手法有以下几种：

（1）短截。即将一年生枝剪去一部分，也就是把枝条剪短。其作用是降低发枝部位，促进分枝能力，增强新梢的长势。短截对剪口下附近几个芽子抽生枝条有明显的刺激作用，短截程度越强，刺激的作用越烈。短截一般用于各级骨干枝延长枝的修剪、枝组的培养和结果枝的修剪。短截只对枝条局部起促进作用，但对一个枝条的整体和整个植株来说，有减少生长量和削弱生长势的作用。因此，对幼年树不能过多过重的进行短截修剪，否则养分难以集中，结果时间将会推迟。对老年桃树多用短截修剪，以起到促进生长的作用。

（2）疏枝。疏枝又称疏剪，就是把密生的枝条从基部剪除。疏枝能调整枝条的密度，使剩下来的枝条分布均匀，形成适宜的树冠结构。疏剪可以加强伤口下部枝条的长势，削弱伤口上部枝条的长势，具有缓和前端生长、促进后端生长、缓和整株树势的作用，对改善树冠的通风、透光条件，提早幼树结果，改善果实着色，提高风味品质均有良好效果。疏剪的主要对象是过密枝、交叉枝、病虫枝、徒长枝和干枯枝等，对整个树体来说，疏剪主要在幼树和旺树上进行。

（3）回缩。回缩是在多年生枝处短截。回缩能降低发枝部位，使结果枝组靠近骨干枝；回缩也能增强弱枝的生长势，改变枝条的延伸方向，更新结果枝组。回缩主要在老树、老干、老枝上进行。回缩老枝可以更新复壮枝组，回缩老的骨干枝和树干，可以更新树冠，从而使植株和枝组的长势得以恢复，结果年限得以延长。

（4）长放。长放就是对部分一年生枝条放任不剪。长放对枝条本身有缓和生长势的作用，但长放的枝条生长点多，翌年抽生的枝条和叶片也多，生长量容易加强，枝条容易加粗。如果控制得当，先放后缩（就是后部形成短果枝后再进行回缩），可以用来培养结果枝组；对幼年生树的花枝长放可以起到保花、保果的作用；对发育枝长放能在后部形成中、短果枝；对直立性强，以中、短果枝结果为主的品种利用先放后缩的方法能促进结果；对直立性强的主枝延长枝，先放后缩可以开张角度；对侧生发育枝先放后缩可以培养水平的结果枝组。但直立性强的徒长枝和徒长性结果枝不能长放，否则，会形成“树上树”，扰乱树形。

（5）圈枝和拉枝。圈枝和拉枝是对直立的徒长枝或徒长性结果枝进行长放的特殊方法。在需要培养结果枝组的部位，如果只有直立的徒长枝和徒长性结果枝可以利用时，采用圈枝和拉枝的方法，将单条长枝圈成一圈或拉成水平状态，可以改变其生长的姿态，降低生长点的高度，缓和整个枝条的长势。

2. 夏季修剪的手法　夏季修剪常用的手法有以下几种：

（1）除萌。除萌又称抹芽，就是在桃树萌芽后及时除去部分多余的芽，以调节新梢密度，控制延长枝的发枝方向，减少无用枝萌发生长所造成的养分浪费。除萌的主要对象是主枝以下树干上的萌芽、延长枝剪口下的竞争萌芽、树冠内膛的徒长萌芽、疏除大枝后剪口周围的丛生萌芽、小枝基部两侧的并生萌芽。除萌工作如能做好，可减轻以后夏季修剪的工作量，并可减少冬季修剪时因疏枝而造成的大伤口。除萌时要根据需要选留位置、角度、长势合适的芽，一般幼树对延长头要去弱留强，背上枝要去强留弱。

（2）疏枝。疏枝又称疏梢，由于新梢的旺盛生长，树冠表现郁闭时，应对树冠内膛的直立旺枝、徒长枝及树冠外围主枝延长枝附近的竞争枝和密生枝等进行疏除。做到“清头”“松膛”，以改善树冠内的光照条件，避免下部枝条枯死，促进果实着色，提高果实品质，并使结果枝的花芽发育饱满。对于少数表现为三杈枝的枝条应疏除中间枝梢，降低分枝密度，使留下来的枝梢长的更好。

(3) 摘心。摘心就是把枝条顶端的一小段嫩枝同数片嫩叶一起摘除。摘心能使枝条在一定的部位发生分枝，如对主枝延长枝和侧枝延长枝各在 50 cm 和 30 cm 处摘心，能使下部抽生可以作为侧枝和枝组的分枝。在生长后期对各类枝条摘心，能提早枝条的停止生长期，使枝条发育充实，花芽饱满。对徒长枝摘心，当年仍能抽出较弱的枝条或结果枝，能把徒长枝改造成为结果枝组。对一般不需分枝的枝条不要轻易摘心，否则分枝太多造成树冠郁闭，还会使枝条龄级变小，对枝条的充实发育和优良花芽的形成都有不利影响。

(4) 扭梢。扭梢是把直立的徒长枝和其他旺枝扭转成 90°，使其呈下垂状。桃树扭梢可将徒长枝改造或转化成结果枝。同时，也可取得改善光照的效果。扭梢的时期以新梢生长到约 30 cm 长但还未木质化时为宜。扭梢部位，以在枝条基部以上 5～10 cm 处为宜，有的旺枝扭梢后，在扭曲处冒出新条，如不及时控制，又会形成旺条，这时应把冒出的新梢再一次扭梢。这样连续扭梢也能形成结果枝。延长枝的竞争枝、骨干枝的背上枝、短截的徒长枝和旺长枝、大伤口附近抽生的旺枝都应及时扭梢，控制旺长，使其转化为结果枝。用二次枝做延长枝开张主枝的角度、控制主枝的过分生长、促进侧枝生长时，除了被选定为延长枝的二次枝不扭梢外，原主枝延长枝及其上发生的其他二次枝可全部扭梢，使它们转化为充实的结果枝，被选留的二次枝也能长的既开张又粗壮，同时，也促进了侧枝的生长。这样做既可“控上促下”增加结果枝组，又可减少修剪量，缓和树势。

(5) 摘心与扭梢结合。有的徒长枝只靠一次扭梢常不能形成理想的枝组，需先摘心后扭梢，两者结合使用，才能收到良好的效果。当新梢长到 20～30 cm 时，摘掉新梢顶部嫩梢，待抽出 1～3 条二次枝，长度达到 20～30 cm 时再扭梢。经这样处理，枝量多，营养分散，枝组生长势稳定。

(6) 短剪新梢。短剪新梢是指对已木质化的新梢进行短截修剪。短剪目的是促发分枝。主枝、侧枝延长枝没有来得及摘心，已超过预计长度的需按预计长度进行短剪；主枝中上部的徒长枝要将其变为中型枝组的应留 30～40 cm 进行短剪；树冠稀疏处的无分枝新梢需要培养枝组的留长 20～30 cm 进行短剪。短剪后的新梢可以削弱长势，发生分枝。

(7) 剪梢。剪梢又称打强头，即将下部已生二次枝的枝条梢部剪去。其目的是除去强头，使留下来的靠近下部的分枝能够很好地形成各级骨干枝的延长枝、结果枝组或结果枝。主、侧枝延长枝达到一定长度进行摘心或短剪后会发生许多二次枝，长到 30～40 cm 后，从中选出方向、角度合适的二次枝作为新梢的延长枝，然后剪掉延长枝基部以上所有的枝梢。徒长枝短剪后也会发出许多分枝，上部的 1～2 个分枝会直立生长取代原来的枝头重新旺长起来，此时应剪去最上 1～2 个旺梢。剩下的 2～3 个下部分枝一般角度较大，长势缓和，便会形成很好的结果枝组。对于一般长势中庸的枝条，分枝集中在中部以下的可留最下 2～3 个分枝，剪去上部枝梢；分枝集中在上部的，留最下一个分枝剪去所有上梢。若所留分枝继续旺长再生分枝的，仍可按上述原则继续剪梢。剪梢的作用在于理顺延长枝，培养结果部位靠近骨干枝的结果枝组和结果枝，调整树冠结构，改善通风透光条件，是夏季修剪中的最重要一环，必须多次进行，才能收到快速整形、稳产高产的效果。

(8) 拉枝。拉枝就是把一些直立性很强的枝用绳子向下拉成一定的角度（绳子的下端用木橛固定在地上）。拉枝的目的是加大被拉枝条的角度，降低其生长点的高度，从而控制顶端优势，缓和整个枝条的生长，调整树形结构，改善通风透光条件，促进花芽形成，提高幼树产量。拉枝的适宜时间在新梢生长缓慢期的 7～8 月。拉枝的主要对象为需要开张角度的主、侧枝，准备培养改造成大型枝组的徒长枝和徒长性结果枝，临时利用其结果的徒长枝和枝条稠密处的直立枝等。拉枝时注意不要把大枝拉劈，劈后易流胶，不易愈合。枝条上绑绳子的部位要垫上松软的物品，以免勒伤枝条。达到目的后要把绑在树上的绳子解掉，以免拉绳长入枝条中。

三、不同年龄期树的修剪

（一）幼树期、初果期

1～4 年生幼树长势旺盛，抽生出大量的发育枝、徒长枝、徒长性果枝，旺枝可发生多次副梢，因此夏季修剪非常重要。此时，花芽较少，而且着生位置高，坐果率低。其修剪的任务是以整形为主，边整形边结果。修剪原则是轻剪长放，缓和树势，尽量利用各类枝条扩大树冠，培养牢固的骨架，为以后丰产打好基础。同时，培养大、中、小型结果枝组，尽快完成整形任务，以提高早期产量。

1. 主枝的修剪　主枝延长枝的剪留长度要适宜。重剪易引起徒长，延迟结果，影响产量；轻剪会影响基部发枝，形成空节，使枝组数量不足或分配不均。一般都以适宜的枝条粗长比作为延长枝剪留大致标准。以往实践经验都以 1∶（25～30）作为主枝延长枝的剪留标准，意思是如果主枝延长枝基部以上 10 cm 处的直径为 1 cm，延长枝应留长度为 25～30 cm。直径大于或小于 1 cm 的按比例增减剪留长度。对于 3 个主枝不平衡的，应实行抑强扶弱，即强枝适当短截，弱枝适当长留，以逐渐平衡三大主枝的长势。延长枝的剪口芽一般不可过分强调，待剪口以下的芽发枝后，再从中选择方向、角度适宜的分枝作为新的延长枝。

2. 侧枝的修剪　侧枝延长枝的剪留长度以 1∶（22～25）的粗长比为大概的标准进行，但还要照顾主、侧枝的从属关系，使侧枝的剪留长度短于主枝的剪留长度，通常为主枝剪留长度的 1/2～2/3。

3. 枝组的培养和修剪　在主、侧枝外围应培养大、中、小各类枝组；而在内膛，为了保持一定的光照条件，以培养中型枝组为主，一般不要培养大型枝组；在整个树冠下部，光线不好，营养失调，初期的结果枝自然下垂，容易结果，应尽量用作提高早期产量的结果部位，但结果后易衰老死亡，不宜培养为小型枝组。

（1）对可以用作培养大、中型枝组的徒长枝和徒长性结果枝有 3 种修剪方法。

① 疏去上面没有花芽或花芽非常零星的分枝，保留所有的花枝长放不剪，结果后长势缓和，再进行适当回缩，培养成大、中型枝组。

② 把整个枝子按平别枝，使上部结果，下部长枝，结果后进行回缩，培养成大、中型枝组。

③ 对无花芽的直立徒长枝可留 30 cm 左右短截，次年分枝后，再通过夏剪逐渐培养成大、中型枝组。小枝组一般都是通过单条的发育枝和长、中果枝进行适度的短截后形成的。

（2）对大、中、小型枝组的修剪

① 对它们也要注意其延长枝的伸长方向和剪留长度，以相互插空，互不干扰为原则。

② 把枝组上的各类枝分解为不同类型的生长枝和结果枝，再按各种类型枝的修剪原则进行修剪。

4. 结果枝的修剪　结果枝中，除部分需要培养成各类结果枝组的可以短截修剪外，其余的应以轻剪长放、促使结果为原则。长果枝可将没有花芽的枝梢部分剪掉，但剪留的长度最少不得小于原来长度的 2/3，最好是长放不剪（可防止剪后分枝旺长导致落果），待其结果下垂，枝条后部发生了分枝后再进行分次回缩为枝组。中、短果枝更不必短截。但对各类果枝过密的，都应进行疏剪。幼树生长很旺，原则上应利用各类果枝大量结果，不仅可以提高早期产量，而且质量也能得到保证，以果压树，也是缓和树势的有效方法。

5. 生长枝的修剪　生长枝中的发育枝一般都要留长 2/3 左右短截；徒长枝无分枝或分枝较高的留长 40 cm 左右短截，分枝较多、较低的保留下部 3～5 个分枝缩剪；纤细枝可留基部芽进行短截；对二、三次枝上的副梢，强者留 1/3 短截，弱者留基部明显的芽短截。但不论哪种生长枝，如果分布很密或位置不当的，都予以疏除。

6. 注意事项　幼龄桃树修剪时应特别注意：

（1）注意剪口芽。对各种骨干枝的延长枝、生长枝、结果枝的短截修剪，都必须保证剪口下有几个饱满的叶芽，不能把剪口落在盲节上或很秕的叶芽上，也不能落在纯花芽上。否则，短截后的枝条便不能萌发抽枝，无法形成理想的延长枝或枝组。剪去顶端叶芽后的果枝上如果都是纯花芽，因无抽枝生叶能力而缺乏营养，最后将致使落果。

（2）注意夏剪。根据幼树生长旺的特点，为控制长势，防止徒长枝扰乱树形，影响其他各类果枝的良好发育，在冬季修剪的基础上，必须多次进行夏季修剪。还要特别注意拉枝，开张骨干枝的角度。

（3）注意密植桃园的特点。密植园的寿命短，要注意充分利用空间，不一味讲究树形，有空留、无空疏，做到大枝少、果枝多，以果压冠。

（二）盛果期

5～15年生盛果期树冠已经形成，各类枝组已经配齐，树势逐渐缓和，产量高且稳定，树冠不再扩大或稍有扩大，后期内膛基部的小型枝组开始衰老和枯死，造成内膛光秃，结果部位逐渐转向大、中型枝组，并不断向上、向外转移。其修剪的任务是：前期维持树势平衡，调解生长和结果的关系，及时更新枝组，保持高产和稳产的结果能力；中、后期要控上促下，防止树冠上强下弱、内膛光秃，维持良好的树冠结构，培养新的结果枝组。

1. 主枝的修剪 盛果初期，主枝还未占领所有株行间的空间时，仍可短截延长枝使树冠继续扩大，此时可按1∶（20～30）的粗长比进行主枝短截，并在延长枝上保留花芽使其结果，以削弱其发枝数目和长势，不使枝头生长过旺。盛果中期以后，株行间的枝头已基本相连，就应停止延长枝的短截，令其作为长果枝大量结果，不再延伸。若原来的枝头已经变弱，可利用靠下的徒长性结果枝、长果枝或适宜的结果枝组作为更新的枝头进行回缩修剪，并对新枝头根据长势和空间位置适当地进行长放或短截，把树冠维持在一定大小范围内。但在换头之前最好事先有计划地培养准备用于换头的枝组。主枝的角度仍应保持45°左右，以维持其领导优势。各主枝间仍应保持生长均匀，若强弱悬殊，应抑强扶弱。抑强即对强枝加大角度，多留果枝、少留强枝，增加结果，减弱长势；扶弱是对弱枝抬高角度，多留壮枝、少留果枝，减少结果，促进旺长。

2. 侧枝的修剪 盛果期，特别是盛果中期以后，树冠逐渐郁闭，果实负载量渐渐增加，侧枝会出现下部枝组衰颓的上强下弱趋势，如不注意调整，结果部位外移和产量下降的速度将加快，盛果期的年限将缩短。修剪的原则是控上促下，尽量维持和促进下部枝组的生长结果能力。正常情况下，延长枝的剪留长度仍按1∶20的粗长比进行，实际长度在30 cm左右，如下部枝组有变弱趋势，应进行换头回缩。换头时应注意新枝角度和延长枝方向。

另外，盛果期间，侧枝与主枝回缩和长放的步调应协调一致，即主枝回缩时侧枝亦要相应回缩，以保持主、侧枝的从属关系。

3. 枝组的修剪 盛果期产量的高低和稳定的程度主要取决于枝组的多少、枝组的健壮程度及枝组配备的是否紧凑合理。这一期间除了维护已有的枝组外，还要通过修剪培养一些新的枝组。永远保持大、中、小型枝组的相互间隔，并高低参差、插空排列的良好势态。内膛枝组的控制、维护、培养尤其重要，如果失于调整，便会出现枝组衰死、内膛空虚或徒长枝丛生、树形混乱的局面，最终导致产量很快下降。结果枝组的修剪，总的来说应以缩为主，缩、疏、短截相结合。这是由于多数枝组在延伸扩大的过程中，因为顶端优势的作用，都会出现上部枝头和分枝旺于下部的上强下弱的现象，必须适度地进行上部回缩，才能使整个枝组上结果枝生长壮实，稳定产量。但具体到生长情况不同的枝组上，缩与不缩应分别对待。对生长旺且健壮、角度和方向适宜且周围有发展空间的可以不进行回缩；但对于过高、过长、方向不适、长势衰弱的枝组必须进行回缩，以调整它们的高度、角度、方向及它们和周围枝组间的密度和相互关系。另外，对每个枝组不论是否回缩，都应有自己的枝头，组内其他分枝的高度、长度、长势都不要超过枝头。少数背上枝组也可以培养成向两侧发展的双头枝组。

但这种枝组应视为两个枝组，各与其下部的分枝形成从属关系。枝组的长势不同，修剪方法也不相同。

（1）长势中庸的枝组。对于长势中庸的枝组，若周围还有发展空间，枝组下部果枝也较健壮的，可以不缩或少缩，并留壮枝带头，继续扩大枝组；若枝组周围已无空间，且本身有上强下弱的趋势，应留下部较壮的3～4个果枝进行回缩，维持枝组的长势，控制体积扩大，在整个枝组中要由长势中庸的分枝带头，促使下部分枝健壮生长。

（2）长势强旺的枝组。对于长势强旺的枝组，对其上面的分枝应根据去直留平（或留斜）、去强留弱（或留中）的原则剪去直立的强头，疏除部分强枝，以削弱枝组长势；对枝组直立高大、上强下弱者，可进行回缩，并换用一个角度稍大的斜生分枝带头，以削弱顶端优势，降低枝组高度，促使下部分枝转旺。在枝组中最好不留强枝，以免破坏各枝的从属关系。

（3）中型枝组。对一般体积较小的中型枝组，强壮时应轻剪长放，多留果枝；变弱时短剪回缩，减少结果。这样时放时缩，可以维持结果空间，延长结果时间。

（4）小枝组。对于小枝组，一般保留2个分枝。上面一枝较强，花芽较多，应该轻剪，多留花芽结果；下面一枝较弱，应留2～3个饱满芽短截作为预备枝，以后抽生2个分枝，次冬修剪时，仍按一长一短的形式剪截，并对上次已经结过果的长枝进行剪除（双枝更新）。

（5）衰老的枝组。对于衰老的枝组，如果是由于结果太多所引起的，应回缩枝组，短剪果枝，减少结果，恢复长势；如果由于疏、缩过重所引起的，则应保留壮枝，轻剪长放，增加枝叶，减少结果，恢复长势；还有部分枝组不仅长势弱，并且高而长，对这类枝组应适当回缩，壮枝带头，并在枝组后部对一部分壮枝短截，促生分枝，培养新的枝组，以后逐渐除去衰老部分，实行枝组的部分更新，过分衰弱的小枝组应该疏掉。

4. 结果枝的修剪　随着树龄的增长，不仅结果枝的数量逐年增多，而且各类果枝所占的比例亦有所变化。5～6年生为盛果初期，长果枝和徒长性果枝所占的比例很高，达50%以上；7～10年生时，徒长性果枝已经很少，长、中果枝所占的比例高，一般在50%左右；11～15年生时，长、中果枝的比例逐渐下降到20%～40%，短果枝和花束状果枝的比例逐渐升高到50%左右。栽培条件好，长、中果枝的比例会相对提高。另外，以短果枝结果为主的品种，其短果枝、花束状果枝大量来临的时间越是提前，越能增加产量。

果枝的修剪，要考虑两个方面。一是全树应剪留多少果枝；二是每种果枝应剪留多长。一棵盛果期桃树的优质果平均应维持在75 kg左右，一般的优质果最小为每千克8个，75 kg果实应为600个，每个果枝按平均结果2个计算，每株留300个果枝即可，最多留400个，以每667 m^2栽植40株计算，应留果枝1.2万～1.6万个，加上非结果的发育枝、预备枝等0.4万个，每667 m^2留枝量为2万个左右，结果枝约占80%。每种果枝剪留长度根据品种结果习性、花芽起始节位的高低、节间长短、坐果率高低、采前落果情况、果实大小和管理技术水平高低有所不同，徒长性果枝结果4个，可剪留花芽9～11节；长果枝结果3个，可剪留6～8节；中果枝结果2个，可剪留3～5节；短果枝和花束状果枝最多结果1个，不加短剪，过密时进行疏剪。以中、长果枝结果为主的品种，在盛果期中形成的短果枝和花束状果枝多不能结果，一般都要疏去，如果发生很多，说明树势已经很弱，应用加强肥水和适当增加修剪强度相结合的方法增强树势，单靠修剪不能解决问题。

5. 选留预备枝　桃树进入盛果期后，生殖生长大大超过营养生长，满树都是果枝，生长枝很少，如不进行适当调节，便会缩短盛果期，加速衰老期的来临。为了解决这个问题，可在冬剪时选择一部分枝条进行适当短截，使其到次年发生新梢形成花枝，预备再一年结果。被短截后的这种枝条被称为预备枝。剪留预备枝时，树冠内应比树冠外留得多，树冠下应比树冠上留的多，双枝更新应比单枝更新留的多。长梢修剪（即指长枝轻剪）应比短枝修剪（即指长枝短剪）留的多，弱树应比旺树留的多。剪留预备枝时，除了利用小枝组外，其他各类枝条都能利用，只是修剪长度有所不同而已。在枝条稀少处的长果枝、发育枝可剪留 20～30 cm，一般的长果枝可剪留 2～3 个芽，中果枝可剪留 2 个芽，短果枝剪留 1 个芽，纤细枝剪留 1～2 个芽，单芽枝配合回缩等都能作为预备枝。另外，徒长性果枝和比较粗壮的果枝还可以剪留 8～9 节，使上部结果、下部发枝，次冬剪去上部已经结过果的部分，留住下部分枝作为更新枝继续结果。

（三）衰老期

桃树一般在 15 年之后进入结果后期。此时期的新梢生长量逐年减少，骨干枝的延长枝年生长量常不足 20～30 cm，中、小枝组大量枯死，中、短果枝和花束状果枝大量形成，结果部位移向树冠上部，内膛光秃，产量显著下降，果实品质变差。这一时期主要的修剪任务是对树冠进行更新复壮，尽量维持经济寿命，直到栽培上得不偿失时应立即拔除。更新修剪的主要对象是一二主、侧枝和大型枝组，回缩修剪的程度根据其衰老和下部光秃的程度而定。衰老严重的，下部光秃部位长的应先回缩，重回缩；衰老轻的，光秃部位短的应分年回缩，以维持果园一定的产量。回缩的部位应在树皮完好、没有病虫害的段落，回缩后即能刺激不定芽抽生一定数量的徒长枝作为树冠更新的基础。如果骨干枝下部的适宜位置已有徒长枝存在，则应回缩到徒长枝处。另外，也可在 4～5 月把基部树皮完好，但光秃严重的主、侧枝拉平至弯曲，刺激不定芽萌发徒长枝，并使原来的枝头果枝继续结果，之后再回缩到徒长枝处。为了使树冠的更新复壮整齐一致，也可对全株骨干枝实行一次回缩。对整个桃园可进行一次性回缩，也可间行隔年实行回缩。

无论用何种回缩，获得了徒长枝后，应因势利导，巧妙修剪，形成各级新的骨干枝、枝组和结果枝，迅速充实内膛，恢复树冠，快速结果。

特别需要指出的是在整个衰老桃树更新复壮的过程中，必须辅以良好的肥水管理条件，并及时保护好伤口，才能收到较好的效果。

四、密植园修剪

密植桃园的管理必须有效地控制树冠体积，使每株桃树都能长期在有限的空间生长结果，因此其树体管理上有以下特点。

1. 选择适宜树形 选择适宜树形，每年进行系统修剪，可以使桃树在密植环境中保持树冠小而丰产。

2. 应用多效唑控制树冠 多效唑是一种能强烈抑制植物营养生长兼有杀菌作用的化学物质。高密植桃园要求树冠紧凑，连年使用多效唑是有效控制树冠高度的关键。在桃树上施用多效唑，可以控制新梢生长，缩短节间，使树体矮化紧凑；也可使桃树花芽着生节位降低，促使成花，提早进入盛果期；也可控制枝条徒长，减少夏季修剪的工作量。因此，开始几年必须每年土施 1 次多效唑，控制树冠旺长，迅速培养出大量结果枝，以达到早果高产的目的。

（1）多效唑的施用方法。多效唑的施用方法有以下几种：

① 土施法。土施多效唑有效期长，省工、省药、效果好。生产上常采用环状沟灌法和树冠下均匀撒施法。

环状沟灌法。就是在树冠投影边缘 50 cm 以内，绕树干挖一宽 30 cm、深 15～20 cm（以见到部分吸收根为度）的浅沟，将适量多效唑用水稀释后均匀灌入沟内，然后覆土。如土壤干燥，可多加水，以浸透沟内根系为宜。

树冠下均匀撒施法。就是把一定量的多效唑用土稀释后，在树冠下全面均匀撒施，用耙耧盖即可。

② 喷雾法。将多效唑配成一定浓度的水溶液进行喷施。一般多在山岭干旱薄地桃园使用。最好在晴天傍晚时进行，以利树体吸收。喷洒时，要求只喷洒新梢嫩叶即可。

③ 涂干法。桃树萌芽期，在树干或大枝基部，刮去宽 10～20 cm 的圆形状粗皮（见绿），然后用

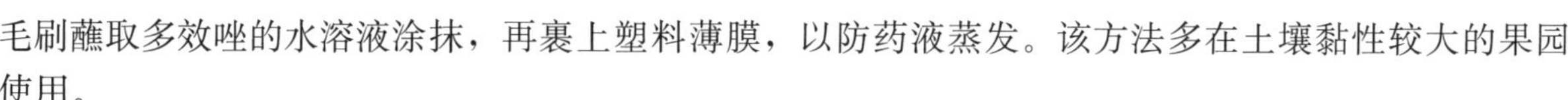

毛刷蘸取多效唑的水溶液涂抹，再裹上塑料薄膜，以防药液蒸发。该方法多在土壤黏性较大的果园使用。

（2）多效唑的施用剂量。生产上使用15%的多效唑，其用量根据当地的条件、品种、树龄、树势和管理条件灵活掌握。

① 土施用量。一般按树冠投影面积每平方米施用1 g计算，实际运用时，在此基础上酌情增减。对黏重土壤用量宜稍重，对沙壤土则应采取“少量多次”的办法。对强旺树适当多施，较弱树适当少施。第一年施药后，第二年用量可减半，第三年根据树体反应，一般取两年用量的平均数，这样既能使桃树生长正常，高产稳产，又不使树体衰弱，延长结果年限。

② 喷施用量。对壮旺树，用15%多效唑的300～150倍液，间隔20 d喷2次，每株用药液量不超过5 kg；中庸树使用15%多效唑的500～300倍液，连喷2次，单株喷药量不超过3 kg。

大面积施用多效唑用量搞不准时，应按照宁少勿多的原则进行。

对于本不该施用多效唑却施用了或使用量过大的桃树，应在早春萌芽后，及时对全树喷布25～50 mg/kg赤霉素（GA_3）1～2次，可有效地恢复生长势，促进树体健壮。

（3）多效唑与其他农药混用。试验结果表明，果树喷施多效唑可以和一般常用的酸性或碱性农药混合使用，既不减弱多效唑抑制生长的作用，也不影响农药的药效，因此可以结合喷药进行叶面喷施多效唑。

（4）多效唑的使用对象及时间。高密植桃园内，2年或2年以上初结果树和结果少的旺树均可使用多效唑，而弱树则不宜用多效唑。

桃树使用多效唑要在枝条旺长前施用。地下土施应在秋季和早春进行。河南地区土施的适宜时间是秋季落叶前后到翌年3月20日之间。秋季施用既便于安排施药用工，又可以利用冬季雨雪使多效唑在土壤中分布得更均匀。叶面喷施应在5月上旬到6月中旬进行，一般喷施后5～10 d开始起作用。注意旺树早施，较弱树晚施。土壤黏性较大的果园应尽量避免土施。

3. 合理修剪　高密植桃园光照条件较差，为了防止果园郁闭，保证高产、稳产、优质，延长盛果期，在修剪上应尤其重视以控制枝条旺长、解决通风透光、促使花芽分化为目的的夏季修剪。冬剪时应去旺枝，疏弱枝，多留预备枝，及时更新结果枝组。

4. 适时改变树形　高密植桃园郁闭后，光照条件更进一步恶化，需要对单株和整体结构做出相应调整。可通过疏、截、缩的方法改变原有树形，改善光照条件。

5. 适时间伐　计划密植的桃园，要在利用疏枝、回缩改变临时植株树形的同时，按原计划适时间伐临时植株，改善桃园的通风透光条件。

五、放任树修剪

一般群众零星栽种的桃树多放任生长，不加修剪。这种桃树多数表现主枝、徒长枝很多，无明显的侧枝和主从关系，下部枝组和果枝枯死很快，空膛、结果部位上移很快，往往结果3～5年即表现衰老，被群众作为“老树”拔掉。如按树龄计算，这种树都在6～8龄，正是刚刚进入盛果期的时候，如果给以适当的修剪，便能继续恢复树势和结果，延长经济栽培时间。对这种树的修建原则是随树做形，理顺各类枝的主从关系，适当回缩，促使内膛重发新枝或重新形成树冠，以达到尽快恢复结果的目的。具体修剪的方法是首先确定可以留作主枝用的3～4个大枝；而后对多余的并生大枝可1次或分2次进行疏除。暂时不能疏除的大枝，应疏去其上的徒长枝、无花枝，只保留果枝令其结果，以后再进行疏除。被当作主枝保留的大枝应向下回缩至适当的分枝处进行换头，将其上面的徒长枝和适宜分枝亦进行适度回缩，逐渐改造成侧枝或大型枝组，2～3年基本上可形成一定的树形。对于原有分枝上的各类结果枝应多留预备枝，少留结果枝，注意培养各类结果枝组。对于新发生的分枝要轻剪长放，扩大体积，尽快充实树冠下部和内膛，形成丰产的树冠结构。

第九节 病虫害防治

一、主要病害及其防治

桃树的病害较多，危害较重，应在加强栽培管理、增强树势的基础上，认真细致地做好冬季果园清理，科学地施用农药，才能收到较好的防治效果。

（一）桃缩叶病

桃缩叶病病原物为畸形外囊菌（*Taphrina deformans* Tulasne）。桃缩叶病在桃栽培区都有发生，主要为害叶片，病情严重时也为害花、嫩梢和幼果。

1. 为害症状 感病的叶子幼小时就会出现部分或全部皱缩、扭曲，颜色发红。随着叶片的展开其皱缩和扭曲的程度加重，病叶肿大，凸凹不平，叶肉肥厚，质地脆硬，叶片红或红褐色，叶片正面出现银白色粉末，以后叶片变为褐色而干枯脱落。花受害花瓣肥大、变长后脱落。嫩梢被害后略显粗肿，节间缩短，其上叶常丛生，严重时整枝枯死。幼果受害后呈畸形，病斑红色或黄色，果皮龟裂或生疮疤，早期脱落。

2. 发病规律 病原菌在桃芽鳞片和枝干的树皮上越夏、越冬。翌年春季桃树萌芽时就可以受到侵染。在温度低、湿度大的春季易发生，若发病严重，将导致早期落叶、落果，影响树势和产量。4～5 月的温度、湿度合适，发病最盛；6 月气温升高，病害停止发展。

3. 防治方法

（1）农业防治

① 加强栽培管理。叶片大量焦枯和脱落的重病树应及时补施肥料和浇水，促使树体恢复，增强抗病能力。

② 摘除病原。在病叶初现未形成白粉状物之前及时摘除病叶、病枝，集中烧毁，可减少当年的越冬病原。

（2）化学防治。在桃树芽膨大期，细致、周到地喷洒一次 5 波美度石硫合剂或 1∶1∶160 波尔多液，杀死越冬病原。这次喷药适时，可完全控制此病；桃芽萌动到露红期喷洒 50%多菌灵可湿性粉剂 600～800 倍液、50%代森锌 300～500 倍液、0.5 波美度石硫合剂＋粉锈灵 1 000 倍液防治，均有良好效果。

（二）桃细菌性穿孔病

桃细菌性穿孔病病原为甘蓝黑腐黄单胞菌桃穿孔致病型（*Xanthomonas campestris* pv. *campestris*）。该病在桃栽培区均有发生，尤其在排水不良、盐碱程度较高的桃园。多雨年份危害较重。此病主要为害叶片，也侵害枝梢和果实。

1. 为害症状 叶片多于 5 月发病，初发病叶片背面为水渍状小点，后扩大成圆形或不规则的病斑，紫褐色到黑褐色。斑的周围有黄绿色晕环，病斑干枯脱落后形成穿孔，病害严重的导致早期落叶。嫩枝发病形成绿褐色水渍状圆形或椭圆形病斑，逐渐变成褐色到暗紫色，中间凹陷，长可达数厘米，宽 0.5 cm。病斑边缘带有树脂状分泌物，空气湿度大时也长伴有黄色细菌液溢出，后期病斑中心部分表皮破裂。桃果从幼果期到成熟期均能发病，果实发病后开始出现淡褐色圆形小斑，以后逐渐扩大变成浓褐色，凹陷，周围成水渍状。潮湿时病斑常分泌黄色黏质物，干燥时则形成不规则裂纹。

2. 发病规律 该病原在枝条病组织内越冬，第二年春季病斑扩大并释放出大量细菌，借风力或昆虫传播，侵染叶片、枝条、果实。5 月开始发病，而以 7～8 月的雨季发病较重。树势弱，排水、通风不良，虫害严重的桃园发病较重，致使早期落叶，树势衰弱，影响来年产量。

3. 防治方法

（1）农业防治

① 及时排水。桃园低洼时注意排水，保证雨后不积水，创造不利于细菌蔓延的条件。

② 加强栽培管理。加强桃园土、肥、水管理，增强树势，合理整形修剪，改善通风透光条件，提高树体的抗病力。

③ 清园。冬夏修剪时剪除病枝，清扫病叶、病果，集中烧毁或深埋地下。

（2）化学防治。芽膨大前喷布5波美度石硫合剂或1∶1∶100波尔多液，消灭越冬病菌；展叶后可喷布硫酸锌石灰液（硫酸锌1 kg，消石灰4 kg，水240 kg）1～2次；落花后半月至8月间可喷布65%代森锌可湿性粉剂500倍液或0.3～0.4波美度石硫合剂，15～20 d喷一次。

（三）桃白粉病

桃白粉病为真菌性病害，病原菌为三指叉丝单囊壳菌（*Podosphaera tridactyta*）和桃单壳丝（*Sphaerotheca pannosa*）。一般在温暖干旱气候时发生，在温室中也容易蔓延，主要侵染叶片和果实，苗木也容易受害，常造成早期落叶。

1. 为害症状　叶片染病后，叶正面产生褪绿性、边缘极不明显的淡黄色小斑，斑上生白色粉状物，病叶呈波浪状；夏末秋初时，病斑上常生许多黑色小点粒，病叶常提前干枯脱落。幼果较易感病，病斑圆形，覆密集白粉状物，果形不正，常呈歪斜状。

2. 发病规律　病菌菌丝在桃树芽内越冬，第二年桃树发芽到展叶期开始侵染。一般年份幼苗发病较多、较重，大树发病较少、较轻。

3. 防治方法

（1）农业防治。落叶后到发芽前彻底清除果园落叶，集中烧毁。发病初期及时摘除病果深埋。

（2）化学防治。发芽前喷洒5波美度石硫合剂，消灭越冬病原；发病初期及时喷洒50%硫悬浮剂500倍液、50%多菌灵可湿性粉剂800～1 000倍液、50%托布津800倍液、20%粉锈灵乳油1 000倍液。苗圃里，当实生苗长出4片真叶时开始喷药，每15～20 d喷一次。

（四）银叶病

银叶病病原为真菌中的紫韧革菌［*Stereum purpureum*（Pers.）Fr.］。病菌侵染桃树后，引起银叶症状，最后导致死枝或死树，对桃树生产威胁很大。

1. 为害症状　病叶铅色，后变银白色，展叶不久就能看到病叶变小、质脆，叶绿素减少，靠近新梢基部的病叶病状明显。银叶病病叶上没有病原菌，植株表现银叶症状后3年内会引起死树。

2. 发病规律　病菌以菌丝在木质部越冬，翌年春夏，病菌通过伤口侵入枝干，上下蔓延。病菌侵染后，心材变色，初为浅褐色，后变深色，病组织干燥，闻着有酒糟味，伤口附近的叶片最早发病。

3. 防治方法

（1）农业防治。桃树萌芽前要清理果园里的银叶病死树、死枝并加以烧毁，以消灭其越冬病原。

（2）化学防治。保护伤口是防治该病的主要措施，可用托布津涂剂涂布伤口以防感染。

（五）桃疮痂病

桃疮痂病病原为嗜果黑星孢（*Fusicladium carpophilum*）。该病主要为害果实，也为害枝、叶，因其病斑最后为黑色，所以又称黑点病、黑痣病等，是春夏多雨年份桃园的常见果实病害。

1. 为害症状　果实发病最初出现暗绿色至黑色圆形斑点，并逐渐扩大至直径为2～3 mm病斑，周围始终保持绿色。严重时，一个果上可有数十个病斑，病斑聚合连片呈疮痂状。该病只侵害果实表皮，病斑往往开裂，但裂口浅小，一般不会引起果实的腐烂。枝梢受害最初表面产生紫褐色椭圆形斑点，后期变为黑褐色稍隆起，并常发生流胶，最后在病斑表面密生黑色小粒点，病斑也限于表皮。叶片受害往往在叶背呈现出多角形或不规则形灰绿色病斑，以后病部转为紫红色，最后病叶形成穿孔或干枯脱落。

2. 发病规律　病菌主要在一年生枝的病组织内越冬，至次年4～5月产生新的分生孢子，经风雨传播，陆续侵染。5～6月多雨潮湿时发病最重，果园低洼或通风不良时容易加重该病发生，病菌侵入寄主后潜伏期较长。因此，田间表现为早熟品种发病轻，中熟品种次之，晚熟品种较重。

3. 防治方法

（1）农业防治

① 清园。结合冬剪剪除病枝梢烧毁，以减少病原。

② 加强栽培管理。剪留枝条不宜过多，及时进行夏剪和铲除杂草，保持果园良好的通风透光环境，降低湿度，减轻发病。

（2）化学防治。萌芽前喷洒5波美度石硫合剂铲除越冬病原；4月中下旬到7月中旬，10～15 d喷洒一次65%代森锌可湿性粉剂500倍液、50%多菌灵可湿性粉剂800倍液、50%硫悬浮剂500倍液、40%福星乳油10 000倍液、50%菌丹可湿性粉剂400～500倍液，上述药剂交替使用。

（六）桃褐腐病

桃褐腐病病原物为子囊菌亚门链核盘菌属（*Monilinia laxa*），又称灰腐病、灰霉病、菌核病，主要为害果实，也能为害花、叶和新梢。

1. 为害症状 本病的主要特征是被害果实、花、叶干枯后挂在树上，长期不落。桃的果实从幼果期到成熟期至贮运期都可发病，但以生长后期和贮运期果实发病较多、较重。果实染病后果面开始出现小的褐色斑点，后急速扩大呈圆形褐色大斑，果肉呈浅褐色，并很快全果腐烂。同时，病部表面长出质地密结的串珠状灰褐色或灰白色霉丛，初为同心环纹状，并很快遍及全果。烂病果除少数脱落外，大部分病果失水变成黑褐色僵果，常留在枝上经久不落。花感病后，花瓣、柱头生褐色斑点，渐蔓延到花萼与花柄。天气潮湿时病花迅速腐烂，长出灰色霉层，以后病花干枯；天气干燥时，先变褐干枯，遇到潮湿天气再产生灰色霉层。干枯的花固着在枝上不脱落。嫩叶发病常自叶缘开始，初为暗褐色水渍状病斑，并很快扩展到叶柄，叶片萎垂如霜害，病叶上常有灰色霉层，也不易脱落。枝梢发病多为病花梗、病叶柄及病果中的菌丝向下蔓延所致，渐形成长圆形溃疡斑，病斑灰褐色，边缘紫褐色，中央微凹陷，周缘微凸，被覆灰色霉层，初期溃疡斑常有流胶现象。

2. 发病规律 病菌在僵果和被害枝的病部越冬，翌年春借风雨和昆虫传播。多雨、多雾的潮湿气候有利于发病。病菌由气孔、皮孔、伤口侵入，引起初次侵染，由被侵染的花再蔓延到新梢。病果上病菌在适宜条件下长出大量的分生孢子，引起再次侵染。贮藏果与病果接触也能引发病害。

3. 防治方法

（1）农业防治

① 清园。冬季清除树上树下的病僵果、病残枝叶，集中烧毁，然后深埋于地下。

② 加强栽培管理。生长季节加强果园管理，及时进行夏剪并铲除杂草，以利通风透光，并注意排水，减少发病机会。

（2）化学防治

① 及时防治虫害。及时喷药防治椿象、象鼻虫、食心虫、桃蛀螟等，减少虫害和虫伤。

② 药物防治。桃树发芽前喷5波美度石硫合剂+80%五氯酚钠200～300倍液1次；花败后10 d到采果前20 d喷0.3波美度石硫合剂、65%代森锌400～500倍液、70%甲基硫菌灵800倍液、50%硫悬浮剂500～800倍液、50%多菌灵可湿性粉剂800～1 000倍液、20%三唑酮乳油3 000～4 000倍液，每次间隔10～15 d。上述药剂请交替使用。

（七）桃炭疽病

桃炭疽病病原为真菌半知菌亚门腔孢纲黑盘长孢目盘长孢状刺盘孢（*Colletotrichum gloeosporioides* Penz），又称硬化病或木守病，主要为害果实，也能为害枝叶。

1. 为害症状 受害的幼果果面呈暗褐色，发育停止，萎缩、硬化，多数脱落，少数成为僵果残留在枝条上而不脱落。拇指大的果实染病时，果实表面初呈现绿褐色水渍状病斑，圆形或椭圆形，以后病斑逐渐扩大，变为深褐色并显著凹陷，潮湿时病斑上长出橘红色小粒点，呈同心轮纹状排列，受

害幼果多数于5月脱落，少数干缩成僵果固着在枝上。果实近成熟期高湿环境发病较重，染病果果面症状除与前述相同外，还具有明显的同心环状皱缩，最后果实软腐脱落。新梢被害后，呈暗褐色、略凹陷、长椭圆形病斑，病梢多向一侧弯曲，叶片萎蔫下垂纵卷成筒状，病害严重的枝夏季多枯死。叶片发病时，病斑圆形或不规则形，淡褐色，边缘清晰，后期病斑为灰褐色。

2. 发病规律 病菌主要在病梢上越冬，也可在树上僵果内越冬，翌年春季侵染新梢和果实。桃的果实从幼果期到成熟期都能发病，花期和幼果期低温、多雨有利于发病，果实成熟期的温暖、多雨的年份，以及土壤黏重、排水不良、通风透光不良的桃园发病严重。

3. 防治方法

（1）农业防治

① 选择适宜的园址。不宜在地势低洼、排水不良的黏质土壤地建园。

② 清园。结合冬剪彻底清除树上病梢、枯枝、僵果和地面落果，集中烧毁；花期前后及时剪除病枯枝，防止病害扩大再侵染。

③ 加强栽培管理。注意果园排水，降低果园湿度，增施磷、钾肥，提高植株抗病能力；适时夏剪，改善通风透光条件。

（2）化学防治。萌芽前喷洒80%五氯酚钠200～300倍液+5波美度石硫合剂，或120倍波尔多液1次铲除越冬病原；落花后到5月下旬每隔10 d喷药一次，共喷3～4次，其中以4月下旬到5月上旬两次最为重要。下列药剂可交替使用：70%甲基硫菌灵可湿性粉剂800～1 000倍液、80%炭疽福美可湿性粉剂800倍液、75%百菌清可湿性粉剂800倍液、50%菌丹400～500倍液、50%退菌特可湿性粉剂1 000～1 500倍液、50%多菌灵可湿性粉剂600～800倍液。

（八）桃树腐烂病

桃树腐烂病病原为核果黑腐皮壳菌（*Valsa leucostoma*），又称干枯病、胴枯病、枝枯病。主要为害主干、主枝，发病严重时造成整株枯死，大小树均能受害，主干下部发病较多。

1. 为害症状 树干受害时，初期病斑不易发现，但外部常可见到米粒大小的胶点，后逐渐扩展成较大的紫褐色斑，稍凹陷，布满胶质点粒，用手指按压感觉柔软，胶点下病皮组织腐烂湿润，黄褐色，具酒糟气味，后期病部干缩、凹陷，密生黑色小粒点，空气潮湿时从中涌出黄褐色丝状孢子角。

2. 发病规律 该病病菌主要在病组织中越冬。3～4月病原菌从桃树伤口侵入，也可通过皮孔、侵入；4～5月病害发生；5～6月是病害发生的高峰，病斑扩展和溃烂最快；6月以后，病势减弱；8～9月是病害发生的第二个高峰，但病势较轻，该病在树势衰弱、伤口多、冻害严重的桃园常有发生，并危害严重。

3. 防治方法

（1）农业防治

① 清园。结合冬季修剪，彻底剪除枯桩、干橛及病枝、病树，集中烧毁。

② 加强栽培管理。增施有机肥和磷、钾肥，控制氮肥，合理留果，均衡负载，促进发育，提高树体抗病能力。

（2）物理防治。经常检查树体，发现病疤后及时将病皮彻底消除刮净，病疤边缘要圆滑，不要留死角，刮后适时涂药保护和杀灭残余病菌。药剂用石硫合剂原液、70%甲基托布津可湿性粉剂100倍液、腐必清均可。

（九）桃疣皮病

桃疣皮病菌有性阶段产生子囊壳及子囊孢子（*Physalospora persicae*）。该病主要为害一二年生枝条，幼树、成年树都可受害，病树枝枯早衰，寿命显著缩短。

1. 为害症状 枝条感病时，开始于皮孔上产生疣状小突起，并逐渐向周围扩展，形成直径约4 mm的疣状病斑，以后在病斑表面散生针头状小黑点，一般当年不流胶。第二年春夏间，病斑继续扩大，表皮破裂溢出树脂，枝条表皮粗糙变黑，病部皮层坏死，严重时枝条萎凋枯死。

2. 发病规律 该病病菌在枝条病部越冬，翌年 3 月病菌就可从皮孔侵入枝条，6 月达到发病高峰。

3. 防治方法

（1）农业防治。结合冬、夏季修剪彻底剪除发病枝条，清除病原，集中烧毁。

（2）化学防治。早春到发芽前用“402”抗菌剂 100 倍液涂刷病斑，杀伤越冬病原；从 4 月下旬到 7 月上旬，喷洒 50%多菌灵可湿性粉剂 800～1 000 倍液 4～5 次，每次间隔 15～20 d。

（十）桃木腐病

桃木腐病病原为真菌，有担子菌亚门层菌纲的伞菌目彩绒革盖菌（*Coriolusver sicolar* Quel）、伞菌目裂榴菌（*Schizophy lumcommune* Fr.）、非褶菌目暗黄层孔菌［*Fomes fulvus*（scop.）Gill］。又称心腐病、木材腐朽病。主要为害桃树枝干心材，对树体寿命威胁很大。

1. 为害症状 患病植株典型特征是：在树干锯口、病伤口、虫伤口能长出灰白色的、形状如干木耳的木腐菌子实体。

2. 发病规律 木腐菌形成的孢子靠风雨传播，由锯口或其他伤口侵染植株，顺年轮发病使木质腐朽。以树体基干部分受害最重，上部较轻，新梢则不受害。

3. 防治方法

（1）农业防治。加强栽培管理，增强树势，可以提高抗病能力。

（2）物理防治。及时刮除病部的子实体（“干木耳”），减少传染源，病重危树及时刨除烧毁。对伤口及时用 10%硫酸铜溶液消毒，再用油漆、柏油保护伤口。

（十一）桃流胶病

桃流胶病是一种非侵染性的生理性病害，又称树脂病，主要为害枝干，也为害果实和叶片。病因十分复杂，难于彻底防治，易造成树势衰弱，果实品质下降，甚至枝干枯死。弱树、旺树、旺枝是主要为害对象。

1. 为害症状 以主干和主枝杈桠处容易发生。枝干发病初期，病部稍微膨胀，并陆续溢出褐色透明胶质，雨后流胶现象往往加重，树胶渐成冻胶状，而后失水呈黄褐色，最后变成坚硬的琥珀状胶块。流胶严重的枝干，树皮开裂，布满胶质，皮层坏死，轻者树势锐减，叶片细小、色黄，重者枝干或整株枯死。果实发病，有胶粒溢出果实，病部较硬，有时破裂。

2. 发病规律 该病病因不明，凡能影响桃树正常生长发育的因子均能引起流胶，如机械伤口，病菌，枝干、果实的虫伤，土壤过于黏重等。病菌危害时，病菌孢子借风而传播，从伤口和侧芽侵入。树体因非侵染性病害发生流胶后，容易再感染侵染性病害，尤其以雨后发病较为严重。

3. 防治方法

（1）农业防治

① 尽量减少树体伤口，及时防治和治疗其他枝干病虫害。并尽量减少人为造成的枝干伤口且及时涂白。

② 旺树流胶的防治。对于旺树流胶，可暂时使用氮肥，不干旱时不要灌溉，并深翻土壤，通气晾墒，增施磷、钾肥，使树势由旺到壮，减缓流胶程度。

③ 衰弱树流胶的防治。对衰弱树流胶，应增施有机肥，改善土壤的理化性状，注意排水，经常松土，使衰弱树转旺，增强对病虫害的抵抗能力。

（2）物理防治。冬季树干涂白，可减少流胶病的发生。涂白剂的配制方法：优质石灰 12 kg，食盐2～2.5 kg，黄豆汁 0.5 kg，水 36 kg。先把生石灰用水化开，再加入黄豆汁和食盐，搅拌成糊状即可。

（3）化学防治。刮除胶状体，涂抹石硫合剂原液；萌芽前喷 5 波美度石硫合剂＋80%五氯酚钠

200～300 倍液铲除越冬病菌；剪锯口、病斑刮除后涂抹 843 康复利。

（十二）紫纹羽病

紫纹羽病病原菌为紫纹羽卷担子菌（*Helicobasidium mompa* Tanaka），主要为害根部的一种病害，病树树势衰弱，严重时整株死亡。以树林开垦后种植的桃园及低洼积水、潮湿的桃园发病较重。

1. 为害症状　该病为害时细根先受害，逐渐扩展到支根和主根。根部表面缠绕许多疏松紫、白色丝绒状物，形如羽毛。该病有急性症状和慢性症状两种：慢性症状为植株地上部树势衰弱，新梢生长量少，叶小色淡，夏季叶萎蔫、变黄、早脱落，连续 2～3 年表现同样症状，数年后树死，地上部分症状显著时，大约已有 3/4 的根系被侵染；急性症状是在生长季节植株生长很正常，突然叶变黄，落叶，植株随即枯死。

2. 发病规律　植株感病时该病病菌生长出菌丝侵入皮层内繁殖，致皮层枯死，不侵入根的木质部，而是向上蔓延，地上部分植株生长茂盛和高湿度条件下，病菌子实体蔓延到树干的很多部位。

3. 防治方法

（1）农业防治。不再原来造林地建桃园；桃园不用刺槐（病害寄主）植防风林带；对病重树，尽早挖除，搜集残根烧毁，消灭病源。

（2）化学防治。新栽苗木用 70%甲基硫菌灵、苯来特等 1 000 倍液浸渍 10 min 后栽植；对地上部分表现不良的果树，秋季应扒土晾根，并刮除病部，然后用 70%甲基硫菌灵或 50%多菌灵 500 倍液灌根；对病株周围土壤用 70%五氯硝基苯粉每株 0.2 kg，配制成 1∶(50～100) 的药土，均匀撒施病株周围土中。

（十三）根癌病

根癌病病原为根癌细菌（*Agrobacterium tumefactions* Conn），又称冠瘿病、根头癌肿病，该病主要发生在根颈部，也发生于主根、侧根、支根，感病后树势衰弱，严重时整株死亡。

1. 为害症状　癌瘤通常以根颈和根为轴心，环生和偏生一侧，球形、扁球形或不规则形，数目少的 1～2 个，多的 10 个左右。瘤的大小差异很大，小的如豆粒，大的如核桃、拳头或更大，或很多瘤簇生成一个大瘤。初生瘤光洁柔滑，多呈乳白色，也有微红的，后逐渐变成褐色或深褐色，表面粗糙、凸凹不平，内部坚硬。后期癌瘤深黄褐色，易脱落，表面组织易破裂、腐烂，有腥臭味。老熟癌瘤脱落处附近还可产生新的次生癌瘤。生病植株由于根部发生癌变，水分、养分流通阻滞，地上部生长发育受阻，树势衰弱，叶薄、细弱、色黄，严重时干枯死亡。桃苗也易感此病。

2. 发病规律　根癌病病原菌可在癌组织皮层和土壤中存活 1 年以上，靠雨水、灌溉水、地下害虫等传播。病菌主要从伤口和气孔侵入寄主，入侵后即刺激周围细胞加速分裂，形成癌瘤。病菌从入侵到癌瘤形成，短的几周，长的 1 年以上。

3. 防治方法

（1）农业防治。栽种桃树或育苗地忌重茬，也不要在原来的林果园地种植桃树。

（2）物理和化学防治。将癌瘤彻底切除，集中烧毁，再涂石硫合剂渣或波尔多液浆保护，或用 K84 生物农药 30～50 倍液浸根 3～5 min，也可用 3%次氯酸钠液浸 3 min。

二、主要害虫及其防治

桃树上的害虫较多，对桃树的危害也较病害严重。但只要防治及时，并注意综合防治和药物交替使用，均能收到较好的效果。

（一）桃蚜

桃蚜（*Myzus persicae*）又称桃赤蚜、烟蚜、蜜虫、腻虫等，是桃树的主要害虫。

1. 为害症状 主要以刺吸式口器吸吮桃树叶片和嫩梢中的汁液，使得被害叶片卷缩，影响新梢和果实生长，严重时造成落叶，影响整个植株生长。

2. 发生规律 一年可发生10～20代。以卵在寄主枝梢芽腋、裂缝、小枝杈越冬；第二年3月下旬开始孵化，群集芽上危害；5月繁殖最快，也危害最大；6月以后产生翅蚜，迁移到其他植物危害；10月有翅蚜又迁回桃树上，有性蚜交尾产卵越冬。

3. 防治方法

（1）生物防治。保护瓢虫、食蚜蝇、草蜻蛉等蚜虫天敌，尽量不喷广谱性农药，避免天敌多的时间喷药。

（2）化学防治。越冬卵量较多时，在桃芽萌动前喷洒5%蒽油或柴油乳剂，杀灭越冬卵，但应注意两者不能与石硫合剂同时使用或混用，使用期必须间隔10 d以上；桃树开花前，越冬卵孵化后，蚜虫集中在新叶上危害时，及时、周到细致地喷洒50%辛硫磷乳剂1 500倍液、20%杀灭菊酯（速灭杀丁）乳剂3 000倍、2.5%溴氰菊酯乳剂3 000倍液、吡虫啉（蚜虱一遍净）3 000～3 500倍液、50%避蚜雾可湿性粉剂2 000倍液、50%灭蚜松可湿性粉剂1 000倍液。从桃树落花到初夏和秋季桃蚜迁回桃树时，可用上述药剂交替使用防治。

（二）山楂红蜘蛛

山楂红蜘蛛（*Tetranychus viennensis* Zacher）又称火龙、山楂叶螨、樱桃叶螨、樱桃红蜘蛛。

1. 为害症状 常群集于叶背和初萌发的嫩芽上吸食汁液，也可为害幼果，如防治不及时，可引起全树落叶。

2. 形态特征 雌成螨体长0.7 mm，宽0.3 mm，椭圆形，背前方稍隆起。越冬型鲜朱红色，夏型深红色。雄成螨体长0.4 mm，宽0.3 mm，体末端尖削，绿色或橙黄色。

3. 发生规律 一年发生的代数因地区而异，在黄河故道地区一年发生8～9代，而在兴城则一年发生5～6代。以受精雌成螨在树皮缝隙中越冬，大发生年代还可以在树干基部的土缝中、枯草中越冬。翌年3月初花芽膨大时开始出蛰活动，多集中在花、嫩芽、幼叶等幼嫩组织上危害，随后在叶背面吐丝结网产卵，卵期11 d，孵化后若螨群集于叶背吸食危害。这时越冬雌螨大部分死亡，而新出的雌螨尚未产卵，是药物防治的有利时期。6～7月繁殖最快，如果天气干旱，危害严重，常引起大量落叶。一般年份9月上旬前后冬型的雌成螨就开始入蛰越冬。

4. 防治方法

（1）农业防治

① 诱集越冬成虫。在越冬雌螨下移越冬前（8月下旬），于树干上端或主枝杈处绑扎草把，引诱越冬成螨，11月后解下烧掉。

② 清园。结合桃园冬季管理，清扫落叶，刮树皮，翻耕树盘，消灭部分越冬雌螨。

（2）生物防治。食螨瓢虫、草蜻蛉、蓟马等均为红蜘蛛的天敌，应选择对天敌伤害较轻的农药使用。

（3）化学防治。发芽前周到细致地喷洒5波美度石硫合剂，花前或花后喷洒50%硫黄悬浮剂200～400倍液，消灭越冬螨体；第一代卵孵化结束后，每百片叶活动螨数达400头时需要进行药物防治，喷洒0.2%阿维菌素2 500倍液、73%克螨特2 000倍液、40%水胺硫磷乳油1 500倍液、20%螨死净可湿性粉剂3 000倍液、5%尼索朗1 500倍（不杀成螨）或0.05波美度石硫合剂混加500～800倍液洗衣粉。几种农药交替使用，防治效果较好。

（三）桃潜叶蛾

桃潜叶蛾（*Lyonetia prunifoliella* Hubn）又称串食虫、潜皮虫、桃叶潜蛾。

1. 为害症状 以幼虫潜入叶肉组织串食，将粪便充塞其中，使叶片呈现弯弯曲曲的白色或黄白色虫道，使叶面皱褶不平。危害严重时，造成早期落叶。

2. 形态特征　成虫体长3～4 mm，翅展7～8 mm，体及前翅银白色，前翅先端附生3条黄白色斜纹，翅先端有黑色斑纹，后翅灰色，前后翅都有灰色长缘毛。幼虫体长6 mm，头小而扁平、淡褐色，胸部淡绿色，3对胸足黑褐色。茧扁枣核形，白色，两端有长丝粘于叶上。

3. 发生规律　每年发生7～8代，以茧蛹在被害叶上越冬。翌年4月成虫羽化，昼伏夜出活动，产卵于叶面皮内。幼虫卵化后潜入叶肉取食危害。幼虫老熟后从隧道钻出，在叶背吐丝搭架，于中部结茧化蛹，少数于枝干结茧化蛹。5月上旬见第一代成虫后，以后每20～30天完成1代，10～11月幼虫于叶片上结茧化蛹越冬。

4. 防治方法

(1) 农业防治。落叶后清园，彻底扫除落叶，集中烧毁，消灭越冬蛹。只要清除彻底，可以基本控制其危害。

(2) 化学防治。成虫发生期喷洒50%杀螟松乳剂1 000倍液、90%敌百虫1 000倍液或20%杀灭菊酯乳剂2 000倍液。

(四) 桃小绿叶蝉

桃小绿叶蝉（*Empoasca flavescens* Fabricius）又称桃一点叶蝉、桃浮尘子。

1. 为害症状　成虫或若虫群集于叶片，吸食汁液。被害处呈现白色斑点，严重时斑点相连，叶片呈苍白色，提早落叶，树势衰弱。

2. 形态特征　成虫淡绿色，长3～4 mm，头顶中央有1个黑点，翅绿色，半透明。若虫体黄绿色，形似成虫，无翅。

3. 发生规律　每年发生4～5代。以成虫在落叶、杂草中和常绿树丛中越冬；第二年3月下旬到4月上旬开始飞迁到桃树嫩叶上刺吸危害，产卵于叶背主脉组织内；5月上旬出现第一代若虫；7月上旬为第二代若虫盛发期；8月中旬和9月上旬为第三、第四代若虫发生期；第四代成虫10月以后潜伏越冬。成虫受惊时很快飞起，像尘埃一样。

4. 防治方法

(1) 农业防治。秋冬季节，彻底清除杂草、落叶，集中烧毁，消灭越冬成虫。

(2) 化学防治。3月下旬、5月上旬、7月上旬是防治桃小绿叶蝉的3个关键时期，可喷洒40%的乐果乳剂2 000倍液、25%速灭威600～800倍液或50%杀螟松乳剂1 000倍液。

(五) 桃红颈天牛

桃红颈天牛（*Aromia bungii* Faldermann）又称钻木虫、赤颈天牛、水牛。

1. 为害症状　其幼虫深入皮层和木质部危害，并随时由粪孔排出红褐色锯末状粪便，堆积树干基部地面。被害植株或大枝长势渐衰，结果较少，严重时皮层大部分被毁，再伴随流胶现象，全枝或全株枯死。

2. 形态特征　幼虫体长50 mm，黄白色，前胸背板扁平、方形，前缘黄褐色，中间色淡。

3. 发生规律　每2年发生一代，以幼虫在树的枝干皮层下或木质部蛀道内越冬。3～4月幼虫又开始危害，老熟的幼虫在蛀道内做茧化蛹，成虫6～7月出现，交配产卵于桃树主枝基部及主干树皮裂缝处，初孵幼虫即在皮下蛀食危害，当年就在其虫道内越冬。第二年幼虫长达30 mm左右时蛀入木质部危害，深达枝干中心，并噬咬排粪孔，将红褐色锯末状粪便排出孔外，粪孔外常有黏胶物。

4. 防治方法

(1) 物理防治

① 捕捉成虫。6～7月成虫发生期中午前后在主干、主枝附近捕捉成虫，特别是雨后晴天，成虫大量出现，也容易捕捉。此法简单易行，是防治天牛的主要措施。

② 挖捉幼虫。发现新鲜虫粪便，可将蛀道内幼虫挖出。

(2) 化学防治。发现新鲜虫粪便孔，可向虫道注入昆虫病原线虫（4 万条/mL），防治效果好。

(3) 物理防治。树干涂白，5 月底成虫发生前，以生石灰 10 份、硫黄粉 1 份，水 40 份，加食盐少许制成涂剂，将主干、主枝涂白，防止成虫产卵。

（六）桑白蚧

桑白蚧（*Pseudaulacaspis pentagona*）又称桑盾蚧、粉蜡蚧、桃介壳虫、桃虱。

1. 为害症状 以成虫或若虫固着在枝上吸食汁液，被害枝条营养不良，树势衰弱，严重者整枝或整株枯死。

2. 发生规律 我国北方一年发生 2 代，以第二代受精雌成虫在枝条上越冬；次年 5 月产卵于母壳下；6 月孵化出第一代若虫，多群集于二三年生枝条上吸食树液并分泌蜡粉；7 月第一代成虫开始产卵；8 月孵化出第二代若虫；9～10 月出现第二代成虫，交尾后受精雌成虫于树干上越冬。

3. 防治方法

(1) 农业防治。桃树落叶后清园，用硬毛刷或钢丝刷刷掉越冬雌虫。冬剪时剪除虫体较多的枝条并集中烧毁。

(2) 生物防治。保护天敌红点唇瓢虫，在桑白蚧若虫固定后，尽量不喷布化学药剂，减少对天敌的伤害。

(3) 化学防治。桃树发芽前喷布 5 波美度石硫合剂、5%柴油乳剂、95%蚧螨灵机油乳剂 50 倍液，消灭越冬雌成虫；若虫孵化期喷布 80%敌敌畏乳剂 800 倍液、50%杀螟硫磷乳剂 1 000 倍液、40%速扑杀乳油 1 000～1 500 倍液、0.3 波美度石硫合剂、40%水胺硫磷乳剂 1 000～1 500 倍液，均有较好的效果。

（七）蝉

蝉（*Cryptotympana atrata* Fabricius）又名知了、蚱蝉、黑蝉。

1. 为害症状 7～8 月雌成虫在桃当年生枝梢上连续刺穴产卵，呈不规则螺旋状排列，使枝梢下木质部呈斜纹状裂口，造成上部枝梢枯死，对桃树枝梢生长影响较大。

2. 发生规律 每 4～5 年完成一代，以卵和若虫分别在枝条上和土中越冬。老龄若虫 6 月从土中钻出，沿树干向上爬行，固定蜕皮，变为成虫，寿命 60～70 d。雌虫于 7～8 月产卵于嫩梢，到次年 6 月孵化，落地入土，吸食幼根汁液，秋末钻入土壤深处越冬。

3. 防治方法

(1) 农业防治。夏秋季剪除产卵枯枝，并集中烧毁。

(2) 物理防治。在 6 月间老熟幼虫出土上树时，傍晚到树干上捕捉，效果很好，雨后出土数量最多；夜间在桃园空旷地可堆柴点火，摇动桃树，成虫即飞来投入火堆中。

(3) 化学防治。5～7 月若虫集中孵化时在树下撒施 1.5%辛硫磷颗粒，每 667 m^2 用 7 kg，或地面喷施 50%辛硫磷乳剂 800 倍液，然后浅锄，可有效防治初孵若虫。

（八）苹果小吉丁虫

苹果小吉丁虫（*Agrilus mali* Mats）又称苹吉丁、苹果金蛀甲，俗称串皮虫。

1. 为害症状 以幼虫潜入枝干皮下，为害韧皮部，常造成二、三年生枝条大量死亡。因为粪便不向外排泄，所以被害处在变色前不易发现；皮色变褐后，凹陷的虫疤上常有红褐色黏液渗出，俗称“冒红油”。

2. 形态特征 成虫体长 6～10 mm，雄虫略小，暗紫铜色，有金属光泽，呈切楔形，体上密布小刻点，腹面青色，头部扁平，复眼肾形，触角锯齿状，共 11 节。幼虫体长 16～22 mm，体扁平，呈念珠状，淡黄白色，无足，头较小，褐色，多缩于前胸内，外面仅有口器，前胸宽大，腹部细长。

3. 发生规律 河南每年 1 代，以低龄幼虫在树干皮层的虫道内越冬。翌年 3 月继续在皮下串食，隧道多呈椭圆形的圆圈状，被害部位多在枝干的向阳面。6 月蛀入木质部化蛹，7 月至 8 月上旬羽化成虫，成虫取食叶片，有趋光性和假死性，并在向阳枝干粗皮缝里和芽的两侧产卵。8月孵化幼虫，即蛀入枝干表层下危害。11月中上旬停止危害越冬。

4. 防治方法

（1）物理防治。人工捕捉成虫。利用成虫的假死性，在树下铺塑料布，于清晨振动枝干，捕捉成虫。

（2）化学防治。早春、夏季、秋季幼虫活动危害期和成虫羽化前用毛笔蘸敌敌畏5倍液涂抹枝干受害部位，杀虫效果极好，或用500 g煤油加25 g敌敌畏乳剂进行涂抹，药液更易渗透；成虫羽化期结合防治其他害虫喷50%马拉硫磷乳剂1 500倍液，防治成虫。

（九）苹果透翅蛾

苹果透翅蛾（*Conopia hector* Butler）俗称串皮虫、旋皮虫。

1. 为害症状 该虫在衰老果园和管理粗放的果园内发生严重。主要是幼虫潜入枝干皮下食害韧皮部，被害部蛀孔周围有红褐色粪便排出。枝干被害后长势衰弱，若被害部位扩大到周围枝干一周后，就能造成整枝、整株的枯死。

2. 形态特征 成虫体长12～16 mm，翅展19～26 mm，翅边缘及翅脉黑色，中央部分透明，腹部有2个黄色环纹。雌虫尾部有2条黄色毛丛，雄虫尾部毛扇状，边缘黄色。幼虫为乳白色，略带黄褐色，头部黄褐色，体长22～25 mm。

3. 发生规律 每年发生1代，以幼虫在被害枝干的皮下越冬，翌春桃树萌芽后开始危害，受害部位蛀孔周围排出由细丝粘连的红褐色粪便。6月幼虫结茧化蛹，羽化成虫，并产卵于树下、大枝树皮缝隙内或伤疤处。7月间孵化后蛀入皮下危害，由上而下，穿成不规则的隧道，并排出粪屑。11月中旬停止进食，结茧越冬。

4. 防治方法

（1）物理防治。可人工捕捉幼虫。春、秋两季，幼虫危害初期，发现有新鲜粪便排出时，可以用铁锤叩击被害处，致死幼虫，或利用小刀削开被害处，杀死幼虫。这种做法比较彻底，且经济有效。

（2）化学防治。在危害处清除虫粪，涂抹敌敌畏5倍溶液，对杀死浅层幼虫也很有效。

（十）桃条麦蛾

桃条麦蛾（*Anarsia lineatella* Zelle）又名桃梢蛀虫。

1. 为害症状 幼虫为害桃芽、花蕾、幼叶、新梢和果实，常引起新梢萎蔫下垂，继而枯焦，对桃树危害很大。

2. 形态特征 成虫体长6～7 mm，翅展12～14 mm，灰褐色。幼虫体长9～10 mm，前胸背板、胸足和臀板均为黑色，体背红棕色，腹面灰白色。

3. 发生规律 每年发生3～4代，以幼龄幼虫在桃树冬芽中越冬，早春冬芽膨大时，开始为害嫩芽，继而咬食花蕾和嫩叶，5月上旬幼虫开始钻蛀桃树新梢，6月下旬到7月上旬，第二代幼虫蛀果危害，桃果上堆满虫粪和桃胶。第三代幼虫在8月间除蛀食果实外，还蛀害新梢。9月下旬，第四代害虫开始潜伏越冬。成虫有趋糖醋性。

4. 防治方法

（1）农业防治。结合夏季修剪，及时彻底剪除虫梢，消灭其中幼虫。

（2）化学防治。花芽膨大现红时或落花后，喷50%杀螟松乳剂1 000倍液或50%马拉硫磷乳剂1 000倍液，保护新梢和幼果。

（3）物理防治。在成虫发生期用糖醋液（糖5份、醋20份、水80份）诱杀成虫。

（十一）黄斑椿象

黄斑椿象（*Erthesina fullo* Thunberg）俗称臭大姐、臭妞、臭斑虫。

1. 为害症状 为刺吸式口器害虫，主要以成虫和若虫刺吸桃的幼果和嫩梢、茎、叶的汁液危害，由于一经触动就释放臭气，所以也称臭椿象。果实受伤后，刺吸处的果肉下陷并硬木栓化，果皮泛绿，整个果实呈畸形，失去商品价值。

2. 发生规律 黄斑椿象在黄河流域一年发生 1 代，长江以南地区发生 2 代。以成虫在枯枝落叶下、草堆、树洞和墙缝等处越冬。在黄河流域 5 月上旬开始出蛰到农田、果园危害，5 月中下旬开始交尾产卵，卵一般产在叶背面，常 3 排一块 12 粒排列，排列整齐。6 月上中旬若虫开始陆续出现，初孵若虫常聚集在一起。7 月以后成虫陆续出现，9 月下旬成虫开始寻找越冬场所。

3. 防治方法

（1）物理防治。春季成虫出蛰期和秋季进入越冬期后，在其越冬场所附近人工捕捉；成虫危害期，在树下铺塑料布，早晨振动树枝，虫落地后捕捉；5 月上旬到 6 月上旬产卵期可及时摘除卵块并捕杀群集若虫。

（2）化学防治。6 月中下旬喷布 95%敌百虫 1 000～1 500 倍液杀若虫，效果好。

（十二）梨小食心虫

梨小食心虫（*Grapholita molesta* Busck），简称梨小，又称东方蛀果蛾，俗称水眼、疤拉眼、黑膏药。

1. 为害症状 其幼虫除为害果实外，主要蛀食为害桃树的嫩梢，使大量嫩梢折断，因此群众称它为桃折梢虫。

2. 形态特征 雌虫体积较大，灰褐色、有光泽，体长 7 mm，翅展 14 mm，前翅前缘有 8～12 组白色短斜纹，翅面中有 1 个灰白色小点，近外缘有 10 个小黑斑。雄虫体积较小，长约 6 mm。卵椭圆形，长约 0.8 mm，中部凸起，周缘扁平，卵面有网纹状皱纹，半透明、有光泽，新卵白色，3 d 后呈黄色，后期呈黑褐色。初龄幼虫头胸背板黑色，体白色；老熟幼虫体长 10～14 mm，桃红色至粉红色，有光泽，头部黄褐色，前胸背板不明显；越冬幼虫体黄白色。蛹长约 7 mm，黄褐色，纺锤形，长 10 mm 左右。

3. 发生规律 梨小食心虫一年发生 3～7 代，因地域而异。河南每年发生 4～5 代，以老熟幼虫在翘皮下、树干基部土缝里等处结茧越冬。越冬幼虫一般 3 月开始化蛹。4 月上旬第一代成虫羽化，在新梢中上部的叶背面产卵，卵期 8～10 d，孵化出幼虫，蛀入新梢危害；第二代成虫出现在 6 月中下旬；第三代成虫则出现在 7 月下旬到 8 月上旬；第四代成虫出现在 8 月下旬到 9 月上旬；9 月中旬开始出现第五代成虫。7 月以后有世代重叠现象，即卵、幼虫、蛹、成虫可在同期找到。成虫对糖醋液趋性很强。

第一、第二代幼虫主要为害桃的嫩梢，第三代以后各代幼虫既为害新梢也为害果实。幼虫孵化后，约经 2 h 就能蛀入新梢和果实。在桃梢上多从顶部第二、第三片叶的基部蛀入，向下蛀食，直到蛀至新梢硬化部分为止，然后脱出转移到其他新梢危害。蛀入孔有粪便排出，受害梢常流出大量树胶，梢顶端的叶片先萎缩，然后新梢下垂。幼虫入果多在两果相接的地方危害。

4. 防治方法

（1）农业防治。清园，冬春刮除老粗皮、翘皮，彻底挖除越冬幼虫。夏季当顶梢 1～2 片叶枯萎时，剪除被害梢烧毁。

（2）物理防治。诱杀成虫，在成虫发生期，以红糖 5 份、醋 20 份、水 80 份的比例配置糖醋液放入园中，每间隔 30 m 左右放 1 碗，诱捕成虫。也可用梨小性引诱剂诱杀成虫，每 50 m 放诱芯水碗 1 个。

（3）化学防治。加强虫情预报，当卵果率达到 0.5%～1%时喷药防治，用 20%杀灭菊酯（速灭杀丁）乳剂 3 000 倍液、2.5%溴氰菊酯乳剂 3 000 倍液、50%杀螟松乳剂 1 000 倍液、30%桃小灵 2 000倍液、5%高效灭百可乳油 2 500 倍液、50%西维因 500 倍液进行防治，药物交替使用效果好。

（十三）桃蛀螟

桃蛀螟（*Dichocrocis punctiferalis* Guenée）又称桃斑螟、桃蛀心螟、桃实虫、豹文蛾，俗称食心虫、蛀心虫。

1. 为害症状　幼虫蛀入为害果实，并深达核周围，1个果中常有虫1～2条，多的可达8～9条。蛀孔外有黄褐色胶液，粘着大量的红褐色粒状粪便。受害桃果常变色脱落或果肉充满虫粪不能食用。

2. 形态特征　成虫全体橙黄色，体长12 mm左右，翅展26 mm左右，前翅有25～26个黑斑，后翅约有10个黑斑，腹部第一、第三、第四、第五节背面各有3个黑斑，第六节上若有也是1个，第八节末端为黑色。卵椭圆形，初产时乳白色，后变红褐色，长0.6～0.7 mm。卵面粗糙并布满许多细微圆点。幼虫头暗褐色，体色多变，有淡褐、浅灰、淡蓝及暗红色，体背多紫色。

3. 发生规律　桃蛀螟在河南每年发生2～3代，以老熟幼虫在树缝、果园土块、向日葵花盘、被害僵果、玉米秆等处越冬，翌年5月下旬羽化为成虫。成虫白天静伏于叶背处，但夜间则有较强的趋光性，20:00～22:00交尾产卵于桃果上，卵粒粒分散、不集结。经7 d孵出幼虫。幼虫自果实梗洼附近、两果连接处、果实肩部蛀入果实，而后直达核周围，能将大部分果肉吃空，以后再转移到附近相连接的果实中继续食害。幼虫15～20 d老熟，在果肉、果间与枝叶贴接处化蛹，经8 d左右即7月上旬羽化为成虫，继续产卵危害晚熟桃果，也开始危害玉米、向日葵等。

4. 防治方法　桃蛀螟发生期长、寄主多，只有在主要寄主上同时采取农业与化学的综合防治措施，才能控制其危害。

（1）农业防治。冬春季成虫羽化前刮除树皮缝隙，彻底清理园内杂草和桃园附近的玉米秆和向日葵盘，彻底消灭越冬虫源。不要在果园内外种植玉米、向日葵等桃蛀螟的寄主植物。随时摘除虫果和捡落果并加热处理或深埋，消灭幼虫和蛹。

（2）物理防治。设置黑光灯诱杀成虫。

（3）化学防治。加强虫情观测，在卵发生期和幼虫孵化期喷布50%杀螟硫磷乳剂1 000倍液1～2次，可达到良好效果。疏果后打药1次立即套袋。

（十四）桃小食心虫

桃小食心虫（*Carposina niponensis* Walsingham）又称桃蛀果蛾，简称桃小。

1. 为害症状　幼虫蛀入果实，先在皮下潜食果肉，使果实变形形成“猴头果”，继而深入果实，纵横串食，并把粪便堆积在孔道中不排出体外，形成“豆沙陷”，失去食用价值。

2. 形态特征　成虫体长5～8 mm，翅展13～18 mm。全体灰褐色。前翅前缘中部有一蓝黑色近三角形大斑，翅基部及中央部分具有黄褐色或蓝褐色的斜立鳞毛。后翅灰色。卵淡红色，椭圆形，卵面密生不规则椭圆形刻纹。幼虫体长13～16 mm，全体桃红色，形体较胖，每个体节上有明显黑点，上生刚毛，腹部末端无臀栉。初龄幼虫黄白色，老龄幼虫橘红色或金黄色。

3. 发生规律　该虫每年发生1～2代，以老熟幼虫在树冠下及贮果场地下4～10 cm深的土中做茧越冬。翌年5月下旬到6月上旬幼虫从越冬茧钻出，雨后出土最多，越冬幼虫出土后，在地面吐丝缀合细土粒做茧，经10余天化蛹，羽化成虫，产卵于果实表面或叶背基部。卵期7天左右，幼虫孵化后蛀入果实，并有水珠状果胶从蛀孔流出，干后呈白色蜡质状。幼虫在果肉内蛀食25天左右即咬蛀圆形脱果孔脱出果外，第一代卵盛期在6月下旬到7月上旬，第二代卵盛期在7月下旬到8月上旬。9月份脱果的幼虫多入土结茧越冬。

4. 防治方法　可采取化学方法防治。

（1）土壤药物处理。在越冬幼虫出土期，即5月下旬到6月上旬对树冠下的地面进行土壤施药处理。如用白僵菌溶液加25%辛硫磷胶囊剂300倍液、40.7%乐斯本500倍液和灭扫利乳油2 000～3 000倍液直接喷在树盘下，用铁耙耧翻，连续喷2～3次，间隔10 d左右，雨后及时补喷。山地果园，可用5%辛硫磷粉直接在树冠下喷施，每667 m^2 用5～8 kg。

(2) 化学防治。在成虫产卵期和幼虫孵化期及时喷洒速云杆菌乳油 300～600 倍液杀死初孵幼虫，或 50%杀螟硫磷乳剂 1 000 倍液、40%水胺硫磷 1 000 倍液、2.5%功夫 3 000 倍液、20%灭扫利 3 000 倍液、30%桃小灵 2 000 倍液、40%毒死碑 1 000～2 000 倍液，15～20 d 喷一次，均有良好防治效果。

第十节 果实采收、分级和包装

一、果实采收

果实采收是桃树栽培中的最后一道工序，采收质量直接关系到桃果的商品率和销售价格，因此要求做到“适时采收、精心采摘”。

(一) 采收时期

目前生产上桃果采收过程中的突出问题是采收期过早。桃果采摘过早，果面着色不好，果肉生硬，风味淡或略带涩酸、苦味，果实易失水皱缩，并且果实产量也有一定的损失。桃果采摘过晚果实品质也要下降，且软熟的果实不耐采收、运输和贮放，有时会大量落果，造成严重损失。因此，桃树的采收期可根据销售距离的远近和利用目的不同而定。

1. 远销和贮藏的果实 远距离销售和需要贮藏一段时间再销售的果实可在七成熟时采收。七成熟时，果实青色大部分褪去，白桃品种底色呈浅绿色，黄桃品种底色呈黄绿色，并开始出现彩色、毛茸稍密，果肉仍较硬，风味还不能充分表现出来。这时果实的硬度大，经过采摘、分拣贮藏、运输、销售等环节后，到达消费者手中时正是果实品质的最佳阶段。

2. 近销的果实 近距离销售的桃果可在八成熟时采收。八成熟的桃果绿色基本褪去，白桃品种底色呈绿白色，黄色品种底色呈绿黄色，彩色加重，毛茸变稀，果肉软硬适度，出现弹性，品种典型风味已表现出来，并有桃香味溢出。

3. 就地销售的果实 就地销售的桃果可在九成熟左右时采收。九成熟的桃果绿色完全退去，不同品种呈现其应有的底色（白色、乳白色、金黄色）和彩色（从鲜红到各种红色的晕、霞、条纹、斑点等），果面毛茸脱落、光洁，果肉变软，弹性或柔软度增加，品种的典型风味出现，桃香味浓郁。

4. 罐藏加工的果实 如果是加工糖水罐头的品种（果肉不溶质）应在八九成熟时采收，如果是鲜食加工兼用品种可在七八成熟时采收。

5. 油桃的果实采收期 油桃果皮光滑没有茸毛，加上有些品种从幼果期开始就全面着红色，所以果实成熟度难以用上述标准衡定。如果仅靠看到油桃果实着色艳丽，就认为是成熟而采收的话，一是风味酸，二是早采影响产量。因此，油桃品种的果实不能见红就采，而是要根据果实发育期（从开花到果实成熟）的长短、果肉硬度、弹性、芳香、风味等综合因素来确定果实能否采收。

(二) 分期采收

同株树上果实的成熟期常因在树冠中的部位和着生的果枝类型不同而不一样。树冠上部光线充足，果实成熟早；短果枝停止生长早，果实成熟早；长果枝先端的营养条件好，果实成熟也较早。先采成熟的果实，使未成熟的果实充分发育膨胀大后再采，可以减轻落果，提高产量和质量。因此，桃果要分期采收，才能收到优质高产的效果。

分期采收，应从适宜采收期开始。第一期先采收着色好、果个较大的果实，着色差、果个小的果实待下期采收。整个采收期 7～10 d，可分 2～3 次采收。采收果实时，要避免碰落留在树上的果实。

(三) 采收

为了提高好果率，应尽量避免人为造成的机械损伤。

1. 采前的准备 桃果不耐贮运，采前要做贮运、销售计划，保证采收后及时处理，不致积压霉烂。采果用的筐篮要用干草等软物垫好，以免刺伤果实。每一筐篮的盛装量，不宜过多，一般是 5 kg 左右为宜，太多易挤压果实，引起机械损伤。采果人员应剪短指甲，穿软底鞋，尽可能多用梯登少上

树，以便少碰落果实，保护枝干、果枝和叶片。

2. 采收时间

（1）采收应在晴天进行。采收果实要选择适宜的环境条件。采前不宜灌水，不宜在雨天、有雾时和露水未干时进行。因这些时候采收的果实果面潮湿，便于病原体微生物入侵，易造成果实腐烂。必须在雨天、雾天和有露水时采收的果实，应将果实放在通风处，尽快晾干。

（2）一天中的采摘时间。采收桃果最好在晨雾消失的午前和傍晚进行，应避免在炎热的中午、午后采收桃果。因为这时果温高、田间热、贮运环境温度高，果实呼吸作用强，易使果实腐烂。

（3）采摘方法。采果前在一株树下先捡净树下落果，减少踏伤造成的损失，并将落果单独存放。采果时应先采树冠外围和下部，后采内膛与上部的果实，并注意逐枝进行。这样既可以防止漏采，也可减少碰擦果实。从果枝上采果时应手轻握全果掰下，防止折断果枝，切忌手指紧捏果实造成压伤，保证果实完整无损。采下的果实应轻轻放在果篮中，及时运到阴凉通风处或树荫下暂时存放，防止晒软。

二、果实分级

桃果必须符合相关标准才能占领高档桃果市场、优质优价。

（一）外观品质标准

桃果实的外观品质是指果实大小、形状、均正性、色泽度等。

1. 果实大小　根据高档桃果市场的需要，成熟期不同的桃果大小有所差异，其标准为：极早熟品种的单果重应为100～120 g，横径5.5～6.0 cm；早熟品种的单果重应在130～150 g，横径在6.0～6.5 cm；中、晚熟品种的单果重为180～250 g，横径6.5～8.0 cm。油桃和蟠桃优质果果个大小的标准可适当降低。

2. 果实形状　优质果品应具有本品种的果形特征，要求果实圆正，缝合线两侧对称，果顶平整。蟠桃的果顶凹陷2～3 cm。

3. 果实色泽　优质果品应具有品种成熟时的色泽和着色面积，且底色洁净，着色鲜红而有一定的光泽。一般认为着色面积越大越好。

4. 果实新鲜度　高档果品要求桃的新鲜度高，果面无任何伤痕。

（二）果实的风味品质

风味品质是人们通过品尝对果味做出的综合评价，主要受糖酸比和可溶性固形物含量的影响。

1. 糖酸比　我国和东南亚地区的消费者多喜食甜桃，而西方国家的消费者则喜食带有酸味的桃果。因此优质桃果的糖酸比标准因消费者的习惯而异。

当糖酸比值达50时，桃果风味纯甜；当糖酸比值为33时，桃果风味酸甜（即甜味多、酸味少）；当糖酸比值为25时，桃果风味甜酸（甜味少、酸味多）；当糖酸比值达17时，桃果风味酸。

2. 可溶性固形物含量　果实的可溶性固形物含量与品种的果实发育期有关，因此可依果实的成熟期有不同的标准。极早熟品种的可溶性固形物含量≥8%；早熟品种可溶性固形物含量≥9%；中熟品种可溶性固形物含量≥11%；晚熟品种可溶性固形物含量≥12%。

（三）营养品质

营养品质是指果实糖、酸、维生素C、胡萝卜素、蛋白质等的绝对含量。是经过化学分析得到的。随着人们饮食结构的改变和生活水平的提高，人们吃桃果不但要求色、香、味俱全，而且还要求含有较高的营养物质，尤其是维生素C、微量元素等。这方面目前还没有确切的标准可以衡量，但相信不远的将来会有标准对此做较明确的要求。

（四）卫生标准

桃果必须达到卫生标准才能成为优质高档的绿色果品应市。

三、包装

对桃果进行包装不仅便于在运输、贮藏和销售过程中装、卸，减少果品相互摩擦、碰撞、挤压等造成的损失，而且还能减少桃果的水分蒸发，保持桃果新鲜。同时精美的销售包装还可以吸引消费者购买。

(一) 内包装

内包装是为了防止桃果相互碰撞，同时保持桃果周围有适宜的湿度，以利桃果保鲜的一种辅助包装。一般用包装纸、塑料盒、包装膜等柔软的物质作为内包装材料。

(二) 外包装

桃果肉质软，不耐压、不耐放，所以需要有坚硬不变形的外包装。外包装可分为贮藏包装和销售包装。

1. 贮藏包装 需要贮藏时间较长才上市销售的晚熟桃果，在贮藏期间用质地坚硬的塑料箱或木箱进行贮藏包装，包装箱能盛果10～15 kg，果实摆放不能超过3层，以免果实压伤，箱上应有通风气孔，使果实产生的热量能及时散出。

2. 销售包装 销售包装是上市时的桃果包装，也是装潢高档桃果的一种手段，由保护桃果的纸箱和印在纸箱上的商标两部分组成。销售包装可通过包装造型、图案和商标来吸引顾客，借以推销商品。销售包装在高档果品的售价中占有相当大的比例。高档桃果销售包装应采用小包装，规格有3 kg和5 kg两种。每箱内的桃果可分为2层，上下用瓦楞纸隔开，每层都要压紧。油桃、蟠桃、促早栽培的桃果、极晚熟品种的桃果上市时，可采用1～2 kg的小包装，用透明塑料做成有透明窗的包装盒，便于吸引顾客。

一般情况下，不需要久藏的桃果，都在挑选后直接用内包装外加销售包装，以降低成本，减少消耗。需要贮藏后再销售的果实，在挑选后用贮藏包装。出售前再经挑选后用内包装加销售包装出售。

无论何种包装，切记桃果不能装得太满，以防压伤；也不能装的太浅令箱内留有较大的空隙，而使桃果在运输、搬运过程中发生碰撞。

第十一节 果实贮藏保鲜

一、贮藏保鲜的意义

(1) 果品是食品的重要组成部分，是一些营养素的主要来源。

(2) 贮藏保鲜是调节市场余缺、缓解产销矛盾、繁荣市场的重要措施。

(3) 贮藏保鲜是增产增收、发展农村经济、增加农民收入的重要途径。在世界发达国家中农产品产值的构成70%以上是通过采后商品化处理、贮藏、运输和销售环节来实现的。因此，应将果品采后处理的保鲜、加工放在发展农业的重要位置。

(4) 贮藏保鲜是生产与消费、商贸、加工间的桥梁。专家认为，要使水果作为高质量、现代化商品进入国内外流通领域，必须将采后商品化处理技术和管理工作的现代化摆在首位，这不仅是果品提高档次和增值的捷径，也是实现国家农业现代化的重要标志之一。

(5) 贮藏保鲜是农业生产的延伸，是促进种植业持续健康发展的保证。果品商品化处理、贮藏保鲜工作的开展在我国有着广阔的应用前景。

二、贮藏保鲜技术方法

(一) 通风库贮藏（常温贮藏）

通风库贮藏是在隔热条件下，用库内外自然的温度差异和昼夜温差，以通风换气的方式，来保持库内比较稳定和适宜的贮藏温度的一种贮藏方法。桃果成熟时正值夏季高温天气（28～30 ℃），耐贮

藏的品种，可贮藏 3～5 d，作为过渡性短期贮藏后应及时销售或加工利用。贮藏时要有良好的自然通风条件，并随时注意果实质量的变化。

（二）冷库贮藏

冷库贮藏是利用机械作用控制库内适宜的贮藏温度和通风换气，来延长桃的贮藏时间的一种贮藏方法。桃的贮藏期与品种、贮藏温度有密切关系。溶质桃 10～15 ℃的条件下仅能贮藏 3～5 d，而在 －0.5～0 ℃、相对湿度 85%～90%的条件下可贮藏 7～15 d，不溶质桃在－0.5～0 ℃、相对湿度 85%～90%的条件下可贮藏 14～20 d。采收后的果实经挑选后应尽快预冷入库，库内堆放排列应整齐，箱与箱之间留有一定空隙，以利通风降温。

（三）气调贮藏

气调贮藏方法是将桃放在密闭的环境中，调节库内的气体成分，保持适宜的低温，延长果实的贮藏期。桃的气调贮藏期与温度、氧气、二氧化碳、乙烯气体含量和相对湿度有关，在氧浓度 1%～3%，二氧化碳浓度 3%～5%，温度 0～1 ℃，相对湿度 85%～90%的条件下，可贮藏 30～40 d。

（四）减压贮藏

减压贮藏是将桃果放置在 1.36×10^{4} Pa 大气压条件下，并给予 0 ℃条件的低温，贮藏期可达 93 d。因为在这样的条件下可抑制桃果的呼吸代谢，抑制乙烯的生物合成，减少生理病害的发生，显著延长桃果的贮藏寿命。

第十二节 设施栽培技术

一、适宜品种

目前，设施栽培桃树主要是促早栽培。促早栽培的桃果只要能在露地栽培的桃果成熟前分期分批上市，就能获得较高的经济效益。因此选择用来进行促早栽培的品种必须具有需冷少、成熟早、品质优良、丰产等特性的早熟和早中熟品种。同时，还应考虑到保护地栽培条件下环境的变化，如花期正是隆冬时期，气温低易受冻，没有昆虫传粉；保护地内的光照减弱，湿度增大，空间有限等特点，应选择花期耐低温、有花粉且自花结实率高、树势中庸、耐弱光和高湿的品种。

目前可用来进行设施栽培的品种很多，常用的有：

1. 水蜜桃品种 春美、春瑞、春雪、黄水蜜等。

2. 蟠桃品种 早露蟠桃、新红早蟠桃、早黄蟠桃、早蜜蟠桃等。

3. 油桃品种 中农金辉、中油 4 号、中油 5 号、中油 14、早红 2 号、瑞光 2 号、瑞光 3 号、瑞光 5 号、瑞光 7 号等。

二、设施类型

适合桃树生长发育、具有一定代表性、实用性强的保护设施类型主要有以下几种。

（一）日光温室

1. 短后坡高后墙半圆拱形日光温室

（1）结构。跨度 6.0～7.0 m，脊高 3.0～3.5 m，后坡长 1.0～1.8 m，仰角 30°～35°，后墙高 1.8～2.4 m、厚 50 cm。按其拱架采用材料类型的不同，可分为钢架型、水泥型、竹木型等。

钢架型日光温室跨度可增加到 7～8 m，脊高增加到 3.2～3.5 m。具代表性的 GP-D7-R 型骨架，高 3 m、宽 7 m，双拱上弦为直径 6 cm 焊管，下弦为 ϕ12 圆钢，胶杆拉花为 ϕ8 圆钢焊接，天地梁，三道纵梁。钢管内外壁热浸镀锌，抗腐蚀，使用寿命长，钢管之间间距 1 m。

JW 型系列节能日光温室，跨度 6.3 m、6.5 m、7.0 m、7.5 m、8.0 m。后墙、后屋面采用保温板复合构件，内墙保温蓄热，外墙隔热防寒，使墙体节约用砖 1/3 以上，30 cm 的复合墙体相当于

80 cm砖墙的保温性能。后屋面载荷减轻，采用无柱或轻型装配桁架。特点是空间大、无支柱、采光好，为桃树生长提供了良好的光温条件，产量高。水泥骨架为水泥加四道 ϕ8 钢丝预制而成，底脚肩高1～1.2 m，间距 1.2 m，其他建造与钢架型相同。

(2) 特点。此类温室由于后墙较高、后坡短，增加了采光面，温室内可得到更多的直射光，白天升温也快，由于光照充足，不但坐果率高，而且果实风味和着色均好。据辽宁鞍山市园艺所测定，后坡投影 1.2 m 的温室，后坡下面的光照度比长后坡增加 20%，提高了土地利用率。但夜间温度下降速度较快，不过因为增温效果好，在光照好的地区，午后室温高，到次日揭苫时温度与长后坡几乎一致，可满足桃树的温度要求，适合我国北纬 35°以北地区使用。

2. 短平后坡日光温室

(1) 结构。跨度 7.0～8.0 m，脊高 3.0～3.5 m。后墙用砖砌成，肩高 1.2～1.5 m，室内侧一道柱子托住横梁，上铺 1.0 m 宽的水泥板，水泥板上铺三合土，用水泥预制拱杆。

(2) 特点。后坡短，采光好，增温快，结构简单，造价低，在北纬 35°左右的地区如河南郑州，冬季温度高，可采用短平后坡日光温室。

3. 无后坡半圆拱形日光温室

(1) 结构。竹木结构，跨度 5.0～7.0 m，脊高 3.0～3.2 m。多利用山南坡、丘陵切削面和已有墙壁的南侧建造。

(2) 特点。无后坡，采光好，增温快，但保温性能较差。结构简单，造价低，有特殊地势时（主要是丘陵山区）可利用。

4. 普通一斜一立式日光温室

(1) 结构。竹木结构，跨度 6～8 m，脊高 2.8～3.5 m。后墙用土或砖筑成，高 1.8～2.6 m，后坡长 1.5～2.0 m。前肩高 0.8 m，屋面角 23°左右。

(2) 特点。采光好、升温快、保温性好。屋前段空间小，不利于树体培养。棚膜不易压紧，在风小的地区可以采用。

5. 琴弦式日光温室

(1) 结构。跨度 7～8 m，脊高 2.8～3.5 m。水泥预制中柱，后坡高粱秸箔抹水泥，后墙 2.0～2.6 m，后坡长 1.2～1.5 m。前屋面每隔 3 m 设一道直径 5～7 cm 的钢管或粗竹竿横架，在横架上按 40 cm 间距拉一道 8 号铁丝，铁丝两端固定在东西墙外基部，在铁丝上每隔 60 cm 设一道细竹竿做骨架，上面盖塑料膜，再在上面压细竹竿，用细铁丝固定在骨架上，不用压膜线。

(2) 特点。采光效果好，空间大，作业方便，室内前部无支柱。

(二) 塑料大棚

塑料大棚种植桃树多在北纬 40°以南应用，尤其北纬 35°左右的地区使用最多。

1. 建造要求

(1) 整体要求。塑料大棚按南北方向延长建造，无墙体，占地宽 8～10 m，长 50～80 m，脊高 2.5～3.5 m，肩高 1 m。一般水泥、竹木结构的单栋大棚面积以 330～400 m^2 为宜，钢架结构 534～667 m^2 为宜。

(2) 大棚的间距。集中连片建造单栋式大棚，两棚东西间距以 2.0～2.5 m 为宜，南北两排的间距需在 4 m 以上。

(3) 通风口。大棚的通风口留在塑料薄膜的缝隙间，重叠 15～20 cm，有三道缝，中间缝位置高，为排气缝，两边肩处的缝隙为进气缝。换气时拉开，不换气时合上。

2. 常见类型 适合栽培桃树的塑料大棚有以下几种。

(1) 混合结构塑料大棚。采用混合材料如水泥柱、钢筋拉杆、竹片拱杆建成的塑料大棚，比纯竹木结构牢固、耐用，在大小上比竹木结构可稍宽、稍高些，以增加空间，提高桃树产量。

棚内可减少立柱根数，这样减少了遮阳程度，也方便作业。但要注意，两根立柱间横架的拉杆要与立柱连接紧实；两根拉杆上设短柱，不论用木桩或钢筋做短柱，上端都要做成Y形，以便捆牢竹子拱杆，而且短柱一定要与拉杆捆绑或焊接结实，使整个棚体牢固。

（2）水泥中梁塑料大棚。跨度10～12 m，高度3.0～3.5 m，长40～50 m，肩高1 m。水泥预制拱杆，拱杆宽10 cm、厚8 cm，内有6 mm直径钢丝4根，拱杆间距1.0～1.2 m。大棚中间垒24 cm×50 cm的砖柱，每3～4 m设一个砖柱，上铺预制梁，或用水泥柱。柱头成T形，拖住上梁。梁宽1 m，其上可放草苫，增加保温性能，比一般大棚提前10～15 d成熟。

（3）水泥梁无立柱塑料大棚。将半圆拱架分做两段，用水泥预制。拱杆宽10 cm、厚8 cm，内有6 mm直径的钢筋4根。拱杆顶端有2个孔，两个对称拱杆吻合后，用螺丝上紧，形成一个半圆形拱架。拱杆下端呈80°角，肩高1 m。

（4）无柱钢架塑料大棚。这一类塑料大棚在北京、天津、沈阳、长春等广大地区应用普遍，有厂家配套生产，负责安装、技术指导。大棚一般宽10～14 m，长40～60 m，脊高2.5～3.0 m，占地面积600～800 m^2。由于棚内无立柱，拱杆用材为钢筋，因此遮阳少、透光好，便于操作，有利于机械化作业，坚固耐用，使用期10年以上，有的甚至长达20年，只是一次性投资较大。普遍采用的是用12～16 mm直径的圆钢筋直接焊接成“人”字形花架当拱梁。上下弦之间的距离，在顶部为40～50 cm，两侧为30 cm，上下弦之间用直径8～10 mm钢条做成“人”字形排列，把上下弦焊接成整体。工厂批量生产时只做成半截拱架，到棚址再焊接成整体。为使整体牢固和拱架不变形，在纵向用4条或6条拉杆焊接在拱架下弦上，两端固定在两侧的水泥墩上。

（5）无柱管架组装式塑料大棚。这种大棚最近几年发展迅速，以薄壁镀锌钢管为主要骨架用材，一般由厂家生产配套供应，用户组装即可。宽6～12 m，长不定，高2.5～3.2 m。拱杆为薄壁镀锌钢管，规格为（21～22）mm×1.2 mm，内外壁0.1～0.2 mm的锌层。单拱时拱杆距为0.5～0.6 m，双拱时拱距可达1.0～1.2 m，上下拱之间用特制卡夹住并固定拱杆。底脚插入土中30～50 cm固定两侧，顶端套入弯管内，纵向用4～6排拉杆与拱杆固定在一起，有特制卡销固定拉杆和拱杆，成垂直交叉。为了增加棚体牢固性，纵边4个边角部位可用4根斜管加固棚体。棚体两端各设1个门。除门的部位外，其余部位约有4排横杆，上有卡槽，用弹簧条嵌入卡槽固定薄膜。有的棚在纵向也用卡槽固定薄膜，但一般多用专用扁形压膜线压紧薄膜。有的还有手摇卷膜装置，供大棚通风换气时开闭侧窗膜用。这类塑料大棚外观美观、整齐，内无立柱，便于操作和机械作业，可用15～20年，但一次性投资较大。

（三）薄膜的选择

保护地用的薄膜有棚膜、地膜和反光膜三大类，都是以合成树脂聚乙烯、聚氯乙烯为主要原料加入一定量的辅助剂，经吹塑或压延工艺制作而成。

1. 棚膜　指日光温室或大棚上扣的塑料膜，常用的有以下几种。

（1）PE普通棚膜。这种棚膜透光性好，无增塑剂污染，尘埃附着轻，透光率下降缓慢，耐低温性强，同等重量的覆盖面积比PVC棚膜增加24%；红外线透过率达87%以上，夜间保温性较好；透湿性差，雾滴重；弹性差，不耐老化，不耐日晒，连续使用时间只有4～6个月，一般只能使用一个生长季。

（2）PE长寿棚膜。PE长寿棚膜克服了PE普通棚膜不耐日晒高温、不耐老化的缺点，延长了使用寿命，厚0.12 mm的PE长寿棚膜可以连续使用2年以上。但要及时清扫膜面，保持较好的透光性。

（3）PE长寿无滴膜。这种棚膜不仅具有PE长寿棚膜使用期长、成本低的优点，而且具有无滴膜的突出优点——不在棚膜的表面形成水珠，减少了保护地内相对湿度，减少了病害和裂果，增强了光照。在有效使用期内均能保持较好的透光性。由于透光性好，每天必须适当提早放风，尤其是晴天更要特别注意，以免造成高温伤害。

（4）PE 复合长寿无滴膜。这种棚膜具有良好的耐候性即耐晒、耐老化，无滴性和保温性好的特点。在同样使用条件下，与普通棚膜相比，透光率提高 10%～20%，红外线透过率低于 38%，保护地内的温度可提高 2～5 ℃，地温提高 0.5～2 ℃；该膜还有一定的光线调节性能，散射光增强，植株受光均匀，有利于桃树生长。

（5）棚膜的用量。单位面积棚膜的用量，受膜厚度和实际覆盖率影响，一般棚膜越薄，覆盖率越低，用膜越少。日光温室和大棚 PE 膜的用量见表 47－8。

表 47－8 PE 膜的用量

膜厚度（mm）	每千克覆盖面积（m^2）	每 667 m^2 温室用膜量（按 120%覆盖率计算，kg）	每 667 m^2 大棚用膜量（按 160%覆盖率计算，kg）
0.08	13～16	50～65	60～90
0.10	10～12.5	65～80	90～110
0.12	8.5～10.5	80～95	110～130

2. 地膜 地膜是直接覆盖在地面上的薄型农膜，可以起到保墒、增温、抑草、降低保护地内空气湿度、增加地表光反射等作用。桃树保护地内常用的有以下几种。

（1）高压低密度聚乙烯地膜（LDPE）。简称高压膜，其厚度为 0.013～0.018 mm，副宽 40～200 cm，可根据桃树密度来选择，使用寿命 4～5 个月。

（2）线型高压低密度聚乙烯地膜（LLDPE）。简称线型膜，其厚度比高压膜薄，一般为 0.006～0.008 mm，耐拉伸、耐穿刺、耐低温、抗撕裂性好，使用寿命 3～4 个月。

（3）高压聚乙烯与线型高压低密度聚乙烯共混地膜。这种膜增加了韧性，不易破碎，透光性强，升温快，覆盖时易与地表贴紧。单位面积用量比普通膜减少 1/3。

（4）防蚜膜。在透明膜上按一定间隔附着数条具有驱避蚜虫的银灰色膜条，可防蚜虫危害。

（5）一般地膜的用量。地膜常用厚度有 0.005～0.014 mm 的多种，不同厚度地膜的使用量见表 47－9。

表 47－9 一般地膜使用量

厚度（mm）	每千克覆盖面积（m^2）	每 667 m^2 用量（按 70%覆盖率计算，kg）
0.005	189～213	2.0～2.5
0.007	135～154	3.0～3.5
0.008	119～135	3.5～4.0
0.014	67～77	6.0～7.0

3. 反光膜 反光膜又称镜面膜，是把 0.03～0.04 mm 厚的聚酯膜进行真空镀铝，令其光亮如镜。后墙挂反光膜可在一定距离内增加光照 20%～25%，提高桃树光合效能，增进果实颜色和品质。

（四）保温材料和设施

设施栽培桃树除了棚膜和墙体保温外，还需要草苫、纸被、防寒沟、火炉等保温材料和增温设备。

1. 草苫类 草苫是用稻草、蒲草和绳筋人工编造而成的保温材料。一般厚 3.0～5.0 cm，宽 1.2～2.0 cm，长度依覆盖面而定，两端加一根小竹竿收边，防止边草脱落。为增加草苫的耐用性，提高其防雨雪、防风及保温性能，延长使用寿命，可加缝一面涂膜塑料的编织布来加固草苫。在棚膜上将草苫放展后，应令其相互重叠 20 cm，以增加保温效果。

2. 纸被　纸被由4～7层牛皮纸缝合而成，宽2 m。纸被不但质轻，而且保温效果好，但在多雨地区易被雨雪淋湿损坏，因此常在少雨地区与草苫结合使用。把纸被放在下层与棚膜接触，上面再加上草苫，这样既能增加保温效果，又能减少草苫对棚的磨损和污染。

3. 无纺布　无纺布是用聚酯热压加工成的布状物，不易破损，耐水性好，使用时不积水滴，一般寿命可达5年左右。

4. 薄膜多层覆盖　在保护地内距棚膜15～30 cm处的空间架设铁丝作为承受架，在架上盖一层薄膜，形成双层覆盖，可增高温度2～4 ℃。注意二道膜要保持一定的倾斜度，使水蒸气形成水滴后易流走，二层膜白天需打开，以增加透光度。

5. 防寒沟、防寒裙

（1）防寒沟。在日光温室的南侧、东西两头的山墙外侧和大棚四周，挖宽30～40 cm、深40～70 cm的条沟，在沟内填稻草、稻壳、锯末等，其上上盖一层黏土，踏实后形成一小斜面，即为防寒沟。目前防寒沟已有从设施外边移于设施内应用，其防寒效果更好。

（2）防寒裙。寒冷地区可在日光温室南侧和大棚四周外侧拉上1～2 m的塑料薄膜，白天揭下、晚上盖上，可以减缓设施内与外界近地面空气的热交换。也可于严冬时节在日光温室南侧和大棚四周外侧再加一卷放的“搭脚”草帘，也可以起到防寒裙的作用。有的地区在这一部位堆1 m高的乱草，白天挑开、晚上盖好，均能提高保温效果。

6. 增温设备　在一定的气候条件下，设计建造的日光温室和大棚一般不需加温，但遇到特殊低温天气、连阴雨需采用辅助加温的方法来提高设施内温度。

（1）火炉。火炉是因特殊天气在设施内使用的临时性加温设备，火炉用的燃料最好是木炭。

（2）热风炉。热风炉是将加热后的空气送到设施内来提高温度。目前以DRC-25型热风炉即小型无管式热风供热系统应用最多，适于专业户和小型温室的需要。它通过风管把热空气输送到保护地内，特点是升温快、温度分布均匀，室内各处温度只相差1 ℃左右，可比火炉节约能源50%。同时还有降湿防度作用，因为干热空气输入后，棚内的潮湿空气从回风口抽出棚外，能在30 min内降低湿度20%～30%，从而抑制病菌的活动。

（3）电热线。利用电热线加温，有地热加温和空气加温两种形式。电热线用0.6 mm的70号碳素合金钢线作为电阻线，外用耐热性强的乙烯树脂包裹作为绝缘层。用电子继电器控温，输入需要的温度范围即可自动控制。

（五）设施内环境条件的变化规律及调控措施

设施内的温度、光照、湿度等诸多因子都与露地栽培有一定程度的差异，了解其变化规律可为制订相应的栽培技术措施提供依据。

1. 光照

（1）变化规律。由于设施栽培是在弱光的冬春季进行，加上薄膜对光的反射、吸收，棚膜上的灰尘、内面凝结的水滴，棚内的水蒸气，以及固定建筑的遮阳，设施内的光照度明显小于棚室以外。一般室内1 m处的光照度只有室外的60%～80%。日光温室南侧近中柱处光照相对充足，光照时间较长，后部和两侧山墙光照条件较差，表现为光照不足、光照时间短。塑料大棚以东部、正中部和西部光照条件较好，而中东部和中西部相对稍差。

（2）调控措施。为了改善保护地的光照条件，我们可以采取以下措施：

① 选择透光率高、无滴型薄膜，减少光照损失。

② 地膜覆盖+滴灌可减少土壤水分蒸发，降低空气湿度，增加光照。

③ 在日光温室后墙张挂反光膜，可以反射照射在墙体上的光线；地面铺反光膜可以反射下部的光线，有利于树冠中、下部叶片的光合作用。

④ 连阴雨天可采用碘钨灯或灯泡照明补充光照，一般330 m^2的面积可挂1 000 W碘钨灯3～4

个，100 W 灯泡 10～15 个进行辅助补光。

⑤ 注意及时清扫棚面，增加透光度。

⑥ 在生长季节采用疏枝、拉枝等方法，改善群体和树冠下部光照条件。

2. 温度

(1) 变化规律。冬季扣棚以后，设施内的气温可比露地提高 5～15 ℃。一般情况下，棚室内每天最低气温出现在凌晨，日出后气温开始上升，到 8:00～11:00 上升最快，每小时可上升 5～8 ℃。最高气温出现在 13:00，15:00 以后明显下降，平均每小时下降 5 ℃左右。

在日光温室中部位不同其气温也不同。以温室中部温度最高，由此向南、向北均呈递减状态，每米可减 1～1.5 ℃。南侧气温白天上升快，晚上降温也快，变化大。北侧后坡下白天升温慢，晚上降温也慢，从凌晨至揭苫前是全室的温度最高处。从垂直水平看，上下温差可达 5 ℃，以近地面 20 cm 处最低，向上逐渐上升。

扣棚后，设施内从地表到 25 cm 深处都有较高的增温效应，但以 20 cm 内增温最多，而 25 cm 以下则相对稳定。因此设施内土温变化平缓，尤其采用地膜覆盖后变化更小。

(2) 调控措施。设施栽培为反季节生长，因此设施内的温度应根据桃树生长发育的需要采取一定的措施进行严格的调控。其主要措施有：

① 保证墙体建造和扣膜的施工质量，严密保温。

② 正确掌握揭苫时间，合理蓄保热量，连阴天时局部打开草苫或隔一揭一，让散射光进入温室。雨雪天时应全部揭开草苫，以防压塌温室。温室揭盖草苫时间见表 47－10，可根据具体时间进行安排。

表 47－10 温室揭盖草苫时间

早晨最低气温	揭苫时间	盖苫时间
－10 ℃以下	日出后 0.5～1.5 h	日落前 0.5 h
－5 ℃±3 ℃	阳光洒满屋面	太阳快离开屋顶
0 ℃±2 ℃	太阳升起时	太阳快落时
5 ℃±3 ℃	太阳未升起时	太阳落后 1 h
10 ℃以上	揭开	停盖
阴天	揭开	早盖
雨、雪天	揭开（包括夜间）	不盖（包括夜间）

③ 遇到特别冷的天气要进行加温，如火炉加温；设施内的温度过高时，一定要注意降温。晴天升温快，一般通过扒口放风来降低温度。放风要掌握适当的时间，常在某一发育期要求温度的上限到来时放风，风口大小根据天气和棚室结构而定。

3. 湿度

(1) 变化规律。设施内结构严密，桃树处于一个相对密闭的环境中，其中空气相对湿度大，白天多在 70%以上，夜间为 90%～95%，形成了一个高湿环境，在高湿环境中桃树徒长、花芽分化少、果实着色差、品质差、病害严重。特别是花期，空气湿度过大，花药不易开裂撒粉，影响授粉受精，所以保护地内湿度的调节对产量和品质都非常重要。

(2) 调控措施。通风是降低湿度的常用方法，尤其是晴天应用效果很好。但在冬季阴雨天气进行放风常带来室温的迅速下降，所以有条件时可配置热风炉，既可调节温度，也能降低湿度，同时采用地膜覆盖、滴灌或渗灌、地膜下灌溉均能降低保护地内的湿度。

4. 二氧化碳浓度

（1）变化规律。桃树生长需要二氧化碳进行光合作用来制造营养，自然条件下，大气中二氧化碳浓度在 300mL/m^3 左右，光合作用消耗的二氧化碳，会因空气的流动而迅速地补充，因此能满足光合作用的需要。而在设施内相对密闭状态下，白天由于光合作用消耗二氧化碳，空气中二氧化碳的浓度急剧下降，常常降低到 200 mL/ m^3 以下，使桃树因二氧化碳的浓度太低，光合产物太少而处于饥饿状态。因此通风换气或施用二氧化碳气肥，挂二氧化碳发生器来使保护地内浓度达到或高于自然状况，有利于桃树通过光合作用合成有机营养，进而提高桃树的产量和果实品质。

（2）调控措施。通风换气同前面温度和湿度的调控结合进行。二氧化碳气肥的施用方法是：开深 2 cm 的条沟，均匀施入二氧化碳气肥后覆土 1～2 cm 厚，不能踏实，覆盖地膜者直接施在膜下即可。每 667 m^2 施用量为 40 kg。施后 6 d 产生二氧化碳，有效期 90 d 左右，因此常在桃开花前 5 d 施用；也可用碳酸氢铵和纯硫酸铵 100∶62 的比例混合，使其产生二氧化碳。配制方法是：先在容器中加入清水，水的重量为浓硫酸的 4 倍，缓缓加入浓硫酸并不停搅拌，然后将稀释后的硫酸倒入防酸腐蚀的塑料桶中，并将碳酸氢铵加入。将塑料桶挂在离地面高约 1.5 m（略高于桃树）处，按长度每 7 m 挂一个。

三、栽培技术要点

扣棚升温后，桃树即开始萌芽生长、开花、结实。不同的生长时期管理措施不同，主要可分以下几个阶段。

（一）花前管理

扣棚后管理以催芽为主。扣棚后，如果天气晴朗，棚内的气温上升较快，第二天就可达 20～25 ℃，连续 2～3 d，气温可达 25～30 ℃。升温过快、温度过高往往出“先芽后花”的现象，会引起坐果率低、前期枝条徒长。因此棚内的温度管理要类似露地桃树发育的温度，逐步升温。前 5 d 白天气温 13～15 ℃、夜间 6～8 ℃；接下来 5 d，白天 16～18 ℃、夜间 7～10 ℃；然后白天保持 20～30 ℃、晚上 7～10 ℃。这样的升温过程，一般经过 30 d 左右，桃树就会开花了。萌芽后温度低于 0 ℃，就会发生冻害，因此，当遇寒流时，应用暖气、热风炉或火炉加温。保温用的草苫一般是 8:00 揭开，16:00 放下。

（二）花期管理

花期一般为 6～8 d，是促早栽培的关键时期，要保持“适温低温”的环境。

1. 温度　桃树花期对温度敏感，高于 25 ℃影响花粉萌发，温度过低（低于 5 ℃以下），会使花器受害，两者都会影响坐果。因此花期需要保持白天 12～22 ℃，夜间 8～10 ℃、最低不能低于 5 ℃的温度条件。过高时应放风降温，低时应用火炉、热风炉加温。维持花期需要的正常温度，确保授粉受精的正常进行。

2. 湿度　为了有利于授粉受精、防止花腐病的发生，花期的湿度应控制在 50%～60%。一般覆盖地膜的设施内，湿度都能保持这个范围，间作其他作物时，应注意放风降湿。

3. 授粉　桃树的大多数品种都能自花授粉，但为了保证产量，设施内栽培需要采取一定的措施辅助授粉。

（1）人工授粉。人工授粉的方法请看本书第六部分。

（2）放蜂授粉。也可放蜜蜂和壁蜂授粉，与露地栽培不同的是放蜂量大，每 667 m^2 放蜜蜂 2 箱或者壁蜂 400 头左右，放蜂期间应注意喂些放入桃花瓣的糖水，糖与水的比例为 1∶5，每天早晚各喂一次。均可提高坐果率。

4. 其他管理　花期的其他管理主要有以下两点。

（1）疏花。花量大时，可疏除弱枝上的全部花芽，长、中果枝双花芽去一留一，也可减少营养消耗，提高坐果率。

（2）抹芽。桃的萌芽率高，对不需要的芽要及时抹去，尤其是双芽中的弱芽，以免萌发成枝，既消耗营养，又影响光照。

（三）果实生长期的管理

果实生长期的管理措施是否得当直接影响果实品质和产量，因此应特别注意以下几点。

1. 温度和湿度的控制 果实发育早期，中午高温和夜间低温差异过大时，不但影响坐果，而且变（畸）形果增多，所以白天放风、晚上增温非常重要。白天的温度控制在 20～25 ℃，晚上 10～15 ℃，湿度控制在 60%。

2. 疏果 促早栽培的早熟品种果个偏小，如果留果过多，不但影响单果重，而且直接影响果实售价。为了提高单果重，增加经济收入，更应注意疏果。

3. 施肥与灌水 新梢旺盛生长期追施氮肥和磷肥，果实膨大期追施氮肥促进长果个，并配以钾肥增进果实品质，施肥后应保持水分供应。为了保证果实品质，果实采收前 10～15 d 停止灌水。也可采用叶面喷肥，叶面喷肥的浓度和要求详见本章第四部分。

4. 增进果实着色 设施内光照减弱会影响到果实着色，为了增进果实着色，提高果实品质，应注意做好以下几点。

（1）挂反光膜。利用反光膜反射太阳光，能增加树体北侧光照。开花后就可张挂，提高光合作用效率，尤其是在果实着色期张挂能增加果实着色。

（2）清扫棚面。每天揭草苫后将棚面尘土、碎草清扫干净以利透光。

（3）吊枝、拉枝。果实向阳面着色后，把果实吊起，使原背阴面见到直射光，令其着色。也可在此时上下、左右轻拉大枝，改变原光照范围，增加果实着色。

（4）摘叶。果实成熟前 7～10 d 摘去挡光叶片，促进果实着色。

（5）修剪。落花后，对枝组内没有坐果的枝条进行回缩，对双生枝、三生枝剪口丛生枝，要尽早疏除。落花后 30 d 左右，新梢旺长，需要疏除过密枝、直立枝、徒长枝。坐住果的新梢要摘心，控制枝条的旺长，增加果实养分的吸收。也可对大枝进行拉枝，开张角度，控制旺长，改善光照条件，有利于果实发育。上部旺枝多时，应及时疏除一部分，保证通风透光和下部枝条的正常生长。

第十三节 优质高效栽培模式

一、果园概况

社旗京源生态庄园，位于河南省社旗县，种植面积 28 hm^2，主栽品种为秋蜜红、黄水蜜和秋甜，由河南农业大学园艺学院果树试验站提供。

社旗县地处亚热带向暖温带过渡地区，属北亚热带季风区大陆性气候，四季分明，气候温和，冬季干旱，少雨雪，夏季炎热多雨，干湿交替，光照充足，雨热同期，年日照总时数平均为 2 187.8 h，年平均气温 15.2 ℃，历年月平均气温最低 1.4 ℃，最高 28.0 ℃，全年无霜期 233 d，≥0 ℃活动积温 5 500 ℃，≥10 ℃活动积温 4 939 ℃，年平均降水量 910.11 mm，4～9 月降水量 689.2 mm，占全年的 75.7%。

桃树定植和栽培技术采用河南农业大学园艺学院果树试验站提供技术，第二年开始结果，第三年丰产，效益明显，采用主干型树形，丰产年份每 667 m^2 平均收入达到 1.2 万元。

二、整地建园

（一）整地

在阳光充足、排水通畅、土壤疏松、土层深厚处种植。秋季落叶后到土壤上冻前或第二年春季萌

芽后及时定植。

栽植前挖好丰产沟，深度和宽度以60～80 cm为宜，每667 m^2 施腐熟有机肥2 500 kg。栽植时桃苗主根需剪去1～2 cm，尤其是损伤的断根，利于促发新根。栽植深度以根颈部略高于地表为宜。栽时根系与覆土要充分踏实，栽后浇水，使土壤与根紧密接触，有利苗木成活。种后1周需检查种植质量，以便及时纠正。每15 m立一根高度2.5 m的水泥支柱（其中地上部分2 m），并在1 m和2 m处拉铁丝，及时将苗木主干固定在铁丝上，避免结果后倒伏。

（二）苗木

为当年嫁接苗木。桃苗株高100 cm，地径为0.6～0.8 cm，芽饱满，整齐度一致。

（三）栽植方式

为了便于观光采摘和机械化管理，规划采用主干形栽培模式，黄水蜜桃栽植密度为3 m×1 m，每667 m^2 为222株。桃成苗定植后，应立即定干。一般保留干高60 cm进行剪截，在剪口下20 cm的整形带中若有分枝可以用作主枝的予以保留，并短截至饱满芽处，令其分枝生长形成新的树形。

三、栽后管理技术

（一）第一年管理技术

1. 土肥水管理　当新梢长至10 cm左右时开始追肥，每667 m^2 施尿素15 kg，施肥后立即浇水或雨后追施，每20 d左右施一次，至6月上旬共追4～5次尿素；6月中下旬至7月下旬追施多元复合肥，每667 m^2 施15 kg。结合喷药或单喷0.3%尿素+0.3%磷酸二氢钾、氨基酸叶面肥等。秋季在定植沟一侧树冠外沿下，挖60 cm×60 cm的条沟施基肥，每667 m^2 施优质烘干鸡粪1 500 kg、尿素15 kg、过磷酸钙50 kg等。每次浇水后进行一次中耕除草。

2. 整形修剪　树苗栽植后不定干任其生长，主干上的副梢全部疏除或留一个芽重截。当萌芽的枝条长至25 cm左右时开始转枝，左手在后右手在前，每隔2～3个芽将枝条转一下，改变芽子的生长方向使枝条平直生长，每个枝条每年转1～2次。最上部的一个枝条，让其继续生长作为主干延长头。在转枝前每株树插一根竹竿，每隔30 cm左右绑缚一道，将桃树绑缚于竹竿上，以保证主干挺直生长。主干延长头上发出的副梢长至25 cm主要时，按上述方法进行转枝。在6月中旬根据树体长势叶面喷15%多效唑300倍液，依据长势喷2～3次。整个生长季节基本上不疏枝，以转枝、拉枝等为主，对实在控制不住的枝条疏除。冬季修剪采用长枝修剪法，果枝不截以防为主，疏除过密枝、无花枝、过粗果枝、交叉枝、重叠枝等，延长头缓放不截。

3. 病虫害防治

（1）农业防治

① 重视冬季清园。桃树的病残组织是越冬病原菌和越冬虫卵、蛹体的主要越冬场所，冬季清园对减少越冬病虫源、减少次年春季病虫初侵染源有着极其重要的作用。清园工作主要包括：剪去病虫为害枝，刮除枝干的粗翘皮、病虫斑，清除树上的枯枝、枯叶和枯果，清扫地上的枯枝、落叶、烂果、废袋等，集中烧毁。将冬剪时剪下的所有枝条及时清出果园。清理桃园所有的应用工具，特别是易藏匿病虫的杂物，如草绳、箩筐、包装袋等，最大限度地清除病虫源。

② 加强树体管理，调节生长势。一般树体生长势强，树冠开张度大，通风透光好，病害少；树体生长势衰弱，病害重；生长势过旺，树冠郁闭，病害也严重。因此，要注意以下几点：

a. 合理施肥。增施有机肥和微生物活性肥，增强树势。注意各种肥料元素的平衡。

b. 雨季清理排水沟，排除积水。低洼地要开深沟，降低地下水位和土壤湿度，控制病虫害的发生。

c. 秋冬季深翻改土。桃园要在每年秋冬季深翻土壤，增加土壤的透气性。深翻可将地下越冬的病菌、虫卵冻死，减少病虫源；熟化土壤，增加土壤有机质含量。

d. 合理整形修剪。改善树体通风透光条件，控制病害发生。

e. 果实套袋，防止病虫害侵害桃果。

f. 生长期要注意观察，及时除去病源物。在新梢发生期间常检查，发现初期侵染病叶、病梢、病果，立即摘除烧毁或深埋，采收前后注意病菌再侵染的机会，减少园内病菌量。

g. 适期采收。采用一切措施减少伤口和促进伤口的愈合。

h. 抓好幼树病虫防治工作。有些病害在幼树阶段容易发生，如桃树根癌病，往往会成为结果树发病的主要菌源之一。

(2) 物理防治。喷布石硫合剂及树干涂白。冬季修剪后，全园喷布 5 波美度石硫合剂一次，及时进行树干涂白，以铲除或减少树体上越冬的病菌及虫卵。

(3) 化学防治

① 4 月中旬至 8 月上旬。平均每月喷洒 1 次吡虫啉，防治蚜虫。

② 6 月中旬至 9 月中旬。平均每月喷洒 1 次聚酯类杀虫剂。

③ 6 月中旬至 9 月中旬。在喷洒杀虫剂同时加入多菌灵或甲基硫菌灵，防治细菌性病害。

(4) 其他措施。桃树根系分布较浅，一般分布在 30～50 cm 土层内，它经水平扩展，大体与树冠一致，宜实行生草与覆草相结合的土壤管理，可免中耕秋翻作业。夏季生草（行间自然生草）与覆草（行内覆草 15～20 cm）能保持土壤水分，维持地表温度，实现夏凉冬暖，提高根系吸收养分和水分的能力，改善土壤理化和生物学性状。

（二）结果期果树管理技术

1. 土肥水管理 每年秋季结合深翻改土，开沟施基肥，基肥以有机肥为主，配合施适量化肥。每 667 m^2 施优质有机肥 1 500 kg、尿素 20 kg、过磷酸钙 50 kg、硫酸钾 15 kg、硫酸亚铁 15 kg。春季萌芽前施催芽肥，以尿素为主，每 667 m^2 施 15 kg；落花后幼果期施花后肥，每 667 m^2 施尿素 15 kg；硬核期前期施硬核肥，以多元复合肥为主，每 667 m^2 施 20 kg；中、晚熟品种在果实膨大前追施膨果肥，每 667 m^2 施多元复合肥 20 kg。所有施肥后立即浇水。根据墒情及时浇好萌芽水、花后水、硬核水、膨果水、封冻水等，雨季要及时排水防涝。生长季节为提高坐果率和果实品质，叶面喷施 0.3% 尿素、0.3%磷酸二氢钾、氨基酸 600 倍液等。

2. 整形修剪 结果树应在萌芽后进行抹芽，抹除果枝上的背上芽、双生芽、三生芽、两侧过多芽等。当萌发的新梢长到 5 cm 左右时，对生长旺盛的嫩梢进行摘心，或者叶面喷 15%多效唑 300 倍液，注意主干延长头不摘心任其生长。以后根据枝条长势叶面喷 15%多效唑 200～300 倍液 2～3 次。对直立生长的枝条采取转枝、拉枝、拿枝等措施，控制其生长，促进成花。落花后幼果期，疏除未坐住果的枝条，回缩过长无果的果枝。整个生长季以控旺、疏密改善通风透光条件为主。冬季修剪采用长枝修剪法，对果枝只疏不截以防为主，配合疏枝、回缩等技术，疏除交叉枝、过密枝、重叠枝等。盛果期对树冠过高的树，适当往下回缩控制树高。

3. 病虫害防治 合理进行桃树病虫害防治是确保桃果优质、丰产、稳产的重要环节。防治工作应从桃树的病、虫、草整个生态系统出发，遵循“预防为主，综合防治”的方针，了解和掌握病虫害的发生规律，加强病虫害的预测和预报，综合运用各种防治措施，以农业防治为基础，生物、物理防治为主要手段控制病虫害。加强培育管理，增强桃树对各种有害生物的抵御能力，创造不利于病虫滋生，有利于各类天敌繁衍的环境条件，减少对环境的污染，保证农业生态系统的平衡和生物多样化，达到绿色、无公害的标准，促进鲜桃业可持续发展。

结果期果树病虫害防治具体方法参照“第一年管理技术”部分相关内容。

四、果实采收与包装

果实采收与包装参照本章“第十节果实采收、分级和包装”部分。

第四十八章　葡　　萄

概　　述

葡萄是世界上栽培最早、分布最广的果树之一。据资料证明：葡萄属起源于白垩纪，最迟也不晚于第三纪的渐新世。大约 5 000 年前在南高加索、中亚细亚和埃及就有栽培。3 000 年前在古希腊葡萄栽培即已盛行。随后，欧亚种葡萄沿地中海传入古罗马、法国以及欧洲的其他国家。15 世纪后又从欧洲传入南非、澳大利亚、新西兰、南美、北美等地，并逐渐发展成目前世界葡萄及葡萄酒的分布格局。我国葡萄栽培历史悠久，据文献记载：汉武帝使张骞出使西域（中国新疆和中亚细亚地区），将原产于黑海、里海、地中海一带的欧亚种葡萄引入我国。张骞在前 138 和前 119 年两次出使西域，故我国欧亚种葡萄栽培史至少已有 2 000 多年。至于原产我国的一些野生种很早就有介绍，远在 3 000 年前已有食用。

葡萄在果树生产中具有重要地位，据联合国粮农组织统计，世界葡萄栽培面积为 750 万 hm^2，广泛地分布于世界上多数国家，产量大约在 6 627 万 t，占世界水果总产量的 20%左右，其中 80%用于酿酒，11%用于鲜食，9%用于制干、制汁和醋。截止到 2013 年，中国葡萄栽培面积为 76.6 万 hm^2，多数地区都有种植，产量 1 000 万 t，葡萄酒产量 138 万 t。

葡萄浆果色泽鲜艳，汁多味美，营养价值高，用途广泛，不仅是鲜食的珍果，而且是食品工业的重要原料。据分析，葡萄浆果除含有 65%～85%的水分外，还含有大量的糖（10%～30%）、有机酸（0.5%～1.4%）、蛋白质（0.15%～0.9%）、矿物质（0.3%～0.5%，钾、钙、磷、铁）。每 100 g 中含有胡萝卜素 0.02～0.12 mg，维生素 B_1（硫胺素）0.25～1.25 mg，维生素 C 0.43～1.22 mg。葡萄浆果的能量可被人体直接吸收利用，葡萄的营养成分对改善人体新陈代谢功能、软化血管、降低血压、治疗心脏病与贫血均有一定效果。葡萄加工后的产品，不仅是深受人们喜爱的饮料、食品，而且也具有一定的医疗价值：一般认为白葡萄酒利尿，红葡萄酒可治疗消化不良、胃病、腹泻与贫血，香槟酒则对呕吐和鼻膜炎有效，味美思与其他补酒具有强身、健胃等效果。葡萄汁是一种高级滋补品，也具有强身、利尿的效力。葡萄干除含大量糖分、维生素外，还是一种中药。总之，无论鲜葡萄还是其加工品，营养价值都很高。

葡萄植株具有适应性强、寿命长、结果早、产量高的特点。我国绝大部分地区均可栽培，对于瘠薄的山荒、沙荒、海滩和盐碱地，苹果、梨等果树生长不良的地方，如果种植葡萄，只要加以科学的管理就能正常生长，获得良好效益。葡萄既是“上山下滩”“四旁”绿化的重要果树，同时也是城市居民欢迎的盆栽果树。近年来，一些地区发展设施葡萄栽培、观光葡萄栽培产生了良好的经济、社会效益，每公顷的经济收入有时可高达数十万元。葡萄浆果用途极广，除酿酒、生食、制干、制罐头外，还可用于制酱、制醋等，加工后的残渣仍可进行综合利用。葡萄产业作为一项高效农业，具有产品用途广泛、不与粮棉争地、宜于加工利用等特点，拥有良好的发展前景。

第一节 种类和品种

一、种类

葡萄属于葡萄科（Vitaceae）葡萄属（*Vitis*）。葡萄科共有 11 个属，约 600 个种，其中经济价值最高的是葡萄属，分为 2 个亚属，即真葡萄亚属（*Euvitis*）和圆叶葡萄亚属（*Muscadinia*），有 70 多个种，分布在世界上北纬 52°到南纬 43°之间的广大地区，但集中分布在 3 个区域：欧亚—西亚分布区、北美分布区和东亚分布区。欧亚—西亚分布区只有 1 个种；北美分布区有 30 余个种；东亚分布区约有 40 个种。因此，按地理分布和生态特点，可将 70 多个种分为欧亚种群、北美种群和东亚种群。我国处在东亚分布区，已知有葡萄属植物 38 个种，属于东亚种群，约占世界总量的 60%，是葡萄遗传资源较丰富的国家。

（一）欧亚种群

欧亚种群起源于欧亚大陆，因受冰川时期的变迁致使许多野生种均已灭迹，仅留下一个欧亚种（*Vitis vinifera*），它分布于亚洲西部、欧洲南部的温带与亚热带和北非洲地带，是世界的主要栽培种，其产量约占总产量的 90%。经过长期的选择与培育，目前已有 8 000 个以上的品种，因受地理条件和生态因素等的影响形成 3 个品种群：东方品种群、西欧品种群和黑海品种群。

1. 东方品种群 分布于中亚、中东和里海沿岸。其特征是：幼叶无茸毛，紫红色；新梢多为赤褐色，粗壮；叶背光滑无茸毛，或仅有刺毛；植株生长势强，生长期长，果枝结实率低；果穗大，果粒大或中大，果肉丰满多汁。抗旱力强，但抗寒、抗病、耐湿性差，适于生长季长、夏秋气候干燥地区栽培。

2. 西欧品种群 分布于欧洲各国。其特征是：幼叶茸毛密生，具桃红色；新梢较细，呈淡褐色；叶背具丝状茸毛或混合茸毛（丝状毛中混生刺毛）；植株生长势较弱，但结果枝多，结果系数高；果穗较小，单株产量较低。生育期较短，抗寒、抗病性较东方品种群略强。

3. 黑海品种群 分布在黑海沿岸各国。其特征是：叶背密生混合茸毛；果穗中等大，紧密，极少松散状；果粒中等大，多汁。生长期短，抗寒、抗病性较东方品种群强，但抗旱力较弱。结果系数高，一般较丰产。

（二）北美种群

北美种群（也称美洲种群）起源于北美广大地区，有 28～30 种，主要有如下几种。

1. 美洲葡萄（*V. labrusca*） 起源于美国东北部和加拿大东南部。幼叶具浓密毡状茸毛，深桃红色；叶片大而厚，全缘或三裂；叶背密生灰白或褐色毡状毛，锯齿钝；卷须连续性，是葡萄属中唯一具此特性的种；果粒有肉囊，与种子不易分离，具特殊的狐臭味或草莓味。生长势旺，适应性强，抗病、耐湿、耐寒。喜砾质土和排水良好的轻质土，但不耐石灰质土。抗根瘤蚜能力在美洲种群中最弱。

2. 河岸葡萄（*V. riparia*） 起源于北美东部。果实黑色，果汁红色，有青草味，不堪食用。抗根瘤蚜和真菌病害能力强，与欧亚种嫁接亲和力高。耐热、耐湿，抗寒、抗旱。喜土层深厚肥沃冲积土，不耐石灰质土。主要用作砧木和杂交亲本。

3. 沙地葡萄（*V. rupestris*） 起源于美国中南部。生长势弱，果实黑色，有青草味，勉强可食。抗根瘤蚜能力强，对各种真菌病害近乎免疫。耐寒、耐旱、耐瘠薄，但不耐石灰质土。主要用作砧木和杂交亲本。

4. 冬葡萄（*V. berlandieri*） 起源于美国南部和墨西哥丘陵地区及沿河地带。果实黑色，果汁深红色，味略酸涩。抗根瘤蚜，耐旱，与欧亚种亲和力良好。其最大特点是抗石灰质土，但不易生根，不耐寒。

（三）东亚种群

东亚种群起源于东亚广大地区，至今仍多为野生，分布在森林、河流、山谷等地。大约有 40 个种，分布于中国的主要种有如下几种。

1. 山葡萄（*V. amurensis*）　起源于中国东北、俄罗斯远东地区，朝鲜半岛也有少量分布。雌雄异株，类型较多。喜在水分充足、排水良好、土壤微酸性的林缘、河沿生长。最大特点是抗寒、抗病：枝蔓可耐−45 ℃低温，根系可耐−14～−16 ℃低温，为葡萄属中抗寒力最强的一个种，是目前国内外葡萄抗寒育种的主要种质资源；对一般真菌性病害抗性强，对白腐病、黑痘病有很强的抗性，但不抗根瘤蚜和当地霜霉病。对山葡萄资源的利用主要有：直接作为原料酿制独具特色的山葡萄酒；作为种质资源选育抗寒葡萄品种；作为抗寒砧木进行抗寒嫁接苗培育。

2. 毛葡萄（*V. quinquangularis* Rehd）　原产于中国，是中国葡萄属东亚种群中分布最广的一个野生种，以野生状态生长在山区林缘和灌木丛中，在海拔 100～3 000 m 均有发现，主要分布于秦岭、泰山以南 17 个省份的广大地区，如湖北、湖南、江西、广西、广东、云南和贵州等省份。毛葡萄果实的特点为酸高、糖低、皮厚、单宁多、色素浓、香味独特，是酿造红葡萄酒的好原料。近些年来，各地区非常重视野生毛葡萄的开发利用，并开展了资源收集、种质评价、遗传及现代生物技术、品种选育等科学研究。毛葡萄免疫或高抗黑痘病、黑腐病和炭疽病，较抗根结线虫和白粉病，易感霜霉病和白腐病，抗寒、抗湿热能力较强，但抗旱能力较弱。目前，每年全国利用的野生毛葡萄浆果产量约为 8 000 t，多用其酿酒。

3. 刺葡萄（*V. davidii* Foëx）　原产于中国，在湖南、云南、广东、江西、浙江等地分布广泛。刺葡萄为强大藤本，小枝密被皮刺。刺葡萄一般表现为抗寒性较弱，易感染霜霉病，但对黑痘病、灰腐病、白腐病有较强的抗性，尤其对炭疽病的抗性极强，几乎免疫，是葡萄耐湿热、抗病育种的宝贵资源，同时也是优良的加工原料，一些地区用其酿酒、制汁。据中药大词典中记载，刺葡萄具有行气、活血、消积等功效，主治吐血、腹胀症积、筋骨伤痛、痔疮、遗精、白浊等病症。现代医学也发现，刺葡萄中含有的黄酮类化合物、白藜芦醇、齐墩果酸、鞣质、超氧化物歧化酶（SOD）和抗坏血酸等活性成分，使刺葡萄具有了很好的保健功效，具有良好的开发前景。

4. 蘡奥（*V. thunbergi*）　分布在中国华北、华中、华南，及朝鲜、日本等地。抗寒性较强，果实紫黑色，可生食、酿酒，并可入药。可用作抗寒育种的亲本资源。

5. 葛藟（*V. flexuosa*）　分布于中国中南、东南、云南，及朝鲜、日本。果汁较少，可酿酒，也可入药，有益气去脾之功效。

二、品种

（一）主要鲜食品种

1. 贵妃玫瑰　欧亚种，由山东省酿酒葡萄科学研究所于 1985 年以红香蕉×葡萄园皇后杂交育成。

树势中等。果穗中等大，呈圆锥形，平均穗重 700 g，最大穗重 800 g，果粒着生紧密。果实黄绿色，圆形。平均粒重 9 g，最大粒重 11 g。果皮薄，果肉质脆、味甜，有浓玫瑰香味。可溶性固形物含量 15%～20%，含酸量 6～7 g/L，品质佳。

在济南地区 4 月初萌芽，7 月中旬果实成熟，从萌芽至果实成熟需 110 d 左右，需活动积温2 500 ℃。

2. 夏黑　欧美杂交种，为三倍体品种，由日本山梨县利用巨峰杂交选育而成，1998 年引入我国。

果穗圆锥形或有歧肩，平均穗重 420 g；果粒近圆形，自然粒重 3～3.5 g，经处理可达 7.5 g，最大粒重 12 g。果色蓝黑，着色一致，果粒着生极紧密，汁液浓，紫黑色至蓝黑色。果粉浓，果皮厚，果肉脆硬，有较浓郁的草莓香味，可溶性固形物含量 20%～22%，无核。

植株生长势强，芽眼萌发率85%，成枝率95%，每个结果枝平均着生1.5个花序。隐芽萌发枝结实力强，丰产性强。在江苏张家港地区3月下旬萌芽，5月中旬开花，7月下旬果实成熟，从萌芽至果实成熟需110 d左右。

3. 京秀 欧亚种，由北京植物园杂交育成。

生长势中强。果穗大、圆锥形，果粒着生紧密，单粒重6～7 g，椭圆形，玫瑰红或鲜红色，外形美观，果肉硬而脆，品质优，鲜食风味佳。

山东平度4月8日前后发芽，5月20日左右开花，7月上旬着色，7月中旬成熟，为极早熟品种。

4. 无核白鸡心 欧亚种，1983年从美国引入我国。

生长势中强。果穗圆锥形，果穗大，果粒着生紧密。果粒长卵圆形，平均粒重5.2 g，最大6.9 g，用赤霉素处理可达10 g。果皮黄绿色，皮薄肉脆，味浓甜，含糖16%以上，微有草莓香味，品质极佳。

在山东平度4月上旬末萌芽，5月20日开花，7月中下旬果实成熟，为早熟无核良种。

5. 玫瑰香 欧亚种。由黑汉和亚历山大杂交培育而成。

树势中强。果穗圆锥形，中等大，平均穗重360 g。果粒椭圆形，黑紫色，平均粒重5 g，果皮较厚，果肉黄绿色，脆软多汁，有浓郁的玫瑰香味，可溶性固形物含量18%～20%，品质极上。

在山东平度9月中上旬成熟。对黑痘病和白腐病抵抗力中等，对炭疽病、白粉病和潜叶壁虱的抵抗力差。在负载量过大、管理不善、营养失调等情况下，易患转色病，降低产量和品质。为鲜食酿酒兼用品种，既可酿制白葡萄酒，也可酿制红葡萄酒。

6. 巨峰 欧美杂交种，由日本大井上康用石原早生和森田尼杂交培育而成，属四倍体。

树势强健。果穗圆锥形，平均穗重300～400 g。果粒椭圆形，平均粒重10 g，果皮紫黑色，果粉厚，果肉软，易与果皮剥离，浆汁多，可溶性固形物15%～17%，有草莓香味，品质中上。

在山东平度8月中旬成熟。抗病力强，特别是抗黑痘病和霜霉病。易成花，早期丰产，副梢结实力强，是二次结果的好品种。其缺点是落花落果现象较重，且易脱粒。

7. 弗蕾无核 欧亚种，为美国FRESNO园艺试验站育成。1973年发表，1983年引入我国。

果穗长圆锥形，平均穗重400 g，浆果着生中等紧密。果皮鲜红色或紫红色，果粒圆形，平均粒重3.0 g，用赤霉素处理果粒可增大至6.0 g。果皮薄，果粉中，果肉硬脆，果汁中等多、味甜；不裂果、不脱粒，较耐储运。可溶性固形物含量16%，无核。

植株生长势强，芽眼萌发率高。每个结果枝平均着生1.2个花序。副梢结实力中等，产量较高。在山东潍坊地区4月上旬萌芽，6月上旬开花，8月上中旬果实成熟。自根苗长势中等，适于中短梢修剪。

8. 红宝石无核 欧亚种。美国加利福尼亚州用皇帝×Pirovan075育成，1998年引入我国。

果穗圆锥形，有歧肩，平均穗重850 g，最大1 500 g。果粒近卵圆形，自然粒重4.2 g，紫红色，皮薄，肉质脆，可溶性固型物含量17%，风味甜脆。

植株生长势强旺，芽眼萌发率高，每个结果枝平均着生1.5个花序，果穗大多着生在第4～5节上。丰产，抗病性较弱，适应性较强，对土质、肥水要求不严，果实耐储运性中等。在华北地区4月中旬萌芽，5月下旬开花，9月中下旬果实成熟，从萌芽至果实成熟需150 d左右。

9. 克瑞森无核 欧亚种。由美国加利福尼亚州1983年用皇帝与C33－199杂交培育而成，1998年引入我国。

果穗单歧肩、圆锥形，平均穗重500 g。果粒椭圆形，鲜红色，平均粒重4 g，用赤霉素处理可明显提高粒重。果刷较长，果粒着生极牢固；果粉厚，果皮中厚，不易与果肉分离；果肉黄绿色，硬脆、半透明。可溶性固形物含量19%，风味纯正，品质佳。

生长势极强，萌芽力、成枝力均较强，主梢、副梢易形成花芽，植株进入丰产期较晚。该品种较丰产，抗病性稍强，但易感染白腐病。在北京地区 4 月上旬萌芽，5 月下旬开花，9 月下旬果实成熟，果实耐储运。

10. 泽香 欧亚种。20 世纪 50 年代以龙眼为父本、玫瑰香为母本杂交培育而成。

果穗圆锥形，平均穗重 445 g，最大穗重 1 500 g 以上，果粒卵形至圆形，平均粒重 6 g，最大粒重 9 g，黄绿色，充分成熟金黄色，大小整齐，成熟一致。果皮中厚、较韧。果肉柔软，浆汁多，酸甜适度，可溶性固形物含量 19%～20%，有玫瑰香味，品质上。

在山东平度 9 月下旬充分成熟。植株生长势强，坐果率高，对黑痘病、白腐病、苦腐病等抗性强，不抗霜霉病和炭疽病，抗旱、抗寒力强，极丰产，耐贮运，品质优良。

11. 红地球 欧亚种。1987 年从美国引入我国。

果穗圆锥形，平均穗重 600～800 g，大穗可达 1 000 g 以上。果粒大，平均粒重 13 g，近圆形或卵圆形，紫红色，果皮中厚，果肉脆，可溶性固形物含量 18%，味甜可口，品质中上。

树势中强。坐果率高，丰产，耐贮运，抗病力较弱。在山东胶东半岛 9 月下旬至 10 月上旬成熟。

（二）主要酿酒品种

1. 意斯林 又名贵人香，欧亚种。1892 年由烟台张裕公司首次引入我国。

果穗小至中，圆柱形，有副穗，着生紧密，穗重 150～230 g。果粒近圆形，个小，平均粒重 1.5 g，果皮薄，淡黄绿色，向阳部分微赤红色并有黑色斑点。可溶性固形物含量 20%，含酸量 7 g/L，出汁率 80%左右。

树势中庸，枝蔓直立，易管理，较丰产。抗白腐病，易受炭疽病危害。在山东平度 9 月上中旬成熟。该品种是酿制优质白葡萄酒的良种。

2. 霞多丽 别名查当尼、莎当妮。欧亚种，1892 年烟台张裕公司首次引入我国。

果穗圆柱形，带副穗，有歧肩，排列极紧密，平均穗重 142 g。果粒近圆形，平均粒重 1.4 g，果皮绿黄色、薄、粗糙，果脐明显，果肉多汁，味清香，含糖量 20.1%，含酸量 7.5 g/L，出汁率 72.5%。受病毒危害的葡萄常出现无籽现象，形成青粒，对品质影响极大。

生长势较强，结实力强，结果枝率 68%，每果枝平均果穗数 1.65，极易早期丰产。在青岛 9 月上中旬成熟。风土适应性强，易栽培，较抗寒。适宜在较肥沃的丘陵山地和沿海沙壤栽培，抗病性中等，做好病虫害防治是栽培成败的关键。

3. 赤霞珠 欧亚种。1892 年烟台张裕公司首次引进。

果穗圆柱形或圆锥形，较紧密，带副穗，平均穗重 175 g。果粒圆形，紫黑色、平均粒重 1.3 g，果粒整齐，果皮厚，果肉多汁，淡青草味，属解百纳香型，含糖量 19.3%，含酸量 7.1 g/L，出汁率 62%，每粒果含种子 2～3 粒。

生长势中等，结实力强，结果枝率 70.6%，每果枝平均果穗数为 1.69，较丰产，在山东烟台 10 月上旬充分成熟。适应性、抗病性较强，抗寒力较弱，适宜壤土和沙壤地栽培，宜篱架栽培，短梢修剪。

4. 梅鹿辄 别名美乐，欧亚种。20 世纪 80 年代引入我国。

果穗圆锥形，中等紧密或疏松，带歧肩，带副穗，平均穗重 189.8 g。果粒近圆形或卵圆形，紫黑色，平均粒重 1.8 g，果皮较厚，果肉多汁，有柔和的青草味，含糖量 20.8%，含酸量 7.2 g/L，出汁率 74%，每粒果含 2～3 粒种子。

生长势强，结果枝率 74.6%，每果枝平均有果穗 1.67 个，极易早期丰产，产量较高，在山东烟台 9 月下旬成熟。适应性、抗病性较强，适宜在沙质土壤中栽培，宜采用篱架整形修剪。

5. 西拉 欧亚种。1955 年由保加利亚首次引入我国，20 世纪 80 年代又从欧洲引种。

果穗圆柱形，浆果着生紧密，平均穗重 280 g。果粒圆形，不整齐，成熟不一致，蓝黑色，平均粒重 2.1 g，皮中等厚，略涩，果粉多，果皮下色素层厚，味酸甜。含糖量 165～185 g/L，含酸量6～7.5 g/L，出汁率 75%；每果有种子 2～3 粒，种子中等大，棕红色。

植株生长势中等，芽眼萌发率高。每结果枝平均有花序 1.4 个，产量中高。适应性较强，抗病性中等，易感白腐病。宜立架、小棚架栽培，中、短梢修剪。生长日数 135 d 左右，有效积温 3 100 ℃。在山东烟台 9 月下旬成熟。

三、主要砧木品种

1. SO4 由冬葡萄与河岸葡萄杂交选育而成。生长势极强，抗根瘤蚜、根结线虫、根癌能力较强，耐盐碱，嫁接亲和力与生根力均好，适应性强，有小脚现象。

2. 5BB 从冬葡萄与河岸葡萄的自然杂交实生苗中培育而成。新梢生长快，粗壮，节间长（有时可达 30 cm）。抗根瘤蚜、线虫，抗石灰质能力较强，产量高，根稍浅，适于土层深厚、黏湿钙质土壤，不适于太干旱的丘陵地。

3. 110R 由冬葡萄与沙地葡萄杂交育成。生长势极强，抗旱，抗根瘤蚜力强，但不抗根结线虫，耐贫瘠和石灰质土壤，扦插成活率中等，田间嫁接成活率高，嫁接后能显著提高接穗的树势和产量，但延长生长期和延迟成熟。

4. 140 Ru 由冬葡萄与沙地葡萄杂交育成。生长势极强，抗根瘤蚜，抗旱力强，抗缺铁，耐石灰质土壤，适应范围广，扦插生根率偏低，田间嫁接成活率高，嫁接后接穗生长期延长，一般适于生长季节长的干旱地区应用。

5. 1103P 以冬葡萄与沙地葡萄杂交培育而成。生长势强，极抗根瘤蚜和根结线虫，抗旱性强，耐盐碱，不耐涝。枝条生根率中等，嫁接亲和力较好。

第二节 苗木繁殖

一、实生苗培育

（一）种子的采集与贮藏

用种子播种培育成的实生苗，不能保持其原有品种的特性，易产生性状分离，表现多样性，故只适于培育新品种，不能直接用于生产。葡萄种子可以从果实中直接取出，用清水冲洗并漂去不成熟的种子，然后存放在背阴干燥的室内，当天气变冷、土壤开始封冻时进行层积。方法是每份种子拌上5～7 份湿沙（河沙冲洗干净后用高温烘干，再加入适量的水），充分混合后，放在干净的花盆或木箱中，一般先在容器底部铺一层厚 3～5 cm 的湿沙，而后放入 10～15 cm 厚混合好的种子，再铺一层湿沙 3～5 cm，这样一层种子一层沙直至距容器顶部 5～8 cm 为止，上部再盖一层湿沙，埋于背阴高燥的地方。贮藏坑深 50 cm 左右，容器上部覆土 15～20 cm，隔 1 个月左右检查一次，如发现有发霉现象时，将种子取出用 0.1%～0.3%高锰酸钾处理 3～5 min，晾干后埋入土中即可。据试验，这种方法比不处理的（干种子室内贮存）种子可提高出苗率 70%以上，比采后随果实阴干，播种时再取出种子的出苗率高 50%左右。无论哪种方法处理的种子，均需在播前用 25 ℃温水浸泡 1 d 左右，并进行催芽。

（二）育苗方法

1. 露地育苗 葡萄种子经冬季层积后，第二年 3 月取出，播种前对种子进行浸种，然后放在室温 25～30 ℃的条件下催芽，待个别种子露出根尖、大部分种子裂口时即行播种。一般畦宽 1 m 左右，畦内按 50 cm 行距挖深、宽各 30 cm 的播种沟，沟内施有机肥并与表土充分混合，浇透水，待水渗完后再行平整，播种前再浇水一次，待水渗完后即在播种沟内按 5～10 cm 的株距播种，播后覆上 2～3 cm湿润细土，以后经常喷水或覆盖塑料薄膜以保持土壤的湿度。出土前后注意防治地下害虫，出土

后当幼苗 3～4 片叶时，带土移栽或待秋后落叶时出圃，第二年定植。

2. 保护地育苗　可采用温室、温床和冷床育苗。2 月底 3 月初，将处理过的种子播在 10 cm×10 cm 的营养钵（配制量：腐殖质 75%～80%，园土 5%～10%，牛粪液 5%，其他如草木灰、过磷酸钙、锯末等 5%～10%）或塑料薄膜、牛皮纸等制作的容器内，一般容器内盛入 70%的营养土，浇透水，待水渗下后即可播种，每钵 1 粒种子，播后覆营养土，当苗长出 2～4 片真叶时，移栽定植。定植前几天应停止加温、浇水，加强通风等进行锻炼，移栽时，最好选阴天或午后，移后浇透水，并经常保持土壤湿润，保证苗木成活。

二、嫁接苗培育

嫁接苗是由接穗（或接芽）和砧木（苗木或插条）组成。接穗选用优良品种的优质枝或芽，砧木则随育苗目的不同而选择。

（一）芽接

当新梢半木质化、芽眼易从枝条上剥取时为宜。济南地区在 6～7 月进行，过早不易剥芽，过晚枝条不能充分成熟，不利越冬。接芽以盾形削芽、节上换芽的办法较好。砧木可用实生苗（二年生）或扦插苗。接后 10 d 左右进行检查，接活的苗，芽片新鲜，叶柄一触即掉。成活后应适时解除绑缚物。一苗可接数芽以提高成活率，如未接活还可另选部位再次芽接。接后要加强肥水与枝蔓管理，冬剪时在接芽上 1～2 节处剪去枝条，并加强冬季芽接苗的保护与管理工作，次年应及时出土和除去砧木的芽，如若未活则可将其地上部距地面 15～20 cm 处剪除，改为春季劈接或待砧木发芽后再留一良好新梢作为再次芽接用。这种方法技术简便，成活率高。

（二）枝接

1. 嫩梢嫁接　一般当嫩梢半木质化时进行，接穗最好在阴天或傍晚采集，采后除去 3/4 或全部的叶片，但必须保留叶柄。处理好的接穗将基部浸于水中或用湿布包好以防干枯。每个接穗可用 1～2 个芽，用劈接法嫁接。接后 10～15 d 进行检查，未接活的可重接，如时间过晚，也可用芽接法补充，以达到当年全部接活。

2. 硬枝嫁接　砧木用一年生枝或带根苗木，接穗用一年生粗壮充实的枝条。用劈接法效果良好，砧木可用相同或较粗于接穗的枝条（或苗木），在节的上端留 5～6 cm 长剪断，从中间劈至节上（即横隔膜处），切口长 4～5 cm，削除全部芽眼。接穗选用良种插条的优质芽 1～2 个，上端离芽眼 1～2 cm处剪断，下端留 4～6 cm，并在芽的左右两侧各削成长 3～4 cm 的马耳形斜面，削面必须光滑，留芽的一侧较宽、另一侧较窄，似楔形，然后将接穗插入砧木切口使两侧（或一侧）的形成层互相密接，再用蒲草或塑料薄膜等物略微扎紧即可。济南地区以 4 月初嫁接为宜。

三、营养苗培育

（一）扦插苗培育

1. 插条的采集与贮藏　葡萄插条最好是在落叶后结合冬季修剪剪取，最迟应在春季伤流前半月进行。剪取时应选择枝条粗壮、充实、芽眼饱满、节间长度一致、粗度在 0.5 cm 以上、髓部不超过直径的 1/3、无病虫害、充分成熟和具有该品种特征的一年生枝条。插条上的卷须、残留的果穗柄等要剪除干净。插条长度可按需要而定，一般可分为短条（3～4 芽，长 25～30 cm）和长条（6～7 芽，长 50～60 cm）。剪后分别按不同长度、品种，50 条或 100 条扎成一捆，并立即系上标签，写明品种、数量、采集日期、地点等。绑好后立即贮藏或临时放在阴凉的地方，以减少水分蒸发，保证枝条质量。

贮藏前先将插条浸于 5 波美度石灰硫黄合剂 1～3 min，取出晾干后即可贮藏。一般多采用沟藏，大量贮藏和有条件的地方也可采用窖藏。贮藏地点要选择避风高燥并有排水条件的地方。贮藏沟宽

1.0～1.5 m，深0.8～1.5 m，长度随枝条数量而定。沟间距2～3 m。如果品种多时，可分别按品种挖沟。沟底撒上一层5～10 cm湿沙（或细土），将成捆的枝条平放或倒立放入沟内，捆与捆之间、插条与插条之间必须填满沙（或细土）。每放一层插条覆上5～7 cm的沙，最上层距地面20～30 cm，最后覆土与地面平，以后随气温下降而逐渐加厚覆土。如果贮藏沟长度超过4～5 m时，应在沟的四角和一定距离插上一捆高粱秆或谷草把进行通风。沟的中部安置一个温度计，检查温度。有条件时可用贮藏窖，窖的结构与白菜窖相似，其温度经常保持在0 ℃左右，存放前用4%～6%的石灰水进行消毒。存放方法和沟藏相似。

贮藏期间最适宜的温度为0 ℃左右，如超过5 ℃以上则芽眼易萌动，沙的湿度以8%～10%为宜。高温高湿易霉烂；反之，枝条易失水影响发芽。因此，贮藏期间要经常调节温、湿度并检查其变化。每隔1个月左右检查一次。早春气温升高至10 ℃时，更应勤检查芽是否霉烂或萌动（鳞片开张、尖端有厚茸毛即为萌动）。并用小刀切削剪口，若剪口鲜绿即为良好，如呈黄绿色即为失水状态，应立即增加湿度。若发生霉烂就应在晴朗暖和天，用5%硫酸亚铁或0.3%高锰酸钾浸泡2～3 min，晾干后再贮存，直至扦插前2～3 d取出备用。

2. 插条的剪截 生产中可用单芽（5～10 cm）和双芽插条（8～15 cm）。插条剪截时，上端剪口距芽0.5～1.0 cm平剪，下端尽量留长，剪口以斜剪为好。在剪截插条时，应再次进行选择，如顶部芽有霉烂、受伤或萌动的均应剪去，若枝条剪口组织变褐、坏死或过分干枯（呈黄绿色）的都不要用，以免影响出苗率。

3. 插前处理

（1）清水浸泡。先将插条放入清水中浸泡12～24 h（时间长短依插条原有含水量多少而定），直至剪口呈鲜绿色并饱含水分状为止，亦可将插条基部浸泡在清水中，至水分上升至顶端即可。

（2）加温催根。插条在大田里是先发芽后生根。为了使插条早生根，可在扦插前用回龙火坑（育地瓜苗床）、电热床、普通温床或阳畦、温室、塑料棚等加温办法催根。气温要控制在10 ℃以下，抑制芽眼萌发，床温（近插条基部）应经常保持在25～28 ℃，以加速产生愈合组织或幼根，一般15～20 d即可。

（3）药剂催根。对某些不易生根的品种，通常用0.2%～1.0%的乙炔、50～100 mg/L萘乙酸、50～70 mg/L胡敏酸或5～10 mg/L 2,4-D浸泡插条基部5 cm左右，刺激基部生根，切不可浸泡芽眼。浸泡时间长短依品种、温度和溶液浓度的不同而异，一般幼根露出为止。此外亦可用5%～10%蔗糖液或厩肥液浸泡，也有一定的促根作用。

（4）刻伤处理。在插条基部5 cm处，用剪刀或其他锐利工具使枝条产生纵伤以刺激其生根。

4. 扦插

（1）扦插时间。一般从解冻到4月中旬均可扦插，最好是平均气温在8～10 ℃时进行。山东济南地区以3月上旬为好。南方地区秋冬季均可扦插。

（2）扦插方法。可采用垄插或畦插，一般垄插比畦插效果好，因为垄插早春可以增加地面受光面积，提高土温和便于中耕除草等。

① 垄插法。一般东西起垄，行距50 cm，先挖深、宽15～20 cm的沟，沟土向北翻，形成高12～20 cm的垄，然后将插条沿沟壁按15～20 cm的株距插入（插条超过30 cm时行倾斜插），顶芽朝南，然后从南边取土覆盖并踩实，浇透水渗完后再覆土，并超过顶芽3～4 cm为宜。

② 畦插法。畦宽1 m，畦内按50 cm挖沟，将插条插入沟内，顶芽与地面相平，再用另一畦细土覆盖3～4 cm即可，最后浇一次透水，待水渗下后及时中耕。在中耕后盖草或塑料薄膜以保墒情，效果更佳。

（二）压条苗培育

将一、二年生的葡萄枝蔓于春季或雨季来临时压入土中并在基部刻伤1/3左右，待其生根后再剪

断与母株的联系，成为一个单独的植株。葡萄园中补缺株常采用此法，有时对不易生根的品种也采用此法进行繁殖。

压条繁殖法可分为两种：

1. 普通压条　选用适当部位的一年生枝条（通常是靠近地面的枝条），使其呈弓形压入土中，同时刻伤并用木杈固定，沟深、宽各 20 cm 左右，枝条的顶端用木杆支撑，也可将枝条压入盛满土的容器（如花盆、竹篮、塑料袋等）中，分次剪断与母株的联系，即成单独的植株。

2. 连续压条（中国压条法）　一般选用基部的萌蘖枝，在春季顺枝的方向挖深、宽各 20 cm 的沟，沟底施用适量的有机肥或无机肥并与土充分混合，然后将枝条压入沟内，按一定距离用木杈固定并覆一层薄土，当芽眼萌发后，随新梢的生长逐渐加厚覆土直至与地面平。秋后落叶时挖取，在适当部位剪断，即成为许多单独的植株。

四、脱毒苗培育

目前在葡萄上发现的病毒病有 20 多种，其中扇叶病毒、卷叶病毒、黄斑病毒、栓皮病、痉痘病等是世界上公认的葡萄病毒病。葡萄感染病毒后，产量下降，含糖量降低，品质变差，树势衰弱、甚至整株死亡。葡萄脱毒常用带有 1～2 个叶原基的 0.1～0.2 mm 的茎尖生长点来培养。在病毒发生严重的地区，可采用茎尖培养和热处理相结合的办法，即将接种的茎尖试管苗放入 35～38 ℃的光照培养箱中培养 1 个月，病毒即可脱除。也可采用继代培养的方法，由于茎尖的带毒浓度相对较低，连续培养试管苗的茎尖，使病毒浓度越来越低，一般培养 4～5 代，病毒即可脱除。

（一）无菌苗的获取

（1）在葡萄生长高峰期，取田间生长旺盛的嫩梢，去掉叶片，保留新梢生长点。

（2）将新梢放入大烧杯中用流水冲洗数次，再将烧杯放在超净工作台上用无菌水浸泡。

（3）倒掉无菌水，先用 75%酒精浸泡数秒钟。

（4）倒掉酒精，再用 0.1%的升汞溶液消毒 3～5 min（溶液一定浸过材料），并搅动数次。

（5）倒掉升汞，用无菌水冲洗材料 3～4 次。

（6）将消毒过的顶芽在超净工作台上或解剖镜下剥出茎尖，放入芽丛培养基中，一般 50 mL 的三角瓶放 1～2 个芽，然后在组培室中培养 1 周左右，将污染的材料除去。

（二）芽丛快繁

将茎尖生长点接种在含有细胞激动素 6-苄氨基嘌呤（6-BA）的培养基中，2 个月后，即可分化成一堆丛生芽（芽丛），切取带叶的小芽可再接种到新的培养基中，即可无限循环的繁殖下去。此种方法繁殖率极高，一个芽可生成十几或数十个小芽。芽丛培养适合大多数品种，MS、B5 基本培养基加入 0.2～0.5 mg/L 的 6-BA 即可。

（三）成苗培养

要使小芽长成一株完整的植株，还需将其转接到生根培养基（MS、B5 培养基加入 0.2～0.5 mg/L IAA 或 IBA 均可）上进行生根培养与复壮，培养室温度为 24 ℃±2 ℃，光照度为 2 000～3 000 lx。有时要进行 2～3 代才能移栽。

对于一些特殊品种，6-BA 不能促进其分化，不宜使芽丛繁殖，只能采取单芽扦插来繁殖。即将无毒或脱毒后葡萄试管苗分割成若干单芽插条扦插于成苗培养基中，一般 150 mL 三角瓶可接 2～3 芽，1～5 个月，即长成一株具有 2～8 条根、6～8 片新叶的正常试管苗，将这些小试管苗再进行分割，插条被移植在新的培养基上，如此无限循环下去，也可得到无数试管苗。由于此种方法可一次性成苗，易于移栽，苗木遗传性稳定，适于大部分葡萄品种的繁殖，所以在生产上广泛应用。

（四）试管苗移栽

试管苗的移栽技术是葡萄组培生产的一个重要环节，试管苗移栽成活的关键是移苗后最初的 2 周内控制适当的湿度，只要此期操作得当，成活率可达95%以上。具体操作步骤如下：

1. 保湿锻炼 在春季2～3月，将具有2条以上小根、3片以上新叶的试管苗从试管中取出，洗净根上的培养基，放入盛有蛭石（新鲜或消毒过的）的营养盘中，浇透水后，用塑料薄膜盖严，放在荫棚中，4～5 d开始透气放风，10 d后全部揭去塑料膜，防止阳光直射，3周后移栽到盛有原土：营养土：粗沙为1：1：1的营养钵中，移入温室中，及时浇水，45～60 d，幼苗即长出3～5片新叶，基部木质化，此时可移入大田。

2. 大田育苗 春季晚霜后至6月之前，可进行幼苗移栽工作，其移栽方法和普通绿苗相同，生长过程中注意及时摘心，控制营养生长，促进枝蔓加粗。用此法繁殖的组培苗遗传性状稳定，且根系发达，后期生长势旺，2～3年即可结果丰产。

五、苗圃管理

1. 苗圃地选择与准备 苗圃地应选交通方便、地势平坦、向阳背风、水源充足、排灌容易和土壤肥沃的沙质壤土或壤土为宜，地下水位在2 m以下。为了方便管理，苗圃地可根据繁殖苗木的任务，按地形、面积和不同繁殖方法等具体情况划分若干小区，各小区之间设有人行小路，使小区的道路与支路或大路相通，排灌系统结合。苗圃地一般在冬季封冻之前，深耕40～60 cm，并施有机肥5 000 kg以上，过磷酸钙100 kg，粗耙一次，翌年春开冻后，再细耙一次。地下害虫严重的地方，还要施用毒饵。土壤含水量低时，应事先浇透水，待水渗完后做垄整畦备用。

2. 出苗检查 当气温在25 ℃左右经半月、葡萄芽眼基本萌发时，应勤检查，如埋土过厚，可将埋土除去一部分，保留2～4 cm的湿润细土即可。如顶芽损坏，可待副芽萌发成苗，或轻轻上提利用下节芽。

3. 枝蔓管理 当苗高30 cm时搭架，使枝蔓直立生长。新梢上架后，应及时绑蔓、摘心、除副梢和卷须。如苗木粗壮，可在基部保留1～2个副梢，以作快速整形之用，否则一律除去。

4. 土壤管理 在苗木生长前期，依据土壤肥力基础和土壤湿度及降水情况适时适量追肥、灌水，注意营养平衡，在生长后期，适当控制肥水，促进枝条成熟与充实。同时结合追肥、浇水进行中耕除草，以确保圃内无杂草，调节土温。亦可喷除草剂防止杂草滋生，促进苗木生长发育。

5. 病虫害防治 早春有地下害虫或金龟子等危害的地区，可施用毒饵或人工捕捉。雨季来临前1周，喷1次等量式波尔多液260倍液，过3～4周，再喷退菌特800～1 000倍液，以后再隔2～3周，喷一次波尔多液，防治枝蔓白腐病和黑痘病等。如发现有病枝、病叶时，应立即剪除并烧毁，防止蔓延。

六、苗木出圃

苗木从开始落叶直到封冻之前都可出圃。刨苗时要深刨，尽量使根系少受损失。如干旱土壤过硬，刨前灌一次水，待墒情适宜时再出苗。苗木刨出后，将浮根剪除，粗根上的伤口要剪平，以利愈合。对芽眼饱满、生长粗壮的枝条剪留30 cm左右，如果枝条比较细弱，可适当短剪，并将卷须等全部剪除。出苗后依据农业部葡萄苗木标准（NY469—2001）进行质量分级。对机械伤、病虫危害严重，或新梢纤细、不成熟、根系不良者，均不宜出圃。

苗木出圃后不立即包装外运者，要尽早进行假植。选避风、地势平坦、无积水地方，清除杂草、深耕耙平，开深、宽各30～40 cm的沟，分株摆在沟的北侧，覆土至一半时，略微踩实，再覆土至超过苗木15～20 cm，进行假植。假植时注意使根和土密接，品种要标记好，以免混杂。假植过程中要勤检查，避免积水或过分干旱。如有苗木露出地面，应及时覆盖，防止受冻害。

苗木外运时，必须进行检查消毒，执行检疫制度。一般消毒是将苗木用5波美度石灰硫黄合剂浸泡1～3 min，取出晾干后，即可包装外运。苗木包装要求在运输途中不致干枯、冻伤、擦伤等。包装时将苗木分别捆成小捆，以 50 或 100 株为一捆，每捆挂上标签，写明品种、数量、日期和单位。如果苗木表面较干时，可在水中浸泡，增加湿度，苗木之间和外面应填充湿润的锯末或细草、麦秸、稻草等，外面再用麻袋、塑料袋、草包或蒲包等包好，捆结实，挂好标签。路途较远、运输时间较长时，应多加填充物。运到目的地后，如不能马上定植时，应立即进行假植。

第三节　生物学特性

一、根系生长特性

（一）根系结构与功能

葡萄的骨干根（多年生）黑褐色；幼根（当年生）乳白至白色。用种子播种培育的实生苗根系较深，分根角度小，有明显的主根、侧根和幼根，根与茎交界处为根颈，地下部全为根系。用枝条扦插时则没有主根和根颈，是由根干（扦插时埋于地下部分生根的插条亦称地下茎）和各级侧根、幼根组成。分根角度较大，有明显的层次和从属关系。主根和各级侧根的主要功能是输送养分、水分，贮存有机营养物质和固定作用。而幼根主要是吸收养分、水分和促进有机营养物质的合成，幼根上的根毛能深入土粒中吸取水分和无机物，数量很多，是吸收的重要器官，但寿命短，一般仅 20～30 d。当新根发生之前或新老根交替之际，水分、养分的吸收则靠菌根。菌根分为内生菌根和外生菌根，能促使土壤不溶性物质变为可溶性物质供根吸收。春季根系对水分和养分的吸收，主要靠强大的根压沿木质部向上输送，生长季节则靠叶片的蒸腾等作用不断向上输送。在高温潮湿的条件下，二年生以上的蔓亦可产生不定根，由于它长期在空中生长，得不到适宜的条件，故生长到一定时候即木质化，一旦遇到低温和干燥即死亡，这类根称为气生根。

（二）根系生长规律

葡萄根系一般多集中分布在土层 30～60 cm 处，水平分布比垂直分布范围大。在土壤中分布的深度和广度与品种特点、土壤状况有关，欧亚种比北美种的根系深，生长在干燥、深厚、肥沃土壤上的比生长在潮湿、瘠薄的根系深。

葡萄的根系在土温 8～10 ℃即开始活动，在 12～13 ℃则开始生长，最适宜根系生长的土温是 21～24 ℃，超过 28 ℃或低于 10 ℃即停止生长。在山东济南观察，根系生长全年有 2 次高峰，第一次在 6 月，第二次在 9 月。第一次生长高峰持续时间与根系生长量均大于第二次。由于土壤的理化性能和土层深度的差异，土温的变化也不同，沙土表层（20 cm 左右）受气温影响较大，上升和下降均比黏土和深层快，因此沙地葡萄的根系开始活动早，结束也早。深层根系（70 cm 以下）的活动比表层根系的活动一般晚 2 周左右，如果深层土温能终年保持在 13 ℃以上，则根系就可周年生长。好的土壤根际条件有助于维持不同年份果实成分的一致性，有助于避免或减缓不同年份可能发生的极端气候变化的影响。良好的土壤条件是具有充足而不是过量的肥力，具有改善大雨影响的能力和抗旱能力，既有根系向深土壤层的穿透性，又有根系在表层土壤的充分扩延性。

二、芽、枝、叶生长特性

（一）芽

1. 芽的类型　葡萄的芽是一种混合芽，着生在叶腋间，任何新梢的叶腋均有两种芽，即冬芽与夏芽。葡萄的芽具有早熟性，在年生长周期内能抽出多次新梢。

（1）冬芽。冬芽由 1 个中心芽（主芽）和 3～8 个预备芽（副芽）组成，带花序的称为花芽，否则为叶芽，从外部形态上不易区别。整个冬芽的外部有一层具保护作用的鳞片，其内密生茸毛，正常情况下越冬后才萌发，故称冬芽。同一枝条上不同节位的芽，质量有所不同，基部芽发育不良，质量较差，中部芽多为饱满的花芽，上部芽次于中部芽，这种差异称为芽的异质性。这一特性除与芽形成时的外界条件有关外，不同品种由于生物学特性的不同，其优质芽部位的高低也有所不同。熟悉不同品种的特性，掌握其优质芽的位置，可作为修剪的理论依据。

（2）夏芽。着生在冬芽的一边，是一种“裸芽”，当年即可抽出新梢（夏梢，通常称为副梢）。它在适宜的环境条件下或通过合理的农业技术措施（如摘心、喷矮壮素等激素以及加强肥水管理）在短时间内也可形成花芽。在生产上某些品种常利用这种副梢进行结果，从而增加产量与延长供应期。

（3）潜伏芽。发育不完全的基底芽，当年没有萌发而潜伏在皮层内，一般不萌发，只有部分枝蔓或整个植株受害或受刺激时才萌发，这类芽一般称为潜伏芽。大多数没有花序，接近地面萌发的枝条可用作更新与整形之用。

2. 芽的萌发 不同类型的芽，其萌发顺序是不同的，在正常情况下冬芽的中心芽首先萌发，当其受害或局部营养物质丰富时预备芽也可同时萌发；如果冬芽死亡则潜伏芽会萌发。在生长季节主梢摘心后，副梢就可迅速代替主梢，当一次副梢摘心后，二次副梢就开始生长，每次摘心后均可促使其更高一级的枝条萌发，如果把副梢全除去或强行摘心即可迫使冬芽在当年萌发。各种芽萌发的顺序是由于葡萄的进化和适应各种外界环境而形成的。

（二）茎（枝）

葡萄的茎包括主干、主蔓、侧蔓、结果母蔓、一年生枝、新梢和副梢等。

新梢由芽萌发而成，带花序的称为结果枝，无花序的为发育枝。从植株基部萌发的称为萌蘖枝。新梢有主梢和夏梢之分。主梢由冬芽萌发，夏梢则由主梢上的夏芽当年抽生而成，到秋季即为一年生枝，冬剪时留作次年结果的一年生枝称为结果母蔓（枝）。着生结果母蔓的为侧蔓，着生侧蔓的为主蔓，着生主蔓的为主干。

新梢的生长最初是顶芽抽生枝条（称为单轴生长，即顶端向上）和节间的延伸而加长生长。形成层的不断分裂而使枝蔓逐年加粗。当新梢长到3～6节时，顶端的侧生长点抽出新梢，将顶芽挤向一边并代替顶芽向前延伸，这时顶芽就成为卷须（或花序），这种生长称为合轴生长。由于单轴与合轴交替生长，因而新梢上的卷须就呈现有规律的分布。

葡萄的新梢年生长量，在山东良好的自然条件下可达十余米。一般气温10℃时开始生长，直至秋季气温降至10℃时才停止生长。据观察，在山东济南地区从4月中旬至9月底，新梢的生长没有停止的现象，仅有生长速度快慢之分，5月中旬至6月中旬生长量最大，8月上旬次之，有时9月初还可有所增长，因此年周期内往往出现2～3个生长高峰。

（三）叶

葡萄的叶片互生，掌状。由叶柄和叶片组成，托叶在叶片展开后脱落。叶片多为5裂，但也有7裂、3裂和全缘类型。其形状可分为近圆形、卵圆形，扁圆形。叶柄与叶片相连接处为叶柄洼。叶的大小、形状、锯齿、缺刻的深浅、叶色（包括幼叶与秋叶色）、正反面绒毛等特征，则因种和品种而不同。同一新梢上不同节位的叶片，其大小、形状等都有所不同。一般生长初期和末期的叶片较小，缺刻浅，不规律，而中部叶片（7～12节）特征比较稳定，故多以中部叶片性状来识别与描述品种特性。

叶片是进行光合作用、呼吸作用和蒸腾作用的器官，是制造有机营养物质的重要场所。光合作用最适宜的温度为25℃左右，光合作用的效能随叶龄的增大而提高，叶片开始停止生长前到充分成熟时最高，以后则随叶片的衰老而减低。生长中的幼叶和衰老的叶片，其光合作用的产物还不能补偿其消耗，因此不同时期各节叶片的光合效能是不同的。据测定，初花期和幼果期4～8节上的叶片光合效能最高，而着色至采收期则以8～12节的光合效能最高。

自展叶后至不再继续增大时所需的天数（生长天数）和生长高峰，是按其着生节位而依次进行的。据观察第二叶的生长总天数为30 d左右，第一个生长高峰是在展叶后第四至六天，第二个生长高峰出现在第十至十二天后，其他各节叶片则依次向后顺延。当秋季气温降低到10℃时，叶绿素开始逐渐减少直至呈现秋叶色，同时叶柄产生离层而自然脱落。

三、花生长特性

（一）花的结构

葡萄的花序由花序梗、花序轴、枝梗、花梗和花蕾组成。花蕾着生在分枝顶端，整个花序属于复总状花序。每个花序上有200～2 000个花朵。花序以中部的花蕾成熟最早，基部（肩部）次之，穗尖最晚，故其开花的先后即由中部、基部、穗尖顺序开放。葡萄单个花比较小，由花萼、花冠、雄蕊、雌蕊和花梗五部分组成。萼片小而不显著，花冠5片呈冠状，包着整个花器。雌蕊有一个2心室的上位子房，每室各有2个胚珠，子房下有蜜腺，分泌香精油。雄蕊5～7个，由花丝和花药组成，排列于四周。葡萄的花分为两性花（完全花）和单性花（雌能花和雄能花）。

（二）开花及生长发育

一个花序总的开放时间一般需4～8 d，花开后2～4 d为开花盛期，遇雨或低温则有所延迟，一天中开放时间多集中在7:00～10:00。

单一花朵的开放速度与温、湿度有着密切的关系，据观察其最适温度为27.5 ℃，湿度为56%左右，当温度低于20 ℃或高于30 ℃时则极少开放或不开放。开花时因子房和雄蕊伸展的压力，花冠基部呈5裂，由下而上卷起呈帽状脱落，有时也出现花冠不脱落的闭花现象。

从开花始到开花终了称为开花期，盛花期一般在开花后2～4 d。当日平均气温达到20 ℃时，大多数品种开始开花，25～30 ℃时即大量开花，气温低于15 ℃则不能正常开花，低温、多雨或过分干旱等不良外界条件可产生大量落花落果，同时枝、叶的生长迅速，导致徒长，消耗大量营养物质。

花后3～5 d进入第一次落果期。如遇低温、多雨、干旱等不良外界条件，会加重落花落果现象。开花期间由于开花、花芽分化及枝、叶的生长等都消耗大量的营养物质，因此生殖生长与营养生长争夺养分极为激烈也是导致落果的原因之一。此期持续时间为7～12 d，这时必须及时绑蔓，控制副梢生长或摘除，以节约养分，改善通风透光条件。对某些落花落果严重的品种（如玫瑰香），可在花前3～5 d摘心，喷0.05%～0.1%硼砂或进行人工辅助授粉，提高坐果率，对保证当年的产量有一定的作用。对于果穗过紧的品种，尤其是酿酒葡萄，为了让果穗适当疏松，也可在此期间采取促进其落花落果的措施，以改善品质。

当果实长到2～4 mm时，部分果粒因营养不足而停止发育，产生第二次脱落（生理落果），留下的浆果便开始迅速生长。在此期间应加强树体管理，及时中耕除草和增施磷、钾肥，加强通风透光，适当控制枝蔓生长，注意病虫防治等工作。

卷须与花序在器官发生学上属于同源器官，都是茎的变态，卷须用于缠绕异物以固定枝蔓。当卷须缠绕他物时便迅速生长并木质化，反之则长期呈绿色而后干枯脱落。在生产上为了便于管理和节省养分，通常将它除去。

四、果实生长特性

（一）果实结构

葡萄花序的花，通过授粉、受精发育成浆果后即称为果穗。果穗由穗梗、穗轴和浆果等组成。葡萄的果实含有大量的水分，汁液特别多，故称为浆果，由果梗、果蒂、果皮、果肉、果心和种子组成，果梗与果肉相连的维管束形成果刷。

（二）果实发育

浆果的发育有两个明显的生长高峰，一般花后数天细胞停止分裂，体积迅速增大，即出现第一个生长高峰，持续1个月左右。经过一段缓慢生长后出现第二个生长高峰。在第二个生长高峰过后开始缓慢生长，浆果即开始变软并有弹性，叶绿素逐渐消失，胡萝卜素、叶黄素、花青素、含糖量等逐渐增加，含酸量、水分等逐渐减少，直至种子变硬且呈棕褐色，果穗梗木栓化即表示果实成熟。自浆果开始着色到生理成熟止，一般持续 20～40 d。

葡萄的种子具有坚实而厚的种皮，上有蜡质，胚乳为白色，由脂肪、蛋白质等组成，胚由胚芽、胚茎、胚根及子叶组成。种子的外形分腹面和背面，腹面有两道小沟，为缝合线，两侧凹下称为核洼，而背面中央有一个合点，种子的尖端部分称为喙。每粒果实含种子 1～4 粒。同一品种，浆果大而发育正常的种子数量较多，反之则少。无籽品种的浆果较小，而种子发育不充分（败育或退化所致）。

第四节　对环境条件的要求

葡萄植株的生命活动是长期受到环境条件综合因素影响的结果。因此了解环境条件与葡萄生长发育之间的关系，可为制订科学的管理措施提供依据，从而消除不利因素，充分利用和发挥有利因素，达到高效、高产、优质与树体强壮的目的。在自然条件中影响葡萄生长发育的最主要因素是气候条件和土壤条件。

一、土壤

土壤是葡萄根系生长发育的地方，也是提供植株生命活动所需水分、养分等的重要场所。葡萄的根系对土壤的适应性较强，除了严重的盐渍化、沼泽化的土壤外，在各种土壤上均能生长。但在同样的气候条件下，不同的土壤对其生长、结实、浆果品质及其加工后的质量均有不同的影响，有时差异甚为显著，因此正确选择和改良土壤具有重大的实践意义。

土壤酸碱度（pH）会影响葡萄的生长，pH 一般以 5～7 为宜，最为适宜的 pH 为 6～6.5。pH 低于 5 或高于 8，葡萄生长不良。不同种或品种对 pH 反应不一，例如，欧亚种东方品种群的龙眼、无核白、牛奶等在 pH 8～8.5 时，仍能适应，并具有经济栽培价值，而美洲种或欧美杂种的抗盐碱力较弱。

粗沙壤土和砾质壤土对葡萄比较适宜。沙地葡萄较其他土壤园片的葡萄早熟 5～10 d，具有色浓、味淡、粒小、皮厚的特点。当土壤中含有适量有机质时，其品质较好，色艳、糖高、酸度适中、涩淡、耐贮运。若腐殖质含量太高时，植株生长过旺，浆果品质较差，酿酒味淡、无香味、易混浊。当土壤碱性大时，往往酒的后味也带盐碱味。

土壤是一个极为复杂的因素，除它本身的结构、物理特性、化学特性和成土母质等因素外，还必须注意到外界环境条件和品种的生物学特性，只有将这些综合因子紧密结合起来，才能获得优质、高产的效果。因此建园时慎重选择土壤，并进行适当的改良有其重要的意义。

二、温度

葡萄植株只有在适宜的温度条件下才能顺利地通过各个发育阶段，进行正常的生长发育。通常植物在适宜的综合外界条件下引起植株萌芽的温度称为生物学零度。葡萄的生物学零度为 10 ℃。全年昼夜平均气温≥10 ℃的温度总和称为有效积温。不同成熟期的葡萄，其所要求的有效积温也有所不同，一般早熟品种需 2 500～2 900 ℃有效积温，中熟品种需 2 900～3 300 ℃，晚熟品种 3 300～3 700 ℃，极晚熟品种则要求 3 700 ℃以上的有效积温。用于酿造各种葡萄酒、制干或鲜食用的葡萄，为了获得高产、优质，对有效积温也有不同的要求。

葡萄植株在年周期发育过程中，由于气温的变化而对植株有不同的影响。当春季气温达到 6～10 ℃时，树液开始流动，芽和根开始活动；10 ℃时芽即萌发，抽生幼梢；随着气温的上升幼梢迅速生长而且抽出花序，接着进行开花、结实等一系列生命活动；当气温逐渐下降，植株各部分组织的活

动也随之逐渐减慢；而后进入休眠阶段，若气温下降迅速或提早来到，则叶片、未成熟的枝条往往被冻坏甚至死亡。在正常情况下，植株进入休眠期后，一般一年生成熟枝、芽眼能耐－15 ℃，老蔓可达－20 ℃，山葡萄则可达－40 ℃，但根系一般只能耐－5 ℃左右的低温，山葡萄的根也只能耐－9 ℃。因此栽培区的气温低于－15 ℃、土温低于－5 ℃即应设法进行埋土防寒。

三、湿度

葡萄虽然是抗旱能力较强的果树，但为了保证树体健壮、高产、优质就必须要有其适量的水分供应。一年中降水量的分布情况是一个值得注意的问题，例如春季降水量虽小，但冬季积雪多或降水量较大，则有利其萌芽、幼梢生长和花芽再分化等；反之冬季降水量少，而春季阴雨连绵（虽然冬、春降水量相似），则对植株生长发育是十分不利的。浆果成熟期降水量过多则品质低下而且病虫害也易成灾。因此根据当地的降水量与分布情况，选择适宜的品种极为重要。一般认为用于香槟酒和普通葡萄酒原料的葡萄年降水量在 400～1 200 mm；酿制餐后葡萄酒的葡萄则为 300～600 mm，而且秋季降水量宜少；鲜食葡萄为 200～700 mm，8～10 月降水宜少；制干葡萄为 200～500 mm，成熟期不降水为宜。

葡萄的生长需要一定的水分供应和合理的水分分布，适宜的空气湿度和土壤含水量有利于糖分积累和浆果成熟。葡萄喜欢较干燥的大气湿度，一般保持 60%～80%为宜。空气湿度过大，整个生长季节都会招致真菌病害的侵袭；空气相对湿度若低于 30%，新梢即停止生长，葡萄成熟期间以 30%～40%为宜。土壤湿度，在生长季节应保持土壤含水量的 40%～60%为宜，因此干旱地区或季节应进行灌溉，但在多雨地区或涝洼地则应适时排水，以利植株生长发育。

总之，温度和水分对浆果品质、产量与成分等均有很大影响，它对确定产品的用途起到相当重要的作用。苏联谢良尼诺夫提出水热系数的理论，即：

$$K=\frac{P\times 10}{\sum t}$$

式中，K——水热系数；

P——该时期的降水量；

$\sum t$——同一时期的 10 ℃以上的全值温度总和。

经达维塔雅广泛的研究，认为新梢生长旺盛期 K 值<0.5 时营养生长停止，必须灌溉；收获前一个月 K 值<1.5 的地区是世界上葡萄酒名产区；若 K 值<2.5 时只能生产中等以下的酒。因此，葡萄采收前一个月的降水量不宜过多，最好不超过 50 mm，否则容易感病，葡萄的风味变淡。众多的研究结果也表明，在葡萄成熟期适当的水分胁迫有利于提高葡萄酒的感官品质。

四、光照

葡萄是喜光植物，在光照充足的条件下，植株生长健壮，叶片厚而绿，光合效能高，制造的有机营养物质多，花芽分化好、产量高、品质优。但不同种群、品种对光的要求有所差异，一般欧亚种群比北美种群要求更高的光照条件，另外不同物候期，植株各器官对光的要求也有所不同，如开花期遇阴天、低温或花序处于阴暗条件下，则落花严重，甚至不能受精、结实，枝叶纤细而发黄。浆果成熟期光照不足时，浆果不仅酸高、糖低、品质次，而且易感病、风味不良，无法成为酿酒和其他加工品的好原料，故该期光照状况对浆果品质有很大的影响。我国各地的光照条件基本上能满足葡萄的需要，但不同地区因日照时数的多寡对葡萄浆果的质量也有一定影响。

从生产实践中可以看到山地栽植的葡萄品质显著优于平地。除山地排水畅通、土壤通气性良好外，山地光照充足，坡地反光能力强是个重要原因。因此，不能把葡萄栽在树荫和其他背阴的地方，棚架架面不能太矮，枝叶不能留得过密，以免影响采光。

另外，风、雪、霜、雹等气候因素和海拔高度、坡向、坡度、水面、小地形等对葡萄植株的生长发育、产量与产品等均有一定的影响，都应给予充分地注意，以便能生产出更优质的葡萄。

第五节 建园和栽植

一、建园

（一）土壤

土壤条件对鲜食葡萄和酿酒葡萄都有较大影响，例如，在发育不完全的石灰岩或心土含有碳酸盐的土壤条件下，可得到很好的起泡葡萄酒原料；在森林灰化土上种植小白玫瑰，可酿制较好的餐用葡萄酒；在大量石灰质的碳酸盐土和腐殖质碳酸盐土壤上，可获得品质最优的黑品诺葡萄浆果。因此，必须根据建园目的、品种和其他要求，对土壤进行慎重选用。

（二）地势

山地葡萄园光照充足，空气流通，昼夜温差大，随海拔的升高紫外线光波增加，对提高浆果品质有良好作用，是生产葡萄酒优等原料和耐贮运葡萄的好地方。但是山地由于土层薄，地下水位低，易干旱，根系分布浅，土壤易流失等原因，植株生长较弱，产量较低。因此，在山地建园时要注意水土保持，坡度超过10°以上要修梯田，并采取深耕深刨、加厚土层、增施有机肥料、改良土壤、适当密植等措施，以提高葡萄产量。

坡度在5°以下的称为平地，土层、水分等条件均较山地为好，树体大、寿命长、产量高，适宜机械化作业，交通运输方便。但是光照、通风、排水等不如山地好，果实色、香、味和耐贮性较差。在平地因坡度和地形的差异又有缓坡地、低洼地、河滩地之分。以缓坡地带建葡萄园为好，因为它排水良好、空气畅通、病虫危害轻，葡萄浆果品质优良；低洼地则相反；沙滩地昼夜温差较大，土壤较瘠薄，保水保肥力差，适当加以改造就可成为良好的葡萄园。

丘陵介于山地与平地之间，地势起伏较大，土层深浅和地下水的分布很不一致。在建园时应注意选择适宜的坡向、坡度等。

（三）园地规划设计

1. 栽植区的大小 栽植区大小应根据葡萄园具体条件而定。在平地建园，机械化程度较高，栽植区以6.7～10.0 hm² 为一区，长方形为好，行长50～70 m，行间作业道宽2 m左右，这样有利于施肥、喷药、采收及其他田间管理等工作。风沙大的沙滩，面积不宜过大，一般2 hm² 左右为一小区，并建立完整的防风林带。在山坡或丘陵地带建园，要重视水土保持，依地形、地势划分不同面积的栽植区，采用等高或梯田种植，注意充分利用石坡、小河、山谷等非耕地。在低洼、盐碱地，注意土壤改良和建立完好的排灌系统后再建园。

2. 葡萄园的道路规划 既要有利于交通运输又要充分利用土地。道路的宽窄与多少则根据面积的大小而定。一般大型葡萄园的主道宽7～8 m，贯穿全园，分区设立支道，宽4～6 m。道路两旁可设棚架或高立架，区的作业道以2 m为宜。区的两端应留3～4 m的空隙（可与支道结合），以利机械操作。山地葡萄园的主道可适当小些，修成迂回的盘山道，以减小坡度和防止冲刷。全园道路所占的面积，一般不超过总面积的5%。

3. 品种选择 葡萄品种选用要考虑当地的气候条件，因为不同品种要求的有效积温不一样，不同用途的葡萄对生态条件也有特定要求。建园时应注意选择最适合当地生长的优良品种，某些地区还应选择适合的砧木品种（如抗寒、抗湿、抗根瘤蚜等）。鲜食葡萄按早、中、晚熟合理安排，品种不宜过多。加工品种必须考虑用途，如酿酒、制汁、制干或制罐头等。

(四) 整地和改土

定植前深翻 40 cm 左右，清除其他杂物，按栽植区整平，以改良土壤的理化性能，创造有利于微生物活动和根系生长的良好条件，栽植后可以提高成活率，促使植株生长健旺、早结果，增强抵抗不良环境条件的能力。对于不适于葡萄生长发育的土壤可以进行改良，例如，在沙滩葡萄园整地时结合客土，可收到良好效果。

二、栽植

一般依据行向挖定植沟，深、宽不少于 60 cm，把表土与底土分别存放，挖好后先在沟底撒上一层切细的玉米秸或麦秸、高粱秆、杂草、绿肥等有机物，与土混合，厚 10～15 cm，再填入表土 10～15 cm，以及有机肥如圈肥、堆肥、绿肥等混合物，最后填入底土，与地面平，浇透水，次年春按株距定植。如株、行距较大，土壤条件差，劳力不足时，可挖定植穴，穴的深、宽最少为 60 cm，具体操作方法与挖栽植沟相同。

(一) 栽植方式和密度

棚架、土壤肥沃、生长势旺、需要埋土防寒的品种和机械化程度较高的葡萄园，行距不少于 4 m，株距 1～2 m 为宜；立架、土壤瘠薄、生长势弱的品种或不需埋土防寒的条件下，株行距可密些。随着葡萄园机械化的发展，行距应适于机械操作，一般使用 12 马力的拖拉机时，行距在 2.0～2.5 m，使用 25 马力的拖拉机的行距为 2.5～3.0 m，使用手扶拖拉机的行距 2.0 m 左右即可。另外，寒冷地区或南方多雨、地下水位高时，行距应适当加宽至 3～4 m。株距因品种、土壤、肥水条件而定。直立性较强、生长势较弱的品种，株距可在 1.5 m 以内，生长势较旺的品种，株距可在 2～2.5 m。一般立架随行距的加大而增高架面，以充分利用空间。目前生产上常用的株行距，立架多为（1.5～2.0）m×（1.5～3.0）m，棚架多为（1.5～3.0）m×（4.0～6.0）m。由于株行距的不同，每 667 m^2 栽植的株数可按如下公式计算：

$$每\ 667\ m^2\ 株数=\frac{667}{株距\times行距}$$

(二) 栽植时期与方法

自当年的秋季（11 月下旬）到次年春季（4 月下旬），只要土壤不封冻均可进行葡萄苗木的定植，但以早春定植为好。此外，应用温室、温床、阳畦等育苗，夏季绿苗移栽效果也很好，成活率在 80%以上，苗高 1.5 m 左右。因此，定植时间可根据其育苗方式和劳力情况调节确定。

栽植前将合格的苗木用清水浸泡 1 d 左右，地上部用 5 波美度石灰硫黄合剂或 0.1%～0.3%的五氯酚钠消毒，如定植时根部蘸泥浆水（1 份黏土加 1 份鲜牛粪和适量的水调成浆状），有利于根系与土壤密接，提高成活率。一般苗木按原来苗床种植时深度栽植；单芽苗适当深栽，以增加根量，提高抗旱、抗寒能力；嫁接苗接口略高于地面，以免接穗生根，减弱砧木的作用。栽植时根系应自然伸展，分布均匀，当土填至 1/2 时轻轻提苗、抖动，使根系与土壤密接，再填土与地面平并踩实，浇透水，插好标记，待水渗完后再覆 20～30 cm 土。如果应用当年生的绿苗移栽定植时，应带土团，以保证根系完整。应用插条直插定植，插条的顶部芽与地面平，插条超过 30 cm 时斜插，插后浇透水，并覆土 20 cm。

(三) 栽后管理

定植后要做好保墒工作，以保持适宜的温度和湿度。若早春浇水过多，易降低土温，不利于生根和发芽。如土壤干燥必须灌溉时，应在栽植沟的一侧开沟灌溉，使水渗入土堆内，浇完后立即平沟，以利保温保湿。当气温达 25 ℃以上时在土堆的一侧扒开（切勿将芽碰掉或暴露在外），并在其上覆 3～5 cm 厚的细土，以后新梢即可自然破土而出。当前有些地方应用地膜覆盖，因此覆土可薄些或不覆土，待发芽后划破薄膜即可。新梢长至 30 cm 时进行支架，以利于通风透光，促使植株生长健壮，减少病虫危害。此外，应及时追肥、喷药、中耕除草等。

（四）支架与架材

1. 支架 葡萄园的支架大体上分为篱架（立架）和棚架两大类。

（1）篱架。篱架是当前大型葡萄园普遍采用的架式。架面与地面成垂直形，故也称立架。这种架式通风透光好，管理方便，适于密植和机械化操作，行内每隔 6～8 m 立一支柱，架高多为 1.5～2.0 m。行的两头可设坠石或撑柱加固。支柱上拉铁丝，第一道铁丝距地面 40～50 cm，以后每隔 30～40 cm 拉一道铁丝。有些地方在一行葡萄上设 2～3 个架面，成为双立架或三立架。

（2）棚架。棚架按其架面大小，分大棚架（6 m 以上）和小棚架（6 m 以内）两种。按架面与地面所呈角度分为水平棚架（架面与地面平行）和倾斜棚架（架面与地面呈一角度）。

① 水平棚架。适于庭院、水渠、大道两侧。架面高 1.8 m 以上，柱间距 4.0 m 左右，用同等高度的支柱搭成一个水平架面，每隔 50 cm 左右拉铁丝成为方格。

② 倾斜棚架。适于山地葡萄园，架的后部（近植株处）高 60～90 cm，前部高 2 m 左右，在山地可顺坡向上架设支柱，一般每隔 2.0～3.0 m 立一支柱，上设横梁，架面隔 50 cm 设一道铁丝。它适于生长势特别旺盛的品种，同时也可充分利用荒地，扩大结果面积。

另外还有一些变形棚架，如漏斗式（花盆架）、屋脊式、棚立架等。

2. 架材

（1）架材类型。葡萄园的架材主要是支柱和铁丝，支柱可用木柱、水泥柱、石柱和活木桩等。

① 木柱。选长 2.0～2.5 m，直径 10 cm 左右的硬质木材，如栎、桑、刺槐或杉、松作为木柱。使用时应先干燥，并在下端蘸热沥青或用 2%～6%硫酸铜浸泡 7～20 d。杉干经沥青处理后可用 8～10 年。

② 水泥柱。根据柱形长短规格设计模具，用 6～8 mm 的钢筋作为骨架，按水泥 1 份、粗沙 2 份、直径 2～4 cm 的石子 4 份填铸。一般每 100 kg 水泥可制作 8～10 根高 2.5 m、厚和宽各为 12～15 cm 的水泥柱。每根水泥柱用钢筋 2～3 kg。

③ 石柱。有些山区葡萄园就地取材，采用石柱，柱高 2.0～2.5 m，粗 7～10 cm。

④ 活木桩。用高 1.5 m、粗 5 cm 的速生树种，如白杨、柳、苦檬等作为活木桩，建园时按一定距离栽好，栽时前后行的排列要互相错开，以免影响光照。当株高 2.0 m、粗 8～10 cm 时砍去顶部，经常切除表层根及其根蘖，使植株仅能维持生命而不继续生长，起到支柱的作用。这种活支柱在行头使用效果最好，但行间使用如控制不当，则造成郁闭或死亡，起不到应有的作用。

（2）架材用量。葡萄园架材用量，因架式、行距、行长、架高、柱距不同有差异，一般可按下式计算：

① 支柱用量。先求出单位面积的行数。

$$\text{行数}=\frac{\text{面积}}{\text{行距}\times\text{行长}}$$

再求单位面积所需的支柱数。

$$\text{支柱数}=\frac{\text{面积}}{\text{行距}\times\text{行长}}+\text{行数}$$

例如：行距 2.0 m，行长 60 m，柱距 8.0 m，每 667 m^2 所需支柱数目为

$$\frac{677}{2\times60}=5.6\text{（行）}$$

$$\frac{677}{2\times8}+5.6\approx42.3+5.6\approx47$$

每 667 m^2 需用支柱数 47 根。

② 铁丝用量。

$$\text{铁丝总长度}=\text{行长}\times\text{每行拉铁丝道数}\times\text{行数}$$

例如：行长 60 m，行距 2 m，架高 1.5 m，拉三道铁丝，每 667 m^2 需用铁丝数为：

$$60\times3\times5.6=1\,008\ (\text{m})$$

12# 铁丝每 20 m 重 1 kg，每 667 m^2 约 50 kg。

此外还需要 8♯铁丝（用来拉坠线或横线），每 667 m^2 需 2 kg 左右，顶柱、坠石等物可按行数的多少来计算。

第六节　土肥水管理

一、土壤管理

土壤是葡萄生长发育的基础，为葡萄的生命活动提供必要的水分和营养，因此，土壤的结构及其理化特性与葡萄的生产有着密切关系。土壤状况在很大程度上决定了葡萄生产的性质、植株的寿命、果实的产量和质量以及葡萄酒的质量与风格。

葡萄园土壤管理的目的就是通过对土壤水分、养分和物理化学特性的调节，为葡萄的生长发育和栽培管理提供良好的条件。

（一）扩穴

葡萄种植以后，应在栽植沟的两侧，按原沟的边界和深度继续向外扩穴改土，篱架可用 1～2 年的时间（第一年扩左边，第二年扩右边）。也可在行间中部开沟，宽度在 0.5 m 左右，并要隔一行扩一行，下年再扩另一行。棚架可沿原来的栽植沟按枝蔓爬向，逐年向前开沟，换土施肥，直到扩遍全园。也可在架下每隔 1 m 挖一道长 2 m、宽 0.5 m 的纵向沟（与枝蔓爬向平行的沟），第二、三年再在空处开沟，开沟后都要换土施基肥。每隔 5～6 年扩一遍利于更新根系。

扩穴时间应在采收后至土地上冻前进行，注意操作过程中不要损伤较粗的根和避免根系在外暴露太久，最好当天扩穴当天填土，并结合施基肥灌一遍透水。

（二）压土

群众经验称“压一层土等于施一遍肥”。压土可加厚土层，增加土壤内的养分，也增强了保肥、蓄水的能力，对栽植在瘠薄的山地、海滩和荒沙地的葡萄，效果尤为明显。

（三）翻耕

翻耕，尤其是深翻结合施有机肥，不仅能加深耕作层，对熟化土层、改良土壤有良好作用，还可将杂草种子、病菌、虫卵等翻至下层，减少危害。

翻耕应在秋季葡萄采收以后到寒冷天气来临以前进行。翻耕深度应根据土壤和气候条件而定，在北方地区，或黏重、土层浅、湿润的土壤，翻耕深度为 10～15 cm；在南方地区，或沙质、土层深、透性强的土壤，翻耕深度为 18～20 cm。如进行深翻，一般距植株 40～50 cm 挖深沟，幼龄葡萄园沟深 30～40 cm，成龄葡萄园沟深 40～60 cm、宽 40～70 cm，隔一行翻一行，全园可分数年完成。深翻结合施基肥，能起到定期更新根系和保持根系具有最大吸收能力的作用。翻耕也可与培土结合，在湿润地区，行间翻耕的同时向两边植株培土，行间形成垄沟，有利于排水。在北方半埋土区进行培土可保护植株冬季不受冻害。

（四）其他措施

1. 中耕　中耕可以防止杂草滋生和有害盐类含量上升，保持土壤水分与养分，改善通气条件，促进微生物活动，增加有效营养物质和减少病虫蔓延等。葡萄园的中耕多在生长季节即 5～9 月进行，特别是杂草滋生、浆果开始成熟期间更为重要。行间中耕可以人工进行，也可应用机械中耕。中耕深度在 10 cm 左右，全年 4～8 次。胶东沿海地区的部分葡萄园，为了提高浆果品质和减轻病害的蔓延，从浆果始熟期开始每隔 5～7 d 中耕一次，全年中耕可达 10 次以上。

2. 除草　清除杂草能减少土壤肥力消耗，改善通风透光条件，减少病虫危害。可以采用人工除草、机械中耕除草，也可以用除草剂除草。葡萄园常用的除草剂有五氯酚钠、茅草枯和扑草净等。喷阿特拉津和 2,4 - D，极易对葡萄植株产生药害，应当谨慎施用。

除草剂的类型不同，效果也不一致，扑草净等广谱性除草剂效果较好，茅草枯对单子叶杂草效果较好，五氯酚钠可直接杀伤杂草，同时还可起到地面杀菌消毒的作用；矮壮素、青鲜素生长延缓剂无杀灭杂草的作用，但喷后可大大减缓生长，适于需要长草的地带使用。除草剂的用量，随草龄的增长而增加，如扑草净幼苗期（1～3 叶）每 667 m^2 用量为 150 g，生长期（苗高 20～30 cm）每 667 m^2 用量为 300 g，结籽期每 667 m^2 用量为 600 g 左右。为了提高药效、降低费用、扩大杀菌范围和增加安全性，可数种除草剂混合使用，如把残效期长与残效期短的相混合，移动性大的与移动性小的相混合，内吸型与触杀型的相混合，药效快与药效慢的相混合，对双子叶杀伤力强的与对单子叶杀伤力强的相混合等。

3. 覆盖

（1）覆膜。多在定植时使用。地膜覆盖可以防止水分蒸发和土壤干燥，保持根系部分较高的温度，有利于根系和新梢的生长，提高成活率，使植株生长健壮、提早结果。在黏重、潮湿的土壤上进行地膜覆盖，因为容易造成无氧条件，应慎用。

（2）覆草。在杂草盛长期用作物秸秆（包括豆秆、麦秸、稻草以及其他绿肥秸秆等）在葡萄植株的行间进行覆盖，深度 10 cm 以上，可抑制杂草生长，防止水分蒸发，减少土壤淋失，在盐渍地还可起到抑盐作用。一般在夏季进行。

4. 生草 葡萄园生草栽培明显优于我国传统沿用的清耕管理技术。现在世界上许多国家和地区已广泛采用葡萄园生草栽培，我国只有极少数葡萄园实行生草制。葡萄园生草制是指在葡萄园行间或全园长期种植多年生植物作为覆盖作物的一种土壤管理办法。葡萄园生草可以改良土壤结构，提高土壤有机质含量，防止水土流失，保肥、保水、抗旱，改善葡萄园生态环境，提高果品质量，减少葡萄园管理用工，便于机械化作业。葡萄园生草，可以种植一种草，也可两种草混种。国外许多果园普遍把三叶草和草地早熟禾或多年生黑麦草混种，以提高群体适应性、抗逆性和互作性，效果良好。

5. 间作 葡萄园间作，选择根系浅、枝干矮、生长期短和晚秋需水少的作物为宜。幼年葡萄园最好选种豆科、薯类、瓜类作物间作；成年葡萄园或沙滩、盐碱地以种绿肥作物如苕子、绿豆等为宜，以增加有机物含量，改良土壤结构，提高土壤肥力。

二、施肥管理

（一）基肥

多以有机肥为主，有时配合适量化肥，在土壤盐碱化地区还应加入适量硫酸亚铁，使之在较长时间内不断地供给葡萄植株所需要的营养物质。基肥多在采收后土壤封冻前施入，以利于肥料的分解、根系伤口的愈合和尽早恢复吸收养分的能力，从而增加树体内细胞液浓度，提高抗旱、抗寒能力，为第二年春季根系活动、花芽继续分化和生长提供有利条件。如果早春伤流后再施基肥，由于根系易受伤，且不易愈合，会影响当年养分与水分的供应，造成发芽不整齐、花序小和新梢生长弱等不良现象，往往需要经过 1～2 年才能恢复，所以应尽量避免。如果是晚春施肥，则应浅施或撒施。基肥以每隔 2～3 年，结合行间深翻，采用隔行轮换的办法集中施用（每 667 m^2 施 5 000 kg 左右）为好，这样对根系的更新、扩大吸收面积、改良土壤的理化性状均起到良好作用。

（二）追肥

1. 根部追肥 多以速效肥为主，一般在离植株 40～50 cm 的地区开浅沟或穴施，施肥后立即覆土。氮肥应浅施，磷、钾肥应深施。追肥后立即浇水。如果追施液体肥最好在植株周围挖一个深20～30 cm、宽 10 cm 的穴，将液肥施入穴内，待渗完后即覆土。根部追肥可以提高产量和品质，但不同肥料种类其作用亦不同。

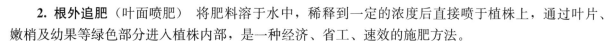

2. 根外追肥（叶面喷肥） 将肥料溶于水中，稀释到一定的浓度后直接喷于植株上，通过叶片、嫩梢及幼果等绿色部分进入植株内部，是一种经济、省工、速效的施肥方法。

适于根外追肥的肥料种类很多，一般化肥（如尿素、过磷酸钙、磷酸二氢钾、复合肥料等）和某些微量元素（如硼砂、硫酸锌、硫酸镉）等均可使用。浓度可为0.3%～0.05%，大面积喷布之前最好先小面积试喷，以防肥害发生。利用农家肥料如草木灰、家禽粪、人尿等经浸泡和稀释后再行喷布具有良好效果。

3. 追肥时期 成年葡萄园一般在萌芽前后、花前和浆果生长期追施。萌芽前后这一期间，芽萌发、花序继续分化、枝叶迅速生长都需要大量营养物质，特别是氮素肥料。于发芽前追施适量人粪尿或速效氮肥，可满足早期植株生长发育的需要。花前追肥可保证开花、授粉受精和花芽分化的顺利进行，对某些坐果率低的品种（如玫瑰香），在花前3～5 d喷0.3%的硼肥可以显著提高坐果率。浆果生长期追肥可促进果实膨大、种子生长和发育、增加叶片光合效能、促进枝条生长。一般花后10～15 d追施一次氮、磷肥，以后每隔15～20 d追施一次磷、钾肥及微量元素肥为好。

三、水分管理

葡萄虽属抗旱果树，但适时适量地浇水还是必要的，特别是对那些保水力差的沙滩地显得尤为重要。一般年降水量在400～600 mm的地区，基本可满足葡萄生长所需要的水分，但由于大部分雨水集中在7～8月，而春、秋两季常发生干旱，因而就必须进行灌水给以补充。

（一）灌水的时期和作用

一般葡萄园的灌溉可分下列几个时期：

1. 发芽前后 指植株开始伤流到新梢开始生长这段时间。在出土后灌1～2次大水（结合施肥），灌后加强保墒，保证植株有足够的水分，对葡萄全年的生长与结实有很重要的作用。

2. 花前 在正常情况下，花前10 d左右灌1次水，可以满足新梢和花序生长的需要，同时也为开花创造有利条件。通常花期是不灌溉的，但在旱年或土壤保水力差（沙滩）等条件下，开花初期灌1次小水，以提高土壤和空气的湿度，有利于授粉受精。但是土壤湿度过大，易引起枝叶徒长，导致落花落果，故花期灌溉应视具体情况而定。

3. 花后 花后1周幼果开始膨大，新梢生长旺盛，这时气温不断升高，叶片的蒸发量越来越大，植株消耗的水分不断增加，华北地区在此期间正值旱季，因此，花后10～15 d应灌1次水。

4. 浆果生长至成熟期 浆果生长期间，充足的水分可以增大果粒体积，提高产量。但如果浆果成熟时，特别是采收前水分过多，则会延迟浆果成熟并影响果实色、香、味，降低其品质，严重时（特别在前期干旱条件下）则易产生裂果和加剧病害的蔓延。因此，果实成熟期间应注意合理调节水分，保持土壤适宜湿度。

5. 采收后 通常在采收后，结合施基肥进行灌溉。另外，在冬、春干旱的地区，应重视灌封冻水，以减少冻害和干旱的危害。但在土壤黏重、地下水位高的地方，可少灌溉或不灌，以免湿度过大致使芽眼腐烂。葡萄园周年灌溉的次数通常为4～7次，有些地方可达15次以上。各地应根据具体条件灵活确定灌溉次数。从萌发到浆果始熟期，不同灌溉次数对产量与品质会有不同的影响。灌溉对增产有着良好的作用，但灌溉次数过多则降低果实品质。

（二）灌水的数量和方法

1. 灌溉量 一般沙地宜少量而多次；盐碱地应注意灌溉后渗水深度，最好与地下水层相隔1 m左右，不可与其相接，以防返碱。春季灌溉量宜大，次数宜少，以免降低土温影响根系生长；夏季则相反；冬季灌水量宜大，但黏重或低洼地不宜过大，灌溉后通常以土壤湿透50～80 cm为宜。一般前期（萌芽—浆果生长期）田间持水量以60%～80%为宜，后期（浆果成熟期）以50%～60%为宜。

2. 灌溉方法

(1) 地面灌溉。可漫灌（畦灌），即在葡萄行的中间做一高 15～20 cm 的畦埂，隔一定距离做一横埂，全园漫灌。也可沟灌，即在葡萄行间每隔 1 m 左右开一条深、宽各 20～30 cm 的沟，水顺沟而流，并在一定距离加一土埂，待水全部渗入土壤后即行覆土，以保持水分。或者进行穴灌，多用于干旱地区或幼龄葡萄园，每株周围挖穴数个或在植株四周挖沟而后挑水灌溉。

(2) 喷灌。目前常用的设施有管道喷灌机和移动式喷灌机两种。葡萄园多用管道喷灌机，把水喷到空中形成细小的雾滴进行喷灌，有时也可结合根外追肥、喷药进行喷雾，这种方法较地面灌水有省工、保土、保肥、防霜、防热等优势，较常规灌水节约用水 60%左右，还可减少渠道用地。山地或地势不平整的葡萄园采用这种方法效果最为理想。但喷灌加大了空气湿度，可造成病菌的蔓延，故应控制喷灌次数，以调节空气湿度。

(3) 滴灌。一般可分为地下与地上两种。地下滴灌是将多孔管道埋于地下，水从管道中渗出湿润土壤，这种方法可大量节约用水。地面滴灌是利用插入土中、放在地面或引缚于葡萄架上的滴头，将水一滴滴注入土中，从而达到灌溉的目的。滴灌比喷灌还节约用水，对保肥、保土、防病等有良好作用。

完整的葡萄滴灌体系由水源工程和滴管系统组成。水源工程包括小水库、池塘、抽水站、蓄水池等；滴管系统即把灌溉水从水源输送到葡萄根部的全部设备，包括抽水装置、肥料注入器、过滤器、流量调节阀、水表及管道系统等。

管道系统由干管、支管和毛管组成。干管直径有 65 mm、80 mm、100 mm；支管有 20 mm、25 mm、32 mm、40 mm、50 mm；毛管有 10 mm、12 mm、15 mm 等几种规格。干管和支管应根据葡萄园地形、地势和水源情况布置。丘陵地区，干管应在较高部位沿等高线铺设，支管则垂直于等高线向毛管配水；平地葡萄园，干管应铺在园地中部，干管和支管尽量双向连接下一级管道。毛管顺行沿树干铺设，长度控制在 80～120 m。

滴头是滴管系统的关键，目前普遍应用的类型是微管滴头，内径有 0.95 mm、1.2 mm 和 1.5 mm 等 3 种。微管接头的安装，需先按设计在毛管上打一孔，将微管一端插入孔内，然后环毛管绕结后引出埋入地下，埋深 20 cm。滴头应安装在葡萄主干周围，数量根据株行距而定，如株行距 1.5 m×2 m，每株可安装 2～3 个微管滴头。

(三) 排涝

土壤水分过多时，在葡萄生长季节易引起枝蔓徒长，降低果实品质，严重时抑制根系呼吸甚至导致细根死亡，长期积水可使全株死亡。在地下水位高、地势低洼、不易排水的地方更应重视排水工作。因此，在设计葡萄园时，应仔细考虑排水问题。一般排水沟可与道路或防风林带相结合。排水与蓄水必须相互结合，以便在缺水季节用来灌溉，达到"遇旱有水，遇涝能排"的目的。

目前，葡萄园排水多采用挖沟排水法，即在葡萄园修建由支沟、干沟、总排水沟贯通构成的排水网络，并经常保持沟内通畅，一遇积水则能尽快排出葡萄园。我国福建、湖南、浙江、云南等葡萄产区，采用在水田中建高垄，垄上栽上葡萄，垄间设置排水沟的方法，排水效果也很好。个别地区在葡萄园地下埋设有孔管道，实行暗管排水，效果很好，但投资较高。

第七节　花果管理

一、作用与意义

鲜食葡萄的外观品质对其商业价值具有重要作用，生产中存在的同一品种穗形大小不一，果粒着色有浓有淡，疏密不均、大小不匀，风味也不一致，对葡萄的经济效益造成了严重的影响。酿酒葡萄果穗大小、多少及其松散度也影响着果实的内在品质和健康状况，进而决定葡萄酒的品质。因此，对葡萄花果管理不当，将会对葡萄产业的良性发展十分不利。

葡萄的外观品质主要包括果穗形状与大小、果粒大小与整齐度、果实着色、果面光洁度等用肉眼看得见的特征。而这些外观品质的提高主要是通过花果管理来实现。这些措施的合理实施，不仅能够有效地改善葡萄果实的外观品质，同时也能通过果穗修整改善其内部微域环境，进而提高果实的风味及其他内在品质，如通过拉长果穗、疏果粒等加大果穗松散度，对提高酿酒葡萄加工品质具有良好的作用。葡萄花果管理已成为葡萄生产中的一个重要环节。

二、品质指标

鲜食葡萄的外观品质非常重要，优良的外观穗形品质特征主要有果梗较长，以果穗长的1/3～1/4为宜；果穗呈圆锥形或长圆锥形，如有歧肩、不宜过大；果穗形状端正，大小一致，整穗上下一致，均称，穗尖长度不超过穗长1/3～1/4为宜；果穗疏密得当，无挤压变形果粒，果粒大小均匀、着色一致，具有本品种的固有特征。除了良好的外观品质，内在品质及风味也很重要，特别是加工品种(如酿酒葡萄)，其含糖量、含酸量、单宁含量、色素含量、芳香物质含量等及各成分之间的比例关系，直接决定所加工产品的质量。

三、管理措施

为获得外观及内在品质优良的果实，对花果的修整管理主要有以下措施：

(一) 拉长果穗

通常使用拉长剂来拉长果穗穗轴，使果粒着生疏松，便于果穗整形和进行疏果，同时利于改善果穗内部微域环境，提高果实品质，便于防治病虫害。可采用浸蘸法和喷雾法，在开花前10～15 d，用拉长剂（如赤霉素）处理花穗，使用浓度为25～50 mg/L为宜。以在晴天的9:00前、16:00后，或在阴天时进行，严禁在晴天中午施用，以防药液浓缩产生药害。处理时要细致周到，不重复浸蘸果穗。拉长果穗主要适用于坐果率较高的品种。

(二) 掐歧肩

在花序分离期，及时将歧肩副穗掐除，有利于果穗美观、端正，发育平衡。

(三) 掐穗尖

对坐果率低的品种，在开花前进行；对坐果率高的品种，在开花后进行。掐除程度为穗尖的1/5～1/4，以使果穗紧凑。

(四) 疏除果穗基部副穗

对果柄短的品种疏除基部2～3层副穗，可以使果穗形成长果梗穗型。通过掐穗尖和去基部的副穗，使果穗保持一定长度，以20～22 cm为宜。

(五) 疏果粒

使用拉长剂或疏除基部的副穗后果穗仍很拥挤的，可通过“隔二去一”的方法疏除内部小穗（即每隔2个小穗去掉1个小穗的方法），以达到疏间果粒的目的。也可采用在开花适宜时期进行试剂处理促进部分花果脱落的方法进行化学疏粒。

(六) 掐小穗尖

果穗长成后，其宽度不超过15 cm为宜，因此，应及时将过长过宽的副穗尖掐掉。

(七) 拿穗和顺穗

果实坐果后，及时将夹在铁丝间、枝叶间、枝蔓间的果穗理顺，使之呈自然下垂状态，以便套袋。同时抖落内部不理想的果粒，并使果穗间交叉的、不理顺的小穗轴均呈自由下垂状态。

(八) 果穗套袋

葡萄果穗套袋能有效防止黑痘病、白粉病、炭疽病、裂果和日灼的发生，同时减少鸟、蜂、蚁、吸果蛾等对果粒的危害，且无粉尘和农药污染，且光滑，果粉浓，可显著提高果实品质、产量和市场售价。

1. 果袋的准备 葡萄套袋应根据品种及各地区气候条件的不同，选择适宜的果袋种类。巨峰和无核白鸡心葡萄以选用国产纯白色的聚乙烯优质袋为宜，不可使用其他塑膜袋和自制报纸袋。

2. 套袋前副梢处理 开花期将花序以下的副梢全部抹除，花序以上的副梢留 2 片叶摘心，先端副梢留 4～5 片叶摘心。

3. 套袋前花果管理 棚架栽培的葡萄，结果枝常出现朝天穗、架上穗和枝夹穗，应及早将花序理顺到架下，使其自然下垂，便于套袋。根据树体负载量合理留花序，疏除结果枝弱小和过多的花序，每个结果枝新梢留 1 个花序为宜。掐除花序上的副穗，掐去穗尖 1/5 ～1/4，在落花后 15～20 d、果粒黄豆粒大小时，将小粒、畸形粒、密集粒疏除。

4. 套袋前的病虫害防治 疏粒整形后，依据各地发生的病虫害种类喷施适宜的杀菌剂和杀虫剂，降低在套袋时发生病虫害的风险。

5. 套袋 于落花后 30 d 左右进行。套袋前将整捆果袋放于潮湿处，使之返潮柔软。套袋前 1 d 或当天，喷施 70%甲基硫菌灵 800 倍液+10%吡虫啉 5 000 倍液。

套袋时用左手托起纸袋、右手撑开袋口，将两底角的通气口张开，使袋体膨起，手执袋口下 2～3 cm 处，袋口向上套入果穗，套上果穗后使果柄置于袋的开口处，然后从开口两侧按折扇方式折叠袋口，用捆扎丝扎紧袋口折叠处，使果穗置于果袋的中央，可防止袋体摩擦果面。套袋时还要注意，葡萄果穗套袋时期多是在高温季节，因此，套袋要在 10:00 前或 16:00 后进行，阴天可全天进行，降雨天气不可进行套袋作业。如有的厂家生产的葡萄专用纸袋底角的通气口封闭，套袋前必须剪开，否则果袋内温度高，会导致果穗腐烂。套袋时封口丝必须扎紧，否则易脱落。摘袋和摘叶不能同时进行，而是应分期分批进行，以防止发生果实日灼。

6. 套袋后管理 套袋后每 3～5 d 进行一次检查，发现果袋脱落或破损要及时更换。套袋果穗以下萌发的副梢要全部抹除，果穗以上二次副梢留 2 片叶反复摘心，先端副梢留 4～5 片叶摘心，新梢上的卷须在木质化前要及时掐除，以减少养分消耗。套袋后也不要放松病虫害防治工作，特别是叶片病害，如霜霉病、白粉病和褐斑病等。如果发生葡萄虎天蛾、叶蝉等害虫危害，可用速灭杀丁或敌杀死防治。

7. 脱袋和采收 果实成熟前 10～15 d 摘除果袋。摘果袋时应避开高温天气，发现着色不均匀要及时将果穗转动一下，摘袋前 10～15 d 剪除果穗附近老化的叶片和架面上的过密枝蔓，以改善架面的通风透光条件，促进果实着色，以达到色泽均匀、提高品质的目的。

第八节 整形修剪

葡萄植株的整形与修剪是栽培管理的一项重要技术措施，通过合理的整形修剪，调节其生长与发育、开花与结果、衰老与复壮等关系，从而达到连年稳产、丰产和优质的目的。由于葡萄是藤本植物，其枝蔓可按需要进行各种整形，达到一定的要求。但必须注意与品种生物学特性、栽培方式、营养条件及立地条件等密切结合，制订出科学的整形与修剪技术方案，才能收到最佳的经济效益。

一、整形

葡萄的整形方式多种多样，整形前应注意一些问题。首先，应考虑主干的有无与高低。一般北方埋土地区多采用无主干栽培，枝蔓呈一定角度倾斜引缚，以利于埋土防寒和充分利用地表辐射热来增加有效积温。非埋土防寒区可留主干，其高度则依当地温度、湿度、风、霜等情况而定。在温度较高、湿度大、风小、霜多处，主干宜高，一般在 1.5 m 以上，这样可减轻病情、霜害和辐射灼烧等不

良影响；反之则可适当降低其高度。其次，应考虑架式与密度。在水分充足、土壤肥沃、选用品种生长势旺等条件下，宜采用大株型的棚架，单株营养面积大，每 667 m^2 栽几十株至上百株；反之则应适当密植、立架整形。再次，要考虑树的经济寿命。葡萄最佳经济效益的树龄一般为 20～30 年，有的树龄达百余年仍可丰产，短者十几年。树经济寿命长短与品种特性有很大关系，如欧亚种的东方品种群，通常进入结实期较晚、寿命较长，老蔓更新年龄以 15 年为好，而西欧和黑海沿岸品种群则进入结实期较早、寿命较短，老蔓更新年龄多在 10 年以内。根据上述三方面，来确定整形时主干有无与高低、架式、营养面积的大小以及更新复壮的年限等。

国内生产中见到葡萄整形方式主要有如下几种：

（一）无支架或简化支架整形

此类多为较粗放管理的整形方式，以选择枝蔓直立性强、易结果的品种为宜。

1. 灌木状（株状）**整形**　每株只留 1 个主干，高度依立地条件而定。第一年冬剪时留一长 20～50 cm 新梢充作主干。第二年冬剪时在主干的上部选留 1～3 个生长粗壮充实的新梢，按中、短梢剪，使之成为次年的结果母枝和 3 年后的主蔓。3 年后的冬剪仅对新梢行短剪。一般新梢向上引缚生长，干高超过 1.5 m 时，新梢可任其自由下垂生长。

2. 三角形整形　一般挖宽 1～1.5 m 的定植沟，栽植时在沟内按等距离三角形栽植，每株留一主干。第一年冬季留 60～80 cm 作为主干，第二年冬剪时在 50 cm 处留一新梢作为臂枝向另一株连接，第三年基本完成整形，在臂枝上每隔 10～25 cm 留结果部位。在定植后 1～2 年，主干较细不能直立时中间设支柱，当主干长得粗壮后即可除去。

3. 依物自由式整形　这是一种古老、粗放的方式。依树栽植葡萄，枝蔓任其自然生长，无一定形状。一般不修剪或只清除枯死枝蔓，其余任其自然生长。

（二）立架整形

立架整形是生产中常用的一类整形方式，它适于精细管理和机械化，具有植株受光良好、地面受热量大、通风透光好等优点。依据树体结构性状，可分为扇形整形和水平整形。

1. 扇形整形　这种整形方式多无主干，先培养多个主蔓，主蔓上再培养结果枝（或结果枝组），主蔓分散开形成扇面状。扇形整形利于充分利用架面，更新容易，便于高产和埋土防寒，但若管理不当，则易造成密闭，影响通风透光。该形因枝蔓分布是否规则而分为规则扇形和不规则扇形两种，因主蔓多少而分为小扇形（2 个主蔓）、中扇形（3～4 个主蔓）、大扇形（5～6 个主蔓）和多主蔓扇形（6 个以上主蔓）。主蔓的多少往往因品种、土壤、肥水及株行距等条件而异。

（1）小扇形。适于生长势较弱、土壤较瘠薄的条件下应用。具体整形方法为：第一年，保留 2 个生长发育良好的新梢。当新梢长 40～50 cm 时可摘心，以增粗枝蔓，冬剪时枝蔓粗壮充实者可留长 50～60 cm，枝条细弱则短剪，来年重新培养。第二年，春季芽眼萌发后每个枝蔓上留 2～3 个粗壮、部位恰当的新梢，其余均应除去。不论有无花序均应在新梢 40～50 cm 处摘心。冬剪时每个新梢留 2～5 芽剪短，作为下一年的结果母枝，对病、弱枝均疏去。第三年，春季发芽后每个结果母枝留 1～3 个新梢作为结果枝，树形基本完成，以后每年冬剪按品种特性行双枝更新即可。

（2）中扇形。适于生长势较强、土壤肥力适中、肥水条件较好的条件下应用。具体整形方法为：第一年，保留 2～3 个生长发育良好的新梢。苗高 40～60 cm 时摘心，同时选留基部 1～2 个生长发育良好的副梢充作另外的主蔓，冬剪时尽量留基部 2～3 个枝，按其生长势及部位剪留。一般中间枝可剪成 40～60 cm，两侧（副梢枝）枝可适当剪短 30～50 cm，形成 3 个主蔓。第二年，春季芽萌发后，每个主蔓上选留 1～3 个生长发育良好、部位恰当的新梢，其余均应除去并及时摘心。另外在植株的基部选留 1 个生长良好的新梢作为主蔓以形成 4 个蔓。冬剪时，每一主蔓上按新梢生长情况留 1～3 个枝，作为下一年的结果母枝短剪。第三年，春季发芽后每个结果母枝上选留 1～3 个结果枝，使其均匀分布在架面上。冬剪时对结果枝进行合理修剪，以后历年冬剪可行双枝或单枝更新修剪即可。

（3）大扇形。整形过程基本上与小扇形、中扇形相似，只是多留主蔓，加大株行距，选择生长势强的品种与肥水条件优越的情况下采用。

（4）多主蔓扇形。整形具体过程基本与上述各形相似。由于主蔓较多，每株新梢数也较多，为早产、丰产和更新树势创造了条件，但若控制不当易造成通风透光不良、病虫害严重、下部易光秃而影响产量与树势。

2. 水平整形 多具主干（亦有无主干），整形修剪技术简单易行，修剪量较大，枝条在架面上分布均匀，果穗多集中在一条水平线上。这种整形方式一般可分为双臂单层和双臂双层、单臂单层和单臂双层等形式。

（1）双臂单层水平整形。适于生长势中等、土壤肥水条件一般和酿酒品种。具体整形方式为：第一年，当苗高 50～70 cm 时摘心，以培养 1 个粗壮的枝蔓，冬剪时留 30～60 cm（以主干高度而定）。第二年，春季芽萌发后选留上部生长强壮的 2 个新梢，向两侧延伸成为两个臂枝，呈水平状态引缚，冬剪时根据生长情况各剪留 30～50 cm 作为双臂。第三年，春季将二臂枝呈水平状引缚于铁丝上，芽萌发后按 20 cm 左右留一新梢垂直引缚，成为当年结果枝，先端选一粗壮新梢呈 45°角倾斜引缚。冬剪时按中、短梢修剪，作为次年的结果母枝，臂枝先端的新梢行中、长梢剪，使其向前延伸直至布满株间为止。第四年，一般每一个结果母枝上留 2～3 个新梢作为结果枝，冬剪时每个结果枝行中、短梢修剪和适当进行更新修剪，使结果部位相对稳定，保持树势均衡。

（2）单臂单层水平整形。与双臂单层相同，只是每株只留 1 个臂枝向一侧延伸。

（3）双臂双层水平整形。整形方法基本与双臂单层水平整形相同，只是在第二、三道铁丝上用同一方法再留一层臂枝，最好从基部培养，否则会互相影响，造成上强下弱或下强上弱的不良后果。

（4）单臂双层水平整形。与双臂双层水平整形相同，仅是双层臂枝均向一侧延伸。

3. 棚架整形

（1）独龙架（干）。每株只留 1 个主蔓，其上不留侧枝，直接留结果枝，每年行极短梢修剪。具体整形方式为：第一年，新梢长至 1.5 m 时摘心以充实枝蔓，冬剪时根据生长势定其剪留长度，一般枝条直径在 1 cm 以上时可留长 1.2～1.5 m，反则短剪。第二年，主蔓先端留一新梢长放，以作为延长主蔓之用，其余按 10 cm 左右留一结果枝。冬剪时先端新梢尽量长放，其余新梢按 15～20 cm，配置一个固定的结果部位（俗称龙爪）行极短或短梢修剪。第三年，除先端新梢长放以布满架为止，其余结果部位均行极短或短梢修剪。应用这种方法整形时，如留 2 个主蔓则为双龙架；留 3 个以上主蔓者则为多龙架。双龙架和多龙架的整形方法与独龙架相似，只是多留主蔓，可充分发挥植株的生长势，在肥水充足的情况下，可获得丰产，但结果部位易移向先端，主干加粗后不易埋土防寒。

这种整形法操作简便，易于管理，适用于生长势强的品种在干旱山地采用，亦可与大田作物兼作。独龙架通常产量较低，含糖量高，着色良好。

（2）少主蔓自由式。定植当年只留 1～2 个新梢作为主蔓，冬剪时留 60～80 cm 截短，第二年每个枝梢顶部留 2 个生长充实、健壮的新梢，冬剪时留一长梢作为延伸用，短梢作为结果枝，另外在基部适当保留 1～2 个新梢短剪。以后每年主蔓先端留延长枝以布满架面为止，主蔓上的侧蔓上行长、中、短梢修剪，以架面均匀布满枝蔓为准。

（3）多主蔓扇形。一般每株留 2～3 个主蔓，主蔓上再分生若干侧蔓呈扇状分布于架面。具体整形方法为：第一年，新梢长达 50 cm 时进行摘心，在基部留一粗壮的副梢，其余副梢均应除去，顶部留 1～2 个副梢向前延伸，冬剪时各留 30～50 cm 长作为主蔓。第二年，春季萌芽后每个主蔓上留 2～3 个新梢，其余均可除去，冬剪时按生长强弱进行长、中、短修剪，作为侧蔓。第三年，春季萌芽后根据枝条生长强弱和枝蔓分布疏密进行疏芽，一般每隔 10～15 cm 的架面留一新梢（结果枝）。冬剪按分布情况及生长强弱行不同长度修剪，一般枝条粗壮、新梢距离较大或作为延长梢时可长放，反之则行中、短梢修剪，以充当下一年的结果母枝。

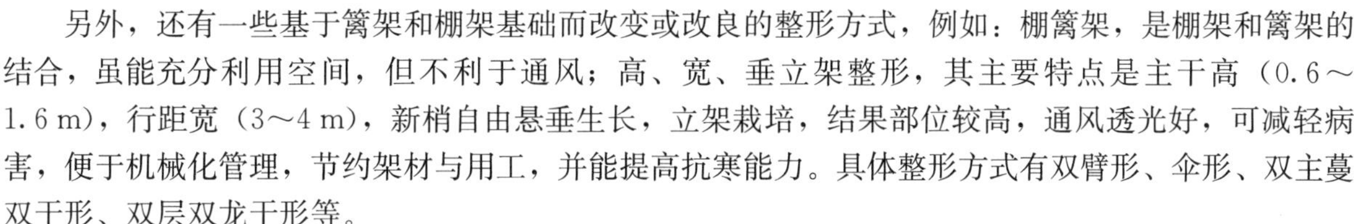

另外，还有一些基于篱架和棚架基础而改变或改良的整形方式，例如：棚篱架，是棚架和篱架的结合，虽能充分利用空间，但不利于通风；高、宽、垂立架整形，其主要特点是主干高（0.6～1.6 m），行距宽（3～4 m），新梢自由悬垂生长，立架栽培，结果部位较高，通风透光好，可减轻病害，便于机械化管理，节约架材与用工，并能提高抗寒能力。具体整形方式有双臂形、伞形、双主蔓双干形、双层双龙干形等。

二、修剪

合理修剪能确保树势健壮，枝蔓分布均匀，从属关系明确，架面利用充分，为连年持续高产、优质创造条件。葡萄的修剪一般可分为冬季修剪（休眠期）和夏季修剪（生长期）两种。

（一）冬季修剪

在埋土防寒地区，应在落叶后、土壤上冻前进行修剪；不埋土防寒地区，可在最低温过后至伤流前 3 周进行。冬季修剪主要是促进树势健壮，调节生长与结果的关系，合理布置枝蔓，剪除病虫残弱枝，及时做好更新复壮等工作。

1. 修剪长度 通常按留芽的多少分成 5 种修剪长度：极短梢（2 个以下芽）、短梢（2～4 个芽）、中梢（5～7 个芽），长梢（8～11 个芽）、极长梢（12 个以上芽）；也可粗略地分为短梢（3 个以下芽）、中梢（4～7 芽）和长梢（8 个以上芽）3 种。在具体应用时按整形、架式、品种、枝梢的用途、树势、树龄、当年产量、肥水管理及气候等外界条件灵活掌握。例如：龙眼在大棚架、多主蔓扇形、肥水充足时，多以长梢修剪为主；反之，在独龙架、干旱、土壤瘠薄时，以短梢或极短梢修剪为主。其他品种也有类似的情况。具体到一株树上来说，用作扩大树形的延长枝多行长梢或极长梢剪。如果为充实架面和扩大结果部位，多采用中、长梢修剪。为了固定结果部位，防止其迅速上升或外移，则行短梢或极短梢修剪。同时也应适当考虑新梢的粗细，一般粗壮的梢可长点；反之则短剪或疏除。对于过密、细弱，有病虫害或不成熟者，应一律除去。在具体修剪时会因不同目的采用长、中、短混合修剪。

2. 修剪量 在一株树上留下的芽眼总数称为芽眼负载量。当年在一株树上保留的新梢总数称为新梢负载量。芽眼负载量比新梢负载量应多 1/3～1/2。新梢负载量越多，果穗也越多，产量就高。但是新梢负载量过大时，由于营养物质跟不上，产生大量落花落果，穗、粒变小，严重影响当年产量、品质和植株的生长发育。一般依据土肥条件、品种习性进行不同留梢量处理。在土肥基础良好的条件下，生长势较弱、直立性较强的品种（如意斯林），每平方米架面留 13～15 个新梢；生长势中庸的品种（如玫瑰香），每平方米架面留 10～13 个新梢；生长势较强的品种（如龙眼），以 7～9 个新梢为好。

3. 更新修剪 为了保持树势健壮以及进行老树复壮，延长经济结果年限和寿命，不论哪种整形方法都必须进行更新修剪。具体方法分为两种：

（1）结果母枝更新。由于新梢不断向前延伸，结果部位逐年向先端移动，如若不及时更新，下部很快光秃，上部则拥挤，甚至使新梢无法引缚，因此每年冬剪时必须注意更新修剪，加以适当控制。通常可分为双枝更新和单枝更新两种。

① 双枝更新。冬季修剪时每个结果部位留 2 个当年生枝，上枝行中、长梢修剪，下枝行短梢修剪。第二年修剪时，将上部长梢剪去，下部短枝仍按上年冬剪方法进行修剪，即留一长一短，这样年复一年，便可减缓结果部位的上升。

② 单枝更新。冬季修剪时，只留 1 个当年生枝，一般短剪，也可长剪。次春萌发后，尽量选留基部生长良好的一个新梢，以便冬剪时作为次年的结果母枝。用长梢单枝更新时可结合弓形引缚，使各节萌发的新梢均匀，有利于次年回缩更新。

（2）多年生蔓更新。随着树龄增长，枝蔓逐年加粗，剪口和机械损伤不断增加，树势生长变弱，结实能力逐年减低。因此，对主、侧蔓进行更新极为重要。按更新量的大小可分为局部更新和全部更新两种。

① 局部更新。有计划、有目的逐年选择部位适当、生长强壮的枝蔓，以代替将要除去的老蔓或病残的老蔓。一般篱架欧亚种（如玫瑰香等）的主蔓以 8 年左右更新一次为宜；东方品种群（如龙眼、红鸡心等）以 10 年以上更新一次为好。

② 全部更新。由于历年更新、修剪的不合理，树龄过长或是遭受自然灾害等，造成大量或全部老蔓死亡时，将其全部除去，选用基部的萌蘖枝培养，以便代替主、侧蔓。因此更新修剪必须加强计划性，尽量避免全部更新，以免严重影响当年产量。

（二）夏季修剪

夏季修剪主要是调节当年生长与结果的关系，去掉无用芽、梢，以节约养分，控制新梢生长，改善通风透光条件，提高产量与品质。

1. 除萌定梢 除萌就是除去不必要的幼芽，以达到经济有效地利用养分；定梢就是确定当年保留的新梢。除萌时间越早越好，在芽眼萌动后即开始进行。由于芽的萌发有先后，为便于识别结果枝与发育枝，故除萌一般分 2～3 次进行。按芽的不同着生部位分别对待。凡多年生蔓（主、侧蔓）及近地面处萌发的潜伏芽，一般无花序，除做更新修剪或填补空缺外，一律尽早除去。结果母枝根据植株新梢负载量决定留梢数。通常可分 3 次进行：第一次在芽刚萌发时，凡是双芽或多芽只留 1 个，其余均除去。但在负载量不足时，可适当留少量双芽。另外，将位置不当、方向不好的芽梢除去。第二次除萌应在新梢看出花序时进行，按整形修剪和植株新梢负载量多少的要求确定去留。第三次是对前两次未除净或后发的幼芽做最后的除萌定梢。

2. 摘心和去副梢 葡萄生长势一般较旺，在自然生长条件下新梢可长达十余米，每一叶腋间又易抽出副梢（夏梢），如若对新梢不加管理，则大量消耗养分，还会造成架面郁闭，影响产量和品质，因此必须对新梢进行摘心和去副梢的工作。葡萄新梢摘心的早晚、轻重和次数，因品种、树势、土肥条件和栽培管理技术的不同而有所差异。一般易落花落果和多次结果的品种，如玫瑰香、葡萄园皇后等，应在花前 3～5 d 除去顶端 2～3 片幼叶为好。摘心过重（花序上留 2～4 片叶）虽能提高坐果率，幼果前期膨大迅速，但后期由于叶面积小，对果粒膨大、上色均有不良影响。对果穗紧、坐果率高的品种，如赤霞珠等，应在花后或大量落花后摘心，以疏松果穗、增大果粒和提高品质。

当新梢摘心后副梢大量萌发，如摘心过重冬芽往往也会萌发，造成不应有的损失。一般花序下不留副梢，而花序以上的副梢则分为 2 种：一种副梢留 1～2 片叶摘心，另一种则将全部副梢除去。副梢留 1～2 片叶的主梢冬芽饱满，对产量与品质均有良好反应，但用工多，管理不当易引起郁闭，造成病害蔓延。反之，副梢全部除去，省工、易管理，但果实成熟晚，品质不如前者。无论哪种方法，枝条顶端的 1～2 个副梢均以留 4～6 片叶进行反复摘心为宜。

3. 除卷须与摘老叶

（1）除卷须。卷须缠绕到果穗、枝蔓等造成枝梢紊乱，老熟后不易除去，不仅影响采收、修剪等，在生长过程中也消耗不少养分与水分，因此，必须及时除去。一般随摘心、绑蔓、去副梢等管理工作摘去卷须。

（2）摘老叶。当果实着色后，摘除部分果穗附近已老化的叶片，改善果穗的通风透光，可促进果实着色，减少病害，提高产量与品质。但摘叶不能过多、过早，否则影响光合作用和养分的积累，造成不良后果。

4. 环剥（环状剥皮） 一般用小刀或环剥剪在果穗下一节处环剥 3～5 mm 宽的皮层（亦可用铁丝或绳子紧缢），使上部的营养物质不能运往下部，达到提高坐果率、增大果粒之目的。由于环剥的时间不一，其效果亦不同。花前进行则可明显的提高坐果率，而落花落果后则对增大果粒、提高浆果品质有良好的作用。由于环剥阻碍了养分向根部输送，对植株根系生长起到抑制作用，过量或长期环剥则易引起树势衰弱，寿命缩短，因此在生产上必须慎重，否则会引起不良后果。

5. 绑蔓　葡萄绑蔓是一项重要管理工作，绑蔓的好坏可影响整形修剪的效果。

（1）绑老蔓。在埋土防寒地区，葡萄植株出土后绑老蔓，根据整形的要求使枝蔓均匀分布在架面上，长梢应行弓形引缚，以利各节新梢生长均衡。在绑老蔓的同时进行一次复剪，将冬剪时遗漏的病残枝、过密枝除去，以调节植株的芽眼负载量。

（2）绑新梢。一般在新梢长到20～30 cm时开始，整个生长期随新梢的加长不断绑梢，一般需绑3～4次。绑时要做到新梢均匀排列，不可交叉绑缚，以便充分利用架面，使之通风透光良好。绑蔓时应防止新梢与铁丝接触以免磨伤。铁丝处要牢固，以免移动位置。新梢处要求绑松，以利于新梢加粗生长，常用的绑扣多为∞形或马蹄形。绑缚材料要求柔软，经风雨侵蚀在1年内不断为好，如油草、马蔺草，牛筋草、稻草、蒲草、麦秆、玉米皮等，应用前最好用少量盐水浸泡或其他方法处理，以增加其柔软性和牢固程度。

第九节　病虫害防治

一、主要病害及其防治

（一）葡萄白腐病

白腐病别名腐烂病、穗烂病、水烂病等。

1. 病原　该病病原菌无性阶段为*Conithyrium dioeoditta*（Speg.）Sacc.，属半知菌亚门腔孢纲珠壳孢目盾壳霉属；有性阶段为*Charrinia dipeodilla*（Speg.）Viala et Raraz，属子囊菌亚门腔菌纲格孢腔菌格孢腔菌属。

2. 为害症状　果穗受害后通常是穗轴和果梗先发病，感病部位先产生淡褐色水渍状不规则病斑，然后软腐，病斑逐渐向果粒蔓延，受病穗轴在空气湿度较小时常干枯萎缩。果粒发病时从基部开始变淡褐色软腐状，并迅速蔓延至整个果面，果粒变软，果面上密生灰白色后转为灰黑色的小粒点（即分生孢子器），最后整个果实变褐腐烂，受振动后易脱落，未脱落果实逐渐失水，形成呈暗褐色并有明显棱角的僵果，经久不落。

新梢发病初期，病斑呈水渍状、淡褐色、椭圆形，用手触摸时表面易破损。随着枝蔓的生长，病斑不断向上下两端扩展，病斑色泽加深、凹陷，表面密生灰白色小粒点，最后表皮翘起，皮层与木质部分离，纵裂呈乱麻状。当病斑扩大至枝条一周时，病斑上端产生大量愈伤组织而形成瘤状物，直至干枯死亡。

白腐病为害枝条，一般是为害没有木质化的枝条，枝蔓的节、剪口、伤口、接近地面的部分是受害点。枝蔓受害形成溃疡型病斑。开始，病斑为长方形、凹陷、褐色、坏死斑，之后病斑干枯、撕裂，皮层与木质部分离，纵裂成麻丝状。在病斑周围有愈伤组织形成，会看到病斑周围有“肿胀”，这种枝条易折断。如果病斑围绕枝蔓一圈，病斑上部的一段枝条“肿胀”变粗，最后，上部枝条枯死。枝条上的病斑可以形成分生孢子器。

叶片发病多在叶缘、叶尖，初期呈水渍状、黄褐色、圆形或不规则形病斑，其上呈现深浅不同的同心轮纹。病斑极易破碎，空气湿度大时其上出现灰白色粒点（即分生孢子器）。

该病最初多从近地面的穗尖、新梢、叶片感染，而后再向上扩展。同时，感病的部分在潮湿的情况下都具有一种特殊的霉味，是该病的重要特征。

3. 发生规律　该病主要以分生孢子器和菌丝体在病残体（病果、枝、叶等）和土壤中越冬。病原菌在病残体上可存活多年，在土壤中也能存活1～2年，以土表30 cm处孢子量最多，它们是次年的初侵染源。越冬后分生孢子器内的分生孢子，借风雨传播到当年生枝蔓和果实上，通过伤口或自然孔口（蜜腺、气孔等）侵入组织内，引起发病。以后病斑上产生的分生孢子器及分生孢子不断散发，整个生长季节在条件适宜下可进行多次的再侵染，是一种多病程传染病。

发病时期因年份和各地气候条件不同而异，一般与雨季来临的早晚及雨量大小、降雨次数多少有密切关系，雨季来临早、雨量大、次数多时则白腐病发病早且发病率高。分生孢子萌发的温度为13～40 ℃，最适温度为 25～30 ℃，低于 23 ℃或高于 36 ℃则不利其萌发。相对湿度在 92%以下时不萌发，95%时萌发率为 12.8%，97.5%时为 49.3%，100%时为 77.8%。另外该病菌分生孢萌发需要一定的营养物质，据试验，病菌在蒸馏水滴中不萌发，但在葡萄汁中萌发率可达 93%，因此，葡萄白腐病菌只有当葡萄开始成熟时则较易发病，一般幼果和幼叶较少发病。在适宜的外界条件下，其潜育期为 3～10 d，一般为 5～6 d，暴风雨和冰雹等灾害后，防治不及时可引起该病暴发。另外通风透光不良、地势低洼、树势衰弱和某些品种（皮薄、果穗紧）危害更为严重。

4. 防治方法

（1）农业防治

① 彻底清园，减少菌源。结合冬季修剪，彻底清除病残体，然后将其烧毁或深埋，同时进行土壤深耕翻晒，减少土壤中的初次侵染源。同时在生长季节结合日常管理工作，及时剪除发现的病果、枝、叶并带出园外销毁，以减少当年再侵染的菌源，病情较重的园片可覆盖地膜、覆草等，它不仅可保温、保水、防草，同时可将土壤中的病原菌与地上的寄主隔离，防止传播。

② 加强栽培管理。选用抗病品种，提高结果部位，改善通风透光条件，增施有机肥增强树势，适度降低果实负载量，提高抗病力，并进行果实套袋。

（2）化学防治

① 土壤消毒。一般以 0.3%五氯酚钠＋3～5 波美度石硫合剂，或 200 倍液五氯酚钠，也可用 50%福美双 1 份、硫黄粉 1 份、碳酸钙 2 份混合均匀后喷于地面，每公顷施用 22.5～30 kg。

② 生长季节喷药。必须在发病前 1 周喷药，以后每隔 10～15 d 喷一次，首次可用波尔多液作为预防和保护药剂，而后用防治白腐病有效的药剂，如退菌特、福美双、托布津、多菌灵、百菌清等杀菌剂，喷药应以保护果实为主，为了加强药液黏着果面可在药液中加入 0.05%皮胶或其他展作剂，以提高药效。

（二）葡萄白粉病

1. 病原 该病病原菌无性阶段为 *Oidium tuckeri* Berk，属半知菌亚门丝孢纲丝孢目粉孢属；有性阶段为 *Uncinula necator*，属子囊菌亚门核菌纲白粉菌目钩丝壳属。

2. 为害症状 叶片感病后，受浸染部位出现大小不等白色病斑，严重时白色粉状物（即菌丝体）布满全叶，白色粉状物下叶表呈黑褐色网状花纹，严重时叶面卷缩、枯萎、脱落。有的地区，植株发病后期在病斑上产生黑色小粒点（即有性阶段的闭囊壳）。幼叶感病后常皱缩，扭曲不再发育。

新梢、叶柄、穗轴感病后出现不规则白色粉末状斑块，除去白粉后出现黑褐色网状花纹，可使叶柄、穗轴变脆，新梢生长发育受阻，不能成熟。

幼果感病后先出现褪绿斑块，而后果面出现星芒状花纹并布满白色粉末。始熟浆果感病后易产生裂口，极易感染腐生性杂菌而腐烂。

该病可侵染所有的绿色组织，特别是幼嫩组织，感病部位的表面长出灰白色病斑，除去白色粉末可见不规则的网状花纹，同时感病新梢、穗轴等停止生长并极易折断，幼果停止生长、畸形，初熟果则易产生纵裂腐烂。

3. 发生规律 白粉病是一种活物营养（专性）寄生菌，在不形成有性阶段的地区，病菌只能以菌丝体在受害组织或芽鳞内越冬，翌年春季，当气温升高并在一定的湿度条件下产生新的分生孢子，借助风力、气流传播到寄主表皮。当外界条件适宜时即萌发进行初次浸染。一般菌丝生长的温度为 5～40 ℃，最适温度为 25～30 ℃，形成分生孢子的最适温度为 28～30 ℃，不耐 40 ℃高温，但却能耐 −16.5 ℃的低温。分生孢子萌发的温度为 4～35 ℃，最适温度为 25～28 ℃，相对湿度在 25%时其萌发率仍可达15%，甚至在8%时其分生孢子仍可萌发；相反，多雨、湿度过大对其萌发不利。感病后潜伏期一般为14～15 d。白粉病病菌是一种极耐旱的真菌，因此，闷热、温暖干旱的天气常导致该病的大流行。白粉病的发病早晚、病情轻重因当地气候而异。一般在南方如广东、湖南等地，于5月下旬至6月上旬开始发病，6月下旬至7月上旬为盛发期；中部地区如黄河故道、陕西关中则于6月上中旬开始发病，7月下旬进入盛发期；而北部山东、河北、辽宁南部一带则在7月上旬开始发病，7下旬至8月上中旬为盛发期。另外，不同品种其感病程度也有较大的差别，一般欧亚种较易感病，而美洲种及其杂交种较抗病。

4. 防治方法 该病菌对硫制剂较敏感，因此常用石硫合剂、硫黄悬浮剂为主进行化学防治，粉锈宁效果也较好；而铜制剂不理想。另外在喷药应尽早进行。一般在芽萌发前喷3～5波美度石硫合剂；萌芽后喷0.3～0.5波美度石硫合剂作为铲除剂，以减少初侵染病原。生长期间喷20%粉锈宁乳剂、70%硫菌灵可湿性粉剂等可收到较好效果。

（三）葡萄黑痘病

黑痘病别名鸟眼病、疮痂病。

1. 病原 该病病原菌无性阶段为*Sphaceloma ampelinum* de Bary，属半知菌亚门腔菌纲痫孢属；有性阶段为*Elsinoe ampelina*（de Bary）Shan，属子囊菌亚门腔囊菌纲葡萄痂囊腔属。

2. 为害症状 黑痘病主要为害植株幼嫩部分。幼果受感染后果面初生圆形褐色小斑点，随后病斑扩大，中间呈灰白色、稍凹陷，边缘为紫褐色，似鸟眼状，最后病斑硬化或龟裂，病果小、畸形、味酸，失去经济价值。当湿度过大时，病斑上产生灰白色黏质物（即分生孢子团）。穗轴、小分穗梗感病后与幼果症状相似，病重时常使果穗发育不良，甚至枯死。一般成熟后的浆果很少感染。

幼叶受感染后叶面出现针头大小的褐色斑点，扩大后，病斑周围有黄褐色晕，中间浅褐色或灰白色，圆形或不规则形，严重时开裂穿孔。病斑多在叶脉或近叶脉处，由于受害部位停止生长，因而常引起幼叶扭曲、畸形，严重时变黑，枯焦而死。

新梢、卷须、叶柄等幼嫩绿色部位均可感病，受侵染部位最初出现圆形或不规则的褐色小斑，然后逐渐扩大，边缘呈深褐或紫褐色，严重时病斑连成片而后变黑枯死。

随着寄主木质化程度的增加，其抗病性也随之增强，因而该病主要侵害幼嫩组织细胞，感病后病斑多呈圆形，四周色深，中间色浅，形似鸟眼或疮痂状。病斑在潮湿状态下易出现灰白色黏质物。成熟浆果及枝条等很少发病。

3. 发生规律 病菌以菌丝体在病残体上越冬，第二年5月产生新的分生孢子，借风雨传播，进行初次浸染。其中，以病残叶上产生的分生孢子最多；其次为病蔓；副梢和叶痕等的病斑上产生的分生孢子较少。因此，病叶及病蔓是初次浸染的主要来源。初发病的新梢和幼叶产生分生孢子，以后陆续侵染其他部位，在寄主组织表面萌发长出芽管，直接侵入幼嫩组织中，消解一些细胞壁的木质。菌丝主要在表皮下蔓延，以后突破表皮形成分生孢子盘，产生分生孢子。分生孢子的形成要求最适温度在25 ℃左右及高湿度；菌丝的生长温度为10～40 ℃，以30 ℃为最适温度，最适宜时期（6～7月）潜育期10 d左右。

黑痘病的流行与降水量、大气湿度及植株生育期有密切关系。在多雨、高温季节有利于分生孢子的形成、传播和萌发侵入，病害发生严重。干旱年份和少雨地区，发病显著减轻。凡排水不良、地下水位高、氮肥施用过多、枝蔓徒长、栽培管理体制不良和冬季清扫不彻底的果园发病就重。

4. 防治方法 在搞好苗木消毒、园地清洁的基础上，应在早春萌芽前喷布铲除剂3～5波美度石硫合剂，或五氯酸钠原粉200～300倍液+3波美度石硫合剂，或10%～15%硫酸铵溶液，以铲除越冬菌源。在病情重的园片除用上述药剂外，还可在萌芽初期再喷0.3～0.5波美度石硫合剂或喷退菌特、百菌清等。生长期间喷药从展叶后至浆果着色期间每隔10～15 d喷一次。花前及花后各喷1次200～240倍液半量式波尔多液极为重要。以后可结合防治白腐病、炭疽病等进行防治。

（四）葡萄炭疽病

葡萄炭疽病别名葡萄晚腐病。

1. 病原 该病病原菌无性阶段为 *Gloeosporium fructigenum* Berk，属半知菌亚门腔孢纲盘长孢属，另一种为 *Colletotrichum ampelinum* Cav.，称为葡萄刺盘孢菌，亦为半知菌亚门腔菌纲的一种真菌；有性阶段为 *Glomerella cingulata*（Stonen.）Spauld. et Schrenk，属子囊菌亚门核菌纲属围小丛菌壳。

2. 为害症状 该病主要为害始熟浆果，也为害穗轴、新梢、叶柄、卷须等绿色组织。感病后果面发生水渍状淡褐色斑点或雪花状病斑，以后病斑逐渐扩大，呈圆形、深褐色并稍凹陷，其上产生黑色小粒点（即分生孢子盘），呈同心轮纹状，在潮湿的条件下，小粒点长出粉红色黏质物（即分生孢子团），病情严重时，病斑可扩大至整个果面，果粒软腐，易脱落或干缩成僵果。有时嫩梢、卷须受害后病斑呈梭形、深褐色。病情严重时，则产生圆形或不规则的深褐色斑，湿度大时可出现粉红色黏液。

3. 发生规律 该病主要以菌丝体在一年生枝蔓表层组织中及病果残体上越冬，病枝条与健康枝条没有区别。翌年春，温度回升，气温达到 25 ℃，相对湿度在 85%以上，病菌产生大量分生孢子，随风雨或昆虫媒介传播，对花序、新梢、幼叶及其他绿色部位进行初次侵染。果实在着色前很少出现病症，但着色开始后病斑逐渐明显，直至腐烂。该病菌生长除需要一定的温、湿度外，还需要有一定的糖分（糖分在 8%以上）和酸度（pH 为 2.8～2.9），因此该病的潜育期长短依入侵时间距成熟期的天数而异，一般越接近成熟期，潜伏期越短，反之则长。炭疽病的病菌在温度 20～36 ℃均可生长，最适温度为 28 ℃，9 ℃以下和 40 ℃以上则停止生长。分生孢子生长温度范围为 15～40 ℃，最适温度为 28～29 ℃，9 ℃以下和 45 ℃以上则停止生长。病菌形成孢子的温度范围为 15～32 ℃，最适温度为 25～28 ℃，10 ℃以下、36 ℃以上不能形成孢子。

炭疽病除喜高温、高湿外还需一定的营养物质（糖、酸）才能发病，因此和成熟期间的湿度有很大的关系，因为此时的气温已足够，故此时降水就成为该病发生轻重的决定因素，越接近成熟，降水量越大（一般 15～30 mm）则病情越重。另外，炭疽病菌分生孢子外围有一层水溶性胶质，它只有遇水后才能消散并传播出去，孢子萌发也需要高的湿度，因此葡萄产区在成熟季节多雨、高温下极易发病。

4. 防治方法 重视休眠期的防治，喷布铲除剂，花前、花后喷波尔多液，以后隔 10～15 d 喷药一次防治，有效农药如 50%退菌特、75%百菌清及 80%喷克或大生 M-45 可湿性粉剂等杀菌力强的药剂，喷药重点部位是结果母枝。

（五）葡萄灰霉病

灰霉病别名灰霉疫腐病、灰霉软腐病、穗腐病、灰霉益腐病等。

1. 病原 该病病原菌有性阶段为 *Botryotinia fuckeliana*（de Bary）Whetzel，属于囊菌亚门盘菌纲柔膜菌目葡萄孢盘菌属；无性阶段为 *Botrytis cinerea* Pers.，属半知菌亚门丝孢纲丝孢目葡萄孢属。

2. 为害症状 幼嫩花序及花后穗梗极易受侵染，发病初期病斑先呈水渍状、淡褐色，很快变为暗褐色，变软和腐烂。湿度大时其上长出一层鼠灰色的霉层（即分生孢子梗和分生孢子），细看时还可见到极细微的水珠。当湿度小时腐烂的病穗即萎缩、干枯、脱落。

浆果始熟期染病后，则在果皮上产生褐色凹陷斑点，后病斑不断扩大而腐烂，同时在其上产生灰色孢子堆，直至果穗上产生绒毛状鼠灰色霉菌层，含糖量大大降低，不久在病部长出黑色块状菌核。另外，采收后在贮藏运输过程中也极易受该病的侵染而致病，其症状基本相同。

新梢及叶片感病产生不规则、淡褐色的病斑，叶片上的病斑有时可见不明显的轮纹，同时也可长出鼠灰色霉层。受灰霉病危害后，病部均可见鼠灰色的霉层，是该病的重要特征。

3. 发生规律 该病一般以菌核、分生孢子和菌丝体随病残体组织在土壤中越冬，翌年春条件适宜时，即可萌发产生新的分生孢子，新、老分生孢子通过气流传播到花序上，在一定的营养物质条件下极易萌发。病菌通过伤口、自然孔口进入寄主后在花序梗上萌发侵染，诱发该病流行（南方常见），坐果后果实膨大期很少发病，但上色后浆果具有一定的糖分，遇多雨季节则易染病而造成霉烂。气候冷凉、干旱，病果不烂，果香增加，再适当延迟采收，以它作原料酿成具有特殊风味的葡萄酒，称为葡萄“贵腐酒”，故有“灰霉益腐（或贵腐）病”之称。地势低洼，枝梢徒长，树冠郁闭，通风透光不良，虫害与机械伤较重或园地周围其他寄主染病较重时发病重。另外在室内嫁接愈合过程中，在高温（30 ℃）高湿条件下也很容易感染该病，往往接条或砧木处产生鼠灰色霉层致使发霉腐烂，不仅影响嫁接效果，也往往使整株苗木死亡。

4. 防治方法

（1）农业防治。避免疯长、郁闭和减少枝蔓上的枝条数量（增加通透性），摘除果穗周围的叶片（增加通透性），减少液态肥料喷淋等栽培技术措施，对防治灰霉病效果显著，如进行果穗套袋，要加强套袋前的管理。把病果粒、病果梗和穗轴、病枝条收集到一起，清理出园，集中处理（如发酵堆肥、高温处理等），减少来年病菌基数。

（2）生物防治。据有关报道，木霉菌（*Trichoderma harzianum*）可以有效地防治葡萄灰霉病。

（3）化学防治。花前、花后、成熟前期适时喷药，一般可用 50%多菌灵、70%甲基硫菌灵、50%苯菌灵或甲基硫菌灵与代森锌的混合剂，以及农利灵（RONILAN）等农药喷布。对贮藏的果穗可在采前喷淋 60%特克多可湿性粉剂，在低温库（0 ℃）贮藏时，进行二氧化硫熏蒸即可防止贮藏期染病。

（六）葡萄霜霉病

1. 病原 该病病原菌为 *Plasmopara viticola*（Berk. et Curt）Berl. et de Toni，是专性寄生菌，属鞭毛菌亚门卵菌纲霜霉目单轴霉属。

2. 为害症状 该病主要为害叶片，其次为害新梢、花序和幼果。

叶片受害部位初为淡黄色油渍状半透明的小斑点，逐渐扩大为淡黄至黄褐色，多角形病斑，大小、形状不一，有时数个病斑连在一起形成黄色干枯大斑。病斑部位反面湿度大时常产生一层白色密集的霉状物（孢子囊梗及孢子囊）是其重要特征。后期或湿度小时病斑干枯变褐、叶片脱落。

新梢受害初期病斑呈水渍状半透明斑点，呈黄色至褐色多角形病斑，湿度大时也会产生白色霉层，但较少，受害新梢弯曲，上部畸形，最后干枯脱落。其他绿色组织（如卷须、叶柄、穗梗等）受害后具相同的症状。

果粒受害呈灰色，并生出白色霉层，幼果长大到豌豆粒大小时，受害后最初发生红褐色斑，最后僵化开裂，着色后较少感病。白色品种病果呈暗灰绿色，红色品种则为粉红色，成熟时变软，病粒易脱落，部分穗梗或整个果梗也会脱落。

3. 发生规律 该病病原菌主要以卵孢子在病残体上越冬，冬季暖和的地方也以菌丝体在树上的病叶或芽内越冬。卵孢子随腐烂叶片在土中可存活 2 年。当春季气温达 11 ℃时，卵孢子在小水滴或潮湿的土中不断萌发，产生芽管，先端形成孢子囊，孢子囊萌发产生游动孢子，可借风、雨传播到寄主上，由气孔、水孔侵入植株体内。病菌侵入寄主后再经 7～12 d 的潜育期产生游动孢子囊，游动孢子囊可产生孢子再次侵染。只要外界环境适宜，病菌在整个生长期内可不断产生孢子囊重复侵染。孢子囊在温度为 13～28 ℃时均可形成，最适温度为 15 ℃，游动孢子萌发的适温为 18～24 ℃。另外湿度条件也很重要，一般孢子形成时适宜的相对湿度为 95%～100%和至少 4 h 的黑暗环境。侵染幼叶的适宜相对湿度为 70%以上，老叶要求达到 80%～100%。春、秋季节雨水多、雾多、露水多的天气霜霉病发生就重；另外果园地势低洼、易积水，通风不良，管理粗放，小气候潮湿的地方也可促使其严重发生。

4. 防治方法 首先要改善园地的土壤、光照、通风条件，彻底清洁田园，及时收集并烧毁病残体，加强田间管理措施，同时要及时喷布波尔多液，一般自开花前半月开始，每隔 7～15 d 喷一次，当外界条件适宜该病发生季节可喷 35%瑞毒霉或 40%乙磷铝可湿性粉剂（300 倍液）或杀毒矾（1 000～1 200 倍液）等药剂均可收到良好效果。

二、主要虫害及其防治

（一）葡萄短须螨

葡萄短须螨（*Brevipalpus lewisi*）别名葡萄红蜘蛛、刘氏短须螨。

1. 分布与为害特点 我国河北、河南、山东、辽宁等产区发生较严重，其他各地均有发生。该虫以幼虫、若虫与成虫为害嫩梢、叶片、果穗及卷须等，刺吸组织的养分与水分。受害部位出现的症状，一般叶片是首先在叶脉两侧或叶沿呈现褐色锈斑，严重时焦枯变色，最后脱落；新梢、叶柄、穗轴、卷须等受害后表皮产生黑色小粒突起，质变脆易折断；浆果受害初呈铁锈色，然后果面粗糙、龟裂、变硬，并停止生长与着色，大大降低其品质与产量。受害严重时不仅影响当年的品质与产量，同时也影响翌年的产量与品质。

2. 形态特征 成螨体长 0.27～0.32 mm，宽 0.11～0.16 mm，椭圆形，赭褐色，眼点红色，腹背中央呈鲜红色；背面体壁有网状花纹，中央略呈纵向隆起，背无刚毛。4 对足皆短粗多皱，刚毛数量少，各足胫节末端有 1 条特别长的刚毛。雄虫体较小，体后半部较雌虫狭窄，足体与末体之间有一横缝。卵。长约 0.04 mm，宽约 0.028 mm，椭圆形，鲜红色，有光泽。幼螨体长 0.13～0.15 mm，宽 0.06～0.08 mm，鲜红色，足 3 对，白色。体两侧、前后足间有 2 根叶片状的刚毛，腹腔末周缘有 8 条刚毛，其中第三对为针状长刚毛，其余为叶片状。各足胫节上均有 1 条较长刚毛。

若螨，体长 0.24～0.30 mm，宽约 0.1 mm，淡红色或灰白色，足 4 对。体后部上、下较扁平，末端有 8 条叶片状刚毛。

3. 发生规律 该虫一年发生 5～6 代，以雌成螨在老皮翘起及裂缝内或叶腋、松散的芽鳞茸毛内群集越冬。第二年春季葡萄发芽后，越冬雌虫开始出蛰，为害展叶的嫩芽、新梢基部的幼叶，大约危害半月后开始产卵，卵散产，每单雌产卵 20～30 粒，卵期 10 d，一般产卵后 20 d 左右雌螨死亡。世代交错，重叠。直到 10 月底雌螨开始转移到越冬场所，11 月中旬即进入掩蔽处越冬。短须螨全年以幼螨、若螨、成螨为害芽的基部、叶柄、叶片、穗柄、穗轴、浆果及副梢，喜在茸毛密集中等而较短的品种叶上危害，其危害是从散生到密集，幼虫有群体蜕皮的习性。其最适的发育温度为 29 ℃左右，相对湿度在 80%～85%，因此当 7～8 月遇连阴天气、湿度过大时不利短须螨繁殖，往往危害较轻；反之降雨较少、湿度适宜则是短须螨危害严重时期。

4. 防治方法 结合田园清洁，对虫情较严重园片植株进行刮树皮、清除受害枝蔓。在休眠期喷布 5 波美度石硫合剂或杀螨剂，萌芽时喷 0.3 波美度石硫合剂、73%克螨特乳剂、1.5%尼素朗乳剂等。其主要天敌有食螨瓢虫、花蝽类等。充分保护和利用天敌是一项重要防治措施。

（二）葡萄瘿螨

葡萄瘿螨（*Colomerus vitis*），别名毛毡病、毛毯病、锈壁虱、潜叶壁虱、缺节瘿螨。

1. 分布与为害特点 我国各地均有发生，辽宁、吉林、河北、山东、山西、陕西、新疆及上海、湖南较常见。主要寄生于叶背面，有时也为害嫩梢、幼果、卷须、花梗等幼嫩绿色部位。葡萄瘿螨危害时，最初于叶背出现不规则透明状的斑，其后叶表面隆起，叶背密生一层很厚的毛毡状绒毛，初呈白色，后为茶褐色，最后变成暗褐色。严重时病叶皱缩、变硬、表面凹凸不平，干枯破裂直至早期落叶。新梢受害发育不良。该虫一般不为害其他果树，曾是葡萄主要虫害之一，严重发生时果园减产达 60%以上，近 20 年来由于防治及时，目前除个别地方的园片受害外，一般很少发生。

2. 形态特征 成螨体长 0.15～0.20 mm，宽 0.05 mm，淡黄白色或淡灰色，近长圆锥形，腹末

渐细。嘴向下弯曲，头、胸、背板呈三角形，有不规则的纵条纹，背瘤位于背板后缘，背毛伸向前方或斜向中央。具2对足，爪呈羽状，具5个侧肢。腹部具74～76个暗色环纹，体腹面的侧毛和3对腹毛分别位于第9、26、43和倒数第5环纹处，尾端无副毛，有1对长尾毛。卵直径约30 mm，球形，淡黄色。若螨共2龄，淡黄白色。

3. 发生规律 一年发生多代，以成螨潜伏在芽鳞茸毛内为主，少数在粗皮裂缝内和随落叶在土壤中越冬，翌年春随芽萌动时，葡萄瘿螨从越冬场所爬出，逐渐迁移到嫩叶的叶背吸取养分，随叶片、新梢的生长而移动，向上危害。雌成虫于4月中旬开始产卵，以后若螨及成螨同时危害，小叶和中等叶片受害严重。虫瘿多在叶中部和叶尖处，通常新梢端部的虫量密度较高。一年中以5～6月及9月为活动盛期。进入盛夏期（7～8月）常因高温多雨天对瘿螨发育不利，虫口有下降趋势。成、若螨均在毛斑内取食活动，将卵产于茸毛间。10月中旬螨虫开始越冬。

4. 防治方法 秋后彻底清扫果园，把病叶收集起来烧毁；芽开始膨大时，喷一次3～5波美度石硫合剂，以杀死潜伏在芽内的越冬螨虫。这次喷药适时与否对防治本病有决定性的作用。如历年发生严重时，葡萄发芽后喷洒0.3～0.5波美度石硫合剂1～2次，或喷25%亚胺硫磷乳油1 000倍液，效果都比较好。从病区引进的苗或插条，必须消毒后再行定植，方法是把苗木或插条先放入30～40 ℃温水中浸5～7 min，再移入50 ℃温水中浸5～7 min，即可杀死虫源。

（三）绿盲蝽

绿盲蝽学名*Lygus lucorum* Meyers - Dur。

1. 分布与为害特点 我国各地均有发生，因其食性甚杂，除为害葡萄外还为害其他果树、蔬菜、花卉和农作物。一般以若虫或成虫为害葡萄幼叶和花序，它们白天潜伏，夜间在幼芽、叶上刺吸危害，被害部位开始产生细小黑色坏死斑点，随幼叶伸展长大，以小黑点为中心，呈现出圆形或不规则的洞孔，严重时叶片皱缩畸形；花序受害后花梗或花蕾变色，最后脱落。

2. 形态特征 成虫体长约5 mm，卵圆形、扁平，黄绿或浅绿色。前胸背板深绿色，上有黑色小点。前翅革质，大部为绿色，膜质部为淡褐色。头三角形、黄褐色，复眼，红褐色。卵长1 mm，黄绿色，长形略弯曲，卵盖乳黄色，中部凹陷。若虫绿色，有黑色细毛，触角淡蓝色，跗节末端与爪为黑褐色。翅芽末端黑色。

3. 发生规律 一年发生4～5代，该虫多以卵越冬，一般在其他果树、蔬菜、棉花等作物的断枝切口髓部越冬，第二年3～4月上旬卵孵化为若虫。第一代若虫多在其他作物或杂草上取食危害，以后继续向其他果树上迁移，4月底5月上旬开始为害葡萄。若虫行动敏捷，3龄前多在新梢生长点附近活动，4～5龄有转移藏匿的习性。成虫产卵期长达20～30 d，为害葡萄主要是在新梢速生长初期为害嫩芽、幼叶，开花后成虫开始转移到其他作物上危害，10月上旬产卵越冬。成虫，若虫均不耐高温、干旱，当气温20 ℃，相对湿度80%以上，易大量发生。

4. 防治方法 清除田园及四周的杂草，其他作物的残枝落叶和及时翻耕越冬绿肥，以清除虫源和减少第一代若虫的发生。葡萄园周围尽量不种棉花、蔬菜。在病情较重的地方或园片可在展叶期及时喷布杀虫剂，如杀灭菊酯等均可达到良好的效果。

（四）葡萄斑叶蝉

葡萄斑叶蝉（*Eryhroneura apicalis*）别名葡萄二星叶蝉、二点浮尘子、小浮尘子、小叶蝉。

1. 分布与为害特点 全国各地均有发生，以华北、西北、长江流域较多见，是一种寄主范围较广的害虫之一。一些管理不善和树体衰老、四周杂草丛生园片较严重。以成虫、若虫聚集在叶背面取汁液，叶面出现黄白色小点，严重时小白点连接，使全叶苍白甚至枯焦脱落，影响枝条发育、花芽分化和果实成熟，此外其为杂食性，能为害多种果树、蔬菜、花卉及其他作物。

2. 形态特征 成虫长3～3.5 mm，淡黄白色，其上布有淡褐色的斑纹，头顶上有2个明显的圆形黑斑，故又称二星叶蝉。复眼黑色。前胸背板呈淡黄白色，其前缘处有几个淡褐色小斑纹排成横列，其形状和浓淡多有变化，有时消失。小盾片呈淡黄色，其前缘左右各有1块近三角形黑斑。中胸腹面中央有黑褐色斑块。足3对，其端爪为黑色。前翅为淡黄白色，半透明，有淡褐色或红褐色斑纹，翅端部色较深。在成虫发生期，虫体斑纹色斑随气温降低而加深，雄成虫一般其生殖板末端为黑褐色，可与雌虫区别。卵长约0.5 mm，宽0.2 mm，黄白色，长椭圆形，稍弯曲。若虫长2.5 mm，初孵期为白色而后逐渐加深为黄白色，胸部两侧可见明显的翅芽。

3. 发生规律 一年发生2～3代，成虫在果园附近的石缝、落叶、杂草丛中越冬，翌年春季越冬成虫首次在园边发芽早的杂草、树木、果树等上危害，葡萄展叶后再迁移到植株上危害。成虫产卵于叶背叶脉组织或茸毛中，卵散生。5月中下旬孵化为若虫。6月上中旬出现第一代成虫。8月中旬、9～10月分别产生第二代、第三代成虫，葡萄整个生长期都可发生危害。随叶片的生长，成虫危害逐渐向上蔓延，大部为害叶背面，数量大时也可为害叶面，一般树冠郁闭、通风不良、杂草滋生的葡萄园发生较重。气温高时常在树冠周围跳跃，极易受惊，飞迁时往往发出碰的"噼啪"声。

4. 防治方法 加强田园管理，清除杂草，防止附近滋生地的虫源入侵，清除受害叶片，减少越冬虫源。在发生盛期可喷杀虫剂，如敌敌畏、辛硫磷等均可。

（五）蓟马

蓟马（*Thrips tabaci*）别名烟蓟马、葱蓟马、棉蓟马。

1. 分布与为害特点 全国各地均有分布，寄主种类广泛，除为害葡萄外还可为害蔷薇科果树、柑橘及各种农作物和蔬菜，近年来在棉区、蔬菜产区的葡萄园有日益增多的趋势。它们以成虫、幼虫、若虫群集叶背、嫩梢、幼果吸食汁液。被害叶片出现黄白色斑点，严重时卷曲成杯状或畸形，甚至穿孔。幼果被害初期表面形成小黑点，随着果实增大而成为大小不一的褐色的锈斑，影响外观与品质。

2. 形态特征 成虫体长1～2 mm，淡黄至深褐色，背面色略深，体细长、略扁，头部和前胸背板宽大于长，中、后胸背面连合成长方形。口器呈鞘圆锥形，为不对称锉式口器。复眼稍突出、紫红色。触角7节。翅透明、细长、周缘密生细生长的缘毛。善行、善跳、足的末端有泡状的中垫、爪退化。腹部10节扁长，尾端尖、小，具有数根长毛，体侧疏生短毛。雌虫卵管锯齿状，由8～9腹节间腹面突出。雄虫无翅。卵长约0.29 mm，初为肾形，后呈卵圆形，乳白色，后期黄白色。若虫：体长1.2～1.6 mm，淡黄色，与成虫相似，无翅，共4龄。复眼红色。胸腹部有微细褐点，点上有粗毛。

3. 发生规律 全年发生多代，在华北一年发生3～4代，华东6～10代，而华南多达20代以上，每代历期9～23 d，夏季一代历经15 d左右，在北方多以成虫在葱、蒜叶鞘内、土缝下或杂草残株上越冬。春季当葱、蒜杂草返青时恢复活动，危害一段时间后便飞往作物、果树上，当葡萄展叶后即开始危害，成虫活跃，能飞善跳，扩散传播很快，怕阳光，早晚或阴天在叶面上为害。该虫多行孤雌生殖，很少雄虫。卵多产在叶背皮下和叶脉内。卵期6～7 d。初孵若虫不太活动，喜聚集于叶背叶脉两侧为害，长大后即分散。一般温度在25 ℃以下、相对湿度在60%以下利于该虫的发生，高温高湿不利其发生。

4. 防治方法 冬季彻底清洁田园，深翻土壤，消灭越冬虫源，发生初期可喷杀虫剂和设法保护天敌或放养天敌（如小花蝽和姬猎蝽）以控制蓟马的发生。亦可喷10%碱乳油1 000倍液。

第十节　果实采收、分级和包装

一、采收

葡萄的采收是葡萄园一年收成的一个关键工序，但它却是运输、加工等工作的开始。对葡萄酒厂来说，这是一项极为重要的工作，因其对葡萄酒生产、产品质量、经济效益等都有重要影响。一般葡萄采收季节应注意下列几方面的工作：首先是对当年葡萄的产量进行科学的预测，作为合理筹备和安

排采收工具、劳动力、采收进度和运输等工作的依据；其次根据测定的产量安排和准备加工设备、加工进度和容器等，以利工作顺利开展。

（一）成熟期的测定

1. 鲜食葡萄　鲜食葡萄成熟期的确定不仅要依据外观（果皮色泽、种子色泽等），还要看风味品质是否达到该品种应有的风味，以及含糖量、含酸量及其糖酸比等理化指标。当然有时会因市场原因适当早采或迟采。

2. 酿酒葡萄　酿酒葡萄的浆果采收期要求很严，其含糖量与含酸量比例因酒种不同而异，因此在成熟过程中必须对浆果的糖、酸、pH 等进行定期的检测。一般在浆果开始变色（成熟始期）每隔 3～5 d 测定一次糖、酸及 pH。测定前，应在葡萄园内按对角线取样 1～2 kg，样品应取自植株上、中、下各部分有代表性的果穗，每穗取一定数量，然后榨汁在室内用手持糖度计测定其可溶性固形物（可换算成含糖量），或用比重计、裴林氏液滴定法测定其含糖量，而总酸的测定多采用氢氧化钠滴定法测定。随着分析手段的发展，香气成熟度和单宁成熟度的测定也很重要。

（二）适宜采收期

葡萄浆果从开始至生理成熟后，一般可分为成熟始期、成熟期、生理成熟期及过熟期 4 个时期。由于葡萄的用途多样，因此适期采收对其产品质量有很大的影响。一般早熟鲜食品种可适当早采，以满足市场需要，而晚熟品种则尽量晚采，除延长供应外，还有利于贮运。这一时期称为“商品成熟度”采收期。用于加工的浆果，则应依据加工种类的不同而采收，如制罐、制汁、制干及制酒等的适宜采收称为“工艺成熟度”采收期。酿酒葡萄因酿制不同酒种，因而对葡萄“工艺成熟度”的要求也不同，不同酒种所要求的含糖量、含酸量、pH 及其糖酸比均不相同。

（三）采收时间与方法

1. 采收时间　当采收期确定后，各园片、品种的采摘时间应列入计划进度表中，以利工作的安排。在正常天气情况下，应在气温凉爽、湿度较小时采收为好，如早上露水干后、午间高温来临之前及午后凉爽时最适合，采前 5 d 停止灌溉。若遇雨天则应待雨后 1～2 d 浆果糖分恢复至原含糖量时再采收。尽量避免在高温、高湿（阴、雨、雾天）的条件下采摘。如需较长距离运输时，则应将装好筐的浆果暂时存放在凉处散温，使筐内果实温度基本与气温相似时再装车外运。为了确保果实的新鲜度，增加酒的果香，采后应尽快运至加工厂立即进行破碎，否则将严重影响酒质，致使优质原料也不能酿成好酒。

2. 采收方法　目前我国葡萄采收工作几乎全部采用传统的人工采摘法。一般多用采果剪（或修枝剪）把果穗梗的基部剪下。采时应轻拿轻放葡萄，以不伤果为准。对生、青果粒应随采随剔除，对病、烂果穗采后单独存放在另一筐内，成熟度不符合要求的可暂时留在树上再单独采摘。一般每筐果不超过 15 kg，已往多用枝条（柳条等）编的筐或木箱，近年来已多采用塑料专用周转箱，装筐时必须装紧，但不可装得过满，以免装车上垛时压挤。装果的容器及运输车辆必须在使用前后冲洗干净，以降低对浆果的污染而影响产品质量。近年来国外也有采用机械采收的，这种方法虽可降低劳动强度，提高工作效率和保证适时采收，但对病、烂、生、青果都无法进行剔除，严重地影响了酒质。人工采摘时多采用塑料桶，采收工人每人一个塑料桶将剪下的果穗放入桶内，每桶约 10 kg 左右，装满后运到地头将其倒入大塑料桶内，然后将大塑料桶装上运输车，或倒入专用的运输槽车的槽内，然后立即运到加工厂进行破碎。这种方法可节约容器，提高运输效率，值得推广。随着我国工业的发展，葡萄采收的机械化、半机械化必将会发展。

二、分级

葡萄果实的分级主要是对鲜食葡萄而言，酿酒葡萄会根据葡萄酒的品质要求对原料进行筛选，更侧重于内在品质的要求。

果穗分级前要修整果穗，剪除病虫、干枯、腐烂果粒及小青粒或成熟不良的果粒。一般分为三级。

1. 一级品 果穗典型，能代表本品种的标准穗形。果穗非常整齐、无破损，大小均匀，成熟度好，具备本品种固有色泽。

2. 二级品 对果穗和果粒大小要求不严格，但要求果粒成熟、无破损。

3. 三级品 为一、二级淘汰的果穗。

三、包装运输

葡萄浆果皮薄汁多，糖分含量高，包装不好易腐烂变质，造成不应有的损失。包装箱选材要有利于保护浆果不受机械损伤和污染。包装箱大小要便于贮运和携带。包装箱设计要美观。装箱时，先将一个塑料袋放入箱内，把葡萄的果穗整齐地摆放入袋内，做到紧密而不挤压，装够重量后，放入一袋保鲜剂，将塑料袋盖好并封箱。装箱时应注意使果穗相互填实挤紧，以免运输途中摇晃，使果粒脱落；装箱要适量，以箱口平为度，超过箱口，会压坏葡萄，装入太少，果穗会在运输途中晃动，造成果粒脱落。在搬运过程中，要轻拿轻放，以免葡萄在箱内晃动造成损失。堆码时，用纸箱包装的果品，要考虑最下层箱子的承受力，不要堆得太高，把下层纸箱及箱内的葡萄压坏。一般酿酒用的葡萄可用木箱、塑料箱装运，每箱不超过 30 kg 为宜，同时要尽快运至酒厂加工。

第十一节　果实贮藏保鲜

一、品种与贮藏保鲜

不同种、不同品种群、不同品种的葡萄贮藏性均有很大差异。早期贮藏的葡萄品种多属于欧亚种东方品种群中晚熟或极晚熟的耐贮品种，如龙眼、黑鸡心、和田红葡萄、兰州大园葡萄、宁夏大青葡萄、内蒙托县葡萄等。这些品种果粒普遍不太大，果肉较软，品质一般，是适合传统贮藏工艺条件下的品种；另一些品种虽然有较好的食用品质，但贮运性能比较差，如新疆的木纳格、红葡萄、牛奶葡萄等。

欧美杂种品种，尤其是巨峰群品种具有果粒大、抗病和抗寒等特性，但果刷短，果肉软，易干梗脱粒。虽然解决了它的贮藏技术问题，并使之成为我国目前冬贮主要品种，但易脱粒、易干梗的特性影响了该品种的长途运输和货架期。

用于贮藏的葡萄应选旱地栽培、晚熟、充分成熟和果皮较厚或果肉较脆硬的品种。品质较好、耐储运的品种有红地球、秋黑、意大利、瑞必尔、圣诞玫瑰、红宝石、甲斐路、森田尼无核、红宝石无核、皇家秋天等。但有些品种果刷较短，运输中容易出现脱粒等现象，需要从栽培环节开始配套贮运保鲜技术。

二、贮藏保鲜技术

葡萄浆果在贮藏过程中仍然进行生命活动，因而要求适宜的外界环境条件，否则会腐烂变质。采收时要小心谨慎，确保浆果不受伤，对病虫果或成熟不良者一律清除。采后必须在阴凉的地方散热，贮藏处的温度一般在 1～2 ℃，相对湿度为 75%左右。生产上传统的贮藏方法主要有下列几种。

（一）小型贮藏法

主要用小容器贮存少量的葡萄，是我国广大农村常用的方法，由于容器的不同可分为：

1. 牛角瓮贮藏法 山东省平度市大泽山产区的果农多用这种方法贮藏柳子葡萄，经 4～5 个月仍然新鲜，效果良好。贮藏前将牛角瓮（即小型陶瓷缸）用清水浸泡 2～3 d，倒出清水后擦干净，将葡萄从缸底向上一层层平放，当装满容器的2/3时即可（亦可在缸的中部加一隔层）。装好后上面盖一层白菜叶，以后每隔10～15 d倒缸一次，拣出病烂果粒果穗。当气温降到−5 ℃时，应加以保暖，当气温升高后应设法调节，如白天闭门窗、夜间打开，使温度经常保持在1～2 ℃为宜，一般可存放到翌年3～4月，损耗率为20%～25%。

2. 瓷缸贮藏法 我国不少产区应用此法。贮藏前先将瓷缸洗净、擦干，并按缸壁的斜度大小制成井字木格，一般先在缸底10～15 cm处置一木格，其上放一层葡萄，以后每放一层木格就放一层葡萄，一般每个缸可放4～5层。最上层用木格盖好后用报纸糊封，封缸后一般不再翻动。这种方法可贮藏到翌年3月，损耗率为20%～30%。

（二）大型贮藏法

1. 窖藏（或室内）**法** 这是我国各主要产区采用的传统的大量贮藏葡萄法，因各地的环境条件不一，窖式也不相同，可根据当地的具体条件，利用各种建筑物，以满足葡萄在贮藏过程中所要求的自然条件为原则。以室内筐装贮存龙眼葡萄为例，具体做法为：10月上旬果实充分成熟后，选晴天的上午采收，将病、残、伤、青粒除去后装筐（每筐20～25 kg），在室内距地面60～70 cm设木架，其上放置果筐，一层果筐上搁一层木板，直至适宜高度为止。贮存期间主要是调节室内的温、湿度，在10～11月（前期）间将果筐置于南屋，室内保持5～10 ℃，12月后将果筐转移到北屋，天气冷时可在室内加温，使之保持在1～3 ℃。3～4月后室外气温上升，为了降温，白天密闭，夜间打开通气孔，将温度保持在2～4 ℃。整个贮藏期间，相对湿度保持在78%左右。165 d后，好果率保持在80%以上，损耗仅为20%（失水4.9%、腐烂15%）左右。

2. 气藏法（二氧化硫防腐贮藏法） 在冷库条件下，可用3种方法进行二氧化硫防腐。

（1）亚硫酸氢钠加硅胶防腐法。按贮藏葡萄量称取0.3%亚硫酸氢钠和0.6%的无水硅胶，充分混合后，分装于若干小纸袋内，然后分散放在葡萄筐内（药袋与葡萄之间最好用纸隔开），最后用包装纸封闭即可。

（2）燃烧硫黄防腐法。即把包装好的葡萄堆成垛，罩上塑料薄膜罩，按罩内的体积计算，每立方米燃烧硫黄20 g，每10 d烧一次。即将称好的硫黄放入一个铁容器内，加热使其产生二氧化硫，通过管道引入罩内进行杀菌防腐。

（3）二氧化硫防腐。葡萄的存放同上，只是每10 d按体积通入2%～3%的二氧化硫气体即可。这种办法较简单易行，但必须首先解决二氧化硫气体。

现代化的葡萄贮藏保鲜技术更加完善，葡萄果实采收后尽快降温，然后进行标准化分装，包装好后充气（SO_2）、预冷，最后放在恒定的冷库中保存。

（三）贮藏保鲜新技术发展

1. 物理保鲜技术

（1）冷藏保鲜。采用高于水果组织冻结点的较低温度实现水果的保鲜。近年来，冷藏技术的新发展主要表现在冷库建筑、装卸设备、自动化等方面。计算机技术已在自动化冷库中得到普遍应用，较新的方法是控制冰点贮藏保鲜，即日本的冷温高湿储藏法，把冷库的温度调到0～1 ℃，相对湿度调到95%。

（2）气调贮藏保鲜。指通过调节贮藏环境中氧气与二氧化碳的比例，抑制果实的呼吸强度，以延长果品贮存期的一种贮藏方式，也是当今最先进的可广泛应用的果品保鲜技术之一。具体形式有CA气调贮藏保鲜（气调库）、MA气调贮藏保鲜（塑料薄膜袋气调）及包装中先抽真空再充入混合气体的MAP保鲜法。

（3）调压保鲜。调压保鲜技术是新的果品贮藏保鲜技术，包括减压贮藏和加压贮藏。减压贮藏又称为低压贮藏，是在传统气调库的基础上，将室内的气体抽出一部分使大气压降低到一定程度，限制微生物繁殖和保持果品最低限度的呼吸需要，从而达到保鲜目的。加压保鲜与减压贮藏具有异曲同工的技术思想体系，这一技术的研究也以装置系统的研制为基础。

(4) 电子保鲜。随着微波技术和现代电子技术的发展，这些技术在果品保鲜中的应用也有较大的发展。目前应用较多的有辐射保鲜、静电场保鲜、臭氧及负离子气体保鲜等几种保鲜技术。

2. 化学保鲜技术 主要是应用化学药剂对果品进行处理保鲜，这些化学药剂可以统称为保鲜剂。根据其使用方法的不同，保鲜剂可以分为吸附型、浸泡型、熏蒸型和涂膜型。天然保鲜剂由于安全性大大高于化学合成的保鲜剂，近几年得到很大发展，主要有磷蛋白类高分子蛋白质保鲜膜、脱乙酰甲壳素的衍生物、魔芋甘露糖苷、蔗糖酯等以及英国烃类混合物保鲜剂。

3. 生物保鲜技术 生物防治是采用微生物菌株或抗生素类物质，通过喷洒或浸渍果品处理，以降低或防治果品采后腐烂损失的保鲜方法。这是近年来新发展起来的具有广阔前景的果品贮藏保鲜方法，典型的应用领域有生物防治技术和遗传基因控制技术等。例如，科学家经过筛选研究，分离出一种 NH－10 菌株，这种菌株能够制成乙烯去除剂 N－T 物质，可防止葡萄在储存中发生的变褐、松散、掉粒，保鲜效果明显。澳大利亚的科研人员在一个葡萄品种中找到了一段对霉菌有高度抵抗力的基因。相信这些基因完全可以移植到容易受到霉菌侵袭的葡萄品种上，增强它们的抗腐能力。

第十二节 设施栽培技术

一、设施栽培类型

葡萄设施栽培是利用人工设施创造葡萄生长发育的优良环境条件，实现定向生产目标的特殊栽培形式。葡萄设施栽培具有使葡萄提早、延迟、遮雨、防病、防雹、防霜、防药害等作用，具有调节市场供应期、预防自然灾害、提高葡萄品质等功能，已经成为我国南北方鲜食葡萄生产的重要形式。设施栽培目前在我国重点分为 3 种类型。

1. 促成栽培 以提早成熟、提早上市为目的的栽培形式，是我国葡萄设施栽培的主流，可为早春、初夏淡季提供葡萄鲜果供应。主要措施包括：采取早熟品种，达到早中取早的效果；采取温室加温，尽可能地提高气温和地温；对枝芽涂抹石灰氮，打破葡萄枝芽休眠期，促进提前萌芽；通过加强管理、限水控产、增施有机肥等措施，促进果实提早成熟。

2. 延迟栽培 以延长葡萄果实成熟期、延迟采收，提高葡萄浆果品质为目的的栽培形式，通过延迟栽培，可使葡萄延后上市，既能生产优质葡萄，又可省去保鲜费用，延长货架期，可获得较高的市场“时间差价”。这种栽培模式适合于质优晚熟和不耐贮运的品种。某些品种在某一地区露地不能正常成熟，可采用设施延迟栽培，使其充分成熟。

3. 避雨栽培 以塑料薄膜挡住葡萄植株，能够起到遮雨、防病、防雹、控制水分、提高品质等作用。在秋雨大的地区或年份，可有效地防止葡萄因采前遇雨而造成的裂果和腐烂，提高耐贮性。避雨栽培已成为生长季雨水大、病害多的葡萄产地最主要的栽培措施。

二、保护设施

(一) 设施选址

选择被风向阳，东、南、西三面没有高大遮阳物体，地势平坦，有水源且排水良好，土壤最好为沙壤质的较肥沃土壤，最好是符合生产无公害农产品环境要求的地块。切忌在重盐碱地、低洼地和地下水位高及种过葡萄的重茬地建园。

(二) 设施类型与结构

1. 加温玻璃温室 主要应用于科研试验与示范，生产上应用较少。

2. 塑料薄膜日光温室 生产上应用较多，其结构形式多为东西走向，北面和东、西面设保温墙，

根据保温需要，墙体采取不同程度的保温措施。温室骨架可采用竹木结构、钢材结构，跨度一般为6～8 m，前底角高1～1.5 m，脊高2.3～3.0 m，长度为50～100 m。

3. 塑料大棚 塑料大棚分为半拱圆形大棚、屋脊型大棚，有单体大棚，也有连栋式大棚。单体塑料大棚一般跨度5～10 m，高度2.8～4.0 m，长度一般为50～70 m，走向一般为南北走向。

无论是哪种设施，都应具有足够的跨度、高度，一定的抗风、抗雪压能力，良好的透光性和升、降温性能，同时造价要低，架设容易，田间管理方便。

三、适宜品种

不同葡萄品种在设施中的表现明显不同，栽培目的不同，对品种也应有不同的选择。促成栽培对葡萄品种选择的原则是以极早熟、早熟和中熟品种为主，例如，贵妃玫瑰、红双味、弗蕾无核京亚、京秀、蜜汁、金星无核、无核白鸡心、里查马特、乍娜、早红无核、巨峰、京优、香悦、巨玫瑰等。同时注意筛选自然休眠期短、需冷量低、易人工打破休眠的品种，以便早期进行保护栽培。

延迟栽培在晚秋、冬初成熟上市的品种，则应选择晚熟品种或容易多次结果的品种，如晚红、夕阳红、黑奥林、宝石无核、红脸无核、红地球、克瑞森无核等。

无论促成栽培还是延迟栽培，均宜选择花芽易形成、花穗着生节位较低、坐果率高、较易丰产和质优的品种，对东方品种群的品种（如龙眼等）要慎重选择。同时，选用的保护地栽培品种要有良好的适应性，尤其是对温、湿、光等环境条件适应范围较宽，且抗病性较强。另外，在同一棚室内应选择同一品种或成熟期基本一致的同一品种群中的品种，以便统一管理。

四、设施栽培技术要点

（一）架式与株行距

设施葡萄栽培架式很多，和露地栽培一样可依据品种特性和土壤条件选用，但可适当密植，避免采用过高过大棚架。篱架行距1.3～2.0 m，株距0.5～1.5 m为宜；棚架行距2.0～4.0 m，株距0.8～2.0 m（视树形而定）为宜。

（二）枝蔓、花果管理

依据树形要求，培养主干或主蔓，在培养过程中及时摘心、去副梢，保持通风透光，健壮枝蔓。在生长季节前期，抹去或疏去多余的芽和新梢，可以改善通风透光条件，抹芽和疏梢进行得越早，对节约树的养分越有利。保留新梢的数量根据树势强弱和架面大小确定。在花序上部留4～6片叶摘心能控制新梢的生长，可提高葡萄的坐果率，对坐果不良的品种具有重要作用。对于结果枝下部的副梢要及时抹去，花序以上的副梢保留一片叶进行摘心，结果枝顶端的副梢每次留2片叶摘心。结合其他工作，随时将卷须掐除。当新梢长至40 cm以上时，就需要引缚到架面上，有利于通风透光。开花前对花序进行一次疏剪和整理，及时去掉过多、过密和生长发育不完全的花序。对于成熟时果穗在500 g以上的大果穗品种，每个结果枝只留1穗果，果穗在500 g以下的小果穗品种，强壮结果枝留1～2穗，中庸枝留1穗，弱枝一律不留花序。坐果后疏掉果穗中的畸形果、小果、病虫果及比较密挤的果粒。

（三）肥水管理

棚室内土、肥、水的管理要求较大田高。定植后苗高40 cm左右时开始追肥，一年生葡萄每株追施复合肥50～100 g，二年生追施复合肥150 g左右，叶面喷肥2～3次。每年9月至落叶前进行一次秋施基肥，每667 m^2施充分腐熟的优质有机肥4 000 kg左右。

在棚室中，葡萄一般在萌芽开花前追施1次氮、磷、钾肥，坐果及浆果开始着色期，可追施磷、钾肥2～3次，也可叶面喷施氨基酸钾肥2～3次。

灌水应依据土壤和葡萄生长等情况并与施肥结合进行，升温前灌催芽水1次，开花前灌水1次，花后至浆果成熟前灌水 2～3 次。

结合施肥、灌水进行松土、保墒。

(四) 温度调控

1. 休眠期温度调控 葡萄植株的休眠期是从落叶后开始到翌年萌芽为止。一般于 1 月上中旬在温室的屋面覆盖塑料薄膜后再盖纸被、草苫，使室内不见光，温室内温度保持在 8～10 ℃，这样既能满足休眠期低温的需求量，又使葡萄不致遭受冻害。

2. 升温至果实采收期温度调控 日光温室葡萄一般于 1 月上旬开始揭帘升温，一般 8:00 左右揭开草苫或防寒被，使棚室内见光升温，16:00 左右覆盖草苫或防寒被保温（具体时间视当地气候条件而定）。升温不要过快，要注意提高夜温。日光温室栽培正常条件下，葡萄从树液流动到发芽需 25～30 d（从升温到发芽需 40 d 左右）。升温到萌芽前，最低温控制在 5～6 ℃，最高温控制在 30 ℃ 以内；萌芽至开花期夜间最低温控制在 10 ℃ 以上，白天温度控制在 28～30 ℃；花期温度夜间控制在 15 ℃ 以上，白天控制在 25～30 ℃；幼果膨大期对夜温要求较高，花后 15 d 内夜温要求在 18～20 ℃，白天温度控制在 28～30 ℃；果实着色期一般夜间温度保持在 15 ℃ 左右，不能超过 20 ℃，白天控制在 32 ℃以内，要保持一定的昼夜温差，有利于果实增糖着色。

(五) 湿度调控

温室内的空气相对湿度要比露地高得多，土壤水分与露地有很大不同。对于土壤，要增加土壤有机质含量，增强土壤自身保水能力，在葡萄栽植畦面覆盖地膜，防止土壤水分蒸发，又要经常浇水，保持土壤有稳定的水分，以满足葡萄正常生育所需要的有效水分，但是，在土壤湿润的情况下，尽量不灌水，以防新梢徒长。温室内湿度的调控更为重要，萌芽至花前空气相对湿度控制在 60%～70%，花期控制在 50%～60%，浆果膨大期控制在 60%～70%，果实成熟期控制在 50%～60%。

(六) 气体调控

二氧化碳是植物进行光合作用的原料，其浓度大小对光合作用将产生重要的影响。棚室内密闭、无风，室内气流速度小，空气中二氧化碳浓度会降低，影响葡萄正常发育。为补充棚室内二氧化碳不足，可采取通风换气和安装二氧化碳发生器，人工补充二氧化碳。

(七) 光的调控

葡萄是喜光植物，光照不良可造成新梢节间长、叶片薄、营养不良、坐果不好、浆果成熟晚、着色差、产量低、质量差。为增加棚室内的光照，应采用无滴棚模，并及时擦去膜上灰尘，保持棚膜透光量。连续阴、雨、雪天光照不足，易引起叶片黄化，应在棚内设置反光膜，增加光合效能。

第十三节 优质高效栽培模式

一、果园概况

2007 年于山东省平度市大泽山镇三山东头村建园，建园面积 0.33 hm^2，品种为红枫（当时为品系，编号 8 号，2013 年通过新品种审定），采用一年生扦插苗定植，株行距 1 m×1.8 m，采用单干双臂篱架整形，中短梢修剪。当地为暖温带东亚半湿润季风区大陆性气候，年平均气温 11.9 ℃，无霜期 195.5 d，日照时数约 2 700 h，年平均降水量 680 mm。葡萄园的土质为沙质壤土，有机质含量 0.64%，含有效氮 0.046%、有效磷 20.5 mg/kg、速效钾 49.6 mg/kg，pH 7.1，有灌溉条件，行间实行清耕制度。2012 年（五年生树龄）实现平均每 667 m^2 产量 1 750 kg，平均售价 8.5 元/kg，每 667 m^2 产值 14 875 元。

二、整地建园

2006 年秋季，按行距开挖定植沟，深、宽各 60 cm，把表土与底土分别存放，挖好后先在沟底撒

上一层约 15 cm 切细的玉米秸和杂草混合物，并与底土混合，然后填入表土和有机肥，并将其混合均匀，有机肥为猪圈肥和鸡粪混合物，每 667 m^2 施入约 5 000 kg，表土与有机肥混合层约 25 cm，最后填入底土至与地面平，浇透水，墒情适宜时整平。2007 年 3 月下旬按株距定植。

苗木为 2006 年在当地自育的扦插苗，选用二级以上苗，即粗度大于 0.2 cm、长度大于 15 cm 的侧根 4 条以上，枝条基部第三节粗度大于 0.6 cm，无干根、干枝、霉烂现象。定植前将成捆的苗木根系放入清水中浸泡 12 h，然后对枝干保留基部 3 个饱满芽剪截，剪口离顶部芽 2 cm 左右，在根系末端对根剪出新茬。在苗木定植处挖出一个约 25 cm 见方的定植穴，放入苗木，枝条基部芽先略低于地平面，一人持苗，一人埋土，边埋边适当抖动提苗，直至令基部芽与地面平齐，并踩实，随后浇一遍透水。待墒情适宜时，检查苗子，发现因浇水导致苗木位置不正的及时调整，同时，对地面中耕保墒，对枝条用潮湿土覆盖 5～10 cm。

当年 5 月埋上水泥柱，离地面 50 cm 处拉一道铁丝，7 月在第一道铁丝上 40 cm 处拉第二道铁丝。第二年 7 月拉上第三和第四道铁丝。

三、第一年管理技术

（一）土肥水管理

当大部分苗高达 20～30 cm 时，在离苗 25 cm 处挖 15 cm 深环形穴施入复合肥，每株 20 g，随后浇水，2 d 后中耕保墒除草。隔 20 d 后按同样的方法施肥灌水，施肥量 30 g，20 d 后同样方法与量进行第三次施肥灌水。8 月初施一次磷钾肥，施肥量 30 g。11 月下旬灌一次防冻水。

（二）整形修剪

定植当年，苗木长出新梢后及时插竹竿，选留一个强壮的主枝顺竿引绑，其余芽全部抹除，当苗高达到 50 cm 时，绑缚在第一道铁丝上，超过 60 cm 时摘心，随后保留 2～3 个副梢，当副梢长度够到第二道铁丝时，则均匀绑缚在第二道铁丝上。冬季修剪时，于 60 cm 处修剪定干。

（三）病虫害防治

7 月初喷布一次半量式 240 倍波尔多液，20 d 后喷布一次等量式 200 倍波尔多液，间隔 16 d 再喷一次。

四、第二年管理技术

（一）土肥水管理

发芽前离苗 30 cm 处挖 20 cm 深环形穴施入复合肥，每株 30 g，随后浇水，2 d 后中耕保墒除草。随后的施肥灌水次数和方法与第一年基本一致。

（二）整形修剪

第二年，在主干的上端留 2 个新梢，在长度达 50 cm 时对两个新梢摘心，随后萌发的副梢保留先端两个 30 cm 摘心，其余的留 2 芽摘除，两个主梢分别向两边倾斜 45°引缚于第二道铁丝上，其上副梢也引缚于第三道或第四道铁丝上，均匀分布于架面。冬季修剪时保留两个枝条的长度为 40 cm，若枝条生长不健壮宜短剪，为下一年培养健壮的枝条打基础。

（三）病虫害防治

与第一年基本相同。

五、第三年管理技术

（一）土肥水管理

肥水管理同第二年。

（二）整形修剪

第三年，对两个上年留下的枝条向两边沿铁丝水平绑缚，成为两个“臂”，对其上萌发的新梢按距离 15～20 cm 保留，培养结果单元。当新梢长到 40 cm 以上时引缚于第二道上，并摘心，随后长出的新梢（副梢）逐步引缚于第三道铁丝或第四道铁丝，冬季修剪时对当年生主枝进行短梢修剪，成为结果母枝，并成为以后的结果单元，至此，树形培养完成。7 月上旬对果穗进行了套袋。

（三）病虫害防治

波尔多液的喷洒比上年多一次，同时，7 月初套袋前对果穗喷布一遍 70%甲基硫菌灵 1 000 倍溶液。

六、第四年管理技术

（一）土肥水管理

分别在发芽前、开花前、幼果期进行了 3 次施肥灌水，每株施复合肥 50 g，转色初期施磷、钾肥和微量元素肥，每株 40 g，采收后 1 周每 667 m^2 施腐熟有机肥 2 000 kg，距葡萄行 40 cm，开沟40 cm 均匀施入，随后灌水。其他同上年。

（二）整形修剪

第四年以后，冬季修剪主要是对结果单元进行双枝更新修剪。

夏季修剪按常规进行，主要包括主梢花后果穗上 6～8 片叶摘心，上部留 2 个副梢，其余副梢留基部 1 片叶摘除；开花前疏去弱小、畸形、过密花序，健壮新梢保留 1～2 个花序，细弱短小新梢不留花序，每平方米架面留花序 8～10 穗；于幼果期适当修整果穗，主要是剪去穗尖 1/6，疏去个别过密果粒，保证果穗美观；7 月初套袋，套袋前对果穗喷布一遍 70%甲基硫菌灵 1 000 倍溶液。其他管理（除萌定梢、去卷须、绑蔓等）正常进行。

（三）病虫害防治

在萌芽前期对树干和地面喷布 1 次 3 波美度石硫合剂，其他病虫害防治措施同上年。

第四十九章　杏

概　　述

杏原产我国，其栽培历史悠久。据古文记载，大约在2 500年前，我国人民就已开始栽培杏。例如，《夏小正》记载有："正月，梅、杏、杝桃则花；四月，圃有见杏"；《山海经》记载有："灵山，其木多桃、李、梅、杏"；我国古代医书《黄帝内经·素问》记载了杏的食疗价值，如"肺色白，宜食苦，麦、羊肉、杏、薤皆为苦"；而《齐民要术》更记载了杏的栽培技术和加工利用，可见对于杏的栽培利用，早在1 400多年前在我国就已相当普遍了。

杏主要分布在北半球。我国是杏的起源中心，栽培历史悠久，品种繁多，有3 000余个品种和类型，是世界杏资源最丰富的国家。我国栽培杏的地理分布南起北纬23°05′的云南麻栗坡县，北至北纬47°15′的黑龙江富锦市，西至新疆的喀什地区，东抵浙江沿海的乐清县。我国除南部沿海及台湾省外，大多数省份皆有栽培，但以河北、山东、山西、河南、陕西、甘肃、新疆、辽宁、吉林、黑龙江、内蒙古、江苏、安徽等地较多，而集中栽培区为东北南部和华北、西北黄河流域地区。

杏是我国人民所喜爱的果品之一，它以早熟、甘美为特色，在初夏果品市场上占有重要位置。杏在古代与桃、李、栗、枣共称"五果"。杏树全身是"宝"，用途极为广泛，经济价值很高。杏果营养丰富，味美可口，含有多种人体所必需的维生素及无机盐类，是一种营养价值较高的水果。据中国医科学院卫生研究所编著的食物成分表中记载，每100 g杏肉含糖11.1 g、蛋白质1.2 g、钙26 g、磷24 mg、铁0.8 mg、维生素C 7 mg、硫胺素0.02 mg、核黄素0.03 mg、烟酸0.6 mg、胡萝卜素1.79 mg（约为苹果的22.4倍）。杏的果肉能改善人体血液循环、抵抗感染，有助于减轻忧郁和失眠，提高记忆力。最近，国际医学界发现，苦杏仁中含有一种丰富的维生素，现已将它定名为维生素B_{17}，能有效地抑制和杀死癌细胞，缓解癌痛，有防癌治癌效果。杏位居世界公认十大健康水果排行榜第二位，是防癌抗癌的水果佳品，世界上四大长寿区均为杏的集中产区。

杏果具有很大的加工潜力，可以制成各种加工品，如可以制成杏干、杏脯、杏酱、杏汁、杏酒、杏糖水罐头、杏青梅、杏话梅、青红丝、果丹皮等，增值增收，满足食品市场的需要。杏仁可以加工成杏仁霜、杏仁露、杏仁酪、杏仁酱及各种杏仁点心，也是制作五香甜杏仁和八宝酱菜的原料。杏仁油既是优良的食用油，也是高级润滑油，并可作油漆涂料及化妆品的原料。

除果实之外，杏树木材色红质坚，可加工成美观的小木器，如烟斗、算盘珠及其他工艺品。杏叶是很好的家畜饲料。加工杏仁剩下的杏核壳，是高级活性炭的材料。树皮可提取单宁和杏胶。杏开花时，又是很好的蜜源。广植杏树既可以绿化荒山沙地，也可以是美化庭院的"四旁"树种，具有良好的经济和生态效益。

尽管我国栽培杏的历史悠久，而且有培育杏的良好条件，但杏在果树的栽培面积中所占的比重并不大，究其原因，一方面是我国杏的栽培大多为粗放式经营，产量低而不稳；另一方面是杏对春季低温的急剧变动抵抗力弱，其花芽、花甚至幼果常遭受冻害，使产量大幅度降低，甚至绝产，从而影响了杏的发展。如今采用现代科学管理手段，通过塑料大棚集约栽培，创造适宜于杏树生长发育的环境条件，可有效避免冻害的发生，进行反季节生产，促进早熟，使其果实提前上市，因而取得了较高的经济效益。

第一节 种类和品种

一、种类

杏属（*Armeniaca* Mill.）为双子叶植物纲被子植物门蔷薇科落叶乔木，本属有 8 个种，分布于东亚、中亚、小亚细亚和高加索地区，中国有 7 个种（表 49 - 1）。

表 49 - 1 中国杏属植物主要特征

中文名	拉丁名	特征描述
杏	*Armeniaca vulgaris* Lam.	乔木，高 5～8（最高可达 12 m）；叶片宽卵形或圆卵形，先端急尖至短渐尖；果实多汁，成熟时不开裂；核基部常对称
山杏	*Armeniaca sibirica*（L.）Lam.	灌木或小乔木，高 2～5 m；叶片卵形或近圆形，先端长渐尖至尾尖；果实干燥，成熟时开裂；核基部常不对称
藏杏	*Armeniaca holosericea*（Batalin）Kostina	叶片两面被柔毛，老时毛较稀疏；果梗长 4～10 mm。叶片卵形或椭圆状卵形，下面被短柔毛；果梗长 4～7 mm；核卵状椭圆形或椭圆形，表面具皱纹
洪平杏	*Armeniaca hongpingensis* T. T. Yu & C. L. Li	叶片椭圆形或椭圆状卵形，下面密被浅黄褐色长柔毛；果梗长 7～10 mm；核椭圆形，表面具蜂窝状小孔穴
紫杏	*Armeniaca dasycarpa*（Ehrh.）Borkh.	果实暗紫红色；叶片仅下面沿叶脉或脉腋间具柔毛，边缘具不整齐的小钝锯齿；果梗长 7～12 mm
东北杏	*Armeniaca mandshurica*（Maxim.）Skvortsov	叶边具不整齐细长尖锐重锯齿，幼时两面具柔毛，老时仅下面脉腋间具毛；花梗长 7～10 mm，果梗稍长于花梗
梅	*Armeniaca mume* Siebold	一年生枝绿色；叶边具小锐锯齿，幼时两面具短柔毛，老时仅下面脉腋间有短柔毛；果实黄色或绿白色，具短梗或几无梗；核具蜂窝状孔穴

二、品种

（一）岱玉杏

山东省泰安市林业科学院从泰山山区的自然杂交杏园中选出，岱玉杏（鲁 S - SV - AV - 002 - 2006）具有果个大（平均单果重 105.0 g，最大 165.0 g）、味甜（可溶性固形物含量 14.5%）、果实发育期较短（60～65 d）、丰产（三年生单株产量 28.5 kg，折合每 667 m^2 产量为 2 365.5 kg）、仁甜、贮运性能较好、对细菌性穿孔病及褐腐病等具较强抗性特点。

（二）金太阳杏

山东省果树研究所 1994 年从美国引入。果实成熟期在 5 月末，属极早熟品种。平均单果重 53.8 g，最大者达 97.0 g；果皮金黄，阳面透红；果味甘甜，香味浓厚，品质上等；含可溶性固形物 15%，离核、核小；适应性强，耐瘠薄，抗低温。速成苗栽后当年成花，第二年开花坐果率达 100%，单株产 3 kg 左右。第三年平均株产 11.2 kg，折合每 667 m^2 产量为 1 210 kg。

（三）凯特杏

山东省果树研究所 1991 年从美国加利福尼亚州引入，果实在 6 月 10～15 日成熟。果大型，平均单果重 105.5 g，最大可达 150.0 g；果色橙黄；果味酸甜爽口，口感纯正，芳香浓郁，品质上等；可溶性固形物含量 12.7%，总糖 10.9%，酸 0.94%；离核、核小；极丰产。果实发育期 75 d 左右，6

月中旬成熟。自花授粉结实率高，具有成花早、易成花、早实丰产的特点。速成苗栽后当年开花；第二年其开花坐果率达 100%，平均每株产量为 3.3 kg；第三年，每株产量为 10.6 kg，最高者可达 13.4 kg；第四年平均株产为 26.3 kg，最高者达 37.7 kg。该品种抗盐碱、耐低温，自花授粉结实率高达 38.9%。

(四) 京早红

北京果树所选育的杂交种，母本为中熟杏品种大偏头，父本为早熟杏品种红荷包。平均单果重 48.0 g，大果重 56.0 g，可食率 94.3%；果顶圆凸，缝合线浅，不对称；梗洼中等深度，果皮底色橙黄，果面部分着紫红晕和斑点，茸毛中多；果肉橙黄，汁液中多，纤维中等，风味酸甜，肉质细，有香气；离核、苦仁；可溶性固形物含量 12.0%～14.5%。早熟品种，6 月中下旬果实成熟，果实发育期 65 d 左右。以短果枝和花束状果枝结果为主，完全花比例 52%，坐果率 19.2%，丰产，抗日灼和裂果。

(五) 京佳 1 号

北京果树所选育的杂交种，以串枝红为母本、山黄杏为父本，2008 年通过审定。该品种果实椭圆形；平均单果重 79.0 g，最大果重 137.0 g；果皮底色橙黄，果面近 1/2 着深红色片红；果肉橙黄，汁液中多，纤维中等，风味甜，有香气；半离核、苦仁；可溶性固形物含量 12.9%～13.2%。果实发育期 87 d 左右。坐果率高、稳产、丰产、抗晚霜能力较强。

(六) 泰山红杏

泰山红杏是山东省泰安市林业科学研究所选出，其主要特点是中晚熟、丰产、个大、耐贮运，为优良的鲜食加工兼用性品种。泰山红杏平均单果重 68 g，最大达 108 g；果皮紫红色，肉质硬脆，果汁少，离核，酸甜适中。经 6 年观察，一般定植后第二年开始结果，单株产量 2 kg；第三年单株产量 10.6 kg；第四年单株产量 15.7 kg；第五年单株产量 32.5 kg。果实发育期 100 d 左右，在泰安地区于 7 月上旬成熟。目前，其市场销售价好于早熟品种，经济效益显著，宜大力发展，适于山丘地区露地栽培。

(七) 明星

河北农业大学培育的杂交品种。果个大、色艳；平均单果重 75 g，最大达 98 g；果面橙红色，颇美观。果实发育期 75 d 左右，在泰安 6 月中旬成熟，进入结果期早，3 年结果，4 年幼树平均株产 23.5 kg。该品系树体紧凑、树姿直立，适于密植，花期抗低温能力强，是露地栽培的一个优良品种，宜发展。

(八) 二花曹杏

原产于山东省肥城市安庄中江村。树体健壮，主枝开张，枝条细长，分布疏散而均匀，通风透光性好。成龄树长枝占 19%，中枝占 25%，短枝占 36%，叶丛枝占 20%。果实主要分布在二至三年生枝的中、下部及短枝上。果实短椭圆形至球形、稍扁，缝合线较明显；平均单果重 35 g，最大者达 59.3 g；果肉黄色，粘核至半粘核，肉质中细，酸甜可口；可溶性固形物含量 13%，每 100 g 果肉含维生素 C 6.2 mg，果胶 0.96%，蛋白质 0.72%。幼树定植后，第二年即可开花，第三年株产杏 2.5 kg。属早期丰产性品种，成熟期在当地 6 月初，适于保护地及山丘地区栽培。

(九) 红荷包

原产山东省历城县山区。1985 年从山杏中选出并大面积推广。目前各省市都相继引种栽培。其树健壮，树姿开张，以短果枝结果为主，中长枝也有较高的结实力；结果早，但幼树完全花比例低，一般 5 年树龄以上的树产量稳定。果实中等，平均单果重 60～65 g；果面橘黄色，向阳面有红彩；果肉较细，酸甜可口，略有香气，品质中上等。果实发育期为 55 d。红荷包杏是目前国内较好的鲜食加工兼用的早熟品种，在当地 5 月下旬可采收上市，售价高、效益好，深受果农欢迎。

（十）泰安水杏

泰安水杏主要产于泰安市麻塔、下港一带。树势强健、开张，以短果枝结果为主，进入结果期早而且丰产，年间产量较稳定。果为大型，平均单果重 65 g，最大者达 94 g；果面黄绿色，细嫩美观；果肉黄白色，质细而软，多汁，味甜，香气浓郁，品质上等。6 月上旬成熟上市，中旬完全成熟，果实发育期为 65 d。可溶性固形物含量 15%，每 100 g 果肉维生素含量达 6.2 mg，是优良的鲜食品种。

（十一）试管早红杏

试管早红杏是山东省果树研究所石荫平研究员，自 1998 年开始利用生物工程中的胚培技术，历经 12 年潜心研究，培育、筛选出的特早熟杏系列优系。在山东泰安地区露地栽培，5 月中旬开始成熟。果型高桩，单果重 54.9 g，大果 67 g；着色早，着色面广，果实色彩鲜红美观，艳丽诱人；果肉细汁多，香味浓郁，浓甜微酸，可溶性固形物含量高达 19%，品质佳；离核。果实发育期 50 d 左右，适应性、丰产性强，适合大棚与露地栽培。

（十二）红丰

山东农业大学园艺系陈学森教授等采用有性杂交及现代生物技术相结合的办法选育而成，亲本为二花曹×红荷包。其树冠开张，枝条自然下垂，萌芽率高，成枝力低，极易形成短果枝，适应性、早果性强，丰产。果实近圆形，平均单果重 56 g，最大果重 70 g；可溶性固形物含量 14.98%，品质上等；半离核，苦仁。在山东泰安 5 月底成熟，适宜露地及大棚栽培。

（十三）新世纪

山东农业大学园艺系陈学森教授等采用有性杂交及现代生物技术相结合的办法选育而成，亲本为二花曹×红荷苞。其树冠开张，枝条自然下垂，早果性强，成熟早，在山东泰安 5 月底成熟。果个大，平均单果重 73 g，最大果重 108.0 g；果面光滑，肉色细，香味浓，可溶性固形物含量 15.2%，品质上等；离核，苦仁。适宜露地及大棚栽培。

（十四）9803

由辽宁省果树所选育的早熟品种，具有结果早、品质好、果实大、产量高和需冷量少等多种优点。休眠期为 600 h 左右，适合保护地栽培。树姿半开张，树势较强壮，新梢生长旺，萌芽率 74.5%，成枝力中等。在温室栽培的条件下，1 月中旬盛花，4 月中旬成熟，比露地栽培早成熟 50～60 d，喜光、耐旱。果实扁圆形，橙黄色、有条状红霞；果面光洁，果肉细腻，肉质柔软，果汁较多，香味浓郁，酸甜适口，品质上等；果个大，平均单果重 82 g，最大单果重 130 g；每 100 g 果肉维生素 C 含量为 9.63 mg，可溶性固形物含量 11.5%，总糖含量 8.4%，总酸含量 2.2%；不裂果，离核，仁苦；耐贮，耐运。定植 2～3 年的大苗当年就可产果，高接树从第二年开始产果。初果期最高株产 9.9 kg，第三年每 667 m^2 可产 1 500～2 300 kg。

（十五）骆驼黄

原产北京市门头沟区的农家品种，1976 年以后经北京林果所进行品种对比和区试选出。果实圆形，平均单果重 43.0～49.5 g，最大果重 78.0 g；果皮底色橙黄，果肉橘黄色，汁液多，肉质细，味酸甜；可溶性糖含量 5.97%～8.48%。树势健壮，自花不实，较丰产。该品种果实生长发育期短，为 55 d 左右，是我国目前最早熟的优良鲜食加工兼用品种之一，适应性较强。

（十六）串铃

原产北京市郊区。果实圆形，平均单果重 19.5～44.5 g，最大单果重 82 g；果皮底色浅黄白，阳面有少量红晕；果肉黄白色，肉质较细，果汁多，味甜酸，有香气；可溶性糖含量 6.32%～7.03%，可滴定酸含量 2.30%～2.75%。6 月上中旬果实成熟，果实生长发育期 65 d 左右。树姿半开张，树势强健，以短果枝结果为主，较丰产。该品种早熟，外观美。

（十七）大玉巴达

原产于北京市郊区。1976 年以后经北京林果所进行品种对比和区试选出。平均单果重 43.2 g～

61.5 g，最大单果重 81.0 g；果皮黄白色，味甜酸，果汁多；可溶性糖含量 5.46%～6.50%，可滴定酸含量 1.31%～7.38%，每 100 g 果肉含维生素 C 6.28～7.07 mg；离核、甜仁。在北京地区，果实于 6 月上中旬成熟，生长发育期 65 d 左右。树姿半开张，树势强健，以短果枝和花束状果枝结果为主，较丰产。该品种果实成熟早，外观美观。

（十八）银白杏

在我国华北、西北地区均有栽培，品种来源不详，1976 年以后经北京林果所进行品种对比和区试选出。果实圆形，在干旱山地平均单果重 59.1～71.8 g，最大单果重 80.0 g；果皮底色浅黄白，果肉黄白，汁液中等，味酸甜，有香味，可溶性固形物含量 12.0%～13.0%；核仁味甜。在北京地区果实于 7 月上中旬成熟，生长发育期 71 d 左右。该品种适应性较强，果实鲜实品质好，有香味，丰产。

（十九）葫芦杏

原产陕西省淳化县的农家品种，1976 年以后经品种对比和区试选出。果实平底圆形，在干旱山地平均单果重 84.6 g，最大单果重 103.5 g；果皮底色橙黄，果肉橙黄色，汁液中少，肉质软、略面，纤维少，风味酸甜，可溶性固形物含量 10.0%～13.0%；离核，核仁味甜。在北京地区果实于 6 月中旬成熟，生长发育期 67 d 左右。树势强健，树姿半开张，以中短果枝结果为主，丰产。该品种属大果型品种，丰产，果实鲜食品质很好，适应性强，有很好的应用前景。

（二十）珍珠油杏

珍珠油杏属实生杏变异品种，于 1985 年在新泰被发现，2006 年 12 月通过了山东省林木良种认证。果实椭圆形，果形端正，果顶稍平，缝合线明显，两半对称。平均单果重 26.3 g，最大单果重 38 g；幼果绿色，成熟后呈黄色、半透明，果面光洁度高、油亮，故名“油杏”；果肉橙黄色，韧而硬，味浓甜，具香气，品质上乘，可溶性固形物含量 23.5%。果实成熟后，常温下存放 1 周不变软，挂在树上不脱落，较耐贮运。果肉离核，核光滑，核壳薄，单核重 1.96 g，种仁饱满，味香甜，单仁重 0.67 g，出仁率 34.2%，是目前山东省唯一一种可以在阳光下自然晒干的优良品种。树势较健壮，树姿半开张，枝条萌芽率高，成枝力强，幼树以中短果枝结果为主，盛果期树以短果枝和花束状果枝结果为主。春季嫁接或栽植的苗木当年形成花芽，翌年可结果。果实于 6 月下旬成熟，生育期 80 d，自花结实能力强，花粉量大，可与其他杏品种互为授粉树，坐果率可达 80%以上，丰产性极佳，栽植后第二年即可见果，第三年每 667 m^2 产量达 500 kg，第五年每 667 m^2 产量可达 2 587.2 kg，具有较强的抗晚霜能力。

（二十一）兰州大接杏

原产于甘肃省兰州市郊。果实长卵圆形，果个匀称，片肉对称；平均单果重 84 g，最大单果重 180 g；果面黄色，阳面红色，并有明显的朱砂点；果肉金黄色，肉质细，柔软多汁，味甜，香浓郁，纤维少，可溶性固形物含量达 14.5%，品质极佳；离核或半离核，甜仁，仁饱满，单仁重 0.69 g，出仁率为 23.8%，甜脆质优。果实在常温下可存放 5～7 d。果实生育期 71 d 左右，6 月中旬成熟。该品种适应性较强，丰产，鲜食、制脯、制干和仁用均可，树势强健，树姿半开张，抗寒，抗旱，适应性强，丰产性好，成年树株产果 140～210 kg，为有名的地方良种，宜推广发展。

（二十二）龙王帽杏

龙王帽杏又名王帽、大扁、大扁仁、大王帽等，是著名的仁用杏品种。树冠呈较开张的自然圆头形。果实在山东泰安 7 月中旬成熟，发育期 95 d 左右。果实较扁，宽卵形；单果重 18 g 左右，最重达 24 g；果肉薄，黄色，汁少，粗纤维多，不宜生食（可加工杏脯、杏干等）；离核，出仁率高，达 28%～33%，杏仁扁平、肥大，呈圆锥形，基部平整，形似在戏中的龙王帽子，长 2.3 cm、厚 0.64 cm，单仁重 0.8～0.9 g，为目前仁用杏中仁重较大的品种，仁皮棕黄色，肉乳白色，味香甜而脆，略有余苦，含粗脂肪 58.13%。该品种树势强健，生长旺盛，结果早，寿命长，以短果枝和花束状果枝结果为主。丰产，耐旱、耐寒，适应性强，宜在山丘地区大力发展。

（二十三）一窝蜂

河北张家口地区地方品种。树冠呈圆头形，树生长势中等，树干褐紫色，表皮粗糙。叶片深绿色，心形，枝条细密，节间短，易形成串状枝组。结果量大而密集，果实卵形，果肉浅黄色，味酸涩。5～6 kg 果出 1 kg 核，每千克核 520～600 粒，出仁率 33%～36%，杏仁凸枝，心形，每千克约 1 600 粒，仁皮棕黄色。结果早，以短果枝和花束状果枝为主。丰产性好，耐旱、耐寒。为仁用杏，种仁甜香，品质优良，出仁率高。适宜范围为河北、北京、天津、山西、辽宁及内蒙古等省份栽培。

第二节 苗木繁殖

一、实生苗培育

（一）播种前准备

1. 种子的选择 种子一般用山杏或普通杏的种核。选择表面鲜亮、核壳坚硬、种仁饱满、充分成熟的种核作为种子用。种核发污、种仁发黄、成熟度差、种仁瘪的不易用作种子。据试验，杏果完全成熟、适时采收的种子，发芽率在 80%以上，而早采 9 d，发芽率则降低到 60%；早采 14 d，发芽率仅有 48%。

2. 种子的处理 杏种子采收后，必须经过一定的后熟过程才能发芽。若秋播杏种，播后进入冬季，种子可以在土壤中通过自然休眠，完成后熟过程，第二年春季发芽。若春播杏种，则需对种子进行处理，用人工方法促进种子的后熟，若不经过处理，让种子在土壤中完成后熟过程，则发芽晚、出苗不整齐，还易出现隔年发芽现象。

根据各地经验，种子处理的方法很多，下面介绍几种常用的方法：

（1）冬季沙藏层积处理。层积材料主要是干净的河沙，用量为种子体积的 3～5 倍或更多一点，一般用沙量宜多不宜少，使种子相互不接触。沙的湿度以手捏成团不滴水，松手即散为度。

一般选择地势高燥、排水良好、背风背阴的地方挖沟，沟深 60～80 cm，宽 50～100 cm，长度随种量多少而定，贮藏种子时，先在沟底铺 10 cm 厚的湿沙，再放入 3～5 倍湿沙混合均匀的种子，堆到距离地面 10～20 cm 为止，上面再铺 10 cm 湿沙，最后覆土，成屋脊形，层积的四周要挖排水沟，以免积水，如种核量大时，可隔 1～2 m 竖插一束从沟底到沟顶的草把，以便通气、散热。

为防鼠害，可在沙堆上撒些毒饵诱杀，或四周布下有小孔的铁丝网。

层积时间。一般山杏、苦杏为 50～60 d。要适时层积，按当地播种时间推算层积天数。

有时购进种子较晚或其他原因，错过了层积时期，来不及沙藏，可采取以下方法对种子进行处理。

（2）浸种催芽法。将种核在播种前 20 d 左右用开水烫种，不断搅动，待水凉后浸泡 1～2 d，捞出后堆放在温暖（20～25 ℃）的屋角处，上盖草袋等物保温保湿，前期每隔 1～2 d 洒一次水，后期每天洒 1～2 次水，并经常翻动，待种核裂口即可播种。还可用“两开一凉”的热水浸种。

（3）马粪催芽法。早春将杏核 1 份与腐熟的马粪 3 份均匀拌合，加少量水合成团，培成堆，表面覆土一层，经过 40 d 时间，种仁膨胀，核壳裂开口即可播种。

（4）冰冻法。北方各省冬季严寒，准备春播的种子，可在冬季选背阴的地方挖坑，倒入种子，加水浸泡，使其冻结，翌春溶化后即可播种，出苗较好。

（5）种仁浸种法。破可取仁，种仁用清水浸泡，每天换水一次，3～4 d 种尖即可露白，后进行播种。如果用 GA_3 10 mg/L 浸泡 1 d 后，再用清水浸泡，则萌发更快。

杏实生苗的苗圃培育，播种量一般每 667 m^2 播种杏核 25 kg 左右。

（二）地块的选择

1. 土壤　杏树苗圃地应选土层深厚、肥沃的沙质壤土较好，勿选黏重、盐碱地。特别注意避开核果类迹地以免再植病的发生。

2. 地势　应选背风向阳、日照好、稍有坡度的开阔地。高山、风口，过于干旱或低洼及排水能力差的地块，都不宜选作杏苗圃。

3. 水源　苗圃地要特别注意选择有利条件的地块。种子萌发、幼苗出土，均需保持土壤湿润。杏幼苗生长期根系较浅，耐旱力弱，每次追肥均需浇水。芽接如遇干旱年份也需浇水，使砧木易离皮。选择能排能灌的地块，能促使幼苗健壮生长，苗木提前出圃。

（三）播种

1. 整地　在选择好的苗圃地块（如干旱地先浇足一次底墒水），每 667 m^2 施有机肥 5 000 kg 左右，肥料种类以圈肥、羊粪为好，绿肥、厩肥次之，然后耕翻 30～40 cm 深，在耕翻过程中结合平整土地，使土细而碎，拣出土中的石块瓦砾，最后进行耙耱，使地面保持平整，坡度平缓。打埂做畦，畦面的宽度为 1～1.5 m，长度为 10 m 左右，做到埂直、畦平整。

2. 播种时间　按时间可分为春播和秋播。

（1）春播。在春季土壤解冻一层，趁顶凌墒越早播种越好，一般在 3 月下旬 4 月上旬，即清明节前后播种为宜。

（2）秋播。土壤封冻前播上即可。秋播省去种核沙藏、催芽处理等过程，比较简便，但底水要足，覆土也要比春播厚些，为防止冬春干旱，要浇封冻水，否则会降低出苗率。

采用春播还是秋播，要根据当地的土壤、气候、人力等情况来决定。春播，地表层不易发生板结，便于幼苗出土，正确掌握春播时间，可使萌发种子和幼苗不遭受低温、霜冻自然灾害。秋播，种子在土壤里越冬，不必层积或催芽处理，第二年幼苗出土早、整齐。但冬季风大、严寒，干旱，土壤黏重地块会影响种子出苗率或遭受冻害。

3. 播种方法　有条播、撒播和点播 3 种方式。

（1）条播。在施足基肥、灌足底水、整平耙细畦面上开沟，一般畦宽 1 m，第一与第二行、第三与第四行距离均为 20 cm，第二与第三行距离为 30 cm 或 40 cm。春播应沟内坐水，把种子均匀地撒在沟内。春播株距 10 cm 左右，秋播株距 6 cm 左右。播种后立即覆土、镇压，确保种子附近水分的供应。覆土厚度，春播为 3～5 cm，秋播覆土应再厚点。覆土厚度也应根据土壤种类有所区别，沙质干旱坡地厚点，黏重潮湿的地块薄点，春播可加杂草覆盖或塑膜覆盖，效果较好，有利于出苗。条播是杏砧木育苗最常用的播种方法。

（2）点播。一般是用于坐地苗直播的一种播种方法。即在定植点上刨坑播种杏核 3～4 粒，播后浇水、覆土、踏实。苗圃育苗，为了节省种子，也可用点播的方法育苗。

（3）撒播。在整好的地块里，将杏核撒播在地面上，经过浅耕翻，使种子在土中萌发，但幼苗出土后会给追肥浇水、中耕锄草、嫁接抹芽等一系列管理工作带来很大困难，生产上很少应用。

（四）幼苗管理

一般春播后 20 d 左右开始出苗，秋播的比春播的早出 5～10 d，幼苗出土，受地下害虫危害，采用人工灭虫或喷洒农药进行防治。

追肥浇水要根据土壤的肥水状况进行，一般进行 2～3 次。幼苗出齐后，应及时浇水 1 次，并施尿素，每 667 m^2 施 10 kg。苗高 10 cm 时，即长出 3～4 片真叶时，间一次苗，对缺苗的地方进行移植。使每 667 m^2 地留苗量在 1 万～1.5 万株。留苗量可根据土壤肥水条件适当掌握。肥水条件好的地块密度大点；肥水条件差的地块密度小点。间苗后要浇一次水。如嫁接前幼苗达不到粗度，可于嫁接前 20 d 左右浇水、追肥一次，以达到嫁接要求。每次追肥要结合浇水或降雨进行，并要及时中耕除草。

摘心打杈。幼苗高达 30 cm 时进行摘心，促其加粗生长，同时将地面上 10 cm 内的嫩枝杈及早抹掉，为嫁接打好基础。

二、嫁接苗培育

（一）嫁接方法

杏嫁接的方法很多，常用的有芽接、枝接。

1. 芽接

（1）芽接种类。包括T形芽接、带木质部芽接、嵌芽接等，嫁接的器官是芽。经济省用、操作简便、繁殖率高，成活率也高，生产上广为应用。

① T形芽接。削取树芽轻轻削离，取下带生长点的芽片，在砧木茎部10 cm左右选择树皮顺直、光滑的部位做T形切口，将芽片轻轻插入，使接芽上端与砧木横切口贴紧，然后塑料条绑严（图49－1）。

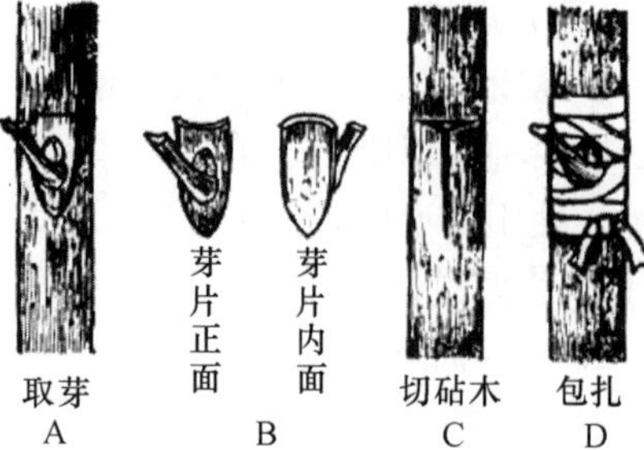

图49－1 T形芽接
A. 削取芽片 B. 剥取的芽片
C. 切砧木 D. 插入芽片并绑缚

② 带木质部芽接。若接穗不离皮、芽片不易剥离时，削芽时可带薄簿一层木质，取下芽片，插入砧木T形口皮下。

③ 嵌芽接。若接穗、砧木全都不离皮时采用。

（2）芽接时期。一年四季均可进行，但通常在温度较高、形成层活跃期（6～9月）嫁接，成活率较高。若砧木早期生长好，可以在5月中下旬至6月芽接，当年即可长成苗，当年出圃。夏季嫁接最好避开多雨季节，以免伤口流胶影响成活。

2. 枝接 枝接的方法有切接、劈接、腹接、靠接、皮下接、舌接（图49－2至图49－7）等。

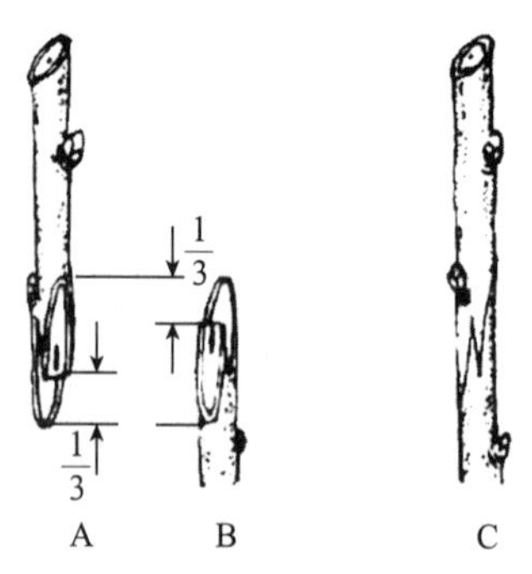

图49－2 双舌接
A. 接穗削法 B. 砧木削法 C. 砧穗对接状

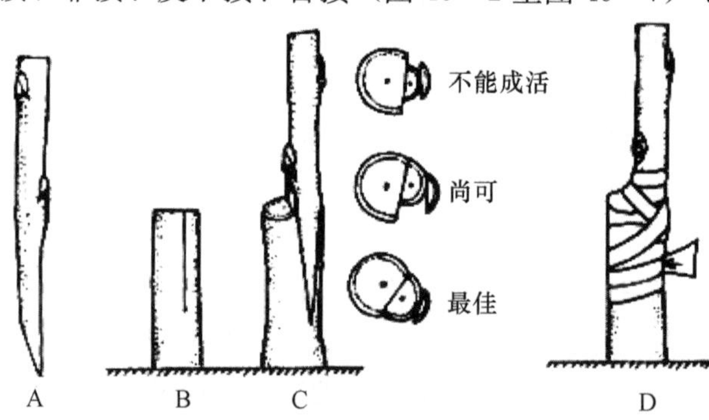

图49－3 切 接
A. 削接穗 B. 劈砧木 C. 形成层对齐 D. 包扎

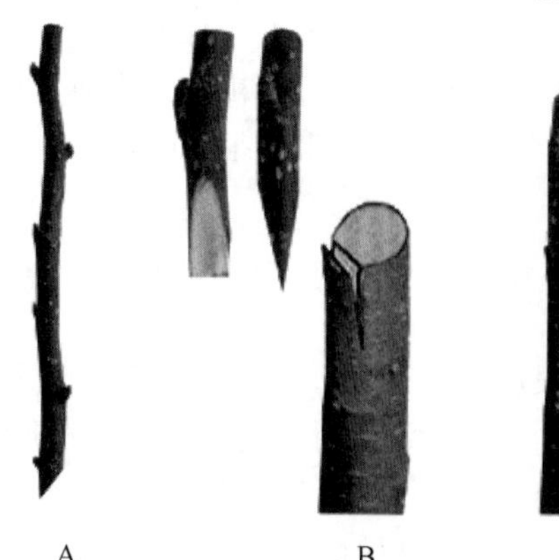

图49－4 单芽切接
A. 一年生枝接穗 B. 接穗侧面、正面及砧木切口 C. 插入接口 D. 塑膜绑扎

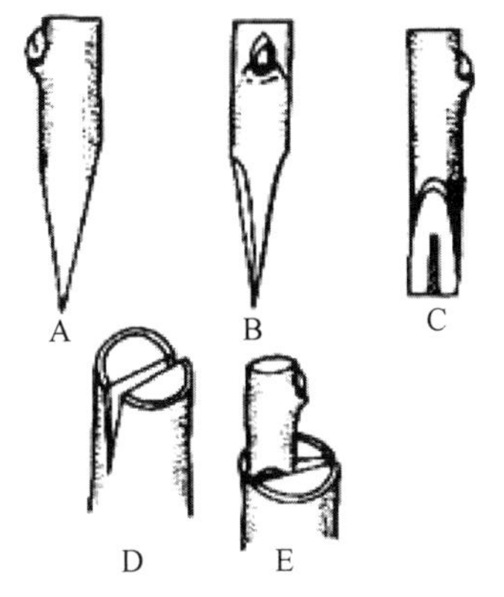

图 49-5　劈接（一）

A. 接穗正面　B. 接穗反面　C. 侧面

D. 砧木劈口　E. 插入

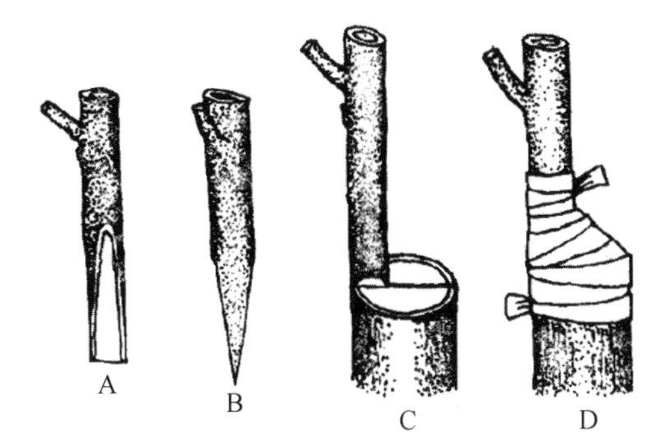

图 49-6　劈接（二）

A、B. 接穗的长削面和短削面　C. 砧木的切口及插入接穗

D. 接穗插入后绑缚

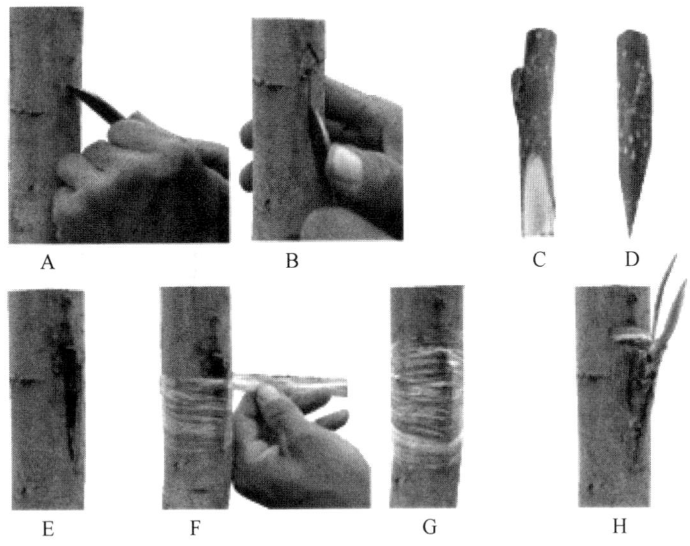

图 49-7　皮下腹接

A. 接芽部位　B. 切开韧皮部　C. 接穗正面　D. 接穗侧面　E. 插入接穗　F. 薄膜绑扎　G. 绑扎结束　H. 成活解缚

（二）嫁接苗的管理

苗木嫁接后，除适时进行中耕除草和病虫害防治等项目管理外，还要做好以下几点：

1. 解除捆绑　早期芽接（春夏芽接），接活之芽在 1 个月后解除捆绑。秋季芽接当年只松绑，不必解绑，待第二年发芽前解绑，有利于芽越冬。枝接的待接芽抽梢 30～50 cm 时解绑，长时间不解绑将影响苗木的生长发育，也容易被风吹折。

2. 剪砧　早春芽接，接后立即剪砧，7～8 d 即可发芽，当年成苗。秋季芽接，当年不剪砧，芽不萌发，留待第二年春萌芽时于接芽上 1 cm 处剪去。

3. 除萌　嫁接后，在接芽的下部往往会萌发许多蘖芽，应及时除去，以保证接芽的萌发和生长，接芽也可能长出几个枝条。应选一个位置好的壮条留下，其余除去。

4. 绑支架　春季剪砧后的芽接苗或枝接苗，接芽生长迅速，容易被风自接口或萌芽部位吹折，应及时支缚，可用小木棍插在苗子一旁作为绑缚物将芽苗绑在木棍上。

5. 肥水管理　春季枝接的，在接前灌水有利于成活。春季剪砧后的芽接苗，当接芽萌发后也应及时浇水。当年剪砧当年成苗的，应在芽条抽生后结合浇水追施氮肥，每 667 m^2 可施尿素 20 kg，促其早期生长。不论是芽接苗还是枝接苗，在生长后期不宜施过多的氮肥。秋季要控制浇水，有利于枝条成熟，防止苗徒长、越冬抽条。

三、苗木出圃

（一）起苗

一般多在秋季落叶后至土壤封冻前，或翌春土壤解冻后至苗木发芽前进行。半成品苗（芽接苗木剪贴）当年秋或第二年春季萌发前起苗出圃；而成品苗（二年生苗）则要在第二年秋季或第三年春季起苗出圃。苗木质量和定植后的成活率关系极其密切。

起苗时如土壤干旱，可提前浇一次水，不易伤根，也省工、省力，起前可用刃口锋利的撅头、铁锹等工具，先在苗床的外侧开一条沟，然后按次序起苗。起苗深度一般为 25～30 cm，起苗应选择无风的天气，以防苗木失水过多，影响栽植成活率。

（二）分级修整

苗起出后，立即移放到无风背阴处，按苗木出圃规格进行选苗分级，一、二级苗出圃，残次苗、实生苗应分类存放、分别处理。实生苗、残次苗如数量较多，在起苗时应挑选，留在苗圃地可继续培养，分级标准可参看杏苗出圃规格表。

分级的同时对苗木进行修整，主要是剪掉带病虫的枝梢和过长、伤裂的根系，剪口要平滑，以利愈合。为便于包装运输，可对过长、过多的枝梢进行适当修剪，但剪除部分不宜过多过重，否则影响苗木质量和栽植成活。

（三）检疫与消毒

杏苗同其他果树苗木一样，为防止病虫害的传播，特别是外销或外地运来的苗木，需经过国家检疫机关或接受委托的专业人员严格检验，并签发证明，才能调出或使用。

苗木消毒杀菌：石硫合剂消毒，用 4～5 波美度溶液浸苗木 10～20 min，再用清水冲洗 1 次；波尔多液消毒，用 1：1：100 式药液浸苗木 10～20 min，再用清水冲洗 1 次。或用其他方法消毒。

（四）苗木假植、包装、运输

自育自栽的苗木，随栽随起，有利于成活；远销或外运的苗木，宜秋季起苗。秋季起苗春季定植的，需进行假植。

苗木假植应选择高燥背风、土质疏松的地方。南北方向挖沟，沟宽 1 m，沟深以苗木的高度，长短以苗木的数量而定，假植时将分级、挂牌的苗木向南倾斜于沟中，沟底铺湿沙或湿土，苗木间填入湿沙或疏松湿土，使沙（或土）与根系密接，厚度可达苗的 2/3 或 1/2，并高出地面 15～20 cm，以防积水，翌春及时检查，土壤干燥可适当浇水。

远销的苗木，在分级整修的过程中，可按级将杏苗 50 或 100 株捆扎根部，梢部捆扎 2 匝即可，并挂牌，标明品种、产地、数量、级别，将根部蘸以泥浆，宜用草袋、蒲草包裹，为保持根部不失水分，防止干枯，包装时还可用湿木屑、稻壳、碎稻草等材料作为填充物。在运输途中，应用苫布遮盖严密，以免吹干根部，如中途发现失水，应及时喷水保湿。

苗木运到后需立即定植的，应将根系用水浸渍。有条件的可利用生长剂按要求处理，更有利于成活。如不能及时栽植，应立即进行假植（表 49-2）。

表 49-2 杏苗出圃规格

苗木级别	苗龄	根				茎		整形带饱满芽数（个）	接合部愈合程度
		主根长度（cm）	侧根长度（cm）	侧根数（根）	侧根基茎（cm）	长度（cm）	接口上 10 cm 处粗度（cm）		
1	1	15 以上	20 以上	6 以上	0.4 以上	100 以上	1 以上	5 以上	良好
2	1	15 以上	15 以上	4 以上	0.3 以上	80 以上	0.8 以上	5 以上	良好
次	1	15 以上	15 以下	4 以下	0.3 以上	70 以下	0.7 以下	5 以上	良好

第三节　生物学特性

杏属高大乔木，为多年生落叶果树，自然生长可高达 10 m 以上。其寿命长、喜光、耐寒、耐干旱、耐瘠薄，树体在冬季休眠期能耐－30 ℃的严寒，在夏季也能耐高温。杏树花器和幼果对低温很敏感。根据资料记载和现场观察分析，得知杏花受冻的临界温度，初花期为－3.9 ℃，盛花期为－2.2 ℃，幼果期为－0.6 ℃。杏树对土壤的要求不太严格，除通气性差的重黏土之外，在其他的沙壤土、沙质土、壤土、黏壤土、微酸、微碱性土壤中都能生长。杏树的耐盐碱力较强，在总含盐量为 0.24%以下的土壤中仍能生长良好。但杏树对水分很敏感，杏园若积水 3 d 以上，就会引起黄叶、落叶和死根，7 d 以上导致全株死亡。

在露地条件下栽培的杏树，每年随着季节的变化，有规律地年复一年地出现萌芽、开花、展叶、发枝、结果、落叶和休眠，形成了有节奏的年生长周期。杏树大棚保护栽培，改变了杏树的某些生物学特性，了解露地自然条件下杏树的生长发育特性，对其进行仿真管理栽培，亦是杏树保护栽培成功的关键。

一、根系生长特性

露地栽培的杏树具有强大的根系，在土层深厚的地方，垂直分布可达 7 m 以上；水平伸展往往超过树冠直径的 2 倍。水平根伸展到一定长度后，转为垂直向下，多集中于地表下 20～60 cm 深的土层中，故能耐干旱、瘠薄。

杏树根在一年中没有绝对的休眠期，只有根尖分生组织才有短暂的相对休眠。一般情况下，杏树根系开始活动的时间比地上部早。杏树是落叶果树中根系活动最早的树种之一。随着地温的升高，杏树逐渐进入发根盛期，枝条发芽后，达到第一次高峰；在果实发育期，根系活动转入低潮；果实成熟后，杏树又转入新的生根高峰。11 月后地温下降，杏树根的生长便逐渐减弱。

鉴于上述情况，根据杏树的生物学特点，保护地栽培的杏树在发芽后和果实成熟后根系生长的这两个高峰期合理施肥，可更多促发新根，为树体生长和次年结果创造良好的物质条件。

二、芽、枝和叶生长特性

(一) 芽的种类与花芽的分化

杏树芽依其构造和功能的不同，分为叶芽和花芽。按其在枝条上着生位置的不同，又分为顶芽和侧芽。侧芽着生在叶腋内，所以又称腋芽。杏树的花芽是在前一年形成的，属于当年花芽分化翌年开花结果的类型，是枝条、叶腋间的侧生分生组织经过一系列的演变而形成的，这个过程称为花芽分化。花芽是形成产量的基础，只有分化出大量的花芽，才有来年丰收的可能。故花芽分化是非常重要的生长发育过程，掌握花芽分化的时期及影响分化的因素，对争取杏的高产稳产是十分必要的。

花芽分化包括两个阶段：第一阶段称为生理分化。在此阶段叶腋间的雏形芽发生一系列生理上的变化，实现营养生长向生殖生长的转变；第二个阶段称为形态分化，在生理分化的基础上，雏形芽在形态上向花芽转变。

花芽分化在高温季节进行（旬均气温在 20～25 ℃）。花芽分化初期，一般由 6 月中下旬延续到 8 月下旬，盛期在 7 月上中旬。雌蕊分化盛期在 9 月上旬之后。9 月下旬到 12 月期间，花蕾各器官原基继续增大、雄蕊和雌蕊进一步分化。

影响花芽分化的因素较多，树体内营养物质积累的水平是花芽分化的物质基础。树体营养状况好，花芽分化好，完全花比例就大，结实率也高。据山东省泰安市林业科学研究所在泰安市郊区下港乡下里村杏园调查，发现露地栽培的车头杏，完全花占51.4%；而经塑料大棚保护栽培的完全花则达69.0%。前者粗放管理，后者由于集约经营，树体积累营养物质多，完全花增加了17.6%。北京市农林科学院林业果树研究所工作人员对不同环境条件、不同营养水平的山黄杏进行完全花比例和坐果率的调查，其结果见表49-3。

表49-3 山黄杏在不同条件下完全花比例和坐果率的对比

（北京市农林科学院林业果树研究所）

栽培地	管理措施	短果枝完全花（%）	坐果率（%）
供试品种园	施少量快活素、磷肥，冬、春灌水，轻度修剪	51.2	11.3
大面积生产园	粗放管理	40.1	8.7

（二）枝条的生长发育

树冠内的枝干，依作用不同分为主枝、侧枝、枝组、一年生枝或新梢。一年生枝又可分为营养枝和结果枝。营养枝上只着生叶芽，生长健壮的为发育枝；位于各级枝的先端，起扩大树冠和增加结果部位作用的为延长枝；生长过旺的为徒长枝。着生花芽可开花结果的一年生枝为结果枝。

发育枝是在花后1周进入旺盛生长期，15～20 d是迅速生长期。在露地条件下，一般5月下旬至6月上旬，春梢形成，其第一次生长停止，整个生长期为60～80 d。进入雨季后，可有第二次生长（夏梢）和第三次生长（秋梢）。有的品种在发育枝加长生长的同时，侧芽萌发形成副梢。在副梢上再抽生的副梢，称为二次枝和三次枝；其生长期一般在15 d左右。

结果枝萌发以后生长迅速，从萌芽到停止生长，历时20～30 d。新的顶芽形成后，当年不萌芽。一般结果枝年生长量为5～10 cm。

影响杏树枝条生长的因素很多，如品种、树势、树龄、树体贮藏养分的状况、立地条件等。生长季节水分的多少，是限制新梢生长的关键因素。除此之外，与修剪技术的关系也十分密切。重剪能刺激芽的萌发和生长，使之形成长枝。

（三）叶片的形态与生长

杏树的叶为单叶，互生。初生幼叶黄绿色，成熟后为深绿色。叶片的生长状况对树体的生长发育、果实的产量及品质起着重要作用。

叶片的形态状况是树体生长好坏的主要标志。叶片大、肉厚、色泽浓绿，则表明土壤状况和栽培条件良好，树体生长旺盛。在干旱、瘠薄条件下生长的杏树，叶片小而薄，颜色也淡。因此可见，叶片生长如何直接反映出树体的营养水平状况，而且又影响着整个树体的同化面积。

影响叶片大小的因素很多，除品种因素外，环境条件对叶片大小的影响最大。在肥水充足、光照良好、温度适宜的情况下，叶片长得宽大肥厚，而在缺肥少水、树冠郁闭的情况下，叶片则长得窄小瘦薄。叶片的大小厚薄决定着叶绿素含量的多少，进而影响光合作用、同化能力的大小。叶片大、肥厚而浓绿，意味着含有较多的叶绿素，同时说明叶片质量高，树体营养状况好。在生产上，通过观察叶片的颜色、大小而确定增施肥料的种类及其数量的多少。

三、开花与结果习性

（一）花的发育与授粉

杏花是两性花，每朵有雌蕊1枚，雄蕊20～40枚。雌蕊花柱及柱头呈黄绿色。发育健全者雌蕊高出雄蕊或与雄蕊齐平，子房上位，表面多有茸毛；发育不健全的雌蕊，短于雄蕊或者退化。按雌蕊长度的不同，将花分为雌蕊长型、雌雄蕊等长型、雌蕊短型和雌蕊退化型4类（图49-8）。图中，前两种是完全花，可正常结果；第三种坐果率极低，几乎不能结果；第四种雌蕊退化，不能授精，故不能结果。因此，后两种称为不完全花或败育花。

A

B

C

图 49-8 杏花发育的类型
A. 雌雄蕊等长型 B. 雌蕊长型 C. 无雌蕊型（退化型）

杏树是开花较早的果树。在华北，杏树在 3 月下旬至 4 月上旬开花。气候正常情况下，单花期为 2～3 d，单株花期为 8～10 d，盛花期为 3～5 d。花开后 1～2 h 花药开裂，10～20 h 花粉基本散完。花粉通过风媒或虫媒传到柱头上，完成自然授粉过程。开花后半小时是授粉最佳时间，授粉坐果率达 95%以上；开花后 4 h，授粉坐果率为 75%，开花后 16 h，授粉坐果率为 60%；开花后 48 h，授粉坐果率降低到 37.8%。若花期遇低温或旱风，柱头在短时间内就会枯萎。

影响开花的因素很多，有温度、品种、树龄、地势、管理水平等。但温度高低是影响杏树开花早晚和花期长短的重要因素。据山东省泰安市林业科学研究院试验观察，杏树开花适温为 11～13 ℃。杏树解除自然休眠（满足低温需冷量）后，当气温大于 5 ℃、积温达到 142.5～144.5 ℃时即可开花。

在北方地区，露地杏树在花期常遭受晚霜危害，严重影响花与幼果的正常生长发育，是制约杏树稳产高产的一大因素。而用塑料大棚对杏树进行保护栽培便解决了这一难题。

另外，国内大多数杏树品种具有自花不孕现象，即自交不结实或结实率极低，建立新杏园时，要配置适宜的授粉品种。

（二）落果

杏树落果现象严重，普遍存在着“满树花，半树果”或“只见花，不见果”的现象。据北京市延庆区辛庄堡村杏园人员调查，盛花后 10 d，山黄杏的自然坐果率为 21.7%，杨继元杏自然坐果率为 16.9%；花后 35 d，其坐果率只占完全花的 25%。山东省泰安市林业科学研究所人员在 1997 年 2 月 26 日调查当地下港乡下里村杏大棚内的杏坐果率为 32.75%。

杏树有明显的两次落果，第一次在花后 2 周左右，这时子房已经膨大，幼果约为黄豆大小；第二次在果实迅速膨大期。由于两次落果的时间相对稳定，故称之为生理落果。其原因除了环境因素和栽培因素以外，主要是树体内营养不足造成的。杏树的花量很大，但很多为发育不全的败育花，还有一部分受精不良，加上开花期间树体营养不足，因而形成了生理落果。杏树的生理落果，通过加强肥水管理、增强树势、合理疏花、控制一定的负载量等园艺措施，可有效地减少或避免。

四、果实发育与成熟

杏果从受精到成熟，其生长过程大致分为以下 3 个时期。

（一）第一迅速生长期

从花后子房膨大到果核木质化以前，一般 28～34 d。此期果实生长迅速，其生长量占成熟采收时的30%～60%，是形成杏果产量的关键时期。此期消耗营养物质较多，如肥水不足，其生理落果现象就会加重。因此，综合运用根外追肥等措施，加强肥水管理，是确保丰产的关键。此期具体时间的长短，因品种和成熟期不同而有差异。一般早熟品种开始得早；结束得也早；晚熟品种开始得晚；结束得也晚。

（二）硬核期

第一迅速生长期后，果实增长变缓或不明显，纵、横径很少增大，果核发育加快并逐渐木质化的时期。此期种胚在核内迅速发育，胚乳逐渐消失。硬核期的长短与成熟期的长短呈正相关。一般为8～12 d，果肉增重5%～10%。

（三）第二迅速生长期

硬核期之后，果实再次迅速生长，直到果实成熟的时期。这一时期果肉厚度迅速增加，具体时间的长短与品种、气候及栽培条件关系很大。一般早熟品种的第二迅速生长期在20 d左右。

第四节　对环境条件的要求

杏树对环境条件的要求，主要是指对温度、光照、水分、土壤条件和矿物质营养等方面的要求。

一、土壤

杏树对土壤、地势的适应能力很强，除了通气性差的重黏土之外，无论在沙壤土、沙质土、壤土、黏壤土、微碱性土，还是在丘陵地、山坡梯田地和海拔800～1 000 m的高山土地上都能正常生长。但土壤的肥力，对杏树的生长发育、果实的产量和品质、树势和寿命等，都具有明显的影响。比如在平地或山前水平梯田上，由于土层深厚肥沃、有机质含量高，因而所栽植杏树树势强健，连续结果能力强，杏果产量高、品质好。杏树的耐盐碱能力较强，在总含盐量为0.1%～0.2%的土壤中生长良好，但如超过0.24%便会发生盐害。在种植过杏树和其他核果类果树的土地上，不能接着又栽植杏树，以避免重茬病的发生。

鉴于以上所述，故在建立杏园时，应尽量避开老杏园及栽植过其他核果类树的果园和容易积水或通气性差的黏性土壤地块。否则，须采取土壤改良措施后才可建园。

二、温度

温度对杏树的生长影响较大。杏树喜温耐寒，年平均温度6～12 ℃为其适宜温度，冬季休眠期能耐－30 ℃的严寒。所以，我国的华北、西北地区是其主要分布地。它也能耐较高的温度，在新疆哈密市夏季平均最高温度36.3 ℃，绝对最高温度43.9 ℃的条件下，仍能正常生长。

早春气温的变化对杏树开花期的迟早起着制约作用。杏树从萌芽到开花，要求一定的积温。据山东省泰安市林业科学研究所观察，杏树需冷量较低；0～7.2 ℃的温度达860 h左右可解除自然休眠。大于5 ℃的积温达到145 ℃左右即可正常开花。泰安地区3月上中旬气温回升快，露地栽培杏树达到上述积温，在3月20日即可开花，否则，要延迟到3月底。开花期所需平均气温一般在8 ℃以上，适宜温度为11～13 ℃。若开花期气温偏低，就会延长开花天数。杏树树体虽然耐严寒，但花器和幼果对低温却很敏感。花期受冻害，一般表现为花果细胞结冻，原生质脱水，细胞死亡。受害的程度与低温的强度和持续时间的长短呈正相关。在气温没有降到冻花冻果的临界温度以下时，一般不会发生冻害。有些地区春季晚霜终日早于杏树开花期，杏生产较为稳定。

据观察，凡地形开阔、地势高燥的地方，杏树花期冻害较轻；海拔高、阴坡、风口处和低洼地，杏树容易受冻害。如果综合管理较好，杏树生长健壮，其抵抗低温的能力也相应增强。

杏树花芽分化与年周期气温变化密切相关。从花芽形态分化开始到雄蕊出现，主要是在6月下旬

至8月下旬进行的，其间平均气温为21.9～22.3℃；雄蕊出现是在9月，其平均气温为15.7～17.4℃。越冬期间，花芽各部分仍在生长，但若温度过低，便会导致花芽冻害。

温度对果实的生长发育有直接影响。温度较高时，杏果成熟期早，成熟度较一致，含糖量高，风味浓，色泽鲜艳；气温低则会推迟杏果成熟期，并使其含酸量增高，品质和风味下降。

三、湿度

杏树喜欢土壤湿度适中和空气干燥的环境条件。杏树根系发达，能伸入深层土壤中，一般来说，它具有相当强的抗旱能力。在干旱石质山坡、沙荒地，杏树也能正常生长。内蒙古察哈尔右翼中旗地区常年多风，降水极少，土壤为风蚀化土。据当地林业局调查，年降水量只有24.8 mm的1982年，在同一立地条件下，栽植的12 hm^2 榆树旱死了35%，而栽植的27.7 hm^2 山杏则生长正常。

土壤水分过多或空气湿度过高，会对杏树造成一系列不良影响。花期阴雨天气，对授粉受精极为不利，会导致坐果率降低；雨水过多，会使果实着色差，产生裂果，甚至造成落果，减少产量。立地积水过多，会引起早期落叶、烂根，甚至死亡。

杏树对肥水很敏感，一般年降水量达到400～600 mm，便可正常生长开花和结果。但若开花期缺水，则会缩短花期，降低花粉活力，导致授粉受精不良，造成大量落花落果。新梢生长期土壤中水分不足，则会过早停止生长。果实发育期缺水，会使果体变小，提前成熟，也容易引起落果。

四、光照

杏树是强喜光性树种。世界上的杏树主产区，多集中在北半球年日照时数为2 500～3 000 h的地区，我国的杏树主产区也在此范围之内。光照对杏树的生长和结果作用较明显。据观察，树冠顶部和外围的枝叶受光充足，延长枝和侧枝生长旺盛，叶大而浓绿，枝条充实。大树内膛由于树冠郁闭，光照不足，枝条生长细弱，发育枝细长，很少发生二次技、短果枝及短果枝组，而且寿命也短。在树冠的不同部位，由于光照度的不同，结果能力有很大差别。树冠外围比内膛多，阳面比阴面多，顶部比下部多。光照与果实的品质也有密切关系。在通风透光的地方，杏果着色好，糖分和维生素的含量高，品质好。

第五节　建园和栽植

一、建园

（一）园地选择

杏树适应性较强，对园地要求不甚严格，山地、平原、河滩都可栽植。但要保证杏丰产、优质，获得较高的经济效益，还要做好园地选择。在选择园址时，除注意土壤条件外，还应考虑地形、小气候和交通等条件。多在土层较厚、排水良好的沙壤土或肥沃壤土上建园。土壤疏松、排水良好有利于根系生长发育。土壤黏重，通气、排水不良，根系生长受限制，对杏树的生长结果不利。土壤过于瘠薄，保水保肥力差，杏树生长也不好。另外，在坡度较大的山区，只要搞好水土保持，也可以发展杏树。

杏树开花早，花期易受早春低温危害，在选择园址时，要注意小地形、小气候的利用。在山地建园时，应选择阳坡、背风的地方建园，以避免冷风侵袭。背阴坡温度低，物候期晚，受晚霜危害轻或可以避开倒春寒对杏树危害的地段，也可以建杏园。在平原地区建园，应选择地势高燥的地方，不宜选地下水位高、易积水的洼地。低洼杏园排水不良，易受涝害，又因低洼地冷空气沉积，多有霜冻，容易造成产量不稳、果实品质差。

杏果实成熟期短，成熟的杏又不耐运输，给销售带来一定困难。因此大面积杏园必须建立在距离加工基地近的地方，生食用杏园应建在交通便利的地方。

园址的选择还应避免重茬，最好不要用栽过桃、杏、李的地块建园，如无法避免重茬时，应在栽前深翻底土，增施有机肥，避开原来的老树穴。

（二）园地规划

建立杏园，品种选择是很重要的，要选择适宜本地区自然环境条件、经济效益高的品种。杏开花早，要尽量选择抗冻和开花晚的品种。要根据园址所在地来选择适宜的品种。在城市近郊和交通便利的地方，可多栽植鲜食品种，为延长供应时间，早、中、晚熟品种要适当搭配。以早熟品种为主，既可填补初夏果品市场的空缺，又有较高的经济效益。在品种选择上，要选个大、色泽鲜艳、果形整齐、肉细、汁多、香气浓、成熟期尽量一致的品种。在交通不便的山区，以鲜食加工兼用杏为主。在深山区或荒坡地建园，应以仁用杏为主。

杏园地址选定后，面积大的杏园还需规划生产小区、道路、排灌系统并营造防护林。

为便于果园管理，首先要安排栽植小区，其面积、形状，应根据地形、坡向、土壤情况而定。山区梯田，小区面积不宜过大，一般以 0.6～2.0 hm^2 为宜。平地小区面积可以大些，为 1.3～4.0 hm^2。为便于机械化操作，平原地要注意长边与风害方向相垂直，山坡地杏园小区，长边应与等高线平行，以减少水土流失。

果园的道路依照果园规模、运输量、运输工具等条件而定。分为主干路、支路和区内小路。主干路是果园的主要道路，支路是连接各小区与主干路的通路。主干路一般宽 6～7 m，支路宽 3～6 m，小路宽 1～2 m。

山区果园的道路设计很重要，面积大的山坡地果园要设纵、横两条小路。

排灌系统的设置要根据小区形状和水源条件而定。杏树耐旱不耐涝，栽植前要设置好排水系统，做到旱能灌、涝能排。山地果园，要修筑梯田，控制水土流失。在坡度大、地形复杂不易修筑梯田的地方，可采用鱼鳞坑形式栽植杏树。

在平原地、沙荒地建杏园，杏园迎风面要设防风林，使杏园少受或不受风的危害。防风林设置的方向，应根据当地主要风向决定，一般要求主林带与主风向垂直。

用作防风林的乔木树种可选择速生、高大、抗风的杨树、旱柳、刺槐等。灌木可选紫穗槐、白蜡等。乔木林带与果园距离可适当远些，以防遮阴，灌木林可近些。林带与果树之间应挖深沟，以防根系入侵，影响杏树生长。

二、栽植

（一）栽植方式和密度

以往的杏园，株行距都比较大，树体生长也高大，单株产量虽较高，但单位面积产量低。适宜的栽植密度既要充分利用土地，提高光能利用率，促使早期丰产，又要维持较长的丰产年限，同时还要考虑到果园的耕作、喷药、采收运输等是否方便。故栽植密度要根据品种的生长特性、砧木类型、栽培条件、地形地势、土壤等情况综合考虑。合理栽植密度可参考表 49－4。对高度集约栽培及设施栽培杏园，可视情况灵活掌握，为提高近期效益，一般均进行高密度栽植。一般树姿开张的品种比直立型品种栽植密度可适当稀些。以鲜食为主的园片栽植不可过密，过密影响果实着色及品质。土壤瘠薄的比土壤肥沃的应密些，山地比平地密些。山地梯田，田面狭窄，呈单行栽植时可密些，梯田面宽，呈多行栽植时宜稍稀些。沙荒地、平原地实行杏粮间作时可加大株行距 3～5 倍。集约栽培的杏园，为了充分利用土地和光照，增加早期产量，可进行密植栽培，待树体长大过于密集时，再分期分批进行间伐。

表 49-4　杏园合理栽植密度

地势	土质	株距（m）	行距（m）	每公顷株数
平地	肥沃	4～5	5～6	330～455
山地梯田	瘠薄	3～4	4～5	500～832
	肥厚	4	4～5	500～624
沙荒滩地	瘠薄	3～4	4～5	330～405
	肥厚	5～6	6～7	210～330

杏树的栽植方式常见的有长方形栽植、正方形栽植、三角形栽植和等高栽植。

（1）长方形栽植。特点是行距大于株距。优点是通风透光好，便于机械操作、管理和等高栽植。

（2）正方形栽植。特点是株距与行距相等。优点是通风透光良好，便于管理，但不适于密植。

（3）三角形栽植。特点是株距大于行距。优点是能够比较合理地利用空间和地力，缺点是成形以后不便于田间作业。

（4）等高栽植。适于梯田、开荒地等山地果园，株行距的设置可按梯田的宽度来定。

（二）配置授粉树

我国栽培的杏树品种多数自花授粉不能结果或产量很低。因此，必须配置足够的授粉树。所选择的授粉树要能够适应当地的环境条件，与主栽品种花期大体一致，且能产生大量发芽率高的花粉的优良品种，每年都能开花，与主栽品种有良好的杂交亲和性。主栽品种与授粉品种的配置，应根据杏园面积、形状和栽植密度灵活掌握。一般授粉树与主栽树比例以 1∶(3～5) 为宜，即每栽 3～5 行主栽树，栽 1 行授粉树，或者同一时期开花的品种 3～5 个，其中 2～3 个为主栽品种，1～2 个为授粉品种，单行或分散栽植，以利于相互授粉。

近些年国外引进的部分杏树品种自花结实率高，授粉树配置不甚重要，但为提高杂交优势，可适当配置。

（三）定植和栽植时期

1. 定植　在规划好杏园地之后，首先整平土地，再按确定的栽植密度进行定点划线，然后挖穴。树穴大小根据土层厚薄来确定，土层较厚的定植穴可小些，如果土层较薄，定植穴可大些。为使栽植的幼树提早结果，栽前施入一定量的有机肥，粪土混合填入。苗木定植前，应先检查苗木质量，如是远途运来的苗木，应检查根系是否脱水或受冻。栽植时好苗与次苗分栽。定植时将苗木放入穴中央，随填土随踏实，培土 1/3 时，将苗木向上提一下，让根系舒展，然后填土踏实，注意接口要高出地面。

2. 栽植时期　杏树栽植有秋栽和春栽两种，从落叶后到封冻前为秋栽。秋栽当年根系伤口即可愈合，翌春发根早、发芽早，苗木生长旺盛。春栽在翌春开冻后至发芽前均可进行。在冬季寒冷、气候干旱的华北北部、东北地区，因秋栽在越冬过程中易抽条，根系易风干失水，成活率低，适宜春栽。

（四）栽后管理

俗话说“三分栽、七分管”。栽植当年管理的主要任务是保证成活和生长健旺。为保证苗木的高成活率，定植后一定要灌透水沉实树穴，以使根系与土壤充分接触。苗木定植后，为减少蒸腾面，应随即定干。定干高度 45～60 cm，剪口下要有 4～6 个饱满芽。冬前定植的苗，入冬时应培土防寒，特别是速生苗，要求培土高度 50 cm 左右，二年生壮苗，可以在苗木上缠草绳或绑缚玉米秸、小麦秸等防寒。早春可以用地膜覆盖树盘，以利提高树盘温度，保持土壤湿度，使土壤疏松，为新栽树根系的生长创造有利条件。

苗木发芽后，前期易受蚜虫、卷叶虫、金龟子等危害，要及时喷药保护。对由砧木萌发的萌蘖要及时抹除。春旱地区，特别是间作小麦的新建园，一定要注意春季和早夏的浇水，以确保苗木的水分供应，提高成活率。对个别死亡的植株要及时补栽，以保证园片的整齐度。为促进树体的生长，可于5月中下旬结合施有效氮、钾肥追施一次有机肥，并灌透水。待新梢长到45 cm左右时，对选作大主枝的新梢进行摘心；刺激2次新梢萌发，以加快冠整形。

第六节　土肥水管理

杏树喜湿润，但怕涝，对氮肥反应敏感，合理使用有机肥。

杏树生长强健，耐瘠薄、耐干旱，但要达到丰产、稳产、优质的目的，则要有良好的土、肥、水条件。栽培管理中应抓好这一环节，为杏树的生长发育创造良好的环境条件，满足根对水、肥、气、热的要求。

一、土壤管理

我国杏树多栽培在山坡、梯田或河滩坡地，一般土质瘠薄、结构不良、有机质含量低。建园后，一定要加强土壤的改良与培肥工作。

（一）扩穴

幼树期，常通过扩穴进行土壤深翻。即以定植穴为中心，结合秋施基肥，每年或隔年向外深翻，直到株间的土壤全部翻完为止。这种方法的优点是每次用工少，在果园面积大、劳力少的情况下比较适用。缺点是每次翻动的土壤面积较小，一般需3～4次才能完成全园深翻，每次都损伤部分树根，应尽量注意。

（二）压土

压土同样可起到加厚土层，改良土壤结构和性质，增强保肥蓄水能力的作用。河滩地果园压土，还能起到防风固沙的作用。压土的种类和数量，因土壤性质而不同。黏土压沙，一般每公顷每次30～37.5t。山岭薄地压酥石，数量可略增加。砂土地压黏土，每公顷每次不宜超过10 t，一次性压土过厚，则土壤通气不良，会妨碍根系呼吸。山地压酥石时，最好先刨后压，这样压的酥石和原土层易于融合，上下没有间隔。压土最好在冬季进行，压土后经过一个冬季的风化，翌年春季进行深刨或耕翻，使沙土混合。

（三）翻耕

1. 隔行（或隔株）深翻　就是先在一个行间深翻，留一个行间在下一次翻，2次翻完。如果是山地，梯田面窄，可进行隔株深翻。

2. 全面深翻　即在株行间，将栽植穴以外的土壤全部深翻，这种方法用工量比较大，但深翻后土壤平整，深翻后可隔3～5年再进行下一轮。

3. 深翻时间　一般在土壤封冻前或早春进行，以秋季进行为好。因为此时地上部营养物质下运，根容易愈合，后期根系生长旺盛，易生新根。深翻深度一般在60～90 cm。深翻过程中要尽量少伤根，特别是骨干根。覆土时砸碎土块，并把表土与有机肥掺和后填入底层或根系附近，心土铺撒在上部，促进风化。深翻后要及时灌水，以灌透深翻的土层为宜。

（四）间作

新建杏园合理间作，既能充分利用土地，提高土壤肥力，又能起到保持水土，防止杂草滋生的作用。间作物应是矮秆作物，以有固氮作用的豆科作物为好。山东省果科所1994年冬，对杏园间作物对树体生长的影响进行了调查，发现1994年春定植的杏树，间作物为冬小麦的，一年生枝长60 cm左右；间作春大豆的，一年生枝长80～100 cm；而间作花生的，一年生枝长可达120 cm，差异极显著。且间作冬小麦的，苗木成活率明显低，仅为85%左右，严重影响果园的整齐度。

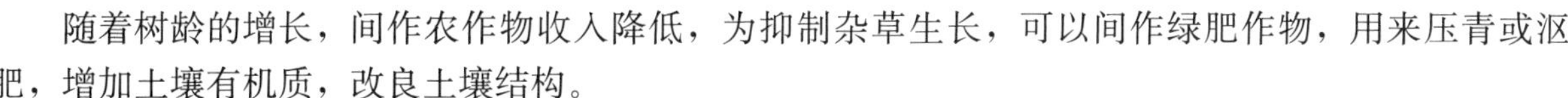

随着树龄的增长，间作农作物收入降低，为抑制杂草生长，可以间作绿肥作物，用来压青或沤肥，增加土壤有机质，改良土壤结构。

（五）其他措施

1. 起垄　在易于积水或土壤偏盐碱的果园，进行起垄栽培是有效的措施。起垄一般在秋后进行，起垄时，可以把夏季树盘覆盖的烂渣一并埋入垄下，还可以先在树盘中撒施部分复合肥及有机肥。起垄时，一次埋土不宜过深，一般为 10 cm 左右，垄宽 120 cm 左右，并逐年加宽、加高，最后垄高不宜超过 25 cm。随着起垄，在垄的两外沿形成一深 15 cm 左右、宽 25 cm 左右的浅沟，有利于追施速效肥和杏园灌水、排水（图 49 - 9）。

图 49 - 9　起垄栽植

2. 树盘覆草　覆草多在麦收后进行。树盘覆草夏季可以降低土温，抑制杂草生长，防止返碱，减轻盐害。腐烂后，可增加有机质，改良土壤团粒结构，增加保水、保肥的能力。

山东省推广果园覆草，结果表明，在麦秸草覆盖下土壤水分损失仅为清耕地的 35%左右。连续覆草 5 年，土壤耕作层容重减轻 25%，土壤孔隙度增加 1.4 倍。土壤团粒结构明显改善。覆草 3 年，土壤有效氮增加 8.57%，有效磷增加 180%，速效钾增加近 5 倍，有机质增加 1.28%。同时，覆草可引根向上，扩大了根系分布范围。

覆草前应先整出树盘，然后覆上已初步腐熟或机器打碎的秸秆（玉米秸、麦秸、花生秧等），覆草厚度 15～20 cm（不能低于 15 cm），并在草上压一些土（最好不成层），以防止火灾及大风把草吹走。如果是新草未经腐烂，覆草时应先浇 1 遍水，并追施尿素；结果期树每株施 0.4 kg 左右氮肥，以免微生物分解秸秆时与果树争夺氮肥而造成树体缺氮。一旦发现叶片变黄，要及时叶面喷施 0.2%～0.3%的尿素溶液。

覆草时要注意根颈部位应留一块空间，避免蟋蟀等害虫啃食根颈树皮。覆草果园打药时，应将覆草也喷 1 遍，可起到集中消灭病虫的作用。

果园深翻或秋施基肥时，可将覆草翻入地下，翌年再覆，或者结合起垄埋入垄内（图 49 - 10）。

A

B

图 49 - 10　覆　草

A. 覆干草　B. 覆青草

二、施肥管理

肥料是植物的粮食，是植物生长发育不可缺少的重要条件。对杏树科学用肥是夺取高产稳产的前提，可以改良土壤，调节水、肥、气、热等杏树生长发育所必需的环境因素。

（一）肥料的种类

1. 有机肥 有机肥也称粪肥或完全肥料，是含氮、磷、钾等多种元素的一种肥料。

有机肥通常包括土粪、圈粪、人粪尿、绿肥、熏肥等。

有机肥肥效较长，不仅含有多种营养元素，而且含有大量腐殖质和微生物，因此，有机肥可以改良土壤的结构和性质，还能调节土壤的酸碱度，促进土壤微生物的活动，从而可以提高土壤肥力。但有机肥肥分较低，肥效较慢，施用量大，是一种迟效性肥料，一般宜做基肥。

2. 无机肥 无机肥也称化肥或不完全肥料，是一种只含有一种主要元素的肥料。

无机肥主要有硫酸铵、碳铵、尿素、过磷酸钙、硫酸钾、果树专用肥等。

无机肥肥分高、肥效快，便于杏树吸收利用，是速效性肥料，但长期单独施用容易破坏土壤的结构，影响微生物活动，所以一般只用作追肥。

（二）基肥

基肥是基本的，不可缺少，必须施用。

施基肥的时期和方法

（1）施基肥的时期。基肥的施肥时期，分秋施和春施，以秋施最好。秋施一般在秋季采收后至落叶前进行。此时施基肥，正处于根系第三次生长高峰，树体营养回流，有利用于根系恢复，同时肥料能有较充分的腐熟时间，并能被根系吸收利用，增加营养积累，为翌春生长发育奠定营养基础。

（2）施基肥的方法

① 全园施肥法。即将有机肥均匀地撒在地面，然后翻入土中，深度 20 cm 左右。全园施肥肥料分布均匀，但需肥量大，施入的浅，根系容易上移，所以，一般只用于成年杏树或密植杏园的施肥。

② 环状沟施。在树冠外 20～30 cm 处挖宽 30～50 cm、深 50 cm 的沟，然后施入肥料。环状沟应随树冠扩大逐年外移 20～30 cm。环状沟施具有经济利用肥料和简便易行的优点，但伤根较多，肥料的吸收有局限性，一般适于 3～5 年的幼树。

③ 放射状沟施。在树冠外围处挖 6～8 条放射状沟，要求内浅外深、内窄外宽，其深度 20～30 cm，以不伤大根为原则，沟的长度应超出树冠外缘。放射状沟施肥深度应浅些，若过深容易过多地伤根，树冠大时操作困难。一般幼龄树可用此法。

④ 条沟施肥法。在果树行间开沟，施入肥料，也可结合杏园深翻进行，一般在宽行密植的杏园宜用此法，便于机械操作。

土壤施基肥方法很多，各有特点，应根据树龄、栽植密度、肥料种类等综合因素，选择适宜的施肥方法。

（三）追肥

追肥是补助性的，可根据树龄、树势、产量、肥料等确定。

1. 施追肥的时期

（1）花前期追肥。开花前半月左右进行，以氮素肥料为主。其作用是促进新梢和花果的生长，减少落花，提高坐果率。

（2）花芽分化期追肥。一般在 6 月下旬至 7 月上旬进行，以氮素肥料为主。主要是促进花芽分化，加速果实膨大，提高产量。

（3）果实成熟期追肥。在果实着色时进行，以磷、钾肥为主。主要作用是提高果实品质，使枝条积累营养，组织充实，提高抗寒越冬能力。

2. 施追肥的方法

（1）穴施法。即在树冠外围，沿树的周围挖小坑施。坑的数量多少应以树冠大小而定，一般挖

6～10 个，深度 13 cm 左右。

(2) 放射沟施法。深度 10 cm 左右。

(3) 叶面施肥。又称根外追肥，即将肥料喷于叶面上，通过枝叶吸收利用的一种施肥方法。

叶面施肥的作用：叶面喷肥肥效快，喷后 2～3 h 便可被叶片吸收，喷后可提高光合效能 0.8 倍左右；叶面喷肥肥料在树体各部分分布均匀，无营养分配中心的限制，对中短枝喷肥后有利于花芽分化，在干旱缺雨又无灌溉条件的情况下，用叶面喷肥效果较好，对易被土壤固定的元素，用叶面喷肥能节省劳力，效果也很好。

叶面喷肥一般在 16:00 后进行，以利于夜晚有露水时吸收。同时也可避免气温高、蒸发快和烧伤。

3. 施肥量

(1) 确定施肥量的依据。确定施肥量主要根据树势的强弱和结果情况来确定。树势的强弱表现在新梢的长短、粗细和数量的多少上，也表现在芽体大小、饱满程度和叶片大小、多少、厚薄及叶色的浓淡上。确定施肥量还应根据土质地势和当地气象情况而定。

总之，施肥量是合理施肥的一个重要方面，应以树龄树势、结果量、品种特性和土壤条件为依据。

(2) 确定施肥量的方法。①调查了解研究，参考当地惯用施肥量；②叶片的分析；③施肥经验。

(3) 施肥量。幼龄树一般每株施人粪尿 10～15 kg，土粪 40～50 kg，适当加施化肥。初结果树一般施人粪尿 15～20 kg，土粪 50～100 kg，追施化肥 250 g 左右。盛果期大树一般施人粪尿 30～40 kg 或土肥 150～200 kg，追施化肥 1～1.5 kg。

三、水分管理

杏要高产稳产，必须做到旱灌、涝排，以保证田间持水量在 60%～80%，为此，我们必须重视灌水、排水工作。

(一) 灌水

1. 灌水时期 在杏树肥水管理上，生长前期要保证足够的肥水供应，保证杏树的正常生长发育，以形成足够的新梢和叶幕面积。生长后期则应控制水分，以利于提高花芽质量和果实品质，促使新梢及时结束生长，加速组织的分化成熟，提高树体积累营养水平，增强抗寒能力。

应在下列几个时期灌水：

(1) 花前灌水。3 月中旬至 4 月中旬，其优点是有利于萌芽开花，提高坐果率，促进新梢正常发育。

(2) 花后灌水。花谢后 10 d 进行，其优点是促进新梢生长，避免新梢争夺幼果水分。

(3) 果实速长期灌水。可促进果实发育。

(4) 封冻前灌水。可减轻抽条、减少冻害，还可疏松土壤，改善土壤物理性状。

2. 灌水量

(1) 依据。应根据品种、树冠大小、土质、土壤湿度和灌水方法来确定。

(2) 灌水量。一般每株灌水 250～500 kg，树冠小的 150～250 kg。

3. 灌水方法

(1) 树盘灌水。在树干周围，按树冠大小修建树盘，灌水于树盘内。

(2) 条沟灌水。行间开沟灌水，灌后覆土。

(3) 轮状沟灌。在树冠外围开一条轮状沟，灌后覆土整平。

(4) 滴灌。将水源的水用输水管道引入树盘地下 20～30 cm 处，用装有打上孔的管把水滴入土中。

(5) 喷灌。将贮好的水通过压水装置把水压到杏树地，再通过水龙头将水喷到树根周围。

(6) 积雪保墒。冬季将适量积雪积于树下，待翌年春融化后，起到保墒作用。

(二) 排水

土壤水分过多，会对杏树的生长发育产生不利影响。水分过多，氧气不足，抑制根系的呼吸，降低吸收功能，严重缺氧时，可引起根系死亡。因此，修筑排水工程，及时排水对杏树的管理非常重要。

对已受涝害的杏树，要及时排水抢救，其方法有：渠道排水法，在积水处挖低于地面的渠道，让水流走或下渗；扒土晾根，把树根上边的土取出一部分，将根周围的土疏松，进行晾晒，让水分蒸发(注意不要把根晾出来)。

第七节　整形修剪

通过整形，形成杏树坚实的树体骨架；通过修剪，使树体充分通风透光，培养出能生产优质果的果枝与枝组。

一、主要树形

整形的目的在于构建坚实的树体骨架，便于形成能截获最大限度光能的叶幕和负载最大限度果量的树体结构。合理的树形应符合早结果、早丰产、易管理的要求。具体树形的选择应根据栽培条件、管理水平、品种类型及栽培方式和密度等来决定。目前，国内外比较普遍采用的树形主要有：

(一) 自然圆头形

此树形是顺应杏树的自然生长习性，人为稍加调整而成，无明显的中心干(图 49-11)。

图 49-11　自然圆头形

自然圆头形的成形过程：苗木定植后在距地面 70～80 cm处定干，剪口下抽生分枝后，在整形带范围内选留 5～6 个错落着生的主枝，除最上部一个主枝向上延伸之外，其余皆向外围伸展。主枝基部与树干呈 45°～50°角。一年选不出 5～6 个主枝时，要在 2～3 年选出。当主枝长达 50～60 cm 时，剪截或摘心，培养侧枝。各主枝上每隔 40～50 cm 选留一个侧枝，每个主枝选留 2～3 个侧枝，主枝上着生各类结果枝，主枝头继续延伸。当侧枝生长至 30～50 cm 时摘心，在其上形成各类结果枝并逐渐形成枝组。各类枝的留枝部位要本着合理利用空间的原则均匀分布，防止密集和空膛。每年要适当短截主、侧枝的延长枝，不断扩大树冠。延长枝的长势缓和后，即可将其甩放，不再剪截。

自然圆头形因整形的修剪量小、成形快，定植后 2～3 年即可成形；主枝多，能合理利用空间，枝条分布均匀，因而能够早结果、早丰产，又因其无明显中心干，树冠不致太大，所以也便于管理。但到后期，树冠容易郁闭，内部小枝枯死，骨干枝中下部容易秃裸，结果部位容易外移，树冠外围容易下垂。此种树形适合于直立性较强的品种。

(二) 疏散分层形

这种树形的特点在于有一个比较明显的中心干，在其上分层着生着 6～7 个主枝。因杏树本身干性不强，因而其形成过程比自然圆头形要长一些，需 4～5 年的时间（图 49－12）。

图 49－12　疏散分层形

疏散分层形的成形过程：苗木定植后距地面 70～80 cm 处定干，干高保持 50 cm 左右，在整形带内选留 3～4 个主枝，使其错落分布在树干的不同方向上，形成第一层，同时留有中心领导干继续向上延伸。第二年距第一层 80 cm 左右选留 2～3 个主枝形成第二层，同时留有中心干。第二层要与第一层主枝上下错落，使其不互相重叠。为使树干不再延伸，第二层主枝留好后，剪除中心领导枝落头，最上部主枝是斜向或水平方向的，使树顶形成小开心形。主枝基角 45°～50°为宜。第一层各主枝上留 3～4 个侧枝，第二层各主枝上留 2～3 个侧枝。侧枝在主枝上的排列要错落开，相距在 30～50 cm，同时要在层间中心干上培养永久性辅养枝。

疏散分层形因有明显的中心干，主枝较多，分层着生，使树体高大又易于透光，内膛不易空虚，树冠不易下垂，产量高，寿命也长。此形适合于树势强、开张性的品种。

图 49－13　自然开心形

（三）自然开心形

此种树形的特点是树干较矮，无中心干，主枝较少（图 49－13）。

自然开心形的成形方法：在距地面 40～60 cm 处定干，在整形带内选留 3 个不同方向的主枝，各主枝间上下相距 20～30 cm，水平方向上彼此互为 120°角，主枝的基角为 50°～60°，不保留中心干，每个主枝上留 2～3 个侧枝，其上错落着生枝组和各类果枝。因主枝开张角度大，易生背上枝，可及时培养其成为大型枝组（图 49－14）。

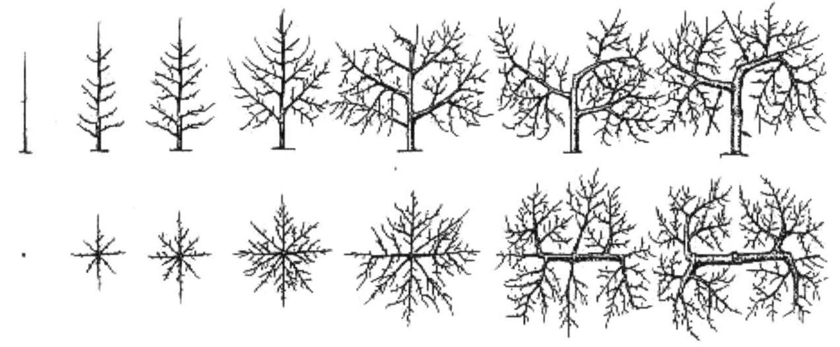
图 49－14　大型枝组

自然开心形树体较小，成形快，通风透光良好，结果品质高，进入结果期早，适于密植，尤其在土壤瘠薄、肥水较差的山地宜采用此种树形。它的缺点是主枝容易下垂，树下管理不方便，寿命较短。

（四）延迟开心形

延迟开心形是一种改良的树形，没有明显的层次，有 5～6 个主枝均匀地配置在中心干上，最上部一个主枝保持斜生或水平方向。待树冠形成后，将中心干自最上部一个主枝的上部去掉，呈开心状

（图 49－15）。

此种树形介于上述诸种树形之间，造型容易，树体中等，进入结实期早，适于密植。

（五）Y 形

Y 形也称两主枝开心形、塔图拉树形，于 20 世纪 70 年代起源于澳大利亚。

Y 形树形的成形过程：一般做南北行向栽植，两大主枝向东西方向生长，干高 30 cm，树高控制在 1.8～2.3 m。主枝培养采用“弯弓射箭”法，幼树栽植后不定干，待萌发后把主干拉向行间，呈 45°角。待主干弯曲弓背处萌发数条徒长枝后，选角度距离适合的一枝作为另一主枝，其余萌条都去掉。此法培养的主枝牢固，即使挂果多、无支架，也不易劈裂。Y 形主枝左右弯曲延伸，每个主枝上留 4～5 个结果枝组或数条结果枝（图 49－16）。

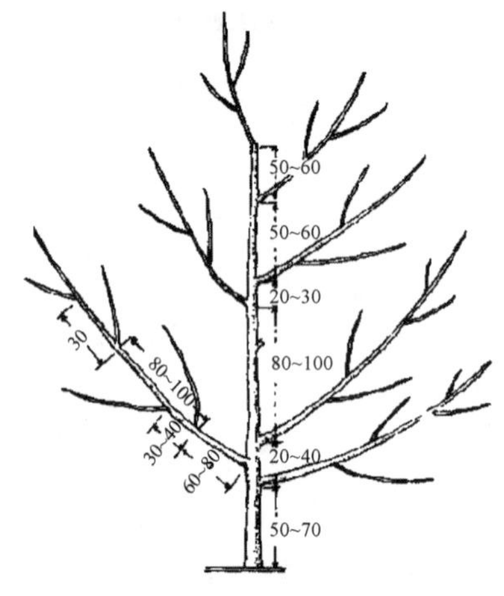

图 49－15 延迟开心形（单位：cm）

图 49－16 Y 形树形

这种树形成形快，通风透光性好，早期高产，果实品质优良，便于作业，树冠紧凑，适于密植。

（六）多主枝分层形

这种树形无中心干，主枝为 4～6 个，主枝基角为 60°，相邻主枝间相距 1 m 左右。每条主枝配备 5～6 个侧枝，2 个侧枝为一组，从下向上分为 2～3 层，以接近于水平的方向向外生长。结果枝组多数着生在侧枝上，少量分布在主枝上，树高约 3 m 左右，冠径大约 2.5 m（图 49－17）。

这种树形低于矮冠，下大上小，内膛空间大，通风透光好，树体生长健壮，产量高，有利于稳产和长寿，而且整形容易。

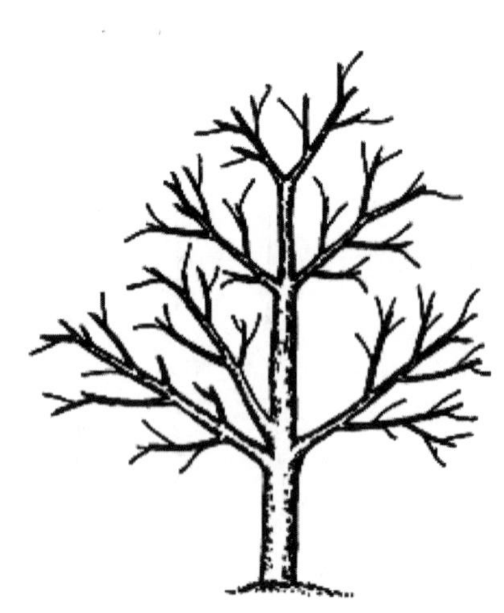
图 49－17 多主枝分层形

多主枝分层形的成形过程：幼苗栽好后，定干 50～70 cm，从整形带内所发的新梢中选留 4～6 个方向错开、高度适合的枝条作为主枝培养。6～7 月将作为主枝培养的枝条在 1/2 处进行第一次剪截，要求各主枝与树干呈 60°角开张。在第一次短截后，剪口下萌发一些分枝，选择顶端斜向上长得旺枝作为主枝延长枝，并及时控制竞争枝。大约于 8 月再在延长枝的 1/2 处进行第二次剪截。冬剪时，将第二段前面的秋梢剪去。第二年 5～6 月对斜长的延长枝进行第三次剪截，同时在其下部选留 2 个近于水平、方位适宜的新梢，培养成第一层侧枝。第二年冬剪时，主枝要在中部饱满芽处短截，侧枝要强者重剪、中庸者长留。第三年则根据主枝和侧枝的生长进行适当短截。当主枝长到距第一层侧枝 1 m 左右时，进行一次重短截，培养第二层侧枝。第二层侧枝也是每个主枝留 2 个，使其成“八”字形分开生长。当主枝延伸至 2.5 m 左右时，剪口下留外芽剪截，形成一个小开心形，相当于第三层侧枝，与第二层的间距约为 70 cm。

（七）纺锤形

纺锤形（图 49－18）树形的树体结构特点，是干高 50 cm 以上，在中央领导干上配备 8～10 个角度开张的主枝，可以分 2～3 层，层内主枝间距 15～20 cm，层间相距 30～60 cm；也可以不分层而轮生于中央领导干上，主枝角度近水平，在主枝上直接着生各类结果枝组，树高保持 3 m 左右。

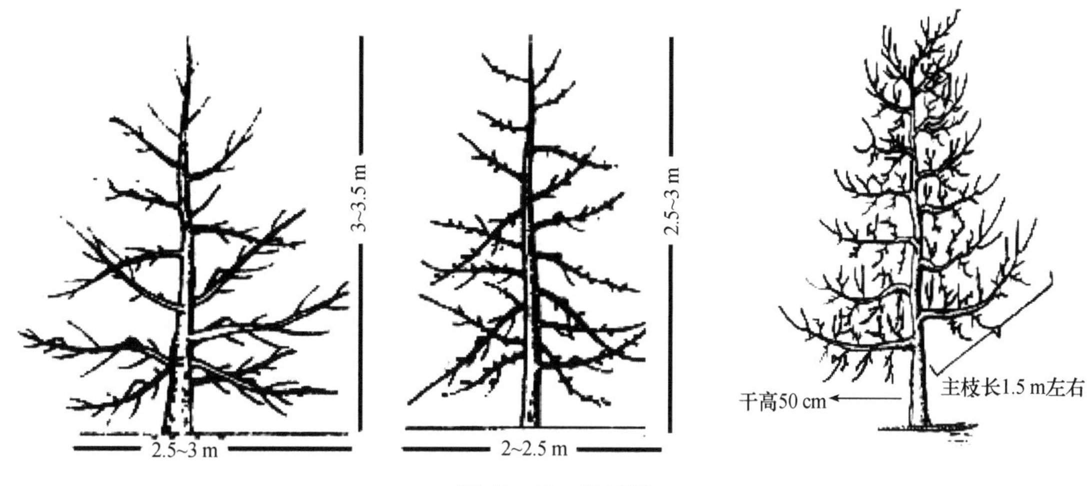

图 49－18　纺锤形

这种树形的优点是树体结构简单，骨干级次少，整形容易，通风透光良好，易成花，结果早，产量高，品质优，适宜密植栽培和机械化修剪。

纺锤形树形的成形过程：留 70 cm 定干。当年夏季修剪主要是对主枝开张角度（70°～80°）；中干延长枝旺时可摘心，不旺不摘；对竞争枝，要重摘心加以控制。第二年春季修剪时，领导干延长枝一般剪留 40～50 cm，剪留长度依下部选留的主枝数量来确定，下部主枝数量多时（如 3～4 个），剪留可长些。对选留主枝缓放或打头，并在其上进行刻芽，以促发分枝。在生长季的修剪中，中干延长枝和竞争枝的处理同第一年，当年选留的主枝要开张角度，对第一年选留的主枝，背上旺枝重摘心控制，其余枝条也可以摘心控制，防止多头延伸，促使中后部萌发中、短枝，增加结果枝数量。第三年的春季修剪和生长季修剪与第二年相同。经过 3 年的冬剪和夏剪，纺锤形树形可基本成形。根据树高和主枝长势决定是否开心，主枝长势强的，开心可晚些，主枝长势弱的可及早开心。该树形在整形过程中，应及时开张主枝角度，使各主枝近于水平生长；主枝不培养侧枝。

二、整形方法

（一）定干

苗木定植后，应随即定干。定干高度要根据立地条件、品种特性等灵活确定。一般冠形大、主枝角度开张的品种以及土壤肥沃的，定干高度稍高些；反之，则宜矮。现代化密植栽培，定干高度一般在 35～60 cm。定干时，剪口下应注意留 3～6 个饱满芽。剪口面应有 30°左右的倾斜角，一般剪口下第一芽着生的一面略高，其背面略低。修剪后，为防止剪口水分蒸发，可在剪口上涂油脂或羊毛脂。

（二）主、侧枝的选留和培养

以疏散分层形为例，定干后选择直立生长的枝条培养中央领导干，另选择 3～4 个方向和角度适合的枝条培养主枝，其他枝条可留作临时辅养枝。营养树体，同时也有利于早期结果。定干后，新梢长到 50 cm 左右时，对选定的各大主枝留约 35 cm 左右进行摘心，促进分枝。到冬季修剪时，即可选出侧枝。对各辅养枝，可于新梢长至 50 cm 左右时拉平，以利缓势成花。

冬季修剪时，对选定的各主枝头进行中短截，以利于继续扩冠。由于杏萌芽率较高，对于侧枝的处理，可以截缓结合，以占满空间为准。为了防止偏冠，幼树期间即应注意平衡各主枝间的长势。对长势强旺的主枝，冬剪时可利用弱枝当头，并注意适当疏枝，

减少分枝或通过修剪降低主枝头的高度，使顶端优势转移，从而使各大主枝得到均衡发展。对角度偏小的主枝应尽早拉枝开60°～75°角。

为了使各大主枝均匀分布，一方面可以通过拉枝，将重叠生长或离得较近的大枝向两边分开。另一方面可以通过主枝头选留及主枝头剪口芽的选留加以调节。对角度难以调整或主枝数量不够的，可以用侧枝占用空间。

定植后第二年，树体生长量大，中干上会产生许多分枝，可从中选2～3个角度及着生方位适宜的作为二层主枝，其余枝有空间则拉平作为临时辅养枝。一层各大主枝上要加强夏季修剪，通过摘心、拉枝等培养枝组。通过疏枝、抹芽（背上芽、主枝头竞争芽）等，使主枝头保持旺盛的生长优势。对第一年冬剪时留下的辅养枝，第二年要注意疏除其上的中、长分枝，使之单轴延伸。第二年冬季修剪时，对各主、侧枝头的修剪，根据空间大小，可以继续短截，也可以缓放。对中干上及各骨干枝上的过密枝要进行疏除。对夏季摘心等促发的分枝，可根据空间大小，把它们培养成大、中、小型枝组。

定植后第三年，多数已开始结果，栽植较密的已开始交头，树体雏形已基本形成。对有些影响整形或影响主枝生长的辅养枝可及时回缩，培养成中型或大型枝组，或及时疏除。以整形为重点的修剪工作开始转向以稳定树势，增加产量为主，提高果品质量为主的果品生产期。

三、主要修剪方法

（一）长放

长放也称缓放，即对枝条不剪，以缓和新梢生长势。因枝条长放留得芽多，抽生枝叶也多，有利于形成中、短枝和养分的积累。长放多用于生长中庸的枝条，对主枝延长枝长放，可比较好地缓和顶端优势。

（二）短截

剪去一年生枝条的一部分称为短截。短截的作用是刺激剪口下芽萌发并抽出较多分枝，以利扩大树冠和增加结果部位，短截后枝条的强弱，取决于枝条本身的强弱、剪口芽质量，如被短截枝生长粗壮，芽体饱满，则短截后发出的枝强壮，反之，则发弱枝。短截减少了芽数，也减少了发枝总数，生长期短截可控制树冠和枝梢的生长（图49-19）。

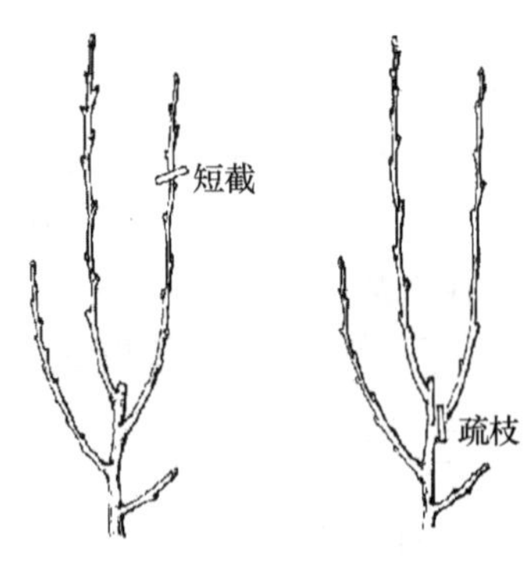

图49-19 短截和疏枝

（三）缩剪

缩剪又称回缩。对多年生枝在分枝处进行剪截，有更新复壮的作用。缩剪多用于调整角度，改变各类延长枝的角度和方向。利用回缩修剪更新、处理交叉重叠大枝，以改善内膛的通风透光条件。缩剪还可控制树冠大小、促使后部枝条的生长和潜伏芽的萌发。

（四）疏枝

将枝条从基部剪除。疏枝减少了枝条数量，增强了树冠内的光照度，有利于组织分化，促进结果。疏枝常用于处理轮生枝、邻接枝，去除过密枝，以改善通风透光条件，避免内膛光秃。疏枝应本着去弱留强的原则。对发枝力强的品种，强树强枝多疏，发枝力弱的品种，弱树弱枝少疏。

（五）除萌和抹梢

萌芽后抹掉或疏掉剪锯口以下萌发的过密枝或着生位置不当的枝芽，主要作用是减少养分消耗，改善光照条件，提高留用枝质量。

（六）摘心和剪梢

将新萌发的先端嫩梢摘去或剪除，可以抑制枝梢顶端旺长，促进 2 次枝的发生，加速整形和枝组培养。通过摘心剪梢，限制了新梢的生长，减少了养分的消耗，增加了积累，有利于花芽和果枝的形成。

（七）拿枝、拉枝

拿枝是把直立或斜向生长的一二年生强旺枝用手弯曲使枝条水平生长。枝条水平后，减弱了生长势，使强旺枝由营养生长向生殖生长转化。拿枝后，开张了角度，可以扩大树冠并改善冠内通风透光条件。拉枝是用绳子或铁丝将直立、生长旺盛的枝条拉开，以缓和生长势，改变枝条生长方向，对二三年生枝拉平，可以形成大量短果枝（图 49－20）。

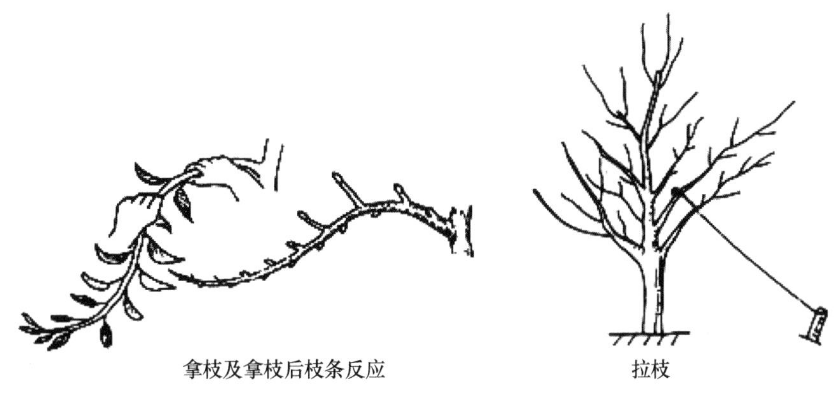

图 49－20　拿枝与拉枝

修剪过程中应注意剪口处置（图 49－21）。

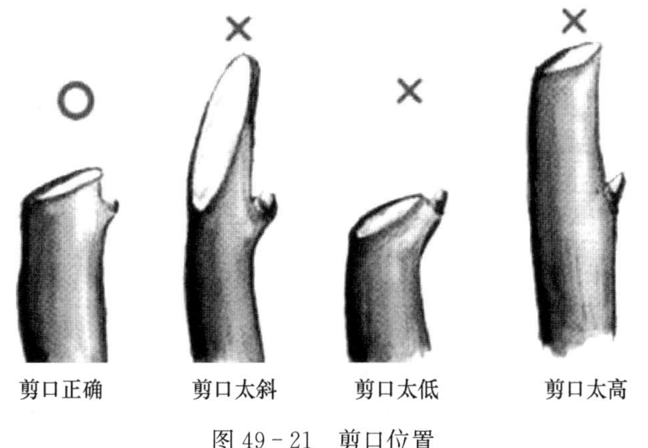

图 49－21　剪口位置

四、枝组的类型与培养方法

（一）枝组的分类

根据枝组分枝的多少，可以分为大枝组、中枝组和小枝组 3 种。所谓分枝，是指枝组上的一年生枝，不论中枝还是短枝，均作 1 个分枝计算。具有 2～5 个分枝的为小型枝组，具有 6～15 个分枝的为中型枝组，具有 15 个以上分枝的为大型枝组。小枝组结果较早，但寿命较短；大枝组结果较晚，但寿命较长；中枝组居中。因此，枝组应该大、中、小结合。

枝组的大小不是固定不变的。小枝组随着分枝的逐年增多，可以发展成中枝组或大枝组。中枝组或大枝组经过缩剪，分枝减少，也可成为小枝组。

根据枝组在主、侧枝上的着生位置又可分为背上枝组、两侧枝组和背下枝组。一般要求背上和背下枝组应小，两侧枝组宜大。

（二）枝组的培养

1. 生长季节多次摘心 去掉背上过多的嫩梢，按 20～30 cm 保留一健壮嫩梢。当新梢长到 25 cm 左右时及时摘心，促发分枝。如果分枝生长仍旺，可再次或三次摘心，促发三次、四次枝。这样，当年即可培养成中、小枝组（图 49－22）。

图 49－22 摘 心

2. 夏季截梢 对背上旺长的新梢于 6 月中旬进行短截，留25 cm左右，可促进腋芽萌发。冬剪时去强留弱，翌年即可形成中型枝组。

3. 先截后放、再缩 选生长中庸的一年生侧生枝，留 20 cm 左右短截，促使靠近骨干枝分枝，第二年一部分枝缓放，一部分短截，再结合夏季修剪，可以培养成大型枝组。

4. 先放后缩 发育枝缓放拉平后，可抽出短枝和花束状果枝，结果后进行回缩。此法有利于提早结果。多利用此法培育中、小枝组。

5. 改造辅养枝 随树冠扩大，大枝过多时可将辅养枝缩剪改造为大型枝组。

（三）枝组的维持、发展和更新

所谓枝组的维持，就是通过修剪维持枝组的结果能力和结构。经过初步培养的枝组，随着枝组的逐年发展，要注意其结果能力和结构。要求枝组生长中庸健壮，花芽充实；结果能力强；要求分枝比较紧凑，基部不光秃，彼此不干扰；对中、大型枝组要求组内分枝能够分年交替结果。

在结果能力的维持方面，要允许大小不同的枝组有不同的生长势。在树势中庸健壮的情况下，小枝组生长一般比较弱，只要结果正常，就不要经常修剪。如果小枝组由于连年不剪分枝过多，确实生长过弱影响结果时，可以适当地减少分枝，促使转强。如果小枝组已无保留价值，也可以疏除，利用附近大中型枝组占用空间。对小枝组过频的修剪，往往降低结果能力。

对中枝组要经常注意保持中庸的生长势。生长强而附近又有空间可发展的，可以留延伸枝发展。无空间的，对前端分枝要去强留弱，加以控制。生长过弱的，可以回缩促壮。中枝组要争取组内分枝交替结果。

大枝组本身的分枝有的就是中、小枝组。各分枝可按中、小枝组修剪的方法处理。大枝组一般生长比中、小枝组强，要留延伸枝，使逐年发展，才有利于下部中、小枝组的稳定。延伸枝选强枝还是弱枝，可根据下部中、小枝组的生长势而定。生长势强的，可选留强的延伸枝。生长势弱的，可选留弱枝为延伸枝。如果大枝组已无延伸能力或下部枝组过弱，可以进行轻度回缩。

对于生长强的中、大型枝组，如果需要其继续发展时，可以留延伸枝让其逐年发展延长。在逐年延伸的过程中，要注意枝组本身剪后分枝的势力强弱。枝轴长的枝组一般存在的问题是前强后弱。对前强后弱的枝组有两种不同的剪法，一种是缓前壮后，另一种是抑前促后。缓前壮后的剪法是对前端的枝条轻剪或甩放，使前端势力缓和，后部的分枝即可健壮。第二种剪法是用弱枝为延长枝，或疏剪前端的分枝。幼树、旺树多用前一种方法，大树、弱树多用后一种方法。

在盛果期以后，树势减弱或枝过多，枝组结果能力下降时，可以分年分批地对衰老的枝组进行回缩复壮。对已无复壮可能的小枝组，甚至可以疏除。中、大型枝组延伸过长的，可以进行回缩，也可以结合对骨干枝的更新进行枝组的更新。

（四）处理好枝组结果和结构的关系

对枝组培养和维持就是要达到结果和结构两个方面的平衡。结果方面要求枝组结果早，花芽充实；生长中庸、健壮，不过旺或过弱；结果年限长。结构方面要求分枝紧凑，不远离骨干枝结果。在

骨干枝上向一定方向生长。但在枝组培养和维持时，经常存在结构与结果、生长与结果的矛盾，生产上要分清缓急，调节生长和结果的关系，使结构和结果统一。

对枝组的培养，在初结果树和生长过旺的树上，为了提早形成花芽，往往采用先轻后重的修剪方法，即先甩放或轻短截，等形成花芽并结果后再回缩，以实现对结构的要求。也就是先结果后结构的处理方法。这种修剪方法多用于处理中枝。对已大量结果或生长中庸的树，要结果和结构并重，对一部分枝短截，以备更新，对一部分枝缓放，留作结果枝。

盛果期以前的树，由于树势较旺，大、中枝组的枝轴多较长，这种形式的枝组有利于前期结果和结构的统一。到盛果期以后，由于树势减弱，需要对枝组进行回缩复壮，大、中型枝组的枝轴缩缺，使枝组更加紧凑。因此，不同年龄时期的树对枝组结构形式的要求不同。

五、不同时期的整形修剪

杏树的修剪包括休眠期修剪（冬剪）和生长季修剪（夏剪）。

（一）休眠期修剪

休眠期修剪是在落叶后至翌年春萌芽前进行。冬季修剪常用的方法有短截、回缩、疏枝和长放。这些方法在使用上应根据枝条生长情况和栽培者的需要而采用不同的处理方法。如对影响光照、生长密挤的枝从基部疏除。如要扩大树冠，可采用缩剪，剪在饱满芽上。对后部光秃、前部变弱的枝，可缩到壮芽处进行更新。冬剪能有效地调整枝量，使营养物质集中供应，满足保留部分的需求。

（二）生长期修剪

生长期修剪是在萌芽后到落叶前的修剪（主要是夏季修剪）。这一时期的修剪减少了枝叶量，对树势具有削弱、稳定作用。如果修剪不当，会影响树体的生长发育。生长季修剪主要用抹芽、扭梢、摘心、拉枝等方法来调节生长与结果的关系，达到节约养分，促发二次、三次枝，及早形成结果枝的目的。

春季当树体萌芽后，由于受剪口刺激，会萌发一些嫩芽，有些无用的芽消耗养分，应极早抹除。对一些直立性枝条，可用扭梢的办法来削弱生长势，以促进花芽形成。对直立生长过旺的枝条，可以拉枝，缓和长势，形成大量短枝。为控制新梢生长，促发分枝可以摘心。

六、不同年龄时期树的修剪

（一）幼树期修剪

这一时期的生长特点是生长旺盛，自然生长的枝条空间分布也不合理。因此，此期整形修剪的主要任务是以整形为主，兼顾结果，促控结合，建成合理的树体骨架，选留和培养好主、侧枝，尽量多留辅养枝，以培养成各类型的结果枝组。为迅速扩大幼树枝叶量。整形修剪时必须尽量多留枝叶，以提前积累养分，提早结果。修剪上冬剪、夏剪措施配合运用效果较好。

冬剪时，对主、侧枝延长枝及中央领导干进行短截。剪至饱满芽处，剪留长度一般为 50 cm 左右。延长枝头的背上不要有直立枝。在幼树多留枝的原则下，除对于骨干枝生长的非骨干枝，如无利用前途，应及早疏除外，凡位置合适并能弥补空档的枝条，应缓放或短截，促其萌发中短枝，为早期结果做准备。对内膛的徒长枝，背上强旺枝，密生枝、交叉、重叠枝应及时除掉，以免影响光照和扰乱树形。

夏季新梢摘心，刺激萌发二次枝，使树冠早成形。还可对新梢采用扭梢、拉枝的方式，促进幼树成花。

（二）初果期树修剪

初果期树仍保持着较强的生长势，枝条生长量较大，树体的营养生长大于生殖生长。初果期树形已基本形成，其修剪任务一是要保持好树形，二是不断扩大树冠，三是培养尽可能多的结果枝组。修剪上仍以冬剪和夏剪相结合为好。冬剪剪截各级主、侧枝，留饱满芽，继续向外延伸，扩大树冠，疏除骨干枝上直立的竞争枝、密生枝和交叉枝，对非骨干枝和徒长枝进行短截，促其分枝，培养为结果枝组。夏剪以疏枝为主，疏除背上枝、过密枝和部分徒长枝。

（三）盛果期树修剪

杏树进入盛果期后，枝条生长量明显减小、形成的果枝越来越多，枝多叶多，光照逐渐变坏。树冠趋向郁闭，枝势日趋衰弱，尤其是树冠的内部、下部更为明显，结果部位外移，造成产量递减、树势下降，甚至提前进入衰老期。对进入盛果期的树，如果修剪和其他管理得当，可达到丰产、高产、稳产的目的；如果修剪不当或其他管理不当，会因结果过多而造成树势衰弱、产量下降。因此，盛果期要在加强土、肥、水管理的基础上，通过合理的修剪来维持树势，调整结果与生长的关系，使树体高产、稳产。在修剪上以冬剪为主，配以夏剪。为了不断地增加新枝，以求获得稳定的产量，冬剪时对各级骨干枝的延长枝要适度短截。对已趋于衰弱的枝头在有强枝处回缩或用背上强枝当头，以维持树势。对树冠中、下部衰弱的短果枝和枯死枝要疏除。对开张角度过大或者下垂的大枝要及时回缩，增强生长势，疏除树冠中、上部的过密枝、交叉枝、重叠枝，以增加冠内光照。对内膛枝应重剪，促其发枝，防止内膛光秃、结果部位外移。对背上枝及徒长枝根据其生长势采取重短截、中短截或缓放的方法。在结果枝组的修剪上要注意维持、更新结果枝组。盛果期其产量高低或稳定与否，很大程度上在于结果枝组的多少及其健壮程度。所以，对每一骨干枝上的枝组要进行规划，做到大、中、小型枝组适当配合。主、侧枝上的枝组是长期高产的基础，在修剪上采取有放有缩、放缩结合的办法，使之健壮生长。对衰弱的枝组，可以回缩到延长枝的基部，促使基部枝条生长，形成新的结果枝组。对内膛的强壮枝条进行适当短截，培养出新的结果枝组。对生长势强、生长量大的新梢及徒长枝在夏季进行短截、摘心，促使萌发三次枝，以增加枝芽量。

（四）衰老期的修剪

杏树进入衰老期的明显特征是树冠外围枝条生长量很小、枝条细弱，花芽瘦小，骨干枝中下部光秃。内部枯死枝增加；结果部位几乎全部外移，产量及品质明显下降。此期修剪的主要任务是更新复壮骨干枝和各类结果枝组，恢复树势，延长经济寿命。对衰老树的修剪主要是对骨干枝的更新复壮。衰老期杏树主、侧枝头不断下垂，变细变弱。要选择角度较小、生长健旺的背上枝作主、侧枝的延长枝。对内膛所发生的徒长枝，进行适当短截促发分枝，充实内膛。对各类结果枝组要进行重回缩，选壮枝、壮芽进行适当修剪培养成新的结果枝组。

杏树潜伏芽数量多，寿命长，在树冠骨干枝基部易萌发成徒长枝。所以，在骨干枝中后部空虚的地方进行重回缩时，可以迫使潜伏芽萌发，对衰老树的更新复壮很有好处。

经过冬季重短截或者回缩的大枝，翌年可以萌发出数量多且长势强的新梢，在夏季对其进行短截，可以诱发二次枝，增加枝芽量。

第八节　病虫害防治

杏树不论是在保护地生长期间，还是在露地生长期间，容易受到杏疔病、细菌性穿孔病、根腐病、流胶病、褐腐病、炭疽病、疮痂病等的危害，同时亦受桃蚜、桃一点叶蝉、桑白蚧、朝鲜球坚蚧、杏仁蜂等害虫的危害，造成树体衰弱，甚至死亡，影响杏树果实的产量和质量。因此，及时防治病虫害，是杏树获得优质丰产的关键之一。

一、主要病害及其防治

（一）杏树的生理性病害

1. 杏流胶病　杏流胶病是一种典型的生理性病害。引起该病的原因很多，如雹伤、虫伤、冻伤、日光灼伤、机械创伤等。在高接换种或大枝更新时常易引起流胶病。夏季修剪过重，施肥不当，土质黏重，酸性过强，农药使用不当、造成药害等，均能诱发流胶病。

（1）症状。流胶主要发生于枝干和果实上。树干、枝条被害时，春季流出透明的树胶，与空气接触后，树胶逐渐变褐，成为晶莹柔软的胶块，最后变成茶褐色硬质胶块。流胶处常呈肿胀状，病部皮层及木质部逐渐变褐腐朽，再被腐生菌感染，严重削弱树势。果实流胶多在伤口处发生，流胶黏在果面上，使果实生长停滞，品质下降。

（2）病原。杏树流胶病的病原菌为轮枝抱菌等数种，属半知菌类丛梗孢目丛梗孢科。初步确定，该病原菌是因生理病变造成流胶后而侵入的腐生菌，该菌侵入后又使流胶现象更为加重。

（3）发病规律。该病病原菌的分生孢子，通过风和雨水的传播，侵入伤口或流胶处；病菌可潜伏于被害枝条皮层组织及木质部，在死皮层中产生分生孢子，成为侵染来源。

（4）防治方法

① 避免使树体造成机械损伤。万一造成了损伤，要及时给伤口涂以铅油等防腐剂加以保护。

② 及时消灭蛀干害虫，控制氮肥用量。

③ 在树体休眠期用胶体杀菌剂（按 1 kg 乳胶＋100 g 50％退菌特的比例配制而成）涂抹病斑，以杀灭病原菌。

2. 杏裂果病　杏裂果病是杏果生产中普遍存在的问题。由于裂果使杏的商品价值降低，给果农造成巨大的经济损失。

（1）症状。杏裂果有两种类型。

① 杏果大部分呈放射状开裂。即以果顶为中心，呈条状向胴部及果肩放射延伸开裂。

② 先从缝合线处开裂，若条件合适，裂隙很快就深达果核处，使果实开裂成张嘴状。这种果实，从开裂到成熟，各种病原菌及金龟子类害虫就乘隙而入，使其受到侵染和危害。

（2）病因。裂果是一种由水分变化而引起的物理变化。该病的发生，除了与杏的品种、土壤黏重度、杏树的生长势有关外，还与久旱遇雨或大灌水、果皮薄、日光灼伤、机械性创伤、喷施农药或生长调节剂的时间不当等因素有关。

（3）发病规律。病果大多是果实第二次速长期开始裂缝，特别是着色期及着色部位发生最为严重。此时，果实可溶性糖大量转化积累，使果实的抗压力减小，若遇阴雨或久旱突然降雨或喷药，果实就通过根系或果皮吸收大量水分，使果实产生异常膨压，超过了果皮和果肉组织细胞壁所能承受的最大张力，最终导致裂果现象的发生。裂果的内因，除与果实表皮的厚度有关外，还同表皮的可塑性、果实皮层薄壁细胞的厚度与弹性有关。而与杏的果肉中果胶的酶活性、可溶性固形物的含量，没有明显的相关性。

（4）防治方法

① 选育抗裂品种。如选择特早熟或晚熟品种，亦可选果皮厚、果肉弹性大与可塑性小的抗裂品种。

② 树盘覆草。这样能避免因降雨及太阳直射所引起的土壤湿度的急剧变化，使树冠下面的小气候处于比较稳定的状态，减少根部吸收水分的速度和数量，保证果实代谢作用的协调进行。从而减少裂果的数量与程度。

③ 适时浇水。给杏树浇水，要适时适量。尤其是在杏果膨大期及果实着色期，更应保持土壤湿润适度，要防止过干或过湿而造成裂果。

④ 喷施化学药品或生长调节剂。在果实膨大期及着色期，连续喷布两次 200 mg/L“稀土”可以防裂；喷布氯化钙溶液可有效减少裂果；喷布氢氧化钙溶液也可减轻裂果发生的程度。

（二）杏树的侵染性病害

1. 杏疔病

（1）症状。杏疔病又称叶枯病和红肿病。主要为害新梢和叶片，也为害花和果实。新梢染病后，整个新梢的枝、叶都发病。病梢生长较慢，节间短而粗，其上叶片呈簇生状。表皮初为暗红色，后为黄绿色，其上生有黄褐色突起的小粒点，即病菌的性孢子器。病叶先从叶柄开始变黄，沿叶脉向叶片扩展，最后全叶变黄并增厚。质硬呈革质，比正常叶片厚4～5倍。病叶正、反面布满褐色小粒点。6～7月病叶变成赤黄色，向下卷曲。遇到雨水或潮湿，从性孢子器中涌出大量橘红色黏液，内含无数性孢子，干燥后常黏附于叶片上。病叶柄基部肿胀，两个托叶上也生有小红点和橘红色黏液。叶柄短而呈黄色，无黏液。病叶到后期逐渐干枯，变成黑褐色，质脆易碎，畸形。病叶背面散生小黑点（即病菌的子囊壳）。病叶挂在枝上越冬，不易脱落。

（2）病原。杏疔病的病原菌属子囊菌亚门球壳菌目疔痤菌科。

（3）发病规律。病菌以子囊壳在病叶内越冬。挂在树上的病叶是此病主要的初次侵染来源。春季，子囊孢子从子囊中放射出来，借助风力或气流传播到幼芽上，遇到适宜条件即很快萌发侵入。随着幼枝及新叶的生长，菌丝在其组织内蔓延，5月出现症状，到10月病叶变黑，并在叶背面产生子囊壳越冬。

（4）防治方法

① 农业防治。在秋冬结合树形修剪，剪除病枝、病叶，清除地面上的枯枝落叶，并予烧毁。翌春症状出现时，应进行第二次清除病枝病叶的工作。

② 化学防治。发芽前喷3～5波美度的石硫合剂1次，以消灭树上的病原菌。开花前和落花后10 d，各喷70%甲基硫菌灵或50%退菌特800倍液1次。

2. 细菌性穿孔病

（1）症状。这种病主要为害杏树叶片，也为害杏树的小枝及果实。叶片发病后，在叶脉处出现水渍状不规则圆斑，随之扩大，圆斑变成红褐色，直径2 mm左右，斑点周围有黄绿色晕圈。以后病斑干枯脱落，形成穿孔，或有一部分与叶片相连。若干病斑相连形成大的孔洞，严重时引起落叶。枝条受害后常发生溃疡。一年生新梢在春季有水渍状小疱发生，小疱呈褐色、长圆形，当病斑疱围绕枝条一周时，便引起枝条枯死。夏末，在当年新梢上以皮孔或芽为中心，形成水渍状紫褐色病斑，后扩展成较大、近圆形斑块。病斑稍凹陷，边缘有时流出树胶。病斑干燥后龟裂，若干病斑相接，导致枝条枯死。

（2）病原。细菌性穿孔病的病原菌为短杆状细菌，一端有鞭毛，无芽孢，革兰氏染色阴性反应。

（3）发病规律。病原菌在枝条发病组织内越冬。次年春季随着气温回升，潜伏的细菌开始活动。开花前后，病菌随杏树汁液从病组织中溢出，借风、雨或昆虫传播，经叶片气孔、枝条和果实的皮孔侵入杏树体内。叶片一般5月发病。夏季干旱时发病缓慢。7～8月是雨季高温时期，最适该病发生和蔓延，尤以连续高温的阴雨天发病最重。在树势衰弱、排水不良、通风透光较差和偏施氮肥的园内，杏树发病也比较重。

（4）防治方法

① 结合冬剪，彻底清除枯枝落叶，并予集中烧毁，以消灭越冬病源。

② 化学防治。落叶以后，在扣棚前喷布5波美度的石硫合剂；如若上一年发病严重，则喷75%百菌清400倍加40%乙磷铝400倍混合液。展叶后，喷硫锌石灰液（按硫酸锌1份、硝石灰4份、水240份的比例配制），或喷65%福美铁300～500倍液等，均有良好的效果。

3. 疮痂病 该病又称黑星病。主要为害杏果，也为害杏树枝叶。

（1）症状。受害果实的发病部位多在肩部。初期，果实病为暗绿色、近圆形小点，以后扩大至2～3 mm，严重时病斑连接成片。果实接近成熟时，病斑呈黑色或紫黑色。由于病斑仅限于表皮，所以在病斑组织枯死后果实继续生长。病果常发生裂果，形成疮痂。枝条受害后期病斑暗褐色、隆起，常发生流胶，以致最后枯死。叶片受害后，背面出现绿色病斑，以后变为褐色或紫红色，最后穿孔或脱落。病原菌在枝梢病部组织中以菌丝状态越冬。

（2）病原。杏树疮痂病的病原菌为半知菌亚门丛梗孢目暗色孢科。

（3）侵染规律。病原菌以菌丝体在杏树枝梢的病部越冬。翌年4～5月产生分生孢子，经风雨传播。

分生孢子萌发产生的芽管，可以直接穿透寄主表皮的角质层而入侵。通常自杏叶背面侵入。病原菌侵入杏树体内后，菌丝并不深入寄主杏树的组织和细胞内部，而仅在寄主角质层与表皮细胞的间隙扩展、定殖，形成束状或垫状菌丝体，接着长出分生孢子梗并突破寄主角质层而外露，然后形成分生孢子。病菌侵染果实的潜育期较长，为 40～70 d，在新梢及叶片上为 25～45 d。由于潜育期较长，果实上当年产生的分生孢子虽可进行再次侵染，但对早熟品种来说影响不大，因在未显现症状前已经采收完毕。

（4）防治方法

① 结合冬春季修剪，剪除病枝，集中烧毁，减少初次侵染源。

② 药剂防治。在落花后，喷布 14.5%多效灵 1 000 倍液，隔半个月再喷 1 次；或用 25%甲基硫菌灵 1 000 倍液或 60%代森锌粉剂 500 倍液喷布。

4. 杏树根腐病

（1）症状。发病初期，染病须根出现棕褐色圆形小斑，以后病斑扩展成片，并侵染到主根和侧根上。接着，腐烂韧皮部变成褐色，木质部坏死。若发现地上部分有叶片焦片，枝条萎蔫、凋萎、猝死等症状时，说明烂根已十分严重。

（2）病原。杏根腐病的病原菌为半知菌亚门瘤座孢目瘤痤孢科镰孢属的尖孢镰刀菌和茄属镰刀菌。

（3）发病规律。杏根腐病原属于弱寄生菌类。由于土壤黏重，排水不良，造成根系通气不良，引起树势衰弱。病原菌从须根侵入。发病初期，部分须根出现棕褐色近圆形小病斑。随着病情加重，侧根和部分主根开始腐烂，继而韧皮部变褐，木质部坏死、变黄或腐烂。

（4）防治方法

① 杜绝在黏重地、涝洼地和重茬地建立杏园。这样可有效预防此病的发生。

② 给病树灌根。每株施用 10 kg 硫酸铜或代森铵 200 倍液灌根，对根腐病有明显的抑制作用。

③ 对重病区幼龄杏树可采用轮换用药的方法进行治疗和预防。即在 4 月中下旬，对当年发病的植株，用硫酸铜 200 倍液灌根。在 6 月中下旬用代森铵 200 倍液灌根。对以往有根腐病史的植株，可在 4 月下旬至 5 月上旬用硫酸铜 200 倍液灌根进行预防。

5. 褐腐病

（1）症状。这种病为害花、叶、枝梢及果实，其中以果实受害最重。在温度低、湿度大时，杏花易受害。花部受害，常常自雄蕊及花瓣尖端开始。首先发生褐色水渍状斑点，然后逐渐延至全花，以至变褐而枯萎。天气潮湿时，病花迅速腐烂，表面丛生灰霉。若天气干燥时，则病花萎垂干枯，残留枝上，长久不脱落。嫩叶受害后自叶缘开始变褐萎垂，如同遭受霜害后残留枝上一样。侵害花与叶片的病菌菌丝，可通过花梗与叶柄逐步蔓延到果梗和新梢上，形成溃疡斑。病斑为长圆形，中央稍凹陷，灰褐色，边缘紫褐色，常发生流胶。当溃疡斑扩展环梢一周时，上部枝条即枯死。气候潮湿时，溃疡斑上也可长出灰色的霉丛。

杏树果实自幼果期至成熟期，均可受害，越接近成熟时受害越重。果实被害最初在表面产生褐色圆形病斑，若条件适宜，病斑在数日内便可蔓延全果，果肉随之变褐软腐，病斑表面亦长出圆圈状灰白色霉层，即分生孢子丛。病果少数脱落，大部分腐烂失水而干缩，变成黑色僵果，挂在果枝上经久不落。僵果是这种病菌越冬的重要场所。

（2）病原。杏褐腐病的病原菌属子囊菌亚门盘菌纲柔膜菌目核盘菌科链核盘菌属。

（3）发病规律。病菌主要以菌丝体在僵果和病枝溃疡处越冬。第二年春季，病菌在僵果和病枝处产生分生孢子，依靠风雨和昆虫传播，引起初侵染。分生孢子萌发后，由皮孔和伤口侵入树体。在适宜的条件下（一般气温为 20～25 ℃、阴湿多雨的天气，大棚内条件尤为适合），继续产生分生孢子，引起再侵染。

（4）防治方法

① 在春、秋两季，彻底清除僵果和病枝，予以集中烧毁。秋季入棚前，深翻土壤，将有病枝条

和树体深埋地下或烧毁。

② 在扣棚以后，发芽以前，给杏树喷洒 5 波美度石硫合剂；在落花以后，喷洒 65%福美锌、65%福美铁 400 倍液，65%的代森锌可湿性粉剂 400～500 倍液，每隔 10～15 天喷一次，连喷 3 次。采果以后，可喷洒退菌特 800 倍液或 40%的百菌清 400 倍液，可控制枝、叶感染。

6. 杏树炭疽病

（1）症状。杏树炭疽病主要为害果实，也为害叶和新梢。幼果硬核前染病，初期果面出现淡褐色水渍状斑。随着果实膨大，病斑也扩展成为圆形或椭圆形，红褐色斑块，并显著凹陷。气候潮湿时，病斑上长出橘红色小粒点，呈同心轮纹状，即病菌的分生孢子盘。被害果实除少数干缩成僵果残留枝梢上外，绝大多数都在 5 月间脱落。叶片被害时两侧叶缘向正面纵卷，嫩叶甚至卷成圆筒状。枝梢被害时，初为暗绿色水渍状椭圆形病斑，后来变为褐色，边缘显紫褐色，稍凹陷，表面生出粉红色小点粒。病部生长缓慢，故常致使病枝向一侧弯曲。发病严重时，可使新梢枯死。

（2）病原。杏树炭疽病的病原菌属半知菌亚门腔孢纲黑盘孢目黑盘孢科炭疽菌属。

（3）发病规律。病原菌主要以菌丝体在病梢组织内越冬，也可以在树上僵果中越冬。温度合适时产生分生孢子，随风、雨或昆虫传播，侵害新梢和幼果，引起初次侵染。该病危害时间较长，在杏树整个生长过程中都可被侵染和危害。若在果实接近成熟期时遇到高温多雨天气，发病就会很严重。菌丝侵入寄主以后，先在寄主细胞间蔓延，继而在表皮下形成分生孢子盘及分生孢子。孢子盘及分生孢子成熟后，突破表皮，孢子盘外露，分生孢子被雨水溅散或由昆虫传播，引起再次侵染。

（4）防治方法

① 结合冬季修剪，彻底清除杏树上的枯枝、僵果和地面的落果，予以集中烧毁，以减少越冬菌源。从芽萌动至开花前后，要反复剪除陆续出现的病枯枝，并及时剪除以后出现的病叶、病梢及病果，防止发病部位产生分生孢子，进行再次侵染。

② 在杏树发芽前，喷 5 波美度石硫合剂。果实长到豆粒大时，喷布 65%福美锌 400 倍液或 50%克菌丹 400～500 倍液，每隔 10～14 d 喷一次，共喷 3 次即可。

7. 杏果实斑点病

（1）症状。受害果实表面产生褐色或紫褐色木栓化斑点或斑块，病部可深入果肉 5～8 mm，呈木栓化，不能食用。

（2）病原。杏果实斑点病病原菌属半知菌亚门丛梗孢目暗色孢科刀孢属。

（3）发病规律。该病为害杏树的叶、果，主要是为害果实。病菌主要在叶上越冬，5 月形成分生孢子，借风、雨传播，在温度为 20 ℃时，其潜育期为 3 d。

（4）防治方法。发病初期，可向树上喷洒 70%甲基硫菌灵可湿性粉剂、50%多菌灵可湿性粉剂 800 倍液、80%代森锌可湿性粉剂 500 倍液 2～3 次（每隔 10～15 d 喷一次），可收到良好防治效果。

二、主要害虫及其防治

（一）桃蚜

1. 生活习性及为害特点 桃蚜属同翅目蚜科，一年发生 10～30 代。生活史较复杂，在杏树芽腋、裂缝和小枝杈等处越冬。杏树萌芽时，桃蚜的卵开始孵化。越冬卵孵化为干母，先群集在芽上为害。花和叶齐放后，又开始为害花器和叶片，并不断地进行孤雌生殖，繁殖很快。叶片被害以后，向背面不规则地卷曲，并出现黏液。在露地，5 月上旬以后该虫繁殖速度最快，危害也最为严重，并产生有翅胎生雌蚜，飞到烟草、马铃薯、十字花科蔬菜等夏寄主植物上为害。一直到 10 月晚秋季节，复生有翅胎生雌蚜又飞到杏树等果树上产卵越冬。

2. 防治方法 在杏树芽萌动时，用药液进行涂环防治或喷洒；展叶后喷“一遍净”或蚜虱净粉剂 3 000～5 000 倍液，防治桃蚜效果良好。

（二）桃一点叶蝉

1. 生活习性及为害特点　桃一点叶蝉属同翅目叶蝉科，又名桃小绿叶蝉、桃浮尘子。该虫在山东地区每年发生5～6代。以成虫在杏园附近的龙柏、松树、侧柏等常绿树木及杂草丛中越冬。第二年4月(展叶期)，桃一点叶蝉开始活动，在叶背及芽上吸食汁液，并在叶片的至脉内产卵。卵孵化以后，若虫也在叶背面及芽上为害。6月成虫开始出现。8月发生量最多，危害也最为严重。被害叶片，初期正面出现白色小点，重时全叶苍白，提早落叶。腋芽和花芽被吸干汁液。10月末成虫开始越冬。

2. 防治方法　落花以后，在杏树的根部埋施药剂防治。根据杏树的大小，适量施药；在卵孵化后，喷布50%辛硫磷乳油1 000倍液或5%的溴氰菊酯2 000倍液。

（三）桑白蚧

1. 生活习性及为害特点　桑白蚧属于同翅目盾蚧科。此虫一年发生2～5代，以受精雌虫在杏树枝干上越冬。来年杏芽萌动时，越冬雌虫开始产卵。在山东，5月间出现第一代若虫。这时是防治该虫的有利时机。7～8月出现第二代若虫。初孵若虫经1周左右分泌白色蜡粉覆盖自己体表，若此时防治就很困难了。

2. 防治方法　在春季杏树发芽前，喷洒5%矿物油乳剂或5波美度石硫合剂。在若虫期，选用触杀性强的5%溴氰菊酯1 000倍液或50%辛硫磷800倍液+0.2%的洗衣粉混合液喷杀。

（四）朝鲜球坚蚧

1. 生活习性及为害特点　朝鲜球坚蚧属同翅目蚧科，又名杏虱子。该虫一年发生1代，以2龄若虫固着在枝条上越冬。翌年3月上中旬开始活动，从蜡堆里蜕皮爬出，另找固着点。群居在枝条上为害，不久便逐渐分化为雌性、雄性若虫。雌性若虫于3月下旬又蜕皮1次，体背逐渐膨大成球形。雄性若虫于4月上旬分泌白色蜡质，形成介壳，经再蜕皮化蛹，于4月中旬开始羽化为成虫。5月上旬雌虫开始产卵。5月中旬为若虫孵化高峰期，亦为防治此虫的最佳时期。6月中旬后，蜡丝逐渐溶化为白色蜡层，包在虫体四周。10月该虫开始越冬休眠。

2. 防治方法　早春杏树发芽前，喷布5波美度的石硫合剂或5%的柴油乳剂；在该虫的若虫期，可用5%溴氰菊酯1 000倍液或50%辛硫磷乳油800倍液+0.5%的洗衣粉混合液，防治朝鲜球坚蚧效果良好。

（五）杏仁峰

1. 生活习性及为害特点　杏仁蜂属于膜翅目广肩小蜂科。该虫一年发生1代，主要以幼虫在杏园地面落杏及枯干上的杏核内越冬。越冬幼虫于翌年3月中旬开始进入蛹期，延及4月中旬全部化蛹，蛹期约1个月。成虫于4月上旬开始羽化。就物候期而言，在山东中部，正值麦黄杏谢花期。羽化后的成虫在杏核内停留一段时间，待躯体坚硬后，用强大的上腭将杏核咬穿一个小孔，孔径1.5～1.8 mm，然后飞出杏核。成虫早晚不活动，栖息树上，日间在树上飞翔，交尾产卵，尤以日中为甚。产卵盛期正值谢花后不久（此时杏果有黄豆粒大小）。成虫选择幼嫩的果实产卵。剖开杏仁蜂刚产过卵的鲜杏，在杏种皮上即可发现1个棕黄色的伤痕。绝大多数是一颗杏仁内仅产1粒卵，极个别的杏仁内产有2粒卵。整个幼虫期长达10个月之久。

2. 防治方法　彻底清除杏园内的落杏、杏核及树上干杏。在4月中旬，给杏树喷布2.5%敌杀死2 000倍液或50%来福灵3 000倍液。在5月上旬成虫羽化期，喷布50%敌敌畏500倍液。采用这些方法对杏仁蜂进行防治，均可收到良好的效果。

第九节　果实采收、分级和包装

一、果实采收

（一）采收期

杏果采收是杏栽培的最后一个环节，其关系到果实的品质，特别是掌握好适宜采收期。采收期要根据品种特性、用途、销售远近、加工要求、当地气候等条件确定，主要取决于果实的成熟度。

1. 杏果成熟度 根据不同用途可分为：

（1）采收成熟度。果实已充分长大，但尚未充分表现出应有的风味，肉质较硬，耐贮运。适用于罐藏、蜜饯或需经后熟的鲜食种类的采收。

（2）食用成熟度。果实表现出该品种应有的色、香、味，采下即可食用。用于制果汁、果酒、果酱的果实也要达到食用成熟度时采收。

（3）生理成熟度。果实在生理上充分成熟，果肉化学成分的水解作用增强，风味变淡，营养价值下降，而种子充分成熟。一般供采种或以种子供食用的果实如仁用杏在这时采收。

2. 成熟度的确定

（1）色泽。一般果实成熟前为绿色，成熟时绿色减退，底色、面色逐渐显现。可根据该品种固有色泽的显现程度，作为采收标志。

（2）硬度。随果实成熟度的提高，果实的硬度随之减小，常用果实硬度计测定。硬度降低，标志着果实开始成熟。

（3）果实发育期。每一品种都有一定的发育天数。

（4）果实脱落的难易程度。果实成熟时，果柄和果枝形成离层，易脱落。

3. 采收期的确定 用于鲜食的果实，若产销两地距离较近的情况下，一般成熟度可适当高些，九成熟时采收，这样该品种特有的颜色、香气和风味都充分地表现出来，提高了品质。若果实要长途运输，可于七八成熟时采收，以减少损耗。仁用杏品种一般为了取其仁，果实要充分成熟，要到果肉自然开裂时采收为宜，这时仁饱满，出仁率高。

（二）采收方法

鲜食杏果实汁液多，组织柔软，禁止用竹竿敲击或摇动树干采收，因打落或摇落的果实会造成很多机械伤痕，影响品质。因此采收时对一棵树采收顺序应由下而上，自外而内，轻拿轻放。摘后放阴凉处散热，温度下降后，装筐入箱。装箱不易过满，以免搬运中压坏果实。

（三）注意事项

为避免果实受伤后腐烂变质，鲜食水果多用手工采摘，采收过程中应防止指甲伤、碰擦伤和压伤等机械伤害，采果时须防止折断果枝、大枝以免影响下年产量。

二、果实分级

分级的目的是按照级别标准拣出伤果、病虫果、小果、畸形果，并区分等级。目前，我国尚无明确的等级标准，杏分级主要是根据杏果大小、果实重量进行分级（表 49－5）。

表 49－5 河北省杏仁分级标准

项 目	苦杏仁			甜杏仁
	一级	二级	三级	
自然含水率（%，最多不超过）	7	7	7	7
破损率（%，最多不超过）	2	9	15	5
秕粒（%，最多不超过）	1	2	4	2
虫蛀率（%）	0	0	0	0
霉坏率（%）	0	0	0	0
完好率（%，最低不少于）	96	87	78	93

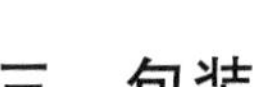

三、包装

可分为外包装和内包装。外包装用纸箱包装，每箱 3～10 kg，纸箱要求设计科学、坚固、经济、防潮、精美、轻便。内包装用包装物（如保鲜纸、保鲜袋等）对果实进行包装，采用 0.013 mm 厚聚乙烯薄膜袋单果密闭包装或用保鲜纸单果包装，其自然损耗率和腐烂率均较低，保鲜效果好。杏果实采后直接装箱再套塑膜袋密闭包装。

四、运输

杏果采收后要通过各种途径运送到销售地或加工厂，易发生霉烂变质，因此，提倡就近销售、就地加工。无论采用何种运输方式，力求当日采、当日送；最好安排在早晨、傍晚或夜间运送；装卸操作做到轻拿轻放；注意通风，防治日晒雨淋；最好采用冷藏运输。

第十节　果实贮藏保鲜

一、不同品种的耐藏性

杏果可按成熟期、果实颜色、肉质、肉核黏着度、茸毛有无等分类。以肉质分，有水杏类、肉杏类、面杏类。水杏类果实成熟后柔软多汁，适于鲜食，但不耐贮运；面杏类果实成熟后果肉变面，呈粉糊状，品质较差；只有肉杏果实成熟后果肉有弹性、坚韧，皮厚，不易软烂，较耐贮运，且适于加工，如河北的串枝红、鸡蛋杏，山东招远的拳杏、崂山红杏，辽宁的孤山杏梅等。以果面茸毛分，无毛杏果面光滑无毛，有蜡质或少量果粉，擦之有泽，果肉坚韧，较耐贮运，如甘肃敦煌的李光杏，河北隆化的李子杏、平乡的油光杏等。此外，适于贮藏的品种还有张公园、大接杏、兰州金妈妈、山黄杏、沙金杏、里枝杏及礼泉的二转子等。

二、贮藏保鲜方法

（一）冰窖贮藏

该法是我国传统的自然低温贮藏法。北方于大寒前后人工采集天然冰块或洒水造冰。冰块大小为 0.3～0.4 m 厚，长宽各 1 m，贮于地下窖中，待夏季杏果成熟时用于贮藏降温。将杏果用箱或筐包装，放入冰窖内，窖底及四周开出冰槽，底层留 0.3～0.6 m 的冰垫底，箱或筐依次堆码，间距 6～10 cm，空隙填充碎冰，码 6～27 层后，上面盖 0.6～1.0 m 的冰块，表面覆以稻草，严封窖门。贮藏期需抽查，及时处理变质果。

（二）低温气调贮藏

用于气调贮藏的杏果需适当的早采，采后用 0.1%高锰酸钾溶液浸泡 10 min，取出晾干，这样既有消毒、降温作用，还可延迟后熟衰变。将晾干后的杏果迅速装筐，预冷 12～24 h，待果温降到 20 ℃以下，再转入贮藏库内堆码，筐间留有间隙约 5 cm 左右，码高 7～8 层，库温控制在 0 ℃左右，相对湿度 85%～90%，配以 5%二氧化碳+3%氧的气体成分。在这样的贮藏条件下效果最好，但对低温较敏感的品种不宜采用。这样贮藏后的杏果出售前应逐步升温回暖，在 18～24 ℃温度下进行后熟，有利于其表现出良好的风味。

第十一节　设施栽培技术

一、品种选择

适于保护地栽培的杏品种较多，但应以鲜食性强、果实生长发育期短、需冷量低的早熟优良品种为主。应是早果性、早期丰产性强、自花结实能力强、品质优良的鲜食品种。其抗性强，树体矮化紧凑，肉硬皮厚，耐贮运。目前，以凯特、金太阳、二花曹、玉巴旦、红荷包、骆驼黄、麦黄杏等优良品种为宜。

二、设施类型与结构

目前，我国的杏树保护地栽培，主要是在北方地区进行的超时令、反季节栽培，使果实提前成熟，以满足人们的需要。所采用的设施，主要是冬暖式塑料大棚（也称塑料薄膜日光温室）。

（一）结构设计

冬暖式塑料大棚是三面有墙、上盖塑料薄膜的单屋面大棚，主要依靠白天积蓄太阳能，夜间覆盖保温来满足杏树的生长发育需要。因此，必须具有良好的结构，做到采光性能好、蓄热性能也好（散热慢），以求在当地最低温时，棚内气温仍能达到 5 ℃以上，土层 10 cm 深地温也在 10 ℃以上。

1. 采光要求 阳光不仅是杏树进行光合作用的必要条件，同时又是大棚的增温基础。因此，光照条件的好坏是杏大棚栽培成功的关键。光照度是光照条件中最主要的指标，而光照度的强弱与季节、天气、地理位置和温室结构等诸多因素有关，而其中唯有温室结构能进行人为的控制。因而对大棚的采光问题，必须考虑以下几点：

（1）棚的朝向。棚的朝向直接影响阳光的透入量。从接受太阳辐射能来讲，唯有坐北朝南为好。如受条件限制可略偏向西，但不能超过 5°。

（2）棚面角与采光。从棚最高点到基角的连线与地面所形成的角，称棚面角（图 49－23）。太阳光照射在棚面上，一部分通过塑料薄膜透进室内。其余被塑料薄膜本身吸收和反射掉了，其吸收率是塑料薄膜固有的性质，是一个常数。在棚的设计中，只有最大限度地减少反射光量，才能保证有大量光线透入棚内。反射损失量因入射角不同而变化（表 49－6）。阳光入射角大小是由棚面角与太阳高度角大小而定的。

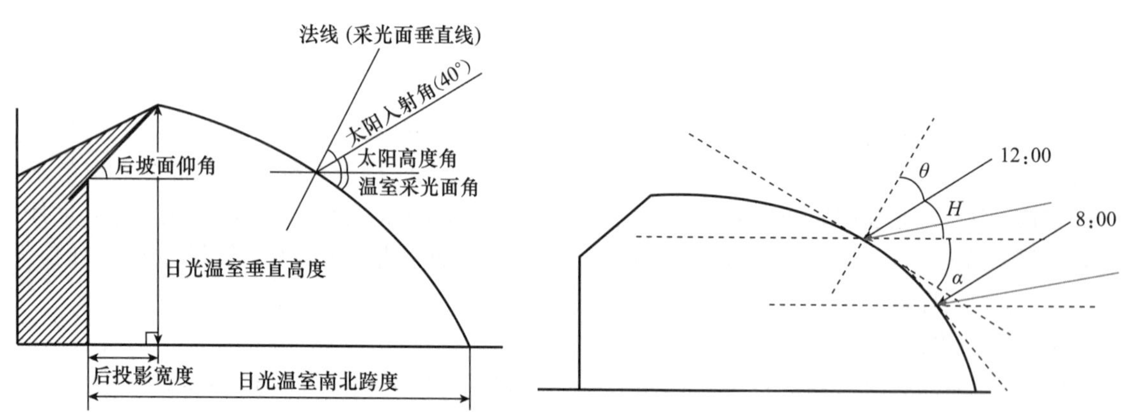

图 49－23 棚面角与光线投射角、太阳高度角的关系

表 49－6 阳光入射角与塑料薄膜透光率、反射率的关系

单位：%

入射角	85°	70°	50°	40°	30°	20°	10°
透光率	87.69	87.54	86.23	83.84	78.04	64.39	35.00
反射率	7.82	7.86	8.85	10.87	16.08	28.09	52.00
吸收率	4.48	4.58	4.95	5.27	5.87	6.30	6.50

确定棚面角，以冬至时为准，首先计算出本地区冬至时的太阳高度角，其公式为：

$$太阳高度角=90°-当地地理纬度-23°26'$$

然后计算出棚面角，公式为：

$$棚面角=阳光入射角—太阳高度角$$

阳光入射角越大，棚面角越大，其反射率就越小，棚内得到的直射光越多，所受辐射热量越大（表 49－7）。

表 49－7　不同阳光入射角的辐射强度

单位：kJ/（m^2 · min）

北纬	冬至太阳高度角	地面太阳辐射强度	阳光入射角							
			20°	30°	40°	50°	60°	70°	80°	90°
20°	46°34′	41.8				43.9	49.8	54.4	56.5	56.9
25°	41°34′	35.1				40.6	45.6	50.2	51.9	52.7
30°	36°34′	28.4			28.5	36.4	41.4	44.8	46.9	47.7
35°	31°34′	21.8			26.8	31.8	36.0	38.9	40.6	41.0
40°	26°34′	15.9		17.6	23.0	27.2	31.0	32.6	35.1	35.6
45°	21°34′	10.9		14.6	18.8	22.6	25.5	26.8	28.9	29.3
50°	16°34′	6.7	7.9	11.7	14.6	18.0	19.2	21.3	22.6	23.0

从表中看出，阳光入射角为 90°时，太阳辐射强度大。但要建造一座这样的“理想采光”大棚是不可能的。因为棚面角过大，达到 60°～70°，必然使中脊高，透明面陡立，后墙过高，这样既浪费材料，增大造价，也影响保温效果，使有效栽培面积过小，生产效益下降。鉴于棚面与太阳光成 50°角时有效光能比 90°只减少 3.4%左右，辐射强度减少 20%左右，所以棚面角可用 50°与当地冬至太阳高度角的差值来确定。这样，即使在白天最短的冬至也有 4 h 多的采光时段（表 49－8）。

表 49－8　各地冬暖棚适宜棚面角落

地区	地理位置（北纬）	冬至太阳高度角	棚面角	高度与跨度比
北京	39°57′	26°37′	23°23′	1：(2.2～2.3)
天津	39°06′	27°28′	22°32′	1：(2.3～2.4)
沈阳	41°46′	24°48′	25°12′	1：(2.1～2.2)
太原	37°55′	28°39′	21°21′	1：(2.5～2.6)
石家庄	38°04′	28°30′	21°30′	1：(2.5～2.6)
张家口	40°47′	25°47′	24°13′	1：(2.2～2.3)
银川	38°55′	28°09′	21°51′	1：(2.5～2.6)
西安	34°15′	32°19′	17°41′	1：(3.1～3.2)
兰州	36°01′	30°33′	19°27′	1：(2.8～2.9)
济南	36°41′	29°53′	20°07′	1：(2.7～2.8)
郑州	34°43′	31°51′	18°09′	1：(3.0～3.1)
大连	38°54′	27°40′	22°20′	1：(2.4～2.5)

利用已结果的杏园进行杏大棚栽培时，由于受现实条件的限制，难以达到以上要求的棚面角，但是可以找到一个效果相对较好的棚面角。山东省泰安市林业科学研究所经过 4 年的研究证明，在泰安地区杏大棚棚面角只要达到 12°以上（比合理棚面角小 6°），就能达到采光和保温的效果。

（3）棚面形状。冬暖式塑料大棚的透明面多为拱圆式和一斜一立式。在冬季太阳高度角较小的情况下，由于拱圆的前半部陡度大，透入棚内的光量大，而在太阳高度角较大的春季，中后部又能很好地透过大量光线，这种形状在各个季节都能保持较充足的透光量。而一斜一立式则不具备这一特点。据鞍山园艺所的研究结果，同是跨度 7 m、中脊高为 3 m 的大棚，圆弧形的透光率为 60%，一斜一立式的透光率为 56%。

（4）仰角。后屋面与地面平行线所形成的仰角，其角度必须大小适当；仰角小，势必遮阳多。经过研究，发现仰角必须大于当地冬至太阳高度角 5°，否则对后部透光有不良影响。

（5）前后坡比例。前后坡比例对于采光很重要。透明面投影所占比例大小关系着采光性能的好坏，一般来讲，透明面所占比例越大，透光性越好。但透明面又是夜间散热的主要部位，透明面大，大棚的保温性就差。大棚杏生产必须考虑棚的保温性能，以满足或达到杏生长发育对温度的需求。据各地经验，跨度在 6～7 m 的大棚，其透明面投影与跨度的比例在 1∶（1.15～1.22）较为合适，这样既能保证有足够的透光面积，又具有良好的保温性。

2. 保温设计 在冬季，棚室内外温差大，热量散失快，大棚的保温是关键。大棚热量的散失有贯流放热、缝隙放热、地中放热 3 种主要形式。贯流放热是指通过维护面（包括墙体、薄膜、后坡、覆盖物）以辐射对流传导的形式向外散热；缝隙放热指通过薄膜上孔眼、缝隙、门洞等向外放热；地中放热指通过土壤向外界传导热量。由于棚室存在这 3 种主要的传热方式，因此，必须设计出较好的保温结构，才能达到减少放热、增加蓄热保温的目的。其减少放热、增加蓄热的具体保温措施有如下几个方面。

（1）墙体保温设计。大棚墙体包括后墙及两侧山墙。墙体的保温性能，主要取决于墙体材料的吸热性、蓄热性和导热性。各种材料的吸热、蓄热、导热系数见表 49－9。石墙、土墙虽蓄热系数较高，但吸热少、导热大（表 49－9）。

表 49－9　不同墙体材料的吸热、蓄热、导热系数

单位：W/(m^2·K)

材料	吸热系数	蓄热系数	导热系数
石料	0.68	23.96～12.10	3.20～1.13
红砖	0.70～0.77	9.65	0.81
夯实土墙		10.58	0.93

大棚墙体有单质墙体和异质复合墙体两种。单质墙体是由单一的土、砖或石块等砌成。异质复合墙体一般内、外层是砖，两砖间填充保温材料，填充物有干土、煤渣、珍珠岩等。含有不同隔热材料墙体的保温性能见表 49－10。从表中可见，凡有填充保温材料的墙体，室内气温可提高 1～2 ℃。近年来，人们用聚苯乙烯板作为墙体的保温材料，其导热能力低，5～10 cm 厚的这种材料，其隔热保温作用相当于 37 cm 厚红砖的隔热保温效果。将它用于杏树栽培大棚的后墙，其复合厚度以比当地冻土层厚 30～50 cm 为宜。土墙以 1.0 m 左右厚为宜，南方可以薄一些，北方应厚一些；砖墙以 50～60 cm厚为宜，有中间隔层则更好。这样，从后墙散放出去的热量是很少的，后墙便从散热墙变成了蓄热保温墙，白天吸收太阳的辐射热，晚上向室内散发热量。山墙墙体与北墙厚度等同（表 49－10）。

表 49－10　含有不同隔热材料墙体的保温性

单位：℃

材料	中空	珍珠岩	煤渣	锯末
棚内最低气温	6.2	8.6	7.8	7.6
与中空之温差		2.4	1.6	1.4

（2）大棚后屋面（后坡）的保温设计。后坡设计要从保温蓄热和承重两个方面来考虑。后坡的蓄热好坏与后坡厚度及仰角有十分重要的关系。后坡仰角必须保证大于当地冬至时中午太阳高度角加5°。北方寒冷地区后坡仰角一般为35°～42°。后坡长度因大棚跨度、脊高和仰角大小相异而有所不同，一般应为130～160 cm。后屋面投影长度要兼顾增温和保温两个方面。温室热效应是指温室增温率和保温率的乘积，热效应大者表示增温、保温能力均较高。后屋面投影与温室效应的关系见表49－11。从表中可知，后坡投影与跨度的比值应保持在0.11～0.27，后坡投影多为80～140 cm。北纬40°以北的地区，后坡投影宜长些；北纬40°以南地区后坡投影可适当缩短一些。后坡厚度，靠近脊点处较薄，远离脊点处较厚，但不应小于20 cm。后坡应采用异质复合结构，以达到保温的目的（表49－11）。

表49－11 后屋面投影与温室热效应的关系

后屋投影与跨度比值	温室热效应
0.45	1.45
0.27	4.23
0.16	2.29
0.11	1.47

（3）透明面的多层覆盖。透明面白天透光，使大棚增温，而夜晚则是散失热量的主要部位，所以在夜晚必须对透明面进行覆盖，以便尽可能减少热量损失。透明面覆盖物一般采用稻草苫。采用稻草苫时，最好在草苫上面缝一层薄膜，这样可使棚温提高1～3 ℃；如果在草苫下加一层纸被，可使棚温提高3～5 ℃；如果用棉被当覆盖物，则能使棚温提高7～8 ℃。

（4）挖防寒沟。为防止棚内土壤向四周传递热量、提高大棚前脚温度，减少土壤横向传热，应在棚前及两侧山墙外侧，挖深30～50 cm、宽30～40 cm的防寒沟，内填蛭石、干草等隔热物。这样，可使棚内5 cm深处地温提高4 ℃左右。

（5）棚门与塑料薄膜接合部位设计。栽培大棚的门，要建在东山墙一侧，并设立缓冲间。缓冲间的门与大棚门不能相对，最好呈90°角。门上还要挂一条棉被或草苫做门帘，以防止冷空气直接吹入。为便于通风，一般要设置2～3块薄膜进行覆盖，相邻两块覆盖薄膜要重叠20～30 cm，以便减少缝隙放热。同样，覆盖薄膜与大棚前脚地面及与后坡坡顶连接部分，薄膜的埋土或重叠长度不少于15～20 cm。

3. 大棚规格的参数

（1）跨度。指北墙内侧至南沿底角宽度。一般以6～8 m为宜，不宜过大或过小。如果跨度加大1 m，脊高就要相应增加0.2 m，后坡宽度就要相应增加0.5 m，这就带来很多不便。

（2）大棚高度。指屋脊最高点至地面的垂直距离。它的高矮直接影响大棚空间大小及光热状况。据研究，高跨比达到0.5～0.7较理想。此处所言的“跨度”，指从最高点向地面引垂线，垂足以南到前底的水平距离，一般以3～3.5 m为宜。

（3）大棚的长度。对于大棚长度，没有硬性规定。但果树保护地栽培实践表明，大棚长度在20 m以下时，两山墙在棚内遮阳面所占比例较大，果树生长受不良条件影响的土地面积也大；若超过80 m，在管理上又会增加许多困难。一般单向长度以40～80 m为宜。

（4）后墙高度。由矢高和仰角而定。如要达到造价低、上下方便、保温效果好的目的，后墙高度一般以1.8～2.5 m为好。我国北方地区冬季进行杏保护地生产所采用的冬暖式塑料大棚的主要参数见表49－12。

表 49-12　冬暖式塑料杏棚的主要参数

项目	参　数
建造方位	正南，可稍偏西，但要小于 5°
南北跨度	6～8 m，纬度越高跨度越小
棚长度	40～80 m
棚矢高	3.2～3.5 m，随纬度升高而加大
屋面角	50°至当地冬至太阳高度角
仰角	大于 30°
后墙高度	1.8～2.5 m，依中柱高度和仰角定
后墙厚度	60～120 cm，纬度越高，厚度越大
塑料薄膜	0.08～0.12 mm 的无滴抗老化膜
出入口	开在后坡或东边
通风口	一排在屋脊处；另一排开在后墙上，离地面 1～1.5 m 处，东西相隔约 3 m
防寒沟	深 30～50 cm，宽 30～40 cm，依冻土层深度而定
草苫	稻草或蒲草制，4～5 cm 厚，1.2～1.4 m 宽，长度比前屋面长出 20～40 cm

(二) 冬暖式塑料大棚的主要类型

冬暖式塑料大棚的类型很多。根据杏保护地栽培的生产实践情况，下面仅介绍 3 种常用的典型的冬暖式塑料大棚。

1. 一斜一立式　前屋面为平斜式。宽度（跨度）为 6～8 m，矢高（屋脊高）3～3.5 m，以竹竿或木杆为骨架。后墙用土或砖石筑成，高1.8～2.5 m。后坡用秸秆草泥堆筑，坡面宽 1.5～2 m。其优点是结构简单、造价低、升温快、保温好；缺点是竹木材料的使用寿命短，遮光较多，棚内光照状况较差，温度不平衡，后期通风不良，空间利用率低（图 49-24）。

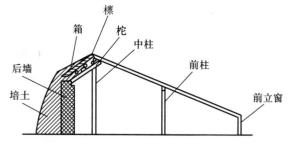

图 49-24　一斜一立式大棚

2. 琴弦式　这种大棚跨度为 7～8 m，脊高 3～3.5 m，中柱和前柱为水泥预制件，支柱与地面之间的夹角为 80°～85°。后墙高 2～2.6 m，后坡以高粱秸箔抹上水泥而形成，坡面宽 1.2～1.5 m。前屋面每隔 3 m 设一道桁架，桁架以直径为 5～7 cm的钢管或粗竹竿构成。在桁架上，每 40 cm 间距拉一道 8＃铁丝，铁丝两端固定于东西山墙外面基部。在铁丝上，每隔 60 cm 设一道细竹竿作为骨架，竹竿上面覆盖塑料薄膜，塑料薄膜上面再压细竹竿，并用细铁丝固定在骨架上。琴弦式冬暖塑料大棚不需要压膜线（图 49-25）。其特点是采光效果好，空间大，作业方便，棚内前部无支柱，便于扣小棚和挂天幕保温。

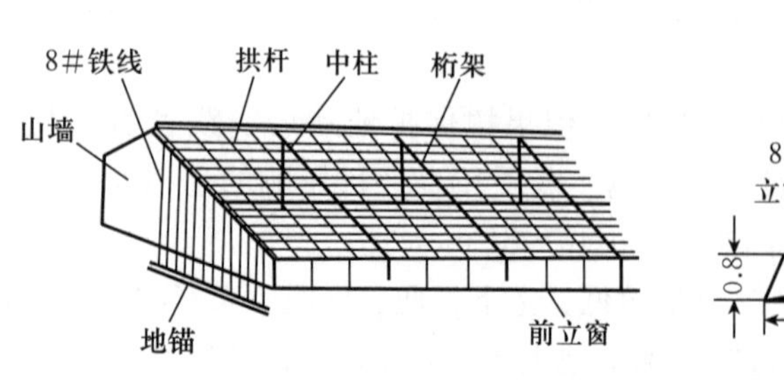

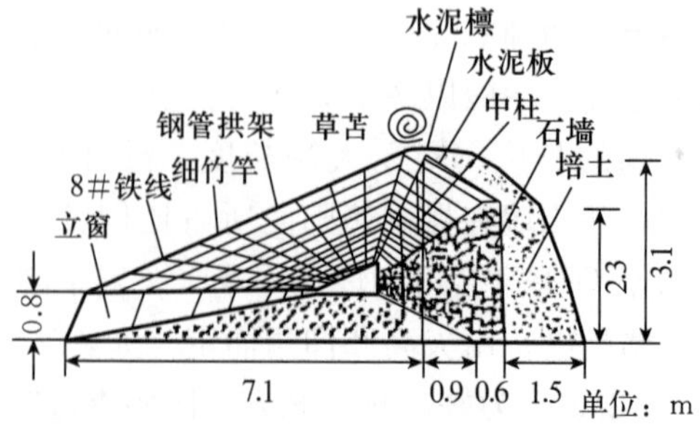

图 49-25　琴弦式冬暖塑料棚

3. 全钢拱架式　这种冬暖式塑料大棚，前屋面为拱式，宽 6～8 m，脊高 2.8～3.5 m。后墙为砖砌空心墙，高 2 m。钢筋骨架，其上弦钢筋规格为 Φ14～16，下弦钢筋规格为 Φ12～14，拉花钢筋规格为 Φ8～10，由三道花梁横向拉接。拱架间距 80 cm。拱架下端固定在前底脚砖石基础上，上端搭在盾墙上。后屋面宽 1.5～1.7 m，构筑时先铺设木板，再在木板上抹覆草泥，并在下部的一半屋面铺设炉碴作为保温层，通风换气口设在保温层上部，每隔 9 m 开设一个口。全钢拱架冬暖式塑料大棚的结构情况见图 49 - 25。这种冬暖式塑料大棚的特点是棚内无支柱，作业方便，进行多层覆盖容易，采光良好，通风方便，保温性强；坚固耐用，为永久性大棚，但造价高。

（三）冬暖式塑料大棚的建造

建造冬暖式塑料大棚时，一要尽量采用导热系数小的材料；二要适当加厚墙体；三要采用覆盖；四要封闭严密，防止缝隙散热；五要注意防止冷风从门窗进入棚内；六要设防寒沟，以减少土壤传导散热。下面以一斜一立式大棚为例，对冬暖式塑料大棚的建造过程做一说明。

1. 建筑材料的准备　修建大棚的材料准备，应本着就地取材的原则，充分利用现有资源，以达到低投入高产出的目的。对所需材料要认真考虑，列表做出计划。

2. 无滴膜的选用和热黏合　塑料薄膜是建造大棚的必备材料。其种类虽日益增多，但概括起来，不外乎聚乙烯和聚氯乙烯两大类。

据有关单位测定，无滴膜的透光率比普通膜高 10%，棚温可提高 2～3 ℃，使用寿命也长。因此，杏大棚栽培中，多选用聚氯乙烯无滴膜。

无滴膜的幅宽一般为 3 m，使用时常需进行热黏合。黏合时，先准备一块长木条或一条长板凳，上铺一层窗纱，将准备焊接的两块薄膜的边重叠在一起（一般叠合 3～4 cm 宽即可），铺在木条（或板凳）上，拉紧拉平（黏合部分不能有水珠或灰尘），上面铺一层牛皮纸或报纸，将电熨斗或电烙铁（温度控制在 150～200 ℃）放在纸上，稍用力下压，并慢慢移动，使纸下的薄膜均匀受热熔化，黏合在一起，待冷却后即可使用。

3. 建筑施工　施工前应先用石灰划好线，然后按施工要求和设计图纸进行建造。

（1）后墙及东、西山墙的建造。冬暖棚一次性投资大，用工多，使用年限较长，建造时应将牢固耐用放在首位，同时要选准建筑材料。由于土壤的导热系数较小，土壤要比石墙、砖墙保温效果好，所以建造这三面墙最好用土打或土坯垒。如果用土打墙，应从离墙 1.5 m 处取土。若条件不允许，可用砖头、石块、空心砖等砌筑，但一定要在内外墙壁上抹泥，并在内墙上刷涂一层石灰。墙体厚度，在北纬 35°附近地区应达到 50～60 cm；在北纬 38°～40°地区，则应达到 80～150 cm。两侧山墙顶部，应按图纸要求做成两坡不等状。墙体要尽早完成，不能晚于 11 月，以在土壤冻结前半个月完成为宜。若修建时间过晚，则墙体不易干透，影响温室效应，土墙还会因冻融交替而破损。另外，在修建后墙时应在离地面 1.2 m 处，按每隔 3～4 m 一个的标准，设留 40 cm×50 cm 的通风口，设好后用编织袋、废棉絮和碎草等予以堵塞。

（2）后坡面的铺设。铺设后坡面时，首先在后坡面上垫铺一层旧塑料薄膜。接着将事先捆好的直径约 20 cm 的玉米秸捆，在旧塑料薄膜上面紧紧地排上一层。然后在玉米秸捆上面再盖一层 10 cm 厚的麦秸，并撒盖 10 cm 厚的干土，最后在干土上垛 30 cm 厚的麦秸泥。后坡面铺盖好以后，再在上面拉一根 8＃铁丝，以拴系拉动草苫用的绳子。

（3）防寒沟的挖制。防寒沟的深度，要超过当地最大冻土层的厚度。设置时，在棚南离膜 10 cm处，挖一条深 30～50 cm、宽 30～40 cm 的长沟，沟内填满玉米秸、麦秸、杂草、马粪、麦糠、刨花等作为隔热层，上盖薄膜，再覆土 5 cm 以上，踏实。每年视填充物腐朽情况，可根据需要起出更换。

三、设施栽培技术要点

（一）棚址选择

不论是利用现有杏园，还是利用新建杏园进行杏树塑料大棚栽培，都要注意建棚点的选择。因为建造大棚投资较多，建棚地点选择时必须考虑周密，以免将来给生产带来不便。选择建棚地点一般应注意以下几个方面。

1. 地形条件 选址首先要考虑地形及周围环境。建造处应地势开阔、地形平坦，东、西、南三面不应有任何遮阳物，以利于大棚杏树充分利用光能。考虑到保温方面的问题，还应避开正向风口。如果北面有屏障，能造成背风向阳的小气候环境，则更为有利。如果是丘陵地带，应选背风向阳的南坡，但坡度不能超过5°。还要注意，塑料大棚不要建在窝风处，以防造成通风困难。

杏园宜在山岭地阳坡梯田沙质壤土上建立。这里阳光充足，冬季温度高，升温保温容易，建棚投资少，杏树生长易于控制。杏树怕涝，土层深厚的平原地不宜栽杏，因为土壤含水量多，杏树易旺长，成花质量差，不丰产，人工控制耗费较大。所以棚址不要选在平原地。

2. 土壤条件 应选择土层深厚，有机质含量高，排水良好，地下水位低的地块，pH 6～8为宜，土质不应过黏，最好是容易提高地温的黑色沙壤土。新建杏园，勿选用核果类迹地，以防重茬病的发生。

3. 水源条件 棚址应靠近水源，以求灌溉方便，最好附近有深井水。山东地区，5 m以下的井水即是恒温水，水温达15～17 ℃，很适合大棚杏树的灌溉。河水、地表水冬季太凉，对棚内杏树容易产生不良影响，因此，一般不宜直接利用。

4. 交通和环境条件 大棚应建在交通便利地段，以利于生产资料和所产果品的运输。但不能紧靠公路，以减少尘土污染。要尽量避开污水和有害气体的污染源。为了安全，还应避开高压电线通过的地方。

（二）新建大棚的栽培

建立新的塑料大棚杏园，从建园一开始，就要把握好以下几个关键环节。

1. 授粉树的配置 杏花属两性花，但是，我国绝大多数杏树品种自花不孕，因此，建立杏园时必须配置授粉树。选择授粉树的条件：与主栽品种几乎同时开花，能产生大量发芽率高的花粉，与主栽品种没有杂交不孕现象，果实经济价值高。授粉树与主栽树的比例一般为1：(3～4)。据山东省泰安市林业科学研究所观测，前面所列的主栽品种，除红荷包花期稍晚外（晚2 d左右），其他品种的花期基本相近，可以互为授粉树，在同一杏园内进行等量栽植。但是，在同一杏园内栽植品种不宜过多，一般以2～4个品种为宜。

2. 栽植密度和方式 为了提高大棚杏园的早期产量，棚内杏树的栽植密度应适当高一些，株行距可采用1 m×1.5 m、1.5 m×2 m、2 m×3 m等规格。当树体长大，树冠郁闭，影响产量形成时，要逐年间伐临时株。间伐时，可采用隔行、隔株或隔行隔株同时间伐的方法。

大棚杏树的栽植方式，以宽行密株的长方形为好，使其南北成行，这样利于通风透光和行间间作。

（三）利用现有盛果期杏园建棚

为适应市场经济的要求，尽快发挥杏大棚显著的经济效益和社会效益，可利用现有的已进入盛果期的老杏园建造杏大棚。选择杏园之前，要对杏树品种、栽植密度、产量、生长状况，进行全面考察。选择时要认真分析比较，择优而取。选好的杏园，其品种一定是早熟的；园内有2个以上品种的，各品种的花期相近；栽植密度较大，株行距在3 m×4 m以下；树体干矮冠小，树形以开心形、纺锤形、分层形为主；树势健壮旺盛，花芽饱满，产量高而稳定。选择这种杏园建造大棚，进行杏大棚生产，才能达到早熟、高产、品优的目的。

（四）扣棚时间与人工破眠技术

1. 扣棚时间的确定 在大棚杏生产中，存在着因扣棚时间过早而造成产量降低甚至绝产的现象。单从大棚能起的作用上讲，杏树扣棚时间越早，其果实成熟、上市时间就越提前，经济效益就越高。但是，杏树有自然休眠的习性，必须经过秋冬季的低温过程，才能通过休眠，完成内部的物质转化，为翌年芽的正常萌发和产量的形成打下基础。因此，扣棚升温的时间是有限制的，并不是可以无限制提前或随意而定的。适时扣棚是保证杏树大棚栽培成功的关键。

(1) 杏树未结束自然休眠的表现。杏树的自然休眠，在泰安地区，一般从 10 月下旬开始，至翌 12 月下旬为止。若在杏树没有解除休眠时对其扣棚升温，即使给予适于生长发育的环境条件，杏树也不萌芽、开花，严重时会引起花芽花蕾的脱落；有时尽管萌发花芽，但开花参差不齐，花期延长，新梢节间不能伸长，落花落果严重，最终影响产量。另外，还可能出现叶芽先于花芽萌发的萌芽“倒序”现象，使叶芽优先争夺贮备养分，导致坐果率降低。随着时间的推移，新梢旺长，严重影响幼果发育与膨大，造成幼果脱落严重，减少棚栽产量。

(2) 杏树休眠结束期的确定。杏树不同组织的休眠期是不一致的。根颈组织和根系的分生组织，基本没有休眠期，根系通常在 0.5 ℃左右即可活动，只要温度合适，就能生长。花芽所需休眠期处于中间状态；而叶芽的休眠期则较长。花芽是否结束休眠，决定开花质量，影响果实的产量和品质。

山东省泰安市林业科学研究所的研究人员，采用杏花枝水培法和盆栽法，对杏树花芽的生理休眠期进行观察，结合气象资料，计算出杏树结束休眠期的需冷量为 860～1 081 h。

(3) 扣硼时间的确定。杏树结束休眠的需冷量，是杏园扣棚时间的首要依据。只有使杏树的需冷量得到满足，在其通过自然休眠后扣棚，才有可能使杏树大棚栽培获得成功，从而取得较好的经济效益。但是，低温需求量不是杏园扣棚的唯一依据。要确定适宜的扣棚时间，还要考虑杏计划上市时间的早晚和扣棚后环境调节的难易等因素。

冬暖式塑料大棚，保温性能好，棚内环境易调节，可适当早扣，春暖式塑料大棚的保温效果差，可适当晚扣。根据山东省泰安市林业科学研究所科研人员 5 年的杏大棚栽培试验，证明在不采取任何破眠技术的情况下，山东省泰安地区的冬暖式塑料大棚，于 1 月上旬扣棚较适宜；保温性能差的春暖棚，可适当延迟到 2 月上旬扣棚。有破眠技术的，扣棚时间可提前到 12 月底。对于同一个杏树品种，在高纬度地区比在低纬度地区的解除自然休眠早，扣棚保温的时间也要提早。

2. 人工破眠技术 在栽培实践中，为了使杏树迅速通过自然休眠，以便提前扣棚做超早促成生产，多采用人工低温集中处理法对杏树进行人工破眠。即当深秋平均温度低于 10 ℃时，最好是在7～8 ℃时，开始扣棚保温（一般在 12 月上旬），在冬暖式大棚薄膜外加盖草苫，草苫的揭开与加盖时间同正常栽培时正好相反。夜晚揭开草苫，开启风口，做低温处理；白天盖上草苫，关闭风口，使棚内继续保持夜晚的低温。每天是否揭盖草苫，要以棚内温度维持在 0～7.2 ℃范围内为准。采用此法对杏树集中处理 10～20 d 的时间，便可使之顺利通过自然休眠。

在杏树的大棚栽培中，人们关心较多的是用化学药剂来打破杏树休眠的方法。这种破眠的方法比人工低温集中处理法省力、省时，而且更及时。如无机盐类、赤霉素（GA_3）、硫脲、二氯乙醇、乙烯、二硝基邻甲酚（DNOC）、亚麻仁油、矿物油等，对杏树都有打破休眠的作用，但效果往往不显著，而且容易受环境条件的影响，因此尚未在生产中大面积推广应用。

（五）大棚杏树生长发育的特点

大棚所创造的特殊小区环境，对杏树的生长发育产生了全面的影响，使杏树的生长发育特点发生了改变，不同于露地栽培。在生产中，必须充分了解这些变化特点，才能改变以模仿露地栽培管理为主的方法，形成新的技术体系，以适应大棚杏树栽培的需要。大棚杏树的生长发育有以下几个特点。

1. 生长期延长 为使杏提早成熟上市，常提前扣棚，使其提前进入生长季节，从而延长了生长期。

2. 果实发育期延长 杏树经过大棚栽培，果实的发育期比露地栽培延长。据山东省泰安市林业科学研究所观察，红荷包、二花曹和车头杏在露地栽培时，从开花到成熟的时间分别是 58 d、64 d 和 70 d，而在大棚内栽培时则分别为 65 d、71 d 和 80 d。二者的比较情况见表 49 - 13。一般大棚栽培杏树的果实发育期，比露天栽培的长 10%～15%（1 周左右）。对此，在计划成熟期及其他生产环节上应加以注意。

表 49 - 13 大棚杏与露地杏的成熟期比较

杏品种	大棚杏			露地杏果实发育期（d）
	开花时间（月/日）	成熟时间（月/日）	发育期（d）	
红荷苞	2/9	4/15	65	58
二花曹	2/7	4/19	71	64
车头	2/7	4/28	80	70

3. 根系、枝梢的生长发育协调性差 露地条件下，土壤温度与气温基本上同步变化，根系活动早于地上部，地上部分与地下部分可协调发育。大棚栽培尤其在扣棚保温的前期，会出现气温上升快而土温上升慢的情况，往往造成根系的活动及其生长发育滞后于枝梢，导致杏树发芽迟缓或萌芽不整齐，花序抽生慢，加剧了花果与梢叶之间的营养竞争，以致造成大量落花落果和枝梢生长细弱、不充实现象的发生。

4. 叶片质量下降，光合性能低 在大棚栽培中，杏树出现了叶片大而薄，叶绿素含量下降，光合性能低的现象。由于大棚中肥水条件适宜、空气相对湿度较大，新梢易旺长，生长节奏不明显，节间加长，而且枝条的萌芽率高、成枝力强，从而加重了光照状况的恶化，再加上叶片质量下降，使得光合效能只有自然条件下的 70%～80%。

5. 果实品质下降 杏树在大棚栽培条件下，果实品质下降，是由多方面原因造成的。光照条件差和果实发育期新梢旺长，造成果实发育的营养不足，糖分积累减少，含糖量降低。棚内低温高湿，果实中的有机酸不能分解，使酸的含量增加。土壤盐渍化和有毒气体的危害，使杏树出现生理障碍，造成果实畸形率高。但是，由于大棚中气温昼夜变化幅度较大，因此其内杏树的果实着色普遍较好。

（六）扣棚后的管理

1. 花果管理 扣棚后的管理工作很多，但最为重要的是做好杏树花果的管理工作。

（1）搞好辅助授粉。国内杏品种绝大多数是严格的异花授粉植物，自花不孕，而且杏树大棚内虫少风小，缺乏露天条件下的授粉途径与媒介，加之在保护地条件下杏树花粉活力相对低一些，因此，必须进行辅助授粉。杏树扣棚后，正常情况下升温，30 d 左右便进入初花期，此时进行辅助授粉至关重要，可采用蜜蜂、壁蜂传粉和人工授粉的方式来实施。

① 蜜蜂传粉。开花前 1～2 d，把蜂箱搬入大棚内，面积 667 m^2 以下的大棚，每棚放 1 箱即可，同时在蜂箱门口放一个盛有糖水的平盘，以水深不超过 0.4 cm 为宜。当棚内有杏花开放，且棚温升至 12 ℃时，将蜂箱门打开，蜜蜂爬出蜂箱首先补充营养，然后飞上杏树，在花丛中采集花粉时完成传粉过程。经观察，温度升到 15 ℃时，全部工蜂均已出箱，多数开始上花；温度达到 18 ℃时，蜜蜂纷飞如穿梭，20 ℃时达到高峰。谢花后，把蜂箱搬出。借助蜜蜂传粉能显著提高坐果率。

② 壁蜂传粉。目前，国内已大量引用角额壁蜂等进行露地果树的授粉。该蜂在气温 12 ℃时就能正常出巢进行采蜜活动。由于壁蜂能抗低温，访花速度快，授粉能力强，所以在杏树大棚栽培中，最好以释放壁蜂来提高坐果率。

③ 人工授粉。授粉前，在铃铛花时采集棚内所有品种的花朵带回室内，去掉花瓣、花丝，只留

下花药；把花药平摊于干净的纸上，放在温暖干燥的地方阴干，1～2 d 后花粉散出，将其收集起来混合后装瓶，妥善保存备用。切勿将花药裸晒于太阳下面，以防失活。为节省花粉、提高工效，利用铅笔橡皮头或软毛笔等工具，进行蘸粉点授。若是棚内授粉树少，可采用山东省泰安市林业科学研究所研制的利用扦插多品种杏花枝采集花粉的方法，来弥补花粉的不足。即于扣棚后，从棚内或露地剪取长 30～40 cm 的多个品种的杏花枝，分品种扦插于棚内沙坑中，深度为 5 cm 左右。插后浇透水，保持湿润状态，并加盖 1 m 高的塑料小拱棚，以便根据需要调节拱棚内的温度，使其与大棚内的杏树同时开花。

人工授粉时，也可利用贮备花粉进行。这种贮备花粉，是从上一年露地杏园内采集、放于干燥的密封玻璃瓶或外包塑料薄膜的信封、纸袋中，置于－20～－10 ℃、相对湿度 20%～30%的条件下贮存的杏花粉。使用前，要先做发芽试验，鉴定其生活力。如果花粉的生活力可达 70%以上，即可使用。

（2）搞好杏树花期环割。在杏树谢花后，要对开花枝组进行环割，一般每枝割 3～5 道，环道间距为 2～3 cm。割道 1～2 周即可愈合。此法可明显提高杏树的坐果率。

（3）合理疏果。为促进果大而整齐，提高品质和价格，减少养分消耗，降低生理落果，应在果实的第一迅速生长期内进行疏果。一般在花后 3～4 周，即在 2 月底 3 月初进行。疏果时，先去掉病果、虫果、畸形果和小果，然后再根据枝量和距离大小，疏稀弱枝果和密挤果。一般花束状果枝留 1 个果，短果枝留 1～2 个果，中果枝留 2～3 个果，长果枝留 4～6 个果。对着果偏少的大、中果枝，可酌情留果，以增加总产量。

2. 肥水管理　大棚内的肥料自然淋溶流失较少，无机肥的施用量应当比露地适当减少。因棚内温、湿度大，追肥不当容易造成枝梢徒长和生理落果现象，所以要严格掌握追肥的时机与数量。追肥数量为自然条件下的 1/3～1/2 即可。

杏树扣棚以后，随着地温的上升和土壤的解冻，根系开始活动，树液开始流动，这时在花前期按大树每株施尿素 0.5 kg，小树施 100～200 g 量，可使杏树减少落花，提高坐果率。施肥时要浇 1 次透水。

杏树落花后，不仅幼果需要养分，新梢生长也需要大量养分。为了减少落果，促进幼果膨大，加速新梢生长，将大豆碾碎并经腐熟后，每株追施 0.5～1 kg。

杏树进入果实迅速膨大期，为防止落果，提高品质，确保花芽分化质量，每株应追施氮、磷、钾复合肥 0.25～0.5 kg。

花后 2 周，叶幕形成后，结合叶面喷药，进行根外追肥。前期喷 0.2%～0.3%尿素液，7～10 d 一次；进入硬核期后喷 0.2%～0.3%尿素加 0.2%～0.3%磷酸二氢钾溶液，7～10 d 喷一次，连喷 2～3 次。

大棚杏树浇水可结合土壤施肥进行，其他时间可视墒情适当浇水。由于大棚内的水分自然蒸发量少，故应减少大棚杏树的浇水次数和数量。一般情况下，只要在扣棚前充分灌水，整个生育期就可不再浇水。若要浇水，则最好采用预温水或深井水。实践证明，早晨灌水不易引起杏裂果。因为早晨棚温、土温和水温三者非常接近（地下水温度 13～15 ℃），这时浇水能保持杏树各器官水分的均势，使果皮、果肉和果核同步膨大，所以能避免裂核和裂皮现象的发生。

3. 新梢管理　棚内高温多湿，应防止新梢密生徒长，造成营养竞争，而使果实生长受阻，加重生理落果。因此，必须加强对新梢的管理工作。萌芽后，首先将着生部位不当的芽抹除。坐果后，为避免与果实争夺营养，等新梢长到 15 cm 左右时进行扭梢，长到 20 cm 左右时反复摘心。据试验，摘心可以提高坐果率 40%以上（表 49－14），并促发二、三次枝，扩大树冠。与此同时，疏除直立技、过密枝和无果枝，可以改善光照条件，促进花芽形成。采果后 4～6 周回缩过旺结果枝，果台梢前只留 1 个新梢，并适当短截部分新梢。

表 49-14 摘心对杏坐果的影响

处 理	第一株数		第二株数		总平均	
	坐果率（%）	对照比	坐果率（%）	对照比	坐果率（%）	对照比
摘心	75.8	170	73.2	131.7	74.6	154.8
不摘心（对照）	44.6	100	55.6	100	48.2	100

（七）设施栽培微环境的调控

杏树生长发育所需的环境条件包括温度、水分、光照、空气成分和土壤营养状况等。杏树大棚栽培，是在塑料大棚所创造的特殊环境内进行的反季节生产。为了使杏树栽培达到高产、优质、高效的目的，就必须了解塑料大棚的小气候特点，并对它进行合理的利用和科学的调节，使之符合杏树生长发育的需要。这是杏树大棚栽培成败的关键。

1. 温度调控技术

（1）大棚杏树对温度的要求。温度控制是否适宜关系到杏树大棚栽培的成功与否。花期和结果期是大棚杏生产的两个关键时期。在花前期，温度不能低于 0 ℃，以防冻害。为使杏树尽早开花，可将花前期最高温度提高到 25 ℃。花期的温度，要能保证开花、授粉和受精的需要。此期，作为传粉媒介的蜜蜂，其旺盛活动需要 18 ℃以上的温度；杏树花粉花芽的适宜温度为 18～21 ℃，夜温不能低于 6 ℃。因此白天温度以不超过 22 ℃为宜。温度过高，会使花期缩短；温度过低，会造成花器受害，花粉生活力下降，致使坐果率降低、幼果发育受阻。杏树在果实发育期对温度的要求，主要是防止白天棚温过高，以免加重生理落果和新梢虚旺徒长等现象的发生，并促使果实尽早成熟。山东省泰安市林业科学研究所根据 5 年中两个试验点的杏树大棚栽培经验，参考杏树在自然条件下对温度的要求，制定出了杏树在花果发育期的温度管理标准（表 49-15）。

表 49-15 杏树大棚温度管理指标

单位：℃

温 度	花前期	开花期	第一迅速生长期	硬核期	第二迅速生长期
最高气温	18～20	16～18	20～25	26～28	27～32
日均气温	6～11	11～13	13～18	18～22	22～25
最低气温	2	6	7	10	15
10 cm 深处地温	6～11	12～13	14～19	14～19	24～27
30 cm 深处地温	4～10	10～11	12～16	17～20	20～25

（2）杏树大棚温度调节的要点

① 花前期和花期的棚温控制。根据观察，杏树从扣棚到开花一般需要 4 周左右的时间。在此期间，给大棚调温时应注意以下几点：冬暖式大棚内栽植杏树的花前期多在 1 月。这是一年中最寒冷的月份，阴、雪天较多，光照时间短，升温比较困难。因此，一定要搞好棚内保温工作，防止出现 0 ℃以下的低温。开花前，棚内温度不要突然升至很高，而要逐渐升温；开花期内，棚内每天要尽量维持一定长时间的 16～18 ℃的温度，以利提高杏树的授粉受精效果。花期降温时，通风口要加上纱网，以防蜜蜂飞出棚外。

② 果实发育期的棚温调控。对杏树果实发育期的棚温进行调控，要把握以下几点：生长前期以升温为主，后期以降温为主，并加大昼夜温差，但要防止出现超高温或超低温。在不超过最高温度的前提下，尽量提高棚内气温，使杏尽快成熟、早日上市。温差一般应控制在 10～20 ℃范围内，但在第一迅速生长期和硬核初期内，一定要防止温差过大，即白天棚温不可过高，以防加重生理落果。果期若多晴好天气，降温宜在 10～11 ℃时开始进行。升温过快时，可提早打开通风口。

③ 地温与气温要协调。在棚温管理中，地温与气温的协调一致至关重要。因此，应在保证提高地温的前提下，调控气温。

④ 调温要逐渐进行。整个温度管理过程中，不要突然大幅度变温，而应采取逐渐变温的办法，使杏树有个适应的过程。如扣棚后前 2 周的升温，可分 3 个阶段进行。第一阶段，扣棚后 5～6 d，掀起 2/5 草苫，使棚温保持在 8～12 ℃；第二阶段，拉起 2/3 草苫，使棚温保持在 10～16 ℃，时间为 3～4 d；第三阶段，拉起 4/5 的草苫，使棚温保持在 10～20 ℃，时间为 2～3 d。

（3）温度调节技术

① 增温技术。在北方十分寒冷的地区，需要辅助加温，一般采用火炉、电热线、热风炉等设施加温。在较温暖的地区，只需在寒流侵袭、严重降温的情况下，才进行辅助加温，一般可采用燃烧酒精或柴油等物的方法实施。

a. 炉火加温。为塑料大棚中最常使用的增温措施之一。加温时，用砖砌地炉或铁炉燃烧煤炭，靠烟道或炉体散热给棚内空气增温，保证杏树对温度的要求。采用永久性加温设施的，多以自砌炉灶作为燃烧器。炉灶一般设在大棚北墙内侧，每 3～4 间设一个。临时加温的，可使用铁炉子生火增温。操作时，工作人员一定要注意安全；防止发生一氧化碳或二氧化碳中毒。

b. 电热线加温。有空气加温和地加温两种方式。电热线空气加温，是把电热线架设在大棚空间中，加温时通电即可。电热地加温，是把电热线埋设在 30 cm 左右深的土层中，通电即可给土壤加温。有条件的地方，可以安装温度继电器，设计一定温度，达到自动控制温度的目的。

c. 热风炉加温。利用输送加热后的空气来提高棚内的温度。这种加热方式，预热时间短，升温快，操作容易，性能较好，比水暖加热简单，成本也比水暖的要低。热风炉按配热方式分为上位吹出式和下位吹出式两种。上位吹出式热风炉使用时，可使棚内气温的水平分布均匀，但垂直梯度大。下位吹出式热风炉使用时，则使棚内气温的垂直分布较均匀，而水平分布不均。两种热风炉各有特点，可根据实际需要来选择。

② 保温技术。加强保温设施建设，科学使用保温技术，是大棚温度调控工作的一个重要方面。保温设施包括棚膜、不透明覆盖材料（草苫、纸被、棉被、保温海绵毯、无纺布等）、围膜（裙）、防寒沟、风障等。冬暖式塑料大棚的保温设施还包括山墙、后墙、后坡等。保温设施的建造，应使用一定厚度且导热系数小、隔热性能良好的材料。

要正确掌握揭盖草苫的时间。虽然早揭、晚盖可以增加棚内光照时间，但是揭得过早或盖得过晚都会导致气温明显下降。冬季盖草苫后气温短时间内可回升 2～3 ℃，然后非常缓慢地下降；若是盖后气温没有回升，而是一直下降，这说明草苫盖晚了。揭开草苫后，棚内气温短时间内应下降 1～2 ℃，然后回升。如若揭后气温不下降而立即升高，说明揭晚了。揭草苫之前，若棚温明显高于临界温度，日出后即可适当早揭。

生产上也可以根据太阳高度来掌握揭草苫的时间，一般是当早晨阳光洒满整个棚面时即可揭开。在非常寒冷或大风天，应适当晚揭、早盖草苫。阴天适时揭开草苫，有利于利用散射光，同时气温也会有所回升。如若不揭，棚内气温反而会下降。一般揭开草苫时间为日出后 1 h，覆盖时间在日落前 1 h。

可进行多层薄膜覆盖。具体方法：于距离棚膜 15～30 cm 处，架设铁丝等物作为承受架，再盖上一层薄膜，形成双层覆盖，可增温 2～4 ℃，还可以在棚内地面上再加一层小拱棚，使大棚形成 3 层薄膜覆盖。为使杏树尽量多地接受阳光，白天可打开第二层和第三层覆盖薄膜。

③ 降温措施。目前我国塑料大棚的降温措施比较落后，多通过开启风口来降温。一般自 9:00 开始放风，16:00 关闭气口保温。通风要根据季节、天气情况灵活掌握。冬季和早春不宜放早风，要在外界气温较高时进行，而且要严格控制开启通风口的大小和通风时间的长短。

采取冷水洒地或喷雾的方法，应用水分蒸发时吸收热量的原理，也能使棚内降温。

另外，还可采用间隔盖草苫的方法，减少进光量，来降低棚温。采用此法时，要注意使覆盖草苫的位置不断变换。

④ 提高地温的措施。扣棚前 20～30 d，在杏园地面覆盖地膜，可以提高地温，但时间不能过晚。如果等到临近扣棚时覆盖或扣棚后覆盖，升温效果就差，地温上升慢。

也可采用增施有机肥、埋入酿热物的方法提高地温。利用酿热物增温，是较为经济的增温措施。采用这种方法，将酿热物埋铺于土层之中，利用微生物繁殖时分解酿热物产生的热量来提高地温。酿热物种类较多，一般把新鲜马粪、新鲜厩肥、各种油粕、米糠、麦麸子、垃圾等归类为高热酿热物。小麦秆、稻草、树叶、枯草等归类为低热酿热物。酿热物铺设厚度一般为 20～30 cm。

温度是杏生长发育的重要因素。棚内温度的调节，生长前期以防寒保温为中心，后期以防止出现高温为重点。各种调温措施要综合运用，灵活掌握，才能取得较好效果。

2. 光照调控技术 杏树大棚光照调节的主要任务是增光，即针对棚内光照度弱、光谱质量差、光照时间短的特点，采取多种措施改善光照状况。

(1) 选择透光率高的棚膜。现在，果树大棚应用的棚膜多为聚氯乙烯普通棚膜、长寿无滴膜和聚氯乙烯普通棚膜、无滴膜。其中聚氯乙烯无滴膜透光率高。用其覆盖的大棚晴天升温快，每天低温、高温、弱光的时间可以大为减少，对杏树生长发育极为有利。但与其他棚膜相比，价格要高，用量也多。

(2) 采用合理的大棚结构。在保证环境条件便于调控、坚固耐用、抗性较强的前提下，适当降低棚体高度，以增加杏树下部的光照；尽量减少支柱、立架、墙体等遮挡光线的面积。

(3) 延长光照时间

① 早揭迟盖草苫。在棚内温度允许的条件下，适当地提早揭苫、推迟盖苫，以增加植株光照时间。阴天，只要未下雪，就要坚持揭苫，使杏树可以利用散射光进行光合作用。

② 人工补光。有条件者可以采取人工补光的办法，增加光照时间。以聚氯乙烯薄膜做棚膜的缺乏紫外线，最好选用具有太阳光谱的高压汞灯和日光灯作为补充光源。若为提高杏产量和品质，则可选用富有红、橙光色谱的日光灯、氖灯和红色荧光灯作为光源。不同光源在棚内的光照度情况见表 49-16。

表 49-16 果树大棚栽培补光分布与光照度

光源种类	每个灯的照度范围（m^2）	灯距棚面距离（m）	平均光照度（lx）
卤化金属灯	8	1.3	2 263
钠蒸气灯	8	1.2	2 533
白炽灯	4	1.1	105
白炽灯	8	1.3	58

(4) 悬挂反光幕。利用聚酯镀铝膜作为反光幕，将入射大棚后部的太阳光反射到前部，能使前部增加光照 25%左右，因而可明显提高果实的产量和品质。因此，应在冬暖式塑料大棚的中柱南侧、后墙和山墙上，悬挂宽 2 m 的反光幕。

(5) 在地面铺设反光薄膜。果实成熟前 30～40 d，在树冠下铺设聚酯镀铝膜，将照射在地面的光线反射到树冠下部和内膛的叶片、果实上，以提高下层叶片的光合能力，从而促进果实个体的增大和着色面积的扩大，收到既提高产量又改善品质的良好效果。

(6) 清洁棚膜。每隔 1～2 d，用拖把或其他用具将棚膜上的尘土和枯草干叶等杂物清除掉，使棚膜始终保持较高的透光率。清洁棚膜还包括清除棚膜内面的水滴。可用明矾 70 g、敌克松 40 g、水 15 kg 合成的溶液喷洒棚面，可有效去除棚膜内面的水滴。还可用豆粉液喷洒棚膜的内面，方法是把大豆磨成细粉，按每平方米棚膜用大豆粉 7～10 g，对水 150 g 的标准配制豆粉液，浸泡 2 h 后，用细纱布将豆粉液过滤去渣，然后用喷雾器将过滤好的豆粉液对着棚膜水滴进行喷洒，可使水滴很快落下，并保持 15～22 d 不生水滴。

为了减少棚膜上凝结的水滴，使棚膜保持良好的透光性，还可以采取地面覆盖薄膜、改进灌水方法、控制浇水、加强通风管理等措施。

3. 湿度调控技术

（1）杏树对湿度的要求。杏树耐旱怕涝，棚栽时应防止土壤过湿。塑料棚内湿度过大，常造成花粉黏滞，生活力低，扩散困难，对坐果妨碍较大。花期应设法降低棚内空气湿度，使之保持在 60% 左右较为适宜。花前期湿度可适当高一点，但不能超过 80%。杏发育后期，若湿度过大，会使新梢徒长，影响冠域光照和花芽形成，此期湿度应小于 60%。

（2）杏树大棚的湿度调控措施

① 通风换气。适时适量通风，将湿气排出棚外，换入外界的干燥空气，是最简便的降低棚内空气相对湿度的方法。但通风时要处理好保温和降湿之间的矛盾，使通风降湿在不超出温度变化允许的范围内进行。

② 改变温度。根据大棚中湿度的变化特点，在不影响温度要求的前提下，通过适当改变棚中的温度，来达到改变棚中相对湿度的目的。假设棚内湿度为 100%，棚温为 5 ℃时，每提高 1 ℃气温，相对湿度约下降 5%；棚温在 6～10 ℃时，每提高 1 ℃，则相对湿度降低 3%～4%；棚内温度为20 ℃时，其相对湿度为 70%；棚内温度为 30 ℃时，其相对湿度为 40%。相反，如果棚内温度下降到 18 ℃时，则其相对湿度可升到 85%；棚内温度下降到 16 ℃时，其相对湿度几乎可以达到 100%。

（3）适时适量灌水。杏树耐干旱，一般在覆盖地膜前灌一次透水，就能保证其对水分的要求。后期灌水时要注意：采前 2～3 周少灌水，以防引起裂果。灌溉要使用与土壤温度相近的同温水。灌水最好在早晨进行。因为这时杏树吸收水分后，随着光照增强，棚温升高，蒸腾作用逐步加强，能保持各器官的水分均势，使果皮、果肉、果核同步膨大，避免裂皮或裂核现象的发生。如果在傍晚灌水，杏树根系大量吸收水分，而这时杏树体内水势较低，致使果肉吸水骤然膨大，引起果核裂开或果皮裂口，因此要避免在傍晚时浇水。

（4）及时增湿。湿度小或土壤干旱时，可通过采取地面浇灌、地面洒水及空中喷雾等方式，来增大棚内的湿度。

4. 二氧化碳浓度调控技术

（1）杏树对二氧化碳的要求。自然条件下的二氧化碳含量虽然也能保证杏树的正常生长发育，但并不是杏树进行光合作用的最适浓度。据山东省泰安市林业科学研究所的科研人员测定：杏树二氧化碳补偿点为 100 m 左右，饱和点在 1 000～1 500 mg/L，施用二氧化碳，不可认为越多越好，而是要掌握好用量，使其浓度处于杏树需要的最佳状态。

（2）二氧化碳浓度的调节

① 把握二氧化碳施用的时间和浓度。施用二氧化碳，一般应在晴天上午揭开草苫后 1 h 左右进行。因为刚揭草苫时，棚内的二氧化碳浓度较高，加之此时棚内往往光照弱，温度低，所以不宜施用。但是，如果在中午棚内二氧化碳浓度最低时施用，则往往因中午温度过高时放风而造成二氧化碳的损失，故不宜施用。阴雨天气温低，一般也不施用二氧化碳。

大量试验证明，二氧化碳浓度，在晴天可以掌握在 1 000～1 500 mg/L，阴天掌握在 500～1 000 mg/L。施用二氧化碳时，为提高其利用率，可适当提高棚内的温度。

② 多施有机肥。在我国目前的条件下，补充二氧化碳比较现实的方法是在土壤中增施有机肥。有机物分解时，能释放出大量的二氧化碳气体。

③ 及时通风换气。通风换气的时间随季节的更换而变化。在 2 月之前，可每天间断通风换气 1～

2 次，每次 30 min 左右。2 月以后，随着棚内温度的升高，每天温度达到杏树生长发育的上限时就开始通风换气，降至 22～24 ℃时，即关闭风口。

④ 施放干冰。干冰，即固体二氧化碳，为直径 10 mm 的扁圆形褐色固体颗粒。每粒为 0.6 g，含二氧化碳量为 0.08～0.096 g。按每 667 m^2 施用干冰 40 kg，能使棚内二氧化碳浓度高达 1 000 μL/L，施放后 6 d 即可产生二氧化碳，有效期达 90 d 左右，高效期为 40～60 d。施放完二氧化碳后，其残渣含有效磷 20.7%、有效氮 11.8%和钙等元素，即为复合肥。干冰一般于杏树开花前 5 d 左右施用。方法是先开 2 cm 左右深的条状沟，再将干冰施入其中，然后覆土 1～2 cm 即可。覆盖地膜者，施入地膜下即可。施用固体二氧化碳气肥时应当注意：一是施后要保持土壤湿润和疏松（覆土后不要踩实），经过 6～7 d 即可放出二氧化碳气体。二是棚内放风可根据需要正常进行，但以中上部放风为好。三是施用时切勿将这种气肥撒到杏树的叶、花、根上，以防烧伤。四是干冰可在低温、干燥的条件下存放，但不宜存放太久。

⑤ 使用二氧化碳发生器。二氧化碳发生器的工作原理是硫酸和碳酸盐发生化学反应时产生二氧化碳。其构置和使用的方法是在塑料大棚内顺东西方向每隔 7 m 左右，用铁丝将一个防酸腐蚀的容器吊挂在棚架上，容器内装入稀硫酸和碳酸氢铵混合液。根据化学方程式计算，1 000 g 碳酸氢铵需要纯硫酸 620 g 才能充分发生化学反应。若使用的是浓度为 1∶3（浓硫酸∶水）的稀硫酸时，其需要量则为 2 480 g。碳酸氢铵的用量标准一般每天为 5～7 g/m^2。吊挂容器前，一次可称取 5～6 d 所需的纯硫酸 15～26 g（或 1∶3 浓度稀硫酸 60～104 g），连同一定量的碳酸氢铵，一起倒入其中。以后如发现加入碳酸氢铵后不再有气泡发生，即表示硫酸已用完，应将残液倒出，重新加入稀硫酸后再吊挂使用。

配置稀疏酸时，应先在防酸蚀的容器内放入适量的水，在搅拌水的同时，把浓硫酸缓缓倒入水中。注意不要倒得过急，否则会造成沸腾，引起硫酸外溅，伤及人身。将碳酸氢铵加入过量稀硫酸中时，应将称好的碳酸氢铵用塑料袋或厚纸包住，并在上面扎几个孔，然后将其慢慢放入装有稀硫酸的容器中。为了安全起见，也可以用木条挑住，将其慢慢放入。放入时，要使其沉到稀硫酸中，不可浮在上面。切记不可将碳酸氢铵直接撒入稀硫酸中。否则，会因反应过于激烈而使稀硫酸溅出。容器中硫酸用完后，反应生成的硫酸铵经 pH 试纸检测，若酸碱度达到 7 左右时，即可放心地施入土中。

另外，还可用盐酸和石灰石来制造二氧化碳。每日每平方米大约用盐酸 6 g、石灰石 10 g 即可。

⑥ 采用营养槽法增施二氧化碳。具体做法是在棚内植株间开挖深 30 cm、宽 30～40 cm、长 100 cm左右的沟，在沟底及四周铺设薄膜，将人粪尿、干鲜杂草、树叶、禽畜粪便等填入，加水后使其自然腐烂，产生二氧化碳。此法能使二氧化碳持续发生 15～20 d，整个生育期可进行 2 次。

⑦ 采用燃烧法产生二氧化碳。通过在棚内燃烧煤油、液化气和沼气等，增加大棚内的二氧化碳浓度。

第十二节　优质高效栽培模式

凯特杏具有自花结实、早果、丰产性强、适应性广、成熟期较早等生物学特性，是适于大棚栽培的一个优良品种。二花槽杏具有成熟期早、丰产性较强等特点。这两个杏品种花期相近，可互为授粉树。1998 年春，山东省泰安市林业科学研究所科研人员，在聊城市东昌府区柳园办事处付庄村，进行了凯特杏的塑料大棚栽培试验，获得成功。其主要栽培技术情况如下。

（一）果园概况

园地为平原沙壤土，土层深厚，有机质含量为 0.9%，pH 为 6.5～7.0。大棚为微拱式钢架结构的冬暖式塑料棚，东西走向，长 48 m，宽 10 m，脊高 3.2 m。后墙用土筑成，墙厚 1 m，高 2.7 m，后坡铺秫秸稻草泥。

（二）建园

苗木为一年生优质壮苗，苗高 1.0～1.5 m，并具有 3～5 个侧枝。根系发达，有 5 条以上侧根。

1998 年 3 月 10 日，栽植苗木，株行距为 1 m×2.2 m，南北成行。栽时，施有机肥 20 kg/株。栽后浇透水，整好树盘，并覆盖地膜。同时，按 1∶4 的比例栽植二花曹作为授粉树。整个大棚一共栽植 22 行，每行 10 株。其中凯特杏 170 株，二花曹杏 50 株。

（三）树形培养

采用纺锤形整形。栽植后不定干，待萌芽后选方向适宜的留作主枝，将其他芽疏除，或根据需要留作临时辅养枝。为加速扩大树冠，增加分枝级次，待新梢长到 30～40 cm 时，进行摘心或轻短截。对摘心后萌发的二次枝、竞争枝进行扭梢。对直立的主侧枝、旺长枝及方向不正的枝条，于夏秋季进行拉枝。最后，每株树形成 15 个左右的主枝。这些主枝，角度略近水平，可以分层，也可以不分层而呈螺旋着生状态；下部主枝较长，上部主枝依次递减。

（四）肥水管理

从 4 月下旬至 7 月下旬，每隔 15～20 d 追肥浇水一次。肥料为尿素、磷酸二铵和硫酸钾。其施肥量，前期为 0.1 kg/株，后期为 0.2 kg/株。

叶面喷肥，每隔 10～15 d 喷一次。5 月前喷 0.3%尿素。6 月喷 0.3%～0.5%尿素加光合微肥。后期喷 0.3%磷酸二氢钾。9 月下旬每株施有机肥 30 kg 左右。

（五）叶喷多效唑（PP 333）

8 月每隔 10 d 在叶面喷一次多效唑，共喷 3 次，浓度依次为 300 mg/L、200 mg/L、150 mg/L（指 15%的多效唑）。

（六）大棚管理技术

11 月下旬覆盖地膜。12 月 10 日开始进行人工打破休眠（采用白天盖，晚上揭草苫的方式）。12 月28 日，开始扣棚升温（因 1998 年冬季系暖冬）。开花期（2 月 10～18 日），采用蜜蜂授粉，使棚内白天温度控制在 16～18 ℃，夜间温度不低于 6 ℃，相对湿度保持在 60%左右。在果实第一迅速生长期，使棚内白天温度控制在 20～25 ℃，夜间温度保持在 8～12 ℃。在其他物候期，对温度要求相对不中格，最高温可达 25～32 ℃，夜温控制在 10～15 ℃，相对湿度一般控制在 60%以下。

（七）开花坐果及产量情况

大棚内凯特杏树、二花槽杏树的开花期为 1999 年 2 月 10 日，果实成熟期分别为 5 月 1 日和 4 月20 日。两个品种杏树的坐果株率均为 100%。凯特杏平均单株结果 89.5 个，最多的达 235 个，平均株产 2.92 kg，大棚产杏 630 kg，折合每 667 m^2 产量为 919 kg。按当时销售价 40～60 元/kg 计算，每 667 m^2 产值达 4.5 万元。

第五十章　李

概　　述

一、起源、历史与分布

李树栽培范围广泛，种类繁多，品种丰富，其原产地各异。我国栽培的李树主要为中国李，原产于我国东南部、长江流域及华南一带。栽培历史已有 3 000 多年，《诗经》《尔雅》《齐民要术》中均有李树栽培的记载。中国李分布于全国各地，三华李、芙蓉李和槜李，可在高温、高湿的南方生长发育；东北美丽李、绥棱红李等能耐－40～－30 ℃的低温。因此，李树是温带果树中对气温适应性很强的树种。根据生态条件不同，可将李的栽培范围划分为 7 个区域。

（一）东北区

东北区包括黑龙江、吉林、辽宁和内蒙古东部等地区。以栽培中国李为主，少量栽培的有杏李、欧洲李和美洲李。主要栽培品种有绥棱红、跃进李、美丽李、香蕉李、朱砂李、紫李等。

（二）华北区

华北区包括山东、山西、河南、河北、北京和天津等地区。以栽培中国李为主，少量栽培的有欧洲李和杏李，偶见美洲李。主要栽培品种有玉皇李、七月香、帅李等。

（三）西北区

西北区包括陕西、甘肃、青海、宁夏、新疆和内蒙古西部等地。除新疆以欧洲李为主栽品种外，其余均以中国李为主。中国李品种有奎丰、奎丽、奎冠、玉皇李等；欧洲李主栽品种有贝干、阿米兰、小酸梅、大酸梅等。

（四）华东区

华东区包括江苏、安徽、浙江、福建、台湾和上海等地。

以辽宁、河北、河南、山东、山西、安徽、江苏、湖北、湖南、江西、浙江、四川、广东等地栽培较多。中国李不仅在我国分布广且栽培历史悠久，在朝鲜、日本等国也有较长的栽培历史，近百年来，又传至欧美各国，与美洲李杂交，培育出许多种间杂交新品种。

二、经济价值

李也是优良的鲜食和加工用果品，其果实中不仅含有糖、果酸、蛋白质、脂肪，而且还含有人体所必需的胡萝卜素、维生素 B_1、维生素 B_2、烟酸、维生素 C 以及钙、磷和铁等成分。其中果实含糖量 7%～17%，含酸量 0.16%～2.29%，含单宁 0.15%～1.5%。所以，李是一种营养价值高的水果。

李果营养物质丰富，鲜艳美观，酸甜适口。既供鲜果，也供加工制果干、蜜饯、糖水罐头。如李干很为人喜食，其爽口开胃，解渴提神，能久藏几年而不坏，在国际市场很畅销。李果不论是鲜果还是加工品，都很有营养，是广大群众喜欢的一种好果品。同时李的果实、根、叶和种子都可以作为药用。每天早晚各吃 1～2 个李果，有利于治疗消化不良和牙龈出血病；用李汁冲酒饮，能美颜。用干李根 10 g，切碎洗净，煎汤内服，可治牙痛、消渴、白带。李核仁 10 g，煎汤服，对治跌打损伤甚有效。李的鲜叶适量，洗净煎汤，洗浴或捣汁涂，能治疗小儿发热。总之，李是一种对风土适应性强，栽培投资少、见效快，经济收益大，值得广泛种植的果树。

三、发展前景

20 世纪 80 年代之前李树栽培管理较为粗放，经济效益较差，所以发展步伐较慢。进入 80 年代之后，我国开展了全国性李树资源的普查、收集和保存等工作，并在辽宁熊岳建立了国家李树种质资源圃，成为我国李树的科研中心，果树科技工作者除对我国的名优品种进行开发利用外，还从国外引进了一些优良品种，如日本的大石早生、澳大利亚 14、黑琥珀等，从此全国的李树栽培面积和产量迅速发展，如辽宁的葫芦岛市成为全国驰名的李果生产基地，福建的永泰以“李果之乡”著称，其李果、李干及李蜜饯畅销海内外。20 世纪 90 年代后期全国的李果产量高居世界榜首。近些年来，李果面积稳中有降，但品种更新和产品质量有了明显提高，产业化栽培技术研究取得丰硕成果，使我国李树生产保持较高的水平，市场发展前景依然保持良好态势。

第一节　种类和品种

一、种类

李为蔷薇科（Rosaceae）李属（*Prunus* L.）植物。全世界李属植物共有 30 余个种，我国有 8 个种。据考察，我国现有李资源 800 余份，在辽宁熊岳国家李品种资源圃现保存李资源 480 余份。主要栽培的有以下几个种：

（一）中国李

中国李（*Prunus salicina* Lindl.）原产于我国长江流域，是我国栽培李的主要种类，全国各地的李产区均有栽培。日本、朝鲜、印度、美国、俄罗斯等国家也有较长的栽培历史，并已培育出许多变种和杂种。中国李为落叶小乔木，高 9～12 m。叶片长倒卵圆形或长卵圆形，叶面光滑无毛。花序通常为 3 朵并生，直径 1.5～2 cm；花柄长 1～1.5 cm。萌芽成枝力均强，潜伏芽寿命长，便于自然更新，树势强健，适应性强，结果多且丰产性稳定。果实圆形；果皮底色黄或黄绿，表色有红、紫红或暗红，果粉较厚；果梗较长，梗洼深，缝合线明显；果肉为黄色或紫红色；核椭圆形，核面有纹，粘核或离核。多数品种自花不结实或少量结实，栽培时必须配置授粉树。该种花期较早，在寒冷地区易受晚霜危害。属于本种的主要品种有玉皇李、木隽李、香蕉李、红心李、五月香李等。

（二）杏李

杏李（*Prunus simonii* Car.）原产于我国华北地区，在北京的昌平和怀柔、河南的辉县、陕西的西安等地有少量栽培。抗寒力强，抗病力不如中国李，自花能结实，但丰产性差。小乔木，枝条直立，树冠呈尖塔形。叶片狭长，并具直立性，叶柄短而粗。花 1～3 朵簇生。果实扁圆形，果梗短，缝合线深；果皮暗红色或紫红色；果肉淡黄色，质地紧密，香气浓；粘核，晚熟。属于本种的品种有香扁李、荷包李、腰子红、转子红、雁过红等。

（三）欧洲李

欧洲李（*Prunus domestica* L.）原产于高加索地区，后传入罗马，再传入欧洲各地。我国辽宁、河北、山东等地有栽培。在欧洲、北美和南非等地栽培广泛。乔木，树冠高大。叶片为卵形或倒卵形，蜡质厚。新梢和叶片均有茸毛。花较大，一个花芽内可开出 1～2 朵花。果实为圆形或卵形；果皮由黄、红直至紫蓝色；离核或粘核。花期比中国李晚 10～15 d，不易受晚霜危害，且自花结实力较强。果实含糖量高，可鲜食，也适于制作蜜饯、果酱和酒等加工品。属于本种的品种有冰糖李、晚黑李、大玫瑰李、甘李等。

（四）美洲李

美洲李（*Prunus americana* Marsh.）原产于北美地区，经过长期栽培，现已有许多具较强抗寒力的品种，可作为抗寒育种的原始材料。在我国，主要分布于东北地区。乔木，树冠开张，枝条有下垂性，并有粗针刺。叶片大，无光泽，有茸毛。一个花芽内可开出3～5朵花。果实球形；果皮红或鲜红色；果梗较长；粘核。该种适应性强。属于本种的栽培品种有牛心李、海底亚可夫李等。

（五）乌苏里李

乌苏里李（*Prunus ussuriensis* Kov. et Kost.）原产于我国的黑龙江，俄罗斯的远东沿海也有分布。该种是李属植物中抗寒力最强的，花期能耐－3℃的低温，树体在冬季能耐－55℃的严寒，是优良的砧木用种。本种植株矮小，多分枝成灌木状，枝条多刺。叶片较小，呈倒卵圆形，叶背有茸毛。果实较小，直径1.5～2.5 cm，近球形；核为圆形，核面光滑。东北美丽李为该种的代表品种，经与美洲李、樱桃李杂交，已培育出一些有栽培价值的耐寒品种。

（六）樱桃李

樱桃李（*Prunus cerasifera* Ehrh.）原产于我国新疆，在中亚、西亚、巴尔干半岛等地均有分布。树体为灌木或小乔木，新梢暗红，无毛。叶片椭圆形、卵圆形或倒卵圆形。果皮黄色或红色。果肉厚、软、多汁；粘核，核小，呈卵形。本种为半栽培状态，一般多用作砧木。

我国栽培的李主要为中国李，其次为欧洲李，其他种的李在生产上栽培较少。

二、品种

（一）圣玫瑰李

1. 品种来源 美国引进品种（Santa Rosa）。

2. 果实性状 果实中大，卵圆形，平均单果重68.5 g，最大单果重99.2 g，平均单果重76.1 g。果皮光滑有光泽，底色黄绿，果面紫红色，果肉金黄色，肉质细嫩，甜酸适度，香气浓郁，品质上等。果肉可溶性固形物含量12.6%～14%，果核小，粘核。在山东泰安地区果实于7月中旬成熟，耐贮运。

3. 栽培习性 植株长势强旺，自花授粉，是大多数李品种的良好授粉树。栽后第二年少量结果，第三年平均株产5.1 kg，最高13.2 kg，每公顷产29 481 kg。

（二）安哥诺李

1. 品种来源 安哥诺是1994年从美国加州引进的黑布朗（李）新品种。

2. 果实性状 果实圆形。平均单果重122 g，最大200～250 g。果实生长期为绿色，开花成熟变为紫红色，成熟后转为紫黑色。果实硬度大，果粉少，果皮厚，果肉淡黄色，不溶质，质地致密，清脆爽口，经后熟后汁液丰富，甜香味浓，品质极上；果核极小，半粘核。可溶性固形物含量16.2%，总糖含量14.1%，可滴酸含量0.73%。果实极耐贮存，常温下可贮存100 d，冷库1～3℃时可贮存到翌年5月。

3. 栽培习性 该品种树姿开张，树势稳健。当年栽植，通过夏季修剪，当年可以形成丰产树体，进入结果期后，树势中庸，以短果枝和花束状果枝结果为主，丰产性好，三年生树平均株产8.5 kg。该品种1998年引入栽培，经多点栽培试验观察，无论在山地、平原均生长表现良好，花期为3月，7月底开始着色，8月底9月初成熟。

（三）风味玫瑰

1. 品种来源 风味玫瑰是用李和杏进行多代杂交后获得，果实具浓郁芬芳的玫瑰花香味，含糖量很高。李基因占75%，杏基因占25%。

2. 果实性状 果大，平均单果重85 g，最大单果重150 g以上。果皮紫黑色，果肉红色，果汁

多，味香甜，可溶性固形物含量18%～19%。极早熟，果熟期5月下旬至6月上旬。

3. 栽培习性 树势中庸，树姿开张，栽植第二年结果，4～5年进入盛果期，丰产，单株产果量可达30～40 kg，每667 m^2 产量可达2 200 kg，盛果期可达20年；需冷量400～500 h。

（四）青稞李

1. 品种来源 中国李种。山东地方品种，枣庄峄城区和安丘市少量栽培。

2. 果实性状 果实小型，平均单果重28 g左右。果实近圆形，顶部稍狭；缝合线浅而明显，两侧对称；梗洼浅而广，圆形。果实黄绿色，有光泽，皮较厚，不易剥离，果粉薄。果肉浅橙黄色，质地较细脆，充分成熟后稍软绵，汁液中多，味甜，可溶性固形物含量11%，总糖含量10.0%，可滴定酸含量1.2%，品质中上。离核，核小，可食率95.7%。原产地果实7月上旬成熟。

3. 栽培习性 树势较弱，树冠常呈披散圆头形，树体较小，树姿开张。枝条细而下垂，各类果枝结果均好。早果性好，坐果率较高，较丰产。定植后3～4年始果，经济寿命20余年。树下萌蘖较多，多用根蘖繁殖，适于密植栽培。

（五）先锋李

1. 品种来源 美国品种，以Mariqosa×Laroda杂交培育而成。山东省果树研究所1987年从澳大利亚引入。

2. 果实性状 平均单果重79.3 g，最大果重98 g。果实卵圆形，果顶圆，果面紫色，果粉少，果点大。果肉橙红色，肉质细嫩，汁液丰富，味甘甜，具香气，品质上等。可溶性固形物含量13.4%，总糖含量12.5%，可滴定酸含量0.57%。黏核，可食率98%。在山东泰安地区果实7月下旬成熟。耐贮运，在0～5 ℃条件下可贮藏2个月以上。

3. 栽培习性 植株长势中庸偏弱，成枝力较强，枝条细弱，以中短果枝结果为主。丰产，在正常管理条件下定植第二年开始结果，每公顷产量1 312.9 kg，第四年折合每公顷产量20 410.9 kg。

（六）秋姬李

1. 品种来源 秋姬李是从日本引进的特大李新品种。

2. 果实性状 果椭圆形，缝合性明显，两侧对称。果面光滑亮丽，完全着色浓红色，其上分布黄色果点和粉。果实特大，平均单果重150 g，最大可达350 g，果肉厚，橙黄色，肉质细密，品质优于黑宝石和安哥诺品种，味浓甜，且具香味，可溶性固形物含量18.5%。离核，核极小，可食率97%。果实硬度大，鲜果采摘后，常温条件下可贮藏2周以上，贮藏期间色泽更艳，香味更浓，气调库可贮藏至元旦。

3. 栽培习性 树势强健，分枝力强，幼树生长旺盛，新梢生长直立。叶片长卵形，较小，浓缘。幼树成花早，花芽密集，花粉较少，需配授粉树。在鲁南地区4月上旬萌芽，5月上旬开花，花期1周左右，9月上旬果实开始着色，9月中下旬完全成熟，11月下旬落叶。丰产性强，品质优良，具抗病、耐贮等突出优点，而果实成熟正值中秋、国庆两大节日，很有发展前景。

（七）蜜思李

1. 品种来源 蜜思李为美国品种。

2. 果实性状 果实近圆形。平均单果重50.7 g，最大单果重74 g。果面紫红色，果粉中多，果点极小。果肉淡黄色，肉质细嫩，汁液丰富，风味酸甜适中，香气较浓，可溶性固形物含量13%。黏核，可食率97.4%。

3. 栽培习性 在江苏省连云港市果实5月初成熟。该品种适应性广，早果、早丰产、稳产、品质佳、耐贮藏，不失为一个优良品种。

（八）黑琥珀

1. 品种来源 黑琥珀原产美国，为佛瑞尔×玫瑰皇后李杂交育成。

2. 果实性状 果实扁圆形，果顶稍凹。平均单果重65.1 g，最大单果重85.2 g。果皮底色黄绿，着紫黑色，皮中厚，果点大，明显；果粉厚，白色。果肉淡黄，近皮部有红色，充分成熟时果肉为红色，肉质松软，纤维细且少，味酸甜，汁多，无香气；可溶性固形物含量10.97%。离核，品质中上。常温下果实可贮放20 d左右。果实于8月上旬成熟。

3. 栽培习性 该品种适应性较强，抗寒、抗旱能力较强，结果早，果实大，丰产，耐贮，鲜食品质好，也可加工制罐，唯抗细菌性穿孔病能力差，应在较干旱地区发展。

（九）红心李

1. 品种来源 美国品种，以Duart×Wicrson杂交育成。山东省果树研究所于1987年从澳大利亚引入。

2. 果实性状 平均单果重69.4 g，最大80 g以上。果实心形，果顶尖圆。果面棕红色，果肉血红色，肉质细嫩，汁液多，味甘甜，香气较浓，品质上等。可溶性固形物含量13.0%，总糖含量11.2%，可滴定酸含量0.89%。黏核，可食率97%。在山东泰安地区果实7月成熟。较耐贮运。

3. 栽培习性 植株生长势强，枝条粗壮直立，以花束状果枝结果为主，丰产。在正常管理条件下，栽后第二年少量结果；第三年平均株产5.5 kg，最高达8.7 kg，折合每公顷产量10 891.9 kg；第四年每公顷产量24 870 kg。

（十）琵琶李

1. 品种来源 欧洲李种，又称西洋李、洋李子。在山东省各地有零星分布。

2. 果实性状 果实中大，平均单果重45 g左右。果实倒卵形，顶部圆，先端微凹，缝合线浅广，两侧较对称；梗洼狭、浅。果实底色绿黄，充分成熟时阳面紫红色至全面紫红色。皮厚，不易剥离，具绿黄色果点；果粉中厚，银灰色。果肉金黄色，近核处黄白色，肉质细密而脆，纤维多，汁中多，味甜微酸涩，稍具芳香，可溶性固形物含量11%，总糖含量8.4%，总酸含量0.80%，品质中等。半黏核，核小。山东泰安地区果实7月下旬至8月上旬成熟。果实生食、加工兼用，是欧洲李中较好的品种。

（十一）平顶香李

1. 品种来源 中国李种，主要分布于山东的肥城、汶上一带。

2. 果实性状 果实大型，平均单果重80 g，大者可达100 g以上。果实扁圆形，顶部平或凹陷，肩部宽，缝合线明显；果梗粗短，梗洼圆形，广而中深。果实底色黄，紫红色条纹，充分着色后呈紫红晕，果粉薄，灰白色。果肉淡黄色，质地较软，多汁，味酸甜，具清香，可溶性固形物含量10%～12%，总糖含量7.0%，可滴定酸含量0.94%，维生素C含量32 mg/kg，品质中上，黏核。原产地果实7月成熟，为鲜食、加工兼用品种。

3. 栽培习性 树势强健，树冠圆头形，树姿开张或半开张。枝条萌芽力、成枝力较强，潜伏芽萌发抽枝力较强。以短果枝结果为主，开花结果良好，结果后仍能抽枝，短果枝寿命可达4～10年。果实多分布于树冠中、外部，内膛结果枝易枯死。抗旱、抗风、抗寒力均较强。结果过多时果形不整齐，有大小年结果现象。

（十二）拉罗达李

1. 品种来源 美国以Gariota×Santa Rosa育成。山东省果树研究所1987年从澳大利亚引进。

2. 果实性状 平均单果重65 g，大者90 g。果实卵圆形，顶部圆。果面浓红色，果粉中多，果点大而密。果肉黄色，质硬而细韧，汁液较多，味甜酸。可溶性固形物含量15.2%，总糖含量12.7%，可滴定酸含量1.2%。黏核，可食率93.1%。品质中上，耐贮运。在山东泰安地区果实8月上中旬成熟。

3. 栽培习性 树势强旺，树姿半开张，成枝力较强。长、中、短果枝和花束状果枝均能结果，坐果率高。定植第二年开始结果，第四年进入丰产期。应注意疏果，增大单果重。

（十三）盖县大李

1. 品种来源　中国李种，又称美丽李，原产美国，由日本引入中国，现分布于内蒙古、辽宁、河北、山东、山西、陕西、云南、贵州、广西等地。

2. 果实性状　果实大型，平均单果重 88 g，最大 160 g 以上。果实心形或近圆形，顶部稍尖或平，果梗短，梗洼深，缝合线浅，近梗洼处较深，片肉不对称。果实底色黄绿，果皮鲜红或紫红色，果皮薄；果粉厚，灰白色。果肉淡黄色，肉质硬脆，充分成熟后松软多汁，风味酸甜适度，香气浓，可溶性固形物含量 12.5%，总糖含量 7.1%，可滴定酸含量 1.2%，单宁含量 0.09%，品质上。半离核，核小，可食率 98.7%。山东泰安地区果实 7 月成熟，常温下可贮存 5 d，为受欢迎的鲜食、加工兼用品种。

3. 栽培习性　树势强健，树姿半开张，树冠呈扁圆形，萌芽力、成枝力均强，以短果枝和花束状果枝结果为主，栽后 2～3 年始果，6～8 年进入盛果期，丰产、稳产，经济寿命 30～40 年。自花不实，采前落果轻。适应性较强，适栽范围较广，适宜较冷凉半干旱地区栽培，抗寒、抗旱，对肥水条件要求较严格，不抗细菌性穿孔病。

（十四）杏李味帝

1. 品种来源　由美国几代果树育种专家通过杏李种间多代杂交而培育出的新兴优质品种。

2. 果实性状　果实扁圆或近圆形，成熟期在 5 月底 6 月初。平均单果重 83 g，最大单果重 152 g。果肉鲜红，质地细，果汁多，风味独特，极甜，香气浓郁，十分爽口，品质极上乘。可溶性固形物含量 14%～19%，糖含量 18%～19%，可食率高。

3. 栽培习性　树势健旺，较开张，抗逆性特强，适应性广，栽培管理易；具有早结、丰产特点。栽后第二年结果株率达 100%，盛产期每 667 m^2 产量达 3 000 kg 以上。需冷量较少，一般 450 h 左右，适合广州以北的广大地区规模发展。

第二节　苗木繁殖

一、实生苗培育

实生苗培育一般只用于砧木的繁殖，多以毛桃为砧木，李砧的播种因大多数品种胚的发育不良，多以野生种种子发育较好。但李砧适于比较黏重低湿的土壤，耐寒性较强。

（一）种子处理

秋播种子不用处理，春播种子要进行处理。种子采收的适宜时间为 9 月底。采收种子后，用水浸泡，用手搓去果肉与外种皮，再在清水中过滤干净，放在遮阳通风处阴干。成熟种子的千粒质量为 60 g 左右。种子阴干这一环节非常重要，因为种子阴干后含水量低，对外界环境条件的抵抗力强，不发热、发霉、腐烂，能够较好地保持种子的生活力。

（二）整地

播前整地，结合整地施复合肥，以 50 kg/hm^2 为宜。整地深度 30～40 cm，及时耙平，依照地形做畦。

（三）播种

春、秋两季均可进行播种，以秋播为好。春播一般翌年 4 月初，将种子放在阴凉处催芽，待有 1/3 种子裂嘴后，即可播种。秋播种子阴干后不经种子处理就可播种，一般于 11 月中下旬，土壤上冻前进行。播种量以 750 kg/hm^2 种子为宜。在畦面上可采取条播，条与条之间的距离为 60 cm。播种沟深度为 4～5 cm，将种子均匀地撒在沟内，覆土厚度 5～6 cm，略加镇压。

（四）播种地管理

幼苗出土后浇第一次水，苗木生长期间要依据土壤墒情及时灌水，6 月中旬至 8 月上旬加强灌水，促其高生长，8 月中旬后开始控水，全年灌水不超过 8 次。在苗木生长期要追施尿素，施肥量 120～150 kg/hm^2。灌水后结合松土及时除草，除草要做到除早、除小、除了。按照“去弱留强、去小留大”的原则进行间苗与移苗，间苗株距控制在 8～10 cm。

二、嫁接苗培育

（一）砧木选择

砧木对嫁接苗的长势强弱，树体大小，寿命长短，进入结果期早晚，产量高低，适应性、抗逆性都有影响。如毛樱桃砧对李树具有矮化作用，并有一定的抗盐碱性；小李砧树体大、寿命长；山杏砧有假愈合现象，一般不宜作为李树砧木。因此在选择砧木时应根据当地具体情况，有侧重的选择砧木。

（二）接穗的采集与处理

枝接于 1 月采集接穗。在生长健壮、无病虫害的植株上采集接穗，选择枝条饱满、节间长度适中、充分木质化的枝条，此时枝条正处于休眠期。采集后放入窖中用湿沙埋好，待到开春 4 月初稠李（砧木）树液刚开始流动时，从窖中取出接穗，于清水中浸泡 2 d 后进行嫁接。芽接选择发育良好、芽饱满充实的当年新梢或一年生枝采集接穗，采集的接穗要立即剪去叶片，保留一段叶柄，随采随接。

（三）接穗的包装贮藏

采集接穗短距离不需包装，如距离较远，则需包装，应将接穗捆好装入塑料袋中，迅速运到贮藏地点或及时嫁接。芽接的李接穗不需贮藏。枝接的接穗采集后，不能马上嫁接，需等砧木树液流动时才能嫁接，所以需贮藏。采用沟藏法，选择地势较高、排水良好、土质疏松、背阴的地方，根据贮藏量的大小和接穗的长度确定沟的宽度和长度，沟深要达到 1 m，在沟底铺 5 cm 的湿沙，上面铺一层接穗然后再铺一层湿沙，直至离地面 20 cm 左右处。然后，在上面盖一层湿沙，并略高于地面，视天气温度盖土或盖草，边挖排水沟，根据气温经常检查。

（四）嫁接方法

春夏两季均可嫁接。嫁接方法有芽接和枝接。芽接可采取削芽接和 T 形芽接法，枝接可采取劈接法。

1. T 形芽接 在夏季 7 月末至 8 月初，树皮易剥离时进行。剪取接穗最好随采随接。接穗要去掉叶片，稍留一点叶柄。用芽接刀在枝条芽上方 0.5～1 cm 处横切一刀深达木质部，再从芽下方 1 cm 处向上平削至横切口处，少带些木质部，取下芽片，芽片呈盾形，将削好的芽片含在口中，在砧木上将树皮切成 T 形切口，深达木质部，用芽接刀撬开树皮，插入芽片，芽片上切口与 T 形上切口对齐，用塑料条由上向下扎好，芽露外面即可。

2. 削芽接 在李接穗的芽上方 0.5 cm 处稍带木质部向下切一刀，然后在芽下方 1 cm 处向下切一刀，与在芽上方的下切口相接，这样会在芽下方 1 cm 处形成一斜面。在砧木距地上 2 cm 处选光滑部位，稍带木质部向下切一刀，切口与接芽切口大小相同为宜，然后再在该切口下方 1.5 cm 处再向下切一刀，与上一刀接触，然后把芽片插入切口，使两者形成层对齐，绑扎。嫁接结束后，在接口上 2 cm处断砧。

3. 劈接 春季砧木树液开始流动时进行枝接。每个接穗长 5～6 cm、带 2～3 个饱满芽，然后用嫁接刀把接穗基部两侧削成 3 cm 长的楔形，楔形尖端不必很尖，接穗外侧要比内侧稍厚。然后在砧木距地上部分 4 cm 处断砧，用嫁接刀从砧木的横断面中心垂直向下劈开 3 cm，然后把削好的接穗削面稍厚的一侧朝外，插入砧木劈口中，使两者形成层对齐，绑扎即可，此方法缺点是浪费接穗材料，但成活率可达 95%以上。头年芽接未成活的，在第二年春季枝接补苗，提高苗木繁殖速度，增加土地利用率。

（五）嫁接后管理

1. 水肥管理　嫁接后不能立即灌水，5～7 d 砧木与接穗基本愈合，开始浇水，10～15 d 凡接芽新鲜、叶柄一触即落，标志嫁接成活，没有成活的应及时补接。接芽萌发后，及时浇水。在苗木生长期结合浇水追复合肥 1～2 次并及时中耕除草。8 月下旬以后要控水、控肥。

2. 剪砧　3 月底至 4 月初进行嫁接的苗木，当芽萌发 5 cm 以上时，即可将接芽部的砧木剪除；7 月底至 8 月底嫁接的苗木，以休眠芽越冬，到第二年的春季再剪除砧木。

3. 除萌　嫁接后每隔 7 d 除萌一次，连续除萌 3 次，然后再视萌条情况及时除萌，以保证接穗与砧木愈合所需的营养供给。

三、扦插苗培育

（一）插条

扦插苗培育采用全光雾嫩枝扦插。

5 月底选择树龄较为年轻、生长健壮、无病虫害感染的母树采集当年生半木质化枝条，剪取长 10～20 cm 的枝条为插穗，每根插穗上保留 2 个芽，插穗切口要光滑。

（二）插条处理

插前先用 ABT 生根粉浸泡 4 h 左右，每 20 kg 水里放 1 g 生根粉。

（三）扦插方法

扦插前先给扦插地浇水，浇水 3～4 d 后按 5 cm×10 cm 的株行距进行扦插，当年成活率可达 83%以上。紫叶稠李是较易生根的树种，扦插后 20～25 d 即可生根，生根部位为皮部生根。

（四）扦插后管理

扦插后立刻进行浇水，过 6～7 d 再浇一次水，以后要保持扦插地的湿润。扦插苗成活后 30～35 d，按实际情况进行松土除草，松土除草与浇水、施肥工作同步进行。松土除草时清理扦插地内的覆盖物和枯枝死株，以保持扦插地内的清洁干净，防止有害生物的感染。松土除草深度以 3～5 cm 为宜，随着扦插苗木生长高度的增加，松土除草的深度逐步加深，但以不伤害苗木的根系为原则。

四、组织培养和脱毒苗培育

（一）组织培养

外植体取一年生枝的顶芽或腋芽，李的芽小，操作要十分小心。将枝条剪成小段，用自来水冲洗后，先用 75%酒精浸洗 30 s，用无菌水冲洗 1 次，然后用 0.1%过氧乙酸浸泡 3 min，在超净工作台上用无菌水冲洗 4～5 次。用于脱毒时剥取 0.1～0.5 mm 的芽，带 1～2 个叶原基或不带。接入培养基中，(25±2)℃，每天光照 16 h，光照度 1 500～3 000 lx。启动分化阶段培养基可采用 MS+BA 0.5 mg/L+IAA 0.1 mg/L+蔗糖 2%（可用白糖代替，降低成本，不影响效果）。随后的壮苗培养基为 F14+BA 0.1 mg/L+GA 0.3 mg/L+IAA 0.2 mg/L，可以得到较粗壮的苗。经过 5～7 代培养后转入 F14+BA 0.3 mg/L+IBA 0.5～1.0 mg/L 中诱导生根。此后及时移出试管驯化、移栽。

（二）脱毒苗培育

摘取花萼未张开花粉母细胞处于单核期的花蕾，放入 4 ℃冰箱中预处理 1～2 d。取预处理过的花蕾，在无菌条件下用 70%酒精浸泡 20 s，再用 0.1%升汞消毒 5～8 min，并不断搅动，无菌水冲洗 3～5 次，然后在无菌条件下中去除花萼、花托等，用镊子挟取黄色花药立即接种于愈伤组织诱导培养基中。愈伤组织培养进行暗培养，培养温度为 23～28 ℃。愈伤组织诱导培养 2～3 个月，将 0.2 cm 大小的愈伤组织转入分化培养基中诱导丛芽分化，待分化成苗后，进行病毒检测，对合格的试管苗进行增殖，增殖培养每 20～30 d 继代一次（总继代次数不超过 10 代），选 2～3 cm 的小苗转入生根培养基，经过 20～30 d 生根培养。

经过病毒检测的脱毒组培苗移栽成活的植株为脱毒原原种苗。脱毒原原种苗每年应进行一次病毒检测，发现问题即汰除。检测机构要将病毒检测结果报告有关部门。

五、苗木出圃

(一) 起苗

在苗木落叶至土壤封冻前或翌春土壤解冻后至萌芽前出圃。起苗前应浇透水，保证苗木根系完好。

(二) 苗木分级

苗木按根系、茎、芽分级（表 50-1、表 50-2）。

表 50-1 李树一年生苗质量要求

项目		等级	
		一级	二级
基本要求		品种纯正，无机械损伤，无检疫对象，根茎无干缩皱皮和新损伤，老损伤面积≤1.0 cm^2，无根瘤病，砧桩剪除，嫁接愈合良好	
根	侧根数量	≥4	≥3
	侧根基部粗度（cm）	≥0.5	≥0.4
	侧根长度（cm）	≥15	≥15
	主根长度（cm）	≥20	≥20
	侧根分布	分布均匀，不偏于一方，舒展，不卷曲	
茎	砧段长度（cm）	5～10	
	苗木高度（cm）	≥100	≥80
	苗木粗度（cm）	≥0.8	≥0.6
	茎倾斜度	≤10°	
芽	整形带内饱满芽数（个）	≥6	≥5

表 50-2 李树二年生苗质量要求

项目		等级	
		一级	二级
基本要求		品种纯正，无机械损伤，无检疫对象，根茎无干缩皱皮和新损伤，老损伤面积≤1.0 cm^2，无根瘤病，砧桩剪除，嫁接愈合良好	
根	侧根数量	≥5	≥4
	侧根基部粗度（cm）	≥0.5	≥0.4
	侧根长度（cm）	≥15	≥15
	主根长度（cm）	≥20	≥20
	侧根分布	分布均匀，不偏于一方，舒展，不卷曲	
茎	砧段长度（cm）	5～10	
	苗木高度（cm）	≥120	≥100
	苗木粗度（cm）	≥1.0	≥0.8
	茎倾斜度	≤10°	
芽	整形带内饱满芽数（个）	≥8	≥6

（三）苗木假植、包装、运输

1. 假植

（1）临时假植。苗木应在背阴处挖假植沟，将苗木根部埋入湿沙中进行假植。

（2）越冬假植。假植沟挖在防寒、排水良好地方，将苗木散开全部埋入湿沙中，及时检查湿度。

2. 包装　外运苗每 50 株一捆或根据用户要求进行保湿包装。苗捆应挂标签，注明品种、苗龄、等级检验证号和数量。

3. 运输　远途运输应采取保湿措施，严防风吹日晒。

（四）苗木检疫

苗木检疫是为了防止危害苗木的各类病虫害、杂草随同苗木在销售和交流的过程中传播蔓延。因此，苗木在流通过程中应进行检疫。运往外地的苗木，应按国家和地区的规定对重点的病虫害进行检疫，如发现本地区和国家规定的检疫对象，应停止调运并进行彻底消毒，不使本地区的病虫害扩散到其他地区。所谓“检疫对象”，是指国家规定的普遍或尚不普遍流行的危险性病虫及杂草。

引进苗木的地区，还应将本地区没有的严重病虫害列入检疫对象。如发现本地区或国家规定的检疫对象，应立即进行消毒或销毁，以免扩散引起后患。消毒的方法很多，可用石硫合剂、波尔多液、升汞浸渍苗木根部，并用药液喷洒苗木的地上部分，消毒后，用清水冲洗干净。也可用氰酸气熏蒸，熏蒸时一定要严格密封，以防漏气中毒。先将硫酸倒入水中，再倒入氰酸钾，之后，工作人员立即离开熏蒸室，熏蒸后打开门窗，待毒气散尽后，方可入室。熏蒸的时间依树种不同而异。

第三节　生物学特性

一、根系生长特性

李树栽培上应用的多为嫁接苗木，砧木绝大部分为实生苗，少数为根蘖苗。李树的根系属浅根系，多分布于距地表 5～40 cm 的土层内，但由于砧木种类不同根系分布的深浅有所不同，毛樱桃为砧木的李树根系分布浅，0～20 cm 的根系占全根量的 60％以上，而以毛桃和山杏作为砧木的分别为 49.3％和 28.1％。山杏砧李树深层根系分布多，毛桃砧介于两者之间。

根系的活动受温度、湿度、通气状况、土壤营养状况及树体营养状况的制约。根系一般无自然休眠期，只是在低温下才被迫休眠，温度适宜，一年之内均可生长。土温达到 5～7 ℃时，即可发生新根，15～22 ℃为根系活跃期，超过 22 ℃根系生长减缓。土壤湿度影响到土壤温度和透气性，也影响到土壤养分的利用状况，土壤水分为田间持水量的 60％～80％是根系适宜的湿度，过高、过低均不利于根系的生长。根系的生长节奏与地上部各器官的活动密切相关。一般幼树一年中根系有 3 次生长高峰，一般春季温度升高根系开始进入生长高峰，随开花坐果及新梢旺长生长减缓。当新梢进入缓慢生长期时进入第二次生长高峰。随果实膨大及雨季秋梢旺长又进入缓长期。当采果后，秋梢近停长、土温下降时，进入第三次生长高峰。结果期大树则只有两次明显的根系生长高峰。了解李树根系生长节奏及适宜的条件，对李树施肥、灌水等农业技术措施有重要的指导意义。

二、芽、枝和叶生长特性

（一）芽的种类与特性

李树芽按性质分为花芽和叶芽两大类。着生于新梢叶腋内，以后生长为枝梢的芽称叶芽，发育为花、果的芽称花芽。一节着生 1 个叶芽或花芽时称单芽，着生 2 个以上称为复芽，李树多为复芽。枝梢的顶芽和复芽中间位置的芽均为叶芽，复芽的两侧为花芽。长果枝上复花芽多，单花芽少，短果枝上单花芽多。李树的潜伏芽寿命长，为树冠修剪和更新改造提供了有利条件。

（二）枝的种类与特性

枝梢按其功能也可分为两大类，即生长枝（营养枝）和结果枝。

1. 生长枝 生长枝按其生长位置和长势不同可分为延长枝、侧枝、徒长枝和竞争枝。

（1）延长枝。主干、主枝、侧枝先端的枝条为延长枝。其生长势强、组织充实，是扩大树冠、形成树体的主要枝条。

（2）侧枝。主枝上的腋芽萌发出的枝梢，长势较旺，角度较好，距主干 40～50 cm。侧枝是结果枝主要着生位置。

（3）徒长枝。潜伏芽通过修剪刺激作用而萌发的枝条，直立向上，长度超过 70 cm，称为徒长枝。由于徒长枝生长旺盛，组织不充实，不能形成结果枝，如要将其培养为骨干枝，则要进行短截。

2. 结果枝 李的结果枝按其长短和形态不同可分为长果枝、中果枝、短果枝、花束状果枝 4 种。

（1）长果枝。枝长 30 cm 以上，其花芽比例多，且花芽充实饱满，是幼龄李树的主要结果枝。长果枝结果的同时还能萌发生长势适度的新梢，或为第二年的结果枝。

（2）中果枝。枝长 15～30 cm，一般多为复花芽，是初果期李树的主要结果枝，中果枝结果的同时也能发生中、短果枝和花束状短果枝。

（3）短果枝。枝长 5～15 cm，是盛果期李树的主要结果枝，连续结果能力强，树枝营养充足的短果枝当年结果的同时仍然能抽生短果枝。

（4）花束状短果枝。为 5 cm 以下的结果枝，因节间很短，开花时花密集成花束状，是盛果期和衰老树的主要果枝。肥水、光照条件良好可连续结果 3～5 年，否则结果后易衰老，形成枯枝。

在生产中要通过施肥、修剪、拉枝以培养大量的中果枝、短果枝，才能保证连续稳产、高产。在花束状短果枝比例增大时，要及时采用更新修剪技术，培养中、短果枝，提高结果能力。

（三）叶生长特性

叶片是树体进行光合作用的器官，是产量形成的基础。叶片既能吸收空气中的二氧化碳和水，也可以直接吸收矿质元素，生产上常利用这一特性进行根外追肥。

三、开花与结果习性

（一）花芽分化与开花

芽原始体在发育过程中，一类向营养生长发展，另一类在一定条件下向生殖生长发展，形成花芽，此过程称为花芽分化。花芽分化一般在夏秋梢生长减缓后开始，然后通过冬季休眠，花器才能正常发育成熟，春季开花。花芽分化的初期与果实生长后期有一段重叠，所以壮果肥、采果肥的施用不仅关系到当年产量，还影响到第二年花的数量和质量。

李花从花芽膨大到落瓣需 15～20 d，整株树从始花（开始 5%）到终花（谢花 95%）需 15 d 左右，一天中以 13:00～15:00 为盛花期。

李树可以在当年生的新梢上形成花芽。新梢的顶端为叶芽，叶腋处则生花芽。通常在一个叶腋内着生几个芽，中央为叶芽，旁边则为花芽。

（二）果实生长

以中、短果枝和花束状果枝结果为主。结果最好的是三至五年生枝，五年生以上的枝着果率开始下降。

果实生长发育有明显的 4 个阶段：

1. 幼果膨大期 从授粉受精的子房开始膨大到果核木质化之前，果实的体积迅速增加，果核与果肉没有分离。

2. 硬核期 果实无明显增大，果核从先端开始逐渐木质化。

3. 果实快速膨大期　这一阶段为果实的第二次生长期，果实快速膨大期的初期果核才完成硬化，果肉厚度，重量快速、明显地增加，是产量形成的重要时期，芙蓉李在永泰地区此期为5～6月。

4. 成熟期　果实快速膨大之后转入成熟期，可划分为硬熟期和软熟期采收。加工用果于硬熟期采收，鲜食用果于软熟期采收。

（三）落花落果

李树主要有3次落花落果过程。

1. 第一次　主要是落花，开花后带柄脱落，是由于雌蕊发育不充实所致。

2. 第二次　主要是幼果脱落，于开花后2～4周幼果呈绿豆大小带柄脱落，此时落果主要是由于受精不良或子房发育缺乏某种激素、胚乳败育等原因造成。

3. 第三次　从第二次落果后2周开始，幼果直径2 cm，主要是由于营养不良、日照不足等因素造成，水分失调也能加重落果。

在生产上保花保果的措施主要是通过增加激素减少第二次落果，或根外追肥改良营养减少第三次落果，但更重要的要从治本入手，增加树体营养储备，从根本上解决落花落果问题。

四、果实成熟

李果的成熟特征是绿色逐渐减退，显出品种固有的色彩（大部分品种的李果表面有果粉，肉质稍变软）。红色品种在果实着色面积将近全果的一半时为硬熟期，90%着色为半软熟期；黄色品种在果皮由绿转绿白色时为硬熟期，而果皮呈淡黄绿时即为半软熟期。李果采收必须适时，通常在中成熟前期采摘为采收过早，风味不佳；过于成熟的，果实已变软，不耐贮藏。

第四节　对环境条件的要求

一、气候

（一）光照

李是喜光果树，在良好的光照条件下树势旺盛、生长健壮、叶片浓绿、产量高、品质好。若光照不足，枝条细弱、花芽少而不充实、产量低。所以，李树要通过整形修剪的办法，避免枝条重叠，使叶面积分布配称，提高光能利用率。在李树的建园中，要特别注意选择园地，合理安排栽培密度和方式。

（二）温度

李对温度适应性较强，但在其生长季节仍然需要适宜的温度，才能使生长发育与开花结果良好。中国李、欧洲李喜温暖湿润的环境，而美洲李比较耐寒。同是中国李，生长在我国北部寒冷地区的绥棱红、绥李3号等品种，可耐－42～－35 ℃的低温；而生长在南方的木隽李、芙蓉李等则对低温的适应性较差，冬季低于－20 ℃就不能正常结果。李树花期最适宜的温度为12～16 ℃。不同发育阶段对低温的抵抗力不同，如花蕾期－5.5～－1.1 ℃就会受害；花期和幼果期为－2.2～－0.5 ℃。因此北方李树要注意花期防冻。

（三）水分

李对土壤水分反应敏感。在开花期如遇多雨或多雾天气影响授粉。在生长期，如果水分过多，使李树的根缺乏氧气，而且土壤中还积累了二氧化碳和有机酸等有毒物质，因而影响了根系的发育，严重的可使植株窒息而死。所以，李树宜栽在地下水位低、无水涝危害的地方。在幼果膨大初期和枝条迅速生长时缺水，则严重影响果实发育而造成果实的脱落，减产。

二、土壤

李对土壤要求不严，只要土层较深、土质疏松、土壤透气性好、排水良好的平地和山地都可以种植。对低洼地必须挖深沟，起高畦种植，以利于排水防涝。但因李树大量吸收根分布较浅，故以保肥保水力较强的园地最适宜。

第五节 建园和栽植

一、建园

（一）园地选择

依据李树对外界环境的要求，一般应选择土层较深、坡度小、背风向阳、排水良好的地作为建园之用。对于排水不良的低洼易涝地区应当挖深沟，然后起高畦种植，以利于排除渍水。

（二）园地规划

1. 平地建园 为了充分利用土地，便于经营管理，在栽植前应进行合理规划。面积较大的，应区划若干小块，在各小块李园之间建立主路、支路和小路。主路宽度以能行驶机动车为原则，支路能通行人力车为准，小路应便于管理人员的行动。在建园中排灌系统不可忽略。李园的灌水系统由主沟、支沟和园内小灌水沟组成。灌水时，主沟将水引至园中，支沟将水从主沟中引至园内各小块，小灌水沟将支沟的水再引至李树行间。至于排水系统则由小块李园内的小排水沟、小块边沿的排水支沟和排水主沟组成。主沟末端为出水口。这样就便于天旱灌水和雨天排涝。

2. 山地建园 山地建立李园时，应根据坡度大小做好水土保持工程，使李园能保水、保土、保肥。山地建李园常采用水平梯田。水平梯田有利于增厚土层，提高肥力，防止冲刷，有利于灌溉和管理。水平梯田是由梯壁、梯面和边埂、排水沟等构成。

具体筑法：在修筑水平梯田时，要按照定植行距和地形，根据等高线将梯面破开，铺成平面。梯田壁一般用石砌成或用草皮泥团块叠砌成，梯壁地脚要宽，上部稍窄些，且向内稍微倾斜为宜。砌石或用草皮泥团叠砌时要结实，壁面要整齐，填土补缝砸实，使之坚固。做梯面时要做到外高内低，在梯面内沿挖一排水沟，将挖出的土堆在梯面外沿筑成边埂，使雨水不从梯面外沿下流，而自梯面流向里，沿排水沟流入自然沟或蓄水池。

山地建李园，同样要有道路和排灌系统的设置。道路可根据地形修筑。排水可在园地上方挖1.2 m宽、1.0 m深的拦水沟，直通自然排水沟，以拦山上下泄的洪水。园内排水沟连通两端的自然沟或排水沟，将水排出李园以外，积蓄在蓄水池或山塘，以供旱时喷灌用水和喷药用水。

同时，不论是平地李园或山地李园都要营造防护林带。防护林的树种，应采用当地适应性强、生长快、寿命长、冠大枝密的树种。

（三）整地改土

园地规划后要进行土地平整，平原地区如有条件应进行全园深翻，并增施有机肥。深翻 40～60 cm即可，如无条件则挖定植沟或穴，沟宽或穴直径 80～100 cm，深 60～80 cm，距地表 30 cm 以下填入表土、植物秸秆、优质腐熟有机肥的混合物，沙滩地有条件此层加些黏土，以提高保肥保水能力，距地表 10～30 cm 处填入腐熟有机肥与表土的混合物，0～10 cm 只填入表土。填好坑或沟后灌一次透水。

山丘坡地如坡度较大应修筑梯田，缓坡且土层较厚时可修等高撩壕。平原低洼地块最好起垄栽植，行内比行间高出 10～20 cm，有利于排水防涝。栽植前对苗木应进行必要的处理。如远途运输的苗木，苗木如有失水现象，应在定植前浸水 12～24 h，并对根系进行消毒，对伤根、劈根及过长根进行修剪。栽前根系蘸 1%的磷酸二氢钾，以利发根。

二、栽植

（一）品种选择

种植时宜选择经济性状符合生产要求的鲜食或加工良种，并注意早、中、晚熟品种的合理搭配。交通方便的地区或城郊以鲜食品种为主，交通不便的边远山区以栽培加工品种为主。

中国李的多数品种自花结实率很低，应注意选择和搭配花期一致、授粉亲和力强的授粉品种。简单的做法是选择花期相近的多品种混植，以增加授粉机会，提高产量。由于李树花期较早，花期多值低温阴雨天气，影响昆虫传粉活动，故授粉品种一般应不少于20%。

（二）种植季节

一般为秋末冬初植和春植两种，但以秋末冬初种植最好，这时种植断根伤口可当年愈合，争得生长时间，从而提高李苗的成活率。

（三）种植规格

合理种植是提高李单位面积产量的主要技术措施之一。根据李的生长结果习性，种植时以宽行密株，可用2.7 m×4 m株行距进行种植。

（四）种植方法

种植前，首先要挖好植穴，植穴一般要求深0.8 m，宽1 m。挖出的表土和底土要分放两边，在植穴进行填土时，下层要填入表土，同时掺入有机肥，以提高种植穴土壤的肥力，种植时，移李苗出圃应尽量少伤根，并要带泥团。种植时将李苗放在种植穴中央，种植深度以根颈上部和地面平齐为标准。种植时还要将根系铺开舒展，然后周围填土，略加压实。但不要用脚踩踏，以免压断幼根。种后充分淋水，并在植株周围培成碟形兜穴，以利于淋水和施肥。树盘周围覆草，晴天要常淋水，保持土壤湿润，直至种活。种活后薄施腐熟的粪尿水，以促新梢萌发，迅速形成树冠。

（五）栽后管理

1. 扶苗定干 定植灌水后往往苗木易歪斜，待土壤稍干后应扶直苗木，并在根颈处培土，以稳定苗木。苗木扶正后定干。

2. 补水 定植后3～5 d，扶正苗木后再灌水1次，以保根系与土壤紧密接触。

3. 铺膜 铺膜可以提高地温，保持土壤湿度，有利于苗木根系的恢复和早期生长。铺膜前树盘喷氟乐灵除草剂，每667 m^2 用药液125～150 g为宜，稀释后均匀喷洒于地面，喷后迅速松土5 cm左右，可有效地控制杂草生长。松土后铺膜，一般每株树下铺1 m^2 的膜即可。如密植可整行铺膜。

4. 枝干接芽保护 如果定植三当苗，枝干不充实，为确保成活，可涂用防抽宝或套直径为5～7 cm的塑料袋，可起到保水提高成活率的目的。如果栽植半成苗，也应套塑料布做的小筒（但要有透气孔），可防止东方金龟子和大灰象甲的危害。

5. 检查成活及补栽 当苗木新梢长至20 cm左右时可对不成活苗木进行补栽、过弱苗木换栽，以保证李园苗齐、苗壮，为早果丰产奠定基础。移栽要带土坨，不伤根。北京地区一般在5月下旬至6月上旬移栽较好。此时新根还不太长，不易伤根，移苗后没有缓苗期。除将死亡苗补齐外，对生长过弱苗也应用健壮的预备苗换栽，使新建园整齐一致。补换苗时一定要栽原品种，避免混杂。

6. 病虫害防治 春季萌芽后首先注意东方金龟子及大灰象甲等食芽（叶）害虫的危害。特别是半成苗，用硬塑料布制成筒状，将接芽套好，但要扎几个小透气孔，以防筒内温度过高伤害新芽。对黑琥珀李、澳大利亚14李、香蕉李等易感穿孔病的品种应及时喷布杀菌药剂，可使用50%代森铵200倍液、200 mL/L肪霉素液、50%福美双可湿性粉剂500倍液、0.3波美度石硫合剂等每隔10～15 d喷一次，连喷3～4次。另外要及时防蚜虫和红蜘蛛的危害。

7. 及时摘心 如栽植半成苗，当接芽长到70～80 cm时，如按开心形整形和按主干疏层形整形的树摘心至60 cm处，促发分枝，进行早期整形。如果按纺锤形整形的树不必摘心。如栽植成苗，当主枝长到 60 cm 左右时，应摘心至 45 cm 处，促发分枝，加速整形过程。到 9 月下旬对未停长新梢摘心，促进枝条成熟。

8. 及时追肥灌水和叶面喷肥 要使李树早期丰产，必须加强幼树的管理，使幼树整齐健壮。当新梢长至 15～20 cm 时，及时追肥，7 月以前以氮肥为主，每隔 15 d 左右追施一次，共追 3～4 次，每次每株施尿素 50 g 左右即可，对弱株应多追肥 2～3 次，使弱株尽快追上壮旺树，使树势相近。7 月以后适当追施磷、钾肥，以促进枝芽充实，可在 7 月、8 月上旬、9 月上旬追 3 次肥，每次追磷酸二铵 50 g、硫酸钾 30 g 左右。除地下追肥外，还应进行叶面喷肥，前期以尿素为主，用 0.2%～0.3%的尿素溶液，后期则用0.3%～0.4%磷酸二氢钾，全年喷 5～6 次。追肥时开沟 5～10 cm 施入，可在雨前施用，干旱无雨追肥后应灌水。

9. 浮尘子防治 浮尘子产卵的幼树，极易发生越冬抽条。北京平原地区在 10 月上中旬对有浮尘子的李园应喷药 2 次，消灭浮尘子，用敌敌畏、敌杀死等药均可防治。间隔 7～10 d 喷第二次药。

10. 越冬防护 幼树定植后 1～2 年往往易发生越冬抽条，轻者枝梢部分抽干，重者全部死亡，造成缺株断行，园貌参差不齐，给生产造成严重损失。要达到园貌整齐和早期丰产，必须防止越冬抽条。用细软布蘸防抽宝后用手揉搓，使其充分渗透于布中，再用其由枝条基部向尖部捋 3～5 遍，碰到小枝杈处轻轻涂擦，使整个树体形成一层既“严”又“薄”的保护膜，关键是掌握好“严”“薄”两字。由树体落叶后至上冻前均可应用。但应用时气温最好在 5～10 ℃为宜。温度过低，涂得速度减慢，且容易涂厚，在北京一般以 11 月下旬晴天中午前后效果较好。经比较，此方法比缠膜可节省开支 3 倍以上，比卧倒防寒埋土节约开支 1 倍左右。定植当年的植株每株只需成本 0.10 元左右。

第六节 土肥水管理

李树在整个生长发育过程中，根系不断从土壤中吸收养分和水分，以满足生长与结果的需要。只有加强土、肥、水管理，才能为根系的生长、吸收创造良好的环境条件。

一、土壤管理

土壤管理的中心任务是将根系集中分布层改造成适宜根系活动的活土层。这是李树获得高产稳产的基础。具体土壤管理应注意以下几个方面：

（一）深翻熟化

在土壤不冻季节均可进行，深翻要结合施有机肥进行，通过深翻并同时施入有机肥可使土壤孔隙度增加，增加土壤通透性和蓄水保肥能力，增强土壤微生物的活动，提高土壤肥力，使根系分布层加深。深翻的时期在北京等北方地区以采果后秋翻结合施有机肥效果最好。此时深翻，正值根系第二次或第三次生长高峰，伤口容易愈合，且易发新根，利于越冬和促进第二年的生长发育。深翻的深度一般以 60～80 cm 为宜。方法有扩穴深翻、隔行深翻或隔株深翻、带状深翻及全园深翻等。如有条件深翻后最好下层施入秸秆、杂草等有机质，中部填入表土及有机肥的混合物，心土撒于地表。深翻时要注意少伤粗根，并注意及时回填。

（二）李园耕作

有清耕法、生草法、覆盖法等。不间作的果园以生草+覆盖效果最好。行间生草，行内覆草，行间杂草割后覆于树盘下，这样不破坏土壤结构，保持土壤水分，有利于土壤有机质的增加。第一次覆草厚度要在 15～20 cm，每年逐渐加草，保持在这个厚度，连续 3～4 年，深耕翻一次。北方地区覆草，冬季干燥，必须注意防火，可在草上覆一层土来预防。另外长期覆盖易招致病虫害及鼠害，应采取相应的防治措施。生草李园要注意控制草的高度，一般大树行间草应控制在 30 cm 以下，小树应控制在 20 cm 以下，草过高影响树体通风透光。

化学除草在李园中要慎用，因李与其他核果类果树一样，对某些除草剂反应敏感，使用不当易出现药害，大面积生产上应用时一定要先做小面积试验。对用药种类、浓度、用药量、时期等摸清后，再用于生产。

（三）间作

定植1～3年的李园，行间可间作花生、豆类、薯类等矮秆作物，以短养长，增加前期经济效益，但要注意与幼树应有1 m左右的距离，以免影响幼树生长。另外北方干寒地区不应种白菜、萝卜等秋菜。秋菜灌水多易引起幼树秋梢徒长，使树体不充实，而且易招致浮尘子产卵危害，而引起幼树越冬抽条。

二、施肥管理

合理施肥是李树高产、优质的基础，只有合理增施有机肥，适时追施化肥，并配合叶面喷肥，才能使李树获得较高的产量和优质的果品。

（一）基肥

一般以早秋施为好。北京地区在9月上中旬为宜，结合深翻进行。将磷肥与有机肥一并施入。并加入少量氮肥，对李树当年根系的吸收，增加叶片同化能力有积极影响。数量依据树体大小、土壤肥力状况及结果多少而定。树体较大，土壤肥力差，结果多的树应适当多施；树体小，土壤肥力高，结果较少的树，适当少施。原则是每产1 kg果施入1～2 kg有机肥。方法可采用环状沟施、行间或株间沟施、放射状沟施等。

（二）追肥

一般进行3～5次，前期以氮肥为主，后期N、P、K配合。花前或花后追施氮肥，幼树每株100～200 g尿素，成年树500～1 000 g。弱树、果多树适当多施，旺树可不施；花芽分化前追肥，5月下旬以施N、P、K复合肥为好；硬核期和果实膨大期追肥，N、P、K肥配合利于果实发育，也利于上色、增糖；采后追肥，结合深翻施基肥进行，N、P、K配合为好，如基肥用鸡粪可只补些氮肥。追肥一般采用环沟施、放射状沟施等方法，也可用点施法，即每株树冠下挖长和宽6～10 cm，深5～10 cm坑即可，将应施的肥均匀地分配到各坑中覆土埋严。

（三）叶面喷肥

7月前以尿素为主，浓度为0.2%～0.3%的水溶液，8～9月以P、K肥为主，可使用磷酸二氢钾、氯化钾等，同样用0.2%～0.3%的水溶液。对缺锌缺铁地区还应加0.2%～0.3%硫酸锌和硫酸亚铁。叶面喷肥一个生长季喷5～8次，也可结合喷药进行。花期喷0.2%的硼酸和0.1%的尿素，有利于提高坐果率。

三、水分管理

在我国北方地区，降水多集中在7～8月，而春、秋和冬季均较干旱，在干旱季节必须有灌水条件，才能保证李树的正常生长和结果，要达高产优质，适时适量灌水是不可缺少的措施，但7～8月雨水集中，往往又造成涝害，此时还必须注意排水。

（一）灌溉时期

从经验上看可通过看天、看地、看李树本身来决定是否需要灌溉。根据李树的生长特性，结合物候期，一般应考虑以下几次灌溉。

（1）花前灌水。有利于李树开花，坐果和新梢生长，一般在3月下旬至4月上旬进行。

（2）新梢旺长和幼果膨大期灌水。正是北京比较干旱的时期，也是李树需水临界期，此时必须注意灌水，以防影响新梢生长和果实发育。

（3）果实硬核期和果实迅速膨大期灌水。此时也正值花芽分化期，结合追肥灌水，可提高果品产量，提高品质，并促进花芽分化。

(4) 采后灌水。采果后是李树树体积累养分阶段，此时结合施肥及时灌水，有利于根系的吸收和光合作用，促进树体营养物质的积累，提高抗冻性和抗抽条能力，利于翌年春的萌芽、开花和坐果。

(5) 冬前灌水。北京在11月上中旬灌溉一次，可增加土壤湿度，有利于树体越冬。

(二) 灌溉方法

1. 喷灌 通过灌溉设施，把灌溉水喷到空中，成为细小水滴再洒到地面上。此法优点较多，可减少径流和渗漏，节约用水，减少对土壤结构的破坏，改善李园小气候，省工省力。但只能用于露天栽培阶段。

2. 滴灌 这种方法是机械化和自动化相结合的先进灌溉技术，将水滴或细小水流缓慢地滴于李树根系。这种灌溉方法可节约用水，并可与施化肥、除草剂结合。棚内滴灌应在地膜下进行，防止空气相对湿度升高。

3. 沟灌 李园行间开沟（深20～25 cm）灌溉，沟向与水道垂直。灌水完毕，将土填平。此法用水经济，全园土壤灌溉均匀。

4. 穴灌 在树冠投影的外缘挖直径30 cm的灌水穴2～4个，可结合穴贮肥水进行。深度以不伤粗根为准，灌满水后待水渗下再将土填平。此法用水经济，浸湿根系范围宽而均匀，不会引起土壤板结。

5. 漫灌 在水源丰富、地势平坦的地区，实行全园灌水。这种方法费水、费时、费工，对土壤有一定的破坏作用，不提倡使用。

(三) 排水

在雨季来临之前首先要修好排水沟，连续大雨时要将地面明水排出园区。

第七节 整形修剪

果树产量高低与施肥、防治病虫害有关，但能否多年稳产则就要靠修剪技术的配合。在气候条件和生产管理正常情况下，从理论上说李树产量是相对稳产的树种，原因是长、中、短结果枝在当年结果的同时还能长出第二年结果的短果枝，最高可保持5年结果寿命，之后才衰老干枯。因此生产上即使每间隔一年进行更新修剪，李树的稳产是不成问题的。此外，通过修剪能改善枝梢生长空间，恶化病虫害生存环境，减少药剂施用量，降低用药成本。

一、整形

(一) 整形的依据

1. 依李树生长和结果习性 李树树势较旺，干性弱，自然开张，萌芽力高，分枝性强，易成花。当年新梢既能分枝又易形成花芽。进入结果期则以大量的花束状果枝为主。新植幼树，栽培条件和管理好的，3～4年生就可结果，7～8年进入盛果期，盛果期20～30年，高者达40～50年。因此，整形修剪要根据李树特点进行适度短截、疏枝，调节生长与结果的矛盾。

2. 依据土地肥瘠、地势等 土质较肥沃，地势较平坦的宜培养分层形；土地瘠薄、山坡地可培养或改造为开心形或杯状形，以充分利用土地和空间。

3. 依喜光性 依喜光性强的特点，进行疏除过密枝使之充分利用光能。

4. 依据管理条件 根据综合管理水平的高低，特别是肥水条件的好坏确定修剪方案，才能发挥合理修剪的作用。如肥水条件及其他各方面管理跟上，树体营养条件高，就可轻剪甩放多留枝，达到早果、早丰之目的。但如果管理跟不上，采用轻剪甩放多留枝，就会造成树体早衰，果个变小。

（二）李主要树形

目前生产中李树常用的树形有自然丛状开心形、自然开心形、主干疏层形和纺锤形等。现将其树形特点和整形方法介绍如下：

1. 自然丛状开心形　在距地面 10～20 cm 处或贴地面选 3～5 个向四周分布的主枝，其余枝条全部疏除。树高 2.5 m，视栽植密度配置侧枝，株行距 3 m×4 m 的，每主枝配侧枝 2 个，第一侧枝距地面 80 cm，第二侧枝距第一侧枝 30～40 cm，主枝和侧枝上再配置大、中、小型结果枝组。这种树形造型容易，树冠扩大快，结果和丰产早，单株产量高，适于密植；缺点是通风透光稍差，内膛易光秃，结果部位易外移，地面耕作不方便。

2. 自然开心形　壮苗栽植后，留干高 90 cm 短截，待春梢萌发后在离地 40 cm 处选留一个主枝，距第一个主枝 25 cm 留第二主枝，再距 25 cm 左右处留第三主枝，3 个主枝均选生长强壮、开张角度 50°左右，且均匀地向 3 个方向伸展，留用的 3 个春梢主枝抽发夏梢，每个主枝保留 2～3 个夏梢，夏梢上再抽发秋梢，则适当摘心，促使主枝充实粗壮。次年对主枝的延长头适度短截，并向原方向延伸，萌芽抽枝后，在主枝侧面距主干 60 cm 处留一强壮枝作为第一副主枝培养，3 个主枝上的第一副主枝伸展方向均应在各主枝的同一侧选留。第三年在各主枝另一侧距第一副主枝 60～70 cm 培养第二副主枝。第四年距离第二副主枝 40～50 cm 处再培养第三副主枝。一主枝常培养 2～3 个副主枝，副主枝与主枝的夹角一般为 60°～70°。主枝、副主枝的延长头每年适度短截延伸，并在其上应尽量分布侧枝群，以充分利用空间，增加结果体积，但侧枝群在主枝、副主枝上的分布，应上下左右错开，侧枝群的大小，自主枝或副主枝的上部至下部渐次增大，呈圆锥状分布。自然开心形大主枝仅 3 个，并向四周开张斜生，中心开张，阳光通透，树干不高，管理方便，树冠上侧枝较多，能充分利用空间提早结果。

3. 主干疏层形　适用于干性强、层性明显、树冠较大、株行距 3.5 m×4.5 m 或 3.5 m×4 m 或 4 m×4.5 m 的金沙李或（木奈）李。主干高 50～60 cm，树高 3～3.5 m，有中心干，主枝两层，第一层 3～4 个，第二层 2 个。培养方法是，定植后次春在距地面 70 cm 高处用短截定干。发枝后选顶端生长健壮，位于中心的一枝作为中心干，其下选向四周分布的 3～4 个枝作为第一层主枝，枝距 10～15 cm，不能轮生，并用撑、拉、背、坠等方法开张够主枝角度和调整好延伸方位。以后再在第一层最上一个主枝上端 120～150 cm 的中心干上配置第二层主枝，其枝应与第一层主枝错落着生，不能重叠。第一层每主枝配侧枝 2 个，第二层每主枝配侧枝 1 个，配置方法与前一种相同。这种树形结果部位多，单株产量高，缺点是通风透光较差，内膛易空虚，更新不便。

4. 纺锤形　干高 80 cm 左右，中干强壮。主枝自然环绕着生，不分层，水平开张，均匀地向四周延伸，主枝上不留侧枝，直接着生结果枝组。上部主枝着生稀疏，相对较短，下部主枝稍密，且大、长。

李树的枝条节间短，主枝和侧枝短截后，应抠除剪口下 1～2 个节芽，增大芽距，以免发生竞争枝，影响延长枝的生长。

生产中应依品种、立地条件等灵活选择适宜树形。一般红美丽、大实早生等干性差、分枝力强的品种以及凯尔斯等枝条较软的品种，可采用自然圆头形。玫瑰皇后、卡特利那等干性强、分枝力强的品种可采用疏散分层形。黑琥珠、黑宝石等分枝力差、生长势强的品种可采用自然开心形。皇家宝石、威克林等干性较强、长势中庸的品种可采用纺锤形。

二、修剪

（一）与修剪有关的生长结果特性

1. 芽　李树的芽分为叶芽、花芽两种。叶芽着生于叶腋和枝顶，花芽只着生于叶腋。一个叶腋内可单生 1 个花芽或 1 个叶芽，也可花芽与叶芽并生成为复芽。中国李中、长果枝的复芽多数中间为叶芽，两边为花芽；美洲李、欧洲李多为单芽。李芽具有早熟性，幼旺树一年内新梢可有 2～3 次生长并可发生副梢（但副梢发生量少于桃），李萌芽力强（可高达 90%左右），成枝力弱。中国李隐芽寿命长，萌发力强，故更新容易；欧洲李、美洲李则较难。

2. 枝 李树的枝分为营养枝和结果枝。旺长的营养枝也称发育枝，叶腋一般只着生叶芽，但有时也有少数花芽，一般不能坐果。结果枝分为长果枝（30～60 cm）、中果枝（15～30 cm）、短果枝（5～15 cm）、花束状果枝（小于 5 cm）和徒长性果枝（60 cm 以上）。中国李的花束状果枝和短果枝结果稳定，长果枝、徒长性果枝坐果较差；欧洲李、美洲李长、中、短果枝均可结果，在修剪时对不同种的李树应区别对待。

（二）李树修剪原则

1. 因树修剪

（1）按树势强弱，树形基础，主、侧枝多少等，有计划、有步骤地进行培养、改造成不同类型树形。

（2）随枝做形。按树龄大小、姿态选留方向正、生长势强、角度好的培养主、侧枝和枝组。

（3）打开层间。原有结果李树大部分因枝量过多过密、层间距离小，不易通风透光。因此，对过密枝、交叉枝、重叠枝、下垂枝可适当疏剪，剪去过弱枝，以利打开空间，解决通风和光照问题。

（4）适当轻剪。李树萌芽力强、分枝量多，不宜修剪过重，以免刺激萌发大量分枝，影响产量。对各级枝头中剪截，过密枝适量疏除。

2. 疏删和短截相结合 疏删修剪是从枝梢的基部剪除，起到节省养分、扩大树冠、改善光照条件、促进内膛结果的作用。短截又称回缩，是剪除枝梢的一段，起到调节开花结果的数量、促进发枝、增强局部枝条的势力的作用。在使用中，需要疏剪和短截结合，根据不同具体情况两种方法各有偏重，如多产树适宜作为更新母枝的基枝极少，必须人为地设置更新母枝。为了使长梢和着果两者之间取得平衡，更新母枝数应为结果母枝数的 1/5，因为一个更新枝可以长出 3～4 个结果枝，而另外 4 个母枝也有因为当年没有挂果而再发结果枝，两者合计可得 5 个以上的结果枝。如此，年度间一株树的结果枝数量大体相同。

3. 修剪必须与拉枝、环割、环剥和倒贴皮等树冠管理手段相结合 无论是短截或疏散修剪，除了积极的有利作用外，都具有消极不利的影响。例如，剪去枝叶必然损失一部分同化作用产物。李具有旺长的习性，往往一株树上发出许多旺长枝条，这些枝条常不结果或很少结果。如果用修剪工具把它们剪去，势必造成营养成分的损失。如果通过拉枝把原来直立或者是斜生枝条拉到水平以后，使顶端优势削弱，甚至完全失去顶端优势，使顶部的芽只抽短梢或完全不抽梢，减少开花的营养损耗，可明显提高坐果率。在幼树上直立枝的坐果率在 2%～5%，经过拉枝可提高到 15%～20%，成为李提早结果的一项重要措施。

4. 修剪应与肥培管理相结合 在李修剪上的一个特殊目的是调节营养生长与开花结果的矛盾，使营养生长转化为花芽形成和开花结果，达到早期结果和丰产稳产。在某种条件下，可以通过对根系的控制达到同样的目的。在李产地常见用断根和浅土栽培李来抑制生长，使李的长势不致过旺，提早开花和结果。

断根即通过对生长过旺的树切断根系的办法，削弱其对水分和无机营养的吸收能力，使地上部分枝条生长短缩，积累同化养料形成花芽，并提高开花以后的坐果率。方法是，以树干为中心，根据树的年龄和生长情况划一定大小的周围。一般 10 多年生的树，其圆周的半径约 1.4 m，沿这圆周掘一条 35 cm 左右深的深沟，切断深沟中的李根。有些李产区由于缺少土层深厚的土地而利用土层浅薄的土地（土层深 40～50 cm）种植李，使幼龄树的根系生长受到抑制，枝条抽生短缩，花芽形成容易，开花以后的坐果率从 2%～5%提高到 15%～20%。这样，反而使幼树的结果期明显提早。但经过几年结果以后，土壤经冲刷，肥力减退，根系无发展余地，要及时加客土和施有机肥，经多年加客土以后，在后期果园地表比原来高 35 cm 左右，经济结果的寿命也可以达到 70～80 年，但是如果不增加

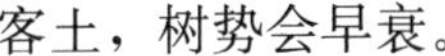

客土，树势会早衰。

（三）修剪的作用

修剪是李树栽培技术中的重要环节。修剪的作用是使树体单位体积内叶片数量增加，叶形变大，有利于光合作用和糖分的积累；通过修剪把自然状态生长成的扁圆形或半圆形的树冠适度向空中耸立，使整个树冠凹凸不平，增加光照和结果部位，增加产量；修剪使各部位的结果数量均匀，使果实大小和品质整齐一致；修剪还可以调节生长和结果的平衡，缩小大小年的幅度；修剪可以更新整个结果枝群或整个树冠，延长结果寿命。在李上实施修剪还有其特殊作用，因为李生长旺盛，往往使营养物质大量用于生长而延迟结果，通过修剪使生长向开花结果方向转化，提早结果，提早发挥经济效益。在重视肥培管理基础上，善于合理运用修剪技术，必然获得理想的结果。

（四）修剪方法

1. 短截 剪去一年生枝条的一部分。短截能刺激剪口以下各芽的萌发与生长，刺激强度以剪口下第一芽最强，往下依次减弱。由于李的花芽为纯花芽，只开花结果，不能再抽生枝叶，且枝梢的同一节位，凡着生花芽的节无叶芽，故开花后自其节上不会再抽生枝，因此，短截时应注意剪口芽是叶芽还是花芽，尤其是主枝、副主枝等骨干枝的延长枝短截时，剪口芽应是叶芽，否则影响骨干枝的延伸。依剪去枝条长短又分轻短截、中短截、重短截。轻短截只剪取枝条顶部，又称打顶，由于原枝留芽较多，能萌发中、短枝，可缓和树势，促进花芽形成；于枝条中上部饱满芽处剪截称为中短截，中短截能抽中、长枝；在枝条中下部处短截的为重短截，能促进隐芽萌发抽长枝。

2. 疏枝 又称疏删或疏剪。即将一年生枝或多年生枝从基部剪除。疏枝对全枝起缓和生长势、增强叶片同化效能、促进花芽分化的作用，使营养集中，提高坐果率与产量，还能使树冠内通风透光，利于内膛枝的生长和发育。李幼树修剪应以疏枝为主，少短截。

3. 回缩 对二年生以上的多年生枝进行短截称为回缩。能刺激缩剪处后部枝条的生长及隐芽的萌发，在李衰老树中应用较多，具更新复壮的作用。

4. 长放 也称缓放。即对健壮的营养枝任其自然不加任何修剪，使先端早日形成花芽。李幼年树修剪时枝梢宜长放为主。

5. 抹芽和疏梢 去除萌发的嫩芽称为抹芽或除萌。新梢开始迅速生长或停止生长时疏去过密的新梢称为疏梢。抹芽和疏梢有节约养分、改善光照、提高留枝质量、减少生理落果及促进果实生长的作用。李自春季萌芽至秋季生长停止以前，尤其是幼年结果树，应及时除去主干基部、主枝与副主枝背上隐芽萌发的徒长枝，以免树体内部枝条生长混乱，减少养分消耗。

6. 摘心 在李生长期摘除枝条顶端的幼嫩部分称为摘心。摘心有抑制新梢生长、利于营养积累、促进花芽分化和提高坐果率的作用。开花时摘除结果先端抽发的春梢，对提高坐果率效果显著。对衰老树主枝、副主枝等基部隐芽萌发的徒长枝进行摘心，可促进分枝，形成结果枝组。但是人工摘心用工多，在树冠高大的树上难以实行，故大面积应用较困难。目前通过树冠喷布生长抑制剂，抑制新梢生长过旺，以达到人工摘心效果。如花前7～10 d树冠喷布50 mg/L的多效唑，坐果率显著提高。

7. 环剥 在生长强旺的营养枝基部，环状剥去一圈皮层，其宽度一般为枝条直径的1/10左右。其作用在于短期截流营养物质于环剥口上方，有利于花芽形成，对花枝环剥，可提高坐果率，加快幼果肥大速度。但多次环剥对根系生长不利，易导致树势衰弱。幼年李树、旺树可进行环剥，但环剥枝条宜选粗度1 cm以上的结果枝组，骨干枝上不能进行环剥。环剥时期依环剥目的而异。

8. 拉枝 将直立或开张角度小的枝条，用绳拉成水平或下垂称为拉枝。拉枝可缓和枝条生长势，促进花芽形成。李幼年旺树多拉枝，则生长势缓和，提早结果，提前进入盛果期，达到早期丰产。

（五）修剪技术的应用

1. 幼树的修剪 以开心形为例，李树特别是中国李是以花束状果枝和短果枝结果为主。如何使幼树尽快增加花束状果枝和短果枝是提高早期产量的关键。李幼树萌芽力和成枝力均较强，长势很旺，如要达到多出短果枝和花束状果枝的目的，必须轻剪甩放，减少短剪，适当疏枝，有利于树势缓和，多发花束状果枝和短果枝。李树幼龄期间要加强夏剪，一般随时进行，但重点应做好以下几次：

(1) 4月下旬至5月上旬。对枝头较多的旺枝适当疏除，背上旺枝、密枝疏除，削弱顶端优势，促进下部多发短枝。

(2) 5月下旬至6月上旬。对骨干枝需发枝的部位可短截促发分枝，对冬剪剪口下出的新梢过多者可疏除，枝头保持60°左右。其余枝条角度要大于枝头。背上枝可去除或捋平利用。

(3) 7～8月。重点是处理内膛背上直立枝和枝头过密枝，促进通风透光。

(4) 9月下旬。对未停长的新梢全部摘心，促进枝条充分成熟，有利于安全越冬，也有利于第二年芽的萌发生长。无论是冬剪还是夏剪，均应注意平衡树势。对强旺枝重截后疏除多余枝，并压低枝角，对弱枝则轻剪长留，抬高枝角，可逐渐使枝势平衡。根据晚红李三年生树的修剪试验，轻剪长放有利于缓和树势，提高早期产量，轻剪长放者第四年株产可达19.88 kg，而短剪为主者株产仅15.22 kg。

2. 成龄树的修剪 当李树大量结果后，树势趋于缓和且较稳定，修剪的目的是调整生长与结果的相对平衡，维持盛果期的年限。在修剪上对初进入盛果期的树应该以疏剪为主，短截为辅，适当回缩，在保持结果正常的条件下，要每年保证有一定量的壮枝新梢，只有这样才能保持树势，也才能保证每年有年轻的花束状果枝形成，保持旺盛的结果能力。根据对晚红李盛果期树不同类型果枝比例及坐果的调查，一年生花束状果枝占比例最大，结果也最多。

3. 衰老树的修剪 李树进入衰老期的表现是骨干枝进一步衰弱，延长枝的生长量不足30 cm，中、小枝组大量衰亡，树冠内出现不同程度的光秃现象，中、长果枝比例减小，短果枝、花束状短果枝比例增多。枝量减少，产量下降。该时期的修剪特点是采取重剪和回缩，更新骨干枝，利用内膛的徒长枝和长枝，更新树冠，维持树势，保持一定产量。回缩修剪要分年进行，对骨干枝的回缩，仍然要注意保持主、侧枝的从属关系。对衰弱的骨干枝可用位置适当的大枝组代替，加重枝组的缩剪更新，多留预备枝，疏除细弱枝，使养分集中在有效果枝上。

老树的更新修剪的同时，一定要加强肥水管理，深翻土壤，切断部分老根，长出新根，取得地上、地下新的平衡。

总之，不论是幼龄树的整形，还是成年树的修剪、衰老树的更新，要依品种、树势而异，因树修剪，随枝做形，以第二年的发枝和结果情况评判修剪正确与否，逐年积累经验。

第八节 病虫害防治

一、主要病害及其防治

(一) 褐腐病

褐腐病又称果腐病，是桃、李、杏等果树果实的主要病害，在我国分布广泛。

1. 为害症状 褐腐病可为害花、叶、枝梢及果实等部位，果实受害最重，花受害后变褐，枯死，常残留于枝上，长久不落。嫩叶受害，自叶缘开始变褐，很快扩展全叶。病菌通过花梗和叶柄向下蔓延到嫩枝，形成长圆形溃疡斑，常引发流胶。空气湿度大时，病斑上长出灰色霉丛。当病斑环绕枝条一周时，可引起枝梢枯死。果实自幼果至成熟期都能受侵染，但近成熟果受害较重。

2. 发病规律 病菌主要以菌丝体在僵果或枝梢溃疡斑病组织内越冬。第二年春产生大量分生孢子，借风雨、昆虫传播，通过病虫及机械伤口侵入。在适宜条件下，病部表面长出大量的分生孢子，引起再次侵染。在贮藏期间，病果与健果接触，能继续传染。花期低温多雨，易引起花腐、枝腐和叶腐。果熟期间高温多雨，空气湿度大，易引起果腐，伤口和裂果易加重褐腐病的发生。

3. 防治方法

(1) 农业防治。消灭越冬菌源，冬季对树上及树下病枝、病果、病叶彻底清除，集中烧毁或深埋。

(2) 化学防治。在褐腐病发生严重地区，于初花期喷布70%甲基硫菌灵800～1 000倍液。无花腐发生园，于花后10 d左右喷布65%代森锌500倍液、50%代森铵800～1 000倍液、70%甲基硫菌灵800～1 000倍液。之后，每隔半个月左右再喷1～2次。果实成熟前1个月左右再喷1～2次。

(二) 穿孔病

穿孔病是核果类果树（桃、李、杏、樱桃等）常见病害之一，分细菌性和真菌性两类。以细菌性穿孔病发生最普遍，严重时可引起早期落叶。真菌性穿孔病又分褐斑、霉斑及斑点3种（图50-1）。

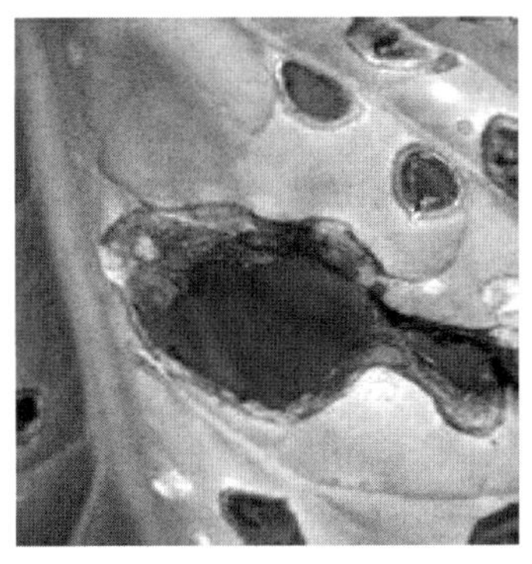

图50-1 穿孔病

1. 为害症状 细菌性穿孔病为害叶、新梢和果实。叶片受害初期，产生水渍状小斑点，后逐渐扩大为圆形或不规则形，潮湿天气病斑背面常溢出黄白色黏稠的菌浓。病斑脱落后形成穿孔或有一小部分与叶片相连。发病严重时，数个病斑互相愈合，使叶片焦枯脱落。枝梢上病斑有春季溃疡和夏季溃疡两种类型。春季溃疡斑多发生在上一年夏季生长的新梢上，产生暗褐色水渍状小疱疹，宽度不超过枝条直径的一半。夏季溃疡斑则生在当年新梢上，以皮孔为中心形成水渍状暗紫色病斑，圆形或椭圆形，稍凹陷，病斑形成后很快干枯。果实发病初期生褐色小斑点，后发展成为近圆形、暗紫色病斑、中央稍凹陷，边缘水渍状，干燥后病部发生裂纹，天气潮湿时，病斑出现黄白色菌脓。

真菌性穿孔病，霉斑、褐斑穿孔病均为害叶、梢和果，斑点穿孔病则主要为害叶片。它们与细菌性穿孔病不同的是，在病斑上产生霉状物或黑色小粒点，而不是菌脓。

2. 发病规律 细菌性穿孔病病原细菌主要在春季溃疡斑内越冬。在李树抽梢展叶时，细菌自溃疡病斑内溢出，通过雨水传播，经叶片的气孔、枝果的皮孔侵入，幼嫩的组织最易受侵染。5～6月开始发病，雨季为发病盛期。

霉斑穿孔病菌以菌丝体或分生孢子在病梢或芽内越冬，春季产生孢子经雨水传播，侵染幼叶、嫩梢及果实。病菌在生长季节可多次再侵染，多雨潮湿发病重。褐斑穿孔病菌主要以菌丝体在病叶和枝梢病组织中越冬。翌春形成分生孢子，借风雨传播侵染叶片、新梢和果实。斑点穿孔病菌主要以分生孢子器在落叶中越冬，翌年产生分生孢子，借风雨传播。

3. 防治方法

(1) 农业防治。加强栽培管理、清除病原。合理施肥、灌水和修剪，增强树势，提高树体抗病能力；生长季节和休眠期对病叶、病斑、病果及时清除，特别是冬剪时，彻底剪除病枝，清除落叶、落果，集中深埋或烧毁，消灭越冬菌源。

(2) 化学防治。在树体萌芽前刮除病斑后，涂25～30波美度石硫合剂，或全株喷布1∶1∶(100～200)波尔多液或4～5波美度石硫合剂。生长季节从5月上旬开始每隔15 d左右喷药一次，连喷3～4次，可用50%代森铵700倍液、50%福美双可湿性粉剂500倍液、硫酸锌石灰液（硫酸锌0.5 kg，石灰2 kg，水120 kg）、0.3波美度石硫合剂等。据辽宁熊岳农业高等专科学校在香蕉李上试验，采用清除病原和药剂防治相结合，对细菌性穿孔病防治效果达89.2%～90.4%；单独药剂防治的，防治效果仅55.2%～57.2%。因此，必须清除病原与药剂防治并举，才能收到较好的防治效果。

(三) 细菌性根癌病

细菌性根癌病又名根头癌肿病，该病系革兰氏阴性根癌土壤杆菌引起。受害植株生长缓慢，树势衰弱，结果年限缩短。

1. 为害症状 细菌性根癌病主要发生在李树的根颈部，嫁接口附近，有时也发生在侧根及须根上。病瘤形状为球形或扁球形，初生时为黄色，逐渐变为褐色到深褐色，老熟病瘤表面组织破裂，或从表面向中心腐烂。

2. 发病规律 细菌性根癌病病菌主要在病瘤组织内越冬，或在病瘤破裂、脱落时进入土中，在土壤中可存活1年以上。雨水、灌水、地下害虫、线虫等是其田间传染的主要媒介，苗木带菌则是远距离传播的主要途径。细菌主要通过嫁接口、机械伤口侵入，也可通过气孔侵入。细菌侵入后，刺激周围细胞加速分裂，导致形成癌瘤。此病的潜伏期从几周到1年以上，以5～8月发病率最高。

3. 防治方法

（1）繁殖无病苗木。选无根癌病的地块育苗，并严禁采集病园的接穗，如在苗圃刚定植时发现病苗应立即拔除。并清除残根集中烧毁，用1%硫酸铜液消毒土壤。

（2）苗木消毒。用1%硫酸铜液浸泡1 min，或用3%次氯酸钠溶液浸根3 min。杀死附着在根部的细菌。

（3）刮治病瘤。早期发现病瘤及时切除，用30%DT胶悬剂（琥珀酸铜）300倍液消毒保护伤口。对刮下的病组织要集中烧毁。

李树常见病害还有李红点病、桃树腐烂病（也侵染李、杏、樱桃等）、疮痂病等，防治上可参考褐腐病、穿孔病等进行。

二、主要害虫及其防治

（一）桑白蚧

桑白蚧（*Pseudaulacaspis pentagona*），又称桑盾蚧。

1. 识别特征 桑白蚧属同翅目盾蚧科。雌成虫橙黄或橙红色，体扁平卵圆形，长约1 mm，腹部分节明显。雌介壳圆形，直径2～2.5 mm，略隆起，有螺旋纹，灰白至灰褐色，壳点黄褐色，在介壳中央偏旁。雄成虫橙黄至橙红色，体长0.6～0.7 mm，仅有1对翅。雄介壳细长，白色，长约1 mm，背面有3条纵脊，壳点橙黄色，位于介壳的前端。卵椭圆形，长径仅0.25～0.3 mm（图50-2）。

图50-2 桑白蚧

2. 为害特点 以若虫或雌成虫聚集固定在枝干上吸食汁液，随后密度逐渐增大。虫体表面灰白或灰褐色，受害枝长势减弱，甚至枯死。

3. 发生规律 北方果区一般一年发生2代，第二代受精雌成虫在枝干上越冬。第二年5月开始在壳下产卵，每一雌成虫可产卵40～60粒，产卵后死亡。第一代若虫在5月下旬至6月上旬孵化，孵化期较集中。孵化后的若虫在介壳下停留数小时后爬出介壳，分散活动1～2 d便成群固定在母体附近的枝条上吸食汁液，5～7 d开始分泌白色蜡质介壳。个别的在果实上和叶片上为害。7月下旬至8月上旬，变成成虫又开始产卵，8月下旬第二代若虫出现，雄若虫经拟蛹期羽化为成虫，交尾后即死去，留下受精雌成虫继续为害并在枝干上越冬。

4. 防治方法

（1）农业防治和物理防治。消灭越冬成虫，结合冬剪和刮树皮及时剪除、刮治被害枝，也可用硬毛刷刷除在枝干上的越冬雌成虫。

（2）化学防治。重点抓住第一代若虫盛发期未形成蜡壳时进行防治，目前效果较好的是扑杀磷，其渗透力强，可杀死介壳下的虫体。

（二）蚜虫

蚜虫又称腻虫、蜜虫。为害李树的蚜虫主要有桃蚜、桃粉蚜和桃瘤蚜 3 种。

1. 识别特征　蚜虫体小而软，大小如针头。腹部有管状突起（腹管），蚜虫具有 1 对腹管，用于排出可迅速硬化的防御液，成分为甘油三酸酯，腹管通常管状，长常大于宽，基部粗。

2. 为害特点　吸食植物汁液，为植物大害虫。不仅阻碍植物生长，形成虫瘿，传布病毒，而且造成花、叶、芽畸形。生活史复杂，无翅雌虫（干母）在夏季营孤雌生殖，卵胎生，产幼蚜。桃蚜危害使叶片不规则卷曲；瘤蚜则造成叶从边缘向背面纵卷，卷曲组织肥厚，凹凸不平；桃粉蚜危害使叶向背面对合纵卷且分泌白色蜡粉和蜜汁。

3. 发生规律　以卵在枝梢芽腋，小枝杈处及树皮裂缝中越冬，第二年芽萌动时开始孵化，群集在芽上为害。展叶后转至叶背为害，5 月繁殖最快，为害最重。蚜虫繁殖很快，桃蚜一年可达 20～30 代，6 月桃蚜产生有翅蚜，飞往其他果树及杂草上为害。10 月再回到李树上，产生有性蚜，交尾后产卵越冬。

4. 防治方法

（1）物理防治。消灭越冬卵，刮除老皮。

（2）化学防治。萌芽前喷含油量 55%的柴油乳剂。药剂涂干，在刮去老粗皮的树干上涂 5～6 cm 宽的药环，外缚塑料薄膜。但此法要注意药液量不宜涂得过多，以免发生药害。花后用 5%的吡虫啉 3 000 倍液喷布 1～2 次。

（三）山楂红蜘蛛

山楂红蜘蛛（*Tetranychus viennensis* Zacher）也称山楂叶螨。

1. 识别特征　雌有冬型和夏型之分，冬型体长 0.4～0.6 mm，朱红色有光泽；夏型体长 0.5～0.7 mm，紫红或褐色，体背后半部两侧各有 1 大黑斑，足浅黄色。体均卵圆形，前端稍宽有隆起，体背有细长刚毛 26 根，横排成 6 行。雄体长 0.35～0.45 mm，纺锤形，第三对足基部最宽，末端较尖，第一对足较长，体浅黄绿至浅橙黄色，体背两侧出现深绿长斑。若白至橙黄色（图 50－3）。

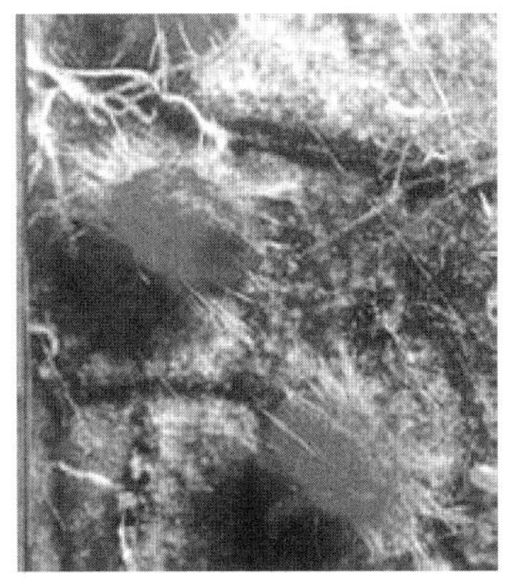
图 50－3　山楂红蜘蛛

2. 为害特点　以成、幼、若螨刺吸叶片汁液进行为害。被害叶片初期呈现灰白色失绿小斑点，后扩大，致使全叶呈灰褐色，最后焦枯脱落。严重发生年份有的园子 7～8 月树叶大部分脱落，造成二次开花，严重影响果品产量和品质，并影响花芽形成和下年产量。

3. 发生规律　每年发生 5～9 代，以受精雌螨在枝干树皮裂缝内和老翘皮下，或靠近树干基部 3～4 cm 深的土缝内越冬，也有在落叶下、杂草根际及果实梗洼处越冬的。春季芽体膨大时，雌螨开始出蛰，日均温达 10 ℃时，雌螨开始上芽为害，是花前喷药防治的关键时期。初花至盛花期为雌螨产卵盛期，卵期 7 d 左右，第一代幼螨和若螨发生比较整齐，历时约半个月，此时为药剂防治的关键时期。进入 6 月后，气温增高，红蜘蛛发育加快，开始出现世代重叠，防治就比较困难，7～8 月螨量达高峰，危害加重，但随着雨季来临，天敌数量相应增加，对红蜘蛛有一定抑制作用。8～9 月逐渐出现越冬雌螨。

4. 防治方法

（1）农业防治。消灭越冬雌螨，结合防治其他虫害，刮除树干粗皮、翘皮，集中烧毁，在严重发生园片可在树干束草把，诱集越冬雌螨，早春取下草把烧毁。

（2）化学防治。花前在红蜘蛛出蛰盛期，喷 0.3～0.5 波美度石硫合剂，也可用杀螨利果、霸螨灵等防治。花后 1～2 周为第一代幼、若螨发生盛期，用 5%尼索朗可湿性粉剂 2 000 倍液防治，效果甚佳。打药要细周到，不要漏喷。

(四) 卷叶虫类

为害李树的卷叶虫以顶梢卷叶蛾、黄斑卷叶蛾和黑星麦蛾较多。

1. 为害特点 顶梢卷叶蛾主要为害梢顶，使新的生长点不能生长，对幼树生长危害极大；黑星麦蛾、黄斑卷叶蛾主要为害叶片，造成卷叶。

2. 发生规律 顶梢卷叶蛾、黑星麦蛾一年多发生3代，黄斑卷叶蛾一年发生3～4代，顶梢卷叶蛾以小幼虫在顶梢卷叶内越冬。成虫有趋光性和趋糖醋性。黑星麦蛾以老熟幼虫化蛹，在杂草等处越冬，黄斑卷叶蛾越冬型成虫在落叶、杂草及向阳土缝中越冬。

3. 防治方法 顶梢卷叶蛾应采取人工剪除虫梢为主的农业防治策略，化学防治则效果不佳。黄斑卷叶蛾和黑星麦蛾一是可通过清洁田园消灭越冬成虫和蛹；二是可人工捏虫；三是化学防治，在幼虫未卷叶时喷灭幼脲三号或触杀性药剂。

(五) 李实蜂

李实蜂（*Hoploampa fulvicornis* Panzer）。在华北、西北、华中等李果产区均有发生，某些年份有的李园因其危害造成大量落果甚至绝产。

1. 识别特征 雌虫体长4～6 mm，雄虫略小，黑色，触角9节，丝状，第一节黑色，第二至第九节暗棕色（雌）或淡黄色（雄）。翅透明，雌虫翅灰色，翅脉黑色，雄虫翅淡黄色，翅脉棕色。

2. 为害特点 幼虫蛀食花托和幼果，常将果核食空，果长到玉米粒大小时即停长，然后蛀果全部脱落。

3. 发生规律 李实蜂一年发生1代，以老熟幼虫在土壤中结茧越夏、越冬。春季李萌芽时化蛹，花期成虫羽化出土。成虫习惯于白天飞花间，取食花蕾，并产卵于花萼表皮上，每处产卵1粒。幼虫孵化后，钻入花内蛀食花托、花萼和幼果，常将果核食空，虫粪堆积于果内。幼虫无转果习性，30 d左右成虫老熟脱果，落地后入土集中在距地表3～7 cm处结茧越夏、越冬。

4. 防治方法

(1) 农业防治。成虫羽化出土前，深翻树盘，将虫茧埋入深层，使成虫不能出土。摘除被害果并清除。

(2) 化学防治。成虫期喷药。在初花期成虫羽化盛期朝树冠、地面喷2.5%溴氰菊酯乳油2 000倍液，可有效地消灭成虫。在幼虫脱果入土前或成虫羽化出土前，于李树树冠下撒2.5%敌百虫粉剂。每株结果大树撒0.25 kg。

第九节 果实采收、分级和包装

一、果实采收

李果实的品质、风味和色泽是在树上发育形成的。因此，要根据李果成熟度适时采收，不宜采收过早或过晚。过早采收，着色不好，味淡，影响品质；过晚采收，果肉变软，不利于运输销售。采收时期应根据果实的品种特点灵活掌握。

(一) 李果的成熟度

李果的成熟度可分以下3种：

1. 可采成熟度 指李子果实已经完成生长和各种化学物质的积累过程，果实充分肥大，开始呈现出本品种成熟时应有的色泽、风味，果实肉质紧密，采后在适宜条件下可自然完成后熟过程。这时采收可用于贮藏、加工罐头、蜜饯、果脯、李干和远距离运输及市场急需。红色李果此时着色占全果1/3～1/2，黄色李果稍变成淡黄色。

2. 食用成熟度 指李子果实在生理上已充分成熟，具有本品种固有的色、香、味，营养价值最高，风味最好，是鲜食的最佳时期。这时采收，除在当地销售供鲜食外，也适于加工李子果汁、果

酒、果酱，不适于长途运输或长期贮藏。红色李果此时着色约占全果的 4/5，黄色李果全果变成淡黄色。

3. 生理成熟度 指李子种子充分成熟，果肉开始软绵，品质下降，营养价值大大降低。这时采收，一般只作采种用，有时也可制作果汁、果酒，不能被用来贮藏和运输。

（二）李果的采收

采前 10～15 d 不宜大量浇水、施用氮肥及喷农药。可以对李果喷布 0.8%氯化钙溶液，使李果相对较耐贮运。采收时间最好选阴凉天气或晴天无露、无雾的早晨或傍晚。采收时用手握住李果，手指按着果柄与果枝连接处，稍用力扭动或向上轻托，使果实与树枝分离。

采收时应注意，按不同品种和成熟期分批进行，做到熟一批采一批；采收顺序应先下后上，先外后内，以免碰落果实；果实要轻拿轻放，严禁损伤；果实要带有果柄，并保持果面的蜡粉；顺便将病虫果、腐烂果及机械损伤果挑出；采后将李果放于阴凉通风处，避免在阳光下暴晒；要保护好果枝，确保来年产量。

采摘时动作要轻，避免折断果枝；对果实要轻拿轻放，避免刺伤、碰伤。所用的筐箱要用软质材料衬垫。采摘下的果实应及时运往包装场进行分级包装。绝大多数李品种果实成熟期是不一致的，为了保证果个整齐、果肉硬度一致和果实着色均匀，要进行分期采收，成熟一批采收一批。

二、果实分级

（一）李果外观等级标准

李外观等级规格指标见表 50－3。

表 50－3 李外观等级规格指标

项目		等级		
		特等果	一等果	二等果
基本要求		果实达到采摘成熟度，具有本品种成熟时应具有的色泽，完整良好、新鲜洁净，无异味、不正常外来水分、裂果		
果形		端正		比较端正
单果重（g）	特大型果	≥160	≥150	≥140
	大型果	≥130	≥120	≥100
	中型果	≥100	≥90	≥70
	小型果	≥70	≥60	≥40
	特小型果	≥40	≥30	≥20
果面缺陷	摩伤	无		允许面积小于 0.5 cm^2 轻微摩擦伤 1 处
	日灼	无		允许轻微日灼，面积不超过 0.4 cm^2
	雹伤	无		允许有轻微雹伤，面积不超过 0.2 cm^2
	虫伤	无		允许干枯虫伤，面积不超过 0.2 cm^2
	病伤	无		允许病伤，面积不超过 0.1 cm^2
	允许度	不允许		不超过 2 项

（二）李果理化等级指标

共有可溶性固形物含量、可滴定酸含量、维生素 C 含量、固酸比 4 个理化指标，具体应符合表 50-4 规定。

表 50-4 鲜李品质理化指标

项 目	等 级		
	特等果	一等果	二等果
可溶性固性物含量（%）	≥15.0	≥14.0	≥12.0
可滴定酸含量（%）	≤0.97	≤1.15	≤1.25
每 100 g 维生素 C 含量（mg）	≥7.50	≥7.41	≥6.60
固酸比	≥2.00	≥1.89	≥1.82

三、果实预冷、包装和运输

李果采收正值高温季节，采后果实温度高，呼吸旺盛，应立即预冷降温，减少养分损耗，便于贮运。遇阴雨天应搭棚防雨，防止果实腐烂。在远销和贮藏前，要将果实预冷到 4 ℃。预冷方法：在冷库中进行，如采用鼓风冷却系统更有利于降温，风速越大，降温效果越好。还可用 0.5～1.0 ℃的冷水进行冷却或用真空冷却或冰冷却等。

李果包装用于长期贮藏和长途运输，应用特制的瓦楞纸硬壳箱，箱内分格，一果一纸单独摆放，每箱净重 5～10 kg。为了方便市场，直接转入消费者手中，还可进行小包装，以减少中间环节。如短期贮藏或市场较近，销售又快，就可以用塑料周转箱，每箱净重 10～20 kg。应尽量减少和避免使用筐装李果，以免碰伤果实，造成损失。

李果的运输工具最好具备冷藏设施。运输李果必须做到：

① 运输车辆洁净，不带油污及其他有害物质。

② 装卸操作轻拿轻放，运输过程中尽量快装、快运、快卸，并注意通风，防止日晒雨淋。

③ 运输温度控制在 0～7.2 ℃（视成熟度与运输距离而定）。如果使用不具冷藏设施的普通汽车运输，应避开炎热的天气，以夜间行车为好；如果使用不带制冷设备的保温汽车，可在车内放些冰块，以利降温，使车内保持接近于 0 ℃的水平。力求作到当日采收、当日预冷、当日运输。

第十节 果实贮藏保鲜

一、贮藏保鲜的意义

李果在常温下贮期为 1～2 周，如盖县大李（即美丽李）为 10 d 左右。降低李果的温度，抑制其呼吸强度，可延长贮藏期。李果冰点为－2.2 ℃，在－1 ℃就有受冻害的危险。李果在贮藏中若失水超过原有重量的 5%，就会出现萎蔫现象。因此，贮藏适宜条件为温度－0.5～0 ℃，相对湿度 85%～90%，氧气浓度 2%～3%，二氧化碳浓度比氧气稍高，但不能超过 8%，个别品种例外。

二、贮藏保鲜方法

（一）冷库贮藏

在李果入库前 1 周先用生石灰溶液对顶棚、墙壁及地面进行消毒处理，后再用仲丁胺或甲醛熏蒸剂对库房进行熏蒸。入库前 3～5 d 开机降温，使库温降至 4 ℃。果箱先用 5%氢氧化钠溶液洗刷，再用清水冲洗干净，并晾干。将预冷后的果实经挑选后装入果箱，于 4 ℃的库内预贮 2 d 左右，然后再将库温逐渐降低到－0.5～0 ℃，并保持库内相对湿度为 85%～95%。在这样的条件下，李果可贮藏 7～9 周。如黑龙江牛心李、河北冰糖李、河南甘李、陕西大黄李、吉林秋红等。注意入库初期不可急剧降温，贮藏末期要逐步提高库温，以免果实表面结露积水而引起病原菌侵染；贮藏前、后期通风换气次数要多些，中期少些；每天做好库房巡查、检查工作，观察温、湿度 4～5 次，并做好记录，发现问题，及时处理。

（二）气调贮藏

许多研究表明，李果的适宜气体条件多数品种为氧浓度2%～3%，二氧化碳浓度3%～8%。据试验，李果采收后，应尽快分级、装箱、预冷，然后用0.025 mm厚的聚乙烯塑料袋装果，每袋5 kg左右，装后扎紧袋口，在温度0～1 ℃、氧浓度1%～3%、二氧化碳浓度5%的条件下，可贮藏70 d，且腐烂率较低。另据试验，在维持温度为0 ℃，相对湿度为85%～90%，3%二氧化碳＋3%氧＋94%氮的气体条件下，贮藏效果亦不错。

（三）浸钙处理

将李果在4%氯化钙溶液里浸泡12 min，在21.0～26.7 ℃条件下可贮放12 d，而清水对照果实只能贮放8 d。钙处理能抑制多酚氧化酶的活性，减少单宁、维生素C等物质的氧化和果实内部褐变，减少果实膜透性的变化和可溶性果胶的损失，保持果实的硬度，因而延长了贮藏期。

（四）使用保鲜纸

将李果用保鲜纸包裹，可以形成良好的保护层，有效地缓和撞击，减轻包装运输过程中挤压、摩擦等机械损伤。一般保鲜纸在制造过程中，加入了防腐剂，或在纸上喷布了防腐剂、杀菌剂，所以还有良好的杀菌和防止病原微生物传播的功效。如含有二苯胺的保鲜纸，能够有效地抑制霉菌生长，延缓李果的后熟，减少损耗。

（五）加乙烯-乙醛吸收剂

将李果用聚乙烯塑料袋包装后，加入乙烯-乙醛吸收剂，可以起到延长贮藏期的效果。

另外，李果在贮藏期间发生主要病害有褐腐病、软腐病和冷害引起的内部褐变。其防治办法除严格按照上述技术操作外，应在采前喷布多菌灵或速克灵；采后用0.01%～0.10%的苯来特和0.045%～0.090%的二氯硝基苯胺溶液浸果；注意在采、运、贮过程中器械的消毒和尽量避免对李果造成机械损伤；也可将果实在52～53 ℃热水中浸泡2.0～2.5 min或在46 ℃的热水中浸泡5 min进行杀菌和涂蜡处理。对因低温引起的褐变，除采用气调贮藏外，还应采用间歇加温处理，即在0 ℃贮藏约2周后升温18 ℃ 2 d，再转入低温贮藏，如此反复进行处理。

第十一节　设施栽培技术

一、品种选择

适宜设施栽培的李树品种要求花期基本相似，可以互为授粉树，一般选择亲和力高、花粉量大、花期相近、经济价值高、成熟期早、丰产性好、品质优良、抗病能力强、易于通过休眠期，在低温、低光照条件下能够正常生长结果的品种，如大石生、大石中生、美丽李、五月鲜、帅李、摩尔特尼、玉皇李等。

二、设施结构

一般采用了竹木水泥结构微拱式塑料薄膜日光温室。温室东西长度50～80 m，南北跨度8 m，后墙高度2.3 m，脊高3.2 m，后屋面长1.7 m，前屋面微拱式，高1.2 m。支柱4排，混凝土加纲罗钢制成。墙体为“干打垒”土墙，厚100 cm。后屋面用塑料膜包玉米秸，其上压土，厚约50 cm。后墙通风口40 cm×40 cm，距地面高1.5 m，间距3～4 m。天窗50 cm×50 cm，拳顶处每3 m一个，前排支柱上侧6 m一个。骨架间距60～80 cm。棚膜采用长寿无滴聚乙烯（或聚氯乙烯）膜，地膜采用黑色地膜。草帘厚3～5 cm，宽1.2～1.4 m，长度比前屋面至少长出0.5 m。固定棚膜用8＃铁丝，用地锚固定，与墒接触处垫木板或砖，间距40 cm。工作间4～8 m^2，两门方向呈90°。

三、栽培技术

(一) 园地选择与土壤改良

1. 园地选择 所选园地首先要交通便利，利于市场流通，最好靠近交通干线、大中城市、厂矿企业；地势高、不积水、雨季地下水位不高于 80～100 cm，背风向阳，四周无遮阳严重的高大建筑物或树木，排灌便利。土壤类型以疏松的沙壤土或壤土为好，不用重茬盐碱地和黏土地。

2. 土壤改良 对黏重或沙性较强的土壤掺沙或掺黏改良，打破地下不透水的黏板层和淤泥层。改良的重点是增施有机肥，结合土壤深翻，每 667 m^2 施入优质腐熟厩肥 6 000～8 000 kg 或腐熟鸡粪 3 000～4 000 kg。有机肥所含养分全面、比例合理，更重要的是能改良土壤结构，促进土壤团粒结构的形成，形成协调的水肥气热环境，有利于果树根系尤其是吸收根发生，并且大量使用有机肥能增强土壤的缓冲能力，预防土壤盐渍化的发生。

(二) 定植

1. 定植密度 1 m×1.5 m。

2. 定干高度 30～50 cm。

3. 定植时间 成品苗空闲棚于清明节前定植；营养袋假植苗须于 5 月中旬前进棚。半成品苗最好借果菜棚在 12 月中下旬营养袋假植，于 5 月中旬进棚定植，以利于成花，第二年结果。

(三) 定植后管理

1. 促长 新叶展开后，隔 10～15 d 喷 0.1%尿素＋0.1%磷酸二氢钾混合液一次，连喷 3 次。5 月上旬开始，每 10～15 d 追一次速效肥，以磷酸二氢钾和尿素为主，施后浇水，至 7 月中旬结束。

2. 促花 从 7 月中旬开始，每 10～15 d 喷一次多效唑，共喷 2～3 次，浓度分别为 300 倍、200 倍、150 倍，温室南边加喷一次，或按树冠每平方米 1～1.5 g 多效唑土施。干旱不严重时，一般不浇水，8 月中旬追施磷、钾肥一次，以促进花芽形成。

3. 整形修剪 采用细纺锤形，最南一株采用开心形。萌芽后抹去多余的芽或双芽中的弱芽，缺枝处用目刻法促发萌芽，细纺锤形剪口下第二芽及时抹除，以免形成与主干竞争，新出主干枝及时扶正、适时掐尖，培养新主枝，5 月下旬至 6 月中下旬对角度小的主、侧枝拉枝开角至 60°，强旺枝再大些，疏除过挤过密的竞争枝，当新梢长到 30～40 cm 时进行摘心。

(四) 扣棚前管理

10 月下旬浇一次降温水。12 月上旬扣棚且每 667 m^2 沟施优质鸡粪 5 t、尿素 10 kg、磷酸二氢钾 8 kg，施后浇一遍透水（即萌动水）。疏除无花枝、病虫枝、重叠枝，全棚喷一遍 5 波美度石硫合剂。

(五) 适时覆膜、扣棚

为了使地上、地下部发育协调，12 月 5～10 日应覆地膜提高地温，促进根系生长，以防李树先展叶后开花或花瓣未展开而雌蕊先伸出，花发育不良，降低坐果率。扣棚膜时间为 12 月 25 日左右。

(六) 扣棚后管理

1. 温、湿度调控

(1) 从扣棚膜到萌芽。这一阶段的主要目的是打破休眠，促进根系活动和萌芽。此阶段温度宜缓慢上升，不能过猛，应采用夜间盖帘、白天揭帘方法。第一周隔 2 帘揭 1 帘，白天 7～12 ℃，夜间3～6 ℃，第二周隔 1 帘揭 1 帘，白天 13～18 ℃，夜间 7～10 ℃，以后白天揭开底部草帘。扣膜升温 3 周后，树体便开始发芽，经 4～5 d 即可开花。在这 4～5 d 内，温度保持在 8～10 ℃，相对湿度 60%～80%。

(2) 花期。李的花粉在 5 ℃时即发芽生长。棚最低温度应保持在 7～8 ℃，为了促进花粉受精，白天棚内最高温度不超过 25 ℃，以 14～22 ℃为好，相对湿度 60%以下，为保持棚内土壤适宜的水分，不要等到表土干燥以后再浇水。因棚内空气流动性差，少有昆虫传粉，为提高坐果率，可放蜂或人工授粉。

(3) 幼果期。温度保持在白天 20～25 ℃，夜间 8～12 ℃。相对湿度 60%～70%。

(4) 果实膨大期。温度保持白天 24～28 ℃，夜间 10～15 ℃。相对湿度 60%～70%，在幼果期和果实膨大期对水分的要求比较敏感，浇水过多土壤过湿，易引起根系障碍，一次浇水相当于 15～20 mm的降水时即可。浇水后要适时浅耕，防止土壤板结，以保持根系生长良好的通透性。

(5) 临近成熟期。这时昼夜温差越大着色越好，此阶段应打开通风口降低夜温，白天温度仍保持在 18～30 ℃，但一定不超过 30 ℃，相对湿度 50%～60%。

(6) 树体管理。及时除去不合理萌芽，疏除竞争枝，捋枝摘心，控制树冠。花后 10 d 及时对新梢摘心，提高坐果率。为提高大棚李的单果重和整齐度及果实品质，要及时疏果，合理负载。在果实着色期，新梢生长比较旺盛，对于生长强旺的枝梢和影响果实受光的叶片全部去掉，以保证树膛内部光照，另外要保持棚膜清洁，北墙张挂反光幕，地面铺设反光膜等方法，增加直射光和散射光，促进果实着色。

2. 肥水管理 硬核期、果实膨大期结合浇水，每株追施尿素和磷酸二氢钾 30 g，增施二氧化碳气肥，调节气体条件，可显著提高树体光合作用，促进果实膨大，可选择晴天上午施用，室内二氧化碳浓度在 $1\,000\times10^{-6}$为宜。

（七）病虫害防治

1. 细菌性穿孔病 可用代森锰锌、甲基硫菌灵等交替使用防治。

2. 蚜虫 发芽前喷药剂预防；芽萌发时喷 3 000 倍液吡虫啉 2～3 次。

3. 介壳虫 发芽前喷 5 波美度石硫合剂（与扣棚前管理用药为同一次），越冬虫爬行期喷菊酯类药剂，虫体膨大期人工刮除虫体，6～7 月幼虫大量出壳时喷 2 000 倍液菊酯类药剂。

4. 潜叶蛾、食心虫等 可用灭幼脲 3 号防治。注意：花期一般不要打药，严禁使用对李树敏感药剂（如敌敌畏、氧化乐果）。

（八）采收

设施李树果实采收应分批进行，随熟随采随销售。贮运的果实应在果实成熟度达八九成时采收，果实采收后逐步揭膜炼树，及时进行疏枝及回缩更新。

第十二节 新技术的应用

一、加强采后管理

采后合理施肥、修剪及保护好叶片，对花芽分化充实有重要作用，可减少下年落花落果的发生。

（一）清树

摘净残留在树上的病果、虫果、僵果，收集在一起挖坑深埋。剪去树上干枯枝、病虫枝、根颈部萌发的根蘖，带出园外深埋或烧掉。

（二）叶面施肥

果实采收后应尽早喷施一次 0.2%～0.3%磷酸二氢钾溶液，以促进叶片的同化作用和枝条的充实，增强树势，有利于树体营养的积累和越冬。此时叶面少施或不施尿素。

二、人工授粉

人工授粉是提高坐果率最有效的措施，注意采集花粉要从亲和力强的品种树上采，在授粉树缺乏时必须进行人工授粉，即使不缺授粉树，但遇到阴雨天或低温等不良天气，传粉昆虫活动较少，也应人工授粉。人工授粉最有效的办法是人工点粉，但费工较多。也可采用人工抖粉。即在花粉中掺入 5 倍左右滑石粉等填充物，装入多层纱布口袋中，在李树花上部慢慢抖动。还可以用弹授，即用鸡毛掸子在授粉树上滚动后再在被授粉树上滚动。

三、李园放蜂

在李园放蜂可明显提高授粉率和坐果率。园内设置蜂箱数量因树龄、地形、栽培条件及蜂群大小、强弱而不同。在开花前 2～3 d 将蜂箱放入园中，0.33 hm^2 地放一箱即可。若用从日本引进的角额壁蜂，0.33 hm^2 地需 20～30 只。蜜蜂在 11 ℃即开始活动，16～29 ℃最活跃。在放蜂期为了使蜜蜂采粉专一，可用果蜜饲喂蜂群，用李树花粉泡水喷洒蜂群或在蜂箱口放置李树花粉，训练提高蜜蜂采粉的专一性。在花期放蜂期间，切忌喷药，以防群蜂中毒。放蜂措施不仅授粉效率高而且省工。

四、疏花疏果

疏花疏果可以有效地节约养分，减少生理落果，提高坐果率。一般李树在盛花期疏花，谢花后 1～2 周疏果为好，坐果少的树晚疏、少疏，坐果多的树先疏、多疏。疏花疏果以“看树定产”“按枝定量”为原则，一般强树、壮枝多留，弱树、弱枝少留；树冠中下部多留，上部少留。花束状果枝留 1 个，短果枝留 2 个，中、长果枝每 20 片叶留 1 个果，果实间距在 10～15 cm。

五、保花保果

（一）花期喷水

李树在开花时，空气湿润，有利于花粉发芽。如果花期气温高，空气干燥，在盛花期喷水，增加空气湿度，有利于保花保果，促进李树增产。

（二）喷生长素或营养液

喷生长素和营养液对李树的保花保果、稳产丰产具有明显效果。花期喷 20 mg/L 赤霉素，盛花期喷 0.2%磷酸二氢钾、2，4 -滴混合液 20 mg/L，落花期喷 0.2%磷酸二氢钾、2，4 -滴混合液 20 mg/L，均能提高李树产量。

六、控制新梢、合理修剪

（一）控制新梢

当李树的新梢长至 15～20 cm 时，要进行多次摘心，过密者疏除。另外，在树身或主枝下部嫩皮处用锥针周扎两排孔，然后用毛刷环刷促花王 1 号，有效地控制新梢生长，节约营养，提高坐果率。

（二）合理修剪

每个骨干枝延长头只保留一枝适当方向的一次或二次旺长新梢，其余疏除。回缩生长过旺的结果枝，果台梢前只留一枝平斜新梢。疏除无果枝。适当短截部分遮光新梢。修剪时的伤口用愈伤防腐膜封闭，防止干裂，阻止病虫为害。

七、病虫害防治

李树的常见害虫有蚜虫、桑白蚧、红颈天牛、梨实蜂、梨小食心虫、红蜘蛛等。桑白蚧可用硬毛刷刷枝干上的虫体；红项天牛利用成虫午间静息枝条习性，将其振落捕捉；冬季深翻树盘，将梨实蜂幼虫埋入土壤深处等技术措施对一些害虫进行物理防治；常用农药有 50%马拉松乳剂 1 000 倍液、20%杀灭菊酯乳油 4 000 倍液，20%三氯杀螨砜可湿性粉剂 700～800 倍液。用药原则为每隔 10 d 左右喷一次，连喷 3～4 次。

常见病害有穿孔病、褐腐病、轮纹病、炭疽病、缩叶病等，清除李园内病叶、病果，剪除病枝等集中销毁，加强果园管理工作，发芽前喷 50 波美度石硫合剂预防，展叶后发病可喷 0.3 波美度石硫合剂进行防治，均有效控制病害的危害。

第十三节　优质高效栽培模式

一、果园选址

（一）山地果园

山地建李园要选择土层深厚、含沙质多、日照充足的东南坡，坡度30°以下，减轻劳动强度，降低生产成本，有利水土保持。一定面积的果园要考虑交通条件和灌溉。

（二）平地果园

选择地势平坦、土层深厚、地下水位低的沙质壤土。这种类型的果园要注意排水问题，如果存在周围地势较高或土壤黏重，就应考虑是否适宜建立果园。

二、整地建园

（一）规划

根据投资能力，确定一次性建园或分阶段建园，要充分考虑灌溉设施、道路，山顶要保留或种植涵养水分能力强的树种。采用全面清耕，建园要及时套种绿肥，能提供充足的有机肥，否则易造成水土流失。平地果园每间隔两行要开排水沟。

1. 一次性建园　规划确定后即可开始测量、修筑等高梯田，台面宽要达到3 m以上，外高内低并开台后沟与纵沟相接。台面筑成后挖宽1 m、深0.7 m的种植沟，在种植沟内施入杂草、表土、有机肥、磷肥后再回土定植。一次性建园用表土砌等高线，不能回填定植沟，将对早期李树生长有一定影响。

2. 分阶段建园　首先测定等高线，等高线平面距离设计5 m左右，在等高线上确定定植点，然后挖1 m×1 m，深0.7 m的种植穴，埋入同上物料。以后在定植穴的周围逐年扩大台面。

（二）施工

（1）要坚持表土、心土分别堆放，用表土回填，达到改良种植穴土壤的目的。

（2）回土后要比周围高30 cm，杂草腐烂后持平。

（3）回土1个月后种植，避免出现苗木下陷的情况。

三、苗木选择

李树栽培嫁接苗，砧木选择本砧、梅砧、桃砧。嫁接苗表现根系发达，耐旱不耐湿，尤其怕涝，生长快，进入结果、丰产早。但桃砧比不上李砧，桃砧苗易发生流胶病和根瘤病。选取根系完整、健壮，芽质饱满，无检疫对象和严重病虫害的李砧嫁接作为种苗。

四、栽植时期和方法

李树在栽植时期为11月至翌年的2月底，即落叶后至萌芽前栽植最为适宜。

栽植方法：在选择的果园内，定植前1～2个月按株行距（2～3）m×（4～5）m挖好定植穴，并回填混匀的肥土，李树有自花不孕的现象，应隔一定距离栽植不同李品种及授粉树。栽植时把李树苗垂直放在穴中心，根系舒展开，让根系均匀分布在穴内的土壤上，然后边回填肥土边轻提拉树干，栽植后的李苗要略高出地面5 cm左右，在苗周围做成1 m直径的定植圈便于多灌水。

五、栽植后当年管理

（一）扶苗定干

定植灌水后往往苗木易歪斜，待土壤稍干后应扶直苗木，并在根颈处培土，以稳定苗木。苗木扶正后定干。

(二) 补水

定植后 3～5 d，扶正苗木后再灌水一次，以保根系与土壤紧密接触。再次浇水时间为 6 月，每棵树浇水 10 kg。8 月再浇水一次，每棵树浇水 10 kg。树苗栽好后，遵循以上原则，每棵树的成活率可达 100%。

(三) 李树发芽的管理标准

李树的整形带一般为以高于地面 60～80 cm 为准。李树发芽后，每棵树上的叶芽很多都会萌发，但为了形成良好树冠，节省养分，一般每棵树只需要留不同方向的 3～4 个芽培养成主枝，其余的芽必须全部去除。

(四) 幼树管理技术

1. 病虫害防治 李树发芽后，要勤打农药和杀虫剂；以防蚜牙虫将树叶损害。如果发生病虫害，将对树的生长造成不良影响（果树停止生长，导致推迟挂果时间）。

2. 拉枝 栽植一年后到第二年，李树开始拉枝。拉枝的枝条直径为 2 cm 大小为最佳状态。因为太细的树枝容易老化；太粗的树枝则不容易拉倒。李树的背下枝一枝也不能留存，因为背下枝长期见不到阳光，还会导致以后疏果的不便。四大主枝的背上枝可以拉成侧枝；拉枝高度不能超过 2 m。拉枝时，工作人员站立在两树中间，将枝条拉到中间位置并用布条扎紧，四面做法相同。这样操作对果树长期通风好，打农药、疏果等操作方便；为来年挂果提前做好前期准备工作。日常巡查果树时，若发现多余枝条，必须全部去除；防止扰乱树形。

3. 合理施肥 合理施肥是李树高产，优质的基础，只有合理增施有机肥，适时追施化肥，并配合叶面喷肥，才能使李树获得较高的产量和优质的果品。

李树栽植后第二年 3 月左右，每棵果树施肥 150 g；6 月施肥一次，每棵果树施肥 150 g；8 月施肥一次，每棵果树同样施肥 150 g。施肥距离为离果树 40 cm 左右；将应施的肥均匀地分配到各坑中覆土埋严。冬季追肥一次；施土粪最好。

六、栽植多年管理技术

(一) 整形修剪

整形修剪在李树栽培中是很重要的一项技术措施，通过整形修剪使树体形成一个枝条层次分明、通风透光、生长结实均衡的牢固骨架。李树整形可采用自然丛状开心形、自然开心形和主干疏层形。

1. 自然丛状开心形 整形时距地表 10～20 cm 处或贴地表皮选留 4～6 个主枝，疏去下垂或过密集的枝条，并尽量利用副梢作为主枝上的侧枝。每个主枝留 2～3 个侧枝便可。这样树冠扩大快，在副梢上容易提早形成花芽。下部和树冠内也容易形成结果枝，但每年要按时疏除过密的枝条，使树膛内通风透光。

2. 自然开心形 于 50～60 cm 处定干，从剪口下长出的新梢中选留 3～4 枝生长健壮，方向适宜，夹角较大的新梢作为主枝，其余的枝条，生长旺的疏去或短截，生长中等的则进行摘心，以保证选留的主枝茁壮成长。

3. 主干疏层形 对干性明显、层性强的品种，可采用这种树形。整个树体结构分 3～4 层，第一年定干 60～70 cm，从剪口下长出的新梢中，上部选一枝健壮的枝条作为主干延长枝条，又从其下部的枝条中选出 3 枝长势较强、分布较均匀的枝条作为第一层的三大主枝，第一层主枝留 50 cm 左右，第二层从主干延长的剪口下长出的枝条选留 2 枝生长良好的枝条作为第二层主枝，照此办法，层间保持 50～60 cm 距离，再留出第三层和第四层各一个主枝，最后使树体呈圆锥形。

李树修剪通过短截、疏剪、缩剪、甩放芽技术措施，在修剪时期上又分夏季修剪、冬季修剪进行，夏季修剪一般可进行 3～5 次，第一次在开春萌芽时进行，抹掉方向不正的芽或双芽中的弱芽。

第二次在谢花后，结合疏花，疏去过密的枝条。第三次在硬核后，对旺盛生长的枝条进行短截，促进长出副梢，增加结果面积。在秋初和秋末，对长出过多的副梢进行回缩或疏剪。对长果枝进行摘心，控制其生长，促进花芽分化。冬季修剪在夏季修剪的基础上做些补充修剪，原则上要注意维持树形，保持好各级枝条之间的主从关系，调节好营养生长和生殖生长的关系。

（二）土肥水管理

提高土壤肥力，改善土壤结构，加强肥水管理是李树实现早结果、早丰产的重要保证。一般在秋季耕翻较好，采收后结合秋季施肥进行，李园耕翻深度以 30～50 cm 为宜。李园内杂草要尽可能除早、除小、除了，以免杂草与李树争肥水，同时也可减少李园病虫害的发生。中耕除草的次数和时期，应依当地的气候、灌水情况、生草量而定。中耕深度，春、秋季可略深，夏季要浅锄。

李园的合理施肥要根据树龄、树势、结果量、肥料质量和种类、外界环境及李园其他管理条件，决定施肥时期和施肥量。施肥分为基肥、追肥。基肥以迟效农家肥为主，如堆肥、厩肥、作物秸秆、绿肥、落叶等。基肥以秋施为好，结合秋季耕翻施入。追肥时间以花前追肥、花后追肥、果实膨大和花芽分化期追肥、果实生长后期追肥。追肥以速效性肥为主，叶面结合喷药分作几次叶面喷肥补充。成年李树施肥量每株施农家肥 50 kg 左右，追肥每次每株施尿素、钾肥各 250 g，过磷酸钙 1.5～2.5 kg。

李树根系分布浅，各物候期水分管理根据气候情况而定，一般可按以下几个时期灌水：萌芽开花前、新梢生长和果实膨大期、果实迅速膨大期、果实采收后。灌水量的多少，应根据树龄、树势、土质、土壤湿度及当地雨量和灌水方法而定。水量过多的李园还应注意排水，以免受涝害。

（三）疏花疏果

由于李树花量大，结实率较高，适量的疏花疏果可节省树体养分，调节好全树营养物质的分配，提高坐果率，提高果实品质，保证丰产稳产。一般李树在盛花期疏花，谢花后 1～2 周疏果为好。方法：人工疏除，一般强树、壮枝多留，弱树、弱枝少留；树冠中下部多留，上部及外围少留；疏除顺序要自上而下，由里向外逐段进行。化学疏除可以节省大量人工，通常用的疏花疏果化学试剂有以下 3 种：西维因，一般在盛花期后 2～3 周使用，浓度 600～3 000 mg/L 效果良好；石硫合剂，药效稳定，安全性高，并能兼治病虫害，以盛花期喷药为好；乙烯利，浓度 100 mg/L 就有疏除效应。

（四）病虫害防治

李树的常见害虫有蚜虫、桑白蚧、红颈天牛、梨实蜂、梨小食心虫、红蜘蛛等。桑白蚧可用硬毛刷刷枝干上的虫体；红项天牛利用成虫午间静息枝条习性，将其振落捕捉；冬季深翻树盘，将梨实蜂幼虫埋入土壤深处等技术措施对一些害虫进行物理防治；常用农药有 50%马拉硫磷乳剂 1 000 倍液，20%氰戊菊酯乳油 4 000 倍液，20%三氯杀螨砜可湿性粉剂 700～800 倍液。用药原则为每隔 10 d 左右喷一次，连喷 3～4 次。常见病害有穿孔病、褐腐病、轮纹病、炭疽病、缩叶病等，清除李园内病叶、病果，剪除病枝等集中销毁，加强果园管理工作，发芽前喷 50 波美度石硫合剂预防，展叶后发病可喷 0.3 波美度石硫合剂进行防治，均有效控制病害的危害。

七、采收

适时采收，是确保李园产量、保证果实品质、提高经济收入的关键一环，根据李果成熟度、加工用途、品种的特性等来判断采收的时间，对采收的果品应进行分级处理，尽量保护果面的蜡粉，避免机械伤，以增强果品的贮运性。

第五十一章　甜 樱 桃

概　　述

甜樱桃是欧洲甜樱桃的俗称，属蔷薇科（Rosaceae）李属（*Prunus* L.）樱桃亚属（*Cerasus* Pers.）植物。甜樱桃营养丰富，富含花青素，是最时尚的保健食品，既可鲜食又适宜加工，目前在市场上十分畅销，供不应求，是综合效益最高的果品。甜樱桃采收用工多，属于劳动力密集型产业，综合有关资料，德国、美国、日本等国的甜樱桃种植业趋于萎缩，根据 FAO 2013 年的统计数据，我国的甜樱桃进口量为 0.8 万 t，日本、韩国、中国香港和中国台湾的进口量合计约为 2.2 万 t，现在我国的出口量不足 0.2 万 t，随着栽培面积的扩大和生产的标准化，预计周边市场约有一半从我国进口，到 2020 年出口量在 1.5 万～2.0 万 t，因此，充分发挥我国劳动力价格低廉的优势，按优质果进行标准化生产，增强其国际市场竞争力，增加出口潜力巨大。

第一节　优良品种

品种是果树特定的“种质”和“基因型”，是栽培的前提和中心。甜樱桃良种首先要具备以质量为中心的优异商品性状，深受市场消费者的青睐，具有强大的市场竞争力，同时还要考虑其丰产性、适应性、抗逆性、易管性等众多优良性状，并要顾及国内外市场的变化特点和新的消费趋势。选择优良栽培品种是提高果实品质的先决条件。在实现良种化的过程中，一是要遵循适地适树的原则，实现甜樱桃良种的区域化栽培；要严格执行良种良砧配套，充分发挥优良品种的生产潜力；还要遵循市场规律，早、中、晚熟配套发展。在注意引进良种规划新果园的同时，也要有计划地对杂劣品种园高接改造。

一、优良品种具备的条件

1. 果个较大，果形端正，果柄较短　目前我国国内市场销售的甜樱桃单果重一般在 7 g 左右，单果重在 10 g 左右的樱桃数量较少，因此，果个较大的樱桃价格较高，并且外销果要求果个较大，大果品种是栽培的首选条件。果形端正、无畸形也是我们选择栽培品种的条件之一，果形的问题虽然现在市场上还不是考虑的关键问题，将来随出口量的增加，必然成为突出问题之一。果柄的长短主要影响包装的整齐度，果柄较短，容易摆放，包装整齐、美观，商品性好。

2. 果色　目前市场上以红色、紫红色销售较好，黄色品种售路不好。因此，樱桃颜色的主流仍以红色为主，但消费者对红色偏爱的程度越来越淡，关键是内在品质较好，果实有光泽。

3. 含糖量较高，风味浓，有香气　现在甜樱桃的消费群主要在东方，其饮食特点仍偏甜。果实含糖量是一个重要的品质指标。选择果实含糖果高、风味佳是重要的条件，也是栽培措施运用的一个重要依据。

4. 抗裂果，耐贮运　现在我国甜樱桃栽培主要为露地栽培，保护地栽培和防雨栽培面积很少。对中、晚熟品种来说，成熟前后遇雨裂果是生产上的一个突出问题，在雨量较大的地区，选择抗裂果品种很关键。随着国内市场及国际市场的进一步扩大，对甜樱桃的耐贮运性要求较高，因此，以外销为主的生产基地应选择较耐贮运的半硬肉或硬肉品种。

5. 丰产性好，易管理　传统老的甜樱桃品种，一般需 5～6 年后才进入初果期，8～9 年才进入盛果期，由于结果较晚，多数果农放弃前期管理，樱桃产量、品质均不理想，所以新建甜樱桃基地，应选择早果性好、易丰产、易管理的品种，尽快产生效益，提高果农管理的积极性。

二、优良品种简介

世界上的甜樱桃品种很多，据文献报道有 1 500 个以上，我国引进栽培的品种及新选育的品种亦在 100 个以上。主要有：

1. 早大果　果实大，整齐，单果重 9～12 g，圆心形，紫红色，果肉细嫩，多汁，半硬肉，酸甜爽口。果皮细、薄、易剥离，汁液紫红色，鲜食品质佳，花后 40～45 d 果实成熟。植株健壮，抗寒抗旱，以花束状果枝和一年生果枝结果，嫁接苗栽后 3～4 年始果，成龄树每 667 m^2 产量 1 033.33 kg 以上。

2. 岱红　山东农业大学 2002 年选育的早熟大果型优良品种。平均单果重为 10.6 g，最大14.3 g，是目前果个最大的早熟品种。果实为圆心形，畸形果很少，果型端正、整齐美观；果梗极短，平均果梗长为 2.24 cm；果皮鲜红至紫红色，富光泽，色泽艳丽；果肉粉红色，近核处紫红色；果肉半硬，味甜适口，可溶性固形物含量 14.8%；核小，核重 0.3～0.5 g，离核，可食部分达 94.9%；裂果较轻。果实发育期为 33～35 d，成熟期略早于大紫。

3. 美早（PC7144－6）　大连由美国引入，果实阔心形，平均果重 11.3 g，最大果重 13.2 g，果实紫红色或紫黑色，有光泽，极艳丽美观。果肉浅黄色，质脆，酸甜适口，风味佳，品质优，可溶性固形物含量 17.6%，果实较耐贮运。在大连地区 4 月中下旬开花，果实 6 月上旬成熟，果实发育期 40～50 d，成熟期一致。树势强健，树姿半开张，幼树以中长果枝结果为主，花芽大，成花易，盛果期以短果枝和花束状果枝结果，早产、丰产，抗病，抗寒性强。

4. 先锋　由加拿大哥伦比亚省育成。在欧、美、亚洲各国均有栽培，1983 年中国农业科学院郑州果树研究所由美国引入，1984 年引入山东泰安山东省果树研究所试栽。果实大型，平均单果重 8.6 g，最大果重 10.5 g，果实肾形，紫红色，光泽艳丽，缝合线明显，果梗短、粗为其明显的特征。果皮厚而韧；果肉玫瑰红色，肉质脆硬，肥厚，汁多，酸甜可口，可溶性固形物含量 17%～19%，风味好，品质佳，可食率达 92.1%；核小，圆形，山东半岛 6 月中下旬，鲁中南地区 6 月上中旬成熟，耐贮运。树势强健，枝条粗壮，丰产性较好，很少裂果。适宜的授粉树是宾库、那翁、雷尼。先锋花粉量较多也是一个极好的授粉品种，经多点试栽，其早果性、丰产性甚好，且果个大，耐贮运，抗裂果，可进一步扩大栽培。

紧凑型先锋（Van Compact）该品种的早实性，丰产性等果实性状与先锋相同，唯一不同的是，树冠比先锋小而紧凑，更适于密植栽培。

5. 斯坦勒　斯坦勒为加拿大育成的第一个自花结实的甜樱桃品种，世界各国广为引种试栽。1987 年山东省自澳大利亚引入，在泰安、烟台有少量栽培。果实大或中大，平均单果重 7.1～9 g，大果 10.2 g，果实心形；果梗细长；果皮紫红色，光泽艳丽；果肉淡红色，质地致密，汁多，甜酸适口，风味佳；可溶性固形物含量 17%～19%，果皮厚而韧，可食率为 91%，核中大，卵圆形；耐贮运，在山东半岛 6 月中下旬成熟，鲁中南 6 月上旬成熟。树势强健，能自花结实，花粉多，是良好的授粉品种。早果性、丰产性均佳，抗裂果，可进一步扩大试栽。

6. 拉宾斯　拉宾斯是加拿大杂交育成的一个自花结实品种，杂交组合为先锋×斯坦勒，为加拿大重点推广品种之一。1988 年引入山东烟台。果实大型，平均单果重 8 g，加拿大报道平均单果重 11.5 g；果实近圆形或卵圆形，紫红色，有光泽，美观；果梗中长、中粗，不易萎蔫；果皮厚韧，果肉肥厚，脆硬，果汁多，可溶性固形物含量 16%，风味佳，品质上。山东烟台 6 月下旬成熟。较耐贮运。树势强健，树姿较直立，耐寒，自花结实，并可作为其他品种的授粉树。试栽看出，早果性和丰产性较好，裂果轻，可进一步扩大试栽。

7. 优系宾库 1998 年引自美国，平均果重 9 g，成熟期在 6 月 10 日左右，果皮紫红色，厚而坚韧，果肉硬，风味极佳，裂果轻，丰产，幼树株产 20 kg，是一个极有前途的中熟红色品种。

8. 佐藤锦优系 日本品种，中岛天番园由佐藤锦中选出的优良品系。果实短心形，平均单果重 7～9 g，最大果重 13 g，果柄短粗，果皮底色为黄色，阳面艳红，有光泽，果皮厚，果核小，果肉厚，白色微带黄色，质密，甜味浓，可溶性固型物含量 13%～18%，酸 0.5%左右，品质优。在大连地区 4 月中下旬开花，果实 6 月中上旬成熟，果实发育期为 50～55 d。树势强健，枝条直立，树冠近自然圆头性，丰产，稳产，是甜樱桃中产量较高的品种，但遇雨易裂果，花粉多，是一个优良的授粉品种。

9. 雷尼 美国华盛顿州农业实验站和农业部 1960 年共同开发的品种，杂交组合是宾库×先锋，名称是以产地华盛顿州海拔 4 500 m 的雷尼山的名称命名的，1983 年由中国农业科学院郑州果树研究所从美国引入，1984 年引入山东果树研究所试栽，1985 年传到烟台，现已在山东鲁中南地区推广。果实大型，平均单果重 8～9 g，最大果达 12 g；果实心形；果皮底色黄色，富鲜红色红晕，在光照好的部位可全面红色，甚艳丽美观，果肉无色，质地较硬，可溶性固型物含量高，在鲁中南地条件下，高达 15%～17%，风味好，品质佳；离核，核小，可食部分达 93%。抗裂果，耐贮运，生食加工皆宜。在山东半岛 6 月上中旬成熟，在鲁中南山区 6 月初成熟，是一个丰产优质的优良品种树势强健，枝条粗壮，节间短，树冠紧凑，以短果枝结果为主，早果丰产，栽后 3 年结果，5～6 年进入盛果期，5 年生树株产 20 kg，花粉多，是宾库的良好授粉品种。该品种果个大，外形美观，品质佳，质地硬耐贮运，鲜食加工兼用，具有很大的发展潜力。

10. 艳阳 加拿大品种有先锋与斯坦勒杂交育成。果实圆形平均果重 13.12 g，最大果实可达 22.5 g，果皮暗红色，有光泽，果柄中长中粗，肉质细软，甜酸爽口，品质佳，在大连地区，4 月中下旬开花，果实 7 月上旬成熟，果实发育期 55～65 d。树势强健，幼树生长较直立，盛果期树冠逐渐开张，成花易，丰产、稳产，自花结实能力强，果实耐贮运，有较强的抗寒性，无病毒病。

三、品种选择

每一个优良品种都有其特定的立地适应性，只有满足其生长发育的最适条件，其优良性状才能得以发挥，这是品种选择的基本原则之一。适地适树的原则，不仅是指品种，而且包括砧木。针对某一特定区域，采用适合当地立地条件的良种良砧，才能取得最大的经济效益。

1. 辽东和胶东两个半岛丘陵凉润区（甜樱桃最适种植区） 该区域甜樱桃栽培有悠久的历史，表现优异。发展时，应选择地下水位较低，土层较深的地方栽植。品种选择上应侧重于中、晚熟优良的品种，建议早、中、晚品种三者的比例为 2∶4∶4。该区也是设施樱桃的最适栽培区之一，保护地品种选择应以自花结实品种为主。

2. 鲁中南以南以西的内陆山丘地（甜樱桃的次适宜区） 与辽东胶东两半岛相比，该区的优势在于春季温度回升较快，果实成熟早；缺点是花期湿度较小，坐果率低，丰产性及品质较差。该区发展甜樱桃时，品种选择上以早、中熟品种为主，尽量不发展晚熟品种，建议早、中熟品种比例为 6∶4。该区是春暖式樱桃大棚的最适区，充足的休眠和春季不要升温太快是管理的核心。

3. 黄河故道的中上游地区 该区为黄河冲积平原，是早熟甜樱桃效益最高的栽培区，建议早、中熟品种比例为 8∶2。

四、授粉树配置

甜樱桃多数品种自花结实率很低，需要配置授粉品种，即使是自花结实率较高的品种，配置授粉品种也可提高结实率，增加产量，改善品质。配置授粉品种时，授粉品种与主栽品种的授粉亲和力要强，花期要与主栽品种一致。同时还要注意授粉品种的丰产性、适应性和商品性等。授粉树的比例最低不应少于 20%～30%。授粉树的配置方式，平地果园可每隔 2～3 行主栽品种栽一行授粉品种；山地丘陵梯田果园可在主栽品种行内混栽，每隔 3 株主栽品种栽一株授粉品种。主栽品种与授粉品种间的组合可参见表 51－1。

表 51－1 甜樱桃的授粉组合

主栽品种	授粉品种
岱红	先锋、美早、早大果、拉宾斯等
美早	先锋、岱红、早大果、拉宾斯等
早大果	先锋、岱红、美早、拉宾斯等
拉宾斯	先锋、岱红、美早、早大果等

第二节 生物学特性

一、芽生长特性

樱桃的芽按其性质可分为花芽和叶芽两类。甜樱桃的顶芽都是叶芽，侧芽有的是叶芽，有的是花芽，因树龄和枝条的生长势不同而异。幼树或旺树上的侧芽多为叶芽；成龄树和生长中庸或偏弱枝上的侧芽多为花芽。一般中、短果枝的下部 5～10 个芽多为花芽，上部侧芽多为叶芽。在休眠期侧花芽的形态表现比较肥圆，呈尖卵圆形；侧生叶芽瘦长，呈尖圆锥形，容易识别。叶芽抽生新梢，用以扩大树冠或转化成结果枝增加结果部位。花芽是纯花芽，只能开花结果，不能抽枝展叶，每一个花芽可开 1～5 朵花，多数为 2～3 朵。樱桃与其他核果类树种如桃、杏、李等不同之处在于樱桃的侧芽都是单芽，每一个叶腋中只着生一个芽（叶芽或花芽），这种腋芽单生的特性决定了对樱桃枝条管理上的特殊性。在修剪时，必须辩认清花芽与叶芽，短截部位的剪口芽必须留在叶芽上，才能继续保持生长力，若剪口留在花芽上，一方面果实附近无叶片提供养分影响果实发育，品质较差，另一方面该枝结果以后便枯死，形成干桩。

甜樱桃成枝力较弱，一般在剪口下抽生 3～5 个中、长发育枝，其余的芽抽生短枝或叶丛枝，基部极少数的芽不萌发而变成潜伏芽（隐芽）。甜樱桃的萌芽力和成枝力在不同品种和不同年龄时期也有差异。幼龄期萌芽力和成枝力均较强，进入结果期后逐渐减弱，盛果期后的老树，往往抽不出中、长发育枝。甜樱桃的芽更有生长季萌芽率较高，但成枝力较弱的特点。在盛花后，当新梢长至 10～15 cm 时摘心，摘心部位以下仅抽生 1～2 个中、短枝，其余的芽则抽生叶丛枝，在营养条件较好的情况下，这些叶丛枝当年可以形成花芽。在生产上，我们可以利用这一发枝习性，通过夏季摘心来控制树冠，调整枝类组成，培养结果枝组。

果树芽的生长习性是整形修剪的重要依据之一，不同的果树树种和品种其生长习性不同，整形修剪的方式方法各异。甜樱桃芽的生长习性与苹果、梨和其他核果类果树有所不同，因而在整形修剪上就不同于其他果树。现将与整形修剪有关的某些特性加以归纳如下。

幼龄期生长势很强，萌芽力和成枝力均高。随着年龄的增长，下部枝条开张，形成近似圆锥形至圆头形的树形。极性依然表现很强，萌芽率高而成枝力弱；短截以后只在剪口下抽生 3～5 枝，其余的萌芽皆变为短缩枝；顶端强枝对水分和养分的竞争力甚强，营养生长过旺，容易造成下部光照不足，致使中、下部短枝因营养和光照不足而迅速衰弱和枯死，很快形成树冠中、下部光秃。而下部这些短枝正是将来形成结果枝，开花结果的重要部分。因此，幼龄树的整形修剪，应适当轻剪，以夏剪为主，促控结合，抑前促后，达到扩冠迅速，缓和极性，促发短枝，早果生产的目的。

樱桃的芽和其他核果类果树如桃、杏、李一样，具有早熟性，在生长季多次摘心可促发二次枝、三次枝；甜樱桃有在夏季（花后）摘心（保留 10 cm 左右）后，剪口下只发生 1～2 个中、长枝，下部萌芽形成短缩枝的特殊发枝习性。在整形修剪上，可利用芽早熟性对旺树旺枝多次摘心，迅速扩大树冠，加快整形过程；利用夏季重摘心控制树冠，促进花芽形成和培养结果枝组。

甜樱桃的花芽是侧生纯花芽，顶芽是叶芽。花芽开花果后形成盲节不再发芽。花束状结果枝只有顶芽是叶芽，侧芽全部是花芽；中、长果枝和混合枝仅枝条基部数芽是花芽，其余是叶芽。根据甜樱桃芽的着生特性，在修剪结果枝类时，剪口芽不要留在花芽上，剪口芽要剪留在花芽段以上 2～3 叶芽上。否则剪截后留下的部分结果以后就要死亡，变成干桩，减少结果枝的数量，影响产量，而且这种无叶芽枝段上结的果实，因自身无叶片营养，果个小，品质差。

二、枝生长特性

樱桃的枝条按其性质可分为营养枝（也称发育枝）和结果枝两类。营养枝着生大量的叶芽，没有花芽，叶芽萌发后，抽枝展叶，制造有机养分，营养树体，扩大树冠，形成新的结果枝。结果枝是指即着生叶芽，主要是着生花芽，第二年可以开花结果要的枝条。不同的年龄时期，营养枝与结果枝的比例不同。盛果期以前的幼树，是以营养枝占优势；进入盛果期后，营养生长减弱，生殖生长加强，生长量减少，生长势减缓，出现各级枝条上同时具有叶芽和花芽并存的现象。

（一）结果枝类型及特点

樱桃的结果枝按其长短和特点分为混合果枝、长果枝、中果枝、短果枝和花束状果枝五种类型。

1. 混合果枝 混合果枝是由营养枝转化而来的，一般长度在 20 cm 以上，仅枝条基部的 3～5 个侧芽为花芽，其他各芽均为叶芽，能发枝长叶，也能开花结果，具有开花结果和扩大树冠的双重功能，但这种枝条上的花芽质量一般较差，坐果率也低，果实成熟晚、品质差。

2. 长果枝 长果枝一般长度为 15～20 cm，除顶芽及其邻近几个侧芽为叶芽外，其余侧芽均为花芽。结果以后，中下部光秃，只有叶芽部分继续抽生不同长度的果枝。一般长果枝在初果期的幼树上占的比例较大，进入盛果期以后，长果枝的比例大减。不同品种间长果枝的比例有差异，大紫、小紫等品种长果枝比例较高，坐果率也较高；而雷尼、那翁、宾库等品种的长果枝比例较低。因此，在栽培上应根据品种的特性培养相应的结果枝。

3. 中果枝 中果枝的长度为 5～15 cm，除顶芽为叶芽外，侧芽均为花芽。中果枝一般着生在二年生枝的中上部，数量较少，也不是樱桃的主要结果枝类型。

4. 短果枝 短果枝的长度在 5 cm 左右，除顶芽为叶芽外，侧芽均为花芽。短果枝一般着生在二年生枝的中下部，数量较多，花芽质量高，坐果能力强，果实品质好，是甜樱桃结果的重要枝类。

5. 花束状果枝 花束状果枝的长度很短，年生长量很少，仅生长 0.3～0.5 cm，除顶芽为叶芽外，侧芽均为花芽。花束状果枝节间极短，数芽密挤簇生，开花时宛如花簇一样，故名花束状果枝。这类果枝是甜樱桃进入盛果期以后最主要的结果枝类型，花芽质量好，坐果率高。花束状果枝寿命较高，一般可维持 7～10 年连续结果，在管理水平较高，树体发育较好的情况下，这类果枝连续结果的年限可维持到 20 年以上。但若管理不当，树体出现上强下弱或枝条密挤通风透光不良时，内膛及树冠下部的花束状果枝就容易枯死，造成结果部位外移。

这几类果枝因树种、品种、树龄、树势的不同所占的比例也有所差异。甜樱桃初果期树和壮旺树中、长果枝占的比例较大，进入盛果期以后的树或树势偏弱的树短果枝和花束状果枝占的比例就大。随着管理水平和栽培措施的改变，樱桃各类果枝之间可以互相转化。在栽培中，要根据各树种、品种的结果特性，通过合理的土肥水管理和整形修剪技术来调整各类结果枝在树体内的比例及布局，以实现壮树、丰产、稳产的目的。

（二）新梢生长

樱桃的新梢生长与果实的发育交互进行，生长期较短。甜樱桃的新梢在芽萌动后立即有一个短促的生长期，长成6～7片叶，成为6～8 cm长的叶簇新梢。开花期间新梢生长缓慢，甚至完全停止生长。谢花后，又与果实第一次速长的同时进入速长期；以后果实进入硬核期，新梢继续缓慢生长，果实结束硬核期，在成熟以前，果实发育进入第二次速长期时，新梢生长较慢，几乎完全停止生长；果实采收后，新梢又有一个10 d左右的速长期，以后停止生长。幼树新梢的生长较为旺盛，第一次停止生长比成龄树推迟10～15 d，进入雨季后还有第二次生长，甚至第三次生长。

不同枝类其生长天数不同，花束状枝和短枝只有一次时间很短的生长；中枝也只有一次生长，但生长时间较长；长枝具有多次生长，且生长时间较长。

樱桃正常落叶是在11月中下旬初霜以后开始。成龄树和充分成熟的枝条能适时落叶，而幼旺树及不完全成熟的枝条落叶较晚。管理不当或受病虫害危害时会引起早期落叶，早期落叶对充实花芽、树体越冬、养分回流及第二年的产量带来极不利的影响，在生产中应注意避免。落叶之后便进入休眠期。树体进入自然休眠以后，需要一定的低温量才能解除休眠，进入萌芽期。据佐藤昌宏资料，甜樱桃在7.2 ℃以下，经1 440 h，自然休眠才能结束。了解甜樱桃自然休眠期的长短和需冷量对在保护地栽培时，确定覆盖时间具有重要意义。

（三）与修剪有关的习性

樱桃枝的生长习性也是整形修剪的重要依据，现将与整形修剪有关的某些特性加以归纳如下。

（1）甜樱桃在幼树时期分枝角度小，易形成所谓“夹皮枝”，在人工撑拉枝或负载量过大时，容易自分枝点劈裂，或在分枝点受伤处引起流胶，削弱树势、枝势，甚至引起大枝死亡。因此在幼树撑拉枝开角时，不要强行撑拉，可将枝的中、下用手晃动然后拧转再行撑拉，就可避免劈枝或受伤流胶。

（2）伤口愈合能较弱，愈合时间长。当主干、大枝受伤或剪截时，伤口愈合慢，如果长时间愈合不好就容易流胶。或伤口的木质部干裂，灌进雨水引起腐烂，削弱树势。因此，在田间管理上不损伤树体；在整形修剪时尽量少造成大伤口。

（3）木质部的导管较粗，组织松软，休眠期或早春若过早进行休眠期修剪时，剪口容易失水形成干桩而危及剪口芽，或向下干缩一段而影响枝势。在修剪时期上宜掌握在树液流动以后接近发芽以前进行，这时分生组织活跃愈合较快，避免剪口干缩。也可在采收以后到雨季以前（5月下旬至7月初）期间修剪，不宜在秋季树液回流后的休眠期修剪。

（4）甜樱桃喜光、极性生长又强，在整形修剪时，稍不注意若短截外围枝过多，就会造成外围枝量大，枝条密挤，上强下弱，内部小枝和结果枝组衰弱、枯死，内膛空虚，影响产量和质量。修剪进入结果斯后的成龄树时，要注意减少外围枝量，抑强扶弱，改善冠内光照条件，提高冠内枝的质量，延长结果枝组的寿命，是提高产量，改善品质的重要措施之一。

三、开花与结果习性

（一）开花

1. 花芽分化　甜樱桃花芽分化的特点是分化时间早、分化时期集中、分化速度快。一般在果实采收后10 d左右，花芽便大量分化，整个分化期需40～45 d。分化时期的早晚，与果枝类型、树龄、品种等有关。花束状结果枝和短果枝比长果枝和混合果枝早，成龄树比生长旺盛的幼树早，早熟品种比晚熟品种早。在山东甜樱桃的花芽分化一般在6月中下旬至7月上中旬。

甜樱桃花芽分化需要充足的有机营养和合适的内源激素做保证，抑制过旺营养生长、合理负荷、保叶及充足的肥力是提高有机营养水平的条件；促进根系生长、抑制营养生长和减少负荷，有利于增加细胞分裂素的量和减少赤霉素的量，加大细胞分裂素与赤霉素的比例，使芽的分化方向朝有利于花芽的方向发展。根据甜樱桃花芽分化的特点，要求在采收之后要及时施肥浇水，加强根系的吸收。补充果实的消耗，促进根系的生长，增强枝叶的功能，为花芽分化提供物质保证。否则，若放松土肥水的管理，则减少花芽的数量，降低花芽的质量，加重柱头低于萼筒的雌蕊败育花的比例。

2. 开花 樱桃是对温度反映较敏感的树种。当日平均气温达到 10 ℃左右时，花芽便开始萌动（山东烟台在 3 月底至 4 月初，泰安在 3 月中下旬）。日平均温度达到 15 ℃左右时便开始开花（山东烟台 4 月中旬至 4 月下旬初，泰安为 3 月底至 4 月初，辽宁大连约 4 月下旬），花期 7～14 d，长时 20 d，品种间相差 5 d。中国樱桃比甜樱桃早 25 d 左右，因此常在花期遇到晚霜的危害，严重时绝产，在开花期要密切注意天气的变化、收听、看天气预报，采取必要的防霜冻措施，减轻危害。

（二）结果

1. 授粉受精与坐果 不同樱桃种类之间自花结实能力差别很大。中国樱桃和酸樱桃自花授粉结实率很高，在生产中，无论是露地栽培还是保护地栽培的条件下，无须进行特别配置授粉品种和人工授粉，仍能达到高产的目的。而甜樱桃的大部分品种都存在明显的自花不实现象，若单栽一个品种或虽混栽几个花粉不亲和的品种，往往只开花不结实，给栽培者带来巨大损失。因此，在建立甜樱桃园时要特别注意搭配有粉亲和力的授粉品种，并进行花期放蜂或人工授粉。

2. 果实的发育 樱桃属于核果类果树，其果实由外果皮、中果皮、内果皮（果核）、种皮和胚组成。可食部分为中果皮。樱桃果实的生长发育期较短，中国樱桃从开花到果实成熟 40～50 d；甜樱桃早熟品种 30～40 d，在中国樱桃的成熟后期至末期采收，中熟品种 50 d 左右，晚熟品种约 60 d。甜樱桃的果实发育可分为 3 个时期：自坐果到硬核前为第一速长期，历时约 25 d，主要特征是果实迅速膨大，果核增长至果实成熟时的大小，胚乳发育迅速；第二阶段为硬核期，是核和胚的发育期，历时 10～15 d，主要特征是果核木质化，胚乳逐渐为胚的发育所吸收消耗；第三阶段自硬核到果实成熟，主要特点是果实第二次迅速膨大并开始着色，历时约 15 d，然后成熟。樱桃果实的成熟比较一致。成熟期的果实遇雨容易裂果腐烂，要注意调节土壤湿度，防止干湿变化剧烈。成熟的果实要及时采收，防止裂果。

第三节 建园和栽植

樱桃和其他果树一样是多年生作物，在一个地点生长几十年，一年栽树，多年受益。因此，樱桃园建立的科学与否，对树体的生长发育、结果早晚、产量高低、品质优劣和以后的经济效益具有深远的影响。所以必须予以高度的重视，做到高标准建园。

一、建园

甜樱桃以半阴半阳又能避风的谷沟溪边的梯田为宜。这种立地条件下，可凭借小气候影响延迟花期，对躲过早春霜冻有一定效果，同时谷沟内一般空气湿度较大，又加靠近谷溪，对满足甜樱桃早期水分需求有好处。另一种园地是向阳缓坡地或丘陵地区背风向阳浅谷地，能使樱桃在春季得到充足光照和较多的热量，果实成熟早而整齐，着色好，品种质佳，经济效益较高。另外，甜樱桃生长强健，树体高大，又具有不耐涝、喜光性强、对土壤通气性要求高等特点，在选择园地时，应考虑选择地下水位低、排水良好、不易积水之处。中性至微酸性的沙壤土最适建园。

土质和土层深度对根系的发育和分布有直接影响。建甜樱桃园的地，活土层至少要在 1 m 以上。另外，甜樱桃根系呼吸强度大，对土壤空气中氧气浓度要求高，对土壤缺氧很敏感。建园时应选择土质疏松、透气性好、孔隙度大，而保肥能力又强的沙质壤土为最适宜。黏土或底土为黏板层的土壤，

不利于樱桃根系的生长。在这种土壤上栽培甜樱桃，不仅生长不良，而且容易诱发流胶病、干腐病、烂根病等，应尽量避免在这种土壤上建园。若想在这种土壤上建园，则必须掺沙进行改良，待透气性适宜后才能栽树。

二、栽植

（一）栽植密度

樱桃的栽植密度因种类、品种、砧木、土壤、肥水条件、整形方式而异。原则上生长势强、乔砧、肥水充足、管理水平高，采用大冠形整枝方式的栽植密度宜小些；反之宜大些。目前生产上常用的栽植密度见表51－2。

表51－2 甜樱桃一般栽植密度

品 种	山丘地				平原或沙滩地			
	瘠薄土壤		深厚土壤		肥力中等		土壤肥沃	
	株行距（m×m）	每667 m² 株数	株行距（m×m）	每667 m² 株数	株行距（m×m）	每667 m² 株数	株行距（m×m）	每667 m² 株数
岱红、美早	2×4	83	3×5	44	3×5	44	4×5	33
早大果、拉宾斯	2×3	111	2×4	83	2×5	66	3×5	44

（二）栽植方式

栽植方式随建园的地形而定。平原地和沙滩地宜采用行距大于株距的长方形方式。这种栽植方式光照条件好，行间通风，有利于生长和结果，果实品质高；投产前行间间作作物时间长，可增加前期经济效益；便于田间各项操作和病虫害防治；株距较小有利于发挥园片群体的防护作用，增强抗风能力。山地果园，多采用等高撩壕和梯田栽植，窄面梯田可栽1行，在梯田外沿土层厚处栽植；宽面梯田根据田面宽度可栽多行，采用三角形方式栽植。

（三）栽植时期

在冬季低温、干旱和多风的北方和沿海地区，秋栽的树若越冬保护不当或土壤沉实不好，容易抽干影响成活，最好春栽。春栽一般在土壤解冻以后，发芽以前进行，华北约在3月上中旬。在温暖湿润的南方，秋栽比春栽好，以10月底至11月上旬为宜。

（四）栽植前的土壤改良

栽植前进行土壤改良因操作方便而具有事半功倍的效果。山丘地具有透气性好的优点，但其土层薄、保肥保水能力差、土壤瘠薄等缺点。改良重点是加厚土层，增加保肥保水能力。采取的措施为修筑梯田、全园深翻、客土及增施有机肥等。沙滩地虽然透气性较好，但保肥保水能力差，土壤改良时如沙层下有黏板层，首先必须深翻打破黏板层，然后通过施有机肥、掺黏土等方式增强其保肥力。

（五）挖穴（沟）及施肥回填

确定主栽品种及株行距后，要及时挖穴（沟），平原较黏的土壤必须开沟。为防止穴（沟）内土壤不沉实，挖穴（沟）及施肥回填必须在冬前完成，否则若栽前才挖穴（沟）回填，容易因土壤下沉而栽植过深，苗木生长不良。穴的直径及沟宽为0.6 m，深50～60 cm。挖穴或开沟时，要将表土与心土分开放置。定植穴（沟）挖好后，应及时施肥回填。由于各层土壤的作用和性质不同，回填时要区别对待。穴（沟）底层土，多数风化不良通气不好。因此，应把粗大的有机物（如碎树叶、作物秸秆、杂草等）与原深层土混合填入，以改良深层土，增加透气性。中层是樱桃盛果期根系的主要分布层，这层土一定要做到“匀”，可回填混有优质有机肥的表土。表层0～30 cm土层是樱桃幼树根系的分布层，要做到“精细”，可回填掺有少量复合化肥和有机肥的原表土，把剩余的底土撒在表面使之风化。回填后要及时浇透水促进土壤沉实及有机肥的分解。

（六）栽植方法

第二年春季3月中旬，在原穴中央挖一30 cm见方的小穴。挖出来的土掺优质有机肥和约50 g磷酸二铵放在一边备用。把苗木放入小穴，苗木的原土印与地面相齐，把其根系舒展开，用掺好的土填在根系周围，一直填到略高于地面。在填土的过程中，要随填土，随踏实随晃动苗木，然后再踏实，使根系与土壤充分密接。在树穴周围筑起土埂，整好树盘，随即浇透水。水渗下后，整平树盘，用一块地膜覆盖树穴，有利于提高地温，保持湿度，促发新根，提高苗木的成活率。

樱桃怕涝，平地果园最好起垄栽植。方法是用行间表土和有机肥混匀后起垄，垄高30～50 cm、垄顶宽约80 cm，垄底宽约1.5 m，将樱桃按栽植要求栽在垄上（图51－1）。这样可防止夏季雨水积涝及传播病害。用这种方法栽的树比平栽的当年生长量可大1倍，以后树体发育也较好。

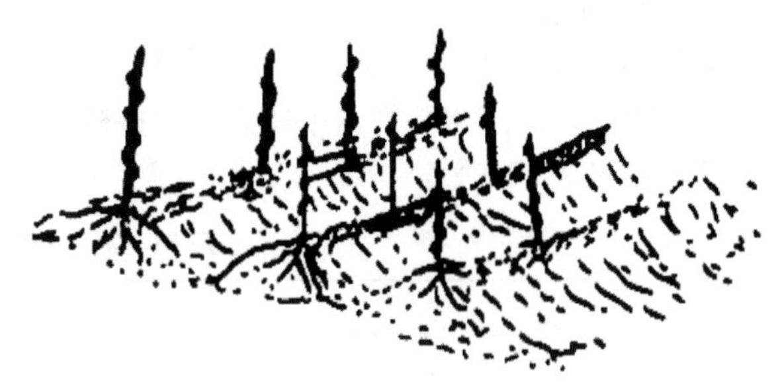

图51－1 起垄栽培

第四节 土肥水管理

一、土壤管理

樱桃适宜在土层深厚、土质疏松、透气性好、保水较强的沙壤土上栽培。在土质黏重、透气性差的黏土上栽培时，根系分布浅，不抗旱、涝，也不抗风。樱桃是浅根性果树，大部分根系分布在土壤表层，既不抗旱，也不耐涝，还不抗风。同时，要求土质肥沃，水分适宜，透气性良好。这些特点说明了樱桃对土肥水管理要求较高。因此，土肥水管理的重要任务就是培肥地力，提高土壤的肥沃度，为壮树、高产、优质奠定基础。

土壤管理是一项经常性的管理措施，其主要任务就是为根系生长创造一个良好的土壤环境，扩大根系的集中分布层，增加根系的数量，提高根系的活力，为地上部生长结果提供足够的养分和水分。土壤管理的好坏，直接影响到土壤的水、气、热状况和土壤微生物的活动，对提高土壤肥力，促进樱桃生长发育和开花结果有直接影响。因此，必须通过经常性的土壤管理，使果园的土壤保持永久疏松肥沃，使土壤水、气、热有一个协调而稳定的环境。樱桃的土壤管理主要包括土壤深翻扩穴、中耕松土、果园间作、水土保持、树盘覆草、树干培土等，具体做法要根据当地的具体情况，因地制宜地进行。

（一）深翻扩穴

山丘地果园多半土层较浅，土壤贫瘠，妨碍根系生长；平原地果园，一般土层较厚但透气性较差，排水、透气较差。深翻扩穴可加厚土层，改善通气状况，结合施有机肥可改良土壤结构，增强其稳定性，利于根系生长。

深翻扩穴应从幼树开始，坚持年年进行。我国北方地区一般春季干旱。深翻扩穴的时期最好在秋季9月下旬至10月中旬结合秋施基肥进行。此时深翻气温较高，有利于有机肥的分解；根系处于活动期，断根容易愈合，翌春形成新根数量多，增强对养分和水分的吸收能力；还利于冬季积蓄雨雪，增加土壤含水量；还有利于消灭部分越冬害虫。

山丘地果园可采用半圆形扩穴法，将一株树分两年完成扩穴，以防伤根太多影响树势。扩穴的环沟可距树干1.5 m处开挖，沟深50 cm左右，沟宽50 cm左右，沟挖好后，可将土与粉碎的秸秆和腐熟的厩肥、堆肥等有机肥混合后回填，以增加土壤中的有机质，改良土壤，促进根系生长。回填时可分层进行，随填随踏实，填平后立即浇水，使回填土沉实。深翻过程中注意不要伤及粗根，要把根按

原方向伸展开。

平原地或沙滩地果园地势平坦，可采用“井”字沟法深翻或深耕，分年完成。采用此法时，可距树干1米处挖深50 cm，宽50 cm的沟，隔行进行，第二年再挖另一侧。回填土及注意事项同上。若采用深耕法，可先在行间撒上粉碎的秸秆、厩肥等再深翻压入土中。

（二）中耕松土和浅刨

樱桃树根系较浅，对土壤水分状况尤为敏感，根系呼吸又要求较好的土壤通气条件，因此雨后和浇水之后的中耕松土成为一项经常性的重要土壤管理工作。特别是进入雨季之后，甜樱桃的白色吸收根向表层生长，这种现象俗称“雨季泛根”。雨季泛根就说明土壤含水量过多，是深层土壤的透气性差造成的。中耕松土一方面可以切断土壤的毛细管保蓄水分，同时消灭杂草，减少杂草对养分的竞争，还可改善土壤的通气状况。中耕深度一般以5～10 cm为宜。中耕次数要看降雨情况和灌水次数及杂草生长情况而定，以保持樱桃园清洁无杂草、土壤疏松为标准。中耕时要注意加高树盘土壤，防止雨季积涝。山东烟台甜樱桃产区的果农素有浅刨果园的习惯。秋、春季浅刨果园，既可增强土壤透气性，又有较好的蓄水保墒效果。在春旱严重的北方，浅刨是春季抗旱的一项措施。浅刨时应距树干50 cm，以免伤及粗根。

（三）树盘覆草

树盘覆草能使表层土壤温度相对稳定，保持土壤湿度，提高有机质含量，增加团粒结构，在山丘地缺肥少水的果园内覆草尤为重要。覆草还可促进根系生长，特别有利于表层细根的生长，促进树体健壮生长，有利于花芽分化，提高坐果率，增加产量，改善品质。山东烟台果农在甜樱桃园覆草后，花朵坐果率比不覆草的提高24.1％～27.2％，平均单果重比对照高18.4％，且花芽数量明显增多，收到了增产和提高品质的双重效果。

覆草时间一般以夏季为最好，因此时正值雨季、温度又高，草易腐烂，不易被风吹走。在干旱高温年份，此时覆草可降低高温对表层根的伤害，起到保根的作用。覆草的种类有麦秸、豆秸、玉米秸、稻草等多种秸秆。数量一般为每667 m^2 2 000～2 500 kg麦秸，若草源不足，应主要覆盖树盘，覆草厚度为15～20 cm。覆盖前，要把草切成5 cm左右，撒上尿素或鲜尿堆成垛进行初步腐熟后再覆盖效果更好。覆草时，先浅翻树盘。覆草后用土压住四周，以防被风吹散。刚覆草的果园要注意防火。每次打药时，可先在草上喷洒一遍，集中消灭潜伏于草中的害虫。覆草后若发现叶色变淡，要及时喷一遍0.4％～0.5％的尿素。土质黏重的平地果园及涝洼地不提倡覆草，因其覆草后雨季容易积水，引起涝害。

（四）树干培土

树干培土也是樱桃园的一项重要管理措施。樱桃产区素有培土的习惯，在定植以后即在樱桃树基部培起30 cm左右的土堆。培土除有加固树体的作用外，还能使树干基部发生不定根，增加吸收面积，并有抗旱保墒的作用。在甜樱桃进入盛果期前，一定要注意培土。培土最好在早春进行，秋季将土堆扒开，这样可以随时检查根颈是否有病害，发现病害及时治疗。土堆的顶部要与树干密接，防止雨水顺树干下流进入根部，引起烂根。

（五）间作

幼树生长期间，为了充分利用土地和光能，提高土壤肥力，增加收益，可在行间合理间作经济作物，以弥补果园早期部分投资。间作物一般以花生、绿豆类等矮秆豆科作物为好，不宜间作小麦、地瓜、玉米等影响大樱桃生长的作物。间作时要留足树盘，面积不得少于1 m^2。间作时间最多不超过3年，以不影响树体生长为原则。

（六）生草技术

果园生草是指在果树行间或间隙地任其自然生草或人工种草的土壤管理制度，已成为发达国家开发成功的一项现代化、标准化的果园土壤管理技术。果园生草栽培，是指在果树行间或全园种植多年生草本植物或利用自然生长的禾本科和豆科类草、当草生长到一定高度时定期刈割，用割下的茎秆覆盖树盘、并让其自然腐烂分解的栽培方式。果园生草栽培，也是果园生长期采取的一种土壤管理制度。果园生草分为自然生草和人工种草，从草的生长位置又分为全园生草、行间生草和株间生草。全园生草一般应用于成龄果园，而在幼龄果园一般应用行间生草、株间清耕。

果园生草的优点主要有改良土壤结构，增强土壤透气性和保、蓄水能力；增加土壤有机质含量；保证表层土壤温度和水分稳定，保护表层根；改善果园的小气候和生态环境，提高苹果产量和果实品质。

1. 草种的选择 草种选择是果园生草栽培成功与否的关键，一般应遵循原则：对气候、土壤条件等适应性强；固地覆盖性强；植株矮小；鲜草产量高、富含养分和易腐烂；对苹果树生长无不良影响，不滋生果园病虫害；容易栽培管理。

生产上生草常用的草种种类有：

(1) 白三叶。属豆科多年生草本植物，植株低矮，根系浅，草层覆盖度高。白三叶适于土壤肥力较高的地块，缺点是抗旱、抗冻力差。

(2) 黑麦草。属禾本科多年生草本植物，抗寒、耐践踏、再生能力强等特点，适应性广。

(3) 羊茅草。属多年生禾本科丛生型草，须根发达、强健，覆盖率高；耐旱、耐瘠薄、耐践踏。

2. 生草方法

(1) 整地施肥。生草草种播种前，应对土壤进行施肥深翻。施肥数量为：有机肥每 667 m^2 3～4 m^3，磷酸二铵 20～30 kg。施肥后进行深翻，耕翻深度 20～30 cm，然后平整土壤。

(2) 播种时间与方法。以秋季 9 月中下旬播种为最适。播种可采用直播法。播前半月要灌一次水，然后播种草籽。播种方法主要有撒播和条播等方法。撒播时，易出现播种不均匀、出苗不整齐，苗期清除杂草困难，管理难度大，缺苗断垄现象严重等现象。条播行距为 15～20 cm；土质好、肥沃、有水浇条件的果园，行距可适当放宽；土壤瘠薄、肥水条件差的果园，行距要适当缩小。播后可适当覆草保湿或补墒，促进种子萌芽和幼苗生长。

(3) 播种后管理。生草初期应注意加强水肥管理。根据苗的生长情况，酌情增施氮肥，每667 m^2 施尿素 8～10 kg，促使苗早期生长。需及时清除野生杂草，干旱时应及时灌水。果园生草成坪后，不需要施用氮肥。

3. 刈割时期和方法 刈割的时间依草的生长状况和高度而定。一般情况下，草生长到 30～40 cm 高度时，用镰刀或割草机刈割；刈割要留茬，草留茬高度应根据草的更新能力和草的种类确定，一般豆科草要留 3～4 个分枝，禾本科草要留有心叶、一般离地面 5～10 cm 高度。播种当年，一般割刈 2～4 次；第二年后，可割刈 4～5 次；生长快的草，刈割次数多。刈割下来的草，常常铺盖于树盘上；对全园生草的果园，刈割下来的草就地撒开，也可开沟深埋，与土混合沤肥。

4. 自然生草 果园生草还可自然生草后人工管理。自然生草要求将深根性草（如曼陀罗、苘麻、刺儿菜、反枝苋和灰菜等）去掉，保留浅根性草（如鸡窝草、虱子草、狗尾草、虎尾草、牛筋草和地锦草等），可先任杂草自然生长，其间及时拔除有害杂草，等保留下的草旺盛生长时进行管理。与人工种草一样在草旺盛生长季节都要刈割 3～5 次，割后保留 5～10 cm 高，割下的草覆于树盘下。

二、施肥管理

(一) 施肥依据

甜樱桃施肥，应以树龄、树势、土壤肥力和品种的需肥特性为依据，掌握好肥料种类、施肥数量、时期和方法，及时适量地供应甜樱桃生长发育所需要的各种营养元素，达到壮树、优质、高产的目的。

1. 树龄 三年生以下的幼树，树体处于扩冠期，营养生长旺盛，此期对氮、磷需求较多，应以

氮为主，辅以适量磷肥，促进树冠及早形成，为结果打下坚实的基础。四至六年生为初果期，此期除了树冠继续扩大，枝叶继续增加外，关键是完成由营养生长为到生殖生长的转化，促进花芽分化是施肥的重要任务。因此，施肥上应注意控氮、增磷、补钾。七年生以后进入盛果期，除供应树体生长所需肥料、补充消耗外，更重要的是为果实生长提供充足营养。樱桃果实生长需钾较多，因此应增加钾肥施用量。

2. 年周期需肥特点 年周期中，樱桃具有生长发育迅速需肥集中的特点。从展叶、开花、果实发育到成熟都集中在生长的前半期，即4～6月下旬，而花芽分化则集中在采收后较短的时期内。由于早春气温及土壤温度较低，根系的活动较差，对养分吸收的能力较弱。因此，在生长的前半期主要是利用冬前在树体内贮藏的养分，贮藏养分的多少及分配对樱桃早春的枝叶生长、开花、坐果和果实膨大有很大影响。贮藏养分的水平还影响花果的抗冻性，据调查，树体营养贮备水平高的，春季花果冻害率只有0.25%；而树体营养贮备水平低的，其花果冻害率高达62.26%。根据这一特点，在樱桃施肥上，要重视秋季施肥，追肥要抓住开花前后和采收后两个关键时期。

3. 生长势 要求通过增施有机肥、调节氮磷的比例，使一至三年生幼树外围新梢平均生长量为60～100 cm，四至六年树为40～60 cm，以达到壮树、控制旺长、恢复弱树的长势、连年丰产稳产的目的。

（二）施肥原则

1. 增施有机肥，以稳为核心 有机肥不仅具有养分全面的特点，而且可以改善土壤的理化性状，有利于甜樱桃根系的发生和生长，扩大根系的分布范围，增强其固地性。早施基肥，多施有机肥还可增加甜樱桃贮藏营养，提高坐果率，增加产量，改善品质。

2. 抓住几个关键时期施肥 生命周期中抓早期，先促进旺长，再及时控冠促进花芽分化。年周期中抓萌芽期、采收后和休眠前三个时期。

3. 以平衡施肥为主 追肥上应以平衡施肥为主，然后根据各时期的需肥特点有所侧重。

（三）施肥种类

有机肥是指含有机营养物质的肥料。在有机营养物质中，主要是糖、蛋白质类及树脂类等，并含有各种矿质元素，这些物质在果实生长发育中起着重要的作用。有机肥包括绿肥、厩肥、人粪尿、饼渣肥、鱼腥肥等。在烟台甜樱桃产区，主要以豆饼肥（黄豆煮熟发酵）、人粪尿、厩肥、猪圈粪等有机肥做基肥。这些有机肥含有丰富而完全的营养成分。如人粪尿含有机质5%～10%，氮、磷、钾的含量分别为0.5%～0.8%、0.2%～0.4%和0.2%～0.4%；猪圈粪中含有机质11.5%，氮、磷、钾含量分别为0.45%、0.19%和0.60%。牛、马粪中含有机质11%～19%，氮、磷、钾含量分别为0.45%～0.58%、0.23%～0.28%和0.50%～0.63%。这些肥料不仅有利于土壤团粒结构的形成和维持，而且可提高土壤的保肥、蓄水能力，有利于土壤微生物的繁殖和活动，促进有机物的分解和转化，增进地力。实践证明，只有不断地施有机肥，才能不断地补充被消耗的土壤有机质，保持土壤的肥力。

日本、美国的甜樱桃园，普遍种植绿肥，果树行间多年不耕、不刨、不锄，年内用割草机割3～5次，使果园土壤有机质含量逐年提高。0～20 cm土层内的有机质含量一般达3%左右。在我国，可用于果园种植的绿肥有苜蓿、三叶草、田菁、柽麻、箭筈豌豆等。果园地边、地头可栽植紫穗槐。据测定每667 m^2 毛叶苕子翻压后，就等于施纯N 5.6～8.4 kg，P_2O_5 1.3～1.95 kg，K_2O 4.3～6.45 kg。凡长期间种绿肥作物的土壤，由于有机质和含氮的增加，pH会缓慢下降。

另一种肥料化肥是指工业生产的单元素和多元素速效性肥料。氮肥有尿素等，磷肥有磷酸二胺、过磷酸钙等，钾肥有硫酸钾等。多元肥料有掺（混）肥和复合肥等几种形式。实践证明，甜樱桃施用化成复合肥的效果较好，如15-15-15氮磷钾复合肥、12-12-17-2氮磷钾镁复合肥等。

(四) 施肥量

在烟台，甜樱桃产区给结果树施基肥，一般每株施入粪尿 30～60 kg，或猪圈粪 100 kg 左右。在日本甜樱桃主产区山形县，要求贫瘠土壤的樱桃园和树龄大的樱桃园多施肥，肥沃的樱桃园和树龄短的樱桃园则少施肥。一般火山灰两次堆积的土壤，每 667 m^2 以施氮素 10 kg，五氧化二磷 4 kg，氧化钾 8 kg 为宜。特别指出过多的施肥会造成果实品质下降、结果不稳定、土壤恶化等不良现象。施用家禽粪便时，应相应减少化肥的施用量。表 51-3 是总结有关各国资料推荐的施肥量，供参考。

表 51-3 不同树龄甜樱桃每 667 m^2 的施肥量

单位：kg

树龄（年生）	有机肥	尿素	过磷酸钙	硫酸钾
1～5	1 500～2 000	5～10	20～30	3～5
6～10	2 500～3 500	10～15	30～40	5～10
11～15	3 500～4 500	15～25	30～50	10～30
16～20	3 500～4 500	15～25	30～50	10～30
21～30	4 500～5 000	15～30	35～60	15～35
＞30	4 500～5 000	15～30	35～60	10～30

(五) 施肥时期

秋季、花前及采收后是甜樱桃施肥的三个重要时期。

1. 秋施基肥 宜在 9～10 月进行，以早施为好，可尽早发挥肥效，有利于树体贮藏养分的积累。实验证明，春施基肥对甜樱桃的生长结果及花芽形成都不利。

2. 花前追肥 甜樱桃开花坐果期间对营养条件有较多的要求。萌芽、开花需要的是贮藏营养，坐果则主要靠当年的营养，因此初花期追施氮肥对促进开花、坐果和枝叶生长都有显著的作用。甜樱桃盛花期土壤追肥肥效较慢，为尽快地补充养分，在盛花期喷施 0.3%的尿素+0.1%～0.2%硼砂+磷酸二氢钾 600 倍液，可有效地提高坐果率，增加产量。

3. 采果后追肥 甜樱桃采果后 10 d 左右，即开始大量分化花芽，此时正是新梢接近停止生长时期。整个花芽分化期 40～45 d，采收后应立即施速效肥料，最好是复合肥，以促进甜樱桃花芽分化。

(六) 施肥方法

基肥的施用可与深翻扩穴相结合，也可单独施用。施用方法主要有辐射沟法和环状沟法。辐射沟法是在距树干 50 cm 处向外开挖，辐射沟要用里窄外宽、里浅外深，靠近树干一端的宽度及深度为 30 cm 左右，远离树干一端为 40～50 cm，沟长在树冠投影外约 20 cm 处，沟的数量为 4～6 条。环状沟是在树冠的投影处开挖长度约 50 cm，深 40～50 cm 的环沟。施肥沟要每年变换位置交替进行。基肥还可结合秋刨园撒施。基肥必须连年施用。生产实践经验表明，有机肥对提高樱桃产量、改善樱桃品质有明显的作用。

追肥分土壤追肥和根外追肥两种方式，土壤追肥是主要的追肥方式。土壤追肥主要有两次，分别为开花坐果期和采果后。樱桃开花结果期间，消耗大量养分，对营养条件有较高要求，必须适时足量追施速效性肥料，以提高坐果率，增大果个，提高品质，促进枝叶生长。此期追肥主要是复合肥和腐熟的人粪尿。盛果期大树一般株施复合肥 1.5～2.5 kg，或株施人粪尿 30 kg，开沟追施、追后浇水。樱桃采果以后由于开花结果树体养分亏缺，又加之此期正值花芽分化盛期及营养积累前期，需要及时补充营养。采果后补肥一般在果实采收后 6 月中下旬至 7 月上旬进行。肥料类型主要为腐熟的人粪尿、猪粪尿、豆饼水、复合肥等。人粪尿每株可施 60～70 kg、或猪粪尿 100 kg、或豆饼水 2.5～3.5 kg、或复合肥 1.5～2.0 kg。施肥方法可采用多条（6～10 条）辐射沟或环状沟施肥法。施肥后随浇透水。

根外追肥是一种应急和辅助土壤追肥的方法，具有见效快、节省肥料等优点。根外追肥也集中于前半期施用，因为这一时期消耗较多，根外追肥可及时补充消耗，对提高坐果、增加产量和改善品质有较好的作用。根外追肥可以与防治病虫害相结合，但要求两者之间无不良反应。喷洒时间一般在一天的下午和傍晚。喷洒部位以叶背面为主，便于叶片吸收（表 51－4）。

表 51－4　甜樱桃的根外追肥

时　期	种类、浓度	作　　用	备　　注
萌芽前	1%～4%尿素	促进萌芽、叶片、短枝发育，提高坐果率	前一年负荷量大或秋季落叶树更加重要。可连续 2～3 次
萌芽后	0.3%尿素	促进叶片转色、短枝发育，提高坐果率	可连续 2～3 次
花期	0.2%～0.3%硼砂	提高坐果率	可连续喷 2 次
果实发育期	0.3%～0.4%硼砂	防治缩果病	可连续喷 1～2 次
	0.4%～0.5%磷酸二氢钾	增加果实含糖量，促进着色	可连续喷 3～4 次
采收后	0.3%～0.5%尿素	延缓叶片衰老，提高贮藏营养	可连续喷 3～4 次，大年尤其重要
	0.2%～0.3%硼砂	矫正缺硼症	主要用于易缺硼的果园

三、水分管理

水是樱桃正常生长发育获得高产优质的重要条件。樱桃正常生长发育需要一定的大气湿度，但高温多湿又容易导致徒长，不利结果。在坐果后若过于干旱则又影响果实的发育，会导致果实发育不良而产生没有商品价值的所谓“柳黄”果，造成减产减收。甜樱桃对水分状况较敏感，世界上甜樱桃的各大产区，大部分都分布在靠近大水系较近的地区或沿海地区，这些地区一般雨量充沛，空气湿润，气温变化较小。

樱桃和其他核果类果树一样，根部要求较高浓度的氧气，对根部缺氧十分敏感，若根部氧气不足，便会影响树体的生长发育，甚至会引起流胶等因缺氧诱发的病害。土壤黏重、土壤水分过多和排水不良，都会造成土壤氧气不足，影响根系的正常呼吸，轻则树体生长不良，重则造成根腐、流胶等涝害症状，甚至导致整株死亡。若土壤水分不足，会影响树体发育形成“小老树”，产量低，品质差。因此，在土壤管理和水分管理上要为根系创造一个既保水又透气的良好的土壤环境，雨季注意排水，经常中耕松土，秋季注意深翻，促进根系生长。

年周期内各个生长发育期，甜樱桃对水分的需求状况也有差异。据于绍夫调查，在果实发育的第二期（硬核期）的末期，是旱黄落果最严重的时期，严重时高达 50%以上，是果实发育需水的临界期。此时若干旱少雨应适时灌水，才能保证果实发育正常，减少落果，增加产量，提高品质。在果实发育期，若前期干旱少雨又未浇水，在接近成熟时偶尔降雨或浇水，往往会造成裂果而降低品质。因此，甜樱桃是既不耐涝又不抗旱的树种，对水分状况极为敏感。我国北方往往是春旱夏涝，所以春灌夏排是樱桃水分管理的关键。

（一）适时浇水

1. 灌水时期　樱桃的浇水可根据其生长发育中需水的特点和降雨情况进行，一般每年要浇水 5 次。

（1）花前水。在发芽后开花前（3 月中下旬）进行。主要是为了满足发芽、展叶、开花对水分的需求。此时灌水还有降低地温，延迟开花期，有利于防止晚霜危害的作用。

（2）硬核水。硬核期（5 月初至 5 月中旬）是果实生长发育最旺盛的时期，此期若水分供应不足，影响幼果发育，易早衰脱落。所以此期 10～30 cm 的土层内土壤相对含水量不能低于 60%。否则就要及时灌水，此次灌水量要大，浸透土壤 50 cm 为宜。

(3) 采前水。采收前 10～15 d 是樱桃果实膨大最快的时期，灌水与不灌水对产量和品质影响极大。此时若土壤干旱缺水，则果实发育不良，不仅产量低，而且品质亦差。但此期灌水必须是在前几次连续灌水的基础上进行，否则若长期干旱突然在采前浇大水，反而容易引起裂果。因此，这次浇水采取少量多次的原则。

(4) 采后水。果实采收以后，正是树体恢复和花芽分化的关键时期，要结合施肥进行充分灌水。

(5) 封冻水。落叶后至封冻前要浇一遍封冻水，这对樱桃安全越冬、越少花芽冻害及促进树体健壮生长均十分有利。

2. 灌水方法 一般是采用畦灌或树盘灌。先在树冠处沿以树干为中心筑起土埂，把树间隔在方形或长方形畦内，整平畦面，树干周围土面稍高，使干周围不积水，灌水均匀。在有条件的地方，还可采用喷灌、微喷灌和滴灌。这些先进的灌水方式，不仅可控制水量节约用水、灌水均匀、减轻土壤养分流失、避免土壤板结、保持团粒结构，还可增加空气湿度、调节果园的小气候，减轻低湿和干热对樱桃的危害。在晚霜危害时，利用微喷灌对树体间歇喷水可防止霜冻。

（二）雨季排水

樱桃树是最不抗涝的树种之一。在建园时要选择不易积水的地块，并搞好排水工程。在雨季来临之前，要及时疏通排水沟渠，并在果园内修好排水系统，这对平原和沙滩地果园十分必要。具体做法是在行间开挖 20～25 cm 深、宽 40 cm 的浅沟，与果园排水沟相通，挖出的土培在树干周围，使树干周围高于地面；再在距树干 50 cm 处挖 4 条辐射沟，与行间浅沟相通，辐射沟内填埋长玉米秸秆。这样如遇大雨便可使果园内雨水迅速排出，避免积涝。同时在每次降雨以后要及时松土，改善土壤的通气状况，防止雨季泛根。

第五节 花果管理

一、花期授粉

甜樱桃多数品种自花结实率很低，需要异花授粉才能正常结果，即便在建园时配置了适宜的授粉树。但由于樱桃开花较早，常遇低温等不利天气的影响，特别在沿海地区往往在花期出现低温多阴天气等，这种天气不利于昆虫活动，对授粉受精十分不利，不同年份对产量影响很大。因此，每年花期都应进行辅助授粉，提高坐果率。目前生产上常采用的辅助授粉方法主要有利用昆虫和人工授粉两种方法。

（一）利用昆虫授粉

利用昆虫授粉主要是通过昆虫的访花活动达到授粉的目的。在内陆地区早春回暖快，花期多晴朗天气，有利于昆虫访花活动，利用昆虫授粉是主要形式。注意保护野蜂、花期果园放蜜蜂及放养壁蜂等方法，均有利于提高坐果率。据邵达元调查，凡进行放蜂的樱桃园，一般提高花朵坐果率 10%～20%，增产效果明显，也较省工。但须注意花期禁止喷药，以免危害访花昆虫，影响授粉。

我国果农素有在果园放养蜜蜂的习惯。但蜜蜂出巢活动需天气晴朗、无风、气温较高，访花效果远不如野蜂和壁蜂。壁蜂有许多种类。角额壁蜂（又名小豆蜂）是日本果园访花授粉应用最多的一种壁蜂。中国农业科学院生防室 1987 年从日本引进了角额壁蜂，现已在威海、烟台等地推广应用。角额壁蜂具有春季活动早、活动温度低、适应性强、活泼好动、访花频率高、繁殖和释放方便等优点，是甜樱桃园访花授粉昆虫中的一个优良蜂种。角额壁蜂成蜂访花具有单一性，访花期寿命仅 15 d 左右，飞行距离在 60 m 以内。气温低于是 13 ℃时，活动力下降，风速超过去时 10 m/s 时，访花蜂量减少 60%。一天中，以 11:00～15:00 为访花活动盛期。在甜樱桃园利用角额壁蜂授粉时，蜂巢宜设置在背风向阳的地方，蜂巢距地面 1 m 左右，每巢内 250～300 支巢筒。其中，巢筒顶端为绿色的，占 60%；红色的，占 20%；黄色的，占 14%；白色的，占 6%。为便于雌蜂出入，巢筒长度以 15～

20 cm 为宜，壁径 5～6 mm。为提高蜂的回收率，要将蜂巢附近的野菜铲除，并栽植十字花科蔬菜。这样，子蜂的回收率可达 1∶2。烟台市郊应用角额蜂对红灯授粉，花朵坐果率达到 27.9%～31.2%，比自然授粉提高 16.0%～16.6%。

（二）人工辅助授粉

要作好人工授粉，首先要采花取粉。采花宜在铃铛花期进行，以与主栽品种授粉亲和力强的品种为主，采集混合花粉进行授粉。对甜樱桃人工点授授粉时，即以毛笔或橡皮头蘸取花粉，点授到花朵柱头上即可。一般以开花的第一至第二天，点授效果最好。由于甜樱桃花量大，果又小，采用人工点授用工多，费力大，不容易在露地樱桃生产上推广。当前生产上采用的授粉器是在不需采粉的情况下进行人工授粉的一种比较简单的方法。可用柔软的家禽羽毛作成一毛掸，也可用市售的鸡毛掸进行，用这种掸子在授粉树及主栽品种树的花朵上轻扫，便可达到传播花粉的目的。因为甜樱桃柱头接受花粉的能力只有 4～5 d，因此人工授粉在盛花后越早越好，必须在 3～4 d 完成，为保证不同时间开的花都能及时授粉，人工授粉应反复进行 3～4 次。采取这种方法授粉，花朵坐果率可提高10%～20%。

除了上述辅助授粉措施以外，在盛花期前后喷布 2 次 0.3%尿素、0.3%硼砂或磷酸二氢钾对提高坐果率也有明显的效果。

二、促进果实着色

甜樱桃果实发育过程中，果皮的色素会发生一系列的变化。甜樱桃未成熟果，果皮细胞中含有大量紫黄素，随着果实的成熟，花色素苷大量增加。红色果实的着色情况如何，是果实品质的重要标志。因此，促进果实着色，是提高果实品质的重要技术措施。促进果实着色的方法，包括采用变则主干形树形、夏剪、摘叶、绑叶和铺设反光材料等措施。

三、预防和减轻裂果

甜樱桃果实采收前经旱遇雨，容易发生裂果。裂果的数量和程度，因品种特性和降水量而不同。研究认为，吸水力强、果面气孔大、气孔密度高，以及果皮强度低的品种，如艳阳、水晶、滨库等裂果重。在甜樱桃果实发育的第三个时期（即第二次迅速生长期），裂果指数随着单果重的增加而增加。果实采收前，降水量大或大量灌水时，会加重裂果。

鉴于上述情况，预防和减轻甜樱桃裂果，可以采取选择抗裂果品种和稳恒土壤水分状况两项技术措施。

1. 选用抗裂果品种　从严格意义上讲，目前甜樱桃尚未发现完全抗裂果的品种。在容易发生裂果的地区，可以选用拉宾斯、萨米特等比较抗裂果的品种。也可根据当地雨季来临的早晚，选用雨季来临前果实已经成熟的早熟品种或中早熟品种，如岱红、美早等。

2. 稳恒土壤水分状况　于绍夫（1977）对烟台甜樱桃产区黏壤土水分状况的研究认为，当根系主要分布层的含水量下降到 10%～12%时，就会出现旱象，发生旱黄落果。如果这种情况出现在果实硬核至第二次速长期，遇有降雨或灌大水时，就会发生裂果。因此，甜樱桃园 10～30 cm 深的土壤含水量，下降到田间最大持水量 60%以前，就要灌水，并且小水勤水，维持相对稳恒的土壤含水量，是防止裂果的关键。

第六节　整形修剪

甜樱桃的树形主要有丛状形、自然开心形、自然圆头形、主干疏层形和改良主干形。丰产树形为改良主干形。

樱桃优质丰产树体结构具备以下几个特点。

(1) 低干、矮冠。低干，缩短了地下部的根与地上部枝叶之间养分的运输距离，有利于壮树和结果。矮冠可以减轻风害，提高樱桃的抗逆性，便于果园管理，还可增强树体的采光性能，内膛枝组生长良好，结果多，品质佳。

(2) 骨干枝级次少，结果枝数量多。减少骨干枝的级次，结果枝组直接着生在主枝上，有利于合理利用空间，便于集中养分用于结果。

(3) 主枝角度大，光照充分。主枝基角大，有利于缓和树势，削弱极性生长、平衡营养生长和生殖生长的关系、促进中短枝的发育、内膛空间大、光照条件好、花芽质量好、产量高、品质优。

改良主干形（又称直干形）类似苹果的自由纺锤形。20 世纪 80 年代以来，日本密植甜樱桃园和容器限根栽培中常用这种树形，我国新建果园也有采用这种树形的。其树体结构的特点是：干高 50～60 cm，有中心领导干并直立挺拔。在中心领导干上配备 10～15 个单轴延伸的主枝，下部主枝间的距离为 10～15 cm，向上依次加大到 15～20 cm；下部主枝较长，长 1.5～2.0 m，向上逐渐变短；主枝自下而上呈螺旋状分布。主枝基角 80°～85°，接近水平。在主枝上直接着生大量的结果枝组。树高保持在 3 m 左右（图 51－2）。改良主干形树体结构简单，骨干枝级次少，整形容易，树体光照好，成花容易，结果枝数量多，营养集中，产量高，品质较好，最适合密度在（2～3）m×(3～5) m 条件下干性较强的品种。在山东临朐县试用的结果表明，该树形成形易、管理方便、早期产量较高。

图 51－2 改良主干形

改良主干形整形过程为：第一年春定干高度在 80～100 cm，通过刻芽促发多主枝，在离地面 60 cm以上部位培养 3～5 个主枝，主枝间距保持在 10～15 cm。且在空间均匀分布。第二年春中心干延长头剪留 40～60 cm，继续插空刻芽按整形要求培养主枝。对上一年留下的主枝，处于树冠下部的拉开角度缓放不剪，上部的留 2～4 个芽重短截，目的是加强对中央领导干的培养。秋季对较长的主枝拉枝开角。以后 2～3 年重复上述工作，改良主干形便基本完成。

一、夏季修剪的方法及运用

夏季修剪可缓和树的长势，促发中短枝，有利于花芽的形成，这些作用是冬季修剪不能代替的。特别是当采取改良主干形时，如果夏剪不及时，则达不到预期的目的，因此要重视夏季修剪。

(一) 刻芽

用小钢锯条在芽的上方横拉一下，深达木质部，刺激该芽萌发成枝的措施称刻芽。少量刻芽能提高侧芽的萌发质量，促发长枝，其应用主要在幼树整形上和弥补冠内的空缺。大量刻芽能提高侧芽的萌发数量，促发短枝，提早结果。对甜樱桃刻芽必须严格掌握刻芽时间，要在芽萌发前 30～40 d 进行。

(二) 摘心

在新梢木质化以前，摘除或剪去新梢先端部分（图 51－3），这种夏季修剪的方法称为摘心。摘心主

图 51－3 摘 心

要应用于幼树和旺长树。摘心可控制旺长，促发二次枝、加速整形、增加枝量、加速扩大树冠、促进花芽形成、提早结果。摘心又分早期摘心和生长旺季摘心。

1. 早期摘心　一般在花后 7～10 d 进行，对幼嫩新梢保留 10 cm 左右摘心。这样摘心以后，除顶端发生一条中枝以外，其余各芽均可形成短枝。此期摘心的主要目的在于控制树冠和培养小型结果枝组，也可用于早期整形。

2. 生长旺季摘心　在 5 月下旬至 7 月中旬进行。对旺长枝保留 30～40 cm 把顶端摘除，用以增加枝量。在幼龄期连续摘心 2～3 次能促进短枝形成，提早结果。

（三）扭梢

在新梢半木质化时，用手捏住新梢的中部反向扭曲 180°，别在母枝上，伤及木质部和皮层而不扭断，这种操作称为扭梢（图 51-4）。扭梢后的枝长势缓和、积累养分增多，有利于花芽分化。扭梢操作过早、过晚都易扭断新梢，必须在半木质化时进行。

图 51-4　扭　梢

（四）拿枝

用手对旺梢自基部到顶端逐段捋拿。伤及木质部而不折断的操作称拿枝。拿枝在 5～8 月皆可进行。拿枝有较好的缓势促花作用，还可用于调整 2～3 年生幼树骨干枝的方位和角度。

（五）开张角度

主枝角度特别是基角是否较大，是丰产树形的一个重要指标。开张主枝基角，有利于削弱极性生长、缓和树势、促发短枝、促进发芽分化，更重要的是改善内膛光照条件，防止结果部位外移，增加结果面积。甜樱桃幼树生长旺盛，主枝基角小，树姿直立，不甚开张，必须进行人工开张主枝基角。

开张角度的方法有拉枝、拿枝、坠枝、撑枝、别枝等，最常用的方法是拉枝。

拉枝开角要早进行，因为早拉枝，枝条较细，容易操作；早开张角度，有利于早形成结果枝，早结果、早收益。因此，定植后第二年开始便要拉枝开角。

拉枝的时期可在 3 月下旬树液流动以后或 6 月底樱桃采收以后进行。用铁丝拴住大枝条的 1/3 或 1/2 处，着力点用废胶管、硬纸等物衬垫。以防损伤皮层，下端用木桩固定在地下，把大枝向下拉至整形所需角度，一般为 75°～85°（图 51-5）。由于甜樱桃分枝角度小，拉枝容易劈裂或造成分枝点受伤而流胶，在拉枝之前，可先用手摇晃大枝基部使之软化，避免劈裂，也容易开角。开张的角度可视树或枝的长势灵活掌握，树（枝）势强的，角度可大些，反之宜小些。拉枝开角时，还要注意调节主枝在树冠空间的方位，使主枝均匀分布，合理利用空间。

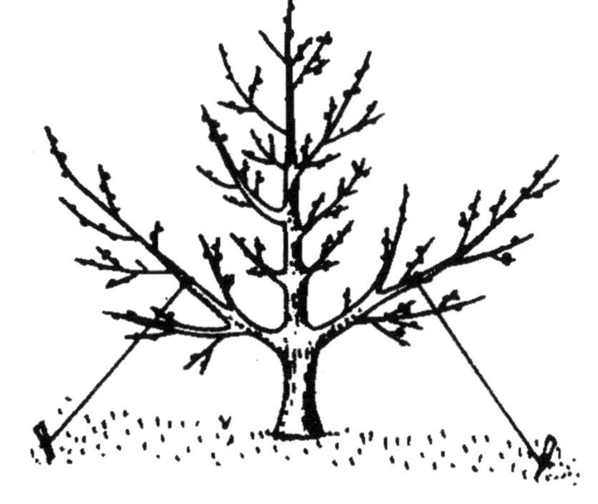

图 51-5　拉　枝

二、冬季修剪的方法及运用

（一）缓放

对一年生枝不进行剪截。任其自然生长，称为缓放，又称为甩放、长放。缓放有利于缓和生长势，减少长枝数量，增加短枝数量，促进花芽形成，是幼树上常用的修剪方法。缓放必须因枝而异，幼龄期的树，多数中庸枝和角度较大长枝缓放的效果很好；直立强旺枝和竞争枝如果所处空间较大也可缓放，但必须拧劈拉平处理后再缓，否则如果不处理直接缓放直立旺枝和竞争枝，这种枝加粗很快，容易形成“鞭杆枝”，扰乱树形，导致下部短枝枯死。幼树缓放最好与清头、拉枝相结合，缓弱不缓旺，缓平斜不缓直立。结果期树势趋向稳定，缓放时应掌握缓壮不缓弱、缓外不缓内的原则，防止树势变弱。

（二）短截

剪截去一年生枝的一部分的修剪方法称为短截。从局部来看短截可增加分枝数并增加生长势，助营养生长，不利于营养的积累和花芽分化，因此，幼树不可短截过多。根据短截程度可把短截分为轻短截、中短截、重短截和极重短截 4 种。

1. 轻短截 只剪去一年生枝条顶部一小段，为枝长的 1/4～1/3。可削弱顶端优势，降低成枝力，缓和外围枝条的生长势，增加短枝数量，上部萌发的枝条容易转化为中、长果枝和混合枝。在成枝力强的品种上，如大紫、芝罘红的幼龄期采用轻短截，有利于缓势控长，提早结果；在空间枝大处，为了缓和强枝生长势，增加短枝量时也可采用轻短截。

2. 中短截 在一年生枝条中部饱满芽处短截，剪去原枝长的 1/2 左右。由于饱满芽当头，剪口芽质量好，短截后可抽生 3～5 个中、长枝和 5～6 个叶丛枝。在成枝力弱的品种上可利用中短截扩大树冠。一般对主、侧枝的延长枝和中心干都采用中短截以扩大树冠，增加分枝量，衰弱的树或更新时，也要采用中短截。

3. 重短截 在一年生枝条中下部次饱满芽处短截，剪截长度约为枝长的 2/3。可促使发旺枝，提高营养枝和长果枝的比例。在幼树整形过程中为平衡树势时可采用重短截。欲利用背上枝培养结果枝组时，第一年也要先重短截，第二年对重短截后发出的新梢，强者保留 3～4 个芽极重短截培养成短果枝组，中、短枝可缓放形成单轴型结果枝组。

4. 极重短截 在枝条基部留几个芽的短截为极重短截。对要疏除的枝条，基部有花芽时，可采用留一个叶芽极重短截的手法，待结果以后再疏除。极重短截留芽较秕，抽生的枝长势较弱，所以对幼旺树，有时采用这种方法来培养花束状结果枝组或控制树冠。

（三）疏枝

把一年生枝或多年生枝从基部剪去或锯掉的修剪方法称为疏枝。疏枝可改善冠内风光条件下；减弱和缓和顶端优势，促进内膛中、短枝的发育；减少养分的无效消耗，促进花芽的形成；平衡枝与枝之间的长势。疏枝主要用于疏除树冠外围过旺、过密或扰乱形的枝条。樱桃树不可疏枝过多，很大的枝条一般也不宜疏除，以免伤口流胶或干裂而削弱树势，甚至造成大枝死亡。如果非疏不可的大枝，也要在生长季中分批进行，并且要在 6 月底雨季来临之前完成，伤口要用白磁油涂抹保护，防止干裂。幼树整形期间，为了减少春剪有疏枝量，生长季应加强抹芽（梢）、摘心、扭梢等夏剪措施，减少养分无效消耗。

（四）回缩

将多年生枝剪除或锯掉一部分，称为回缩。通过回缩，对留下的枝条有加强长势，更新复壮的作用；结果枝组回缩后可提高坐果率、减轻大小年、提高果品质量。回缩的更新复壮作用与回缩程度、留枝质量及原枝长势有关。回缩程度重、留枝质量好、原枝长势强的。更新复壮效果明显，对一些树冠内膛、下部的多年生枝或下垂缓放多年的单轴枝组，不宜回缩过重，应先在后部选有前途的枝条短截培养，逐步回缩到位。否则若回缩过重，因叶面积减少，一时难以恢复，极易引起枝组的加速衰亡。

三、不同年龄期树的修剪

（一）幼龄树

幼龄树是指从定植成活后到开花结果前这段时期，一般 3～4 年。这一阶段的主要任务是养树，即根据树体结构要求，培养好树体骨架，为将来丰产打好基础。幼龄树修剪的原则是轻剪、少疏、多留枝。枝叶量越大，制造的有机养分就越多，成形就越快，进入结果期就早。为此主要采取以下几种修剪措施。

对主枝延长枝进行中短截，促发长枝，扩大树冠。幼龄树为了迅速扩大树冠，多发枝，多长叶，在休眠期修剪时，要多采用中短截的方法，剪口芽留在饱满芽上，以利在适当部位抽生分枝。但甜樱桃又有极性强，萌芽力和成枝力高的特点，中短截后，一般在剪口下连续抽生 3～5 条长枝，形成所谓"三杈枝""四杈枝""五杈枝"，其他多为短枝或叶丛枝，这样就显外围拥挤，中下部空虚。因此，对剪口下抽生的这些长枝要根据情况加以处理。直立向下抽生的直立枝，可采取夏季强摘心或第二年休眠期修剪时极重短截法培养成紧凑型小结果枝组。待大量结果表现衰弱时再疏除（图 51－6）。这样既解决了外围枝过密的问题，又培养了结果枝组，使幼树提早结果。其他平斜生长的枝条可分别采用取缓放、轻短截和中短截相结合的方法适当处理，便可达到轻剪、少疏、多留枝的修剪目的。

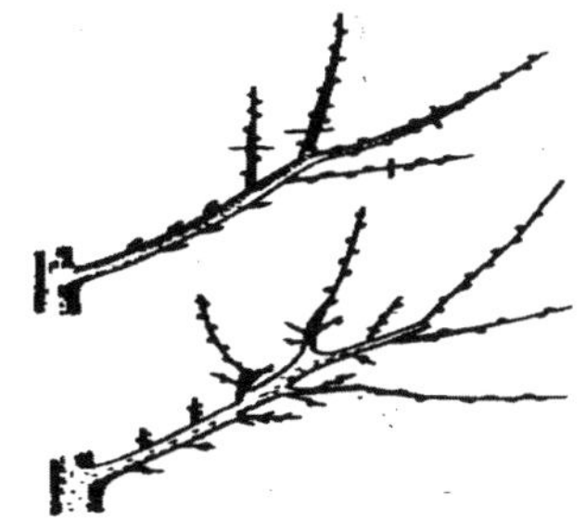
图 51－6　延长枝及周围枝条的处理

背上直立枝生长势很强，若不加处理易变成竞争枝扰乱树形。在其他果树上一般采用疏除的方法，而在樱桃上可采用极重短截法培养成紧靠骨干枝的紧凑型结果枝组，也可将其基部扭伤拉平后甩放培养成单轴型结果枝组（图 51－7）。

中庸偏弱枝一般长势趋缓，分枝少，易单轴延伸，既妨碍其他枝条生长，也容易衰弱、枯死，应通过修剪培养成小型结果枝组，以延长其寿命，发挥其生产潜力。第一年轻短截，剪口下发一中长枝，其余为叶丛枝；第二年对顶端中长枝实行中短截，一般只发一个长枝或中枝，其余为短枝；第三年只对长枝实行中短截，其余枝缓放，促其早结果（图 51－8）。

图 51－7　背上紧凑型结果枝组的培养

图 51－8　中弱结果枝组的培养

拉枝开角，缓和长势。樱桃幼树分枝角度小，主枝容易直立生长，不甚开张。通过拉枝开角可以削弱顶端优势，提高萌芽率，增加短枝数量，促进成花，提早结果。拉枝在幼树整形修剪中占有很重要的地位，也是提早结果的重要手段。

（二）盛果期树

在正常管理和修剪措施下，幼龄期后经过 2～3 年的初果期，到 6～8 年时，便进入盛果期。进入盛果期后，随着树冠的扩大、枝叶量和产量的增加，树势趋于缓和，营养生长和生殖生长基本平衡。此期修剪的主要任务是保持树势健壮，维持结果枝组的结果能力，延长其经济寿命。

甜樱桃大量结果之后，随着树龄的增长，树势和结果枝组逐渐衰弱，结果部位容易外移。此时除应加强土肥水管理外，在修剪上应采取疏枝、回缩和更新的修剪方法，维持树体长势中庸。骨干枝和结果枝组是继续缓放还是回缩，主要看后部结果枝组和结果枝的长势及结果能力。如果后部的结果枝组和结果枝长势好、结果能力强，则外围可继续选留壮枝延伸；反之，若后部的结果枝组和结果枝长势弱，结果能力开始下降时，则应回缩。在放与缩的运用上一定要适度，做到回缩不旺，甩放不弱。

进入盛果期后，树体高度、树冠大小基本上已达到整形要求，此时应及时落头开心，对骨干延长枝不要继续短截促枝，防止果园群体过大，影响通风透光。对可能出现的扰乱树形、影响风光条件的上部枝条和外围枝要加以疏除或回缩。

樱桃结果枝组在大量结果后，极易衰弱，特别是单轴延长伸的枝组、主枝背下枝组、下垂枝组衰老更快。以完全衰老失去结果能力的或过密的枝组可进行疏间，对后部有旺枝、饱满芽的可回缩复壮。盛果期大树对结果枝组的修剪一定要细致，做到结果枝、营养枝、预备枝三枝配套，这样才能维持健壮的长势、丰产、稳产。

（三）衰老树

樱桃树进入衰老期后，生长势明显下降，产量显著减少，果实品质亦差。这时应有计划地分年度进行更新复壮。利用樱桃树潜伏芽寿命长易萌发的特点，分批在采收后回缩大枝，大枝回缩后，一般在伤口下部萌发几根萌条，选留方向和角度适宜的 1～2 年萌发来代替原来衰弱的骨干枝，对其余萌条的处理，过密处及早抹掉部分萌条，促进更新萌生长。对保留的萌条长至 20 cm 时进行摘心，促其分枝，及早恢复树势和产量。如果有的骨干枝仅上部衰弱，中、下部有较强的分枝时，也可回缩到较强分枝上进行更新。更新的第二年，可根据树势强弱，以缓放为主，适当短截选留的骨干枝，使树势很快恢复。

第五十二章　猕猴桃

概　　述

一、起源、栽培历史、现状

猕猴桃既是一种新兴果树，又是一种古老的植物，绝大多数原产于中国。1997 年中国科学院南京地质古生物研究所郭双兴在广西发现几块化石，该化石叶片痕迹颇似猕猴桃属植物的叶片，后经广西植物研究所猕猴桃分类学家鉴定，确认为猕猴桃叶片化石，经过化石地年代分析，它是中新世早期的化石，距今有 2 000 万～2 600 万年。

在公元前我国古籍《诗经》《山海经·中山经》《尔雅》中均有关于猕猴桃的记载，到了唐、宋、元、明、清时代，对猕猴桃的栽培利用论述得更加详尽。

全世界猕猴桃属植物有 54 种，21 个变种，共约 75 个分类单元。目前用于生产栽培的主要有中华猕猴桃、美味猕猴桃、软枣猕猴桃、毛花猕猴桃等。

猕猴桃的开发是从 20 世纪初开始的。1904 年新西兰人从我国引进美味猕猴桃种子并繁殖成功，1924 年 Hayward Wright 选育出以自己名字命名的“海沃德（Hayward）”品种，1950 年在新西兰的普伦梯湾地区广泛人工栽培猕猴桃，从此开始了猕猴桃商业化的栽培。目前，世界上进行猕猴桃栽培的国家有 30 多个，面积大约为 16.4 万 hm^2，产量 212.1 万 t。栽培面积依次为中国、意大利、新西兰、智利，另外法国、希腊、日本、美国等国家也有少量的猕猴桃栽培。

我国自 20 世纪 70 年代末开始进行猕猴桃资源利用和商业生产，经过几十年的努力，已经发展成为栽培面积和产量均居世界第一的生产大国。目前在我国的陕西、北京、河南、山东、湖南、湖北、安徽、江西、四川、广西、江苏、浙江、贵州、云南、上海、重庆、广东等 20 余个省区进行猕猴桃生产栽培，栽培面积 9.12 万 hm^2，产量 83.61 万 t。

二、营养价值

与其他水果相比，猕猴桃有许多优良特性，人们称之为“水果之王”“维生素 C 之冠”。

（一）营养丰富

猕猴桃吃起来酸甜爽口，而且含有多种营养成分。维生素 C 含量比苹果、梨高几十倍，甚至上百倍。含有人体不可缺少的 17 种氨基酸和硒、锗等营养元素。还有一种蛋白水解酶，可分解肉类纤维，阻止蛋白质凝固，不但软化了肉类，还使肉吃起来香嫩可口，帮助消化和软化血管。维生素 C 和硒、锗可增强人体免疫功能，可预防癌症发生。据报道，常吃猕猴桃可以美容养颜，在日本称之为“美容果”。

（二）用途广泛

猕猴桃浑身是宝，各部分都有妙用。

1. 果实　除鲜食外，可加工成果酒、果酱、果汁、果脯、果粉、果晶、罐头等。汁可制成果汁饮料和糕点。

2. 种子 富含脂肪和蛋白质。种子出油率 22.0%～36.5%，油透明清亮，香味浓。蛋白质含量高达 15%～16%。

3. 叶 含淀粉、维生素多种营养成分，猪喜食，长膘快。叶可制茶，具清热利尿、散瘀止血之功效。

4. 茎 纤维质量好，可制成高级纸，皮和髓中的胶质可制造蜡纸和宣纸时的调浆用胶料。

5. 花 含有挥发油，可提取芳香油和香料。

6. 根 可入药，有清热解毒、活血消肿、祛风利湿等作用。制成农药，可杀菜青虫、茶毛虫、稻螟虫、蚜虫等。用其制成的口服液，对治疗肝病颇有疗效。

7. 美化环境 猕猴桃树形优美，花果清香，花色艳丽，是美化、绿化庭院、街道、公园的优良树种。

第一节 种类和品种

一、种类

全世界猕猴桃属植物约有 54 种，目前用于生产栽培中的主要有中华猕猴桃、美味猕猴桃、软枣猕猴桃、毛花猕猴桃等。

（一）中华猕猴桃

中华猕猴桃（*Actinidia chinensis*）以原产于中国而得名，别名软毛猕猴桃、光阳桃等。

一年生枝灰绿褐色，无毛或稀被粉毛，且易脱落；皮孔较大、稀疏，圆形或长圆形，淡黄褐色。叶厚、纸质，阔卵圆形、近圆形、间或阔倒卵形；两侧对称，基部心形，尖端圆形、微钝尖或浅凹；叶面暗绿色、无毛，叶基部全缘、无锯齿，中上部具尖刺状齿，主脉和次脉无毛、不明显，叶背灰绿色，密被白色星状毛，主脉和侧脉白绿色，密被白色极短茸毛；叶柄浅水红绿色，无毛。雌花多为单花，间或聚伞花序，具花 2～3 朵；雄花多为聚伞花序，每序花具花 2～3 朵。果实多为椭圆形或卵形，具突起果喙；果皮暗黄色至褐色，密被褐色绒毛，果实成熟后易脱落，果面光滑；梗端果肩圆形，萼片宿存；平均果重约 22 g；果肉黄色或绿色，果心小、圆形、白色；果实成熟期通常为 9 月，果肉酸甜、多汁、质细；每 100 g 鲜果维生素 C 含量 50～240 mg，可溶性固形物含量 7%～19%，可滴定酸含量 0.9%～2.2%；果实适于鲜食及加工。

该物种大果型植株或株系多，果重可达 50～100 g；中华猕猴桃为二倍体、四倍体，染色体分别为 58 条、116 条。

（二）美味猕猴桃

美味猕猴桃（*Actinidia chinensis* var. *deliciosa*）又名硬毛猕猴桃、毛阳桃等。

一年生枝绿色、被短的灰褐色糙毛。叶纸质至厚纸质，阔卵圆或阔倒卵形；两侧对称，基部浅心形或近平截，尖端圆形、微钝尖或浅凹；叶面深绿色、无毛，叶缘近全缘，小尖刺外伸、绿色；主脉和侧脉黄绿色，主脉稀被黄褐色短茸毛；叶背浅绿色、密被浅黄色星状毛，主脉和侧脉黄绿色、被浅黄色茸毛；叶柄稀被褐色短茸毛。雌花多为单花；雄花多为聚伞花序，每序花具花 2～3 朵。果实椭圆形至圆柱形；果皮绿色，密被褐色长绒毛、不易脱落，果点淡褐绿色、椭圆形；果顶凸起、近圆形，果顶窄于中部，萼片宿存；平均果重约 33.6 g；果肉黄色，果心小、圆形、白色；果实成熟期通常为 10～11 月，果肉酸甜、多汁、质细；每 100 g 鲜果维生素 C 含量 50～420 mg，可溶性固形物含量 8%～25%，可滴定酸含量 1.6%；果实适于鲜食及加工。

该物种大果型植株或株系多，果重可达 30～200 g；美味猕猴桃为四倍体、六倍体，染色体分别为 116 条、174 条。

（三）软枣猕猴桃

软枣猕猴桃（*Actinidia arguta*）别名软枣子、圆枣子、圆枣、奇异莓。

一年生枝灰色、淡灰色或红褐色，无毛或稀被白色柔毛；皮孔明显、长梭形，色浅。叶纸质，卵形、长圆形或阔卵形；基部圆形或阔楔形，顶端急短尖或短尾尖；叶面深绿色、无毛；叶缘具密锯齿，贴生；叶背面浅绿色，侧脉叶间有灰白色或黄色簇毛；叶柄绿色或浅红色。雌花花序腋生，聚伞花序，多单生，每花序 1～3 朵；雄花聚伞花序，多花。果实多为卵圆形或近圆形，无斑点；未成熟果实浅绿色、深绿色、黄绿色，近成熟果实紫红色、浅红色、绿色、黄绿色，无毛；果顶圆或具喙；平均果重 5～7.5 g；果肉绿色或翠绿色，味甜略酸、多汁；每 100 g 鲜果维生素 C 含量 81～430 mg，可溶性固形物含量 14%～15%，可滴定酸含量 0.9%～1.3%；果实适于鲜食及加工。软枣猕猴桃为二倍体、四倍体、六倍体、八倍体，染色体分别为 58 条、116 条、174 条、232 条。

（四）毛花猕猴桃

毛花猕猴桃（*Actinidia eriantha*）别名毛桃、毛阳桃、毛冬瓜。

一年生枝黄棕色、厚被白色或淡污黄色短柔毛，皮孔不明显。叶厚、纸质，椭圆形或锥体形；两侧稍不对称，基部圆形，先端小钝尖或渐尖；叶面深绿色、无毛，主、侧脉绿色，无毛；叶缘锯齿不明显，但是有浅绿色向外伸展的小尖刺；叶背灰绿白色，密被白色星状毛或茸毛，主脉和侧脉白绿色、密被白色长茸毛；叶柄黄棕色，被白色或淡污黄色茸毛。雌花聚伞花序，每花序具花 1～3 朵；雄花聚伞花序，每花序具花 1～3 朵。果实长圆柱形，密被白色长茸毛；果皮绿色，果点金黄色，密、小；果梗端近平截，中部凹陷；萼片宿存；果梗长 1.9 cm，密被白色绒毛；平均果重 30～50 g；果肉深绿色，果心小；果实成熟期通常在 9 月下旬，味甜酸、多汁、质细；每 100 g 鲜果维生素 C 含量 561～1 379 mg，可溶性固形物含量 5%～16%，可滴定酸含量 1.3%～2.9%；果实适于鲜食及加工。

该物种维生素 C 含量很高，具有较高的利用价值；毛花猕猴桃为二倍体，染色体为 58 条。

二、品种

（一）美味猕猴桃

1. 海沃德 由新西兰奥克兰的苗木商人 Hayward wright 选育。果实阔椭圆形至阔长圆形，纵径 6.4 cm，横径 5.3 cm，窄径 4.9 cm，平均单果重 80～120 g，最大 150 g；果皮绿褐色，密被褐色硬毛（图 52-1）；果肉绿色，汁液中多，甜酸适度，有香味；可溶性固形物含量 14.6%，总糖含量 7.4%，总酸含量 1.5%，每 100 g 果肉含维生素 C 93.6 mg。5 月中旬开花，果实 10 月中下旬成熟。该品种优点是果形美，耐贮藏，货架期长，是目前猕猴桃品种中最耐贮藏的品种。海沃德是目前除中国之外的世界绝大部分猕猴桃栽培国的主栽品种。

图 52-1 海沃德

2. 香绿 由日本香川县农业大学教授福井正夫育成。果实柱形，果皮褐色，果面有黄褐色短茸毛；单果重 85～125 g；果肉翠绿色、细腻多汁，风味酸甜，有香气；可溶性固形物含量 16.3%～17.5%，总酸含量 1.23%，每 100 g 果肉含维生素 C 63 mg。5 月中旬开花，10 月下旬果实成熟。

3. 徐香 由江苏徐州果园从海沃德实生苗中选出。果实圆柱形，平均单果重 75～110 g，最大单果重 137 g；果皮黄绿色，被黄褐色茸毛（图 52-2）；果肉绿色，汁液多，风味酸甜适口，香味浓，每 100 g 果肉维生素 C 含

图 52-2 徐 香

量为 99.4～123 mg，可溶性固形物含量 15.3%～19.8%。5 月上中旬开花，9 月中下旬果实成熟。

4. 米良 1 号 由湖南吉首大学生物系育成。果实长圆柱形，果皮棕褐色，密被黄褐色硬毛（图 52-3）；平均单果重 95 g，最大单果重 162 g；果肉黄绿色，汁液较多，酸甜适度，有芳香；果实可溶性固形物含量 15%，总糖含量 7.4%，有机酸含量 1.25%，每 100 g 果肉维生素 C 含量 188～207 mg；货架期较长，较耐贮藏。5 月上中旬开花，果实 10 月上旬成熟。极丰产、稳产，抗逆性较强，是鲜食、加工兼用的优良品种。

5. 金魁 由湖北农业科学院果树茶叶研究所育成。果实阔椭圆形，果面黄褐色，密被棕褐色茸毛（图 52-4）；平均单果重 103 g，最大单果重 172 g；果肉翠绿色，风味酸甜，具清香；果实可溶性固形物含量 18.5%～21.5%，总糖含量 13.24%，有机酸含量 1.64%，每 100 g 果肉维生素 C 含量 120～243 mg；货架期长。5 月上旬开花，10 月上中旬果实成熟。

图 52-3 米良 1 号

图 52-4 金 魁

6. 秦美 由陕西省果树研究所和周至猕猴桃试验站合作选出的优良品种。果实椭圆形，纵径 7.2 cm，横径 6.2 cm，平均单果重 106.5 g，最大单果重 204 g；果皮褐色，密被黄褐色硬毛（图 52-5）；果肉绿色、质地细，果汁多，酸甜可口，香味浓；总糖含量 8.7%，总酸含量 1.58%，每 100 g 果肉维生素 C 含量 190.0～354.6 mg，软熟时可溶性固形物含量 14.4%；以鲜食为主，也可加工成罐头、果酱、果脯和果汁。5 月上中旬开花，10 月上旬果实成熟。

图 52-5 秦 美

7. 哑特 由西北植物所等单位选育而成。果实圆柱形，平均单果重 87 g，最大单果重 127 g；果皮褐色，密被棕褐色糙毛；果肉翠绿色，每 100 g 果肉维生素 C 含量 150～290 mg，软熟时可溶性固形物含量 15%～18%；风味酸甜适口，具浓香，货架期、贮藏性较长。5 月上中旬开花，10 月上旬果实成熟。

8. 翠香 由西安市猕猴桃研究所选育。果实长纺锤形，纵径 6.5 cm，横径 4.5 cm，平均单果重 92 g，最大单果重 130 g；果皮黄褐色、较厚、难剥离，果面着生易脱落黄褐色茸毛；果肉翠绿色，质地细而多汁，香甜爽口，味浓香；软熟时可溶性固形物含量可达 16%以上，总酸含量 1.3%，每 100 g 果肉维生素 C 含量 185 mg。4 月下旬至 5 月上旬开花，9 月上旬果实成熟。成熟采收的果实在常温条件下后熟期 12～15 d，0 ℃条件下可贮藏保鲜 3～4 个月。该品种具早熟、丰产、抗寒、抗风、抗病等优点，填补了目前美味猕猴桃系无中早熟品种的空白。

（二）中华猕猴桃

1. 早金 新西兰园艺研究所育成，Zespri公司专利品种。果实倒圆锥形，果皮绿褐色（图52－6），果皮细嫩，易受伤；平均单果重80～105 g；果肉黄色，质细汁多，味甜，香气浓；可溶性固形物含量15%～17%，每100 g果肉维生素C含量120～150 mg。4月下旬至5月上旬开花，10月中下旬果实成熟。

图52－6 早 金

2. 魁密 由江西省园艺研究所选育。果实近圆形，果皮褐绿色或棕褐色；平均单果重92 g，最大单果重155 g；果肉黄色或绿黄色，多汁，酸甜；可溶性固形物含量12.4%～16.7%，每100 g果肉维生素C含量119.5～147.8 mg，总糖含量8.86%～11.21%，柠檬酸含量1.07%～1.49%。5月上旬开花，9月中下旬果实成熟，丰产性能好。

3. 早鲜 江西省园艺研究所等育成。果实圆柱形，果皮绿褐或灰褐色，茸毛较密，不易脱落；平均单果重85～104 g；果肉绿黄或黄色，果心小，多汁；总糖含量7.02%～9.08%，总酸含量0.91%～1.25%，每100 g果肉维生素C含量73.5～97.8 mg，软熟后可溶性固形物含量12%～16.5%，味甜，风味浓，微有清香，货架期较长。4月下旬5月上旬开花，9月上中旬果实成熟。

4. 脐红 由西北农林科技大学、宝鸡市陈仓区桑果站等单位选育的红肉品种，因其果顶凹陷处有一突起，形似人的肚脐而得名"脐红"（图52－7）。果实近圆柱形，果顶萼凹处有明显脐状凸起，果皮军绿色，果面光净；平均单果重97.7 g，最大单果重126 g；软熟后果肉为黄色或黄绿色，果心周围呈鲜艳放射状红色，质细多汁，风味香甜爽口；可溶性固形物含量19.9%，总糖含量12.56%，总酸含量1.14%，每100 g果肉维生素C含量188.1 mg。在陕西产区果实成熟期为9月下旬。

图52－7 脐 红

5. 红阳 由四川省自然资源研究所等育成。果实柱形或倒卵形，果顶下凹，果皮褐绿色（图52－8）；平均单果重70 g，最大单果重87 g；果肉黄绿色，果心周围呈放射状红色；可溶性固形物含量16%，总糖含量13.45%，总酸含量0.49%，每100 g果肉维生素C含量135.8 mg。4月中下旬开花，9月中旬果实成熟。

图52－8 红 阳

6. 金丰 由江西省园艺所选育。果实椭圆形，果皮褐黄色或黄褐色，果皮有点粗糙；平均单果重81 g，最大单果重124 g；果肉黄色，肉细汁多，味甜酸，微香；可溶性固形物含量10.5%～15%，每100 g果肉维生素C含量

50.6～89.5 mg，总糖含量7.07%～8.29%，柠檬酸含量1.06%～1.65%。5月上旬开花，9月下旬10月上旬果实成熟。

7. 桂海4号 由广西植物所选育。果实椭圆形，果皮黄绿色；平均单果重74 g，最大单果重116 g；果肉黄色，肉细汁多，味酸甜、香；可溶性固形物含量15%～19%，总糖含量9.3%，有机酸含量1.4%，每100 g果肉维生素C含量53～58 mg。5月上旬开花，9月中下旬果实成熟。

8. 琼露 由郑州果树研究所选育。果实短圆柱形，果皮黄褐色；单果重70～105 g；果肉淡黄色，汁多，味酸甜，微香；可溶性固形物含量15%～16%，总糖含量6.7%～11.7%，有机酸含量2%，每100 g果肉维生素C含量241～318 mg。5月上旬开花，9月中旬果实成熟。可引种试栽。

9. 金桃 由中国科学院武汉植物所选育。2001年申请国际专利，将品种繁殖权和经营权卖给意大利金色猕猴桃公司。

果实长圆柱形，果皮黄褐色，表面光洁无毛，果顶稍凸，外形美观；纵径6.3～7.5 cm，横径3.7～4.2 cm；果个大小均匀，平均单果重82 g，最大单果重120 g；果肉金黄色，肉质细嫩而略脆，汁液多，风味酸甜适中，有清香；有机酸含量1.69%，每100 g果肉维生素C含量121～197 mg，软熟后可溶性固形物含量18%～21.5%。较耐贮，室内常温下可贮放40 d左右，冷藏条件下可贮藏4个月以上。

10. 翠玉 由湖南园艺研究所选育。果实圆锥形，果喙突起，果皮绿褐色；平均单果重82 g，最大单果重129 g；果肉绿色，肉质细密，细嫩多汁，风味浓甜；可溶性固形物含量14.5%，每100 g果肉维生素C含量93～143 mg；4月底5月初开花，10月上旬果实成熟。

11. 华优 由陕西省中华猕猴桃科技开发公司、周至县华优猕猴桃产业协会和周至县猕猴桃试验站协作选育而成。为中华猕猴桃与美味猕猴桃的自然杂交后代。

果实椭圆形，果面棕褐色或绿褐色；单果重80～120 g，最大单果重150 g；未成熟果肉绿色，成熟或后熟后果肉黄色或绿黄色，果肉质细汁多，香气浓郁，风味香甜，质佳爽口；可溶性固形物含量18%～19%，每100 g果肉维生素C含量161.8 mg，总糖含量3.24%，总酸含量1.06%；4月下旬5月上旬开花，9月中旬果实成熟。

12. 楚红 由湖南省农业科学院园艺研究所育成。

果实长椭圆形或扁椭圆形，果皮深绿色，无毛；平均单果重50 g，最大单果重80 g；果肉绿色，果心周围呈放射状红色；可溶性固形物含量16.5%，最高可达21%，总酸含量1.47%；4月下旬开花，9月中下旬果实成熟。

(三) 软枣猕猴桃

1. 魁绿 由中国农科院特产研究所选育。

果实卵圆形，果皮绿色，光滑（图52-9）；平均单果重18.1 g，最大单果重32 g；果肉绿色，质细多汁，风味酸甜；可溶性固形物含量15%，总糖含量8.8%，有机酸含量1.5%；每100 g果肉中维生素C含量430 mg，总氨基酸含量209.3 mg；在吉林，6月中旬开花，9月初果实成熟。

图52-9 魁 绿

2. 丰绿 由中国农科院特产研究所选育。

果实圆形，果皮绿色、光滑，平均单果重8.5 g，最大单果重15 g；果肉绿色，多汁细腻，酸甜适度；可溶性固形物含量16%，总糖含量6.3%，有机酸含量1.1%；在吉林，6月中旬开花，9月上旬果实成熟。

（四）毛花猕猴桃

1. 沙农 18　由福建沙县农业局茶果站选育。果实圆柱形，果皮棕褐色，密被灰白色茸毛；平均单果重 61 g，最大单果重 87 g；果肉绿色，肉质细，味甜酸微香；可溶性固形物含量 13%，总糖含量 5.6%，有机酸含量 1.88%，每 100 g 果肉维生素 C 含量 813 mg。5 月中下旬开花，10 月中旬果实成熟。

2. 华特　由浙江省农业科学院园艺研究所选育。果实长圆柱形，果皮绿褐色，密被灰白色长茸毛；单果重 82～94 g，最大单果重 132.2 g；果肉绿色，肉质细腻，味略酸，品质上等；可溶性固形物含量 14.7%，总糖含量 9.0%，有机酸含量 1.24%，每 100 g 果肉维生素 C 含量 628 mg。5 月上中旬开花，11 月上中旬果实成熟。

（五）种间杂交

金艳　金艳是中国科学院武汉植物园以毛花猕猴桃为母本，以中华猕猴桃为父本进行种间杂交，从杂交后代中选育出的新品种。果长圆柱形，果皮黄褐色，密生短茸毛（图 52－10）；平均单果重 101 g，最大单果重 175 g；果肉金黄，肉质细嫩多汁，风味香甜可口；可溶性固形物含量 16%，总酸含量 0.86%，总糖含量 8.55%，每 100 g 果肉维生素 C 含量 105.5 mg；果实软熟前硬度大，特耐贮藏，在常温下贮藏 3 个月好果率仍超过 90%，低温（2 ℃左右）贮藏6～8 个月。

图 52－10　金　艳

第二节　苗木繁殖

一、实生苗培育

（一）种子的采集和处理

1. 种子采集　选择生长健旺、无病虫害、品种优良的雌株，果实、种子充分成熟后采集。果实采下后置于室内常温下，经 1 周左右果实变软后，将果实捣碎，然后用清水冲洗数次，去除杂质及瘪籽。洗净的种子放在室内摊平阴干，阴干后将种子装入纸袋、布袋或塑料袋中，放于通风干燥地方保存，以备沙藏。

2. 种子处理　未经处理的猕猴桃种子处于休眠状态，基本上不发芽或发芽很少。经过处理后，才能打破种子的休眠，正常发芽生长。

生产上常用的种子处理方法主要有沙藏、变温处理和生长调节剂处理。

（1）沙藏。将种子与 5～10 倍量的干净的湿沙混合，湿沙掌握在手握成团、松开即散的程度。在底部有排水孔的容器内先铺一层 3～5 cm 的湿沙，然后放入与湿沙混合的种子，再在上面盖一层 3～5 cm 的湿沙，最上部与盆沿保持 3 cm 左右的距离，把容器埋在背阴地势高处，盖上稻草或塑料薄膜，防止雨水流入导致种子发霉腐烂。每 2～3 周检查翻动一次，太干洒水，太湿需要晾一晾，保持半干状态。保持 5 ℃左右的温度，一般沙藏层积 60 d 左右种子露白即可播种，发芽率可达 80%以上。

（2）变温处理。据北京植物园试验，将海沃德种子保持湿润在 6 ℃冰箱保存 12 d 后，然后在 24 ℃、光照度 22 000 lx 条件下处理 16 h，随后放入 6 ℃黑暗条件处理 8 h，共进行 8 d 变温处理，种子萌芽率可达 96%左右。

（3）生长调节剂处理。采用 2.5～5.0 g/L 的赤霉素溶液浸润 24 h 后可以打破休眠直接播种。经处理的种子发芽后生长较快。

(二) 育苗地整理

选择土壤疏松、排灌方便、呈微酸性或中性的沙壤作为苗圃，整畦前施足基肥和撒施杀虫剂，然后深翻 30 cm 左右，将土、粪块打碎耙平，做成播种畦。我国南部地区一般采用高畦，北部多采用平畦。畦宽 80～100 cm，畦长因地而异，地平时可作长些，地不平时要短。高畦一般比地面高 20 cm 左右。

(三) 播种

根据不同地区的气候条件，播种期有早有晚，一般日平均气温达到 11.7 ℃时，播种较为适宜。就全国来说，南部地区早春气温较高，湿度大，基本不冻结，春播宜早，一般在 2 月上中旬；北部地区早春气温较低，土壤比较干旱，还有冻结现象，春播宜晚，一般在 3 月上中旬。

(四) 播种后的管理

1. 浇水 为了使出苗快、齐，必须经常保持土壤湿润，每天早晚洒水 1 次，防止土壤板结。当出苗达 20%时，揭去一部分盖草，出苗约 80%时，揭除全部盖草。出土后的幼苗要喷细水，防止淤土埋苗影响幼苗生长。大苗期可用沟灌，但不可大水漫灌。雨天注意排水，防止积水死苗。

2. 遮阳 猕猴桃苗细弱，怕干旱、大雨、暴晒，因此，揭去盖草后应立即搭棚遮阳。遮阳棚管理要做到三盖、三揭，即白天盖、夜晚揭；晴天盖、阴天揭；大雨天盖、小雨天揭，以保证幼苗正常生长。

3. 追肥 幼苗出土后半个月，可喷施 0.1%～0.3%尿素，可结合喷水进行。追肥浓度、次数应根据苗木大小、强弱而定，本着勤、少、匀的原则合理追肥。

4. 间苗和移栽 当幼苗有 3～5 片真叶时就可移植。移苗前 10 d 左右，选择阴天、多云天揭遮阳棚炼苗，并于 2～5 d 浇透水，以利移栽时少伤根系多带土，幼苗易成活。在阴天或傍晚移栽，边起苗、边栽植、边浇水、边遮阳，第二天重复浇水一次。移栽的株行距 5 cm× (10～15) cm 为宜。

5. 中耕除草，病虫害防治 在幼苗生长过程中，应根据土壤墒情和杂草生长情况，及时进行松土除草。同时注意立枯病、地老虎、蛴螬等病虫的防治工作。

二、嫁接苗培育

(一) 砧木的选择

选用与接穗亲和力好，根系发达，抗病虫及抵抗不良环境条件能力强，适合本地土壤、气候等条件的砧木。

(二) 接穗的选择、采集、处理

选丰产、稳产、优质性状的优良品种，从生长健壮、无病虫危害的中年树上采集。选择生长良好、充分成熟、腋芽饱满的一年生枝。采集母树中上部枝条。

冬季修剪枝条做接穗用，剪口涂蜡，分别按品种、品系和雌雄株打成小捆并挂标签，进行沙藏或窖藏。

夏秋季嫁接，最好随采随用。采下枝条后立即剪去叶片，留 0.5～1 cm 长的叶柄，保持湿润状态，捆成小捆，加挂标签，放在冰箱、阴凉地窖或把接穗吊在井里水面以上，可保存 5～7 d。

(三) 嫁接方法

1. 单芽腹接 这种方法春、夏、秋季都能用。在砧木离地面 5～10 cm 处选一端正光滑面，向下斜削一刀，长 2～3 cm，深达砧木直径的 1/3。在接穗上选取一个芽，从芽的背面或侧面选择一平直面，从芽下 1.5 cm 处顺枝条向下削 4～5 cm 长，深度以露出木质部为宜。接穗在接芽下 1.5 cm 处呈 50°左右切成短斜面，与上一个削面成对应面，接穗顶端在芽眼上 1.5 cm 处平剪，整个接穗长 3.5～

4 cm。将削好的接芽插入砧木削出的斜面内，注意一边的形成层要对好，用塑料条从下到上包扎紧（图 52-11），接芽顶部用漆封住。采用这种方法，养分足、生长旺，能出大苗。如果第一次没有接活，可在原来老砧木上补接。

图 52-11　单芽枝腹接

2. 舌接　这种方法是将单芽腹接和舌接结合起来，春季嫁接多用此法。优点是成活率高，生长旺；缺点是多一道工序，嫁接速度慢。此法也受砧木和接穗粗细的限制，砧木和接穗粗细不一致时，接后成活率也低。

具体操作：削砧木和接穗与单芽腹接相似，不同的是削好后，在砧木和接穗的削面中间再切一刀，长 0.5～1 cm（以削的接穗和砧木长短而定）。同样都削成舌形，然后插入，两者相互插而吻合（图 52-12）。

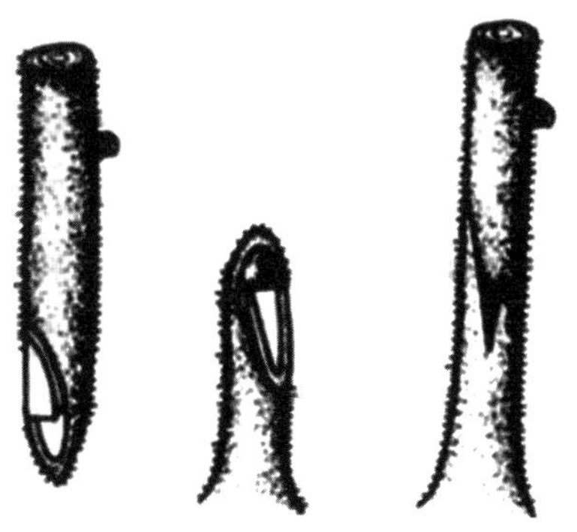

图 52-12　舌　接

砧木和接芽相吻合后，用剪好的塑料条从下向上呈覆瓦状包扎结实。然后将接芽条的上部用漆或塑料薄膜封住。

3. 带木质芽接　这种方法多在夏季应用，砧木粗要在0.5 cm以上。

（1）削芽片。在芽眼的下方 1 cm 处按 45°角斜削到接穗枝粗的 2/5，再从芽上方 1 cm 左右处切下，切下的芽片带有木质部，然后取下芽片，芽片全长 2～3 cm。

（2）切砧木。在离地面 5～10 cm 处，选择光滑面，按削接芽片的方法，切开砧木，切深为砧木的 2/5。

（3）嵌芽片。将芽片嵌入砧木，要一边对准形成层，用塑料条从下到上扎紧，绑时露出芽和叶柄（图 52-13）。

图 52-13　带木质芽接

4. 皮下枝接　多在接穗粗度小于砧木粗度时采用，先将砧木在离地面 5～10 cm 的端正光滑处平剪，在端正平滑一侧的皮层纵向切 3 cm 长的切口，将接穗的下端削成长 3 cm 的斜面，并将顶端的背面两侧轻削成小斜面，接穗上留 2 个饱满芽，将接穗插入砧木的切口中，接穗的斜面朝里，斜面切口顶端与砧木截面持平，接穗切口上端略“露白”，将接口部位用塑料薄膜条包扎严密，接穗顶端用蜡封或用薄膜条包严（图 52-14）。

图 52-14　皮下枝接法

5. 劈接　多在接穗粗度小于砧木粗度时采用，先将砧木在离地面 10 cm 左右的端正光滑处平剪，在剪断面中间向下纵切 3 cm 长的切口，将接穗的下端削成斜面长 2～3 cm 的楔形，楔形一侧的厚度较另一侧大，接穗上剪留 2 个饱满芽，将接穗的楔形插入砧木的切口中，楔形较厚一侧的形成层与砧木的形成层对齐，将伤口部位用塑料薄膜条包扎严密，接穗顶端用蜡封或用薄膜条包严（图 52－15）。

图 52－15 劈接法

（四）嫁接后苗木管理

1. 剪砧 春季嫁接的苗成活后，要立即剪砧，剪口离接芽 3～4 cm，夏季嫁接的芽成活后，可先折砧后剪掉，以充分利用上部叶片制造的养分供根系及接芽生长，也可分两次剪砧，第一次在接芽以上保留 3～4 片老叶，待接芽萌发展叶后，在接芽上方 4～5 cm 处剪掉。

2. 除萌 猕猴桃萌蘖性强，基部萌发的芽生长特别快，要及时进行疏除，见萌芽就抹，以促接芽的萌发与生长。但在除萌时，若发现接芽未成活，应选留 1～2 个萌条，以备补接。

3. 设支柱 当接芽生长达 30 cm 时，在附近插上一个竹竿等，用绑缚材料呈∽形把新梢绑在支柱上，以防大风折断、吹劈幼苗。

4. 解绑 新梢木质化时，把绑缚物解除干净。捆绑物解除不宜过早、过晚。解绑过早，已活的芽体常因愈合不良，风吹日晒，干燥翘裂而枯死；解绑过晚，常因新梢、砧木生长快，接口受束缚，形成粗细不均，风吹易劈易断。

5. 补接 嫁接未成活时，可将砧木上发出的芽留 1～2 个，到 7 月新梢粗度达 0.5 cm 以上时进行补接。

6. 摘心 当苗高达 60 cm 以上时，要根据苗子生长情况及粗细适时摘心，强苗晚摘心，弱苗早摘心，以促进组织充实和苗木加粗生长，培育壮苗。

7. 土肥水管理 根据土壤、气候等及时进行土、肥、水管理，勤施少量，前期以氮为主，后期控氮增磷，增强苗木成熟度。适时进行中耕除草，保证苗木正常生长。

三、扦插苗培育

扦插繁殖的特点是苗木整齐一致，生产周期短，成苗快，适于大量繁殖。

（一）插床准备

插床分为温床和冷库两种。前者需加温，后者利用自然温度。插床一般在避风、排水良好、管理方便的地段，底部切忌积水，可铺一层小碎卵石、碎石等，上铺疏松土壤或清河沙，高于地面或床面，略成龟背形。插床四周地面要平坦，雨停沟干。插床上盖塑料或搭遮阳棚，以提高扦插成活率。

插床使用前，先用五氯硝基苯 2 000～2 500 倍液或 1%～2%福尔马林溶液消毒。

（二）扦插时期和方法

1. 硬枝扦插 在冬季修剪时，选生长健壮的优良猕猴桃种株，取其生长充实、无病虫害、腋芽明显而饱满、粗度 0.4～0.8 cm 的一年生枝，剪成 15～30 cm 小段，缚绑成小捆，挂上标签，埋于沙中。

硬枝扦插一般在落叶后发芽前进行。具体时间应依当地气候、扦插条件及插床是否加温等而定。

扦插时，将枝条剪成 10～15 cm 小段，至少 2～3 节。下切口齐芽下平剪，上切口在芽上方 1.5 cm左右处。上部剪口用封蜡涂住，下部用吲哚丁酸 500 mg/kg 速蘸 5 s 处理，然后按 10 cm×20 cm株行距插入床内。插入深度为插条长的 2/3。

2. 嫩枝扦插 嫩枝扦插也称绿枝扦插 扦插时期以第一次生长高峰期过后枝条比较充实时为宜。采集插穗最好在阴天或晴天早晨枝条含水量高时进行，并随采随用。选优良母株上生长健壮、充实、无病虫害枝条作为插穗。插穗长 10～12 cm，2～3 节。下部齐节下剪，上部应距节 3 cm，上带 1～

2 个叶片。为减少水分损失，可将叶剪掉 1/2～3/4。插前用 200～300 mg/kg 吲哚丁酸或萘乙酸溶液浸插穗基部 3 h 或 1 000 mg/kg 吲哚乙酸处理 5 s，然后进行扦插。

（三）扦插后管理

1. 水分 硬枝扦插前期温度较低，需水量少，土壤供水不宜太多，根据土壤墒情，7 d 浇一次透水即可。萌芽抽梢后，需水量增加，晴天 3 d 浇一次水。

嫩枝扦插因保留的叶蒸发失水量大，又正处温度较高季节，晴天应喷水，保持棚内空气相对湿度在 95%左右，待插条生根后，空气相对湿度可低些。

2. 遮阳 硬枝扦插在接穗萌发后，为了避免阳光的直射，减少水分损失及提高成活率，春、夏都要进行遮阳，成半阴状态。晴天遮、小雨天不遮，白天遮、晚上取。

3. 摘心 为避免蒸发、减少养分消耗及促进根系的生长，插条萌发后可保留 3 叶进行摘心处理。如插床内出现杂草和枯死插穗，应及时拔除和清理，保持清洁，减少发病感染。

4. 移栽 大部分插穗生根后，可以直接移到圃地，移苗最好在阴天进行。如遇晴天，则需注意水分管理和遮阳。

四、组织培养苗培育

猕猴桃组织培养育苗所用植物材料包括茎段、茎尖、腋芽、叶片、胚乳或幼胚等。下面以茎段为材料简述猕猴桃组培苗培育过程：

（一）材料的准备

选猕猴桃优良品种，将枝条剪成长 10～15 cm 长的枝段，放在水中冲洗后，用 0.1%升汞消毒 3～5 min 或 10%次氯酸钠消毒 5～10 min，用无菌水冲洗 3～4 次，在无菌条件下剥去一年生枝皮层，露出形成层，用剪刀纵劈枝条为 4～8 瓣，再切成 0.5 cm 的小段，置于无菌培养皿中待用。

（二）接种和培养

将上面准备好的外植体接种于 MS 培养基上，并附加 1 mg/L 玉米素、3%蔗糖。接种后将容器置于 25～28 ℃培养室中，每天进行 2～14 h 光照，光照度 850～1 200 lx。经 7～10 d 即有愈伤组织在切口处形成，3 周后分化出大量小植株。

（三）根系诱导

试管苗长至 1～2 cm 时，将其从基部切下，用吲哚丁酸溶液 50 mg/L 浸芽茎基部 2～3.5 h，再转入 1/2MS+1%蔗糖+0.5%活性炭的无激素的培养基中，pH 5.8。经过 10 d 左右，在茎基部切口附近即可产生不定根，约 25 d 形成有根的芽苗。

（四）移栽

当试管苗根长到 1～2 cm 时，从瓶中取出长根的芽苗，用自来水冲洗苗上沾着的培养基，栽于盛有细沙或蛭石的花盆或木箱内，盖塑料或玻璃等保持湿度。

盆栽或箱栽小苗在原有基础上再长出 1～2 片真叶时，可移到室外，栽在林阴或有遮阳设备的大棚内，进入田间生长阶段。

五、苗木出圃

（一）出圃前的准备

苗木出圃是育苗工作最后一环，也是重要的一环，做好出圃前的准备工作十分必要。首先对苗木种类、品种、数量等进行核对、调查；其次要根据苗木成熟度确定好起苗日期，并在开挖前对苗木进行挂牌，标明品种、砧木类型等，根据土壤墒情，确定是否灌水；再次是准备好绑缚材料等。

（二）苗木分级、假植

苗木挖出后，应根据苗木大小、质量好坏进行分级，以减少风吹日晒时间。苗木分级参考表 52-1。

表 52-1 猕猴桃苗木质量标准

项目			级别		
			一级	二级	三级
品种与砧木			品种与砧木纯正，与雌株品种配套的雄性品种花期应与雌性品种基本同步。实生苗和嫁接苗砧木应是美味猕猴桃		
根	侧根形态		侧根没有缺失和劈裂伤		
	侧根分布		均匀、舒展而不卷曲		
	侧根数量（条）		≥4		
	侧根长度（cm）		当年生苗≥20.0，二年生苗≥30.0		
	侧根粗度（cm）		≥0.5	≥0.4	≥0.3
苗干	苗干直曲度		≤15.0°		
	高度	当年生实生苗（cm）	≥100.0	≥80.0	≥60.0
		当年生嫁接苗（cm）	≥90.0	≥70.0	≥50.0
		当年生自根营养系苗（cm）	≥100.0	≥80.0	≥60.0
		二年生实生苗（cm）	≥200.0	≥185.0	≥170.0
		二年生嫁接苗（cm）	≥190.0	≥180.0	≥170.0
		二年生自根营养系苗（cm）	≥200.0	≥185.0	≥170.0
	苗干粗度（cm）		≥0.8	≥0.7	≥0.6
根皮与茎皮			无干缩皱皮、无新损伤，老损伤处总面积不超过 1.0 cm^2		
嫁接苗品种部饱满芽数（个）			≥5	≥4	≥3
接合部愈合情况			愈合良好，枝接要求接口部位砧穗粗细一致，没有大脚（砧木粗、接穗细）、小脚（砧木细、接穗粗）或嫁接部位凸起臃肿现象；芽接要求接口愈合完整，没有空、翘现象		
木质化程度			完全木质化		
病虫害			除国家规定的检疫对象外，还不应携带以下病虫害：根结线虫、介壳虫、根腐病、溃疡病、飞虱、螨类		
备注：苗木质量不符合标准规定或苗数不足时，生产单位应按用苗单位购买的同级苗总数补足株数。计算方法如下：差数=（苗木质量不符合标准株数+苗木数量不足数）/抽样苗数×100%，补足株数=购买的同级苗总数×同级苗差数百分数（%）					

注：参见 GB 19174—2010《猕猴桃苗木》。

苗木不能及时外运或栽植时，必须进行短期假植，可以 10～20 株一捆，将苗木根系埋在湿沙中。假植时间较长时，应选地势平坦、避风不积水处进行假植。假植可挖浅沟，将苗单个摆成行用湿沙埋住，使每个苗木根系均能与湿沙接触。冬季气候冷的地方，可将苗全部埋住，而气候温暖区，埋沙达嫁接口以上为宜。

（三）苗木包装和贮运

外运时包装材料应就地取材，可用草袋、编织袋和塑料等。每 50 株捆为一包，根颈和茎干间填充湿润的苔藓、锯末，或根部蘸泥浆后用塑料袋包裹，再外套编织袋，包好后挂上标签，注明品种、数量、等级等。

（四）苗木检疫和消毒

苗木检疫是防止病虫害远距离传播的有效措施，对果树新发展地区尤为重要，应引起果树苗木生产者和苗木购买者的高度重视。

猕猴桃苗木检疫对象有根结线虫、根腐病、溃疡病等，对于有病虫苗木，轻者可采取苗木消毒后再外调，严重者应就地销毁，严禁外调。

第三节 生物学特性

一、根系生长特性

猕猴桃为肉质根，其特点是主根不发达，侧根和细根多而繁，成须状。根的生长和地区温度有关，温带地区根的生长周期比地上部枝梢长；但生长在亚热带的种类、品种可以说几乎没有明显的休眠期。土壤温度在 8 ℃时开始活动，12 ℃时生长加快，到 28 ℃生长达顶峰，温度过高时，根系又停止生长。9 月以后，也就是果实发育后期，根系又出现第二次生长高峰。根系老化后，骨干根又有很强的再生能力，产生新根，恢复生机，其上可产生新芽，形成一个单独的新生植株。

二、芽、枝和叶生长特性

(一) 芽

猕猴桃的芽着生在叶腋间隆起的海绵状芽座中，芽外包裹有 3～5 片黄褐色鳞片。每叶腋间通常有 3 个芽，位于中间的主芽芽体较大，两侧较小的是副芽。主芽分为叶芽和花芽两种，叶芽萌发生长为发育枝制造营养。花芽为混合芽，一般比较饱满，萌发后先抽生枝条，然后在新梢中下部的几个叶腋间形成花蕾开花结果。开花、结果部位的叶腋间不再形成芽而变为盲节。副芽通常不萌发，成为潜伏芽，寿命可达数 10 年，当主芽受伤、枝条重短截或受到其他刺激后，萌发生长为发育枝或徒长枝，个别也能形成结果枝。

猕猴桃的芽有早熟性，当年生新梢上的腋芽会因各种因素的影响，可提前发育成熟萌发抽枝，形成二次枝、三次枝。二次枝多在 6 月中旬后出现，天旱生长受阻后遇雨尤其容易发生，不适当的夏剪也会促发二次枝。二次枝发生过多，会使下年应形成优良结果枝的芽提前萌发而形成发育枝，减少下年的花芽量。二次枝如果发出较早，位置适宜，也可形成下年良好的结果母枝。幼树或枝条较少的植株，利用二次枝扩大树冠，有利于提早成形。

(二) 枝

1. 枝的形态结构 猕猴桃是一种落叶性藤本果树，其枝条属蔓性。猕猴桃的枝条没有卷须，短枝没有攀缘能力，长枝的先端才缠绕攀缘于他物。

从枝条的外部形态看，新梢为黄绿色、褐色、棕褐至红褐色等；皮孔多为椭圆形凸起；茸毛有软毛、硬毛、刺状毛等，其类型及形态也是分类的依据。老枝浅褐色、灰褐、黑褐色，多数茸毛脱落，部分有残留。嫩梢髓部白色，呈水渍状；老枝髓部片状，浅褐色或深褐色，到根颈部及粗大主干部充实。木质部组织疏松，在老枝横断面有许多可看得见的导管小孔，这些导管内含有大量水分和分泌物，从镜检看有簇生的针状结晶，偶然呈晶砂状。据西北大学生物系狄维忠教授观察，这种分泌结构，在根、颈、叶等营养器官中均有存在，而在生殖器官内仍有。

2. 枝的类型 当年萌发的枝蔓，根据其性质不同分为两种类型：

(1) 发育枝。即营养枝或生长枝，指仅进行枝、叶器官的营养生长而不能开花结果的枝条。根据生长势强弱，可将营养枝分为徒长枝、营养枝和短枝。

(2) 结果枝。当年能萌发开花结果的枝条。雌株上能开花结果的枝条称为结果枝。雄株上只开花不结果的枝称为花枝。根据枝条的发育程度和长度，结果枝又可分为徒长性结果枝（100 cm 以上）、长果枝（50～100 cm）、中果枝（30～50 cm）、短果枝（10～30 cm）和短缩果枝（10 cm 以下，也称丛状结果枝蔓）。

3. 枝的生长发育 猕猴桃新梢全年生长期有 170～190 d。在北方地区，一般有 2 个生长阶段：第一个生长期从 4 月中旬展叶到 6 月中旬大部分新梢停止生长，其中 4 月末至 5 月中旬形成第一个生长高峰；第二个生长期从 7 月初大部分停止生长的枝条重新开始生长起到 9 月初枝条生长逐渐停止，其中8月上中旬形成第二个生长高峰。在南方地区，还会出现第三个生长期（9月上旬至10月中旬），在9月中下旬形成第三个生长高峰，但强度比前两次高峰要小得多。

猕猴桃枝条具有逆时针（左旋转）缠绕支撑物向上生长的特性。枝条开始生长具有直立性，随着生长发育，出现缠绕性。枝条还具有明显的背地性，芽位向上的生长旺盛，与地面平行的生长中庸，向下的生长弱。

猕猴桃枝条的加粗生长有2个高峰期，第一次高峰期在5月，至7月上旬又出现第二个小的增粗高峰，之后缓慢增粗，直至停止。

（三）叶

猕猴桃的叶片大而薄，少有弹性，多为纸质或半纸质、半革质。形状有圆形、卵圆形、椭圆形、近圆形、广椭圆形、倒卵形等，一般长5～20 cm，宽6～18 cm。嫩叶黄绿色，老叶暗绿色或绿色，背面淡绿色，密生白色或灰棕色星状茸毛。叶尖多钝圆、微凹、渐尖或突尖。基部圆形或心形。叶脉羽状，延伸至叶缘呈刺毛状锯齿。叶缘的中部和先端部分锯齿多而明显。叶互生。叶柄黄褐色，阳面微带紫红色，密生棕色茸毛。茸毛多少、长短由于种类而不同。同一枝条上，枝条基部和顶端叶小，中部叶最大。

叶的生长，在发芽后20 d左右展开，头30 d叶片长得很快，开始是增长，后增宽。

三、开花与结果习性

（一）开花

1. 花芽分化 由叶芽的生理和组织状态转化为花芽的生理和组织状态称花芽分化。猕猴桃的花芽分化可分为生理分化期、形态分化期和性细胞形成期3个时期。猕猴桃花芽的生理分化一般在先年夏秋季完成生理分化形成花芽原基后，直到来年春季形态分化开始前，花器原基只是数量增加、细胞体积变肥大，形态上并不进行分化，从外观上无法与叶芽相区别。

形态分化从当年芽萌动开始，到花蕾露白前完成，需50～60 d。形态分化一般先从结果母枝下部节位的腋芽原基开始，先分化出花序原基，再分化出顶花及侧花原基。花原基形成后，花的各部位便按照向心顺序，先外后内依次分化。花芽的形态分化可分花序原基、花原基、花萼原基、花瓣原基、雄蕊原基、雌蕊原基分化期等6个时期。

2. 开花特性 猕猴桃开花物候期分为初花期（5%的花朵开放）、盛花期（50%以上的花朵开放）和末花期（75%的花朵开放）。开花期一般在春季日平均气温15 ℃以上。

猕猴桃的花期因种类、品种而差异较大，同时受环境的影响也很大。美味猕猴桃品种在陕西关中地区一般于5月上中旬开花，中华猕猴桃品种一般较美味猕猴桃早5～7 d。

雌花从现蕾到花瓣开裂需要35～40 d，雄花则需要30～35 d。雌株花期多为5～7 d，雄株则达7～12 d，长的可到15 d。初开放时花瓣呈白色，后逐渐变为淡黄色至橙黄色。雌花开放后3～6 d落瓣，雄花为2～4 d。

绝大部分花集中在清晨4:00～5:00开放，7:00后雌花开放的较少，少量雄花也有下午开放的，但在晴天转为多云的天气，全天都可有少量的雌、雄花开放。花粉囊在天气晴朗的8:00左右开裂，如遇雨则在8:00后开裂。开花顺序常为先内后外、先下后上，同一果枝或花枝上，枝条中部的花先开；同一花序中，中心花先开，两侧花后开。

（二）坐果

猕猴桃为雌雄异株植物，无自花结实能力，必须进行授粉才能结实。一般情况下，猕猴桃无生理落果现象。

猕猴桃坐果不仅受气候、土壤等立地条件和病虫害的影响，而且与品种、树势、树龄、树体发育状态、雄株花粉活力及雌、雄株亲和性等有关。

花粉发芽率高低与管理水平有关，管理水平高，枝条生长健壮的，其上开的花花粉发芽率也高；管理水平粗放，枝条生长弱的，其上开的花花粉发芽率也低，相应的坐果率也低。

不同猕猴桃雌雄系之间授粉亲和性不同，雌性花只有与亲和性好的雄性系授粉，才能获得高的坐果率。

坐果高低和气温有关，当白天温度 24 ℃、夜间 8 ℃时，许多花粉管在 7 h 以内进入花柱，31 h 时，大部花粉管伸入花柱基部，约 40 h 胚珠受精，最迟 72 h 伸入子房，完成整个受精过程，这样的受精，坐果率有很大提高；反之，受精不良，坐果率相应也低。

（三）果实生长发育

从落花后到果实成熟，果实的生长发育期为 130～160 d。果实生长发育的完整曲线呈 S 形，大致分为 3 个阶段：第一阶段为花后 50～60 d，果实迅速膨大，先是由果心、内外果皮细胞的分裂引起，然后是因细胞体积的增大所致，其生长量达总生长量的 70%～80%。内含物主要是糖类和有机酸，其增加程度同果实迅速生长的速度。第二阶段为迅速生长期后 40～50 d，果实生长缓慢。外果皮细胞的扩大基本停滞，内果皮细胞继续扩大，果心细胞继续分裂和扩大，但速度大大降低，果实增大速率显著减缓。果皮颜色由淡黄转变为浅褐色，种子由白色变为褐色。内含物淀粉及柠檬酸迅速积累，糖的含量则处于较低水平。第三阶段为缓慢生长期后 40～50 d，此期果实体积增长量小，但营养物质的浓度提高很快，果皮转变为褐色，果汁增多，淀粉含量下降，糖分积累，风味增浓，出现品种固有的品质。

第四节 对环境条件的要求

一、土壤

猕猴桃最喜质地疏松、排水良好、有机质含量丰富、具有较好团粒结构的轻壤土、中壤土和沙壤土。土壤的酸碱度对猕猴桃生长发育亦有影响，适宜的土壤 pH 为 5.5～7.5，生长在 pH 大于 7.5 的偏碱性土壤上的猕猴桃容易出现黄化现象。

土壤中的矿质元素成分对猕猴桃生长十分重要，除常规大量元素即氮、磷、钾外，还需镁、锰、铁、锌等元素。当土壤中缺乏这些元素时，叶片上常可表现营养失调的缺素症，影响树体生长及结果。

二、温度

温暖湿润气候最适合猕猴桃生长，也就是在亚热带和暖温带湿润、半湿润气候区是猕猴桃集中分布区。气温也是猕猴桃生命活动的主要因子之一，不仅影响其地理分布，也影响整个生长发育。我国猕猴桃集中分布北纬 18°～34°的广大地区。年平均温度 11.3～16.9 ℃，极端最高气温 42.6 ℃，极端最低气温－20.3 ℃，＞10 ℃的有效积温 4 500～5 200 ℃，无霜期 160～270 d。

猕猴桃种类之间对气候要求有很大差别。中华猕猴桃在年平均温度 14～20 ℃生长良好，美味猕猴桃则在 13～18 ℃生长良好，多花猕猴桃年平均温度 12～17 ℃生长良好，海棠猕猴桃年平均温度 11～15 ℃，毛花猕猴桃年平均温度 14.6～21.3 ℃，阔叶猕猴桃年平均温度 19.5～21.2 ℃生长良好，而狗枣猕猴桃能耐－34～－40 ℃的低温，软枣猕猴桃也可在－30 ℃低温生长良好。

猕猴桃生长发育阶段与气温关系非常密切，如美味猕猴桃在气温升到 10 ℃以上时芽开始萌动，达到 15 ℃以上时开花，20 ℃以上时结果，到秋末，气温下降到 12 ℃以下时开始落叶休眠。整个生育过程也是温度变化过程。冬季经 950～1 000 h 4 ℃的低温积累，就可满足休眠的需要。

土壤温度也直接影响根系活动，当土温 8 ℃时，根系开始活动，到了 20.5 ℃时根系生长达到高峰，29.5 ℃时根系受高温影响，基本停止了生长。

三、湿度

猕猴桃大部生长在湿润、半湿润气候带。北京植物园张杰研究员根据猕猴桃种群分布的密度，将其大概分为 3 类：

（1）年降水量 1 400～2 000 mm，相对湿度 80%～85%的地区，如云南、广西、湖南，分布有 35～56 个种群。

（2）年降水量 1 500 mm 左右，相对湿度 70%～80%，如贵州、江西、湖北、广东、福建，集中分布有 18～30 个种群。

（3）年降水量 400～1 200 mm，相对湿度 55%～70%，如陕西、山西、北京、河南、甘肃、安徽、辽宁、吉林、黑龙江、西藏等地分布有 3～12 个种群。

从分布看，长期以来，猕猴桃集中雨量多的地区，形成了喜湿润的遗传特性。

猕猴桃需要水量大，但喜水又怕涝。据陕西省果树研究所试验，在根系淹水 3 d 后，叶片萎缩，7 d 后全株死亡，死亡率达 100%。长期潮湿地区栽种的猕猴桃又会感染根腐病。

四、光照

猕猴桃多数喜半阴环境，由于各个生长发育时期不一样，对光照的需要也不一样。幼苗期最怕强光，移植的幼苗更需遮阳保墒；成年期需要一定光照方能正常开花、结果。在资源调查中发现，凡是攀缘大树上方，阳光充足，结果累累，而不见光的地方很少开花结果。据姬野氏报道，猕猴桃光的补偿点为 500～1 000 lx，光的饱和点因品种而异，如蒙蒂品种在 20 ℃时为 1 500 lx，到 25～30 ℃时，为 2 500 lx。在温度 30 ℃的弱光下，布鲁诺品种光合作用降低，出现了暗呼吸，也说明猕猴桃对光的要求较高。新西兰莱特等研究，猕猴桃叶幕上层果实的种子数、淀粉含量及可溶性固性物含量都比树冠郁闭部位的果实要高。从实践中也可看到，凡是光照不足的枝条生长弱、节间长、不充实，很难形成花芽。猕猴桃是一种喜光又怕强光的一个树种。

五、风

猕猴桃的叶片大而薄，脆而缺乏弹性，易遭风害，轻则叶片边缘呈撕裂破碎，重则整个叶片几乎全被吹掉，新梢上部枯萎，甚至新梢从基部劈裂，枝上的花蕾或花朵也会受损伤。夏季的强风会使果实与叶片、枝条或铁丝摩擦，在果面造成伤疤，使之不能正常发育。

风害不仅影响当年树体的正常发育，减少果实产量，降低果实品质，还会因树体营养不足，贮藏养分少，影响花芽分化，使下年的结果受到影响。

第五节 建园和栽植

一、建园

（一）园地选择

猕猴桃园地的选择要根据猕猴桃生长发育对外界环境的要求，将其栽培在最适宜的优生区。

栽培区的年平均气温 12～16 ℃，从萌芽到进入休眠的生长期内，≥8 ℃的有效积温 2 500～3 000 ℃，无霜期≥210 d。土壤以轻壤土、中壤土和沙壤土为好，重壤土建园时必须进行土壤改良。土壤有机质含量 1.5%以上，地下水位在 1 m 以下。年降水量 1 000 mm 左右，分布均匀，能够满足猕猴桃各个生长季节的需要，否则，必须有可靠的灌溉水源和有效的灌溉设施。地势低洼的地区应有良好的排水设施。年日照时数超过 1 900 h，但光照过强的正阳向山坡地、光照不足的阴坡地和狭窄的沟道不宜建园。园地以平坦地为宜，坡度在 15°以下的坡地次之，山坡地宜在早阳坡、晚阳坡处建

园，低洼谷地、山头、风口处不宜建园。

（二）果园规划设计

本着因地制宜、早果、高产、合理用地原则，对小区进行划分。规划应包括田间工作房屋、防风林、道路、排灌系统配置、树种和品种的搭配、栽植密度和栽植方式及定植方面的要求、授粉树配备等，需进行全面勘查和设计。

1. 防护林的设置　果园防护林的主要作用是防止和减少风、旱、寒的危害和侵袭。猕猴桃园需要防风林有效地保护好在春季发出的幼嫩枝条，以免其茎部折断，保护果实，防其摩擦而损伤。在风大地区，如山口、河滩地，应在建园前先栽防风林。防风林所用主要树种有杨树、柳树、柏树、女贞等，以杨树、柳树最好，树体高大，防风效果好。防风林要和主风向垂直，而在园内每隔 200～300 m 栽一条和果园主林带平行的林带，进一步起到小区内防风作用。

防风林距猕猴桃栽植行 5～6 m，防风林应栽植 2 排杨树、柳树等乔木，行距 1.0～1.5 m，株距 1.0 m，以对角线方式栽植，树高 10 m，在乔木之间加植紫穗槐等灌木树种。园内在迎风面每隔 50～60 m 设置一道防风林。面积较小的果园可设置人造防风障，高 10～15 m。

2. 道路规划　根据需要设置宽度不同的道路，一般中型和大型果园由主路（或干路）、支路和小路 3 级道路组成。主路贯通全园，大型车辆能够通过，一般为 6～7 m。小区支路能同时通过 2 辆小四轮拖拉机，一般为 4 m 左右。小区中间和环园路可根据需要设置小路，路面宽度 1～2 m，以行人为主，并与支路垂直相接。小型或小面积果园，不设主路和小路，只设支路。

3. 灌水和排水设施　果园灌水形式目前有明沟灌水、喷灌和滴灌等。山地果园以水库、蓄水池、引水上山等为主。平地果园以井水、河水、水库、渠水为主。猕猴桃不耐旱，在规划栽植前，首先要考虑水源和灌水设施，提倡节水灌溉。在地下水位高、多雨地区要考虑排水系统的设置。

二、栽植

（一）架形、密度

猕猴桃园的栽植方式和密度与立地条件、光能利用、面积的大小有关。确定栽植方式应以充分利用土地面积和光能，提高单位面积产量，有利于抵抗不良外界条件为原则。栽植方式主要有以下几种，可因地选用。

1. 大棚架　平地果园广泛采用的一种栽植方式。一般行距为 4 m，株距 3 m，每 667 m^2 栽植 55 株，也有加密栽植 4 m×1.5 m、4 m×2 m，每 667 m^2 栽 110 株、83 株。

2. T 形架　适用于平地、梯田地果园。一般株行距 3 m×3 m，每 667 m^2 栽植 74 株，也有加密栽植。

3. 篱架　适用于山地、湿润地区果园，一般每 667 m^2 栽植 74 株，或者 3 m×1.5 m、3 m×2 m，每 667 m^2 栽 148 株、110 株。

栽植距离也要因地形、土壤情况而定。肥沃土壤密度要稀，瘠薄土壤可加密。做到因品种、土壤肥薄、地形等情况进行合理密植。

（二）授粉树配置

猕猴桃为雌雄异株植物，雌树结果，雄树授粉，两者缺一不可。当前猕猴桃生产中雌雄株配置比例以（5～8）：1 居多（图 52－16）。

（三）栽植方法

1. 栽植时期　栽植时间分为秋栽和春栽。秋栽时，气温和土温还比较高，栽植后根系可以继续生长，产生新的白色根，到了第二年春暖回温时，根系可不经恢复阶段而直接生长，有利于早成形、早结果。春栽一般在发芽前进行。

2. 栽植方式　定植前，按照确定的株行距标出定植点，再按 0.8～1 m 见方挖定植穴，挖穴时将

图 52-16 猕猴桃不同雌雄比例定植

表土和下层土分开堆放。每穴施入腐熟有机肥 25～50 kg、过磷酸钙 0.5～1 kg 等与表土混合均匀后填入穴内，再填入其他表土，使定植穴略低于地平面，然后给定植穴灌透水一次，使之充分沉实。待穴内墒情下降到可栽植时，按照根系的大小在定植穴内挖大小适宜的坑，将穴内整理为中间高、周围低的半球形，半球顶部低于地面 4～5 cm。栽植时提苗使根系在坑内土堆上舒展开，较长的根沿土堆斜向下伸展，不要在坑内盘绕。填土时取用周围地表土，注意使根际填土均匀，并轻提苗使根系保持舒展。栽植的深度以保持在苗圃时的土印略高于地面，待穴内土壤下沉后大致与地面持平为宜。

3. 选择壮苗 壮苗有 4～5 个饱满芽，根颈部粗度 0.8 cm 以上，根系主侧根 4～5 条，长度 15～20 cm，副侧根 5～6 条，长度 15 cm 以上。苗木嫁接口愈合完好，无病虫危害（根系无根结线虫病）。根系粗壮、敦实，须根多，木质化程度较高。

4. 优良品种选择 应选 1～2 个主栽品种，因地制宜地进行各地品种搭配栽植。

5. 栽后及时灌水 栽好后立即浇水，浇水前要修渠道及每株周围的树盘，树盘修成方形或圆形，盘内比地面低 5 cm，当水浇完后，幼苗周围下陷后与地面平行。第一次浇水称为稳苗水，水一定要浇透，当水渗下后有些树盘塌陷不平时，要将树盘填平，还可保墒。当地面黄干后，灌第二次水，然后进行覆盖保墒，确保苗木正常生长。

（四）栽后管理

不论秋栽或春栽的苗木，一般剪留 3～4 个饱满芽。保持水土经常湿润，才能达到全苗。幼苗新梢长出后，在苗木旁边插一木棍或细竹竿，引诱主蔓直立向上生长，不让其缠绕，每隔 20～30 cm用布条等绑在竹竿上，直到上到架面上。夏季高温季节，树盘用麦草或杂草覆盖保墒，防止高温干旱和地面龟裂。另一种方法是，在苗木南边和西边点播一行玉米，对幼苗起到遮阳作用，减少水分蒸发，效果也很好。幼苗新梢长到 50 cm 时，就可追施尿素和磷酸二铵，第一年每株每次施50 g，一般每隔 20～30 d 施一次，共施 3～4 次，在距树干 40～50 cm 处撒施。对弱苗，从主蔓基部选留 3～4 芽短截，第二年抽生 2～3 个枝蔓，选健旺枝蔓 1～2 个引诱上架。

第六节 土肥水管理

一、土壤管理

我国猕猴桃栽培区土壤有机质含量普遍较低，提高土壤有机质含量是果园土壤管理的关键之一；其次是深翻改土，对土壤性状不好的地区，如不加以扩穴、改良和深翻，会使根系透气性不好，树体生长不健壮。

（一）扩穴

一般于建园后的第一年秋季，在树盘外围的两边挖宽度 50 cm，深度 50～80 cm 沟。把土挖出后，

往穴或挖好的沟底层垫压 1～2 层玉米秸秆、麦草、枯枝落叶等物，埋一层土，再压一层秸秆类，覆一层土，然后施一层有机肥，再次用土将穴埋平。到第二至四年秋季，同样采取此法扩穴，直至将果园深翻一边为止。沙砾土或沙土地可在扩穴时进行掏石改土，改良土壤结构。

（二）翻耕

前 3～4 年把穴扩完后，从第五年秋开始，每年进行一次全园深翻，深度 20～30 cm。先将有机肥、速效肥撒施在树盘周围，再深翻，深翻时不要伤 0.8 cm 以上的根系，树干附近必须浅翻。

深翻不仅可以降低土壤容重，而且增加土壤的孔隙度（表 52－2）。从表中看出，土壤容重从 1.38 下降到 1.18，而孔隙度由 48.31％增加到 55.29％。土壤的透水性和保水力增强。

表 52－2 深翻对土壤容重、孔隙度的影响

土层（cm）	深翻		未深翻	
	容重（g/cm^3）	空隙度（％）	容重（g/cm^3）	空隙度（％）
0～20	1.08	57.64	1.39	47.94
20～40	1.28	52.94	1.37	48.68
平均	1.18	55.29	1.38	48.31

（三）间作

农业生产向立体方向发展，利用植物间互相弥补作用使生态平衡，来增加单位面积经济效益。幼树期可间作套种蔬菜、低杆农作物等，增加果园收入。

（四）其他措施

1. 中耕与除草 在陕西地区，杂草生长旺季为 5～9 月，特别 7～9 月，一般年份雨量充沛，气温高，杂草生长非常旺盛。待杂草长到 10 cm 左右，就必须进行中耕除草，树盘周围浅锄，否则营养被杂革吸收利用，对果树生长不利。一般干旱年份，灌水之后，黄墒时就要浅锄一次，可防止杂草旺长，一年内锄 4～5 次，有利于保墒。

2. 树盘覆盖 北方每年有一段高温季节，特别是 6～8 月，气温非常高，有时达 38 ℃以上，对猕猴桃来说，气温上到 35 ℃以上就可能受到高温危害，造成叶片边缘干枯，叶子萎蔫，严重时有落叶现象。通常大部分用玉米秆、青草、酒糟、麦糠及锯末等覆盖树盘，覆盖范围大多在树盘 1 m 以外，就是根系主要分布区，覆盖物充足时可达 1.5 m，效果会更好。据测定，覆盖的树盘比未覆盖的地温要降低 5～6 ℃，土壤中相对含水量比未覆盖的提高 10％。树盘覆盖的植株生长正常，枝叶、果实未受损伤，未覆盖的叶片边缘焦枯，果实停止或缓慢生长。

3. 果园生草 对于南方雨量多的地区及北方灌溉条件好的地区提倡果园生草。通过果园生草可以起到增加土壤有机质含量，保墒、减少灌溉次数，改善果园小气候，疏松土壤、提高土壤供肥能力，提高果实品质等目的。

二、施肥管理

（一）施肥的意义

猕猴桃为多年生藤本果树，每年的生长发育、结果等都要从土壤吸收营养，每个发育时期对土壤营养的需求不尽相同。以氮、磷、钾和有机肥为例，幼树主要进行以生长树体为主的营养生长来形成骨架，应多施氮肥，少施磷、钾肥；初结果期由营养生长向生殖生长转化，主要用于扩大树冠和结果，要控氮、增磷、补钾，增施有机肥；盛果期的成龄树主要进行枝蔓更新和大量开花结果，树势减弱，应多施氮、磷、钾和有机肥。有机肥在所有生长期要多施，补充有机质和果树生长发育所需的各种大量元素和微量元素及各种活性物质。

研究表明，果树每年由于修剪和果实的采收要损失大量的矿质营养（表 52－3）。从表中可看出，一年中的氮和钾的损失最大，必须及时进行补充。否则，树体就不能恢复到原有的生长状态，就没有新的生长量，产量和品质就没有保证。

表 52－3 猕猴桃（14 年生）单株年营养损失情况

单位：g

矿质营养	春剪	夏剪	冬剪	采果	合计
氮（N）	36.4	30.9	62.7	66.2	196.2
磷（P）	3.7	3.2	8.1	9.6	24.6
钾（K）	43.0	36.8	39.7	132.7	252.2
钙（Ca）	28.0	20.3	38.7	13.1	100.1
镁（Mg）	5.0	4.0	10.8	5.7	25.5

（二）基肥

基肥以秋施为好，应在果实采收后尽早施入，宜早不宜晚。时间一般在 10 月中旬至 11 月中旬。这时天气虽然逐渐变凉，但地温仍然较高，根系进入第三次生长高峰，施肥后当年仍能分解吸收，有利于提高花芽分化的质量和第二年树体的生长。

基肥的种类以农家有机肥为主、配合适量的化肥。施肥量一般应占到全年总施肥量的 60%以上，包括全部有机肥及化肥中 60%氮肥、60%磷肥和 60%的钾肥。施用微量元素化肥时应与农家肥混合后施入，以利微肥的吸收利用。

（三）追肥

追肥是在猕猴桃需肥急迫时期补充施肥的方法。追肥的次数和时期因气候、树龄、树势、土质等而异。

一般猕猴桃园每年追肥 4 次，具体如下：

1. 花前肥 猕猴桃萌芽开花需要消耗大量营养物质，但早春土温低，吸收根发生少，吸收能力不强，树体主要消耗体内贮存的养分。此时若树体营养水平低、氮素供应不足，会影响花的发育和坐果质量。因此花前追肥以氮肥为主，主要补充开花坐果对氮素的需要，对弱树和结果多的大树应加大追肥量，如树势强健，基肥数量充足，花前肥也可推迟至花后。施肥量占全年化学氮肥施用量的 10%～20%。

2. 花后肥 落花后幼果生长迅速，新梢和叶片也都在快速生长，需要较多的氮素营养，施肥量约占全年化学氮肥施用量的 10%。花后追肥可与花前追肥互相补充，如花前追肥量大，花后也可不施追肥。

3. 果实膨大肥 也称壮果促梢肥，此期随着新梢的旺盛生长和花芽生理分化的进行，果实迅速膨大。追肥种类以氮、磷、钾配合施用，提高光合效率，增加养分积累，促进花芽分化和果实肥大。追肥时间因品种而异，从 5 月下旬至 6 月中旬，在疏果结束后进行，施肥量分别占全年化学氮肥、磷肥、钾肥施用量的 20%。

4. 优果肥 果实生长后期果实体积已经接近最终大小，果实内的淀粉含量开始下降，可溶性固形物含量升高，果实转入营养积累阶段。此时追肥有利于营养运输、积累，有效磷、速效钾肥能促进果实营养品质的提高，因此称为优果肥。时间大致在果实成熟期前 6～7 周施用。施肥量分别占全年化学磷肥、钾肥施用量的 20%。

三、水分管理

猕猴桃为肉质根，其分布浅且范围小，这就决定了猕猴桃是一种不耐旱的果树。由于叶片大，蒸发量大，需要及时补充足够的水分，又因为猕猴桃是肉质根，怕渍水后缺氧，不能正常进行呼吸，致使根系烂掉，导致树体地上部叶片黄化，严重时会死树。所以，果园有积水，就得及时排走。

（一）时期、作用

北方地区降水量适宜的情况下灌4～5次水，可以满足猕猴桃生长。第一次是冬灌；第二次发芽前；第三次是花前或花后；第四次在幼果膨大期。一般干旱年份除常规4次灌水外，要根据果园的墒情灵活掌握，及时灌水，保持地面湿润。

灌水的作用是促使叶、枝和果实的正常生长发育。如果水分不足或树体受旱时，叶片焦枯，果实小而不长，产生落果现象，造成减产，高温季节还会出现果实日灼、畸形果等。

（二）方法和数量

1. 方法 灌溉有漫灌、沟灌、渗灌、滴灌、喷灌等多种方法，其中滴灌和微喷是目前最先进的灌溉方法，但投资相对较大。渗灌不如滴灌和微喷效果好，但较漫灌好，成本相对较低，可以在大多数种植区使用。

2. 灌水量 可以根据灌溉前的土壤含水量、土壤容重、土壤浸润深度等估算出灌水量。

灌水量（t）＝灌溉面积（m^2）×土壤浸润深度（m）×土壤容重（t/m^3）×（田间最大持水量×85%－灌溉前土壤含水量）

例如：0.1 hm^2（即1 000 m^2）的猕猴桃园，灌溉前土壤含水量14%，土壤容重1.6 t/m^3，田间最大持水量25%，灌溉后要求达到田间持水量的85%，土壤浸润深度0.4 m。根据上述公式，

灌水量＝1 000×0.4×1.6×（25%×85%－14%）＝46.4（t）。

（三）排水

排水主要是在水位高的地区或黏重土壤上进行。建园时，就要设计修排水渠，渠宽1～1.5 m，深1.2 m左右，以把果园水排走为原则，不能有积水。

第七节 花果管理

一、花果管理的意义

花果管理通过对花果和树体采取相应的技术措施及对环境条件进行调控，保证和促进猕猴桃花果的生长发育，确保猕猴桃连年丰产稳产、优质高效，具有重要的意义。

二、保花保果

（一）放蜂

猕猴桃为雌雄异株植物，加之叶大枝茂，花朵大多处于叶幕之下，授粉不易。利用蜜蜂来传播花粉，可以增加叶下花授粉机会。据试验，猕猴桃园放蜂，以每公顷放7～8箱蜂为宜。

（二）人工授粉

靠蜜蜂传粉最大缺点是遇到低温、阴雨天气，蜜蜂活动次数少，影响授粉。这时必须进行人工授粉来弥补。

人工授粉最好在10:00以前进行。连续进行3次人工授粉，效果更好。

1. 花粉采集、保存 采集即将开放或半开的雄花，用牙刷、剪刀、镊子等取花药平摊于纸上，在25～28 ℃下放置20～24 h，使花药开放散出花粉。散出花粉用细箩筛出，装入干净的玻璃瓶内，

贮藏于低温干燥处。纯花粉在密封容器内于－20 ℃下可贮藏1～2年，在5 ℃下可贮藏10 d以上。在干燥的室温条件下贮藏5 d的授粉坐果率可达到100%，但随着贮藏时间的延长，授粉后果实的重量逐渐降低，以贮藏24～48 h的花粉授粉效果最好。

2. 授粉方法 人工授粉的方法多种多样，包括花对花、毛笔点授、简易授粉器、喷粉器或喷雾器授粉等。花对花是采集当天早晨刚开放的雄花，花瓣向上放在盘子上，用雄花直接对着刚开放的雌花，用雄花的雄蕊轻轻在雌花柱头上涂抹，每朵雄花可授7～8朵雌花；毛笔点授是先采集花粉，然后用毛笔将花粉涂到雌花柱头上。

三、疏花疏果

猕猴桃易形成花芽，花量比较大，只要授粉受精良好，绝大部分花都能坐果，几乎没有生理落果现象。如结果过多，养分分散，容易造成单果重量减少，果实品质下降或无商品价值，也容易产生大小年结果现象，必须进行人为疏花疏果。

疏蕾通常在侧花蕾分离后2周左右开始。疏蕾时先疏除侧花蕾（即生产中常说的"摘耳朵"）、畸形蕾、病虫危害蕾，再疏除基部的花蕾，最后疏顶部的花蕾，尽量保留中部的花蕾。强壮的长果枝留5～6个花蕾，中庸的结果枝留3～4个花蕾，短果枝留1～2个花蕾。

疏果应在盛花后2周左右开始，首先疏去授粉受精不良的畸形果、扁平果、伤果、小果、病虫危害果、过密果等，而保留果梗粗壮、发育良好的正常果。生长健壮的长果枝留4～5个果，中庸结果枝留2～3个果，短果枝留1个果。疏除多余果实时，应首先疏除短小果枝上的果实，保留长果枝和中庸果枝上的果实。经过疏果，使8～9月叶果比达到（4～6）∶1。

四、果实套袋

（一）套袋时间

花后40～60 d。

（二）纸袋选择

以单层褐色纸袋为好。袋长约15 cm，宽约10 cm，上端侧面黏合处有5 cm长的细铁丝，果袋两角分别纵向剪1个1 cm长的通气缝。绿肉品种选用浅褐色单层木浆纸袋；黄肉品种选用外褐色内黑色单层木浆纸袋。

（三）套袋前准备工作

园内喷一次杀菌杀虫药，防治褐斑病、灰霉病和东方小薪甲、椿象类等。也可加上果友氨基酸和乳酸钙，补充营养，提高果实硬度。

套袋前1 d，将所用纸袋上边喷水，使纸袋不干燥，用时易打折。

（四）套袋方法

先将纸袋口吹开，把果子放入袋中间，然后将袋口打折到果柄部位，用其上铅丝轻轻扎住。一般应从树冠内堂向外套，轻拿轻扎，不要把铁丝扎到果柄上。

（五）注意事项

套袋过程中要轻拿轻扎，不可用力过度，损伤果柄。选择质量高的纸袋，达不到要求者不可使用，否则达不到套袋效果。

（六）除袋

采前3～5 d解袋，不宜太早，早了果实会受污染，迟了果面上色差，达不到果面固有色泽。

第八节　整形修剪

一、树形和架式结构

（一）树形

1. 大棚架、T 形树形　猕猴桃的树形结构为“单主干上架，双主蔓，羽状分布”。即采用单主干上架，在主干上接近架面的部位选留 2 个主蔓，分别沿中心铅丝伸长，主蔓的两侧每隔 25～30 cm 选留一强旺结果母枝，与行向成直角固定在架面上，呈羽状排列。

2. 篱架树形　生产中常用的是二层水平式和多主蔓扇形。

（1）二层水平式。也称双臂双层水平式。从基部选留生长健壮、芽眼饱满、直立生长的枝条，引诱上架，从第一道铁丝上，向两边分叉，形成第一层，在主蔓上选留一健壮枝，引诱上第二道铁丝，同样方法，向两边分枝，形成第二层侧蔓，以这样的方法，再培养第三层，即可完成树形。在主蔓上，每隔 30～40 cm 留一结果母枝，3～4 年后布满架面。

（2）多主蔓扇形。一般留 3 个主蔓，从茎部 3～5 个芽处短截，3 个主蔓引诱上架，而每个主蔓上放射状的留侧蔓，间隔 30～40 cm，每一主蔓最后成形均为扇形，增加结果面。基部芽眼不饱满，要重剪，刺激发出粗壮枝，重新培养主蔓成扇形。

（二）架式结构

1. 大棚架　立柱高 2.5 m，下埋 0.7 m，地上部 1.8 m。在立柱上架设横担，在横担上每隔 0.5 m 拉一道铁丝，形成横担和铁丝纵横交错。

2. T 形架　立柱高 2.5 m，埋入土中 0.7 m，地上部 1.8 m，横梁长 1.5～2.0 m，每 40～50 cm 拉一道铁丝，一般为 5 道。为扩大结果面也可拉 6 道。

3. 篱架　立柱全高 2.5 m，埋入土中 0.7 m，地上部高 1.8 m。在水泥柱上拉 3 道铁丝，第一道距地面 0.6 m，第二道距地面 1.2 m，第三道距地面 1.8 m。山地果园可采用此架形。

二、修剪技术要点

（一）修剪时期、作用

修剪按季节分为冬季修剪和夏季修剪两个时期。冬季修剪从落叶后至伤流发生前这一段时间（伤流期在北方关中 2 月中旬开始，5 月上旬结束），猕猴桃修剪从 12 月至翌年 1 月底要结束。夏季修剪是指从春季萌芽开始直至秋季的整个生长季节的枝蔓管理。

冬季修剪的作用：一是调节骨架上侧蔓和结果母枝，均匀分布架面，确定结果母枝数量和留芽数，确保来年抽生结果枝数量；二是调节树势，促进萌发新梢，调整果树地上部和地下部生长、结果、衰老和更新的关系，解决光照条件和枝蔓周围空气畅通，光合作用强，结果母蔓更成熟。能提高果实品质和质量，有助于果树达到早产、丰产、稳产和优质，延长经济寿命和便于管理。

夏季修剪的作用：主要让新梢抽生的结果枝、发育枝分布均匀，通风透光好，枝蔓不互相缠绕，提高果实着色率与品质，有利于枝条及芽充分成熟，促进花芽分化。

（二）修剪方法和运用

1. 冬季修剪

（1）结果母枝的种类

① 强旺发育枝。一般在 7 月以前抽生的基部直径在 1 cm 以上、长度在 1 m 以上的枝条。这类枝条长势强、贮藏的营养丰富，芽眼发育良好，留作结果母枝后抽生的结果枝生长旺盛，结果量多，果实品质优，是作为结果母枝的首选目标。

② 强旺结果枝。基部直径在 1 cm 以上、长度在 1 m 以上。结果枝一般发芽抽生早，结果部位以

上叶腋间的芽形成早，发育程度好，留作结果母枝时常能抽生良好的结果枝，强旺的结果枝是比较理想的结果母枝选留对象，但基部结过果的节位没有芽眼，不能抽生结果枝，残留的果柄也容易成为病菌侵入的场所，导致结果母枝的基部发生枝腐病。

③ 中庸枝。长势中庸的结果枝和发育枝，长度为 30～100 cm，也是较好的结果母枝选留对象，在强旺发育枝、强旺结果枝数量不足时可以适量选用。

④ 短枝。一般长度在 30 cm 以下，停止生长较早、芽眼发育比较饱满的短枝，着生位置靠近主蔓时可以适量选留填空，保护主蔓免受日灼的危害，增加一定产量。

⑤ 徒长枝或徒长性结果枝。徒长枝条下部直立部分的芽发育不充实，形成混合芽的可能性很小，从中部的弯曲部位起往上的枝条发育比较正常，芽眼质量较好，能够形成结果枝，在强旺发育枝、强旺结果枝数量不足时也可留作结果母枝。

（2）修剪方法。对于选留的结果母枝从饱满芽处修剪，其余从基部疏除。

2. 夏季修剪

（1）抹芽。抹除位置不当或过密的芽。包括根蘖、主干上发出的隐芽、结果母枝抽生的双芽、三芽及结果母枝上的多余芽。抹芽一般从芽萌动期开始，每隔 2 周左右进行一次。抹芽应及时、彻底，减少树体营养的无效消耗。

（2）疏枝。根据架面大小、树势强弱、结果枝和营养枝比例，确定适宜的留枝量。疏枝一般从 5 月左右开始，6～7 月枝条旺盛生长期是关键时期。一般疏除病虫枝、过多营养枝、交叉枝、细弱的结果枝。疏枝后 7～8 月的果园叶面积指数大致保持在 3～3.3。

（3）绑蔓。是猕猴桃生产管理中重要的一项工作。当新梢生长达到 30～40 cm 时应开始绑蔓，每隔 2 周左右进行一次。调顺新梢生长方向，避免互相重叠交叉，使其在架面上分布均匀，从中心铅丝向外引向第二、三道铅丝上固定。为了防止枝条与铅丝摩擦受损伤，绑蔓时应先将细绳在铅丝上缠绕 1～2 圈再绑缚枝条，不可将枝条和铅丝直接绑在一起，绑缚不能过紧，使新梢能有一定活动余地，以免影响加粗生长。

（4）摘心。从主蔓或结果母枝基部发出的徒长枝，如位置适宜，可留 2～3 芽短截，使之重新发出二次枝，长势缓和，可培养为结果母枝的预备枝；对于外围计划冬季剪除的结果枝可于结果节位以上留 6～8 片叶提早进行摘心，对发出的二次枝应及时进行抹除，这样既可节约树体养分，又可保证果实的正常生长；对于计划留作下年的结果母枝，一般情况下不要急于摘心，当其顶端开始弯曲将缠绕其他物体时，摘去新梢顶端的 3～5 cm 使之停止生长，促使芽眼发育和枝条成熟，发出的二次枝，当顶端开始缠绕时再次摘心。摘心工作一般隔 2 周左右进行一遍。

海沃德品种不抗风，可以使用摘心方法预防风害。即当春季新梢生长至 15～20 cm 时及时摘去顶端 3～5 cm，可有效减轻枝条的风害。过迟或过轻则效果不佳。

三、不同年龄期树的修剪

（一）幼年树

以长枝为主，促使多萌发枝条，上架成形，布满架面。进行重剪，促使枝蔓旺盛生长，对壮枝从饱满芽处摘心，促发二次梢，加速扩大树冠。对细弱枝从基部饱满芽处剪截，重发新枝，也能完成树形。应加强肥水管理，促进生长，尽快上架。

（二）初果期树

初果期指从成形阶段到开始结果期。这一段更需要营养，扩大树冠，不能让树体结果量过大，弱树不结果最好，强壮树挂果也要适量，否则会影响树冠的扩大，使树体早衰。要严格控制坐果量，疏果要按比例留果，以扩大树冠布满架面为主，结果为第二位。

（三）盛果期树

枝蔓已布满架面，进入最大限度结果，也是获得最大效益的关键时期。在此期间，保持架面枝蔓旺盛生长，达到架面能承受最大负荷量。保持地上部和地下部平衡，修剪应去弱留强，对那些弱枝和病虫枝全部疏剪，控制结果部位不外移，严格按比例疏果，达到年年丰产、稳产，促使生长旺枝，弥补空间，及时更新，始终保持健旺的结果树体。如果超负荷挂果，管理不当，不疏果，树体很快会早衰，维持不了几年，就会把园子毁掉。

（四）衰老树

指盛果后期，产量急剧下降，结果枝进入衰老阶段。树体衰弱，从主蔓基部抽生较多的徒长枝，而结果枝逐渐进入死亡。在这时期，利用徒长枝更新法培养主蔓，重新发枝，使衰老的树体尽快恢复树冠，进入结果期。有条件地区，淘汰老园，重新建立新园。

四、密植园修剪技术

猕猴桃枝蔓生长量大，密植会形成枝蔓交叉重叠，互相缠绕，影响通风透光，又对果实上色、品质、贮藏都不利。因此，冬剪时一定要把结果母枝的距离间隔拉开，以 25～30 cm 留一个结果母蔓为宜。留的过密，导致枝条节间长，芽体不饱满，影响来年结果和产量。夏季要严格控制营养生长，及时摘心，促进枝条加粗生长。还可对密植园采用药剂控制，如用丁酰肼和多效唑效果也很好。

第九节　病虫害防治

随着我国猕猴桃栽培面积的扩大，病虫危害也随之增加。据不完全统计，危害我国猕猴桃的病害有 16 种以上，害虫有 20 多种，发展速度快，蔓延范围广，部分地区已对生产造成损失。

一、主要病害及其防治

为害猕猴桃的病害主要有根腐病、疫霉病、根结线虫病、褐斑病、花腐病、溃疡病、灰霉病等。

（一）猕猴桃根腐病

1. 为害症状　地上部早期症状表现为植株生长不良、叶片变黄等。侵入根颈部的病菌主要沿主根和主干蔓延，初期根颈部皮层出现黄褐色块状斑，皮层软腐，韧皮部易脱落，内部组织变褐腐烂。当土壤湿度大时，病斑迅速扩大并向下蔓延导致整个根系腐烂，病部流出许多褐色汁液，木质部变为淡黄色，叶片迅速变黄脱落，树体萎蔫死亡。后期病组织内充满白色菌丝，腐烂根部产生黑色根状菌索，为害相邻植株根系。感病的病株表现为树势衰弱、产量降低、品质变差，严重时会造成整株死亡，对生产影响极大。发生根腐病的果园一般不能再次栽植建园。

2. 病原　该病病原为密环菌属 *Armllaria mellea*（Fries）Karsten。

3. 发病规律　病菌主要以菌丝在被害部位越冬，翌年春季树体萌动后，病菌随耕作或地下害虫活动传播，从根部伤口或根尖侵入，使根部皮层组织腐烂死亡，还可进入木质部。4 月即开始发病，7～9 月为严重发生期。夏季如遇久雨突晴或连日高温，有的病株会突然萎蔫死亡。发病期间，病菌可多次侵染。10 月以后停止发展。发病株一般 1～2 年后死亡。在土壤黏重、排水不良、湿度过大的果园时有发生。根腐病不但可以通过劳动工具、雨水传播，还可通过地下害虫如蛴螬、地老虎等为害后造成的伤口侵染。

4. 防治方法

（1）农业防治

① 建园时要因地制宜，选择土壤肥沃、排灌良好的田块建园。注意选用无病苗木或对苗木进行消毒处理，不要定植过深，不施用未腐熟的肥料，杜绝病害的发生。

② 加强果园管理，增强树势，提高树体抗性。如生产上重施有机肥；采用合理的灌溉方式，切忌大水漫灌或串树盘灌，有条件地方可实行喷灌或滴灌；依树势合理负载、适量留果等。

（2）化学防治

① 结合深翻进行土壤药剂处理，消灭其地下害虫，控制病害的扩展和蔓延。防治上可选用 40%安民乐乳油 400～500 倍液、40%好劳力乳油 400～500 倍液、乐斯本进行土壤处理，既可消灭根结线虫，又可消灭地下害虫，降低害虫越冬基数，大大减轻来年危害。

② 发现病株时，将根颈部周围土壤挖开，仔细刮除病部，并用生石灰消毒处理，然后在根部追施腐熟农家肥，配合适量生根剂以恢复树势。也可以选用 25%金力士乳油 3 000～4 000 倍液或 80%金纳海水分散粒剂 400 倍液加生根剂混合液灌根处理，效果较好。发病严重的果园，要及时拔除田间病株、土壤中残留的树桩及已感染病菌的根系，并要随时集中销毁。

（二）疫霉病

1. 为害症状　该病主要为害根，也为害根颈、主干和藤蔓。发病症状有 2 种：一种为从小根发病，皮层具水渍状斑，褐色，病斑渐扩大腐烂，有酒糟味。随着小根腐烂，病斑逐渐向根系上部扩展，最后到达根颈。另一种为根颈部先发病。发病初期主干基部和根颈部产生圆形水渍状病斑，后扩展为暗褐色不规则形，皮层坏死，内部呈暗褐色，腐烂后有酒糟味。严重时，病斑环绕茎干，引起主干环割坏死，延伸向树干基部。最终导致根部吸收的水分和养分运输受阻，植株死亡。地上部症状均表现萌芽晚，叶片变小、萎蔫，梢尖死亡。严重者芽不萌发，或萌发后不展叶，最终导致植株死亡。

2. 病原　为疫霉菌，有数个变种，包括 *Pytophthora cactorum*、*P. cinnamoni*、*P. lateralis*、*P. megasperma* var. *megasperma* 和 *P. ciricola*。

3. 发病规律　该病属土传病害。黏重土壤或土壤板结，透气不良，土壤湿度大，渍水或排水不畅，高温、多雨时容易发病。幼苗栽植不当、埋土过深也易感病。夏季根部在土壤中被侵染后，10 d 左右菌丝体大量发生，然后形成黄褐色菌核。该病春夏发生，7～9 月严重发生，10 月后停止蔓延。被伤害的根、茎也容易被感染。

4. 防治方法

（1）农业防治

① 通过重施有机肥改良土壤，改善土壤的团粒结构，增加通透性，保持果园内排水通畅不积水，降低果园湿度，预防病害的发生。避免在低洼地建园，在多雨季节或低洼地采用高畦栽培。

② 不栽病苗，并在施肥时注意防止树根部受伤。

③ 猕猴桃栽植深度以土壤不埋没嫁接口为宜。已深栽的树干，扒土晾晒嫁接口，减轻病害发生。

（2）化学防治。发病初期，可以视病情发生程度扒土晾晒，并选用 65%普德金可湿性粉剂 300 倍液，80%保加新可湿性粉剂 400 倍液，或 80%金纳海水分散粒剂 400 倍液＋柔水通 4 000 倍混合液对主干基部、主干上部和枝条喷雾；必要时可用 25%金力士乳油 2 000～3 000 倍液、70%纳米欣可湿性粉剂 500 倍液＋柔水通 4 000 倍混合液等灌根；病情较重者，仔细刮除病斑，再用 25%金力士乳油 200～300 倍液＋柔水通 600～800 倍混合液涂抹处理；严重发病树，刨除病树烧毁。柔水通可改变水的 pH，使其由碱性变中性，提高药剂药效、渗透性及附着性，防治效果明显。以上用药可交替使用。

（三）根结线虫病

1. 为害症状　地上部症状与其他根病引起的症状相似，主要为害根部，从苗期到成株期均可受害。苗期受害，植株矮小，生长不良，叶片黄化，新梢短而细弱。夏季高温季节，中午叶片常表现为暂时失水，早晚温度降低后才恢复原状。受害严重时苗木尚未长成便已枯死；成株受害后，根部肿大，呈大小不等的根结（根瘤），直径可达 1～10 cm（图 52－17）。根瘤初呈白色，后呈褐色，受害根较正常根短小，分枝也少，受害后期整个根瘤和病根可变褐而腐烂。根瘤形成后，根的活力减弱，导管组织变畸形歪扭而影响水分和营养的吸收。由于水分和营养吸收受阻，导致地上部出现缺肥缺水状态，生长发育不良，叶黄而小，没有光泽。表现树势衰弱，枝少叶黄，秋季提早落叶，结果少、果实小、果质差。

图 52－17　根结线虫病

受害植株的根部肿大呈瘤状（或称根结状），每个根瘤有 1 至数个线虫，将肿瘤解剖，可肉眼看到线虫。根瘤初发生时表面光滑，后颜色加深，数个根瘤常常合并成一个大的根瘤物或呈节状。大的根瘤外表粗糙，其色泽与根相近，后期整个瘤状物和病根均变为褐色、腐烂，呈烂渣状散入土中，地上部表现整株萎蔫死亡。

2. 病原　主要为南方根结线虫（*Meloidogyne incognita* Chitwood）

3. 发病规律　根结线虫以卵及雌虫随病根在土壤中越冬。2 龄幼虫先活动于土壤中，侵入猕猴桃嫩根后在根皮和中柱之间寄生为害，并刺激根组织过度生长，使根尖形成不规则的根瘤。幼虫在根瘤内生长发育，经 3 次脱皮发育为成虫。雌、雄虫成熟后交配产卵于卵囊内。

线虫靠自行迁移而传播的能力有限，一年内最大的移动范围为 1 m 左右。因此，线虫远距离的移动和传播，通常是借助于流水、病土搬迁和农机具沾带病残体和病土、带病的种子、苗木和其他营养材料，以及人的各项活动。

4. 防治方法

（1）农业防治

① 加强苗木检疫，不从病区引入苗木，禁止人为造成的病苗传播。

② 加强栽培和肥水管理，建立良好的猕猴桃生长环境，间作抗线虫病的植物，选用抗根结线虫病的品种和砧木，增强树势，提高抗病性。

（2）物理防治和化学防治

① 选择没有病原线虫的田块建园。发病植株用 44～48 ℃的热水浸根 15 min，或用 0.1%克线丹、克线磷水溶液浸根 1 h，可有效地杀死根瘤内和根部线虫。

② 结果园发现根结线虫用 10%克线磷或克线丹，每 667 m^2 用量为 3～5 kg，在树冠下全面沟施或深翻，深度 3～5 cm，危害严重的果园每 3 个月施一次。

（四）猕猴桃褐斑病

1. 为害症状　主要为害叶片，也可为害果实和枝干。发病部位多从叶缘开始，初期在叶边缘出现水渍状污绿色小斑，后病斑顺叶缘扩展，形成不规则大褐斑。发生在叶面上的病斑较小，一般 3～15 mm，近圆形至不规则形。在多雨高温条件下，叶缘病部发展迅速，病组织由褐变黑引起霉烂。正常气候条件下，病斑周围呈现深褐色，中部色浅，其上散生许多黑色点粒。病斑为放射状、三角状、多角状混合型，多个病斑相互融合，形成不规则形的大枯斑，叶片受害后卷曲破裂，干枯易脱落。高温干燥气候下，被害叶片病斑正反面呈黄棕色，叶片受害后内卷或破裂，导致提早枯落。果面感染则出现淡褐色小点，最后呈不规则褐斑，果皮干腐，果肉腐烂。后期枝干也可受害，导致落果及枝干枯死。

2. 病原　为子囊菌亚门小球壳菌（*Mycosphaerella* sp.）

3. 发病规律　病菌随病残体在地表上越冬。翌年春季气温回升，萌芽展叶后，在降雨条件下，病菌借雨水飞溅或冲散到嫩叶上进行潜伏侵染。侵入后新产生的病斑继续反复侵染蔓延。4～5 月多雨，气温 20～24 ℃，有利于病菌的侵染，6 月中旬后开始发病，7～8 月高温高湿（气温 25 ℃以上，相对湿度 75%以上），进入发病高峰期。

雨水是病害的发生发展条件，地下水位高、排水能力差的果园发病较重。猕猴桃为多年生落叶藤本果树，长势强，坐果率高，如任其自然生长，其枝蔓纵横交错，相互缠绕，外围枝叶茂盛，内膛枝叶枯凋，通风透光不良，加之湿度过大，也会导致病害大发生。“4 月发病、5 月侵，6 月显形、7 月枯，8 月脱落无办法”。因此预防加防治十分必要。

4. 防治方法

（1）农业防治

① 加强果园土肥水的管理，重施有机肥，合理排灌，改良土壤，培肥地力；根据树势合理负载，适量留果，维持健壮的树势是预防病害发生的基础。

② 清洁果园。结合冬季修剪，彻底清除病残体，并及时清扫落叶落果，是预防病害发生的重要措施。

③ 科学整形修剪，注意夏剪，保持果园通风透光。夏季高温高湿，是病害的高发季节。注意控制灌水和排水工作，以降低湿度，减轻发病程度。

（2）化学防治。发病初期，应加强预测预报，及时防治。可用 70%甲基硫菌灵可湿性粉剂 800 倍液、50%退菌特可湿性粉剂 800 倍液、50%多菌灵可湿性粉剂 500 倍液、75%托布津可湿性粉剂 500 倍液、75%百菌清可湿性粉剂 500 倍液、70%代森锰锌可湿性粉剂 500 倍液、50%甲霜·锰锌可湿性粉剂 400 倍液、10%多抗霉素可湿性粉剂 1 000～1 500 倍液、70%丙森锌可湿性粉剂 600 倍液、43%戊唑醇悬浮剂 3 000 倍液、10%苯醚甲环唑水分散粒剂 1 500～2 000倍液、12.5%烯唑醇（特普唑）可湿性粉剂 1 500 倍液等防治。在 5～6 月，花后到果实膨大期喷施，每 7～10 d 喷一次，连续喷 2～3 次。

（五）猕猴桃花腐病

1. 为害症状 主要为害花，也可为害叶片，重则可造成大量落花和落果。发病初期，感病花蕾、萼片上出现褐色凹陷斑，随着病斑的扩展，病菌入侵到蕾内部时，花瓣变为橘黄色，开放时呈褐色并开始腐烂，花很快脱落（图 52－18）。受害轻的花虽然也能开放，但花药、花丝变褐或变黑后腐烂。病菌入侵子房后，常常引起大量落蕾、落花，偶尔能发育成小果的，多为畸形果。受害叶片出现褐色斑点，逐渐扩大，最终导致整叶腐烂，凋萎下垂。

图 52－18 猕猴桃花腐病

2. 病原 为假单胞杆菌（*Pseudomonas viridiflava*）。

3. 发病规律 病菌在病残体上越冬，主要借雨水、昆虫、病残体在花期传播。该病的发生与花期的空气湿度、地形、品种等有密切的关系。花期遇雨或花前浇水，湿度较大或地势低洼、地下水位高，通风透光不良等都是发病的诱因。该病发生的严重程度与开花时间有密切的关系，花萼裂开的时间越早，病害的发生就越严重。从花萼开裂到开花时间持续得越长，发病也就越严重。雄蕊最容易感病，花萼相对感病较轻。

4. 防治方法

（1）农业防治。加强果园管理，增施有机肥，及时中耕，合理整形修剪，改善通风透光条件，合理负载，均能增强树势，减轻病害的发生。

（2）化学防治。花腐病发生严重的果园，萌芽至花前可选用 80%金纳海水分散粒剂 600～800 倍液、2%春雷霉素可湿性粉剂 400 倍液、2%加收米可湿性粉剂 400 倍液、50%加瑞农可湿性粉剂 800 倍液等＋柔水通 4 000 倍混合液喷雾防治。

（六）猕猴桃溃疡病

1. 为害症状 主要为害树干、枝条，严重时造成植株、枝干枯死，同时也为害叶片和花蕾。最初从芽眼、叶痕、皮孔、小伤口等处溢出乳白色菌脓，划破皮层韧皮部可见深灰色腐烂。植株进入伤流期后，病部的菌脓与伤流液混合从伤口溢出，呈锈红色（图 52－19）。病斑扩展绕茎一周后导致发病部以上的枝干坏死，也会向下部扩展导致地上部分枯死或整株死亡。

枝干病状

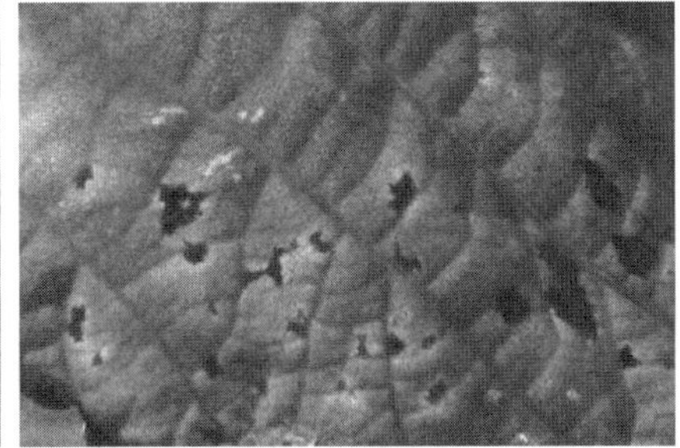
叶片病状

图 52-19　猕猴桃溃疡病

叶片发病时在新生叶片上呈现褪绿小点、水渍状、不规则形或多角形褐色病斑，边缘有明显的淡黄色晕圈（图 52-21），湿度大时病斑湿润并有乳白色菌脓溢出。高温条件下病斑呈红色，在连续阴雨低温条件下，病斑扩展很快，有时也不产生黄色晕圈。叶片上产生的许多小病斑相互融合形成枯斑，叶片边沿向上翻卷，不易脱落；秋季叶片病斑呈暗紫色或暗褐色，容易脱落。花蕾受害后不能张开，变褐枯死；新梢发病后变黑枯死。

2. 病原　为丁香假单孢杆菌猕猴桃致病性变种（*Pseudomonas syringae* pv. *actinidiae*，缩写为 PSA）

3. 发病规律　猕猴桃溃疡病是一种危害性大、毁灭性细菌病害。病菌可随种苗、接穗和砧木远距离传播。病菌主要在枝蔓病组织内越冬，春季从病部有菌脓溢出，借风、雨、昆虫和农事作业、工具等传播，经伤口、气孔和皮孔侵入。经过一段时间的潜育繁殖，继续溢出菌脓进行再侵染。

在气温 5 ℃时即可繁殖，15～25 ℃是发育最适宜温度，在感病后 7 d 即可见明显病症。30 ℃短时间也可繁殖，但经过 39 h 即死亡。15 ℃条件下病斑迅速扩大，28 ℃时病斑扩大不明显，30 ℃以上则不发病，在猕猴桃树体溢出液中该菌生长旺盛。在传染途径上，一般是从枝干传染到新梢、叶片，再从叶片传染到枝干。

一年中有两个发病时期：一是春季，从伤流期到谢花期。以春季伤流期发病最重，伤流期进入高峰。伤流期中止后，病情就逐渐下降。至谢花期，气温升高，病害停止扩展。二是在秋季，果实成熟前后。一般枝条很少发病，仅秋梢叶片上有症状表现。

4. 防治方法

（1）植物检疫。严格检疫，防止病菌传播扩散，严禁从病区引进苗木，对外来苗木要进行消毒处理。

（2）农业防治。加强栽培管理，严禁间作，施足基肥，多施有机肥，防止偏施氮肥，看树施肥，注意田间清沟排渍，降低地下水位和田间湿度。适时修剪，冬季用波尔多液或石灰水涂干，保树防冻，也可用稻草或秸秆等包杆。搞好田间卫生，剪除病枝、枯枝，彻底清除田间枯枝落叶，集中烧毁。修剪刀、嫁接刀等工具及嫁接用的接穗等都要及时消毒。

（3）化学防治。8 月下旬到落叶前每 10～15 d，喷布梧宁霉素 800 倍液、20%叶枯唑可湿性粉剂 800～1 000 倍液、20%噻菌铜 600～800 倍液等杀菌剂一次，连喷 3～4 次，以上药剂交替使用。冬季修剪后至萌芽前，喷 3～5 波美度石硫合剂、20%噻菌铜 300 倍液、46.1%可杀得叁仟 1 000 倍液、波尔多液等，连喷 2～3 次。树干、枝蔓均应喷到，彻底清园。萌芽后至花期，800 倍液梧宁霉素、20%噻菌铜 600～800 倍液，连喷 2～3 次。

（七）猕猴桃灰霉病

1. 为害症状　主要发生在猕猴桃花期、幼果期和贮藏期。花朵染病后变褐并腐烂脱落。幼果发病时，首先在残存的雄蕊和花瓣上密生灰色孢子，接着幼果茸毛变褐，果皮受侵染，严重时可造成落果。带菌的雄蕊、花瓣附着于叶片上，并以此为中心，形成轮纹状病斑，病斑扩大，叶片脱落。如遇雨水，该病发生较重。果实受害后，表面形成灰褐色菌丝和孢子，后形成黑色菌核。贮藏期果实易被病果感染。

2. 病原 为灰葡萄孢霉菌（*Botrytis cinerea* Pers）。

3. 发病规律 病菌以菌核和分生孢子在果、叶、花等病残组织中越冬。如果园以木桩做T形架，果园周围堆积玉米秸秆，成为病原菌越冬、越夏的主要场所之一。次年初花至末花期，遇降雨或高湿条件，通过气流和雨水溅射进行传播。病菌侵染花器引起花腐，带菌的花瓣落在叶片上引起叶斑，残留在幼果梗的带菌花瓣从果梗伤口处侵入果肉，引起果实腐烂。温度15～20 ℃，持续高湿、阳光不足、通风不良易发病，湿气滞留时间长发病重。灰霉病在低温时发生较多，病菌在空气湿度大的条件下易形成孢子，随风雨传播。有关调查资料表明，幼果期发病率平均为11.2%，贮藏期发病率平均为1.8%，严重年份果园发病率和贮藏期发病率可达50%以上。在陕西进入7月以后，由于多雨、高温、潮湿易发病。

4. 防治方法

（1）农业防治。实行垄上栽培，注意果园排水，避免密植，保持良好的通风透光条件是预防病害的关键。秋冬季节注意清除园内及周围各类植物残体、农作物秸秆，尽量避免用木桩作架；生长期要防止枝梢徒长，对过旺的枝蔓进行夏剪，增加通风透光，降低园内湿度，减轻病害的发生；采果时应避免和减少果实受伤，避免阴雨天和露水未干时采果；入库前要仔细剔除病果，必要时采用药剂处理，防止二次侵染；入库后，应适当延长预冷时间，努力降低果实湿度，再进行包装贮藏。

（2）化学防治。花前开始喷杀菌剂，可选用50%腐霉利可湿性粉剂500倍液、50%速克灵可湿性粉剂1 000倍液、50%扑海因可湿性粉剂1 000倍液、50%乙烯菌核利可湿性粉剂500倍液、50%异菌脲可湿性粉剂1 500倍液、25%咪鲜胺乳油900倍液、40%多·霉威可湿性粉剂1 000倍液、40%施佳乐悬浮剂1 200倍液。隔7～10 d喷一次，连续2～3次。夏剪后，喷保护性杀菌剂或生物制剂。采前1周再喷一次杀菌剂。

二、主要害虫及其防治

为害猕猴桃的害虫很多，主要有金龟子、苹果小卷叶蛾、茶翅蝽、草履介壳虫、大青叶蝉等。

（一）隆背花薪甲

隆背花薪甲［*Cortinicara gibbosa*（Herbst）］又名小薪甲。

1. 为害特点 只在两个相邻果挤在一块时危害。受害后果面出现像针尖大小孔，果面表皮细胞形成木栓化组织，凸起成痂，受害后有明显小孔而表皮下果肉坚硬，吃起来味差，没有商品价值。

2. 形态特征 成虫是一种如芝麻大小的黑褐色或深红色小甲壳虫，体长1.2～1.5 mm，口器为咀嚼式（图52-20）。

3. 发生规律 一年发生2代，冬季以卵在主蔓裂缝、翘皮缝、落叶杂草中潜伏越冬。次年5月中旬猕猴桃花开放时，第一代成虫孵化，当气温达25 ℃以上时孵化最快，出来后先在蔬菜、杂草上危害，5月下旬到6月上旬气温升高时，成虫最活跃，也是第一次为害猖狂时，在相邻两果之间取食，到6月下旬为害减轻，7月中旬出现第二代成虫，此时猕猴桃受害较轻。随着气温升高，繁殖快、数量多，部分果实仍然受害。10月下旬成虫又回到猕猴桃枝蔓皮缝、落叶杂草中越冬。

4. 防治方法 从源头上减少隆背花薪甲发生。冬季彻底清园，刮翘皮后集中烧毁。5月中旬当猕猴桃花开后及时防治，连续喷2次杀虫药，一般间隔10～15 d一次。可选用2.5%高效氯氟氰菊酯乳油1 500倍，或2.5%溴氰菊酯乳油1 500倍液，连续喷2次，间隔10～15 d。

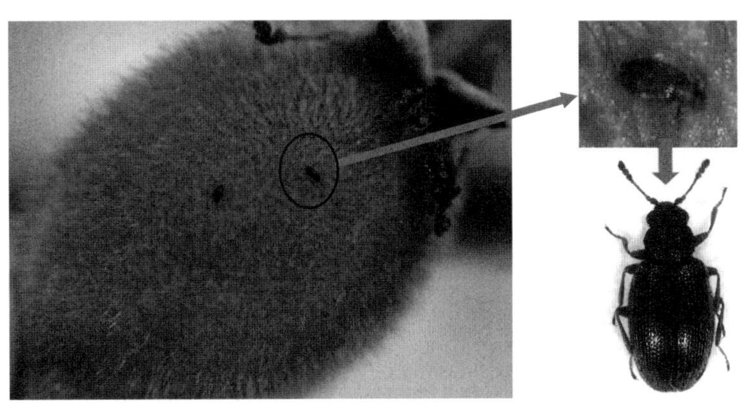

图 52-20 隆背花薪甲

（二）介壳虫

为害猕猴桃的主要有草履蚧（*Drosicha contrahens*）（图 52-21）、柿长绵粉蚧（*Phenacoccus pergandei cockerell*）、桑白蚧（*Pseudaulacaspis pentagona*）、考氏白盾蚧［*Pseudaulacaspis caspis-cockerelli*（Cooley）］、红蜡蚧［*Ceroplastes rubens*（Maskell）］等。

雌虫

雄虫

图 52-21 草履蚧

1. 为害特点 介壳虫在叶片、枝条和果实上吸食汁液为生，被害植株不但生长不良，还会出现叶片泛黄、提早落叶等现象，严重时造成叶片发黄、枝梢枯萎、树势衰退或全株枯萎死亡，且易诱发煤烟病。

2. 形态特征 雌雄都有扁平的卵形躯体，具有蜡腺，能分泌蜡质介壳。介壳形状因种而异。常见的外形有圆形、椭圆形、线形或牡蛎形。雌虫无翅，足和触角均退化，雌虫和幼虫一经羽化，幼龄可移动觅食，稍长则脚退化，终生寄居在枝、叶或果实上危害；雄虫能飞，有 1 对膜质前翅，后翅退化为平衡棒。足和触角发达，刺吸式口器。体外被有蜡质介壳。卵通常埋在蜡丝块中、雌体下或雌虫分泌的介壳下。

3. 发生规律 介壳虫类一年产生数代。以卵、幼虫和雌性成虫方法在树枝蔓上和土壤中越冬。如草履蚧 5 月雌虫下树，在树干四周 5～7 cm 深的土缝内或石块下越冬，分泌白色绵状卵囊，并产卵于其内，越夏过冬；桑白蚧等则以受精雌虫在枝蔓上越冬；狭口炎盾蚧则以 2 龄若虫和少量成虫在枝蔓、枯叶上越冬。雌性成虫和若虫常因被有蜡质介壳，药液难以渗入，使用触杀式药剂结果不显著，而用内吸式农药较好。

4. 防治方法

（1）植物检疫。加强苗木和接穗的检疫，防止扩大蔓延。

(2) 物理防治。果树休眠期用硬毛刷或细钢丝刷，刷掉枝上的虫体，结合整形修剪，剪除被害严重的枝条。也可在若虫盛发期，用钢丝刷、铜刷、竹刷、草把等刷除密集在主干、主枝上的虫体。

(3) 生物防治。介壳虫类有许多的天敌寄生或捕食，通过保护和利用天敌，或采用人工引种繁殖释放措施增加天敌数量，控制介壳虫的危害。

(4) 化学防治。早春萌芽前喷布 3～5 波美度石硫合剂、45%结晶石硫合剂 20～30 倍液、柴油乳剂 50 倍液清园。春季进行监测，若虫孵化期及时喷药防治。卵孵盛期，可用 48%毒死蜱乳油 2 000 倍液、52.25%农地乐乳油 2 000 倍液等喷雾均有较好效果。介壳形成初期，可用 25%扑虱灵 2 000 倍液、5%吡虫啉乳油 2 000 倍液、95%机油乳剂 200 倍液加 40%水胺硫磷 1 000 倍液喷雾，防效显著。介壳形成期即成虫期，可用松碱合剂 20 倍液、融杀蚧螨 80 倍液、灭蚧 60～80 倍液、机油乳剂 60～80 倍液，溶解介壳杀死成虫。

(三) 大青叶蝉

大青叶蝉（*Gicadella uiridis* L.）又名大绿浮尘子或青叶跳蝉等，属同翅目叶蝉科。

1. 为害特点 主要为害叶、嫩梢、花、蕾和幼果。被害部呈现苍白斑点，严重时多斑连片成黄白色失绿斑，最终焦枯死亡脱落。

2. 形态特征 成虫体长 7.5～10 mm，身体青绿色，其头部、前胸背板及小盾片淡黄绿色；头的前方有分为两瓣的褐色褶皱区，接近后缘处有一对不规则的长形黑地。前胸背板的后半部分呈深绿色。前翅绿色并有青蓝色光泽，前缘色淡，端部透明，翅脉黄褐色，具有淡黑色窄边。后翅烟黑、半透明，足橙黄色，前、中足的跗爪及后足腔节内侧有黑色细纹，后足排状刺的基部为黑色。

3. 发生规律 大青叶蝉一年发生 3 代，以卵在寄主表皮上的月牙形产卵痕中越冬。翌年 4 月其卵孵化，若虫喜群栖，吸食嫩梢、幼叶的汁液，并在嫩枝上产卵。成、若虫均以刺吸式口器吸吮寄主汁液。5～6 月出现第一代成虫，7～8 月出现第二代成虫。成虫具有趋光性，善飞、喜跳，危害期一般为 25～35 d。大青叶蝉成虫产卵时用产卵器刺破枝条表皮成月牙状翘起，产卵于枝干皮层中，导致枝条失水，常引起冬春抽条和幼树枯死。苗木和幼树受害较重。通常叶片出现透明圆洞，是叶为害处扩大形成孔，随叶片长大而空洞扩大。

4. 防治方法

(1) 农业防治。幼树园和苗圃地附近最好不种秋菜，或在适当位置种秋菜诱杀成虫，杜绝上树产卵。间作物应以收获期较早的为主，避免种植收获期较晚的蔬菜和其他作物。合理施肥。以有机肥或有机无机生物肥为主，不过量施用氮肥，以促使树干、当年生枝及时停长成熟，提高树体的抗虫能力。

(2) 物理防治。在夏季夜晚设置黑光灯，利用其趋光性诱杀成虫。一二年生幼树，在成虫产越冬卵前用塑料薄膜袋套住树干，或用 1∶(50～100) 的石灰水涂干、喷枝，阻止成虫产卵。

(3) 化学防治。发生严重的果园，可选用 2.5%溴氰菊酯乳油 1 500 倍、20%甲氰菊酯乳油 2 000 倍、40%毒死蜱乳油 1 000 倍+柔水通 4 000 倍混合液全园喷雾防治。一般间隔 7～10 d，连喷 2～3 次，以消灭迁飞来的成虫。

(四) 金龟子

为害猕猴桃的金龟子种类有 10 多种，主要有茶色金龟（*Adoretus tenuimaculatus* Waterhouse)、小青花金龟（*Oxycetonia jucunda* Faldermann)、黑绒金龟（*Maladera orientalis* Motschulsky)、铜绿金龟（*Anomala corpulenta* Motsch)、苹毛金龟（*Proagopertha lucidula* Faldermann）等。

1. 为害特点 幼虫和成虫均为害植物，食性很杂，几乎所有植物种类都吃。成虫吃植物的叶、花、蕾、幼果及嫩梢，幼虫啃食植物的根皮和嫩根。为害的症状为不规则缺刻和孔洞。金龟子在地上部食物充裕的情况下多不迁飞，夜间取食，白天就地入土隐藏。

2. 发生规律　其生命周期多为1年1代，少数2年1代。1年1代者以幼虫入土越冬，2年1代者幼、成虫交替入土越冬。一般春末夏初出土为害地上部，此时为防治的最佳时机。随后交配，入土产卵。7～8月幼虫孵化，在地下为害植物根系，并于冬季来临前，以2～3龄幼虫或成虫状态潜入深土层，营造土窝（球形），将自己包于其中越冬。

3. 防治方法

（1）物理防治

① 利用其成虫的假死性，在集中危害期，于傍晚、黎明时分，人工捕杀。

② 利用金龟子成虫的趋光性，在其集中危害期，于晚间用蓝光灯诱杀。

③ 利用某些金龟子成虫对糖醋液的趋化性，在其活动盛期，放置糖醋药罐头瓶诱杀。

（2）生物防治。在蛴螬或金龟子进入深土层之前，或越冬后上升到表土时，中耕圃地和果园，在翻耕的同时，放鸡吃虫。

（3）化学防治

① 在播种或栽苗之前，用40%毒死蜱乳油或40%好劳力乳油400倍液全园喷雾或浇灌，处理土壤表层后，深翻20～30 cm，以防蛴螬。

② 花前2～3 d喷布2.5%溴氰菊酯乳油1 500倍、20%甲氰菊酯乳油2 000倍、40%毒死蜱乳油1 000倍+柔水通4 000倍混合液，配合用40%毒死蜱乳油或40%好劳力乳油300～400倍液喷施地表并中耕，将金龟子消灭于出土前。

（五）椿象

为害猕猴桃的蝽类有菜蝽［*Eurydema dominulus*（Scopoli)］、麻皮蝽（*Erthesina fullo*）、二星蝽［*Eysacoris guttiger*（Thunb.)］、茶翅蝽［*Halyomorp Hapicus*（Fabricius)］、广二星蝽［*Stollia ventralis*（Westwood)］、斑须蝽（*Dolycoris formosanus*）、小长蝽［*Nysius ericae*（Schilling)］等。

1. 为害特点　为害部位为植物的叶、花、蕾、果实和嫩梢。组织受害后，局部细胞停止生长，组织干枯成疤痕、硬结、凹陷；叶片局部失色并失去光合功能；果实失去商品价值。

2. 发生规律　蝽类有翅，会迁飞。多以成虫在建筑物、老树皮、杂草、枯枝落叶和土壤缝隙里越冬。由于其前胸有盾片，后背有硬基翅，药剂难以渗透，需用内吸性农药防治。

3. 防治方法

（1）农业防治。冬季清除枯枝落叶和杂草，刮除树皮，进行沤肥或焚烧。

（2）物理防治。利用成虫的假死性和趋化性，在其活动盛期人工捕杀或设置糖醋液诱杀。在大发生之年秋末冬初，成虫寻找缝隙和钻向温度较高的建筑物内准备越冬之际，定点垒砖垛，砖垛内设法升温，加糖醋诱剂，砖缝中涂抹粘虫不干胶，粘捕越冬成虫，减少翌年虫口基数。

（3）化学防治。为害期注意利用椿象清晨不喜活动的特点喷药防治。可选用20%阿托力乳油3 000倍、2.5%虫赛死乳油2 000～3 000倍、瑞功水乳剂3 000～4 000倍+柔水通4 000倍混合液全园喷雾防治。

（六）斑衣蜡蝉

斑衣蜡蝉（*Lycorma delicatula*）又称红娘子、斑衣、臭皮蜡蝉等。

1. 为害特点　以成虫、若虫群集在叶背、嫩梢上刺吸危害，引起被害植株发生煤污病或嫩梢萎缩、畸形等，严重影响植株的生长发育。

2. 形态特征

（1）成虫。体长15～25 mm，翅展40～50 mm，全身灰褐色。前翅革质，基部约2/3为淡褐色，翅面具有20个左右的黑点，端部约1/3为深褐色；后翅膜质，基部鲜红色，具有黑点，端部黑色。体翅表面附有白色蜡粉。头角向上卷，呈短角状突起。翅膀颜色偏蓝为雄性，翅膀颜色偏米色为雌性。

（2）卵。长圆形，褐色，长约 5 mm，排列成块，披有褐色蜡粉。

（3）若虫。体形似成虫，初孵时白色，后变为黑色，体有许多小白斑，1～3 龄为黑色斑点，4 龄体背呈红色，具有黑白相间的斑点。

3. 发生规律 一年发生 1 代，以卵在树干或附近建筑物上越冬。翌年 4 月中下旬若虫孵化危害，5 月上旬为盛孵期。若虫稍有惊动即跳跃而去，经 3 次蜕皮，6 月中下旬至 7 月上旬羽化为成虫，活动危害至 10 月。8 月中旬开始交尾产卵，卵多产在树干的背阴面，或树枝分叉处。一般每块卵有 40～50 粒，多时可达百余粒，卵块排列整齐，覆有一层土灰色覆盖物。成、若虫均具有群集性，飞翔力较弱，但善于跳跃，受惊扰即跳跃逃避。

4. 防治方法

（1）物理防治。结合冬季修剪，刮除树干上的卵块。

（2）化学防治。抓住幼虫大量发生期喷药防治。若、成虫发生期，可选用 50%辛硫磷乳油 2 000 倍液、2.5%溴氰菊酯乳油 2 000 倍液、10%吡虫啉可湿性粉剂 4 000 倍液、2.5%功夫乳油 2 000 倍液等药剂进行喷雾防治。

第十节　果实采收、分级和包装

一、果实采收

果实采收是重要的生产环节。由于猕猴桃果实属浆果，易软化，即有点轻伤也难保存，采收不好，也就贮存不好，造成一定的损失。

（一）采收时期

目前国际上通行的猕猴桃果实成熟期均是以果实可溶性固形物含量上升达到一定标准确定的，新西兰的最低采收指标是可溶性固形物含量达到 6.2%，日本、中国、美国均为 6.5%，这样才能保证果实软熟后具备品种应有的品质、风味。这个指标主要针对采收后直接进入市场或短期贮藏（3 个月以内）的果实，对于采收后计划贮藏期较长的，在可溶性固形物含量达到 7.5%后采收，果实的贮藏性、货架寿命以及软熟后的风味品质更好。

测定可溶性固形物含量时，在园内（除边行外）有代表性的区域随机选取至少 5 株树，从高 1.5～2.0 m 的树冠内随机采取至少 10 个果实，在距果实两端 1.5～2.0 cm 处分别切下，由切下的两端果肉中各挤出等量的汁液到手持折光仪上读数（手持折光仪应在使用前用蒸馏水调整到零刻度），10 个果实的平均可溶性固形物含量达到 6.5%时可开始采收，但如果其中有 2 个果实的含量比 6.5%低 0.4 个百分点时，说明果实的成熟期不一致，仍被视为未达到采收标准，不能采收。

（二）采收方法

采果时先采外部果，后采内膛果；先采着色好的大果，后采着色差的小果。采时向上推果柄，不要硬拉，轻拿轻放。采前组织好人员，分组采收，避免混乱。

（三）注意事项

采果应选择晴天的早、晚天气凉爽时或多云天气时进行，避免在中午高温时采收。晴天的中午和午后，果实吸收了大量的热能尚未散发出去，采收后容易加速果实的软化。也不宜在下雨、大雾、露水未干时采收，避免果面潮湿有利于病原菌繁殖侵染。采果时如果遇雨，应等果实表面的雨水蒸发掉以后再采收。

采收前对采果人员进行培训。要求剪短指甲，佩戴软质手套；采摘时不能硬向下拉，用单手握住果实，食指轻压果炳，使果梗与果实自然分离；采收时要剔除小果、病虫果、畸形果、机械伤果和软化果等不合格的果实；采果工具、果箱和果筐预先铺上稻草或棉线等柔软物质；要轻拿轻放，尽量减少倒箱和倒筐的次数，运输过程中要减少振动和碰撞。采收时，严禁吸烟和饮酒。

二、分级

（一）分级方法

猕猴桃的分级方法主要有手工分级、机械结合人工去除残次果两种。人工分级速度慢，分级误差大，但是人工操作轻拿轻放可以避免果实的摩擦和碰撞导致的机械损伤。机械分级速度快，单果重误差小。

（二）鲜果分级标准

猕猴桃贮藏果品应具有本品种的果形、大小、色泽（果皮、果肉），达到采收成熟度；无机械损伤、无虫害、无灼伤、无畸形、无任何可见的病菌侵染的病斑。

猕猴桃的分级主要是将外观符合要求的果品根据果实的重量来分级（表 52－4）。我国猕猴桃生产和销售中，由于消费习惯等因素，片面追求大果，直接影响到了果实的品质。可以参考得到了国际市场认可的新西兰猕猴桃的分级标准，与国际市场接轨，建立我国的果品分级标准。将大于 160 g 的果品剔除在分级标准之外，归入次果，从而引导猕猴桃的高标准生产，提高果品的内在质量。

表 52－4　猕猴桃果品的分级标准

级别	规格（个/盘）	新西兰	中国
		果重（g）	果重（g）
1	25	143～160	140～160
2	27	127～143	130～140
3	30	116～127	120～130
4	33	106～116	110～120
5	36	98～106	100～110
6	39	88～98	90～100
7	42	78～88	80～90
8	46	74～78	70～80

注：每盘约 3.6 kg。

三、包装

猕猴桃属于浆果，怕压、怕撞、怕摩擦，包装物要有一定的抗压强度；同时猕猴桃果实容易失水，包装材料要求有一定的保湿性能。国际市场的包装普遍使用托盘，托盘由优质硬纸板或塑料压制成外壳，长 41 cm，宽 33 cm，高 6 cm，内有面积约 1 m×1 m 的聚乙烯薄膜及预先压制的有猕猴桃果实形状凹陷坑的聚乙烯果盘，果形凹陷坑的数量及大小按照不同的果实等级确定，果实放入果盘后以聚乙烯薄膜遮盖包裹，再放入托盘内，每托盘内的果实净重 3.6 kg。托盘外面标明有注册商标、果实规格、数量、品种名称、产地、生产者（经销商）名称、地址及联系电话等。

我国目前在国内销售的包装多采用硬纸板箱，每箱果实净重 2.5～5 kg，两层果实之间用硬纸板隔开，也有部分采用礼品盒式的包装，内部有透明硬塑料压制的果形凹陷，外部套以不同大小的外包装。这些包装均缺乏保湿装置，同时抗压能力不强，在近距离的市场销售尚可适应，远距离的销售明显不适应，需要加以改进。至于对外出口的果实，只有采用托盘包装才能保证到达目的地市场后的果实质量。

第十一节 果品贮藏保鲜

一、贮藏保鲜的意义

猕猴桃果实贮藏保鲜的关键是保持较高果实硬度。由于猕猴桃属跃变型果实，对乙烯很敏感，当内源乙烯浓度达到0.1%时就使果实呼吸强度上升，出现呼吸高峰。加之，采收期温度高，呼吸加快，促使果实硬度降低，原果胶变为可溶性果胶，果实软化，衰老、腐烂。通过一定的技术，延缓衰老期过程，抑制呼吸和降低乙烯释放量，有利果实贮藏寿命。基于这个原理，对于浆果猕猴桃贮藏保鲜就显得格外重要。

贮藏保鲜就是控制延缓果实衰老。影响延缓果实衰老的因素有温度、相对湿度和气体成分。

（一）温度

温度表现在对有机体呼吸作用的影响，贮藏期控制适宜温度，对猕猴桃果实贮藏非常重要。控制温度的原则，在不影响果实缓慢正常代谢的前提下，尽量保持较低温度。根据多年来研究报道，0～1℃是最佳的适宜温度，最高温度界限不宜超过3℃，超过则加速衰老过程，过低又会产生果实冻害，破坏果实内部结构，猕猴桃受冻后，果肉变得似橡皮，不可食用。

（二）相对湿度

果实入库后，贮藏过程中不断失水，重量逐渐减轻，当库内果实失水量占果实重量的5%时，将发生萎蔫，果实表面皱缩，商品价值降低。萎蔫后又使果实正常呼吸受阻，促使果实内酶的活动趋向水解，进而加速果实内有机物的水解过程，加速了果实的衰老，削弱了果实的贮藏性和抗病性。

一般来讲，水分流向为从高湿度流向低湿度，若库内相对湿度趋于平衡，就可减少果实蒸腾，延缓衰老，提高果实贮藏性。

（三）气体成分

在一定的温度条件下，改变库内气体成分，降低氧浓度，增加二氧化碳气体浓度，可抑制果实贮藏中的呼吸作用，延长叶绿素和果胶物质降解，阻止果实变软、变烂，品质变劣，延缓衰老，这也是气调贮藏的基本原理。较高的二氧化碳又可抑制乙烯的释放量，减少乙烯对果实的催熟作用。

对猕猴桃果实的有利贮藏条件，应是温度、二氧化碳、乙烯、氧的联合作用。最适宜的气体范围是氧2%、二氧化碳5%，或氧3%、二氧化碳3%，低于0.1 mg/kg的乙烯。这些因素互相作用，若其中一种成分有变化，则对整个贮藏进程有影响。

二、贮藏保鲜

根据贮藏的温度可以分为常温贮藏和低温贮藏。

（一）常温贮藏

1. 地窖贮藏 地窖是一种结构简单、建造容易、成本低、管理方便的节能贮藏设施。一般可以用于短期贮藏猕猴桃果实。地窖贮藏的关键是要建立通风体系，通过通风气道口，利用自然冷源换气降温。

2. 通风库贮藏 即利用自然冷源（白天和夜晚的温差）来降温的一种贮藏方法。贮藏效果受大气温度的影响很大。通风库具有一定的温度湿度调节能力，通过改良原始的通风库，辅以轴流式风机强制通风，再应用相应的保鲜袋、保鲜剂处理，保鲜效果可以达到普通商业冷库的效果，并且具有节能节电的功能。一般选择地势较高，阳光不直射的阴凉地段建库。库向朝北或东北，其余三面最好荫蔽。使用前先用40%福尔马林1 000倍液或用硫黄熏蒸进行消毒处理，再利用夜间低温通风降温，将库房预冷即可。

3. 聚乙烯薄膜加保鲜剂常温贮藏 适合家庭短期贮藏猕猴桃。一般用聚乙烯塑料袋加吸有高锰

酸钾的纸箔，在阴凉地方保湿贮存。

（二）低温贮藏

1. 低温冷库贮藏 低温冷库贮藏是在具有良好隔热性能的库房中装置机械制冷设备，根据贮藏需要采用机械控制库内的温度及湿度条件来贮藏果实。果实温度保持在（0±0.5）℃，周围相对湿度保持在98%以上。可以通过在库内地板洒水或在冷库顶棚安装超微喷头直接向空气加湿的方法。出库时硬度不能低于4.0 kg/cm^2，而食用期硬度一般在0.5～1.0 kg/cm^2。

2. 气调冷库贮藏 气调冷库贮藏（CA贮藏）是利用冷藏和气调双重作用来贮藏果品的较为理想的贮藏方式。在冷库低温、高湿的环境的基础上，增加了控制、检测库内气体成分的装置，提高二氧化碳浓度，降低氧气浓度，来抑制呼吸延长贮藏期，可以保证猕猴桃果实的品质、色泽和硬度，猕猴桃果实保鲜一般都能在半年以上。气调冷库贮藏的适宜的气体成分为氧气浓度2%，二氧化碳浓度5%。其他条件同低温冷库。

（三）预冷

入库贮藏的果品必须经过预冷处理，主要是因为田间采收的果实携带大量热量，入库后会出现结露现象，所以入库前要将热量全部或部分消除，使果品温度接近贮藏温度，减轻制冷机的运转负荷。直接进库需7 d才能使果实从常温降至0 ℃左右，而预冷处理只需8～24 h即可。同时还可以维持冷库温度，使其不因果品入库而剧烈波动。总之，入库时果品温度与冷库温度相差越小，越有利于果品快速降温到贮藏温度，有利于果品的贮藏。

预冷的方法有很多，最直接最简单的就是将采回的果实放在阴凉通风处自然降温，但是比较费时，所以常用的还有抽风预冷、冷库预冷、水预冷和鼓风预冷等方法，其中以抽风预冷应用最普遍。

抽风预冷就是将果箱放在密闭的预冷间，每排果箱间留有较窄的通风道，上用帆布盖住，在预冷间两端安装有制冷机和排气扇，预冷时排气扇工作，在预冷间两端形成气压差，使冷空气从果箱间隙通过而将热量带走。在冷气流量达到每千克果品为0.75 L/s时，大约8 h即可将温度降至2 ℃。

（四）入库

1. 入库前准备

（1）库房消毒。猕猴桃入库前5～7 d进行库房及包装容器、堆垛架的清扫和消毒处理。可以选用下列任意一种方法。

① 臭氧（O_3）消毒。将臭氧发生器接通电源后关闭库门，待库内臭氧浓度达到40 mg/m^{3}后断掉电源，保持24 h。

② 二氧化氯（ClO_2）消毒。配制80 mg/L的二氧化氯水溶液，对库房、容器和货架进行喷洒后，密闭12 h消毒。

③ 硫黄熏蒸。将硫黄加锯末混合后，分散堆在库内地面的各部位，点燃熏蒸，用量为每100 m^{3}容积使用1.5～2 kg硫黄粉。燃烧密闭2～3 d，打开库门通风，充分排净残留的二氧化硫气体。

（2）果箱消毒。以80 mg/L的二氧化氯水溶液或用含氯0.5%～1.0%的漂白粉溶液浸泡2～3 min后沥干。或者直接放置在冷库内，在库房消毒时一起消毒灭菌。

（3）库房预冷。在猕猴桃果实入库前4～5 d开机降温，使库内温度降至（0.5±0.5）℃，并维持稳定。

2. 入库 在果箱底衬垫0.03～0.05 mm带孔聚乙烯薄膜袋，袋子口径80～90 cm，袋长80 cm。将预冷后的猕猴桃逐个轻轻放入果箱的塑料袋中，每袋15～20 kg，箱内放入乙烯吸附剂效果更好，用绳子轻扎袋口后入库。

首次入库果实数量可达库容的20%，以后每天按5%～10%入库，避免库温变化起伏过大。货垛应按产地、品种、等级分别堆码、并悬挂垛牌。货垛堆码要牢固、整齐，货垛间隙走向应与库内气流循环方向一致，便于通风降温。货垛间距0.2～0.3 m，库内通道宽1.5 m，垛底垫板高0.1 m。果箱间距1～2 cm，货跺距离库墙0.3 m，距冷风机1.5 m，距库顶0.5 m，以利于空气流通。

（五）贮藏期管理

1. 冷藏库的管理

（1）温度。入库3 d内库温降至（0±0.5)℃，并保持此温度至贮期结束。对靠近蒸发器及冷风出口处的果实应采取保护措施，以免发生冻害。温度计的误差不得大于0.5 ℃。每4～5 d检查一次库温，发现问题及时纠正。

（2）湿度。冷库内最适相对湿度为90%～95%，如相对湿度达不到要求，要进行补湿。湿度计的误差要求不超过5%，测量点的选择与测温点一致。

（3）通风换气。猕猴桃在冷藏期间产生的乙烯和挥发性物质，于夜间或清晨低温时通风换气排除。一般7～10 d换气一次，注意防止库内温度波动。通风时先关闭库门，打开风门，开动风机（通风时间=库容/风机换风量)，时间到后打开库门换气，再继续按通风时间抽风，如此反复2～3次，完成后立即加湿。通风时保持制冷机运转，控制库内空气流动风速为0.25～0.5 m/s。防止缺氧伤害后产生白心病（肉质色淡、发白，韧而不能后熟)。

（4）入库后20 d左右，全面检查库内果实1次，拣出软化果和不宜贮藏的果实。

（5）贮藏质量与检验。猕猴桃入库时质量要求硬度一般为14～20 kg/cm^2，常规冷藏寿命为3～5个月，出库时果实硬度不低于4.0 kg/cm^2，贮藏后好果率应在95%以上。

质量检验抽取的样品必须具有代表性，应在全批货物的不同部位按规定数量抽样，50件以内抽取2件，51～100件抽取3件，100件以上抽取3件为基数，每增100件增抽1件。按时进行以下3个时段的检验：

① 入库检验。检查外观质量、内在（糖度、硬度）质量，逐项按规定检验，分项记录于检验记录单上。

② 贮藏期检验。冷藏期间每月抽验1次，检验项目包括果实硬度、糖度、病害、腐烂、自然损耗等。

③ 出库检验。猕猴桃出库前检验果实硬度、病害、腐烂、自然损耗等，统计好果率和损耗率，填好出库检验记录单。

2. 气调贮藏库的管理 将挑选、分级后的猕猴桃放入木箱或塑料箱，每箱重15～20 kg，堆箱成垛。堆垛密度可比冷藏大，只要能确保库内气体流通，便于货垛空气环流散热降温即可。在近观察窗口处放置6～8箱样果，供贮藏期检查所用。

库温稳定在（0±0.5)℃后封库调气。封库后温度的波动幅度不超过0.5 ℃。库房温度可以连续或间歇测定（自动传感系统测定)，一般每隔2 h记录一次数据。封库后开启加湿器加湿。

在封库之后即可开始充氮气，要求2～3 d达到指标，即氧气浓度2%～3%，二氧化碳浓度3%～4.5%，并保持稳定。空气环流风速不低于0.25 m/s。

贮藏质量以秦美、海沃德等猕猴桃的气调贮藏寿命为6～8个月，贮后果实硬度≥4.0 kg/cm^2。果品出库前2 d解除气调，经约2 d时间，缓慢升氧。当库内氧气浓度超过18%后才可进库操作。其他管理方法同冷藏库。

出库时库内外温差大于10 ℃的情况下，为避免果面凝结水珠，应将猕猴桃在温度为5～7 ℃的缓冲间稳定5～6 h再进行出库。出库后尽快分级包装，以保证货架期质量。

第十二节 优质高效栽培模式

一、果园概况

2001年建园，陕西眉县田家寨村，面积0.47 hm^2，品种徐香，树龄15年，株行距2 m×3.5 m；

果园土壤为黄黏土，土壤有效氮含量为 16.5 mg/kg，有效磷含量为 64.8 mg/kg，速效钾含量为 209.6 mg/kg，速效镁和速效铁含量分别为 156.6 mg/kg 和 3.58 mg/kg，有机质含量 1.13%；果园地处暖温带大陆性半湿润气候区，海拔高度在 442 m，年平均气温 12.9 ℃，平均降水 609.5 mm，平均日照 2 015.2 h，无霜期 218 d。盛果期树每 667 m^2 产量为 3 500～4 000 kg，产值 2 万元以上。

二、整地建园

（一）苗木标准

二年生一级大苗，侧根 3 条以上，粗度 0.5 cm 以上，距地面 5 cm 干茎处粗度 1 cm 以上，具有 5 个以上饱满芽。

（二）栽植

大穴足肥定植。栽前开条形沟，宽 80 cm，深 80 cm，每 667 m^2 施腐熟猪肥 5 000 kg，平均每株施 52 kg，每株加过磷酸钙 1 kg，和土混合后施入。沟内填土与地面平，先浇透水，待土壤下陷后栽苗，苗根颈部高出地面 15 cm 左右，栽后踏实，浇透水，土壤下陷使根颈部和地面平。栽植株行距 2 m×3.5 m，雌雄配比 8∶1。

三、第一年管理技术

（一）土肥水管理

1. 深翻改土 秋季从定植沟处向外挖宽 50 cm、深 50 cm 的施肥沟，结合深翻继续填埋腐熟农家肥、秸秆、杂草，每 667 m^2 为 2 000～3 000 kg，并施入尿素 20 kg。

2. 中耕除草 萌芽前后及时进行中耕除草，夏季 6～8 月对杂草进行刈割，覆盖树盘。

3. 施肥 在幼苗长到 50 cm 以上时进行，每月每株施 50 g 尿素，同时浇水。8 月后停止施肥。

4. 灌水 根据气候、土壤墒情及时灌水。

（二）整形修剪

1. 引蔓 在植株旁边插一根细竹竿，从发出的新梢中选择一生长最健旺的枝条作为主蔓，将其用细绳固定在竹竿上，引导新梢直立向上生长，每隔 30 cm 左右固定一道，以免新梢被风吹劈裂；枝条先端变细、节间变长开始缠绕时摘心，让枝条停长一段时间发出二次枝后再向前伸长；植株上发出的其他新梢，可保留作为辅养枝，如果长势强旺，也应固定在竹竿上。

2. 修剪 冬季修剪时将主蔓剪留 3～4 芽，其他的枝条全部从基部疏除。

（三）病虫害防治

根据病虫害发生情况及时喷药防治。

（四）其他措施

种玉米遮阳：4 月下旬到 5 月初在幼苗两边距苗 80～100 cm 点种玉米，株距 50 cm，主要是为幼苗创造一个适宜的光照、湿度条件，有利于苗木正常生长。

四、第二年管理技术

（一）土肥水管理

1. 深翻改土 秋季沿上年槽边继续向外挖宽 50 cm、深 50 cm 的施肥沟，结合深翻继续填埋腐熟农家肥、秸秆、杂草，每 667 m^2 为 3 000～4 000 kg，并施入尿素 30 kg。

2. 土壤管理 萌芽前后及时进行中耕除草，夏季 6～8 月对杂草进行刈割，覆盖树盘。

3. 肥水管理 从萌芽前开始每 15 d 每株施 0.2 kg 尿素，同时浇水。8 月后停止施肥。根据气候、土壤墒情及时灌水。

（二）整形修剪

春季，从当年发出的新梢中选择一长势强旺者固定在竹竿上引导向架面直立生长，每隔 30 cm 左右固定一道，其余发出的新梢全部尽早疏除；当主蔓新梢的先端生长变细，叶片变小，节间变长，开始缠绕其他物体时，将新梢顶端去掉几节，使新梢停长一段时间以积累营养，顶部的芽发出二次枝后再选一强旺枝继续引导直立向上生长。

当主蔓新梢超过架面后，将主蔓在架面下 10～15 cm 处剪截，最上端的 2 个芽发出后分别培养成 2 个主蔓。2 个主蔓在架面以上发出的二次枝全部保留，分别引向两侧的铅丝固定。

冬季修剪时，架面上沿中心铅丝延伸的主蔓留 40～50 cm 剪切；细弱枝剪留 2～3 芽；其他枝条剪留到饱满芽处。如果主蔓的高度达不到架面，仍然剪到饱满芽处，下年发出强壮新梢后再继续上引。

（三）病虫害防治

及时防治病害虫。病虫害主要有金龟子、叶蝉、红蜘蛛等。

（四）其他措施

继续进行种玉米遮阳。

五、第三年管理技术

（一）土肥水管理

1. 深翻改土 秋季沿上年槽边继续向外挖宽 50 cm、深 50 cm 的施肥沟，结合深翻继续填埋腐熟农家肥、秸秆、杂草，每 667 m^2 为 4 000～5 000 kg，并适量混施氮、磷肥，尿素 40 kg，过磷酸钙 100 kg。

2. 土壤管理 萌芽前后及时进行中耕除草，夏季 6～8 月对杂草进行刈割，覆盖树盘。

3. 肥水管理 发芽前 3 月下旬株施氮肥 0.1～0.2 kg，磷肥 0.5 kg；花后 5 月下旬、8 月上旬各施一次三元复合肥，每株 0.5 kg，开深 15～20 cm 沟施入，同时浇水。8 月后停止施肥。根据气候、土壤墒情及时灌水。

（二）整形修剪

架面上会发出较多新梢，分别在 2 个主蔓上选择一个强旺枝作为主蔓的延长枝继续沿中心铅丝向前延伸；架面上发出的其他枝条由中心铅丝附近分散引导伸向两侧，并将各个枝条分别固定在铅丝上；主蔓的延长头相互交叉后可暂时进入相邻植株的范围生长，枝蔓互相缠绕时摘心。

冬季修剪时，将主蔓的延长头剪回到各自的范围内，在主蔓的两侧大致每隔 20～25 cm 留一生长旺盛的枝条剪截到饱满芽处，作为下年的结果母枝；生长中庸的中短枝剪留 2～3 芽。

将主蔓缓缓地绕中心铅丝缠绕，大致 1 m 绕一圈，这样在植株进入盛果期后枝蔓不会因果实、叶片的重量而从架面滑落；保留的结果母枝与行向呈直角、相互平行固定在架面铅丝上，呈羽状排列。

（三）病虫害防治

及时防治病害虫。病虫害主要有金龟子、叶蝉、红蜘蛛等。

（四）其他措施

疏除所有花蕾，确保树体生长。

六、第四年管理技术

（一）土肥水管理

1. 改土深翻 秋季沿上年槽边继续向外挖宽 50 cm、深 50 cm 的施肥沟，结合深翻继续填埋腐熟农家肥、秸秆、杂草，每 667 m^2 4 000～5 000 kg，并施 N、P、K 三元复合肥 165 kg。

2. 土壤管理 萌芽前后及时进行中耕除草，夏季 6～8 月对杂草进行刈割，覆盖树盘。

3. 肥水管理 全年追肥3次，以N、P、K三元复合肥为主，每次每株1 kg，分别于萌芽前、果实膨大前和果实生长后期，交替采用放射状沟施和多点穴施法施入，施肥深度为10～15 cm。根据气候、土壤墒情及时灌水。灌好封冻水、萌芽水、膨大水，全年灌水5～6次。

（二）整形修剪

架面上会发出较多新梢，分别在两个主蔓上选择一个强旺枝作为主蔓的延长枝继续沿中心铅丝向前延伸；结果母枝上发出的新梢以中心铅丝为中心线，沿架面向两侧自然伸长。

冬季修剪时，将主蔓的延长头剪回到各自的范围内，在主蔓的两侧大致每隔20～25 cm留一生长旺盛的枝条剪截到饱满芽处，作为下年的结果母枝；生长中庸的中短枝剪留2～3芽。

（三）病虫害防治

主要针对猕猴桃溃疡病、早期落叶病、斑衣蜡蝉等采取综合防控措施。

（四）其他措施

疏花疏果，适量结果。花期进行人工授粉。

七、第五年管理技术

（一）土肥水管理

1. 土壤管理 萌芽前后及时进行中耕除草，夏季6～8月对杂草进行刈割，覆盖树盘。

2. 肥水管理 秋季每667 m^2施腐熟有机肥4 000～5 000 kg，并配合株施沼液50 kg，每667 m^2施N、P、K三元复合肥165 kg，全园撒施后深翻15～20 cm。全年追肥3次，以N、P、K三元复合肥为主，每次每株1.0～1.5 kg，分别于萌芽前、果实膨大前和果实生长后期，交替采用放射状沟施和多点穴施法施入，施肥深度为10～15 cm。及时灌水，原则是湿而不涝，干而不裂。每年园内灌水6次，每次施肥后灌透水，8月下旬开始一般不干旱不灌水，干旱时必须灌透水，保持土壤湿润而不僵，疏松透气。

3. 叶面喷肥 果实膨大期，从6月上旬开始，每间隔15 d，叶面喷600倍高美施肥液，300倍液田丰和300倍液农一清，内加0.1%～0.2%尿素。

（二）整形修剪

结果母枝上发出的新梢以中心铅丝为中心线，沿架面向两侧自然伸长。

冬季修剪时，沿主蔓的两侧每隔25～30 cm选留一强旺结果母枝，结果母枝从饱满芽处修剪。

（三）病虫害防治

主要针对猕猴桃溃疡病、花腐病、早期落叶病、斑衣蜡蝉等采取综合防控措施，全年喷药3～4次。

（四）其他措施

严格疏花疏果，健壮的长果枝留3～5个果，中庸结果枝留2～3个果，短果枝留1个果或不留，每平方米架面留果40个左右，每667 m^2产量为2 000～2 500 kg。花期人工授粉。

第五十三章　石　　榴

概　　述

石榴（*Punica granatum* L.）属千屈菜科（Lythraceae）石榴属（*Punica* L.）落叶灌木或小乔木，2003年APGII分类法将石榴科划归为千屈菜科（Lythraceae）。石榴原产伊朗、阿富汗和高加索等中亚地区，向东传播至印度和中国，向西传播至地中海周边国家及其他适生地区。公元前138—前125年张骞出使西域时将其引入我国，先传入新疆，再由新疆传入陕西，并逐渐传播至全国适宜栽培区，是我国最早引进的果树树种之一，迄今已有2 100多年的栽培历史。

石榴具有广泛的适应性和丰富的遗传多样性，在整个热带、亚热带和暖温带等地区多变的气候条件下都有栽培。目前，世界有30多个国家商业化种植石榴，印度、伊朗、中国、土耳其和美国是其主要的生产国。据不完全统计，世界上石榴种植总面积超过60余万 hm^2，总产量超过600余万 t。我国石榴栽培总面积约12万 hm^2，年产量约120万 t。

由于复杂多变的气候与地理条件及漫长的自然选择与人工驯化，在我国形成了新疆喀什、陕西临潼、河南开封、安徽怀远、山东峄城、四川会理和云南蒙自等著名栽培区域和栽培群体。石榴各产区先后进行了种质资源调查，初步探明石榴栽培品种（类型）280余个，筛选鉴定推广了一批优良品种，如河南的大白甜、大红甜和大红袍，四川的青皮软籽和红皮，山东的泰山红、大青皮甜和大马牙甜，陕西的净皮甜和三白甜，安徽的玉石籽和玛瑙籽，云南的火炮和花红皮，新疆的叶城大籽等。同时进行了系统育种工作，通过杂交、辐射、芽变、选种等方法选育出近50个优良品种，如河南的中农红软籽、中农黑软籽、豫大籽、豫石榴1号、豫石榴2号、豫石榴3号、豫石榴4号、豫石榴5号，四川的大绿籽，山东的水晶甜、红宝石、绿宝石，陕西的临选1号、临选2号，安徽的皖榴1号、皖榴2号，新疆的叶城4号、皮亚曼1号和皮亚曼2号。此外，还从国外引进了不少优良品种，如突尼斯软籽、以色列软籽及观赏品种榴花红、榴花雪、榴花姣、榴花粉和榴缘白等，丰富了我国石榴种质资源，促进了其产业可持续发展。

石榴用途广泛，除鲜食外，可做石榴汁、果冻、果酱、果膏、糖浆等，还可用作药方、化妆品、调味品、染料等的原料。近年来大量研究表明，石榴具有抗氧化、预防心血管疾病、抗癌、抗菌、抗感染等诸多功效，这种多功能性与其丰富的植物化学成分密切相关。研究者从石榴中分离、纯化、鉴定出酚酸、单宁、类黄酮、木脂素、有机酸、脂肪酸、萜类、类固醇和生物碱等300余种植物化学物质，为其研究应用奠定了基础。石榴对人体强大的保健功效已成为营养学研究的热点，引起了消费者、研究者和食品行业的广泛关注，对其开发利用价值的研究热情激增。石榴也是重要的园林绿化和生态建设树种，亦是我国传统文化中的吉祥果，文化内涵丰富。石榴鲜果、苗木及加工产业发展前景十分广阔，能促进农民增收、农业增效，社会、生态和经济效益显著。

第一节　种类和品种

石榴在我国的分布范围较广，东经98°～122°、北纬19°50′～37°40′的范围均有分布。目前，我国石榴栽培区主要集中在新疆、陕西、河南、河北、安徽、山东、云南和四川等地。各主产区均有适宜本地区的主栽品种和选育的新优品种，在石榴果品市场上占较大份额。现分别介绍如下：

一、山东石榴主栽及新优品种

山东石榴主要分布在枣庄峄城、薛城和山亭等地，泰安和淄博等地有零星分布。山东石榴主栽与新优品种主要有大青皮甜、大马牙甜、大红袍、岗榴、泰山红、绿宝石、红宝石、水晶甜、青皮大籽、泰山金红、泰山三白及观赏品种榴花红、榴花姣、榴花粉、榴花雪和榴缘白等。分别介绍如下：

（一）大青皮甜

主要分布在枣庄峄城、薛城、市中、山亭等地区。

性状：果个大、皮艳、外观美是其突出特点。大型果，果实扁圆球形，果皮黄绿色，向阳面着红晕，果肩较平，梗洼平或突起，萼洼稍凸，果型指数 0.91，一般单果重 500 g，最大单果重 1 520 g，果皮厚 0.25～0.4 cm，心室 8～12 个，单果籽粒 431～890 个，百粒重 32～34 g，籽粒鲜红或粉红色，可溶性固形物含量 14%～16%，汁多，甜味浓（图 53－1）。

图 53－1　大青皮甜
（苑兆和　提供）

该品种树体较大，树高 4～5 m，树姿半开张；骨干枝扭曲较重；萌芽力中等，成枝力较强；叶长 6.5 cm，叶宽 2.8 cm，长卵圆形，叶尖钝尖，叶色浓绿，叶面蜡质较厚；花红色、单瓣，萼筒短，萼片半闭合至半开张。

（二）大马牙甜

主要分布在枣庄峄城、薛城、市中、山亭等地区。

性状：大型果，果实扁圆球形，果肩陡，果面光滑，青黄色，果实中部有数条红色条纹，上部有红晕，中下部逐渐减弱，具光泽，萼洼基部较平或稍凹，果型指数 0.9，一般单果重 500 g，最大者 1 300 g，果皮厚 0.25～0.45 cm，心室 10～14 个，单果籽粒 351～642 个，百粒重 42～48 g，籽粒粉红色，特大，形似马牙，味甜多汁，故名“马牙甜”，可溶性固形物含量 15%～16%（图 53－2）。

图 53－2　大马牙甜
（苑兆和　提供）

该品种树体高大，一般高 5 m 左右，冠径 5 m 左右，树姿开张，自然状态下多呈圆头形，萌芽力强，成枝力弱，枝条瘦弱细长；叶片倒卵圆形，叶长 6.8 cm，叶宽 3 cm，深绿色；枝条上部叶片呈披针形，叶基渐尖，叶尖急尖，向背面横卷；花红色、单瓣，萼筒短小，萼片半开张至开张。果实抗病虫能力较强，较耐瘠薄、干旱，中、晚熟品种，有轻度裂果，果实较耐贮运。

（三）大红袍

主要分布在枣庄峄城、薛城、市中、山亭等区。

性状：大型果，果实扁圆球形，果肩齐，表面光亮，果皮呈鲜红色，向阳面棕红色，并有纵向红线，条纹明显；梗洼稍突，有明显 5 棱，萼洼较平，到萼筒处颜色较浓；果实中部色浅或呈浅红色；果型指数 0.95；单果重 550 g，最大者 1 250 g，果皮厚 0.3～0.6 cm，较软，心室 8～10 个，单果籽粒 523～939 个，多者达 1 000 粒以上，百粒重 32 g，籽粒粉红色，透明，可溶性固形物含量 16%，汁多味甜（图 53－3）。

图 53－3　大红袍
（苑兆和　提供）

该品种树体中等大小，一般树高 4 m，冠幅 5 m，干性强，枝干较顺直；

萌芽力、成枝力均强；叶片多为纺锤形，叶长 6.8 cm，叶宽 2.8 cm，叶色浅绿至绿色，质地稍薄；花红色、单瓣，萼筒较小，萼片闭合至半开张。耐干旱；果实成熟时遇雨易裂果，早熟品种，不耐贮运；抗根结线虫病能力较强。

（四）岗榴

主要分布在枣庄市的峄城、薛城等区。

性状：中型果，果实圆球形，果肩陡，果面光滑，有 5～6 条明显果棱，果面黄绿色，阳面有红晕，梗洼稍鼓，萼洼平，果型指数 0.9，单果重 350 g，果皮厚 0.3 cm，心室 9～10 个，单果籽粒 538～985 个，百粒重 38～40 g，籽粒粉红色或红色，汁多、味纯甜，可溶性固形含量 15%～16%（图 53-4）。

图 53-4 岗 榴
（苑兆和 提供）

树高 3 m，树冠半开张，干性强；连续结果能力强；叶片中等大小，叶长 6 cm，叶宽 2 cm，长椭圆形至披针形，叶色淡绿，叶尖钝尖，向正面纵卷；花红色、单瓣，萼筒较短，萼片半开张至开张。该品种较耐瘠薄干旱，较耐贮藏，中熟品种。

（五）泰山红

该品种是山东省果树研究所 1984 年在泰山南麓发掘出的优良地方品种，1996 年通过山东省农作物品种审定委员会认定，主要分布在泰山南麓，适于山东及其以南的石榴栽培区。

性状：生长势中庸，小乔木，枝条开张，粗壮，灰黄色，嫩梢黄绿色，先端红色；叶大，宽披针形，长 8 cm 左右，宽 2～2.5 cm，叶柄短，基部红色；花红色，花瓣 5～8 片，花量大；果实近圆球形或扁圆形，艳红，洁净而有光泽，极美观，果个较大，纵径约 8 cm，横径 9 cm，单果重 400～500 g，最大达 750 g，萼片 5～8 裂，多为 6 裂，果皮薄，厚 0.5～0.8 cm，质脆；籽粒鲜红色，粒大肉厚，百粒重 54 g，汁液多，可食率 65%，核半软，口感好，可溶性固形物含量 17.2%，可溶性糖含量 14.98%，每 100 g 果肉维生素 C 含量 5.26 mg，可滴定酸含量 0.28%，风味佳，品质上，耐贮运（图 53-5）。

图 53-5 泰山红
（苑兆和 提供）

该品种 9 月下旬至 10 月初成熟，丰产，稳产。适应性强，抗旱，耐瘠薄，抗涝性中等，抗寒力较差，抗病虫能力较强。该品种突出表现为早实性强，栽植第二年见花，第三年见果，第五年进入盛果期，每 667 m^2 产量为 1 413.6 kg。

（六）绿宝石

为大青皮甜芽变，山东省果树研究所苑兆和等选育，2011 年通过山东省农作物品种审定委员会审定，良种编号：鲁农审 2011045 号。主要分布山东中部、南部、胶东半岛及山东以南的石榴适生区。

性状：果实中等大小，近圆球形或扁圆形，平均单果重 560 g，最大果重 620 g；果皮红色，果棱明显，无锈斑；筒萼圆柱形，萼片开张，5～7 裂；籽粒红色，百粒重 38.3 g，可溶性固性形物含量 14.8%，可溶性糖含量 12.98%，每 100 g 果肉维生素 C 含量 5.53 mg，可滴定酸含量 0.3%；果实 9 月下旬成熟，丰产，稳产，五年生植株每 667 m^2 产量达 2 602.9 kg（图 53-6）。

图 53-6 绿宝石
（苑兆和 提供）

树势较旺，成年树体自然圆头形，成枝力强，树高可达 5 m，幼枝红色，老枝褐色；幼叶紫红色，成叶较厚，浓绿，平均叶长

6.04 cm，宽 2.38 cm，长宽比为 2.54∶1；花红色，花瓣 5～8 片，总花量大。该品种为晚熟品种，抗裂果，籽粒红色，较抗病，连续结果能力、抗寒能力、抗病虫能力较强。

（七）红宝石

为大红袍芽变，山东省果树研究所苑兆和等选育，2011 年通过山东省农作物品种审定委员会审定，良种编号：鲁农审 2011044 号。主要分布山东中部、南部、胶东半岛及山东以南的石榴适生区。

性状：果实扁圆形，果肩齐，表面光滑，果皮淡红色，向阳面棕红色，果实中部色浅或呈浅白色，果型指数为 0.95，平均单果重 487.5 g，最大单果重 675.0 g，果皮较厚，籽粒红色，可溶性固形物含量 14.8%，可溶性糖含量 12.98%，每 100 g 果肉维生素 C 含量 4.06 mg，可滴定酸含量 0.30%。初成熟时有涩味；中熟品种，在枣庄 9 月 20 日左右成熟；丰产，稳产，五年生植株每667 m^2产量为 1 392.3 kg（图 53-7）。

图 53-7　红宝石
（苑兆和　提供）

树体中等，树姿开张，成枝力强。花为两性花，子房下位，萼片开张，5～7 裂。花红色、单瓣，花瓣 5～8 片。中熟品种，连续结果能力强，抗寒、抗病虫能力较强，不易感染病害。适应性强，抗旱，较耐瘠薄，在山地、丘陵等地生长结果良好。

（八）水晶甜

为三白甜芽变，山东省果树研究所苑兆和等选育，2011 年通过山东省农作物品种审定委员会审定，良种编号：鲁农审 2011043 号。主要分布在山东枣庄的石榴适生区。

性状：果实中等大小，近圆球形或扁圆形，平均单果重 409.2 g，最大单果重 575 g。果皮白色，果棱不明显，无锈斑；筒萼钟形，先端分裂成三角形萼片，萼片开张，6～7 裂，籽粒白色，可溶性固性形物含量 14.61%，可溶性糖含量 12.16%，可滴定酸含量 0.29%；果实 9 月上旬成熟，丰产，稳产。栽植第二年见花，第三年见果，第四年平均株产 7.2 kg，第五年进入盛果期，平均株产 19.2 kg，五年生植株每 667 m^2 产 1 076.5 kg 左右（图 53-8）。

图 53-8　水晶甜
（苑兆和　提供）

树势开张，成枝力强，幼枝绿色，老枝褐色、有刺。花为两性花，白色单瓣，花瓣 5～6 片；子房下位，萼筒内雌蕊 1 枚，居中，雄蕊 210～220 枚。突出表现为早熟，籽粒白色，品质优良，较抗病，连续结果能力、抗寒能力强和抗病虫能力较强。适合多种立地条件栽培。

（九）青皮大籽

系枣庄市峄城区近几年新选育的石榴优良品种。主要分布在枣庄市峄城区境内。

性状：果实底色黄绿色，表面红色；籽粒较大，种仁稍软，平均百粒重 71 g，最大百粒重 85 g，平均单果重 500 g 左右，可溶性固形物含量 15%～16%，优于山东地区主栽石榴品种；10 月上中旬果实成熟，采摘期可延迟到 10 月底（图 53-9）。

图 53-9　青皮大籽
（苑兆和　提供）

该品种树势中庸，枝条稀疏，可以密植；新梢红色，老枝灰褐色，一年生枝灰白色，无针刺，内膛光照好，管理方便；叶缘向正面纵卷，叶先端稍微向背面横卷；花红色，单瓣，花瓣 5～6 片，花萼 5～6 枚，萼筒较短，萼片开张至反卷。

（十）泰山金红

系山东泰安地区农家品种。主要分布在泰山南麓。

性状：中等型果，果实近圆球形或扁圆形，平均单果重350 g，最大达650 g；表面光亮，果皮条红色，向阳面红色，并有纵向红线，条纹明显；果型指数0.93，果皮厚0.3～0.6 cm，较硬，籽粒红色，可溶性固形物含量14.2%，汁多味甜，10月上旬成熟（图53-10）。

图53-10 泰山金红
（苑兆和 提供）

树体中等大小，生长势旺盛，干性强；萌芽力、成枝力均强；叶片多为宽披针形，成叶较厚，浓绿；花红色，单瓣，总花量大。该品种为晚熟品种，品质优良，耐贮运、耐干旱、耐瘠薄，抗病虫能力较强。

（十一）泰山三白

系山东泰安地区农家品种。主要分布泰山南麓、山东以南的石榴适生区。

性状：果实中小型果，近圆球形或扁圆形，平均单果重263 g，最大果重620 g，裂果重。果皮白色，果皮薄，果棱不明显，有锈斑；筒萼圆柱形，萼片开张，5～7裂；籽粒白色，汁液多，核较硬，口感好，可溶性固形物含量15.2%，可溶性糖含量14.58%，果实9月中下旬成熟，早熟品种，易裂果，果实不耐贮藏。抗旱，耐瘠薄，抗涝性中等，抗寒力较差，抗病虫能力较弱（图53-11）。

图53-11 泰山三白
（苑兆和 提供）

生长势中等，小乔木，枝条半开张，嫩梢白色，有条纹，枝刺较多，灰白色。叶大，宽披针形，长8 cm左右，宽2～2.5 cm，基部白色。花白色，单瓣，花瓣5～8片，花量大。抗旱，耐瘠薄，抗涝性中等，抗寒力较差，抗病虫能力较弱。

（十二）榴花红

2001年山东省果树研究所苑兆和等从美国引进，主要分布山东中部、南部、西部、胶东半岛及山东以南的石榴适生区。2009年通过山东省林木品种审定委员会审定，良种编号：鲁S-ETS-PG-026-2009。

性状：树体中等，树姿开张，骨干枝扭曲，萌芽力中等，成枝力较强，自然状态下多呈圆头形；叶长卵圆形，叶尖钝尖，叶色浓绿；花重瓣，花瓣大红色，花瓣数可达280枚左右，5月上旬始花，9月下旬谢花，花期长达4个多月，不坐果，10月下旬落叶。花朵观赏价值较高，抗病虫能力强，适合多种立地条件栽培，可栽植于庭院、街道、公园、小区等地，用于绿化观赏（图53-12）。

图53-12 榴花红
（苑兆和 提供）

（十三）榴花粉

2001年山东省果树研究所苑兆和等从美国引进，主要分布山东中部、南部、西部、胶东半岛及山东以南的石榴适生区。2009年通过山东省林木品种审定委员会审定，良种编号：鲁S-ETS-PG-028-2009。

性状：树体较小，树型中等，树姿紧凑，生长势较强，枝条直立；多年生枝干灰白色，一年生枝条青绿色，枝条细、硬；叶片长披针形，浅绿色，叶缘有波浪，纵卷；花瓣粉红色，雌蕊退化或稍留痕迹，雄蕊瓣化，花瓣多者达220枚左右，花大、量多，5月上旬始花，9月上旬谢花，花期长达4

个多月，不坐果，10 月下旬落叶。花朵观赏价值较高，适合多种立地条件栽培，抗病虫能力强，适宜做园林观赏树种（图 53－13）。

（十四）榴花姣

2001 年山东省果树研究所苑兆和等从美国引进，主要分布山东中部、南部、西部、胶东半岛及山东以南的石榴适生区。2009 年通过山东省林木品种审定委员会审定，良种编号：鲁 S－ETS－PG－030－2009。

性状：树体中等，树势强健，树姿开张，长势旺盛，枝条直立，成枝力强，多年生枝灰白色，一年生枝浅灰色；叶片长椭圆形，叶尖钝尖，叶色浓绿；花重瓣，色泽鲜艳，5 月上旬始花，10 月上旬谢花，是优良的观赏品种。花红色、较大，观赏价值较高，抗病虫能力强，适合多种立地条件栽培，可栽植于庭院、街道、公园、小区等地，用于绿化观赏（图 53－14）。

图 53－13 榴花粉
（苑兆和 提供）

图 53－14 榴花姣
（苑兆和 提供）

（十五）榴花雪

2001 年山东省果树研究所苑兆和等从美国引进，主要分布山东中部、南部、西部、胶东半岛及山东以南的石榴适生区。2009 年通过山东省林木品种审定委员会审定，良种编号：鲁 S－ETS－PG－027－2009。

性状：小乔木，树姿半开张，长势旺盛，树势强健，成枝力强，多年生枝干灰白色，一年生枝条青灰色，枝条较细，枝刺稀疏；叶片绿色，向正面纵卷，边缘波浪形，花重瓣，花瓣白色，花瓣数 80 枚左右，5 月上旬始花，10 月上旬谢花，是优良的观花品种。花较大，观赏价值较高，抗病虫能力强，适合多种立地条件栽培，可栽植于庭院、街道、公园、小区等地，用于绿化观赏（图 53－15）。

图 53－15 榴花雪
（苑兆和 提供）

（十六）榴缘白

2001 年山东省果树研究所苑兆和等从美国引进，主要分布山东中部、南部、西部、胶东半岛及山东以南的石榴适生区。2009 年通过山东省林木品种审定委员会审定，良种编号：鲁 S－ETS－PG－029－2009。

性状：树体较小，树势强健，树姿开张，成枝力强，自然状态下多呈圆头形；叶长卵圆形，叶尖钝尖，叶色浓绿，边缘波浪形，叶面蜡质较厚。花重瓣，花瓣白边红底，花瓣数可达 180 枚左右。5 月上旬始花，10 月上旬谢花，花期长达 5 个月，不坐果，10 月下旬落叶，适合多种立地条件栽培，观赏价值较高，抗病虫能力强，可广泛栽植于庭院、街道、公园、小区等地（图 53-16）。

图 53－16 榴缘白
（苑兆和 提供）

二、河南石榴主栽及新优品种

河南省石榴栽培历史悠久，在河南平原沙土区、黄土丘陵区均有分布，以豫东沿黄两岸沙土区和豫西黄土丘陵区为主，品种资源丰富，是我国石榴重点产区之一。目前主要栽培品种有30多个，有食用、观赏、赏食兼用3个类型。主要有大红甜、大白甜、大钢麻子、铁皮、铜皮、豫石榴1号、豫石榴2号、豫石榴3号、豫石榴4号、豫石榴5号、豫大籽和冬艳等品种，突尼斯软籽石榴在该地区也有栽植。

（一）大红甜

系河南农家品种，分布于河南各地。

性状：花冠红色，花瓣5～6片。果实圆球形，果皮红色有星点果锈；萼筒圆柱形，萼片5～7片，萼片开张。平均果重254 g，最大600 g；子房9～12室，籽粒红色，单果309～329粒，百粒重35.5 g，出汁率88.7%，可食率50.6%，糖含量10.11%，酸含量0.342%，味酸甜。9月下旬成熟。

（二）大白甜

系豫东、豫南地区农家品种，在豫东、豫南地区分布较多。

性状：花瓣白色，背面中肋浅黄色，花瓣5～7片。果实球形，皮白黄色，果锈点状褐色，萼筒低圆柱形，萼片5～8片，一般6片，开张；平均果重335 g，最大750 g，纵径10.24 cm，横径9.03 cm；子房11室，籽粒白色，单果籽粒408～600个，百粒重36.3 g，可溶性糖含量10.9%，可滴定酸含量0.156%，味甜。9月下旬成熟。

（三）大钢麻子

系河南省封丘及周边地区农家品种。在当地分布较多。

性状：一年生枝灰黄色，先端微红；叶青绿色，叶片大、长椭圆形，先端圆；花冠红色，花瓣与花萼同数。果皮黄绿底色，阳面红，果锈黑褐色，呈零星或片状分布；平均单果重275 g，最大单果重550 g，果皮薄；籽粒鲜红色，成熟籽粒针芒粗而多，故称“大钢麻子”。籽大核小，汁多味酸甜，耐贮藏。9月下旬成熟。

（四）河阴铁皮

系河南省农家品种，分布全省各地。

性状：花红色6～8片。萼筒底部略喇叭形，萼闭合4～7片；果球形，皮青黄色，果锈大块状呈黑褐色，纵径8.49 cm，横径8.12 cm，平均果重244 g，最大334 g；子房8～9室，籽粒红色，单果486粒左右，百粒重31.6 g，出汁率90.18%，可食率59.8%，可溶性糖含量10.59%，可滴定酸含量0.327%，味酸甜，9月底成熟。该品种耐贮运，抗寒性好，但外观较差，在干旱黄土区生长良好。

（五）河阴铜皮

分布河南省各地。

性状：花红色，5～8片；萼筒无或较低，萼片开张，5～8片；果实球形，皮青黄色、较光滑，果锈细粒状，纵径7.8 cm，横径7.33 cm，平均单果重194 g，最大达333 g；子房7～9室，籽粒红色，单果籽粒435～550个，百粒重30 g，出汁率90.32%，可食率61.6%，糖含量12.84%，酸含量0.358 3%，味酸甜。该品种品质上等，在黄土丘陵区生长良好。

（六）豫石榴1号

由河南省开封市农林科学研究院冯玉增等通过系统选育而成，通过河南省林木良种审定委员会审定。河南省各地及周边地区有分布。

性状：该品种花红色，花瓣5～6片，总花量大，完全花率23.2%，坐果率57.1%。果实圆形，果皮红色；萼筒圆柱形，萼片开张，5～6裂；平均单果重270 g，最大达1 100 g；子房9～12室，籽粒玛瑙色，出籽率56.3%，百粒重34.4 g，出汁率89.6%，可溶性固形物含量14.5%，风味酸甜。

成熟期9月下旬。五年生平均株产26.6 kg。

（七）豫石榴2号

由河南省开封市农林科学研究院冯玉增等通过系统选育而成，通过河南省林木良种审定委员会审定。河南省各地及周边地区有分布。

性状：该品种花冠白色，单花5～7片，总花量小，完全花率45.4%，坐果率59%。果实圆球形，果形指数0.90；果皮黄白色、洁亮；萼筒基部膨大，萼片6～7片；平均单果重348.6 g，最大达1 260 g；子房11室，籽粒水晶色，出籽率54.2%，百粒重34.6 g，出汁率89.4%，可溶性固形物含量14.0%，糖酸比68∶1，味甜。成熟期9月下旬。五年生平均株产27.9 kg。

（八）豫石榴3号

由河南省开封市农林科学研究院冯玉增等通过系统选育而成，通过河南省林木良种审定委员会审定。河南省各地及周边地区有分布。

性状：该品种花冠红色，单花6～7片，总花量少，完全花率29.9%，坐果率72.5%。果实扁圆形，果形指数0.85，果皮紫红色，果面洁亮；萼筒基部膨大，萼6～7片；平均单果重282 g，最大单果重达980 g；子房8～11室，籽粒紫红色，出籽率56%，百粒重33.6 g，出汁率88.5%，可溶性固形物含量14.2%，糖酸比30∶1，味酸甜。成熟期9月下旬。五年生平均株产23.6 kg。

（九）豫石榴4号

由河南省开封市农林科学研究院冯玉增、赵艳莉等杂交选育而成。2005年通过河南省林木品种审定委员会审定。河南省各地及周边地区有分布。

性状：该品种花冠红色，花瓣5～8片，萼片5～8片，总花量少；完全花子房肥大。果实近圆形，平均单果重366.7 g，最大达757.0 g，果皮浓红色，光滑洁亮；籽粒玛瑙色，出籽率56.4%，百粒重36.4 g，出汁率91.6%，可溶性固形物含量15.3%，风味甜酸纯正，鲜食品质上等；八年生树平均株产40.0 kg，每667 m^2 产量为2 200.0 kg。7月中旬果实开始着色，9月底果实成熟。

（十）豫石榴5号

由河南省开封市农林科学研究院赵艳莉、冯玉增等杂交选育而成。2005年通过河南省林木品种审定委员会审定。河南省各地及周边地区有分布。

性状：该品种花冠红色，花瓣5～8片，萼片5～8片，总花量大；果实近圆形；平均单果重344.0 g，最大730.0 g；果皮浓红色，光滑洁亮；籽粒玛瑙色，出籽率58.5%，百粒重36.5 g，出汁率92.1%，可溶性固形物含量15.1%，风味微酸，鲜食加工兼用。八年生树平均株产25.8 kg。8月中旬果实开始着色，9月底果实成熟。

（十一）豫大籽

河南省林业技术推广站和河南省农业科学院经杂交育种培育的优良品种。

性状：该品种花瓣红色，5～8片，总花量大。果实近圆形，平均单果重350～400 g，最大单果重850 g，果皮薄、黄绿色，向阳面红色，光滑洁亮，少锈斑；籽粒红色，百粒重75～90 g，出汁率90.0%，可溶性固形物含量15.5%，味酸甜可口，品质极优。4～5年进入盛果期，10月上中旬成熟；树势较旺，成枝力较强；幼枝红色或紫红色，老枝浅褐色；幼叶紫红色，成熟叶片较厚；枝刺少。

（十二）冬艳

来源于河南农业大学等资源调查选出的优良单株。2011年通过河南省林木新品种审定委员会审定。

性状：树势半开张，自然树形为圆头形；萌发率和成枝率均中等。果实近圆形，较对称。果个大，平均单果重360 g，最大单果重860 g。平均纵径8.6 cm，平均横径8.8 cm，果型指数0.97。果皮底色黄白，成熟时70%～95%果面着鲜红至玫瑰红色晕，光照条件好时全果鲜红色，有光泽，果皮较厚。萼筒较短，萼片开张或闭合。籽粒鲜红色，大而晶莹，且极易剥离，平均百粒重 52.4 g，风味酸甜适宜，可溶性固形物含量 16%，出汁率 85%，核半软可食，品质极上。果实耐贮运，室温可贮藏 30 d 左右，冷库贮藏 90 d 左右，好果率 95%。裂果现象极轻。

三、安徽石榴主栽及新优品种

安徽省是我国石榴六大主产区之一，主要分布在怀远、淮北、濉溪、萧县、巢湖等地，其中以怀远、淮北生产的石榴最为有名。安徽省石榴主栽及新优品种主要有玉石籽、白玉石籽、大笨子、二笨子、珍珠红、大红软、青皮甜、软籽 1 号、软籽 2 号、软籽 3 号和塔仙红等。

（一）玉石籽

玉石籽又名绿水晶，为安徽怀远主栽优良品种。

性状：果实近圆球形，果皮薄，有明显的五棱，黄白色，向阳面有红晕，并常有少量斑点。平均单果重 236 g，最大单果重 380 g，可溶性固形物含量 16.5%，可溶性糖含量 13.26%，可滴定酸含量 0.59%，果肉可食率 59%。籽粒特大，百粒重 59.3 g，玉白色且有放射状红丝，汁多味浓甜并略具香味，种子软，品质上等。果实 9 月上旬成熟，为早熟品种。

（二）白玉石籽

通过 RAPD 标记辅助选育出的三白石榴大籽粒营养系变异新品种。2003 年通过安徽省林木品种审定委员会审定。我国北纬 37°以南的陕西、山东、河南、安徽、四川和云南等主要石榴产区均可栽培。

性状：果实近圆形，果肩陡，果皮黄白色，厚约 0.4 cm，果面光洁，果棱不明显，萼片直立。平均单果重 469 g，果实纵径 8.81 cm，横径 10.31 cm。平均单籽重 0.844 g，最大单粒重 1.02 g，可食率 58.3%，心室 7～9 个，单果籽粒 420 个，籽粒呈马齿状、白色，味甜而软，内有少量针芒状放射线；出汁率 81.4%，可溶性固形物含量 16.4%，可溶性糖含量 12.6%，可滴定酸含量 0.315%，每 100 g 果肉维生素 C 含量 14.97 mg。核硬度 3.29 kg/cm^2。因该品种花白、皮白、籽白，故又称“三白”。在皖中 9 月中下旬果实成熟，盛果期株产达 60 kg，丰产性好。

（三）大笨籽

安徽怀远县主栽品种之一。

性状：果较大，圆球形，平均单果重 412 g，最大单果重 750 g。果皮光滑，底色黄绿，阳面鲜红色，有少量褐色锈斑。籽粒大，鲜红色，百粒重 55.3 g，味甜微酸，可溶性固形物含量 16%，可溶性糖含量 12.94%，可滴定酸含量 0.57%，每 100 g 果肉维生素 C 含量 12.5 mg，可食部分占 51%，核较硬，品质优。果实 10 月成熟，一般成年树株产 50～80 kg。

（四）二笨籽

安徽怀远县主栽品种之一。

性状：中型果，扁圆球形，六棱较明显。果皮青绿色，表面光滑，锈斑少，梗洼平，周围有大量果锈，果皮较厚。萼洼平，成熟时萼筒短，大多数直立张开。籽粒特大，粉红色，百粒重 40 g，近核处针芒少，可溶性糖含量 12.65%，可溶性固形物含量 13.13%，可滴定酸含量 0.45%，风味甜。不耐贮藏，易裂果。果实 9 月上旬成熟，为中熟品种。

（五）珍珠红

安徽怀远县主栽品种之一。

性状：果个大，不裂果，平均单果重 750 g 左右，最大单果重可达 1 500 g 左右。果皮红黄色，光滑艳丽，皮厚 0.4 cm 左右。籽粒营养丰富，味甘甜，含水量达 68.65%，糖含量 16.5%，粗纤维含量 2.5%，每 100 g 果肉蛋白质含量 0.6～1.5 g。

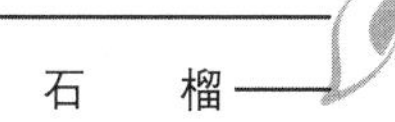

（六）大红软

安徽淮北市烈山区主栽品种之一。

性状：树势强健，树姿较开张。平均单果重 400 g，果皮粉红色，阳面紫红色，有星状果锈。籽粒淡红色，核半软，品质上等，味酸甜，无涩味，口感好，风味佳。果实 9 月中下旬可采收食用，成熟早，无裂果现象。

（七）青皮甜

安徽淮北市烈山区主栽品种之一。

性状：树体较高大，盛果期后树体高达 4～5 m，冠幅在 4 m 以上。丰产性强，四年生树单株产量 20 kg。平均单果重 410 g 左右，偶有特大型果可达 1 000 g 以上。籽粒鲜红或粉红、透明，味甜微酸。9 月下旬至 10 月上旬成熟。

（八）软籽 1 号

淮北黄里软籽芽变单株，2002 年通过安徽省林木品种审定委员会审定。

性状：果实近圆形，略显棱筋；果大而均匀，平均单果重 324 g，最大单果重 650 g，阳面古铜色，果皮光洁、皮薄。出籽率 70.7%，籽粒白色、有红色针状晶体，百粒重 71.6～76.0 g；出汁率 81.4%，可溶性糖含量 16.8%，可滴定酸含量 0.82%，可溶性固形物含量 15.5%；种核软，可食，品质上等。果实 9 月中旬可采收食用，完全成熟期为 10 月上旬。

（九）软籽 2 号

淮北黄里软籽芽变单株，2002 年通过安徽省林木品种审定委员会审定。

性状：果实近圆形，果形较整齐，平均单果重 294.1 g，最大单果重 610 g；果皮光洁，呈青绿色，红晕明显，果皮较厚。籽粒红色，针状晶体明显；百粒重 60.5～68.0 g；出汁率 78.2%，可溶性糖含量 19%，可滴定酸含量 0.75%，可溶性固形物含量 18.2%；种核软，可食，品质上等。果实 8 月 20 日可采食，至 9 月底充分成熟。

（十）软籽 3 号

淮北黄里软籽芽变单株，2002 年通过安徽省林木品种审定委员会审定。

性状：果实近圆形，平均单果重 267.2 g，最大单果重 557 g，果皮较薄，青黄色。籽粒绿白色，可见辐射状晶体，百粒重 63.5～70 g，可食率 71.4%，出汁率 77.7%，可溶性糖含量 15.5%，可滴定酸含量 0.62%，可溶性固形物含量 15.0%；种核绵软、品质佳。果实 8 月下旬可采收食用，9 月底完全成熟。

（十一）塔仙红

安徽淮北市烈山区主栽品种之一。

性状：树体中等，盛果期树高 4 m 左右，冠幅可达 5 m。果实呈扁圆形，果肩齐，表面光亮，果皮呈鲜红色，向阳面棕红色，并有纵向红线，条纹明显，梗洼稍凸，有明显的五棱，萼洼较平，到萼筒处颜色较浓。平均单果重 420 g，籽粒呈水红色、透明，味酸甜。9 月中下旬成熟。

四、四川石榴主栽及新优品种

四川是全国优质石榴名产区之一，其果实品质居全国之首。四川盆地和盆周高原山地的低山地带几乎都有石榴分布，但作为经济栽培，以西昌、会理、会东、德昌、宁南、米易、攀枝花、康定等地较普遍，而以会理、宁南、德昌、米易、会东等地品质最好。四川石榴主栽品种主要是青皮软籽、黑籽酸、以色列酸、黑籽甜、大绿子、江驿、厚皮甜砂子、磨伏、攀枝花白花石榴和红皮石榴等。

（一）青皮软籽

主要分布在四川攀枝花市仁和区、凉山彝族自治州会理县、西昌市和云南省巧家县。

性状：果实大，近圆球形，平均单果重 467.3 g，最大单果重达 1 121 g，果皮厚约 0.35 cm，黄绿红晕。单果籽粒 528 个，籽粒大，水红色，百粒重 57.9 g，核小而软，可食率 53.6%，风味甜香带淡蜜香，可溶性固形物含量 15.3%，可溶性糖含量 11.84%，可滴定酸含量 0.427%，每 100 g 果肉维生素 C 含量 11.5 mg，品质优。攀西地区 2 月中旬萌芽，4 月下旬至 5 月上旬开花，7 月末至 8 月上旬成熟，较抗病，耐贮藏。五年生树每 667 m^2 产量 1 500 kg 以上。

（二）大绿子

青皮软籽芽变，在四川省攀枝花市仁和区、凉山彝族自治州会理县有零星种植。

性状：果球形，果皮厚 0.35 cm，黄绿色，阳面有红晕。平均单果重 442 g，平均单果重 360 g。籽粒白色，少数水红色，为规则马齿形，单果籽粒 630 个，排列疏松，长且大，百粒重 60 g 以上，风味甜，汁多，可溶性固形物含量 13.8%。成熟果晶芒多，百核重 9 g，核较软，可嚼扁，可食率 67.6%。

（三）江驿

攀枝花农家品种，主要分布在攀枝花市新民乡、大田镇、总发乡、大龙潭乡和平地镇。

性状：果实亚球形，纵径 7.39 cm，横径 8.36 cm，成熟果有明显的棱。平均单果重 350～400 g，最大单果重 750 g。果皮光亮，厚 0.3 cm，阳面红晕，阴面黄绿。籽粒马齿形，水红色，单果籽粒 760 个左右，百粒重 43 g，味甜多汁，成熟果核周呈放射状晶针，较青皮软籽稀少。核较大，硬而脆，百核重 12.2 g。树势中庸、开展，刺和萌蘖较多，萼片 6 片，短小、开展。

（四）厚皮甜砂籽

引自云南省蒙自市，攀枝花有零星分布。

性状：果实圆球形，果个较均匀，平均单果重 250 g。果皮厚 0.4 cm，黄红色。籽粒水红色，单果籽粒 376 个，百粒重 45.3 g，味甜，可溶性固形物含量 14%。核中软，百核重 8 g，成熟果晶芒较少，可食率 56.1%。

该品种在攀枝花试验栽培条件下，树形较紧凑，抗性强，早期丰产性好，栽后第四年平均株高 3.2 m，冠幅 5.0 m×4.7 m，小枝斜向生长，叶大小 7.5 cm×2.5 cm，平均株产 40.4 kg，每 667 m^2 产量为 2 828 kg。在攀枝花 1 月下旬萌芽，3～4 月开花，7 月底 8 月初成熟。

（五）磨伏

攀枝花市农家品种，零星分布在攀枝花市新民乡、仁和镇。

性状：果实梨形，果个较均匀，平均单果重 230 g，果皮厚 0.23 cm，黄红色。籽粒粉红色，单果籽粒 559 个，百粒重 32.2 g，味甜，可溶性固形物含量 13%。核中软，百核重 7.64 g，成熟果晶芒多，可食率 59.8%。

（六）攀枝花白花

攀枝花市农家品种，零星分布在攀枝花市新华乡、红格镇、新民乡、仁和镇。

性状：果实亚球形，果个较均匀，平均单果重 210 g，果皮厚 0.2 cm，黄白色。籽粒黄白色，单果籽粒 546 个，百粒重 30 g，风味甜涩，可溶性固形物含量 14%。核软，百核重 5 g，成熟果晶芒多，可食率 65%。

（七）红皮

攀枝花市农家品种，在攀枝花市有零星分布。

性状：果实亚球形，果个较均匀，平均单果重 250 g，果皮厚 0.5 cm，艳红色。籽粒胭脂色，百粒重 50 g，风味甜，可溶性固形物含量 14.5%。核软，百核重 8 g，成熟果晶芒少，可食率 48.2%。

五、云南石榴主栽及新优品种

云南省石榴主要集中在红河哈尼族彝族自治州，全州 13 个县均有以甜绿籽、甜光颜、厚皮甜砂籽、酸甜石榴为主栽品种的石榴种植，尤以蒙自市甜绿籽，建水县酸甜石榴为优，以甜绿籽种植面积最大。

(一) 甜绿籽

为云南红河的优良品种，主要分布在蒙自、建水和个旧。

性状：果实近圆球形，平均单果重 252 g，平均纵径 6.97 cm，横径 7.98 cm。萼筒低，萼片直立或开张。果皮厚 0.15 cm，子房 5 室，隔膜 0.03 cm。籽粒大，百粒重 57～60 g，核软。果肉粉红色或红色，品质上等，可食率 87.5%，可溶性固形物含量 15.1%，可滴定酸含量 0.47%，还原糖含量 14.9%，蔗糖含量 0.69%，总糖含量 15.11%，每 100 g 果肉维生素 C 含量 12.32 mg，糖酸比 31.62：1。

在红河萌芽期一般是 2 月上旬，头花石榴 3 月中旬至 4 月上旬开花，二花石榴 4 月中旬至 5 月上旬开花，三花石榴 5 月中旬至 6 月上旬开花结果。成熟期 8 上旬至 11 月。

(二) 甜光颜

系云南省蒙自市地方优良品种，主要分布在蒙自、个旧等地。

性状：果实圆球形，平均单果重 226.3 g，纵径 6.58 cm，横径 8.33 cm。萼筒高、筒形，萼片直立或开张。果皮厚 0.14 cm，裂果少，子房 5 室，隔膜厚 0.04 cm。果粒中等大，百粒重 44 g；肉质处种皮紫红色，味甜，微香，内种皮呈角质，比甜绿籽稍硬，品质上等。可食率 71.33%，可溶性固形物含量 15%，可滴定酸含量 0.53%，还原糖含量 15.7%，蔗糖含量 2.02%，总糖含量 17.09%，每 100 g 果肉维生素 C 含量 13.06 mg，糖酸比 32.25：1。

在红河萌芽期一般是 2 月初，头花石榴 3 月上旬至 4 月初开花，二花石榴 4 月上中旬至 5 月上旬开花，果实成熟期 8 月初至 11 月初。

(三) 厚皮甜砂籽

系云南省蒙自市地方优良品种，主要分布在蒙自、个旧等地区。

性状：果实圆球形、个大，平均单果重 420 g，果实纵径 8.23 cm，横径 9.04 cm。萼筒高，形状不一致，萼片小、直立。果梗长 3.75 cm、粗 0.3 cm。果皮厚 0.28 cm，红色，裂果少，子房 6 室，隔膜厚 0.024 cm。籽粒中等大，百粒重 47.4 g，内种皮硬，味甜微香，品质中上，可食率 72.43%，可溶性固形物含量 14.8%，可滴定酸含量 0.62%，还原糖含量 14.67%，蔗糖含量 0.99%，总糖含量 15.66%，每 100 g 果肉维生素 C 含量 18.97 mg，糖酸比 25.26：1。

在红河萌芽期一般是 2 月初，头花石榴 3 月上旬至 4 月初开花，二花石榴 4 月上中旬至 5 月上旬开花。果实成熟期 8 月初至 11 月初。

(四) 酸绿籽

系云南省蒙自市地方优良品种，主要分布在蒙自、个旧等地区。

性状：果实圆球形、个大，平均单果重 369.5 g，果实纵径 8.6 cm，横径 9.41 cm。萼筒高，筒形，萼片直立或反卷。果皮厚 0.16 cm，裂果少，子房 5 室，隔膜厚 0.025 cm。籽粒大，百粒重 58.4 g，淡红色，内种皮软，味酸微甜，品质上等，可食率 81.42%，可溶性固形物含量 15.1%，可滴定酸含量 2.38%，还原糖含量 13.75%，蔗糖含量 1.9%，总糖含量 15.65%，每 100 g 果肉维生素 C 含量 12.69 mg，糖酸比 6.58：1。

在红河萌芽期一般是 2 月上旬，头花石榴 3 月中旬至 4 月上旬开花，二花石榴 4 月中旬至 5 月上旬开花，三花石榴 5 月开花结果。

(五) 红玛瑙

为建水主栽品种，主要分布在建水县南庄、临安、西庄、面甸等乡镇。

性状：果实近球形，子房 4～6 室，萼茼圆柱形，萼片 4～6 裂，平均单果重 300 g，果皮薄，红色艳丽。籽粒大，百粒重 57.75 g，粒色鲜红，汁多，出汁率 50%，可食率 65%，可溶性固形物含量 14.5%，总糖含量 11.36%。成熟期 8～9 月，耐贮存，鲜食加工兼用。

（六）红珍珠

为建水搭配种植品种，主要分布在建水县南庄、临安、西庄、面甸等乡镇。

性状：果实大，圆球形，萼筒圆柱形，萼片4～6裂，平均单果重320 g，果皮比红玛瑙稍厚，光滑，红色至深红色。籽粒色泽红色至暗红色，百粒重44.7 g，出汁率45%，可食率58%，可溶性固形物含量15.5%，总糖含量12.36%，成熟期8～9月。耐贮存，鲜食加工兼用。

（七）红宝石

建水特色品种，为红玛瑙变异品种，主要分布在建水县南庄、临安、西庄、面甸等乡镇。

性状：果实近球形，子房4～6室，萼筒圆柱形，萼片4～6裂，平均单果重262 g，果皮稍厚、红色，易发生锈斑。籽粒浅红至红色，含酸较低，可溶性固形物含量14%，风味好，粒大，百粒重73.3 g，可食率60%。成熟期8～9月，主要用于鲜食。

六、陕西石榴主栽及新优品种

陕西石榴主要集中在西安市临潼区，该地区是我国著名石榴产地之一，有许多优良的地方品种。陕西石榴主栽品种主要有净皮甜、三白、临选14和御石榴，山东地区的泰山红和新疆地区的新疆大籽石榴也适宜在该地区种植。

（一）净皮甜

陕西临潼农家品种，是临潼地区栽培最多的品种，在全国各石榴产区基本都有引种栽培。

性状：果实大，圆球形，平均单果重250～350 g，最大单果重1 100 g。皮薄，果面光洁，底色黄白，果面粉红或红色，美观。上位心室4～12个，多数6～8个。籽粒较大，多角形，百粒重40 g，粉红色，充分成熟后深红色，可溶性固形物含量15%～16%，汁多，甜香无酸，近核处有放射状针芒，核较硬。在临潼3月底萌芽，5月上旬至7月上旬开花，9月中旬成熟。该品种耐瘠薄，抗寒、耐旱及抗病虫能力均较强，丰产稳产，适应性广，适宜大量发展。

（二）临选14

临选14为天红蛋优良单株，1997年通过科技成果审定。主要分布在陕西临潼、礼泉等地区，全国各石榴产区基本都有引种栽培。

性状：果实大，圆球形，平均单果重370 g，最大单果重720 g。果皮较厚，果面光洁，全果浓红色，外形美观。粒大、深红色，百粒重55 g，汁液多，甜香，核软，近核心处针芒较多。该品种可溶性固形物含量14%～15%，核较软可食，皮较厚，裂果轻，品质极优，商品性极好。树势中等，枝条黄褐色，节间短，茎刺多，嫩梢深红色。4月初萌芽，5～6月开花，果实9月下旬至10月上旬成熟。采收期遇阴雨裂果轻微，丰产稳产，耐贮藏，是最有前途的换代新品种。

（三）三白甜

陕西临潼农家品种，临潼各地均有少量栽培，全国各石榴产区基本都有引种栽培。

性状：果实大，圆球形，平均单果重250～350 g，最大单果重505 g。果皮较薄，充分成熟后黄白色。上位心室4～12个，多数6～8个。籽粒较大，百粒重48 g，味浓甜且有香味，近核处针芒较多，可溶性固形物含量15%～16%，核较软，品质上。在临潼4月初萌芽，5月上旬至6月下旬开花，9月下旬成熟。因其花萼、花瓣、果皮、籽粒均为黄白至乳白色，故名“三白”。树势健旺，树冠较大、半圆形，抗旱、耐寒，适应性强。枝条粗壮，灰白色，茎刺稀少。幼叶、幼茎、叶柄均为黄绿色。

（四）御石榴

陕西咸阳地方品种，主要分布在陕西咸阳乾县和礼泉昭陵一带，西安临潼也有栽培。

性状：果实圆球形、极大，平均单果重750 g，最大单果重1 500 g。果面光洁，底色黄白，阳面浓红色，果皮厚，果梗特长。籽粒大，粉红或红色，百粒重42 g，汁液多，味稍甜偏酸，可溶性固形物含量14.5%，品质中上。4月中旬萌芽，5～6月开花，10月上中旬采收，11月落叶。栽后2年结果，盛果期每667 m^2 产量为3 500 kg。该品种抗风、抗旱、抗病虫能力强，极耐贮藏，在酸石榴系列品种中，综合性状表现最优，丰产、稳产，经济效益可观。

（五）大白皮

大白皮为净皮甜变异品种，陕西临潼地区农家品种。主要分布于陕西临潼秦陵街道杨家村及其附近。

性状：果实较大，高桩圆形。平均单果重350 g，最大单果重1 200 g。果皮薄，底色黄白，果面着色少或淡红色。籽粒大，百粒重50 g，色淡红，核较软，近核处针芒较多，浆汁多，味甜，酸味淡，可溶性固形物含量15%～16%。在临潼地区3月下旬至4月上旬发芽，9月中旬成熟。

（六）天红蛋

陕西临潼地区农家品种。在陕西临潼各地均有栽植。

性状：果实扁圆球状，一般有棱，平均单果重250～300 g，最大单果重510 g。果皮较厚，果面较光滑，底色黄绿，色彩浓红。上位心室5～12个，多数6～9个。籽粒不正三角形，百粒重43 g，鲜红色，近核处针芒较少，味甜微酸，可溶性固形物含量14%～16%，种核大而硬，口感较差。在临潼地区3月下旬至4月中旬萌芽，5月下旬至7月上旬开花，9月下旬成熟。

（七）大红酸

大红酸又名大叶酸石榴，陕西临潼地区农家品种，在陕西临潼各地零星分布。

性状：果个特大，圆球形，平均单果重300～400 g，最大单果重1 500 g。果皮厚，平面光洁，底色黄白，有浓红色彩晕。籽粒红色至深红色，百粒重37 g，汁液多，味浓酸，含酸量2.73%，可溶性固形物含量17%～19%，核硬。9月下旬成熟。

（八）鲁峪蛋

陕西西安市灞桥区农家品种。灞桥洪庆山上鲁峪村、下鲁峪村栽培较多，临潼地区有零星栽植。

性状：果实中大，圆球形。平均单果重310 g，最大单果重600 g。果皮较厚，果面较粗糙，底色青绿，贮藏后转为黄绿，果面具有条状紫红色彩晕。粒较小，柱形有棱角，色浅红带白纹，核大而硬，百粒重36 g，味甜，可溶性固形物含量15.5%。4月上旬发芽，5月中旬至7月上旬开花，10月上旬成熟。

（九）临选1号

为净皮甜优良变种，1997年通过科技成果审定。主要分布于陕西临潼地区，全国各产区基本都有引种栽培。

性状：果实大，圆球形。平均单果重334 g，最大单果重630 g。果皮较薄，果面光滑，底色黄白，果面粉红。籽粒大，百粒重48～52 g，汁液多，味清甜，可溶性固形物含量16%，核软，近核处针芒较多，品质优。在临潼4月初萌芽，5月上旬至6月中旬开花，9月下旬成熟。

（十）临选8号

为三白甜优良单株，1997年通过科技成果审定。临潼各地均有少量栽培。

性状：果实大，圆球形。平均单果重330 g，最大果重620 g。果皮中厚，果面光洁，黄白色，外形美观。籽粒较大，清白色，百粒重50 g，汁液多，味清甜、爽口、有香味，可溶性固形物含量15%～16%，核软可食。在临潼3月底萌芽，5月上旬至6月下旬开花，9月中旬成熟。该品种品质极优，抗旱耐寒，适应性强，成熟期遇雨裂果轻，较耐贮藏，很有发展潜力。

（十一）陕西大籽

为御石榴优良变种选育，2010年通过陕西省果树品种审定。主要分布在陕西礼泉昭陵乡等地。

性状：果实扁球形，极大。平均单果重1 200 g，最大单果重2 800 g。果皮粉红色，果实表面棱突明显，果面光洁而有光泽，无锈斑，外形美观。果皮中厚，平均0.3～0.4 cm。籽粒大，其百粒重

93.63 g，红玛瑙色，呈宝石状，汁液多，味酸甜，品质上等，可溶性固形物含量16%～20%，籽粒出汁率89.0%，属鲜食加工两用品种。4月上旬萌芽，5月上旬至6月中旬开花，10月中下旬成熟。该品种抗旱、耐寒、耐瘠薄，适应性强，极耐贮藏，高抗裂果，是目前国内果个最大的石榴品种，极具特色，具有很好的发展前景。

（十二）大红甜

大红甜又名大红袍、大叶天红蛋，陕西临潼农家品种。陕西临潼各地均有栽培，以骊山西石榴沟至秦陵分布较多。

性状：果实大，圆球状。平均单果重300～450 g，最大单果重620 g。果皮较厚，果面光洁，底色黄白，色彩浓红，外形极美观。籽粒多角棱形，较大，百粒重44 g，鲜红或浓红色，近核处针芒极多。味甜微酸，可溶性固形物含量15%～16%，品质优，种核较硬。在临潼地区3月下旬萌芽，5月上旬至7月上旬开花，盛花期为5月中下旬，9月中旬成熟，11月上旬落叶。该品种抗寒、抗旱、抗病，采前遇雨裂果较轻。

七、新疆石榴主栽及新优品种

新疆石榴主要集中在和田和喀什地区，这两个地区在我国最早栽培石榴。在其他地区以直立栽培为主，在新疆以多主干匍匐栽培为主。新疆各地主栽石榴品种主要有千籽红、赛柠檬、皮亚曼1号、叶城大籽甜、叶城甜石榴和叶城酸石榴等。分别介绍如下：

（一）千籽红

主要分布于策勒县，其他县市有少量引种。

性状：果实近圆形，果实纵径8.17 cm，横径7.35 cm，平均单果重237 g，最大单果重483 g。萼筒长1.72 cm，直径1.21 cm，萼片多数6片，少数5片。果肩平，心室隔有时在果面形成突起，果皮红色，多数全红，心室6个。籽粒深玫瑰红色，百粒重33.9 g，籽粒占果实重的53.74%，出汁率43.4%，籽粒出汁率80.75%，果汁深玫瑰红色，风味甜，可溶性固形物含量19.2%，品质佳。花期5月中下旬至7月上旬，10月初果实成熟。树势中庸，在新疆呈多主枝匍匐栽培。丰产性好，在管理措施到位的情况下，每667 m^2 产量可达1 000 kg以上。连续坐果能力强，连年丰产，抗逆性强，耐干旱。

（二）赛柠檬

主要分布于策勒县，其他县市有少量引种。

性状：果实圆形，果肩平，近果梗处有突起。果实纵径10.7 cm，横径9.55 cm，平均单果重405 g，最大单果重650 g。萼筒长2.5 cm，直径1.67 cm，萼片多数6片，少数4片。果面红色，多数果面全红，心室6个。籽粒玫瑰红色，百粒重40.3 g，籽粒占果实重55.14%。汁液多，果实出汁率45.87%，籽粒出汁率89.1%，汁玫瑰红色，风味酸甜，酸味重，可溶性固形物含量18.2%，总酸含量3.26%。5月上旬展叶现蕾，5月中下旬至7月上旬开花，10月初果实成熟，11月中旬落叶，果实生育期105 d。该品种总酸含量高，色素含量丰富，是很好的加工品种和调酸品种。适宜在于田县、策勒县、洛浦县、墨玉县、皮山县、叶城县、泽普县和莎车县等的平原区栽培。

（三）皮亚曼1号

主要分布于皮山县，其他县市有少量引种。

性状：果实近圆形或扁圆形，果肩平。果实纵径6.72 cm，横径8.84 cm，平均单果重377.5 g，最大单果重743 g。萼筒长2.42 cm，直径1.30 cm，萼片多数6片。果皮底色黄色，阳面红色，光照充足时果实呈全红。心室5～6个。籽粒粉红色，粒大，百粒重41.6 g，籽粒占果实重51.92%。汁多、风味甜，可溶性固形物含量19.0%，品质佳。5月中下旬至7月上旬开花，10月初果实成熟。该品种粒大汁多，风味甜，是很好的鲜食品种。适宜在和田地区和喀什地区的平原区栽培。

（四）叶城大籽甜

主要分布于叶城县，喀什地区、和田地区及阿克苏地区的部分县市有少量引种。

性状：果实圆球形，纵径 8.75 cm，横径 9.50 cm，平均单果重 365 g。萼筒长 3.0 cm，直径 1.83 cm，萼片 6 裂。外果皮红色，果皮厚 0.3 cm，心室 6～7 个。单果籽粒 408 个，百粒重 36.8 g，可食率 36.7%，籽粒黄白色，有淡紫红晕，果汁浅玫瑰红色，汁多、味甜，可溶性固形物含量 16.4%，鲜食品质好。树势强健，枝条直立，萼、花均呈鲜红色，丰产性好，在管理措施到位的情况下，每 667 m^2 产量可达 1 000 kg 以上，连年丰产。

（五）叶城甜石榴

主要分布于叶城县，喀什地区的部分县市有少量引种。

性状：果实圆球形，纵径 9 cm，横径 10.2 cm，平均单果重 440 g。萼筒长 2.76 cm，直径 1.80 cm，萼片 6 裂。外果皮红色，果皮厚 0.52 cm，心室 6 个。单果籽粒 591 个，百粒重 33.4 g，可食率 44.68%。籽粒紫红色，果汁玫瑰红色，味甜，可溶性固形物含量 17.0%，品质优。连续结果能力强，连年丰产，在管理措施到位的情况下，每 667 m^2 产量可达 1 000 kg 以上。

（六）叶城酸石榴

主要分布于叶城县，喀什地区的部分县市有少量引种。

性状：果实圆球形，纵径 9.50 cm，横径 9.80 cm，平均单果重 440 g。萼筒长 3 cm，直径 1.85 cm，萼片 6 裂。外果皮红色，果皮厚 0.55 cm，心室 6～7 个。单果籽粒 722 个，百粒重 29.8 g，可食率 48.9%。籽粒红色，果汁玫瑰红色，汁多、味酸，可溶性固形物含量 15.5%，加工性状较好。连续结果能力强，连年丰产，在管理措施到位的情况下，每 667 m^2 产量可达 1 000 kg 以上。

八、河北石榴主栽及新优品种

河北石榴主要分布在中南部的太行山区及山前平原的庭院，燕山山地有极少数分布，商业化栽培基地主要集中于石家庄市元氏县、鹿泉市、赞皇县等山区、半山区县市，最北部可延伸到保定市顺平县，最南边到邯郸市磁县。河北各地主栽及新优石榴品种主要有满天红、太行红等。

（一）满天红

元氏县西部丘陵山区分布较为集中。

性状：果实扁圆球形，平均单果重 250 g，最大单果重 750 g。果面底色黄白，阳面浓红，有明显的纵棱 5～6 条，果肩有不规则褐斑，套袋可避免且色泽艳红。果实籽粒浓红，百粒重 35～40 g，可溶性固形物含量 16%～17%，风味甜，品质优。河北省 9 月下旬至 10 月上旬成熟。果实采前遇雨有裂果现象。树体高大，树势中庸。枝条粗壮，枝条萌芽率高，成枝力强。花量大，坐果率高。盛果期平均每 667 m^2 产量在 1 000～1 500 kg，丰产、稳产，抗干旱，耐瘠薄。

（二）太行红

性状：果实扁圆形，平均果重 625 g，最大单果重 1 000 g，果实大小均匀。果面光洁，底色乳黄，阳面艳红色，成熟期遇雨有裂果现象。籽粒水红色，百粒重 39.5 g，可溶性固形物含量 13.8%，风味甜。成熟期 9 月上旬。一般年份花量较小，但雌花比例大，坐果率高，丰产、稳产。

幼株树势强健，新梢生长量大，枝条粗壮，结果树树姿开张，一年生枝条灰褐色，茎刺较少。树体成枝力强，萌芽率较低，进入盛果期后，新梢生长量小。叶片长椭圆形，鲜绿色，叶片大而肥厚，节间短。花量少，花冠红色，雌花占 70%以上。

第二节　苗木繁殖

优质苗木的繁育和生产对促进石榴产业可持续发展具有至关重要的作用。石榴苗木的繁殖方法分为有性（实生）繁殖和无性繁殖，无性繁殖又分为扦插、嫁接、分株、压条、组培等。扦插繁殖是目前生产中最主要的繁殖方法。现分别介绍如下：

一、实生苗培育

石榴种子繁殖变异大，童期长，结果迟，主要用于杂交育种。

8～9 月果实成熟时将其采下，取出种子，搓去外种皮，晾干后贮藏。可将种子与河沙按 1∶5 比例混合后贮藏。

春季 2～3 月播种。播种前将种子浸泡在 40 ℃的温水中 6～8 h，待种皮膨胀后再播。这有利于种子提前发芽。将浸泡好的种子按 25 cm 的行距播在培养土中，覆 1～1.5 cm 厚的土，上面覆草，浇一次透水。以后保持盆土湿润，土温控制在 20～25 ℃ 30 d 左右即可发芽。

苗高 4 cm 时按 6～9 cm 的株距进行间苗。6～7 月拔除杂草后施一次稀薄的粪水，8 月追施一次磷、钾肥。夏季抗旱，冬季防冻。秋季落叶后至次年春季芽萌动前可进行移植。

二、扦插苗培育

利用石榴的枝条，在一定条件下产生新根和新芽，最终形成一个独立植株的繁殖方法称为扦插繁殖。在主产地，扦插为石榴主要的繁殖方法。

（一）母株和插条的选择

为保持优良品种的特性、防止品种退化，对繁殖母树的选择非常重要，一定要从品种纯正、发育健壮、无病虫害、丰产性好的树上采插条。插条的选择，可能因自然条件、品种及习惯不同有所差别。一般采用生长健壮、灰白色的一二年生枝作为插条。插条以 0.5～1 cm 粗为宜，基部有较多刺针，利于多发根。

（二）扦插时期

石榴插条可从树上随采随插而不必贮藏，只要温度适宜，四季均可进行。北方以春季为宜，春季土壤解冻后 3 月下旬春分后、4 月上旬清明节发芽前进行。

剪去枝条基部、顶端不成熟部分以及多余分枝，每 100 根打捆，拴上标签运往圃地，分品种进行贮藏。贮藏一般用沟藏法，方法是选地势高燥背阴处开沟，沟深 60～80 cm，宽 1～1.5 m，长度依插条多少而定。沟挖好后，先在沟底铺 10～15 cm 湿沙或细土，然后将种条平放于沟中，用湿沙或细土将种条埋起来，埋土厚度 5～7 cm，上面再放，直到平地面止。最后上面再盖 15 cm 厚的沙，然后培成脊形，以利排水。

（三）扦插基质

石榴扦插地应选在交通方便、能灌能排、土层深厚、质地疏松、蓄水保肥好的轻壤或沙壤土。每公顷结合深翻施入优质有机肥 37 500～45 000 kg 及 1 500 kg 磷肥。然后起垄做畦，畦一般宽 1 m，长 10～30 m。土地平整条件好者，畦可长些；土地不太平整者畦可适当短一些，以利灌溉。畦梁底宽 0.3 m，高 0.2 m。

（四）扦插方法

石榴扦插分为硬枝扦插和嫩枝扦插，硬枝扦插又分为长枝扦插和短枝扦插。硬枝扦插一般在春季发芽前扦插，嫩枝扦插在生长季节扦插。

1. 硬枝扦插

（1）长枝扦插。包括盘状枝扦插和曲枝扦插。其优点是可直接用于建园成树，苗木质量好、生长快；缺点是用种条量大、繁殖率低。在新建园内以栽植点为中心，挖直径 60～70 cm、深 50～60 cm 的栽植坑，坑内填土杂肥和表层熟土的混合土。挑选经沙藏的枝 3 根，下端剪成马蹄状，速蘸 300 mg/L 生根粉后，直接斜插入栽植坑内，上端高出地面 20 cm 左右，分别向 3 个方向伸展，逐步

填入土壤并踏实。为扩大生根部位，下端1/3处弯曲成60°～70°弓形放在定植坑内，即曲枝扦插；枝条下端盘成圆圈放入栽植坑内即盘状扦插。长枝扦插繁殖方法得到的苗木，根系发育好，生长健壮，为早结果、多结果打下基础。

(2) 短枝扦插。插条利用率高，可充分利用修剪时获得的枝条进行繁殖。插前，将沙藏的枝条取出剪去基部3～5 cm失水霉变部分，再自下而上将插条剪成长12～15 cm，有3～5节的枝段。枝段下端剪成斜面，上端距芽眼0.5～1.0 cm处截平。剪好后立即插入清水中泡12～24 h，使枝条充分吸水。在插前浸入300 mg/L生根粉5 min，也可在10～20 mg/L萘乙酸或5%蔗糖溶液浸泡12 h，对促进生根有明显作用。插时按30 cm×10 cm的行株距，斜面向下插入育苗畦中，上端芽眼高出畦面1～2 cm，插完后顺行踏实。最后，灌一次透水，使枝条与土密接，并及时松土保墒，中耕除草，促使生根成活。

2. 嫩枝扦插 嫩枝扦插在生长季进行，利用木质化或半木质嫩枝插枝进行繁殖。陕西、四川、云南等地多在8～9月雨季时进行。插枝长度因扦插目的而不同，大量育苗时插枝剪成15 cm长，从距上端芽1 cm处剪成平茬，下端剪成光滑斜面，可保留上部一对绿叶，或留3～5片剪去一半的叶片，以减少水分蒸发。剪好的短枝放入清水中浸泡，或用300 mg/L生根粉速蘸后扦插。插后要遮阳，加强土壤管理，避免土壤干旱，待苗生根、生新叶后逐步撤去荫棚。若用嫩枝扦插建园，插枝长度以0.8～1.0 m为宜。雨季插枝成活率高，方法同春季硬枝扦插，注意遮阳并及时灌水以促使成活。

(五) 扦插管理

注意保持育苗地或栽植坑土壤含有充足的水分，要经常浇水，并在土壤稍干时注意及时松土保墒增温，促使插条早生根发芽。嫩枝扦插后要早晚洒水，保持苗床湿度。阴雨天要注意排水。新梢长到15 cm时追一次速效氮肥，每公顷可用尿素150～187.5 kg，施后浇水，以利苗木吸收，促进生长。7月下旬再追一次肥，要控制氮肥，用适当的磷、钾肥，以促进苗木的充实和成熟。以后要控制水分，使苗木生长充实，增强越冬抗寒力。苗圃中要注意及时防治幼龄期病虫，保护叶片。

三、嫁接苗培育

石榴嫁接可使劣质品种改接成结果多、品质优、抗逆性强的优良品种，提高观赏价值和经济效益。利用高接换头技术，可获得接后第二年开花结果，第三年大量结果，丰产、稳产，树冠基本恢复到原来大小的良好效果。嫁接时间多在生长期进行。

(一) 嫁接方法

石榴嫁接用得最多的是皮下接、切接、劈接等枝接法。枝接法一般是在萌芽初期即3月下旬至4月中旬进行最为合适。

(1) 砧木。换头树是生长健壮、无病虫害、根系较好的植株。做盆景用老桩应截干蓄枝，发新枝后再嫁接。换头前要进行抹头处理，对有形可依的树一般选留1～3个主干，每个主干上选留1～3个侧枝抹头。主干留长、侧枝留短，主、侧枝保持从属关系，抹头处锯口直径以3～5 cm较好，抹头部位不要离主干太远，以1/3为宜。一般五年生树可接10个头，十年生可接20个头，二十年生可接40个头。

(2) 接穗。要从良种树上采取发育充实的一二年生枝。接穗最好现采现用，全部采用蜡封处理。

(二) 接后管理

(1) 除萌蘖。

(2) 检查成活补接。接后15 d检查成活，当发现接口上所有接穗全部皱皮、发黑、干缩，则说明接穗已死，需要补接。

(3) 设支护。成活后长出的新枝，由于尚未愈合牢固，容易被风吹断。因此，当新梢15～20 cm时，在树上绑部分木棍作为支护（俗称绑背）。

(4) 夏季修剪。当新梢 50～60 cm 时，对用作骨干枝（主、侧枝）培养的新梢，按整形要求轻拉，引绑到支棍上，调整到应有角度。其他枝采用曲枝、拉平、捋枝等办法，将枝条由直立生长改为斜向、水平或下垂状态，以达到既不影响骨干枝生长，又能较多形成混合芽开花结果。

四、分株苗培育

分株繁殖是利用特殊营养器官来完成的，即人为地将植物体分生出来的幼植体（吸芽、珠芽、根蘖等）或者植物营养器官的一部分（变态茎等）进行分离或分割，脱离母体而形成若干独立植株的办法。此法繁殖的新植株容易成活，成苗较快，繁殖简便，但繁殖系数低。

石榴分株繁殖可选良种根部发生的健壮根蘖苗挖起栽植，一般于春季分株并立即定植为宜。可在早春芽刚萌动时进行，将根际健壮的萌蘖苗带根掘出，另行栽植。无论压条或分株，均应注意选择优良母株，以确保后代高产优质。

五、压条苗培育

压条繁殖是在枝条不与母株分离的情况下，将枝梢部分埋于土中，或包裹在能发根的基质中，促进枝梢生根，然后再与母株分离成独立植株的繁殖方法。这种方法不仅适用于扦插易活的草本植物，对于扦插难以生根的木本植物也可采用。因为新株在生根前，其养分、水分和激素等均可由母株提供，且新梢埋入土中又有黄化作用，故较易生根。其缺点是繁殖系数低。果树上应用较多，花卉上仅有一些温室类花木采用空中压条繁殖。

石榴可以利用根际所生根蘖于春季压于土中，至秋季即可生根成苗。还可采用空中压条法，可在春、秋两季进行。将根际萌蘖苗压入土中，当年即可生根，第二年即可与母株分离，另行栽植。旱地少量繁殖可用此法。

六、组织培养苗培育

长期采用扦插、分株及压条等营养繁殖的植株，使病毒病危害加重，导致品质下降，已不能满足市场的需求。植物组织培养快繁技术繁殖效率高、繁殖速度快，能克服以上缺点，可在较短时间内生产大量优质种苗，实现产量的提高和品质的改善。主要包括以下几个方面：

1. 外植体选取、灭菌和消毒 石榴外植体多为当年生新梢，培养前要消毒和灭菌。根据材料不同选择适宜的消毒剂类型、浓度和时间，才能彻底灭菌和消毒。一般用流水冲洗外植体 5～10 h，分别用 75%乙醇和 0.1%氯化汞浸泡灭菌，再用无菌水冲洗材料 5 次，然后接种到培养基上效果较好。

2. 愈伤组织诱导 愈伤组织诱导多以 MS 培养基作为基本培养基，并附加细胞分裂素、生长素等植物生长调节剂。常用的细胞分裂素有 6-BA、KT、ZT 等，目前应用较广泛的是 6-BA。生长素在愈伤组织诱导中具有重要作用，促使细胞进入持续分裂增殖状态。培养温度一般为 25 ℃，光照时间 12 h/d，光强 1 000 lx。15～20 d 外植体周边有愈伤组织形成并不断增大，30 d 后可将愈伤组织进行继代培养或分化培养。

3. 试管苗诱导 前人研究结果表明，诱导愈伤组织分化一般采用 MS 基本培养基，添加的细胞分裂素多为 1.0～2.0 mg/L 6-BA。生长素对新梢生长起促进作用，浓度一般比细胞分裂素浓度低，为 0.1～0.5 mg/L。培养温度一般为 25 ℃，光照时间 12 h/d，光强 2 000～3 000 lx。30～40 d 愈伤组织上可分化出芽体，并逐渐长大，形成小枝条。

4. 试管苗增殖 目前，试管苗的增殖培养基多以 MS 为基本培养基，细胞分裂素的浓度较高，一般为 1.5～2.0 mg/L，生长素浓度较低，一般为 0.1～0.5 mg/L。此外，培养基中加入 0.1%活性炭，有利于壮苗、克服褐化和提高腋芽增殖倍数。

5. 试管苗生根 大量研究表明，矿质元素浓度较高时，有助于茎叶生长，较低时有利于生根，故生根培养基多采用1/2 MS、1/4 MS培养基。石榴生根培养基多以1/2 MS作为基本培养基。生根培养一般采用黑暗交替培养，培养温度（25±2)℃，光照强度2 000～2 500 lx。

6. 炼苗和移栽 影响试管苗移栽成活率的重要因素是环境因子。水分的充足供应是试管苗成活的关键，相对湿度应控制在80%～85%，温度一般在20～28 ℃，白天和黑夜有一定的温差，以减少水分蒸发和养分的消耗。由于培养基中含有糖，试管苗在移栽前主要的营养方式是异养，因此叶片的光合作用能力较低，不能在强光直射下炼苗。过强的光照会灼伤幼苗，中午阳光过强时要遮阳，一般利用散射光炼苗最好，移栽后逐步加强光照，使叶片恢复光合作用的能力，光照强度一般在3 000～5 000 lx。移栽苗床或苗圃要有通风、通气、适宜的保水性、清洁卫生等特性，蛭石、珍珠岩、河沙、锯末等为较好的选择。

七、苗木出圃

（一）出圃时间

秋季落叶后至土壤结冻前，或翌年春季土壤解冻后至萌芽前，为石榴苗的出圃时间。

（二）起苗方法

起苗应在暖和的天气条件下进行，要按品种起苗。起苗时，要尽量多带根系，不伤大根。起苗后应用湿土掩埋保护根系。

（三）苗木分级

苗木出圃后，按照苗木质量分级标准进行分级（表53-1）。

表53-1 石榴苗木分级标准

苗龄	等级	高度（cm）	地径粗度（cm）	侧根数（个）	根系
一年生	一	≥80	≥1	≥6	完好无伤根
	二	60～80	0.7～1.0	4～5	无伤根
	三	40～60	0.5～0.7	2～3	少数伤根
二年生	一	≥120	≥2.0	≥10	完好无伤根
	二	100～120	1.5～2.0	6～10	少数无大伤
	三	80～100	1.0～1.5	4～6	大伤少

注：① 本标准以单干苗为对象制定，多干苗高度、地径粗度可相应类比降低，侧根数不变。

② 侧根数以侧根粗度≥5 mm为标准计算。

③ 所有苗木须经检疫合格。

（四）苗木假植

苗木大量假植时，选择避风、高燥、平坦处，东西向挖宽10～15 m、深30～40 cm的假植沟，长度根据苗木数量和地形而定。将苗木分品种，按级别，每100株为一排，梢部向外、根部向内散放入沟内，用湿细土或沙逐行填埋。最后覆土厚10～15 cm。墒情不好要洒水，温度过低要覆盖。

（五）苗木检疫

在苗木落叶后出圃前应进行产地检疫。苗木调运前，应申请植物检疫部门进行调运检疫。

第三节 生物学特性

一、根系生长特性

石榴全年根系生长大致有3个峰值期。第一次生长高峰在5月中旬，此时地上部进入初花期。随着开花量的增加，主枝、主干和根系贮藏的营养主要用于开花坐果，从而使根系生长不断转弱，生长量转入低谷（6 月中旬）。第一高峰期持续 30～40 d，由 4 月下旬至 6 月上旬。

6 月下旬，石榴根系生长进入第二次高峰期。此高峰较上一高峰弱，但吸收根的生长和上一高峰期相近，持续期约为 40 d，即 6 月中旬至 8 月中旬。此后，因果实快速生长对营养的消耗，以及地温逐渐升高（大于 28 ℃），根系生长受到抑制，再次出现生长低谷（8 月中旬）。

8 月中下旬后，果实生长已基本停止或减弱，地温逐步下降到 28 ℃以下，适宜根系的生长。因此，根系生长又出现第三个高峰期，但其生长量小于第二个高峰期。10 月以后，随着地温的不断下降（低于 10 ℃），根系生长也逐渐停止。石榴根系内含有较多的单宁和其他生物碱，含水分较少，受伤后愈合能力较差。但是，在土壤温度适宜时（12～26 ℃），也有一定愈合能力。

二、芽、枝生长特性

（一）芽

石榴芽依季节而变化，有紫、绿、橙三色。按芽着生位置的不同，可分为腋芽和顶芽，腋芽也称为侧芽，着生在叶腋中。凡新梢伸长具明显腋芽的，不论其长度如何，都先端自枯而呈针状，没有顶芽，但生长极弱、基部簇生数叶和没有明显腋芽的最短枝都有一个明显的顶芽，而且最易形成混合芽。按石榴芽的功用，可分为叶芽和混合芽。叶芽只抽生发育枝和中短枝。混合芽可以抽生带叶片的结果枝，因芽内既有花蕾原始体，又有枝和叶的原始体，所以称为混合芽。还有一些芽，一年到数年不萌发，一旦受到外界刺激，如剪去芽上端枝条等，才可萌发，萌发后多形成徒长枝，这种芽称为隐芽或潜伏芽。

（二）枝

1. 按年龄分 石榴枝条依据其年龄不同，可分一年生枝、二年生枝和三年生枝等。

（1）新梢。当年长出的着生有叶片的枝条。

（2）一年生枝。新梢在秋天落叶后即称一年生枝。

（3）二年生枝。着生一年生枝的枝条。

（4）三年生枝。着生二年生枝的枝条。

依此类推，可确定四年生以上的大龄枝条。四年生以上的枝条，统称多年生枝。

2. 按功能分 根据枝条功能的不同，又可分为结果枝、结果母枝、营养枝、针枝和徒长枝等。

（1）结果枝。着生果实的新梢。

（2）结果母枝。着生混合芽（花芽）的枝条。

（3）营养枝。又称发育枝，其上着生的芽全是叶芽。

（4）针枝。多为先端枯顶而形成针刺状的短枝。

（5）徒长枝。多为根颈附近或骨干枝上萌生的、生长很旺的枝条。其长度在 80 cm 以上，其上常发生二次枝和三次枝。

3. 按长度分 依据枝条的长度又可分为叶丛枝、短枝、中枝和长枝。

（1）叶丛枝。又称最短枝，长度在 2 cm 以下。节间极短，无侧芽，只有一个顶芽，叶片簇生。簇生的数个叶片，由于只营养一个顶芽，营养集中，而且停止生长早（萌芽后 1～2 周停长），积累营养时间长，所以这类叶丛枝常能形成有混合花芽的结果母枝。

（2）短枝。长度为 2～7 cm，枝的节间较短，多数成为无顶芽的针枝。其下部 1～2 个侧芽，发育好的往往成为混合芽，从而使这些短枝成为结果母枝。

（3）中枝。长度为 7～15 cm。叶片较多，下部侧芽营养好的也往往形成混合芽，所以这类中枝也往往成为结果母枝。

（4）长枝。长度在 15 cm 以上。节间长，侧芽多，每个侧芽只能获得一个叶片的营养。由于营养不足，众多的侧芽很难形成混合芽，而只能成为较长的营养枝。其主要作用是构成树体骨架，扩大树

冠，并为果实、枝干和根系等器官提供光合营养产物。

总之，叶丛枝和短枝是主要的能结果的枝类；中长枝是供给各器官光合营养的枝类，也是扩大树冠、营养面积和结果面积的枝类。如果在管理上，特别是在修剪和疏花疏果方面，使这两大类枝条搭配成一定比例，如叶丛枝及短枝占总枝量的50%～60%，中长枝占总枝量的40%～50%，则将能使石榴树年年结果，并稳产增产。

三、叶生长特性

叶片作为光合作用器官，是石榴树的主要营养供应部分。叶背面具有气孔，可以吸收二氧化碳，这些气体在叶肉组织内，经过光照进行光合作用，使二氧化碳和根系送来的水分，化合成糖类，再与根系送来的各种营养元素（氮、磷、钾等）合成多种多样的营养物质，经过茎干输导组织输送到石榴树的各个器官，供生长发育之用。石榴叶片一般为长椭圆形、披针形、侧卵形；叶柄短，叶全缘，叶脉多红色，叶片光滑，叶的正反面均无茸毛，叶片正面蜡质层较厚、反光，抗水分蒸发，是抗旱耐旱的标志。叶片在枝条上对生，但在短枝上为丛生，而在徒长枝上的先端有时三叶轮生。

叶片的形状、大小和颜色，主要取决于品种的特性，但也为栽培技术和环境条件及生长发育进程所左右。在同一枝条上，一般基部的叶片较小，呈倒卵形；中上部叶片大，呈披针形或长椭圆形。枝条中部的叶片最大、最厚，光合效能最强。叶片的颜色因季节和生长条件而变化。春季的嫩叶为铜绿色，成熟的叶片为绿色，衰老的叶片为黄色。肥水充足、长势旺盛的石榴树，叶片大而深绿；反之，土壤瘠薄、肥料不足、树势衰弱的树，则叶片小而薄，叶色发黄。在不同类型枝条上叶片也有差异，中长枝叶片的面积比短枝上叶片的要大。

四、开花与结果习性

（一）花芽分化

石榴的花芽分化始于6月中旬，一直延续到9月中旬。这个时期正是石榴的叶丛枝、短枝和中长枝陆续停止加长生长，而积累营养于芽内，促进分化的时期。分化早的花芽（多数为叶丛枝和短枝）先开花，故有头茬花与二茬花之分。三茬花在开花当年分化。石榴花芽分化正值开花坐果与果实生长期，花果生长与新梢生长之间营养竞争非常激烈，应加强栽培管理，包括夏季修剪、疏花疏果、肥水施用和病虫防治等，以保证幼果生长和花芽分化的需要都能得到满足。

石榴花芽分化期限很长，全树分化期长达8～10个月，甚至周年不停。先是叶丛枝和短枝的分化，后是中长枝基部侧芽的分化，因光合养分积累早晚不同而拉长了分化期限。单个花芽的分化期，仅需60～70 d，同一花芽内的花序中，各单花分化的时间也不一致，相差15～20 d。同一个结果母枝上的花芽分化可持续90 d。石榴花芽分化持续时间长，不同枝条有多层次分化能力，使得石榴具有很强的结果力和很大的生产潜力，这是石榴丰产稳产的生理基础。石榴的花期长达60～70 d，盛花期长达25～35 d。这个特点可使石榴的开花避过短暂的不良气象因素（如阴雨），而保持足够的坐果量。但这一特性也使石榴树消耗大量的养分，加剧了营养分配的矛盾，在树体营养状况不良的情况下，可导致大量落花落果的发生。这正是石榴园管理中既要保花保果，又要疏花疏果以及合理肥水管理的目的所在。

（二）开花与坐果

石榴是自花授粉植物，但同花授粉不能坐果。套袋实验表明，石榴正常花自花结实率很低，仅7.0%～8.9%，而异花结实率很较高，达70.0%～75.6%。由于正常花占总花数的比率很低（4.8%～8.8%），因此。自然授粉结实率也很低，仅3.55%～8.69%。

石榴树开花量大、花期长。一般北方从5月上旬开始，花期可长达2～3个月，甚至8～9月仍有少量花开放。

石榴树开花很多，但坐果率往往很低，一般果园只有1%～4%。其原因有以下几点：

(1) 花器发育程度的高低。正常花比例高，坐果率就高；退化花比例高，坐果率就低。

(2) 不同品种的坐果率不同。一般来说，酸石榴较甜石榴坐果率高，果实小的品种较大果品种坐果率高。

(3) 营养水平的高低。肥水管理、立地条件、整形修剪等都影响正常花的比率，坐果率也就不同。管理好、营养水平高的树体，最高坐果率可达97.2%（人工授粉）；而放任不管的树体，其最高坐果率只有8.0%。

(4) 气候条件的影响。花期如遇多阴雨，温度低，既影响昆虫授粉，又影响花粉的受精过程，坐果率就降低。所以，抓紧花期中的好天气进行人工授粉，是提高坐果率的有力措施。

(三) 落花落果

石榴落花落果量很大，据在山东峄城5年时间的观察，石榴落花率为95.85%～99.10%，其中落蕾率为9%～13%。退化花一般在花后4～6 d脱落。幼果脱落一般集中在盛花后期，脱落量占全年落果总数的80%～90%，以后逐渐减少。

落花落果的原因，主要是授粉、受精不良，再就是营养不足、病虫危害等。人工授粉、追施肥料、防治病虫等都是防止落花落果的重要措施。

五、果实发育与成熟

果实发育过程可分为3个时期，即幼果期（快速生长期）、硬核期（缓慢生长期）和转色期（采前膨大期）。幼果期出现在坐果后4～7周，此期果实膨大最快，纵、横径增长量要占果实发育期间总增长量的50%～63%。果实硬核期常出现在坐果后6～13周。此期果实膨大速率显著降低，膨大量只占生长总量的4.4%～22.4%；此期籽粒核仁开始硬化。转色期多出现在采前4～5周。此期，果实体积膨大再次转快，一般占总增长量的22.6%～27.5%。

石榴成熟期依地区和品种差异而不同。早熟品种果实生长期为110 d左右，晚熟品种则为120 d左右。四川会理、云南蒙自等地，7月中下旬石榴果实成熟；陕西临潼、安徽怀远、山东枣庄和河南丘等地，9月上旬至10月上旬果实方能成熟。同一品种不同期果实，成熟期也不同。头茬果成熟早于二茬果和三茬果，因此栽培上应分期适时采收，以提高果实品质。

第四节 对环境条件的要求

一、土壤

(一) 土壤质地对石榴的影响

石榴对土壤质地要求不严格，各种土壤中均可生长，一般以沙壤或壤土为宜，过于黏重的土壤，虽然易于保墒，但果实外观品质差，果实成熟前易裂果。

(二) 土壤温度对石榴的影响

土壤温度直接影响石榴的生理活动，同时制约着各种盐类的溶解度、微生物的活动及养分的分解和转化。石榴根系生长与土壤温度有关，温度过高或过低会对石榴根系造成伤害，石榴根系活动的适宜温度在13～26 ℃。

(三) 土壤水分对石榴的影响

水分是提高土壤肥力的重要因素，还能调节土壤湿度和温度。石榴根系适宜的土壤持水量在为60%～70%。土壤水分过多会使土壤空气减少、缺氧，抑制根系呼吸直至停止生长。土壤地下水位高低决定石榴垂直根系的生长深度，应设法保持地下水位线在土层0.8 m以下，才有利于根系正常生长。

（四）土壤空气对石榴的影响

石榴根系正常生长的土壤氧气含量一般不低于15%，土壤二氧化碳浓度增高时会影响根的生长和生理代谢，进而影响石榴的生长和结果。当土壤淹水时会通气不良，因此石榴园在雨季时应注意排水。

（五）土壤酸碱度对石榴的影响

一般认为石榴在土壤pH为4.5～8.5时都能生长，但以pH为6.5～7.5时最适宜。

二、温度

石榴性喜温暖，适宜的年平均温度为15～16 ℃。冬季休眠期能忍受一定的低温，但当温度达到－15 ℃时树体会发生冻害。根据陕西临潼和安徽怀远等地的调查报告，气温在－20 ℃时大部分枝冻死，在－17 ℃时已出现冻害，因此，在建园时，应选择冬季低温在－17 ℃以上地区。

石榴在生长期内的有效积温需要3 000 ℃以上。综合我国主产区积温来看，以≥10 ℃积温为5 700 ℃～6 500 ℃是石榴栽培的最佳区域，产量最高，品质最优。

昼夜温差大是石榴栽培必要的气候条件之一。一般情况下，昼间温度高，可促进石榴光合产物的积累，夜间凉爽，石榴呼吸强度低、消耗少，果实中能贮存较多的糖类物质。

三、水分

石榴较耐干旱，除休眠期需水较少外，其他时期均不能缺水。石榴有两个需水高峰期，一是春季植株萌芽抽梢期，此时若植株缺水，新梢生长受抑制，影响光合产物积累，植株抗逆性和花芽分化都会降低。二是果实生长期，此时若缺水，果实易发育不良，产量会下降，但雨季的突然大量灌水会引起大量落果和裂果。因此，植株萌芽、抽梢期灌水和施肥是重要的环节，雨季来临后，一般果园无须灌水，应注重排水。

四、光照

（一）太阳辐射和光质对石榴的影响

石榴园中作用于树体的光有直射光和漫射光两种。在不同光照条件下，石榴的生长和结果有差异。直射光强，蒸腾强度大，其中红、橙、蓝、紫光较多，能被叶绿素大量吸收，光合作用强；蓝、紫光对树体形态构建有特殊作用，使嫩枝生长变缓，导致树体矮化。植株适当矮化，易使光合产物得以更多积累。因而，石榴需要直射光，能很好地吸收和利用。但直射光并非越强越好，过强会造成土壤和大气干燥，在缺少灌水时，石榴植株易形成矮小株丛。

以漫射光为主的地区（或季节）光线较弱，弱光有利于枝条节间伸长，营养生长旺盛。春雨绵绵、夏季湿热的地区对石榴开花坐果不利，易造成植株徒长，光合作用减弱，营养物质积累下降。

我国西南地区和干湿季节分明的产区，一般从11月至次年5月为旱季，大气透明度高，直射光强，对石榴花芽分化、开花、坐果有利。6～10月为雨季，漫射光增加，高温多雨导致枝梢旺长、结果稀少。此时宜做好植株整形，拉枝开角，改善树体光照条件，适当控制氮肥，做好排水，以保证树体丰产。

（二）光照度对石榴的影响

石榴对光照条件的要求比较严格，其对光的利用率取决于树冠和叶面积的大小。稀植石榴树行间空间大，受光量小，光能利用率低；反之，密植石榴树受光量大，光能利用率高。因此，石榴栽培应提倡矮化密植栽培。

在我国西南地区，干湿季分明，降水量较少，雨季多晴朗天气，光照度较高，这些地区只要有一定的灌溉水源，在炎热的干旱季节也能正常生长；而日照时数较少的地区，植株生长偏旺，小枝细弱，结果较差。总之，少雨多晴、湿度较低、阳光充足的地区更有利于石榴栽培。

（三）日照时数对石榴的影响

石榴栽培以年日照时数多为好，生长季节晴朗日多，日照百分率就高，有利于光合产物的积累，果实着色艳丽，品质优良。充足的日照是石榴经济栽培区形成的必要因素之一。例如在四川绵阳地区，其日照时数与西南产区相差不大，但河口地处北热带，高温多湿，石榴只能作为常绿树栽植，难以形成商品生产。

综上可以看出，光对石榴形态特征和生长有明显作用，通过各种手段最大限度的利用太阳能，不断提高光合作用效率，是石榴现代化集约化栽培的重要标志之一。

五、其他生态因子

（一）地势

地势包括海拔高度、坡度、坡向、小地形等，与石榴的生长发育有着密切的关系，在建园、品种选择、栽培管理等方面都要考虑这些因素。

1. 海拔高度 海拔高度不同，气候相差悬殊，一般来说，气温随着海拔升高而降低，降水量在一定范围内随着海拔升高而增加。若海拔过高，石榴果实品质会下降，物候期随海拔高度增加而延迟，生长结束期随海拔升高而提高。

2. 坡度 坡度对土壤含水量影响最大，坡度越大，土壤冲刷严重，含水量减少。同一坡面的上坡比下坡土壤含水量低，因而下坡石榴比上坡生长势强。一般 3°～15°的坡度适合石榴栽植。

3. 坡向 不同坡向的日照时数不同，南坡日照时数多于北坡，故南坡温度也高于北坡，北坡的树体越冬性差。南坡的物候期早于北坡，果实品质较好，但受霜冻、日灼、干旱较严重。因此，一般选择在向阳的山南坡地种植石榴，防止冻害发生。

（二）风

风对石榴的影响既有利又有弊。风有利于传粉，也可改变温度、湿度、二氧化碳浓度等，从而影响石榴的生长发育。微风、和风可促进空气交换，增强蒸腾作用，改善光照条件，促进授粉结实。而大风和强风会造成树体机械损伤、落花落果等。在建园时，为防止风害发生，要设置防风林带，减少风对石榴的伤害。

第五节 建园和栽植

一、建园

（一）园地选择

石榴树栽植前对建园地点的选择、规划，对土地的加工改造和土壤改良很重要，要做到合理规划、科学建园。适宜栽树建园地点的选择，尤其要考虑石榴树种的生态适应性和气候、土壤、地势、植被等自然条件，以及无公害生产环境条件要求。

石榴喜暖，适应性广，但抗寒性差，在绝对最低温度低于－17 ℃时即使耐寒品种也易发生冻害。一般情况下，要求生长期小于或等于 10 ℃的活动积温均在 3 000 ℃以上才能够发展石榴。平原地区以交通便利、有排灌条件的沙壤土、壤土地为宜；丘陵地区以土层深厚，坡势缓和、坡度不超过 20°的背风向阳坡中部，且具有贮藏条件者为最好。

（二）园地规划设计

选好园址后，对园地进行科学合理的规划，不但要保证果园在整体上美观，更要符合石榴生长发育所要求的基本条件，同时还要满足果园作业必要的道路、灌溉、采收等要求。

具体来讲，果园的规划与设计分果园土地规划、道路系统的设计及排灌系统的配置、品种的选择

搭配、防护林带的设置和水土保持工程的修建等。

1. 小区规划 小区是果园耕作管理的基本单位，即所谓的“作业区”。合理划分小区，应考虑：一个小区内的土壤、小气候、光照条件基本一致，有助于实施统一的农业技术。小区的大小因地形、地势与气候条件而异。平地小区面积一般 1～3 hm^2；山地由于地形、地势复杂，气候变化较大，面积可小些。为便于耕作与管理，平原小区以长方形为佳，山地以等高线平行栽植。

2. 道路设计 一般大型果园设有主路、干路、支路。主路应居石榴园中间，穿全园，使果园分成几个区。主路与外公路相连，宽度可为 5～7 m。小区与小区间设干路，最好规划在两小区分界线上，宽 4～5 m。为便于生产，小区内要设支路，宽 1～2 m，与干路相连。小面积果园应少设道路，以免浪费土地。

3. 排灌系统规划 主要包括蓄水、输水和石榴园地灌溉网。山地石榴园多用水库、水塘和蓄水池。平原采用河水或井水灌溉。

4. 其他 办公、休息用房、包装场、配药场和果实贮藏库等也应全面合理地进行考虑。

（三）整地和改土

12 月底前深翻 20～30 cm。深翻时，每 667 m^2 施有机肥 3 000～4 000 kg。深翻后在翌年春季的适耕期内耙平 1 次，做到地平土碎，混拌肥料，并清除砖石、草根等。

二、栽植

要做到科学建园，首先要考虑栽植的行向、密度、栽植时间和方法。其次是不同气候、地理环境等方面的特殊性。

（一）栽植时间

石榴树秋季和早春栽植均可。秋栽优点是苗木出圃后立即栽种，栽种后经过一个冬季较长时间的缓苗期，根系伤口愈合完全，能提早形成大量新根，对春季萌芽成活和生长有好处。在冬季寒冷干旱、春季多风少雨的地区，秋季栽植苗木冬季枝条易抽干，所以最适宜的栽植季节应为土壤解冻后至春季萌芽前。营养袋苗或容器苗则一年四季都可种植。

（二）栽植方式、行向与密度

1. 栽植方式 石榴树栽植方式应因地制宜。城镇近郊多以生产鲜果供应市场为目的，宜成片建园栽植，有利于集中管理，成批销售。远郊、山区发展石榴多以生产耐贮藏易长距离运输的品种为主。风沙区也可结合防风林网做林内灌木使用。另外，在丘陵山区尽量坚持“石榴上山”的原则，结合山区开发，发展石榴生产。

国内石榴产区有长方形、三角形、等高式等栽植方式，可根据田块大小、地形地势、间作套种、田间管理、机械化操作等方面综合考虑选用，原则是既有利于通风透光，促进个体发育，又有利密植、早产丰产。

2. 栽植行向与密度

（1）栽植行向。石榴为喜光果树，栽植时首先应考虑果园的通风透光问题。平原地区应采取南北行向；山区光照条件好，可不考虑行向，只按坡势进行等高栽植即可。其次再考虑合理密植的问题。合理密植能够充分发挥石榴的生产潜力，提高光能利用率，使果园提早丰产。

（2）栽植密度。栽植密度的确定既要发挥品种个体的生产潜力，又要有一个良好的群体结构，使其早期丰产并持续高产。石榴生产中已摸索出一套与当地自然条件相适应的栽植密度，具有较高的丰产水平。平原地区栽植密度为株距 2～3 m，行距 4～5 m，每 667 m^2 栽 44～83 株。丘陵、浅山区为株距 1～2 m，行距 3.5～4 m，每 667 m^2 栽 83～167 株。各地土壤肥力、灌溉条件、管理水平等不同，在确定栽植密度的时候，都要进行综合考虑。凡土壤肥力和灌溉条件差的果园或树势稍弱的品种，栽植密度可适当大一些；反之，则适当稀植。另外，新建果园规划必须要考虑减少人工投入，利于机械化管理这一问题。

不同肥力条件对石榴树个体发育影响较大。如土层深厚、肥沃的土地，个体发育良好，树势强、树冠大，种植密度宜小；反之，种植密度应大些。不同肥力条件的种植密度见表 53-2。

表 53-2 不同肥力条件参考种植密度

肥 力	行株距（m×m）	单株营养面积（m^2）	每 667 m^2 密度（株）
上等肥力	4×3	12	55
	5×4	20	33
中等肥力	4×2.5	10	66
	4×2	8	83
旱薄地	3×2	6	111
	3.5×2	7	95

根据定植密度的步骤，分为永久性密植和计划性密植两种。

① 永久性密植。根据气候、土壤肥力、管理水平、品种特性和生产潜力等情况，一步到位，定植时就将密度确定下来，中途不再变动。这种密植方法因考虑到后期树冠大小、郁闭程度，故密度不宜过大。由于前期树小，单位面积产量较低，但用苗量少，成本较低，且省工省时，低龄期树行间还可间种其他低秆作物。

② 计划密植。分 2～3 步达到永久密植株数，解决了早期丰产性差的问题，按对加密株（干）的处理方式分间伐型和间移型两种。

（三）授粉树配置

石榴为雌雄同花，无论是败育花花粉，还是完全花花粉，无论是自交，还是杂交均可以完成授粉、受精，但异花授粉坐果率明显高于自花。有些品种花粉量较小，配置花粉量大的品种可以提高坐果率。因此石榴园要避免品种单一化，授粉树如果综合性状很优良可以比例大些，反之小些。主栽品种和授粉品种可控制在 1∶（1～8）的比率。

（四）栽植方法

栽植石榴前，首先应按株行距的设计把定植点定准，然后挖栽植坑。栽植坑一般深度为 80 cm，直径 1 m 左右。每穴施厩肥 25～50 kg，掺入 0.5 kg 过磷酸钙与上层熟土混合均匀填入坑中。将底层心土填在上部呈馒头状，坑应在秋冬季挖好，使土壤熟化。

栽前将苗木从假植处挖出，选择无病虫害、根系完整、苗干光滑、无伤的优质苗木进行栽植。还需剪平伤根，短剪过长侧根，再放于清水中浸泡 12～24 h，使根系能够充分吸收水分，后蘸上泥浆，以利于伤根愈合和新根的生长。苗木一定要按事先的设计分清品种，不能混淆。苗木应置于坑的中间，使根系自然舒展。在新疆埋土防寒区石榴定植时，使苗木在定植坑中向南倾斜度 70°～80°。填土时，先把风化的表土填于根际，心土填于上层，随填土轻轻提幼苗，使根系伸展，并分次将土踏实与根系密接。苗的栽植深度以使根颈部位略高于地平面，然后灌透水使根颈稍稍下陷，保持原根颈部略低于地面为宜。在灌溉条件差的丘陵地区，定植前应沿等高线修建梯田或挖鱼鳞坑，以蓄水保墒。梯田田面较窄时，只栽 1 行，宜靠近梯田外缘栽植，栽植深度不宜过浅。

提高石榴苗木的栽植成活率是建园的基础，应注意做好以下几方面的工作：

1. 选择优质壮苗 壮苗是提高栽植成活率和早果丰产的基础。选择品种纯正、生长健壮、无病虫害的苗木种植，种植时按照 1∶（5～8）配植授粉树。石榴苗木生产多采用无性繁殖方式。据历年来各地石榴苗木出圃及栽植的实践，苗木的标准规格已大致达成共识。建园的苗木要选择枝干、根皮无机械损伤，根系发达完整，≥0.2 cm 侧根 3 条以上，侧根长 20 cm 以上，地径粗（直径）≥1 cm，苗高 90 cm 以上且无检疫性病虫的二年生石榴壮苗。

石榴苗木标准针对单干性苗木而定，多干丛状树地径、干高可适当降低，但侧根数不变。

2. 苗木起苗、假植、运输　这一过程要严格按照技术规程进行。严防苗木失水，特别是根系失水干枯。

3. 挖大坑并注意栽后保墒　栽植时最好挖大坑，注意栽后保墒，尤其在盐碱地或春季干旱、水源缺乏的情况下，要想办法解决土壤的保墒问题，或者考虑用营养钵苗在水源保障情况下建园。在苗木定植后及时灌透水，当地面出现轻度板结时，应及时对树盘松土保墒，以减少水分蒸发和提高地温。待苗木发芽后，看墒情浇 1～2 次水，以满足幼树生长发育对水分的需求。也可采用地膜覆盖和树盘覆草，以减少土壤水分蒸发，提高地温，促进苗木新根形成，提高苗木的栽植成活率。

（五）栽后管理

石榴苗栽植后，应及时加强管理，不能放任自长。

1. 苗木定干和修剪　苗木栽后在发芽前应按树形要求及时定干，并剪除基部多余的瘦弱枝、病虫枝和干枯枝，减小树体表面积，使树体少失水，同时，减少植株的生长点数目，使树体营养物质相对得到集中。

2. 及时浇水　除栽植水要灌透外，以后只要天气无雨，就应每月浇 2～3 次水，直到雨季到来，旱情解除为止。

3. 除草和松土保墒　及时清除果园杂草，减少土壤养分流失，以免发生草荒。松土可以减少土壤水分蒸发，提高土壤湿度，起到保墒的作用。在水源条件不足的地方，可以在灌足栽植水后，采取树干四周即树盘覆盖地膜的措施保墒。

4. 补栽苗木　为尽可能地一次保全苗，应做好生长季内缺株补植工作。首先要预留 5%～10%苗木按 0.5～1.0 m 距离栽于另一地块中暂时保存或栽植于营养钵内，春季萌芽后检查苗木成活率，对死亡苗木及时补苗。

5. 病虫害防治　要注意及时防治病虫害，保证幼苗的健壮生长。

6. 苗木防寒　石榴苗在秋季栽植时，易发生冻害和抽条现象，因此一定注意冬季防寒。可在枝干上捆包稻草等材料，以利保温，同时基部培土，以保护根颈，新疆寒冷地区可埋土越冬。

第六节　土肥水管理

一、土壤管理

各地土壤状况存在较大差异，应根据果园土壤具体情况采取相应的管理措施。一般来说，石榴园主要的土壤管理包括水土保持、土壤耕翻熟化、树盘培土、中耕除草、间作和地面覆盖等。

（一）水土保持

针对有些石榴园建在丘陵和山区或沙荒滩地，土壤肥力不足、土层较薄等，应开展水土保持工作。山区果园的水土保持工作主要是通过修整梯田、加高水埝等措施来完成的，对促进石榴树生长发育和提高产量、早期丰产具有显著效果。

（二）土壤耕翻熟化

土壤耕翻可以改善土壤通气性、透水性，促进土壤好氧性微生物的活动，加速土壤有机质的腐熟和分解。深翻结合秋季施肥可以迅速提高地力，为根系生长创造良好的环境条件，并促进根系产生新根，增强树势。深翻的季节以秋季最好，具体时间为果实采收后至落叶前的一段时间内。此期雨量充沛，温度适宜，根系生长旺盛，深翻时所伤的小根能迅速愈合产生新根，有利于根系吸收、合成营养物质，促进翌年生长结果。

深翻必须与土壤肥料熟化结合，单纯深翻不增施有机肥，改良效果差，有效期短，而且有机肥必须与土壤掺和均匀，才有利于土壤团粒结构的形成。

土壤深翻的深度要合适，一般情况下，如果土壤不存在障碍层如土壤下部板结，砾土限制层等，深翻 40～50 cm 深即可。具体深翻深度可根据树龄大小、土质情况而定。幼树宜浅，大树宜深；树冠下近干部分宜浅，在树冠外围部分宜深；沙壤土宜浅，重壤土和砾土宜深。地下水位高时宜浅耕，否则因毛细管作用，地下水位更易上升积水使根系受害；而地下水位较深时可深翻。

深翻时应注意以下问题：①深翻一定要与施有机肥结合。把表土与肥料拌匀放于沟底和根群最集中的部位，把心土放在上面，以利风化。②深翻时要尽量少伤根，特别是主、侧根。同时要避免根系暴露于土壤外过久，尤其在干旱天气，以防根系干燥枯死。③深翻后最好能充分灌水。无灌水条件的要做好保墒工作。排水不良的土壤，深翻沟必须留有出口，以免沟底积水伤根。

（三）树盘培土

树盘培土可增厚土层，利于根系生长，加深根系分布层，同时也可提高根系抗寒抗冻能力。一般在晚秋初冬时节，沙滩地宜培黏土，山坡地宜培沙土，这样培土后定期再进行翻耕，起到改良土壤结构的作用。

（四）中耕除草

果园中耕是生长过程中长期进行的工作，其作用是可以保持土壤疏松，改善通气条件，防止土壤水分蒸发。但生长季正是根系活动的旺盛时期，为防止伤根，中耕宜浅，一般为 5～8 cm 深，下雨之后可及时中耕，防止土壤板结，增强蓄水、保水能力。

果园除草能减少土壤养分、水分消耗，改善通风条件。除草可结合中耕同时进行。中耕除草也可利用化学除草剂。

化学除草剂的使用，是在人力不足时清除石榴园杂草的一种方法，但要特别注意在使用除草剂时要先进行试验，确定除草效果和合适浓度尤其是确定残留期后，再在生产中应用。在无间作物的石榴园内，目前主要使用的化学除草剂有触杀和内吸传导两大类。触杀类对杂草有杀灭作用，但不能杀灭宿根性杂草的地下宿根，对未萌发的种子也无抑制作用。内吸传导型除草剂，当药液接触杂草后，能传导到杂草的全株和根部。

除草剂对人、畜有害，应严防吸入体内，同时除草剂对石榴叶有害，切忌将药喷到树冠上。使用除草剂都要在幼草阶段进行。此时用药省、效果好。喷除草剂时，要选在晴朗无风天气进行。如果草害不严重影响石榴树，或要求达到 AA 级绿色果品标准的果园中，尽量不使用除草剂。

（五）间作和地面覆盖

1. 间作 在密植园，由于株行距小，不宜进行间作除绿肥之外的作物。稀植园内，为增加经济收益，可以适当进行间作，特别是幼树和初结果树的行间，既能充分利用土地和光能，又能起到保持水土、抑制杂草、防风固沙、以园养园的作用。

幼龄果园可利用行间隙地种植作物。实践证明，间作物的选择对幼龄树的生长发育、早果丰产有重要影响。幼树果园宜间作矮秆作物，不宜间作高秆作物，以免影响果园光照。要选择与树体需水需肥时期不同和无相同病虫害的作物。秋季不宜间作需水量大的作物和蔬菜，因间作物需水量大，常使树体生长期延长，对越冬不利。间作时，必须与树体保持一定的距离，留出一定的营养面积。营养面积的大小可因树龄和肥水条件而定。新植幼树要留 80～100 cm 距离，结果树通常以树冠外缘为限，进入盛果期后，一般应停止间作。

适合石榴园间作的作物有豆类、花生、瓜类、草莓等浅根矮秆作物。为减少间作物与树体争夺养分，间作时应施基肥，加强管理。成龄果园最好间作绿肥如苕子、苜蓿、绿豆等，以增加有机质含量，改善土壤结构，提高土壤肥力。

2. 地膜覆盖 地膜覆盖树盘具有保水增温的作用，同时保持了土壤水分的稳定。石榴覆膜一般在 3 月上中旬整出树盘，浇 1 次水，追施适量化肥（依树体大小和土壤营养状况而定），然后盖上地膜，四周用土压实封严。覆膜后一般不再浇水和耕锄，膜下如果长草，可在膜上覆盖 1～2 cm 厚的土。

3. 地面覆草　石榴园还可进行地面覆草，一方面可防止水分蒸发、防寒、防旱、保墒；另一方面，覆草腐熟后，可增加土壤有机质含量，提高土壤肥力，减少土壤水土流失等。因此在草源丰富的地方，树盘覆草是一项简便易行且行之有效的措施。

覆草前，先整好树盘，浇 1 遍水，如果覆的草未经初步腐熟，可再追 1 遍速效氮肥，然后再覆草。覆草一般为秸秆、杂草、锯末、落叶、厩肥、马粪等。覆草厚度要求常年保持 15～20 cm 为宜，不低于 15 cm，否则起不到保温、保湿、灭杂草的效果。但覆草太厚也不好，春季土壤温度上升慢，不利于土壤根系活动。春夏之间，秋收以后，均可覆草。成龄园可全园覆草，幼树果园或草源不足之处可行内覆盖或树盘覆盖。

覆草后要注意以下问题：①消灭草中害虫。春季配合防治病虫害向草上喷药，可起到集中诱杀的作用。②防止水分过大。覆草后不能盲目灌大水，否则会导致果园湿度过大，发生早期落叶。③注意排水。覆草果园要注意排水，尤其是在自然降水量较大时。④注意防火防风。最好能在草上压点土。⑤连年覆草。最好连年覆草，否则表层根易遭破坏，导致叶片发黄、树体衰弱等。

二、施肥管理

合理施用肥料，是优质高档石榴园管理的重要措施之一。目前很多石榴园施肥量不足或盲目施肥，造成了肥力不足或肥料的浪费和污染。

(一) 肥料种类

1. 基肥　基肥是一年中较长时期供应树体养分的基本肥料，一般以迟效性有机肥为主，混合少量速效性化学肥料，以增快肥效，避免流失。有机肥如作物秸秆、堆肥、绿肥、圈肥等，经过逐渐腐熟分解，可增加土壤有机质含量，改良土壤结构，提高土壤肥力。

基肥最适宜的施用季节是秋季果实采收后到落叶前。因秋施基肥正值根系生长高峰期，结合深翻施入，此时伤根易愈合，可促发新根。秋季施基肥，有机肥有较长时间的腐烂分解阶段，利于增强根系的吸收、转化能力和贮藏水平，满足第二年春季树体生长发育需要和保证树体开花坐果，提高花芽分化质量和果实品质。

2. 追肥　石榴树的追肥一般在生长季节进行。根据植株生长状况决定追肥次数，分期适量施入。一般园地一年追肥 2～4 次。

(1) 开花前追肥。萌芽到开花前追肥能满足萌芽、开花、坐果、新梢生长所需的大量营养，减少落花落果，提高坐果率，促进新梢生长。旺树基肥用量过多的情况下可不施。这次追肥以氮肥为主，配合磷、钾肥等。弱树、老树及花芽多大树，要加大追肥用量，以促进营养生长，使树势转强，提高坐果率。

(2) 幼果膨大期追肥。此期施肥主要是为促进果实生长，使籽粒饱满，提高品质。同时，及时补充树体养分，促进花芽分化，增强光合积累，利于树体抗寒和来年结果。同时应注意肥料营养成分，氮、磷、钾配合施用。对幼龄果树，为控制旺长，提早结果，施肥时以基肥为主，追肥应根据果园具体情况适量施用。追肥种类以速效肥为主，也可适当配合人粪尿。施肥量为幼树每株施过磷酸钙 0.25 kg，人粪尿 2～3 kg，结果树每株施过磷酸钙 1.0～1.5 kg，人粪尿 15 kg。

(3) 根外追肥。根外追肥是把肥料配成低浓度的溶液，喷到叶、枝、果上，而不通过土壤，从根外被树体吸收利用的施肥方法，也可主干注肥。根外追肥用量小，肥效高；可避免肥料中营养元素被土壤固定；可直接对叶片进行喷施，被其直接吸收，发挥作用快；不易造成植株徒长，可缺什么元素补什么元素，具有较大的灵活性。尽管根外追肥有诸多好处，但因施肥量小，持续时期短，不能满足果树各器官在不同时期对肥料的大量需要，只能作为土壤施肥的辅助方法。

通常在石榴的花期和果实膨大期，根系活动弱而吸收养分不足时，为增大叶面积，加深叶色，增厚叶质以提高光合效率时，或者在某些微量元素不足引起缺素症时，可进行根外追肥。常用肥料有：①氮。最常用0.3%～0.6%尿素，也可用5%～10%腐熟人粪尿叶面喷施。②磷。常用磷酸铵、过磷酸钙、磷酸二氢钾等。喷施浓度为过磷酸钙0.5%～3%，磷酸二氢钾0.2%～0.3%，磷酸铵0.3%～0.5%。③钾。氯化钾0.3%，草木灰1%～5%。

（二）施肥方法

1. 环状沟 在树冠外缘稍远处，围绕主干挖一环形沟，沟宽30～50 cm，深30～40 cm，将肥料与土掺和填入沟内，覆土填平。可与扩穴深翻结合进行。此法多用于幼树，方法简单，用肥集中。

2. 条状沟 在树冠外缘两侧各挖宽30～50 cm、深30～40 cm的沟，长度依树冠大小而定，将肥料与土掺和均匀，填入沟内覆土。翌年可再施另一侧，年年轮换。

3. 放射沟 在树冠投影内、外各40 cm左右，顺水平根生长方向，向外挖放射沟4～6条，沟宽30 cm左右，沟内端深15～20 cm，外端深40 cm左右。沟的形状一般是内窄外宽、内浅外深，这样可减少伤根。将肥料与土混合施入沟内并覆土填平。每年挖沟时应插空变换位置。

4. 穴状 在丘陵干旱缺水的果园，或有机肥数量不足的情况下，可采用穴施方法，即在树冠下离主干1 m远处或在树冠周围挖深40～50 cm、直径40～50 cm的穴，穴的数目根据树冠大小和肥量而定，一般每隔50 cm左右挖一个穴，分1～2环排列，将肥土混合，施入穴内，覆土填平浇水。施肥穴每年轮换位置，以便使树下土壤得到全面改良。

5. 全园施肥 成年果园或密植园的树冠相连，根系已遍布全园，可将肥料均匀地撒在果园中，而后翻入土内，深20～30 cm。全园施肥一般可结合秋耕或春耕进行。此法施肥，常常因下层土壤中肥料较少，上层肥力提高，导致根群上浮，降低树体抗旱性能。

6. 地膜覆盖，穴施肥水 在干旱区果园，采用地膜覆盖，穴施肥水技术进行石榴园施肥。对没有灌溉条件瘠薄干旱的果园，覆膜穴施肥水技术是用有限的肥水提高产量最有效的措施。

此法可在每年春季3月上中旬，整好树盘后，从树冠边缘向内0.5 m处挖深40 cm、直径20～30 cm的穴，盛果期树每株可挖4～8个穴。将玉米秆、麦秸等捆成长20～30 cm、直径15～20 cm的草把，将草把放入人粪尿或5%～10%的尿液中泡透，放置入穴，再将优质有机质与土以2：1比例混匀填回穴中。如果不用有机肥，也可每穴追加100 g尿素和100 g过磷酸钙或相应的复合肥，然后浇水覆盖地膜。

在穴上地膜中戳一小洞，平时用石块或土封严，防止蒸发，并使穴部低于树盘。这样只要降雨，树盘中的水分都会循孔流入穴中，如果不降雨，春季可每隔15 d开小孔浇一次水，5月下旬至雨季前，每隔1周灌一次水，如遇雨即可不浇。每次每穴浇水4～5 kg，进入雨季后不再灌水。此外，可在花后、春梢停长期和采收前后，在穴中追施尿素（或其他相应肥料），每次每穴50 g左右。

因穴中肥水充足稳定，温度适宜，加上草把，有机肥透气性好，穴中根系全年都处于适宜的条件下，到秋季根系充满穴中，地上部生长粗壮而枝条不旺长，有利于石榴花芽发育。

7. 种植绿肥 石榴园种植绿肥可以增进土壤肥力。凡是利用绿色植物的茎、叶等，直接耕翻入土或经过沤制发酵作为肥料的都称为绿肥。

种植绿肥的优点：①与根瘤菌共生，能直接固定空气中的氮素。一般每667 m^2 绿肥每年能固定氮5～10 kg。②叶片茂盛，可减轻地面水分蒸发，同时起到降低夏季地表温度和减少水土流失的作用。③豆科植物吸收矿质营养能力强，做绿肥沤制的肥料肥效高，一般果园都用豆科植物做绿肥。豆科植物可有效地增加土壤氮素营养水平，绿肥含有机质15%左右，根系吸收力强，可快速熟化土壤，能明显改善土壤团粒结构。另外，绿肥养分齐全，含有多种大量和微量元素。

实践证明，种植绿肥可提高石榴品质，保持原品种特有风味，还可延长贮藏时间。石榴园中常用绿肥有草木樨、紫花苜蓿、绿豆和沙打旺等，此外，许多野生杂草也是绿肥原料。当绿肥长到一定时

期时，可采用耕翻绿肥、收割压埋、收割堆沤和收割覆盖果园等方法进行耕翻和压埋绿肥。

三、水分管理

（一）灌水时期

石榴树较耐旱，但为了保证植株健壮和果实正常生长发育，达到丰产优质，必须满足其水分的需求。尤其在一些需水高峰期，要根据不同的土壤条件和品种特性的要求，进行适时适量的灌水。一年中一般灌水 3 次。时期可分花前、花后及果实膨大和封冻前。

1. 花前灌水　也称花前水，主要指在发芽前后，植株萌芽，抽生新梢，需要大量的水分。特别是干旱缺雨地区，早春土壤容易干旱，头一年贮存的养分不能有效地运输利用。此期灌水，有利于根系吸水，促进树体萌发和新梢迅速生长，提高坐果率。因此花前水对当年的丰产有着极其重要的作用。

2. 花后及幼果膨大期灌水　石榴开花期较长，分头茬花、二茬花、三茬花和末茬花。一般产量为头茬、二茬、三茬花坐果组成。为了促进坐果，使幼果发育正常，可在幼果期浇 1 次水。此期正值头茬、二茬果实体积开始增大、花芽也开始分化的时期，为了满足果实生长和花芽分化的水分需求，根据土壤情况，因地制宜地浇水十分重要。

3. 封冻前灌水　土壤封冻之前浇水。这次水能促进根系生长，增强根系对肥料的吸收和利用，提高树体的抗寒抗冻和抗春旱能力，促进来年萌芽和坐果。

（二）灌溉技术

确定灌水技术和方法要本着节约用水、提高效率、减少土壤流失的原则。

1. 沟灌　在果园开灌水沟，沟深 20～30 cm、宽 30～40 cm，并配合水道进行灌溉。沟的形式可为条状沟（果园行间开沟，密植园开 1 条沟，稀植园开沟可根据行间距和土壤质地）、井字沟（果园行间和株间纵横开沟形成“井”字形）、轮状沟（沿树冠外缘挖一环状沟与配水道相连）等。

2. 盘灌　以树干为圆心，在树冠投影内以土埂围成圆盘，与灌溉沟相连，使水流入树盘内。

3. 穴灌　在树冠投影的外缘挖穴，直径 30 cm 左右，深度以不伤大根为宜，将水灌入穴内，灌满为止。穴的数量以树冠大小而定，一般 8～12 个。

4. 喷灌　在果园行间开设暗沟，将水压入暗沟，再以喷灌机提灌。也可在园内设置固定管道，安设闸门和喷头自动喷灌。喷灌能节约用水，并可改变园内小气候，防止土壤板结。也可采用龙带微喷的方式，该方法灌溉速度快、投入成本低、节水效果好。

5. 滴灌　在果园设立地下管道，分主管道、支管和毛管，毛管上安装滴水头。将水压入高处水塔，开启闸门，水则顺着管道的毛管到滴水头，缓缓滴入土中。该法灌溉节水效果好，土壤不板结，推广价值较高。

6. 浸灌　把水引入果园，使水顺着果园树间或山坡等高线漫灌。此法省事，但浪费水，造成水土流失严重，且地稍不平，就会造成积水，浇后土壤也容易板结，目前石榴园一般不用此法灌溉。

（三）排灌工程

水分适时适量供应是保证石榴树生长健壮和高产优质的重要措施之一。如果水分偏多，则导致树体生长过旺，秋梢生长停止晚，发育不充实，抗寒性差，冬季易受冻害。当水分严重过量时，则会出现土壤通气不良、氧气缺乏，土壤中好氧性微生物活动受阻，根系呼吸困难，同时还会产生大量的有毒物质，严重时还会使根系和地上部分迅速死亡。

水分过量主要是雨量过大、灌水过多或地下水位过高的原因。因此，石榴园要因地制宜地安排好排涝和防洪措施，尽量减少雨涝和积水造成的损失。在平地和盐碱地建立排水沟，排水沟挖在果园的四周和果园内地势低的地方，使多余的积水可以及时排出果园。另外，也可采用高畦栽植石榴，畦高于路、畦间开深沟，两侧高中间低，天旱时便于灌溉，雨涝时两侧开沟便于排水。山地果园首先要做好水土保持工作，修整梯田，梯田内侧修排水沟。也可将雨季多余的积水引入蓄水池或中小型水库内。在下层土壤有黏板层存在时，可结合深翻改土，打破不透水层，避免水分积蓄，造成积水危害。

第七节 花果管理

花果管理是现代化石榴园栽培中重要的措施。采用适宜的花果管理技术，是石榴树连年丰年、稳产、优质的保证。石榴花量大，开花期长，合理的花果量是优质的前提。生产中花果量的调整主要靠两种途径来完成，一是保花保果，二是疏花疏果。

一、保花保果

坐果率是产量构成的重要因子。提高坐果率对保证树体丰产稳产性具有十分重要的意义。

（一）落花落果原因

石榴树花量大时就会出现严重落花落果现象。石榴树大量落花落果的原因是花器不全、粗放管理、树势弱及授粉受精不良等。

（二）提高坐果率措施

针对石榴树落花落果的原因，采取一定的措施，可以提高石榴树的坐果率。主要包括断根、摘心、疏枝、扭梢、环剥、肥水控制等，来促进花芽分化，多开花、多坐果。

1. 花前追肥 在新梢生长高峰期树体需要大量养分，以促进营养生长，增强光合作用，增加正常花数量。此期以施氮肥为主，配合施用磷肥。若此期氮肥供应不足，则导致大量落花落果，而且还会影响营养生长。对衰老树和结果过多的大树，则应加大追肥量；但对过旺的徒长性幼树、旺树，追肥时可以少施或不施氮肥，以免引起枝叶徒长，加重落花落果。

2. 喷施微量元素，刺激果实发育 花期喷硼可以促进花粉发芽和花粉管的伸长，有利于受精过程的完成。因此在花期喷0.2%硼砂或硼酸，配合喷施0.2%尿素，可明显提高坐果率。

3. 人工辅助授粉 在气候条件不良的情况下，昆虫活动受到限制，可采用人工辅助授粉，石榴花期长，要人工授粉3～4次。

4. 果园放蜂，增加授粉媒介 石榴为虫媒花，需异花授粉，蜜蜂是传粉的优良媒介，所以花期放蜂可提高授粉受精的效果。放蜂时把蜂箱置于行的中间，间距为500 m为宜。

5. 病虫害防治 在幼果膨大期，易产生桃蛀螟等危害，应及时防治，以便使桃蛀螟等各种蛀果害虫无法侵入为害。

二、疏花疏果

合理疏花疏果能保证树体健壮生长，丰产稳产，提高果实品质。通过疏除部分花果，能缓和树体器官间养分竞争的矛盾，保证每年都形成足够量的花芽，实现丰产、稳产。

（一）疏花疏果时期和方法

从理论上讲，疏花疏果进行得越早，节约贮藏的养分就越多，对树体及果实生长也越有利。但在实际中，因花量、气候、品种及疏除方法等的不同，疏除的时期也略有不同，但均应以保证有足够的坐果率为原则。

1. 时期 疏花（蕾）的时间，从肉眼可分辨出正常花蕾与退化花蕾时起，到盛花期结束，均可进行。盛花期疏蕾、疏花同时进行。幼果基本坐稳后，再根据坐果的多少、位置进行疏果。这次疏果后，树上的留果量要比理论留果数多15%～20%，最后根据果实在树冠的分布情况定果。

2. 方法 疏花疏果具体方法是摘除外形较小的退化花蕾和花朵，保留正常花和中间花。疏除时应对树冠从上到下、从内到外，逐个果枝地疏除。尤其注意疏除结果枝顶生正常花以下的所有退化花

和花蕾，保留果枝顶生花，减少脱落。盛花期可剪截退化花串花枝至健壮的分枝处。

（二）疏花疏果原则

疏花疏果不能盲目进行，应掌握一定的原则。

1. 分次进行 花量大的年份应尽早进行疏花，但应分几次进行，切忌一次到位。

2. 依成熟期早晚进行 早熟品种发育早，宜早定果，中、晚熟品种可以适当推迟几天。

3. 依坐果率高低进行 坐果率高的品种多疏，坐果率低的品种少疏或只疏果不疏花。

4. 人工疏除为主，适当结合化学疏除 最好人工疏除，除非劳力极缺时，尽量避免化学疏花。

5. 依石榴树各枝势疏除 在保证负载量的前提下，应遵从壮枝多留果，弱枝少留果；临时性枝多留果，永久性骨干枝少留果的原则。

6. 依单果重和果枝长度留果 根据石榴的平均单果重，在果枝上按一定的距离均匀留果。一般平均 20 cm 可留 1 个果。大型果间距可略大一些，小型果间距适当小一些。

7. 根据树势、树龄留果 幼树少留果，成龄树多留果，衰老期树少留果；强树势多留果，弱树势少留果。

（三）优质高档石榴果实管理

疏花疏果完成后，为提高石榴优质高档果率，要尽可能地采取各种措施提高果实品质。

1. 落实定果工作，力争做到以树定产，以产定果 定果时，为保证留果程度适中，最好本着“依株定产、依产定果、分枝负担”原则进行。

在坐果率一定的前提下，通过后期疏果定果，严格控制结果个数，能确保提高单果重和果实含糖量等。定果工作可以从萼筒变绿、果实膨大开始进行。定果时，应首先疏除病虫果、畸形果，重点保留头茬、二茬花所结的中、短梢果，丛生果去后只留 1 个发育最好的果，多疏除三茬、末茬花果。

最后将定下的果数，按主枝大小、强弱合理加以分配，各主枝上分得的果数再依据各侧枝和枝组强弱做以分配。为避免病虫害、机械损伤、自然灾害等原因造成的落果，实留数目可适当多于理论数。这样的计算并非每株都要进行，只要做上几株，心中有数，即可全园铺开。

2. 促进果实着色，改善石榴外观品质 果实着色程度，是外观品质的重要指标之一，关系到果实的商品价值。果实着色状况受到许多因素的影响，如品种、光照、温度、施肥水平、树势等。在生产实践中，根据具体情况可针对性地采取一定技术措施促进果实着色。

（1）改善树体光照条件。光是影响果实着色的首要条件。要改善着色，首先要保证有一个合理通风透光的树体结构，保证树冠内各部分有充足的光照。根据陕西省临潼张军的资料显示，开心形树形比其他树形果实着色都好，该结构改善了冠内的光照状况，提高了优质果的比例。

（2）树下铺反光膜。在树下铺反光膜可显著地改善树冠内部和果实下部的光照条件，生产出全红果实。铺反光膜时间为采收前 20～30 d。铺膜后适当疏枝和拉枝，使树盘下光斑透过。铺反光膜一定结合摘叶、转果、支、撑、拉等手法，改变小枝角度和位置，以达到透光的最佳效果。

（3）摘叶和转果、除花丝。摘叶和转果目的是为了使全果着色。

① 摘叶。摘叶一般分几次进行。如果是套袋果，要在套袋的同时摘叶，非套袋果要在采收前 30～40 d 开始，此次摘叶主要是摘掉贴在果实上或紧靠果实的叶片，数天后再第二次摘叶。第二次主要是摘除遮挡果实的叶片。摘叶时期不宜过早，否则会影响果实含糖量及果实增大。同时应注意，不可一次摘叶过量，特别是套袋果，第一次摘叶时如果摘叶过多，会产生日灼现象。

② 转果和除花丝。转果在果实的成熟过程中应多次进行，以实现果实全面均匀着色。转果方法：使原来的阴面朝向阳面。转果时，因为石榴的果梗粗，尤其是着生在大、中粗枝上的果实无法转动，因此，摘叶后 5～7 d，要通过拉枝、别枝、吊枝等方式，转动结果母枝的方位，促使果实背光面转向阳面，促使果实全面着色。在果实发育到小核桃大小（4～5 cm）时，除去萼嘴花丝，可以有效防止蛀果害虫，并且保持果实洁净。

(4) 果实套袋。套袋可有效地防治果实裂果、降低病虫果率，显著提高外观质量和优质果率，是石榴高效栽培的关键技术。

石榴套袋时间以谢花后 20～30 d（果实完成转色期后）为好，但因其花期长，坐果时间有差异，因此建议在果实横径达 2～3 cm 时套袋，宜早不宜迟。由于纸袋的保护，套袋可使石榴免遭虫害。在石榴栽培上应用的纸袋品种较多，实践表明，单层白色蜡纸袋效果较好，而双层袋、有色袋效果较差。塑膜袋以 8 月上中旬使用为好。套袋后加强管理，防治病虫害发生。

套袋果除袋在采前 20～25 d 进行，为减少日灼发生，最好选在阴天或晴天 10:00 前，16:00 后为宜。先将纸袋下边撕裂，使袋口完全张开，待袋内果实适应 3～5 d 后，去除果袋。除袋后，当天及时喷施 1 次杀菌剂，防止果实二次感染。塑膜袋可以不除去。

(5) 叶面喷施微肥或生长调节剂类物质。从采前 40～50 d 起，每隔 7～10 d 喷施 0.3%磷酸二氢钾、高美施等，促进果实着色，有减轻采前裂果的作用。

(四) 防止和减轻采前裂果

一些石榴品种在成熟前，如果不采收很容易产生裂果现象，轻者皮开裂影响外观，重者自萼筒以下果皮炸开，籽粒外露而悬挂枝头，导致果实销售困难，造成极其严重的经济损失。

1. 裂果主要原因 在早期幼果发育阶段气候特别干燥，缺少雨水，采收期来临以前和适收期再遇阴雨多湿，籽粒吸水膨大，果皮已经老化成形失去弹性，很易裂果，这也是石榴散落种子、繁衍后代的生理现象。早熟类型和薄皮品种、充分成熟的果实如第一茬、第二茬果更易裂果。

2. 防止裂果措施

(1) 选择不易裂果的品种。尤其是在春夏季干燥、秋季多雨的地区，推广抗裂品种，是防止或减少裂果现象的根本途径。

(2) 适当提早采收。当石榴果进入成熟期以后，如遇连阴雨，可适当提早采收，以减轻果皮的老化，防止裂果产生。但如果采收过早，也会严重影响石榴的风味品质。

(3) 及时分批采收。由于石榴开花有先有后，果实发育也有不同，因此在采收时应分批采收，先采头茬果，再采二茬果，待三茬、四茬果开始成熟时再采收，不要等到三茬、四茬果都已成熟时才开始采摘。

(4) 果实套袋。当石榴果长到核桃大小时套袋，直到成熟前再去袋，使果皮始终处于湿润的状态。或在果实转色期套塑膜袋，到成熟采收时去袋以减轻裂果。但果实的转色期，套袋果的着色度比不套袋果稍差，因此，采前没有阴雨尽量不要套袋。

(5) 推行树盘覆盖技术。坐果后，在树盘范围内盖塑料薄膜或覆草，既可减少土壤板结，又可减少杂草危害，保持土壤湿度，减少水分蒸发，缓解幼果发育阶段的水分缺乏状况，促进果皮、果粒的均衡发育，减轻裂果。

(6) 少施氮肥，叶喷微肥。少施和控施氮肥，叶面喷施 0.3%磷酸氢钾、0.5%氯化钙溶液，也可加喷 0.3%多效唑等，均有减轻和防止裂果的作用。

另外，采收时如逢阴雨，应加速采收。

第八节 整形修剪

石榴整形修剪应针对石榴树的生长结果习性进行。根据生长势强弱及品种的特性，通过人为地整形修枝，促进石榴营养生长和生殖生长的平衡，创造高产优质的树形结构，以获得理想经济价值的一种栽培技术措施。

一、整形修剪作用

整形修剪主要达到以下目的：

(1) 培养健壮、牢固的树体骨架。通过修剪，使枝条结构合理，树冠各部分通风透光，达到立体结果的目的。

(2) 调节营养生长和生殖生长之间的矛盾。通过修剪，使树体一面结果，一面生长，促进幼树早果早丰产，延长结果年限。

(3) 控制树冠大小。合理整形修剪，以便于密植和田间管理。

(4) 促使结果枝组更新。合理修剪，可以保证结果枝正常发育，连年结果，高产稳产。

整形修剪后，石榴树体结构要达到主次分明、骨架牢固、通风透光、枝量适中的效果。

二、整形修剪时期和方法

(一) 整形修剪时期

石榴树的整形修剪可分为休眠期修剪和生长季修剪。

1. 休眠期修剪　休眠期修剪也称冬季修剪，时间为秋季落叶后至翌年春季枝条萌发前。休眠期修剪以调整树体骨架结构、树形、生长结果矛盾，合理配备大、中、小枝组和培养、更新结果枝组为目标。休眠期修剪树体处于休眠状态，留枝量、枝条修剪长短等对翌年春季的影响较大，修剪反应强烈。

2. 生长期修剪　生长期修剪在春季树体萌芽后一直到秋季落叶前的一段时间进行。一般生长季修剪多指夏季修剪，夏季修剪的方法主要有抹芽、扭梢、拉枝、疏枝、环剥等机械措施，此期修剪树体反应比冬季修剪要缓和一些，不易形成强旺枝。

(二) 修剪方法

冬季休眠期和生长季修剪，其修剪手法有所不同。

1. 冬季修剪措施　冬季修剪一般采用疏枝、短截、长放、回缩等措施。

(1) 疏枝。指将一个枝条从基部全部去除。主要用于强旺枝条，尤其背上徒长枝条以及衰弱的下垂枝、病虫枝、交叉枝、并生枝、干枯枝、外围过密枝条，以达到改善通风透光、促进开花结果、改善果实品质的作用。

(2) 短截。指将枝条剪去一部分。主要用于老树更新以及幼树整形时采用。石榴花芽一般分布在枝梢顶端，因此在成龄树上短截易出现新梢旺长现象，影响开花结果。

(3) 长放。指对枝条不加任何修剪。主要用于幼树和成龄树，促进短枝形成和花芽分化，具有促使幼树早结果和旺树、旺枝营养生长缓和的作用。

(4) 回缩。指将多年生枝条短截到分枝处。主要用于更新复壮树势，有促进生长势的明显作用。

2. 生长季修剪措施　生长季修剪能改善树冠通风透光的状况，调节营养物质的运输和分配，使幼树生长势缓和，提早进入结果期，对防治病虫害和提高果实品质等具有重要作用。生长季修剪主要措施包括：

(1) 抹芽。即抹去初萌动的嫩芽，抹除根部及根颈部萌生距地面 30 cm 以下的萌蘖。及时抹芽，可减少树体养分浪费，避免不需要的枝条的抽生，保持树形，还可改善通风透光，对衰老树可提高更新能力。

(2) 摘心。对幼树主、侧枝的延长枝摘心可增加分枝，增大树冠；对培养结果枝组的新梢摘心，可促使分枝，早一步形成结果枝组。摘心时期为 5～6 月为好。多用于南方产区。

(3) 扭枝、圈枝。6～7 月对辅养枝扭伤，可抑制旺枝生长，促进花芽分化，利于提早开花坐果。

(4) 增大枝条开张角度。各级主、侧枝生长位置直立时可采用绳拉、枝撑、下压的方法使之角度开张，保护树体的通风透光。

(5) 疏枝、拿枝、扭枝。疏除生长位置不当的直立枝、徒长枝及其他扰乱树形的枝条，对尚可暂时利用、不致形成后患的枝条用拿枝、扭枝缓放处理，使其结果后再酌情疏除。拿枝、扭枝一般要伤到木质部。

(6) 环剥。在辅养枝或不影响主枝生长的旺盛枝条上进行环状剥皮。环剥宽度要求十分严格，过宽有可能使树体在环剥以上位置枯死。一般 7 月上旬环剥，宽度不得超过环剥枝条直径的 1/10，深至木质部。切勿在主干上进行环剥，否则会严重削弱树势，影响树体正常生长和结果。

三、石榴常用树形

石榴为强喜光树种，生产上多采用单干式小冠疏散分层形、单干三主枝自然开心形、三主干自然开心形、扇形等树形。

(一) 单干式小冠疏散分层形

此树形骨架牢固紧凑、立体结果好、管理方便、结果早且有利优质丰产。该树形干高 40～50 cm，中心干三层留 6 个主枝，第一层三主枝基本方位接近 120°，主枝与主干夹角 50°～55°，第二层主枝留 2 个，距第一层主枝 60～70 cm，与主干夹角 45°～50°，第三层主枝留 1～2 个，距第一层主枝 60～70 cm，与主干夹角 40°～45°，每个主枝上配 2～3 个侧枝，并按层次轮状分布。

(二) 单干三主枝自然开心形

此树形具有树冠矮小、通风透光、成形快且骨架牢固、结果早、品质优、易整形修剪、方便管理等优点，是一种丰产树形。该树形主干留高 50 cm，第一层三主枝基本方位近 120°，间距 20 cm，在每个主枝两侧按 50 cm 左右的距离交错配置 2～3 个侧枝，侧枝上再配置大、中、小型结果枝组。主枝与主干的分枝角控制在 45°～50°，以保持树冠开张。

(三) 三主干自然开心形

此树形具有通风透光、成形快、结果早、品质优、易于整形修剪、方便管理等优点，是石榴丰产树形之一。从基部选留 3 个健壮的枝条，通过拉、撑、吊等方法将其方位角调为 120°，水平夹角为 40°～50°。每个主枝上分别配 3～4 个大型侧枝，第一侧枝在主枝上的方向应与主枝相同，且距地面 60～70 cm，其他相邻侧枝间距 50～60 cm。每个主枝上分别配 15～20 个大中型结果枝组，树高控制在 2.5 m 左右。

(四) 扇形

新疆为我国重要的石榴产区之一，为了保证石榴安全越冬，新疆一般采用匍匐栽培，入冬前将树体收拢并埋土，翌年春季出土。

1. 匍匐扇形 无主干，全树留 4～5 个主枝，每个主枝培养 2～3 个侧枝，侧枝在主枝两侧交替着生，侧枝间距 30 cm 左右。主枝下部 40 cm 内的分枝和根蘖全部剪除。各主枝与地面以 60°夹角向正南、东南、西南方向斜伸，成一个扇面分布，互不交叉重叠。该树形适于密植，株行距 (2～3) m×4 m，每 667 m^2 栽苗 56～83 株。

2. 双侧匍匐扇形 无主干，全树留 8～10 个主枝，每 4～5 个为一组，共 2 组。一组枝条斜伸向正东、东南及东北方向，另一组枝条反向斜伸向正西、西北及西南方向。主枝与地面夹角呈 60°，整个树形分为东、西两个扇面，呈蝴蝶半展翅状，故又称蝶形整形。每主枝培养 2～3 个侧枝，于两侧交替着生，间距 30 cm。主枝下 40 cm 分枝及地面根蘖除尽。该树形适于 (4～5) m×4 m 的株行距，每 667 m^2 栽苗 33～42 株。

3. 双层双扇形 双层双扇形的基本树形是将树冠分为两层，第一层由 4～6 个主枝组成，呈扇形分布，各主枝基本分布在与地面呈 30°的平面上，主枝间保持 20°～30°，主枝上着生一定数量的结果枝组和营养枝。第二层由 3～5 个主枝组成，各主枝分布在与地面呈 60°～70°的平面上，主枝间夹角为 20°～30°，如果主枝下垂，可用木棒予以支撑。每个主侧枝上配 3～5 个结果枝组，营养枝按结果枝组的 5～6 倍配置。主枝虽然分布在两个平面上，但枝组可以向四周发展。

四、不同年龄期树的修剪

(一) 幼年树

石榴树栽后第三或第四年即开花结果，进入初果期，此时树体养分趋于缓和，生殖生长逐渐增强，产量逐年上升。此期要注意疏除根蘖枝、徒长枝、内膛过密枝、瘦弱枝、病虫枝、枯死枝。对主枝两侧发生的良好营养枝及时培育成侧枝或结果枝组。骨干枝周围影响骨干枝生长但有可利用空间的直立枝和萌蘖，可用拉枝、别枝、扭伤等措施改造为枝组。生长中庸、分枝较多的营养枝，可缓放，促使其早成花。多年生弱枝要采用轻度短截复壮，使树冠达到上稀下密、外稀内密、大枝稀小枝密的“三稀三密”生长状态，保证良好的通风透光条件，使树势中庸，促进果实坐果和着色。

由于石榴花芽一般着生在健壮的短枝顶部或近顶端，为混合芽，因此在修剪时，对一些健壮的短枝禁止短截修剪。对生长过于旺盛的辅养枝可采用春季 5～6 月喷施 10%多效唑，7～8 月采用扭梢措施促进花芽分化，抑制营养生长，以果压冠。石榴初结果树要轻剪，主要以疏枝、缓放为主，谨慎短截。在修剪手法上，采用“去强留中庸偏弱”“去直留平”“变向缓放”等结合控制树势。对于生长势较弱的品种如突尼斯软籽等，则要适当扶干。

(二) 成年树

七八年生的石榴树，每 667 m^2 产量可以达 2 000 kg 以上，高的可实现 3 000 kg 以上，此时，已进入盛果期。盛果期石榴树产量高，此期修剪要在加强土、肥、水管理的前提下，采用轻重结合的手法，使树势健壮，延长盛果期年限，抑制衰老，维持树体的高产优质状况。

盛果期石榴树修剪应疏除干枯枝、病虫枝、细弱衰老枝、剪口处萌蘖枝，有意识地将利用空间的抽条培养成结果枝。对长势衰弱的侧枝、过长枝、结果能力弱的枝组适当回缩到较强的分枝处，轮换更新复壮枝组。及时疏去影响树形、引起光照不足的枝条，上部、外围过多的强旺枝、徒长枝可适当疏除，或拉平压低甩放，缓和其长势。角度过小的骨干枝要及时以背后枝换头或拉枝加大开张角度。如果土壤肥力好，或密植程度高、光照不足时，应考虑间伐，挖除过密植株，改善通风透光条件，保证果实产量和品质。修剪后株间树冠间距≥15 cm，行间要有一定的光路，树高一般控制在 3 m 以下。

(三) 衰老树

经过 20～30 年大量结果以后，石榴树即逐渐步入老年，进入衰老期。衰老期的石榴树由于树体贮藏养分大量消耗，地下根系逐渐枯死，冠内枝条大量死亡，新梢干枯，外围结果、树势下降，病虫害严重，出现产量严重下降，甚至绝收的现象。针对衰老期树体的具体情况，除了要增施有机肥，合理灌溉外，每年都要进行更新修剪。具体的方法是：

1. 回缩更新　回缩主、侧枝，刺激侧枝萌发生长健壮的营养枝。

2. 疏枝透光　疏除过密枝、细弱枝、枯死枝和病虫枝。

3. 培养新枝　及时培养新主枝，以保证营养生长，促进树体养分积累，形成结果枝组，开花结果。选留 2～3 个发育良好的营养枝，或对主干上萌发的徒长枝进行短截，使其抽生枝条，并逐年培养成新的主、侧枝等骨干枝。

4. 更新主干　锯除主干，并通过根系埋土等措施，促使根蘖苗萌生，有意加强培养成新的主干，并及时加以整形修剪，利用原来强大的根系，尽快培养成理想的树形。

五、整形修剪技术革新方向与革新项目

修剪是石榴栽培中的主要技术措施，费时费力。随着劳动力成本的增加，修剪技术的革新势在必行。

(一) 存在的问题

目前，石榴修剪中存在的问题主要有以下几个方面：

（1）栽植密度较大，造成树体结构与栽植密度不协调，个体相互交接，整体郁密，通风透光不良，果品产量与质量难以提高。

（2）许多石榴园由于前期定干较低，造成骨干枝低且开张角度小，中部枝过多，短截多，回缩过早，导致发生过多的竞争枝和无用枝。

（3）整体郁密、通风透光不良使树势衰弱，导致病害发生与流行，冻害加重。

（4）主干及主枝、部分结果枝过多短截，严重破坏了果树本身自然生长规律，助长了剪口芽的萌发及长势，破坏树体营养与生殖生长平衡关系，引发徒长、花芽少的局面，最终造成恶性循环，树势难以控制。

（二）修剪技术革新方向——简化修剪

随着石榴园现代化栽培管理技术的发展，石榴修剪出现了新的特点：

1. 树形趋于简单化 高干小冠化是总的趋势，主要为单干式小冠分层形或纺锤形，以及适合新疆的双层双扇形的变形树形为主。骨干枝的枝次减少，树体结构由中心干和主枝组成。

2. 树高降低 树高控制在 2.5～3 m，便于管理，易成花，丰产优质，稳产性状好。

3. 疏通行间 以宽行密株为主，树的株间交叉率不超过 5%，行间保持 1 m 的空间，冠径不大于株距，树高不超过行距。

4. 树干抬高 干高 60～70 cm，结果枝小型，结果时呈下垂形态。

5. 主枝角度开张 主枝角度保持 70°～75°，基角不能小于 60°～65°。在幼龄期开张角度，一般由强旺枝缓放、轻剪拉枝而成。

6. 正确运用“疏、截、缓” 缓放为主，但不能过密，保留缓放中庸枝，疏去过旺过密枝，短截细弱衰老枝，从而提高枝叶的功能。

7. 四季结合修剪 冬季以疏枝为主，春季注意抹芽、除萌，夏季注意扭梢、拿枝和摘心、除夏梢，秋季注意枝条的开拉。

第九节 病虫害防治

一、主要病害及其防治

（一）干腐病

干腐病（*Zythia versoniana* Sau）在山东、安徽、河南、陕西、山西、浙江、四川、云南等产区均有发生。为果实生长期和贮藏期的主要病害，也侵染花器、果台和新梢。

1. 为害症状 5 月上旬开始侵染花蕾，以后蔓延至花冠和果实，直至一年生新梢。在蕾期、花期发病，花冠变褐，花萼产生黑褐色椭圆形凹陷小斑。幼果发病首先在萼筒或表面发生豆粒状大小不规则浅褐色病斑，逐渐扩为中间深褐、边缘浅褐的凹陷病斑，再深入果内，直至整个果实变褐腐烂。在花期和幼果期严重受害后造成早期落花落果。果实膨大期至成熟期发病最严重，造成果实腐烂脱落或干缩成僵果悬挂在枝梢，在果实有伤口的情况下发病更迅速，所以桃蛀螟危害后的石榴果极易发病。僵果果面及隔膜、籽粒上着生许多颗粒状的病原菌体。枝干受害后，秋冬产生灰黑色不规则病斑，翌年春季变成油渍状灰黑色病斑，病斑周围裂开，导致病皮翘起剥离，严重时枝干枯死。

2. 发病规律 石榴干腐病在河南省石榴主产区的开封、封丘、荥阳年发病率平均为丰产园 10.2%、果粮间作园 10%～15%、庭院树 60%～70%。干腐病的感染发病与石榴品种有关，即青皮类为高抗品种，发病率低于 1.3%；其次为红皮类，发病率为 4.1%～10.2%；白皮类最不抗病，发病率为 19.3%。7 月发病最严重，占 65.16%，其次是 8 月，为 28.13%，9 月下旬已进入采收期，发病较轻。7～8 月北方果区高温高湿，是该病的高发期。

3. 防治方法

（1）农业防治。及时清除病果病残枝，减少菌源。发病季节，及时摘除病果，冬季修剪时要清除树上、树下病果，剪除病枝和病果台，烧毁或深埋；尽量避免大伤口，减少病菌从伤口侵入的机会。在早春萌芽前和晚秋落叶后，刮净树干病斑和翘皮，集中烧毁。

（2）物理防治。果实套袋。坐果后及时套袋，切断侵染途径。

（3）化学防治。休眠期喷洒5波美度石硫合剂或30%绿得保悬浮剂400倍液。从萌芽至采收前15 d，喷洒40%多菌灵胶悬剂500倍液、50%甲基硫菌灵可湿性粉剂800～1 000倍液、25%戊唑醇水乳剂1 500倍液等，共喷药4～5次，防治效果可达70%以上。黄淮地区以6月25日至9月15日防治果实干腐病效果最好。及时防治桃蛀螟可减轻该病害的发生。

（二）褐斑病

石榴褐斑病（*Cercospora punicae* P. Henn.）主要为害石榴叶片和果实，在我国石榴栽植地区均有发生，危害程度因地区、栽培管理水平及气候条件而异，重病园病叶率为90%～100%，病情指数在60以上，8～9月即大量落叶，造成树势衰弱，翌年产量锐减。

1. 为害症状　叶片受侵染后，初为黑褐色小斑点，扩展后呈近圆形，靠中脉及侧脉处呈方形或多角形，直径1～2 mm，相邻病斑融合后呈不规则形。病斑边缘黑色至黑褐色，微凸，中间灰黑色。叶背面与正面的症状相同。病斑正反面上均产生灰黑色绒状微小粒点，即病菌的子座组织。果实上的病斑近圆形或不规则形，黑色、微凹，有灰黑色绒状小粒点。果实着色后，病斑外缘呈淡黄白色。

2. 发病规律　在南京，4月下旬开始产生分生孢子，病害的初次侵染源来自上年病落叶上产生的分生孢子，在5～6月间的雨后可产生大量的分生孢子，6月下旬病落叶霉烂而不再产生。分生孢子靠气流传播，5月下旬开始发病，侵染新叶和花器。7～8月为发病高峰，重病树8～9月即大量落叶，秋季继续发生浸染，但病情减弱，随着叶片枯黄脱落而停止侵染，进入休眠。果实在近成熟期发病，近地面处的果发病重，管理粗放的果园发病重。

3. 防治方法

（1）农业防治。冬季清园时，清除病叶、枯枝，集中烧毁，以减少越冬菌源。加强肥水管理，及时修剪保证通风透光，雨季及时排水，保持强壮的树势，增强抗病力。

（2）化学防治。发病前及初期喷波尔多液1∶1∶160、80%多菌灵可湿性粉剂600～800倍液、80%代森锰锌可湿性粉剂800倍液等，连续喷药2～3次，防治效果较好。

（三）果腐病

引起石榴果腐病的病原菌有许多，主要的有3类：褐腐病菌［*Monilnia laxa*（Aderh. et Rubl.）Honey］，称核果链核盘菌，属子囊菌亚门；酵母菌（*Nematospora* sp.）；杂菌（主要是青霉和绿霉）。其中酵母菌引起的果腐病占石榴果腐病的一半左右。

石榴果腐病在国内各石榴产区均有发生，主要为害果实，亦可侵害花器和果梗，一般发病率为20%～30%，尤以采收后、贮藏期间病害的持续发生造成的损失重，冷藏3个月后果腐率高达70%。

1. 为害症状

（1）褐腐病菌。由褐腐病菌侵染造成的果腐，多在石榴近成熟期发生。初在果皮上产生淡褐色水渍状斑，迅速扩大，以后病部出现灰褐色霉层，内部籽粒随之腐坏。病果常干缩成深褐色至黑色的僵果悬挂于树上不脱落。病株枝条上可形成溃疡斑。

（2）酵母菌。由酵母菌侵染造成的发酵果也在石榴近成熟期出现，贮运期可进一步发生。病果初期外观无明显症状，仅局部果皮微现淡红色，剥开淡红色部位可见果瓤变红，籽粒开始腐烂，后期整果内部腐坏并充满红褐色带浓香味浆汁。用浆汁涂片镜检可见大量酵母菌。病果常迅速脱落。

2. 发病规律　褐腐病病菌以菌丝及分生孢子在僵果上或枝干溃疡处越冬，来年雨季靠气流传播浸染。果实体积长至七成左右时开始受侵染，病菌在果实采收后及贮藏期间继续危害。

3. 防治方法

(1) 农业防治。及时清除病果并深埋，减少病原。合理修剪，注意排水，雨季减小石榴园的湿度，以减轻果腐病的危害。

(2) 化学防治。于发病前及初期用40%多菌灵可湿性粉剂600倍液喷雾，7 d喷一次，连用3次可防治褐腐病。防治发酵果，关键是防治石榴绒蚧、康氏粉蚧、龟腊蚧等，于5月下旬和6月上旬两次施用25%优乐得可湿性粉剂或40%毒死蜱乳油1 500倍液，每667 m^2 每次用40 g有较好防效。

(四) 蒂腐病

蒂腐病拉丁学名为 *Phomopsis punicae* C. W.。

1. 为害症状 主要为害果实，引起蒂部腐烂，病部变褐呈水渍软腐，后期病部生出黑色小粒点，即病原菌分生孢子器。

2. 发病规律 病菌以菌丝或分生孢子器在病部或随病残叶遗留在地面或土壤中越冬，翌年条件适宜时，在分生孢子器中产生大量分生孢子，从分生孢子器孔口逸出，借风雨传播，进行初侵染和多次再侵染。一般在果实近成熟时的雨季、空气湿度大易发病。

3. 防治方法

(1) 农业防治。加强石榴园肥水管理，培养健壮的树势。雨后及时排水、中耕松土，减小石榴园湿度，可减轻发病。

(2) 化学防治。7～8月高温多雨季节，喷洒10%世高水分散粒剂3 000倍液、27%铜高尚悬浮剂、12%绿乳铜乳油600倍液、75%达科宁可湿性粉剂600倍液，每10～15 d喷一次，连喷2～3次。

(五) 曲霉病

曲霉病拉丁学名 *Aspergillus niger* V. Tiegh.。

1. 为害症状 主要为害石榴果实。染病果初呈水渍状湿腐，果面变软腐烂，后在烂果表面产生大量黑霉，即病菌分生孢子梗和分生孢子。

2. 发病规律 病菌以菌丝体和分生孢子在病果上、地上越冬，通过气流传播，病菌孢子从日灼、虫伤或采收时果皮受伤处侵入，引起发病，湿度大易诱发此病。

3. 防治方法

(1) 农业防治。果实成熟期要注意通风散湿，雨后及时排水，防止湿气滞留在树丛中。

(2) 化学防治。发病初期喷洒50%多菌灵可湿性粉剂800倍液、47%加瑞农可湿性粉剂800倍液、40%氟硅唑乳油7 000倍液、60%防霉宝2号水溶性粉剂800倍液，每10～15 d喷一次，连续防治2～3次。

(六) 煤污病

煤污病拉丁学名 *Capnodium* sp.。

1. 为害症状 该病主要为害石榴叶片和果实，染病后产生黑色片状且可以抹去的菌丝层，即病菌子实层，叶片和果实表面像黏附一层烟煤，影响叶片光合作用，果实失去商品价值。

2. 发病规律 该病发生时常伴有蚜虫、介壳虫、粉虱等危害。病菌以菌丝体形式在病叶、病枝等上越冬，成为次年的初侵染源。翌年通过气流、风雨及蚜虫、粉虱、介壳虫等传播，并以这些害虫的分泌物及排泄物或植物自身分泌物为营养继续发育繁殖。高温高湿、通风不良、隐蔽闷热及虫害严重的地方，煤污病害严重。每年3～6月和9～11月为发病盛期，湿度大发病重。盛夏高温病害停止蔓延，但如夏季雨水多，该病也时有发生。

3. 防治方法

(1) 农业防治。加强栽培管理，种植密度要适当，及时修除病虫枝和多余枝条，增强通风透光，降低温度，及时排水，防止湿气滞留。

防治介壳虫、蚜虫、粉虱危害是减少发病的主要措施。

（2）化学防治。休眠期喷洒 5 波美度的石硫合剂，杀死越冬的菌源，从而减轻煤污病的发生。

（七）根结线虫病

石榴根结线虫病是由根结线虫危害后发生的病害，属于根部寄生型土传病害，在幼苗和成龄树上都可发生，是近些年发现的影响石榴生产的新病害。

1. 为害症状　石榴根结线虫主要为害石榴树根系，引起根部形成大小不同的根瘤，须根结成饼团状，使吸收根减少，从而阻碍根系吸收水分和养分。初发病时根瘤较小，白色至黄白色，以后继续扩大，呈结节状或鸡爪状，黄褐色，表面粗糙，易腐烂。发病树体的根较健康树体的短，侧根和须根很少，发育差。染病较轻的树体地上部分一般症状不明显，危害较重的树体才表现出树势衰弱的症状，即抽梢少、叶片小而黄化、无光泽，开花多而结果少、果实小、产量低，与营养不良和干旱表现的症状相似。该病为干腐病的发生创造了条件，使树体抗旱能力降低，遇低温易受冻害，甚至会引起整株死亡。

2. 发病规律　根结线虫一年发生多代，一般以卵或 2 龄幼虫在寄主根部或粪肥、土壤中越冬，主要通过水流、带有病原线虫的苗木、土壤、肥料、农具及人、畜传播。条件适宜时，卵在卵囊中发育，孵化成幼虫，幼虫活动于土壤中并侵入植株根系，在根皮与中柱之间为害，刺激根组织过度生长，在根端形成不规则的根瘤。根结线虫病多发生在土质疏松、肥力差的沙土地，通气不良的黏土不利于其发生。当地温高于 26 ℃或低于 10 ℃，土壤含水量占最大持水量的 20%以下或 90%以上均不利于根结线虫侵入。总体来说，雨季来得早、雨量多的年份石榴树受害轻，灌溉条件好、保水性和保肥性好的石榴园受害也轻。

3. 防治方法

（1）检疫防治。加强苗木检疫，培育无病苗木。不从病区调运苗木；在无病区建立育苗基地，繁殖无病苗木。

（2）农业防治。加强肥水管理，增施腐熟有机肥，培育壮树，提高树体抗病性。幼年石榴园宜选择大蒜、洋葱、萝卜、胡萝卜等抗根结线虫植物为间作物；成年石榴园宜采用生草少耕，或在行间播种猪屎豆、万寿菊等对根结线虫有抗性的植物。对于发病严重的植株要及时清理。

（3）生物防治。目前在生产上应用的生物制剂有线虫必克、壮根宝、苦参碱等。

（4）化学防治。栽植前用 1.8%阿维菌素乳油 500 倍液浸泡苗木根系 15 min，然后栽植。在发病初期用 1.8%阿维菌素乳油 170 g＋水 50 kg 浇施于主干周围 15～20 cm 深的耕作层。春季用 1.8%阿维菌素乳油 600～1 000 倍液或 2%甲氨基阿维菌素 4 000 倍液＋甲壳素灌根。结果园可在采果后施基肥时加入 5%特丁硫磷颗粒剂 30～45 kg/hm²，或 10%福气多颗粒剂 22 kg/hm²。

（八）疮痂病

疮痂病拉丁学名为 *Sphaceloma punicas* Bitanc et Jenk.。

1. 为害症状　该病原菌主要侵染石榴枝干和果实，尤其在二年生枝上比较多见。在枝干上，病斑主要出现在自然孔口处，初为圆形或椭圆形隆起，而后病斑逐渐扩大；形状为圆形、椭圆形或不规则形，大小不一，严重时多个病斑连在一起；并使表皮发生龟裂，粗糙坚硬，甚至露出韧皮部或木质部，致使树势衰弱。病原菌侵染果实，主要使果皮表面粗糙，严重时造成果皮龟裂，大大影响了果实的品质和观赏价值。

2. 发生规律　病菌以菌丝体在病组织中越冬，春季气温高于 15 ℃、多雨湿度大时，病部产生分生孢子，借风雨或昆虫传播，经几天潜育又形成新病斑，产生分生孢子进行再侵染。气温高于 25 ℃病害趋于停滞，秋季阴雨连绵病害还会发生或流行。

3. 防治方法

（1）农业防治。发现病果及时摘除，减少初侵染源。

（2）化学防治。石榴树发芽前全树喷布 5 波美度石硫合剂，树干要重点喷到。春季轻刮枝干部的病斑，然后用35%百菌敌5倍液涂刷。发病前及发病初期，用50%多菌灵可湿性粉剂500倍液或25%戊唑醇水乳剂1 500倍液喷洒，每年6月上旬、6月中旬、7月上旬防治3次。

（九）枯萎病

枯萎病拉丁学名为*Ceratocystis fimbriata*。

枯萎病是最新发现的一种石榴病害，最早报道于印度（1999年），我国最早于2003年在云南省蒙自市发现大量石榴植株枯死，其病原菌鉴定为*Ceratocystis fimbriata* Ellis et Halst。截至目前，该病危害石榴的报道仅见于印度卡纳塔克邦、马哈拉施特拉邦和中国云南蒙自、四川攀西地区。

1. 为害症状 该病主要侵染老树龄石榴树。发病初期，在树干基部呈细微纵向开裂，剥开皮部可见木质部变色，其横截面可见放射状暗红色、紫褐色至深褐色或黑色病斑，少数枝条上的叶片发生黄化和萎蔫。发病中期，在树干不同高度部位可见梭形病斑开裂，呈逆时针螺旋式向上蔓延，此时病树叶片开始变黄和萎蔫，树梢部位开始落叶。发病后期，受害植株叶片全部凋落，枝条枯萎或整树枯死。根部受害表现为主根或侧根表面产生黑褐色梭状病斑，上产生黑褐色霉层，肉眼可见黑色毛状物；病根横截面呈黑褐色放射状变色，严重时根部腐烂坏死。

2. 发生规律 石榴枯萎病病原菌以厚垣孢子、菌丝体等在病根、茎、枝及大田、苗床土壤和粪肥中越冬，成为翌年发病的主要侵染来源。病树根系茎段和病苗（扦插条）是近距离和远距离传播的主要途径，其中冬季和夏季的枝条修剪和中耕施肥是人为传播病害的重要方式。病原菌可通过枝剪、砍刀和锄头等劳动工具传播，羊等家畜啃食发病树皮和韧皮部后病菌随粪便排泄可能是传播方式之一。

3. 防治方法 石榴枯萎病是一种新发现的病害，目前还没有有效的防治方法，需要以后加强这方面的研究。建立新园或者进行扦插苗繁殖时应选择未发生过石榴枯萎病的田块，必要时可对土壤先进行消毒或熏蒸处理。选择未发生枯萎病田块的健康石榴树枝条作为扦插枝扩繁，移栽前可用25%多菌灵可湿性粉250倍液对扦插枝伤口进行浸泡。采用“根腐消”（枯草芽孢杆菌）进行土壤处理，同时使用针对地下害虫的杀虫剂可起到一定的预防作用。内吸性杀菌剂啶菌噁唑、咪鲜胺、腈菌唑等对该病原菌也有较好的抑制作用。树体茎干输液、刮皮涂抹包茎施药是较有效的方法。

二、主要害虫及其防治

（一）桃蛀螟

桃蛀螟（*Dichocrocis punctiferalis* Guenee）别名桃蠹螟、桃实螟蛾、豹纹蛾，属鳞翅目螟蛾科。

1. 为害特点 主要以幼虫蛀食果实为害，果实为害率一般在40%～50%，严重的虫果率可达90%以上，造成绝产。幼虫通常从果嘴、果与果、果与叶、果与枝的接触处钻入果实，果实被害后，蛀孔处常有黑褐色颗粒状粪便堆积或悬挂，果实内充满虫屎，易引起裂果和霉烂，无法食用。一个果实内有1条或几条幼虫。幼果期桃蛀螟幼虫有转果危害的特点。

2. 防治方法

（1）农业防治。清除越冬寄主中的越冬幼虫及蛹。冬季结合清园，清除树上、树下的僵果及园内的枯枝落叶、周围的作物秸秆，刮除树干上的翘皮，消灭越冬幼虫及蛹。

（2）物理防治

① 果实套袋。在坐果后及时喷药套袋，由于石榴花期长，坐果不一致，应分批套袋。

② 诱杀成虫。利用黑光灯或糖醋液诱杀成虫。在石榴园内或周围种植玉米、高粱或向日葵等，产卵后集中杀卵。

（3）化学防治。果筒塞药棉或抹药泥。用废旧棉花蘸90%敌百虫晶体1 000倍液制成药棉，或用药液加黏土制成药泥，塞入（抹入）萼筒，要把整个萼筒塞严实。

在桃蛀螟的第一、第二代卵期喷药效果最好。沿黄地区时间在6月上旬至7月下旬，关键时间是6月20日至7月30日，施药3～5次。有效药剂有20%杀灭菊酯2 000倍液、2.5%溴氰菊酯2 000倍液、2.5%功夫乳油2 000倍液、90%敌百虫晶体1 000倍液等。

（二）桃小食心虫

桃小食心虫（*Carposina niponensis* Walsingham）别名桃蛀果蛾，简称“桃小”。属鳞翅目果蛀蛾科。

1. 为害特点 桃小食心虫成虫主要在石榴果面上产卵，一般每个果上只产1粒卵。幼虫孵化后很快蛀入果内，蛀入孔微小，不易被发现。4～5 d被蛀果实沿蛀入孔出现直径约3 cm近圆形的浅红色晕，以后加深至桃红色，在背阴的果面上此红晕尤为明显。幼虫蛀入石榴后朝向果心或在果皮下取食籽粒，虫粪留在果内，直到幼虫老熟将要脱果前3～4 d才从脱果孔向外排粪便，粪便黏附在孔口周围，此时虫果最易被发现。幼虫脱果后，果内因堆积有虫粪常引起腐烂脱落，未腐烂的虫果一般不脱落。

2. 防治方法

（1）农业防治。在越冬幼虫出土前，用宽幅地膜覆盖在树盘地面上，防止越冬代成虫飞出产卵，如与地面药剂防治相结合，效果更好。在越冬幼虫连续出土后，在距树干1 m内压新土并拍实，可压死茧中的幼虫和蛹，也可用直径2.5 mm的筛子筛除距树干1 m、深14 cm范围内土壤中的冬茧。在幼虫出土和脱果前，清除树盘内的杂草及其他覆盖物，整平地面，堆放石块诱集幼虫，然后随时捕捉；在第一代幼虫脱果前，及时摘除虫果，并带出果园集中处理。

（2）生物防治。桃小食心虫的寄生蜂有好几种，尤以桃小甲腹茧蜂和中国齿腿姬蜂的寄生率较高。桃小甲腹茧蜂产卵在桃小食心虫卵内，以幼虫寄生在桃小食心虫幼虫体内，当桃小食心虫越冬幼虫出土做茧后被食尽。因此可在越代成虫发生盛期，释放桃小食心虫寄生蜂。在幼虫初孵期，喷施细菌性农药（Bt乳剂），使桃小食心虫罹病死亡。

（3）物理防治。也可使用桃小性诱剂在越冬代成虫发生期进行诱杀。

（三）石榴茎窗蛾

石榴茎窗蛾（*Herdonia osacesalis* Walker）别名花窗蛾、钻心虫。属鳞翅目网蛾科（窗蛾科）。

1. 为害特点 该虫主要蛀食石榴枝梢，造成枝梢枯死，严重破坏树形结构，甚至蛀入主干，削弱树势，降低结果率，严重时整树死亡。初孵幼虫3～4 d便自腋芽处蛀入新梢，被害稍枯萎死亡，极易发现。幼虫沿隧道向下蛀食，排粪孔的距离随幼虫增大而增大，被害枝条上最少有2个排粪孔，被害枝条易折断。

2. 防治方法

（1）农业防治。春季石榴发芽后，发现未发芽的枯枝应彻底剪除，消灭其中的越冬幼虫。7月初开始要经常检查枝条，发现枯萎的新梢应及时剪除，剪掉的虫枝及时烧掉，以消灭蛀入新梢的幼虫。结合冬季修剪剪除虫蛀枝梢，消灭越冬幼虫。

（2）化学防治。成虫产卵盛期树上喷药消灭成虫、卵及初孵幼虫，每隔7 d左右喷一次，连续3～4次，药剂可用20%速灭杀丁2 000～3 000倍液、2.5%敌杀死3 000倍液、80%敌百虫可湿性粉剂1 000倍液、50%辛硫磷1 000倍液。

幼虫蛀入枝条后，对最下面的排粪孔用注射器注入80%敌敌畏乳油10倍液放入孔中，然后用泥封口，10 d后进行检查，防治效果达94.5%。

（四）豹纹木蠹蛾

豹纹木蠹蛾（*Zeuzera coffeae* Nietner）别名咖啡豹蠹蛾、咖啡木蠹蛾。属鳞翅目木蠹蛾科。

1. 为害特点 以幼虫在被害枝基部的木质部与韧皮部之间蛀食一圈，之后沿髓部向上蛀食，枝上有数个排粪孔，有大量的长椭圆形粪便排出，受害枝上部变黄枯萎，遇风易折断。

2. 防治方法

（1）农业防治和物理防治。剪除被害枝干集中烧毁，或用细铁丝从排粪孔口穿进捅死蛀道中的幼虫、蛹。在黑光灯下设置糖醋液盆诱杀成虫。

（2）生物防治。保护和引进自然天敌昆虫，如小茧蜂、蚂蚁类等，可起一定的抑制作用。用棉球或火柴头蘸取白僵菌悬液，从排粪孔口处塞入蛀道内，使虫体感染病菌而致僵死亡，防治效果良好。

（3）化学防治。在成虫产卵期、卵孵化期、幼虫刚孵化或尚未钻蛀入枝干木质部之前，用 Bt 乳剂＋氯氰菊酯、功夫、速扑杀等药液对树冠喷雾；用小棉球蘸取药液塞进蛀道内或将药液滴、注入蛀孔口内，防治效果良好。

（五）蚜虫

危害石榴的蚜虫有棉蚜（*Aphish gossypii* Glover）和桃蚜（*Myzodes persicae* Sulzer），其中以棉蚜为主。俗称腻虫，属同翅目蚜科，为世界性大害虫。

1. 为害特点 蚜虫为害石榴的部位是当年生枝顶端嫩梢、幼叶及花蕾，成虫、若虫群集，均以口针刺吸汁液，大多栖息在嫩梢、幼叶及花蕾上，并排出大量黏液，易引起煤污病。嫩叶及生长点被害，造成叶片卷曲，花蕾受害后萎缩，影响生长和坐果。

2. 防治方法

（1）农业防治。在秋末冬初刮除翘裂树皮，清除园内枯枝落叶及杂草，消灭越冬场所。

（2）生物防治。保护和利用天敌。瓢虫等天敌对蚜虫有一定的控制作用，要注意保护天敌。

（3）化学防治。在石榴树休眠期和生育期内均可进行药剂防治。有效药剂有 70%吡虫啉 WP 3 000倍液、5%啶虫脒 EC 2 000 倍液、20%甲氰菊酯 EC 2 000 倍液。

（六）黄刺蛾

黄刺蛾（*Cnidocampa flavescens* Walker）别名刺蛾、八角虫、洋辣子、洋蜡罐、白刺毛等，属鳞翅目刺蛾科。在石榴产区除黄刺蛾外，还分布刺蛾科的小白刺蛾、青刺蛾、中国绿刺蛾、扁刺蛾、褐刺蛾 5 个种。

1. 为害特点 以幼虫啃食石榴叶片，可将叶片食成很多孔洞、缺刻或仅留叶柄、主脉，严重影响树势和果实产量。

2. 防治方法

（1）农业防治。冬季或早春结合修剪，剪下树上的越冬茧，并集中烧毁。

（2）物理防治。大部分刺蛾成虫具较强的趋光性，可在成虫羽化期于 19:00～21:00 用黑灯光诱杀。

（3）生物防治。挑出被天敌寄生的茧（被寄生茧上端有一寄生蜂产卵时留下的小孔），保存在树荫处铁纱笼中，让天敌羽化后能飞回自然界。

（4）化学防治。黄刺蛾幼龄幼虫对药剂敏感，在幼虫发生期一般触杀剂均可奏效。

（七）石榴绒蚧

石榴绒蚧（*Eriococcus lagerostroemiae* Kuwana）别名紫薇绒蚧、榴绒粉蚧，属同翅目绒蚧科。

1. 为害特点 石榴绒蚧以成虫、若虫刺吸石榴树嫩梢、枝、叶、花（蕾）、幼果、果实的汁液，致使嫩梢、枝、叶养分供给不足，出现叶黄枝萎、树势衰弱、枝条枯死；致使花（蕾）、幼果、果实表皮出现斑点，影响外形外观；在前期干旱时该虫潜入果实萼筒花丝内或果与果、果与叶片相接处栖息、取食为害，致果皮受伤，是煤污病滋生和干腐病发生的传播媒介。

2. 防治方法

（1）农业防治和物理防治。结合冬季修剪去除并烧毁有虫枝，并用竹片、钢刷等刮除树皮上及凹陷处的虫体。

(2) 生物防治。红点唇瓢虫和寄生小蜂是介壳虫的天敌，捕食量大，所以凡有瓢虫和寄生蜂区应注意加以保护和利用。

(3) 化学防治。冬季用 5 波美度的石硫合剂进行防治，效果可达 86%。在各代若虫发生期喷 70%吡虫啉可湿性粉剂 3 000 倍液或 5%氰戊菊酯乳油 1 500 倍液，防治效果较好。

(八) 石榴巾夜蛾

石榴巾夜蛾（*Prarlleila stuposa* Fabricius）属鳞翅目夜蛾科。

1. 为害特点 以幼虫为害石榴嫩芽、幼叶和成叶，发生较轻时咬成许多孔洞和缺刻，发生严重时能将叶片吃光，最后只剩主脉和叶柄。

2. 防治方法

(1) 农业防治。冬季结合深翻土壤，将土中的蛹挖出冻死或被鸟食掉。

(2) 化学防治。幼虫发生危害期喷洒 2.5%溴氰菊酯乳油 2 000～2 500 倍液、90%敌百虫晶体 1 000倍液、50%杀螟松乳油 1 000 倍液。

(九) 地老虎

地老虎（*Euxoasegetum schiffer－muller*）别名土蚕、地蚕、切根虫、夜盗虫。属鳞翅目夜蛾科。

1. 为害特点 幼虫将果树幼苗近地面的茎部咬断，使整株死亡，严重的甚至毁种。

2. 防治方法

(1) 农业防治。及时中耕除草，可减轻小地老虎危害。

(2) 物理防治。可人工捕捉幼虫。清晨在被害苗木的周围将土扒开 3～6 cm 深，即可发现幼虫，可进行人工捕捉。

(3) 化学防治。幼虫危害期，于傍晚在苗圃内放置用 25%灭幼脲 3 号 300 倍液配制的幼嫩多汁草毒饵，每 10 m 放一堆（每堆 0.5 kg）。成虫对黑光灯及糖醋酒液等趋性较强，在成虫发生期，利用糖醋酒液（即 6 份糖、3 份醋、1 份酒和 10 份清水混合而成）诱杀。

第十节 果实采收、分级和包装

一、果实采收

石榴每年开 3 次花，故有 3 次果，因此石榴果实的成熟期不一致，应根据品种特性、果实成熟度及气候条件等分期采收。采收过早果实风味不足，耐藏性差，表皮易失水、皱缩，贮藏期品质劣变和病害严重；采收过晚，果实在树上充分成熟易发生裂口，果皮破绽，籽粒外露，容易受到病虫害侵染而腐烂。因此，要分批、适时采收。

石榴果实成熟的标志是：①果皮由绿变黄，有色品种充分着色，果面出现光泽；②果棱显现，果肉细胞中的红色或银白色针芒充分显现，红色品种色彩达到固有的程度；③果实个头足够大，籽粒饱满；④果实的风味主要取决于其糖酸比，其因品种不同而变化。果实汁液的可溶性固形物含量应达到该品种应有的浓度或者品尝时其风味达到该品种特有的风味，通常可溶性固形物含量应达 17%以上，总酚含量低于 0.25%，果实的甜度和涩度才满足商业化的要求。

北方产区，以秋分至寒露期间为采收适宜期。南方石榴更强调分批采收，应先采头花果、大果，后成熟的后采。采摘时，病果和裂果应由专人采摘，集中处理，以防病原微生物交叉感染蔓延。要选在晴天采摘，雨前要及时采收，以免有些品种雨后大量裂果。如果是用于贮藏保鲜的石榴果实，一般要在雨后 3 d 的晴好天气采摘。雨天采收的石榴果实，萼筒内易积水，致病菌易滋生，短期内腐烂严重。采摘时，一手扶树枝，一手摘果，最好用剪刀摘果，带 1 cm 左右的果柄，尽量轻摘轻放，防止石榴果实受到机械伤害，尤其要防止内伤，即果实因为挤压而发生的内伤和内籽粒破裂，在后续的贮运过程中，破碎组织流出的汁液会影响到其他健全的部分，使之变质、变味，失去商品价值。果实采收后，应剔除病果、伤果和裂果，对怀疑有内伤的果实也要及时挑出，用于贮藏、销售的健全无伤的果实要进行采后处理和包装。

二、果实分级

从果树上采收的石榴，果重、大小、形状、颜色和品质等差异很大，很难达到优质优价的目的，因此分级的目的和意义在于：实现优质优价；满足不同用途的需要；减少损耗；便于包装、运输与贮藏；提高产品市场竞争力。在当前还没普及石榴机械化分级设备的情况下，普遍采用人工分级。因人工分级误差较大，为了缩小误差，可在分级工人面前放不同等级的标准果供对比参考，以提高工作效率，减少误差，经过人工分级的果品，按等级分别装箱，并做标记。

石榴的分级标准主要项目有大小、果皮的颜色、形状、色泽、风味、口感、机械伤、药害、病害、裂果等。目前鲜食石榴还没有国家行业标准，所以各个地方不同石榴品种的分级普遍按照以下步骤进行。人工分级的一般程序是人工挑选、剔除小果、病虫果、畸形果、机械伤果，先根据品种，按照大小要求分为不同等级，再用分级板按果实的横径分级。分级板为直径不同的圆形带柄硬质塑料板，装订在一起，对于同一个品种的水果，按照果实的大小确定最小孔径和最大孔径，每孔直径依次增加 5 mm，分出各级果实，一般一套分级板有 6～10 个等级，可以适用于不同品种的水果。因石榴果实表皮光滑度和着色度差异很大，在要求比较高的分级中，应先根据大小按照单果重量分级，然后根据果皮的着色度、干净度及光滑度再对同等大小、重量的果实进行分级。

现在越来越多的机械设备引入到了果蔬贮藏的领域：果实大小分级机、果实重量分级机、光电分级机（包括红外无损伤检测机、电子鼻、电子舌等）等。

三、包装

合理的包装是果实商品化、标准化、安全运输和贮藏的重要措施。科学的包装可减少果实在搬运、装卸过程中造成的机械损伤，使果实安全运输到目的地。同时，科学的包装还可减少果实的腐烂、保持果实的品质和延长贮藏寿命。

包装的材料要求如下：要坚固轻便、美观方便，对顾客有一定的吸引力，经得起长途运输和堆码；具有一定的保湿能力和透水性，保持包装内的空气相对湿度在 90%左右，同时要求材料内壁不挂水、不结露；具有一定的抗菌功能，能有效地抑制微生物的滋生和繁殖，保持果品的品质；对氧气和二氧化碳有一定的选择透性，维持氧气的浓度在 3%～6%，二氧化碳浓度在 3%～9%，在运输、流通和销售的过程中能抑制石榴的呼吸强度，延长石榴贮藏期和保鲜期的目的，不同品种、不同栽培模式和不同产区石榴的贮藏气体参数有一定差异；包装材料要有良好的热交换性，可以及时散发包装内果品的呼吸热，降低石榴的呼吸速率。

包装容器应具备以下特点：材料的大小、重量要适合，便于包装和垛码；容器的内壁要光滑，以免刺伤内包装和石榴表皮；容器不能过于密封，应该使内部果品与外界有一定的气体和热量交换。目前新型的包装容器还具有折叠功能，可以在运输后折叠堆码，达到节约空间和降低车辆空载率的目的。

目前生产上的石榴一般采用硬纸盒或硬纸箱包装，也可采用塑料周转箱等，销售的石榴一般都采用软纸单果包装，大多数不用保水包装材料或者仅简单地用塑料薄膜进行保水，所以贮藏后期石榴失水特别严重，主要表现为表皮皱缩、硬化、失去光泽等，严重影响石榴的商品性。

四、运输

目前，石榴的规模化种植已经很普遍，果实的外销外运是果实增值的重要环节，必须引起重视。果实包装后，不论采用哪种运输工具，都要做到轻拿轻放，严防机械损伤，以免给果实贮藏带来不利影响，还要根据运输条件和天气情况，随时做好降温（北果南运）或保温（南果北运）工作。运输时应批次分明、堆码整齐、环境清洁、通风良好，严禁暴晒雨淋，注意防热防冻，缩短运输时间。运输工具必须清洁卫生、无异味，不得与有毒物质混装混运。

第十一节　果实贮藏保鲜与加工

一、石榴贮藏保鲜技术

（一）简易贮藏

室内简易贮藏是劳动人民在生产实践中总结出来的，虽然能贮藏一段时间，但一般贮藏的量都较少，而且要根据贮藏地的实际条件和气候条件进行。

1. 挂藏　挂藏适用于云南、四川及江苏南部等空气水分比较大的地方，石榴采收时留有一段果柄，用细绳拴住果柄绑成串，类似辣椒串，悬挂在阴凉的房屋里，或用软纸、塑料薄膜包装，一般可贮藏 2～4 个月。

2. 堆藏　选择通风阴凉的空房子，打扫干净，适当地洒水，以保持贮藏环境的湿度，然后在地上铺 5～6 cm 厚的稻草，其上按一层石榴一层松针相间堆放，以 5～6 层为限，最后在堆上其四周用松针全部覆盖。贮藏期间每间隔 15～20 d 翻堆检查一次，剔除烂果并更换一次松针。耐贮藏的品种一般可以存放 6 个月左右。但是果实堆放前一定要散尽田间热量，彻底冷却，并用 500 mg/L 次氯酸钙或者 500 mg/L 咪鲜胺类杀菌剂进行表面消毒。

3. 袋藏　将上述用杀菌剂处理过的石榴控水晾干，放入聚乙烯塑料袋中，扎好袋口，至于阴冷的地方。此法贮藏石榴可达 4 个月，如果袋藏的石榴外加具有抑制霉菌效果的软纸包装，保鲜效果更佳，石榴的品质更好。

4. 缸藏　也称为罐藏，主要用在偏远地区小规模的贮藏。将缸、罐、坛等陶器洗涤干净，用生石灰水消毒，再用清水洗涤后晾干备用。石榴采后先用杀菌剂进行表面灭菌，灭菌完毕在阴冷通风处放置 2～3 d，然后在缸底部铺一层湿沙，沙子要在太阳下暴晒，湿度以手捏成团松手后刚能散开为宜，厚度为 5～6 cm，中央插 4～5 株玉米秆或 10 株稻草扎成的通风道，在通风道周围装石榴，铺平一层后，以软纸分层，直到距离灌口 5～6 cm 时，再用湿沙子盖严，缸口用塑料薄膜封口，以后每 20 d 检查一次，剔除腐烂果。缸藏石榴的成熟度不能太高，比较适宜晚熟、皮厚的品种。

5. 井窖贮藏　井窖贮藏类似于甘薯、芋头和土豆等的贮藏，选择地势较高、地下水位较低的地方。挖直径 1 m、深 2～3 m 的干井，然后从井底向四周挖几个拐洞，洞的大小以贮藏石榴的量而定，但是要保证窖身稳固不塌方。在窖底先铺一层干草，然后在上面摆放 4～5 层石榴。贮藏的石榴需要经过严格的挑选，并要进行表面灭菌。贮藏时，一般按照石榴的大小和品种放入不同的拐洞。盖窖盖时要留下一个小气孔，每隔 10 d 左右检查一次，剔除烂果，每次检查时先要放蜡烛下窖，看二氧化碳的含量是否较高，如果蜡烛熄灭，则需要用鼓风机强制通风。一般井窖式贮藏适合晚熟的石榴，在栽培条件较好的情况下，井窖贮藏可以将石榴存至春节。

6. 沟藏　选择排水良好、背风向阳的地方，挖深 70 cm、宽 100 cm 的沟，沟的长度根据贮藏量而定。在较寒冷的地区，沟的走向以南北为宜，较温暖的地方则以东西向为宜。在贮藏沟内每隔 1～1.5 m 设置一个通气孔（可用玉米秆、竹竿、稻草等），下至沟底，上高出地面 20 cm。在沟的底部铺上 5 cm 的湿沙，在上面码放石榴，每放一层石榴后覆盖一层湿沙，整平湿沙后再放一层石榴，这样可以放 6～7 层，最后覆盖 10 cm 厚的湿沙，以席子封顶。在贮藏初期，白天用席子盖严，减少阳光的辐射，夜间和凌晨利用冷空气尽快降低沟内的温度。贮藏中期，加厚沟面的覆盖层，保持沟内温度的稳定，并使沟面高出地面，避免积雪融化后渗入沟内。贮藏的后期注意降低沟内温度，以便延长石榴的贮藏期，该贮藏方法广泛适用于陕西、山西、江苏北部、山东等冷库设施不健全的贮藏区。

(二) 冷藏

石榴冷藏前需要对冷藏库进行消毒处理，并检查冷藏设备的性能，以保证设备的正常运行。一般将冷库的温度降至 3～5 ℃，如果 4～8 h 能达到要求，即证明冷库的设备正常，可以正常使用。

分级包装好的石榴经预冷后装入周转箱或纸箱，进行入库，为了利于通风和检查，入库后的石榴呈“品”字形堆码，箱子的高度与库顶和墙体保持 80 cm 左右的距离，可以通过一个人或者能保证方便检查、倒箱，码与码之间距离保持 30 cm 左右，堆层一般维持在 7～10 层，如果有货架的话，以货架的设计为准。果实装箱封库后，在尽可能短的时间内将库温降至要求温度，越快越好。

贮藏期管理主要是控制库温，根据石榴品种和贮藏期长短的不同，库温控制在 5～7 ℃，空气相对湿度控制在 85%～95%。若库体内相对湿度不够，可以用普通空气加湿器或微波空气加湿器进行加湿，没有条件的地方，可以给库内进行洒水保湿。贮藏期间需要定期对贮藏的石榴进行抽查，掌握贮藏情况，一般来说，贮藏前期每 20 d 抽查一次，贮藏后期根据贮藏的效果，可相应增加抽查的次数，抽查数量以总箱数量的 3%～5%为宜。主要检查果实腐烂率、失重率、褐变情况和皱缩情况等，每次检查的结果要及时记录，并根据结果做出对策。出库前应逐箱检查，剔除不合格的果实。

(三) 气调贮藏

气调贮藏是在机械冷藏的基础上，加入气体控制因素，提高冷藏效果，延长石榴果实的贮藏期。石榴对低氧环境敏感，特别是 O_2 含量低于 2 kPa 时，因此不同品种要选择合适的气体成分比例。研究表明，在贮藏温度 8 ℃、相对湿度 95%条件下，新疆大籽石榴适宜的气体组分是 5%CO_2+3%～5%O_2，该条件能显著保持石榴贮藏品质和减轻果皮褐变。在 6 ℃条件下，Hicaz 石榴的最佳气调气体组分是 6%CO_2+3%O_2。在 4～5 ℃、空气相对湿度 85%～95%条件下，3%CO_2+3%O_2 能显著降低净皮甜石榴的褐变率和腐烂率。在 7.0 ℃、5 kPa O_2+15 kPa CO_2 的条件下 Wonderful 石榴果实贮藏期可达 6 个月以上。上述研究也表明，高 CO_2（CO_2≥10%）浓度环境易引起石榴的厌氧呼吸，导致乙醇和乙醛积累，造成贮藏品质降低。

另有研究表明，贮前杀菌预处理结合一定的气调贮藏条件，有助于解决石榴采后贮期腐烂的问题。将石榴果实预先在 21 ℃、30 g/L 山梨酸钾溶液中浸果 3 min，再在 7.2 ℃、5 kPa O_2+15 kPa CO_2 的条件下贮藏 15 周，可减少果实腐烂率，并保持果实外在和内在品质。

目前，国外多采用微孔塑料袋进行全果包装或籽粒包装的气调包装（MAP）形式。袋内果实的呼吸作用和聚丙烯（UPP）薄膜对于不同气体的渗透性使得在果实周围形成了高 CO_2 和低 O_2 的气调环境，由于塑料薄膜既可以维持一定浓度水平的气体条件，又不会引起果实新陈代谢产生异味，因此 MAP 有助于维持果实品质和减少失重，从而延长货架期。国外已将 MAP 技术成功地用于鲜切石榴籽产品的包装。Artes 等对比了 2 ℃和 5 ℃冷藏条件下，采用未打孔 25 μm 厚的聚丙烯和打孔 20 μm 厚度聚丙烯两种气调包装方式对 Mollar de Elche 甜石榴冷藏和货架期的影响，结果表明，5 ℃冷藏条件下，结合打孔聚丙烯包装可显著保持红籽石榴的果实品质。在两种贮藏温度下，气调包装的石榴果实生理失调变化最小。

二、石榴加工技术

(一) 石榴籽的加工

1. 工艺流程

原料选择→预熟化→清洗、消毒→热处理、晾干→切分剥粒→称量包装→贮藏

2. 操作要点

(1) 原料选择。选择成熟度高、粒大饱满，无腐烂和病虫害的石榴为原料。

(2) 预熟化。国外新采摘的石榴进入脱籽粒加工设备之前，预先要在室内阴凉的地方放置几天，以使提取过程更加高效。

（3）清洗、消毒。以清水清洗石榴表面，除去灰尘、泥土等杂质，再用 100 μL/L 次氯酸钠进行表面消毒 1 min。

（4）热处理、晾干。以 40 ℃热水浸果处理 5 min，将处理后的石榴自然晾干或离心甩干。

（5）切分剥粒。使用事先清洗消毒的水果刀将石榴蒂削去，沿石榴外果皮凸起处纵向切割 3～4 次，注意不要触及内部籽粒，然后掰开，沿着籽粒的生长方向剥离石榴籽粒，力度适中，以不损伤籽粒为宜。人工剥籽效率较低且损耗较大，据统计一个熟练工 8 h（1 个工作日）仅能加工出 23 kg 石榴籽，并伴随有 20%的破损率。国外多采用机械法取籽粒，该设备主要由石榴籽剥离器、水分离单元（分离隔膜和外皮）和电路控制板组成，石榴籽产出能力达 180～250 kg/h，籽粒破损率仅为 2%～3%，且货架期更长。

（6）称量包装。将石榴籽粒分装在聚乙烯半透膜保鲜袋或保鲜盒中，封口。

（7）贮藏。将分装并密封好的石榴籽粒分别置于相对湿度为 85%、温度 0～6 ℃的环境下贮藏。

研究表明，采用次氯酸钠杀菌处理结合聚乙烯（PE）半透膜包装的 wonderful 石榴籽在相对湿度为 85%、4 ℃±0.5 ℃的条件下贮藏期可达 14 d。Ayhan 等将 Hicaznar 石榴籽粒采用聚丙烯（PP）托盘加双向拉伸聚丙烯（BOPP）薄膜密封的气调包装方式于 5 ℃下贮藏，18 d 后产品仍保持较好的质量参数。

（二）石榴汁的加工

1. 工艺流程

原料选择→清洗→去皮、取籽粒→压榨→石榴汁原液→护色→酶解→灭酶→絮凝澄清→过滤→低温保存→调配→无菌过滤、灌装→成品包装

2. 操作要点

（1）原料选择。选择成熟度高、粒大饱满、无腐烂、无病虫害的石榴为原料。

（2）清洗。石榴在采摘和运输过程中会沾上一些灰尘和泥土，需加以清洗。用自来水清洗干净后，沥水晾干。

（3）去皮、取籽粒。先在石榴上端轻轻旋切一圈，去掉萼部，然后从萼部至梗部平均纵切 4 刀（以不触及籽粒为度），从萼部掰成 4 开，剔除石榴果内果络（内种皮），分拣出洁净籽粒。

（4）压榨。将石榴果粒倒入压榨机榨汁，使石榴果籽与果肉进行分离；然后通过胶体磨进一步细化果肉，再用 80 目双联过滤机粗滤，分离果汁和果渣，得到石榴汁原液，此时的石榴汁原液较为混浊。

（5）护色。添加 0.25%～0.03%柠檬酸与 0.02%维生素 C 对石榴汁进行护色，可保护石榴汁原有的色泽，且不会对其风味和口感造成不利的影响。

（6）酶解。酶解可减少石榴原汁中果胶、淀粉、纤维素等不溶性成分的含量，提高果汁澄清度，同时不易发生二次沉淀。果胶酶用量 0.08%，淀粉酶用量 0.06%，纤维素酶用量 0.06%，在此组合条件下，石榴汁透光度可达到 90.1%，达到较高的澄清度。

（7）灭酶。迅速将果汁加热至 80～85 ℃，保持 10 min，以减少由于酶引起的果汁变色、变味等不良现象，达到灭酶的效果。

（8）絮凝澄清。明胶添加量为 0.05%，单宁添加量为 0.04%，静置絮凝时间为 4 h，离心后以硅藻土进行精滤，石榴汁透光率达 99.0%。

（9）低温保存。经上述处理后的石榴汁于 0～4 ℃低温环境下存放备用。

（10）调配。石榴汁原液经过后处理工序后，色泽变得澄清透亮，可根据大众口味的不同调配出不同档次的产品。

（11）无菌过滤、灌装。预先将玻璃瓶和瓶盖洗净，并用高温蒸汽杀菌。果汁经无菌过滤机进行过滤后再进行脱气处理，然后采用排气密封法迅速在无菌条件下灌装。

(12) 包装。将灌装好的石榴汁贴标、包装后，即得到鲜石榴汁饮品。

(三) 石榴酒的加工

1. 工艺流程

原料选择→清洗→去皮→榨汁→过滤→添加 SO_2→主发酵→后发酵→澄清→过滤→成品

2. 操作要点

(1) 原料选择。选择新鲜完好、成熟度高，无腐烂和病斑的石榴果实为原料。

(2) 清洗。以自来水冲洗掉石榴表面的杂物，沥水晾干。

(3) 去皮。手工去皮，剥去石榴的外皮和果肉之间的内络。

(4) 榨汁。将去皮后的石榴进行压榨，添加 40 mg/kg 的果胶酶。

(5) 过滤。将石榴汁用纱布过滤（过滤前应用亚硫酸对纱布进行清洗），滤去石榴籽及残渣。

(6) 添加 SO_2。向果汁中添加 50～60 mg/L SO_2 后，低温下静置过夜。

(7) 主发酵。将活化的葡萄酒干酵母接入石榴汁中进行发酵，酵母接种量为 5%，发酵温度保持在 22～25 ℃，发酵时间为 5 d 左右。

(8) 后发酵。待发酵液面只有少量 CO_2 气泡、液面较平静时，降低温度至 10 ℃，开始后发酵。发酵后期通过测定含糖量连续两天不再降低时终止发酵。补加 SO_2，补加量视情况而定。

(9) 澄清。加入 0.1%明胶进行澄清处理。

(10) 过滤。将澄清后的酒液倒罐，并将底部沉淀进行过滤，得到石榴酒成品。

(四) 石榴叶茶的加工

1. 工艺流程

鲜叶→萎凋→杀青→揉捻→烘二青→炒三青→炒干提香→冷却→成品→包装、贮藏

2. 操作要点

(1) 鲜叶。选取新鲜的新芽或嫩叶，要求芽叶无病虫危害，打农药的石榴叶要过安全间隔期才能采摘，无其他杂物。

(2) 萎凋。常温下室内阴凉处摊晾 3 h 左右，每隔 30 min 翻叶一次进行自然萎凋。待叶色变暗绿、失去光泽，叶质变柔软，叶梗折而不断，失水率 20%左右即达到要求。

(3) 杀青。因石榴叶的叶片较薄，含水量较低，因此杀青时间不宜过长。控制投叶量在 140～180 kg/h，杀青温度 290 ℃左右，杀青时间 6 min。杀青后叶质柔软，叶面失去光泽，叶片略有焦边，叶梗折而不断。

(4) 揉捻。杀青叶摊晾回软后进行机械揉捻。揉捻时间 18～22 min，此时芽叶呈条索状、卷曲程度好，茶汁稍有溢出，有粘手感。

(5) 烘二青。烘二青温度控制在 85 ℃左右，时间约 15 min。

(6) 炒三青。炒三青温度 60 ℃，时间为 30 min。

(7) 炒干提香。翻炒叶的同时用手掌均匀揉捻，使其在受热过程中定型，茶坯均匀受热。炒干温度 50 ℃，炒干时间 2.5 h。

(8) 冷却。将炒干后的茶坯进行摊晾，自然冷却至常温。

(9) 成品。石榴叶茶的外形特征为色泽橙黄，条索紧细卷曲，含水量 5%～6%，手搓茶可成粉末。内在品质为香气浓，叶底匀，汤色金黄明亮，具有石榴茶的固有香味。

(10) 包装、贮藏。产品包装后于低温冷库或冷柜中贮藏。

第十二节 石榴盆景

石榴枝、叶、花、果皆美，历来是我国园林和庭院绿化、观赏的名贵树种，是制作盆景的上好素

材。石榴盆景是把石榴树栽植在花盆内，在继承、发扬我国树桩盆景造型艺术的基础上，根据石榴树生长结果特性，经过一定的艺术加工处理，形成观赏价值更高的艺术品，是美化庭院、公园、广场、宾馆、会议室、展室等公共场所的上等材料。近年来，我国石榴盆景产业发展迅速，制作技术日趋成熟，风格多样化，社会效益和经济效益显著。本节内容主要概括石榴盆景制作与栽培技术。

一、树桩采集和育坯技术

树桩是石榴盆景最主要的组成部分，其来源有三：野外挖掘、市场采购、人工培育。此外，幼龄果园密植的石榴树、因品种改良而淘汰的石榴树、生产上进入衰老期的石榴树、采穗圃中计划更新的石榴母树、育种圃中准备淘汰的石榴树等，都是制作石榴盆景的好材料。

育坯是盆景创作的基本功，主要把握好打坯、改坯、定植保活三个环节。打坯包括定型、定势和定面等。改坯是按照勾勒的意象图，对树桩的干、根、枝进行锯截、修剪、打磨等粗加工的过程。石榴树桩定植有盆栽、地栽两种方式。宜选用质地疏松、通透性良好、有机质适中的沙壤土。定植后可使用激素促进生根；树桩周围环境、培养土要始终处于湿润状态；冬季注意保温，防止发生冻害；树桩育坯至 5～6 月，要及时将多余的萌芽抹去，有利于集中营养、快速成型。

二、盆景造型

育坯成功后，再根据新枝生长情况和石榴盆景创作原则，进行正式造型设计。

以峄城石榴盆景为代表的石榴盆景，在 30 余年的发展创新过程中，形成了以观干为主类、观根为辅类、树石类为点缀的 3 大类，加上近年推出的微型类，共 4 大类 19 款造型。

（一）观干类

在石榴盆景款式中，以树干不同形态而命名的最为常见。

1. 直干式　这类石榴盆景主干挺拔直立或略有弯曲，树冠端正，层次分明，果实分布均匀，有雄伟屹立之感。

2. 斜干式　主干倾斜，略带弯曲，树冠偏向一侧，树势舒展，累累硕果倾于盆外，似迎宾献果，情趣横生。把树栽于盆钵一端，树干向盆的另一端倾斜。一般树干和盆面的夹角在 45°左右，倾斜的树干不少于树干全长的一半，占 2/3 左右为宜，且倾斜部分具有一定的粗度，主干中部以上应有主、侧枝，以便用枝叶掩盖住斜与直的交接部位，缓慢过渡。

3. 曲干式　树干呈“之”字形弯曲向上，多为两层，也有多层弯曲款式。曲折多变，形若游龙，层次分明，富有动势，多为单干，果实多挂于主干的拐弯处，变化丰富多彩，虽由人作，宛如天成。

4. 悬崖式　主干自根颈部大幅度弯曲，倾斜于盆外，似着生于悬崖峭壁之木，呈顽强刚劲风格。按树干下垂程度不同，有小悬崖和大悬崖之分。树干枝梢最远端低于盆上口，而没有超过盆底者称小悬崖（半悬崖）；枝梢远端低于盆底者称大悬崖（全悬崖）。

5. 卧干式　树干大部分卧于盆面，快到盆沿时，枝梢突然翘起，显出一派生机，翠绿的枝叶和苍老的树干，具有明显的枯荣对比。树冠下部有一长枝伸向根部，达到视觉的平衡。盆景表现树木与自然抗争的意境。

6. 过桥式　表现为河岸或溪边之树木被风刮倒，主干或枝条横跨河、溪而生之态，极富野趣。

7. 枯干式　自然界中有些树干被侵蚀腐朽穿孔成洞，有的树干木质部大部分已不存在，仅剩一两块老树皮及少量木质部，但又奇迹般地从树皮顶端生出新枝，真是生机欲尽神不枯。枯干不是形，是指枯朽的神，在直干、斜干、弯干、曲干等多种造型形式中都有枯干的运用。由于石榴寿命长，枯干桩材资源较多，在石榴盆景款式中占有重要位置。

8. 象形式　它是把盆景艺术和根雕艺术融合为一体的一种盆景形式，多为动物形象。在素材有几分象形的基础上，把树桩加工创作成某种动物形象，给人以植物异化的审美情趣。它要求植株的干、枝必须具备一定的自然形态，经过创作者巧妙加工而成。如山东枣庄峄城张孝军的“虎头虎威”“金凤展翅”，李德峰的“雄狮”等。

9. 弯干式 在峄城石榴盆景中，弯干式是最为著名的款式。树龄较老、桩干较粗（10 cm 以上）的自然野桩，均为一弯半，经过舍利干制作及树冠修剪蟠扎，既显得苍老古朴，又具有阳刚健壮之美。如用幼树制作弯干式盆景，比较容易弯，但需时较长。如杨大维的“一勾弯月”，张孝军的“老当益壮”等。

10. 双干式 有的双干式是一株树，主干出土不高即分成两干；有的是两棵树栽于一盆，两棵树互相依存。双干式的两干，一定要一大一小、一粗一细，其形态有所变化为好。双干式表示情同手足、扶老携幼、相敬如宾之情。

11. 丛林式 凡 3 株以上（含 3 株）树桩合栽于一盆，称为丛林式。一般为奇数合栽。最常见的是把大小不一、曲直不同、粗细不等、单株栽植不成型的几棵树桩，根据立意，主次分明、聚散合理、巧妙搭配，栽植于长方形或椭圆形的盆钵中。

以上所述以干为主的造型形式是基本的形式，不同形式之间还可结合，如直干、斜干、弯干也可与枯干、舍利干结合，形成更为生动的造型形式。

（二）观根类

1. 提根式 将表层盆土逐渐去除，使根系逐渐裸露。突出特点是根部悬露于盆土之上，犹如蟠龙巨爪支撑干枝，不仅显现根的魅力，而且体现整个盆景的神态风姿，显得苍老质朴、顽强不屈，具有较高的观赏价值。

2. 连根式 模仿野外石榴树因受暴风或洪水等袭击，使树干倒地生根，向上的枝条长成小树创作的。有的树根经雨水冲刷，局部露出地面，在裸露部位萌芽，长出小树，其表现树木与自然灾害搏斗抗争的顽强精神。

3. 蟠根式 也是露根类，露出的根经人为的盘曲穿插造型，然后再扎入土中，比提根式、连根式更具古朴野趣和美感。

（三）树石类

树石类又称附石类。树石类盆景的特点是石榴树栽种于山石之上，树根扎于石洞内或石缝中，有的抱石而生，是将树木、山石巧妙结合为一体的盆景形式。这类盆景以石榴树为主，以石为辅，多以幼树制作旱式树石盆景。主要有洞植式、隙植式、靠植式和抓石式等。

（四）微型类

微型树桩盆景是指盆钵直径为 5～10 cm，树桩高度在 10 cm 以下的盆景。微型石榴树桩盆景所用的石榴品种，多是株型较小的变种石榴，如月季石榴、复瓣月季石榴、墨石榴等，多用种子繁殖。手掌之间，花果兼备的微型石榴树桩盆景，比一般石榴树桩盆景更有玲珑剔透的情趣。

三、盆景制作

制作是盆景创作最关键、最重要的核心环节，是真正体现作者艺术水平和制作技艺的阶段。

（一）干的制作

1. 直干式和斜干式干的制作

（1）直干式干的制作。主要是选择主干直立的树桩，在育坯阶段和以后的培育中保留过渡自然的主干即可。采用幼树培育直干式盆景，为使树干尽快达到所需粗度，就要对主干进行几次截干。第一次是当幼树长到一定粗度时，在树干下部锯截，培育几年后进行第二次截干，再培育几年进行第三次截干，这可育成下粗上细过渡自然的直立主干。要注意截干面与树干轴线成 45°左右夹角，使新干与老干结合部过渡自然。

（2）斜干式干的制作。基本同直干式，只是将其斜栽盆中而已。

2. 曲干式干的制作　曲干式石榴树桩盆景的曲干除自然弯曲外，也可人工制作。人工制作的曲干，多选用二三年生的幼树，树龄越长制作难度越大。主要方法有金属丝定型法、截干法、木棍弯曲法、劈干法、剖干法和锯口弯曲法等。

3. 悬崖式干的制作　悬崖式盆景干的基部是垂直的或基本垂直的，自基部往上部分弯曲下垂，弯曲的方法与曲干式基本相同，只是悬崖式干弯曲度要大于曲干式，且向下弯曲下垂。可主干或一主枝下垂，也可主干向一侧偏斜，随后弯曲下垂，或向一侧倾斜后拐一个弯再向另一侧下垂。

4. 过桥式干的制作　一般用一高一矮双干式桩景，将其高的一干弯曲呈弓形，末端插入土中生根，弯曲后干下部的枝条剪去，干上部的枝条保留，弯曲部分像桥拱，即制成过桥式。

5. 枯干式干的制作　除比较古老的枯桩外，人工制作枯干主要有两种方法：一是对比较粗壮的主干劈去一部分，对中下部的木质部进行打磨或用强酸腐蚀，经几年工夫，形成不规则的腐朽沟或腐朽面。二是制作“舍利干”。树干部分木质裸露出来，呈白骨化，与繁茂的枝叶形成鲜明的对比。

6. 双干式干的制作　若用两株幼树栽于一盆中，待生长到一定高度时进行摘心，促进其分枝，使两株石榴树枝条搭配得当，长短不一，疏密有致，似自然生长一样。一般两株石榴树相距较近，否则有零散之弊，而无美感。通常是大而直的一株栽植于盆钵一端，小而倾斜的一株植在其旁边，其枝条伸向盆钵另一端。

（二）丛林式石榴树桩盆景的制作

丛林式石榴树桩盆景制作不难，对素材要求不太严格。树干形态差异不要太大，以求有一定的共性。以奇数合栽，3 株或 5 株的丛林式多分为两组，其中一组为主，另一组为辅；主树常为 3 株，另一组为 2 株。如果株数较多（7 株以上），常分为 3 组。应以树木的高低和大小，确定哪组为主、哪组为辅，及其具体栽种位置。可一组稍近，另一组稍远，几株树根基部连线在平面上，切忌呈直线或等边三角形。

（三）露根的制作

1. 提根式露根的制作　提根式石榴盆景露根的制作方法通常有 3 种：

（1）去土露根。将石榴桩或幼树种植于深盆，盆下部盛肥土，上部放河沙。栽培中随着根系向肥土中伸展逐步去掉盆上部的河沙，使根系渐渐露出，然后翻盆栽入相应的浅盆中。

（2）换盆露根。在每次换盆时将根部往上提一些，随着浇水和雨水冲刷，同时用竹竿逐步剔除根系的部分泥土，使根系渐渐外露。

（3）折套法。树桩或幼树栽植于浅盆时，盆钵四周以铁皮或瓦片、碎盆片围之，内填培养土，待根系长满浅盆后，撤去围物，让根部露出。

2. 连根式露根的制作　宜用幼树制作，先将石榴幼树斜栽于地或较深大盆钵中（树干与地面或盆面成 45°角），待成活后，剪去向下、向两侧的分枝，将树干制成起伏不平状埋入土中，但把梢部露出地面，向上的分枝继续生长成为连根式石榴盆景的干、枝，埋入土中的原树干上生根。待根粗壮后，移入盆中并予以露根制作，即成为连根式。

3. 蟠根式露根的制作　蟠根式石榴树桩盆景的根，除要“露”以外，还要蟠扎造型。蟠根时间一般在石榴萌芽前后，可结合换盆进行。换盆脱出的树根用水冲刷部分或全部泥土，晾晒 1 h 左右，待根由脆变软，用粗细适宜的金属丝旋扎调整定型。调整时掌握好着力点，缓慢用力，对易断处用手指保护好，在易断处缠上较密的细丝，防止其破裂和折断，弯到需要的角度不再回弹变形为止。较粗的根一次不能弯曲到位，可辅以其他办法牵拉，分次到位。蟠根造型没有固定的模式，但要与地上部分协调，可用悬根露爪法、蟠根错节法和隆根龙爪法等。

（四）树石类石榴盆景的制作

树石类石榴盆景制作主要采用洞穴（缝隙）嵌种法（洞植式）、顶栽垂根法（抓石式）、依石靠栽法（靠植式）和攀崖回首法等方法。

（五）枝的制作

石榴盆景对枝的加工，主要是根据整形需要，在主要分枝的布局和形态上下功夫。

1. 主枝选留 主枝选留应服从整体造型，一般选留2～3个，着重考虑其形态、方位、层次及与整体的配合。既要层次清晰、伸展有序，又要避免多、乱、密，繁。

2. 枝的弯曲 利用芽的生长方向性通过修剪、蟠扎调节枝的方向，经多次修剪即成苍劲有力的扭曲状。蟠扎常用硬丝（金属丝）和软丝（棕丝、塑料绳）进行。操作关键是选好着力点，可先用手将枝条按设计要求的方向、角度固定，再选择下个棕丝结的位置。要及时解除拉绳，避免拉绳深陷皮内。

3. 枝条造型 枝条造型应注意：①一枝见波折，两枝分长短，三枝讲聚散，多枝有露有藏。②在抹掉造型不需要的芽时，应注意对生芽尽量取一；互生芽要根据出枝方向选留上芽或下芽；必须剪短较粗的长枝时，要使其错节。

4. 枝条增粗与剪枝造型的关系 初发的枝条在生长季采用拉、吊、扎等方法，使枝条基部按造型要求定型，待枝长到适宜的粗度时再剪。一方面是为下一级枝预备健壮的母枝；另一方面是使枝条增粗，具备一定的负载果的能力，以防止加工后枝条变形。

5. 重点造型枝培养与运用 主要采用飘枝、探枝、拖枝、跌枝、泻枝和斜干反侧主枝等方法培养重点造型枝。

6. 嫁接补枝 如果枝少或无枝，则可嫁接补枝。主要方法有接枝、靠接和芽接。

7. 展叶隐枝 为缩短桩景成型时间，把与主干比例不协调的侧枝、粗度达不到要求的枝干，通过弯曲蟠扎，有意识地把枝干藏于叶片之中，并用侧枝上生长的分枝和细枝的叶片掩盖住桩体上的出枝位置，使枝干上的叶片充分展现在桩体的有关位置上，尽最大可能地使用叶片来进行构图。

8. 处理好顶端优势与整体造型的关系 上、下枝条同时修剪，上部枝条增粗快，下部枝条增粗慢。剪枝时应先剪上部枝，过段时间后剪中部枝，再过一段时间再剪下部枝。利用顶端优势促进或抑制枝的生长。

9. 良枝处理 对病虫枝、枝端无生长点的细弱枝、对生枝等要根据造型需要剪除；对同方位走向平行的枝，要下拉向左或右旋转一定角度；自然生长，与大多数枝走向相逆的枝条，可改造成风吹枝、平垂枝，轮生枝可改造成上短下长的两枝；上下重叠枝，可把上枝剪短拉向一边，下枝放长或剪去，只留一枝，要剪除生长在干的内弯部、干枝交叉部、枝杈间的腋枝，使造型美观；将顺主枝方向着生的脊枝拉向一边，可丰富枝条内容，对着生枝干上的直立长枝，可用金属丝扎弯，改变其生长方向，使造型趋向美观。

10. 大飘枝造型 为让飘枝粗细有变化，可将飘枝蓄到一定粗度时截短、掉拐。经过多年培育造型的飘枝，其枝有一定曲折变化，比直枝更美。

11. 结顶枝、点枝造型 可一枝结顶，也可多枝结顶。结顶主枝走向最好是侧向观赏面，在树干适当部位培养1～2个点枝。

四、石榴盆景管理

（一）土肥水管理

1. 浇水 浇水多少、浇水间隔时间长短，应根据石榴树桩大小、时期、温度、湿度、光照、盆钵质地等因素综合确定。同一株石榴树，在夏季旺长期、秋季停长后、冬季休眠期所需水分差异极大。浇水应根据“见干见湿”“浇则浇透”的原则进行。即浇水要浇透，保持盆土上下湿润一致，其相对含水量一般在50%～90%为宜。

2. 施肥 石榴树桩在盆内全年生长结果所需养分仅靠有限的盆土远远不能满足，大量的养分要靠生长期追施肥料。

（1）盆内追肥。原则是因时依树施肥。春季旺长、秋季养分积累期多施，夏季防止徒长少施，冬季休眠不施；含肥量丰富的新土少施。多年生未换盆的旧盆土多施。追肥应在晴天进行。肥料以发酵后的饼肥或人类尿为好。化肥肥效快，但营养单一，可将尿素、过磷酸钙、磷酸钾配合或交替使用，此类化肥的使用浓度为0.1%～0.3%较为适宜。

（2）根外追肥。能溶于水、对叶片和嫩梢不产生危害的过磷酸钙、尿素、磷酸钾、磷酸二氢钾、草木灰浸出液、腐熟人粪尿、饼肥上清液等均可用于根外追肥。喷施时间应选择空气湿度较大的早晨、傍晚、阴天或雨后进行，避免中午喷施，喷施时应注意对叶片背面喷匀。根外追肥应与盆内施肥配合才能获得理想的效果。可选用单一肥料，也可几种肥料与农药、激素混施，但应注意是否能混用。

（二）修剪

石榴在盆内每年生长量比较大，为保持石榴树桩盆景完美、紧凑树形，每年要进行多次修剪。

1. 冬季修剪 可从晚秋落叶开始到萌芽前进行。修剪方法分为短截、缩剪、疏剪、拉枝等。应注意：

（1）修剪时期。家庭或少量盆景生产，最适修剪时期是初春解除休眠后至发芽前。

（2）合理修剪。要认准花芽、花枝及预计的成花部位，尽量使结果部位紧靠主干和主枝，使树冠丰满紧凑。

（3）修剪应与造型、整形紧密配合。每一剪子均应考虑其开花结果和造型形态。修剪时，可先根据造型的需要对整体进行弯、拉处理，确定骨干枝或必留枝，去掉扰乱枝，最后处理其他枝条。“先整体，后局部；先定型，后定果”是石榴盆景修剪（包括生长期修剪）应遵循的原则。

（4）休眠期修剪常与换盆相结合。由于换盆过程进行根系修剪时伤根较多，地上部修剪须相应加重。操作时期不宜过晚，最好在秋季落叶后进行，以提早恢复根系。

2. 夏季修剪（生长期修剪） 生长期修剪修剪量宜少，针对旺树、旺枝，运用得当，可调节生长结果之矛盾，有利正常生长发育，提早成花。修剪方法主要有摘心、扭梢和折枝、环割、疏枝和抹芽、拉枝和捋枝等。

生长期修剪的目的重在调节盆树生长与结果的关系，各项措施的运用常对营养生长有不利影响。因此，总的掌握要恰到好处，防止过重造成生长衰弱。在实际运用中要因树而异，多用于结果的强旺树，慎用于病、弱树。必须根据盆树的表现、促控的需要，采用1种或几种，1次或多次的修剪措施，才能取得良好的效果。

（三）花果管理

要获得适宜的、满意的花果量，除采取适宜的水、肥、修剪、光照等措施外，还要采取以下措施：

1. 人工授粉 采集花粉，人工点授。在筒状花充分开放前1 d授粉，效果较理想。

2. 疏花疏果 及早疏除钟状花，遵循“选留头花果，多留二花果，疏除三花果”的原则疏果。以观花为主的石榴树桩盆景除外。

3. 应用生长调节剂、微量元素

（1）喷生长调节剂。盛花期喷布50.0 mg/L赤霉素对促进石榴坐果效果明显。赤霉素还能与0.3%～0.5%尿素溶液混合使用。喷布丁酰肼、萘乙酸溶液效果也很好。

（2）喷尿素。在盛花期或花后，每15 d左右喷一次0.3%～0.5%尿素溶液，对促进枝叶生长、减少落果有明显效果。

（3）喷微量元素。0.3%～0.5%硼砂溶液对促进石榴坐果效果也很好。

（四）越冬保护

石榴树桩盆景盆钵小、盆土少、根系浅，在我国北方石榴产区极易发生冻害，越冬保护至关重要。常用方法如下：

1. 埋土越冬 此法适应我国北方石榴产区、埋土方便的盆景园。越冬场所应选择避风向阳、排水良好、南面没有遮蔽物的地方。冬季到来之前挖好东西向的防寒沟，宽度以并排放两排石榴树桩盆景为宜，深度同盆高。盆放入沟后，要把盆周围填满土，盆内、盆外浇足水，盆面上覆草。较冷地区应深埋，保持一半根系处在冻土层以下。在较寒冷的地区，可用剩余的土在防寒沟的北侧、东西向堆一土堆，或在北侧设立风障，以改善沟内的小气候。早春随气温上升和地表解冻，及时清除盆上覆盖物，并及时出盆，促使盆土升温。出土后，及时检查墒情并适时补水。

2. 塑料大棚越冬 山东省枣庄市峄城区大部分的石榴树桩盆景专业户，多将石榴树桩盆景放在塑料大棚内越冬。此法简单易行，初冬时选择适宜地点架设塑料大棚，并将石榴树桩盆景移入，定期检查墒情，适时补充水分。

3. 日光温室越冬 山东省枣庄市峄城区部分条件好的石榴树桩盆景大户有专用的日光温室。初冬时将石榴树桩盆景移入，并用塑料薄膜覆棚，效果更好。亦应定期检查墒情，适时补充水分。

4. 室内越冬 石榴树桩盆景观赏者可用此法。室内冬季温度在 0～7 ℃即可保证石榴树桩盆景安全越冬。温度过高不利于休眠，会过多消耗养分，影响翌年生长；温度过低不利于安全越冬。在室内越冬时，由于盆体裸露，失水较快，尤其在较干燥的贮藏室越冬，应定期检查墒情，补充水分。

第五十四章　无 花 果

概　　述

无花果是世界上栽培起源很早的古老果树之一。在中东美索不达米亚的尼普尔古城堡发掘出土的公元前3000年的石刻图上，用楔形文字记载了包含无花果在内的古药方。公元前2400—前2200年古埃及墓碑刻画最多的植物图案中，除了葡萄就是无花果，说明那时阿拉伯南部已有无花果栽培。其后，无花果逐渐传播于地中海沿岸各国和小亚细亚各地，并在热带、亚热带和暖温带地区广泛栽培。现栽培盛地有西班牙、意大利、土耳其、希腊、美国，其中西班牙、意大利产量约占世界总产量的2/3。此外，伊朗、土库曼斯坦、乌兹别克斯坦、塔吉克斯坦、阿富汗、巴基斯坦和印度也有较多栽培。

我国于唐代以前在新疆已有无花果引种栽培，后传至陕西、甘肃一带。当时称为"阿驿"（古伊朗语）或"底珍"（古阿拉伯语）等，到明代才有"无花果"名称出现。我国无花果产区有新疆西南部的阿图什、疏附、和田、莎车等地；甘肃南部武都、舟曲、宕昌、文县和白龙江及其支流河谷地带；陕西关中地区；江苏盐城、镇江、南京、射阳、如东；浙江、上海及山东青岛、烟台、威海等地。此外，长江流域各地也有栽培。

无花果果实营养丰富、风味独特。据江苏省理化测试中心对镇江农业科学研究所生产的无花果果实分析，无花果鲜果含糖10%～15%、蛋白质0.7%、粗纤维1.3%、果胶0.8%；每100 g果肉含维生素C 3.0 mg、维生素B_1 0.24 mg、维生素B_2 0.01 mg、维生素E 0.12 mg、钙29.8 mg、磷56 mg、铁0.8 mg、钠0.7 mg、钾160 mg。此外，无花果果实还含有人体必需的10种氨基酸，其中人体最易缺乏的赖氨酸达0.033%。而新疆产无花果总糖含量可达18.65%，蛋白质达0.907%。由此可见，无花果是一种富含蛋白质、维生素、矿物质、低热量的碱性保健食品，非常适合当代人们对食品的需求。无花果是食品工业的优质原料，前景广阔。

无花果果实及枝、叶、根均可入药，具有重要的药用价值。其鲜果含有多量食物纤维，这种纤维的果胶和纤维素成分吸水膨胀，能吸附多种化学物质。因而食用无花果后，肠道内有害物质被吸附排出，能起到抑制血糖上升，维持正常胆固醇含量，迅速排除致癌有毒物质的作用；无花果果实、枝叶中分泌的白色乳汁富含蛋白质分解酶（包括脂酶、淀粉酶、氧化酶等），人们食用富含蛋白质的荤食后，食用无花果可帮助消化。明代李时珍《本草纲目》卷三果部中对无花果药性效用有所记载，称无花果"实气味甘平无毒，（主治）开胃、止泻痢，治五痔咽喉痛。叶气味甘微辛平，（主治）五痔肿痛，煎汤频熏洗之，取效。"民间验方中有用无花果茎叶乳液搽消皮肤疣；用无花果干叶泡水洗浴，能暖身、防治神经痛和五痔肿痛，还有润滑皮肤的美容效果。国内外有研究表明，无花果中含多种抗癌物质，是研制抗癌药物的原料。

无花果易于繁殖，适应性强，栽培容易，且结果早、寿命长。新疆阿图什见有400余年大树仍苍劲挺拔，结实累累。其果实分批成熟，可供应市场2～3个月，是一种经济价值较高的果树。

无花果叶片可作家畜饲料。据分析，其风干叶含水分7.04%、粗蛋白20.28%、粗脂肪2.24%、粗纤维 14.6%、无氮浸出物 41.68%、粗灰分 13.98%、钙 2.214%、磷 0.17%。其适口性强，家畜喜食。

无花果树姿优美，亦可作观赏栽培，用于庭园绿化，或盆栽观赏。其对二氧化硫、氯化氢、硫化氢、二氧化氮、硝酸雾、苯都有较强抗性，对二氧化硫还有一定吸收能力，是预防大气污染净化空气的优良绿化树种。

第一节 种类和品种

一、种类

无花果为桑科无花果属果树。该属约有 600 个种，但作为果树栽培的仅无花果（*Ficus carica* L.）一种。该种根据花器性能和授粉关系，通常分为以下 4 个变种：

(一) 普通无花果

普通无花果（*Ficus carica* var. *hortensis*）花序主要为中性花和少数长柱雌花。雌花可单性结实，授粉后可产生种子。有夏果和秋果。当前世界各国栽培品种多属此类。

(二) 原生型无花果

原生型无花果（*Ficus carica* var. *sylvestris*）亦称野生卡毕力无花果，野生于小亚细亚和阿拉伯一带，为当地许多栽培品种的原始种。花序内有雄花、雌花及虫瘿花，每年着果 3 次，第一次果（春果）初夏成熟，因果实内多为雄花和虫瘿花，不适于食用。第二次果（夏秋果）和第三次果（冬果）须有传粉蜂授粉才能结实。在欧美，该类无花果主要用作无花果传粉蜂的寄主，专供斯密奶类无花果完成授粉作用。

(三) 斯密奶无花果

斯密奶无花果（*Ficus carica* var. *smyrnica*）产于小亚细亚斯密奶地区。花序中仅有雌花，需无花果传粉蜂进行卡毕力种花粉的授粉方可形成果实。有夏果和秋果，生产上主要收获秋果。当地许多制干品种属于此类。

(四) 中间型无花果

中间型无花果（*Ficus carica* var. *intermedia*）亦称圣比罗无花果。该类品种第一次夏果为单性结实，近似普通无花果；第二次秋果需经授粉方可形成果实，近似斯密奶无花果。代表品种有紫陶芬、白圣比罗等。

二、品种

无花果栽培品种较多，按果实成熟采收期分类，可分为夏果专用品种（早熟品种）、夏秋果专用品种（中熟品种）、秋果专用品种（晚熟品种）；按果实用途可分为鲜食用品种、加工用品种及兼用品种等。我国栽培的无花果品种多引自国外，各地栽培主要品种如下。

(一) 传统栽培品种

1. 新疆早熟 维吾尔族语“其里干安俊尔”。分布于新疆阿图什、疏附、莎车、叶城、和田等地。果实扁圆形，平均单果重 53.3 g，最大果重 69 g。成熟后果皮黄色，上有白色椭圆形果点，极易剥离。果肉淡黄色，柔软味甘，汁中多，品质中上。种子多，黄褐色。树势强健，发枝力中等。抗风，不耐寒、旱。夏果 7 月上旬成熟，秋果 8 月中旬成熟。

2. 新疆黄 维吾尔族语“赛勒克安俊尔”。分布于新疆库尔勒、阿图什、疏附、莎车、叶城、和田等地。果实扁圆锥形，平均单果重 68.6 g，最大 82 g。果皮黄色，有明显果点。果肉淡红色，柔软多汁，味甘甜，芳香，品质极上。其树势旺，发枝力强，较抗寒，夏果、秋果均能丰产。

3. 新疆晚熟 维吾尔族语“卡拉安俊尔”。分布于南疆和吐鲁番盆地。果实扁圆形，果顶微隆

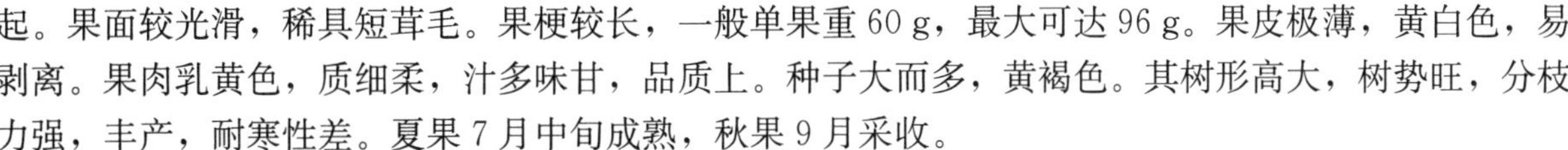

起。果面较光滑，稀具短茸毛。果梗较长，一般单果重60 g，最大可达96 g。果皮极薄，黄白色，易剥离。果肉乳黄色，质细柔，汁多味甘，品质上。种子大而多，黄褐色。其树形高大，树势旺，分枝力强，丰产，耐寒性差。夏果7月中旬成熟，秋果9月采收。

4. 卵圆黄　见于山东青岛、烟台等地。果实长卵圆形，近梗部细长，顶端平。果皮、果肉均黄色，品质中。夏果7月上旬成熟，秋果8月开始成熟。

5. 小黄果　果形小而短，果柄亦短。果皮黄色，肉厚，品质中上。8月下旬开始成熟。

6. 黄色种　上海郊区有较多栽培。其树体较红色种高，枝条稀疏，节间长，叶片大。果圆锥形，较小。果面黄绿色，果肉玫瑰红色。汁少，品质中上。7月下旬开始成熟。

7. 英国红　辽宁大连及甘肃武都一带栽培。果实近球形，果皮淡紫红色，果肉乳白色。武都夏果8月上旬开始成熟。

8. 日本红　安徽寿县等地有栽培。其果皮暗紫红色，果味香甜。单果重30～50 g。果实7月成熟，可采至10月上旬。

9. 红色种　上海、南京、南通等地栽培。其树形矮小，枝叶茂密，叶小色浓。果实扁圆形，果皮暗紫红色，汁多肉嫩，品质上。8月下旬开始成熟。

10. 镇江土种　夏秋果兼用品种，1985年采自镇江市居民区庭院，原名不详。其树势中庸，枝条多，叶片中偏小，多为5深裂。休眠顶芽黄绿色，越冬鳞芽内有幼果（翌年夏果）。夏果少，7月上旬开始成熟。果实椭圆形，果梗粗短，果皮淡黄色，果肉淡红色，单果重约90 g，秋果8月中旬至10月中旬，果实椭圆形，果皮黄绿色，果肉琥珀色，单果重40～65 g。其肉质紧密，味甜，品质上。耐寒性强，一般年份越冬无须防寒，－15 ℃低温时会出现冻害。

11. 青皮　夏秋果兼用品种。夏果在山东省胶东沿海地区7月中旬成熟，平均单果重80～100 g；秋果8月下旬成熟，平均单果重40～50 g。果皮黄绿，果肉紫红色，果目开张，成熟果可溶性固型物含量20%左右。该品种树势较旺，主干明显，较耐寒，品质佳，丰产。

（二）新引进品种

1. 麦司衣陶芬　该品种引自日本，为日本主栽品种，曾用名“镇引1号”。其树势开张，长势中庸，易保持矮化树形。在冬季温暖地区，夏果果形大，品质好，但产量低，因而宜作秋果栽培。其耐寒性弱，宜于长江以南地区栽培，长江以北需采用防冻栽培（矮化栽培）。

秋果于8月中旬开始成熟，气候适宜处可延至11月中旬，但8月下旬至10月上中旬为高峰期。果实成熟时下垂，单果重可达150 g，平均80～100 g。果皮深紫褐色至赤褐色，薄而强韧，裂果少。果孔鳞片赤紫色，果肉桃红色，肉质稍粗，品质中上。产量高（成年树每667 m^2 产1 500～2 000 kg），耐贮运。在江苏镇江地区已作为鲜果用品种大面积推广。此外，鲜果及收获末期未成熟果均能用于加工。

2. 红萨玛　该品种系1972年由麦司衣陶芬种苗中选出。其树势较弱，果实早熟。同期长出的幼果，成熟期比麦司衣陶芬早7 d。果实横径大，近似圆形。果皮粉红且着色均匀，鲜艳。果皮稍厚，耐贮抗病性好。在完熟前果实糖度较低，应避免提前采收。果实生长发育期约需70 d，秋果8月上旬成熟。该品种果形大，易丰产，外观艳丽，鲜果商品性好。其耐寒性弱，易于矮化栽培与低主干防冻栽培。

3. 白马赛　为法国东南部广泛栽培的夏秋果兼用品种。其树势强，枝密生，休眠顶芽绿色，叶片较大。夏果大的可达70～80 g，秋果平均重30 g。果实短卵圆形，淡黄绿色，果肉白色，味甜，香气浓。品质上，宜于鲜食，也适于制干。在干燥地区栽培时果形太小。

4. 卡独太　为夏秋果兼用品种，在意大利、美国加利福尼亚州盛行栽培。其树势强，休眠顶芽绿色。夏果果实卵圆形，黄绿色，平均单果重50 g，肉质紧密，品质极上；秋果较早熟，8月上旬即开始采收，单果重30～80 g，卵圆形，颈部稍长。果皮色在冷凉地区为浓绿色，暖地呈绿黄色。肉质紧密，白色，味甜，品质优良。该品种果实可作为制果干及罐装用原料。

5. 棕色土耳其 夏秋果兼用品种，欧美盛行栽培。其树冠开张，树势中庸，耐寒，适应性强。枝梢短而粗，节间短，叶较大。果倒卵圆形，纵脉明显，其颈部细长，果顶稍平坦，暗褐色，底色淡绿，向阳面紫褐色；果肉暗蔷薇色，质黏而甜，品质上。夏果单果重约 50 g。该品种丰产，容易栽培，最宜于庭院种植。

6. 布兰瑞克 夏秋果兼用品种，原产法国。树势中庸，枝梢直立，多细枝，随树龄增高而逐渐矮化。叶片小，裂片呈窄条状。休眠顶芽黄绿色。果实长卵形，颈小而果梗短。夏果果皮淡黄色，重约 80 g，产量仅为秋果的 1/10。秋果形状不正，多为偏长卵形，单果重 50～60 g。果皮黄绿色，果肉红褐色，味甜而芳香，品质优良。由于果实上下成熟度不一致，且果皮较厚，难以剥离，因而适作果干，其品质优良。成熟期遭雨淋时，果顶易裂开腐烂。该品种较适盐碱地、沿海滩涂栽培。

7. 白热那亚 夏秋果兼用品种，原产地不明。在英国长期栽培，南非亦较多。其树势较强，顶芽黄褐色，叶片较大。夏果单果重约 80 g，呈偏于一侧的短卵圆形，颈部弯曲，果皮黄绿色，果肉带浅红色，品质上，秋果稍小，重约 60 g，倒圆锥形，果皮薄，淡黄绿色，成熟时显圆形褐色斑点，外观较差，味较淡。

8. 加州黑 夏秋果兼用品种，原产美国加利福尼亚州。其树姿高大，树势强，耐寒力弱，顶芽紫褐色，叶片较大，裂刻深。夏果重 50～60 g，秋果重 35～45 g。果实长卵圆形，果皮薄，多细裂纹，浓紫红色，有光泽。鲜食或制果干，品质优良。

9. 黑斯蜜奶 原产小亚细亚，美国加利福尼亚州栽培较多，树冠大而开张，树势强。果实小，球形，果皮很薄，淡紫色，纵线灰赤色，果面有淡褐色小果点；果肉暗琥珀色，味甜，品质上，适宜制果干。该品种颇丰产，唯果形小是其不足。

10. 紫斯蜜奶 原产地及树性均与黑斯蜜奶相同。果实为洋梨形，果皮微棕紫色，果肉微红的棕色。品质上，鲜食、制干均可。

11. 白圣比罗 夏果专用品种。尼罗河流域自古栽培，现分布世界各国。其树冠稍开张，树势强，叶片较大。果近圆形，重 80～120 g；果皮黄绿色，果肉琥珀色，质黏而柔软多汁，味甜芳香，品质极佳。夏果不需授粉受精，秋果则需卡毕力种授粉受精后方可成熟，品质亦优，可用于制果干。该品种易自然落果，产量较低，唯完熟后的果实仍不易裂开是其突出优点。

12. 紫陶芬 夏果专用品种，原产法国，属中间型无花果类型。树冠稍开张，树势强健，枝量少而粗壮，但易下垂。顶芽绿色，叶片较大。果实大，短卵圆形，重 100～150 g，最大 250 g；几无果颈，果梗短，有少量明显纵线；果孔较大，开张，有赤紫色鳞片环裂；果皮暗紫红（赤）色；果肉带黄色，致密柔软、味香甜，品质极上。夏果可单性结果，且产量较高，每 667 m^2 产可达 750 kg。秋果需卡毕力种授粉受精方可成熟，但果小，品质亦不好。

13. 罗英杰 秋果专用品种，美国加利福尼亚州盛行栽培。树姿开张，树势强健，叶片较大。果实大，短圆洋梨形；果梗短，纵线明显；果孔较大，鳞片赭赤色；果皮淡棕色，阴面绿色；果肉厚，淡白至暗琥珀色，黄色，味甜而香；种子大，果鲜食或制干均可，品质较优，其果干为畅销产品。

14. 白亚得里亚 秋果专用品种，欧洲各国自古广为栽培。树冠开张，树势旺盛。叶片较大，稍狭而厚，有光泽。果略卵圆形，平均单果重 50～60 g；颈中大，果梗短；果皮黄绿色，先端稍带褐色；果肉鲜红色中间有黄茶色条纹，成熟时果实顶端较易开裂。产量中等，除鲜食外，亦适于制作果干或果酱。

15. 黑大果 秋果专用品种，欧美均有栽培。树势不强，叶片大。秋果 8 月上旬至 9 月中旬采收，单果重 50～55 g。果皮紫黑色，品种极优，但产量不高。成熟期遇降雨时腐烂果较其他品种少。该品种最宜作庭园栽培；果实最适宜鲜食。

16. 奥彭普获利 秋果专用品种，原产英国，欧美均作鲜果栽培。其树势中庸，8 月上旬至 10 月下旬采收。果实短椭圆形，重 40～45 g，颈部粗壮而短，成熟时易向下，果顶平圆，不易开裂；果皮淡黄色，纵线微突起；果肉赤褐色，味淡，品质中等，但产量高。从果实大小、果肉颜色考虑，最适于加工制罐。

17. 塞勒斯特　秋果专用品种，原产地不明。其树势强，稍直立，耐寒力强，栽培地域广。叶片稍小，顶芽绿色。秋果 8 月上旬开始成熟，1 个月内收获结束。果小，梨形，平均单果重 15～20 g，大者 37 g，果梗部长；果皮褐色，有果粉，成熟后有细裂，果肉黏质，微白或带蔷薇色，柔软多汁，味甜，品质极上。该品种果小，但丰产，除制果干外，亦适于糖渍或制罐。

18. 蓬莱柿　秋果专用品种，但极少数夏果亦能成熟。其树势极强，能长成直立性大树。叶片大，结果部位高，结果期稍迟。秋果 9 月上旬开始采收，延续到 11 月中旬。果实短卵形，果顶圆而稍平，重 60～70 g；果孔较小，开张，周围是红色鳞片，颈部极短小；果肉鲜红色，黏质，味甜，但肉质粗、无香气，品质中。成熟时果顶部易开裂而腐烂，宜提前 2～3 d 采收。产量高，每 667 m^2 产 1 250～2 000 kg，可鲜食，亦易于加工。该品种长势旺，株行距要大，开心形或主干形整枝，幼树忌重剪，结果母枝亦宜轻剪。耐寒性强，江淮一带一般可安全越冬。

19. 日本紫果　秋果专用品种。日本福岛市成熟期 9 月中旬至 10 月下旬，单果重 40～90 g，果实扁卵圆形，果皮深紫色，果外观美丽。果肉鲜红色、致密，味甘甜，可溶性固型物含量 18%～23%，鲜食价值极佳。该品种 1997 年由日本引入我国山东蓬莱，树势健旺，丰产性好。

20. Conadria　夏秋果兼用品种。该品种树体健壮，适应性较强，果眼小，极丰产。果皮黄绿至鲜艳的草莓色。春果成熟早，且果个大，适用于鲜食和制干；秋果结果量大，果中等，为加工制酱的优良品种。该品种是美国加利福尼亚大学经过几十年时间培育出的优良品种，1997 年引入我国山东省嘉祥县，生长结果表现良好。

21. The King　夏果专用品种。该品种由于其果实特大，一般单果重 50～150 g，最大单果重 200 g；果形卵圆美观；果皮绿色、薄；果肉致密、甘甜、鲜桃红色、较耐寒、丰产。目前在日本、美国等许多国家均有栽培。我国 1997 年由山东省林业科学研究所引入，现已在嘉祥落户。

22. ALMA　秋果专用品种。1997 年由美国得克萨斯州引入我国山东。该品种果实在山东嘉祥 8 月下旬成熟，果个中等，果皮金黄或棕色，果眼极小，或被树脂样的蜜滴封闭，具一定抗病虫能力。品质佳、丰产，树势中庸，是枝、叶、果全面加工利用的首选品种。

23. 其他　除上述品种外，沿海地区还引选了其他优良品种，如：①红果 1 号，其抗寒抗病力均较强，结果早，产量高，果实风味浓，可溶性固形物含量 17%以上，适作保健食品和饮料。宜于盐碱地和沿海滩涂栽培。②绿抗 1 号与宁选 1 号，其抗寒性中等，抗病力及耐盐力较强，果大味浓，可溶性固形物含量 16%左右，为优良鲜食品种，亦可用于加工。

第二节　苗木繁殖

无花果主要采用无性繁殖方法育苗，各地多采用扦插法繁殖。此外，也可用分株、压条等方法。在引进与繁殖优良品种时，也采用嫁接繁殖；选育新品种时，需用播种繁殖。

一、扦插苗培育

（一）硬枝扦插

1. 扦插时间　新疆的南疆一带扦插以 4 月为宜。由于当地 4 月下旬气温、地温均已升高，有利于插穗生根，此期扦插虽然枝条已经萌芽，但成活率比早插的高，生长也快。甘肃武都一带为北亚热带河谷气候，无花果扦插可从 2 月中下旬开始，其扦插成活率可达 83.5%～90.0%。其他地区宜在 3 月下旬至 4 月中旬，地温达 15 ℃以上时扦插较为合适。

2. 育苗地整理 育苗地要高燥向阳，排灌方便，以土层深厚的壤土或沙壤土较为适宜。要提前整地，每 667 m^2 施腐熟厩肥 1 500 kg。耕翻 2 次，充分耙耱，可整成小畦，也可打埂作垄，根据各地具体情况决定。

无花果育苗地应避免连作，也不宜在桃、葡萄园地中育苗。

3. 插穗剪取与扦插 树液流动前，在中龄健壮母株上选取穗条。宜用顶芽饱满，发育充实，粗 1.0～1.5 cm 的一年生新梢，二年生枝条亦可。秋季采条要剪成插穗后埋土越冬，春季可随采随插。采条时应注意枝条成熟度。由于无花果枝条生长时间较长，枝条成熟度由于抽发时期的不同而有显著差异。初秋前抽生的枝条到落叶时能充分成熟且节间较长（可剪成带 2～3 个芽的插穗）；秋季抽生的枝条成熟度较弱且节间较短（可剪成带 4 芽的插穗）。

插穗长 15～20 cm，一般不应短于 15 cm，插条多时，也可剪成 20～25 cm 长，扦插效果更好。插穗下切口为单马耳形；上切口距上位芽 1 cm，剪成平口。50 根一束，捆好备用。扦插前将插穗用清水浸泡，有利于提高扦插成活率。扦插时行距 30～35 cm，株距 15～20 cm。插穗深入土中，上露 2～3 cm。扦插后及时覆膜保墒，有利于提高扦插成活率。此外，扦插前用常规浓度萘乙酸等生长调节剂处理插穗 10 min 左右，也可提高成活率。

苏北一带采用双膜扦插，效果更好。即在整好苗床、浇足底水后覆盖地膜，再将插穗穿透地膜插入土中，上端芽露出地膜外 3 cm 左右。插好后，上面再盖棚膜。扦插育苗每 667 m^2 产苗量为8 000～10 000 株。

4. 苗床管理

（1）浇水。苗床插完后应及时浇一次透水。垄插的用沟灌，水面离埂顶部 1 cm 即可。浇水次数视土壤墒情而定，不要过干，也不宜过湿。插穗生根后宜适当减少浇水次数。

（2）破膜。扦插后一般 20 d 插穗开始萌芽，未被顶芽穿透的覆膜应及时破一小洞，使幼芽外露以利生长。此后幼苗仅保留一个上位嫩梢。

（3）中耕除草。结合浇水进行松土除草。杂草较多的园地可采取化学除草。整理苗床前，每 667 m^2用 10%草甘膦 750～1 000 mL，加水 50 L 进行处理。幼苗高 10 cm 以前不必除草。清除双子叶杂草可用虎威除草剂每 667 m^2 60～80 mL，或苯达松 150～200 mL。

（4）追肥。幼苗旺盛生长期适量追肥，每苗施用磷酸二铵 15～20 kg，亦可用 0.2%～0.5%的尿素、磷酸二氢钾或 1.8%爱多收 6 000 倍液叶面喷肥，共喷 3 次。也可采用喷施宝、高美施等植物生长调节剂。一般追肥应在 7 月底结束。

（5）炼苗。一年生幼苗苗高可达 1.0～1.5 m，最高可达 1.9 m。苗木生长过旺不利于越冬，因而秋季应控制水肥，抑制生长。过旺苗木可进行打叶，除去下部 1/3 叶片，促其进入营养积累。

（6）苗木越冬。成年无花果不能露地越冬的地方，幼苗入冬前应挖出埋入土中，以备来年定植。当年生长量不足、次年不能定植的苗木可顺垄就地埋土 30 cm 以上。

（二）嫩枝扦插

嫩枝扦插一般在 6 月上中旬当年生枝条达半木质化时进行，当年苗木生长高约 0.5 m。管理好时成活率亦可达 80%以上。

在无花果成年树上，选取生长健壮、半木质化的当年生枝作为插条。随剪随插，当天插完：插穗长 10～15 cm，扦插时插穗顶端叶片保留 1/2 面积，以利促进生根。株行距 20 cm×20 cm。扦插后立即搭棚遮阴。棚架高 80～100 cm，上加遮阳网。棚内温度宜在 25～28 ℃，超过 32 ℃时应注意通风，加盖草帘，浇水降温。注意保持一定的土壤湿度是嫩枝扦插成败的关键。

嫩枝扦插有利于提高无花果繁殖系数，加快优良品种推广，但所育苗木素质较差。

二、嫁接苗培育

此法主要用于良种的引种以及改良品种，如把麦司衣陶芬嫁接在蓬莱柿品种上能显著提高抗性，

选用抗线虫、抗盐碱、抗旱品种作砧也能取得明显效果。

（一）接穗采集

选用优良品种，以生长健壮、正常结果的树作为采条母树。选生长充实、芽体饱满的一年生发育枝作为接穗，芽接用的接穗也可用当年正在生长的新枝。休眠期采穗可结合冬春修剪进行，但冬前剪下的枝条要埋在湿沙中保存。

从外地采集接穗时，可每 50 枝或 100 枝一捆，标注好品种名称、产地、采穗日期等，装箱运输时，箱内要放入湿锯末或其他填充物并加薄膜保湿。到达目的地后立即开箱，将接穗顺插湿沙中，可保存 15～20 d。夏季采穗条要立即剪掉叶片，以防止水分蒸发，然后放在阴凉处湿沙中备用。

（二）嫁接时期与方法

夏季（生长期）嫁接多用芽接法，萌芽前（休眠期）嫁接多用枝接法。其中有些方法生长期和休眠期均可采用。

1. 芽接法　夏季炎热天气嫁接可用 T 形芽接法，此法在其他果树中亦常采用。此外也可用带木质部芽接法，此法又分生长期和休眠期两种接法。休眠期嫁接可先将砧木削去一带木质的盾形芽片，然后在接穗上削取同等大小的盾形芽片，使贴于砧木斜削面上，注意把形成层对准，绑缚时芽体露出但要绑紧。生长期带木质部芽接操作方法相同，不过所带木质可少些，并留一小段叶柄，绑缚时露出芽和叶柄。采用此法可克服接穗不离皮的困难，从而延长嫁接时间。

2. 枝接法　在萌芽前，多采用劈接法；在春季树液开始流动皮层易剥离时采用插皮接法。此外，还可采用单芽腹接法，该法可在萌芽或生长期进行。

插皮接的具体操作：先将砧木于适当部位剪截，在上端纵切一刀，然后在刀口处稍剥开一点皮层。再将接穗一面削成马耳形斜面，另一面下端稍削尖，将接穗长削面向内插入砧木皮层与木质部之间，然后用塑料带绑紧。

三、压条与分株苗培育

无花果枝条易于生根，并萌发根蘖苗，因而也可采用压条等方法繁殖，然后分株。这些方法繁殖系数低，但所得苗木根系健壮、生长良好，有利于提早结果。常见压条分株方法有以下几种：

（一）水平压条与堆土压条

早春，将母树重剪，留 15～20 cm 高的树桩。夏季可从母株基部萌发数个新梢。翌春从株丛向外挖取放射状沟，深 15～20 cm，分别将枝条缓缓压向沟底，盖土，仅露出枝梢。植株长到 2 cm 左右时，基部分次培土，逐步加高。秋季落叶后将新株与母株分离。此为水平压条分株法。

如果在母株萌发的新梢基部已半木质化时，即从基部培土 10 cm 左右；以后每 20～30 d 再培土数次。入秋即可将新株与母株分离。此为培土压条分株法。

（二）曲枝压条

早春沿株丛周围挖若干深约 15 cm 的坑，将一年生枝弯向坑底，然后埋土。秋落叶后将新株与母株分离。

四、组织培养苗培育

无花果组织培养再生系统为无花果优良品种的无性繁殖提供了一个新的快速繁殖的途径（曹尚银，2003）。

（一）外植体的获取

1. 直接从田间取嫩梢组培　于晴天的下午剪取生长约半个月的嫩梢，去除叶片及部分叶柄，修剪成长约 1 cm 并带有 1 个腋芽的茎段，在无菌条件下用 0.1%升汞溶液消毒 10 min，再用无菌水冲洗 5 次，然后接种在附加不同生长调节剂（6－BA，NAA，GA）的 MS 培养基上。培养基含糖 3%、琼脂 7%，pH 5.8。培养温度 20～26 ℃，每天连续日光灯照射 10 h，光照度 2 000 lx。

2. 冬季枝条水培后取嫩枝上茎尖和茎段组培 10 月底从结果树上采集当年生枝条，剪成 30 cm 长段，在室内水培，25 d 后枝芽萌发。剪取长 2～4 cm 的嫩枝上茎尖和茎段，自来水冲洗，0.1%升汞灭菌，接种到诱导培养基，即 MS＋6－BA 1.5 mg/L＋NAA 0.1 mg/L＋GA 0.2 mg/L＋PG 100 mg/L，蔗糖 3%，琼脂 0.5%，培养温度 22～30 ℃，光照度 1 500～2 500 lx。以黑红双层布围住培养架，遮蔽室内光线，进行黑暗培养。将诱导出来的单芽试管苗接种到继代培养基上，1 个月后形成丛生芽；再将其分切成单芽，进行继代培养，如此反复进行，即可获得大量试管苗。

（二）生根和移栽

无花果丛生芽经过多次继代增殖培养后，得到大量无根试管苗。剪取嫩枝用 IBA 100 mg/L 溶液浸泡 10 min 后，接种到生根培养基（MS＋IBA 0.7 mg/L）上，3～5 d 嫩茎下部膨大，并产生愈伤组织，1 周后开始生根。无花果试管苗生根后，经自然光照锻炼，1 周后取出，洗净琼脂等杂物，移入温室。基质上层为 3 cm 厚的清河沙，下层为沙壤田园土，移栽前生根粉浸泡 10 min，效果较好。温度 22～28 ℃，空气相对湿度 80%以上。2 个月后出苗高 10～20 cm。将高 10 cm 以上的试管苗定植到苗圃中，均可成活。

第三节 生物学特性

一、形态特征

栽培种无花果为落叶乔木或小乔木，高可达 10～12 m，树冠圆形或广圆形。在不利于越冬的新疆等地无花果成为多主干的大灌木。其树皮银灰色，光滑；新梢黄绿色。单叶，叶片大，倒卵形或近圆形，掌状 3～5 裂，叶面粗糙，暗绿色，尖端圆钝，基部心形，叶缘波状或有粗齿，叶背有锈色硬毛；叶柄长 2～5 cm，落叶后留下的柄痕三角形。托叶三角状卵形，早落。叶腋内有 2～3 个芽，分别为叶芽和花芽。花芽抽生隐头花序，花序托肥大，中空多汁，其顶端有孔，孔口既是空气的通道，也便于授粉昆虫进出，有较多鳞片状苞片，外观上只见果不见花而被称之为无花果(图 54－1)。其内壁上着生许多小花，因种类不同，器官组成存在明显差异，有的花序只有雌花，有的则具有雄花、雌花和虫瘿雌花，后者专供无花果蜂产卵繁殖之用。

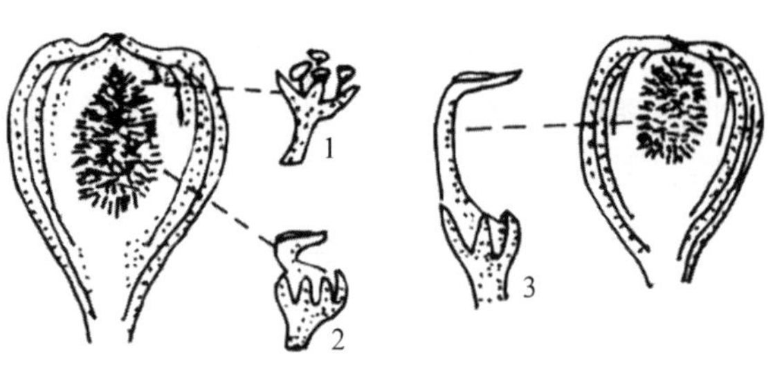

图 54－1 无花果花序的构造与花的类型
1. 雄花 2. 短花柱雌花（虫瘿花） 3. 长花柱雌花

无花果的花很小，有梗。单性花，分别为雄花、短花柱雌花、长花柱雌花。雌花子房下位，柱头 2 裂；短花柱雌花子房圆球形，花柱长约 0.7 mm，适于无花果蜂产卵；长花柱雌花花柱长约 1.8 mm，子房近圆形或椭圆形，一般不适于该蜂产卵。两种雌花，授粉受精后均可发育为小核果，此为无花果真正的果实，一般称为种子。雄蕊 5 枚，有一个残存的雌蕊。雌花着生于隐头花序内壁全部，雄花集中于孔道上端的花托壁上。

无花果果实有扁圆形、球形、梨形和坛形等多种，果皮有绿、黄、红、紫红等色，果肉黄、浅红或深红色。单果重量 35～150 g，一般约 80 g。果实 6 月下旬至 10 月上中旬成熟。$2n=26$。

二、生长发育周期

和其他果树一样，无花果也有生命周期和年生长发育周期的变化，但由于无花果习性有其特殊性，在同一新梢上，由下而上叶腋内能不断发生花序的分化发育，因而同时着生许多发育阶段不同的

果实。这样，无花果的生长发育规律也就与其他果树有所不同。据江苏丘陵地区镇江农业科学研究所对当地麦司衣陶芬的观察，从一年当中形态特征的变化上，可大致划分为4个时期：

(1) 发根萌芽期。当3月中下旬地温达10℃左右，地下根系开始活动。4月上旬芽萌动，4月中旬展叶。

(2) 新梢生长期。展叶后，新梢于4月中下旬开始伸长，5月上旬至7月上中旬为新梢迅速生长期，7月下旬至8月上旬生长缓慢，8月中旬后继续生长，9月上中旬停止。

(3) 果实发育期。通常6月初（早的年份5月下旬）新梢有8～9叶时，基2～3叶出现幼果，11月上中旬结束。单果从幼果出现至成熟采收需70～90 d。

(4) 休眠期。一般11月下旬至翌年3月中旬，即落叶至萌芽之前。无花果休眠期分为两个阶段，第一阶段为自然休眠阶段（生理休眠阶段）；第二阶段为被迫休眠阶段，此期如采用加温栽培，树体休眠即可解除。

在年生长发育周期中，养分利用与积累也有周期变化。春季根系、新梢旺盛生长，主要依靠树体内贮藏的养分。初夏以后，植株光合产物增多，养分利用上主要转向新叶。鲜果采收高峰期（8月中旬至9月下旬）过后，光合产物逐步转向枝条和根部积累。

三、根与枝叶生长特性

（一）根系生长特性

由于无花果多用无性繁殖，栽培无花果多为由不定根形成的自生茎源根系。其根系相当发达，没有明显的垂直根，只有水平状的骨干根及各级侧根、须根。在肥沃的表层土壤中，其水平方向生长速度快于垂直方向，根群可横向扩展10余m，垂直分布15～60 cm。据在新疆阿札克调查，八年生树地下根系的面积与地上树冠的面积相同。另据甘肃陇南市林业科学研究所实测，无花果地上部分生物量与地下部分生物量之比为2.2：1。其根系深可达70 cm（土层深厚处可达1～2 m，但表层吸收根数量占全株总吸收根的90%以上。由此可见，无花果属浅根性果树。生产上应采取措施防止因树冠过度扩展和盛果期负担过重遭风吹而倒伏。吸收根集中于地表，施肥深度宜在20 cm左右。

无花果易从基部萌生分蘖枝，这些枝条近地面处叶腋间可产生白色突起，形成不定根，在条件较好时成为永久根。

无花果发根要求温度较高，一般在9～10℃。据观察，江苏镇江地区无花果春根3月中下旬开始活动，5月中旬到6月下旬生长最快，其中6月中旬为活动高峰期，7月上旬趋缓。8月上中旬高温干旱，根系生长暂停。8月下旬至10月再次生长，产生秋根。11月下旬至12月上旬，地温降到10℃以下时，根生长停止。

（二）芽的种类与萌发特性

无花果叶腋内多能形成2～3个芽，其中小而呈圆锥形者为叶芽，大而圆者为花芽。叶芽萌发长出新梢，如不萌发，则成为隐芽（潜伏芽）。花芽萌发形成隐头花序。

无花果隐芽较多，寿命可达数十年。此外，在骨干枝叶痕周围易形成大量不定芽，因而枝条恢复分枝能力很强，树冠易于更新。

无花果早春芽的萌动较其他果树迟。在江苏镇江地区，根系于3月中下旬开始活动，4月上旬萌芽，4月中旬展叶，其后生长加快。无花果芽萌动的早晚因品种、园地条件、树体营养和栽培方式的不同而存在差异。在品种之间，赛勒特斯最早，麦司衣陶芬居中，其后为蓬莱柿，卡独太最晚。在同一品种内，贮藏养分多的树，枝条充实，发芽早而整齐；成熟度差的枝条，发芽迟或萌芽不一致。无花果顶端优势较强，只要枝条未受冻害，一般顶芽先萌动。但有时未修剪的枝或轻修剪的长枝，端部2～3个芽和基部芽不萌发，这种现象以直立性强的枝条最明显，枝条管理上应加注意。

（三）枝条类型与生长特性

无花果枝条可分为营养枝和结果枝，但进入结果期后，两者往往难以区分。

无花果生长力很强。幼树多为营养枝，其新梢或徒长枝年生长量可达到 2 m 以上。由于无花果 1 年内可有多次生长，因而树冠形成快，开始结果早，但其萌芽力和发枝力较弱，因而骨干枝明显，树冠较稀疏。

无花果枝条（含营养枝与结果枝）生长速率随气温变化及果实生长而呈现规律性变化。在新疆天山以南，枝条于 4 月下旬开始生长，日平均 0.21 cm，6 月中旬达 0.34 cm，形成生长高峰。此后，秋果幼果大量出现，夏果与秋果同生一枝，养分消耗大，生长量下降。7 月下旬夏果成熟后，日生长量又加快，8 月上旬达 0.33 cm。此后随气温下降，生长趋缓，8 月末停止生长。在江苏镇江一带，枝条生长时期要长些，生长过程也呈现出 S 形曲线。

无花果始果期早，进入结果期后，树冠中除旺长枝或徒长枝外，几乎所有的新梢（包括春梢、秋梢）都是扩大树冠和结果的混合枝。盛果期后，树体生长势转弱，许多混合枝以结果为主，旺长的混合枝减少，需及时更新。

无花果枝干木质韧度较差，遇大风易于折断。

（四）叶片生长特性

无花果叶片生长节律早于枝条。在新疆天山以南，4 月中旬叶片开始生长，至 5 月中旬，日生长量 2.39～5.08 cm^2，是一年中生长最快时期，5 月下旬生长减慢，6 月中旬达 1.66 cm^2，7 月又增至 2.68 cm^2，7 月底，叶片生长停止。因而早春加强肥水管理，促使早发叶，快发叶，增加营养面积是丰产的基础。无花果叶大荫浓，9 月中旬后，气温下降，光照缩短，适当打叶改善光照，有利于促进秋果成熟。

据在甘肃武都测定，无花果叶面积指数为 3.057 4，叶面积密度四年生时可达 18.386 7，说明无花果叶片大，幼年期树冠扩展快，当树高控制在 1.8 m 时，最佳密度应为 4 m×4 m。

正常的无花果植株，新梢上每个节位都能长出一片叶子，其叶腋形成一个果实。因而就每个新梢以至整个植株而言，长成的叶片数与结果数大致相当，即叶果比为 1∶1。在生长好的植株上，有时能看到一个叶腋两个果实的现象。这是无花果不同于一般果树的特点之一。此外，无花果同一节位叶果之间的养分供求关系相对稳定，下部节位的果实采收后，对应叶片的同化养分很少被上部节位果实生长所利用，而主要作为贮藏养分积蓄于根系和枝条。叶片在气温 20 ℃以上，从出现到长成约需15 d。其光合作用的适温为 25～30 ℃，叶温高于 30 ℃时，会严重影响光合作用及同化养分的积累。

四、开花与结果习性

（一）花序分化

无花果在当年新梢上开花结果，其果实是由肉质的花托和被花托包在内部的许多小花的集合体。无花果的花芽分化实质上是花序分化。

秋末，当年新梢顶端叶腋内形成花序原始体，翌春继续分化，开花结实，形成春果（一次果）。春季长出的新梢，基部 1～3 个腋芽一般不分化花序，而以上各节的叶腋内不断形成花序原始体，逐渐发育，不断结果，并依次形成夏果（二次果）和秋果（三次果）。在甘肃武都，3 月下旬至 4 月下旬出现的春果，多不能成熟而自行脱落。5 月中旬夏果幼果开始形成，到 10 月底随枝条停止生长，秋果幼果亦不再出现。

与一般果树不同，无花果的新梢生长、花器分化和花托形成是同时进行的。随着新梢生长，依次各节叶腋内的芽会形成两个生长点，其中一个分化成花序，另一个形成叶芽。叶芽一般不萌动，仅在外界条件适合时长成副梢。在适宜条件下，无论春梢、秋梢，其叶腋生长分化花序的过程由下而上不

断进行，但以生长中庸的新梢上分化过程旺盛。影响花序分化的因素有环境条件和树体营养状况。当温度过低（15 ℃以下）过高（30 ℃以上）时，会影响光合产物的生成而抑制花序分化进程。基 1～3 节不着果与春末夏初气温较低有关，盛夏高温也会产生缺果节位较多的现象。此外，氮肥施用过多或修剪过重，引起新梢徒长，或管理不当，生长衰弱，都影响花序分化。植物激素中，已知赤霉素抑制无花果花序分化，细胞分裂素、乙烯、脱落酸则有促进作用。

（二）结果习性

无花果果实的食用部分由花托（果梗）及小花膨大发育而成，植物学上称为假果。果实的小花部分占全果比例可达 50%左右。小花数量在品种间差异很大，如麦司衣陶芬等大果形品种小花达 2 000～2 800 个，棕色土耳其为 1 500 个左右。果实大小、色泽是品种的重要性状特征，也是商品价值的重要指标。

五、果实发育与成熟

无花果果实发育期（即从花托分化到果实成熟）长短因各地气候条件、品种及果实生长季节的不同而有所不同，一般需 50～60 d，长的达 80 d。果实品质也因成熟季节不同而有差异。新疆南部以 6 月下旬至 7 月中旬成熟的夏果和 8～9 月采收的秋果品质好；山东威海一带则以最后一批春果和最早成熟的秋果品质最好。

无花果果实的生长发育可分为 3 个时期。以麦司衣陶芬为例，其第一期为迅速增长期，约需 26 d。这一时期果实的横径、纵径增长均很明显，能分别达到最终横径、纵径的 55%和 62%。第二期为缓慢增长期，约需 42 d。此期果实大小与重量的增长量都很小。第三期为快速膨大期，约需 13 d。该期以果重增长最明显，单果果重的 80%左右在此期长成。果实生长发育呈现快—慢—快的周期变化，形成一个 S 形曲线。

无花果果实中，以糖含量最高，成分为葡萄糖、果糖，蔗糖很少；以苹果酸、柠檬酸为主的有机酸含量很低。果实中糖含量前期、中期增长缓慢，后期果皮开始着色后迅速增加，尤以近成熟期增加最快。果皮中含叶绿素 a（青绿色）和叶绿素 b（黄绿色）。初期两者含量均呈上升趋势，但前者含量高于后者而使果皮呈绿色。以后含量下降，到成熟前，后者含量超过前者，果皮变成黄色。紫红色品种果皮中含花青素，其含量前期低，第三期后半期才迅速增加，果实变成红紫色。花青素生成的最适温度为 15～25 ℃，30 ℃以上或 10 ℃以下生成受阻，因而 8 月上旬的果实不如 9 月采收的果实色泽鲜艳。阳光中紫外线对花青素形成影响很大，光照不足时果实着色很差。此外，当树体含糖量高，成熟时向果实转移多，果实着色好。

无花果产量构成要素有定植株数、单株结实数、果体大小和重量。果体大小和单果重量与营养条件密切相关，也与不同成熟时期有关。不同管理水平的果园间，单果重量相差悬殊。一般夏果较秋果重量大。但在秋果中，开始成熟的单果重量小，中期成熟的大，后期由于成熟时间不足，果实发育不充分，单果重又有所下降。除此以外，夏果与秋果之间往往相互影响，相互制约。夏果的多少取决于前一年秋季树势发育状况；而秋果的多少，则取决于当年春季的管理水平。无花果因一年多次结果，因而年际间大小年不明显，但年内夏果与秋果间则往往有着互为消长的制约关系。如头年秋果多，消耗养分大，次年夏果往往减少，但秋果就多；反之，若夏果多，或春季管理不善，秋果减少，而来年夏果就明显增多。因而生产上要注意调整夏秋果比例，增加总产。在正常情况下，南疆一带夏果与秋果的比例为 1∶2 至 1∶2.5。管理好，水肥得当，两者差距缩小；如管理不善，两者差距加大。

无花果栽植后 2～3 年开始结果，6～7 年进入盛果期，结果年限 40～70 年或更长。在新疆南部地区，定植第三年平均株产 3.18 kg，第八年 93.67 kg，第三十年 185.9 kg。

第四节 对环境条件的要求

一、温度

无花果原产小亚细亚，喜温暖干热，其耐高温低湿能力很强，但耐寒性较弱。一般年平均温度15 ℃，夏季平均最高气温20 ℃，冬季平均最低气温8 ℃，≥5 ℃积温4 800 ℃地区为其适生地区。当冬季气温下降到−5 ℃以下时，幼树会出现冻梢现象，温度再降低，大树地上部分将受冻而死。据在新疆阿图什多年观察，无花果在旬平均最低气温−2 ℃，旬极端最低气温<−2.5 ℃，冻土层5 cm时，顶端枝梢受冻，来年发芽期晚5～7 d。旬平均最低气温为−11 ℃，旬极端最低气温>−12 ℃，旬平均气温−6 ℃以下，冻土层40 cm持续时间7 d以上，地上部分全部冻死。

从全国无花果分布区看，最冷月平均气温0 ℃是无花果能否安全越冬的临界温度指标。中原一带沿黄河、渭河一线以北，多需埋土越冬（部分地区平地埋土，庭院不埋），蚌埠、南阳、汉中一线及其以南多可露地越冬。

无花果不同品种间耐寒性有一定差异，大部分品种成年树在−12～−16 ℃时会出现严重冻害。而抗寒性较弱的品种（如麦司衣陶芬等）幼树期遇−6～−9 ℃，成年树遇−8～−12 ℃即会产生严重冻害。此外，冬季气温虽较高，但早春3～4月常有寒流侵袭的地区，萌芽后的树体也易发生一定程度的冻害。需从当地情况出发选择品种或采取防寒防冻栽培措施。

夏季高温也不利于无花果的生长发育。无花果叶片温度达30 ℃以上时，光合作用急剧降低。温度达38 ℃时，果实品质变劣。夏季果园中无花果树体过于繁茂时，应及时除去多余枝梢，改善通风透光条件，减轻高温危害。

二、水分

无花果原产地干旱少雨，使其具有强大的根系，增强抗旱力。地中海地带年降水量400～800 mm，4～10月生长期内降水量90～270 mm，其生长结果正常。但无花果叶面积大，蒸腾作用强，尤其在新梢和果实生长期需要大量水分，若此时土壤过于干燥，水分供应不足，常造成枝条生长量小，叶片萎缩，单果重减轻，糖分降低，品质下降。无花果受旱后如能及时供给适量水分，则树体能很快恢复生长，产量影响不致过大。在新疆阿图什地区，长期的人工灌溉培育了无花果喜水特性。据实测，无花果净灌溉定额达每667 m^2 800～850 m^3，是小麦的1倍。

该地年均降水量仅78 mm，全生育期需浇水10～12次。而在江苏一带，生长期如果雨水过多，枝叶过于繁茂，会影响通风透光，果实品质下降。尤其是夏果遇到6月的梅雨，秋果如遇9月连绵秋雨，会出现大量病果、腐烂果、开裂果。造成减产或品质变差。

无花果不耐涝。与其他果树相比，无花果根系生长对氧气需求较多，对缺氧反应敏感。地下水位高，排水条件差，易于长期积水的地块，无花果植株常因积水缺氧，树势衰弱，产量很低，严重时全树枯死。当其根部浸在停滞的水中时，其枝叶在4 d内即会枯萎。此外，果实成熟期降水过多，也会使果实含糖量减少，品质变差。

三、光照

无花果为强阳性树种，喜光，不耐荫蔽。在光照充足条件下，果实成熟早，品质优良。若光照不足，则延缓生育期；在果实成熟期多阴雨天，含糖量明显下降，且极为敏感。据1979年新疆阿图什无花果果实全生育期全糖分测定（5 d一次）结果，其中8月25日成熟的秋果总糖已达12.12%，但8月26～29日连续3 d阴雨，8月30日全糖量降至10.01%。以后天气转晴，光照充足，温度升高，9月4日测定，全糖量又上到14.19%。总之，气候干燥但有灌溉条件，日照充足且光质优良，昼夜

温差大，有效积温高等，是生产优质无花果的有利条件。

四、土壤

无花果对土壤要求不甚严格，适应范围较广，在典型的灰壤土、沙质土壤，以及潮湿的酸性红壤，冲积性黏壤土上都可正常生长结果。但以土层深厚，水肥条件好，pH7.2～7.5，质地为壤土和沙质壤土的最为适宜。其他土壤加以改良，有排灌设施也可供发展种植无花果。

在果树中，无花果属最耐盐碱的树种。在沿海地区，无花果常被选作滩涂开发的经济树种。但在盐碱较严重地区，土壤盐分含量仍然是无花果生长发育的一个重要限制因素。据在新疆观测，土壤全盐量0.2％以下对无花果生长没有影响，0.3％时有轻度危害，0.3％～0.4％为危害临界值，0.4％以上时将产生严重危害。4～6月0～40 cm土壤全盐量达0.4％～0.8％时，生长受到抑制，叶片发黄，边缘干枯。无花果对钙的需要量较大，在偏酸的土壤中种植时，因酸性影响根系活力，需增施石灰加以调节。

五、物候期

无花果物候因各地气候条件不同而有较大差异。如湖南长沙，每年3月上中旬萌芽，初期生长缓慢，5月上旬至6月下旬生长迅速，8月下旬至10月下旬枝梢生长仍较旺盛，以后生长趋缓，12月上旬生长停止、落叶。在甘肃武都，3月中旬芽开始膨大，3月下旬至4月中旬为展叶期，4月上旬新梢开始生长至9月中旬停止，3月下旬至4月下旬出现春果，5月中旬至9月中旬随枝条生长幼果不断形成，8月上旬开始采收夏果，10月底秋果结束。11月上旬开始落叶，下旬叶全落。在江苏镇江地区，4月8日萌芽，4月16日展叶，5月25日出现幼果，11月上旬落叶，其落叶期早于麦司衣陶芬10 d。

第五节　建园和栽植

一、建园

（一）园地选择

无花果适应性较强，在气候适宜地区，平原、丘陵坡地、庭院均可种植。但应注意：由于无花果不耐贮运，宜在城市近郊或交通便利的地方建园，有利于发展商品生产。

在利用丘陵坡地建园时，应考虑坡向、风向。一般南坡光照好，土壤增温快，北坡较差。山沟、低谷地和峡谷口均不宜建园，因冷空气下沉，滞留于山间低谷地，而且峡谷口风速较大，易引起冻害和风害。

宜选地势高燥，背风向阳，排水良好而又有灌溉条件，土层深厚肥沃，中性或微碱性土壤栽植无花果。沿海一带，应在条件较好、生长茅草的滩涂或海堤内侧建园。盐碱地上建园需注意土壤全盐量要低于0.4％。

（二）果园规划设计

1. 果园规划

（1）小区规划。地势开阔处，作业小区一般规划3.4 hm^2；条件较差时2 hm^2。丘陵、山地可规划为1 hm^2。小区形状为长方形，并考虑与道路、排灌系统配合，需设置防护林的地方，长边宜与主风方向垂直，山地果园小区应与等高线平行。

（2）道路系统规划。依据果园大小设置必要的道路系统，以利施肥、浇灌、喷洒农药、果实采摘及运输等要求。主干道宽6 m左右，作为小区界线的次干道宽5 m，小区内作业道宽3 m。

山地果园道路沿坡面斜度不能超过7°，作业道应沿等高线设置。

（3）排灌系统规划。无花果耐旱但对水分有较高要求，应按水源情况规划灌溉渠道，干旱地区可逐步发展滴灌和渗灌。

无花果怕涝，在降水较多，或地下水位较高的地方，应规划排水系统，根据具体情况设明沟排水或暗沟排水，形成地面或地下排水系统。

（4）防护林规划。无花果枝干韧度低，根系较浅，大风易吹折枝条或吹倒结果大树，新疆南部等地多受干热风危害，应从实际出发规划防护林带。一般主林带间距 300～400 m，多风沙区或沿海有台风危害地区间距应加大到 200～250 m；副林带间距 500～800 m，风沙地区为 300 m。副林带一般应与主林带垂直。林带结构应为疏透结构，应注意采用乔灌混交。

2. 种植设计

（1）品种配置。根据建园要求及栽培目的确定品种配植。以鲜果上市为主的，应选果型大、品质好、耐贮运的品种，以加工利用为主的，应选大小适中、色泽较淡，可溶性固形物含量高的品种。一般应考虑鲜食与加工利用相结合，各占适当比例。

品种选择上还需注意品种的适应性。如长江以南地区麦司衣陶芬、白圣比罗为适宜品种；沿江及江淮一带如种植麦司衣陶芬，则需采用抗寒栽培技术，同时可选用抗性较强的棕色土耳其、布兰瑞克以及白热那亚等品种；黄淮地区可选用抗寒性强的蓬莱柿等。

是否配置授粉树需根据品种类型而定。目前国内栽培的普通无花果类型的品种，不授粉可以结实，不必配置授粉树。如引进其他 3 个类型的品种，则需配置授粉树，以 8 株栽培品种配植 1 株授粉树较好，也可按 5％～6％的比例进行配植。

（2）株行距的确定。无花果园栽植密度应根据品种、整形方式和土质条件确定。

无花果树势旺，生长健壮，树冠开阔，在亚热带地区多为乔木，成片建园时栽植株行距一般为 5～7 m，有时加大到 6～8 m。在新疆南部，匍匐式栽培果园，为便于埋土越冬，亦用于 5 m×6 m 或 6 m×7 m 株行距。甘肃武都一带无花果为小乔木，多采用 4 m×4 m 株行距，每 667 m^2 42 株；荒滩小面积建园则用 3 m×3 m，每 667 m^2 74 株。为提高无花果早期产量，目前江苏镇江一带采用适当密植，以后根据树体长势进行间伐，以确保园内通风透光。采用低主干丛生型栽培的株行距 1.5 m×2.0 m，每 667 m^2 220 株；X 形栽培的为 2 m×2.2 m，每 667 m^2 150 株；普通密度为 2.0×2.5 m 或 2.2 m×2.5 m，每 667 m^2 120～130 株。

除成片规划建园外，甘肃武都一带还有以下配植方式，在农村发展无花果的规划设计中也应予以安排。

① 四旁散植。可采用窄株距宽行距，根据地形单、双行配植。株行距 3 m×5 m 或 2 m×4 m。

② 庭院栽植。一般应离建筑物 1 m 以上，栽南不栽北，不要栽在树荫下。

③ 地埂栽植。川台地埂栽植是提高土地利用率的较好形式。一般南坡栽埂下，北坡栽埂上，使树冠投影于地坎，减轻农田遮阴。

二、栽植

（一）栽植时间

无花果发芽和新根生长较其他果树迟，为防止冬季干枯和早春低温冻害，一般以春栽为主。依各地具体情况在 3 月中旬至 4 月上旬栽植。不过采用防寒栽培的地方，也可秋植。栽植后主干留 20 cm 左右短截，培土 30 cm 以上，保护越冬。

（二）栽植方法

园地应在入冬前耕翻晒垡，淋洗盐碱，熟化土壤。定植前要平整园地，栽植时按所定株行距先挖穴，穴深 60 cm，直径 60～80 cm，穴底铺草或麦秸，每穴施腐熟有机肥 25 kg、磷肥 2.5 kg。苗木栽植深度要适当，要注意深挖浅栽，根系不直接接触肥料。定植苗木宜用 50％甲基硫菌灵 1 000 倍液浸根消毒 1 min。栽植时根系要舒展，按一般植树要求，边填土边踩实，并将树苗向上轻提。栽后浇足底水。

在盐碱地上栽植时先挖沟做畦，畦宽 3.5 m，沟宽 50 cm，深 60 cm，底铺以麦草，施以腐熟厩肥。栽植后注意用稻草或麦草进行地面覆盖抑制返盐，也可套种紫花苜蓿等较耐盐绿肥。

栽植后及时定干，定干高度 40～60 cm。及时定干有利于减少植株水分蒸发，提高成活率，促进早发芽，多长枝，并且枝条生长旺盛。据观察：无花果定干后发枝多集中在剪口下 1～6 节，而以剪口下第一、第二芽萌生的枝条生长最为旺盛。

第六节　土肥水管理

一、土壤管理

（一）土壤改良

对于土壤瘠薄的园地，除栽植时注意加大栽植穴并在穴底施以麦草、腐熟厩肥外，还要逐年进行土壤改良工作，幼龄期深耕改土是重要措施之一。深耕结合施肥，可有效增加土壤有机质及氮、磷、钾含量，有利于根系生长并增加吸收根数量，根条密度可增加 1 倍以上。深耕改土可在夏季结合翻压绿肥进行，也可于秋季采果后结合秋施基肥进行。可采用扩穴深翻、全园深翻或开沟深翻等方式，依树体大小及施肥方式等确定。无花果根系较浅，但成龄果树只要控制断根率在 20%以下，则其生长不会产生负面影响。

土壤改良的另一个重要措施是土壤酸碱度（pH）的调节。无花果喜中性偏碱土壤，而我国南方土地壤偏酸，无花果园应注意增加有机肥和石灰加以调节。石灰应结合耕翻或开沟施入土中，一般每 667 m^2 施 100～150 kg。

（二）松土除草

中耕松土可有效减少土壤水分蒸发，防止盐碱上升。一般中耕与浇水、除草相结合，干旱半干旱区园地浇水后均应中耕松土，雨水多的地方结合除草进行中耕。

无花果果园的除草，可采用化学除草剂代替人工除草。由于无花果对除草剂敏感，需注意选用合适的药剂。要选无风的晴天喷药，药液不要喷到枝、叶上，以免产生药害。杂草生长盛期（6 月上旬）使用 10%草甘膦（每 667 m^2 用药 500～750 mL，对水 50 kg），可控制各种杂草危害。其他适用除草剂还有 50%西玛津可湿性粉剂、35%吡氟禾草灵乳油等。

（三）铺草覆盖

无花果果园表土层采用铺草覆盖，能抑制夏季地表高温，减少土壤水分蒸发，防止土壤干燥，也可抑制杂草生长。但春季不宜过早覆盖，以免抑制地温上升，或诱使根群过分集中于表层，应在 5～6 月，地温稳定后进行。材料可用绿肥、稻草，也可用麦草。铺草厚 10～20 cm，每 667 m^2 用1 000～1 500 kg。注意主干基部适当少盖，以免皮层湿度过大而染病。

（四）间作套种

在幼年果园进行间作套种，既有利于加强树体管理，还可提前获得经济收益。间作物以豆类、瓜菜较为适宜，也可选用药用植物。

二、施肥管理

（一）肥料种类与数量

无花果为高产果树，对肥料要求较高。据国外研究资料，无花果对肥料的吸收比例如下：以氮肥为 10，则磷肥为 3，钙肥为 15，钾肥为 12，镁肥为 3，可见无花果对钙、钾肥成分有较高要求。国内有江苏镇江农业科学研究所做过深入试验。据分析，无花果植株以钙吸收最多，氮、钾次之，磷的需求量不高。若以吸氮量为1，则钙为1.43，钾为0.9，磷、镁仅为0.3。由此，无花果施肥以适磷重氮钾为原则。氮、磷、钾三要素的配合比例，幼树为1∶0.5∶0.7，成年树为1∶0.75∶1。具体应用时，施肥量可按目标产量每100 kg果实需施氮1.06 kg、磷0.8 kg、钾1.06 kg计算。由于各地土壤条件差异较大，施肥量与氮、磷、钾比例应结合具体情况确定。如园地肥沃，施肥量比标准用量少10%～15%；同一园内，树势强的植株少施，树势弱的适当多施。幼树期施肥不宜过多，以免新梢徒长，枝条不充实，耐寒力下降。一年内各个时期的施肥量：基肥占全年施肥量的50%～70%，夏季追肥占30%～40%，秋季追肥占10%～20%。其中氮素肥料，基肥约占总氮量的60%，夏季追肥占30%，秋季追肥占10%；磷肥主要用作基肥，占70%，其余作追肥；钾肥以追肥为主，占60%，基肥占40%。

不同肥料种类对无花果的产量和品质有一定影响。一些老产区果农仍以施用有机肥为主。有试验表明，施用农家肥比单纯施用化肥无花果长势和产量都有所增加，品质提高。生产上可以有机肥为主，化肥为辅，要求每千克产量施1 kg农家肥。江苏镇江增施腐熟有机肥（如鸡粪、菜籽饼）的田块，与施尿素相比，产量增加57.96%，糖分高36.4%。新疆阿图什果农多施用腐熟羊粪和厩肥，每667 m^2 约2 000 kg。此外，还施用骆驼刺和苜蓿（5月中旬以后开沟施入），以改良土壤结构，增加土壤看机质。每株施用干苜蓿或骆驼刺草10～15 kg加磷酸二铵2 kg，3年内使单株产量由8.2 kg提高到27 kg。土壤缺磷地区施用磷肥对增产有明显作用。

（二）施肥时期与方法

基肥（以农家肥为主）在落叶前后至早春萌动前，追肥在夏果、秋果迅速生长前施用。开条沟施或环状沟施，深20～30 cm即可。施肥应与灌水相结合。通过水肥管理可对树体实行“促”与“控”。一般采用“早促晚控”。早促，即4月下旬、5月上旬追肥，促秋果；晚控，即7月下旬以后减少水肥，控制果枝过快伸长，减少过多秋果，以保持来年夏果密度，防止树体内膛空虚。除土壤施肥外，生长期也可进行根外追肥，前期以氮肥为主，后期以磷、钾肥为主。一般宜在10:00以前16:00以后喷洒，种类和浓度有0.5%尿素，0.2%～0.5%磷酸二氢钾等。

三、水分管理

无花果根系发达，抗旱力较强，但生长旺盛，叶面积大，蒸腾作用强，降水不足时，必须进行灌溉。灌溉次数根据各地具体降水情况决定，一般幼龄树每年灌水2～3次，成年树6～7次（南疆需10～12次）。灌水时期以新梢和果实迅速生长期最为重要。到二次果成熟时，逐渐停止浇水，有利于枝条成熟。落叶后结合秋耕灌一次冬水，有利于越冬。

无花果耐涝力弱，雨水多的地区或降雨多的季节应注意及时排水，防止产生涝害。

第七节　花果管理

一、防止落果与僵果

引起无花果落果的原因主要是土壤干旱或积水过多，以及害虫为害根部所造成，应注意加强果园的灌水、排水及防治地下害虫。

在新疆南部，无花果果实发育过程中，还有一种僵果现象，即幼果出现后到发育成果前自然干枯而不能发育成果实。这是一种生理病害。这种现象在夏果中较为常见，而秋果中较少。据调查，这种现象既与管理水平有关，也与树龄有关。如管理差的果园，僵果率可达41.7%；而随树龄增加，长势减弱，30龄果树僵果率可达22.7%。春季水肥供应不足，加之上年秋果较多，是造成僵果的内因，大风和干旱则是造成僵果的外因。春季加强水肥管理是防止僵果的有效措施。

二、越冬保护

无花果生长旺盛，抗寒力弱，枝条易遭冻害，温带地区多需保护越冬。一般仅对幼树越冬前在树干基部培土，对主枝进行包草；五年生以上大树越冬能力增强，不再进行保护。

新疆南部夏季干热，积温高，适于无花果生长与结实，且果实品质好，胜过湿热地区。但该地冬季寒冷，无花果不能露地越冬，因而采用匍匐栽培法，入冬前（11 月上中旬）埋土防寒，保护越冬。其技术措施如下：①从定植起实行矮化栽培，定向培育，一般采用 4 m×5 m 行株距栽植；②苗木栽植时与地面呈 45°～60°倾斜。行向南北，使枝条呈扇形分开以扩大向阳面积；③入冬前按此方向将枝条压伏地面，埋土越冬。埋土厚度应在 30 cm 以上，一次埋好或分期加厚。采用上述方法栽培的无花果树长大后树体近似水平状匍匐地面，夏季结果时需用支架将果枝撑起。由于采光面积较直立树体增加 25%～30%，且树体各部分受光均匀，加上体内激素上下分配也较为均衡，有利于花序分化，增加结果，提高产量。其缺点是生产成本较高。

第八节　整形修剪

整形修剪是指通过修剪培育出良好的树体结构，形成优质高产的理想树形。前期对幼树的修剪，主要是培育树形，建成良好的树体骨架；成龄树修剪，目的是合理更新，保证持续优质高产。

一、不同品种的树形模式

无花果的整形方式，应根据栽培区气候条件（决定是否需要防寒）、具体栽培地点以及品种特性等诸多因素综合考虑。其中品种结果习性是重要因素。

根据无花果结果习性，可将品种分为 3 种类型（图 54 - 2）：即夏果专用品种、秋果专用品种与夏秋果专用品种。整形修剪需按照 3 类品种的生长规律，有目的地进行。

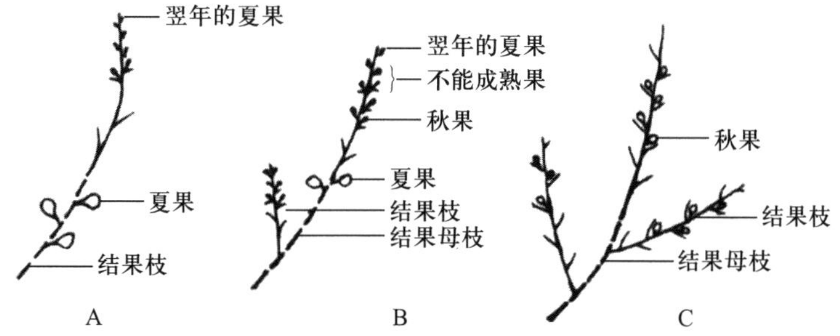

图 54 - 2　无花果的结果习性

A. 夏果专用品种　B. 夏秋果兼用品种　C. 秋果专用品种

（杨金生等，1996）

（一）夏果专用品种的树形

这类品种如紫陶芬等，以生产夏果为主要目的，树体整形采用自然圆头形或自然开心形。该品种夏果着生于上年生除顶芽外的先端数节，不能短截修剪，而应保留为夏果结果枝。夏果结果枝过多时适当疏除。

（二）秋果专用品种的树形

这类品种如塞勒斯特等，以采收秋果为生产目的。一般多采用自然开心形。第一至二年的整形修剪与夏果专用品种相同，以培养主枝、扩大树冠为主。第三年以后，根据枝梢长势采用疏枝与结果母枝短截相结合的方法进行修剪。

(三) 夏秋果兼用品种的树形

这类品种生长特性差异很大，应区别对待。一类如白热那亚、布兰瑞克和蓬莱柿等，树势强，新梢直立，适于自然开心形。以疏枝修剪为主，短截为辅，适当回缩修剪混合应用。另一类如麦司衣陶芬等，新梢生长势中等，枝梢易下垂，树形常保持矮化。如采用杯形或自然开心形，则夏果产量很低，往往不及秋果的10%～20%，而秋果大量着生，又影响翌年夏果。在长江流域一带，夏果采收期正处梅雨季节，病害重、产量低，从实际出发，应以秋果栽培为主，可采用水平X形、水平“一”字形和丛生形等整形修剪。

二、树形培育

在国内各无花果产区，以往主要采用多主枝自然开心形、有主干无层形。近年来庭院无花果兴起，提出扇形等多种树形。在江苏镇江产区，更应用了密植矮冠的多种整形方法，管理精细。

(一) 多主枝自然开心形

该树形的树体结构如下：基部3个一级主枝，主枝上4～6个二级主枝，每个主枝上2～3个外侧枝。主枝与主干的开张角在30°～45°之间，侧枝与主枝夹角约50°。这种树形成形快，有利于早期丰产，并能充分利用空间。

定植当年距地面40～60 cm定干。待新梢长出后，在剪口下选留不同生长方向的3个枝条作主枝培养。当其生长到4 cm以上时摘心，促发新梢，从中选留4～6个作二级主枝。翌春对二级主枝选外侧饱满芽处短截，促发侧枝。第3年起逐年对主枝延长枝进行短截，促发健壮新梢。

(二) 有主干无层形

该树形有主干和中心领导干，干高40～50 cm，10余个主枝由下而上螺旋状排列于主干上，主枝开张角度45°～60°，每个主枝上有2～3个侧枝。该树形成形慢，多在稀植时采用。

定植当年定干，高60 cm。翌春选剪口下第一芽萌发的枝条作为中央领导干。该枝生长到60 cm以上时，在有饱满芽处短截。适当选留其他方向、位置、长势均较适合的枝条作为主枝。主枝留50 cm左右短截，其余枝条任其生长。第三年以后继续培养中央领导干和选留主枝。

(三) 扇形

该树形一般有4～6个水平状主枝，高约2.0 m，宽厚均为1.5 m，是庭院栽植中的一种整形方式。其成形较慢，但占地面积小。

果树南北行栽培，苗木向南斜栽，与地面夹角为45°。萌芽后将苗干弯向南面距地面40～50 cm；然后用带钩木棍加以固定。在苗干弯曲处选饱满芽刻伤，刻痕距芽0.5 cm，以促抽生旺梢。当年水平干长放。翌春萌芽后抹去刻伤芽以下的萌芽。待刻伤芽及其前面的芽抽出新梢并长到30 cm以上时，对旺梢摘心，7～8月将新梢分别拧向两侧，使呈水平状，促使刻伤芽萌发的新梢长至1 m。第三年春季，该新梢形成的领导干若已长至1 m以上，则用上一年的方法使其向相反方向弯成水平状，否则任其生长，来年再弯。5月下旬至6月上旬对第一水平主枝上的直立旺枝摘心，对第二水平主枝上的旺梢进行扭枝。以后依以上方法进行，注意控制结果量，逐年回缩更新，多培养结果母枝。

庭院栽培中，除采用扇形外，还有圆柱形（类似主干无层形）、双臂形、T形等多种整形方法。

(四) 水平X形

该树形适用于麦司衣陶芬、白圣比罗等。

栽培密度为每667 m^2 120～150株。主干高约40 cm，留4个主枝呈水平X形向外延伸，主枝两侧间隔20 cm配置结果母枝（同一侧为40 cm）。

每年反复留1～2芽短截修剪，结果母枝高度一致，结果枝着生于主枝附近，着果位置也一致。新梢长至18片叶时摘心，以利通风透光。

一年生苗定植后定干高40 cm。发芽后除去先端强势芽，选4个健壮新梢作主枝培育。冬季主枝留 80 cm 剪截，先端留外向芽，剪口处应在留芽的前一节。第二年 4 月上旬树液流动时，将 4 个主枝伸向畦的两边，慢慢放倒使呈水平 X 形，并将先端绑于木桩上固定。注意分次下压分次绑扎，使主枝尽可能水平，枝上芽位相对一致，而主枝端部稍高，以利主枝延长枝生长。剪去主枝延长部分背面直立伸长的芽，间隔一定距离留侧芽伸长，并插竹竿诱引绑扎，先端再留下芽作为主枝继续延长，直至与相邻植株伸长的主枝靠近为止。同时，进一步调节主支柱枝高低位置，注意水平状主枝上留芽位置，第三年主枝和侧枝（结果母枝）形状基本形成，仅根据树形要求适当调节。冬季修剪时留外芽进行短截，每个结果母枝上抽生 1 个结果枝。结果母枝剪口高度要一致，使结果枝生长整齐。注意因树因枝采用不同修剪措施，促进生长平衡（图 54 - 3）。

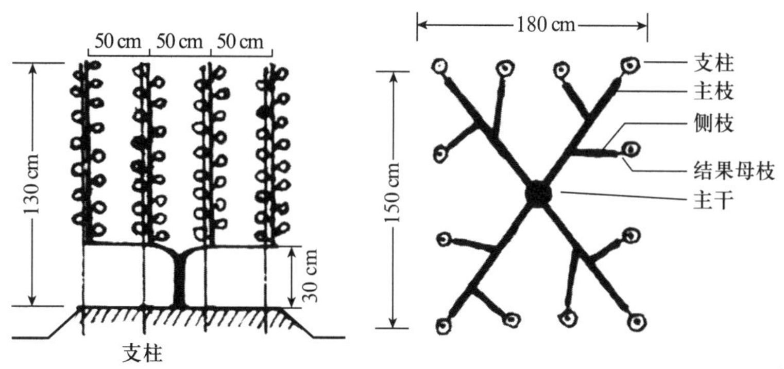

图 54 - 3 水平 X 形整枝模式

（杨金生等，1996）

树势生长旺、新梢发生多、园地过密时，进行隔株间伐。选留树主枝先端内侧结果枝轻度回缩修剪，翌春树液流动时，将其放倒，占据间伐后的空间，留存树主枝延长结果枝数增加 1 倍，即可与间伐前的结果枝数保持一致。亩结果枝数约 2 400 根，三年生树每 667 m^2 产量可达 1 250 kg。

（五）低位水平 X 形整枝修剪

该树形为水平 X 形的改良型。由于 X 形整枝主干和主枝离地面较高，气温较低的地区，难以预防冻害。江苏镇江农业科学研究所采用主枝低部位匍匐地面的水平 X 形整枝法，取得较好效果。其密度为每 667 m^2 120 株。一年生苗秋定植后，留主干 20 cm，覆土越冬。春去覆土，发芽后选 4 个不同方位的新梢沿畦方向伸长，插支柱诱引。秋每主枝留 1 m，放倒匍匐地面，覆土越冬，翌春萌芽后，疏除主枝的上芽，每主枝留 5 个横侧芽培养结果枝，结果枝插支柱诱引。每株有结果枝 16～20 个。冬季修剪时，主枝不再延长，每个结果枝留 2～3 个芽短截，作为结果母枝。

（六）水平“一”字形

该树形为水平 X 形的改进型。适用品种有麦司衣陶芬等。每 667m^2 100～120 株，主干高 30～40 cm。两个主枝与畦面平行。主枝附近的新梢从基部 2～3 节反复短截修剪，结果枝位置始终控制在主枝附近（图 54 - 4）。

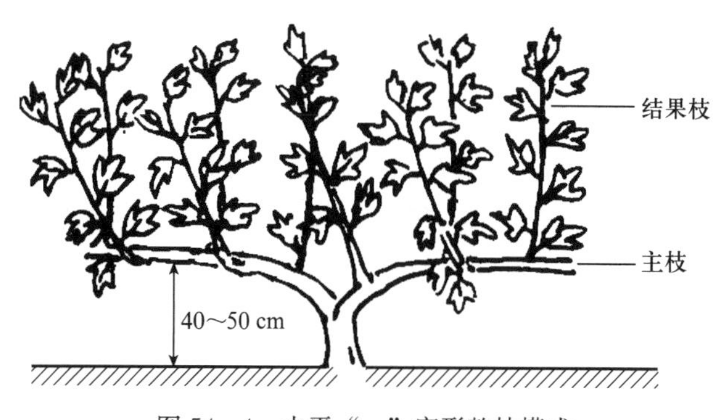

图 54 - 4 水平“一”字形整枝模式

该树形高度低，结果母枝在同一平面上，着果整齐，田间管理作业方便，效率高；结果枝用支柱诱引，可提高抗御灾害性天气的能力。栽后 3～4 年成园，树体矮化，产量较高，适于保护地栽培。但因行距小，畦面小，下部光照不足，其早期果着色差；由于根群分布较窄，高温干燥时，需保证灌水。再者，主枝整形、树势调节难度大，主枝受冻或受病虫危害后难以更新。该形对树势强，枝梢直立徒长的品种（蓬莱柿、布兰瑞克）不甚适宜。

采用该整形方法每 667 m^2 结果枝数约 2 000 根，三年生树每 667 m^2 产 1 150 kg。

（七）自然开心形

适用于树势强、枝梢生长旺的品种，如蓬莱柿、白热那亚、赛勒斯特、布兰瑞克等夏秋兼用品种。

栽植密度为每 667 m^2 82～88 株。主干高度 40 cm，选留 3 个主枝，分别向 3 个方向伸长。其树形呈立体结构，树冠内较透光，果实着色好，但操作管理不便，采收作业难度大。且树冠大，重心高，易于风倒，多大风处需有结实的支柱撑牢。

随主枝生长不断培养结果母枝，结果枝随结果母枝增加而增多，第一年 3 根，第二年 6～9 根，第三年 12～18 根，第四年 24～36 根，第五年 48～72 根，成年期树每 667 m^2 结果枝可达 3 500～6 500根。三年生树每 667 m^2 产 560 kg。

（八）低主干丛生形

该整形方法为江苏丘陵地区镇江农业科学研究所针对长江沿岸及江北冬季气温较低，无花果易受冻害而提出，应用效果好。可用于耐寒性差的品种及冬季气温较低的地区。

该树形栽植密度为每 667 m^2 220 株，主干高度 15～20 cm，主干上没有主枝，仅留 4～6 个结果母枝，由结果母枝萌发结果枝，每个结果枝插立竹竿诱引。其主要特点是结果枝位置低，适合于矮化密植和埋土防冻栽培，整枝修剪易于掌握。

栽植当年，短截主干，距地面留 20 cm，从主干基部萌发的新梢中选留不同方位的结果枝 4～6 根，一般当年从第四至五节间开始着果。入冬前，在结果枝基部第二至三节间处强剪，注意剪口留外向芽。剪后培土越冬，翌年 4 月上中旬扒开覆土，使结果枝离开地面，以免其着地生根，结果部位太低易染病害。萌芽后，每个结果母枝选留 1～2 个结果枝，每株留 6～8 个结果枝。冬季修剪时结果枝留 1～2 节短截。以后保持每株 6～8 个结果枝，仅对生长较弱的结果母枝进行更新。

新疆南部无花果需埋土防寒越冬，主要采用多主枝丛生密集型整形方式，主干高度 15 cm，保留 4～5 个不同生长方向的主枝，以构成树冠，其株行距较大，埋土防寒较为费工。

三、修剪方法

无花果修剪宜采用冬季修剪与夏季修剪相结合，不断调节树势，促进结果。

（一）冬季修剪

冬季修剪可采用短截、缓放、疏枝或回缩等方法。应根据不同树龄不同枝条长势、结果情况加以采用。如对幼树的主枝延长枝进行中短截（约剪去枝条的 1/2），促发新枝；对过旺枝进行重短截（约剪去枝条 2/3），以平衡树势。对初结果树旺枝采用缓放，任其自然生长，以缓和树势，增加结果枝。适当疏除过密枝、交叉枝、干枯枝。盛果期树为恢复树势和进行结果枝的更新，可采用回缩修剪。

在江浙一带，通常 12 月到翌年 2 月，为无花果成年树修剪期，幼树可延长到 3 月上旬。如修剪过迟，剪口流出树液，会推迟发芽。修剪需在树液流动前 15 d 结束。

无花果木质疏松，剪口干燥时易龟裂，影响发芽和生长，应在节痕处修剪，或多留一节进行修剪。由于较大的伤口难以愈合，需涂接蜡或伤口保伤剂。

（二）夏季修剪

由于无花果生长势较旺的枝条具有连续生长不断结果的特性，因而生长季节修剪能促进早结果、早形成树冠。夏季修剪主要采用摘心、拿枝、拉枝等方法。

1. 摘心 生长季节为控制枝条旺长，节省养分供应果实生长，可进行不同强度的摘心（摘除梢部）。生长粗壮的一次枝夏季摘心可促进萌发强壮的二次枝，增加分枝数量。对树势旺、分枝力弱或以采收秋果为主的品种最宜摘心。一般于7月底8月初，幼树旺枝剪留35 cm左右，可激发副梢，当年结果；结果枝坐果4～6个时摘心，可使果实增大，提早成熟。同时增加结果枝下部光照，提高果实品质。此外，盛果期树如生长旺，徒长枝多，不但影响当年秋果产量，还影响第二年夏果坐果，也可采用摘心（打顶）控制枝条生长。在南疆，一般于7月10日前坐下的秋果可以成熟，过晚则不能成熟，因而在6月下旬秋果幼果形成后摘心，既可控制果枝生长，又可控制晚期秋果的形成，提高秋果实际产量与品质。江苏镇江地区于7月中旬至8月上旬，当新梢生长至18～20节时摘心，促进果实早熟避免晚霜危害。

2. 拿枝与拉枝　拿枝是于7月将已木质化的枝条从其基部折弯，然后向上再多次折弯，以控制一年生直立枝和竞争枝的生长。秋季进行拉枝，用于调整骨干枝和辅养枝角度，以缓和树势。

3. 结果母枝的培养　无花果依靠母枝结果，修剪上要注意通过修剪强化结果母枝的生长势，不断培养粗壮的结果母枝。方法上要充分利用基部新侧枝和由潜伏芽（或不定芽）长成的新结果母枝；对内膛枝组应有缩有放，过高过长的老枝及时回缩，促其下部萌发更新枝；对细弱枝组先放后缩，促其复壮。

（三）不同年龄期树的修剪

1. 幼年树　无花果幼龄期主要是培养树形、平衡树势，建立牢固的骨架。根据整形要求，对各类枝条的修剪尽量从轻，夏季对旺枝多摘心，促发新梢，形成结果母枝。主枝延长枝一般剪留50 cm左右，利用留外芽开张角度。直立性强的品种，应利用拿枝、拉枝开张角度。

2. 初结果树　这一时期需继续培养树形，扩大树冠，并迅速培养结果母枝，使较快形成产量。冬季对主枝延长枝继续短截，促发分枝。夏季采用摘心和短截，促使树体中下部发枝，利用徒长枝培养结果母枝。

3. 盛果期树　此时树冠业已形成，修剪任务主要控强扶弱，调节生长和结果之间的关系，注意强化结果母枝的生长势，充分利用夏季摘心促发的侧枝和不定芽萌发的新结果母枝。

此期对骨干枝、延长枝的修剪量加大，剪留长度30 cm左右。树冠停止扩展后，注意选旺枝结果，大枝可进行回缩，促发一年生枝。对这些一年生枝冬季再行短截，结果2～3年再予缩剪。缩与放交替使用，使骨干枝保持旺盛长势。对各部位的结果母枝根据长势有计划地更新，使健壮的结果母枝保持稳定的数量。

4. 衰老树　无花果树进入衰老期后，长势衰弱，产量下降。在干旱地区，如管理不善，10年后树体即趋于衰老，年生长量不足10 cm。此期修剪任务是及时更新复壮。修剪方法上主要采用重回缩修剪，截除大枝时要注意选好截除部位。利用潜伏芽萌发徒长枝，并改造为结果母枝。经2～3年调整可重新恢复树冠。不过更新复壮要与加强水肥管理紧密结合才能收到预期效果。

四、新梢管理

无花果果实产量构成因素中，除单位面积定植株数外，每株结果枝数、单枝结果数和单果重等，均与新梢管理有直接关系。并且新梢管理好坏直接影响果实品质，在无花果密植矮化栽培整形修剪中，新梢管理是其关键技术。

新梢管理包括疏芽、新梢诱引、新梢摘心与副梢管理等，其中新梢摘心前面已经提到。

（一）疏芽

疏芽的目的是减少养分无效消耗，使选留新梢合理配置，受光良好。疏芽时期依树势及生育情况而定，树势中偏弱的应尽早疏芽，提前确定合理的留枝数量；树势强的，待生长一段时期后，疏除过强的芽，选留生长一致，中偏强的芽。疏芽可分2～3次进行，实际留芽数以每667 m^2 2 000～2 500个较为适宜。

疏芽时，用小刀从芽基部皱纹处削除。一年生树萌芽后及时用小刀削去顶端芽。根据整形要求留够需要的芽，其余疏去。二年生树应分次疏芽。春季主枝放倒呈水平状时，削去其上方芽，保留侧位芽。以免上芽生长势强影响邻近芽的生长。此后 20～30 d，再疏除其他下芽或过多的芽，仅主枝最先端留下来，以平衡树势。这一年应按主枝长度考虑留芽数量，一般在主枝基部约 30 cm 处开始选留芽，100～110 cm 主枝约留 5 个芽，所留均为横侧芽，同时注意所留 2 芽方向要相反。第三年以后，主枝、侧枝基本固定。主枝旳上年延长枝疏芽与二年生树相同。侧枝（结果母枝）因冬季修剪后仅留 2～3 个节位，应选留下部一个外侧芽，尽早疏除上部芽。树势差或十年生以上老树，则应适当使用上芽，或在主干适当位置，选留萌发的潜伏芽，也可在主干附近的结果母枝上选留侧芽，使其健壮生长，以更新衰老的主枝。

（二）新梢诱引

应用 X 形、“一”字形等整形方法，均需进行新梢诱引。一年生树新梢伸长到 20～30 cm，有 8～10 片叶时，每个新梢旁均立一个竹竿（长 1.2～2.0 m）作为支柱，对枝条进行诱引。诱引时先将基部变为褐色的新梢横压，与主干成直角，并在基部 15 cm 处，用麻绳呈“8”字形绑扎固定于竹竿上，然后沿新梢延伸方向斜插一竹竿让新梢继续斜上生长。翌年放倒压平，4 个主枝即成 X 形。诱引时要抑强扶弱，促进主枝平衡。注意主枝与主干的角度不能过小。7 月以后，新梢生长旺盛，每隔 30 cm 及时向竹竿绑缚。第二年以后，主枝固定，只按留芽数量插好竹竿，进行新梢绑扎诱引，以防结果枝下垂。由于幼树生长旺，易造成结果枝部位偏高现象，应在绑扎诱引时注意调节结果枝长势。结果枝强，插竹竿离新梢远些，横向角度要大；结果枝弱，着生位置较低时。插竹竿离新梢近一些，垂直诱引。与此同时，插支柱时要调整结果枝位置，使其适当错开，避免叶果摩擦并充分利用光照。

（三）副梢管理

无花果幼树期树势旺，结果枝是容易发生副梢，导致郁闭度增加，应采取必要的措施。平压主枝新梢基部 30 cm 内萌发的副梢应及早削除；主枝新梢 30～120 cm，横侧芽上发出的副梢，适当留下作为以后的侧枝利用，但副梢过多时，每主枝选留 4 个，间隔一段距离，一边保留 2 个。留下副梢生长过旺时，可轻度摘心。

结果枝摘心后，也会促使先端发生副梢。副梢过多时，应及时清理。注意剪副梢时留 1 叶剪除，单枝副梢有 2 个以上时，可留 1 个继续生长，这样对副梢附近的果实影响较少。

第九节 病虫害及其他自然灾害的防治

一、主要病害及其防治

无花果在新疆及甘肃产区病害较少，沿海产区病害较多。

（一）炭疽病

1. 分布 该病主要分布于江苏镇江及杭州一带。

2. 为害症状 果实成熟时受害，在潮湿条件下有粉红色黏液，发病重时，病斑可扩展到半个或整个果面，果实软、易脱落或干缩成僵果。

3. 发病规律 由真菌引起，病原主要以菌丝体在病果内和当年生枝条皮层组织内越冬，次年6 月前后，温湿度适宜时产生分生孢子，成为主要侵染源，过于密植，植株徒长能使病害加重。

4. 防治方法

（1）农业防治。加强栽培管理，土壤疏松通气。保持果园通风透光良好，生长季节及时剪除病果、病叶，拾净落地病果集中烧毁。

（2）化学防治。春季萌芽前，用 50％退菌特可湿性粉剂 500～800 倍液，或 3 波美度石硫合剂喷洒果园。生长季果实发病后，用 80％代森锰锌可湿性粉剂 600～800 倍液，或 50％多菌灵可湿性粉剂

1 000 倍液，或 1∶0.5∶200 倍波尔多液，每隔 10～15 d 喷布 1 次。

（二）角斑病

1. 分布　该病又称叶斑病，见于昆明、杭州等地。

2. 为害症状　症斑初期呈淡褐色或深褐色，在叶脉间呈不规划多角形，直径 2～8 mm。后期病斑上产生少量黑色绒状粒点。

3. 发病规律　病菌以菌丝体在染病的落叶上越冬，翌年 6～7 月温湿度合适时产生分生孢子，分生孢子经风雨传播，在温度 20 ℃：以上湿度较高时萌发，在叶面经气孔侵入。潜育期 25～38 d。一般 8 月初发病，9 月可引起大量落叶、落果。

4. 防治方法

（1）农业防治。加强管理，增强树势，注意降低果园湿度；冬季清除销毁落叶。

（2）化学防治。花后 20～30 d 喷 1～2 次波尔多液（1∶3∶300），或 65%代森锌可湿性粉剂 500～600 倍液、65%福美锌可湿性粉剂 300～500 倍液喷雾，5～7 d 喷一次，连续 2～3 次。

（三）枝枯病

1. 病原　无花果枝枯病病原有 3 种，其中 *Diplodia* sp. 主要分布于太原；*Macophomina* sp. 分布于南京、杭州等地；*Phoma* sp. 见于南京等地。

2. 为害症状　该病发生于主干、主枝上。初期病斑稍凹陷，有米粒大小的胶点，逐渐出现紫红色椭圆形凹陷病斑。以后胶点增多，胶量增大。胶点由黄白色渐变为褐色、棕色或黑色，病部腐烂黄褐色，有酒糟味。后期病部干缩凹陷，表面密生黑色小粒点，潮湿时涌出橘红色丝状孢子角。

3. 发病规律　病菌以菌丝体、分生孢子器在树干病部组织中越冬。翌年春季，病部溢出孢子角，借风雨和昆虫传播，经伤口侵染，也可通过皮孔、叶痕侵入。4～5 月为发生盛期，6 月以后树木生长旺盛，病菌受到抑制，8～9 月病害又有发展。冻害是诱发该病的重要因素。土壤黏重、排水不良，缺乏有机肥的果园危害严重。

4. 防治方法

（1）农业防治。加强果园及树体管理，提高抗性；及时清除病枝病株；或及时刮除病部，消毒保护。

（2）化学防治。发芽前喷 3～5 波美度石硫合剂，或 50%退菌特液，以保护树干。5～6 月再喷 2 次 1∶3∶300 的波尔多液。

（四）株枯病

1. 分布　江苏镇江等地。

2. 为害症状　成年树染病后，在近地面的主干、主枝上产生茶褐色至黑褐色不规则圆形病斑，随病斑扩大，近地面主干腐烂，细根失去活力。主枝大部或全部枯死。苗木、幼树受害初期，新梢先端叶片萎蔫，继而下部叶黄化萎蔫、枯死。该病传染速度快，1～2 年内染病果园可有近半树枯死。五年生以下幼树发病多。多雨时，地上部出现病斑，土壤水分大时，地下部见病斑，病斑上有黑色毛发状突出，产生许多子囊壳。病原为木材腐烂菌的一种，属子囊菌类，能形成子囊壳、子囊孢子、厚垣孢子和内分生孢子。

3. 发病规律　病菌在病根、病干上越冬。病斑上的分生孢子和子囊孢子随风雨传播，从近地面侵害根颈导致根颈腐烂，再侵入树干皮层，引起木质部腐烂，植株枯死。适宜温度为 25～30 ℃，30 ℃以上和 10 ℃以下不发病。连续多雨有利于发病，持续高温干燥不利发病。田间发病期为 6 月下旬至 7 月上旬以及 9 月中下旬。氮肥施用过多，能促进发病，磷、钾肥有抑制发病效果。

4. 防治方法

（1）植物检疫。注意检疫，不引入带菌苗木；可疑苗木用甲基硫菌灵 1 000 倍液灌浸 1～2 min 后再栽。

（2）农业防治

① 初发生园查到病株后应挖出烧毁，在病树及其周围用甲基硫菌灵 500 倍液灌注 20 kg/株，灌药后覆以黑地膜。

② 将土壤 pH 调至 7～8，病株周围施用石灰。

③ 病重果园改作水稻 2～3 年后再定植无花果。

④ 4 月园地铺草覆盖，厚度 10～15 cm。

⑤ 果园发现病株后，绝对不能在畦间灌水，以防病菌全园扩散。

⑥ 病株空缺处补植时，在根系生长范围内用客土替代。

在江苏镇江一带，还发现有芽枯病。6 月至 7 月上旬结果枝先端芽枯死，从先端叶片主脉开始，叶片全部变褐脱落。此病在梅雨期连续多雨发生较多。及时剪去感病果枝，染病树用波尔多液（1∶1∶200）喷雾。

（五）灰斑病

1. 分布 该病主要见于陕西、上海等地。

2. 为害症状 叶片受侵染后，初期产生圆形或近圆形红褐色斑，直径 2～6 mm，边缘清晰，以后病斑变灰色。高温多雨季节，病斑扩大成不规则形，互相联合，叶片呈现焦枯状。老病斑中散生小黑点。

3. 发病规律 该病以菌丝体和分生孢子器在落叶上越冬，翌春产生分生孢子借风雨传播。该病发生早，常于 4 月下旬至 5 月中旬在各地发生。该病要求高温高湿环境，多雨年份危害严重。

4. 防治方法

（1）农业防治

① 加强管理，增强树势。氮磷钾配合使用，避免偏施氮肥。

② 及时清除病枝、病果，秋季将病叶集中烧毁。

（2）化学防治。喷药预防，发病前半月开始喷药，用 1∶2∶300 波尔多液，或 50％灭菌丹可湿性粉剂 0.5 kg＋65％代森锌可湿性粉剂 1 kg＋水 500 L 后喷雾。

（六）果锈病

1. 分布 该病主要见于广州等地。

2. 为害症状 主要为害叶、幼果及嫩枝。叶片发病初期，在上表面出现黄绿色斑点，逐步扩大成 0.5～1.0 cm 的橙黄色圆斑，边缘变黑。以后叶背生出土黄色毛状物，内含大量锈孢子。嫩枝病部橙黄色，稍隆起。幼果病斑圆形，由黄色变为褐色，着生土黄色毛状物，病果畸形。

3. 发病规律 病菌以菌丝体在圆柏树病部越冬，翌春 2～3 月形成冬孢子角，吸水萌发产生担孢子，随风传播，有效距离 5 km。担孢子在树体上萌发后直接侵入或从气孔侵入。潜伏期 10～13 d，1 年1 次侵染。

4. 防治方法

（1）农业防治。无花果果园 5 km 范围内不宜种植桧柏（圆柏）。

（2）化学防治。每年 2 月下旬至 3 月下旬，在圆柏树喷洒 3～5 波美度石硫合剂、0.3％五氯酚钠或 0.3％五氯酚钠加 1 波美度石硫合剂抑制冬孢子萌发；无花果树萌芽至展叶期间用波尔多液（1∶2∶300）、65％代森锌可湿性粉剂 1 500 倍液、97％敌锈钠 250 倍液喷雾。3 月初起每半月 1 次，连续 3 次。

（七）疫病

1. 分布 江苏镇江等地发生。

2. 为害症状 无花果叶、果、新梢、主干均可发生。6 月下旬至 7 月上旬梅雨季节，下部叶片出现不规则圆形病斑，并不断扩大以至落叶。新梢染病后皮部由暗褐色至黑色，新芽变黑枯死。6 月下

旬，下部幼果染病，病斑由暗绿色转为黑色，水渍状，凹陷，湿度大时表面产生白色粉状霉，发软腐烂，并向上部果实传染。成熟果染病后产生同样症状。苗木、幼树主干受侵染后，出现黑褐色病斑，其上茎叶枯死。梅雨季节皮层软化腐烂，从木质部流出稀泥状腐烂物。此一症状可区别于株枯病。

3. 病原 为藻菌类的一种。疫病菌形成游动孢子囊，洋梨形，顶端有乳状突起，在染病组织内形成厚垣孢子。病菌可在 10～35 ℃范围内发育，发育适温 30 ℃。

4. 发生规律 病菌随病果、病叶残留土中，以菌丝和厚垣孢子越冬。次春展叶时开始活动，降雨时土表病菌溅至下部叶片，由下而上传染。5 月初发病为第一次传染病。病斑上形成许多游动孢子囊。降雨时，孢子囊乳状突起破裂，散出游动的孢子，进行 2 次传染。7 月上中旬及 9 月出现二次发病高峰。多雨年份，生长过密、通风差的园地发病重。

5. 防治方法

(1) 农业防治。入冬前清扫园地病果、病叶烧毁；密植园适当疏枝，改善通风条件；4 月上旬园地全部铺草以防病菌随雨滴溅起；发病期间果实不能出售；因该病病菌潜伏期长，采收后仍能发病。

(2) 化学防治。注意预防，6 月上旬代森锰锌 600～800 液喷洒；6 月中至 7 月中旬，波尔多液（1∶1∶200）或 80%敌菌丹 800～1 500 倍液喷洒；7 月下旬至收获期，90%疫霜灵 500～800 倍液喷洒。

(八) 黑霉病

1. 分布 江苏镇江等地发生。

2. 为害症状 该病主要侵染果实，以成熟期发病重。初期，果顶裂开处果肉成暗红色，继而出现暗褐色霉，呈水渍状腐烂，其他部位染病症状相同。发病重的果园，在连续阴雨天，采收装箱的果实中如有 1 个病果，就会导致全部腐烂。

3. 病原 病原菌为藻菌类的一种。菌丝被称为假根，由白色转为暗褐色，侵入果实内部吸收养分。菌丝上产生孢子囊柄，顶端着生孢子囊。孢子囊暗褐色，球形，内有许多孢子。病菌腐生性强，以地表有机物或枯叶、枯草作营养源进行增殖。

4. 发病规律 果实成熟期遇连续阴雨天，有利于病菌增殖，病果表面产生许多孢子囊，散出的孢子在空气中扩散，侵染其他果实。在 25～30 ℃适温下 4～6 h 就受感染。此外，果蝇等昆虫也能传播该病。

5. 防治方法

(1) 农业防治。摘除病果烧毁；及时采收，田间不剩过熟果；采后待果面干燥后再装箱；控制结果枝数量，改善通风透光条件。

(2) 化学防治。根据天气预报，采前将有连续阴雨天时，及早喷药预防，可用甲基硫菌灵 1 500 倍液，多氧霉素 1 000 倍液，敌菌丹 800 倍液，百菌清 800 倍液交替使用。

(九) 果腐病

1. 分布 江苏镇江等地发生。

2. 为害症状 在果顶部产生灰霉，果实腐烂后流出酸性粉红色汁液。

3. 病原 病原菌为不完全菌类的一种病菌。分生孢子暗褐色，有纵横隔膜，其繁殖适温为 25～30 ℃。

4. 发生规律 8 月下旬至 9 月连续阴雨天，发病重。防治方法同黑霉病。

(十) 根结线虫病

1. 种类与分布 江苏镇江等地有分布。为害无花果的线虫有甘薯根结线虫、根腐线虫和螺旋线虫，而以甘薯根结线虫为主。

2. 病原及为害症状 甘薯根结线虫的雌成虫洋梨形，体长 1.5 mm，卵白色透明，长椭圆形，藏于卵囊中，成熟卵囊内可看到第一龄幼虫。刚孵化的幼虫细长，丝状。土中看到的线虫多为 2 龄幼虫。雌成虫的幼虫逐日增圆，呈洋梨形，雄成虫的幼虫则为蚯蚓状，体长 1.0～1.6 mm。根腐线虫雌雄均蚯蚓状，体长约 0.6 mm。线虫危害使根上产生许多念珠状的瘤，严重时瘤连接融合，根畸形，机能减弱，导致树势衰退，叶小色淡，落叶提前，着果数减少，品质下降。树体寿命缩短。

3. 发生规律 甘薯根结线虫在根瘤内或土壤中越冬。能看到雌成虫、卵和幼虫。春季地温 15 ℃以上开始活动。6 月，孵化成幼虫从根端表皮侵入，其分泌物导致根组织异常膨大而形成根瘤，其内有数条雌成虫，排卵于体外胶质卵囊，每一卵囊内有卵约 500 个。在 25～30 ℃发育适温条件下，25～30 d 完成一个世代，1 年可增殖几个世代。在新根旺盛生长的 7 月，线虫开始增加，10 月达高峰期，以后逐渐减少。当寄生组织枯死后向新的植株转移。

4. 防治方法

（1）植物检疫。注意苗木检疫，检查根系，剪除根瘤再栽。

（2）农业防治。危害区进行土壤消毒，施用药剂后覆以薄膜，7～10 d 去膜，散掉有毒气体后栽植。

（3）化学防治。生长期应在地温升高线虫开始活动时防治。6 月、8 月各 1 次，用二氯异丙醚乳剂 20 倍液，每平方米 3 kg，全园灌注。8 月可用 10%克线丹每 667 m^2 4～6 kg，开沟施用。

二、主要害虫及其防治

（一）桑蓝叶虫

在江苏镇江等地见有危害。

1. 为害特点 成虫于萌芽展叶初期出现，为害芽和嫩叶，嫩叶成网孔状。幼虫在土壤中栖息，为害根系。受害严重时，树势明显衰弱。

2. 发生规律 成虫在 4 月中旬开始迁入无花果园，5 月中旬达高峰，5 月下旬至 6 月上旬终见，寿命约 80 d。晴天活动，每头雌成虫产卵约 300 粒，卵黄色，表面有六角形龟甲状斑纹。卵历期 30 d，初孵幼虫取食嫩根。老熟幼虫在地下 10 cm 处做蛹室越冬。翌春化蛹，蛹历期 50～60 d。该虫喜阴湿，杂草多，铺草厚或排水不良的果园发生较多。

3. 防治方法

（1）农业防治。清除杂草，搞好田间排水。

（2）化学防治。展叶初期用杀螟松或敌百虫 1 000 倍液喷雾，7～10 d 后再喷 1 次。6～7 月幼虫发生期，每 667 m^2 用敌百虫、稻丰散粉剂 2～3 kg 撒施。

（二）蚜虫

为新疆南部无花果产区常见虫害。种类有麦蚜、紫团蚜和棉蚜。

1. 发生规律 这些蚜虫一般于 4 月上旬开始出现，这时，其他作物和果树尚未进入生长旺季，而无花果开墩后展叶较快，其嫩叶成为蚜虫早期危害对象。一般多集中在嫩叶背面吸吮叶片汁液，使叶片出现枯斑。随天气转暖，其他作物生长旺盛后又转移到主要寄主植物上去。

2. 防治方法

（1）农业防治。冬季和早春清除果园中的杂草和枯枝落叶。

（2）化学防治。危害期间用 50%敌敌畏乳剂 1 000～1 500 倍液，或 80%敌敌畏乳剂 1 500～2 000 倍液喷雾。

（三）螨类

江浙一带危害无花果的螨类主要是朱砂叶螨和神泽叶螨。

1. 形态特征 前者体色暗橙褐色，足黄色；后者雌螨活动期体色为红褐色，越冬期为朱色，足白色，仅第一足先端淡黄色。

2. 为害特点 螨类为害叶片和果实。叶片背面吸汁危害，叶受害后变为黄白色，早落；果实受

害后表皮粗糙，轻则有红褐色锈斑，重则成为萎缩果。

3. 发生规律 成螨在结果母枝芽周围或枝、干树皮裂缝中越冬。6 月上旬，新梢伸长期开始活动，梅雨期结束，高温干燥时数量急剧增加，8～9 月达高峰，其发育适温为 20～28 ℃，卵历期 2～3 d，若螨至成螨 6～7 d。

4. 防治方法 ①4 月上旬鳞芽萌动时，用石硫合剂 3～5 波美度液喷雾，防治越冬螨虫。②6 月中旬和 7 月中下旬，发生初期，用三氯杀螨砜 500～1 000 倍液喷雾。

（四）沙枣木虱

1. 为害特点 沙枣木虱（*Trioza magnisetosa* Log.）在新疆南部以为害沙枣为主，但当其成虫大量发生时，也在无花果树上栖息危害。成虫于 6 月上旬大量群集于叶背和夏果上。时值无花果夏果膨大期，成虫群集于果实顶部，致使果实不能成熟，以致腐烂。

2. 防治方法

（1）农业防治。无花果产区防护林应少种沙枣。

（2）化学防治。成虫危害期用具有触杀作用的药剂喷雾，效果 90%以上。

（五）蓟马

江浙一带危害无花果的蓟马以台湾蓟马为主，还有罂粟花蓟马、大豆蓟马、枇杷花蓟马、黄色花蓟马（柿蓟马）及葱蓟马等多种。

1. 为害特点 蓟马为害果实，果实受害后外观无异常症状，但剥开未成熟果实，则见有其若虫和成虫，果实内小花变褐色。成熟果受害后果内由茶褐色变成黑褐色，随果实膨大成熟，糖度增加，虫体被压死。

2. 发生规律 蓟马栖于杂草，6 月向无花果园迁移。6 月中旬至 7 月上旬，结果枝下部 1～5 节位果实果孔张开，蓟马侵入危害，8 月上中旬果实采收时出现害果，一般 5～6 月高温干燥年份蓟马繁殖快，16～21 d 一个世代，因而危害较重。除第一至五节果实受害重外，蓟马还危害 9 月的果实。

3. 防治方法 6 月下旬当无花果顶部果孔张开时，用杀螟松乳剂或巴丹水溶剂 1 000 倍液喷雾。若 6～7 月连续干旱，则 6～10 d 后再喷药 1～2 次。

（六）黄地老虎

1. 发生规律 黄地老虎［*Euxoa segetum*（Schiff）］在新疆南部 1 年发生 3 代，以老熟幼虫在土壤中越冬，4 月上旬至 5 月初第一代幼虫大量危害。幼虫咬食根部，幼树、新建果园及育苗地危害尤甚，往往咬断新根造成死亡，或引起落果、僵果。

2. 防治方法

（1）农业防治。果园秋耕深翻，及时铲除果园地埂、渠边杂草。翌春当越冬幼虫化蛹或羽化前铲除地埂表土 3 cm，有较好除虫效果。

（2）物理防治

① 可用黑光灯诱杀。利用地老虎成虫的趋光性，在其大量羽化期在果园安置黑光灯集中诱捕一代成虫。

② 人工捕杀。当地老虎危害严重时，在果园或育苗地中挖坑，坑内放置桑葚、烂果、苜蓿等地老虎喜食之物，每日清晨检查，消灭诱集的幼虫。

（七）桑天牛

1. 为害特点 桑天牛分布广泛，是无花果主要害虫，主要为害果树的枝干。成虫啃食枝皮，伤痕呈不规则条块状，严重时枝条树皮被啃光，造成结果枝易折断枯死，成虫在枝干上产卵孵化后，幼虫在枝干内沿木质部向下蛀食，可蛀食至根部，导致植株生长不良，树势早衰，影响当年产量。

2. 发生规律 桑天牛以幼虫在枝干蛀道内越冬，3 月中旬越冬幼虫开始活动，4～5 月进入危害期，5 月下旬老熟幼虫沿虫道上移做蛹室化蛹，6 月中下旬羽化后成虫啃食无花果新梢并在枝干上产卵，8 月上旬为产卵盛期。初孵幼虫直接蛀入木质部取食，并向树干基部蛀食，11 月中下旬幼虫停止取食，进入越冬状态。

3. 防治方法 在成虫发生前对树干和大枝涂白（生石灰 10 份：硫 1 份：水 40 份），防止成虫产卵，在桑天牛产卵期对无花果隔一段时间喷一次驱避剂，如敌杀死，速灭杀丁等有强烈气味的农药，桑天牛就不会到无花果树上啃咬树皮，也不会在此树上产卵。在桑天牛成虫发生期，早晚捕捉成虫。在 7～8 月采用人工挖除卵粒，或用锤击杀产卵槽内的虫卵，每隔 7～10 d 连续进行 2～3 次就可控制幼虫蛀干为害。幼虫发生期，发现潮湿新鲜排粪孔时，先用铁丝将虫粪掏光，同时钩杀幼虫，或将磷化铝片剂塞入排粪孔内，并用黏泥密封虫孔，进行熏杀，或用兽用注射器将 80%敌敌畏乳油或 40%的杀螟松 40～50 倍液注入排粪口，并用黏泥密封虫口，防止药液外泄。

（八）金龟子

为害无花果的主要是铜绿金龟子，白色金龟子和茶色金龟子对无花果也有危害。

1. 为害特点 金龟子主要群聚为害近成熟和成熟的果实，严重时可将整个果实吃光，一般取食果肉，留下果皮。

2. 发生规律 铜绿金龟子 1 年发生 1 代，以幼虫在土内越冬。5 月底成虫开始羽化，一直延续到 9 月上旬。成虫为害整个果实成熟季节，7～9 月为害最重。

3. 防治方法 振摇枝干，金龟子受惊会假死下落，随即人工捕杀。在 7 月至 9 月上旬喷撒残效期短的杀虫剂，常用敌敌畏 1 000 倍液；糖醋药液诱杀；树干涂白也有一定的忌避作用。

三、自然灾害及其防治

（一）冻害

无花果品种抗寒性不同，对低温的抵抗能力也不相同，且植株各部位有不同的冻害表现。如麦司衣陶芬抗寒性弱，气温降到－6 ℃几小时就会产生冻害，3 月下旬树液流动，如出现－1～－3 ℃低温，也会产生冻害。

1. 为害状 植株不同部位的冻害表现如下：

（1）主干冻害。受冻后树皮破裂，轻的可在转暖后自然愈合；若裂口深达木质部时不易愈合，引起腐烂、干枯。

（2）主枝冻害。采用水平 X 形和一字形整枝时，树干较低，主枝易受冻害。受害后树皮起皱、变色，稍开裂或凹陷，5～6 月产生黑霉。

（3）树杈冻害。主枝分杈处木质部导管不发达，营养积累不足，抗寒力差，低温或昼夜温差大时，易引起冻害。

（4）枝条冻害。受冻程度与枝条成熟度有关。生长不充实的枝条易受冻。休眠期间，以髓部和木质部最易受冻。

（5）根颈冻害。根颈生长活动开始早，停止晚，且地表温度变化较大，易产生冻害。受冻后皮层、形成层变褐腐烂，易剥离。

2. 预防措施 选背风向阳处建园；合理栽培管理，提高树体抗性；去除天牛危害的枝干；抗寒性弱的品种低主干埋土防冻栽培，寒流侵袭前修剪埋土；入冬前树干涂白，或将稻草成束绑在主枝上保暖；初春削去局部冻害部位，涂刷甲基硫菌灵；地上枝干受冻害后，锯除枯死枝条，促发新枝，重新培养整形；设置风障，在园中每隔 8 m 用玉米秸等设一道高 1.5 m 东西向风障。

（二）风害

1. 台风

（1）为害状。沿海一带出现台风，可使树干开裂、树体倒伏、落叶、落果；即为较小台风也易引起叶片摩擦伤果。台风伴随大雨，可将土壤表面病菌带上树体，增加疫病侵染危害程度。

（2）预防措施。幼树设立支柱，绑扎牢固；设置防风网或防风林带；台风后及时排除淹水，对摇晃的树进行培土，重立支柱，开裂的枝条用麻绳绑好，剪除断枝，伤口涂甲基硫菌灵；吹落的果实或病果带出园外销毁或填埋；喷洒波尔多液200倍液，防疫病和黑霉病；根部灌注甲基硫菌灵1 000倍液，预防株枯病。

2. 干热风

（1）为害状。为新疆无花果产区灾害性天气，这是高温低湿并伴有一定风力，从而危害作物的天气现象。对无花果而言，会引起大量蒸腾失水，导致叶片、嫩梢萎蔫或干枯、果实发育迟滞，果皮萎缩以致干僵落果。

新疆南部干热风多出现在5月中旬至9月上旬，其中以5月下旬到6月下旬的干热风对无花果危害较重，因此时正值无花果生长高峰期，也是夏果迅速膨大、秋果大量现果期，叶片和幼果受害较普遍。

（2）预防措施。营造防护林；根据天气预报，干热风出现前果园灌水；由于干热风和风害常同时出现，注意给树体支撑，以免吹断树干和果枝。

（三）湿害与旱害

1. 为害状　无花果既怕土壤过湿，亦不宜过于干旱。若园地积水2～3 d，即引起叶片萎蔫，沿叶脉变褐，引起落叶。果实成熟期连续阴雨，会使果实着色差，易开裂、腐烂，降雨多时，亦易使疫病、黑霉病加重；相反，在高温干燥期，若灌水不及时，会引起下部叶片变黄脱落，以致落果；连续干旱后骤降暴雨，会加重果孔开裂，导致商品价值下降。

2. 预防措施　注意开沟排水，降低地下水位，使10～20 cm土层内不积水；增施有机肥料，加深有效土层，促进根系生长；注意适期适量灌水。土层浅的果园应浅水勤灌。收获期灌水时间不宜间隔过长，以免土壤水分变化剧烈，使裂果增多。采收前一天不宜灌水，避免采收操作困难；防治红蜘蛛等虫害时，应先灌水后喷药，以免叶片因干旱而吸收过量农药，产生药害。

（四）日灼

1. 为害状　早春受冻枝条，冻害部位在阳光直射下易于失水，出现凹陷，产生生理障碍；夏秋高温干燥，在阳光直射部位皮部受热灼伤，产生干裂，造成高温伤害。其致死温度为52 ℃。8～9月高温干旱期，日灼病发生严重。衰老树，朝东北向或向北延伸的枝条午后易受阳光直射而出现日灼。沙壤土地温上升快，土层薄，排水不良的地块，树势衰弱，也易产生日灼。

2. 预防措施　树干涂白日灼多发地区可于6月用涂白剂涂刷枝干，抑制树皮水分蒸发。涂白剂加杀虫、杀菌剂，兼治病虫害；剪口伤口涂蜡保护；合理的水分管理，防止土壤过干过湿，防早期落叶；诱引结果枝，防止下垂，避免阳光直射；及时防治病虫，增强树体抗逆性。

（五）鸟害

1. 为害状　无花果果实成熟期常遭鸟类取食危害。鸟类早晚活动频繁，尤以果园附近水稻黄熟时，有鸟、雀先取食稻谷，后转向果园啄食无花果解渴，受害果实很快腐烂。

2. 预防措施　每天采收，园内不留隔日成熟果；用黑、黄色塑料纸制作类似鸟眼珠般的眼球悬挂于果园，使鸟类产生恐惧感，不在园中停留；早晚鸟类数量多时，用音响恐吓驱赶；设防雀网，进行全园覆盖；依据无花果果实自下而上依次逐个成熟的特点，用废旧报纸自制套筒状果袋，对结果枝下部将要成熟的2～3个果实进行套袋，采果时，将袋取下，顺次套在上部即将成熟的果实上。

第十节　果实采收与加工

一、果实催熟处理

无花果果实成熟期较长，一般从6月下旬开始至11月均有果实陆续成熟。华北地区一般春、夏果6月下旬到7月上旬成熟，秋果8月上旬至11月中旬成熟。在新疆南部，夏果从7月中旬到8月中旬，25～30 d，秋果由8月下旬开始成熟并延续到10月上旬，40～45 d。夏果因幼果出现集中，果实成熟也集中，而秋果从5月下旬到7月均有幼果出现，因而成熟期也晚，果实采收期共有60～70 d。

当秋果形成较晚时（新疆南部于7月10日以后），不易成熟。有些果园过密，通风透光不好，也延长成熟期。要注意生长后期的水量控制，并于9月中旬打掉过多的叶片，以改善光照条件，促使养分向果体集中。注意只能打掉一个叶片的2/3，并且不要打掉叶柄，以免流出白色树液，伤害树体。此外，打叶不能过多，否则，不仅影响当年生长发育，还会影响次年夏果的坐果。

形成较晚的秋果还可以采用人工催熟技术，促使提前成熟，可显著增加产量和效益。而初期夏果如能加以催熟，促使早上市，也能显著提高经济效益。采用催熟技术，调节市场供应，还可避开台风、雨天不利天气的影响，减少病果烂果损失。

无花果果实催熟方法，主要有油处理和乙烯利处理，此外青霉素也有一定作用。

(一) 油处理

用植物油处理果顶部的果孔，可明显促进果实膨大，并于处理后5～7 d成熟。油处理的果实与自然成熟果实的大小、品质几乎完全一样。这是由于植物油中含不饱和脂肪酸，作用于植物细胞，促使果实内乙烯浓度增加，呼吸高峰提前，从而促进果实成熟。早在公元前3世纪，希腊和罗马的园艺家就利用橄榄油进行无花果催熟，现国际上普通应用。

1. 处理适期 一般在果实生长第二期末，自然成熟前15 d。过早，过晚均不甚适宜。油的种类除橄榄油外，菜籽油、豆油、芝麻油等植物油对无花果均有催熟作用，而动物油、矿物油效果差。

2. 处理方法 可在竹筷顶端扎上纱布，蘸油涂布果孔。注意油斑不宜过大，更不能将油滴到果实表面，以免果实外观变差，降低商品性。也可用注射器从果孔注入0.2 mL植物油，但工作效率低。注意处理要分期分批进行，在同一结果枝上，一次处理1～2个果实较好。

(二) 乙烯利处理

适时用乙烯利处理无花果果实，可比正常采收期提前7～10 d，且较油处理省工，果实着色好，果顶无污斑，商品性好。

1. 处理时期 在果实生长第二期末，果皮呈淡黄绿色，果孔稍隆起即可。其处理适期可比油处理晚3～5 d，每次每个结果枝可多处理1～2个果实。

2. 处理浓度 乙烯利浓度在100～400 mg/L范围内，浓度高，促进效果愈大。不过用注射器从果孔注入试剂时，25 mg/L就有效果；用毛笔涂刷果顶时用100 mg/L；果实喷雾时，100～400 mg/L为经济有效浓度。一般7月下旬至9月上旬气温高，浓度用100～200 mg/L，9月中旬至10月下旬，气温低，浓度200～400 mg/L较好。生产上宜采用喷雾法，用手动喷雾器，去掉喷头片，包上纱布，喷时呈雾滴状，工效高、效果好。新梢不同着果节位用乙烯利处理均有较好效果，且对鲜果重和品质没有影响。此外，乙烯利液处理后，如遇降雨，会影响处理效果，处理15 h后才没有影响，而油处理半小时后降雨即没有影响。

乙烯利稀释液稳定性较好，200 mg/L稀释液置茶褐色瓶中可在室内贮放一年，其催熟效果没有影响。

3. 注意事项 ①掌握处理适期不宜过早；②处理果3 d内与未处理果不易区分，易产生重复处理；③处理后立即下雨时，应予补喷；④处理时药液不要喷到其他果实和叶片；⑤催熟果着色进程较快，易误判而提前采收，品质下降；⑥树势强，土壤含水量大，乙烯利浓度高，果顶易裂开时，需注意调整处理浓度。

(三) 青霉素处理

喷洒青霉素液对无花果也有促进成熟的作用。处理适期为果实生长第二期后半期，即距果实自然

成熟期 25 d 前。可以比油处理适期的果实向上提高 2～3 个节位进行喷雾，浓度为 20 mg/L，处理后 12 d 开始成熟，且成熟一致，品质风味与自然成熟无差异，但果实着色稍浅。注意处理时期不宜过早，浓度达 25 mg/L 以上时幼果会产生药害。

二、果实的采收

无花果果实的采收，一定要掌握适时、适度，过早过晚都对果实品质有很大影响。与其他浆果不同，其果实未成熟或成熟不充分时轻，成熟后重。这是由于未成熟果实内部由一些多孔的絮状物组成，成熟后水分、糖分增加，从而使果重增加。过分成熟的果实从果枝上下垂，重量又减轻（表 54－1）。此外不同成熟度果实糖分含量也有差别。如据 1982—1983 年在阿图什的测定，夏果初熟期折光糖为 14.6，中熟期为 18.3，过熟期为 18.1；秋果中熟期为 16.7，后熟期为 15.4，末期尾果为 14.7。

表 54－1 无花果不同成熟期的果重变化

（王济宪，1989）

测定时间（月/日）	果实成熟度	特　征	测果（个）	平均单果重（g）
6/25	初熟	果实已发黄，尚未成熟	30	48.5
7/12	中熟	果实已充分成熟	40	64.5
8/15	过熟	果实下垂，色暗	20	58.5

由上，无花果果实采收适期应是成熟充分而不能过熟。充分成熟的聚合果顶部凹陷处果孔裂开，有密露状分泌物溢出，果实深黄。过熟时果皮呈棕色，采收不及时果实下垂，甚至发霉变质。

无花果果实成熟度与食味品质关系很大（表 54－2），成熟果实清香浓郁，软甜可口，而未成熟果实则食味不佳，两者截然不同。在生产实践中，果实着色程度是判断果实成熟度和品质的简要方法。果皮着色程度常受光照、温度、树势和氮素营养等条件的影响。成熟期温度高，果内成熟快于果皮着色，果实贮藏性差；温度低，果内成熟慢于果皮着色，果实贮藏性好。根据着色程度判断采收适期。当气温高，着果部位光照较差的下位节果实，8 月中旬为收获主体，着色度达 60%～70%就可采收；温度低，着果部位光照较好的上位节果实，9 月上旬以后采收，着色度 80%～90%时为采收适期。蓬莱柿等裂果重的品种则应在果顶刚开始开裂时就采收。

表 54－2 果实成熟度与品质

（杨金生等，1996）

成熟度	果重（g）	糖分（%）	着色（0～5）	果汁
未熟果	80	9.5	3	少
适熟果	100	12.0	4	中
过熟果	130	14.0	5	多

无花果鲜果应尽可能在清晨或傍晚采收。因早晚气温低，果实较硬，果梗较脆，易于采摘，运输中也不易碰破果皮。尽量避免在 10:00 后或 15:00 前采摘。如采收期遇阴雨天，果实顶部易开裂，诱发或加重疫病、黑霉病的危害，影响品质。下雨时或下雨后采收的果实，贮藏性差，要尽可能在雨前采收。

无花果鲜果采收容器不易过深，宜选用平底浅塑料盘（高 10 cm，长 40～50 cm，宽 30～40 cm）。下铺薄层塑料海绵或纱布。一手托盘一手采摘。边采边装。也可用小盘采收后运到固定地点，在室内选果、包装或直接上市。果实要轻放，顺向一边，防止果皮上沾有果梗伤口流出的白色乳汁。搬运时要避免果实滚动。

采摘时需保持一小段果梗，以免果皮撕裂开。注意小心轻放，采摘人员最好戴上薄型橡皮手套，以免手指接触白色乳汁，引起皮肤过敏或痛痒。此外，加工果脯果酱用的果实要在初熟时采收，过熟时制脯不易成形。供药用的无花果，要采未成熟的青绿色果，投入沸水中1～2 min，表面略呈微黄色时捞出，沥去水后晒干，放石灰缸贮藏，防蛀。

三、果实的包装和贮藏

（一）包装运输

无花果果实不耐贮运，且采后易腐烂变质，如不具备贮藏条件，应立即包装上市或运到加工场所。

为便于直接销售，可应用透明塑料盒包装，每盒约 0.5 kg，内放保鲜剂。或用硬纸箱，内设泡沫托果板，每箱 15～25 kg。此外，亦可定做用聚苯乙烯做成的保鲜箱，长宽高分别为 7 cm、3.5 cm、2.2 cm，可装精选无花果 5 kg，同时放入 SM 保鲜剂 20 片。该箱能延长无花果贮藏时间，便于长途运输。

在包装过程中，应按果形大小和外观色泽分级装盒（表 54－3）。塑料小盒（高 8 cm，长18 cm，宽 12 cm）每盒装 4～6 个果，不仅外形美观，携带运输均较方便。

表 54－3 麦司衣陶芬果实分级标准

（江苏镇江，1996）

级别	果重（g）	每盒个数	着色（0～5）	裂果
1级	110～130	4	5	无
2级	80～100	5	5	无
3级	60～80	6	4	轻裂
4级	50～60	8	4	轻裂

（二）果实保鲜与贮藏

据观察，无花果果实采收后在室内常温下（25 ℃）只能保持 1 d 鲜度，15～20 ℃能保持 3 d，10～15 ℃能保持 5 d，在 0 ℃时保持 10 d 以上。在果实采收、包装过程中要避免果实直接曝晒，选阴凉通风处存放。如直接放 0 ℃低温冷库预冷，能显著延长货架时间 1～2 天。

无花果果实保鲜已有一定进展。①用 SM 保鲜剂浸泡一下，捞出晾干，装入塑料周转箱，在普遍贮藏室内能延长贮藏期 15 d；用 0.3%～0.5%涕必灵（TBZ）溶液浸泡 3～5 min，晾干后放 0.01～0.02 mm 厚塑料袋中，装入纸箱，正常室温下可延长贮藏期约 10 d。②冷激处理 1.5 h，将果实完全浸入冰水混合物中 90 min。③$CaCl_2$ 处理。果实经挑选后浸于含少量表面活性剂洗洁精、6% $CaCl_2$ 溶液中 15 min，取出果实后平摊于桌上，用风扇吹干果面水分后置于 1 ℃冰箱中保存（上覆薄膜）。④热激处理。果实经挑选后浸于 43 ℃±1 ℃热水中 10 min，取出后平摊于桌上，用风扇吹干果实表面水分，置于 1 ℃冰箱中保存（上覆薄膜）。⑤1.5%的壳聚糖涂膜对无花果保鲜效果良好。

无花果果实使用 BX－1 型保鲜纸包装，可降低损耗 5%～10%，并能提高果实硬度，防止病害；如用 PS－1 型水果保鲜纸包裹，可使病果控制在 6%以内。

无花果果实保鲜贮藏方法有：

（1）臭氧保鲜贮藏。采收前 10 d 停止浇水，采收后即用 500～1 000 mg/L 萘乙酸浸泡 15 min，然后装 0.07 mm 聚乙烯塑料袋（每件 5 kg），放入纸箱后置冷库，温度 0～1 ℃，用臭氧发生器将浓度

为 12～16 mL/L 的臭氧通入。相对湿度 95%时，可贮藏 2 个月。

（2）硅窗帐贮藏。用塑料薄膜加硅窗大帐，内为多层架式结构，每层放置无花果 20 cm，每帐贮藏 1 500 kg。在温度为－1～0 ℃，相对湿度 95%、CO_2 10%、O_2 11%条件下，无花果贮藏期可延长到 2 个月。

四、果实的加工利用

无花果果实可以制干，也可制作果粉、果酱和罐头、果茶等。果粉等可供出口。

（一）制果干

1. 腌制果干　当果实七八成熟时采收，切片，每 50 kg 鲜果加食盐 7.5 kg，拌匀后装入缸内压实，盖上无毒膜，上面再压一层食盐，1 周后取出晒干。3 kg 鲜果可腌制 1 kg 果干。

2. 制甜果干　当果实六成熟时采下，用切片机切成 1.5 cm 厚的薄片，置阳光下晒干。遇阴雨天可用烘干机烘干。

3. 糖渍果干　用脱皮机将果实脱皮，用浓缩糖液浸泡 1～2 d 后取出晾干（烘干），然后装袋。

（二）制果粉

将采收后的成熟果实洗净脱皮，放入不锈钢密封容器内，在－80 ℃超低温下，很快粉碎成 3～4 μm的超细粉粒即可。

（三）制果酱

挑选成熟果实，洗净，去果皮，加入果实重量 10%的水后预煮软化（或用蒸气软化）。软化后用打酱机打酱，或用木棍捣烂后备用。

将蔗糖配成 75%的糖液过滤后备用。将打成酱的果肉放锅内熬煮，不断搅拌，注意火力适中以免烧焦。熬煮过程中分 3～4 次加入糖液（果、糖比例为 1：1）。果酱温度达 100～104 ℃，其固形物含量达 50%以上时出锅。散装出售的，需加入成品重量 0.1%的山梨酸钾防腐。或趁热装罐、封罐后，用沸水杀菌 15 min。

制果酱需在无菌条件下操作。

（四）制果脯

1. 原料选择　选择七八成熟的无花果，果肉饱满，剔除病、虫、伤、烂果。

2. 去皮　配制 4%～6% NaOH 溶液，加热至沸，将挑选好的无花果浸入碱液中 1～2 min 后，随即取出放入 1%的盐酸溶液中浸泡几分钟以中和碱液，再放入水槽中用大量清水使其不断揉搓滚动去皮。

3. 切半　将去皮后清洗干净的无花果进行切半处理。

4. 护色、硬化　将切成半的无花果浸入浓度为 0.5%亚硫酸氢钠中浸泡 4 h 护色，由于无花果肉柔软、易烂，故需进行硬化处理，以增加果肉硬度，有利于后面的糖煮工序，因此可在亚硫酸氢钠浸渍液中同时添加 0.6% $CaCl_2$，待果肉变白或浅黄色为宜。

5. 多次煮制法　将经去皮、切半、护色等预处理好的无花果倒入浓度为 35%左右的煮沸糖液中，煮制约 10 min，然后连同糖液倒入浸渍罐内浸渍 8～10 h，第二次煮制的糖液浓度为 45%左右（可用第一次煮糖浸渍后的糖液调配），煮制 5 min 后捞出，沥干糖液，第三次煮制的糖液浓度为 55%左右（可用第二次煮糖后的糖液调制），煮制 20 min 左右，当糖液浓度达 70%、果肉呈现透明状时捞出，沥干糖液。由于无花果含酸量较少，故可在煮糖液中添加一定浓度的柠檬酸以防止返砂且可增加风味。

6. 干燥　将沥干糖液的无花果碗心向上均匀摆放在烘盘中，送入烘箱，烘箱温度为 55～65 ℃烘干至不粘手、有弹性时即为成品。然后整形，微波灭菌，密封，包装。

第十一节 优质高效栽培模式

甘肃省陇南市林业科学研究所无花果试验园，建园第四年，每 667 m^2 产量达到 3 240.3 kg。

一、试验园自然条件

该园位于甘肃武都白龙江河谷冲积扇上，海拔 1 024 m，年平均气温 14.6 ℃，1 月平均气温 2.7 ℃，7 月平均气温 24.7 ℃，年平均降水量 493 mm，年平均相对湿度 63%；全年日照平均 1 921 h，无霜期 247 d。土壤为青沙页岩成土母质上发育的青沙土，其土层深厚，疏松透水，但保肥保墒力差，肥力严重不足。土壤有机质 1.22%，氮 0.113%，磷 0.063%，钾 0.335%，pH 7.32。有灌溉条件。

二、栽培措施

该园无花果品种为英国红。栽培措施如下：

（一）细致整地

园地深翻 30 cm，拣净石块，耙平备用。

（二）精心栽植

丰产园株行距 4 m×4 m，定点后挖 80 cm×80 cm 圆柱形定植穴，心土表土分开，用 200 kg 表土与基肥混匀后放入栽植穴内。基肥按每株氮肥 9.98 g、磷肥 20.13 g、钾肥 10.3 g 配制。适当施用农家肥。

选用高 1 m，地径粗 1.5 cm，须根发达的二年生壮苗，精心栽植。

（三）加强田间管理

定植后及时浇足定根水。通常每月浇水、锄草松土 1 次；过于干旱时每半月浇水 1 次。新梢及果实速生期（6～8 月），每 15 d 浇水 1 次，同时施用追肥。

定植后第一至二年，果树行间间作葱、蒜、香瓜、莴笋、大白菜、萝卜等蔬菜。

（四）搞好整形修剪

采用多主枝自然形和有主枝无层形。定干高度 35～50 cm。冬季进行轻度修剪，疏除过密枝，光杆枝适量短截，以保证树体迅速扩大，形成丰产骨架。

（五）注意防治虫害

入冬前用树干涂白剂或石硫合剂残渣进行树干涂白。生长季节严格防治天牛及其他虫害。

三、效果

建园第二年产量 2 251 kg/hm^2，第三年产量 13 154 kg/hm^2，第四年产量 48 604 kg/hm^2。第四年平均树高 2.65 m，干径 8.97 cm；冠幅 14.32 m^2；平均株产 77.15 kg，平均单果重 49.64 g，平均去皮果重 37.02 g，平均含糖量为 18.68%。如采用 3 m×3 m 株行距，产量更高（建园第四年每 667 m^2 产 4 515 kg），但郁闭快，不便管理。

第五十五章　板　　栗

概　　述

板栗（*Castanea mollissima* Bl.）为我国特有，也是世界经济栽培的四大食用栗之一。板栗在我国驯化栽培和利用很早，公元前的《诗经》《山海经》等书中多有记载，迄今至少已有 3 000 多年的栽培历史。

板栗在我国分布很广，北起吉林，南至广东、广西，东起台湾和沿海各省，西至甘肃、四川、贵州、云南、内蒙古等均有板栗栽培，其中以河北、山东及长江中下游地区栽培最多，产量最高。栗实外形美观，多有光泽，富有营养，味美可口。据分析，栗实种仁含糖 10%～20%、淀粉 40%～60%、蛋白质 6.1%～11.2%、脂肪 2.7%～5.0%及 B 族维生素、维生素 C 和磷、钾、钙、镁、铁等营养元素。板栗坚果不仅可炒食，还可加工成多种食品，深受人们喜爱，在国际上享有盛名，被誉为“中国甘栗”。

栗树喜光，对气候和土壤的适应性较强，比较抗旱、耐涝，但喜欢土层深厚、湿润、排水良好、含有丰富有机质的沙质或砾质壤土，在石灰质土和黏重土上生长结实不良。

第一节　种类和品种

栗属植物原产于亚洲、欧洲、非洲和美洲的北温带地区。该属约有 10 个种，自然分布在亚洲的有 4 种，美洲有 4 种，欧洲和非洲各有 1 种。其中栽培种有中国板栗、日本栗、欧洲栗和美洲栗 4 个种。中国板栗原产中国，中国各地栽培的栗树多属于此种。栗属各种间异花授粉结实，从 20 世纪 60 年代开始进行板栗育种，至今已有约 500 个地方品种（类型）。此外，中国还有茅栗和锥栗 2 个种。

一、种类

（一）板栗

乔木，高达 20 m，胸径 1 m；树皮不规则深纵裂，褐色或黑褐色；小枝密生灰色茸毛；叶长椭圆状披针形，长 9～19 cm，宽 4～7 cm，先端渐尖或短尖，基部圆或宽楔形，叶背面被灰白色星状毛及茸毛；雄花序长 9～20 cm，雌花序生于雄花序基部，常 3 朵集生于总苞内；壳斗球形或扁球形，多具刺，通常有坚果 2～3 个，坚果直径 2～3.5 cm，多一侧或两侧扁平，暗褐或红褐色，其形状、大小、颜色、品质、成熟期等因品种不同而异，华北地区花期多为 6 月上中旬，成熟期 9～10 月。

（二）茅栗

茅栗（*Castanea seguinii* Dode）为小乔木，或呈灌木状；小枝有灰色绒毛；叶倒卵状长椭圆形，长6～14 cm，齿端尖锐或短芒状，叶背面有褐黄色或淡黄色腺鳞，无毛，或仅幼叶上有稀疏单毛；总苞有坚果 3 个，坚果一侧或两侧近扁平，扁球形，较小，直径 1～1.5 cm。花期 5 月，果 9～10 月成熟。

喜温抗旱，抗病虫，可作为板栗砧木。陕西、河南和长江以南海拔 1 500 m 以下山区有分布。

茅栗果实虽小，但富含淀粉，味甘美，可食用。

(三) 锥栗

锥栗（*Castanea henryi* Rehd. et Wils）又称珍珠栗、甜锥。

乔木，高达 20～30 m，胸径 1 m；小枝无毛，紫褐色；叶披针形或短圆状或卵状披针形，长 8～16 cm，先端长渐尖，叶基圆或楔形，齿端有芒状尖头；叶背有星状毛或无毛；雌花单独形成花序，生于小枝上部；壳斗球形，坚果单生壳斗内，卵圆形，径 1.5～2 cm。花期 5 月，果 10～11 月成熟。

产于长江流域以南和南岭以北的广大地区常与常绿阔叶树混生成林，多在海拔 1 000 m 以下山地；喜温暖湿润、土壤深厚肥沃、排水良好的酸性土。

栗实可食，靠种子或嫁接繁殖。

二、品种

(一) 北方栗主要品种

北方夏季温度较高，冬季温度较低，昼夜温差大，降水量较少。因此，北方栗较耐旱、耐寒。北方栗种皮极易剥离。果肉含糖分高，含糖量在 20%以上的品种约占 46%，含淀粉量较低，平均为 50%，偏黏质，品质优良，适于糖炒，深受国内外市场欢迎。北方栗主要品种有：

1. 银丰 原母株在北京市昌平区下庄村银山，1975 年选出。

树势中等，树姿开张，枝条短，雌花量多，结果母枝连续结果能力强。每结果母枝抽生果枝近 3 条，平均每果枝着生总苞 2.7 个。苞皮薄，出实率 47%。坚果圆形，平均重 7.1 g，皮棕褐色，稍有光泽，坚果大小整齐美观。果肉质糯性，香甜，品质上。果实成熟期在 9 月中下旬，耐贮藏。早实丰产，嫁接后 2 年结果，3 年丰产，平均每 667 m^2 产量可达 191 kg。

该品种早期丰产，有内膛结果习性，但果实成熟前有少量栗苞提前开裂。

2. 燕丰栗 原名西 3 号，别名蒜鞭，北京市怀柔区 1973 年选出，1979 年定名。

树型中等，树姿开张，枝条硬而长。平均每个结果母枝抽生 1.6 个结果枝，每个结果枝着生总苞 3.3 个，多者达 10 个，有成串结果习性。总苞小型，呈椭圆形。苞皮薄，刺束稀。平均每个总苞含坚果 2.5 个，出实率 53.1%。单果重 6.6 g，每 500 g 有 75 粒左右。果皮黄褐色，具光泽，果肉细糯、甜香，品质优。

燕丰栗早果丰产，嫁接后 2 年可结果，4 年后大量结果。结果母枝连续结果能力强。在当地果实 9 月中下旬成熟，果实较耐贮藏。

3. 四渡河 2 号 原株为近 100 年生的实生树，在北京市怀柔县黄坎乡四渡河村，经嫁接繁殖，目前已在生产上推广。

树势长势健壮，树型大，新梢中结果枝占 31.4%。每个结果母枝平均抽生 1.8 个结果枝，每个结果枝平均着生苞 1.4 个。总苞大型，平均重 96.9 g，平均每个总苞含坚果 2.3 个，出实率 32.7%。平均坚果重 12.2 g，果面茸毛少。果皮红棕色，富有光泽，美观。

该品种坚果大，丰产性好，空苞率极低，抗旱性强。由于坚果较大，炒食用时质量稍差。

4. 燕平 燕平为实生选优获得的大果型燕山板栗品种，果实综合性状优良，适应性强。

该品种平均单果重为 12.05 g。每苞含坚果 2.8 个，刺束中密、较短。坚果果皮红褐色，果面光滑美观，有光泽。果肉黄色，质地细糯，风味香甜，含糖 7.7%、淀粉 34.1%、粗纤维 1.60%、脂肪 1.7%、蛋白质 5.12%。内果皮易剥离，雌花易形成，北京地区 9 月下旬为最佳采收期。

5. 燕红（北庄 1 号） 于 1974 年从北京昌平的黑寨乡北庄村选出，母树株产 41.5 kg，坚果色泽鲜艳，呈棕褐色，故名“燕山红栗”。主要分布在北京的密云、平谷、昌平、房山等区。河北、山东等地引种表现良好。

树形中等偏小，树冠紧凑，分枝角度小，枝条硬而直理，母枝连续结果能力强，每个母枝抽生 2.4 个果枝，每个果枝平均着生 1.4 个蓬苞，粗壮母枝短截到基本瘪芽也能形成果枝，由于全树果枝多，故产量高。总苞重 45 g，椭圆形，皮薄刺稀，单果重 8.9 g，果面茸毛少，果仁棕褐色，有光泽，果肉味甘糯性，含糖 20.25%、蛋白质 7.7%，耐贮耐运。

该品种嫁接后 2 年结果，4～5 年进入丰产期；9 月下旬成熟，成熟期整齐。在土壤瘠薄的条件下出实率低，易出现独果，自花授粉能力差，应配置授粉树。

6. 燕昌 燕昌又名下庄 4 号，从实生树中选出。原株生长于北京市昌平区下庄乡下庄村北山坡下梯田上。1992 年冬通过省级鉴定。

树冠呈扁圆头形或自然开心形。结果母枝较长，平均长 29 cm，中部直径为 0.55 cm，前梢长 2.57 cm。有混合芽 3.3 个，呈扁圆形。雄花序长 16.3 cm，平均每个结果枝着生雄花序 6.9 条。球果平均重 67 g，呈椭圆形，刺束密度较大。果面茸毛较多，果肩部分茸毛密度大。果皮红褐色，中等光泽，较美观。

该品种具有早期丰产的习性，嫁接后翌年即能大量结果。本品种栗子贮藏 3 个月后果肉含糖 21.63%、蛋白质 7.9%、脂肪 2.19%。栗子香甜而富糯性。

7. 阳光 该品种由实生树中选出，母株生长在北京市密云区巨各庄镇沙厂村的丘陵山地上。母株树型中等，树冠开张，分枝角度较大，呈半球形。

总苞圆形，苞皮厚度中等，呈“十”字形开裂，刺束中密；每个总苞内坚果数平均为 1.3 个，坚果的平均单粒重为 11.1 g，椭圆形，外种皮深褐色，果面白色，茸毛极多且覆盖大部分果实，光泽较暗；果肉甜、糯性，涩皮易剥离。果实 9 月上旬成熟，耐贮藏。

该品种适于在北京和河北省的栗产区种植，在北方土壤 pH 不超过 7 的地区也可种植，作为授粉品种可在其他品种群生长良好的区栽培。

8. 黑山寨 7 号 从实生树中选出，母株生长在北京市昌平区长陵乡黑山寨村的丘陵山地上，母株 200～300 年生，树冠开张，分枝角度较大，呈半球形。

叶片呈长椭圆形，叶基部楔形，叶尖渐尖，有光泽，叶缘锯齿外向。雄花序极短（0.3～1.0 cm），偶见个别双性花序（长有雌花的花序）或雄花序长度达 8 cm 以上，雄花序数量较少，斜生，大量节约树体营养，抽生的结果母枝粗壮，适宜重修剪。总苞呈椭圆形，刺束密度中等，苞皮厚度中等，呈“十”字形开裂。总苞内坚果数平均为 2.1 个，坚果的平均单粒重为 8 g，坚果椭圆形，大小整齐，耐贮性好，外种皮深褐色，果面茸毛少，光泽较亮。果肉甜、糯性，涩皮易剥离。果实成熟期为 9 月下旬，成熟期比较一致。

本品种果实较大、整齐，品质优良，树冠紧凑，树势开张，抗病性强，抗旱能力极强，在环境条件差时，雌花数量没有明显减少，稳产性好。

9. 燕山早生 本品种从实生树中选出，母株生长在北京市昌平区黑山寨乡南庄村的丘陵山地上。母株树型中等，树冠开张，分枝角度较大，呈半球形。

结果母枝平均抽生 2.7 个结果枝，每个果枝平均着生总苞 2.6 个，每个总苞内坚果数平均为 2.3 个。坚果的平均单粒重为 8.5 g，圆形，底座小，外种皮深褐色，果面茸毛少，果皮光泽强。果肉甜、糯性，品质优良，耐贮藏。

该品种在北京地区 4 月下旬萌芽，展叶期从 5 月初开始；5 月下旬雄花开花，到 6 月中旬结束；雌花柱头 5 月 28 日出现，柱头反卷期为 6 月中旬；果实 8 月下旬成熟。

10. 怀黄 北京市怀柔区板栗试验站从怀柔九渡河镇黄花城村实生大树中选出，母株树龄在80年左右，树高 8 m，冠幅 9 m×10 m。

怀黄每个果枝平均着栗蓬 2.33 个，栗蓬呈椭圆形、中等大小，重 56.6 g；刺束中密。每个栗蓬坚果数为 2.24 个，坚果为圆形，皮色为栗褐色，有光泽，茸毛较少，坚果种脐小，出实率 46%，鲜果单粒重为 7.1～8.0 g。9 月中旬成熟。

早实丰产板栗品种。萌芽期为 4 月中旬，盛花期 6 月初，果树成熟期 9 月中旬。母枝短截后抽生结果枝比率高。结果母枝平均长度为 32.87 cm，属中长果枝。抗旱、抗病、抗栗瘿蜂能力强。耐瘠薄性较差，适于在有水浇条件的平原发展。

11. 怀九　北京市怀柔区板栗试验站从怀柔九渡河镇九渡河村实生大树中选出，母株树龄 40 年左右，树高 7 m，冠幅 8 m×6 m。2001 年通过北京市审定。

早实丰产板栗品种。树形为半圆形，树姿开张，主枝分枝角度为 50°～60°，结果母枝平均长度为 65 cm，属长果枝类型。

每个果枝平均着蓬 2.37 个，栗蓬中型，重 64.7 g，呈椭圆形，刺束中密。每个蓬含坚果 2.35 个，坚果为圆形，皮色为栗褐色，有光泽，茸毛较少，坚果种脐小。出实率 48%，鲜果重 7.5～8.3 g，9 月中旬成熟。

12. 替码珍珠　1990 年从迁西县牌楼沟村实生树中选出，母树为 60 年生大树，该品种最大特点是结果后有 30%的母枝自然干枯死亡（栗农称为替码），由母树基部的瘪芽抽生的枝条有 12%当年形成果枝（栗农称为替码结果），由于母枝连年自然更新，树冠紧凑，前后有枝，内外结果。2002 年通过审定。

幼树树势较强，树姿半开张。嫁接后 2 年结果率达到 87%，早果性状好，嫁接后 3～4 年部分果前梢 1～3 芽出现替码，7～8 年替码率达到 27.5%。每个栗苞平均坚果数为 2.56 个，单果重 7.2～8.8 g，有光泽，果粒整齐，果肉黄白色，肉质细糯、香味浓，含糖量为 18.7%。

坚果 9 月中旬成熟，抗旱、耐瘠薄，宜在各板栗适栽区发展。

13. 遵优 5 号　遵优 5 号是遵化市林业局魏进河板栗良种场于 1994 年杂交后代中选出的一个优良品系。

树姿开张，树冠较紧凑。栗蓬中等大，椭圆形，刺束中等偏稀，刺较短斜生，“一”字形或“十”字形开裂。平均单果重 9.6 g，果实整齐均匀，椭圆形，紫褐色，茸毛少，色泽光亮。果肉甜、香、糯，含糖 36.53%。果实 9 月下旬成熟。

平均果枝抽生率 71.1%，每果枝结蓬 2.9 个，每蓬坚果数 2.67 个。母枝短截后抽生果枝率达 72.4%。该品种结果早、早丰性强，矮冠易控性十分突出，在沙地、山地、平地生长发育均良好。

14. 东陵明珠　该品种由河北省遵化市林业局 1974 年自遵化市东陵乡西沟村实生树中选出，1987 年通过成果鉴定。

树冠扁圆形，树姿开张。结果枝中长，枝条疏密中等。总苞短椭圆形，小型，平均重 36.9 g，刺束稀密中等，斜生，黄绿色，苞皮厚 0.17 cm，“一”字形开裂，出实率 39.9%。坚果椭圆形、红棕色、油亮，果面茸毛少，大小整齐，单果重 8 g，果肉细腻、糯性、香味浓，每百克果实含糖 22.26 g、淀粉 53.16 g、粗蛋白 7.02 g。果实耐贮藏。每结果母枝平均抽生结果枝 1.94 个，每结果枝平均着生总苞 2.22 个，结果系数 75.30，无空蓬，每平方米投影产量 0.86 kg，结实力高，早实丰产。

15. 北峪 2 号　河北省遵化市林业局于 1978 年从遵化市北峪村实生树中选出，1995 年通过鉴定。总苞大，扁圆形，刺束中密。苞皮厚 0.23 cm，“一”字形或“十”字形开裂。结果母枝适宜短截修剪，短截后结果枝抽生率为 72.3%，着生总苞数量稍高于不短截枝条，采用短截控冠效果明显，适合控冠修剪。适应性广，抗逆性较强。9 月中旬成熟。

16. 燕明　燕明母树为 40 年生实生大树，树姿半开张，母枝粗壮，连续结果能力强，树冠投影

面积63 m^2，历年产量50～55 kg，每平方米树冠投影面积产量0.83 kg。果粒大而整齐，平均10.2 g，果形美观，9月下旬成熟，食心虫危害轻。2002年7月通过河北省良种苗木审定委员会审定，命名为“燕明”。

树冠呈圆头形，树姿较开展，果前梢长5 cm，枝条疏生，节间长2.29 cm。叶片长椭圆形，叶姿平展，有光泽。幼树雄花序长13.45 cm，每个果枝着生14.4个雄花序。总苞大，重58.3 g，椭圆形，成熟呈“一”字形开裂，刺束较密，刺长1.45 cm、硬、较细、斜生，成熟时蓬苞为淡黄色。坚果椭圆形，深褐色，有光泽，果顶平，茸毛少，底座中等。

燕明早果早丰，连续结果能力强，嫁接后2年结果，3年有经济产量，接后4年株产4.15 kg，折合每667 m^2 产量为186.75 kg。燕明单粒重9.64 g，蓬粒数2.63个，母枝抽生果枝数量2.75个。9月下旬成熟。

17. 塔丰栗　1974年从河北省遵化市西下营乡塔寺村实生栗树中选出的优良品系，母树24年生，经过初选、复选、决选及生产示范，1987年通过省级鉴定，定名为“塔丰栗”。

树冠圆头形，树姿开张。栗蓬中大，椭圆或尖嘴椭圆形，刺束中密。果实中大，赤褐色，有光泽，茸毛少。幼树生长势强，发枝量大，扩冠快，早实丰产，栗果整齐，品质上等，9月上旬成熟。

18. 遵达栗　1974年从河北省遵化市大刘乡达志沟实生栗树中选出的优良单系，母树34年生，经过初选、复选、决选及生产示范，1982年经河北省板栗决选协作组定为全省重点推广优良单系，1987年通过省级鉴定，定名为“遵达栗”。

树冠半圆形，树姿半开张。栗蓬较小，短椭圆形，刺束长，疏密中等，斜生，短刺座，蓬皮薄。栗果椭圆形，油亮，茸毛少，底座大，接线波状。幼树生长势强、发枝多，果枝连续结果能力强，栗果整齐，品质上等，9月中旬成熟。

19. 燕光　1974年从河北省迁西县崔家堡子村实生树中选出，1982年建立决选圃。通过多年比较，该品种高产稳产，2009年通过河北省品种审定委员会审定，命名为“燕光”。

该品种树冠紧凑，生长势较强，分枝角度中等，连续结果能力强。坚果椭圆形，果粒整齐，单果重8.1 g，果皮深褐色，茸毛少，有光泽；底座中等，果肉质地细腻，味香甜糯。含糖21.19%、淀粉43.2%、蛋白质6.21%，果实耐贮耐运。

燕光在干旱缺水的片麻岩山地、土壤贫瘠河滩沙地均能保持连续高产稳产，抗逆性强，在板栗适生区均可栽培。在燕山板栗产区4月10～17日萌芽，9月上中旬成熟，11月下旬落叶。

20. 燕晶　1974年从河北省遵化市建明乡官厅村板栗实生树中选出。1981年在河北省农林科学院昌黎果树研究所北区外和西三区建立决选圃，经比较，燕晶品种明显高于生产推广的其他品种。2009年通过河北省品种审定委员会审定，命名为“燕晶”。

树冠较开张，分枝角度大，圆头形，幼树生长旺盛。结果早，嫁接2年结果株率达到88%；母枝基部隐芽较大，短截后可当年结果。单果重9.3 g，果皮褐色，底座小，果肉淡黄色，内种皮易剥离，香味浓，肉质细腻、糯性，含糖20%、淀粉51.2%、蛋白质4.32%；粒果大而整齐，耐贮性强。

燕晶在燕山、太行山、北京及山东泰安等板栗产区，均表现出抗旱、耐瘠薄、高产稳产的优良性状。在燕山地区9月中旬成熟，11月下旬落叶。

21. 燕金　该品种树姿直立，分枝角度小，成熟期9月。坚果椭圆形、紫褐色，单粒重8.2 g；果肉淡黄色，细糯、香甜，含糖22.75%、淀粉55.12%、水47.25%。

丰产稳产性强，连年结果，无大小年现象。抗逆性强，抗病虫能力和适应性强，抗寒性强。

22. 燕宽　该品种树体生长势中庸，高度中等，树姿较开张。成熟期9月，坚果椭圆形，紫褐色，单粒重8.3 g。

丰产稳产性强，连年结果，无大小年现象。在中国板栗栽培北缘经多年区试无任何冻害发生。

23. 迁西早红 该品种2013年通过审定。母株（110年生）树势中等，树冠半开张，树高13.0 m，冠幅11.8 m×17.4 m，干周195 cm，分枝点高，分枝角度大。

嫁接3年生树体，球果平均重50.3 g，呈椭圆形，球苞皮厚0.22 cm；刺束粗，长0.72 cm；平均每苞有栗果2.3个，坚果平均重8.4 g。

果枝率67.6%，发育枝率32.4%，纤弱枝率为0。结果母枝平均长46.8 cm，粗1.24 cm，平均有完全混合芽3.1个。每结果枝着生雄花序3.8条，雄花序长13.6 cm，雌花和雄花序的比例为1∶1.6。果实成熟期8月25～30日，成熟期集中而整齐，落叶期10月25～30日。

24. 迁西晚红 该品种2013年通过审定。母株（50年生）树势中等，树冠半开张，树高10.0 m，冠幅9.1 m×10.5 m，干径37 cm。分枝点高，分枝角度中。

嫁接4年生树体，球果平均重34.0 g，呈椭圆形，球苞皮厚0.21 cm；刺束粗，长1.11 cm；平均每苞有栗果2.0个，坚果平均重8.0 g。

果枝率48.6%，发育枝率46.4%，纤弱枝率5.0%。结果母枝平均长40.4 cm，粗1.99 cm；平均有完全混合芽3.2个。每结果枝着生雄花序9.2条，雄花序长11.4 cm。果实成熟期9月18～22日。

25. 遵玉 该品种树姿开张，强壮树的结果枝较长，为40.20 cm，尾枝长14.80 cm，平均有芽8.5个，节间长1.70 cm。树冠紧凑、矮小。

雄花着生在结果枝的第二至八节，每个结果枝有雄花序10～13条，雄花序长20.30 cm；雌花着生在结果枝的第十至十三个雄花节位上，雌雄花序比为1∶3.3。栗蓬椭圆形，中等大；刺束较稀，刺长0.60 cm左右，斜生；“一”字形开裂或“十”字形开裂，平均出实率40.00%左右。坚果椭圆形，平均粒重9.7 g左右，果粒外观整齐均匀，紫褐色，色泽光亮，茸毛少；肉质细腻、性糯，香味浓，风味甜。总糖含量37.91%，每100 g鲜果含维生素C 25.28 mg。

26. 紫珀 该品种母树为河北省遵化市北部栗产区实生板栗树。

树姿半开张，树冠半圆形、紧凑。叶片卵圆披针形，深绿色。栗苞扁圆形，刺束密且硬度中等；坚果扁圆形，单粒重8.8～10.1 g。

结果母枝连续结果能力强，丰产稳产性好。结果早，结实力强，丰产、稳产。果枝率71.3%，结果系数170；结果母枝适宜短截，连续结果能力强，适宜密植。坚果扁圆形，果皮深褐色、有光泽、茸毛少；果粒大而整齐，平均单粒重10 g。9月中旬成熟。

27. 遵化短刺 该品种总苞扁椭圆形，中等大；刺束稀、短；苞皮薄，“十”字形开裂。出实率高，每总苞含坚果2.2个。坚果椭圆形，红褐色，有光泽，茸毛少，平均单粒重9 g。果肉细腻、糯性，味香甜。

树冠圆头形，半开张。结果枝为中长类型，疏密中等，结果母枝耐短截修剪。果枝率59.1%，平均每果枝结蓬1.75个，每母枝有果枝2.38个，每蓬有果2.18个，结果系数82.72。空蓬率低，仅为5.27%。嫁接幼树长势强，早期丰产，结果后树势变中强。幼树嫁接后第二年平均株产达0.25 kg。连续4年调查，母树投影产量稳定在0.57～0.65 kg/m^2。

28. 燕丽 燕丽系河北省科技师范学院选育而成的板栗新品种，2014年12月通过河北省林木良种审定委员会审定。

该品种平均单粒重为8.8 g，最大单粒重18.4 g。果面亮丽，呈红褐色，果实质地糯性，果肉黄色、细腻、香甜，糖炒品质优良。坚果含淀粉36.10%、蛋白质9.52 mg/g、还原糖4.85%、总糖14.07%、脂肪2.53%、维生素C 13.91 mg（每100 g）、可溶性固形物24.6%。8年生嫁接树平均株产7.2 kg，折合每667 m^{2}产量为278.7 kg。

抗逆性强，有轻微的嫁接不亲和性。适宜河北省青龙满族自治县、迁西县、抚宁区及生态条件类

似地区栽培。

29. 燕山早丰　燕山早丰又称3113。原产河北省迁西县，为实生优株1973年选出。因早实丰产，果实成熟期早，故名“早丰”，是河北省主栽品种之一。

树冠高，圆头形。每个结果母枝平均抽生枝1.8条，结果枝平均着生总苞2.4个。坚果扁椭圆形，平均重8.0 g，出实率40.1%。幼树生长势强，树冠紧凑。盛果期树形开张，始果期早，嫁接苗一般2年见果，3年进入大量结果期。坚果整齐，果肉黄色，质地细腻，味甜香。果实9月上旬成熟，耐贮藏。

该品种早实丰产，抗病及抗旱能力强。果实品质优良，适宜炒食。

30. 燕山短枝　又名大叶青、后韩庄20。原产河北省迁西县，1973年选出。由于该品种枝条短粗，树冠低矮，冠型紧凑，叶片肥大，色泽浓绿，故得名。

树冠圆头形，树势强健，平均每个结果母枝抽生果枝1.85条，结果枝着生总苞2.9个。嫁接后3年进入结果期，坚果平均重9.23 g，每500 g 55～60粒，扁圆形，皮深褐色、光亮，整齐，栗果适于炒食。果实成熟期9月上旬，耐贮藏。

31. 燕奎　又称107。原株产河北省迁西县杨家峪村，1973年选出，由于栗实在当地板栗品种中较大，故称“燕奎”。

树冠开心形，每个结果母枝平均抽生果枝2.4条，每果枝着生总苞1.9个。苞皮薄，每苞含坚果近3个，出实率41.3%，空苞率低。坚果平均重8.6 g，整齐度高，果肉质地细腻、香甜。幼砧嫁接4年后每667 m^2 产量可高达380.79 kg。

该品种抗干旱，耐瘠薄，树势强。果实成熟期9月中旬，耐贮藏。

32. 大板红　原名大板49。于1974年从河北省宽城县选出。

树势较强，树冠开张。平均每结果母枝抽生结果枝2.3条，每果枝着生总苞2.5个。平均每苞含坚果2.3个，出实率35%。坚果圆形，平均单果重8.1 g；果皮红褐色、光亮。坚果大小整齐，果肉黄色，肉质细、甜、糯，香味浓，品质优良，连续结果能力强，较丰产，每平方米树冠投影面积产量800 g，改接后2～3年大小年幅度小，每667 m^2 产量可达218 kg。果实9月中旬成熟，耐贮藏。

该品种丰产稳产，果实品质优良，但抗干旱能力较差，自交结实率较低，栽培时应注意配植授粉品种。

33. 崔家堡子2399　原产河北省迁西县崔家堡子村，1974年由实生单株中选出。自1977年嫁接繁殖后表现早实丰产，果实品质优良，是河北省推广良种之一。

坚果圆形，重9.1 g；果面茸毛较少；果皮褐色，光泽中等；接线平直，底座中等大；无栗粒。坚果较整齐，果肉质地细腻甜糯，味较香，含水率52.16%；干物重中含糖21.19%、淀粉43.2%。果实耐贮性强。

树冠较紧密，呈圆头形。结果母枝长26.4 cm，粗0.6 cm，节间长1.23 cm，果前梢长4.55 cm；皮色灰绿，无茸毛，分枝角度中等；皮孔不规则，小而稀。混合芽长三角形，中等大，芽尖褐色。叶片椭圆形，先端渐尖，长16.2 cm，宽6.4 cm，绿色，有光泽；斜生，叶姿较平展，厚0.45 cm，锯齿小，内向；叶柄长2.0 cm，黄绿色。雄花序长12.5 cm，每一结果枝平均着生11.5条。

果实成熟期9月14日，落叶期11月7日。抗病及耐干旱能力较强。

34. 优系9602　该品种总苞黄绿色、扁圆形，成熟开裂时为黄褐色；苞刺长而密，针刺长2.2 cm；苞皮厚0.12 cm；每苞含坚果3粒、坚果大、浅黄色、茸毛少，平均单粒重16.7 g，最大粒重29 g。两边果为扁圆形，中间果实为肾形，底座比为1∶3，果肉浅黄色，涩皮难剥离。果肉质细，味甜，稍有香气。果肉含水57.2%、总糖24.9%、淀粉41.12%、蛋白质4.5%。

幼树生长旺，进入结果期生长势缓和，以中长果枝结果为主，从第七节开始生总苞。结实率高，未发现空苞现象，在一般栽培管理条件下，采用硬枝低接法，当年见果株率达26%，第二年平均株产 1.79 kg，第三年平均株产 4.6 kg，第四年平均株产 6.7 kg，每公顷产量为 4 422 kg。

35. 沙早 1 号 该品种母树树势中庸，树冠紧凑，树体矮小，树姿较张开。与丹东实生栗嫁接亲和性好，与中国实生栗嫁接亲和性较差。内膛枝结果能力强，结果母枝具有连续结果能力，结果母枝平均结苞 5～6 个，每苞含坚果 3 粒。雌花序多于雄花序。果实大型，椭圆形，平均单粒重 17 g，最大粒重 33 g；果面紫红色，光亮美观；果肉黄白色。

果肉质地细腻，风味香甜，品质上等，耐贮藏。

该品种抗寒性强，在 1999—2000 年严重低温条件下，表现出较强的抗寒性，无任何冻害。具有结果早、丰产、早熟、抗旱、抗病等优点，适宜在辽宁、吉林等寒冷地区栽植。

36. 辽栗 23 该品种母树树姿较直立，树冠圆头形，坚果椭圆形，浅褐色，果面有少量短茸毛。总苞内含坚果 2 粒，平均单粒重 14.7 g，抗栗瘿蜂能力与抗寒性较强。

早期丰产性强，适于密植栽培，辽宁省凤城市嫁接翌年结果株率达 90%以上，嫁接树 4～6 年生平均株产 4 kg。适宜在辽宁省桓仁满族自治县（北纬 41°5′）以南、土层深厚、土壤 pH 5.5～6.5 的地区栽培。该品种适应性较强，在土壤瘠薄的山地栽培也能获得较高的产量。

37. 辽栗 15 该品种母树树姿直立，树冠圆头形，早期丰产性强，适于密植栽培。总苞含坚果 2.5 粒，坚果椭圆形、红褐色、有光泽，平均单粒重 15.2 g。果实 9 月中旬成熟。

适宜在辽宁省桓仁满族自治县以南、土层深厚、土壤 pH 5.5～6.5 的地区栽培。在土壤贫瘠的山地栽培也能获得较高的产量，且抗栗瘿蜂能力与抗寒性较强。

38. 辽栗 10 号 该品种母树树姿较开张。坚果三角状卵圆形、褐色，果面光亮，涩皮较易剥离，果肉黄色、较甜、有香味。总苞含坚果 2.4 粒，平均单粒重 19.9 g。

该品种适宜在年平均温度 7.7 ℃线以南。背风向阳、土层深厚、土壤 pH 5.5～6.5 的地区栽培，如辽宁省的凤城、东港、岫岩、庄河、绥中、兴城等地。适应性较强，在土壤瘠薄的山地栽培也能获得较高的产量。

39. 丹泽 丹泽又名栗农林 1 号，是日本农林省农业技术研究所园艺部通过杂交育成的品种。亲本为乙宗与大正早生，极早熟品种。1959 年命名公布，是日本 20 世纪 50 年代选育的抗栗瘿蜂品种之一。

树姿较开张，树势较强，发枝旺，分枝多，树冠为圆头形。总苞丰圆，苞皮中厚，出实率 42%。坚果个大，长三角形，平均单粒重 22.5 g。果皮深褐色，有光泽；果肉浅黄色。

丹泽属早熟品种，坚果既可生食又可加工，果肉粉质，甜度中等。在山东省泰安市 4 月上旬萌芽，4 月下旬至 5 月上旬开雄花，雌花比雄花晚开 10～15 d。果实成熟期在 9 月下旬。

该品种对栗疫病抗性较强，其缺点是有裂果现象。同时，该品种是其他品种良好的授粉组合。

40. 岳王 为朝鲜栗。树势健壮，枝条生长快，树姿开张，属大冠型。叶窄长披针形，叶色深绿，叶幕层较厚，生长势健壮。总苞含坚果 2～3 粒。果实个大，平均单粒重 22 g，最大粒重 36.5 g。

比较丰产稳产，嫁接翌年结果株率可达 95%以上，大砧木嫁接 3 年每公顷产量可达 1 500 kg。坚果含淀粉 29.79%、蛋白质 4.2%、总糖 10.77%。9 月中旬成熟。

适宜在湖北、湖南等地栽培。

41. 土 60 为朝鲜栗。1999 年辽宁省农业厅通过朝鲜农业委员会引进，并在辽宁省东部山区进行多点试栽，效果良好。

成龄栗树树冠圆头形，树姿开张，生长势强。坚果椭圆形，外果皮光亮，红褐色，茸毛极少，单粒重 8～9 g，涩皮易剥离。

抗虫性极强，连续 2 年的抗虫性表现绝对免疫，芽、枝均无被害，而对照的芽、枝被害率均在 50%左右。在辽宁省丹东地区萌芽期 4 月中旬，展叶期 5 月上旬。雄花始花期 6 月中旬，盛花期 6 月中下旬。雌花始花期 6 月中旬，盛花期 6 月下旬。果实成熟期 9 月下旬。

42. 辽阳1号　原株产于辽宁省辽阳县峨眉林场栗子园。1975年在辽阳扩大繁殖。

树冠半圆头形或圆头形。叶片大而肥厚。总苞近圆形，刺束短，较密，平均每苞含坚果2.3个。坚果较小，平均单果重7 g，果面毛茸较少，果皮红褐色，具光泽。

成龄树树势生长健壮，平均每母枝抽生结果枝2.1个，每结果枝平均着果1.6个，出实率35.2%，在辽阳地区9月下旬果实成熟。果肉质地细腻甜糯，品质优良。

本品种适应性强，较丰产，在辽宁中北部栽培无冻害。

43. 辽丹61　原株产于辽宁省宽甸县，系丹东栗选优株系，1980年鉴定推广。

树姿开张，结构松散。总苞圆形或椭圆形，刺束稀，平均每苞含坚果2.1个。坚果圆形，果皮浅褐色，有光泽。坚果每千克100粒左右，大小整齐，稍贮后涩皮较易剥离。果肉味甜，品质优良。

成龄树树势健壮，平均每结果母枝抽生果枝2.6条，每果枝着果2.6个。在当地果实成熟期在9月下旬。结果早，丰产。二年生嫁接树结果率达95%，四年生树冠投影每平方米产量为0.7 kg。

44. 辽丹24　原株产于辽宁省凤城市，1980年鉴定推广。

树冠结构紧凑。总苞圆形，刺束短而稀，平均每苞含坚果2.3个。坚果椭圆形，果皮褐色每千克120粒左右。在当地果实成熟期为10月上旬。

本品种早果丰产，嫁接二年生树结果株率达90%，3年生树每平方米树冠投影面积产量为0.8 kg。坚果品质优良。

45. 丹东7815　原株产于辽宁省东港市，1978年选出。

树姿开张，结构松散。总苞圆形或长椭圆形，刺较长密。平均每总苞含坚果2.2个。坚果果皮红褐色，果顶部有少量绒毛。果皮油亮，美观。每千克100粒左右。

该品种结果早，丰产性好。三年生结果株率达95%，平均株产1.9 kg，最高达9.6 kg，适于短截修剪。品质较好，果实9月下旬成熟。

46. 丹东58　原株产于辽宁省宽甸县古楼子乡。1980年已在丹东郊区、宽甸、凤城、东沟等县生产上推广。

树冠结构紧凑。总苞圆形，刺束长而密，每个总苞含坚果2.1个。坚果圆形，褐色或浅褐色，具光泽。平均单果重10 g，每千克100粒左右。

该品种树势强健，树姿较直立，二年生树母枝平均抽生果枝1.4个，每一果枝着生总苞1.6个。在当地果实成熟期在9月下旬。早实丰产，二年生树结果株率在95%以上，最高产果4.1 kg。适于密植，若管理条件较差时易出现大小年现象。

47. 垂枝栗1号　又称盘龙栗。原株产于山东省郯城归义乡坝子村。母树逾百年，1979年从母树上采穗嫁接二年生板栗砧木上，1980年始果。因树干向左旋转生长，枝条下垂，得名“垂枝栗”“盘龙栗”。

嫁接树树型小，呈垂枝披头形。幼树结果母枝平均长27 cm，灰绿色，分枝角度大，下垂生长。叶披针形，绿色，光亮，叶姿倒挂，锯齿小直向。总苞中等大，椭圆形，刺束中密，平均每苞含坚果2.5个。坚果椭圆形，平均重11 g；果皮红褐色，油亮。

该品种早实丰产，树干向左旋转生长，枝条下垂，既可作良种栽培，又适作城市公园、庭院美化绿化观赏之用，是一珍贵的稀有类型。

48. 垂枝栗2号　又称盘龙栗、龙爪栗。原株产于山东省临沂郑旺乡大尤家栗园。

树龄30余年生，树高2.5 m，冠径5 m×4 m，干高70 cm，干周83 cm。树干旋曲盘生，枝条下垂。结果母枝长28.5 cm，灰绿色。叶椭圆形，先端渐尖，基部楔形，叶长16 cm，宽6 cm；锯齿小而整齐，直向至内向。总苞椭圆形，刺束较稀而硬，每苞平均含坚果2.7个。坚果红褐色明栗，平均单果重9.6 g。树势生长中等，结果枝占43%，弱枝占57%，平均每结果母枝抽生果枝2.3条，每结果枝平均着生总苞1.9个，出实率47.5%。常年株产8 kg左右。果实9月下旬成熟。

该品种丰产。树干旋曲盘生，枝条下垂，既是栽培良种，又可作风景树种，为稀有种质资源。垂枝盘旋程度仅次于垂枝栗1号。

49. 橡子栗 原株产于山东省郯城城关乡董庄村，母株近百年生。由于该品种远看似橡树，总苞、坚果等性状等同板栗，故得名“橡子栗”。

树冠圆头形。成龄树结果母枝较短，长13 cm。叶畸形多样，大多数叶片狭长，少数为板栗叶形，叶缘有无锯齿和带锯齿两种，大锯齿居多，直向，叶先端急尖。总苞圆至椭圆形，刺束密而长。坚果圆形，单果重12 g左右，果皮浅红色，披短细茸毛，属半毛栗类型，出实率41%。果实9月下旬成熟。

嫁接幼树亲和良好，发育正常。1979年嫁接板栗砧木上，1980年结4个总苞，产坚果9个。叶形仍为畸形百态，千变万化，可作为风景绿化树种观赏用。

50. 半无花 又称半花栗。原株在山东省泰安麻塔区宋家庄薛家岭。1965年由山东省果树研究所选出。

树冠圆头形，结果母枝中长，叶片中等大。总苞椭圆形，刺束较稀，苞皮较薄，出实率40%以上，坚果属中小明栗。雄花序短，长3～5 cm，花序茎部2 cm左右，雄花生长开花正常，只是其先端自然枯萎不开也不提前脱落，故称“半无花”。

该品种产量一般，并无特殊优点，唯雄花序先端自然枯萎不开放，是板栗中稀有的资源之一，应加以保护。

51. 光华栗 光华栗树冠开张，生长健壮。主枝分枝角度为45°～60°，枝条稀疏，长42.85 cm，粗0.82 cm，灰褐色，皮孔椭圆形、稀、茸毛少。果前梢22.62 cm，节间长度1.48 cm，平均每枝有尾芽12.37个，芽长圆形，芽尖黄色。叶片椭圆形，长17.28 cm，宽6.78 cm，单叶面积84.35 cm^2，单叶厚0.27 mm，单叶重2.25 g，叶渐尖，锯齿中大、外向，叶色深绿。

雄花序长16.7 cm，每结果新梢11.2条，斜生，雌花簇3个，乳黄色，混合花序出现时，雄花段顶段为橙黄色。总苞84.05 g，中大型，椭圆形，刺束中密，硬度中，苞皮厚度中，呈“十”字形开裂，总苞坚果数平均为2.37粒，出实率为45.6%；坚果单粒重10.63 g。

52. 莲花栗 树冠为自然圆头型，灰绿色。皮孔密而明显，灰白色，结果母枝粗短，节间很短。每母枝平均着生栗蓬1.4个，基本上壮枝着蓬2个，弱枝着蓬1个，一般不需人工疏果。

该品种空蓬率低，仅4.7%。出实率43%，平均每蓬成实2.6粒，坚果特大而整齐，紫褐色明栗，平均单果重19.5 g。果肉（种仁）含水率52.1%，淀粉含量占干重的68.9%，可溶性固形物15.1%，蛋白质10.2%，脂肪2.0%。果肉黄色，质地细糯，风味香甜，品质上等，是优良的炒食、加工兼菜用的多种型板栗新品种。

该品种中晚熟，在原产地泗水县一般年份9月18～22日成熟。

53. 丽抗 2002年12月审定。山东、河北、江苏等地已引种栽培，面积达333 hm^2。

雄花序少，雌花着生均匀，一般每果枝有2～3个雌花，雌花很少有1个和超过4个的。坚果近圆形，饱满整齐，平均单粒重11.2 g。坚果皮薄，易剥离，果肉细糯香甜，适于炒食。坚果抗烂果病，极耐贮藏和运输。鲜果含蛋白质4.46%、脂肪1.30%、淀粉33.07%、总糖5.80%、锌5.8 mg/kg、钙20.4 mg/kg。结果早，丰产、稳定，抗旱，耐瘠薄。9月下旬果实成熟，11月中旬落叶。

54. 鲁岳早丰 又名东岳早丰。树冠圆头形，多年生枝灰白色，1年生枝灰绿色；皮孔椭圆形，白色，大小中等，较密；混合芽大而饱满，近圆形。总苞椭圆形，总苞皮厚0.2 cm，每苞含坚果2.4粒，成熟时“一”字形开裂，出实率55.0%，空棚率4.8%。

55. 金丰 又名徐家1号，1969年选自山东省招远市，是山东的主栽品种。

幼树生长势较旺，树姿直立，结果后长势中等。树体紧凑，枝条粗壮，成雌花容易。强母枝短截后基部芽形成临时性果枝力强，并出现2次、3次花梢。每母枝平均抽生2.2个结果枝，每枝平均结

蓬 2.4 个，每蓬平均成实 2.7 粒。球型苞，苞顶微凸，针刺中密，硬，出实率 38%～42%，单果重 8 g左右。中型果，味香甜，品质上。9 月中下旬成熟，耐贮藏。早实丰产，但大量结果后如肥水跟不上，树势易衰弱，空蓬率较高。

56. 海丰 1975 年在山东海阳县选出，暂定为红光 26，1981 年正式鉴定命名。

树冠呈圆头形，树体开张而略矮化。总苞椭圆形，针刺较稀，苞皮较薄，平均每苞有坚果 2.5 个左右。坚果皮红棕色，中小型，重 8.8 g。

成龄树势中等，平均每结果母枝抽生结果枝 2.3 个，每枝平均着生总苞 1.6 个，出实率 46%。果实成熟期为 10 月上旬。早果丰产，嫁接后 2 年生树结果率 67%，3 年全部结果，盛果期树每平方米树冠投影面积产量 500 g。坚果大小整齐，果肉甜糯，果实较耐贮藏。

57. 石丰 1971 年由山东海阳县选出。

树冠圆头形，结果母枝长 25 cm 左右，棕色，阳面微红，叶下垂。总苞扁椭圆形，针刺较稀，平均每苞坚果 2.4 个，中小型，平均重 9.5 g，果皮红褐色。成龄树树势中等，树冠较小，适于密植，结果母枝平均抽生 1.9 个果枝，结果枝平均着生总苞 1.9 个，出实率 40%左右，果实成熟期 9 月下旬。

该品种早果丰产，嫁接树 2～3 年进入正常结果，连续结果能力强。10 余年生树连续 5 年平均每 667 m^2 产 230 kg。坚果整齐美观，果肉质地细糯、香甜，果实较耐贮藏。树体比较矮小，适于密植。早实丰产性好，抗逆性强，适应范围广，果实品质优良，是山东半岛的主栽品种之一。

58. 红光栗 原名二麻子，原产山东省莱西市，1967—1971 年推广并改名。

成龄树树势中等，树冠紧凑，圆头形至扁圆形，母枝生长较直立，叶下垂，叶背茸毛厚。平均每母枝抽生果枝 2.6 条，平均每条果枝着生总苞 1.5 个，每平方米树冠投影面积产坚果 500 g，出实率 45%。幼树结果期晚，嫁接后 3～4 年开始结果，连续结果能力强。总苞椭圆形，针刺较稀，粗而硬，平均每个总苞含坚果 2.8 个。坚果扁圆形，平均单果重 9.5 g，坚果中大，整齐美观，果皮红褐色、油亮，故称“红光栗”。果肉质地糯性，细腻香甜，适于炒食。果实成熟期为 9 月下旬至 10 月上旬，耐贮藏。

59. 红栗 山东省果树研究所 1964 年选出，是山东省栽培数量较多的品种之一。因该品种枝条、幼叶和总苞皆为红色，故称“红栗”。

树冠圆头形，树势强健，结果母枝长 40 cm 左右，每结果母枝抽生果枝 3 条，结果枝平均着果 2.4 个，出实率 44%。幼树生长势强旺，树姿直立，盛果期后渐趋缓和。嫁接苗 2～3 年开始进入正常结果期。每平方米树冠投影面积产坚果 500 g。总苞椭圆形，针刺中密，红色，平均每苞含坚果 2.6 个。坚果为中型果，平均重 9 g，大小整齐，果肉质地糯性、细腻、香甜。果实 9 月下旬成熟。

60. 清丰 原名清泉 2 号，1971 年选自山东省海阳县，1977 年定名为清丰。

树冠较小，呈圆头形。成花易，雌花多，雄花少。成龄树树势中等，平均每结果母枝抽生果枝 2.4 条，结果枝着生总苞 3 个，出实率 38%。坚果椭圆形，平均重 7.5 g，均匀整齐，果肉风味香甜。果实 9 月下旬成熟，耐贮性强。

该品种适应性强，在山丘和河滩沙地栽培生长发育良好，但嫁接中少量植株不亲和。

61. 玉丰 1971 年山东省莱阳县选出，1977 年命名为玉丰。

树冠开张，生长势中等，萌芽率高。结果母枝抽生结果枝高达 66%，每结果母枝平均抽生结果枝 3.6 条，结果枝平均着生总苞 2 个，每苞含坚果 2.2 粒。坚果重 8.0 g，圆形至椭圆形，果皮褐色，有光泽，坚果较整齐，9 月下旬至 10 月上旬成熟，耐贮藏。始果期早，嫁接树第二年结果株率达 70%。适应性和丰产性较强。结果后树冠易披散开张，不宜密植栽培。

62. 上丰 山东省海阳县 1971 年选出，1977 年定名为“上丰”，是胶东半岛栽培的主要品种之一。

幼树生长较旺，树姿直立，树冠紧凑，嫁接后 4 年长势迅速缓和。果枝平均长 23.4 m。成花易，始果期早，嫁接 3 年生树全部结果。成龄树树冠开张，结果枝占 46%，每个结果母枝抽生果枝 2～3 条，每果枝着生总苞 2 个，平均每总苞含坚果 2.2 个，空苞率 8.3%。单果重 8 g 左右，深褐色，有光泽。坚果大小整齐，每 500 g 有 60 粒左右，果实 10 月上旬成熟，耐贮藏。

63. 东丰 产于山东烟台。

树姿直立，生长势强。总苞圆至椭圆形，平均每苞含坚果 2.3 个，坚果椭圆形，重 9.2 g。成龄树树冠紧凑，结果枝占 40%以上，平均每个果枝着生 3.2 个苞，出实率 44%。嫁接苗 2 年结果株率达 90%以上，坚果含水 51.7%，淀粉 70%，脂肪 3.1%，蛋白质 8.5%。10 月上旬成熟。

该品种结果早，树冠紧凑，适于密植，较耐瘠薄，丰产性较好。

64. 郯城 207 原株在山东省郯城县，山东省果树研究所 1964 年选出。

树冠圆头形。结果母枝粗壮而有弯曲，每个结果母枝平均抽生果枝 2.4 条，结果枝平均着生总苞 2 个，出实率 35%～40%。坚果中等大，果重 9～14 g，果皮红褐色，油亮美观，坚果含水 53.5%，糖 11.9%，淀粉 69%，脂肪 3.4%，蛋白质 10.5%，果实较耐贮藏，品质中上。肥水条件差时，坚果不饱满，易皱皮。果实 9 月下旬成熟。该品种幼树生长势强，嫁接苗 3 年可进入正常结果期。枝粗芽大，丰产性强，是山东大油栗代表品种。

65. 无花栗 原产山东省泰安市，山东省果树研究所 1965 年选出。因其纯雄花序生长到 0.5～1 cm时萎缩脱落，得名“无花栗”。

树姿直立，树冠紧凑，结果母枝短。成龄树树势中等，每个结果母枝平均抽生 1.9 条果枝，结果枝平均着生 1.8 个总苞，出实率 53%。总苞椭圆形、小型，平均每苞含坚果 2.9 个。坚果圆形，小型果，重 8 g，紫褐色，光亮美观。坚果大小整齐，果肉质地细腻，糯性香甜，品质极上。果实 9 月下旬至 10 月上旬成熟，耐贮藏。

该品种生长势强，结果期较晚，因雄花序早期萎蔫凋落，节省营养，是一优良的育种材料。

66. 宋家早 原产山东省泰安市麻塔区宋家庄村，山东省果树研究所 1964 年选出，因成熟早而得名。

树冠高圆头形，生长势强。结果母枝较长，每个结果母枝平均抽生果枝 2.9 条。结果枝平均着生总苞 2.6 个，出实率 38%。总苞椭圆形，坚果椭圆形，中等大，单果重 8 g 左右，果皮黑褐色，整齐度稍差。果实 9 月上旬成熟，耐贮藏性较差。

该品种生长势强，始果期早，早熟。嫁接幼树在管理较好的条件下表现丰产，但条件差时空苞率高。

67. 泰安薄壳 原产山东省泰安市麻塔区，1964 年选出。

树冠高圆头形，成龄树树势中庸。每个结果母枝平均抽生果枝 2.2 条，结果枝平均着生总苞 1.9 个，出实率 56%。平均坚果重 10 g 左右，坚果大小整齐一致，充实饱满，果皮薄，果皮枣红色或棕红色，光泽特亮，果肉质地细腻甜糯，品质上。果实 9 月下旬成熟，极耐贮藏。

幼树直立旺长，嫁接苗 3 年开始进入结果期，大量结果后树势缓和，连续结果能力强。适应性强，抗干旱，耐瘠薄，丰产稳产，出实率极高，坚果棕红美观，品质优良，适于炒食。

68. 花盖栗 原产山东省泰安市麻塔区宋家庄村，山东省果树研究所 1964 年选出。

树冠圆头形，较开张。成龄树树势中等，出实率高达 57%。坚果整齐一致，色泽明亮，果肉质地细糯、香甜，果实成熟期 9 月中下旬，果实耐贮藏。

该品种刺稀皮薄，出实率较高，品质优良，是一种难得的育种材料。

69. 无刺栗 原产山东省泰安市麻塔区红岭子村，山东省果树研究所 1964 年选出。总苞刺束极短，约 0.5 cm，似贴于苞皮上，刺退化为半鳞片状，远视似无刺，故得“无刺栗”。

该品种苞皮较薄，每苞平均含坚果2.8个，出实率51%。坚果整齐、圆形，重6.5g，果皮红褐色，有光泽，质地香甜糯性，品质上。果实9月下旬成熟，较耐贮藏。

该品种总苞刺束极短，品质优良，是宝贵的稀有种质资源之一。

70. 莱西大板栗　1997年山东省科委组织鉴定。

幼树生长旺，枝条较粗壮，结果后长势逐渐减缓；枝条萌芽力低，成枝力强，回缩多年生枝隐芽易萌发成枝；每果枝平均结蓬1.5个。总苞大，蓬刺长而密，蓬皮厚，空蓬率低，出实率平均43.1%。坚果大而整齐，果皮浅褐色，油光发亮，平均单果重25g，丰产性能好，高接换头后2年全部结果。该品种耐瘠薄。

71. 沂蒙短枝　1982年山东省莒南县选出。

树冠圆头形，结果母枝短而粗壮；树冠伸展缓慢，果枝多，早花早果性强，稳产丰产，混合芽较大。坚果椭圆形，中小型，果皮红褐色、光亮，品质优良。

72. 华丰　系山东省果树研究所从人工杂交后代中选育出的新品种。

该品种树势强健，7年生树高4.6m，冠径3～4m。每结果母枝抽生果枝近3条，每果枝着生总苞2.6个。结果能力强，适于短截控冠修剪和密植栽培。总苞皮薄，刺束稀少，出实率56%，空苞率1%左右，每苞含坚果2.9个。坚果大小整齐，果肉细糯而香甜，品质上，适于炒食。果实成熟期9月中旬，耐贮藏。

该品种雌花容易形成，结果早，丰产稳产性强。抗逆性强，适应性广，在丘陵山区和河滩平地均适于发展栽培。

73. 华光　为山东省果树研究所人工杂交育成的新品种之一。

树势中强，7年生树高4.6m，冠径3～3.5m，基部发芽结果能力强，适于短截控冠修剪和密植栽培。结果母枝粗壮，每个结果母枝抽生结果枝2.9条，每结果枝着生总苞2.7个，出实率55%，空苞率2.1%，每苞含坚果近3个。坚果大小整齐，果皮红棕色、光亮，单果重8.2g，果肉细糯香甜，品质上。果实9月中旬成熟，耐贮藏。

该品种早果，丰产稳产，抗逆性强，适应性广，山丘、河滩、平地均适于发展。

74. 尖顶油栗　原株在山东省郯城县城关乡董庄村，南京植物研究所1963年选出。

树势中等，树冠开张。总苞中型，刺束较稀，每苞平均含坚果2.9个，出实率47%。坚果长三角形，单果重8.2g，大小整齐，果皮紫黑色，富有光泽，果肉细腻、糯性，味香甜，品质优良，果实9月下旬成熟，较耐贮藏。

该品种早果丰产，雌雄异熟，雌先型，丰产稳产性强，品质优良。

75. 五莲明栗　系自然杂交种，1966年山东五莲县选出。

树冠近圆形，树势开张，结果母枝粗壮，抽生果枝多，连续结果能力强，产量高。

该品种果实丰产稳产，抗逆性强，耐干旱瘠薄，雄花枝和雄花序少，出实率为38%，为一优良品种。

76. 镇安1号　镇安1号板栗系西北农林科技大学2002年从陕西省镇安县云盖寺镇金钟村板栗实生群体中选育出的大果型优良品种，2006年通过国家林业局林木良种审定会员会审定。

树势强健，自然分枝良好。总苞圆形，平均每苞坚果2.5粒，出实率35.3%。坚果大，扁圆形，平均单粒重13.15g。果皮红褐色，有光泽。果实成熟期9月上旬。树冠投影每平方米产量0.246kg。种仁涩皮易剥离，果肉含可溶性糖10.1%、蛋白质3.69%、脂肪1.05%，每100g含维生素C 37.65mg。品质优良，抗病力强。

77. 柞板11　由西北农林科技大学林学院与陕西省柞水县板栗研究所选育而成。

坚果扁圆形，棕红色，油光发亮，色泽美观，平均单粒重10.9g。种皮易剥离，果肉含可溶性糖9.27%，品质优良。果实病虫害率为4%，抗病虫力强。

78. 柞板 14 选中母株位于陕西省柞水县。

栗果椭圆形，红棕色，平均单粒重 12.5 g。种皮易剥离，果肉含可溶性糖 10.04%，品质优良。果实病虫害率为 4.5%，抗病虫能力较强。

79. 长安明拣栗 产于陕西省长安区内苑、鸭池口一带。

植株高大，树冠为自然圆头形，结果枝较多，单株产量可达 35～70 kg，4 月下旬至 5 月上旬开花，9 月上旬成熟。该品种喜阴、耐瘠薄，能在阴湿的山区发展，也可在沙质土上栽培。幼树生长快，易形成树冠，提早结果。

80. 宝鸡大社栗 产于陕西省宝鸡市陈仓区安坪沟、东沟等地。

植株高大，主干深褐色，树皮裂纹密，不易剥落。总苞针刺长而多，苞内坚果多为 3 粒。坚果扁圆形，平均单粒重 9.12 g，果皮薄，种仁浅黄色，品质上等。9 月上旬果实成熟。植株抗旱、抗寒，喜阴湿，在高山区生长正常。

81. 安栗 1 号 系 1996 年从陕西省安康市财梁乡三湾村板栗实生群体中选育出的大果型优良品种。

母树约 50 年生，树高约 10 m，胸径 52 cm 左右，树冠圆头形。结果枝较多，占整个树枝的 95%，结果母枝、雄花枝和纤细枝的比例为 19.7∶7∶1。总苞近三角形，顶端尖锐，重 97 g，刺束中密，每总苞平均含坚果 2.67 粒，出实率 45.2%。坚果平均单粒重 12.6 g，色泽美观，香味浓。果实成熟期 9 月中下旬。

安栗 1 号具有早实、丰产、稳产的优良特性。适宜于长江中上游地区及秦巴山区海拔 1 200 m 以下地区栽培。

82. 安栗 2 号 系 1996 年从陕西省安康市清坪乡马场村板栗实生群体中选出的中果型优良品种。

树冠自然开心形，树姿极开张，分枝角度大。结果枝较多，占整个树枝的 90%。结果母枝、雄花枝和纤约枝的比例为 17.7∶7∶1。刺束稀、短而硬，平均每苞含坚果 2.72 粒，出实率 45.7%，平均单粒重 9.3 克，大小均匀。果皮深褐色、光滑无毛，涩皮易剥离，色泽美观，香味浓郁。果实成熟期 9 月上旬。

安栗 2 号板栗具有早实、丰产、稳产的优良特性。适宜于长江中上游地区及秦巴山区海拔 1 200 m以下地区栽培。

83. 大板栗 原产河南省信阳地区，嫁接品种。在大别山区的新县、罗山、光山、固始、信县等地广为栽培。

树型较大，树冠半开张，枝条粗壮，叶大，肥厚，树势中强，幼树长势强。总苞大型，呈扁椭圆形，刺束稀，较硬。每总苞平均含坚果 2.7 个。坚果平均重 18.5 g，果皮红褐色，光泽暗淡，大小整齐，果肉细腻粳性，品质中上。果实成熟期 9 月中旬。

84. 谷堆栗 原产河南省林县，是林县地区主栽品种。

树型较大，树冠半开张。成龄树树势中强。平均每结果母枝抽生结果枝 2 个，平均每结果枝着生总苞 4 个，出实率 35%以上，平均每苞含坚果 2.7 个。坚果圆形，果顶微尖，大小整齐，平均单果重 10 g，果皮棕褐色，富有光泽，果肉质地细腻甜糯，味香，品质优良。果实 9 月下旬成熟，适宜炒食。

该品种适应性广，耐瘠薄，果枝易形成雌花，是一个有发展前途的品种。

85. 九家种 又名魁栗。原产于江苏省洞庭西山，是江苏省优良品种之一。

幼树生长直立，树冠紧凑，树型较小，适于密植，成龄树树势中等。枝条粗短，节间较短，新梢中结果母枝占 50%。平均每结果母枝抽生结果枝 2.0 个，每苞含坚果 2.6 个，出实率 50%以上。坚果圆形，中等大，单果重 12.3 g，果肉质地细腻、甜糯，较香，果实耐贮藏，适于炒食或菜用。

幼树生长势强，嫁接苗3年开始进入正常结果期，连续结果能力较强，果实成熟期9月中下旬。

86. 焦扎 原产江苏省宜兴、溧阳两地，因总苞成熟后局部刺束变褐色，似一焦块，故称“焦扎”。

树冠较开展，总苞呈长椭圆形，刺束长，排列密集，平均每苞含坚果2.6个。坚果大，平均重23.7 g，果皮紫褐色，果面毛茸长而多。

成龄树树势旺盛，平均每结果母枝抽生4.8个新梢，其中结果枝0.9个，每结果枝着生总苞2.1个，出实率47%左右。果肉细腻，较糯。在江苏南京地区9月下旬成熟。

该品种适应性强，较耐干旱和早春冻害，对桃蛀螟和栗实象鼻虫有较强抗性，采收时好果率达91.8%，极耐贮藏。

87. 青毛软刺 又名青扎、软毛蒲、软毛头。原产江苏省宜兴、溧阳，栽培数量较多，是江苏省优良板栗品种之一。

树形较开展，结果母枝长约14 cm。总苞短椭圆形，皮厚，刺束密生、软性，平均每苞含坚果2.4个。出实率43%，空苞率10.5%。坚果中等大，平均重14.2 g，果皮褐色，有光泽。

成龄树树势中等，平均每结果母枝抽生结果枝2.9个。在江苏省宜兴、溧阳等地9月20日左右果实成熟。该品种丰产稳产，坚果品质优良，果肉质细腻，果实耐贮藏，为优良炒食和菜用的兼用品种。

88. 短扎 又名短毛焦扎，原产江苏省宜兴、溧阳两地，是江苏省主栽优良品种之一。

树形开展，树势强。结果母枝粗壮、较长，平均每母枝抽生果枝2.1个，平均每果枝着生总苞2.5个，出实率40%，总苞大，短椭圆形，刺束长1.9 cm。坚果圆形，平均单果重15.1 g，果皮红褐色，有光泽，具短绒毛，果肉细腻，耐贮藏。在江苏省宜兴果实9月下旬成熟。该品种丰产稳产，抗寒性较强。

89. 处暑红 原产于江苏省宜兴、溧阳两地。由于果实成熟期早，一般在处暑成熟，故称“处暑红”。

树形开展，树势较强，成龄树平均每结果母枝抽生3.7个新梢，其中结果枝1.1个，每结果枝着生总苞1.7个。总苞大、椭圆形，出实率35%～40%。坚果圆形，重17.9 g，果皮红褐色，明亮美观。果肉细腻、香甜，不耐贮藏。在江苏省9月上旬成熟。

该品种较丰产，果大、美观，抗逆性和适应性较强，成熟期早，适宜在大、中城市近郊栽培，供菜栗用。

90. 陈果油栗 原产江苏省邳州陈楼果园，1974年从实生树中选出。

树冠较开展，结果母枝平均萌发3.4个新梢，其中结果枝2.1个。总苞中型，短椭圆形，刺束排列较密。坚果平均单果重12 g，果皮紫褐色，富有光泽，果肉细腻、甜糯，品质优良，适于炒食。

该品种树势强健，幼树期容易徒长，抗腐烂病能力较强。

91. 炮车2号 原株在江苏省新沂市炮车乡果园，1974年选出。

树冠开展，成龄树势强健。结果母枝平均抽生4.3个新梢，其中结果枝2.1个，占新梢总数48.8%。每结果母枝平均着生果3.3个，连续结果能力68.4%，出实率46%，品质优良。总苞椭圆形，刺束稀而软。坚果平均单果重11.4 g，果皮紫褐色，茸毛短而稀。果实10月上旬成熟。

92. 节节红 原株结实早、坚果大、丰产、抗逆性强，商品价值高。2002年7月通过安徽省林木品种审定委员会审定并定名。

树势强，树冠紧凑，生长旺盛，1年生枝萌芽率高，成枝力强，早期丰产性强。平均单苞重162.3 g，最大苞重182.8 g。坚果椭圆形，硕大，长4.44 cm，宽2.74 cm，高3.19 cm，平均单粒重25.9 g，最大粒重32.9 g，果面具油脂光泽，果肉淡黄色，质地粳性，味香甜，品质上。

93. 粘底板 原产于安徽省舒城。因成熟后，栗蓬开裂而栗实不脱落，故称“粘底板”。

树冠开展，枝条粗壮，叶片大，肥厚。总苞大，呈椭圆形，刺束密，较硬，平均每苞含坚果 2.7 个。坚果大小整齐，美观，坚果平均单果重 13.5 g，果皮红褐色，有光泽，果面茸毛较少，果肉细腻香甜。果实较耐贮藏，9 月中旬成熟。

该品种早果丰产，适应性广，抗逆性强。

94. 大红袍 又名迟栗子。原产于安徽省广德县。

树体高大，树冠开张，成龄树树势强健，结果母枝粗壮，叶片大、肥厚。总苞平均含坚果 2.5 个，出实率 40%。坚果大小不甚整齐，平均单果重 18 g，果皮红褐色，有光泽，果肉质脆，风味一般，果实耐贮藏。在广德县果实于 9 月下旬成熟。

该品种早果、丰产稳产，适应性广，抗旱能力较强。

95. 叶里藏 又名刺猬蒲。原产于安徽省舒城县河棚、汤池、城冲等地，是安徽省主栽品种之一。

树体高大，总苞硕大，平均含坚果 2.6 个，出实率 37.4%。坚果大小整齐，平均单果重 19 g，果皮紫褐色，有光泽，果肉细腻、风味较好。果实较耐贮藏，缺点是总苞皮厚，出实率低。在安徽果实成熟期在 9 月下旬。

（二）南方栗主要品种

南方栗主要分布于湖北、安徽、江苏、江西、浙江、广西、福建等地。多数品种的果型较大，单果平均 16 g 以上。果实的含糖量较低，大多适于作菜用栗。南方栗主要品种有：

1. 罗田早熟栗 每母枝平均抽生 2.1 个结果枝，每结果枝平均结总苞 1.61 个。总苞中大，椭圆形，出实率 39.9%。坚果大，平均单粒重 15.5 g，果皮暗紫褐色，有光，果肉偏粳性，味较甜，有微香，含蛋白质 9.24%、脂肪 3.14%、淀粉 45%、可溶性糖 6.17%。果粒较大，品质较佳，宜做菜食和炒食用。9 月中旬果实成熟，11 月下旬落叶。

该品种大小年现象不明显，在红壤丘陵地栽植能丰产。适宜在湖北、湖南等长江中下游栗产区栽培。

2. 桂花香 原产于湖北省罗田县。

树势中等，树冠紧凑，叶长椭圆形，雄花序长 13.7 cm，每个结果新梢上平均挂果 1.5 个。总苞短椭圆形，均重 69 g，苞皮厚 2.1 mm，刺束短、排列疏，出实率 54%。坚果椭圆形，平均单粒重 12.39 g，果皮红褐色，色泽光亮，茸毛少，底座小，果肉含总糖 14.54%、蛋白质 4.6%，每 100 克鲜果含维生素 C 17.27 mg。

该品种病虫害极少。坚果耐贮藏，品质好，在武汉地区开花期 5 月中下旬，果实成熟期 9 月 5 日左右。适宜在长江中下游栗产区栽培。

3. 农大 1 号 树型矮化，树冠紧凑。雌花分化良好，雌花枝比例为 69.15%。平均每果枝结总苞 1.93 个，总苞均重 66.2 g，出实率 49.37%。坚果大，平均单粒重 10.04 g。

枝条壮实、芽饱满，结果母枝的质量较高，花芽分化比较彻底，连续结果能力强（可达 92.99%），大小年现象不明显。雄花序长度缩短为原品种的 69.5%，部分雄花序在发育过程中败育。果实发育期有所缩短，但果实仍保持了原品种优良品质，风味较好，稳产性好。

经长期观察，农大 1 号未发现严重的病虫害，特别是对斑点病、叶斑病和干枯病有较强的抗性。

4. 鄂栗 1 号 原株为湖北省麻城市盐田河乡杨家冲村自然实生的优良板栗单株，经无性繁殖培育而成的板栗品种。2006 年通过湖北省农作物品种审定委员会审定。

栗仁含粗蛋白（干基）9.2%、维生素 C 119.8 mg/kg、可溶性总糖（干基、以葡萄糖计）8.47%，淀粉（干基）69.52%。

树势中庸，树冠较紧凑，结果后树姿半开张。总苞椭圆形，苞刺较短而斜生，成熟时呈“一”字形或“十”字形开裂，单苞平均含坚果2.13粒。坚果平均单粒重11 g，果皮红棕色、有光泽，底座月牙状，涩皮易剥。8月底至9月初成熟，属早熟品种，综合抗逆性较强。

5. 罗田六月暴　又称六月半、早栗、糯米头、黑栗子。早熟品种，产于罗田，主要分布于湖北省罗田县凤山、大河岸等乡镇。2011年通过湖北省林木品种审定委员会审定，为罗田县板栗主要发展品种。

树势强健，较直立，树姿丰满，树冠圆头形，适应性强。结果枝长而粗，枝梢开张，节间长，新梢灰褐色，有灰色茸毛。叶长椭圆形，先端钝尖，叶缘锯齿深向上弯曲。每果枝着1～3个球果，球果较大、壳薄，刺短而稀，每一刺丛有9根。果较大，果基部比较瘦削，肩部略宽，果座较小，果顶部尖，茸毛稀少。果皮棕褐色，果肉黄色而松，味较淡，平均单果重20.5 g，能稳产、丰产。

6. 罗田乌壳栗　又称狗毛栗、迟栗子、大乌壳栗和小乌壳栗。2008年9月通过湖北省林木品种审定委员会审定，为罗田县板栗主要发展品种。

树势中等，树姿开张，一年生枝中粗，无毛，新梢灰绿色，节间平均长度为2.2 cm，雄花序平均长8.25 cm。每结果枝平均着生1.7个雌花，总苞球形，较大，苞刺较短而密，每苞平均含坚果2.5粒，出实率41%。坚果暗褐色，坚果较大。果实9月中下旬成熟。

该品种丰产稳产性强，坚果粒大，外观暗褐色，品质优良，抗逆性强，综合性状良。

7. 八月红　八月红是由湖北省农业科学院果茶所等单位经实生选种选育出的早中熟板栗新品种。2008年9月通过新品种审定。

该品种丰产稳产性强。4～5年进入投产期，6年以后进入盛果期，平均每667 m^2产200～300 kg，且连年稳产。

坚果深红色，平均粒重14.5 g，栗仁金黄色，果肉浅黄色，味甜，爽脆可口，品质上等，在大别山区果实成熟期在9月上中旬。

该品种抗干旱、耐瘠薄、适应性广，适宜在湖北省板栗适生区栽培。

8. 羊毛栗　又名羊毛球。原产湖北省罗田县。坚果全身密被长绒白毛，故得名“羊毛栗”。

树枝稍直立，枝条粗壮，叶大而肥厚。总苞较大，每苞含坚果2～3个。坚果整齐，椭圆形，果皮棕褐色，平均单果重16.8 g，果肉质地细腻、味甜。在罗田9月下旬至10月上旬成熟，果实耐贮藏，抗旱性较强，耐瘠薄。

9. 九月寒　产于湖北省罗田地区，是该地区主栽品种之一。

树体高大，主枝直立，侧枝开张下垂，成龄树树势中等，新梢中结果枝占50%，平均每个结果母枝抽生结果枝3.5条，出实率57.3%，总苞圆形，重71.5 g，针刺长，刺密，黄色，每苞含坚果3粒。坚果大小整齐，果皮棕褐色，果面茸毛少，平均单果重11.5 g，果肉较粗，果肉蛋黄色、较甜。果实成熟期在10月上旬，耐贮藏。

该品种丰产稳产，抗病虫能力强。

10. 中刺板栗　又名二栗子。产于湖北省宜昌、秭归县等地。为当地的主栽品种之一。

树势中等，树体高大而开张，叶片大而肥厚。总苞大型，刺束较稀，黄绿色，每苞含坚果3个，出实率41%。坚果棕色，茸毛少，涩皮易剥。坚果大小整齐，平均重17.3 g，最大单果重21.8 g，果肉蛋黄色，肉质较粗，略有香味，果实耐贮藏。9月下旬果实成熟。

该品种幼树长势强，嫁接后2年开始结果，连续结果能力强。大小年不明显。

11. 浅刺大板栗　又名早栗。原产湖北省宜昌、秭归等地，是该地主栽品种之一。

生长势强，树体高大，结果母枝粗壮。总苞大型，刺束短而稀硬，每苞含坚果3个，出实率56.8%。坚果大小整齐，椭圆形，极大，平均单果重25.6 g，最大果重34.3 g，果皮红褐色，具光泽，涩皮易剥。果肉黄色、香甜，含水55.8%、糖6.8%、淀粉76.4%、蛋白质11.5%、脂肪

3.36%。果实成熟期在9月中下旬，不耐贮藏。

该品种嫁接后2年开始结果，连续3年结果的枝条占17%。产量高，果大美观，果肉甜糯，品质优良。

12. 迟栗 又名深刺大板栗。原产湖北省宜昌、秭归等地。因苞刺长而密，故又称“深刺大板栗”。

幼树生长势中等，成龄树树势强健。树高大而开张，叶片大而肥厚，结果母枝粗壮。总苞刺束排列密集，平均每苞含坚果3个。坚果大小整齐、美观，果皮棕红色，底座大，茸毛少，涩皮易剥，平均单果重25.5 g，果肉蛋黄色，带有香味，品质中。果实成熟期在9月中旬，耐贮藏。

13. 它栗 原产于湖南省邵阳、武冈、新宁等地，栽培历史悠久，长期嫁接繁殖。

树势较强，树形半圆形或圆头形，枝条开张。发枝力、成枝力强，每母枝抽梢4～5个，结果枝占总枝数的30%～40%，丛果性中等，每果枝着果1～2个。总苞椭圆形，皮厚，针刺较密、硬而直立。坚果中大，椭圆形，单果平均重14.5 g，肉质糯性。9月下旬成熟。

该品种早实性较差，成年后（盛果期）产量稳定，出籽率35%～38%。丰产，果大、质优。本品种树体较低矮，适应力强，和多种砧木嫁接亲和力强，坚果耐贮藏，产量稳定，是湖南优良品种之一。

14. 花桥2号 花桥2号于2006年通过了省级成果鉴定。2007年，花桥2号又通过了湖南省林木品种审定委员会的良种审定，成为湘潭第一个林木良种。

与其他品种板栗相比，除成熟期更早外，花桥2号树体更高大，且花少，果粒更大，平均单粒重为16.2 g。由于成熟早、果粒大等特性，受到农民的欢迎，种植面积以每年增加67 hm^2 的速度扩大。

15. 接板栗 原产于湖南省黔阳、怀化等地。系嫁接品种，为湖南省板栗优良品种之一。

树冠圆头形，结构紧凑，成龄树树势中等，发枝力强。每母枝抽生结果枝1.5个，每结果枝着生总苞2个。总苞呈椭圆形，针刺较密，每苞含坚果3粒，出实率41.3%。坚果大小整齐，单果重13.6 g，果皮红褐色，有光泽，果肉质地甜糯，品质中上，较耐贮藏。9月下旬成熟。大小年不显著，适应性较强。

16. 双季栗 原产湖南省汝城、桑植等地。1年结果2次，故名“双季栗”，为实生品种。

树势强，树冠圆头形，发枝力中等，每母枝抽梢3.3个，结果枝占56.5%，连续结果性能强。丛果性强，每果枝着生总苞4.2个。总苞含坚果2.9粒。坚果大小整齐，平均单果重6.6 g，果皮红棕色，有光泽，茸毛少，果肉质地甜糯，品质上等。

在当地第一次果成熟期9月下旬，第二次果成熟期10月下旬至11月上旬。大小年不明显，出实率33%，丰产稳产。

17. 上虞魁栗 原产于浙江省上虞区，为当地主栽品种，以粒大而著名。

树势中庸，树冠开张，呈自然开心形或圆头形。总苞长椭圆形，均重132.1 g，呈黄绿色，刺长、密而粗硬。一般每苞含坚果2.1粒，出实率32%。坚果大，为板栗之“魁”，单粒重17.95～19.23 g。

坚果成熟较早，一般在9月中旬。性喜光、耐瘠薄、适应性广，在山坡、地角、路旁均可种植。

18. 毛板红 1964年通过对浙江省的板栗主产县淳安、上虞、长兴、富阳、缙云等地进行品种资源调查，最后选出了经济性状表现突出的诸暨短刺板红和长刺板红。

树势中庸，树冠半开张。母枝平均抽生1.67个结果枝，每果枝着果1.45粒。总苞大，椭圆形，苞刺长1.3～1.5 cm，较稀疏，平均每苞内含坚果2.42粒，出实率35.75%。坚果籽粒均匀，上半部多毛。果实长圆形、平顶，个较大，平均单粒重15 g。

结果能力强，结果枝占53.09%，大小年现象不明显。坚果耐贮藏，贮后4个月腐烂率不到10%。坚果炒食、菜用均可，并适宜加工。耐干旱、瘠薄，对栗疫病、栗瘿蜂等有较强的抗性。

19. 浙903 树势较强，树冠圆头形。平均每母枝抽生1.5个结果枝，每果枝着生总苞1.6个，结果枝比例为6%。总苞大，刺较密，刺长1.5～1.9 cm，每总苞含坚果2.6粒，出实率42.7%。坚果大，平均单粒重15.2 g。

嫁接后第三年始果，在山地栽培效果良好，平均产量比毛板红高34.9%，且质糯味香，品质上等。坚果外观好，商品性好，贮藏性能好，普通沙藏4个月腐烂率低于10%。

芽于3月下旬萌动，展叶期4月上旬，雄花序出现期4月16日，盛开期5月19日至6月10日，成熟期9月23～29日。耐干旱、瘠薄，适宜在南方丘陵、山地栽培，可以在浙江省及周边地区优先推广。

20. 永荆3号　永荆3号栗选中母枝为实生树，树姿开张，枝条粗壮。总苞椭圆形，中型，刺束较疏，刺长0.9～1.2 cm，苞皮厚0.36 cm。果肩圆，果个大，平均单粒重19.3 g。

果肉含总糖12.21%、还原糖1.36%、淀粉77.73%、纤维素1.97%。初步认为可以制作B～E级糖水栗罐头。1999年做栗粉、真空软包装栗脯试制，认为各项指标明显优于对照。

雄花始花期5月上旬，盛花期5月中下旬，终花期6月上旬。雌花始花期5月中旬，盛花期5月下旬，终花期6月上旬。果实熟期9月上中旬，落叶期12月上旬。

21. 封果1号　封果1号属于特早熟板栗，是广东省果树所等单位从实生油栗中选育出的优良株系。果实成熟期在8月中下旬，可以避免广东省以北地区低价栗果的冲击。

产量中上，品质优良，香味浓，果肉口感香甜，果实外观好，油黑并有光泽。平均单果重11.56 g，果肉含还原糖2%、蛋白质3.05%、脂肪1.87%、水分47.3%。

封果1号具有独特的叶片卷曲特征，树势中等，枝条细长，且开张角度大，容易形成自然开张形树冠。早结、丰产、稳产性良好，适宜在广东省北回归线附近以及广东省以北地区推广种植。

22. 中果红油栗　原产于广西壮族自治区平乐县同安乡老圩村。

树势强健，树姿开张，树冠高圆头形。每母枝平均抽生2个结果枝，每果枝结总苞2.1个，总苞中等大、椭圆形，每苞含坚果2.4粒，出实率49.1%。坚果椭圆形，中等大，平均单粒重13.4 g，最大粒重达14.3 g。果皮红色至红褐色，油亮，茸毛极少。果肉细糯而甜，含淀粉67.5%、糖13.5%，耐贮藏。开花期在5月中旬，果实在9月下旬成熟。多在平原地区栽培，适宜在广东、广西等地栽培。

23. 大果乌皮栗　1972年由广西桂林地区林业科学研究所选出。

成龄树长势强，树型大，枝条粗壮，顶芽较大。总苞大型，成熟时呈“十”字形开裂，每苞含坚果2.2个。坚果较大，平均单果重19.9 g，最大重21.4 g。

坚果大而整齐，果皮紫黑色、油亮，全果茸毛极少，果肉细腻而香甜。果实于10月上旬成熟，耐贮藏。

24. 早熟油毛栗　由广西桂林地区林业科学研究所1972年选出。

树型较矮，树冠开张，结果母枝短，分枝角度大，易形成混合花芽。每果枝着生总苞2～3个，平均每苞含坚果2.3个，出实率54%。坚果整齐，中等大，平均单果重12.5 g，最大单果重13.4 g。果皮褐色，稍带光泽。果肉甜，质地粗。果实较耐贮藏。在当地5月中旬开花，9月中旬成熟。

该品种丰产稳产，成熟早。由于果实在中秋节之前成熟，广西群众在中秋节素有吃栗子粽的习惯，而深受人们欢迎。

25. 小果油毛栗　1974年由广西植物研究所、广西隆安县林业科学研究所选出。

树冠开张，枝条粗而短，成龄树发枝力强，每母枝平均抽生果枝2.5条，每果枝着生总苞2.3个，出实率50%。坚果较小，平均重7.9 g，果皮深褐色，具光泽，全果茸毛较少。果实10月上旬成熟，耐贮藏。

该品种果实小，产量高，早果丰产，抗性强，适应性广。

26. 中果红油栗　广西隆安县林业科学研究所1974年选出。

树型较小，树体结构紧密，树冠枝条粗壮而短，成龄树发枝力中等，平均每果枝着生总苞2.3个，每苞含坚果2.5个，出实率50.6%。坚果大小整齐、美观，中等大，平均重14.0 g，果皮红褐色，具油亮光泽，全果茸毛极少，果肉细糯。果实成熟期为10月中旬，较耐贮藏。

该品种产量高，早期丰产。

27. 中果油毛栗 1974年由广西植物研究所选出。

树型较大，长势强，叶片肥厚，深绿色，有光泽。总苞中等大，刺束短而稀，成熟时呈“十”字形开裂，出实率50.2%。坚果圆形，大小不整齐，中等大，平均单果重12.9 g，果皮红褐色，油亮，有茸毛，果肉较甜，质粗。10月中下旬成熟。

该品种抗性强，适应性广，早期丰产。

28. 中果黄皮栗 广西壮族自治区都安县都阳林场选出。

树型大，树势强，枝条粗壮，平均每果枝着生总苞2.3个。总苞呈心形，刺束较密，短而硬，每苞含坚果2个，出实率50%。坚果中等大，平均单果重13.2 g，果皮浅褐色，油亮，全果茸毛少，果肉味甜，质地较粗。果实9月下旬成熟，不耐贮藏。

29. 云夏 母株位于云南省宜良县，实生繁殖，树龄400年，1992年入选优良单株。

树冠圆头形，树姿开张，每结果母枝平均抽生新梢3.2个，其中结果枝占65.6%。总苞刺束密度中等，出实率41.24%。坚果椭圆形，果顶微凹，果大，平均质量16.5 g，果皮黄褐色，有光泽，茸毛中等，接线如意状，底座中等。经分析测试，坚果含总糖21.78%，品质优良。果实成熟期为8月10～15日，成熟早，可在8月中下旬上市。

云夏适应范围广，抗性强，适宜云南省海拔1 300～1 800 m的广大山区、半山区，特别是光热资源丰富的干热河谷区，也可在我国南方气候类似的地区种植。

30. 云雄 由云南省林业科学院选育，2009年通过审定。

早实，嫁接后2～3年开始结果，5～7年进入盛果期；丰产，平均每结果母枝抽生4.8个新梢，盛果期每667 m^2 坚果产量为200 kg，出实率54.3%；优质，坚果椭圆形，果顶微凹，平均单果重15.6 g，果皮赤褐色，茸毛少，接线如意状，底座中等，果肉含糖量19.7%。

适宜在云南省海拔1 300～2 100 m的山区、半山区种植。宜采用中稀密度种植，株行距5 m×6 m，加强树体、土壤和水肥管理。

31. 云红 母株产于昆明市宜良县，实生繁殖，树龄25年，1991年选为优良单株，2009年通过云南省品种审定。

该品种树势中等，树姿开张，每结果母枝平均抽生3.8个新梢，结果枝63.2%。坚果椭圆形，果顶平，平均单果重11.95 g，果皮紫褐色，光亮，茸毛少，接线平直，底座小。出实率47.4%，总糖含量18.59%，品质优。果实成熟期为8月下旬。

该品种适应范围广，对不良气候条件适应性强，抗病虫能力强。在云南海拔1 300～1 900 m的广大山区、半山区及我国南方与其气候相似的地区均可种植。

32. 云丰 原代号为云栗6号。母株产于云南省宜良县，实生繁殖，树龄50年。

树势中等，每结果母株平均抽生6.6个新梢，其中结果枝占57.5%，每结果母枝着果8.0个，出实率45.3%～50%。坚果椭圆形，果顶平，平均重10 g。果实成熟期8月中下旬，落叶期12月上旬。

33. 云腰 原代号为云栗9号。母株产于云南省寻甸回族彝族自治县，实生繁殖，树龄80年。

每结果母枝着果7个。总苞椭圆形，刺束稀，刺长1.16 cm，苞皮成熟时呈“一”字形开裂。坚果椭圆形，果顶平或微凹，平均单粒重11.7 g。果实成熟期8月下旬至9月上旬。

34. 云富 原代号为云栗15。母株产于云南省富民县，实生繁殖，树龄200年。

树势强，每结果母株平均抽生新梢8.2个，其中结果枝占61%，每结果母枝着果12个。总苞椭圆形，平均重 94.8 g，出实率 42.8%～50.9%。坚果含水 47.11%、粗蛋白 7.70%、总糖 17.99%、淀粉 44.68%、粗脂肪 4.87%。果实成熟期 8 月下旬，落叶期 12 月上旬。

35. 云早　原代号为云栗 22。母株产于云南省寻甸回族彝族自治县，实生繁殖，树龄 100 年。

每结果母株平均抽生新梢 8.6 个，其中结果枝占 69.8%，每结果母枝着果 8.6 个。总苞长椭圆形，平均重 81.41 g，出实率 45.6%～57.9%。果实成熟期 8 月中旬，落叶期 11 月下旬。

36. 云良　原代号为云栗 33。母株产于云南省宜良县，实生繁殖，树龄 20 年。

树高 4 m，每结果母枝平均抽生新梢 5.4 个，其中结果枝占 74.1%，每结果母枝着果 14.2 个。总苞椭圆形，平均重 82.16 g，出籽率 41%～58.7%。果实成熟期 8 月下旬，落叶期 11 月。

37. 云珍　原代号为云栗 44。母株产于峨山县，实生繁殖，树龄 25 年。

树姿开张，树势中等，每结果母株平均抽生新梢 6.4 个，其中结果枝占 62.5%，每结果母枝着果 14.6 个。总苞椭圆形，平均重 56.5 g，出实率 41%～55.2%。果实成熟期 8 月下旬，落叶期 12 月上旬。

38. 云栗 17　母株产于云南省禄劝彝族苗族自治县，实生繁殖，树龄 250 年。

树型高大，每结果母株平均抽生新梢 3.4 个，其中结果枝占 64.7%，每结果母枝着果 7.6 个。总苞椭圆形，平均重 68.44 g，出实率 44%。果实成熟期 8 月上中旬，落叶期 11 月下旬。

39. 宜良亮栗　原代号 G. B. No. 1。母株产于云南省宜良县狗街镇骆家营，实生繁殖，树龄 300 年。

树势强，植株高大，单株年产量 90～125 kg，每平方米树冠投影面积产果 950 g。坚果亮，平均重 12.5 g，果实成熟期 8 月下旬至 9 月上旬。出实率 50%。本优系早实丰产，坚果较大，果实含糖量高，品质佳，风味好。

40. 宜良油栗　原代号 G. B. No. 3。母株产于云南省宜良县蓬莱乡，实生繁殖。

成龄植株年产 50～70 kg，每平方米树冠投影面积产果 700 g。坚果油亮，平均单果粒重 11.8 g，果实成熟期 7 月下旬至 8 月上旬，出籽率 50.6%。本优系早实丰产，较早熟，坚果色泽美观，商品性状好，品质佳，风味好。

41. 宜良早栗　原代号 G. B. No. 6。母株产于云南省宜良县狗街镇骆家营。母株中心枝干已枯死，现存树为萌蘖更新枝。1973 年开始用此株枝条嫁接，现保存 25 年生嫁接树 1 株，10 年生嫁接树 7 株，9 年生嫁接树 20 株。

成龄植株年产量 60～70 kg，每平方米树冠投影面积产果 500 g。果实成熟期 7 月中旬至 8 月上旬，出实率 45%。本优系较丰产，果实成熟早，品质佳。

42. 宜良矮丰 1 号　原代号 G. B. No. 7。母株产于云南省宜良县下栗者二队，嫁接繁殖，树龄 25 年。

树姿开张。嫁接 4 年生树单株产果 4～5 kg，单果粒重 14 g 左右。果实成熟期 8 月中下旬。本优系树体矮化，早实丰产，抗病虫害，品质优。

43. 宜良矮丰 2 号　原代号 G. B. No. 8。母株产于云南省宜良县下栗者二队，实生繁殖，树龄 26 年。

树冠低矮，株形紧凑。单株年产果 100 kg 左右，每平方米树冠投影面积产果 920 g。单果粒重 11.1～12.5 g，出籽率 51%。本优系果实色泽鲜艳，大小均匀，商品性状好，风味好，含糖量高，丰产，但管理不当有大小年结果现象。

44. 易门早板栗　1996 年林木良种普查中在易门板栗园中发现，其成熟期较一般板栗早 20～30 d，经多年观测，具有早实、早熟、优质、丰产、高效和遗传性状稳定的特点。已建立易门早板栗采穗圃，并从中复选出易林优良 4 号和易早 1 号。嫁接后第三年开始结果，第五年株高 2.55 m，冠幅 4.66 m^2，株产 7.66 kg，最高株产 10.38 kg。现已在生产上推广应用。

第二节 苗木繁殖

一、实生苗培育

（一）种子选择

种子是培育优质壮苗的关键之一。育苗用种应从早实、丰产、稳产、生长健壮的盛果期优良单株上采集，并注意选择充分成熟、粒大、种仁充实饱满的种子作为育苗材料。当采种母树上栗蓬裂口，蓬刺变黄，坚果果皮颜色变褐、种仁饱满时，标志着种子已充分成熟，是采集种子的适宜时期。

（二）种子贮藏

1. 栗种的特性 板栗种子怕干、怕湿、怕热、怕冻，采后如不及时贮藏，很快就会失水、干燥，丧失发芽能力，甚至霉烂变质。因此，采后要及时贮藏，并使之保持适宜的温度和湿度，以维持正常的生命活力。

2. 贮藏方法 栗种一般采用层积沙藏法，使栗果在沙藏过程中完成休眠，增强生活力，提高出苗率。

（三）播种

1. 育苗地的选择 尽管栗树对土壤要求不严，但仍以土层深厚、含有机质多、pH 在 4.5～7.0、含盐量不超过 2%、排水良好的沙质壤土最为适宜。所以，在栗树育苗时应选择地势平坦、有水浇条件、质地疏松的微酸性沙质壤土做育苗地，切忌在低洼盐碱、土壤瘠薄、质地黏重的土壤地上育苗。

2. 播种时期 栗树育苗播种，可分为秋播和春播两个时期。秋播适用于冬季不太严寒的地区，一般在 10 月下旬至 11 月上旬进行。秋播栗实在土壤里能自然完成休眠，而不需冬藏。但由于外界条件变化幅度大，易遭冻害和鸟兽危害，影响出苗率。因此，生产中不提倡秋播。

春播时间以清明前后为宜。此时种子在沙藏期间温、湿度较稳定，可顺利通过休眠。因此，春播发芽率高，播种前应进行催芽或待发芽之后再点播。发芽的栗种要去掉胚根尖（1～2 mm）或用 50～100 mg/kg 的吲哚乙酸浸泡 8 h（抑制直根，促发须根）。

3. 播种方法 有直播和畦播两种。直播是将栗实直接放在定植穴内，种实要平放或侧放，种实尖不可朝上或朝下。否则，幼根和幼芽生长困难。通常每穴放种子 2～3 粒，覆土厚 3～6 cm，幼苗出土后要加强管理。若培育嫁接苗，可选一壮苗作为砧木就地嫁接，其余苗木可移植他处继续培育壮苗应用。

畦播在播前要深翻施肥，加深土层，耙平后做畦。畦宽 100 cm，长 5～15 m，按行距 25 cm、株距 15 cm 左右开沟，浇水渗透后播种。为防地下害虫危害，可进行土壤消毒，然后将种子平放于沟内，覆土 4～5 cm。为防止水分蒸发和地表板结，可再覆一薄层细沙，耙平，亦可用地膜覆盖。每 667 m^2 播种 100～125 kg，可出苗 6 000～8 000 株。

4. 播后管理 播种后如环境条件适宜，1～2 周幼茎出土；如遇气候干旱，可开沟适量灌水。在幼苗放叶后，进行第一次追肥，追肥后灌水。有些栗的种实具有双胚，如 1 种出 2 苗，可间除 1 株，以利集中养分，促进苗木生长。至 6 月进行第二次追肥。7 月中旬后要停止追施氮肥，防止徒长。秋季苗木停止生长后施堆肥等有机肥，灌足冻水，以利苗木越冬。

5. 苗木出土和包装 苗木出土和包装是保证优质壮苗的重要环节，绝不能忽视。生长健壮的 1～2 年幼苗，即可出圃定植。出土时间以秋后和春季发芽前为宜。

栗苗直根性强，再生能力差，起苗时要深刨，留根长度最好在 30 cm 以上，以免影响成活率和缓苗。

苗木出土后应立即栽植，或随起随栽，如不能立即栽植，应假植或采取其他保护根系的措施。假植覆土时应把根系全部盖上，防止水分散失。苗木若需长途运输，必须进行包装。包装时可选用草苞

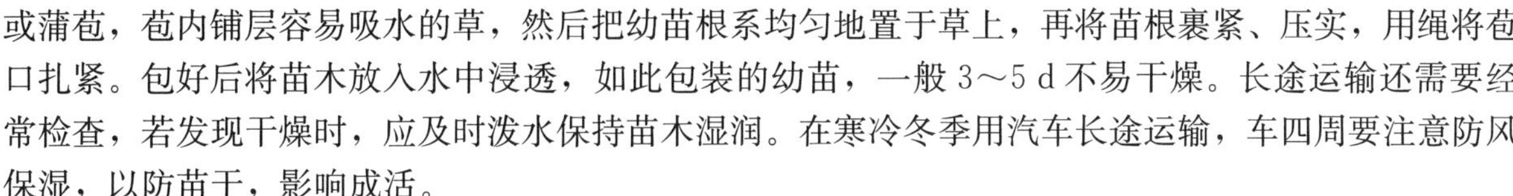

或蒲苞，苞内铺层容易吸水的草，然后把幼苗根系均匀地置于草上，再将苗根裹紧、压实，用绳将苞口扎紧。包好后将苗木放入水中浸透，如此包装的幼苗，一般 3～5 d 不易干燥。长途运输还需要经常检查，若发现干燥时，应及时泼水保持苗木湿润。在寒冷冬季用汽车长途运输，车四周要注意防风保湿，以防苗干，影响成活。

二、嫁接苗培育

（一）砧木选择

板栗对砧木种类要求严格，必须是本砧嫁接，只有板栗与野板栗（板栗的原始种）可用作砧木。茅栗、锥栗、日本栗经大量试验证明，虽可嫁接成活，甚至保存数年，最终会因后期不亲和而致死亡，不能用作砧木。

（二）接穗的采集与贮藏

接穗的采集期为落叶后到萌芽期的整个休眠期，适宜采集期为萌芽期前 30 d。接穗使用量少时，可随时采集、处理和使用，减少因贮藏造成的不便。大量采集接穗时，采集期也不宜过早，以免提高贮藏成本，增加贮藏管理的难度。

采集的接穗品种，应具备早实、丰产、优质等基本条件，并且经过专业机构鉴定，适合市场对栗实品质、规格的要求，还要能够适应生产地风土条件，在无专用采穗圃的情况下，可从健壮的生产树上采集发育充实的发育枝或结果枝。

接穗从田间采回后，应剔除病虫枝、机械损伤枝及发育不充实的枝条，剪去先端发育不充实的部分和基部弯曲的部分，然后每 100 或 200 条捆成一捆，做好标记备藏。整理接穗时要注意保留有分枝或有轮痕的枝段，这类接穗用于大树改接效果佳。

接穗数量较多又需要长期贮藏时，可在冷凉高燥处挖沟贮藏。一般贮藏沟深 80 cm，宽 100 cm，长度根据接穗数量确定。入贮时先在沟底铺 2～3 cm 厚的干净河沙（含水量不超过 10%），将接穗成排或稍倾斜排放在坑内，充填河沙至全部埋没接穗。贮藏沟上面覆盖防雨材料。有冷库贮藏条件者，可将整理好的接穗放入塑料袋，填入少量锯屑、河沙等保湿材料后扎紧袋口，置于 3～5 ℃温度条件下贮藏。

（三）蜡封接穗

采用蜡封接穗嫁接比套塑料袋保湿嫁接有省工、省料、操作管理方便、成活率高、接穗产生分枝多等优点，是嫁接技术的一个重大进步。

蜡封接穗可在采集接穗后随即进行，即贮藏经过蜡封处理的接穗。若蜡封经过贮藏的接穗时，事先要洗净黏附的沙子或锯屑，并晾干表层水分，否则也容易造成蜡层脱落。

蜡封容器最好用水浴式夹层桶，以便于掌握石蜡温度。蜡封桶的大小应根据接穗的数量来确定。一般情况下可采用外层水桶直径约 20 cm，内层石蜡桶直径约 10 cm，高约 35 cm 的规格。石蜡用市售工业用白石蜡。操作过程为：将蜡封桶内层装入破碎后的石蜡，外层加水，置炉火上加热至石蜡温度达 95 ℃以上时，将接穗快速（不超过 1 s）浸入石蜡中并立即抽出，接着同样处理另一端，如此逐条处理。要求接穗中间的蜡层稍有重叠，不留未沾蜡的间隙。蜡封好的接穗再捆成捆，做好品种标记，放在冷冻湿润处，上面覆盖滴净水的湿麻袋或其他保湿材料备用。蜡封接穗不宜剪成单个接穗的长度。接穗剪的过短，蜡封后由于蜡层发滑，削接穗时嫁接刀向前削的力量很大，很难握持。再者枝条节间有长有短，剪成规定长度容易浪费接穗。长接穗用起来就比较方便，如遇到长且粗的接穗，较粗的接口，就可留长一些，可留 5～10 芽 20～30 cm 长。若遇到细接穗，较细的接口，可留 2 个芽，整个接穗（加上削面）剪成 6 cm 左右长度即可。

（四）嫁接时期与方法

1. 嫁接时期　一般在萌芽前 30 d 到萌芽期前后（山东地区在 3 月下旬至 4 月下旬），适宜期为萌芽前 10 d 到萌芽期，各地因气候条件的差异适宜期略有先后。夏、秋季嫁接虽可成活，但目前无论大树、苗木的嫁接都很少应用。在通常情况下，均将嫁接作业安排在春季适宜期内进行。

2. 嫁接步骤

（1）剪砧。苗木嫁接时因砧木基部明显较粗，所以剪砧高度一般在地上 5～10 cm 范围。3～5 年生幼树，剪砧一般在地上 15～20 cm 高度间选较光滑处剪或锯断砧木，削平剪、锯口。要求在同一园地里的树株剪砧高度一致。少数有分枝的单株，只要分枝够嫁接粗度（基部 2 cm，直径在 1 cm 以上），则应将分枝全部嫁接。

5～15 年生中幼树，低产残冠大树高接，采用多头（多接口、多接穗）、多位（多部位腹接）的方法。剪砧处理的原则是兼顾整形并尽量降低接口的高度（指距地面的高度）和粗度（接口直径），降低树冠高度。

中幼树改接换头时，如果砧木最低的分枝部位不超过 1～1.5 m，就要尽量保留。利用原树的分枝，尽量不疏除大型骨干枝，遇到并生、密挤大枝可使接口高低或长短错开，以便为嫁接成活后的整形修剪留出余地。个别光秃带较长的大枝，用腹接法补充空间。一个枝系上的各个剪口也要高低错开，剪口与各个方向上的相邻剪口至少要有 20 cm 的距离。同时要在不提高剪口距地面高度的前提下，将剪口粗度限制在最小范围，使剪口尽可能当年完全愈合。

如果分枝部位过高，应在 1.2～1.5 m 高度截干剪口上间隔 5～6 cm 插上一圈接穗，在剪口以下的树干下多搞几处腹接作分枝。

低产残冠大树高接时，在尽量少疏除大枝的基础上，尤其应注意降低剪口的高度和粗度，要多利用形成层组织活跃的、枝龄低的萌蘖枝嫁接。

（2）嫁接方法。常用的方法有劈接、双舌接、切腹接、插皮接、插皮舌接、腹接等。

（3）嫁接后的管理。嫁接成功与否，不仅要看嫁接成活率，还要看存活率和接口愈合程度（要求接口当年愈合或大部分愈合）及接穗生长发育情况（要求生长量高于原树冠的年生长量，大田嫁接的树株经摘心当年能够形成或恢复树冠）。所以嫁接后的管理是十分重要的。

接后管理主要有以下几个方面：

① 除萌蘖。嫁接后必须多次及时疏除砧木萌蘖，但在大树改接时要注意在枝干稀疏或光秃带长的部位，选留少数萌蘖枝准备第二年补接。

② 补接。利用预贮接穗，在判断出接穗未能成活后，及时在原接口以下剪砧补接。在嫁接当年进行补接，可以提高嫁接存活率，保证树冠当年成形。补接对于育苗嫁接这样只有一次嫁接机会的情况来说，更是不可缺少的一项措施。

补接用的接穗可悬吊在深井的水面之上，有条件者可放在冷库内保存。

③ 绑支柱。接穗萌发的新梢在完全木质化前和接穗与砧木在完全愈合之前，很容易遭风害折损，必须绑支柱支持。方法是在新梢生长至 30 cm 左右时，将剪砧时剪留的或另行筹集的粗（直径）3 cm 左右、长 80～100 cm 的木棒，下端约 20 cm 牢固绑缚在砧木上，上端将新梢宽松地拴拢。随新梢生长每 30 cm 拴缚一次。每一接口都应绑一支柱。

④ 解绑。在枝干加粗生长的高峰期前，解除接口处的绑扎材料，以防勒进砧木和接穗组织中形成勒痕。勒痕处的死组织很难再完全愈合，容易折断。枝干的加粗生长高峰期（7 月中下旬）也正值高温多雨季节，解除绑扎物还可以避免接口积水腐烂。

⑤ 摘心。新梢每生长至 30 cm 长度时，摘除先端 3～5 cm 长的嫩梢。嫁接育苗时不搞摘心。

⑥ 病虫害防治。重点防治枝、叶部害虫，如金龟子、栗大蚜、红蜘蛛等。

⑦ 地下管理。嫁接树在 6 月中旬、7 月下旬各追肥 1 次，并根据新梢生长状况进行 1 至数次根外追肥，遇干旱时及时灌水。

三、组培苗培育

组培快繁是当今农业生产上加速培育新品种、新苗木的必要手段，组培可使紧缺苗木成工厂化育苗，可在短时间内繁育出大量苗木，以满足生产上的需要。

（一）组培条件

（1）从母树上取当年生的带腋芽的茎段，切成 5～7 cm，用自来水冲洗 15～30 min，然后用 75％酒精浸泡 10～30 s，取出置 0.1％升汞溶液中处理 3～5 min，在超净工作台上用无菌蒸馏水浸泡 3～5 次，每次 3 min，将消毒后的茎段切成带有腋芽的 1.5～2 cm 小段，在无菌条件下接入灭菌后培养基上，封好透气膜，转入培养室培养。

（2）将优种板栗果实剥去外壳，用自来水冲洗 5～10 min，用 75％酒精浸泡 5～15 s，取出置 0.1％升汞溶液中处理 2～5 min 后，在无菌超净工作台上用蒸馏水浸泡 3～5 次，每次 3 min，将消毒后的果实在超净操作台上剥离出幼胚后接种于培养基上。两种外植体的培养温度均为 25 ℃，光照 1 600 lx，每天光照 15 h。待外植体长出 5～7 cm 的茎段时，将其转接到生根培养基上。

（二）培养基配制

采用不同的基本培养基如 MS、B5、N6 等，添加不同的生长调节剂（BA、IAA、NAA、GA、IBA 等），以及生长调节剂之间的不同浓度的多因子拉丁方试验设计，加入活性炭、抗氧化物质、土豆汁等物质的对比试验，找出最适宜板栗生长的基本培养基、生长调节剂种类及浓度配比等。

（三）组培方法

（1）优种板栗茎段接种到适宜的培养基上，7 d 左右腋芽膨大并开始伸长放叶，15～20 d 长到 5～7 cm的茎段，有小部分外植体在茎节截面形成愈伤组织，没有丛生苗产生。

（2）通过胚培养途径的，接种 3～5 d 幼根生长并且不断延伸，5～7 d 长出幼芽，再经过 1 周时间的培养，成为 5～7 cm 高的微型植株。

（3）将通过优种板栗茎段作为外植体获得的优种板栗植株，接种于生根培养基上，经 7～10 d 的培养后，在再生小植株的茎节韧皮部和木质部交接面处，分化出肉眼明显看得见的突出的白细幼根生长点，20～25 d 长出 5～7 cm 的白色根系。

随着组培技术的迅速发展，板栗组培技术取得了一定的进展，然而要真正实现工厂化育苗，在技术上还存在一定困难。主要表现在：由愈伤组织诱导成苗难；离体培养时单宁的释放，其毒性引起外植体在最初几天培养中死亡；板栗组培苗生根率较低。在今后研究工作中，若从根本上解决这些问题，板栗的组培快繁将成为板栗无性繁殖最有价值的方法。

四、苗木出圃

（一）苗木标准

1. 嫁接苗标准　合格的板栗嫁接苗必须具备的条件：品种纯正，生长健壮，主干充实，顶芽饱满；具有一定高度和粗度，根条发达，须根较多；无病虫害或机械损伤；嫁接部位愈合良好。参照山东、湖南一级苗的标准，根据云南自然条件：板栗园多建在山区坡度大，交通不便，春旱缺水的地方；用两年生嫁接苗根系庞大，运输困难，往往定植后成活率较低，用当地的一年生嫁接苗定植成活率高，缓苗期短，第二年生长快，成本低，特制定出云南省一年生一级嫁接苗规格标准。

（1）根系。侧根 3～5 条，长 15 cm 以上，侧须根发达，无烂根。

（2）茎。茎粗 0.8 cm 以上，苗高 0.8 m 以上，茎干通直，无分杈。

（3）芽。顶芽无损，充实饱满成活。

（4）嫁接伤口。愈合良好，无机械损伤和病虫害危害症状（虫食、病斑等）。

2. 鉴别　板栗系雌雄同株树种，只要是嫁接苗（嫁接苗的接穗必须是从结板栗的树上采集的）

造林2年后就可结果。而未通过嫁接的实生苗在山上造林，要到7～8年才能结果，所以应大力提倡用嫁接苗上山造林。嫁接苗和实生苗的鉴别方法如下。

(1) 嫁接苗离地面7～50 cm处有一嫁接伤口，且接口上下皮色差异很大，一般接口以下为褐色、黑褐色或褐灰色，微有光泽，皮孔不明显，或不如上端有大而多的皮孔；接口以上为灰白色略带青、绿色表皮，皮孔明显易见，但无下端明显的光泽。劈接苗木较直立，芽接苗稍弯曲，实生苗无嫁接口。

(2) 嫁接苗叶片较大；实生苗叶片较小。

(3) 嫁接苗叶片背面有白色茸毛，枝上无毛；实生苗叶片无毛，枝上有毛。

(4) 嫁接苗落叶早，霜后叶片基本落光，冬季无枯叶挂在枝干上；实生苗落叶较迟或不落叶。

(5) 嫁接苗从接口处折开，接穗和砧木均有未愈合的木质部（芽接除外），且上下髓心不能贯穿；实生苗（环剥实生苗、剪砧萌条苗）从伤口处折断，其髓心上下贯穿，木质部上下紧密相连，没有明显未愈合木质部。

（二）苗木出圃及分级

1. 出圃 苗木出圃是板栗育苗工作中的最后一个环节，出圃工作做得好坏与苗木的质量和栽植成活率有直接的关系，秋末冬初对圃内的苗木进行调查，核定苗木种类、品种和数量，准备包装材料和运输工具，确定临时假植和越冬的场所，做好出圃准备。

(1) 起苗时期。分春、秋两季，多数地区都采取秋季起苗。从嫁接苗开始落叶进入休眠期至根系活动前起苗为最适时期。北京起苗时期一般在11月中旬至来年3月上旬。

(2) 起苗方法。为防止苗木品种混杂，起苗前在田间分品种、分地块做好标记。苗圃地入秋后往往土壤干硬，为防止伤根，必须在起苗前浇一次水，以湿润土壤，尽量保留根系完整，少伤侧根。起出的苗木不能放在苗床上任风吹日晒，应将苗木就地假植。

2. 苗木分级 苗木分级应严格按照苗木规格标准进行。起苗后，立即移至背阴无风的地方，按照苗木出圃规格进行选苗分级。

板栗嫁接苗规格为地径达到1 cm，苗高80 cm以上，主侧根长20 cm，愈合良好，无病虫及机械伤害。除此之外，还要求培育嫁接苗所用的砧木必须在嫁接前移床分级栽培，提前切断苗木主根，促使多生侧根和须根，以提高定植成活率。优质苗为从优良品种母树上采集的接穗。

分级的同时进行修剪，主要是剪掉带病虫或受伤的枝条、不充实的秋梢、带病虫或过长的畸形根系。剪口要平滑，以利于早期愈合。为便于包装、运输，也可对过长、过多的枝梢进行适当修剪，但剪除的部分不宜过多，以免影响苗木质量和栽植成活率。

（三）检疫与消毒

检疫是防止病虫害传播的一项重要措施，出圃流通过程中要严格检验，确保板栗生产顺利进行。根据需要可选用其中的一种方法进行消毒，即石灰硫黄合剂消毒：用3～5波美度石硫合剂，充分喷洒栗苗木的根系，或浸泡根系10～20 min，然后用清水洗净；波尔多液消毒：用石灰等量式波尔多液100倍液，浸泡栗苗木的根系10～20 min，然后用清水洗净。

（四）苗木包装运输

苗木的包装运输是保证定植成活的关键，特别是对远距离的调运更为重要。将合格苗按50～100株/捆，挂上品种标记，放在泥浆中蘸根，让根系沾上一层薄泥，保持根系湿润，用准备好的湿稻草包裹好，草绳系紧。这样包装适合远距离运输，一般2～3 d保持根系湿润。

运输距离较短，时间不超过1 d的，可直接用散包装运输。先在车厢底部铺放一层湿草，将苗木一捆捆堆放，要求根对根，每堆放一层加一层湿草覆盖，最上层用草席和湿润物覆盖，防止风吹日晒造成苗木脱水。

另外在装运过程中，要严防擦破苗干皮层、踩伤根系，一定要外蒙篷布，用绳子拉紧，防止风干苗根，以利成活。

第三节　生物学特性

一、根系生长特性

根系的水平分布比较广，一般为冠径的 2.5 倍，其密度以冠缘内外为最大；垂直分布与土层深浅、土质好坏及直根发育状况有关。一般分布在 80 cm 的土层中，以 20～60 cm 为最多。

根系开始活动的时间一般比地上部早 10～15 d，其结束时间比地上部晚 30～40 d。

根系的再生能力很差，1 cm 粗的根断后可 3～5 个月不发新根，这是移植缓苗慢的主要原因。直根系越大，伤根越重，缓苗越慢；直根系发达，不仅因起苗伤根而影响缓苗，还会严重影响地上部的发育，导致结果晚、产量低。为了抑制直根发育，促进须根生长，现在可采用人工断胚根或用生长调节剂、微量元素处理，收效甚好。

二、芽生长特性

在生产上，常把板栗的芽分为花芽、叶芽和隐芽。板栗为当年生枝结果，故花芽都为混合芽，常称为大芽。着有雌花的混合芽称雌性混合芽（或称雌雄混合芽或雌雄共孕芽）；只着有雄花的混合芽称雄性混合芽。由于顶端优势的特点，大芽居于尾枝（果前梢、蓬前梢）的先端（2～5 个芽），大芽以下为叶芽（也称小芽），自枝条先端向下，芽的发芽势及新梢生长逐渐减弱，下部的叶芽有刚萌即脱落，还有根本不萌动的，不萌动的小芽就变成了后来的隐芽。不论是大芽还是小芽都是可见芽，都称为主芽。在主芽的两侧还各有 1 个副芽，这 2 个副芽在一般情况下多为不可见芽。当主芽受到损坏时，则副芽萌发。从盲节下打断母枝或短截，可激发 2 个副芽长成两叉枝（俗称二龙吐须）；幼龄嫁接树的旺长枝，经夏季摘心后，常将枝段的基部副芽带出，人们常把这 2 个对称的副芽称作“把门猴”。副芽在正常情况下多成为以后的潜伏芽。有经验的果农创造的留橛修剪，促其橛基抽生内膛枝的依据就在于此。

三、枝生长特性

（一）枝条类型

板栗的枝条可分为雌花枝（结果枝）、雄花枝、营养枝（生长枝）和结果母枝 4 类。

1. 雌花枝　又称结果枝，其枝着有雌花。按其枝上秋季形成大芽与否，又分为 2 种枝条，着生大芽者称强结果枝，未着大芽者称弱果枝。

2. 雄花枝　其枝仅着有雄花序，亦按其秋季有无大芽的形成分为强、弱两种雄花枝。

3. 营养枝　也称生长枝，其枝未着生雌、雄花序，叶腋内仅着有芽子，按其生长状况又可分为下面 4 种枝条。

（1）强营养枝。多位于骨干枝的先端，生长粗壮，当年秋季其上着有大芽。

（2）中营养枝。与强营养枝相似，仅秋季形成大芽，近 1～2 年可转变为结果母枝。

（3）弱营养枝。在骨干枝的中下部或一年生枝的基部，生长量极小的枝，俗称“鸡爪枝”。

（4）徒长枝。由潜伏芽或不定芽形成的生长极旺的枝。

4. 结果母枝　由生长健壮的营养枝和结果枝转化而成。一般强壮的结果母枝可形成 3～5 个完全混合芽，抽生结果枝多；弱结果母枝，抽生果枝少，结实能力差，多不能连续结果。

（二）枝条上的芽及其成长特点

营养枝上的芽自上而下渐小；结果枝和雄花枝上的雄花序脱落后而无芽，称为盲芽。盲节段以上的枝段称果前梢（或尾枝、蓬前梢、不念头），尾枝的先端多着生大芽。枝上的芽其萌发力、成枝力和生长势自上而下的逐渐减弱。

(三) 枝条类型与转变为结果母枝的关系

据对正常结果树的观察，以结果枝成为结果母枝的百分比最大，雄花枝次之，营养枝最小。从抽生结果枝占发枝的百分率来看，也是以结果枝最大，雄花枝次之，营养枝最小。弱雌花枝、雄花枝、营养枝都不能成为下一年的结果母枝，弱雌花枝尚有短截转旺的可能性，而弱雄花枝和弱营养枝则不能，修剪时应予疏除。

(四) 母枝、结果新梢粗度、长度与结实的关系

调查观察结果表明，雌花序数随着母枝的粗度和长度增加而增多；雌花序数和果实重量随着结果新梢的粗度和长度的增加而增大。即人们常说的板栗树结实的营养优势。

(五) 枝条部位与结实的关系

从不同级次骨干枝的延长枝结实情况来看，随着骨干级次的增多，结果能力下降；从结果母枝不同部位抽生结果枝的结果情况来看，自结果母枝顶端向下结实数量呈递减趋势（衰老树不明显），即板栗结实的顶端优势。

(六) 新梢生长动态

1. 加长生长 据观测，雄花枝和营养枝新梢只有 1 个生长高峰，即在 4 月底 5 月上旬（山东省泰安）；结果新梢有 2 个高峰，一个在 6 月 7～17 日，另一个在 7 月 2～7 日。

2. 加粗生长 各类枝条都有 3 个高峰，但均以第一个高峰为大，即在 4 月 29 日到 5 月 3 日；第二个高峰在 6 月 7～22 日，正值雌花盛期到果实形成期；第三个高峰在 7 月 12～17 日，正值种子形成期。

四、叶片

营养枝上的叶片自下而上陆续展开并成长，结果枝上叶片的生长也有类似的特点。根据生长部位和生长动态可分为 3 段：下部叶（盲节下）、中部叶（盲节段）和上部叶（尾枝叶）。

1. 下部叶 又称基部叶，有 2 个生长高峰，第一个高峰在混合花序露红期，第二个高峰在苞片可见期。

2. 中部叶 最早展叶的要比下部叶晚 5 d 左右，其上的叶片自下而上顺次晚展叶 2～3 d，因此高峰也顺延。展叶期可相差近 1 个月；停长期相差 20 d 左右。除较晚出现的叶片只有 1 个生长高峰外，一般都有 2 个高峰。中部叶的单叶面积较下部叶和上部叶都小。

3. 上部叶 自下而上各叶展叶期都相差 3～5 d，致使高峰也有规律的顺延，只有 1 个高峰。最早展叶期要比中部叶晚 10 d 左右，比下部叶晚半个月。展叶期相差 5 周，停长期相差 25 d 左右。

由于不同枝段上叶片成长时期不同，致使叶片面积成长时间较长。在山东栗区，一般年份叶生长有下列特点：下部叶成长结束时期为 6 月上旬，其面积为当时总面积 50%左右；中部叶成长结束时期的总面积占当时总叶面积的 80%；上部叶直到 7 月上中旬才停止生长。最终下部叶的叶面积占总叶面积的 22%，中部叶面积占总叶面积的 40%，上部叶面积占总叶面积的 38%。

五、花生长特性

(一) 雄花

雄花序为柔荑花序，其长短以及在枝上的数量依品种、枝类而异。某些技术和环境条件也能影响雄花序的多少。例如，增施钾肥和秋季干旱及利用二次枝结果都可减少雄花序数量。

1 个花序上常有 600～700 朵小花，每朵小花有花被 6 个，雄蕊 9～11 个，无花瓣，每 3～4 朵小花组成一簇，花序自下而上每簇中的小花数逐渐减少。

雄花序在枝上的开花顺序和小花在花序上的开花顺序都是自下而上的，呈无限型。雄花与雌花的比例常为（2 000～3 000）：1。

成熟花序的散粉主要在 9:00～12:00。据试验 300 m 以内可捕捉到花粉，以 50 m 以内为最多。可作为配置授粉树的参考。

板栗是花粉直感作用比较明显的树种，父本花粉对果实的大小、形状，果肉的颜色、品质，涩皮的剥离及成熟期的早晚都有明显的直感效应。因此，通过授粉品种的选择可收到改善品质、增大粒重及调节成熟期的效果。

(二) 雌花

每雌花序常有雌花 3 朵，聚生于 1 个总苞（栗蓬）中。在正常情况下，经授粉、受精后发育成 3 个坚果，有时发育成 2 个，也有发育成 4 个以上的，最多见到 1 蓬结 14 个坚果。

雌花序是中心花先开，为聚伞花序。一花轴上有多个雌花序时，可为总状式聚伞花序。

自柱头伸出到反卷变黄都可授粉，可授期 20～30 d。中心花和边花柱头的伸出时期，有的品种可相差 7～10 d，人工授粉时必须十分注意这一点。各品种对不同花粉的亲和性有明显差异，必须根据授粉亲和力来搭配授粉树。

从萌芽到苞片可见期的 3～4 周内为雌花序的芽外形态分化期。因此，上年的营养贮藏和从萌芽到雌花出现的营养状况都关系到雌花的形态形成。所以，凡有利于这 2 个时期营养供给的技术措施，都将促进雌花数量的增多。

刚出现的芽外形态分化的混合花序（不足 2 cm）就有别于芽内分化的雄花序。混合花序粗而短，花簇处的三角形苞片大而明显，花序先端有鲜艳的颜色，像金丰为橙红色，红光为鲜红色，故称混合花序露红期。这为早期除雄和摘除尾枝提供了分辨的重要指标。

六、果实发育与成熟

果实长在栗蓬内，栗蓬由总苞发育而成。除特殊品种或单株外，栗蓬表面生有针刺状物称蓬刺。几根蓬刺组成刺束，几个刺束组成刺座，刺座着生于栗蓬上。

蓬皮厚薄、刺座及蓬刺的稀密、蓬刺的长短、颜色、硬度以及着生角度都为品种或类型的特征。

有人认为，刺座而蓬刺稀、短是优良的经济性状，但日本的优良品种（如筑波），中国南方的几个好品种（如青毛软刺）以及近年来北方选定的几个优良丰产品种（如海丰、金丰）的蓬刺不稀又不短。试验证实，栗蓬是载有叶绿素，可进行光合作用的器官，又是栗实的营养转给体。因此，有关栗蓬性状的经济意义尚须研究探讨。

蓬皮厚度直接关系到出实率（坚果占蓬实重的百分率）。环境条件、栽培条件及发育状况影响着蓬皮的厚度。如秋季雨水多，蓬皮就薄，栗实就大；反之，若秋季干旱，蓬皮就厚，栗实就小；结实少的栗蓬或空蓬，其蓬皮就厚，蓬刺就密；反之，1 蓬结 3 个大坚果，蓬皮就薄，蓬刺也稀。

当雌花柱头变褐时，便由此转变为栗蓬。蓬皮生长有 2 个高峰。一个在种子形成期，另一在采收前 25 d，蓬皮中的干物质积累随着种子的形成则逐渐减少，蓬皮中后期淀粉减少而单糖增多，说明其物质在转移。经 C^{14} 标定结果也证实其营养向种实中转移。果实成长只有 1 个高峰，从采收前 1 个月开始到采收前 10 d。种仁的干物质量也从采前 1 个月开始逐渐增加，直到采收。

第四节 对环境条件的要求

板栗栽培区域的形成，是其生物学特性与生态条件相统一的结果。板栗在丘陵、山区、荒坡、沙滩均可栽植，对环境条件适应性强，但超过其适应范围，则生长不良，产量低，品质差，因此，栗树也应注意适地栽培。在板栗生长发育过程中，最重要的生态因子是温度、水分、光照和土壤。

一、海拔

板栗对地势垂直分布的适应范围较广。就全国来说，从海拔高度不足 50 m（山东栗产区的郯城）

到高海拔 2 880 m（云南的维西）都有板栗分布。沿渤海湾一带，因立春后常受海上冷风的吹袭，使板栗发生所谓的“抽干”，所以，在易受海上冷风吹袭的地带不宜栽培板栗。

二、气候

1. 气温 板栗对气温的适应范围广，从北纬 28°～42°都有栽培，但位于北纬 40°左右的辽宁省，苗期多有冻害，辽北地区的大栗树，有的年份也有冻害发生。糖炒栗产区的年平均温度为 10～14 ℃，最低平均温度为－1～－4 ℃。

2. 年降水量 板栗对年降水量的适应范围也比较大，从年降水量 500～2 000 mm 的地方都能正常结实。

3. 太阳辐射 板栗对太阳能的适应范围也较大，从年辐射量 376.2 kJ/cm^2 到 627.0 kJ/cm^2 的地方都有栽培。适于糖炒栗栽培的北京、河北和山东，除雨量较少、气温偏低、温差大外，年辐射量大为其共同的特点，为 501.6～585.2 kJ/cm^2；山西和陕西的北部为 585.2～627.0 kJ/cm^2。

综上所述，北方栗子小、品质好与雨水少、温度低、温差大及光辐射量大有密切关系。

三、温度

适于栗树生长的年平均温度为 10～15 ℃，生长期（4～10 月）气温 16～20 ℃，冬季不低于－25 ℃。

栗树在年生长发育过程中，不同时期对温度有不同的要求，种类、品种间也有一定的差异。

栗树在生长期中，随着物候期的推移，要求的最适温度有一定的变化，萌芽期适宜温度为 13～14 ℃，开花期为 20 ℃左右，果实成熟期则在 15 ℃左右。板栗花芽分化集中期的 6～8 月要求有一定的高温。在果实成熟期，日间较高温度有利于光合产物的形成，夜间较低的温度有利于光合产物的积累，因此，秋季昼夜温差大对提高栗果干物质的积累有利。板栗树的果实发育，要求有一定的有效积温（日平均气温高于 10 ℃的温度之和）。有效积温充足，则果实饱满、充实，产量高，品质好；积温不足，则果实发育不良，果实不饱满，品质差。

利用日平均积温和有效积温在生产上预测花期，可为花前喷药、人工授粉及疏花疏果等做必要的准备。

温度过高或过低对板栗生长都不利。生长期温度达到 30～35 ℃时，栗树的生理过程即受到抑制，升高到 50～55 ℃时，受到严重伤害。高温破坏光合作用与呼吸作用的平衡关系，气孔不能关闭，促进蒸腾，从而使树体处于饥饿状态。夏季热量过多，果实小，色、香、味差，耐贮性低。秋冬气温过高，则不能及时进入休眠或结束休眠。此外，夏季高温还会使树体的枝条发生日烧。

低温危害，根据其危害的时间和表现，可分为冬季冻害和晚霜冻害两种。冬季冻害的表现程度不同，冻害较轻的，花芽冻伤、冻死；冻害较重的，树冠上部枝条和高层枝冻伤、冻死；冻害严重的，大枝、主枝受冻，以至整株冻死。冬季冻害的程度，因绝对低温、降温速度、发生时期、种类、品种、树势及树体贮藏营养状况而不同。一般发生冬季冻害的临界温度是－25 ℃的低温。但突然的巨大温差也会阻碍树体的生理活动，甚至导致冻害或死亡。山东北部地区 1993 年 11 月初的突然降温，由 8～9 ℃降至－16.9 ℃，并持续 3～4 d，多年生大树自根颈上全部冻死。不同种类间抗寒力有差异，北方栗较耐寒，而南方栗则不耐寒。

四、水

水是植物生存的重要因素，是组成植物体的重要成分。枝叶和根部的水分含量约占总重量的 50%。树体内的生理活动都要在水参与下才能正常进行。北方栗较耐旱，但生长期对水分仍有一定的要求；南方栗较耐湿，多雨年份或季节仍需排水防涝。板栗喜湿润，怕积水，年降水量在 500～

1 500 mm的地区均能生长结果良好。但在一年中自然降水不一定与板栗需水相吻合。在北方，秋、冬、春降水量较少，有时不能满足生长结果对水的需求；而在夏季6～8月降水量偏多，有时要排水防涝。春季树体萌动至新梢生长，雌花序和雄花序分化，并且随气温的增高，蒸腾量较大，树体需水较多，若供水不足，新梢生长弱，光合能力低，花期短，坐总苞率低。因此，在冬春较干旱的情况下，需在土壤解冻后和萌芽前进行灌水，保证前期正常生长发育。5～6月适度干旱，对板栗花芽分化、开花坐果有利，但过分干旱对开花坐果不利，应适时浇水。秋季水分供应不足，使坚果个小、质量差，影响其商品价值。因此，在果实发育中后期若降水不足，应适时灌水。

五、光照

板栗为喜光树种，其喜光性仅次于桃等核果类果树。栗树的正常生长和结果，需要有良好的光照条件。光照充足时，树体生长健壮，增强树体的生理活动，改善树体的营养状况，提高花芽分化质量、果实产量及品质、果实的耐贮性。光照条件差时，树冠枝条衰弱，结果部位外移，花芽分化不良。因此，栗树以栽植在半阳坡、阳坡或开阔的地段为宜。

树冠光照分布应合理，能较好地利用光照。树冠外围枝条截获的直射光照多，其枝条生长充实健壮，花芽分化质量高，果实饱满、色美；而树冠内膛光照较差，枝条细弱常不能形成花芽结果。

六、土壤（水、气、热）

板栗对土壤要求不严格，除极端沙土和黏土外，均能生长。但以母质为花岗岩、片麻岩等分化的砾质土、沙壤土及其冲积土、洪积土等土层深厚的微酸性土壤为最好。

板栗为喜酸需钙植物，要求土壤pH 4.5～7.5，含盐量的适宜范围不宜超过0.2%。板栗叶片内含钙量高达2.6%，比喜钙植物苜蓿还高1.8倍，而且土壤溶液中Ca^{2+}浓度达100 μg/g时，栗树仍能生长良好，说明栗树喜钙。土壤pH是影响板栗栽植的因子。据河北农业大学（1973）、河北昌黎果树研究所（1973）等单位调查测定及有关资料证明：板栗在土壤pH 4.5～7.5范围内能适应生长，以5.5～6.5为最适宜，超过7.5则生长不良。土壤pH不高（pH 7.5以下），含盐量不多（低于0.2%）的沙滩地板栗生长良好，如山东临沂的沂沭河两岸和莱西大沽河两岸的沙滩地带，是板栗较集中的产区。

土壤pH不直接对栗树致害。栗为需锰植物，当石灰多，pH增高时，锰呈不溶性，影响栗树对锰的吸收，对镁、磷的吸收也减少。通过水培试验，高锰组合植株生长正常，高铁处理则植株受害。可见，板栗需锰较铁为多，并与其他元素的适当比例有关，因此，在栽植板栗时，应注意元素间的平衡关系。

土壤温度直接影响着根系的活动，同时制约着各种营养元素的溶解速度、土壤微生物的活动以及有机质的分解和养分转化等。根系的生长与土温有关，土壤温度适宜时，根系的生理活动较旺盛，而当土壤温度过高时，根系即受伤害甚至枯死。为减轻高温对根系的不良影响，可采用地面覆草或密植加以解决。冬季土温太低，对根系也有不良影响，当土壤温度低于－3 ℃时，即可发生冻害，低于－15 ℃时，大根受冻。

土壤通气状况与栗树生长关系也十分密切。栗树共生菌根在土壤中通气性好，土壤空气中氧充足时，形成的共生菌根多，因共生菌是好氧性菌。同时，氧气充足，根系生理活动旺盛，有利于根系对各种养分的吸收。若通气不良会引起根系中毒，并且影响根系对各种养分的吸收。因此，在降雨后，应注意及时排水。

七、风和其他

风对栗树的作用是多方面的，风可改变温度、湿度状况和空气的二氧化碳浓度等，从而间接影响栗树的生长发育。微风与和风促进空气的交换，增强蒸腾作用，当风速为 3 m/s 时，比无风时可加强 3 倍。微风可改善光照条件和光合作用，消除辐射霜冻，降低地面高温，使树体和根系免遭伤害，减轻病害。花期微风，有助于栗树传粉受精。

栗树抗风力较弱。大风对栗树生长不利，强风可使树体受机械损伤，折断枝干，吹坏叶片，甚至连根拔起。大风能使树液流动受阻，降低光合作用，还可降低空气温度。花期遇大风，不利于授粉受精。

栗树不耐烟害。在化工厂附近，若环境污染，空气中有氯和氟积累时，栗树最容易受害。

另外，较大的冰雹会给板栗生产造成严重损失。

第五节　建园和栽植

一、建园

（一）园地选择

板栗适应性、抗逆性强，要求微酸性（最适 pH 5.5）、土层深厚、通透性好、保肥保水的土壤。当土壤的 pH 为 4.5～7.2 时，可以正常生长结果，当 pH 达到 7.5，总盐量达到 0.2%时，植株生长势很差或难以成活。另外，在过于黏重、通透性差的土壤上生长发育不良。选择园址时除温、湿度条件外，要特别注意土壤条件，要避免在 pH 大于 7 的土壤和过于黏重的土壤上建园。

山区、丘陵地带建园，一般选择山坡的中下部。渤海湾沿海地带常有“抽干”现象发生，须避开西北向山坡，其他地区均可不拘坡向。通常背阴坡较阳坡土层厚、土壤湿度高，有利于板栗生长发育。

平原栗园多是选择河滩地、废弃河道等土质瘠薄的非宜粮地建园。另外栗粮间作将是平原地方发展栗树生产的一个重要模式。

（二）园地规划

无论是山区栗园、平原栗园，在建园之前都要搞好设计规划，安排好防护林，水土保持与土壤改良工程，灌、排水工程，作业道路，堆选果场地等项目的综合规划。同时要根据栽培方式（集约栽培、栗粮间作或其他），安排好栽植密度，选定品种。

栗园的作业小区设置，平原地以 3 335 m^2 左右为宜，山地栗园则每隔数道梯田设一作业道，每 10 个小区为一大区，大区周围设干道。

园地规模也是影响栗园经营效益的重要因素。规模过小形不成商品产量，就难以取得较高收益。拥有了一定规模，才能形成商品产量，才有利于采用现代栽培技术集约管理，提高经营水平，取得较高经济效益。一般园地规模最小不应小于 66 700 m^2（按盛果期每 667 m^2 产量 200 kg 计，年产 20 000 kg），分户承包管理的栗园面积不应小于 6 670 m^2。66 700 m^2 左右小型栗园配置的品种数量不宜过多，以 2～3 个为宜。

（三）水土保持与整地改土

山地、丘陵地栗园，坡度在 25°以上时，要采用等高撩壕的方法修筑成简易式梯田，或者每一株树修 1 个鱼鳞坑。坡度在 25°以下时，可根据坡面情况修筑成台阶式或复式梯田。梯田面要稍向内侧倾斜，内侧修竹节沟或挖沉淤坑兼蓄水、排水和沉积泥土之用。

山地、丘陵地栗园整地改土的主要手段是深翻熟化。深翻要达到 60～80 cm，无论一次还是分期完成，深度都要求整齐一致，即“上下两平”。深翻挖出的表土和心土，要分别堆放，底层放入适量的作物秸秆或杂草后，将表土填至 30～40 cm 深处。深翻可一次完成，劳动力不足时也可以利用夏季、冬春季农闲时分期完成。

平原栗园建园前先将土地整平，然后视土壤状况，或深翻或客土（客沙）改土。

二、栽植

（一）栽植密度

根据单位面积园地的栽植株数，栽植密度可分为稀植（30 株以下）、密植（30～60 株）、高度密植（60～110 株）和超密植（110 株以上）等类型。具体采用何种类型的栽植密度，需要根据栽培管理方式与水平，所选用的品种类型及栗园环境条件来确定。一般讲，除去试验性园片，或是管理水平和投入水平较高的小面积栗园，生产性栗园采用适宜栽植密度为宜。通常集约栽培方式且管理水平较高，土地又平整肥沃的栗园，可每 667 m^2 栽 30～40 株。山地、瘠薄栗园每 667 m^2 栽 40～60 株。采用栗粮间作方式时，以每 667 m^2 栽 15～22 株为宜。粗放管理的新植栗园，栽植密度也不可过低，否则难以形成商品规模，也不利采用集约栽培技术，一般也要达到 30～60 株。

确有条件采用计划密植栽培方式的栗园，每 667 m^2 密度最高不宜超过 160 株（株行距不低于 2 m×2 m）。所谓计划密植，是指增加单位面积栽植株数以求获得较高的早期产量，其后随树冠扩展逐次缩间伐，维持适宜密度和较高产量的栽培方式。

（二）栽植方式

栽植方式有定植嫁接苗木及定植实生苗木，缓苗 1～3 年嫁接成园；直播实生苗木，而后嫁接成园；实生中幼树高接改造成园；低产残冠实生大树高接改造成园等。可根据具体情况选择应用。

定植实生苗，缓苗 1～3 年嫁接成园，是建立新栗园的主要方法。其优点是建园成本低，品种配置比较容易掌握，便于根据当地条件选配品种，树株生长健壮，结果早，易丰产。一般嫁接当年冠径可达 1.5 m 左右，第二年结果，第三至四年就可进入结果期。定植嫁接苗建园应用日渐广泛，尤其是在那些没有栗树栽培经验的新产区。此方式优点是省略了嫁接环节，缺点是前期树株生长势弱，品种配植难度大，在目前育苗技术不规范的情况下，极易造成成园后需再行嫁接改造的不良后果。改造粗放或放任栗园成园，是指管理粗放的栗园，通过加大密度、嫁接改造和整地改土，改造为集约栽培栗园。利用野生砧木就地嫁接改造成园，在有野板栗分布和自然生长的实生板栗资源丰富的地区，也是较为常见的建园方式。实生中幼树高接改造建园，是指对集中成片的十年生左右的实生树，“多头多位”高接改造，使之品种化，辅之以补齐缺株和整地改土，改造为集约栽培栗园。实生中幼树资源在各个传统栗产区均可见到，对其进行嫁接改造，投资少、收效高，栗实产量、质量都可以得到大幅度提高。低产残冠大树高接改造，是充分利用原有资源，提高产量和质量的一种重要方式。

在规划建立新栗园时，应根据当地风土条件、资源条件、投入和管理水平来决定采用何种建园方式。传统栗产业在建立新栗园的同时不应忽视对原有资源的利用和提高，应通过嫁接改造，提高其产量和质量。

（三）品种选择与授粉树配置

1. 品种选择 品种选择的标准主要是早实、丰产、商品性状优良、适合市场需求、适合当地风土条件，其中商品性状为首要标准。目前国内尚未形成统一的商品标准，各地制定的新品种选育标准中也没有对诸如栗实大小这类商品性状做严格要求。因此，商品性状主要应符合外贸出口标准，包括栗实大小整齐、饱满，有光泽，每千克 90～190 粒（一级每千克 90～110 粒）等项要求。随着栗树栽培技术的进步，市场需求的扩大，栗实商品质量要求肯定会越来越高，因此要注意选择符合市场要求的主流品种。

目前推荐生产应用的品种，在早实性、丰产性、适应性等方面一般表现优良，选择时余地较大，但也应注意品种间的细微差异，做到统筹兼顾。如红光品种，丰产（曾有过每 667 m^2 产近 500 kg 的高产纪录）、质优，但结实较晚（嫁接后 3～4 年结果），对肥水条件要求较高，适合在稍黏重的肥沃土壤上栽培。该品种虽然早实性稍差，但从其丰产、优质的性状来看，仍不失为一个优良的生产主栽品种。

品种的地域适应性也要兼顾，如渤海湾沿海地区要选择抗抽干的品种；肥水条件高的栗园可选择石丰、海丰等品种。

栽植密度高的栗园应选择树体小、树姿直立的品种，如海丰等。

2. 授粉树的配置 栗树虽不是完全的自花授粉不结实的树种，但自交结实率低，通常只有10%～40%。栗树形成雌花数量少是产量不高的主要原因之一，如果不能保证良好授粉，产量就难能提高。不同授粉组合的成蓬率有很大差异，选配授粉品种时应予注意。

此外，还要注意花粉直感作用。花粉直感是指当代果实或种子具有花粉亲本表现型性状的现象。栗树是花粉直感现象表现显著的树种，父本的栗实性状诸如单粒重、子叶色泽、品质、涩皮剥离难易、成熟期早晚等对当年收获的杂种栗实均有显著影响。

栗树虽为风媒传粉方式，但花粉容易结球，遇水还容易膨胀，实际上分散能力很差，有效分散距离只有 20～30 m。集约栽培的栗树树体矮小，花粉的有效分散距离就更小。所以一般授粉树株间距离不宜大于 20 m。

授粉树配置有两种方式：①确定一个主栽品种，配置 1～2 个授粉品种，两者比例为（8～10）：1；②2～3 个品种隔行或隔双行等量栽植，互为授粉树。两种方式不分优劣。当栗园面积较小时为保证一个品种的栽植株数和产量具有一定规模，可采用前一种方式，栗园面积较大时，可采用第二种方式。

（四）栽植时期与方法

1. 栽植时期 一般在春、秋季两个时期栽植，选择何期栽植需要根据当地的气候条件来确定。春植树苗为通常采用的栽植时期。春植适期因各地气候条件不同而略有差异。一般应在萌芽前 20 d。山东地区春植最适期在 3 月下旬。秋植多在落叶后至封冻前，最迟应在封冻前 20 d。秋季栽植根系恢复期长，春季萌芽时多数植株可发生新根，因而成活率高，缓苗快，植株生长势强。缺点是树苗管理期长，管护难度大，成本高，冬季管护不当或遇严寒易发生冻害。

2. 栽植方法 栽植方法依园地土壤条件和栽植密度不同可分如下几种类型。土质肥沃、土层深厚的栗园，密度小时挖定植穴，密度高时挖定植沟（深、宽均为 80 cm）栽植。挖穴（沟）时将底、表层土分别堆放，回填时先在穴（沟）底填入适量作物秸秆、枯枝落叶等类有机物，然后按原土层顺序回填，灌水落实。土质差、土层浅，但透水性好的园地，设计株行距较大时，挖定植穴（深、宽各 100 cm），株行距较小时挖定植沟（深 100 cm、宽 80 cm）栽植。挖穴（沟）时底、表土分放，在穴（沟）底填入适量有机物，将表层土填至 20～40 cm 根际层深度。回填时每株施入至少 20 kg 有机肥，施肥深度 20～30 cm。

栽植时先修剪整理苗木根系，剪去受伤和过长的部分，余者剪出新剪口。定植时要做到根系展开，深度适中（以原土际深度为准）。定植后随即灌水，定干（40～60 cm）、覆盖地膜（每株覆盖 60～80 cm^2 地膜）。

秋植者定干后可在树干周围拥土 20～30 cm 高，防止树干抽干或受冻，翌年春季萌芽前摊平拥土，覆盖地膜。

第六节 土肥水管理

一、土壤管理

板栗树的根系和所有果树一样，长期、固定在一块土壤上。由于其根系长期、按比例有选择地吸收某些营养，必然导致营养比例失调和某些营养的缺乏。因此，必须对土壤进行保水增肥、改善理化性质的土壤改良工程。

(一) 水土保持及改良土壤

1. 水土保持　可修筑梯田、撩壕和鱼鳞坑，在修筑这些水土保持工程的同时要进行深翻和地面整平。依板栗根系的分布特点，其深翻深度为 60～80 cm。这些水土保持工程要求外高里低，在梯田内侧的排水沟或撩壕中修筑竹节沟或小坝壕，以减少雨水流失，增大水土保持工程的保水能力，从而达到增产的目的。

2. 改良土壤　目前最常用的是扩大树穴。扩大树穴即随着树体的增大、年限的加长，原树穴已不适应板栗根系生长，若植于土层浅、石块多、土质坚实的地上则易造成发根难、树势弱、结果少或不结果，所以，应及时进行扩穴。扩穴的时间以在秋末为宜，其方法是从外面根少或没有根的地方向冠内刨，刨到细根较多的地方为止。新扩穴与栽植穴一定刨通，不能留隔墙。扩穴过程中要注意尽量不伤根，0.5 cm 粗以上的粗根不得刨伤。扩穴深度以 60～80 cm 为宜，回填时要换入好土并压入杂草、落叶、厩肥、绿肥及植物秸秆等。扩穴应随着树体的不断扩大逐年进行，直到全园扩完为止。这样，可改善土壤的理化性质，提高土壤肥力。为了避免一次扩穴伤根太多，亦可采用隔年扩穴的作法。

(二) 土壤管理

1. 压土　为了加厚土层、促进栗根生长，可进行冠下压土。土壤瘠薄的栗园压土 10～20 cm，增产效果明显。冠下压土的时间，应依当地气候条件和栗园状况而定。可于春夏期间（即 5～6 月）趁杂草幼嫩时压土或于秋季气温高的时节（8～9 月）压土，连同嫩草、草根一起压入土中，这样既起到了除草灭荒的效果，又起到了增加土壤有机质和减小表土的温差的作用。

2. 冠下覆草　研究证明，板栗园早春冠下覆草，可通过增加有机质和保持土壤湿度而促进雌花数量的增多，夏秋覆草，还有明显减小表土温差变化的作用，其土壤二氧化碳释放量增加，叶片光合作用增强。因此，对单粒重的增大有明显的效果。日本在栗园内覆盖 5 cm 厚的草席，使其有机质维持在 4%～5%，增产效果明显。日本栗每 667 m^2 最高产量达 833.5 kg 的栗园，其有机质含量为 8%以上。

(三) 中耕除草

在干旱栗园中耕除草，可切断土壤毛细管，减少水分蒸发，达到保墒的目的。若在雨后或湿润的土壤，通过疏松表土可达到增温透气的目的。除掉杂草，既可减少杂草消耗土壤中的水分和无机养分，又可使杂草变为肥料。中耕除草每年最好进行 3～4 次。

第一次在早春（发芽前 10～15 d)；第二次在雌花出现前（5 月底 6 月初)；第三次在采收前 15～20 d；第四次在落叶后封冻前。即俗语说的“春刨枝”（增加结果母枝和结果新梢)、“夏刨花”（增加雌花数量)、“秋刨栗子把个发”（增大单粒重)，“冬刨是保墒、除草、杀菌、灭虫的好方法”。

(四) 果园生草

国外提倡果园生草，人工生草园可占 50%。我国的板栗树多植于山坡、河滩、土壤瘠薄之地，有机质甚少，且因山高路远增施有机肥的可能性是很小的，所以应采用栗园生草法。草的生长要与栗树争夺地下营养和水分。因此，必须要加强生草果园地下的肥水投入。否则，将会造成栗树营养不足，生长衰弱；草的生长还与栗树争夺二氧化碳，这是更需要解决的问题，否则将影响栗树的产量和质量，解决的方法是对生草进行如下处理。

1. 割草压青　当生草长到 50 cm 左右时割下覆盖于树盘上，每平方米 1～3 kg，若其上撒洒水粪尿之类，促其快速腐烂分解，可作为应急供碳的一种方法；也可在草上不均匀地覆盖上一层土，使其腐烂分解速度参差不齐，以延长供碳期。一般每年可割 1～2 次。

2. 翻草灭草　当生草长到一定程度（1～2 年)，可在早春或秋后将生草一次翻扣于土壤中，以增加土壤有机质，作为长期供给二氧化碳的方法。

3. 使用灭草剂　当栗树生长到需碳的关键时期，向生草上喷洒光合抑制剂——灭草剂，使草由绿变黄再变枯，由二氧化碳的竞争者变为二氧化碳的提供者（只有呼吸作用）。若一次性供碳，喷药浓度可大，喷药量可多，此法可与翻草灭青相结合；欲多次供碳，喷药浓度可小，喷药量要少，让其半死而复生，此法可用在割草压青之后。

栗园不能永久性生草，2～4 年一定要翻草灭青。生草选用豆科植物为宜。

二、施肥管理

由于栗树长期、固定地生长在山岭、河滩的瘠薄地上，缺肥是必然的。必须及时按比例、适量地补充肥料，才能使板栗正常地生长发育和结实。

通过施肥，补充土壤中无机营养的不足，如氮、磷、钾、钙、镁、铁、硼、锰、钼、硫、锌、铜等；还要通过施肥补充足量的二氧化碳，因为碳元素占植物干物质的 45%，而氮、磷、钾三者仅占 3%～4%，其他诸微量元素只占 1%～2%，仅仅靠大气中 0.03%的二氧化碳含量是不能达到早实、丰产目的的。

（一）基肥

以土杂肥、厩肥为主，既能改良土壤，提高土壤的保肥保水能力，又能提供较全面的营养元素，肥效期长。在新梢停长后施基肥，可促进当年单粒重的增大和翌年的雌花形成。此时施基肥，气温高，雨水多，肥料易腐烂分解，又逢根系生长高峰而利于吸收，有利于树体营养积累和大芽的形成与分化。

在雌花数量少的年间，早春可适量施入有机肥，要注意肥水结合。最好施用易分解而快速提供二氧化碳的水粪尿类或蹄角鱼腥肥类的有机肥。

基肥的施用部位，应依板栗根群在土壤中的分布状况而定。其大量根群主要分布在冠缘 1 m 左右的地方，在 20～80 cm 深的土层中，故此处应作为重点施肥区，施肥深度以 20～40 cm 为宜。施肥量应依栗实产量而定。一般为产量的 5～8 倍，基肥的施肥方法参见概论部分。

（二）追肥

多用速效化肥，以氮、钾为主配合磷肥。有条件的地方还可以追施碳肥。

春季是板栗各器官迅速建造的时期，若营养不足，不仅影响当年产量，而且因蓬前梢（尾枝）上大芽少，严重影响翌年产量。因此，在有水浇条件的地方，早春可追施化肥 1 次。氮肥可使用尿素、硫酸铵、硝酸铵和磷酸二胺，钾肥可使用硫酸钾和草木灰，切忌使用氯化钾。

雌花数量少的年间，可于早春追施碳素化肥（又称二氧化碳发生剂），如干冰、碳酸氢盐类等。

山地栗园由于受水利条件的限制，应结合夏季降雨进行追肥。追肥者叶色绿，栗实大，尾枝粗壮。夏季追肥对板栗树的生长和结实有明显效果。

若挂蓬量大，果实膨大期其栗园少碳肥者也可追施碳素化肥。

生长旺盛的栗树要控制氮肥的施用，以防止空蓬率的升高。

磷肥多混在有机肥中一次施入，当花量大时可于夏季追施磷肥。不同的磷肥其效益不同，最好使用 $CaHPO_4 \cdot 2H_2O$、$Ca_3(PO_4)_2$ 或 $NH_4H_2PO_4$。

追施氮、磷、钾的比例一般为 1∶0.25∶0.4。所用氮、磷、钾的总量也依栗产量和土壤营养物质的含量而定。每结 100 kg 栗实需氮 3.2 kg、磷 0.8 kg、钾 1.3 kg，扣除基肥中的含有量，再加上流失、渗漏、固定及微生物等的利用量，即为追肥用量。

（三）根外追肥

根外追肥可作为土壤施肥的辅助或应急措施。其用量少，效果快，方法简单，受树体养分再分配的影响小，值得提倡和推广。根外追肥要点：喷叶片背面，雾滴越细越好，要在气孔开放的期间喷洒，否则将会事倍功半、无济于事。常用的肥料种类和浓度为 0.2%～0.4%尿素、10%的腐熟人尿、3%～5%草木灰浸出液、2%过磷酸钙浸出液、3%～4%鸡粪浸出液、0.1%硼砂、0.2%～0.3%磷酸二氢钾、0.2%硫酸亚铁、0.2%～0.3%硫酸锌、0.1%～0.2%钼酸铵、0.2%硫酸锰等。

根外追肥的次数和用肥种类应依栗园的具体情况而定。具有常规管理水平的栗园，1年可喷肥3次。

第一次是在早春，当枝条基部叶片刚刚展开由黄变绿时，喷0.3%尿素+0.1%硼砂（或其他微量元素），其作用是促进基叶功能，提高光合作用，促进雌花形成。

第二次于采前1个月开始可连喷2次0.1%磷酸二氢钾或磷钼酸铵，主要作用是提高光合作用和促进叶片、栗蓬、枝叶等器官中的营养物质向栗实中转移，可明显地增大单粒重。

第三次是在采收之后，主要是喷洒氮肥和钼肥，以恢复叶片生机和促进营养回流，有利于树体营养积累和雌花的形成与分化。

在缺硼影响结实率的栗园，要在初花期喷0.1%的硼砂。缺锰的栗园要在果实膨大前期喷0.1%的硫酸锰。

在冬季有轻微抽条的栗园，要在秋季叶片变黄前喷钼肥。没有施过肥的栗园，可在1年中连喷3～5次氮肥或氮磷钾等混合肥。

三、水分管理

水是整株栗树的组成部分，栗实中含40%～50%的水；栗实干物质中还含有48.5%的水（即氧42%，氢6.5%）；土壤中的无机营养需要溶解在水中才能被栗树吸收。给水的多少关系到无机营养的供给状况，给水过多会造成供氮过多而徒长、无花无果或有花而不实。土壤有机质分解的快慢和释放二氧化碳的数量及速度亦与土壤水分状况有密切关系。事实说明，只有合理给水才能保障栗树的正常生长发育和早实丰产稳产。

（一）早春给水

即发芽前浇水。春季板栗各器官的建造、营养物质的运送和旺盛的新陈代谢都需要水分。春季浇水可使结果枝增粗、尾枝大芽多、结蓬多、产量高。在早春缺水的情况下，不仅当年雌花少，而且因尾枝上大芽少导致翌年结果少。早春若遇干旱而不给水，则要造成雌花的凋萎和脱落，从而因雌花数量的减少而减产。因此在有条件的地方，早春施肥后一定要浇水；水源奇缺的山地，要注意保墒（覆草或地膜覆盖等）。

（二）夏旱浇水

授粉期间遇旱而不浇水，将严重影响授粉受精而导致空蓬率升高和结实率下降。我国菜用栗区，多遭伏旱影响，要注意及时灌溉或保墒，以杜绝伏旱的危害。

（三）秋季浇水

即板栗的灌浆水。秋季雨水的多少对单粒重有明显的影响。秋季干旱时，蓬皮厚，栗实小；秋季雨水多时，蓬皮薄，栗实大。秋旱浇水可以显著地增大单粒重。若遇秋旱不浇水其叶片呈萎蔫状，严重影响产量。

板栗为喜水树种，故有"旱枣涝栗"之说。因此，欲早实、丰产必须维持栗园土壤的适宜水分状况。实践证明，秋旱栗园浇水，或采用喷灌、滴灌，增产效果明显。

第七节　花果管理

一、促进雌花分化

板栗的雌花序是树体萌芽期在原来有雄花序的芽体内形成的。很多栗农对此会有错误的认识，一是认为板栗雌花也像苹果一样，在上一年度早已形成好了，而造成当年春季很少采用促花技术；二是在栗果采收之后，放松后期管理，降低了树体的储备营养水平，从而影响了春季花芽分化和开花坐果。改善雌花分化的形成条件可以通过增加雌花量达到增产的目的。主要措施如下。

（一）选用易成花的品种

板栗品种资源丰富，不同品种雌花的分化和形成能力各不相同，应选择适合本地发展、雌花量较多的优良品种。也可以定向选育雌花量多的品种，这是解决板栗雌花量较少的一个重要途径。

（二）巧施肥水

合理施肥是板栗增加雌花、提高产量的关键。栗树树体上一年的营养储存和当年春季肥料的施用，都能直接影响当年雌花的分化。因此，在加强综合管理的基础上，应重视基肥和早施春肥。秋季新梢停止生长时施基肥，早春萌芽前后施氮和磷肥。叶片刚刚展绿时追施氮、钾、硼和钼肥，或直接施 1 次硫酸钾型缓控释复合肥即可，均有利于雌花的形成。芽体膨大期喷施 0.2%尿素+0.1%硼砂，连喷 2 次，能增大叶面积，提高光合作用强度，促进雌花分化。干旱的栗园，在早春浇水对雌花形成也有显著效果。

（三）合理修剪

通过修剪，能够缓和树体生长势，促进雌花分化。

1. 拉枝 树液流动后至芽体膨大前，将直立生长的中强发育枝和徒长枝拉成 80°角。

2. 抹芽 芽萌动后，抹除结果母枝中下部多余、过密的芽。

3. 去尾枝 当强壮结果枝最前端一个混合花芽露出 0.5 cm 时，摘去尾枝。

4. 摘心 幼树夏季可多次摘心，促进分枝，培养结果母枝。当新梢长到 20 cm 时，第一次摘心，摘除顶端 1 cm 的嫩梢：当二、三次梢长到 30 cm 时再次摘心，摘去 6～10 cm，促使留下的芽充实饱满，成花结果。

5. 秋剪 栗果采收前后，剪除秋花、秋蓬及过密的发育枝、细弱枝等。

6. 冬剪 对结果枝组轮替回缩更新，以均衡树势，集中营养，促进雌花分化。

二、减少落蓬与空蓬

落蓬是指栗蓬未成熟前脱落。一般情况下，板栗的落果率较其他果树低，仅为 10%左右，落蓬时间也较晚，一般在 7～8 月。脱落原因通常由生理和自然灾害造成。除了种类、品种之间的差异外，在营养不足、受精不良、机械损伤和病虫危害时，也会导致大量落蓬，使栗果减产。早期落蓬主要是由于营养不足及花期日照条件的影响，后期脱落多数是由于未受精或受精不良所致。

防止落蓬，一方面要加强肥水管理，控制病虫害，并进行细致修剪，以改善光照条件，保障营养供应，提高结果母枝和结果枝的质量。另一方面，要配置合适的授粉树，保证良好的授粉受精条件，在天气骤变、低温阴雨、光照恶化等不利条件下，应采取人工辅助授粉措施。

有些栗蓬不脱落，但蓬内无籽实，称为空蓬（哑苞、哑子），其原因是品种的遗传特性，使授粉受精不良，缺硼或栗蓬过多、营养不足等。主要防止措施如下。

（一）改善树体营养条件

加强前期肥水管理，提高树体贮藏营养水平，保证养分供给充足。

（二）配置授粉树

配置同花期的 2～3 个品种的授粉树，在不良天气进行人工辅助授粉。

（三）疏雄

栗树雄花量很大，雌、雄花序比为 1∶12，雌、雄花朵比为 1∶3 450，雄花生长要消耗大量的养分和水分（40%～60%），造成巨大的浪费，成为板栗树低产、空蓬的重要原因之一。疏除雄花量的 90%～95%，增产幅度可在 40%以上。目前，板栗疏雄的方法有人工疏雄和化学疏雄两种。

1. 人工疏雄 较小的雄花序可用手掐掉或抹除，较大的用疏花剪或剪刀将雄花序从基部剪掉，越早效果越好。动作要轻，避免损伤枝条，削弱树势。疏雄时期在混合花序出现，雄花序长至 4～

7 cm时为好，此时混合花序顶端略带粉红色，比先长出的雄花序明显要短，容易区别，去雄较方便，即所谓“见露红，就疏雄”。时间以早晨露水干后为好，雨天禁止疏雄，以免遭受病菌侵染而发病。

疏雄原则：壮树少疏，弱树多疏；短枝少疏，长枝多疏；树冠中下部多疏，树冠上部和外围少疏。以疏除雄花量的90%～95%为宜，切忌不要疏掉混合花序。每个结果枝组在果枝下方留2～3条雄花序为宜，其余全部去除。疏雄后要及时喷施叶面肥料，以0.2%尿素+0.3%磷酸二氢钾+0.3%硼酸为好。

2. 化学疏雄　与人工疏雄相比，化学疏雄省工、省力，但要求技术较高，目前生产上使用较多的疏雄剂为疏雄醇。一般板栗用疏雄醇1 000倍液（1支加水13 kg），需经小面积试验后再大面积推广使用。在5月下旬喷洒树冠，喷后5 d开始落雄，7～8 d为落雄高峰，可提早落雄30～40 d，疏雄率可达80%～85%。在使用时应注意以下几个问题。

（1）注意品种间差异。燕山早丰、燕山短枝、北峪2号、燕红、燕昌、大板红等品种疏雄效果较好，而一些实生树因物候期不同，表现不一致。因此，化学疏雄应选择嫁接栗树，有利于掌握最佳的喷药时间。

（2）掌握喷施的最佳时期。在雄花长出大约10 cm、混合花序1～3 cm（一般在5月中下旬）时喷施，此时喷施叶片翻卷很轻、雄花序脱落也早，效果最好。过早喷施叶片翻卷严重，喷药3 d后叶片翻卷是正常的药理反应。喷后8 h遇降雨，待雨过天晴后要补喷1次。

（3）喷药浓度要准确，均匀周到。严格按照说明配制，喷药时药液以均匀而不流药为准，尽量喷到雄花上，在树顶部或喷不到药的地方，保留一部分雄花留作授粉用。一般1支疏雄醇兑水可喷8年生栗树7～8株。

（4）化学疏雄要谨慎。大面积疏雄前要先试验再推广，防止盲目喷药造成不必要的损失。

（5）可与叶面肥混喷。疏雄醇可加0.3%尿素或0.1%～0.2%硼酸，也可以加0.1%～0.3%磷酸二氢钾混喷，能增加产量。

（四）人工辅助授粉

配置授粉树的果园一般无须人工辅助授粉，但花期若遇连续降雨、大风、沙尘天气，花粉难以散开，就需要人工辅助授粉。即人工采集花粉后通过撒粉或喷花粉液的方式提高坐果率。

1. 采粉　采粉前要注意花粉直感现象，充分利用授粉品种的优良性状，选择品质优良、大粒、油亮、成熟期早、涩皮易剥的品种作为授粉树，来改善主栽品种的品质。当雄花序有70%的花朵开放，一个枝上的雄花序或雄花序上大部分花簇的花药刚刚由青变黄时，是采花的适宜时期。将采下的雄花序立即薄薄地摊开在玻璃或干净的白纸上，放在干燥无风、受光良好处，摊晒厚度为3～5 cm。每天翻动2～3次，将落下的花粉和花药装进干净的棕色瓶中备用（常温下可保存1个月左右）。

2. 授粉　雌花的开花授粉时期为10～15 d，当一个总苞中的3个雌花柱头完全伸出到反卷30°～45°角变黄时，为最佳授粉时机。授粉时间应选在晴天9:00露水干后，气温超过25 ℃应停止授粉。

授粉时，将花粉装在小玻璃瓶中，一次不宜装得太多，用完后随时添加到触手可及的部位，用小毛笔或带橡皮头的铅笔蘸花粉点在反卷的柱头上。如果树体高大触及不到，蘸点不便时，可采用纱布袋（或尼龙丝袜）抖撒（在树冠内抖动授粉）或喷粉，按1份花粉加5～10份淀粉或滑石粉填充物混匀后配比而成。隔3～4 d授粉一次，连续2次即可。还可以将花粉放入10%蔗糖和0.15%硼酸混合液中，混合均匀后进行喷雾授粉。

（五）花后疏蓬

栗蓬过多并不能达到丰产的目的。由于栗蓬太多，负载量过大，超出栗树承载能力，常会导致空蓬增加，栗果变小，从而造成减产并降低品质，造成增产不增收，还形成下一年的小年。因此板栗坐果较多时要及时疏蓬，以提高商品果率，保持树势，叶果比控制在（20～25）：1较合适。

留蓬标准可以根据果枝的强弱来定。强果枝留3个蓬、中果枝留2个、弱果枝留1个。无论强弱，同一节位上只留 1 个。生长强的留中部果，短果枝留先端果，疏去小型、畸形、过密、病虫和空蓬果。掌握树冠外围多留、内膛少留的原则。

生产上多根据结果枝的长短、粗壮留蓬，按每 10 cm 长确定留 1 个栗蓬，超出的疏掉。例如，结果枝 10 cm 长的保留 1 个栗蓬，20 cm 长的保留 2 个栗蓬，40 cm 长的保留 4 个粟蓬，以此类推。

（六）增施硼肥和其他营养元素

缺硼是引起板栗空蓬的常见原因。试验表明，土壤中速效硼含量的临界指标是 0.5 mg/kg，大于临界指标基本不空蓬，小于临界指标时，则随着硼含量的下降，空蓬率提高。栗园多在山坡、河滩沙地，其土壤贫瘠，有机质含量低，干旱频繁，硼含量较低，栗树需硼又较多，每年从土壤中带走一部分硼；土壤固定硼作用强，根系吸收硼困难，使栗树容易缺硼，引起空蓬。合理施用硼肥，对防止落蓬和空蓬有良好的效果。

1. 土壤施硼 春季板栗萌芽前穴施，在树冠边缘挖 4～6 个穴，穴深 40 cm 左右，将硼砂均匀撒入穴内，浇适量的水使硼砂溶化，后覆土或地面覆盖，可减少土壤对硼的固定，增加速效硼含量。也可结合秋施基肥在环状沟施入，第二年还能起作用。每株初果期栗树施硼 10～20 g，盛果期树每株施硼 100～200 g（或 10～20 g/m^2），一般应该隔年施硼 1 次，不要每年都施硼，避免施用过量而产生硼中毒现象。

2. 叶面喷硼 花前喷 0.2%～0.3%硼酸（因为硼酸比硼砂更易溶于水）；在初花期和盛花期喷 2 次0.2%硼酸+0.2%尿素+0.2%磷酸二氢钾的混合液，间隔 7 d 喷一次；采收后，喷施 0.2%硼酸+0.2%硫酸锌混合液，对防治板栗空蓬效果较好，但需连年喷施。

3. 树干打孔输硼酸 在栗树开花初期选主干中部皮层光滑一面，用手钻钻一个直径为 0.5 cm、斜向下的小孔，深至树心，然后 0.5 g 硼酸，兑 10 g 水，溶化后装入瓶内，将瓶吊于树上，用吊瓶液输管将硼液输入树孔，将流量调至不溢出为宜。硼液输完后，用泥封好树孔。

4. 喷稀土 在花期和栗果膨大期各喷 1 次 500 mg/L 的稀土溶液。能显著提高坐果率，坐果率可达 95%以上。

三、克服板栗大、小年结果

自然生长和管理粗放的栗园，大、小年结果非常明显，常一年高产一年低产，有的甚至连续 2～3 年低产。直接原因是树体营养不稳定所致。板栗落果少，生长期短，自我调节能力较差，大年时树体营养严重亏损，导致第二年春季雌花分化减少，形成了小年。相反，当年结果少，气候、肥水条件好，病虫危害轻，树体积累营养增加，花芽分化好，第二年雌花分化就多，形成了大年。一般强壮树大、小年结果不明显，而盛果期大树和衰老期树很普遍，且相当严重。不同品种也存在很大差异。同时，大、小年受自然条件的影响，特别是光照、气温、降雨及病虫害影响更为显著。例如，盛花期持续降雨、气温下降、光照恶化等，均不不利于授粉受精，造成板栗结果的小年。

生产上克服大、小年结果的发生和减小产量差异的幅度，关键在于调整栗树树体的营养状况。具体措施如下。

（1）选用抗逆性强、适应性广、丰产、稳产的优良品种。

（2）加强土肥水管理。这是克服大、小年结果发生的根本措施。

（3）合理修剪。大年栗树修剪时，多留预备枝，适当加重修剪，调整结果量，疏除细弱枝、过密枝，改善树冠内膛通风透光条件，增加树体养分积累，促进花芽分化和雌花形成。小年栗树要加强保果措施，提高授粉质量，修剪时以轻剪为主，调整结果量，使小年不减产，做到连续平衡，丰产稳产。

（4）疏果定产。加强坐果后的管理，结果过多时应适当疏果。

四、防止板栗二次开花、二次结果

板栗正常开花一般在6月，而在8～9月再次开花、结蓬的现象，称为二次开花、二次结果。秋季开花结果打乱了栗树正常的物候特性，不但消耗大量的养分，削弱树势，致使树体抗寒越冬能力变差，冬季易形成冻害，而且使第二年的花量锐减，病虫害加重，严重影响第二年甚至第三年的正常开花结果，直接导致减产甚至绝产。

（一）主要原因

1. 病虫害　栗大蚜、红蜘蛛等食叶害虫及病害等造成大量落叶，或大部分叶片成为无效叶，迫使栗树提前进入休眠，而在秋季遇到水分供应充足、温度适宜的条件时，休眠被打破，部分花芽和叶芽萌发，出现二次开花结果现象。

2. 不良气候条件　秋后高温干旱和温湿多雨交替的条件下，最易出现秋季二次开花结果现象。另外，灾害性天气如水灾（积水时间过长引起大量落叶）、暴雨（使叶片气孔急剧堵塞引起无氧呼吸中毒而落叶）、冰雹（机械损伤）也可造成大量落叶或叶片受损而引起秋季二次开花结果现象。

3. 管理不当　秋后施氮肥量过大，刺激花芽萌发；夏剪时短截、疏枝过多过重，也可诱发或导致秋季二次开花结果。

（二）防控方法

1. 加强病虫害防治　保护好叶片，增强光合作用。

2. 加强肥水管理　旱情严重时及时补水，雨水多时及时排水；配方施肥，以有机肥为主，控制氮肥，增施磷、钾肥，进行叶面喷肥。

3. 合理修剪　控制夏剪量，避免萌发大量新梢。

4. 补救措施　生产中遇到秋季二次开花结果时，要及时摘除，以免后续坐果损耗大量的树体养分而造成更大的损失。不能放任不管，任由其开花、坐果，因为气候转寒时栗蓬自然脱落，会使树体养分白白流失，还易造成病虫寄主。

第八节　整形修剪

整形修剪是板栗栽培管理中一项重要的技术措施。合理进行整形修剪可以形成良好的树体结构，使骨架牢固，枝条疏密适宜，并能调节生长与结果的关系，从而达到高产、优质、稳产、树体健壮和长寿的目的。

板栗是喜光树种，要确保树体通风透光，修剪非常重要，传统的修剪方法容易造成树体结果部位外移，产最低，效益差，而且大、小年严重，树体高大，不便管理。随着板栗栽培技术的不断提高，板栗栽植密度越来越大，尤其是退耕还林以来发展的栗园，株行距多在2 m×3 m，使管理措施和控冠技术必须紧密配套才能达到密植高产和持续增产的目的。

一、常用树形

（一）主干疏层形

主干疏层形的特点是有明显的中心干，树冠半圆形，一般干高60～80 cm，层间距120～150 cm，全树一般有主枝5～7个，每主枝上有2～3个侧枝，共有15～20个侧枝。这种树形主枝分层，透光性好，结果面积大，产量高，但后期树冠无效容积大。

（二）自然开心形

自然开心形无中心干，全树有3～4个斜生的主枝，主枝上各生出2个以上侧枝，主枝层内距40～60 cm，形成比较稀疏、开张、通风透光良好的树冠，结果部位比较多，树体较矮，便于管理，是一种比较丰产的树形。在山东省尤其是密植栗园中应用较多。但这种树形结果面积较小，骨架不牢，多适用于干性弱、开展性品种的整形。

（三）自然纺锤形

自然纺锤形有中心干，主枝 7～8 个，主枝在主干上错落着生，距离 20～30 cm，不留侧枝，树高 3.5 m 左右，该树形多用于板栗密植园的整形。

目前板栗树形主要有疏散分层形和开心形。在生产实际中，可根据品种特点、栽植方式、立地条件、管理水平等选择合适的整形方式。在整形过程中，不可过分强调树形，应因树制宜，做到有形不死、无形不乱。一般情况下，干性弱的，宜用开心形，干性强的，宜用疏散分层形；稀植时可用主干形，密植时可用开心形；山地栽培条件差，生长弱，宜培养成开心形；平地及管理水平较高的条件下，生长势较强，可培养成具有主干的疏散分层形。

二、整形修剪的时期和方法

（一）修剪时期

板栗修剪按时期分冬季（休眠期）修剪和夏季（生长期）修剪。从板栗落叶到翌年春芽萌动前进行的修剪称为冬季修剪。此期修剪有利于集中营养、加强枝梢生长、提高萌芽率。据近几年试验证明，在萌动前后（即花性别分化的关键时期）和采收后（雄花原基进一步充实期）修剪效果最好，此时修剪对雌花的分化形成有利。夏季修剪主要包括刻芽、环割（剥）、拉枝、疏梢、摘心、抹梢及除雄等，应用得当能促进营养生长向生殖生长转化，改善通风透光条件，提高结实率和单果粒重。

（二）修剪方法

1. 短截 适度短截有利于及早控制树冠，增加分枝，集中营养，增强抗逆性。短截程度不同反应各异。一般情况下，在一定范围内短截越重，局部发枝越旺。根据短截程度，可分为轻短截、中短截和重短截。

（1）轻短截。在枝条顶部或中上部的弱芽处短截，长度为枝条总长的 1/4～1/3。相对而言，轻短截留芽较多，营养分散，枝势较缓和。

（2）中短截。在枝条中部或中上部饱满芽处短截，长度约为枝条总长的 1/2，剪口芽饱满，发枝强壮，常用于骨干枝的修剪。

（3）重短截。在枝条基部弱芽处短截。剪口芽质量差，发枝弱，可缓和枝势，减少竞争，促发短枝，利于培养结果枝组。试验证明，对板栗部分徒长枝拉枝或重短截，可促使其转化为结果母枝。

短截方法较多，因品种、树势、年龄的不同各异。幼树期间为培养和扩大树冠，对骨干枝可用短截方法；而辅养枝为了使之能尽早结果，一般很少短截。在生产中，于栗芽萌动时适度短截 2 年生枝，能有效地提高栗实产量和品质。

2. 疏枝 多用于背上枝、交叉枝、重叠枝、内膛细弱病虫枝。适当疏除大枝下不能成为结果母枝的弱雄花枝或弱营养枝，可增强先端结果母枝的长势，使养分集中，提高产量。

3. 回缩 对多年生枝的短截。板栗多年生主枝或结果枝组适当回缩，可起到更新复壮、防止结果部位外移和基部光秃的作用。

板栗隐芽寿命长，易于更新复壮。但对多年生辅养枝回缩部位不同，抽生壮枝数有明显差异。一般回缩在 2 年生部位都不抽生壮枝，只能抽生无效枝，直立枝，回缩在 3 年生部位多抽生 2～3 条壮枝，回缩在 5 年生部位，常抽生 1 个壮枝及几个徒长枝。斜生枝回缩到 3～5 年生部位，抽生壮枝最多。如此回缩可以达到内外结果，增加结果体积，减缓结果部位外移速度。

4. 缓放 就是对营养枝不剪。对板栗强旺枝缓放，可以使养分分散，有利于形成中短枝，使幼树提早结果。

5. 摘心 当新梢长至 40～50 cm，将枝条 1/2 摘除。夏季摘心可促生分枝及早形成树冠，有些板栗品种还可获得二次果产量。每年摘心 2～3 次，过旺枝可摘 4 次。摘心还应了解板栗的品种特性，有的品种摘心可促生二次结果，有的可促果多晚而不能成熟。

6. 拉枝和刻伤　对冠内强旺营养枝，在春季芽开绽期间，将其拉平，并于需要发枝部位的多个芽上方进行刻伤，促使抽生强壮枝，到冬季修剪时，再把缓放拉平的枝回缩到抽生强枝的部位。

7. 去雄　就是摘除雄花序。其作用是节省营养，促进雌花形成和提高结实力。

三、幼龄树的整形修剪

板栗幼树一般生长量大，该期整形修剪的任务是尽快培养合理的树形结构，调整生长与结果的关系。目前生产上常用的树形为主干疏层形。

（一）定干

幼树栽植后 1～2 年，在树干一定的高度上选留饱满充实芽处剪截称为定干。

定干高度因立地条件和栽植密度不同而异。山岭薄地，土质较差时定干高度以 70～80 cm 为宜；平地土层厚，土质好，定干高度以 80 cm 左右为宜。定干过高，成形慢，结果晚，产量低；定干过低，地下管理不便，通风透光差。有些栗园如果是先定植实生苗再嫁接良种，在实生苗嫁接当年，于合适高度下摘心定干，促进抽生二次分枝，如嫁接苗生长强旺，1 年可进行多次摘心。摘心实施恰当，1 年即可形成小树冠。

（二）选留主、侧枝

幼树定干后，根据分枝状况，选留 3 个分布均匀、角度开张、生长健壮的枝条，培养成第一层主枝。其他枝条本着去弱留壮、去直留斜的原则疏除、缓放或重短截。第二年夏季对强枝摘心，促发分枝。摘心的方法是：当各级骨干枝、延长枝生长到 40～50 cm 时，摘除 1/3～1/2，余下各旺枝有空间者进行重摘心，促其分枝，无空间者疏除。对部分竞争枝、密挤的强旺枝可于 8 月拉成平斜生长，以备下年开花结果，疏除不可利用的竞争枝、强旺枝。

第三年，最好在萌芽前后，对骨干延长枝于饱满芽处进行短截促发分枝，在距主干 70 cm 处选留第一个侧枝，距第一侧枝相反方向约 40 cm 处，还可选留第二个侧枝，其他枝条仍按上述处理原则有疏、有截、有缓。一个主枝上一般留 1～2 个侧枝，位置相互错开。第三至四年应在第一层主枝以上 100 cm 处选留 1～2 个方位好的粗壮枝作为第二层主枝，第二层主枝与第一层主枝要错开插空，防止拥挤。这样经过 3～4 年整形修剪，树体骨架基本形成。

（三）结果枝组的培养

常用短截结合摘心的方法，就是对树冠内健壮枝条，据其着生部位和空间大小，采取春季重截促生壮枝，夏季对萌生新枝重摘心，促发分枝，形成比较敦实的结果枝组。

四、盛果期树的修剪

板栗进入盛果期后，会出现结果部位外移、大小年严重和全树衰弱现象。这时期修剪的主要任务是调节树势，保持健壮生长，培养强壮的结果母枝，使其高产稳产。修剪时多采用“集中”和“分散”相结合的方法。“集中”就是疏除过密枝、重叠枝、细弱枝、回缩弱枝，使养分集中于结果，促使枝条由弱转壮。“分散”即对旺枝适当多留、少疏枝，以分散营养，缓和树势。

（一）结果母枝的修剪

树冠外围长达 30 cm 以上，尾枝有 3～4 个大芽的健壮结果母枝，下年均能抽生结果枝。通常 1 个2 年生枝顶端，保留 2～3 个结果母枝可缓和生长势；树冠外围长 20 cm，“尾枝”有 2～3 个大芽的中强结果母枝，翌年虽能抽生结果枝，但已变弱，应适量修剪，一个 2 年生枝顶端保留 1～2 个结果母枝，下年可促生壮枝；树冠外围长 10 cm 以下，尾枝有 2～3 个大芽的弱结果母枝，下年亦可抽生极弱结果枝，但栗果变小，生理落果严重。修剪时，除疏去部分 1 年生弱枝外，还应疏除 1/3～1/2

的结果母枝，每个 2 年生枝顶端留 1～2 个结果母枝即可。

（二）结果母枝的留量

结果母枝的留量，需根据板栗品种、树势来决定。一般中粒型品种每平方米保留 12～14 个健壮结果母枝，即可获得 0.5 kg/m^2 以上的产量，空蓬率和每千克粒数较低；小粒型品种可适当多留，大粒型品种适当少留；旺树适当多留，弱树适当少留。一般随留蓬数量的增加，栗实逐渐减小。

（三）结果枝组的培养

结果母枝丧失结果能力后，要采取缩剪的方法，以保持结果枝组的紧凑、敦实，对各类母枝要重截强，轻缓中，疏除密挤和弱枝；对于密挤重叠的结果枝组，要进行控制改造。一般可从分叉处留短橛，疏除回缩一部分枝组，促使隐芽萌发成下年的结果母枝，其他枝组视空间大小进行培养和控制。生长健壮的枝条，若空间大时，中截或先重后轻培养结果枝组；若空间小时，可重截于下部，结合夏季摘心培养枝轴短的结果枝组；若营养枝组粗短，可缓放不动，让其结果；多年生辅养枝可回缩培养结果枝组。

（四）延长枝的处理

为防止树冠外移过快，对各级骨干枝的延长枝，将第一芽枝于基部重截，减弱生长势，用第二芽枝中截作为延长枝，也可用两侧或背后的多年生枝换头。换头后以生长健壮的第一芽枝中截做新的延长枝。

（五）多年生枝的回缩

板栗隐芽寿命长，多年生枝分叉处的隐芽在其衰弱或干斜下垂时，易萌生强旺枝，对骨干枝以外的多年生辅养枝可回缩至隐芽萌生枝处，优先回缩光腿枝、重叠枝、交叉枝等多年生辅养枝。

（六）内膛徒长枝的利用

板栗进入盛果期后，在冠内多年生枝上容易萌生徒长枝，这种枝一般可分 2 种，一种是节间短、粗壮，顶芽饱满，2～3 年便可结果。另一种是节间长、下粗上细，顶芽不充实，只生长不结果。除对不宜保留的徒长枝于早春发芽时进行疏除外，可利用徒长枝换头，回缩更新，一般 2 年的枝就可结果。回缩更新时，以不降低产量为原则，因此要提早培养更新枝，待更新枝的产量超过外围枝时再行回缩。回缩要留辅养橛，以免因伤口过近使更新枝变弱，甚至枯死。对有些发育充实，长势缓和的徒长枝，可根据空间大小，采取去直留斜，夏季摘心，促生分枝，逐步培养成结果枝组。

（七）雄花枝的修剪

雄花枝的中上部为盲节段，一般应疏除，雄花枝粗壮而顶芽饱满的，明年一般能抽生结果枝，可不行修剪，保留次年结果。

五、放任树的修剪

放任不剪或过去修剪不当的树，往往是骨干枝齐头并进，主侧不分，外围小枝密集生长，冠内空虚，光照不良，只限外围结果，产量低而不稳。

修剪这类树不要强求树形和大杀大砍，应因势利导，随树改造。选出几个有前途、方位好的大枝作骨干枝，第一年疏除 2～3 个影响光照的密枝，其他部分大枝采取逐年疏除或回缩改造，打开光路，调整主从关系，清除冠内并生枝、交叉枝、密挤枝和无用枝。在放任树的改造过程中，为了不降低产量，仍需保留适量的多年生细长枝结果。少截或不截结果枝，尽量保留结果母枝。短截回缩的对象，应是先端衰弱和拖长的纤细枝、光腿枝。

总之，对放任树的改造，既要逐年修剪，解决通风透光，更新复壮，又要结合树下深翻改土，增施肥料、加强管理力度的一系列措施才能达到预定目的。

六、衰老树的更新修剪

栗树进入衰老期，结果部位都在树冠外围各主、侧枝上严重光腿，内膛空虚，枝梢年长量不超过

10 cm，往往出现大枝焦梢或干枯而死。对这类树的修剪，要采取重回缩，使树冠大更新，即根据衰老程度，将大枝从中、下部甚至基部截去，促其萌发徒长枝，重新形成树冠。但这种大更新树体恢复慢，3～5 年才能逐渐恢复产量。因此，可根据各个大枝衰老程度，逐年更换，即每年更换 1～2 枝，分批处理，直到全树更新完全为止。

板栗更新能力很强，在树体大部分枯死的情况下，只要上面有徒长枝萌发，就能重新形成树冠，开花结果。因此，衰老的栗树只要合理更新，加强综合管理，便可复壮。

七、密植园的整形修剪

板栗密植栽培，目前已被不少栗农所采用。各地实践证明，每 667 m^2 栽 110～120 株的板栗密植园，建园 5 年后，产量可达 200～250 kg。

（一）树形

密植园采用自然纺锤形。其树形冠高 3 m，骨干枝 7～10 个，结果母枝粗壮，粗 0.5～0.7 cm。在整形时，应注意整形与结果并重。以中庸枝做延长头，并剪除先端 1～2 个强枝，以防竞争和主从关系不明。为缓和树势，提早结果，适当多留营养枝，以分散营养，控制旺长，促进中庸枝结果。对过密枝、交叉枝、重叠枝和病虫枝应进行疏除。对生长量大的枝条，夏季摘心，促发二次枝，使之早形成树冠。

（二）修剪技术

1～2 年生的嫁接树，在生长季节适时摘心以迅速增加前期枝叶量，为以后丰产奠定基础，据山东栗区经验，每年可进行 2～3 次摘心，第一次要在新梢长到 50 cm 长时进行，以后可在新梢长到 30～40 cm 时摘心。

冬季可在 12 月底至次年 3 月上旬进行，重点开张主枝角度至 60°左右，对细弱枝回缩到饱满芽处。树龄进入到第三年后，加大修剪量，夏季可对发育枝进行摘心，以充实下部芽；冬季修剪时，注意疏除重叠枝、并生枝、交叉枝、病虫枝；对“掌形枝”可见 3 截 1、见 5 截 2，对覆盖率到 90%左右的密植丰产园，有效结果母枝的留量以 8 条/m^2 为宜；当树冠交接后，树冠郁闭，结果部位迅速外移，内膛严重光秃，为复壮内膛，在春季栗树萌芽时，采用撑、拉、吊等方法，将腰角拉至 45°左右，改善内膛光照，促使隐芽大量萌发，在萌发枝长到 30 cm 时，及时摘心，促生分枝。若大枝过多，除选定的 7～8 个枝作为永久性主枝外，对多余的大枝进行疏除或回缩。回缩时，一般在 3 年生部位有杈处重短截，并保留剪口下合适的小枝使其发育成结果母枝。

密植丰产园结果母枝的留量与产量有密切关系。在修剪时必须根据树势、立地条件、管理水平等方面来决定。若留量过多，虽有足够的结果母枝，但树势弱，空蓬率高，单粒果轻，产量低而不稳；母枝留量太少，虽然空蓬率低，单粒重增加，但结果减少，也会影响产量的提高。因此，只有合理保留母枝的数量，才能获得高产、稳产、优质。

（三）促进密植园早实丰产的常用修剪措施

1. 摘除尾枝 在新梢最上端一个混合花序刚刚露红时，将尾枝摘除。

2. 除雄 当雄花序长至 5 cm 时，除将新梢最上端 4～5 个花序（估计可能为混合花序）保留外，余下者全部疏除，以节约营养，增加雌花的数量。

3. 去掉无效枝 在休眠期将不能结果的细弱枝全部疏除，先端失去结果能力的大枝及时回缩，也可增加雌花的数量，提高产量。

4. 板栗密植园后期修剪 密植园进入大量结果期，为防止全园过早郁闭，应及时调整主枝数量，对已交接的延长头要逐渐用中庸枝带头回缩更新。

八、实生树嫁接换头实例

板栗嫁接换头技术，目前已得到广泛应用，特别是 5～15 年生中幼树、低产、残冠大树的高接换头应用极为普遍，而低截干嫁接管理技术较少应用。现将山东省五莲县低截干嫁接与管理技术作介绍。

（一）准备工作

1. 接穗准备 发芽前 20 d，采集接穗，进行低温湿沙窖藏，贮藏窖温为 3～5 ℃。

2. 蜡封接穗 嫁接前 20 d 蜡封接穗。先将贮藏的接穗枝条剪成 8～10 cm 的小段，每段顶端保留 1～2 个发育饱满的芽，然后将剪好的接穗两端分别蘸取熔蜡，蜡封后分别装入塑料薄膜袋内封严，放入低温潮湿处待用。蜡封接穗时动作要快，接穗长度不要超过 10 cm，蜡液温度保持在 90～100 ℃。

3. 嫁接工具和材料的准备 主要包括包扎接面用纸、塑料薄膜、塑料条及常用嫁接工具。

（二）嫁接部位的选择

5～10 年生的幼龄旺树，嫁接部位以干高 50～70 cm 为宜，10～20 年生的成龄树，以干高 70～100 cm 为好。

（三）选配优良授粉品种

栗园不能采用单一品种，优良品种可以互作主栽品种和授粉品种。

（四）嫁接时期和方法

1. 时期 枝嫁以春季发芽前 20 d 至发芽后 10 d（清明至谷雨）最为适宜。

2. 方法 板栗低截干嫁接主要采用插皮接法和插皮舌接法。插皮接法，是在砧木已离皮，接穗尚不离皮时采用；若砧木、接穗均已离皮，宜采用插皮舌接法。

砧木处理的关键是削平截面，并削去长约 8 cm 的一段老树皮，深度以露嫩皮为宜，接穗下端的削面要呈 4～5 cm 的马耳形斜面。接穗插入后，务必用塑料条将接口绑紧封严，并在接穗上套以微薄塑料袋保护芽眼，以防害虫危害。

（五）接后管理

嫁接后当年管理至关重要，必须及时清除砧木上的萌蘖。当新梢长到 30 cm 时，设立防风支架。同时，适时摘心，具体做法是在新梢长到 40 cm 时，摘心至半木质化处，以后每长 30～40 cm 摘心 1 次，一定要解除接口上的全部包扎物，并注意肥水管理、中耕除草和病虫害防治。

实践证明，实生板栗低截干嫁接，可节省劳力和成本 3～5 倍，嫁接成活率达 95%以上，接后当年冠幅 2 m，有的开始结果。第二年冠幅 3～4 m，每株结果 1 kg 左右，第三年丰产。

第九节 病虫害防治

一、主要传染性病害及其防治

（一）栗树腐烂病

栗树腐烂病又称栗疫病、板栗胴枯病、栗干枯病，为栗树的主要病害。

栗树腐烂病广泛分布于我国栗树产区，由于我国栽培的板栗品种多为抗病品种，一般地区受害不重，但也有个别地区发生较普遍，有些新嫁接的小树受害较重，可引起整株枯死。

1. 为害症状 受害树势衰弱，发芽迟缓，叶绿色较淡。树干发病，受害表皮稍隆起，呈现棕褐色病斑，时有黄褐色树液流出，剥开病部表皮，可见病组织呈水渍状红褐色腐烂，后期病斑失水下凹，病表皮下出现黑色瘤状小粒点，在天气潮湿时或雨后，从小粒点孔口涌出橙黄色卷曲状物，最后病皮开裂，病斑周缘产生愈合组织。树梢发病，变棕黄色，最后稍下凹。

2. 病原 有性世代属子囊菌亚门［*Endothia parastica*（Murr）P. J. et H. W. Anderson.］。子囊壳在子座底部，一个子座有数十个子囊壳。子囊壳瓶状，黑褐色，子囊棍棒状，内含 8 个子囊孢子。子囊孢子双胞、无色，椭圆形或卵圆形，大小为（5.5～6.0）μm×（3.0～3.5）μm。分生孢子器圆

形或不规则形，分生孢子圆柱形，单胞、无色，大小（2.4～2.6）μm×（1.2～1.3）μm。

3. 发病规律 栗树腐烂病常以菌丝体和分生孢子器在病斑内越冬。翌年春栗芽萌动后病菌开始活动，病斑扩展很快，在短期内可造成枝干的枯死，以后随着气温的升高，栗树营养生长旺盛，愈伤能力增强，病斑渐停扩展，5月病斑开始形成孢子角。病菌孢子借风雨传播，从各种伤口（机械伤口、嫁接口、剪锯口、虫伤、冻伤等）侵入，当树体衰弱时，病菌即扩展蔓延，引起树体发病。因此，一切能使树体衰弱的因素，如土壤干旱瘠薄、肥水不足，修剪嫁接不当、树体受到冻害等，都能诱使树体发病；反之，树势强壮，发病则轻。此外，不同品种的栗树抗病性差异很大。目前栽培品种中美洲栗最不抗病，日本栗次之，而中国栗最抗病。在中国栗中，北方品种较抗病，某些南方品种较易感病。

4. 防治方法

（1）栽培管理。加强栽培管理，增强树势，提高树体的抗病能力。

（2）选栽抗病品种。注意选栽丰产优质的抗病品种。在选种育种时，应把抗病性作为重要优树指标之一。

（3）加强树体保护。尽量减少树体伤口，对已造成的伤口，可涂波尔多液。晚秋树干涂白，即用合剂渣子加石灰调和适度，涂刷树干，或用一般白涂剂涂刷树干。对树干基部发病严重的栗园，可采取树干基部培土的方法减轻危害。

（4）消灭病源。彻底清除病枯枝和死树烧毁或搬离栗园；活病斑及时刮治，即将病组织连同周缘0.5 cm的健皮组织彻底刮除至木质部然后用2%硫酸铜溶液，或3～5波美度石硫合剂消毒，刮下的病组织进行烧毁或深埋；疏除病弱枝以减少病原。

（二）栗白粉病

栗白粉病是栗树叶片、嫩芽、新梢的主要病害。严重危害时，可削弱树势，降低栗实的产量品质。

1. 为害症状 感病初期，叶片病部褪绿，出现不规则褪绿斑块，继而扩大连片，叶片出现白色粉霉状物。病害后期，在白色粉霉状物间产生黑色小点粒（病菌闭囊壳）。

2. 病原 由子囊菌亚门白粉菌目白粉菌科的真菌侵染所致。种类很多，为害栗类的主要是白粉菌科中的球针壳属的真菌［*Microsphaera alni*（Wallr.）Salmon］，其分生孢子卵形，着生在分生孢子梗顶端。闭囊壳黑褐色，圆球状，周生5～18根球针状附属丝。闭囊壳内有数个子囊，每个子囊有2～3个圆形或椭圆形子囊孢子。

3. 发病规律 病菌多以闭囊壳在病落叶上越冬，翌年放射出子囊孢子侵染新叶。该菌潜育期很短，侵入数天内就可表现出症状。在生长季节，病菌以分生孢子进行多次再侵染。干旱、施用氮肥过多和苗圃栗园通风透光不良均易诱发此病。

4. 防治方法

（1）农业防治

① 清除病原。彻底清除病枯枝及落叶，并进行烧毁或深埋，以减少侵染来源。

② 合理修剪。适当强度修剪，使栗园保持通风透光，减轻发病。

③ 合理施肥。重视氮、磷、钾的配合施用，提高苗木幼树的抗病能力。

（2）化学防治。发芽前喷1次3～5波美度石硫合剂；生长季喷2～3次0.2波美度石硫合剂，最低间隔期15 d，有一定防治效果。

（三）板栗枝干褐斑病

板栗枝干褐斑病为山东省太蒙山区新发现为害板栗枝干的一种病害。中、幼龄树和嫁接树砧木接口以上部分受害重。受害轻则树势衰弱；重则枝干枯死，甚至整株死亡。

1. 为害症状 初期受害枝干表皮产生黄褐色或赤褐色小点，逐渐扩大成黑褐色或黑色圆形或不规则形病斑，严重时可连接成片，有的病斑下陷。嫁接砧木接口以上部分的1～2年生枝干病斑较多，枝干向阳面尤多。

2. 病原 初鉴定为半知菌类的一种真菌所致。

3. 发病规律 病斑多在春季栗树枝干阳面开始出现，以后可蔓延至枝干阴面。凹陷病斑多停止扩展，不凹陷者可继续扩展，严重者连成一片。生长季多不枯死，至秋后，严重病株枯死。

病害与品种有密切关系。目前山东推广的优良品种，如金丰、石丰等较易感病，而当地实生种砧木很少发病，幼龄树受害较重，大树很少发病。瘠薄山地，发病较重。

4. 防治方法 清除病原，尽量剪除带病枝条，烧毁；不同品种抗病性有显著差异，各地可根据当地情况，选择抗病品种作为采穗母树；加强土肥水和病虫害防治力度，增强树体抗性，选用无病壮苗和接穗。化学防治尚有待研究。

（四）栗叶斑病

栗叶斑病主要为害叶片、苗木，幼树的叶片上形成枯死的斑，严重时造成早期落叶，影响栗树正常生长。

1. 为害症状 发病初期，叶脉间、叶缘及尖上形成圆形或不规则形的黄褐色病斑，病斑边缘色深，外围组织褪色或黄褐色晕圈。随着病斑扩大，叶面病斑上出现小黑粒体，为其分生孢子盘和分生孢子。后期小黑粒体数量增多并密集相连，排列成同心轮纹状。

2. 病原 病原菌为槲树多毛苞，属黑盘孢目多毛孢属。分生孢子盘初期埋生于叶片表皮下病组织中，成熟时突破叶表皮外露，呈黑色圆盘状或褥状。分生孢子近似纺锤形，有 4 个横膈膜，一端有 2～3 根毛，另一端有 1 根尾状毛，分生孢子梗较短，呈圆锥形。

3. 发病规律 以分生孢子盘或分生孢子在病斑上越冬，第二年初侵染源。

4. 防治方法

（1）农业防治。冬季将落叶、修剪的病枝和枯枝集中烧毁，消灭越冬病原。加强栗园树体、土壤管理，增强树势，改善栗园通风透光条件。

（2）化学防治。发病前喷 1∶1∶(120～160) 的波尔多液预防。发病时喷 2～3 波美度的石硫合剂或 5%硫酸铜液。

（五）栗仁斑点病

该病主要为害板栗仁，发病的主要原因有：采收成熟度不够的栗实，即采青；采收方法不当，如采取树上打栗苞的方法；运输与贮藏方法不当。

1. 为害症状 栗仁出现色变、味变的病斑，病斑有黑色霉状物、绿色霉状物、褐色霉状物，还有粉红色霉状物等。严重时整个栗仁变成黑褐色、腐烂或硬化，具苦味和霉酸异味。

2. 病原 为半知菌亚门丛梗孢目真菌。这些病原主要为青霉菌类、粉红聚端孢霉菌、黑目霉菌、链隔孢菌等。

3. 发病规律 该病原主要由栗仁伤口侵入。贮藏时栗果成熟度不够、含水量比较高、湿度过高、通风条件不良等都易引起该病的发生。

4. 防治方法 要适时采收，改变"打栗子"的采收方法，应采取"拾栗子"的方法，保证栗果的成熟度。贮藏运输过程中应保持正在一定的低温条件下进行（0～4 ℃）。栗树应多施钙肥，树冠下每平方米施石灰 40～80 g。

（六）炭疽病

1. 为害症状 该病主要为害板栗球苞、种皮与栗仁，也为害叶、叶柄、嫩枝。板栗栗苞表面出现褐色病斑，球苞刺束变褐色枯死，感病球苞早期脱落。栗仁感染此病后表现为栗仁上有近圆形褐色或黑色的病斑，后期栗仁干枯。

2. 病原 为半知菌亚门真菌。

3. 发病规律 借助雨水或昆虫传播，经皮孔和表皮直接侵入组织。

4. 防治方法　4～5月在栗树上喷洒半量式波尔多液100倍液或石硫合剂。集合烧毁带菌的栗苞、栗仁。

二、主要生理病害及其防治

（一）栗叶焦病

1. 为害症状　春季展叶后生长正常，进入雨季后期枝条中下部叶片边缘出现焦枯状干边，严重时叶缘叶色灰绿，向内反卷、干枯，失去光合性能。该病害在新栽幼树和新嫁接的初结果树上发病率较高，进入盛果期后叶片干枯症状消失。但在严重缺钙时，栗果在采收期表现为严重腐烂。烂果内含钙量（每100 g含57 mg）仅为正常果的50%。病源初步认为缺钙症。

2. 防治方法

（1）生长季节每隔15～20 d喷一次0.3%～0.4%氨基酸钙，1年喷布3～5次。

（2）适量施用氮钾肥，避免氨离子、钾离子与钙离子之间的拮抗。

（3）施用有机肥。每667 m^2施肥量为4 000 kg。

（4）在土壤pH较小的酸性土壤中，树冠投影面积可施生石灰120～150 g/m^2。

（二）板栗空蓬症

1. 为害症状　缺硼在营养生长中表现不明显，但在花期授粉受精时非常敏感，往往造成板栗空蓬，严重时空蓬率达到95%以上。

2. 防治方法

（1）在初花和盛花期各喷一遍0.3%硼砂+0.3%磷酸二氢钾，防治效果可达85%以上。

（2）树下施硼。秋季每平方米树冠投影面积施入硼砂5～8 g，可有效防止板栗空蓬的发生。硼在土壤中溶解较慢，持续时间较长，因此，硼肥每隔2～3年追施1次即可。

（3）施用有机肥，改善土壤物理结构和化学性能。

（三）硼中毒

近年来，人们对缺硼引起板栗空蓬已经有了较深刻的认识，但是在使用量上掌握的不准确，有的一株树就施1～2 kg硼砂，造成硼过量中毒。目前硼中毒没有较好的解救方法，而且硼在土壤中溶解很慢，一旦硼中毒，往往受害多年。因此，板栗施硼量一定要小，2～3年追施1次。

1. 为害症状　硼中毒春季不明显，但一到雨季，硼在土壤中溶解，造成叶片烧伤。一般受硼害的叶脉间和叶边缘有明显的干枯状，尤其是叶脉间的干枯状分布非常均匀对称，树势衰弱，严重者丧失结果能力。

2. 防治方法

（1）一旦出现硼中毒现象，马上按施肥坑将硼砂挖出（硼砂在土壤中溶解较慢）。

（2）严格掌握硼砂的施用量，一般每平方米树冠投影面积5～8 g；3～5年生幼树每株3～5 g。

（四）不亲和症

1. 为害症状　板栗嫁接后3～5年（有的10年以上），接口出现瘤状突起，1～2年内大量结果，随即树势衰弱，接口以上干枯死亡。

2. 防治方法

（1）选用嫁接亲和力强的品种。

（2）使用亲缘关系较近的砧木。一般情况下，亲和力较差的品种都有特殊的优良性状，为避免嫁接不亲和，可用采穗的种子苗木作本砧。

（3）桥接。利用接口以下抽生的萌蘖进行桥接；接口出现瘤状突起后，瘤状突起以下极易出现萌蘖，在树体转弱前利用萌蘖进行桥接，可收到良好效果。没有萌蘖时，可在接口以下砧木四周插皮嫁接实生接穗3～5个，成活后第二年嫁接接口以上部位。

（五）缺镁花叶病

该病分布在土壤贫瘠的花岗岩风化的粗骨质沙土栗园。

1. 为害症状 发病初期叶缘及主脉中的叶片上出现不规则的黄斑，后连成不规则的黄色条带，并逐渐扩大，最后只剩下叶基部保持一个呈楔形的绿色区，似∧形，这是该病异于其他缺色症状的主要特征。

2. 发病规律 该病多出现在立秋后，常以基部老叶先发病，并随之其他叶片也发病。发病叶片先是叶缘及主脉出现黄斑，并逐步扩大到全叶，缺镁严重时叶片会全部变黄，提前落叶。由于镁是叶绿素的主要构成成分，缺镁会影响叶片光合作用的正常运行，碳水化合物的合成受阻，致使生长势弱、产量下注下降、果粒较小。

3. 防治方法 每667 m^2 撒施镁石灰（含镁20%）100 kg或镁磷肥100 kg。多施有机肥。早春叶面喷施0.4%～2%硫酸镁1～2次。

三、主要害虫及其防治

（一）桃蛀螟

此部分参见苹果害虫防治部分。

（二）板栗皮夜蛾

板栗皮夜蛾（*Characoma ruficirra* Hampson）在我国北方是为害板栗的重要害虫。幼虫为害新梢、幼蓬、叶片，危害严重时，幼蓬被蛀空，叶片干枯脱落。此外，该虫还能为害主干。

1. 为害特点 栗蓬蛀孔处的丝网上常有虫粪，受害蓬刺变黄、干枯，受害叶柄和嫩枝一侧有蛀孔。

2. 形态特征

（1）成虫。体长10 mm左右，全体淡灰黑色；复眼黑色，触角丝状；前翅外缘线与中横线间灰白色，前缘处有一黑色近半圆形大斑；近后缘处有一黑色眼状斑纹，后翅浅灰色。

（2）卵。半球形，直径约0.7 mm；底部平坦，顶部有较大的圆形柄状突起，周围有辐射状隆起线。初产时呈乳白色，渐变枯黄色，近孵化时变灰白色。

（3）幼虫。老熟幼虫体长12～16 mm，褐色或褐绿色；前胸背板深褐色，腹部1～7节每节各有4个毛片，排列成梯形；臀板深褐色。

（4）蛹。体粗短，长约10 mm；蛹背深褐色，被一层白粉；丝茧黄褐色。

3. 发生规律 山东、河南、江苏1年3代。越冬代成虫5月中旬开始产卵，6月上中旬为产卵盛期，6月下旬为末期，6月中下旬幼虫大量出现，造成危害；6月下旬至7月上旬大量化蛹，并开始出现成虫和卵，7月中下旬为产卵盛期，同时又大量出现幼虫，蛹期10 d左右，8月上旬始见第二代成虫，8月下旬至9月上旬第二代成虫大量出现，并在橡树秋梢叶片上产卵，卵期2～3 d，孵化后的幼虫为害橡树，至9月下旬幼虫老熟后化蛹。

第一代卵多散产于新梢嫩叶正面及幼蓬蓬刺上，树冠的中下部卵量较多，经3～6 d，孵化为幼虫，为害栗树幼蓬、雄花穗、嫩梢和叶片。幼虫从蓬刺缝隙或基部蛀入蓬内，将蓬食空，蓬刺变黄干枯；为害雄花穗的幼虫，多食雄花序和穗轴。幼虫有转移为害的习性，一般1个幼虫为害2～3个幼蓬或3～5个雄花穗。幼虫经20～25 d老熟后，多在被害蓬及其附近健康蓬和枝条上吐丝作茧化蛹。一般幼虫为害至8月下旬至9月上旬。成虫常在夜间活动，白天静伏于树冠阴凉和杂草间。

4. 防治方法 在第一、二代卵孵化盛期喷药杀卵和初孵幼虫，可收到显著防治效果。一般在6月上中旬喷布90%敌百虫800～1 000倍液，或50%敌敌畏乳油1 000～1 500倍液，7月中下旬再选喷一遍上述农药，便可控制危害。

（三）板栗透翅蛾

板栗透翅蛾（*Aegeria molybdoceps* Hampson）又称赤腰透翅蛾，俗称串皮虫。该虫在山东部分栗产区发生普遍，危害严重，受害严重的板栗林虫株率高达30%以上。幼虫多串树基部韧皮层，常导致树势衰弱，以至整株枯死。

1. 为害特点　幼虫为害主干韧皮部，受害部位常有树液流出，招致蚂蚁吸食，虫道边缘易产生愈伤组织，使伤疤隆起、干枯、易脱落；当根颈韧皮组织被食殆尽时，可导致整株枯死。

2. 形态特征

（1）成虫。体长15～21 mm，翅展37～42 mm；翅膜质、透明，翅脉和缘毛茶褐色，体黑色有蓝光，触角端部尖，赤褐色，基半部橘黄色；腹部第二、三节为赤褐色，故名“赤腰透翅蛾”。该虫极似黄蜂，易于识别。

（2）卵。扁长圆形，长约0.9 mm，淡红褐色，后变褐色。

（3）幼虫。老熟后体长约40 mm，污白或紫褐色，头部黄褐色；前胸背板淡黄褐色，其后缘中部有“八”字形褐色沟纹，胸足3对，腹足4对，尾足1对。

（4）蛹。体长14～18 mm，黄褐色，较细长。

3. 发生规律　1年1代，少数2年1代，多以2龄幼虫在栗树干老皮下越冬。3月中下旬开始取食危害，4月进入危害盛期，7月中旬幼虫结茧化蛹，8月上中旬为化蛹盛期，同时出现成虫，8月中旬成虫开始产卵，8月底至9月中旬为产卵盛期，8月下旬幼虫开始孵化，9月中下旬为孵化盛期，10月中旬为末期，幼虫发育到2龄后进入越冬状态。

成虫有趋光性，白天产卵，卵多散产于离地面10～100 cm树干粗皮缝隙或翘皮下。单雌产卵300～400粒。幼虫喜食树枝干皮层的活组织，很少取食木质部；老熟幼虫在被害处结茧化蛹，成虫羽化后蛹壳的1/2留在羽化孔里；一般幼树受害轻，老龄弱树、伤口多的树受害重。

4. 防治方法

（1）农业防治。适时浇水施肥，中耕除草，加强对其他病虫的防治，避免树干产生伤口，加强管理使树势旺盛，可减轻危害。

（2）物理防治。于成虫产卵前（8月中旬前）树干涂白，对防止成虫产卵有一定的作用。

（3）化学防治。春季幼虫活动后（3～5月）涂刷煤敌液，即煤油1～1.5 kg+80%敌敌畏乳油50 g，混合均匀，涂刷危害部位效果良好。

（四）栗实蛾

栗实蛾（*Laspeyresia splendana* Hubner）又名栎实卷叶蛾。我国北方栗树产区时有发生，严重受害地区，栗果被害率达30%～40%，可造成减产，降低种子质量。该虫除危害栗树外，尚危害栎类、核桃、榛等其他经济林木。

1. 为害特点　被害栗果表面常有白色和褐色颗粒状虫粪堆积，有时可咬伤果梗，使栗蓬未成熟而脱落。

2. 形态特征

（1）成虫。为小型蛾，体长约6 mm，翅展16 mm，灰黑色；前翅前缘有几组大小不等的白色斜纹，后缘有4条斜生的白色波形纹，后翅和腹部灰色。

（2）卵。黄白色，椭圆形。

（3）幼虫。老熟幼虫体长8～13 mm，暗褐色或暗绿色，头部褐色；体具细毛，各节毛片显著。

（4）蛹。体长6～7 mm，赤褐色，腹节背面着生两排刺突。茧呈纺锤形，褐色，稍扁，粘有枯叶。

3. 发生规律　在辽南1年1代，以老熟幼虫在栗蓬或杂草丛和落叶内结茧越冬。翌年7月上旬出现成虫，在栗蓬蓬刺上产卵，7月中旬为产卵盛期，7月下旬幼虫孵化，先为害栗蓬，8月底至9月初大量入果食害，9月下旬至10月上中旬栗实成熟时幼虫脱果，即寻找适宜场所越冬。

4. 防治方法

(1) 农业防治。彻底清除园内地被物，进行深埋或烧毁，以消灭越冬幼虫。

(2) 化学防治。7 月下旬、8 月中旬在栗蓬上周密喷布 80%敌敌畏乳油 1 000～1 500 倍液可获得良好防治效果。

另外，栗实贮存场所应选择水泥地板，以便收集脱果幼虫。

(五) 栗蛀花麦蛾

1. 发生规律 栗蛀花麦蛾是燕山栗区为害栗树花序的一种害虫。该虫在河北 1 年 1 代，以蛹在栗树枝干裂皮缝、翘皮下、蛀穴等处结薄茧越冬，少数在山楂、核桃、梨等树皮裂缝结茧越冬。5 月下旬至 7 月上旬出现成虫，6 月中下旬为害雄花序，可造成严重危害。初孵幼虫不活泼，大龄幼虫活泼，爬行快。成虫具趋光性。

2. 防治方法 目前主要是采取刮除粗老树皮，消灭越冬蛹，在卵孵化末期喷药消灭初孵幼虫。

(六) 栗实象鼻虫

栗实象鼻虫 (*Curculi davidi* Fairmaire) 又名栗实象甲、栗实象。我国各栗区均有发生。主要危害板栗、茅栗和栎类。幼虫蛀食种实，使其丧失发芽能力和食用价值，且易霉烂，不便贮藏。危害严重地区，栗实受害率达 60%以上，可造成重大经济损失。

1. 为害特点 受害栗果表面有黑褐色小点，种内有充满虫粪的虫道，脱果后，种实表面留有黑褐色圆形脱果孔。受害果往往早期落果，后期受害果多不脱落，采收后咬一脱果孔脱果。

2. 形态特征

(1) 成虫。雄虫体长 6～8 mm，雌虫体长 6～9 mm，黑褐色，被白色鳞片。头管细长，达 7～10 mm，漆黑色，有光泽，前端向下弯曲。前胸背板及翅密被黑色绒毛，前胸背板两侧有两个白色毛斑，头部与前胸交接处有一白色斑。翅鞘黑褐色，近翅前缘中部各有若干个白色毛斑；翅鞘中部有一白色横带，腹面灰白色，末端着生绒毛，足黑色，有白色鳞片。腿节膨大，其内侧具一刺突。

(2) 卵。卵圆形，长约 0.8 mm；初产白色，孵化前变乳白色，透明，有光泽；其端圆钝，另一端稍尖，且有一短柄。

(3) 幼虫。老熟时体长 8～12 mm，乳白色，头部黄褐色；体粗短肥胖，多横皱纹，常呈 C 形弯曲。

(4) 蛹。体长 7～12 mm，乳白色，复眼黑色，头管伸向胸腹部下方。

3. 发生规律 1 年 1 代，以老熟幼虫在土层内做土室越冬。翌年 6 月中旬至 7 月上旬化蛹，经 10～15 d 羽化为成虫。成虫先在土中静伏 10～15 d，然后出土取食栗蓬、嫩叶和嫩枝皮层，经一段补充营养后，到 8 月中下旬大量产卵，9 月上旬幼虫孵化，10 月幼虫入土越冬。

成虫白天在栗树枝叶间活动，稍受惊动即迅速落地或飞去；产卵时先咬破果蒂附近的蓬皮和果皮，然后将卵产于栗实的子叶上，通常每处产卵 1～3 粒，最多可产 5 粒。卵期为 8～12 d。初孵幼虫先食子叶表层，虫道狭小，后随着虫体生长发育虫道逐渐变宽，充满粉粒状虫粪。一般幼虫在栗实内食害 28～35 d 咬破果皮，脱果入土越冬。入土深度一般为 5～20 cm，以 15 cm 左右处最多。据调查，栗蓬大、栗皮厚、蓬刺密、刺质硬而长的品种虫害较轻；山地栗林混有其他栎树或附近有其他栎树的栗林，虫害较重。

4. 防治方法

(1) 农业防治 选用抗虫品种。该虫危害严重的地区尽量选用蓬刺密而硬的抗虫品种。

(2) 物理防治。利用成虫受惊落地的习性，在成虫发生期 (9 月中下旬)，每天早晨振动树枝，树下铺以塑料布收集落地成虫灭之。

(3) 化学防治。在历年栗实象鼻虫危害严重的栗林，于成虫期喷布 50%杀螟松乳油 1 000 倍液、50%敌敌畏乳油 800～1 000 倍液、75%辛硫磷乳油 1 000～2 000 倍液、2.5%溴氰菊酯 6 000 倍液，

每2周左右喷一次，连续喷2～3次可控制危害；对土质栗果堆积场所，在幼虫化蛹前，用75%辛硫磷乳油500倍液喷洒地面，然后适当翻耙土壤，杀灭土中幼虫。

（七）剪枝象甲

剪枝象甲（*Cryllorhynobites ursulus* Roelots）在山东、河北、河南、四川、江西等地均有发生，除危害板栗外，尚危害其他橡栎类树木，严重地区影响栗实产量。

1. 为害特点　被害果枝多在距总苞2～5 cm处折断，少数果枝挂在树枝上；受害壳斗表面有一小凹陷痕迹。

2. 形态特征

（1）成虫。体长6～9 mm，蓝黑色，有光泽，密被灰黄或银灰色绒毛；头管与鞘翅等长，先端宽，中央缩细，脊面有明显中央脊；翅鞘各有10列点刻沟，雄虫前胸侧面有尖刺，雌虫无；腹部腹面为银灰色。

（2）卵。椭圆形，长约1.2 mm，宽径约0.8 mm，初产时乳白色，孵化前变淡黄色。

（3）幼虫。老熟时体长7～11 mm，污白色或黄白色，体常弯曲，多横皱纹，胴部各节有2列较密的细刚毛。

（4）蛹。乳白色，腹部末端具1对褐色尾刺。

3. 发生规律　1年1代，以幼虫在土层蛹室内越冬。在东北辽宁通常5月中下旬开始化蛹，蛹期21～33 d，8月上旬成虫大量出土，9月下旬出土结束。成虫白天活动，夜间静伏，多在树冠下部取食嫩蓬补充营养，有假死性，受惊扰即落下，若气温较高，往往在坠落途中飞逸；成虫需经过一段补充营养期才能交尾产卵；7月上旬到9月上旬为产卵期，产卵时成虫选嫩果枝于栗蓬上咬蛀1产卵孔，然后将卵产于孔内，再用蛀屑堵塞产卵孔口。一般每个产卵孔只产1粒卵，卵期5～6 d，单雌产卵20～35粒。雌虫产卵后多将果枝咬断，致使果枝落地，严重危害时，栗林满地果枝。7月下旬幼虫开始蛀果危害，最后可将全部栗肉吃空，使栗果内充满褐色粪便及粉末状蛀屑。一般经30 d左右，幼虫老熟后咬1圆孔脱果入土越冬，以3～9 cm的土层深处较多。

4. 防治方法

（1）农业防治。在成虫危害期，每10 d拾净落地果枝，集中烧毁或深埋，可减少虫源，防止来年危害。

（2）物理防治。捕捉成虫。利用成虫假死性，在成虫发生期，猛力摇动树枝，振落成虫，收集灭之。

（3）化学防治。在成虫羽化初、盛、末期喷75%辛硫磷乳油1 000～2 000倍液有良好防治效果。

（八）栗瘿蜂

栗瘿蜂（*Dryocosmus ruriphilus* Yasumatsu）又名栗瘤蜂、板栗瘿蜂，为板栗主要害虫。除危害板栗外，尚危害茅栗、锥栗、麻栎、栓皮栎等。

1. 为害特点　受害的板栗芽春季形成瘤状虫瘿，不能正常抽生新梢和开花结实。严重发生时，虫瘿挂满全树，枝条枯死，花芽不能形成。

2. 形态特征

（1）成虫。雌虫体长2.5～3.0 mm，翅展约2.5 mm，体黑褐色，有金属光泽。头横宽，触角丝状，14节，柄节、横节黄褐色，鞭节褐色，每节着生稀疏的细毛。胸部背面中央有2对对称的弧形沟；小盾片近圆形，表面有不规则的刻点。腹部较尖，产卵管褐色，紧贴腹末腹面中央。足黄褐色，末节及爪深褐色，后足较长。

（2）卵。椭圆形，乳白色。长0.15～0.17 mm，宽0.10～0.12 mm，末端有一细长的卵柄。

（3）幼虫。末龄幼虫体长2.0 mm，乳白色，老熟时黄白色，体两端较圆钝，腹面无色。口器茶褐色。胸、腹部节间明显，体较光滑。

（4）蛹。体长 2.5 mm 左右，裸蛹。初为乳白色，近羽化时黑褐色，复眼红色。

3. 发生规律 栗瘿蜂在山东 1 年发生 1 代，以初孵幼虫在芽内越冬。第二年 4 月上旬开始化蛹，5 月下旬达化蛹盛期，6 月上中旬成虫开始出现，6 月中下旬为成虫羽化盛期。被羽化的成虫常在瘿内停留 10～15 d，飞出后进行孤雌生殖。该虫孕卵量 200 粒左右，但卵产出率较低，一般为 50%左右。8 月下旬幼虫孵化，10 月下旬进入越冬期。第二年春季，栗芽萌动后幼虫开始活动取食，被害芽逐渐形成虫瘿。虫瘿初期为绿色，后变为红褐色，略呈圆形。每瘿内有幼虫 2～5 头，多者可达 10 余头。老熟后在虫室内化蛹。

天敌和降水是影响该虫数量消长的重要因素。现已发现该虫的寄生性天敌有中华长尾小蜂、葛氏长尾小蜂、尾带旋小蜂等。其中以中华长尾小蜂分布广、寄生率高，对控制栗瘿蜂危害有重要作用。

成虫期降水的多少和持续时间长短，对栗瘿蜂的发生有明显影响。降水时间长，降水量大，成虫死亡多，当年虫瘿数量减少，反之则发生较重。

4. 防治方法

（1）农业防治

① 采用无虫接穗。栗瘿蜂在芽内越冬，应避免在该虫发生区内采集接穗。

② 冬剪。栗瘿蜂不产卵于休眠芽，据此，在被害严重的栗林，冬季可将 1 年生枝休眠芽以上部分剪去，1 年后便可恢复结果，同时对栗瘿蜂可起到较为彻底的防除作用。

（2）物理防治。人工及时摘除虫瘿。

（3）生物防治。保护利用中华长尾小蜂，以抑制栗瘿蜂虫口。

（4）化学防治。6 月上旬和中旬成虫发生期，先后 2 次喷洒 50%杀螟松乳剂 800～1 000 倍液或 80%敌敌畏 1 000 倍液。

（九）栗叶螨

栗叶螨（*Puratetranychus* sp.）又名针叶小爪螨、栗蒡叶螨、栗红蜘蛛。该螨分布范围较广，目前已知山东、河北、北京、山西、陕西、江苏、安徽、江西、浙江等地均有分布，尤以板栗、麻栎栽培区发生严重。

1. 为害特点 为害多种树木，主要寄主有板栗、麻栎、栓皮栎、槲树等壳斗科植物及杉木等针叶树。为害时先在叶片主脉两侧，然后向其他部位扩散，在叶片上形成大小不等的群落。因此，叶脉两侧较其他部位受害严重。被害叶轻者呈现灰白色小点，重者全叶变褐色，硬化，甚至枯焦，宛如火烧状。

2. 形态特征

（1）雌成螨。有两种类型。一种类型为产夏卵的雌成螨。体长 0.38～0.45 mm，宽 0.30～0.32 mm。椭圆形，暗褐色。足 4 对。另一种类型为产滞育卵（冬卵）的雌成螨，体略大，深红色，活动性较强，多在枝条上产越冬卵，其余特征同前者。

（2）雄成螨。体长 0.27～0.35 mm，宽 0.18～0.24 mm，淡红色或橙红色。体两端尖细，似菱形。

（3）幼螨。初孵时体近圆形，淡黄色，吸汁后逐渐变为浅绿色。3 对足。

（4）若螨。体浅绿色至暗褐色，椭圆形，4 对足，似成螨。

（5）卵。有冬卵和夏卵两种。顶端均有一条细丝。夏卵较小，直径平均 145.0 μm±9.5 μm；初产时白色、半透明，渐变为水绿色，孵化前变为淡黄色。冬卵即滞育卵，较夏卵大，平均 156.9 μm±3.2 μm，深红色，略扁平，细丝着生处略凹陷。

3. 发生规律 1 年发生 6～12 代，以滞育卵在 1～4 年生枝条上越冬。翌年 4 月中旬开始孵化，盛期一般在 4 月下旬至 5 月中旬。幼螨孵化后爬至新叶上吸汁危害。林间种群消长因地区、年份不同而异。一般 6 月下旬至 8 月上旬是种群数量最多的时期。该螨产滞育卵的盛期一般在 7 月上旬至 8 月中旬，但在发生密度高时，6 月中旬即开始产出滞育卵。滞育卵在树体上的分布以上部枝条最多，中部次之，下部最少。

该螨的发育历期随温度增高而缩短。在平均气温 20 ℃左右时，完成一代需 20 d 左右；7～8 月高温季节完成一代需 10～13 d。雌成螨交尾后 1 d 左右开始产卵，6～8 d 达产卵高峰，夏卵多散产于叶片正面叶脉两侧，每头雌螨日产卵量平均为 2.93 粒，平均产卵历期 14.7 d；单雌产卵量大多为 40～50 粒。雌成螨寿命一般为 15～16 d；雄螨寿命多为 5～7 d。该螨可进行两性生殖和孤雌生殖，以前者为主，孤雌生殖的后代均为雄性。

4. 防治方法

（1）预测预报。在 4 月 10 日前选定标准树 3 株，每株从中部便于观察的部位选 2 个卵枝，用油漆标记枝条上的越冬卵，标记总卵数不少于 500 粒。挑除卵壳、死卵及杂物等。自 4 月中旬开始，每 1～2 d 调查 1 次标记卵的孵化状况，至孵化结束止。当累计孵化率达 50%以上时发出预报，做好防治准备；累计孵化率达 70%～80%时即应进行防治。

（2）农业防治

① 杜绝虫源。对带有卵的接穗、苗木严格剔除或将卵粒彻底刮除。

② 加强栽培管理，促使枝叶茂盛，提高抗性，选育抗性品种。

（3）生物防治。该螨天敌种类较多，主要有深点食螨瓢虫、二星瓢虫、龟纹瓢虫、异色瓢虫、小花蝽、中华草蛉、六点蓟马、拟长毛钝绥螨、普通肉食螨等，要注意保护利用。

（4）化学防治。要注重早期防治，在发生严重的地区，为降低早期螨口密度，有必要防治越冬卵。3 月中旬用 20%螨死净 1 000～1 500 倍液喷干枝，可杀死越冬卵 50%左右。在第一代成螨盛期树体喷药，可选用 20%哒螨灵 3 000 倍液、尼索朗 1 500 倍液，或功夫乳剂 2 000～3 000 倍液、克螨特 2 000～2 500 倍液或灭扫利 1 500 倍液等，均可有效地控制螨害。

（十）栗大蚜

栗大蚜（*Lachnus tropicalis*）又名栗大黑蚜虫，是为害栗树的主要蚜虫。

1. 为害特点　栗大蚜以成虫、若虫群居于新梢、嫩枝、叶片背面刺吸汁液危害。被害新梢生长缓慢，发生严重时，栗蓬发育迟缓，甚至果实不能成熟。

2. 形态特征

（1）成蚜。无翅雌蚜体长约 5 mm，乌黑色，有光泽，体表具微细网纹。足细长，腹部肥大，腹管短；尾片较短小，末端圆形。有翅雌蚜体长 4 mm，翅展 13 mm，乌黑色，腹部色淡，翅脉黑色。

（2）卵。椭圆形，长径 1.5 mm，黑色，有光泽。

（3）若蚜。初孵时近长圆形，体长 1.5～2.0 mm，淡黄褐色，触角、口器及足均为黄色，以后体渐变黑色；有翅若蚜胸部两侧可见侧芽。

3. 发生规律　栗大蚜在山东泰安一年可完成 10 代左右，以卵成片在枝干背阴面越冬。翌年 3 月底 4 月初孵化为无翅雌蚜，群集嫩梢危害。4 月下旬至 5 月间胎生有翅及无翅若蚜。5 月上旬有翅雌蚜迁飞至栎类树的枝、叶、花上危害。6 月上旬至 7 月上旬，蚜群增殖数量最快，7 月中下旬进入雨季后数量明显减少。8～9 月聚集板栗栗蓬基部及果梗处危害。常造成早期落果。10 月下旬 11 月上旬产生性蚜，交配后集中于枝干产卵、越冬，越冬卵密集排列成片。

第二年 3～4 月，当气温达 9 ℃时，越冬卵开始孵化，14～16 ℃为孵化盛期。如遇寒流，气温降至－2～－3 ℃时，若蚜常大量死亡。4～5 月，当平均气温为 11.7～18.3 ℃，相对湿度达 60%以上时，繁殖 1 代需 15～30 d；6～7 月，平均气温 25 ℃左右，相对湿度 60%～85%时，繁殖 1 代需 7～13 d；当气温 23 ℃，相对湿度 70%时，繁殖 1 代仅需 7～9 d；雨季气温高于 25 ℃，相对湿度大于 80%以上时种群数量明显下降。

4. 防治方法

（1）物理防治。冬、春季人工刮除枝干上的越冬卵，春季刮杀无翅雌蚜。

(2) 化学防治。板栗展叶前，栗大蚜发生时，喷布50%敌敌畏1 500～2 000倍液可收到良好的防治效果。

(十一) 栗花翘蚜

栗花翘蚜（*Nippocallis ruricola* Mats）又称栗角斑蚜，常伴随栗大蚜危害栗树，影响栗树长势。

1. 为害特点 春季栗树萌芽后，初孵若蚜迁至幼芽、嫩叶吸食树液危害，并排泄黏液，污染叶面，常招致霉病使枝叶变黑；干旱年份可造成栗树早期落叶。

2. 形态特征

(1) 成虫。无翅胎生雌蚜体淡红褐色或暗褐色，体长1.4 mm，胸、腹部背面两侧有黑色斑点。有翅胎生雌蚜体赤褐色，长1.5 mm，翅透明，沿主脉呈淡黑色斑带，腹部背面中央两侧具有黑色斑纹。

(2) 卵。黑绿色，椭圆形，长约0.4 mm。

(3) 若蚜。头部、胸赤褐色，腹部紫褐色。

3. 发生规律 1年发生多代，以卵在枝干上越冬，尤以枝杈处为最多。春季栗芽萌动时开始孵化，初孵若蚜迁至幼芽嫩枝上吸汁危害，同时分泌蜜露，招致霉菌寄生，使枝叶污染变黑，干旱的年份常发生较重，并导致栗树早期落叶。10月间产生性蚜，在枝干上产卵越冬。

4. 防治方法 参见栗大蚜防治部分。

第十节 果实采收和贮藏

一、采收

我国板栗最早熟的大致在7月下旬，最晚在10月底或11月上旬采收，而大部分品种都在9～10月成熟。采收的时期主要是根据该品种在当地的成熟期和习惯的采收方法而定。

生产实践证明，栗果总苞的生长发育有两个高峰，一个在8月中下旬，一个在采收前20 d左右。刺苞干物质的增长，只是在8月上旬有一个高峰，以后干物质逐渐减少。果实生长发育高峰与干物质增长高峰开始自采前30 d前后，95%以上的干物质形成于此期。其中85%形成于采前20 d以内，50%形成于采前10 d内。所以掌握适时采收和采取适当的方式采收，增产潜力很大。采收不成熟的栗果，不仅影响板栗当年的产量，而且栗果质量差，不耐贮藏。一般栗实在未成熟时打落，可减产20%～50%，同时栗果含水量大，较成熟果高10%左右，果皮角质化程度差，极易碰伤，从而引起病菌侵入。

(一) 采收前的准备

1. 土表处理 采收前必须把栗树树冠下面及周围的土壤表层进行浅耕或中耕。

2. 做好栗苞堆放场地选择与清理工作 场地不能积水、排水良好、阴凉与通风良好。场地使用前用灭虫剂与灭菌剂进行喷洒，与此同时准备好草帘。

3. 选择好临时堆放坚果场地 选择阴凉、通风良好，没有积水的地块，场地表面铺上一层厚度3～5 cm的湿沙，湿沙要选用干净的河沙，含水量为6%～8%，即用手握捏成团，松开时即撒开，沙用0.1%硫菌灵杀菌剂消毒灭菌。做好防鼠害措施。

4. 准备贮藏库 准备好贮藏栗子所用的地窖、沟床和冷库等，对贮藏场所进行灭菌消毒工作。准备好干净的河沙，沙的含水量在6%～8%，并用0.1%硫菌灵杀菌剂消毒。

(二) 采收时期

栗果的重量是成熟期15～20 d迅速增长的，因此采收栗果不应在此时期或之前进行，而是在此后，即栗果充分成熟后进行。早熟品种在8月下旬成熟；中熟品种在9月中旬至下旬成熟；晚熟品种在10月上旬成熟，南方一些品种到10月中下旬成熟。

栗果成熟的标准：栗苞颜色由黄色变成黄褐色，栗苞缝合线出现“一”或“十”字形开裂，坚果

皮颜色变成深褐色等。

（三）采收方法

栗果的采收方法有两种，即拾栗法和打栗法。

1. 拾栗法　我国北方产区，如辽宁、山东、河北等地以及西南各省的实生繁殖区多采用拾栗方法。就是待果实充分成熟自然落地后，人工进行拣拾栗实。为了便于拣拾，在栗苞开裂前要清除地面杂草。采收时，在每天早、晚各拾一次，拾栗前先振摇一下栗树，然后将落下的栗实，栗苞全都拣拾干净。拾栗法的好处是栗实饱满充实，产量高，品质好，耐藏性好，此外，还能避免打栗时的枝条损伤。缺点是比较费工，如拾栗不及时，栗实落地后第二天拾，因自然风干可减少栗实重 20%；第三天拾，失重 35%，漂浮率为 90%；第六天拾，栗实失重 40%，漂浮率 100%，栗实全部失去发芽能力，降低栗实的商品价值。因此，采用拾栗法，要坚持天天拾，一般从栗苞开裂至采收晚粒，需要 15～20 d。

2. 打栗法　我国大部分栗产区采用打栗的方法。即分期分批把成熟栗苞用竹竿或木杆轻轻打落，然后将栗实和栗苞拣拾干净。这种方法采收，一般 2～3 d 打一次。打苞时，由树冠外围向内敲打小枝振落栗苞，以免伤枝条和叶片。严禁一次将成熟度不一致的栗苞全部打落。一次将栗苞全部打落，虽省工省时，避免栗果丢失，但这种方法有两个缺点：①60%～70%的栗果未成熟，打落后一般减产 20%～30%，果实质量差，不耐贮藏；②因有多数的栗苞不成熟，着生枝条相当牢固，不可避免地打断大量的果枝并打碎大量的叶片，影响栗树后期营养物质的积累和下一年的产量。

采收后的球果经过一段时间的堆放能促进坚果的后熟和着色，有利于贮藏运输，但不正确的堆放方法则会适得其反。因此，采收的栗苞应尽快进行发汗处理。因为当时气温较高，果实含水量大，呼吸强度大，大量放热，如果不及时处理，栗果易霉烂。处理方法是：选择背阴冷凉通风的地方，将栗苞薄薄摊开（厚度以 20～30 cm 为宜），每天泼水翻动，降温“发汗”，处理 2～3 d，即可进行人工脱粒。如遇虫果，应立即捡除，在大量的运输贮藏时，可采用二氧化硫熏蒸，温度在 20 ℃以上时，每立方米用药 20 mg，密闭 20 h，可全部杀死害虫，对种用果也不会发生药害。

3. 栗果采收后贮藏前的处理　板栗贮藏前应做好杀虫、散热、选果和选择好贮藏条件等几方面的工作。

（1）杀虫处理。采收后的板栗应立即进行杀虫处理。最好方法是将栗苞从树上采下后，立即用药熏蒸杀虫处理。也可采用浸入杀虫处理。即将栗果放入 50 ℃水温的容器中浸果 45 min 后取出晾干再行贮藏。这种方法对栗果的果肉、种子的发芽力无损伤。但用此法处理，栗实的果肉色泽稍差。熏蒸杀虫是用熏蒸剂杀虫。常用的熏蒸剂有二硫化碳和溴化钾。二硫化碳的用量，一般以 37 m^3 的容积按 1.3～2 kg 二硫化碳的标准计算用量，密闭 24 h。因二硫化碳气体较空气为重，所以熏蒸时盛放药品的容器，宜放在室内上方，使其汽化后逐渐下沉弥漫。

（2）堆放、散热处理。采收后的栗苞存放一段时间，是为了板栗后熟和着色，也有利于贮藏运输，但堆放不宜超过 10 d，高度控制在 70～100 cm。注意不要在上面踩踏。最好将栗苞倒在地上，再用木锨堆上。为了通风透气，需要每隔 3～5 m 插一小把用竹棍或秸秆捆成的通风道。若在室内堆放，还要注意开窗透气，同时应做好散热处理。

（3）认真选果。为保证板栗贮藏的质量和效果，要选择成熟饱满、有光泽、无霉烂、无芽及无虫害的板栗进行贮藏。

（4）选择贮藏条件。选择贮藏条件的标准以能保持一定的湿度和温度为好。一般选择质地疏松的糠灰、锯木屑、沙子等材料。

二、贮藏

（一）干藏法

以栗代粮或交通不便的山区，多采用干藏。主要有 2 种方法：一是将采收来的板栗进行风干、晒干、烘干或加工成栗粉；二是将鲜栗倒入沸水中煮 5 min，捞出晒干，放在透风干燥的地方，并每隔 25 d 晒一次。这种方法适合长期贮藏。对板栗的品质、营养无损，缺点是风味远不及鲜果。

（二）沙藏法

沙藏法是生产上广泛应用的一种简便贮藏保鲜的方法。可将板栗贮藏到翌年 2 月底，且能保持新鲜。其方法是选择地势高、干燥、排水良好、阴冷的地方，挖深 70 cm、宽 100 cm、长度适当的沟，于封冻前在沟底铺上一层 10～15 cm 厚、含水量为 10%的湿沙，然后将板栗：沙按 1：3 的比例混合，放入贮藏沟中。不要放满，应留出距地面 10～15 cm 的空间，再填满湿沙与地面平。地上面再培土 20 cm，天冷还要用草覆盖。沟内温度应控制在 0～10 ℃。为了降低沟内温度，可每隔 1 m 竖一个供通气用的、直径为 10 cm 的秸秆把。

堆藏多用于南方，在室内地面上铺一层玉米秆或稻草，然后铺沙约 6 cm，其上堆放栗果或 1 份栗果 2 份沙混合堆放，或栗果和沙交互层放，每层 3～6 cm 厚，最后覆沙 3～6 cm，上面用稻草覆盖，总高 1 m 左右。

（三）塑料袋室内保鲜贮藏法

这是目前板栗保鲜贮藏中投资少、设备简单、效益好的一种大众化贮藏法。贮藏时间可达 90～100 d，贮藏期内好果率可达 90%以上。其主要做法是选择一间东西向、有南北窗户的普通房屋（有条件的地方可在室内装一吊扇），检查通风情况，堵塞鼠洞，用 0.1%高锰酸钾进行室内消毒，并在前后窗上安装保温窗帘。将经熏蒸、阴凉、挑选过的板栗放入 10%的食盐水中去杂，捞出后放入 0.1%的高锰酸钾溶液中消毒半小时，选用厚 0.017 mm 以上的农用塑料薄膜，裁成长 2.2 m、宽 1 m 的规格，加热制成袋，并进行消毒。将消毒后的板栗装入袋内，每袋装 25 kg，不封口，按 2 层放置室内，通过开关窗户、保温帘及洒水，使室温保持在 0～16 ℃，以 5～8 ℃为最佳，相对湿度保持在 85%左右即可。

（四）锯木屑、砻糠灰贮藏法

锯木屑要选择新鲜未发霉变质的，砻糠灰需用清水浸泡 1 周，使灰中的盐分充分溶于水中，然后冲洗晾干。贮藏的方法有 2 种：一种是木箱贮藏，即将选好的栗果与锯木屑、砻糠灰做成的填充材料混合，盛入木箱，上面覆盖锯木屑 10 cm，放置于室内通风阴凉处；另一种是室内堆藏，即在通风凉爽的室内，用砖头围成 1 m 见方的方框，高度 40 cm，框内底部先铺一层 5 cm 厚的锯木屑，然后把锯木屑和栗果以 1：1 的比例混合，装入框内，最上面覆盖一层 10 cm 的填充材料。贮藏期间要经常检查室内或箱内温度、湿度及通风情况，如有腐烂，应及时翻查。

（五）气调贮藏法

气调贮藏法是当前比较先进的一种贮藏方法。通过降氧措施，调节贮藏环境中氧气的浓度，使氧的浓度降为 3%～5%。二氧化碳浓度增加，但不能超过 10%。用这种方法来降低果实呼吸，抑制乙烯产生，达到延长贮藏时间的目的。贮藏环境的温度以 10 ℃为宜，相对湿度以 90%左右为宜。具体做法是在贮藏库干洁的地面上铺一块 160 cm×360 cm 的塑料底布，其上放砖块或垫木。裁制一个高和宽各为 100 cm，长度为 300 cm 的塑料帐，四周多出 30 cm，将果篓和果箱按塑料帐的规格，在砖块或垫木上码成长方形垛。然后罩上塑料帐，把底部和帐边卷住压紧。务必注意塑料帐不能透气。最后利用充氮机充入氮气，在短时间内降低帐内氧气含量，使氧含量降至 3%～5%，以后用不断充氮来调节和控制帐内气体组成。

三、分级包装和运输

在出口或运至市场供应之前，要除去破损果、虫蛀果、腐烂果、畸形果和过小的不完全果，再用不同大小的筛子进行分级。

各地的分级标准不同，如广西 1 kg 坚果不足 60 粒为甲级，60～80 粒为乙级，100 粒以上为丙级，不完全粒最高不超过8%，杂质不超过2%；而北方栗子1 kg不超过160粒为一级，160～200粒为二级，200粒以上为等外级栗子。

包装以湿麻袋最为方便，但运输速度要快，在运输过程中麻袋要适当喷水，保持麻袋湿度，以免栗果失水。

除麻袋外，也可用篓子或木箱等包装，但应衬有塑料薄膜，以保持麻袋湿度，减少损耗。

第十一节 有机板栗优质高效栽培模式

有机板栗除对大气、水质等环境因素要求比较高外，在管理上要求也比较严格，其栽培技术主要有以下几个方面。

一、建园

1. 选地 宜选坡度在30°以下、土壤pH为5.5～7.0、地下水位1 m以下、土质为沙质土或沙质壤土的阳坡、半阳坡、丘陵或河滩平地建园。

2. 整地

（1）水平壕整地。适于坡度为10°～20°的丘陵山地。栽树前一年的雨季，按设计的行距，随山就势环山堆筑成一道道土壕，壕埂高30 cm、宽60～80 cm，土壕下面的山皮土不动，以防水土流失，水平壕的两端留有溢水口。

（2）穴状整地。适于坡度20°以下的坡地或平地。长×宽×深为（50～60）cm×（50～60）cm×（50～60）cm。

（3）鱼鳞坑整地。适于坡度20°以上的坡地。长×宽×深为50 cm×40 cm×30 cm。

3. 整地要求 一要反坡，外撅嘴里兜水；二要水平，不能出现凹凸不平，连续降雨100 mm时，不能有垮壕毁坝冲苗现象。

二、定植

1. 选苗 选择一、二年生，直径0.8 cm以上，无病虫害和较大机械损伤，大小均匀，主、侧根长度在20 cm以上的健壮实生苗。

2. 定植 初植密度株行距为2 m×3 m，每667 m^2为111株，以后随着树冠的扩大和交接郁闭，逐步隔株去株，隔行去行。

3. 栽植时期 秋冬季小雪前后土壤封冻前（11月）或春季清明前后、土壤解冻后（3月中旬至4月上旬）栽植。

4. 栽植方法 栽树前用修枝剪对苗木进行修根，剪去刨烂的陈腐伤口。埋土到分根处（五叉股）时浇大水至坑满，水渗后埋严踩实，以一般成年人单手拔不出苗木为度。一年生苗覆土厚度超过苗木原土印10 cm，二年生苗超过原土印20 cm。秋冬季栽树，苗木忌夜间暴露，以免裸根受冻，栽后苗木要压倒防寒，全部埋入土中，忌只攒土堆埋局部，以防露出部分抽条死苗。春季栽植应覆盖地膜，增温保湿，促苗生长发育，提高成活率。

三、嫁接

1. 品种选择 宜选对板栗病虫害有明显抗性的品种，例如燕山短枝作为主栽品种，燕明可作为授粉品种，适宜的配比为（8～10）：1。

2. 接穗的选择和贮藏 接穗要选用直径在0.3～0.8 cm、生长健壮、无病虫害的一年生结果母枝（棒槌码）。冬季（休眠期）采接穗于窖内沙藏，保持嫁接时接穗新鲜和休眠状态。

3. 嫁接 定植第二年或第三年的 4 月中旬至 5 月上旬嫁接，采用枝接方式，大树高接可延续到 5 月下旬。

4. 嫁接方法 以皮下接（插皮接）为宜。将砧木在距地面 10～20 cm 处减掉，剪口用刀削光削平。接穗下端削长 3～4 cm 马耳形斜面，背面左、中、右反削 3 刀，使之呈剑头形小斜面，长 0.2～0.3 cm，小面上部和大面对应部位用刀轻轻削去表皮，露出绿色嫩皮，接穗削好后含于口中待插，接穗上保证有 3～5 个芽，不宜过长。用嫁接刀纵切剪好削平的砧木，深达木质部，轻轻撬开皮层，随即插入削好的接穗，大斜面向内紧靠木质部，斜面上部露白 0.2～0.3 cm。直径 2～3 cm 的砧木可插 2～3 根接穗，高接大树接穗还可多些。用宽 3 cm 左右弹力较大的塑料条绑紧。为了防虫保湿，还可套上塑料袋，下口用细绳绑紧，接穗芽萌动展叶后及时扎孔或撕开。

5. 接后管理 接穗成活后要及时除掉接口下砧木上芽萌生的萌蘗。接穗新梢长到 30～40 cm 时，及时进行摘心，对二次新梢留 6～8 片叶进行二次或多次摘心。绑缚新梢，防风折。接后 2 个月左右视生长情况解开塑料条松绑，然后再缠绕在接口处，以保护接穗。

四、整形修剪

1. 树形 采用低干矮冠开心形，干高 30～40 cm，冠高 2.5～4 m，主枝 2～3 个，最多不超过 4 个，主枝基角 50°～60°，每个主枝上可选 1～2 个侧枝或直接着生结果枝组。

2. 摘心 嫁接后的 1～2 年夏剪以摘心为主，在主干或主枝延长枝长到理想树形长度时摘心，其他新梢长到 20 cm 时，摘除梢头，以后二、三次梢长至 20～30 cm 时，留 6～8 片叶进行第二、三次摘心，到 8 月中旬停止摘心。

3. 抹芽 芽体萌动时，强枝上部外侧选留 4～5 个大芽，中庸枝留 1～3 个大芽，其余的芽抹掉，抹芽的原则去小留大、去下留上、去密留稀、去弱留强。

4. 冬季修剪 适度短截或回缩主枝、侧枝等骨干枝的延长枝，因品种、树势、树龄、空间的不同确定其短截轻重程度。无空间的发育枝疏除，有空间的发育枝短截培养成结果枝组，尽可能少疏多截。同一分枝上结果母枝较多的，重短截或疏除先端势力最强的，留中庸粗壮的结果，疏除下部细弱的。并列发生 3～4 个强枝，形成三股叉、四股叉的采用疏一截一缓一或疏一截一缓二的方式处理。疏除细弱枝、病虫枝、重叠枝、过密枝、鸡爪码、鱼刺码及部分强旺顶生枝。回缩冗长、细弱结果枝组到下部分枝处。密植丰产园结果母枝留量每平方米树冠投影面积留 8～12 条，丘陵、山地立地条件较差栗园每平方米树冠投影面积留 6～8 条为宜。

五、病虫害防治

选择对板栗病虫害抗性强的品种；早春刮树皮，集中烧毁，萌芽前全树喷 3～5 波美度石硫合剂，基本上可控制板栗的病虫害。特殊年份，病虫害发生严重时，参考选用 GB/T 19630.1—2011 中推荐的方法及其植物源、矿物源或微生物源植保产品或制剂予以防治。晚秋收集落叶、病枝、栗蓬集中销毁，消灭越冬病虫源。

六、花期管理

1. 喷硼 雌花盛花期（6 月中旬）10:00 前喷 400 倍硼砂液，间隔 7 d 后再喷 1 次。硼砂要用沸水溶解，防止再结晶，对雌花和叶片正反两面应均匀喷布，喷后如遇雨及时补喷。

2. 疏雄 当主栽品种雄花序长到 2 cm 左右时将其摘去，混合花序下方留 2～3 条雄花序就可满足授粉需要。混合花序的特征是顶尖略带紫红色，与下边雄花序比较可见突然变短趋势，必须保留。授粉品种不要疏雄。

七、肥水管理

1. 松土扩穴施基肥　果实采收后进行扩穴，从树冠外根少的地方向里刨，与根系较多的地方刨通，将根系引出来，深度 60～80 cm，一年扩 1～2 个面，逐年完成，直至相通，全园深翻。回填时，先将基肥填于沟内，然后再填表土，生土盖在上面，深翻扩穴后，用水质符合 GB 5084—2005 要求的水浇透。一般初结果树株施有机肥 25～70 kg，盛果期为 80～150 kg，或按果肥比 1∶(5～10) 的比例施入，也可混合适量的天然（或通过物理方法、未添加化学合成物质获得的）磷矿或钾矿粉及圈肥、厩肥、人粪尿、堆肥、绿肥、饼肥等迟效农家肥。

2. 刨树盘压绿肥　春、夏、秋季刨树盘，春刨宜浅不伤根，秋刨宜深，刨时要内浅外深，一般深度 20 cm 左右，夏季刨树盘结合压绿肥，每 667 m^2 可压绿肥 500～2 500 kg。

3. 浇水　视干旱情况，一般年内以春、秋、冬不少于 3 次水为宜。

4. 土壤施硼　秋末冬初土壤封冻前或春季土壤解冻后萌芽前，每平方米树冠投影面积施硼砂 25 g。

八、适时采收

板栗成熟开裂后，每天早晚 2 次捡拾自然落果。栗蓬由青变黄，有 2/3 栗蓬开裂时进行打栗蓬采收，严禁采青。

第五十六章　核　　桃

概　　述

一、核桃的价值

核桃是我国重要的木本粮食及坚果油料树种，也是极其重要的能源、生态树种，在维护我国粮油安全、能源安全、生态安全及促进全民保健、农民增收、新农村建设等诸多方面均发挥着极其重要的作用，在我国经济林产业中占有无可替代的重要地位，日益受到全社会的广泛关注。核桃仁具有极高的营养价值，每百克含脂肪 63.0 g，其中不饱和脂肪酸占 90%以上，蛋白质 15.4 g，糖 10.7 g，磷 329 mg，钙 108 mg，钾 390 mg，铁 3.2 mg，还有锌、硒和丰富的维生素 B_1、维生素 B_2、维生素 E 及人体必需的氨基酸，其最突出的营养成分是核桃仁中脂肪含量高达 70%左右，其主要成分是油酸和亚油酸，约占总量的 93%，因此容易被消化，吸收率高，为高级食用油。仁中的蛋白质也因其真实消化率和净蛋白比值较高而被誉为优质蛋白。据分析，1 kg 核桃仁的营养价值相当于 5 kg 鸡蛋、4 kg牛肉、9.5 kg 牛奶。核桃仁中还含有丰富的促进大脑发育的叶红素，一直被人们视为孕妇、幼儿、老人、脑力劳动者的营养佳品，适宜于各类人群。核桃仁的医药保健功能早为国内外所公认，有健脑、补血、润肺、益胃、养神等功效。中国古代就称核桃为“万岁子”“长寿果”，国外有人称其为“大力士食品”“营养浓缩的坚果”。明代大医药学家李时珍对核桃仁的医药价值概括为“补气养血、润燥化痰，益命门，利三焦，温肺润肠……”核桃坚果具有很高的商品价值，一直畅销国内外市场，交易量和交易额持续增长，种植效益大幅提高，尤其是实现良种化栽培，单位面积产量、坚果品质明显提高，每 667 m^2 收益达到万元以上。核桃有很广阔的深加工潜力，核桃油、核桃乳、核桃粉等深加工产品进一步增加了核桃附加值，利用核桃壳加工的活性炭、精细粉粒有很广阔的工业用途。近几年，文玩核桃的兴起，使核桃产业历史文化增添了新的色彩。核桃木材是举世公认的优良材种，有光泽，无特殊气味，质坚、纹细、轻而富有弹性，易磨光，是制作高级家具及枪托用材。核桃的生态效益是不可忽视的，它具有树体高大、树姿雄伟、抗干旱、适应性强等特点，是山区绿化、水土保持及发展经济林的理想树种，是我国山区生态建设与农民增收得到有机结合的最佳树种。

由于过去一直沿用实生繁殖，造成良莠不齐，是我国核桃低产、劣质、低效的主要原因。随着新品种的不断培育和更新，核桃低产、劣质、低效已经成为过去，早实、丰产、优质、高效已经成为现实。随着全球经济一体化进程加快，尽快实现核桃生产良种化、集约化、商品化和规模化是今后核桃产业发展的大趋势，不少地区良种核桃已成为当地经济发展的支柱产业。

二、核桃的起源和栽培历史

核桃（*Juglans regia* L.）在我国栽培历史悠久。对核桃的原产地及栽培历史，国内外学者历来众说纷纭，过去认为核桃原产于亚洲西部，即中亚一带。我国的核桃一直被认为是汉武帝时代张骞出使西域（公元前 122 年前后）带回来的，故称“胡桃”，引入后在我国黄河流域广泛栽培，故其栽培历史仅有 2 000 多年。河北农业大学杨文衡教授在《我国核桃资源》中阐述了普通核桃应是我国原产的根据。据我国考古方面的研究，在新生代的第三纪和第四纪已有 6 个种分布于我国的西南和东北地区。其中有现代核桃楸（*Juglans mandshurica* Maxim.）和与普通核桃极相似的山旺核桃（*Juglans shanwangensis* Hu et Chang），该种发现于山东临朐县山旺村，地质年代是第三纪中新世，距今约为 2 500 万年。其次是通过孢粉分析，曾在江西的清江地区始新世地层中，新疆的准噶尔地区新世下地层中，北京地区始新世—早渐新世地层中，陕西蓝田毛东村早上新世地层中及西藏的聂聂雄拉湖相沉积中均发现了核桃的花粉。以上的发现距今都是地质年代较远的。距今年代较近的有西安半坡村原始氏族公社聚落遗址的出土文物，距今 6 000 年左右，经分析后也有核桃的花粉。在河北武安县磁山村发现的原始社会遗址（新石器时代）距今 7 000 多年，其出土文物有炭化核桃，经中国科学院鉴定是普通核桃。这就进一步证明了在我国西北、华北和华东一带早已有普通核桃的分布和栽培，我国也是核桃原产地之一。

三、国内外核桃的栽培现状

（一）主产国产销概况

1. 主产国生产简况　世界上生产核桃的国家约有 53 国（也有报道 30～40 国）。资料显示，年产 2 万 t 以上的国家是中国、美国、土耳其、伊朗、意大利、法国、智利、乌克兰、印度、罗马尼亚。2006 年年产 10 万 t 以上的国家是中国、美国、伊朗和土耳其。联合国粮农组织数据库资料 2006 年全世界核桃收获面积为 67.29 万 hm^2，总产量约 170 万 t，平均每公顷产坚果 2 569.47 kg。中国核桃产量为 49.9 万 t，美国为 30.84 万 t（表 56 - 1）。

表 56 - 1　2006 年 10 个核桃主产国生产概况

排序	国家	产量（t）	收获面积（hm^2）	单位面积产量（kg/hm^2）
1	中国	499 000	188 000	2 654.26
2	美国	308 440	87 075	3 542.23
3	伊朗	150 000	65 000	2 307.69
4	土耳其	129 614	76 667	1 690.61
5	墨西哥	79 871	54 539	1 464.48
6	乌克兰	60 000	13 500	4 444.44
7	罗马尼亚	38 471	1 678	2 292.70
8	法国	36 479	16 614	2 195.68
9	印度	36 000	30 800	1 168.83
10	埃及	32 167	5 620	5 723.67

注：资料来源为联合国粮食及农业组织数据库。

美国是目前世界上核桃生产最先进国家，其发展历史、经验和先进技术值得我们借鉴。核桃并非该国本土所生，而是引进树种。1867 年始建第一个核桃园，至今栽培历史只有 150 多年，但由于其十分注重良种化栽培，1915 年以后就不再用实生苗建园，全部采用嫁接苗建园，20 世纪 70 年代完全实现了品种化栽培，仅用了 30 年的时间就一跃成为世界核桃的产销大国，并奠定了世界核桃贸易的霸主地位。美国核桃生产主要有四高：

（1）良种化程度高。主栽 6 个品种（强特勒、哈特利、希尔、维纳、土莱尔、霍华德），品质优良，规格划一。

（2）生产水平高。美国核桃生产普遍采用叶面营养分析指导配方施肥，大部分核桃园应用比较先进的喷灌、滴灌或微灌设施，采用化学除草剂除草，依靠喷洒杀虫剂或采用激素诱捕的方法防治病虫害。采收的机械化程度很高，先是喷洒乙烯利，然后用振落机采收，再用脱青皮机脱皮、清洗机清洗、烘干机烘干、冷库干燥贮藏。如加工果仁，采用破壳机破壳，通过气流分选机进行壳仁分离，然后用分色机将果仁分为深色和浅色，再分出全仁和碎仁，最后分别称重包装销售。

(3) 质量效益高。美国核桃平均株产量为13 kg，美国核桃坚果的市场售价为1.7美元/kg，核桃仁为9美元/kg，而我国分别为1美元/kg和3美元/kg，可见高品质的效益所在。

(4) 市场占有份额高。出口量美国占到总产量的40%～50%，而我国仅占10%，且处于继续下降趋势。20世纪70～80年代，我国在核桃出口上，有过辉煌的历史，出口量占到世界贸易量的50%以上，居世界第一。当时我国出口的带壳核桃每年有2条专船驶往德国和英国，占德、英市场的85%，但从1986年后，由于我国的核桃果形不一、色泽不亮、果壳不薄、取仁不易、质量不过关，市场一下子被突起的美国优质核桃所取代，出口量急剧下降，从几万吨到几百吨，自20世纪90年代后，带壳核桃几乎全部挤出欧洲市场。目前，只有云南的泡核桃还在中东有市场，北方带壳核桃除在韩国有几百吨外，其他市场无中国的带壳核桃。核桃仁的出口量也在下降，目前仅为1万t左右。

四高集中体现在开发经营的四个环节上，即：

① 区域化（集中分布在加利福尼亚州中部的萨克拉门托、圣华金河谷和俄勒冈州东部）、规模化的生产；②良种化、品种化的栽培；③科学化、机械化的管理；④专业化、一体化的营销。美国的核桃产业由5 300多家种植户和55个销售商构成，绝大多数都是家族经营，一代传给下一代，专业化程度很高。

其他核桃主产国在核桃生产和科研上也都有各自的成就，如土耳其也是一个不可小视的核桃生产国，其核桃产量在20世纪70年代曾为全球第一（17万t），以后也一直保持着第三、第四的地位。该国十分重视核桃良种选育工作，从10个省的核桃树中初选323株高产树，复选48株优树，决选20株优树，经过稳定性和适应性观察，最终选出塞宾等8个优良品种，主要采用嫁接苗在全国推广。罗马尼亚是欧洲栽培核桃最早的国家之一，主要分布在丘陵山区，以核桃园、公路行道树和零散树、核桃用材林3种模式栽培，由于罗马尼亚人喜欢核桃木材，树体一般都培育得比较高大，而且进行林粮间作和生草栽培，很注重科学规划、合理布局，研究重点突出，研究人员、机构和经费相对稳定，以生产、科研、加工、销售一体化机制运作。法国培育的著名品种福兰克蒂已被引种到世界上的许多国家。保加利亚培育出德育诺沃等3个优育品种在全国推广。英国的研究发现乙烯利能明显降低树高和干周生长量，促使幼树提前结果。德国研究认为核桃的孤雌生殖可以遗传，属于品种特性。其他如塞尔维亚、波兰、捷克、斯洛伐克都进行了大量实生树的选育工作。

2. 主产国外销简况 国际核桃市场带壳核桃年交易17.13万t左右（FAO），2005年美国核桃坚果出口约5.3万t，约占世界带壳核桃销售量的30%，售价1 800～2 000美元/t，年际变化不大。中国核桃坚果出口数量波动较大。1996年出口量1 650 t，1999年4 750 t，2001年1 180 t，年平均出口量基本维持在1 200～1 500 t（坚果）。2005年约占世界带壳核桃销售量的1.2%，是美国外销量的1/17。中国核桃市场售价1 267美元/t，美国售价2 130美元/t（表56-2）。两个核桃生产大国的市场份额和销售单价的差距，关键就是产品质量，左右产品质量的核心就是质量标准和保障措施的落实。例如，

表56-2 2005年十大主产国带壳核桃出口状况

国 家	数量（t）	价值（美元/t）	国 家	数量（t）	价值（美元/t）
中国	1 480	1 267.02	印度	190	1 307.25
美国	52 790	2 130.31	伊朗	90	1 544.39
法国	19 180	2 106.45	墨西哥	80	1 974.37
乌克兰	5 750	742.93	埃及	20	1 399.06
罗马尼亚	660	700.35	土耳其	10	2 258.92

注：资料来源为联合国粮食及农业组织数据库。

土耳其2006年产核桃坚果13万t，但品种化、规范化、标准化水平逐年提高且落实较好，其市场份额和售价也在不断提高。东欧摩尔达维亚核桃产量不多，但仁色浅亮、外观漂亮，售价不菲。这些都是中国核桃出口外销潜在的威胁。

另据世界果树生果仁协会近年统计，5个核桃仁出口国在国际市场占有率分别为美国55%，中国14%，法国13%，印度9%，智利6%，其他国家3%。

（二）中国核桃产业发展概况

1. 我国核桃的分布 核桃在我国分布很广，辽宁、天津、北京、河北、山东、山西、陕西、宁夏、青海、甘肃、新疆、河南、安徽、江苏、湖北、湖南、广西、四川、贵州、云南及西藏等21个省（自治区、直辖市）都有分布，内蒙古、浙江及福建等省（自治区）有少量引种或栽培，主要产区在云南、陕西、山西、四川、河北、甘肃、新疆等省（自治区）。核桃是我国经济树种中分布最广的树种之一。

核桃在我国的水平分布范围：从北纬21°08′32″的云南勐腊县到北纬44°54′的新疆博乐市，纵越纬度23°25′；西起东经75°15′的新疆塔什库尔干，东至东经124°21′的辽宁丹东，横跨经度49°06′。

核桃在我国的垂直分布，从海平面以下约30 m的新疆吐鲁番布拉克村到海拔4 200 m的西藏拉孜，相对高差达4 230 m。

2. 我国核桃生产和销售状况 我国是核桃的故乡之一，栽培历史有文字记载的约2 000年以上，主要分布在西北、华北、西南20多省（自治区、直辖市）。1949年前我国核桃处于实生繁殖和自然生长状态，管理粗放，总产量5万t左右，1921年曾出口6 710 t。驰名中外的山西汾州核桃、河北石门核桃和云南漾濞核桃，是当时的畅销商品。20世纪50年代中期全国核桃产量升至10万t；60年代总产降至4万～5万t；70年代总产恢复到7万～8万t，1978年达11.8万t。进入20世纪80年代，社会稳定，政策支持，环境宽松，全国核桃产量逐年增加，2005年总产达50万t，主产省（自治区、直辖市）核桃产量也以新的面貌出现在世人面前（表56-3和表56-4）。

表56-3 1978—2005年我国核桃产量

年 份	产量（t）	年 份	产量（t）	年 份	产量（t）
1978	118 650	1996	237 989	2002	340 147
1980	118 900	1997	249 834	2003	393 529
1985	121 917	1998	265 121	2004	436 862
1989	160 053	1999	274 246	2005	499 074
1990	149 560	2000	309 875		
1995	230 867	2001	252 347		

注：资料来源为《中国统计年鉴》，2007。

表56-4 2005年核桃主产省（自治区、直辖市）产量及份额

地区	产量（t）	份额（%）	地区	产量（t）	份额（%）	地区	产量（t）	份额（%）
云南	91 200	18.27	河南	25 339	5.07	吉林	2 888	0.56
陕西	63 790	12.78	山东	20 455	4.10	宁夏	627	0.13
四川	59 272	11.88	北京	13 787	2.76	西藏	622	0.12
山西	53 432	10.71	湖北	9 051	1.81	天津	422	0.09
河北	47 032	9.40	贵州	6 840	1.37	广西	339	
新疆	31 761	6.36	安徽	6 300	1.26	江苏	151	
甘肃	29 675	5.96	湖南	3 761	0.75	福建	112	
辽宁	25 576	5.12	重庆	3 227	0.65			

注：资料来源为《中国统计年鉴》，2007。

在我国核桃业历经多年的发展中，经过1959—1962年两次引入内地新疆早实和丰产优良种质，并以此为亲本选育出许多优良品种在全国推广种植。1979—1986年全国核桃科研协作组推出17个早实优良品种和品系，各地广泛开展良种选育工作，并在生物学特性、丰产技术、嫁接育苗、病虫防治等方面进行了卓有成效的研究。辽宁、山西、陕西、山东、云南、新疆、河北等地区先后选育推广一批新优品种，使我国核桃业步入了新的发展阶段，出现了崭新的面貌。1988年我国首次颁布《核桃丰产与坚果品质标准》，为规范核桃生产提供了依据。1990年林业部公布了我国首批经组织鉴定的16个早实核桃优良品种，开创了我国用自主选育的品种、嫁接苗木建园的新局面。进入20世纪90年代，种植规模和总产量与年俱增，自育优良品种普及率和技术进步显著提高，到2000年全国核桃产量突破30万t，2005年达50万t。近年来，我国核桃面积、总产量快速增长，据初步统计，截至2012年全国核桃种植面积已超过333.3万hm^2，总产量超过130万t。

但是，令人遗憾和深思的是，我国核桃坚果和果仁外销出口方面，由于产品质量较差，在国际销售市场中份额不断减少，销量逐年下降（表56-5）。

表56-5 1996—2005年中国核桃产量及出口概况

年份	生产量（万t）	产量（kg/hm^2）	出口种类及数量（t）		出口价值（百万美元）	进口数量（t）
			坚果	果仁		
1996	23.799	1 586.60	1 650	14 440	948.78	6 800
1997	24.983	1 561.50	1 520	13 450	2 100.82	7 700
1998	26.920	1 641.50	1 620	10 500	2 055.99	6 200
1999	27.425	1 662.10	4 750	9 070	2 740.36	6 700
2000	30.988	1 844.50	2 750	8 060	2 712.26	7 140
2001	25.235	1 442.00	1 180	9 600	1 493.40	5 450
2002	34.331	1 950.60	2 390	6 790	2 219.01	6 920
2003	39.353	2 186.30	1 240	8 650	1 604.21	7 120
2004	43.686	2 361.40	1 170	10 010	1 213.93	8 020
2005	49.907	2 863.20	1 500	12 570	1 873.92	10 240

注：资料来源为联合国粮食及农业组织数据库，2007。

（三）我国核桃产业发展存在的问题及对策

1. 推动我国核桃产业快速发展的主要因素

（1）市场需求潜力巨大，市场价格连年攀升。一方面核桃的营养、保健、药用价值已深入人心，另一方面我国对保健食品的旺盛需求，而人们对核桃的保健效果更是情有独钟，从而形成了一个巨大的消费群体，并出现了与国际市场价格的倒挂现象，这将为核桃产业的快速发展提供强有力的拉动。

（2）优良品种的选育和良种化技术的普及推广，为产业发展提供了必要的条件。目前，我国各地选育的核桃良种有数十个，如香铃、鲁光，这些品种的突出特点是丰产、壳薄，许多品种的综合性状达到或超过美国品种，这为产业发展奠定了基础条件。同时，近几年核桃良种化技术进一步提高，良种嫁接成活率高而稳定，为加快良种化进程提供了技术支撑。

（3）核桃良种丰产配套栽培技术水平日渐成熟，种植效益显著提高。通过推广核桃良种栽培，产量、效益明显提高，各地的丰产示范高产纪录不断被刷新，高产水平已突破500 kg，良种化栽培技术推广普及速度加快。核桃种植不再是过去那种结果晚、产量低、品质差、效益低的产业，而是随着良种核桃的普及推广逐渐成为高产、高效的产业，每667 m^2收益超过万元的地片或示范园随处可见，这对于管理成本较低的核桃园来说，收益相当可观。

（4）核桃深加工技术水平大幅提高。核桃油、核桃粉、核桃乳等深加工产品已进入大众生活，逐

渐形成了诸多品牌，更高层次深加工产品开发速度加快，为核桃产业的深加工增值、多用途利用、开发市场潜力开辟了新途径。加工能力的迅速提高，无疑扩大了生产消费量，从而进一步拉动了产业发展。

（5）各地对核桃产业发展积极主动，生态建设、山区开发、新农村建设使政策、资金、项目扶持力度加大。近几年由于核桃的价格连年上涨，全国各地核桃栽植的面积迅速扩大。据不完全统计，“十一五”期间云南省规划核桃栽植面积达到 240 万 hm^2，甘肃陇南现有核桃栽植面积已达到 66.7 万 hm^2，新疆、甘肃、陕西、山西、四川等地都对核桃产业制定了发展规划，资金投入大幅增加，核桃市、核桃县、核桃乡、核桃村如雨后春笋般迅速发展起来，这为核桃产业大发展提供了前所未有的机遇和条件。

2. 我国核桃产业存在的主要问题 虽然我国核桃栽植面积和总产量居世界首位，但平均单位面积产量却很低，每 667 m^2 产量美国平均在 200 kg 以上，而我国尚不足 50 kg；在国际市场上的价格仅为美国的 70%左右，这些均表明我国核桃整体技术水平和生产力水平不高，与世界先进水平差距还很大。产量低、品质差尚未从根本上得到改善，分析其主要原因一是良种普及率低，我国自主选育的优良品种很多，但良种普及率相对还很低。据初步估计，新发展的园片良种化比例不超过 40%，从整体上离真正意义上的区域化、规模化、品种化、标准化、品牌化、产业化的目标差距还很大。造成这一现象的主要原因是：

（1）良种意识薄弱。缺乏一个科学的良种产业发展规划，往往一哄而上，全国各地到处调苗，造成良莠不齐、品种混杂，给产业健康快速和可持续发展埋下隐患，不少走了弯路，有的甚至中途夭折。这是我国核桃产业面积大、产量低、品质差的主要原因。

（2）立地条件差。我国大部分核桃分布在山区，土层瘠薄，又无水浇条件，各项管理技术措施无法有效的实施。

（3）分散经营、管理技术水平低。多数农户经营的核桃园 0.13～0.26 hm^2，甚至更少，良种推广、配套技术普及难度大，管理粗放，不能有效地进行标准化产业化经营。

（4）果品处理技术及深加工水平低，商品化程度及产品附加值低。我国核桃生产经营模式多以自产自销的传统模式为主，缺乏深加工龙头企业的带动，抗风险能力、销售能力和市场竞争能力都比较低，规模化发展、集约化经营、品牌化产业化生产进程缓慢。

3. 对策和建议

（1）加大政策扶持和资金投入力度。发展核桃产业功在当代，利在千秋。上级有关部门应审时度势尽快出台有关政策和措施把这一产业做大做强。项目、资金、政策等各方面给予优先考虑，相信一定在短时间内取得大的发展。

（2）科学规划、合理布局、规模发展。我国地域广阔，土壤、气候多样，优良品种特点不同，各地在发展核桃生产时一定要注意适地适树，选择适宜核桃生长结果的土壤和气候条件，做到因地制宜、科学规划、合理布局、规模发展；要优先考虑优良品种，实行良种化生产，要坚决做到非良种不栽，要制定严格科学、切实可行的良种发展规划，坚决摈弃过去那种一哄而上、盲目发展、不重品种的陋习；在主栽品种的选择上尤其是要注意品种抗病性、品质优劣、丰产性等指标。要先进行引种试验，筛选确定主栽品种，建立规范的丰产优质示范基地进行示范推广。现有的核桃生产区要认真调研，尽早筛选确定适宜当地发展的主栽优良品种，通过改接换优等良种化措施逐步优化品种结构。主栽品种越少越集中越好，作为一个地区最好是确定 1 个主栽品种，一个省 2～3 个品种，才能加快良种化发展，逐步形成品种规模化、产业化生产，真正做到区域化、品种化、规模化、品牌化生产，促进核桃产业又好又快发展。

（3）加大科技创新研发力度，加强示范基地建设，通过示范带动整个产业的发展。核桃产业科技创新的重点应是品种选育及核桃深加工技术，为核桃产业的快速健康和可持续发展奠定基础。示范基地建设内容非常广泛，应主要包括优良品种、先进集约的栽培管理技术和模式、精深加工包装贮藏技术及市场营销技术策略等。示范基地的建设首先要突出良种化，选用的良种必须品质优、抗性强、丰产，而且要受市场欢迎；同时要严格品种管理，按照发展规划，建立良种繁育基地，防止实、杂、劣、差品种混入；其次要标准化管理，包括合理密度、整形修剪、肥水管理、病虫防治、采收处理等，要充分展示品种的丰产性、品质优和高效益。按照目前的技术水平示范基地盛果期大面积平均每667 m^2 产量应稳定在 200 kg 以上，高产片产量应在 400 kg 以上。

(4) 大力发展和扶持深加工龙头企业，做大做强核桃产业。我国核桃产业近几年发展迅速，产量提升很快，没有深加工企业的参与，将很难做大做强。因此，各地要积极发展和大力扶持核桃深加工龙头企业，加快实施龙头企业带动战略。要按照扶优扶强、突出重点的原则，坚持实行多种类型和多种所有制并举、改建与扩建相结合方式，在相对集中的产区发展一大批带动能力强的贮藏、加工、流通等各种类型的核桃产业龙头企业，尤其是核桃深加工企业，以提高核桃产业化发展水平。

(5) 积极扶持建立农民专业化合作组织，走联合经营品牌化、产业化的发展之路。通过把分散经营的农民组织起来，有利于良种、管理技术的普及推广，有利于区域品牌化、产业化生产和经营，提高产业水平。通过把核桃种植户组织起来成立专业合作组织，统一技术管理、统一加工处理、统一销售，既有效地消除了种植户的后顾之忧，同时避免市场无序竞争，大幅提高经济效益。

(6) 林果行业部门要转变职能，着力做好产业服务工作。各地经济林行业主管部门，要把组织管理定位在服务企业、服务林农和服务市场上来；加强产品的认证工作，扩大宣传，加快实施创立名牌的发展战略；要放手发展农民合作组织、社会中介服务组织，加快社会化服务体系的建设。信息、资源、技术是产业发展三要素，其中信息是关键，因此，各地要高度重视并认真做好林果产业建设的信息工作，为产业发展提供服务。

第一节　种类和品种

核桃属核桃科植物，是我国栽培历史悠久、种类和品种极为丰富的经济林树种之一。据《中国果树志·核桃卷》(1994) 记载，我国目前现有核桃和铁核桃两个种群的无性系品种和优良品系 216 个，核桃同铁核桃种间杂交种 5 个，并且近年来不断有新品种问世。核桃生产品种化是提高核桃产量、品质和经济效益的基础条件，因此，各核桃生产国均把选育优良品种作为生产和科研的重点。

一、种类

核桃属于核桃科 (Juglandaceae) 核桃属 (*Juglans*)，该属共有 20 多个种，分布于亚洲、欧洲及美洲（主要是北美洲）。我国原有的和陆续引进栽培的有 9 个种，其中分布广、栽培品种多的有 2 个种，即普通核桃和铁核桃，余者有少量栽培或野生。

（一）普通核桃

普通核桃 (*J. regia* L.) 别名胡桃、羌桃、万岁子，国外称为英国核桃或波斯核桃。本种是我国的主要栽培种。我国的许多优良品种和类型除部分属于铁核桃外，都属于本种，在欧美各国栽培的品种，绝大多数也属于本种。树为高大落叶乔木，树龄长。据记载，在西藏波密县有 975 年生的大树，百年生大树约有 12 万株之多。其次在陕西省的永寿和甘肃省的武威及青海省的民和、乐都、循化都有 200～300 年生的大树。一般常见大树高 15～20 m，主干直径 1 m 左右，树冠直径 6～9 m。

树冠呈半圆形，树皮银灰色，幼树树皮平滑，老树呈不规则纵裂。嫩枝初生时呈绿色，早春也有略呈红色的。停止生长后变为鲜灰色或灰褐色。在大部分徒长枝上都有棱状突起。一般有棱或多棱的枝条不如少棱或无棱的枝条耐寒。核桃枝条头一年髓部很大，木质部松软，以后随树龄的增长，髓部逐渐缩小。叶为奇数羽状复叶，小叶一般 5～9 片，广卵圆形或卵形，有短尖，叶柄短、全缘或具有

波状的粗浅锯齿。

花为单性花，雌雄同株，雌花芽着生于枝条顶端，呈圆形，为混合花芽。雄花芽着生于叶腋间，呈圆锥形。叶芽顶生者呈尖圆形，侧生于叶腋间者呈圆形。雌花单生或群生，花萼片退化，花瓣4裂，柱头浅绿色、羽状，分2条，长约1 cm，淡黄色，子房1室、下位。外有总苞，绿色，表面有密生细茸毛。雄花序为细长的柔荑花序，长10～15 cm。一个雄花序中有小花多达100朵以上，小花花被呈3～6裂，每行小花有雄蕊15～20个，花丝极短，花药黄色，花粉量大。

果实在园艺分类上属坚果。绿色总苞，有细柔毛（也有无毛者），果实成熟后能自然开裂。总苞内为坚硬的核壳，表面有凸凹的沟纹。核壳之内有薄层种皮，种皮之内的种仁，即食用部分核仁。果实的大小、形状，核壳的厚薄，种皮的色泽，种仁的色泽、品质及成熟期等均因品种不同而异。一般出仁率为50%以上，含油量为70%左右。

（二）铁核桃

铁核桃（*J. sigillata* Dode）别名泡核桃、漾濞、茶核桃、深纹核桃。主要分布、栽培于我国西南地区。云南、贵州、四川的西昌是主产地区。在西藏南部山区野生于海拔1 700～3 100 m的阔叶混交林中。铁核桃与普通核桃的主要区别是，小叶9～13片，叶片由下而上逐渐变小。椭圆披针形，幼叶有锯齿。顶端小叶常退化为1～1.5 cm长的线状体，故似偶数羽状复叶。雄花序长16～20 cm，每序小花80～100朵。雌花单生或群生，花萼退化，花瓣4裂，柱头2裂，呈粉红色。果实扁圆形，核壳皱褶明显，出仁率40%～50%，含油量60.5%～70%。有许多优良品种，分为薄皮及厚皮两个类型。

本种耐湿热，不耐干旱，适于年平均温度11.4～18 ℃地区，绝对最低温度－5.8 ℃，年平均降水量700～1 100 mm，抗寒力弱，对土壤、光照的要求与普通核桃相同。

（三）核桃楸

核桃楸（*J. mandshurica* Max.）别名山核桃、东北核桃。本种产我国东北，在鸭绿江沿岸分布最多。河北和河南两省也有分布。俄罗斯西伯利亚和朝鲜北部也有分布。树为高大乔木，高达20 m左右。树皮灰色，光滑。叶为羽状复叶，小叶7～17片，叶缘有细锯齿，背面有毛。雌花序有5～10花，柱头2裂，呈鲜红色，坐果4～5。雄花序长约10 cm。果实总苞表面有小棱，先端尖，不易开裂，种仁含油60%～70%，果壳厚，出仁率低。抗寒力强，可作栽培种核桃的砧木，但不如共砧好，故不宜采用。本种是抗寒育种的种质资源，在东北有多种类型。

（四）麻核桃

麻核桃（*J. hopeiensis* Hu）又名河北核桃。系核桃与核桃楸的天然杂交种，在河北、北京、辽宁、山西、陕西等地有零星分布。

本种为乔木，树高可达20 m，树皮银灰色。小叶7～15，椭圆形至长圆状卵形。全缘或具浅锯齿，叶背面微有毛。雌花序有5枚雌花，坐果1～3个。果近球形，稍具4棱，总苞微有毛或无毛，直径4～5 cm，先端突尖，壳沟、壳点深，有6～8条不明显的纵棱脊，缝合线突出，皱纹凸凹明显；壳厚不易开裂，内隔壁发达，骨质，仁少，不堪食用，适于休闲把玩或制作工艺品，其中雕刻的龙身核桃市场价格很高，主要类型有狮子头、虎头、官帽、鸡心等，是文玩核桃的主要种类。抗病力及耐寒力均很强。

（五）野核桃

野核桃（*J. cathayensis* Dode）别名华核桃。本种通常为灌木，多生于湿润的森林内，也有高达15 m以上的乔木。羽状复叶长可达1 m，具有小叶9～17片，卵状长圆形或倒卵状长圆形，长8～15 cm，叶缘有细锯齿，背面密生茸毛。雄花序长20～35 cm，雌花序着果7～9个，簇生。果实个小，壳硬，仁少，可作普通核桃的砧木。

产于甘肃、陕西、浙江、江苏、安徽、湖北、湖南、广西、四川、贵州、云南。常见于山地杂木林中，海拔 800～2 000 m 之处。

野核桃有变种，称华东野核桃［*Juglans cathayensis* Dode var. *formosana*（Hayata）Lu et Chang］，坚果小、近圆形，果核较平滑，产于浙江、江苏、安徽、山东、江西、福建和台湾等地。

（六）心形核桃

心形核桃（*J. cordiformis* Max.）又叫姬核桃，原产日本，1940 年曾引进栽于我国河北昌黎果树所。树高 15～20 m，小叶 11～17 片，叶缘有锯齿。具总穗状雌花序，每序结果可达 20 个。果心形、扁平，核壳表面无褶皱。

（七）吉宝核桃

吉宝核桃（*J. sieboldiana* Max.）产于日本，小叶 11～17 片，卵圆形，叶缘有细锯齿。果近球形，顶端尖，壳面平，微有顶凹，壳厚。

我国还从日本引进过果子核桃（*J. orentalis* Dode）和小果核桃（*J. draconis* Dode）等。

（八）黑核桃

黑核桃（*J. nigra* L.）分布栽培于美国，树高可达 30 m 以上，树皮暗褐色或棕色，沟纹状深纵裂，嫩枝有茸毛。奇数羽状复叶，小叶 15～23 片，长卵圆形，先端尖，有不规则锯齿，成叶表面光滑，背面有毛。果实球形，总苞有茸毛，壳果卵形或扁圆形，壳厚，纵向刻纹深，取仁难。进入结果期晚。美国从中选出一些较好的品种，如 Thomas、Chio、Stabler、Rohwer 等。

我国已引进并有较大发展。主要分布在河南、陕西、河北、山东等地。

（九）灰核桃

灰核桃（*J. cinerea* L.）是较抗寒的一种。产于美国，树高可达 30 m，树皮灰色，嫩枝、叶柄和花序轴都有茸毛和腺体，小叶 11～19 片，具不规则锯齿，每花序坐果 2～5 个，壳果长卵圆形，壳厚，仁少，但味美。从中选出一些较好的品种如 Van der poppen、Thill、Kenworthy、Irvine、Love、Sherwood 等。

以上两个产于美国的种已由美国加利福尼亚州引进我国栽培。

二、品种

我国栽培核桃可分个两种：一为普通核桃，二为铁核桃类群。普通核桃就是目前分布最广的一个种。北到辽宁、内蒙古，南至广西，东至福建，西至新疆、西藏。这种核桃在我国历来沿用实生繁殖，虽然经历代劳动人民的不断选择，形成了不少类群，俗称地方品种，如河北的石门核桃、山东的绵核桃、山西龙眼核桃、新疆早实核桃等，但只能称为地方品种群，仍属一个实生种群，不能称为品种。所谓品种，对核桃来讲，必须经过无性繁殖，其后代的个体主要经济性状如坚果品质优劣、果形大小、出仁率及树体生长情况、结果习性等多方面均表现一致。所以品种必须是经过无性（嫁接或压条）繁殖的群体。

铁核桃类群以云南为中心，以嫁接繁殖为主，在云南已有 300 余年的嫁接历史。这个种的核桃除坚果性状、树体枝叶与普通核桃不同外，其重要差异为生态环境。冬季低温长时间低于－5 ℃以下就会冻死，所以只适宜在云南、贵州、四川南部、西藏东部、湖南等地生长，不适于北方生长，其栽培品种较多。我国核桃嫁接历史悠久，但除云南等部分地区实行嫁接繁殖外，绝大多数地区历来沿用实生繁殖。其主要原因，是因为嫁接时期、核桃伤流及其他多种因素影响了嫁接成活率。直到 20 世纪 70 年代，山东省果树研究所、北京市林果研究所等科研单位进行了室内外嫁接技术研究，解决了这一技术问题。从而为我国核桃逐步实现品种化栽培奠定了基础。

自“六五”以来，我国从事核桃选育的科技工作者和广大群众，先后选育出 60 余个核桃新品种，并开始在生产中应用。现将主要的新品种简介如下：

1. 元丰 元丰核桃原名草寺 6 号。为山东省果树研究所从邹县草寺村新疆早实核桃实生园中选出。1979 年经省级鉴定定名。元丰核桃母树为实生树，1964 年播种，次年结果，属早实品种。

树势生长中庸，树冠开张，呈半圆形，树高 3.5 m。枝条密，较短，新梢绿褐色，分枝力为 1∶5.8。为雄先型早实品种，雄花比雌花早 10 d 左右。侧花芽比例为 64.2%，每果枝平均坐果 1.95 个。坚果单果重 10.72～13.48 g，壳面光滑、美观，商品性状好，缝合线紧，壳厚 1.3 mm。仁饱满，可取整仁或半仁，内种皮黄色，微涩，品质中等，出仁率 46.25%～50.5%，仁脂肪含量 68.66%，蛋白质 19.23%。平均每平方米树冠投影面积产仁 385～400 g，七年生每 667 m^2 产 434.5 kg。

该品种的主要特点为丰产，对黑斑病、炭疽病有一定抗性，坚果品质中等，进入结果期雄花多，干旱或土层薄栽植时果形偏小。元丰核桃现已在山东、河南、陕西等地大量栽培。

2. 薄壳香　薄壳香原名为试验场 2 号。由北京市林业果树研究所于 1975 年从该所试验场核桃园新疆核桃实生树选出。1984 年经北京市鉴定定名。母树树龄 22 年生，树高 7.8 m。为早实品种，树势生长较强，树冠开张，呈圆头形。枝条较密，中长枝结果，新梢黄绿色，分枝力为 1∶2.8。雌雄花同时开放。每果枝坐果 1～2 个。坚果长圆形，果顶微尖，果基圆，表面麻壳，具浅条纹，缝合线较紧。平均单果重 12 g 左右，壳厚 1.04 mm，仁饱满，平均单仁重 7.9 g，可取整仁。内种皮黄白色，味浓香，无涩味。出仁率 60%左右。仁含脂肪 64.39%，蛋白质 19.26%。9 年生母树平均株产 10 kg。

薄壳香核桃的主要特点：壳薄，仁味香、饱满，出仁率高，雄花较少，适宜在土层深厚的立地条件栽植。薄壳香核桃已在北京、河北、山西、陕西等地引种栽培。

3. 香玲　香玲核桃原代号 N78－1－3。由山东省果树研究所 1978 年用优株早实核桃上宋 5 号为母本，新疆早实核桃无性系阿 9 为父本杂交育成。1984 年选出，1986 年参加全国区试，1989 年经部级鉴定定名。

早实品种，树姿直立，生长势中庸，树冠半圆形，树高 5 m。枝条较密、中短，新梢黄绿色，分枝力为 1∶5.5。为雄先型品种，雄花比雌花早 5 d 左右。侧芽结果率达 81.7%，结果枝平均坐果 1.3 个。坚果卵圆形，平均单果重 12.2 g，壳面光滑美观，商品性好，缝合线紧，壳厚 0.9 mm，取仁极易，可取整仁，内种皮淡黄色，无涩味，仁饱满、味香，品质上等，出仁率 55.15%～65.4%，仁含脂肪 65.68%、蛋白质 21.63%。平均每平方米树冠投影面积产仁 270 g，七年生每 667 m^2 产 418 kg。

香玲核桃主要特点：较丰产，坚果品质上等，对黑斑病、炭疽病具有一定的抗性，生长势较强，适宜在土层较厚的立地条件下栽培。

4. 丰辉　丰辉核桃原代号 N78－1－7。由山东省果树研究所 1978 年通过人工杂交育成；与香玲核桃是姊妹系，1989 年经部级鉴定定名。

早实品种，树姿较直立，生长势中庸。树冠呈半圆形，树高 4.7 m。枝条较密，二次枝较多，新梢绿褐色，分枝力为 1∶4.2。为雄先型品种，雄花比雌花早 8 d 左右。侧芽结果率达 88.9%。结果枝平均长度 7.9 cm，以中短枝结果为主，每果枝平均坐果 1.6 个。坚果长椭圆形，单果重 9.5～15.4 g，壳面刻沟较浅、较光滑，商品性状好，缝合线紧，壳厚 0.9～1.0 mm。取仁极易，可取全仁。内种皮淡黄色，仁饱满，美观味香。内种皮无涩味是该品种的主要特点。出仁率 54.6%～61.2%。仁含脂肪 61.7%、蛋白质 22.9%。平均每平方米树冠投影面积产仁 208 g。

丰辉核桃的主要特点：丰产，坚果品质上等，对黑斑病、炭疽病具有一定抗性，适宜在土层深厚、较肥沃的立地条件下栽培。

5. 鲁光　鲁光核桃原代号 W78－17－5。该品种由山东省果树研究所 1978 年杂交育成。其母本为新疆无性品种卡卡孜，父本为早实核桃优株上宋 6 号。1989 年通过部级鉴定定名。

早实品种，树姿较开张，树冠半圆形，生长势较强，树高 4.8 m，枝条较稀，新梢绿褐色，分枝力为 1∶5.5。为雄先型品种，雄花比雌花早 13 d 左右。侧芽结果率达 80.8%，结果枝平均长度 16.4 cm，以中长结果枝为主，每果枝平均坐果 1.44 个。坚果略长圆球形，平均单果重 14.9～18.5 g，壳面光滑美观，商品性状好，缝合线紧，壳厚0.8～1.0 mm。取仁易，可取全仁。内种皮黄色，无涩味，仁饱满，出仁率56.2%～62.0%。仁脂肪含量66.38%、蛋白质含量19.91%。每平方米树冠投影面积产仁244 g。

鲁光核桃主要特点：果型较大，光滑美观，树势生长较强，坚果品种上等，较丰产，对炭疽病、黑斑病有一定抗性，适宜在土层深厚的立地条件下栽培。

6. 辽核1号 辽核1号由辽宁省经济林研究所杂交育成。其母本为新疆纸皮核桃，父本为河北昌黎大薄皮。1979年通过省级鉴定，1989年通过部级鉴定。

早实品种，树势旺盛，树姿直立，树冠呈圆柱形，树高4.8 m，分枝力为1∶3。为雄先型品种。侧花芽结果率为79%，每果枝平均坐果1.67个。坚果平均单果重11 g，圆形，壳面光滑，缝合线较紧，壳厚0.7 mm，取仁易，可取整仁，内种皮淡黄色，出仁率53.85%。每平方米冠幅投影面积产仁188 g。

辽核1号主要特点：枝条粗短，抗病性强，适宜土层深厚的立地条件栽培。

7. 辽核3号 辽核3号由辽宁省经济林研究所杂交育成。其母本为河北昌黎大薄皮，父本为新疆纸皮核桃。1989年通过部级鉴定。

辽核3号为早实品种，树势旺盛，较开张，树冠呈半圆形，树高4.8 m。分枝力为1∶6.8。雄先型晚熟品种。侧花芽结果率为59%。坚果平均单果重10.5 g，略长圆形，壳面较光滑，取仁易，可取整仁，仁色浅，出仁率50.63%。每平方米冠幅投影面积产仁207 g。

辽核3号主要特点：抗病性强，要求土层深厚、肥水条件好，否则树势易弱。

8. 辽核4号 由辽宁省经济林研究所杂交育成，母本为辽宁大麻皮核桃，父本为新疆纸皮核桃，1989年通过部级鉴定。

辽核4号为早实品种。树势较旺，树姿直立。树冠呈圆头形，树高3.7 m，分枝力为1∶3，雄先型晚熟品种。侧芽结果率79%，每果枝平均坐果1.5个。坚果平均单果重11.6 g，圆形，壳面光滑美观，可取整仁。仁色浅，风味好，品质极优，出仁率57%。平均每平方米冠幅投影面积产仁230 g。

辽核4号主要特点：坚果质优，抗病性强，综合性状好，适宜在土层深厚处栽植。

9. 中林5号 中林5号由中国林业科学研究院林业研究所杂交育成。其母本为早实涧9-11-5，父本为早实9-11-12。1989年通过部级鉴定。

中林5号为早实品种。树势生长较旺，树冠呈圆头形，树高6 m左右，分枝力为1∶6.3，为雌先型早熟品种。侧花芽结果率为98%，每果枝平均坐果1.64个。坚果平均单果重10.0 g，圆形，壳面光滑美观，商品性状好。仁色浅，风味好，取仁易，可取整仁，出仁率60%左右。平均每平方米冠幅投影面积产仁250 g。

中林5号主要特点：坚果外形美观，品质好，抗病性较强。在肥水不足、土层薄处栽植时坚果变小。

10. 中林1号 中林1号由中国林业科学研究院林业研究所杂交育成。母本为山西汾阳串子，父本为涧9-7-3。1989年通过部级鉴定。

中林1号为早实品种，树势生长较旺，树姿直立，树冠呈长椭圆形，树高8 m，分枝力为1∶8，雌先型中熟品种。侧花芽结果率90%，每果枝平均坐果1.39个。坚果平均单果重12.45 g，果方圆形，壳较光滑，缝合线窄而凸起。仁色浅，味香，出仁率53.0%左右。平均每平方米冠幅投影面积产仁276 g。中林1号主要特点：仁品质好，抗病性较强，在肥水条件不足时落果较重。

11. 温185 温185核桃由新疆林业研究所自阿克苏温宿丰产薄壳实生种群选出，1989年通过部级鉴定。

温185核桃为早实核桃品种。树势生长较旺，直立性强，树冠呈圆柱形，树高5 m，分枝力为

1∶4.5，雌先型早熟品种。侧芽结果率100%，每果枝平均坐果1.71个。坚果平均单果重12.4 g，果圆形，缝合线稍凸。仁浅色，风味好，取仁极易，可取整仁，出仁率56%左右。平均每平方米冠幅投影面积产仁274 g。

温185核桃主要特点：丰产，优质，抗病性较强，适宜在土层深厚、较肥沃的土壤栽植。

12. 新早丰 新早丰是新疆林业研究所自阿克苏温宿丰产薄壳实生种群选出，1989年通过部级鉴定。

新早丰为早实品种。树势生长较旺，树冠呈圆头形，树高12 m，分枝力强为1∶7.6，雄先型中熟品种。侧花芽结果率达97%，每果枝平均坐果2.0个。坚果平均单果重12 g，果圆形，光滑美观。取仁易，可取整仁，出仁率50.6%。平均每平方米冠幅投影面积产仁249 g。

新早丰主要特点：丰产，增产潜力大，抗病性较强，适宜在土层深厚有肥水条件的立地条件下栽植，否则易早衰。

13. 扎343 扎343核桃是新疆林业研究所自阿克苏扎木台试验站实生种群选出。1989年通过部级鉴定。

扎343核桃为早实品种。树势生长极旺，树冠呈圆头形，树高10 m，分枝力为1∶3.6，为雄先型中熟品种。侧花芽结果率85%，每果枝平均坐果1.48个。坚果平均单果重12.6 g，椭圆形，壳面光滑美观。取仁易，可取整仁，仁黄色，出仁率50%左右。平均每平方米冠幅投影面积产仁245 g。

扎343核桃主要特点：坚果外形光滑美观，树势生长旺，在肥水条件差时仁不饱满，雄花多，抗病性较强。

14. 陕核1号 陕核1号是陕西省果树研究所自陕西扶风隔年核桃实生树选出，1989年通过部级鉴定。

陕核1号为早实品种。树势生长较弱，树冠开张，呈半圆形，树高5.5 m，分枝力为1∶8，为雌先型中熟品种。侧花芽结果率47%，每果枝平均坐果1.0个。坚果平均单果重12.7 g，近圆形，壳面光滑。取仁易，可取整仁，仁淡黄色，出仁率62%。平均每平方米冠幅投影面积产仁225 g。

陕核1号主要特点：丰产性较强，抗病，属短枝矮化型。

15. 西林2号 西林2号是西北林学院在该院早实薄壳大果实生树中选出。1989年通过部级鉴定。

西林2号为早实品种。树势生长较旺，树冠开张，呈自然开心形，树高2 m，属矮化型，分枝力强，为1∶8，雌先型早熟品种。侧花芽结果率88%，每果枝平均坐果1.2个。坚果平均单果重14.8 g，果长圆形，壳面光滑美观。取仁易，可取整仁，仁淡黄色，出仁率61%。平均每平方米冠幅投影面积产仁266 g。

西林2号主要特点：树型较矮化，坚果为大型果，商品性状好，仁品质好，树体抗病性强，适宜在土层深厚处栽植。

16. 西扶1号 西扶1号是西北林学院自罗家村扶风隔年实生树选出，1989年通过部级鉴定。

西扶1号为早实品种，树势生长旺盛，树冠较开张，呈圆头形，分枝力为1∶4.1，雄先型晚熟品种。侧花芽结实率90%，每果枝平均坐果1.29个。坚果平均单果重9.04 g，果圆形，壳面较光滑，缝合线稍凸。取仁易，可取整仁，仁淡黄色，出仁率52%。平均每平方米冠幅投影面积产仁257 g。

西扶1号主要特点：树势生长旺，丰产，抗病性强，仁品质好。

17. 绿波 绿波核桃是河南省林科所自新疆早实实生树中选出，1989年通过部级鉴定。绿波核桃为早实品种。树势生长较旺，树冠呈圆头形，分枝力为1∶3.8，雌先型早熟品种。侧花芽平均坐果1.59个。坚果平均单果重10.26 g，椭圆形，壳面较光滑，缝合线窄面微突。取仁易，可取整仁，仁淡黄色，品质好，出仁率59.21%。平均每平方米冠幅投影面积产仁283 g。

绿波核桃主要特点：树势生长旺盛，丰产，抗病性强。

18. 京 861 京 861 是北京市林业果树研究所从试验园早实核桃实生树选出，1989 年通过部级鉴定。

京 861 为早实品种。树势生长旺盛，树冠呈半圆形，分枝力为 1∶5.7，雌先型早熟品种。侧花芽结果率 95%，每果枝平均坐果 1.41 个。坚果平均单果重 9.8 g，果圆形，壳面光滑，有个别露仁。仁充实饱满，淡黄色，品种优良，出仁率 67%。平均每平方米冠幅投影面积产仁 188 g。

京 861 主要特点：树势生长旺盛，出仁率高，品质优良，抗病性强，适宜在土层深厚的立地条件下栽植。

19. 鲁香 早实丰产性能好，嫁接苗定植后第二年结果，侧生花芽率 86.0%，坐果率 82%，雄花芽少，雄先型。坚果倒卵圆形，重 12.7 g 左右，壳面多浅坑，较光滑；壳厚 1.1 mm 左右，内褶壁退化，横膈膜膜质。易取整仁，核仁充实饱满、色浅，有奶油香味，不涩，品质上等，出仁率 66.5%。

20. 鲁丰 坚果椭圆形，基部圆，果顶尖，单果重 12.9 g 左右，壳面多浅沟，不很光滑，缝合线窄，稍隆起，结合紧密，壳厚 1.1 mm；内褶壁退化，横膈膜膜质。易取整仁，核仁充实饱满、色浅、味香，无涩味，出仁率 60.17%，产量高。

21. 岱丰 坚果长圆形，平均单果重 14.5 g，表面较光滑，壳厚 1.0 mm，可取整仁。核仁充实、饱满、黄白色，味香、无涩味，出仁率 58.5%，脂肪含量 66.5%，蛋白质含量 18.5%。

早实丰产性较强，嫁接树当年见花，第二年结果，五年生树平均株产 5 kg 以上。坚果 8 月下旬成熟。

22. 清香 由河北农业大学从日本引进，属晚实类型中结果早、丰产性强的品种。

树体中等大小，树姿半开张，幼树时生长较旺，结果后树势稳定。高接树第二年开花结果，坐果率 85%以上。在河北保定地区 4 月上旬萌芽展叶，中旬雄花盛期，4 月中、下旬雌花盛期，9 月中旬果实成熟，11 月初落叶。坚果较大，平均单果重 16.7 g，近圆锥形，大小均匀，壳皮光滑、淡褐色，外形美观，缝合线紧密，壳厚 1.0～1.1 mm。种仁饱满，内褶壁退化，取仁容易，出仁率 52%～53%。种仁含蛋白质 23.1%，粗脂肪 65.8%，糖 9.8%，维生素 B_1 0.5 mg，维生素 B_2 0.08 mg，仁色浅黄，风味极佳，绝无涩味。

该品种开花晚，抗晚霜，抗旱耐瘠薄，对土壤要求不严，可以上山下滩，对炭疽病、黑斑病及干旱、干热风的抵御能力很强，在华北、西北、西南、东北南部均可大面积发展。

23. 礼品 1 号 从新疆纸皮核桃实生后代中选出。1989 年定名。

树势中等，树姿半开张。属雄先行。坚果长圆形，大小均匀，单果重约 9.7 g；壳面光滑美观，壳皮厚 0.60 mm，缝合线结合紧，指捏即开，极易取仁。仁皮色浅，种仁饱满，单仁重 6.7 g，出仁率 70%左右，仁味优良，为馈赠佳品。

抗病耐寒力较强，单位面积产量较低。9 月中旬果实成熟。

24. 晋薄 2 号 树势强健，数姿半开张，属雄先型。坚果圆形，重 12.1 g，壳皮厚 0.63 mm。可取整仁，仁皮黄白色，但仁种 8.58 g，出仁率 71.1%，仁味浓香，品质优良。

抗寒、抗旱、耐瘠薄、早期丰产性强。9 月上旬果实成熟。适于华北、西北丘陵地区栽培。

25. 晋龙 1 号 该品种树势强健，树姿半开张，果枝率 50%，树雄先型。坚果近圆形，重 14.85 g，壳面光滑，壳皮厚 1.1 mm。可取整仁，种仁饱满，仁皮黄白色，单仁重 9.1 g，出仁率 61%，仁味香甜，品质上等。9 月上旬果实成熟。

抗寒、抗旱、抗病力强，适宜于华北、西北地区发展。

26. 晋龙 2 号 该品种树冠中大，树势强旺，分枝力中等，雄先型。坚果圆形，重 15.92 g，壳面光滑，壳厚 1.22 mm。可取整仁，仁皮黄白色，单仁重 9.02 g，种仁饱满，出仁率 56%左右，仁味香甜，品质上等，果形较大美观。

抗旱、抗寒、抗病力较强。9月中旬果实成熟。适宜华北、西北丘陵山区栽培。

27. 希尔　美国的主栽品种，1984年引入我国。

树势旺，树姿较直立，树体高大。侧生混合芽率50%以上。坚果个中大，出仁率53%～59%。缝合线结合紧密，易取仁。

该品种抗病性、适应性很强，可在土层瘠薄、黏重或肥力低的山地土壤上栽培。

28. 强特勒　为美国主栽早实核桃品种，1984年引入我国。

树势中庸，树姿较直立，枝条粗壮，节间中等，发芽晚，雄先型，侧生混合芽率90%以上。坚果长圆形，单果重12.86 g。壳面光滑美观，色较浅；缝合线窄而平，结合紧密，内褶壁退化，壳厚1.5 mm。易取整仁，出仁率50%，核仁充实饱满，乳黄色，风味香。

该品种适应性较强，产量中等，核仁品质极佳，较耐高温。发芽晚，抗晚霜，适宜在有灌溉条件的深厚土壤上栽培。

29. 维纳　美国的主栽品种，1984年引入我国。

树体中等大小，树势强，树姿较直立。侧生混合芽率80%以上，雄先型。坚果锥形，果基平，果顶渐尖，坚果重11 g，壳厚，光滑，缝合线略宽而平，结合紧密，易取仁、出仁率50%左右。

该品种抗病性较强，早期丰产性强。

第二节　良种化技术

实现核桃丰产、优质高效的关键是首先实现核桃生产良种化。过去我国多采用实生繁殖，但由于其变异较大，后代不能保持母株的固有特性，结果晚、产量低、品质差，大大降低了产量、商品性状和价值。实践证明，通过嫁接是目前实现核桃良种化的有效途径。良种壮苗是发展核桃生产的重要物质基础，也是一项基础性工作。随着核桃产业的迅速发展，对良种苗木的需求量也急剧增加，质量要求也相应提高。因此，培育核桃良种壮苗是发展核桃产业的关键环节，其发展的快速与否在很大程度上取决于核桃良种苗木的培育和推广普及程度。核桃良种化技术主要包括良种采穗圃的营建与管理，良种苗嫁接繁育技术及实生劣树改接换优技术。

一、采穗圃的营建与管理

近年来，随着国家级首批16个核桃新品种的选育成功和各地一批良种的相继问世，我国核桃良种化生产发展很快，各地对良种苗木的需求量越来越大。但由于良种接穗紧缺，各地繁育的嫁接苗远未满足生产的需求。因此，必须加快良种采穗圃的建设步伐，以尽快生产出大量的优质接穗，满足生产的急需。

（一）采穗圃的营建

1. 圃地选择、整地及规划　核桃采穗圃应建立在气候温和、雨量充沛、光照充足、地势平坦、交通方便的地方，同时还应营建在核桃生产的中心地带，尽可能地靠近育苗地和造林建园地。建圃时立地条件的具体要求及整地方式均同于良种丰产园。采穗圃营建规模应根据当地造林建园任务的大小和周围地区的需用量而定，同时结合核桃生产的长远规划和接穗市场的预测综合考虑。一般每667 m^2盛产期的采穗圃每年所产的接穗可供建立6 670 m^2丰产园、33 350 m^2高接园的用量。

2. 品种选配及苗木规格　采穗圃在品种选择上要严格把关，做到品种纯正、来源清楚、质量可靠。拟选品种必须经过选优和育种过程，正式通过省级以上技术鉴定定名，且在当地表现最佳的优良品种或无性系。同一采穗圃，品种可以是一个，也可以是多个（3～5个为宜）。如果用多个品种（或无性系）时，应按设计图准确排列，严防混乱。建圃用的苗木要进行严格挑选，必须是良种嫁接苗，其规格是苗高 30 cm 以上，干径 1 cm 以上，主根保留长度 20 cm 以上，侧根 15 条以上，且要求接合牢固，愈合良好，生长健壮、通直，充分木质化，无冻害、风干失水、机械损伤及病虫危害等。苗龄 1～2 年为好。苗木运输途中要严格进行保湿包装，并挂标签，以防失水或混杂。

3. 栽植密度 采穗圃分永久性采穗圃和临时性采穗圃两种。永久性采穗圃是长期作为采穗的专用圃地；而临时性采穗圃则是前期重点用于采穗，当接穗满足后改造为丰产园，所以两者的栽植密度不尽相同。永久性早实品种采穗圃的定植株行距为 2 m×5 m 或 3 m×4 m，即每 667 m^2 55～66 株，晚实品种株行距为 5 m×7 m 或 6 m×7 m，即每 667 m^2 15～20 株。临时性早实采穗圃一般初植株行距为 4 m×4 m 或 4 m×5 m，每 667 m^2 33～40 株。

4. 栽植技术 栽植季节秋末或早春均可，栽植前将伤根或剪除烂根。栽植深度与该苗原入土深度基本相齐为宜。应做到随起随栽，根系舒展，栽直扶正，埋土紧实，上松下实。栽后要整出树盘，并及时浇足定根水，待水下渗后，坑面覆土或覆地膜保墒。较寒冷地区秋冬前栽植后，应用细土将苗木堆土埋严或仅露枝顶，以防冬季枝条抽干。栽后要及时绘制定植品种区划示意图。

（二）采穗圃的管理

采穗圃的主要功能是为生产提供大量优质接穗，因此在管理上以促进树体多抽生健壮的发育枝为目标。

1. 综合管理

（1）土壤管理。平地每年于早春或秋末进行深耕，深度 30～40 cm。树干附近浅些，外缘深些，以促进土壤熟化，提高通透性。不宜深耕的缓坡地，必须修筑水土保持工程，防止水土流失。要通过培田埂、垒石堰、刨树盘、挖撩壕等措施来蓄水保墒，改善土壤的理化性质。在整个生长季节，每年进行松土除草 3～4 次，使园地经常处于疏松、无杂草状态。对面积较大、劳力贫乏、杂草丛生的采穗圃，可用除草剂代替人工除草。其种类有百草枯、地乐胺、草甘膦等，要按照杂草种类和产品说明选用。

（2）间作。定植后 3 年内可间作豆类、薯类、花生等。4 年后一般不间作，若要间作，视其郁闭程度，适当栽种浅根性中药材及浅根、耐阴性经济作物。当树势衰弱而肥源不足时，可在圃内间种绿肥（毛苕子、豌豆等）作物，于次年现蕾期全园深耕压青，以增加土壤的有机质含量，改善土壤结构。不管间作何种作物，均要距树干 1 m 以上。

（3）施肥。分基肥和追肥，基肥以迟效性有机肥为主，以早施为宜，最好在采收至落叶期施入。每株 5～10 年的采穗树施农家肥 50 kg 左右，也可混入部分磷钾肥。追肥以速效性氮肥为主，适量混入复合肥。追肥时期以萌芽至新梢第一次速长期为好，不宜过晚。施用量可按树冠大小及树势情况酌情而定，一般每株成年采穗树年追尿素 0.5 kg、磷钾复合肥 0.5 kg，可分 2 次施入。施用方法可采用环状沟、辐射沟及穴施。施后立即覆盖。土壤干旱时要结合灌溉施肥，切忌在生长季节中后期大水大肥，否则将会使枝条停长晚，木质化程度差，冬季易受冻害，枝条抽干，从而降低接穗质量。

（4）灌水。灌水次数及灌水量以干旱程度而定，一般春季萌芽前后及秋末各灌 1 次，若不十分干旱，不宜多灌，特别是在秋季应适当控水。生长季节每次灌水后都要进行中耕。雨水过多时，要注意积水排涝。

2. 整形修剪 采穗圃整形修剪的原则是在保证树体正常健壮生长的前提下，尽量多生产优质接穗。这里所指的整形修剪主要是对幼龄（4 年以内）采穗树的整形及夏季修剪，而成龄采穗树修剪应结合采集接穗一并进行。

采穗圃的树形采用多主枝圆头形或开心形，要求低干矮冠。早实品种主干高度 40～50 cm，晚实品种 80～100 cm，圆头形主枝 6～7 个，开心形 4～5 个，再在每个主枝上均匀选留 2～4 个侧枝。树高一般控制在 3～4 m（早实品种矮些，晚实品种高些）。幼树整形修剪的主要任务是培养树体骨架，调整树形，保证树冠完整。要及时疏去过密枝、干枯枝、重叠枝、背后枝、病虫枝和受伤枝。对过长

的主、侧枝要进行回缩，冠内要清膛。修剪后要达到树冠圆满，上下、左右相对平衡对称，通风良好，枝条分布均匀。生长季节修剪的目的是疏除过密枝、病弱枝，改善通风透光条件，防止郁闭早衰，提高接穗质量。其方法是及时疏除树干上的萌芽及砧木上的萌条，对过密、过弱的枝芽要提早疏除，以减少养分消耗，提高有效分枝率。另外修剪时，剪口芽要留侧上芽，避免留背后芽，以防萌发强旺的背后枝而致树冠下垂或劈裂。

3. 疏花疏果及病虫害防治

（1）疏花疏果。大量的花果对树体的养分及水分消耗极大，会降低接穗的产量及质量，必须及时疏除。疏花疏果对于易成花的早实品种来说更为重要，疏花疏果以早为好，即在雄花芽膨大后及雌花柱头分离期用手抹除，对雌花漏疏而形成的果实也要及时摘掉。早实品种有多次开花结果习性，且持续时间较长，所以疏花疏果要反复进行。

（2）病虫害防治。核桃采穗圃的虫害相对较轻，但应注意观察，发现虫情及时采取措施，重点注意刺蛾、金龟子、木蠹蛾、美国白蛾等。枝叶病害是影响核桃接穗质量的重要因素，发芽前应喷布5波美度石硫合剂，生长期喷波尔多液或农用硫酸链霉素和甲基硫菌灵的混合液，重点防治枝条黑斑病和褐斑病。

4. 技术档案的建立　采穗圃的技术档案主要有定植图、登记表、观察记载表等。定植图主要内容包括采穗圃的区划、各品种数量、分布、位置等；登记表主要内容包括地理位置、品种、株行距、整地方式及定植时间等；记载表的内容包括管理措施，生长情况调查，每年采穗的时间、数量、质量、销售去向及效益等。这些资料应作为长期的技术档案，妥善保存。

二、良种苗繁育技术

（一）砧木的种类

1. 核桃　核桃共砧亲和力良好，资源丰富，适应性较强，目前普遍采用。

2. 核桃楸　抗寒力强，耐瘠薄，适应性强，原产我国，资源丰富，但嫁接部位有“小脚”现象，亲和力较差。

3. 铁核桃　原产我国云贵高原及西藏东部等地。生长迅速，耐瘠薄，适应性较强，但不耐低温，适宜我国南方。

4. 野核桃　耐瘠薄、干旱，适应性强，嫁接有“小脚”现象。我国西南、北方大部分地区均有分布，亲和力较差。

5. 枫杨　耐涝、抗瘠薄，适应性强，遍布我国南北各地，亲和力较差。

此外，尚有日本心形核桃、吉宝核桃、函兹核桃和黑核桃等。

（二）苗圃地的选择与整地

苗圃地应选择交通方便、地点适中、背风向阳、地势平坦、土层深厚肥沃、有排灌条件的地方。土壤以壤土或沙壤土较好，土质以中性至微碱性为宜。核桃育苗地一般不宜重茬连作。

圃地选好后应在头一年秋冬季深翻，深度40 cm以上，并拣净草根、石块等杂物。播种前进行二次整地，深度15～20 cm。为了管理方便，播种前还应做畦，一般畦长8～10 m，宽2.5～3 m，畦面要平。结合二次整地施足基肥，一般每667 m^2 施农家肥2 500 kg左右，复合肥（以磷酸二铵计算）50 kg左右。有地下病虫害的地块每667 m^2 可用2.0 kg的代森铵制成毒土，进行土壤消毒处理。

（三）核桃实生苗培育

1. 种子选择　当地有种源时应首先选择当地种源，采种母树应适应当地的气候条件，生长健壮、结果正常、抗病抗逆性强，并选择种仁饱满、大小均匀、无病虫、无霉烂、充分成熟、大小适中的优树或优良类型树上结的核桃作为种子，这样才能保证发芽力和种苗健壮。因此，最好应采收青皮开裂，坚果自行脱落的种子。从外地调运种子时，要确认种源产地，应选择我国北方地区生产的核桃种子，严禁采用四川、云南、陕西南部地区生产的铁核桃类种子，该类种子培育的苗木在我国北方不能安全越冬。同时注意不能用隔年陈核桃或人工烘干的核桃种育苗。

2. 种子处理 下面几种方法可以根据各自情况选择使用。

(1) 沙藏催芽。于头年冬季将种子用冷水先浸泡 5～7 d，壳厚的种子应延长浸泡时间，尤其是野核桃、核桃楸、黑核桃种子浸泡时间应在 10 d 以上。再在避风背阴、排水良好处挖深 0.7～1.0 m，宽 1.0 m，长以贮藏量而定的坑槽，坑底先垫一层湿沙，然后一层核桃一层湿沙，每层厚度各 10 cm，直至距坑口 10～20 cm，再盖湿沙与地面平，最上培湿土呈屋脊形，四周留排水沟。于次年春取出种子直接播种。用这种办法处理种子，出苗整齐，苗势健壮，但温度掌握不好会霉烂。因此要经常检查，若出现霉烂变质者，要进行倒床，拣除霉烂种，重新埋藏。此法较为烦琐，仅作参考。野核桃、核桃楸、黑核桃等种壳较厚的种子育苗应采用此法。

(2) 温水浸种。春季播种前将种子放入缸内，用 2 开加 1 凉的温水倒入缸中，至种子全部浸没，使其自然冷却，然后每隔 1～2 d 换水一次，浸泡 7～10 d，使种子充分吸水，捞出稍加风干晾晒，待部分种子开裂后即可播种。

(3) 开水处理法。播种前约 3 月上中旬，把种子放入缸内，倒入种子量的 1.5～2.0 倍沸腾的开水，边倒开水边搅动，使种子全部浸入水中，待 1～2 min 后，立即加入适量凉水，使其自然冷却至常温，尔后每天换凉水 1 次，浸 3～5 d，捞出凉晒 1～2 h，待种尖微裂后，即可播种。开水处理主要起杀菌作用，可用药剂代替。

(4) 冷浸日晒。用清水浸泡，每 1～2 d 换水一次，5～7 d 种子已吸足水分，此时将种子置于阳光下适当风干晾晒，使之种壳自然开裂，可选择开裂的种子播种，尚未裂口的种子可继续浸泡。

(5) 药剂处理。用杀菌剂对种子处理后，用生长调节剂催芽。方法是用 50%多菌灵 600～800 倍液浸种 10 min 左右，再用 100～200 mg/L 赤霉素处理 20～30 min，可有效地提高出苗率，使苗木壮旺。

3. 播种

(1) 播种时期。北方以早春土壤解冻后播种为好，以早为宜，播种过迟不仅影响出苗而且对苗木长势有影响。南方温暖地区，春播、秋播都行。

(2) 播种方法。以开沟条播为好，无水浇条件的先在沟内溜足水，然后播种；有水浇条件的可先播种，覆土后浇水。一般行距 40～50 cm，株距 15～20 cm，开沟深度 8～10 cm。种子在播种沟内，摆放方式为种子的缝合线与地面垂直，种尖稍微朝上，其他摆放方式均影响出苗及生长发育速度，最后覆土 5～6 cm。干旱地区也可采用穴播，挖深 15～30 cm 的小坑，下施有机肥，种子上覆土 9～10 cm，用地膜覆盖，外高内低，地膜中间有孔，便于雨水存留保墒。

(3) 播种量。以种子的大小及质量而定。一般每 667 m^2 用种 100～150 kg，出苗 8 000～9 000株。

4. 秋季播种育苗

(1) 青皮直播。秋季核桃充分成熟后，将采收的青皮核桃直接播种，条播，株距 15～20 cm，行距 40～50 cm，种子摆放方式仍是缝合线垂直地面，种尖微微朝上，覆土 5～6 cm，播后灌水。青皮核桃育苗每 667 m^2 用种量 8 000～10 000 粒。

(2) 脱皮后直播。未经晾晒的脱皮核桃也可直接育苗，根据种子干湿情况可适当浸水使其吸足水分。每 667 m^2 用核桃 8 000～10 000 粒。

这两种方法育苗，当年发芽并出土，翌年生长健壮，种子随采随播，不经贮藏处理，省工简便。土层板结黏重、冬季雨雪较多易积水、土壤湿度较大的地方播种后易霉烂，不宜采用。另外，秋季播种应进行药剂拌种并采取防鼠害措施。为防止冬季冻害，也可挖阳沟集中播种，翌年再移栽，虽然较为费工，但效果较好。

5. 苗期管理 经过处理的种子，播后一般 25～40 d 陆续出苗。要培育优质健壮苗木，还要抓好

一系列田间管理工作。

(1) 中耕除草。在生长季节一般要进行3～4次中耕除草，使圃地保持表土疏松，地无杂草。因核桃出苗缓慢，且持续时间长，为不损害苗芽，第一次除草宜采取拔草的方法进行，不宜用锄，以免将即将出土的幼芽锄掉。

(2) 浇水施肥。出苗前应保持圃地的湿润，如较为干旱应及时浇水、划锄。苗子出齐后，为加速苗木生长，应尽早追施速效氮肥，第一次可在6月上中旬施入，第二次在7月中下旬施入，每667 m^2施尿素10 kg，最好结合灌溉或雨天进行。在苗木加速生长后期，即8月中下旬，可加施一次磷钾肥，以促进苗木健壮生长和安全越冬，每667 m^2可施入磷酸二铵10 kg或过磷酸钙20 kg。灌水次数因干旱程度和灌溉条件而定，水分充足有利于种子发芽和苗木生长，苗木生长后期应控制肥水促苗发育充实。在雨水过多的地方应注意排水防涝，以免长期积水而造成烂根。

(3) 病虫防治。核桃苗期病虫害主要有金龟子、刺蛾类、草履蚧、炭疽病等。如果发现病虫可立即用80%敌敌畏乳油1 000倍液或50%辛硫磷1 500倍液喷防。病害可用硫酸铜、石灰、水配成1∶0.5∶200的波尔多液或70%甲基硫菌灵可湿性粉剂600～800倍液，每隔半月喷一次，共喷2～3次。

(4) 越冬防寒。多数地区核桃苗不需要防寒，但冬季经常出现－20 ℃以下低温的地区，则需要做好苗木的保护工作，一是进行苗木的覆盖，采取埋土、覆草、盖膜等；二是用熬制好的聚乙烯醇水溶液涂干保护。聚乙烯醇一般采用聚乙烯醇∶水为1∶(15～20) 的比例进行熬制。首先将水烧至50 ℃左右，然后加入聚乙烯醇（不能等水烧开再加入，否则聚乙烯醇不能完全溶解，溶液不均匀），随加随搅拌直至开锅，再用文火熬制20～30 min即可，待温后使用。

(四) 核桃良种嫁接苗培育

核桃是我国重要的干果油料树种，在果树生产中占有重要地位，但长期以来由于一直沿用实生繁殖，采取粗放管理，致使核桃生产处于结果晚、产量低、品质差、经济效益低的落后状态。与美国面积10万 hm^2、产量高达50万t相比，相差近十几倍。究其原因主要是我国尚未普及核桃生产良种化，故改变这一状况的唯一途径是尽快实现核桃生产良种化，而嫁接繁育是实现核桃良种化的根本途径，具有保持优良品种性状、结果早、产量高、植株矮化、便于密植等特点，国内外核桃发达国家和地区已广泛应用。但与其他果树比较，核桃嫁接不仅难度大，且成活率不稳定，这是制约核桃良种化的主要因素。其主要原因是核桃在嫁接时会产生大量伤流，此外核桃枝条粗大、髓心较大、出穗率低，且愈合时要求的温、湿度较严格等，影响了核桃良种化的普及。自20世纪50年代开始，我国许多科研机构及大专院校的科技人员就良种化技术进行了广泛深入的研究，至80年代已基本上解决了核桃良种嫁接技术问题，为我国核桃实现良种化扫清了技术上的障碍，为使这些技术得以尽快推广应用最大限度发挥其经济效益，现将其主要技术原理与方法介绍如下。

1. 核桃子苗嫁接技术 核桃子苗嫁接是利用核桃种子发芽后刚出土尚未展出真叶时上胚轴比较粗壮的特点直接进行嫁接育苗，此时核桃子苗单宁含量低又无伤流，愈伤能力强，故能达到较高的成活率。利用核桃子苗嫁接育苗具有育苗周期短（比常规育苗提早2～3年）、嫁接成活率高、愈伤牢固、栽植后苗壮苗旺、抗性强等特点，是一项很值得推广的育苗技术。按不同季节和采用的接穗不同又分为春季硬枝子苗嫁接、夏季绿枝嫁接、秋季子苗嫁接3种方法。

(1) 春季硬枝子苗嫁接技术。春季进行子苗嫁接时期以发芽前后（2～4月）为宜，这与核桃树本身的休眠、萌动、发芽相一致，过早接穗处于休眠，过晚接穗易萌动不易贮存。此期嫁接成活率高而稳定，成活后幼苗有较长的生长期，可当年出圃。但由于此期外界温度低，所以必须利用温室或温棚先进行核桃子苗的培育和嫁接子苗的愈伤。

① 温室的建立。核桃子苗嫁接能否成活主要受砧木、接穗和环境条件3个关键因素的影响，利用温室可以使三者协调统一，一方面可使砧木种子在适宜的时期长成适合进行嫁接的核桃子苗；另一

方面可以提供优越的嫁接愈合条件。温室的建立根据热量来源分为电温室、土温室及塑料大棚。

电温室的建造。电温室即电热温床是采用电热线通电后作为放热源，由控温仪将基质温度控制在需要的范围之内，而实现人为的控温目的。其特点是温度控制稳定（23～25 ℃），对子苗培育及嫁接愈合有利，成活率高、效果好。电温床可采用水泥结构，先砌成长 5～10 m、宽 1 m、深 60 cm 的池。池底垫 10～20 cm 厚石子，其上垫 5～10 cm 细沙，底部留有出水透气孔，将电热线按设计固定在两头的木条上，其上铺 20～25 cm 的腐殖土即可使用。

土温室的建造。土温室以煤为主要燃料，回龙火炕式加热，一般采用半地下式以利保温、保湿，上盖塑料膜以利采光。其特点是建造容易，可因陋就简，是目前适合农村普遍推广的子苗嫁接愈合室，但管理技术要求高，尤其是温度要基本控制在 20～25 ℃难度较大。

塑料大棚的利用。利用光照作为热源其特点是容易推广普及，唯一缺点是前期温度较低，10 cm 地温仅在 15 ℃左右，不利于子苗的生长，效果偏差。与电温床相结合效果较好，可以在有条件的地区推广。有关塑料大棚的应用技术应做进一步的试验，确定其推广价值。

② 培育子苗。根据嫁接适期及培育子苗期的所需时间确定播种时间。嫁接适期受接穗、气温等因素的影响，据试验 3 月中旬至 4 月上旬为嫁接适期，该期气温适宜，接穗开始萌动，有利成活。培育子苗的时间受地温的影响，25 ℃左右一般只需 30 d，20 ℃时需 40～50 d。据此可推知，温室土温控制在 20～25 ℃时，播种时间可在 2 月上中旬，地温偏低应相应提早时间。播种前选用粒大、饱满的种子用清水浸泡 6 d 左右、以种仁吸足水分为宜。播种时种子缝合线与地面垂直，种尖微微朝上，以使种子出苗后上胚轴直立生长而利于嫁接操作。种子间可稍留空隙填充土壤，一般每平方米可播种 300～400 粒，播种后覆土 6～7 cm 并灌足水。

③ 接穗的采集与选择。根据核桃子苗嫁接的不同时期而进行接穗的采集工作。如子苗嫁接在发芽前进行，最好随采随用，如在发芽之后应提前准备接穗进行低温冷藏。采穗时间以 2 月底到 3 月上旬为宜，选择粗度在 0.7～1.2 cm、发育健壮充实、芽饱满、有一定节间长度的结果枝或发育枝，按品种打捆装入塑料袋内填充湿锯末保湿放入 0～5 ℃的冷库内贮藏备用。如没有冷库可埋入背阴处的沙坑内。

④ 子苗嫁接技术操作。当核桃生根发芽、幼芽出土，第一对真叶尚未展开时取出子苗，剪去砧芽，在子叶上部 2～3 cm 处顺子叶柄沿胚轴中心纵切，采用劈接法将接穗插入，注意形成层对准，不能对准两面的可对准一面，并用塑料条进行绑缚。接穗以单芽或双芽、穗长 10～12 cm 为宜，不宜过长或过短。接时注意不要将核桃种壳碰掉，尽量保持子苗的根系完整；以保留和节约有限的营养，有利成活。嫁接后再愈伤到苗床上，保持苗床的温、湿度，一般 20 d 左右即可抽梢展叶。当叶片完全展开成熟时进行适当炼苗后即进行通风透光。选择比较阴凉的天气移栽大田，移栽时最好带土，也可采取蘸泥浆，栽后进行适当遮阴。一般嫁接成活率可达 80%，移栽成活率可达 95%以上。

⑤ 苗期管理。幼苗开始第二次新梢生长并接近停长时进行接口松绑，可用刀直接将绑绳割断即可。此期注意加强肥水管理及病虫防治。部分良种苗当年生长不充实，落叶后可起苗进行假植，灌足水后将苗梢部分全部培土以防抽梢。秋季栽植应将苗干全部培土，否则易造成抽条影响成活。

（2）绿枝子苗嫁接技术。绿枝子苗嫁接与硬枝子苗嫁接不同的是接穗采用当年发育的绿枝接穗，嫁接时期为 5～7 月，具有嫁接适期较长、培育子苗不需专门的温室设备、成本低等优点，可根据计划安排分期播种、分期嫁接。

（3）秋季子苗嫁接技术。于 9 月上旬成熟采收后脱去青皮浸泡 1 d 即可进行播种，1 个月左右发芽出苗，10 月上旬即可进行子苗嫁接，此时核桃树尚未落叶。接后将子苗愈伤移到温室里或半地下式的温畦里，翌年春季移栽大田。此期进行子苗嫁接具有培育子苗容易、种子发芽率高、健壮、易操作、成本低等特点。如掌握好可达到较高的成活率。具体嫁接方法同硬枝子苗嫁接。

2. 春季硬枝嫁接集约育苗技术 伤流是制约核桃嫁接成活率的关键因素，通过春季硬枝嫁接集约化育苗技术可以有效地解决伤流问题，成活率高而稳定。

(1) 圃地选择及整理。选择土壤肥沃、有水浇条件的地块作为圃地，每 667 m^2 施土杂肥 2 000 kg、磷酸二铵 50 kg 作为基肥。按行距 50～60 cm 的标准整成 100～120 cm 的畦。

(2) 砧木选择及整理。选择 1～2 年生、地径粗度在 1.5 cm 以上、根系完整、发育充实、无病虫害、生长健壮的本砧实生苗。栽前对苗木进行认真筛选，剔除根系受损严重、苗干发育较差的苗木；对根系仔细整理，剪平伤口，并使苗木根系长度均在 20 cm 左右，苗干剪留长度 40 cm。

(3) 砧木栽植。于发芽前 10～15 d（3 月中下旬）栽植，最好就近起苗，及时栽植；长途运输苗木应注意苗木保护，尽量缩短起苗与栽植时间。栽植时条沟，按株行距 30 cm×（50～60）cm，根颈部位与地面基本相平或略高，栽直扶正，填土踩实，苗干周围及苗行培土略高 5 cm 左右，并使苗相整齐一致；整平畦面灌水；视墒情 7～10 d 再浇水一次；随后划锄保墒，以提高地温，促进根系发育。不合格苗木进行二级育苗或平茬后夏季芽接。

(4) 嫁接时期。砧木栽植成活开始发芽时即可进行嫁接，时间约在 4 月中下旬。

(5) 接穗采集与贮藏。选用适宜当地发展的品种，主要有香玲、鲁光、丰辉、元丰等。接穗从品种采穗圃或品种生产树上采集。选择树冠外围生长健壮、发育充实、无病虫害、充分木质化的发育枝，基部粗度 1.2～2.0 cm。采穗时间可根据嫁接计划在 2 月中下旬至 3 月上中旬采集。采后立即按每 50 条一捆，根据接穗体积每 2～3 捆装入一编织袋，外套密封保鲜袋，其外再套一编织袋，密封；严防内层保鲜袋破裂，以免失去保湿作用。袋外挂上品种标签，标明产地、品种、采集时间等；及时置入 0～2 ℃冷库贮藏备用。

(6) 嫁接方法。采用双舌嫁接法。选择与砧木粗度一致或相近的健壮接穗，剪截成长 10～15 cm、带有 2～3 个饱满芽的枝段，上部剪口距上芽 2 cm 左右，不宜过长或过短。在砧木基部（约 10 cm）剪截并与接穗下部分别用嫁接镰刀削成长 4～6 cm 光滑的马耳形削面。在两个削面上部约 1/3 处分别纵切一刀形成插舌，深度约 1 cm。将各自的短舌面插入对方的切缝内，使砧穗削面紧密结合，形成层对齐。砧、穗粗度不一致时，选择光滑一面砧穗形成层对齐；用 3～4 cm 宽塑料绑条将接口用力缠严密封，严防接口暴露失水；接穗部分及接穗剪口用 5 cm 左右宽的地膜缠严密封，注意接芽处单层薄膜，其他部位绑严即可。

(7) 接后管理。接后圃地灌水一次，3～5 d 划锄保湿提温，及时抹除砧木萌芽，接穗上发出 2 个以上新梢时选留 1 个壮旺梢，其余削除；接后 15～20 d 再浇二次水，此后可根据墒情予以浇水；7 月以后根据苗势适当追肥，前期以尿素为主，后期以磷酸二铵复合肥为主；有草即锄，保持圃地无杂草；新梢旺长后注意茎腐病、黑斑病防治，7 月以后注意刺蛾等食叶虫害；9 月初根据接口愈伤情况可在接口砧木一面用刀片将绑条划断；后期可进行叶面施肥，如磷酸二氢钾等。

3. 夏季芽接育苗技术 夏季芽接育苗技术是目前普遍采用的核桃嫁接育苗技术，技术简单易行、效果好，可大面积推广。

(1) 砧木选择。采用 1～2 年生实生苗，早春萌芽前在地上 5 cm 处平茬，选留一个新发主梢，去掉多余萌芽和侧枝，当新梢基部直径达到 0.8 cm 以上即可嫁接。

(2) 采集接穗。采集优良品种树冠外围当年生半木质化发育枝作为接穗，随采随接。采后立即去掉复叶；临时保存时，放在阴凉通风的室内用湿布覆盖或下部插入水桶中待用。接芽以接穗中上部无芽座、周围较光滑、饱满芽为宜。

(3) 嫁接时间。5 月中下旬至 7 月上旬，只要砧穗适宜嫁接时期越早越好。

(4) 嫁接方法。采用方块形芽接法。在选准的砧梢嫁接部位用双刃刀上下先横切，再在一侧竖切一刀，用刀尖将砧皮拨开，并迅速将接穗上已切好的方块接芽取下（注意保护好接芽上的护芽肉，否则不易成活），迅速嵌入砧木切口，一侧对齐，另一侧根据芽片宽度，将砧木多余的皮层撕下，使芽片、砧木上下及一侧切口对齐（使用双刃芽接刀，上下切口一般均能对齐），然后用塑料条缠严即可。受天气、砧梢木质化程度、嫁接时期等因素影响芽接也可能有伤流现象而影响成活，可在砧梢侧切开口时在其角底纵向撕开一裂口，长约 0.5 cm、宽约 0.2 cm，以将伤流放出降低其对愈伤成活的影响。嫁接技术熟练人员可先取下接芽，再迅速在砧梢上开口，顺手将接芽贴近接口，迅速绑缚，整个过程一气呵成。

（5）接后管理。嫁接后在接芽以上保留砧梢 2～3 片复叶，剪除上部多余枝条；当新梢长至10 cm时，从接芽上方 5 cm 处剪除砧梢。接后 2 周内禁止浇水，并及时抹除砧木上的萌芽；生长季节要经常松土除草、施肥灌水、防病虫害等。

4. 电温床嫁接育苗技术 伤流、愈伤温度不稳定是制约核桃嫁接成活率的主要因素。通过室内嫁接电温床愈伤是目前克服这两项不利因素的有效措施。具体做法是早春在室内进行苗砧双舌接，将苗砧嫁接体愈伤在湿锯末中，利用自动控温仪将温度控制在 25～28 ℃。愈伤 15～20 d 根据室外气温情况直接移栽苗圃内，气温较低时应拱棚或覆膜保护。此法因为嫁接、愈伤均处于温度相对稳定的环境中，所以嫁接成活率高，效果较好。该法具有工厂化育苗特点，效率较高，是加快核桃良种繁育的有效措施之一。

（1）温床建立。床址选择在地势平坦、长 5 m、宽 2.5 m 的室内。先将长 6 m、宽 3.5 m 的塑料农膜平铺于选择好的床址上，将两根木料置于床址两端，与床址宽度等长，其高度应以嫁接体根部至接口部位等距，一般以 20 cm 为宜，再将第三根木料同方向置于床的中部，用以抬线，以便于床内观察管理，同时将 3 根木料固定。目前采用的自动温控仪是上海医用仪器厂生产的 WMZK - 10 型或 WMY - 1 型，温控范围为 0～50 ℃。将功率 1 kW 农用电热线一端固定，另一端拉直引入床内，两边挂于固定的木料上边。始端将线绕成双线，线距以 4 cm 为宜。同时注意，线入床时，线距不能少于 3 cm。再用含水率为 60%的湿锯末填入床内，将已绕进床的双线及进线全部覆盖，其余锯末以备后用，待植苗。

（2）砧木与接穗准备。砧木宜选择 1 年生核桃实生苗，要求生长健壮、无病虫、无劈裂、根系完整、地径为 0.8～2.0 cm。冬季或早春嫁接时，于土壤结冻前起苗，开沟假植于温床附近的湿土或湿沙中，2 月中旬嫁接时，以随用随起苗较好。

接穗要求生长健壮、发育充实、髓心较小、无病虫害、粗度 0.8～1.8 cm。采穗时间是从核桃落叶后直至芽萌动前（整个休眠期）都可进行。北方抽条现象严重地区，宜在秋末冬初采集。采后应立即蜡封剪口，按品种捆好，挂上标签，于背阴处沙藏或用湿锯末将接穗培起置于冷库，贮藏最适温度 0～5 ℃，最高不能超过 8 ℃。早春嫁接也可随接随采。

（3）嫁接时期及方法。嫁接时期为 12 月上旬至翌年 4 月上旬，以 2 月中旬至 3 月中旬嫁接效果最好。2 月中旬前嫁接时，要将砧木置于 25～30 ℃的湿锯末中“催醒”6～8 d，接穗 3～6 d，以使其处于正常生理活动状态。2 月下旬嫁接砧穗不进行“催醒”处理。

一般采用双舌嫁接法。其具体步骤是：先将砧木从根际以上 2～3 cm 处剪掉，剪除劈裂和过长的根。选择与砧木粗度相等或相近的接穗，穗长 12～14 cm，具有 2 个以上饱满芽的枝段，上部剪口距芽眼 1 cm 左右。将砧木和接穗分别削成长 4 cm 左右的光滑削面，再在切面上部 1/3 处用芽接刀分别纵切成舌形，深度为 2 cm 左右。然后将各自的舌片分别插入对方的切口，双方削面紧密镶嵌，并使形成层对准。若砧、穗粗度不等时（接穗不能粗于砧木），只将一边形成层对准即可。用塑料条（或玉米苞皮）绑紧，最后将每 5 株绑成一捆。为提高工效，5 人一组流水线作业，即 1 人剪砧、穗，1 人做砧、穗削面，1 人开舌，1 人插合，最后 1 人绑捆。这样每组每天可嫁接 2 000 株左右，比单人嫁接提高工效 1 倍。

（4）入床管理。将每 5 株绑成的小捆，竖直排放于温床内成苗行分布，苗行接口部位可连接成一条线，再将电热线从左至右与接口部位呈水平状态拉直。其接口部位外沿与电热线距离控制在3.6 cm

左右。尽量选择大小粗度相等或相近的小捆排于同一苗行之中，但其接口部位外沿与电热线距离不变。苗捆一定要扶正摆直，同时将准备好的湿锯末填充于床内，上部仅露出顶端能观察出苗行即可。床内植苗密度为每平方米有效面积 500～600 株，即每床可植苗 6 000～7 000 株。苗木入床结束后，将控温仪的感温探头插入床中间，深度到达电热线上。将电热线的两端用导线与控温仪连接起来，然后将控温仪控制温度调至 26～28 ℃，接通电源，床内即逐渐升温。一般需 36～48 h 即可达到控制温度。同时在床内不同部位插入温度计 2～3 支，深度与控温探头深度相同，以判断嫁接部位及不同部位的温度。最后将温床四周多出的塑料农膜叠起，用以保持温床四周的温、湿度。在苗木愈合的整个过程中，要经常观察床上温度计，使其真正保持在控温范围内。若床内温度与控温仪温度有少量误差时，用改变控温仪控制温度的办法加以调整。只要床内温度控制合适，培养料含水率 60%，一般情况 7 d 产生愈伤组织，15 d 左右即可基本愈合。这时关闭电源，使之逐渐降温 2～3 d。当床内温度降至 15～18 ℃时，将苗木出床，用锯末埋存于阴凉通风的地方暂时贮藏、炼苗，适宜温度 0～2 ℃，待外界气候适宜栽植时，再将苗木取出移植于苗圃地。

（5）移植与管理。选择地势平坦、有排灌条件、土层深厚肥沃、壤土或沙壤土的地块作为苗圃地。温室内可随出床随移植。塑料拱棚或其他保护措施可在 2 月底至 3 月底进行；大田移植应在 3 月底 4 月初气温稳定时进行。移植时按株行距（12～15）cm×（40～60）cm 进行，采取行状开沟栽植，沟深 16～20 cm。将出床苗木植于沟内，栽直扶正，并使根系舒展，先用细土埋住接口，一次性灌足定根水，待水下渗后，再用土将苗木全部埋严，接穗顶部覆土 2～4 cm，使整个苗行呈鱼脊状。露地移植如掌握不好则大大降低成活率。因此，必须采取有效的保护措施，这是提高成活率的关键步骤。

目前采取的幼苗保护措施主要有温室移植、地膜覆盖移植、埋土延迟移植、塑料拱棚移植等，最常用的是塑料拱棚移植，其特点主要是方法简单、成本低廉，易于掌握、推广。在使用这种方法移植苗木时，当中午棚内温度超过 30 ℃时，要立即揭开两头，以防日灼。同时要注意防寒，防止幼苗冻死，4 月下旬，天气条件基本稳定后，即去掉塑料拱棚。其他几种措施也可采用。

苗期管理十分重要，幼苗破土后，要加强土肥水以及相应的管理工作，每年中耕除草 3～4 次，使圃地保持疏松无杂草，若天气干旱、土壤缺水，应及时灌溉，补充苗木生长所需水分。在幼苗期，要及时摘除幼果，抹掉砧木萌芽，剪除多余的侧枝，以减少不必要的养分消耗。6 月上中旬，苗木成活基本稳定，结合降雨、灌溉，每 667 m^2 追施尿素 10 kg，促进苗木旺盛生长。在苗木生长的整个过程中，都要注意苗木病虫害防治，结合病虫防治，在新梢快速生长期，进行叶面喷肥，促进苗木健壮生长。该项技术室内愈合率可达 95%以上，大田栽植成活率可达 85%以上，可在我国北方地区大力推广。

（五）苗木出圃

1. 嫁接苗出圃的基本要求

（1）应保证苗木品种纯度。

（2）砧木为本砧；嫁接口愈合正常，接口下无萌蘖，无绑扎物及缢伤；苗干发育充实、无机械损伤、无失水现象。

（3）无检疫性病虫害。

（4）苗木落叶后至翌年苗木萌芽前出圃。起苗前若圃地干旱应提前 7～10 d 灌透水，使苗木根系充分吸水，有利于增加苗木活力和便于挖掘。起苗时尽量保持主根完整，无劈裂现象，少伤侧根、须根。

（5）如果达不到以上的某一项要求者则定为不合格苗，不能出圃。

2. 苗木分级 嫁接苗符合条件，按苗木嫁接部位以上高度、嫁接部位上方直径、主根长度及侧根数量等指标，进行苗木分级，级外苗不能出圃。分级标准见表 56-6。

表 56-6 核桃良种嫁接苗的质量等级

项目	特级	一级	二级
嫁接苗高度（cm）	≥100	≥60	≥30
嫁接苗直径（cm）	≥1.5	≥1.2	≥1.0
主根保留长度（cm）	≥25	≥20	≥15
侧根条数	≥15	≥15	≥15
其他质量指标	接口愈合牢固，接口上下苗茎粗度相近，苗干直立，发育充实，主、侧根系完整，苗木无冻害、失水、机械损伤及病虫危害等		

（1）检测方法

① 采取随机抽样的方法在同一批苗木内检验苗木数量和质量。成捆苗木先抽样捆，再在每个样捆内抽取 10%的样株；不成捆苗木则随机抽取 10%的样株。

② 地径用游标卡尺测量，精确到 0.05 cm。

③ 苗高和主根长度用钢卷尺或直尺测量，精确到 1 cm。

④ 侧根数是指直接从主根长出的长度在 5 cm 以上的侧根条数。

（2）检验规则

① 苗木检验工作在起苗后立即进行。

② 检验工作限在原苗圃成批进行。

③ 苗木检验允许范围，同一批苗木中低于该等级的苗木数量不得超过 5%。若超过此规定，按其所占比例计算该等级苗的实际数量。

④ 苗木检疫，由苗木检疫员在原苗圃成批检验。检验、检疫结束后，填写苗木检验证书、检疫证书。检验、检疫不合格的，应做废苗处理或就地销毁。

3. 苗木包装、运输、假植

（1）包装

① 每 20～50 株为一捆。

② 需要长途外运的苗木，根系部分要填充保湿物或在苗捆根部蘸泥浆、保水剂，用湿草袋、麻包袋或塑料薄膜、编织袋保湿包裹。

③ 苗木外包装加挂标签，注明编号、品种、苗龄、苗木等级、出圃日期、本件株数、产地及单位、收货地点及单位。

（2）运输。苗木运输中应保证适当通风，严防重压、日晒和风干。到达目的地后立即进行栽植或假植。

（3）假植。起苗后如不能及时栽植或运输应尽快进行假植。临时假植可在背风向阳处挖沟，沟深应超过嫁接部位，用湿土或湿沙将嫁接部位以下填埋严实；超过 1 周以上应视为长期假植，苗木根系应用湿土或湿沙埋实并灌水浇透，然后用湿土或湿沙覆盖嫁接部位至少 20 cm 以上；假植期间如气温偏高、风大、干旱天气应进行苗干遮阴、保湿覆盖，严防苗干失水抽干；越冬假植培土应适当加厚并用草苫进行覆盖。

4. 育苗技术档案

（1）档案建立。按照本标准提出的各项技术措施要在执行中及时建立相应的育苗技术档案。主要内容包括种源、播种时间、嫁接时间、苗木的生长发育情况及各阶段采取的技术措施；各项作业实际用工量和肥、药、物料的使用情况及出圃时间、品种数量、苗木规格、用苗单位等。由苗圃技术负责人审查后存档。

（2）档案管理。指定专人管理，并及时归档、整理、装订、保存。

三、核桃实生劣树改接换优技术

目前我国存在大量尚未进入结果期或初结果期的核桃实生幼劣树，是制约我国核桃产业发展的重要因素，积极进行这部分树的改接换优工作将在核桃生产中起到举足轻重的作用，应引起足够的重视。

（一）春季改接换优技术

1. 影响核桃春季改接成活的主要因素

（1）保持核桃接穗和接口的适宜温、湿度是提高核桃改接成活率的关键措施。实生劣树改接一个重要特点是嫁接部位在多年生枝上，接口面大；其次是核桃接穗粗大，保湿问题一直没有得到很好解决。过去采用套袋装土，但操作烦琐，效果也不理想；后采用蜡封，由于接穗粗大往往蜡封不匀，在嫁接削穗操作时接蜡易脱落，失去保水作用而使接穗失水抽干，这是造成蜡封接穗成活率不稳的主要原因。山东省泰山林科院1985年开始试验直接采用塑料袋保湿取得了成功，一般嫁接成活率幼树稳定在85%以上，穗成活率70%以上。采用塑料袋密封隔绝了袋内外的空气交流，使袋内空气始终保持理想的湿度；塑料袋外采用报纸卷筒遮阴有效地保持了接穗和接口的适宜温度，为砧穗愈伤组织的形成创造了极有利的生态环境。从而大大提高了核桃嫁接成活率和成活稳定性，有效地解决了影响核桃嫁接成活率低而不稳定的关键性问题。此外，该方法不用蜡封接穗，在嫁接时削好接穗后才从母枝上剪取，即方便了操作又节省了接穗。该方法可以作为核桃春季改接的一项重要技术措施来推广。

（2）接穗质量的优劣是制约嫁接成活率的关键因素。接穗质量好，成活率高；反之则低。质量好的接穗枝条发育充实粗壮，直径1～2 cm，髓心小，至少有1个有效饱满芽、长度一般为10～15 cm，无病虫害，感染病害的接穗如黑斑病、褐斑病、炭疽病、枯枝病等，嫁接成活率很低甚至根本不能成活，未受冻或失水，改接时枝条含水量高，剪取接穗时剪口湿润，芽体尚未萌动或仅稍微萌动，生命力强。

（3）控制伤流是提高核桃改接成活率的重要措施。伤流一直是影响改接成活的重要因素之一，可采用改接的同时在树干基部两侧锯口放水，控制伤流。一般锯口的深度为干径的1/5～1/4，锯口上下错开至少为5 cm。提前锯干放水往往效果不佳，因提前锯干放水后，改接时虽伤流轻，但接后接口仍积水，使成活率降低，因此不能代替嫁接时接口以下的锯干放水。此外在改接核桃大树分枝时，可有意识地将接穗接在接口偏上部，避免部分伤流浸泡接口影响成活。接后应及时观察，如发现接口积水，应立即敞开塑料袋将水放出，并重新放水；若积水时间过长造成死穗，则需要补接。

（4）砧木生长势及接口粗度对改接成活有一定影响。树势健壮，改接成活率高；树势弱，改接成活率较低，因此，对生长较弱的树株应先复壮树势后再进行改接。接口粗度一般3～5 cm为宜；大树接口粗度可适当提高。

2. 春季改接换优技术要点

（1）核桃接穗的采集与贮存。接穗采集时间以2月下旬至3月上旬为宜。采穗时选择良种母树冠外围的粗壮直立的发育枝，要求芽眼饱满，无病虫害，未受冻或失水，粗度在1.2～2.0 cm，最适宜粗度为1.5～1.8 cm；剪下的枝条应仔细挑选，剔除不能用的病弱枝，剪去不充实的梢部，分品种、按规格整理成捆（每捆50条），采取三层包装，贮存于0～2 ℃的低温冷库内备用。如接穗量较少，可采用冰箱贮藏，效果很好。方法是精选核桃接穗剪成与冰箱长或宽相适宜长度，打捆，外用湿报纸包裹，再用塑料膜密封，置于冷藏室即可。如量大又无冷库可采用简易的背阴湿沙贮存法，即在建筑物背阴处挖坑，深60 cm，宽100 cm，长度依据接穗数量多少而定。将打好捆的接穗平放在坑内，填充干净的细河沙，湿沙含水量3%～4%为宜，在贮穗过程中注意不能积水，不能踩压。该方法贮藏效果较差，不得已而采用。

(2) 改接时间。核桃春季很适宜采用插皮接法，改接始期起于砧木离皮时（以砧木萌芽为标志），改接时期的长短则受接穗是否保存良好的影响。一般核桃改接最适时期的气温在 15～20 ℃，此时砧木芽刚刚开始生长，接穗处于半休眠状态，改接后砧穗极易愈合，成活后生长旺盛；掌握的原则是在砧木离皮的情况下，改接时间越早越好。

(3) 改接操作技术要点。改接时选择幼树树干或大树分枝适宜嫁接的光滑部位截锯，锯面削平。将长 10～15 cm 接穗削成马耳形削面（长 5～8 cm），插入砧木皮层内，接口粗度在 5 cm 以下时插入接穗 1～2 个，粗度在 5 cm 以上时可插入 2 个以上接穗，接后用塑料绳扎紧，然后套上大小略大于砧木粗度、长 25～30 cm 的密封塑料薄膜袋，外用旧报纸卷成筒状包好，下端用塑料绳将报纸和塑料袋一起扎紧，报纸上端折封。套袋保湿法也可简化为将接芽处直接撕一小口使接芽露在塑料袋外然后用地膜密封保湿，接芽部位用单层膜以使接芽很易顶破地膜长出新梢，其他部位可缠多层以确保塑料袋的密封保湿效果，采用这种方法可在后期管理中省去放风环节；最后在树干基部放水，大树可在改接分枝基部放水。

(4) 接后管理。接后应及时抹除砧芽，适时放风，绑缚支柱及适时松绑等。放风是接后管理的关键性工作。第一次放风要等到新梢开始展叶，在塑料袋内已影响新梢生长时进行，方法是在靠近新梢顶部的塑料袋上撕一个小口，撕口不可过大，以免袋内湿度失去平衡，造成接穗抽干。此后每隔 3～5 d 检查一次并逐步开大放风口，使新梢适应外界环境。注意放风也不宜过晚，以免塑料袋内高温高湿造成新梢霉烂。

在放风的同时应注意及时抹除萌蘖芽以减少消耗，不及时抹芽容易造成树荒，接穗得不到足够的营养而造成死穗现象。对生长旺盛的新梢要及时绑缚支柱防风折，一般当新梢长至 30 cm 左右，根据改接树体的大小及新梢生长势，选相应粗度和长度的支柱进行绑缚，使绑干在风大时真正起到支柱作用。为促使接口的愈合，接穗完全放风后可将里层塑料绳解下，将塑料袋及报纸包在接口部位重新扎好，使接口继续保湿，以利充分愈合。7～9 月，接口迅速增粗，要注意接口去绑，防止塑料绳绞缢，影响正常生长。绞缢严重的由于根系得不到足够的营养其生长受到限制，吸水功能下降，从而造成地上部分抽条甚至死亡。此外，接口部位冬季容易受冻，造成翌年腐烂溃疡，因此冬前应进行一次树干接口涂白以防冻害发生。

核桃简易改接技术，接口保湿保温效果好，相对降低了对接穗质量的要求，并且可以采用单芽接穗，减少了操作中不必要的接穗损耗，从而有效地提高了核桃优良品种或优系的繁殖推广速度。

（二）夏季芽接改接换优技术

夏季芽接是目前核桃良种嫁接繁育已普遍采用的技术，操作简便易推广，可作为春季硬枝改接技术的补充，也可单独采用；适宜新植的幼树或低龄实生园的改接换优。

1. 砧木准备 发芽前应平茬、重短截或截干，其目的一是有利于集中营养培育旺梢，二是降低嫁接部位，减少嫁接头数，有利树体结构培养。春季硬枝嫁接未活者，可选留 2～3 个萌蘖新梢进行芽接，多余的抹除；一些不适宜硬枝接的弱树可在发芽前重截甚至平茬促发旺梢，选留 2～3 个新梢即可；1～2 年生本砧实生苗，可选留 1 个壮旺梢，去掉多余萌芽和侧枝。当新梢基部直径达到 0.8 cm以上即可嫁接。

2. 接穗及接芽选择 采集优良品种树冠外围当年生半木质化壮旺发育枝，最好随接随采。采后立即去掉复叶；临时保存时，放在阴凉通风的室内用湿布覆盖或下部插入水桶中待用。接芽以接穗中上部无芽座、周围较光滑、饱满芽为好。

3. 嫁接时期 5 月中下旬至 7 月上旬，适当早接新梢生长期长，发育粗壮，有利于安全越冬。具体嫁接时间安排应充分考虑气候天气，应选择天气晴朗，预计接后 3 d 以上无阴雨天；阴雨天嫁接或接后遇上连阴天成活率大幅下降。

4. 嫁接方法 采用方块形芽接法。具体方法见本节“二、核桃良种苗繁育技术”部分相关内容。

5. 接后管理 见本节“二、核桃良种苗繁育技术”部分相关内容。

第三节 生物学特性

核桃属落叶乔木，树体高大。实生播种长成的实生核桃树或从杂交育种获得的植株，都是从种子萌发经过一段以旺盛生长为特征的发育阶段（这一阶段通称为童期），然后进入结果阶段（即结果期）。实生苗或实生树经过嫁接或改接，即由砧木和接穗两者结合形成的植株，其发育和生长受两者的影响，与种子实生苗的特性不同。以嫁接树为例，核桃一生可划分 4 个时期，即幼树生长期、生长结果期、结果盛期和衰老更新期。这 4 个时期之间并无明显界限，其时间的长短也因栽培管理、生态条件和品种差异而不同。应设法缩短幼树生长期，尽量延长结果盛期，推迟衰老更新期，以求得栽培的最佳经济效果。

一、生长特性

核桃寿命的长短，主要依气候、土壤、肥水条件及栽培水平而有所不同。在核桃主产区，如陕西、新疆等地，目前尚有 400～500 年的老树，如洛南县一株当地核桃王，其胸径已达 4.6 m，树冠投影 672 m^2，树高 18.6 m，年产核桃 360 kg；新疆和田一株 500 年老树，干周 7.5 m，树高 25 m，目前结果正常。山西、河北、甘肃、云南等地均有寿命很长且结果正常的植株，仍有一定的生长能力。立地条件的好坏，尤其是栽培管理条件直接影响经济寿命。管理差的植株从进入结果盛期开始老衰，称“小老树”。栽培技术水平高低，对于各个时期的长短有重要的影响。

一年中从萌发到休眠，要经过芽的萌动、新枝生长、展叶、开花、果实发育和成熟、落叶阶段而进入休眠。这种有节奏的变化是与气候的季节性变化相适应的。掌握植株器官的形态和生理机能的周期性变化是制定合理的栽培技术措施的重要基础。生长期的长短与当地气候条件有关。如辽宁中南部核桃从萌芽到落叶约为 200 d，山东、河北、山西等地则为 210～230 d，南部或西南部地区如云南、贵州可以达 300 d，同一地点不同年份，同一纬度不同海拔年生长期也有差异。

（一）根系

核桃树根颈以下的部分称为根系。它除了把植株固定于土壤中，还具有吸收水分、矿物质和有机物等作用，同时其还影响到土壤的物理和化学特性。目前核桃树多为实生繁殖和用实生砧嫁接，因此核桃为主根发达、根系较深、侧根水平延伸较广、须根密集的树种。在土层深厚的黄土台地上，晚实核桃成年树主根可深达 6 m，侧根水平伸展半径可超过 14 m，根冠比（T/R）可达 2 或更多。根系分布主要受所处土壤的理化性状影响。播种 1～2 年实生苗主根生长较快，而地上部生长缓慢。据辽宁经济林研究所观察，一年生晚实核桃苗地上部高 24.8 cm，主根长 52.0 cm；河北农业大学观察，一年生核桃主根为主干高的 5.33 倍，2 年生为主干高 2.21 倍。随着树龄的加大，主根生长势逐渐减慢，侧根数量增加，扩展较快，并在不同部位生长着繁杂的须根，同时地上部生长相应加速；以后则表现枝干生长速度超过根系生长，根冠比随树龄增加而增加（表 56 - 7）。

表 56 - 7 核桃地下部与地上部的比例

树龄（年）	垂直根最大深度（cm）	树高（cm）	垂直根/树高	地下部总重量（g）	地上部总重量（g）	全树重量（g）	根系占全树重（%）
9	320.0	409.0	0.78	10 684.0	25 969.6	36 653.6	29.70
2	159.0	71.8	2.21	498.7	449.1	955.6	53.00
1	138.0	25.9	5.33	100.2	101.2	201.4	49.80

主根和侧根为核桃树的生长打起了框架，是核桃树吸收水分、矿质养分的主体。

早实核桃比晚实核桃根系浅而须根多，具有早期分枝的特点，有利于吸收土壤中矿质营养，增加体内贮藏营养物质的积累，促进花芽分化，为早结果创造了物质条件。辽宁省经济林研究所观察比较早实核桃与晚实核桃根系特点如表56－8所示。

表56－8 一年生早实与晚实核桃根系比较

项目	苗高（cm）	主根长度（cm）	根幅直径（cm）	一级侧根		二级侧根		三级侧根（条）
				条	总长度（cm）	条	总长度（cm）	
早实	31.7	51.9	110	72	1 606.6	565	4 758.6	19 998
晚实	24.8	52.0	85	69	1 944.8	458	4 284.3	5 961

土壤理化性状对根系生长活动有很大影响。成年树垂直根生长和水平根延伸与土壤种类、土层厚度及地下水位有密切关系。如表土仅20～30 cm、土质瘠薄的山地，骨干根到达栽植穴底层后，又回返至表土，然后向穴外顺底岩扩展，其根瘦细，分生少，并随土层深浅而呈起伏状。在西北黄土高原缺水干旱，骨干根深而广，最深可达6 m，水平延展10～12 m。地下水位较高，又有周期性上下变动时，如安徽亳州在水位上下变动的范围内留下大量早衰和死亡的根。总之，核桃根系生长状况与树龄、树势、土壤厚薄、土壤类型、有无间作物、地下水位、肥水条件等密切关系。核桃抗旱、适应性强、丰产优质依赖于根系发达健壮，因此，在核桃栽培上应采取深耕除草、保墒扩穴、改良土壤和多施有机肥等措施来改善土壤通气性，增强土壤微生物的活动，以创造有利于根系生长的环境，这对于核桃的早实丰产十分重要。

（二）芽

芽是枝的雏形，随枝条生长叶原基开始分化；芽的萌发率较高，成枝力较低，并受品种、树势及枝条角度的影响。在自然情况下一般顶部成枝1～3条，其余芽鳞开裂后逐渐脱落，除非在短截等外部刺激条件下枝条下部的隐芽不萌动成为潜伏芽。根据芽的形态、构造和发育特点核桃芽可分化为混合花芽（雌花芽）、叶芽、雄花芽和潜伏芽。

1. 混合芽 圆形饱满而肥大，有5～7对鳞片，萌发后抽出结果枝。晚实核桃着生在1年生枝顶部1～3节，单生或与叶芽、雄花芽上下呈复芽状生于叶腋间。早实核桃除顶芽为混合芽外，在同一枝条上一般有2～3个混合芽，最多可达20个以上。

2. 叶芽 又名营养芽。多着生在枝条顶部或结果枝的混合芽以下、雄花芽以上或与雄花芽上下迭生。早实核桃叶芽较少。叶芽呈宽三角形、有棱，在一枝条中由下向上逐渐增大，叶芽萌发成营养枝。

3. 雄花芽 实际为一缩短雄花序，裸芽，多着生在枝条的中部或下部，单生或叠生。芽体呈短圆锥形，顶部稍细，鳞片小，不能覆盖芽体，萌发伸长而成雄花序。

4. 潜伏芽 又称休眠芽。其性质属于营养芽的一种。在正常情况下不萌发，随枝条加粗生长潜伏于粗皮下，寿命可达数百年。该芽着生于枝的基部或中下部，基部多单生；中下部多复生，位于雄花芽或叶芽的下方。一般营养枝和结果枝有潜伏芽2～5个。潜伏芽扁圆、瘦小，当枝干受到刺激时可以萌发成枝，有利于枝干更新和复壮。

（三）枝

1. 营养枝 只生叶梢不开花结果的枝均为营养枝。根据其性质分以下两种：

（1）发育枝。由上年叶芽发育而成，不着生雌花芽，萌芽只抽枝不结果，生长健壮，是扩大树冠、延长生长的主要枝条，亦是增加营养面积、形成结果枝的基础。根据其长势分为长、中、短发育枝。中、长发育枝的多少是树势旺弱的标志。

（2）徒长枝。在树冠内部由休眠芽（或潜伏芽）萌发抽出。多年生枝受到某种刺激潜伏芽萌发形成徒长枝或使中长枝变为徒长枝。枝条粗壮直立，节间长，组织松软，叶片大。徒长枝过多，大量消耗养分；如控制得当，也可改造变成结果枝组。

2. 结果枝　着生混合芽的结果母枝，翌年萌发出顶端着生雌花序的枝条称为结果枝。混合芽以下着生叶芽、雄花芽和潜伏芽。进入结果期的植株，结果枝多分布在树冠外围。但结果初期结果枝较长而少，盛果期的结果枝短而多。按其长度可分为长果枝（大于 20 cm）、中果枝（10～20 cm）和短果枝（小于 10 cm）。其长短又常与品种、树龄、立地条件、栽培措施等有关。

3. 雄花枝　生长细弱、短小，只着生雄花，仅顶芽为叶芽，雄花序脱落后，顶芽以下光秃。这种枝条多在老弱树及树冠内膛郁闭处着生。雄花枝多是树势弱和劣种的表现，修剪时应全部疏除。

核桃枝条生长每年有两次生长高峰，形成一次梢和二次梢。春季 4 月上旬随萌芽与展叶同时生出新梢。外界气温升高新梢生长加快，4 月中旬至 5 月中旬为旺盛生长期。6 月上旬第一次生长停止。中短枝和弱枝一次生长结束早并形成顶芽，而无二次梢。健壮的发育枝和结果母枝可出现第二次生长，顶芽形成较晚，旺枝夏季不停止生长或生长稍缓，交界处不明显。晚实核桃分枝能力弱，一般可分枝 1～3 个。早实核桃分枝能力强，发枝率可达 30%～60%，是早实丰产的生物学特性之一。

（四）叶

核桃叶片为奇数羽状复叶。枝上着生复叶数量多少与树龄大小、枝条类型有关。一年生幼苗有复叶 16～22 个。以后随树龄增加，一年生枝着生复叶数有所减少；到结果期，发育枝着生复叶数为8～15 片，结果枝 5～12 片，内膛细弱枝只有 2～3 片，而徒长枝和外围发育枝一般为 18 片，最多可达 28 片。每一复叶上着生小叶 3～9 片，一年生苗多为 7～11 片，结果树多为 5～7 片，偶尔也有 3 片的。同一复叶上小叶从上端向基部逐渐变小。复叶多少对枝条和果实的发育关系很大。据报道，着双果结果枝需复叶 5～6 片，方能维持枝、果及花芽的正常发育和连续结果；低于 4 片则不利混合芽形成，且果实发育不良。

二、开花与结果习性

（一）始果年龄

核桃在嫁接当年即有形成花芽的可能性。如果春季嫁接时用混合花芽，当年可以开花结果。但是生产上核桃实际始果年龄在 4～8 年。核桃从营养生长过渡到生殖生长（即开花结果），需要适宜的外界条件，包括适宜的温度、较强的光照和适当控制土壤水分等。内在条件需要经过一系列生理生化和营养物质积累，内源激素制约和调节。幼树从旺盛的营养生长过渡到生殖生长，8～10 年的称为晚实核桃，2～4 年的称为早实核桃。

（二）花芽分化

1. 雌花混合芽形态分化　据山东省果树研究所 1978 年在泰安观察，核桃的雌花和雄花分别着于两种芽，雌花混合芽位于枝条上部。雌花混合芽的芽原基于上年母芽雏梢上发生，7 月中下旬具有托座和生长点子芽的形态，11 月至翌年 3 月可有鳞片包被并膨大至芽内顶部雌花的 1/3～1/2。4 月初随着展叶和雌花吐露，结束其芽内子芽阶段，直至开花。早实核桃雌花混合芽形成的部位不仅在枝条上部，长梢的腋芽，基部芽，并生副芽以及基部小芽均可形成雌花。

2. 雄花芽的形态分化　雄花芽与侧生叶芽为同源器官，位于枝条下部。雄花芽 5 月间在叶腋间形成，到翌春才逐渐分化完成，到散粉时约需 12 个月。据观察，雄花原基出现期为展叶后 10 d 左右。雄花芽生长期为 5 月上旬至 6 月中旬，6 月中下旬至翌年 3 月为休眠期，4 月继续生长发育，直至伸长成为柔荑花序。雄花散粉前 10～14 d 形成四分体并陆续形成花粉粒。同一花药内花粉母细胞的发育高度同步化，一株树 3 d 即可完成减数分裂。

（三）开花

核桃雌雄异花，开花极不一致。在同一株上雌雄花期也常常不一致，称为雌雄异熟。其中分为雌先型、雄先型和同期型 3 种。为有利授粉和增加产量，应选择雌雄花期一致或相近的品种配置授粉树。据河北省 1982—1983 年调查，3 种开花类型树的自然坐果率有很大差别（表 56－9）。

表 56－9 不同开花类型与坐果率的关系

开花类型	调查类型	雌花数（个）	坐果数（个）	花朵坐果率（%）
同期型	2	69	56	81.16
雌先型	4	171	108	63.16
雄先型	5	196	91	46.13

1. 雄花开放特点 春季雄花芽膨大伸长，由褐变绿，经 12～15 d，花序达一定长度，基部小花首先分离，萼片开裂，显出花药，再经 1～2 d，基部小花开始散粉并向先端延伸，为散粉期，2～3 d（与气温有关）。散粉完毕雄花序变黑脱落，为散粉末期。散粉期如遇低温、阴雨、大风，将对散粉和受精起不良作用，生产上常常采用行之有效的人工辅助授粉，以增加坐果和产量（表 56－10）。

表 56－10 人工辅助授粉效果

处理枝	花序数（个）	坐果数（个）	坐果率（%）	花朵数（个）	坐果数（个）	坐果率（%）
授粉枝	127	75	59.1	170	104	61.2
对照枝	142	63	44.4	198	93	47.0

2. 雌花开放特点 雌花显露初期的特点是幼小子房露出，二裂柱头合拢，此时无授粉受精能力。经 5～8 d，子房逐渐膨大，柱头开始向两侧张开，此为始花期。当柱头呈倒“八”字形张开，柱头正面呈现突起且分泌物增多时为盛花期，此时接受花粉能力最强，为授粉最佳时期。再经 3～5 d，柱头表面分泌物干涸，逐渐反转，授粉效果较差，为授粉末期。此后柱头逐渐枯萎，即失去授粉能力。至于花粉管进入子房的途径，据河北农业大学观察，即可通过羽状柱头上表面乳突细胞，亦可通过下表面，甚至还可以从花器其他部位进入柱头。再通过柱头进入子房。故在人工授粉时，也应注意撒向柱头表面。

同一核桃类型各单株之间雌雄花期也有较大差异，据河北农业大学在鹿泉市观察，雄先型植株雌雄花期早晚相差 5～10 d；雌先型相差 2～7 d；从解剖学观点分析，雌先型树在雄花散粉时，胚囊已经成熟，有利于授粉受精，而雄先型树在散粉时，雌花正值珠被发育期或胚囊母细胞刚刚出现，因而错过了授粉良机。据河北涉县、涞水县调查，一般雌先型坐果率较高（60%～80%），雄先型较低（45%～65%），同时型最高（81%～83%），这就为选择品种或花期类型提供了依据。

（四）授粉

核桃属风媒花，由于存在雌雄异熟及花粉有效时间短和生活力低等问题，天气状况与授粉和坐果之间的关系密切。多年经验证明，凡雌花期短、开花整齐者，其坐果率高，反之则低。据调查，雌花期 5～7 d，坐果率为 80%～90%，8～11 d 坐果率 70%以下，12 d 者坐果率仅为 36.9%。核桃的花粉呈圆球形，表面光滑，大小为 43.2 μm×54.6 μm，上有 10～18 个萌发孔。一花粉粒通常只产生 1 个花粉管，个别可发出 2 个花粉管。花粉粒在 25 ℃和饱和湿度条件下，1 d 后即可发芽，营养核首先进入花粉管中，然后生殖核进入，但花粉粒中存在败育花粉，据河北农业大学用过氧化物酶法测定生活力试验，刚散出花粉生活力高达 90%，放置 1 d 后降至 70%左右，在室外条件下，第六天全部丧失生活力，即使在冰箱冷藏条件下，采粉后 12 d，生活力也降至 20%以下。据旅大经济林试验站试验，在自然条件下，花粉生活力仅能维持 5 d 左右，在 2～5 ℃条件下，生活力可维持 10～15 d。据测定，雌花柱头在开花后 1～5 d 接受花粉能力最强，一天中以 9:00～10:00，15:00～16:00授粉效果最好。

核桃花粉粒较大，飞翔能力差，对传播花粉有一定的影响。据河北农业大学试验结果表明，在一定距离内，花粉风散量随风速增大而增加，但随距离增加而减少（表56－11）。

表56－11 核桃花粉飞翔力

风速（m/s）	0.2			0.5			1.0		
距离（m）	1	2	3	1	2	3	1	2	3
捕捉花粉粒数（粒）	21	10	4	24	17	12	73	32	12

国外文献报道，田间花粉飞翔最远距离可为160 m。据Wood测定，雌花接受花粉粒数与授粉树距离成反比（表56－12），所得结果基本一致。

表56－12 授粉树距离和传粉的关系

授粉树的距离（m）	18.3	45.8	152.5	305.0	804.5
每雌花柱头接受花粉数（个）	8.0	4.0	1.0	0.3	0

据日本研究，核桃花粉可风飘1 000 m，可授粉距离为150 m，有效授粉范围约50 m。由此可见，据授粉树超过300 m，几乎不能授粉，而最适传粉和有效距离一般为100 m。

核桃雌花属湿性柱头，表面产生大量分泌物，为花粉萌发提供必需的基质。据观察，授粉后4 d左右，即可在柱头上萌发出花粉管，进入柱头，16 d后即可进入子房组织，36 d达到胚囊附近。授粉后3 d左右可完成双受精过程。8月上中旬胚器官分化基本完成。

关于孤雌生殖问题，近年来国内外均有报道。陕西省扶风县的当年无雌花核桃幼树能结果；河南省济源市1978年在愚公林场试验观察，有的品种能孤雌生殖；河北农业大学1962—1963年用异属花粉授粉和用吲哚乙酸、萘乙酸及2,4－D等处理，套袋隔离花粉都结出了有种仁的果实，其中用2,4－D 10 mg/L、20 mg/L和30 mg/L处理，坐果率达3.22%～18.51%；套袋坐果率为1.2%。河北涉县林业局1983年选雌先型和雄先型树于雌花柱头微露时套袋100多个，内有雌花352个，坐果率以雌先型树最低（4.08%～4.29%），雄先型树孤雌生殖率较高，为12.2%～43.7%，但株间差异较大。国外在孤雌生殖方面亦有报道，Schanderl在9年中观察38个中欧核桃品种，孤雌生殖品种占18.5%，表现最强的是Geisenheim26、Geisenheim139和Esterhazy11，但孤雌生殖能力每年都有变化（2.5%～57%）。以上均说明，不经授粉受精，也能结出有生殖能力的种子，这对核桃生产将产生重要影响。

三、果实发育与成熟

（一）发育时期

从柱头枯萎子房膨大到总苞变黄开裂、坚果成熟为止，称为果实发育期。此期长短与外界生态条件关系密切，北方核桃果实发育期110～130 d，南方铁核桃约170 d。据研究，核桃果实发育过程中，有2个速长期和1个缓慢生长期，果实生长动态呈双S形曲线。果实整个发育时期大体可分为3个时期：

（1）果实速长期。一般在花后6周，是果实生长最快的时期，其生长量约占全年总生长量的85%，日平均绝对生长量达1 mm以上。

（2）果壳硬化期。亦称硬壳期，坚果硬壳（即子房壁）从基部向顶部变硬，种仁由浆状物变成嫩白核仁，至硬核期，果实大小基本定型。

（3）核仁充实期（南方称油化期）。自硬核到成熟期，果实各部分已达该品种应有大小，淀粉、糖、脂肪含量和坚果重量不断增加。

（二）果实内成分变化

核桃果实发育过程中，其内部成分变化见表 56-13。

表 56-13 核桃果实发育过程中成分变化

日 期	脂肪（%）	葡萄糖（%）	蔗糖（%）	淀粉和糊精（%）
7月6日	3	7.6	0	21.8
8月10日	16	2.4	0.5	14.5
8月15日	42	0	0.6	3.2
9月10日	59	0	0.8	2.6
10月4日	62	0	1.6	2.6

据河北农业大学在保定观察：6 月中旬果实速长基本结束，6 月中下旬子叶分化完毕，至 6 月底果实大小基本定型，核壳硬化，子叶进一步发育，真叶开始分化。硬核期后，果实大小略有增加，脂肪含量迅速增加，直至采收期，9 月中下旬，种仁变硬，总苞开裂。

从蔗糖和脂肪含量后期增加较快的趋势及单果重后期迅速增加的事实，应尽量避免过早采收。河北农业大学在保定测定结果表明：6 月上旬核果中仅积累少量脂肪（4%～10%）。随着果实的发育，脂肪含量不断上升，7 月上旬脂肪含量达 20%～35%，8 月上旬达 45%～59%，9 月上旬达 50%～68%。这说明核果脂肪量主要为后期形成和积累。

（三）落花落果

核桃多数品种落花较轻而落果较重，多集中在柱头干枯后的 30～40 d。尤其当果实速长时落果较多，即生理落果。据陕西省和辽宁省观察，核桃自然落果率为 30%～50%。河北农业大学试验认为，各单株类型变化多，落果情况差别很大，多者达 60%，少者不足 10%，同时与不同年份、植株状况、授粉条件等有密切关系。河北农业大学和河北省涞水县林业局调查表明核桃一年中有 3 次落果（表 56-14）。

表 56-14 不同时期落果率及果实大小

落果期	落果（%）	落果果实大小（cm）		备 注
		纵径	横径	
5月3～8日	28.2	1.0～1.3	0.8～1.0	落果百分率是指被调查植株落果平均数
5月8～24日	65.9	1.3～2.8	1.0～2.3	
5月24日至6月6日	5.9	2.8～4.0	2.3～2.7	

核桃落果多在花后 10～15 d 幼果横径达 1 cm 时开始，2 cm 时达高峰，硬壳期基本停止。落果原因往往与受精不良、营养不足、花期低温干旱等有关。早实核桃二次果发育从 6 月上旬开始，成熟期与一次果相同或稍晚，但落果比较严重，有的可达 90%以上。

（四）果实生长与枝条生长的关系

春季萌芽后，枝条生长逐渐加速，生长旺盛期约 20 d，待生长稍加缓慢后即进入雌花期，子房膨大，果实快速生长，两者有将近 30 d 的交错生长期，且有一段时间相重叠。此期如树体营养不足，则易引起营养生长不良和落花落果。

第四节 对环境条件的要求

中国核桃分布甚广，从北纬 21°29′（云南勐腊）～44°54′（新疆博乐）；东经 77°15′（新疆塔什库尔干）～124°21′（辽宁丹东）都有栽培。在如此广阔的地域内，气候与土壤等差异悬殊，年均温 2

（西藏拉孜）～22.1 ℃（广西百色）；绝对低温－5.4（四川绵阳）～－28.9 ℃（内蒙古宁城）；绝对最高温 27.5 ℃（西藏日喀则）～47.5 ℃（新疆吐鲁番）；无霜期 90（西藏拉孜）～300 d（江苏中部）；垂直分布从海平面以下约 30 m 的吐鲁番盆地（布拉克村）到海拔 4 200 m（拉孜县徒庆林寺）。上述状况反映出核桃属植物对自然条件有很强的适应能力。然而，核桃栽培业对适生条件却有比较严格的要求，并因此形成若干核桃主要产区。超越其适生条件时，虽能生存但往往生长不良、产量低或绝产以及坚果品质差等失去栽培意义。表 56－15 中数据表明：我国核桃主产区的气候条件虽有不同但大体相近；铁核桃产区的年平均温度和降水量均较高；反映出两个核桃种对生态条件有着不同的要求。

表 56－15　主要核桃产区气候条件

产　区	核桃种类	年均气温（℃）	绝对最低气温（℃）	绝对最高气温（℃）	年降水量（mm）	年日照（h）
新疆库车	核桃	8.8	－27.4	41.9	68.4	2 999.8
陕西咸阳	核桃	11.1	－18.0	37.1	799.4	2 052.0
山西汾阳	核桃	10.6	－26.2	38.4	503.0	2 721.7
河北昌黎	核桃	11.4	－24.6	40.0	650.4	2 905.3
辽宁大连	核桃	10.3	－19.9	36.1	595.8	2 774.4
云南漾濞	铁核桃	16.0	－2.8	33.8	1 125.8	2 212.0

现将影响核桃生长发育的几个主要生态因子简述于下：

一、温度

核桃是比较喜温的树种。通常认为核桃苗木或大树适宜生长在年均温 8～15 ℃，极端最低温度不低于－30 ℃，极端最高温度在 38 ℃以下，无霜期 150 d 以上的地区。幼龄树在－20 ℃条件下出现“抽条”或冻死；成年树虽然能耐－30 ℃低温，但在低于－26～－28 ℃的地区，枝条、雄花芽及叶芽易受冻害。在新疆伊宁和乌鲁木齐地区当极端最低温度达－34～－37 ℃时，核桃树不能结果，并呈小乔木或灌丛状生长。

核桃展叶后，如遇－2～－4 ℃低温，新梢会遭冻害；花期和幼果期气温降到－1～－2 ℃时则受冻减产。但生长期温度超过 38～40 ℃时，果实易被灼伤，以至核仁不能发育。

尽管如此，通过引种驯化或育种途径，可提高核桃的抗寒性。白乃檀（1989）的研究表明：经过 15 年北移驯化试验，在内蒙古赤峰地区将核桃生产栽培区向北推进了 200 km。在极端最低温度－30 ℃条件下，能正常开花结实。14 年生树最高株产坚果 30 kg，平均每 667 m^2 产 174 kg。

铁核桃适于亚热带气候，要求年平均温 16 ℃左右，最冷月平均气温 4～10 ℃，如气温过低则难以越冬。

沈兆发（1985）对云南漾濞泡核桃（铁核桃的栽培种）的研究表明，5 月平均气温与泡核桃产量之间呈显著负相关，即在 5 月平均气温高的年份核桃会减产；8 月的平均气温也与核桃产量之间有负相关关系，因为在高气温条件下核桃果实易被灼伤成病果而脱落。

气温与纬度和海拔高度密切相关，故不同纬度地区核桃垂直分布和适生范围各异。例如，陕西洛南地区在海拔 700～1 000 m 处核桃生长良好；山西、河北等地以海拔 1 000 m 以下为适生区；辽宁省南部地区只宜在海拔 500 m 以下栽培；云南漾濞则在海拔 1 800～2 000 m 生长良好。

二、光照

核桃是喜光树种，进入结果期后更需要充足的光照，全年日照量不应少于 2 000 h，如低于 1 000 h则结果不良，影响核壳、核仁发育，降低坚果品质。生长期日照时间长短对核桃的生长发育至关重要，沈兆发（1985）对漾濞泡核桃的研究表明，3 月正是核桃展叶、抽梢和开花期，对日照要求较高，3 月日照时数与泡核桃产量（指 3 年滑动模拟所得气象产量）之间呈正相关，相关系数 $r=0.510$（自由度为 11），日照充足有利于当年核桃产量增加。

新疆核桃产区日照时数多，核桃产量高、品质好；但郁闭状态的核桃园一般结实差、产量低，只边缘树结实较好，同一植株也是树冠外缘枝结果好。所以，在栽培中选地、株行距离和整形修剪等均应考虑采光问题。

三、水分

核桃不同的种对水分条件的要求有较大的差异。例如，铁核桃喜较湿润的条件，其栽培主产区年降水量为 800～1 200 mm；核桃在年降水量 500～700 mm 的地区，只要搞好水土保持工程，不灌溉也可基本上满足要求；而原产新疆灌区、降水量低于 100 mm 的核桃，引种到湿润和半湿润地区则易受病害。沈兆发（1985）认为，云南漾濞冬季降水对泡核桃产量有明显影响，甚至超过 3～6 月和 8 月降水。冬季降水量与泡核桃产量之间呈显著正相关，冬季降水多的年份有利于翌年泡核桃增产。

核桃能耐较干燥的空气，而对土壤水分状况却很敏感，土壤过干或过湿都不利于核桃生长发育。在新疆库车、和田等核桃产区，年降水量仅 37.5～82.8 mm，但因有灌溉条件，核桃生长良好，病害少而产量高。长期晴朗而干燥的气候，充足的日照和较大的昼夜温差，有利于促进开花结实。新疆早实核桃的一些优良性状，正是在这样的条件下历经长期系统发育而形成的。土壤干旱有碍根系吸收和地上部枝叶的水分蒸腾作用，影响生理代谢过程，严重干旱可造成落果，甚至提早落叶。幼壮树遇前期干旱和后期多雨的气候时易引起后期徒长，导致越冬后抽条干梢。土壤水分过多，通气不良，会使根系生理机能减弱而生长不良，核桃园的地下水位应在地表 2 m 以下。在山坡地上栽植核桃应修筑梯田、撩壕、鱼鳞坑等，搞好水土保持工程。在易积水的地方须解决排水问题。

四、土壤及地形

核桃根系入土深，土层厚度在 1 m 以上时生长良好，土层过薄影响树体发育，容易“焦梢”且不能正常结果。

核桃喜土质疏松、排水良好园地。在地下水位过高和质地黏重的土壤上生长不良。龙毓珍（1965）的研究表明，核桃根系发育受土壤条件影响很大，在疏松肥沃、地下水位低、排水良好的土壤上，根系生长旺盛；而在地下水位高的黏土或石砾多的山地，根系生长不良，侧根少，主根长度只相当肥沃土地上同龄树的 35.0%～77.8%，侧根数量只有肥沃园地的 8.0%～18.4%。

核桃在含钙的微碱性土壤上生长良好，土壤 pH 适应范围为 6.3～8.2，最适值为 6.4～7.2。土壤含盐量宜在 0.25%以下，稍有超过即影响生长和产量，含盐量过高会导致植株死亡，氯酸盐比硫酸盐危害更大。核桃喜肥，增加土壤有机质有益于提高产量。

地形和海拔不同，小气候各异。核桃适于坡度平缓、土层深厚而湿润、背风向阳的条件。种植在阴坡，尤其坡度过大和迎风坡面上，往往生长不良，产量甚低，甚至成为“小老树”。坡位以中下部为宜。在同一地区，海拔高度对核桃的生长与产量有一定影响。

五、风

风也是影响核桃生长发育的因素之一，但常易被忽视。适宜的风量、风速有利授粉，增加产量。然而，核桃又是抗风力较弱树种，由于其一年生枝髓心较大，在冬、春季多风地区，生长在迎风坡面的树易抽条、干梢，影响树体发育和开花结实，栽培中应加以注意，如建造防风林等。

研究了解核桃的生物学与生态学特性，不仅是制定科学的栽培技术措施的基础，而且可以通过掌握生态因子的变化与生育的相关性预测核桃产量。郗荣庭等（1987）的研究表明，前一年 7 月和

10月的平均温度、日照、雨量以及当年 3～4 月的气候，尤其花期的天气状况对产量的影响甚为明显，前一年 7 月雨量多，日照充足，10 月月平均气温高，当年核桃增产显著，表现为正相关。

第五节 建园和栽植

建园是核桃生产中的基础环节。因核桃生命周期长，核桃园一旦建立，便不易改变。因此，建园时，应对园地的土质、地势、气候等条件进行认真选择，并进行严密的规划设计，以避免因选址不当和规划不周而带来的不便及损失。

一、建园

立地条件的优劣是影响核桃丰产优质的主要因素之一，选地时应根据核桃生长发育对环境条件的具体要求来考虑。园址最好选平地和缓坡地。土壤以壤土和沙壤土为宜，并要求有 1 m 以上的土层，地下水位距地表 2 m 以上。山地建园坡度应在 20°以下。如山势起伏不大，坡面比较整齐，尤其在西南山区，坡度近 30°的地方也可适当利用。坡向以开阔向阳为好。园地选好后，应根据建园的规模和核桃生长发育的特点，对园地进行整体规划与设计，包括园地踏查、测量制图、各种道路、排灌系统、防护林带及品种的配置等各项内容。设计完成后，栽前应对土壤进行适当的改良与整理。平地或缓坡地，栽植区应整平、熟化，做好防碱防涝工作；山地应修好梯田，对于地形较复杂、暂时无法修梯田的地方，可先修好鱼鳞坑，然后逐步扩大树盘，最后修成复式梯田。有条件的地方还可结合造林、种草、沟头防护和合理间作等，以达到改良土壤和保持水土的目的。

二、栽植

（一）苗木的选择

准备苗木是完成果园建设一项十分重要的工作，它不仅需要掌握所需苗木的来源、数量，更重要的是应保证苗木质量，后者将直接关系到建园的成败与经济效益。苗木质量应首先要求品种优良纯正，这是苗木选择的关键，也是制约核桃丰产优质高效的主要和关键因素；其次，还要求苗木主根发达，侧根完整，苗干发育充实健壮，芽眼饱满，无病虫害，无机械损伤，无冻害或失水现象；嫁接部位高度适宜，愈伤牢固，无绞缢现象。一般以株高 1 m 以上，新梢粗度不小于 1.5 cm，主根长度 20 cm以上，一年生嫁接壮苗为佳。如有条件，最好就地育苗、就地栽植。若需外购苗木应按苗木检疫、包装、运输等要求进行。

（二）栽植期

核桃栽植时期有春栽和秋栽两种。北方春旱地区，核桃根系伤口愈合较慢，发根较晚，以秋栽较好。秋栽树萌芽早，生长健壮，但应注意幼树冬季防寒。秋栽的具体时期从落叶后到土壤封冻以前均可。而对冬季气温较低，冻土层很深，冬季多风的地区，为防止抽条和冻害，宜于春栽。春季栽植是在土壤解冻后到春季苗木萌芽前进行栽植，可有效防止秋栽苗木的抽条和冻害。一般在土壤解冻后应及时栽植，宜早不宜迟。

（三）栽植密度和方式

核桃的栽培方式应根据立地条件、栽植品种和管理水平来确定。目前我国的核桃栽培方式基本上有两种，一种是以果粮间作形式为主的分散栽植；另一种是生产园式的集中成片栽植。分散栽植可因地制宜，适地适树，粗放管理。集中成片栽植则宜统一规划，采取集约化管理。栽植密度以能够获得高产、稳产、优质，且便于管理为总原则。核桃树体发育性强，喜光，不适宜密植。一般土层深厚、土质良好、肥力较高的地区，株行距应大些，株行距 5～8 m，每 667 m^2 栽 10～20 株；若土层较薄、土质较差、肥力较低的山地，株行距应小些，株行距 4～6 m，每 667 m^2 栽 20～30 株为宜；对栽植于耕地田埂、坝堰，以种植作物为主，实行果粮间作者，株行距应加大到 7～10 m。山地栽植则以梯田宽度为准，一般一个台面 1 行，台面大于 10 m 时，可栽 2 行，株距一般 5～8 m。

（四）品种及授粉树的配置

1. 品种选择 品种选择至关重要，选用的良种必须是经省级以上审定或认定在当地表现早实、丰产、质优且抗性强的优良品种或经引种试验在本地表现良好的品种。

2. 授粉树的配置 由于核桃具有雌雄异熟、风媒传粉、有效传粉距离短及品种间坐果率差异较大等特点，建园时最好选用 2～3 个能够互相提供授粉机会的主栽品种，以保证良好的授粉条件，也可按每 4～5 行主栽品种配置 1 行授粉品种的方式定植。山地梯田栽植时，可根据梯田面的宽度，配置一定比例的授粉树。原则上主栽品种同授粉品种的最大距离小于 100 m，主栽品种与授粉品种的比例为 8∶1。

（五）栽植时的注意事项

核桃苗木栽植以前，应先剪除伤根、烂根，然后放在水中浸泡半天，或根系蘸泥浆，使根系充分吸水，以保证顺利缓苗与成活。一般定植穴的深度和直径分别为 0.8～1 m，若土质黏重或下层为石砾、不透水层，则应加大加深定植穴或进行条沟，并采用客土、填草皮或表皮土等措施来改良土壤，为根系生长发育创造良好条件。有条件的最好提早挖穴、挑沟回填，通过雨水或灌水蛰实，栽植时再挖小穴栽植。挖好定植穴后，将表土和土粪混合填入坑底，然后将苗木放入，舒展根系，分层填土踏实，培土高度与地面相平，栽后修好树盘，充分灌水。核桃树不宜深栽，栽植时注意苗木在穴中的深度，未蛰实树穴应适当浅栽，根颈部位可略高于地表，灌水土壤蛰实后，使根颈与地表相平，过深或过浅均不利于苗木生长。栽后 7 d 可再灌一次水，以后视墒情和实际条件决定灌水次数。

（六）栽植后的管理

1. 幼树定干 幼树栽植后在距地面一定距离处的苗干上进行短截修剪以确定树干的高度，称为定干。定干是培养树形的基础工作，栽植的幼树，于春季发芽前，应按整形的要求进行定干。一般密植核桃树在离地面 60～80 cm 处的饱满芽上方留 3 cm 以上剪截，剪口一定要平。由于核桃髓心较大，剪断后水分散失较快而多，剪口距离芽过近时，会使所保留的目标芽抽干、不萌发或生长过弱。苗木较弱或肥水条件较差很难实现当年定干时，栽植后可于发芽前在嫁接苗接口向上选留 20～30 cm，并在饱满芽处进行截干以集中营养促发旺梢。发芽后在剪口下留 2 个新梢，待长到 20 cm 时留一个壮梢促其生长，不摘心、不剪截，任其生长；待第二年发芽前统一定干，高度可为 0.8 m、1.0 m 或1.2 m 以上；高干成龄后便于机械耕作以及通风透光防止病害发生。定干后应在剪口下留 30～40 cm 的整形带，整形带以下的萌芽全部抹除，剪口可用地膜密封。

2. 幼树越冬保护 幼树秋季栽植后，当年越冬前进行堆土和树干涂白防冻，也可在堆土后全树涂聚乙烯醇防寒。

3. 覆膜 为了提高地温、保持土壤水分、促进苗木成活，秋栽苗春季解冻后、春栽苗定干后每株覆 1 m^2 地膜，四周用土压严。

4. 抹芽、摘除花果 萌芽后按照整形要求选留方向位置合适的中心干和主枝，及时抹除定干高度以下侧芽和砧木萌芽。对留下培养中心干和主枝的新梢要严格保护，尤其是不能摘心，要任其或促使其快速生长扩大树冠，防止受到人为或自然因素的损坏，影响树形培养和树体发育。栽后 3 年内及时摘除中心干及主、侧枝上的雌、雄花和幼果，以集中营养长树扩冠，为后期丰产奠定基础。

5. 肥水管理 秋栽的春季萌芽前浇水一次，春栽的栽后 15 d 左右再灌水一次，水渗下去后覆土覆膜，以利保墒。以后依据干旱情况及时浇水。栽植当年以叶面肥为主，可在完全展叶后喷施尿素 300～500 倍液，每半月一次；8 月后改喷磷酸二氢钾，落叶前结束。8 月中旬至 9 月上旬可施基肥，每株沟施土杂肥 5～10 kg，施后浇水。封冻期浇一次封冻水。

6. 病虫害防治 萌芽期应注意金龟子，雨季后应注意木蠹蛾、刺蛾、美国白蛾等，具体防治方法参照“病虫害防治”部分。

7. 成活率调查及补栽 春季发芽后及时检查成活情况，并对未成活株及时进行补栽。也可到秋季用同品种1～2年生大苗进行补植。

（七）间作套种与地表覆盖

间作可以充分利用地力和空间，特别是可以提高早期核桃园的经济效益。核桃园间作，国内外均有成功的实例。国外主要间种绿肥，如三叶草、紫苕子或豆科作物，作为一项重要的培肥改良土壤措施。国内以间种薯类、豆科作物、油用牡丹、中草药及蔬菜类等低秆作物为主。不管间作何种作物，都必须以核桃为经营主体，留足保护带。间作一般在栽植建园后的5年内进行。间作既加强了土壤的肥水管理，促进核桃树健壮生长，又可获得一定经济效益。

在树冠下面用鲜草、干草、秸秆或地膜覆盖地面，可以抑制杂草生长，减少地表水分蒸发，保持土壤湿度，调节土壤温度。覆盖物腐烂后，还能增加土壤有机质，提高土壤肥力。地面覆盖是干旱地区有效的保墒措施之一，保墒效果明显。在有条件的园片应作为一项重要的栽培措施加以推广应用。

第六节 土肥水管理

土肥水是良种核桃实现丰产、优质、高效的基础条件，也是核桃园管理的主要内容之一。

一、土壤管理

土壤管理能为核桃根系的正常生长发育提供良好的理化条件，促进对水分、养分的吸收，保证地上部的壮旺生长。核桃树一般立地条件较差，土壤管理任务十分繁重。幼树以松土除草为主，成年树以除草去灌、翻耕，改良熟化土壤，保持水土为主。

（一）土壤翻耕

山坡地上的核桃树，如不抚育管理，任其荒芜，病虫危害严重，轻者衰弱，结果不良，重者干枯死亡。所以，必须在每年春、秋季节对树盘翻耕深20 cm以上，树干附近浅些，外缘深些，范围超过树冠投影外围。对立地条件较好的核桃树沿须根分布区边缘向外扩展40～50 cm，深翻成深40 cm左右的半圆或圆形耕作带，深翻应表土翻下、底土翻上，可结合秋冬施肥防虫进行。

（二）去杂除草

深山地区的沟洼地方，核桃树下多丛生灌木、杂草，影响核桃生长发育和产量，去除树下灌木、杂草，可使树体生长旺盛。对栽植在核桃树边、影响核桃通风透光和生长发育的其他树木，应及时除去，留足核桃树生长空间，提高产量。

（三）改良土壤，保持水土

改良土壤应结合深翻，因地制宜进行。对生长在土质黏重、通透性不良的土壤上的核桃树，可采用掺沙子、炉渣的办法改土。对土壤沙粒过多、肥力过差的核桃树，可采用掏沙换土、增施有机肥的办法改土。对山地可因地制宜地采取修反坡梯田、撩壕、鱼鳞坑或修树盘、蓄水坑的办法保持水土，改良土壤。

1. 兴修反坡梯田 山坡地水土流失严重，土壤干旱瘠薄，核桃树根常被水冲外露，严重影响核桃树的生长和结果。对这类核桃树（园）兴修反坡梯田是保持水土、壮树丰产的基本措施之一。方法是：沿等高线修筑外高里低，高差30 cm左右，宽1～4 m的田面，外用石头或草皮垒砌，层间距根据坡度和栽植行而定，核桃树栽于田面中部，或先搞等高线栽植，后再修反坡梯田，从根本上改变树体的基本生存条件，促进山地核桃树的速生丰产。

2. 挖鱼鳞坑或修树坪 鱼鳞坑或树坪是山坡较陡地方栽植核桃的一种整地方式，具有一定蓄水保土、深耕土壤的作用，有利于核桃幼树的成活和生长。具体方法是以栽植点为中心，修成外高内低的半月形土坑，并随根系生长逐年向外扩大。

3. 撩壕 对未修梯田或无其他水土保持措施的坡地核桃园，可挖成等高沟壕，将核桃树栽于壕外侧。此法既可减少地表径流，蓄水保土，也可增加坡面的利用面积。沟内每隔一定距离做一小坝，水少时可全部留沟内，水多时可溢出小坝，排出沟外，利于保水蓄水。

4. 修蓄水盘 蓄水盘为阔椭圆形，长约 2 m，宽 1.7 m，上沿挖成半月形的蓄水沟，沟长 2.5 m，深 35 cm，顶宽 40 cm，底宽 10～15 cm，盘内深翻土层 40 cm，盘面高于沟顶，等蓄水沟淤平后，继续开沟扩大树盘。这样既可蓄水保土，又可排除过多积水，盘内土壤疏松，利于核桃生长。

(四) 炮震松土

核桃树下炮震松土技术，适用于沙石岭地、旱薄山地等干旱缺水、土壤瘠薄硬实、有坚硬“地床”土层的核桃树下。具体方法是在土壤解冻后、核桃树萌芽前，幼树在 1.5 m 以外，每株 1～2 炮。大树在树冠投影的外围，每株 2～3 炮。用羊铲、钢钎打口径为 15～20 cm 的炮眼，深度幼树为 60～80 cm，大树 80～100 cm。为便于取土，也可打成向树干方向倾斜 45°的斜眼，每炮用硝氨炸药1.5 kg或用棒状炸药 1 筒，中间放入雷管导火线，稍捣实，也可再装入部分氮、磷化肥，装好后用湿土砸实封严，雷管引爆。震后平整穴面。该方法能疏松土壤，提高土壤通透能力，利于蓄水保墒，同时起到施肥作用，增加土壤肥力，促进根系向纵深发展，对核桃树的生长和结果有明显的促进作用，具有简便易行、省时省工、事半功倍等优点，可在生产中应用。

二、施肥管理

核桃为多年生果树，每年从土壤中吸收大量营养元素，如不及时补充肥料，必将造成某些营养元素的缺乏和不足，使营养积累和消耗之间失去平衡，新陈代谢功能不正常。尤其核桃进入盛果期后，产量逐年增加，对营养物质的需要也日益增多。

(一) 核桃树的需肥与吸肥特点

不同树龄的核桃需肥特点不同，幼龄树需肥量较少。其结果后对各种养分的需求量增大，特别是对氮素的需求量增大。

1. 营养元素对树体的生理作用

(1) 氮。氮素是叶绿素、蛋白质等的组成成分，如不施入氮肥的果园，均会发生缺氮症。一般缺氮植株，叶色变黄，枝叶量小，新梢生长势弱，落花、落果严重。长期缺氮，萌芽开花不整齐，根系不发达，树体衰弱，植株矮小，树龄缩短。这些缺氮植株一旦施入氮肥，产量会逐年上升，施氮的同时还得配合施入磷、钾及其他微量营养元素，否则氮素过剩引起徒长枝狂长，枝条不充实，幼树不易越冬，结果树落花、落果严重，果实品质降低。

(2) 磷。磷素分布在生命活动最旺盛的器官，多在新叶及新梢中，磷酸在植物体内容易移动。磷素不足，叶片由暗绿色转为青铜色，叶缘出现不规则的坏死斑，叶片早期脱落，花芽分化不良，延迟萌芽期，降低萌芽率。磷素过剩则影响氮、钾的吸收，使叶片黄化，出现缺铁症状，因此要注意磷与氮、钾肥的施用比例。

(3) 钾。适量的钾素可促进坚果肥大和成熟，提高幼树的抗寒越冬能力，提高坚果品质。缺钾的核桃树叶，在初夏和仲夏时表现为颜色变灰发白，叶缘常向上卷曲，落叶延迟，枝条不充实，耐寒性降低。钾素过多，氮的吸收受阻，影响到钙、镁离子的吸收。

(4) 锌。锌元素是某些酶的组成成分。缺锌果实易萎缩，叶片出现黄化，节间短，枝条顶部枯死。灌水频繁、伤口多，重剪、重茬种植易发生这种症状，沙地、盐碱地及瘠薄山地核桃园易发生这种现象。加强果园管理，调节各营养元素的比例，是解决缺锌症的有效措施。

(5) 锰。适量的锰，可提高维生素 C 的含量，满足树体正常生长的需要。缺锰叶绿素含量降低，褪绿现象从主脉处向叶缘发展，叶脉间和叶脉发生焦枯的斑点，叶子早期脱落。

（6）铁。缺铁时，植株易出现整株黄化，幼叶比基部叶严重，叶面呈白色和乳白色，再严重时叶片出现棕褐色的枯斑或枯边，枯死脱落。缺铁失绿症在盐碱地里发生较多，栽培时应通过多施有机肥，调整土壤的 pH 加以克服。

（7）硼。硼能促进花粉发芽和花粉管的生长，对子房发育也有作用。缺硼时，树体生长迟缓，枝条纤弱，节间变短，枯梢，小枝上出现变形叶，花芽分化不良，受精不正常，落花、落果严重。大量施用有机肥以改良土壤，可以克服缺硼症。

核桃的生长发育需要多种营养元素，某种元素的增加或减少，元素间的比例关系就会失调，所以肥料不能单一施用，既施无机肥，也要施有机肥、复合肥，同时应注意各元素间的比例关系。各种元素各需多少，应根据土壤类型、树势强弱、肥料的种类与性质来确定。

2. 树体不同发育期的需肥量　核桃树同其他多年生木本植物一样，它的个体发育期可分为 4 个阶段，即幼龄期、结果初期、盛果期和衰老期。幼龄期营养生长旺盛，主干的加长生长迅速，骨干枝的离心生长较弱，生殖生长尚未开始。此期每株年平均施氮 50～100 g、磷 20～40 g、钾 20～40 g、有机肥 5 kg，氮：磷：钾为 2.5：1：1，可以满足树体对三要素的需求。结果初期营养生长开始缓慢，生殖生长迅速增强，相应磷、钾肥的用量增大，此期每株年施入氮 200～400 g、磷 100～200 g、钾 100～200 g、有机肥 20 kg，氮：磷：钾为 2：1：1，这种比例有利于树体的吸肥平衡。盛果期时间较长，营养生长和生殖生长相对平衡，树冠和根系达到最大限度，枝条开始出现更新现象。此期需加强综合管理，科学施肥灌水，以延长结果盛期，取得明显收益。这一时期要加大磷、钾肥的施入量，每株年施入氮 600～1 200 g、磷 400～800 g、钾 400～800 g、有机肥 50 kg。同时要根据树叶内含有的营养元素配合施入微量元素。如果没有叶分析条件，可根据缺素表现症状，及时施入缺少的元素。正常生长结果的核桃叶片中各种元素含量见表 56－16。

表 56－16　核桃叶含有的矿质元素

元素	氮（N）	磷（P）	钾（K）	镁（Mg）	钙（Ca）	硫（S）	锰（Mn）	硼（B）	锌（Zn）	铜（Cu）
含量	2.5～3.2	0.12～0.3	1.2～3.0	0.3～1.0	1.25～2.5	170～400	30～350	35～300	20～200	4～20

注：氮、磷、钾、镁、钙为干重的百分率（%），余为 mg/kg。

以上的叶分析结果，可作为施肥量的参考基础。但仍需考虑土壤的具体情况和树体生长的营养状况。

3. 需肥情况因立地条件而不同　一般来讲，山地、沙地园土土质瘠薄，易流失，施肥量要大，应以多次施肥的办法加以弥补；土质肥沃的平园地，养分释放潜力大，施肥量可适当减少，也可几种几次施入，适当减少施肥次数。成土母岩不同，含有元素也不一样。如片麻岩分化的土壤，云母量丰富，一般不用施磷、钾肥；而由辉石、角闪石分化的土壤，一般锰、铁元素较多。因而，要根据成土母岩的不同，选择肥料有所侧重；加之，不同土壤酸碱度、地形、地势、土壤温度和土壤管理，对施肥量、施肥方法也均有影响。因此，正确的施肥方法，应做好园地土壤普查，根据其结果决定园内肥料的施入量，做到既不过剩而又经济有效地利用肥料。

（二）核桃树的施肥技术

1. 施肥时期　根据树体生长发育的特点、肥料的性质及土壤中营养元素和水分变化的规律合理安排施肥时期。

（1）掌握好需肥时期。需肥期与物候期有关。养分在树体中分配，首先满足生命活动最旺盛的器官，萌芽期新梢生长点较多，花器官中次之；开花期花中为多；坐果期果实中较多，新梢生长点次之；在整个一年中，开花坐果需要的养分最多。因此，在花期前适当施肥，既可满足树体对肥料的需求，又可减轻生理落果，同时也可缓解幼果与新梢加长生长竞争养分的矛盾。开花后，果实和新枝的生长仍需要大量的氮、磷、钾肥，尤其是磷、钾肥，因此需注意补充供肥。

核桃在年周期内吸收养分是有变化的，大致情况是氮全年均需要，但以3～7月需用量较大；钾以3～7月的吸收量大；磷需用量则平稳。

（2）根据肥料的性质掌握准施肥期。易于流失、挥发的速效性或施后易被土壤固定的肥料，宜在树体需肥期稍前施入，如碳酸氢铵、过磷酸钙。速效性肥料一般做追肥和叶面喷肥，如在核桃开花前，追施硝酸铵、尿素、碳酸氢铵和腐熟人粪尿，可以明显促进保花保果。花期后追施氮、磷肥，可以有效地防止生理落果。迟效性肥料，像有机肥需经过腐烂分解后才能被树体吸收，应提前施入。这些肥料多做基肥，一般在采果后至落叶前施入，最迟也应在封冻前施入，早施更好，可以增加树体养分贮备积累，促进根系生长，增强越冬抗性。

我国常用的肥料分为两大类，即有机肥和无机肥。各类肥料的主要成分见表56-17和表56-18，仅供施肥时参考。

表56-17 常用化学肥料养分含量及主要性质

名称	养分含量（%）	主要性质	主要用途和注意事项
碳酸氢铵	17（N）	白色细粒，结晶，易挥发	追肥
硫酸铵	20～21（N）	白色晶体，易吸湿结块	追肥
硝酸铵	33～34（N）	白色结晶，吸湿性很强	追肥
尿素	46（N）	白色结晶，易溶于水	追肥要提前，施后2d不灌水
过磷酸钙	14～20（P_2O_5）	灰白色具有吸湿性，易被土壤固定	基肥、追肥要集中施用，与有机肥混用
硝酸磷	25～27（N） 11～13.5（P_2O_5）	具一定的吸湿性	基肥、追肥均可
氯化钾	60（K）	白黄色，结晶，易溶	基肥与有机肥同施

表56-18 常用有机肥主要成分含量

名称	氮（N,%）	磷（P_2O_5,%）	钾（K_2O,%）	主要用途	注意事项
人粪尿	0.5～0.8	0.2～0.4	0.2～0.3	追肥、基肥	
猪厩肥	0.45	0.19	0.60	基肥	
牛厩肥	0.34	0.16	0.40	基肥	
马厩肥	0.58	0.28	0.53	基肥	不能与碱性肥混用
羊厩肥	0.83	0.28	0.67	基肥	
堆肥	0.4～0.5	0.1～0.25	0.45～0.7	基肥	
高温堆肥	1～2	0.3～0.82	0.4～2.63	基肥	

（3）根据土壤中营养元素和水分的变化确定施肥期。土壤中营养元素受到成土母岩、耕作制度和间作物等的影响，如间作豆科作物，春季氮被吸收，到夏季则因根瘤菌的固氮作用氮素增加，后期则可不施或少施。土壤干旱时施肥有害无利，多雨的秋季在北方施肥，尤其是氮肥，易发生肥料淋失，同时造成秋梢旺长，影响幼树越冬性。

总之，施肥的时期要掌握准确与适宜，每年施3～4次为好。早春3月施追肥，6月补施第二次追肥，果实采摘后至落叶前施基肥。要注意无机肥和有机肥的配合施用，以满足树体对氮、磷、钾、钙、硫及锌、铁、硼、锰、镁等多种元素的吸收利用。

2. 施肥方法 目前，我国核桃施肥方法大多是土壤施肥，根外追肥的不多。土壤施肥可将肥料施在根系分布层内，以便于根系的吸收，同时施基肥可与深翻（耕）园一并进行，常用的方法有如下几种。

（1）环状施肥。此法操作简便，肥料利用经济，一般用于幼树。具体做法是，在树干的周围，以树干为圆心，以树冠外缘为半径画圆圈，在画出的线外挖一条深 30 cm、宽 30 cm 的环形壕沟，作为施肥沟，将肥料均匀施入，覆土后即可。根据根系趋肥特性，每年应向外增开一条环形施肥壕沟。

（2）放射状施肥。此法比环状施肥伤害水平根较少，但挖沟时要躲开大根。具体做法是，从树冠外缘选择 4～9 个方位，由树干方向向外辐射，挖成宽 30 cm、深 40 cm 的施肥沟 4～9 条，施肥沟的长度，视树龄而定，一般为 1～2 m 长，将备好的肥料均匀地施入沟内。记住所挖壕沟的位置，每年要重新选位并交替施肥。

（3）条沟施肥。在园中进行行间、株间或隔行施肥，可结合深翻进行。具体做法是：在行间挖一条 50 cm 宽、40～50 cm 深的沟，第二年在株间挖一条相同的沟，将肥料施入后覆土即可。

（4）穴状施肥。这种办法多用于追肥。其具体做法是：在树冠半径的 1/2 处开始，向外挖若干小穴，穴深 15～20 cm，将肥料施入穴中后覆土。

（5）灌溉式施肥。结合滴灌等灌水形式，将肥料施入。此法供肥均匀及时，不伤树根，节省劳力。多用于核桃密植园和树冠相接的园。

（6）根外追肥。又称叶面追肥。此法简单易行，用肥量少，发挥作用快，不易被某些化学成分将肥料中的元素固定。叶面喷肥目前在核桃生产中推广较少，今后应大力推广应用。这种方法利用了核桃叶面气孔的吸肥特性，特别是在树体缺某种元素时，有针对性地配成一定浓度的肥料，喷施于叶背面，短期内就可收到明显的效果。叶面常用的喷肥浓度见表 56－19。

表 56－19 叶面喷肥时期及浓度

肥料种类	喷肥时期	喷肥浓度（%）
尿素	生长期	0.3～0.5
磷酸二氢钾	生长期	0.3～0.5
硼砂	开花期	0.5～0.7
硫酸锌	发芽期	0.5～1.5
硫酸亚铁	5～6 月	0.2～0.4
硫酸钾	7～8 月	0.4～0.5

根外追肥必须掌握与树体有关的外界因素，最适温为 18～25 ℃，湿度较大时效果更佳。夏季应在 10:00 前和 16:00 后喷肥，以免在气温高、溶液浓的情况下结晶伤害叶片。

另外，还可用树干输液办法，以弥补养分不足和微量元素匮乏，并避免土壤对部分元素的固定。具体做法是，根据树体营养诊断情况，将调配好的营养液装入输液瓶中，在树干基部 10 cm 处用钻钻一小孔，深达木质部，用一次性输液器向孔内木质部输液。输入的营养液体可随木质部内导管里的水分、养分向上运输到树体的各部位。根据树体对营养液吸收的快慢，通过调节一次性输液器的速度，使输入量与吸收量相符。此法已在核桃树上开始试用，并取得了一定效果。使用时，要尽量避开树体伤流期。树干输液后，为防止病虫侵入，可用杀虫、杀菌剂处理伤口，即用稀泥封闭伤口，并绑好黑塑料布予以保护。

3. 注意事项 掌握核桃的需肥特点、需肥规律和需肥量还不够，还需要注意以下几点：

（1）注意施肥后灌水的时间。施肥后灌水时间的早晚对肥效影响很大。需要及时灌水的肥料是铵态氮肥和农家肥，这是因为氨水、碳酸氢铵（简称碳铵）是速效氮肥，极易挥发。如 25%的氨水在 9 ℃时，12 h 挥发总含量为 35%。碳酸氢铵含氮量为 7%，在 20 ℃的条件下裸置，12 h 可挥发掉 8.9%。若施后不及时覆土灌水，有效成分就会挥发浪费掉。施用人粪尿也是同样的道理。农家肥含有大量的微生物，这些微生物需要在一定的湿度条件下繁殖，从而分解有机质，使其有效地释放养分。因此，农家肥施入后，也要及时灌水。而施入尿素后，却要推迟灌水，因尿素中的酰铵态氮不能被树体利用，须在尿酶的作用下转化为碳酸氢铵后才能被吸收。如果浇水过早，则会随水流失，浇水的时间应推迟 5～7 d。

(2) 农家肥要注意腐熟后再施。家畜肥中的养分以复杂的有机物形式存在，不能被树体吸收，必须把秸秆、家畜粪肥堆沤起来，发酵腐熟，产生各种有效成分，同时利用高温发酵过程，杀死有机物中存在的寄生虫、草籽和危害性腐生物。如果不充分腐熟直接施入树体根部，则秸秆、粪肥的高温发酵，会使树体根系受到伤害，从而产生副作用。

(3) 注意肥料的相合相克。骡马粪和过磷酸钙、磷矿粉混合后会使有效磷增加，从而提高肥效。钙镁磷肥不能和铵态氮肥如硫酸铵、氯化铵、碳酸氢铵等混用，否则会使铵分解而失效。等量的17%的碳酸氢铵和19%钙镁磷肥混合施用后，碳酸氢铵会损失15%。草木灰不能和人粪尿及圈粪混合，也不能同硫酸铵等铵态氮肥混合，以免草木灰中的有效钾与氮肥中的铵态氮中和而失效。

(4) 施肥要注意土壤类型。沙地土壤松散，结构不良，有机质含量低，容易干旱，单施化肥最易流失，施肥时要以有机肥为主，配合化肥施入，逐渐改良土壤。黏土地土壤黏重，质地细密，通透性差，持水力强，有机质含量也较高，应施入有机肥，改善土壤物理性状，提高微生物的活性。另外，在施入有机肥的过程中可适当掺沙，比单施有机肥效果好。盐碱地、排水不良的涝洼地及酸性较重的土壤和不易灌溉的干旱地，不宜施用氯化铵，以免氯离子中毒，出现叶片焦边，根毛死亡。

(5) 要注意施肥深浅。有机肥应予深施，施肥的部位应在 20～80 cm 的土层内。磷在土壤中移动距离很短，极易被土壤固定，磷肥施入深度应掌握在根系分布最多的部位，同时配合农家肥，利用有机肥的溶解作用，提高有效磷的利用率。多数氮肥能在土中随土壤水分扩散，施入的深度要求不十分严格，但不能太浅，否则根系随肥上返，就会降低树体的抗旱能力。

三、水分管理

(一) 灌水

核桃树对水分的要求并不严格，一般年降水量 600～700 mm，基本可以满足其生长发育的要求。但北方易于春季发生干旱，当田间土壤最大的持水量低于60%时，就会影响核桃树正常生长和结果，需及时灌水。灌水时间和次数应根据当地气候、土壤及水源条件而定，一般灌水时期为：

(1) 萌芽前后。3～4 月，出现春旱少雨时，核桃开花坐果需水量大，故应结合施肥灌水。

(2) 开花后和花芽分化前。5～6 月雌花受精后，花芽分化，果实迅速膨大，生长量约占全年80%，需大量的营养物质和水分，这时如干旱应及时灌水。尤其在硬核期（花后 6 周），应一次灌透，确保核仁饱满。

(3) 采收后。9～10 月采收果实后，可结合秋施基肥灌水，能促进基肥分解。

(4) 封冻水。11 月底 12 月初土壤封冻前灌水，有利于树体安全越冬。

(二) 排水

核桃树对地表积水和地下水位过高十分敏感。积水可降低土壤通透性，造成根部缺氧窒息而死亡，妨碍根系对水分和养分的正常吸收，水位过高，会阻碍根系向下伸展。所以，对易积水和地下水位过高的生长地要修排水工程。

1. 修筑台田 在低洼易积水的地方，建园前修筑台田，台田宽 8～10 m，高出地面 1～1.5 m，台田之间留出深 1.2～1.5 m，宽 1.5～2 m 的排水沟。

2. 降低水位 在地下水位较高的核桃园中，可挖深 2 m 左右的排水沟，降低水位至地表 1.5 m 以下。

3. 排除地表积水 在低洼易积水的核桃园中间和周围挖排水沟排水，或用机泵排水。

总之，核桃树的各种管理技术，应根据具体情况，采取综合配套的管理措施，才能确保核桃的高产、稳产、优质。

第七节　整形修剪

整形修剪是良种核桃栽培中的一项十分重要的技术措施，在土肥水管理基础上实行合理修剪，即以核桃生长发育规律、品种生物学特性为依据，并与当地生态条件和其他综合农业技术协调配合的技术措施，目的是培养良好的树体结构、培养丰产树形、调整生长与结果的平衡，从而促进良种核桃早实、丰产、稳产、优质、高效。

一、核桃树形

良好的树体结构是核桃丰产、优质、高效的基础条件，整形就是通过人为影响，选留枝条，培养和调整好核桃树的骨干枝，并处理好各级枝条的从属关系，使树冠内各类枝条分布合理，保证树冠通风透光，形成良好树形。从核桃的发育特性来看，核桃个性发育强，树体高大，骨干枝分布均匀，是丰产树形。目前，我国核桃栽培采用的树形主要有主干疏层形、自然开心形、圆头形、杯状形、纺锤形等。具体树形的选择应依据土壤肥水条件、栽植密度、品种特性来确定，一般肥水条件较好、生长旺干性强的品种可整成主干疏层形；立地条件差、早实性强、干性较弱的品种可整成自然开心形、圆头形、杯状形；密植核桃园，可采用扇形整枝，但在行间应留辅养枝，当行间交替而影响光照时，则可缩剪为结果枝组。零星栽植园可根据肥水管理条件而定。整形应从栽植第一年就抓起，宜早不宜晚，要 5～7 年基本完成。

（一）主干疏层形

本树形适用于稀植树、散生树及间作园。这种树形的特点是，具有健壮的中心领导枝，通常有 5～7 个主枝，分 2～3 层着生在中干上。一般第一层有主枝 3 个，第二层 2 个，第三层 1～2 个。这种树形枝量多，树冠大，产量高，适于立地条件较好、土质肥厚和直立性较强的品种采用。

定干高度因品种和立地条件而不同。土层深厚、肥水条件较好，实行果粮间作的核桃园，以及干性强的直立型品种，定干高度应适当高些，以 0.80～1.20 m 为宜；土质瘠薄、肥水条件较差或树形开张品种，定干高度可适当低些，以 0.60 m 左右为宜。

定干萌发枝条后，选 3～4 个方位适宜、发育均衡、角度适宜的枝条，作为第一层主枝；整形带以外的其余枝条，适当疏除；长势中庸的保留；角度不合适的，进行调整，控制其长势，增加枝叶量和营养面积，促进幼树生长和提早结果。

基部主枝要错落选留，以防出现掐脖现象，削弱中心领导枝的长势。核桃喜光性强，层间距离应适当大些，以免造成树冠内膛郁闭、小枝细弱和结果部位外移等而影响产量。一般第一、二层的层间距离，应保持 1.20～1.50 m，在第二层主枝 1.0 m 以上，再选留第三层主枝，各层主枝要插空选留，防止上下重叠。

在选留和培养主枝时，应同时注意选留侧枝，第一层的每个主枝上各选留 3～4 个侧枝；第二层选留 2～3 个，切忌选留背后枝作为侧枝。核桃的背后枝长势特别旺，选留背后枝作为侧枝，会严重削弱主枝生长，这是与其他果树的不同之处，修剪时应予注意。侧枝在主枝上的位置，也需均匀分布，避免对生。基层主枝上的第一侧枝，应距主干 1.0 m 左右，过近易形成把门侧，削弱主枝长势，第二侧枝应留在第一侧枝对面，两枝相距 1.0 m 左右。

在整形过程中，还应注意调整各级枝的从属关系和平衡长势，应保持中心领导枝和各主枝延长枝的生长优势。当中心领导枝的长势变弱时，可选直立向上生长的壮枝代替原枝头，同时控制各主枝的长势；当中心领导枝长势过强，出现上强下弱现象时，可疏去强枝头，用长势中庸的枝条代替原枝头，以缓和其长势，但一般不要轻易换头，以防出现强枝变弱和弱枝更弱的不良现象。

（二）自然开心形

在土质瘠薄、立地条件较差的地块和树性开张的品种，难以形成较强的中心领导干时，可采用自然开心形。这种树形，由于主枝的数量多少不同，又可分为少主枝自然开心形和多主枝自然开心形。

1. 少主枝自然开心形 特点是主枝少，一般只有2～3个，没有明显的中央领导干。其构成形式是两大主枝并生于主干上。主枝倾斜向上生长，每个主枝上培养2～3个侧枝，第一侧枝距主干80～100 cm，以后侧枝的距离依次为50～60 cm和100 cm左右。各侧枝上可再培养一定数量的副侧枝，使其充分利用空间，尽快成形。这种树形成形容易，通风透光良好，便于管理，是一种较好的树形。

2. 多主枝自然开心形 基本结构和少主枝自然开心形相似，只是主枝数量略多一些。全株有4～5个主枝，均匀着生于主干四周，没有明显的中心领导枝，各主枝上再选留1～2个侧枝，或直接培养大型结果枝组。这种树形不要选留过多的主枝，以防通风透光不良，影响小枝生长，导致结果部位外移而影响产量。幼树期间，树冠多为圆头形；盛果期后，树冠逐渐扩大，枝条逐渐下垂而形成自然半圆形。

二、修剪时期及修剪方法

一年四季均可进行核桃树的修剪，修剪方法有短截、回缩、疏枝、缓放、抹芽、摘心、刻芽等。不同时期修剪目的、效果均有所不同，所采取的方法也有所不同。

（一）春季修剪

1. 刻芽 在春季发芽前，根据整形要求在需要发枝的部位芽以上进行刻伤，可刺激发枝；在枝的上方刻伤可刺激枝条转旺。

2. 抹芽 春季发芽后，主干上、主枝上、中心干上会萌发大量新芽，有些是不能利用的，对这类芽应及早从基部抹除。

（二）夏季修剪

对中心干、主枝延长枝的竞争枝、过密枝可采取疏除，摘心。一般在5～6月进行，适于结果枝组的培养，中心干、主枝延长枝不适宜摘心。

（三）秋季修剪

秋季果实采收后至落叶以前，此期修剪会减少叶面积，影响树体养分积累，但此时树体无伤流，适用于调整树体骨架结构，主要是修剪大枝，疏除过密枝、遮光枝和背后枝，回缩下垂枝。

（四）冬季修剪

由于核桃树休眠期有伤流特性，应当根据不同地区的实际气候情况，找出伤流最小时期进行修剪。伤流轻重与气候、土壤、品种、树势具有较大关系，据多年的研究观察，冬季修剪核桃树均有不同程度的伤流，但对核桃树势影响均无大碍。良种核桃树的修剪可结合采集良种接穗在发芽前一个月修剪，如不需要采穗，也可在发芽前半个月修剪。

1. 短截 指在一年生枝上进行剪截，或者剪去一年生枝条的一部分。短截主要是用于中心干和主枝的培养、预备枝的修剪。短截时剪口距下面芽2～3 cm，防止芽被抽死。

2. 疏除 在枝条的着生处将整个枝条彻底去除。疏除常用于过密枝、过密枝组、病虫枝、细弱枝、竞争枝的处理。

3. 回缩 在多年生大枝上的分枝处进行剪截。回缩多用于中心干落头、衰弱枝的复壮。

4. 缓放 对一年生枝不进行剪截而原封不动放置的修剪方法称为缓放，多用于中壮结果母枝、晚实核桃品种的壮旺枝的修剪。

三、不同年龄期树的修剪

（一）幼年树

以整形为主，目标培养结构合理的丰产树形，除形成一个壮旺的中心干外，还要培养生长势与之相适应的树体结构。中心干的修剪应连年重剪，达到一定高度时可采取回缩修剪，使其保持一定的长势。早实优良品种核桃腋芽成花率特别高，尤其是生长较为平斜的发育枝，一般80%的侧芽都能形成结果枝，如不采取重剪，则营养分散，大多数形成结果短枝结果，树势下降。因此主枝的培养应因树而异适当重剪。第一层主枝高度一般为40～80 cm，主枝数量以3～4个为宜，分布均匀，主枝间应有一定的间距；第二层与第一层间距应在80 cm以上，3个主枝为宜；第三层2个主枝，并与第二层保持一定距离。早实核桃新品种结果早、产量高，但易早衰，为防止枝条大量结果后引起的树势衰弱和产量下降，改接的良种树或栽植的品种幼树5年内均应加大枝条修剪量，对发育枝尤其是延长枝要适当重剪，剪口芽应选择发育饱满的侧上芽，避免背下芽或背上芽。实践证明，早实品种核桃树壮树旺树体高大才能连年丰产，因此，幼树、初结果树修剪的主要任务是首先培养好各级骨干枝。为尽快使幼树扩大树冠，对培养的各级骨干枝连年重剪，并对主枝采取疏果措施促进其生长，使其尽快形成良好的树体骨架。要及时调节各级骨干枝的长势，培养结果枝组，保证中心领导干和各大主枝延长枝的健壮生长，并及时处理过密枝、交叉枝、重叠枝、病虫枝，以防内膛枝拥挤和背后枝下垂，造成主次不分，树形紊乱的现象。

（二）盛果期树

主要任务是及时调整平衡树势，调节生长与结果的矛盾，改善通风透光条件，更新复壮结果枝组，克服大小年现象，延长盛果期年限。对已形成大小年的树，除合理地进行土肥水管理外，大年之前要适当重剪，多留中庸的结果母枝，并加强保花保果措施，以达到大年不大、小年不小、丰产稳产的目的。

（三）衰老树

主要任务是因树制宜的对老弱枝进行重回缩，并充分利用新发枝更新复壮树冠。要及早整形，对更新枝、骨干枝进行适当重剪，采取延长枝疏果等措施防止树势早衰。同时结合修剪，彻底清除病虫枝。

第八节 花果管理

花果管理是实现良种核桃丰产优质高效重要措施之一，主要内容包括人工疏雄疏果、人工授粉和晚霜预防等。

一、人工疏雄疏果

早实良种核桃花量大，结果早且多，为防止因过多消耗养分而早衰，应及时去雄疏果，以保持有强旺的树势及合理的负载。去雄的时间为雄花芽萌动期，即发芽前15～20 d。方法是用木钩拉下枝条或蹬梯上树，用手摘除雄花芽。去雄量为全树总雄花量的90%～95%，保留顶部及外围枝条上5%～10%的雄花，即可满足授粉用，雄花少的可以不疏。疏果即疏除多余雌花及幼果，重点是骨干延长枝上的，应全部清除。早实品种栽植3年内要全部摘除花果，第四年适当保留，第五年后逐年增加留果量，盛果期的留果率以品种、树势、管理水平而定。其原则是既要保证有一定的产量，又不能使树势早衰。

二、人工授粉

核桃品种单一时容易出现授粉不良现象，有必要进行人工授粉。在雄花散粉前采集雄花晾干制成花粉冷藏备用，在雌花开放盛期进行人工授粉。授粉适期为25%的雌花呈倒八字形展开时，将1份花粉同10份淀粉或滑石粉掺混稀释，用医用双层纱布袋装花粉，绑在长杆上，在树上轻轻抖动进行授粉。一般8:00～11:00授粉，隔日再授一次。也可在雄花即将散粉前采集雄花穗直接在冰箱冷藏，在雌花开放适宜授粉时将雄花每20～30穗扎一捆直接挂在需要授粉的树梢即可。

三、晚霜预防

易发生晚霜危害的园片应采取措施加以预防。

(1) 树干涂白、萌芽期灌水，延迟发芽。

(2) 晚霜前叶面施肥提高抗性。

(3) 在发生晚霜时在园内瓯烟，阻止冷空气下降或降低其寒流强度。

(4) 发生霜冻后及时采取叶面施肥、修剪、施肥等措施恢复树势，缓解冻害程度。

第九节 病虫害防治

核桃病害主要有核桃黑斑病、核桃枯枝病、核桃炭疽病、核桃腐烂病、核桃干腐病、核桃褐斑病等，防治方法主要是发芽前喷布5波美度石硫合剂或生长季节喷波尔多液、代森锰锌、退菌特等杀菌剂，增强树势，提高树体抗病能力等。一般危害核桃的虫害主要有核桃举肢蛾、桃蛀螟、核桃云斑天牛、核桃瘤蛾、草履蚧、核桃小吉丁虫、介壳虫等。防治以上虫害应针对各自的生活习性，在羽化为成虫前喷施、敌百虫、辛硫磷、乙基对硫磷和根施内吸性杀虫剂等直接杀灭。或者通过冬季清园、性诱剂、清理病枝、病果等减少虫源基数，做到有虫不成灾。

大力防治核桃病虫害，对于减轻危害，恢复树势，提高产量、品质、效益，增加群众收入具有重要意义。

一、主要病害及其防治

（一）核桃炭疽病

在我国核桃产区均有发生。该病主要为害果实、叶、芽及嫩梢。一般果实被害率达20%～40%，病重年份可高达95%以上，引起果实早落、核仁干瘪，不仅降低商品价值，产量损失也相当严重。

1. 为害症状 果实受害后，果皮上出现褐色病斑，圆形或近圆形，中央下陷，病部有黑色小点产生，有时略呈纹状排列。温、湿度适宜时，在黑点处涌出黏性粉红色孢子团，即分生孢子盘和分生孢子。病果上的病斑，一至数十个，可连接成片，使果实变黑、腐烂或早落，其核仁无任何食用价值。发病轻时，核壳或核仁的外皮部分变黑，降低出油率和核仁产量。果实成熟前病斑局限在外果皮，对核桃影响不大。叶片上的病斑，多从叶尖、叶缘形成大小不等的褐色枯斑，其外缘有淡黄色圈。有的在主、侧脉间出现长条枯斑或圆褐斑。潮湿时，病斑上的小黑点也产生粉红色孢子团。严重时，叶斑连片，枯黄而脱落。芽、嫩梢、叶柄、果柄感病后，在芽鳞基部呈现暗褐色病斑，有的还可深入芽痕、嫩梢、叶柄、果柄等，均出现不规则或长条形凹陷的黑褐色病斑。引起芽梢干枯，叶果脱落。

2. 发病规律 病菌在病枝、叶痕、残留病果、芽鳞中越冬，成为次年初次侵染源。病菌借风、雨、昆虫传播。在适宜的条件下萌发，从伤口、自然孔口侵入。在25～28℃下，潜育期3～7 d。核桃炭疽病的发病初期，各地略有不同，山东、河南为6月上中旬，河北为7～8月。发病的早晚、轻重与高温、高湿有密切的关系。雨季早、湿度大、雨水多则发病早且重。核桃炭疽病比黑斑病发病晚。核桃炭疽病的发生与栽培管理水平有关，管理水平差，株行距小，过于密植，通风透光不良，发病重。不同核桃品种类型抗病性差异较大，一般华北本地该桃树比新疆核桃抗病，晚实型比早实型要抗病。但各有自己抗病性强的和易感病的品种和单株。

3. 防治方法

(1) 农业防治

① 清除病枝、落叶，集中烧毁，减少初次侵染源。

② 加强栽培管理，合理施肥，保持树体健壮生长。提高树体抗病能力，改善园内通风透光条件，有利于控制病害。

③ 选育丰产、优质、抗病的新品种。

(2) 化学防治。发芽前喷 3～5 波美度石硫合剂，开花后喷 1∶0.5∶200 倍波尔多液，以后每隔半月或 20 d 左右喷一次，效果良好；另外用 50%或 70%甲基硫菌灵 1 000～1 500 倍液防治，效果也很好。

(二) 核桃细菌性黑斑病

核桃细菌性黑斑病是一种世界性病害，在我国各核桃产区均有分布。该病主要为害核桃果实、叶片、嫩梢、芽和雌花序。一般植株被害率 70%～100%，果实被害率 10%～40%，严重时可达 95%以上，造成果实变黑、腐烂、早落，使核仁干瘪减重，出油率降低，甚至不能食用。

1. 为害症状 果实病斑初为黑褐色小斑点，后扩大成圆形或不规则黑色病斑。无明显边缘，周围呈水渍状晕圈。发病时，病斑中央下陷、龟裂并变为灰白色，果实略现畸形。危害严重时，导致全果迅速变黑腐烂，提早落果。幼果发病时，因其内果皮尚未硬化，病菌向里扩展可使核仁腐烂。接近成熟的果实发病时，因核壳逐渐硬化，发病仅局限在外果皮，危害较轻。叶上病斑最先沿叶脉出现黑色小斑，后扩大成近圆形或多角形黑褐色病斑，外缘有半透明状晕圈，多呈水渍状。后期病斑中央呈灰色或穿孔状，严重时整个叶片发黑、变脆，残缺不全。叶柄、嫩梢上的病斑长圆形或不规则形，黑褐色、稍凹陷，病斑绕枝干一周，造成枯梢、落叶。

2. 发病规律 细菌在病枝、溃疡斑内、芽鳞和残留病果等组织内越冬。翌年春季借雨水或昆虫将带菌花粉传播到叶和果实上，并多次进行再侵染。细菌从伤口、毛皮孔或柱头侵入。病菌的潜育期一般为 10～15 天。该病发病早晚及发病程度与雨水关系密切。在多雨年份和季节，发病早且严重。在山东、河南等省一般 5 月中下旬开始发生，6～7 月为发病盛期，核桃树冠稠密，通风透光不良，发病重。一般本地核桃比新疆核桃感病轻，弱树重于健壮树，老树重于中、幼龄树。

3. 防治方法

(1) 农业防治

① 结合修剪，除去病枝和病果，减少初侵染源。

② 加强田间管理，保持园内通风透光，砍去近地枝条，减轻潮湿和互相感病。

③ 选育抗病抗虫品种。

(2) 化学防治。发芽前喷 3～5 波美度石硫合剂，生长期喷 1∶0.5∶200 的波尔多液；或喷 70%甲基硫菌灵+农用硫酸链霉素；喷 0.4%草酸铜效果也较好，且不易发生药害。

(三) 核桃溃疡病(黑水病)

1. 为害症状 该病多发生 4～5 月，在树干及侧枝基部，最初出现黑褐色近圆形病斑，直径 0.1～2 cm。有的扩展成梭形及长条病斑。在幼嫩及光滑树皮上，病斑呈水渍状或形成明显的水泡，破裂后流出褐色黏液，遇光全变黑褐色（又称流黑水病），随后，患处形成明显圆斑。后期病斑干缩下陷，中央开裂，病部散生许多小黑点，即病菌的分生孢子器。严重时，病斑迅速扩展或数个相连，形成大小不等梭形的长条形病斑，当病斑不断扩大，环绕枝干一周时，则出现枯梢、枯枝或整株死亡。

2. 发病规律 病菌在病枝上越冬。翌春气温回升，雨量适中，可形成分生孢子，从枝干皮孔或伤口侵入，形成新的溃疡斑。该病与温度、雨水、大风等关系密切，温度高，潜育期短。一般从侵入到症状出现需 1～2 个月。该病是一种弱寄生菌，从冻害、日灼和机械伤口侵入，一切影响树势衰弱的因素都有利于该病发生，如管理水平不高，树势衰弱或林地干旱、土质差、树体伤口多的园地易感病。据有关专家验证，流黑水病实质是因冻害引起的腐烂病，所以树干涂白对此病具有很好的预防作用。

3. 防治方法

(1) 农业防治。加强田间管理，搞好保水工程，增强树势，提高树体抗病能力。

(2) 化学防治

① 树干涂白，防止日灼和冻害。涂白剂配制为生石灰 5 kg，食盐 0.4 kg，植物油 0.1 kg，豆面 0.1 kg，水 20 kg。

② 春季刮除病斑，涂 2 波美度石硫合剂。也可在病斑上打孔或刻划伤口，然后喷 70%甲基托布津或代森胺 50～100 倍液，每 10 d 一次，共喷 3 次，防治效果可达 90%以上。

(四) 核桃枝枯病

该病主要为害核桃枝干，造成枯枝和枯干。

1. 为害症状 一至二年生的枝梢或侧枝受害后，先从顶端开始，逐渐蔓延至主干。受害枝上的叶变黄脱落。发病初期，枝条病部失绿呈灰绿色，后变红褐色或灰色，大枝病部稍下陷。当病斑绕枝一周时，出现枯枝或整株死亡，并在枯枝上产生密集、群生小黑点，即分生孢子盘。湿度大时，大量分生孢子和黏液从盘中央涌出，在盘口形成黑色瘤状突起。

2. 发病规律 病菌在病枝上越冬，翌年借风雨等传播，从伤口或枯枝上侵入。此菌是一种弱寄生菌，只能为害衰弱的枝干和老龄树，因此发病轻重与栽培管理、树势强弱有密切关系。

3. 防治方法 采用农业方法防治。

(1) 剪除病枝、死株，集中烧毁，以减少初侵染源，防止蔓延。

(2) 适地适树，林粮间作；加强肥水管理，增强树势，提高抗病力。

二、主要虫害及其防治

(一) 核桃云斑天牛

核桃云斑天牛俗称铁炮虫、核桃天牛、钻木虫等，主要为害枝干，受害树有的主枝及中心干死亡，有的整株死亡，是核桃树的一种毁灭性害虫。

1. 形态特征

(1) 成虫。体长 51～97 mm，密被灰色或黄色绒毛。前胸背板中央有 1 对肾形白色毛斑。鞘翅上有不规则的白斑，呈云片状，一般排列成 2～3 纵行。虫体两侧各有白色纹带 1 条。雌虫触角略长于体，雄虫触角超过体长 3～4 节。鞘翅基部密布瘤状颗粒，两鞘翅的后缘有 1 对小刺。

(2) 卵。长椭圆形，长 8～9 mm，黄白色，略扁稍弯曲，表面坚韧光滑。

(3) 幼虫。体长 74～100 mm，黄白色，头扁平，半缩于胸部，前胸背板为橙黄色，着生黑色点刻，两侧白色，其上有橙黄色半月芽形斑块。前胸的腹面排列有 4 个不规则的橙黄色斑块，前胸及腹部第 1～7 节背面有许多点刻组成的骨化区，呈“口”字形。

2. 发生规律及习性 一般 2～3 年发生 1 代，以幼虫在树干内越冬，次年春幼虫开始活动，危害皮层和木质部，并在蛀食的隧道内老熟化蛹。蛹羽化后从蛀孔飞出，6 月中下旬交配产卵。卵孵化后，幼虫先在皮层部危害，随着虫体增长，逐渐深入木质部为害。树干被蛀食后，流出黑水，并由蛀孔排出木屑和虫粪，严重时整株枯死或风折。成虫取食叶片及新梢嫩皮，昼夜飞翔，以晚间活动多，有趋光性。产卵前将树干表皮咬 1 个月芽形伤口，将卵产于皮层中间。卵多产在主干或粗的主枝上。每头雌虫产卵 20 粒左右。

3. 防治方法

(1) 捕杀成虫。利用成虫的趋光性，于 6～7 月的傍晚，持灯到树下捕杀成虫。

(2) 人工杀卵和幼虫。在产卵期，寻找产卵伤口或流黑水的地方，用刀将被害处切开，杀死卵和幼虫，发现排粪孔后，用铁丝将虫粪除净，然后堵塞毒签或药棉球，并用泥土封好虫孔以毒杀幼虫。

（二）刺蛾类

刺蛾又名洋拉子、八角等，幼虫食害叶片，将叶片吃成孔洞、缺刻，甚至吃光，影响树势和产量。刺蛾类有多种，主要有黄刺蛾、褐边绿刺蛾、褐刺蛾和扁刺蛾。

1. 形态特征　主要刺蛾害虫形态特征见表 56－20。

表 56－20　主要刺蛾的形态特征

种类	成虫	卵	幼虫	茧
黄刺蛾	体长 13～17 mm，体橙黄色，前翅黄褐色，有 2 条暗褐色斜纹在翅尖汇合，呈倒 V 形	椭圆形、扁平、淡黄色	长 16～25 mm，体黄绿色，中间紫斑块，两端宽、中间细，呈哑铃形	椭圆形，长 12 mm，质地坚硬，灰白色，具黑色纵条纹，似雀蛋
褐边绿刺蛾	体长 12～17 mm，体黄绿色，头顶、胸背皆绿色，前翅绿色，近外缘有黄褐色宽带，腹部及外翅淡黄色	扁椭圆形、黄绿色	体长 25 mm，体黄绿色背具有 10 对刺瘤，各着生毒毛，后胸亚背线毒毛红色，背线红色，前胸 1 对突刺，黑色，腹末有蓝黑色毒毛 4 丛	椭圆形、棕色
褐刺蛾	体长 17～19 mm，灰褐色、前翅棕褐色，有 2 条深褐色弧形线，两线之间色淡，在外横线与臀角间有一三角形斑	扁平、椭圆形、黄色	体长 35 mm，体绿色。背面及侧面天蓝色，各体节刺瘤着生棕色刺毛，以第三胸节及腹部背面第一、五、六、九节刺瘤最长	椭圆形、灰褐色
扁刺蛾	体长 15～18 mm，体翅灰褐色。前翅灰褐色，有一条明显暗褐色斜线，线内色浅，后翅暗灰褐色	椭圆形、扁平	体长 25 mm，翠绿色、扁椭圆形，背面稍隆起，背面白线，贯穿头尾。各体节两侧棱着生刺突 4 个，第四节背面有 1 红点	长椭圆形、黑褐色

2. 发生规律及习性　黄刺蛾 1 年 1～2 代，以老熟幼虫在枝条分权处或小枝条上结茧越冬。5～6 月化蛹，6 月开始羽化。褐边绿刺蛾 1 年 1～3 代，以老熟幼虫在树干基部结茧越冬。扁刺蛾 1 年 1～2 代，以老熟幼虫在树下土中作茧越冬，第一代成虫 5 月出现，第二代下月出现。

3. 防治方法

（1）农业防治。摘除树上的刺蛾茧，深翻树盘挖刺蛾茧，当初孵幼虫群聚未散时，摘除虫叶集中消灭。

（2）物理防治。用黑光灯诱杀成虫。

（3）化学防治。在成虫产卵后和幼虫期喷 90%敌百虫 800 倍液或 50%敌敌畏 800 倍液防治。

（三）核桃瘤蛾

核桃瘤蛾又名核桃小毛虫。幼虫食害叶子，严重时可将核桃叶吃光，造成二次发芽，枝条枯死，树势衰弱，产量下降，这是核桃树的一种暴食性害虫，周期性大发生。

1. 形态特征

（1）成虫。体长 6～10 mm，灰色，复眼黑色，翅展 15～24 mm，前翅前缘至后缘有 3 条波状纹，基部和中部有 3 块明显的黑褐色斑。雄蛾触角双栉齿状，雌蛾丝状。

（2）卵。扁圆形，直径 0.2～0.3 mm，初产白色，后变黄褐色。幼虫体 15 mm，头暗褐色，体背淡褐色，胸腹部 1～9 节有色瘤，每节 8 个，后胸节背面有一淡色“十”字形纹，腹部 4～6 节背面有白色条纹。

（3）蛹和茧。蛹长 10 mm，黄褐色。茧长椭圆形，丝质，黄白色，接土粒后褐色。

2. 发生规律及习性　1 年发生 2 代，以蛹茧在树冠下的石块或土块下、树洞中、树皮缝、杂草内越冬。翌年 5 月下旬开始羽化，6 月上旬为羽化盛期。6 月为产卵盛期，卵散产于叶背面主、侧脉交叉处。幼虫 3 龄前在叶背面啃食叶肉，不活动，3 龄后将叶吃成网状或缺刻，仅留叶脉，白天到两果交接处或树皮缝内隐避不动，晚上再爬到树叶上取食。第一代老熟幼虫下树盛期为 7 月中下旬，第二代下树盛期为 9 月中旬，9 月下旬全部下树化蛹越冬。

3. 防治方法

(1) 农业防治。刮树皮、土壤深翻，消灭越冬蛹茧。

(2) 物理防治。在树干上绑草诱杀幼虫。

(3) 化学防治。幼虫发生期（6 月下旬至 7 月上旬）喷 50%辛硫磷 1 500 倍液或敌杀死 5 000 倍液。

(四) 核桃举肢蛾

核桃举肢蛾俗称核桃黑或黑核桃。主要为害果实，是造成核桃产量低、质量差的主要害虫。

1. 形态特征

(1) 成虫。体长 5～8 mm，黑褐色，有金属光泽。头胸部色较深，复眼红色，触角丝状，下唇须发达，银白色。翅长 13～15 mm。前翅基至翅端 2/3 处于近前缘部分有 1 半月牙形的白斑，在后缘 1/3 处有 1 近圆形白斑，翅面其他部分被黑褐色鳞粉。前、后翅均有较长的缘毛。后足长于体，胫节和跗节被黑色毛束。

(2) 卵。圆形，初产乳白色，孵化前红褐色。

(3) 幼虫。初孵时乳白色，头黄色，老熟时黄白色，体长 7～9 mm。

(4) 蛹和茧。蛹纺锤形，黄褐色，长 4～7 mm。茧长椭圆形，褐色，在较宽的一端有 1 黄白色缝合线，即羽化孔。

2. 发生规律及习性　1 年发生 1～2 代。以老熟幼虫在土壤里结茧越冬。越冬幼虫在 6 月上旬至 7 月中旬化蛹，盛期在 6 月下旬。成虫发生期在 6 月上旬至 8 月上旬，羽化盛期在 6 月下旬至 7 月上旬。幼虫在 6 月中旬开始危害，老熟幼虫 7 月中旬开始脱果，盛期在 8 月上旬，9 月末尚有个别幼虫脱果越冬。越冬幼虫入土深度 1～2 cm，以树冠周围土中较多。老熟幼虫在茧内化蛹。成虫羽化后多在树冠下部叶背活动。静止时，后足向侧上方伸举，故称“举肢蛾”。成虫交尾后，多在 18:00～20:00产卵。卵多产在两果相接的果面上，其次是萼洼，个别的也产在梗洼附近或叶柄上。每头雌蛾能产卵 35～40 粒，卵经 4～5 d 孵化。幼虫孵化后即在果面爬行，寻找适当部位蛀果。初蛀入果对，孔外出现白色透明胶珠，后变为琥珀色。隧道内充满虫粪。被害果青皮皱缩，逐渐变黑，造成早期脱落。幼虫在果内为害 30～45 d，老熟后出果坠地，入土结茧越冬。早春干旱的年份发生较轻，羽化时多雨潮湿发生严重。

3. 防治方法

(1) 农业防治。冻前翻耕园地，清除树下落叶和杂草，消灭越冬幼虫。幼虫脱果前，及时收埋落果，提前采收被害果，减少下一年虫口密度。

(2) 化学防治。成虫羽化前（6 月上旬），用 40%辛硫磷，每 667 m^2 土地 0.5 kg 加水 150 kg 喷洒树盘。6 月上旬至 7 月下旬幼虫蛀果期，每隔 10 d 左右喷一次 25%西维因 600 倍液。

(五) 美国白蛾

1. 发生规律　美国白蛾在我国呈蔓延趋势，危害严重。该虫一年发生 3 代，以蛹越冬。次年4 月上旬至 5 月下旬越冬代成虫羽化产卵，幼虫 4 月底开始危害，延续至 6 月下旬，幼虫老熟时从树上向下爬行至隐蔽场所化蛹，越夏蛹则多集中在寄主树干老皮下的缝隙内，部分在树冠下的杂草枯枝落叶层中、石块下或土壤表层内。7 月上旬当年第一代成虫出现，成虫期至 7 月下旬。第二代幼虫 7 月中旬发生，8 月中旬为危害盛期。8 月出现世代重叠现象，可以同时发现卵、初龄幼虫、老龄幼虫、蛹及成虫。8 月中旬当年第二代成虫开始羽化，第三代幼虫从 9 月上旬开始危害至 11 月中旬，10 月中旬第三代幼虫陆续化蛹越冬。越冬蛹多在树皮缝、土石块下、建筑物缝隙等处。越冬蛹期一直持续到次年4月。

2. 防治方法

（1）物理防治

① 人工摘除剪网幕。充分利用幼虫4龄前在网幕内集中取食危害的习性，每隔2～3 d查找一遍幼虫网幕，发现后及时剪除带网幕枝叶，集中烧毁或深埋，成虫产卵期，可剪除带有卵块的叶子集中烧毁。

② 绑草把。老熟幼虫化蛹前，可在树干离地面1～1.5 m高处围草把，用绳束绑，待老熟幼虫化蛹于其中后，再解下围草烧毁。

③ 设置诱虫灯。杀虫灯能够很好地预测美国白蛾的发生期和发生量，能够有效地控制美国白蛾的发生，设置高度1.5～2.0 m。

（2）生物防治。释放周氏啮小蜂，周氏啮小蜂是美国白蛾天敌，目前可人工大量繁殖。利用天敌防治是持续稳定控制美国白蛾疫情的绿色无公害技术措施。放蜂时间在美国白蛾老熟幼虫期至化蛹初期。放蜂时应选择晴朗无风、湿度较小的天气，在10:00～16:00放蜂比较适宜。放蜂时将繁殖周氏啮小蜂的蜂茧或盛有小蜂的试管放在树杈上，去除堵塞物，小蜂便会自行扩散寻找寄主。放蜂量一般为美国白蛾虫口数量的3倍。

（3）化学防治。人工地面防治美国白蛾，以3龄幼虫前施药效果最佳，施药要均匀周到。施用药剂及剂量：推荐使用20%除虫脲悬浮剂6 000～8 000倍液、20%杀铃脲悬浮剂8 000倍液、25%灭幼脲3号悬浮剂1 500倍液、4.5%氯氰菊酯500～800倍液喷雾。

第十节　果实采收、加工及贮藏

一、适时采收

核桃果实须达到完全成熟才可采收。过早采收，青果皮不易剥离，种仁不饱满，出仁率与含油率低，风味不佳，且不耐贮藏；过晚则造成落果，果实落在地上不及时捡拾，核仁颜色变深，也容易引起霉烂。因此，适时采收是生产优质核桃，获得高效益的重要措施。

（一）核桃果实成熟期

核桃为核果类，其可食部分为核仁，故其成熟期与桃、杏等不同，包括青果皮及核仁两个部分的成熟过程。青果皮由深绿色或绿色变为黄绿或淡黄色，茸毛稀少，果实顶部出现裂缝，与核壳分离，为青皮的成熟特征。内隔膜由浅黄色转为棕色，为核仁的成熟特征。

核桃果实成熟期因品种和气候不同而异，早熟品种与晚熟品种间成熟期可相差半月以上。气候及土壤水分状况对核桃成熟期影响也很大。在初秋气候温和、夜间冷凉而土壤湿润时，青果皮与核仁的成熟期趋向一致；而当气温高、土壤干旱时，核仁成熟早而青果皮成熟则推迟，最多可相差几周。

（二）采收期对坚果产量及品质的影响

提前10 d以上采收时，坚果和核仁的产量分别降低12%和34%以上，脂肪含量降低10%以上。过晚采收，深色核仁比例增加，核仁易遭霉菌的侵害，使品质下降。

（三）采收适期

核仁成熟期为采收适期。一般认为80%的坚果果柄处已经形成离层，且其中部分果实顶部出现裂缝，青果皮容易剥离时期为适宜采收期。

（四）采收方法

目前，我国采收核桃的方法是人工采收法。人工采收法是在核桃成熟时，用带弹性的长木杆或竹竿敲击果实。敲打时应该自上而下、从内向外顺枝进行。如由外向内敲打，容易损伤枝芽，影响来年产量。也可在采收前半月喷1～2次浓度为0.05%的乙烯利，可有效促使青果皮成熟，大大节省采果及脱青皮的劳动力，也提高了坚果品质。喷洒乙烯利必须使药液遍布全树冠，接触到所有的果实，才能取得良好的效果。使用乙烯利会引起轻度叶子变黄或少量落叶，仍属正常反应。但树势衰弱的树会发生大量落叶，故不宜采用。

二、脱青果皮及干燥

（一）脱青皮

人工打落采收的核桃，70%以上的坚果带青果皮，故一旦开始采收，必须随采收、随脱青皮和干燥，这是保证坚果品质优良的重要措施。带有青皮的核桃，由于青皮具有绝热和防止水分散失的性能，使坚果热量积累，当气温在 37 ℃以上时，核仁很易达到 40 ℃以上而受高温危害，在炎日下采收时，更须加快拣拾。收回的青果应随即在阴凉处脱去青皮，青皮未离核时，可在阴凉处堆放，喷洒 0.5%的乙烯利，盖上塑料布，但要经常翻动散热，随离皮随脱皮，否则核桃极易发霉变质，还会影响壳仁颜色。

（二）坚果漂洗

坚果脱去青皮后，随即洗去果壳表面残留的烂皮、泥土及其他污染物，带壳销售时，可用漂白粉液进行漂白。

1. 漂白液的配置 1 kg 漂白粉溶解在约 64 g 温水内，充分溶解后，滤去沉渣，得饱和液，饱和液可以 1∶10 的比例用清水稀释后用作漂白液。

2. 漂白方法 将刚脱青皮的核桃先用水清洗一遍后，倒入漂白液内，随时搅动，浸泡 8～10 min，待壳显示黄白色时捞出，用清水洗净漂白液，再进行干燥，漂白容器以瓷制品为好，不可用铁、木制品。

（三）坚果干燥

1. 坚果干燥的方法

（1）晒干法。北方地区秋季天气晴朗、凉爽，多采用此法。漂洗后的干净坚果，不能立即放在日光下暴晒，应先摊放在竹箔或高粱箔上晾半天左右，待大部分水分蒸发后再摊晒。湿核桃在日光下暴晒会使核壳翘裂，影响坚果品质。晾晒时，坚果厚度以不超过 2 层果为宜。晾晒过程中要经常翻动，以达到干燥均匀、色泽一致，一般经过 10 d 左右即可晾干。

（2）烘干法。在多雨潮湿地区，可在干燥室内将核桃摊在架子上，然后在屋内用火炉子烘干。干燥室要通风，炉火不宜过旺，室内温度不宜超过 40 ℃。

（3）热风干燥法。用鼓风机将干热风吹入干燥箱内，使箱内堆放的核桃很快干燥。鼓入热风的温度应在 40 ℃为宜。温度过高会使核仁内脂肪变质，当时不易发现，贮藏几周后即腐败不能食用。

2. 坚果干燥的指标 坚果相互碰撞时，声音脆响，砸开检查时，横隔膜极易折断，核仁酥脆。在常温下，相对湿度 60%的坚果平均含水量为 8%，核仁约为 4%，便达到干燥标准。

三、贮藏

（一）核桃贮藏原理及条件

核仁含油脂量高达 63%～74%，而其中 90%以上为不饱和脂肪酸，有 70%左右为亚油酸及亚麻酸，这些不饱和脂肪酸极易氧化酸败，俗称“变蛤”。核桃及核仁种皮的理化性质对抗氧化有重要作用。一是隔离空气，二是内含类抗氧化剂的化合物，但核壳及核仁种皮的保护作用是有限的，而且在抗氧化过程中种皮的单宁物质因氧化而变深，影响外观，但不影响核仁的风味。低温及低氧环境是贮藏好核桃的重要条件。

（二）贮藏方法

贮藏方法因贮量与贮藏时间而异。若贮藏数量不大，而时间要求较长，可采用聚乙烯袋包装，在冰箱内 0～5 ℃条件下，贮藏 2 年以上品质仍然良好。如果贮藏时间不超过次年夏季的，则可用尼龙网袋或布袋装好，在室内挂藏。数量较大的，用麻袋或堆放在干燥的地上贮藏。对于数量较多，贮藏时间较长的，最好用麻袋包装，放于冷库中进行低温贮藏。

采用塑料袋密封黑暗贮藏，可有效降低种皮氧化反应，抑制酸败，在室温 25 ℃以下可贮藏 1 年。尽可能带壳贮藏核桃，如要贮藏核仁，核仁因破碎而使种皮不能将仁包严，极易氧化，故应用塑料袋密封，再在 1 ℃左右的冷库内贮藏，保藏期可达 2 年。低温与黑暗环境可有效抑制核仁酸败。

第五十七章　巴 旦 木

概　　述

巴旦木又名扁桃，原产中亚和近东地区，是古老的栽培植物。4 000 年前巴旦木从其自然分布区开始引种驯化栽培，传入希腊和罗马，后由希腊传到了地中海沿岸及欧洲各国。在 6 世纪引入克里米亚半岛地区栽培。18 世纪中叶通过传教士将巴旦木由法国南部地区引入美国。唐代时，巴旦木经丝绸之路引种至我国长安（今西安），沿途在新疆、甘肃、宁夏、陕西等地均曾栽培过，但因为内地湿度过高而在关内绝迹。

目前，新疆为我国的主栽区，包括喀什、和田和阿克苏等地区，尤其是喀什地区的莎车县和英吉沙县的产量占了国内总产量的 95%以上。在甘肃、陕西、四川、山西等省也有栽培，但分布较零散，很少有形成规模的集中生产。另外，山东、河北、河南、北京等地近几年也开始引种和栽培。

巴旦木是国际果品贸易中坚果类的畅销品，占世界干果贸易量的 50%以上，价格明显比我国传统出口的苦杏仁高 2～3.4 倍，比甜杏仁高 1.4～1.7 倍，经济效益极其显著。在国际市场上，未加工的巴旦木价格为 4 000 美元/t，成品巴旦木价格为 10 000 美元/t。在北京、上海、郑州、广州、深圳等市场上，以“美国大杏仁”命名的巴旦木仁售价 60～80 元/kg。

巴旦木发育快、结果早，一般在 1～2 年生苗上就有芽形成，嫁接苗 2～3 年开始结果，10～25 年为盛果期，经济寿命长达 50 年之久。在盛果期产量可达 3 000～4 500 kg/hm^2，若按 25 元/kg，收入可达 75 000～112 500 元/hm^2，除去投入 7 500 元/hm^2，还可获利 67 500～105 000 元/hm^2。

目前，巴旦木的产量、产值均居世界六大干果首位，世界上共有 38 个国家生产巴旦木，巴旦木仁出口价 4 123.7 美元/t。出口的国家主要有美国、西班牙、意大利等，进口的国家主要有日本、德国、法国、英国、荷兰、印度等国。欧洲是世界巴旦木的主要消费市场。美国是世界上巴旦木生产和出口最多的国家。2001 年，全世界巴旦木总产量为 61.08 万 t，其中美国为 39.7 万 t，其产量的 75%出口到 40 多个国家和地区，创汇 5.87 亿美元。我国巴旦木年产量不足 300 t，每年进口美国加利福尼亚州生产的巴旦木仁约 6 000 t。随着人们生活水平的不断提高和对巴旦木保健作用的逐步认识，需求量正不断增加。

发展巴旦木还有着良好的生态效益。在改善生态环境、退耕还林、保持水土的过程中，栽种单纯的生态树种经济效益低，应当选择既有生态作用又有良好经济效益的树种，巴旦木就具有这种双重功效。

第一节　种类和品种

一、种类

巴旦木（扁桃）属蔷薇科（Rosaceae）桃属扁桃亚属植物。我国巴旦木现有 6 个种，分别为扁桃（又称普通扁桃）（*Amygdalus communis* L.）、野巴旦（*Amygdalus ledebouriana* Schleche.）、西康

扁桃（*Amygdalus tangutica* Korsh.）、蒙古扁桃［*Amygdalus mongolica*（Maxim.）Yü］、长柄扁桃（*Amygdalus pedunculata* Pall.）、榆叶梅［*Amygdalus triloba*（Lindl.）Ricker］。其中，唯一具有经济意义和栽培价值的仅有扁桃 1 个种，其余几个种多为野生状态，人工栽培较少，仅作为育种或砧木种质资源而加以收集保存和利用。

二、品种

目前，新疆栽培的巴旦木品种有纸皮、双果、双软、晚丰、小软壳、多果、鹰嘴、克西、双薄、寒丰、麻壳、阿曼尼亚、巴旦王、叶尔羌、矮丰、浓帕烈、米桑、索诺拉、汤姆逊、尼普鲁斯、布特等。它们大部分是新疆林科院科研人员经过长期的栽培选育并经过新疆林木良种审定委员会 1995 年以来审定和认定的品种类型，一部分是近年来引进的新品种。

（一）纸皮

纸皮原代号莎车 1 号，又称苏盖尔提卡卡孜巴旦木，早熟薄壳。该品种树势强，树姿直立，分枝角度小。叶大，浓绿，宽披针形，叶缘平展。以短果枝结果为主。4 月初或上旬花芽萌动，4 月中旬开花，花白色。7 月下旬到 8 月初坚果成熟，10 月底落叶，生育期 190 d 左右，属中花早熟型品种。

坚果较大，长 4.48 cm，宽 1.97 cm；果长椭圆形，先端渐尖，核面浅褐色，有浅沟纹，纤维可剥落，薄壳、露仁；壳厚 0.13 cm；核仁味香甜，含油 54.7%～57.7%；平均单果重 1.3～1.4 g，单仁重 0.63～0.80 g，出仁率 48.7%～68%，具有少数双仁，丰产性中等，稳产；自花结实率低；抗病虫。

（二）双果

双果原代号莎车 12，当地又称克西巴克巴旦，薄皮早熟巴旦。该品种树势强，树姿较开张，分枝角度小，主干树皮发黑，以短果枝结果为主；叶浅绿色，披针形；开花较早，一般在 3 月底开花，花粉红色，8 月下旬果实成熟，11 月初落叶，生育期 200 d 左右，属早花中熟型品种。丰产；自花不实。

坚果较大，长 4.6 cm，宽 1.8 cm；果呈 S 形扭曲，先端扁，核面淡褐色略发白，孔点深而密，薄壳，壳厚 0.18 cm；核仁味香甜，含油量 60.9%；平均坚果重 1.8～2.2 g，出仁率 54%。

（三）双软

双软原代号莎车 9 号，当地又称双仁软壳。该品种树势强，树姿开张，分枝角度大。叶浓绿、较小，阔披针形，叶缘平展。以短果枝结果为主。4 月初或上旬花芽萌动，4 月中旬开花，花为白色，8 月上中旬果实成熟；11 月上旬落叶，生育期 200 d 左右，属中花早熟型品种。高产（4.4 kg/株）；自花不实；抗寒。

坚果较大，长 2.7 cm，宽 1.7 cm，厚 1.6 cm；果圆球形，先端尖，核面浅褐色，孔点较多而浅，果面纤维有脱落，软壳，壳厚 0.1 cm。核仁味香甜，含油量 54.7%～55.4%；平均坚果重 1.77～1.83 g，单仁重 0.8～0.98 g，出仁率 44.4%～55.7%，双仁率 40%～60%。

（四）多果

多果原代号莎车 2 号。该品种树势较强，树姿直立，分枝角度小。叶小而细长，绿色，披针形，丛状花芽占 50%，以短果枝结果为主。4 月初花芽萌动，4 月中旬开花，花淡粉色，8 月下旬果实成熟，11 月上旬落叶，生育期 200 d 左右，属中花中熟型品种。丰产；自花结实率极低；抗寒，较抗病。

坚果较大，长 3.57 cm，宽 1.64 cm；果长卵形，先端扁，核面浅褐色，孔点多，中壳，壳厚 0.17～0.21 cm。核仁味很甜香，含油量 55.8%～60%。平均坚果重 1.8～1.9 g，单仁重 0.65～0.76 g，出仁率 41.2%。

（五）双薄

双薄原代号莎车 5 号，又称可西玛克卡喀孜巴旦木，双仁薄壳，为小薄壳芽变。该品种树势强，树姿开张，分枝角度大。叶小，狭披针形，浅绿色；以中果枝、短果枝结果为主。4 月初花芽萌动，4 月中旬开花，花红色，8 月上旬果实成熟，11 月上旬落叶，生育期 200 d 左右，属中花早熟型品种。

高产；自花不实；抗寒。

坚果较大，长 2.8 cm，宽 1.7 cm；果圆球形，先端短尖，核面灰白色，孔点较多而浅，薄壳，壳厚 0.13 cm；核仁味甜香，含油量 56.8%～58%；平均坚果重 1.6～1.9 g，单仁重 0.65～0.8 g，出仁率 40.5%～43.7%，双仁率 60%～80%。

（六）鹰嘴

鹰嘴原代号莎车 6 号，当地又称色热克卡卡孜巴旦木，黄薄壳。该品种树姿开张，分枝角度大，以短果枝结果为主。叶绿，叶尖向基部弯曲。一般在 3 月下旬开花，花期基本与晚丰相同，8 月下旬果实成熟，11 月初落叶，生育期 200 d 左右，属早花中熟型品种。高产；自花结实率较低；抗寒。

坚果较大，长 3.4 cm，宽 1.6 cm；果长半月形，先端歪尖，核面褐色，孔点浅而密，中壳，壳厚 0.14 cm；核仁味香甜；平均坚果重 1.9～2.0 g，单仁重 0.9～1.0 g，出仁率 50%。

（七）克西

克西原代号莎车 7 号。该品种树势强，树姿较开张，分枝角度小，主干树皮发黑，以短果枝结果为主。叶浅绿色，披针形。开花较早，一般在 3 月底开花，花粉红色，8 月下旬果实成熟，11 月初落叶，生育期 200 d 左右，属早花中熟型品种。丰产；自花不实。

坚果较大，长 3.5 cm，宽 1.8 cm，厚 1.19 cm；果宽半月形，先端扁尖，核面黄褐色，薄壳，壳厚 0.17 cm；核仁味香甜；平均坚果重 2～2.5 g，出仁率 50.9%。

（八）麻壳

麻壳原代号莎车 26，当地又称雀克巴旦木。该品种树姿开张，树冠开心，分枝角度大，树皮灰褐色，以越年生短果枝结果为主。叶绿，阔椭圆形。4 月中旬开花，花白色，8 月上旬成熟，11 月初落叶，生育期 190 d 左右，属中花早熟型品种。产量中等；自花不实。

坚果较大，长 3.28 cm，宽 1.81 cm，厚 1.28 cm；果椭圆形，先端歪尖，核面褐色，具深沟状条纹，薄壳；核仁味香甜，含油量 57.7%；平均坚果重 2.3～2.5 g，单仁重 1～1.2 g，出仁率 43.5%～48.7%。

（九）浓帕烈

美国品种，又名浓帕尔、浓泊尔、那普瑞尔、农富乐、无敌等。浓帕烈为中花品种，是美国加利福尼亚州最主要的栽培品种。树势强健，树姿较开张，叶深绿色，枝条节间较短。幼树以中、短果枝结果为主，成龄树以短果枝结果为主。在新疆喀什地区，4 月初始花，9 月下旬果实成熟。比较抗霜冻，但缺点是外壳封闭不严，易受到虫及鸟类危害。

坚果个大而均匀，核壳薄而软，壳厚 0.06 cm，平均单果重 1.2 g，果仁长扁圆形，表面平滑、整齐，外观好，味甜香，口感极佳，单仁重 1.19 g；出仁率 60%～70%。

（十）布特

美国品种，又名比提、巴特等，为晚花品种。树势强健，树姿直立，较紧凑，叶色浓绿。三年生树以长、中果枝结果为主，成龄树以短果枝和花束状枝结果为主，坐果率 32.57%。在新疆喀什地区，4 月上旬开花，9 月中旬果实成熟，高接树第三年株产 1.24 kg。抗旱、抗寒。

坚果核壳薄、半硬，壳厚 0.22 cm；平均坚果重 1.24 g，单仁重 0.74 g，出仁率（湿仁）56.26%，双仁率低；核仁味甜香。

（十一）尼 · 普鲁 · 乌特拉

美国品种，又名乌尔塔、普拉斯、那普拉斯等，常作浓帕烈和爱克塞尔的授粉树，为早花品种。树势较强，树姿半开张；以中、短果枝结果为主；在新疆喀什地区，4 月上中旬开花，9 月中旬果实成熟；抗寒、抗霜冻性较弱，坐果率较低，产量中等，是加州 1 号品种的授粉品种；在当地抽条较重，适应性较差。

核壳软，表面有纤维，壳厚 0.14 cm，露仁率高达 60%。平均坚果重 1.55 g，单仁重 1.29 g，出仁率35.64%，双仁率15%。

（十二）加州1号

美国品种，为中花品种，可用浓帕烈授粉。树势强健，树姿半开张，多年生枝灰褐色，一年生枝嫩枝绿色，老熟枝红褐色。幼树以中、长果枝结果为主，成龄树以短果枝结果为主。在新疆喀什地区，4月上旬开花，8月中旬果实成熟。自花授粉结实率较高，早果性、丰产性均强，是一个很有发展前途的早熟优良品种。

坚果核壳软而薄，壳厚0.07 cm；平均单仁重1.21 g，出仁率66.67%。

（十三）米森

美国品种，又名美新、美桑、米桑、迷新、弥深、得克萨斯等，为晚花品种，是美国加利福尼亚州第三重要的栽培品种，常与浓帕烈互为授粉树。

树体直立，树冠中等。在新疆莎车，4月上旬开花，8月下旬至9月初果实成熟；丰产。

核壳硬，封闭性好，壳厚0.07 cm；核仁饱满，平均单仁重1.20 g，出仁率40%～45%。

（十四）统一半矮化

美国品种，是世界上为数不多的自花结实扁桃品种。

树势中等，树姿开张，枝条柔软，梢部易下垂；以花束状果枝和短果枝结果为主。在河南南阳，3月上旬至4月初开花，花期长，8月上中旬果实成熟；较丰产；自花结实性较好，自花坐果率达29%；可由浓帕烈、米森授粉，自然授粉坐果率高达49%。

坚果核壳薄，平均坚果重2.38 g，单仁重1.02 g，出仁率42.8%。

第二节　苗木繁殖

一、实生苗培育

巴旦木优良品种的实生后代遗传稳定性较稳定，基本能保持母本的优良性状。

（一）种子采集

繁殖巴旦木实生苗时，应在采种母本园或优良品种园中选择生长健壮、丰产、稳产、无病虫害的健壮树体作为采种母树。采摘时应挑选种仁充实、饱满、整齐一致、发育正常的果实，同时在大多数果实完全成熟时进行采集。采收过早，种子成熟度差，萌芽率低，苗木生长不良。采收过晚，果实已掉落，难以收集和保存，而且易受土壤和病菌等影响。

（二）种子生活力的测定

种子生活力测定多采用染色法，特点是直观、简便、迅速。具体操作：取出完好种仁，在水中浸泡10～24 h，完全吸水、膨胀后，剥去种皮，将种仁放入5%的红（蓝）墨水或5%靛蓝胭脂红溶液中，染色2～4 h后，取出种仁，用清水冲洗后进行观察统计。种胚和子叶全部着色，或仅种胚着色，表明种子无生活力，已无萌芽能力；种胚或子叶部分着色，表明种子已部分失去生活力，其萌芽力降低；种胚或子叶没有着色，表明生活力良好，可正常萌芽。

（三）种子贮藏

种子采集后要先堆放在通风阴凉处阴干，切忌暴晒。短时间贮藏时，可将种子存放在温、湿度均较低且通风的环境中；如需长时间贮藏，应存放在干燥密闭的环境内，贮藏期间要定期检查，发现霉烂及时处理。另外，需注意预防鼠害和虫害。

（四）种子的处理

中厚壳种子适宜秋播，浸水后直接播种；薄壳种子适宜春播，浸水后宜先进行催芽处理，再播种。

催芽方法：先铺一层3～5 cm厚的湿沙，将浸泡后的种子均匀摊开，厚度不超过5 cm，种子上方再铺一层湿沙，并覆盖塑料膜，利于保温保湿，温度控制在15～20℃，经一定时间的催芽即可萌发。通常软壳、薄壳种子需要15～25 d，中壳种子需要35～40 d，厚壳种子需要60 d以上。催芽处理应视实际情况分期进行，确保大多数种子在播种前萌发。待种子大部分萌芽露白时即可开始播种，挑选出核壳开裂露白的种子播种，未开裂的种子需要继续催芽，待其开裂露白后再播种，可确保出苗整齐。

（五）播种量与播种方法

1. 播种量 种子经催芽后有30%左右露白时，即可分批挑出萌芽种子进行播种。播种前一般要检查出芽率，以确定播种量。方法为：播种前1周左右，随机抽取100粒种子，洗净后放在湿润的吸水纸上保持温度25℃左右，同时保持湿润，1周后计算发芽率，并通过以下公式计算播种量。

$$\text{每 }667\text{ m}^2\text{ 播种量（kg）}=\frac{\text{每 }667\text{ m}^2\text{ 计划出苗数}}{\text{发芽率}}\times\frac{\text{每千克种子粒数}}{\text{种子纯度}}$$

由公式计算出的数字为理论播种量，实际操作中播种量至少应比理论值高15%左右。一般以每667 m² 出苗4 000～6 000株为宜，因而生产上，薄壳、软壳种子一般每667 m² 播种量10 kg为宜，厚壳种子15～20 kg。

2. 播种时期 播种时期因各地气候条件、种壳厚度及育苗实际情况而异，一般以春播或秋播为宜。一般在3月下旬至4月中旬，气温稳定在15～18℃时进行春播。软壳、薄壳种子因播种后易腐烂和易遭鼠类等危害，宜采用春播。秋播可使种子在田间通过后熟期，次年春季出苗早，生长期长，幼苗健壮，但播种量需适当加大。秋播时间一般为10月中旬到11中下旬。

3. 播种方法

（1）秋播。秋播时，苗圃地应先灌足底水、施足基肥。根据生产经验，一般每667 m² 施厩肥1～2 t，待墒情适宜时翻耕土壤，翻耕深度30 cm。耱平后整畦做床，床面不宜过宽，一般为2～3 m。苗床床面要求整平、细耙。播种方法一般为开沟点播，行距60～80 cm，种子间距5～8 cm，覆土深度4～5 cm。秋播后需镇压或踏实播种行，在土壤封冻前灌足冻水。

（2）春播。种子春播时，在播种前施足基肥、灌足底水，抢墒耕翻，整畦做床。因我国北方大部分地区春季干旱风大，需注意抢墒播种。种子经催芽开裂露白后即可播种。播种方法一般为开沟点播，行距60～80 cm，种子间距8～10 cm，覆土深度2～3 cm。覆土后要及时耙平耱实以利保墒。春播后一般15～20 d出苗。

二、嫁接苗培育

大规模的巴旦木生产建园时，为提高产品的商品价值，获取较高的经济效益，应选用嫁接育苗的方法繁育巴旦木优质苗木。

（一）选择适宜的砧木

巴旦木砧木种类较多，在生产上砧木种子用桃巴旦、厚壳巴旦、桃（普通桃）、新疆桃。

（二）嫁接

1. 采集接穗 可选择品种纯正、生长健壮、无病虫害、优质丰产的母树做采穗树。芽接接穗应从已木质化的一年生枝上采取；枝接接穗应采生长健壮的一年生枝。

2. 处理接穗 芽接接穗随采随用，剪去叶片，留下叶柄，用湿毛巾包好备用。枝接接穗于落叶后、枝条进入休眠期至萌芽前采集，采后及时蘸蜡处理。早采的须沙藏，贮藏温度保持在0℃左右。

3. 嫁接方法

（1）芽接。嫁接时间为6月中旬至8月下旬，嫁接高度距离地面根颈处以上5～10 cm，最佳的砧木粗度（直径）为0.8～1 cm。芽接时，先在砧苗上切T形口或削去芽片大小的韧皮，然后在接穗上削取芽片，将芽片插入T形皮层内，或将芽片贴嵌在相对应的削去韧皮的木质部上，用塑料条立即绑扎嫁接部位，露出叶柄芽。

6月嫁接的苗木可于1周后检查成活，接芽叶柄轻触即脱落为成活。及时剪砧松绑，随时抹去砧木萌蘖。每10 d浇一次水直至8月20日，在此期间追施一次氮、磷复合肥，施肥量150 kg/hm^2。8月底以后开始控水，9月中旬叶面喷施300倍液的磷酸二氢钾。

8月嫁接的苗木不剪砧，1～2周松绑即可，第二年3月初剪砧。冬季注意防止圃地苗木遭野兔和鼠等的啃食危害。

(2) 枝接。枝接多在春季气温稳定在16 ℃、发芽时进行。常用方法有劈接、插皮接和腹接等，通常在大苗或幼树上进行（砧木粗度2～4 cm）。主要用插皮枝接。嫁接时根据需要锯去预嫁接部位以上部分（锯口要平，否则应用嫁接刀加以修整），用木扦插入砧木木质部与皮层间，轻轻向下移动3 cm左右取出，使木质部与皮层有一个缝隙；然后剪取有2～3芽的接穗，基部削成光滑的马耳形，先端微削绿皮，将接穗插进皮缝内，一般插2个接穗，要插在迎风面。插后用塑料布包接口，内装湿沙土埋到接穗封顶部封扎。

（三）嫁接苗管理

1. 剪砧、除萌　芽接苗木在春季萌芽前，及时剪砧，促其接芽萌发；并及时除掉砧木萌芽。枝接苗木春季嫁接后7～10 d检查成活率，当苗木新梢生长到20～30 cm时，设立支柱绑缚，以免被风吹断；未成活者及时补接。

2. 肥水管理　发芽前，浇第一次水。苗高长到30 cm左右时追第一次肥，追氮肥150～300 kg/hm^2；追肥后及时浇水，中耕除草，松土保墒。7月追第二次肥，追尿素氮磷肥225 kg/hm^2 或结合喷药叶面喷施1 000～2 500倍磷酸二氢钾水溶液。

三、苗木的出圃

达到出圃规格的两年生嫁接苗，可以在土壤封冻前或翌春土壤解冻后出圃。

（一）苗木分级

苗木要及时分级。优质苗木要求品种纯正、砧木类型一致、地上部枝条健壮充实、具有一定高度和粗度、芽饱满、根系发达、断根少、无严重病虫害及机械损伤、嫁接苗嫁接部位愈合良好。将巴旦木苗木质量以根系、茎干、单位产苗量及其他为依据划分成3个等级，分级标准见表57－1。

表57－1　巴旦木二年生嫁接苗木质量、产量标准

项　目		等　级			产量标准	
		一级	二级	三级	千株/hm^2	一、二级苗百分数
根系	主、侧根数	≥4条	≥3条	<3条	333	≥80
	侧根长	≥25 cm	≥20 cm	<20 cm		
	主根长	≥30 cm	≥25 cm	<25 cm		
	侧根基部粗度	≥0.3 cm	≥0.2 cm	<0.2 cm		
	根系分布	均匀	基本均匀	基本均匀		
茎干	高度（接口到顶部）	≥150 cm	≥100 cm	<100 cm		
	粗度（接口以上10 cm处直径）	≥1.5 cm	≥1.0 cm	<1.0 cm		
	颜色	正常	正常			
	整形带内饱满芽数	≥8个	≥8个			
其他	嫁接愈合程度	接口愈合良好	正常	不良		
	苗木机械损伤程度	无				
	检疫对象	无				

注：三级苗不能利用，需移植继续育苗。

（二）起苗、假植、包装、运输

起苗前，浇一次水，保证根系完好。出圃苗在起苗前必须进行修剪，留上部不同方向的壮枝 3～4 个短截，长度 20 cm，其他枝全部剪除。起苗根系深度、幅度均为 30 cm。春季起苗后，不能及时栽植时，要选背风干燥处挖沟假植，将苗木根部埋入湿沙中；若越冬假植，需将苗木散开全部埋入湿沙中，及时检查温度、湿度防止霉烂。外运苗木，根系要蘸泥浆，并进行包装，每 50 株或 100 株一捆，挂上标签，注明品种、数量、等级、出圃日期、产地、经手人等。远途运输，应遮盖，中途洒水保湿。

（三）苗木检疫与消毒

苗木检疫是通过植物检疫、检验等一系列措施，防止各类危害性病虫、杂草等随同苗木转移而传播蔓延，并设法消灭。苗木在省际调运与国外交换时，必须经过检疫，对带有检疫对象的苗木，应禁止调运，并予以彻底消毒。因而，在苗木包装运输前要先进行消毒。

消毒方法一般用喷洒、浸苗和熏蒸等方法。喷洒的消毒药剂多用 3～5 波美度的石硫合剂。浸苗可用等量式 100 倍波尔多液或 3～5 波美度石硫合剂浸 10～20 min。

第三节　生物学特性

一、枝生长特性

枝条伸长生长从叶芽萌发开始到新梢顶端形成新顶芽而停止，生长开始期因生长部位、光照条件而不同。树冠上部春季抽生的延长枝和徒长枝很粗壮，其腋芽一般均具有早熟性，在水肥条件好的情况下，新梢生长 1 个半月时，枝上早熟芽就可萌发出二次枝，在 8 月甚至还能萌发出三次枝。

营养枝一般每年只有一次生长高峰，主要集中在 4～5 月两个月，以后逐渐终止生长。结果少的品种，在水肥条件良好的情况下，不会终止生长，继续出现第二次或第三次生长高峰，二次、三次生长均要经过半个月的缓慢生长期后才能产生迅速生长的高峰，分别在 7～8 月进入生长终止期。幼树营养枝的迅速生长期很长，可从春季延续到秋季，一般在 9 月初进入生长终止期。

二、花生长特性

（一）花芽分化

巴旦木从开始花芽分化至形成各个器官，所需时间大约在 2 个月。其中花芽分化开始期 10 d 左右，花萼分化期、花瓣分化期均为 5 d 左右，雄蕊分化期 5 d，或者是雄蕊与花瓣同时分化，雌蕊分化期较长，需 16～25 d。各品种分化开始期先后不同，分化各时期基本相似。

营养是花芽分化的物质基础，短果枝新梢生长停止早，营养积累则开始早，故其花芽分化开始早，芽体大，通过解剖切片观察，7 月进入花芽分化期。中果枝或夏梢停止生长晚，花芽分化开始晚，芽体小，解剖切片观察，8 月中旬进入花芽分化期。

花芽分化也受结果量的制约，丰年花芽分化数量少，小年花芽分化数量大。一年内可在 8 月后明显看出 3 种情况：结果多的树或枝，其花芽少而小；结果少的树或枝，其花芽较多较大；不结果的树和枝，其花芽最多而大。

巴旦木花芽分化时，正是一年内气温最高、日照最长的时期，根据新疆当地气象站资料，以花芽分化前后 2 个月的气温和日照状况分析，各品种分化期日平均气温在 25 ℃以上（日平均日照在 9 h 以上即为有效天数），8 月中旬后气温、日照时数逐渐下降，9 月天气已较为凉爽，雌蕊分化比较慢，但仍能完成花器的基本构造。花芽分化速度与气温、日照相适应，8 月 10 日前平均气温在 25 ℃以上，日照在 9 h 以上，花芽分化很快，以后气温下降为 20～25 ℃，日照仍变化不大，分化速度仍比较快，9 月以后气温明显下降，日照时间减少，花芽分化减慢，因而雌蕊分化时期长。

(二)开花

花期因品种不同而差异较大，按开花时期早晚分早花、中花、晚花 3 种品种类型，早花品种多，中花品种少，晚花品种更少。早花品种开花持续时间长，为 22～30 d，一般在 3 月底始花，4 月初盛花，4 月中旬落花；中花品种开花持续时间较长，为 19～27 d，一般 4 月初始花，4 月上旬盛花，4 月中旬落花；晚花品种开花持续时间短，为 13～16 d，4 月上中旬始花，4 月中旬盛花，4 月中下旬落花。

三、授粉与受精

绝大多数巴旦木品种是异花结实型，并有选择性，因品种不同而各自选择授粉亲和的品种进行授粉受精。亲和的花粉授粉后可结实，不亲和的花粉即使授粉也不能结实。有少数品种可自花授粉结实，但结实率低；生产上需要配置适宜的授粉树。根据巴旦木异花授粉的特性，栽植时应选择花期相遇、授粉亲和力强、花粉粒大、散粉量多、生活力强的品种作为授粉品种。在粗放管理下，巴旦木产量会出现大小年结果现象，大年有 30%～40%的花坐果，小年有 15%的花坐果时，就可达到正常的产量。

四、果实发育与成熟

巴旦木从子房受精、坐果，到果实成熟，分以下 3 个时期。

1. 果实发育期 此时期自受精坐果到果实开始发育，其特征为子房膨大，果实迅速生长稳定到最大值，内部胚生长微弱，呈浆状物，其生长发育时期为 30～40 d。

2. 硬核期 此时期果实生长停止，胚进行发育，果核随胚的发育而逐渐形成和硬化。果内胚从顶部向底部、由小变大逐渐发育形成种仁，随着种仁的形成和体积的增大，核壳也相应地形成和增厚。种仁小时，核壳软而薄，种仁饱满接近成熟时，核壳已增厚硬化，其生长发育期约 60 d。

3. 成熟期 此时期胚的充实和核层的硬化基本完成。外果皮颜色变浅，果肉逐渐变干，果肉开裂离核，果实成熟，其生长发育期为 25～40 d。

果实生长发育时期因品种而有所不同，早熟品种约需 110 d 成熟，中熟品种 125 d 左右，晚熟品种 140 d 左右。

五、休眠

从落叶到萌芽为休眠期，该期间从外部观察一般看不到生命活动现象，但树体组织的细胞生命活动仍在缓慢进行。新疆喀什地区巴旦木落叶为 11 月 10～20 日，落叶后树体进入自然休眠。

第四节 对环境条件的要求

一、温度

巴旦木正常生长发育年平均气温 9 ℃以上，≥10 ℃年有效积温在 3 000 ℃以上。在夏季气温 36.0～40.5 ℃地区生长良好，温度过高也会受到生理障碍，影响生长发育。巴旦木比较抗寒，落叶迟，冬季休眠期能耐－20～－27 ℃低温（在冬季极端气温－21 ℃时花芽受冻，－22～－24 ℃时一、二年生枝条受冻，且树干及根系受其影响易发生腐烂病，－28 ℃以下时整株冻死）。巴旦木休眠期的需冷量为 7.2 ℃以下低温 300～500 h，在 7 ℃以下 70 d 左右就可解除休眠。

由于休眠期短，开花较早的品种早春易受晚霜危害，在晚霜冻较重的地区应注意预防晚霜。巴旦木适宜授粉温度为 15～18 ℃，花期遇霜冻，花器会遭受不同程度的冻害：在气温降至－1.1 ℃时子房受冻，－2.7 ℃时花瓣受冻，－3.3 ℃时花蕾受冻。巴旦木花蕾期可忍耐－5 ℃，花可忍耐－3 ℃的短期低温。在巴旦木开花期间，对花来说，虽然在−0.5 ℃开始受害，但在落花时期临界温度为−2.2 ℃。巴旦木的幼果对低温最为敏感。

二、光照

巴旦木是喜光树种，理想的年日照时数为2 500～3 000 h。若光照不足，易感染病虫害，出现枝条枯死、落花落果等现象，在持久的阴暗条件下，花和子房会发生脱落。在栽植过密或遮阳的情况下，枝条往往变得纤细、弯曲，内膛空虚，枝条徒长，结果不良，在选择园地和确定株行距时应当注意。巴旦木树冠内通风透光不良就会造成树冠内膛叶片脱落，枝条枯死。持久的阴雨，造成长势衰弱，花芽少且发育不完全，易发生落花落果，产量降低。相反，春季晴朗的天气有利于昆虫的传粉，果实成熟期晴朗无雨的天气有利于果肉的干裂并使坚果不发霉。

三、水分

巴旦木抗旱性强，在平均年降水量仅为约50 mm的地区也能正常生长结果，为获得高产、优质、高效，整个营养生长期要求最少供水量为350～400 mm。年降水量达到400～450 mm的，且分布均匀即可满足其生长需要，可以不必灌溉。需水主要集中于发芽后和果实膨大期。

巴旦木对春季和夏季雨水较为敏感，夏季干燥有利于果实生长。生长期降水量超过750～800 mm，流胶病严重，枝条徒长，影响产量和品质。湿度过高，会引起病虫害的发生，增加褐腐病、绿腐病等，降雨助长穿孔病的侵染，阻碍果实的成熟和外果皮的开裂。夏季的雾和雨可使成熟果实的核壳变成棕色，采收期降雨过多，果肉、果核发霉褐变，影响商品性，从而降低销售价格。

四、土壤

巴旦木适宜排水良好的土壤，栽培在土层厚、土壤肥沃、地下水位低于3 m、偏碱性或近于中性、沙壤土或壤土最为理想，土壤pH 7～8为宜；土壤含盐总量≤0.2%。巴旦木在土层浅薄的石山坡或戈壁滩边缘的卵石荒漠上也能生长。巴旦木不适于栽在过分黏重、潮湿、盐分过多及地下水位过高的土壤。在轻沙土上生长的巴旦木产量高，在黏质土壤和过于干燥的土壤上会生育不良，树势弱。巴旦木有一定的耐盐性，但土壤中盐过多则发育不良。土壤中缺钙会引起巴旦木生长弯曲和缩短寿命。

第五节　建园和栽植

一、建园

（一）园地选择

巴旦木适应性强，喜光，根系发达，耐旱、不耐涝，生长季节喜干不喜湿，较耐寒，耐瘠薄。园地要选择适宜栽培区域，分析不同地区土壤、温度、水分、灾害气象因子等对巴旦木生长结实的影响。

（二）园地规划

根据园地大小、走向，结合路、林、渠等永久性基础设施建设，可将巴旦木园分为若干大区和小区。大区以林带划分，小区以支路划分。巴旦木树栽植面积应占全园总面积的80%～85%，防护林地占5%，道路用地占5%，房屋、农具棚、水池、水渠、粪池等用地占3%～5%，绿肥用地占3%，贮藏库、养蜂场、猪场、贮藏及加工用地占3%。根据地形、地势因地制宜地划分小区。一般平地小区面积为3.4～6.7 hm^2。小区多为长方形，长宽比为2：1或3：2。

（三）道路规划

道路分主路、支路、作业道三级。大面积栽植方法主要采用沟植沟灌，10 hm^2 以上的巴旦木园，需要设计 2 条主干道及若干支路、作业道。支路、作业道均与主道垂直相交。面积在 2～3.4 hm^2 的果园，一般主道宽 8 m，支路 4～6 m，作业道 2～4 m。道路规划要利于园区作业，利于耕作，并方便采收运输。

（四）防护林规划

在大风地区要营造多层次紧密结构的林带，由主林带和副林带组成，同时栽植大乔木、中乔木和灌木等树种。主林带间距一般应在 300～400 m，一般宽 20 m，不宜大于树高的 20 倍（150～200 m）。副林带与主林带垂直，最大间距可以达到 1 000 m。栽植行距为 2～2.5 m，乔木株距为 1～1.5 m，灌木株距为 1 m。常用的乔木树种有杨树、沙枣等；常用的灌木树种有杜梨、酸枣等。林带栽植应在巴旦木定植前 1～2 年进行。

（五）灌溉排水系统规划

灌渠应结合道路、地形、田区安排进行设计，根据田区需要设置，并与引水渠垂直，每个栽植小区要有干渠和支渠，用混凝土或石块砌成，输水渠道的渗透量要求尽可能小。主路两侧应设引水渠，渠面宽 50 cm 左右。干渠比降在 1/1 000 左右，支渠比降在 1/500 左右。有条件的果园可安装喷灌或滴灌设施，能节约用水，并有效供水。

地形低洼的地块和平地，在进行灌溉后易积水造成土壤过湿或形成涝地，必须进行园区排水。巴旦木园多用明沟排水，排水沟比降一般为 3%～5%。

二、栽植

（一）整地

栽植前，要进行整地。在平原地区，若要间种农作物，按地势分区，进行土地平整；不间作区，可开沟整地，沟宽 1.0～1.5 m，深 50 cm，并挖穴、客土。

（二）主栽品种选择

主栽品种应适应栽植地的自然、地理及气候条件，同时要求品质好、产量高、商品性好、有较好的市场前景。多选择高产、皮薄、出仁率高，含油量高、味美、抗寒抗冻能力强的纸皮、双软、双果、晚丰、小软壳、N-1、鹰嘴、浓帕烈等优良品种作为主栽品种。

（三）授粉品种选择及配置方式

根据市场需求确定主栽品种，相应配置授粉品种。授粉品种必须是与主栽品种花期相同（或相遇）、亲和力强，且散粉时间长的品种。

主栽品种与授粉树实行行间配置，其配置比例主要根据主栽、授粉品种经济价值而定，价值相等按 1∶1 配置，价值不等可按 2∶1、3∶1 或 4∶1。每个巴旦木园授粉品种至少应有 2～3 个，行距不超过 30～60 m。

（四）栽植时期

1 月平均气温高于－10 ℃的地区，秋季栽植与春季栽植皆适宜；1 月平均气温低于－10 ℃的地区只宜春季栽植，若秋季栽植苗木必须埋土防寒。

秋季栽植是在树体落叶后至土壤封冻前（11 月上旬）进行；秋季定植的巴旦木树，根系伤口愈合早，次年生长发育也早，苗木长势旺。在冬季较为寒冷的地区需注意防寒越冬。

春季栽植，在土壤解冻后芽萌动前和萌动时（3 月上中旬）进行。栽植过迟，树液流动或叶芽萌发较迟，以及土壤干旱等原因，对幼树成活和生长不利。在干旱地区定植后要及时浇水，最好能覆盖地膜。

(五) 栽植密度与方式

巴旦木为喜光树种，不耐阴，树冠下部枝条易枯死，栽植不可过密，同时要根据土壤肥沃程度、品种树冠大小、气候条件、栽培管理模式来确定栽植密度。栽植株行距一般为 3 m×7 m、4 m×6 m，定植密度 420～480 株/hm^2，既适宜采用纯建园模式，也可采用宽行密株的间作模式。

栽植时可采用长方形、正方形、三角形和带状（双行）定植。为充分利用光能，要根据立地条件规划定植行走向，一般以南北行为主。平地采用长方形或正方形栽植。

(六) 栽植技术

1. 放线 定植前用标杆、测绳拉线，用白石灰标好株距和定植点，然后以点为中心开垄沟、挖通槽或坑。整园要拉一线，必要时要拉纵横线。

2. 挖坑 在开沟栽植时，开沟深度应达 60～80 cm，沟深要均匀。挖定植穴栽植时，穴体大小以 80～100 cm 为宜，将表土与新土分放两侧，回填时将表土先填入穴底，分层踏实，上部再填入新土，至离地面 20～25 cm 时为止，踏实成中间略高、四周略低的馒头状土堆。在旱地栽植时要随挖随栽，防止跑墒。在有灌溉条件的地块建园时，挖坑宜早。挖坑应秋栽夏挖或春栽秋挖，便于土壤灭菌消毒。

3. 施肥 栽植前在定植沟内放入一些腐熟有机肥。株施有机肥 20～30 kg，过磷酸钙 0.5 kg，肥料与表土均匀混合，开垄沟时放入。穴栽时将肥料与表土充分混合，土肥比应为 6∶4，取其一半施入坑底，呈丘状。地下害虫多时要加入杀虫剂。

4. 定植 把所栽苗木的根系全部放入坑内，并使根系均匀自然地伸展在坑底土丘上，根系勿盘结，并使嫁接口朝迎风向，然后将苗木扶直，填土，边回填边踏实，并提苗顺根，使根系与土壤紧密接触，直至略高于地表。苗木埋土深度以略高于原埋土痕迹并低于嫁接部位为宜，并在苗木四周起灌水圈。

5. 灌水覆膜 挖好后定植坑可灌水踏墒，晾置 1～2 d，定植苗木效果较好。定植苗木后及时灌水并覆膜，以利于提高地温并保墒，促进根系生长和缓苗。覆膜时要用土压实地膜边缘，以防大风吹开。为节约用水和有效用水，在水资源短缺的地方栽种巴旦木时，可将少量水集中浇在根系密集分布区，覆土后将树干周围修成倒漏斗状，上覆地膜，以保湿增温、提高成活率。

(七) 栽后管理

1. 检查成活率并补栽 定植 10 d 后，要及时检查成活率并补栽，若再浇一次水则缓苗效果更好。

2. 定干 栽植后需及时定干。定干时要求整形带内有较多健壮芽，定干高度主要由栽植密度决定，密植园定干要低，应在 30～60 cm 内的饱满芽上方剪截，稀植园定干高度应在 50 cm 以上。定干后剪口下需留 6～7 个饱满芽作为整形带，用于培养主枝，剪口用石蜡或油漆封口，以防枝条失水抽干。

3. 越冬防寒 冬季寒冷地区，秋季定植苗越冬前要埋土防寒或束草保温，也可涂白后束草防寒，把整个树干全部包起来，到次年 3 月中旬至 4 月上旬分 2～3 次分批放苗。也可采用枝干上喷布100～150 倍液羧甲基纤维素稀释液或 100 倍液聚乙烯醇或涂抹熟猪油等方法，减少枝条水分损失。

第六节 土肥水管理

一、土壤管理

(一) 土壤耕翻

结合秋施基肥进行全园深翻，深度 20～25 cm。耕翻土壤可以松土保墒，有利于降水下渗，也可减少宿根性杂草对养分的消耗，同时还可以消灭部分地下害虫等。

（二）中耕除草

在生长季节，清耕园在降雨或灌溉后进行中耕除草，深 15～20 cm；间作生草园进行树盘中耕除草。

（三）果园土壤覆盖

覆盖是利用塑料薄膜、作物秸秆、杂草、糠壳、锯末、沙砾等材料覆盖可以增加土壤有机质的含量，提高地力；覆盖还能降低夏季土壤温度。据研究，绿肥覆盖可使夏季土温降低 14～16 ℃，冬季提高 2～3 ℃。覆盖还能有效提高幼树成活率，并促进生长和早结果，有利于结果树丰产稳产，提高果品品质；对于旱地果园，覆盖还具有蓄水保墒的作用。覆盖的方法有行间覆盖、树盘覆盖和全园覆盖等。覆盖的材料分为秸秆覆盖和沙石覆盖。

二、施肥管理

（一）施肥时期

正确掌握施肥时期是科学施肥的一个重要方面，而合适的施肥时期应根据肥料的种类和性质、巴旦木幼树发育特点及其需肥程度等而定。

1. 基肥施用时期　基肥在 10 月下旬至 11 月上旬施用为宜，以迟效性有机肥为主，如厩肥、堆肥等。基肥的实际用量为全年施肥总量的 60％～70％。

2. 追肥施用时期　追肥时间根据巴旦木各生长发育阶段的需要而定，一般可分 2 次追肥。

（1）花前肥。于 3 月中旬至 4 月初在春季巴旦木开花前追施适量速效性肥料，如尿素、硫酸铵、硝酸铵等。主要作用是促进开花坐果和新枝生长。

（2）稳果肥。开花后不但巴旦木幼果迅速膨大，而且新梢迅速生长，可于 5 月的花芽生理分化期和 6 月的花芽形态分化期施入。稳果肥应占全年施肥量的 15％～20％，多于 4 月下旬至 5 月上中旬施用，除氮肥外，特别要注意追施磷、钾肥。

（二）施肥方法

1. 土壤施肥方法

（1）环状施肥。特别适用于幼树期施基肥，方法是在树冠外沿 20～30 cm 处，挖宽 40～50 cm、深 50～60 cm 的环状沟，把有机肥与土按 1∶3 的比例混合，同时加入一定量化肥，掺匀后填入。随树冠扩大，环状沟应逐年向外扩展。此法操作简便，但断根较多，需注意减少根系损伤。

（2）条沟状施肥。在树行间或株间或隔行开沟施肥，沟宽、沟深同环状施肥沟。此法适于密植园施基肥时使用。

（3）辐射状施肥。从树冠边缘处向里开深 50 cm、宽 30～40 cm 的条沟（行间或株间），或从距干 50 cm 处向外挖放射沟，内膛沟窄浅（约深 20 cm，宽 20 cm），树冠边缘外宽深（约深 40 cm、宽 40 cm），每株挖 3～6 条沟，依树体大小而定。然后将有机肥、轧碎的秸秆、土混合填充。可根据树体大小再向沟中追施适量尿素（一般 50～100 g，或浇人粪尿）、磷肥。

2. 根外追肥方法　根外追肥就是将肥料配成一定浓度的溶液喷洒在树冠上的一种施肥方法。具有简单易行、用肥量少、肥效快、可与某些农药混用、省工省事等特点，同时也可补充树体对水分的需要。

（三）施肥量

1. 基肥　一般在果实采收后（9～10 月）及时施入，以农家肥为主，并配合适量的氮、磷、钾复合肥（氮、磷、钾的比例为 1∶0.8∶1）。初结果树每公顷施基肥 15～30 t，盛果期树每公顷施基肥 30～45 t。施肥方法以环状和辐射状沟施为主，深 40～50 cm。

2. 追肥

（1）土壤追肥。幼树期果园，追肥每年 1～2 次，每公顷施尿素 75～150 kg；盛果期果园，追肥每年 1～2 次，第一次在春季萌芽前，以氮肥为主，第二次在果实硬核期及花芽分化期，以磷钾肥为主，每公顷施氮、磷、钾复合肥 375～450 kg。施肥方法以辐射沟为主，深 30～40 cm，施后及时灌水。

(2) 叶面喷肥。在花期及幼果发育期，喷奥普尔 600 倍液、0.3%磷酸二氢钾或高效活性钙800～1 000 倍液；果实发育期（5～7 月）喷施 2～3 次 0.3%尿素、0.3%～0.5%磷酸二氢钾、0.5%硫酸亚铁及其他营养液肥等，每隔 15 d 喷一次。

三、水分管理

（一）灌溉

1. 灌溉时期 干旱区和降雨少的年份灌水量大，次数多；沙地巴旦木园或清耕巴旦木园要比采取保水措施的巴旦木园灌溉多。就生长周期而言，可分为 6 个灌溉时期，分别为封冻前、花前、花后、果实膨大期（4 月下旬）、硬核期（5 月下旬至 7 月）和花芽分化期（7～9 月）。封冻前灌水，在巴旦木园耕作层冻结之前进行，利于安全越冬；花前灌水可在巴旦木萌芽后进行，利于巴旦木开花和新梢、叶片生长及坐果；花后灌水，在花后至生理落果前进行，可满足新梢生长和果实发育对水分的需求，从而提高坐果率；果实膨大期灌水，有利于加速果实正常发育，增加果重和产量；硬核期和花芽分化期（5～8 月）灌溉很重要，此期是种仁形成和花芽分化的需水营养时期，水分必须满足；另外，采收后灌水，有利于根系吸收养分，可补充树体营养的消耗和积累养分。

2. 灌溉方式

(1) 漫灌。多应用在水源丰富、大面积平地的果园，如把果园分成若干畦田更好。这种方法比较省工，但易土壤板结、抬高地下水水位，还会使土壤中的各种矿质营养渗漏到土壤深处，也浪费水。

(2) 盘灌。以树干为中心，在树冠投影外缘修筑树盘土埂，树盘与灌溉沟相通。水从灌溉沟流入树盘内。此法用水经济，但浸湿土壤范围较少，亦有破坏土壤结构，使表土板结的缺点。

(3) 沟灌。在果园行间开沟灌水。沟深 20～25 cm，沟距一般密植果园每行 1 沟，稀植园则 1 m 左右开 1 条沟，黏重土壤沟宽一些。此法主要借毛细管作用浸润土壤，不破坏土壤结构，用水较经济，便于机械化作业。

(4) 喷灌。喷灌是模拟自然降雨状态，利用机械和动力设备将水喷射到空中，通过形成的细小水滴来灌溉巴旦木园的技术。喷灌对土壤结构破坏性较小，和漫灌相比，喷灌能避免地表径流和深层渗漏，可节约用水。采用喷灌技术后，能适应地形复杂的地面，且在巴旦木园内分布均匀，并防止因漫灌，尤其是全园漫灌所造成的病害传播，并且容易实现灌溉自动化。

(5) 滴灌和微喷。滴灌是通过管道系统把水输送到每一棵巴旦木树冠下，由 1 至数个滴头（取决于栽植密度及树体大小）将水均匀而缓慢地滴入土中（一般每个滴头的灌溉量 2～8 L/h）。微喷原理与喷灌类似，但喷头小，设置在树冠之下，雾化程度高，喷洒的距离短（一般直径在 1 m 左右），每个喷头出水量很少（小于 100 L/h），通常 30～60 L/h。定位灌溉只对部分土壤进行灌溉，较普通的喷灌有节约用水的作用，能维持一定体积的土壤有较高的湿度水平，有利于根系吸收水分。此外，具有水压低和加肥灌溉容易等优点。但长期滴灌，可使滴头附近的土体内根系密集，但总根量有所减少；若滴灌的果树每株只有 1 个滴头，则根的生长不规律，降低固地性，还会使叶子和果实中的营养元素不均匀，需每年变换滴头的位置。

3. 灌溉量 根据土壤墒情，主要在萌芽前、幼果迅速膨大期、硬核期和封冻前 4 个时期灌水，并做到花期禁止浇水，8 月上旬及时控水。全年浇水一般为 7～8 次，冬灌水在每年的 11 月底 12 月初，要求灌足、灌饱，春灌水在每年的 2 月底至 3 月中旬，有利于花芽进一步分化充实，4 月后有条件的每月浇水 1 次，要求少量多次，8 月上旬及时控水，有利于枝芽充实，安全越冬。

另外土壤质地不同灌水量不同，如沙质土壤每年每公顷灌水量 1 200～1 500 m^3，盐渍化黏土每公顷灌水量 750～900 m^3。园地不能长期积水，否则会引起植株死亡。

（二）排水

巴旦木根系不耐涝，需对低洼积水、地势低的巴旦木园和多雨季节进行排水，确保巴旦木正常生长。

一般平地巴旦木园的排水系统分为明沟与暗沟两种。目前国外多采用明沟除涝、暗管排土壤水、井排调节区域地下水位等方法。我国好多地方采用类似明沟排水方式的栽培方法，如高垄法栽培巴旦木，尤其在地下水位高、排水不良、地势低洼易积水的地区或地块，垄栽巴旦木也能获得丰产。

第七节　整形修剪

一、整形方法

（一）自然开心形

自然开心形是国内外巴旦木生产园中普遍使用的树形。其主干高 30～70 cm，无中心干，留 3～4 个主枝均匀分布成开心状，主枝开张角度为 50°～60°，每主枝上选留 2～3 个侧枝。由于巴旦木干性不强，应以此树形为主。

（二）自然圆头形

树高 300～350 cm，主干高 30～70 cm，无明显中心干，全树有 5～7 个主枝，均匀错落有致地分布在主干上，每主枝上有 2～3 个侧枝。

（三）疏散分层形

树高 400～450 cm，主干高 30～70 cm，有明显中心干，全树有 6～8 个主枝，分层排列在中心干上。第一层主枝 3～4 个，层内距 20～30 cm。第二层主枝 2～3 个，第一、二层主枝的层间距 80～100 cm。采用此树形要及时除去下层主枝上抽生的徒长枝。

二、整形技术

幼树移栽后 2～3 年，其间整形极为重要。首先应使巴旦木幼树健壮生长，促使扩大树冠，结合生长发育，培养强壮骨干枝，为高产稳产打下基础。

（一）定干

巴旦木幼树生长势很强，树姿直立，根系浅，树冠多向背风面倾斜，主干不适宜留高，多以自然树形发展定干，一般为 20～80 cm。

（二）抹芽、除萌

移栽当年为有利于树苗成活和生长，一般只抹芽而不整枝。根据树形发展要求，抹掉或剪除主干 60 cm以下的萌枝。移栽后 2～3 年，幼树萌芽率高、成枝力强，若任其自然发展，常常出现枝条密集，甚至下垂，造成上强下弱，并且树冠内通风透光不良，影响主、侧枝生长发育。选留主干上相距一定距离、方向不同的强壮枝作为主枝，根据现有树形，主枝与主干的角度多为 40°～50°，疏除其余枝条，其中强枝要早除，弱枝可晚除，以利于幼树生长发育，之后的夏季修剪以平衡主枝之间的生长势为主。

（三）夏季修剪

夏季修剪主要是根据新梢生长情况，在生长季内疏剪生长方向不合适或生长过旺的新梢。在萌芽后新梢急速生长期进行修剪，可集中营养，减少不必要的消耗，加速树冠形成和提早结果。

三、修剪技术

（一）幼树的整形修剪技术

定植后，在 50～90 cm 处剪截，剪口下留有 8～10 个饱满芽。逐年选留主枝和侧枝；主枝剪留长度 40～50 cm，侧枝 30～40 cm。主侧枝以外的枝条作为辅养枝处理，采取短截或长放，逐年培养成结果枝组。

（二）初果期及盛果期树的修剪

初果和盛果初期，短果枝组大量形成，对各级枝的延长枝适当进行短截，促进结果枝扩展。盛果期，树冠密布，此时延长枝全部长放，促使顶端大部形成结果枝。结果枝组过密时适当疏剪，去弱留强，去小留大，去直立留平斜。为控制结果部位上移和外移，各类枝组的回缩修剪要交替进行，使枝组交替结果。内膛选留预备枝，使其转化为结果枝。

（三）衰老树的更新修剪

当树冠上部和外围结果枝组开始干枯，果枝为单花芽，产量显著下降，主枝和副枝上的隐芽萌生徒长枝时，应进行更新修剪。根据树的衰老程度，进行骨干枝的回缩修剪，使其能够复壮，充分利用徒长枝和新萌发的枝条，更新恢复树冠。

（四）夏季修剪

夏季修剪主要是开张骨干枝角度，疏除过密枝，新梢摘心，调整枝组方位等。

第八节　病虫害防治

一、主要病害及其防治

（一）流胶病

流胶病主要为害枝干，引起主干、主枝甚至枝条出现流胶，造成茎枝疮斑累累，导致树势衰弱，产量锐减，寿命缩短，直至死亡。

防治方法：

1. 农业防治

（1）加强栽培管理，增强树势，提高树体的抗病能力。病树要多施有机肥，适量增施磷钾肥，中后期控制氮肥。合理修剪，合理负载，保持稳定的树势。雨季适时排水，降低果园湿度，改善通风透光条件。

（2）消灭越冬菌源。结合冬季修剪清园消毒，消灭越冬菌源、虫卵。

2. 化学防治　在树体发芽前，通体喷洒 3～5 波美度石硫合剂或 45%晶体石硫合剂 30 倍液。在 5 月上旬至 6 月上旬、8 月上旬至 9 月上旬两个发病高峰期之前，喷洒 80%甲基硫菌灵 1 500 倍液、50%多菌灵可湿粉 600～800 倍液、50%克菌丹可湿粉 400～500 倍液等。每 7～10 d 喷一次，交替使用。

（二）细菌性穿孔病

细菌性穿孔病［*Xanthomonas pruni*（Smith）Dowson］主要为害叶片，也侵染新梢和果实。受害叶片产生半透明、油渍状小斑点，后逐渐扩大成圆形或不规则圆形，紫褐色或褐色，周围有黄绿色晕环。

防治方法：

1. 农业防治

（1）开春后注意开沟排水，降低土壤和空气湿度；增施有机肥和磷钾肥；合理修剪，改善通风透光条件，促使树体生长健壮，提高抗病力。

（2）结合冬季清园和修剪，清除枯枝、病梢、病叶、病果集中烧毁，消灭越冬菌源。

2. 化学防治　芽萌动前，喷洒 3～5 波美度石硫合剂或 45%晶体石硫合剂 30 倍液。5～6 月病害开始发生前，喷洒 1∶1∶100 的波尔多液、65%代森锌可湿性粉剂 500 倍液、硫酸锌石灰液（硫酸锌 0.5 kg、消石灰 2 kg、水 120 kg）、72%农用链霉素可湿性粉剂 3 000 倍液等。

（三）炭疽病

炭疽病（*Gloeosporium laeticolor* Berk.）为我国巴旦木主要病害之一，分布于全国各产区。发病严重时，果实受害率可达80%以上，损失惨重。

防治方法：

1. 农业防治

（1）切忌在低洼地、排水不良的黏重地块建园。若必须在这类地块建园，则需起垄栽植，并注意选择抗病品种。

（2）适时夏剪，改善树体结构，加强通风透光。结合冬季修剪和清园清除树上的枯枝、僵果和地面的落果落叶，集中烧毁或深埋，以减少传染源。

2. 化学防治　萌芽前清除病源，喷3～5波美度石硫合剂，加80%的五氯酚钠200～300倍液或1∶1∶100的波尔多液。花前喷一次药，落花后每隔10 d左右喷一次，共喷3～4次。药剂可用70%甲基硫菌灵可湿性粉剂1 000倍液、80%炭疽福美可湿性粉剂800倍液、50%多菌灵可湿性粉剂600～800倍液、50%克菌丹400～500倍液、50%退菌特可湿性粉剂1 000倍液。

（四）腐烂病

腐烂病（*Cytuspora leucottoma* Sacc.）在我国大部分产区均有发生，是巴旦木生产中危害性很大的一种枝干病害。

防治方法：

1. 农业防治

（1）加强栽培管理，适时适量灌溉，防止封冻前大水漫灌，增施有机肥，及时防治虫害。

（2）要预防冻伤、灼伤发生，在温差较大的季节，如在7月和入冬前，将树干涂白进行保护，可提高抗病能力。

（3）休眠期清除病树、病枝，需全剪除并烧毁病枝。

2. 化学防治　生长期要定期检查树干、树枝，发现病斑及时刮去烂皮，在病斑外0.5～1 cm下刀，沿病斑切至木质部，将患病部位刮成菱形或椭圆形，边缘要平滑，内刮几条伤口，然后涂5～10波美度石硫合剂进行消毒，再涂铅油或煤焦油等保护伤口。

（五）叶枯病

叶枯病可导致叶片迅速枯干死亡。从春季到夏季均可发生，表现叶片萎蔫、变褐，直至死亡。

防治方法：

1. 农业防治　修剪时应彻底清除枯枝，集中烧毁，及时消除越冬菌源。

2. 化学防治　在生长期，要留意天气预报，降雨偏多时应进行树体喷药防治。可选用下列药剂进行防治：1∶2∶200的波尔多液、70%代森锰锌可湿性粉剂400～600倍液、50%扑海因可湿性粉剂2 000倍液、75%甲基硫菌灵悬浮液500～600倍液等。一般喷药间隔为10～20 d，共喷3～4次。

二、主要害虫及其防治

（一）桃小食心虫

桃小食心虫（*Carposina niponsis* Walsingham）主要分布在北方，为害苹果、梨、山楂、枣、桃、巴旦木等。

防治方法：

1. 农业防治　在越冬幼虫出土前，将树根基部土壤扒开13～16 cm，清除越冬茧，或树盘覆地膜，阻止成虫羽化后飞出。于第一代幼虫脱果时，结合压绿肥进行树盘培土压夏茧。每10 d摘一次虫果。

2. 化学防治

（1）越冬幼虫出土前，用50%辛硫磷乳油100倍液、50%二嗪磷乳油200～300倍液、3%辛硫磷颗粒、5%毒死蜱颗粒，喷洒树盘，并浅锄混土。

（2）在成虫羽化产卵及幼虫孵化期及时进行树上化学防治。可用50%辛硫磷1 500倍液+菊酯类农药1 500～2 000倍液喷雾，重点是果实，每代喷2次，间隔10～15 d。

（二）梨小食心虫

梨小食心虫（*Grapholitha molesta* Bucck）是几乎遍布全世界的一种落叶果树害虫，其最喜欢的寄主为蔷薇科植物，主要为害新梢和果实。

防治方法：

1. 农业防治 冬季刮老、翘树皮，集中烧毁。春季发现新梢顶端叶片变色、萎蔫时，应及时剪除所有被害枝梢，并集中烧毁。

2. 物理防治 从4月下旬起，开始在巴旦木园排挂梨小食心虫的诱杀器。在上年度发病严重的巴旦木园，于4月中旬开始悬挂200 W白炽灯，白炽灯上方盖一伞形白铁皮，在灯旁立2～3块塑料板，并涂上黏着剂。

3. 化学防治 如遇特殊年份或者其他原因而发病严重时，可选用1.8%阿维菌素3 000倍液、25%灭幼脲3号1 000～2 000倍液、菊酯类农药1 500～2 500倍液进行喷洒防治。

（三）蚜虫类

危害巴旦木的蚜虫主要有桃蚜［*Myzus persicae*（Sulzer）］、桃粉蚜［*Hyalopterus arundimis*（Fabricius）］和桃瘤蚜［*Myzus momonis* Mats.］3种。

防治方法：生产上以化学防治为主要手段。常用药剂有10%吡虫啉1 500倍液、5%啶虫脒1 500倍液、菊酯类1 500～2 500倍液及其复配剂。

（四）红蜘蛛

红蜘蛛（*Bryobia praetiosa* Koch）又名叶螨，除为害巴旦木外，也为害桃、李、杏、苹果、山楂等。其主要为害植物的叶、茎、花等器官，刺吸植物的茎叶，使受害部位水分减少，表现失绿变白，叶表面呈现密集苍白的小斑点，卷曲发黄。

防治方法：

1. 农业防治 清除落叶，刮除老皮和粗皮，深耕树盘，消灭越冬雌虫。萌芽前喷3～5波美度石硫合剂。在越冬雌虫开始出蛰而花芽、幼叶又未开裂前用药最好。

2. 物理防治 对当年发生较严重的果园，可于秋季在树干上绑上草圈，诱集越冬成虫聚集和产卵，并清除枝干上的枯叶、落叶及杂草等，在红蜘蛛早春出蛰前，取下草圈集中烧毁；对秋季未绑草圈的树，在早春时刮除主干、主枝上的老翘皮，集中烧毁，消灭越冬螨、卵。

3. 化学防治 发芽前用3～5波美度石硫合剂；发芽后至花前用0.5波美度石硫合剂，花后用0.2波美度石硫合剂，并加入0.2%～0.3%洗衣粉，以增强药剂展着性。杀死越冬卵或成螨，降低成虫基数。在越冬代成虫产卵及卵孵化盛期用20%四螨嗪2 500～3 000倍液可有效控制卵及若螨2～3个月。大发生期，可用15%哒螨灵可湿性粉剂1 500倍液、1.8%阿维菌素2 500～3 000倍液、25%三唑锡可湿性粉剂3 000倍液、75%炔螨特3 000倍液等防治。为了避免害虫产生抗药性，应交替用药或混合施药。

（五）桑白蚧

桑白蚧［*Pseudaulacaspis pentagona*（Targioni - Tozzetti）］是吮吸枝干汁液的一种重要害虫。别名桑介壳虫、黄点介壳虫、桑盾蚧、树虱等。地下水位高、密闭高湿的小气候则有助于其发生。枝条徒长、管理粗放的果园发生较多。

防治方法：

1. 农业防治 于休眠期用硬毛刷或钢丝刷刷掉枝条上的越冬雌虫，剪除受害严重的枝条，之后喷洒5%矿物油乳剂或机油乳剂。

2. 生物防治　保护和利用其天敌　桑白蚧的寄生性天敌有扑虱蚜小蜂和黄金蚜小蜂，捕食性天敌有日本方头甲、蓝红点唇瓢虫、红点唇瓢虫等。

3. 化学防治　在介壳尚未形成的初孵若虫阶段，用10%的柴油和肥皂水混合后，喷雾或涂抹树体，也可用80%敌敌畏乳油500～900倍液、50%马拉硫磷乳油1 000倍液喷雾；在桑白蚧低龄若虫期用20倍液的石油乳剂加0.1%的上述杀虫剂中的任一种进行喷洒或涂抹；当介壳形成后进入了成虫阶段，其防治较为困难，可用20～25型洗衣粉20%溶液涂抹，或者使用普通洗衣粉2 kg，加柴油1 kg，对水25 kg，喷淋或涂抹，可起到一定的防治作用。

在虫卵孵化盛期，可用50%马拉硫磷乳油1 000倍液、50%杀螟硫磷乳剂500～1 000倍液喷雾，均有较好效果。在介壳形成初期，可用40%杀扑磷1 500倍液、25%扑虱灵2 000倍液喷雾，其防治效果显著。在介壳形成期（即成虫期），可用松碱合剂20倍液、机油乳剂60～80倍液、洗衣粉、煤油、水配比为2∶1∶25混匀，在春末夏初及冬季均匀喷雾，溶解介壳，杀死成虫。

（六）糖槭蚧

糖槭蚧（*Parthenolecauium cotni* Bouche）以若虫聚集固定在枝条上刺吸危害，有时也侵害叶片，在二至三年生枝条上虫量最大，严重时整个枝被虫覆盖，枝条衰弱、枯干。

防治方法：

1. 化学防治　若虫期化学防治，用50%杀螟松乳油600～800倍液、20%害普威乳油，喷洒效果良好。

2. 生物防治　糖槭蚧发生区常发现有寄生蜂、瓢虫、蚂蚁等以介壳虫若虫等为食的天敌，需要特别保护和繁殖，以天敌进行生物防治。化学防治时注意不损害天敌。

（七）球坚蚧

球坚蚧（*Eulecanium prunastri* Fonscolombe）主要为害巴旦木、桃、杏。以雌虫群集固定在枝干上刺吸危害，致使干、枝枯死。

防治方法：初春越冬若虫爬出，在未形成介壳时进行化学防治，喷含有5%柴油乳剂或5波美度石硫合剂。6月上旬若虫孵化盛期，喷5.7%百树菊酯乳油1 500倍液、1.8%爱福丁2 000～3 000倍液喷洒进行防治。

要特别注意保护天敌，进行生物防治。

（八）斑翅棕尾毒蛾

斑翅棕尾毒蛾（*Euproctis karghalica* Moore）广泛分布于新疆各地，主要以越冬幼虫为害巴旦木的花芽和花，并为害刚萌芽生长的嫩叶，造成严重损失。

防治方法：

1. 物理防治　以早春时人工捕捉幼虫效果最佳。早春幼虫未爬出丝巢以前，用木棒或人工摘除，消灭比较彻底。4月末5月初，用灯光诱杀成虫效果也好。

2. 化学防治　使用98%敌百虫1 000倍液喷洒幼虫，杀虫率可达100%。

（九）大青叶蝉

大青叶蝉（*Tettigella viridis* Linnaeus）成虫、若虫均刺吸寄主植物的枝梢、茎、叶的汁液，尤以成虫产卵造成的危害最为严重。成虫于秋末将越冬卵产于幼树枝干皮层内，产卵时锯破表皮，直达形成层。被害树干和枝条上遍布新月状伤痕。经冬春冷冻及干旱大风，导致枝干枯死或全株死亡。

防治方法：

1. 物理防治　在成虫发生期，利用黑光灯、白炽灯或双色灯进行诱杀，并可兼作监测发生时期与发生量的依据。苗圃和果园内外不宜种植秋菜和冬小麦，以免诱集成虫产卵。也可在适当位置种植小块秋菜作为诱杀田，及时喷药消灭。

2. 化学防治 掌握几个关键时期：春季初孵若虫在草本植物集中时期、第1代成虫集中危害秋菜时期和10月中下旬在树体上集中产卵时期。防治若虫可选用叶蝉散粉剂，防治成虫可选用马拉硫磷乳油、菊酯类乳油等。

第九节 果实采收、分级和包装

一、采收

（一）采收期

巴旦木坚果成熟的标志是：外果皮沿缝合线开裂，坚果外露，过早采收，果实不易脱落，易造成严重的树体损伤，而且会影响巴旦木的产量和品质。采收过晚，由于果肉、果核和核仁均干缩，容易脱落，并造成果肉腐烂，侵蚀核仁而变质，而且容易遭受鸟和鼠害，特别是一些薄壳品种损失更大。

不同品种成熟期差异显著。早熟品种7月开始成熟，晚熟品种8～9月甚至10月上中旬成熟。同一品种在干旱炎热地区成熟较早，在湿润冷凉地区则成熟较晚。另外，树冠上部和外围的果实先开裂，然后向树冠内膛发展。

（二）采收方法

目前我国巴旦木果实多采用人工采收。美国、意大利等国家已实现机械化采收。

人工采收应考虑树高和树冠大小。低矮和小冠型巴旦木树果实可以人工采摘，采摘时使用篮、筐、麻袋等工具，装满后集中用人力推车、架子车、小型机动车等拉至晒场晾晒。对于树高冠大的巴旦木树，人工采摘不容易时，则采用人工打落的方法进行采收。人工采收时，先在树冠下铺设塑料布或防水帆布，以人工手拿木棒和长竹竿轻敲树枝或主干（切不可逆结果枝生长方向乱打，以免枝条和花芽损伤），使果实掉落。树高、树冠过大时，采收者可攀登到树上，用较短的棒击打，使果实脱落，然后于地面采用人工收集，运至晒场及时脱青皮集中晾晒。

为减少塑料布和帆布磨损，并加快采收进度，可将人工收集改良成使用采收车载塑料布或帆布来收集。目前农用车渐多，用作采收车可于巴旦木行间自由移动，采收车拖挂车厢，将收集塑料布或帆布的一端固定于车厢的一侧，要移动时将帆布从另一端折叠于车厢上，随车移动。使用时，先将车停放于适当的位置，拉开布，铺在树冠下，果实落在布上，然后将布的另一端拉向车厢，果实即可滑落至车厢内，车厢装满后运至室内或晒场及时去皮晾晒。

地理位置不同、品种不同其成熟期也不一致。一般要做到熟一片采一片，不熟不采。品种成熟期不一致时，要分批采收，要严格按品种采收和处理，纸皮及软壳品种严禁青果采收捂埋，以防止霉变而降低品质。

（三）采后处理

1. 脱皮和晾晒 果实采收后，分品种立即将果肉与坚果剥离。巴旦木坚果晒至果仁干脆（巴旦木仁含水量6%）时，即可入库贮藏。

2. 破核取仁 用破核机破核，事先需用筛分选巴旦木坚果，分批进行破核。并捡出果仁，按巴旦木品种质量分级标准分级。

二、分级、包装

（一）巴旦木质量分级

1. 坚果质量分级 按巴旦木坚果外观、平均单果重、果壳包被完整程度、果壳厚度、破壳难易、种仁颜色与饱满度、出仁率等将巴旦木坚果划分为优级、一级、二级、三级共4个等级，具体分级指标参见表57-2。

表 57-2　巴旦木坚果不同等级的质量指标

指　　标	等　　级			
	优级	一级	二级	三级
果形外观	坚果整齐端正；果面光滑或具有浅的沟纹；缝合线平或低		坚果不整齐、不端正；果面具有深的沟纹；缝合线高	
平均单果重（g）	≥2.2	1.9～2.1		≤1.8
果壳包被完整程度	完整、严实	基本完整		不完整
坚果壳厚度（mm）	≤1.1	1.2～1.8		1.9～2.0
破壳难易	极易	相对较易		较难
种仁颜色	黄褐色	黄褐色～浅黄色		深褐色
种仁饱满程度	饱满		较饱满	
出仁率（%）	≥58	42～57	39～41	
种仁含水率（%）	≤6			

2. 核仁质量分级　按巴旦木坚果核仁外观、单仁直径（纵向）低于 8 mm 的质量百分率、平均单粒重、碎仁率、异种率、双核仁率、核仁含水率、核仁颜色、核仁饱满程度等将巴旦木坚果仁划分为特级、一级、二级、三级共 4 个等级，具体分级指标参见表 57-3。

表 57-3　巴旦木核仁不同等级的质量指标

指　　标	等　　级			
	优级	1 级	2 级	3 级
核仁外观	核仁整齐端正；仁面光滑或具浅的沟纹		核仁不整齐不端正；仁面具深的沟纹	
单仁直径（纵向）低于 8 mm 的质量百分率（%）	≤2	3～4		≤5
平均单粒重（g）	≥1.0	0.8～0.9	0.6～0.7	≤0.5
碎仁率（%）	≤1	1～5	5～10	10～15
异种率（%）	≤1	≤3	≤5	≤10
双核仁率（%）	≤10	11～15	16～25	26～40
核仁含水率（%）	≤6			
核仁颜色	黄褐色	黄褐色至浅黄色		深褐色
核仁饱满程度	饱满		较饱满	

注：若碎仁率超过 15%，不列入等级。

（二）包装

（1）巴旦木坚果或核仁按包装材料和适用范围的不同可分为纸箱、塑料箱、纸袋、塑料袋或纸盒、筐、麻袋、棉布袋、塑料编织袋、塑料托盘与塑料膜组合等包装。

（2）包装材料的使用，应符合国家有关卫生标准的规定。

（3）包装存放场所要设置冷库。露天存放仓库，包装场地应清洁干燥、防雨、防晒。包装场所应无毒无害、无放射性等有毒的物质与气体，远离及隔离任何火源、火种。

（4）包装应清洁干净、坚固耐压、无毒无异味、无腐朽变质现象、箱体内外无任何钉或尖刺及造成果实损伤的异物，具有良好的果品保护作用。

第十节 果实贮藏保鲜

巴旦木坚果如不立即出售或加工则需要贮藏。贮藏效果取决于坚果的含水量、贮藏环境的相对湿度和温度、贮藏环境的大气成分、贮藏方法等。

（一）贮藏条件和要求

巴旦木坚果最佳质量贮存环境要求凉爽、干燥，一般贮存温度 10～20 ℃，相对湿度<65%；冷藏环境温度 0～5 ℃，相对湿度<65%，并注意防虫、防鼠，避免暴露于空气中与有异味物品共贮。

（二）贮藏方法

贮藏方法因贮藏量和预期贮藏时间不同而异，大致可分为普通室内贮藏、低温贮藏和气调库贮藏 3 种方法。

1. 普通室内贮藏 将晾干的巴旦木坚果，装入布袋或麻袋中，放在通风、干燥的室内贮藏，或装入筐或篓内堆放在阴凉、干燥、通风、无鼠害、无虫害的地方，并经常上下翻动检查。

2. 低温贮藏 长期贮藏的巴旦木坚果应有低温条件。如果少量贮藏，可将坚果封入聚乙烯袋中，在 0～5 ℃的冰箱中贮藏，可保存 2 年以上；大量贮藏可用麻袋包装，贮藏在 0～1 ℃的低温冷库中，效果更好。无冷库的地方，也可用塑料薄膜密封贮藏。

3. 气调库贮藏 长期贮藏的巴旦木坚果最好有气调库。气调库要求相对湿度在 65%以下，氧气浓度在 0.5%以下，温度 0～1 ℃。这种方法贮藏时间长，病虫害轻，商品率高，有利于保持巴旦木品质。无气调库的可利用低温冷库加塑料大帐贮藏。

为防止贮藏过程中发生鼠害和虫害，可用溴甲烷（40～56 g/m^2）熏蒸库房 3.5～10 h，或用二硫化碳（40.5 g/m^2）熏蒸库房 18～24 h，有明显的效果。运输坚果或果仁时应避免日晒、雨淋，不得与有毒、有害、有异味或影响果仁质量的物品混装运输。

第五十八章　枣

概　述

枣树是我国山、沙、碱、旱地区最具特殊利用价值的生态经济树种，为我国第一大坚果和第七大果树，枣是世界华人最为喜爱的果品之一。长久以来，得益于枣极强的适应性、良好的丰产稳定性、富含营养、适口性强、用途多样等特性，以及便于管理、经济寿命长、适合于长期枣农间作，现已成为我国上千万农民的主要经济来源。

我国是枣树的原产地和栽培起源中心，也是枣资源最多、产量最高的国家。仅有文字记载的栽培历史，就有 3 000 年之久。目前全国所产枣果除满足国内需求外，还出口到东南亚及世界上有华侨居住的地方。

枣树是我国分布最为广泛的栽培果树之一，除黑龙江、吉林、西藏外，其他各地均有分布。据不完全统计：截至 2009 年年底，全国枣种植面积达 166.7 万 hm^2，枣产量达 400 余万 t；但主要栽培面积和产量集中于河北、山东、河南、山西、陕西以及新疆 6 省份，占全国栽培面积的 90%以上。枣已真正成为我国偏远贫困地区农民脱贫致富的摇钱树。我国是世界上最大的枣生产国和唯一的枣产品出口国，枣作为我国的特色果品，在外贸出口方面具有巨大的发展潜力。

枣树是我国重要的木本粮食经济树种，枣果味美，且富含营养，是集药、食、补于一体的保健食品。据测定，枣具有多种化学成分及重要的药用价值，被誉为“木本粮食，滋补佳品”。具有益气补血、美颜健体的作用，可防治心血管疾病，具有提高免疫力、抗衰老、抗肿瘤、抗过敏和解毒护肝等作用。

枣果的化学成分有上百种，其中糖、维生素 C、环核苷酸及铁、钙等矿质元素含量居百果前茅，是名副其实的营养果、滋补丸。在《神农本草经》《本草纲目》等历代医药典籍中被列为上品，是我国确认的国家首批药食兼用食品，有人统计在我国常用重要配方中 60%的有枣。据测：每 100 g 鲜枣果肉的维生素含量为 500～800 mg，维生素 C 含量是柑橘的 10 倍、苹果的 80 倍、梨的 100 倍；此外，维生素 P 的含量极为丰富，被誉称为“天然的维生素丸”；还含有丰富的蛋白质及铁、钙、磷和身体不可或缺的无机盐。

枣果独特的营养价值在于含有以下几种成分：

（1）环磷酸腺苷。环磷酸腺苷是最具特色的生物活性物质，对肿瘤细胞生长有抑制作用，可以治疗哮喘，对血小板功能的调节有重要作用，可以抑制心肌肥大和抗心律失常与心力衰竭。据科学家研究发现：在所有的动植物中，唯有枣果中含有这种活性物质。

（2）黄酮（芦丁）。具有多种生理活性作用，能加强维生素 C 的作用并促进维生素 C 在体内积蓄，使人体血脂胆固醇降低，是预防和治疗心血管疾病的有效功能成分。

（3）皂苷。为一种生物活性物质，具有降血脂、抗菌、抗病毒、抗氧化、抗自由基、抑制肿瘤细胞生长、免疫调节等作用。

(4) 膳食纤维。为一种特殊的营养素，其本质是不能被人体消化酶所分解的多糖类物质。它能刺激肠道蠕动，有利于粪便排出，可预防便秘、直肠癌、痔疮及下肢静脉曲张；可预防动脉粥样硬化和冠心病等心血管疾病的发生；可预防胆结石的形成。改善耐糖量，可调节糖尿病人的血糖水平，可作为糖尿病人的食品；改善肠道菌群，预防肠癌、阑尾炎等。

(5) 天然红色素。可广泛应用于医药、化妆品、食品等领域，特别是在食品工业中应用的范围极广，既可用于饮料、果酒，又可应用于糖果、糕点及其他食品。利用红枣脱皮技术，将红枣深加工的下脚料枣皮，通过酸碱处理和提取精制，加工天然红色素，具有良好的经济效益。

枣树对环境的适应能力强，无论山地、河滩、碱地均可生长，栽培容易，管理省工，生产成本低。尤其适合在新疆环塔里木盆地、吐哈盆地绿洲带及其周边区域种植，独特的生态特性表现在以下几方面：在 pH≤8.5 的土壤、绝对低温≥−28 ℃的地区，枣树均能正常露地越冬生长和开花结实；枣树根系的抗涝性强，淹水不超过 2 个月，还可正常开花结实；枣树的抗风能力强，在风蚀沙区埋干或露根均能正常生长，是良好的防风固沙树种。

总之，随着对枣树生态、经济价值的充分发掘，发展空间更为可观，将成为边远贫困地区农民脱贫致富、改善生态环境重要手段之一。

第一节 种类和品种

一、种类

枣属鼠李科（Rhamnaceae）枣属（*Zizyphus* Mill.）植物，本属约有 100 种，主要分布在亚洲和美洲的热带和亚热带，少数种分布在非洲，两半球温带也有分布。我国有 18 个种，酸枣（*Zizyphus spinosa* Hu.）、枣（*Z. jujuba* Mill.）、毛叶枣（*Z. mauritiana* Lam.）、蜀枣（*Z. xiangchengensis* Y. L. Chen et P. K. Chou）、大果枣（*Z. mairei* Dode）、山枣（*Z. montana* W. W. Smith）、小果枣［*Z. oenoplia*（L.）Mill.］、球枣（*Z. laui* Merr.）、滇枣（*Z. incurva* Roxb.）、褐果枣（*Z. fungii* Merr.）、毛果枣（*Z. attopensis* Pierre.）、皱枣（*Z. rugosa* Lam.）、毛脉枣（毛脉野枣，*Z. pubinervis* Rehd.）、无瓣枣（*Z. apetaia* Hook.）、巴利枣（*Z. parrvi* Torr.）、达南枣［*Z. talanai*（Blauco）Merr.］、凸枣（*Z. mucronata* Willd.）和钝叶枣［*Z. obtusifolia*（Hook ex Torr. et A. Gray）A. Gray］，其中常见的有酸枣、枣和毛叶枣 3 个种。

（一）酸枣

酸枣原产我国，古称棘或樲，又称“野枣”。分布于吉林、辽宁、河北、内蒙古、山西、陕西、甘肃、宁夏、新疆、山东、江苏、安徽、浙江、河南、湖北、湖南、四川、贵州等地，以北方为多；山丘、荒坡、乱石滩上到处丛生，适应性很强，为栽培枣的原生种。酸枣类型复杂多样，在树性方面，不仅有灌木，也有小乔木和树高 20 多米的乔木。在形态方面，除一般常见的类型以外，还有垂枝、大叶、少刺、脱刺、紫吊、紫蕾、宿萼等罕见的类型。在果实性状方面，果实外形和核形有圆形、椭圆、短柱、卵圆、倒卵、梭形、心形等之别；果实大小多数 2 g 左右，但也有 5～8 g，甚至 10 g 以上的大果类型，以及平均单果重仅 0.26 g 的极小类型；果皮色泽有杏黄、橘红的浅色种，也有深红、紫红、红褐的深色种；果肉质地风味因粗细、软硬、汁液、甜酸不等，形成各种品质的类型。在开花结实习性方面，不同类型的花量、开花时间、结果能力和种子发育状况也有诸多不同；在抗逆性方面，多数类型有良好的耐旱耐瘠性能，适应丘陵、石坡、河滩贫瘠的土壤条件，个别类型还有抗枣疯病的优良性能。酸枣种仁饱满，萌发率高，种仁可入药。酸枣常用作绿篱、枣的砧木及枣树选种的原始材料。

（二）枣

枣原产我国，是我国的主要栽培种，南北各地均有分布，许多国家均有引种，但很少经济栽培。

枣为落叶乔木，高 6～12 m，寿命长，树龄可达 200 年以上。适应性强，在山、沙、碱、旱地都能生长。在长期的栽培、驯化和选育过程中，形成了许多品种和品种群，我国现有枣品种 700 个以上，其中陕西、山西、河北、山东、河南和新疆 6 省份品种最多。本种有 4 个变种：

1. 无刺枣［*Z. jujuba* var. *inermis*（Bunge）Rehd］ 又名枣树、枣子、红枣、大枣、甜枣。枣头无脱刺（针刺）或具小刺，易脱落，其他性状与原种相同。无刺枣便于管理，选育时可以利用。分布于山东、河北、山西、陕西等地。陕西延川的脆枣、牛奶枣属此变种。

2. 龙爪枣（*Z. jujuba* var. *tortusa* Hort.） 又名蟠龙爪、龙须枣。生长势较弱，成龄树高仅 4 m 左右，枝弯转扭曲生长，叶柄有时也卷曲不直，坐果率较低，但陕西的大荔龙枣坐果率较高。果皮厚，果面多不平，果实品质一般不佳，是观赏枣的优良品种。陕西、山西、河南、山东、天津等均有分布。

3. 葫芦枣（*Z. jujuba* var. *lageniformis* Nakai） 又名缢痕枣、磨盘枣。因果实中部或上部有缢痕而得名。果形因缢痕的部位及深度不同而多样，其他性状与原种相同。多供观赏用。

4. 宿萼枣（*Z. junjuba* cv. *carnosicalleis* Hort.） 果实基部萼片宿存，有的初为绿色、较肥厚，随果实发育成熟为肉质状，最后成暗红色，外皮稍硬，肉质柔软，但食之干而无味。如陕西大荔沙苑的柿顶枣（柿蒂枣）、山西的宿萼枣等。

二、品种

（一）制干品种

制干品种在我国分布广，栽培面积最大，是北方枣区栽培的主要品种类群，南方 8～9 月少雨的地区也有栽种，其经济价值最高，用途最广。果实干物质多，糖分高，充分成熟（完熟期）的果实制干率一般在 35%以上，优良品种可达到 45%～60%。产品主要用于制作红枣。有些地区选用适宜的品种还可制作乌枣、南枣、贡枣、蜜枣等制品，以及制作糖水枣罐头、无核糖枣、焦枣、枣汁、枣酱、枣酒等深加工产品。

制干品种数量很多，其中有很多优良的地方名优品种，如河北、山东的金丝小枣、圆铃枣、赞皇大枣；河南的灰枣、鸡心枣、灵宝大枣，山西的相枣、郎枣；陕晋黄河沿岸的中阳木枣；陕西的大荔水枣、方木枣、临潼迟枣；甘肃的临泽小枣；辽宁的锦西木枣、大平顶、根德大枣等。

1. 圆铃枣 别名圆枣、紫枣、紫铃。分布于山东聊城、德州、潍坊、泰安、济宁、菏泽等地，是山东的主栽品种之一，河北省的邯郸地区也有成片集中栽培。在长年栽培中演化出多种类型，如圆果圆铃、长果圆铃、核桃纹、狮头铃等。

果实近圆形或平顶宽锥形，侧面略扁，大小不整齐。果皮紫红色，有紫黑斑，富光泽，质地皮厚，有韧性。果肩宽，果柄细短。单果重 10～15 g，果肉厚，汁液少，制干率 60%左右，干枣含糖 74%～76%。果核纺锤形，平均核重 0.4 g，核纹较粗深，多无种仁。4 月中下旬萌芽，5 月底始花，9 月中下旬成熟采收，成熟期遇雨不裂果。枣品质上等，极耐贮运。

树体强健，树姿开张，树冠自然半圆形，发枝力强，枝条密集。结果较迟，一般根蘖苗定植后 4 年开始结果，嫁接苗 2 年少量结果。坐果率中等，产量中等。该品种适应性强，耐盐碱和瘠薄，果实品质优良，适于制干、加工，可在我国华北、西北、华东、华中南地区沙壤至黏壤质土的平原、丘陵栽种。

2. 灵宝大枣 别名灵宝圆枣、屯屯枣、疙瘩枣。分布于河南西部和山西西南部交界的黄河两岸。集中产区有河南的灵宝、陕县、新安和山西的平陆、芮城等地。

枣果扁圆形，平均果重 22.3 g，最大果重 34 g，大小较均匀。果肩广圆，略宽于果顶。梗洼浅广，环洼大而浅。果顶宽平，顶洼广、中等深。果柄较细短。果面平整，果皮中等厚，紫红色或深红色。果肉厚，绿白色，质地致密，较硬，汁液少，味甜略酸，含可溶性固形物 32.4%、总糖 23%，可食率96.7%～97.7%，出干率58%左右，制干品质中上。干枣含总糖70.2%，皮较脆，易裂。肉质松软，不耐压挤和贮运。果核较小，含仁率70%左右。在灵宝产区，4月中旬萌芽，5月下旬始花，9月中旬采收，成熟较整齐。果实生育期110 d左右。采前落果严重，需适时采收。

树体高大，树势强旺，树姿直立半开张，发枝力中等，枝叶密度适中，易控制。根蘖萌生力弱，生长较慢。结果较迟，一般根蘖苗定植后5年开始结果，嫁接苗2年少量结果，15年进入盛果期。坐果率中等，产量较高但不稳定。果耐旱涝、瘠薄，适于制干和加工蜜枣。

3. 赞皇大枣 别名赞皇长枣、金丝大枣、大蒲红枣。原产自河北赞皇县，为该县主栽品种，是我国少有的三倍体枣，在新疆南部及西北地区表现良好。

果实长圆形或倒卵形，平均单果重17.3 g，果皮深红色，较厚，不裂果。果肉近白色，致密质细，汁液中等，味甜略酸，可溶性固形物含量30.5%。果实品质优良，适于干制红枣和加工蜜枣，也宜鲜食，用途广泛。

树势强旺，树姿直立半开张，树干深灰色。一般在6月初开花，9月下旬成熟，果实生长期110天。该品种适应性强，耐瘠耐旱，坐果稳定，产量较高。适合北方日照充足、夏季气候温热的地区发展。

4. 灰枣 别名大枣。主产于河南新郑、中牟、西华等县和郑州市郊，为当地的重要主栽品种。新疆南部引种栽培，表现良好。

果实长倒卵圆形或长椭圆形。平均单果重12.3 g，大小整齐。果皮橙红色，白熟期前由绿变灰，进入白熟期由灰变白。果肉绿白色，质地致密、较脆，汁液中等多，可溶性固形物30%，可食率97.3%，适宜鲜食、制干和加工，品质上等。制干率50%左右。干枣果肉致密，有弹性，受压后能复原，耐贮运。果核较小，平均核重0.3 g，果核含仁率4%～5%，种子饱满。在产地4月中旬萌芽，5月下旬始花，9月中旬成熟采收，果实生长期100 d左右。成熟期遇阴雨容易裂果。

树体中等大，树姿开张，发枝力中等，树势中强。该品种适应性强，结果较早，丰产性好。果实较大，品质优良，用途广泛，适于成熟期少雨的地区发展。

5. 相枣 分布于山西运城北相镇一带，故名"相枣"。古时曾作为贡品，因而也称"贡枣"。

果实大，平顶锥形或卵圆形，侧面略扁，平均单果重22.9 g。果面光亮，有不明显的小块起伏，果皮厚，紫红色。果肉厚，绿白色，质地较硬，略粗，汁液少，味甜，含可溶性固形物28.5%，每100 g果肉含维生素C 474 mg。制干率53%，干枣含糖73.5%、酸0.84%。果肉富弹性，耐贮运，压扁后能恢复原形。果核较小，平均核重0.56 g。大果核内有不饱满的种子，小果核质地软，有轻度退化现象。

树体高大，树势中等，干性较强，树姿半开张，发枝力较强，枝条较密。结果较早，根蘖苗和嫁接苗多数第二年开始结果。在山西太谷，5月底开花，9月下旬成熟采收，果实生长期110 d左右，成熟期落果轻，抗裂果。该品种适应性较强，耐干旱，不耐霜冻，产量中等，较稳定，果实制干率较高，品质优良，干枣果皮富韧性，果肉富弹性，耐贮运，为优良的制干和蜜枣品种，适宜商品栽培。

6. 中阳木枣 别名木枣、绥德木枣、条枣、长木枣、佳县油枣。分布于山西、陕西黄河两岸的中阳、柳林、石楼、临县、绥德、清涧、佳县、延川等地，为当地的主栽品种。

果实中等大，圆柱形，侧面略扁，平均单果重14.1 g，大小较均匀。果面平整，果皮较厚，赭红色。果肉厚，质地硬，稍粗，汁液较少，味甜，略具酸味。含可溶性固形物28%～33%、总糖21.7%、酸0.79%，每100 g果肉含维生素C 461.7 mg，可食率96.8%，制干率48.6%。适宜制干，品质中上等。果核较小，平均核重0.53 g，核内无仁或具不饱满的种子。

树体较大，干性中强，根系密度中等，树姿半开张，树冠呈自然半圆形。始果龄期一般，栽后2～3年开始结果。在山西太谷，4月中旬萌芽，5月下旬始花，9月上旬开始着色，9月底采收，果实生长期110 d左右。成熟期能抗2 d以内的短时阴雨，适宜生长季较短的北方地区发展。

7. 玉田小枣 别名玉田银丝小枣，分布于河北玉田、蓟州区的丘陵地区，为地方名贵品种。

果实圆柱或椭圆形，平均果重 7.16 g，整齐度较差。果皮中等厚，棕红色，富光泽，很少裂果。果肉黄白色，质地致密、酥脆，汁液中等，味甘甜。鲜枣含可溶性固形物 28%以上，每 100 g 果肉含维生素 C 1 174 mg。可食率 94.2%，适宜制干和鲜食。果核重 0.43 g，含仁率高，多数有饱满的种子。

树体中等大，树冠圆头形。树姿开张，树势中等，发枝力强，枝叶较密。结果龄期较晚，自然坐果少。在玉田产区，4 月中旬萌芽，5 月底始花，9 月下旬果实成熟采收，果实生长期 100 d 左右。

该品种适应性强，对环境条件要求不是很严，抗寒耐旱，在浅山丘陵瘠薄地上亦能良好生长，产量稳定。果肉厚，糖分高，制干率较高。干制红枣富有弹性，耐贮运，品质极上，为优良的制干品种，可在适宜地区大量发展。

8. 永城长红 别名长红，主要分布在河南永城、夏邑、虞城等地，是当地主栽品种。

果实中等大，圆柱形，平均果重 12.1 g，大小较整齐。果皮中等厚，橙红色，果面光滑。果肉绿白色，质地致密，汁液中等多，味甜、微酸。可食率 96.9%，制干率 39.6%，适宜制干，品质中上等。干枣含总糖 60.9%、酸 0.96%，每 100 g 果肉含维生素 C 22.4 mg。果核较小，平均核重 0.38 g，核内多数有 1 粒种子，但不饱满。

树体高大，树姿开张，树冠自然半圆形或圆头形。树势强健，发枝力中等。该品种适应性强，耐旱涝、盐碱，较抗枣疯病。不易裂果、浆烂，品质中上等，是制干和加工永城“贡干”的优良品种，适宜用作商品生产栽培。

9. 无核小枣 别名虚心枣、空心枣，古代名皙。产于山东乐陵、庆云、无棣及河北盐山、沧县交河、献县、青县等地。

果实多为扁圆柱形，中部略细，少数有核的大果，为长椭圆形，平均单果重 3.9 g，大小不很均匀。果皮薄，鲜红色，有光泽，富弹性。果肉白色或乳白色，质地细腻、稍脆，汁液较少，味甚甜，含可溶性固形物 33.3%，可食率 98%～100%，制干率 53.8%，鲜食品质中上。干制红枣含总糖 75%～78%、甜味鲜浓，贮运性能优良，品质上等。果核多数退化成不完整的薄膜，不具种子。少数大果果核发育正常，核重 0.3～0.4 g。核壁较薄，或不完整，有的内含1 粒发育不充实的种子。

树体中等大，树姿开张，树冠呈自然半圆形。树势和发枝力中等。结果龄期晚，栽后 6～7 年开始少量结果。该品种适应性较差，要求深厚肥沃的土壤和成熟期少雨的气候。果小，产量较低，并需开甲促花坐果。果实品质优良，用途较广，可干制红枣、蒸制牙枣。唯果核尚未完全退化，食用时，因具有硬膜，略有不适之感，为此需进一步改良无核品质，提高产量，才宜大量发展。

10. 婆枣 别名串干、阜平大枣、新乐大枣。主要分布在河北西部，衡水、沧州及山东夏津、武城、乐陵和庆云等地。

果实长圆形或卵圆形，平均果重 11.5 g，大小较整齐。果皮较薄，棕红色，前阳面有褐色晕块，韧性差。遇雨易裂果。晒干后质脆，受压易褶裂。果肉乳白色，粗松少汁，含可溶性固形物 26%左右，可食率 95.4%，干制率 53.1%，鲜食风味不佳。红枣肉质松软，品质中上。核重 0.53 g，多数不含种子。

树体高大，树姿直立开张，树势强健，干性强，发枝力弱。结果龄期较晚，根蘖苗栽后 6～7 年开始结果。坐果稳定，产量高。在产地，果实 9 月下旬成熟采收，果实生育期 105 d 左右。该品种适应性强，耐旱、耐瘠薄，花期能适应较低的气温和空气湿度，高产、稳产。适宜制作红枣和蜜枣，适于土壤条件较差，成熟期少雨的地区栽种。

11. 民勤圆枣 主要分布于甘肃民勤，为当地主栽品种之一。

果实扁圆形，中等大，平均果重 8.4 g。果面较平整，果皮赭红色。果肉绿白色，质地致密、较细脆，汁液较多，味酸甜，含可溶性固形物 29.6%、总糖 27.8%，制干率 50%以上。宜鲜食、制干，品质上等。果核小，平均核重 0.24 g，核内无种子。

树体较大，干性强，树姿直立，主枝开张角度小，树冠紧凑。结果龄期较早，在产区，定植后 2～3 年开始结果，产量高而稳定。5 月初萌芽，6 月上中旬始花，9 月底成熟采收，果实生长期 90 d 左右。该品种适应性强，抗旱、抗风，耐瘠薄、盐碱。果实品质上等，结果早，丰产、稳产，为西北干旱地区优良的制干品种，宜大面积生产栽培。

12. 鸡心枣 别名小枣。产于河南新郑、中牟等县和郑州市郊，为当地主栽品种之一。

果实多数为椭圆形，少数呈鸡心形和倒卵形，平均果重 4.9 g，大小较整齐。果面平整。果皮较薄，呈紫红色。果肉绿白色，质地致密略脆，味甘甜，含可溶性固形物 31%，可食率 91.8%，制干率 49.9%，鲜食风味不佳，适宜制干，品质上等。干枣肉质较紧实，有弹性，耐挤压。单核重 0.4 g，含仁率 75%，种子较饱满。

树体中等大，树姿较直立，不开张。树势中等，发枝力较弱。结果龄期早，定植后 2～3 年开始结果。成熟期遇雨裂果较少，不易浆烂。唯对枣锈病敏感。在产地，4 月下旬萌芽，6 月初始花，9 月下旬成熟采收，果实生长期 100 d 左右。该品种适应性较强，产量高而稳定。适宜制干，品质优良。干枣耐贮运，不易回潮，适于南方等多雨潮湿的地方销售。可适当发展。

13. 官滩枣 集中分布于山西襄汾的官滩村，为当地主栽品种。

果实长圆形，中等大，平均果重 11 g，大小较均匀。果面略粗糙，果皮厚，深红色。果肉厚，绿白色，质地细，致密，汁液少，味甜，含可溶性固形物 34.5%、总糖 24.6%。可食率 95.9%，制干率 52%，适宜制干，品质上等。果核小，平均核重 0.45 g。

树体较大，干性较弱，树姿半开张，树势较弱，发枝力强，易形成枝叶过密的树冠。定植后 3 年开始结果，坐果率较高。在山西太谷，4 月中旬萌芽，5 月下旬始花，9 月下旬脆熟采收，果实生长期 105 d 左右。成熟期有轻微裂果。该品种耐旱，抗枣疯病，适应性较强，产量高而稳定。可食率高，品质上等，为优良的制干品种，宜大面积发展种植。

14. 八升胡 分布于陕西的大荔等地。

果实近圆形，中等大，平均果重 10.5 g，大小整齐。果面平整，果皮薄，鲜红色。果肉绿白色，质地致密、细脆，汁液中等多，味甜，含可溶性固形物 31%～32%。可食率 93.35%，宜鲜食，也可制干，品质中等。果核中等大，平均核重 0.58 g，核内多数无种子。

树体较高大，树姿较开张。枣头少，多分布在树冠外围。结果龄期早，丰产稳产，易裂果。在产地，4 月中旬萌芽，5 月中旬始花，8 月底前后着色成熟，果实生长期约 90 d。该品种适应性强，耐旱、耐涝、耐瘠薄，是早熟鲜食、制干兼用良种。不抗裂果，可在成熟期少阴雨的地区适当发展。

15. 扁核酸 别名酸铃、铃枣、婆枣、串干、鞭干，因果核扁、果肉甜酸而得名。主要分布于河南黄河地区，河北邯郸，山东东明、菏泽等地。

果实椭圆或圆形，平均果重 10 g，大小很不整齐。果面平整，果皮深红色，光亮，没有裂果现象。果肉绿白色，质地粗松，稍脆，汁少，味甜较淡，略有酸味，含可溶性固形物 27%～30%，可食率 96%，制干率 56.2%，宜晒制红枣，品质中等。平均核重 0.4 g，一般无种子。

树体较高大，树姿开张，树势强，发枝力强，枝叶密度中等。结果龄期早，定植 3～4 年开始结果，当年生枣头有较好的结果能力。该品种适应性强，耐旱、耐涝、耐瘠、耐盐碱，适土性广。在花期干旱、空气干燥的年份，坐果仍稳定，丰产性能好。果实干制红枣，品质较好，耐贮耐运。适于土质差、沙性重的地区发展栽培。

16. 长木枣 别名木枣、大木枣。产于山东的乐陵、无棣、庆云、商河等地，为当地原产的主栽品种之一。

果实长椭圆形或长卵形，平均果重 15.3 g，大小较整齐。果皮赭红色，稍暗，阳面常有紫色点片，光泽一般。果肉厚，乳白色，质地致密硬实，汁液少，含可溶性固形物 33.4%～34.8%。制干率 57.0%～59.2%，不宜鲜食，宜制干。红枣硕大美观，皮色深红，皱纹中等，均匀一致。外形饱满，质地紧密，富弹性，极耐贮运，甜味浓，含糖 75%以上，味稍具苦味，品质中等。果核大，平均核重 0.7 g，核内都无种子。

树体较小，树姿开张，干性较弱，树冠多呈自然半圆形或开心形。树势中等，枝系软，容易叠合，更新枝以骨干枝前部和中部抽生为多，树冠内部容易形成空膛。萌蘖力较弱，繁殖常用嫁接法。结果龄期晚，栽后 10 年左右开始少量结果，坐果率低，落花落果严重。在鲁北产区，4 月中旬萌芽，5 月底至 6 月初始花，9 月下旬果实成熟。果实生长期 105 d 左右。果实成熟期间果肩的阳面易发生日灼引起的细短环状裂纹，遇雨易吸胀，形成轻度裂果，但很少造成严重浆烂。

该品种树体适应性较弱，要求土壤深厚肥沃，结果晚，产量较高。果实大，肉质硬实，糖分多，制干率高，成熟期较晚。红枣品质优良，可在北方平原地区适当发展。

（二）鲜食品种

鲜食枣具有独特的风味，营养极为丰富，每 100 g 果肉中维生素 C 含量高达 300～600 mg。鲜食枣品种在我国分布最广，性状也极为复杂。其适应性强，易于栽培管理，果实脆甜味美，颇受大众欢迎。

鲜食品种数量最多，全国有 261 个品种，果实生长期从 60 d 至 120 d 不等。其中有很多地方优良品种，如山东、河北的冬枣、梨枣；山东特有的大瓜枣、孔府酥脆枣；山西的临猗梨枣、永济蛤蟆枣；陕西的彬县酥枣、蜂蜜罐、油福水枣；甘肃的到口酥、武都大枣；湖南的槟榔枣；南京的冷枣等。

1. 山东梨枣　又名大铃枣，产地为山东乐陵。

果实大多数为梨形，大果为椭圆形或卵形，平均单果重 16.5 g。果皮较薄，赭红色，有紫红色斑块，光亮美观，果面有小片状起伏，果肉质地细腻松脆，汁较多，味甜，略具酸味，可溶性固形物含量 25%～28%，可食率 95.8%，品质上。

树体中等大，树姿开张，干性较强，树冠自然圆头形，发枝力较弱，枝叶较稀。针刺细小，多在当年脱落。枣股寿命 10 年左右。枣吊花后有二次生长习性，加重花后落果。花量特别大，花药中空，无花粉。早实性较强，栽后 1～2 年开始结果。坐果稳定，产量较高。在产地，9 月中上旬便可成熟，果实生长期 95 d。成熟期不太一致，需分批采收。不裂果，炭疽病、轮纹病病很少危害。该品种适应性较强，宜需土层深厚、土质良好的栽培地。栽植时需配授粉树。

2. 鲁北冬枣　又名冬枣、苹果枣、雁来红。分布于山东北部滨州、德州地区及相邻的河北沧州、衡水地区。

果实近圆形，似苹果，平均单果重 14 g，最大单果重 45 g，大小较整齐。果面平整光洁，果皮薄，赭红色。果肉绿白色，肉质脆嫩多汁，浓甜微酸，可溶性固形物含量 34%～38%。10 月中上旬成熟，果实生长期 95 d，不裂果。

树体中等大，树姿开张，树冠呈自然半圆形，树势中庸偏弱，适应性强，早实丰产。该品种适应性强，果实营养物质丰富，品质极佳，可用作商品生产栽培。适宜栽培区域包括山东内陆、河北和天津南部、河南中部和西北部、山西南部和陕西中部等，花期天气晴朗，6 月日均温稳定在 24 ℃以上，年降水量 500～800 mm，夏季很少连阴雨的地区。

3. 孔府酥脆枣　又名孔府脆，产地山东曲阜。

果实中等大，长椭圆形，平均单果重 14 g。果皮较厚，深红色，有光泽。果肉乳白色，质地酥脆较细，汁液中多，味甜浓，微具酸味，可溶性固形物含量 35.5%，可食率 95%。可采期长，品质上。

树体高大，树势强健，干性强，中心干明显，枝叶密度中等，树冠自然圆头形。栽后第二年开始结果，第三年株产 2～3 kg。两年生以上的枝系结果力强，结果枝平均坐果数达 1.2 以上。5 月中旬开花，9 月上中旬果实成熟采收，果实生长期 95 d 左右。抗裂果，极少有炭疽病、轮纹病危害果实。

该品种适应性较强，在沙壤质和黏质土上生长结果良好，产量高而稳定，适于成园集约栽培。

4. 大瓜枣 分布于山东东明一带。

果大，扁圆形或近球形，平均单果重 25.7 g。果面平整，果皮薄，光亮鲜艳，深红色。果肉厚，乳白色，质地致密细脆，汁液中多，甜味浓，含可溶性固形物 32%～34%，可食率 95%。果核大，平均核重 1.2 g 左右，少数内含种子。

树体较大，树姿开张，树势较强，发枝力较弱，树冠较稀疏，多为主干疏层形。花量中等，花朵坐果低限温度为日均温 21 ℃，广温型品种，坐果率高，稳定。结果较晚，栽后 3～4 年开始结果。在产地 4 月 10 日前后萌芽，5 月下旬始花，9 月中旬成熟采收，果实生长期 100 d 左右，易裂果。该品种适应性较强，产量较高，果形美观，果实品质上等，为优良的中熟鲜食良种。适宜密植，可在全国各地栽培。

5. 蜂蜜罐 原产陕西大荔。

果实中等偏小，近圆形，平均单果重 7.7 g，果面不平整，有隆起，果皮薄，鲜红色，有光泽，果肉绿白色，质地细脆，较致密，汁液较多，含可溶性固形物 25%～28%。树体中等大，树势较强，发枝力中等，干性较强，树姿半开张，树冠自然圆头形，30 年生树高 5～6 m。树干灰褐色，树皮裂纹中深，不易剥落。5 月中下旬开花，8 月底前后着色成熟，果实生长期 85～90 d，很少裂果。

该品种适应性强，对土质要求不严，结果早，丰产稳产，果实鲜食品质上等，抗裂果，在我国南、北方均可栽培。

6. 脆枣王 产于鲁南的沂蒙山区、抱犊崮山区。果实中大，整齐度极好，果形圆正，纵径 3.8 cm，横径 3.2 cm，平均单重 17 g，最大单果重 31 g。皮薄且有光泽，白熟期果皮绿白色，脆熟期果皮粉白色，阳面着鲜红色，极为美观，果肉酥脆无渣，汁液丰富，属最佳食用期。完熟时果皮紫红，果面光滑，脆度不减，糖分更多，干旱年份果实可溶性固形物含量 41.2%，可食率 96.9%，且采前不裂果。较耐贮运，常温下货架期 8 d 左右。在冷藏 −0.3～−1.5 ℃可保存 90 d 以上，好果率 85%。

脆枣王树势强壮，发枝力中强，幼树树姿直立生长，树体中大，结构紧凑，结果后通过整形即有开张，成龄树高 3～4 m，冠长 3～4 m，成圆头形。脆熟期在 8 月上中旬。

7. 脆酸枣 脆酸枣是济南“高维 C 大酸枣”优良栽培系列品种之一，由济南市林果技术推广站从大酸枣中选育出的鲜食优良品种。

脆酸枣果实近椭圆形，平均纵径 2.51 cm，横径 2.31 cm，平均单果重 5.96 g，大小均匀。可溶性固形物含量 27.0%，硬度 12.4 kg/cm^2，总糖 21.4%，总酸 0.47%，每 100 g 鲜果维生素 C 含量为 468 mg，可食率 91.56%。果面光滑，完熟后呈深玫瑰红色，皮薄质脆、肉厚核小、酸甜适口、品质极佳，适宜鲜食和加工。

在济南南部山区，6 月上旬盛花，8 月上旬白熟应市、中旬成熟大量采收，采收期 20～25 d。果实发育期 60～65 d，成熟极早，枣果经济价值高。树势强健，萌芽力、成枝力均强，树冠成形快；幼树枣头生长势旺，一年生枝平均长度 66.0 cm，当年萌发的二次枝即可开花结果；针刺不发达，结果枝无刺；花量大，花期对温度需求为普通型，适合在全国枣适种区栽培，大棚保护地栽培成熟期更早，经济效益更佳。

8. 月光枣 河北农业大学从河北太行山区满城县北赵庄发现并系统选育的极早熟鲜食品种，2005 年通过河北省林木良种委员会的品种审定。

果实两头尖，近橄榄形，纵径 4.5 cm、横径 2.3 cm，单果重 10～13 g。果皮薄，深红色，果面光滑，果肉质地细脆，汁液多，酸甜适口，风味浓，鲜食品质极佳。含可溶性固形物 28.5%，可溶性糖 25.4%，可滴定酸 0.26%，每 100 g 果肉含维生素 C 206 mg，粗纤维 7.43%，蛋白质 2.28 mg/g，富含磷、铁、钙、锌等矿物质元素。果核很小，单核重 0.27 g，长梭形，可食率 96.8%。含仁率为

66%，种仁饱满。在河北保定，8月中下旬果实成熟，果实发育期80天左右。

9. 鲁枣1号　山东省果树研究所选育，2009年通过山东省林木品种审定委员会审定，2011年通过国家林木品种审定委员会审定，为国内稀有的极早熟鲜食品种。

果实椭圆形，平均果重8.1 g，最大果重13.6 g，果实较整齐。果皮鲜红色。果肉白色，质细，汁液中多，味酸甜，含可溶性固形物33.1%，可滴定酸0.42%，每100 g果肉含维生素C 324.0 mg，可食率95.9%，鲜食品质上等。极早熟，在山东泰安果实8月中旬成熟，果实发育期70～75 d。早实、丰产，裂果轻，适应性强，在黏壤土和沙壤土上均能正常生长结果。

10. 鲁枣3号　山东省果树研究所选育，2009年通过山东省农作物品种审定委员会审定，2011年通过国家林木品种审定委员会审定，是极丰产的优质早熟鲜食品种。果实椭圆形或卵圆形，平均果重10.3 g，最大果重12.7 g，果实整齐。果皮鲜红色。果肉白色，肉质细，汁液中多，味酸甜。含可溶性固形物31.5%，每100 g果肉含维生素C 427.3 mg，可滴定酸0.45%，可食率97.1%，鲜食品质优。早熟，在山东泰安8月底开始着色，9月初成熟采收，果实发育期80～85 d。极丰产。不裂果，不易感染果实病害，适应性强，较耐瘠薄。

11. 鲁枣6号　山东省果树研究所选育，2010年通过山东省林木品种审定委员会审定，2012年通过国家林木品种审定委员会审定，为抗裂晚熟鲜食品种。果实倒卵形，较大，平均果重12.2 g，最大果重15.4 g，大小均匀。果皮鲜红色。果肉绿白色，肉质细，汁液中多，味甜，含可溶性固形物34.5%，总酸0.44%，每100 g果肉含维生素C 462 mg，可食率97.1%，品质上等。树势中庸，发枝力中等，当年生枣头具有良好的结果能力，早实，丰产。晚熟，果实生长期110～120 d，在山东泰安果实9月中下旬开始着色，10月上旬全红成熟。果实抗裂、抗病，耐涝，耐瘠薄，抗干旱，适应性强。

12. 苹果枣　产地河北枣强。果实大，近圆形，似苹果，平均单果重20.6 g。果皮薄，紫红色。果肉绿白色，质地细脆，味甜多汁，含可溶性固形物37.9%。树体较小，树姿开张，树势中强，发枝力和枝叶密度中等，树冠低矮呈伞状，成龄结果树高4.1 m，树干灰黑色，树皮光滑不易剥落。5月中旬开花，9月中旬果实采收，果实生长期110 d左右。该品种风土适应性强，坐果较稳定，产量中等，果实鲜食品质上等，且可制干，品质中上，是优良的鲜食制干兼用品种，应注意繁殖推广。

（三）鲜食制干兼用品种

1. 鲁枣4号　山东省果树研究所选育，2010年通过山东省林木品种审定委员会审定，2012年通过国家林木品种审定委员会审定，为优质制干鲜食兼用品种。果实长椭圆形，果较大，平均果重10.1 g，整齐度较高。果皮橙红色。果肉绿白色，肉质细、疏松，汁液中多，味酸甜。可溶性固形物含量40.1%，每100 g果肉含维生素C 387 mg，鲜食味佳，可食率98.2%。干枣丰满富弹性，出干率55%，制干、鲜食品质均上等。在山东泰安9月中旬果实成熟。裂果轻，果实抗病。适应性强，耐瘠薄，抗干旱，耐涝，在粘壤、沙壤土，盐碱地上生长结果良好。

2. 鲁枣5号　山东省果树研究所选育，2010年通过山东省林木品种审定委员会审定，2012年通过国家林木品种审定委员会审定，为抗裂果、优质干鲜兼用品种。果实椭圆形，平均果重10.5 g，最大果重11.7 g，大小均匀。果皮鲜红色。果肉绿白色，质细、疏松，汁液中多，味酸甜，可溶性固形物含量37.6%，可食率95.9%，每100 g果肉含维生素C 390 mg，出干率54.8%，干枣个大、丰满富弹性，优质果率69.5%。在山东泰安9月上旬果实开始着色，9月中旬全红完熟，果实发育期95～100 d。树姿直立，树势强，早实、丰产，成熟期遇雨不裂果，果实抗病，适应性强。

3. 鲁枣9号　山东省果树研究所选育，2011年通过山东省林木品种审定委员会审定，2013年通过国家林木品种审定委员会审定，为优质制干鲜食兼用品种。果实平顶锥形，平均果重12.5 g，较整齐。果皮鲜红色。果肉绿白色，肉质细、疏松，汁液中多，味酸甜，可溶性固形物含量34.5%，每100 g果肉含维生素C 293 mg，可食率93.0%，鲜食味佳。干枣个大、丰满富弹性，优质果率

71.5%。早实、丰产，连续结果能力强。在山东泰安9月上旬果实开始着色，9月中旬完熟采收。裂果轻，果实病害轻。

4. 鲁枣10号 山东省果树研究所选育，2011年通过山东省林木品种审定委员会审定，2012年通过国家林木品种审定委员会审定，为极丰产鲜食加工兼用品种。果实短圆形，平均果重5.5 g，果实大小均匀，整齐度较高。果皮鲜红色。果肉绿白色，肉质细、疏松，汁液中多，味酸甜，每100 g果肉含维生素C 485 mg，含可溶性固形物31.5%，可食率97.1%，鲜食品质上等。在山东泰安果实9月上中旬成熟，树势中庸，早实、极丰产。果实病害较少，抗干旱，耐涝，耐瘠薄。

5. 板枣（稷山板枣） 产地山西稷山。果实中等大，扁倒卵形，上窄下宽，侧面较扁，平均单果重11.2 g，最大果重16.2 g，大小较整齐。果面不很平整，有纵行的小块断续起伏，果皮紫褐或紫黑色，中等厚，富光泽。果肉厚，绿白色，质地致密、稍脆，汁液中多，味甜浓，稍具苦味，含可溶性固形物41.7%、含糖量33.7%，可食率96.3%，品质上等，适宜制干、鲜食和制作醉枣。制干率57%，干枣含糖74.5%。核小，核内多无种子。树体较高大，枝叶较密，干性弱，树姿开张，树势较强，发枝力中等，萌蘖力强，树冠多呈自然半圆形，19年生树高8.2 m。5月下旬开花，9月20日左右进入脆熟期采收，果实生长期100 d左右，果实着色后落果严重。该品种对气候适应力较强，在山西、山东、河南、河北等地，均表现良好，但对土壤肥水条件要求高，果实品质优良，为制干鲜食兼用的优良品种，适宜北方土质肥沃的地区作为主栽品种发展。

6. 保德油枣 分布于山西西北部黄河沿岸的保德等地。果实中等大，椭圆形，平均果重11.6 g。果面光滑，果皮深红色，中等厚。果肉厚，绿白色，质硬致密，汁中多，味甜酸，含可溶性固形物33.6%。树体较大，干性弱，枝系较密，树姿开张，树冠呈自然半圆形，19年生树高7.0 m。在产地，5月下旬开花，9月下旬成熟采收，果实生长期105 d左右。该品种适应性强，对栽培条件要求不高，容易栽培，长势旺，结果早，较丰产，采前落果、裂果较轻，果实品质中上，适宜大面积栽培。

(四) 观赏品种

1. 磨盘枣 分布地区较广，陕西大荔、甘肃庆阳、山东乐陵等地都有栽培。果实小或中等大，石磨状，平均单果重7.0 g左右。果皮厚、韧性强，紫红色，有光泽，阳面有紫黑斑。果肉白绿色，质地粗松，汁液少，甜味较淡，略具酸味，含可溶性固形物30%～33%。树体较高大，树势强健，发枝力强，树姿开张，树冠呈自然半圆形，23年生树高7.4 m，主干灰黑色，树皮裂纹深，不易剥落。在产地，果实9月中下旬成熟，果实生长期100 d左右，不裂果。该品种适应性较强，树体健壮，抗裂果，果形奇特美观，可制干枣，但产量较低，品质较差，可作为观赏树木与庭院栽培，并可用作培育抗裂品种的育种材料。

2. 龙枣 别名龙须枣、龙爪枣。分布于北京、河北、山东、陕西等地。作为观赏品种零星栽于庭院。系长红枣品种的特殊变异。果实小，扁柱形，平均果重3.1 g。果面不平，多浅细皱纹，果皮厚，红褐色，较暗。果肉绿白色，质地较粗硬，汁液少，甜味淡，无酸味。树体小，树姿开张，树冠自然圆头形或自然半圆形，80～150年生大树高5.0 m。树干灰褐色，树皮裂纹较浅，较易剥落。6月初开花，9月下旬完全成熟，果实生长期110 d左右，成熟期不裂果，很少落果。该品种适应性良好，果实品质较差，食用价值不高，有很高的观赏价值，可做庭院栽培或制作盆景。

3. 胎里红 产地河南镇平。果实中等大小，长圆形。果皮中厚，赭红色。果肉绿白色，肉质松软，汁液中多，味淡。树体中等大，树姿开张，树势较强，树冠自然圆头形，10年生树高6.5 m。树干褐色，表皮粗糙，不易剥落。9月上旬成熟，果实生长期100 d左右。该品种适应性较强，较丰产，果实品质中等，可制作蜜枣，花朵和幼果均为红色，有观赏价值。

4. 北京葫芦枣 产于北京。果实为倒置的葫芦形，平均单果重6.9 g。果面平整光滑，果皮薄，赭红色，质地脆，制干后易剥落。果肉浅白绿色，质地不很脆，汁液中多，味甜酸，含可溶性固形物

20.0%。树体较大，树姿直立，干性强，半开张，树冠呈自然圆头形，树干灰褐色。产地9月中旬成熟，果实生长期95～100 d。该品种适应性一般，果实鲜食品质中等，食用价值不高，果形别致，可作观赏树木，庭院栽培或作盆栽果树。

5. 茶壶枣　产地山东夏津、临清等地。果实畸形，形状奇特，大小不很整齐，平均单果重6.5 g。果面平滑，果皮薄，紫红色，色泽鲜艳。果肉绿白色，质地粗松略绵，汁液中多，味甜略酸，含可溶性固形物25.5%。树体中等大，树姿开张，干性一般，树势中等，树冠自然半圆形，枝叶密度中等，50年生树高6～7 m。树干灰黑色，树皮裂纹细条状，不易剥落。5月底开花，9月上旬着色成熟，成熟期不裂果。该品种适应性强，寿命长，结果早，坐果稳定，产量高，果实形状奇特，艳丽美观，有极高的观赏价值，适于庭院栽培。果实鲜食品质中等，晚熟，后易浆烂，需适时采收加工。

第二节　苗木繁殖

枣树繁殖多采用无性繁殖，是利用枣树的营养器官（枝或芽）的再生作用而繁殖出新植株的一种繁殖方法，这种繁殖方法，既快速、简便，又能保持母株的优良性状。生产上一般采用嫁接方法进行。

一、嫁接苗培育

（一）砧木培育

常用的嫁接砧木有本砧和酸枣两种，本砧是指一般枣树根蘖苗或实生苗，枣种仁发育差，发芽率低，一般不适于播种；酸枣多在苗圃播种。南方枣区也可用铜钱树作为砧木。铜钱树为我国野生树种，为鼠李科马甲子属植物，大乔木，适应性强，繁殖容易，生长快，根系发达，抗病虫，嫁接成活率高。酸枣种仁发育很好，一般发芽率极高。所以用种子繁育砧木苗，以酸枣种子为主。

1. 圃地准备　苗圃地选择土壤肥沃的沙壤土，北方做低床，南方多做高床。耕前每667 m^2 施农家肥3 t，或腐熟的鸡粪、牛粪1 t，深耕，耙细耙平并做畦。

2. 种子处理　选择充分成熟的酸枣果实，搓掉果皮、果肉，晾干枣核保存。枣核有2种处理方法：一是于12月上中旬进行层积处理；二是用破壳机打破种核，取出种仁，再行处理。

（1）酸枣核沙藏层积处理。沙藏前，先用清水将枣核浸泡2～3 d，中间换水3～4次，使种核充分吸水。选择背阴、排水良好的地方挖坑或沟，分层放种核和湿沙，也可将种核和湿沙混合沙藏，尽量使种核间隙填满湿沙。到离地面20 cm时，用湿沙覆盖，上面再用木板或草盖严。沙藏坑四周挖一条排水沟，沙藏坑内插入秸秆，使坑（沟）内温度保持在3～10 ℃。贮藏期内要定期检查，以防种子霉烂，到第二年3月下旬，沙藏的种核逐渐开裂，露出白色胚根即可播种。

（2）种仁处理。破壳的种仁，在播前5～7 d，先用清水浸种12～24 h，然后和湿沙混匀，放在背风向阳处用塑料薄膜覆盖催芽，或放在温室内高温催芽3 d左右，约1/3的种仁露白即可播种。

3. 播种　当地温回升到12 ℃时开始播种，采用双行密植播法，双行内距离30～35 cm，双行间距70 cm。种子采用条播，播幅5 cm，沟深3～4 cm，播后覆土2 cm，覆盖地膜，压实压平。种核每667 m^2 播13～15 kg。

4. 播后管理　播种后10～20 d，幼芽出土，在地膜上打孔露出幼苗，用土围苗一圈盖严薄膜。幼苗长到10 cm时，按株距15 cm定苗，选留壮苗进行培养。苗木长到高15 cm时追肥，每667 m^2 施尿素10 kg加磷酸二铵10 kg。及时中耕、除草、浇水、防治病虫害。当年酸枣苗可长到60 cm以上，苗粗（地径）0.6 cm。

（二）接穗处理

1. 接穗的选择 春季枝接，接穗选用一年生发育枝，要求枝条节间较短，生长健壮。一般用一次枝作为接穗，若二次枝生长充实也可作为接穗。夏季芽接，选用当年生枣头枝饱满芽或枣头二次枝的饱满芽作为接穗，随接随采。

2. 接穗的贮藏 枣落叶后至发芽前均可采集接穗，接穗采集可以和早春、冬季修剪结合起来，剪下的枝条剪成每根有 3～5 个芽的穗条，按品种每 50 根或 100 根扎成一捆，进行窖藏或沙藏。窖藏，用湿沙把接穗埋好，窖内温度保持在 0～5 ℃，湿度基本饱和。沙藏，于土壤结冻前，在阴冷避风处挖一条贮藏沟，沟内排放上接穗，用湿沙全部埋住埋好，上面用草盖严、盖实，保持贮藏环境低温湿润。

（三）嫁接方法

1. 枝接 枝接接穗长 5～6 cm，上端离芽 0.5～1.0 cm，剪口要平滑。枝嫁接最佳时期是砧木发芽前后。

（1）双舌接。目前最常用的嫁接方法，嫁接成活率高，接口牢固，不易风折。双舌接要求砧木与接穗的粗度大致相同。在接穗基部的同侧削一个长约 3 cm 的马耳形斜面，在距顶端 1/3 处下刀，与斜面接近平行切入一刀。砧木同样削法。然后将削好的接穗插合在砧木上，要求两者的韧皮部对齐，如果粗度不一致，则一边对齐。

（2）劈接。适于粗细中等的砧木。在接穗左右两侧各削一刀，长 3～4 cm，削成楔形。在近地面 3～5 cm 处剪砧，在砧木中央用刀向下劈一劈口，深度以接穗削面能插入为宜。插入接穗时，注意削面要露白 0.5 cm 左右，以利于伤口愈合。插入接穗后，用塑料带将接穗和砧木包严捆紧，以保持伤口的湿度。对品种不良的大枣树，也可用此法进行“高接换头”改良品种。

（3）插皮接。适于粗大的砧木，其操作简便，成活率高，嫁接时间长，4 月中旬到 5 月上旬，6 月下旬到 8 月中下旬为插皮接适宜的嫁接期。接穗下端削成马耳形斜面，下刀深入木质部约 1/2 处，向前削出长约 3 cm 的削面，再在背面削一小切面，削尖头部。砧木在近地面 4～10 cm 处剪断，嫁接处砧木直立，表皮光滑。插入接穗时，削面要露白约 0.2 cm。然后用较宽的塑料带将伤口包严，并捆紧接穗。

2. 芽接 芽接的时间，一是在 6 月下旬至 8 月上旬，二是在春季砧木离皮、接穗尚未发芽的时候。接芽一般采用当年生活一年生发育枝或二次枝上的主芽，枝条直径 0.4 cm 以上。用三角形取芽法，不带或少带木质部，根据嫁接时期而定，6 月嫁接时，接穗皮薄而嫩，要多带木质部；7 月中旬后嫁接，接穗皮厚，可少带或不带木质部。

芽接的砧木，一般距地面 5～10 cm，选择光滑处切一个 T 形口，把接芽插入 T 形口中，接芽的上部和 T 形口上部相接合。嫁接后保留接口上部 8～10 cm 的枝干，促进接芽萌发。接芽萌发后剪除接芽上部的枝干，同时解绑。夏季芽接成活后，一般当年不萌发，到第二年春季发芽时，萌发生长，应在翌年春季枣树发芽前解绑。

（四）嫁接后苗木管理

1. 检查成活与补接 枝接是否成活主要看接穗的色泽和萌芽情况。一般在枝接后 15 d 检查，如果接穗皮色鲜亮，芽体饱满，表明嫁接成活；如果接穗皮色皱缩发暗，芽子干枯，表明嫁接未成活，应及时补接。

2. 抹芽 嫁接成活后，对砧木接口以下的萌蘖要及时抹除，保证嫁接苗充足的养分，健壮生长。

3. 解绑 当嫁接新梢长到 5～10 cm 时，要及时松绑，将包捆用的塑料带摘除干净，否则易在嫁接处形成缢痕，影响生长。当新梢长到 20 cm 以上时，立木棍或竹竿，将新梢和砧木绑缚其上，以防大风将其折断。

4. 施肥浇水 苗期施肥 2～3 次，每次相隔 20 d 左右。每次每 667 m^2 施肥 15～20 kg，前期以氮

肥为主，后期多施磷、钾肥。施肥与浇水结合进行，其间及时中耕、除草。随时检查病虫害，及时防治。

二、营养苗培育

（一）断根育苗

断根刺激枣树根系上的不定芽萌发，是培育根蘖苗的方法。在秋后封冻前或春季解冻后，在枣树树冠投影下方，挖深 50 cm、宽 30 cm 的育苗沟，切断直径小于 2.0 cm 的侧根，削平断根截面，回填松散湿土，盖住断根。根蘖萌发生长，到 25～30 cm 时开始间苗，去弱留强，及时施肥和浇水。苗高 1 m 左右，长出自生根，就可以出圃。

（二）归圃育苗

归圃法育苗是将母树上生出的根蘖苗集中到苗圃培育。苗木归圃后，加强了肥水管理，苗木生长健壮，根系发达，栽培成活率高。具体培育方法如下：

1. 苗圃地的选择 苗圃应选择地势平坦，土壤肥沃的沙壤土，水源良好，排灌方便，交通便利，不用重茬地。整地做床：耕地前，每公顷撒施土杂肥 45～50 t 或腐熟鸡、牛粪 15 t 左右，耕深 25 cm 左右，并耙匀，然后做育苗床，床宽 150 cm。

2. 挖栽植沟 在整好的苗床上，挖纵向长沟，沟长可根据苗圃而定，沟宽 30～35 cm，深 25～30 cm。每床 2 沟，沟壁与地表垂直，以便于放苗。栽植时，用另一沟土埋苗，埋深为沟深的 3/4，多余的土放在沟的两侧。这样反复进行，就形成了两沟一床，便于中耕、除草和浇水。

3. 选苗 根蘖苗应严格挑选，将无病虫害的优良苗木归圃培养。以直径 0.5 cm 左右的根蘖苗最好，过细或过粗的苗木，归圃后出苗率低，生长量较差。起苗时，保留根系长度在 15 cm 以上，并要多带须根。经严格挑选后，对根蘖苗进行适当修剪，剪去并生枝及过长根，每株保留一个生长健壮的新梢，其余全部剪除。然后进行分级，苗木分级后，每 50 或 100 株捆一捆，并立即蘸泥浆。运苗时，装好车后用雨布将苗木盖严、扎紧，以防途中苗木失水。栽植时，将同等大小的苗木栽在一起。

4. 栽植 栽植时间可分为秋栽和春栽，秋栽在 10 月下旬至 11 月中旬，春栽在 3 月中下旬。栽植前将苗木根系在清水中浸泡 24 h，使其充分吸水。栽植时也可用 10 mg/L 的 2,4-D 或 20 mg/L 的萘乙酸溶液蘸根约 10 s，蘸后立即把苗木摆入沟内，株距 15～20 cm，行距 60 cm 左右，栽后填土，踏实，浇透水。

5. 苗木管理 苗木栽植后要立即平茬，刚在离地 2～3 cm 处剪掉。如春栽的，栽后先平茬，再浇透水，待水下沉便于操作后，进行地膜覆盖，以保墒增温，有利于苗木成活和早期生长。秋栽的待翌春解冻后，浇一遍透水，待水下沉便于操作时，再覆膜。芽萌发后，在芽的上方对地膜打孔，当新梢长到 10 cm 长时，选留一个生长健壮的新梢，将其他新梢及萌芽除去。以后及时进行中耕、除草、追肥、病虫防治，当苗木地径长到 0.5～1.0 cm 时，便可嫁接。

三、苗木出圃

建园枣苗要选择品种优良、生长健壮、根系完整、无病虫危害的壮苗。枣苗过大过小都不适宜，最好选用两年生嫁接苗或圃地生长 1 年的归圃苗建园。

（一）起苗

起苗直接影响苗木质量和栽植成活率。起苗可以在秋季和春季进行，选择阴天或晴天的早晚，避免大风或烈日下起苗。起苗前灌一次水，可提高建园成活率。

（二）苗木分级、假植

枣苗随挖随分级，按等级 50 株一捆扎好，短时间能运走的苗木可用湿土掩埋根系，作临时假植。短期内不能运走的枣苗要进行假植，选择阴面背风、地下水位高、排水良好的地段挖假植沟假植。

(三) 苗木包装、运输

枣苗根系细胞壁薄，易失水风干，根系丧失活力。运输时必须蘸泥浆包装，包装材料以价廉、质轻、吸水保湿性好而不易霉烂发热的材料为好，如草帘、草袋等，长距离运输时可在袋内填充湿锯末或碎麦草等。包装苗时，根部向一端，用包装物将根系包住。包好后，挂上标签、注明品种、数量和等级。装车起运，到达目的地后立即解包假植。

第三节 生物学特性

一、根系生长特性

枣根系发育因树龄、土地条件的不同而有较大差异。如土壤肥沃，地下水位较低，则根系生长较深，发育较旺；反之，土壤瘠薄，地下水位较高，则根系较浅，发育也差。如在沙壤土中，枣根系垂直和水平发育都较旺，即根系深，根幅也大；在黏土中，枣根系水平延伸、垂直发育就较差，根幅也较少；枣根系在壤土中的生长发育，介于沙壤土与黏土之间。

(一) 根系的生长动态

1. 水平根 枣的水平根发达，向四方延伸能力强，分布范围广，与垂直根结合共同构成枣根系的骨架。水平根一般可超过树冠的3～6倍。因其伸长很远，故有“行根”“串走根”之称。水平根的特点是分布远，密度较小。水平根的主要功能是扩大根系范围，固结土壤，产生根蘖苗，产生侧根，增加根系的吸收能力。

在水平根上，多为二叉分枝，分枝较少，分枝角度小，须根也较少。水平根一般分布于表土层，以15～30 cm深度较为集中，50 cm以下水平根就很少。由于水平根分布浅，在其上分生多数侧根，从而增加了根系的吸收能力。

2. 垂直根 由水平根分枝向下延伸而成，也是枣根系的骨架之一。因土地条件的不同，枣垂直根系的深浅差异较大，其生长势比水平根系弱。垂直根的主要功能是固结土壤，支撑地上部分生长，吸收土壤深层的水分和无机养分。在垂直根上分枝也较少，分枝角度小，分枝有向下生长的特性。垂直根的须根数量虽少但生长较长，多斜向下生长。

3. 侧根 主要由水平根的分枝形成，其延伸能力不强，因而侧根的轴短，分枝能力强，在上端或先端着生很多须根。侧根的重要功能是吸收养分和水分，产生不定芽形成萌蘖，繁殖砧木苗。因其能繁殖砧木苗，又称为繁殖根或单位根。

4. 须根 又称细根、毛细根、吸收根。多生在侧根上，水平根、垂直根上也有少量着生。须根粗度1～2 mm，长度30 cm左右，寿命短，能周期性更新，有自疏现象。须根的主要功能是吸收土壤中的水分和无机养分。在土壤条件适宜的情况下，须根的生长量大，分枝多，吸收能力也强；反之，须根生长量小，吸收能力较弱。因此，在栽培上要加强土壤的肥水管理，增施有机肥，改良土壤，为须根的生长发育创造良好的条件，才是丰产的基础。

(二) 根的分布特点

枣的根系分布虽因土壤和耕作方法不同而有变化，但主要特点是水平根分布远，根的密度较小，一般可超过树冠的3～6倍；而垂直根较浅，一般只有树高的1/2左右，大部分根系分布在树冠下面，占根系的50%以上。

二、芽、枝和叶生长特性

(一) 芽

枣树芽分为主芽、副芽、隐芽和不定芽4种。主芽和副芽着生在同一节位，上下排列，为复芽。主芽为鳞芽，每芽外裹有3个鳞片，一般当年不萌发，为晚熟性芽。副芽没有芽的形态，在生长季节

随发育枝延长，在各个叶腋间随形成随萌发，属早熟性芽。隐芽寿命很长，有的可达百年以上，但受刺激后易于萌发，有利于树体更新复壮。

1. 主芽 也称正芽或冬芽。主芽外被褐色鳞片，当年多不萌发，位于叶腋中间，到次年春季多萌发为结果母枝，也有少数萌发为发育枝。枣头的顶芽为主芽，翌春萌发成为枣头的一次枝，形成树体的骨架或大的结果枝系。枣股的顶芽也是主芽，长势通常很弱，年生长量仅1～3 mm，但受到强烈刺激后，有时也能萌发为发育枝；枣股侧面的主芽，形体很小，肉眼不能察觉，呈隐芽状态潜伏，不萌发生长。在老龄枝上，由于结果基枝衰老，大量枣股死亡，保留下来的少数枣股，因树体营养一时集中，除有的顶芽萌发为发育枝外，有的近基部的侧生主芽也能萌发生长，形成分歧枣股，但长势很弱，结果能力很差，利用价值不大。

2. 副芽 又称夏芽，位于主芽左上方或右上方，当年萌发成不同的发育形态。位于枣头一次枝中、上部的副芽一般发育成永久性二次枝，位于枣头一次枝基部和二次枝上的副芽随枝条的生长抽生枣吊，有的当年即可开花结果。枣股上的副芽绝大多数发育成枣吊，当年开花结果。因为副芽是裸芽，随形成随萌发，故看不到它的外形。

3. 隐芽 也称休眠芽。有的主芽由于缺少激素的刺激，生长处于抑制状态，暂不萌发，这类主芽称为隐芽。发育枝和枣股上的主芽，大多潜伏而成为隐芽。隐芽的寿命因着生位置不同而有很大差别。一般主枝基部的隐芽寿命较长，越靠近枝条顶端的隐芽寿命越短。

4. 不定芽 不定芽的萌发既没有一定的时间，也没有一定的部位。多出现在主干、骨干枝基部或机械伤口处。多由射线薄壁细胞发育而来，一般是主干或骨干枝砍伤后，在愈伤组织上形成数个不定芽，抽生形成发育枝，在更新中起着重要的作用。

5. 枝芽间的相互转化 枣的枝和芽，其生长发育具有一定的规律性，但枝芽间又有相互依存、相互转化和新旧更新的关系。着生在枣头和枣股顶端或枣头二次枝腋上的芽都是主芽，而枣头和枣股这两种枝都是由主芽萌发形成的，只是由于各自生长势的强弱不同，故萌发后在形态上有所差异，其功能也不一样。枣头构成树冠骨架，扩大结果面积；枣股则抽生枣吊，既进行光合作用同化营养，又能开花结果。但枣头和枣股之间可以通过某种刺激或改变营养条件，使其生长势起变化后而相互转化。当枣股受到刺激，如更新修剪，就可抽生枣头，由结果性枝转变为生长性枝；再如对枣头进行摘心，可抑制二次生长，使其生长性枝条向结果性枝条转化，转变为结果性枝，当年获得较多的枣果实。枣头上的二次枝都是由副芽萌发形成的，其叶腋间的主芽第二年均形成新生枣股，表明结果性枝有赖于生长性枝的形成。由此可见，生长性枝和结果性枝（包括二次枝、枣股、枣吊）间相互转化的关系，给枣树修剪，调节生长与结果的关系提供了依据。

（二）枝

枣树的枝与其他果树不同，主要表现在结果枝当年脱落，而结果母枝生长量很小。全树枝条根据其形态和作用可分为以下几种类型：

1. 骨干枝 枣树骨干枝由主枝和侧枝构成，是枣树树冠的骨架。

（1）主枝。着生于主干上的大枝。主枝的多少和分布部位因整形方法不同。如自然开心形，留3～4个主枝，主枝分布均匀；主干疏层形，中央领导干上着生6～9个主枝，多为2～4层排列。

（2）侧枝。着生于主枝上的枝条。侧枝的多少和分布位置直接关系着枣的丰产性。一般说来，自然开心形的每个主枝留3～4个侧枝，向四周自然生长，错落排列；主干疏层形的每个主枝上留1～3个侧枝，其上一般着生2～3个大型结果枝组。

2. 生长枝 枣树生长枝有发育枝和单位枝构成，生长枝既能进行营养生长，扩大树冠，又可增加结果部位，提高产量。

（1）发育枝。即枣头，由主芽萌发而成，生长旺盛，可连续单轴延伸。随着枣头的生长，上面的副芽由下而上逐渐发育，基部1～3节发育成永久性的二次枝，中上部二次枝上又萌发枣吊，可当年开花结果。枣头一次生长量的大小、生长快慢、生长期长短与树龄、树势、环境条件等有密切的关系。健壮的发育枝，一次枝生长势适中，二次枝多而长，弯曲度大，节数多，节间较短，皮色深而亮。枣头停长顶部能形成顶芽，翌年萌发继续延长生长，一般一年只萌发 1 次。

（2）单位枝。发育枝上的二次枝变为结果基枝时，称该发育枝为单位枝。单位枝是枣树生长和结果的单位，是发育枝向骨干枝过渡的中间形态。如果着生位置合适，不断抽生新的发育枝而控制较大的空间，发展成骨干枝。

3. 结果枝 枣树结果枝由结果基枝、结果母枝和脱落性结果枝组成。

（1）结果基枝。即永久性二次枝，由发育枝中、上部的副芽发育而成，枝条“之”字形弯曲生长，每节着生短缩枝 1 个，是形成结果母枝的基枝。这种枝当年停止生长后，顶端不形成顶芽，不再延长生长，枝条加粗生长缓慢，并且随着枝龄的增长逐渐从顶端回缩枯干。结果基枝的长度、节数和数量与枣品种、树势、树龄等有关。一般枣头生长旺盛，其结果基枝也较长，反之则短。结果基枝也是树体的主要骨架，其寿命与结果枝相似，为 8～10 年，在 3～8 年结果能力最强。

（2）结果母枝。即枣股，是由枣头二次枝和一次枝叶腋间的主芽萌发而成的短缩枝。因为枣股的木质部和韧皮部的输导组织不如枣头一次枝和二次枝发达，因而有利于养分的积累和开花结果。每年由枣股上的副芽抽生 3～5 个结果枝开花结果，是枣树结果的重要器官。枣股顶生的主芽一般一年只萌发一次，萌发后随即停止生长，生长量很小。

枣股的结实能力与其着生枝类、部位、枝龄和栽培管理措施等有关。其中着生在结果基枝上的枣股结实力强，而着生在一次枝上的枣股结实力较差；枣股的生长方向不同，其结实能力也有很大差异，表现出明显的极性趋向。在同一个斜生或平生的二次枝上，斜向上生长的枣股结实力最强，直立生长的次之，斜下方向的较差，直向下生长的最差，修剪时应除掉。以枝龄论，则以 3～8 年生的枣股结实力最强，老龄枣股结实力差。加强水肥管理可提高枣股的结实能力。

枣股的寿命一般为 10 年，以着生在一次枝上的和二次枝向上生长的及光照充足处的枣股寿命长，在 10 年以上，二次枝上向下生长的和树冠内膛及下部隐蔽处的枣股寿命较短，约 6 年。

（3）脱落性结果枝。即枣吊。枣吊是开花结果的枝条，主要由枣股上的副芽萌发而成，少数由枣头一次枝基部或二次枝的叶腋副芽抽生而来。枣吊枝条纤细柔软，浅绿色，不会加粗生长，开花坐果后，随幼果生长而下垂，当年秋季脱落。其长度因品种、树龄、着生部位和立地条件而异。

枣吊和叶片在发芽后迅速形成的特性，是枣树年生长期短的一种生态适应性表现，有利于枣树在较短的年生长期中，同化积累较多的营养物质，但发芽前后还要有较多的肥水供应，才能满足短期内形成大量枣吊和叶片的需要。尤其枣的枣吊常有二次生长的特性，直到生理落果后（7 月下旬），才完全停止生长。这一特性对于坐果和幼果发育不利，应采取摘心等夏剪措施加以控制。

（三）叶

枣的叶片深绿色，呈卵状披针形、卵状椭圆形、卵圆形、披针形、倒卵形、圆形等。枣叶由托叶、叶柄和叶片构成。在发育枝上，呈单叶互生的假 2 列状排列。叶片除少数着生在枣头二次枝基部外，多数均着生在枣吊上。叶片的大小、发芽时期与枝龄、立地条件、管理水平等不同而有一定的差异，土壤肥沃，管理水平高，叶生长量大，萌发也早；反之，叶生长量就小。就同株而言，枝龄短的先萌发，枝龄老的萌发较晚。

叶片中的叶绿素通过光合作用合成有机物质，供根、茎、叶、花、果实生长发育的需要。叶绿素主要在栅栏组织中，而枣叶正、反面表皮内都是栅栏组织，因而枣叶正、反面都能进行光合作用，故枣叶片光合速率高。另外，叶的大小、厚薄、颜色深浅都能影响叶绿素的含量，直接影响光合作用，关系着光合产物的多少，从而影响着枣的生长和结果。

落叶是枣树对低温等不良环境的一种适应能力，有时由于病虫危害和其他管理措施跟不上，造成枣树早期落叶，影响枣树后期营养物质的转化和积累，对下一年的生长、开花和结果都不利，故应加强枣采收后的土肥水管理，以推迟枣落叶期，增加枣营养物质的积累。

三、开花与结果习性

（一）开花

1. 花芽分化　枣花芽分化与其他果树不同，主要特点是：当年分化，当年开花结果；边生长边分化，单花分化期短，全树的分化期持续时间较长；多次分化，多次开花结果。一般单花分化仅需6～8 d，一个花序完成花芽分化需7～20 d，一个枣吊完成花芽分化需30 d左右，全树花芽分化则需100 d左右的时间。枣的花芽分化与树体的营养状况有密切的关系，生产上采取对枣头、二次枝及枣吊摘心，保护叶片，可以提高花芽分化的数量和质量。

2. 开花和授粉　枣花的开放是从树冠外围逐渐向内开；在同一枣吊上，先从基部逐节向上开放；在一个花序中，中心花先开，再按一级花、二级花到多级花的顺序开放。枣单花开放的过程，各地的分法不尽相同，一般分为蕾裂期、花萼平展期（半开）、花瓣平展（盛开）期、雄蕊平展（花丝外展）期、花丝萎蔫期、子房膨大期6个时期。据观察：发育正常的单花，开放的时间较短，从蕾裂到柱萎仅需24.5 h，即单花的开放在1 d内基本完成，从现蕾（叶腋间出现绿色苞片突起）到完成这8个时期需4～6 d，一个花序历时16 d左右，整株开花则历时40～60 d。不同树龄、树势、气温及立地条件等，对花期的长短均有直接的影响，一般幼树先开、老树后开，沙壤土上的先开、黏土上的后开。

枣开花需要一定的温度，开花的时间与每天最高温度有密切关系。日均温达23 ℃以上进入盛花期。如温度过高则缩短花期，但仍能结果；如温度过低则影响开花的进程，甚至坐果不良。枣开花过程中，花瓣与雄蕊分离时间较短暂（0.5～1.5 h），并且花丝本身也产生一种弹力能把花粉弹到柱头上，进行自花授粉，因此枣自花授粉结果能力较强。但从枣的特性来看，异花授粉结果会更好。

枣的授粉和花粉发芽均与自然条件有关，低温、干旱、多风天气都对授粉不利。从枣的花粉发芽来看，以气温27～28 ℃，相对湿度在70%～100%为宜。如湿度太低（40%～50%）则花粉发育不良而出现“焦花”现象。这时，可进行花期喷水，能改变局部气候条件，有利于枣的开花和授粉。所以枣产区有枣花怕旱不怕高温多湿的说法，并有旱天为枣树浇水，向树体喷水促使坐果的经验。

枣花粉的活力与开花过程有关，以蕾裂期到半开期花粉发芽率最高。在花粉发芽过程中，喷少量硼有利于提高花粉的发芽率。

（二）坐果状况及影响因素

1. 枣吊节位与坐果　枣的着生部位多在枣吊第三至七节。除个别品种外，第一节多不结果，如大荔水枣有效结果节数3～6节，晋枣有效结果节数4～7节，中阳木枣有效结果节数3～7节，苹果枣有效结果节数5～6节。

2. 花期对坐果的影响　花期对坐果影响较大。初花期前几天所开得花大多受精不良，坐果稀少，幼果易脱落；初花末期和盛花期所开的花坐果率较高，发育良好，果大，肉多、糖分含量高，品质良好；盛花中后期所开的花，受精良好，坐果率高，果个中等，品质尚可；末花期，由于气温高，授粉、受精不良，影响幼果发育，落果重，畸形果多，品质下降。

3. 成熟期　枣树各品种的初花期基本相近。晚熟品种进入盛花晚期，花期较长，后期坐果较多；早熟品种则前期坐果较多，果实成熟期早晚不一。如早熟品种六月鲜，1～4节坐果占坐果总数的71%，而晚熟品种九月青1～4节坐果数占总果数的28%，5～8节占总数的70%。

4. 果实大小　在栽培品种内，小果型品种，果吊比大，落果轻，坐果率高；大果型品种，果吊比小，果个大，落果重，坐果率低。

5. 枝龄与坐果　一般枝龄3～6年的结果母枝结实能力最强，如木枣结果母枝以四年生最强，平均坐果率为2%。结果母枝抽生脱落性果枝的数量也因枝龄而变化。一年生枣股只抽生1个枣吊，结实力弱。三至八年生枣股抽生枣吊多而长，木枣 3～7 个，铃枣 3～5 个，结实力强。

（三）落花落果原因、特点及管理对策

枣花量大，但落花严重。枣花开放后，如遇气候不良，首先是没有受精的花先凋落；而后是萼片开展不全的花，约经 1 周后出现大量落花。枣还有落蕾现象。

枣落果现象严重，一般达到 80%～90%，更为严重者达到 99%。落果分为前期落果、中期落果和后期落果。前期落果主要是受精不良或其他环境因素的影响产生的，落果 58%～60%；中期落果主要是树体生理失调，营养不良所致，主要发生在果核硬化、子叶快速生长期，落果 25%～30%；后期落果主要发生在采收前，落果强度与气象因子密切相关，不同品种差异较大，一般为4%～10%。

四、果实发育与成熟

（一）果实生长动态

枣花授粉受精后，果实开始发育，胚珠形成种子，子房和花盘发育成果实。从授粉受精到果实成熟可分为 4 个阶段：

1. 果实缓慢生长期 子房开始膨大后的 15 d 内，生长量很小。此时枣树处于花蕾形成和花开时期，树体营养消耗大，养分竞争激烈，果实生长发育缓慢。

2. 果实快速生长期 果实发育 15～30 d，枣果纵向生长快，是体积增长的高峰期。果实的核层出现，种子边缘呈绿色，胚乳白色半透明。此时为枣树生理落果期。

3. 果核形成期 果实发育 30～45 d，纵向生长速度放慢，形成土黄色果核，并开始木质化，硬度增加，核上的棱纹明显，果核形体达到固有的大小。果实重量快速增加。此期果实由绿变为蛋青色，苦味减少，甜度增加。

4. 果肉快速发育期 果实生长发育 45 d 至成熟期，种子内胚的子叶快速生长，果核继续增厚而石化，果肉生长迅速，组织充实，含糖量增加，风味加浓，外果皮着色。

（二）果实成熟形态、时期及有关因素

枣幼果呈淡绿色，渐变为白绿色，成熟变为红色。枣果成熟期按颜色和生理转化过程可分为白熟期、脆熟期和完熟期。加工蜜枣品种果实宜在白熟期采收，鲜食品种果实宜在脆熟期采收，制干品种果实宜在完熟期采收。

第四节 对环境条件的要求

一、土壤

枣对土壤适应性强，不论平原、山丘地、沙土、轻壤、黏土、低洼盐碱地均能生长。对土壤酸碱度适应性也广，在 pH5.5～8.5 的土壤上均能生长，但以土层深厚、较肥沃的沙壤土最佳。土壤疏松，透气性好，微生物活跃，枣根系发达。

二、温度

温度是影响枣树生长发育的主要因素之一，直接影响着枣树的分布，花期日均温度稳定在 22 ℃以上、花后到秋季的日均温下降到 16 ℃以前果实生长发育期大于 100 d 的地区，枣树均可正常生长。

枣为喜温果树，生长期中对温度反应比较敏感。温度是影响枣生长发育的主导因素。主要有两点，一是气温，二是地温。枣能忍耐 40 ℃的高温，休眠期又能抗御－30 ℃的低温。春季气候达 13～14 ℃时，地上部开始萌动；而抽枝、展叶和花芽分化则需 17 ℃以上的气温，气温升到 19 ℃以上现蕾，日平均气温达到 20 ℃左右进入始花期，到 22～25 ℃进入盛花期，24～26 ℃的气温，有利于花粉发芽，授粉受精，低于 20 ℃花粉发芽率显著降低。24～30 ℃适于果实生长发育，果实生长后期日平

均气温为 19～21 ℃，昼夜温差大，有利于糖分积累。到 10 月下旬，旬平均气温低于 14.8 ℃时开始落叶，旬平均气温低于 13.2 ℃（11 月上旬）时开始落枝。若花期温度偏低，坐果减少；若果实迅速生长期温度偏低，果实生长缓慢，发育瘦小，品质下降。所以，枣多分布于花期至幼果期气温较高的内陆地区。对生长期中酷热的气温，枣有很强的适应能力，如一些庭院中的枣树，夏季晴天的最高气温常超过 45 ℃，也能很好的结果。

地温是影响枣根系生长发育的主要因素，枣树的根系活动比地上部分早，生长期长。枣树根系在土壤温度 7.2 ℃时开始活动，10～20 ℃时缓慢生长，22～25 ℃进入旺长期，土温降至 21 ℃以下生长缓慢直至停长。

三、湿度

枣树对多雨湿润和少雨干燥的气候都能适应，年降水量 400～600 mm 的地区是枣的适生区，产量高、品质佳。尽管降水量不是枣分布区域的主要限制因素，但在其不同生长发育期给予不同的水分条件，能促使其正常生长发育。如花期和果实生长的前期需水较多，过旱会使落花落果严重，果实生长受抑制；但雨水过多，尤其在果实成熟期，则会造成裂果、烂果。

枣在花期需要较高的湿度，空气相对湿度在 85%左右时，有利于枣授粉、受精，坐果率也高；如花期空气干燥，花粉则难以萌发，不利于受精。但在果实成熟期，则要求少雨多晴的天气，否则易造成大量落果和烂果。

土壤温度直接影响枣树体内水分的平衡，从而影响各器官的生长发育。30 cm 深的土壤绝对含水量为 5%时，枣出现萎蔫；绝对含水量低于 3%时，则出现永久性萎蔫。但若土壤水分过多，长期透气不良，则容易烂根，造成枣树全株死亡。

四、光照

枣是喜光树种。光照度和日照长短直接影响其光合作用，从而影响其生长和结果。对树冠内各部位结果状况及树冠各方位结果能力的调查证明，树冠顶部、外围和南侧的枝条受光充足，比树冠内膛和北侧的枝条发育好、结果多。如栽植过密或树冠郁闭，影响分生侧枝，且枣头和枣股生长发育不良，叶小而薄、色浅，成无效枝叶，花而不实，久之枯死。可见枣树对光照要求较高，只有在光照充足的条件下，植株才能生长健壮，坐果率高，光合速率高，碳素同化作用强，干物质积累多，果实发育好，产量也高。

五、风

枣树休眠期抗风能力强，生长期抗风能力差。如在花期遇大风或沙尘暴，影响授粉、受精，容易导致落花落果；果实成熟如遇大风，也易造成“风落枣”现象，严重影响枣的产量和质量。因此，在建枣园时，要注意营造防风林带。但微风可以调节枣林的环境，改变枣林内温、湿度，促进光合、呼吸、蒸腾作用的进行，有利于枣生长、开花、结果。

第五节　建园和栽植

一、建园

（一）园地选择

枣适应性强，对立地条件的要求不太严格，在沙壤、壤土、黏土及沙质壤土中均能正常生长发育，且耐一定的盐碱。但枣是多年生植物，喜光、结果早、寿命长，结果期长达百余年，果实较难贮、难运。园址选择既要考虑枣的生长发育规律对外界条件的要求，又要考虑今后的肥水等管理的方便和贮藏运输的便利等。因此，枣园址选择在地形开阔、光照充足、土壤深厚、疏松肥沃、土壤通气性好、排灌方便、交通便利、地下水位较低的沙壤土或沙土为最好。地下水位太高（小于 1 m），土壤过于黏重，通气性较差，不经改良一般不宜栽植。

（二）园地规划设计

枣园规划要因地制宜。依据面积大小、地势不同等因素，合理划分生产小区，并根据需要修建道路和水利设施，整平土地，四周要营造防风林带，修建管理房及配药池，留出适当的选果场。

1. 山地枣园 山地枣园是发展红枣基地的重要区域。丘陵、山地地形复杂，光照、水分、土壤肥力、土层厚度、植被等有较大差异，应充分利用良好的小气候建立枣园。坡度 5°～20°的向阳坡地，5°以下的缓坡地，是建立枣园的良好地带。

2. 沙滩地枣园 沙滩地地势平坦，吸热快、散热也快，昼夜温差大，大枣含糖量高，品质好。一般河滩地下有一层白干土层（石灰质沉积层），易成沥涝，限制根系向深入生长，建园挖穴时应予以打透。

3. 干旱、盐碱区枣粮间作枣园 干旱盐碱区粮食作物多为一年一季，产量低。枣树具有发芽晚，落叶早，生长期短，根系生长高峰出现迟生长等特点，枣树与间作物生长期交错分布，两者肥、水和光照需求矛盾较小，枣粮间作可有效利用光能、高层空间和土地资源，提高农田效益，并兼收农田防护林的生态效益。枣粮间作物为小麦、花生、蔬菜、中草药等低杆、浅根或耐阴植物。

（三）整地和改土

按照规划设计的株行距，挖宽、深各 80 cm 的丰产沟，或挖长、宽、深各 80 cm 的定植穴。挖沟时，应将表土与底土分别放在沟或穴的左右两侧，栽前沟底先铺 5 cm 厚的麦秸或麦糠，将有机肥与表土混合均匀回填到沟内，最后灌水沉实或踏实待植。一般每公顷施有机肥 75 000 kg。

二、栽植

（一）栽植方式、密度

山地枣园、沙滩地枣园采用中等密度，每 667 m^2 栽植 50～60 株。间作枣园，行距多采用 4～6 m 或 8～15 m，株距 3～4 m。密植枣园，为提早获得经济效益，在平原、滩地和缓坡地建园，每 667 m^2 栽 110～200 株，待树冠封行后隔株或隔行移栽，另建新园。

（二）授粉树配置

在自然状况下，枣可自花授粉，自花结实，但如混植其他品种枣树，可以提高枣的坐果率。所以，在建立枣园时，应注意配置授粉树，以提高枣的坐果结实能力。枣与授粉品种配置比例以（5～10）：1 为宜。授粉品种的果实成熟期、品质应尽量与主栽枣树接近，以便于管理。

（三）栽植方法

1. 栽植时期 枣既可秋栽，也可春栽。一般无霜期短，秋季干旱多风的地区，春栽比秋栽更容易成活。如北方因为冬季寒冷，根系不活动，气候干旱，早春水分蒸发量大，秋栽易引起水分失调，枝条抽干。无霜期长、秋季雨水多、春季干旱多风地区适宜秋栽。秋栽还具有苗源充足，劳力相对富裕的优点，但栽后管理期加长，管理难度增大。应根据各自当时、当地的具体情况确定是秋栽还是春栽。

（1）秋栽。秋栽是在枣树即将落叶至土壤封冻前进行栽植，一般于 10 月下旬至 11 月中旬进行，在此期间越早越好。因为此时土壤中的水分较多，地温尚高，枝叶已落，蒸腾作用及地上部的呼吸作用已很微弱，栽后根系还可继续活动，根部伤口很快愈合，来年春季发芽早，生长旺盛，抗旱能力强，成活率高。

（2）春栽。春栽是在土壤解冻后至发芽前进行栽植，一般于 3 月下旬至 4 月中旬进行，在此期间越晚越好。因为此时地温较高，利于根系愈合和生产新根，利于地上部的萌芽生长，可提高成活率。

2. 栽植技术　枣栽植成活率的关键在于根全和保湿。远距离调苗栽植成活率低的原因是苗木及根系失水，近距离调苗如根系不全也会影响成活和缓苗期。因此，在起苗、运苗及栽植时，应特别注意两点：一是注意保全根系和苗木保湿，二是尽量缩短起苗到栽植的时间。

栽植时，按照株行距，在沉实的丰产沟或栽植穴的中心，挖 40 cm×40 cm×40 cm 的定植穴，然后将苗木放入穴中扶正，并前后左右对直，使其根系自然舒展，用混合均匀的肥土填埋根系，填埋到穴深 1/3～1/2 处时，稍向上提一下苗，使原根颈处与地面平齐或略高于地面，经浇水土壤下沉后与地面持平，这样根系舒展并与土壤密接，也不致于栽得过深，然后踏实，再填土至穴满，再踏实。栽植时，注意不要栽植过深或过浅，栽植过深树木生长不良，树势衰弱，栽植过浅容易干旱，造成死苗。

（四）栽后管理

栽植后，要立即浇一遍透底水，最好是大水漫灌。浇水的好处：一是使土壤与根系密接；二是满足根系愈合、生根对水分的需要；三是不使根系透风，有利于成活。但浇水也不是越大越好，浇水过大，根系在水中长期浸泡影响根系呼吸，影响成活。浇水的标准是，浇的水在一天内能渗下去为宜。浇水后待水下沉后便于操作时，用白涂剂将树干涂白，或树干绑草把，这样做的好处：一是防冻，可减轻树干昼夜温差；二是防止动物啃树皮；三是整齐美观。封冻前在树干基部培土堆防寒，土堆高 30 cm 左右。对树干（在 1.5 m 以上）要剪留干高 1.2 m，并对剪口涂保护剂。大风时树木摇晃严重，在大风地区还可在树干一侧埋一根竹竿，埋深 30～40 cm，并将树干绑在竹竿上，大风时不至于摇晃过重。

翌春土壤解冻后，将土堆撒平，土壤干旱时浇一遍水，然后用地膜遮盖，以保墒提温并抑制杂草生长。地膜覆盖的方法是在新栽枣树行的两边各铺一条地膜，将枣夹在两条地膜中间，要求两条地膜重叠 10 cm 以上，并在重叠处用土压住，在地膜两边也用土压住，以防被风吹起，影响地膜的使用效果。并及时定干，定干高度一般在 60～80 cm 为宜。以后要及时中耕、除草、防治病虫害、追肥、浇水、修剪等。

第六节　土肥水管理

一、土壤管理

水、肥、气、热是枣生长发育的基本生活要素，既重要又不可相互替代。水分和养分主要由土壤供应，土壤的同期状况和地温直接影响根系的活动与生长，水分、养分、通气与地温的调节主要是通过土壤管理实现的。所以，土壤管理对枣的丰产、稳产、优质有着极为重要的关系。

（一）扩穴

幼龄枣园，应在定植穴的外侧挖环形沟，沟深 60～80 cm，宽 30～50 cm，以利于根系继续向冠外扩展延伸。以后随着树冠的扩大，要逐年向外扩大。深翻时，要尽量避免伤害粗度 1 cm 以上的大根。深翻扩穴要与施有机肥同时进行，以减少工作量和伤根。挖好后，将表土与有机肥混合均匀，填入环形沟，填完土后要立即浇一遍透地水。栽植后，此项工作连续进行 3～5 年。

（二）翻耕

成龄枣园应在深翻扩穴的基础上进行全园深翻。深度一般为 20～30 cm，树干附近宜浅些，向外逐渐加深。对于栽植密，已进入盛果期的枣园，如果根系已布满全园，也可采取隔行深翻，这样可避免过多伤根。深翻前应将有机肥均匀撒施全园，并翻入地下。

（三）间作

间作为枣树与一些低秆农作物间作套种。枣树发芽晚，落叶早，生长期短，枝条稀（结果枝为脱落性枝），叶片小，自然通风透光好，根系生长高峰出现迟生长等，并且枣树与间作物生长期交错分布，两者肥水和光照需求矛盾较小，枣树是实行林粮间作最佳树种之一。间作模式有枣树//小麦、枣树//豆类、枣树//棉花、枣树//蔬菜、枣树//瓜。

（四）其他措施

枣根系较浅，杂草常与其争夺土壤中的水分和养分。因此，枣园要实行清耕制，每年进行多次中耕除草、松土保墒。春季与初夏一般旱情较重，应及时中耕疏松表土，有利于土壤保墒。进入雨季后，应及时中耕除草，防止草荒，可节省养分，并能减轻病虫害。中耕深度为5～10 cm。中耕时，对树下萌蘖苗如不作繁殖用，应及时清除，以节省养分，增强树势。

二、施肥管理

（一）施肥的意义

枣生长、结果所需的营养主要通过土壤供应。为了保证枣树能够正常生长和获得高产，必须对枣园进行一系列的土壤管理与施肥工作，以满足枣树对氮、磷、钾等大量元素和铁、锰、锌、硼等微量元素的需要。通过施肥，可提高枣树的光合强度，改善枝条生命活力，促进花芽分化，提高坐果率，减少生理落果。因此，合理施肥是枣高产、稳产、优质、长寿不可缺少的农业措施之一。

（二）基肥

1. 基肥种类 基肥主要包括各种家畜、家禽肥、人粪尿、绿肥、饼肥等，是供给枣生长发育的基本肥料。

2. 施肥时期 春施、秋施均可，即果实采收后至发芽前均可，但以秋施为好。秋施时间为10月上旬至11月下旬，在此期间越早越好。因为早施基肥地温尚高，根系正处在活动期，伤根后易愈合并生出新根，同时有利于根系贮藏大量的营养，供来年春季枣萌芽、新梢生长、花芽分化和开花结果之用。春施应在土壤解冻后至发芽前进行，以早施为好。具体施用时间为3月。早施可使肥料有充足的时间腐熟、分解，供根系早吸收利用。基肥以施有机肥为主，也可适当加入一定数量的速效肥料，做到速慢相济。

3. 施肥量 基肥量应占到施肥总量的60%～70%。

4. 施肥方法

（1）环状沟施。在树冠垂直投影线地面挖一条轮状环沟，沟深40～50 cm，沟宽30～40 cm，将肥料施入，以土覆盖。幼龄枣园采用此法较好。随着根系的扩展，逐年向外扩大。

（2）放射沟施肥。果树干0.5～1.0 m以外远处，每隔20～40 cm远，以树为圆心，向着树冠投影处周围划放射状半径，深度40～50 cm、宽10～20 cm，根据树冠大小挖5～8条沟，将肥料均匀施入，施后覆盖严即可。这种方法施肥面积较大，施肥较均匀，但每年应交换位置。其方法主要用于成龄枣园。

（3）条状沟施。条沟施肥是在果树行间开宽50～60 cm、深60 cm的条状沟施入肥料。此方法在密植枣园多用。

（4）全园施肥。将肥料均匀撒施在地面上，然后再深翻土壤40～50 cm深。这种施肥方法可使根系的各部分都能吸收到养料，但施用肥量大，易导致根系上返，降低了抗旱能力。其方法用于成龄枣园为适。

（三）追肥

1. 施肥时间与施肥量 追肥在枣生长发育期进行，以速效性化肥为主。根据枣物候期需肥特点，在一年内，土壤追肥一般进行3次。

（1）萌芽抽枝期。4月上中旬枣芽萌发时，每株成龄树追施磷酸二铵1～2 kg，促使发芽整齐、抽枝、展叶、花芽分化，尤其对弱树或基肥不足的树更为重要。

（2）盛花初期。5月下旬至6月中旬，正值营养生长与生殖生长旺盛阶段，每株追施尿素0.5～

1.5 kg，促进枝叶健壮生长，提高花芽质量，减少落花落果，提高坐果率。

(3) 果实膨大期。6月下旬至8月上旬，此时是枝叶和根系的第二次生长高峰期，是氮、磷、钾三要素吸收量最多的时期，每株追施磷钾肥2 kg，促进果实迅速生长，增强树势。

前2次追肥均以氮肥为主。除以上3次追肥外，对结果多的枣园，还要注意果实生长后期的追肥，以促进果实膨大和品质的提高，增加树体养分积累和贮存。

2. 施肥方法 施肥方法的不同，会影响到施肥的效果，只有将肥料施到枣树吸收能力最强的部位，才能发挥最大的肥效。施肥时，将肥料与表土混合均匀，填入沟或穴的底部。施入肥料后，用土封严，以利于肥料的分解、吸收。常用的施肥方法有环状沟施、放射状沟施、平行沟施、全园撒施、穴施和根外追肥，前4种施肥方法见基肥的施肥方法，现介绍穴施和根外追肥方法。

(1) 穴施。施基肥时在离树干1 m以外挖穴几个至十几个，穴深40～50 cm，穴径30 cm左右。此法在缺水的地方和施磷、钾肥时采用。追肥时，挖穴深20～30 cm。

(2) 根外追肥。根外追肥也称叶面喷肥，就是把肥料溶解在水里，配制成浓度较低的肥料液，在生长期用喷雾器喷到枣树的叶片上，使肥料从叶片表皮细胞或叶底面的气孔进入树体内发挥作用。即可单独喷肥液，也可结合病虫害防治进行。既增施了肥料，又可防治病虫害，省工省时，一举多得。实践证明，叶面喷肥简单易行，用肥量少，见效快，增产效果显著，既不受营养生长中心的制约，还可避免某些肥料成分在土壤中被固定。如磷肥，叶面喷施吸收利用率为20%～50%，而土壤施肥吸收利用率只有6%～9%。

叶面喷肥应掌握生长前期以氮肥为主，磷、钾肥为辅；生长后期则以磷、钾肥为主，氮肥为辅。如能混合在一起喷施，效果更好。对微量元素，应本着缺啥补啥的原则，还要注意用量不宜过多。

叶面喷肥的浓度为：尿素0.3%～0.5%，硫酸钾0.4%，硫酸锌0.3%，硼砂0.3%～0.5%，硫酸亚铁0.2%～0.4%，磷酸二氢钾0.3%，过磷酸钙2%，草木灰浸出液4%～5%。

三、水分管理

尽管枣树比较抗旱，但要丰产稳产，仍需在生长发育期间进行浇水，以补足土壤水分，促进根系生长，减少落花落果。水分既是枣树进行光合作用及吸收养分不可缺少的物质，也是树体的组成部分。如果水分缺乏，叶片便呈现萎蔫，引起落花落果乃至造成植株死亡。另一方面，土、肥、水三者的关系十分密切，有了良好的土壤条件，才能充分发挥肥料的效能，而肥料只有与水相结合，才能收到应有的效果。适时浇水时补充土壤水分，是保障枣正常生命活动需要的唯一措施，也是枣丰产的措施之一。

(一) 浇水时期

1. 催芽（发芽前）**水** 一般在4月上中旬结合施肥进行。枣萌芽晚，但生长快，需水较多，而此期正值干旱少雨季节，此时浇一遍透地水，对枣萌芽、抽枝、展叶和花蕾的形成都有促进作用。

2. 催花（开花前）**水** 一般在5月中下旬结合施肥进行。此时气温高，蒸发量大，适时浇水有利于花器正常开放，避免"焦花"，提高坐果率。

3. 促果水 落花后至幼果迅速生长期（6月中旬至7月上旬）进行。此期需水量较大，若雨季未到，土壤较干旱，可结合施肥进行浇水，可减少落果和加速果实膨大，提高果品质量。

4. 封冻水 在封冻前浇水，一方面可以促进根系吸收养分，提高树体营养物质的积累，另一方面可以增加枣树的越冬抗寒能力。

(二) 浇水方法和浇水量

1. 大水漫灌 这是一种传统的浇水方法，在土壤盐碱地常用此法，既浇足水分，满足枣生长发育对水分的需要，又可将盐分压到土壤深层。

2. 畦灌 在间作栽植及密植园常用此法，可顺枣树保护带做畦。这种方法水量大，效率高。

3. 沟灌 在树行之间挖灌水沟 1～2 条，沟深 30～40 cm，沟宽 50 cm，沟长根据树行长度而定。为防止水分蒸发，当水渗入后，应及时将沟填平。

4. 喷灌 喷灌是一种新型的灌水技术，耗水量小，效果好，多在集约化程度和管理水平较高的枣园采用。

5. 株灌 在灌溉条件较差的情况下采用，每株浇水 100～150 L，此法节约水。

浇水时，应考虑充分利用当地资源，节约用水，减少土壤冲刷，达到既省工又能收效大，灵活选择浇水方法，适时适量浇水，满足枣生长发育的需要。

（三）排涝

枣虽耐涝，但枣园长时间积水会引起土壤通气不良，致使缺氧而死亡。雨季要及时排除枣园内的积水，防止涝害发生。

第七节 花果管理

一、花果管理的意义

枣花量大，但落花落果比较严重。枣开花结果需要良好的内在和外在条件，一是良好的营养条件，二是良好的授粉、受精条件，三是适宜开花坐果的环境条件，三者缺一不可。即使产量较高的丰产树，成熟的果实数也仅为花蕾花朵总数的1%左右。

枣花开放后，没有授粉受精的花，经 1 周左右即出现大量落花，落花的波峰基本上与开花的波峰相似，即开花多的中部节位落花也多。落果多在盛花期后，一般出现在 6 月下旬至 7 月初的 7～10 d。7 月上旬以后落果逐渐减少，7 月下旬生理落果就基本终止。

枣的生理落果主要是由营养不足引起的。枣花量大，萌芽、枝叶生长及开花坐果时间集中，营养生长与生殖生长并存时，各器官之间养分争夺激烈，在花芽分化和开花坐果过程中，消耗大量养分。因此，花期出现落蕾、落花，至盛花期后，大批幼果变黄凋落，甚至叶色变浅，呈现缺乏营养的症状，尤以弱树落花落果更为严重。

枣落花落果严重影响枣的产量，应采取有效措施，调整树体养分的分配，以提高枣坐果率和产量。

二、保花保果

促花促果，提高枣产量。首先，要求树体健壮并贮存充足的营养，肥水适度，冠内光照良好，并有良好的开花坐果环境条件。其次，要采取相应的技术措施，调节营养生长与生殖生长的矛盾，改善授粉、受精条件。采取的主要技术措施如下：

1. 开甲 开甲，也称枷树，即对主干进行环状剥皮，是我国劳动人民在长期生产实践中创造的一种保花保果措施，已沿用 2 000 多年。开甲即切断树干韧皮部，暂时中断有机营养向下运输，增加地上部养分，满足开花坐果及幼果生长发育对养分的需求。开甲后，对树体营养状况的影响，除养分截留外，主要是改变了碳氮比例，开甲后 2 周左右，增加地上部的糖分，减少地上部的氮，抑制了营养生长，促进了花芽分化。开甲 4 周，甲口已愈合，叶片的总糖减少，根的氮增多，渐渐复原。

（1）开甲时期及部位。开甲适宜时期为盛花初期，即大部分枣吊已开 5～8 朵花，时间在 6 月中旬。此时开甲正值“头蓬花”盛开之际，坐果多，果实生长期长、个头大、丰产、品质好。

初次开甲的部位，距地面 5～10 cm 处，以后每年间隔 3～5 cm 向上顺序进行，开甲口一般不重合，直到第一层主枝时再从下向上反复进行。注意第一次开甲的位置不应过高，因为位置低，韧皮部组织发达，易于剥离，伤口愈合快。

(2) 开甲方法及宽度。开甲应在天气晴朗时进行。首先在开甲部位除去老树皮，露出白色的韧皮组织，再用锋利的快刀环切2刀，深达木质部但不伤木质部，宽度为0.2～0.5 cm，初结果树、弱树0.2 cm，大树、壮树0.5 cm，中庸树0.3～0.4 cm，衰弱树不宜开甲。开甲宽度不能超过0.5 cm，否则树势会衰弱甚至死亡。切口要宽窄一致，平整光滑，上刀向下倾斜，下刀向上斜，然后将两刀之间的韧皮部取出，切口上下两端的韧皮部组织仍旧贴近在木质部上，不要翘起露缝，利于愈合。

(3) 开甲后的处理。开甲后，往往因害虫蛀蚀幼嫩的愈伤组织，导致伤口长期不能愈合而影响树势恢复，故开甲后用40%氧化乐果1 200倍液+0.2%硫黄粉涂抹甲口，再用红泥封闭，可起到杀虫、杀菌的作用，有助于伤口愈合。

大树高接换头后，第二年即可开甲。开甲部位即可开甲主干，也可环剥主枝。枣幼树进行主干环切（割）能明显提高坐果率。具体做法是：在6月中旬，在主干距地面10～20 cm处，用刀环切树干1～2周，深达木质部，将韧皮部组织切断，切口两端对准。切2周时，两切道的间距3～5 cm。此法也可用于抚养枝或大型旺长结果枝组。这是幼旺树早期丰产的措施之一，其原理与开甲相同。

开甲能提高枣的坐果率，是最常用的一项保花保果的技术措施，但也有削弱树势的副作用，在应用这项技术时要注意三点：①精心操作，按树龄、树势决定是否开甲及开甲的宽度，对树势过弱、结果能力差的枣树不宜开甲；②加强土肥水管理，在肥水充足的地方，尽管连年开甲，仍连续丰产，树势不见减弱，但肥水不足时，开甲则严重削弱树势；③保护甲口，促进愈合。

2. 抹芽　枣萌芽后，对各级骨干枝、结果枝组间萌生的新枣头，如不做延长枝和结果枝组培养的都应从基部抹掉，以节省养分，增强树势，有利于开花坐果、果实膨大，提高枣的产量和品质，并能减少冬季疏枝而造成的伤口。

3. 加强夏剪　对内膛过密的多年生枝及骨干枝上萌生的幼龄发育枝，凡位置不当，影响光照，又不做更新枝用的，在冬剪时没有疏除的枝条，都应在夏剪时疏除。俗话说得好："枝吊疏散，枝枝枣满；枝吊挤满，吊吊空闲"。

4. 摘心　枣头摘心，可调节养分分配，打破茎尖生长极性（茎尖含有较多的生长素类物质），控制营养生长，减少幼嫩枝叶养分消耗，缓解新梢生长与开花坐果之间争夺养分的矛盾，在促进坐果，防止落果方面效果明显。摘心时期，在整个6月均可进行，但越早越好，对生长旺的枝条，也可多次（2～3次）摘心。摘心方法是：对留有培养枝组和利用结果的枣头，根据空间大小，枝势强弱进行不同程度的摘心。空间大、树势强，需培养大型枝组的枣头，再出现4～7个二次枝时摘心。二次枝在5～6节摘边心。空间小，枝条生长中庸，需培养中小型枝组时，在枣头出现3～5个二次枝时摘心，二次枝在3～5节摘心。

5. 拉枝　对直立生长和摘心后的枣头，于6月中旬用绳将其拉成水平状态抑制枝条顶端生长素的形成，抑制顶端优势和枝条加长生长，积累养分，促进花芽分化，提早开花，当年结果。如树体偏冠或缺枝，可在发芽后至盛花初期，即4月下旬至6月中旬，将内膛枝或新生枣头拉出来，调整偏冠，扩大结果部位。如需均衡枝势，可在6月中旬用绳拉或棍撑的方法调整骨干枝的角度，平衡树势。这样，既能提高坐果，又能加快整形。

6. 花期喷水　枣花粉发芽需要较高的空气湿度（空气相对湿度在75%以上），但我国北方枣产区花期正值干旱季节，枣开花结果常因空气干旱受到影响，甚至造成严重减产。因而，花期干旱时进行喷水，对提高坐果率有较大的作用。枣区群众有"干旱燥风枣焦化，喷水喷雾枣满枝"的说法。

喷水一般是在盛花初期（30%的花开放），每隔2～3 d用喷雾器向叶片和花上喷一次清水，在一天中喷水时间以傍晚最好，因为傍晚气温低，水分蒸发慢，喷水后树冠高湿状态可维持较长时间，且当天开放的花已进入花期外展期后转入柱萎期（枣花为夜开型），花粉易散落，没有冲洗花粉的作用。中午和下午气温高，湿度低，喷洒在叶面和花上的清水很快蒸发，维持高湿时间短，作用小，同时还会冲掉一部分花粉。

喷水面积小时，增产效果差，大面积的喷灌或人工降雨，能明显提高空气湿度，增产效果大。

7. 花期喷肥

（1）喷肥。枣盛花初期（30%的花开放）叶面喷洒尿素 0.3%～0.5%，磷酸二氢钾 0.3%的混合液，能及时补充树体急需的养分，减少落花落果，花期喷肥一般进行 3～4 次，每次间隔 4～6 d，如能同时喷洒生长调节剂效果更佳。

（2）喷植物生长素。植物生长素能增强细胞新陈代谢，促进细胞的分裂分化，可以明显提高枣的坐果率。

① 喷赤霉素（九二〇）。它是促进枣坐果作用很强的植物生长调节剂，除能促进花萌发和子房膨大外，还能刺激未授粉枣结实。喷洒时间以盛花期为宜，一般结果枝开 5～8 朵花时喷洒 1 次 5～10 mg/L 的赤霉素与 600 倍绿芬威 1 号混合液效果更佳。在幼果快速生长期喷 10 mg/L 的赤霉素，可提高单果重，比花期喷洒增产作用更大。需要注意的是，赤霉素的浓度不宜过高，喷洒次数不应太多，增加喷洒次数和提高浓度，虽能提高坐果率，但果实变小，落果增加，尤其在蕾期喷洒，有使花柄增长的现象。

② 喷 2,4－D 或萘乙酸。花后喷 30～60 mg/L 的 2,4－D 可减少落果 37%～41%，花后喷 40～100 mg/L 的萘乙酸可减少落果 22%～44%。在幼果期喷 10 mg/L 的 2,4－D 或 15 mg/L 的萘乙酸，可抑制果柄产生离层，减少落果。

（3）喷微量元素。微量元素如硼、锰、锌、铜等，对枣开花、坐果都有重要的作用，尤其是硼（硼砂或硼酸）作用更明显。因为硼在枣花中含量较高，特别是柱头含硼量最多。硼能促进花粉吸收糖分，活化代谢过程，能刺激花粉萌发，促进花粉管的生长，提高受精能力。因此，冬季缺硼会导致“蕾而不花，花而不实”，出现严重的落花落果现象。盛花期喷 0.3%～0.5%的硼砂水溶液，对提高枣的坐果率效果明显。另外，花期喷硫酸锌、硫酸钾 0.2%～0.3%的水溶液对提高坐果率，减少落果均有较好的效果。

在枣蕾期、花期、幼果期使用稀土元素，对于提高坐果率，促进果实生长均有作用。在枣花期喷 100 mg/L 稀土元素（含稀土氧化物 38%的“常乐”益植素）能提高坐果率 36.3%。同时，稀土元素还能提高叶绿素含量，增强光合作用，提高树体抗病（抗焦叶病、锈病等）、抗虫（抗枣叶壁虱、红蜘蛛等）能力。

（4）喷植物生长抑制剂。花期喷植物生长抑制剂，可控制树体发育，抑制营养生长，促进生殖生长，对提高枣坐果有明显的作用。幼树喷施能控冠矮化，达到矮化密植丰产的作用。效果较好的有以下 3 种。

① 喷多效唑（PP333）。它是一种植物生长延缓剂，能抑制植物新梢生长，作用能持续 2 年以上，并能使叶片增厚，叶色加深，对幼树矮化效果极为明显。在枣幼树上一般使用低浓度（1 000 mg/L）连年喷施，比高浓度一次性喷施效果好。成龄树使用浓度为 2 000～2 500 mg/L。喷施时间在花前（5 月下旬），枣吊长到 8～9 片叶时喷洒效果好，坐果率提高 23.4%。另外，PP333 也可涂干和根部土壤沟施。

② 喷矮壮素（CCC）。可以抑制植物细胞的伸长，但不抑制细胞的分裂，因而它能使植株变矮，节间缩短，叶色变深，叶片加宽增厚。在花前（5 月下旬）对枣树喷洒 2 500～3 000 mg/L 的矮壮素，能明显抑制枣头、枣吊生长，进而提高坐果率，并对幼树矮化效果极为显著。据试验，自 5 月下旬每隔 15 d 喷施一次，共喷 2 次，树冠可比对照矮 17%～30%。除喷洒外，也可采用根际浇灌，每株浇 1 500 mg/kg 的药液 2.5 kg 为宜。

③ 喷比久（B9）。比久喷施后主要抑制枝条顶端分生组织，使新梢节间缩短生长缓慢。髓部、韧皮部和皮层加厚，枝条粗度增加。连年使用可矮化植株。比久抑制生长效果在喷后 1～2 周开始表现，可持续 50 d 左右，在新梢旺盛生长期喷施，有明显的抑制效果。但在花期和坐果期喷施，有降低果

实细胞分裂，抑制果实膨大的现象，比久的使用期应在开花前为宜。使用浓度幼树为 2 000～3 000 mg/L，成龄树为 3 000～4 000 mg/L。

8. 花期放蜂 枣花需要授粉才能结果，枣花是典型的虫媒花，有丰富的花蜜。尽管枣能够自花授粉，但异花授粉坐果率会更高。在枣花期放蜂，提高枣的坐果率效果明显。据调查，距蜂箱 300 m 以内的比 1 000 m 外的坐果率提高 1 倍以上，生理落果也有所减轻。枣园放蜂，一般蜂箱应放在枣园或树行内，间距要在 1 000 m 以内，蜂箱应均匀分散在枣园内。

三、疏花、疏果

疏花疏果是对花、果量过多的树，尤其是密植园，通过人工调整花果数量，使负载量适宜，果实分布合理的一项技术措施。据试验，在 6 月 10～20 日，将枣吊所形成的花蕾，每吊除中部节位留1～2 朵中心花外，其余全部疏除，枣吊坐果率比不疏花的提高 1.2 倍。在子房膨大后按照强壮树 1 吊 1 果、中庸树 2 吊 1 果、弱树 3 吊 1 果的标准进行疏果，果形整齐而大，生长也快，不易落果。

疏花疏果主要是依据树势强弱、树冠大小、栽培水平高低来调整花果布局。一般是树冠内膛和下层要多留少疏。强壮树多留、弱树少留，强枝多留、弱枝少留，做到按树定产，分枝负担，以吊定果，合理布局。

疏花疏果的时间，一般在 6 月中下旬分 2 次进行。第一次于 6 月 15 日前，一般要求：强壮树每个枣吊留 2 个幼果，弱树每个枣吊留 1 个幼果，其余花、果全部疏除。第二次于 6 月 25 日后进行定果。定果标准为：强壮树每个枣吊留 1 个果，中庸树每 2 个枣吊留 1 个果，弱树每 3 个枣吊留 1 个果。如果量不足，或枝组之间坐果不均匀，也允许每吊留 2 个果加以调节。留果要尽量选留顶花果。枣头枝的木质化枣吊，养分充足，坐果能力强，留果量要相对增加，对提高幼旺树的产量很重要。

第八节 整形修剪

一、树形结构特点

枣树任其自然生长，树形混乱，通风透光差，会导致产量低而不稳，果实品质差。枣树的整形，要根据其生长、结果特性及栽植密度与方式等特点，本着有形不死、无形不乱、因势利导、合理安排骨干枝的原则进行整形。稀植园丰产的树形主要有主干疏散分层形、多主枝自然圆头形和开心形；密植园的丰产树形主要有小冠疏层形、自然圆锥形、二主枝扇形和单轴主干形。

（一）稀植大冠树形及特点

1. 主干疏散分层形 又称主干形、主干疏层形。有明显的中央领导干，全树有主枝 6～9 个，分 3 层着生在中央领导干上。第一层主枝 3～4 个，与第二层间距为 0.8 m 左右。相邻两层主枝排列相互错开。主枝角度一般为 50°～60°。每主枝留侧枝 1～3 个，第一侧枝离中心干 3 cm 左右，侧枝间距 70 cm左右，树高一般 5～6 m。

其主要特点是：树体比较高大，主枝分层稀疏相间排列，枝多而不乱，层次分明，膛内通风透光性能好，丰产，寿命长，是较理想的丰产树形。缺点是树冠过高，管理不方便，如果层次安排不合适，比自然开心形光照差，影响果实的质量。

2. 多主枝自然圆头形（多主枝自然形） 此树形无明显的中央领导干，而是在主干上错落着生 6～8 个主枝，且向斜上方自然生长，无层次性。主枝间距 50～60 cm，每主枝着生 2～3 个侧枝，侧枝间相互错开，均匀分布。树冠顶端由最上一个主枝自然开心，形成自然开心形。

其主要特点是：树体比较高大，树姿较开放，多层次性，树顶开放，光照良好，枝量多，成形快，丰产稳定。

3. 开心形 此树形没有中央领导干，主枝与树干呈三叉或四叉状结构。幼树直立，随树龄增长逐渐开张，主枝角度40°～50°。每个主枝上一般着生2～3个侧枝，向四周自然伸长。结果枝组依据空间的大小，均匀分布在侧枝上。

这种树形的特点是：结构简单，容易整形，便于管理，通风透光良好，冠内秃裸现象较轻，着色好。其缺点是：因无中央领导干，主枝上的单位枝较多，负荷较重，容易下垂和风折。

（二）密植小冠树形及特点

1. 小冠疏层形 全树有5～6个主枝，分3层着生在中央领导干上。第一层3个主枝，基角60°左右，长度1 m左右。第二层1～2个主枝，距第一层70～80 cm，主枝长度90 cm左右。第三层1个主枝，距第二层50～60 cm，主枝长度80 cm左右。主枝上不设侧枝，直接培养不同类型的结果枝组。第一层主枝以培养大型枝组为主，第二层主枝以培养中型枝组为主，第三层主枝以培养小型枝组为主。各枝组的距离以互不影响光照为原则，自下而上在主枝两侧选留，冠径控制在2～2.5 m，干高40～50 cm，树高2.5 m左右。成形后树冠呈扁圆形。

此树形的特点是：树体小，枝次少，成形快，光照条件好，易丰产。适宜株行距为3 m×（4～5）m，每667 m^2 栽株数44～56株。

2. 自由圆锥形（自由纺锤形） 全树有主枝10个左右，均匀排列在中央领导干上，不重叠、不分层，全部呈水平状向四周伸展，主枝长度在1 m左右，冠径不超过2～2.2 m。主枝上直接配置中小型结果枝组，不配备大型枝组。枝组与枝组之间有一定的从属关系，内膛以中型枝组为主，外围以小型枝组为主。干高50～60 cm，主干直立，树高2.2～2.5 m。成形后呈下宽上窄的圆锥形。

此树形的特点是：骨干枝少，骨架牢固，整形简单，光照条件好，结果早，易丰产，管理方便。适宜株行距为（2～2.5）m×4 m，每667 m^2 栽株数66～83株。

3. 二主枝扇形 干高60 cm左右，全树有6个主枝，分3层排列，每层均为2个主枝。层间距为：第一层与第二层为80 cm左右，第二层与第三层为60 cm左右。第一～二层的主枝都留在株间，顺行向延伸，第三层主枝伸向行间，以利于通风透光和管理方便。第一层主枝留2个大型枝组，第二层主枝留1个大型枝组，各主枝上在配置一些中、小型枝组。枝组与枝组间有一定的从属关系。树高控制在2.5 m左右，成形后为扇形。

此树形的特点是：骨干枝少，光照条件好，整形简单，管理方便，结果早，易丰产。适宜株行距为（2～2.5）m×4 m，每667 m^2 栽株数66～83株。

4. 单轴主干形 树体没有明显的主枝，结果枝组直接着生在树干上。全树有枝组12～15个，不分层，呈螺旋式向上排列，以近于水平状向四外伸展。结果枝组有一定的从属关系，基部的强而壮，向上依次减弱，单轴主干直立，成形后即可落头。结果枝组3～4年更新复壮一次，即在主枝基部6～10 cm处重截，使老枝不老，保持各枝组有旺盛的结果能力，干高50 cm左右，树高2 m左右。

此树形的特点是：生长势强，树体小，成形快，修剪简单，枝组布局合理，通风透光好，单位面积产量高，管理方便。适宜株行距为（2×3）m～（1.5×2.5）m，每667 m^2 栽株数为111～177株。

二、修剪技术要点

（一）修剪时期、作用

1. 修剪时期 修剪时期可分为冬季修剪和夏季修剪两种。冬季修剪一般在枣树落叶后到来年春季枣树发芽前进行。北方偏冷地区，为避免冻害，一般在早春萌芽前进行，其他地区在整个休眠期均可进行。夏季修剪，一般在枣头长出5 cm左右开始进行，一般在4月下旬开始。

2. 整形修剪的特点 枣树的枝芽类型和生长结果特性与其他落叶果树不同。因此，枣树在整形修剪时也独具特点，其主要特点如下：

（1）枣树花量大。枣是多花树种，其花芽分化与枣吊生长同时进行，边生长边分化，且多次分化，多次开花坐果，而且结果较稳定。因此，在修剪上不必考虑花芽留量和布局，只要合理安排树体

结构，做到层次分明，枝组排列均匀，通气透光，每年都能获得丰产。

（2）枣树自然分枝能力差，修剪量小。枣的分枝能力差，营养枝修剪反应迟钝，短截后不易发枝。因此培养主枝、侧枝、结果枝组时应在所需发枝部位，把剪口处的二次枝疏掉，才能抽生新的枣头。结果母枝每年的生长量小，一般延长生长仅 1～2 mm，10 多年生的结果母枝全长仅 2～3 cm。结果母枝的连续结果能力很强，可达十几年甚至几十年之久，因此结果母枝不必修剪。结果枝（枣吊）每年春季长出，秋季连同叶片一起脱落。因此，结果枝也不存在修剪问题。另外，结果枝组同一年龄枝段上的数十个结果母枝几乎都在同一年内形成，除年龄相同外，其长势和结果能力的发展、衰退也基本一致，在结果母枝衰老之前，也无须修剪。因此，枣与其他果树相比，修剪量小。

（3）结果枝组稳定，容易培养与更新。枣结果枝组稳定，生长量小，连续结果能力强，并且容易培养和更新，枣股经刺激后可萌生枣头，翌年就可形成强壮的结果枝组，如果营养条件好，当年就可结果。结果枝组寿命较长，在衰老之前不必进行修剪，需要更新时只需将同一年龄的枝段或整个枝组更新。

（4）枣营养枝少且容易控制。枣的营养枝较少，而且营养枝较易转化为结果枝组，生长与结果的矛盾较小。因此，枣整形修剪只要注意骨干枝的培养，结果枝组的密度安排，枝龄的调整控制以及按从属关系平衡枝条的长势即可。

3. 整形修剪的作用

（1）调节生长与结果、衰老与更新的矛盾。枣树结果早、花多果多，合理修剪不仅形成牢固的骨架，使结果枝组合理，树体健壮，而且结果早、质优、丰产。枣树隐芽寿命长，通过修剪，使树体更新复壮，推迟衰老过程。

（2）枣树为喜光树种，对光照反应敏感。树冠各方位以南部、西部吸收光最多。枣头生长充实，节间短，枣吊发育多，结果量大，单果较重，且着色好。通过修剪，改善树体结构，使树冠内充分通风透光，增强光合效益。

4. 整形修剪的原则

（1）整形的原则。枣树整形就是用修剪的手段合理调节树体的枝量，控制枝条的生长部位，培养牢固的骨架和良好的树体结构，使各部位的枝条各自占领一定的空间，有良好的光照条件，能充分地进行光合作用，调节生长与结果的矛盾，达到早结果、丰产、稳产和优质，并能延长盛果期的目的。

不同栽培方式、不同立地条件的树形培养有很大区别。枣粮间作的枣树定干可高些，以便于冠下以及行间的操作管理；稀植枣园的树冠可大些，以充分利用土地；密植枣园、山地枣园、土壤瘠薄、土层浅，定干可低些。

（2）修剪的原则。控制枝条的分布，做到枝条主次分明，错落有序，改善通风透光条件，提高光能的利用率。通过修剪，调节生长与结果的关系，使营养枝与结果枝根据需要相互转化，达到幼树加速生长并提早结果，早期丰产，盛果期延长；老树更新复壮，延长结果寿命的目的。

（二）修剪方法和运用

1. 冬季整形修剪及常用方法 冬季的整形修剪又称冬剪。一般指从落叶后至翌春发芽前进行，但以 2～3 月到发芽前进行为最好，因为冬季北方地区寒冷干燥，冬剪过早伤口易风干，影响剪口芽萌发。冬剪常用的方法有：

（1）短截。将当年生较长的枝条（枣头一次枝或二次枝）在所需的地方剪截。其作用是增强下部养分，刺激主芽萌发，促其抽生新枝，保证树体健壮和结果正常。短截可分为轻短截、中短截和重短截 3 种。保留 3 节以上的短截为轻短截，适于发展空间小，培养小型结果枝组；保留 2～3 节短截的为中短截，适于发展空间不大，利于培养中型结果枝组；只保留基本潜伏芽的短截为重短截，适于枣头生长势弱，有发展空间的枣头一次枝和二次枝，利于促发旺枝。对枣头短截时，剪口下的第一个二次枝必须疏除，否则主芽一般不萌发，即所谓的“一剪子堵，两剪子出”。

（2）打尖。指对当年生枣头剪去顶部1～2个二次枝的剪法，是轻短截的一种。多对没有发展空间而生长势又旺的枣头进行。

（3）回缩。指对多年生延长枝或大结果枝组的短截。多对先端结果差的枝条进行回缩，以增强后部的结果能力，促使枝条复壮，防止结果部位外移。也可以抬高枝条角度，增强枝条的生长势，有利于枝组的复壮和老树的更新。

（4）疏枝。指对树冠内的不能利用的徒长枝、下垂枝、重叠枝、过密枝、交叉枝、竞争枝、病虫枝、干枯枝、纤弱枝及没有发展空间的过密枝从枝条基部剪掉的一种修剪方法。疏枝能起到使树体养分集中、通风透光、平衡树势的作用。

（5）分枝处换头。指对着生方位、角度不理想的主枝或大枝组在合适的分枝处截除，由分枝做延长枝，以调整枝量和空间分布的剪法。

（6）落头。指对中央领导干在适当高度截去顶端一定长度，以控制树高，打开光路的剪法。当树冠达到一定高度时，即可落头开心。其作用是控制极性生长，加强主、侧枝生长，改善冠内光照与通风状况。

（7）刻芽。刻芽即在主芽上方1 cm处刻伤，深达木质部。其作用是刺激主芽萌发，抽生新枝。此法对幼树迅速扩冠，及早形成有较明显的作用。

（8）刮。刮掉老树皮，有利于树皮的更新，还可消灭在老树皮内越冬的病虫害。既是一种修剪方法，又是一种防病除虫的方法。

2. 夏季修剪及常用方法 夏季修剪也称夏剪，即生长季节进行的修剪。枣头萌发自4月中旬开始，到8月上旬枝叶停止生长前，不断有新枣头发生，生长高峰一般在5～7月，在此期间应每月进行1次夏剪。若能及时适当抹芽、除萌、疏枝、摘心、曲枝（撑枝、拉枝）等，调节枣头生长势及密度、角度，可以减少树体养分的消耗，调整各个部分生长势力，保持适宜的枝叶密度，有利于通风透光和生长发育，调整生长与结果的关系，促使幼树早成形、早丰产，促进结果树高产、稳产、优质；同时，搞好夏剪，还可减轻冬剪的工作量，较只进行冬剪的效果好。幼树应以夏剪为主、冬剪为辅，促使幼树早成形、早结果。夏剪常用的方法有：

（1）抹芽。在春季萌芽后，将没有发展空间（部位）的新生芽抹去，以防止消耗树体养分和扰乱树形。

（2）摘心。在生长季节（以5～6月为主）对新生枣头一次枝、二次枝及枣吊，将先端部分摘掉。其作用是控制其加长生长，改善营养状况，调节生长与结果之间的关系，对培养结果枝组和提高坐果率以及增进果实的品质作用显著。

（3）疏枝。对冬剪时应疏除而漏疏的枝条，春季萌芽后抹芽时漏抹的或没有利用价值的枝条，以及春夏季枣股上萌发的新枣头或枣头基部萌发的徒长枝，要及时发现、及时疏除。以减少养分的消耗，改善冠内通风透光条件，提高坐果率，增进果实品质。

（4）曲枝。曲枝包括撑枝、拉枝。新抽生的枝，如果方位、角度不够理想时，趁新生枝柔嫩（未完全木质化）时，进行撑枝、拉枝，改变枝条生长的方位、角度，合理利用空间。

（5）除萌。枣根部萌蘖，消耗大量营养，不利于生长、结果和管理，应及早除掉。

三、不同年龄期树的修剪

（一）幼龄树

1. 幼龄树生长特点 枣从定植到结果初期，枣头顶芽萌发力强，单轴延长生长能力也强，若不及时修剪，树形混乱，树冠通风透光差，干高且骨干枝少，骨架不牢固，树冠形成年限长，早期产量低。所以必须及时进行合理地整形，培养骨干枝，形成牢固的骨架，形成丰产树形，培养足够的结果枝组，及早结果，达到早期丰产的目的。

2. 整形修剪的原则　幼树整形为主，培养牢固的树体骨架及丰产树形，为以后丰产稳产打下坚实的基础。幼树整形应坚持以夏剪为主、冬剪为辅，夏、冬结合的原则。通过整形修剪，促生分枝，选留强壮枝，开张角度，扩大树冠，使其形成合理牢固的树体结构。

3. 整形修剪的方法

（1）定干。枣幼树定干以早为好。早定干可早增加枝量，有利于早期丰产。定干时期要根据栽植时期而定，如果春季栽植的树，栽后可立即定干。如果是秋季栽植的树，最好是到春季发芽前定干，以防秋季定干后冬剪抽干。定干的目的在于控制第一层主枝的高度。枣园因栽植的密度、方式和土壤等条件不同，定干的高度也应有所区别。总的原则是：土质好的地块、稀植和庭院栽植的枣，定干可适当高些，定干高度一般以 1～1.2 m 为宜；土质差的地块、密植栽培的枣，定干可适当低些，一般以 60～90 cm 为宜。

定干的方法，根据枣的生长习性和栽培要求，可分为截干清干定干法、截干删头定干法、拉刻定干法 3 种。

① 截干清干定干法。在萌芽期于预定的干高以上留 20 cm 的整形带截干，并将剪口下的二次枝全部从基部疏除。其特点是集中营养，促使主轴上的主芽多萌生为发育枝，选留、培养第一层主枝。新生枣头除中心枝留作中央领导干需直立向上生长外，其余新生枝头与 7～8 月采用拉枝的方法，使其角度开张，培养成主枝。此法多用于稀植和庭院栽植的枣。

② 截干删头定干法（“五剪子”定干法）。在萌芽期，在要求的树干高度以上留 4～5 个节作为整形带，截除顶梢，剪口下第一个二次枝，留 1 节剪除，利用主轴向上的主轴芽抽生中央领导干，其下 3 个二次枝留 1 节重剪，促使主芽抽生成主枝。其下的二次枝不疏不截，以后逐年清理。夏剪时，除留作中央领导干的使其向上直立生长外，其余发育枝可适时适度地进行拉枝，开张角度，培养第一层主枝。此法多用于小冠疏层形和自然圆锥形树形。

③ 拉刻定干法。定植或坐地砧嫁接植株，不用剪截方式定干，而是在萌芽前将植株顺行间用绳子把树干拉成 90°角，留干高 50～60 cm，以减缓主干顶端的生长优势，增强中下部的养分积累与生长势力，然后在弯斜的主干背上距地面 50～60 cm 处，选一个方位适宜、生长健壮的二次枝进行留桩（1 cm 左右）短截，并在芽上方 1 cm 处刻伤，深达木质部，暂时阻碍营养物质和细胞激动素的上运，也能阻碍枝条先端内源赤霉素的下运，从而促使伤口下的主芽萌生枣头。次年再将抽生的新枣头向相反的方向拉枝并刻伤，如此拉刻培养树形。这样做的目的是既要保留原枣头枝转化为主枝和结果枝组，又要促生新的枣头，增加枝量，促使早结果、早丰产。

（2）骨干枝的培养。枣幼树期，枣头顶芽延续生长力很强，一般多为单轴延伸，不易发生侧生枣头，可采用重截、刻芽和选留自然萌生枣头的方法，克服发枝力低、修剪反应迟钝的困难，达到较好的控制发枝部位，平衡长势，合理配置骨干枝的整形目的。

定干后的第一个生长季，可按照所整树形的结构要求，需培养中央领导干的树，选留最上方的一个新生枣头，使其向上直立生长，培养成中央领导干。对其他选作主枝的新生枣头，用撑、拉、别等方法，调整其延伸方向和开张角度，培养为主枝。到 6～7 月枣头停止生长前，对生长到一定长度的中央领导干与主枝的延长枝摘心（摘取顶尖或剪去 1～2 节嫩梢），抑制枝条加长生长，促使枝梢先端的侧芽发育充实。冬剪时，将中央领导干在需培养第二层主枝的部位进行短截，并剪除剪口下的第二至三个二次枝，最上方的一个主芽充实新枣头继续留作中央领导干，第二至三个主芽培养为第二层主枝。如果中央领导干较矮，达不到第二层主枝高度时，在饱满芽上方短截，并将其下方的 1 个二次枝留 1 cm 剪掉，培养侧枝。以后用同样的方法培养上层主枝和侧枝。

小冠树形的结构要求是：结果枝组直接着生在中央领导干上，其整形修剪方法可采用刻芽和选留自然萌生枣头的方法。即对中央领导干延长枝出现了 7～9 个二次枝时摘心，二次枝在 5～6 节摘心，以减缓其加长生长，增加加粗生长，促使摘心下的主芽发育充实。冬剪时不短截中央领导干，仅疏除先端第一个二次枝，刺激主芽抽生为新的中干延长枝，其余二次枝选留方位、距离适宜的留 2～3 节进行短截。培养为大、中型结果枝组，多余的二次枝可不疏不截。由于枣抽枝常不够理想，可于春季芽萌动时，在需要抽生发育枝的部位，剪除二次枝，然后在芽上方 1 cm 处刻伤，促使抽枝。据试验，刻芽抽枝率能达 95%以上。幼树期骨干枝生长旺盛，常有竞争枝，冬剪时，选留一个位置、角度合适的作骨干枝延长枝，将竞争枝从基部疏除，夏剪时及时抹芽或摘心控制其生长。

（3）结果枝组的培养。枣结果枝组的培养比较简单。每一个二次枝就可成为一个小型结果枝组。每一个发育枝只要空间许可，都能成为一个大型或中型结果枝组。其培养方法是：随着骨干枝的延长和加粗，用培养骨干枝的方法促使骨干枝发生枣头，经控制长势，使其转化成结果枝组。

结果枝组配置总的要求是：枝组群体左右不拥挤，个体之间上下不重叠，根据空间的大小、枝势的强弱，来决定枝组大小，使其均匀地分布在骨干枝上。

（4）辅养枝的控制和利用。除骨干枝以外的枣头枝，只要不影响骨干枝的生长，暂作辅养枝保留利用。辅养枝的修剪方法，以短截回缩为主，剪截程度要重于骨干枝，一般可留 3～4 个二次枝，剪口下的二次枝不留不疏，控制其延长生长，保证骨干枝的生长势力，并促使其大量结果，争取早期丰产。对部分影响通风透光与没有利用价值的辅养枝，要逐渐回缩或疏除。

（5）控制生长，促其结果。幼树、旺树，由于营养生长量大，消耗养分多，营养积累少，虽能每年开花，但结果不多，表现出营养生长与结果的矛盾极为突出。因此，对于幼、旺树除加强土肥水管理和病虫害防治、保持健壮的生长发育外，还应采取主干环剥（切）和冬季剪顶芽，夏季摘心、撑枝、拉枝等修剪方法，控制营养生长，减少营养物质的消耗，促进花芽分化和开花坐果，促使其早期丰产。

（二）结果树

1. 生长特点 树形已基本形成，长势已逐渐衰弱，树冠大小基本稳定，逐渐进入盛果期，树姿开张，枝条逐渐弯曲下垂，骨干枝中下部的二次枝及内膛枝条容易枯死，结果部位外移，枣股衰老，结果枝组出现自然更新现象。

2. 修剪原则 疏、缩、截等修剪方法综合运用，集中营养，维持树势。疏除部分大枝，保持树冠通风透光的树体结构，有计划地更新结果枝组和培养内膛枝，使枝条分布均匀，防止结果部位外移，使每个枝组能维持较长的结果年限，做到树老枝不老，并形成树冠内外上下立体结果的良好结构，长期保持较高的结果能力。

3. 修剪方法

（1）疏、缩、放结合维持树势。对树高和冠幅达到要求之后，将不再延伸的骨干枝顶端萌发的枣头，在夏季修剪时疏除或留 2～3 个二次枝摘心，促其结果。如树势过旺，骨干枝顶端枣头多，难以控制时，可选一个壮枣头甩放，将其余枣头疏除，待 1～2 年，在下端枣头选一分枝处进行回缩。如树冠小仍有发展空间时，骨干枝需继续延长，枣头可进行短截，培养新枣头。如果枣头弱可缓放不动，待枣头主轴加粗后再短截，这样才能抽生强壮的枣头。当骨干枝先端下垂，开始衰老，产量降低时，要及时对骨干枝加重回缩，以恢复树势，并及时培养从弓背处萌发的枣头作为更新枝，代替骨干枝延长枝。

（2）更新结果枝组，做到树老枝不老。枣结果枝组尽管寿命长，但也要经过幼龄、壮龄和衰老、死亡阶段。枣股的结果能力以 3～8 年为最强，要使树体保持较多的 3～8 龄枣股，应不断地对枝组进行合理地更新，保持树体良好的结果能力。更新常用的方法有疏除、短截、回缩、培养等。

结果枝组已达到所需长度时，对先端和二次枝中上部枣股萌发的枣头，要及早从基部疏除，以减少养分消耗，维持中下部的结果能力。对二次枝基部萌发的枣头，可根据具体情况处理，留用或疏除。结果能力强的可保留进行结果；结果能力降低且没有发展空间的要及时疏除。进入衰老期的枝

组，在中下部适当位置短截二次枝，促其萌生枣头，如在枝组中下部由潜伏芽或由二次枝下部的枣股抽生出健壮枣头时，可摘心培养1～2年，然后疏除老枝组，以新换旧代替老枝组。对树势弱或树冠郁闭的植株，可将衰老植株先端回缩、重剪，减少生长点，集中营养，刺激后部或附近骨干枝上的隐芽萌发促生新枣头，培养新枝组。如新生枣头方向不合适时，可采用撑枝、拉枝、别枝等方法进行调整枝位。

（3）清除无用枝，改善光照。随着树龄、枝龄的增长和结果负载量的增加，骨干枝及结果枝组先端易下垂，骨干枝背上易抽生徒长枝消耗养分，树冠外围常萌生许多细弱的发育枝，形成局部枝条过密，互相拥挤重叠，冠内通风透光不良，导致枝条大量衰老和死亡，结果部位外移，产量下降，品质差。因此，冬剪时应及早疏除干枯枝、病虫枝、徒长枝、过密枝、细弱枝、机械损伤枝，对剪下的病虫枝要清理出园并及时烧毁，回缩交叉重叠枝、下垂枝，如有竞争枝，选留一个位置、角度适宜的作为延长枝，将另一个竞争枝从基部疏除，打开光路，改善通风条件，减少养分无效损耗，保持树体良好的结果能力和延长结果年限。

（4）调节和改造骨干枝。对骨干枝过多，主次不清，树形、枝条紊乱，不能丰产稳产的树，在不影响当年产量的前提下，根据因树修剪、随枝作形的原则，进行适当的树形改造和骨干枝调整。对一些无用或无发展前途的骨干枝有计划地分批疏除或改造成结果枝组，同时培养一些更新枝，使保留和新培育的骨干枝能按照一定的方向生长发育，改善树冠内的通风透光条件，逐步提高产量。被疏除的部位发芽后往往萌生较多的发育枝，在夏季修剪时，要及时采取抹芽、疏枝、摘心等修剪措施，使紊乱的树形变成树形整齐，枝条排列有序，树冠层次分明，通风透光良好，结果部位、结果面积合理的树体结构。

（三）衰老树

1. 更新树的特征 枣树随着树龄的增长，长势逐渐衰弱，自然更新能力也逐渐减弱，老龄结果枝组和多年生枣头上的二次枝大量死亡，结果能力下降，产量锐减。应及时对其更新复壮，以保持单位面积的产量和延长结果年限。

2. 修剪原则 在这个时期，要恢复较高的产量并保持较长时期的丰产，必须进行全面、及时的更新，即综合运用疏、截、缩的修剪方法，大量消除衰老的结果枝组合和骨干枝前部枝梢，大量减少生长点，积累、集中较多的营养物质，刺激骨干枝中下部的隐芽萌发粗壮的发育枝，培养并形成新的结果枝组，形成新的树冠，延长结果年限，做到连年丰产、稳产、优质、高效。更新修剪应做到以下几点：

（1）自然更新与人工更新相结合。枣的主枝随着树龄的增长而不断伸长和下垂，在弯弓部位容易出现徒长枝代替老枝头，这是自然更新。衰老树自然更新能力弱，但在光秃部位也常长出一些发育枝，通过人工修剪的方法促进更新，这是人工更新。采用人工更新与自然更新相结合的方法可加快老枝更新。即将自然更新枝前端的枝头锯掉，年内将老枝全部锯掉，也可分几年来完成，应视具体情况而定。由于将前端锯掉，后面的发育枝受刺激而加快生长，使新枝代替老枝。

（2）局部更新与全冠更新相结合。对个别骨干枝或个别枝组进行的更新为局部更新，目的是调节个别骨干枝或枝组生长与结果的矛盾，改善通风透光条件。全冠更新是对已无自然更新能力、树冠主枝残缺、结果枝稀少、产量低的老树进行全树冠重截。全冠更新是在休眠期进行，一次性对主枝重截，主枝重截后，当年春季不定芽可萌发，选取位置适当的新芽培养骨干枝的延长枝。为促进新树冠的迅速形成，应加强土肥水管理，这样一般2～3年即可形成新的骨干枝，3～4年即可大量结果，株产会大大超过更新前的水平。更新时，本着宜局部更新的则局部更新，尽量控制全冠更新，对过于衰老树则可全冠更新。

3. 更新修剪的程度与方法 更新修剪的程度可分为轻、中、重和极重4种。决定更新程度轻重的依据，一般根据树体老龄枣股所占比例、树龄大小及树体衰老程度来决定。枣股的结果能力以3～

8年生最强，10年生以上枣股结果能力下降，甚至不再结果。因此，要想提高老树的产量，就得千方百计地提高树体3～8年生枣股所占的比例。具体更新标准是：当树体内10年生枣股占枣股总量的25%～30%时，可进行轻更新；占枣股总量的31%～45%时，可进行中更新；占枣股总量的46%～55%时，可进行重更新；占枣股总量的56%以上时，可进行极重更新，即全冠更新。更新时间在树液开始流动至发芽前进行为宜。

（1）轻更新。采用疏、缩、截相结合的手法，进行调整、培养结果枝组。更新后留股（枣股）量为树体原股量的80%左右。

① 疏。每株可疏去1～3个轮生、交叉、重叠的骨干枝及部分并生和密挤枝，清除病虫枝、枯死枝等，对10年生以上的结果枝组，可从基部疏除。

② 缩。对衰老骨干枝先端部分进行回缩，抬高枝条高度，增强生长势。对已经残缺而结果枝很少的枝组，缩剪1/3～1/2，以便集中养分，促发新芽。

③ 培养。对1～3年生发育枝，依据空间大小留2～3个或5～6个二次枝短截，复壮二次枝，培养中、小型结果枝组。

（2）中更新。采用以截为主、疏留（甩）为辅的手法，对骨干枝进行一次全面更新。更新后的留股量为原股量的35%～40%。

① 截。将中央领导干（枝）截去原长的1/3，主枝按层次进行。第一层主枝截去原长的1/3～2/5，第二层主枝截去原长的3/5～2/3，上层主枝的高度应略低于中央领导干，以从属关系明显为原则。每年更新1/3，3～4年更新一遍。更新枝留桩长度为：大冠径的一般主枝留桩长60～70 cm，侧枝留桩长40～50 cm。小冠径的骨干枝一般留桩长30～40 cm。辅养枝视其衰老程度，一般截1/3或不截。

② 疏。疏去交叉、重叠、干枯的骨干枝、病虫枝等。

③ 留。全树应保留一定数量的骨干枝和枣股，一般保留35%～40%。这样不仅树势恢复较快，而且当年还能获得一些产量。

（3）重更新。采用以截为主、截疏结合的修剪方法，对骨干枝、结果枝组及辅养枝一次性进行全面更新。更新后的留股量仅占原树枣股量的20%左右。

① 截。骨干枝的截留长度以从属关系明显为原则，一般中央领导干截去原长的1/4左右，骨干枝从下而上截去原长的1/2～2/3，最上层以不高于中央领导干为宜。辅养枝视其衰老程度，重截原长的1/5～4/5。结果枝组在骨干枝关系截留范围内视其衰老程度不截或回缩更新。

② 疏。疏除交叉、重叠、过密、细弱、干枯、病虫及机械损伤的骨干枝，使树冠层次分明，通风透气性能良好，有利于新树冠的培养。

（4）极重更新。修剪方法与重更新相同，只是修剪程度更大而已。更新后的留股量仅占原树枣股量的5%左右。

综上所述。更新的程度以稍轻为好，极重更新尽量不用，非用不可时，尽量减小修剪量。剪锯口直径不要超过3～5 cm，回缩过重伤口大，不易愈合，树势恢复也慢。同时由于刺激过重，萌发枣头过多，不仅给整形修剪带来困难，而且浪费养分，影响树势。截缩后，要结合夏季修剪，及时抹芽、摘心控制生长势，减少养分过多消耗。冬、夏季修剪有机结合，才能发挥修剪的良好效果，达到事半功倍的效果。

4. 更新后的管理

（1）加强伤口保护。枣木质坚硬，伤口愈合能力差，更新后对伤口要及时处理，促使其早愈合。对剪锯直径在3 cm以上的伤口，要用塑料布捆绑包扎，以提高温度和保持较高的湿度，有利于伤口的愈合。对剪锯口径在3 cm以下的伤口，要用油漆及时涂膜保护，促其愈合。

（2）加强土肥水管理。更新后，为使老树尽快复壮，恢复产量，应加强土肥水综合管理，尤其要增施有机肥，重点搞好土壤改良和培肥地力，为老树复壮提供足够的肥力。

(3) 修剪调节，及早成形。更新后，可导致大量隐芽萌发，这一现象可持续3年以上，再加上更新后萌发的枣头枝营养生长占优势，就会使枝条紊乱，层次不清，树冠过早郁闭，通风透光不良，开花少，坐果率低，起不到更新复壮的作用。

更新后的修剪要冬、夏结合。重、极重更新后的修剪，主要对枣头进行短截，疏除过密枝，调整枣头延伸方向，合理配置好各级骨干枝和各类型的结果枝组，使树冠早成形。轻、中更新树，以培养结果枝组为主，对枣头枝进行疏、截、缩等处理。修剪方法与结果期树的整形修剪基本相同。

第九节　病虫害防治

危害枣树的病虫害种类很多，而且有些病虫的危害极为严重，能使枣树绝产。因此，防治病虫害是枣树栽培管理中的一项重要工作。

病虫害的防治，要掌握病虫害的危害特点、发生规律，了解其生活史，抓住其生活史中的薄弱环节进行防治，就会收到事半功倍的防治效果。在病虫害防治过程中，要贯彻“以防为主，防重于治和综合防治”的原则，合理运用农业、生物、物理机械、化学等防治手法，把病虫害控制在经济水平允许的范围内，做到有病、有虫不成灾，疾病做到及时发现，治早、治小，达到减少投入和增加经济效益的目的。

一、主要病害及其防治

(一) 枣锈病

1. 为害特点　被害植株提前落叶，影响光合作用及光合产物的积累，造成早期落果或引起枣果皱缩，果肉含糖量下降，多数不能食用，品质极差。不仅影响当年的产量，而且造成翌年树势衰弱，抗逆性差，是枣树的主要病害之一。

2. 为害症状　该病主要侵害叶片，感病叶片背面初期出现无规律淡绿色斑点，进而呈灰褐色，并向上凸起，其上密布褐色孢子，成为夏孢子堆。形态各异，多发生在叶脉两侧，在叶片正面对着夏孢子堆的地方，出现不规则的褪绿小斑点，逐渐失去光泽，以后变成黄褐色角斑，最后干枯，导致早期落叶。

3. 病原及发病规律　病原属于真菌担子菌亚门的枣层锈菌。病原菌主要以夏孢子堆在病落叶上越冬，病菌也可以多年生菌丝在病芽中越冬。翌年夏孢子借风雨传播到新的叶片上，从叶片正面和背面直接侵入引起初次侵染，发病后可多次再侵染。枣锈病发生的轻重与7～8月的降雨多少密切相关。降雨多且遇连阴天，空气湿度大，发病重，落叶、落果严重；反之，发病则轻。

4. 防治方法

(1) 农业防治。加强栽培管理，对过密枝条适当修剪，改善冠内通风透光条件，增强树势。晚秋至冬季清扫落叶，并打掉树上宿存的枣吊，集中烧毁，以减少越冬病原。枣树行间不要种植高秆作物。加强土肥水管理，增强树势。

(2) 化学防治。7月中旬及8月上旬各喷一次1∶2∶200波尔多液、绿得保500～800倍液、保果灵300～500倍液。轻病区在8月上旬只喷1次即可。其次可在发病期喷50%代森锌可湿性粉剂500倍液、50%退菌特可湿性粉剂600倍液、75%甲基硫菌灵可湿性粉剂1 000倍液、粉锈宁800～1 000倍液等。

(二) 枣炭疽病

1. 为害特点　枣炭疽病俗名焦叶病。主要为害果实，也侵害枣吊、枣叶、枣头及枣股。果实染病后常提早脱落，品质下降，严重者失去经济价值。

2. 为害症状 在果肩或果腰的受害处，最初出现淡黄色水渍状斑点，逐渐扩大成不规则形黄褐色斑块，中间产生圆形凹陷病斑，病斑扩大后连片，呈红褐色，引起落果。病果着色早，在潮湿条件下，病斑上能长出许多黄褐色小突起（为病原菌的分生孢子盘）及粉红色黏性物质（即病原菌的分生孢子团）。剖开前期落地病果发现，病果由果柄向果核处呈漏斗形变黄褐色，果核变黑。重病果晒干后只剩枣核和丝状物连接果皮。味苦不能食用。轻病果虽可食用，但均带苦味，品种变劣。叶片受害后变黄绿色，早落叶，有的呈黑褐色焦枯状悬挂在枝头。

3. 病原及发病规律 病原属于真菌中半知菌亚门的胶胞炭疽菌。以菌丝体潜伏于残留的枣吊、枣头、枣股及僵果内越冬。翌年，分生孢子借风雨（因为病菌分生孢子团具有胶黏性物质，需要雨、露、雾溶化）传播。昆虫也能传播，从伤口、自然孔口或者直接穿透表皮侵入。从花期即可侵染，但通常要到果实接近成熟期和采收期才发病。该菌在田间有明显的潜伏侵染现象。潜伏期的长短除受气候条件影响外，还与枣树的生活力强弱有密切的关系。发病的早晚和轻重，取决于当地降雨时间的早晚和阴天持续的长短。如果雨季来得早、雨量多，或连续降雨，田间空气相对湿度在90%以上，发病就早且重。树势弱发病率高，树势强发病率低。管理粗放的枣园发病就重。

4. 防治方法

（1）农业防治

① 清园。摘除残余的越冬老枣吊，清扫掩埋落地的枣吊、枣叶，并进行冬季深翻。在结合修剪剪除病虫枝及枯死枝，并集中烧毁，以减少侵染来源。

② 加强枣园管理。增施农家肥料和生物肥，可增强树势，提高树体的抗病能力。秋冬季节每株施农家肥 50 kg，加肥力高 0.25 kg。花期和幼果期可喷绿芬威 1 号、绿芬威 2 号、绿芬威 3 号各1 次。花期还可喷施 0.4%磷酸二氢钾和 0.4%尿素 2～3 次。

（2）化学防治。于 7 月下旬至 8 月上旬，喷两次 1：2：200 波尔多液保护果实；在幼果期也可喷 40%多菌灵 600 倍液 1 次。

（三）缩果病

1. 为害特点 枣缩果病主要为害果实，严重时也为害新梢和叶片。

2. 为害症状 病原菌主要侵害果实。果实受害后，多在腰部出现淡黄色水渍状斑块，边缘呈浸润状，清晰，随后病斑变为暗红色，无光泽。病菌入侵后，从直观形态分，有晕环、水渍、着色、萎缩、脱落 5 个时期。有的病果从果梗开始有浅褐色条纹，排列整齐。剖解果皮，果肉呈浅褐色，组织萎缩松软，呈海绵状坏死，坏死组织逐渐向果肉深层延伸，味苦。病果逐渐干缩凹陷，果皮皱缩，故称缩果病。果柄受害后呈暗黄色，提前形成离层，故果实未熟先落。

3. 病原及发病规律 病原菌属于细菌中欧氏杆菌属的一个新种。病原菌可通过风雨作用使果面摩擦而造成的伤口侵入危害，这是侵染的主要途径，其次病虫危害造成的伤口也可以使细菌侵入。该病发生与枣的生育期密切相关。一般从果肉梗洼变红（红圈期）到 1/3 变红时（着色期），果实含糖量达 18%以上，气温在 22～28 ℃时，是发病的高峰期，特别是阴雨连绵或夜雨昼晴的天气，最易爆发流行成灾。

4. 防治方法

（1）农业防治

① 加强枣园及树体管理。增施农家肥，增强树势，提高树体自身的抗病能力。

② 加强害虫的防治。尤其是刺吸式口器的害虫的防治，是防治和减轻此病的重要措施。

（2）化学防治。根据当地当年的气候条件，决定防治适期。一般在 7 月底 8 月初喷第一遍药，每隔 7～10 d 喷一遍。药剂有链霉素 70～140 IU/mL、土霉素 140～210 IU/mL，卡那霉素 140 IU/mL，进行树冠喷雾防治。在喷灭菌剂时，一定要加入 20%灭扫利 5 000 倍液、40%氧化乐果1 000～1 500 倍液、20%水胺硫磷 1 000 倍液，以杀死传病害虫。

（四）裂果病

1. 为害症状　果实接近成熟时，如连日下雨，就会在果面上出现纵向裂缝，果肉稍外露，随之果肉腐烂变酸，不堪食用。果实开裂后，容易引起炭疽病等病原侵入，从而加速了果实的腐烂变质。

2. 病原及发病规律　该病是生理性病害，在果实接近成熟或成熟时如遇大雨后易发病。主要是夏季高温多雨，果实接近成熟时果皮变薄等因素所致。也可能与缺钙有关。

3. 防治方法

（1）农业防治。合理修剪，尤其在夏季，主要是通风透光，有利于雨后果实表面迅速干燥，减少发病。

（2）化学防治。从 7 月下旬开始喷 30 mg/L 的氯化钙水溶液，以后每隔 10～15 d 再喷一次，直到采收，可明显降低枣裂果病。喷氯化钙可结合其他病虫害防治同时进行。

（五）枣焦叶病

1. 为害症状　枣树叶片感病后，首先出现灰色斑点，局部叶绿素解体，进而病斑呈褐色，周围淡黄色，病斑中心组织坏死，最后病斑连续形成焦叶，呈黑褐色。枣吊感病后，中后部枣叶由绿变黄，不枯即落。枣吊上有间断的皮层坏死，呈褐色，多数枣吊由顶端叶片首先感病，并逐渐向下枯焦，重病树病吊率可达 60%以上，远看如“火烧”一般，坐果率低，落果严重，有的甚至绝收，严重影响红枣的产量和质量，是枣树主要病害之一。

2. 病原及发病规律　病原为果盘长孢（*Gloeosporium frucrigenum*），属半知菌亚门真菌。有性阶段称围小丛壳菌，属子囊菌亚门真菌。主要以无性孢子在树上越冬，靠风力传播，由气孔或伤口侵染。5 月中旬平均气温 21 ℃、大气相对湿度 61%时，越冬菌开始为害新生枣吊，多在弱树多年生枣股上出现，这些零星发病树即是发病中心。7 月气温 27 ℃、大气相对湿度 75%～80%时，病菌进入流行盛期。8 月中旬以后，成龄枣叶感病率下降，但二次萌生的新叶感病率颇高。9 月上中旬感病停止。在河南新郑枣区，6 月中旬个别叶发病，7～8 月为发病盛期。树势弱、冠内枯死枝多发病重。发病高峰期降水次数多，病害蔓延速度快。水肥条件差，有间作物病害发生较重。前期投入不足，未施或少施基肥的枣园，水肥条件差，焦叶病发生严重。尤其是岗地、土壤偏沙性，有机质含量少，保水、保肥能力差，枣树生长势差，抵抗病害能力下降，病害发生较重。

3. 防治方法

（1）农业防治。冬季清园，打掉树上宿存的枣吊，收集枯枝落叶，集中焚烧灭菌。萌叶后，除去未发叶的枯枝，以减少传播源。

（2）物理防治。5 月上中旬，当气温达 20 ℃时，在枣园内用载玻片涂甘油或凡士林，每两片为一组，涂上甘油或凡士林的面向外，以绳固定，悬挂于枣林间，每 5 d 观察 1 次，根据孢子形态及捕捉数，确定枣焦叶病发生期及发生量，指导防治。

（3）化学防治。发病期每隔 15 d 喷一次叶枯净 500 倍液或抗枯宁 500 倍液，连喷 2～3 次，可有效控制病害流行。

（六）缺铁病

1. 为害症状与病因　枣缺铁症又名黄叶病，是盐碱地或石灰质过高的地方常见的一种缺素症。以苗木和幼树受害最重。发病时，新梢上的叶片变黄或黄白色，而叶脉仍为绿色，严重时，顶部叶片焦枯。发病原因，主要是由于土质过碱和含有大量碳酸钙，使可溶性铁变为不可溶状态，植株无法吸收，或在植物体内转运受到阻碍。

2. 防治方法

（1）农业防治

① 增施农家肥、绿肥或肥力高等生物肥料。改良土壤，使土壤中的铁元素变为可溶性，有利于植株吸收。

② 土壤施用硫酸亚铁。用3%硫酸亚铁与饼肥或牛粪混合使用，即将0.5 kg硫酸亚铁溶于水中，与5 kg饼肥或50 kg粪混合后施入根部，有效期约半年。

(2) 化学防治。在生长季节向树冠喷洒0.3%～0.4%硫酸亚铁溶液、50倍肥力浸出液、绿芬威2号500倍液、植物营养素600倍液，均有良好的效果。

(七) 缺硼病

1. 为害症状 主要表现在果实、新梢和幼叶上。枣幼果开始膨大，果面就出现近圆形褐色病斑，随着果实的增长，病斑逐渐扩大，最后干缩凹陷，形成干斑，病皮与果肉分离成龟裂，果实畸形。轻者病斑后期翘离果面，可自行脱落。晚花所结果实，尖嘴似猴头，发育很慢，多为淡黄色的小型果。初夏新梢顶端叶片呈淡黄色，叶柄、叶脉扭曲，叶尖、叶缘和叶肉产生坏死褐斑，形成枯梢现象。嫁接苗木顶梢嫩叶的叶缘向叶背卷缩，叶片变厚变脆，似蚜虫危害，并出现圆形褐色斑点。

2. 病因及发病规律 枣缺硼症是由于土壤中缺少枣树（苗）生长发育所必需的硼元素而引起的。硼元素的作用：可促使花粉发芽，花粉管生长和子房发育，增加果实中维生素和糖分含量，提高果实品质。同时，还能促进根系生长发育，增强树体抗病能力，并在幼嫩组织中起着重要的催化剂的作用。枣树在整个生长过程中都需要硼元素，一般在花期需要量较多。而硼在树体内属于活动性弱的元素，不能从老组织内再运输到新生部位利用。土壤中可供给状态的硼含量与土壤的性质、有机质的含量、水分多少等均有密切关系。沙质土壤，硼易流失，碱性土壤（pH大于7时）硼呈不溶状态，不易被根吸收。土壤过于干旱，影响硼的可溶性，根也难以吸收利用。花期枣树开甲后，根系缺少枝叶回流的有机物质，根系的吸收能力大减。所以，盐碱地、瘠薄地发病较重，开甲过度引起的弱树发病也重，干旱地区和干旱年份发病也较重。

3. 防治方法

(1) 土壤施硼。秋季或开花前1个月，结合施追肥适用适量的硼砂。一般树干直径8 cm以下的，株施硼砂30～50 g；树干直径8～17 cm，株施硼砂50～150 g；树干直径18～25 cm，株施硼砂200～350 g。树干直径在26 cm以上，株施硼砂350～500 g。施量过多会发生伤害。

(2) 增施农家肥。土壤增施农家肥料和肥力高等生物菌肥，改良土壤理化性质，可增加土壤可供给状态硼素的含量，是治本的措施。

(3) 叶面喷硼。开花前、盛花期、坐果期和7月发病期，叶面喷施0.3%～0.5%硼砂水溶液、0.2%～0.3%硼酸水溶液各1次。幼苗期出现病状后，可对叶片正反两面均匀喷洒0.3%硼砂水溶液2次，进行防治。

(八) 枣疯病

枣疯病是我国枣树的严重病害之一，一旦发病，翌年就很少结果。发病3～4年即可整株死亡，对生产威胁极大。我国南北方各枣区均有发生，但以四川、广西、云南、重庆等地发病最重。

1. 为害症状 枣疯病又称丛枝病，果农称其为“疯枣树”“公枣树”。枣疯病主要侵害枣树和酸枣树。一般于开花后出现明显症状。枣疯病主要表现：

(1) 花变成叶，花器退化，花柄加长为正常花的3～6倍，萼片、花瓣、雄蕊均变成小叶，雌蕊转化为小枝。

(2) 芽不正常萌发，病株一年生发育枝的主芽和多年生发育枝上的隐芽，均萌发成发育枝，一年多次萌发生长，其上的芽又大部分萌发成小枝，如此逐级生枝，病枝纤细，节间缩短，呈丛状，叶片小而萎黄。

(3) 叶片病变。先是叶肉变黄，叶脉仍绿，以后整个叶片黄化，叶的边缘向上反卷，暗淡无光，叶片变硬变脆，有的叶尖边缘焦枯，严重时病叶脱落。花后长出的叶片比较狭小，具明脉，翠绿色，易焦枯。有时在叶背面主脉上再长出一小的明脉叶片，呈鼠耳状。

(4) 果实病变。病花一般不能结果。病株上的健枝仍可结果，果实大小不一，果面着色不匀，凸

凹不平，凸起处呈红色，凹处是绿色，果肉组织松软，不堪食用。

（5）根部病变。疯树主根由于不定芽的大量萌发，往往长出一丛丛的短疯根，同一条根上可出现多丛疯根。后期病根皮层腐烂，严重者全株死亡。

（6）全树枝干上原是休眠状态的隐芽大量萌发，抽生黄绿细小的枝丛。地下部染病，主要表现为根蘖丛生。

2. 病原　枣疯病病原是植原体（*phytop lasma*），原称类菌原体（mycoplasma - like organism，简称MLO），归属于细菌，无细胞壁，专性寄生于植物韧皮部。在菌体大小、结构以及遗传进化上与菌原体、螺原体十分相似。该微生物是一类无细胞壁的原核微生物，具有容易受外力作用而破碎的单位膜，能够通过筛板间的胞间连丝而移动，大小为50～1 100 nm。因其无细胞壁，在细胞内易受到外力作用的影响而呈现出各种不同的形态，一般有球形、长杆形、椭圆形、带状形、梭形、多态不规则形状。植原体主要分布于植物韧皮部筛管细胞、伴胞、韧皮纤维及刺吸式介体昆虫的肠道、淋巴、唾液腺等组织内。其细胞结构较病毒复杂，无细胞壁，被单位膜包裹，单位膜有两层蛋白质膜及中间一层脂肪膜组成，厚度大约为10 nm。植原体对四环素类的抗生素较敏感，而对青霉素不敏感；世界范围内植原体已引起千余种植物病害，主要表现为丛枝、黄化、节间缩短等。植原体病原主要依靠吸食植物韧皮部的昆虫介体传播，如叶蝉、木虱等，也可由菟丝子和人工嫁接等传播。

3. 发病规律　发病初期，多半是从1个或几个大枝及根蘖开始，有时也会有全株同时发病的。症状表现是由局部扩展到全株，所以，枣疯病是一种系统性侵染病害。全树发病后，小树1～2年，大树3～5年，即可死亡。

（1）嫁接传播。枣疯病主要通过各种嫁接（如芽接、皮接、枝接、根接）、分根传染。在2～4月，把当年生病枝的芽或枝接在苗木的一年生健壮枝上，被嫁接的枝当年就能表现症状。病原物侵入后，首先运转到根部，经增殖后再由根部向上运行，引起地上部发病。

从嫁接到新生芽上出现症状（即潜育期）最短25 d，最长可达1年以上。影响潜育期的长短主要有3个因素：一是嫁接接种时间，6月底以前嫁接的，当年就能发病，以后嫁接的要到翌年才发病。二是接种部位，根部接种的当年发病早，嫁接枝干的当年发病晚或到翌年才发病。三是接种量，枝（芽）接块数多或接种病原物数量大时发病快。一般苗木比大树发病快。

（2）媒介昆虫。主要通过中华拟菱纹叶蝉、橙带拟菱纹叶蝉、红闪小叶蝉、凹缘菱纹叶蝉等昆虫传病。它们在病树上吸食后，再取食健树，健树就被感染。传毒媒介昆虫和疯病树同时存在，是该病蔓延的必备条件。橙带拟菱纹叶蝉以卵在枣树上越冬；凹形菱纹叶蝉主要以成虫在松、柏等树上越冬，乔迁寄主有桑、构树、芝麻等植物。

4. 防治方法

（1）手术治疗。彻底铲除重病树和病根蘖苗，及时剪除病枝、病株等传病之源。枣树发病后不久即会遍及全株，失去结果能力，要及早彻底铲除病株，并将大根一起刨干净，以免再生病蘖苗。对小疯枝应在树液向根部回流之前，阻止类菌源体随树体养分下流，要从大分枝基部砍断或环剥。连续处理2～3年，可基本控制枣疯病的发生。

（2）培育无病壮苗。应在无病的枣园中采取接穗、接芽或分根繁殖，以培育无病苗木。苗圃中一旦发现病苗，应立即拔掉。

（3）选用抗病品种和砧木。注意发现和利用抗病品种，选用抗病的酸枣和具有枣仁的大枣品种作为砧木，以培育抗病品种。这是防治枣疯的根本措施。

（4）用根蘖苗栽植时，应严格挑选避免采用根蘖苗就地繁殖的方法，因为这种方法子株和母株同根，容易造成病害蔓延。

（5）加强枣园管理，注意加强水肥管理，对土质条件差的要进行深翻扩穴，增施有机肥、磷钾肥料，每667 m^2 穴施土壤免深耕处理剂200 g，以疏松土壤、改良土壤性质，提高土壤肥力，增强树体的抗病能力。

(6) 切断传媒昆虫。对中华拟菱纹叶蝉、凹缘菱纹叶蝉、蚱蝉等进行药物防治，可喷洒 50%辛硫磷乳油 2 000 倍液或 40%乐果乳油 1 500 倍液。蚱蝉成虫发生期于晚间在树行间点火，摇动树干，诱惑成虫扑火自焚；成虫羽化前在树干绑 1 条 3～4 cm 宽的塑料薄膜带，拦截出土上树羽化的若虫，傍晚或清晨进行捕捉消灭。药剂防治：6～7 月若虫集中孵化时，在树干下撒施 1.5%辛硫磷颗粒剂每 667 m^2 7 kg，然后浅锄，可有效防治初孵若虫。

(7) 化学防治。泰安市泰山林科院研制出一种防治枣疯病药剂（枣疯克），有效率 100%，治愈率 88.8%。使用方法包括下述步骤：

① 时间。4 月中旬，枣树刚发芽时；10 月中旬，枣树始落叶时。

② 方法。在树干基部打 3 个注射孔，之间相距约 120°；把药液放入 1 000 mL 专用塑料袋中，是一种连体式多针头输液器，然后挂在树干上，高度由滴管长度而定，药袋挂的尽量高，一般 1 d 左右滴完。注射孔最后用木枝等塞住。

③ 次数。每年 1～2 次，最好连续防治 3 年以上。

④ 用药量。根据干径粗度，20 cm 以下每株树用 1 袋，20 cm 以上用 2 袋。

二、主要害虫及其防治

(一) 枣尺蠖

枣尺蠖，又名枣步曲。属于鳞翅目尺蛾科。

1. 分布、寄主及为害特点 我国枣产区普遍发生，以辽宁、河北、山西、陕西、河南、山东、安徽、江苏、浙江等地危害较重。寄主有枣、苹果、梨等树种。以幼虫为害枣嫩芽、嫩叶、花蕾，并能吐丝缀缠，阻碍芽、叶伸展。发生严重的年份，能将枣芽、叶片及花蕾全部吃光，不但造成当年严重减产甚至绝产，而且影响翌年结果，是枣叶部的主要害虫之一。

2. 形态特征 雌成虫体长 12～17 mm，灰褐色，无翅；腹部背面密被刺毛和毛鳞；触角丝状，喙（口器）退化，各足胫节有 5 个白环；胸部短粗，腹部肥胖，背部有 10 个小黑点；产卵器细长、管状，可缩入体内。雄成虫体长 10～15 mm；翅展 30～40 mm，前翅灰褐色，内横线、外横线黑色且清晰，中横线不太明显，中室端有黑纹，外横线中部折成角状，后翅灰色，中部有 1 条黑色波状横线，内侧有 1 黑点；触角羽毛状；胸部粗壮，各节背面有 2 个小黑点；胸足 3 对，中后足有 1 对端距。

卵椭圆形，有光泽，常数十粒或数百粒聚集成块。初产时淡绿色，逐渐变为淡黄褐色，接近孵化时呈暗黑色。

幼虫共 5 龄。1 龄幼虫黑色，有 5 条白色横环纹；2 龄幼虫绿色，有 7 条白色纵条纹；3 龄幼虫灰绿色，有 13 条白色纵条纹；4 龄幼虫灰褐色，有 13 条黄色与灰白色相间的纵条纹；5 龄幼虫即老龄幼虫灰褐色或青灰色，有 25 条灰白色纵条纹。胸足 3 对，腹足 1 对，臀足 1 对。蛹纺锤形，枣红色或紫褐色，长 1～15 mm，雌蛹大，雄蛹小。

3. 生活习性及发生规律 1 年 1 代，少数个体 2 年完成 1 代。以蛹在树冠以下 3～20 cm 深的土中越冬，越靠近树干，密度越大。翌年 3 月中旬至 5 月上旬为成虫羽化期，羽化盛期在 3 月下旬至 4 月中旬。羽化后，雌蛾潜伏于表土内，到 19:00～20:00 出土上树，20:00～22:00 是交尾高峰期。雄蛾趋光性强，多在下午羽化，出土爬到树干、主枝阴面静伏，晚间飞翔寻找雌蛾交尾。雌蛾交尾约半小时后开始产卵，产卵时间 3～7 d，每雌蛾的产卵量为 800～1 200 粒。卵多产在枝杈粗皮裂缝内，多数成团，有时排列成一行，个别散产。成虫寿命 7 d 左右，具有趋光性、假死性。雄蛾对雌蛾释放的性信息素十分敏感，可逆风 500 m 前往交尾。卵期 10～25 d。当枣芽萌发时，幼虫开始孵化，孵化期在 4 月下旬至 5 月上旬，末期在 5 月下旬。幼虫出卵壳即可爬行、吐丝，借风力向周围树枝扩散。

随着虫龄的增长，啃食枣叶和嫩芽，甚至啃食枣吊和枣花。幼虫危害期在4～6月，以5月危害最重。幼虫喜分散活动，爬行迅速并能吐丝。幼虫老熟后即入土化蛹越夏、越冬，入土化蛹的过程从5月下旬开始，6月中旬结束。枣尺蠖成虫的羽化受天气影响很大，气温高的暗天出土羽化多，气温低的阴天或降雨天出土羽化则少。枣尺蠖有枣尺蠖肿跗姬蜂与家蚕迫寄蝇和彩艳宽额寄蝇，对老熟幼虫的寄生率可达30%～50%。

4. 防治方法

（1）农业防治。冬季深翻枣园，消灭越冬虫蛹，以减少虫源。

（2）生物防治。利用益鸟、益虫进行自然控制，降低虫口密度。在幼虫3龄前喷苏云金杆菌（Bt），1周后可杀虫90%以上。

（3）物理防治

① 人工捕杀。在幼虫发生期，利用其假死性，以木杆击打树枝，使幼虫落地进行人工捕杀。

② 杀卵。在环绕树干的塑料薄膜带下方绑一圈草绳子引诱雌蛾产卵其中。自成虫羽化之日起每半月换1次草绳，换下后立即烧掉，如此更换草绳3～4次即可。

（4）化学防治

① 涂药环毒杀。成虫羽化前，在树干中上部光滑处，刮去老树皮，绑10～15 cm宽的塑料薄膜。要求塑料薄膜与树干紧贴，下面无缝，然后在薄膜带下缘涂抹长效尺蛾灵药环，以毒杀上树的雌成虫，也可涂粘虫药带，阻止雌蛾上树。粘虫药剂的制作为：黄油10份，机油5份，药剂1份（杀螟松、敌杀死、杀灭菊酯等），充分混合即成。

② 抗脱皮激素的应用。用灭幼脲3号、杀蛉脲等抗脱皮激素50～100 mg/L防治，枣尺蠖死亡率可达90%以上。在幼虫3龄前防治效果最好。

③ 在幼虫发生期喷布20%杀灭菊酯2 000～3 000倍液、15%蓖麻油酸烟碱800倍液等药剂防治。

（二）枣瘿蚊

枣瘿蚊，又名枣芽蛆、卷叶蛆、枣叶蛆、枣蛆等。属于双翅目瘿蚊科。

1. 分布、寄主及为害特点 分布于河北、山东、河南、山西、陕西等全国各大枣产区。寄主为枣树。以幼虫吸食叶片、花蕾和果实汁液。叶片受害后沿叶缘向叶内反卷成筒状，色泽紫红，质硬而脆，不久变黑、枯萎。花蕾被害后，花萼膨大，不能开放。幼果受蛀后，不久变黄脱落。此虫发生早，代数多，危害期长，尤其对苗木、幼树的生长发育影响很大，所以，枣瘿蚊是枣叶部的主要害虫之一。

2. 形态特征 雌成虫体长1.4～2.0 mm，前翅透明，后翅特化为平衡棒，形似小蚊子。复眼大，黑色，肾形。触角细长，念珠状，14节，黑色，各节环生密而长的刚毛。胸部色深，后胸显著隆起。足3对，细长。腹部大，共8节，1～5节背面有红褐色带。腹末产卵器管状。雄成虫略小，灰黄色，腹部小，触角发达，其长度超过体长的一半。卵长约0.3 mm，长椭圆形，一端稍狭，有光泽。初产卵白色，后呈红色。幼虫体长1.5～2.9 mm，乳白色，有明显体节，无足，蛆状。蛹体长1.0～9.0 mm，裸蛹，纺锤形，化蛹初期乳白色，后变黄褐色，雌蛹足短于腹节，雄蛹足与腹节相齐。茧长约2 mm，椭圆形，灰白色，胶质，外附土粒，系幼虫分泌黏液缀土而成。

3. 生活习性及发生规律 1年5～7代。以老熟幼虫在浅层土壤内结茧越冬。翌年4月中下旬幼虫开始卷叶危害，直到成虫羽化。成虫羽化后十分活跃，但寿命短，仅2 d左右。雌成虫以产卵器刺入未展开的嫩叶空隙中产卵，每嫩叶连续产卵2～3次。幼虫孵化后即吸食汁液，叶片受刺激后向两边纵卷，幼虫藏在其中危害。9月中旬甚至10月上旬仍有危害。4月成虫羽化，产卵于刚萌发的枣芽上，5～6月为危害盛期。被害叶片卷曲呈筒状，一个叶片有幼虫5～15头。幼虫老熟后从受害卷叶内脱出落地，入地化蛹。6月上旬成虫羽化，为害花蕾的幼虫在花蕾内化蛹，羽化时蛹壳多露在花蕾外面。为害幼果的幼虫在果内化蛹。该虫因为害枣树体的不同器官，因而各虫态的发生很不整齐，形成世代重叠。除越冬幼虫外，平均虫期和蛹期为10 d。一般情况下，幼树及矮树受害较重。

4. 防治方法

（1）农业防治。在越冬成虫羽化前或老熟幼虫入土时，加强土壤管理，翻挖树盘，消灭越冬成虫或蛹。

（2）生物防治。保护天敌，利用天敌进行生物防治。

（3）化学防治

① 在幼虫发生期，喷药剂防治，交替喷洒，每15～20 d 喷一次。

② 要联防联治，大面积统一进行。在第1～2代老熟幼虫入土期，于树干1 m的地上，喷洒25%辛硫磷乳剂1 000倍液，每667 m^2 0.5 kg，喷后浅耙，可杀死入土化蛹的老熟幼虫。

（三）枣龟蜡蚧

枣龟蜡蚧，又名日本龟蜡蚧、枣虱子。属于同翅目蚧科。

1. 分布、寄主及为害特点 该虫分布较广，辽宁、内蒙古、新疆、河北、河南、山东、陕西、山西、安徽、湖北、湖南、江西、江苏、浙江、福建、四川、广东、台湾等省（自治区）枣区均有发生。已知寄主植物达40余科100多种，除严重危害枣树外，还可危害苹果、梨、柿等。枣龟蜡蚧以若虫、雌成虫吸食1～2年生枝条、叶片和果实的汁液，并分泌大量排泄物，诱发霉菌寄生、蔓延，使枝、叶布满黑霉，严重影响光合作用和枝条、果实的正常生长，破坏叶内新陈代谢过程，引起早期落叶，幼果脱落，树势衰弱，严重时可使枣整枝或整株枯死。因此，枣龟蜡蚧是枣的主要害虫之一，也是国内重要的检疫对象之一。

2. 形态特征 雌成虫虫体椭圆形，紫红色，体长0.9～2.0 mm。雌虫外被蜡质，翅白色透明，具两大主脉。复眼黑色，刺吸式口器，喙较发达。背部中央隆起，周围有7个小突起。触角鞭状，5～7节。足发达，腹节较粗，爪冠毛粗，顶端膨大，产卵孔位于腹部第七节上。尾部有排泄孔。雄成虫棕褐色，体长1.3 mm左右。有1对翅，翅展2 mm左右，翅白色透明，有2条明显脉纹。触角丝状，10节。卵椭圆形，长约0.3 mm，初产淡黄色，后变深红色，近孵化时紫红色。初孵若虫体扁平，椭圆形，长约0.5 mm，淡红色。触角鞭状，复眼黑色。若虫前期靠风力扩散，孵出14 d在叶片、嫩枝上固定，体背出现蜡质介壳，周围为星芒状蜡角。3龄后雌若虫介壳上出现龟形纹。只有雄虫在介壳下化蛹，被蛹，圆形，长约1.2 mm。

3. 生活习性及发生规律 1年1代，以受精雌成虫在1～2年生枝条上越冬，尤以当年生枣头上最多。翌年4月树液流动时，越冬雌虫刺吸树液，虫体迅速膨大。5月下旬至6月上旬开始产卵，6月中旬为产卵盛期。一头雌成虫平均产卵1 600粒，最多3 900粒。卵产于母体下，充满雌虫介壳，卵期20 d左右。6月下旬至7月上旬为卵孵化盛期。若虫孵出多在10:00～14:00爬出介壳，沿着枝条向上爬到叶片主脉两侧或枝梢上取食。初孵若虫还可借风力做远距离的传播。若虫固定后，开始分泌蜜露，引起煤污病。约14 d后，即形成完整的星芒状蜡质介壳。雄若虫直至化蛹始终固定在叶片上不能活动。雄若虫8月中旬化蛹，9月上旬为化蛹盛期。雌若虫8月下旬由叶片向枝条转移，9月上旬为转枝盛期。回枝后一直固定不动地取食危害，危害到10月下旬至11月上旬，与雄成虫交尾后即进入越冬期。成虫羽化后，爬出蜡壳，白天活动，飞翔、交尾，夜晚静伏于叶背面。1头雄成虫可同2头以上雌成虫交尾。雄成虫具有趋光性，平均寿命3 d。雌成虫交配后，向叶片、枝条转移。雌虫回枝主要以白天为主，并多集中在中午前后，雄虫不回枝。

4. 防治方法

（1）物理防治。冬季刮除枝条上的越冬雌成虫，剪除虫枝。也可在冬季枣枝上结有冰凌时，及时敲打树枝，使虫体随冰凌震落。

（2）生物防治。据报道，共发现枣龟蜡蚧寄生性天敌29种，如长盾金小峰、姬小蜂、软蚧蚜小蜂等，寄生率可达50%左右。捕食性天敌5种，如瓢虫等，应加以保护和利用。

（3）化学防治。化学防治的关键是掌握好杀虫时机。从若虫孵化至形成蜡质介壳前，是杀虫的最

梨、核桃、柿、杏等果树和杨、柳、榆、泡桐等多种用材树。以幼虫危害，可将叶片吃成很多孔洞、缺刻或仅留叶柄、主脉，影响树势和枣产量。

2. 形态特征 成虫体长 13～18 mm，翅展 24～40 mm。黄刺蛾前翅翅尖汇合于一点，呈倒 V 形，枣刺蛾腹部背面各节有似“人”字形红褐色鳞毛。卵扁平、椭圆形，长 1～2 mm。老熟幼虫长 19～28 mm，身体背面有枝刺和刺毛。蛹椭圆形，长 10～15 mm，黄褐色或黄白色。茧椭圆形，灰褐色或暗褐色，长 12～16 mm。

3. 生活习性及发生规律

(1) 黄刺蛾。在辽宁、陕西、河北北部 1 年 1 代，其他地区 1 年 2 代。以老熟幼虫在小枝分杈处，主、侧枝以及树干的粗皮上结茧越冬。1 年 1 代地区，成虫 6 月中旬出现，幼虫在 7 月中旬至 8 月下旬危害。1 年 2 代地区，越冬代成虫于翌年 5 月下旬至 6 月上旬开始出现，第一代幼虫于 6 月中旬孵化危害，7 月上旬为危害盛期。第二代幼虫于 7 月底开始危害，8 月上中旬为危害盛期，8 月下旬老熟幼虫在树上结茧越冬。成虫夜间活动，白天静伏于叶背，趋光性不强，产卵于叶背，常数十粒连成一片，也有少数散产。卵期 7～10 d。初龄幼虫有群集性，多集中危害，毒刺分泌毒液。4 龄以后分散危害，虫口密度大时，可将叶片全部吃光。黄刺蛾茧内上海青蜂的寄生率很高，控制效果显著。

(2) 扁刺蛾。在北方 1 年 1 代，在长江中下游 1 年 2 代，少数 3 代。均以老熟幼虫在寄主树干周围土中结茧越冬。成虫羽化多集中在黄昏，尤以 18:00～20:00 羽化最多。成虫羽化后即行交尾、产卵，卵多散产于叶面。初孵幼虫停在卵壳附近，不取食，蜕第一次皮后，先取食卵壳，再啃食叶肉，使叶片仅留 1 层表皮。幼虫取食不分昼夜。幼虫共 8 龄，自 6 龄起，取食全叶，虫量多时，常从一枝的下部叶片吃至上部，每枝仅存顶部几片嫩叶。老熟幼虫下树入土结茧，下树时间多在 20:00 至翌日 6:00，而以后 2:00～4:00 下树最多。结茧部位的深度和距树干的远近均与树干周围的土质有关。黏土地结茧浅，距树干远，也比较分散。腐殖质多的土及沙壤土结茧位置较深，距树干较近，且比较密集。

(3) 绿刺蛾。在东北及华北北部 1 年 1 代，在河南及长江中下游 1 年 2 代，均以老熟幼虫结茧越冬。结茧的场所，1 年 1 代的地区多在树冠下草丛的浅土层内，或在主干基部周围表土层。1 年 2 代地区，除上述场所外，还可在落叶下，主、侧枝的树皮上等处。1 年 1 代地区，越冬幼虫于翌年 5 月中下旬开始化蛹，6 月上中旬开始羽化，陆续羽化至 7 月中旬。1 年生幼虫于 6 月下旬开始孵化，8 月下旬至 9 月逐渐老熟。因此，8 月幼虫危害比较严重。老熟幼虫约在 8 月下旬至 9 月下旬陆续下树寻找适当场所结茧越冬。1 年 2 代地区，越冬幼虫于翌年 4 月下旬至 5 月上旬化蛹，越冬代成虫于 5 月下旬至 6 月上旬出现。第一代幼虫于 6～7 月发生，第一代成虫于 8 月中下旬出现。第二代幼虫于 8 月下旬至 9 月发生，10 月上旬入土结茧越冬。成虫具有较强的趋光性，夜间交尾，卵产于叶背面，数十粒聚集成块。每头雌蛾产卵量为 150 粒左右。初孵幼虫常 7～8 头群集在一片叶上取食。2～3 龄后逐渐分散危害。

(4) 枣刺蛾。1 年 1 代。以老熟幼虫在树干基部周围表土层 7～9 cm 深处结茧越冬。翌年 6 月上旬越冬幼虫化蛹。蛹期 17～31 d，平均 21.9 d。6 月下旬开始羽化，成虫有趋光性，寿命 1～4 d。白天静伏于叶背，晚间活动、交尾，交尾后翌日即可产卵，卵多块状产于叶背。卵期约 7 d。初孵幼虫短时间内聚集取食，然后分散在枣叶背面危害，初期取食叶肉，稍大后即可取食全叶。7 月下旬至 8 月中旬为严重危害期。8 月下旬开始，老熟幼虫逐渐下树入土，结茧越冬。

4. 防治方法

(1) 生物防治。保护利用天敌防治。黄刺蛾茧内上海青蜂的寄生率很高，控制效果显著。被寄生的黄刺蛾茧的上端有一寄生蜂产卵时留下的小孔，容易识别。在冬季或早春剪下树上的越冬茧，挑出被寄生茧，让天敌羽化后飞回自然界进行防治。

（2）物理防治

① 松土诱虫。在幼虫下树结茧之前，疏松树干周围的土壤，以引诱幼虫集中结茧，然后收集虫茧消灭幼虫。如扁刺蛾。

② 人工防治。冬春季节清除落叶下、树干及主、侧枝树皮上的越冬茧，或结合树盘翻土挖除越冬茧，也可在初孵幼虫群集危害期摘叶除虫。

（3）化学防治。在幼虫期喷洒 25%亚胺硫磷乳剂 600 倍液、2.5%溴氰菊酯乳剂 6 000 倍液、0.5 亿/mL 芽孢的青虫菌液等。

（七）枣豹蠹蛾

枣豹蠹蛾，又名咖啡豹蠹蛾、豹纹木蠹、截干虫。属于鳞翅目豹蠹蛾科。

1. 分布、寄主及危害特点 该虫分布于山东、河北、陕西、河南、湖南、四川、江苏、浙江、江西、福建、广东等省。主要危害枣、核桃，还危害苹果、梨、杏、石榴等。以幼虫钻入一年生枝条或直径 2.5 cm 以下枝干的木质部蛀食。枝干受害质，自虫孔以上干枯死亡，遇风易折断，使树冠不能扩大，影响树势和产量。

2. 形态特征 成虫体长 18～22 mm，翅展 34～38 mm，灰白色。雌成虫触角丝状，胸部背曲有 3 对蓝黑色斑点，胸部和翅也有数目不等的蓝黑色斑点。雄成虫较雌成虫略小，触角基部羽毛状，尖端丝状。卵椭圆形或球形，淡黄色，密布网状刻纹，直径 0.4～0.8 mm。初孵幼虫头部深红色，腹部白色。老熟幼虫体长 30～45 mm，头部褐色，体紫红色，前胸背板上有 1 对叶形黑斑，臀板黑色，臀足上方的侧背板也有黑色骨化区。蛹纺锤形，蛹长 16～34 mm，初化蛹浅色，后变为黑紫色。

3. 生活习性及发生规律 1 年 1 代。以老熟幼虫在被害枝条内越冬。翌春树液流动后，幼虫继续沿髓部向四周蛀食木质部，隔一定长度向外开通气、排粪孔 1 个，将褐色颗粒虫粪不断向外排出，致使枝条枯死，又可转枝危害。部分幼虫吐丝下垂，借风力转枝危害。老熟幼虫化蛹前，在虫道中部向外咬一羽化孔，仅保留表皮，在羽化孔下边 2～5 mm 处开一通气孔，孔径 1～1.5 mm，并用虫粪堵塞虫道两头，吐丝缠缀，在其中化蛹，蛹室在羽化孔上部 2.5～5 cm 处，蛹头部向下。化蛹开始时间在 5 月 20 日，化蛹盛期在 6 月中旬，蛹期 18～27 d。蛹期长短与气温有关，气温高则蛹期短。反之，气温低则蛹期长。6 月下旬成虫羽化，7 月上旬为羽化盛期。成虫多在夜间活动，有较强的趋光性。成虫羽化后，雌蛾静伏不动，并分泌白褐色性诱导激素，雄虫寻找雌蛾进行交尾，交尾部位在树冠 1～2 m 处，交尾时间多在晚上进行，一般持续 10 h 左右。交尾后雄蛾不动，雌蛾开始爬行或飞行，夺找适宜部位经 2～3 h 便开始产卵。产卵可持续 2 d 左右，将卵产在幼树和新枣头枝条上，产卵量为 356～1 140 粒，单粒或块状。雌成虫交尾前，受外力震动后立即产卵，产卵后 5～7 d 死亡。卵的颜色变化是由淡黄色→乳黄色→橘红色→紫色→白色。卵期 8～11 d，卵孵化率在 80%左右。

幼虫孵化后，在卵块下停留 4～5 h，开始爬行或吐丝迁移寻找蛀入部位。一般 20 min 至 2 h，幼虫便在枣吊基部或枣吊先端 3～5 片叶柄处蛀入枣吊，3～5 d 转移到新生枣头二次枝、一次枝或幼树主干上，转移前首先啃食皮层，然后取食木质部直达髓心，多数自下而上取食，越冬前多回头向下蛀食，在较粗的枝条内堵口越冬。

蛹的颜色变化是由浅红色→红色→深红色→紫红色→黑紫色。

4. 防治方法

（1）生物防治。啄木鸟可啄食被害枝内枣豹蠹蛾的幼虫。据调查：啄食率为 8%～28%。用寄生蜂防治，膜翅目茧蜂科的一种小茧蜂，从枣豹蠹蛾蛀入孔钻入虫道内，在 3～4 龄幼虫体内寄生。据调查，自然寄生率为 4%～8%。利用白僵菌防治，白僵菌在枣豹蠹蛾幼虫体内，自然寄生率为 5%左右。

（2）物理防治

① 人工防治。春季结合修剪，剪除被害枝条并集中烧毁，以减少虫源。震动树体，在 7 月上旬

成虫羽化盛期，组织人力摇动树体，促其在交尾前产卵，使卵不能孵化，降低幼虫基数。此方法简单易行，效果明显。

② 黑光灯诱杀。利用成虫的趋光性，在成虫羽化期，利用黑光灯诱杀成虫。

③ 化学防治。在卵孵化期，幼虫蛀入枝条前喷 20%杀灭菊酯 2 000～3 000 倍液、2.5%来福灵 3 000～4 000 倍液。

（八）枣粘虫

枣粘虫，又名枣镰翅小卷蛾、卷叶蛾、包叶虫、粘叶虫、枣小蛾、枣实菜蛾等。属于鳞翅目小卷叶蛾科。

1. 分布、寄主及为害特点　该虫分布于山东、山西、河南、河北、陕西、湖南、安徽、浙江、江苏等省。以幼虫为害枣芽、花、叶，并蛀食果实。展叶时，幼虫吐丝缠缀嫩叶，躲在其中啃食叶片，轻则将叶片吃成大小不等的缺刻，重则将叶片吃光。开花期，幼虫粘在花丝中，吐丝缠缀花序，食害花蕾，咬断花柄，造成枣花枯死。幼果期，幼虫蛀食幼果，造成大量落果。虫害严重时，蔓延成灾，全树如同火焚，造成绝收。是枣树的重要害虫之一。

2. 形态特征　成虫体长 6～8 mm，翅展 13～15 mm。体黄褐色，复眼暗绿色。触角丝状。前翅中央有 3 道纵向黑褐色条纹，前缘黑褐色短斜纹 10 多条，翅中部有黑色条纹 2 条。后翅深灰色，缘毛较长。足黄色，跗节有黑色环纹。卵扁椭圆形，长约 0.6 mm，表面有网状花纹。初产时透明，有闪光，黄白色，后呈黄色、橘红色、红色，孵化前近黑红色。幼虫共 5 龄，初孵幼虫头部黑褐色，胸、腹部黄白逐渐呈黄绿色。老熟幼虫体长 12～15 mm，头红褐色，有黑褐色花斑，胴部黄白色或黄绿色。前胸背板红褐色，分为 2 片，两侧与前足之间各有红褐色斑 2 个。腹部末节背面有“山”字形赤褐色斑纹。具臀栉 3～6 根，以 4～5 根为多。胸足 3 对，褐色，腹足 4 对，臀足 1 对，近白色。蛹纺锤形，被蛹，在白色缚茧中，长 6～7 mm，初为绿色，逐渐变为红褐色，腹部各节前后缘各有 1 列齿状突起，腹部末端有 8 根端部弯曲的刚毛（臀刺）。呈长毛状，端部弯曲。茧白色。

3. 生活习性及发生规律　该虫在河北、河南、山东、陕西、山西等省为 1 年 3 代，在江苏、安徽省 1 年 3～4 代，在浙江省 1 年 4～5 代。世代重叠，均以蛹在主干粗皮裂缝内或树洞内及根基表土内越冬。翌年 3～4 月成虫羽化，成虫羽化后 2～4 d 交尾，产卵，卵多产于嫩芽或光滑的枝条上，一头雌成虫可产卵 100 粒左右。成虫期 6～7 d，成虫具有趋光性和趋化性，对性诱敏感。第一代幼虫期 23 d，发生在萌芽展叶期，吐丝缠住叶，取食嫩叶，使枣树不能正常发芽，外观像枯死，造成枣树当年第二次发芽。4 月下旬至 7 月上旬发生第二代幼虫，第二代幼虫期 38 d，先为害枣花，之后为害枣叶和幼果。7 月下旬至 10 月下旬第三代幼虫，第三代幼虫期 53 d，主要为害果实，将叶片与果实粘在一起，啃食果皮和驻入果内危害，造成落果，影响枣的产量和品质，越冬代幼虫在树皮缝中化蛹，其余代多在叶苞内作茧化蛹。

成虫昼伏，夜间活动，趋光性强。羽化后翌日即交尾，交尾后第二天开始产卵，多散产于枣叶正面中脉两侧，1 张叶片有卵 1～3 粒。幼虫为害枣叶时，吐丝将叶片粘在一起，在内取食叶片，形成网膜状残叶。为害枣花时，侵入花序，咬断花柄，蛀食花蕾，并吐丝将花缠绕在枝上，被害花变色但不脱落，故满树枣花呈枯黄一片。为害果实时，除啃伤果皮外，幼虫还蛀入果内，将粪便排出果外，被害果不久即发红脱落，也有与叶粘在一起的虫果不脱落。幼虫能吐丝下垂并随风漂移传播。老熟幼虫在叶苞内，花序中，果实内或树皮裂缝内结白色薄茧化蛹。雌蛾产卵最适温度为 25 ℃，气温在 30 ℃以上，产卵量减少。

4. 防治方法

（1）物理防治

① 冬春灭蛹。冬季或早春刮老树皮，锯掉残破枝头，并集中烧毁，树干涂白，并用胶泥堵塞树洞，冬季深翻枣园，以消灭越冬蛹。

② 束草灭蛹。在9月上中旬末代幼虫化蛹前，在主干基部绑草绳，引诱末代幼虫入草绳内化蛹，于翌年成虫羽化前解下草绳烧毁。

③ 诱杀成虫。在成虫发生期，利用其趋光性和趋化性，用黑光灯，糖醋液诱杀成虫。雄成虫对性诱敏感，可用性诱剂诱杀成虫。

(2) 生物防治。在幼虫发生期，向树冠喷施0.5亿～1.0亿/mL孢子的Bt乳剂，可消灭幼虫达85%以上。也可饲养、释放赤眼蜂杀虫，效果很好。

(3) 化学防治。在幼虫发生期，向树冠喷施20%杀灭菊酯3 000～4 000倍效果较好。但在花期，为了保护蜜蜂，不要喷药，防止该虫时，可喷施1%蓖麻油酸烟碱800倍液，效果较好。

(九) 蚱蝉

蚱蝉，又名黑蝉、知了。属于同翅目蝉科。

1. 分布、寄主及为害特点 该虫在我国分布范围很广，尤其以黄河故道地区虫口密度最大，该虫可为害多种树木。其危害方式有3种，一种是其若虫在地下吸食寄主根系的汁液；一种是成虫吸食枝条的汁液；一种是雌成虫在产卵时刺伤枝条，造成枝条严重失水，引起干枯甚至死亡。

2. 形态特征 成虫体长40～55 mm，翅展120～130 mm。全身黑色，具金属光泽。头的前缘及额顶各有一块黄褐色斑。复眼突出，灰褐色，头顶3个单眼琥珀色，排列为三角形。触角刚毛状。前胸背板比中胸背板短。前、后翅均透明，翅脉黄褐色或暗黑色，前翅前缘黄褐色。雄成虫第一～二腹节有鸣器。雌成虫有锯式产卵器。足褐色。卵长椭圆形，略弯，长约2 mm，乳白色。若虫体型近似成虫，淡褐色，只有翅芽。前足腿节膨大，能缓慢爬行。

3. 生活习性及发生规律 该虫一生中若虫期最长，一般4～5年完成1个世代，有的若虫期长达3～17年。以卵和若虫分别在被害枝和土中越冬。卵在翌年6月孵化，若虫入土后，以植物根系汁液为食料，一直生活在土层内，直到发育成熟。若虫于6～7月，平均气温达到22 ℃以上时，于20:00～22:00纷纷出土，尤其雨后第二天出土较多，出土若虫爬到枣树上，当晚脱皮羽化成虫，刺吸果实、嫩枝汁液危害。成虫善飞，寿命60 d左右。从羽化到产卵需15～20 d，7月下旬至8月上旬为交尾、产卵盛期。雌成虫产卵时，喜欢在新生枣头一次枝距顶端25 cm处，用产卵期倾斜在枝条上划口，深达木质部。每穴产卵5～7粒，产卵后接着再开一斜口卵穴，每根枝条产卵100粒左右，每雌成虫产卵量500～800粒。尚未充分木质化的枣头由于其产卵，导致多处韧皮部导管被切断，枝条正常的输导作用不能进行，因而蚱蝉产卵枝卵穴以上部分很快枯死。

枝条内的卵需落到潮湿的地方才能孵化。初卵若虫在地面爬10 min后钻入土中，吸食植物根系养分为生。若虫在地下生活4～5年，每年6～9月脱皮1次。共4龄，1～2龄若虫多附着在侧根及须根上，而3～4龄若虫多附着在较粗的根系上，且以根系分叉处最多。若虫在土中越冬，脱皮和危害均筑一个椭圆形的土室，土室四壁光滑，坚硬，紧靠根系，1虫1室。若虫在地下的分布以14～30 cm深度最多，最深可达80～90 cm。

4. 防治方法

(1) 物理防治

① 人工灭卵。枣采收前，人工剪掉蚱蝉产卵枝，集中焚烧灭卵。

② 捕杀若虫。在若虫出土期的晚上，人工捕杀出土若虫。

③ 点火灭虫。在成虫发生期，夜间在枣林中点火，摇树，成虫即飞入火中烧死。

(2) 化学防治。结合防治桃小食心虫同时防治蚱蝉。

(十) 山楂红蜘蛛

山楂红蜘蛛属于蛛形纲蜱螨目叶螨科。

1. 分布、寄主及为害特点 山楂红蜘蛛在我国分布很广，主要危害苹果、梨、山楂、枣等果树。以成虫或若虫为害叶片、花蕾、花、果实，幼树和根蘖苗受害较重，多集中在叶背面主脉两侧刺吸汁液危害。虫口密度大时，叶片正面也被害。叶片被害后，出现淡黄色斑点，有一层丝网粘满尘土，叶片渐变焦枯，导致落花、落果、落叶，严重影响枣的产量和品质。

2. 形态特征 雌成虫体呈卵圆形，体长 0.5 mm，背部前面隆起，有 26 根刚毛纵行排列。冬型螨体小，朱红色，有光泽。夏型螨体大，深红色。背部及第三对足后方有黑色斑纹。雄成虫体长 0.4～0.45 mm，纺锤形，末端尖，初脱皮时浅黄色，取食后为橙黄色。体背两侧有暗绿色斑纹 2 条。卵圆球形，橙红色或淡黄色。幼螨初孵时圆形，黄白色。若螨有前、后期之分，前期体小，背具刚毛，初现绿色斑点，后期体增大，有雌雄之分，体淡绿色，背部绿色，背部黑斑明显。

3. 生活习性及发生规律 1 年 8～9 代。以受精雌成虫在树皮缝内或根际处土缝中越冬。翌春天暖时开始活动并产卵。6 月中旬为危害盛期，多以成虫、若虫群集为害叶片，影响枣的花芽分化，缩短花期，叶片变黄褐色，坐果率降低，进而叶片枯落。天气干旱时，7～8 月该螨成灾，阴雨天对成螨的繁殖不利，9～10 月转枝越冬。

4. 防治方法

(1) 生物防治。注意保护利用天敌资源，自然控制螨的危害。

(2) 物理防治

① 刮老树皮。在冬季，刮除老树皮并集中烧毁，消灭越冬成螨。

② 树干绑草把诱杀。9 月，在树干上绑草把，诱其钻入越冬，冬季将草把解下集中烧掉。

(3) 化学防治。在枣萌芽前、发芽时、开花后分别喷 5 波美度、0.5 波美度和 0.2 波美度的石硫合剂。5 月以后，根据虫情测报，当平均每叶螨量达到 0.5 头以上时，即可喷牵牛星 2 000～3 000 倍液、杀螨利 2 500～3 000 倍液、40%硫悬浮剂 300～500 倍液、73%克螨特 2 000 倍液。

(十一) 星天牛

星天牛，又名水牛角、白星天牛，其幼虫俗称盘根虫。属于鞘翅目天牛科。

1. 分布、寄主及为害特点 该虫广泛分布于全国各地，主要分布在甘肃、宁夏、辽宁、河北、山东、河南、陕西、山西、湖南、浙江等地。其寄主植物多达 50 余种，主要有枣、苹果、梨、杨、柳等。其幼虫主要在树干基部、主根及主枝蛀食危害，使树势衰弱，甚至整株枯死；而成虫则为害嫩叶及新生枝皮，是枣树枝干的主要害虫之一。

2. 形态特征 成虫体黑色、光亮，体长 25～35 mm，宽 8～13 mm，头和腹部腹面被银灰色细毛。触角鞭状，3～11 节，各节基部 1/3 处有淡蓝色毛环，雌虫触角超出翅端 1～2 节，雄虫超出 4～5 节。前胸背板有 2 个突起，两侧各有 1 个刺状突起，每个翅面有白色毛斑 19 个，呈星状，并列成不规则的 5 行，并有 2～3 条纵向隆纹。翅基较宽，向后渐窄。卵长椭圆形，长 5～6 mm，乳白色，孵化前黄褐色，具光泽。老熟幼虫体长 45～60 mm，黄白色，头棕色，大颚发达，前胸背板基部有一块黄褐色“凸”字形骨化大斑，此斑的前方有 1 对黄褐色横向飞鸟纹。足退化，腹部各节背面有移动器，椭圆形，中央凹陷并有横沟，周围具不规则隆起，密生细刺突。蛹为裸蛹，长 30～38 mm，纺锤形，乳白色，羽化前褐色。复眼卵圆形，触角伸于腹部，在第二对胸足下呈环形卷曲。

3. 生活习性及发生规律 该虫一般 1 年 1 代，在寒冷地区 2 年 1 代。以幼虫在树干基部或主根虫道内越冬。翌年 4～5 月越冬幼虫化蛹，成虫 5 月上旬开始羽化，6 月上旬为羽化盛期。成虫羽化后，在蛹室内停留 5～8 d，才在枣树上咬开大型羽化孔缓缓爬出，顺树干而上，取食嫩叶及树皮做补充营养。强光高温时，有中午休息的特性，成虫在树干基部背阴处，头朝下，尾朝上，触角翘起或贴地面，静止不食不动。10～15 d 开始产卵。卵多产于树干基部离地面 10～50 cm 高的范围内的树干上。产卵前成虫先用上腭在树皮上咬呈 T 形或“人”字形伤口，并用上腭稍微撬开皮层，然后转身将产卵管插入皮层产卵，每穴产卵 1 粒。多数雌成虫一生可产卵 30 粒左右，多者达 70 余粒。6 月下旬为产卵盛期，产卵期 30 d 左右，卵期 9～15 d，成虫寿命 25～60 d。幼虫孵化后先在韧皮部取食，生活在皮层与木质部之间，多横向危害，蛀道内充满虫粪，2 龄时（1～2 个月）蛀入木质部取食，在距地面 5～10 cm 处将树皮咬个洞，作为通气，排粪口。以后多数向上蛀食危害，虫道路规则，多为开放式，横断面为 C 形，即一侧同树皮相连。11 月幼虫开始越冬。如当年幼虫已完成发育，则翌年春季化蛹，否则，翌年继续发育，直到老熟化蛹，幼虫期 10 多月。蛹期 30 d 左右。

4. 防治方法

（1）捕。利用成虫在干基处午息的习性，在 12：00～15：00 进行人工捕捉成虫，集中消灭。

（2）剜。成虫有在枣树距地面 60 cm 以下部位产卵的习性，可根据弧形卵穴及褐色虫粪进行巡查，用小刀或螺丝刀人工剜卵和幼虫。

（3）灌。当剜卵和幼虫不及时，幼虫蛀入主根，可先把地上根部横向虫道剜出，露出纵向虫道时，可用 0.1%的杀灭菊酯药液灌之。灌后数分钟，幼虫接触药液即中毒死亡。

（4）熏。对蛀入木质部的幼虫，可先将虫孔附近的虫粪清除，然后在每个虫孔塞入或浸透 80%敌敌畏乳剂的棉球，再用泥封口，效果良好。

（5）钩。对钻入树干较深的幼虫，除灌药外，还可以用带锐钩的粗铁丝，沿虫道捅死或钩出幼虫。

（6）塞。用熟红薯加入 1%杀灭菊酯及少量面粉拌成稠面泥，塞紧排气孔。幼虫感觉通气不畅，便爬向通口排除堵塞物，在吞食薯泥后中毒死亡。

（7）阻止产卵。在成虫产卵期，将树干涂白，可阻止成虫产卵。涂白剂的配置方法是：按生石灰 1 份，细硫黄粉 1 份，水 40 份的比例配置。

（十二）红缘天牛

红缘天牛，又名红缘亚天牛。属于鞘翅目天牛科。

1. 分布、寄主及为害特点 该虫在中国分布较广。寄主植物主要有枣、苹果、梨等果树。以幼虫蛀食枝干危害。

2. 形态特征 成虫体长约 17 mm，体狭长，黑色。每鞘翅基部有 1 个朱红色椭圆形斑，外缘有 1 条朱红色狭带纹。老熟幼虫体长约 22 mm，乳白色。前胸背板前方骨化部分褐色，分为 4 块。

3. 生活习性及发生规律 1 年 1 代。以幼虫在受害枝中越冬。翌年 3 月开始活动，在皮层下木质部钻蛀扁宽蛀道，将粪、木屑排在孔外。4 月中下旬化蛹，5 月中旬成虫羽化，成虫白天活动，并取食枣花等进行补充营养。成虫产卵于衰弱枝干皮缝中。幼虫孵化后先在韧皮部与木质部之间钻蛀，逐渐进入髓部危害。受害严重的枝干仅剩树皮，内部全空。

4. 防治方法 该虫的防治可参照星天牛的防治方法进行。

（十三）绿盲蝽

绿盲蝽，又名苜蓿盲蝽。属于半翅目盲蝽科。

1. 分布、寄主及为害特点 绿盲蝽分布于黄河流域和长江流域。寄主有枣、梨、苹果、李、桃、杏、棉花、大豆、玉米、白菜、萝卜等。以成虫和若虫的刺吸式口器为害寄主的幼嫩芽、叶、花蕾。植物幼嫩组织受害后，在被害处出现枯死小点，生长受抑制。随着芽、叶生长，被害处呈不规则的空洞和裂痕，叶片皱缩变黄，俗称“破叶病”。枣吊受害后，不能正常伸展，呈弯曲状，俗称“烫发病”。花蕾受害后，停止发育、枯落。

2. 形态特征 成虫体长 5 mm，宽 2.2 mm，绿色，密被短毛。头部三角形，黄绿色，复眼黑色突出，无单眼，触角 4 节，丝状，较短，约为体长 2/3，第二节长等于第三、四节之和，向端部颜色渐深，1 节黄绿色，4 节黑褐色。前胸背板深绿色，布许多小黑点，前缘宽。小盾片三角形微突，黄绿色，中央具 1 浅纵纹。前翅膜片半透明暗灰色，其余绿色。足黄绿色，胫节末端、跗节色较深，后足腿节末端具褐色环斑，雌虫后足腿节较雄虫短，不超腹部末端，跗节 3 节，末端黑色。卵长 1 mm，黄绿色，长口袋形，卵盖奶黄色，中央凹陷，两端突起，边缘无附属物。若虫 5 龄，与成虫相似。初孵时绿色，复眼桃红色。2 龄黄褐色，3 龄出现翅芽，4 龄超过第一腹节，2～4 龄触角端和足端黑褐色，5 龄后全体鲜绿色，密被黑细毛；触角淡黄色，端部色渐深。眼灰色。

3. 生活习性及发生规律　绿盲蝽1年发生数代，以卵在寄主植物的枝内或树皮内越冬，翌年3～4月，平均气温达到10℃以上，相对湿度在70%左右时，其卵开始孵化，枣树发芽后，幼虫开始上树危害。5月上中旬为危害盛期。5月下旬后，气温渐高，虫口减少。第二代在6月上旬，第三代在7月中旬，第四代在8月中旬出现。成虫寿命30～50 d，飞翔力强，昼伏，晚上和夜间危害。

绿盲蝽的发生和气候的关系，卵在相对湿度65%以上时大量孵化，气温在20～30℃，相对湿度为80%～90%最适宜，危害重。高温低湿，危害较轻。

4. 防治方法

（1）物理防治

① 灯光诱杀。在枣园内悬挂黑光灯诱杀成虫。

② 悬挂黄虫板。在枣园内悬挂黄虫板，粘着其成、若虫，降低虫口密度。

③ 涂粘虫胶。在树干上涂10～20 cm宽的粘虫胶，粘着成、若虫。

④ 灭卵。在秋末春初刨树盘，铲除杂草，消灭越冬卵。

（2）化学防治。在枣树发芽前喷一次5波美度的石硫合剂，喷洒要细致、均匀。早春越冬卵孵化后，喷洒50%敌敌畏乳剂1 500倍液在第一代危害期（5月上中旬）再喷一遍上述药液。

第十节　果实采收、分级和包装

一、果实采收

（一）采前管理

1. 减少农药污染　严格控制农药的施用量，在有效浓度范围内，尽量用低浓度进行防治病虫害，一般对有限制农药每年只能使用1次，在采果前20 d应停止使用，以保证果品中无农药残留，或虽有少量残留但不超标。

2. 抑制乙烯代谢　枣果实乙烯的产生有蛋氨酸途径参与。枣果随果实的成熟，果内乙烯浓度和呼吸强度均有一小峰出现，果实在白熟期对乙烯比较敏感，在着色成熟后对乙烯不敏感。因此，适时利用乙烯生物合成抑制剂氨氧乙酸（AOA）、氨氧乙烯基甘氨酸（AVG），有利于增强鲜枣果的耐贮性。

3. 增加果实硬度　钙质可与枣果体细胞中胶层的果胶酸形成果胶酸钙，对维持果实硬度、调节组织呼吸及推迟衰老有着重要作用。因此采前半个月对树冠及枣果喷洒0.2%氯化钙溶液，可增强枣果的钙素含量，果实耐贮性也显著提高。

（二）枣果成熟过程

根据枣果实的发育过程，枣的成熟过程可分为白熟期、脆熟期和完熟期3个阶段。

1. 白熟期　果皮褪绿，由绿白色转成乳白色。果实体积和重量都不再增加，肉质比较松软，汁少，含糖量低。果皮薄而柔软，煮熟后果皮不易与果肉分离。

2. 脆熟期　白熟期以后，果皮自梗洼、果肩开始逐渐着色转红，直到全红。果肉含糖量很快增加，质地变脆，汁液增多，风味增强，肉色仍呈绿色或乳白色。煮熟后，果肉容易与果皮分离。

3. 完熟期　脆熟期以后，果实继续积累养分，果肉含糖量增加，最后果柄与果实连接一端开始转黄脱落。果肉颜色由绿白色转为乳白色，在近核处呈黄褐色，质地从核处逐渐向外变软，含水量下降。

以上3个时期果肉中的可溶性固形物含量不断增加，可溶性固形物在白熟期含量为23.2%，到脆熟期增加到37.1%，这两个时期的含糖量和品质相差也很大。

（三）枣果采收时期

枣果采收时期因果实的用途和品种的不同而有很大的差异。

1. 制作蜜枣　以白熟期为采收适期。此期果实体积停止增长；果皮绿色减退，呈乳白色或绿白色；果皮质地薄而柔软，煮熟后不易与果肉分离；果肉比较松软，果汁少，糖度低，但富含原果胶，抗煮性强。加工成品黄橙晶亮，呈琥珀半透明状，食之韧滑没有皮渣，别具风味。

2. 鲜食品种 以果皮大部转红到完全转红的脆熟期采收为宜。少量糖分积累早的品种，如枣庄脆枣、冬枣、金丝新4号等，也可提前到白熟期采收。此期果实艳美，具有甘甜微酸、松脆多汁等最好的鲜食品质，且贮藏性较好，是鲜食枣果采摘的最佳时期。

3. 乌枣、南枣、玉枣、醉枣等加工品原料的采收适期 应在果皮刚全部变红的脆熟期。此时果柄绿色，果皮全部或大部分着色变红，质地增厚稍硬，烫煮后容易与果肉分离，果肉近核部分没有变软过熟征象。此期果实加工品不仅成品率高、风味好，而且外形丰满，南枣皮纹细致，色泽乌紫油亮。

4. 干制红枣品种的采收适期 以完熟期为好。此期果皮全面着色半月左右，颜色进一步加深成褐红色或黑红色，果柄和果实连接的一端开始转黄。果肉由绿白色转乳白，近核处转成黄褐色；果肉质地从近核处开始逐渐向外变软，含水量下降，并开始有自然落果现象。此时采收，晒制的红枣不仅出干率高，而且色泽浓艳，果形饱满，富有弹性，品质最好。

（四）采收方法

1. 制干红枣采收方法 制干红枣充分成熟以后采收，一是制干品质好，二是便于采收。成熟后的果实，果柄处与果枝间的离层产生，轻摇树体，枣果便可脱落。采收时树下铺塑料布，摇动树体，或用杆轻轻击枝，使枣果脱落后，集中收集。

2. 鲜食枣采收方法 鲜食大果如长杆击落果，果实受损，果皮、果肉破裂，不利贮藏、运输，还易造成树枝断枝落叶，最好人工采摘，以保证枣果的品质优良。人工采收，也要本着轻摘、轻放、避免挤碰、摔伤和保持果实完整的原则，所谓果实完整，即要求果实带有果柄，并使枣果与果柄间不能有拉伤，给果实柄端留下伤口，因为果柄处的伤口容易感染病菌而使鲜枣腐烂。采摘时应避开清晨露水未干的时间，因为此时摘果易造成果柄处裂果。

3. 制作蜜枣、乌枣等加工枣采收方法 可采用乙烯利催熟法，即在枣果白熟期至全红期，喷施200～300 μg/g的乙烯利，促使果柄提前形成离层，喷后5～7 d，90%的枣果落地，因而既省工，又避免打伤枣树枝叶。注意在催熟时浓度不能过大，喷施要均匀，否则会造成提前落叶，影响树体后期营养物质积累。

二、果实分级

红枣等级标准如表58-1和表58-2所示。

表58-1 小红枣等级规格（GB/T 5835—2009）

等级	指标项目			
	果形和个头	品　质	损伤和缺点	含水率
特等	果形饱满，具有本品种应有的特征，个头均匀，金丝小枣每千克果数不超过300粒	肉质肥厚，具有本品种应有的色泽，身干，手握不粘个，杂质不超过0.5%	无霉烂、浆头，无不熟果，无病虫果，破头、油头两项不超过3%	金丝小枣不高于28%
一等	果形饱满，具有本品种应有的特征，个头均匀，金丝小枣每千克果数不超过369粒，鸡心枣每千克果数不超过620粒	肉质肥厚，具有本品种应有的色泽，身干，手握不粘个，杂质不超过0.5%。鸡心枣允许质肥厚度较低	无霉烂、浆头，无不熟果，无病果，虫果、破头、油头3项不超过5%	金丝小枣不高于28%，鸡心枣不高于25%
二等	果形饱满，具有本品种应有的特征，个头均匀，金丝小枣每千克果数不超过429粒，鸡心枣每千克果数不超过680粒	肉质肥厚，具有本品种应有的色泽，手握不粘个，杂质不超过0.5%	无霉烂、浆头，病虫果，破头、油头、干条4项不超过10%（其中病虫果不得超过5%）	金丝小枣不高于28%，鸡心枣不高于25%

（续）

等级	指标项目			
	果形和个头	品　质	损伤和缺点	含水率
三等	果形正常，具有本品种应有的特征，每千克果数不限	肉质肥厚不均，允许不超过10%的果实色泽稍浅，身干，手握不粘个，杂质不超过0.5%	无霉烂，允许浆头、病虫果，破头、油头、干条5项不超过15%（其中病虫果不得超过5%）	金丝小枣不高于28%，鸡心枣不高于25%

表 58-2　大红枣等级规格（GB/T 5835—2009）

等级	指标项目			
	果形和个头	品　质	损伤和缺点	含水率
一等	果形饱满，具有本品种应有的特征，个头均匀	肉质肥厚，具有本品种应有的色泽，身干，手握不粘个，杂质不超过0.5%	无霉烂、浆头，无不熟果，无病虫果，破头、油头两项不超过3%	不高于25%
二等	果形良好，具有本品种应有的特征，个头均匀	肉质肥厚，具有本品种应有的色泽，身干，手握不粘个，杂质不超过0.5%。鸡心枣允许质肥厚度较低	无霉烂，允许浆头不超过2%，不熟果不超过3%，病虫果，破头两项不超过5%	不高于25%
三等	果形正常，个头不限	肉质肥厚不均，允许不超过10%的果实色泽稍浅，身干，手握不粘个，杂质不超过0.5%	无霉烂，允许浆头不超过5%，不熟果不超过5%，病虫果、破头两项不超过15%（其中病虫果不得超过5%）	不高于25%

三、包装

包装容器应坚固、干净、无毒、无异味。包装材料可用瓦楞纸箱或塑料箱。干制红枣可先用塑料袋包装。包装内可放干燥剂，但要特别注明，避免误食。内包装材料应新而洁净，无异味，且不会对枣果造成伤害和污染。

四、运输

红枣干制后应除去沙土杂质，挑选分级，按品种、等级分别包装、分别堆存。红枣在存放和运输过程中，严禁雨淋，注意防潮，堆放红枣的仓库地面应铺设木条或格板，使通风良好，防止底部受潮。

第十一节　果实贮藏保鲜

一、鲜食枣贮藏保鲜

（一）鲜食枣贮藏保鲜的意义

鲜食枣具有独特的风味，果形大小各异，果色艳丽美观，果皮较薄，果实脆甜味美，松脆多汁，营养极为丰富，维生素C含量高，但耐贮性很差，采后易失水变软，丧失原有风味。一般在室温条件下，存放5 d左右，即失去鲜脆状态，7 d果皮明显皱缩，维生素C含量大幅度下降，失去鲜食价值。

在我国，鲜枣的贮藏至少有200年的历史，清宫档案中曾有过冰窖贮藏鲜枣的记载。但是，用冰保存鲜枣，贮藏期仅1个月。20世纪80年代以来，随着对鲜枣采后生理的研究，以及贮藏保鲜技术和制冷技术的发展，鲜枣的贮藏期达到3个月以上，基本满足了市场对鲜食枣贮藏期的要求。

（二）采后生理与贮藏特性

枣果属于非呼吸跃变型果实。枣果采后呼吸强度很高，约为红富士苹果的 2.3 倍，这是鲜枣果实不耐贮藏的一个重要原因。枣果成熟过程中乙烯释放量很低，和其他跃变型果实相比，乙烯对枣果采后品质的影响较小。

鲜枣表皮结构蜡质层较薄，果皮保水性能较差，采后在自然状态下会很快失水皱缩。研究表明，鲜枣失水速率是苹果的 5～7 倍，而且成熟度越低的果实失水越快。因此，加强保水措施是鲜枣贮藏的关键环节之一。

枣果由于糖分较高，呼吸旺盛，加之易受机械伤害，采后极易发生缺氧呼吸、酒化及发霉腐烂。密闭和通风较差的环境都会导致枣果的发酵。传统的加工醉枣（酒枣）的方法正是利用了这一特性。果肉发酵引起的软化和褐变是导致鲜枣难贮的重要原因。鲜枣果实对贮藏环境中的二氧化碳特别敏感，浓度高于 5％会加剧果肉的软化褐变。鲜枣比较耐低氧条件，在无二氧化碳条件下，可忍受 1.5％的低氧条件。

鲜枣的耐贮性因品种的不同差异很大。一般来说，晚熟品种比早熟品种耐贮；鲜食制干兼用品种较单纯鲜食或制干品种耐贮；抗裂果品种较耐贮；小果型品种或大果型中果肉较疏松的品种较耐贮。在主要栽培品种中，山西的襄汾圆枣、临汾团枣、太谷葫芦枣和蛤蟆枣等耐贮性较好，而郎枣、骏枣耐贮性最差，屯屯枣、相枣、坠子枣耐贮性居中。河北、山东和北京产的冬枣和雪枣最耐贮，其次为北车营小枣、苏子峪小枣、长辛店脆枣和金丝小枣，婆枣和斑枣最不耐贮。

枣的成熟期各地不一，一般多在 9 月成熟。枣果成熟过程可分为两个阶段，果面绿色渐退，变为白色至微红色，味甜质脆，为脆熟期，鲜食、贮藏枣果均在此阶段采收。此后，果皮转红，果肉糖分提高，水分减少，为完熟期，此期采收一般用于干制。需注意的是，用于贮藏的枣果必须无伤采摘，最好人工逐个采摘，严禁用木杆敲打震落。另外，为了提高鲜枣的耐贮性，在采前半个月对树冠及枣果喷洒 0.2％氯化钙溶液，还可喷 150 倍液的高脂膜、过碳酸钠，能防止霉菌感染。

枣果的冰点比一般水果低，在－5 ℃左右，因此冷藏的最适温度为－2～－3 ℃，气调贮藏时以 0 ℃为宜，相对湿度 95％以上。

（三）鲜枣贮藏方法

1. 常温贮藏 挑选半红的无伤鲜枣，在阴凉潮湿处铺 3～5 cm 厚的湿沙，上放一层鲜枣，再铺一层湿沙，进行沙枣层积，如此堆高至 30 cm 左右。为防止沙子干燥，可定期用少量清水补充湿度。用此方法可贮藏 1 个月左右。

2. 窑洞贮藏 果实采收后，挑选无伤枣果入窖，预冷 12 h，然后装入 0.01～0.02 mm 厚的无毒聚氯乙烯或聚乙烯薄膜袋中，每袋容量不超过 2.5 kg，袋中部两侧各打两个直径约 1 cm 的小孔。果袋最好竖着摆放在多层的货架上。贮藏期间应注意窖温管理，定期观察袋中果实的情况，当果实原有红色变浅或有病斑出现时，说明果实已开始变软或腐烂，应及时出库销售。用此方法，襄汾圆枣、蛤蟆枣可贮 30～60 d，脆果率 70％以上；赞皇大枣、骏枣、郎枣等品种可贮 20～40 d。

3. 冷藏 研究表明，冰点以上的最低温度是多数枣品种贮藏的最佳温度。根据测定，鲜枣在半红采收时，冰点均在－2 ℃以下，为了避免冻害，鲜枣的冷藏温度最好控制在－1 ℃左右。贮藏方式可采用打孔袋或用纸箱、木箱、塑料周转箱等内衬塑料袋等方法。打孔袋贮藏同窑洞贮藏中介绍的方法基本相同。采用箱内衬塑料薄膜方法时，最好用 0.03 cm 厚无毒聚氯乙烯薄膜，每箱容量不超过 10 kg。装果后袋口不能封死，对折掩口即可。掩口前，应敞口充分预冷，待果温降至接近贮藏温度时，再掩口封箱码垛贮藏。果实在贮前最好做预处理，如用 2％氯化钙＋30 mg/kg CA_3 浸果 30 min，可提高果实的贮藏效果。

4. 气调贮藏 不同品种枣果对气体成分的要求不同。一般来讲，鲜枣气调贮藏时温度应控制在 0～－1 ℃，相对湿度 95％以上；氧气 3％～5％，二氧化碳＜2％。气调贮藏的果实，入库前应做防

腐处理。应用气调贮藏，可将襄汾圆枣、临汾团枣、永济蛤蟆枣、尖枣、北京西峰山小枣、冬枣、雪枣等耐藏品种贮藏 3.5～4 个月，金丝小枣、赞皇大枣、梨枣等贮藏 2～3 个月，脆果率 70%以上。

二、红枣干制及贮藏

(一) 枣果的干制方法

枣果的干制方法有 3 种，晾干法、晒干法和烘烤法。目前常用的是晾干法和晒干法。

1. 晾干法　用自然的通风方法使枣干制。具体方法是：拣去烂枣，按干湿程度把枣分开，摊放在通风的室内或遮阴棚下，使枣果打成垄形，垄高约 30 cm，每天翻动 1 次，1 个月左右即可干制成红枣。其缺点是占地面积大，不宜大量加工。

2. 晒干法　选平坦、干燥通风处设置晒场，将枣果摊放于席箔上，厚 10 cm 左右，暴晒 10～15 d，夜间将枣聚集成堆，并用席覆盖以防露水，次日太阳出来后继续打开晾晒，每天翻动数次，至枣果含水量降至 28%以下，手握不发软时即可收藏。

3. 烘烤法　把枣放在烘房烘干，也需经常翻动，以免温、湿度过高产生烂果现象。有条件的可建烘烤炉。具体方法是：先将枣果按大小和成熟度分级，去除烂果，然后分别装盘上架，盘中果的厚度以 2 层枣果为度。预热过程，温度控制在 55 ℃ 4 h，枣果变软、有烫手的感觉、果皮出现皱纹时可将温度升至 65 ℃，并保持 8～10 h。此阶段水分蒸发速度快，湿度也相对增加，注意排潮，使温度保持在 68 ℃左右，湿度控制在 55%左右，上下倒盘翻动，使枣果受热均匀。10 h 后可将温度调回到 55 ℃进入干燥阶段，保持 4～6 h，待枣果达到干燥要求即可出房。再经通风散热，凉透后包装。

(二) 红枣贮藏

用于贮藏的红枣要干燥适度，无破损，无病虫，色泽红润，大小整齐，红枣含糖量高，具有较强的吸湿性和氧化性，因此贮藏期间应尽量降低贮藏温度和湿度，抑制微生物的活动。

枣果贮存量少时，可用缸（坛）贮藏，缸（坛）口用塑料薄膜扎紧密封，置于阴凉处，可安全度夏。大批量贮藏时，采用麻袋码垛贮藏。码垛时，袋与袋之间、垛与垛、垛与墙之间要留有空隙，以利于通风散热。多雨季节，在每袋红枣外再套一条麻袋，有利于隔绝潮气，而且要注意关闭库房的门窗和通气孔。在外界气温低且干燥时，应经常通风，以排出库内潮湿空气。

第十二节　设施栽培技术

枣树设施栽培的意义在于，一是提早成熟，提高经济效益。棚栽枣成熟期可比露地栽培提前30～40 d，收益约比露地栽培提高 3～5 倍；而且当年栽植，当年结果，每 667 m² 可产枣 600 kg 以上，第二年可达 1 500 kg 以上。二是实现避险栽植。冬枣、苹果枣等品种，因采收期大多在晚秋时节，正好赶上绵绵秋雨，裂果达 50%以上，严重地降低了果实的品质，采取棚栽措施后，不但解决了鲜食枣成熟遇雨而裂的难题，销价由原来的平均 4 元/kg 增至 10 元/kg。

一、适应品种

棚栽枣树品种主要为鲜食枣品种。要选择树体矮化，早果性强，果形巨大，丰产优质品种，如早晚蜜、六月鲜、大瓜枣、特大蜜枣、七月酥、冬枣、梨枣、灵武长枣、泾渭鲜枣等品种，均适于大棚栽培。也有选用灰枣、骏枣、金丝小枣和金昌 1 号等干鲜兼用的品种。

二、保护设施

适于种植桃、杏等的果树大棚均可直接利用，新建日光温室为东西方向，长 50～80 m，南北宽 8～10 m，前部高 1.5 m，矢高 3.5 m，后墙高 2.5～2.8 m，后墙水泥块或砖体结构，厚度 1 m 左右，棚体高度2.5～3 m为宜。棚膜选用聚乙烯无滴膜，膜上覆盖草苫保温，棚顶有自动卷帘设备，日光灯补光及滴灌设备。成熟期可提早30～60 d。进行拱棚栽植，棚边桩净高1.5 m，中桩净高2.5～3.0 m，太高容易受强风而毁坏，木桩深50 cm，棚长由实际情况而定，以50～80 m为宜，棚内净宽10～12 m，注意前后桩深70 cm，并用水泥礅和铁丝等加强固定，成熟期可提早20 d左右。

三、栽培技术要点

（一）建园

落叶后即可栽植，栽前开挖定植沟，沟宽、深各60 cm，沟内铺麦草、稻草，并施足有机肥，与土混合均匀，填入沟内浇透水，选根颈粗度1 cm以上，根系完整的优质壮苗，在50～60 cm处定干，定于以下分枝留2～3芽短截，然后起垄，垄宽1 m，垄高20 cm，将枣苗栽于垄上，株距1 m，行距2 m，每667 m^2栽333株。

（二）整形及修剪

由于大棚前沿较低，可采用低干丛状形、开心形或纺锤形，大棚后沿较高，可采用自由纺锤形或小冠疏层形。枣树树高前部控制在1.5 m以内，后半部分控制在1.5～2.0 m，即总体要求树体高度要低于温室上棚膜50 cm，以利于温室内通风透光，又要便于操作。修剪以夏剪为主，主要是对枣头进行摘心，抹除背上枝，剪除过密枝。冬剪主要是对发育枝进行短截，剪掉细弱、重叠枝，对结果枝和主干旺枝进行回缩，更新结果枝组，以保证树体紧凑矮化。

（三）幼树促长促花技术

为了加速幼树成形，提高前期产量，枣树幼树必须具有一定的营养生长基础。因此，应本着前促后控的原则，加强对枣树幼树的管理，做到促长与保花的统一。前促后控技术，即在生长前期促长整形和在后期控长促花保果，是实现枣树设施栽培优质高产的重要技术措施。

1. 肥水管理 4～6月是新梢旺长初期，应加强生长管理。每10～15 d追施一次尿素和磷酸二氢钾，两者的比例为（5～6）：（2～3）。要视树体大小，每株施尿素20～50 g，一直持续到7月上中旬。叶面喷肥每隔10 d左右一次，要与土壤追肥相错开，以尿素为主，浓度为0.20%～0.30%，搭配光合微肥或其他叶面肥料。

2. 摘心 当新梢长至20～30 cm时，进行摘心，以促发二次枝；在二次枝长到6～7节时摘顶心；在中上部枣吊长到8～10叶时进行枣吊摘心。要求选留的新梢生长健壮、方向协调，其余新梢采取扭梢、拿梢的方式拿平作为辅养枝。在此期间须加强夏季修剪，及时去除外围竞争枝和背上直立旺梢，疏除密生梢。

3. 促花土肥水管理 自7月上旬新梢停长时开始每隔20 d左右追肥一次，肥料调整到以磷、钾肥为主，尿素、磷酸二氢钾、硫酸钾的比例为1：（2～3）：1。叶面喷肥不用尿素或其他速效氮肥。此期应适当控水，一般不浇水。雨季来临时注意排水防涝，雨后可中耕松土，并结合除草。

4. 化学促花 在5月中下旬短枝叶片长成以后，喷洒1 000 mg/L的多效唑（PP333），枣树的完全花比例可以达47.32%，而对照仅为4.03%。花后40 d，喷洒0.10%～0.30%比久（B9）效果明显。在土壤管理方面，花后3周在土壤中按每平方米树冠投影面积施用15%多效唑0.50～0.8 g，效果较佳。施后30～45 d开始起作用，延缓新梢生长，增大叶片面积，促进成花。喷洒多效唑时，可采用低浓度（0.01%～0.03%）、多次数的方式喷施。树势强的喷施次数多一些，大棚南端的枣树要加喷1次。

5. 拉枝 当骨干枝长至50 cm左右时，按整形要求及时拉枝开角，骨干枝可拉至50°～60°，辅养枝捋平。拉枝后改变了枝条特性，减缓了生长势，不但控制了树体的过度生长，而且也改变了枝条养分、水分的分配方向，既提高了产量，又改善了品质。

（四）扣棚

满足落叶果树低温需求量使其完成自然休眠，是进行下一步生长发育循环所必须经历的重要阶段。果树需要一定时数的低温才能正常生长发育。枣不同品种度过自然休眠的低温需求量不同，为399～580 ℃。0～7.2 ℃模型下，大白铃低温需冷量最小，为112 h；果实成熟较早的六月鲜、七月鲜的低温需冷量最大，为612 h；晚熟的沾化冬枣的低温需冷量431 h。主栽品种中梨枣、不落酥、板枣、大叶无核枣、鸡蛋枣、相枣、壶瓶枣、枣、郎枣、团枣、黑叶枣和龙枣需冷量最小，设施栽培于12月上旬扣棚好；蛤蟆枣、奉节鸡蛋枣、孔府酥脆枣、蜂蜜罐、襄汾圆枣和赞新大枣需冷量较小，12月中旬扣棚好；大雪枣需冷量较大，1月上旬扣棚好；金丝小枣、绵枣、晋枣、鸡心蜜枣和冬枣需冷量最大，1月中旬扣棚好。其中冬枣进入休眠迟，可进行延迟栽培。

栽植的苗木在棚内自然休眠1～2个月，约在12月底至1月初施足基肥，浇透水，全棚覆盖黑色地膜，即可扣棚。

（五）大棚温、湿度调控

枣树设施栽培，要使果品提早或延迟成熟，提高果品的经济效益，关键是通过人为因素改变果树生长的外部环境，扣棚前8～10 d覆盖地膜，且铺地膜前全园灌水，利于提高土温，使根系提早活动。扣棚升温时间一般在12月底，扣棚后20～30 d，采取昼盖夜揭草帘的办法，主要是创造低温环境，打破休眠，到1月下旬即开始升温。人工增加需冷量方法：于10月下旬至11月上旬覆棚膜、盖草帘，使棚室内白天不见光，夜间打开通风口，降低棚内温度，温度控制在0～7.2 ℃，尽可能增加其需冷量，使提前结束休眠。解除休眠后，逐渐升温。白天拉开1/3草帘，以后再拉开1/2草帘，10 d后全部拉开草帘，逐渐进行升温。升温后，按照枣树不同生育时期的要求控制温、湿度。

温、湿度的控制是枣树大棚栽培成败的关键，从扣棚催芽至揭棚，棚内的气温、湿度如表58-3所示。大棚内的温、湿度控制可分为3个阶段：一是增温增湿催芽阶段。该阶段的日平均气温为16.6 ℃，白天温度可适当增高，但最高不得超过38 ℃。20～30 cm地温可达到12.5 ℃，有利于根系的活动和芽的萌发。二是控温保温促长阶段。这一阶段枣树枝芽比较幼嫩，对温度要求较严格。日平均气温要控制在21 ℃以下，白天最高气温不得超过34 ℃。三是降温增湿保花果阶段。此阶段温、湿度的高低对开花坐果影响很大，应严格控制。日平均气温要控制在23.5 ℃以下，白天最高气温不得超过32 ℃。日平均相对湿度不能低于76%。在盛花期，当白天空气相对湿度低于40%时，要通过棚内地面喷水提高空气湿度，以免焦花焦蕾。

表58-3　枣树不同时期温、湿度控制范围

生育期	白天（℃）	夜间（℃）	相对湿度（%）
萌芽期	14～20	7～10	70～80
抽枝展叶期	18～25	9～12	50～70
花期	20～25	10～15	70～85
果实膨大期	20～28	12～15	<70
更是接近成熟期	25～30	15～17	<70

（六）花果管理

扣棚后管理工作很多，但最为重要的是做好枣树花果的管理工作。扣棚后，正常情况下升温60 d左右便进入初花期，此时进行适当的辅助授粉至关重要，可采用人工授粉和蜜蜂传粉的方式来实施。

1. 花期授粉　蜜蜂传粉，开花前1～2 d，把蜂箱搬入大棚内。当棚内有枣花开放时，将蜂箱门打开，蜜蜂爬出蜂箱，首先补充营养，然后飞上枣树，在花丛中采集花粉时完成传粉过程。经观察，温度升到 5 ℃时，全部工蜂均已出箱，多数开始上花；温度达到 18 ℃时，蜜蜂纷飞如穿梭，20 ℃时达到高峰。谢花后，把蜂箱搬出大棚，借助蜜蜂授粉能提高坐果率。同时进行人工辅助授粉，在开花后每日 8:00～11:00，用毛笔逐花点授即可。

2. 适时开甲 枣树盛花初期。于主干距地面 20 cm 处进行环状剥皮，宽度在 0.2～0.5 cm，开甲后晾 2～3 d，然后用塑料布包扎。

3. 严格疏果 疏果时，先去掉病果、虫果、畸形果和小果。留果量应根据树龄、树势和结果枝强弱来确定，一般强壮树每一枣吊留 2 个幼果，弱树留 1 个幼果，其余果全部疏除。疏果时，要尽量选留顶花果。对木质化枣吊留果量要相应增加，以提高产量。

（七）新梢管理

由于棚内高温多湿，应防止新梢密生旺长造成营养竞争，而使果实生长受阻，因此必须加强新梢的管理工作。萌芽后，将着生部位不当的芽抹除；坐果后，为避免与果实争夺营养，等新梢长到 15 cm左右时进行扭梢，长到 20 cm 左右时反复摘心。据试验，摘心可以提高坐果率 42%以上，并促进生二次枝、三次枝的生长，扩大树冠。与此同时，要疏除直立枝、过密枝和无果枝，以改善光照条件，促进花芽形成。

（八）控制树冠

1. 限根 因大棚内空间有限，棚高一般在 3～3.50 m，矮处只有 1.50 m 左右，为稳定产量、延长大棚栽培的年限，必须控制树冠的大小，必须通过人工控制的方法实施矮化调节。限根生长是有效控制树冠的主要措施，限根是指限制根系向垂直方向生长及增加数量，引导根系多向水平方向伸展，促进吸收根的发生。

2. 适当密植、采用优良树形 实践证明，适当密植可控制树冠过大，同时有利于枣树的早果和丰产。枣树生长势强，选用早果性、早期丰产性强的品种，以充分利用大棚空间，早期获得较高的单位面积产量，从而取得较高的经济效益。树冠郁闭后，再进行隔株移栽，以保持良好的透光结构，这也是选用 Y 形、开心形、纺锤形树形的原因。

3. 适当浅栽 建园时，除按常规进行外，栽植深度可比露地栽培适当浅些。

4. 起垄栽培 这是最为简便实用方法。建园时，将表层土和中层土与大约占 30%的有机肥混匀，堆积起垄，垄高 40～50 cm，宽度为 50～80 cm，将枣树栽植在垄上。起垄后土壤通气，透光性增加，地温提高，吸收根大量发生，根系垂直分布浅，水平分布范围大，总的生长体积减小，起到限制根系生长的作用，从而使枣树的地上部分矮化紧凑，容易早成花、早结果。

第五十九章　山　　楂

概　　述

山楂属于蔷薇科（Rosaceae）梨亚科（Pyrinae）山楂属（*Crataegus*）植物，其中羽裂山楂的大果变种（*C. pinnatifida* Bge. var. *major* N. E. Br.）为我国原产特有的果树资源。山楂果实的营养价值极为丰富，山楂果实中（鲜果）约含有糖22%、蛋白质9.7%、脂肪9.2%，还含有铁、钙、胡萝卜素、核黄素、苹果酸、枸橼酸果酸、红色素和果胶等有益成分，每千克果实可食部分含维生素C达890 mg/g（刘武，2002）。山楂果肉中铁、钙、果胶及黄酮类物质含量均居各种鲜果之首。山楂果实不仅营养成分高，而且具有独特的风味，可以加工成各种食品，还有很多好的保健作用，是理想的加工原料。

我国山楂产业起步早，但是山楂制品加工多停留在传统的生产水平上，且产品的消费群体仅仅只是针对儿童、少年和青年，产品仅有山楂果制品和山楂干制品。以山楂树作为经济树种，不但起到美化环境的作用，观赏价值还能创造更多的经济效益。山植树冠整齐，枝繁叶茂，花白果红，果实娇小玲珑，艳丽可爱。山植树叶片能吸收空气和土壤中的铝氧化物和汽油燃烧后的废气，是良好的园林观赏植物和城市工矿区绿化树种。将来在道路绿化、庭院设计等多个方向上，山楂树将起到更为重要的作用。同时利用科学技术降低山楂汁中的有机酸和酚类物质的含量，开发口感更佳、营养价值丰富的保健食品，是将来市场需求的方向。山楂产业已经进入了一个高速发展的阶段，山楂将在促进经济发展、改善生态环境、发展旅游观光、推进生态文明建设等方面具有独特优势。

第一节　种类和品种

一、种类

在我国广泛栽培的山楂具有抗寒、耐旱、病虫害少、适应性强、不需要精细管理、无大小年等优点，其果实具有较高的营养、保健和药用价值，广泛用于鲜食和加工。山楂是源于我国的经济林特产果树，主要有山楂和云南山楂两个大属。在全世界，山楂属植物约有1 000多种，主要分布于北美、欧洲、亚洲等地。北美山楂种质资源最多，约为800种；欧洲和非洲为60种。我国山楂有18个种，6个变种，主要有山楂、云南山楂和湖北野山楂种。

18个种分别为：山楂（*Crataegus pinnatifida* Bunge.）、山东山楂（*C. shandonggenisi*）、华中山楂（*C. wilsonii* Sarg.）、云南山楂（*C. scabrifolia*）、滇西山楂（*C. oresbia* W. W. Smith）、橘红山楂（*C. aurantia* Pojark.）、湖北山楂（*Crataegus. hupehensis* Sarg.）、陕西山楂（*Crataegus. shensiensis* Pojark.）、伏山楂（*C. brettschnederi* Schneid.）、毛山楂（*C. maximowiczii* Schneid）、辽宁山楂（*C. sanguiner* Pall.）、光叶山楂（*C. dahurica* Koehne）、中甸山楂（*C. chngtienesis* W. W. Smith）、甘肃山楂（*C. kansuensis* Wils）、阿尔泰山楂（*C. altaica*. Lange.）、

裂叶山楂（*C. remotilobata* H. raik）、准格尔山楂（*C. songarica* C.）。

6个变种是山楂种的大果山楂、无毛山楂、热河山楂；楔叶山楂种的匍匐楔叶山楂、长梗楔叶山楂；毛山楂种的安宁山楂。

（一）山楂

山楂又名山里果、山里红，蔷薇科山楂属，落叶乔木，高可达6 m。在山东、陕西、山西、河南、江苏、浙江、辽宁、吉林、黑龙江、内蒙古、河北等地均有分布。落叶乔木，树皮粗糙，暗灰色或灰褐色；刺长1～2 cm，有时无刺；小枝圆柱形，当年生枝紫褐色，无毛或近于无毛，疏生皮孔，老枝灰褐色；冬芽三角卵形，先端圆钝，无毛，紫色。叶片宽卵形或三角状卵形，稀菱状卵形。

山楂适应性强，喜凉爽，湿润的环境，即耐寒又耐高温，在－36～43 ℃均能生长。喜光也能耐阴，一般分布于荒山秃岭、阳坡、半阳坡、山谷，坡度以15°～25°为好。耐旱，水分过多时枝叶容易徒长。对土壤要求不严格，但在土层深厚、质地肥沃、疏松、排水良好的微酸性沙壤土生长良好。

（二）云南山楂

云南山楂为蔷薇科山楂属的植物，是中国的特有植物。分布于广西、云南、贵州、四川等地，落叶乔木，高达10 m；树皮黑灰色，枝条开展，通常无刺。叶片卵状披针形至卵状椭圆形，稀菱状卵形，长4～8 cm，宽2.5～4.5 cm，先端急尖，基部楔形，边缘有稀疏不整齐圆钝重锯齿，通常不分裂或在不孕枝上少数叶片顶端有不规则的3～5浅裂。伞房花序或复伞房花序，直径4～5 cm；萼片三角卵形或三角披针形，果实扁球形。花期4～6月，果期8～10月。

（三）湖北山楂

湖北山楂分布于海拔500～2 000 m的湖北、湖南、江西、江苏、浙江、四川、陕西、山西、河南等省。为乔木或灌木，高达3～5 m，枝条开展；刺少。叶片卵形至卵状长圆形。伞房花序，具多花；苞片膜质，线状披针形，边缘有齿；萼筒钟状，外面无毛；萼片三角卵形；花瓣卵形，花药紫色。果实近球形，深红色，有斑点。花期5～6月，果期8～9月。

（四）陕西山楂

陕西山楂是蔷薇科山楂属的植物，是我国的特有植物，分布于陕西等地，目前尚未由人工引种栽培。叶片着生在小枝下方者多呈倒卵形或近圆形，在小枝上方者多呈宽卵形或长圆卵形，长6～9 cm，宽2.5～7.5 cm，有1～3对浅裂片，裂片宽卵形或长圆卵形，先端急尖或渐尖，基部楔形，稀近圆形，边缘有不整齐锯齿，锯齿近急尖，稍向内弯曲，上面仅在叶脉上有少数柔毛，下面在脉腋间有毛。花序复伞房状，长约4.5 cm，宽4 cm，总花梗和花梗均无毛，花梗长4.5～11 mm。果实不详。

（五）华中山楂

华中山楂为落叶灌木，刺粗壮，光滑，直立或微弯曲，长1～2.5 cm；小枝圆柱形，稍有棱角，当年生枝被白色柔毛，深黄褐色，老枝灰褐色或暗褐色，无毛或近于无毛，疏生浅色长圆形皮孔；冬芽三角卵形，先端急尖，无毛，紫褐色。叶片卵形或倒卵形，稀三角卵形，先端急尖或圆钝，基部圆形、楔形或心形，边缘有尖锐锯齿，幼时齿尖有腺，通常在中部以上有3～5对浅裂片，裂片近圆形或卵形。总花梗和花梗均被白色茸毛。果实椭圆形，直径6～7 mm，红色，肉质，外面光滑无毛。萼片宿存，反折。小核1～3，两侧有深凹痕。花期5月，果期8～9月。

（六）滇西山楂

滇西山楂为灌木，高约6 m，枝刺少，小枝圆柱形，微弯曲，幼时密被白色柔毛，不久脱落，老枝灰褐色，散生长圆形浅褐色皮孔；冬芽卵状三角形，先端圆钝，无毛，紫褐色。叶片宽卵形，长4.5～6 cm，宽3～5.5 cm，先端圆钝或急尖，基部下延成楔形至宽楔形，边缘有稀疏重锯齿和3～5对浅裂片，上面散生柔毛，下面有稀疏柔毛，沿叶脉较密，叶柄长1.8～2.8 cm，幼时有柔毛，老时减少；托叶膜质，卵状披针形，边缘有腺齿，早落。伞房花序，直径3.5～6 cm，多花密集；总花梗

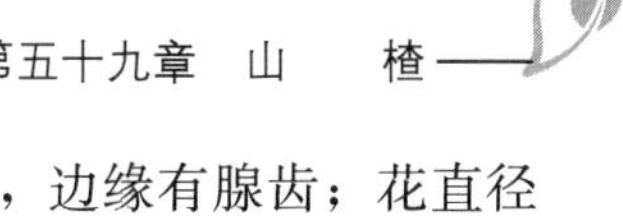

和花梗均被白色柔毛，花梗长 4～8 mm；苞片膜质，线状披针形，长约 8 mm，边缘有腺齿；花直径约 1 cm；萼筒钟状，外面有白色柔毛；萼片三角卵形，长 2～3 mm，稍短于萼筒，先端圆钝，全缘，两面均有柔毛；花瓣近圆形，直径约 5 mm，白色；雄蕊 20，约与花瓣等长或稍长；花柱 2，稀 3，柱头头状，基部有柔毛。果实近球形，直径约 6 mm，带红黄色，外面微被白色柔毛，稀近于无毛；萼片宿存，反折；小核 2～3，两侧有凹痕。花期 5 月，果期 8～9 月。

（七）橘红山楂

橘红山楂为落叶灌木至小乔木，高 3～5 m，无刺或有刺，刺长 1～2 cm，深紫色；小枝幼时被柔毛，一年生深紫色，老时灰褐色。叶片宽卵形，长 4～7 cm，宽 3～7 cm，先端急尖，基部圆形、截形或宽楔形，边缘有 2～3 对浅裂片，裂片卵圆形，先端急尖，锯齿尖锐不整齐，上面深绿、有稀疏短柔毛，下面淡绿、被柔毛，在中脉和侧脉上较密；叶柄长 1.5～2 cm，密被柔毛。复伞房花序，多花，直径 3～4 cm，总花梗和花梗密被柔毛，花梗长 5～8 mm，花直径约 1 cm；萼筒钟状，外被柔毛；萼片宽三角形，全缘或先端有齿，花后反折；花瓣近圆形，白色；雄蕊 18～20，约与花瓣等长；花柱 2～3，稀 4，基部被柔毛。果实幼时长圆卵形，成熟时近球形，直径约 1 cm，干时橘红色，有 2～3 小核，核背面隆起，腹面有凹痕。花期 5～6 月，果期 8～9 月。

（八）毛山楂

毛山楂为灌木或小乔木，高达 7 m，无刺或有刺，长 1.5～3.5 cm；小枝粗壮，圆柱形，嫩时密被灰白色柔毛，二年生枝无毛，紫褐色，多年生枝灰褐色，有光泽，疏生长圆形皮孔；冬芽卵形，先端圆钝，无毛，有光泽，紫褐色。叶片宽卵形或菱状卵形，长 4～6 cm，宽 3～5 cm，先端急尖，基部楔形，边缘每侧各有 3～5 浅裂和疏生重锯齿，上面散生短柔毛，下面密被灰白色长柔毛，沿叶脉较密；叶柄长 1～2.5 cm，被稀疏柔毛；托叶膜质，半月形或卵状披针形，先端渐尖，边缘有深锯齿，长 4～5 mm，脱落很早。复伞房花序，多花，直径 4～5 cm，总花梗和花梗均被灰白色柔毛，花梗长 3～8 mm；苞片膜质，线状披针形，长约 5 mm，边缘有腺齿，早落；花直径约 1.2 cm；萼筒钟状，外被灰白色柔毛，长约 4 mm；萼片三角卵形或三角状披针形，先端渐尖或急尖，全缘，比萼筒稍短，外被灰白色柔毛，内面较少；花瓣近圆形，直径约 5 mm，白色；雄蕊 20，比花瓣短；花柱（2）3～5，基部被柔毛，柱头头状。果实球形，直径约 8 mm，红色，幼时被柔毛，以后脱落无毛；萼片宿存，反折；小核 3～5，两侧有凹痕。

（九）辽宁山楂

辽宁山楂常为落叶灌木，稀小乔木，高达 2～4 m；刺短粗，锥形，长约 1 cm，亦常无刺；小枝圆柱形，微弯曲，幼嫩时散生柔毛，不久即脱落，当年枝条无毛，紫红色或紫褐色，多年生枝灰褐色，有光泽；冬芽三角卵形，先端急尖，无毛，紫褐色。叶片宽卵形或菱状卵形，长 5～6 cm，宽 3.5～4.5 cm，先端急尖，基部楔形，边缘通常有 3～5 对浅裂片和重锯齿，裂片宽卵形，先端急尖，两面散生短柔毛，上面毛较密，下面柔毛多生在叶脉上；叶柄粗短，长 1.5～2 cm，近于无毛；托叶草质，镰刀形或不规则心形，边缘有粗锯齿，无毛。伞房花序，直径 2～3 cm，多花，密集，总花梗和花梗均无毛，或近于无毛，花梗长 5～6 mm；苞片膜质，线形，长 5～6 mm，边缘有腺齿，无毛，早落；花直径约 8 mm；萼筒钟状，外面无毛；萼片三角卵形，长约 4 mm，先端急尖，全缘，稀有 1～2 对锯齿，内外两面均无毛或在内面先端微具柔毛；花瓣长圆形，白色；雄蕊 20，花药淡红色或紫色，约与花瓣等长；花柱 3（5），柱头半球形，子房顶端被柔毛。果实近球形，直径约 1 cm，血红色，萼片宿存，反折；小核 3，稀 5，两侧有凹痕。花期 5～6 月，果期 7～8 月。

（十）光叶山楂

光叶山楂为落叶灌木或小乔木，高达 2～6 m；刺细长，长 1～2.5 cm，有时无刺；小枝细弱，微曲弯，圆柱形，无毛，紫褐色，有光泽，散生长圆形皮孔，多年生枝条暗灰色，冬芽近圆形或三角状卵形，先端急尖，有光泽。叶菱状卵形，椭圆状卵形至倒卵形，长 3～5 cm，宽 2.5～4 cm，先端渐尖，基部下延呈楔形至宽楔形，边缘有细锐重锯齿，基部锯齿少或近全缘，两侧各有3～5浅裂，裂片卵形，先端短渐尖或急尖，两面均无毛，上面有光泽；叶柄长4（2）～7（10）mm，有窄叶翼，无毛；托叶披针形或卵状披针形，长6～8 mm，先端渐尖，边缘有腺锯齿，两面无毛。复伞房花序，径3～5 cm，多花，总花梗和花梗均无毛，花梗长8～10 mm；苞片膜质，线状披针形，边缘有齿，花径约1 cm；萼筒钟状，外面无毛，萼片线状披针形，长约3 mm，先端渐尖，全缘或有1～2对锯齿，两面均无毛，花瓣近圆形或倒卵形，长4～5 mm，宽3～4 mm，白色，雄蕊20，花药紫红色，与花瓣近等长，花柱2～4，基部无毛，柱头头状。果近球形或长圆形，径6～8 mm，橘红色或橘黄色，萼片宿存，反折；小核2～4，两面有凹痕。花期5月，果熟期8月。

（十一）中甸山楂

中甸山楂为灌木，高达6 m；小枝圆柱形，无毛或近于无毛，光亮紫褐色，疏生长圆形浅色皮孔；冬芽肥厚，卵形，先端圆钝或急尖，紫褐色，无毛。叶片宽卵形，长4～7 cm，宽3.5～5 cm，先端圆钝，基部圆形至宽楔形，边缘有细锐重锯齿，齿尖有腺，通常具3～4对浅裂片，稀基部1对分裂较深，上面近于无毛，下面疏生柔毛，沿叶脉较密；叶柄长1.2～2 cm，稀3 cm，无毛；托叶膜质，卵状披针形，长约8 mm，边缘有腺齿，无毛。伞房花序直径3～4 cm，具多花；密集；总花梗和花梗均无毛或近于无毛，花梗长4～6 mm；苞片膜质，线状披针形；长约5 mm，边缘有腺齿，无毛，早落；花直径约1 cm；萼筒钟状，外面无毛；萼片三角卵形，长约1 mm，比萼筒短约一半，先端钝，全缘，内外两面均无毛或在内面顶端微有柔毛；花瓣宽倒卵形，长约6 mm，宽约5 mm，白色；雄蕊20，比花瓣稍长；花柱2～3，稀1，基部无毛。果实椭圆形，长约8 mm，直径约6 mm，红色；萼片宿存，反折；小核1～3，两侧有凹痕。

（十二）甘肃山楂

甘肃山楂为灌木或乔木，高2.5～8 m；枝刺多，锥形，长7～15 mm；小枝细，圆柱形，无毛，绿带红色，二年生枝光亮，紫褐色；冬芽近圆形，先端钝，无毛，紫褐色。叶片宽卵形，长4～6 cm，宽3～4 cm，先端急尖，基部截形或宽楔形，边缘有尖锐重锯齿和5～7对不规则羽状浅裂片，裂片三角卵形，先端急尖或短渐尖，上面有稀疏柔毛，下面中脉及脉腋有柔毛，老时减少，近于无毛；叶柄细，长1.8～2.5 cm，无毛；托叶膜质，卵状披针形，边缘有腺齿，早落。伞房花序，直径3～4 cm，具花8～18朵；总花梗和花梗均无毛，花梗长5～6 mm；苞片与小苞片膜质，披针形，长3～4 mm，边缘有腺齿，早落；花直径8～10 mm；萼筒钟状，外面无毛；萼片三角卵形，长2～3 mm，约当萼筒之半，先端渐尖，全缘，内外两面均无毛；花瓣近圆形，直径3～4 mm，白色；雄蕊15～20；花柱2～3，子房顶端被绒毛，柱头头状。果实近球形，直径8～10 mm，红色或橘黄色，萼片宿存；果梗细，长1.5～2 cm；小核2～3，内面两侧有凹痕。花期5月，果期7～9月。

（十三）阿尔泰山楂

阿尔泰山楂为蔷薇科山楂属灌木或小乔木植物，高3～6 m，通常无刺，小枝紫褐色或红褐色。叶互生，宽卵形或三角状卵形；叶柄长2.5～4 cm。5～6月开花，复伞房花序；花白色，直径12～15 mm；萼筒钟状，裂片三角状卵形或三角状披针形；花瓣近圆形。梨果球形，熟时金黄色。花期5～6月，果期8～9月。

（十四）裂叶山楂

裂叶山楂为小乔木，高达5～6 m；枝刺细，长6～25 mm；小枝粗壮，圆柱形，无毛或在幼嫩时微被白粉，当年生枝条紫红色，有光泽，二年生枝条暗紫色，疏生浅褐色长圆形皮孔；冬芽卵形，先端钝，无毛，紫褐色。叶片宽卵形，长4～6 cm，宽3～4.5 cm，先端急尖或短渐尖，基部楔形或宽楔形，通常具2～4对裂片，基部2对分裂较深，接近中脉，裂片卵形至卵状披针形，先端急尖，边缘有较稀疏锐锯齿，上下两面无毛或仅在脉腋间具柔毛；叶柄长1.5～2.5 cm，无毛；托叶草质，镰刀形或心形，边缘有粗腺齿，无毛。伞房花序具多花，直径6～7 cm；总花梗和花梗均无毛，稍被白

粉，花梗长5～6 mm；苞片膜质，线形，长约8 mm，边缘有稀疏腺齿；花直径约1.2 cm；萼筒钟状，外面无毛，被白粉；萼片三角卵形，长2～3 mm，比萼筒短约一半，先端尾状渐尖，全缘，内外两面无毛；花瓣宽倒卵形，白色；雄蕊20，比花瓣稍短；花柱4～5；子房顶端密被柔毛。果实球形，直径4～8 mm，红色；萼片宿存，反折；小核3～5，两侧有深凹痕。花期5～6月，果期7～8月。

二、品种

我国山楂新品种报道及审定主要集中在20世纪70年代初到80年代末，90年代比较少，21世纪初更少，这与山楂发展的市场特点相一致。在20世纪80～90年代报道的主要新品种中大果型品种有大扁红、大红子、沂楂红、大歪把红、大五棱、西丰红和大旺丰；鲜食兼加工型品种有长把红、秤星红和朱砂红；黄果类品种有大黄子、小黄子；鲜食类品种有辐早甜、超金星；早熟型品种有伏早红；紫肉型品种有辽红；其他优良品种：临沂大金星、大绵球、歪把红、甜红子、面红子、大五棱、甜香玉、短枝金星、白瓤绵球、毛红子、敞口、绛山红、五星红、辐泉红、小糖球、滦红、红瓤绵、蒙山红等。

我国山楂的栽培范围较广，从北到南都有栽培，这反映了山楂有很强的适应性，特别是对温度的要求，它的抗寒性主要集中于野生种中。我国育成的抗寒品种和发现的种质资源有寒丰山楂、大旺、阿荣旗山楂、万龙沟山楂等。

主要品种简介：

（一）西丰红

西丰红抗寒力强，在辽宁西丰地区栽植可安全越冬。树势强健，抗寒力强，结果早、丰产，果实品质优良，耐贮藏、适于加工和鲜食，是一个优良的农家品种。该品种树冠高大，树势强，树姿半开张，呈扁圆形，干性较强。一年生枝紫褐色，二年生枝灰白色，无针刺。叶片广卵圆形，叶背无茸毛，叶深裂。果实圆形，果个中大，百果重630 g，最大单果重9.6 g；果皮大红色，果点中多、黄褐色；果肉深红色，肉质较硬；含总糖7.47%、总酸1.6%，每100 g鲜果含维生素C 72.4 mg，风味酸甜。果实适于加工和鲜食，可贮藏6～8个月。在辽宁西丰地区4月下旬萌芽，4月末至5月初展叶，10月中旬开始落叶，营养生长期170～175 d；5月中旬始花，5月末盛花；果实成熟期10月5日，果实发育期130～135 d。西丰红山楂萌芽力较强，成枝力较弱，栽后3～4年结果，10年生进入盛果期，丰产，13年生树平均株产15 kg，最高达25.7 kg。在一般条件下，栽植株行距以3～4 m×4～5 m为宜。

（二）紫玉

紫玉又名法库紫肉（选优代号84330），选自辽宁法库县丁家房镇兴隆峪果园。此园建于1952年，是从本镇帮牛堡村北山果园剪取接穗（母树1984年时，48年生），利用野生的山里红就地嫁接成园的。该优良单株1983年秋在法库县山楂品种鉴评会上名列第一名，1984年10月参加铁岭市山楂品种鉴评会获总分43.15分，名列全市第四名。同年参加省及全国山楂品种鉴评会，均受到与会者好评。1985年通过省级技术鉴定并命名为“紫玉”，1987年2月经辽宁省农作物品种审定委员会审定批准为山植优良品种。

（三）磨盘

磨盘山楂抗寒力强，在辽宁沈阳、抚顺地区没有冻害发生（冻害级别为0级）。磨盘山楂树势强健，结果早，丰产稳产，抗寒力强，果个大、品质较好、耐贮藏，是辽宁山楂的一个地方优良品种。磨盘山楂树冠高大，树势强健，树姿半开张，干性较强。一年生枝条深褐色，二年生灰褐色，无针刺。叶片广卵形，叶背无茸毛，叶深裂。果实扁圆形，果个大，百果重922 g，最大单果重14.2 g；果皮深红色，果点较多、黄褐色；果肉粉红，较硬，味酸；含总糖8.96%，总酸3.01%，每100 g鲜果含维生素C 59.84 mg；果实耐贮藏。磨盘山楂果实生育期较长，在无霜期短的地区（或年份）

成熟度不够，果肉色绿，影响品质。在生产上应采取促进早开花、加速果实成熟的有效技术措施。

（四）溪红山楂

溪红山楂树冠圆锥形，树姿直立。一年生枝棕褐色，皮孔椭圆形，灰白色，密度中；二年生枝灰褐色，皮孔近圆形，黄褐色；多年生枝红棕色，皮孔椭圆形，灰白色。各类枝均无茸毛，无针刺。叶片三角卵形，叶基宽楔形，叶尖长突尖；叶片长 10.3 cm，宽 9.1 cm；叶裂较深，叶缘具重锯齿。

栽培技术要点：在平地栽植时，行株距以 5 m×4 m 或 6 m×4 m 为宜；山地以 4 m×3 m 或 5 m×3 m 为宜。幼树树姿直立，应注意开张角度，控制生长高度，成龄树应防止内膛枝过密，改善树冠内部通风与光照条件，适当控制花芽量，以增大果个和提高品质。溪红山楂适应性广，连续结果能力强、丰产稳产，因此要加强肥水管理，连年施肥，防止隔年结果，提高果品质量。

（五）辽红

辽红树势强，幼树萌芽，发枝较少，枝条中下部芽多潜伏，盛果期树冠扩大减缓，中短枝和叶丛枝显著增多，除外围少数长旺枝外，多以中短枝每年向外扩展树冠，并常从大枝基部发生强壮徒长枝，易于自然更新，果枝连续结果能力强，自花授粉结实率 10.9%，较丰产。

栽培技术要点：基肥在果实采收后至落叶前一次性施入，并且以越早施越好；追肥第一次在花芽萌动至开花前追施，以速效氮肥为主，目的是补充前期树体贮藏养分不足，满足新梢生长和开花坐果对养分的需求，第二次追肥在 8 月中下旬，以磷、钾肥为主，可选用复合肥，促进果实生长，增加单果重和促进果实着色，提高产量和改善果品质量。因为山楂对水分要求不是很严格，雨量不足也能正常生长，但适时灌水能大幅度提高果品产量和质量。灌冻水一般在土壤上冻前进行，一定要浇透。早春干旱要在土壤解冻后至萌芽前结合追肥灌一次透水。

（六）中田大山楂

中田山楂果实大，均果重 100 g，最大 225 g，果实长椭圆形，果皮青黄色，果肉白色，酸甜适中，味道浓郁，含氨基酸 4 184 mg/kg，可溶性固形物含量 14%～16%，总黄酮 0.39%～0.44%，维生素 C 209 mg/kg。适宜加工与鲜食，自然存放可到翌年 2 月下旬。植株成枝力、萌芽力较强，长势旺，早结果，易形成树冠。该品种抗污染、抗旱性、抗寒性、抗盐碱比较强，忌水涝。

（七）天宝红

天宝红果实倒卵圆形，单果重 16.7 g，最大单果重 22.7 g，果皮深红色，风味酸甜适中，含酸 2.65%，可溶性糖 8.34%，总黄酮 0.59%，维生素 C 853.3 mg/kg。该品种萌芽力、成枝力、结果力强。天宝红适应性强，抗旱、耐贫瘠，对山楂早期落叶病和花腐病有很好抗性。

（八）沂蒙红

沂蒙红由实生苗选种而成，果实扁圆形，单果重 19.73 g，最大单果重 27.3 g。果皮红色，果肉乳白色，风味酸甜适中，香味浓郁，含可溶性酸 2.15%，可溶性糖 8.85%，维生素 C 0.664 7 mg/g。幼树生长旺盛，结果后树势中庸，发枝率、萌芽率一般。该品种抗旱，耐贫瘠，适应性强。

（九）大扁红

大扁红树势较强，树姿开张。1 年生枝棕褐色，2～3 年生枝铅灰色。皮孔中大，椭圆形，灰黄色。叶片大而厚，广卵圆形。果实顶端萼筒大，萼片卵状披针形，半开张反卷。果皮深红色，果点中大而密集，黄褐色，均匀分布于果面。果梗部膨大突起，呈肉瘤状。果肉白绿色，质地细密硬实，酸味浓郁微甜，可食率 93.9%。

栽培技术要点：该品种具有抗旱、耐瘠薄的特点，山地、丘陵及土地贫瘠的地区可适当密植，以 2.5 m×3 m 或 3 m×3 m 为宜，平原地及肥力较好的河滩地栽植密度以 3 m×4 m 或 4 m×4 m 为宜。于每年的秋季施入有机肥，一般情况下每 667 m^2 施土杂肥 4 000～5 000 kg；萌芽前树体喷 3%～5% 尿素溶液，花前每 667 m^2 追施尿素 50 kg；果实膨大前期每 667 m^2 追施 100 kg 果树专用复合肥。树形采用小冠疏层形。幼树修剪以撑、拉、开角为主，外围延长枝中短截，以尽早扩大树冠，并采用刻芽、环剥等措施增加枝量。

(十) 大红子

大红子果实特大，倒卵圆形，果实纵径 2.27 cm，横径 2.81 cm，百果重 1 883 g，最大单果重 26.6 g。果实顶端萼筒部呈明显的五棱状，果皮大红色，故名大红子、大五棱。果点小而密，黄褐色，均匀分布于果面。果梗部膨大突起，呈肉瘤状。果肉粉红色，自然贮藏月余后转为橙红色，质地细密，甜酸适口，富有香气，可食率 93.7%。

丰产栽培技术要点该品种具有抗旱、耐瘠薄的特点，山地、丘陵及土地贫瘠的地区可适当密植，行株距以 3 m×2.5 m 或 3 m×3 m 为宜，平原地及肥力较好的河滩地以 4 m×3 m 或 4 m×4 m 为宜。树形采用小冠疏层形。幼树修剪以撑、拉、开角为主，外围延长枝中短截，以尽早扩大树冠，并采用刻芽、环剥等措施，增加枝量。进入结果期后，对生长势较强的树或枝及时环剥或环割，以缓和长势，促进花芽形成。大量结果后，对结果母枝进行小回缩更新修剪，“燕尾枝”疏弱留壮，疏直留平，保持树势中庸生长，连年丰产。

一些特殊的山楂种质资源既可观花又可观果，在园林绿化中具有较好的应用前景。例如：大黄红子、小黄红子果实种皮金黄色，果肉黄白色，味道微酸，质地细腻，可以鲜食，在山楂品种少见，属于山楂珍稀品种。观花类型如英国山楂单瓣品种红云（*Crataegus laevigata*.‘crimson Cloud’）、重瓣品种红保罗（*Crataegus laevigata*.‘Paul’s Scarlet’）开红花，花色鲜艳、树姿优美，摩登山楂托巴（*Crataegus moroenensis*.‘Toba’）花为重瓣，初开时为白色后逐渐转为粉红色，娇羞可爱；秋色叶明显的品种华盛顿山楂（*Crataegus phaenopyrum*.）、鸡矩山楂（*Crataegus crus-galli*.‘Inermis’）秋季叶色转为红至橘红色，红蕊山楂（*Crataegu lavallei*.）秋叶呈古铜红色，另有观果类型绿山楂冬国王（*Crataegus viridis*.‘WinterKing’）红色果实经冬不凋，且色彩鲜红夺目。

第二节 苗木繁殖

山楂繁殖多采用无性繁殖，是利用山楂的营养器官（枝或芽）的再生作用而繁殖出新植株的一种繁殖方法，这种繁殖方法，既快速、简便，又能保持母株的优良性状。生产上一般采用嫁接方法进行。因此，山楂的苗木繁育包括砧木苗的培育和嫁接两个方面。

一、砧木苗培育

(一) 种子的选择

不同类型的山楂种与品种，含种仁率多少、发芽率高低、抗性强弱等都有明显差异。大多是栽培山楂含种仁率低（20%以下），抗性相对较差，很少采用。实生山楂含种仁率较高（60%～80%），但是资源有限。我国山楂分布广泛，便于采集，含种仁率较高，适应性强，是培育山楂砧木苗较理想的种子资源（表 59-1）。

表 59-1 我国山楂分布及其含种仁率

当地名称	产 地	千粒重 (g)	含种仁率 (%)	矫正发芽率 (%)
野山楂	山西绛县	80.6	62.0	16.2
实生山楂	山西太谷		74.0	50.52
小绿山楂	山西临汾		80.0	18.31
野山楂新 2 号	山东烟台	67.0	61.3～74.6	40.8～74.6

（续）

当地名称	产　地	千粒重（g）	含种仁率（%）	矫正发芽率（%）
小红楂	山东青州		60.0	
历楂1号	河南方城	25.3	100.0	
栾川3号	河南栾川	154.5	80.0	
孔杞	河南辉县	149.0	80.0	
小山里红	辽宁开原		81.8	
附山楂	山西晋城		73.0	17.98

（二）种子处理

山楂的砧木多采用实生苗培育技术。采集成熟山楂果实，用碾子将果肉压开（切不可压伤种子），然后用水淘搓，除去果肉和杂质，再将净种放在缸内用凉水浸泡，定期换水。从缸内取出山楂种子，趁湿进行沙藏。按体积将种子与湿沙（湿度以手握成团不滴水、松开不散为宜）混拌均匀，放入挖好的坑内。坑挖在向阳背风处，深、宽、长度视种子多少而定。将混好的种沙放在坑底摊平，然后在种子上方处搭放一层木棒，木棒上放一层薄包或席头，并在坑的中间立一把秫秸作为通气孔。然后将土填回坑内，并稍高于地面，以防积水。至次年4月初（清明前后）开坑取芽播种，种子发芽率可达95%以上。

此外山楂种子还可以采用变温处理沙藏法。这种方法用于干种子，即将纯净的野生山楂种子浸泡10昼夜，每天换水1次，再用两瓢开水兑一瓢凉水的温水浸泡一夜。第二天捞出曝晒，夜浸日晒，反复5～7天，直至种壳开裂达80%以上时，再将种子与湿沙混匀进行沙藏。上述方法适用于早秋，深秋可用下法：将净种子用“两开一凉”的温碱水（每500 g种子加15 g食用碱）泡1昼夜，而后用温水泡4 d，每天早晚各换温水1次；然后夜泡日晒，有80%种壳开口时即可沙藏。沙藏坑挖在向阳处，深1 m，宽60 cm，长度视种子多少而定；将混有湿沙的种子在坑内铺25 cm厚，上再盖5 cm的湿沙；坑口用秫秸盖严，覆土30 cm；坑两头各立一把秫秸通风换气。第二年3月中旬开坑检查萌芽程度，扭嘴即可播种。

（三）出苗后管理

播种后15 d幼苗出土，当苗长到2～4片真叶时进行间苗补稀，株距一般定位15 cm，幼苗期因低温较低不宜过早浇水，可划锄保墒，提高地温。当苗木基本木质化后，5～6月进入速长期，可追施化肥，每667 m^2 追施尿素5 kg或者磷酸二铵10～15 kg，6月下旬至7月上旬再追肥1次，每次追肥后要配合浇水、松土、除草保墒。

幼苗长到4～5片真叶时，进行间苗和移苗补苗。一般按株距10 cm定株留苗，间苗时要去劣留壮，经常中耕除草，保持苗圃土松草净。幼苗长到10 cm高时，可追施1次尿素，每667 m^2 用量10 kg，最好结合灌水或雨后进行。及时防治病虫害，山楂苗易感染白粉病，一般6月初开始，每周喷1次石硫合剂，共喷3～4次，效果良好。对山楂粉蝶等食叶性害虫，可喷布400～500倍液敌百虫防治。对平茬再生的萌蘖苗，要去弱留强，当苗高40 cm时摘心，有利于加粗生长。

二、嫁接苗培育

（一）砧木选择

我国山楂砧木资源丰富，不同类型的砧木对环境的适应性不同。各地应选择对本地区生态条件适应性强、生长健壮、嫁接亲和力强的砧木类型，才能更好地满足山楂栽培的要求。如果北方寒冷地区

应着重选择抗旱能力强的砧木；盐碱土壤地区应选择抗盐能力强、不黄化的砧木；在土壤肥沃的地区选择有矮化性状的砧木；在山区条件下选择抗旱能力强的砧木。

（二）接穗选择

我国栽培山楂品种类型繁多，果品品质、丰产性、抗寒性、抗盐碱性能等差别很大，应选择适应本地区环境条件的优良山楂品种作为品种接穗，一般可在健旺、丰产、无病虫害的初果或盛果期树冠外围，剪取生长充实、芽饱满的当年生已木质化的发育枝条作为接穗。夏、秋季采下的接穗，应立即剪除叶片，保留叶柄，按 50～100 根扎成捆，用湿布包起来，外裹塑料布，置在阴凉处贮藏备用。落叶后剪采的接穗，应选择背阴处挖沟埋在湿沙中贮藏，温度在 0～10 ℃，以备翌年春季嫁接时使用。

（三）园地选择

山楂树抗性较强，对气候要求以冷凉湿润的小气候较为宜。山楂对土壤要求不严，以沙性土为好，黏性或盐碱性土中生长发育不良，以中性或微酸性最好。苗圃地应选择土质肥沃、疏松、排灌水条件良好、通方便的地方，不宜选择地势低洼、土质黏重和盐碱地作为苗圃。另外，苗圃地不宜连作，避免重茬，因为连年育苗地力消耗过大，易发生病虫害，苗木生长不良。

（四）嫁接方法

山楂苗嫁接能否成功，首先取决于接穗的质量、嫁接时间和嫁接技术。芽接自 7 月中旬开始；枝接在春季砧木树液流动后进行，一般在惊蛰至谷雨期间进行。在苗圃中培育山楂多采用芽接法和切接法。若砧木较粗，可采用劈接法或腹接法。芽接法节省接穗，操作简便，成活率高，故大量繁殖苗木多用芽接法。

具体方法如下：

1. T 形芽接

（1）削芽。先在芽上 0.3～0.5 cm 处横切一刀，切透皮层深达木质部，再由芽下 1 cm 处由下而上、由浅入深削入木质部，直削至芽上横切口处，呈上宽下窄的小盾形芽片，用左手拇指和食指取下芽片。

（2）切砧。选地径 0.5 cm 以上的砧木，距地面 3～5 cm，选光滑部位，先用芽接刀横切一刀，长约 1 cm，深达木质部，再与之相垂直纵切一竖刀，长约 1 cm，使之成 T 形。

（3）插芽。用刀尖挑开砧木上切口的皮层，用刀尖左右一拨，轻微撬开砧木上切口的皮层，将芽片的叶柄向上，随即将盾形芽片插入，注意使接芽上切口与砧木横切口密接。

（4）绑缚。用麻、蒲草或塑料条带，长 15～20 cm，先从芽的上端绑起，逐渐向下缠，芽和叶柄要留在外面，不要绑住，然后打上结。

2. 带木质芽接（嵌芽接）　在接穗、砧木尚不离皮时可使用此方法。削芽时，先在芽的下方1 cm 处斜向上切削，达枝条粗度的 33%，成一短削面，再在芽的上方 0.5 cm 处，用右手拇指压住刀背，由浅至深向下推达木质部 33%为止，芽接刀达到短削面刀口时，用左手拇指和食指取下带木质的芽片。在砧木平滑面离地 5～10 cm 处，带木质部向下削一切面，长度与接芽相同，然后再斜切去为切面长度的 25%，迅速将接芽插入砧木切口，使接芽与砧木切口对齐，用塑料条绑紧。

（五）嫁接后的管理

1. 检查成活　接后 1 周左右，即可检查其成活与否，没有成活的应立即进行补接。

2. 解绑　一般在第二年春季剪砧时除去绑缚物。

3. 剪砧　第二年的春季树液流动，接芽萌动前，在砧木 T 形横口上方 0.5～1 cm 处剪砧，剪口要平滑并稍向接芽一面倾斜，以利愈合。在剪砧的同时，如发现有不成活的，要立即进行补接。

4. 除萌芽　剪砧后从砧木各部位常萌发一些萌蘖和根蘖，凡接口以下发出的萌蘖都须及时抹除，以免影响新植株的生长。

5. 病虫害防治及肥水管理　嫁接成活后，愈伤组织幼嫩，应加强对病虫害的防治，加强肥水管理，及时除草松土，施肥浇水。

6. 修剪 山楂成花容易，花芽量大不利于高产优质，修剪以疏为主，放缩结合。疏除发育枝和细弱母枝，不留预备枝。选留健壮母枝，粗度0.5 cm以上最佳，每平方米投影母枝120个。山楂连续结果能力较强，结果母枝3～5年回缩更新1次，复壮树势，每年回缩量不超过全树1/3。

（六）病虫害防治

壮树是根本。合理负载，消除大小年结果，培育健壮树势，增强抗病虫能力。搞好果园卫生，降低病虫害发生基数，选择无公害药剂防病治虫。萌芽前，全树喷1遍石硫合剂，花蕾期防治白粉病，全年无危害，选择三唑酮或腈菌唑；7月下旬防治桃小食心虫，选择吡虫啉或毒死蜱。干腐病、红蜘蛛、天牛等其他病害虫视发生情况防治。

三、营养苗培育

根据所需要的山楂树品种，选择树势旺盛、树体健康、果树品质优等的优树为母株，进行下一步营养苗的培育。

（一）断根育苗

断根刺激山楂树根系上的不定芽萌发，是培育根蘖苗的方法。在秋后封冻前或春季解冻后，在树冠投影下方，挖深50 cm、宽30 cm的育苗沟，切断直径小于2.0 cm的侧根，削平断根截面，回填松散湿土，盖住断根。根蘖萌发生长到25～30 cm时开始间苗，去弱留强，及时施肥和浇水。苗高1 m左右，长出自生根，就可以出圃。

（二）归圃育苗

归圃法育苗是将母树上生出的根蘖苗集中到苗圃培育。苗木归圃后，加强了肥水管理，苗木生长健壮，根系发达，栽培成活率高。

四、苗木出圃

（一）挖苗

在晚秋和春季均可挖苗。晚秋宜在落叶后至封冻前进行，早春宜随挖随栽。挖苗前，如果土壤干旱，应提前3～5 d浇透水。挖苗时切忌伤根过多，至少应保存有几个20 cm长的侧根。用拖拉机带起苗犁起苗，既省工又能保证苗木根系的长度，应推广使用。挖苗中，要避免碰伤地上部分，根系伤口有毛茬时应剪平，以利于愈合。起苗后经消毒处理过的苗木，如不及时栽植，就要进行假植或采用其他方法贮藏。假植时，可以每排放置同种、同级、同样数量的苗木，有利于以后苗木的统计调运。

（二）假植

秋季起出的苗木，在春季定植或需外运的，须在土壤冻结前进行假植。假植有临时假植和越冬假植两种。

1. 临时假植 临时假植是起苗后不能及时出圃栽植，临时采取的保护苗木的措施。假植时间较短，可就近选择地势较高、土壤湿润的地方，挖一条浅沟，沟一侧用土培一斜坡，将苗木沿斜坡逐个码放，树干靠在斜坡上，把根系放在沟内，将根系埋土踏实。

2. 越冬假植 秋季苗木起苗后来年春季才能出圃，需要经过一个冬季而采取的假植措施，宜采用假植沟埋藏。其方法是：选避风、高燥、平坦、排水良好、离苗圃近的地方挖假植沟。沟宽1～1.5 m，深60～70 cm，南北延长，东西排列，长度不限。将苗木向南成45°角倾斜。排放在假植沟里，根部以湿沙土填充埋压，培土高度应达到干高的1/2～2/3。假植时，每层苗不宜过厚。为使沙土与苗根密结，可适当灌水，使其沉实。假植沟的四周，要挖好排水沟。苗木少时，可将苗木窖藏于窖内，根部用湿沙培实。春暖时要经常检查，防止栽前发芽或发霉。

（三）苗木的贮藏

苗木的贮藏是指在人工控制的环境中对苗木进行控制性贮藏，可掌握出圃栽植时间。苗木贮藏一

般是低温贮藏，温度0～3℃，空气相对湿度80%～90%，要有通气设备。一般在冷库、冷藏室、冰窖、地下室贮藏。在条件好的场所，苗木可贮藏6个月左右。

(四) 苗木的包装和运输

短途运输的山楂苗，一般每50～100株一捆，根部用保湿材料包严。运输时间为1天以上的苗木，必须细致包装，根部应充填湿草，以保持一定湿度。运输途中，要经常检查，发现干燥，应及时喷水。

第三节　生物学特性

一、根系生长特性

山楂根系发育因树龄、土地条件的不同而有较大差异。如土壤肥沃，地下水位较低，则根系生长较深，发育较旺；反之，土壤瘠薄，地下水位较高，则根系较浅，发育也差。山楂根系在春季地温6.0～6.5℃时便开始生长。晚秋冬初，地温降到6.0℃以下时，根系被迫停止生长。在年生长周期中，有3次发根高峰。第一次从3月下旬至5月上旬，吸收根密度逐渐增加，至发芽时密度达到高峰，以后吸收根迅速减少；第二次在7月间，吸收根急剧增加，并很快进入高峰，之后转入缓慢期；第三次生长为9月上旬至10月下旬，这次发根的时间长，但密度小，此后吸收根就很少发生，到12月中旬根便停止生长。山楂易发生根蘖，在一株冠径为5 m的植株能发根蘖300多个，但多发自地下5～20 cm的根上，以20～50 mm粗的根发生根蘖最多。

(一) 根系的生长动态

1. 水平根　山楂的水平根发达，向四方延伸能力强，分布范围广，与垂直根结合共同构成山楂根系的骨架。水平根的特点是分布远，密度较小。水平根的主要功能是扩大根系范围，固结土壤，产生根蘖苗，产生侧根，增加根系的吸收能力。

在水平根上，多为二叉分枝，分枝较少，分枝角度小，须根也较少。水平根一般分布于表土层，以15～30 cm深度较为集中，50 cm以下水平根就很少。由于水平根分布浅，在其上分生多数侧根，从而增加了根系的吸收能力。

2. 垂直根　由水平根分枝向下延伸而成，也是山楂根系的骨架之一。因土地条件的不同，山楂垂直根系的深浅差异较大，其生长势比水平根系弱。垂直根的主要功能是固结土壤，支撑地上部分生长，吸收土壤深层的水分和无机养分。在垂直根上分枝也较少，分枝角度小，分枝有向下生长的特性。垂直根的须根数量虽少但生长较长，多斜向下生长。

3. 侧根　主要由水平根的分枝形成，其延伸能力不强，因而侧根的轴短，分枝能力强，在上端或先端着生很多须根。侧根的重要功能是吸收养分和水分，产生不定芽形成萌蘖，繁殖砧木苗。因其能繁殖砧木苗，又称为繁殖根或单位根。

4. 须根　又称细根、毛细根、吸收根。多生在侧根上，水平根、垂直根上也有少量着生。须根粗度1～2 mm，长度30 cm左右，寿命短，能周期性更新，有自疏现象。须根的主要功能是吸收土壤中的水分和无机养分。在土壤条件适宜的情况下，须根的生长量大，分枝多，吸收能力也强；反之，须根生长量小，吸收能力较弱。因此，在栽培上要加强土壤的肥水管理，增施有机肥，改良土壤，为须根的生长发育创造良好的条件，才是丰产的基础。

(二) 根的分布特点

山楂的根系分布虽因土壤和耕作方法不同而有变化，主要特点是水平根分布远，根的密度较小，大部分根系分布在树冠下面，占根系的50%以上。

二、芽、枝、叶生长特性

山楂芽一般在3月下旬日平均温度达到5.5℃时开始萌动，4月中旬展叶。短枝发芽最早，生长量小，没有明显的节间，加长生长不明显，生长期仅 10～15 d；中枝发芽较迟，发芽后叶簇期 6～8 d，4 月下旬开始生长，5 月上旬达生长高峰期，持续约 20 d 以后生长减缓，6 月上旬停止生长，生长期约 30 d；长枝发芽较短枝迟 2～3 d，发芽后叶簇期 4 d 左右新梢开始生长，于 5 月上中旬很快进入迅速生长期，可持续 25 d 左右，以后生长减缓，6 月上中旬停止生长，停长 7 d 左右，秋梢开始生长。

（一）芽生长

山楂芽分为顶芽和侧芽 2 种。山楂芽的分化与其他如苹果、梨等核果类果树有所不同，山楂芽在芽鳞片分化后有一段较长时间的停顿。山楂的萌芽开花物候期较其他果树为晚，大约在每年的 5 月下旬或 6 月上旬开花，这样可躲过晚霜的为害，所以山楂是比较抗寒的果树，在不适合栽培其他果树的地方可以发展山楂生产。

山楂的适应性很强，丘陵、山地、平原、沙地都能生长，对于旱和盐碱也有一定的适应能力。山楂对土壤条件要求不高，但喜微酸性的壤土。对水分要求比较迫切，喜在湿润的地方生长。山楂虽是喜光树种，但半阴坡也能生长结果且果实着色良好，山楂的叶芽萌芽力和成枝力均强，但因品种和各年龄时期的不同也有变化。叶芽呈圆锥形，着生在发育枝先端的为顶芽，着生在发育枝和结果母枝叶腋间的为侧芽。在枝条基部两侧着生一对瘦瘪的小芽称为副芽，通常情况下不易萌发，当受到修剪刺激或病虫害时，副芽则可萌发。

山楂的顶芽萌发后，往往独枝延伸生长，而且生长势很强，生长量很大，这对下部侧芽的萌发和生长有明显的抑制作用。山楂除顶芽肥大外，以下的 2～3 个侧芽也比较肥大，其萌发力也很强，长势也较旺，但下部侧芽的萌发力则很弱，所以枝条的下部和内膛就比较容易光秃。由于山楂发育枝前端的几个芽萌发力较强，所以，树冠外围的枝条往往多而密集，导致内膛光照恶化，小枝稀少，结果面积缩小，结果部位外移，影响产量。

山楂的花芽是混合芽，呈圆形，生长健壮的中、短枝顶芽和以下 1～4 个侧芽，以及粗壮的发育枝上和中部的侧芽都能形成混合芽，第二年混合芽萌发抽生结果枝，在其顶端发生花序，开花结果。

（二）枝条生长

1. 发育枝 也称营养枝，由一年生枝上的叶芽萌发而成，一般生长比较旺盛，是形成主枝、侧枝和构成树冠的主要枝条。分强、弱两种，强发育枝长达 30～50 cm，树冠外围的新梢多属该种，弱发育枝仅长几厘米，多分布在树冠内膛。

2. 徒长枝 俗称“水条”，由隐芽或不定芽萌发而成，枝条细长、节间短、组织发育不充实，多生长在树冠内膛、骨干枝中下部，是更新树冠的基础。

3. 结果枝 从混合芽抽生的当年结果新梢称为结果枝，以其长短可分为长果枝（10 cm 以上）、中果枝（5～10 cm）和短果枝（5 cm 以下）。若营养条件好，结果枝结果部位以下的侧芽可成为花芽，而转变成结果母枝。

4. 结果母枝 顶端和先端 1～4 个侧芽着生混合芽的枝条为结果母枝，第二年抽生结果枝并在顶端开花结果。生长健壮的结果母枝一般长 5～45 cm，幼旺树则更长一些。有时二、三年生枝的中、下部也可形成叶丛状结果母枝。

（三）叶生长

山楂叶片初期生长缓慢，随着气温逐渐升高，生长加速，达到高峰期后，又逐渐减缓，以至停止生长。成龄结果树，各类枝叶生长期除发育枝推迟 20 d 外，叶面积在 4 月 30 日至 6 月 5 日仅 1 个多月中形成，其中 5 月 2～22 日为速生期，5 月 10 日为生长高峰期。

三、开花与结果习性

（一）开花习性

山楂的花序为伞房花序，每个花序有花 15～20 朵，多者可达 30～40 朵。一般每花序坐果 5～6

个，最多可达 17～18 个。通常树冠外围的花朵坐果率高，内膛则较低。山楂花序的穗轴很长，果实采收后就会自行干枯。初结果期树和树势健壮的盛果期树，在营养条件良好的情况下，结果枝在结果的当年其上部的 1～4 个侧芽仍能继续分化成混合芽，第二年继续抽枝开花结果。

（二）授粉

山楂果实是由子房下位花形成的假果，一般由 1～5 个心皮构成，可食部分是其花托的皮，山楂具有较高的自花结实能力，其重要原因之一是它具有单性结实的现象，故大部分种子内缺乏种仁。调查表明，山楂也存在一定程度的自花授粉不亲和性，但低于苹果和梨。山楂自花授粉结实率低的原因，可能与其花粉萌发率较低有关，它是配子体型不亲和特性的异花授粉作物，授粉亲和程度取决于花粉管进入柱头以后的一系列过程。另据研究表明，栽培山楂与野生山楂花粉生活力无显著差异，但栽培山楂花粉萌发率较低，花粉管生长速度较慢，栽培山楂花柱提取液对栽培山楂与野生山楂花粉萌发都有抑制作用，受精时，花粉管不是直接进入花柱并到达子房，而是在柱头表面盘旋后进入花柱。

（三）落花落果

山楂的落果分为生理落果、采前落果和机械落果 3 种类型。大部分的山楂自然授粉坐果率很低，落花落果严重。山楂的生理落果有多次。

造成山楂落果的原因是多方面的，主要有授粉不良、树体营养缺乏、光照不足及病虫害和其他自然灾害。

四、果实发育与成熟

（一）果实生长动态

山植果实的生长曲线呈双 S 形，两个生长高峰出现在 6 月下旬至 7 月上旬和 9 月下旬，山植生长期间，单果重累积值和纵横径的累积值曲线都明显地表现出了快、慢、快 3 个时期，果实在生长前期以长果心为主，后期以长果肉为主，横径增长快于纵径，特别是临近采收期增长更快，在采收前 30 d 左右开始着色，至采收时果实全红。

（二）果实成熟

正确掌握山楂的生理成熟期，确定最佳成熟度和采收期对提高山楂产量、品质和商品价值都有很重要的意义。

第四节　对环境条件的要求

一、土壤

山楂树对土壤适应性强，以沙壤土最好，黏重土壤生长较差，对土壤酸碱度适应范围较广，酸至微碱性均适合山楂生长。在新疆，山楂园土壤 pH 达 8.3～8.5，树体生长良好，结果正常。

山楂在山地、丘陵地、平坦地都能生长，但地势过于低洼，土壤含水量过大，生长旺，结果较差，且病虫害严重。就地势而言，以具有一定坡度、光照良好的浅山、丘陵地适于山楂的生长。由于山楂是较喜光的树种，因此阳坡比阴坡更有利于生长和结果。而目前山区所分布的山楂多在阴坡，其原因是：目前各主产区阳坡由于阳光充足，温度高，蒸发量大，水分少而造成植被覆盖率较低，故水土流失严重，造成缺水少土的不良条件，而在阴坡则具有与阳坡相反的条件，自然形成了有利于山楂生长发育的环境。山楂具有一定的耐瘠薄的能力，但在土层深厚和土层肥沃的土地上生长和结果则更好些。

二、温度

山楂树性喜温暖，有些种和品种较耐寒。温度的高低和积温的多少，对山楂的生长发育有着直接的影响。

根据我国山楂各产区的气象状况可以看出，山楂要求在年平均气温 6～15 ℃，≥10 ℃的年积温 2 800～3 100 ℃，绝对最低气温－34 ℃以上的地区生长发育最适宜。有些耐寒种和品种，可以在年平均气温 2.5 ℃，≥10 ℃年积温 2 300 ℃以上，绝对最低气温－41.2 ℃的地区正常生长发育。野生类型对温度的适应范围还更大些。山楂在炎热地区生长发育不良，在寒冷地区会发生不同程度的冻害。

三、湿度

山楂树耐干旱，也比较抗涝，对土壤水分适应性较强。山楂树的根系在土壤深厚的地方能伸展得很远，在土下有石层但有一定的缝隙的地方，根系仍能下扎，从深层土壤中吸收水分。山楂的叶片具有明显的耐旱特性，叶片有多处裂刻，叶表皮细胞下有一定腔层，海绵组织的细胞空隙较大，叶表面的气孔特小并有特发达的角质层。树体具有耐旱的生理特性，山楂比苹果和梨耐旱。

四、光照

光是树体生命活动中最重要的生存因子，树体各生命活动的过程都与光有密切关系。光照时间的长短、光的强弱等都直接决定着山楂树的产量高低与质量好坏。树冠果实较集中的露光结果部位全天直射光照时间平均为 7.8 h，果实较少的部位全天直射时间均为 3 h 以下，可以看出山植树能较好地结果必须保证每天树冠各部的直射光照时间在 3 h 以上。对自然状态下的单株山楂树冠水平方向的半径测定，其不同部位光照有着显著的差异，在自然光为 4.9×10^{4} lx 时，营养结果带（外部）的光照为 1.4×10^{4} lx，为自然光照的 29%，过渡带（中部）为 0.6×10^{4} lx，为自然光的 12%，光秃带（内部）为 0.4×10^{4} lx，为自然光的 8%。另外观测结果多少的部位，光照也明显不同，集中结果区为 3.0×10^{4} lx，少量结果区 1.4×10^{4} lx，无果区只有 0.5×10^{4} lx。光照多少也直接影响到果实的质量。树冠外围的果实，因光照条件优越，果实和果皮的颜色均明显较内膛光照较差部位的果实为好；沟谷中的山楂果实果皮及果肉颜色也明显不如半山坡的果实鲜艳。光也是影响山楂坐果的重要因素。遮光处理可减少光合产物的供应，据报道，无论是盛花期还是盛花期后 20 d 时，遮光都会明显减低坐果。山楂树是喜光性树种，但对光照条件较差的环境有一定的适应性，为了生长发育良好，多结果和提高果实品质，必须对树冠进行人工控制和不断地调整，以保证树冠内部各部位都有良好的光照条件，满足其对光照的要求。

第五节 建园和栽植

一、建园

（一）园地选择

山楂建园应因地制宜、全面规划、合理安排。山楂树虽然对环境条件要求不严，但土层深厚、肥沃、排水良好的沙质壤土地上生长最好，而在黏重土壤、盐碱地上生长不良。

丘陵山地，光照充足、昼夜温差大、通风透光、排水良好，果品质量较高，因此，建园时宜选择土层深厚、坡度较小的地块，如土层较薄、土质较差时，则需先行深翻改土，增厚土层，并整成梯田，以利保持水土。丘陵山地的坡向对山楂树生长发育也有一定的影响，一般南坡比北坡光照时间长，早春地温回升快，物候期较早，果实成熟早、着色好；若无水浇条件，则北坡比南坡稍好。

平原建园，则应选地下水位不高，易于机械化操作的地块；若土壤瘠薄，地力较差，可增施有机肥，改善土壤肥力状况，以利栽植后强壮树势。

（二）园地规划设计

确定园址以后，应进行合理规划，其主要内容通常包括防护林的营造、栽植区的规划、道路安排和排灌系统的设置。

1. 防护林营造 防护林应建于果园四周，主林带要与当地主风方向垂直。常用树种有槐、杨、核桃秋、棉槐、花椒等。

2. 栽植区的规划 为便于管理，可将大面积的山楂园划分为若干小区，面积依地形而定，山地、丘陵 0.33～0.67 hm^2 为宜，平地一般为 2～2.7 hm^2。

3. 道路设置 道路设置应便于管理、运肥、施药、运果，并常于防护林及栽植区相配合。大面积的果园由干路、支路和作业道组成。干路宽 4～5 m，连接各支路并与公路相连。支路通小区宽 3～4 m。小区内有纵横作业道宽 1～2 m。

4. 排灌系统设置 山楂园的排灌系统要保证旱浇、涝排。渠道由干渠、支渠和灌水沟组成；位置于干、支路一侧。修渠应尽量就地取材、以节约为原则，要做到实用、耐久、减少渗漏。缓坡丘陵山地一般应由山上往下逐个梯田面灌溉，要修好跌水口，以免冲坏梯田壁。

对于地下水位高，易积水的平地沙滩果园，应设置排水系统，以便及时排涝。根据地下水位的高低以及雨量的大小来确定排水沟之间的距离、大小和坡降。一般每 2～4 行挖一排水沟，深 50～80 cm，底宽 30～50 cm，上宽 90～150 cm。山地的排水沟一般连通蓄水池、水库、水塘等，以便排灌结合，合理用水。

（三）整地和改土

1. 整地 由于沙滩地多，高低不平，有的沙层下有板结土层，透水力差，易成涝灾。因此，沙滩只有经过平整，才有利山楂园的管理与生长。

2. 改土 对于土壤贫瘠的果园，应换上肥沃的土壤或填入富有腐殖质的肥料。山地栽前应深翻，黏土地要混沙土，施绿肥和土杂肥等用以改土。有隔淤层的沙荒地要深翻破淤，使淤沙混合，先种绿肥肥土。盐碱地解决排水以后，进行土壤深翻，并大量施有机肥和旱季前种植绿肥，防止返盐。

二、栽植

（一）栽植密度与方式

1. 栽植密度 山楂树栽植密度的确定要考虑各品种的生长特性，当地的地形地势、土层、土壤、气候条件和管理水平等几个方面。一般在地势平坦、土层较厚、肥力较高，条件好的密度可小些，反之可大些。另外大面积的合理密植可最大限度地经济利用土地，有利于实现早期丰产，既做到集约化栽培又便于管理（表 59－2）。

表 59－2 山楂树的栽植密度

密度种类	株行距（m）	每 667 m^2 栽株数	后期处理	立地条件
一般密度	5×6（4×5）	22～33	永久性	平地、深厚山地
中密度	3×4（2.5×4）	55～66	永久性	平地、山地
高密度	2×3（1.5×3）	111～148	3 年后回缩控制间伐	山地、平地

2. 栽植方式 应根据环境条件、地形地势等全面考虑。

（1）山地等高栽植。便于管理和修建水土保持工程。

（2）长方形栽植。即行间大，株间小。这种方式的优点是通风透光、耕作方便，株间小，易于封行，但可减少不良气候的袭击。

（二）栽植时期

一般分春栽和秋栽。春栽多在土壤解冻后到发芽前进行。冬季温暖、土壤湿度大的地方可秋栽，即从苗木落叶到封冻前进行，此期苗木贮备养分多，成活率高，生长好。

（三）栽植技术

栽植前按照已定的株行距打点。穴的大小与深度均在 1 m 左右，挖穴时要将表土和底土分开放置。定植时，要用表土与肥料混合填入穴底。黏土混以沙土，过重酸性土，增施石灰。穴底填肥土成馒头状，将苗立放其顶部，根向四周舒展与土壤密接，边填土边踩实。栽后苗木根颈部比地面高出5 cm，浇水后虚土下沉，使苗的根颈部正好与地面相平。

第六节 土肥水管理

土肥水管理是山楂丰产、稳产、优质的基础。以土肥水为中心的综合管理措施，如土壤深翻熟化，扩大树穴，增加活土层厚度，施肥、压肥等均可改良土壤，增加土壤肥力，贮水保墒，供给山楂树足够的养分和水分，促进幼树早结果、早丰产，大树稳产高产。

一、土壤管理

土壤管理包括扩穴、压土、刨树盘、中耕除草等方法。

二、施肥管理

(一) 基肥

1. 基肥的种类 可用于山楂树的基肥种类很多，有有机肥和无机肥。有机肥如圈肥、人粪尿、堆肥、绿肥等。其中绿肥含有大量的氮、磷、钾，而且可以就地取材。行间种植紫穗槐、草木樨、沙打旺、苜蓿等，可以省人力、物力，为山楂提供充足的肥源。无机肥主要有各种化肥。

2. 施基肥的时期 一般在秋季采果后，结合秋季翻耕施肥；或在春季解冻后发芽前进行。秋季由于根系生长很快，所以秋施基肥效果最好。秋季早施，有利于山楂树根系的愈伤生长。

3. 施肥量 根据山楂丰产栽培经验，一般按产量施肥，产1 kg山楂，应施入有机肥2 kg。

4. 施基肥的方法 一般有沟施、穴施、撒施3种，沟施、穴施多与扩穴结合进行；在扩穴完成后，可结合翻耕进行撒施。

(二) 追肥

追肥的种类多是速效性化肥，如硫酸铵、硝酸铵、尿素、氯化铵、碳酸氢铵、过磷酸钙、硫酸钾等无机肥料。

1. 追肥分类 追肥可分为前期追肥和后期追肥两种。前期追肥是花前至果实膨大期，以氮肥为主，如硫酸铵、尿素等。后期追肥，即在果实迅速膨大期追施，以氮、磷、钾混合肥为佳。前期追肥主要解决开花和坐果与树体内所贮营养供应不足的矛盾，提高坐果率，促进新梢健壮生长。后期追肥主要解决果实生产与树体后期营养不足的矛盾，促进果实膨大和花芽分化，是保证连续丰产的条件。弱树和小年树应以前期追施氮肥为主，促进新梢生长、提高坐果率。大年树应以后期追施磷、钾肥为主，适量追施氮肥，促进花芽分化。

2. 追肥方法 施追肥的方法有多种，普遍采用的是土壤追肥和根外追肥。

(1) 土壤追肥。有条沟施法、放射沟施法和全园撒施法等。

(2) 根外追肥。也称叶面喷肥，把肥料或微量元素溶解于水中，用喷雾器喷洒叶面。山楂园根外追肥所用肥料一般为0.3%～0.5%尿素、0.2%磷酸二氢钾、0.1%～0.4%硫酸亚铁、0.1%～0.25%硼砂、1%～5%草木灰、1%～3%过磷酸钙浸出液。一般从开花到果实膨大期间喷2～3次为宜。

三、水分管理

灌水及排涝对山楂生长、结果是非常重要的。

（一）灌水时期

应根据气候、土壤墒情进行灌水。一般可在发芽前、开花前、花芽分化和果实膨大期及封冻前灌水。

（二）灌水方法

灌水方法以灌水量能渗透整个根系集中分布层并接上底墒为宜。

1. 沟灌 此法多用于平地，在树两侧开沟，引水入沟，覆土保墒。

2. 树盘灌水 多用于山区，以树为中心，在树盘四周筑土梗，引水入盘，锄地保墒。

3. 滴灌 适宜在水源缺少的山区、丘陵地区应用，是一种先进省水的灌溉方法，滴入根系主要分布区。

4. 分小区灌水 将数株为一小区，四周打畦筑梗，引水入区。要求园地平坦，此法比较浪费水。

5. 穴灌法 宜于水源缺少、浇水不便的地方，其具体方法是在树冠下挖 7～8 个穴，穴深 30～40 cm，直径 30～40 cm，灌水后树盘内覆上塑料薄膜。

6. 喷灌法 具有省工省水、保土保肥、改善小气候的优点。利用管道压力将水喷入空中，形成雾状。

（三）排涝

雨季在低洼易涝区，应及时排水。排水的方法主要是挖排水沟。

第七节　整形修剪

一、树形及树体基本结构

（一）树形

山楂的树形通常可分为有中心干和无中心干两种。中心干形如主干疏层形、圆柱形、二层开心形等；无中心干型如自然开心形，三、四主枝挺身形，丛状形等。生产中究竟采用哪种树形，应综合考虑，由于山楂是喜光性较强的树种，因此，应首先考虑喜光特性，其次是树龄。

山楂幼旺树可选用有中心干形，结果以后可采用二层开心形。山楂树形的丰产性随品种、立地条件和种植密度及方式而有变化，丰产树形的关键在于是否具备合理的树体结构和最大限度的利用空间，生产中应灵活多变地进行整形。同时，还要考虑个体单株与群体结构的一致性。否则株间交叉、果园郁闭，达不到早实、丰产和稳产的目的。

（二）树体基本结构特点

山楂早实、丰产的树体结构应具备如下特点：低干、中冠、少主、少侧、多枝组和层间距要大。这样树体骨架枝牢固，负载量大，分布合理，光合面积大，能够满足丰产树形的要求。目前生产中常用的有下列两种树形：

1. 主干疏层形 适用于较肥沃地应用。

树体结构：干高 50～70 cm，树高 4 m 左右，全树共有主枝 6～8 个，分 2～3 层交错排列。第一层 3～4 个，第二层 2～3 个，第三层 1 个。第一～二层间距 80～90 cm，第二～三层间距 60 cm。第一层每主枝上选留 3～4 个侧枝，第二、三层主枝上留侧枝 1～2 个。第一侧枝距中央领导干约 50 cm，第一侧枝与第二侧枝距离为 30～40 cm，而且要左右排列，开张角度应低于主枝。

该种树形具有骨架牢固，骨干枝分布均匀，冠内通风透光，营养分配合理，丰产性强，树体寿命长等特点。栽植密度不宜过大。

2. 自然开心形 适应于山地瘠薄土壤密植整形。

树体结构：干高 40～50 cm，树高 3～4 m，主枝数 4～5 个，开张角度 45°～50°，每主枝上留侧枝 3～4 个，第一侧枝距中轴 40～50 cm，第二侧枝距第一侧枝 20～30 cm，左右排列。各侧枝角度均低于主枝，使各侧枝之间不要交叉重叠。

该种树形无中心干，骨架好，光照充足，内膛枝组密度大，寿命长，枝势强壮。与主干疏层形相比，结果面积相对较小，产量较低，在密植栽培情况下，注意搞好群体结构。

二、不同年龄期树的修剪

（一）幼树期

幼树期修剪原则是加速扩大树冠，轻剪缓放，培养枝组，充分利用辅养枝，开张骨干枝角度，进行夏剪等。

苗木定植后即行定干，定干高度一般 60～70 cm 为宜。定干后，当年发枝 5～7 条，对选定为主枝的枝条在 50～60 cm 短截，不足 50 cm 的水平枝或细枝，侧芽质量不如顶芽好，一般缓放不剪，翌年 5 月及时摘心。

二、三年生幼树，主、侧枝每年冬剪，截去长度的 1/4～1/3，以利扩大树冠和均衡各主枝生长势，注意选留外芽，开张主枝角度。骨于枝以外的枝条，若枝势过强，与骨干枝发生竞争时，应疏除。其余枝条一般不进行短截，可以通过拿枝、拉枝、压平、别枝等方法培养成结果枝。在此期应用夏季修剪技术是一项促进早结果、早丰产的有效措施，5 月中下旬，对背上旺梢进行摘心，对旺辅养枝环割，促进花芽形成，增加枝叶量，缓和生长势。

培养主干疏层形时，按上一年对中心干延长枝的剪留长度，继续培养好第一层主枝，并进行第一侧枝的选留和短截。中心干上所抽生的枝条还不具备 2 层主枝，这部分枝，中、短者长放，过长者翌春压平缓放。山楂幼树中心干延长枝有偏心生长的特性。因此，在修剪时，要注意剪口芽的位置，剪口芽应留在内侧，或结合夏季管理，进行撑拉矫正。一般自定植后，经过 3～4 年整形修剪，树形基本完成，并开始结果。

（二）初果期

山楂树生长进入第四年后开始结果，初果期是从初果至大量结果之前。此期修剪的原则是：轻剪缓放，增加促花措施，同时继续完成整形任务，促使辅养枝大量结果，以果压冠，并进行枝组的培养。

在整形修剪过程中，要重视侧枝的选留，对主枝上 1～2 大侧枝应拉开距离，使角度开张，从属于主枝两侧的下方；对主干疏层形，要继续培养第二层主枝，注意拉开层间和层内距离。主枝方向应插在下层两个相邻主枝的空间，保持中心优势，树高达到一定限度后，中心干延长枝不再短截。

进入初果期以后，枝量增加快，树势缓和，冬剪时绝大多数枝条，特别是中庸粗壮、水平斜生的壮枝，一般甩放不截，确保花芽量，保证开花结果，但可适当疏除和调整枝条密度和势力。主要疏除密生枝、交叉枝和重叠枝。

辅养枝主要利用其增加分枝进行结果。有空间的进行短截占领空间，扩大枝叶量；生长过旺的辅养枝，可采取夏剪方法，抑长促果，合理利用。对辅养枝培养利用，控制或疏除必须从全局考虑，达到最大限度地增加结果面积和合理布局树体结构的目的。

培养结果枝组：结果枝组主要有球体枝组和扁平枝组两大类。球体枝组多数着生于主枝和侧枝的背上，一般主枝背上的比侧枝上的要大一些，在辅养枝上可培养小型球体枝组。球体枝组的培养主要是进行短截，或回缩顶梢的偏斜、衰弱部分，令其垂直向上，增加粗壮分枝，但严防球体过大。扁平枝组的培养多采用缓放，使其自然分枝而形成。

（三）盛果期

盛果期树修剪的任务是继续整形培养丰产树形，培养更新枝组，克服大小年结果，力争丰产、稳产、优质。

1. 继续培养和修整丰产树形 为使树体光合面积达最大且合理，对树冠上部过小的枝，采用缓放、短截相结合的方法，增加中上层的冠幅，若冠顶过大，应及时回缩和疏除，以免遮光下部；树冠郁闭时，可疏除、回缩部分枝条，特别应控制营养枝，力争减轻郁闭程度。对树冠过分稀疏时，通过短截、人工拉枝方法占据空缺部位，增加结果体积。

2. 培养更新结果枝组 结果枝组的更新复壮是盛果期修剪的主要任务，其更新方法是：对球体枝组要去上留下、去弱留强、去中心留四周；对扁平枝组要回缩弱枝，疏除过密枝，交叉枝、枯死枝及叶幕间距过密处的枝。两种枝组的修剪以轻为宜，被修剪的枝组通常在 3～4 年生枝处剪截，修剪量占全树枝组总量的 1/4～1/3 为宜。

3. 克服大小年修剪 山楂盛果期大树，由于结果过多，树体营养消耗较多，容易出现大小年结果现象，修剪时应加以调整。对大年树的修剪应疏除过多果枝，使果枝和营养枝保持（1～2）：1 的比例，果枝间距以 12～15 cm 为宜，大年树还可进行一次花前复剪；对小年树的修剪，应在尽量保留花芽的基础上进行精细修剪，剪除病枝、细弱枝，开张角度，更新复壮结果枝组，调整树势，改善冠内光照条件等。

（四）衰老期

衰老期树修剪的主要任务是更新复壮结果枝组，疏除回缩部分中、大枝，同时对骨干枝进行不同程度的更新，并利用徒长枝代替部分或全部衰老的骨干枝，重新组合叶幕，恢复树势。

对下部光秃、分枝细弱、落花落果严重、结果能力显著下降的衰老结果枝组，应在下部有分枝的地方回缩修剪，促其隐芽萌发新枝，以利更新结果枝组。但更新时不宜过急，应逐年进行。一次回缩 40%～50%结果枝组，不但当年产量没有受到多大影响，而且枝组充实，花芽形成较多。一般结果枝组的更新 3 年为一个周期。

当结果枝组的更新修剪达不到应有的目的时，可采用大枝更新法处理。衰老树大枝处理方法；在衰弱大枝的 1/3 处回缩，回缩时要使留下的大枝部分具有分枝能力；或极重回缩大枝，即留橛回缩。锯后能生出很多徒长枝，夏季对这些徒长枝进行拿枝、开张、转向，以促生分枝，增加枝叶量，促进花芽形成；或疏除过密的衰弱大枝，在锯口处刺激隐芽大量萌发，增加新生枝。

对衰老树的骨干枝，应在分枝处回缩修剪，或在骨干枝的徒长枝处短截，以徒长枝代替骨干枝；对衰弱下垂的大枝，选背上直立枝或斜生枝，在枝前回缩，抬高枝角，恢复骨干枝的长势。

充分利用徒长枝：对内膛徒长枝，除用作更新枝头外，还可通过短截，促进分枝，转化成结果母枝，增加结果面积，尽快恢复产量。

三、密植园修剪技术

山楂密植园种植的目的是早果、丰产。整形修剪上应轻剪缓放，开张角度，增加枝叶量，尽量少疏枝，促进营养生长向生殖生长的转化；把整个园当作一株树修剪，力求群体结构的合理；减少骨干级次，主枝上直接培养结果枝组；控制树高，树高不应超过行距；行间不应交叉，便于作业。

在密植栽培中，有一部分果园采用计划性密植方式，即在永久性植株的株间或行间，加密了临时性植株，从而修剪上也有其特殊性。

永久性山楂树整形修剪与一般密植园相同。

临时性植株修剪目的是尽早结果、丰产，一般不考虑树形。栽后翌春将干拉弯不定干，距地面 30～40 cm，拉干的方向要和永久株选留的第一层主枝方向一致。在弯曲部位抽生的直立强枝，于当年秋季或翌春向相反方向拿弯；其上抽生的新梢及时进行摘心，增加枝叶量。或栽后 2～3 年，对骨干枝施行中截，促发新枝，扩大树冠；其他枝条缓放结果，直立枝压平缓放后结果；背上直立旺枝或过旺骨干枝，甚至在树干上者，要及时进行环剥或环割，及早形成花芽结果，以果压冠。冗长、细弱、重叠、交叉枝回缩或疏除。外围枝与永久株交叉及时回缩，为永久株生长结果让位，直到无空间时从基部锯除。

四、放任树修剪技术

造成放任树出现的原因是没有及时整形修剪，任其自然生长。表现为大枝数量过多，交叉、重叠严重，从属不分明，树形紊乱，结果部位外移，外围小枝密挤，且极度衰弱，使结果部位仅局限于树冠表层，产量低、质量差。对放任树的修剪应遵循“因树修剪，随枝造型”的原则。

1. 疏除或回缩过密大枝 疏除大枝的数量和回缩的部位须因树制宜。对盛果期放任树冠内个别粗、旺过密或重叠大枝从基部疏除；对衰老树要注意落头开心，缩小树冠，使树体营养集中于生长与结果部位。疏除或回缩大枝不可一次性清理，应分批进行，一般 2～3 年完成，以免造成树体过度衰弱。

2. 选留好骨干枝，适当处理过渡旺枝 对选留的骨干枝应抑强扶弱，力争生长势均衡，调整为合理的树体结构；适当回缩过弱、冗长光秃、过密、遮光严重的过渡枝，给骨干枝让路，打开光路，改善冠内通风透光条件。

3. 调节结果枝组 对松散的结果枝组选留有分枝的健壮枝进行回缩，冗长无花芽的枝尽量回缩，使枝组紧凑；对衰弱枝组，应短截促旺，疏除过密弱枝、病虫枝和枯干枝，留壮枝。

4. 培养结果枝 树冠焦梢、内膛空虚的大树，应逐渐培养徒长枝为结果枝组，更新树冠；对健壮的枝，轻剪缓放，促进形成健壮的结果枝。

第八节　病虫害及其防治

一、主要病害及其防治

（一）山楂白粉病

山楂白粉病俗称弯脖子、花脸，是山楂重要病害之一。在我国山楂产区均有不同程度的发生，发生严重时，对产量影响很大。

1. 为害症状 白粉病主要危害新梢、幼果和叶片。嫩芽发病，出现褪色或粉红色的病斑，病部满布白粉。发病后期新梢生长瘦弱，节间缩短，叶片扭曲纵卷，严重时终致枯死。幼果在落花后发病，被覆白色粉状物，果实随即向一侧弯曲，畸形，着色不良。

2. 病原 [*Podosphaera oxyacanthae*（DC.）de Bary]，属于子囊菌亚门。闭囊壳暗褐色，球形。闭囊壳内包藏 1 个子囊，内含子囊孢子 8 枚，子囊孢子无色、单胞，大小为（20.8～24）μm×（11.8～13.4）μm。无性阶段产生分生孢子，分生孢子单胞，大小为（20.0～30.0）μm×（12.8～16.0）μm。

3. 发病规律 病菌主要以闭囊壳在病叶、病果上越冬，春雨后放射子囊孢子，首先侵染根蘖，并产生大量的分生孢子，靠气流传播，进行重复侵染。在山东、河北等省 5～6 月为发病旺盛期，7 月后发展逐渐停滞，至 10 月间病害停止发生。一般春旱年份适于白粉病的流行。管理不善，发病较重；实生苗易发病。

4. 防治方法

（1）农业防治。秋季落叶后，清扫地面病叶、病果，结合施基肥深埋地下，或集中烧毁。

（2）化学防治。发芽前喷 5 波美度石硫合剂，并注意喷布局围野生山楂树；花蕾期喷 0.5 波美度石硫合剂；坐果期为病害流行期，应在落花 70%时和幼果期连续喷射 0.3 波美度石硫合剂 2 次；发病期亦可喷 50%多菌灵可湿性粉剂 500～1 000 倍液，防效良好。

（二）山楂花腐病

山楂花腐病是最近几年在山楂上新发现的一种病害。辽宁省发生较严重，病害流行年份常造成绝产。

1. 为害症状　山楂花腐病主要危害叶片、新梢及幼果，造成受病部位的腐烂。叶片发病，病斑红褐色至棕褐色。天气潮湿时，病斑上出现白色至灰白色霉状物。叶片上的病斑可导致病叶焦枯脱落。新梢发病，病斑初为褐色，后变为红褐色，逐渐凋萎死亡，尤以萌蘖枝发病最重。幼果一般在落花 10 d 后表现症状，使幼果变暗褐色腐烂，表面有黏液溢出，烂果有酒糟味，最后病果脱落。

2. 病原　*Monilinia johnsonii*（Ell. et Ev.）Honey，属于子囊菌亚门。子囊盘肉质，盘上着生棍棒状子囊。子囊无色，稍弯曲，大小平均为 126.6 μm×9.1 μm。子囊孢子单胞，无色，椭圆或卵圆形，单列，大小平均为 10.7 μm×6.4 μm。子囊间有侧丝。分生孢子单胞，无色，柠檬形，串生，孢子大小平均为 16.6 μm×15.3 μm。

3. 发病规律　病菌以菌丝体在落地病僵果上呈假菌核形式越冬，翌年春季，地面潮湿处的病僵果上能长出子囊盘。子囊孢子借风力传播，是初侵染来源，造成嫩叶、新梢发病，再造成果腐。花腐病的发生与当地气候有密切关系。在山楂展叶后至开花期间多雨、低温，叶腐、果腐往往大流行。一般山地果园发病比平原果园重，沟谷地又比坡上地病重。

4. 防治方法

（1）农业防治。在果实采收后应结合施肥管理，彻底清除病僵果，集中烧毁或深埋地下。

（2）化学防治

① 地面施药。山地果园可于 4 月底以前用五氯酚钠 1 000 倍液对果园地面，尤其是树冠下及附近 3 m 内的地面均匀喷药，每 667 m^2 用药 0.5 kg，或每 667 m^2 地撒施 25～30 kg 石灰粉。

② 树冠喷药保护。在展叶初期可用 15%粉锈宁可湿性粉剂 1 000 倍液或 70%甲基硫菌灵可湿性粉剂 1 000 倍液，连续喷布 2 次，能有效地控制叶腐。25%多菌灵可湿性粉剂 500 倍液或 70%甲基硫菌灵可湿性粉剂 1 000 倍液，于开花盛期均匀细致喷布 1 次，能有效地控制果腐。

（三）山楂枯梢病

山楂枯梢病是近年来新发现的一种病害，山东、辽宁、河北等省都有发生。该病主要造成果枝花期枯萎，是当前一种严重的病害。

1. 为害症状　二年生果桩首先发病，皮层变褐，整桩腐烂，病斑暗褐色，病健组织间有清晰界限，后期干缩下陷，密生灰褐色小粒点。在潮湿气候下，小粒点顶端溢出乳白色卷丝状物。

2. 病原　*Fusicoccum viticolum* Reddick，属半知菌亚门。病部产生的小粒点，为病菌的子座和分生孢子器。分生孢子器单个着生在子座中，初埋生于寄主表皮下，后突破寄主表皮而开口外露。分生孢子单胞，无色，纺锤形或梭形，成熟后中间产生一隔膜，由单胞变双胞，大小为（14.94～23.24）μm×（0.83～1.16）μm。

3. 发病规律　山楂为果枝顶端束状坐果，山楂枯梢病是一种弱性寄生菌。未结果的幼树生长旺盛，不发病。果桩可以带菌，一般生长势强的树发病较轻，生长势弱的树发病较重。病害发生与土壤等条件和管理水平有密切关系。山岭薄地、管理粗放的园片发病率高；土层较厚、管理条件好的园片发病率较低。

4. 防治方法

（1）农业防治

① 加强栽培管理，增强树势，提高抗病能力，是预防该病发生的根本措施。采收后深翻扩穴，每株施基肥 200～250 kg，适当追施氮、磷、钾肥，能使当年病梢显著下降。加强修剪，促使通风透光，防止结果部位外移，控制大小年。

② 及时剪除病梢，集中烧毁，减少菌源。

（2）化学防治。早春于发芽前喷 3～5 波美度石硫合剂+0.1%五氯酚钠，以铲除越冬病菌。雨季开始时喷 25%多菌灵可湿性粉剂 600 倍液，每隔半月喷 1 次，连续喷 3 次，能减轻发病。

二、主要害虫及其防治

（一）山楂花象甲

山楂花象甲（*Anthonomus* sp.）属鞘翅目象甲科，俗称花包虫。已知在辽宁、吉林、山西等省的山楂产区发生。主要危害山楂和山里红。成虫取食嫩芽、新叶、花蕾、花和幼果，并在花蕾上咬孔产卵，啃食幼果，致使果实表面不平，伤疤累累，果实畸形；幼虫于花蕾内咬食花蕊和子房，被害花不能正常开放。发生较重的园内，花蕾脱落率可达70%，严重影响山楂的产量和质量。

1. 形态特征 成虫体长3～4 mm，雌虫为浅赤褐色，雄虫暗赤褐色，体表被灰白色和淡棕色鳞毛。头小，头管赤褐色，长约为前胸和头部之和。胸部背面密布小刻点及灰白色鳞毛，中胸小盾片白色，极为明显。鞘翅有2条横纹，前横纹位于前端1/3处，由浅棕黄色鳞毛形成，此横纹向两侧外缘前方倾斜，直达肩部。卵长约0.8 mm，初期乳白色，孵化前为淡黄色。幼虫老熟时体长6～7 mm，乳白色或浅黄色。腹部较肥大，各节背面具有2个横褶。

2. 发生规律 山楂花象甲在辽宁省1年1代。以成虫在树干的粗老翘皮下或树下落叶、杂草中越冬。4月中下旬即山里红新梢长至5～7 cm时为出蛰盛期。

3. 生活习性 花蕾脱落时，幼虫已近老熟，被害花蕾已被蛀食一空，仅剩一层薄壳。落地花蕾内的幼虫因受惊在花蕾内弹动，使花蕾在地面翻滚。幼虫常被寄生蜂寄生，寄生率达30%～34%。幼虫、蛹和越冬成虫均可被白僵菌寄生。

4. 防治方法

（1）在成虫产卵之前，即山里红花蕾分离前2～3 d（花序伸出期）和山楂花序分离期，喷布90%敌百虫晶体、50%杀螟松乳油、50%辛硫磷乳油1 000倍液、80%敌敌畏乳油2 000倍液均有效。

（2）及时清扫落地花蕾，集中深埋或烧毁，消灭其中幼虫和蛹，以减轻成虫对当年果实的危害，并可减少翌年的虫源。

（二）山楂木蠹蛾

山楂木蠹蛾（*Holcocerus insularis* Staudinger）属于鳞翅目木蠹蛾科，俗称红蛤虫。东北、华北等山楂产区均有发生。幼虫钻蛀枝干。被害树势逐年衰弱，经2～3年可使大枝或全株死亡，是山楂树的毁灭性害虫。

1. 形态特征 成虫雄蛾体长约15 mm，翅展32 mm，雌蛾体长约20 mm，翅展约42 mm。灰色至灰褐色，复眼红褐色。前翅基部2/3处的颜色比端部1/3处明显加深；沿前缘有7～11条黑色短纹，从前缘近顶角处向臀角有1条较明显的弯曲黑纹。后翅灰褐色。卵近扁卵圆形，长约1 mm，土黄色。幼虫老熟时体长25～40 mm。头部深红褐色，前胸比头部宽，前胸背板红褐色，其前缘、后缘及背中线均为黄褐色。虫体肥大略扁，腹面橙黄色，体背赤褐色，各节背面均有1条深红色宽横带和1条浅红色窄横带。臀足趾钩为横列式，幼虫散发一种特殊恶味。蛹体长16～19 mm，黄褐色。腹部末端向腹面弯曲，末节两侧各有1个角状臀棘。

2. 发生规律 山楂木蠹蛾在辽宁省大约3年1代。以2～5龄幼虫越冬，第一年以幼龄幼虫在被害枝干的虫道内越冬，第二年多以老熟幼虫在虫道内越冬。幼虫化蛹前在虫道口附近吐丝做茧，从外可透视到茧内的虫体。成虫羽化为6～8月上旬，昼伏夜出，趋化性不强。卵多产在树皮的裂缝内，1头雌蛾在1 d内可产卵23～80粒。幼虫孵化后，在树皮的裂缝处蛀入危害。管理粗放的山楂园内大树或老树受害严重。10月间幼虫进入越冬状态。

3. 防治方法

（1）成虫发生盛期结合防治其他害虫，喷布80%敌敌畏乳油或50%马拉硫磷乳油1 000倍液，毒杀产卵的成虫，对初孵幼虫也有效果。

（2）用棉球蘸80%敌敌畏乳油5倍液塞入蛀孔内，或注入80%敌敌畏乳油、50%马拉硫磷乳油

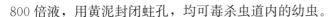

800倍液，用黄泥封闭蛀孔，均可毒杀虫道内的幼虫。

（3）于虫道内注射常用有机磷农药，效果良好。

（三）其他害虫

山楂粉蝶也是山楂常见害虫，其防治参照苹果害虫防治部分。

第九节　果实采收、分级和包装

一、果实采收

（一）采前的准备

采收前应先准备好采果篮、果筐（箱）、蒲包、塑料袋及必要的人力、采果器械等。

（二）采收时期

确定采收时期主要依据果实成熟度、果品用途和市场供求等情况。当果实达到生理成熟时，外观一般表现为：果实已全面着色，颜色鲜艳亮丽，果点明显，果肉微具弹性，略有香气，风味良好，这时便可准备采收。若采收过早，果重偏小，糖度低，果实品质差，贮藏中烂果多；若采收过晚，果重亦降低，果实变软不耐贮运，还会加重采前落果。

达到生理成熟时采摘的山楂果可用于鲜食或加工。若用作加工山楂罐头、蜜饯、糖葫芦等应保持原形；做长期运输者，则要求果肉硬度稍大些，可在果实尚未完全成熟，只要具有山楂风味、香气和应有的大小时便可提前采收。此外，还应考虑市场供应、贮运能力、劳力调配等情况综合决定。

各地具体的采收时期，因品种、气候等各异而不同。如山东泰安敞口山楂采收期在10月上旬，河南辉县豫北红在9月底至10月初采收，辽宁辽阳的辽红在10月上旬采收，秋里红在9月中下旬采收。

（三）采收方法

山楂采收目前主要是人工采收。采收时用双手捧紧整个果穗的果实后，朝果柄方向稍用力推一下，便可将全部果实带着小果柄摘下，再轻轻地放入采果篮中。这种采摘方法比棒打法果实破损少。

二、果实分级

在采果过程中应随时挑除小果柄果、有明显刺伤果和病虫果等。采收后先将果堆放在树下阴凉处，盖草或席片遮阴，待散热后进行分级、包装。分级一般可掌握以下标准：

1. 一级果　果个较大，每千克不超过120个，果面整齐，果面全红，无锈斑、虫孔和机械伤，可用作较长时间的运输、贮藏或加工制罐头、果脯、糖葫芦等。

2. 二级果　果个较大，每千克不超过120个，果面有少量锈斑，果面全红、果形整齐、无虫孔，可有轻微机械伤，但不超过10%，可用作一般加工或及时进入市场鲜销。

3. 三级果　果个稍小，每千克不超过160个，果面基本全红，果形及锈斑不限，无虫孔，虽有机械损伤但不变形，无破碎和腐烂果，可用于立即加工取汁、制酱或干制，不能久存和贮运。

三、包装、运输

包装用品可本着就地取材，保持果品质量和便于运输即可。根据用途及运输的远近不同，采用不同的包装方法。用于鲜销或制作罐头、果脯、糖葫芦等需要保持原形，或要进行较长时间的运输和贮藏者，应用硬度较大的果筐或木箱、硬塑料箱。内衬蒲包或其他柔软的材料，一件全重量最好在15～25 kg，便于搬运。长途运输时应防止挤压、雨淋或暴晒、闷热，最好在夜间行车，但要防冻。

第十节 果实贮藏保鲜

山楂果实的贮藏保鲜除现代化的保鲜设施外，现介绍两种适合我国北方地区山楂贮藏的简易方法。

一、半地下窖贮藏法

（一）挖地下窖

选择地势高燥、阴凉的屋后或树荫下挖窖，窖深20～30 cm，宽70 cm左右，长度依果量的多少和窖地的具体情况而定，将挖出的土培在窖沿四边高10 cm，并把窖底和四壁周围铲平拍实。

（二）贮藏方法

果实入窖前，首先用松柏小枝将窖底与四周铺严，以防果实直接与土接触，还可调节窖内湿度，再把经过预冷的山楂轻轻地散存于窖内，果堆中间比地面高出10 cm左右，两边应低于地面10～20 cm，呈屋脊形，在果堆上再覆盖一层松柏枝，上盖苇席。

（三）贮藏期间的管理

入窖后不要急于封窖，白天可先盖苇席防止太阳直射。夜间取下散热，并利于露水湿润果皮，防止干燥。霜降以后在果堆上加盖松柏枝15～18 cm，窖内保持0～－2 ℃的温度，当气温降到－7 ℃以下时，果上加盖厚23～27 cm树叶或加盖玉米秆等保温。第二年春季随温度的增高，将其覆盖物逐渐减薄。需要取果时可从窖一头开口，随用随取或一次取完。此法投资少、效果好、简便易行。

二、常温地下窖贮藏法

河北省隆化县1987—1988年采取常温地下窖贮藏山楂取得了好的效益。

（一）地下窖规格

由砖、石砌成的地下弓窖长4 m、宽3 m、深2.5 m，呈东西向，窖顶南北两侧各设3个通气孔，规格20 cm×20 cm，高出窖面30 cm。窖中间设1个窖口，长、宽各80 cm。用普通条筐（规格为高55 cm，上口直径45 cm），每筐盛果25 kg，窖内可装100筐，能贮藏山楂2 500 kg。

（二）贮藏方法

将山楂先预冷5 d，再轻轻装入内衬硅橡胶袋的条筐中，在窖中温度降到10 ℃以下时入窖。入窖后前期（10月19日至翌年1月24日）温度变化由8～－1 ℃，相对湿度85%～90%。中期（1月25日至2月28日），温度变化由－0.6～0.4 ℃，相对湿度85%～90%。后期（2月29日至3月28日），温度变化由0.5～1℃，相对湿度85%～90%。整个贮藏期间注意定期、定时调节（关闭）通气孔进行通风换气，经162 d后好果率达92.7%，果实外观鲜艳饱满、果柄鲜绿。此方法易掌握、投资少、效益明显。

第十一节 新技术的应用

一、ABT生根粉促进山楂嫩枝生根的应用

将山楂半木质化绿枝截成长20 cm左右的枝段，下部剪成马耳形，上部留2～3片半叶，每100根捆成1捆，然后浸泡于ABT生根粉100 mg/kg的溶液中，浸泡24 h，浸泡深度5～10 cm。再扦插于塑料大棚中，加强管理，其生根率可达60.5%，苗高可达52.6 cm。若用绿枝中段枝条，生根率可达75.3%。

二、赤霉素的应用

（一）提高苗木商品率

当山楂嫁苗接芽长至5～10 cm时（5月上旬），在晴天喷洒1次50 mg/kg赤霉素溶液，可增加山楂苗高和根径粗生长50%左右。

（二）增加山楂产量，提高坐果率和品质

在山楂盛花期喷1次20～70 mg/kg赤霉素溶液，有显著诱导山楂单性结实的作用，并能提高单株产量。但喷洒浓度不宜过高，喷洒适宜浓度因树龄树势而异。幼树、初结果旺树以60～70 mg/kg为宜；盛果期中庸树以40～50 mg/kg为宜；大树、弱树以20～30 mg/kg为宜。喷洒赤霉素后，要疏花疏果，控制产量，并加强土肥水管理，提高树体营养水平，增强树势，防止大小年现象，适期提前采收，否则影响果实品质和贮藏性能。

三、多效唑控长促花效应

对初结果山楂树，于7月土壤株施225 mg（按有效成分计算，沙壤土）多效唑。施用时将药粉与少量细土混匀，在树盘（1 m^2）内侧四周挖浅沟，均匀施入，然后灌小水，施药后能显著抑制2～4年树体的营养生长，增加中、短枝比例，促进花芽分化，增加结果母枝和结果枝数量，提高产量。

四、乙烯利的控长促花效应

对尚未结果的山楂幼旺树，在新梢旺长期（5月上中旬）树上喷洒40%乙烯利500倍液可明显地抑制新梢旺长，提高次年侧芽萌发率和成花率，增加枝量，并有紧缩树冠、矮化树体的效果。注意由于乙烯利兼有疏花作用，已经进入正常生长结果的山楂树不宜施用。

五、EF植物生长促进剂的作用

在山楂盛花期喷布EF植物生长调节剂100～150 mg/kg溶液，能显著增强山楂叶片的光合效能，使山楂坐果率和单株产量明显提高，且成本比赤霉素低，果实日灼病发生亦轻（先用少量90 ℃热水溶解含13.22%灰褐色粉末的EF，再对水配成所需浓度）。

六、仲丁胺防腐剂

仲丁胺是一种新型防腐剂，具有杀菌作用。

在常温下用0.04 mm塑料袋小包装贮藏山楂时，先将山楂预冷一夜，再用2 500～5 000 mg/kg仲丁胺溶液浸渍1 min，捞出晾干，装袋扎口后入贮。经6个月的贮存，好果率可保持在90%以上，而清水对照仅为70.3%，有明显的防腐效果。同时，果实的糖、酸、果胶含量降低亦很少。用保果灵（其有效仲丁胺含量为25%）100～200倍液浸渍0.5～1 min入贮，亦有明显的防腐和保质效果。

七、涕必灵（TBT）

涕必灵是2-（4-寒唑基）苯并咪唑的简称。在常温下用0.01～0.02 mm塑料袋小包装贮藏山楂时，贮前用0.2%涕必灵溶液浸渍2 min，捞出晾干后袋装入贮，165 d后好果率仍在48%以上，比清水对照高7.2%。

八、涂钙膜防腐

常温下用0.07 mm厚的聚乙烯薄膜袋小包装贮藏山楂时，先用钙膜（配方：氢氧化钙450 g、硫酸亚铁300 g、无水硅酸30 g、过氧化钙450 g，将配料混合后加水溶解至4 000 mL）涂料液浸渍

2 min，捞出沥干水分后袋装，置于通风库内，常温贮藏 200 d 后，好果率为 94.8%（对照仅为 76.8%），并有利于保持贮藏山楂营养成分的含量。

第十二节 幼树早期优质高效栽培模式

一、果园概况

山楂园位于山东省泰安市郊区旧县村，立地条件为河滩沙地，土壤瘠薄，40 cm 以下为白细沙，20～40 cm 土层含有机质 0.08%，速效氮 23.5 mg/kg，速效磷 9 mg/kg，速效钾 24 mg/kg，土壤 pH6.0，水源条件较好。年平均气温 12.8 ℃，7 月最高平均气温 26.8 ℃，1 月最低平均气温 −2.9 ℃，≥10 ℃的年有效积温 4 434 ℃，平均年降水 687.7 mm，多集中在 7～8 月，无霜期近 220 d。

1981 年春建园，总面积 1.73 hm^2，栽植山楂树 1 656 株，设有 5 种栽植密度。以敞口山楂为主，配有大金星、小货等。栽植后第三年开花结果，第四年 2 m×1.5 m 园每 667 m^2 产量达 1 891.7 kg，其中高产片每 667 m^2 产量达 2 262.3 kg，第五年 3 m×4 m 园片平均每 667 m^2 产量达 1 935.1 kg，其中高产园片每 667 m^2 产量达 2 158.1 kg。

二、整地建园

（一）整地

因园地土壤瘠薄且高低不平，栽植前需整地。整平地面后，挖长 1 m、宽 1 m、深 0.8 m 的栽植坑或宽 1 m、深 0.8 m 的栽植沟（表层土和白沙分开放），从山楂园外运进黄土。先将黄土和少量沙填入坑或沟的 1/3，余下的填入原表层土和有机肥 25～50 kg/穴，均匀混合土，填满树坑后，浇水沉实，准备栽植。

（二）苗木品种、规格

主要品种有敞口（益都）、大金星（临沂）、小货（寿光）等，苗木高 80 cm 以上，根颈粗 0.8 cm 左右，根系完整。

（三）栽植

各种栽植密度均以长方形定植，按品种成分配置。栽植前先在穴中心挖一个 30 cm 见方的小坑，将山楂苗置入坑内，调整好方位后使根系自然舒展，再填入土壤，要随时踏实，让根土密接。填完土后整穴做埂，浇透水，待土壤不粘时整平树穴，使土壤表面与苗木原土痕齐，接着覆盖 1 m^2 的地膜。

（四）栽后管理

经常检查地膜的覆盖情况，防止被风或动物损坏，发现土壤干旱时，应及时补水。苗木发芽后，注意防治金龟子、卷叶蛾、蚜虫等的危害。若发现死苗要及时补栽。

三、第一年管理

（一）土肥水管理

定植当年在 5 月中旬新梢旺长期间，相隔半月喷洒 0.3%尿素 2～3 次；7 月上旬地下追施尿素 100 g/株 1 次。全年浇水 6 次，并结合中耕锄草保墒。11 月上旬每株施圈肥 25～50 kg。

（二）整形修剪

永久株采取二层开心形整枝。第一层主枝 3～4 个，基角开张 60°左右，每主枝留侧枝 2～3 个，侧枝间距 50～60 cm。第二层主枝一般 2 个，主枝基角 70°左右，每主枝留侧枝 1～2 个，两层主枝间距 1～0.5 m，前期在主枝上及两层主枝间多保留辅养枝提早结果。

密植园（每 667 m^2 111 株）主枝层次不明显，各主枝上不留侧枝，直接培养结果枝组。具体做法是：

第一年苗木栽植后留 60～70 cm 定干，当年一般萌发 4～7 个枝条，上部 1～2 个芽的枝长势强旺，可在 5 月下旬和 6 月下旬进行 2 次摘心（剪去嫩绿的部分），促发二次枝，增加枝叶量。对基角小的主枝在 7 月中下旬至 8 月上旬进行拉枝开角，使基角达到 60°～70°，辅养枝开角至 80°～90°。晚秋落叶后至翌年春季发芽前，对永久株的长枝 40～50 cm 短截，中枝破顶芽，进一步促发分枝，扩大树冠。临时株除对中延长枝短截外，其他枝一般不短截，基角小的，在春季发芽前拉枝开角。

（三）病虫害防治

主要害虫有金龟子、卷叶蛾、刺蛾和舟形毛虫等，以人工防治为主。在 5 月下旬和 7 月上旬各打 1 次或 50%马拉硫磷乳剂 1 500 倍液。

四、第二年的管理

（一）土肥水管理

3 月上旬株施碳酸氢铵 0.2 kg，7 月中下旬株施磷酸二铵 0.2 kg，11 月上旬株施圈肥 50 kg 左右。分别在 5 月下旬、8 月中旬喷 0.3%尿素各 2 次。在追肥后及天旱时共浇水 6 次。

（二）修剪

4 月中旬至 5 月中旬当新梢长至 30 cm 左右时，对背上旺枝和先端竞争枝半木质化部位进行摘心，可促发 2～3 个分枝，在 5 月上中旬后当主枝新梢长至 50～60 cm 时，留 40～50 cm 短截，继续增加枝叶量。在新梢旺长后期至停止生长前（6 月中旬至 8 月上中前）将主枝和辅养枝各自拉至相应的角度。在 6 月中旬至 7 月上旬，对个别干径达到 3 cm 以上的临时株进行主干环剥，剥口宽 0.3～0.4 cm 剥后用报纸包扎保护。

冬剪：永久株各主枝在夏剪梢部位以上留 40～50 cm 短截，促发旺枝扩大树冠，其他枝缓放。临时株各类枝修剪同第一年。

（三）病虫害防治

发芽前喷 5%石硫合剂防治白粉病、红蜘蛛，4 月上中旬、5 月中下旬和 7～8 月分别喷 1 次 50%敌敌畏乳剂 1 000 倍液、50%马拉硫磷乳剂 1 500 倍液、50%杀螟松乳油1 500倍液，防治金龟子、梨星毛虫、卷叶蛾、舟形毛虫等。

五、第三年管理

（一）肥水管理

分别在发芽前、开花前后，株施尿素 0.1～0.2 kg；7 月下旬株施复合肥 0.2～0.4 kg；10 月下旬株施圈肥 50～70 kg。

分别在 4 月下旬、5 月上旬叶面喷 0.3%尿素 2 次，在 7 月上旬、8 月中旬喷 0.3%磷酸二氢钾 2 次。全年浇水 8 次。

另外，在盛花期喷 1 次赤霉素 50～60 mg/kg。

（二）修剪

这时大部分山楂干径达 3 cm 以上，单株枝量 100 条以上，可在 6 月中旬至 7 月上旬进行主干环剥，促进花芽大量形成，其他夏剪、冬剪同上年。

（三）病虫害防治

参照第二年病虫害防治。

六、第四至六年管理

（一）土肥水管理和病虫害防治

参照第三年管理，施肥量适当增加，喷施农药种类交替选择。

（二）修剪

这时山楂有了一定的枝叶量（300～600 条/株）和产量（有的可达 60～70 kg/株），修剪主要逐步地建造良好的树体结构，协调主、侧枝和枝组间的从属关系，适当疏除过多的平行枝、重叠枝、交叉大枝及当年生背上旺枝、外围竞争枝，改善光照条件；长、中枝结果枝在结果后适当回缩，培养成各类结果枝组。花量过多的要及时疏花疏果，控制产量，控制大小年结果现象，同时应及时地培养第二层主枝继续增加枝叶量，扩大树冠。

第六十章 银　杏

概　述

银杏（*Ginkgo biloba* L.）又名白果、公孙树、扇子树，在植物分类学中，隶属植物界种子植物门裸子植物亚门银杏纲银杏目银杏科银杏属。银杏最早出现于3.45亿年前的石炭纪。中生代侏罗纪银杏曾广泛分布于北半球的欧、亚、美洲，白垩纪晚期开始衰退。至50万年前，发生了第四纪冰川运动，地球突然变冷，绝大多数银杏类植物濒于绝种，在欧洲、北美和亚洲绝大部分地区灭绝，只有中国自然条件独特，才奇迹般地保存下来。银杏为中生代孑遗的稀有树种，仅存一纲、一目、一科、一属、一种，被科学家称为"活化石""植物界的大熊猫"，是我国独有的国宝级树种。

目前，世界银杏的栽培分布主要在我国，国外的银杏都是直接或间接从我国传入的。银杏栽培较多的国家主要是日本、朝鲜、韩国、加拿大、新西兰、澳大利亚、美国、法国、俄罗斯等。

我国银杏主要分布区是：北达辽宁省沈阳，南至广东省的广州，东南至台湾省的南投，西抵西藏自治区的昌都，东到浙江省的舟山普陀岛，跨越北纬21°30′～41°46′，东经97°～125°。我国的银杏资源主要分布在山东、江苏、广西、浙江、湖北、湖南、四川、安徽、贵州、河南、广东、福建、河北等26个省（自治区、直辖市）的60多个县（市、区），另外台湾省也有少量分布。

银杏在我国的栽培至少在汉代以前。目前，在山东省莒县浮来山定林寺存活的银杏树树龄已达3 000余年，至今仍枝叶茂盛，长势良好，果实累累，是世界公认的树龄最长的银杏树。

银杏是优良的绿化、美化、观赏、用材、林粮间作、水土保持、农田防护林树种。银杏种子具有极高的营养和药用价值。银杏种子中除含有淀粉、蛋白质、脂肪、糖等之外，还含有核蛋白、粗纤维、钙、磷、铁、钾、镁、氮、维生素C、维生素B_2（核黄素）、胡萝卜素等多种微量保健成分。配药用可治疗多种疾病。银杏的绿色叶片中含有多种药物成分。主要是银杏双黄铜、黄酮的羟基化合物及银杏内酯。黄酮类物质具有扩张和软化血管的作用，能改善动脉硬化，增强血管弹性，提高血流量，降低黏稠度，促进细胞新陈代谢，恢复血管正常功能；银杏内酯能控制血液中血小板的凝集，清除血液中的垃圾（氢氧自由基），因而能保证微细血管中血流畅通，防止神经末梢的循环出现障碍。可有效地治疗脑血栓及由此而引起的耳鸣、眩晕、老年痴呆症、脑功能减退、心脏病、视网膜距离改变等不良症状。

银杏可用作建筑、家具、雕刻、高级装饰、文化用品等，为优良的用材。因此，发展银杏具有较大的经济、生态和社会效益，发展前景广阔。

第一节　种类和品种

一、种类

目前，我国学术界对银杏种下的分类确定为无变种和变形、全部为银杏品种的分类方法。根据银杏用途，将银杏品种划分为核用品种、叶用品种、材用品种、观赏品种和雄株品种5大类。现分别简介如下。

（一）核用品种

核用品种类群划分一般采用何凤仁（1992）的综合分类法，根据银杏种核的长宽比例和两轴线的正交位置分为长子类、佛指类、马铃类、梅核类和圆子类5大类群。

1. 长子类 核体特长，下部呈锥形，长：宽比为2：1，似长橄榄形。代表品种有金坠子、橄榄果、粗佛子、圆枣佛手、金果佛手等。

2. 佛指类 核长卵圆形，顶端有尖为佛手，无尖为佛指，核长：宽为1.5：1。代表品种有佛指、七星果、扁佛指、野佛指、尖顶佛手等。

3. 马铃类 种实似马铃状，核广卵圆形，中隐线明显，核长：宽为1.2：1。代表品种有大马铃、海洋皇、猪心白果、圆底果、李子果等。

4. 梅核类 果圆形，核外形似梅核。核长：宽比为1.2：1，核扁有翼。代表品种有梅核、棉花果、珍珠子、眼珠子、庐山银杏等。

5. 圆子类 果和核均为圆球形，核体胖，长：宽比为1：1。代表品种有龙眼、圆铃、算盘子、大圆子、小圆子等。

（二）叶用品种

主要以银杏叶片是否丰产和有用药物成分含量是否高而确定。我国主要叶用银杏品种有高优Y-2号、丰产Y-8、丰产Y-6、丰产Y-3、丰产Y-7、黄酮F-1号、黄酮F-2号、黄酮F-3号、内酯T-5号、内酯T-6号、内酯GB-5号、安陆1号、E4、E5。

（三）材用品种

主要以银杏树干是否速生、出材率是否高、材质是否优质而确定。我国主要材用银杏品种有豫宛9号、直干银杏S-31。

（四）观赏品种

主要以银杏叶形、叶色、树形、分枝、冠型、长势而确定。我国获得国家林业局植物新品种权的观赏银杏新品种有蝶叶、松针、夏金、聚宝、金带、泰山玉帘、魁梧、优雅、山农银一、山农银二。

（五）雄株品种

主要以雄株银杏是否花期长、花粉量大、花粉活力高和亲和力大而确定。我国主要银杏雄株品种有蒿优1号雄株、南林花1、南林花2。

二、品种

截至2014年12月31日，国家林业局共授予银杏新品种权19个，现按授权顺序简介如下。

1. 南林果1 品种权号20080027，主要培育人曹福亮、汪贵斌、张往祥。

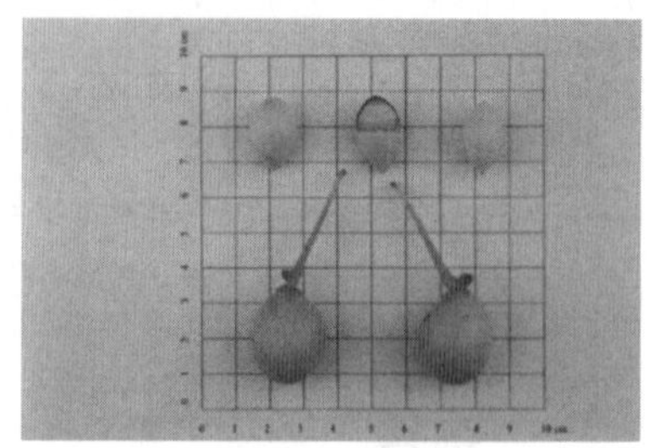

图60-1 南林果1

特征特性：果长卵圆形，熟时淡橙黄色，被薄白粉，多单果。先端圆钝，基部蒂盘近正圆形，表面高低不平，周缘不整，果基部略见偏斜。果柄长3.88 cm，果纵径2.35 cm，横径1.90 cm（图60-1）。种核形态为佛指形，核形系数1.55。种核长卵圆形，先端尖削，具秃尖，中间略有凹陷。种核糯性好，营养成分含量高。4月底授粉，9月底果实成熟。南林果1树冠为开心型，胸径15.8 cm，冠幅6.5 m×6.0 m，有4个结果大枝，成枝能力强。叶长54.15 mm，叶宽31.11 mm，叶厚0.33 mm，叶柄长25.12 mm，叶基分角125°。果实产量高，单株产量达到

16 kg，高于对照品种泰兴 3 号 140%。出核率达 24.7%，出仁率达 78.6%，可溶性糖含量达 7.6%，脂肪含量达 5.2%，高于试验品种泰兴 3 号（可溶性糖含量 5.79%，脂肪含量 3.3%）。适宜光照充足、土壤疏松、深厚肥沃、排水良好的条件。

2. 南林果 2 品种权号 20080028，主要培育人曹福亮、汪贵斌、张往祥。

特征特性：果长卵圆形，熟时淡橙黄色，被薄白粉，多单果。先端圆钝，基部蒂盘近正圆形，珠孔迹小，平或稍下凹，少数具小尖，基部蒂盘近正圆形，果基部略见偏斜。果柄长 3.94 cm，果纵径 2.47 cm，横径 1.98 cm（图 60-2）。种核形态为佛指形，核形系数 1.61。种核长卵圆形，先端尖削，具秃尖，中间略有凹陷。种核糯性好，营养成分含量高。4 月底授粉，9 月底果实成熟。树冠为开心形，胸径 14.3 cm，冠幅 6.0 m×7.3 m，有 4 个结果大枝，成枝能力强。叶长 58.99 mm，叶厚 0.37 cm，叶柄长 31.54 mm，叶基分角 112°。果实产量高，单株产量达到 14 kg，高于对照品种泰兴 3 号 120%。出核率 25.6%，出仁率 79.6%，可溶性糖含量达到 5.97%，脂肪含量达到 5.2%，高于试验品种泰兴 3 号（可溶性糖含量达到 5.79%，脂肪含量达到 3.3%）。适宜光照充足、土壤疏松、深厚肥沃、排水良好的条件。

图 60-2 南林果 2

3. 松针 品种权号 20080033，主要培育人王迎、宋承东、郭善基、张泰岩、黄迎山。

特征特性：落叶乔木，树冠广卵形；树皮灰褐色，深纵裂；一年生枝淡绿色，后转灰白色，并有细纵裂纹；枝有长短之分，短枝上的叶簇生，长枝上的叶螺旋状散生。枝条顶端叶片扇形，有两叉状叶脉，一般有奇数对称 3～5 裂，中裂深达叶长 1/2～2/3，有长柄；枝条中部至基部有少量针状和筒状叶片，针状叶片的形状极似松针。雌雄异株，球花生于短枝顶的叶腋或苞腋，花期 4～5 月，雄球花为柔荑花序，雌球花有长梗，梗端有 1～2 盘状珠座，每座生 1 胚珠，发育成种子。种子核果状，近球形，外种皮肉质，有白粉；10～11 月果熟，熟时淡黄或橙黄色，有臭味；中种皮骨质，白色；内种皮膜质，种仁生食无苦味。与对照品种普通银杏比较性状差异为：松针的叶片形状为针形、筒形、条状深裂的扇形或半扇形；而普通银杏为扇形。应用于行道、公园、庭院、广场、旅游景点等（图 60-3）。

图 60-3 松 针

4. 夏金 品种权号 20080034，主要培育人王迎、宋承东、郭善基、张泰岩、黄迎山。

特征特性：落叶乔木，树冠广卵形；树皮灰褐色，深纵裂；一年生枝淡绿色，后转灰白色，并有细纵裂纹；枝有长短之分，短枝上的叶簇生，长枝上的叶螺旋状散生。叶片为扇形，中裂极浅，叶缘浅波状，有长柄；春季叶片色泽金黄，至夏季叶片虽有个别转为黄绿，但大部分叶片依然金黄。雌雄异株，球花生于短枝顶的叶腋或苞腋，花期 4～5 月，雄球花为柔荑花序，雌球花有长梗，梗端有 1～2 盘状珠座，每座生 1 胚珠，发育成种子。种子核果状，近球形，外种皮肉质，有白粉。10～11 月果熟，熟时淡黄或橙黄色，有臭味；中种皮骨质，白色；内种皮膜质。夏金与对照品种黄叶银杏比较性状差异为：夏金的叶片颜色为春季金黄色，夏季少部分变黄绿色，而黄叶银杏的叶片颜色为春季黄色，夏季大部分变黄绿色；夏金的叶片焦边现象，而黄叶银杏的叶片焦边现象较重。夏金的生态习性与普通银杏相似，对气候、土壤的要求与普通银杏相同（图 60-4）。

图 60-4 夏 金

5. 蝶衣 品种权号20090027，主要培育人张丹、张家勋、张茂。

特征特性：叶片基部呈圆筒状，顶端开叉。雌雄异株，稀同株，球花生于短枝的叶腋或苞腋，雄株花有短梗，每雄蕊有2个花药，花丝短。雌球花有长梗，顶生1～2个珠座，每珠座有1个胚珠。种子核果状，外种皮肉质，中种皮骨质，内种皮膜质，胚乳丰富，胚有2个子叶。特异性：蝶衣基部呈圆筒状，顶端开叉，无变异现象；对照品种银杏扇形，在宽阔的顶缘多少具缺刻或2裂，易出现变异。一致性：该品种与对照品种在对环境的适应性上基本一致。耐阴、耐寒，对高温、干热风气候有较强的抵抗能力，并且对土壤的pH适应幅度较大，抗水湿。生产中采用嫁接、扦插等无性繁殖方法，保持其优良性状，无变异现象，充分表现出与母株的一致性和稳定性（图60-5）。

图60-5 蝶 衣

6. 聚宝 品种权号20110005，主要培育人王迎、宋承东、郭善基、张泰岩、黄迎山。

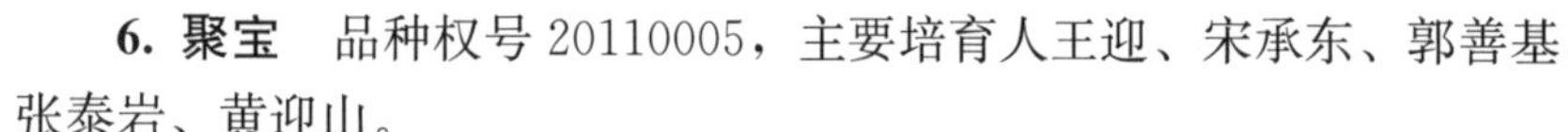

特征特性：树冠呈紧密狭长卵形，所有枝条均以树干为中心弯曲斜向上生长，冠幅最宽处仅为40 cm左右；叶片为扇形，小而密集，侧枝的长枝为28～30 cm，着生叶片61～82枚，最大的叶片纵横长度为3 cm×4 cm，最小的叶片其纵横长度为1 cm×2 cm。雌株，雌球花有长梗，梗端有1～2盘状珠座，每座生1胚珠，发育成种子。种子核果状，近球形，外种皮肉质，有白粉；10～11月果熟，熟时淡黄或橙黄色，有臭味；中种皮骨质，白色；内种皮膜质。聚宝与普通银杏对气候、土壤立地环境的要求基本相同（图60-6）。

图60-6 聚 宝

7. 金带 品种权号20110006，主要培育人王迎、宋承东、郭善基、张泰岩、黄迎山。

金带特征特性：落叶乔木，树冠广卵形；树皮灰褐色，深纵裂；一年生枝淡绿色，后转灰白色，并有细纵裂纹；枝有长短之分，短枝上的叶簇生，长枝上的叶螺旋状散生。叶片为扇形，中裂较浅，叶缘浅波状，有长柄；斑纹叶占全树全部叶片的40%～80%，斑纹叶片底色绿色，其上间有黄色竖条纹。雌株，雌球花有长梗，梗端有1～2盘状珠座，每座生1胚珠，发育成种子。种子核果状，近球形，外种皮肉质，有白粉；10～11月果熟，熟时淡黄或橙黄色，有臭味；中种皮骨质，白色；内种皮膜质。金带在气候和土壤方面的要求条件与普通银杏基本相同，但比较而言，在相同立地条件下，其生长势较弱，特别对于干热风的影响较为敏感，在天气极为干旱的情况下应采取适当措施防止干叶（图60-7）。

图60-7 金 带

8. 泰山玉帘 品种权号20110007，主要培育人王迎、宋承东、郭善基、张泰岩、黄迎山。

特征特性：落叶乔木，树冠广卵形；树皮灰褐色，深纵裂；一年生枝淡绿色，后转灰白色，并有细纵裂纹；枝有长短之分，短枝上的叶簇生，长枝上的叶螺旋状散生，枝条下垂。叶片有两种类型：一种为“人”字形叶片，中裂极深，可达叶片基底或接近基底；另一种叶片的中裂较浅或极浅，叶片呈扇形、窄扇形或半圆形，叶片上缘呈波状或齿牙状短裂。雌株，雌球花有长梗，梗端有1～2盘状珠座，每座生1胚珠，发育成种子。种子核果状，种核（即白果）较小，外种皮肉质，有白粉；10～

11 月果熟，熟时淡黄或橙黄色，有臭味；中种皮骨质，白色；内种皮膜质。泰山玉帘在气候和土壤方面的要求条件与普通银杏基本相同（图 60－8）。

图 60－8 泰山玉帘

9. 山农银一 品种权号 20120050，主要培育人邢世岩、李际红、徐连科。

特征特性：落叶乔木，树冠广卵形；树皮灰褐色，深纵裂；树枝平展或下垂，一年生枝淡绿色，后转灰白色，并有细纵裂纹；枝有长短之分，短枝上的叶簇生，长枝上的叶螺旋状散生。叶片心形，基线夹角＞180°，全缘，中裂刻将叶子平分为两部分，有长柄；长短枝叶差异较小，短枝叶与长枝叶大小相近，叶柄较粗。雄株，嫁接后 3 年小部分单株见花。在山东莱州 4 月 5 日发芽，4 月 21 日展叶，11 月上旬落叶。山农银一在我国银杏主要分布区温带和亚热带气候区内均可以栽植，在水热条件比较丰沛的亚热带季风区生长良好；喜湿润而排水良好的深厚壤土，土壤 pH5～7.5（图 60－9）。

图 60－9 山农银一

10. 山农银二 品种权号 20120051，主要培育人邢世岩、李际红、徐连科。

特征特性：落叶乔木，树冠为塔形；树皮灰褐色，深纵裂；一年生枝淡绿色，木质化后转浅黄色，并有细纵裂纹，皮孔明显。叶片“楔形”，叶基线夹角 20°～30°；叶片窄小、较薄，叶柄稍长；叶缘具浅波状纹，一般有奇数对称 3～5 浅裂，中裂深达叶长1/2～2/3。雄株；在山东泰安展叶期 3 月下旬到 4 月上旬，生长期 280 d，11 月上旬落叶；雄花期在 4 月 13～23 日。山农银二在我国银杏主要分布区温带和亚热带气候区内均可以栽植，在水热条件比较丰沛的亚热带季风区生长良好；喜湿润而排水良好的深厚壤土，土壤 pH5～7.5。

11. 南林果 4 品种权号 20120120，主要培育人曹福亮、汪贵斌、张往祥、郁万文、赵洪亮。

特征特性：树势强健，干性强，层性明显，树冠直立，大枝近水平开张，分枝稀疏。叶在一年生长枝上螺旋状散生，在短枝上 3～8 叶呈簇生状，多三角状扇形，叶面稍向上纵卷，具浅中裂或不明显。雌花具长梗，梗端常分两叉，每叉顶生 1 盘状珠座，胚珠着生其上，胚珠呈樽状或杯口状。球果圆形或长圆形，熟时橘黄色或淡黄色，被薄白粉；油胞圆或长圆，凸出种皮之上，并稀疏而均匀地分布于球果中下部。种核佛指形，略扁，两端略尖，上下基本一致，先端较基部稍圆，具小尖。4 月下旬授粉，9 月底成熟。南林果 4 喜光照充足、土壤疏松、深厚肥沃、排水良好的环境（图 60－10）。

图 60－10 南林果 4

12. 南林果 5 品种权号 20120121，主要培育人曹福亮、张往祥、郁万文、汪贵斌、宫玉臣。

特征特性：树体矮小，树势强壮，生长势中等，成枝率低，树姿开张，枝条节间短。叶在一年生长枝上螺旋状散生，在短枝上 3～8 叶呈簇生状；叶片大而厚，颜色浓绿。雌花具长梗，梗端常分两叉，每叉顶生 1 盘状珠座，胚珠着生其上。果长圆形或广卵圆形，熟时橙黄色，被较厚白粉，先端钝圆，珠孔迹小而不明显。种核形态为长子—佛指过渡型，核形系数 1.72，种核卵圆形，先端棱线明显，顶端有尖，最宽处在中上部，基部两束迹呈两点状。该品种种核中等，果长×宽为 3.32 cm×2.55 cm，种核长×宽为 2.81 cm×1.63 cm，单果重 12.156 g，单核重 2.785 g，为供试品种中单果最大的品种；种仁营养丰富，种仁中蛋白质含量10.06%，是对照品种郯魁的1.86倍；总黄酮含量0.118%，是对照品种的1.85倍；银杏总酚酸含量27.06 ug/g，为对照品种低78.3%。4月下旬授粉，10月上旬成熟，属晚熟品种。南林果5喜光照充足、土壤疏松、深厚肥沃、排水良好的环境（图60-11）。

图60-11 南林果5

13. 南林外1 品种权号20120122，主要培育人曹福亮、郁万文、汪贵斌、张往祥、赵洪亮。

特征特性：大树树冠多圆头形，树势强，侧枝少，主枝旺；幼树发枝量稍大，进入结果期早，生产性能强。叶在一年生长枝上螺旋状散生，在短枝上3～8叶呈簇生状，多扇形，淡绿色，中裂浅，缘有浅波状缺刻。雌花具长梗，梗端常分两叉，每叉顶生1盘状珠座，胚珠着生其上，胚珠呈半圆形。球果长圆形或广卵圆形，熟时淡枯黄色，被较厚白粉，有淡褐色油胞；先端钝圆，珠孔迹小而明显；球果较大，球果柄细长，基部粗扁，中部细。种核长卵圆形，无腹背之分；先端宽圆渐尖，具小突尖，中部以下渐狭，基部广楔形。本品种球果和种核较大，性糯味甜。喜光照充足、土壤疏松、深厚肥沃、排水良好的环境（图60-12）。

图60-12 南林外1

14. 南林外2 品种权号20120123，主要培育人曹福亮、汪贵斌、张往祥、郁万文、赵洪亮。

特征特性：树体高大，中干强，层性明显；形成上层树冠后，树高一般8～10 m，枝干粗壮；幼树发枝量稍大，进入结果期早，生产性能强。叶在一年生长枝上螺旋状散生，在短枝上3～8叶呈簇生状，叶较小，叶色较淡，中裂较浅或不甚明显；在长枝上自梢部至基部叶片的形状依次为三角形、扇形、截形和如意形。球果长卵圆形，熟时淡橙黄色，被薄白粉，多单果；球果先端圆钝，基部蒂盘近正圆，基部略现偏斜；球果柄细长，基部粗，顶端细。种核长卵形，色白腰圆，先端尖削，具秃尖；种核两侧具棱，棱线明显，但无翼状边缘。4月下旬授粉，10月上旬成熟。喜光照充足、土壤疏松、深厚肥沃、排水良好的环境（图60-13）。

图60-13 南林外2

15. 南林外3 品种权号20120124，主要培育人曹福亮、张往祥、郁万文、汪贵斌、赵洪亮。

特征特性：树势强健，发枝力强，成枝率高，多具明显的中心主干，层性也十分明显，侧枝比较开张，树冠多呈塔形或半圆形；幼树发枝量稍大，进入结果期早，生产性能强。叶在一年生长枝上螺旋状散生，在短枝上3～8叶呈簇生状，多扇形，少数三角形；叶色深，叶片厚。球果近圆形，熟时橙黄色，具薄白粉；先端圆钝，顶部呈O形凹入，珠孔孔迹明显；基部蒂盘长椭圆形，表面高低不平，周缘波状，稍见凹入。种核近圆形、略扁，中间鼓起，丰满状；先端钝圆，具不明显之小尖；基部二束迹迹点较小，但明显突出；两侧棱线明显且可见宽翼状边缘。南林外3单果重、出皮率较稳定；果中等肉厚（0.62 cm），其纵径1.97 cm，横径1.67 cm。喜光照充足、土壤疏松、深厚肥沃、排水良好的环境（图60-14）。

图60-14 南林外3

16. 南林外 4 品种权号 20120125，主要培育人曹福亮、郁万文、汪贵斌、张往祥。

特征特性：树冠多圆头形，树势强，发枝量大，主枝旺，产量中等。叶在一年生长枝上螺旋状散生，在短枝上 3～8 叶呈簇生状；成龄树叶片一般无明显缺刻，幼树叶大而肥厚，一年生枝上的叶大多为扇形，二裂明显。雌花具长梗，梗端常分两叉，每叉顶生 1 盘状珠座，胚珠着生其上，胚珠呈樽状或杯口状。果圆形，熟时淡橘黄色，被薄白粉，球果先端钝圆，珠孔迹小而明显，稍显凹陷，基部狭圆，呈圆筒状，向一侧歪斜；蒂盘长圆形或椭圆形，微突，表面高低不平；球果中等肉厚，果柄短基部粗扁，中上部细而弯曲。进入开花结实时间早，稳产性强，抗病虫力也强。南林外 4 球果纵径 2.00 cm，横径 2.00 cm，单粒果重 4.8～5.6 g。4 月底授粉，9 月底至 10 月上旬成熟。喜光照充足、土壤疏松、深厚肥沃、排水良好的环境（图 60－15）。

图 60－15 南林外 4

17. 优雅 品种权号 20120157，主要培育人郭善基、王迎、张泰岩、黄迎山、宋承东。

特征特性：落叶乔木，树皮灰褐色，深纵裂；枝条自然下垂，形成伞形树冠，发枝力和成枝力均强。叶片多扇形，少数三角形。本品种为雌性早果类型。雌球花有长梗，梗端有 1～2 盘状珠座，每座生 1 胚珠，发育成种子。种子核果状，近球形，外种皮肉质，有白粉；中种皮骨质，白色；内种皮膜质。10～11 月果熟，熟时淡黄或橙黄色，有臭味（图 60－16）。

图 60－16 优 雅

18. 甜心 品种权号 20120158，主要培育人郭善基、王迎、张泰岩、黄迎山、宋承东。

特征特性：落叶乔木，树皮灰褐色，深纵裂，树势强健，发枝力强，成枝率高。叶片多扇形，少数三角形。雌株，雌球花有长梗，梗端有 1～2 盘状珠座，每座生 1 胚珠，发育成种子。种子核果状，近球形，外种皮肉质，有白粉；中种皮骨质，白色；内种皮膜质。10～11 月果熟，熟时淡黄或橙黄色，有臭味。成熟的银杏种实呈正圆形，端部稍见突尖，外种皮暗黄色，被薄白粉。脱皮后的银杏种核（即白果）圆形、骨质、白色，两面隆起，两侧具窄翼，单粒白果均重 2.848 g，千克粒数 351 粒，出核率 26.4%（图 60－17）。

图 60－17 甜 心

19. 魁梧 品种权号 20120159，主要培育人郭善基、王迎、张泰岩、黄迎山、宋承东。

特征特性：落叶乔木，树皮灰褐色，深纵裂。主干挺直，侧枝粗短，所有侧枝均沿树干斜上生长，春夏季呈绿柱状。秋冬落叶后，树冠呈扫帚状。叶扇形，在长枝上螺旋状散生，在短枝上簇生。本品种为雄性，雄球花如柔荑花序状，长 1.5～2.0 cm，雄蕊排列疏松，具短梗，长 1～2 mm，花药长椭圆形（图 60－18）。

图 60－18 魁 梧

第二节 苗木繁殖

一、实生苗培育

银杏实生苗培育就是用播种的方法来培育苗木。目前情况下大规模的银杏栽培主要依靠播种育苗。

（一）选种与贮藏

种子的质量是决定育苗成败的关键，因此，选种时应从实生树上选用授粉良好、大小适中、去除杂质、当年生新种子。

播种用种子的贮藏主要目的是给种子适当的外界环境条件，保证种内胚芽继续得到良好发育，以利于来年早日催芽，保持种子内的水分不外渗，以免种子失水干缩，发芽迟缓，失去发芽力。保持种子外的水分不内渗，否则种子吸水膨胀，窒息霉烂。

长江以北地区的银杏种子一般在 10 月陆续成熟收获和上市。当买来新种子后一般要装入麻袋，在室温条件存放 1 个月左右，使其采收不久的种子散失一定的水分，降低一定的种子内温度（俗称"发汗"），种胚得到一定的发育，提高一定的抗性，而后才能进入冬藏阶段。贮藏过早，低温偏高，种子容易霉烂。一般当气温下降到 0 ℃左右时开始冬藏。

种子贮藏常见的有以下几种方法：

1. 带皮藏 种子采收后不进行脱皮处理，阴干后直接堆放于阴凉处，到来年春播时取出，水泡后脱皮处理，然后播种。也有不进行脱皮处理，直接用于播种。此法简便易行，省时省工，既保温又防鼠害。但因外种皮有毒性，对胚芽发育有一定的不良影响，不适于早播催芽，同时，又不便于外运，所以，目前应用不多，不宜推广。

2. 袋藏 将买来的新种子直接装入麻袋（或布袋）内，室温下进行贮藏，温度一般不超过12 ℃。每 30 d 左右倒出，稍加晾晒，再装入麻袋继续贮藏。在过去的种子育苗中多采用此法贮藏。由于袋内种子受外界环境条件影响不均匀，外部的种子容易失水干缩，袋中心的种子空气不流畅，又容易变色发霉，同时种子容易遭到鼠害；早春催芽时需用时间长，不利于早播，所以亦不提倡。

3. 室内沙藏 实践证明，银杏种子混沙冬藏，目前情况下优于其他方法。主要有室内、室外两种沙藏方法。

室内沙藏要选择闲置的空房间内进行。视种子量的多少从室内的一个墙角开始，地下先铺垫一层木板，既防地下潮气上升，引起种子受潮霉烂，又防止地下鼠害。上铺一层厚约 10 cm 的干净潮润河沙，不靠墙的两边分别用砖、石垒起矮墙或用木板挡起。在沙面上放一层种子，厚度以看不到下面的沙为宜，种子上部再放一层沙，厚度以看不到下面的种子为宜。如此下去，一层种子一层沙，直到达 60～80 cm 高度时为止。最上部放一层厚约 5 cm 河沙。室内沙藏需要注意事项：

（1）从开始贮藏每隔 25～30 d 选择一个晴朗的天气，上午把室内种子全部筛出，在院内进行晾晒，同时捡去变质种子。下午按原来的方法重新沙藏。若发现种子较干时，可稍喷水，保持潮润。

（2）种子量较大时每隔 1 m 左右要插放一个草把，以利于通气和种子呼吸。

（3）沙层以上禁止存放不透气的物品，如塑料布、石板、砖头、木板等，以防闷种。

（4）贮藏室最好不要与卧室、饲料房、食用菌房、畜舍、粮食仓库等混在一起，以免相互影响，产生不良后果。

（5）经常检查，发现鼠害、湿度过大、过于干燥、门窗过于封闭时，要及时解决处理。

4. 室外沙藏（窖藏） 室外沙藏是银杏种子贮藏最理想的方法。其操作规程如下：

（1）挖沟。选择地势平坦、干燥向阳处开挖贮藏沟，沟宽 50～70 cm，深 70 cm，长度以种子数量而定。挖好后晾晒 1～3 d。

（2）放草把。在沟内每隔 1 m 左右竖放一个直径为 10～15 cm 的草把。草把材料用细竹竿、树枝秆、棉花秆、玉米秆、芝麻秆、高粱秆及谷子秆均可。

（3）放沙、种。沟底铺潮润河沙约 20 cm 厚，然后放一层种子，其厚度以看不到沙子为宜。如此下去，一层种子一层沙，直到距地面约 20 cm 时为止。上部放沙使之与地面相平。最后覆土高出地面 10～20 cm，呈屋脊状，以防雨水浸入。

（4）室外沙藏注意事项

① 草把必须竖直，下部与沟底平，上部高出土面 20 cm 以上，贮藏完毕后，又必须从草把当中抽出一根以便上下通气，防止种子窒息变质。

② 遇到雨雪天气时，及时把草把顶部盖住，以防雨水顺草把流入坑内造成种子霉烂。

③ 贮藏期间每隔 25～30 d，选一个好天气，上午打开贮藏沟，将种子、沙子全部筛出，晾种晾沙，捡出变质种子，下午按上述方法重新窖藏。

④ 混沙冬藏。其方法是种、沙按体积 1：3 的比例充分混合，沟内底铺 20 cm 的厚河沙，上部放入混合种子，距地面约 20 cm 时放沙，与地面相平，然后放土，呈屋脊状。

⑤ 如果种子量少，也可以室外混沙袋藏。其方法是在房前挖一个大小适中的圆坑，直径 30～50 cm，深 50～80 cm，以恰好放入一个种子袋为准。事先把种子与潮润河沙按 1：3 的比例充分混合，装入袋内，再把整个袋子放入坑内，上部不扎口，使袋子低于地面 10～20 cm，上部用沙子盖住，与地面相平。然后覆土 10～20 cm，呈土丘状，防止雨水侵入。以后每隔 25～30 d 开袋检查、晾晒 1 次，直至来年催芽。

（二）种子催芽

1. 目的 银杏的生物学特性表明，苗木在 1 年的生长过程中，表现为生长期短，停止生长早，当气温达到 26 ℃以上时，叶片的气孔逐渐闭合，光合速率显著降低，呼吸作用相对加强，能量消耗增加，营养积累减少，导致停止生长，7 月后便逐渐封顶，所以，一般情况下增加和延长苗木生长时间，保证苗木高粗度，及早木质化，增强抗性，减少病虫害，从而达到壮苗丰产，所以，播种育苗必须及时进行催芽。

2. 方法

（1）漂洗。从窖中取出经过冬藏的种子，筛出全部沙粒，然后用清水进行多次冲洗，去掉所有霉粒、浮粒、僵粒和一切其他杂质。

（2）浸种。将 2 份凉水和 1 份开水兑在一起，便可得到 35～40 ℃的温水，把种缓缓倒入水中，并使水漫过种子，用木棍慢慢进行搅动，使其均匀受浸 1～2 d，每天换水 1 次。

（3）消毒。种捞出后用菌多灵（或退菌特、百菌清、波尔多液、硫酸亚铁溶液、甲基硫菌灵等）进行消毒，然后上温床进行催芽。

（4）制作温床。生产实践中群众创造了多种催芽方法，均可取得理想的效果。主要有室内温室、室内温炕、室内双龙火道、室外锯末、室外混沙等催芽方法。其中应用最广、简便易行的方法是室外混沙催芽法。其方法如下：

春节过后天气渐暖（2 月中下旬至 3 月上旬），在院内房前或其他背风向阳处，开挖一个长方形或正方形的平床坑，深约 30 cm，其大小可依据种子量和房前面积而定。周围用砖、石头或泥土砌起，使其北高南低，南边可高出地面 5～10 cm，以防雨水浸入造成烂种，北边高出地面 1～1.5 m，东西两侧由南至北逐渐加高至于北墙相同，然后晾晒 2～4 d。

（5）施放种、沙。温床做好后，底铺 10～15 cm 厚的潮润河沙，将准备好的种子和沙按体积 1：3 的比例充分混合后放入温床内，上部低于地面 10 cm，然后放一层湿沙，厚约 5 cm。

（6）搭竿建棚。温床内放入种沙后，在四周围壁上均匀合理地搭上竹竿或其他硬质杆棍材料，并且固定好，上部再放上塑料布，固定后，四周压紧，不通风漏气。这样，一个完整的催芽温床便完成了。

（7）调控温度。实践证明，用调温的方法催芽，可使种子发芽快、齐，便于及时播种。催芽时，开始的1～2 d温度可保持在30～35 ℃，以后可控制在20～25 ℃，但不超过30 ℃。温度高时，可掀开温棚一角透风降温，温度低时，傍晚可加盖草苫子，上午揭开晒棚。

（8）开棚捡种。温棚催芽一般7～15 d种子便发芽生长，此时，可以经常开棚检验种子，当发现约有1/3的种子已发芽时，便可进行第一次捡种播种。此时，先把种沙全部筛出，捡出发芽的种子，用于第一批播种。其他种子按原来的方法放入温床继续进行催芽。

以后每3 d左右便可检查种子发芽情况，进行分期分批捡种播种。3次捡种后，余下的绝大多数种子已无发芽可能，即便发芽，苗子也长不好，此时，催芽工作便可结束，剩下的种子可出售药用或食用。

（9）注意事项

① 制作温床要背风向阳，若在田野要设风障。

② 温床四周无论砖墙或土墙，均要严实，不能透风透气。

③ 温床内的河沙要比冬藏期间的潮湿一些，最上一层盖沙更要湿润，含水量可达100%。管理中若发现上层沙干时要及时喷水。

④ 盖温床一定要用新塑料布。否则，吸热少，棚内温度低，催芽时间长。

⑤ 如果种子量少，温床面积大，催芽时温床深度可为25 cm，铺约20 cm厚的肥沙土（即1份肥料、1份河沙、3份细土，充分混合后过筛），放种时可按7 cm×7 cm、7 cm×10 cm、10 cm×10 cm或10 cm×15 cm的株行距，挖穴点放种子，深1～2 cm，发芽后不捡种，出苗后不移出，天暖后去棚再遮阴，使苗木在床内生长1年，第二年再作处理。用此法育苗，出苗保险，管理方便，虽不切断胚根根尖，但主根下伸到肥沙土以下时，不再向下生长，而侧根却继而发达起来。

（三）选地整地

土壤是育苗的基础，土壤质地的好坏、整地的优劣直接关系到育苗的成败，务必引起重视。

1. 选地 无论永久性银杏生产用地还是临时用地，均要从土地质量和银杏的生态学特性来考虑。所以，要求高燥肥沃、地势平坦、沙地壤土，不能盐碱，防止低洼，能排能灌，交通方便，利于看管。

2. 秋后整地 如果打算作银杏育苗用地，前一年最好不种秋作物，使土地休闲一段时间，如果已有秋作物时，待其收割后至封冻前深翻1次，深达30～40 cm。要求耕前不施肥，耕后不耕地。深耕的目的主要是积存雨雪、储水保墒、冻垡土壤，增加土壤有机质含量，消灭害虫病源。

3. 早春整地 来年春暖解冻后及时进行。首先施足基肥，每667 m^2用优质有机肥1 500 kg左右，普通有机肥5 000 kg，银杏专用肥50～100 kg，煮熟的豆子50 kg，适量的多菌灵消毒药剂（或者敌克松1份，五氯硝基苯3份），每平方米施用4～6 g，施用后，进行大水灌溉，几天后再深翻一次，翻后耙平耙细，捡去石头、瓦片及其他杂物。再按1.2 m×10～20 m的规格（其中畦埂20 cm）打好畦埂，耧平畦面，以备播种。

（四）播种育苗

银杏育苗的早春整地、灌水、打畦时间要与种子催芽、播种协调一致，在第一批播种时，要提前1～2 d把畦面整好，以便顺利播种。银杏种子属于大粒种子，一般采用点播法。其程序如下：

1. 开沟 先用镐头在畦内按一定的行距（一般为10 cm、15 cm、20 cm或25 cm、30 cm、40 cm）进行开沟，深4～6 cm，然后用3～5 cm宽的木板将沟荡平，使沟深1～2 cm。

2. 去掉根尖 将已催出芽的种子用消毒的剪子或刀片逐个剪去胚根的根尖（约为芽长的1/3），以促进侧根、须根。

3. 点播 将去掉根尖的种子顺向（即出芽的方向一致）平放于沟内，胚根弯头朝下，扎于土内，种距一般为 5 cm、8 cm、10 cm 或 12 cm、15 cm、20 cm。

4. 覆土 每点播完一沟后，随即将沟两侧的细土覆于沟内，稍加镇压使畦面平坦。或者进行浅播，即不用开沟，在畦内拉上线，顺线把种子平放于地上，稍加下压，使之与地面平，然后从两侧覆土，为浅播起垄法。

5. 覆膜、设棚 播种完毕后，随即进行地膜覆盖或者在畦面上搭设小拱棚。目的是保持地面湿度，提高地温，给种子萌发出土创造良好条件，从而达到早出苗、出齐苗，增加生长期、提高抗病能力的目的。

6. 注意事项

（1）如有可能，不同品种的种子要分别进行催芽、播种，为以后的品种实生苗对比试验、良种选育、科学研究与生产推广打下良好的基础。

（2）去掉胚根根尖时，要用消过毒的剪子或刀片，禁止用手指直接掐根尖。

（3）点播时，将种子按大小和胚根的长短进行分级，大小一致的种子最好点播在同一行内或同一畦内，可达到出苗一致，生长整齐，管理方便，集体效益高。

（4）沟内覆土时要用湿润的细土，防止用硬土块、坷垃。覆土厚度为 1～2 cm，小种薄些，大种厚些。不可过深，否则芽子长，出土晚，生长期短，苗茎矮、细、弱，易得茎腐病，达不到育苗目的。

（5）点播前也可不灌溉，可先开沟，在沟内灌小水，渗下后进行点播覆土。

（6）播种量。过去一般每 667 m^2 用种量为 25～50 kg，出苗量 1 万～2 万株。目前情况下多采用密播法，每 667 m^2 用种量为 75 kg～150 kg，出苗量 3 万～6 万株。各地均有成功经验，有些地方采用宽窄相间的播种方式，即每 2 窄行有 1 宽行，取得了良好的效果。

（7）播种完毕后，在畦间或宽行行间种植高秆农作物，如高粱、玉米、芝麻等，以利于苗期遮阴，减少病虫害。

（五）苗期管理

1. 撤地膜 播种后，当畦内约有 2/3 以上的苗芽出土后便可以考虑撤去地膜。其要点是在无风无寒流的天气里揭去地膜。不可过晚，否则小苗盖在薄膜下，温度过高，容易烧苗，同时，不能直立生长，造成弯曲变形。撤膜后进行畦面覆草，一方面可以保温、湿度，防止春旱对苗木的不良影响，同时可防止晚期寒流的突然袭击。覆盖前，对覆盖物进行漂洗、消毒，覆盖厚度 2～5 cm，以太阳晒不到地面为准。也有些地方出苗后不撤膜，而是顺苗行将薄膜剪开，使苗木露出地面，用土把薄膜压实，可防止杂草丛生，同时又保持了土壤湿度。

2. 去拱棚 对于设立小拱棚的育苗地，当苗木基本出齐，外界温度不断升高时，可考虑逐渐撤棚。开始时白天先撤去拱棚的一头或两头进行通风换气降温，傍晚时盖土，以后逐渐延长通风时间，锻炼苗木抗性，防止闪苗。直到晚霜期后全部撤去。时期不能过晚，否则温度过高，极易烧苗。

3. 补水 播种后至苗出齐前禁止灌水，主要是防止土层表面板结，造成苗木出土困难，延缓出苗时间，使苗茎弯曲。当绝大部分出土后，便可开始每天早晚各喷 1 次水。如果天旱无雨、地面干燥时，要及时灌水，否则积水会造成根呼吸困难、烂根，地上部表现为叶变色、脱色，积水时间长会导致死亡。

4. 施肥 每年 5～7 月正值苗木旺盛生长季节，需肥水量大，要及时给予补充。结合灌水，每 667 m^2 每次施入人粪尿 500 kg 或银杏专用肥 20～40 kg，或追施尿素、碳酸氢铵、磷酸二铵等肥料。同时，在 5～8 月，每半月喷一次银杏叶面积增产素，可达到叶多、叶大、叶厚、叶绿、苗壮的目的。

5. 遮阴 银杏苗期茎叶幼嫩，抗性较差，极易遭病虫危害。尤其 6～7 月气温急剧上升，地表温度更高，苗木经不起太阳的日灼而叶片萎蔫，上部下垂，根部腐烂死亡，称为茎腐病。气温愈高，茎腐病发生愈严重。所以，苗期要及时遮阴，这是关键的措施。如果及时在行间种高秆作物如玉米、芝麻等便可起遮阴的作用，如种植藤蔓植物（如豆角、瓜类等），撤棚后将蔓引搭于棚架上，效果也很理想。但当苗木木质化后应及时去掉遮阴物，或者在畦面上设立支架，上部放置遮阴物、草苫子、树枝均可，效果也很好。如果在农村庭院内育苗，在周围有众多树木遮阴的情况下，不用单独遮阴，也可取的成功。

二、嫁接苗培育

由种子繁育出来的苗木称作实生苗。实生苗长起来的银杏树开花结果迟，种子产量低，苗木变异性低，常常不能保持原有植株的优良性状。通过嫁接则可克服这一缺点。

（一）嫁接时间

1. 春季嫁接 自早春解冻至砧木发芽的这一段时间均可进行，但需根据砧木离皮的状态而选用不同的嫁接方法。

一般说，在砧木离皮之前可用劈接、切接、腹接、舌接、双舌接、带木质部芽接（嵌芽接）等方法。砧木离皮之后，又可增用插皮接、T形芽接等方法。在砧木和接穗均能离皮时，还可增用方块套芽接和插皮舌接。

2. 夏季嫁接 夏季嫁接也称绿枝嫁接。时间自6月中旬至9月上旬均可进行，以6月中旬至7月中旬的成活率最高，7月中旬至8月中旬次之，8月中旬以后效果较差。

3. 秋季嫁接 自9月中旬至10月上旬，以芽接为主。但接后芽砧之间当年仅能愈合而不能发芽。实践证明，秋接如能封蜡不仅可提高成活率，且来年抽枝十分旺盛。秋接多用于长江以南的冬暖地区。

（二）嫁接高度

银杏嫁接用的砧木规格决定于嫁接高度，而嫁接高度决定于栽培的目的和要求。银杏与其他果树不同，银杏的接芽实际上是银杏的一个短枝。因此，嫁接成活后由接芽抽生的枝条均斜向生长，难以直立，芽龄愈老斜度愈大。一般来说，银杏的嫁接高度就是定干高度。

近几年来，银杏的矮干低冠密植在破除银杏不能短期受益的思想认识方面起了重大的作用。但是，这一栽培方式就银杏所应发挥的整体效益来说，却有重新研究的必要。因此，目前不少地方已改用中干或高干嫁接。当前银杏丰产园的苗木嫁接高度趋向于1.2～1.5 m。如为与蔬菜、低秆农作物间作的丰产园，嫁接高度多提高至2.0～3.0 m。四旁植树的嫁接高度，如系庭院绿化树，嫁接高度以超过围墙为宜，并采用层接法，达到材果双收，世代受益的目的；对于城镇公路，嫁接高度宜在3.0 m以上。

（三）接穗选择

1. 接穗的采集 为满足对优良品种接穗的迫切需要，积极建立优良品种采穗圃。以果为主的银杏接穗，首先应经长时间的观察对比，确定出优选单株。其标准为：早果性好、丰产性高、产量稳定、种核大而美、种皮薄而白且出核率、出仁率均高，种仁色香味俱佳，另外，母树的抗逆性良好等8项指标。对银杏雄株的选优标准是树势强健、开花晚而花期较长、穗长蕊多、花药饱满、花量稳定等5项指标，对药用叶源的选优标准是发芽早落迟、叶片宽大、叶质厚实、叶色深绿、干物质比率达、含药用成分高、不易破碎等7项指标。作为人工授粉的雄株，开花应该早而且集中。

接穗应选择粗度为0.6～1.2 cm的强健枝条，接芽要颜色正常、饱满、粗壮。

2. 接穗的保存 春季嫁接所用的接穗最好随采随用。也可在发芽前20～30 d提前采下，经低温沙藏，保存温度≤5 ℃，沙粒宜粗不宜细，湿度宜小不宜大。或直接放于阴凉的地下室中，也可在背阴处挖沟覆沙窖藏。总之，应保证接穗不能失水，接芽新鲜，必要时进行封蜡。

夏季嫁接更应随采随用。如长途调运，应竭力防止高温闷芽，影响成活；如嫁接数量大，一时接不定，可将接穗埋入有沙的筐中，并将筐吊入水井的水面以上。

(四) 嫁接方法

银杏嫁接方法很多，最常用的为枝接和芽接两种。枝接包括林果界常规的劈接、切接、腹接、合接、舌接、插皮接、插皮舌接等方法。芽接包括嵌芽法、T形芽接、方块芽接等方法。

(五) 接后管理

虽然嫁接方法十分重要，但嫁接后的管理更不应轻视。

1. 松绑 银杏嫁接后愈合时间较长这是需要注意的一个问题。松绑时间应掌握宁晚勿早的原则。只要不出现“蜂腰”现象，尽量拖后，一般应在嫁接后3～4个月方可考虑松绑。但夏季嫁接则应在翌春发芽前松绑。否则容易引起抽生枝条的角度增大。

2. 除萌蘖 嫁接后的砧木，由于生长受到抑制，因此，容易在砧木上发生大量萌蘖。应视不同情况采取不同的疏除方法。如嫁接高度在砧干的1 m以下，接芽抽生的新梢达10 cm以上时，可以疏除砧木上萌发的全部枝叶。接芽抽生的新梢下10～20 cm处的枝条可以进行摘心或将枝条扭曲。但主干上直接发生的叶片应全部保留。在接后2～3年，再将萌条逐步疏除。

3. 剪砧 嫁接成活后，用某些嫁接方法嫁接的植株在接芽之上的一段砧木需适当剪除，称为剪砧。如春季应用的腹接和芽接法，就需要在嫁接成活后立即剪砧；夏秋应用的腹接和芽接法，可于翌春接芽萌动前进行剪砧。剪砧的部位应选择在接芽之上0.5 cm处。春旱少雨的地区，剪砧一般应分为2次进行，即春季1次（留橛），夏末再剪1次（剪橛），以防出现抽干现象，影响嫁接成活。

4. 缚梢 银杏树的大砧嫁接，由于新梢生长快，枝条嫩，极易被风折断。因此，在新梢长达10 cm以上时，应当设立支柱，用绳或塑料带以∞形扣缚新梢。为使支柱牢固，支柱也应牢固的绑缚于大枝之上或钉于大枝上，待新枝坚实后，再将支柱除去。

三、营养苗培育

银杏插条极易成活，插条育苗好处很多，既能节约种子，又可保证品种的纯正，在有条件的地方应提倡扦插育苗。

(一) 硬枝扦插

银杏硬枝扦插所用的插穗，应采自银杏树上1～2年生的枝条。一般幼树的枝条较老树的枝条为好，根际萌生的枝条较树冠上的枝条为好，强旺的枝条较细弱的枝条为好。采条的时间可在秋末冬初或早春。

采下的枝条，可剪成10～15 cm长的含有3～5芽的枝段，称插穗。剪截时，插穗上端的剪口应落在壮芽之上1 cm处，端口呈正圆形。如为顶芽可保留不动。插穗下端的剪口可在底芽中间（即将芽从中间剪断）或紧靠底芽。这样剪的好处是在芽中含有生长素，剪口距底芽越近发根情况越好。插穗下端的剪口应斜剪成马耳形。插穗下端的斜面应与顶芽呈相反方向，以利于扦插时顶芽在上。剪好的插穗，要分级扎捆。

为更有利于插穗的发根，可再将捆好的插穗下端置于50 mg/kg的萘乙酸或100 mg/kg的吲哚乙酸的水溶液中浸泡24 h。也可用100 mg/kg的ABT生根粉浸泡1 h。春季所采的插穗，浸泡后即行插入圃地。冬季所采的插穗应浸泡后进行窖藏。选向阳背风温暖干燥之处，挖深40～50 cm，长、宽以插穗数量而定的窖坑。窖底铺10 cm厚的潮润细沙，将插穗竖直排于其上，中间充填细沙，每隔1 m插1草把，然后盖10 cm厚的沙，拥土封顶成小丘状。经过冬藏，春季取出时可见部分插穗产生愈合组织。

扦插土壤，以肥沃的沙质壤土为好。或先插于细沙及蛭石（云母片）盘内，待插穗产生愈合组织后再移于圃地。

银杏圃地扦插的株行距多为8 cm×12 cm或8 cm×15 cm，可产苗50～66株/m^2。扦插时，既可斜插也可直插。无论何种方法扦插，均要防止插穗基部受损，深度以地上部分露出1～2芽即可。插穗扦插后应及时灌水，并在行间覆以麦糠或锯末加强土壤保湿。当插穗顶芽展叶之后，可进行叶面喷肥，每 10 d 喷施 1 次，有促进根系发育，加速幼苗生长的良好作用。

(二) 嫩枝扦插

嫩枝扦插所用的插穗是采自当年生幼嫩长枝。采剪的时间约在 7 月上旬枝条呈现半木质化的时候最为合适。采条所需的母树优良部位与硬枝扦插相同。剪截插穗时，插穗的长度也与硬枝插穗相同，即长 10～15 cm，但略短也行。除穗端 2～3 片叶外，其余全部摘除，如穗端叶片宽大，可将叶片再剪去 1/2。

嫩枝扦插成活的关键是插穗质量、扦插基质、空气湿度和适当遮阴，如再配以药物处理，精细管理，成活率可达 90%以上。

嫩枝扦插的插穗，预先可浸于 100 mg/kg 的 ABT 生根粉的水溶液中 1 h，对促进生根有明显效果。嫩枝插穗应插于沙盘内或蛭石粉的容器中，或者经过消毒的沙土及沙壤土中，扦插深度可为插穗全长的 1/2～2/3，可以密插，株行距保持 5 cm×5 cm 即可。最好是上午采条，中午处理，下午插完，插后立即喷水。沙盘应置于荫棚内，荫棚的透光度应为 30%左右。为保证沙盘周围有良好的空气湿度，扦插以后，每天应喷水 3～5 次。插后 10 d 左右，插穗基部即可产生愈伤组织，27 d 左右生根率可达 85%以上。为有利于插穗能及时获得充足的营养，在插后每 10 d 可叶面施肥 1 次。用浓度 0.3%～0.5%的尿素水溶液或同一浓度的磷酸二氢钾，均有良好效果。待插穗全部生根之后可移于圃地之中或等翌年早春再移入圃地。

近年来，银杏嫩枝的单芽扦插（仅 1 芽 1 叶）也获得了很大的成功，扦插方法同于普通的嫩枝扦插，但技术管理上应更加细致，其成活率可达 85%以上。

无论硬枝扦插或嫩枝扦插，均要进行遮阴和经常喷水，保持地面湿润和空气湿度，否则成活率很低，尤其是长江以北地区。

(三) 分蘖育苗

银杏具有很强大的分生能力，当银杏植株的正常生长受到抑制时，如树体受伤、整形整剪、嫁接换头、间伐留桩等，均可在根际发出大量根蘖。如将这些根蘖适当疏苗，并加以造型，就可形成有价值的银杏景观，如“怀中抱孙”“五世同堂”等。如将这些根蘖切离移于苗圃中，则可形成分蘖苗。银杏的分蘖苗，不仅性别可靠，品种纯正，且开花结果的时间能大大提高。经验证明，银杏的根蘖植株 10～12 年生时即可开花结果，个别的植株 5～6 年即进入开花结实的阶段。

银杏分蘖育苗，一是利用现有的根蘖条切移后在苗圃中继续培育。二是采用先诱发根蘖然后再进行切移。对现有的根蘖，于前一年的夏季，先在蘖苗的基部实行环剥。涂以 1 000 mg/kg 的萘乙酸，用土掩埋伤口以促发新根，待来年春季切断蘖苗与母株的联系，将蘖苗移出。切移时，蘖苗基部最好带上母树一块老皮，更有利于根蘖苗的成活和旺盛生长。诱发根蘖是在深秋季节，距母树中心 2 m 左右处挖一个半圆形的沟，沟深应达到侧根所在的地方，用利铲将侧根截断，并在沟中填以混有腐熟有机肥的营养土，翌年春季即可从沟中发出许多根蘖小苗，待秋季再将这些根蘖苗切离母体移出苗圃。

江苏省邳州市经验是，根际发出 1～3 株分蘖，可再次切离形成新苗。山东省郯城的经验是，将 2～3 年生的实生苗于深秋封冻前起出，在苗干的芽与芽之间实行环剥，随后将已环剥的苗木横埋入湿沙之中，温度控制在 16 ℃左右，翌春再将苗木放于温床上，温床控制在 24～30 ℃，经常保持温床湿润，1 个月左右即从环剥处生出新根，从生根出切断，可将分生更多新苗。

第三节 生物学特性

一、根系生长特性

银杏的 1 年生播种苗主根发达。据测定，25 cm 高的播种苗，主根可长达 43 cm，为苗高的 1.65

倍。移植后主根被切断，侧根发育明显加快。有人测定50年生左右的银杏，主根深仅1.5 m，而水平根的伸展可达13.1 m。移栽后的银杏，往往下部出现胡萝卜状的肥大肉质根，俗称“椅子根”，然后在“椅子根”上产生大量侧根和细根，树体也随之转入旺盛生长。此外，许多银杏树冠基部的粗大侧枝上生有下垂的钟乳状枝，俗称“银奶”，也称树奶、银乳、气根等。这是在其他树种上极少见到的现象。“银奶”大多呈圆锥形，先端钝圆，垂直向地生长，有单生、并生，或多处发生。“银奶”的长短不一，粗细不等，最长可达2 m以上。园艺工作者多截取“银奶”加工成盆景，具有很高的观赏价值。

二、枝和叶生长特性

（一）枝条

银杏枝条一般分为长枝和短枝。

1. 长枝 为营养性枝，生长快，节间长，是构成和扩展树冠的主要枝条，也是着生短枝的主要基础。长枝生长期短，停止生长早，一般1年只有1次梢生长。每年4月中下旬开始生长，7月便逐渐停止生长，形成顶芽，若营养和环境好时，可延至9月。

2. 短枝 短枝亦称鳞枝、果枝或奶枝，意为生殖性枝。短枝均着生于长枝上，故多为侧生枝。短枝生长慢，节间短。当年生短枝长约0.2 cm，连其顶芽长约0.4 cm，以后随着树龄的增加而增长。短枝与长枝具有互变性，在主干或粗大的主枝上也可形成短枝。

（二）叶片

银杏的叶片是银杏树体的重要组成部分。银杏的叶片一般呈扇形（也有如意形、截形、三角形、纸卷形、线形等），叶片多从当中二裂，所以，植物学家林奈用含意为“二裂的”拉丁文“*boloba*”作为银杏的种名。个别品种如叶籽银杏的叶片还具有花的功能，在叶片顶部边缘生有胚珠并能发育成种子，尤其显得更加奇异和珍贵。

三、树干和树冠生长特性

自然生长的银杏树高大挺直，高度达60 m，胸高直径达4 m以上，寿命3 000余年，为著名的长寿树种。

银杏的形成层活动比较旺盛，愈伤能力很强，新皮再生速度极快。银杏抗灾能力强，据报道，日本广岛原子弹爆炸后，唯一幸存下来的可萌发新蘖的生物就是银杏。

银杏树干的所有部位均有潜伏芽，在生长正常的情况下一般不会萌发，但受到刺激后则立即活动。我国不少地方古老银杏大树的所谓“怀中抱孙”“五世同堂”的风景树，均是由于银杏干基或根际潜伏芽萌发所形成。

银杏的树冠，幼树与老树、雄株与雌株、嫁接树与自然树、品种与品种各有差异。特别古老大树的树冠，由于主、侧枝过长时可能发生多次断裂，所以，老树树冠顶部一般长枝大量减少，短枝相应增多，树冠变化更加多种多样。而且在古老银杏大树的树冠上，还常见有各种植物的生长，形成树上长树的现象。

四、花、果生长特性

（一）花

在长期的历史演化中，银杏树形成了独特的花部结构和形态特征。银杏的花为单性花，均生于短枝的顶端，雌雄异株，其形态上也各不相同。生雄花的树群众称为“公树”。银杏树雄花的形状极近似于杨柳树的雄花序，每一球花长1.8～2.5 cm，在一柔软的花轴上松散地排列着30～50个雄蕊，个别情况下可达69个雄蕊。每一雄蕊均具有一细而短的蕊柄，在蕊柄顶端着生有1对长形的花药。

花药极小，长 2.6～3.7 mm。花药中贮有大量花粉粒，散出大量花粉，可随风飘扬远达数千米。因此，银杏雌花的受粉概率一般比较高。

银杏的短枝可抽生雌花 2～4 个，最多时可达 8 个。每一雌花具有一直立的长花柄，花柄顶端生有 1 对胚珠，但也有一花柄具有 3～4 个或多达 15 个胚珠的情况，不过这类情况的胚珠多早期败育，很少能够形成种子。即使一个珠柄只有 1 对胚珠时，除个别品种外，多数也是一个败育一个成熟。

银杏的胚珠在授粉之后虽不立即受精，但种实却迅速膨大，至 7 月中旬基本定型，10 月由胚珠发育而来的种子陆续成熟。

(二) 果（种子）

银杏的种子由种梗、种托、外种皮、中种皮、内种皮、胚乳、胚等组成。胚由子叶、胚芽、胚轴、胚根组成。

种子形状有椭圆形、长倒卵形、卵圆形等多种形状。长 2.5～3.5 cm，横径为 2.0～3.0 cm。

银杏种实的大小、形状、粒重、色泽，外种皮的硬度及白粉、油胞，果柄的长度、粗度和弯曲度，种实的成熟时间、丰产和稳定性能，种核的大小、形状、粒重、色泽等性状均因品种不同而有所不同。

银杏种子属大粒种子类，每千克粒数为 59～154 粒。银杏果实的出核率因品种不同而有所差异，多数品种的出核率在 24%左右。银杏种核的出仁率多数品种在 77%左右。

银杏种子的发芽率一般在 80%左右。银杏种子的生命力保存期较短。常温条件下，用普通方法存放，几个月的时间便会逐渐丧失发芽力，胚乳已干硬的种子几乎不会有发芽力，因此，要想保持银杏种子的良好发芽能力，必须保证种子中有适当的含水量（30%～40%）、较低的温度和一定的通气条件。因此，最常用的方法是室外混沙贮藏。银杏种子虽能耐－12 ℃的低气温，但播种用的银杏种子却不宜至于长期的低温条件之下。若在冷库（－5 ℃）贮藏 3 个月的银杏种子，其发芽率仅有 24%。

第四节 对环境条件的要求

银杏树为适应性广、抗逆力强的树种。从银杏在我国的分布、栽培和生长状况看，银杏明显地表现为喜温暖、喜光，要求湿润、肥沃和透气性好的沙质壤土，而忌高温、严寒、积涝和盐碱。

一、温度

银杏为一个温带的落叶阔叶树种，在我国的分布极为广泛，除少数几个地区（如内蒙古、新疆、青海、宁夏、黑龙江、吉林、海南）外，其他各地均有分布。其分布地区的年平均气温为 12.1～16.3 ℃，1 月平均气温为－3.1～5.0 ℃，7 月平均气温为 23.5～28.0 ℃，极端最低气温不低于－3.9 ℃，极端最高气温不高于 40 ℃。其适生分布范围，年平均气温为 13.2～18.7 ℃，1 月平均气温为－0.8～7.8 ℃，7 月均温为 21.8～29.4 ℃，极端最低气温不低于－23.4 ℃，极端最高气温不高于 40 ℃，但极端最高气温如果时间短暂对银杏的生长发育并无明显的不良影响，时间长的高温天气对银杏的生长发育就极为不利。

海拔高度与气温有极为密切的联系，因此，银杏栽培地点的气温状况是否适宜银杏生长，与海拔高度有关。如台湾的台北市年平均气温高达 22.3 ℃，虽有银杏生长，但生长状况不良，多呈灌木状态。而在台湾南部的南投县由于海拔较高，比台北市高 1 000 m 左右，银杏生长却十分正常。

银杏喜温暖凉爽的气候。从银杏在我国的水平分布来看，基本上是自东偏北的方向，走向西南高原，这充分反映了银杏对气候环境的要求。由于我国的地貌十分复杂，在不良的大气候环境中不乏有适于银杏生长发育的小气候环境，应该加以利用。通常说银杏在我国的分布北界为辽宁省沈阳市，但是在沈阳以北的开原市黄旗寨乡大寨村南庙沟（地处北纬 42°19′，东经 124°18′）依然有生长良好的百年银杏大树。

二、湿度

银杏是一个喜水湿的湿生性树种，但也能耐一定的干旱。从银杏分布的范围来看，年降水量的变幅很宽，为 300～2 000 mm，但发育良好的银杏古老大树栽培地点，年降水量却为 600～1 500 mm。从我国银杏种子的主要产区来看，则年降水量为 800～1 900 mm。较多的雨量对银杏的生长发育极为有利，但排水不良则对银杏产生有害的影响。如广西兴安、灵川等县的银杏，多生长在湘桂走廊的两侧山地，这些地方的年降水量虽达到 1 956.3 mm，由于排水畅通因而生长极为良好；而江苏泰兴地处长江冲积平原，年降水量 1 013.1 mm，约为桂林地区年降水量的 1/2，却因地势低凹，排水不畅，积涝现象时有发生，特别在雨水偏多的年份里，常使树木受害，甚至死亡。但银杏对短时间的活水浸淹却无不良反应。

银杏具有一定的抗旱能力，树龄越大，根系越广，抗旱能力越强。但如果遇长期的高温和干旱，也能引起银杏叶片黄枯或早期大量落叶的现象。

银杏不仅需要充足的土壤水分，而且非常喜爱湿润的空气环境。凡小环境良好，空气湿度大的地方，银杏的生长发育多有“银奶”发生；空气干燥，银杏树上很少生有“银奶”。

三、光照

银杏树是一个典型的强阳性树种，对光照要求十分严格，如光照不足，虽不致死亡，但生长却明显不良。凡银杏栽于其他树种之旁或为其他树种所庇荫，大多表现为长势衰弱，叶片薄而黄。近年来，各地营造的早期丰产密植园，由于初植密度过大（1 m×1 m，1 m×2 m，1.5 m×2 m 等），而不得不调整株行距离。目前，不少地方已逐渐改进为低干（高 70～80 cm）或中干（1.0～1.2 m）稀植（3 m×5 m，4 m×5 m，6 m×8 m 等）的种植方式。

银杏虽为强阳性树种，但在幼苗期间却要注意遮阴，不宜强烈的光照。所以，大面积的银杏播种育苗中，为适应银杏幼苗的这一特点，各地在银杏育苗中多采用各种遮阴方法或加大播种密度以形成良好的群体结构，来保证幼苗的良好生长。

银杏对土壤基质和土壤的各种物理特性要求不严。无论是花岗岩、片麻岩、石灰岩、页岩及各种杂岩风化成的土壤，还是沙壤、轻壤、中壤或黏壤，均适合银杏的栽培，但最适于银杏生长的却是沙质土壤。银杏最怕盐碱土壤。凡土壤中的盐碱含量超过 0.3%时就应十分慎重，以免造成不应有的损失。要引起注意的是，土壤的酸碱度与土壤的盐碱含量不能等同看待，更不能用土壤的酸碱度来说明土壤中的盐碱含量。

银杏生长的好坏，还与地下水位的高低有着极为密切的关系。如地下水位过高，对银杏的生长发育十分不利。一般来说，栽植银杏的地方，其地下水位应在 2 m 以上。在稻田附近不应栽培发展银杏，这不仅是因土壤含水过高会引起苗木烂根，而且土壤的次生盐渍化对银杏的生长发育更为有害。

银杏系风媒传粉，因而银杏授粉期间的微风天气，对银杏的种子丰产十分有利，但遇有强风或暴风却十分有害。由于银杏有强大的根系，大树的抗风能力很强，即便 10 级以上的风力只能将大枝叶吹折也无力将树木吹倒。但常年的主风能使银杏树冠变为“旗冠”。

银杏树对秋冬两季的寒潮或寒流具有很强的抗力，但在春季银杏芽苞萌动期间，如遇寒流则容易受害。由于银杏的枝条抗压能力较弱，过量的积雪能将银杏大枝压断，造成严重的损失。1978 年冬广西桂林地区灵川县下了一场雪，雪深 33 cm，银杏树冠上满布积雪，当气温稍有回升时，积雪又转为冰挂，以致有 30 余株银杏树的树冠受到严重伤害。

第五节　建园和栽植

目前，银杏除常规的四旁单植和片状的采果园外，无论是银杏老区还是新发展区，绝大多数地方建园是以采叶为目的，各地先后建立了各种规格的银杏采叶园。通常在搞好设计规划的基础上，要注意下列问题。

一、建园

根据银杏生态学特性及生产管理方面的要求选地。

地势高燥、地形平坦；交通方便，能灌能排；pH 为微酸性和中性沙质壤土；切忌地势低洼积水、盐碱过重、土壤过黏、过于干旱瘠薄。

二、栽植

银杏各树形栽植密度为：

（一）丛状形

1. 株行距　0.4 m×0.4 m、0.5 m×0.5 m（或 1.0 m）或 0.6 m×0.6 m。

2. 宽窄行间式　株距为 0.5 m 或 1.0 m，宽行行距 1 m（或 1.5 m），窄行行距 0.5 m（或 1.0 m）。这种栽培形式，一是便于管理，二是通风透光。

3. 立体式　立体式即高低相配式。方法是先栽培高干采叶株，株距为 0.6～1.2 m，行距为 4～6 m。然后，在行间按上述丛状式方法进行栽培。

4. 叶果结合式　根据立体种植长短相顾的原则，先栽培采果园。株行距为 4 m×6 m，在高 2～3 m 处嫁接良种，以培养永久性银杏园，并留出 1 m 的保护行。行间再按丛状形培养方法进行栽培实验，以后随年限增长，郁闭度大，叶产量降低，产果量增多的时期逐渐减少采叶园面积和株数，直到全部伐除。

（二）梅花桩形

株距（即桩距）一般为 0.8～1.0 m，行距一般要求稍大，为 1.0～1.2 m。

（三）细长纺锤形

株距要求 0.8～1.0 m，行距要求 0.8～1.5 m。也可以按丛状形方法培养立体式或者叶果结合式。

第六节　土肥水管理

在栽培管理中，提倡每年至少进行“四肥六水八喷”的作法。

1. 四肥　秋季银杏落叶后封冻前施肥，为养根肥。早春 2～3 月发芽前再施一次萌芽肥。5～6 月正是枝叶旺盛生长的高峰时期，至少需施 1 次枝叶肥。7～8 月正值高温季节。银杏的光合速率降低，呼吸作用加强，能量消耗增加，营养物质积累减少，因而停止生长，树体虚弱，也易感病，所以，此时要及时补肥，称壮体肥。

2. 六水　除了上述四肥时每肥后必须灌水外，江北地区一般年份春季容易干旱，所以至少再补几次春旱水。

3. 八喷　在银杏生长需要较多营养的 5～8 月，每半月要求喷 1 次银杏叶面增产素。

第七节　整形修剪

一、树形

目前，丰产的银杏树有丛状形、梅花桩形和细长纺锤形 3 种。

1. 丛状形的培养

① 秋季与初冬起苗后，于苗木根颈 20～30 cm 处平茬，然后进行嫁接（多用舌接、劈接或插皮舌接）。接穗需有 3 个芽，接后封蜡、沙藏越冬，早春栽植。

② 栽植当年秋季，每枝保留 2 个饱满芽回剪，可保证第二年春季发出旺枝。

③ 管理中及时抹去下部实生萌条。

④ 第二年春每株可发出 4～6 个新枝，管理中要使各枝均匀分布，角度大时，可用绳栏或者绑杆定方向，使其直立生长，秋季每枝保留 2 个壮芽，再度进行回剪更新。

⑤ 第三～四年，根据方位、强弱，每株保留 8～12 个丛状枝条进行采叶实验。以后每年回剪更新，每年保留 8～12 个枝条。对于其他所发侧枝进行短截，仅保留基部叶片。

2. 梅花桩形的培养

① 早春按圆形布局，在直径 30～50 cm 的圆形线上均匀地栽植 3～5 株嫁接苗。

② 当年一般每株可发出 1 个枝条。落叶后，每枝留 2 个壮芽，进行短截。

③ 第二年春每株可发出 2 个枝条，每桩 3 株，共发出 6 个新壮枝。落叶后进行短截。要求每株上部的一个壮枝保留 2 个芽，下部的 1 个壮枝保留 1 个芽。

④ 第三年春，每株便可发出 3 个壮枝，每桩 3 株，可发出 9 个壮枝。以后每年回剪，每年更新，每年每桩保留 9 个壮枝进行采叶实验，或数年后回剪一次。

⑤ 在管理中每年春夏季要注意去萌。把所有不需要的新枝去除或者进行极短截，仅保留基部的几个叶片。

3. 细长纺锤形的培养　细长纺锤形要求：高干低冠、中干强壮、无层无侧、多主开张；主次悬殊、角度恰当、上细下粗、上短下长；单轴延伸、更新适当；养根壮树、管理跟上；立体产叶、最终理想。

(1) 高干低冠、中干强壮。即主干枝下高为 50～70 cm，高于一般采叶园，便于通风和管理。树冠高度最后达到 2～3 m，低于一般果树，便于密植、管理和采叶；中央干要粗、要壮、要挺拔，目的是牢固树体，提高抗性，稳产高产。

(2) 无层无侧、多主开张。树形部分层次，在主干上仅有螺旋状均匀排列的主枝。而且主枝与主干的角度大，不分叉。这种要求一是便于通风透光，利于叶片生长；二是扩大叶幕厚度、密度，提高产量。

(3) 主次悬殊、角度恰当。主是中心干，次指主枝和主枝上生长的产叶短枝，三者的直径要有明显差异，其比值要求 4∶2∶1 甚至达到 9∶3∶1。主枝与主干的角度为 80°～90°，俗称抬头。而各主枝上下、左右的间距基本一致。

(4) 上细下粗、上短下长。主干要求上细下粗，主枝要求上部的较细，下部的较粗，上部的较短，下部的较长。这样安排有利于通风透光，可提高叶片数量和质量。

(5) 单轴延伸、更新适当。即主枝不分叉，年年不断向前生长和延伸，在两侧逐渐培养羽状排列的产叶粗短枝组。但主枝并不是永远不变的，达到一定年限，树冠过于郁闭，产叶量不理想时，便可适当回缩更新，整个主枝终生的方向是前进→后退→前进，以延长效益年限。

(6) 养根壮树、管理跟上。即一个树体是否粗、是否壮、叶片是否好、效益是否理想，都与根有直接关系。如下式：叶←芽←枝←干←根←营养。只有加强营养，管理跟上，才能根壮，只有根壮才能干壮、芽壮、叶壮。

(7) 立体产叶，最终理想。即只要以上的工作做好了，形成了良好的树体，均匀密布的枝条上就会产生众多的叶片，而且叶片大、叶片厚、叶色绿，从而达到高产的目的。

二、树形培养程序

1. 嫁接　选择合格的二至三年生苗木，从 50～70 cm 处进行截干，而后嫁接。

2. 绑干 接穗要求带 3 个芽，栽植后当年一般能发出 3 个新枝。当长到 15 cm 以上时，选一个最壮枝，竖干进行绑缚，使其直立向上生长，而对另外 2 枝要拉开，使其平斜向生长，开始培养第一批主枝。

3. 刻芽 当年竖起的主干，一般只形成饱满的顶芽和侧芽，没有侧枝，在第二年早春，对主干上角位适中的芽上部进行刻伤，深达木质部，促其萌发，抽生主枝。

4. 留侧 二至三年生时，对主干上发出的主枝尽可能多留，并使其均匀分布，外短内长，对于背上枝，如主枝两侧有空间可及时压、拉，使其水平分布，否则就进行短截，仅保留基部叶片。为确保主枝两侧的产叶侧枝均匀羽状分布，可采用“双干自由纺锤形”的果树整形法，逐年进行，最终达到下部第一主枝长 30～40 cm，向上渐短达 10～20 cm；下部第一主枝有产叶侧短枝 6～10 个，向上渐少，达 2～5 个，产叶侧短枝在主枝上内长外短，要求 30～10 cm。

5. 主干培养 第一年的主干培养主要是竖干绑缚，下部及时去除萌生萌条；第二年是早春刻芽。在刻芽发枝的基础上，连年培养，方法同“双干自由纺锤形”，经过 3～4 年的努力，一般可完成树形培养任务，树冠高度 2～3 m，主枝数达 20～30 个，产叶侧短枝 100～200 个，极短产叶枝 400～1 000 个，每 667 m^2 产叶量（鲜重）2 000～4 000 kg。

6. 主枝更新 产叶数年，叶量降低，可考虑更新。其原则是自上而下，分批处理，逐年进行，3～4 年完成。其方法是早春对主枝基部保留 5～10 cm 短橛进行短截，使其重发新枝，留壮枝重新培养新主枝。如果留短橛不易发枝时，为保险起见，可用伤枝法。即从主枝基部 5～10 cm 处截断枝径 1/3～2/3，待基部发出新枝后再去掉残余部分。

7. 主干更新 产叶数年，干老枝粗，叶量降低，此时应考虑更新。方法是从下部第一主枝以下部位进行截断，可发出数枝，选留一个最壮者作为中心干，其他按主枝进行培养。逐年进行，重新培育新一代细长纺锤形。十几年后，根据市场需要，采叶园可有 3 种去向。一是产叶量高，效益较好，可继续培养采叶园；二是可改造为采果园。按果树栽培促果法培养结果短枝，达到结果目的；三是改造为大型树桩盆景。按树桩盆景培养法进行培养。

第八节 病虫害防治

一、主要病害及其防治

（一）银杏茎腐病

此病在各银杏育苗区普遍发生。多出现于一至二年生的银杏实生苗，尤以一年生苗木更为严重，常造成幼苗大量死亡。

1. 为害症状 发病初期幼苗基部变褐，叶片失去正常绿色，并稍有下垂，但不脱落。感病部位迅速向上扩展，以致全株枯死。病苗基部皮层出现皱缩，皮内组织腐烂呈海绵状或粉末状，色灰白，并夹有许多细小黑色的菌核。此病病菌也能侵入幼苗木质部，因而褐色中空的髓部有时也见小菌核产生。此后，病菌逐渐扩展至根，使根皮腐烂。如用手拔苗，只能拔出木质部，根部皮层则留于土壤中。高温条件下银杏扦插苗也能发生茎腐病，可使插穗表皮呈筒状套在木质部上，韧皮部薄壁组织则全部发黑腐烂。

2. 病原 银杏茎腐病的病菌为球壳孢目球壳包科大茎点属的炭腐病菌［*Macrophomia phaseoli*（Maubl.）Ashby］。此菌喜高温，适宜的生长温度为 30～32 ℃；而对酸碱度要求不严，在 pH4～9 能良好生长。

3. 发病规律 茎腐病菌通常在土壤中营腐生生活，属于弱寄生真菌。在适宜条件下自苗木伤口处侵入。病菌发生与环境条件有关。苗木受害的根本原因是地表温度过高，苗木基部受高温灼伤后造成病菌入侵。苗木木质化程度越低发病率越高。在苗床低洼积水时发病率也明显增加。银杏扦插苗，在6～8月当苗床高温达30℃以上时，插后10～15 d即开始发病，严重时大面积接穗发黑死亡。试验证明，拮抗性放线菌能有效地抑制该病病菌的蔓延扩散。

4. 防治方法

（1）农业防治

① 提早播种。争取土壤解冻时即行播种，此项措施有利于苗木早期木质化，增强对土表高温的抵御能力。

② 合理密植。密播有利于发挥苗木的群体效应，增强对外界不良环境的抗力。试验证明，苗木密度越小发病率越高。过去每667 m^2 播种25～40 kg种子，如改为每667 $m^2$80～100 kg种子的播种量之后，不仅发病率降低，而且单位产苗量增加，既节约了土地又减少了发病。

③ 防治地下害虫。苗木受地下害虫的危害之后，极易为茎腐病菌所感染，因此，播种前后一定要注意消灭地下害虫。

④ 防止苗木的机械损伤。当年生播种苗或一年生移植苗在松土除草或起苗栽植过程中，要注意不要损伤苗木的根系，以减少病菌的侵染。

⑤ 遮阴降温。为防止太阳辐射地温过高，育苗地应该采取搭荫棚，行间覆草，种植玉米、大豆、芝麻，插枝遮阴等措施以降低对幼苗的危害。

⑥ 灌水喷水。在高温季节应及时灌水喷水以降低地表温度，有条件的地方可采取喷灌，更有利于减少病害的发生。

（2）化学防治。结合灌水可喷洒各种杀菌剂如硫菌灵、多菌灵、波尔多液等。也可于6月中旬追施有机肥时加入拮抗性放线菌，或追施草木灰和过磷酸钙（1∶0.25）并加入拮抗性放线菌。

（二）银杏苗木猝倒病

此病防治见苹果病害防治。

（三）银杏叶枯病

此病在我国银杏产区有不同程度的发生。一般老区比新区发病重。感病植株，轻则部分叶枯焦早落，重则全部叶片脱光，导致树势衰弱。

1. 为害症状　发病初期常见叶片先端变黄，至6月黄色部位逐渐变褐枯死，并由局部扩展到整个叶缘，呈褐色至红褐色的病斑。其后，病斑逐渐向叶片基部扩展，直至整个叶片变为褐色或灰褐色，枯焦脱落为止。7～8月病斑与正常组织的交界明显，病斑边缘呈波纹状，颜色较深，其外缘部分还可见较窄或较宽的鲜黄色条带。9月起，病斑明显增大，扩散边缘出现参差不齐的现象，病健组织的界限也渐不明显。此外，9～10月，苗木或大树基部萌条的叶片常产生若干不规则的褪色斑点，中心褐色，这些斑点虽不明显扩大，但常与延伸的叶缘斑相连合。

2. 病原　病原比较复杂。至少有3种病原菌已确定，即链格孢［*Alternaria alternata*（Fr.）Keissl］、围小丛壳［*Glomerelta cingulate*（Stonem）Spauld. et Schrenk］和银杏盘多毛孢（*Pestalotia ginkgo* Hori）。此外，在病斑上可见交链孢、多毛孢菌、尾孢菌等多种真菌的子实体。

3. 发病规律　观察证明，大树较苗木抗病，雌株随结实量的增加发病率明显提高。另外，根部积水造成根系腐烂或树势衰弱也能导致发病早而严重。一般说施基肥的感病轻；冬季施肥的发病率低。银杏与大豆间作发病较轻，与松树间作发病较重，距水杉近的发病严重。其原因可能是此病病原菌与间作树种的病原菌相同有关（如水杉赤枯病）。

4. 防治方法

（1）农业防治。加强管理，增强树势。如争取冬季施肥，避免积水，杜绝与松树、水杉间作，提高苗木栽植质量，缩短缓苗时间，以增强苗木的抗病性。另外，控制雌株过量结果，以防止此病在银杏大树上蔓延发生。

（2）化学防治。发病前喷施硫菌灵等广谱性杀菌剂。或6月上旬起喷施40%多菌灵胶悬剂500

倍液或90%疫霜灵1 000倍液，每隔20 d喷一次，共喷6次，可有效地防治此病。

(四) 银杏早期黄化病

此病在各银杏集中产区均有不同程度的发生，而且黄化的植株还较易感染叶枯病，导致提前落叶，高粗生长显著缓慢。种实产量下降，甚至全株死亡。

1. 为害症状 此病在山东、江苏两省约与6月初零星出现。在6月下旬至7月黄化株数逐渐增多，呈小片状发生。发病轻微的叶片仅先端部分黄化，严重时则全部叶片黄化。由于叶片早期黄化，又导致银杏叶枯病的提前发生，8月间整个叶片即变褐色枯干而大量脱落。

2. 病原 为非侵染性因素所致。

3. 发病规律 土壤积水、起苗伤根或定植窝根、土壤缺锌、水分不足、地下害虫严重发病较重。

4. 防治方法

① 施多效锌，5月下旬每株苗木施多效锌140 g，发病率可降低90%以上。

② 及时防治蛴螬、蝼蛄、金针虫等地下害虫。

③ 防止土壤积水，加强松土除草，改善土壤通透性能。

④ 保护苗木不受损伤，栽植时防止窝根、伤根。

⑤ 适时灌水，防止严重干旱。

(五) 银杏干枯病

银杏干枯病又称银杏胴枯病，目前已见于河北、河南、陕西、山东、江苏、浙江、江西、广西等地。除危害银杏外，还危害板栗等树种。病害发生在主干和枝条上，感病后，病斑迅速包围枝干，常造成整个枝条或全株死亡。

1. 为害症状 病菌自伤口侵入主干或枝条后，在光滑的树皮上产生变色的病斑，病斑为圆形或不规则形；粗糙的树皮上病斑边缘不明显。以后病斑继续扩大并逐渐肿大，树皮纵向开裂。春季在受害的树皮上可见许多枯黄色疣状子座，直径1～3 mm。当天气潮湿时，可从疣状子座中挤出一条条淡黄色卷须状分生孢子角，秋后子座变成橘红色至酱红色，其后逐渐形成子囊壳。病树树皮和木质部之间可见有羽毛状扇形菌丝层，初为污白色，后为黄褐色。

2. 病原 病原为子囊菌纲球壳菌目内座壳属的栗疫枯枝病菌［*Endothia parasitica*（Murr.）And. et And.］，即*Gryphonectri parasitica*（Murr.）Barr.。

3. 发病规律 该菌以菌丝体及分生孢子器在病枝上越冬，翌春温度回升时，病原菌开始活动。长江流域及长江以南地区3月下旬至4月上旬即开始出现症状，6月下旬以后病斑明显扩大，尤以7～9月病菌扩展最快。在长江流域，病原菌的无性世代在4月下旬至5月上旬即开始出现。分生孢子借雨水、昆虫、鸟粪到处传播并可多次进行再侵染。10～11月，在树皮上出现埋生于子囊壳的橘红色子座，12月上旬子囊孢子成熟。子囊孢子借风传播，自寄主伤口侵入。病树皮下的扇形菌丝层对不良环境具有很强的抵抗力，可以越冬生存。

4. 防治方法

(1) 农业防治

① 加强管理，增强树势，减轻病害的发生。

② 彻底清除病株和有病枝条，对病枝应及时烧毁。

(2) 化学防治。对于主干或枝条上的个别病斑，可进行刮治并及时进行伤口消毒。刮皮深度可达木质部，然后用药剂涂刷伤口，杀死病菌。刮皮后，用400～500倍抗菌剂401+0.1%平平加涂刷伤口，或用杀菌剂甲基硫菌灵或10%碱水涂刷伤口效果亦好。

(六) 银杏种实霉烂病

此病在银杏产区均时有发生。种子的室外窖藏、温床催芽及播种后均有可能出现。

1. 为害症状 霉烂的银杏种核一般都带有酒霉味。在种皮上分布着黑绿色的霉层，生有霉层的种核多水湿状并呈现褐色。切开种皮，种仁全部呈糊状或成糊状。

2. 病原 引起银杏种实霉烂的菌类很多，主要是青霉菌（*Penicillium* spp.）、交链孢菌（*Allernuriu* spp.）等。这些菌类都是靠空气传播的腐生菌类。

3. 发病规律 银杏种实霉烂虽由多种原因所造成，但以容器不洁、种子含水过大、贮藏温度过高、通气条件不良、种子过早采收等为主要原因。

4. 防治方法

（1）适时采收种子，采收的种子必须充分成熟，防止采青。

（2）种子贮藏前要适当晾干，含水量以20%左右为宜。破碎种子和霉烂种子应一律剔除。如有条件，种子应用0.5%高锰酸钾表面消毒10 min并充分晾干后贮藏。

（3）贮藏环境应干净卫生，食用种子库的温度为2～5 ℃为宜，并保持通风。有条件可用氮气贮藏种子。播种用种子不宜冷库贮存。

（4）种子室外窖藏时，先用0.5%高锰酸钾浸种15～30 min，冲洗干净晾干后再混沙层积。沙宜先用40%甲醛10倍液喷洒消毒，30 min后散堆，或用100倍液洒后捂盖，24 h后散堆，待药味全部消失后才能应用。值得一提的是，窖藏种子宜用干沙。沙含水量不应超过2%～3%。因为湿沙窖藏种子容易引起种子的霉烂，需要特别注意。温床催芽时，用2%～3%硫酸亚铁（黑矾）水溶解浸泡种子和喷洒温床。播种之前种子用多菌灵或硫菌灵拌种，药量为种子重量的1%～2%，或苗床消毒，可以减少种子播种后在土壤中腐烂。

二、主要害虫及其防治

（一）白蚁

1. 种类 在长江以南为害银杏的白蚁种类主要有黑胸散白蚁（*Reticulitermes chilnensis* Snyer）、黑翅土白蚁（*Odontotermes formosanus* Shiraki）、黄翅大白蚁（*Macrotemes barneyi* Light）及家白蚁（*Coptotemes formpsanus* Shiraki）等。

2. 为害特点 家白蚁对银杏树干的危害最为严重。其唯一的侵害方式是蛀食树干木质部，破坏水分运输的功能。轻则树势衰弱，生长不良，枝叶黄化；重则枯梢黄叶、落果、死枝，严重的整株死亡。还有些植株在盛果期由于白蚁蛀食不仅出现枯梢而且易为风折，既削弱树势，又影响种子产量。有白蚁危害的植株较正常生长的植株减产可达20%～25%，相当明显。

3. 防治方法 可根据白蚁的排积物、羽化孔、通气孔、蚁路等判明蚁巢位置。然后在羽化孔下方，离地面15 cm，以35°的倾斜角钻孔至树心，并略大于主干半径。先清除孔中木屑，然后用胶囊喷粉器向孔内喷药20～25 g，常规配方另加10%灭蚁灵，再用废纸或泥土堵塞孔口，从施药到白蚁全群死亡，一般只需3～7 d时间。

（二）银杏超小卷叶蛾

此虫主要发生于江西、浙江、安徽、江苏、湖北、河南等地。目前，发现该虫为害银杏，幼虫多蛀入短枝或当年生长枝内为害，能使短枝上叶片和幼果全部枯死脱落，长枝枯断。

1. 发生规律 此虫1年1代，以蛹在粗树皮内越冬。翌年4月上旬至下旬为成虫羽化期，4月中旬为羽化盛期，羽化期14～15 d，4月中旬至5月上旬为卵期。4月下旬至6月中旬为幼虫危害期。5月下旬至6月中旬后老熟幼虫转入树皮内滞育，11月中旬陆续化蛹。

2. 生活习性 成虫羽化期多集中于6:00～8:00，成虫翅展后有双翅直立背部的习性，约经30 min后，即可爬至树干缝隙处栖息，因而易于捕捉，9:00后飞向树冠。成虫羽化后次日交配，2～3 d开始产卵。卵单粒散产于一至二年生小枝上，每枝产卵1～5粒，卵期8～9 d。初孵幼虫爬至短枝顶端凹陷处取食，食量少，1～2 d即蛀入枝内，横向取食。幼虫危害以短枝为主，其次为当年生长枝。危害短枝时，常从枝段凹陷处或叶柄基部蛀入侵入枝内。幼虫于5月中旬至6月中旬由枝内转向枯叶，将枯叶侧缘卷起，在叶内栖息取食，以后则蛀入树皮。幼虫多在粗树皮表面下 2～3 cm 做薄茧化蛹。该虫对老龄和生长衰弱的树株危害最为严重。经观察，银杏超小卷叶蛾的虫口密度由西向北逐渐减少。

3. 防治方法

（1）物理防治

① 根据成虫羽化后 9:00 前栖息树干的这一特性，于 4 月上旬至下旬每天 9:00 前进行人工捕杀成虫。

② 在初发生和危害较轻的地方，从 4 月开始，当被害枝上的叶及幼果出现枯萎时，人工剪除被害枝烧毁，消灭枝内幼虫。

（2）农业防治。加强管理，增强树体抗性，以减轻该虫的危害程度。

（3）化学防治。成虫羽化盛期用50%杀螟松乳油 250 倍液和 2.5%溴氰菊酯乳油 500 倍液按 1：1 的比例混合用喷雾器喷洒树干，对刚乳化出的成虫杀死率达 100%。在危害期应集中消灭初龄幼虫。用 80%敌敌畏乳油 800 倍液、90%敌百虫+80%敌敌畏（1：1）稀释 800～1 000 倍液喷洒受害枝条，效果均好。根据老熟幼虫转移到树皮内滞育的习性，于 5 月底 6 月初，用 25%溴氰菊酯乳油 2 500 倍液喷雾，或用 25%溴氰菊酯乳油、10%氯氰菊酯乳油各 1 份，分别与柴油 20 份混合，刷于树干基部和上部以及骨干枝上成 4 cm 宽毒环，对老龄幼虫致死率在 100%。

（三）茶黄蓟马

茶黄蓟马是中南、西南茶区重要蚜虫害虫，但近年来在江苏、山东等银杏区开始危害银杏。

1. 为害特点 该虫主要为害银杏幼苗、大苗及成龄母树的新梢和叶片。常聚集在叶背面吸食嫩叶汁液，吸食后叶片很快失绿，严重时叶片白枯导致早期落叶。

2. 发生规律 茶黄蓟马在山东郯城、江苏邳州 1 年发生 4 代，以蛹在土壤缝隙、枯枝落叶层和树皮缝中越冬。次年 4 月中旬成虫羽化后扩散到银杏叶背面取食并产卵。卵产于叶背面叶脉处。初孵若虫在嫩叶背面取食，2 龄若虫不再取食，钻入土壤缝隙及枯枝落叶层或树皮缝处化蛹，3 龄若虫脱皮后即为蛹（4 龄若虫）。成虫在叶面和正面均可取食。

茶黄蓟马在银杏叶片上，一般于 5 月下旬开始出现，这是第一代的危害期；7 月中下旬达到高峰期，即为第二、三代的危害期，表现为一定程度的世代重叠；9 月初虫量消退，为第四代陆续下地化蛹的时期。

3. 防治方法

（1）4 月下旬在地面和树干喷 20%氰戊菊酯 3 000 倍液，或 40%氧化乐果 1 000 倍液，能有效地防止成虫上述危害。

（2）5 月中下旬，叶片上开始出现茶黄蓟马时，对树体喷药防治。6 月中下旬喷第二次药，7 月中下旬虫口密度最大时喷第三次药，可用 80%敌敌畏 1 000 倍液，用 20%氰戊菊酯 3 000 倍液，防治效果可达 95%。

（四）其他虫害

除以上害虫在不同地区危害较严重外，还有桃蛀螟（*Dichoctocis punctiferalis* Gaen）、华北蝼蛄（*Gryllotalpa unispina* Sauaaure）、东方蝼蛄（*Gryllotalpa orientalis* Burmeister）、铜绿丽金龟（*Anomala corpulenta* Motschulsky）、华北大黑鳃金龟［*Holonichia oblita*（Faldermann）］、黑绒金龟（*Serica orientalis* Motschulsky）、大袋蛾（*Eumeta pryeri* Cleech）、小袋蛾（*Cryptothelea minuscule* Butler）、黄刺蛾（*Monema flalescens* Walker）、舞毒蛾［*Lymantria dispar*（Linnaeus）］、光肩星天牛（*Anoplophora glabripennis* Motsch）、山楂叶螨（*Tetranychus viennsis* Zacher）等均对银杏有不同程度的危害。

第六十一章　柿

概　　述

柿原产我国，栽培历史悠久，据《礼记·内则》和《上林赋》的记载，已有 3 000 年多年的历史。5～6 世纪，柿树已用软枣（黑枣、君迁子）做砧木进行嫁接繁殖；14 世纪已有加工柿饼的记载；在宋代，山东农民曾用柿、柿皮掺糠度荒年。1949 年后，尤其改革开放后，我国柿树种植得到快速发展。据 2016 年全国农业统计年鉴数据，我国柿果总产量 396.91 万 t，是我国栽培的主要园林水果树种之一。柿在我国分布广泛，全国 24 个省份有柿子栽培，产量位居前 10 位的省份分别是广西（67.3 万 t）、河南（50.91 万 t）、河北（58.36 万 t）、陕西（38.21 万 t）、福建（25.51 万 t）、山东（14.30 万 t）、安徽（13.41 万 t）、广东（15.70 万 t）、江苏（11.56 万 t）、山西（11.54 万 t）。我国柿栽培以涩柿为主，在多年的生产发展中，恭城月柿、富平尖柿、山东萼子柿、房山磨盘柿等成为我国柿主栽品种和地方名产；甜柿品种主要包括我国罗田甜柿和从国外引进的富有、次郎等品种，已在我国适栽区得到较快发展。

柿子营养丰富，具有较高的营养价值和保健功能，南北朝《名医别录》中对柿的医用价值做了高度评价："柿果性味甘涩，微寒，无毒。可清热润肺，化痰止咳，主治咳嗽、热渴、吐血和口疮"；明代医学家李时珍认为，"柿乃脾肺血分之果也。其味甘而气甲，性涩而能收，故有健脾、涩肠、治嗽、止血之功"。现代医学研究证明，柿果对提高人体免疫力、增强血管通透、促进消化乃至美容护肤等都有明显效果，被世界卫生组织列为"十大最佳水果"之一。柿果肉呈现黄色和橙色，是含有较多的类胡萝卜素之故，类胡萝卜素具有抗氧化作用，因此柿果具有预防癌症和心脏病，降低胆固醇的效果。此外，柿果含有包括单宁在内的多酚类物质、食物纤维和钾，也具有多种保健功能。经常食用柿果及其加工品，可以提高人体免疫能力，增强血管的通透性能，降低血压，预防心血管病，防止便秘和促进消化，还有益智和美容护肤等功效。以色列耶路撒冷希伯来大学的 Shela Gorinstein 在美国化学会主办的权威刊物《农业和食品化学》上发表研究报告指出，食用柿果比苹果对心脏更有益，柿含有比苹果高 1 倍的食物纤维和较多酚类及矿物质，可以防止动脉粥样硬化，避免患上心脏病和中风；同时，柿果中的多酚类物质是很好的抗氧化剂。此外，柿果含有较多的钠、钾、镁、钙，铁和锰等，而苹果则含有较多的铜和锌等矿物质。根据日本科学家的最新研究成果，柿果中含有丰富的多酚类物质，具有多种医疗保健功能：解热、镇痛和抗炎症；降低胆固醇；通过抑制脂质过氧化而延长患脑血栓大鼠的存活期；抑制由紫外线诱发的皮肤和肝脏的氧化胁迫。而且，柿果中的类黄酮成分，对人体淋巴芽球细胞的程序性死亡具诱导作用。此外，柿果降低人体体表温度的功能也被证实。科学研究还表明，柿叶中的类黄酮类物质——黄芪苷具有抗过敏、抑制血小板凝聚以及减轻神经细胞产生的NG108－15 细胞的过氧化氢诱发性细胞死亡。柿果富含的单宁物质，不仅可用作涂料印染，近年来还开发用作防腐剂、除臭剂、吸水树脂，并可吸附回收金、铀等重金属，用途非常广泛。

柿曾在人们的生活中起着重要的作用，在食物困乏时期也作为粮食的替代品，因此也有"木本粮食”和“铁杆庄稼”的美誉，《酉阳杂俎》中曾记载“柿有七绝：一多寿，二多阴，三无鸟巢，四无虫蠹，五霜叶可玩，六嘉食可啖，七落叶肥大，可以临书”。

柿树抗旱、耐湿、结果早、寿命长、产量高、适应性强，是一个重要的经济树种。柿树能够在自然条件较差，粮食作物生长不良的山区生长，管理容易，收益期长。一般嫁接后 3～4 年开始结果，盛产期每 667 m^2 产量可达 3 000 kg 以上，经济寿命长达百年，有“一年种植，百年收益”之说，是开发山区治穷致富的重要树种，也是自然界维持生态平衡的优良树种之一。柿树对土质要求不严，无论在山地、丘陵、平原、河滩、肥地、瘠地、黏土、沙土上栽植均能得到一定产量。柿树还是美化环境的理想树种之一，可栽植于路旁、山坡、渠旁和堰边。到了秋季果实累累，红叶似火，外观艳丽诱人，叶子落完后只剩下红彤彤的柿子，景观极为美丽。因此发展柿子生产，对充分利用土地，提高地面覆盖率，增加农民收入，改善生态环境均有其重要作用。我国目前柿生产中以涩柿为主，涩柿主要用作加工柿饼，是我国传统的出口商品，果实鲜食则需要脱涩处理；而甜柿采收后即可食用，改变了传统的食用习惯，且较涩柿的经济价值更高，深受日本、韩国、新加坡等东南亚国家消费者的喜爱，具有较强的市场需求和广阔的发展空间。因此柿作为一种独具东方特色的小水果，因其具有外观漂亮、口感独特、营养价值和保健功能高等特点而深受国内外消费者欢迎；同时由于其适应性广、栽培面积小、栽培难度小、生产成本低、市场空间大、出口创汇潜力大、产量高、效益好等优点受到生产者的青睐，具有广阔的发展前景。

第一节　种类和品种

一、种类

柿（*Diospyros kaki* L. f.）属于柿科（Ebenaceae）柿属（*Diospyros* L.）植物，是柿属植物中作为果树栽培的代表种。世界上的柿属植物约有 250 余种，原产我国的柿树植物有 49 种，可作为果树栽培或砧木用的有柿、君迁子、油柿、老鸦柿、山柿、毛柿和弗吉尼亚柿等 7 种，其中，前 4 个种在生产上应用较多。

（一）柿

柿为柿属中最重要的种，生产上应用的品种绝大多数为此种。柿为落叶乔木，树高 12～15 m，树皮呈鳞片状剥裂。冬芽有茸毛，钝圆形。花单生或双生，花萼白色，花冠 4 瓣，绝大多数品种有雌花，雄性资源较少。雄花较小，常 3 朵簇生，雄蕊 16～24 枚；雌花较大，常单生，萼片大，最后萼片呈 4 裂。花柱 4 个，自顶端直至基部分裂。心室 4 个，每室内生有假隔膜。果实卵圆或扁圆形，直径为 3.5～7 cm，橙黄或淡黄色，可食。柿树抗寒力较弱，在−15 ℃温度即开始遭受冻害。

（二）君迁子

君迁子又名黑枣、软枣、牛奶柿、丁香柿、羊枣、红蓝枣和豆柿等。

1. 分布　主要分布于华北、华中各省，以河北、山东、河南、山西和陕西等地为最多。此种分布甚广，除了我国外，在伊朗、土耳其、阿富汗等国都有野生分布。据苏联学者报道，在库拉河中游和塔雷什山区有上千公顷纯林分布。

2. 生态特性　该种为落叶乔木，株高 10～15 m，树皮具沟状纵裂。小枝有毛，灰褐色。冬芽光滑无毛，锐尖。花单生或为完全花，雌雄同株或异株。花小，淡黄红色或绿白色。雄花多 2～3 朵聚生，雄蕊 8～16 枚，多的可达 50 枚。雌花退化，微显痕迹，雌花无梗。果实小，近球形，直径1.5～2.5 cm，黄色，果皮具厚果粉。不落果，经霜打后或后熟果实变为蓝黑色，果皮皱缩，味甜可食，可做果干。果实有 4～8 个心室，个别的为 12 个心室，有 4～8 粒种子。

3. 类型　君迁子的类型很多，有无核和有核、圆形或长圆形之分，还有按果皮分为黑褐色、紫褐与蓝黑色。总之，在全国各地栽培的类型很多，有的类型很有开发利用价值，如无核黑枣等。

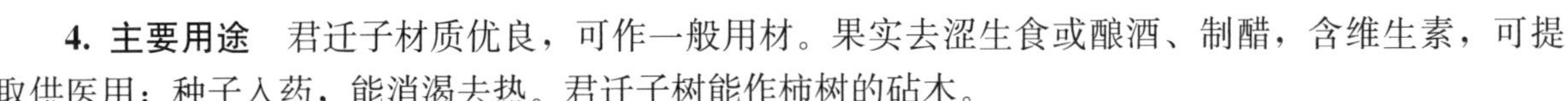

4. 主要用途 君迁子材质优良，可作一般用材。果实去涩生食或酿酒、制醋，含维生素，可提取供医用；种子入药，能消渴去热。君迁子树能作柿树的砧木。

5. 营养分析 具有丰富的营养价值，如含有糖类、膳食纤维、脂肪、果胶和蛋白质等，同时还含有丰富的维生素和矿物质，像是保护眼睛的维生素 A，帮助身体代谢的维生素 B 族，和促进生长的矿物质钙、铁、镁、钾等，这些营养素在君迁子中含量都很丰富。更重要的是君迁子中含有单宁和黄色素等生物活性物质，有极强的增强体内免疫力的作用，并对贲门癌、肺癌、吐血有明显的疗效。君迁子性温味甘，具有补肾与养胃功效，有“营养仓库”之称。

6. 栽培技术 用种子繁殖。采成熟果实，搓去果肉，取出种子，在小雪前后，用湿沙层积，第二年春季播种，也可在 11 月下旬至 12 月上旬直播田间，越冬前浇次透水，翌春即可出苗。田间管理技术参考见柿栽培相关章节。

（三）油柿

原产于我国中部和西南部，在福建、浙江、江西和湖北等省有其野生树分布。油柿为落叶乔木。小枝及叶片均密生茸毛，树干和枝呈灰白色。雌雄同株。果实圆形或卵圆形，单果重 70～100 g。果皮暗黄色，果面有稀疏茸毛，表面分泌有黏状油脂物。果肉橙黄色，有核。油柿主要供榨柿油之用。在 7～8 月，采收未熟的果实榨取柿油。柿油可用来油雨伞和鱼网等物。此种亦可作为柿树砧木用。

（四）老鸦柿

原产于我国浙江和江苏等省，为落叶小乔木。枝条细而稍弯，光滑无毛。叶菱形或倒卵圆形，先端钝。果实红色，可食用。萼片细长，果梗长。主要作为观赏树种栽培。在浙江一带被用作柿树的砧木。

（五）山柿

山柿又名罗浮柿、山稗柿。原产于我国南部的广东、广西、福建、浙江和台湾等地。山柿是常绿灌木或小乔木，喜生于山谷、路旁及阔叶林中。果实极小，直径为 1～2 cm，长椭圆或近圆形。10 月成熟，可鲜食，也可供榨油之用。

（六）毛柿

此种产于台湾省山区，为常绿乔木。果实大，扁球形，果面密被茸毛，深紫红色，直径为 5 cm，可食用。在台湾、海南和广东等省有栽培。

（七）弗吉尼亚柿

弗吉尼亚柿又称美国柿，在美国东南部诸州有野生分布，目前已经作为果树栽培或作为柿树砧木利用。此种为落叶乔木。植株高达 15 m，有的可达 30 m。树冠呈圆头形，枝条开张且下垂，幼枝被茸毛。树皮暗黑色，具有深沟方块状鳞片剥离。雌雄异株。花冠钟形，萼片反卷，雄花多 3 朵聚生，雄蕊 16 枚。雌花花梗短，单生，具有 4 个二分裂的花柱。果实球形或倒卵圆形，直径为 2～3.5 cm，果皮淡黄、淡橙黄色，常有红晕，可食用。此种抗寒力强，在美国北纬 38°以南密歇根州和纽约州生长旺盛，结果良好。美国的栽培品种德尔马斯和金宝石等品种，均属于此种。

二、品种

柿种内变异非常丰富，有甜柿和涩饰之别。甜柿自然脱涩的程度、涩柿人工脱涩的难易也有差异。柿在果实形状、大小、肉质、果肉褐斑形成与否及程度、种子有无和数量、单宁细胞大小和分布、果皮和果肉颜色以及坐果率、成熟期和是否适于干制等方面都有很大的差异。柿既有只着生雌花的雌株，又有雌雄同株异花的杂性株和雌雄同花的完全花株；既有 $2n=90$ 的六倍体，也有 $2n=30$ 的二倍体和 $2n=135$ 的九倍体。此外，柿与君迁子嫁接亲和力也存在从形态学到生理学的广泛变异。根据柿果脱涩与种子形成的关系，又可以分为完全甜柿（PCNA）、不完全甜柿（PVNA）、不完全涩柿（PVA）、完全涩柿（PCA）4 类。现按照涩柿、甜柿的分类将生产中的主要优良品种简介如下：

（一）涩柿类品种

1. 磨盘柿 又名大盖柿、盒柿、腰带柿、帽儿柿，主产于河北、河南、山东、山西、陕西等省。树冠高大，呈圆锥形，中心干直立，层次明显；幼树树冠不开张，结果后逐渐开张。枝粗壮、稀疏。叶片大而肥厚，呈椭圆形，先端渐尖，基部楔形，叶柄粗短。果实极大，平均果重 250 g，最大果重可达 500 g；果腰缢痕明显，形如磨盘，橙黄色；果肉淡黄色，纤维少，汁特多，味甜无核。河北省 10 月下旬成熟。最宜生食，也可制饼，但不易晒干，出饼率稍低。鲜柿耐贮藏运输，用一般冻藏法可贮藏到翌年 3 月，在冷库可贮藏到五一劳动节。适应性强，最喜肥沃土壤，单性结实力强，生理落果轻；抗寒，抗旱，较抗圆斑病；寿命长，产量高。

2. 富平尖柿 富平尖柿又名庄里尖柿，原产于陕西省富平县庄里乡一带，现为富平县的主栽品种。树冠高大，树势强健，为自然圆头形。主干皮灰黑色，裂纹粗，剥落少。发育枝灰棕色，中细，茸毛稀少；皮目少而小，突出。叶片椭圆形，先端钝尖，叶缘呈波状，两侧微内折，绿色，有光泽；叶片前中脉处被有茸毛。叶柄粗长，淡绿色，茸毛中多。芽中大，尖圆形，棕褐色，茸毛中多。果实大，呈圆锥形，纵径 7 cm，横径 7.2 cm，平均单果重 150 g，大小一致。果面橙红色，果皮细致，不易剥离，果粉中多；果顶渐圆尖，果基凹，有皱褶；蒂大，圆形，微凸；萼片大，呈宽三角形，向下反卷；果梗粗长；果实断面呈圆形，无显著棱角；果肉橙黄色，肉质致密，纤维少，浆液多，风味甜，含糖量 18%，品质上等；髓大而实；心室 8 个，长条或椭圆形；种子 1～4 粒或无。种子尖卵圆形，棕色。在陕西省关中地区 4 月上旬发芽，5 月下旬开花，10 月下旬果实成熟，属晚熟品种。本品种有升底柿和辣角柿两个品系。升底柿果大，呈圆锥形；辣角柿中大，呈长圆锥形。富平尖柿为制饼的优良品种。由于其维管束与蒂相连紧密，虽软化亦不易脱落，有利于悬吊晒干。制饼后每两个相对排放，特名“合儿饼”，品质优，具有个大、霜白、底亮、质润、味香甜等特色，深受国内外市场欢迎。

3. 眉县牛心柿 又名水柿、帽盔柿，原产陕西省周至县和眉县的沿山地带，为陕西省的主栽品种，全国各地柿产区多有引种。树冠圆头形，树势强健，枝条分布中等，萌芽力强。主干皮暗褐色，裂纹粗而剥落少。发育枝棕褐色，节间中长，梢端多茸毛；皮目大而多，长圆形，较平滑。叶片较大，呈卵圆形，先端急尖，基部圆形，深绿色，有光泽，茸毛少，仅分布在叶背中脉处；叶柄中粗略长，淡绿色，茸毛多。芽大而尖，长圆形，茸毛多，褐色，花瓣状。果梗短粗；果实横断面呈圆形；果大，平均果重 240 g，最大果重可达 290 g；果肉橙红色，质地细致，纤维少，浆液特多，味甜，含糖量 17%～18%，品质中上等；髓大而心空，心室 8～10 个，多为长卵形，无种子。眉县牛心柿是适宜制饼和软食的晚熟品种。在原产地 3 月萌芽，5 月开花，10 月中旬果实成熟，11 月大量落叶。对环境条件要求不严，滩、坡、塬地均可栽培，适应性广，抗风、抗涝，结果早，较丰产。

4. 临潼火晶 临潼火晶在陕西省关中各地多有分布，以临潼的最为闻名。树冠高大，树势强健，树姿开张，为自然半圆形。主干皮褐色，裂片厚而大，呈长方形。发育枝棕色，较细，茸毛稀少；皮目少而小，分布均匀。叶片较小，呈椭圆形，先端渐尖，基部楔形，叶缘波状，脉平，色深绿，叶背中脉有少量茸毛；叶柄较细，中长，淡绿色。花多为雌性。果实较小，一般为扁圆形，纵径 3.5 cm，横径 5.2 cm，平均单果重 65 g，大小均匀。果面朱红色，皮面细润而光滑，有光泽，果粉较多；果顶广平微凹，花柱残存呈断针状，花柱部下陷成浅洼；果基微凹，有棱突，缢痕无，纵沟无或极浅而广；辐射状小沟较浅，蒂中大，方形；果梗粗短，果实横断面呈方形；果肉深红色或红色，质地细密，纤维少，浆液较多，味甜，含糖量 20%，品质上等。髓中大而实，心室 8 个，长条形或棱形，无核。临潼火晶枝条稠密，萌芽力强，结果枝位于母枝顶端。原产地 4 月上旬萌芽，5 月上旬开花，10 月中旬果实成熟，10 月下旬至 11 月上旬叶片变红，大量脱落。果实耐贮。

5. 小萼子 又名牛心柿、木柿。原产于山东省青州。树势强健，果枝粗壮，树条稠密，多弯曲。树枝开张，树冠圆头形，树冠内更新枝多。一年生枝浅褐色，皮目小而稀。侧芽小而尖。叶片中大，

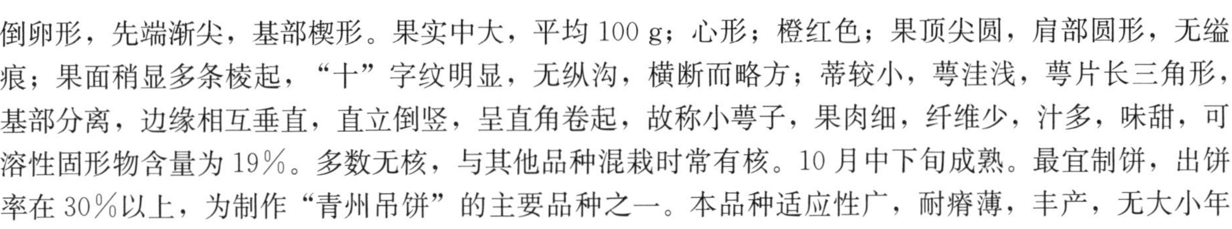

倒卵形，先端渐尖，基部楔形。果实中大，平均 100 g；心形；橙红色；果顶尖圆，肩部圆形，无缢痕；果面稍显多条棱起，“十”字纹明显，无纵沟，横断而略方；蒂较小，萼洼浅，萼片长三角形，基部分离，边缘相互垂直，直立倒竖，呈直角卷起，故称小萼子，果肉细，纤维少，汁多，味甜，可溶性固形物含量为 19%。多数无核，与其他品种混栽时常有核。10 月中下旬成熟。最宜制饼，出饼率在 30%以上，为制作“青州吊饼”的主要品种之一。本品种适应性广，耐瘠薄，丰产，无大小年现象。

6. 金瓶柿 又称油性柿、鹅黄柿、羊须柿。分布较广，青岛、蒙阴、枣庄、费县、郯城，沂水、宁阳等地有栽培。树冠圆头形，枝条稀疏、细，生长中庸，一年生枝浅褐色，皮目不突出。叶片倒卵圆形或椭圆形，叶尖渐尖，叶基部楔形。侧芽三角形。果形较高，长圆形，单果重 100～120 g；果形别致，很像一个椭圆形的古雅花瓶，并以此而得名；皮色淡黄；果顶稍尖，“十”字纹不明显，但常有梅花形锈；无纵沟及缢痕；萼片中大，心形，皱缩上竖，边反转（外翻）；蒂座微凹，圆形；花托稍膨大；果肉橙黄色；心室 8，眉形，有种子 1 枚或多枚。味好，鲜食或制饼皆可。

7. 镜面柿 以山东菏泽栽培最多。因柿子顶面光洁平滑如明镜，被称为镜面柿。树势强健，树姿开张，树冠圆头形。果实扁圆形，顶部平圆，“十”字沟稍显，横截面略方；单果重 120～150 g；果皮橘红色、薄，有光泽，果肉橘红色，质细，汁多，纤维少，含糖量可高达 24%～26%，味甜，无种子，品质极上。生食、制饼均可，出饼率 30%左右，饼质柔软，柿霜多，味甜美。山东名产“曹州耿饼”即为本品所制。丰产、稳定，对炭疽病抵抗力较差。在菏泽 10 月上中旬成熟。当地群众通常把大二糙和小二糙认作两个品种。具体区分如下：大二糟，枝红褐色，皮目中多，稍突出。侧芽饱满，芽尖褐色、稍外露。叶片长卵圆形，突尖，基部楔形。果扁圆形，稍方，果单果重 140 g；顶平或稍下陷，“十”字纹稍现，纵沟不明显；萼片长三角形，平展，有的贴于果面，蒂洼下凹；果心 8 室，髓腔小，无种子。小二糙糟，新梢灰褐色，皮目小而稀。侧芽小，芽尖外露。叶较小，椭圆形，基部楔形。果扁圆近四方形，单果重 95 g，顶部稍窄，平或稍下凹；纵沟不明显，“十”字纹稍现；萼片心形，无皱；果肉较白；心室 8，线形，无种子，髓腔虚，较长；含糖量高，汁少味甜。

8. 橘蜜柿 原产于山西省西南部及陕西省关中东部，现临汾、襄汾、闻喜、运城、永济、万荣、稷山等地均有分布。树冠圆头形，树势中庸，枝细，新梢紫褐色。叶小，椭圆形，先端钝，边缘向里卷曲，叶背茸毛较明显。果实小，平均单果重只有 70～80 g；扁圆形，橘红色，因形、色似橘，浓甜如蜜而得名。果肩常有断续缢痕，呈花瓣状。果粉中等多，果顶丰满，“十”字纹较浅，果基部圆而平滑，很少有托盘。萼片中等大，大部分贴附于果，蒂洼广、平。果肉橙红色，味甜，汁液中等，纤维少，果心大，无种子。果实含糖 12.0%、酸 0.04%，单宁 0.11%、水分 70%，生食或加工皆宜。在山西省南部，橘蜜柿 3 月下旬至 4 月上旬发芽，短枝 5 月中下旬停止生长，5 月下旬进入盛花期，10 月中下旬果实成熟。该品种寿命长，坐果率高，高产稳产，易栽培。

9. 大红袍 大红袍柿又名满天红、满得红，原产于河北省石家庄市元氏、获鹿、井陉等县。树势健壮，枝条开张。果实大，平均单果重 200 g，扁圆形，橙红色，果顶圆或平，一般无缢痕，个别在近蒂部有缢痕，皮薄，肉细，味甜，可溶性固形物含量 17.3%。在河北 3 月初萌动，3 月底发芽，4 月中下旬枯顶，5 月中旬初花，花期 6 d，6 月初出现生理落果，6 月底至 7 月初为果实膨大迅速期，10 月上旬成熟。

10. 恭城水柿 又名月柿、饼柿。原产于广西壮族自治区恭城瑶族自治县、平乐县、荔浦县、阳朔县、容县一带。著名的“恭城柿饼”就是用此品种制成。柿饼扁圆形，个大，有微霜，身干，肉质软糯，色泽鲜明，橙黄，味清甜，为南方柿饼中的佳品。树体低矮，树冠圆头形或半圆头形，枝短而稀。叶长心形，先端突尖，基部圆形，肥厚，深绿色，有光泽，叶片表面不平，有波状皱缩。果个大，单果重 150～250 g，扁圆形，橙红色，果顶广平，“十”字沟微显，无纵沟，柿蒂小，萼片分离，扭曲上伸。该品种有粗皮果与细皮果两个类型。粗皮水柿皮稍厚，水分少，易制饼；细皮果皮薄肉嫩，制饼工艺要求较高，但制成的柿饼肉质透明，细腻清甜，质量上佳，果实一般无核。

11. 方柿 又名方顶柿。产于浙江省杭州市古荡、余杭区、萧山区、湖州市德清县及江西省高安、上高、丰城、萍乡、清江、宜春等地，江苏省涟水县、泗阳县也有栽培。树冠呈自然高圆头形，树姿开张，分枝稀疏。叶宽大，深绿色，广椭圆形，先端尖，基部短楔形，柄长。果实极大，平均单果重 200 g，最大的可达 500 g。果高方形，橙黄色，纵沟有或无，果顶有肉球，肉质松脆，味浓甜，无核或有核，品质中上等。在杭州市一带 3 月中下旬发芽，5 月中旬开花，10 月下旬成熟，但在果实未着色时就可陆续采收。该品种松脆而甜，以硬柿鲜食为主，习惯在 9 月下旬果实未完全着色之前，用生石灰脱涩成抢柿生食。

12. 博爱八月黄 主产于河南省博爱县及附近地区。树势强健，树冠圆头形，树姿开张。新梢粗壮，棕褐色。叶片椭圆形，先端渐尖，基部楔形。果实中等大，平均果重 137 g，扁方形，橙红色，常有纵沟 2 条，果顶广平或微凹，“十”字浅沟，基部方形；蒂大；果肉黄色，肉质致密，汁多味甜，含糖量 17%～20%。无核，与有雄花品种的柿树混栽时有核。品质上等。10 月中旬成熟。一般加工制饼，其加工成的柿饼不仅出饼率高，且肉多、霜白、味正甘甜、品质佳，以“清化柿饼”闻名于省内外。也可作软柿和硬柿生食。

13. 新安牛心柿 主产于河南省新安县内的黄河南岸一带。树姿开张，枝条稀疏。果实极大，平均果重 250 g 左右，心形，果皮细，橙黄色或橙红色，顶部有 4 条不明显的小沟。果肉橙黄色，肉质细软，浆液特多，味浓甜，含糖量 20%，纤维多，无核或少核。10 月上中旬成熟。宜生食和加工。

14. 绵瓤柿 又名绵柿、面瓤柿，主产于太行山南部地区。树势强健，树冠自然半圆形，幼树较直立，结果后逐渐开张。新梢褐色。叶纺锤形，先端锐尖，基部楔形。果实中等大，平均果重 135 g；短圆锥形，具 4 条纵沟，基部缢痕浅，肉座大；肉质绵，纤维少，汁较多，味甜，多数无核，品质优。9 月中下旬成熟。耐贮藏运输，宜生食或制饼。制成的柿饼柔软、个大、霜满、浓甜。萌芽力和成枝力均强。抗寒、抗涝、抗旱、抗病虫，适应性强，产量高。

15. 平核无 原产日本，树势中庸，树姿开张。果形整齐，易脱涩，为鲜食和加工兼用涩柿良种。平均单果重 164 g。果实扁圆形，果顶广平微凹，果面无缢痕和纵沟；果皮光滑，有光泽，橙黄色，软化后橙红或红色；果肉黄红色，无褐斑，肉质脆，汁多，味甜，可溶性固形物含量 17.1%。无核，较耐贮藏，室内存放 30 d 不变软。脱涩容易，宜鲜食或加工柿饼。与君迁子亲和性强。早果性和丰产性好，无大小年，应注意疏花疏果。耐瘠薄，抗性强。

（二）甜柿类品种

1. 富有 原产日本，1920 年引入我国，现为主栽品种，在陕西、河南、山东、河北、北京、福建、湖北、湖南、四川、云南等地有栽培。果实较大，扁圆形，平均果重 140 g；果皮橙红色，鲜艳而有光泽；无纵沟，通常无缢痕，个别果实有缢痕，浅而窄，位于蒂下；果肉致密，果汁中等，味甘甜，含糖量 21%，品质上等，褐斑小而少，种子少。果实成熟期稍晚，11 月中旬前成熟。丰产性好，耐贮藏运输。与君迁子砧不亲和，树势中庸，树姿开张。休眠枝上皮孔明显而凹下，基部叶片常呈勺形。叶柄微红色。全株仅有雌花。

2. 次郎 原产日本，1920 年引入我国，现为我国的甜柿主栽品种，在陕西、山东、河南、河北、湖北、湖南、浙江、江苏、云南等地栽培。果实扁方形，平均果重 144 g；橙红色；通常都有浅的纵沟。花柱遗迹呈簇状，因而果顶易开裂，蒂下有皱纹；果皮细腻，黄色；果肉致密而脆，甜味浓，含糖量 16%，品质中上，褐斑小而少，有种子。果实 10 月下旬成熟。硬柿常温下经 28 d 变为软柿，软后果皮不皱、不裂。抗炭疽病，抗药害。对君迁子砧亲和力强，树势较强，树姿开张。休眠枝上皮孔明显且小而平。新叶黄绿色，很容易与其他品种区别。叶长纺锤形，两侧向内折合略呈沟状，叶缘略呈波状，叶脉深陷。无雄花，结果早，嫁接后第三年开始结果，丰产性好，四年生树株产 40 kg，六至七年生可达 100 kg，且稳产性好。

3. 阳丰　原产日本，1991年引入我国，在陕西、河南、湖北等地有栽培。果实扁圆形，平均果重200 g；果皮橙红色，具明亮的蜡质光泽，果面平滑洁净，覆果粉，无浅沟，外观美；果肉橙黄色，肉质致密、脆，味浓甜，汁少，含糖量17%，品质中上，褐斑中多，少核。11月上旬成熟，耐贮运。对君迁子砧较亲和，树势中庸，树姿半开张。休眠枝上皮孔稍明显。无雄花，花量多，结果早，极丰产，须配置授粉树，适宜授粉品种为禅寺丸和西村早生。

4. 西村早生　原产日本，1988年引入我国，在陕西、山东、安徽、浙江、湖南、江苏等地有少量栽培。果实整齐，扁圆形，平均果重200 g，果皮浅橙黄色，着色好，细腻而有光泽，外观美丽；果肉淡黄橙色，肉质稍紧、脆，果汁较少，味甜，含糖量18%，品质中等。果肉褐斑小而较多，种子3～6粒，有4粒以上种子时才能完全脱涩，属不完全甜柿。9月下旬成熟，比其他品种早熟1个月。常温下贮藏10 d左右，不易软化，商品性好。适宜排水良好的壤土或沙壤土。对君迁子砧亲和力强，树势中庸，树姿半开张。休眠枝上副芽发达，苗期易分枝，叶椭圆形，新叶期鲜绿色，叶痕凹。有少量雄花，花粉量少，不开张，不能作为授粉树。雌花量大，单性结实力强。一般定植后第二年开始挂果。但该品种不抗炭疽病。

5. 早秋　成熟早，为成熟期最早的完全甜柿，国庆节期间可以成熟上市。味甜，口感好，但用君迁子做砧木生长势较弱，单性结实力差，生理落果较多，发展生产园建议用本砧。果形扁平；果重为250 g左右；果肉稍软、致密，果汁多、风味佳，糖度14%～15%。货架期在育成地达13 d左右。几乎无柿隙，果面常见条纹状污损。树势中等，树姿开张。无雄花，雌花较多，雌花花期与“伊豆”基本相同。适宜在夏秋温度较高的区域，一般可在松本、早生富有、富有、次郎、前川次郎的适栽地发展。早期落果稍多，需配置授粉树并进行人工授粉等以促进种子形成。注意防止二次生长，以减少果实和新梢间的养分竞争。此外，二次生长的新梢易患炭疽病，需注意炭疽病防治。

6. 鄂柿1号　分布于湖北省罗田县，2001年通过湖北省林木良种审定委员会审定。树冠圆头形，树势强健，枝条粗壮，新梢棕红色。叶大，阔心形，深绿色，挺直。平均果重200 g；扁方圆形；果皮橙红色，果面光洁、细腻，果粉极多，具细龟甲纹理，有4条纵沟，果顶广平微凹；肉质致密、松脆，纤维极少，汁液中多，味浓甜，可溶性固形物含量18.6%。品质上，每果种数1～2粒。在武汉地区9月下旬成熟，耐贮运。与君迁子砧嫁接亲和力极强。早果，栽后第二年即可挂果，丰产性强，抗角斑病、圆斑病及炭疽病。

7. 甜宝盖　原产干我国湖北，是近几年发现的完全甜柿。果重约200 g；缢痕深而狭，赘肉莲座形；果肉橙黄色，无黑斑，肉质松脆，软化后黏质至水质，汁液较多，味较甜，可溶性固形物含量14%～17%。耐贮性较差，硬果期5～10 d，软后贮存20 d。品质中等，宜鲜食。10月下旬果实成熟。

第二节　苗木繁殖

一、育苗地选择和整理

（一）育苗地选择

育苗地应选择无检疫性病虫害和环境污染、交通便利、背风向阳、地势平坦、有灌溉条件、排水良好、土壤肥沃、土层深厚、土壤呈酸性或中性的沙壤土或壤土的地块，切忌黏重土壤。且该内地块3年内未繁育过果树苗木。育苗地最好选在建园地附近，与园地土壤相似的地块，这样不仅使苗木较快适应园地环境，还缩短苗木运输距离，降低育苗成本，提高栽植成活率。

（二）育苗地整理

育苗地整理能促进土壤微生物的活动和有机质的分解，有利于提高肥力，消灭杂草和害虫，为种子发芽和苗木生长创造良好的环境，以满足苗木对水分、养分、空气和热量的需要。

1. 整地 秋末冬初或早春，深耕 20～30 cm，随耕随耙，以利于土壤破碎，减少水分蒸发。整地后育苗地土壤应疏松、细碎、平整、无残根、无石块。

2. 施肥 结合整地，每 667 m^2 施农家肥（圈肥、堆肥、羊粪均可，鸡粪要充分发酵腐熟后再施用）3 000～4 000 kg 的基础上，加入少量复合肥（每 667 m^2 用量 10 kg 左右），与农家肥一起撒施。

3. 土壤消毒 结合施肥进行施药消毒，杀死土壤中的有害细菌和病虫，通常使用硫酸亚铁（每 667 $m^2$3～10 kg），或用五氯硝基苯与代森锌的混合剂（每 667 $m^2$5～6 kg）撒施，刨松翻入土中；土壤中杂树根很多可用硝基三氯甲烷消毒。

4. 做畦 耕后搂平耙细，打成南北向畦子，畦宽 1.0～1.2 m，苗畦之间应留出 20～30 cm 宽的步道，以方便嫁接操作，长度视地形和水浇条件而定，以 10～20 m 为宜。南方多雨地区、易于积水或排水不畅处，可将育苗地做成高畦，畦面高为 30～40 cm；对于大地块，应挖纵、横向排水沟多条，设计主沟和支沟，水沟宽 60～80 cm，深度根据地势自定。

二、砧木苗培育

（一）砧木选择

我国柿产区应用的砧木主要有君迁子、油柿、野柿、浙江柿等。

1. 君迁子 又名黑枣、软枣，是我国北方柿传统产区广泛应用的砧木。君迁子做砧木具有以下优点：

（1）结果量大，单果种子多，每千克鲜果约有 1 200 粒种子，容易采集到种子。

（2）种子播后发芽率高，出苗后生长快，当年能培育成健壮砧木大苗。

（3）侧根多，须根发达，生长势旺，抗逆性强，耐寒、耐旱、耐瘠薄，适应性很广。

（4）与涩柿品种树嫁接亲和力强，结合部位牢固，嫁接后愈合快，成活率高，生长速度快。

（5）根系发达，移栽后缓苗快，成活率高，生长旺盛，结果早，盛果期长，生命周期长。

君迁子与甜柿嫁接亲和力因品种而异，与次郎系品种、西村早生及我国罗田甜柿等亲和力强，但与大部分富有系及大秋、夕阳红等品种亲和力较差。另外地下水位高的地区应用效果不太理想，山地使用较好。

2. 油柿 又名漆柿、方柿，主要在江苏洞庭西山和杭州古荡地区用作砧木，为高大落叶乔木。该砧木种子采集容易，播种后生长良好，与柿树嫁接亲和力稍差。较适应当地的环境条件，根群分布浅，细根多，苗粗壮，生长快，嫁接后可使柿树矮化，并能提早结果，果大，可行矮化密植。但以油柿为砧木的柿树树体寿命较短。

3. 野柿 又名乌柿、山柿，是我国南方柿的主要砧木。该砧木嫁接亲和力强，成活率高，抗旱、耐涝、耐瘠、抗炭疽病，但耐寒性较差。果实较小，种子多，种子长椭圆形。生长势强，主根发达，但侧根和须根少。其嫁接苗移栽缓苗期长，移栽第一年长势弱，第二年长势恢复，树冠扩大快。

4. 浙江柿 分布于浙江、江西、安徽、江苏、湖南、福建等省。对土壤要求不严，酸性、中性、石灰性土壤均能生长，种子出苗率高，生长快，根系发达，萌芽力强，喜温暖，耐寒、耐旱性较强，寿命较长，适应南方柿产区推广。

5. 其他 由于大多数甜柿品种通常采用共砧，因此在我国华中农业大学等单位开始通过茎尖培养培育自根苗；在日本，一般用山柿（一种野柿）或栽培品种西条的实生苗作为富有系品种的砧木；韩国一般用老鸦柿作为甜柿砧木，有一定的矮化作用。

（二）种子采集和处理

1. 种子采集 作为繁殖用的种子，应选择 10 年生以上、品种纯正、生长健壮、无根蘖或少根蘖、种子多、无病虫害的植株作为采种母株，待果实充分成熟后采集。君迁子一般于 10 月中下旬采收，即霜降前后，果实变为暗褐色时；野柿则于 10 月上中旬，果实变为橙红色时方可采收。将采收

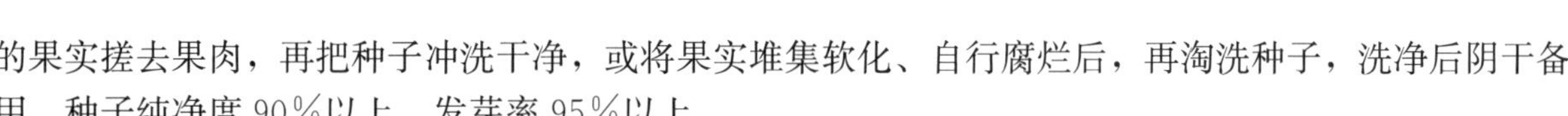

的果实搓去果肉，再把种子冲洗干净，或将果实堆集软化、自行腐烂后，再淘洗种子，洗净后阴干备用。种子纯净度90%以上，发芽率95%以上。

2. 种子处理 君迁子种子休眠期短，可在冬前直播育苗。春播的种子一般都进行沙藏层积处理，在背阴、干燥、不易积水的地方挖深30 cm、宽20 cm的地沟，先在沟底铺一层净沙，然后将种子混以3～5倍湿沙，均匀平铺在净沙上，最上层再盖一层15～20 cm湿沙，沙的湿度以手握成团、手松一触即散为宜。层积过程中温度以2～7 ℃为宜，并随时检查防止霉变或鼠害。种子少时，可用花盆或木箱层积。

（三）播种及苗期管理

1. 播种 播种期分为秋播和春播。春播在3月中旬至4月上旬，当地温达8～10 ℃时即可播种。对干藏的种子，在播种前2～3 d，将种子取出放入较大容器中，用冷水或40 ℃左右的温水浸种，当种子充分吸水膨胀后，捞出种子堆于向阳温暖处进行催芽，待3%～10%种子裂嘴露白时播种。对沙藏的种子，移至20 ℃以上的室内或用40 ℃左右的温水浸1～2 d进行催芽，当3%～10%的种子破壳露白时便可进行播种。秋播在11月上旬在土壤封冻前完成，在播种后和春季化冻后各浇水1次。

君迁子播种量一般每667 m^2 4～6 kg。播前灌足底水，待墒情适宜时播种。按行距30 cm左右开沟，条播、点播皆可，点播株距10～15 cm为宜，每穴点播种子3～4粒。播种深度2～3 cm为宜，播后覆土掩埋，并轻轻搂平，保持土壤松散。有条件的地方覆盖农膜，可早出苗，提高出苗率，但应注意及时破膜放苗。

2. 苗期管理 播种后至出苗前这一阶段主要是水分管理。如遇干旱要及时灌水，宜小水灌溉，切忌大水漫灌；幼苗出土前，扒除土埝；幼苗出土8%～15%时，逐渐除膜。当幼苗地上长出真叶，地下出现侧根时，开始自行制造养分，此时苗木幼嫩，根系分布较浅，对不良环境的抵抗力较低，应注意防止低温、高温、干旱、水涝及病虫危害，同时应注意控制肥水，对幼苗进行适当“蹲苗”锻炼。

当幼苗长出3～5片真叶时进行定苗或移栽，每667 m^2 留苗量8 000～10 000株。幼苗长出5～7片真叶时，多中耕保墒，促生侧根。20 d后，为满足幼苗迅速生长，应适当增加灌水次数。5～6月结合浇水每667 m^2 追施纯氮2 kg左右，7月上中旬每667 m^2 追施速效复合肥10～15 kg，8月上中旬以后，忌肥控水，并及时中耕除草。苗高30～40 cm时及时摘心，促使苗木加粗生长。苗木嫩梢幼叶常被柿梢鹰夜蛾、刺蛾及金龟子危害，用20%氰戊菊酯3 000倍液或其他农药喷杀。

砧木要生长健壮，粗细适宜，一般在1.0～1.5 cm为宜，过粗或过细都不利嫁接成活，砧苗生长过旺时要控制水分和养分。

三、嫁接苗培育

（一）接穗采集

从品种采穗圃或生产园中选择品种纯正、树势健壮、高产、优质、无畸形果及病虫害的成龄树作为采穗母株。春季嫁接的接穗，在休眠期采集树冠中部、外围，生长正常、芽体饱满的一年生发育枝（最好不要使用发育不充实的徒长枝、二次生长枝和结果枝），20枝一捆，用蜡封口，挂品种标签后用塑料薄膜袋密封，然后放入恒温冷藏库（2～3 ℃）中保存；也可选择背阴、潮湿处埋土沙藏或存于地窖。贮藏过程中，要避免枝条干燥失水和温度变化造成接芽萌发。生长期嫁接，接穗随接随采，采下枝条应及时剪叶，仅留一小段叶柄，以减少水分蒸发，保持接穗新鲜，然后置阴凉处保湿贮存。

（二）嫁接时期与方法

1. 嫁接时期 嫁接时期主要在春、秋两个季节，以春季嫁接为主。春季嫁接采用硬枝接法或带木质部芽接法，秋季嫁接采用芽接法或带木质部芽接法。春季嫁接在树液开始流动、实生苗即将或刚萌动后进行；秋季通常在8月下旬至9月下旬，以砧木皮层易剥离时期为宜。实生苗基部已长粗，由于接穗是当年新枝，接穗幼嫩，皮层薄，接芽发育不充实，因此，嫁接不宜过早；嫁接过晚，枝条多已停止生长，接芽不易剥离，因此，嫁接必须在树苗停长前结束。

2. 嫁接方法 嫁接方法主要采用带木质部嵌芽接，嵌芽接操作简便，速度快，嫁接成活率较高，应用较广泛。具体方法为：选用枝条中下部未萌发的饱满芽，从接穗芽下 1 cm 处 45°斜切入木质部，再于芽上方 1.2 cm 处向下斜切至第一刀切口，取下芽片，在砧木距地面 5～10 cm 处，进行与接穗芽相同的操作，注意切口要稍大于芽片，将芽片迅速嵌入切口内，对齐形成层，用嫁接膜绑紧，露出接芽。嫁接时要求技术熟练，尽量减少切面暴露在空气中的时间，削面要光滑平直，绑缚要紧严，避免或减少因单宁氧化产生的隔离层。

3. 接后管理

(1) 剪砧、解绑。嫁接后 7～10 d，检查成活情况，对未成活的及时补接。接芽发梢后，长至 20～30 cm 长时，逐渐解绑，多风地区应绑缚支棍，以防风劈；及时抹除砧木上的萌芽和萌梢。春季芽接苗于嫁接成活后及时剪砧，在接芽以上 0.5 cm 处自芽接相反方向将砧木剪断，剪成 40°角的平滑斜面，并涂伤口保护剂，以利愈合；剪砧后随时除萌。干旱和寒冷地区，封冻前苗行浅培土，将嫁接部位埋于土下，翌春土壤解冻后，撤去培土，以利萌芽和抽梢；秋接苗于第二年春萌芽前在接芽上方 0.5 cm 处剪砧、解绑。

(2) 肥水管理。萌芽后，结合浇水追施速效氮肥，每 667 m^2 随水施入 8～10 kg 尿素，每隔 20 d 左右一次，连续追施 3 次；7 月以后控肥控水，防止苗木徒长；根据叶片颜色和状态，每隔 10 d 左右喷布一次叶面肥。在干旱情况下要每周浇 1 次水，注意要小水勤浇，浇水后中耕保墒，除去杂草。落叶后进行一次深度 6 cm 左右的中耕，土壤封冻前浇一次透水，防止苗木抽条。

(3) 病虫害防治。苗木生长期间，要做好病虫害防治工作。萌芽后，要严防小灰象甲，可人工捕捉，也可用 80%晶体敌百虫 800 倍液与萝卜丝或地瓜丝拌成毒饵诱杀。5 月下旬、6 月下旬和 7 月下旬，各喷布 1 次 1∶1∶(160～180) 倍波尔多液，与 50%敌敌畏乳油 1 000～1 500 倍液，防治叶片穿孔病和柿梢鹰夜蛾、卷叶蛾、刺蛾等害虫。

四、苗木出圃

(一) 起苗

在苗木落叶后至土壤封冻前或翌春土壤解冻后至苗木萌芽前出圃，落叶后至土壤封冻前出圃较好。当地栽植可随栽随出圃。起苗前进行灌水，起苗时应逐行刨挖，尽量减少对根系，尤其是主根的损伤。

(二) 分级

健壮优良柿苗木要求品种纯正，砧木类型正确，地上部枝条健壮，接口愈合良好，无病虫害及机械损伤。一般根据苗高、茎粗、根系发育状况、芽体饱满情况等分为以下三级，苗高 120 cm 以上，地径 120 cm 以上，主根长 20 cm 以上，侧根 5 条以上，须根较多，根部无直径 1 cm 以上的伤口，芽体充实、饱满，直立、无秋梢，无病虫害为一级苗；苗高 100～120 cm，地径 100 cm 以上，主根 20 cm以上，侧根 3 条以上，须根较多，根部无直径 2 cm 以上伤口，芽体充实、饱满，直立、无秋梢，无病虫害为二级苗；苗高 80～100 cm，地径 80 cm 以上，主根 20 cm 以上，侧根 1 条以上，须根较少，直立、无秋梢，无病虫害为三级苗。

分级时先剔除病苗和嫁接未成活苗，对苗木进行必要修整，剪除二次枝梢和病虫枝梢，修整残损根系。分级后将同级苗木包扎成捆，并附标签和质量检验证书。

(三) 假植

为保证苗木成活率，建议随起苗随栽植。苗木不能及时外运或定植时，一定要假植。短期假植时，挖 40 cm 深的沟，苗解捆后放入，散开根部、埋土，浇透水即可；需假植越冬的，则应选地势高

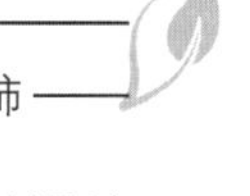

燥、平坦、避风的地方挖沟假植，沟深 50 cm，宽 100 cm，南北向延长，苗向南倾斜放，根部以湿沙填充；土壤干燥时要浇水，埋土深要在苗干 80 cm 以上，即整形带要完全埋入土中。根之间一定要填充沙子，不得有空隙，以免捂根或风干。冬季风大地区要在假植苗上盖草帘，防治过度失水。假植过程中要随时检查，并防止兽害，若湿度过大或有捂根现象，要及时翻捣，重新假植。

（四）包装和运输

包装外运的苗木，可将同级苗每 50 株扎成一捆，根部蘸满泥浆，用草袋或编织袋包好，根部填入锯末等保湿填充物，以防根系干枯；然后系上标签，注明品种、等级、规格、数量和产地，就可交付外运。柿树根系含单宁类物质较多，受伤后不易愈合，恢复慢，缓苗期过长，因此，在苗木挖掘、运输、保存和定植时，应尽量保证根系的湿润和完整，避免伤根。

（五）检疫

苗木检疫是防止病虫害传播蔓延的主要措施，苗木出圃必须由当地植物检疫机构检验，具备苗检疫合格证的苗木方可调运。

第三节　生物学特性

一、根系生长特性

（一）根系特性

柿的根系随砧木而异。君迁子根系分布浅，分枝力强，细根多，根系大部分在 10～40 cm 深的土层内，垂直根可深达 3 m 以上，水平根分布常为树冠的 2～3 倍。君迁子根不但生长力强，而且能耐瘠薄土壤，常见生长在山地、土层瘠薄的石隙中的柿树枝叶茂盛，产量颇丰。在南方多用半栽培半野生的小果型柿作为砧木。该砧木根系分布较深，侧根和细根比君迁子少，根的耐寒性较弱，但耐湿性比君迁子强，因此多雨地区宜选用本砧。柿的根系一般分叉较多、角度大，并呈合轴式分叉，这样有利于向各方伸展，增加吸收范围。由于分叉多，每一小侧根即呈一相对独立性的根组。柿根在土壤上层及根颈附近呈羽毛状，在土壤下层及根先端多呈扇状。

柿根细胞的渗透压比较低，从生理上看较不抗旱，但由于根系较深，可吸收土壤深层水分，故可弥补吸收水分的不足。柿根含单宁较多，受伤后难愈合，发根也较难，根系一旦受伤恢复较慢，因此移植时应注意多保留根系，运输途中也勿使根干燥，否则常使移栽苗成活率低或树势恢复慢。柿的抗寒性不强，根系亦然，因此在较寒冷地区若在秋季移栽或假植时，需适当加厚培土，以防冻伤根系影响成活。

（二）根系生长发育

柿根系的生长发育开始期比地上部晚，一般是在新梢基本停止生长之后（一般在 5 月），根系一年中有 3 个生长高峰，新梢停止生长与开花之间，即在 5 月上中旬为第一个生长高峰；开花期间根系生长缓慢，花期之后即 5 月下旬至 6 月上旬为根的第二个生长高峰；第二个生长高峰之后，是果实快速生长期，根系此时有一暂停生长阶段；在 7 月中旬至 8 月上旬之间，根系又形成第三生长高峰；8 月上旬后至 9 月中旬为根系生长缓慢阶段；9 月下旬以后，根系即停止生长。

二、芽生长特性

（一）芽的特性

柿树的芽可分为花芽（混合芽）、叶芽、潜伏芽和副芽 4 种。

1. 花芽（混合芽）　肥大饱满，着生在发育健壮的一年枝顶端及顶芽以下几个节上。着生混合芽的枝称为结果母枝。春季萌发抽生结果枝或雄花枝。粗壮的结果母枝上的花芽形成结果枝，细弱结果母枝上花芽只能形成雄花枝。

2. 叶芽 叶芽比花芽瘦小，生在结果母枝中部或结果枝的顶部，萌发形成发育枝。

3. 潜伏芽 形似栗粒，芽尤平滑，着生在枝条下部。

4. 副芽 副芽位于枝条基部的鳞片下，大而明显，寿命较长，一般不易萌发，当主芽受伤或枝条重截后，便可萌发抽生壮旺的枝条。

（二）芽的生长发育

柿的萌芽一般必须在平均温度12℃以上，因南北气候不同，萌芽先后相差可达1个月，而北方柿一般都在4月上旬萌芽，柿展叶后约30～40天即可开花，开花延续时间因品种而异，一般为6天。花芽的分化期在新梢停止生长后一个月，约在6月中旬当母枝腋芽芽内雏梢具有8～9片幼叶原始体时开始分化，即在雏梢基部约第三节开始向上，在将来成为叶片的幼叶叶腋间连续分化花的原始体。每个花芽内分化的数目因品种而异，有的可达10个左右，一般为4～5个。柿雌花芽分化于6月中下旬出现花原始体，7月下旬为花萼分化期，8月中旬至休眠始终保持在花瓣分化期，休眠期过后翌春再继续分化完成。

三、枝生长特性

（一）枝的特性

柿枝条一般可分为结果母枝、结果枝、发育枝、徒长枝。

1. 结果母枝 指抽生结果枝的二年生枝条，长10～25 cm，生长势中庸，上部着生1～5个混合芽，以下侧芽发出生长枝。

2. 结果枝 指由结果母枝上部2～3个芽萌发生长的枝条，发育充实健壮，以中部数节开花结果为主，顶部多为叶芽，基部2～4节为隐芽。由于成花容易，幼树进入结果期后萌发的新枝多为结果枝。

3. 发育枝 由二年生枝上的叶芽或多年生枝条上受刺激后的潜伏芽、副芽萌发而成。强壮的发育枝顶部的芽可转化为混合芽，形成结果母枝，而细弱的发育枝长度多在10 cm以下，生长期互相遮阴，影响通风透光，徒耗营养，为无效枝，应在修剪时疏除。

4. 徒长枝 由潜伏芽萌发而长出或由直立发育枝顶芽长出的生长非常旺盛的枝条，生长时间长，生长量大，长度可达1 m以上。这类枝条生长快、节间长，组织不充实，生产上应予以控制，但对衰老大树，徒长枝则是更新树冠的主要枝条，合理利用可以培养成强壮的结果枝组，以弥补树冠的空缺。

柿枝条生长以春季为主，成年树一般一年只有1次生长，幼树和旺树有的一年可生长2～3次梢。柿芽当春季萌发生长达一定长度后，顶端幼尖即自行枯萎脱落，使其下第一个侧芽成为顶芽，故柿无真正的顶芽，只有伪顶芽。

柿顶芽生长优势较强，能形成明显的中心干，并使枝条具有层性，这种特性尤以幼树期较为明显。幼树枝条分生角度小，枝多直立生长；当进入结果期后，大枝逐渐开张，并随年龄的增长逐渐弯曲下垂。

柿枝条基部两侧各有一个为鳞片覆盖的副芽，形大而明显；副芽一般不萌发，为潜伏状态，但一旦萌发，则发的枝条生长壮旺。柿的更新枝大多由这潜伏的副芽所萌发，因此是人工更新修剪的利用对象。

柿大枝一旦衰老下垂或回缩剪断，后部背上极易发生更新枝，这是柿更新枝发生较早、更新频率较大的主要原因，也是人工进行树体更新的主要依据。由于大枝易弯曲下垂而后部较易发生更新枝代替原头向前生长，所以多次更新之后，大枝多呈连续弓形向前延伸的现象。

（二）枝的生长发育

成年柿树的新梢加长生长除大枝延长梢生长期较长外，一般的长枝伸长期只有30～40 d，新梢生长自展叶开始（4 月中旬）生长逐渐加速，至 4 月下旬生长最快，5 月上旬以后生长逐渐缓慢，5 月中旬花期之前停止生长。其中 4 月中下旬为枝条的加长生长高峰期（加长生长只有一个高峰），加粗生长在加长生长之初生长较快，形成第一个高峰，当加长生长逐渐加速时，加粗生长逐渐缓慢，而加长生长停止，加粗生长又行加速，形成第二个高峰，第二个高峰比第一个高峰生长势缓，但时间较长。

四、果实生长特性

（一）结果习性

柿树嫁接后 3～4 年即开始结果，10～12 年进入盛果期，经济寿命可达 100 年以上。柿有 3 种花，即雌花、雄花和两性花，但每一品种树上只具其中 1 种花或 2 种花，3 种花皆有的植株极为少见。雌花单生，其雄蕊退化。雄花簇生成序，每花序有 1～3 朵，大小为雌花的 1/5～1/2，呈吊钟状，雌蕊退化。两性花为完全花，在着生雌花的品种上出现，大小比雄花大而比雌花小。两性花的结实率低，所结果实小。

结果母枝是抽生结果枝的基枝，结果母枝的强弱与抽生的结果枝的强弱有关。强的结果母枝抽生的结果枝强，数目也多，强的结果枝开花数多，结实力也强，果实个大；而弱结果母枝则相反。所以结果母枝的强弱是增产的关键之一。

果枝的结实力还与所在结果母枝的芽位有关。一般以顶芽（伪顶芽）抽生的结果枝生长势强，结实力也强；其下的侧芽所生结果枝依次减弱。因此柿树应尽量保留结果母枝的顶芽。柿的坐果能力与品种及营养条件有关。一般小果型品种坐果率高；营养水平较高的坐果率高。单一果枝的连年结果能力与生长势强弱、结果数多少及树体的营养水平有关，生长势强、当年结果数少而树体营养水平高的枝条连年结果能力较强；反之则弱。

柿树由隐芽萌发的新生枝及徒长枝，大多生长 1～2 年即可结果，立地条件好的当年即可开花结果。由于是新生枝，不但生长势强，结果能力也强，应注意保留利用。

（二）果实的生长发育

落花后幼果即开始膨大，柿果生长全过程约有 3 个阶段：第一阶段由坐果后到 7 月中下旬生长较快，此期果实已基本定形，主要为细胞分裂阶段；此后即进行第二阶段，生长较慢；至成熟前 1 个月左右又进入第三阶段，生长又稍加快，此期主要为细胞的膨大及果内养分的转化，生长全过程在 150 d 左右。

五、柿树的生命周期

柿树从嫁接到成活为一个新的个体，经过了生长、结果、衰老、更新和死亡的过程，这个过程就称之为生命周期。柿树的生命周期可分为生长期、初结果期、结果盛期和衰老期 4 个阶段。了解和研究各阶段的特点，对控制柿树达到早结果、稳产、高产和长寿的目标，具有十分重要的意义。

（一）生长期

指从嫁接成活到幼树第一次结果。生长期一般为 2～5 年，高接树需 2 年左右即可结果。这一时期的主要特点为根系和骨干枝营养生长最旺，新梢生长较粗壮，当年可抽生 2～3 次枝，分枝力强，但分枝角度小，树势强健，树冠直立。

控制途径：扩穴深翻，充分供应肥水，轻修剪多留枝，使根深叶茂，早期形成预定树形，为早期丰产打好基础。

（二）初结果期

指从幼树第一次结果到盛果期。主要特点为树体骨架基本形成，树冠迅速扩大，从以营养生长为主逐渐转向以生殖生长为主，随着结果逐年增加，枝条角度也逐渐开张，形成的结果枝长而粗壮，能连年结果，且果实较大，大小年现象不明显。

控制途径：为了加速达到结果盛期，轻剪和重肥是主要措施，其目标是使树冠尽可能快地达到预定的最大营养面积；同时要缓和树势，调整好果枝量，如生长过旺，可控制肥、水，少施氮肥，多施磷肥。

（三）盛果期

从开始大量结果到衰老以前这段时期。主要特点为树冠达到最大限度，以生殖生长为主，树势中强，树姿开张；大枝弯曲生长，树冠下部枝条和大枝先端部分开始下垂，当年外围抽生的大部分是结果枝；枝条密集，下部和内膛细弱枝枯死，内膛空虚，结果部位外移；结果枝较少且短，出现隔年结果和结果枝组更新现象；后期出现大枝更新。该时期是柿生产经济效益最高的时期，其时间长短与环境条件和栽培管理水平密切相关，好的可达 100 多年，否则就会大大缩短，很快进入衰老期。

控制途径：肥水充分供应是关键措施之一；细致的更新修剪，均衡配备营养枝、结果枝和结果预备枝，使生长、结果和花芽形成达到稳定平衡状态是关键措施之二；疏花疏果在某些情况下也很重要。

（四）衰老期

从产量降低到几乎无经济收益时开始，到大部分植株不能正常结果以致死亡时为止。主要特点为树冠缩小，树形不整齐，产量迅速下降，枯枝逐渐增多，生长势衰弱。由于骨干枝，特别是主干过于衰老，从枝梢到基部的潜伏芽已丧失萌发能力，也无经济价值，应砍伐清园，另建新园。

在柿生产中，上述这 4 个时期并无明显的界限，也无确切的年限，因为树体的生命周期受环境条件和栽培管理的技术水平影响很大，应根据各时期的特点制订和实施适宜的栽培技术，才能缩短生长期、延长盛果期、推迟衰老期，以获得最大的经济效益。

第四节　对环境条件的要求

一、土壤

土壤是甜柿生存的基础。柿树的根系强大，吸收肥水的范围广泛，所以对土壤要求不严，无论是山地、丘陵、平原、河滩都能生长。柿是深根性植物，对土壤中缺氧忍耐力较其他果树强，但土壤通气性是柿生育好坏的决定因素，为了令其生长发育良好，仍要有充足的氧。因此喜欢土层深厚、土质疏松、排水良好而能保持相当湿度的土壤。甜柿对土壤中的肥水要求比涩柿要高，在过于干旱或瘠薄的土壤上不宜种植；柿树易落花落果而产量低；土壤含水量过多，易引起枝条徒长或根部腐烂；柿对土壤酸碱度要求不严，适于中性及微酸、微碱性土壤。一般以土层深达 1 m 以上，地下水位不超过 1 m，保水保肥力强的壤土或黏壤土，pH5～7 范围内，含盐量在 0.026%以下的地方栽培为宜。

二、温度

温度是决定甜柿分布的关键因素。柿是亚热带果树，喜欢温暖的气候，由于我国北方日照充足，雨量适中，花量、坐果量、产量及品质均高于南方。其分布的北界应在年均 13 ℃的地方。温度过低对甜柿生长发育会有不良影响，冬季温度在−15 ℃时会发生冻害，−17 ℃时，枝条不充实的植株会冻死，但是休眠期必须要有一定的低温才能完成休眠，所以热带不宜栽培。柿在休眠期对 7.2 ℃以下的低温要求，为 800～1 000 h，休眠结束后又需积温 550 ℃才能发芽。

晚霜对发芽早的柿品种影响较大。发芽后遇晚霜时，轻则叶缘冻干，重则新梢冻枯，当年没有产量，所以晚霜也是柿分布的限制因子之一。成熟期温度对果实品质的影响较大。实践证明秋季冷得早的地方，果实着色不好，味淡，甚至脱涩不完全。在成熟以前如遇早霜果实迅速变软，所以北方不宜发展晚熟品种。温度过高则肉质粗糙，品质下降。

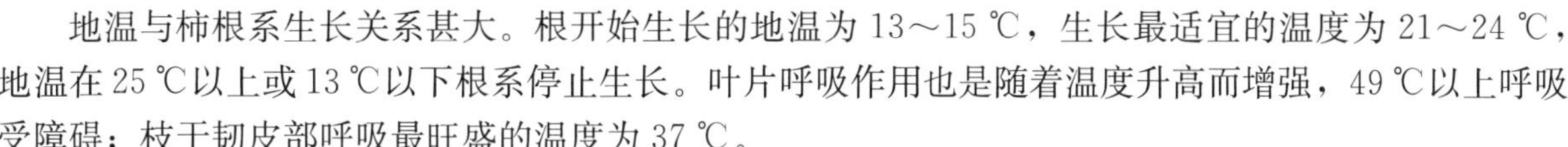

地温与柿根系生长关系甚大。根开始生长的地温为 13～15 ℃，生长最适宜的温度为 21～24 ℃，地温在 25 ℃以上或 13 ℃以下根系停止生长。叶片呼吸作用也是随着温度升高而增强，49 ℃以上呼吸受障碍；枝干韧皮部呼吸最旺盛的温度为 37 ℃。

不同类型柿对温度要求不一样。甜柿类比涩柿类更喜温暖环境，据日本柿主产地气象资料分析，生产商品性强的优质果实特别是甜柿要具备的气象条件：①年平均温度在 13 ℃以上。②生长月份气温为 4～10 月（有叶期）气温在 17 ℃以上，8～11 月（果实成熟期）气温在 18～19 ℃，9 月气温在 21～23 ℃，10 月气温在 16～18 ℃，11 月气温在 12 ℃以上。③以月平均温度 5 ℃以上的温度数总和（温量指数）来看，100～120 ℃范围为甜柿经济栽培地带，日均温在 10 ℃以上的日数为 210～241 d。

三、光照

光照是决定柿产量和品质好坏的因素。光照对树势影响甚大，光照不足时，光合作用低，有机养分少，新根发生就少，从而也影响了无机养分的吸收，尤其对钾的吸收更加困难。缺钾时枝条软、树势弱，易遭病害。直射光照的机会少，接受漫射光的时间相对增加，漫射光中有较多的红、黄光，有利于枝条的伸长。这样在光照不足的地方栽培的柿树，容易产生细弱枝条，树势很快衰弱。

日照充足与否对产量影响更大。日照不足，有机养分积累少，碳氮比下降，结果母枝很难形成，花芽分化不良或中途停止，不但开花量少而且坐果率也低。甜柿在 4～10 月有叶期中要求日照时数在 1 400 h 以上。花期阴雨会影响访花昆虫的活动，授粉困难；幼果期阴雨过多，生理落果增多，因而使产量大大下降。

日光对果实的品质也有极大的影响。日光充足，果实发育良好，着色早而艳丽，味甜，脱涩完全，成熟早；光照不足，色浅而暗，味淡，成熟晚，商品性差。

四、水分

水分是决定果实大小和品质好坏的重要因素。据测定构成柿树体的成分中最多的是水分，果实中占 80%以上。但是从根部吸收的水分，真正被利用的只有 2%～3%，其他都从叶片蒸腾掉了。水分在新陈代谢过程中起着重大作用，它是各种物质的最好溶剂，可以将各种物质迅速运送到各部，也是体内各种生理作用不可缺少的重要因素。

柿树根系具有分布深广、分叉多、角度大、在土壤中分布均匀、有菌根共生、吸附力大等特点。因此，柿树从植物学观点来说，其抗旱、耐瘠薄的能力很强。在年降水量 450 mm 以上的地方，一般不需灌溉。但是，由于根的细胞渗透压较低，生理上并不抗旱，所以在移栽过程中切忌干燥，栽后在根系尚未伸长之前不可缺水。根系在土壤含水量 16%～40%条件下都能发生新根，以 24%～30%发生最多，当土壤含水量低于 16%时不再产生新根，并且果实也停止长大。当土壤含水量 20%时枝条停止生长，含水量在 12%以下则叶片萎蔫。

雨量直接影响土壤的含水量，非灌溉区更是如此，也影响温度和光照。雨水过多，对生长发育不利，易受病害。花期和幼果膨大期阴雨过多，容易引起生理落果，花芽分化不良，影响次年产量。成熟前阴雨过多，果实色浅味淡，风味不好，糖度会低 3%～4%。久旱遇雨容易裂果；生长期过旱，果小、易落。

柿的根系呼吸量小，对缺氧环境忍耐力强，所以比较耐湿。苗期受淹 12～18 d 新梢才停止生长，当排除积水后 7～10 d 枝条又能继续生长。但是，长期积水或淤土埋干，根系窒息，失去吸水能力，也会出现生理缺水而引起凋萎或死亡。软枣砧比柿砧稍不耐涝，但比桃、苹果、梨耐涝。

五、其他条件

大风和冰雹对生长、结果有很大影响。

当展叶不久、新梢尚未木质化遇到大风时，新梢常被吹折，嫁接苗在接口长牢之前遇到大风也易从接口吹断；果实成熟前，枝条因果实长大负担已重，遇大风时往往连枝吹断而减产，或因摇晃互相摩擦，果皮受伤变黑，影响商品价值。

局部地区在夏秋季常有不同程度雹灾发生，冰雹对柿生长结果极为不利。冰雹危害严重时将枝条打碎、果实砸烂，枝干伤痕斑斑，不仅严重地影响了当年产量，而且需要1～2年恢复。

在发展甜柿时，最好避开有大风或冰雹危害的地段或区域，以免造成不必要的损失。

第五节 建园和栽植

一、建园

（一）园地选择

高档优质柿要求生产规模化、商品基地化，以便于管理的规范化、科学化和销售的一体化。

园地的选择不仅要考虑在适栽的范围内，还应考虑环境、市场、交通等多种因素。为了生产优质高档柿，提高市场竞争力，柿园园地的选择要求条件较高，适生区最好在最适生区，选择无污染源、交通便利、有灌溉条件、相对集中成片、农户对柿发展有较高的积极性且具有一定的技术管理基础的地方建立柿园基地。

柿园位置的确定：

（1）应考虑地形、地势。在山区应避开山谷或风口，坡度应在15°以下；平原区应避开低洼、易积水的地方。

（2）土壤条件。尽量选择土层深厚、有机质含量高、通气性良好、地下水位在1 m以下、排水良好、不泛碱的土壤。

（3）水源条件。尽管柿树耐干旱，但也应选择离水源较近的地方，以便于旱时能及时浇水，避免缺水对柿园产量和品质的影响。

（4）交通条件。应选择离公路或干道近的地方以便使果实能及时运出或外销。

（二）园地规划设计

园地选好后，应进行整体规划，内容包括生产小区、道路、防护林、排灌系统、水土保持以及品种选择和配置等。

1. 生产小区 生产小区的划分可根据地形、地势、土壤、排灌系统、道路等情况而定，面积一般为2～6 hm^2。为了便于小区内的机械化耕作和管理，一般采用长方形为好，长边与短边的比例以(2～3)∶1为宜，沙滩地或平地生产小区的长边应与主风向垂直，以便设置防护林。山地小区的大小与排列可随地形而定，但长边应与等高线平行，以便管理并达到较高的保水效果。每6～8个小区可划分为一个管理区，以便于规模化管理。

2. 道路设置 道路的设计应从长远考虑，根据地形、地势、柿园规模、最高产量及运肥量等因素而定。道路分为主路和支路，主路要求位置适中，是贯穿柿园的大路，并与外边公路相连，便于运送果品和肥料。其宽度以能同时通过2辆卡车为宜，一般为6～8 m宽。山地主路应环山而上或呈“之”字形，以便于车辆向上行驶。支路与主路相通，是小区与小区之间的通路，宽度一般为3～4 m。山区柿园的支路可顺坡修路，设在分水线上。主路与支路都可作小区的边界。

3. 防护林设置 因柿树比较怕风，除选址时避免在风口、高山顶外，营造防护林也是柿园规划的重要内容之一。建造防护林时要根据当地的有害风风向、风速及地形等因素，科学设计林带的走向、结构、林带间距离及适宜的树种组合。林带走向必须垂直于当地主要有害风风向，这样才能发挥最大的防护作用。林带宽度要依据防护林范围而定，一般小柿园2～3 m，可栽1～2行树，大柿园需6～8 m，可栽3～4行树。为了提高防护林效果，林带的树种结构最好采用乔、灌混交类型，乔灌比例为1∶2或2∶3。林带树种的选择应根据当地的气候条件，本着适地适树的原则，选择生长迅速、树干高、挺拔直立、枝叶茂密、遮阴面小、根蘖无或少、抗逆性强、不与柿树有共同病虫害且具一定经济价值的树种，如毛白杨、楸树、刺柏、黑松等。灌木树种适宜选择花椒、紫穗槐、蜡条、荆条、铁篱等。最好常绿树与落叶树、乔木与灌木相互搭配。

4. 排灌系统　主要包括水源、水渠、排水沟和排灌机械。平原水源多为井水和渠水，山区水源多为库水和蓄水。灌水渠的布局可与道路结合，设在小区之间的路边，山区渠道宜设在梯田的内侧。主渠与支渠最好用水泥或石块砌成，以免渗漏。

排水沟一般设在坡下方，小区边设支水沟，最后汇集到总排水沟中。无论是灌水渠还是排水沟都要有一定的高差，要求每100 m长的水渠（或沟）上、下游高差为0.3～0.5 m，以利水流畅通。有条件的地方最好采用喷灌系统，既有利于柿树根系吸收，又可节约用水。

（三）整地和改土

无论平原或山地，栽植前都应进行细致整地或土壤改良。山地地形复杂，土壤条件差，常采用如下几种整地方法：

1. 修筑梯田　梯田在修筑前，要做好规划设计。一般在坡度为25°以下的坡地，因山地地形复杂，可采取大弯就势，小弯起高垫低的方法，尽量筑成整块连片的梯田；长形的地形要规划为长条梯田；圆形的地形可规划为环山梯田。梯田的田面宽度与高度，应按地面坡度大小决定。一般5°坡，坡田面宽5～15 m；15°坡，坡面宽5～10 m；20°～25°坡，坡面宽3～6 m。坎壁高度一般不超过1.5 m，坎壁的上部应稍向内倾斜保持75°。若采用大石块可砌成垂直坎壁。用土做坎壁时，坎坡一般70°左右，坎壁低的可陡些，高的可缓些。

2. 修鱼鳞坑　适于坡度大、地形复杂、石层浅薄、不宜修筑梯田的斜坡地。挖鱼鳞坑应“水平”，按一定株行距定坑，等高排列，上下坑错落有序，整个坡面构成鱼鳞状，在雨季层层截流水分，分散山坡地面的径流。挖鱼鳞坑一般在栽树的上一年雨季挖坑，结合土壤改良，填土应稍低于地面，以利蓄水，坑的外沿培土高出地面成弧形的埂，埂高40 cm，底宽60 cm（根据鱼鳞坑的规格定）。埂土要夯实，两侧留出溢水口。两坑间隙保留生草，坑内填土栽树。在土层薄的山地，为减轻劳动强度，提高效率，可采用放炮崩坑，疏松深层土层。

鱼鳞坑的规格一般为1.0 m×1.0 m×0.8 m或1.5 m×1.5 m×1.0 m。另外，在坡度为5°～10°的缓坡地，可以修筑等高撩壕。

二、栽植

（一）品种选择及授粉树配置

品种应根据建园的目的选定。一般城郊附近、交通方便的地方应选择色泽艳丽、脱涩容易、风味甘美的鲜食品种。交通不便的山区应以加工品种为主，适当搭配鲜食品种。品种选择应以当地良种为主，新引进的优良品种应先试栽，根据适应情况，再决定推广与否。

单性结实力强的品种不需配置授粉树，单性结实能力弱的品种最好配置授粉树。授粉品种雄花量要多，且与栽培品种花期相遇。授粉树的数量以10%左右为宜。

（二）栽植密度

在平地或肥沃的土壤上建园可按4 m×6 m或6 m×8 m的株行距定植，瘠薄土壤或山地的株行距可按4 m×6 m或5 m×6 m。实行柿粮间作的可按株距6 m，行距20～30 m栽植，力求南北成行，减少对农作物的遮阴时间，提高光能利用效率。山地应视梯田面宽窄确定栽植密度。

（三）栽植

1. 栽前苗木的选择与处理　苗木要求健壮一致、无病虫害、根系发达。栽植前要剪除过长根、损伤根，苗木主干可保持在1.1～1.3 m。苗木最好是随起随栽，对长途运输的苗木，要采取保护措施，如蘸泥浆后用塑料薄膜包扎根部，运到地点后可将根部再浸水半天，以补充水分。

2. 栽植时间及方法　南方可在苗木落叶以后的 11～12 月进行；北方宜在春季土壤解冻以后的 3 月进行。定植穴 80 cm 见方，栽时先将表土与有机肥再加少量过磷酸钙混合后填入穴内，再按一般要求定植。栽植深度以苗的根颈与地面平齐或稍深 5～10 cm 为宜。栽后浇水、培土，及早定干，以减少蒸发。

柿树也常用坐地苗建园。园内先栽砧木，2～3 年砧木干粗达 3～4 cm 时，于春季展叶期距地面 30～40 cm 处锯断，用皮下接方法接上品种接穗。成活后及时引导枝条向理想的角度伸展，成园十分迅速。

柿根也含较多的单宁，受伤后较难愈合，细胞渗透压低，容易失水且不抗寒。栽植时须注意：起苗时应少伤根；起苗后严防根部干燥；栽植时注意根系舒展，与土密切接触；栽后立即充分灌水，以后经常保持土壤湿润；严寒地区应多培土注意防寒。

三、栽植后管理

为了保证苗木成活，栽后同样需要有精细的管理，具体措施要根据当地的条件去制订。

1. 栽后及早定干　因为柿树一般接活后生长量很大，秋梢长而不充实，栽植后因根系活动晚，当时吸不上水，这就需要剪截掉上部枝条，减少蒸腾来维持树体内水分平衡。定干高度，成片柿园为 60～80 cm，柿、粮间作为 1～1.5 m，干高以上再留出 10 个芽作为整形带。用蜡封或油漆涂抹剪口，以减少水分蒸发。

2. 保墒　栽植后应立即浇 1 次透水，然后封好，埋土堆保墒。过 10 d 后扒开土堆再浇 1 次水，最好在树干周围堆成丘状土堆或覆盖 1～2 m 的地膜，以保持土壤湿度。在干旱地区，覆盖地膜可有效提高苗木的成活率。要经常检查土壤湿度，干旱时应及时浇水。

3. 防寒　北方寒冷地区秋季栽植时，可在入冬前在树干上包扎稻草或在苗木基部培土防寒或将苗木压倒埋土防寒。

4. 补植　春季发芽展叶后，应进行成活率检查，找出死株原因，及时补栽。

5. 立支柱防倒　栽植稍大的柿苗后，为防止苗木被风吹倒，在树边立支柱并绑缚。

6. 肥水管理　当新梢长到 10～15 cm 时，追 1 次肥，追后浇 1 次水。

7. 病虫害防治　苗木生长季节注意及时进行病虫害防治。

第六节　土肥水管理

一、土壤管理

（一）土壤改良

主要通过深翻改土来完成，深耕可翻动底层土，逐步熟化生土层增加有效土层厚度，使土壤疏松、透气，以增加蓄水保肥能力，有利于柿树根系向水平和纵深方向发展。

（二）合理间作

为了提高土地利用率，在幼树期或株行距较大的柿园可适当间作其他作物，但一定要留出树盘，不可离树太近，避免和柿树争夺肥水。间作种类以低矮的豆种植物为佳，也可间作红薯、花生、小麦等，一般不宜种高秆作物。间作要采取轮作制，连作会带来诸多不良后果。如有条件可间作绿肥，也可绿肥与作物轮茬，对肥地、促树均有好处。

（三）果园生草

果园生草就是在果园内种植对果树生产有益的草。果园生草在美国、日本及欧洲一些果树生产发达国家早已普及，并成为果园科学化管理的一项基本内容，而我国传统的果园耕作制度由于强调清耕

除草，故导致了果园投入增加，生态退化，地力、果实品质下降。目前提倡有条件的果园实行“果园生草制”，所谓“果园生草制”，就是在果树的行间种植豆科或禾本科草种覆盖树盘，每年定期刈割的一种现代化的土壤管理制度。实行果园生草制的主要优点：①防止果园水土流失；②全部靠草肥解决了土壤有机肥，减少了从果园外搬运大量有机肥的人力、物力消耗；③常年生草覆盖，土壤温度、湿度、透气性趋向平衡，有利于土壤微生物的繁殖生长，促进了土壤微生物的良性循环。

二、施肥管理

（一）柿树需肥特点

合理施肥必须根据生物特性、树龄、物候期、结果量以及树体营养状况来进行，并要依土壤种类、性质和肥力情况选择适宜的肥料种类、数量和施肥时期。

1. 吸收特点　柿吸收养分特点主要包括：①柿根的细胞渗透压低，所以施肥时浓度要低，浓度高于 10 mg/kg 时容易受害。施肥时最好分次少施，每次浓度应尽量在 10 mg/kg 以下。②柿在生长、结果过程中需钾肥较多，尤其是果实肥大时需要量大。当钾肥不足时果实发育受到限制，果实变小；但钾肥过多，则果皮粗糙，外观不美，肉质粗硬，品质不佳。果实膨大后期尤应增加钾的供应，使用磷肥的效果很差，磷酸过多时反而会抑制生长。③柿是深根性果树，对肥效反应迟钝，不像葡萄、桃、梨那样敏感，施肥 10 d 后无明显的反应，甚至有 2 个月以上还无明显反应的情况。④柿树在营养转换期以前各个器官的活动，如萌芽、展叶、新梢生长、根系活动等，主要利用上年贮藏的营养物质；在营养转换期以后的生育过程才是利用当年制造的有机营养物质。

2. 年周期　年生长周期内柿树有 3 个需肥高峰：①萌动、发芽、枝条生长、展叶以及开花结果（3 月中旬至 6 月中旬），在这一系列生育过程中所需的营养均来自前一年贮藏的养分；②生理落果以后，主要是促进果实肥大，肥料是以钾为主的追肥；③果实采收以后（10 月下旬至 11 月上旬），主要是恢复营养，积累贮藏养分。

3. 不同发育期　树体不同的发育期需肥量不同。柿树同其他多年生木本植物一样，其个体发育可分为 4 个阶段，即幼龄期、结果初期、盛果期和衰老期。①幼龄期营养生长旺盛，主干的加长生长迅速，骨干枝的生长较弱，生殖生长尚未开始。此期每株年平均施氮 50～100 g、磷 20～40 g、钾 20～40 g、有机肥 5 kg，氮：磷：钾为 2.5：1：1，可以满足树体对三要素的需求。②结果初期营养生长开始缓慢，生殖生长迅速增强，相应的磷、钾肥的用量增大，此期每株年施入氮 200～400 g、磷 100～200 g、钾 100～200 g、有机肥 20 kg，氮：磷：钾为 2：1：1，这种比例有利于树体的吸肥平衡。③盛果期时间较长，营养生长和生殖生长相对平衡，枝条开始出现更新现象。此期需加强综合管理，科学施肥灌水，以延长结果盛期，取得明显收益。这一时期要加大磷、钾肥的施入量，每株年施入氮 600～1 200 g、磷 400～800 g。钾 400～800 g、有机肥 50 kg，氮：磷：钾为 3：2：2，随着树龄的增大，可适当加大一点磷、钾的施入量。同时要根据树叶内含有的营养元素配合施入微量元素。

4. 不同立地条件　不同的立地条件施肥量和急需的元素不同。一般来讲，山地、沙地园土土质瘠薄，易流失，施肥量要大，要以多次施肥的办法加以弥补；土质肥沃的平地园，养分释放潜力大，施肥量可适当减少，也可适当减少施肥次数，集中几次施入。成土母岩不同，含有元素也不一样。如片麻岩分化的土壤，云母量丰富，一般不施磷、钾肥；而由辉石、角闪石分化的土壤，一般锰、铁元素较多。因而，根据成土母岩的不同，选择肥料要有侧重。再者，土壤酸碱度、地形、地势、土壤温度、土壤管理，对施肥量、施肥方法均有影响。因此，正确的施肥，应做园地土壤普查，根据其结果决定园内肥料的施入量，做到既不过剩又经济有效地利用肥料。

（二）缺素与过剩症状

1. 氮　氮素是叶绿素、蛋白质等的组成成分，在不施入氮肥的果园中，均会发生缺氮症。一般缺氮植株叶色变黄，枝叶量小，新梢生长势弱，落花、落果严重。长期缺氮，萌芽、开花不整齐，根系不发达，树体衰弱，植株矮小，树龄缩短。这些缺氮植株一旦施入氮肥，产量会大幅度上升，但施氮的过程中，还得配合施入适量的磷、钾和其他微量营养元素。氮素过剩引起新梢徒长，枝条不充实，幼树不易越冬，结果树落花落果严重，果实品质降低。

2. 磷 磷素主要分布在生命活动最旺盛的器官，多在新叶及新梢中。磷酸在植物体内容易移动。磷素不足，叶片由暗绿色转为青铜色，叶缘出现不规则的坏死斑，叶片早期脱落，花芽分化不良，延迟萌芽期，降低萌芽率。磷素过剩则影响氮、钾的吸收，使叶片黄化，出现缺铁症状，因此使用磷肥时要注意与氮、钾肥的比例。

3. 钾 适量的钾素可促进果实肥大和成熟，提高幼树的抗寒越冬能力，提高柿果品质。缺钾的柿树叶在初夏和仲夏表现为颜色变灰发白，叶缘常向上卷曲；落叶延迟，枝条不充实，耐寒性降低。钾素过多，氮的吸收受阻，还影响到钙、镁离子的吸收。

4. 锌 锌元素是某些酶的组成成分。缺锌果实易萎缩，叶片出现黄化，节间短，枝条顶部枯死。灌水频繁、伤根多、重剪、重茬种植等易发生这种症状，沙地、盐碱地及瘠薄山地柿园易发生这种现象。加强果园管理，调节各营养元素的比例，是解决缺锌症的有效措施。

5. 锰 锰在光合放氧中起重要作用，缺锰光合放氧受到抑制，影响光合作用。锰为形成叶绿素和维持叶绿素正常结构的必需元素，缺锰叶绿素不能形成，叶片失绿，但叶脉保持绿色；锰能催进花粉管的伸长。

6. 铁 铁对叶绿素的合成、叶绿体的构造起着重要作用，并且它还是与光合作用有关的铁氧还蛋白的重要成分。铁在植物体内不易移动，缺铁最明显的症状是幼芽首先发黄，甚至变为黄白色，但下部叶片仍为绿色，发黄叶片最终叶脉也会变黄，叶尖和叶片两侧中部出现焦褐斑。

缺铁失绿症在盐碱地里发生较多，栽培上应通过多施有机肥，调整土壤酸碱度加以克服。

7. 硼 硼能促进花粉发芽和花粉管的生长，对子房发育也有作用，硼可和糖形成“硼—糖”络合物，有利于糖的运输。缺硼时树体生长迟缓，枝条纤弱，节间变短，枯梢，小枝上出现变形叶，花芽分化不良，受精不正常，落花、落果严重，籽粒减少，形成“花而不实”，果实表面花脸。缺硼根尖、茎尖的生长点停止生长，而侧根、侧芽则大量发生，其后侧根、侧芽的生长点又死亡，而形成簇生状。大量施用有机肥改良土壤，可以克服缺硼症。

8. 硅 硅缺乏时，植株生长软弱，容易被病菌侵蚀。硅可以提高树体的光合作用，提高根系活性，增强抗病能力，提高抗逆能力，抑制蒸腾作用，提高产量和改善品质等。

9. 钙 钙缺乏时，植株生长受阻，节间较短，较正常矮小，而且组织柔软；植株顶芽、侧芽、根尖等分生组织容易腐烂死亡，幼叶卷曲畸形，或从叶缘开始变黄坏死；果实出现顶腐病。钙可以降低果实吸收作用，增加果实硬度，使果实耐贮，减少腐烂，提高维生素 C 含量。

10. 镁 镁缺乏时，植株矮小，生长缓慢，先在叶脉间失绿，而叶片仍保持绿色，以后失绿部分逐步由淡绿色转变为黄色或白色，还会出现大小不一的褐色、紫红色斑点或条纹，症状在老叶，特别是老叶叶尖先出现。镁可以促进树体的光合作用，促进蛋白质的合成，提高果树的产量和改善果品的品质。

11. 硫 硫缺乏时，果树生长受到阻碍，植株矮小瘦弱，叶片退绿或黄化，茎细、僵直，分枝少，与缺氮有点相似，但缺硫症状首先从幼叶出现。硫可以提高蛋白质含量，改善果品质量，并能增强果树的御寒和抗旱能力。

12. 钼 钼是固氮酶中铁钼蛋白的组成成分，缺钼时，老叶失绿，叶较小，叶脉间失绿，有坏死斑点，边缘焦枯，向内卷曲。

13. 铜 铜是叶绿体中质体兰素的组成部分，它对光合作用有重要作用；铜能提高细胞中蛋白质、核蛋白等亲水胶体的含量，提高它们的水合度，增加胶体结合水的能力，从而提高作物抗旱、耐寒能力。植物缺铜时，叶片生长缓慢，呈现蓝绿色，幼叶贫绿，叶尖卷曲，叶片发白、变脆，随之出

现枯斑，最后死亡脱落。果树缺铜常发生在碱性土、石灰性土和沙质土地区，大量施用氮肥和磷肥，也可能引起果树缺铜。

（三）施肥方法

1. 基肥

（1）基肥的作用。加强光合效能，促进营养的积累，为翌春枝叶生长和开花坐果打好基础。

（2）基肥的施用时期。柿的基肥应于秋后采果前（9 月中下旬）施入，此时枝叶已停止生长，果实已近成熟，消耗养分极少，而叶片尚未衰老，正值有利同化养分进行积累时期，是施用的最佳期，基肥以有机肥为主，并可适当施入氮、磷、钾肥。

（3）基肥的施入量。氮肥 60%～70%在基肥中施入，其余于生育期追施；磷肥全部在基肥中施入；钾肥容易流失，所以可在基肥和追肥中均匀施入为宜。

（4）基肥的施肥方法。柿树的基肥施用一般可采用放射状沟施、条状沟施、穴施和全园撒施等。具体做法：①射状沟。施于树冠下，距树干约 0.5 m 处，以树干为中心呈放射状挖沟 4～6 条，内窄外宽 20～40 cm，内浅外深 15～60 cm，将肥料与土拌合施入沟内覆土。放射沟的位置可隔年或隔次更换，扩大施肥面。②条状沟施。根据树冠大小。在果树行间、株间或隔行开沟施肥，沟宽 40～60 cm，深 40～60 cm，也可以结合深翻进行。③穴施。在有机肥不足的情况下，最好集中穴施。在树冠周围或树盘中挖深 40～50 cm，直径 50 cm 左右的穴，数目视冠径大小和施肥量而定，将肥土拌后回填。施肥穴每年轮换位置，以便使树下土壤逐年得以改良，并充分发挥肥效。④全园撒施。将肥料均匀撒施全园，然后耕翻，深 15～20 cm。该法需肥量较多，适用于成龄结果园和密植园。

2. 追肥

（1）追肥的作用。增加果重；促进新梢生长；提高叶片中叶绿素含量及光合作用，延长叶的功能期；促进花芽形成。

（2）追肥的时期。追肥应结合物候期进行。柿除新梢和叶片生长较早外，其他如根系生长、开花、坐果与果实生长等皆偏晚，因此追肥时期亦应偏晚。枝叶生长虽早，但主要是应用树体内的贮藏营养。据山东农业大学的试验观察，肥水过早施入，由于刺激了枝梢生长，反而引起落蕾较多。因此追肥时期应在枝叶停止生长、花期前（5 月上旬）进行一次，7 月上中旬前期生理落果后进行第二追肥。这两个时期追肥可避免刺激枝叶过分生长而引起落花落果，亦可提高坐果率及促进果实生长和花芽分化。除使当年产量增加之外，还可增加来年的花量，为来年丰收打好基础。

（3）追肥的施入量。施肥量应根据品种、树龄、树势、产量和土壤本身营养状况来决定。根据试验推算以富有为代表的甜柿对肥料三要素吸收利用情况，大体在一年中 0.1 hm^2 柿园吸收氮 8.5～9.9 kg、磷 2.3 kg、钾 7.3～9.2 kg。天然供给量，氮大约为吸收量的 1/3，磷与钾均为 1/2。施肥量，氮是必要量的 2 倍、磷为 5 倍、钾为 2 倍。合理的施肥量取决于柿树吸收量、土壤中天然供给量和肥料的吸收利用率，可用公式计算：

$$\text{施肥量}=\frac{\text{柿树吸收量}-\text{天然供给量}}{\text{肥料吸收利用率}}$$

生产实践中也可以用计划产量来确定施肥量的标准。

（4）追肥方法。多采用放射状沟施。追肥时要注意以下问题：①应根据根系分布、肥料种类决定位置和深度。平原栽植的，根系分布深，追肥可稍深；山区栽植的，根系分布浅，追肥可稍浅。氮肥在土壤中移动性强，因此，施肥的深度可稍浅；钾肥移动性较差，磷肥移动性更差，所以，磷、钾肥施到根系集中分布层为宜，且应分布均匀。②施用化肥时，应注意方法和浓度。铵态氮肥随施随埋，避免挥发散失，降低肥效。浓度不要超过 10 mg/kg，特别是氨水更应注意浓度、深度，防止烧根。

3. 叶面肥

（1）叶面喷肥的作用。加大叶面积，提高干物质的含量，增强光合作用和代谢作用，加速柿树生长，补充营养不足。

(2) 叶面喷肥的时期。一般在花期（5月中旬）及生理落果期（5月下旬至6月中旬）每隔半月喷1次尿素，后期可喷一些磷肥。喷施时应在无风的晴天11:00以前、16:00以后为宜，中午炎热，肥料在进入叶片前蒸发变干或浓度变大，易灼伤叶片。肥液尽量喷到叶背，以便肥液迅速从叶背的气孔进入。叶面肥应尽量与喷药结合进行，以节省劳力。

4. 控释肥 控释肥就是根据作物需求，控制肥料养分的释放量和释放速度，从而保持肥料养分的释放与作物需求相一致，从而达到提高肥效的目的。目前常见的控释肥是包膜肥料，即在传统速效肥料颗粒的外面包一层膜，通过膜上的微孔控制膜内养分扩散到膜外的速率，从而按照设定的释放模式（释放率和持续有效释放时间）与作物养分的吸收相同步。

控释肥优点：①提高了肥料利用率；②提高了果树产量和质量；③减少了施肥的数量和次数，节省施肥劳动力，节约成本；④消除了化肥淋、退、挥发、固定的问题，减轻了施肥对环境的污染。

控释肥使用注意事项：①肥料种类的选择；②施用时期，控释肥一定要作基肥或前期追肥施用；③施用量，建议农作物单位面积控释肥的用量按照往年施肥量的80%进行施用，需注意的是果农朋友要根据不同目标产量和土壤条件相应适当增减。

三、水分管理

一般北方干旱地区，结果多的年份要多浇一些，结果少的年份可相对减少灌水次数和量。灌水时期视土壤干旱情况、土壤含水量和气候情况而定，一般年份春季干旱，少雨多风，应当在萌芽前和开花前后各灌一次水，在施肥后也要同时灌水，以促进养分被及时吸收利用。灌水的方法很多，有地格子法、沟灌法、穴灌法等：

1. 地格子法 多用于平坦、水源充足的柿园，即每株树下以土围成一格或修成树盘，灌溉时从水道将水引入格内即可，待水渗入土壤后及时覆土或盖草保墒，或待土壤稍干时进行中耕保墒。

2. 沟灌法 用犁在靠近柿树处开沟，将水引入沟中，待水下渗后覆土。

3. 穴灌法 在树冠下挖30～40 cm见方的穴数个，将水倒入穴中，待水下渗后覆土。

第七节 花果管理

一、授粉

柿一般都有一定的单性结实能力，但富有、伊豆、松本早生等品种单性结实能力低，没有种子的果实小而易落果，而且果形不整齐，果顶不丰满，商品性差。禅寺丸、西村早生等不完全甜柿为了能在树上脱涩，也必须要有足够的种子数量。平核无等无核果也需要花粉刺激才能坐果。为了提高坐果率，必须充分授粉。为此，柿园应配置授粉树，授粉树必须选与主栽品种花期相遇的品种。为了提高授粉树的作用，可在柿园花期放蜂，每4～5 hm^2 置一箱蜂为宜。若花期遇低温、刮风、下雨，蜜蜂的活动受影响时，为了确保授粉，最好采用人工辅助授粉。授粉用的花粉须在蓓蕾期花瓣呈黄白、刚开放的花上采集花粉，授粉效果最好。

二、疏蕾和疏果

柿的花芽分化是从7月上旬开始，这时候如以疏果来促进花芽分化为时过晚，只有与摘蕾配合进行，花芽分化才能顺利进行，花量才会年年差不多，尤其是一个结果枝只留一个蕾，其于全部摘去的情况下，每年的花量几乎无差异。疏蕾与疏果并非越早越好。疏蕾的最适期是在结果枝上第一朵花开放的时候开始至第二朵花开放时结束。疏蕾除保留结果枝上开花早的1～2朵花以外，开花迟的蕾全部疏去。才开始挂果的幼树，应将主、侧枝上的所有花蕾全部疏掉，使其充分生长。

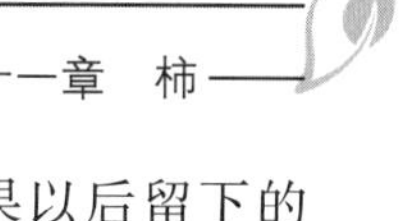

早疏果虽然留下来的果实容易长大，但因柿树生理落果严重，疏果太早，生理落果以后留下的果实数量也许会太少。所以，疏果宜于生理落果即将结束时（7月上、中旬）进行。疏果时应注意留下来的果实数与叶片数要有适当的比例，并应将发育不良的小果、萼片受伤的果、畸形果、病虫果等先行疏去，向上着生的果容易发生日灼，也应疏去，保留不易受日光直射的侧生果或侧下生个大、匀称、深绿色、萼片大而完整的果实，尤其是萼片大的果实最容易发育成大果，应尽量保留。

结果量与树势有关。树势衰弱的，往往结果量太多，发育不良，劣果比重大。树势过强，结果量少，不仅产量低、效益差，而且容易引起二次梢的萌发。最理想的是介于两者之间的中庸树势，养分的利用效率最高，结果量也最合适。

叶片对果实的发育关系最大，叶数多果实发育好。但叶果比超过15∶1以上时，效果逐渐降低，最合适的叶果量是1个果实有20～25片叶子，相当于总花量的20%～30%。品种间留果数略有差异，在每公顷盛果期柿园留果标准为12万～16万个。

三、提高坐果和着色技术

（一）提高坐果技术

1. 授粉 富有、次郎等有核品种，当缺少种子时容易落果，最好采用人工辅助授粉，使其确定形成种子；而且富有开花晚，与授粉枝雄花开放相遇的时间很短，为了提高坐果率，也需人工辅助授粉。

2. 喷布赤霉素 于盛花期喷布250～2 000 mg/kg赤霉素，可明显提高坐果率。在允许幅度范围内喷的浓度大，效果好，但成本高。

3. 喷布稀土微肥 于盛花期喷布稀土微肥——“农乐”益植素1 500 mg/kg也能提高坐果率。

一般品种不存在后期落果问题，夏季十分干旱时应及时灌水，并控制氮肥的施用量，防止枝条延迟生长，可有效减少后期落果。

（二）提高着色的技术

加强肥水管理，促进前期果实肥大。通过疏蕾疏果技术，调整叶果比。在应用夏季修剪技术改善通风透光一系列措施的基础上，8月铺反光膜，促进光合作用，可以提高着色度1度以上。在8月中旬和9月中旬喷布5 000倍液费格隆（生长激素），能明显地增加番茄红素，提高着色度，并能增加糖度。但在应用费格隆时应注意浓度不要低于5 000倍液，以免引起不良后果。

四、落花落果

（一）落花落果原因

柿树的落果有两种原因：一种由外界条件引起，如病虫害（如炭疽病和柿蒂虫）、雹灾、风害等；另一种是树体内部营养失调引起的，称为生理落果。

柿树的落花落果在一般情况下有3个较集中的时期：开花前的落花；谢花后3～5 d开始的第一次生理落果；盛花期后25～30 d的第二次生理落果。其生理落果的主要原因是：

1. 与品种、树龄、树势有关 品种之间生理落果的程度差异很大，如磨盘柿落果率为10%～30%，富有、绵柿、馍馍柿落果率为47%左右，小火柿落果率为96%。树龄大的自然落果重。落果还与结果部位有关，一株树表现为内膛枝落果多，外围枝落果少；细弱枝落果多，强壮枝落果少。

2. 果与枝叶间或果与果间争夺养分 光照不良。如在一个枝条上，由于光照不同，结果母枝和结果枝位于顶部的落果少，位于下部的落果多。施肥不合理，如氮肥过多，磷、钾肥不足等也会引起生理落果。水分过多或过少。前期水分过多或天气干旱造成土壤水分缺乏，致使代谢方式受到破坏，从而造成落花落果。柿幼树营养生长过旺、重剪之后新梢徒长或延迟伸长，树体为达到地上与地下的平衡，由生殖生长转向营养生长，从而引起落果。枝条不充实、纤细。二～四年生幼树，秋梢枝条不充实，营养积累少，花芽分化不完全。枝组重叠，枝叶过密，光照不足，影响光合作用的正常进行，营养积累少，不能满足开花坐果和果实发育的需要。

3. 授粉不良　单性结实能力强的品种，如磨盘柿，自身含有较多的花粉激素，不存在授粉问题。而有些品种特别是甜柿必须经过授精才能正常结果，就容易发生雌花脱落或果实脱落的现象，如前川次郎、阳丰等品种，可适当少配一些授粉树 20∶1；有些品种必须进行异花授粉果实才能发育，如富有、上西早生等品种，应适当多配置些授粉树 10∶1。

4. 病虫危害　梅雨季节高温高湿，采收前阴雨连绵容易诱发炭疽病为害果实，被害果实容易形成褐斑硬化而脱落。8～9 月柿蒂虫蛀食果蒂，柿绵蚧为害果面使果实早期变软采前脱落，造成落果减产。

另外，由于外界条件的异常随时会引起大量落果，如在花期及幼果期长期阴雨，光照不足，易引起树体生长旺而不充实，光合作用差，新叶制造的养分不足以供给幼果发育，激素（主要是赤霉素）的合成受阻，因而导致异常落果。土壤过干或过湿，土壤含水量变幅过于剧烈也会导致大量落果。引起落花落果的因素很多也很复杂，但总的说来主要是营养生长和生殖生长的矛盾过于剧烈而引起。由于幼树期营养生长占有优势地位，幼果在与枝叶争夺养分与水分的过程中处于不利地位，因而导致大量的落花落果。因此，缓和枝叶与果的竞争，降低枝叶的竞争优势，是保花保果的基本出发点。

（二）防止落花落果的技术措施

1. 加强管理　加强肥水管理，及时防治病虫害，科学整形修剪，合理负载，使根深叶茂、树体健壮。

2. 培养健壮的结果母枝　幼龄结果树的结果母枝往往是由春梢的落花落果枝及夏、秋季抽生的营养枝发育而来，因经过较长时间的生长及养分积累，所以能成为优良的结果母枝。以夏梢、秋梢作为结果母枝的，必须施好夏梢、秋梢肥，可配合进行叶面肥，直接补充叶面营养，并尽可能地在其封顶前摘心，促其老熟，争取推迟落叶期，使其在落叶前能制造更多的养分。

3. 花期环割或环剥　对生长势不太旺的树，可在主干或主枝上环割 1～2 圈，深达木质部；对长势较旺的树可采用环剥的方法，剥口宽 0.3～0.5 cm，环剥后对剥口涂抹杀菌剂保护，如用甲基硫菌灵 300～500 倍稀释液涂抹，再用塑料薄膜包扎起来。

环割在初花期进行第一次处理，谢花后 10 d 再进行一次。

环剥则宜在盛花期进行 1 次即可，也可用 12＃至 14＃铁丝在花前 1 周捆扎枝干勒断树皮，20～25 d 再将铁丝解开。环剥可提高坐果率 23%以上，并对花芽分化有促进作用。

4. 花前或花期喷洒微肥与激素调节　在落花后的幼果期（6 月上旬）喷施 ABT 增产灵 5 mg，或在花前或花期喷 0.1%硼砂、0.8 mg/kg 的三十烷醇、0.1%钼酸铵 1 000 倍液，可混合 0.2%磷酸二氢钾（不能含有 2，4 - D）及 0.3%尿素，能明显提高坐果率。经试验，在盛花期（5 月底至 6 月初）喷尿素 300 倍液，或在盛花期喷稀土微肥“农乐”益植素 1 500 mg/kg，也能提高坐果率。也可在盛花期喷 20～30 mg/kg 赤霉素，比对照提高坐果率 10%～20%。在 50～200 mg/kg 范围内喷布，随着浓度的增大其坐果率也随之提高，最高可比对照提高 40%。幼果期喷后，在 7 月中旬至 8 月初用 ABT4 号、ABT7 号、ABT8 号、ABT9 号增产灵 15～20 mg/kg 浓度的溶液再喷一次，可提高大果率 50%以上，每 667 m^2 增产 710 kg。为防止幼树抽发夏梢造成落果，在夏梢抽发前 7～10 d，用 15%多效唑 150～250 倍液进行叶面喷洒，可削弱枝梢长势，提高坐果率。

5. 控制氮肥，增施磷、钾肥和补充锌肥　柿树的生长势较强，特别是幼年结果树更是生长旺盛，如不控制，则营养生长很易过旺，极难挂果。结果过多的树，7 月上中旬补施以钾肥为主的壮果肥，解决果实与枝叶之间争夺养分的矛盾。采收后普施基肥复壮，加速树体营养的积累。

6. 加强水分管理　注意雨季开沟排水防涝，同时树盘应进行覆盖，防止干湿变化剧烈，以调节土壤水分变化。

7. 合理修剪　通过修剪使树体结构趋于合理，减少无用枝的消耗，使树上树下、树内树外协调生长，改善光照条件，有利于光合作用，可有效地防止落花落果。

8. 授粉树配置　需授粉的品种应配置授粉树或进行花期放蜂和人工辅助授粉。甜柿的大部分品种都需要配置授粉树，如富有、伊豆、松本早生、禅寺丸等。柿是虫媒花，主要是靠蜜蜂等昆虫传粉。为了提高授粉树的作用，可在柿园花期放蜂（每 3.3 hm^2 置 1 箱蜂）。柿园中配置好授粉树后，在蜜蜂正常活动情况下，不需人工授粉。若花期遇低温、刮风、下雨，蜜蜂的活动受影响时，为了确保授粉，最好采用人工辅助授粉，尤其在授粉树密度低或花期不遇的情况下，人工授粉更显重要。据试验，采用人工授粉的单株，果个大、品质优、生理落果少，但种子偏多。

9. 加强病虫害防治　冬季清园消灭越冬幼虫，注意防治炭疽病、柿绵蚧和柿蒂虫，及时清除被害果实和枝条，防重于治，减轻病虫为害果实。

第八节　整形修剪

一、与整形修剪有关的特点

1. 枝干的生长特性　树体高大，寿命很长；必须充分光照，否则枝条易枯；幼树直立，结果后逐渐开张；顶端优势、侧位劣势，粗枝优势、细枝劣势，直立优势、水平劣势，横生枝上芽优势、下芽劣势；前枝上发枝多而强，弱枝上发枝少而细；隐芽寿命长而且极易萌发；大枝弯曲处能萌发很多徒长枝；木质脆容易折断，成枝角小的极易劈裂；锯口越大越难愈合，木质易腐朽。

2. 结果特性　柿的花芽是混合芽；雄花着生在弱枝上；隔年结果现象经常发生；生理落果多。

二、主要树形

树形的构成原则是在不违背柿树的本性基础上，要丰产、优质和便于管理。为此，柿的基础树形以主干疏层形、变则主干形和自然开心形为宜，高度密植园也有采用 V 形、零星栽培的用主干疏层形等。究竟采用何种树形为好，需依品种、栽植密度、地形等综合因素而定。

（一）主干疏层形

主干疏层形又称疏散分层形，有明显的中央领导干，干高 1 m 左右。主枝分层分散在中央领导干上，一般为 3～4 层。第一层有主枝 3～4 个，第二层有主枝 2～3 个，第三层有主枝 1～2 个。上、下层的主枝应错开分布，避免重叠，以利于通风透光。层间距为 60～70 cm，同层的上、下主枝间距 40～50 cm，各主枝上分布有侧枝 2～3 个，侧枝间距离约 60 cm，侧枝上交错分布结果枝组。树高4～6 m，树冠呈圆锥形或半椭圆形。后期注意控制上层枝条，勿使生长过旺，可考虑分期落头。

（二）变则主干形

有明显的中央领导干，一般由 4～5 个主枝组成，第一主枝与第二主枝、第三主枝与第四主枝均成 180°角，4 个主枝呈“十”字形排列。每个主枝上留 1～2 个侧枝，全树留 7～8 个侧枝。第二个侧枝的位置不能太靠近主枝基部，一般要距基部 50 cm 以上；第二个侧枝的位置应距第一个侧枝 30 cm 以上。当最后一个主枝选定以后，在其上方锯去中央领导干的顶部。

（三）自然开心形

干高 60～100 cm，主干上培养 3 个均匀分布的主枝，第一主枝与第二主枝的间隔距离 30 cm 左右，第二主枝与第三主枝之间的距离 20 cm 以上。第一主枝成枝角须 50°以上，第二主枝 45°以上，第三主枝 40°以上。树高在 4 m 以内。这种树形整形容易，高度低，管理方便，通风透光好，结果早。

（四）自然半圆形

自然半圆形又称自然圆头形，无明显的中央领导干，主干较高，一般1～1.5 m。主干上选留3～8个大主枝，成40°～50°的夹角向上斜伸。各主枝留2～3个侧枝，侧枝间应互相错开，均匀分布。在侧枝上培养结果枝组。该树形无明显层次，但树冠开张，内膛通风透光较好，是一种采用较普遍的丰产树形。

三、整形修剪的时期和方法

整形是根据柿树的生物学特性，结合一定的自然条件、栽培制度和管理技术，形成在一定空间范围内有较大的有效光合面积，能担负较高产量，便于管理的合理树体结构。修剪是根据柿树生长、结果的需要，用以改善光照条件、调节营养分配、转化枝类组成、促进或控制生长发育的手段。依靠修剪才能达到整形的目的，而修剪又是在确定一定树形的基础上进行的。所以，整形和修剪又有密切的连带关系。

（一）整形修剪的时期

在一年中大约需修剪3次，即冬季修剪、春季修剪和夏季修剪。冬季修剪在将近落叶时开始，早剪有利于在剪口附近形成混合芽。首先是对过长的夏、秋梢进行短截，以避免枝条过长，树冠生长过快。剪口应在春、夏梢或夏、秋梢分界处，因为在春梢或夏梢的上端易形成混合芽。冬季修剪的另一作用是清园，将病虫枝剪除，将枯枝落叶深埋或集中烧毁，对树干进行涂白，树冠喷洒3～5波美度石硫合剂，清除越冬病虫。在寒冷地区，鉴于幼树抗寒力差，伤口不易愈合的具体情况，冬季尽量少修剪或不修剪，将冬季修剪放到早春枝芽萌动前15 d左右（3月上中旬）进行。

（二）整形修剪的方法

1. 疏枝 将枝条从基部全部剪去。对过密枝、过弱枝、干枯枝、病虫枝、交叉枝等多用此法。可以改善光照条件，对母枝有削弱生长势、减少加粗生长的作用，有利于营养的积累和花芽形成。疏枝伤口能削弱和缓和伤口以上部分的生长量，对伤口以下部分则有促进作用。

2. 短截 即剪去一年生枝条的一部分。根据剪截长度的不同可分为轻截、中截、重截等。短截对枝条生长有局部刺激作用，能促进剪口以下侧芽萌发，可培养壮枝结果，增加营养面积。短截程度和剪口芽不同，反应也不同。

3. 缩剪 又称回缩，指对多年生枝短截。其反应与缩截轻重和剪口所留枝或芽的情况有关。若回缩到有向上的壮枝、壮芽的部位，可促使后部发出生长势强的枝，即有显著促进生长的作用。常利用缩剪更新枝组、主枝或树体。

4. 缓放 即对营养枝不修剪，以缓和生长势，有利于营养物质积累和花芽的形成。

5. 抹芽 在新梢萌发后至木质化前进行。苗期的干上会萌发较多芽，为了集中养分，应将整形带以下的芽全部抹去。在主枝分杈处、疏剪后残桩处、粗枝弯曲处、大枝回缩及主干落头时锯口附近常萌生较多芽，可选留1～2个，其余全部抹去，以节约养分。

6. 摘心 对旺长幼树的旺盛发育枝和大树内膛有利用价值的徒长枝，在其长至20～30 cm时摘心，促发二次枝。

7. 环剥 环割、倒贴皮、大扒皮等都属于这一类。对健壮的幼树或生长旺盛不易结果的柿树，在开花中期进行环状剥皮（简称环剥），可在一定时间内阻碍树冠制造的养分向下运输，调节碳氮比，促进花芽分化。对已结果的树环剥可防止生理落果、提高坐果率。在主干上环剥时，可采用双半环上下错开的方法，两半环间距5～10 cm，环剥宽度应视树干粗细而定，一般为0.5 cm左右，在急需养分期过后即能愈合为宜。早期环剥可稍宽，晚期环剥可稍窄。环剥时注意不要伤及木质部，以免造成折断或死亡。不能每年都进行环剥，以免削弱树势。弱树、弱枝不宜环剥。环剥后要加强树体及土肥水管理。

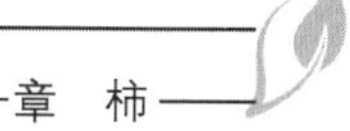

四、不同年龄期树的修剪

（一）幼树期

1. 生长特点　幼树（指定植后到结果初期）生长旺盛，停止生长较迟，顶端优势强，分枝角度小，层性比较明显，隐芽萌发能力强，新梢摘心后能发出二、三次梢。

2. 整形修剪原则　选留强枝培养骨架，开张角度，扩大树冠，整好树形。及时摘心，疏、截结合，增加枝级，促生结果母枝，为早期丰产打好基础。对幼龄结果树整形的重点是完备侧枝上的各级枝序，均匀地配置结果枝组。一般4级以上的枝序会自然形成结果母枝。对于一些直接着生在骨干枝上的营养枝，只要位置恰当，光照好，便可以留作结果母枝。如果其长势较强，则可对其进行环割或环剥，以削弱生长势。对于扰乱树形的徒长枝应及时抹除。

3. 整形修剪方法　在苗木生长超过1～1.5 m高时定干，发芽后留40～50 cm的整形带，其余全部抹芽。生长1年后，冬季选留直立向上的枝条作为中央领导干。下部选留3～4个向四周均匀分布、角度开张的粗壮枝条作为第一层主枝，并在40～60 cm处留10个向外生长的剪口芽短截。疏去少数过密枝和弱枝，对于其他旺枝可用环剥、短截、开张角度等方法控制生长。为使第一层主枝旺盛生长，须抑制中央领导干的顶端优势，进行重截。第一层主枝争取在2年内完成。待中央领导干长至第二层高度时，进行摘心或短截，使形成第二层主枝，同时选留第一层主枝上的侧枝，一般主枝上第一侧枝要距干基40～60 cm，第二侧枝要留在第一侧枝的对面，两侧枝间约30 cm的距离，而第三侧枝又与第一侧枝同向、与第四侧枝反向，第三侧枝与第二侧枝间距50～60 cm，第三与第四侧枝间可稍近些。对于着生在第一层主枝上的直立向上伸展的延长枝或侧枝，需在未木质化时缚竿诱导或用撑、拉、吊、垂等方法开张角度，以尽快转变成结果枝组。如此经3～4年，骨架已形成，生长也渐趋缓慢，以后注意删去过密的枝条，逐渐培养结果枝组。另外，在修剪过程中要依据整形为主、结果为辅的原则。磨盘柿的果实大而重，为提高树体的负载能力，骨干枝的角度不宜过大。一般主枝与主干间的夹角要控制在55°～60°，角度过大，树势容易缓和，有利早结果，但骨架不牢，树体容易上强下弱。所以，幼树拉枝时一定要适度，一般辅养枝与骨干枝之间的角度也不得大于75°。

春季修剪在春季抽梢现蕾后到开花前进行，对幼龄结果树有5种处理方法：①对上年冬季缓放的结果母枝春梢段、夏梢段均抽发结果枝的，宜尽早将上部的夏梢段剪去，保留春梢段的结果枝结果。如夏梢段或秋梢段抽发营养枝，而春梢段抽发结果枝的，也应尽早将夏梢或秋梢段剪去。春梢、夏梢、秋梢均弱的，全部抽发营养枝的则回缩到春梢段。②对结果母枝上抽发过多结果枝，导致结果枝密挤时，可疏去部分结果枝。③对冬剪时留枝过多，春梢抽发后发现树冠过于密挤的或有扰乱树形的枝，可在春季进行疏枝，剪口宜涂药保护。④将近开花时，对仍未停止生长的结果枝及营养枝进行摘心，一般在最上面一朵花上留6～8片叶摘心。注意留叶不能太少，太少时一是不利于为将来的果实发育提供足够养分；二是若挂果少，该枝仍旺，会抽发夏梢，对夏梢反复摘心后，春梢留叶少的枝在冬剪时留芽少，不利于下年连续结果。若在开花前自然封顶的枝梢，可不必摘心。⑤对发现有炭疽病为害的春梢，宜尽早剪除，减少花后对幼果的传染。

夏季修剪在谢花后进行，首先是对抽发的夏梢，展叶前留2～3片叶反复摘心，使其少消耗养分；其次是在第一次生理落果后即进行疏果，一般根据枝的负载量定果，强枝留2～3个，中等强枝留1～2个，弱枝不留果或留1个。同一结果枝上的2个果要留有一定距离，以避免将来果实发育膨大后拥挤。为防止炭疽病造成落果，留果量可适当比计划产量多些。另外，对幼龄结果树一般可以不保留夏梢、秋梢，在反复摘心控制后，冬季修剪宜在春梢与夏梢、秋梢交界处短截，只利用春梢作为下年结果母枝。夏季对幼树进行拉枝处理，可促进早结果、早丰产。拉枝主要是拉主枝和辅养枝。主枝拉成50°～70°，辅养枝拉成70°～80°。一般在6月下旬至7月上旬进行。拉枝时用左手托住被拉枝的基部，右手握住上部，进行软化后用铁丝或绳子拉住固定即可，但不要反方向拉，也不要拉劈裂或拉成

"弓"字形。

(二)盛果期

1. 生长特点 盛果期树体结构已形成,树势稳定,产量上升,树体向外扩展日趋缓慢。大枝出现弯曲,易与邻枝交叉,下部细枝易枯死,结果部位出现外移现象。随着树龄的增加,内膛隐芽开始萌发,会出现结果枝组的自然更新。及时更新是盛果期保持树势不衰的关键。柿树结果枝的寿命只有2～3年,应充分利用柿树隐芽寿命长、萌发力强的特性进行多次更新,以保持树势不衰,延长盛果期的年限。

2. 整形修剪原则 根据品种特性和树势强弱采用适宜的修剪方法,做到因树修剪,随枝作形。在力求保持树冠整体均衡的基础上,采用以疏为主、短截为辅,疏剪与短截相结合的修剪原则。

3. 整形修剪方法

(1)调整骨干枝角度。为均衡树势对过多的大枝应分年疏除,有空间的可留短桩,促使隐芽萌发更新枝,培养成结果枝组,填补空间,增加结果部位。疏除过多大枝可改善内膛光照条件,促使内膛小枝生长健壮,开花结果。对大型辅养枝和结果枝组,要缩、放结合,左右摆开,使枝组呈半球状,树冠外围呈波浪状。同时,要对大枝原头逐年回缩,抬高主枝、侧枝角度,扶持后部更新枝向外斜上方生长,逐渐代替原头,以提高主枝角度,恢复生长势。

(2)疏缩相结合,培养内膛枝组,疏除密生枝、交叉枝、重叠枝、病枯枝等。对弱枝进行短截,当营养枝长20～40 cm时可短截1/3～1/2,以促使发生新枝,形成结果母枝。雄花树上的细弱枝多是雄花枝,应予保留。对膛内过高过长的老枝组应及时回缩,促使下部发生更新枝;对短而细弱的枝组应先放后缩,增加枝量,促其复壮。对下垂严重、后部光秃、枝叶量小的中型枝作较重回缩,一般应回缩到五年生前的部位,起到压前促后、巩固结果部位的效果。树体达到相应高度,上部遮阴严重时,要及时落头开心,解决内膛及下部的光照矛盾。

(3)利用徒长枝培养新枝组或更新枝组。内膛有时发出较多徒长枝,应根据空间选留一部分生长健壮、部位好、发展空间大的,待长到15～30 cm时进行摘心控制;也可于冬季修剪时短截到饱满芽处,控制其高度,促生分枝,培养成新的结果枝组填补空间;如无空间可疏除。由徒长枝培养的枝组生长能力和结果能力都强,应注意利用。

(4)去弱留强,壮枝结果,多留预备枝,克服大小年。柿树的产量主要决定于结果枝组上结果母枝的多少和强弱。一般结果母枝长10～30 cm、粗0.4～0.7 cm时结果能力最强。结果母枝过多易造成大小年现象,修剪时应先确定预留的结果母枝数,大年时可将结果枝、发育枝或部分结果母枝在1/3处短截,让其抽生新枝作为预备枝,春季萌发后,可抽生2个壮枝而形成健壮的结果母枝,也就是截1留2的修剪方法。此外,也可短截上年结果的枝条,留基部隐芽或副芽,生长季内可萌发抽枝,转化成为结果母枝,即所谓的双枝更新法。如结果枝在结果的当年生长势弱,多数不能形成结果母枝而连续抽生结果枝的枝条,也可采用同枝更新修剪法,修剪时回缩到分枝处。对一些成花容易的品种,大年时也可对一部分结果母枝截去顶端2～3个芽,使上部的侧生花芽抽生结果枝,下部叶芽抽生发育枝形成结果母枝,为翌年结果打下基础。结果母枝的留量,应根据树势、年龄、品种和栽培管理的集约程度等方面来确定。如按每一结果母枝萌发2个结果枝,每个结果枝结2个果,每个果平均果重100 g进行计算,其结果如下:9年生以前,株行距为3 m×3.5 m,每667 $m^2$64株,计划每667 m^2产量500～1 000 kg,每株需选留结果母枝20～40个。10～15年生,株行距为3 m×7 m,每667 $m^2$32株,计划每667 m^2产量1 500 kg,每株需选留结果母枝118个。15年生以上,株行距为6 m×7 m,每667 $m^2$16株,计划每667 m^2产量2 000 kg,每株需选留结果母枝313个。以上均为计算数字,为了留有充分的余地,可适当地增加一些。

(5)利用副芽更新。副芽体大,萌发抽枝能力强。因此,在更新修剪时,要保护剪截枝条基部的2个副芽。如剪留得当,两个副芽很容易抽生出10～30 cm长的"筷子码"。这样的枝条,抽生结果枝的能力强、寿命长，应重点进行培养。

（三）衰老期

1. 生长特点 树势衰弱，新梢极短，枯枝逐年增多，小枝结果能力减弱，结果部位外移，品质下降，且隔年结果现象严重或几乎没有产量。

2. 整形修剪原则 大枝回缩，促发新枝，更新树冠，逐渐恢复树势，延长结果年龄。

3. 整形修剪方法 根据树体衰老的程度确定更新的轻重，衰老程度轻的更新部位要高，衰老程度重的更新部位要低。一般需回缩到后部有新生小枝或徒长枝处，使新生枝代替大枝原头向前生长。回缩大枝时，为避免回缩太重，最好衰老一枝回缩一枝，用5～7年时间更新完，以保持有一定数量的结果部位，维持一定的产量。大枝回缩后，锯口附近的副芽会大量萌发，在夏季修剪时应及时抹芽、摘心，以加速树冠的形成。注意利用保护老树内膛发出的徒长枝，适时摘心，促使分枝形成新的骨干枝，更新树冠。内膛徒长枝过多时，应疏去过密的和细弱的，留下的枝条应适时摘心、短截，压低枝位，以促分枝，形成新的骨干枝或枝组，加速更新树冠或培养为结果枝组。对于树干高、内膛光秃的部位（或不易回缩的大枝），也可采用插皮腹接的嫁接方法增加枝量，以尽早恢复树势和产量。一般老树更新后2～3年开始结果，5年后大量结果恢复产量。

五、不同柿园的修剪

（一）放任树园

1. 生长特点 树体高大，骨干枝密挤，互相穿插，外围枝密、细、下垂，枯枝多，内膛光秃，结果部位外移，实际结果面积少；徒长枝多，开花少，产量低而不稳，品质差，大小年结果现象严重。

2. 整形修剪原则 因树造型，灵活修剪，对大枝过多的要逐年疏除，以维持产量。对树体过于高大的要分期落头，以利下部光照而促发新枝。内膛光秃的要利用徒长枝培养结果枝组。

3. 整形修剪方法 树体高大的要对中心干分期落头，改善光照条件，促进中下部枝叶的生长。内膛萌发壮枝后，可补充空间，一般将树高控制在5～7 m。对大枝应采取疏剪和回缩相结合的方法。对密挤、开张角度小、光照不良的骨干枝，分数年逐步疏除，打开层次。每株骨干枝数量保留5～7个，将树形改造成疏散分层形或多主枝半圆形。适当回缩或疏除重叠枝、并生枝、徒长枝、细弱枝和衰弱的当年生结果枝。疏除的枝条直径在2 cm以上的，要留1～2 cm短桩。对生长较弱的小枝则在年轮上方留0.5～1 cm戴活帽回缩，能促发2～5个壮枝，大部分当年即可成花，成为结果母枝，翌年结果。下垂枝从弯曲部位回缩更新，抬高枝头角度，促使后部萌生分枝。对出现衰弱的主枝进行重回缩，缩到后部有新生小枝处，适当选留粗度0.6 cm以上、长度20 cm左右的发育枝。有空间的徒长枝在冬季修剪时留25～30 cm短截，以培养结果枝组。注意内膛结果枝组的培养。对于长度在30 cm左右的充实新枝，修剪时可短截培养成结果枝组。对于长度在1 m左右的徒长枝，应根据空间剪留，在枝密处的或邻近有结果母枝的可疏去；在光秃部位的应适当短截，留30～60 cm，或对徒长枝进行适时摘心，促使发枝，转化成结果母枝。对内膛过高过长的老枝组及时回缩，对短而细弱的枝组先放后缩，增加枝量，促其复壮。精细修剪，更新枝组。疏去过密的多年生无结果能力的枝组，使留下的枝组分布均匀，做到大、中、小型各占一定比例；对多年生的冗长枝组疏去3～5年生部分，后部枝借用苹果修剪的“打橛”法保留3～5 cm，促使潜伏芽萌发新枝，重新培养。根据柿树壮枝结果能力强、落花落果轻的特性，疏弱留壮，以便集中营养供应壮枝结果；对强壮结果枝上的发育枝进行短截，作为预备枝交替结果。夏季修剪时去除剪口、锯口处多余萌蘖。对有空间的壮旺新梢，在15 cm长时反复摘心，增加分枝，促进成花。短截或疏间竞争枝，拉平缓放直立大枝，促生结果母枝。每个结果母枝留1～2个果，其余全部疏除。

（二）大小年树园

1. 生长特点 在大年花果量大，从而消耗营养多，有机物积累得少，生长弱，花芽不易形成，致使翌年（小年）花果量很少。

2. 整形修剪原则 在保证当年产量的前提下，适当控制花果量，减少消耗，增加积累，促进花芽形成，为第二年丰产奠定基础。

3. 整形修剪方法 大年修剪时应稍重。疏去细弱枝、病虫枝、过密枝、交叉枝、重叠枝、位置不合适的大枝和枝组。按照去密留稀、去老留新、去弱留强、去直留斜、去远留近的原则疏剪丛生枝和结果枝组，将大年保留的1年生枝条的30%～40%进行回缩修剪来培养预备枝。要进行疏花疏果，应以疏蕾为主，在开花前10～15 d，先疏除畸形花蕾和迟开的花，然后按约10：1的叶蕾比例在全树均匀疏蕾，保留大而横生、花梗粗、浓绿的花蕾。疏果应在6月生理落果之后进行，疏去畸形果、病虫果，使叶果比例保持在20：1。小年修剪应稍轻，尽量保留结果母枝。以疏除修剪为主，去掉枯枝、细枝、弱枝、病虫枝及退化枝，避免不必要的养分消耗，促使小年丰产。还可利用植物生长调节剂处理大年秋梢，使秋梢提前成熟，有利于小年的花芽分化。

（三）矮化密植园

1. 生长特点 柿树采用矮化密植整形修剪技术后，3年可见果，5～6年进入盛果期，一般情况下，6年生树每667 m^2 产量达560 kg。株行距3 m×4 m。

2. 整形修剪方法 树形采用改良纺锤形。干高50 cm，基部有3个主枝，层内距约25 cm，主枝与主干夹角70°～75°。在主枝以上近40 cm中干上着生8～10个侧分枝（大型结果枝组）。基角80°～85°，侧分枝间距15～20 cm，错落排列。主枝上着生中型、小型结果枝组。成形后树高约3 m，冠径约2.8 m。柿树栽植后在80～100 cm处定干。萌芽后选留2～3个新梢，培养基部主枝。夏季在主枝以上中干80～100 cm处摘心。主枝长40 cm，半木质化时，摘心并用手捋枝，将主枝基角拉至约75°。翌年萌芽前，轻剪主枝延长枝，剪去枝条的1/5。适当重截中干，剪留长度约80 cm。萌芽后间隔15～20 cm，选留新梢培养侧分枝。疏除主枝内膛过密的细弱枝、竞争枝和无用的徒长枝，适当选留主枝上的部分新梢培养结果枝组，当长至30～40 cm长时进行摘心，并拉枝开角。定干第三年对主枝和中干上部的修剪方法同前两年。夏季修剪缓放拉平侧分枝；新梢长30 cm时进行摘心；对背上直立枝反复摘心，以增加分枝；疏除过密的徒长枝。5月下旬环剥侧分枝和大型结果枝组，剥宽为3 mm，对主干环割2～3道，以促进提早成花和提高坐果率。经4～5年的修剪，改良纺锤形可基本成形。柿树进入盛果期后宜对轮生重叠的侧分枝适当回缩或疏除。侧分枝上的枝组结果后回缩到壮枝处。结果枝与营养枝的比例宜调整到1：2。

第九节 病虫害防治

一、柿树病虫害防治方法

柿树病虫害防治方法有多种，实际应用时应遵循预防为主，少用药、巧用药，不同防治方法结合运用及减少环境污染等原则。

（一）农业防治

农业防治是利用园地选择与规划设计及栽培管理等农业措施，兼顾防治病虫害的方法。其中包括创造良好的生态条件，使树体生长健壮，增加机体的抗病虫能力，消灭病虫害源，如烧毁病虫枝及易滋生病虫的杂草等。农业防治不增加额外投资，效果又好，且不易造成环境污染，应是我国广大柿果生产区防治病虫的重要措施之一。

（二）物理防治

物理防治主要是根据病虫害的生物学习性和生态学原理，如利用害虫对光、色、味等的反应来消

灭害虫。在这方面用得较多的是杀虫灯、太阳能灭虫器、粘虫板、糖醋液、烂果汁等诱杀成虫；在树干上绑幼虫带或草圈诱集越冬害虫；在树干上绑塑料薄膜或涂药环阻杀害虫；人工防治等。

利用人工捕捉和使用器械阻止、诱集、振落等手段消灭害虫的方法称人工防治法。人工防治应根据害虫的危害习性和发生数量确定合适的方法。如在防治草履蚧时，可在早春若虫未上树以前于树干上涂粘虫胶或毒药环，阻止若虫上树，这种方法既经济、省工，又有显著的防治效果。

（三）生物防治

生物防治是利用对树体无害的生物及其产品防治害虫的方法。通俗地讲就是以虫治虫，以菌治虫，以鸟治虫。能用于生物防治的生物称为害虫的天敌，它们主要通过直接捕食害虫或寄生于害虫身体上来消灭害虫。在自然界中，每种害虫都有其天敌。天敌的种类很多，大致可分为昆虫、螨类、鸟类和菌类，但柿树上利用较广泛的主要有昆虫、螨类、鸟类，柿树虫害较为常见的捕食性天敌有瓢虫、草蛉、食虫椿象、捕食性螨等；较常见的寄生性天敌有寄生蜂、寄生蝇等。

（四）化学防治

利用药剂直接防治病虫害的方法称为化学防治，亦称药剂防治。此法多在病虫危害严重时使用，是果园病虫害防治的最主要方法。

1. 加强病虫害测报工作，适期防治 柿树病虫害预测是根据病害流行规律或虫害发生发展规律，结合当地气象条件，全面分析、统计已掌握的资料，正确估测病虫害发展趋势，如发生期、发生量、危害程度，以及是否需要防治和防治时机等。如果测报过晚，错过防治的最佳时机很难收到防治效果。

2. 交替轮换，复配用药 长期单一使用同种农药，易使病菌或害虫产生抗药性。轮换或复配用药是有效延缓病虫害产生抗药性的良好途径。

3. 科学施药 要使农药充分发挥药效，必须根据病虫害中毒的机理，采用科学施药技术，做到喷少量的农药、收到较好的防治效果。施药时应注意以下几个问题：

（1）正确掌握农药剂量。各种农药对防治对象所用的药量都是经过试验制定的，因此在柿生产中使用农药时，必须根据说明书提供的用量，不可随意增减。增大用药量，不仅浪费农药，而且易产生药害，增加柿果中农药的残留量，污染环境，影响消费者的健康；减少用药量，则达不到预期效果。为做到准确用量，要用量杯、量药器、小秤等称量，或根据用药总量进行 2 次稀释法平均分配，按要求配药。一般先按说明书上药量的下限用药（倍数最大），随着药剂使用年限的增加，再增加到说明书上用药量的上限用药（倍数最小）。

（2）了解病虫害发生规律。每一种病虫害的发生都要经历一个过程，了解其发生规律才能找到最佳的防治时期。不同的病虫害发生部位不同，在防治中用药时就要重点部位喷到、喷细，如白粉病在顶梢，蚜虫多发生在顶梢，红蜘蛛初发期在叶背危害等。目标选准则省药，防效好，减少果品的直接污染。

（3）执行安全间隔期。安全间隔期，是指最后一次施药至采收的时间。不同农药的安全间隔不同，国家已对多种农药制定了安全间隔期，优质高档柿生产必须按规定的安全间隔期采收上市。常用农药的安全期为：50%杀螟松乳油 15 d，50%辛硫磷乳油 7 d，20%氰戊菊酯乳油 10 d，2.5%溴氯菊酯乳油 15 d，25%除虫脲可湿性粉剂 21 d，5%来福灵乳油 14 d，20%速灭杀丁乳油 14 d，50%扑海因可湿性粉剂 7 d，75%百菌清可湿性粉剂 20 d。

农药按其毒性来分有高毒、中毒、低毒之别，无公害柿生产不是不使用化学农药，而是要求做到安全合理用药，把化学农药用量尽量压低到最低限度，保证产品中的农药残留不超过国家或国际上规定的农药残留标准，以保证消费者食用安全。

二、主要病害及其防治

（一）柿角斑病

该病主要为害柿和君迁子的叶片及果蒂，造成早期落叶，枝条衰弱不成熟，果实提前变软脱落，严重影响树势和产量，并诱发柿疯病。

1. 为害症状 叶片受害初期正面出现不规则形黄绿色病斑，边缘较模糊，斑内叶脉变为黑色。以后病斑逐渐加深成浅黑色，10 d后病斑中部退成浅褐色。病斑扩展由于受叶脉限制，最后呈多角形，其上密生黑色绒状小粒点，有明显的黑色边缘。病斑大小2～8 mm，病斑自出现至定型约需1个月。柿蒂发病时，病斑发生在蒂的四角，呈淡褐色，形状不定，由蒂的尖端逐渐向内扩展。蒂两面均可产生绒状黑色小粒点，但以背面较多且明显。病情严重时，采收前1个月大量落叶，落叶后柿子变软，相继脱落，而病蒂大多残留在枝上。因枝条发育不充实，冬季容易受冻枯死。

2. 防治方法

（1）农业防治

① 加强土肥水及树体管理。增施有机肥，改良土壤，促使树势生长健壮，以提高抗病力。柿树周围不种高大作物，注意开沟排水，以降低果园湿度，减少发病。

② 清除病源。对于结果树来说，挂在树上的病蒂是主要的侵染来源和传播中心。从落叶后到第二年发芽前，彻底摘除树上残存的柿蒂，剪去枯枝烧毁，以清除病源。在北方柿区，只要彻底摘除柿蒂，即可避免此病成灾。

③ 避免与君迁子混栽。君迁子的蒂特别多，为避免其带病侵染柿树，应尽量避免在柿园中混栽君迁子。

（2）化学防治。喷药保护要抓住关键时间，一般北方地区为6月下旬至7月下旬，即落花后20～30 d。可用1：5：（400～600）波尔多液喷1～2次、喷65%代森锌可湿性粉剂500～600倍液、喷70%甲基硫菌灵800倍液。

（二）柿圆斑病

主要为害叶片，有时也侵染柿蒂，造成早期落叶，并引起柿果提前变红变软脱落，严重影响产量。由于削弱树势，可引起柿疯病的发生。

1. 为害症状 在叶片上，最初正面出现圆形浅褐色的小斑点，边缘不清，逐渐扩大呈圆形，深褐色，边缘黑褐色，病斑直径多数2～3 mm，最大可达7 mm，单个叶片上一般有100～200个病斑，最多可出现500多个病斑。发病后期在叶背可见到黑色小粒点，即病菌的子囊壳。发病严重时，病叶在5～7 d即可变红脱落，大量落叶时间是在采前1个月左右，接着柿果也逐渐变红、变软，相继大量脱落。病斑主要生于叶面，其次是主脉。为害叶脉时，使叶呈畸形。一般情况下角斑病平原发生较多，而圆斑病多发生在山地柿树上。

2. 防治方法

（1）农业防治

① 增强树势。加强栽培管理，如改良土壤、合理施肥等均可增强树势，提高抗病力，以减轻此病的发生。

② 清除病菌。秋后彻底清扫落叶，集中沤肥或烧毁。清除越冬菌源，必须大面积进行，才能收到较好的效果。

③ 避免与君迁子混栽。君迁子的蒂特别多，为避免其带病侵染柿树，应尽量避免在柿园中混栽君迁子。

（2）化学防治。在6月上旬柿树落花后，喷1：5：（400～600）波尔多液保护叶片。一般地区喷药1次即可，重病地区15 d后再喷1次，基本上可以防止落叶、落果。也可以喷65%代森锌500～600倍液。

（三）柿黑星病

主要为害柿树的新梢和果实。在苗木上主要侵害幼叶和新梢，影响苗木正常生长，对大树可引起落叶、落果。对作为砧木的君迁子危害也较重。

1. 为害症状　叶片上的病斑初期呈圆形或近圆形，直径 2～5 mm，病斑中央褐色，边缘有明显的黑色界线，外侧还有 2～3 mm 宽的黄色晕圈。病斑背面有黑霉，老病斑的中部常开裂，病组织脱落后形成穿孔。如病斑出现在中脉或侧脉上，可使叶片发生皱缩。病斑多时，病叶大量提早脱落。叶柄及当年新梢受害后，则形成椭圆形或纺锤形凹陷的黑色病斑，其中新梢上的病斑较大，可达（5～10）mm×5 mm。最后病斑中部发生龟裂，形成小型溃疡。果实上的病斑与叶上的病斑略同，但稍凹陷，病斑直径一般为 2～3 mm，大时可达 7 mm。萼片被害时产生椭圆形或不规则形的黑褐色斑，大小为 3 mm 左右。

2. 防治方法

（1）农业防治。清除病源，结合修剪剪去病枝和病蒂，集中烧毁，以清除越冬菌源。避免与君迁子混栽。

（2）化学防治。柿树发芽前喷 1 次 5 波美度的石硫合剂，或在新梢长至 5～6 片新叶时喷布0.3～0.5 波美度石硫合剂 1～2 次。从 5 月初病梢初现期至 8 月上旬每隔 15～20 d 喷一次药，连喷 2～3 次。常用药剂为 40%新星乳油 8 000～10 000 倍液，80%代森锰锌可湿性粉剂 800 倍液，70%代森锰锌可湿性粉剂 600 倍液，68.75%易保水分散粒剂 1 500 倍液，50%甲基硫菌灵可湿性粉剂 500～800 倍液。另外，亦可在 5 月中旬喷 0.5%尿素 2 次，6 月中旬至 7 月上旬喷 0.2%～0.3%磷酸二氢钾 2 次，以减轻发病程度。

（四）柿白粉病

该病在河南东部及陕西柿产区发生普遍，往往引起早期落叶，削弱树势和降低产量。

1. 为害症状　主要为害叶片，偶尔也为害新梢和果实，发病初期（5～6 月）在叶面上出现密集的针尖大的小黑点形成的病斑，病斑直径 1～2 cm，以后扩大可至全叶。与一般果树的白粉病特征不同，较难识别。秋后，在叶背出现白色粉状，即典型的白色粉状斑。后期在白粉层中出现黄色小颗粒，并逐渐变为黑色。

2. 防治方法

（1）农业防治。冬季清扫落叶，集中烧毁，消灭越冬病原。深翻果园可将病原物深埋。

（2）化学防治。春季发芽前（芽萌动时）喷 1 次 5 波美度的石硫合剂，杀死发芽孢子，预防侵染。花前、花后再各喷 1 次 0.3～0.5 波美度的石硫合剂。如发病较重，隔 10 d 后可再喷 1～2 次杀菌剂。常用药剂除石硫合剂外，也可喷洒 2%农抗 120 或 45%硫黄胶悬剂 200～300 倍液，15%粉锈宁可湿性粉剂 1 000～1 500 倍液，50%甲基硫菌灵可湿性粉剂 800 倍液。

（五）柿炭疽病

柿炭疽病分布较广，主要为害果实、枝梢及枝干，叶片发生较少。果实受害后变红变软，提早脱落，枝条发病严重时，往往折断枯死。

1. 为害症状　叶片受害时，由叶尖或叶缘开始出现黄褐斑，后逐渐向叶柄扩展。病叶常从叶尖焦枯，叶片易脱落。新梢受害时，初期产生黑色小圆点，扩大后呈长椭圆形的黑褐色斑块。若新梢抗病力强，则在新梢上形成深及木质部的腐朽斑块，以后病斑干枯变硬，中部凹陷，木质部纵裂，病梢极易在病斑处折断。若新梢抵抗力差或环境条件适宜病菌生长时，则病斑环绕新梢一整圈后向上、向下蔓延，新梢变褐色枯死，以后再向多年生枝蔓延。病树轻则树上枯枝累累，重则整株树枯死。

在果实上开始是在果面上出现针头大、深褐色或黑色小斑点，逐渐扩大成为圆形黑色病斑。病斑达 5 mm 以上时凹陷，中部密生轮纹状排列的粉色小粒点。病斑深入皮层以下，果肉形成黑色硬块状。每个病果上一般有 1～2 个病斑，多则达 10 余个。病果提早脱落。

2. 防治方法　根据炭疽病发生和侵染特点，每次降水后要喷洒 1 次农药，预防病菌侵入危害和蔓延。

（1）防治关键时期。幼年树每次抽梢展叶期为防治关键时期，在关键时期防治才能达到最好的效果。

（2）农业防治

① 加强栽培管理。多施有机肥，增施磷、钾肥，不偏施氮肥，以增强树势，提高树体的抗病能力；精细修剪，调整树体结构，改善树体光照条件。

② 清洁柿园，减少侵染来源。冬季彻底剪除病梢、病果、病蒂。清扫地面上的残枝落叶，并集中烧毁。然后喷 1 次 0.5～1 波美度石硫合剂，再用 5 kg 生石灰加 1 kg 硫黄粉兑 15 kg 清水调匀涂白树干至分枝处，以减少初次侵染源。

③ 苗木处理。引种苗木时，应除去病苗或剪去病部，并用 1∶4∶800 波尔多液或 20%石灰液浸苗 10 min，然后再定植。

（3）化学防治。在春梢、夏梢、秋梢抽出刚展叶时喷洒杀菌剂保护嫩梢，开花前及时喷药保护花蕾。在幼果期从落花期开始用药，一般间隔 15～20 d 喷一次药，连喷 2～3 次杀菌剂保护幼果。常用药剂除石硫合剂外，也可喷洒 2%农抗 120 或 45%硫黄胶悬剂 200～300 倍液，15%三唑酮可湿性粉剂 1 000～1 500 倍液，1.5%多氧霉素可湿性粉剂，5%菌毒清水剂，1%中生菌素水剂 200～300 倍液，80%代森锰锌可湿性粉剂 1 000 倍液混用，70%代森锰锌可湿性粉剂 600～800 倍液，40%福星乳油 6 000～8 000 倍液，50%甲基硫菌灵可湿性粉剂 800 倍液。发病严重的地区，可在发芽前加喷 5 波美度石硫合剂。注意在第二次生理落果前不宜使用含铜杀菌剂。

三、主要害虫及其防治

（一）柿蒂虫

柿蒂虫又名柿举肢蛾、柿突蛾、柿实蛾、钻心虫、柿烘虫等。该虫是一种专门以幼虫为害柿果的害虫。幼虫在果实贴近柿蒂处为害，造成柿果早期发红、变软脱落，致使小果干枯，大果不能食用，造成严重减产。因而称被害果为"柿烘""旦柿""黄脸柿"。该虫危害严重时造成大幅度减产或失收。

1. 形态特征 成虫体长 5.5～7.0 mm，体暗紫褐色。头部黄褐色，复眼红褐色，触角丝状。翅展 15～17 mm，前翅近顶端有 1 条由前缘斜向外缘的黄色带状纹。后足长，静止时向后方举起。卵椭圆形，长约 0.5 mm，初为乳白色，后变为粉红色，上有白色短毛。幼虫老熟时体长约 10 mm，头部黄褐色，体背面有 X 形皱纹，且在中部有一横列毛瘤，各毛瘤上有 1 根白毛。蛹长约 7 mm，褐色，稍扁平，气门向外突出。

2. 防治方法

（1）物理防治

① 刮树皮。冬春季柿树发芽前，刮去枝干上老粗皮，集中烧毁，可以消灭越冬幼虫。结合刮树皮涂白或刷胶泥，可以防止残存幼虫化蛹和羽化成虫。如果刮得仔细、彻底，效果显著。一次刮净可以数年不刮，直到再长出粗皮时再刮。

② 摘虫果。幼虫危害果期，中部地区第一代在 6 月中下旬，第二代在 8 月中下旬，每隔 1 周左右摘除和拾净虫果 1 次，连续 3 次，可收到良好的防治效果。摘时一定要将柿蒂一起摘下，以消灭留在柿蒂和果柄内的幼虫。如果第一代虫果摘得净，可减轻第二代危害。当年摘得彻底，可减轻翌年的虫口密度和危害。

③ 树干绑草环。8 月中旬以前，即老熟幼虫进入树皮下越冬之前，在刮过粗皮的树干、主枝基部绑草环，可以诱集老熟幼虫，冬季解下烧毁。

④ 黑光灯诱杀成虫。在二代成虫羽化盛期，用黑光灯诱杀成虫效果好。同时，可利用黑光灯测报柿蒂虫的发生期，并在成虫高峰日出现后 6 d 进行化学药剂防治，效果最好。

（2）化学防治。5 月中旬和 7 月中旬，二代成虫盛期，树上喷药 1～2 次，药剂可选用灭幼脲 3 号 3 000 倍液，或 90%晶体敌百虫、50%敌敌畏、50%杀螟松 1 000 倍液，40%西维因胶悬剂 800 倍液，20%氰戊菊酯、2.5%溴氰菊酯 5 000 倍液，50%马拉硫磷 1 500 倍液。注意将药喷到果柄、果蒂

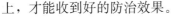

上，才能收到好的防治效果。

（二）柿绵蚧

柿绵蚧又名柿绒蚧、柿毛毡蚧、柿毡蚧，是我国柿子产区的主要害虫之一。若虫和成虫为害幼嫩枝条、幼叶和果实，造成叶片皱卷，落叶落果，枝梢枯死，严重时全株树上布满介壳虫，整株树枯死。若虫和成虫最喜群集在果实与柿蒂相接的缝隙处为害。被害处初呈黄绿色小点，逐渐扩大成黑斑，使果实提前变软、脱落，影响产量和品质。

1. 形态特征　雌成虫体长 1.5 mm、宽 1 mm，椭圆形，体暗紫红色。腹部边缘有白色弯曲的细毛状蜡质分泌物。虫体背面覆盖白色毛毡状蜡壳，介壳前端椭圆形，背面隆起，尾部卵囊由白色絮状蜡质构成，表面有稀疏的白色蜡毛。雄成虫体长 1.2 mm 左右，紫红色，有 1 对翅，无色半透明。介壳椭圆形，质地与雌介壳相同。卵长 0.25～0.3 mm，紫红色，卵圆形，表面附有白色蜡粉及蜡丝。越冬若虫体长 0.5 mm，紫红色，体扁平，椭圆形，体侧有成对长短不一的刺状突起。

2. 防治方法

（1）越冬期防治。冬季清园时，剪除受害严重的虫枝，然后进行枝干涂白。在柿树发芽前，喷 1 次5 波美度的石硫合剂（加入 0.3%洗衣粉可增加展着作用）或 5%柴油乳剂，防治越冬若虫，以减少越冬虫源。

（2）出蛰期防治。4 月上旬至 5 月初，柿树展叶后至开花前，越冬虫已离开越冬部位，但还未形成蜡壳前，是防治的有利时机。使用 50%杀螟松或 50%马拉硫磷 1 000 倍液、80%敌敌畏 1 200 倍液喷雾，防治效果很好。如前期未控制住，可在各代若虫孵化期喷药防治。

（3）生物防治。当天敌发生量大时，应尽量不用广谱性农药，以免杀害黑缘红瓢虫、红点唇瓢虫和草青蛉等天敌。

（4）把住接穗质量关。不引用带虫接穗，有虫的苗木要消毒后再栽植。

（5）化学防治。柿绵蚧因体外有蜡粉、介壳，特别是成蚧，化学药剂不易渗入虫体内，给防治特别是化学防治带来困难，因此，要抓住两个关键时期，即越冬代若虫出蛰盛期（新梢 3～5 个嫩叶期）和第一代若虫孵化盛期（谢花后 3～5 d），做好预测预报工作，提高防治效果。每代喷 2 次药，隔 10 d左右喷 1 次。药剂选用 5%高效氯氰菊酯 1 500 倍液，加入 1 000 倍害立平液。

（三）柿斑叶蝉

柿斑叶蝉分布广、发生普遍。以若虫和成虫聚集在叶片背面刺吸汁液，使叶片出现失绿斑点，严重时叶片苍白，中脉附近组织变褐，以致早期落叶。

1. 形态特征　成虫体长约 3 mm，全身淡黄白色，头部向前呈钝圆锥形突出。前胸背板前缘有淡橘黄色斑点 2 个，后缘有同色横纹，小盾片基部有橘黄色 V 形斑 1 个。前翅黄白色，基部、中部和端部各有 1 条橘红色不规则斜斑纹，翅面散生若干褐色小点。卵白色，长形稍弯曲。若虫共 5 龄。初孵若虫淡黄白色，复眼红褐色。随龄期增长体色渐变为黄色。末龄若虫体长 2～3 mm，身上有白色长刺毛，羽化前翅芽黄色加深。

2. 防治方法

（1）农业防治。在调运苗木和接穗时，要进行严格检疫，如带此虫时，可用氢氰酸处理。方法是用氢氰酸 10 g，浓硫酸 15 mL，水 30 mL，密闭 1 h。

（2）化学防治。在第一、第二代若虫期防治此虫效果良好。药剂可选用 50%马拉硫磷 1 000 倍液，或 25%扑虱灵可湿性粉剂 1 000～1 500 倍液，50%敌敌畏、90%晶体敌百虫 1 000 倍液，2.5%功夫乳油、20%杀灭菊酯乳油 2 000～3 000 倍液。

（3）生物防治。天敌发生盛期，不用广谱性农药。在虫口密度小的地区利用天敌即可控制此虫的大发生。

（四）柿梢鹰夜蛾

以幼虫吐丝缠卷柿树苗木，或将幼树新梢顶部叶片卷成苞，在内取食嫩叶，造成枝梢秃枯，降低苗木质量，影响幼树生长。

1. 形态特征 成虫体长约 20 mm，翅展约 40 mm。头胸部灰褐色，触角丝状，下唇须灰黄色，伸向前下方，形如鹰嘴。腹部黄色，背面有黑色横纹。雄蛾前翅灰褐色，后翅黄色；雌蛾前翅暗灰色。卵。半球形，直径约 0.4 mm，有放射状纵纹约 30 条，顶部有淡红色花纹 2 圈。初产淡青色，逐渐变成棕褐色，近孵化时黑褐色。老熟幼虫体长 23～30 mm，幼虫体色随龄期变化较大。1～3 龄头黑色，体黄白色至黄绿色；4～5 龄身体有绿色和黑褐色两类。蛹。纺锤形。体长约 20 mm，红褐色。

2. 防治方法

（1）物理防治。虫口数量不大时，可人工捕杀幼虫。

（2）化学防治。虫口密度高、大量发生时，可用灭幼脲 3 号 2 000 倍液或 50%敌敌畏 1 500 倍液防治。

（五）柿毛虫

柿毛虫又名舞毒蛾、秋千毛虫、赤杨毛虫等。该虫食性杂，可为害多种树，以幼虫咬食叶片，使树势衰弱，严重发生时可将全树叶片食光。

1. 形态特征 雌蛾体长约 30 mm，体淡黄色。翅展约 80 mm，前翅黄白色，上布褐色深浅不一的斑纹，前、后翅外缘均有 7 个深褐色斑点。腹部粗大，末端密生黄褐色绒毛。雄蛾体长约 20 mm，翅展 50 mm 左右，体暗褐色，前翅有黑褐色波状纹，外缘颜色较深，翅中央有 1 黑点。卵球形，灰褐色，有光泽，直径 0.9 mm，卵块常数百粒在一起，其上覆盖较厚的淡黄褐色绒毛。初孵化时的幼虫体长约 2 mm，淡黄褐色，后变暗褐色。老熟幼虫体长约 60 mm，头部黄褐色，正面有“八”字形黑纹。全体灰褐色，每体节上有 6～8 个瘤状突起，背面前段有 5 对蓝色毛瘤，后段有 6 对红色毛瘤，每个毛瘤上都有棕黑色毛，身体两侧的毛较长。蛹体长 20 mm，纺锤形，黑褐色体节上生有黄色短毛。

2. 防治方法

（1）物理防治

① 成虫羽化盛期，用黑光灯诱杀或在树干附近、地堰缝处搜杀成虫。秋冬季结合冬耕修堰，收集卵块，将卵块放于笼内，笼置于水盆中，使寄生蜂羽化后飞回果园，而害虫则闷死笼内。

② 诱杀幼虫。利用幼虫白天下树隐藏的习性，在树下堆积乱石引诱幼虫人内，然后扒开石堆将其杀死。也可利用幼虫白天下树，晚间上树均需爬经树干的特性，在树干上用 2.5%溴氰菊酯 300 倍液涂 60 cm 宽的药环，使幼虫经过时触药中毒死亡。药环每涂 1 次可保持药效约 20 d，应连涂 2 遍，保护树木不致受害。

（2）化学防治。幼虫发生量大时可在树上喷药，用 25%灭幼脲 3 号悬浮剂 2 000 倍液、50%敌敌畏 1 000 倍液、苏云金杆菌 500 倍液防治。

（六）龟蜡蚧

龟蜡蚧又名日本龟蜡蚧，除为害柿树外，还为害枣、梨等果树。若虫和成虫群集枝叶上为害，造成树势弱，枝条枯死，降低产量和品质。

1. 形态特征 雌成虫蜡壳长约 4 mm，灰白色，扁椭圆形，中央隆起，周围有弧状突起 8 个，背面具龟甲状凹纹。雄成虫长约 1.5 mm，体紫褐色，腹末有锥形淡黄色交配器。卵长椭圆形，乳黄至紫色。雄性若虫蜡壳较小，长椭圆形，边缘有 10 多个星芒状突起。

2. 防治方法

（1）物理防治

① 越冬期防治。从冬季至翌年 3 月进行，剪除有虫枝梢烧毁，严重树可以人工刮除枝上越冬虫。

对5年以下的幼树，可采用“手捋法”，戴上手套，将越冬雌虫捋掉。对大树可用“敲打法”。下雪后的清晨，树枝挂满积雪或薄冰，用棍棒敲打树枝，可将介壳虫与冰雪一起震落。实践证明，利用冬闲时节防治柿树介壳虫，可有效降低越冬虫基数，减轻来年损失。

② 火烧法。用烂棉花或破布片绑成火把，蘸废柴油后点燃顺虫枝迅速灼烧3 s，熔化介壳虫的蜡层，使虫体裸露而冻死。此法要谨防火灾，灼烧只需3 s，过长则易烧坏花芽。

(2) 化学防治

① 如果龟蜡蚧发生普遍，可在11月或发芽前喷柴油乳剂，防治效果很好。喷柴油乳剂的配比为：水50 kg，柴油10 kg，烧沸后加1 kg洗衣粉，搅拌使之充分乳化。冷却后喷洒树体，全树喷透1 h后用棍棒敲打树枝，振落介壳虫。

② 生长期防治。在7月卵孵化若虫爬出母壳后喷布40％西维因胶悬剂800倍液，或50％敌敌畏、50％马拉松1 000倍液，20％氰戊菊酯乳油2 000倍液。

(3) 生物防治。保护天敌，不用广谱性农药，利用天敌可控制少量龟蜡蚧的发生。

(七) 草履蚧

草履蚧又名草履硕蚧。此虫寄主较杂，可以为害多种果树和林木。若虫和雌成虫将刺吸口器插入嫩芽和嫩枝吸食汁液，致使树势衰弱，发芽迟，叶片瘦黄，枝梢枯死，危害严重时造成早期落叶、落果，甚至整株死亡。

1. 形态特征 雌成虫体长10 mm左右，扁椭圆形似草鞋，赤褐色，被白色蜡粉。雄成虫体长约5 mm，紫红色，有1对淡黑色翅，触角念珠状、黑色，腹部背面可见8节，末端有4个较长的突起。卵椭圆形，初产时黄白色，渐呈赤褐色。若虫似雌成虫，赤褐色，触角棕灰色，唯第三节色淡。雄蛹长约5 mm，圆筒形，褐色，外被白色绵状物。

2. 防治方法

(1) 农业防治。秋冬季结合果树栽培管理，翻树盘、施基肥等措施，挖除土缝中、杂草下及地堰等处的卵块烧毁，清除虫源。

(2) 物理方法

① 采用刮皮涂白法。这种介壳虫多在主干老粗皮下、树洞内或树下土中越冬。先将老粗皮刮掉，带出园外烧毁或深埋；再用生石灰1份、盐0.1份、水10份、植物油0.1份和石硫合剂0.1份配成涂白剂，涂抹主干和粗枝，不仅可杀介壳虫，还可防冻害。

② 树干涂粘虫胶环。于2月在草履蚧若虫上树前，在树干离地面60～70 cm处，先刮去一圈老粗皮，涂抹一圈10～20 cm宽的粘虫胶，若虫上树时，即被胶黏着而死。在整个若虫上树时期，应绝对保持胶的黏度，注意检查，如发现黏度不够，要刷除死虫添补新虫胶。对未死的若虫可人工捕杀、火烧，可用50％马拉硫磷喷雾杀灭。此法是防治草履蚧的关键措施。粘虫胶的配制：凡黏性持久，遇低温不凝固的黏性物质均可使用。现介绍两种：一是利用棉油泥沥青，为棉油泥提取脂肪酸后的剩余物，黏性持久、效果好，价格低廉，可以直接涂抹；二是利用废机油加热，然后投入石油沥青，熔化后混合均匀即可使用，效果也很好。

(3) 化学防治。若虫上树初期，在柿树发芽前喷3～5波美度石硫合剂，发芽后喷40％西维因胶悬剂800倍液或80％敌敌畏乳油、48％毒死蜱乳油、50％马拉硫磷、辛硫磷乳油1 000倍液。

(4) 生物防治。红环瓢虫和暗红瓢虫为草履蚧天敌，其发生时注意保护。

(八) 柿绵粉蚧

柿绵粉蚧又称柿长绵粉蚧，以成虫和若虫吸食柿树嫩枝、幼叶和果实的汁液，影响柿子的产量和品质。

1. 形态特征 雌成虫体长约5 mm，介壳椭圆形，全身浓褐色。产卵时体末端有白条状卵囊，长达20～50 mm，宽约5 mm。雄成虫体长约2 mm，灰黄色，有翅1对，翅展3.5 mm。卵黄色，椭圆形。若虫椭圆形，初孵化淡黄色，后变淡褐色、半透明。

2. 防治方法

(1) 物理防治。采用同草履蚧的“刮皮涂白法”进行防治。

(2) 化学防治。若虫越冬量大时，可于初冬或发芽前喷 1 次 3～5 波美度石硫合剂或 5%柴油乳剂毒杀若虫。6 月上中旬若虫孵化出壳后，喷洒 50%敌敌畏乳油 1 000 倍液或 50%马拉硫磷乳油 800 倍液。

(3) 生物防治。在天敌发生期，应尽量少用或不用广谱性杀虫剂，以保护天敌。

(九) 柿星尺蠖

柿星尺蠖又名大头虫，幼虫为害柿叶，严重时可将柿叶全部吃光，不能结果，严重影响树势和产量。

1. 形态特征 成虫体长 25 mm 左右，翅展 73 mm 左右，一般雄蛾较雌蛾体小。头及前胸背板黄色，胸背有 4 个黑斑。前、后翅均为白色，其上分布许多黑褐色斑点，前翅顶角几乎为黑色。腹部橘黄色，每节背面两侧各有 1 个灰褐色斑纹。卵椭圆形，长 0.9 mm 左右，漆黑色，胸部稍膨大。老熟后体长约 55 mm，头部黄褐色，胴部第三、第四节膨大，故称“大头虫”。在膨大处背面有黑色眼纹 1 对。背线两侧各有 1 条黄色宽带，上有不规则的黑色细纹，气门线下有许多白色小圆斑。蛹长 23 mm左右，暗赤褐色，胸背前方有 1 对耳状突起，其间有 1 横隆起线与胸背中央纵隆起线相交，构成“十”字形纹，尾端有刺状突起。

2. 防治方法

(1) 物理防治。晚秋结冻前和早春解冻后，在树下土中等处挖除越冬蛹。

(2) 化学防治。幼虫发生初期，3 龄以前喷灭幼脲悬浮剂 2 000 倍液或苏云金杆菌 500 倍液，90%晶体敌百虫、50%敌敌畏 1 000 倍液。

(十) 刺蛾类

刺蛾又名洋拉子、八角，以幼虫取食叶片，影响树势和产量，是柿树叶部的重要害虫。刺蛾的种类有黄刺蛾、绿刺蛾、褐刺蛾、扁刺蛾等。

1. 形态特征

(1) 黄刺蛾。成虫体长约 15 mm，体黄色，前翅内半部黄色，外半部黄褐色，有 2 条暗褐色斜纹在翅尖汇合呈倒 V 形，后翅浅褐色。卵椭圆形、扁平、淡黄色。幼虫体长约 20 mm，体黄绿色，中间紫褐色斑块两端宽中间细，呈哑铃形。茧椭圆形，长约 12 mm，质地坚硬，灰白色，具黑褐色纵条纹，似雀蛋。

(2) 绿刺蛾。成虫体长约 15 mm，体黄绿色，头顶胸背皆绿色，前翅绿色，翅基棕色，近外缘有黄褐色宽带，腹部及后翅淡黄色。卵扁椭圆形，黄绿色。幼虫体长约 25 mm，体黄绿色，背有 10 对刺瘤，各着生毒毛，后胸亚背线毒毛红色，背线红色，前胸 1 对突刺黑色，腹末有 4 丛蓝黑色毒毛。茧椭圆形，栗棕色。

(3) 扁刺蛾。成虫体长约 17 mm，体翅灰褐色。前翅赭灰色，有 1 条明显暗褐色斜线，线内色淡，后翅暗灰褐色。卵椭圆形，扁平。幼虫体长 26 mm，黄绿色，扁椭圆形，背面稍隆起，背面白线贯穿头尾。虫体两侧边缘有瘤状刺突各 10 个，第四节背面有一红点。茧长椭圆形，黑褐色。

2. 防治方法

(1) 物理防治

① 一些刺蛾老熟幼虫沿树干爬行下地，刺蛾腹面保护性能差，可用毒环等办法毒杀下树幼虫，或将草束在树干基部诱集幼虫结茧，收集草把烧毁。9～10 月或冬季，结合修剪、挖树盘等清除越冬虫茧。

② 灯光诱杀成虫。利用成虫趋光性，用黑光灯诱杀。

③ 采集幼虫。当初孵幼虫群聚未散开时及时摘除虫叶，集中消灭。

（2）生物防治。上海青蜂是黄刺蛾天敌优势种群。一般年份黄刺蛾茧被上海青蜂寄生率高达30%左右。寄生茧易于识别，茧的上端有上海青蜂产卵时留下的圆孔或不整齐小孔。在休眠期掰除黄刺蛾冬茧挑出放回田间，翌年黄刺蛾越冬茧被寄生率可高达65%以上。

（3）化学防治。在幼虫3龄以前施药。选用的药剂有苏云金杆菌（Bt）或青虫菌500倍液、25%灭幼脲3号胶悬剂1 000倍液、50%辛硫磷1 000倍液、48%毒死蜱乳油2 000倍液、90%敌敌畏晶体1 000倍液、20%灭扫利乳油2 000倍液、25%西维因可湿性粉剂500倍液。

（十一）大蓑蛾

大蓑蛾又名大袋蛾，以幼虫和雌成虫取食叶片。

1. 形态特征　成虫属雌雄异形，雄成虫体长约18 mm，翅展约40 mm，体黑褐色，前翅有几个透明斑，触角羽毛状。雌虫体长约25 mm，黄褐色，头很小，足、翅退化，蛆状，胸腹部黄白色，第七腹节有褐色丛毛环。卵椭圆形，黄色。幼虫共5龄，3龄后能区别雌雄。雌性幼虫老熟时体长约35 mm，头部赤褐色，头顶有环状斑，腹背黑褐色，各节表面有皱纹；雄性幼虫体较小，黄褐色，头顶有几条明显的黑褐色纵条纹。蛹长约30 mm，雌蛹枣红色，雄蛹暗褐色，第三至八腹节背板前缘各具1横列刺突，有1对臀棘，小而弯曲。护囊纺锤形，雌虫长约62 mm，雄虫约52 mm，上面常缀附较大的碎叶片，有时附有少数枝梗。

2. 防治方法

（1）物理防治。在冬季，利用冬闲人工摘除越冬护囊。

（2）化学防治。在幼虫孵化完毕后，于幼虫期喷苏云金杆菌500倍液、90%敌百虫1 500～2 000倍液、80%敌敌畏乳油1 500倍液、75%辛硫磷2 000倍液、50%马拉硫磷1 000倍液。喷药时注意将袋囊喷湿，以充分发挥药效。

第十节　果实采收和脱涩

一、果实采收时期

柿的采收期因气候和品种而有所不同，同一地区同一品种因其用途、市场远近和供应情况不同，采收期也不相同，作为脆柿食用的柿果，宜在果实已达应有的大小，果实表皮由青转为淡黄色，果肉仍然脆硬，种子呈褐色时采收。采收过早，则含糖量低，皮色尚绿，脱涩后水分多，甘味少，质粗而品质不良。采收过晚，品质开始下降，柿果极易软化腐烂。

做软柿鲜食用的柿果，要求在完熟期采收，果实含糖量高，色红而味甘甜，以果皮黄色减少而完全转为红色时采收最为适宜。采收过早，色差而味淡，品质低劣。制柿饼用的柿果多用中、晚熟品种，果皮由黄色减退至稍呈红色时（霜降前后）为采收适期。此时果实含糖高，削皮容易，加工成的柿饼品质最佳。采收过晚，柿果已软化，削皮难，不易加工。

甜柿类如次郎等品种在树上已脱涩，采下后即可食用，多作硬柿供应市场，生产上以果皮转红、肉质尚未软化时采收品质最佳。过熟的甜柿，果肉已软化，风味淡薄。因此，甜柿的最适采收期在果皮变红的初期。

二、果实采收方法

（一）采前准备

采收前20 d应停止喷洒农药，遵守农药安全使用标准，以保证果品中无残留或不超标，采果前30 d少用或不用化肥作为追肥，确保果品质量。正确估计当年的产量，制订好采果计划，准备好采收、包装和运输工具。

适当的采前处理能够提高柿子的品质，延长贮藏期。柿果采前 1 个月至 1 周内，用 50 mg/kg 或 100 mg/kg GA_3 喷果，可增加果实的抗病性，减少贮藏期间黑斑病的发生，抑制果实的软化，提高果实的耐贮性。柿果经 GA_3 处理后可溶性固形物含量提高，但对可溶性单宁的减少影响不大。GA_3 处理降低了果实对乙烯的敏感性，处理果实对乙烯的敏感程度比对照减少 10 倍，从而达到延缓衰老的目的。郑国华在极晚熟品种官崎无核果实发育第二期末叶面喷施 100 mg/kg GA_3，结果明显抑制了果实的肥大生长、着色、糖的积累和果实软化。柿果是双 S 型生长果实，它的第三期（第二次膨大）的启动与乙烯有关，而在第二期末喷布 GA_3 显然会抑制乙烯的合成，对果实生长起抑制作用，故柿果采前喷布以在果实完成第二次膨大以后早喷效果较好，但也有相反的报道，如 Lx 等在柿果采前 32～39 d 喷 100 mg/kg GA_3，虽采收时果实硬度很大，还原糖含量很高，但贮藏期间硬度下降很快。

（二）采收方法

选择晴天露水干后进行采收，做到雨天不采。采果时应自下而上，从外到内顺序进行。不要用手拉果，以免果蒂受伤。柿树高大，采收时可用长竿（上端有采果夹，旁边附有布袋）剪取。采用两次剪果法，先将果实带果柄剪下，然后再齐果蒂处剪下，并剪平。强调轻拿、轻放、轻搬运，防止损伤，降低损耗。采收后的果实，不要受到雨淋和日晒。使用专用搬运箱，园内直接装箱，减少换箱次数。

三、果实分级、包装和运输

（一）分级

对脱涩或贮藏用的柿果，需严格挑选，剔除病、虫、伤果，以免引起病菌感染，影响果实外观及品质。挑选分级后即可包装。远销的柿果可不进行脱涩处理，选择耐贮品种中硬实的柿果，装入容器中。

长期贮藏的柿子还应根据果实颜色和大小挑选。收获时过红的，多数为较软的果实，变红老化快，不宜贮藏。将柿子果实分为小、中、大、特大分级，以中、大果贮藏最佳。

（二）包装

外包装可采用竹箩（筐）或木（纸）箱，每件 20～25 kg，箩底和四壁垫衬 1～2 层牛皮纸或干净稻草。用于贮藏的柿果，内包装可采用薄膜袋，厚度为 0.06 mm，包装后留一小口，以利通风换气。放置时，柿果按蒂对蒂、顶对顶排放。

（三）运输

生柿和熟柿对运输的要求不同，生柿较耐贮运，一般由销地脱涩后销售；熟柿在产地脱涩变软，皮薄多汁，不能远运，因此，要求在果实尚未软化前发运，待到销地转软后随即销售。

四、脱涩

（一）柿果的涩味

柿果内含有一种特殊的细胞，其原生质里含有单宁物质，这种细胞特称单宁细胞。涩柿和未成熟的甜柿中的单宁，绝大多数以可溶性状态存在于单宁细胞内。当人们咬破果实，部分单宁细胞破裂，可溶性单宁流出，使人感到有强烈涩味，十分难受。

（二）脱涩方法

为将柿果内可溶性单宁变为不可溶性，使人感觉不到涩味，对于涩柿品种在采收后我们一般经过脱涩处理后方可食用，主要方法有以下几种。

1. 温水法 即用草帘围护大缸保温，将柿果浸入 40 ℃左右的温水中，保持水温，经 10～24 h 即可脱涩。此法可使柿果保持原有硬度及脆度，且果色鲜亮。

2. 石灰水法　将采收后的柿子浸泡于用生石灰刚配好的4%的石灰水内，2～3 d即可脱涩。此法脱涩的柿果鲜脆可口。

3. 鲜果混存法　100 kg柿果与3～5 kg苹果、梨等分层相间，置于密闭容器中，利用鲜果呼吸放出的二氧化碳及乙烯催熟，3～5 d柿果变软脱涩，色泽艳丽，风味加浓。

4. 乙烯利法　0.025%乙烯利水溶液喷布在已成熟、即将采收的柿果上，或将采收的柿果盛于筐中，直接浸入上述溶液中3 min，经3～7 d，即可软化脱涩。

5. 二氧化碳法　把涩柿装入密闭的容器中，注入二氧化碳气体（最适宜的脱涩浓度为70%），如果密闭容器带有压力计，注入二氧化碳气体后，可使其压力为0.7～1.2 kg/cm^2。此法具有脱涩快、脱涩数量多、果实脆而不软和耐贮运等特点，在15～25 ℃温度下，经2～3 d就能脱涩。

6. 酒精法　将采收后的柿子分层放入密闭的容器中，每层柿果面均匀喷洒一定量35%的酒精（最好加入适量醋酸）或白酒，装满柿子后密封，在18～20 ℃条件下5～6 d即可脱涩。

第十一节　果实贮藏保鲜和加工

一、耐贮果实的特性

1. 品种　柿子的耐贮性，在品种之间差异很大。一般晚熟品种较耐贮，如绵丹柿、火柿、骏河等很耐贮；早熟品种不耐贮，如七月早、饶天红、摘家烘、伊豆等极不耐贮。

2. 果实大小　一般大果贮藏性差，容易变软，特别是富有，大果常发生蒂隙而长霉，果顶也容易软化；小果虽较耐贮，但商品价值低。所以贮藏用的果实以中等偏大的为宜。

3. 采收期　任何一种果树的果实在完熟期采收的都不耐贮，尤其是柿子，软后极易腐烂，所以贮藏用的应适当早采。另外，若在树上曾遭霜冻的果实，极不耐贮，务必注意。

4. 病虫害　在树上感染炭疽病或柿绵蚧、椿象危害的果实，采后不久便软，这是因为受病虫刺激，产生了乙烯，加快了柿的后熟作用之故，为此，贮藏时必须剔除病虫果。

二、影响贮藏的因素

1. 采后呼吸　柿的呼吸型属于末期上升型，采收后呼吸作用所排出的二氧化碳迅速降低，当开始软化时二氧化碳含量又增多。为了长期贮存，必须抑制呼吸，使二氧化碳始终保持一定的含量。

2. 乙烯利　当柿子软化时会产生乙烯，但数量远比苹果、山楂低。可是，一旦遇到外来乙烯，呼吸马上增强，果实迅速变软。即使库内乙烯含量只有1 mg/kg，反映也极为明显。烟草的烟和汽车的废气，都存在大量的乙烯，入库过程必须防止其对柿子的影响。

3. 贮藏温度　柿子的贮藏期温度低时，呼吸比较稳定，最适温度为0～1 ℃。在−2 ℃左右开始冻结，特别是在冷库内的冷风口附近，温度很低，必须注意。

4. 气调（CA）效应　空气中氧的含量为21%，二氧化碳含量为0.03%，用人工方法调节氧和二氧化碳浓度可延长贮藏期。实践证明，含氧5%、二氧化碳5%～10%的气调效应最好，对防止柿子软化，保持脆度的作用特别明显。

三、贮藏方法

（一）常温贮藏

1. 室内堆藏　在北方，选阴凉、干燥、通风的窑洞或楼棚，清扫干净，铺15～20 cm厚的稻草，把选好的柿果仔细地排在草上3～5层。数量多时，可进行架藏。初期注意通风散热。堆藏受气温影响较大，堆藏柿果不能太宽太高，否则不易通气散热，致使果堆中心温度过高引起腐烂，一般而言，果堆中心温度比周缘高，中、上层的温度比下层高。所以，覆盖物的薄厚应适应这种特点，周缘部分盖厚些，中央顶部盖薄些。

2. 自然低温冻藏 我国北方或高寒地区，将柿果放在阴凉通风处，或在平地上挖深、宽各 33 cm，长度适宜的 4 条沟道，沟底铺 7～10 cm 厚的秫秸，降霜后在其上堆放 5～6 层柿子，在露地上结冻。一般是在 1 月可完全冻结。然后用于草覆盖柿子，厚 30～60 cm，以防日晒及鸟害。立春后，用土将沟道堵实，延长柿果解冻。其技术要点如下。

(1) 适宜采收期。若采收过早，果皮绿色，果肉风味较差。此时，气温较高，从采收到冻结的时间较长，果肉易变软，腐烂率高。采收过晚，果肉逐渐变软，在操作过程中容易造成机械伤害而腐烂。冻藏柿子一般在 10 月下旬，即霜降采收为宜。此时采收的柿子果皮黄色，果肉脆硬，果皮保护组织生长发育良好。此时期气温已逐渐降低，收获后，可缩短柿子达到冻结所需要的时间，即缩短在低温期的存放时间。因此，可以防止果实冻结以前的腐烂及水分损耗，有利于保持果实的优良品质，减少腐烂损失。

(2) 冻藏场所要清洁并通风良好。选择背阴、通风良好的院落或场地，清除污物，打扫干净，平整地面后准备冻藏。

(3) 选择无病虫害和机械伤的果实。柿子于霜降前后采收，至冻结前，仍有一段高温过程，有伤害的果实在此期间极易变软或腐烂。因此，贮藏前应剔除有病虫害、机械伤及果肉变软的果实。

(4) 采用适宜的冻藏技术，做好冻藏后的管理工作。冻藏方法有地面冻藏和支架冻藏两种。地面冻藏是待地面平整后挖沟，沟长以南北方向为宜，便于通风。沟深、宽各 20～30 cm，沟间距 20 cm 左右，挖出的土沿沟长方向堆于沟的一侧。挖沟的数量及长度根据贮藏量而定。沟挖好后，先将苇箔或秫秸箔平铺于沟面上，沟内土壤湿度较低时，可向沟内适当灌水。将挑选好的柿子在苇箔上码放 4～5 层，然后用苇覆盖，或用茅草薄薄覆盖一层，以防止阳光直接照射。随气温逐渐降低，柿子在大雪前后冻结，柿子开始冻结时的气温为－2.7 ℃，气温降至－3.7～6 ℃时果肉便可逐渐冻实。柿子冻实后，应加厚覆盖，覆盖材料可就地取材，一般是用茅草或柿叶，总覆盖厚度 30～40 cm，最后可用苇席或塑料薄膜覆盖，以便下雪后及时清扫。柿子冻结以后，不要经常揭开覆盖物或搬动，以防造成机械伤害。地面冻藏也可用土坯或砖作为支垫物，即每隔 30 cm 在地面上摆放土坯或砖数行，高 10～20 cm，然后将苇箔或秫秸箔铺放其上，以后做法及管理同前。支架冻藏是选择通风良好的背阴处，用木杆支成架，在架上铺一平面，呈长方形。架高 80～100 cm，宽 100 cm 左右，为便于操作，床面上不易过宽，长度视贮藏量而定。为了防止柿子滑落，可在床面四周用 1～2 道秫秸围拢，在架床平面上铺放秫秸箔，然后将柿子在架床上摆放 4～5 层，再用苇席或茅草等薄薄覆盖。待果实冻结后，需加厚覆盖，覆盖厚度为 30～40 cm。冻结后的管理工作与地面冻藏相同。这种方法有利于通风，降温速度快，在冻结贮藏过程中鼠害较少。

(二) 低温贮藏

简易贮藏方式均为自然温度下贮藏，保硬期仅 1 个月左右。低温贮冷藏可有效延长柿果的贮藏期。如 4～5 ℃冷藏条件下贮 2 个月，仍然保持良好的品质和硬度，但单纯冷藏延长保鲜期有限。将柿子采收后，剔除病虫危害和受伤的果实，用瓦楞纸箱包装，每件 15～25 kg，入 4～5 ℃冷库贮藏，可贮 4～5 个月。冷藏的柿子一经出库，再欲长期保存则很困难，尤其 2～4 月，气温已开始升高，出库后温度变化幅度大，必须及时销售。

(三) 气调贮藏

在 5%氧、5%～10%二氧化碳的条件下保存于低温库中，效果比单纯低温贮藏效果好。

(四) 聚乙烯袋冷藏法

柿果装在聚乙烯袋内密封，可防止水分蒸发，经贮藏后袋内气体成分与气调贮藏效果相似。据日樽谷式试验，用 0.06 mm 聚乙烯袋贮藏后，氧的含量为 5%，二氧化碳为 5%～10%。日本香川县 11 月 27 日采收的富有贮至翌年 4 月 27 日，无论色泽、硬度、风味均似鲜柿。为防止个体间差异的影

响，可用0.06 mm厚、10 cm宽、15 cm长的聚乙烯袋，逐个分别密封，贮于0 ℃库内；柿果经贮藏从库内取出后，不要马上从袋内拿出来，原封不动地运销、出售较好，以免碰伤和变质。

四、加工

(一) 柿饼

柿饼是我国传统的加工品种，在加工品种中比重最大，销路最广。加工的工序各地大同小异，大体有原料处理、干燥、出霜三个过程。

1. 原料处理 包括选择良种、适时采收、分类和刮皮。

(1) 选择良种。选择果大、形状整齐，果顶平坦或稍突起，无纵沟或缢痕，含糖量高，含水量适中，无核或少核的品种。

(2) 适时采收。柿饼品质与成熟度有关，俗说“早无霜，晚留浆，霜降柿子甜似糖”。就是说，不成熟的柿子制成的柿饼味淡、干硬不透明，出饼率低，柿霜少；过熟的柿子，肉质柔软，刮皮困难，晾晒时易霉烂，而且果面有果胶物质影响出霜。加工柿饼用的柿子要充分成熟。未充分成熟的柿子含糖量高，可溶性单宁含量少，晾晒过程中容易脱涩、软化、水分散失快，制饼的时间短，成品味甜、霜厚、色红、肉亮，出饼率高。

(3) 分类。采回后将烂果、软果和病虫果剔除，再按大小分开。

(4) 刮皮。刮皮前摘去萼片，剪掉果柄（挂晒用的柿子需留“丁”字形拐把，即将结果枝在果柄上下各留1 cm)。刮皮时用特制的刮皮刀、旋车或电动削皮机，薄薄地刮去柿皮。皮要刮干净，勿留顶皮、花皮，仅留柿蒂周围1 cm宽的果皮不刮。

2. 干燥 包括日晒法和人工干燥法。

(1) 日晒法。晒场应选在地势宽敞、空气流通、阳光充足的地方。各地晒场习惯不同，大体有挂晒和平晒两种。

挂晒用的晒架高3 m，将刮皮后带有“拐把”的柿子，逐个夹在松散的绳上，按大小分别挂在架上（或房檐、树上）晾晒，两串相距不要太近，以利通风。平晒的架高1 m，上铺竹箔、高粱秆箔(南方常用竹编的大孔圆筛，筛的直径1 m，每筛可装鲜果10 kg)，把刮去皮的果实，果顶朝上排放在箔上晾晒，并要经常翻动。

晾晒3～4 d，果面发白结皮、果肉微发软时，轻轻捏动果实，挤伤中部果肉，促进软化脱涩，加速水分的内扩散，缩短晾晒时间。捏时用力不要太重，以免捏破后影响外观。此后再隔2～3 d，果面干燥出现皱纹时捏第二遍。这次非常关键，如果不捏，干燥不匀，品种不佳。捏时用力较第一遍重，要把果肉硬块全部捏碎，捏散心室（俗称软核)。隔2～3 d后，果面干燥、出现粗大皱纹时捏第三遍。这遍要将果心于近蒂部掐断，使果顶不再收缩，有核的品种要将核推倒或挤出。一般捏3遍即可，若劳力充足可增加次数，勤捏易干，品质亦好。每次捏的时间最好选晴天或有风天的清晨，因晚上受露水或因果内水分外移，果面返潮以后有韧性，不易捏破。捏后遇晴天或有风可把渗出来的水分晒干或吹干，若捏后遇阴雨，渗出的水分停滞在表面，这样容易霉烂、脱蒂。

揉捏时结合整形。我国柿饼形状有两种：一种是横向捏扁成圆饼形，这种较普遍；另一种是纵向捏扁成桃形，又称柿干或柿坠。此外，尚有不整形的称柿疙瘩或柿丸。外形整齐美观，是提高商品价值的重要因素，采用哪种形状应随果形而定，长形果以纵向捏扁为宜，扁形果则横向捏扁较好。

晒至柿蒂周围剩下的柿皮发干，其他各部分内外软硬一致而稍有弹性时便可收集出霜，这时大约失重60％～65％。完成干燥时间需9～22个晴天。

(2) 人工干燥法。人为地创造干热、通风良好的条件有利于水分蒸发，促使鲜柿果加速干燥。目前多采用烘烤方法，其规模不一，可以在火炉、烘箱或烤房中进行。方法是将刮皮后的柿果整齐地排列在烤筛上，果顶朝上，稍留空隙，放满后搁在烤房内的架上或夹在绳上，悬挂在烤房内。烤房内的温度起初不能太高，以 40～45 ℃为宜，否则酒精脱氢受到抑制，可溶性单宁不沉淀，烤出来的柿饼仍有涩味，等脱涩以后温度升到 50～65 ℃，加速水分蒸发，后期由于果内水分减少，水分内扩散缓慢，温度再降到 45 ℃以下，以免出现硬壳、渗糖现象。

在烘烤的时候要注意通风换气，使炉内湿度控制在 40%以下。前期湿度大，通风要勤，排气窗要开大，以后随着湿度减少而逐渐关闭。烘烤的时候也要及时揉捏，方法与日晒法相同，但间隔时间短得多。由于烤房内温度不匀，在揉捏同时要烤筛的位置上下调换，使各筛干燥均匀，烤的失水率达 60%～65%时出炉。烘烤时间依果实品种、大小、含水量、烤房性能及所装果实的多少不同而有差异，一般需 2～5 d。为了避免柿饼有涩味，可先晒 3～4 d，待脱涩软化后再烘烤。为了提高炉子利用率，可分批调换，轮流烘烤。

人工干燥的特点是加工场地小，时间短，不受天气影响，产品卫生干净，如果湿度控制得当品质与自然晾晒的一样。此法在燃料充足，加工季节经常遇雨的地方可以采用。

3. 出霜 柿霜是柿饼中的糖随水渗出果面所凝结的白色固体，主要成分是甘露醇、葡萄糖和果糖。出霜有两个步骤：柿饼内糖分溶解在水中，随着水分扩散至表面；水分从表面蒸发留下糖分结成固体。这两个步骤各需一定条件，第一步需要在较密闭的环境中进行，实践中采取堆捂的办法；第二步要有冷凉的环境，实践中晾摊在通风处。

（1）堆捂。将晒成的柿饼装入箱、蛇皮袋内或堆在板上，逐层混入晒干的柿皮，再用麻袋、塑料布等苫住。置于 3～4 ℃的冷凉处，经 4～5 天，柿饼回软后，糖分随水向外渗出，在有风的早晨取出，置于通风处堆晾，果面吹干后便有柿霜出现。出霜的好坏与收堆时柿饼的干湿度有关，收得太早，果内水分太少，柿饼不能回软，出霜慢而薄，霜成粉状，俗称“面霜”；含水量适度，柿霜出的快而厚，呈结晶状，俗称为“疙瘩霜”。若柿饼太湿，收堆以后水分大量外渗，弄湿了堆捂容器，这样也不易出霜；即使出霜，霜也不洁白，呈污黄色，所以一定要把握收饼时间，一般来说柿果失水 65%左右，即 100 kg 鲜柿晒到只剩 35 kg 时便可收饼开始堆捂。但是要根据果内含水量、种子多少等具体情况而定。

（2）晒摊。晒摊能提早出霜，果面晾干后堆捂，过几天再晾摊，如此反复多次，柿霜出得多；只堆捂不晾摊，虽然也能出霜，但需要时间较长。出霜以后的柿饼便可包装出售。

（3）熏硫。关于柿饼熏硫问题，熏硫有漂白、防腐作用，是加工中遇雨、防止霉烂的应急措施。熏硫过量者风味不佳，又有残毒，用时应慎重。熏硫时间可在刮皮后熏，也可在干燥后熏。

（二）柿醋

将柿洗净捣碎后，装入大缸里，拌入醋曲，用席苫上。室温保持 30 ℃左右，每天搅拌 2～3 次，若发酵后温度过高须行倒缸。经 6～7 d，用手抚摸有光滑感，握至无响声时，取出放在木槽里。每 50 kg 加谷糠 14 kg，用手拌匀后，再装入缸内，仍用席苫盖。3 d 后再行搅拌，每天 3 次，连续进行 4 d，便可转入淋缸淋醋，每 50 kg 加水 60 kg，浸 2 h 后开始过滤，滤出液为原醋，再加同量的水，仍浸 2 h，重复过滤一遍，滤出液为二遍醋。

（三）柿脯

1. 原料 选用橙黄色七八成熟的硬柿，以脆食用脱涩法（二氧化碳脱涩、温水脱涩、去氧剂脱涩等方法）脱去涩味，用不锈钢刀削皮、去蒂、纵切成 2～3 瓣。

2. 漂洗 生产用水须经砂棒过滤器除菌消毒，同时加入 0.2%柠檬酸进行漂洗。

3. 真空预处理 先用低浓度的糖液（5%～10%，加入 0.2%氯化钙和 0.2%柠檬酸，柿果与稀糖液的质量比为 1∶1），置真空罐内抽真空处理 5 min 后使罐内真空达到 93.33 kPa，关闭阀门，保持 40 min，缓缓放气（解除真空）然后捞出大缸内原液中浸泡 12 h。

4. 糖液真空渗糖 操作方法同真空预处理。将柿果捞出，用 40%糖液进行抽真空及浸泡，但关键是第一次抽真空处理，必须将果肉抽到完全透明为止。

5. 糖液浸泡与糖液转化　为防止成品蔗糖结晶现象，所用糖液必须经过转化。即将60%蔗糖溶液加热至105℃，煮沸5 min，以柠檬酸调整pH为3，使转化糖含量占总糖量的50%左右，冷却后加入0.06%抗坏血酸于糖液中，以防止果肉中单宁氧化，不使果实褐变。将柿果浸泡20～40 h。

6. 干燥　将浸泡后的柿果放在烤筛上入炉烘烤。为了防止反涩，烘烤的温度以50℃左右为宜，经24 h烘烤，至含水量22%～24%为止，即成柿脯。

7. 涂胶膜　为了防止柿脯变色和出霜（返砂），可将2%果胶溶液与60%的转化糖液等量混合，涂于柿脯表面，再烘干至不粘手为止，需4～5 h。

8. 密封（除氧）**包装**　每块柿脯包上一层玻璃纸，装入密封性较好的塑料袋中，每袋约5 kg，放入脱氧剂，进行密封包装。

（四）柿子汁

将软柿洗净（或剥皮）去蒂，搅成糊状与谷壳混匀，用洁净的粗布压榨过滤（不能用铁器），将滤出液澄清或加鸡蛋清少许，使胶体凝聚，加速沉淀。沉淀后用虹吸管吸出上部的清亮液，再过滤成鲜柿汁。鲜柿汁清亮味甜，金黄或红色，因品种不同而异，含糖量在20%左右。每100 kg鲜柿可制汁50～60 kg。

加工时注意：①最好选用无涩味的软柿作为原料，如果用脱涩不完全的柿子作为原料，柿汁尚有涩味；②欲贮藏时，须将容器洗刷干净，在柿汁内加0.1%苯甲酸钠，防霉菌寄生变质；③为了增加色彩，可将柿汁煮沸一定时间，便能呈美丽的橙红色。

（五）柿浓缩汁

将软柿洗净去蒂，放在铝锅内搅成糊状，煮至起渣，此时汁液与渣容易分离，便可用洁净的粗布过滤。滤液加少量蛋清，沉淀后，吸出清亮液，再浓缩，使水分逐渐蒸发，至含糖量达65%以上，装瓶封盖即成。

（六）柿脆片

用容易脱涩的无核品种作为原料，脱涩成硬柿。柿子削皮后，切成2 mm以下的薄片，在60～80℃的温度下烘干。不要烘烤过度，以防焦煳。成品甘甜酥脆，清洁卫生，耐运输，可长久贮存，但要防虫蛀和返潮。

第十二节　优质高效栽培模式

一、沂水县高桥镇凤凰官庄村涩柿丰产示范园

（一）果园概况

凤凰官庄村试验园属石灰岩丘陵地，土层厚度30～50 cm，年平均气温12.3℃，年平均降水770 mm。2003年建园，面积20 hm^2，品种为金瓶柿和平核无，砧木为君迁子，株行距2 m×4 m。采用小冠疏层形，定植后第三年即见果，第五年平均株产15 kg，第六年进入盛产期，平均株产41.6 kg，每667 m^2产3 463.2 kg。由于形成了一定规模，有果品批发商来收购，收购价为3～3.6元/kg，每667 m^2产值可达万元以上。柿的丰产性在该示范园得到充分的展示。

（二）整地建园

栽前挖长、宽、深各70 cm的大穴，底层加入部分杂草，每穴加20～30 kg土杂肥，土壤回填时将石块拣出，中部施入0.2～0.3 kg复合肥。选优质大苗栽植。栽植后及时浇水、定干、覆膜，定干高度80 cm。

（三）整形修剪

树形采用疏散分层形，干高80 cm，全树5～7个主枝，分三层错落着生。第一层3个，第二、第三层各有2个。主枝层间距60 cm，每主枝配备2～3个侧枝，成形后，在第三层主枝以上有分枝处落

头开心，树冠呈圆锥形或半圆形。初结果树的各级骨干枝的延长枝继续短截，扩大树冠，开张主、侧枝角度，控制辅养枝采取先放后缩和连续长放的方法，培养结果枝组。采用环刻、环剥、喷生长调节剂等促花措施，形成花芽，达到早期丰产的目的。盛果期要保持健壮树势，疏除无用的直立枝、背生枝和冗长、细弱结果枝组；保留 20～45 cm 侧生发育枝。及时落头开心，解决光照，以利通风透光，提高果品质量。在结果母枝修剪时，应去弱留壮，并疏除过密枝条。

（四）肥水管理

施肥以圈肥、堆肥、人粪尿基肥为主等，每年施 1 次，每 667 m^2 施用量为 500～1 000 kg，并混合施入 15～20 kg 复合肥。施肥方法：幼树采用穴状、环状沟交替施入；结果期大树用辐射沟或全园撒施后翻入。绿肥在雨季或刚进入雨季刈割，豆科植物宜在盛花期耕翻入土。追肥开花前及生理落果后分 2 次施入。幼树第一次追肥在 5～6 月，以尿素为主；第二次 7 月，以复合肥为主，也可施入腐熟人粪尿。在肥水管理上，采取前促、后控，在树冠下开沟施入，要与基肥施入的位置错开。施肥量每 667 m^2 15～20 kg。柿树发芽前、开花期、封冻前各灌水 1 次，其他灌水时期及灌水量应根据土壤墒情和树龄大小而定。灌水方法有畦灌、沟灌、穴灌等灌水渗透后中耕松土。

（五）花果管理

当花量过大时，花前 10 d 将结果枝上、中部 2～3 蕾留下，其余疏除，或将过密枝上的幼果全部疏除作为预备枝，生理落果后，按叶果比 20∶1 留果。有利用价值的徒长枝及部分旺枝，当新梢生长 35 cm 以上，进行摘心，促发二次枝，培养结果枝组。无利用价值的徒长枝疏除。生长健壮的柿树，盛花期在主干距地面 30 cm 以上的位置进行环割，提高坐果率。

（六）病虫害防治

柿病虫害较少，以预防为主。虫害主要有柿蒂虫、柿绵蚧，病害主要为炭疽病。发芽前刮除粗老树皮至根际部，有助于清除在内越冬的柿绵蚧及柿蒂虫。树上喷药全年一般喷 3 遍即可：发芽前喷 5～6 波美度石硫合剂，柿绵蚧严重的地方；4 月上旬为柿绵蚧出蛰期，抓住若虫已开始活动但还未形成蜡壳的关键时期，使用 40%乐果等药剂 1 000 倍液喷治效果好；7 月中下旬，柿果第二次速长前，柿蒂与柿果间封闭不严，此期喷一遍 25%桃小灵 1 500 倍液或其他杀虫剂可消灭柿蒂虫成虫及卵。在喷杀虫剂时加入 70%甲基硫菌灵 800 倍液，可减少病菌侵染。8 月底 9 月初喷一次杀菌剂防治病害可使甜柿果面光滑，成熟后色泽艳丽。

二、海阳市发城镇姜各庄甜柿示范园

（一）果园概况

姜各庄试验园属石灰岩山地，试验园年平均气温 12.0 ℃，年平均降水量 850 mm 左右，海拔大部分坡度在 30°以下，果园面积 130 hm^2，土壤瘠薄，土层厚度 20～50 cm，梯田栽植，株距 2 m。品种为次郎，砧木为君迁子。采用小冠疏层形，定植后第三至四年即见果，第六年平均株产 13.5 kg，第八年进入盛产期，平均株产 27.3 kg，每 667 m^2 产 1 801.82 kg。果品收购价为 4～6 元/kg，每 667 m^2 产值近万元。从姜各庄甜柿示范园可以看出，柿为山地果园发展果树的优选树种，该示范园为山地果园增产增收的典范。

（二）整地建园

用小型挖掘机平整土地，修建梯田，在修筑梯壁的同时进行深翻土地，深度 1 m 左右，把熟土翻到距地面 30 cm 左右根群较多的深处，把生土放在最上和最下面，并随时检出碎石块，填平地面。修成外高内低的梯田后，外堰培土梗，里堰下扩坡外修排水沟，出水口处要留水簸箕口，防止冲刷。地势较高的地方采用等高线栽植，地势平缓的区域采用成行栽植。选优质大苗栽植。栽植后及时浇水、定干、覆膜，定干高度 60 cm。

（三）整形修剪

树形采用疏散分层形，干高60 cm，全树5～7个主枝，分三层错落着生，第一层3个，第二、三层各有2个。主枝层间距60 cm，每主枝配备2～3个侧枝，成形后，在第三层主枝以上有分枝处落头开心，树冠呈圆锥形或半圆形。初结果树的各级骨干枝的延长枝继续短截，扩大树冠，开张主、侧枝角度，控制辅养枝采取先放后缩和连续长放的方法，培养结果枝组。采用环刻、环剥、喷生长调节剂等促花措施，形成花芽，达到早期丰产的目的。盛果期要保持健壮树势，疏除无用的直立枝、背生枝和冗长、细弱结果枝组；保留20～45 cm侧生发育枝。及时落头开心，解决光照，以利通风透光，提高果品质量。在结果母枝修剪时，应去弱留壮，并疏除过密枝条。

（四）肥水管理

柿较耐瘠薄，山地果园可以较少投入肥水管理，追肥以叶面喷肥为主，全年3～4次，结合喷药喷施。喷施时间宜在10:00以前、16:00以后。喷肥浓度和肥料种类：0.3%尿素或磷酸二氢钾，0.1%～0.3%过磷酸钙或0.3%硫酸钾。在山沟里分段闸坝拦水，利用山坡低洼不漏水处，修砌蓄水池塘，在较大的山沟里修建小型水库，每年干旱时节浇水1～2次。

（五）花果管理

当花量过大时，花前10 d将结果枝上、中部2～3蕾留下，其余疏除，或将过密枝上的幼果全部疏除作为预备枝，生理落果后，按叶果比20∶1留果。有利用价值的徒长枝及部分旺枝，当新梢生长35 cm以上进行摘心，促发二次枝，培养结果枝组。无利用价值的徒长枝疏除。生长健壮的柿树，盛花期在主干距地面30 cm以上的位置进行环割，提高坐果率。

（六）病虫害防治

柿病虫害较少，以预防为主。病害主要为角斑病，虫害较少。发芽前刮除粗老树皮至根际部，有助于清除在内越冬的柿绵蚧及柿蒂虫。树上喷药全年一般喷3遍即可：发芽前喷5～6波美度石硫合剂，7月中下旬，喷1遍1 800倍70%甲基硫菌灵，可减少病菌侵染。8月底9月初喷1次杀菌剂防治病害可使甜柿果面光滑，成熟后色泽艳丽。

第六十二章　酸　　枣

概　　述

酸枣（*Ziziphus spinosa* Hu.），又称棘（《诗经》）、樲（《尔雅》）、樲枣（《孟子》）、棘刺花（《名医别录》）、野枣（《述异记》）、山枣（东北）、山酸枣、葛针（河北）、角针（山东）、硬枣、硕枣或山枣（河南）、棘果枣（浙江）、别大枣（湖北）。

酸枣是中国枣的原生种，在中国分布十分广阔。酸枣类型复杂多样，从陕西、河北、山西、山东、河南、安徽、辽宁部分产区调查收集的不同性状的类型就有 115 个之多。其中有些经济价值较高的类型，已被当地农民选栽于宅院内外，甚至小面积成园栽种，成为栽培品种或半栽培品种。酸枣在植物学、生物学和经济方面的性状各不相同，差异很大。在树性方面，既有灌木，又有小乔木和乔木；在形态方面，除一般常见的类型外，还有垂枝、大叶、少刺、脱刺、紫吊、紫蕾、宿萼等罕见类型；在果实性状方面，果实外形和核形有圆形、椭圆形、短柱形、卵圆形、倒卵形、梭形、心形等之别；果实大小从不到 1 g 到 10 g 以上；果皮色泽有杏黄、橘红、深红、紫红、红褐等颜色；果肉质地风味因粗细、软硬、汁液、酸甜不等，形成各种品质类型；在开花结实习性方面，不同类型的花量、开花时间、结果能力和种子发育状况也有诸多不同；在抗逆性方面，多数类型有良好的耐旱耐瘠性能，适应丘陵、石坡、河滩贫瘠的土壤条件，个别类型还有抗枣疯病的优良性能。

考察酸枣丰富多样的性状及其栽培、半栽培类型的演化过程，可以清楚地了解枣栽培品种和酸枣的密切渊源关系。

酸枣资源开发研究的意义是深远的。目前虽还处于起始阶段，研究范围还很小，但从已调查发现的类型中，可以看到有些类型在选育枣树耐旱耐瘠砧木、培育抗病抗疯品种，选育药用高产、优质、采仁专用品种等方面具有很高价值。可以预料，随着研究不断深化，酸枣资源将不断显现它的有用价值。

第一节　种类和品种

一、种类

酸枣（*Ziziphus spinosa* Hu.）属鼠李科（Rhamnaceae）枣属（*Ziziphus* Mill.）植物。分布于我国吉林、辽宁、河北、内蒙古、山西、陕西、甘肃、宁夏、新疆、山东、江苏、安徽、浙江、河南、湖北、湖南、四川、贵州等地，以北方为多。山丘、荒坡、乱石滩上到处丛生，适应性很强，为栽培枣的原生种。

酸枣为灌木、小乔或大乔木，高可达 36 m，抗性强，耐旱、耐涝、耐瘠薄。主干和老枝灰褐色；树皮片裂或龟裂，坚硬，老皮有脱落现象。枝有枣头、枣股、枣吊之分。新生枣头的一次枝、二次枝为绿色，成熟后红褐色，节间短，2 托刺发达，长可达 2 cm。叶纸质，多卵形，长 2～7 cm，基生三出脉，顶端钝或圆形，基部梢不对称；枣吊较短细，节间短，落叶后脱落。休眠芽寿命长。花小，萼片、花瓣、雄蕊各5枚，柱头2裂，稀3裂，子房2室，稀3室。果小至中大，有圆形、长圆形、椭圆形、长椭圆形、扁圆形、卵圆形和倒卵形等；果皮厚，果熟时为红至深红色，肉薄核大，味酸至甜酸。核圆至长圆形，具1～2粒种子，种仁饱满，萌芽率高。花期长，蜜汁丰富。种仁可入药。常用作绿篱、枣的砧木及枣树选种的原始材料。除一般酸枣外，还有宿萼酸枣、刺酸枣、砂酸枣、紫蕾酸枣等变异类型。

二、品种

长期以来，山东、河北等地的专业人员及山区农民，从丰富的野生酸枣资源中陆续选出了一些优良酸枣品系、品种。

（一）济南脆酸枣

由济南市林业局从鲁中山区实生酸枣中选出。2006年8月通过山东省林业厅组织的专家验收，2008年12月通过山东省林木品种审定委员会审定。

果实椭圆形，平均纵径2.52 cm，横径2.33 cm，平均单果重6.07 g，大小均匀。果皮薄，果面光滑，完熟后呈深玫瑰红色。果肉中厚，白色，质致密，清脆多汁，酸甜适口，品质上。含可溶性固形物27.0%，硬度12.4 kg/cm^2。核小，椭圆形，核面平滑，沟纹浅，两端钝，种仁饱满。可食率87%。

树体中大，树姿较开张，幼树生长直立性强，结果以后大枝角度开张，树体紧凑，树冠自然圆头形。主干灰褐色，皮裂较浅，较易脱落。枣头枝红褐色，萌发力强，平均生长量66 cm，枝刺少且弱，三年生以上结果枝枝刺呈退化状。皮孔分布中密，圆形，凸起，开裂，灰白色。二次枝一般4～8节。枣吊较短，一般10～18 cm，着叶5～10片。叶片中大，长6.07 cm，宽2.84 cm，绿色，长卵形，先端渐尖，叶基圆形，叶面平滑，革质无毛。每花序着花4～7朵，杏黄色，花冠较小，直径6 mm左右，蜜盘较大，蕾裂时间12:00左右，为昼开型，花粉量较大。

树势强健，萌芽力、成枝力均强，树冠成形快；幼树枣头生长势旺，当年萌发的二次枝即可开花结果。花量大，花期对温度的需求为普通型，每个枣吊通常结果1～4个，丰产性状突出。

在济南地区，3月下旬根系开始活动，4月上旬萌芽，5月中旬始花，6月上旬盛花，6月中旬终花。果实8月上旬白熟，8月中旬脆熟，进入集中采收期，果实发育期60 d左右。10月下旬落叶。

（二）甜酸枣

由济南市林业局从鲁中山区实生酸枣中选出。2007年8月通过山东省林业厅组织的专家验收，2007年12月通过山东省林木品种审定委员会审定。

果实较大，圆形或长圆形，纵径2.42 cm，横径2.25 cm，平均单果重5.03 g，最大单果重8.30 g，大小较整齐。白熟期果皮绿黄色，成熟时果皮绿白色，阳面赭红色，着色面30%～50%，完全成熟时全面赭红色，极美观。果面平滑光亮，果肩部圆斜，有10条左右深浅不等的棱沟，顶部渐尖。果柄长4.00 mm，梗洼中广、中深。环洼小，中深。果皮薄，果核中等大，扁，椭圆形，缝合线微凹、明显，纵径1.21 cm，横径0.82 cm，平均核重0.43 g；核纹细密、核壳厚约1.00 mm，核内2室、双仁形大且饱满。果肉乳白色，肉质细脆，汁液较多，风味酸甜，鲜食品质上等。鲜果含可溶性固形物25.3%，总糖21.48%，总酸0.56%，每100 g鲜重含维生素C 445 mg；可食率为91.56%，适于鲜食、加工。

树姿开张，树冠自然圆头形。主干灰褐色，皮裂纹浅细，裂片小，易脱落，表面较光滑。枣头枝红褐色，枝长30～50 cm。皮孔长形、大、稀、凸起、开裂。针刺细弱，当年自然脱落。二年生以上枝条灰白色，色泽暗。枣股圆柱形，最长2.0 cm，枝龄10年左右。5～6年生枣股长1.0 cm左右，粗0.8～1.0 cm，抽生枣吊4～5个。枣吊平均长15.6 cm，着生叶片9～11片。叶片卵圆形或长卵圆形，叶面浅绿色，较小，叶长 4.6～5.2 cm，叶宽 2.4～2.8 cm，叶片厚，平滑，有光泽；叶尖渐尖，叶基圆形；叶缘锯齿粗浅，花序着生于第一至十片叶腋间，每个花序着花 1～10 朵，中部节位多着生花朵 8～10 朵，基部和梢部 1～4 朵，全枝着生花序 10 个左右。花蕾扁圆形，花冠直径 6.0 mm 左右，花蕾浅绿色，五棱形，两性完全花，初开时花蜜盘黄色，花粉量较大。

生长势中庸，树冠中大、紧凑，主干明显，萌芽率高，成枝力强，树冠内枝条较密。花量多，自花结实率为 1.14%，自然授粉坐果率为 1.31%，丰产稳产。用野生酸枣作为砧木嫁接成活后当年见果株率达 70%以上，第二年平均株产 1.16 kg，第三年平均株产 2.35 kg，5～8 年平均株产 6.65 kg，9～11 年平均株产 24.93 kg。适合利用荒山野生酸枣高密度嫁接及山丘梯田密植栽培。

在济南地区，3 月下旬根系开始活动，4 月上旬萌芽，5 月中旬始花，5 月下旬至 6 月上旬盛花，6 月中旬终花。果实 8 月上旬白熟、中旬脆熟，果实发育期 60～65 d，常年 8 月中旬为集中采收期，10 月下旬落叶。

（三）长基枝酸枣

由河北赞皇实生酸枣中选出，适宜北方山区栽培。

果实中等大，扁圆形，平均纵径 1.52 cm，横径 1.89 cm，果重 3.60 g。果肩平圆，梗洼浅广，环洼宽，较浅，果顶略凹。果皮紫红色，光亮。果点大，密，椭圆形，较明显。果肉较厚，质地细脆，汁液多，味甜，鲜食味良好。果核椭圆形，核纹较浅宽，中等长，核都具种子。种子饱满，近圆形。

树体中等大，干性强，树姿半开张，树冠呈自然圆头形。树干深灰色，皮粗糙，纵向深裂，容易剥落。枣头粗壮，浅灰色，枝面被有较厚的蜡质，呈灰白色，并有纵向细裂纹。皮孔大，圆形，红棕色，凸起，分布稀疏。脱刺较发达，直刺平均长 1.5 cm，尖端略弯，不易掰落。二年生枝棕灰色，多年生枝灰色。枣吊浅黄绿色，平均长 18.80 cm，着叶 13 片左右。叶片较小，卵形，质地厚，叶面深绿色，光亮。叶长 4.40 cm，叶宽 2.50 cm；叶尖短、渐尖，叶基圆形；叶缘锯齿锐尖、较深；叶柄较粗。

树势极强，树体生长较快，基干粗壮，基枝粗长。花量特多，每一花序平均着花 16.3 朵。花蕾小，五棱形，平均直径 2.70 mm；花朵中等大，花径 6.30 mm。但坐果少，产量低。在河北赞皇地区，4 月 10 日前后发芽，5 月下旬始花，9 月中旬果实成熟。

（四）长卵形晚熟酸枣

别名长果酸枣。在陕西、河北、山东、安徽有广泛分布，陕北神木贺家川有小面积人工栽培。

果实较小，长卵形或长圆形，纵径 2.70～2.80 cm，横径 1.60～1.70 cm，侧径 1.45～1.60 cm，平均果重 4.20 g。果肩圆，梗洼深、窄，果顶圆或稍尖瘦，果梗长 3.00 mm。果面平整，有光泽。果皮厚，成熟时由橘红转为褐红色。果点小，果肉薄，白绿色，质地粗而松软，汁液中多，味酸甜，鲜食品质中等，制干率高。果核中等大，纺锤形，横径 0.80 cm，核纹粗，核壳厚硬，核内都具种子，且多双仁。

树体较高大，主枝强健、直展，树姿略开张。树干灰褐色，栓皮裂片小，裂纹中深，不易剥落。枣头褐色，生长势较强。皮孔中大，圆形，凸起，开裂。针刺多，且粗长。叶片较小，卵形，质地薄，叶面黄绿色，有光泽。叶长 4.80 cm，叶宽 2.45 cm；叶尖短，先端渐圆，叶基近圆形，叶缘锯齿浅，齿较圆。

树势强，发枝力强，萌蘖力弱。二次枝发育良好，枝形略弯曲。花量较少，花朵小，淡黄绿色；花序着生于枣吊第二至十叶腋，每一花序着花 1～5 朵，中部和梢部花序多为 4 朵，基部花序 1～2 朵。自然落果较多，结果早，产量中等，成熟期晚，可作鲜食、制干、采仁利用。

在陕北，6 月上旬始花，9 月中旬果实着色，9 月底至 10 月上旬采收，果实生长期 115 d。成熟期不易裂果。适应性强，适宜丘陵、川滩的沙质土、壤土和黏土，抗病性不强。

（五）长椭圆形大果酸枣

产于安徽淮南上窑林场。适应性一般，较耐瘠薄。

果实大，长椭圆形，侧面略扁。纵径 3.60 cm，横径 2.60 cm，侧径 2.40 cm，平均果重 10.50 g。果肩圆，略平，无沟棱。梗洼浅，中广；环洼中等宽深，底部宽圆。果柄较粗短；果顶平圆，顶洼浅，中广。果面平整光洁；果皮薄，白熟期呈浅绿白色。果点小到中等大，近白色，密度小。果肉厚，浅绿白色，质地较粗松，纤维较多，汁液少，味酸甜，白熟时可溶性固形物为 10%，鲜食品质中等。核大，宽棱形，核蒂短宽，核纹粗深；核壳厚，核内都具种子。

树体中等大，树势较强，发枝力中等，树姿半开张，树冠呈自然圆头形。枣头多直立生长，较粗壮，针刺不发达。枣股圆柱形。叶片中等大，卵状披针形，叶面浅绿色；叶长 4.80～6.20 cm，叶宽 2.60～3.00 cm。花朵结果性能不良，结果量少，果实大，为野生酸枣中罕见的大果类型。在产地果实 9 月中旬成熟，果实发育期 105 d。

（六）长圆形小酸枣

别名滚子酸枣。发现于河北迁安。

果实极小，长椭圆形，平均纵径 1.30 cm，横径 0.80 cm，果重 1.20 g。果皮红色，果肉硬脆，汁多，味酸甜。果核卵形或椭圆形，平均纵径 1.00 cm，横径 0.60 cm，核重 0.29 g。核内都具种子，双仁率 8.90%，果核出仁率 23.60%。

树势强健，树姿开张。托刺发达，直刺长 2 cm 左右。枣吊细短，长 11.00 cm，着叶 9 片左右。花小。果实 9 月中下旬成熟。丰产，果肉汁多，种子饱满，出仁率高，为优良的仁用类型。

（七）朝阳麻枣

别名麻枣、圆枣、甜酸枣。由酸枣选出的半栽培型品种，分布在辽宁朝阳、凌源、建昌等地。

果实小，扁圆或圆形，纵径 1.80～2.10 cm，横径 1.70～2.00 cm，平均果重 3.70 g。果肩宽，圆整，梗洼平，环洼浅、大。果顶平圆，顶点略凹陷。柱头呈点状突起。果柄较粗，长 3.00 mm 左右。果面平滑光亮，果皮薄，橘红色。果点小，圆形，密布。果肉绿白色，质地细脆，汁液中等多，味酸甜适口，晚熟含可溶性固形物 40.80%、酸 1.37%，鲜食品质中等。果核短，纺锤形或圆形，纵径 1.00 cm，横径 0.65 cm 左右，核纹中等，核内多含 1 粒饱满种子。

树体中等大，树姿开张，树冠呈自然圆头形。树干灰褐色，块状裂纹，皮易剥落。枣头红褐色，平均长 55.00 cm，节间长 6.00 cm。皮孔大，针刺发达。枣股圆柱形，最长 3.1 cm，持续开花结果 15～18 年。壮龄枣股抽生枣吊 4～5 个。枣吊细，长 13.00～15.00 cm，着叶 9～11 片。叶片小，披针形，叶长 3.30 cm，叶宽 1.30 cm，叶尖渐尖，叶基楔形，叶缘具浅锯齿。花为多花型。

树势健旺，发枝力中等，根蘖分株繁殖。结果早，产量高而稳定，在辽宁朝阳，果实 9 月上旬成熟，果实生育期 90 d 左右。成熟期遇雨不裂果，适应性强。

（八）刺酸枣

分布于河北易县、赞皇、邢台等地。

果实较小，倒卵形，果面有明显的不规则凹纹。纵径 2.15 cm，横径 1.85 cm，平均果重 2.70 g。果肩窄，披斜；梗洼浅平，较狭，环洼中等宽深。果顶圆，先端微凹，柱头遗存。果皮深红色，果点小，椭圆形。果肉乳白色，质地细脆，汁液多，味酸甜，可食率 85.90%，出干率 36.60%，鲜食品质一般。果核较小，倒卵形，核尖一端尖凸。纵径 1.35 cm，横径 0.88 cm。核纹深宽，较短，有斑块或刺芒状突起；核含仁率 100%，双仁率 10%，出仁率 15%。种子饱满，棕黄色，短卵形或三棱状圆形。

树体较小，树姿半开张，圆柱形或自然半圆形，发枝力中等。树干棕灰色，粗糙，皮易剥落。枣头红褐色，阳面被覆灰白色蜡质，质地较软，平均长度 37.30 cm，粗 0.80 cm；皮孔圆形，灰褐色，凸起，不开裂。针刺发达，直刺粗长直伸，易掰落。一次枝上的短刺，多在当年脱落。二年生枝深灰色，多年生枝棕灰色。枣吊浅绿色。叶片中等大，卵状披针形，叶面深绿色，光亮。叶长 4.90 cm，叶宽 2.30 cm；叶尖长、渐尖，叶基阔楔形，叶缘锯齿细小，钝浅。花量多，每一花序平均着花 6.50 朵，枣吊第二节开始着花。花蕾较小，五角形；花朵中大，花径 5.80 mm。

树势强健，发枝力中等，适应性强，结果能力较强，产量较高。在产地 4 月中旬发芽，5 月下旬始花，9 月下旬至 10 月上旬果实成熟，果实生长期约 115 d。种子发育良好，出仁率较高，可作药用栽培。

（九）黄皮酸枣

分布和栽培于河北的邢台。

果实小，长圆形，平均纵径 2.10 cm，横径 1.70 cm，干果重 1.60 g。果皮色浅，橘红色，晒干后呈黄色。果肉厚，味酸甜。果实出核率 30.80%，出仁率 14.80%。种皮紫红色。

树体中等大，树势中强，树姿开张。叶片较小，叶长 3.20 cm，叶宽 1.40 cm。适应性强，结果稳定，丰产性强。果实小，可食率低，果核出仁率中等，为良好的仁用品种。

（十）佳县团酸枣

分布和栽培于陕西佳县城关镇小会坪一带，已有几百年栽培历史。

果实较小，磙子形，纵径 2.60 cm，横径 2.00 cm，侧径 1.90 cm，平均果重约 5.20 g。果肩平圆，梗洼狭窄，果顶凹陷。果梗长 2.00 mm。果面光泽，果皮中等厚，着色前呈黄绿色，着色后转呈褐红色。果点小，果肉薄，白绿色，质粗松软，汁液中多，味酸甜，可食率 91.4%，可鲜食和制干，品质中上。果核较小，尖椭圆形，横径 0.70 cm，核壳厚硬，核纹粗，含仁率 100%。

树体较高大，树姿直立，主枝开张角 60°左右，树冠呈自然圆锥形。树干灰褐色，栓皮裂纹浅，裂片小，不易剥落。枣头褐色，生长势中等，长 60 cm，枝径 0.80 cm 左右，节间长 5.00～9.00 cm。皮孔小，圆形，凸起，开裂。针刺发达，直刺长 3.60～3.80 cm，钩刺长 0.50～0.70 cm。二次枝枝形较直，2～6 节，每节都能萌发形成枣股。壮龄枣股抽生枣吊 2～6 个，枣吊长 16.00 cm 左右，着叶 11～12 片。叶片中等大，卵状披针形，质地厚，叶面深绿色，有光泽。叶长 6.00～6.50 cm，叶宽 3.70～3.80 cm；叶尖尖圆，叶基圆，叶缘波状，锯齿大。花量多，花序着生于枣吊 1～11 节叶腋间，每一花序着花 1～7 朵，中部节位多着花 5～7 朵。花朵小，花萼黄绿色。

适应性强，耐旱、耐寒、耐瘠薄，在沙质土、粉沙壤土、黄绵土上均能生长，寿命长，根蘖萌生能力弱。在陕北地区，6 月上旬始花，9 月上中旬果实成熟，果实生长期约 96 d。

（十一）锦西大酸枣

由野生酸枣中选出的半栽培优良无性系，分布于辽宁锦西虹螺岘、石灰窑子、张相公村等地。

果实近圆形，平均果重 6.00～7.00 g。果肩圆斜，梗洼小，中等深。果顶圆整，果面平滑。果皮深红色，有光泽。果点小，分布密。果肉细脆，汁液多，味酸甜，可食率 94.5%，宜鲜食，品质中上等。果核小，圆形，纵横径 0.60 cm，核内含有 1～2 粒种子。

树体中等大，树姿开张，树冠多呈自然圆头形。树干浅灰褐色，皮裂纹呈不规则纵条形，枣头灰绿色，较细，皮孔小，分布稀疏。针刺发达，不易脱落。二次枝弯曲度小。枣股圆柱形，短小，最长 1 cm，持续开花结果 6 年左右。枣吊长 16.00 cm，节间 1.00～2.00 cm，着叶 9～11 片。叶片中等大，长卵形，质地薄，绿色，叶尖渐尖；叶基圆形；叶缘具不规则锯齿。花为多花型，花蕾扁圆形，花朵小，花径 4.00 mm，初开花蜜盘淡黄色。

适应性极强，尤耐干旱、瘠薄。树势中等，发枝力强，枝叶稠密，枣股寿命较短。萌蘖力极强，易用根蘖繁殖。结果龄期较早，在产地 5 月底始花，9 月下旬采收，果实生长期 110 d 左右，可作鲜食和仁用栽培。

（十二）蓟县麻枣

别名大麻枣。分布于天津蓟州区及河北东部地区，为优良鲜食晚熟酸枣资源。

果实短椭圆形，纵径 2.7 cm，横径 2.3 cm，平均果重 7.4 g。果肩圆或广圆，梗洼和环洼窄浅，果柄细，长 5.8 mm。果顶广圆，顶点略凹，柱头遗存。果皮红褐色，果肉浅绿色，质地松脆，汁液少，味酸甜，宜鲜食，品质中上。果核中等大，近圆形，纵径 1.64 cm，横径 0.75 cm。成熟期晚，在产地 10 月初成熟采收。

树体中等大，树势强，结果性能良好，寿命较长，多呈自然圆头形。一般成龄树高 7 m 左右，冠径 3.5～4.0 m，干高 1.0 m 左右。

（十三）鸡心形大酸枣

别名卵形大酸枣。分布于陕西神木万镇界牌村一带，多呈丛生状群落。

果实较大，鸡心形或尖卵形，纵径 2.40～2.60 cm，横径和侧径 1.70～2.00 cm，平均果重 5.0 g。果肩瘦小，圆形。梗洼窄浅，环洼小，浅或中深。果顶长，渐细，顶点呈尖突状。果柄长 4 mm。果面平整，光亮。果皮薄，着色前呈黄绿色，后由橙红色转为褐红色。果点大，着色前呈灰白色。果肉薄，淡黄色，质地细、稍软，汁液多，味酸甜，鲜食品质上等，制干率低。果核大，短梭形或倒卵形，纵径 1.50 cm，横径 0.90 cm。核纹粗，核壳硬。

树体中等大，主干明显，生长势强，侧枝弱，树姿开张，树冠呈自然圆头形。树干灰褐色，皮裂纹浅，宽条形，不易剥落。枣头褐色，较细，生长势强，一般枝长 50.00～70.00 cm，枝径 0.70～0.90 cm，节间长 7.00～8.00 cm。皮孔小，圆形，凸起，开裂。针刺少，直刺长 1.80 cm 左右，钩刺长 0.30 cm。枣股粗短，壮龄枣股抽生枣吊 3～6 个，枣吊长 18.00～23.50 cm，着叶 13～15 片。叶片中等大，披针形，质地薄，叶面色浅，有光泽。叶长 5.40～6.90 cm，宽 2.20～2.40 cm；叶尖长，渐尖，先端尖圆；叶基阔楔形；叶缘锯齿极浅，细小。

树势和发枝力较强，萌蘖力弱，结果性能好，产量稳定。在产地 9 月中下旬果实采收。果实生长期 100 d 左右。成熟期落果少，不易裂果。

（十四）卵圆形小酸枣

产于陕西佳县和山西襄汾地区。

果实极小，卵圆形，纵径 1.10～1.50 cm，横径 0.90～1.20 cm，单果重 0.60～1.20 g。果肩广圆，梗洼平，环痕凸出果面，环洼浅、小，果顶尖圆。果柄细，长 2.00 mm 左右。果面平整，果皮褐红色，果点小，圆形，甚明显。果肉薄，质地粗松，味酸，鲜食品质差。果核小，卵圆形或长圆形，纵径 1.00～1.20 cm，横径 0.60～0.80 cm，侧面略扁，平均核重 0.27 g。核纹浅，细短，核内都具 1～2 粒种子，含仁率 100%，果核出仁率 23.9%。

树体为矮小灌木。枣头紫褐色，长 20.00～30.00 cm，节间平均长 2.90 cm，最长 4.20 cm。皮孔小，圆形或椭圆形，凸起，开裂。针刺发达，直刺长 0.60～3.0 cm。二次枝发育良好，3～11 节，每节都能萌发形成枣股。枣股圆柱形，一般抽生枣吊 2～3 个。枣吊长 4.80～11.20 cm，着叶 7～15 片。托叶呈细短的针刺，长 0.20～0.30 cm。叶片小，长卵形，叶质厚，绿色，无光泽。叶长 2.00～2.20 cm，叶宽 1.10～1.30 cm；叶尖圆钝；叶基圆；叶缘上隆，锯齿细小，锐或钝。

树势较弱，适应性强，耐瘠薄。坐果稳定，极丰产。在陕北 4 月中旬发芽，6 月初始花，9 月底至 10 月上旬果实成熟，果实生长期约 115 d。出仁率很高，为优良的仁用类型。

（十五）米酸枣

产于河北邢台、滦平和陕西铜川等地。

果实特小，圆形，平均纵径 0.71 cm，横径 0.70 cm，果重约 0.40 g。果肩圆，无梗洼，环洼平或略凸出。果顶平圆，柱头遗存。果皮棕黄色，果肉汁液少，味淡。果核近圆形，具 2 条对称的纵沟，平均纵径 0.42 cm，横径 0.40 cm，侧径 0.34 cm。核纹细、中长。核内都具种子，含仁率 100%，双仁率 33.00%。种子饱满，棕色，椭圆形，纵径 0.35 cm，横径 0.32 cm，侧径 0.22 cm。

树体矮小，生长势较弱，呈灌木或小乔木状。枣头细弱，枣吊长约 11 cm。叶片甚小，卵形或披针形，叶长 2.20 cm，叶宽 1.10 cm；叶尖渐尖；叶基楔形或心形。果实成熟期早。

（十六）砂酸枣

产于河北赞皇。

果实小，不规则圆形，平均纵径 1.81 cm，横径 1.75 cm，果重 2.80 g。果肩平圆，梗洼浅、广，环洼深、中广，果顶微凹，果面凹凸不平。果皮深红色，果点大、明显，密度中等。果肉厚，味甜微酸，含性状不规则的木质颗粒，不堪食用。果核大，短圆锥形，顶端平圆，先端具尖凸。平均纵径 1.10 cm，横径 1.05 cm。核纹粗浅，核内都具种子，双仁率 33.30%。种子饱满，深棕色，扁圆形，平均纵径 0.75 cm，横径 0.65 cm，侧径 0.30 cm.

树体中等大，树势中等，树姿半开张。枣吊浅绿色，平均长 16.5 cm。叶片较小，长椭圆形或卵形；叶长 4.10 cm，叶宽 2.10 cm；叶尖渐尖；叶基楔形或圆形；叶缘锯齿中深。结果能力中等，产量较高。果实成熟较晚。

（十七）宿萼早熟酸枣

别名泥河沟团酸枣。产于陕西佳县朱家坬乡泥河沟村，是酸枣中少见的类型。

果实小，长圆形或圆形，纵径 1.60～2.10 cm，横径 1.20～1.70 cm，平均果重 1.50～2.40 g，大小较整齐。果肩广圆，梗洼浅广，环洼窄、中等深，周围常有 3～5 个萼片宿存。果顶稍瘦小，多呈圆形，顶点略凹下。果柄细短，长 1.50 mm。果面平整，有光泽。果皮薄，着色前为黄绿色，后转为褐红色。果点小而密集，但不太明显。果肉薄，乳白色或浅绿色，质地细，较疏松，汁液中多，味酸甜，鲜食品质中等。果核中等大，纺锤形或卵圆形，侧向略扁，横径 7.00 mm；核蒂短，月牙形；核尖长 1.00～2.00 mm，先端尖锐；核纹浅细；核壳厚硬，含仁率 70.00%。

树体较高大，树姿开张，树冠呈自然圆头形。树干浅灰褐色，皮裂纹深，条块状，不易剥落。枣头红褐色，平均枝径 0.50 cm，节间长 5.50～7.50 cm，长势偏弱。皮孔中等大，圆形，凸起，开裂。二次枝枝形弯曲，3～7 节，枝梢越冬后多干枯。针刺多，直针长 2.20 cm。枣股瘦小，圆柱形，最长 1.50 cm，直径 0.60～0.70 cm，寿命 5～6 年，壮龄枣股抽生枣吊 3～5 个。枣吊长 5.00～18.00 cm，着叶 6～13 片。叶片较小，卵状披针形；质地中等厚；叶面黄绿色，稍有光泽；叶长 4.10～5.00 cm，叶宽 1.90～2.40 cm；叶尖长，先端尖圆，叶基宽楔形，罕见圆形，叶缘锯齿浅钝、匀密。

适应性强，发枝力中等，萌蘖力弱，结果能力不强，成熟期较早，产量低。在产地 8 月中旬果实着色，下旬采收，果实生长期 80 d 左右。

（十八）甜溜溜

别名大酸枣、大溜溜。分布于河北唐县、赞皇和北京市郊等地，多栽于农家院内。

果实中等大，近圆形，纵径 2.4～3.10 cm，横径 2.10～2.80 cm，平均果重 4.00 g。果肩圆，平滑。梗洼窄小，中等深。果柄粗短。果顶圆，顶点微凹，柱头遗存。果皮较厚，紫红色，有光泽。果点大，圆形，淡黄色，较明显。果肉较厚，浅黄色，质较松，汁液中等，酸甜浓郁，鲜食可口，品质中上等。果核纺锤形，纵径 1.70 cm，横径 0.90 cm。核纹短，中深。核内多数具有种子，含仁率 86.00%。

树体高大，树势强健，干性较强，树姿半开张，树冠呈自然圆头形。树干浅灰黑色，皮裂纹深，呈较整齐的短片状，不易剥落。枣头紫褐色，略弯曲，延伸力强，皮孔小，圆形，白色，略透红，密度高，不开裂；多年生枝灰褐色，皮孔爆裂，枝面较粗糙。枣股圆锥形，一般抽生枣吊 4～5 个。叶片大，椭圆形；叶面平展，深绿色，有光泽；叶长 7.8 cm，叶宽 4.7 cm；叶尖较长，圆或尖圆，叶基亚心形，叶柄长 8.00 mm；叶缘锯齿粗大，不整齐。

树体健壮，根蘖少，寿命长。适应性强，抗风，耐旱涝，耐瘠薄。结果较早，结实力强，产量高，综合性状较好，可用作育种材料。在河北唐县，4 月下旬萌芽，5 月底始花，9 月上旬果实成熟采收，10 月下旬落叶。果实生长期 90～95 d。

（十九）脱刺酸枣

发现于河北赞皇。

果实小，尖卵形，果面凹凸不平，纵径 1.87 cm，横径 1.25 cm，平均果重 2.40 g。果肩圆，无梗洼，环洼小、较浅。果顶渐细，呈圆锥形，略侧向一侧。柱头遗存，略膨大，呈尖突状。果皮棕红色，果点小。果肉较薄，质地稍脆，汁少多渣，味酸略苦，可食率 84.80%，制干率 56.00%。果核较大，线锥形，核尖一端尖凸；纵径 1.58 cm，横径 0.85 cm。核纹长而浅，中粗，具不规则突起。核内都具种子，双仁率约占 5%。种子饱满，红棕色，卵形。

树体小，干性弱，树姿较开张。树干黑灰色，粗糙，皮易剥落。枣头棕褐色，略弯曲，平均长 58.20 cm，枝径 0.95 cm，节间长 8.50 cm。皮孔大，圆形，褐黄色，凸起。针刺细弱，当年自然脱落。二年生枝和多年生枝暗黄色，二次枝斜上生长，平均长 30.90 cm，粗 0.45 cm，4～10 节。枣吊浅黄绿色。叶片中等大，卵状披针形；叶面浅绿色，较光亮；叶长 4.80 cm，叶宽 2.00 cm；叶尖渐尖，叶基楔形，叶缘锯齿钝粗、中深。花量多，每一花序平均着花 8.30 朵，花蕾小。

树势弱，结果力强，较丰产。在产地 5 月中下旬始花，9 月中下旬果实成熟。

（二十）椭圆甜酸枣

别名神木甜酸枣、冰糖酸枣。原产于陕西神木贺家川乡刘家坡村，分布于北方酸枣产区。

果实中等大，长圆形，侧面扁。纵径 2.00～2.50 cm，横径 1.70～2.20 cm，侧径 1.60～1.90 cm，平均果重 4.50 g。梗洼浅广，环洼中等深。果柄长 3.00 mm。果顶圆，顶点略凹陷。果面平整，有光泽。果皮中等厚，着色前为白绿色，后呈褐红色。果点大，着色前呈灰白色。果肉较厚，绿白色，质细、致密，汁液多，味甜，鲜食品质上等。果核中等大，纺锤形，横径 0.60 cm，核纹细，含仁率 50.00%。

树体高大，树姿较开张，树冠呈圆锥形。树干灰褐色，皮裂片小，裂纹中等深，不易剥落。枣头褐色，生长势强，枝长 50.00～70.00 cm，粗 0.70～0.90 cm，节间长 5.00～7.50 cm。皮孔小，圆形，凸起，开裂。针刺多而发达，直刺长 2.80～3.80 cm。二次枝枝形弯曲，发育正常，2～11 节，枝梢纤细。枣股粗大，圆柱形，长达 2.00 cm，直径 1.20 cm，枣股一般抽生枣吊 3～5 个。枣吊长 19.00～20.00 cm，着叶 9～12 片。叶片大，卵状披针形，叶厚，叶面色泽较浅，有光泽；叶长 5.70～6.90 cm，叶宽 2.90～3.00 cm；叶尖渐尖，叶基圆形，叶缘具锯齿，齿尖圆钝。

树势强旺，发枝力强，萌蘖力中等。适应性强，耐旱、耐寒，但抗病虫性能较差。结果较稳定，枣吊一般坐果 1～3 个，单株产量达 20 kg。果实中大，果肉较厚，质细汁多，味甜，鲜食品质优良，有较好的经济栽培价值。在产地，9 月上旬着色，9 月中旬成熟采收，果实生长期 95 d 左右。成熟期落果少，不易裂果。

（二十一）小酸酸枣

原产于陕西佳县裕口乡，广泛分布于陕西、山西、河北、山东、河南以及皖北、辽西等酸枣产区，多零星散生。

果实小，近圆形，纵横径 0.90～1.20 cm，平均果重 1.50 g。果肩圆，梗洼与环洼浅或中广，中等深。果柄长 3.00～3.50 mm。果顶圆或平圆，部分果实顶点稍凹陷。果面平整光亮，果皮厚，褐红色，果点细小。果肉薄，绿白色，质地较细，稍松软，汁少，味酸，鲜食品质差，制干率低。果核较小，圆形或椭圆形，纵径 0.80～1.00 cm，横径 0.80 cm。核纹细，核内含种子 1～2 枚，含仁率 100%。

树体中等大，主干强健，侧枝发育较弱，树姿开张，树冠呈圆锥形，枝系较紊乱。树干灰褐色，皮裂纹中深，条片状，不易剥落。枣头长势较强，一般长 30.00～50.00 cm，粗 0.60～0.80 cm，节间短小，长 4.00～4.80 cm。皮孔大，椭圆形，凸起，开裂。针刺多，较发达，直刺长 2.30～2.70 cm，钩刺长 0.40～0.50 cm。枣股瘦小，抽生枣吊 2～4 个，多者 5 个。枣吊细短，长 9.50～

10.50 cm，着叶 15～17 片。叶片极小，卵圆形，叶厚，叶面深绿色，有光泽。叶长 1.80～2.00 cm，叶宽 0.90～1.00 cm；叶尖短，先端尖圆，叶基圆形，叶缘锯齿整齐、浅细，齿角圆。

适应性强，耐旱、耐寒、耐瘠薄，树势和发枝力中等。在产地 9 月上中旬成熟采收，果实生长期约 90 d。

（二十二）新郑甜酸枣

原产于河南新郑孟庄乡，由当地野生酸枣中选出经长期栽培形成的农家品种。

果实中等大，圆形，平均果重 3.20 g。果肩圆整，梗洼小，浅平。果顶圆，顶点微凹。果面平滑，光亮。果皮橙红色，果点不明显。果肉绿白色，质地硬，汁液少，味甜酸，含可溶性固形物 29.80%，可食率 90.20%，可制干，制干率 46.00%，品质中等。果核小，纺锤形，平均核重 0.32 g。核纹浅，核内有饱满的种子。

树体较大，干性较强，树姿开张，树冠呈自然圆头形。树干灰褐色，裂纹深，皮不易剥落。枣头红褐色，较细弱，粗 0.50 cm。皮孔中等大，近圆形。针刺发达，不易剥落。枣股较小，圆柱形，长达 1.50 cm，持续开花结果 8～10 年。枣吊平均长 14.00 cm，粗 0.50 cm，着叶 10 片。叶片较小，长卵形，叶厚，浅绿色。叶长 4.30 cm，叶宽 2.20 cm；叶尖渐尖，叶缘有较整齐的小锯齿。花量多，花蕾扁圆形，花径 6.00 mm，初开花蜜盘黄色。

适应性强，耐旱、耐瘠，较抗病虫。适宜沙质土，结果早而稳定，产量较高。在产地，4 月上中旬萌芽，5 月中下旬始花，9 月下旬采收，果实生育期 110 d 左右。果实成熟期遇雨不易裂果。

（二十三）亚葫芦酸枣

发现于河北邢台。

果实小，亚葫芦形，平均纵径 2.00 cm，横径 1.40 cm，果重 2.00 g。果皮紫红色；果肉黄白色，味甜。核短棱形。鲜枣出核率 34.10%，果核出仁率 14.00%。

树势中强，树姿开张；叶片较小，叶长 4.0 cm，叶宽 2.00 cm。

（二十四）颜吉山大酸枣

别名大酸枣。产于山东滕州东沙河乡颜吉山村，零星栽于丘陵地边和农家院内。

果实中等大，长椭圆形或鸡心形。纵径 2.10～2.30 cm，横径 1.50～1.70 cm，平均果重 3.50 g，大小整齐。果肩圆或平圆，整齐披斜。梗洼浅窄或浅平，环洼小，中深。果柄细，长 2.50 mm。果顶圆或略尖圆，顶点平或略凸起。残柱细小，成点状突起。胴部膨大，成弧形。果面平整光滑，果皮较薄，白熟期呈浅绿色。果点细小，长圆形，绿白色，密度较稀。着色后果皮转为深橙红色，富光泽。果肉绿白色，质地细脆，汁液中等，味甜酸，鲜食可口，品质中上等。制成干枣，肉较薄，品质中等。果核中等大，纺锤形，纵径 1.60 cm，横径 0.70 cm，平均核重 0.40 g，核纹纤细，长条形。核内多数具 1 粒饱满种子。

树体中等大，树势较强，发枝力强，树姿开张，树冠呈自然半圆形或自然圆头形。树干灰褐色，皮裂纹呈不规则的宽条状，较易剥落。枣头黄褐色或浅棕黄色。枝面少光泽，而有明显的纵条状曲折延伸凹凸不平的流水纹。枝径较细，节间长 4.00～9.00 cm。皮孔圆形，细小，浅黄褐色，凸起。针刺发达，直刺长 0.60～2.80 cm。枣股圆柱形，短小，枣股抽生枣吊 3～5 个。枣吊长 18.00～24.00 cm，着叶 9～12 片。叶片较小，卵状披针形，叶面深绿色，光泽较差。叶长 4.20～4.80 cm，叶宽 1.70～2.00 cm；叶尖渐尖，先端尖圆，叶基圆形，叶缘锯齿浅细。

适应性强，耐旱、耐瘠薄，抗枣疯病。在产地 4 月中旬萌芽，5 月中下旬始花，9 月上中旬果实成熟。成熟期间不落果，结果性能好，产量高，品质好，其抗枣疯病特性具有重要研究利用价值。

（二十五）永城甜酸枣

产于河南永城陈官庄一带，由当地野生酸枣中选出，零星栽植。

果实中等大，倒锥形，纵径 2.50 cm，横径 1.80 cm，一般果重 3.50 g，果个整齐。果肩窄小，斜削。梗洼窄浅。果顶平圆，顶点微凹。果面平滑，果皮紫红色。果点显著，中等大，密布。果肉浅绿色，质地致密，汁液中等多，可食率90.00%，味甜酸可口，品质中上等，适宜鲜食。果核较小，纺锤形，平均核重0.35 g。沟纹中等深，纵斜条形。核内含有种子2粒，其中1粒饱满，1粒较瘪。

树体较大，干性强，树姿半开张，树冠呈自然圆头形。树干灰黑色，皮裂纹深，纵条状，不易剥落。枣头粗壮，紫褐色，平均长139.00 cm，粗1.10 cm，节间长14.00 cm。皮孔较大，圆形，凸起，开裂。针刺退化，细短早落。二次枝发育良好，多数12节，结果有效节数7节。枣股中等大，长达3.00 cm，直径0.90 cm，持续开花结果17年，多数抽生枣吊5个，最多9个。枣吊粗长，一般长21.00 cm，着叶12片。叶片小，卵圆形，叶厚，深绿色。叶长3.20 cm，叶宽2.30 cm；叶尖渐尖，先端尖圆，叶基广楔形；叶缘波状，锯齿浅小；叶脉略凸起于叶面；叶柄长0.30 cm；无细刺状托叶。花量中等。

适应性较强，树体强健，发枝中等，繁殖多用根蘖分株，结果龄期较早，定植后3年开始结果。在产地4月中旬萌芽，6月初始花，9月初开始成熟，果实生育期85 d左右，采前落果轻，遇雨易裂果。为酸枣半栽培类型中的优良品种。

（二十六）圆果大酸枣

别名老虎眼、小牛眼酸枣、圆果酸枣。原产于陕北吴堡丁家湾乡薛家港村，由野生酸枣中选出。现分布于陕西北部、河北东部、山东中南部酸枣产区。

果实中等大，圆形或近圆形，纵径1.50～2.10 cm，横径1.40～2.20 cm，平均果重4.40 g，果个整齐。果肩和果尖部较圆整，梗洼与环洼浅，中等大。果柄长约2.00 mm。果面平整，光泽。果皮较厚，着色前为黄绿色，后呈褐红色。果点小而密，圆形，着色前为乳黄色。果肉白绿色，质地松脆，略粗，汁液少，味甜酸，鲜食品质中上。果核较大，圆形或短椭圆形，纵径1.60 cm，横径1.10 cm，平均核重约0.60 g。核内多数含有种子。

树体呈小乔木或乔木，树姿开张，干性较弱，树冠呈自然半圆形，枝叶较稀。树干深褐色，皮裂纹浅，呈不规则宽条片状，容易剥落。枣头红褐色，节间长6.00 cm左右。皮孔小，圆形，灰白色，纵裂，分布稀疏。针刺较发达，直刺长1.90 cm左右，二次枝发育良好。枣股中等大，圆柱形，寿命5～7年。枣吊长14.00～16.00 cm，着叶15～19片。叶片较小，卵状披针形，较厚，叶面绿色或深绿色，平滑，有光泽。叶长2.80～4.50 cm、宽1.60～2.10 cm；叶尖长、尖圆，叶基圆形，叶缘锯齿浅小、整齐。花量中多，花序着生于1～11节叶腋间，每序着花1～5朵。花型小，花萼黄绿色。

树体紧凑，树势中等，萌蘖力强，结果稳定，产量较高。适应性强，耐旱、耐寒、耐瘠。在陕北，10月上中旬成熟采收，果实生长期115 d左右。果实成熟期晚，肉质松脆，宜鲜食，为晚熟优良酸枣类型。

（二十七）圆果早熟大酸枣

别名婆枣酸。产于河北沧县小垛子村。

果实中等大，近圆形，纵径2.20 cm，横径2.00 cm，平均果重4.50 g，最大果重5.90 g，大小不整齐。果肩圆或广圆，梗洼浅广。果柄长4.00 mm。果顶圆或尖圆，柱头遗存。果皮厚，紫红色。果点细小，密布，橙黄色。果肉薄，浅绿色，质地松，汁少，味酸，鲜食品质中等。果核椭圆形，纵径1.21 cm，横径0.69 cm，平均核重约0.32 g。核纹细密。核内具形大饱满的种子，含仁率100%。

树体中等大，干性与发枝力均强，树冠呈自然圆锥形。树干灰褐色，皮裂纹浅细，裂片小，易剥落。枣头紫红色，多直立生长，皮孔较密。枣股一般抽生枣吊4～5个。枣吊短小，一般长7.50～14.50 cm，着叶7～16片。叶片小，卵圆形，深绿色，叶长2.90 cm，叶宽2.30 cm；叶尖圆，先端略凹入，叶基圆或广楔形，叶柄长0.20～0.25 cm，基部两侧各具1片刺状托叶。叶缘锯齿细小。

适应性极强，耐旱，耐盐碱。在产地4月中旬萌芽，5月下旬始花，8月上旬果实成熟，果实生长期仅65 d左右，成熟期特别早，可用作培育早熟品种的育种材料。

（二十八）圆形大果酸枣

产于山东省枣庄市山亭区沈庄，由当地野生酸枣中选出的半栽培酸枣类型。

果实较大，近圆形或短椭圆形。纵径 2.40 cm，横径 2.35 cm，平均果重 6.80 g，最大果重 8.00 g，大小不整齐。果肩中广，平圆，平整。梗洼广，浅平，或无。环洼宽，较浅，呈斜面微鼓的浅漏斗形。果柄较粗，长约 2.50 mm。果顶中广，平圆，顶部略凹，呈浅而中广的顶洼。残柱较宽，略凸出。胴部膨起，呈圆弧状。果面平滑光洁，富光泽。果皮较厚，白熟期呈浅绿白色，着色后砖红；全面着色前阳面常有黄褐色晕。果点较大，近圆形，密度中等。果肉粗松，汁液少，味酸甜较浓。白熟期含可溶性固形物 16.40%，鲜食品质中等。果核较大，椭圆形，两端凸起，稍尖。纵径 1.40 cm，横径 0.80 cm，平均核重约 0.75 g。核纹中等粗深，呈断续的纵条纹。核内多具 1 粒饱满的种子。

树体中等大，树姿半开张，枝叶密度中等，树冠呈自然圆头形。树干灰褐色，皮裂纹较浅，宽条状，较易剥落。枣头褐色，较硬，多直立生长。针刺一般，直刺长 1.20～1.50 cm。枣股圆柱形，枣吊较短，长 12.00～17.00 cm，着叶 7～10 片。叶片大，卵圆形，绿色，光泽一般，较厚。叶长 5.40～6.20 cm，叶宽 2.80～3.00 cm；叶尖短，渐尖，叶基近圆，叶缘平，锯齿较大。

适应性较强，较耐瘠薄。在产地，9 月中下旬成熟，果实发育期约 110 d。树势中等，坐果稳定；果实较大，可鲜食和制干，为酸枣中果实经济价值较高的类型。

（二十九）圆果晚熟大酸枣

别名牛眼睛酸枣。产于陕西吴家堡丁家湾乡薛家港村，由当地农民从野生酸枣中选出的根蘖繁殖形成的优良酸枣株系。

果实较大，圆形。纵横径 2.30～2.40 cm，平均果重 6.00 g，大小整齐。果肩圆或广圆，凸起。梗洼浅，中广，环洼大，浅或中深。果柄较短，长 2.00～2.30 mm。果顶稍瘦，圆而略尖，顶点稍凹下。果面不很平整，有小块凹凸起伏，果皮薄，着色前为黄绿色，后呈深红色。果点小，着色前呈灰白色。果肉厚，淡绿色，质地细脆，汁液较多，酸甜可口，鲜食品质上等。果核小，长卵圆形，纵径 0.80～1.00 cm，横径 0.50～0.60 cm，平均核重约 0.30 g。核纹细，核壳硬，厚约 1 mm。核内都具种子，含仁率 100%。

树体较小，树姿半开张，树冠呈圆头形。针刺发达，直刺长 2.40 cm，多年不落。枣吊长 14.60～23.00 cm，着叶 11～17 片。叶片小，卵状披针形，叶长 2.40～3.90 cm，叶宽 1.20～1.80 cm。花量中等，花序着生于枣吊 1～12 片叶腋间，每序着花 2～5 朵。花朵小，花萼黄绿色。风土适应性很强，耐旱、耐寒、耐瘠薄。结果早，产量较高，结果稳定，为酸枣中罕见的优良鲜食类型。在产地，9 月底成熟采收，果实生长期 105 d 左右。

（三十）圆形小酸枣

别名圆酸枣。样本树位于陕西佳县裕口乡白云山庙院内，分布于陕西、河北、山东、安徽、辽宁等省酸枣产区。

果实小，圆形，纵径 1.70～1.80 cm，横径 1.60～1.70 cm，平均果重 2.50 g。果肩圆整，梗洼浅，不明显，果顶微凹。果面平整，有光泽。果皮较厚，开始着色时呈橙红色，后呈褐红色。果点小，着色前为灰白色。果肉薄，绿白色，质粗松，汁液中等，味酸甜，可食率 71.00%，制干率低，鲜食品质差。果核中等大，圆形或短卵圆形，横径 0.60 cm，核纹细，核内都具种子，含仁率 100%。

树体小，树姿下垂，主枝开角 85°左右。树冠呈自然圆头形，枝系乱。树干灰褐色，皮裂片小，裂纹浅，容易剥落。枣头褐色，长势中等，枝长 40～70 cm，粗 0.70～1.00 cm，节间长 5.50～7.00 cm。皮孔中等大，椭圆形，凸起，开裂。针刺多，极发达，直刺长 3.10～3.80 cm，钩刺长 0.60～0.80 cm。二次枝枝形略弯，生长良好，4～10 节。枣股小，长达 1.00 cm 左右，直径 0.8 cm，寿命短。枣股抽生枣吊 3～5 个，枣吊长 18.00～19.00 cm，着叶 14～18 片，枣吊上的托叶呈针刺状。

叶片小，卵状披针形，叶厚，深绿色，有光泽。叶长 2.00～4.30 cm，叶宽 1.70～2.50 cm。叶尖先端尖圆，叶基近圆形，叶缘锯齿浅细，齿角钝圆。花量中等，花序着生于 1～12 片叶腋间，每一花序着花 1～6 朵。花朵小，萼片三角形，黄绿色，中筋凸起。果核都具种子，可作砧木资源利用。

树体灌木状，树势、发枝力、萌蘖力中等。风土适应性良好，耐旱、耐寒、耐瘠。结果龄期早，产量中等。在陕北，6 月上旬始花，9 月下旬果实成熟，果实生长期约 105 d。

(三十一) 竹竿酸枣

发现于河北赞皇。

果实较小，椭圆形，两端较平。纵径 1.82 cm，横径 1.66 cm，平均果重 2.95 g。果肩圆，梗洼浅广，环洼中等宽深。果顶稍凹下，柱头遗存，呈锥形尖突。果皮紫红色，果点中大，密度大，但不明显。果肉较厚，质地粗松，汁液多，味酸，可食率 85.10%，制干率 41.00%。果核较大，短倒卵形，纵径 1.41 cm，横径 0.84 cm，平均核重 0.44 g。核纹稀，细长，较浅。核内都含种子，含仁率 100%，出仁率 14.40%。种子饱满，棕色，卵形或椭圆形。

树体高大，干性极强，树势强健，树冠呈圆柱形。树干深灰色，裂纹宽，较浅，容易剥落。枣头暗棕色，阳面被覆灰白色蜡质，平均长 33.00 cm，节间 8.70 cm。皮孔小，圆形，稍凸起，中部褐色，边缘灰色，密度中等，针刺不发达，枣头针刺短小或无，二次枝直刺短直，平均长 0.35 cm，极易掰落。二次枝平均长 23.80 cm，粗 0.62 cm，5～7 节。枣吊浅绿色，平均长 21.10 cm。叶片较小，卵状披针形，绿色，叶长 4.90 cm，叶宽 2.00 cm。叶尖渐尖，先端尖圆，叶基阔楔形或圆形。叶缘锯齿粗深。叶柄粗长，斜上伸展。花量多，每花序平均着花 8.78 朵，枣吊第一节即有花序分化。花蕾小，五棱形，直径 2.7 mm，午夜 0 点前后开裂。花径 6.40 mm。

树干挺直，风土适应性强，结果性能好，产量高，易丰产。果实较小，鲜食品质中上等，含仁率高。种子饱满，可药用和鲜食。在产地 4 月中旬萌芽，5 月下旬始花，9 月中旬果实成熟，果实生长期约 100 d。

(三十二) 紫蕾酸枣

发现于河北赞皇。

果实小，短圆柱形或扁圆形，纵径 1.54 cm，横径 1.71 cm，平均果重 1.80 g。果肩圆，梗洼浅平，环洼小而深。果顶平圆，先端略凹。果皮紫红色，光亮。果点中大，稠密，黄白色，明显。果肉较厚，质地细脆，汁液较多，味酸甜，含水率 63.00%，可食率 84.80%。果核小，短倒卵形，纵径 1.01 cm，横径 0.88 cm，平均核重 0.27 g。核纹短，较深。核内都具种子，双仁率占 13.30%，出仁率 18.50%。种子饱满，棕黄色，短倒卵形，平均粒重 0.05 g。

树体矮小，树姿开张，树冠呈自然半圆形。树干黑灰色，较粗糙，皮易剥落。枣头褐色，皮孔小，圆形，深褐色，凸起，密度大。针刺较发达，不易掰落。二年生枝黄色，多年生枝黄褐色。枣吊初为紫绿色，后转呈绿色。花蕾浅紫褐色，白昼开裂。

树势较弱，适应性一般。果实 9 月中下旬成熟，色泽艳丽美观。适于鲜食、药用和观赏。

第二节 生物学特性

一、根系生长特性

酸枣树的根系因繁殖方法不同分为实生根系和茎源根系。实生根系主要指播种繁殖的苗木根系；茎源根系包括分株（根蘖、归圃）、扦插和组织培养繁殖的苗木根系。

(一) 根的构成

酸枣树实生根系的主根（垂直根）和侧根均发达，而其垂直根又较水平根发达。酸枣树的茎源根系由水平根、垂直根、侧根和须根构成，水平根较垂直根发达，水平根与垂直根相结合构成根系的骨架，为骨干根，其上可发生侧根、须根，组成酸枣树的根系。

（二）根的特点

1. 水平根发达 酸枣树的水平根粗大，向四面八方伸展能力很强，分布也广，能超过树冠的3～6倍。酸枣树能耐瘠薄，对土壤适应性强，在幼龄阶段水平根生长尤为迅速，以后随树龄增长扩展逐渐趋缓，至衰老期则出现向心更新，吸收面缩小。

2. 根系较稀疏 酸枣树的水平根分枝能力较差，细根少，根的密度较小。因此，酸枣树适宜种植在梯田堰边，或与农作物间作。酸枣树的垂直根由水平根分枝向下延伸而成，深可达3～4 m，其作用是固定树体和吸收深土层的水分和养分。侧根由水平根分枝而成，延伸能力很弱。细根则主要长在侧根上，其功能是吸收水分和养分。

3. 易萌生根蘖 酸枣树水平根上易发生根蘖，一般发生在水平根分枝处或机械损伤部位。根蘖苗可以用于繁殖，粗度在2～10 mm根上发生的根蘖用作育苗较好。过粗根发生的根蘖，发根少，不易脱离母体；过细根内营养物质少，发生的根蘖生长不良。酸枣树发生根蘖会消耗母树的养分，削弱树势，因此应及时清除多余根蘖苗。

4. 根先于地上部生长 根开始生长的时间因品种、地区和年份而异。生长高峰出现于7～8月，在落叶始期至终期，根系进入休眠，生长期在190 d以上。

二、芽和枝生长特性

（一）芽

酸枣树的芽有主芽、副芽两种，分别萌发形成不同的枝。

主芽着生在枣头和枣股的顶端或侧生在枣头一次枝和二次枝各节的叶腋间。主芽有芽的形态，芽外有鳞片包被，形成后当年不萌发，为晚熟性芽。第二年枣头顶端的主芽通常萌发长成新枣头，树势衰弱时也可能萌发长成枣股。二次枝上侧生的主芽翌春萌发后长成枣股，形成主要结果部位。枣股也侧生有主副二芽，副芽形成枣吊，主芽发育极不良，呈潜伏状，仅在枣股衰老后受刺激而萌发形成分枝状枣股。

副芽和主芽着生在同一节位上，为复芽。主芽翌春萌发，并随枝条生长各节陆续形成主副二芽。副芽为早熟性芽，随形成随萌发或枯萎凋落。枣头一次枝基部几节和二次枝上各节的副芽当年萌发后形成枣吊，枣头一次枝中上部各节的副芽萌发形成二次技。而一次枝上的主芽翌年多不萌发，成为休眠芽，其寿命很长，受刺激易于萌发，有利于树体更新复壮。副芽萌发后形成枣吊，开花结果，成为酸枣树的结果性枝。

酸枣树主芽萌发后可形成枣头和枣股，副芽则只形成二次枝和枣吊，枣的花和花序也是由副芽分化形成的。

（二）枝

酸枣树有3种枝，即枣头（发育枝或营养枝）、枣股（结果母枝）和枣吊（脱落性结果枝）。

1. 枣头 枣头生长量大，是形成骨干枝和结果部位的基础，其上长出二次枝，又称为结果基枝，是着生枣股的主要枝条。枣头是主芽萌发形成的。枣头中间的枝轴称枣头一次枝，当年生枣头一次枝基部1～3节一般着生枣吊，其余各节着生二次枝。枣头二次枝是由一次枝上的副芽当年萌发形成。一次枝基部的二次枝常发育较差，当年冬季易脱落，称脱落性二次枝。其余各节二次枝发育健壮，不脱落，称永久性二次枝，永久性二次枝是着生枣股的主要部位。

2. 枣股 即结果母枝，是由枣头一次枝上或二次枝上的主芽萌发而形成的短缩枝。枣股的顶芽每年萌发后即停止生长，生长量很小，每年生长1～2 mm。枣股上的副芽每年萌生出枣吊，每一枣股上可着生2～7个枣吊，健壮的枣股抽生枣吊多，结实力也强。枣股上的主芽也可萌发形成枣头。枣股遭受自然灾害或掰掉枣吊时，可再次萌发枣吊并开花结果。

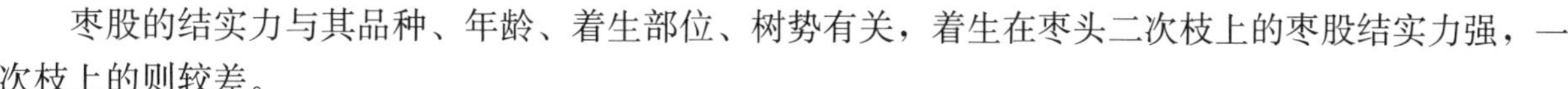

枣股的结实力与其品种、年龄、着生部位、树势有关，着生在枣头二次枝上的枣股结实力强，一次枝上的则较差。

枣股的寿命则与着生的部位、营养状况、管理水平等有关。着生在一次枝上的枣股比二次枝上的枣股寿命长，但二次枝上的枣股数量多，结果稳定；着生在光照好、营养充足部位的枣股寿命长，可长达15～20年。枣股由于修剪或营养改善等刺激，可以生长转旺，恢复并提高结实力，也可以重新抽生枣头。

3. 枣吊 枣吊是酸枣树的结果枝，由副芽萌发而来，是生长叶片和结果的部位，当年脱落，故名“脱落性枝”。其纤细、柔软、下垂，故称“枣吊”。主要着生在枣股上，当年生枣头一次枝、二次枝各节也有。枣吊边生长、叶腋间花序边形成，开花、坐果交叉重叠进行。枣吊一般为10～18节，长12～25 cm，最长可达40 cm以上。在同一枣吊上以3～8节叶面积最大，以4～7节坐果较多。每个枣吊平均坐果多少简称吊果比（果/吊），是丰产性的重要标志。

三、开花与结果习性

(一) 花

酸枣树为多花树种，其花序为二歧聚伞花序和不完全二歧聚伞花序，每花序一般具花3～10朵，多者达20朵以上。酸枣为两性花，花器较小，共分3层，外层为5个三角形绿色萼片，其内二层为匙形花瓣和雄蕊，各5枚，与萼片交错排列。蜜盘发达，雄蕊着生在蜜盘中，但与蜜盘不相愈合。柱头2裂，子房多为2室，每室具胚珠1个。枣花盛开时蜜汁丰富，香味浓，从花的构造来看，为典型的虫媒花。

酸枣树的花芽是当年分化的，随生长随分化，分化速度快，单花分化期短，但全树分化持续期长。在冬前芽内不出现花的原始体。在春季枣吊萌发时，其叶腋间开始分化花芽，枝条加长生长从基部向前和花芽分化同时进行，停止生长，分化也结束。一朵单花只需6～8 d，一个花序需要8～20 d，一个枣吊需1个月左右，单株花芽分化完成则长达2～3个月。因此，枣树花期很长，一般从5月下旬至7月中旬，长达2个月，但以中期花坐果率高。

酸枣单花开放时间较长，为17～18 h，全树是树冠外围的花先开，逐渐向内。枣吊开花是依花芽分化顺序，从近基部逐节向上开放，一个花序也依花芽分化先后，中心花先开，周围多级花依次开放。

(二) 果

酸枣花经授粉受精后，子房膨大，形成幼果。

1. 开花坐果对温度要求 酸枣树开花坐果期对气候条件要求较高，如温度、湿度、光照、风等。开花坐果期如果空气太干燥或阴雨连绵、光照不足、风太大都影响坐果。特别是温度，只有满足酸枣树开花坐果所要求的温度低限，才能坐果稳定，达到丰产。

2. 授粉坐果 酸枣花开放时，香气浓，蜜汁丰富，是典型的虫媒花。雄蕊与花瓣分离时，借助花丝的弹力使花粉弹到柱头上，进行自花授粉。酸枣树的花粉量大，自花授粉结实率高，多数品种一般不用配置授粉树。

在自然条件下，酸枣多数品种可自花结实和单性结实。枣花单花寿命短，有效授粉期也短，在开花当天授粉的坐果率最高，随开花时间延长而坐果率大幅度下降。酸枣花授粉和花粉发芽均与自然条件有关，低温、干旱、多风及阴雨连绵的天气均不利于授粉。花粉发芽所需的温度范围为21～35 ℃，温度范围在25～28 ℃时发芽率最高，花粉管生长最快，高温对花粉发芽没有明显的抑制现象。

四、果实发育与成熟

酸枣果属于核果类，为真果，子房外壁形成外果皮，中壁形成果肉，内壁硬化成核，花梗形成果梗。

酸枣果的大小和形状因品种不同差异较大，单果重 2～10 g 不等，果形有圆形、长圆形、椭圆形、倒卵形等。果核的形状一般为纺锤形、圆形、椭圆形等，一般核内具 1～2 枚种子，种子由胚珠发育而成。

酸枣果实发育大致可分为 4 个时期：

1. 迅速生长期 即细胞分裂期。此期是果实发育最活跃的时期，细胞迅速分裂，数量增加很快，其分裂期的长短与果实大小有密切关系，一般为 2～3 周，大型果可长达 4 周。在细胞分裂期，细胞体积增长缓慢，从果实外形看增长也慢。细胞分裂一旦停止，则细胞体积迅速增长，果实各部分出现增长高峰，从果实外形上表现纵径迅速生长，果实由三角形变为圆柱形或倒卵形。

2. 缓慢增长期 果实的各部分增长速度下降，核硬化，种仁进一步充实、饱满，此期果肉细胞增长已趋慢，空胞（即细胞间隙）迅速扩大，果实的质量和体积不断增长，果实外形呈现品种的特征，该期长短因品种而异，一般 4 周左右。

3. 熟前增长期 此期细胞和果实的增长均很缓慢，主要进行营养物质的积累和转化。果实达一定大小，果皮由绿色转淡，开始着色，糖分增加，风味增进，直至果实完熟，呈现该品种的特征。

4. 果实成熟期 分为 3 个时期：

（1）白熟期。酸枣幼果一般为绿色，当果实增大到接近该品种完全成熟应有的大小时，果实绿色开始逐渐减退，由绿色变为白绿色。果实肉质粗硬、果汁少、含糖量低。

（2）脆熟期。白熟期过后，果实开始着色，一般先从梗洼或果肩处变红，逐渐到果实全红。酸枣果质地变脆，汁液增多，含糖量剧增。

（3）完熟期。脆熟期过后，果皮红色变深，果实开始逐渐失水出现微皱，果肉近核处呈黄褐色，果肉质地变软，果实在生理上进入衰老期，果肉含糖量高，出干率高。

五、物候期

酸枣一年中的物候期，其主要特点是比一般果树生长晚、落叶早。

（一）物候期划分

酸枣树的物候期分为萌芽期、初花期、盛花期、末花期、幼果期、白熟期、脆熟期、完熟期、落叶期、休眠期。

在华北地区，一般 4 月中下旬萌芽，5 月下旬至 6 上中旬为始花期，6 月下旬至 7 月上旬为末花期，花期长达 1 个半月。枣头、枣吊的生长期，一般自萌芽开始至 7 月上中旬停止，一般为 80～90 d。果实着色期品种之间差异较大。早熟品种一般 8 月初开始着色；晚熟品种 9 月上旬开始着色。果实脆熟期早熟品种在 8 月底；中晚熟品种在 9 月中下旬至 10 月上旬。完熟期一般在 9 月底至 10 月上中旬。落叶期在 10 月下旬至 11 月上旬。生长期约 180 d。落叶后进入休眠期。

（二）物候期特点

酸枣树的物候期有两个主要特点：其一是萌芽晚，落叶早，比一般果树的生育期短，这有利于枣农间作下作物的生长，尤其对冬小麦的影响更小。其二是枝、叶、花、果的物候期比较集中，对营养物质的需求量大，加之其花期很长，花量大，消耗的养分更多，如上年的贮备营养不足，或当年水肥供应不及时，都会影响枣吊生长及叶片增大、花芽分化和开花坐果，这也是酸枣树坐果率甚低的主要原因。若能加强秋后管理，增加树体营养物质的贮备，并加强生长期的土肥水管理和病虫防治，提高营养水平，则可缓和枝、叶、花、果之间的矛盾，有利于丰产稳产。

第三节 对环境条件的要求

一、温度

酸枣树是喜温树种，对温度适应范围广，既耐高温，又耐寒。生长季可耐 40 ℃的高温，休眠季可耐−35 ℃的低温。一般适宜生长的年平均温度，春季气温上升到13～15 ℃时开始萌动，17 ℃以上时抽枝、展叶并进行花芽分化，19 ℃以上时现蕾，20～28 ℃时开始开花，22～25 ℃时进入盛花期，25 ℃左右有利于坐果，果实成熟期的适温为18～22 ℃，秋季气温下降到15 ℃时开始落叶。根系生长要求土壤温度7.2 ℃以上，22～25 ℃时达生长高峰。

二、湿度

酸枣树耐旱、耐涝。花期需要较高的空气湿度，一般空气相对湿度大于70%时有利于授粉受精。花期空气干燥则影响花粉发芽，不利于受精，易造成严重的落花落果。果实成熟期则需要较低的空气湿度，若连续降雨，则影响果实发育和糖分积累，导致减产。

三、光照

酸枣树是强喜光树种，对光照要求严格，栽植过密或间作高秆作物导致光照不足，则生长衰弱，产量低，品质差。因此，枣宜栽于山地阳坡，平地栽植行距应大些。

四、土壤和地势

酸枣树对土壤适应性强，除黏重土外，不论是沙质土、砾质土、壤土、黏壤土或黏土，酸性土或碱性土，都能适应。高山、丘陵、平原均能栽植，一般在肥沃、深厚的沙壤土上生长健壮，产量高，寿命也长。适宜的pH 5.5～8.4。枣抗盐力亦较强，一般在总盐量低于0.3%的土壤上表现正常。

五、风

酸枣树在休眠期抗风能力很强，但花期大风会影响授粉受精，易导致落花落果。酸枣盛花期若有4～5级大风，特别是西南向的干热风，因降低了空气湿度，枣花柱头黏液易被吹干，雄蕊提前萎缩，花萼、雌蕊呈现褐色，此种情况枣农称之为"焦花"。焦花现象危害极大，导致酸枣花不能授粉受精，坐果率大大降低，影响产量。幼果期若遇大风，易吹损结果枝，增加落果。果实成熟前如遇6级以上大风，易造成大量落果，严重减产。因此，栽植枣树应选择花期和果实生长期无大风侵袭的地方。

第四节　苗木繁殖

酸枣树苗木主要有根蘖苗、归圃苗、嫁接苗、扦插苗、脱毒组培苗5种类型。过去在生产中多采用根蘖苗和归圃苗，近几年随着育苗技术的逐步提高和酸枣树生产的发展，在生产中多采用优良品种的嫁接苗、扦插苗。

一、苗圃营建

（一）苗圃地选择

苗圃地是育苗的基本条件，最好选择在用苗地区中心或附近。要求有良好的气候、土壤和地理条件，背风向阳，地势平坦，土壤肥沃疏松，pH 5.5～7.5，有良好的灌水和排水条件，交通方便。

（二）苗圃地整理

苗圃地整理主要是指对土壤进行深翻耕作，去除杂草，增施有机肥。通过整地可增加土壤的通气透水性，并有蓄水保墒、翻埋杂草、混拌肥料及消灭病虫害等作用。秋耕宜深，春耕宜浅；干旱地宜深，多雨地区宜浅；土层厚时宜深，河滩地宜浅。北方宜在秋季深耕，耕前每667 m^2 施腐熟的有机肥1 000～2 000 kg，灌足底水，播前再浅耕一次，然后耙平做畦，待播种。

二、采穗圃建立

采穗圃是为酸枣苗圃育苗提供良种穗条，保证生产优良酸枣苗木。

（一）苗木定植

定植前必须细致整地，施足基肥。株行距可以选用（2～3）m×4 m。苗木要求生长健壮、品种纯正、无病虫害的嫁接苗或高接树。定植时，绘制定植图，标清品种。

（二）苗木修剪

苗木定植后，留 80～100 cm 定干。树形宜采用开心形、疏散分层形，树高一般控制在 2～3 m。修剪主要是调整树形，疏去过密枝、下垂枝、病虫枝、受伤枝。修剪程度一定要重些，多短截，少缓放，增加接穗数量。

（三）苗木管理

秋季要施基肥，每株施腐熟的有机肥 20～30 kg。在发芽前和开花后各追肥 1 次，每次每株追施尿素 0.3～0.5 kg。施肥的方法可采用穴施、条状、放射状等方法。灌水可结合施肥进行，落叶前结合施基肥浇足冻水。生长季节每次浇水后要中耕除草，清理树盘。

（四）接穗的采集和保存

1. 接穗的采集 枝接的接穗可选用一至三年生枣头一次枝或二至四年生的二次枝。芽接的芽多用一年生枣头一次枝上的主芽。采集接穗主要通过三个途径：①从生产园树上采集；②从采穗圃树上采集；③在苗圃地出圃苗上采集。

枝接的接穗采集时间一般在落叶后至春季萌芽前，对于生产园可以结合冬剪来采集接穗，嫩枝接穗可随采随用。

2. 接穗的处理和保存 枝接的接穗采集后，将枝条剪成单芽枝段，长度一般为 5～7 cm，芽体上部一般留 1.0～1.5 cm，然后进行蜡封处理。封蜡时蜡温控制在 90～105 ℃，温度过高易烫伤接穗，温度过低，蜡层太厚，易剥落。蘸蜡时速度要快，浸蘸时间一般 1～2 s，时间长了易烫伤芽体和皮层，影响成活。蘸蜡后的接穗不要马上装入袋或箱中，也不要堆成大堆，应当摊开散热几个小时，凉透后再装入袋里或箱里。如不蜡封可把接穗捆成捆装入编织袋后再用塑料袋封严，防止失水，注明品种、数量。如果不能马上嫁接，贮藏在 1～5 ℃冷库、土窖或地窖内，存放过程中，要经常检查接穗存放情况，以免发生霉烂。

嫩枝接穗一般随采随用。采下后立即剪掉叶片，保留 1 cm 左右叶柄，以减少水分蒸发，并竖立于水深 3～5 cm 清水盆或桶内边接边用。如需长途运输，剪掉复叶后，分品种标签打捆，穗条之间可夹一些叶片，并用湿麻片包好，中途注意给麻片及时洒水，保持湿润，穗条到达目的地后，及时解捆并捡出所有叶片，把穗条平放于背阴处或地窖中，上盖麻片或湿布，随用随取，有条件时可竖立于清水中，这样穗条一般可保存 2～3 d。

三、砧木苗培育

酸枣分布广泛，适应性强，种子来源丰富，且种仁饱满，出苗率高。苗木根系发达，嫁接成活率高。定植后缓苗期短，结果早，较丰产，树龄较长。因此，大量繁育嫁接苗，最好是培育酸枣苗为砧木。

1. 种子的采集、贮藏与处理 酸枣采集一般在 9～10 月，选择充分成熟的果实，搓洗皮肉并漂去浮在水面上的核，晾干暂贮。如为秋播，可在土壤封冻前播种，让种子在田间自然打破休眠、外壳自然软化破裂。如为春播，于 11～12 月（封冻前）进行种子层积处理。层积前用清水浸泡 1～2 d，使核充分吸水。北方挖坑层积，选背阴、排水好的地方，挖深、宽各 50～60 cm 的坑，长度因种核多少而定，坑底先铺放一层 10 cm 厚湿沙（以手握成团而不滴水为宜），然后放进混入湿沙的种核（种核和沙子以 1∶(4～5) 的体积比例混合),最上层近口处盖 10～15 cm 厚的湿沙,上口盖木板或草席,然后用细土将整个层积坑覆盖,使坑内温度保持在 3～10 ℃。为了防止坑内积水,最好在坑边挖一排水沟。层积期间应定期检查,层积时间一般为 80～90 d。翌年 3～4 月,层积的种子逐渐开裂,露出白色胚根,即可播种。

2. 播种与管理 酸枣实生苗多二次枝和托刺,为便于田间管理和嫁接操作,播种宜采用双行密植的畦式,即每畦 2 行,畦内行距 30 cm,株距 15 cm,两畦间行距 60～70 cm。一般酸枣每千克种核 4 000～5 600 粒,每 667 m^2 播种 5～6 kg。播种时每穴点播 2～3 粒种子,覆土厚度不超过 2 cm,浇透水,覆膜。实生苗幼苗期生长缓慢,怕干旱,适时浇水追肥,中耕除草,防治病虫害。苗高 20 cm 以后,地上部开始抽生发育枝,根系比较发达,长速倍增,抗逆性也随之增强,此时须加大肥水,促进生长。待苗高长到 30～40 cm 时,清除主茎基部 10 cm 以内的分枝,以保证嫁接部位光滑、操作方便。苗高长到 50 cm 时对主茎进行摘心,通过摘心可缓和顶端优势,抑制苗木高生长,促进苗木加粗生长,以保证苗木早日达到嫁接粗度。

3. 归圃苗砧木的培育 将从大树下挖取的枣或酸枣根蘖苗,按大小分级,并将苗干留 20～30 cm 剪掉,定植于苗圃,株行距 15～20 cm×40～60 cm,栽植深度一般稍深于原苗深度,浇透水,覆膜,及时中耕除草,抹芽,培养壮苗。

四、嫁接苗培育

以酸枣实生苗、归圃苗或根蘖苗等作为砧木,良种酸枣作为接穗,通过嫁接培育的苗木称嫁接苗。优良品种嫁接苗一般比根蘖苗或归圃苗早结果、优质、丰产、稳产,适应性、抗逆性强。

(一)嫁接时期

酸枣树适合嫁接的时间很长,从春季树体萌芽前至果实成熟的秋季均可(4 月上旬到 9 月上旬)。不同时期采用的嫁接方法不同。

(二)嫁接方法

嫁接方法有劈接、切接、舌接、皮下接、腹接、绿梢接(芽接)等。

1. 劈接 适宜砧木较粗或大树改接换优,苗木成活率达 80%以上。优点是嫁接时期早,接穗生长期长,发育迅速健壮,当年有可能开花结果,便于利用粗大的砧木,在没有大风侵害的地区,接穗抽生的嫩枝也无须立柱防风,劈接未活的砧木,还可利用萌条在当年用其他方法补接。

最适宜的嫁接时期是发芽前 10～20 d,此时树液开始流动,接穗尚未离皮,嫁接成活率高。砧木以生长健壮,直径 1.5 cm 以上的大砧木为好,过细的砧木用此法不易接活。接穗采用健壮的一至二年生枣头一次枝或二至三年生二次枝均可。

嫁接时,先在砧木近地面处选择树干平整的部位,截去上部,削平截口,然后从中间向下劈一裂口,长 4～5 cm。接穗下端用快刀削成两面等长的楔形,削面长 3～4 cm,用刀撬开砧木劈口,从一边插入接穗,使接穗削面的形成层和砧本形成层对齐,并稍露白 1～2 mm。粗大的砧木可在两边各插一个接穗。接好后用塑料薄膜将接口绑严绑紧。接穗未蜡封的用地膜将接口处、接穗包严保湿,防止失水,接芽单膜包裹,以利接芽生长。

2. 皮下接 皮下接也称袋接、插皮接,是北方枣区近年来最常用的嫁接方法。优点是嫁接时期长,接穗容易采集,使用经济,选择砧木不很严格,操作简便,成活率高,可达 95%以上。高接换优用此法甚好,选择 1～3 cm 的枝进行嫁接,当年愈合。

从春季树液流动到 9 月初,只要砧木离皮都可进行皮下接。但以 6 月下旬至 8 月中旬嫁接成活率最高,其次为 4 月中旬至 5 月上旬。5 月中旬至 6 月中旬常有伤流发生,因此嫁接要避开这段时间。酸枣树生长期短,生长量小,条件允许尽量早接。进行皮下接时,嫁接部位的砧本粗度应在 0.8 cm

以上，用一至二年生粗度 1.5 cm 以上的枣头一次枝或三至四年生粗度 0.6 cm 以上的二次枝作为接穗。因只用一个带主芽的节即可，所以接穗利用很经济。

嫁接时先从接穗芽上方 0.5 cm 处平剪，于芽下选光滑面削成 3～5 cm 长的马耳形削面，在削面两侧背面轻轻削一下，露出形成层，再在长削面的下端背面削出长 0.5 cm 的短斜面，便于插入，削面要求平直、光滑，背面皮和木质部不分离。砧木从嫁接部位平剪，同时清除接口以下分枝，接口尽量靠近地面，一般距地面 10 cm 为宜。处理好砧木后，从砧木剪口处选一光滑面向下纵切皮层一刀，深达木质部，长 3～5 cm，把接穗马耳形削面面向木质部从切口插入，接穗削面上部外露 1～2 mm，使砧木皮包住接穗，然后用塑料膜将接口包扎严紧。未蜡封的接穗再用地膜从接口处往上将接穗包严保湿，接芽单膜包裹，或用油漆将接穗涂严。

3. 腹接 将接穗削成一面长 3 cm、相背的一面 2 cm 左右的不等削面，然后在砧木上选好嫁接部位，用刀斜切或用果枝剪斜剪一切口，切口的深度根据砧木和接穗的粗细而定。粗的切口要长，细的切口要短。接穗插入切口内，长削面向内，短削面向外，使形成层对齐，用塑料薄膜将嫁接口和砧木伤口绑紧绑严。接穗未蜡封的再用地膜从接口处将接穗包严保湿，或用油漆将接穗涂严。此法操作简便，嫁接成活率高。

4. 绿梢接（芽接） 绿梢接是利用尚未木质化的发育枝作为接穗的一种嫁接法。优点是成活率高，方法简便，接活后当年即萌芽生长。

嫁接时期从 5 月底至 7 月初，当年抽生的发育枝尚未木质化的均可嫁接。

砧木要求粗度 1 cm 以上。接穗采用当年生粗壮的未木质化的枣头一次枝或二次枝，若用枣头一次枝则在二次枝基部留 1 cm 剪除，若用二次枝要剪去枝上所有叶片，放于盛有少量清水的桶中，防止失水萎蔫。

嫁接时先选择砧木基部光滑的一面，切 T 形接口，横切口长 1 cm，纵切口长 2 cm，深达木质部。然后，在接口以上留 15～20 cm 长的砧桩剪去砧梢。接穗用快刀先在主芽以上 0.3 cm 处切去上部，再从主芽下 1 cm 处向上斜切一刀，切下长 1.5 cm、带有 1 个主芽、上端厚 3～4 mm 的马耳形芽片。然后拨开 T 形切口的砧皮，将芽片从上端插入接口，使芽片内切面与砧本木质部紧贴，接穗横切口与砧本横切口密接。最后用塑料薄膜绑紧接口，只露出主芽。

（三）接后管理

1. 检查成活 一般在嫁接后 10～15 d 察看接穗削口和砧木交接部位，有无长出成圈白色愈伤组织，接穗是否萌芽，接穗的皮色是否鲜亮，如无愈伤组织形成，接穗失水干枯或新梢长出后又萎蔫，说明接穗死亡，应及时进行补接。

2. 除萌 酸枣树嫁接后，砧木上的芽很容易萌发，为使养分集中供应给接穗，促进愈合，必须及时抹除砧木上的萌芽，一般需除萌 3～5 次。

3. 放芽和解绑 接后定期检查，如接穗新芽被塑料薄膜或地膜包裹时，要小心挑开包扎的塑料膜或地膜，放出新芽。芽接苗一般在接后 30 d 左右，接口完全愈合后解除绑缚。枝接苗一般在接后 2 个月左右解除绑缚。

4. 扶绑固定 接芽长到 30～50 cm 时，应注意立支柱绑扶，以防止风折。绑扶固定高度应距接口 25 cm 左右，注意一定要扶柱绑牢，扶柱也应坚固，长约 1 m 左右，以利向上继续绑第二道绳和第三道绳。

5. 加强肥水管理和病虫害防治

（1）肥水管理。苗圃地育苗量大，对肥水要求高。一般追肥 2 次，第一次在嫁接后 1 个月左右，每 667 m^2 可追施尿素或磷酸二铵 40～50 kg，第二次间隔 1 个月左右，每 667 m^2 追施磷酸二铵 30～40 kg。每次追肥应及时浇水。浇水以后要及时除草、松土、保墒。

（2）病虫害防治。在做好肥水管理的同时，必须加强苗木的病虫害防治。苗期的病虫害主要有绿

盲蝽、枣瘿蚊、枣步曲、红蜘蛛、枣锈病等，要对症进行及时防治。

6. 摘心 当嫁接苗长到 1 m 左右时，可以进行摘心，以控制苗木向上生长，促进苗木加粗生长，培养健壮苗木。

五、扦插苗培育

扦插法培育酸枣苗，具有繁殖快、育苗量大、节省土地和繁殖材料、便于实现大规模工厂化育苗等优点，但技术要求高，投资往往较大。酸枣树扦插可分为嫩枝扦插、硬枝扦插和根插 3 种。

1. 嫩枝扦插 嫩枝扦插在夏季进行。用半木质化的枣头一次枝、二次枝及枣吊作为插穗，将枝剪成长 20 cm 左右的枝段，用 0.1%的吲哚丁酸或生根粉快速浸泡 10～30 s，按 10 cm×15 cm 的间距插入苗床，深 8 cm 左右，插完后浇一次透水。苗床一般长 6～7 m，宽 3～4 m，床底铺 20～30 cm 的碎石块，碎石上铺一层砖，砖以上铺 20 cm 厚的河沙和炉渣（炉渣与沙按 1∶2 混合）。四周筑起畦墙，上面用塑料薄膜罩成拱棚，棚内安装全自动间歇喷雾装置或用人工定时喷水保湿。扦插期间棚内地温保持 24～25 ℃，基质含水量 14%～15%，气温保持 25～30 ℃，相对湿度 85%～100%，透光率 5%～13%（可用苇帘或黑网罩遮阴调节），保持良好通风。一般插后 15～20 d 生根，30 d 后即可开始炼苗移栽。生根率可达 80%～90%，移栽成苗率在 85%以上。

2. 硬枝扦插 萌芽前采集健壮枣头一次枝，取其中下部剪成 15～30 cm，具 3～4 节的插穗，上端距顶节 1 cm 左右处平剪，下端在基节以下 2～3 cm 处斜剪。剪好后的插穗先在洁净的湿沙中埋放 30～40 d，使之软化。扦插前用浓度为 100～200 mg/kg 吲哚丁酸或生根粉浸泡基部 12～24 h。插床以高垄床，壤土基质为好。株行距 15 cm×20 cm，开沟斜插埋植，地面以上留 1 芽。插后浇透水。在温室或大棚内扦插时，自动弥雾保持空气和床面较高的温度；露地扦插时，铺盖地膜提高床温和保墒。

3. 根插 根插较易成活。选根径 1～2 cm、长 10～20 cm 的根段，稍带细根，以 45°角斜插土中，不露头，覆土 1～2 cm，随采随插随浇水，以后经常保持土壤湿润，成活率达 70%～80%。根插方法简便，可较快地繁殖酸枣苗。

六、苗木出圃

苗木达到出圃标准后可出圃，出圃的苗木要经过严格检疫，以免病虫随苗木携带而传播到其他地区。同时做好苗木假植及出售的包装运输。酸枣树苗木自落叶后至封冻前或翌年春季解冻后到发芽前均可出圃。

1. 品种登记 起苗前要对苗木进行核查、登记，统计好每个品种数量和等级，绝对不能将不同品种混杂在一起。

2. 起苗 实生根系其垂直根较水平根发达，向下延伸的能力强，挖苗时应注意挖深一些。茎源根系的水平根较垂直根发达，向四周延伸的能力强，挖苗时应尽量把坑挖大一些。挖苗前如苗圃地土壤干旱板结，可先浇水一次，以便保证起苗时的根系完整，提高栽植成活率。挖苗时应尽量避开大风或烈日天气，以免脱水损伤须根。

3. 修剪与分级

（1）修剪。短截过长的根，使根的四周平衡；疏除地下虫害或机械伤害的根，以免定植后腐烂。对于地上部分的二次枝如何剪留，应根据要求而定。一般情况下二次枝可留 1～2 个芽短截，以便于包装运输。

（2）分级。苗木修剪的同时要按苗木标准对苗木进行分级，分级标准可参考表 62－1，分级时挑出病虫苗及未嫁接成活苗等。分级后的苗木按 30～50 株一捆捆扎。若不能及时运走，应及时进行假植。

表 62-1 苗木分级标准

级别	苗高（cm）	地径（cm）	根　系
1	苗高≥100	地径≥1.0	根系发达，直径 2 mm 以上，侧根 6 条以上，长 20 cm 以上
2	80≤苗高<100	0.8≤地径<1.0	直径 2 mm 以上，侧根 6 条以上，长 15 cm 以上
3	60≤苗高<80	0.6≤地径<0.8	直径 1.5 mm 以上，侧根 4 条以上，长 15 cm 以上

4. 假植 已挖出的苗木，经过修剪、分级、捆扎后，凡不能马上定植或外运的，需要临时露地埋藏，保湿防冻。假植时要注明品种标记，以防日后造成苗木品种混杂。酸枣苗假植沟一般深80 cm，宽 1～1.5 m，沟长度依苗木多少而定。假植时将苗木倾靠一侧沟沿，一边放一边填土，使苗木根系充分与土接触，填土深度达苗木高度 1/3 处以上，灌足水即可。

5. 包装运输 刚挖出的苗木（直接起苗或假植苗）按不同品种每 30～50 株捆成一捆，蘸泥浆后，用草袋包住根系，装车后再盖上帆布篷，避免运输途中苗木失水风干。

第五节　建园和栽植

一、建园

（一）园地选择

酸枣树抗逆性强，抗旱、耐瘠薄、耐涝、耐盐碱。因此，在平原、丘陵山区、河滩沙地和盐碱地上均可栽植。

1. 地形 种植酸枣树应尽量少占良田耕地，充分利用沙荒地、山地、轻度盐碱地、庭院及农村四旁空地。利用沙荒地大面积建园时，只要平整好土地即可栽植；山丘地建园，可利用丰富的野生酸枣树进行疏伐定株和高接换优，或先修好梯田、鱼鳞坑，然后栽植；平原地区可发展枣农间作，充分利用土地和空间，发展酸枣生产。

2. 坡向 酸枣树喜光，丘陵地应选择向阳坡或半向阳坡，坡度 25°以内斜坡均可。

3. 土壤 酸枣树对土壤要求不严，沙土、壤土、沙壤土、黏壤土均可种植，但以排水良好、渗透性强、水位较高的壤土或沙壤土为好，中性土壤为宜，pH 4.5～8.5，总盐含量在 0.3%以下的盐碱地都能生长。

4. 水位 地下水位高低对酸枣树影响较大，雨季地下水在 1 m 以上的低洼地不宜种植酸枣。

（二）园地规划

酸枣园规划主要涉及小区的大小、道路、排灌系统、设施、防风林设置等内容。

1. 小区规划 酸枣建园规模大时，建园前要进行认真规划。无论山区还是平原，建园前要测量园地面积，绘出平面图。小区面积一般为 3.3～6.7 hm^2，小区的形状为长方形或正方形，山区根据梯田的走向来设置。

2. 道路规划 园地道路的走向和宽度根据需要进行设置，小路宽度一般 3 m 左右，大路宽度 4～6 m。

3. 排灌规划 园地排灌系统根据水源和地形设置，并与道路系统相配合。山地酸枣园应修筑梯田或水平沟，特别注意修好排灌系统，以防治水土流失。

4. 设施规划 根据需要设计办公区、工人宿舍、食堂、工具棚、配药池等设施。

5. 防风林设置 在风大多风地区，应设置防风林，方向与风向垂直。

（三）园地整地

整地是营建酸枣园的重要准备工作，既有利于提高栽植成活率，又有利于酸枣树的生长发育。平

原建园应进行土地平整，沙荒地应进行土壤改良，山区或丘陵地应修筑水平梯田。

1. 修梯田 在坡地上建园时，一定要修水平梯田，既能保持水土，又便于田间管理。梯田面的宽度应视坡度的大小和栽植行距的宽窄而定，一般为 5～20 m，梯田面上栽树的部位，其土层厚度应达到 1.5 m 以上。也可按等高线先挖栽植沟或栽植坑，将周围的表土填入沟（坑）中后，再修成水平梯田。

2. 挖栽植坑 在修好的水平梯田上、平地上、沟谷地，按事先设计的株行距，挖成 0.8～1.0 m 见方的栽植坑，回填土时可在底部镇压 1～2 层柴草或混入 20～30 kg 腐熟的有机肥，以增加土壤中的有机质。填完坑要及时灌足水，使坑中的土沉实，再将坑填好，使土稍高出地面。

3. 挖栽植沟 一般在营建密植酸枣园时，可采用挖沟或鱼鳞坑的方法整地。

二、栽植

（一）栽前准备

1. 品种选择 选择酸枣品种应根据品种特性、立地条件和栽培目的而定，还要考虑品种区域化和市场需求，形成一定规模的生产基地。在城镇近郊可成片栽植，以发展鲜食品种为主；在山区丘陵地区应以发展制干品种为主，在沙、碱荒地，以种植抗逆性强的制干和加工品种为宜。

2. 授粉树配置 酸枣树多数品种有品种内授粉结果能力，可以进行单一品种栽培，枣园混栽可以提高坐果率。授粉品种可与主栽品种插行栽种，数量应占主栽品种的 10%～20%，授粉品种的成熟时期，应力求和主栽品种相近，以便同时采收。

3. 苗木质量 酸枣优质壮苗的标准是根系完整，枝、皮无伤，无病虫害，生长健壮，枝梢成熟良好，顶芽发育充实，苗龄 2 年以上。根生苗要有一段长 20 cm 的母根，直径 2 mm 以上的细根；实生苗要有 6～8 条侧根，苗高 100 cm 以上，直径 1 cm 以上；嫁接苗接口愈合良好，嫁接部位在地面以上 20 cm 以下。

（二）栽植方式

1. 园式栽植 按照品种化、规模化、标准化、专业化要求建立集约化酸枣生产园地。在地广人稀地区，利用荒坡、河滩、荒碱地通过改造用来发展酸枣生产，可有效节省人力和资本投入，实现规模，改善生态环境。

2. 枣农间作 采用较大行距栽植酸枣，在行间树下种植粮、棉、菜等作物，既能经济利用土地，又能解决发展酸枣树生产和粮棉争地的矛盾。枣农间作能科学地利用空间和光能，使树上结枣，树下产粮，增加单位土地面积的经济效益。在受旱、涝、风、沙、碱威胁的地区，实行大面积枣农间作，可有效地改善农业生态，增强抗灾能力。

3. 采摘观光园 靠近工矿、城市的地方可以建立小面积的鲜食观赏品种酸枣园，供居民采摘、观光、休闲、娱乐。酸枣花芳香怡人，脱落性枝柔韧，可随风飘移，二次枝呈“之”字形扭曲，到生长季绿叶成荫，秋季果实累累，休眠期枝曲形美，是发展庭院经济、美化环境的好树种。

4. 零星栽植 农村、城镇、工厂都可利用宅旁、院内及四旁小空地栽植酸枣树，以鲜食品种为主，既可兼收枣果，又可美化环境。

（三）栽植密度

合理的栽植密度，是酸枣树获得高产的重要因素之一，必须使其与栽种方式、气候条件、土壤状况、品种特性相统一。

1. 园式栽植

（1）稀植园。酸枣是喜光性树种，大面积成片集中栽种需要较大行距，以行距 5～6 m，株距 3～4 m，每 667 m^2 28～44 株为宜。应依据土壤、雨量和肥水等条件，适当调整密度。土层深厚、肥水充足的平原地区株行距应大些；土层浅薄、肥水差的山区株行距宜小些。密度过小，不能充分利用土地、空间和光能，限制产量；密度过大，成龄后树冠交接，行间不透光，中、下部常年郁闭，不仅开花结果不良，而且易于衰亡，使结果部位局限于树冠顶部，产量也不高，且管理极为不便。

(2) 密植园。酸枣树的童期较短，一般根蘖苗或实生苗在萌发或播种当年，有的植株就可以分化花芽，开花结果，嫁接苗也能当年开花结果。因此，酸枣树有较强的早花早果性，可以通过适当密植和栽培措施来实现早实丰产。①可以适当缩小株距，使株间树冠交接。②通过利用先进栽培技术，如采用细长纺锤形、丛状形、扇形整枝及运用生长调节剂、早开甲等技术，控制树冠大小，可实现密植早果丰产，后期采用间伐方式降低种植密度。

2. 枣农间作 丘陵、山地枣农间作多采取每条梯田外缘栽一行枣树的方式，行距随梯田面的宽窄而定。山丘地土质差，一般又没有灌溉条件，为减少枣农争肥水的矛盾，株距应比平原略大些，以5～7 m为宜。平原枣农间作，以产枣为主的行距10 m，枣农并重的行距15～20 m。株距生长势弱的品种3～4 m，生长势强的品种5～6 m，每667 m^2 6～22株。有的地方为了便于酸枣树集中管理和粮田机械化作业，每隔30～50 m栽2行酸枣树，小行行距4～5 m，三角形栽植，这样酸枣树株数不减少，并加大了行距。在有台田的地方，多将酸枣树栽于台田两侧，若台田面宽，可在台田面上增加1～2行。风沙大的地区，可适当缩小行距。另外，行向应与主风向垂直。

3. 采摘观光园 城市近郊工矿地区可建采摘观光园，栽植密度可根据地形、采摘路线进行规划设计，一般不受规格限制。

4. 零星栽植 多在房前屋后、道路两旁、沟坡堤岸及小块闲散土地上栽植。栽植一般不受规格限制。

(四) 栽植时期及方法

1. 栽植时期 酸枣树从落叶到发芽整个休眠期都可栽种。北方冬季干旱、寒冷、干燥多风，土温低，吸水力弱，容易引起枝条抽干失水，造成死苗。因此，北方地区酸枣树以春栽为好，从土壤解冻到枣苗发芽都可栽种。

酸枣比一般果树生育期短，生长发育要求较高的温度，一般在气温达到13～14 ℃时芽才开始萌动，待到18～20 ℃时枝叶才达到生长高峰。萌芽前20 d左右是栽种酸枣的最好时期，栽后树盘覆1 m见方的地膜，特别是黑地膜，有助于保墒和地温的提高，还能抑制杂草生长，更有利于根系的活动。随着温度的上升，枣苗萌芽展叶时，根的生长也渐增，地下吸收的水分和养分能维持树体一定的需要。

2. 栽植方法 酸枣树栽植要尽量挖大穴，挖出的表土和心土分别堆放。栽种时，穴底先铺垫圈肥、堆肥等有机肥，与表土混合踏实，并使穴的中心略高于四周，栽植的幼树根系能自然地向下舒展。填土时，把肥沃的表土填在根际，利于缓苗生长，心土培在上层，加速风化。填土要做到分层填放，填一层踏实一层，使根系和土壤密接，然后灌透水。

三、利用野生酸枣嫁接

利用野生酸枣改接优良酸枣是山区发展酸枣生产的重要途径。近年来，济南市南部山区仲宫镇、柳埠镇等地利用山区酸枣资源嫁接脆酸枣、甜酸枣等品种，产生了显著的经济效益和生态效益。

1. 规划选砧 嫁接前先根据地形和地堰大小进行规划。按一定距离选健壮、无病虫害的酸枣作为嫁接砧木，将多余的刨除，并清除杂草，垒堰囤土。

2. 品种选择 选择适宜当地生长、丰产、优质、抗病或根据当地生产需要的酸枣品种。

3. 嫁接方法 酸枣嫁接采用皮下接或劈接。

4. 接后管理 及时清除砧木萌蘖，接穗成活长至20 cm时解除接口包扎物并立支柱绑缚，同时加强土肥水管理，增厚土层，蓄水保墒，促进酸枣树发育提早结果。

第六节 土肥水管理

一、土壤管理

根系是酸枣树体的重要营养器官之一，根系与地上部分共同构成相互依存的有机整体，根系活动的强弱直接影响着树体的生长发育及产量和品质。根的活动都在土壤中进行，其与土壤中的水、肥、气、热等条件密切相关。要保证地上部分的正常生长和果实的优质丰产，必须使根系健壮。通过加强土壤管理，改善其理化性状，为根系的生长创造一个良好的环境条件。

（一）耕翻树盘，刨除根蘖

在春季和秋季通过耕翻树下土壤，使土壤疏松，增加透气性并提高地温，以利根系的发育。耕翻可刨除根蘖，促发新根，增加吸收根数量。耕翻后的地面还能拦蓄雪雨，改善墒情。冬前耕翻能将在树下土壤中越冬的害虫翻到地表，经冬季低温冻死或被鸟类吃掉。一般耕翻深度在15～30 cm，近树周围宜浅，范围要尽量大于树冠投影。耕翻时尽量不要伤根径1.0 cm以上的粗根。

（二）中耕除草

在生长季对酸枣园进行中耕除草，及时清除杂草、根蘖，减少其对水分和养分的争夺，疏松土壤，促进土壤微生物活动，加速养分转化，提高土壤肥力。同时可破除土表板结层，切断毛细管，减少水分蒸发，减少旱害与盐害。在无间作物的树下，可化学除草，杂草出土前地面喷施40%乙莠水剂200～250倍液，杂草生长季节喷10%草甘膦水剂40～50倍液，可有效控制杂草生长。有条件情况下尽量禁止使用化学除草剂，可将杂草翻入地下，用作绿肥，以增加土壤肥力。

（三）间作绿肥

纯酸枣园间作绿肥既可以充分利用土地，节约锄草人力，又能提高土壤有机质含量，培肥地力。适宜间作的绿肥有黑豆、绿豆、红小豆、柽麻、田青、紫花苜蓿等，间作物到了初花期可将其翻入土中。

（四）地面覆盖

在北方地区，新植幼树春季可在树盘盖地膜，既节约了用水，又增加了前期地温，使根系提前活动，提早发芽，加速生长。盖膜前追肥、浇水、松土，将树盘整平整细，喷上除草剂，然后盖膜，地膜最好用黑地膜，能抑制杂草生长。

为了减轻水分蒸发，保持土壤湿润，可在酸枣树盘覆盖秸秆和杂草。覆盖厚度一般为10～20 cm，可采取间断覆盖和常年覆盖方式。

另外，山地酸枣园要搞好水土保持，修筑梯田，以拦蓄水土。

二、施肥管理

酸枣树体生长发育需要从土壤中吸取十几种营养元素，如氮、磷、钾、钙、镁、硫、铁、锌、锰、硼、钼、钴等。根据其吸收量的多少，将氮、磷、钾称为大量元素；钙、镁、硫称为中量元素；其余称为微量元素。酸枣树由于连年生长、开花结果，每年都从土壤中吸收大量营养元素，有些元素被叶、果带走，有些元素用于建造树体。尤其枣树寿命长，几十年甚至上百年从固定的同一地点吸收养分，若不及时补充，势必造成某些营养元素的缺乏，以致树体不能正常生长发育、开花结果，甚至造成树势衰弱和死亡，因此，必须对酸枣树施肥。另外，土壤的供肥能力是有一定限度的，并非全部养分都能被树体吸收，由于单纯使用氮、磷化肥，造成土壤板结和微量元素的不足，因此，酸枣树增施有机肥、化肥和适量施入微肥是非常必要的。

（一）施肥种类

肥料的种类一般分为有机肥和无机肥。有机肥是指营养元素为有机态形式存在的肥料，如鸡粪、猪粪、牲畜粪、人粪尿、作物秸秆、饼肥、绿肥及树叶、杂草沤制的肥料等。有机肥营养元素全面，含有氮、磷、钾、硫、镁、钙及多种元素，另外还含有大量的有机质，能为酸枣树提供所需的营养元素，还能为土壤提供有机质，为土壤微生物提供营养物质，改善土壤结构，增强其通透性和保水、保肥能力，对提高果品质量作用极大。但是，这类肥料肥效较慢，属迟效和长效肥料，多作为基肥。另一类就是无机肥，如尿素、碳酸氢铵、硫酸铵、磷酸二铵、磷酸二氢钾等氮、磷、钾肥及硫酸亚铁、硫酸锌、硫酸镁、硼砂、硼酸、钼酸铵等微肥，一般营养元素单一或含 2～3 种元素。这类肥料一般肥效快，施入土壤后 7～10 d 就会发挥肥效，多作为追肥，可及时补充树体内所需营养元素。

（二）施肥时期

1. 基肥时间 一般应在 9 月下旬至 10 月上旬。秋施基肥的树翌年发芽早，叶色转绿快，枣吊长，花芽饱满，坐果率高。因为秋季采果后叶片尚未衰老，同化能力仍较强，而且这时气温仍较高，昼夜温差大，有利于糖分的积累，根系活动仍在进行，并有一定的吸收能力，施肥后挖断的细根能愈合。另外，由于秋季地温尚高，施入土壤中的有机肥能较快腐熟、分解、被根系吸收，为叶片光合作用提供充足的营养和水分，以制造较多的有机物贮藏于树体内，为来年春季酸枣树抽枝、展叶、开花结果贮备充足的营养。

2. 追肥时间 一般一年 2～3 次，分别为花前肥、幼果膨大肥、枣果增质肥。

（三）施肥方法

1. 基肥方法

（1）环沟施。即在树冠外围挖深、宽各 40 cm 的环状沟，肥料施入沟内与表土掺匀，盖土。施肥沟以后每年随树冠的扩大向外扩展。

（2）条沟施。在树冠外围各方向挖 2～4 条深、宽各 40 cm 的条状沟，沟的长度及数量依据树冠大小和肥料多少而定。以后每年随树冠扩大，沟逐渐外扩，并尽量在未施肥的地方挖沟。

（3）放射沟施。距树干 50 cm 处，在不同方向挖 3～4 条深 40 cm、宽 30～40 cm 的放射沟，里浅外深，将肥料施入沟内，土肥掺匀，施后盖土。以后每年在沟间挖沟施肥。

（4）多点穴施。在树冠外围 30～50 cm 范围内，挖长 40～50 cm、深宽各 30 cm 的施肥穴 8～10 个，穴的多少依树冠大小、肥料多少而定。施肥位置需每年改换。

（5）地面撒施。将肥料撒于树冠下，然后深翻 20～30 cm，将肥料翻入土内。

2. 追肥方法 追肥在酸枣树生长需肥关键期进行，是利用速效肥料进行补充施肥的一种方法。

追肥宜采用多穴散施法，即按树冠大小，每树挖 3～5 个深 10～15 cm、长宽各 30 cm 的施肥穴，使肥料与土壤拌匀，盖土。密植成龄酸枣园可在行间开深 10 cm 的浅沟施肥。施肥后覆土并及时灌水。

（四）施肥量

1. 基肥施肥量 基肥应以腐熟的有机肥为主，适当掺入一定量的氮肥和磷肥。五年生以下幼树，株施有机肥 20～30 kg；成龄树，株施有机肥 30～50 kg。也可根据产量目标施肥，按生产 0.5 kg 枣果至少用 1.5 kg 肥的比例施用。

2. 追肥施肥量

（1）花前肥。在 5 月下旬，酸枣树开花前施用，其作用是补充开花、坐果所需的养分，提高坐果率。此时追肥以氮肥为主，适当施用磷肥，一般每株大树追施尿素 0.5～1.0 kg 或碳酸氢铵 1.5～2.5 kg、过磷酸钙 1.5～2.0 kg 或磷酸二铵 0.5～0.8 kg。

（2）幼果膨大肥。在 6 月下旬至 7 月上旬，以促进幼果膨大和减少生理落果。此期肥料不足，果实个头小，落果重。本次追肥应以氮、磷为主，适量钾配合施用。最好追施枣（果）树专用肥，一般每株大树施 1.5～2.0 kg。

（3）枣果增质肥。在 8 月上旬，以磷、钾为主，满足光合作用所需的磷、钾元素，增加糖分的积累和转化，使枣果上色好，糖分高，果实饱满，出干率高。此次追肥应以磷酸二铵和硫酸钾为主，一

般每株大树施 0.5～0.7 kg，或施枣树专用肥 1.5～2.0 kg。

（五）叶面喷肥

叶面喷肥也称根外追肥，它是将作物所需营养物质溶于水，制成一定浓度的溶液，喷于叶面、花果和枝条，营养物质通过皮孔或皮层进入植物体内。叶面喷肥简便易行，肥料用量少，植株吸收快，效率高，且不受营养分配中心的影响，可及时满足树体的需要，并可避免某些元素在土壤中被固定。肥料喷于叶面，很快就被吸收利用，尿素喷后 2～3 d 叶色就明显转深。

酸枣树发芽晚、落叶早，生长期短。酸枣树发芽后随即展叶、花芽分化，枣头、枣吊产生并生长，开花坐果后幼果迅速膨大。枣头的旺盛生长及根系的生长高峰相重叠，不但养分消耗多，而且各器官间竞争激烈，养分消耗集中。根系的吸收能力是有限的，单靠根的吸收不能满足地上部分营养需求，而造成大量的落花落果。若坐果较多，则往往造成树势衰弱，最终影响枣果的产量和品质及来年产量。因此，在酸枣树营养消耗集中的关键时期，采用叶面喷肥的方法，及时补充树体所需要的营养成分，尤其对高产树和树势衰弱的树更为重要。

酸枣树叶面喷肥，要根据不同生育期的营养状况，选用不同的肥料及浓度。在展叶、枣吊生长及花芽分化期，以喷氮肥为主，可喷 0.3%～0.5%的尿素。开花、坐果及幼果期，氮、磷、钾配合喷施，可用 0.3%的尿素加 0.3%磷酸二氢钾或再加 0.2%硼砂。果实发育后期，以磷、钾肥为主，即磷酸二氢钾加少量尿素或其他微量元素。近年来，硝酸稀土、钛微肥（泰宝）在酸枣树上试用，对提高坐果率、增加叶绿素含量和果实品质都有明显的作用。各种叶面肥使用方法及浓度见表 62-2。

表 62-2 酸枣树常用叶面肥种类及使用浓度

肥料名称	使用浓度（倍）	使用时间	肥料名称	使用浓度（倍）	使用时间
尿素	200～300	生长期	氯化钙	300～400	白熟期
磷酸二氢钾	300～500	果实生育期	硼砂	150～200	盛花期
过磷酸钙	30～50	果实生育期	硼酸	1 000～2 000	盛花期
草木灰浸出液	25～30	果实生长中、后期	硫酸亚铁	300～400	前期或发生黄叶病
硫酸钾	200～300	果实生长中、后期	硫酸锌	250～350	发芽前
氯化钾	200～300	果实生长中、后期	硝酸稀土	900～1 000	展叶后至幼果期
硝酸钾	200～300	果实生长中、后期	泰（钛）宝	800～1 000	生长前期
磷酸二铵	200～300	果实生长中、后期	光合微肥	800～1 000	幼果期前
硝酸钙	400～500	白熟期			

喷施叶面肥，可以结合病虫害防治与农药混合喷施，但应注意肥药的酸碱性，酸性肥料不能与碱性农药混合，以防中和失效。硝酸稀土对乳化剂、胶悬剂有破坏作用，注意不要与这类农药混用。磷酸二氢钾和含钙、铁、锌等离子的农药、肥料不要与萘乙酸混用，否则会使萘乙酸失效。肥料与农药混合使用，最好先做试验，以确保安全有效。喷施叶面肥，要以叶背面为主，还要注意尽量在晴朗无风的天气，10:00 前、16:00 后喷施，以提高肥料的吸收率。

三、水分管理

酸枣树虽耐干旱，但缺少生理用水时就会直接影响树体生长发育，出现根系停长，吸收能力降低，光合作用减弱，枝条生长缓慢，落花落果严重，果实发育不良，甚至发生落叶，严重影响产量和品质。根据酸枣树的生理特点，整个生长期都需较多的水，浇水次数要依天气干旱程度决定。北方枣区气候特点是春旱、夏涝、秋又旱，因此，一年中应浇萌芽水、助花水、保果水，冬季干旱时应浇封冻水。

（一）灌水

1. 灌水时期

（1）萌芽水。酸枣树一般 4 月中旬前后开始发芽，此期缺水对发芽、展叶、花芽分化影响极大。

因此，若此期土壤干旱，应浇一次水。

（2）助花水。北方枣区5月下旬至6月初进入初花期，6月上旬进入盛花期。此期若缺水，空气干燥，对开花坐果极为不利，常造成焦花脱落。因此，若此期天气干旱，土壤干燥，应于5月下旬开花前进行一次灌水，以保证枣树开花、坐果所需的水分。

（3）保果水。7月上旬正值幼果迅速膨大期，需水量较大，若这时缺水，枣果发育受到严重影响。由于叶片蒸腾作用强烈，若土壤中水分不足，叶片要从幼果中夺走一部分水分，致使果实萎蔫，生长受到抑制。因此，这时干旱应及时浇水，以后便进入雨季。

（4）封冻水。秋季施肥后，在土壤封冻前灌水。

2. 灌水方式 灌水的方式要根据地势和灌溉条件而定，主要有地面灌溉（如漫灌、沟灌、穴灌等）、喷灌、滴灌等。一般地势平坦、水源充足可做畦漫灌；山地丘陵及水源不足的地方，可进行盘灌或穴灌，盘灌即在树下距干1～1.5 m处做一个树盘，然后用输水塑料管或水车、水桶一个盘一个盘地浇，每株一般不少于150 kg；穴灌即在树冠下挖8～10个20～30 cm见方的坑穴，每穴浇水10 kg，待水渗下后将穴填平。或结合施肥浇水，在坑中央竖立一个直径10 cm、高与坑深相同的玉米秸或草把，周围埋入掺好了的土和化肥，然后慢慢浇水10 kg，水渗下后，上覆一层土至与地面平，其上盖上40 cm见方的地膜，膜中间戳一小孔，并用土封好，以后再浇水时将土扒开，从孔中浇水，浇后盖土。另外，有条件的可安装喷灌、滴灌。

（二）排水

枣园地面长时间积水，会严重恶化土壤的透气状况，造成土壤严重缺氧，迫使根系进行无氧呼吸，导致枣根死亡。土壤透气不良时，土壤中还易产生硫化氢和甲烷等对根系有毒的物质，会进一步加剧根系的腐烂、死亡程度，进而引起根系大量死亡，削弱树势以致整株树死亡。所以，应及时排除枣园积水。

第七节 花果管理

一、落花落果原因及提高坐果率的方法

（一）落花落果的原因

由于受酸枣树生物学特性、管理水平及气候条件等影响，大多数酸枣品种落花落果严重，自然坐果率较低。

1. 树体营养 酸枣树花芽当年形成、当年分化，随生长随分化，分化量大、分化时间长，枝叶生长、开花及幼果发育同时进行，营养消耗多，养分竞争激烈，这是落花落果的重要原因。

2. 天气原因 酸枣花的授粉受精需要适宜的温、湿度，温、湿度过高或过低都不利于授粉受精，花期遇不良天气，如低温、干旱、多风、连阴雨等，都会影响花粉的萌芽和花粉管生长，造成授粉受精不良，引起大量落花落果。

3. 授粉不良 酸枣树大多数品种可自花授粉结实，但有些品种花粉发育不良，如无授粉树或授粉树配置不合理，则受精不完全，造成胚败育而导致落花落果。

4. 病虫害危害 有些果园管理跟不上，导致绿盲蝽发生严重，为害花蕾、花和幼果，造成大量脱落。另外枣红蜘蛛、枣锈病、枣焦叶病等病害也会造成大量落叶，影响养分的制造和积累，造成果实脱落。枣缩果病、枣轮纹病、枣炭疽病等病害及桃小食心虫等虫害直接为害果实造成落果。

（二）提高坐果率的方法

提高酸枣树坐果率的根本途径是通过加强土肥水管理、夏季修剪、病虫害防治，改善树体的营养状况等。采用的主要技术措施有合理施肥、开甲、花期喷水、花期喷植物生长调节剂、夏季摘心等。

1. 提高和改善树体营养 营养不良是其落花落果的主要原因之一。加强土肥水管理，合理修剪，防治病虫害，提高树体营养水平，对提高坐果率举足轻重。

2. 开甲

(1) 开甲时间。酸枣树一般在6月上中旬盛花期进行开甲。

(2) 开甲部位。主干和主枝基部。

(3) 开甲方法。在树干上距地面20～30 cm处，选树皮平滑处，用刀或专用开甲器绕树干或主枝环切二圈，均深达木质部，上面一圈使刀与树干垂直切入，下面一圈使刀与树干成45°角向上切入，将上下切断的韧皮部剔出，就形成上直下斜的甲口。对于成龄大树，先用弯镰或专用开甲器在开甲部位将老树皮扒去一圈，露出粉红色的嫩皮，再开甲。甲口宽度一般为0.4～1.0 cm。以后开甲部位每年上移3～5 cm。

(4) 开甲注意事项

① 甲口宽窄根据品种干的粗度和树势而定。干粗的树宜宽，干细的树宜窄。甲口的最适宜宽度应以甲口在30～45 d完全愈合为标准。太窄则愈合早，会造成大量落果，起不到提高坐果率的作用；太宽则愈合慢，甚至不能很好愈合，造成坐果太多，品质下降，甚至使树势衰弱，若长期不愈合，严重时会导致死树。病弱树要停甲养树，否则越开甲越弱。

② 甲口要平整，不出毛茬，无裂皮，整圈甲口宽度要尽量一致，要切断取出甲口中所有韧皮部，不留一丝。俗语云："留一丝，歇一枝"。

③ 注意甲口的保护，防止甲口被虫为害。开甲后1周内，在甲口内涂杀虫剂，可用25%灭幼脲800～1 000倍液或20%氯虫苯甲酰500倍液加30%吡虫啉1 000倍液混合液，涂甲口1次。也可用毒死蜱等其他杀虫剂，涂1～2次，若20 d以后甲口不愈合的，在甲口抹泥，促使愈合。若当年仍不能愈合的，一定要留好甲口下萌生的枝条和根蘖苗以养根壮树，第二年发芽后，甲口刮出新茬，涂药泥或甲口愈合剂，用塑料膜包好，一般能愈合，实在无法愈合的应桥接。

3. 花期放蜂 蜜蜂是酸枣的主要传粉媒介，蜜蜂在采蜜过程中帮助了枣花粉的传播，提高了花的授粉率，从而提高了枣的坐果率。花期放蜂一般可提高枣坐果率1倍以上，距蜂箱越近的枣树，坐果率越高。放蜂时要将蜂箱均匀放在枣园中间，蜂箱间距应小于300 m。

4. 花期喷水 酸枣花粉发芽需要的湿度较高，相对湿度在80%～100%时花粉发芽率最高，相对湿度低于60%，花粉萌发率明显降低。若花期干热可进行花期喷水，以提高空气湿度，为花粉萌发提供良好的条件，促进枣花授粉受精，从而提高枣坐果率。喷水应在盛花期前后进行，喷水时间以18:00以后效果较好，喷水次数依天气干旱程度而定，一般年份喷水2～3次，严重干旱年份喷3～5次，每次间隔1～3 d。

5. 花期喷施生长调节剂和微量元素 生产上常用的生长调节剂主要有赤霉素、萘乙酸、吲哚乙酸等，常用的微量元素有硼酸钠（硼砂）、硼酸、稀土、硫酸锌等。这些植物生长调节剂和微量元素能促进花粉萌发和花粉管伸长，促进授粉受精，或能刺激单性结实，因此可以提高坐果率，以赤霉素效果最佳（表62-3）。

表62-3 常用的植物生长调节剂和微量元素

种 类	喷施浓度（每千克水中加入量，mg）	喷施时期
赤霉素	10～20	盛花期
萘乙酸	20～30	初花期、盛花期
吲哚丁酸	20～40	初花期、盛花期
吲哚乙酸	20～30	初花期、盛花期

（续）

种　类	喷施浓度（每千克水中加入量，mg）	喷施时期
硼酸钠（硼砂）	300	盛花期
硫酸锌	200～300	盛花期
稀土（NL-1）	300	盛花期

在配制赤霉素溶液时，应先用少量酒精将赤霉素粉溶解，然后再加水，配成所用的浓度，如果没有酒精，用高度白酒也可，目前市场上有4%的赤霉素乳油，使用较方便。稀土易在酸性溶液中溶解，配制时，取适量水加入食醋，使水溶液的pH为5.5～6.0，然后加入稀土，待溶解后按比例加水。喷施时应选择晴朗无风的天气，生长调节剂可与微量元素混合施用，喷施时以树叶滴水为度，花期可喷1～3次，每次相隔5～7 d。

6. 抹芽 5月上旬待酸枣树发芽后，对各级主侧枝、结果枝组间萌发出的新枣头，如不做延长枝和结果枝组培养，都应从基部抹掉，节约养分，增强树势。

7. 疏枝 对膛内过密的多年生枝及骨干枝上萌生的幼龄枝，凡位置不当，影响通风透光的，都应疏除，节约养分，加强光合作用，增强树势。

8. 摘心 夏季对枣头新梢一次枝、二次枝或枣吊进行摘心可明显提高坐果率。一般来说，摘心程度越重效果越显著。这是因为摘心抑制了营养生长，减少了树体发育所消耗的营养，使原来用于长枝、长叶的养分供应花芽分化、开花坐果和果实发育，从而提高了坐果率。

枣头摘心的时间一般要根据枣头生长情况来定，摘心过晚，后期坐果成熟太晚，而且个头小，质量差，会给采收带来麻烦。摘心方法是：一般枣头留4～6个二次枝，空间大的部位可适当晚摘，多留二次枝，空间小的应早摘。二次枝和枣吊的摘心程度，依品种、树势及栽培方式不同而异。一次枝重摘心，枣头二次枝可适当长留，幼旺树和树性强旺的品种可适当长留。同一枣头的二次枝，下部的长留，上部的短留，一般下部1～3个二次枝留6～9节，中部3～4个留4～7节，上部几个留3～5节。枣吊摘心虽较麻烦，但效果显著，特别是旺树更明显。近年来有人试用多效唑控制新梢生长，提高坐果率，也取得了一定的效果。

二、果实品质下降原因及提高果实品质的方法

（一）果实品质下降的原因

1. 采收过早 早采致使枣果可溶性固形物及一些矿物质含量低，影响品质。

2. 生长调节剂使用量过大 造成坐果太多，并使果实品质下降。

3. 缺乏科学肥水管理 盲目施肥现象严重，肥料施用量、施用时期、肥料配比不合理，特别是氮肥使用过多，而磷、钾、有机肥用量少，会严重造成果实品质下降。

4. 盲目开甲 采取不正确的开甲方式常造成坐果太多，树势衰弱，影响果实品质。

（二）提高果实品质的方法

1. 适时采收 制干品种应在完熟期采收，鲜食品种应在白熟后半红至全红时采收。

2. 科学开甲 根据树势和品种适当窄甲，让甲口早愈合，视坐果量适当处理甲口，一般甲口30 d左右愈合最好。

3. 科学施肥 采用营养诊断施肥技术，科学进行配方施肥，推广先进的肥水管理技术。

4. 控制生长调节剂用量 一般只用1次，而且浓度要低10～15 mg/L，若天气太干旱可用2次。

5. 控制产量、合理负载 科学确定合理负载量，及时疏花疏果，一般是强壮树平均每枣吊留1～2个果，中庸树平均每枣吊留1个果，弱树平均每2个枣吊留1个果。

第八节 整形修剪

酸枣树整形修剪一般参照枣树整形修剪方法进行。主要树形有主干疏层形、纺锤形、开心形、双层开心形。主要修剪方法有疏芽、疏枝、摘心、回缩、环割等。

一、整形修剪特点

1. 整形容易 酸枣树主芽萌发能力强，主枝或骨干枝易培养，因此整形比较容易。

2. 结果枝组易培养 酸枣树以二次枝上枣股结果为主，当年生枣头二次枝也能结果。一个健壮的枣头就是一个较大的结果枝组，通过不同程度的摘心就可以培养成大、中、小结果枝组。

3. 冬季修剪简单 酸枣树花芽当年随枣吊生长而不断分化，因此在冬剪时不用像其他果树一样需要辨别花芽和考虑花芽留量问题，只考虑留有一定的二次枝即可。由于枣树当年生枣头可以结果，冬剪后第二年促生的新枣头也是结果枝条，因此冬季无论如何修剪，也不会像其他一些果树造成绝产。

4. 保证通风透光 酸枣树喜温喜光，光照好，坐果率高、品质好。因此在培养树形和修剪时，要特别注意调整树体结构，保证通风透光良好。

5. 更新修剪容易 酸枣树主芽可潜伏多年不萌发，寿命很长，通过修剪等措施可刺激隐芽萌发，因此枣树更新修剪容易。

6. 树冠大小易控制 枣头不但可以当年结果，而且可以连续多年结果，因此不用频繁更新结果部位，不像其他树种随着树龄增长结果部位很容易外移，树冠的大小很容易控制。

二、树形及结构特点

酸枣树是喜光树种，丰产树形要求骨干枝少，层次分明，内膛通风透光良好。酸枣树常用的树形有自然开心形、主干疏层形、自然圆头形、圆柱形和纺锤形等。但因品种、栽植密度及栽植方式的不同，树形选择上也不同。

纯枣园可用主干疏层形，但树干应适当矮一些，以利早成形、早结果。密植枣园则适用于纺锤形、小冠疏层形和圆柱形。

（一）主干疏层形

主干疏层形，其中心干上着生 3～4 层主枝，共 7～9 个主枝，一般第一层 3～4 个，第二层 3 个，第三层 2～3 个，第四层 1～2 个，上下层主枝插空排列，并分别向四周伸展。树干高度和层间距的大小因品种、栽培方式不同而异，枣农间作树干较高，在 150 cm 以上，酸枣园及四旁树留干较低，一般 80～100 cm。各层间距分别是第一至第二层为 80～120 cm，第二至第三层间为 60～100 cm，第三至第四层为 40～80 cm。

1. 定干 定干高度依栽培方式、立地条件确定。枣农间作的树，一般留干较高，在 1.5 m 以上，以利树下间作物的生长和便于管理。纯枣园要适当留低一些，80～100 cm，以利树冠早成形、早结果。只是剪口下第一个二次枝被疏掉，促使基部主芽萌发生成中干延长头。

新植幼树达不到定干高度要待达到高度时再定干。定干时在干高以上 30 cm 处将头截掉，剪口下选 3～4 个发育良好、长势均衡、向四周伸展的二次枝，留 3～4 节短截，其余二次枝全部疏掉，当年可长出 3～4 个较强旺的枣头，以培养主枝。

2. 主、侧枝培养 主枝角度比开心形大，第一层一般为 60°～70°，每个主枝上培养 3～4 个侧枝，侧枝培养基本也与开心形相同。当中心干延长头达到 100 cm 以上时，在适当位置短截，同时剪掉剪口下第一个二次枝，促基部主芽萌发生成中干延长头，其下二次枝选 3～4 个与第一层主枝插空，长势均衡的留 2～3 节短截培养二层主枝，将来每个主枝再培养 2～3 个侧枝。第三、第四层主枝培养方法与上相同，只是其主枝上侧枝数减少，层间距与中心干角度也小。另外，不作骨干枝培养的枣头，只要不是交叉、重叠或过挤的就尽量多留，通过摘心、拉枝培养成结果枝组，以增加枝量，促进幼树加速生长，尽快成形，达到早期丰产的目的。

（二）自由纺锤形

纺锤形树体具有骨干枝级次少，修剪量小，通风透光好，结果早，便于骨干枝轮流更新，树冠紧凑，冠幅小，适宜密植和较易整形修剪等优点。在直立的中心主干上，均匀地排布 8～10 个主枝。干高一般为 50～80 cm，相邻两主枝之间距离为 20～40 cm，主枝的基角为 80°～90°，主枝上不着生侧枝，直接着生结果枝组。主枝在中心主干上要求在上下和方位两个方面分布均匀。

1. 定干 定干高度 80～100 cm。

2. 主枝培养 在主干 80～100 cm 处短截，同时疏掉剪口下第一个二次枝，促主芽萌发枣头成为主干延长头，再选其下 3～5 个方向适宜的二次枝留 2～3 节短截，促枣股萌发枣头，选其中 2～3 个作为主枝培养。第二年在主干延长头上距其下最上一个主枝 40～50 cm 处短截，二次枝处理同上年一样，促其萌发枣头，从中选出 2～3 个方向和距离适当的枣头作为主枝培养，剪口下第一个枣头仍作为主干培养，其余主枝培养方法相同，以后修剪与上年相同。自由纺锤形要求主枝一般 8～10 个，各主枝与中干夹角 80°～90°，相邻主枝间距 20～40 cm，主枝上不配备侧枝，主枝上萌发的枣头通过夏季摘心或冬季短截培养成结果枝组。主干上萌发的枣头除留作主干、主枝培养的以外，其余全部短截，使其成为临时结果枝组。各主枝的枝势要注意调整，粗度超过主干 1/2 的要及时疏除更新，始终保持中干的优势。

（三）自然开心形

自然开心形有 3～4 个主枝，每个主枝配备 2～3 个侧枝，向四周自然伸展，其树形通风透光良好，冠内秃裸现象轻，结果多，着色好，容易培养，成形快，便于管理。由于无中干，主枝上单位枝较多，负荷重，易下垂和风折，应及时回缩更新。

1. 定干 枣农间作的树，一般留干较高，都在 1.5 m 以上，以利树下间作物的生长和便于管理。纯枣园可以适当留低一些，80～100 cm，以利树冠早成形、早结果。新植幼树达不到定干高度的可培养 1～2 年，达到定干高度时再定干。定干时在干高以上 30 cm 处将头截掉，剪口下选 3～4 个发育良好、长势均衡、向四周伸展的二次枝，留 3～4 节短截，其余二次枝全部疏掉，当年可长出 3～4 个较强旺的枣头，以培养主枝。

2. 主、侧枝培养 当各主枝枣头长到 80 cm 以上时，在距中心干 60～70 cm 处短截，并疏掉剪口下第一个二次枝，促其萌发主枝延长头。第二个二次枝应留在各主枝的同一侧，留 2～3 节短截，促其萌发培养第一侧枝，其余二次枝不剪。生长季节除主枝延长枝和侧枝外，其他枝萌发的枣头在适当部位摘心，以培养成结果枝组。第二年当主枝延长头达到 70 cm 以上时，留 50 cm 短截，同时将剪口下第一个二次枝疏掉，其下第二个二次枝留在第一侧枝的另一侧，可留 2～3 节短截，以培养第二侧枝，其余二次枝不动。生长季节除主枝延长枝和侧枝外，其他新生枣头也在适当部位摘心，以培养结果枝组。用同样方法培养第三、第四侧枝。在培养过程中要注意开张主枝角度，与中干夹角小于 35°的要进行拉枝，过于直立的侧枝也要适当拉斜，避免以侧代主，扰乱树形。过于密挤或无空间生长的枣头枝要及时疏除或短截，使枝系主从分明、布局合理。这样经过 4～6 年基本完成整形。

（四）Y 形

主干高 40 cm，树高 2 m 左右，具 2 个主枝，相对着生在主干上，主干开张角度 45°，呈 Y 形，每个主枝留 2～3 个侧枝，其上着生结果枝组。此树形光照好、丰产，是密植栽培的常用树形。

1. 定干 幼树定植 1 年后，在定植苗木 60～80 cm 处剪截，剪口下 20～30 cm 作为整形带，要求整形带内一次枝主芽饱满，二次枝健壮。

2. 主、侧枝的培养 在整形带内选留两个相对着生的二次枝，留 1～2 个枣股短截，促使剪口下枣股顶端的主芽萌发，形成 2 个主枝，2 个主枝分别向相反方向生长，主枝之间距离约 40 cm，如果没有适当位置的二次枝，可选留较近的二次枝培养主枝，利用夏季拉枝调整主枝角度，使其两主枝形成 Y 形。当主枝粗度超过 1.5 cm 时，在距主干 40～50 cm 处短截，同时将剪口下 2～3 个二次枝从基部疏除，促使剪口芽萌发枣头作为主枝延长枝，选其下萌发的一个枣头作为侧枝培养。第二侧枝距第一侧枝应为 30～50 cm，两个侧枝应在主枝两侧。

（五）圆柱形

密植酸枣园一般采用圆柱形树形。该树形适宜于株行距为 1 m×（2～3） m 密植酸枣园。此树形修剪简单，树高控制在 1.5 m 左右，不分主枝和侧枝，二次枝直接着生在主干上，二次枝数量控制在 8～12 个。

三、修剪技术要点

（一）修剪时期与方法

酸枣树的修剪时期分冬季（休眠期）修剪和夏季（生长期）修剪。

1. 冬季修剪

（1）冬季修剪的目的。主要是整形，调整骨干枝和更新复壮老弱树，使其成为优质、高产、稳产的树形。

（2）冬季修剪的时期。冬季修剪一般是从落叶后到第二年发芽前进行。但因北方地区冬季寒冷、干旱多风，冬季修剪剪口易抽干或冻伤，故一般在 2～3 月至萌芽前修剪，老弱树修剪不要过迟，4 月中旬树液流动后修剪往往削弱树势。但树势强旺的可适当延迟到萌芽后修剪，以削弱生长势，抑制旺长，可稳定坐果。

（3）冬季修剪的方法

① 落头。树冠达到一定高度，一般 3～5 m（依密度而定，密度大时宜低，密度小时宜高）就要落头开心，达到控制树高和改善冠内光照的目的。

② 疏枝。对交叉枝、重叠枝、密挤枝、直立枝、细弱枝、病虫枝、枯死枝从基部除去，可集中养分，增强树势，利于通风透光，从而提高产量和品质。

③ 回缩。对多年生的冗长枝、下垂枝、前端开始枯死的二次枝回缩修剪，有利于局部枝条更新复壮，抬高角度，增强长势。

④ 短截。短截有两种方式。一是短截，即所谓的“一剪子堵”，剪去后期生长的细弱二次枝，留枣头中部生长健壮的二次枝，提高枣股的结果能力；二是打头短截，即“两剪子出”，对枣头进行短截时，疏除剪口下的第一个二次枝，刺激剪口下主芽萌发，形成新枣头，这是对主、侧枝延长枝的一种处理方式。

⑤ 刻伤。为了使主芽萌发，在芽上部约 1 cm 处横刻一刀，深达木质部。

⑥ 拉枝、撑枝。结合修剪用木棍或布绳撑、拉枝条，使枝条角度开张，控制枝条长势，改善树体内膛光照。

2. 夏季修剪

（1）夏季修剪的目的。通过修剪，改善光照，采用开甲、摘心等措施提高坐果和果实的品质。

（2）夏季修剪的时期。夏季修剪一般在 5～7 月进行，品种和树势不同，修剪的时间和方法也不同。过旺的幼龄树可带叶疏枝，以削弱树势。结果树无空间生长的萌芽要抹掉，对不需延长的枣头枝要在花前及时摘心，以集中营养，促进坐果。衰老树要尽量多留新生枝，需摘心的适当晚摘心，以增加枝叶量，壮根养树，尽快恢复树势。

(3) 夏季修剪的方法

① 抹芽。对于刚萌发无利用价值的枣头，应及早从基部抹除，以节约养分，利于通风透光。

② 摘心。萌芽展叶后到6月，可对枣头一次枝、二次枝、枣吊进行摘心，阻止其加长生长，有利于当年结果和培养健壮的结果枝组。对枣头一次枝，摘心程度依枣头所处的空间大小和长势而定，一般弱枝重摘心（留2～4个二次枝），壮枝轻摘心（留4～7个二次枝）。对矮密枣园也可对二次枝和枣吊进行摘心。摘心程度要适度，过强时虽当年结果很多，但往往造成翌年二次枝上大量萌发枣头；过轻时，坐果率降低，品质差，结果枝组偏弱。

③ 开甲。即环剥，在枣树盛花期（30%～50%的花开放）进行。

④ 拿枝。在5～7月进行，对当年生枣头一次枝和二次枝，用手握住枝条基部和中下部轻轻向下压数次，使枝条角度开张，控制枝条长势，有利于开花、坐果。

⑤ 环割。生长季节在枝条基部用刀环割1～2圈，深达木质部，可暂时切断和阻碍环割上部养分向下运输，以利于开花、坐果。

（二）不同类型树的修剪

1. 幼树整形修剪

(1) 修剪原则。促进分枝，选留强枝，开张角度，扩大树冠，培养枝组，疏截结合，使其形成合理牢固的树体结构，为加速幼树提早成形和早期丰产奠定基础。

(2) 修剪方法。幼树整形修剪可根据枣树种植方式、种植环境条件等选择不同树形，不同树形幼树的修剪方法不同，可参考丰产树体培养。

2. 结果期树整形修剪

(1) 修剪原则。疏截结合，集中营养，维持树势，枝条分布均匀，树冠通风透光，并有计划地进行结果枝组的更新复壮，使每个枝条能维持较长的结果年限，做到树老枝不老，长期保持较高的结果能力。

(2) 修剪方法。清除徒长枝，合理处理竞争枝，回缩延长枝等。

① 及时清除内膛徒长枝。酸枣树进入结果盛期后，树冠扩展较慢或停止，主、侧枝趋于水平或下垂，树冠中部及内部常萌生徒长性发育枝，因其直立生长、顶端优势强，若不及时控制或消除，会造成树上长树，严重影响通风透光，引起内膛郁闭，内部枝条枯死，外部下垂枝长势减弱或衰老死亡。因此，这些徒长枝要及时控制，有空间的通过摘心或拉平培养成结果枝组，无空间的要及时疏除。

② 回缩延长枝。酸枣树进入盛果期后，由于果实压冠，枝条往往下垂，尤其外围及下部的主、侧枝延长枝下垂严重，这时在水平枝上部多有徒长性发育枝，这些发育枝一部分位置好，有空间生长的可在发育枝基部将下垂部分剪去，以实现更新复壮，无空间发展或密集的徒长枝要疏除或摘心培养成结果枝组。另外，对老龄结果枝组要有计划地回缩更新，使树体始终维持高产、稳产。

③ 处理过渡层的辅养枝。酸枣树到盛果期后，枝条多趋于水平或下垂，显得过于密集，尤其是过渡层中间的辅养枝，因光照不好，长势衰弱，或有的枯死，对这部分枝要及时回缩或疏除，以改善膛内光照，实现内外都结果。

另外，对病虫枝及风折枝要及时清除，以防止病菌侵染和害虫的传播。

3. 衰老树整形修剪

(1) 修剪原则。酸枣树寿命虽长，但老龄后长势明显衰弱，结果能力下降，产量低且质量差，甚至出现枯枝现象，应及时进行更新复壮，以恢复树势。

(2) 修剪方法。由于树体衰老程度不同，进行更新复壮，根据情况可采取轻更新、中度更新、重更新。

① 轻更新。进入衰老期不久的树，其长势变弱，新枣头萌发少，二次枝开始死亡，骨干枝出现光杆甚至出现前端死亡，产量明显下降。更新的方法是，疏除1～3个长势明显衰弱或轮生、交叉的

骨干枝，截除保留骨干枝的1/5～1/3，在骨干枝新枣头萌生的适当部位截除，以刺激产生新枣头和培养已萌生的枣头，作为新的骨干枝。

② 中度更新。对骨干枝大部光秃、先端枯死严重的树进行重剪，截去所有骨干枝的1/3～1/2，刺激萌发枣头，培养新的骨干枝。对于部位不当、不能培养骨干枝的枣头进行摘心培养结果枝组。

③ 重更新。对骨干枝枯死严重、树冠残缺的树，锯掉骨干枝总长的2/3或从基部锯掉，刺激下部不定芽萌发，选择位置适当的新生枣头进行培养，成为新的骨干枝，其余枣头培养结果枝组，以加速恢复树势。

对于更新复壮树，剪锯口要涂药或油漆保护，以防干裂和感病。更新要全树一次进行，不能各大枝轮换进行，否则会因刺激不够发枝少，达不到更新目的。对于萌发的新枣头，选择方位好、生长健壮的培养骨干枝，其余的可作为枝组培养，过密的要疏除。另外，还要加强肥水管理和病虫防治，并停止开甲，否则达不到应有的效果。

对于树干严重腐朽而又未死亡的树，可在树干基部进行刻伤，刺激萌发新蘖，从中选留生长健壮的进行培养，当新生干达到一定粗度时，可将老树齐根锯掉。

4. 放任树整形修剪　放任树是指管理粗放，从未进行过修剪或很少修剪而自然生长的树。目前生产上这类树较多，主从不明，冠内枝枯死严重，主枝先端往往下垂，结果部位外移，趋于表面，常常花多果少，产量低，品质差。这些树背上枝和内膛徒长枝直立生长，而且长势较强，树上长树的现象较多，从而造成水平枝先端生长变弱、下垂，结果能力下降。新的背上枝结果后下垂，其背上又产生新的背上枝，这种背上枝自然更新现象可连续发生下去，造成树体营养大量消耗，落花落果严重，产量低而不稳，品质差。

放任树的修剪，要本着“因树修剪，随枝造型”的原则，不要强求树形，主要任务是调整枝量，解决通风透光问题。通过疏除过密的交叉、重叠枝和严重影响光照的顶部大枝，打开光路，引光入膛，疏除严重影响树形的背上直立枝和中干的竞争枝。对有空间的背上枝通过适当短截培养成结果枝组。对外围下垂、衰弱的背上枝要及时回缩，抬高角度。外围新萌生的枣头枝，过密的适当疏除。对骨干枝要逐步调整，抑强扶弱，在有空间的地方促发新枣头，培养结果枝组，以增加结果部位，从而达到高产、稳产的目的。

5. 密植园整形修剪　密植酸枣园因品种和密度不同，整形修剪方法也不同。树形多采用小冠树形，一般有主干疏层形、开心形、Y形、圆柱形、纺锤形等。树高一般控制在3.0 m左右。主干疏层形一般简化为两层主枝，侧枝数、枝组数都相应减少。

密植园修剪主要在生长季修剪。抹芽、刻伤、拉枝、摘心、疏枝等措施是修剪的主要手段。另外，密植园枝量过多易使枣园郁闭，因此要及时疏除内膛过密枝，严格控制延长枝的生长，及时回缩和落头，才能保持丰产、稳产。

第九节　病虫害防治

酸枣栽培主要集中在鲁中山区、太行山区等少数地区，其主要病虫害及其防治与当地枣树的病虫害基本相同。

一、主要病害及其防治

（一）枣疯病

1. 病原　枣疯病病原是植原体（*Candidatus* Phytoplasma ziziphi），旧称类菌原体（MLO），对四环素族抗生素敏感。

2. 为害症状　枣疯病表现为花叶、花变叶、丛枝、花器返祖、果实畸形、根皮腐烂。大树发病，往往先从一个枝开始，萌生的新枝丛生、纤细，叶小、黄化或花柄变为小枝，其他花器变为小叶丛生。

3. 发病规律 枣疯病是一种系统侵染性病害。病原体一旦侵入树体，7～10 d 向下运行到根部，在根部增殖后，通过韧皮部的筛管运转，从下而上运行到树冠，引起疯枝。小苗当年可疯，大树大多第二年才疯。

4. 传播途径

（1）媒介昆虫。主要有凹缘菱纹叶蝉、橙带拟菱纹叶蝉和红闪小叶蝉等，它们在病树上吸食后再取食健树，健树就被感染。传毒媒介昆虫和疯病树同时存在，是该病蔓延的必备条件。

（2）嫁接可传播。接穗或砧木有一方带病即可使嫁接株发病。

5. 防治方法

（1）培育无病苗木。在无枣疯病的枣园中采取接穗、接芽或分根进行繁殖，培育无病苗木。

（2）加强苗木检疫。枣苗进行调运时，要严格进行检疫，防治带病植株继续传病。

（3）加强管理。加强枣园管理，增强树势，提高抗病性。

（4）及早铲除病株。一旦发现酸枣树染病，应立即刨除，要刨净根部，以免萌生病苗，并将刨出的病株及时销毁。

（5）防治媒介昆虫。4～7 月可使用吡虫啉或菊酯类农药以杀灭叶蝉类媒介昆虫，切断枣疯病传播途径。侧柏是媒介昆虫的越冬场所，因此，在枣区周围 1 000 m 内不要种植侧柏类树木，以防昆虫越冬。

（6）化学防治。采用河北农业大学试验产品“祛疯 1 号”进行树干输液，效果显著。

（二）枣锈病

1. 病原 枣锈病病原为枣层锈菌（*Phakopsor zizyphi-vulagaris* Diet.），属锈菌目栅锈菌科层菌属。其生活史中主要发现冬孢子堆和夏孢子堆两个阶段。

2. 为害症状 病状主要表现在叶上，感病叶片初期出现无规律的淡绿色斑点，进而呈灰褐色，并向上凸起，病斑褐色，其上密布褐色孢子，称夏孢子堆。严重时叶片各个部位都可见到夏孢子堆。感病时由于大批叶片密布孢子堆或叶片脱落，果实瘦小，影响产量。冬孢子堆在落叶上形成，直径 0.2～0.4 mm，暗褐色或黑色稍突起。孢子卵圆形。

3. 发病规律 真菌性病害，为害叶片，主要在落叶上越冬。一般年份在 6 月下旬至 7 月上旬降雨多、湿度高时开始侵染，7 月中旬以后高温高湿天气有利于枣锈病大发生。发病轻重与降雨有关，雨季早，降雨多、气温高的年份发病早而严重。

4. 防治方法

（1）农业防治

① 清除病源。秋、冬季清理枣园枯枝落叶等，将其集中烧毁。

② 栽培管理。合理整形修剪，促进通风透光。及时清除园内杂草，雨季及时排水，防止枣园过于潮湿。

（2）化学防治。酸枣树萌芽前喷 3～5 波美度石硫合剂，7 月上中旬喷施 1∶2∶200 波尔多液或其他铜制剂，7～8 月发生高峰期，可使用戊唑醇、丙环唑、苯醚甲环唑等杀菌剂喷施树冠，效果良好。

（三）枣炭疽病

1. 病原 枣炭疽病病原为 *Colletotrichum gloeosporioides* Penz.。

2. 为害症状 主要侵害果实，也可侵染枣吊、枣叶、枣头及枣股。果实受害，最初在果肩或果腰处出现淡黄色水渍状斑点，逐渐扩大成不规则形黄褐色斑块，斑块中间产生圆形凹陷病斑，病斑扩大后连片，呈红褐色，引起落果。

3. 发病规律 真菌性病害，病原菌为胶胞炭疽菌，为害果实，也可侵染枣吊、枣头、枣股等，在枣吊、枣股及叶片上越冬，借风雨传播，果实近白熟期（8月上、中旬）开始发病。高温、高湿、多雨水情况下易于大发生，潜伏期一般3～13 d，有时长达40～50 d。7月前后，与活动范围大的刺吸式口器害虫（绿盲蝽、叶蝉等）传播有密切关系。

4. 防治方法

（1）农业防治

① 清除病源。对树下枣吊、落叶、病果等及时清除烧毁。

② 栽培管理。增施有机肥和磷、钾肥，合理整形修剪，以利通风透光。雨季及时排水，防止果园过于潮湿。

（2）化学防治。6月下旬可用1∶2∶200的波尔多液或其他铜制剂进行预防。发病期的8月中旬，每10～15 d喷药一次，效果较好的药剂有甲基硫菌灵、多菌灵、碘制剂等。

（四）枣缩果病

1. 病原 枣缩果病也称铁皮病、烧茄子病，病原为互隔链格孢菌（*Alternaria alternata*）。

2. 为害症状 为害果实，开始发病先在果肩或胴部出现淡黄褐色片状病斑，边缘不清，进而颜色加深，并出现凹陷，后期出现萎缩，易早期脱落。果实发病后逐渐干瘪、凹陷、皱缩，故称“缩果病”。

3. 发病规律 病菌主要通过风雨摩擦、绿盲蝽、叶蝉等昆虫刺吸造成的伤口侵入危害，在华北地区7月底开始发病，8月上旬发病逐渐增强，8月中下旬进入高峰期，持续到8月底至9月上中旬还可对挂果较晚的大枣果实造成危害。发病早晚与7～8月降雨有关，降雨多的年份一般发病早，特别是绿盲蝽发生严重的年份易大爆发。

4. 防治方法

（1）农业防治

① 选择抗病品种。根据当地气候土质条件，选择抗病品种。

② 加强管理。加强土肥水管理，合理整形修剪，改善通风透光条件，增强树势，提高树体抗病能力，及时清除病果，并集中销毁。

（2）化学防治。发病严重枣园，在早春发芽前对枝干喷80%枣病克星。从7月上旬到采收前15 d，结合防治炭疽病和轮纹病，每隔10～15 d喷施一次枣病克星或DT等铜制剂，并加强对绿盲蝽的防治，可有效防治枣缩果病。

（五）枣黑斑病

1. 病原 枣黑斑病病原为细极链格菌（*Alternaria tenuissima*）。

2. 为害症状 主要侵害叶片，病叶背面产生零星黑色小点，以后逐渐扩大成圆形或不规则形的黑色斑，直径0.5～6 mm，严重时，数个病斑连成大片，在叶片背面呈现烟煤状的大黑斑。叶面呈现黄褐色斑点。受害叶片呈卷曲或扭曲状，易脱落。

3. 发病规律 真菌性病害，病菌属弱寄生菌，主要在树体上越冬，枣枝、枣股、落果、落吊、落叶均为病原菌越冬场所。5月展叶期侵入叶片，花期侵染花，6月下旬落花后开始侵染幼果，并处于潜伏状态，到果实接近成熟时才发病，即8月下旬至9月上旬开始发病。果实白熟期以后潜育期为2～7 d，遇雨后的3～5 d大发生。成熟期遇雨是黑斑病发生的必要条件。

4. 防治方法

（1）农业防治

① 清除病源。秋、冬季清理枣园枯枝落叶、病烂果等，将其集中烧毁。

② 合理修剪。注意通风透光，有利于雨后枣果表面迅速干燥，减少发病。

（2）化学防治。酸枣树萌芽前和枣果采收后，各喷一次3～5波美度石硫合剂，发芽后喷一次0.3波美度石硫合剂。抽梢展叶期有叶斑症状的枣园以喷洒治疗剂为主，每10～15 d喷药一次，连喷

2～3 次，常用药剂有腈菌唑、苯醚甲环唑、嘧菌酯等。白熟期选择保护性杀菌剂防治，常用药剂有甲基硫菌灵、代森锰锌等。

（六）枣（软腐）浆果病

1. 病原 枣（软腐）浆果病病原为菜豆壳球孢菌（*Macrophomina phaseolina*）。

2. 为害症状 病菌侵染幼果并潜伏，到枣果转红后发病，果全红至采收后进入发病高峰期。发病初期果面上出现水渍状斑点，逐渐扩大，以后病部果肉变软，呈糨糊状，而果皮不凹陷，最后全果浆烂变味，不堪食用。

3. 发病规律 低等真菌性病害，病菌属弱寄生菌，为害近成熟的果实，在干枯的枣吊、枣股、枣枝、僵果和枣股鳞片中越冬。第二年花期随雨水传播侵染，进入幼果进行潜伏，到枣白熟期发病，一旦发病病斑迅速扩大，几天后整个枣都能烂透，随即脱落。浆果病与品种、环境、天气和管理水平有关。

4. 防治方法

（1）农业防治

① 栽培管理。增施有机肥，增强树势，提高抗病能力，适当施用钙肥，防治果实裂伤，减少病菌侵染点。

② 禁种树种。枣园周围应禁止种植杨树、榆树、苹果、山楂等树。

③ 适当稀植。建园的株行距适当加大，修剪时打通光路，实现通风透光。

（2）化学防治。于末花期喷甲基硫菌灵、多菌灵、代森锰锌等不伤花和幼果的药剂，7～10 d 喷一次，7 月上旬开始加喷氢氧化铜等铜制剂，交替使用药剂，后期发病可喷 1%碘制剂。

（七）枣裂果病

枣裂果病是目前金丝小枣产区采收期经常发生的生理性病害。在秋季多雨的年份裂果率高达 50%以上，甚至更高，严重影响果实品质，造成丰产不丰收，经济损失惨重。

1. 发生规律 枣裂果病主要是幼果发育后期干旱少雨，进入夏秋季后高温多雨，果实接近成熟时糖分增高果皮变薄，果面受灼伤，失去弹性，果实钙、钾元素含量不足，多次喷施赤霉素，用药不当，果面蜡质层破坏等原因有关。枣裂果与品种、天气、成熟度和管理水平密切相关。

2. 防治方法

（1）农业防治

① 栽植抗裂品种。根据立地条件，选择适宜当地的抗裂品种。

② 及时灌溉。在枣果白熟期如遇干旱及时灌溉，可减少裂果。

③ 合理修剪。注意通风透光，有利于雨后枣果表面迅速干燥，减少发病。

④ 增施有机肥。特别是羊粪，能有效提高果品质量，减轻裂果。

（2）化学防治

① 严禁使用乳剂农药。幼果发育期尽量少用或不用乳剂和刺激果面的药剂。

② 喷施钙肥。从 7 月下旬开始，每隔 10～20 d 喷洒一次 0.3%氯化钙、硝酸钙水溶液或氨基酸钙 800～1 000 倍液，连续喷洒 3～4 次，直到采收。

二、主要虫害及其防治

（一）桃小食心虫

1. 为害特点 桃小食心虫（*Carpasina niponensis* Wals.），简称桃小，俗名枣蛆、猴头。以幼虫蛀果为害，果实内部被纵横串食、变褐，严重影响果实质量。

2. 发生规律 在北方一般每年发生 1 代，个别发生 2 代，幼虫为害果实，造成受害果变红脱落。以幼虫在树干周围浅土内和晒枣铺下土中或砖缝中结茧越冬，表土中虫数最多。翌春平均气温约

16 ℃、地温约 19 ℃时开始出土，其出土早晚与 6～8 月降雨有关，6～7 月雨多，出土早而且整齐。7 月下旬至 8 月上旬成虫大量羽化，产卵于叶背基部和果的梗洼及果面伤痕处。8 月为第一代幼虫为害期，8 月中旬幼虫老熟，从果中钻入土中，结茧化蛹。8 月下旬为第二代成虫羽化盛期，并大量产卵，蛀果为害，幼虫在果内为害直至采收，大部分采收前脱果在土壤中做茧越冬，部分在采收后晒果时脱果做茧越冬。

3. 防治方法

（1）农业防治。入冬后，将距树干 1 m 范围的土壤耕翻，深度达 15 cm 左右，可冻死和干死一部分越冬虫，或在越冬幼虫连续出土后，在树干 1 m 内，压 3～6 cm 新土，并拍实可压死夏茧中的幼虫和蛹。

（2）化学防治

① 地面喷药。在越冬幼虫出土前，用毒死蜱或辛硫磷乳油均匀喷洒枣园地面，乐斯本使用 1 次即可，辛硫磷应连施 2～3 次，辛硫磷易光解，因此，喷后要耙松地表，将药埋入土中，药效更长。

② 树上喷药。在幼虫初孵期，即出现诱蛾高峰后 3～5 d 树上喷药。可使用药剂有灭幼脲 3 号、Bt、氯虫苯甲酰胺、毒死蜱、氯氰菊酯等。

（二）酸枣尺蠖

1. 为害特点 枣尺蠖（*Chihuo sunzao* Yang），又名枣步曲。当酸枣萌芽时，初孵幼虫开始为害嫩芽，严重年份将枣芽吃光，造成大量减产。枣树展叶开花，幼虫随之长大，大增啃食叶片及花蕾，严重影响枣果产量和树体生长。

2. 发生规律 北方枣区 1 年 1 代，个别 2 代，以蛹在树冠下 3～20 cm 深的土中越冬，近树干基部越冬蛹较多。翌年 2 月下旬至 3 月上旬为成虫羽化期，羽化盛期在 4 月上旬。雌蛾无翅，羽化后于傍晚大量出土爬行上树。雌蛾交尾后 3 日内大量产卵，卵多产在枝杈粗皮裂缝内。枣芽萌发时幼虫开始孵化，4 月上旬至 5 月上旬为孵化盛期。4 月下旬至 5 月上旬为幼虫为害期，以 5 月为害最重。幼虫喜分散活动，爬行迅速并能吐丝下垂借风力转移蔓延。幼虫具假死性，遇惊扰即吐丝下垂。5 月下旬至 6 月中旬老熟幼虫入土化蛹。

3. 防治方法

（1）物理防治

① 设置杀虫带。成虫羽化前在树干基部绑 15～20 cm 宽的塑料胶带，环绕树干一周，涂上粘虫胶，既可阻止雌蛾上树产卵，又可防止树下幼虫孵化后爬行上树。

② 敲树振虫。利用 1～2 龄幼虫的假死性，可振落幼虫及时消灭。

（2）化学防治。在 3 龄幼虫之前喷洒农药。可用药剂有灭幼脲 3 号、氯虫苯甲酰胺、甲维盐等。

（三）枣粘虫

1. 为害特点 枣黏虫（*Ancylis sativa* Liu），又名黏叶虫、枣镰翅小卷蛾。以幼虫为害枣芽、枣花、枣叶，并蛀食枣果，造成枣花枯死，枣果脱落，对产量影响极大。

2. 发生规律 在华北 1 年发生 3 代，以蛹在树干老皮和树洞中结茧越冬。在山东、河北等地，3 月下旬开始羽化出蛰，4 月中旬为羽化盛期。成虫白天羽化后潜伏，夜晚活动交尾、产卵，并具趋光、趋化性，卵产于小枝及叶片上。5 月上旬第一代幼虫孵化，为害枣芽、叶片及花蕾，幼虫吐丝将叶片粘在一起或将叶片纵卷成饺子状，幼虫在叶内取食，5 月下旬至 6 月上旬幼虫老熟，在叶内化蛹。6 月上中旬第一代成虫羽化，6 月下旬第二代幼虫孵化出壳危害。第二代成虫于 7 月下旬羽化，8 月下旬出现第三代幼虫，9 月下旬第三代幼虫老熟后钻入树皮或树洞作茧化蛹越冬。第二、第三代幼虫除为害叶片外，还为害果实，它将叶与果粘在一起，蛀入果内取食果肉，造成落果。

3. 防治方法

（1）物理防治

① 消灭虫源。早春刮树皮，堵树洞，消灭越冬蛹。

② 诱杀成虫。利用成虫的趋光、趋化性，用黑光灯、糖醋液诱杀成虫。

③ 绑草把。9月上旬树干绑草把，诱老熟幼虫潜入化蛹，早春取下烧掉。

（2）化学防治。于诱蛾高峰10 d左右树上喷药，杀灭初孵幼虫。可用药剂有1%甲维盐800～1 000倍液、氯虫苯甲酰胺800倍液等。

（四）黄刺蛾

1. 为害特点 黄刺蛾（*Cnidocampa flavescens* Walkor），俗称洋辣子、八角等。外有扁刺蛾、青刺蛾、棕边青刺蛾、黑纹白刺蛾和枣刺蛾。以幼虫食叶为害，幼龄幼虫只食叶肉，残留叶脉成网状，幼虫长大将叶片吃成缺刻，仅留叶柄和主脉。

2. 发生规律 在华北枣产区，每年发生1～2代，以老熟幼虫结茧在枝干上越冬。

3. 防治方法

（1）物理防治。

① 消灭虫茧。冬剪时剪下虫茧，集中销毁。幼虫下树结茧前，疏松树干周围的土壤，诱虫结茧，集中消灭。

② 诱杀成虫。利用成虫趋光性，在成虫发生期内于枣园内设置黑光灯，诱杀成虫。

（2）化学防治。幼虫发生期用青虫菌0.5～1.0亿/mL的菌液喷洒，1周后可杀死幼虫80%～90%。幼虫发生期可树上喷药，常用药剂有敌百虫、杀灭菊酯、敌杀死、甲维盐、氯虫苯甲酰胺等农药。

（五）枣豹蠹蛾

1. 为害特征 枣豹蠹蛾（*Zeuzera* sp.），又名核桃豹蠹蛾，俗称截干虫。蛀食枝梢，使树冠不能扩大，影响树势和产量。

2. 发生规律 1年发生1代，以幼虫在被害枝内越冬，翌春树液流动后，幼虫继续沿枝髓向上钻食，并不断将粪便排出虫道。幼虫化蛹前还要转枝1～2次，致使新发芽的枝又枯死。老熟幼虫化蛹前将虫道用粪粒堵死，并吐丝缠绕，在内化蛹。羽化时成虫将蛹壳带出孔口。在华北地区，6月上旬开始化蛹，6月中下旬进入高峰，7月上旬幼虫孵化开始为害。其化蛹、羽化期极不整齐，可长达1个多月。初孵幼虫先从叶腋钻蛀枣吊，沿髓部向前钻食，被害枝前部枯死，以后从枣吊出来转入幼嫩的二次枝，沿髓向上蛀食。虫龄增大以后又钻蛀枣头一次枝，以后从上部脱出再转移到下部或其他枝，从下向上钻蛀取食，最后有的可钻蛀直径1.5 cm以上的枝。凡被其钻蛀的枝，入蛀处将木质部取食一圈只剩皮层及少量木质，再向上钻食。因此，被害枝极易从入蛀处折断。9月下旬幼虫在枝内越冬。被害枝大部蛀孔上部枯死。枯死枝叶片不易脱落。虫口密度大时，树上出现大量枯枝，严重影响了树体正常生长，尤其对幼树和苗木生长影响更大。

3. 防治方法

（1）农业防治。结合修剪，剪除被害枝梢，集中销毁。生长期发现被害枝及时剪除，集中深埋或销毁。

（2）物理防治。利用成虫趋光性，成虫羽化期在园中用黑光灯或点火诱蛾。

（3）化学防治。7月上旬卵孵化初期开始，每5～7 d喷一次杀虫药剂，可有效地杀灭蛀枝前及转枝时的幼虫，药剂可用甲维盐或菊酯类药剂等。另外，及时检查被虫蛀尚未枯死的枝，从蛀孔注入500倍80%DDVP或其他药剂，以杀灭枝内幼虫。

（六）绿盲蝽

1. 为害特点 绿盲蝽（*Lygus pratensis* Linn.），又名牧草盲蝽。以成虫和若虫为害枣树幼芽、嫩叶和花蕾，被害枣叶先出现枯死小点，随芽叶伸展，小点变成不规则的孔洞，俗称“破叶疯”。花蕾受害后即停止发育而枯落，受害严重株几乎无花开放。

2. 发生规律 1年发生4～5代，以卵在酸枣树老树皮、病残枝、剪口、多年生枣股等处越冬。4

月中下旬越冬卵开始孵化为若虫，酸枣树发芽后即开始上树为害。第一代绿盲蝽的卵孵化期较为整齐。5月上中旬，酸枣树结果枝展叶期为为害盛期。5月下旬以后，气温增高、虫口减少。第二代在6月上旬出现，发生盛期为6月中旬，为害枣花及幼果，是为害枣树最重的1代。3～5代分别在7月中旬、8月中旬和9月中旬出现，世代重叠现象严重。卵的孵化需一定的温湿度，因此绿盲椿象发生的轻重与降雨密切相关。4月以后每降一次雨就会大发生一次，若春季干旱，发生轻甚至不发生。

3. 防治方法

（1）农业防治。在枣树发芽前，刮除老翘皮，彻底清除园内的枯枝、烂果及杂草，并结合修剪剪除有卵残桩、枝，带出园外集中烧毁。

（2）物理防治

① 设置杀虫带。4月初在树干中部刮除20 cm宽的老翘皮，然后用20 cm宽的塑料胶带缠绕树干一周，胶带上涂抹粘虫胶，可将绿盲蝽若虫杀死或阻止其上树为害。

② 灯光诱杀。利用其趋光性，有效诱杀绿盲蝽成虫。

（3）化学防治。萌芽前喷洒一遍3～5波美度石硫合剂，可有效降低虫卵基数和虫卵的孵化率。4月中旬至5月中旬是防治绿盲蝽第一代若虫的关键时期，此期要每隔5～7 d喷一遍药，用药浓度适当加大。6月上旬第二代绿盲蝽进入为害盛期，此时正值花期，要用微乳剂、水剂或粉剂，不要用乳剂，以防伤花，应连续喷药2～3次。第三、第四代不为害枣树，但是，到9月下旬部分成虫回到酸枣树上产卵，将卵产在枣股鳞片内，翌年孵化后即可为害，因此打完枣后再喷一次药剂。适宜的药剂有联苯菊酯、毒死蜱、吡虫啉、马拉硫磷等，可混合或交替使用。

（七）枣瘿蚊

1. 为害特点 枣瘿蚊（*Contaria* sp.）属双翅目瘿蚊科，俗称枣卷叶蛆。以幼虫为害酸枣的嫩叶、花蕾和幼果。叶片受害后筒状弯曲，变硬发脆，呈紫红色，不久变黑枯萎；花蕾受害后不能开花，花萼膨大，枯黄脱落；幼虫还可为害枣果，蛀入幼果内取食，使其变黄脱落。

2. 形态特征 雌虫体长1.4～2.0 mm，翅展3～4 mm，触角细长，念珠状，各节上着生环状刚毛。复眼大，肾形。

3. 发生规律 1年一般发生5～7代，成虫像小蚊子，幼虫白色如蛆，以幼虫为害幼芽、嫩叶，以老熟幼虫在土内化蛹越冬。翌年4月成虫羽化，产卵于刚萌发的枣芽上，孵化后，幼虫为害嫩叶，吸食汁液。5月上旬进入为害盛期，嫩叶卷曲成筒并变成紫红色，1个叶片有幼虫5～15头，被害叶枯黑脱落，第一代老熟幼虫6月初落地入土化蛹。以后各代不整齐，最后一代老熟幼虫8月下旬开始入土化蛹越冬。

4. 防治方法

（1）农业防治。秋末冬初或早春（成虫羽化前），深翻枣园，把老熟幼虫和蛹翻到深层或地表，阻止成虫正常羽化出土。

（2）化学防治

① 地面喷药。枣芽萌动时或越冬成虫羽化前和6～7月第一至二代幼虫入土化蛹期，在枣园地面喷辛硫磷乳油或48%毒死蜱乳油300～500倍液，随后轻耙，以杀死羽化成虫或入土化蛹的老熟幼虫。

② 树上喷药。从4月下旬幼虫开始为害或在枣树抽枝展叶时树上喷药，10 d左右喷一次，连喷2～3次。常用药有吡虫啉、毒死蜱等。

（八）枣龟蜡蚧

1. 为害特点 枣龟蜡蚧（*Ceroplastes japonicus* Gr.），又名日本龟蜡蚧，俗称枣虱子。以若虫和雌成虫在枣枝叶上吸食汁液为害，严重时排泄物布满全树枝叶，引起大量霉污菌寄生，影响光合作用，导致幼果脱落并严重减产。

2. 发生规律 1年发生1代，以受精雌成虫在一至二年生小枝上越冬，以当年生枣头上最多。3月下旬越冬雌成虫开始发育，6月上中旬为产卵盛期，7月上中旬为孵化盛期，8月中旬至9月为化蛹期，8月下旬至10月上旬为成虫羽化期，雄成虫交配后即死亡，雌虫陆续由叶转到枝上固着为害，至11月中旬进入越冬期。

3. 防治方法

（1）物理防治。从11月到翌年3月，可刮除越冬雌成虫，并配合枣树修剪，剪除虫枝，集中销毁。冬季，树上有冰冻时用木杆敲打树枝，可将枝上虫体随冰凌一块落地销毁。

（2）化学防治。枣树落叶后至早春喷布3～5波美度石硫合剂或5%机油乳剂，可消灭越冬蜡蚧。6月底至7月初，若虫孵化盛期喷毒死蜱、乙酰甲胺磷或乐果，防治效果都很好。

（九）金龟子

1. 为害特点 为害酸枣树的金龟子主要有铜绿金龟子、绵蓝金龟子、小青花金龟子、黑绒金龟子、小黑金龟子、苹毛金龟子，主要以成虫为害叶、花和果实。

铜绿金龟子具有群集性、趋光性和假死性，多在傍晚集中飞向枣树，吃叶，啃花、果，严重时几天便可把叶吃光。绵蓝金龟子白天在树上取食花器，啃食幼果，对坐果影响很大。小青花金龟子、小黑金龟子同绵蓝金龟子白天取食，受惊飞翔，无假死现象，受害花果易脱落，影响坐果。黑绒金龟子以成虫食害嫩叶、芽及花；幼虫为害植物的地下组织。苹毛金龟子以成虫取食花蕾、花朵和嫩叶。

2. 发生规律 华北地区，1年1代，以成虫在土壤中越冬，3～5月出土，先在其他作物上为害，后上树为害叶、花和果实。

3. 防治方法

（1）物理防治

① 诱杀成虫。利用金龟子趋光性，安装杀虫灯进行诱杀。

② 人工扑杀。利用金龟子的假死性，早、晚震树，用塑料薄膜接杀。

（2）化学防治。结合防治绿盲蝽喷微乳剂吡虫啉、啶虫脒或毒死蜱。

（十）枣红蜘蛛

1. 为害特点 红蜘蛛（*Tetranychus cinnbarinus*），学名叶螨，属蛛形纲蜱螨目叶螨科。

为害酸枣树的红蜘蛛主要是朱砂叶螨、截形叶螨。以成、若螨为害寄主的叶片和幼嫩部位，严重发生时，造成早期落叶甚至落果，影响树势及产量。

2. 发生规律 北方地区1年发生12～15代，南方地区1年发生18～20代。以雌成螨和若螨在树皮裂缝、杂草、树干基部和土缝隙中越冬。翌年3月中下旬至4月中旬，酸枣树萌芽时出蛰活动，开始为害树下作物和根蘖苗，5月下旬开始上树为害，7～8月该虫发生高峰期，高温、干旱和刮风利于该虫的发生和传播，10月上中旬开始越冬。

3. 防治方法

（1）农业防治。冬春季刮树皮、铲除杂草、清除落叶，结合施肥一并深埋，并进行树干基部培土拍实，消灭越冬雌虫和若虫。

（2）物理防治。可设置杀虫带。4月初在树干中下部刮出20 cm宽的老翘皮，用20 cm宽的塑料薄膜缠绕树干一周，薄膜上涂抹粘虫胶，可将红蜘蛛杀死或阻止其上下树。

（3）化学防治。发芽前树体喷洒3～5波美度石硫合剂或200倍阿维柴油乳剂，消灭越冬虫源。5月中旬盛花期可喷施哒螨灵、四螨嗪，对消灭若螨均有较好的效果。

（十一）枣实蝇

1. 为害特点 枣实蝇（*Carpomya vesuviana* Costa），幼虫取食枣肉并向中间蛀食，导致果实提早成熟和腐烂，蛀果率可以达到30%～100%。

2. 发生规律　1年发生6～10代。雌成虫穿透果皮将卵产于表皮下，卵为单粒，平均每只雌成虫可产卵19～22粒，每果产卵1～4粒，最多8粒。幼虫孵化后蛀食果肉并向中间蛀食。幼虫共3龄，1～2龄幼虫是为害枣果的主要龄期，幼虫老熟后，脱离枣果落地在6～15 cm深的土壤中化蛹，而后成虫羽化出土。

3. 防治方法

（1）植物检疫。加强对枣实蝇疫情的监测和检疫封锁，严防该虫的传入和扩散。同时应禁止从枣实蝇发生区调运寄主植物、枣果及繁殖材料，一旦发现，应严格检疫，并进行除害处理或销毁。

（2）农业防治。及时捡拾落果，摘除树上虫害果，并定点集中销毁。定期翻晒树下及周围的土壤，消灭土壤中的幼虫和蛹。

（3）物理防治。使用甲基丁香酯对枣实蝇进行疫情监测和诱杀成虫（引诱剂＋马拉硫磷）。具体方法：将每个诱捕器放入100 mL引诱剂后悬挂于枣树上，诱捕器放置密度为每667 m^2 1个诱捕器。

（4）生物防治。可通过释放枣实蝇的天敌茧蜂进行生物防治。

（5）化学防治。在枣实蝇发生期用灭多威乳油对枣园土壤喷药，也可树上喷施吡虫啉等农药。

第十节　果实采收与贮藏

一、采收

（一）采收时间

酸枣果的采收期因品种和用途的而不同。鲜食宜在脆熟期采收，此期果实半红或全红，肉脆味甜，维生素C及芳香物质含量高，营养丰富，清新爽口，适口性最佳。酸枣制干时，宜在完熟时采收，此期果实已充分成熟，糖分最高，果肉已变红褐、松软、水分少，这时采收出干率高，干制的成品，色泽紫红，果肥肉厚，纹细浅，富有弹性，品质好，因此，在天气等条件允许的情况下，尽量推迟采收时间。

（二）采收方法

酸枣果的采收方法因用途和加工目的而不同。用于鲜食和贮藏的采用人工采摘，用于加工和制干的品种多用打枣法，还有的用乙烯利催落或用机械采摘。

1. 人工采摘　鲜食品种都用手摘，以减少果实的损伤。采摘时尽量保留果柄，轻拿轻放，盛枣的容器最好用纸箱或塑料筐，尽量减少碰撞、摩擦造成的损伤，保证其外观漂亮，也有利于鲜枣后期的贮藏，延长货架期。

2. 杆打振落　主要用木杆、竹竿等敲打树枝，使果实振落，这是我国传统的采收方法，古语云："有枣没枣打三竿"。为减轻对枝叶的伤害，要尽量轻击枝条，顺枣吊下杆。为减轻枣果破损和提高拾枣的工效，树下铺网或布单。

3. 化学催落　近年来，河北、山东等地的部分枣区采用乙烯利催落采收，获得良好效果。在采前5～7 d喷洒一次1 500～2 000倍40%乙烯利溶液，3～5 d便开始出现大量落果，此时下铺布单、网片，摇动枝干，枣基本可全落。

4. 机械采收　密植矮冠的丰产园可机械采收，但对酸枣树损伤很大，设备正在改进研制中。

二、贮藏

酸枣的贮藏保鲜与品种、果实的成熟度、果实用途、果实的完整性有关。一般晚熟品种较早熟品种耐贮藏，抗裂品种比易裂品种耐贮藏，小果型比大果型耐贮藏，鲜食兼制干品种比鲜食品种耐贮藏。一般成熟度越低越耐贮藏，保鲜期随着成熟度的提高而缩短。对于鲜食为目的的枣果，宜在半红期采收，这样既不影响鲜枣品质又可延长贮藏期，加工为目的的枣果，应在白熟期采收。不完整的枣果因有伤口而使本身的生理机能发生变化，呼吸强度增加，物质消耗加速，同时伤口处极易被微生物侵染造成霉烂，影响贮藏时间及枣果质量。

（一）鲜食果贮藏

鲜果的贮藏方法很多，有窖藏、冷藏、气调贮藏等。目前应用较多的冷藏、气调贮藏。枣果入库前，需对贮藏库进行消毒、降温。具体的消毒方法有二氧化硫熏蒸，每 50 m^3 空间用硫黄 1.5 kg 加适量锯末点燃熏烟灭菌，密闭 48 h 后通风，也可用 1%～2%福尔马林喷雾，或用 40%甲醛和水的比例为 1∶40 喷洒库体各墙面，密闭 24 h 后通风。

1. 冷藏 鲜果采收后，通过筛选分级，预冷后，装入容器。容器可用打孔袋，或是内衬塑料膜、塑料袋的纸箱、木箱、塑料筐等容器，内衬塑料薄膜最好用 0.03 mm 厚无毒聚氯乙烯薄膜，箱容量不超过 10 kg。装果后箱面上袋口不能封死，对折掩口即可。如果果实没有进行预冷，在掩口前，应敞口一段时间，以便充分预冷，待果温下降接近贮藏温度时．再掩口封箱码垛贮藏。果箱应采用“品”字形堆放，箱间应留出通风道。

冷库温度应控制在果实冰点温度以上。多数酸枣品种半红期果实的冰点温度在－2 ℃以下。为了安全起见，鲜枣的冷藏温度最好控制在 0～－1 ℃。温度不宜控制过低，以免发生冻害。

为了提高果实的贮藏效果，减少贮藏中枣果的腐烂，在贮前最好做预处理，用 2%氯化钙或 30 mg/kg赤霉素浸果 30 min，浸泡处理后的果实应晾干再装袋或箱贮藏。

在冷藏条件下，一般品种可贮藏 2～3 个月，较耐贮品种可以贮藏 3～4 个月。

2. 气调贮藏 气调贮藏是将冷库库体进行气密处理，并配备降氧气和二氧化碳脱除设备，调节库内的温度和气体成分。

气调库贮藏鲜枣时，气体成分调节比例与其他果品不同。因为鲜枣不耐高二氧化碳浓度，超过 5%会加速鲜枣果肉的软化褐变。适当的低氧气对保持枣果果皮绿色和延缓果肉软化褐变有良好的作用。鲜枣气调贮藏时温度应控制在 0～－1 ℃，相对湿度应控制在 90%～98%，氧气浓度为 13%～15%，二氧化碳浓度为 0.2%～2%。

由于不同品种在贮藏时各指标存在一定的差异，在实践中掌握各品种的适宜指标。库内管理要求堆码整齐，轻入轻出，快入快出，防止重压，严禁与有毒、有害、有异味物品混存。

（二）干枣贮藏

1. 枣制干 枣制干就是将完熟期的枣采后脱水，使枣含水量控制在 25%～28%，达到入库标准，以保证干枣在存放、运输和销售过程中保持枣果优良的品质。枣制干方法有自然制干和烘干法。自然制干是利用太阳光自然晾晒制干枣，具体操作是选择空旷宽敞的场地作晒场，用砖或秸秆作铺架，间隔 30 cm，高 20 cm，其上铺苇席，在苇席上摊 6～10 cm 厚的枣，白天每隔 1 h 翻动 1 次，夜间则将枣收集用苇席或帆布覆盖以防返潮，如此反复，经过 10～20 d，用手握枣不发软即枣果含水量达 25%～28%时即可，分级包装，此方法环保节能，能保持枣果特有风味，但枣果易受污染和浆烂，好果率低，干制时间长，占地面积大，受阴雨天影响严重。烘干法就是用烘房将枣果制干，烘干需经过清洗、分级、装盘、烘烤。此方法干制时间短，一般 3～5 d，且不受阴雨天影响，商品率高。另外，对于数量少和没有烘干条件的枣农，可先将青果和干枣捡出，用 80～90 ℃的热水浸烫（小枣 1 h，大枣 2 h）后，控干再晾晒，这样可杀死枣果中的一些霉菌和已感染或发病的病菌，可大大减轻晾晒过程中的浆烂和黑斑，制干率和商品率大大提高。

2. 干枣贮藏 鲜枣果经脱水干制（晒或烘）后，称为红枣（或干枣），干枣含水量一般在 25%～28%。干枣贮藏方法因贮量多少而定，少量可采用缸藏、罐藏、塑料袋贮藏。干枣贮量大可贮藏在库房中，库房应保持凉爽干燥，具有良好的通风条件，贮藏前应对库房进行灭菌（参照鲜食枣贮藏库消毒）。库房温度控制在 25 ℃以下，空气相对湿度为 55%～70%，当贮藏红枣的库内温、湿度高于规定范围时，可结合库外自然风力、风向进行通风换气。干枣可用麻袋、塑料编织袋、尼龙袋等包装，然后码垛贮藏。长期贮存的红枣，应定期上下翻倒，变换红枣停贮位置，一般地区 3～5 个月倒垛 1 次，暖湿地区每月倒垛 1 次。当红枣有软潮现象时，立刻检测红枣含水率，若含水率超标，应及时采取晾晒和吸湿措施。贮藏期限以不影响红枣质量标准为限，一般贮藏 8 个月。在贮藏库中禁止与有毒、有污染和易潮解、易串味的商品混存。

目前，多用冷库贮藏，特别是量大而又长时间贮存的客户，这样贮藏的枣不变质、不损耗。

第六十三章　榛　　子

概　　述

一、起源与栽培历史

榛树属桦木科（Betulaceae）榛属（*Corylus*）植物。在世界范围内榛属有 18 个种、2 个变种，以及一个杂交种，在“四大坚果”中，榛子被人们食用的历史最悠久，是人类最早采集的、并赖以生存的重要野果之一。

根据古植物地理学家的研究，在公元前 15 000～前 10 000 年，北半球辽阔的大地上覆盖的冰川逐渐减弱，气候逐渐转暖；在公元前 8 000～前 6 000 年的时候，榛树和桦树、松树、栎树、杨树一起，首批向北迁徙，在北半球广大地区日趋繁荣昌盛。根据古代地层的榛树花粉沉积物样本分析，在距今 4 000 年左右，这一地区的夏季气温远比今天要高得多，榛树在北方的植物群落组成中占 75%左右。在近 2 000～3 000 年，这一地区的气候又渐渐变得寒冷起来，曾经繁茂昌盛的榛树又日趋衰退，并为其他新兴的抗寒植物所代替。不过，榛树仍然是构成北方植物群落的一个重要类群。

现今榛树分布北达北纬 60°～68°的挪威、瑞典，直至加拿大和俄罗斯的北部，向南伸展到北纬30°。包括北半球寒温带和寒带的亚洲、欧洲和北美洲的大部分地区。但世界上的榛树主要分布在欧洲地中海沿岸、美国的俄勒冈州和亚洲的北部。今天这些地区还可以找到大面积的野生榛林和树龄长久的榛树。考古学家曾在瑞士“湖滨居地”新石器时代遗址的木屋中，发现了大量的已经炭化的榛子，表明欧洲居民在很早的时候就已经采集和利用榛果了。

榛树的悠久历史使人们为它编绘了很多神秘的故事。在远古时代，人们把榛木的制品当作为占卜的圣签、驱邪的法宝和迷人的魔杖。用榛木精制的棍棒被用来探查金银矿藏和宝石、食物的踪迹。欧洲地中海沿岸有些地方的居民还把榛果作为隆重祭祀仪式的供品。在烟雾缭绕的祭坛上燃烧大量的榛子，传说可以使神赐给人们以幸福和欢乐，使虔诚的信徒们得到“成仙”的秘诀。古希腊著名诗人威吉尔赞誉榛果“味胜番石榴，香逾月桂花。”人们在新婚吉日还把榛果当作“喜庆果”，认为累累榛果是子孙兴旺的佳兆。至今北欧一带居民仍把榛树作为驱邪避灾的象征，尊奉榛树为镇魔伏妖的“雷神”。

欧洲榛起源于亚洲小亚细亚地区的黑海沿岸及欧洲的地中海沿岸，在公元前由此向希腊和罗马传播，并被当作果园作物得以广泛的分布。后来，欧洲榛的栽培逐步深入到欧洲其他国家。据史料记载，欧洲榛栽培利用历史悠久，高加索黑海沿岸及意大利在公元前 4 世纪到公元前 3 世纪已食用欧洲榛；在土耳其北部的黑海沿岸及意大利已有 1 000 年以上的栽培历史。

榛子真正走向园艺化栽培是在 19 世纪。其大面积栽培的品种主要来源于欧洲榛，其次来源于大果榛（*Corylus maxima* Mill.）。由于近百年来不断地选种和育种，产生许多优良品种，并进行无性繁殖，在世界各地传播，其栽培范围超过了它们的自然分布区。

土耳其榛子主要分布在黑海和马耳他拉海沿岸海拔较低的36个省，但集中产区是黑海沿岸的13个省。全国榛子的种植面积为40万 hm^2 左右，占世界榛子栽培面积的76.7%。

美国榛子产业化种植的历史并不长，在20世纪20年代以前，美国从东部到西海岸分布有天然美洲榛，其果小、皮厚、产量低，商业价值不大。1920年俄勒冈州立大学园艺系设立榛子研究机构，不断引进抗寒、高产的欧洲榛栽培品种大面积栽培，同时将引进品种与美洲榛杂交，广泛深入地开展榛子育种研究。目前俄勒冈州榛子的种植量占美国商业性种植的98%。

我国是榛属植物起源地之一。1971年，在华北地区发现距今约1.5亿年的中侏罗纪榛果化石，经鉴定为辽西榛（*Corylus liaoxiensis* sp. nov.）。1975年，根据云南省禄丰县腊玛古猿出土发现的孢粉化石分析，距今1 000多万年前，该地区有榛属植物生长，地质年代为中新世纪上部到上新世纪底部，当时正是从猿到人的过渡阶段。

我国人民采集和利用榛果的历史也很久远。近代我国考古学家在陕西半坡新石器时代遗址中发掘出大量的榛子，证明榛果仍然是当时人们采集的一种重要野果。公元前10世纪左右的著名诗歌集《诗经》中，有许多诗篇都提到了榛子。《鄘风》中有“树之榛栗”；《曹风》小有“鸤鸠在桑，其子在榛”；《小雅》中有“营营青蝇，止于榛”，《大雅》中有“榛楛济济”的记载。在《鄘风》中还记述有卫文公徒居楚丘种植榛树和栗树以娱晚年的故事。稍后的《山海经》中也记有“上申之山之榛楛”“潘经之山，其下多榛楛”。从古籍可以窥知，在距今3 000年前后，我国黄河流域和江淮地区，满山遍野都已经生长着浓郁茂密的榛树林。自从原始农业的兴起，可能有一些野生榛被驯化为栽培的榛树，但由于野生榛树分布广泛，种类很多，世代相传，所以采集野生榛果仍然是人们的重要农事活动，并长期地延续下来。从古诗的词意推断，当时既有野生榛树，也有人工栽培榛树。由于榛仁滋味甘美，营养丰富，古来就受到人们的重视。据《周官》记述，当时人们已把榛子列为“供祭祀，享宾客”的珍贵果品之一。《礼记》中记述，赠送给妇女最好的礼品就榛子、红枣和栗子。

成熟的榛果在古代即已用来代粮备荒，磨粉充饥，或作为战争中士兵的口粮。唐代诗人皮日休在《榛媪叹》中说：“秋深橡子熟，散落榛芜岗，伛伛黄发媪，拾久践晨霜，几曝复几蒸，用作三冬粮”。宋代《开宝本草》记载：“榛子味甘……，生辽东山谷，树高丈余，子小如栗，行军食之当粮”。又说它“益气，宽肠胃，令人不饥，健行。”徐光启在《农政全书》中赞誉“辽东榛子，军行食，乏当粮。擦之功亦不亚于栗也。”。据《诗义琉》记论古代人们把榛子用来生食、炒食、榨油和点灯。

在5世纪的《齐民要术》中记载，“榛……栽种与栗同”。明代俞宗本在《种树书》中说，采收榛子时要振动结果枝条，则来年枝叶生长益茂。明代王象晋的《群芳谱》记载了榛树的嫁接技术，选榛子“实方而扁者，他日结子丰满，树高四、五尺，取生子树枝接之”。前清时期，在辽宁开原有“御榛园”。据开原县志记载：“榛，桦木科，自生山地……种子可食，含油最多，味极香，腴为本地有名特产，以梅家寨产为最著名，前清作进呈贡品”。

以上这些说明，我国劳动人民很早就开始榛树的栽种。自古以来，采集榛于食用，是人们重要的农事活动，世代相传，一直延续至今。说明榛子在历史上与人类的生活有密切关系。

二、分布

在世界范围内榛属有约20个种，分布于亚洲、欧洲及北美洲；欧洲榛是榛属植物中唯一广泛栽培的树种。欧洲榛原产于欧洲的地中海沿岸及亚洲的中亚和西亚地区，自然分布于欧洲和亚洲的西部。欧洲榛子有很多栽培品种，在世界各地广泛种植，如连丰、意丰、泰丰、大薄壳、意连、小薄壳等，其经济栽培较发达的国家有土耳其、意大利、西班牙、伊朗、美国、希腊、阿塞拜疆、格鲁吉亚等国家。

在我国原产榛子主要有 9 个种和 7 个变种。在我国，黑龙江、吉林、辽宁、内蒙古、河北、河南、山东、山西、陕西、甘肃、宁夏、青海、安徽、江苏、湖北、湖南、浙江、江西、四川、贵州、云南、西藏等省份都有榛属植物的分布。北面可达黑龙江省呼玛县的欧浦，南面到达云南省的安宁，西面可达西藏的聂拉木，东面可达吉林省的图们，跨及北纬 25°～53°，东经 86°～130°。垂直分布方面，东北的主要产区，榛树分布在海拔 100～800 m 的低山丘陵地区；西北的秦岭山区分布在海拔 1 000～2 300 m；华东、中南地区分布在海拔 900 m 以上的山地，最高可达海拔 1 700 m；西南的云贵高原、西藏高原分布在海拔 1 000～3 500 m。

作为干果生产的榛子，资源和产量较多者，依次为黑龙江、辽宁、吉林、内蒙古、河北等省份。其中黑龙江的胶江、德都、北安、爱辉、逊克、呼玛、宝清、勃利、林口、绥棱、庆安、尚志、武常等县；辽宁的开原、铁岭、西丰、抚顺、新宾、清原、灯塔、辽阳、岫岩、凤城、宽甸等县；吉林省的梨树、汪清、延吉、敦化、通化、海龙、珲春、安图、伊通等；内蒙古呼伦贝尔市的布特哈旗、扎赉特旗、阿荣旗、莫力达瓦旗；河北承德地区的隆化、承德、兴隆、平泉等县，是我国榛子的主要产区。

三、栽培现状

世界上榛子生产第一大国为土耳其，全国有 45％的省份在种植榛子，主要是野生榛子，大部分分布在海拔 750 m 以下的北部地区。在当地，榛子被誉为“国宝”，是重要的出口物资之一，年出口量占世界榛子出口量的 75％。欧洲榛在土耳其的主要栽培品种有 Tombul、Pallaz 等。Tombul 单果重为 1.8 g，出仁率达 55％，去壳容易，易于加工，坚果成熟季节为8～9 月，丰产，适于在多雨水地区种植栽培。Pallaz 果实为长圆形，单果重为 1.8 g，出仁率为 54％，去壳容易，易于加工，成熟期早，较丰产。

在榛子生产第二大国意大利，榛子的栽培主要分布在坎姆佩尼亚、西西里、拉齐奥等四大地区，榛子的生产已成规模化、集约化。由于其多采用机械化自动化生产，栽培技术先进，其榛子产量也相对高、相对稳定。且意大利榛子加工业水平位居世界前列，单榛子加工产品就有几百种。欧洲榛在意大利主要有 Tonda di Giffoni、Tonda Gentele Romana、T. G. L.、Mortarella 等栽培品种。意大利研究榛子品种改良的机构集中在大学和果树研究所，其育种研究方向主要为提高出仁率，使其达到 50％以上，坚果呈圆形、便于加工等。

美国是世界上榛子第三大生产国家，其年榛子总产量不断增加，榛子的良种化面积更是达到了 96％。其栽培园多建立在平地或缓坡地，便于集约化及机械化管理。目前美国欧洲榛主要栽培品种为 Barcelona 和 Ennis。自 1885 年引入欧洲榛以来，美国的榛子产业不断发展，科研工作也相应进步。如美国榛子组培规模化育苗，为榛子良种苗的商业化生产奠定了基础。美国俄勒冈州十分重视榛子的育种研究，专门成立了榛子委员会，在俄勒冈州立大学，有 50 hm^2 榛子育种试验地，主要进行欧榛品种间的杂交。

在其他地区，人们对榛子的选育和栽培也进行了多年的试验。如在摩尔多瓦、乌克兰和北高加索，共选育出了 47 个抗寒、高产，适应春夏干旱、夏季高温和冬季严寒等恶劣条件的榛子品种。同时，一些国外的育种专家也选出了早熟塔姆保夫斯克、胜利- 74、巧克力、巴诺夫斯克等一些脂肪含量超过 69％的品种及巴季乌斯、达尔帕夫列科、布拉柳道保夫斯克、顿巴斯- 1 等蛋白质含量超过 18％的榛子品种。

榛子的现代化栽培始于 20 世纪 30 年代，首先在意大利、西班牙、土耳其、美国等主产国家兴起，第二次世界大战期间，意大利的 Ferrero 公司首次把榛仁和巧克力配在一起生产著名的 Nutella 榛仁巧力。大大促进了榛仁的消费，目前，Nutella 每年消耗全世界 25％的榛子。从世界各国的发展趋势看，榛子面积和产量持续增加，全世界 1961—1965 年榛子年平均总产量 21.8 万 t，到 1979 年年

产量为 43.4 万 t，15 年增长了近 1 倍。到 2012 年榛子世界总产量达 88 万 t，再次增加 1 倍。即使这样，市场发展空间依然很大，2014，由于榛子生长大国土耳其遭遇晚霜危害，产量由 80 万 t，减到 54 万 t，导致榛子价格由 2 月的每吨 6 500 土耳其币，大幅飙升至每吨 10 500 土耳其币，上升幅度达 61.5%。

截至 2017 年年底，世界的榛子栽培面积达 919 万 hm^2，榛子坚果产量为 62.59 万 t 左右，不同年份其产量有所差异。其中，土耳其的面积和产量均占第一位，其栽培面积为 608 万 hm^2，坚果产量为 44.6 万 t，分别占世界榛子总面积的 66.1%、总产量的 71.3%；意大利占第二位，栽培面积为 107 万 hm^2，产量为 12.02 万 t，分别占世界总量的 11.7%和 19.2%；占世界第三位的是西班牙，栽培面积为 43.5 万 hm^2，产量为 1.98 万 t，分别占世界总量的 4.7%和 3.2%。

我国榛子利用历史悠久，但平榛是中国原产的榛属植物中唯一得到人工利用的一个种，广泛分布于东北和华北地区，当地农民普遍采集野生平榛食用。在 20 世纪 60～70 年代，国家号召发展木本粮油，榛农对野生平榛榛林实行垦复经营，采取清林疏伐、平茬等措施，对野生榛林进行了适当的管理，提高了榛子产量和质量。进入 21 世纪，一些地区如辽宁省铁岭市加大了野生平榛资源垦复利用的力度，采取清林除杂、调整密度、交替平茬、病虫害防治、测土配方施肥、适时采收等管理措施，大大地提高了野生榛子的产量和质量，经过科学抚育管理的榛林产量由原来的 150～225 kg/hm^2 提高到 900 kg/hm^2，一些高产榛林甚至达到 3 000 kg/hm^2。

辽宁省经济林研究所从 1972 年开始大量引种欧洲榛并与平榛杂交选育出一系列优良品种。平欧杂交榛具有适应性强、果个大、产量高、出仁率高的特点，现已有优良品种（系）20 余个，如达维、玉坠等，这为中国榛子生产从野生走向栽培提供了优良品种资源。已在 20 多个省市区开展规模化推广种植，截至 2017 年全国规模化种植面积已达到 5 万 hm^2，估计产量 5 000 t。

四、经济价值、食用保健功能

榛子具有较高的经济价值，用途广泛。榛子果仁营养丰富，据分析，榛仁含脂肪 57.1%～69.8%、蛋白质 14.1%～18%、糖类 6.5%～9.3%，含水量只有 4.1%～5.8%，含有多种维生素以及钙、磷、钾、铁等矿物质元素（表 63-1）。榛仁风味清香，有丰富的营养，发热量高，因此成为人们喜爱的干果食品。榛仁广泛应用在食品工业中，以榛仁为原料可制成多种多样的糖果、巧克力、糕点、冰激凌，如榛仁巧克力是畅销欧洲各国的高档巧克力。此外，以榛仁为原料制成的榛子粉、榛子米、榛子乳、榛子酱是高级营养品，特别适宜儿童、年老体弱及病后恢复的人群享用，是健康益寿的佳品。

表 63-1　榛子的营养价值（100 g 种仁）

项　　目	含　　量
热量	2 630 kJ
总糖	16.7 g
淀粉	0.48 g
糖	4.34 g
膳食纤维	9.7 g
脂肪	60.75 g
饱和脂肪	4.464 g
单元不饱和脂肪	45.652 g
多元不饱和脂肪	7.92 g

（续）

项　　目	含　　量
蛋白质	14.95 g
水	5.31 g
β-胡萝卜素	11 μg
叶黄素与玉米黄素	92 μg
维生素 B_1	0.643 mg
核黄素（维生素 B_2）	0.113 mg
烟碱酸（维生素 B_3）	1.8 mg
泛酸（维生素 B_5）	0.918 mg
吡哆醇（维生素 B_6）	0.563 mg
叶酸（维生素 B_9）	113 μg
维生素 C	6.3 mg
维生素 E	15.03 mg
维生素 K	14.2 μg
钙	114 mg
铁	4.7 mg
镁	163 mg
锰	6.175 mg
磷	290 mg
钾	680 mg
锌	2.45 mg

榛仁可入药，据《开宝本草》记载："榛仁性味甘、平，无毒，有调中、开胃、明目功用"。榛子脂肪中含50%的亚油酸，能稀释胆固醇，每周吃5次榛仁，每次吃6 g，能使心肌梗死的发病率减少50%，并可起到预防心脏病的作用。它的维生素E含量高达36%，能有效地延缓衰老，防治血管硬化，润泽肌肤。榛子里包含着抗癌化学成分紫杉醇，可以治疗卵巢癌和乳腺癌以及其他一些癌症，可延长病人的生命期。榛子本身有一种天然的香气，具有开胃的功效，丰富的纤维素还有助消化和防治便秘的作用。榛子中镁、钙和钾等微量元素的含量很高，长期食用有助于调整血压。每天在电脑前面工作的人群多吃点榛子，对视力有一定的保健作用。榛子含有β-谷甾醇（甾醇），天然植物甾醇对人体具有重要的生理活性作用，能够抑制人体对胆固醇的吸收，促进胆固醇降解代谢，抑制胆固醇的生化合成，对冠心病、动脉粥样硬化、溃疡、皮肤鳞癌、宫颈癌等有显著的预防和治疗效果，有较强的抗炎作用，还可以作为胆结石形成的阻止剂。此外，天然植物甾醇对皮肤有温和的渗透性，可以保持皮肤表面水分，促进皮肤新陈代谢，抑制皮肤炎症、老化、防止日晒红斑，还有生发养发之功效。

平榛果壳是制作高级活性炭的优质原料，制作的活性炭颗粒小、表面积大、吸附能力强，比普通的活性炭具有更广阔的用途。树皮和果苞含单宁物质达8.5%～14.5%，可提炼制成栲胶。美国俄勒冈州立大学内的研究人员从榛子树枝、叶片、果皮甚至果壳中提取出了紫杉醇物质，榛子有望成为代替红豆杉提取的紫杉醇的新资源。树叶含粗蛋白15.9%，可做养柞蚕及猪饲料。榛木坚硬致密，可

制手杖、伞柄，也可做架材。榛叶可养柞蚕，嫩叶煮熟发酵后可作为猪饲料。榛子林内可产生榛蘑，榛林平茬可作燃料。因此榛子深受消费者的喜爱，市场前景广阔。榛树根系发达，而且呈水平状分布，可以固定土层，防止土壤冲刷和滑坡，是水土保持及改良林地土壤的良好树种。此外，榛树为灌木状，可以做家庭绿篱栽植。刺榛有带刺的果苞，欧洲榛具有多种颜色的叶片和弯曲的树枝，可以作为庭园及公园等观赏树种配置。

第一节　种类和品种

一、种类

榛子为榛科（Corylaceae）榛属植物（*Corylus* L.）。全世界约有 18 种、2 个变种、1 个杂交种，主要分布在亚洲、欧洲和北美洲的温带地区，如欧洲榛（*C. avellana* L.）、土耳其榛（*C. colurna*）、美洲榛（*C. america*）、大果榛（*C. maxima* Mill.）、尖榛（*C. cornuta* Marsholl.），但真正有栽培价值的仅为欧洲榛。

我国原产的榛属植物有 8 个种：平榛（*C. heterophylla* Fisch.）、毛榛（*C. mandshurica* Maxim.）、川榛（*C. kweichowensis* Hu）、华榛（*C. chinensis* Franch.）、绒苞榛（*C. fargesii* Schneid.）、滇榛（*C. yunnanensis* A. Camus）、刺榛（*C. fargesii* Wall.）、维西榛（*C. wangii* Hu），以及 2 个变种：藏刺榛［*C. ferox* Wall. var. *thibetica*（Batal）Franch.］、短炳川榛（*C. kweichowensis* Hu var. *brevipes* W. J. Liang）。

平欧杂种榛（*C. heterophylla* Fisch. ×*C. avellana* L.）是国内育种专家利用平榛的抗寒性和欧洲榛的大果特性，开展种间远缘杂交获得的杂种后代。《中国果树志·板栗榛子卷》中记录了 61 份有潜在育种价值的平欧杂种榛杂种资源，目前已审定品种 11 个。

（一）平榛

平榛（*C. heterophylla* Fisch.）是目前中国利用的最好一种，分布广，蕴藏量大，仅东北三省和内蒙古就有榛林 2 500 万亩。平榛生长于海拔 1 000 m 以下的丘陵山地，阔叶林，针阔混交林林缘，林间空地，常形成大片的榛子林。落叶灌木，高 1～2 m，有时达 2.9 m。树皮灰褐色或褐色，1 年生枝黄褐色或灰褐色，密被短柔毛兼被稀疏长柔毛和腺毛。芽卵形，褐色，先端钝。叶宽倒卵形或矩圆形，长宽几乎相等，约 4～13 cm，顶端平截或凹缺，中央具三角形突尖，基部心形，有时两侧不对称；叶表面具皱纹，粗糙，深绿色，无毛；叶背面叶脉上具稀疏短柔毛；叶边缘具不规则锯齿，中部以上具浅裂；侧脉 3～5 对，叶柄长 1.5～3 cm，密被短柔毛或稀疏腺毛。雄花序长 1.1～4 cm，直径 0.3～0.5 cm，2～9 个呈总状着生于新梢中上部叶腋间。果苞钟状，开张或闭合，每一果苞具苞叶 1～2 片，其上密被腺毛及稀疏短柔毛，多数长于坚果，极少数等于或短于坚果，苞叶上部裂片三角形，多数全缘，少数具疏锯齿。每一果序结 1 粒果实或 2～6 粒簇生，多者达 12 粒。果序梗长 1～2.5 cm。坚果基本形状为圆球形，亦有长圆形、扁圆形、椭圆形、扁状榛等变化。果面具极密而短的茸毛。开花期 3 月下旬至 4 月下旬，坚果成熟期 8 月中下旬至 9 月上旬。

平榛坚果直径为 1.44 cm，平均单果重 1.34 g，果壳平均厚度 1.81 mm，出仁率为 33.22%，果仁营养成分的平均含量：脂肪 58.03%，蛋白质 21.12%，糖类 6.91%，水分 3.65%，还含有维生素 C、维生素 E 和多种矿物质。

平榛是我国榛属植物分布最广、资源最丰富、产量最多的一种，是榛子的主要生产树种。平榛抗寒、耐瘠薄，适应性强，开始结果早是这个种的特点。平榛果仁味清香，略带甜味，风味佳，是国内普遍喜好的干果食品。目前我国市场上出售和出口的商品榛子主要来源于本种。

平榛主要分布于我国黑龙江、吉林、辽宁、内蒙古、河北、山西等地。

平榛在东北地区根据其形状主要分为 7 个类型：圆形榛组、扁圆榛组、长圆榛组、圆锥榛组、扁形榛组、尖棒榛组、平顶榛组。

（二）毛榛

毛榛（*C. mandshurica* Maxim.）为落叶灌木，高 2～5 m。树皮暗灰褐色或黄褐色。1 年生枝黄褐色或灰褐色，具长柔毛。芽卵形，先端钝，具白色茸毛。叶宽卵形或近圆形，先端渐尖或尾状，基部心形，边缘具不规则复式锯齿，中部以上具浅裂或缺刻；叶面疏被短茸毛或无毛，叶背密被短柔毛，沿脉的毛较密；侧脉 5～7 对；叶柄细，长 2～4 cm，密生长柔毛。雄花序 2～4 枚排成总状。果苞管状、细长，在坚果上部缢缩，具纵条棱，长 4～9 cm，其上密被黄色刚毛和白色短柔毛，果苞上部分裂，裂片披针形。坚果单生或 2～6 个簇生。果序梗短且粗，长 1.2～2.0 cm，密被黄色短柔毛。坚果圆锥形，其上密被白色茸毛。开花期 3 月下旬至 4 月中下旬，坚果成熟期 8 月下旬至 9 月上旬。

毛榛果形整齐，坚果为圆锥形，尖顶，黄褐色。果实较平榛小，平均果径 1.37 cm，平均单果重 0.90 g。果壳薄，平均厚度为 0.9 mm，出仁率高，平均 41.0%。果仁含脂肪 56.21%～63.77%、蛋白质 15.79%、糖 8.44%、水分 3.65%～6.82%。

毛榛果仁味香，品质佳，可以生食、炒食及加工食品。毛榛的分布区域同平榛，但资源量比平榛少。在内蒙古、黑龙江和吉林上市的榛子中占有一定数量。

（三）川榛

从植物学分类上看川榛（*C. kweichowensis* Hu）属平榛的变种，但其自然分布区域与平榛截然不同。平榛分布在黄河以北，川榛分布在黄河以南。川榛分布面广，资源量较大，应重视其利用。

落叶大灌木，树高 3～7 m。老枝灰褐色，小枝褐色或灰褐色，具稀疏柔毛和腺毛，皮孔大而突出。芽褐色，卵圆形，顶端稍尖。叶片近圆形、倒卵形、椭圆形，长 8.0～15.0 cm，宽 6.4～10.2 cm，先端渐尖或尾尖，基部心形，对称或不对称，边缘具不规则复式尖锯齿，中部以上具缺刻，叶面具稀疏长柔毛，侧脉 6～9 对，柄长 1.4～3.0 cm，具有稍稀的短柔毛。雄花序着生于小枝的上部叶腋，圆柱状直立或下垂，1～7 个总状着生，长 1.3～4.3 cm，直径 2.7～4.1 mm，三角形的苞片小，其上的刺毛贴附。果苞钟状，苞叶 2 片、开张，长于坚果或与坚果等长，其上密生腺毛或柔毛，上端具浅裂，有锯齿。坚果圆球形，红褐色或灰褐色，1～5 个簇生，果面具短茸毛，平均果径 1.45 cm。开花期 3 月，坚果成熟期 9 月中下旬。分布在陕西、四川、湖北、湖南、江西、浙江和贵州等地。

短柄川榛是川榛变种，叶柄极短，0.7～1.1 cm，密生腺毛和短柔毛，小枝也密生腺毛和柔毛。

（四）华榛

华榛（*C. Chinensis* Franch.）为高大乔木，高可达 3 0～40 m，生长在海拔 800～3 500 m 的湿润山林中，喜温和湿润气候和腐殖质丰富的土壤。坚果大，圆形，黄褐色，平均果径 1.64 cm，单果重 2.2 g，果皮较厚为 3.5 mm。仁黄色，饱满，光洁，出仁率较低（11.9%）。果仁含脂肪 60.9%、蛋白质 23.9%、糖类 4.6%，果仁味香，可作干果食用或做食品加工的原料，还可榨油，油供食用或制化妆品、肥皂等。

华榛树体高大，树干通直，出材率高，木材有光泽，纹理直，结构细，质坚韧，可做建筑、家具、农具、胶合板等。本种是我国榛属植物中唯一的果材兼用树种。另外可以利用其乔木特性进行杂交育种，培育具有乔木性状的榛子新品种及砧木。

（五）滇榛

滇榛（*C. yunnaensis* A. Camus）灌木，喜温和湿润气候，土壤为山地褐土，pH 5～6。果实为圆形坚果，平均果径 1.35 cm，单果重 1.14 g，果皮厚度 1.6 mm，出仁率 25%，果仁营养丰富，含脂肪 59.2%、蛋白质 19.2%，果仁味香，可作干果食用，也可以作食品加工的原料和用于榨油。植株有绿化荒山，保持水土的作用。滇榛常连片生长，资源量大，有利用价值。

（六）欧洲榛

欧洲榛（*C. avellana* L.）原产亚洲的中亚、西亚以及欧洲地中海沿岸，是榛属植物栽培最广泛、栽培历史最久的树种。我国从20世纪40年代开始引种，在各地植物园试栽，一直未在生产中推广。辽宁省经济林研究所从1972年开始大量引种并与平榛杂交选育出一系列优良品种。

欧洲榛自然生长为落叶大灌木，有时为乔木，树高5～8 m，枝干直径可达20～40 cm。树皮深褐色，1年生枝黄褐色，密生腺毛和长柔毛。叶片近圆形、宽卵形或倒卵形、椭圆形、短圆形，长10～14 cm，宽8～12 cm，叶面深绿色，皱褶，叶缘具不规则复式锯齿，中上部具缺刻，先端渐尖，叶基心形，叶表面有短茸毛，叶背面密生短茸毛，侧脉7～9对，叶柄短而粗，密生茸毛。雌雄同株，单性花。雄花为柔荑花序，圆柱形，1～5个总状着生在一年生枝的中上部；雌花为头状花序，着生在一年生枝的上部和顶端。果苞钟状，开张，因品种不同有的长于坚果，有的短于坚果，但同一品种是一致的。苞叶1～2片，薄，其上生茸毛。芽细长，顶端尖，绿色。坚果有多种形状：圆形、长圆形、椭圆形、卵形、扁圆形、圆锥形等。果面色泽有金黄色、金红色、红褐色，具彩色条纹，美观。坚果大型，平均果径1.4～2.2 cm，单果重2～4 g。开花期2～3月，坚果成熟期8月下旬到9月下旬。

欧洲榛的枝叶、坚果形状变化很大，有许多类型。坚果大型的适于经济栽培，利用其果实。叶片紫红色、金黄色，裂叶形，枝条下垂类型等适于庭院、公园观赏栽植。

欧洲榛自然分布地域广阔，几乎遍及整个欧洲和亚洲西部，但主要栽培在地中海和河流沿岸。栽培较多的国家依次是土耳其、意大利、西班牙、美国、伊朗、法国、希腊、阿塞拜疆、俄罗斯等。

欧洲榛具有坚果大、外观美、营养丰富的特点。其榛仁含脂肪54.1%～70%、蛋白质12.12%～20.29%、糖类9.17%～12.19%，还含有各种维生素和矿物质。坚果壳薄，其厚度为0.7～1.4 mm，出仁率高，可达45.2%～60.0%，具有较高的商品价值。

（七）平欧杂种榛

平欧杂种榛（*C. heterophylla* Fisch. ×*C. avellana* L.）是以平榛为母本，以欧洲榛为父本，种间杂交获得的远缘杂交后代。

落叶高灌木或小乔木，树高3～5 m，树冠为圆头形、半圆形或椭圆形。主干和大枝灰褐色或褐色，一年生枝黄褐色或灰褐色，枝条坚实粗壮，其上具短茸毛或腺毛，嫩枝密被茸毛和腺毛。皮孔从稀到密不等，皮孔椭圆形，灰白、黄白色，多数凸出。叶片大，长12～14 cm，宽11～13 cm，椭圆形或阔椭圆形，绿色或浓绿色；叶片平展或多皱或背卷均有，依品种不同有差别，叶背脉上有短茸毛，成熟叶片上部无毛，叶尖渐尖或平截突尖，叶基心形，开张或闭合，叶缘复式锯齿，上部具小裂片；侧脉5～7对；叶柄长1.2～3.0 cm，粗约2 mm，其上具稀茸毛或腺毛。芽卵形、长圆形，黄绿色、金黄色、红褐色、紫红色均有。雄花为柔荑花序，总状着生在一年生枝的中上部叶腋，每序4～6个花序，每序长2.5～3.5 cm，直径4～5 mm，黄或黄绿色。雌花为头状花序，每朵花具花柱2枚，每个花序有柱头8～30枚，柱头红或粉红色，着生在一年生枝的上部和顶端。

果苞钟状，苞叶2片，绿色，多数苞叶长于坚果。坚果大型，单果重2～4 g，每序坚果1～9个，形状多样，圆形、椭圆形、长圆形、扁圆形等；色泽有红褐色、黄褐色、金黄色等。开花期3月中旬至4月上旬，坚果成熟期8月中旬到9月上旬。

二、品种

（一）达维（84-254）

1984年以平榛为母本，欧洲榛为父本杂交培育，1989年初次入选，1999年通过辽宁省林木品种审定委员会审定，2004年重新登记，定名为达维。树势强壮，树姿半开张，雄花序少，六年生树高

2.8～3.0 m，冠幅直径 2.5～2.7 m。坚果椭圆形，平均单果重 2.6 g，果壳褐色，坚果外被茸毛，色暗，壳厚 1.5 mm，果仁光洁，饱满，风味佳，出仁率 44%。丰产性、适应性强，一序多果，平均每序结果 2.0 粒，五年生株产 1.5～2.0 kg，七至八年生树平均单株产量 2.0 kg 以上，坚果 8 月下旬成熟。越冬性强，休眠期可抗－35 ℃低温，适宜在年平均气温 4 ℃以上地区栽培（图 63－1）。

图 63－1　达　维

（二）玉坠（84－310）

1984 年以平榛为母本，欧洲榛为父本杂交培育，1989 年初次入选，1999 年通过辽宁省林木品种审定委员会审定，2004 年重新登记，定名为玉坠。树势强壮，树姿直立，树冠较大，六年生树高 2.8～3.0 m，冠幅直径 2.5～2.7 m；坚果椭圆形，暗红色，平均单果重 2.0 g，果壳 1.15 mm，果仁光洁，饱满，风味佳，品质上，出仁率达 46%～48%，丰产性强，穗状结实，七年生单株产量达 4.0 kg，盛果期每 667 m^2 产达 200 kg 以上；适应性、抗寒性强，休眠期可抗－35 ℃低温，适宜年平均气温 4 ℃以上地区栽培（图 63－2）。

图 63－2　玉　坠

（三）辽榛 1 号（84－349）

1984 年以平榛为母本，欧洲榛为父本杂交培育，1988 年初次入选，2001 年命名，代号 84－349，2006 年通过国家林业局林木品种审定委员会认定，定名为辽榛 1 号。树势强壮，树姿半开张，枝量中，叶脉清晰，雄花序少。六年生树高 2.0～2.2 m，冠幅直径 2.5～2.7 m。坚果椭圆形，淡黄色，具沟纹。平均单果重 2.6 g，果壳厚度 1.1 mm，果仁饱满，光洁，风味佳，出仁率为 40%。丰产性强，一序多果，五年生株产 1.0 kg，每 667 m^2 产 100 kg 以上，六至七年生树平均单株产量 2.0 kg，每 667 m^2 产 200 kg 以上。坚果 9 月上旬成熟，越冬性中等，可耐－30 ℃以上低温，适宜在年平均气温 10.0 ℃以上地区栽培（图 63－3）。

图 63-3　辽榛 1 号

(四) 辽榛 2 号 (84-524)

1984 年以平榛为母本，欧洲榛为父本杂交培育，1990 年初次入选，2002 年命名，代号 84-524，2006 年通过国家林业局林木品种审定委员会认定，定名为辽榛 2 号。树势较中庸，树姿直立，雄花序少，枝量多，六年生树高 2.0～2.2 m，冠幅直径 2.5～2.7 m。坚果圆形，黄褐色，平均单果重 2.5 g，果壳厚度 1.2 mm，果仁饱满，光洁，风味佳出仁率为 46%；早产、丰产性强，二年生开始结果，五年生株产 1.0 kg，八年生株产 2.0 kg。在大连 3 月中旬开花，坚果成熟期 9 月上旬，不耐寒，在大连、沈阳常有抽梢现象，需在年平均气温 10 ℃以上地区栽培（图 63-4）。

图 63-4　辽榛 2 号

(五) 辽榛 3 号 (84-226)

1984 年以平榛为母本，欧洲榛为父本杂交培育，1989 年初次入选，2006 年通过辽宁省林木品种审定委员会审定，定名为辽榛 3 号。树势强壮，树姿直立，六年生树高 2.6～2.8 m，冠幅直径 2.4～2.6 m。坚果长椭圆形，黄褐色，平均单果重 2.80 g，果仁重 1.3 g，果壳厚度 1.1 mm，果仁饱满，光洁，出仁率为 48%，丰产性强，七至八年生株产 2.0 kg 以上。越冬性强，冬季耐－35 ℃低温，可在年平均气温 4 ℃以上地区栽培（图 63-5）。

图 63-5　辽榛 3 号

(六) 辽榛4号 (85-41)

1985年以平榛为母本，欧洲榛为父本杂交培育，1991年初次入选，2001年命名，代号85-41，2006年通过辽宁省林木品种审定委员会审定，定名为辽榛4号。树势强壮，树姿开张，雄花序少，树冠较大，6年生树高2.5～2.7 m，冠幅直径2.8～3.0 m。坚果圆形，金黄色，具条纹，平均单果重2.5 g，果壳薄0.95 mm，果仁饱满，较粗糙，出仁率46%～48%；丰产，七年生树单株产量2.0 kg；越冬性中等，适宜在年平均温度8℃以上地区栽培（图63-6）。

图63-6 辽榛4号

(七) 辽榛7号 (82-11)

1982年以平榛为母本，欧洲榛为父本杂交培育，1989年初次入选，2002年命名，代号82-11。树势中庸，树姿开张，雄花序较多，树冠中大。六年生树高2.6～2.8 m，冠幅直径2.8～3.0 m。坚果圆锥形，红褐色，美观，平均单果重2.8 g，果壳厚中等，出仁率达40%，果仁饱满、光洁，果仁皮易脱落，风味佳；早果性、丰产性均较强，二至三年开始结果，五至六年生株产1.0～1.5 kg，七至八年生株产2.8 kg以上。抗寒越冬性强，冬季抗−35℃低温，可在年平均气温4℃以上地区栽培（图63-7）。

图63-7 辽榛7号

(八) 辽榛8号 (81-21)

抗寒品种，坚果圆形，红褐色，具纵条纹，美观。坚果大，单果重2.7 g，出仁率41%，果仁饱满、光洁，风味香并略带甜味。树冠较小，为矮化树形。结果早，丰产，二至三年生开始结果，六年生株产1.8 kg以上。抗寒性强，耐冬季−38℃低温，可在年平均气温2℃以上地区栽培（图63-8）。

(九) 辽榛9号 (82-15、平欧15)

1982年以平榛为母本，欧洲榛为父本杂交培育，代号82-15，尚未通过新品种审认定，暂定名“辽榛9号”。

树势强壮，树姿较开张。七年生树高2.7 m，冠幅直径1.95 m，坚果长圆形，美观。中型果，平均单果重2.0 g，果壳薄，约1 mm，出仁率达51.7%，果仁光洁、饱满。丰产，一序多果，七年生树单株产量1.4 kg，抗寒适应性强，休眠期可抗−30℃低温，可以在年平均7.5℃以上地区栽培（图 63－9）。

目前作为授粉树使用。

图 63－8 辽榛 8 号

图 63－9 辽榛 9 号

（十）辽榛 10 号（85－28）

树势强壮，树姿直立，六年生树高 2.5 m，冠幅直径 1.9～2.3 m；雄花序极少；结果早、丰产，六年生平均单株产量 2.9 kg（山东安丘）。坚果圆形，黄色，果面具纵沟纹，单果重 2.8 g，果仁重 1.15～1.20 g，出仁率 40%～42%，果壳厚度 1.5 mm，果仁饱满、光洁，风味佳；脂肪含量 62.58%，可溶性蛋白含量 50.76 mg/g，总糖含量 13.49%（图 63－10）。

山东安丘 8 月上旬成熟，辽宁大连 8 月下旬成熟。抗寒越冬性强，冬季可耐－35 ℃低温，可在年平均气温 4 ℃以上地区栽培。

该品种具备大果、丰产、抗寒的特点；此外坚果圆形（果型指数 1.02），易于脱壳，适于作为仁用加工型品种。

图 63－10 辽榛 10 号

第二节 苗木繁殖

目前平榛、毛榛扦插繁殖和压条繁殖育苗困难，生产上多采用实生繁育；平欧杂交榛多用自根苗。

一、实生苗培育

（一）苗圃地准备

苗圃宜设在交通便利、地势平坦、水源充足、灌溉方便、排水良好的地方。土层厚度一般不少于50 cm，土壤酸碱性为微酸性至微碱性，pH为6.5～8，沙壤土或壤土。苗圃整地以秋季深耕为宜，深度在20～30 cm，深耕后不耙。第二年春季土壤解冻后施入堆肥、绿肥、厩肥等腐熟有机肥10 000～20 000 kg/hm^2，并施过磷酸钙300～375 kg/hm^2，再浅耕一次，深度在15～20 cm，随即耙平。提前3～5 d灌足底水，将圃地平整后做床。床高0.1～0.2 m，床面宽1.0～1.2 m，长度根据苗圃地情况确定，播种前宜进行土壤消毒。

（二）种子处理

8月末至9月上旬选择坚果大，果皮薄，种仁充实饱满、无虫害的榛果，阴干。平榛种子需经过沙藏处理才能发芽。沙藏的温度为2～5 ℃，处理时间60～90 d。如果是4月中旬播种，则开始沙藏的时间是1月下旬至2月上旬。北方可在入冬前11月在室外挖沟冷冻沙藏，直至翌年4月播种。

11月下旬至12月上旬土壤封冻前进行层积。选择地势平坦、背风向阳、排水良好的地方挖坑，坑的规格为长×宽×高1.5 m×1 m×0.5 m。清水浸种，每天换1次水，翻动2次，3～5 d至种仁充水为止，种子捞出晾干后用种衣剂包衣，拌匀至种子全部包裹为止，晾干。沙子的含水量为50%～60%。种沙的比例为1∶2。坑底铺3 cm的沙子，以见不到土面为止，然后将拌沙后的种子放在坑中，至离地表15～20 cm为止，搂平后上铺5～10 cm沙子，上盖10 cm厚的细土，细土稍稍湿润。4月上旬至4月下旬将种沙从坑中取出后堆积在背风地方，最好是库房中，每天翻动1～2次，翻动后用沙子将种子覆盖，厚度以见不到种子为宜。每天喷水1次，保持种子湿润，至种子出芽50%以上开始播种。

由于榛子果壳较厚，对榛子种子的萌发形成了机械障碍，浓硫酸和赤霉素对打破榛子休眠、提高发芽率有一定的影响，用浓硫酸蚀20 min，然后用300 mg/L的赤霉素浸种24～48 h，可代替层积，省工省时，可在生产中应用。浸泡种子对种子发芽率的提高效果最为明显。

（三）播种时间和方式

播种时间为晚秋土壤封冻前或早春4月下旬至5月上旬。造林地直播播种量为75 kg/hm^2；垄播750 kg/hm^2；床播1 125 kg/hm^2。

造林地直播种子浸种包衣后直接播入播种坑，每坑放4～5粒种子，种子散放，不要堆积在一块，覆土5 cm，踩实。

1. 垄播 垄宽60 cm，双行，用窄镐在垄面上并排开沟，沟深10～15 cm，踩平沟底，手摆种子，种子距离为5～10 cm，覆土3 cm～5 cm，厚薄要一致，轻轻镇压。

2. 床播

（1）开沟。沟要端平，沟深5 cm，沟宽5～7 cm，沟间距15 cm，沟底踩平，用手将种子均匀播于沟底，间距为5～10 cm，覆土3 cm，搂平后轻轻镇压。

（2）容器育苗。一般容器规格为12 cm×13 cm，将土装入容器内，敦实，每个容器放1～2粒种子，覆土2～3 cm，铺平。

（四）苗期管理

播种后2 d内浇1次透水，最好是喷灌，以后视土壤墒情7～15 d浇1次水。播种后一般不需灌水，15 d后即可出苗，此时，如遇土壤干旱，需灌足水1次，幼苗生长迅速。此后应注意保持土壤疏松无杂草。

一般非过密可不间苗，如需间苗不宜过早。当苗木生长旺盛，苗木间出现竞争并产生分化时，进行第一次间苗，一般6～7月，10～20 d后进行第二次间苗。间去病苗、弱苗、双株苗和无顶尖等机械损伤苗。间苗时连根拔出，不留残根残梗。间苗后，苗木密度保留在 200～300 株/m^2。干旱时及时灌水，雨季做好排水。6 月中旬，待苗生长约 10 cm 高时，追施速效氮肥 1 次，每 667 m^2 施尿素 15～20 kg，施后灌水。苗期要注意病虫害防治，对食叶性害虫，可喷 90%敌百虫乳剂 800～1 000 倍液毒杀，防治白粉病可以从幼苗长到 4 片叶时开始喷 800～1 000 倍液 50%可湿性硫菌灵。当年苗高可达 30～40 cm。秋季枯叶时即可出圃。

二、自根苗培育

自根苗是榛树枝条或新梢产生不定根形成的无性系苗木。世界上榛子主产园，土耳其、意大利、美国等欧洲榛大面积栽培园就是采用的自根苗。平欧杂种榛子主要采用自根苗栽培。因为自根苗繁殖材料来自成年树上的枝条，因此其生理年龄是成熟的，既能保持品种的遗传性状，又有利于提早结果，故自根苗可直接定植建园。目前榛子主要的繁殖方式是压条繁殖。

（一）压条繁殖

1. 压条繁殖圃的建立

（1）单株压条繁殖圃。栽植母本树，把计划繁殖的优良品种苗木按一定株行距栽于繁殖圃中，株行距为 1 m×2 m，1.5 m×2 m，1 m×(3～4) m，行向为南北行，如果机械化作业行距应加宽到 4 m，以便各种车辆、机具在行间行走。

（2）带状压条繁殖圃。栽植母本树，把计划繁殖的优良品种苗木按行距宽 3～4 m，株距为 0.5～1 m 的方式栽植，行内为南北，当株间苗木生长出较多萌生枝时行内形成带状，带宽 1 m，带的长度依小区南北向长度而定。

2. 压条繁殖　已建立的单株压条繁殖圃及带状压条繁殖圃，如果母本树生长正常良好，2～3 年即可繁殖压条苗。主要采用绿枝压条法。

（1）母株修剪。绿枝直立压条在春季萌芽前对母株进行修剪，其中留一个主枝轻修剪，以保持母株的正常发育，其余主枝重修剪，并把母株基部的残留枝从地面处全部剪掉。促使母株发出基生枝（萌生枝和根蘖枝）。萌生枝和根蘖枝生长期间要及时浇水，追施化肥 1 次，促进其生长。

（2）压条时期。原则上是当年基生枝半木质化时进行，即基生枝生长到 50～70 cm 高、基部已达半木质化，在大连为 6 月中旬。

（3）压条基质的选择。压条繁殖时，细木屑、河沙、黏壤土、沙壤土（河沙同黏壤土按 1∶1 的比例充分混匀）的生根效果没有任何差别，综合比较来看，河沙和沙壤土是最为合适的压条基质，建立专业榛子繁殖圃时，最好选用沙壤土的地块，压条基质可以就地取材，节约大量的人工成本和材料成本。

（4）绑扎材料。镀锌铁线为芯材、PVC 作为外表涂层的绑扎线是最理想的榛子压条横缢绑扎材料。这种材料硬度适中，操作容易，每人每天（8 h）可以处理 2 000～3 000 株，材料加人工的综合成本远低于采用 24 号镀锌铁线，在苗木的横缢处可以形成发达愈伤组织，处理后的第二年母树萌蘖数量多而整齐。

（5）喷施生根促进剂。为了提高工作效率，在生根促进剂的喷涂方法上，采用背负式手压喷雾器喷雾的方式来替代原来的板刷涂抹方法，每人每天（8 h）可以处理 10 000 株以上，效率是传统方法的 10 倍。

（6）栽植方式。采用 1 m×1.5 m 的株行距，每 667 m^2 定植数量达到 444 株，在栽植方式上采用了斜干定植的方式，2008 年定植后，次年平均每 667 m^2 产苗量达到 4 000 株以上，其中一级苗率 90.8%；第三年秋季平均每 667 m^2 产苗量达到 8 000 株以上，其中一级苗率 92.1%。

（二）扦插繁殖

近些年，我国科研工作者在榛子的扦插和组培方面取得了一定进展。但到目前为止，尚未找到一种比压条繁殖更为快速有效的繁殖方法。

扦插育苗，有绿枝扦插和硬枝扦插两种。榛子硬枝扦插，实践证明很难生根。因此，榛子硬枝扦插尚未应用于生产。绿枝扦插，插条组织幼嫩，细胞活性强，容易接受外界刺激产生不定根。因此，目前主要采用绿枝扦插。绿枝扦插方法如下：

1. 绿枝扦插所需的环境条件

（1）温度。设施环境条件下保持25～28℃的温度，不要超过30℃。温度过高时，要注意通风，或者适当遮阳，来调节温度。

（2）光照。不同生长时期，对光照要求不一样。一般情况下，光照百分率达到60%～70%即可。光照过强，也要适当遮阳。

（3）空气相对湿度。绿枝扦插要求空气相对湿度必须达到95%以上，才能保持叶片不萎蔫。可以通过喷水或者弥雾等装置，来提高空气的相对湿度。

2. 插床的准备 插床宽1 m，长6 m，用砖砌成，高30 cm，其地面以下为10 cm，地面以上为20 cm，底部铺5 cm厚的河卵石，其上铺5 cm厚的河沙，河沙以上铺20 cm厚的营养土。营养土是用珍珠岩1份、干净河沙1份、腐殖土1份（由林地表面松针、树叶腐烂而成）配合而成。扦插前，插床要用高锰酸钾液消毒。

3. 插条的采集与扦插 采集插条，要选择优良品种的半木质化新梢。在大连，一般于6月下旬左右进行。选排水透气良好的沙壤土地块做畦，畦宽1 m，畦长视实际情况而定。扦插前用高锰酸钾200～300倍液，将苗床细沙浸透，以杀菌消毒。选生长健壮、无病虫害植株采集插穗，最好“随采集，随扦插，随浇水，随遮阳”。将所采集的半木质化新梢剪成10～12 cm长的梢段，插穗以保2～3个腋芽为宜，只保留上端2片叶，将其余的叶片剪掉。剪下的插条，扦插前可用100 mg/kg ABT生根粉液，浸泡插穗下端2 h。扦插前1 d用高锰酸钾200～300倍液，将苗床细沙层浸透，以杀菌消毒。然后要尽快插入床中，扦插株行距为12 cm×12 cm左右。扦插深度为插条长度的2/3。扦插后随即用细眼喷壶浇透水，并遮阳。遮阳材料可取草帘或遮阳网，一般晴天8:00开始遮阳，17:00卷帘。待幼苗逐步适应自然环境后，撤除遮阳物。扦插后半个月内，要保持畦面土壤湿润。发现叶片下垂时，应及时向叶片上喷水。待穗条愈伤组织长好后，应控制浇水量，见干再浇，以促进根系生长。

4. 插床管理 插床管理主要是保持温室或大棚的环境条件符合插条生根的要求，控温，保湿，保持适宜的光照。喷水是保持叶片新鲜的经常性工作。一般中午高温时，通过增加喷水次数、延长喷水时间、打开通风孔等措施降低温度。早晚凉爽时，可减少喷水次数和时间，夜间不必喷水。当保持插条叶片绿色达30 d以上时，插条即可生根。当扦插后的时间达45 d时，插条的根系已很发达，可以移植。

5. 移栽 当根系长至10 cm以上，并经炼苗后，选阴天或早晚移栽。移栽在温室或大棚里进行。将苗床土壤深翻打细，做成宽1 m的畦子。将已生根的苗带叶移植后，初期要经常喷雾，保持叶片的绿色，使之继续进行光合作用，促进枝条芽子充实饱满，以及根系的继续生长。如果能使芽子充实饱满，扦插苗即告完成。如果插条芽子萌发，应使之新枝条成熟后，才能完成扦插苗的培育工作。

（三）组织培养

组织培养是苗木快速繁殖的重要途径，由于榛子树体内单宁含量较多，在组培过程中易污染、褐变，繁殖系数低，使得榛子在其试管苗的工厂化生产中遇到困难。但我国的科研工作者还是在此种繁殖方法上进行了不断的探索。目前国内榛子组织培养多采用幼嫩的茎段为外植体，已经探索出不同培养阶段适宜的培养基，榛子的组织培养适宜的最基本的培养基为DKW培养基，DKW＋TDZ 1.5 mg/L＋IBA 0.01 mg/L的培养基组合适合增殖阶段，而生根阶段最适合的培养基则为1/2 MS＋NAA 0.1 mg/L，生根率达90%。NRM培养基最适宜平欧杂交榛品种试管苗的生长，NRM＋6－BA 5 mg/L＋IBA 0.01 mg/L＋腐胺32.21 mg/L＋亚精胺29.05 mg/L＋精胺10.10 mg/L的培养基组合更适合外植体芽体的萌发和生长；1/2MS+0.25 mg/L IBA 进行平榛生根培养，诱导生根，生根率可达 90%以上。

三、苗木出圃

（一）起苗

1. 起苗前准备　起苗前 2～3 d 灌足底水，补充苗木本身水分，待土壤稍干后再起苗。

2. 时间　起苗应与造林时间相衔接，做到随起、随运、随栽植。春季起苗应适时早起，在苗木开始萌动前起苗。

3. 方法　采用人工起苗或机械起苗。起苗深度以 35 cm 以上为宜。

4. 要求　起苗时注意保持根系完整，不要伤害苗干和顶芽。不宜在大风天起苗，以减少根系失水风干。

（二）苗木分级、假植

1. 苗木分级　起苗后，由种苗质检员根据苗木根系、地径、苗高及病虫害、机械损伤等综合情况进行分级，做好等级标记。苗木分级要在庇荫背风处进行。

2. 假植　起苗分级后，应及时进行栽植或外运。不能立即栽植或外运时，要进行临时假植。假植时，开一条与主风方向相垂直的沟，沟的深度和宽度各为 30～40 cm（按苗根长短和苗木数量确定）。假植时苗木稍倾斜摆放，用湿土覆盖根系和苗茎的下部，并踩实以防透风。若假植时间超过 3 d，应灌水或向苗干喷水保湿。

（三）苗木包装、运输

1. 包装　需要运输的苗木，运苗前根系要蘸泥浆或保水剂，用草帘、蒲包等材料包装，并附有苗木标签和质量检验证书。跨区运输的苗木，还应附有苗木检疫证书。

2. 运输　苗木运输途中不得重压、日晒，对苗木采取保湿、降温、通气等措施，以防发热。苗木运到目的地后，应立即开包、栽植或在阴凉处进行假植。

第三节　生物学特性

一、根系生长特性

自然生长的榛树一般为实生繁殖，其根系属于实生根系，包括主根、侧根、须根及根状茎，其主根明显，垂直向下生长，较发达。栽培的杂交榛子是无性繁殖的自根苗，属于茎源根系，主根不明显，须根发达并向水平方向伸展生长。榛树根系分布较浅，一般于地表以下 5～60 cm 的土层中，集中分布是在地表下 5～40 cm 的土层范围内。

榛树可产生根状茎，为茎的变态，其上有节、不定芽及须根和侧根，具有茎与根的双重特征。根状茎上的不定芽可以萌发伸出地表形成枝（称为根蘖），进而形成新的枝干或新的株丛。生产中可利用这一特性进行苗木繁殖。

二、芽生长特性

榛树芽包括叶芽、花芽、基生芽和不定芽。

叶芽着生在营养枝和结果母枝上，叶芽萌发形成营养枝和结果母枝。榛树的雌花芽为混合花芽，一般着生在结果母枝的中部以上，直至顶端，有的还着生在雄花序的花轴基部。基生芽着生在丛生枝的基部。基生芽萌发形成新的基生枝。不定芽着生在根状茎上，萌发出土形成地上茎，即根蘖。

三、枝、叶生长特性

栽培的杂交榛子树体枝干按组织结构上划分包括主枝、侧枝、副侧枝、延长枝，按枝条的性质又可分为基生枝、营养枝、结果母枝、结果枝。

1. 营养枝 枝条上只着生叶芽或兼有雄花序的枝为营养枝，其为榛树树体生长发育的重要组成部分。营养枝上的芽能形成雌花混合芽，变成结果母枝。

2. 结果母枝 由营养枝发育而来，其上着生雌花混合芽和叶芽，既能生长出结果枝，又能生长营养枝。

3. 结果枝 结果母枝上的雌花开花授粉后，混合芽萌发生长成短枝，其顶部形成具有果序的枝，称为结果枝。

4. 基生枝 根颈部的基生不定芽萌发生长而成的枝为基生枝。基生枝生长旺盛，也是树体形成灌丛的主要骨架。

榛树的叶片大小变化很大。营养枝、基生枝上的叶片较大，而结果枝、结果母枝上着生的叶片较小。秋季植株停止生长时大部分叶片枯黄落叶，部分品种枯叶宿存。

四、开花与结果习性

（一）开花

榛树的花为雌雄同株异花。雄花为柔荑花序，着生于新梢中上部的节位上；雌花芽为混合芽，混合芽先开雌花，然后萌芽生长成结果新梢（结果枝）并结果。平欧杂交榛的雌、雄花数量随着花枝枝长的增加而逐渐增加。平欧杂交榛不同枝类的枝条其基本性状之间存在较大差异。＞60.0 cm的枝条营养生长最旺盛，雌花数量最多，辽榛7号为5.64个/枝，辽榛8号为23.63个/枝；30.0～60.0 cm的枝条营养生长较旺盛，雌花数量较多，辽榛7号为3.97个/枝，辽榛8号为7.47个/枝；＜30.0 cm的枝条营养生长最弱，雌花数最少，辽榛7号为0.57个/枝，辽榛8号为1.10个/枝。

（二）花芽分化

雌花芽在新梢停止生长之后（6月底至7月上旬）开始分化；7月中旬至8月上旬柱头明显可见；8月上旬至9月上旬出现果苞原始体；10月下旬至11月中旬，柱头形态分化完成，柱头先端为红色或粉红色。

雄花序形态出现于6月上旬，先在叶腋间出现红色细长尖状物，逐渐长成白色或淡绿色幼小雄花序，后逐渐加粗加长生长，9月下旬至10月逐渐变成淡绿色雄花序，体积不再增大，完成形态分化。

（三）开花结实

榛树的雌花、雄花先叶开放。雄花开放是以雄花序松软开始，然后花序伸长，花苞片开裂。花药散粉时为雄花开放盛期，之后花粉全部撒完，花序枯萎。

雌花开放初期，花芽顶端微露出红色或粉红色柱头；后雌花柱头全部伸出时，柱头向四周展开，此时的柱头颜色鲜艳、湿润、亮泽，是授粉的最佳时期；授粉后柱头色泽变暗并迅速枯萎。

欧洲榛子和杂交榛的雄花芽萌动温度为4℃左右，平榛雄花萌动温度在6℃左右。在－5℃时榛子雄花易发生冻害。雌、雄花花期的适宜温度相近，为10℃。欧洲榛和杂交榛的花型是雌雄同型，平榛花型为雌先型。榛子的雌花花期长度不同品种间差异不大，为12～13 d，雄花花期以杂交榛为最长12～15 d，欧洲榛10～13 d，平榛7～10 d。榛子的雌雄不同期，和花期长度不同，可能是有些地区榛子开花不结果的原因。榛子授粉受精最适宜的温、湿度组合是：温度10℃，相对湿度60%。

榛树的结果母枝通常是营养积累充足的壮枝或中庸枝，达维、辽榛3号等品种以壮枝结果为主，辽榛4号等品种以中庸枝结果为主。

树冠内膛和外围枝均能形成雌花芽而成为结果母枝，但外围枝条的花序坐果率和每序的坐果粒数较多，是形成产量的主要部位。

雌花芽量的多少主要取决于枝条营养积累的程度，充实枝条形成的雌花芽多。一般中长枝从基部第四、第五节开始直到顶端均可形成雌花芽。大多雄花序花轴上着生的芽也为雌花芽，但坐果率较低。授粉受精后，雌花芽萌发形成一个结果的短枝，称为结果枝。结果枝顶端着生一个果序，果序坐果的多少，常与品种和授粉受精、营养状况有关。

果序的坐果率还与结果枝的营养和光照密切相关，榛树中有的结果枝因当年结实过多，消耗大量养分，则不能连续形成雌花芽、不能连续结果，因此有时出现大小年现象。

(四) 落花落果

1. 落花 结果枝由雌花芽长出后，其顶端的花序脱落称为落花。落花的主要原因是雌花序没有授粉受精，导致子房不能膨大而脱落。

2. 落果 正在发育的果实脱落称为落果。第一次落果出现在6月中旬、7月下旬至8月上旬，杂交榛子的落果是由于营养不足造成的。

坚果无种仁称为空粒。空粒的产生为生理现象，空粒率的高低和品种特性密不可分，其主要原因是受精不良和营养不良导致的早期败育。

五、果实发育与成熟

(一) 果实生长动态

榛子果实的体积生长规律都是“快—慢—快”的双S形生长曲线，在受精后到4月25日这段时间是果实的第一个快速生长期；在此之后到5月25日这段时间里果实生长的速度缓慢；而后5月15日到6月15日这段时间是果实的二次快速生长期；6月15日之后果实体积增长停止。果实体积停止生长后，果实的质量依然持续上升直到8月。榛子的果仁生长是随时间的变化不断增加的，在果实体积增长结束后，果实重量的生长是由于果仁的增长引起的。也就是说在果实体积停止生长后的6月15日这段时间对其追肥将对提高榛子果仁的品质和产量有良好效果。

(二) 采收适期

榛果体积增长到一定程度后不再继续增长，果实发育后期质量的增加主要是由果仁的迅速增长引起的，此期果仁中营养物质大量积累，对果仁的成熟发育及对产量、品质、采收期有重要影响。

榛树坚果必须充分成熟才能采收。过早采收，果仁不饱满充实，晾干后易形成瘪仁，降低产量和品质。采收过迟，榛树坚果则自行脱苞落地，所以适时采收很重要。果实成熟前果仁的质量虽然不再增加，但各营养指标还在上升阶段，根据果仁中营养物质变化动态，再适当推迟一定时间采收有利于提高榛果品质，从而获得目标性状整齐的产品。盲目提前采收榛果会影响蛋白质、脂肪等积累和转化，造成果仁不饱满，产量和品质降低。另外，采收时间的确定也可结合榛子果实的外部特征进行，榛树坚果成熟的标志是果苞和果顶的颜色由白色变成黄色，而且果苞基部出现一圈黄褐色，俗称“黄绕”，此时果苞内的坚果用手一触即可脱苞，即为适宜采收期。

六、生命周期

园艺化栽培的榛树为无性繁殖的植株，按其生长结果过程划为5个时期，即幼树期、初果期、盛果初期、盛果期和衰老期。

1. 幼树期 1～3年生，树体离心生长速度快，树冠迅速形成，光合面积和吸收面积迅速扩大，同化物质积累逐渐增多，为首次开花结果创造条件。

2. 初果期 3～4年生，从第一次开花结果到开始有一定的经济产量为止，其特点是树冠和树根加速发育，是离心生长速度最快的时期。初果期叶果比例加大，产量逐年上升，表现为产量连年增加，年年结果。

为尽快达到盛果期，初果期的管理以轻剪和加强肥水管理为主，使树冠尽可能达到预定的最大营养面积，使花芽形成量达到适度比例。

3. 盛果初期 5～6年生为盛果初期，特点为产量逐年稳步上升，产量较高并且稳定，营养物质消耗量加大，枝条和根系生长受到一定抑制，但树冠继续扩大，盛果初期应控制肥水，少施氮肥，多施磷、钾肥。

4. 盛果期 7～30 年生，产量从高产稳产到年产量不稳定（出现大小年现象）直至逐年下降的初期为止。盛果期由于坚果产量高，消耗大量营养物质，枝条和根系生长受限，树冠达到最大限度。

在盛果初期和盛果期，在农业技术措施方面要进一步加强水肥管理，充分供应营养，细致更新修剪，均衡配备营养枝、结果母枝和结果枝，使生长、结果及花芽的形成达到稳定平衡状态。

5. 衰老期 通常为 30 年生以上，坚果产量从稳产高产状态被破坏并开始出现严重的大小年现象，产量和坚果质量明显下降，直到几乎无经济收益，大部分植株不能正常开花结果以至死亡。衰老期树体地上、地下分枝级数太多，输导组织相应衰老，贮藏物质越来越少，末端枝条和根系大量死亡，最终导致骨干枝、骨干根大量衰亡。

衰老期的园地管理应配合深翻改土增施肥水、更新根系，及时重剪回缩，利用萌栗和根栗更新树体，延缓衰老。对于毫无经济价值的老树应砍伐清园，重建新园。

第四节 对环境条件的要求

我国进行集约化栽培的榛子主要为杂交榛，其他原产种主要原产地垦复栽培。杂交榛子是由在我国北方广泛分布的平榛为母本，欧洲榛为父本杂交育种培育而成，平榛抗寒性、抗逆性和适应性极强，因此杂交榛子对土壤、气候等环境条件的适应性也较强。

一、土壤

杂交榛子对土壤的适应性较强，在沙土、壤土及轻盐碱土均能生长。优质丰产园通常是建在肥沃、湿润的沙壤土上，特别是腐殖质含量高的土壤。轻壤土、轻沙土也可栽植榛树。重壤土、沙土及涝洼地不宜栽培榛树。杂交榛要求土壤 pH 为 5.5～8.0，土层深度在 60 cm 以上，土层较薄时需局部或全园改良土壤。

榛树对地势要求不十分严格，以缓坡地、平地更为适宜栽培杂交榛子。过陡（20°以上）的坡地虽可以栽植杂交榛子，但由于园地管理不便，需要投入较多的人工和管理费用。

二、温度

杂交榛子抗寒性强，适栽地区广，其安全北界为年平均气温 6.0 ℃以上地区。年均气温低于 6.0 ℃的区域，栽培杂交榛子时需要有良好的小气候条件。杂交榛子栽培南界可以到北纬 32°，即年平均气温 15℃以北地区，即为抚顺以南到长江以北的北纬 32°～42°、年平均气温 7～15 ℃区域，其包括了中温带、南温带及北亚热带北缘地区。

榛树的开花常受气温影响，在天气晴朗、气温高、风力不大时，雄花很快开放，有利于雄花散粉和雌花受粉。春季气温上升快且风大的地区，往往导致雄花伸长并散粉过快，形成雌、雄花花期相遇较短或花期不遇，不利于授粉结果。此时可以采用人工授粉加以解决。

榛树花期早，花易受晚霜危害。榛树花期晚霜频繁的地区必须考虑晚霜防治。

三、湿度

榛树喜湿润的气候。榛树的雄花序是裸露的，叶芽和花芽的鳞片少而松散，要求在休眠期有较高的空气湿度，尤其是春季树体开始活动时，对空气相对湿度要求更高，春季的干风会导致和加重抽条的发生。

榛树栽培园选择具有较大水面的地区，如临海、湖泊、江河或水库附近最为适宜。

年降水量 500～800 mm 可满足杂交榛子生长期生长发育的要求，年降水量 500 mm 以下的地区栽培需有灌水条件。

虽然土壤湿润利于榛树的生长发育，但土壤过多积水或地下水位过高会致使榛树根系呼吸受阻，树势衰弱，严重时会导致榛树死亡。

四、光照

榛树是喜光植物，只有保证有充足的光照树体才能正常生长和开花、结果。在枝叶郁闭、园地密闭等光照不足的情况下，树冠下部枝条生长细弱，叶片小而薄，光合能力弱，形成花芽、开花、坐果和坚果品质均会受到不良影响，并导致树冠内膛枝条细弱并干枯，并易于感病；光照不足还会导致结果部位上移，减少树冠结实部位，株产和单位面积产量下降等。

杂交榛子栽培园要求充足的光照，一般年日照时数在 2 000 h 以上可满足榛树对光照的要求。

当榛园光照不足时，应及时调整榛园密度，同时通过修剪控制树冠大小和高度，疏除冠内过密、细弱枝等措施来改善光照条件。

五、风

榛子授粉受风力影响很大，风太大，榛子柱头很容易被吹干，榛子花粉易被风吹走而使雌花授粉不良，子房弯曲，影响结实。在干旱少雨、风沙又大的地区千万不要栽植。例如：辽宁省朝阳市、吉林省白城市、内蒙古通辽市、黑龙江省齐齐哈尔市的平原地带不适合栽植。

第五节　建园和栽植

一、建园

（一）园址选择

榛树为多年生结坚果树种，选择周边远距离无污染源和具有持续发展能力的良好生态环境是榛子产量和质量的先决条件。依榛树生产与发育自身要求特性，在气候条件上加以选择，榛树耐寒性强，年均气温 3～15 ℃，极端低温−38 ℃，极端高温 38 ℃都可生长。地势条件以平地、土壤肥沃、土层深厚 40 cm 以上为最佳，便于机耕与管理，但要切实做好排水防涝措施。山坡地应为 25°以下缓坡地，年日照数不少于 2 100 h。土壤条件以透气性良好、有机质易分解的沙壤土为好，壤土、轻黏土及 pH 8 以下轻盐碱土也能生长，切忌重黏土、重盐碱土和低洼积水地。水源条件因榛树喜湿润环境，最好近水源，干旱时可随意喷灌，确保榛树正常生长。交通便利，利于运输与销售。

（二）园地规划设计

建立大型商业化榛园需要科学的规划和设计，使之合理利用土地，符合先进的管理模式，采用现代技术、机械化作业，减少投资，早期投产，取得最佳经济效益和社会效益。园地规划包括小区划分、道路规划、防风林设置、排灌设施及水土保持工程等。

1. 小区划分　为了便于机械化作业，榛园应尽量集中连片。但是，为便于运输和管理，对于较大的榛园要划分小区，每小区的面积不宜过大，一般以 6 667 m^2 并为长方形为宜，要以自然沟渠为界来划分小区，以利于管理和水土保持。小区常以道路分开。

2. 道路设置　一般要设置干路、支路和作业道。

（1）干路。宽 5～6 m，是园内的主要道路，外与公路相通，内与支路相连，将榛园分成几个大区。

（2）支路。宽 3～4 m，把园内大区分成若干个小区。

（3）作业道。小区内设作业道，每 10 行树设一条作业道，宽 3 m。平榛新建榛园建议南北方向做作业道，东西方向做交替型平茬。

3. 排灌系统 设置排灌系统时应充分利用当地水源，如河流、地下水等。现代榛园的灌水系统应是节水型的。灌溉还可以增加园内空气湿度，改善局部环境。

4. 防风林 防风林可以防止和降低风的危害并改善园内小气候条件，风沙较大，尤其是春季风沙较大地区必须设置防风林。规划要根据当地的地势、主风方向和林带防风的有效距离（一般为树高的20～30 倍）来设计林带的走向、带间距离、林网的形式及适宜树种。

5. 其他设施 根据榛园园地大小及榛子产量情况，设置坚果晾晒场、包装场，便于堆放带苞的榛子果实及脱苞、晾晒和除杂物等。

设置仓库等设施时，必须与存放药物、药械、化肥等隔开，以防有害气体、异味等污染榛果，影响榛果风味和食用安全。

榛树是异花授粉树种，单一品种自花授粉结实率低。一般需 4 个以上的品种配合间种，每个品种种植 3～4 行；为保证授粉良好，每 6～7 行配置 1 行实生榛树。

（三）整地和改土

1. 整地 清除园内杂树、杂草，土壤耕翻 20 cm 以上，丘陵地修梯田或局部修水平台。

2. 挖定植穴 平榛定植穴规格为直径 30～40 cm，深 30～40 cm。杂交榛定植穴直径 60～80 cm、深 50～60 cm，底土、表土分开。底土混拌腐熟有机肥，每穴 10 kg，放入定植穴下部，上部回填熟化土，填平，穴内土壤疏松度适中。

二、栽植

（一）栽植时期

榛子的栽植时期对栽植成活率影响很大，春季、秋季均可栽植。我国北方大部分地区冬季降水量少，空气干燥，提倡春季栽植。春季栽植时，榛树定植必须在萌芽前结束，如果苗木已经萌芽再定植，成活率降低，需要带土移栽。辽宁地区一般是在 4 月上旬，吉林在 4 月中旬，黑龙江、内蒙古在 5 月上旬进行。

（二）方式、密度

平榛多用带状或丛状栽植，杂交榛采用穴状栽。

1. 带状栽植 带与带的间距为 2.0 m 或 2.4 m，作为通光道或作业道，宽一点适合平原的机械化作业。榛树带内苗的株距一般为 1.0 m×1.0 m、1.0 m×0.6 m。如果以前种过庄稼，可以留 3 条垄，在第四和第六条垄上每隔 1.0 m 各栽 1～2 株榛子苗。这样每亩就需要 741～1 500 株苗。每公顷需要 1 万～2 万株苗。如果以前是果树园改成榛园，直接在果树行距间栽 2～3 行，株距 1.0 m 的榛苗就可以。

2. 丛状栽植 丛距 1.5 m、行距 2.0 m 或者丛距 1.5 m、行距 2.4 m。后者适合平原的机械化作业。如果是有垄的情况下就留 4 条垄，在 4 条垄的两侧垄沟里每隔 1.5 m 栽 2～3 株榛子苗。这样每 667 m^2 就需要 220 墩（丛）440～660 株。每公顷为 8 800～10 000 株。

3. 穴状栽植 平地土壤肥沃、水肥条件较好，株行距稍宽些，如 3 m×3 m、2.5 m×4 m、3 m×4 m；缓坡地土壤肥力较差些，株行距可小些，如 2 m×3 m、2 m×4 m、3 m×3 m。

下列几种情况可具体调整栽植密度：①树姿直立不开张品种可适当密植；②树姿半开张或开张的品种适当稀植；③树姿矮化的品种如辽榛 8 号可密植丰产；④育苗与产果相结合，建园早期密植，当不需育苗后间伐或移植出一半改成稀植丰产果园。

种植方式利于通风透光的可采用长方形或“品”字形；利于机械作业多采用正方形。

（三）授粉树配置

榛树为异花授粉植物，需要配置授粉树。由于目前我国尚未选出固定的授粉品种，建园时每个园地或小区应选择3～4个主栽品种相间栽植，主栽品种4～5行，授粉品种栽1行即可满足授粉要求。除了品种亲和外，在物候期方面还要保证花期一致，才能实现有效的授粉。

（四）栽植方法

在定植坑中央挖小穴，将苗木植入穴中与地面垂直，使根系舒展，填入表土至根颈，轻轻提起苗茎使根系与土壤密接，再填入土壤使根颈深入地面以下10 cm左右，踏实或灌水充实，待土壤稍干后用周边土封树盘直径1 m，覆盖地膜保湿（北方干旱地区常用）。

（五）栽后管理

1. 定干　栽植后及时定干，防止水分蒸发。定干高低依培养什么树形有关，如单干开心形树状，则定于高度40～60 cm；少干丛状形树状定干20～30 cm。剪口平剪以下应有3～5个饱满芽，饱满芽不足的剪口往上移。

2. 病虫害防治　发芽后注意金龟子、象甲、毛虫类等食叶害虫的防治，避免危害嫩芽、嫩叶。

3. 松土　苗木成活后及时松土除草，增加土壤的通透性，促进发新根和根系吸收养分。

4. 浇水、施肥　苗木生长期内应及时浇水、追肥，加速苗木生长。入冬前灌冻水1次，然后培土防寒，在一年生苗基部用土培实，培土高度为30 cm。当新建榛园形成后，头3年只要适当施些氮肥就可以，地势平坦或者林业部门允许的地块，可以套种大豆、花生等矮秆作物，控制杂草。

（六）越冬保护

我国大多榛子产区属于温带大陆性气候，冬季漫长寒冷，春季干燥多风，冬春期间土温尚低，地下根系尚未活动，不能吸收水分，地上枝条因空气干燥多风，蒸腾强烈，植株严重失水形成抽条。对榛子幼苗影响很大。可能造成部分枝条枯干或地上部分全部死亡，给种植户带来巨大的经济损失和引种的失败。

为预防抽条，培养植株健壮、枝条充实是根本。在其生长前期多施肥水，生长后期多施磷、钾肥，控施氮肥和水；新梢生长后期摘去旺盛生长点；幼果期适当疏除发育差果枝和串果，使负载量合理分配；早春及时撤去树基部防寒土，使土温回升，并喷涂高脂膜0.5%～1%药液2次，以减少树体水分蒸发。

第六节　土肥水管理

一、土壤管理

土壤管理目的是不断扩大活土层，改善土壤的理化性状，提高土壤肥力。主要包括扩穴、压土、耕作等。

（一）扩穴

扩穴刨树盘是重要的土壤管理措施，春、夏季进行。刨深5～10 cm，距树干基部里浅外深，将盘内根蘖和杂草全部除掉，促进根系向土壤深处伸展。秋季结合施农家肥，深翻扩穴。

（二）压土

新栽的榛子树前几年根系相对不太发达，抗逆性较弱，一旦发生冻害对树体影响较大，轻的第二年春长势不好，重的春季死亡。为避免或减轻冻害发生我们应在其根颈部进行培土，创造一个相对保墒、保温的小环境。具体是入冬前在主干的根部培土，也可以在9月除草时候进行，培土也不用过多、过高，15～20 cm就可以了，培土的穴盘面40～60 cm。注意取土时要在树行间距、根系较远的地方进行，以免弄伤根系或使根系裸露受冻。

（三）耕作

幼树期间，可兼作矮科作物，如豆类、花生等，结合农作物的田间管理，对榛树进行中耕除草松土3～4次，一般在雨后或灌水后进行，做到无杂草。树龄大时，在灌丛周围易产生根蘖，如不留做繁殖材料，应及时除掉，以便节约养分，集中供给株丛的生长与结实。

二、施肥管理

（一）施肥的意义

合理施肥是促进榛树生长发育和早期丰产的重要措施之一。同时可提高土壤肥力，增加有机质含量，促进树体生长健壮和花芽分化，减少落叶、落果，提高产量，防止大小年。例如，欲使达维的单株产量保持在 1.0 kg 以上，幼果迅速发育期叶片 K 含量应为 2.329 g/kg 以上，种仁发育期叶片 Mn 含量应为 1.169 g/kg 以上。欲使 81－19 无性系单株产量保持在 1.5 kg 以上，种仁发育期叶片的 K 含量应为 15.254 g/kg 以上，叶片 Mg 含量应为 61.235 g/kg 以上。

（二）基肥

榛树秋季施肥以果实采收至土壤结冻前的 9～10 月为宜，定植第三年秋季土壤封冻前开始施与土壤混合的腐熟有机肥，开环状沟、放射沟或条状沟施入。

施肥量为三～四年生每株 20 kg 左右；五～七年生 30 kg 左右；八～十年生 40 kg 左右。秋施肥以施腐熟农家肥为主，生长季节以施化肥及多元复合肥（氮、磷、钾三要素）为主。秋施农家肥，在 9～10 月进行，因树龄不同，施肥量一般一株施肥 20～25 kg，结果期树要增加施肥量。

（三）追肥

1. 施多元复合肥 施肥时间，第一次在 4 月初，第二次在 6 月下旬，要结合浇水进行。施肥量，幼树（4 年生以内）株施 150～400 g。树龄大增加施肥量。施肥方法有环状施肥和放射沟施肥。环状施化肥，距树干要有一定距离，均匀撒肥，深 5～10 cm；放射沟施肥，距树干一定距离挖放射沟，沟宽 20～30 cm，深 10～15 cm。每年施肥 2 次，第一次在 5 月下旬至 6 月上旬、7 月上中旬进行。在株丛下均匀撒有机肥或化肥，然后浅翻入土。2～3 年生树株施粪肥 15～20 kg；4～5 年生株施肥30～40 kg。幼龄榛园每 667 m^2 需纯氮 4 kg、纯磷 8 kg、纯钾 8 kg，氮、磷、钾比例为 1∶2∶2。复合肥（含氮、磷、钾三元素）全年施用量为 1 年生株施 100 g；2 年生施 150 g；3～4 年生施 300～500 g；5 年生以上施 2 000 g。

2. 施速效肥 5～6 月用 N、P、K 复合肥，2 年生树 150 g/株；3 年生树 200 g/株；4 年生树 300 g/株；5～6 年生树 700 g/株；7 年生以上树 1～2 kg/株。幼树期在树盘内开沟施入；大树期树冠下沿开沟施入。

3. 喷施叶面肥 幼树期在生长季节喷施叶面肥磷酸二氢钾 0.2%～0.3%＋尿素 0.1%～0.2%混合喷施树冠叶面上。

三、水分管理

大果榛树根系分布浅，不耐旱，要适时灌水。定植时灌定根水；春季发芽前后灌水，加速苗木生长；临冬土壤封冻前灌越冬水。年降水量不足 500 mm 地区，视树体生长状况不定期灌水。榛树忌积水，及时做好排水防涝。

第七节 花果管理

榛树有落花落果及空粒和瘪仁现象，直接影响产量和品质。

一、保花保果

（一）落花落果的原因

榛树落花落果主要是生理落果造成的，大约集中在 3 个时期：

1. 第一个时期　未授粉受精的花在开花后随着新梢生长逐渐脱落。榛树开花早，花期遇不利于传粉天气或因缺乏授粉树，造成授粉受精不良。

2. 第二个时期　为新梢旺盛生长、坚果增大期，因营养竞争引起落果。

3. 第三个时期　为果实后期，因营养不足和虫害引起落果。

（二）防止落花落果的措施

1. 加强榛园管理　保证树体正常生长发育，增加养分的积累，改善花芽发育状况，提高坐果率。

2. 授粉树配置　因目前没有专一授粉品种，采取品种间相互传粉结果，品种间有效授粉距离为18 cm。因此在种植小区内，一般选种3～5个品种，每品种种3～5行。

3. 人工辅助授粉

（1）花粉采集与贮藏。为了提高授粉率，可进行人工辅助授粉。当雄花序尚未散出花粉时，分品种剪下雄花序装入纸袋，在室内温度20 ℃左右晾开于光滑纸张上，24 h后花粉散出，收集装进干净玻璃瓶，用透气的棉塞塞紧、放入3～5 ℃冰箱短期冷藏备用。

（2）授粉。当雌花柱头全部伸出时，进行人工点授。即将花粉用小毛笔头蘸后，点在雌花柱头上，效果较好。如果选择在晴朗大气，阳光充沛，其效果更佳。大面积授粉的将花粉1份、滑石粉（或淀粉）8～10份混合装入授粉器进行授粉。

4. 施肥　在果实膨大期和种仁发育初期施1次复合肥。

二、坚果空粒和瘪仁

榛子坚果有时发生无果仁或瘪仁现象，直接影响到坚果的质量和产量。

1. 坚果空粒和瘪仁的原因

（1）因受精不良影响胚囊发育，不能形成种仁。

（2）在配子发育初期，由于营养不良和环境条件不利而影响早期发育，形成瘪仁。

2. 坚果空粒和瘪仁的防治方法

（1）选择空粒率低的优良品种栽培。

（2）配置授粉树并进行人工授粉。

（3）加强栽培管理，使榛果在发育过程中有充足的营养。

第八节　整形修剪

一、树形

由于榛子干性不明显，因此树形应选开心形或丛状形。

开心形保留1个主干，干高40～60 cm，在主干上选留3～4个主枝，主枝上选留侧枝，侧枝上着生副侧枝和结果母枝，形成矮主干、上部自然开心树冠。丛状形留3～4个基生枝作为主枝，主枝斜生伸向不同方向，主枝上着生侧枝，侧枝上着生营养枝和结果母枝，整体形成自然开心形。

二、整形过程

（一）开心形

定干后第二年在主干上选留3～4个分布匀称的主枝，每主枝枝头轻短截；第三年在每个主枝上留2～3个侧枝，侧枝头均轻短截；第四年在每个侧枝上留2个副侧枝，枝头均轻短截，这样修剪的树冠呈自然开心形。

（二）丛状形

第二年选留3～5个分布匀称的基生枝作为主枝，其余枝条剪去；第三年在每个主枝上选留2～3

个侧枝，枝头均轻短截；第四年在每个侧枝上留 2～3 个副侧枝，枝头均轻短截。剪口下第一个芽均留外芽，内膛短枝不必修剪。

三、修剪技术要点

（一）修剪时期

1. 冬季修剪 即在休眠期进行，一般我国北方冬季干燥少雨雪，多在春季发芽前修剪。在辽宁地区 3 月修剪。在冬季修剪时，为了减少枝条失水抽干，对较大剪口要涂抹石蜡或铅油。

2. 夏季修剪 即在生长季节进行，对于调节养分的合理分配尤为重要。

（二）结果枝组修剪

榛树当年萌发枝条不结果，2～3 年生枝条结果最多，4 年生以后果枝不发达，结果逐年减少，所以结果枝组必须 2～3 年更新一次。主要方法通过 2 年以上结果枝组重回缩修剪，促生壮枝。

四、不同年龄期树的修剪

不同树龄的榛树，其修剪措施不同。

1. 未结果幼树和结果期树 一般以扩大树冠为主。对各大侧枝的延长枝进行轻短截，剪掉其长度的 1/3。并注意调整开张角度，对生长过长的延长枝应中度短截，以防止发生"光杆"现象。内膛小枝不剪。

2. 盛果期树 各主枝的延长枝要轻剪，剪掉其长度的 1/3～1/2，促进发生新枝。对于树冠内膛小枝，除了细弱枝、病虫枝、下垂枝需剪掉外，其余短枝一律不剪，留做结果母枝。为了增加花芽量，提高产量，对中庸枝、短枝不修剪，只轻短截各主、侧枝的延长枝。反之，为了促进强壮枝生长，恢复树势则应重剪发育枝，短截部分中短枝以减少开花量。

3. 老树更新 10 年生榛树进入盛果期，一般可维持 20～30 年，为了延长其经济年限，应注意及时更新修剪，即在此期间，榛树树冠开始收缩，树势衰退，产量下降，则需要对骨干枝进行回缩重剪。在 3～5 级枝上进行重剪，促进新枝生长。幼树在确定主枝后，每年需剪除萌蘖枝 2～3 次（为了繁苗除外），以减少争夺树体养分。

五、原始榛园复垦

未经管护平榛林，光照差，果枝组严重老化，产量低，目前生产上采取进行带状垦复交替平茬取得不错的效果。每 2～3 年在原带状垦复的榛园，东西方向留 2.0 m 榛树丛，平掉 2.0 m，来年就成为"井"字形墩状榛园，这次平茬掉的区域生长 1～2 年再平掉上一次平茬保留区的榛树丛。这种方式年年有收成，而且产量、品质都会增长。

第九节 病虫害防治

一、主要病害及其防治

（一）榛叶白粉病

1. 为害特点 榛叶白粉病（*Microsphaera coryli* Homma）又名榛子白粉病、白粉病，在东北地区的榛树多有发生，主要为害叶片，也可侵染枝梢、幼芽和果苞。叶片发病初期，叶面、叶背先出现不明显的黄斑，不久在黄斑处长出白粉，以后许多斑连成片。病斑背面褪绿，致使叶片变黄，扭曲变形，枯焦，早期落叶。嫩芽受害严重时则不能展叶。枝梢受害时，其上也生出白粉，皮层粗糙、龟裂，枝条木质化延迟，生长衰弱，易受冻害。果苞受害时其上先生白粉，然后变黄扭曲。8 月在白粉层上散生小颗粒（闭囊壳），初为黄褐色，后变为黑褐色。

2. 侵染途径和发病条件 榛叶白粉病病菌在叶片、芽和新梢病斑部越冬，翌年春季产生孢子，借助风力传播到榛树上引起初次侵染，生成白粉后能多次传播侵染。榛树染病时往往由中心株向四周邻树蔓延，如果发病条件适宜，则传播速度甚快，辽宁南部一般6月发病严重，而辽宁北部多发生在7月。在植株过密、通风不良、土壤黏重、低洼潮湿等条件下均有利于该病的而发生。

3. 防治方法

(1) 农业防治。发现病株，应及时消除病枝病叶，如果是中心病株，则应将其全部砍掉减少病源，对于过密的株丛可适当地疏枝或间伐，以改善通风、透光条件，增强树体的抗病能力，秋冬彻底清除落叶。

(2) 化学防治。于5月上旬至6月上旬，对榛树喷布20%的三唑酮乳油800～1 000倍液，10～15 d喷一次，喷2～3次，或喷洒50%甲基硫菌灵可湿性粉剂800～1 000倍液，均可取得良好的效果。

(二) 日灼

近年来，在一些平欧杂种榛产区陆续出现树干基部日灼（又名日烧、冻伤，榛农俗称“破肚子”）现象。

1. 日灼的症状、发生的范围和特点 日灼一般发生在干寒地区的冬末春初。受害部位多发生在枝干基部的阳面（南侧与西南侧）40 cm以下部位。日灼一般表现为树皮裂口、片状褐变并塌陷，伤害部位的形成层坏死并伴随腐生菌的作用，树皮坏死面积越来越大，进而木质部裸露，严重的导致树体死亡。

日灼与树龄有关，一～四年生幼龄榛树基本不发生，五年生以上榛树开始发生；个别品种采用不当的园地或树势衰弱，一～二年生就会发生全园性受害；从树体整形看，单干树形发生较多，丛状树形发生较少；从榛园类型看，结果用的榛园发生较轻，而育苗榛树或苗果兼用的榛树发生严重。

在地理分布方面，榛树日灼多发生在北纬42°～46°地区，辽宁的锦州、盖州、大连及以南地区很少发生，河北、北京的部分地区（如河北的木兰围场、北京延庆等地）有一定程度的发生，河北南部及山东以南地区尚未发生。

2. 日灼产生的原因

(1) 自然因素。冬季阳光直射树干基部阳面，温度上升导致皮部组织膨胀，夜间气温下降又使皮部组织收缩，昼夜反复的膨胀和收缩以及伴随的失水等原因，使枝干南侧和西南侧皮层开裂，形成层组织坏死，变为黑褐色。由于靠近地面部位昼夜温差更大，所以日灼多发生在离地面40 cm以下的位置。幼龄树的皮层细胞木质化程度低、皮层细胞组织弹性大、形成层恢复能力强，所以不发生或少发生；5年生以上的榛树由于树皮木质化程度高，昼夜涨缩的弹性差，因此更容易发生日灼伤害。在冬季寒冷、昼夜温差大的地区常会出现日灼，但冬季有大雪覆盖（30～40 cm）的地区日灼发生较轻。因此，日灼与冬季低温冻害有关，但低温不是唯一的决定因素，低温、变温、干旱、大风、光照度等是导致日灼的综合环境因素。

(2) 品种因素。日灼的发生还与品种的抗寒性密切相关，平欧杂种榛品种（系）间的抗寒性存在差异，达维、玉坠、辽榛3号、辽榛7号抗寒性强。在冬季寒冷、干旱、风大地区栽种抗寒性相对较弱的品种（系），日灼的发生相对较重。

(3) 栽培因素。掠夺式的苗果兼收式栽培方式，是平欧杂种榛产生日灼的最重要的助长因素。育苗首先是削弱了树势，使树体抗寒能力严重下降；其次是主干被育苗用的湿锯末浸泡4～5个月，会导致基部韧皮部的抗性降低，易受冬季低温或温差大的危害。从树形选择上，单干直立树形和多干丛枝树形在榛子坚果产量上差异不大，但多干树形不同枝干间可以相互遮挡阳光，减轻日灼伤害，即使个别枝干受损也不至于引起整株死亡。

在某些干旱地区或干旱年份，如果缺少越冬水或萌芽水，春季萌芽时根部吸收的水分不能满足树体的需要，会导致早春抽条，也会加重日灼伤害的程度。

夏季过度修剪，树体生长量减少，降低了树体养分的储备；冬剪时剪口过大或出现主干损伤，也会引起树体水分的散失。

风口地区榛园如果缺乏防护林带，降低了榛园的温度和湿度，加剧了日灼伤害的程度。

3. 防治方法 平欧杂种榛的日灼问题是可以预防的，常用的预防措施包括：

（1）选择品种建议。应选用本地区适栽的抗寒性品种。目前主栽的平欧杂种榛品种（系）在抗寒性方面存在较大差异，抗寒性最强的是达维、玉坠、辽榛3号、辽榛7号。

（2）园地选择及建设防风林。在园地的选择方面，新建榛园尽量选取缓坡地或平地，避免在风口、低洼涝地建园，土层厚度在40 cm以上，土质以沙壤土、壤土及轻黏土为宜，pH 5.5～8.0。防风林带对减轻日灼的危害效果较明显，除降低风害外，还可提高冬季榛园的温度，保持榛园内的空气湿度，减轻日灼、抽条等发生的程度，因此，有条件的地区或大型榛园应构建防风林带。

（3）结果园与育苗园分开。针对日灼的前期调研发现，不育苗的结果园发生日灼较轻或不发生，压条育苗的榛子园发生日灼严重，因此育苗是发生日灼的重要助长因素。因此，生产园应停止育苗，并与苗圃严格分开，要生产苗木就单独兴建苗圃基地，不宜采取苗果兼收的经营方式。

（4）榛园及树体管理

① 更改树形。出现冬季日灼的地区或品种（系）应逐渐更新为多干、丛状树形，在树体的西南方向多留枝，使枝干间能够相互遮挡，以减轻日灼损伤，多干丛状树形即使有主枝发生了日灼损伤对全树的影响也不大，可采取轮流更新的方式去掉，这样可大大降低死树的风险（该树形在鼠害发生的地区发生更严重）。

② 增强树势。增强树势也是预防日灼现象的主要措施。生产园应注重树体营养的补充，秋施有机肥，并在新梢生长、果实膨大、花芽分化等关键时期进行追肥，以增强树势。

③ 水分控制。调整榛树的水分供应，前促后控，入冬后浇封冻水，春季萌芽前浇萌芽水，以满足树体在休眠期对水分的需求；存在积水现象的地块应挖排水沟，避免因涝害导致树体营养不良或晚秋贪青徒长。

④ 适度修剪。修剪不过重，树体生长量适度；树干基部修剪要留放水枝、保护厥，以减少较大的伤疤；如有较大的伤疤，剪后要及时涂抹伤疤愈合剂或涂抹铅油并注意防止病虫的寄生；在高寒地区选用多干丛状树形；及时、尽早剪除萌蘖，每年至少3次。

⑤ 树干涂白。入冬前对榛树主干及大主枝下部进行涂白处理，涂白剂配方为生石灰10份，石硫合剂原液2份，食盐1～2份，豆油0.2份，水36份。

⑥ 培土堆。入冬前在树干基部培土堆，高度30 cm左右，开春后再将所培土堆随化冻随撤除，但是每年培土、撤土需要花费较多的劳力。

⑦ 其他防护措施。选择稻草把（绳）、防寒带（无纺布、毡布等、保温套管）等保温材料，对主干和主枝基部进行包缠防护处理。

二、主要害虫及其防治

（一）榛黄达瘿蚊

榛黄达瘿蚊（*Dasinura corglifalva* sp. Nov）是近年来新发现危害榛子的重要害虫，国内属新记录种。此虫分布于辽宁、吉林、黑龙江、内蒙古、河北、山东等省。

1. 为害特点 以幼虫为害榛的幼果、嫩叶、新梢。被害幼果的果苞皱缩、脱落，被害嫩叶受到刺激后叶片背部出现隆起的虫瘿。

2. 形态特征

（1）成虫。浅黄褐色，体长1.4～2.2 mm，翅长1.1～1.5 mm，翅宽0.48～0.75 mm。体微小且

十分纤弱。前翅膜质、透明，脉序简单，仅有3条纵脉，翅缘着生褐色细毛，排列整齐，翅表面布有浅褐色柔毛，显微镜下观察有金属光泽，后翅退化呈船桨状。足的跗节密被鳞和疏毛，其他各节具稀疏的毛。腹部第2～6节腹板各具1双排的尾刚毛排，3～4节背板各具1排尾刚毛排，中间间断。雄虫触角2+11节，外生殖器具尾须2瓣，肛下板2瓣状；雌虫触角2+13节，产卵器针状，细长，可套缩，具2个受精囊。

(2) 卵。橘色，长椭圆形，0.05 mm左右，长径是短径的5倍左右。

(3) 幼虫。初孵幼虫白色，蛆形，透明，0.5 mm左右。为害期幼虫白色，2 mm左右，老熟幼虫乳白色3～4 mm，前胸腹面的剑骨片近"十"字形，臀节末端背部有4个与体同色的瘤状刺突。

(4) 茧。椭圆形，长3～5 mm，宽2 mm，丝质，灰白色，由老熟幼虫分泌液粘缀而成，其外部黏附细土粒。

(5) 蛹。近纺锤形，化蛹初期黄色，后期变为橘黄色，长2.5～3.0 mm。

3. 生活史及习性

(1) 生活史。榛黄达瘿蚊在辽宁地区1年发生1代，以老熟幼虫结茧在枯枝落叶层下10 cm以上的表土中越冬。翌年榛芽萌动时开始化蛹，蛹期13～15 d。在铁岭地区4月下旬出现成虫，5月中旬为成虫羽化盛期，6月中旬成虫羽化终了。5月中旬幼虫开始孵化，5月下旬至6月上旬是幼虫为害盛期，6月中旬幼虫开始自虫瘿内脱落、结茧，夏眠后越冬。

(2) 生活习性。成虫多于8:00～16:00在林间活动。夜间和风天在林冠下层的叶背上或草丛中静伏。成虫交尾产卵一般选择在温暖无风天气的9:30～14:30，成虫将卵产在果苞的表面、雌花柱头的缝隙间、新叶背部的表面及嫩叶背面的叶脉基部，历时20～40 min。从成虫产卵至出现虫瘿需6～10 d，从出现虫瘿到幼虫脱离虫瘿需要15～20 d，一头幼虫的为害历期为25～30 d。成虫由于体微小、纤弱不能进行长距离的飞翔，只在幼虫危害的林分10 m左右的范围内活动、产卵、繁殖下一代，长距离的传播是借助风力和苗木移植、运输。

4. 发生规律　春季气温回升快，当20 cm以内的土层温度达8 ℃时，越冬幼虫开始发育化蛹，当气温达到12 ℃时开始羽化。雨后空气湿度大，阳光充足无风的天气成虫羽化多，活动亦盛。高温潮湿条件下发育周期缩短，气温降低发育迟缓，周期延长。土壤干燥和五级风以下成虫很少羽化和活动。

5. 防治方法

(1) 农业防治。强化榛园管理，对发生虫害严重的地块，在幼虫期5月中旬至6月中旬人工摘除虫瘿集中消灭或深埋。

(2) 化学防治。根据榛黄达瘿蚊生活习性和为害规律，结合药剂杀虫原理，在成虫期和幼虫期进行适时防治。

① 熏杀。在榛园燃烧烟剂熏杀成虫，将烟熏剂装于30 cm×30 cm的塑料袋中。傍晚时，按每667 m^2 5～6包以对角线5点取样方式置于树下，剪去塑料袋一角，点火熏杀同时倒入适量的20%高氯菊酯。5～7 d熏杀一次，连续3次。

② 喷雾防治。在4月末至5月初成虫羽化至产卵期，可选用1.2%苦・烟乳油0.1%药液和25%灭幼脲3号悬浮剂1 000倍液喷进行树体喷雾防治；在5中旬至6月中旬幼龄幼虫为害盛期使用10%吡虫啉可湿性粉剂6 700倍液，48%毒死蜱乳油1 000倍液，50%辛硫磷乳油1 000倍液防治效果较好。

(3) 生物防治。应加强保护和利用蜘蛛、瓢虫、草蛉等天敌，以控制瘿蚊的种群数量。

(二) 榛实象鼻虫

榛实象鼻虫（*Curculio dieckmanni* Faust）又名榛实象甲，常见为害多种果树的害虫。

1. 为害特点　以成虫取食嫩芽、嫩叶、嫩枝，使嫩芽残缺不全，嫩叶呈穿孔状，嫩枝折断，影响新梢生长。成虫还可以细长头管刺入幼果，蛀食幼果内的幼胚，果内形成棕褐色干缩状物，幼胚停止发育，果实早期脱落，幼虫蛀入果实则将蛀食榛仁部分或全部吃掉，并将粪便排在果内。此害虫在东北地区野生平榛发生较多，栽培榛园尚未发现此种害虫，但要提高警惕，防止该害虫传入栽培园中。

2. 形态特征 成虫体长 7.5～8 mm，宽 2.7～4.1 mm。体菱形，黑色，被覆褐色细毛和较长粗的黄褐色鳞毛，鞘翅的鳞片组成被状纹。

3. 生活史及习性 在辽宁 2 年发生 1 代，少数为 3 年 1 代。2 年 1 代的历经 3 个年度，常以老熟幼虫及成虫在土中越冬。翌年 5 月上旬出土，开始在枯枝落叶层下活动，5 月中旬成虫上树，开始取食嫩叶，5 月下旬成虫进入盛期。6 月中下旬为榛子幼果发育期，此时成虫开始交尾，产卵于幼果内。7 月上中旬为产卵盛期，卵期为 10～14 d。于 7 月上旬在果内孵化成幼虫，7 月中下旬为孵化盛期，幼虫在果内取食近 1 个月后发育成老熟幼虫。8 月上旬，当榛果日趋成熟时，老熟幼虫随果坠落至地，脱果后钻入土中 20～30 cm 深处准备越冬。8 月中下旬为入土盛期。第三年 7 月上旬开始化蛹，7 月下旬进入化蛹盛期，蛹期为半月左右，7 月中旬开始出现新成虫，8 月上中旬为成虫羽化盛期。新羽化的成虫当年不出土，即转入越冬状态。

4. 防治方法 榛实象鼻虫发生面广，生活史长而复杂，世代重叠交替发生。因此，单纯用化学药剂防治不能得到理想的效果，必须采取综合防治。

（1）农业防治。集中采收榛果时集中消灭脱果幼虫，即在幼虫尚未脱果前采摘虫果，然后将其集中堆放在干净的水泥地或木板上，待幼虫脱果时集中消灭。对于虫果特别严重、产量低且无食用价值的榛果，可以提前至 7 月下旬至 8 月上旬进行采收集中消灭。

（2）化学防治。在成虫产卵前的补充营养期及产卵初期，即 5 月中旬到 7 月上旬要用 60%的 D－M 合剂，以高浓度 300 倍液毒杀成虫，对榛园进行全面处理，共喷布 2～3 次，间隔时间 15 d，每 667 m^2 施药量为 0.1 kg。于幼果脱果前及虫果脱落期，即 7 月下旬至 8 月中旬，在地面上撒 4D－M 粉剂毒杀脱果幼虫，每公顷用药量为 22.5～30 kg。

（三）金龟子类

鞘翅目金龟子科害虫。为害榛树的主要有东方金龟子（*Serica orientalis* Motschulsky）、苹毛金龟子（*Phyllopertha pubicollis* Waterhouse）和铜绿金龟子（*Anomala corpulernta* Motschulsky）。以成虫为害榛树的嫩芽、叶，幼虫为害地下根系。1 年发生 1 代，以成虫在土中越冬，假死习性，稍有惊动即落地。

防治方法：利用成虫假死习性，在其早晚成虫不活动时，人工振落成虫将其踩死；在树盘内事先将地面撒 80%敌百虫可湿性粉剂，当晚间成虫钻入土中被杀死；成虫大发生时，可喷洒 25%西维因可湿性粉剂 600 倍液。

（四）介壳虫类

介壳虫类如梨圆蚧、水木坚蚧等均为害榛树，尤以梨圆蚧为最，称之世界性害虫，为主要的检疫对象。在我国东北、华北地区均有发生。常以成虫、若虫附着在树的主枝干、嫩枝、叶片及果实表面吸收养分。枝条受害后易衰弱枯死，梨园蚧在辽宁、河北、山东均为 1 年发生 3 代，以 2 龄若虫或少量雌成虫附着在枝条上越冬，鉴于梨园蚧发生期长、世代重叠，所以必须采取综合防治措施。

防治方法：如果发生量少可用人工刷擦被为害枝干上的越冬虫或雌成虫，如果发生普遍，则应在早春（北方于 4 月上旬），即越冬虫尚未危害之前，先刮除老树皮及翘皮使缝隙中的虫体暴露，然后喷布 3～5 波美度石硫合剂或 50%柴油乳剂，此期防治非常重要；在越冬雄虫及各代雄成虫羽化盛期和 1 龄若虫发生盛期，是药剂防治的关键时期，用 0.3 波美度石硫合剂加洗衣粉 300 倍液、50%敌敌畏乳油 1 500 倍液喷洒。生长期尽量避免用残效期长的广谱性杀虫剂，以利于介壳虫的天敌——

红点唇瓢虫发生。在该虫发生地育苗时，对调运的苗木、接穗要严格检查，以防该虫害随苗木传播。

第十节　果实采收与分级

一、采收时期

棒子的成熟期与其种类、品种（系）生长的气候特点等均有密切关系。大多榛子的成熟期为 8 月下旬至 9 月上旬。一般情况下，生长在阳坡的榛树比生长在阴坡的成熟早；同一株丛内，树冠外围及顶部的果实首先成熟，下部及内膛的则晚熟。而榛子必须充分成熟才能采收，过早采收种仁不饱满充实，晾干后易形成瘪仁，降低产量和质量。反之采收过迟，坚果则自行脱苞落地。榛子的适时采收标志是果苞和果顶由白变黄，果苞基部有一圈变成黄色，俗称“黄绕”。此时果苞内坚果用手一触即可脱苞，为适宜采收期，一般同一榛树采收期将持续 7～10 d。

二、采收方法

1. 人工采收　平榛树形较矮，手工采收比较方便，采收时可连同果苞一同采下，采后集中运到堆果场，以备脱苞。欧洲榛子和杂交榛子树形较高，但也可以直接用手采带果苞的果实，或等待果实脱苞落地，再拣拾集中起来，在采收季节可以每隔 1 d 拣 1 次果，或采用振动大枝的办法，使榛果落地，再集中收集起来。采用此法采收，必须事先清理园地，保持园地干净。

2. 机械采收　国外已经采用机械化采收榛子，但只限于先进的农场。其方法是，在采收期到来之前，先将园地清理干净，平整土地。采收时先用振动机抓住大枝将榛果振落地面，然后再收集起来。

三、采后处理

采收的带苞榛子或新鲜榛子，由于含水量大、杂质多，需经过脱苞、除杂、干燥等工序才能达到商品榛子的要求。

1. 脱苞　堆积带苞榛子，使果苞发酵后榛子自动脱苞。其方法是将采下来的带苞果实堆置起来，厚度为 40～50 cm，上面覆盖草帘或其他覆盖物，使果苞发酵 1～2 d。在堆置过程中注意检查堆内温度、湿度。温度与湿度过高，会使榛子发酵过度，果壳色泽过深，失去光泽，严重时榛仁将不能食用，所以应特别注意。堆置后用木棒敲击即可脱苞。如果采集量大，也可在谷场上碾压，或用谷物脱粒机脱苞，也可采用手工脱苞。将采后的带苞榛子放置堆场上暴晒，然后用木棒敲击，使之脱苞。

2. 除杂　对于已脱苞的榛子，用扬场机将坚果与果苞分开。然后将坚果送入清选机或风车，清除碎果、苞片、枝叶等杂质，以及空粒、虫果，即可得到纯净的榛子。另一种方法是将榛子全部浸入水中除掉石子和泥土，然后把纯净的榛子放在阳光下或热空气干燥机中干燥。

3. 干燥　经过清选除杂后的榛子，其含水率为 18%～20%，不易贮藏，因此应及时进行干燥。把清选后的榛子放在阳光下晾晒使之干燥。但也不宜曝晒，否则会使果壳开裂，也不耐贮藏。最好搭一个干燥棚，用木板和苇席搭成铺面，离地面高 70～80 cm，铺面宽度以便于翻动操作为宜。其上用苇席遮阳，使之既通风，又避免暴晒。把榛子平摊在铺面的苇席上，其厚度不超过 5 cm，每日翻动 1～2 次。在气温 18～22 ℃的条件下，经过 6～8 d 晾晒，榛子含水率可降至 4%～7%，即可以贮藏。在晾晒过程中如遇到阴雨天，应在室内干燥，如北方的农村土炕便可进行干燥。干燥温度不宜超过 40 ℃，当榛子含水率降至 7%以下即可贮藏。

四、分级

表 63-2 平榛质量等级规格要求

项目	等级指标		
	特等	一等	二等
坚果单果质量（g）	≥1.3	≥1.1	≥0.9
出仁率（%）	≥33	≥29	≥25
空壳率（%）	≤3	≤7	≤10
缺陷果率（%）	≤3	≤5	≤7
缺陷果仁率（%）	≤6	≤11	≤16
虫蛀、霉变、变质、酸败腐烂（%）	≤2	≤4	≤6
杂质（%）		≤0.25	
水分（%）		≤6	

表 63-3 平欧杂种榛子质量等级规格指标

项目	等级指标		
	特等	一等	二等
坚果单果质量（g）	≥2.5	≥2.2	≥2.0
出仁率（%）	≥40	≥35	≥35
空壳率（%）	≤3	≤4	≤5
缺陷果率（%）	≤3	≤5	≤7
缺陷果仁率（%）	≤5	≤8	≤11
虫蛀、霉变、变质、酸败腐烂（%）	≤1	≤3	≤5
杂质（%）		≤0.25	
水分（%）		≤6	

表 63-4 平欧杂种榛颗粒分级要求

规格	圆榛子				尖榛子			
	特大（珍宝）	大	中	小	特大（珍宝）	大	中	小
单果直径（mm）	>22.2	19.4～22.2	17.9～19.4	≤17.9	>18.7	17.5～19.1	13.5～17.9	≤13.9

注：1. 混合不同形状的榛子≤5%；2. 超过10%的榛子不能满足指定尺寸要求，或其中有5%的榛子小于指定尺寸，判定为尺寸不合格

第十一节 果实贮藏

一、贮藏条件

贮藏仓库尽量保持干燥，空气相对湿度应在60%以下，气温在15 ℃以下，库房光线要较暗。这种条件下，坚果可以贮藏2年不变质。榛子含水量极少，含水率3.5%～7%时，较耐贮藏。但是榛仁对温、湿度反应敏感。贮藏期间，气温超过20 ℃或长期风光会加速脂肪转化而产生“哈喇味”不能食用，湿度过大（空气相对湿度达75%以上）会使坚果发霉。因此贮藏榛子的条件应该是低温、

低氧、干燥、避光。

二、贮藏方法

1. 普通仓库贮藏　按前述要求，干燥的榛子方可入库。包装以麻袋、金属丝网兜等容器均可。为了延长贮藏期，用牛皮纸小包装，每袋 10 kg，袋口封严。仓库要清洁、干燥、通风、阴凉、无鼠害。仓库内可以用麻袋码垛存放，既减少占地面积，又便于清点搬运。但这种存放方法，不能紧贴地面，不易靠墙，要留出通风空间。贮藏期间，要经常检查漏雨、水浸、虫害、鼠害，而且要经常通风、保持清洁。

2. 二氧化碳密闭贮藏　这是为了防止夏季引起榛仁变质而采取的措施。即在前方法堆码垛的基础上，先在地面铺层塑料布，码垛之后在其上面罩一塑料罩。将上下塑料布的边缘重叠在一起，用沙土压紧以防漏气。然后由底部充入二氧化碳气体，当罩内二氧化碳气体浓度降低时应及补充气体，保证二氧化碳气体的均衡，并注意防止漏气，同时尽量避免外界高温影响库内温度。

第六十四章　蓝　　莓

概　　述

蓝莓，又名蓝浆果、越橘，为杜鹃花科（Ericaceae）越橘属（*Vaccinium*）多年生小浆果类果树。蓝莓种植业起源于美国东北部，从20世纪初开始，蓝莓从美国传到世界各地。时间大概为荷兰1923年、德国1924年、新西兰1949年、日本1951年、英国1959年，智力和欧洲西南部是20世纪80年代早期和后期引进的，中国是在20世纪80年代初引入的。蓝莓果味酸甜，果肉细腻，风味独特，营养丰富，果实中含有花色素苷、黄酮等多种具有生理活性成分的物质，其抗氧化活性在40多种水果和蔬菜中最高，具有促进视红素再合成、抗炎症、提高免疫力、抗心血管疾病、抗衰老抗癌等多种生理保健功能，联合国粮农组织将蓝莓列为“人类五大健康食品之一”，世界卫生组织将蓝莓列为“最佳营养价值水果”，被普遍认为是21世纪国内外最具有发展潜力的灌木果树。伴随着国际上对蓝莓产业的重视，其需求量也在快速上升，世界蓝莓栽培面积、产量和生产国数量都在不断增加。1982—1992年世界蓝莓的栽培总面积从14 666 hm^2 增加到21 900 hm^2。1992—2001年世界蓝莓种植面积增长速度加快，其中美国增长了10.13%，加拿大增长了31.21%，欧洲增长了126.42%。2002—2004年世界各地蓝莓种植面积保持平稳态势。2005年之后发展再次加快，到2012年种植面积达到117 372 hm^2。据联合国粮农组织统计，2012年全球已超过35个国家种植蓝莓。其中，北美洲的种植面积为64 098 hm^2，占全球总面积的55.08%，居世界首位。其次南美洲种植面积为20 654 hm^2，占全球总面积的17.7%，居第二位。南美洲种植主要集中在南纬27°～42°的国家，智利和阿根廷是南美洲最大的蓝莓种植国，栽培面积分别为15 286 hm^2 和4 016 hm^2。欧洲居第三位，栽培面积为15 125 hm^2，占全球总面积的13.0%，栽培区域遍布欧洲13个国家和地区。亚洲的蓝莓种植始于20世纪50～60年代，种植区域主要集中在日本、中国和韩国，到2012年总栽培面积为15 612 hm^2，占全球总面积的11.6%。2005—2012年，全球蓝莓产量由26万t上升到51万t，年均增长率14%。2010年美国和加拿大蓝莓产量约27万t，占世界总产量的69%，2012年美国和加拿大蓝莓产量达到了32.6万t，占世界总产量的63.9%。2 012以来，蓝莓种植面积和产量都在快速上升。

中国蓝莓的种植起始于20世纪80年代，初期发展非常缓慢，表64-1是2005—2012年中国蓝莓种植面积和产量。从表中可看出，2005年全国种植面积仅有224 hm^2，2009年以后发展迅速，到2012年达到13 510 hm^2，年均增长166%。种植区域从东北的黑龙江到西南的云南省，超过了20个省份。20世纪末到21世纪初，我国蓝莓的产量主要以东北的野生资源为主，2005年人工栽培的产量仅181 t，从2009年之后呈现连年倍增，到2012年我国蓝莓产量达到了11 062 t，据2016年统计，2014年国内蓝莓种植面积已超过20 000 hm^2，产量超过15 000 t，2015年种植面积达到30 000 hm^2，产量达到25 000 t（表64-1）。

表 64-1　2005—2012 年中国蓝莓种植面积和产量

省（直辖市）	种植面积（hm²）								产量（t）							
	2005	2006	2007	2008	2009	2010	2011	2012	2005	2006	2007	2008	2009	2010	2011	2012
山东	43	107	193	530	783	1 593	2 700	2 930	99	200	205	334	429	927	1948	2 237
辽宁	45	178	378	495	764	2 260	2 733	2 800	32	70	80	165	392	1 410	2 470	3 012
吉林	69	136	176	246	312	615	866	910	22	50	30	156	560	972	1 294	1 300
黑龙江	3	9	76	145	192	400	1 066	1 220	0	0	0	32	83	199	548	621
江苏	26	58	72	88	176	400	533	620	10	10	20	75	244	380	574	600
江西	1	1	2	4	20	50	100	200	0	0	0	0	1	2	8	15
浙江	7	73	273	303	382	403	536	680	0	0	5	95	727	754	1 438	1 502
贵州	8	8	93	156	267	533	1 333	2 812	18	2	50	86	143	240	634	1 350
四川	0	3	3	3	15	60	150	450	0	1	0	0	1	2	10	15
重庆	17	17	17	25	55	82	186	200	0	0	0	21	85	129	153	160
云南	5	11	45	67	92	180	333	450	0	0	0	1	4	35	60	70
其他	0	0	5	43	65	90	150	238	0	0	0	6	8	46	82	180
总计	224	598	1 333	2 105	3 123	6 666	10 686	13 510	181	342	390	971	2 177	5 096	9 219	11 062

伴随着蓝莓种植面积和产量的迅速增加，蓝莓加工业也得到快速发展，2009 年后全球用于加工的量大约占总产量的 43%。世界蓝莓加工业主要分布在发达国家，据 2010 年统计数据，北美的加工比例约为 53%，其中美国为 100 000 t，我国蓝莓加工比例仅为 15%。蓝莓加工产品（含医药保健品），都是以蓝莓中的花青素作为加工原材料，国外蓝莓花青素的生产主要集中在美国、加拿大、英国、法国及亚洲的日本。2007 年世界蓝莓花青素的产量为 70.7 t，2011 年产量为 185.6 t，年均增长率为 27.3%。2011 年全球用于食品加工的蓝莓花青素为 137 t，占总产量的 74%，用于医药的蓝莓花青素为 33 t，占总产量的 18%，用于化妆品的蓝莓花青素为 15.6 t，占总产量的 8%。据中国医药保健品进出口商会提供的数据，2011 年全球对蓝莓花青素的需求量为 316.5 t，而实际产量还不足需求量的 60%，处于严重的供不应求状态。20 世纪末期我国蓝莓加工业进入快速发展期，到 2011 年，国内加工企业已超过 100 家，其中有蓝莓花青素生产企业近 20 家，主要分布在东北和东部沿海地区。2007 年国内蓝莓花青素的年产量为 29 t，2011 年国内蓝莓花青素的年产量为 80 t，2007—2011 年，蓝莓花青素的年均增长率为 28.9%。

蓝莓产业在国内属于新兴产业，2009 年之前，我国没有蓝莓生产的相关标准，企业的生产管理处于混乱状态。2009 年以后，相关的技术质量标准和激励性政策陆续出台，已颁布了 1 个国家标准和 3 个省级地方标准。2011 年 12 月 30 日农业部发布《蓝莓》（GB/T 27658—2011）国家标准，2012 年 4 月 1 日起实施，该标准规定了质量、质量容许度、安全指标、包装、运输和贮藏等指标。辽宁省发布了《农产品质量安全蓝莓生产技术规程》（DB 21/T 1905—2011），浙江省发布了《蓝莓生产技术规程》（DB 33/T 784—2010），以及吉林省的《蓝莓栽培技术规程》（DB 22/T 1166—2009）。这些标准和激励性政策对提高蓝莓产品质量，促进行业发展具有重要的现实意义。

第一节　种类和品种

一、种类

根据植物学分类，蓝莓属于杜鹃花科（Ericaeae）越橘属（*Vaccinium*）的落叶性或常绿性的灌木或小乔木果树。从果树园艺及食品产业上分类又分为三个重要的种类，包括 1 个野生种和 2 个栽培种，分别为矮丛蓝莓（Lowbush blueberries）、高丛蓝莓（Highbush blueberries）和兔眼蓝莓（Rabbiteye blueberries）。根据正常开花的需冷量和越冬抗寒力不同，高丛蓝莓又细分为北高丛蓝莓（Northern highbush blueberries）、半高丛蓝莓（Half highbush blueberries）和南高丛蓝莓（Southern highbush blueberries），目前，这三个重要的蓝莓种类在国内均有栽培。

（一）矮丛蓝莓

矮丛蓝莓属野生种，树体矮小，高 30～50 cm，具有较强抗旱和抗寒能力，可在−40 ℃的严寒地区生长。其果实比高丛蓝莓和兔眼蓝莓果实含有更多的抗氧化物质，广泛用于生产加工，矮丛蓝莓的遗传背景主要来自狭叶越橘、绒叶越橘和北方越橘，其中狭叶越橘是矮丛蓝莓最主要来源，其对茎腐病有抗性，对矮丛、早果性、集中成熟期、早熟、抗干旱、芽抗性、丰产性、甜度改良有积极作用；绒叶越橘在品种改良中影响较小；北方越橘也只涉及少数试验杂交种。狭叶越橘和北方越橘都是自交不亲和。1909 年美国农业部在新罕布什尔州的野生狭叶越橘中选育出第一个矮丛蓝莓品种罗素（Russell），不久又推出北塞奇威克（North Sedgewich）和密西根矮丛 1 号（Michigan Lowbush 1）。加拿大农业部从 1975—2006 年公布了奥古斯塔（Augusta）、美登（Blomidon）、斯卫克（Brunswick）、芝妮（Chignecto）、坎伯兰（Cumblerland）、芬蒂（Fundy）和诺威蓝（Novablue）7 个矮丛蓝莓品种。

（二）北高丛蓝莓

北高丛蓝莓属栽培种，被称为标准蓝莓，树形多为直立或半直立，树体高度可控制在 2 m 以上，其遗传背景主要来自四倍体的野生伞花越橘（*Vaccinium corymbosum*），自然分布于美国南北方向从新西兰北部到密歇根南部，东西方向从田纳西东部到佛罗里达北部的广大范围。有些高丛蓝莓品种也具有狭叶越橘的遗传背景，高丛蓝莓品种一般自交亲和。1908 年美国农业部从野生越橘中优选出高丛蓝莓的第一个品种布鲁克斯（Brooks），3 年后成功完成布鲁克斯×罗素的人工杂交，这些杂交后代成为早期高丛蓝莓育种的重要亲本材料。20 世纪 20 年代美国农业部推出第一代高丛蓝莓杂交品种先锋（Pioneer）、卡伯特（Cabot）、凯瑟琳（Katharine）。直到 1937 年，总共有 68 000 株杂种实生苗进入结果期，15 个杂交品种被公布。在 1939—1959 年，后人又从这些杂种实生苗和种子中选育出了 15 个品种。美国农业部成功组织遍布美国 17 个州的农业试验站和私人种植者形成巨大的育种协作网，是杂交后代得以快速地在不同土壤和气候条件下生长及区域试验。1945—1961 年，美国农业部向合作者发放 20 万株杂交后代用于评价，极大加速了蓝莓育种进程，成功培育出都克（Duke）、埃利奥特（Elliott）、雷戈西（Legacy）等优良品种。2000 年以后，美国农业部成功选育出一批出色品种，如奥罗拉（Aurora）、卡拉精选（Caras Choice）、德雷珀（Draper）、汉娜精选（Hannahs Choice）、自由（Liberty）、粉红香槟（Pink Champagne）、拉兹（Razz）、甜心（Sweetheart）、休伦（Huron）等。其中粉红香槟的遗传背景来源主要是野生高丛越橘和高丛蓝莓品种，但果实为粉色，主要用于观赏。

北高丛蓝莓是全世界范围内栽培最广泛的蓝莓栽培品种类型，该品种果实较大，品质佳，鲜食口感好，广泛用于鲜食品种用途。20 世纪 60 年代，澳大利亚从美国赠送的一批开放授粉种子中选育出重要的北高丛蓝莓品种布里吉塔蓝（Brigitta Blue）和其他一些品种。新西兰也利用 20 世纪 60～70 年代美国农业部提供的育种材料，选育出北高丛蓝莓品种纽（Nui）、普鲁（Puru）、瑞卡（Reka）。

（三）半高丛蓝莓

半高丛蓝莓是通过高丛蓝莓和矮丛蓝莓杂交或回交获得的中间品种类型，该种群树高 50～100 cm，果实比矮丛蓝莓大，比高丛蓝莓小，抗寒能力强，能抗−35 ℃低温。20 世纪 50～60 年代美国密歇根州立大学，选育出著名的半高丛蓝莓品种北陆（Northland）。1990 年后又培育出北蓝（Northblue）、北空（Northsky）、北春（Northcountry）、圣云（St. Cloud）、蓝金（Bluegold）、齐佩瓦（Chippewa）、奥纳兰（Ornablue）等品种。

（四）南高丛蓝莓

南高丛蓝莓起源于北高丛蓝莓，其遗传背景主要来源于美国佐治亚南部、佛罗里达、田纳西、墨西哥湾沿岸的常绿越橘，美国东部的兔眼越橘和美国东部的小穗越橘。南高丛蓝莓的习性与北高丛蓝莓相近，一些南高丛蓝莓自交亲和，而有些南高丛蓝莓自交不亲和，南高丛蓝莓较北高丛蓝莓对土壤环境的适应能力更强，一些南高丛蓝莓品种可适应 pH 6.5 的土壤，在气候温暖的南方可生产出品质较好的果实。

1948 年，美国佛罗里达大学开始南高丛蓝莓育种，先后培育出具有高影响力的品种夏普蓝（Sharpblue）、艾文蓝（Avonblue）、佛罗达蓝（Flordablue）、翡翠（Fmerald）、珠宝（Jewel）、迷雾（Misty）和明星（Star）、丰富（Abundance）、蓝脆（Bluecrisp）等低需冷量类型品种。北卡罗来纳州的巴灵顿启动培育北高丛蓝莓和南高丛蓝莓的中间类型育种项目，培育出一批重要品种，如丽诺尔（Lenoir）、新汉诺威（New Hanover）、奥尼尔（O'Neal）、晨号（Reveille）、辛普森（Sampson），其中奥尼尔是低需冷量类型。阿肯色州立大学将南方野生种和北方类型相结合，培育出奥扎克蓝（Ozarkblue）等中间类型品种；佐治亚大学培育出几个早熟的中间类型品种，包括叛逆者（Rebel）、卡梅莉亚（Camelia）和帕梅托（Palmetto）；美国农业部密西西比试验站培育出比乐西（Biloxi）、古普顿（Gupton）和马格力（Magnolia）。

（五）兔眼蓝莓

兔眼蓝莓树体高大，野生状态下树高可超过 10 m，栽培状态下树高一般控制在 2～4 m，寿命较长，耐湿热，抗寒能力差，对土壤要求不严。兔眼蓝莓起源于美国野生兔眼越橘，大部分品种是自交不亲和的，杰兔（Pre）、逊邱伦（Centurion）、艾勒（Ira）、亚德金（Yadkin）和昂斯洛（Onslow）完全自交亲和。兔眼蓝莓育种工作主要由美国农业部、佐治亚大学、北卡罗来纳大学和新西兰进行。兔眼蓝莓商业化栽培开始于 1983 年，地点在佛罗里达西部，1925 年美国农业部和佐治亚海岸平原试验站开始在佛罗里达和佐治亚州收集野生兔眼蓝莓，1940 年启动联合育种项目，培育出大量优良兔眼蓝莓品种，包括顶峰（Climax）、梯芙蓝（Tifblue）和灿烂（Brghtwell）。截止到 2014 年 5 月，已有 50 余个品种被选育出来，其中最重要的兔眼蓝莓品种是梯芙蓝、顶峰、灿烂、粉蓝和杰兔。

二、品种

我国蓝莓栽培起步于 20 世纪 80 年代初，根据自然环境条件，先后从国外引进 100 多个蓝莓品种进行栽培和繁育研究。由于起步晚，种植面积和产量一直远低于美国、荷兰、德国、奥地利、意大利、丹麦、英国、罗马尼亚、新西兰等国家，截止到 2007 年，我国蓝莓种植面积仅占世界总面积的 0.38%，年产量仅占世界总产量的 0.23%。2007 年后我国蓝莓栽培面积和产量均得到快速提升，但主要栽培品种还是依赖从国外引进，尚未拥有国际范围的自主知识产权品种，目前国内的蓝莓产品主要有 4 种：鲜果、冷冻果、蓝莓色素提取物和蓝莓加工品。鲜果 90%出口，10%供应北京、上海等大城市果品市场；冷冻果 80%出口，20%供应国内食品加工行业用作加工原料。蓝莓色素提取物全部出口欧美市场。根据国内外市场蓝莓产品的需求，经不断筛选和选育，目前在国内形成一定种植规模的优良品种有 70 余个。

（一）矮丛蓝莓优良品种

1. 美登（Blomidon） 加拿大农业部发表的品种，中熟，树势强。果实圆形，有香味，风味好。果皮淡蓝色，果粉多。丰产，在长白山区栽培 5 年，平均株产 0.83 kg，最高达 1.59 kg。抗寒力极强，在长白山区可安全露地越冬，为高寒山区发展蓝莓种植的首推品种。

2. N-B-3 从美国东北部和加拿大东部野生种中选育出的栽培品种，晚熟种。树势弱，植株极小、直立。果实粒小，果肉中等硬度，甜度中等，酸味较大。果实耐贮藏。

3. 芝妮（Chignecto） 加拿大品种，中熟。果实近圆形。果皮蓝色，果粉多。叶片狭长。树体生长旺盛，易繁殖，较丰产，抗寒力强。

4. 斯卫克（Brunswick） 加拿大品种，中熟。果实圆形，比美登略大。果皮淡蓝色。较丰产。抗寒力强，在长白山区可安全露地越冬。

5. 坤蓝（Cumberland） 加拿大品种，在中国长白山区生长健壮，早产，丰产，抗寒。

（二）北高丛蓝莓优良品种

1. 蓝丰（Bluecrop） 1952年美国新泽西州发表的品种，中熟品种，也是美国密歇根州主栽品种。树体生长健壮，树冠开张，幼树时枝条较软。抗寒能力强，是北高丛蓝莓中抗寒能力最强的品种。丰产，果实大，淡蓝色，果粉厚，肉质硬，果蒂痕干，具有清淡芳香味，未完全成熟时略偏酸，风味佳，甜度为糖锤度14.0%，酸度为pH 3.29，属鲜食果中优良品种（图64-1）。

图64-1 蓝丰结果状

2. 日出（Sunrise） 1988年美国新泽西州发表的品种，早熟。树势强，直立型。果实中粒，甜度为糖锤度14.0%，酸度为pH 4.00，有香味。果粉多，外形美观。果实成熟期一致。

3. 都克（Duke） 1952年美国新泽西州发表的中熟品种，其抗旱能力是北高丛蓝莓中最强的，树冠开张，丰产。果个大，甜度为糖锤度14.0%，酸度为pH 3.07，果皮亮蓝色，果粉多，果蒂痕中等大小、干。果肉硬，耐贮运，极耐寒。

4. 埃利奥特（Elliott） 1967年美国新泽西州发表的品种，极晚熟种。树势强，结果后渐渐稳定。果粒中、大。甜度为糖锤度12.0%，酸度为pH 2.96，香味浓。果皮亮蓝色，果粉多，果肉硬，果实成熟期集中，可以机械采收。

5. 晚蓝（Lateblue） 1967年美国新泽西州发表的品种，晚熟种。树势强，直立型。果粒中～大，甜度为糖锤度12.0%，酸度为pH 3.07，香味浓，果皮亮蓝色，果粉多，果肉硬，耐贮运，极耐寒。

6. 布里吉塔（Brigitta） 1979年澳大利亚发表的品种，晚熟种。树势强。果粒大，甜度为糖锤度14.0%，酸度为pH 3.30，香味浓，果味酸甜湿度，是同一时期品种中果味最好的品种。果蒂痕小而干。土壤适应性强，是作为鲜果专用的培养品种。

7. 红利（Bonus） 美国密歇根州个人发表，晚熟种。树势强，果粒大至极大，甜度为糖锤度13.50%，酸度为pH 3.24，有香味。果蒂痕小而干，果实成熟期集中。是大粒品种中开发前景远大的品种。

8. 伊丽莎白（Elizabeth） 1966年美国新泽西州发表的品种，晚熟种。树势强，直立型。果粒大至极大，甜度为糖锤度15.0%，酸度为pH 3.33，香味浓。果蒂痕大小中等、湿。果穗大，易采收，晚熟种中风味较好的品种。

9. 斯巴坦（Spartan） 1997年美国新泽西州发表的品种，早熟。树势强，直立型。果实极大粒，最大果重达6 g，是受人喜爱的品种。香味、食味均好，甜度为糖锤度14.0%，酸度为pH 4.41。果蒂痕大小及湿度均中等。果皮深蓝色，果粉少。几乎没有裂果。耐寒，对土壤适应性差，在黏质土壤条件下有发育不良的现象。

10. 达柔（Darrow） 1965年美国发表的品种，晚熟种。树势中度，直立型。果粒大至极大，甜度为糖锤度 14.0%，酸度为 pH 3.45，香味浓。果实酸味随栽培地海拔高度的增加而增加。果皮亮蓝色。果蒂痕大小及湿度均中等。裂果少，不耐贮运。

（三）半高丛蓝莓优良品种

1. 北陆（Polaris） 1967 年美国密歇根州发表的品种，早熟至中熟种。树势强，直立型，树高 1.2 m 左右。果实中粒，果肉紧实、多汁，果味好，甜度为糖锤度 12.0%，酸度中等。果粉多。果实扁圆形，大粒，有香味，果蒂痕中等大小、干。不择土壤，极丰产，耐寒（图 64-2）。

图 64-2 北陆结果状

2. 友谊（Frendship） 1990 年美国威斯康星大学发表的品种。树高 80 cm 左右，树势中等。极耐寒，丰产。果粒小，平均单果重 0.6 g。果实柔软，甜酸适度。

3. 圣云（St. Cloud） 早熟品种。树势弱，开张型。果粒中至大，果味好，甜度为糖锤度 11.5%，酸度为 pH 3.70。果蒂痕小、湿。抗寒力强，丰产。

4. 北空（Northsky） 1983 年美国明尼苏达大学发表的品种，耐寒性极强，在有雪覆盖的条件下能抵抗−40 ℃的低温。树高 35～50 cm，冠幅 60～90 cm。产量中等。果实小至中粒，风味良好。耐贮运。灰色的果粉使果实呈现出漂亮的蓝色。叶片稠密，夏季绿色带有光泽，秋季则变得火红，非常适宜观赏。

5. 北村（Northcountry） 1986 年美国明尼苏达大学发表的品种，早熟至中熟品种，比北空早 1 周。树势中等，依土壤条件的不同会有差异，树高 45～60 cm，冠幅 100 cm 左右。耐寒性非常强，能耐−37 ℃低温。果粒中等，果实柔软、味甘，风味良好，耐贮藏。果皮亮蓝色。丰产，每株产量1.0～2.5 kg。叶小型、暗绿，秋季变红，树姿优美，适宜观赏。抗寒，高寒山区可露地越冬。

6. 帽盖（Tophat） 1983 年美国明尼苏达大学发表的品种，耐寒性非常强，在有雪覆盖的条件下能抵抗−40 ℃的低温。树高 35～50 cm，冠幅 60～90 cm。产量中等，在 0.45～0.9 kg/株。

7. 北蓝（Northblue） 1983 年美国明尼苏达大学发表的品种，晚熟品种。树势强，树高约 60 cm。叶片暗绿色、有光泽是其一大特征。果实大粒，风味佳。果皮暗蓝色。耐贮藏，抗寒（−30 ℃）。丰产，收获量在 1.3～3.0 kg/株，在较温暖地区收获量会有所增加。在排水不良的情况下易感染根腐病。除了需及时剪除枯枝外，不需特意修剪。

8. 北极星（Polaris） 1996 年美国明尼苏达州发表的品种，早熟种。树高 1.2 m 左右。果粒大，成熟期一致，甜度为糖锤度 13.5%，酸度为 pH 4.41。香味、食味均好。果皮淡蓝色，果蒂痕小而干。耐寒性强，产量中等。

9. 齐佩瓦（Chippewa） 1996 年美国明尼苏达大学发表的品种，中熟品种。果粒大，甜度为糖锤度 14.0%，酸度为 pH 3.60，有香味，食味浓厚，为同时期品种中味道最好的。果蒂痕小而干。极抗寒。

（四）南高丛蓝莓优良品种

1. 奥尼尔（O'Neal） 1987 年美国北卡罗来纳州发表的品种，早熟种。树势强，开张型。果大粒，甜度为糖锤度 13.5%，酸度为 pH 4.53。香味浓，是南高丛蓝莓中香味最大的品种。果肉质硬。果蒂痕小、速干。需冷量 400～500 h。耐熟品种，丰产（图 64-3）。

2. 乔治宝石（Georgiagem） 1967 年美国佐治亚州发表的品种，亲本是早蓝和蓝丰，晚熟种。树势强，直立型，叶细长，银色。果粒中，甜度为糖锤度 16.0%，酸度为 pH 4.28，有香味。果蒂痕小而干。需冷量 350～500 h。

3. 艾文蓝（Avonblue） 1977 年美国佛罗里达大学发表的品种，晚熟种。树势强，开张型。枝梢多，花芽多，需强剪枝。果粒中至大型，甜度为糖锤度 9.5%，酸度中等，有香味。果粉多，果蒂痕小而干。需冷量 300～400 h。丰产，耐贮运。

4. 瞳仁（Hitomi） 日本命名的亲本不详南高丛蓝莓品种，晚熟种。生长快，易栽培。果粒大，甜度为糖锤度 14.0%，酸度为 pH 3.95，有香味。果肉紧实，耐贮藏、运输。果柄长，易采收。果蒂痕小、湿。产量中等。

图 64－3 奥尼尔结果状

5. 酷派（Cooper） 1987 年美国农业部发表的品种，晚熟种。树势强，直立型，叶细、淡银色。果粒中，甜度为糖锤度 11.5%，酸度中等，有香味。果蒂痕小而干。需冷量 400～500 h。

6. 木兰（Magnolia） 1994 年美国农业部发表的品种，晚熟种。树势中等，开张型。果粒中，甜度为糖锤度 14.0%，酸度为 pH 3.59，属同一种类中果味较好的品种。果肉紧实、多汁，但果皮较硬。果皮上果粉多。果蒂痕浅小、干，需冷量 400～500 h。

7. 开普菲尔（Cape Fear） 1987 年美国卡罗来纳州发表的品种，中熟种。树势强，直立型，果粒中，甜度为糖锤度 14.0%，酸度为 pH 4.57，有香味，果肉质硬。果蒂痕小而干。需冷量 500～600 h。土壤适应性好，易栽培。果穗大，易采收。

8. 夏普蓝（Sharpblue） 1976 年美国佛罗里达大学发表的品种，中熟种。树势中至强，开张型。果粒中至大，甜度为糖锤度 15.0%，酸度为 pH 4.00，有香味。果汁多，适宜制作鲜果汁。果蒂痕小、湿。需冷量 150～300 h。土壤适应性强。丰产。但不适宜运输。

（五）兔眼蓝莓优良品种

1. 贵蓝（T－100） 美国佐治亚州发表的品种，晚熟种。树势强，直立型，长势好，枝条粗。果粒大至极大，酸味中等，有特殊香味，果汁多。果皮硬，果粉多。果蒂痕小而干。果实紧实，适宜运输。

2. 芭尔德温（Baldwin－T－117） 1983 年美国佐治亚州发表的品种，晚熟种。树势强，开张型。果粒中至大，甜度高，酸度中等，果实硬，风味佳。果皮暗蓝色，果粉少。果蒂痕干且小。采收期长。适宜于庭院、观光栽培。

3. 圆蓝（Gardenblue） 1983 年美国佐治亚州发表的品种，中熟至晚熟种。树势强，直立型，树高 2.6 m，冠幅 1.4 m。果实中粒，甜味多，酸味小，有香味。果粉少，果皮硬。土壤适应性强，适宜于公园栽培。

4. 南陆（Southland） 1969 年美国佐治亚州发表的品种，中熟至晚熟种。树势中等，直立型，枝梢多，新梢生长量小。果粒中至大粒，甜味大，酸味中等，有香味。果粉多，果皮亮蓝色。果蒂痕干而小。成熟后果皮硬，裂果少。

5. 门梯（Menditoo） 1958 年美国北卡罗来纳州发表的品种，中熟至晚熟种。树势强，直立型，树高 2.3 m，冠幅 2.1 m。果实中粒，最大单果重 2.96 g，最小单果重 1.38 g，平均单果重 2.01 g。甜度为糖锤度 17.8%，酸度为 pH 3.24，有香味，是受人喜爱的品种。果蒂痕小、湿。采收期长，产量高。果穗疏松，易采摘，适宜于观光栽培。

6. 考斯特（Coastal） 1950 年美国佐治亚州发表的品种，早熟至中熟种。树势强，直立型，树体大，树高 2.7 m，冠幅 1.25 m。果粒中等大小，甜度为糖锤度 15.8%，酸度为 pH 3.26，有香味。

果粉少，果皮硬。果蒂痕大、湿。丰产。

7. 蓝宝石（B） 1970年美国佛罗里达大学发表的品种，早熟种。树势中等，开张型。果粒中至大粒，甜酸中等，有特殊香味，食味好，果肉硬。果皮亮蓝色，果粉多。果皮亮蓝色，果粉多。果肉紧实，贮藏性好。果实成熟后可在树上保留较长时间，适宜机械采收，是产量较高的种类。

8. 灿烂（Britewell） 1983年美国佐治亚州发表的品种，早熟种。树势中等，直立型。果粒中至大粒，最大单果重为2.56 g，最小单果重为1.21 g，平均1.85 g。甜度为糖锤度17.4%，酸度为pH 3.35，有香味。果肉质硬。果蒂痕小、速干。丰产性极强，抗霜冻能力强，不裂果，适宜机械采收和鲜果销售（图64-4）。

图64-4 灿烂结果状

第二节 苗木繁殖

一、实生苗培育

（一）种子的检验和处理

1. 种子获取 选取充分成熟的健康蓝莓果实，破碎后清水漂洗取出种子，控干晾晒至种皮无水迹后，用纸袋包装贮存于4～5℃环境中备用。

2. 种子生活力测定 试验结果表明：“种子繁育，出苗率极低，每10 g蓝莓种子只能出苗100棵左右”，而且变异性强，不适于良种苗木繁育，目前，蓝莓种子繁育只作为育苗的一种补充方式，在蓝莓繁育主流产业中基本不采用这种方式。

3. 播种前种子处理 为提高蓝莓实生苗繁育时种子的发芽率，需对种子进行预处理。播种前处理程序是：将种子贮存在20℃温度环境7 d，再贮存于4～5℃温度环境7 d，如此反复变换5次，再用清水浸泡12 h，然后用0.5%高锰酸钾溶液消毒2 h后清洗，清洗后用50 mg/L赤霉素处理2 h。种子贮存用细沙需经清洗→消毒→再清洗，以1∶5种沙比混匀后贮存于25～28℃的环境中，1周后即可用于播种。

（二）播种育苗

1. 播种用机质 我国蓝莓实生苗繁育中较好的基质为腐苔藓、细沙、营养土以1∶1∶1混合型基质。其中腐苔藓具有疏松、通气好、显酸性等优点，对大部分真菌有抑制作用，与细沙和营养土混合后使用，有利于基质湿度及营养成分的保持及控制，使种子可以快速发芽生根。

2. 育苗床 育苗床设置在温室或塑料大棚内，床内铺5 cm厚混合型基质，基质底部地面用1 cm厚细沙找平，防止在基质局部形成水洼。育苗床两边用木板或砖固定，宽1 m，长度可根据温室或塑料大棚尺寸设定，以操作方便为准。

3. 种子播种 播种前用500倍液多菌灵对混合基质进行灭菌处理，将预处理后的蓝莓种子均匀撒在基质表面，然后用0.2～0.3 cm厚混合基质覆盖，基质含水率控制在17%～21%，环境温度控制在25～35℃。

二、嫁接苗培育

蓝莓嫁接苗培育常用于高丛蓝莓和兔眼蓝莓，主要是芽接和枝接。芽接的时期是在木栓形成层活动旺期，其方法与其他果树芽接一样。利用兔眼蓝莓作为砧木嫁接高丛蓝莓，可以在不适于高丛蓝莓栽培的土壤上（如山地、pH 较高的土壤）栽培高丛蓝莓。枝接砧木一般选用同科的杜鹃花和乌饭树，有利于嫁接成活。通过嫁接可以提高蓝莓适应性，尤其高丛蓝莓在浙江栽培不太适应，通过嫁接繁殖可以提高引种栽培成功率。而且，嫁接苗可以消除或减轻蓝莓缺磷、缺镁、缺铁等缺素症的发生，在同一立地条件下，生长势会大于扦插苗。

三、营养苗培育

（一）硬枝扦插育苗

蓝莓硬枝扦插育苗主要应用于高丛蓝莓，但不同蓝莓品种生根难易程度不同。

1. 硬枝插条选择 蓝莓育苗硬枝插条应从生长健壮、无病虫害的优树上剪取，易选择硬度大、成熟度良好且健康的枝条，尽量避免选用徒长枝、髓部大的枝条和冬季发生冻害的枝条。同时，选取的枝条应远离果园中有病毒病害发生的树。扦插枝条最好为一年生的营养枝。如果枝条不足，可以选择一年生花芽枝，扦插时应将花芽抹去，但是，花芽枝生根率往往较低，而且根系质量差。插条位于枝条上的部位对生根率的影响也很显著。以枝条基部作为插条，无论是营养枝还是花芽枝，生根率都明显高于上部枝条作为插条。因此，应尽量选择枝条的中下部位进行扦插。枝条类型、部位对蓝莓扦插生根的影响见表 64－2。

表 64－2 枝条类型、部位对蓝莓扦插生根的影响

单位：%

品　种	基部		中下部		中上部		上部	
	营养枝	花芽枝	营养枝	花芽枝	营养枝	花芽枝	营养枝	花芽枝
先锋	66	57	66	37	39	2	24	0
六月	32	34	36	18	19	7	13	0
卡伯特	63	58	44	27	11	7	6	1

2. 插条剪取时间 扦插数量不大时，剪取插条在春季萌芽前（3～4 月）进行，随剪随插，可以省去插条贮存过程。如果是大量育苗，需提前剪取插条，蓝莓枝条萌发需要一定的需冷量，因此，剪取时间一定要保证枝条已有足够的需冷量。

3. 插条制作与贮存 削剪插条的工具刀口一定要锋利，使枝条切口平滑，插条长度为 7～12 cm。上切口为平切，下切口为斜切，下切口正好位于芽下，这种切口可提高生根率。插条剪取后扎成捆搬运和存放，每捆 50～100 根，埋入木质锯末、苔藓、细河沙中，然后放入贮藏设施内，贮藏环境温度调控在 2～8 ℃范围内，相对湿度调控在 50%～70%范围内。

4. 扦插基质 扦插基质采用混合型效果较好，将草炭与苔藓按 1∶1 比例充分混合，也可将草炭、苔藓、锯末按 1∶1∶1 充分混合。在混合机制中按 1/100 重量投入 50%多菌灵粉剂，再加入少量硫黄粉，使混合机质 pH 保持在 5～6 范围内。混合机质配制好后平铺于扦插床内，厚度 12～15 cm。

5. 扦插床的制作 蓝莓扦插床可以设置在田间露地，也可以设置在育苗温室或大棚内。最简易的方法是直接用混合机质铺成 1 m 宽、15 cm 厚、长度根据实际地形而定的扦插床，这种扦插床由于气温和地温控制精度不高，致使生根率较低。另一种是木质结构的架式扦插床，生根率显著优于简易式。用木板制成 2 m 长、1 m 宽、40 cm 高的木箱，木箱底部配制有 0.3～0.5 cm 筛眼的硬板，木箱用圆木架离地面。应用这种木架式扦插床，可以提高对气温和地温控制精度，使生根率升高。

6. 生根剂的应用 应用生根剂可有效提高蓝莓扦插生根率，对生根难度较大的蓝莓品种采用慢浸法，即将插穗基部 3～5 cm 深蘸到浓度为 100～200 mg/L 萘乙酸或吲哚乙酸、吲哚丁酸液中 24 h。

对容易生根的品种可用速蘸法，即对插穗基部用浓度为1 000～2 000 mg/L萘乙酸或吲哚乙酸液处理3～5 s。

7. 插条扦插　准备工作就绪后，将基质浇透水，然后将插条垂直插入基质中，只露一个顶芽。前插株行距为5 cm×5 cm，小于这个数易造成生根后发育不良，同时也容易引起细菌感染，使插穗腐烂。高丛蓝莓扦插时，生根及处理几乎不起作用，所以不需要用生根剂处理。

8. 硬枝扦插后的管理　硬枝扦插后需采用下述6项主要措施，可以提高插穗成活率。

（1）起拱覆膜罩网。拱棚高于插床50～60 cm，拱棚覆膜采用透光度好的聚氯乙烯（PVC）或聚乙烯（PE）棚膜。在棚膜上罩透光度为40%～60%的遮阳网。

（2）温度及光照调控。扦插后白天拱棚内适宜温度为22～28 ℃，夜间温度不能低于8 ℃。当白天温度高于28 ℃时应及时换气降温。夜间若低于8 ℃，应加盖草帘或棉被以保持温度。中午光照过强、温度过高时，应及时覆盖遮阳网，以此来控制棚内温度。

（3）湿度调控。扦插后立即向扦插床上喷15～20 ℃的水，浸湿深度12～15 cm。从扦插至生根需25～30 d，在此期间每2～3 d于早晨揭开膜、网，视基质湿度情况喷水。生根后至9月，适当减少喷水次数，使基质呈即干即湿状态。基质含水量高，则温度低、通气性差，易造成插穗基部霉烂，也影响生根和根系生长。基质含水量低，则插穗会失水干枯，同样会影响生根和根系生长，因此，湿度调控也是育苗成功的关键技术之一。

（4）防病灭菌。扦插完成后，为防止插穗、根系及叶片发生霉烂，每间隔15～20 d向基质及苗上喷布50%多菌灵粉剂500～700倍液。

（5）撤膜、网。扦插后60 d左右，插穗基部已生长出一定长度和数量的根系，此时天气若已进入高温季节，膜和网可全部撤去，这样有利于根系、新梢的生长发育和充分木质化。

（6）苗木越冬。生根的苗木一般在苗床上越冬，也可以在9月进行移栽抚育。如果生根苗在苗床上越冬，入冬前苗床两边应培土。生根育苗期间，主要采用通风和去除病株措施来控制病害。大棚或温室育苗一定要及时通风，以减少真菌病害。

（二）嫩枝扦插育苗

嫩枝扦插育苗，最适宜于温室和扦插大棚内进行，主要用于兔眼蓝莓、矮丛蓝莓和高丛蓝莓中硬枝扦插生根困难的品种。这种方法与硬枝扦插相比，对环境条件的要求更严格，特别是在插条生根期间对温、湿度及光照等环境因子，都要求有严格的控制范围。但只要控制好环境条件，嫩枝扦插生根及生长速度显著快于硬枝扦插，且借助于温室和大棚一年四季均可育苗。

1. 嫩枝插条剪取时间　嫩枝插条剪取通常在生长季进行，因栽培区域气候条件的差异没有准确的固定时间，要根据枝条的发育状态来判断。比较适宜的时期是果实刚成熟时，此时产生二次枝的侧芽处于暂时停长阶段，在这个时期剪取插条生根率在80%～100%，过了这段时期剪取的插条生根率会大幅度下降。在新梢停止生长前30 d左右截取未停止生长的春梢进行扦插，不但生根率高，而且比夏季剪取的插条多1个月的生长时间，通常到6月末即已生根。用未停止生长的春梢扦插，春梢上尚未形成花芽原始体，第二年不能开花，有利于苗木质量的提高。而夏季停止生长时剪取枝条，花芽原始体已经形成，容易造成第二年开花，不利于苗木生长。因此，当春梢刚形成时即可剪取插条。插条剪取后应存放在阴凉潮湿处，并且避免捆绑、挤压、揉搓。

2. 插条制作　插条长度因品种而异，通常每个插条留4～7个叶片，为了提高土地利用率，降低育苗成本，每个插条留1～2个叶片也可以取得良好的扦插效果，但以双叶片效果较好。同一条嫩梢枝不同部位作为插条的生根率不同，嫩梢枝中上部插条生根率高于基部插条。

3. 常规嫩枝多叶插条制作　选取上年育成的健壮新苗，剪取半木质化新梢枝条，裁截成长10～15 cm插条，去除基部3～5 cm区段内的叶片，插条基部剪成光滑斜面，扦插前用1 000 mg/L吲哚丁酸（IBA）处理插条基部30 s，处理后将插条垂直插入基质中。

4. 双叶嫩枝短插条制作 选取炼苗期内生长 1 年左右的蓝莓大苗，使用消毒后的剪截工具截取大苗枝条顶端 8～20 cm 半木质化新梢，去除最顶端含未成熟叶片的嫩尖，剪截成多条 3～5 cm 茎段，去除茎段底部叶片，保留茎段顶部和最靠近顶部的 2 个叶片，茎段底部剪成光滑斜面，以利于快速插入育苗基质。插入基质前，用 1 000 mg/L 吲哚丁酸（IBA）浸泡插条基部 30 s（图 64 - 5）。

双叶短插条扦插后

双叶短插条

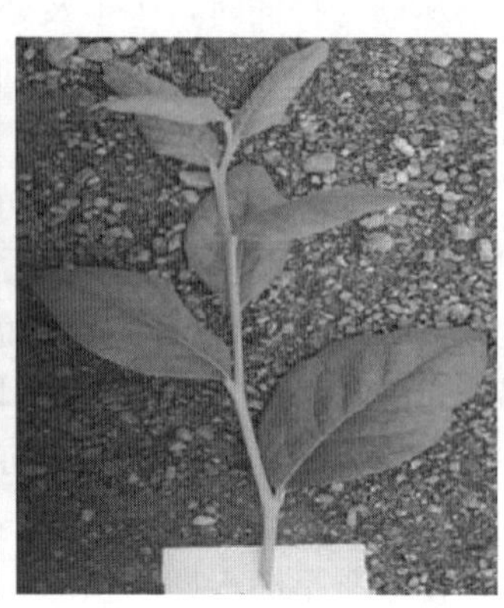
多叶插条

图 64 - 5 蓝莓双叶短插条与常规多叶插条对比

5. 生根剂的使用 蓝莓嫩枝扦插育苗时，施用生根剂处理可大大提高生根率，常用的生根药剂有萘乙酸、吲哚丁酸及生根粉。采用速蘸处理，可很好地提高插条的生根率，生根剂浓度为萘乙酸（500～1 000 mg/L）、吲哚丁酸（2 000～3 000 mg/L）、生根粉（1 000 mg/L）。

6. 嫩枝扦插基质 国内最常用的扦插基质是苔藓和草炭。苔藓保水性好，对苗木根系具有较好的保护作用，缺点是通气性较差，价格高；草炭作为扦插基质，通气性也很好，而且为酸性，可抑制大部分真菌，扦插生根后根系发育好，小苗生长快。采用河沙、珍珠岩、锯末等混合基质扦插，生根过程容易受到真菌侵染，生根率低，生根后易出现营养不良、pH 偏高等问题，使苗木质量较差。采用锯末或河沙做基质扦插，生根率较高，但生根后需及时移栽，比较费工费时，

第三节 对环境条件的要求

一、土壤

（一）土壤 pH 要求

蓝莓喜欢酸性土壤，对土壤 pH 极为敏感，是所有果树中对土壤 pH 要求最低的一类。适宜的土壤 pH 为 4.0～5.5，其中，北高丛蓝莓的土壤最适宜 pH 为 4.3～5.0，南高丛蓝莓的土壤最适宜 pH 为 4.3～5.5，部分兔眼蓝莓可适应 3.9～6.1 的土壤 pH。以北高丛蓝莓为例，当土壤超过 5.5 时，植株生长和产量都会明显下降；土壤 pH 达到 6 时，植株出现部分死亡；土壤 pH 达到 7 时，土壤中可溶性锰、锌、铜含量都会下降，容易诱发蓝莓缺铁失绿症状发生，并且树体中钠、钙离子积累过量而阻碍生长，植株出现成片逐渐死亡；土壤 pH 小于 4 时，会导致土壤中重金属元素活性增加，从而引起植株中毒。

（二）土壤 pH 的调整方法

在土壤酸碱度的调节方面，主要存在的问题是 pH 偏高对蓝莓栽培的限制。目前，国内外普遍采用的方法是施用硫黄来调节土壤的 pH，还有一些施用硫黄亚铁、硫酸铝等酸性肥料。硫黄对土壤的 pH 调节的主要特点是效果持久、稳定。其作用机理是硫黄施入土壤后，被硫细菌氧化成硫酸酐，硫酸酐再转化成硫酸，硫酸起到了调节 pH 的作用。因此，硫黄施入土壤后，需要 40～80 d 分解后才能起到调节土壤的 pH 的作用。硫酸亚铁、硫酸铝虽能迅速降低土壤 pH，但由于其盐离子浓度过高时

会对根系造成毒害，所以在实际生产中使用较少。表 64－3 列出了沙土、壤土和黏壤土在原有 pH 不同的情况下将土壤 pH 调节至 4.5 时硫黄粉用量。

表 64－3 局部调节土壤 pH 至 4.5 时硫黄粉用量

单位：kg/株

土壤原始 pH	土壤类别		
	沙土	壤土	黏壤土
5.0	0.043 7	0.132	0.200
5.5	0.087 5	0.262	0.400
6.0	0.132	0.385	0.577
6.5	0.165	0.505	0.757
7.0	0.210	0.638	0.957
7.5	0.250	0.760	1.140

施用硫黄粉调节土壤 pH 的方法有局部施用和全面使用两种方式。局部使用就是仅在种植穴内进行土壤酸度调整，通常种植穴的直径为 60 cm，深度为 50 cm 左右，硫黄粉的参考用量见表 64－1。

全面调整就是对种植园土壤进行全面改良，将硫黄粉均匀地撒在园内土壤表面，结合土地深翻拌入土壤表层，全面调节的硫黄粉参考用量见表 64－4。

表 64－4 全面调节土壤 pH 至 4.5 时硫黄粉用量

单位：kg/hm^2

土壤原始 pH	土壤类别		
	沙土	壤土	黏壤土
5.0	196.9	596.2	900.0
5.5	393.8	1 181.2	1 800.0
6.0	569.2	1 732.5	2 598.7
6.5	742.5	2 272.5	3 408.7
7.0	945.0	2 874.4	4 308.7
7.5	1 125.0	3 420.0	5 130.0

（三）增施有机肥

有机质包括酸性泥炭及发酵后的秸秆、稻壳、麦壳、树叶、锯末等，蓝莓在有机质含量高的土壤中生长良好，土壤有机质是土壤肥力的主要物质基础之一，有机质能改善土壤的理化性质和物理机械性能。有机质含量高，可大幅度降低土壤容重，增加土壤孔隙度，同时也改善了土壤结构，增加了土壤保肥和保水作用。高丛蓝莓栽培特别需要有机质含量高的土壤，必须在有机质含量大于 3%的土壤中才能健康成长。兔眼蓝莓的适应性相对较强，在黏土或沙土中均能生长。矮丛蓝莓自然分布在有机质贫乏的高地土壤，适应性也比较强。土壤的调解和有机质含量的改善都要在定植前 1 年进行。

二、气候

（一）无霜期

北高丛蓝莓和半高丛蓝莓耐寒性强，适合寒冷地带栽培。兔眼蓝莓对无霜期长短要求不很严格，但在无霜期很短的寒冷地带往往表现为花芽形成不良、产量低，同时冬季地上部分易受冻害，在无霜期达到 260 d 以上的地域，都可以栽培。无霜期 90～125 d 地域以矮丛和半高丛蓝莓为主；125～180 d 地域适宜半高丛蓝莓和北高丛蓝莓；180～200 d 地域适宜所有北高丛蓝莓品种，是我国北方露天蓝莓栽培的最佳区域；200～260 d地域为南方和北方蓝莓品种混生栽培区；无霜期超过260 d的地域，适宜南高丛及兔眼蓝莓品种。

（二）年温度及低温下限

半高丛蓝莓适宜栽培在年平均温度3.0～15.0 ℃的大部分地域。北高丛蓝莓的适宜种植范围是北起东北南部、向南可种植到长江流域以南的云南、贵州、湖南、江西、浙江等省份的高海拔冷凉地区。南高丛蓝莓适宜栽培在年平均温度13.0～20.0 ℃的大部分地域，从山东南部至广东、广西的大部分地域。兔眼蓝莓适宜栽培区的年平均温度在14.0～19.0 ℃。主要适宜种植在长江以南和两广以北的大部分地区。北部高丛蓝莓和半高丛蓝莓休眠期其一年生枝条可忍耐－20～－40 ℃的低温，其花芽可忍耐－25～－30 ℃的低温；兔眼蓝莓的休眠期，其一年生枝条在－25 ℃、花芽在－20 ℃时就会受冻枯死。在早春萌动后遭遇到－5～－10 ℃的低温，一般品种都会受到严重冻害。

（三）需冷量

栽培条件能否满足蓝莓品种对需冷量的要求，关系到能否正常开花结果。蓝莓的需冷量是以必要的0～7.2 ℃低温的积累时间来表示的。一般矮丛蓝莓的需冷量在1 000 h；北高丛蓝莓和半高丛蓝莓在800～1 200 h；兔眼蓝莓则在400～800 h；南高丛蓝莓一般在400 h以下。同一种类中的不同品种其需冷量也是有所不同的。

三、水分

蓝莓的根系不发达，不具有主根，吸收能力差，根系在土壤中的分布比较浅，耐旱性和耐涝性都相对较弱，北高丛蓝莓在4～10月的生育期间，每周需水量是20～40 mm，整个生育期需水量在700～1 400 mm。蓝莓对缺水非常敏感，新梢缺水就会马上萎蔫，如不及时补充水分，新梢就会停止生长，甚至枯干死亡。

种植蓝莓要求水源充足，日灌溉能力不低于最大蒸发量的50%，灌溉植株周围以圈灌效果最好。实际生产中，为节水常采用滴灌，应采用双管滴灌，如采用单侧滴灌，会出现滴头单侧生长较好而另一侧发育不良的现象。蓝莓种植地块的地下水位不能高于45 cm，当地下水位高于35 cm时就需要随时排水，否则会引起内涝灾害影响根系生长。将蓝莓栽植在30～40 cm的高垄上是一个好选择。

第四节　建园和栽植

一、建园

（一）园地选择

园地选择适当是决定蓝莓栽培成功及生产无公害产品的关键因素之一。一般来说无论山地、平原，只要土质、气候条件适宜，周围环境无“三废”污染，均可种植蓝莓。但最好选择在阳光充足、排水通畅、土层深厚、土壤疏松、有机质含量高的地方建园，主要考虑以下几方面：

1. 生态条件　应选在空气清新，水质纯净，土壤无污染，远离疫区、工矿区和交通要道的地方。如在城市、工业区、交通要道旁建园，应建在上风口，避开工业和城市污染源的影响，园地周围应无超标排放的氟化物、二氧化碳等气体污染；地表水和地下水无重金属及氟、氰化物污染；土壤中没有重金属、六六六等农药残留污染。

2. 地形地势　蓝莓园用地最好是平底或丘陵缓坡地块。蓝莓属于强喜光树种，园地要有充足的光照，栽培在阳光充足的南坡，能明显提高产量和品质；栽培在北坡，光照差，使成熟期延迟，品质下降。不能在低洼谷地、冷空气易沉积处建园，以避免发生冻害。

3. 土质和水源　一定要选择在土层深厚、排水良好、透气性强、pH 4.5～5.5、有机质含量丰富的沙质土壤种植。我国南方大部分地区的土壤属于沙质土或黄红壤土。前者通气性强，具有一定的保

水能力，但土壤接近于中性或微酸性，种植前还要进行理化测定，根据需要改良土壤；后者土壤酸性尚可满足蓝莓种植所需条件，但土质黏重，通透性差，有机质含量低，仍需适当增施有机肥，改善土壤理化及生物学性状。蓝莓根系较浅，无法从土壤深层吸收水分，其综合耐旱能力有限，土壤以保持潮而不涝的状态，所以建园处水源最好为水库和池塘，自来水所用的消毒剂中常含有氯元素，对蓝莓根系有伤害。无论是水库水、池塘水还是自来水，如果水的 pH 过高，都需要先将下调至生长所需水平；如果水的钠离子含量过高，就不能作为灌溉用水。

（二）园地规划设计

蓝莓是多年生作物，应对园地进行调查研究和实地勘测，选择适合种植的区域进行规划。规划内容包括小区划分、道路、建筑物、排灌系统、授粉树等。

1. 小区划分 建园面积较大时，为便于水土保持和操作管理，将全园安地形划分成若干种植区；对于地形复杂的丘陵地带，小区可按不同高度因地制宜加以划分。山地建园要安地形修好适宜宽度的等高梯田。

2. 园区道路 园区道路由主干道、干道和支路组成，主干道一般宽 5～6 m，可通中型汽车、拖拉机和货车，连通外界公路。干道宽度 3～4 m，既可作为各区分界线，又是运肥、喷药等田间操作通道。山地蓝莓园的支路应按等高线修筑，支路间建有田间便道，一般依山势顺坡向排列，与梯田或蓝莓畦垂直，这样既有利于水土保持，又有利于操作。

3. 园区建筑物 园区建筑物根据蓝莓园规模大小而定，大致需建劳动休息用房、分级包装车间、冷库、化粪池等。建筑物位置按地形地貌建在交通方便处，便于全园区操作管理，有条件的地方可配建畜牧场，增加肥源。

4. 园区排灌系统 蓝莓种植园排水系统由主渠、支渠和排水沟组成，主渠可沿主干道、支道一侧走。0.3～0.7 hm^2 应建一支渠，支渠宽 1 m，深 0.8 m，与排水沟相通，是多雨季节能畅通排水，蓄水自如，需要水时能就近取用。一般需建一蓄水池，以利灌溉和喷药，如安装滴灌设备，还要预先规划，提前设计好滴灌管道的走向分布，并进行先期施工安装。

二、栽植

（一）品种选择与授粉树配置

在明确当地气候、土壤等条件适宜栽培蓝莓后，还要注意蓝莓品种的选择。对蓝莓品种而言，最重要的就是品种的冷量需求和安全越夏，在满足冷量需求和安全越夏的前提下，根据蓝莓产业需求，选择以鲜食型为主的品种或以加工为主的品种。蓝莓异花授粉结实率较高，因此，要获得丰产，还需要合理配置授粉树。蓝莓对授粉树配置的要求不像桃、梨等大果树那样严格，只要品种不同，花期相遇即可相互授粉。

（二）栽植时间

蓝莓在自然休眠后至春芽萌动前的时间段均可进行栽植，但以落叶后至立春前为最佳。秋季栽植，蓝莓地上部分活动缓慢，根部虽有损伤，但不影响地上部分，同时经过冬季休眠，次春先发根后长叶，有利于提高成活率和枝叶生长；而春季栽植，越接近萌芽期，地上部分活动愈快，这时根系损伤恢复缓慢，造成先发芽后发根，出现一个缓苗阶段，长势不如秋栽的好。因此，南方秋栽比春栽效果好，能提高成活率；北方地区气候干燥，冬季常出现超低气温，为避免冻害，更适合选择春栽。

（三）栽植密度与方式

栽植密度视品种、土质、地势而定，通常南方比北方密度大。一般高丛蓝莓的行距在 2.0～2.5 m，如考虑机械化作业可扩大到 2.5～3.0 m。兔眼蓝莓行距也是 2.5～3.0 m。即使是植株较小的矮丛蓝莓及半高丛蓝莓，种植行距也要保持在 2.0 m 以上，这样有助于操作管理。种植蓝莓的土壤贫瘠时，种植株距可小一些，土壤肥沃时种植株距可大一些。北高丛蓝莓种植株距在 1.0～2.0 m，南高丛和半高丛蓝莓株距在 1.0～1.5 m，兔眼蓝莓株距在 1.5～2.5 m。不同株行距每 667 m^2 栽培株数如表 64－5 所示。

表 64－5 不同株行距每 667 m^2 栽培株数

行距（m）	株距（m）	株数（株）
2.0	1.0	333
	1.2	278
	1.5	222
	2.0	167
	2.5	133
2.5	1.0	267
	1.2	222
	1.5	178
	2.0	133
	2.5	107
3.0	1.0	222
	1.2	185
	1.5	148
	2.0	111
	2.5	89

（四）栽植方法

1. 苗木选择 选择苗木的高度应在 30 cm 以上，因品种差异，判断苗木优劣的指标不仅是高度，更取决于其根系和枝条的粗壮程度。优质苗木的根系发达，营养钵苗木其根系基本长满钵内，而且地上枝条粗壮发达，有基生枝出现。

2. 定植穴填充 定植穴深度在 40～50 cm，定植时需根据土壤状况对其进行填充，若土壤偏黏，在定植穴中要掺入泥炭或腐熟的碎树皮、干草、锯末等，上面盖 10 cm 左右的土层，以避免未腐熟的植物残体和苗木根系直接接触。在定植穴下层实施少量农家肥或无机复合肥做基肥，这样促进根系向纵深发展。定植穴做成馒头状，待一段时间后，定植穴馒头状变平后定植。

3. 定植方法 定植前将苗木从钵内取出，仔细观察根系状况，如果根系已密集网罗于底部。测需要用刀将底部轻轻切开呈“十”字形，用手将中心部的土壤取出并将根系理顺。如果是裸根苗，则需要将根系展开后栽植，栽植时，需要在事先准备好的定植穴上挖一深度为 10～15 cm 的小坑，在小坑内填入一些湿的酸性草炭土或事先配制好的种植土，然后将苗栽入并将根系展开，让填进去的混合草炭土等包围在苗根周围，并向上轻轻提苗一次，以便使根系充分与种植土结合，最后覆土与地面相平。

（五）栽后管理

1. 覆盖 栽植后，就地就近取材，在栽植穴的表面覆上一层稻草、腐叶土、树皮、木屑、松针等有机物。地表覆盖具有调节地温、防止地表水分蒸发、保持土壤水分并促进根系生长的效果。覆盖物的厚度在 5～10 cm。材料充足时覆盖面积可大些，否则以植株基部为中心铺 80～100 cm 的圆盘状覆盖层。若用未腐熟的材料覆盖，在施肥时要增施一定数量的氮肥，以补充微生物在分解覆盖物时从土壤中争夺的氮素。早期用黑色塑料地膜覆盖也可以起到保持土壤水分、防草、增加地温的作用，但夏季不能使用黑色塑料地膜覆盖，否则会使地温过高而影响生长。

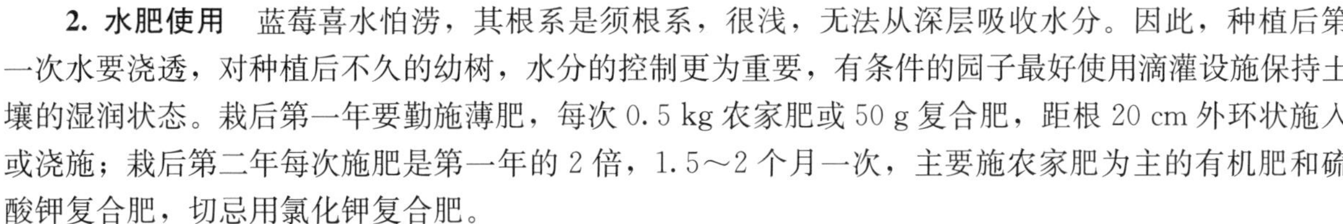

2. 水肥使用 蓝莓喜水怕涝，其根系是须根系，很浅，无法从深层吸收水分。因此，种植后第一次水要浇透，对种植后不久的幼树，水分的控制更为重要，有条件的园子最好使用滴灌设施保持土壤的湿润状态。栽后第一年要勤施薄肥，每次0.5 kg农家肥或50 g复合肥，距根20 cm外环状施入或浇施；栽后第二年每次施肥是第一年的2倍，1.5～2个月一次，主要施农家肥为主的有机肥和硫酸钾复合肥，切忌用氯化钾复合肥。

第五节 土肥水管理

一、土壤管理

（一）清耕

在沙土上栽培高丛蓝莓采用清耕法进行土壤管理，可有效控制杂草与树体的竞争，促进树体发育，尤其是在幼树期，清耕尤为重要。清耕深度以5～10 cm为宜，使下层土层疏松，促进根系向深度和广度发育。但清耕不宜过深，在浙江地区的田园土30 cm以下土层往往是黏重的黄土层，清耕过深会将黄土层翻到土壤上层而破坏土壤结构，不利于根系发育。因此，用于蓝莓耕作工具其高度一般不超过15 cm。另一方面，蓝莓根系分布较浅，过分深耕还容易造成根系伤害。

（二）台田

在地势低洼、积水、排水不良的土壤上栽培蓝莓时需进行台田，台田后台面通气状况改善，而台沟侧积水。这样既可以保证土壤水分供应，又可避免因积水造成树体发育不良。但台田之后，台面耕作、除草等不利于机械化操作，只能靠人工完成。

（三）生草栽培

生草栽培的土壤管理在蓝莓栽培中也有应用，主要是行间生草。生草法管理可获得与清耕法一样的产量效果，与清耕法相比，生草法具有明显的保持土壤湿度的功能，适用于干旱土壤和黏重土壤。采用生草法，杂草每年腐烂积累于地表形成一层覆盖物。生草法的另一个优点是便于机械设备运行，其缺点是对控制蓝莓僵果等病害不利。

（四）土壤覆盖

蓝莓要求酸性土壤和较低地势的条件，因此，当土壤干旱、pH偏高、有机质含量不足时，就必须采取措施调节上层土壤的水分、pH等。除了在土壤中掺入有机物外，生产上广泛应用的是土壤覆盖技术。土壤覆盖的主要功能是增加土壤有机质含量、改善土壤结构、调节土壤温度、保持土壤湿度、降低土壤pH、控制杂草等。矮丛蓝莓土壤覆盖5～10 cm锯末或松针，在3年内产量可提高30%，单果重可增加50%。

应用较多的土壤覆盖物是锯末，尤以容易腐烂的软木锯末为佳。土壤覆盖锯末后蓝莓根系在腐解的锯末中发育良好，使根系向广度扩展，扩大养分与水分吸收面。从而促进蓝莓生长和提高产量。腐解的锯末可以很快降低土壤pH。

土壤覆盖如果结合土壤改良掺入草炭，效果会更明显。土壤覆盖可使蓝莓根系的生长量增加，体现在根系分布深度、分布直径、根系干重增加。苔藓处理使根系深度增加近1倍，根系干重增加4倍。

覆盖锯末在苗木定植后即可进行，将锯末均匀覆盖在表面，宽度1 m，深度10～15 cm，以后每年再覆盖2.5 cm厚以保持原有厚度。如果应用未腐解的新锯末需增施50%的氮肥。若用已腐解好的锯末，氮肥用量应减少。

除了锯末之外，以烂树皮做土壤覆盖物可以获得与锯末同样的效果。其他有机物如稻草、树叶等也可做土壤覆盖物，但效果不如锯末。应用稻草和树叶覆盖时需同时加大氮肥施用量。如果应用粪肥或圈肥，效果也不如锯末，而且还有增加土壤pH的副作用。

应用黑塑料地膜进行土壤覆盖，效果比单纯覆盖锯末好。应用黑塑料地膜覆盖可以防止水分蒸发，控制杂草，提高地温。如果覆盖锯末与覆盖黑地膜同时进行，效果会更好。但覆盖黑塑料地膜时如果同时施肥，会引起树体灼伤，所以在生产上，首先施用 925 kg/hm^2 完全肥料，待肥料经过 2 年分解后，再覆盖黑塑料地膜。应用黑塑料地膜覆盖的缺点是不能施肥，灌水不便，而且每隔 2～3 年需重新覆盖并清除田间塑料碎片。因此，黑塑料地膜覆盖最好是在有滴灌设施的蓝莓园应用。

二、施肥管理

（一）营养特点

蓝莓属典型的嫌钙植物，其对钙具有迅速吸收与积累的能力。当在钙质土壤栽培时，由于钙吸收多，往往导致缺铁失绿症。从整个树体营养水平分析，蓝莓属于寡营养植物，与其他种类果树相比，树体内氮、磷、钾、钙、镁含量都很低，由于这种特点，如果不严格控制施肥量，往往导致肥料过多而引起树体伤害。蓝莓又是喜铵态氮果树，其对土壤中铵态氮的吸收能力远高于对硝态氮的吸收。

（二）土壤施肥反应

1. 氮肥 在我国长白山地区暗棕色森林土壤上栽培的美登蓝莓，随着施氮量的增加产量会逐渐降低，果实成熟期推迟，越冬抽条严重。因此，当土壤肥力较高时，施氮肥对蓝莓增产无效，而且有害，施氮肥过多时甚至会导致植株死亡。但这并不意味着在任何情况下，蓝莓都不施氮肥。在以下 3 种情况下，蓝莓仍需增施氮肥：①在土壤肥力差、有机含量较低的沙土和矿质土壤上栽培蓝莓时；②栽培蓝莓多年，土壤肥力下降时；③土壤 pH 较高（>5.5）时。这 3 种情况需增施氮肥，还要分 2 次施入：萌芽前施入 1/2，1 个月以后再施入 1/2。

2. 磷肥 水湿地潜育土类型的土壤往往缺磷，增施磷肥效果显著，可以明显促进蓝莓树体生长和增加产量。但当土壤中磷含量较高时，增施磷肥不但不能提高产量，而且还会延迟果实成熟。一般当土壤中含有效磷低于 6 kg/hm^2 时，就需增施磷肥（P_2O_5）15～45 kg/hm^2。

3. 钾肥 钾肥对蓝莓增产效果显著，增施钾肥不仅可以增加蓝莓产量，而且使其提早成熟，提高品质，增强抗寒性。但钾肥过量对产量的增加没有作用，而且使果实变小，越冬受害严重，导致缺镁症等情况发生。在大多数栽培蓝莓的土壤上，适宜的钾施用量为（K_2O）40 kg/hm^2。

（三）施肥

1. 施肥种类 蓝莓施肥中，施用完全肥料比单纯肥料效果要好得多，约可提高产量 40%。在兔眼蓝莓上单纯施用氮肥 6 年使产量下降 40%，蓝莓施肥中应以施用完全肥料为主。蓝莓对铵态氮吸收容易，而对硝态氮不仅吸收难，且对其生长产生不良影响。对蓝莓最适宜的铵态氮肥是 $(NH_4)_2SO_4$。土壤施入 $(NH_4)_2SO_4$ 不仅供应蓝莓铵态氮，而且具有降低土壤 pH 的作用，在较高的矿质土壤和钙质土壤上尤为适用。

2. 施肥方法与时间 蓝莓施肥以撒施为主，高丛蓝莓和兔眼蓝莓沟施，沟深 10～15 cm。施肥时间一般是在早春萌芽前进行，如果分次施入，则在萌芽后进行第二次。蓝莓施肥分 2 次以上施入比 1 次施入能明显增加产量和单果重，值得推荐。分次施入一般分为 2 次，萌芽前施入总量的 1/2，萌芽后再施入 1/2，两次间隔 4～6 周。

3. 施肥数量 蓝莓对施肥反应敏感，过度施肥不但造成浪费，还容易导致产量降低，植株受害甚至死亡。因此，对于施肥量必须慎重，不能凭经验确定，而要凭土壤肥力及树体营养情况来确定。

三、水分管理

（一）土壤水分含量

适当的土壤水分是蓝莓健壮生长的基础，水分不足将严重影响树体生长发育和产量。从萌芽至落叶，蓝莓所需的水分相当于每周平均降水量为 25 mm，从坐果到果实采收期间为 40 mm。沙土的土壤

湿度小，持水能力低，需配备灌水设施以满足蓝莓水分需要。常用的灌水方法有沟灌、喷灌、滴灌和依赖土壤水位保持土壤水分的下层土壤灌溉方式。

（二）灌水时间及作用

灌水必须在植株出现萎蔫以前进行，灌水频率的大小应根据土壤类型而定。沙土持水能力弱，容易干旱，需经常检查并灌水；有机质含量高的土壤持水能力强，灌水频率可适当降低，但在这类土壤上，黑色的腐殖土有时看起来似乎是湿润的，但实际上已经干旱，容易造成判断失误，需特别注意。判断灌水与否可根据田间经验进行：取一定深度的土样放入手中挤压，如土壤出水证明水分合适，如果不出水则说明已经干旱。根据生长季内每月的降水量也可做出判断。当降水量低于正常降水量2.5～5 mm时，即可能引起蓝莓干旱，需要灌水。比较准确的方法是通过测定土壤含水量、土壤湿度，或土壤电导率、电阻进行判断，从田间取15～45 mm深土壤样品检测即可。

（三）滴灌及节水技术

滴灌和微喷灌技术近几年被普遍应用，这两种灌水方式所需投资中等，但运行费用低，供水时间长，水分利用率高，将水直接供给每一棵树，水分流失少，蒸发少，供水均匀一致，可在整个生长季长期供应。其所需要的机械动力小，很适合小面积栽培或庭院栽培。与其他方法相比，滴灌和微喷灌可更好的保持土壤湿度，不致出现干旱或水分供应过量的情况。因此，采用这两种方法能显著提高产量及单果重。采用滴灌或微喷灌时需注意两个问题：①滴头或喷头应在树体两边都有，确保根系能较均匀的获得水分，如果只在一边滴水或喷水，会使蓝莓树冠及根系发育不一致，从而影响产量；②滴灌水源需做净化处理。

第六节　整形修剪

蓝莓修剪的目的是调节生殖生长与营养生长的矛盾，解决通风透光问题。修剪要掌握的总原则是达到最好的产量，而不是最高的产量，防止过量坐果。蓝莓修剪后往往造成产量降低，但单果重、果实品质提高。修剪时要防止过重修剪，修剪程度应以果实用途来确定。如果用于加工，果实大小均可，修剪宜轻，提高产量；如果是市场鲜销，修剪宜重，提高商品价值。蓝莓修剪的主要方法有平茬、疏剪、剪花芽、疏花、疏果等，不同的修剪方法效果不同。

一、高丛蓝莓修剪

1. 幼树期修剪　幼树期修剪以去花芽为主，目的是扩大树冠，增加枝条量，促进根系发育。定植后2～3年春疏除弱小枝条，3～4年仍以扩大树冠为主，但可适量结果。通常第三年株产应控制在1 kg以下，以壮枝结果为主。

2. 成年树修剪　高丛蓝莓进入成年期以后，内膛易郁闭，树冠高大。此时修剪主要是为了控制树高，改善光照条件。修剪以疏枝为主，去除过密枝、细弱枝、病虫枝及根系产生的分蘖。直立品种去除中心干、开天窗，并留中庸枝。大枝最佳结果年龄为5～6年，超过时要回缩更新。弱小枝可采用抹花芽方法修剪，使其转壮。成年蓝莓花芽量大，常采用剪花芽的方法去掉一部分花芽，通常每条壮枝留用2～3花芽。

3. 老树更新修剪　定植25年左右，蓝莓树体地上部分已经衰老，此时需要全面更新，即紧贴地面将地上部分全部锯除，一般不用留桩，若留桩最高不能超过2.5 cm。这样，由基部萌发新枝，全树更新后当年不结果，第三年产量可比未更新树提高5倍。

二、矮丛蓝莓修剪

矮丛蓝莓的修剪原则是维持状树、壮枝结果。修剪方法主要有烧剪和平茬两种。

1. 烧剪 在休眠期内将地上部分全部烧掉，重新萌发新枝，当年形成花芽，第二年开花结果。以后每2年烧剪一次，始终维持壮枝结果。烧剪后当年没有产量，第二年产量比未烧前的产量提高1倍，果实品质好，个头大。烧剪后有利于机械化采收，能消灭杂草，防治病虫害。烧剪要在萌芽前的早春进行，烧剪前田间可撒播树叶、杂草等助燃。

2. 平茬剪 于早春萌芽前，从植株基部将地上部分平茬，全部锯掉。锯下的枝条保留在园内，可起到土壤覆盖和提高有机质含量的作用，从而改善土壤结构，有利于根系和根状茎生长。

三、兔眼蓝莓修剪

兔眼蓝莓修剪和高丛蓝莓基本相同，但要特别注意树体高度，树体过高不利于管理操作和采收。

第七节 病虫害防治

一、主要病害及其防治

为害蓝莓的病原体有真菌、细菌和病毒，并有几十种病害。这里只介绍生产中危害较普遍的几种。

（一）真菌性病害

1. 僵果病

（1）病原及发生规律。僵果病是蓝莓生产中发生最普遍、危害最严重的病害之一。它是由 *Monilina vaccinii-corybosi* 真菌引起的。在危害初期，成熟的孢子在新叶和花的表面萌发，菌丝在叶片和花表面的细胞内和细胞外发育，引起细胞破裂死亡，从而引起新叶、芽、茎干、花序等突然萎蔫、变褐。3～4周由真菌孢子产生的粉状物覆盖叶片叶脉、茎尖、花柱，并向开放花朵传播，进行第二次侵染，最终受侵害的果实萎蔫、失水、变干、脱落、呈僵尸状。越冬后，落地的僵果上的孢子萌发，再次进入第二年循环侵害。

（2）发病条件。僵果病的发生与气候及品种有关。早春多雨和空气湿度高的地区，以及冬季低温时间长的地域往往发病严重。

（3）防治方法

① 农业防治。生产中可以通过品种选择、地域选择来降低僵果病危害。入冬前，清除果园内落叶、落果，将其烧毁或埋入地下，可有效减少来年僵果病的发生。春季开花前浅耕和土壤施用尿素也有助于减轻病害发生。

② 化学防治。可以根据不同的发生阶段，使用不同的药剂。早春喷施50%尿素可控制僵果病的最初阶段，开花前喷施20%的嗪氨灵可以控制第一次和第二次的侵染，其有效率可达90%以上。嗪氨灵是现在防治蓝莓僵果病最有效的杀菌剂之一。

2. 茎溃疡病

（1）病原及为害症状。茎溃疡病是美国东北部蓝莓生产中一个危害严重的病害，它是由 *Phomopsis vaccinii* 真菌引起。茎溃疡病为害最明显的症状是“萎垂化”，或者茎干在夏季萎蔫甚至死亡。严重时，一株植株上多条茎干受害。气候炎热时受害叶片变棕色。随着枝条的成熟，叶片卷在枝条上呈束装状。茎溃疡病侵染部位往往位于枝条基部，病斑呈扁平状。侵染部位的小黑点里包含孢子。孢子的传播主要是靠雨水冲刷传播。枝条枯萎病往往发生在5～15 cm的当年生枝条，主要症状是茎尖死亡。

（2）防治特点

① 农业防治。在休眠期修剪时，剪除并烧毁萎蔫和失色枝条。在夏季，将发病枝条剪至正常部位。在园地选择上，尽可能避免选用早春晚霜危害地域。采用除草、灌水和施肥等措施促进枝条尽快

成熟。

② 化学防治。喷施防治僵果病的药剂可以减轻茎溃疡病的危害。

（二）病毒性病害

1. 蓝莓枯焦病毒病

（1）为害症状。受害植株最初表现出病状主要是在早春花期，花出现萎蔫并少量死亡，老枝上的叶片叶缘失绿，这种病状每年发生。抗病性较强的品种只表现出叶缘失绿症状。受侵害萎蔫的花朵往往不能发育成果实，从而引起产量降低。

（2）防治方法。防治这种病害的最佳方法是定植无病毒苗木。

2. 蓝莓携带病毒病

（1）为害症状。蓝莓鞋带病毒病是蓝莓生产中发生最普遍、危害最严重的病害。该病最显著的症状是当年生枝和一年生枝的顶端长有狭长、红色的带状条痕，尤其是向光一面表现严重。在花期，受害植株花瓣呈紫红色或红色，大多数受害叶片呈带状，少数叶片沿叶脉呈红色带状或沿中脉呈红色带状。有些叶片呈月牙状变红，受害枝条上半部弯曲。

（2）传播途径。蓝莓鞋带病的传播是从植株到植株，主要靠蓝莓蚜虫传播。这种病毒的潜伏期为4年，即受侵染植株4年后才表现症状。使用带病毒植株繁殖苗木是这一病毒在蓝莓园之间传播和远距离传播的主要方式。

（3）防治办法。最重要的措施是杜绝病株繁殖苗木。在田间发现受害植株后，用杀虫剂控制蓝莓蚜虫。用机械采收时，对机械器具喷施杀虫剂，以防止携带病毒向外传播。

3. 蓝莓花叶病

（1）为害症状。蓝莓花叶病的发生与基因型有关，如康维尔品种花叶病的发生被认为是由于基因而引起的生理紊乱。该病的主要症状是叶片变黄绿、黄色并出现斑点或环状焦枯，有时呈紫色病斑。症状的分布在株丛上呈斑状。不同年份症状表现也不同，如在某一年表现症状严重，但下一年则不表现症状。

（2）传播途径。蓝莓花叶病主要靠蓝莓蚜虫和带病毒苗木传播，因此，灭蚜虫和培育无病毒苗木是防止该病的最有效方法。

4. 红色轮状斑点病

（1）为害症状。该病一旦发生至少可导致25%的产量损失。植株感病时，一年生枝条的叶片往往表现为有中间呈绿色的轮状红色斑点，斑点直径为0.5～1 mm。到夏秋季节，老叶片的上半部分亦呈现此症状。

（2）传播途径和防治方法。该病毒主要靠粉蚧和带病毒苗木传播。防治的主要方法是采用无病毒苗木。

5. 炭疽病

（1）为害症状及发病条件。炭疽病的果实感染期从花瓣脱落开始一直延续到整个果实发育期，症状在果实成熟期表现出来。在感染期内，炎热潮湿的天气易使植株感病。

（2）防治方法。若从盛花期开始，每隔7～10 d喷一次杀菌剂，可有效控制该病害的发生。采收后迅速低温处理也可减少该病害发生。

6. 灰霉病

（1）为害症状。该病的病原菌为灰葡萄孢菌，是一种世界上广泛分布的兼性寄生菌，寄生范围十分广泛。可为害蓝莓果实、叶片及果柄，初期多从叶尖形成V形病斑，后逐渐向叶内扩展，形成灰褐色病斑，后期病斑上着生灰色霉层，花和果实发育期最容易被感染，花蕾和花序被一层灰色的细粉尘状物所覆盖，而后花、花托、花柄和整个花序变成黑色并枯萎，形态近似火疫病。被侵染的果实水渍状，软化腐烂，风干后果实干瘪、僵硬。

(2) 发病条件。该病发生的严重程度与气候条件及品种关系密切。在高湿低温条件下，该病会迅速发生、流行，对蓝莓产量和品质造成严重危害。

(3) 防治方法。主要是在秋冬季彻底清除枯枝、落叶和病果等病残体，并集中烧毁。在初花期前和花期后可喷50%腐霉利1 500倍液或40%嘧霉胺800倍液，也可在花期前喷50%代森铵500～1 000倍液、50%苯来特可湿性粉剂1 000倍液，也可在盛花期前和近成熟期喷施异菌脲、嘧霉胺等杀菌剂。调控好温、湿度，避免出现高湿低温环境。

7. 根癌病

(1) 为害症状。该病主要发生在土壤pH高的地块及扦插育苗棚中，是一种毁灭性的细菌性病害。在春末和夏初季节开始发生，发病早期，小的侧根首先出现坏死斑，植株根部出现小隆起，表面有粗糙的白色或肉色瘤状物，之后根癌颜色慢慢变深、增大，最后变为棕色至黑色，整个根系也变褐枯死。感染根癌病后，植株根部吸收营养受阻，根系发育不良，植株生长缓慢，叶片变黄、干枯，最后全株死亡。

(2) 防治方法。主要是选择健壮苗木，并剔除染病幼苗，在中耕和施肥时不要伤根，并及时防治地下害虫。病株挖除时，根部土壤用10%～20%农用链霉素或1%波尔多液进行消毒。发病植株也可用0.2%硫酸铜、0.2%～0.5%农用链霉素灌根，每10～15 d一次，连续3次。

二、花芽虫害

(一) 蚜虫

1. 为害特点 主要以成蚜和若蚜刺吸蓝莓汁液造成为害，主要发生在嫩叶、嫩芽及花蕾上，被害部位失绿、变色、皱缩，严重时导致枝叶干枯。蚜虫虫体极小，难以发现，并且繁殖迅速，传播蓝莓携带病毒，该病毒对蓝莓生产危害严重。

2. 防治方法

(1) 生物防治。利用天敌控制蚜虫，天敌有瓢虫、蜘蛛、草蛉、寄生蜂等。保护蚜虫生存场所可有效增加天敌数量，从而控制蚜虫危害。

(2) 化学防治。当蚜虫大面积发生后，可用植物农药，如苦参碱、印楝素等进行防治。果实采收后每公顷喷施马拉硫磷0.62千克，溶于1 200 L水，6～8周后再喷施一次。

(二) 地老虎和尺蠖

1. 为害特点 地老虎和尺蠖主要为害蓝莓的花芽，主要症状是在蓝莓的花芽上形成蛀虫孔，引起花芽变红或死亡。

2. 形态特征

(1) 地老虎。鳞翅目夜蛾科昆虫，体圆柱形，分13节，由3对胸足和多对腹足。头两侧各有6只眼，触角短，腭强壮，粪便带毒。

(2) 尺蠖。即鳞翅目尺蛾科昆虫幼虫统称。尺蠖身体细长，行动时一屈一伸像拱桥，休息时，身体能斜向伸直如枝状。完全变态。成虫翅大，体细长有短毛，触角丝状或羽状，称为“尺蛾”。

3. 发生规律 尺蠖每年发生1代，其蛹在树下土中8～10 cm处越冬。卵块翌年3月下旬至4月上旬羽化。雌蛾出土后，当晚爬至树上交配，卵多产在树皮缝内，上覆盖雌蛾尾部绒毛。4月中下旬蓝莓发芽，幼虫开始孵化为害，为害盛期在5月。5月下旬至6月上旬幼虫先后成熟，入土化蛹越夏越冬。

4. 防治方法 这两种虫害危害不大，还不至于造成严重损失，在开花前药剂防治即能有效控制。

(三) 蔓越橘象甲

1. 为害特点 蔓越橘象甲是北方蓝莓中常见的害虫，属鞘翅目象甲科。体长约31.5 mm，暗红色。以成虫越冬，性迟钝，行动缓慢，假死性强。在早春芽刚膨大时从芽内钻出为害。主要造成花芽不能开放，叶芽出现非正常簇叶。

2. 防治方法

（1）生物防治。蚂蚁能取食花象甲、李象虫、蔓越橘果蛆虫、蓝莓虫瘿的卵和蛹等，可利用蚂蚁来控制该类害虫发生数量。

（2）化学防治。主要是在叶芽放绿和花芽露白时喷施药剂防治。

三、果实虫害

（一）蛆虫

1. 蓝莓蛆虫

（1）为害特点。为害北方蓝莓果实最严重和最普遍的是蓝莓蛆虫。成虫在成熟果实皮下产卵，使果实变软、疏松，失去商品价值。成虫发生持续时间较长，因此需要经常喷施杀虫剂。

（2）防治方法

① 物理防治。采用诱捕方法监测幼虫数量，根据监测数据确定喷药量和次数。

② 化学防治。在叶面或土壤上喷施亚胺硫磷、马拉硫磷等对蓝莓蛆虫的控制效果都很显著。

2. 蔓越橘果蛆虫

（1）为害特点。在绿色果实的花萼端产卵，幼虫从果柄与果实相连处钻入果实，并封闭入口直到将果实食用完毕，然后钻入另一枚果实继续为害。一只幼虫可为害 3～6 枚果实。被为害的果实在幼虫入口处充满虫粪，受害果和未受害的果实往往被丝状物黏在一起，被为害的果实往往早熟并萎蔫。

（2）防治方法。亚胺硫磷等对防治蔓越橘果蛆虫效果较好。

3. 樱桃果蛆虫

（1）为害特点。幼虫在果实花萼里出生并啃食果实直到幼虫成熟一半，然后转移至邻近果实上继续危害。这一转移过程中幼虫不暴露，最终使两个受害果实粘在一起。

（2）防治方法

① 生物防治。小黄蜂的产卵、幼虫及蛹阶段均在樱桃果蛆虫和蔓越橘裹蛆虫的卵上寄生发育，大约有 50%的虫卵可被小黄蜂产卵寄生而死。一些寄生性的真菌主要寄生在樱桃果蛆虫和蔓越橘果蛆虫的休眠幼虫上，这种寄生真菌发生率可以高达 48%。

② 化学防治。喷施亚胺硫磷等可有效防治这种虫害。

（二）李象虫

1. 为害特点　李象虫是为害蓝莓果实的另一种重要害虫。成虫体长 4 mm 左右，在绿色果实的表面蛀成一个月牙状的凹陷并产 1 枚卵，1 只成虫可产 114 枚左右卵。幼虫钻入果实并啃食果肉，导致果实假性早熟并脱落。判别李象虫发生的主要特征是，果实表面有月牙状的凹陷痕和果实成熟之前地表面有脱落萎蔫的果实。

2. 防治方法　在授粉之后，当果实发育到约 4 mm 直径时，施用药剂防治。

四、叶片虫害

（一）叶蝉

1. 形态特征　叶蝉是蓝莓叶片发生最普遍且最严重的虫害，属半翅目叶蝉科，一年繁殖 4～5 代。棕灰色，楔形，体长约 0.74 mm。单眼 2 只，少数种类无单眼。后足胫节有棱脊，棱脊上有 3～4 列刺状毛。后足胫节刺毛列是叶蝉科最显著的识别特征。

2. 为害特点　叶蝉对蓝莓叶片的直接为害较轻，但其携带并传播的病菌对蓝莓生长造成严重影响。

3. 防治方法

（1）物理防治。利用叶蝉成虫的趋光性，用黑灯光诱杀。

（2）化学防治。第一次喷施控制蓝莓裹蛆虫的药剂可控制叶蝉，但需要第二次喷施才能控制第二代和第三代叶蝉幼虫的发生。

（二）叶螟和卷叶螟

1. 为害特点 叶螟和卷叶螟均属鳞翅目螟蛾科。造成的经济损失较小，为害症状主要是幼虫吐丝将叶片从边沿两侧向中央卷起，隐藏其内取食叶肉，残留白色网脉，造成植株枯死。

2. 防治方法

（1）生物防治。人工释放赤眼蜂。在卷叶螟产卵始盛期至高峰期，分期分批放蜂，每次放 3 万～4 万头，隔 3 d 一次，连续放蜂 3 次。

（2）化学防治。喷施防治果实虫害的药剂即可有效防治叶螟和卷叶螟。

五、茎干虫害

（一）介壳虫

1. 为害特点 介壳虫是为害蓝莓茎干的主要害虫，属同翅目盾蚧科。介壳虫一般一年发生 1～3 代，少数 4～5 代。大多数虫体上备有蜡质分泌物，即介壳，分泌物还能诱发煤污病，可引起树势衰弱，产量降低，寿命缩短，对蓝莓生长危害极大。如不及时修剪，往往造成严重损害。

2. 防治方法

（1）生物防治。瓢虫是介壳虫的主要捕食性天敌，通过提供庇护场所或人工助迁，释放澳洲瓢虫、大红瓢虫和黑缘红瓢虫等，可有效防止介壳虫的危害。

（2）化学防治。在萌芽前喷施 3%的油溶剂。

（二）茎尖螟虫

1. 为害特点 茎尖螟虫属鳞翅目，成虫 2 对翅，翅脉简单，身体、翅和附肢均布满鳞片。其在枝条茎尖产卵，幼虫啃食茎尖组织造成生长点死亡。

2. 防治方法 喷施防治果实虫害的药剂可有效控制茎尖螟虫的成虫，常用药剂和每 667 m^2 用量一般为 50%杀螟松乳油 50～100 mL，25%杀虫双水剂 200～250 mL，90%晶体敌百虫 475 g 任选其一喷雾或泼浇。

第八节 果实贮藏保鲜

蓝莓果实中含有多种营养成分，具有特殊香气，含糖量高，糖酸比适宜，适合鲜食。多数品种的果实成熟期在盛夏，较柔软，不耐贮藏，常温下存放保质期只有 3～5 d，为了延长货架期，需进行贮藏保鲜，根据保鲜期需要可采用冷凉及冷冻贮藏、速冻贮藏和气调贮藏。

一、冷凉及冷冻贮藏

（一）贮藏目的

蓝莓在冷凉条件下存放，可以防止或减缓变质，其主要原因由三个方面：①在低温环境中可抑制微生物生长和繁殖。通常在 10 ℃以下大多数微生物便难以繁殖，－10 ℃条件下基本不再发育。②在冷凉环境中蓝莓果实内原有酶的活性大大降低。大多数酶活性的适宜温度为 30～40 ℃，如将温度控制在 15 ℃以下，酶的活性将受到很大程度的限制，从而延缓了蓝莓果实的腐败。③在 0 ℃以下低温环境中水变成冰，水的活度下降。冷凉贮藏一般有冷冻和冷藏两种方式，蓝莓鲜果保存采用冷藏方式，蓝莓加工用过可采用冷冻方式。

（二）贮藏方法

1. 冷凉贮藏 蓝莓采收后进入冷库冷藏前，要进行预冷，使果温降低，在进入冷藏环境后的贮藏过程中，果实仍进行生理呼吸，在呼吸过程中消耗糖分等的同时产生热量和二氧化碳，呼吸热反过来又提高了温度而促使呼吸作用加强，因此贮藏期间要不断除去呼吸热，保持较高且稳定的湿度，以利于保持蓝莓品质。实验表明，蓝莓鲜果在温度 0.5～2 ℃、相对湿度 95%的环境条件下，贮藏 30 d 其腐烂率低于 5%，外观新鲜度仍与入贮时相同。

2. 冷冻贮藏 加工用蓝莓因采收集中，有时需要 30 d 以上的长时间贮藏，普通冷藏无法保证蓝莓品质，这时需采用冷冻贮藏方式。冷冻贮藏温度为－18 ℃以下，贮藏保鲜期为 6～18 个月，入贮前需进行去杂、清选、漂洗工序，然后在阴凉处晾 10 min 左右，待蓝莓果实基本晾干后，放入定量周转容器中，然后进入冷库冷冻贮藏。

二、速冻贮藏

速冻就是利用－35～－60 ℃的低温，使蓝莓果实在 12～15 min 迅速冻结，以此达到速冻保鲜目的。速冻贮藏可以较好地保持蓝莓原有的色、香、味和组织结构。其保鲜原理是：快速冻结使蓝莓果实细胞内形成小冰晶，而小冰晶在细胞内和细胞间隙中均匀分布，细胞并不受损伤或破坏，使细胞保持完好；蓝莓果实的汁液形成冰晶后，遏制了果实内各种酶的活动，从而防止了果实的旺盛呼吸消耗和腐烂，达到长期贮藏保鲜的效果。速冻后的冷藏保持温度为－18 ℃。蓝莓速冻贮藏，要求果实无损伤，无病虫害，成熟度达到八九成，不能过熟也不能低于八成熟。成熟度太低的果实速冻后淡而无味；过熟的果实速冻后风味变淡，果实不完整，质量下降。

三、气调贮藏

蓝莓为非呼吸跃变型果品，可耐高浓度二氧化碳，同时乙烯对其果实的呼吸强度影响作用也不是很明显。在贮藏环境中，将空气中的氧和二氧化碳分别控制在 2%～4%和 3%～10%范围内，温度控制在 1～2 ℃范围内，贮藏效果较好，保鲜期可达到 6 周以上。应用气调贮藏方法保鲜蓝莓时，要在采收后 24 h 内完成预冷、清选、晾干、贮藏期包装工作。蓝莓气调贮藏，不但要调控贮藏环境的温、湿度，还要同时调控氧和二氧化碳等气体成分，其操作难度和贮藏成本都远远高于普通冷凉贮藏，所以目前在国内采用的还比较少。

第六十五章　草　莓

概　述

草莓是多年生草本浆果植物，繁殖容易，结果快，成熟早，果实柔软多汁，色泽美观，营养丰富，生产周期短，许多品种从萌芽展叶到浆果成熟只需 60 d 左右。草莓既能生食，又可加工成果酱、果汁、果酒等多种产品。据分析，鲜果含水 90%左右、糖 6%～12%、有机酸 0.6%～1.6%、蛋白质 0.4%～1%、果胶 0.7%～1%、粗纤维 1.4%。经测定，每 100 g 鲜果中含维生素 C 35～120 mg，约为梨、苹果、葡萄的 10 倍；含维生素 B_1 0.02 mg、维生素 B_2 0.02 mg。此外，尚含有丰富的磷、铁、钙等矿物质以及多酚类、类胡萝卜素等防癌抗癌物质，具有良好的医疗保健作用。

草莓经济价值较高，一般每 667 m^2 产量为 1 500～3 500 kg，最高可达 5 000 kg 以上，经济收入相当可观。

草莓栽培最早始于 14 世纪前叶，最初在法国，后来传到英国、荷兰、丹麦、日本等国，现在世界上几乎所有的国家都有栽培。我国草莓栽培始于 1915 年，20 世纪 70 年代中期处于相对的停滞状态，自 70 年代后，随着保护地栽培技术的推广，草莓市场实现了周年供应，特别是在水果淡季，草莓经济效益更高。目前，草莓已成为我国的主要水果之一。

第一节　种类和品种

一、种类

草莓属蔷薇科（Rosaceae）草莓属（*Fragaria*）植物。目前，世界上已知草莓约有 50 种，绝大部分分布于欧洲、亚洲和美洲。其中引为栽培和形成品种者有欧洲草莓、麝香草莓、东方草莓、西美草莓、弗吉尼亚草莓、智利草莓等。弗吉尼亚草莓也称深红草莓，生产中所用的栽培品种多为智利草莓和弗吉尼亚草莓的杂交种。

二、品种

目前，草莓的栽培品种已有 2 000 个以上，而且新的品种还在不断地出现，各国的栽培品种有较大的差异，我国各地的主要栽培品种也有较大差异。

（一）宝交早生

从日本引进。植株生长较开张。叶片椭圆形，叶缘稍向里卷。叶色深绿有光泽。托叶淡绿稍带粉红色。花序等于或稍低于叶面。1 级序果平均单果重 28 g 左右，加强技术管理可达 30 g 以上，最大果重 60 g。果实圆锥形，果基有颈，即浆果基部与萼片连接处具有光滑无种子的颈状部分。果面鲜红艳丽。萼片平贴或稍反卷。果肉橙红色，髓心较实，汁液红色，质地细嫩，香甜味浓，品质极上，可溶性固形物 8%～10%。丰产，早中熟品种，对白粉病抗性强，对萎黄病、灰霉病抗性弱，休眠较

浅，适于露地和保护地栽培，尤其适于大棚栽培。该品种是确保优质丰产、淡季供应的最理想品种之一。

（二）戈雷拉

从比利时引进。植株生长直立、紧凑。叶片椭圆形，浓绿，质硬。1级序果平均单果重24 g，最大果重45 g。果实圆锥形，有棱沟。果面红色，有时果尖不着色。萼片大，平贴或稍反卷。果肉橙红色，较硬，髓心稍空，汁液红色，酸甜味浓，可溶性固形物7%～8%。丰产，中早熟品种，抗病性与抗逆性较强，尤其具有抗寒性，适于露地和保护地栽培。

（三）达娜

从日本引进。植株生长较开张。叶片椭圆形，大而平展。叶色深绿。托叶浅红色。花序低于叶面。1级序果平均单果重27 g，最大果重50 g以上。果实圆锥形，深红色。萼片平贴。果肉浅红色，品质中等，可溶性固形物6%～7%。丰产，早中熟品种，休眠深，适于露地和半促成栽培。

（四）春香

从日本引入。植株生长直立。叶片椭圆形，大而平展。托叶绿色。花序低于叶面。1级序果平均单果重27.7 g，最大果重52 g。果实圆锥形或楔形，果基有时有颈。果面红色。萼片反卷。果肉红色，髓心稍空，香味浓，可溶性固形物8%～10%，品质极上。早熟品种，易染白粉病，休眠浅，适于促成栽培。

（五）丰香

从日本引进。植株生长势强。叶片大而厚，但叶数稍少。匍匐茎发生能力比宝交早生强，且匍匐茎粗，皮呈淡紫色。果实大，短圆锥形，鲜红有光泽。果肉酸甜适口，以甜为主，香味极浓，品质极上。果肉致密，硬度大，耐贮藏运输。丰产，早熟品种，对白粉病抗性较差，休眠浅，适于促成栽培。

（六）女峰

从日本引入。植株生长势强。匍匐茎发生能力也强。叶片大。果实较大，圆锥形，鲜红有光泽。果肉酸甜适口，有浓香，品质上。果皮韧性强，果肉硬，耐贮藏运输。早熟品种，休眠浅，适于促成栽培。

（七）明宝

从日本引入。植株生长势强。匍匐茎发生能力中等。叶片大，叶色比宝交早生稍浅。果实大，圆锥形，鲜红色。果肉白色，酸甜适口，具芳香气味，可溶性固形物8%～10%，品质上等。丰产，早熟品种，成熟期比宝交早生早1周，但比春香稍晚。对白粉病抗性强，对其他病虫害的抗性也同宝交早生。休眠浅，适于促成栽培。

（八）梯旦

从美国引进。植株生长粗壮。叶片革质且厚，有光泽。1级序果平均单果重31.9 g，最大果重46 g。果实钝圆锥形，果形整齐。果面鲜红色，有光泽。果肉较硬，味甜稍酸，有杏香味，汁多质细，可溶性固形物7.4%。晚熟品种。

（九）丽红

从日本引进。植株较直立，生长势强。叶片大而厚，叶色浓绿。1级序果平均单果重25.7 g，最大果重44 g。果实圆锥形，浓红美观，富有光泽。果实较硬，较耐贮藏运输。丰产，晚熟品种。易染芽枯病，苗期耐热性差。休眠浅，适于促成栽培。

（十）明晶

系沈阳农业大学从日出（Sunrise）品种自然杂交实生苗中选出。植株较直立，叶较稀疏，新分枝较少。叶片椭圆形，呈匙状上卷，较厚，色较深，平滑具光泽。1级序果平均单果重27.2 g，最大果重43 g。果实近圆形，整齐。果面红色，平整，光泽好。果肉红色，致密，髓心小而稍空，汁液红色，酸甜适口，可溶性固形物8.3%。果实硬度较大（745 g/cm^2），果皮韧性强，耐贮藏运输。丰产，早中熟品种。抗逆性强，适于露地和保护地栽培。

（十一）章姬

日本早熟品种。20世纪末引入我国，经多地栽培观察，植株长势强，株形开张，较抗炭疽病和白粉病。果个较大，色泽艳丽，长圆锥形。丰产性好，休眠浅。

（十二）红颜

红颜又名红脸颊、红颊。日本早熟品种。20世纪末引入我国，现南北方均有栽培。植株长势强，株形开张，对白粉病和炭疽病抗性较强。果个大，果面深红色，有光泽，味芳香、浓甜。丰产性好，休眠浅，较耐贮运。

（十三）红宝石

从美国引入。植株生长势强。匍匐茎发生能力也强。叶片黄绿色。在辽宁丹东，1级序果平均单果重38 g，最大果重96 g。果实圆锥形。果面深红色，有光泽。果肉酸甜、清香，口感好，致密，硬度大，耐贮藏运输。丰产，早熟品种，抗旱，耐高、低温，且抗病、适应性强，适于促成栽培。

（十四）大将军

从美国引入。植株大，生长势强。匍匐茎发生能力中等。叶片大，深绿色。在辽宁丹东，1级序果平均单果重58 g，最大果重122 g。果实圆柱形。果面鲜红色，着色均匀。果肉香甜，口感好，致密，硬度大，耐贮藏运输。丰产，早熟品种，抗旱，耐高温，且抗病、适应性强，适于促成栽培。是目前美国系草莓品种中果个和果实硬度最大、耐贮运型品种。

（十五）草莓王子

从荷兰引入。植株大，生长势强。匍匐茎发生能力强。叶片灰绿色。在辽宁丹东，1级序果平均单果重42 g，最大果重107 g。果实圆锥形。果面红色，有光泽。果肉香甜，口感好。果实硬度大，耐贮藏运输。丰产，中熟品种，适于露地和半促成栽培。

（十六）红玫瑰

从荷兰引入。植株生长势强。匍匐茎发生能力中等。叶片深绿色。在辽宁丹东，1级序果平均单果重26 g，最大果重57 g。果实圆锥形。果面深红色，有光泽。果肉芳香浓郁，口感很好。果实硬度中等。丰产，早熟品种，抗寒、抗病，适于露地和半促成栽培。

（十七）皇冠

从荷兰引入。植株生长势较强。匍匐茎发生能力强。在辽宁丹东，1级序果平均单果重31 g，最大果重66 g。果实圆锥形。果面橘红至鲜红色，有光泽。果肉具有独特和浓郁的芳香味，口感很好。果实硬度中等。丰产，中熟品种。抗病，尤其对多种土传性病害具有一定的抗性，适于露地和半促成栽培。是目前欧洲系草莓品种中风味最好的浓香型品种。

（十八）美香沙

荷兰品种。我国南北各地均有栽培。植株半开张，长势强，匍匐茎发生能力强。果个大，1级序果平均50 g，果形整齐，果面光滑平整，有光泽，果肉红色，香味浓，硬度大，丰产性强，耐贮运。

（十九）幸香

日本中早熟品种。植株长势健壮，叶片较小，浓绿色，花量多。果实圆锥形，鲜红色，味香甜，硬度大。1级序果平均35 g。适合温室大棚栽培。

第二节 生物学特性

草莓为多年生常绿草本植物。植株矮小，株丛高度一般不超过35 cm，植株呈丛状，匍匐地面生长。盛果期2～3年。

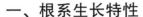

一、根系生长特性

(一) 根系的分布

草莓根系为须根系，在土壤中分布浅，大部分根集中分布于0～30 cm的土层内，而90%以上的根分布于0～15 cm的土层内。根系分布深度与品种、栽植密度、土壤质地、温度和湿度等有关。密植时分布较深，沙地中分布较深

(二) 根系的形成

草莓根系由新茎和根状茎上发生的不定根组成。首先从茎上发生直径为1～1.5 mm的一次根，一般20～35条，多时达100条。从一次根上，又分生许多侧根，侧根上密生根毛。新生不定根为乳白色，随着年龄的增长逐渐老化变为浅黄色以至暗褐色，最后近黑色而死亡。新的根代替死亡的根继续生长。随着茎的生长，新根的发生部位逐渐上移。如果茎露在地面，则不能发生新根，若及时培土，则可产生新根。新根的寿命通常为1年。弗吉尼亚草莓的根寿命为1～2年，而智利草莓的根寿命可达数年之久。

(三) 根系的生长动态

草莓根系生长动态与地上部生长动态大致相反。秋至冬季是生长最旺盛时期；休眠期稍减缓；早春又开始旺盛生长；在叶和果实需水量较高的春至夏季生长缓慢；在果实肥大时期部分根枯死。也就是说，草莓根系在1年内有2～3次生长高峰。在花序初显期达到第一次生长高峰。果实采收后，母株新茎和匍匐茎生长期进入第二次生长高峰。9月中旬至初冬，随着叶片养分的回流积累，形成第三次生长高峰。

一年中，根系在早春比地上部开始生长早10 d左右。开花期以前，根以加长生长为主，少有侧根产生，开花期的到来，标志着白色越冬根加长生长的停止，新不定根从根状茎萌生的开始。由于根的形成层极不发达，当根达到一定粗度后就不再加粗。

根系的生长状况，可以通过地上部生长的形态来判断。早春萌动至花期，植株无白色新根。凡地上部生长良好，早晨叶缘具有水滴的植株，白色吸收根或浅黄色根就多。

(四) 根系生长的土壤条件

1. 土壤温度 草莓根系生长的最低温度为2 ℃左右，最适温度为15～23 ℃，最高温度为36 ℃。根系在−8 ℃时会受冻害，−12 ℃时会全株冻死。10 ℃以下时，根系不仅生长不良，且不利于对养分特别是磷的吸收。

2. 土壤水分 草莓根系分布浅，既不抗旱，又不抗涝，加之草莓植株小、叶面积较大，叶片更新频繁，浆果含水量高，营养繁殖快，因此，根系生长对土壤浅层水分要求较高，具有“少量多次”的需水特点。草莓不同物候期对水分的需要量不同，果实发育期需水量最多，应特别注意保持土壤湿润。

3. 土壤通气状况 草莓不仅需要土壤中有适宜的水分，还要求有足够的空气。草莓适宜生长在疏松、肥沃、排水良好、灌溉方便的土壤上，而黏质土排水不良，易引起烂根及其他病害。

4. 其他 草莓喜欢有机质含量高的壤土或沙壤土，四季结实的草莓更是如此。草莓对土壤反应适应性较强，但一般适于微酸性土壤，pH 5.6～6.5为宜，pH 4以下或8以上，则对生长发育有障碍，尤其是石灰过量则更有害。要求地下水位不高于80～100 cm。草莓不适于种植在盐碱地、石灰土、沼泽地、涝洼地、黏重土和砾沙土上。

二、芽、叶生长特性

(一) 萌芽展叶的过程

春季温度达到5 ℃时，草莓植株即开始萌芽生长。顶生混合芽抽生新茎，先发出3～4片叶，接

着露出花序。随着气温的上升，新叶陆续产生，越冬叶逐渐枯死。初期主要依靠根及根状茎内的贮藏养分进行活动。另外，腋芽具有早熟性，当年即可萌发。

展叶时，最初 3 片小叶从茎顶端伸出，接着叶柄渐渐伸长，叶片渐渐展开。在 20 ℃温度条件下，约 8 d 即可展开 1 片叶，1 个月大约可增加 4 片叶，1 株草莓年展叶 20～30 片。春季坐果至采前展开的叶，其大小、形态较典型，具有品种代表性。

叶片寿命一般为 80～130 d。新叶形成后的 40 d 左右同化能力最强。在植株上第四片新叶同化能力最强。秋季长出的叶片，适当保护越冬，寿命可延长到 200～250 d，直到春季发出新叶后才逐渐枯死。越冬绿叶的数量对草莓产量有明显的影响，保护绿叶越冬，是提高翌年产量的重要措施之一。因此，应加强越冬前的田间管理和越冬的覆盖防寒。

衰老叶片同化能力降低，并有抑制花芽分化的作用。生产上常需摘除衰老枯萎叶片，以有利于植株生长发育。

从定植后至休眠前，植株的生长状况与翌年的产量密切相关。叶数多，叶片大，叶柄长，植株成为良好的立体状态，受光面积大，光合积累高，有利于花芽发育及翌年生长。因此，秧苗质量和定植后的管理，在栽培上极为重要。

（二）萌芽展叶对主要环境条件的要求

1. 温度 草莓地上部，在 5 ℃时即开始生长，其生长发育最适温度为 20～26 ℃。草莓的芽在 －10～－15 ℃时就会发生冻害，严重时植株将会冻死。有的品种在 20～30 cm 雪层覆盖下可忍受 －25～－30 ℃的气温。早春早熟品种不如晚熟品种抗寒，而初冬晚熟品种不如早熟品种抗寒。植株萌芽生长时，抗寒能力降低，－7 ℃时就会受冻害，－10 ℃时则大多数植株死亡。温度过高也不利于生长，新叶难以长出，老叶往往出现灼伤或焦边，此时，应注意灌水或遮阴。

2. 光照 光照不良，种植过密或遮阴过重，叶色变淡，叶片薄，植株易徒长虚弱。但光照过强，则易受干旱与暑热危害，叶片变小，影响根系和地上部生长，严重时植株成片死亡。

3. 水分 水分的适当供给也很重要。土壤含水量过低，则阻碍茎、叶的正常生长。土壤含水量过高，则易引起叶片变黄、萎蔫。

三、茎生长特性

（一）茎的种类和形态

草莓的茎有新茎、根状茎和匍匐茎 3 种。

1. 新茎 新茎为当年萌发或一年生的短缩茎，呈半平卧状态，节间短而密集。新茎加粗生长旺盛，加长生长很少，其上密集轮生着叶片，叶腋着生叶芽。新茎顶芽和腋芽都可分化成花芽。腋芽当年可萌发成为匍匐茎或新茎分枝。新茎分枝多在 8～9 月产生。其发生的数量与品种、株龄和栽培条件有关。植株一般可形成 3～9 个新茎分枝，株龄大的可形成 20 个以上，新茎下部发生不定根，第二年新茎就成为根状茎。

2. 根状茎 草莓多年生的短缩茎称为根状茎。根状茎为具有节和年轮的地下茎，是营养物质的贮藏器官。根状茎也产生不定根。二年生以上的根状茎逐渐衰老死亡，只有地上部分受到损伤时，隐芽才能萌发长出新茎。

3. 匍匐茎 又称走茎，为匍匐延伸的一种地上茎，也是草莓的营养器官。由新茎的腋芽萌发而成，其节间长，茎细、柔软。匍匐茎有 2 节：第一节腋芽呈休眠状态，不产生匍匐苗，但有时产生匍匐茎分枝；第二节生长点分化叶原基，在 3 片叶显露前开始发生不定根，扎入土中形成第一代子株，第一代子株又可抽生第二代匍匐茎，产生第二代子株，第二代子株又可抽生第三代匍匐茎，产生第三代子株。依此类推，可形成多代匍匐茎和多代子株。

（二）匍匐茎的发生

1. 发生的基本状况　草莓匍匐茎发生始期一般是在果实肥大期。大量发生期是在果实采收之后。早熟品种发生早，晚熟品种发生晚。发生时期的早晚还与日照条件及母株经过低温时间的长短有关。

母株发生匍匐茎的能力，因品种和栽培条件而异。1 株母株 1 年中可发生 4～5 代匍匐茎，各代匍匐茎总数为 30～150 条，发生短的 15 cm 左右，发生长的 30 cm 以上。

2. 发生的条件

（1）品种及长势不同品种发生匍匐茎的能力不同。女峰、春香、宝交早生、丽红等发生能力较强，达娜和四季草莓等相对较弱。同一品种，生长势强的比弱的发生多，结果少的比结果多的发生多。

（2）日照与温度。匍匐茎在长日照下发生，但还和温度有关，温度低即使是长日照也不发生。据试验，草莓马歇尔品种，在 8 h 日照长度下，匍匐茎完全不发生，12 h 以上才发生，日照越长发生越多；并且 10 ℃以下即使 16 h 长日照也不发生。

匍匐茎的发生还与光照度有关，光照强有利于匍匐茎发生。

（3）低温要求。草莓在冬季休眠期间，品种对低温要求完全得到满足时，匍匐茎的发生就多而旺，否则就不发生或少发生。据日本 10 个品种的调查，均为自然低温经过期间长的发生匍匐茎多，但发生数量品种间有差异。一般寒地型品种要求较长时间的低温，而暖地型品种则要求较短时间的低温。寒地型品种适宜北方露地栽培和半促成栽培，暖地型品种则适宜保护地栽培和南方栽培。

匍匐茎是否旺盛发生，可作为该品种是否解除休眠的重要判断依据。

3. 发生的控制

（1）促进。促进匍匐茎发生的目的是为了加速繁殖。在满足低温量要求之后，长日照、高温促进匍匐茎发生。赤霉素有一定的促进作用，一般使用浓度为 30～50 mg/kg。疏除花果，带土移植母株，保证母株有充足的营养面积，加强肥水管理等措施，也均可促进匍匐茎的发生。

（2）抑制。抑制匍匐茎发生的目的是为了提高果实的产量和品质。匍匐茎发生过多过旺，会降低果实的产量和品质；降低子株质量；还易造成生长过密而引起病虫害加重。选择匍匐茎发生少的品种，适时上棚保温，防止棚内高温，及早人工摘除，使用生长延缓剂或生长抑制剂等措施，都可抑制匍匐茎的发生。

利用多效唑可收到明显效果。一般于 6 月中旬开始，间隔 1 周，叶面喷布 2 次 250 mg/kg 的多效唑，是抑制匍匐茎生长、提高草莓产量有效的化学控制措施，基本上可代替人工摘除匍匐茎。多效唑对草莓匍匐茎的发生数量和生长长度均有明显的抑制作用，对植株高度和叶柄长度也有明显的抑制作用。赤霉素具有解除多效唑对草莓抑制作用的效果，叶面喷布 20 mg/kg 后，1 周左右即可见效。经赤霉素处理后，长期受多效唑严重抑制的草莓，植株明显增高，叶柄也显著加长。

另据试验，于 5～6 月，喷 4%的矮壮素，也可抑制匍匐茎发生，提高翌年产量。

4. 子株的发生　子株，也就是匍匐茎苗。1 株母株 1 年中可发生 3～5 代子株，各代子株总数有 30～85 株，多者可达 90 株以上。每 667 m^2 可生产子株 4 万～12 万株。子株的发生时期、发生数量、新茎粗度等与品种及栽培条件有密切关系，且不同代之间差异较大。子株离母株越近，形成越早，生长发育越好。

子株新茎越粗，定植后生长越健壮，开花株率高，开花数量多。新茎粗度为 0.8 cm 以上时，一般可全部开花。

四、开花与结果习性

（一）开花

当平均气温达 10 ℃以上时，草莓即开始开花。露地条件下，山东一般在 4 月中旬。在暖地开花始期早，品种间差异大；而在寒地开花始期晚，品种间差异小。

花序一般在新茎展出3片叶后第四片叶尚未伸出时，即在第四片叶托叶鞘内微露。随后花序逐渐伸出，整个花序显露。

开花时，花瓣逐渐展开，花药也向外侧弯曲。晴天塑料大棚内花瓣一般在上午展开，数小时后花药纵裂，飞散出花粉。一朵花可开放3～4 d，在这期间进行授粉受精。

花序上花的级次不同，开花的顺序不同。因而，果实的大小和成熟期也不同。首先是1朵1级序花开放，其次是2朵2级序花开放，然后是4朵3级序花开放，依此类推。在适宜的气候和良好的栽培条件下，无效花百分率可大大降低。

草莓的花期很长，整个花序全部花期需20～25 d。露地条件下，山东一般在5月上中旬才结束。开花早的品种花期长。无论在哪个地区，各品种的花期几乎同时期结束。

（二）授粉受精

1. 花药开裂 花药中的花粉粒，一般在开花前成熟，具有发芽力。在开花前，花药不开裂。开花后1～2 d，便可见到白色花瓣上所散落的黄色花粉粒。据观察花药开裂的时间从9:00～17:00，以上午为主，11:00～12:00达高峰。

花药在低温下不开裂，开裂的最低温度在黑暗条件下为11.7℃，适宜温度为13.8～20.6℃。湿度的最高界限为相对湿度94%，雨天则妨碍花药开裂。塑料大棚等保护地栽培，若不注意通风换气，则相对湿度太高，花药不能开裂，花粉粒易吸水膨胀破裂，致使不能授粉受精。

2. 花粉发芽 花粉粒落到柱头上后，花粉管从花粉粒外壁萌发沟的一处伸出，并从柱头上的细胞间隙进入花柱内到达子房。

花粉的发芽率，开花1 d后达到高峰，此时花药稍带褐色；开花2 d后发芽率下降，花药褐色；开花3～4 d，花药黑色，其内无花粉粒，花瓣脱落。花粉粒最适发芽温度为25～27℃。

3. 受精坐果 花粉管到达子房后，由珠孔进入胚囊进行受精。受精的结果，形成种子，促进坐果，使果实正常生长发育。授粉受精可促使子房内形成植物激素，促使种子周围的花托肥大。授粉受精完全，则发育成正常果实；授粉受精不完全，则发育成畸形果实；没有授粉受精，则花托不肥大。

草莓的雌蕊在开花后7～8 d均有受精能力。但实际上，开花4 d后，花药中已无花粉，昆虫不再访花。

草莓的花是虫媒花，既能进行自花授粉，又能进行异花授粉。但异花授粉坐果率高，单果重量大。

开花期低于0℃或高于40℃时，会严重阻碍授粉受精过程，致使产生畸形果。花期遇雨、风沙大、遭虫害等情况下，都会引起畸形果产生。花期遇0℃以下低温或霜害时，可使柱头变黑，丧失受精能力。开花期和结果期最低温度为5℃。

五、果实发育与成熟

（一）果实发育

草莓果实体积的增大，决定于细胞数目、细胞体积和细胞间隙的增大。子房在受精后迅速发育，其周围的花托逐渐肥大而成为果实。果实细胞数目在花前就已大体决定。开花后果实的肥大，主要是由于细胞的增大。在髓部有细胞间隙，随着果实的肥大，细胞间隙也增大，因此，大果往往出现髓部中空的现象。

果实在开花后至15 d前，生长发育缓慢；开花后15～25 d，迅速肥大，1 d平均可增加2 g左右；最后7 d，生长发育又趋缓慢。草莓果实的生长曲线呈典型的S形。

草莓种子的存在，是果实肥大的重要内因，种子的多少决定了果实的大小。种子数既与授粉受精是否充分有关，也与花前花托上分化的雌蕊数有关，雌蕊数多，种子数才可能多，这是基础。为此，应加强花芽分化和花前期间的管理，保证花芽分化发育良好，争取获得果个大、品质优的草莓。

温度对果实生长发育有明显的影响，温度低有利于果实肥大。

对草莓适时适量灌水，可促进果实肥大，特别是果实肥大期，水分不足影响很大。

另外，同一花序上的果实间相互竞争养分和水分，及时疏除花序上高级次的花蕾及畸形果等，也可促进果实肥大。

（二）果实成熟

伴随着果实的肥大。果实逐渐成熟，其显著变化是果实的着色。先是褪绿变白；接着渐渐变红，并具有光泽；果肉进一步着色，达到完熟。种子最初绿色，当果实着色时变成黄色或红色。果肉随着成熟变软，释放出特有的芳香，酸甜适度，味美可口。草莓果实是否成熟，其判断可依据着色和软化的程度。实际栽培中，由于果实在运输过程中继续增加成熟度，所以应考虑销售前的时间，在果实未完全成熟时采收。

草莓从开花到果实成熟，一般需 30 d 左右。受温度影响很大，温度高需要天数少，温度低则需要天数多。果实成熟始期，露地条件下，山东一般为 5 月上中旬。草莓由于花期长，果实成熟采收期也长。露地栽培长达 20 d 以上，保护地栽培长达 3 个月以上。

日照长度和强度对果实成熟和品质有较大影响。长日照、光照强可促进果实成熟，低温配合强光照可提高果实品质。在暖地，夏季炎热高温，只能获得香味贫乏的果实；而在高冷地和高纬度地区，由于低温和一定程度的强日照，则可获得香味浓郁的果实。

六、花芽分化

（一）花芽分化的过程

花芽为混合芽。草莓在秋季，不断地形成新叶，一般只要温度和日照长度等环境条件适宜，即开始进行花芽分化，其发育过程大体可分为 7 个阶段：花芽分化初期、花序分化期、萼片形成期、花瓣形成期、雄蕊形成期、雌蕊形成期、花粉及胚珠形成期。

在一个花序中，花芽的分化是有规则的，1 级序花分化后，从其苞片内侧分化 2 级序花，又从 2 级序花的苞片内侧分化 3 级序花，余下依此类推。分化几级序花因条件而异，一般可分化到 4 级序花。

（二）花芽分化的时期

草莓花芽分化的时期因品种和环境条件而异。早熟品种比晚熟品种开始分化早，停止分化也早。同一品种，氮素过多，表现徒长、叶数过多过少等都会使花芽分化延迟。

在自然条件下，我国草莓一般在 9 月或更晚开始花芽分化。山东、北京等地，草莓多在 9 月中下旬开始花芽分化。

草莓花芽分化各阶段的时期：花芽分化初期—花序分化期，约 1 周；花序分化期—萼片形成期，约 1 周；萼片形成期—雄蕊形成期，约 1 周；雄蕊形成期—雌蕊形成期，约 2 周。雌蕊的形成标志着草莓花芽冬前分化的基本完成，整个分化过程约 1 个月。

（三）花芽分化的条件

草莓是在较低温度和短日照条件下开始花芽分化，大体上，温度在 17 ℃以下，日照在 12 h 以下均可进行花芽分化。

在夏季高温和长日照条件下，只有四季草莓才能花芽分化。

草莓秧苗的健壮程度，对花芽分化影响较大。生长健壮、叶片数多的秧苗，花芽分化早，速度快，花数多。4 叶以上的苗花芽分化快，3 叶以下的苗花芽分化迟缓而不完全。6 叶苗比 4 叶苗花芽分化可提早 7 d，且花数也多。新茎苗比匍匐茎苗花芽分化快。

另外，氮素供应过量、营养生长过旺等，不利于花芽分化，而适当控制氮素供应，则有利于花芽分化。

（四）花芽分化的促进

1. 移植断根处理 通过移植，适当切断草莓秧苗一定量的根，可降低植株体内氮素含量，抑制植株的营养生长，使其转向生殖生长。因而，移植断根可促进草莓秧苗提早进入花芽分化期，并可促进花芽的发育。但如果移植断根时期不当或移植断根次数过多，则植株生育不良，光合面积小，即使花芽分化期提早，也往往因产量下降而得不偿失。草莓促成栽培常采用移植断根促花技术。

2. 摘叶处理 草莓成叶中含有抑花物质，适当摘叶有利于花芽分化。据试验，摘除成叶比摘除幼叶更有利于长日照下花芽分化，说明长日照下成叶能产生抑花物质。短日照下摘叶与否影响不大。

3. 缺氮处理 适当控制氮素的用量，可提早花芽分化期，但过于缺氮，易引起草莓生长不良，影响产量。

4. 遮光处理 利用粗草席、苇帘、寒冷纱等对草莓苗遮光，可促进花芽分化。在平地遮光 1 个月，可提早花芽分化 10～20 d。

5. 植物生长调节剂处理 合理应用矮壮素、脱落酸等，对草莓花芽分化均有促进作用。

（五）分化后花芽的发育

1. 温度与光照 草莓的花芽分化和发育与自然气候的变化是相适应的。秋季低温和短日照有利于花芽分化；冬前形成较多的花芽；翌春气温上升，日照变长，促进花芽发育。

2. 营养条件 适当抑制营养生长，能促进草莓花芽分化，而在分化后适当地促进营养生长，却对草莓花芽发育有利。

草莓花芽发育阶段，其营养是以氮素吸收为中心，对草莓开花结果影响较大。在花芽分化后及早追施适量的氮肥，可增加花果数和产量。花芽分化之后断根，显著延迟开花，与影响氮素吸收是有关的。试验结果表明，9 月 25 日追施氮肥的处理，开花和结果数最多，其后随着追肥变晚而减少。

七、休眠现象

（一）休眠的类型

晚秋初冬以后，日照变短，气温下降，草莓处于休眠状态。新叶叶柄短，叶面积小。叶片着生角度与地面平行，不再发生匍匐茎，植株矮化。草莓休眠期叶片不脱落，在适宜环境或保护条件下，能保持绿叶越冬。在山东等地，冬季如果不注意覆盖保护，则叶片将会枯死，降低草莓产量。

草莓的休眠，与温带落叶果树一样，根据其生态表现和生理活动特性可分为两个阶段，即自然休眠和被迫休眠。自然休眠是由草莓本身生理特性所决定的，要求一定的低温条件才能顺利通过。此时，即使给予适于植株活动的环境条件，也仍继续处于休眠状态。被迫休眠是草莓在通过自然休眠之后，由于环境条件不适所引起的休眠状态。此时，只要给予适当条件，草莓即可正常生长发育。半保成栽培就是根据这一原理进行的。

（二）休眠的时期

草莓在花芽分化后不久，即开始进入休眠，之后渐渐加深。一般在 11 月中下旬，休眠处于最深状态。品种和气候条件不同，休眠开始期也不同。据日本研究，在东京用达娜作为试材进行试验，结果表明，从 9 月下旬到 11 月下旬移入温室时间越晚，叶柄和叶身长度越短，到 11 月 23 日最短，标志休眠最深，以后又逐渐变长，大体 1 月 18 日后恢复正常生长。

草莓自然休眠结束期，因品种的低温需求量不同而异。一般盛冈 16＞达娜＞宝交早生＞春香≥丽红。据日本福冈县试验结果，打破休眠所需 5 ℃以下低温的时间：春香 20～50 h，宝交早生 400～500 h，达娜 500～700 h。

（三）休眠的条件

草莓在花芽分化后，其植株体内为适应环境条件而发生一系列的生理变化，体内内源激素赤霉素等生长促进物质减少，而脱落酸等生长抑制物质增多。

试验结果表明，休眠的主要因子是短日照和低温，而日照比温度对草莓的休眠影响大，休眠主要是秋季的短日照引起的。在 21 ℃、短日照下休眠开始；而在 15 ℃、长日照下却难以进入休眠。引起休眠的日照条件品种间有差异，有的在 12 h 以下，有的为 9 h 左右。

（四）休眠的打破

实际栽培中，往往以早期上市为目的，人为地打破草莓休眠，促进其提早生长发育。这主要应用于半促成栽培。而促成栽培，由于所选用的品种休眠浅或人为地阻止其进入休眠，所以，无须人工打破休眠。

草莓休眠所需低温量不足，休眠打破不完全，则植株生长矮小，不发生匍匐茎，影响开花结实，甚至可改变开花的状况。普通草莓具有四季草莓的特性，夏季也能开花结果。反之，草莓休眠期经历低温期间过长又会引起植株徒长。因此，应注意品种选择和适时保温。露地栽培，北方寒冷地区应选择休眠深的品种，南方暖和地区应选择休眠浅的品种；半促成栽培，应根据品种休眠特性和保温条件，适时上棚保温，防止保温过早或过晚。

打破草莓休眠的条件是低温和长日照。只要经历充足的低温期间，休眠就可打破，如果再加上长日照，就更有助于打破休眠。在北方自然条件下，冬季低温有利于草莓顺利通过自然休眠。

判断草莓休眠是否完全打破的标志是匍匐茎是否发生。

打破草莓休眠的主要措施如下：

1. 植株冷藏 即人为地把草莓植株放在低温条件下，以尽快满足其低温需求量。冷藏温度 0～5 ℃左右。冷藏期不宜超过 2 个月。

在日本，常用达娜、宝交早生等品种，通过植株冷藏进行半促成栽培。

2. 电照 即把经过一定程度低温的草莓植株移入塑料大棚，在保温开始的同时，通过电照进行长日照处理。当草莓植株的低温要求得到某种程度满足时，对弱光照也较敏感。不经过某种程度的低温，电照效果差。

3. 喷布赤霉素 即对草莓休眠植株喷布赤霉素。赤霉素具有与长日照类似的效果，在高温下更有效。常用浓度为 5～10 mg/kg。

第三节 对环境条件的要求

草莓与其他果树一样，需要适宜的温度、湿度、光照和营养物质，只有最大限度地满足其生长发育、开花和结实对环境条件的要求，才能获得低耗、优质和丰产。此处主要介绍草莓保护地栽培对环境的要求。

一、温度

草莓的各种生命过程，如光合作用、呼吸作用、蒸腾作用、根系吸水、矿质吸收、物质运输、生长发育等，都与土壤和空气温度有密切关系。

栽培草莓抗寒力较弱，冬季当土壤温度下降至－12 ℃以下时，整个植株即有冻死的危险；在生长季节，温度过高亦不利于生长，当气温超过 30 ℃时，其生长则受到抑制。

（一）土壤温度

草莓根系分布浅，易受环境条件影响。土壤温度是影响草莓根系生长的重要环境因素。草莓根系生长的最低温度为 2 ℃左右，最适温度为 15～23 ℃，最高温度为 36 ℃。

土壤温度不仅直接影响草莓根系和茎叶的生长发育，而且最终影响果实产量和品质，且有温度低产量高的倾向，土壤温度越高，果实越小，畸形果率越高。

（二）空气温度

草莓的光合作用，其最适温度为 20～25 ℃，15 ℃以下、30 ℃以上时光合作用下降。在高温下时间越长，光合速率下降越明显。在光照度较高和二氧化碳浓度较大的条件下，光合作用的最适温度也随之提高。

草莓地上部，在 5 ℃时即开始生长。草莓的芽在－10～－15 ℃时就会发生冻害，严重时植株将会死亡。温度过高也不利于生长，新叶难以长出，叶片往往发生灼伤或焦边。

当气温达 10 ℃以上时，草莓即开始开花。适宜温度为 13.8～20.6 ℃。花粉粒发芽的最适温度为 25～27 ℃，在 20 ℃以下或 40 ℃以上时，则发芽不良。花期遇 0 ℃以下低温或霜害时，可使柱头变黑，丧失受精能力。花期和结果期最低温度为 5 ℃。

草莓果实的生长发育，温度适当低，有利于果实肥大；温度适当高，则有利于果实成熟。有的研究表明，昼夜温度分别在 9 ℃时，果实最大，但成熟晚；而昼夜温度为 17～30 ℃时，则果实渐小，成熟也渐早。

草莓的花芽分化，受温度和日照的共同影响。温度为 10～24 ℃时，一般经过 12 h 以下的短日照诱导，均可进行花芽分化。温度为 30 ℃以上或 5 ℃以下时，花芽分化均受抑制。

二、湿度

草莓对水分的要求，可分为地下部分对土壤水分的要求和地上部分对空气湿度的要求两个方面。

（一）土壤水分

土壤水分直接、明显地影响草莓根系的生长。草莓根系生长对土壤浅层水分要求较高，具有“少量多次”的需水特点，既不抗旱也不耐涝。

同土壤温度一样，土壤水分最终也明显地影响草莓果实的产量和品质。例如，草莓采收期，适当降低土壤含水量，可提高果实产量，降低病果率。根据草莓不同的生长发育阶段，把土壤含水量控制在田间最大持水量的 60%～80%。

（二）空气湿度

空气湿度过低，直接影响光合作用和养分的输送；过高，则抑制草莓授粉受精，且易引起病害的发生，影响有效光合面积和光合能力，降低草莓果实产量和品质。

草莓保护地栽培，极易造成空气湿度过高，因此，应特别注意降低保护地内的空气湿度。草莓花期要求空气相对湿度不宜超过 94%，否则，花药不能开裂，致使不能授粉受精。

三、光照

光照是决定草莓生产力的重要因素。影响草莓光合作用和生长的首要环境因素就是光照。

（一）光照度

一般情况下，草莓光合作用的强度随着光照度的增大而增强，但光照过强时，也会减弱甚至停止光合作用。所以，只有在光照度适宜时，草莓的光合作用才最强。草莓进行光合作用所需要的光照度，因品种、温度、二氧化碳浓度和生育阶段的不同而变化。在二氧化碳浓度为 0.034%的条件下，草莓的光饱和点为 20 000～30 000 lx。

（二）光照时数

光照度和光照时数是平衡地增减，而且由这两者构成了光量。光照时间长短，即光合作用时间长短对草莓光合作用有重要影响。延长光照时间可提高产量。弱的光照度，可用较长的光照时间补偿。

短日照条件下，有利于草莓花芽分化，一般要求 12 h 以下，但分化后的花芽发育却需要长日照条件。

日照时数比温度对草莓的休眠影响大。休眠主要是秋季短日照引起；而长日照是打破草莓休眠的条件之一。通过电照进行处理，打破草莓休眠，就是这个道理。

另外，草莓匍匐茎是在长日照下发生的。

四、营养

草莓的必要元素为碳、氢、氮、氧、磷、钾、钙、镁、铁、硫、锰、锌、硼、铜、钼、氯等 16 种，而所需较多的为氮、磷、钾、钙、镁、硫等 6 种，称为大量元素；需量很少的铁、锰、锌、铜、钼、氯等为微量元素，但却是草莓生长发育所不可缺少的。

（一）氮

氮能促进草莓的营养生长，延迟衰老，提高光合效能，提高果实产量。

氮对草莓的花芽分化和发育影响很大。适当地缺氮，抑制营养生长，能促进花芽分化，明显提早花芽分化期。但在花芽分化之后，及早适量地施氮，促进营养生长，对花芽发育有利，可提早开花期，增加花果数和产量。

缺氮症状：草莓新叶淡绿色，老叶叶缘变红；叶柄脆硬直立；匍匐茎红色，发生数量少；植株生育不良；严重时新叶黄色，老叶红色。有机质含量少及沙质土壤易缺氮。

（二）磷

磷能促进草莓新根的发生和生长，促进花芽分化和果实发育，提高果实品质，提高抗寒、抗旱能力。

缺磷症状：最初老叶上的小叶脉呈青绿色，渐向叶身扩展，整个叶片浓绿色或暗绿色；匍匐茎的发生和子株的生育不良；花芽分化数少，产量下降；果实糖度低，食味差；严重时叶片青铜色或紫色。多雨地区及酸性土壤易缺磷。

（三）钾

钾能促进草莓植株生长健壮，促进果实肥大和成熟，增进果实品质，提高抗寒、抗旱、耐高温和抗病虫的能力。

缺钾症状：最初老叶叶缘红紫色，渐向基部扩展；老叶易出现斑驳的缺缘症状，叶缘和叶尖常发生坏死，有时叶片卷曲皱缩；小叶柄暗黑色，叶脉及两侧叶组织坏死，并渐扩展；匍匐茎生长不良，即使长出也短而弱；果实数量少，味淡，色差，硬度降低。沙质或酸性土壤及容易流失的土壤易缺钾。

（四）镁

镁能促进草莓果实肥大，增进果实品质。

缺镁症状：最初老叶叶脉间失绿，后叶缘变红；有时最初老叶叶脉间发生红紫色的小斑点，后向基部扩展，最后整个叶片变为紫红色。酸性或沙质土壤及多雨地区易缺镁。

（五）铁

铁既是草莓组织结构成分，又是酶的构成部分。在氧化还原反应中具有重要作用。

缺铁症状：最初幼叶黄化或失绿，进而变白，且发白的叶片组织出现褐色污斑；根系生长弱；植株生长不良；严重时，新成熟的小叶变白，叶缘坏死，或小叶黄化，仅叶脉绿色，叶缘和叶脉间变褐坏死。碱性或含磷酸盐过多或含锰过多的土壤易缺铁。

（六）锌

锌是某些酶的成分和某些酶的活化剂。锌是植物体内合成吲哚乙酸时所不可缺少的。锌与光合作用、呼吸作用、糖类代谢及叶绿素形成等都有关。

缺锌症状：较老叶片开始变窄，缺锌越重，窄叶部分也越伸长，但缺锌不发生坏死现象，这是缺锌的特有症状；叶龄大的叶片上往往出现叶脉和叶表面组织发红的特征；纤维状根多且较长；结果量减少，果个变小。碱性或沙质土壤易缺锌。

（七）硼

硼对赤霉素的合成有调节作用，与糖类等有机物的代谢及运输有较大关系。硼对花粉发芽、果实品质、根系发育等具有重要的促进作用。

缺硼症状：最初幼叶皱缩，叶缘黄色，有叶焦现象，叶片小；花小且易枯萎；果实上饱满的种子少；果实畸形，内部褐变；根系短粗、色暗，先端枯死；植株明显矮化。碱性或沙质土壤及干燥土壤易缺硼。

五、其他环境条件

保护地内空气的组成和含量，直接影响草莓的生长发育，其中表现突出的是二氧化碳与有毒气体两类。另外，土壤通气、土壤酸碱度等，也影响草莓的生长发育。

（一）二氧化碳

二氧化碳是植物光合作用的主要原料，在不超过二氧化碳饱和点的范围内，光合速率随二氧化碳浓度的增加而增加。

空气中的二氧化碳浓度通常为0.03%，这远远不能满足植物光合作用的需要。如果能适当地增加空气中的二氧化碳浓度，光合作用便能显著增加。因此，在草莓保护地栽培中，可进行人工施用二氧化碳，以提高果实产量和品质。

（二）有毒气体

1. 氨和二氧化氮 在保护地内，如果氮肥施用过多，在密闭条件下分解出来的氨和二氧化氮气体达到一定浓度时就会危害作物。氨主要危害叶缘，先使组织变色，逐渐变褐色，以致枯死。二氧化氮主要危害叶肉，先呈斑点状，后致死。

2. 一氧化碳和二氧化硫 煤火加温时，由于煤燃烧不完全和烟道有漏洞，易发生一氧化碳气体中毒。如果煤中含硫物多时，就易发生二氧化硫气体中毒。二氧化硫对作物毒害很大，可使叶缘和叶脉间细胞很快致死，形成小斑点。一氧化碳不仅对作物有害，而且对人也有害。

3. 乙烯和氯 保护地内的乙烯气体和氯气，来源于有毒的塑料薄膜或有毒的塑料管。农用塑料制品加工时所加入的增塑剂，有的对作物有害，如邻苯二甲酸二异丁酯等。这种农用塑料制品在使用过程中，经阳光曝晒，在高温下便可挥发出有毒气体。乙烯和氯气的危害症状相似，均可使叶片变黄致死。氯气的毒性比二氧化硫大2～4倍。

（三）其他

草莓不仅需要土壤有充足的营养和水分，还要求土壤有足够的空气。土壤中缺氧，会抑制根系的呼吸作用，不利于根系的生长发育，严重时会造成植株死亡。

草莓适于微酸性土壤，pH以5.6～6.5为宜。pH在4以下或8以上时，严重影响草莓的生长发育，尤其是石灰过量则更有害。

草莓喜欢水、肥、气、热协调的壤土或沙壤土。

草莓要求地下水位应低于1 m。在地下水位高的地方，土壤含水量较大，不仅影响土壤通气，而且影响土壤温度。当阳光照射地面时，大量热能被土壤水分吸收，化为蒸汽散失，因而地温不易提高，特别不利于保护地草莓的生长发育。

风可改变温度、湿度状况和空气中二氧化碳的浓度等，从而间接影响草莓的生长发育。微风可以促进空气交换，增强蒸腾作用，调节空气湿度，提高光合作用，降低地面高温，减轻病害发生。但大风易吹倒保护设施或明显降低保护地温度，不利于草莓的生长发育。

第四节 苗木繁殖

草莓育苗是保证草莓栽培获得成功的关键之一。目前，草莓育苗有匍匐茎分株法、新茎分株法、播种法和茎尖花药组培法 4 种方式。

一、匍匐茎分株法

匍匐茎分株法即把匍匐茎发生的秧苗与母株分离形成新植株的方法。此法一般每 667 m^2 可繁殖 1～2 代健壮子株 3 万～8 万株。具体方法：当果实采收后，匍匐茎大量发生时，除去枯株枯叶，结合除草、翻耕畦地，同时将匍匐蔓置于空隙地面，并在匍匐蔓节上培土，促使新苗向下扎根，待新苗 2～4 片叶龄后，在新苗两侧逐节切断，使之各成为独立的新苗。为培育壮苗，可在 6 月下旬至 8 月假植苗床，按行距 15 cm、株距 12 cm，栽后晴天要用苇帘遮阴，7 d 左右待苗成活后逐渐揭除，至秋天即可培育成壮苗。

二、新茎分株法

新茎分株法又称分墩法，即把老株上带有新根的新茎分枝分开，形成新茎苗的方法。生产上一般在换地重栽，对萌发能力低的品种，或在秧苗不足时采用。具体方法：一般在 9～10 月掘取老株，剪去枯衰根状茎，取健壮、带有多条米黄色或白色不定根、无病虫害的分株进行假植或定植。

此法虫苗率较低，1 株 3 年生母株只能分出 8～14 条营养苗，此法造成伤口大，病原物易侵入，对新建园最好先行土壤消毒。

三、播种法

播种法是用种子繁殖苗木的方法。采收最先成熟、一般具有该品种固有品质特征的果实，经压碎洗涤、分离所得的种子，洗净晒干，置放阴凉处保存，在室温条件下可保存 2 年仍有发芽能力。春季播种后，幼苗产生 2～3 片真叶时，假植 1 次，至 9～10 月便可定植。

此法多在选育的新品种或国外引种及加速培育大量苗时采用。这种方法一年四季都可播种育苗，由于种子小，播种时必须精细，适盆播或箱播，并应进行土壤消毒和加强管理。实生苗生长快，根系发达，适应不良环境的能力强，通常经 10～15 个月或更短时间就能开始结果。但此法繁殖苗易变异，生产中最好再经过株选，单独进行营养繁殖，再行扩大栽培。

四、茎尖花药组培法

茎尖花药组培法即把茎尖分生组织或花药通过组织培养，形成茎尖组培苗或花药组培苗的繁殖方法。这是近年来生产上兴起的新繁殖方法，适宜于草莓快速繁殖和培养无病毒母株。此法繁殖速度最快，可在短期内繁殖出大量品种纯正的秧苗，1 个茎尖分生组织 1 年内就能得到 700～3 000 株秧苗，1 个新品种 2 年就可繁殖几十万株秧苗；茎尖组培或花药组培，还可为生产提供大量的无病毒草莓苗，是草莓无病毒苗培育的有效途径；秧苗质量高，生长发育健壮，有利于提高产量和品质；成苗所需培养期间长，一般需经过接种、增殖、生根、驯化、移栽等阶段，才能得到组培苗；需组培设备，技术上也较其他繁殖方法难。

第五节　建园与栽植

一、建园

(一) 园地选择

草莓具有喜光、喜肥、喜水、怕涝等特点，园地最好选择地势较高、地面平坦、土质疏松、土壤肥沃、酸碱适宜、排灌方便、通风良好的地点。若为坡地，则坡度应不超过 4°，坡向以南坡和东南坡为好。在风大地区尤其是春季干风严重的地区，应事先建立防风林，以防影响授粉受精。土壤不适宜，应先进行改良。前茬作物为番茄、马铃薯、茄子、黄瓜、西瓜、棉花等地块的，应严格进行土壤消毒后才可种植草莓，以防止枯萎病等病害危害。大面积发展草莓，还应考虑到交通、消费、贮藏和加工等方面的条件，以免产品过剩。建立专门的草莓园，要计划好与其他作物的合理轮作，也可利用幼龄果园进行间作。

（二）整畦做垄

整畦做垄之前，应消除田间杂草，防治地下害虫，施足基肥，精细整地。一般翻耕 30～40 cm，每 667 m^2 施优质有机肥 2 000～5 000 kg。采用平畦还是高垄，应根据栽培方式和环境条件而定。

1. 平畦栽植 便于中耕、浇水、追肥、覆盖等管理。但通风透光条件差，易引起果实霉烂，降低果实产量和品质。在早春多风、干旱的地区，露地栽培多采用平畦栽植。山东烟台、威海等地，一般畦宽 100 cm，其中畦面宽 75 cm，每畦栽 3 行，畦埂宽 25 cm。畦长一般不超过 20 m，以防漫灌时积水烂果。

2. 高垄栽植 能保持土壤疏松，增高土壤温度，改善通风透光，降低田间湿度，减少病虫发生，提高产量品质等，并便于地膜覆盖、采收等管理。但易受风害，不利于防寒防旱。高垄栽植适合于保护地栽培。在温暖多雨、春季少风或地下水位高的地区，露地栽培也可采用。在日本广泛采用高垄栽植，我国近年来也大面积推广。一般垄高 20 cm 左右，垄距 80 cm 左右，每垄 2 行。

二、栽植

（一）栽植制度

草莓每年可在相同的母株上开花，通常为 5 年，长达 10 年，但一般以一至二年生的产量最高。因而，草莓栽植制度可分为一年一栽制和多年一栽制。

一年一栽制是 1 年定植 1 次。秧苗生长健壮，果实着色快，大果比率高，果实品质好，成熟期早，先期产量高。但每年都需培育大量健壮的秧苗，比较费工，同时，需要有较高的栽培管理技术。

多年一栽制是多年定植 1 次。植株新茎分枝多且花序数多，二年生易获高产，管理较省工，技术较简单，投资可减少，特别是适用于生长季短的寒冷地区。但对土壤肥力要求高，病虫害易严重发生，三年生后往往产量下降，果实变小。

栽植制度的确定，应根据栽培方式、立地环境和经济收益等情况。在欧美，常采用多年一栽制，草莓经 2～3 年结果之后再更新。在日本，一般采用一年一栽制，无论是露地栽培还是保护地栽培，每年取子株重新定植。而我国目前主要采用一年一栽制，也有的采用多年一栽制。山东保护地草莓，均采用一年一栽制。无论哪一种栽植制度，只要确定合理，管理得当，都可获得理想的生产效果。

（二）栽植时期

草莓在气候条件适宜的情况下，四季均可栽植。但生产上，为了在短期内获得高产，必须选择适宜的定植时期。草莓的定植时期，应根据栽培方式、作物茬口、秧苗状况、环境条件及栽后生育期等因素综合考虑。保护地栽培、由外地引苗、定植前育苗或温度较高等场合，可适当延迟定植。

定植可分为秋栽和春栽。秋栽有利于花芽分化和花芽发育，生产上可获得理想的产量。春栽不利于植株生长发育，往往开花少、产量低，生产上除繁殖外，一般很少采用。

定植过早，不利于植株成活，而定植过晚则又不利于植株发育。露地栽培，北方一般最早以 7 月下旬到 8 月上旬定植为宜。辽宁、山东、河北等地多在立秋前后定植。如山东龙口市在立秋前 3～4 d 定植，而威海市有的 7 月上中旬就定植。河北保定市认为以 8 月上旬定植为宜。南方气候比较温暖，定植可稍晚些。浙江露地草莓的适宜定植时期推定为 10 月中旬至下旬。

（三）栽植方法

草莓秧苗应自育自用，保证有选择的余地，且有利于提高成活率。同一品种应根据栽培方式确定秧苗质量标准，进行育苗选苗。

草莓定植密度，根据栽植制度、栽培方式、品种特性、秧苗质量和定植时期等因素而定。一年一栽制、保护地高垄栽植、分枝力较弱的品种、秧苗质量较差及定植较晚等场合，可适当加密。定植密度每 667 m^2 一般需 8 000～19 000 株。烟台露地平畦栽植，一般株行距为 20 cm×25 cm，每畦 3 行，每 667 m^2 10 000 株，生长结果良好，每 667 m^2 产量可达 1 000～2 000 kg。

定植前要剪去老残叶，以减少植株蒸腾面积。有条件时，可用 5～10 mg/kg 的萘乙酸浸根 2～6 h，以促发新根。提高秧苗定植成活率最有效的措施是带土移栽，可消除缓苗期，促使秧苗加快恢复生长。

定植时应注意方向。草莓新茎略呈弓形，花序是从弓背方向伸出。生产上为了便于坐果、采果、垫果或降低果间温度，则要求同一植株的花序均在同一方向上。因此，栽苗时应将新茎的弓背朝向花序预定生长的同一方向，并使秧苗稍向预定方向倾斜。高垄栽培，需要花序朝向垄外侧，栽苗时也应弓背朝向垄外侧，或连接母株的匍匐茎段朝向垄内侧，并且应使秧苗稍向垄外侧倾斜。平畦栽植，其边行则要新茎弓背朝里，以免花序伸出畦外。

定植时应注意掌握深度。草莓新茎很短，对栽植深度要求严格。正确的深度，是苗心基部与地面平齐。过深，埋住苗心，易引起苗心腐烂而死亡；过浅，根状茎外露，易引起秧苗干枯而死亡。新栽苗灌水后，对露根或淤心苗要及时进行调整。

定植后要及时灌透水，前 3～4 d 每天浇 1 次水，以后也要保持田间湿润。定植后还要遮阴覆盖，用青草、苇帘、草席等均可。

第六节　土肥水管理

一、土壤管理

草莓根系浅，喜湿润疏松的土壤。中耕可改善土壤通气性，减少土壤水分蒸发，提高土壤温度，促进土壤微生物活动，增加土壤养分，同时还可消灭杂草，减少病虫害发生。因此，草莓在整个生育期内，应注意中耕。中耕一般在秧苗定植成活后、浇水后、雨后、防寒物撤除后、采收后及杂草发生期进行。开花结果期，由于花序伸出，故不宜中耕，对株丛间的杂草可人工拔除。保护地草莓，由于采用高垄栽植，可保持土壤疏松，故一般不需中耕。中耕宜浅，深 3～4 cm 即可。中耕要仔细，注意不要伤根伤叶，在苗圃地还应注意不要伤匍匐茎。

草莓采用地膜覆盖，有利于植株生长发育和优质丰产。覆盖时期，应根据气候环境和栽培要求而定，为越冬防寒，一般在土壤封冻前浇足封冻水，3～5 d 后地表稍干时进行覆盖。山东、辽宁、河北、北京等地多在 11 月中下旬。以提高地温为主要目的，应采用透明膜；以防除杂草为主要目的，应采用黑色膜。地膜厚度为 0.008～0.02 mm，太厚则难于紧贴地面。覆盖时，要求绷得紧、压得牢、封得严。可连苗一起覆盖，待翌春或保护地内温度适宜萌芽展叶时，即可破膜提苗。露地栽培等作型越冬期间，地膜上需加覆其他覆盖物，以免提早开花受冻。

草莓有新根发生部位逐年上移的特点，对多年一栽制的园地，应进行培土。培土期间，在浆果采收以后，初秋新根大量发生之前。培土厚度为 2～3 cm，以露出苗心为准。培土可结合中耕施肥进行。

二、施肥管理

草莓喜肥，对肥料的需求量比其他果树大。氮肥不仅可促进茎叶生长，还可促进花芽、花序和浆果的发育。磷肥能促进花芽形成，提高结果能力。钾肥能促进浆果肥大成熟，提高含糖量，增进果实品质。其他元素也都是草莓生长发育不可缺少的。草莓在短期内既生长茎叶又大量开花，还要形成高产，故必须要有充足的养分供给，尤其是氮、磷、钾三要素的供给更为重要。

(一) 基肥

基肥以有机肥为主，是较长时期供给草莓多种养分的基础肥料。施基肥是在定植前。草莓栽植密度大，生长期补肥较为不便，因此，基肥最好一次施足。每 667 m^2 至少施鸡粪 2 000 kg 或优质厩肥 5 000 kg，并可加入适量磷、钾肥等。实践证明，鸡粪是适合草莓生长发育的优质有机肥，山东烟台高效大棚种植草莓，均采用鸡粪作为基肥。鸡粪与猪圈肥相比，有机质是后者 2 倍多，含氮量是其 3 倍多，含磷量是其 8 倍多，含钾量也较高。有机肥应腐熟后施用，并充分捣碎，撒施均匀。

(二) 追肥

追肥以速效性肥为主，在草莓生长期施用，以及时补充草莓所需要的养分。其数量和次数依土壤肥力和植株生长发育状况而定。在施足基肥的情况下，当年或第二年可不施或少施。追肥可在萌芽前、花前、采后或花芽分化后进行，每 667 m^2 可追施复合肥 10～20 kg 或是尿素 8～10 kg，也可施其他优质适宜肥料。

根外追肥，用肥量小，发挥作用快。草莓密度大，且地膜覆盖，因而特别适宜采取根外追肥。根外追肥促进根系发育，增加果实产量，改善果实品质。通常采用 0.3%～0.5%尿素、0.3%～0.5%磷酸二氢钾、0.1%～0.3%硼酸、0.03%硫酸锰、0.01%钼酸铵等。根外追肥以现蕾期、开花期、花芽分化期最需要。喷布时间以 16：00～17：00 为宜。

三、水分管理

草莓对水分要求较高，不同生育期对土壤水分要求也不同。果实肥大期要特别注意灌水，此期充足的水分供应，是确保高产的一个重要因素。育苗时和定植后需水多，应及时适量地灌水。早春只要不过于干旱，可适当晚灌，且灌水量不宜过大，以免降低地温，影响根系生长。秋末应适当控水，以防植株贪青生长，不利越冬。土壤封冻前应灌一次封冻水，以利草莓安全越冬，并能促进翌年早春的生长。

草莓特别适合采取滴灌。目前，国内外已发展到自动化滴灌装置，其自动控制方法，可分为时间控制法、电力抵抗控制法和土壤水分张力计自动灌水法等。

草莓园地最好用仪器来指示灌水量。可采用土壤水分张力计指导灌溉，这是一种简便而又较准确的方法，可随时迅速地了解草莓根部不同土层的水分状况，从而进行合理的灌溉。需特别指出的是，漫灌时切忌水浸果实，以防导致果实腐烂及污染。

第七节 植株管理

一、疏蕾疏果

草莓以先开放的低级次花结果好，果个大，成熟早，价格高。随着花朵级次增高，往往开花后不能形成果实而成为无效花。或者即使有的形成果实，也由于太小无采收价值而成为无效果。因此，应在花蕾分离至 1、2 级序花开放时，根据限定的留果量，疏除后期未开的花蕾。适度疏蕾，可促使单果重量增加，果实产量提高，果个大小均匀，成熟期提早，采收期集中，采收次数减少。重疏蕾虽明显增大果个，但由于留果数太少，往往降低产量。一般每株留果 15～25 个，大致 2 叶 1 果。草莓生产尤其是草莓保护地生产，是高度集约化经营，应大力推广疏蕾这一增产增值的有效措施。

二、摘叶

草莓一年中新叶不断发生，老叶也不断形成。老叶具有较多抑制花芽分化的物质；老残叶往往营养消耗大，并带有病菌。因此，适时适量地摘除老叶，及时摘除残叶和病叶，并将其带出园外销毁或深埋，从而可促进花芽分化，防止养分消耗，改善通风透光，提高光合效率，减少病虫害发生，有利于草莓植株生长发育。

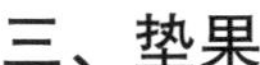

三、垫果

草莓植株矮小，坐果后果实下垂接触地面，易造成果实被泥土污染和病虫危害，也易造成果实着色不均，影响果实品质，因此需要垫果。草莓垫果最好采用地膜覆盖，结合土壤管理，一举多得。没有地膜，也可在现蕾后铺上切碎的稻草或麦秸垫果。垫果材料在果实采后应及时撤除，以利于中耕施肥等田间管理。

四、除匍匐茎

草莓匍匐茎消耗母株营养，易使植株郁闭拥挤，影响通风透光。因而摘除匍匐茎，可明显避免消耗，改善光照，有利于花芽分化，增强越冬能力，提高果实产量和品质。在果实发育期发生的匍匐茎，多年一栽制采后大量发生的匍匐茎，应及时摘除。即使秧苗繁殖圃后期发生的匍匐茎，也要摘除。人工摘除匍匐茎费工，可试用多效唑、青鲜素或矮壮素等，来抑制匍匐茎的发生。摘除匍匐茎可结合中耕、培土、摘叶等管理进行。

五、越冬

草莓为常绿植物，休眠期叶片仍呈绿色不落叶，但不耐寒。在北方栽培，冬季必须采取防寒保护措施，才能保留较多绿叶安全越冬。这对于早春生长、光合积累、增加产量等，都具有重要作用，试验表明，越冬防寒覆盖，是草莓露地栽培、小拱棚半促成栽培等作型获得高产的一项重要措施。据山东烟台调查，露地栽培草莓，冬季覆草防寒，越冬绿叶比对照增加 193%，产量比对照增加 40.1%。

覆盖物最好采用地膜和其他覆盖物相结合。其他覆盖物可就地取材，如麦秸、玉米秸、稻草、树叶等。先覆地膜，后覆其他覆盖物。这样，既结合土壤管理、垫果利用了地膜的优点，又利用了其他覆盖物保温遮阴的长处，弥补了地膜的不足。覆盖时期，在土壤封冻以前，浇足封冻水之后。山东等地即在 11 月中下旬，结合土壤管理进行地膜覆盖。地膜之上再覆其他覆盖物 3～5 cm，严寒地区适当加厚，并加少量土压实。冬季风大的地区，还要设置风障。覆盖物的撤除时期，露地草莓在早春平均气温高于 0 ℃时，小拱棚草莓在扣小拱棚时。烟台露地草莓在 3 月上旬，小拱棚草莓在 2 月中下旬。撤除时，要保留地膜，只撤除地膜之上的其他覆盖物。并注意适时破膜提苗。在春季有晚霜危害的地区，可适当延迟撤除防寒物，延迟开花物候期。

六、割叶

多年一栽制草莓，在浆果采收后，割除地上部分所有叶片，只保留植株刚显露的幼叶。这一措施，可减少匍匐茎的发生，刺激多发新茎，增加花芽数量，减少病害发生，提高果实产量。但割叶后要加强肥水管理。一般割叶后 20 d 左右，新叶陆续长出，植株很快复原。

七、更新

多年一栽制的草莓园，结果 2～3 年后，植株衰弱，病虫较重，产量减少，品质下降。因此需要及时进行园地更新，重新栽植幼龄秧苗。更新的方法有两种：换地更新，即废除老园，重建新园；就地更新，即在浆果采后，于行间开沟施肥，耙平地面，将发出的匍匐茎引向行间空地，使其扎根成苗，以幼龄秧苗代替老株，把老株于秋季翻掉。

第八节 栽培方式

草莓可分为露地栽培、半促成栽培、促成栽培和抑制栽培。其中，半促成栽培、促成栽培和抑制栽培需在人为设施条件下进行，属于保护地栽培。

一、露地栽培

使草莓在露地自然条件下解除休眠，进行生长发育的栽培方式（作型），即为露地栽培。露地栽培在我国一直沿用，较为普遍。日本目前只是加工用草莓采用。露地栽培，成本低，易管理，产量高，但成熟期晚，经济收益较其他栽培方式低。露地栽培，关键措施是选择壮苗、施足基肥、地膜覆盖、采后管理等。露地栽培用苗，一般在秧苗繁殖圃直接选择即可，有时也采用假植育苗。

二、半促成栽培

使草莓在人工条件下打破休眠，促进其提早生长发育的栽培方式，即为半促成栽培。半促成栽培近年来在我国已广泛采用。虽然成本有所增加，管理较难，但比露地栽培显著提早了收获期，大大增加了经济收益。半促成栽培方法多种，其共同特点是：在满足草莓自然休眠所必需的低温量或打破休眠之后，进行人工保温，促使成熟期提早。半促成栽培，关键措施是增施鸡粪，施足基肥；良种壮苗，高垄密植；注重保温，加强管理，防治病虫。

打破休眠应因地制宜。在低温充足的北方地区，一般采取喷布赤霉素、电照、保温或加温等措施；而在低温不足的南方地区，则往往还需要增加株冷藏、遮光或高冷地等降温处理。打破休眠还应因品种而异。除保温或加温条件外，休眠深的品种往往低温、长日照处理都需要。而休眠浅或较浅的品种则往往只需喷布赤霉素等简单处理即可，甚至不需处理，直接保温即可。半促成栽培用苗，主要是在秧苗繁殖圃按照相应的标准进行严格选择，直接定植。有条件也可进行假植育苗，以培育出大量优质秧苗，但较费工。

三、促成栽培

使草莓在人工条件下阻止其进入休眠，促进其继续生长发育的栽培方式，即为促成栽培。促成栽培在日本已普遍采用，在我国也开始较多地采用。促成栽培，产量高，品质优，成熟期比半促成栽培更早，但成本增加，管理技术要求也高。促成栽培关键措施是促花育苗和抑制休眠。促花育苗方法主要有移植断根育苗、营养钵育苗、利用山间谷地育苗、遮光育苗、高冷地育苗、冷藏育苗等。抑制休眠主要采取提早保温、加温及电照或赤霉素处理等。促成栽培应选择休眠浅或较浅的优良品种，如宝交早生、春香、丽红、女峰、丰香等。促成栽培用苗，要求花芽分化早、发育好，一般需进行促花育苗。也可假植育苗结合适当早定植，并在花芽分化前采取缺氮、摘叶等处理，以促进秧苗提早花芽分化。

四、抑制栽培

使草莓在人工条件下长期处于冷藏被抑制状态，延长其被迫休眠期，并在适期促进其生长发育的栽培方式，即为抑制栽培。抑制栽培在日本较多采用，在我国尚较少采用。抑制栽培，可灵活调节采收期，弥补草莓淡季，并且可在冬寒前大量收获，只需简易大棚保温即可。但由于需要长期株冷藏，因而成本高、管理麻烦。抑制栽培关键措施是长期株冷藏。入库冷藏时期一般在早春土壤解冻时。苗掘起后清净泥土，摘除基部叶片，保留 3 片叶即可，在阴处风干半天后再行装箱。适宜株冷藏的温度是－2～0 ℃，1 ℃以上时芽开始萌动，－3 ℃以下时根和芽易受冻害。出库可在傍晚，放置 1 夜，再流水浸根，即可定植。抑制栽培用苗，要求贮藏养分充足，茎粗、根粗，一般需经假植育苗，或在秧苗繁殖圃严格选择。

不同栽培方式的草莓栽培技术特点及主要品种见表 65 - 1。

表 65-1　草莓的不同栽培方式及主栽品种

栽培方式	技术特点	收获期	主要品种	每 667 m² 产量（t）
露地栽培	株保护、地膜	5 月中旬至 6 月中旬	宝交早生、达娜、戈雷拉、盛冈 16、哈尼、达赛莱克特、玛利亚、全明星、明晶、星都 1 号、石莓 2 号、新明星等	1.0～2.0
小拱棚半促成栽培	株保护、地膜、小拱棚	4 月下旬至 6 月上旬	章姬、枥乙女、甜查理、宝交早生、达赛莱克特、红颜、丰香、石莓 4 号、星都 1 号、达娜、戈雷拉等	1.0～3.0
普通大棚半促成栽培	株保护、地膜、普通大棚、GA（5～10 mg/kg）	3 月上旬至 6 月上旬	同小拱棚半促成栽培	1.5～4.5
日光温室促进栽培	促花育苗、地膜、加温电照大棚、GA（5～10 mg/kg）	前期 12 月至翌年 3 月下旬 后期 4～5 月	宝交早生、春香、丽红、女峰、丰香、章姬、枥乙女、佐贺清香、甜查理、鬼怒甘、吐德拉、弗吉尼亚、静香、明宝、丽红、卡麦若莎等	2.0～3.0 1.0～1.5
普通大棚抑制栽培	长期株冷藏（−2～0℃）、地膜、大棚	前期 10 月至 12 月下旬 后期 3～5 月	宝交早生、达赛莱克特、丽红、盛冈 16 等	0.5～1.0 2.0

第九节　设施栽培技术

一、草莓小拱棚半促成栽培

草莓小拱棚半促成栽培，即利用小拱棚，促进其提早生长发育。一般每 667 m² 年产商品果 1 500～3 000 kg，4 月下旬开始采收。

（一）小拱棚的设计施工

1. 结构特点　小拱棚一般棚长 10～15 m，棚宽 1.5～3 m，棚高 1 m，面积 15～45 m。草莓保护地生产中所采用的小拱棚，主要为拱圆棚、风障拱圆棚及土墙半拱圆棚。小拱棚结构简单，取材方便，用料较省，容易建造。但保温效果差，栽培管理也不方便。小拱棚适用于草莓半促成栽培，一般只能比露地栽培提早成熟 20～30 d。

2. 施工要点　小拱棚的骨架主要是细竹竿、竹片、直径 6～8 mm 的钢筋或轻型扁钢等。一般 60～100 cm 间距插一拱架，深 20～30 cm，并纵向相连。上覆盖塑料薄膜成拱形小棚，并结合地膜覆盖。夜间为了保温防寒，可在其上覆盖草帘或草包。棚北侧可加设 1.5～2 m 高的风障或 1 m 左右高的土墙，建成风障拱圆棚或土墙半拱圆棚。

（二）育苗特点

1. 秧苗标准　无论哪一种栽培方式，秧苗质量在栽培上都极为重要。

草莓小拱棚半促成栽培的秧苗标准：根系发达，一级根 20 条以上；叶柄粗短，长 15 cm 左右，粗 2～3 mm；成龄叶 4～5 片；新茎粗 0.8 cm 以上；苗重 15～25 g；无病虫害。

2. 培育措施　采用无病毒母株，建立专门的秧苗繁殖圃，并加强繁殖圃的管理。

（1）秧苗繁殖圃的建立。建立草莓秧苗繁殖圃是加快繁殖速度和提高秧苗质量的重要途径。

① 圃地选择。圃地应选择地面平整、通风透光、土质疏松、排灌方便、无病虫害的沙壤土地块。母株栽前施足优质基肥，一般每 667 m² 施用腐熟的鸡粪 2 000～2 500 kg。土壤耕翻 20～25 cm，耙平

整细，做成平畦。前茬作物若为草莓或蔬菜，应进行土壤消毒。

② 母株的选择及栽植。母株应选择品种纯正、生长健壮的无病毒苗。一般于5月下旬至6月初，当草莓采收刚结束或近结果时，及早在保护地内或田间选择母株，并带土移植。春季栽植母株，可延长繁殖期。栽植时要去掉母株的老叶、残叶等。栽植距离一般行距1～2 m，株距0.4～1 m，母株栽植的株行距，应根据品种特性、栽植时期、栽培条件而定。发生匍匐茎能力强的品种，母株栽植早、肥水条件比较好、栽培管理精细等应采用较大的株行距；宝交早生等品种，每母株需营养面积1～1.2 m^2；而达娜等品种，每母株需营养面积0.5 m^2 即可。

（2）秧苗繁殖圃的管理

① 土肥水管理。栽后要及时松土、浇水，为幼苗扎根创造疏松、湿润的土壤条件。切忌高氮大水，以防秧苗徒长、花芽分化受阻和病害发生。在施足基肥的情况下，一般不需追肥。若植株长势较弱，可结合松土、浇水在行间撒施复合肥，或叶面喷布0.4%～0.5%的磷酸二氢钾。

② 母株与匍匐茎的管理。春季栽植的母株，应及时疏除母株上出现的花蕾，减少营养消耗，促使多发匍匐茎和形成健壮的子株。栽植于保护地内的母株，应控制保护地内的温度等条件。经常整理和固定匍匐茎，防止匍匐茎相互交叉、郁闭拥挤，且有利于防止产生浮苗和徒长苗。当匍匐茎垂到地面时，可将其引向空处，在匍匐茎的叶丛处用土压茎，或用草秆、弓形铁丝等给予固定，使子株间距保持10～15 cm，从而使株丛间通风透光，保证每一子株有足够的营养面积。

（三）管理要点

1. 定植 定植前，施足基肥，精细整地，做成高垄。施鸡粪等有机肥时，要先充分发酵腐熟、捣细混匀。高垄栽植，能保持土壤疏松，提高土壤温度，改善通风透光，降低果间湿度，减少病虫害发生，提高产量和品质，便于覆盖采收，因此，草莓一般采用高垄栽植。垄距75～80 cm，垄高20 cm左右，垄顶宽30～40 cm。

定植时期一般在9月。定植密度为每垄2行，株距15 cm左右，每667 m^2 有1万～1.2万株。定植时剪去老残叶，以减少植株的蒸腾面积。提高秧苗定植成活率最有效的措施是带土移栽。定植时要注意方向和深度，应将新茎弓背朝向垄外侧，并使苗心基部与地面平齐。

定植后，要及时浇透水，前3～4 d每天需浇1次水，以后注意保持田间湿润。可用青草、苇帘等进行遮阴覆盖，待成活后再及时揭去覆盖物。

2. 地膜覆盖 采用地膜覆盖，适宜于草莓各种栽培方式，是提高草莓产量和质量的有效措施。

（1）地膜覆盖的作用。地膜可提高地温，一般可使土壤增温1～4 ℃，但不同颜色的地膜增温效果不同，以无色透明膜增温效果最好，其次是绿色膜和蓝色膜，最差的是黑色膜；保持土壤水分；改良土壤结构，防止频繁灌溉对表土的板结，防止氯化钠等盐类含量上升；增加土壤速效养分，减少土壤养分的流失；防除杂草，黑色膜对防除杂草有利；降低保护地空气湿度，改善透光条件，抑制病害发生，防止浆果触地，促进根系生长，提早开花结果，萌芽期提早7～8 d，开花期提早11 d，果实成熟期提早10～17 d，采收期可延长7 d，提高果实产量，有效果数可增加14%～23%。

（2）地膜覆盖的方法。草莓小拱棚半促成栽培，地膜覆盖时期是在土壤封冻以前，浇足封冻水之后，山东等地在11月中下旬。为了防除杂草，可采用黑色膜。地膜厚度以选择0.008～0.02 mm为宜，太厚则难于紧贴地面。覆盖时，要求绷得紧、压得牢、封得严。地膜之上需再覆作物秸秆等其他覆盖物3～5 cm厚，并加少量土压实，以遮阴保温，防止提早开花受冻。

3. 扣棚

（1）扣棚时期。在所选用品种低温量满足后扣棚。扣棚时，需撤除地膜之上的其他覆盖物，保留地膜，并及时破膜提苗，促其生长发育。

（2）棚温管理。萌芽展叶期温度要控制在15～25 ℃，最低不得出现－5 ℃以下低温。开花坐果期主要控制在20～28℃，此期要特别注意防止花期冻害，最低不得低于5℃以下。果实发育期主要控制在10～28℃。棚内温度30℃以上时应及时通风。

小拱棚空间小，温度的日变化大，在一般情况下昼夜温差可达20℃左右，因此，除适时扣棚外，还应注意生育期尤其是花期的夜间覆盖保温。

4. 疏蕾　草莓以先开放的低级次花结果好，果个大，成熟早，价格高。随着花朵级次增高，往往开花后不能形成果实而成为无效花。即使有的形成果实，也无采收价值。因此，应在花蕾分离至一、二级序花开放时，根据限定的留果量，疏除后期未开的花蕾。适度疏蕾，可增加单果重量，提高果实产量，使果个大小均匀，成熟期提早，采收期集中，采收次数减少。重疏蕾虽能明显增大果个，但由于留果数太少，往往降低产量。据沈阳农业大学园艺系试验结果，宝交早生采取适度疏蕾（留果5～9个），产量提高15%～24%，采收始期提早2～4 d，采收持续天数缩短2～6 d，采收次数减少3～5次，产值增加17%。草莓生产尤其是草莓保护地生产，为高度集约化经营，应大力推广疏蕾这一增产增值的有效措施。

5. 摘叶　及时摘除老叶及病残叶，可防止养分消耗，改善通风透光条件，增加光合积累，减少病虫害发生。摘除的老叶及病残叶，应带出园外销毁或深埋。

6. 除匍匐茎　及时摘除匍匐茎，可明显减少消耗，改善光照，提高果实产量和品质。据国外报道，摘除匍匐茎后平均增产40%。

7. 灌水　灌水应根据草莓各生育期对土壤水分的要求进行。果实肥大期要特别注意灌水，此期充足的水分供应，是确保高产优质的一个重要因素。

草莓特别适合采取滴灌。滴灌可节约用水，减少浆果腐烂，促进根系生长，降低保护地内空气湿度，减轻病害发生，提高果实产量和品质，节约劳力。但滴灌投资较大，管道和滴头易堵塞，需良好的过滤设施等。

草莓园地最好用仪器来指示灌水时间和灌水量。可采用土壤水分张力计指导灌溉，这是一种简便而又正确的方法，可随时迅速地了解草莓根部不同土层的水分状况，从而进行合理的灌溉。

需特别指出的是，漫灌时切忌水浸果实，以防导致果实腐烂及污染。

二、草莓普通大棚半促成栽培

草莓普通大棚半促成栽培，即利用普通大棚打破其休眠，促进其提早生长发育。一般每667 m^2年产商品果1 500～3 500 kg，2月下旬开始采收。

(一) 育苗特点

1. 秧苗标准　草莓普通大棚半促成栽培的秧苗标准是：根系发达，一级根20条以上；叶柄粗短，长15 cm左右，粗2～3 mm；成龄叶4～7片；新茎粗0.8 cm以上；苗重20～40 g；花芽分化发育明显提早；无病虫害。

2. 培育措施　草莓普通大棚半促成栽培的育苗，应建立专门的秧苗繁殖圃及进行假植育苗。

秧苗繁殖圃的建立和管理，与小拱棚半促成栽培相同。普通大棚半促成栽培用苗，主要是在秧苗繁殖圃按其秧苗标准进行严格选择，直接定植于大棚内。但假植育苗可进一步提高秧苗质量，更有利于高效栽培。特别是在高质量秧苗不足或定植较晚等情况下，最好进行假植育苗。

(1) 假植方法。一般在6月下旬至7月上旬进行。于秧苗繁殖圃内采集品种纯正、生长健壮的秧苗，保留3片叶，摘除老叶、病叶及匍匐茎等，放入盛有水的塑料盆内，只浸根，准备假植。选择无病地建假植畦。假植畦一般高20～25 cm，宽约80 cm。每畦假植5行，株行距为15 cm×15 cm。缓苗期需遮阴喷水。

(2) 假植效果。假植能促进秧苗生长；加快花芽发育；可减小株重变异度；假植培育的秧苗大而整齐。

（二）管理要点

草莓普通大棚半促成栽培，其定植技术、土肥水管理和植株管理等，与小拱棚半促成栽培基本相同。这里主要强调以下几点：

1. 采用无病毒苗 草莓病毒病对其生长量、产量及品质的影响尤为严重。无病毒苗大棚栽培，增产效果明显。

2. 施足优质基肥 普通大棚半促成栽培比小拱棚半促成栽培采收早，产量高，因此，除秧苗标准要求较高之外，施足优质基肥也很重要，一般每 667 m^2 施鸡粪（或其他优质有机肥）2 000～3 000 kg，并可加入适量磷、钾肥。在施足基肥的情况下，不必再进行土壤追肥，但可利用大棚操作方便的特点，进行根外追肥。

3. 采用高垄密植 定植时期宜在 9 月中旬前后，应尽早定植。垄距 80 cm，垄高 20 cm，垄顶宽 40 cm。普通大棚半促成栽培比小拱棚半促成栽培可适当加密，以提高群体产量。每垄 2 行，株距 10～15 cm，每 667 m^2 一般栽植 1.2 万～1.4 万株。若采用假植苗，密度宜适当减小，每 667 m^2 一般不宜超过 1.2 万株。

4. 适时上棚保温 保温过早、过晚均不可。过早因没有满足休眠所需低温要求而易使植株生长矮小；过晚则因低温时间过长而易使植株生长过旺。因此，草莓普通大棚半促成栽培，要求在满足解除草莓自然休眠所需低温量时适时上棚保温。在山东一般在 11～12 月开始保温。保温宜采用多层覆盖，即地膜、连体小拱棚和大棚内外层，或不用内层而外覆草帘。棚北侧需设置风障。

5. 进行生长调节剂处理 草莓生长初期，喷布 8～10 mg/kg 的赤霉素（GA_3），具有长日照的效果，可促进花芽发育，使第一花序提早开花；促进叶柄加长，增加立体光合空间；还可促进花柄加长，有利于传粉及果实发育。

6. 加强棚内管理 温度管理是大棚草莓极重要的管理。要求休眠期尽可能地提高地温，使 10 cm 深的土层温度在 2 ℃以上，以促进根系生长活动；萌芽展叶期主要控制在 15～25 ℃，最低不得出现 −5 ℃以下；开花坐果期主要控制在 20～28 ℃，最低不得出现 5 ℃以下；果实发育期主要控制在10～28 ℃；棚内 30 ℃以上时应注意及时通风。果实发育期应特别注意保持土壤湿润，有条件的最好采用滴灌。病虫害防治应采取以农业防治为主的综合防治措施。

7. 参照生育指标 当品种确定后，关键是管理标准问题。依据丰产大棚的生物学指标进行大棚管理极为重要。

山东烟台研究表明：若品种为宝交早生，作型为普通大棚半促成栽培，每 667 m^2 产量为 1 500～3 000 kg。采收末期生物学指标是：叶面积系数 4 左右，每 667 m^2 有效成龄叶 27 万～28 万片，单株有效成龄叶 15～22 片，单叶面积 100 cm，单叶负载果实 10 g 左右，株高 33 cm 左右，叶柄长 24 cm 左右。

三、塑料日光温室促成栽培

草莓塑料日光温室促成栽培，每 667 m^2 年产商品果 2 500～3 500 kg，12 月下旬开始采收。

（一）育苗特点

1. 秧苗标准 草莓促成栽培，其秧苗标准在草莓保护地栽培中，要求也更高。

草莓塑料日光温室促成栽培的秧苗标准：根系发达，一级根 25 条以上；叶柄粗短，长 15 cm 左右，粗 3 mm 左右；成龄叶 5～7 片；新茎粗 1 cm 以上；苗重 25～40 g；花芽分化早、发育好；无病虫害。

2. 培育措施 草莓促成栽培，既能早采收，又能获高产，必须促进花芽提早分化和发育，使秧苗整齐健壮。

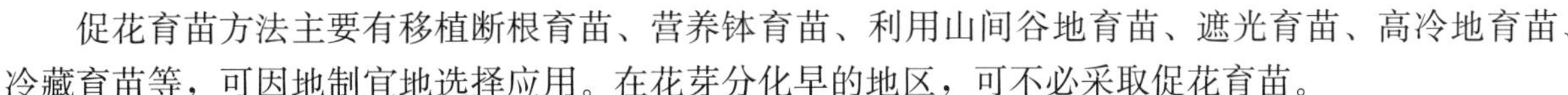

促花育苗方法主要有移植断根育苗、营养钵育苗、利用山间谷地育苗、遮光育苗、高冷地育苗、冷藏育苗等，可因地制宜地选择应用。在花芽分化早的地区，可不必采取促花育苗。

移植断根育苗是草莓促成栽培的有效育苗措施，在山东烟台和青岛等地获得了显著的增产增收效果。目前，移植断根促花育苗技术在山东省草莓主产区大面积推广应用，增产效果显著。

（1）移植断根育苗的方法。包括采苗假植和移植断根两个阶段。采苗假植方法与草莓普通大棚半促成栽培中的假植育苗方法相同。这里只介绍移植断根的方法。

移植断根时间，一般在预定形成花芽前 20 d 进行，一般可在 8 月下旬开始。首先用小铁铲在假植苗周围切土断根，切成正方形或圆柱形，边长或直径为 7 cm 左右。将假植苗与土一起铲起，并摘除老叶及匍匐茎。依次向一边移植 1 个株距，被移植的苗间要填土覆平。

需注意的是，移植断根的前一天傍晚应浇透水，以利带土移植。出现暂时萎蔫，为正常现象。移植断根次数要根据植株花芽分化状况及长势而定，一般 1～2 次；移植断根时间可适当早些，以使其营养生长旺盛，花芽数多；花芽分化期移植断根，花芽分化数少，且不利于花芽发育。

费工是移植断根育苗的最大缺点。为节省用工，生产上可将定植作为一次断根，也可结合其他促花育苗措施进行。

（2）移植断根育苗的效果。移植断根育苗，可促使草莓秧苗健壮整齐（同假植育苗），使草莓花芽分化期提前约 15 d，可显著提高草莓果实产量。

（二）管理要点

草莓塑料日光温室促成栽培，最关键的措施是促花育苗和抑制休眠，其他方面则以半促成栽培为基础。这里主要强调以下几点：

1. 定植促苗　草莓促成栽培产量高，无休眠，秧苗大，故需增施有机肥，及时定植和掌握密度。定植前，每 667 m^2 施鸡粪或其他优质有机肥至少 3 000 kg。一般在 9 月中下旬带土定植。垄距80 cm，垄高 20 cm。栽植密度比半促成栽培宜适当减小，每垄 2 行，株距 15～20 cm，每 667 m^2 为 8 300～11 000 株。

2. 覆膜保温　草莓促成栽培，从防止休眠、确保继续生育这一方面来考虑，应尽可能早保温，但不能过早。草莓真正能形成产量的主要是顶花序和其下的第一腋花序。可在顶芽开始分化后 30 d 左右即开始覆膜保温，一般在 10 月中旬。

3. 生长调节剂处理　提早保温和赤霉素（GA_3）处理，均具有抑制草莓休眠的效果。

开始保温后，在 2 片未展开叶期（一般 10 月中旬）进行第一次赤霉素处理，以促进幼叶生长，防止发生休眠。在现蕾期（一般在 10 月下旬）可酌情进行第二次赤霉素处理，以促进花柄伸长，有利于授粉受精。赤霉素浓度为 5～10 mg/kg，每株 3～5 mm，喷洒在苗心上。赤霉素处理，休眠浅的品种比休眠较深的品种、冷地比暖地用量少，次数少。

4. 温度管理　温度管理与普通大棚半促成栽培一样，应严格按各物候期要求进行。展叶期主要控制在 20～26 ℃；开花坐果期主要控制在 20～28 ℃；果实发育期主要控制在 10～28 ℃。

5. 设施利用　草莓促成栽培开花结果期长，故要求设施保温性能好。在冬季较冷的地区，一般需设置塑料日光温室或加温大棚。在冬季较暖的地区或利用小气候资源的地区，可采用多层覆盖的东西延长半拱形普通大棚。

6. 植株整理　在前期果实采收之后（一般 2 月下旬），应进行植株整理，即及时摘除老叶、果柄等，改善通风透光条件，增加光合产物积累，提高后期果实产量和品质。

四、草莓普通大棚抑制栽培

草莓普通大棚抑制栽培，即利用冷库使草莓在人工条件下长期处于抑制状态，延长其被迫休眠期，并利用普通大棚再适期促进其生长发育。一般每 667 m^2 年产商品果 2 500～3 000 kg，10 月开始采收，但采收期可灵活调节。

（一）育苗特点

1. 秧苗标准 草莓抑制栽培，由于其突出特点是将草莓秧苗放入冷库长期冷藏，所以，对秧苗标准有特殊要求。

草莓普通大棚抑制栽培的秧苗标准：新茎粗 1.5～1.8 cm，苗重 30～40 g，粗根多，贮藏养分充足，不过早现蕾，入库时，氮素不过多，耐前期冷藏。

2. 培育措施

（1）选择适宜品种。适宜抑制栽培的品种耐寒性强，花芽分化和发育迟，定植后生长发育旺盛，产量高，品质优。目前生产中多采用宝交早生。

（2）适时采苗假植。草莓抑制栽培的育苗，需采取假植措施促进秧苗整齐健壮。假植方法与半促成栽培、促成栽培相比有明显特点。采苗假植期在 7～8 月，但在促成栽培的移植断根期采苗假植，秧苗易过早现蕾。假植土壤应选择沙壤土，以方便掘苗。由于秧苗假植期长，故应加大假植的株行距。

（3）加强育苗管理。草莓抑制栽培的育苗，需实行抑制花芽分化发育的育苗管理。育苗前期，应加强肥水管理，提供良好的营养条件，促进秧苗营养生长，不需采取控氮促花等措施使其过早转向生殖生长。育苗后期，应适当增施磷、钾肥，防止入库时氮素过多。可于 11～12 月用河沙或锯末培苗，抑制花芽发育。

（二）管理要点

草莓普通大棚抑制栽培，管理要点首先是植株冷藏，其次是大棚管理。植株冷藏是抑制栽培中最关键的环节，大棚管理则与普通大棚半促成栽培基本相同。植株冷藏包括：

1. 入库冷藏

（1）入库时期。入库过早或过晚均不适宜。研究结果表明，12 月下旬至翌年 2 月中旬入库，产量均较高。目前生产中为了降低成本，一般在土壤解冻时入库。

（2）掘苗包装。掘苗要认真细致，尽量少伤根。苗掘起后应轻轻抖动，去掉根部泥土。摘除基部叶片，只保留展开叶 2～3 片，以减少贮藏养分的消耗。有过早现蕾的也要摘除花蕾。

植株整理后的当天即行包装。包装箱一般用木箱或塑料箱，箱内所铺的包装材料，其种类对草莓秧苗出库时的状态和产量有明显影响。目前生产中箱内包装材料，多采用聚乙烯黑地膜或 EVA 薄膜（乙烯—醋酸乙烯）。

装箱时，苗叶靠箱两侧，苗根在箱中间，相互交错排列。装箱宜实不宜松，手压稍有弹性即可。装满箱后，用薄膜将苗密封，然后钉紧箱盖，用绳捆好。

（3）库温管理。冷藏温度宜稳定在 0～－2 ℃。1 ℃以上时芽开始萌动，－3 ℃以下时根和芽易受冻害。温度管理不善，常常是造成植株冷藏失败的重要原因。应经常进行库温、箱温检查，确保温度正常稳定。

2. 出库定植

（1）出库处理。出库处理通常有 2 种方法：一种是定植的当天早晨出库，立即浸根，下午定植；一种是定植前一天傍晚出库，放置一夜，第二天早晨开始浸根，之后定植。生产中多采用前一种。

秧苗出库后必须浸根，否则定植成活率低。一般需流水浸根 3 h。

（2）定植时期。草莓抑制栽培，定植时期需随着采收期的早晚而灵活确定。一般来说，出库定植早，从定植到采收所需时间短，果小，产量低；出库定植晚，从定植到采收所需时间长，果大，产量高（表 65－2）。

表 65-2 草莓抑制栽培定植期与开花结实的关系

定植期（月/日）	现蕾		开花期		采收期		单果重（g）
	平均（月/日）	所需天数（d）	平均（月/日）	所需天数（d）	始期（月/日）	所需天数（d）	
6/15	6/25	10	7/3	18	7/22	37	6.0
7/15	7/22	7	7/28	13	8/11	27	4.5
8/15	8/22	7	8/30	14	9/20	36	6.5
9/1	9/8	7	9/15	14	10/7	36	7.0
9/5	9/14	9	9/19	14	10/15	40	7.0
9/10	9/21	11	9/30	20	10/25	45	10.5
9/15	10/1	16	10/12	27	11/5	51	15.0
9/20	10/10	20	10/25	35	11/22	63	12.0

3. 大棚保温 草莓秧苗出库定植晚，生育期正逢低温季节，需进行大棚覆盖保温。例如，9月上旬出库定植，前期采收期为10～12月，后期采收期为翌年3～5月，在这期间，需利用普通大棚及时保温。

第十节 病虫害防治

一、主要病害及其防治

（一）草莓病毒病

1. 病毒种类及为害症状 草莓病毒主要有草莓斑驳病毒（SMoV）和性黄边病毒（SMYEV）、草莓镶脉病毒（SVBV）和草莓皱缩病毒（SCrV）4种。这4种病毒的总侵染株率达80.8%，其中，单种病毒侵染株率为23.1%，2种或2种以上病毒复合侵染株率为38.6%～57.7%。不同品种的带毒状况也有不同，一般栽培年限越长的品种，其带毒株率也越高。

2. 发生规律 草莓病毒病影响植株生长发育，降低产量和品质。但草莓病毒病的发生涉及多方面的问题。对于该类病害的研究和防治，病毒检验和鉴定，以及确定其介体关系等，都需要特殊的方法。

大部分草莓病毒都具有潜伏侵染特性，在栽培种草莓上很少产生明显的症状。通常病毒侵染后，只表现为生长减弱、植株矮化、产量下降和品质退化。草莓病毒还具有复合侵染特性。如果植株产生明显症状，则预示是几种病毒复合侵染的结果。

草莓病毒在自然条件下以昆虫介体传播，也可通过嫁接传染。主要的草莓病毒是通过蚜虫传染，有的病毒也可通过叶蝉、线虫、菟丝子、汁液、种子等传染。

（二）草莓萎黄病

1. 为害症状 新叶小型化，呈舟形卷缩，黄绿色。典型的症状是3片小叶中有1～2片小叶黄化，且极小型。整株生育不良，叶片失去光泽，从叶缘开始凋萎褐变，不久整株枯死。叶柄和茎的导管发生褐变。根从外侧或先端发生褐变，不久腐烂。

2. 发病规律 发病温度范围为8～36℃，最适温度为28℃。土壤温度高，湿度大，pH低，均可使病情加重。接种试验表明，接种2个月后，地温为30℃、25℃和20℃时，发病株率分别为100%、50%和17%。病菌通过土壤或秧苗传染。在病土中定植宝交早生，其发病株率经1个月为10%，经3个月即为100%。病菌的菌丝体、厚垣孢子随病株残体在土壤中越冬，可长期生存于土壤中。发病程度因品种而异。品种中春香较抗病，宝交早生、达娜易感病。

（三）草莓灰霉病

1. 为害症状 开花坐果时，先侵害小果，与湿土接触的果面先发病，然后沿果柄蔓延至花序，使整个花序干腐枯死。果实变白或着色时，发病果实初呈水渍状淡褐色斑块，后变暗褐色，继而组织软腐，香气和风味消失。在潮湿条件下，果面腐烂处覆盖一层灰霉，可传染健果。

2. 发病规律 发病温度范围为 2～30 ℃，适温为 20～25 ℃。多湿、高氮、过密、徒长等场合状态下易发病。大棚内滴灌比漫灌、高垄比平畦可增加好果率 15%以上。病菌通过气流传播，腐生性强，耐干旱。病菌以分生孢子及菌核在病组织内越冬。宝交早生等抗性较弱。

（四）草莓芽枯病

1. 为害症状 幼芽呈青枯状萎蔫，枯死芽呈黑褐色。花蕾从小花柄基部开始褐变，最终枯死。叶片萎蔫下垂。新展开叶小型化，叶柄带有红色，从叶柄基部发生褐变，不久枯死。根部尚未见异常。

2. 发病规律 发病适温为 22～25 ℃。多湿、过密、过旺、栽植过深等易发病。有滴薄膜棚比无滴薄膜棚的草莓发病株率增加 3%以上。病菌主要通过秧苗传染。病菌的菌丝体或菌核在土壤或病残体中越冬，在土壤中可存活 2～3 年。宝交早生等抗性弱。

（五）草莓白粉病

1. 为害症状 为害叶片、叶柄、果实、果柄等部位。发病部位出现一层白色粉状物，果实早期受害，幼果停止发育；后期受害，果面密布一层白粉，严重影响浆果质量。

2. 发病规律 发病适温为 15～20 ℃。植株过弱、多湿、过早易发病。病菌主要通过气流传播。病菌以菌丝在草莓越冬芽中越冬。春香、丽红、丰香等抗性弱；达娜、盛冈 16、女峰等居中；宝交早生等抗性强。

（六）其他草莓病害

1. 草莓根腐病 发病植株初期根的中心柱呈红色或淡红褐色，然后由其中心开始变褐腐烂；地面部分先由基部叶的边缘开始变为红褐色，后从基部叶逐渐向上凋萎枯死。

地温 25 ℃以下时发病。冷凉、潮湿、漫灌、多雨等场合易发病。保护地栽培、高垄栽植发病少。

2. 草莓蛇眼病 发病植株叶片上产生边缘深紫色、中心部浅褐色圆形病斑，状如蛇眼。严重时，叶片大部分变褐，甚至枯死。果柄、萼片、匍匐茎也常发病。

3. 草莓轮斑病 发病植株叶片上产生轮纹状病斑，沿叶脉构成 V 形。病斑多发生于叶缘，其上可见黑色分生孢子堆。

二、主要害虫及其防治

（一）蚜虫

主要有桃蚜、棉蚜、长毛钉蚜等，为害叶片和叶柄。蚜虫不仅自身可对草莓造成危害，更重要的是还可以引起草莓病毒病的发生，是草莓病毒病的主要传播媒介，因此生产上必须严加防治。蚜虫在高温、干燥条件下会严重发生，夏季气温偏高或种植于沙性土壤中，蚜虫危害尤为严重。

（二）叶螨

为害草莓的叶螨有多种，常见的有二斑叶螨等。叶螨体形很小，喜欢在幼叶上或叶背面吸取汁液。高温下猖獗危害。受害叶片呈红褐色，卷缩干枯，植株生长发育显著受阻。特别是二斑叶螨，食谱广泛，抗药力强，必须引起高度重视。

（三）主要病虫害防治对策

草莓花期用药，往往会因影响授粉受精而产生较多畸形果；果实用药，往往因果实柔嫩而造成果实污染；发病后用药，又往往因防效不佳甚至无效而遭受损失。因此，草莓的病虫害防治，应特别强调采用以农业防治为主的综合防治措施。

1. 选用抗病品种　草莓品种具有明显的抗病性，不同品种其抗病种类也不同。例如，在白粉病较重的地区或保护地，可选用抗白粉病强的宝交早生等品种；在萎黄病较重的地区或保护地，可选用丰香、春香等品种。

2. 培育健壮秧苗　草莓健壮秧苗抗病性强，并且病虫害很容易从苗期开始发生。因此，培育健壮秧苗十分重要。

培育方法主要有：

（1）利用花药组培等技术培育无病毒母株，同时2～3年换一次种。

（2）从无病地引苗，并在无病地育苗。

（3）按照各种作型的秧苗标准，落实好培育措施，注意苗期病虫害的防治。

3. 加强栽培管理　加强草莓栽培管理，可有效抑制病虫害的发生。具体措施主要有：施足优质基肥，促进草莓健壮；采用高垄栽植，改善通风透光条件；掌握合理密植，降低草莓株间湿度；进行地膜覆盖，避免果实接触土壤；防止高温多湿，创造良好生态环境；切忌发生徒长，提高植株抗病能力；搞好园地卫生，清除消灭病菌侵染来源。

4. 日光土壤消毒　日光土壤消毒，对防治草莓萎黄病、芽枯病及线虫等，具有较好效果。方法是：在草莓栽植前的炎热季节，于保护地内每667 m^2 施作物秸秆等有机物1 000 kg左右，用石灰氮50～60 kg或适量硫酸铵，然后深翻起垄，地面覆盖透明塑料薄膜，垄间灌水，密闭保护地14～20 d，使土壤温度保持在40～45 ℃。若长时间热处理，致死温度将大幅度下降。草莓萎黄病菌在灌水条件下，40 ℃ 14 d、45 ℃ 8 d即死亡。

5. 合理使用农药　草莓关键时期适当用药，作用迅速，效果显著。育苗期喷布嘧菌酯、百菌清、腈菌唑等，可防治草莓芽枯病、炭疽病、白粉病。用多效唑在定植前灌土或定植后浇垄顶，可防治草莓萎黄病、芽枯病及根腐病。现蕾期喷布多氧霉素或噻菌灵等，可防治草莓灰霉病、芽枯病和白粉病等。蚜虫发生期可喷布吡虫啉等。叶螨发生期可喷布哒螨灵、扫螨净等。喷药应避开草莓花期和果实成熟期，注意安全用药。

第十一节　草莓采收、贮藏及加工

一、采收

1. 采收时期　草莓果实一般在花后30 d左右即成熟。草莓花序的花朵陆续开放，花期长，草莓果实也是陆续成熟，采收期延续长，因此，必须分期采收。一般每隔1～2 d采收一次。每天的采收时间，最好是在早晨露水干后至中午炎热来临前。每次必须将成熟的果实全部采尽。延迟采收会因果实过熟而易腐烂，晒热后采的果实及露水未干或下雨时采的果实也易腐烂。

2. 果实成熟特征　果实采收时的成熟度要求，应根据实际需要而定。鲜食用的草莓，八成熟时即可采收，此时果肉较硬，颜色鲜美，果面着色70%～80%，有利于运输和销售。供加工果浆用的草莓要求果面着色80%～90%，若成熟度太高，酱色深暗，且果胶部分被破坏，果肉软烂，而成熟度过低，加工后果肉易萎缩变硬，酱色不鲜艳。供加工果酒、果汁用的草莓，要求达到充分成熟，这样能提高浆果的糖分和香味，果汁多，加工容易。

3. 采收方法　果实采收过程中必须轻摘轻放。用拇指和食指把果柄切断，带果柄采摘。不要硬采硬拉，不要损伤花萼，更不要碰伤浆果。对病虫果、畸形果应单独采收。

二、包装

为了提高工作效率，可边采收边分级包装。国外草莓鲜销分级较细，而我国目前只是粗略地将果实按大小分开。草莓包装宜采用小包装，可用塑料透明食品盒，每盒装草莓250～500 g，然后装入硬纸箱。小包装也可用手提式小硬纸盒，将草莓果实直接装入分格的硬纸箱内，效果也较好。

山东烟台的草莓包装，主要采用套盖的硬纸箱。其规格是长 45 cm，宽 30 cm，高 14 cm；长面两侧各有 2 个通气孔，直径 2 cm；箱内分为 6 格，格内摆放草莓。

三、速冻保鲜

草莓很适合速冻保鲜贮藏。草莓速冻后可以保持原有的色、香、味，既便于长期贮藏，又可远运外销；既可作冷食供应，又可作加工原料。山东烟台速冻草莓已打入国际市场，向日本等国家出口。

(一) 速冻保鲜原理

速冻就是利用－25 ℃以下的低温，使食品在短暂的时间内急速冻起来，从而达到冻藏保鲜之目的。这种方法比其他方法更能保持食品的形状、新鲜度、自然色泽、风味和营养成分，工艺简单、卫生、实惠，是现在保存食品最科学的方法之一。

(1) 速冻可使草莓浆果中绝大部分水分形成冰晶，并且形成冰晶的速度大于水蒸气的扩散速度，浆果细胞内的水分不至于扩散到细胞间隙中去，因而形成的小冰晶在细胞内和细胞间隙中均匀分布，使细胞免受机械损伤导致变形或破坏，保持完整无损。

(2) 草莓汁液形成冰晶后，沾污在浆果上的细菌、霉菌等微生物，由于缺乏所需的水分，生命活动受到严重的抑制，停止生长和繁殖。

(3) 低温抑制了浆果内酶的活动，使之不能或很难起催化作用。

(二) 速冻原料选择

品种不同对速冻的适应性不同，因此，必须选择速冻性能较好的品种。即要求果肉致密，品质优良，可溶性固形物含量较高，速冻后能保持果形，营养损失较少。凡果肉疏松、品质差的品种，不适于速冻。宝交早生、春香、戈雷拉等品种，速冻效果都较好；而四季、圆球等品种，不适于速冻。

用于速冻的草莓，其成熟度应适中。适熟果（着色 4/5 以上）色、香、味保持很好，无异味产生；过熟果（全着色）处理过程中损失大，冻后风味淡，色深，果形不完整。

速冻草莓必须保证原料新鲜，采摘后当天尽快处理，以免浆果腐烂，当天处理不完，应放在 0～5 ℃的冷藏库内暂时保存。远距离运输时需用冷藏车。

速冻草莓果实的大小，一般认为以 5～12 g 为宜。一级序果往往过大，可用作鲜食上市，之后采收的中等大小果可用作速冻。另外，要求果形完整，无病虫害，无其他伤害。

(三) 速冻工艺流程

速冻工艺流程为：选果→除萼→洗果→消毒→淋洗→控水→摆盘→速冻→包装→冷藏。

1. 选果 按照速冻对原料质量的要求，选择成熟度适中、大小均匀适宜、果形完整无损的新鲜浆果，对病虫害、畸形果、未熟果等均应捡出。

2. 除萼 人工将果柄、萼片摘除干净。除萼时易带果肉的品种，可用小刀削除。注意不要残留果柄和花萼，也不要把果肉削去，保持果实完整和果面平整。除萼也可与选果结合进行。

3. 洗果 将果实倒入有排水口的水池中，放水冲洗。可用圆木棒轻轻搅动，但木棒不要伸至池底，以免将下沉的泥沙杂物搅起。冲洗 10 min 左右，将泥水由排水管排出。然后可再冲洗 1 次，洗净为止。

4. 消毒 用浓度为 0.02%～0.05%的高锰酸钾水溶液浸洗 4～5 min，然后用水淋洗。

5. 淋洗 将消毒后的果实再用水淋洗 1～2 次。

6. 控水 将果实表面的水分控干，或用吹风机吹干，以免冷冻时果实互相粘连。

7. 摆盘 将果实摆放在盘子里。如果需要冻结成块状，一定要摆放平整紧实。有的在速冻前，还按果重的 20%～25%加入白砂糖。

8. 速冻 摆好盘后立即送入速冻间，温度宜保持在－25 ℃或更低，直到果心温度达－15～

−18 ℃。冷冻速度越快，果实品质保存越好，因此，为保证冻品质量，盘不宜重叠放置。

9. 包装 根据需要采用不同的包装。鲜销可采用小包装每盒或袋可装 0.5～1 kg。远销或加工原料每盒或袋可装 7.5 kg，每箱装 2 盒或 2 袋。

10. 冷藏 包装好的速冻草莓，立即送入冷藏库贮藏。冷库温度保持在−18 ℃条件下，可保持 12～18 个月而不失草莓风味。

四、速冻草莓解冻

速冻草莓应在食用前解冻。

速冻草莓的解冻，据试验研究可在 5～10 ℃下缓慢解冻 80～90 min，细胞出水少，能保持良好口感。解冻后的草莓，应立即食用，否则细胞出水多，食用品质大为下降。

五、家庭草莓酱加工

草莓酱是草莓最主要的加工产品。我国草莓酱生产始于 1965 年，用草莓酱制作夹心面包或点心、果料酸乳酪、果酱茶、冷饮、冰激凌、果汁汽酒等。采用露地草莓及保护地草莓的后期果实，以降低成本，发展其加工业，尤其是实行千家万户的家庭简易加工，对促进草莓生产具有重要意义。此处介绍一种家庭草莓酱加工方法。制品特点：色鲜艳，稠度适，味可口，糖度 65%～68%。

1. 原料配方 草莓 1 kg，白砂糖 550 g（按草莓质量的 55%计），柠檬酸 2 g（也可不加）。

2. 操作用具 主要为熬酱用锅和沸水浴杀菌锅。熬酱用锅最好用不锈钢锅，也可用铝炒锅，但不得用铁锅，以防变色。其他工具如盆、铲等也都采用铝制品。沸水浴杀菌锅可采用底平且深的大锅，要比草莓酱瓶高出 10 cm 左右。

3. 工艺流程 除蒂→洗果→加糖（按草莓质量的 50%计）→冷藏（也可不冷藏）加热浓缩开始（温度 102 ℃左右）→除泡（可用餐纸）→加糖（剩余的糖）→加柠檬酸（草莓重量的 0.2%）→加热浓缩结束→除泡→密封→杀菌（85～95 ℃，10～15 min）→制品。

4. 加热浓缩 操作要轻，尽可能保持果形。加热浓缩时，要注意轻轻搅动，以保证受热均匀。待煮沸果粒变软后加入剩余的糖。当糖度达到 65%以上时（接近浓缩终点）即可加入柠檬酸。浓缩时间需 40～50 min。用铲将酱汁不时挑起，酱汁下流的状态成片状时，一般即达到浓缩终点。

5. 包装密封 包装容器可用四旋瓶或六旋瓶。先将其洗净并用热水消毒，沥干备用。将制好的草莓酱趁热装瓶，装瓶后保持顶隙 5～10 mm。瓶口用干净毛巾擦净。然后加盖用力拧紧密封即可。

6. 杀菌冷却 在沸水浴杀菌锅内放好箅架，以保证杀菌温度均衡。将封好口的草莓酱瓶放入锅内，加开水至淹没瓶顶 25～50 mm，水面到锅口高 25～50 mm。然后放到急火上使之迅速升温至微沸状态，再用文火保持微沸 10 min，即完成杀菌。降温可采取分次往锅里加冷水，待酱瓶降温至 40～50 ℃时即可出锅，擦干水，并检查瓶内真空是否良好。

临时食用的草莓酱，也可不进行密封杀菌，冷却后放入冰箱冷藏即可。

第十二节 优质高效栽培模式

一、栽培方式

以山东省济南市历城区张而草莓促成栽培方法为例，介绍优质高效一年一栽制模式。

二、栽培技术

（一）选地

选择地势平坦、光照充足、有浇灌水条件、且空气相对湿度 60%～80%、土壤 pH 5.5～6.5、通透性良好、土质肥沃、排灌水方便的壤土或沙壤土，前茬应避开茄科作物。

(二) 品种及种苗选择

大棚生产通常选择休眠浅、可多次发生花序的优质、高产品种，同时，还应根据果品销售市场距离远近选择品种。近年来，该基地主要选用丰香、甜宝、红颜为主栽品种。因这几个品种口感、颜色好，糖度高，适合鲜果销售，受消费者欢迎。

种苗选用脱毒组培良种苗，尽量使用大苗、壮苗，清除杂苗，栽植前可将种苗按粗壮程度分类，相同大小的种苗栽在一起，避免植株参差不齐而管理不便。

草莓假植苗是近年来普遍应用的高产技术之一。假植苗的特点：种苗花芽分化充分、健壮、整齐，有利于提高产量，并且促使果实大小均匀、植株间花果生长发育一致。假植苗的培育方法：把育苗圃中繁殖的幼苗在定植到大棚之前移植到假植圃进行一段时间培育，假植时间应根据定植时间确定。济南地区 8 月中旬为好，栽前 15～20 d 为宜。假植要带土假植。

(三) 整地与栽植

1. 整地 将大棚内上茬作物根、杂草清除，浅翻 30 cm，结合耕翻每 667 m^2 施用腐熟的人粪、鸡粪、牛粪 3～5 m^3，16－8－16 复合肥 50～60 kg，中微肥 40 kg，生物菌肥 200 kg，重茬地可在定植前一个月用石灰氮 50～60 kg 翻入土中，灌水、盖膜、土壤消毒。

2. 做垄 南北向做垄，垄距 80～85 cm，垄高 20～25 cm。

3. 栽植时间 济南地区 8 月底至 9 月初带土移栽，大垄双行，小行距 20～25 cm，单株距丰香品种 13 cm，甜宝、红颜品种 16～18 cm，根据不同品种栽植 8 000～10 000 株，种苗弓背一定朝向垄旁，覆土不可埋心，以防芽枯病发生。

(四) 大棚覆盖

草莓冬暖式大棚促成栽培的盖膜时间是在草莓未进入休眠前盖膜。济南地区在 10 月 20 日（霜降）盖膜为好。最晚不要超过 10 月 25 日，在扣棚的同时覆盖地膜。地膜利用黑膜，也可用黑、银双色膜，减少除草和提高地温。10 月底至 11 月初上草苫或棉被夜间保温。

(五) 肥水管理

施足基肥的大棚不提倡使用固体化肥。一旦缺肥，可通过滴灌或叶面追肥，一般在草莓膨果期开始追施速溶冲施肥，15～20 d 一次，一般 2 次即可。

湿度管理是满足草莓生理需要和减少病虫害的重要环节。土壤含水量：花芽分化期要求 60%、营养生长期 70%、花果期 80%为好。棚内空气相对湿度：以 70%以下为宜，湿度过大要及时通风。灌水方法：以滴灌为好，从棚内和空间观察，早晨揭帘时植株叶片有吐水现象、棚内没有雾气为好。叶片没有“吐水”可能缺水；棚内雾大，可能土壤偏涝。

(六) 温度管理

草莓生长发育适宜温度：营养生长期 30 ℃左右，开花期 28～30 ℃，果实膨大期至采收期 20～25 ℃，温度高时要及时通风。生长发育最低温度不低于 6 ℃（表 65－3）。

表 65－3 大棚温度调控

单位:℃

时间	物候期				
	保温期	现蕾期	开花期	果实膨大期	采收期
白天	28～30	25～28	23～25	20～25	20～23
夜间	12～15	9～12	8～10	6～8	5～7

(七) 植株管理

大棚扣膜后要及时摘除病残老叶，旺长后掰掉侧芽。每株留侧芽 1 个，花果期摘除黄底叶，随时

摘除匍匐茎。

在扣棚后草莓萌动至现蕾期用植物生长调节剂喷心叶，能够起到打破休眠、促进草莓生长和提早成熟的作用。使用浓度因品种而异，应因草莓植株的长势而定。

（八）花果管理

将花序理顺到垄帮，有利于着色成熟、减轻病虫害和便于管理采收。在现蕾期把高级次的小花疏除，在幼果着色期将病果和畸形果疏除，每个花序留 7 个左右果实，能增大果个、改善品质、提高产量和商品价格。因大棚冬季密闭，没有昆虫传粉，应放蜜蜂辅助授粉。在植株 10%初花期将蜜蜂入棚，入棚过早蜜蜂会觅粉伤害花蕊，过晚影响授粉效果。前期花少时可适量喂糖养蜂。放蜂量 50～70 m 长大棚 1 箱为宜。

（九）病虫害综合防治

坚持以防为主，以治为辅的原则。在草莓全周期过程中，从品种选择、育苗程序、选地、施肥、温湿度调节等各个环节入手预防病虫害蔓延和发生。尽量减少化学农药的施用。

在扣棚前后喷 2 次杀虫、杀菌剂。预防芽枯病、炭疽病、白粉病，可用嘧菌酯、百菌清、腈菌唑等；防治蚜虫、螨虫等主要虫害，可用吡虫啉、哒螨灵、扫螨净；防治蛴螬，可在定植前用辛硫磷颗粒剂撒施防治；棚内病虫害用烟雾剂防治，尽量不打或少打药。

（十）采收、分级、包装

采收要求全红，当地销售可上午采收，外地供应可下午采收、晚上运输、第二天销售。

分级包装：一级果 30 g 以上，二级果 20～30 g，三级果 10～20 g。包装盒根据当地实际情况而定。

第六十六章　桑

概　　述

一、栽培历史和现状

果桑（*Morus*）是以生产桑果为目的的桑树，为桑科桑属多年生落叶乔木或灌木。果实通称为桑葚，又名桑果、桑枣、桑实、桑子等。桑是温带、亚热带果树，原产于北半球温带及暖温带地区。我国是世界上栽桑养蚕最早的国家，大约和原始农业同时发展起来，早在殷商时代（公元前1600—前1046）就有甲骨文记载。从蚕桑生产的发展过程看，我们的祖先最早是利用野生桑养蚕的。随着丝绸消费的不断增加，野生桑不能满足养蚕的需要，从而开始了桑树的人工栽培。我国人工栽植桑树历史至少也有4 600多年。在周代，采桑养蚕已是常见农活。《孟子》中有“五亩之宅，树之以桑，五十者可以衣帛矣”的话；《史记》则记载“齐带山海，膏壤千里，宜树桑麻”和“邹、鲁滨洙、泗，颇有桑麻之业”等，表明战国时期在黄河流域和长江流域桑树栽培已较普遍。所以，果桑是较早开始人工栽培的果树之一。我国现存几部早期的古代文献，如《尚书》《诗经》《夏小正》《礼记》中，都有关于栽桑养蚕、采果的记载，例如《诗经》“卫风”中：“于嗟鸠兮，无食桑葚。”“豳风”中“蚕月條桑，取彼斧戕，以伐远扬。”这是关于春季修整桑树枝条的记载。《尔雅》中有“桑瓣有葚，栀。”这是说，桑树中一般是结果的（有葚），一半不结果（称栀），说明当时人们已经认识到桑树有雌雄异株现象，在种类品种上，已经分为采桑养蚕为目的和采叶收果兼有两大类。我国现存最早的农书，西汉的《氾胜之书》中已记载有种桑技术，而其他果树的栽培技术指导在北魏的《齐民要术》中才有比较系统的记载。因此，桑树栽培在古代农业中一直占有重要地位，桑葚不仅作为水果，而且是人们食物的重要补充。明清时期，桑葚一度作为贡品出现在皇宫庭院，有些地方至今仍保留有“踏青采桑葚”“端午吃桑葚”的习俗。

我国是桑树的起源中心，现已收集保存有3 000多份桑树种质资源。据统计，我国现有15个桑种4个变种，是世界上桑树品种最多的国家。多年来，桑树种质资源及育种工作者利用我国丰富的桑种质资源，选拔选育出了一大批具有较高果用或叶果两用价值的桑资源（品种），据不完全统计，已发现和选育出的果桑品种（栽培类型）超过500种，种质资源主要集中在广东桑、白桑、黑桑、山桑、鲁桑、长穗桑等几个桑种，其中以广东桑和白桑占绝大部分，主要分布在广东、广西、新疆、河北、山东、四川、云南、海南、山西、陕西等地。目前生产上广泛应用的有数十种，如果叶兼用品种大十、葚大无籽；丰产品种红果系列、大白葚、紫城2号、琼46、长青皮等；口感特好的雅安3号、绿葚子、江米果桑等；药用价值高的新疆药桑；有抗病性强的打洛1号、琼46等；综合性状优的白格鲁等。

传统的桑树品种是以采叶养蚕为目的培育而成，不结果或果子很少且小，难以规模化开发。随着桑葚营养和医药价值越来越受到人们的重视，新鲜桑果已广为人们接受和喜爱，成为果品中的新贵。随着大量新的果桑专用品种的育成，到20世纪90年代后期，果桑的商业开发引起了人们的广泛关注和重视，栽植面积迅速扩大，果桑业正成为蚕桑大产业中越来越重要的分支产业和新的发展亮点。目

前全国东北自哈尔滨以南，西北从内蒙古南部至新疆、青海、甘肃、陕西，南至广东、广西，东至台湾，西至四川、云南，绝大多数省份都有果桑栽植，尤以广东和陕西发展迅速。在发展果桑产业过程中，各地根据果桑本身的生物学特征特性结合当地不同的自然环境条件和社会经济发展水平，应因地制宜开发出具有不同特色的经营模式如“桑葚专用”模式、“自由采摘园”模式、“葚蚕农畜”模式、“城市园林”模式等。既有大型的果桑园，又有零星的散植，栽培形式灵活多样。桑葚营养价值高，食用、药用功能兼具，可加工性强，除鲜食外，桑葚还可制成桑葚酒、桑葚饮料、桑葚干等，经济价值高。随着科学技术的发展，人们生活水平的提高，对保健品的开发日益受到重视，以桑葚为原料的产品将会越来越多。目前桑葚的市场需求很大，不仅鲜果不能满足市场需求，而且食品工业、化学工业原料缺口也很大。果桑抗逆能力强，管理方便，投入少，“果桑产业产加销综合技术开发”于2002年已被列入国家级“星火计划”项目，发展前景十分广阔。

二、果桑的食用保健功能

桑葚可供鲜食，成熟极早，为少数早春市场上的极早熟水果。桑葚风味可口，甘甜多汁，很受群众欢迎。桑葚含糖量高，一般为9%～15%，新疆白桑可高达21%，桑葚干达69.1%，可与葡萄干相比美。桑葚含有丰富的果糖、葡萄糖、丁二酸、矢车菊素、无机盐及7种维生素、16种人体所需的氨基酸。还含有铁、钙等矿物元素及胡萝卜素、果胶等，是维生素C的上等来源，铁的优质来源。据有关报道，桑果中硒元素的含量，等于同样质量的红富士苹果的5.66倍、葡萄的12.41倍，号称“天然富硒水果皇后”。桑果还含有丰富的花青素和白藜芦醇等功能成分，具有调节免疫力、促进造血细胞生长、抗诱变、降血糖、降血脂、护肝等药理作用。1993国家卫生部把桑葚列为“既是食品又是药品”的农产品之一。作为药品，《本草纲目》有详细的记载，桑葚能“止消渴，利五脏关节，通血气。久服不饥，安魂镇神，令人聪明，变白不老”“捣汁饮，解中酒毒。酿酒服，利水气消肿”，并称“桑之精英尽在于此”。其他如《中国药典》《本草拾遗》《滇南本草》《新修本草》《本草求真》等医学典籍中均记载有桑果的防病保健功能。其性味甘、酸、凉，可滋补肝肾，养血祛风，安神养心，延缓衰老。主治耳聋、目昏、须发早白、神经衰弱、血虚便秘、风湿关节痛、失眠健忘、身体虚弱等症状。而新疆药桑在医药中早为应用，对低血糖、心肌炎、抗衰老、促进消化及呼吸作用、消炎止痛和治疗营养不良症等均有作用。桑葚被医学界认为极佳的保健食品，作为食品自古享有“民间圣果”美誉。《农政全书》赞道“虽世之珍异果实，未可比之”。桑果酸甜可口，风味别致。同时，桑果成熟时，恰逢水果淡季，能满足人们对水果的需求。桑葚除鲜食外，还可以制成桑葚酒、桑葚汁、桑葚糖、桑葚蜜饯、桑葚蜜膏等保健食品，还可提取色素、果胶等产品。目前国际上正在掀起开发第三代水果资源热潮，被列为第三代水果之一的桑葚更有“中华果王”之美称。

三、栽培果桑的经济效益和社会效益

桑树的生命力较强，相对容易种植，且为多年生落叶乔木，一次种植可多年生产。桑树的生长速度快，从种植到收获的时间较短。栽后第二年每公顷产量可达4 500～9 000 kg，第三年后进入盛果，每公顷产量可达12 000～24 000 kg，且盛果期可长达15年左右，种植效益高。果桑最高可种植7 500株/hm^2，需投入1.2万～1.5万元/hm^2，但一次投入可使用10～15年，成林后回报率很高，产果量22.5～30.0 t/hm^2，产桑叶15.0～22.5 t/hm^2，可养蚕22.5张/hm^2，产鲜茧1 500 kg/hm^2，按蚕茧收购价40元/kg，若桑果按收购价3元/kg计算，农户产值可达12.75万～15万元/hm^2，若当年蚕茧和桑果的价格有所提高，产值会更高。所以，果桑种植见效快、效益高，是具有良好发展前景的农业特色产业。

桑葚不仅可以鲜食，还可以作为工业原料成多种产品，具有很好的加工效益。果桑的果汁丰富，果肉无渣，是酿酒的极佳原料，若桑葚用于酿酒，按出汁率75%计，每公顷桑果可酿酒15 t，酒按市场价 45 元/kg 计，产值可达 50.625 万元/hm^2。桑葚还以生产桑果饮料，以每 667 m^2 产桑果 1 000 kg 计，则可产原汁 500 kg，1 t 桑果酱或果汁原汁，出口价为 800～1 200 美元，1 t 浓缩汁为 6 000～8 000 美元，比浓缩酸苹果汁高出十几倍。利用桑果加工过程中不同层次的产物加工成桑果茶、果冻、果酒、汽水、桑果晶、桑葚膏等可以满足消费者的不同需求。在加工桑葚的过程中，果渣可用来提取桑葚红色素。桑果色素不仅可以单独做色素使用，而且其本身富含多种氨基酸和其他生理活性物质，可直接做保健品食用，市场需求量巨大。桑籽可以提取桑籽油，桑籽油中不饱和脂肪酸含量为 81.2%，亚油酸含量为 69.63%，维生素 E 含量高达 0.07%，另外还含有丰富的黄酮类等生理活性物质，营养价值高，油脂品质优，完全可以替代花生油等作为食用油使用。因此，桑葚的综合利用可以形成一个比较完善的系统工艺，推进其产业化的进程，实现规模化和产业化发展，提高果桑种植业的综合效益。

果桑还可以作为重要的生态林业树种进行开发和利用。果桑的根系发达，生长能力强，在年降水量 200 mm 左右的干旱荒漠区能生长发育，耐旱、耐涝、耐贫瘠、耐 40 ℃的高温和耐－35 ℃的低温、耐轻度盐碱，土壤含盐量在 0.2%时可正常生长，土壤 pH 在 4.5～8.5 均可生长；根系自然伸展面积是树冠投影面积的 1～2 倍，枝条柔韧，树冠冠幅大，利于防风固沙、降低风速、涵养水源、改善小气候。桑树作为优秀的乡土树种，造林成活率、保存率高，对土壤适应性广，是上山下滩的适宜树种之一，营造桑林，建立桑园，渠道、路边、房前屋后栽桑，大地绿化均可采用。果桑不仅可以作为绿化荒山防风固沙的先锋树种，也是退耕还林和建设生态文明的优选树种，同时又是城市园林绿化的优良树种。大力发展果桑产业，有利于推动社会主义新农村建设，创建蓝天碧水生态家园，具有独特的经济效益、社会效益和生态效益。

第一节 种类和品种

一、种类

桑为桑科（Moraceae）桑属（*Morus*）落叶乔木或灌木，树皮通常为鳞片状剥落。冬芽具 3～6 覆瓦状鳞片。植物体中具白色乳汁。叶具叶柄，互生，边缘有锯齿或分裂，基出脉 3～5 条。托叶披针形，早落。花单性，雌雄异株或间株，为柔荑花序。雄花序早落，花被 4 裂，裂片覆瓦状，雄蕊 4 枚与裂片对生，花丝在蕾中内曲。雌花花被 4 裂，裂片交互对生，基部多少连合。子房 1 室，花柱 2 裂，胚珠半倒生。多数果为扁平卵圆形瘦果，外有肉质花被，相聚而成为聚花果，称为桑葚。种子有薄种皮、胚乳，胚弯曲，子叶长圆形。

我国桑种资源丰富，是世界上大多数桑种的原产地。目前栽培和野生的主要桑种有鲁桑、白桑、山桑、广东桑、蒙桑、鬼桑、黑桑、鸡桑、华桑、滇桑、瑞穗桑、长果桑、长穗桑、川桑、唐鬼桑等，14 个种、1 个变种。果实可鲜食和加工的有以下几种：

（一）鲁桑（*Morus multicaulis* Per.）

1. 分布 鲁桑原产于我国。分布于全国各地，以浙江、江苏、山东等地栽培最多。

2. 主要性状 乔木或大灌木，树冠开展，树皮平滑，发条数中等，枝条粗长而稍弯曲，亦有粗短直立者，皮青灰色或灰褐色，节间微曲，新梢长而少。冬芽三角形或卵圆形。叶形大，一般全叶，叶面呈凸凹不平的水泡状或缩皱，叶肉厚，叶色较深，光泽强，叶尖锐尖或钝尖，叶缘乳尖或钝尖锯齿，叶基心形，叶脉显著。雌雄同株或异株，花轴密生白毛，雌花无花柱，柱头内侧有乳状突起，初生时有细毛。聚花果椭圆形，成熟时紫黑色。

（二）白桑（*Morus alba* Linn.）

1. 分布 白桑原产于中国、朝鲜、日本，分布很广。我国东北、西北、西南等地区栽培较多。

2. 主要性状 一般枝条直立性，细而长，皮青灰或赤褐色，节间短。冬芽小，三角形或卵圆形。全叶或裂叶，亦有全叶和裂叶混生的，叶面平滑，有光泽，叶尖锐尖或钝尖，叶缘一般有钝锯齿，叶基浅心形或截形，叶色深，叶柄较长，有细槽。雌雄异株多，同株少，雌花柱无或很短，柱头内侧密生乳状突起。聚花果成熟时紫黑色或玉白色，少数粉红色。耐寒性和耐旱性较强。

（三）山桑（*Morus bombycis* Koidz.）

1. 分布　山桑原产于中国山地及日本、朝鲜。

2. 主要性状　条数多，枝态直立，皮层多皱纹，较粗糙，皮黄褐色或赤褐色。冬芽卵圆形，先端尖，多为赤褐色。叶片卵圆形，多为裂叶，亦有全叶和裂叶混生的，叶面稍粗糙，叶尖尾状，叶缘锐锯齿或钝锯齿，叶基心形或截形，叶色浓绿，叶柄无毛或生柔毛。雌雄异株或同株，雌花柱长1～2.5 mm，柱头长 1.5～2 mm，柱头内侧密生小毛。聚花果成熟时紫黑色。耐寒性强，易发生黄花型萎缩病。

（四）广东桑（*Morus atropurpurea* Roxb.）

1. 分布　广东桑原产于我国广东。分布于广东、广西、福建等地，以广东珠江三角洲栽培最多。

2. 主要性状　发条数多，枝条细长，直立，皮灰褐色和青灰色两种居多，表皮光滑。芽为卵形，副芽大而多。叶型小，多为全叶，叶肉薄，叶色淡，叶面平滑或稍粗糙，光泽弱，叶尖长锐尖或尾尖，叶缘锐锯齿，幼叶的叶脉有白毛。雌雄异株或同株，雌花无花柱，柱头内侧密生小白毛，雄花序长。聚花果窄圆锥形，先端钝，成熟时紫黑色。发芽早，发芽率高，成熟快；发根力强，可扦插繁殖；抗寒性弱，亦不耐旱。

（五）蒙桑（*Morus mongolica* Schneid.）

1. 分布　蒙桑原产于中国及朝鲜北部。分布于我国东北、华北和西南的山地。

2. 主要性状　皮灰白色。枝条细长，有韧性，枝态直，赤褐色或灰棕色，皮纹粗，皮孔大而少，黄褐色。冬芽大，卵圆形。全叶或裂叶，叶尖尾尖，叶缘锐锯齿，其顶端均有 2～3 mm 长的刺芒，叶基心形，叶柄有毛，叶序二分之一。雌雄异株，雌花柱长 2～3 mm，柱头内侧密生乳状突起。聚花果成熟时紫黑色，亦有紫红色。抗寒、耐旱力强，适应性广。

（六）瑞穗桑（*Morus mizuho* Hota.）

1. 分布　瑞穗桑产于中国及日本。在我国浙江、江苏、安徽等地有少量栽培。

2. 主要性状　枝条粗长而直，皮棕褐色或灰褐色，皮孔较多，芽型大，三角形。叶片大，全叶或裂叶，心形，叶尖尾尖或长锐尖，叶缘锐锯齿，少数有钝锯齿，叶基心形，叶面浓绿色，有缩皱，叶肉厚，叶柄较粗长。雌雄异株多，同株少，花柱长 1～2 mm，柱头内侧密生乳状突起。聚花果椭圆形或圆筒形，长约 2 cm，成熟时紫黑色。

（七）长果桑（*Morus laevigata* Wal.）

1. 分布　长果桑原产于中国、印度及马来西亚。

2. 主要性状　枝条细长而直，皮青灰色，嫩枝有柔毛。芽型大，尖卵圆形。叶广卵圆形，多数全叶，间有 2～3（5）裂，幼叶疏生细毛，成叶无毛或微粗糙，叶尖长锐尖或尾尖，叶缘锯齿甚小，叶基心形，叶柄长 2.5～5 cm。花序细长，花被近圆形，雌花无明显花柱，柱头内侧具乳状突起。聚花果窄圆筒形，长 6～16 cm，成熟时黄绿色或紫红色，味甜。抗寒性强。

（八）长穗桑（*Morus witiorum* Hand. Maz.）

1. 分布　长穗桑原产于我国。分布于广东、广西、贵州、湖南、湖北等地的山区。

2. 主要性状　树皮灰白色，幼枝褐色。芽卵形。叶长椭圆形，表面绿色，背面淡绿色，无毛，叶缘具疏浅锯齿或近全缘，叶尖尾尖，基部圆形或近圆形，叶柄短，有浅槽，托叶长卵形。雌雄异株，雌花无梗，花被黄绿色，花柱无或极短，柱头内侧生小突起。聚花果窄圆柱形，长 4～7 cm，成熟时紫红色。

二、品种

国内蚕桑新优品种非常丰富，地域分布广泛，对不同的土壤、气候适应性强，除西藏、青海外全国各地均有蚕桑栽培历史和经验。但果桑品种相对较少，具有代表性的优秀品种有三倍体大 10，红果系列等，现将生产上应用较多的介绍如下。

(一) 大 10

树形稍开展，枝条细长而直，发条数多，皮青灰色，节间直，节距 4.8 cm，叶序 1/2，皮孔圆或椭圆。冬芽三角形，棕褐色，芽尖稍离枝条着生，副芽较少。叶片心形，翠绿色，较平展，叶尖长尾尖，叶缘锐齿，叶基浅心形。叶平均长 18.25 cm，宽 15.09 cm，叶柄长 3.0～4.9 cm。坐果率92.0%～96.0%，平均单芽坐果数为 5 粒/芽。桑葚圆筒形，果长 2.5～6.2 cm，果径 1.3～2.0 cm，单葚平均重 4.44 g，最大重 8.2 g，果实紫黑色，无籽，味甜，品质优，鲜榨果汁糖度 9.0%～13.0%，酸度 2.13～5.69 g/L，出汁率 70.0%～84.0%。发芽早，桑葚成熟期早，采果期 20～35 d。种植第二年每 667 m^2 产果近 700～1 000 kg，进入盛果期后每 667 m^2 产量达 1 500 kg 以上，是优良的果叶两用品种，可作水果及加工原料。该品种是目前种植面积最大的叶果两用桑树品种（图 66－1）。

图 66－1 大 10
（郝建超 提供）

(二) 红果 1 号

树形紧凑，枝条粗长而直，皮灰色，节间直，节距 3.6 cm，叶序 2/5。冬芽正三角形，饱满，紫色，芽尖离生，副芽较多而大。叶心形，叶长×叶幅＝18.1 cm×14.6 cm，叶面光滑，叶色深绿。开雌花，花芽率 98.9%，坐果率 84.2%，结实率 77.7%左右。陕西周至栽培发芽期为 4 月 6 日左右，果熟期在 5 月中旬前后，果期 20 d 左右。米条产果量 252 g，单芽果数 6.1 个，果集中，紫黑色，纺锤形，果长 2.75 cm，果径 1.26 cm，单果较大，平均单果重 2.52 g，最大 6 g，萼片肥厚，果肉柔软，汁多，果实种子较少，味酸甜，稍淡，光泽度稍暗。每 100 g 鲜果含维生素 C 47.68 mg、还原糖 12.3%，果汁颜色砖红色，pH3.86，果实营养丰富，品质较好。丰产期每 667 m^2产桑果 1 744.3 kg，产桑叶 1 481 kg，抗旱、耐寒性较强。

(三) 红果 2 号

树形直立紧凑，枝条细直而长，皮青褐色，节间微曲，节距 4.5 cm，叶序 3/8，皮孔圆形或椭圆形，5 个/cm^2。冬芽三角形，饱满，红褐色，芽尖离生，副芽少而大。叶片卵圆形，深绿色，叶尖长尾尖，叶缘乳状齿，叶基浅心形，叶长 16.6 cm，叶宽 14.3 cm，叶面光滑有光泽。雌花花柱长。果大而多，成熟后紫黑色。陕西周至栽培发芽期在 4 月 1 日前后，开叶期 4 月 10 日前后。发芽率 94%，花芽率 98%，单芽果数 6～8 个，果长 3.5 cm，果径 1.3 cm，长筒形，单果重 3～4 g，最大果重12 g，果色紫黑，果味酸甜爽口，果汁鲜艳。果实含总糖 14.87%、总酸 1.29%，每 100 g 维生素 C 含量为 6.9 mg。桑果 5 月 10 日左右成熟，成熟期 30 d 左右，每 667 m^2 产鲜果 1 500～2 000 kg，产桑叶 1 200 kg。抗旱、耐寒性较强，适应性广（图 66－2）。

图 66－2 红果 2 号
（郝建超 提供）

(四) 红果 3 号

树形紧凑，枝条粗直，节间密，叶片大而厚，叶色深绿，花芽率高，坐果率高，单芽果数 6～8

个，果长 3.5～4.0 cm，果径 1.5～2.0 cm，长筒形，单果重 4～6 g，最大 12 g，紫黑色，种子少，汁多，果味酸甜，成熟期 20 d 左右，每 667 m^2 产桑果 1 000～1 200 kg，产桑叶 1 200 kg 左右，抗性强，是一个特大果型果用品种。

（五）红果 4 号

树形直立，枝条粗直，节间极密，叶片大而肥厚，叶色翠绿，结果多在小枝和弱枝上。果长 2.0～2.5 cm，果径 1.2～1.5 cm，椭圆形，单果重 2.5 g 左右，紫黑色，果味酸甜适口，成熟期 30 d 左右。果皮较厚，耐贮运性较好，每 667 m^2 产桑果 1 000 kg 左右，产桑叶 2 000～2 500 kg，抗性较强，是一个叶果两用型品种。

（六）白玉王

树形开展，枝条细直，皮灰褐色，节间直，节长 3.36 cm。叶序 2/5，侧枝多，有卧伏枝。冬芽正三角形，尖离，副芽少。叶片小而厚，叶呈长心形，粗糙，叶色深绿色，叶尖尾状，叶缘乳状齿。结果习性好，花芽率 95%，单芽果数 5～7 个，果长 3.5～4.0 cm，果径 1.5 cm 左右，长筒形，单果重 4～5 g，最大 10 g，果色乳白色，汁多，甜味浓，含糖量高，适宜于鲜食，成熟期 30 d 左右，每 667 m^2 产桑果 1 000～1 500 kg，产桑叶 1 500 kg。适应性强，抗旱、耐寒（图 66－3）。

图 66－3　白玉王
（郝建超 提供）

（七）8632

树形略开展。枝条略粗而直，下垂枝少。叶形较大。成花率极高，单芽果数 4～5 个，果长筒形，果长 4.5～5.0 cm，果径 1.8～2.2 cm，单果重 6～8 g，最大 15 g，紫黑色，果味酸甜爽口，清香怡人。成熟期 20 d 左右，每 667 m^2 产果 1 500～2 500 kg，产叶 1 600 kg。抗旱、耐寒，抗病性、抗逆性强，是较理想的果叶两用桑。

（八）穗果 2 号

树形较直立，枝条均匀，粗细中等，皮黄褐色，节间直，节距 3～4 cm。叶序 3/8，叶形长心形，叶长×叶幅＝20.5 cm×14.0 cm，叶色青绿。冬芽长三角形，饱满，尖离，副芽 1～2 个。坐果率为 90.2%，单芽坐果数 3～8 粒，成熟果紫黑色，果形长圆筒形，果长径 4.1～5.8 cm，横径 1.4～2.0 cm，平均单果重 8.0 g，果期 20～30 d。米条产果量 1 097.10 g。鲜榨果汁糖度 9.0%～15.0%，酸度 1.69～3.90 g/L，pH4.5～5.4，出汁率 70%～78%。

（九）秦葚 1 号

枝条细直，褐色，节间长 5.26 cm，皮孔椭圆形，冬芽三角形，芽尖贴生。叶片墨绿色，有光泽，全缘，长心形，叶尖尖，叶缘乳状，叶底浅凹，叶形较大，春叶长 16 cm，宽 13 cm，叶柄长 4 cm，呈上举状着生。发芽率 88%，开雌花，成熟桑葚紫黑色，果汁鲜红，平均果长 4.5 cm，果径 2.5 cm，果形为不规则弯曲与突起，呈佛手状，鲜葚含糖量 16%。丰产性好，单株葚、叶产量分别为 4.28 kg、0.794 kg。

（十）桂花蜜

枝条细长而直，皮灰褐色，节长 2.7～4.0 cm，叶序 1/3 或 2/5，皮目圆或椭圆形，较小。冬芽饱满，近似球形，黄褐色，副芽小。叶片卵圆形，深绿色，叶尖短尾状，叶缘有钝锯齿，叶底凹形，叶面有光泽。雌雄异株，每芽载 3～5 个果，花穗多。桑果果实长圆柱形，紫红色，少有粉红色，果肉白色，单果重 3.8～6.5 g。具有玫瑰花香味，甜似蜂蜜，籽少汁多，含糖量 14.98%，每 667 m^2 产鲜果950～1 300 kg。抗寒、抗旱性强。

（十一）龙桑1号

树形开展，树冠大，生长旺盛，发条能力强，枝长粗壮，稍弯曲，节间4 cm，皮呈棕褐色。冬芽饱满，呈三角形，芽色为暗棕色。成叶心形，平展，叶底深凹，叶尖尖，叶缘有锐锯齿，叶片厚，深绿色，富有光泽，叶长17 cm，叶幅15 cm。桑花小，无花柄，雌雄同株、同穗。果色呈紫色，果长2～2.5 cm，果径1.3～1.5 cm，单果重2.5 g。桑果多汁鲜艳，果味酸甜爽口。每667 m^2 产叶800 kg，产果1 000 kg。抗寒性强，适应性广。

（十二）大白葚

树形较开展，枝条粗细中等，较柔软，稍弯曲，有卧伏性，皮灰褐色，节间密。先叶后花，桑葚较大，果长2.5 cm，果径1.4 cm，单果重2 g左右，长圆筒形，上部稍小，成熟果玉白色，小果顶部稍现红色。桑果果汁多，甜味浓，略带蜜味，含糖量较高。平均单株产果3.071 kg，产果量高。成熟期约1个月。抗旱，耐瘠薄，品质好，适应性强（图66-4）。

图66-4 大白葚
（王传振 提供）

（十三）大红袍

树冠较直立，枝条较细，长度中等，皮灰褐色。花叶同开，桑葚大小中等，一般果长2.0～2.2 cm，果径1.2～1.3 cm，单果重1.7 g，长圆筒略带椭圆形。成熟时红白色，小果顶部红色。桑果果汁多，果味甜。平均单株产葚1.914 kg，产葚量中等。抗旱、抗寒、耐瘠薄。

（十四）药桑

树形开展，发条数较少，枝条粗短，节间较曲、极短，皮紫褐色，皮目较少，多椭圆形，叶序为1/2。成叶心形，全叶，夏伐或嫁接当年有裂叶发生，裂叶间有极少数圆叶，裂叶缺刻深大，叶肉厚，叶色深绿、无光泽，叶面稍光滑，但叶背粗糙，叶脉密生茸毛；叶尖尖，叶缘乳状，叶基较深弯入，叶片着生平伸。冬芽大多数呈三角形、饱满肥大，枝条上部的冬芽宛如球形、似花蕾状，冬芽棕褐色芽尖离生，无副芽。开雌花，种子高度不孕。雌花无花柱，柱头较长，子房饱满，子房被边缘也密生茸毛。花芽率90.22%，坐果率86.28%，桑葚成熟期较晚，果紫红色到紫黑色，果长3.5～5.0 cm，果径1.5～2.0 cm，单果重8.56 g，每667 m^2 产果850 kg。葚味偏酸，但酸甜可口，出汁率为85.00%，果汁中的还原糖和总糖含量分别为6.20%和19.19%，pH为3.2。每100 g药桑果汁中维生素C含量为418 mg，比普通白桑果汁高2倍。药桑葚具有多种活性成分，该品种为新疆特有的一类药用果桑资源。

（十五）46C019和72C002

树势强健，生长旺盛，枝条节间弯曲，节间密，皮灰棕褐色，皮孔小而密，侧枝多，条细短，开展、下垂，结果枝发达。冬芽黄褐色，椭圆形或长三角形，芽体大，肥满，芽尖离生，深绿色，副芽大、较多。叶面平滑有光泽，叶型小，卵圆形，叶尖尾尖，叶基直线形，叶缘乳状锯齿，叶长12 cm，叶宽8 cm。发芽早，发芽率高达98%左右，每芽产果3～6个。成熟桑葚呈紫褐色，果长3.0 cm，横径2.0 cm，平均单果重4.5 g最大单果重8 g，果形整齐，口感好。米条产果量450～600 g，每667 m^2产桑果3 000 kg以上。自然条件下，一年结果2次，秋季产量约占春季的20%。

72C002与46C019主要区别是节间直，皮孔大，枝条直立，侧枝较少，叶片上伸，叶形略大，其他没有较大差别。两品种桑葚糖度在9.2%～14.5%，酸度4.5～6.0 g/L，口感比大十稍甜，pH3.7～4.4，出汁率72%。

（十六）台湾长果桑

台湾长果桑又名超级果桑、秀美果桑、紫金蜜桑。果形细长，果长 8～12 cm，最长 18 cm，果径 0.5～0.9 cm，果重可达 20 g，外观漂亮，口感好，糖度高，甘甜无酸，每 667 m^2 产果 2 500 kg 以上，具有四季结果习性，适合城市郊区观光采摘园种植。抗寒性弱，适合在我国淮河以南地区种植（图 66－5）。

（十七）四季果桑

叶片较小，枝条细弱，略下垂，果柄极短，果长 2.5～3.2 cm，果重 3.5～4.8 g，无籽。具有四季结果习性，从春季到初霜前均可采摘，以春季产量最大，其他季节的产量为春季的 15%～25%，全年累计每 667 m^2 产果 2 500 kg。适合城市郊区观光采摘园种植。抗寒性弱，适合在我国淮河以南地区种植（图 66－6）。

图 66－5　台湾长果桑
（郝建超 提供）

图 66－6　四季果桑
（郝建超 提供）

第二节　苗木繁殖

桑苗繁育是发展果桑生产的基础。桑苗栽植后能否快速丰产、高产，与桑苗的品种和质量有直接关系。发展果桑生产的第一步工作就是坚持“自采种、自育苗、自栽植”的方针，按照发展规划建立良种繁育苗圃。桑苗的繁育方法分为有性繁殖和无性繁殖。有性繁殖即用桑籽育苗。无性繁殖又分为嫁接、扦插、压条等。

一、实生苗培育

桑籽育苗方法简便，可以在较短时间内繁育大量苗木。实生苗的根系发达，木质坚韧，适应性、抗逆性强。因桑树为异花授粉，桑籽育苗苗木性状杂乱，一般苗木仅作为砧木使用，不直接用于建园。

（一）种子的检验和处理

1. 桑籽采集　为得到质量优良的桑籽，应选择遗传性状良好、生长环境适宜、树体健壮、对当地气候适应性强的母树采种。采种的关键是桑葚充分成熟，达到固有成熟色。成熟度不足的桑籽胚发育不完全，贮藏养分不足，播种后发芽率低且幼苗纤弱。充分成熟的桑葚采集后要立即捣烂淘洗，堆积发热会明显影响桑籽的生活力。桑葚太多，不能立即淘洗的要薄摊于通风阴凉处。将充分捣烂的桑葚放在清水中漂洗，漂去浮在水面上的果肉和秕种，沉在下面的即为饱满的桑籽。洗净的桑籽要薄摊在通风阴凉处晾干，并经常翻动，尽快干燥，但不可在阳光下暴晒。

2. 桑籽贮藏　桑籽属短命种子，没有休眠期。刚淘洗出来的新鲜桑籽含水率达 35%～38%，发芽率最高。桑籽不能及时播种时，一定要提供良好的贮藏条件，保护种子的生活力。贮藏桑籽，过去提倡用大腹小口的瓷坛贮藏，其中桑籽、生石灰、空隙各占一定比例，生石灰为干燥剂。此法的发芽率虽有保证，但大量贮藏桑籽则成本太高。用农膜塑料袋贮藏桑籽效果很好。方法是，先将生石灰10 kg装入袋中压平，铺三层报纸或草纸，再将20 kg适度干燥的桑籽分装于5个布袋或纸袋中，每袋4 kg。不封口，口向上立于纸垫上。塑料袋上部留1/5袋高的空隙。装好后将塑料袋口密封，置于阴凉干燥处贮藏，单个立放，不能堆垛。

3. 桑籽鉴定

（1）直观及水选法。优良的桑籽籽粒饱满，呈鲜亮的黄褐色。若桑籽受湿热、干燥不及时、贮藏方法不当或是陈种，则色泽污暗或有霉味。生活力强的桑籽充实，脂肪含量多。将桑籽置于纸上，用指甲压碎，纸上油斑大的则为良种，油脂甚微则为秕种或陈种。将种子浸于温水中，反复搅动搓洗，降至室温后仍继续浸泡12 h，凡成实的桑籽均下沉水底，发芽率高，且幼苗茁壮；不成实的桑籽浮于水面，发芽率低，且发芽缓慢，幼苗纤细。

（2）发芽法。取平盘4个和清洁的细河沙40 g，用沸水消毒，滤去水分。每盘放细河沙10 g。用随机抽样法取有代表性桑籽400粒，每盘均匀放置100粒，淋适量清水，置于28～32 ℃培养箱中催芽，注意保持湿度。若种量甚多，应多做几次重复。一般从第三天开始陆续发芽，每天定时记录发芽数，4组平均计算发芽率。桑籽发芽快，集中整齐，为发芽势强。一般在5 d内全部发芽的发芽势为强，发芽时间超过7 d的为弱。

到外地购买桑种，在没有培养箱的条件下，为快速测出桑籽发芽率，可用保温瓶催芽法。取桑籽400粒，浸于40 ℃温水中2 h，并反复搓洗，使之充分吸水，取出包在清洁纱布中，每包100粒。用细绳扎紧包口，并浸透清水。取暖瓶1个，内装容积2/3的32 ℃温水。将包种纱布包用细绳系于大头针上，将大头针插在瓶塞软木。桑籽吊在暖瓶中。即水面约3 cm，每12 h换32 ℃温水1次，5 d左右即可测出桑籽发芽率。

（3）染色法。没有时间和条件测定发芽率时，可用红墨水染色法。将待检桑籽浸于42 ℃温水中，使之吸水膨胀，种皮软化后轻轻取出种胚，浸于红墨水中10 min，取出用清水漂洗4～5次，直到水清为止。若胚体不着色或仅胚根先端等部位稍有着色的，为活胚；胚体全部或大部被染色的为死胚。

鉴定桑籽的质量还有两个重要指标，即清洁率和实用价值。清洁率是指桑籽的净重与含有杂质的原质量的百分比；实用价值即发芽率与清洁率的乘积。

4. 催芽 为了使种子发苗齐一，加速苗木生长，播种前进行催芽。经过催芽处理的桑籽，播种后发芽快、出苗齐、出苗率高。桑籽处理方法主要有下列几种：

（1）清水浸种。催芽时将桑籽装入布袋，放在清水中一昼夜，然后滤干，铺在容器中，上盖湿布。每日冲洗1～2次，滤干水，以盆底不见水为度，经常保持湿润，待桑籽露白时，用细沙拌匀后播种。

（2）温水浸种。先将桑籽在清水中搓洗，再捞入42 ℃的温水中，不断搅动，水温自然降至室温，浸泡24 h，捞出掺入3倍干净的细河沙，淋湿拌匀，倒入盆中，厚度不超过5 cm，盆上盖塑料薄膜，盆底不见水，置阳光下加温，盆内温度控制在30～32 ℃。若温度太高，可在薄膜上加盖草帘遮阴降温，晚上盖草帘保温。盆内及时淋水防干，以盆底不积水为度，每天翻动1～2次，3～4 d桑籽露白即可播种。

（二）苗圃地整理

育苗地要选择土层深厚、土质肥沃的壤土或沙壤土地。过黏过沙的土地不宜作为苗圃，土壤含盐量应在0.2%以下。苗圃地要靠近水源，利灌利排，并避开地下害虫多和有桑根结线虫病、桑紫纹羽病等病虫害的地块。苗圃地要通风透光良好，远离各种污染源，不宜连作。圃地整理因季节而异。春

季育苗的土地，要进行秋季深耕，深 40 cm 左右，经过冻融交替，土壤肥力提高，害虫减少。为了保墒，早春要顶凌耙地。夏季育苗，夏收作物收获后，耕深 20 cm 左右，耕后立即耙细。秋耕、夏耕均应在耕地之前施足基肥，每公顷施腐熟的优质有机肥至少 37 500 kg。圃地要筑好路渠，挖好排水沟，苗床宽宜 130 cm，其中畦埂宽 30 cm。

（三）播种

春播生长期长，苗木根系发达，但必须进行桑籽贮藏。气温稳定在 16 ℃以上，或 5 cm 地温在 20 ℃以上时，桑树开 4～5 片叶即可播种。夏播利用当年的新桑籽，发芽率高，幼苗生长快。夏播越早越好，可随采随播。南方气候终年温暖，桑葚一年两熟，8～9 月第二次采种后进行秋播。但须注意灌溉和增施肥料，以促进苗木生长。

适于桑籽发芽出土的土壤含水率为田间持水量的 70%～80%，干旱时需先浇水造墒，土壤必须耙细。有地下害虫的地块要用药剂防治。条播畦宽 130 cm，其中畦埂和行距均 30 cm，每畦播 4 行。若桑籽实用价在 90%左右，每公顷可用桑籽 7.5 kg。播种沟深 1 cm，沟内先浇水，水渗下后，将桑籽均匀撒入，立即盖细土。然后盖上稻草或麦秸等遮阴，透光量在 5%～10%，用以保持土壤水分和稳定地温。若土壤水分不足，可往覆盖物上喷水。撒播法是先浇水，然后撒种，再撒湿土（以种子似露非露为度）。播种量为每公顷 11.25 kg。

（四）出苗后管理

1. 出苗期　从桑籽播种至幼苗出土伸展子叶为出苗期。此期，管理的重点是保持土壤适宜的含水率，防干旱、防积涝。幼苗出齐后于每天下午分次揭除遮阴物。

2. 缓慢生长期　从 2 片子叶到长出 5 片真叶，是缓慢生长期。此期的幼苗地上部分生长缓慢，根系生长相对较快，一、二级侧根陆续形成。此期持续 25～30 d。管理重点是抗旱防涝、间苗定苗、追肥除草。幼苗长到 2 片真叶时间苗，苗距 1～2 cm。若有缺苗，可带土移栽，并及时浇水。幼苗长到 5 片真叶时定苗，苗距 5 cm。每公顷留苗约 60 万株。若为撒播，每公顷留苗约 90 万株。定苗后浇施腐熟的人粪尿或 0.5%尿素+0.2%磷酸二氢钾混合液，浇后松土。

3. 旺盛生长期　长出 5 片真叶后，地上部分开始迅速生长。此期的生长量占总生长量的 90%左右，应加强肥水管理。其中追肥 2 次，每公顷每次追尿素 150～225 kg 和磷酸二氢钾 15～30 kg，开沟施入。及时抗旱排涝、松土除草、防治害虫。

4. 停止生长期　秋季气温下降到 12 ℃左右以后，桑苗生长渐趋缓慢，顶芽停止生长。霜降以后落叶休眠。此期生长量虽小，但叶片仍进行光合作用，积累养分。此期管理重点是保护叶片。

5. 桑苗圃除草与病虫害防治　适于桑苗圃的除草剂为 48%氟乐灵乳油、15%精吡氟禾草灵乳油或 10.8%高效吡氟氯禾灵乳油。一些对阔叶杂草有效的除草剂如丁草胺、芳去津、乳氟禾草灵、阔叶净等，均对桑苗有不同程度的药害。

苗木生长期中，如发现病苗，如细菌病、萎缩病和紫纹羽病等，应立即拔除烧毁，防止传播蔓延。地下害虫多的地区，可用 50%辛硫磷乳剂每 667 m^2 100～150 g 加水拌 25 kg 细土，在桑籽播种前后撒入苗圃内，可诱杀蛴螬、蝼蛄、地老虎等害虫。

二、嫁接苗培育

嫁接苗能保持亲本的优良性状，又能借实生苗强盛的根系，增强植株的生活力。所以，嫁接法在桑苗繁育、老树更新、改换品种等方面被广泛应用。

（一）砧木选择

本砧、鲁桑、白桑、黑桑、山桑等均可为果桑砧木。砧木的质量对嫁接成活率和成活后的生长有直接的影响。砧根要新鲜、充实完整、径度适中。刨砧木时要深刨细挖保护好根系，防劈防裂。若遇干旱，应提前浇水。砧根的年龄对嫁接成活率及成活后生长状况也有明显影响，以一年生砧木为最好。冬季嫁接应在土壤封冻前刨苗，将砧苗妥善贮藏于 10 ℃环境中，以湿沙培严，防干、防冻、防霉。

（二）接穗采集与处理

接穗质量的主要指标是养分和水分含量。接穗养分充足的特征是枝条充实，芽体饱满，皮色正常，无病虫害。夏秋季采叶过度、肥培管理差、日照不足、遭受旱涝灾害、化学污染的桑树，枝条不充实，不应采穗；剪梢条、定干条也多不充实，应慎用。接穗含水率高有利于成活。一般含水率在40%～48%，成活率较高，低于 40%则成活率渐低，低于 30%则难以成活。接穗含水率超过 50%时，削穗、插穗易脱皮绝皮，可稍晾收浆，使含水率降至 48%左右时再用。

冬季采穗可随采随用。如需贮藏应将接穗散开立放于低温处，不可成捆横放。用干净湿沙培实，稍露顶梢上盖秆草，经常检查，防干防霉，防冻防发芽，贮期不可太长。若需运输，应捆成小捆，外覆湿草，整车用篷布封严，夜间行车，保湿防干，运抵后立即妥善贮藏。

（三）嫁接法

一般采用芽接、枝接和根接等方法。枝接主要有袋接、倒袋接、撕皮接、腹接、冠接等形式。芽接主要有管状芽接（套接）、T 形芽接（盾形芽接）和简易芽接等形式。根接由从树液流动开始到生长停止前，均可进行。7 月下旬芽接最好；春季萌芽前进行插皮接或劈接，成活率极高。不论芽接或枝接，嫁接后幼苗生长迅速，第三年可以结果，提早投入生产。

（四）嫁接后苗木管理

栽植嫁接体的圃地一定要选择土质肥沃、利于排灌、光照良好、无病虫、无污染的地块。圃地耕前施足基肥，深耕细耙。土壤含水率在田间持水量的 70%～80%最适于嫁接体的成活和生长。土壤干旱时要提前造墒，然后耙细保墒。待 5 cm 地温稳定在 15 ℃以上，接芽发育到小鹊口期进行栽植。开沟深度与嫁接体高度相同，沟内先浇足水，渗干后将嫁接体直立栽于沟内，穗顶略高出地面，用细土培紧，穗顶盖细土 1 cm 成垄，幼苗出土时不必平垄。为了保墒增温，可覆盖地膜，幼苗出土即应揭膜破膜。干旱时可沿沟浇水。

幼苗出土后生长缓慢，长出 3～4 片叶后常有心止现象。此时幼苗特别怕旱，要及时浇水，还可用 0.5%的尿素+0.2%磷酸二氢钾液叶面喷肥，每 7～10 d 1 次，连喷 2～3 次。幼苗长到 20 cm 时结合除草进行培土，防止强风吹断，并进行追肥，每公顷施尿素 75 kg 加优质复合肥 30 kg，行间开沟施入。幼苗长到 50 cm 左右时，再次除草、培土、追肥，每公顷施尿素 225 kg 加优质复合肥150 kg，并注意防治害虫。

三、营养苗培育

（一）扦插

扦插繁殖能更全面地保留原品种的特性，技术操作简便易行，绿枝扦插能经济地利用夏伐条的新梢作为插穗，只需半年即可成苗栽植，但扦插繁殖苗的根系不如嫁接苗发达。硬枝扦插只适合一些易生根的果桑品种，扦插成活率普遍较低，必须采用特殊的技术处理，才能获得满意的效果。

1. 母树的选择 果桑品种不同，根的再生能力有很大的差异。因此，不同品种的扦插成活率极不一致。硬枝扦插时，一般山桑、广东桑发根能力强，扦插成活率高，而其他种根原体少，发根能力弱，扦插成活率低。同一品种，树龄越小，枝条扦插成活率越高。同一品种枝条的基部发根力强；中部次之；梢部最弱。绿枝扦插还与枝条的发育程度有关，一般枝龄 25～45 d 的枝条扦插成活率较高。

2. 硬枝扦插 选择便于排灌、土质肥沃的沙质壤土地为圃。深耕细耙，地平土细，以利于保墒增温。土壤含水量保持在田间持水量的 70%～75%。平畦一般宽 130 cm，其中畦埂和行距均为30 cm，株距为 10 cm。阴沟阳畦畦宽 80 cm，阴沟深、宽各 20 cm。整好畦面后铺上地膜压紧。有地下害虫的地块，膜下要撒毒饵。冬季剪条在桑树落叶后，此期剪条经冷藏可降低枝条中的抑根物质，有利于生根。贮藏期间必须保持 0～5 ℃的温度、85%的相对湿度。贮藏期间要防干、防霉。春季剪条在桑树萌动前进行。选择枝条充实、芽体饱满的中下段，穗长一般在 16～18 cm，上端在上芽上方 1～2 cm处剪断，下端紧靠叶迹用利刀斜削去，此处最易刺激生根。插穗剪后立即立放入生根粉溶液中浸泡，然后进行低温沙培 40 d 左右。沙培后再将插穗倒置培养，进行倒催根。催根至幼根刚出时即可圃地栽植。圃地 5 cm 地温稳定在 15 ℃以上时便可扦插。在铺好的地膜上，用略粗于插穗的尖头棒按标准株行距打孔，孔深 13～15 cm。插入插穗，上芽露出膜外，用土将插穗蜜紧压实，再用黄泥将膜孔四周压严，防止地温散失和膜内热气流灼伤顶芽。经常检查土壤湿度，适时灌排使土壤湿度始终保持最适宜状态。发芽后定期喷尿素、磷酸二氢钾、生根粉混合液，直至长出较发达的根系。

3. 绿枝扦插　利用夏伐条的新梢扦插是多快好省的育苗方法。不同品种间绿枝扦插的成活率无很大差异。可利用塑料薄膜拱棚土床扦插。选择利于灌水、土质肥沃的沙质壤土地，施足基肥，深翻 20 cm，整平耙细。畦宽 80 cm，东西方向，畦面耙平拍实后喷水抹平，用直径 3 cm 的尖头圆棒蘸水打孔，孔深 10 cm，孔距 13～15 cm，用清洁的细沙将插孔灌满。用拱条在畦面上搭拱棚，棚高 40 cm，盖上塑料薄膜，四周压严。棚上搭遮阳网，遮阳网漏光率为 20%左右。清晨日出前伐条，并快速运到室内，勿使萎蔫。选健壮的新梢，取充分木质化的中基部，穗长约 10 cm，从上芽上方 1 cm 处剪断，第一片叶面留 1/3～1/2，下部叶片稍留叶柄。插穗下端剪成马蹄形。剪后立即放入 50 mg/L 的 ABT 1 号生根粉溶液中或清水中浸泡，浸泡 0.5～1.0 h，插穗应边选边削边浸边插，勿使萎蔫。扦插应在傍晚或阴天时进行。将插穗插入插孔中 5～6 cm，插入后再取少量细沙用力往插孔中按实，使插穗与沙密接。再用 25%多菌灵 600 倍液喷洒插穗和畦面，浇透插孔，每平方米用药液约5 kg，然后盖好薄膜。

适于插穗生根的土壤含水量为田间持水量的 75%～80%，最适空气相对湿度为 90%以上，最适地温 28～30 ℃，最适气温 25～32 ℃。湿度不足时喷洒 25%多菌灵 800 倍液 3 kg/m^2，一般每 5～7 d 喷一次。棚内气温不应高于 32 ℃，不低于 25 ℃。温度过高则叶片变黄脱落，甚至插穗腐烂。从第四十天开始可逐渐敞膜炼苗，炼苗 5 d 左右可将膜揭去，再过 3～4 d 撤去遮阳网。炼苗及揭膜撤遮阳网后要及时浇水，防止幼苗萎蔫干枯，并拔除杂草或化学除草。进行叶面喷肥，傍晚用 0.5%尿素加 0.2%～0.3%磷酸二氢钾水溶液喷洒叶面，5～7 d 一次，连喷 2～3 次。幼苗长到 40 cm 左右时，开始土壤追肥，每公顷施尿素 75 kg 加磷酸二氢钾 7.5 kg，混合均匀撒施，以后每 15 d 追肥一次，直到桑苗停止生长。

如有条件可采用全光自动喷雾绿枝扦插，育苗成活率高，一般在 90%以上，幼苗生长快，并且用工少。

（二）其他方法

除扦插外，果桑还可用压条法繁殖桑苗，但应用不多，仅作为一种桑园补植缺株的方法。

四、苗木出圃

苗木的出圃是育苗的最后环节，必须在保证苗木质量的前提做好挖苗、检疫、分级、假植及包装运输工作。

（一）起苗

起苗时间应根据最适栽桑时间确定。尽量做到随起随栽，不宜久贮。起苗的关键是保护根系，主侧根至少保留 20 cm，须根尽量多带，保证根皮不剥不裂，旱地刨苗要提前浇水。为了提高果桑苗的成活率，必须保持苗木新鲜，做到随起苗、随栽植，或及时假植。尽量避免苗木挖起后风吹日晒，失水，影响栽后成活。

（二）检疫

为了预防果桑树病虫害随苗木调运或移栽传染扩散，国家规定了被检疫对象、检疫程序和法规。

挖苗时如发现桑黄化型萎缩病、桑萎缩型萎缩病、桑紫纹羽病、桑根结线虫病、桑疫病等病株，以及桑白蚧、桑蝗卵块、野蚕卵的苗木，均应严格剔除烧毁。果桑苗调出和调入都要按照国家规定的植物检疫制度，办理检疫手续。

（三）桑苗分级

桑苗质量包括苗木高度和地径、根系状况以及枝条是否充实、冬芽是否饱满、根干是否新鲜、品种是否纯正、有无检疫病虫害等。桑树苗木的分级我国不同蚕区有各自的分级标准。一般来说，出圃的嫁接苗可以分 3 个等级，根颈直径大于 10 mm 为大苗，7.0～9.9 mm 为中苗，5.0～6.9 mm 为小苗，5.0 mm 以下的为等外苗。出圃的实生苗分 2 个等级，根颈直径大于 4.0 mm 为大苗，2.5～3.9 mm 为小苗，而 2.5 mm 以下的为等外苗。

（四）假植

起出的桑苗若不能及时栽植，一定要假植。选高燥、背风、阴凉处，挖宽约 30 cm 的假植沟、沟深相当于苗高的 1/3～1/2，长度视数量而定。沟的一边呈 45°斜坡。按照分级分别假植。然后将果桑苗放在斜坡上。桑苗在沟内一定要散开，理直苗根，用湿润细土填满踏实，把苗干的 1/3～1/2 植入土中。假植地四周应开排水沟，勿使根部积水，用细土培实，并适当浇水。进入严寒季节，要用秸秆将苗梢盖住。假植期间要防干、防冻、防霉、防沟内积水。

（五）苗木包装运输

苗木若需长途运输，必须妥善包装，以保证苗木质量。一般按苗木的大小，分为 50 株、100 株、200 株为一捆；条梢与根部各半对放，外用湿稻草、草帘或薄膜包扎，挂上标签，注明品种、数量、等级。装车后在覆盖物上洒适量清水，然后用篷布全部封严。冬季运输要避开寒流。运到后要立即假植，并加快栽植进度，缩短假植时间。

第三节　生物学特性

果桑树是多年生的木本植物，由根、茎、叶、花、葚、种子等器官组成。各个器官具有不同的形态特征、解剖构造和生理功能，在一定的环境条件下，各个器官相互影响、相互制约，共同进行生命活动。果桑树的一切生理活动与外界环境条件的关系十分密切。由于环境条件和栽培技术的影响，各器官的特征、特性也随之发生变化。因此，了解果桑各器官的特征、特性和功能，有利下在果桑栽培中采取合理的农业技术措施，改善果桑的生长条件，满足果桑生长发育的需要，达到桑葚优质高效的目的。

一、根系生长特性

根是果桑树的地下部分，吸收土壤中养分、水分供地上部分生长发育，同时还有贮藏养分、合成有机质、固定和支持树体的作用。桑树生长的好坏、产量高低，在很大的程度上决定于根部的生长。了解果桑根系的生长特点，可为根系生长创造良好条件，在果桑管理中具有重要作用。

（一）根系生长动态

桑树是多年生木本植物，生长在自然状态下，寿命很长。栽培的桑树由于受到剪伐及肥培管理等影响，寿命短很多。一般乔木桑的寿命在百年以上，剪伐型的桑树寿命较短。一般与树形、栽植密度以及肥培管理水平等有密切关系。桑树定植以后，桑根的分布随着树龄的增长、树冠的增大而不断扩展。幼龄树扩展快，到达一定树龄以后，逐渐减慢，保持着较稳定状态。到了衰老期，根系的生命活动也逐渐降低，根系分布面积逐渐减少。

在一年中随着温度的变化，根的生长也有季节性的变化规律。土壤温度、水分、氧气、二氧化碳含量等条件以及地上部采伐程度，对桑根生长有密切关系。春季气温达 10 ℃以上时，开始生长新根，以后随着温度变化而加速生长，地温 30 ℃时是桑根生长的最适宜温度。

从观察桑树根系的生长情况看，春季桑树发芽时，地下部开始陆续长出新根，夏伐前根的生长达最高峰。夏伐后，打破了地下部与地上部的生理平衡，对地下部产生抑制作用，根系的生长和吸收暂时停顿。伐条后 2～3 d 细根呈黄褐色，部分根毛开始脱落，至第五天初生根全部枯死，根毛全部脱落。在第十天以后陆续长出新根，根毛也随之增多，到了第十七天根系才恢复正常生长。夏伐是在桑树旺盛生长期进行，对桑根的生理挫伤较大，根系生长的能源减少，根量随之减少。采伐程度不同，对根系有不同程度的影响，重剪伐大于轻剪伐，重采叶大于轻采叶。夏伐时间越迟，根量的减少越多，恢复也越慢，因此，必须合理采伐。

经过一个短时期恢复生长以后，根系又恢复到原来的旺盛生长期，7～8 月又达到了一个旺盛生长高峰。以后根系生长逐渐转慢，到了 11 月中旬前后，由于土温降低，根系停止生长，但根系无休眠，如温度适宜则可以整年生长。

（二）根系的分布

果桑根系在土壤中得分布范围大小取决于树龄、树形、地下水位、土质和肥水管理等多种因素。果桑根系随树龄增长而扩展，到达一定的树龄后，保持相对稳定状态，低干果桑的根系分布范围小，高干果桑根系分布范围广；地下水位高，根系的纵向生长受到限制；反之，地下水位低时，根系就可以向纵深发展。土层深厚、土质疏松肥沃也有利于根系延伸。桑树主根一般较深，能深入土中 1.5 m 左右，水平根极发达，分布范围广，约为树冠直径的 1.5 倍，向四方伸展达 4～6 m。须根（$<$1 mm）在地面下 10～20 cm 内最多，30～40 cm 内次之，40 cm 以下显著减少。主根通常向深处生长，上部侧根接近地面，多呈水平状生长，称为水平根，水平根可以充分吸收土壤表层的养分和水分。下部的侧根多斜向下或垂直向下生长，向土壤深层发展，称为垂直根，垂直根可以充分吸收土壤深层的水分和养分。水平根和垂直根的综合配置，构成了向水平和垂直两方面吸收养分和水分的庞大根系系统，扩大了根系吸收范围，并增加了对树体的固定作用。

二、枝、芽和叶生长特性

（一）枝

果桑的树干和枝条称为茎。树干有主干和支干之分，主干位于根颈的上方，主干上的分支称支干，依次分为第一支干、第二支干等。支干上抽生结果母枝，其上着生结果枝和营养枝，是着生芽、叶和花、果的器官，也是支撑枝叶、贮藏和输导水分及养分的器官。现代果桑栽培技术通过减少树干层次，降低树干高度和增加单位面积枝条数量达到快速成型和丰产目的。

果桑当年成熟木质化的新梢是下一年的结果母枝。在集约化栽培矮干密植果桑园，一般是夏伐后从萌发抽生的枝条选留形成。不夏伐的乔木或半乔木果桑园，多是当年的结果枝处延长增粗形成第二年的结果母枝。结果母枝上留下的凹陷痕迹称叶痕，叶痕的下方和两侧有小突起，内有根原体。硬质扦插可由此发出根原体根。枝条上着生叶的部位称为节，节与节之间为节间。枝条的长短、粗细及节间的稀密等都与品种丰产性状有一定关系。

茎和根一样能伸长和增粗。伸长生长是由枝条顶端生长点上分生能力很强的分生细胞在分裂时向后形成伸长区，伸长区细胞迅速伸长，使枝条先端不断向上生长。在生长过程中，茎皮层的韧皮部和木质部之间形成层细胞的分裂，向外形成韧皮部，向内形成木质部，使枝条不断增粗。果桑休眠后，生长点的分生细胞和形成层细胞都停止分裂，茎也不再伸长增粗。

枝条是着生桑葚的地方，与果实产量密切相关。果桑栽培中所采取的一切措施全部是为了促进枝条生长和形成良好的群体结构，从而达到优质高产的目的。

（二）芽

果桑的枝条、叶、花都是由芽发育而成的。芽是果桑生长发育和更新复壮的基础。随着新梢的生长，在叶腋内形成的芽，称为腋芽。腋芽最初呈绿色，随着腋芽的增长，芽的顶端呈褐色，其后逐渐形成几层芽鳞，对腋芽起保护作用。不同品种芽鳞的固有颜色不同。在芽的发育过程中，腋芽内部也逐渐分化形成叶、托叶、腋芽、花等器官。在冬季落叶前芽内各器官已经分化完毕。冬季落叶后，枝条上的芽统称冬芽。冬芽内有枝、叶的雏形。在芽的外面有几层鳞片和幼叶包着的一个中轴。中轴是未成长的嫩芽，顶端呈圆锥形，称为生长锥。生长锥的细胞和根尖生长点细胞相似，具有强烈的分生能力，是枝条加长生长的部位。在中轴上互生着极小的初生突起，称叶原基，将来发育为叶。在幼叶的叶腋内侧有一个小突起为腋芽原基，将来发育成腋芽，如果是花、叶的混合芽，还可以看到幼嫩的花序。

根据芽在枝条上的着生位置可分为顶芽及侧芽。着生在枝条顶端的芽称顶芽。桑树落叶休眠前，枝条顶端的生长点停止生长，以后随着气温的下降，枝条顶端枯死、脱落，着生在枝条顶端的芽即成为顶芽，又称为假顶芽，顶芽以下的都称侧芽。

根据芽在同一节上的数目和位置可分主芽和副芽。有些品种一个叶腋内只生 1 个芽。有些品种的叶腋内着生 2～3 个芽，中间最大的称为主芽，其余较小的称为副芽。副芽一般在腋芽两侧或背面，前者称侧生副芽，后者称背生副芽。在正常的情况下副芽不萌发。当主芽受到损伤时副芽即萌发，长出新梢来。在易受晚霜危害的地区，以及多次收获的华南地区，以副芽多的品种较为理想。

根据生理状态可分为活动芽、休眠芽和潜伏芽。冬芽一般在冬期不萌发，要到第二年春季气温高于 12 ℃以上时，才开始萌发，这种芽称为活动芽。萌发后的芽若长出 1 片至几片叶就停止生长，便是止心芽；若继续生长，便是生长芽，生长芽萌发生长即可形成枝。但在枝条中下部的部分冬芽，到了第二年春季仍继续保持休眠状态，这种芽栽培上称为休眠芽。通过伐条可促使休眠芽萌发。枝条基部的休眠芽，可以保持相当长的生命力，尤其是在枝条基部的芽，随着枝条的加粗生长，逐渐隐没在树皮内，成为潜伏芽。潜伏芽具有潜在的发芽能力，通过截干能促使潜伏芽萌发，使老树复壮更新。

根据冬芽的性质可分为花芽、叶芽和混合芽。发芽后呈现花序的称花芽。发芽后形枝叶的称叶芽。花叶混生的称混合芽。

（三）叶

叶片是果桑进行光合作用、蒸腾作用和呼吸作用的重要器官。桑叶起源于芽内叶原基，经过一系列分化而形成。桑叶属完全叶，由叶柄、托叶和叶片三部分组成。叶柄是叶片和枝条的连接部分，也是枝叶之间水分和养分的流转通道，支持叶片伸展，充分接收阳光的作用。托叶披针状，着生于叶柄基部两侧，有保护幼叶的作用。一般在展叶后 10～15 d 即自行脱落。托叶脱落是叶片成熟的标志。

叶形可分为全叶和裂叶两大类。我国大多数品种属全叶类，也有少数品种是裂叶类或全叶与裂叶混生。全叶的形状可分为心形、椭圆形、卵圆形等。根据桑叶缺刻的数目，裂叶可分为三裂和多裂等。依其缺裂的大小还可分为深裂叶、浅裂叶。叶片包括叶尖、叶基、叶线和叶脉等部分。这些部分的形态特征因品种而异，是识别果桑品种的重要依据。

三、花、葚和种子生长特性

（一）桑的花穗及雌、雄花的形态构造

桑的花是由数十个小花集生在花轴上形成花穗，小花无柄，称为穗状花序或柔荑花序。桑的花穗先端先开，属有限花序。桑的小花又有雌雄之分，着生雌花的称雌花穗，着生雄花的称雄花穗，雌、雄花混生的称混合花穗。桑的小花一般是雌雄异花、异株的，雌雄同花的极少，雌雄同株的约占 1/3。

雌花由雌蕊和 4 个花被（萼片）构成，雌蕊由柱头、花柱及子房构成。柱头在子房顶部，左右分开成牛角状，柱头上有茸毛或瘤状突起。花柱在柱头下，连接子房，花柱有长短有无之分。柱头的形状，花柱的长短、有无是桑树分类的重要依据。子房居中，由 4 个萼片包被，子房内有胚囊，倒悬于子房壁上，胚囊是孕育卵核的场所。雌花未开放时花柱、柱头包被于花萼中，开放时伸出。

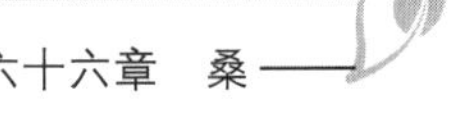

雄花由 4 个萼片、4 根雄蕊构成，未开时呈花蕾状，花丝卷曲于其中，开放时萼片松开，花丝伸出。花丝顶端有花药，花药呈肾形，其中分为 2 个药室，药室中孕育着花粉。

雌雄同花的称两性花。两性花有 4 枚萼片、4 根雄蕊，雌蕊位于中心。雌、雄花的构造也有发育不全的，其中缺失某些部分。

（二）腋芽内花器分化和花性分化

桑花通常于春季开放，开放的时间多在 3～4 月，与当地的气候有关系。花是于头一年在新梢腋芽中逐渐形成的，新梢抽长后腋芽逐渐显露，在腋芽内生长锥的基部，幼叶的叶腋内即可见呈点状突起的花原基，这些突起以后逐渐成为长圆头锥状突起，其表面又开始出现小的瘤状突起，以后发育为小花，形成幼稚的花房状，花房再进一步发达，腋芽内的花穗就大体上完成了，这称为腋芽内的花器形成。这一过程在夏季生长的枝条中进行得较快，形成花原基的芽龄是 9～13 d，此时腋芽外观上可见芽鳞边沿着色（红）或上部着色，腋芽内形成花穗大约经过 50 d，腋芽外观上全部着色。这以后花穗即停止发育，越冬到翌年春季有急速生长，开放出花来。腋芽内随着花器的分化，花性也开始分化，雌雄性别分化在夏季进行得很快，在芽龄 18～30 d 即可分化完成。桑的花性即一个植株是开雄花还是开雌花，不是固定不变，而是受环境、营养条件和某些激素的影响而发生变化。据温度、湿度、日照时间长短、激素类型、枝条的 C/N 值、栽培措施等都将影响桑树的性表现。在低温、短日照条件下能促进雌花形成；在高温、长日照下能促进雄花的分化。在雌雄同株的桑树上，往往在枝条下部和上部多出现雌花，枝条中部多雄花。另外用萘乙酸处理能促进多生雌花，赤霉素处理则多生雄花。

桑的花粉干燥时呈短袋形，湿润的花粉呈球形。桑花粉贮藏在暗处可生存 10～13 d，如放在有氯化钙作为干燥剂的密封容器中又置于暗处，花粉的寿命可维持 60 d。

（三）传粉和受精

雄花成熟开放时，花萼散开，花丝伸出，花药中的花粉被弹射在空气中，随风飘散，所以桑属风媒传粉植物。花粉在空气中可飘 200 m 或更远。雌花开放时花柱伸出，柱头分开，白色透明，此时为授粉适期。桑的授粉在同花、异花、同株、异株、同种、异种间均能进行，由于桑是风媒传粉，在种的范围内授粉容易成功，在属间授粉即不易进行，产生的种子多为自然杂种。

（四）桑葚和种子

1. 桑葚 雌花授粉后柱头及花柱即萎蔫以至于脱落，花被及子房壁逐渐增厚肥大，形成多汁多肉的假果，数十个小果密集于果梗周围，产生出集合假果，这就是桑葚。桑葚成熟时大多数由红色变为紫黑色，白桑成熟时葚为白色。

2. 桑籽 桑种子扁卵圆形，黄色，一端具有一脐孔，是胚根伸出的地方。其外具一薄而坚硬的种壳，属小坚果。种子籽粒较小，每克 500～700 粒，贮藏营养物质的量少，加之种子的呼吸消耗，所以桑种子的自然寿命很短。新鲜桑种置于普通室内条件下，3～5 个月即将全部丧失发芽力。所以桑种子必须妥善贮藏。

（五）开花与结果习性

1. 花芽分化特点 果桑树的花芽着生在一年生枝条的叶腋间，分化开始较早，一般于桑葚刚刚成熟时开始分化，一直延续到落叶前。花芽分化过程可分为未分化期、花序原基分化始期、花序总轴分化期、单花原基分化期、雌蕊分化期及柱头形成期、子房形成期 7 个阶段。

2. 开花结果特性 果桑树当年的结果枝，冬季落叶后，为下一年的结果母枝。果桑新梢每一叶腋着生 1～2 个芽，多可形成混合花芽，第二年既开花结果又长枝，所以分枝多，丰产性强。但是每一个枝条都是上强下弱，致使下部的枝条生长缓慢，逐渐衰弱乃至枯死，仅中上部芽形成的枝可伸长生长，特别是强枝顶端枝条能连年伸长，最后形成骨干枝和半骨干枝。

果桑坐果率极高，萌发芽的坐果率可达 95%以上，且可单性结实。果实发育期 40～50 d，果实成熟期可延续 20～30 d。在一个结果枝上，一般是基部的果先熟，上部的果后熟。在一个花序上，顶部的小果先熟，近果柄处的小果后熟。

果桑果实发育期短，在花芽分化时已经成熟，两者没有明显的营养竞争。只要不在花芽分化期及其之前大量采叶，就能大量成花。因此，果桑花果量极大，无大小年现象，丰产稳产。

四、桑树的生长发育

桑树是多年生植物，从种子萌发，长成苗木，栽植后抽枝长叶，开花结果，形成种子，繁殖后代，经多年的生长发育，直至衰老死亡，这就是桑树一生的生长发育过程。桑树又是落叶性植物，每年受季节气候的影响，有规律地进行着生长与休眠，一年中植物体内外都将发生一系列变化。随着生长与休眠的交替，使植株不断从上个生长发育状态，进入到下一个生长发育状态，推动着桑树的生命活动。桑树的生长发育有其自身的规律，也受环境和人为的影响，研究、了解和掌握桑树生长发育规律，调节控制环境和人为措施的影响，是果桑栽培的重要任务。

（一）桑树的发育进程

桑树一生中大体可分为幼树期、壮树期和衰老期三个明显的发育阶段。

1. 幼树期 幼树期或称幼年期，从种子萌发，形成苗木，到植株开花结果以前为桑树的幼树期。这一发育阶段的主要特征是营养生长，具高生长速率，一般不开花结果。此外，幼树期发根能力强，扦插易生根，枝条细直，分枝角度狭窄，耐阴性较强，叶片较薄，叶形较大，叶上茸毛较多，落叶较迟。

2. 壮树期 壮树期或称成熟期，此期的主要特征是生殖器官形成，能大量开花结果，高生长速率相对降低，生长势强，抗性强，创伤易愈合。此外，壮树期枝条分枝角度增大，树冠开展，叶肉增厚，叶片上毛茸减少，发根力减弱，耐阴性降低。

3. 衰老期 衰老期的桑树主要特征是生长势明显下降，枯枝死干增多，创伤不易愈合，抗性差。此外，衰老植株抽枝少，枝细短，叶小肉薄，易硬化黄落，开花结果能力低。

桑树生长发育各个时期过程长短，主要受环境和人为的影响，幼树期短，一般 2～3 年，壮树期较长，可达数十年，衰老的桑树还可利用侧生分生组织和潜伏芽，使之复壮更新。

（二）桑树的年生长周期

每年随着季节气候的变化，桑树有规律地进行着发芽抽枝、落叶休眠的周期性生长活动。

1. 桑树的生长 从春季发芽开叶起至秋末落叶为止，桑树进行着生长活动，在不同季节，生长状况不同，又分为展开期、同化期和贮藏期三个时期。

（1）展开期。春季气温达到 12 ℃以上时，桑树萌芽开叶，直至新叶生出 5～6 片时为展开期。展开期萌芽展叶的状态不同，又分为脱苞期、燕口期和开叶期。桑芽膨大，鳞片转青松开，为脱苞期；幼叶叶身露出，叶尖分开成雀口状，为燕口期；叶片和叶柄完全露出，展开成为独立的叶片，为开叶期。各期经过时间的长短，主要受当时气温回升快慢的影响。展开期的特点是生长速度慢，叶面积小，叶绿素少，光合能力低。萌芽开叶的早晚受地区气候条件的影响，也与桑树品种特性有关。

（2）同化期。桑树展叶 5～6 片以后，进入同化期，这一时期的特点是随着气温的升高，植株生长速度加快，新器官大量形成（包括枝、叶、花、果、根等），叶面积迅速扩大，叶绿素大量增加。同化期经过时间的长短除受气候的影响外，与剪伐形式也有关系。春伐植株，同化期持续至秋初，夏伐植株同化期要中断 10～20 d，但秋期持续较长。

（3）贮藏期。同化期后，随着秋季气候条件的变化，桑树即进入贮藏期，此期的特点是桑树的生长速度减慢，新枝叶数量不再有显著的增加，但叶子光合能力并不降低，加之日温高，光合作用旺盛，夜温低，呼吸消耗减少，植株体内有机营养物质得以大量积累。因此，这一时期的生长，对植株养分贮藏积累最为有利，是桑树生长的重要阶段。

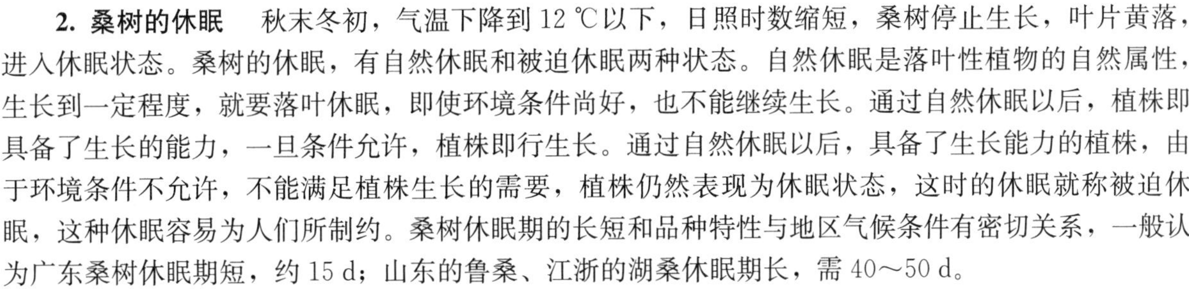

2. 桑树的休眠　秋末冬初，气温下降到 12 ℃以下，日照时数缩短，桑树停止生长，叶片黄落，进入休眠状态。桑树的休眠，有自然休眠和被迫休眠两种状态。自然休眠是落叶性植物的自然属性，生长到一定程度，就要落叶休眠，即使环境条件尚好，也不能继续生长。通过自然休眠以后，植株即具备了生长的能力，一旦条件允许，植株即行生长。通过自然休眠以后，具备了生长能力的植株，由于环境条件不允许，不能满足植株生长的需要，植株仍然表现为休眠状态，这时的休眠就称被迫休眠，这种休眠容易为人们所制约。桑树休眠期的长短和品种特性与地区气候条件有密切关系，一般认为广东桑树休眠期短，约 15 d；山东的鲁桑、江浙的湖桑休眠期长，需 40～50 d。

第四节　对环境条件的要求

桑树的生长发育与外界环境条件有着密切的关系。桑树生长的环境条件是由复杂的生态因素组成，其中主要的因素是光、温度、水分、空气、土壤和无机养分等。每个生态因素对桑树的生长都有独特的影响和作用，不可缺少，也不能相互代替。桑树在不同的生长时期，对外界因素的要求和反应是不同的。当某种因素不符合桑树生长发育要求时，桑树生长就会出现不良反应。因此，我们应当根据桑树与外界环境统一关系的规律，充分考虑外界因素对桑树的综合影响，加强农业技术措施，为桑树生长发育创造良好的环境条件。

一、土壤

土壤是桑树生长的基础，桑树生命活动所需要的水分和养分都是从土壤中吸取的。因此，土壤质地、土壤结构和土壤酸度等，不仅直接影响桑树生长，而且影响桑果的产量和品质。

壤土土壤孔隙适当，土质疏松，有机质较丰富，保水保肥力较强，最适于桑树的生长。黏土和沙土虽有一些缺点，只要注意土壤改良，桑树也能生长良好。桑树是深根性植物，一般栽培桑树的根系深度可达 1.5 m 左右，但桑树的吸收根主要分布在耕作层中。耕作层的腐殖质量多，土质疏松，易于根系生长，一般要求桑园的耕作层不少于 20～25 cm。

桑树对土壤酸碱度的适应性较强，在 pH4.5～9.0 的范围内都能生长，但在中性或略偏酸性的土壤中生长最好。土壤酸碱度除直接影响桑根生长外，还影响土壤中矿质元素的溶解度及有益微生物的活动。在 pH5.5～7.0 范围内，土壤中的有效养分较多，对桑树生长有利。

在盐碱地上栽桑，往往因土壤含盐量过多而生长不良。表土层含盐量在 0.3%以上时桑树生长困难。实生桑树耐盐性较强，一般认为含盐量在 0.2%以下的轻盐碱土可以栽种桑树，但要采取措施，降低土壤含盐量，防止土壤返盐，才能使桑树生长良好。

在桑园管理过程中，无论何种土壤，都要增施有机肥，合理耕作，加深耕作层，促进土壤团粒结构的形成，以改善土壤的理化性质和调节土壤中水分、空气及养分之间的关系，促进桑树生长。

二、温度

温度是桑树生命活动的必要因素之一。桑树在一定的温度条件下，才能正常地进行呼吸作用、蒸腾作用、光合作用等生命活动。温度对桑树的影响主要是气温和地温。气温影响地上部枝叶的生长，地温影响地下部根系的生长。但气温和地温、地上部和地下部的生长是相互关联的，两者都受太阳辐射的影响。由于光照具有光周期的季节性变化和日变化，因而温度也具有周期性的年变化和日变化，桑树在这种温度变化的影响下，形成了年生长周期和昼夜生长规律。

当春季气温上升到 12 ℃以上时，冬芽开始萌发，抽出新枝叶，发芽后随着气温的升高，桑树生长加速。25～30 ℃是桑树生长的最适温度，气温超过 40 ℃时，桑树生长反而受到抑制。在高温季节，如果土壤水分充足，桑树可通过根系吸取足够的水分，增强蒸腾作用，以降低树体温度来减轻高温的危害。所以，在高温干旱季节，及时灌水显得特别重要。

入秋以后，气温逐渐下降，桑树生长开始转慢，体内淀粉的积累量增多。当气温降至 12 ℃以下时，桑树停止生长而落叶休眠。此时体内的淀粉逐步水解为糖类，提高了细胞液浓度。同时细胞内水分减少，原生质浓度增大，透性减弱，从而增强了桑树的抗寒能力。黑龙江省的冬季气温可降至−40 ℃左右，但当地品种的桑树仍能安全越冬。

桑树发芽后，细胞质浓度显著降低，因而对低温的抵抗力也显著减弱。这时如遇晚霜，就会发生霜害。在有晚霜危害的地区，宜选栽发芽较迟的桑品种。

土壤温度主要影响桑根生长和吸收机能。当土壤温度在 5 ℃以上时，桑根开始吸收水分和氮素等营养元素。随着地温的上升，桑根吸收机能增强，但超过 40 ℃时，桑根的吸收机能反而衰退。春季地温上升到 10 ℃以上时，逐渐开始长出新根。最适宜于桑根生长的地温是 25～30 ℃，地温高于 40 ℃或低于 10 ℃时，桑根的生长几乎停止。地温 30 ℃左右时，桑枝扦插的发根量最多。

一般白天光照足、温度高，桑树光合作用旺盛，夜间温度低，呼吸作用微弱，消耗的养分少，这样桑树体内积累的有机物质就较多。因此，昼夜温差大的环境条件对桑树生长有利，桑果品质好。

三、水分

水分是桑树树体的主要组成成分，在桑树生命活动过程中起着重要作用。一般全株桑树的含水率在 60%左右，幼嫩器官或部位的含水量高，随着器官的成熟和衰老含水量逐渐下降。桑树体内各种物质的合成和转化都必须在水的参与下进行。此外，细胞膨压的维持，土壤中矿质营养的溶解和树体温度的平衡等，也都离不开水。

适合桑树生长的土壤最适含水量为田间持水量的 70%～80%，其中沙土约为 70%，壤土约为 75%，黏土约为 80%。当土壤水分降低到一定限度，桑树蒸腾量超过吸水量时，叶片和新梢就会出现萎蔫现象。桑树萎蔫现象有两种，一种是土壤内还有可利用的水分，只是根系的吸水速度不能满足地上部蒸腾的需要，因而使枝条梢端的幼嫩叶片出现萎蔫，但经夜间蒸腾作用减弱后，即能使桑树生长恢复正常。另一种是干旱时间过长，水分的吸收和消耗的平衡被严重破坏后出现的永久性萎蔫，这时桑树叶片枯黄脱落，甚至整个植株死亡。当土壤有效水量失去 1/3 左右时，新梢和根系生长开始减慢，3 d 后部分叶出现萎蔫，当有效水量失去 2/3 以上时，新梢生长几乎停止。当土壤干旱到接近萎蔫系数时，如果立即灌水补充水分，大约 2 d 内新梢可恢复生长。因此，桑园土壤水分至少要保持在土壤有效水含量的 1/2 以上。桑园田间持水量和萎蔫系数因土壤质地而不同。细沙土的田间持水量和萎蔫系数分别为 5%和 2%左右；壤土分别为 20%和 9%左右；黏土分别为 28%和 18%左右。

土壤水分过多或淹水，会造成土壤中空气不足，而厌氧性细菌十分活跃，在分解有机物过程中产生硫化氢和脂肪酸等有毒物质，对根系产生危害作用。土壤含水量超过适宜范围时，易使地温过低，抑制根系的呼吸机能和吸收机能，造成生理干旱，影响桑树正常生长。同时，积水的桑园桑葚水分含量高，糖类化合物含量相对减少，果质变差。由此可见，及时调节桑园土壤水分，是获得桑葚优质高产的重要措施。

四、光照

光是桑树进行光合作用、制造有机物质的能量来源，又是桑叶形成叶绿素的必要条件。因此，光是影响桑树生命活动的重要因素之一。光对桑树生长的影响，主要与光质、光照度和光照时间有关。

研究表明，光质与桑树生长有很大的关系，波长 600～700 nm 的红光和波长 300～400 nm 近紫外光对桑树生长有促进作用，而波长 450～600 nm，尤其是波长 450～550 nm 的蓝绿光，对桑树生长则有明显的抑制作用。

桑树属阳性植物，只有在充足的光照条件下才能正常生长。桑树接受的光照度和光照时间受地

区、地势、季节和栽植密度等条件所制约。在不同的光照条件下，会引起桑树形态结构及桑葚成分等方面的相应变化，从而影响桑葚产量和品质。一般在光照充足条件下，桑葚产量高，品质也好；如日照不足，桑葚含水量较高，品质差。

桑树对日照长短的变化有明显的反应。桑树属长日照植物，一般在春季开花，在长日照条件下，桑树的生长被促进。但在秋末日照缩短、昼夜温差增大条件下，有利于促进桑树养分的积累和枝条的木栓化，使桑树逐渐停止生长，做好越冬准备。日照长短与桑树花性有较大关系。据研究，长日照促使桑树向雄性化转变，而短日照则有利于桑树向雌性化方向发展，这种倾向尤以高温条件下更为明显。

光对温度、湿度、空气流动和土壤微生物等也有影响，从而间接地影响桑树的生长发育。晴天光照充足，能提高气温和地温，降低空气湿度，增强土壤微生物活动，促进桑树的代谢机能，有利于生长。如连日阴雨，不但光照减弱，光合作用效率低，而且带来低温多湿，不利于桑树生长，从而造成桑葚减产，品质下降。

五、空气

空气也是桑树生长发育不可缺少的环境因子之一。空气对桑树生长的影响分直接和间接两个方面。空气中的二氧化碳、氧以及尘埃、水蒸气、雾等直接影响桑树的光合作用和呼吸作用，而空气的流动，即风的有无和大小等间接地影响桑树的生长。

氧在空气中约含21%，对桑树的呼吸作用起直接作用。地面上的空气是充分的，能满足枝叶呼吸作用的需要。但桑园土壤往往由于土壤结构不良，水分过多，容易发生氧的不足，从而使根系的呼吸困难，阻碍桑树生长。故应重视土壤耕耘，增施有机肥，改善土壤结构等措施，使土壤保持良好的通气条件。

在空气中游离氮的含量达78%，但桑树不能直接利用，必须经过豆科植物的根瘤菌及土壤中固氮菌的固定转化后，桑树才能吸收利用。因此，桑园内间作豆科植物或施用细菌肥料等，都是提高土壤肥力的有效措施。

二氧化碳在空气中含0.03%左右，是桑树光合作用的主要原料。二氧化碳浓度在0.1%以下范围内，桑叶光合速率是随二氧化碳浓度增加而加快，说明空气中的二氧化碳浓度一般满足不了桑树光合作用的需要。在晴天无风情况下，桑园群体内的二氧化碳浓度明显降低，因此，改善桑园通风条件，可使植株周围的二氧化碳及时得到补充，以利于桑叶光合作用正常进行。

风可促进桑园内部空气的流通，同时增进土壤中气体的交换，驱除聚集在桑园内的水蒸气，有利于枝叶的气体交换和新根的生长。风能降低大气中的湿度，增强枝叶的蒸腾作用，促进根系的吸收机能，对生长繁茂的桑园，风的作用尤为明显。但是，强风常引起枝条倒伏，叶片破碎，影响桑树正常生长，因此在大风多的地区，应采取相应的防风措施。

空气中的尘埃、水蒸气和雾等，对桑树生长也有影响。空气中的水蒸气和雾会使空气的透明度变差，使进入桑园的光照下降。栽植在城镇、工厂附近、道路两侧或在一些风沙地区的桑树，往往有大量灰沙、尘埃附积在桑叶表面，妨碍其光合作用正常进行。此外，一些工厂释放出的有害气体，如氟化氢和硫化物等，对桑树生长危害较大。如二氧化硫通过气孔进入叶片组织与水结合生成亚硫酸，引起叶绿素分解和组织脱水，使叶片光合能力下降。

六、生物

桑园内的杂草、间作物、病害虫以及人为地采伐、收获，对桑树生长也有较大的影响。桑园内的杂草种类繁多，根系发达，繁殖生长快。由于杂草夺取土壤中大量水分和养分，并遮住日光照射，降低地温，妨碍空气流通，因而影响桑根的呼吸作用和养分吸收，使桑葚产量和质量下降。同时，许多杂草又是桑害虫和病原菌的中间寄主或潜伏场所，助长害虫和病菌的滋生蔓延，危害桑树。因此，桑园内的杂草应尽可能及时清除。

桑园间作其他作物或绿肥，可充分利用土地和空间，增加作物产量，提高单位面积上的光能利用率，同时还可改善土壤结构，提高土壤肥力，保持水土，抑制杂草生长以及改善桑园小气候，有利于桑树生长。但是，桑园间作应做到因地、因时制宜，采用适宜的间作形式，选择优良的间作物种类和最佳的间作时期，以减少桑树与间作物对水、肥和光等的需求方面的矛盾，做到相辅相成，取得桑葚和间作物的双丰收。

第五节　建园和栽植

一、建园

建立新桑园是蚕桑生产的一项基本建设，必须根据当地生态条件和产业结构，因地制宜制订蚕桑生产发展计划，按照山水田林路综合治理原则，做到一次规划，分期实施，为建立高产稳产桑园奠定基础。

（一）园地选择

桑树是多年生植物，建立桑园时，要从长远利益出发，考虑各种有关因素，选定桑园地点，避免个别因素变动，招致不必要的损失。选择桑园地点时，应注意以下几点。

1. 选择适宜的地区　桑树对自然环境条件的适应性较广，可根据当地土地利用状况，因地制宜规划桑园面积，选定适当的建园地点。全国大多数地区都宜栽桑。除利用平原地栽桑外，也可用丘陵山地、海涂、溪滩、河堤和四边隙地栽桑。但是年平均温度过低的地方，桑树生长期较短；雨量过少的地方，需设置人工灌溉；地势过高，土层浅、瘠薄的地方，桑树生长不良；这些地方栽桑是不经济的，或者投入将增大。另外，果桑园的建立、管理和经营生产环节较复杂，基本上都是手工操作，要耗用较多的劳力，属于劳动密集型行业。在环境适宜的前提下，要考虑劳力问题。

2. 桑园要适当集中，布局合理　建立基地，集中发展，使果桑产业在一个地区形成骨干产业，成为经济支柱，就便于组织领导，解决技术指导、设备条件、物资供应、经营管理等各方面的问题。为适应农业现代化要求，应充分考虑大田作物与栽桑的合理布局，集中成片栽桑也有利于土地平整、机具作业、灌溉排水、道路系统的设置和专业化的培护管理，还可避免或减轻农田喷药对桑葚、桑叶、蚕的污染。

3. 避免在环境污染地区建园　许多工厂排出的煤烟废气，常含二氧化硫和氟化氢等多种有毒物质。严重的会使枝叶焦枯，影响桑树生长。有时虽然桑叶被害不明显，但也能引起蚕中毒。选定栽桑地点时要了解附近工厂情况，避免不必要的损失。一般认为桑园要远离工厂 1 km 以上，要远离铝制造厂 10 km 以上，较为安全。此外，还要注意烟草、除虫菊等经济作物的栽植，一般烟草栽植地要离开桑园 100 m 以外，才能避免“烟碱”对蚕的影响。

4. 建园要综合考虑自然和社会因素　建园要对当地气候、土壤、雨量、水源以及自然灾害等问题进行调查研究，以便充分掌握情况，为选定建园地点、制订规划，提供依据。果桑园应选择在交通便利，靠近城市或果桑加工厂附近，以利鲜果运输、销售和加工。生产规模较大的果桑园，应把果品加工基地、养蚕基地、苗圃地、道路系统等问题，一并纳入选地内容中。桑园面积应根据当地市场销售能力、综合加工能力及人力资源状况确定。

（二）园地规划设计

树立规模经营、快速丰产和充分利用土地的指导思想，根据当地生态条件、产业结构、生产潜力、经济及市场状况等方面，确定建园类型，制订建园规划。按照山、水、田、林、路、村综合治理原则，做到一次规划、分期实施，做到高起点、严要求，为迅速实现高产量、高质量、高效益打好基础。

1. 选好栽桑土地　栽桑以地势平坦、土层深厚、土质肥沃、地下水位较低的沙性土为好，围村

地多符合建园条件。若土质不够理想，必须针对不良性状加以改良后方可栽桑。

2. 确定栽桑类型及数量 根据当地情况确定桑园类型。桑园面积应以规模经营为前提，根据人力、财力及计划养蚕规模等因素确定。为发挥当地优势，充分利用空隙地和光能，可以发展间作桑和零星桑。

3. 果桑园以快速丰产为前提 改变过去那种1年栽桑、2～3年养形、4年成林、5年丰产的传统习惯。合理密植、快速养成树形，实行行间套作的丰产措施，达到快速丰产目标。

4. 选用良种 选用适于当地气候条件和经营方式的优良桑品种建园，避免品种过于单一，由于规模化经营还要考虑桑叶的利用，在品种选择时要综合考虑。

5. 注意行向、行距 建园以南北行向为好。山地应按等高线或顺梯田堰边栽桑，以利水土保持和管理；堤坝、河滩等地栽桑，行向应顺应堤岸、河流走向；农田间作桑，以东西行向较好。

6. 划分作业区 划分小区，方便作业。小区大小应根据具体情况而定。山地地形较复杂，作业区可划小些，平原地作业区可划大些，一般认为小区内桑行长50～100 m、面积0.67～1.33 hm^2 比较适当。作业区过长影响桑园通风透光，人工收获和管理作业也不方便；作业区过短影响了光能和地力的充分利用，桑园产量、效率较低。

7. 建立道路及排灌系统 道路所占面积应为桑园总面积的5%左右。桑园道路可分干路、支路、小路，干路宽度4～5 m，以方便卡车通行；支路宽度3 m左右，以方便拖拉机行驶；小路宽1～2 m，以行人为主。较小面积的桑园一般只设支路和小路。

建园时必须设置排灌系统。目前多数桑园采用引水沟灌，灌沟分为干渠、支渠、毛渠三级，要求分别与干路、支路、小路相结合设置。排水系统也分为三级，即干沟、支沟、小沟，也可与灌溉系统相配合设置。近年各地出现了喷灌、滴灌等多种节水节能灌溉方法，有的灌排均采用了暗管，排灌系统更为先进，有条件的新建桑园应力求采用。

8. 建造防护林 规模较大的桑园应于园之四周建造防护林。防护林具有降低风速、减轻沙暴、减少土壤蒸发和叶片蒸腾、保持水土、调节气温、削弱寒流、增加积雪、防止园外飘逸农药等多方面的作用，效果显著。防风林的背风面防风范围为树高的25～35倍，向风面防风范围为树高的5倍。防护林应选用适应性强、生长快、树冠大、枝密叶茂、与桑树无共同病虫害，且有一定经济价值的乔木树种。

9. 现代技术的引用 规划设计栽桑时从基本建设、桑树栽植、培护管理、桑叶采收等方面都要考虑引用现代技术，以提高科学栽桑和培育管理水平。

（三）整地和改土

桑树对土壤的适应性较广，用来栽桑的土地有平原、丘陵、山地、高原、滩涂等，在各种土壤上桑树都能生长。但是，只有在适宜的土壤上桑树才能生长良好，取得优质高产。而适宜的土壤不是到处都有，最好的土壤也不可能全部用来栽植桑树，所以对各种土壤加以利用和改良，使之适宜于桑树的生长，就显得十分重要了。

栽桑土壤的改良主要有以下几方面：

1. 降低地下水位，增加土层厚度 桑树属于深根性植物，根系可以深达1～3 m，甚至更深。为适应桑树根系生长的需要，栽桑的土壤要求土层深厚，达60 cm以上，而增厚土层的方法是深耕垒土，降低地下水位。深耕一般在桑树栽植前就要进行，深度要求达到60～100 cm，底土板结黏重的，还应加深耕作，以破碎底土、改善底土通气透水性能。地下水位太高的地区，因为接近地下水位处土壤空气中氧的含量还不到1%，妨碍根的呼吸作用，不利根的生长，可以采用开沟排水的方法降低地下水位，提高土壤深层空气中氧的含量。

2. 丘陵、山地的利用改造 我国有大量的已经开发或未经开发的丘陵山地，可以用来栽桑，在丘陵、山地利用上，修筑梯田是传统而有效的措施。修筑梯田前先要测出等高线，梯田的高度和宽度根据坡度大小而定，坡度越大，梯田埂坎越高，田面越窄。修筑梯田的方法有渐进法和速成法。渐进法即沿等高线挖沟，沟的下方筑成石埂或土埂，耕作时向下翻土或随雨水冲刷逐渐抬高下坡、降低上坡，以后再加高梯埂，逐步形成水平式梯田。速成法多用在土层深厚、坡度不大于20°的丘陵地，采取切高填低的方法，结合培埂一次筑成。

修筑梯田时要建好排水蓄水系统，使小雨能蓄、大雨能排，保持水土，其做法是在梯田内侧开横向栏水沟，每隔一定距离又设置一条纵向排水沟，纵向排水沟中又要分段设置拦水坝或蓄水潭，以减缓水流，阻截泥沙，提高蓄水保水能力。在桑园与上坡未垦部分交界处挖一条拦水横沟，以防止水流直冲桑园。

3. 黏重土壤的改良 黏重土壤的改良主要是深耕，大量施用有机肥，客土掺沙。深耕最好在桑树栽植前进行全面深耕，力争耕深40～50 cm，结合深耕全面施用有机肥，40～70 t/hm^2。每年客土掺沙250～400 t/hm^2，连续3～5年，通过耕作使沙粒与黏土互相掺和均匀。

4. 松沙土的改良 松沙土的改良主要是增施有机肥和淤泥压沙。施用有机肥，转化为腐殖质，可以使沙粒黏着性增加，形成团粒结构，减少沙土孔隙度，提高其保水保肥能力。实践上经常在沙土上种植绿肥作物，及时埋青，对改良沙土有良好效果。此外，可经常用黏质而富于有机胶体的河泥、塘泥、沟泥、田泥等覆盖沙土表面或渗入土中，引用含黏泥多的水流灌溉或淤积，都有显著的改良沙土的效果。

5. 盐碱地改良 盐碱土中有机质含量低，有效养分少，结构差，在经常漫灌洗盐的地方，底土很紧实，不适宜作物生长。土壤含盐量小于0.2%时一般对作物生长无害，超过0.3%时作物生长不良，甚至不能生长，必须进行改良。盐碱土的改良应从防止和治理两方面着手，防止盐渍化的措施主要有中耕松土、种植绿肥，铺生泥、盖草等；治理的方法是建立排灌系统，灌水淋溶洗盐，排水带走盐分。种植绿肥、增施有机肥、改种两季水稻等都有减轻以至防止盐害的作用。桑树幼苗期对盐害反应灵敏，抵抗力弱，容易受害。长成植株，根系入土深广，以后耐盐性可以增强，故盐渍地栽桑，特别在苗期要注意防盐治盐。

6. 酸性土的改良 酸性土的改良主要是种植绿肥，增施有机肥，适量施用石灰。种植绿肥、增施有机肥是改良红、黄酸性土的关键措施。适于红、黄壤地区的冬季绿肥有肥田萝卜菜、油菜、箭筈豌豆、紫云英等；夏季绿肥有猪屎豆、乌豇豆等；多年生绿肥有胡枝子、葛藤、紫穗槐、木豆等。可根据当地情况选用适宜绿肥。此外多施人、畜粪尿，秸秆还田等也有良好效果。施用石灰除中和酸性外还增加了土壤中的钙，能促进有益微生物活动和有机质的分解，减少磷被活性铁、铝的固定，改良土壤结构。施用石灰的数量和方法应根据土壤性质以及石灰种类而决定。土壤质地黏重、有机质含量多的土壤适当多施，沙性和腐殖质少的土壤宜少施；生石灰碱性强，反应快宜少施，并注意不要与种子、幼苗、茎叶接触，以免灼烧和腐蚀作物；石灰石粉（$CaCO_3$）碱性小，反应慢，可适当增加用量，提前施用时间，以便逐渐分解中和酸性；熟石灰［$Ca(OH)_2$］的碱性和用量居于生石灰与石灰石粉之间，碱性的比例大约是100 kg生石灰相当于140 kg熟石灰或180 kg石灰石粉。经常施用石灰的土壤，有机质容易分解消耗，因此应注意多施有机肥，石灰结合绿肥翻埋和秸秆还田效果更好。此外施用草木灰等碱性肥料，渗用紫色页岩粉等都有改良酸性土的效果。

二、栽植

（一）栽植密度和栽植方式

1. 栽植密度 果桑是多年木本植物，单位面积栽植株数的多少，不仅会影响单位面积产量，同时对进入盛果期迟早也有明显影响。果桑园合理密植可以扩大叶面积，充分利用空间、光能、土壤水分和养分，增加光合产物的合成，提高单位面积产量，实现快速高产。果桑园是由许多单株构成的群体，群体生长发育状况决定全园桑葚的产量。影响桑葚产量的群体结构因素有单位面积株数、单株结

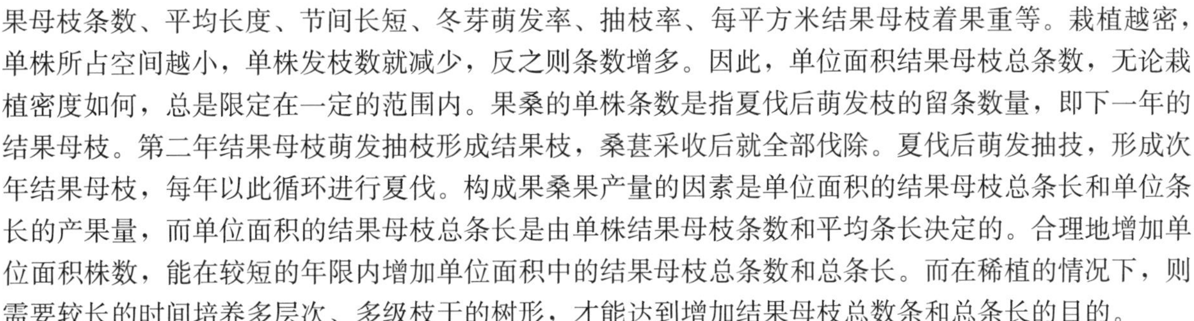

果母枝条数、平均长度、节间长短、冬芽萌发率、抽枝率、每平方米结果母枝着果重等。栽植越密，单株所占空间越小，单株发枝数就减少，反之则条数增多。因此，单位面积结果母枝总条数，无论栽植密度如何，总是限定在一定的范围内。果桑的单株条数是指夏伐后萌发枝的留条数量，即下一年的结果母枝。第二年结果母枝萌发抽枝形成结果枝，桑葚采收后就全部伐除。夏伐后萌发抽技，形成次年结果母枝，每年以此循环进行夏伐。构成果桑果产量的因素是单位面积的结果母枝总条长和单位条长的产果量，而单位面积的结果母枝总条长是由单株结果母枝条数和平均条长决定的。合理地增加单位面积株数，能在较短的年限内增加单位面积中的结果母枝总条数和总条长。而在稀植的情况下，则需要较长的时间培养多层次、多级枝干的树形，才能达到增加结果母枝总数条和总条长的目的。

一般果用桑园，每 667 m^2 栽植 400～600 株，行距 1.5～2.0 m，株距 0.7～1.0 m。采用红果 2 号、红果 3 号等枝条直立、树形紧凑的品种建园时，栽植密度应大些；而采用大十、白玉王等枝条开展、树形开张的品种建园时，栽植密度应稍小；加工用果桑园栽植密度可以适当加大，而采摘园栽植密度应小些。

此外，栽植密度与气候、土壤肥力、经营强度有关。南方栽植密度可以大些，而北方应小些；土壤肥水条件差、经营强度低，可栽植密一些，反之则栽植可稀些。

2. 栽植方式　桑树的栽植形式与立地条件、光能利用和栽植密度有关。确定栽植形式应以充分利用土地，提高单位面积产量和便于桑园管理为原则。株行距排列有正方形、长方形、菱形、宽行密株、宽窄行相间等多种形式，生产上常用桑树栽植形式可归纳为下列 3 种：

（1）长方形栽植（宽行密株）。这种方式是生产上广泛采用的栽植形式。其优点是行间较宽，便于耕作和间作，又能改善桑园通风透光条件。由于株间较密，可以增加每 667 m^2 栽植株数。从桑树生长考虑，株行距比一般以 1∶（2～3）为度。

（2）宽窄行栽植。这是宽行与窄行相间排列的栽植形式。一般宽行便于耕作管理及间作，窄行可开沟作排灌用。这种方式可增加每 667 m^2 的栽植株数。缺点是窄行内耕作不便，黄落叶多，落花落果多。

（3）等高栽植。适用于缓坡栽植，有保持水土的作用。

（二）授粉树配置

各类果用桑园的授粉树需占栽植株树的 5%～10%，并以梅花状均匀分布于园地中。品种可以选择开雄花的湖桑 7 号、新一之濑、育 2 号、白格鲁、花桑、梧桐桑、雄 7 号等，但要注意授粉树花期与栽植品种应一致。可以在同一园内栽植花期早晚不同的多个品种的授粉树。

（三）栽植时期和方法

1. 桑树栽植的时期　桑树栽植一般在桑苗落叶后至翌春发芽前进行，此时桑苗处于休眠状态，体内贮藏营养物质较多，水分蒸腾较少。冬季落叶休眠后栽植的称为冬栽，春季发芽前栽植的称为春栽。秋雨多的地方有行秋栽的，夏栽最少。

（1）冬栽。在长江流域，以 12 月中下旬栽桑最好，根系与土壤接触时间长，开春后发芽早，成活率高。滨海盐碱地区，初冬土壤湿润，盐分含量低，栽桑成活率较高。珠江流域大部分地区冬季无霜冻，多行冬栽，有利于劳动力的安排。黄河流域也可以冬栽，不过栽后要采取保护措施。

（2）春栽。我国北方寒冷地区土壤封冻早，不便冬栽，常在土壤解冻以后至桑树发芽前栽植。春栽宜早，过迟往往因气温升高，桑芽萌动，根系尚未与土壤密接，影响栽植成活。春栽所用苗木常需假植，应注意保护好根系，避免干枯、霉烂和冻伤，春旱地区春栽后应注意浇水灌溉以利成活。

（3）秋栽。四川秋季雨水多，提倡秋栽桑，即在 10 月栽植。秋栽后根系能很快与土壤密接，当年即长出新根，恢复吸收活动，开春后桑树发芽早、成活率高。且秋栽后再播种小麦。但秋栽时间很紧，劳力、肥料、土地整理易与小春备耕矛盾，要特别注意，做好安排。秋栽挖苗时，正值苗木生长期，对外界刺激较敏感，应注意挖苗，保护好根系，减少损伤，要边挖苗、边栽植，适当疏叶，保护顶芽完好，保留顶端2～3片叶子，避免侧芽萌发抽枝，减少养分消耗，让苗木做好越冬准备。秋栽的苗木生长期会提前结束，应注意加强苗木前期和中期管理，使秋栽挖苗时苗木能达到壮苗的标准，未达壮苗标准的不宜秋栽。

（4）夏栽。我国有些春旱地区，灌溉水源不足，故有利用夏季雨期进行栽桑的，如云南、山东等山区，抓紧雨季栽桑，成活率较高，并可节省灌溉劳力。

2. 栽桑前的准备

（1）土地深翻、施基肥。首先根据规划要求选择地势平坦，土层深1.5 m以上，沙质壤土，耕作层有机质含量在1.2%以上，旱能灌、涝能排的地块建园。立地条件差的必须改良达标后方可建园。其次，要及早做好整地、施肥工作。先整平地面，以每公顷撒施22 500～30 000 kg有机肥，再全面深耕40 cm左右，这是桑园均衡供应肥水的先决条件。栽植前的深翻通常采用沟翻和穴翻两种方式。沟翻时按目的行距开挖栽植沟，沟宽、深各50 cm，挖沟时将表土与心土分开堆放于植沟两边，沟内施入基肥，每公顷有机肥用量52 500～75 000 kg，过磷酸钙900～1 050 kg，再填入细土近平沟，与肥料拌匀后引水灌沟，沉实土壤待栽。行株距较宽或零星分散栽桑时常用挖穴的方法深翻，穴的大小一般深宽为60～70 cm。无论沟翻或穴翻，土壁不必铲光，保持粗糙状态，以利于水分渗透。有条件的地方深耕改土或沟翻、穴翻均可用机械进行，以大量节省劳力。

（2）苗木选择与处理。用来栽植的苗木首先要选用粗壮结实，根系发达、无病虫害的壮苗，最好选用适应于当地条件的优良品种。栽植后成活率高，生长快，便于养形，及早投产。栽植前应将苗木根系进行修剪整理，剪去过长根、卷曲根和绞结根，破损部分亦应予以切除，以避免伤口腐烂。但应特别注意以少剪多留为原则，尽量保持根系的完整。怀疑带有病原菌的苗木可在苗木整理好后用2%～5%石灰水浸根5～10 min，进行苗根消毒。失水较多，有轻度萎蔫的桑苗可将苗根浸于泥浆中1 d左右，可以回润，提高成活率。

3. 栽植方法 一般有沟栽、穴栽两种方法。沟栽即挖沟栽植，挖好植沟施足基肥后，顺着植沟按预定株距将苗木放正位置，并与纵横行列对齐，先用细碎表土埋没根部，边回土边轻提苗干，使苗根伸展，根尖向下，土粒填满根系间隙，再将根部土壤踏实，使根系与土壤密接，最后用心土填满植沟。一般回土要填满并稍高于地面。干旱地区回土可略低于地面，以便接纳雨水，多雨地区回土稍高于地面，呈馒头状，以防积水。

栽植距离较宽或分散栽植的桑树多采用穴栽，方法步骤与沟栽相同。无论沟栽还是穴栽，必须做到“苗正根伸，浅栽踏实”。即苗木要栽得端正，不可歪斜，苗根向四方伸展，不能卷曲。这对成活和长势均有影响。根据经验在有洪水和风害的地方，栽桑时应将苗木根多的一面安放在水和风来的方向；斜坡地应将根多根粗的一面朝向上方，因为根有向下生长的习性，两相调剂，根部可均衡地向四方伸展。平地栽植时，根少根细的一边应放在南面，因为南面感受太阳光照较多，可促使根发育良好，达到全株根系的均衡生长。浅栽踏实是指栽植时根系不要埋得过深，填土后踏实，不留大的空隙。栽植深浅一般以根颈部埋入深度为准。根颈部埋入土中不满10 cm的称浅栽，10 cm以上的称深栽。浅栽时根部接近地面，地温容易升高，通气又好，因此新根生长快，桑芽萌发早，生长迅速。栽植过深，地温较低，透气性差，新根生长慢。黏质土壤栽植过深，如遇多雨，根部容易积水，阻碍根系的呼吸和吸收，引起桑树生长不良，严重时可导致桑树死亡。但栽植过浅，尤其是沙地，桑根露出地面，易受旱害。栽植深浅应根据土质、气候条件适当调节。在同一片桑园中，必须做到栽植深浅一致。

（四）栽后管理

栽好后还应将苗梢剪去，以防梢枯。关于苗干剪定最好在开春发芽前进行，不宜过早，以免剪口失水干涸，形成枯桩，影响留干养形。待到开春发芽前再按预定树形高度剪去苗干，培育主干。北方地区冬栽定干后即在行间取土顺栽植行培土，宽40 cm左右，高20～25 cm，以盖没苗干为度。培垄

能保湿、增温、护干，提高成活率，提早发芽。第二年桑树发芽前，行间灌水后平垄。平垄不可过早，以防影响培垄效果，过迟易损坏桑芽，影响植株生长发育。

春季若发现死苗要及时补植大苗，保证苗全苗旺。桑苗成活以后，会有一部分桑苗上部的剪口芽不发芽，而是从下部发芽，使桑芽上部形成枯桩。枯桩虽不消耗营养但易散失水分、削弱树势，易受病虫危害，应及时剪去。

平衡树势是快速形成丰产群体的措施之一，这一工作须从定植后就开始。虽然栽植时大小苗分植，但由于病虫害等原因，生长中仍会出现强弱株分化。栽植第一年首先要注重病虫害防治，及时对弱株施用偏心肥，对只发一芽的要重新定干，促进腋芽萌发形成多条；对生长过旺条打头，并结合养蚕多采叶片抑制其生长，对弱条不用叶或少用叶促进生长。

同时还应将地面锄松、整平，清除杂草、废弃物，保持地面清洁干净；根据雨量情况，注意灌水或排水，促使苗木成活，要防止苗木动摇、歪斜及人畜践踏毁损。发芽开叶时，注意疏芽留条、施肥除草，进行养形和常规管理。

第六节　土肥水管理

果桑是多年生木本植物，栽植成活后要不断地从土壤中吸收养分和水分，才能满足其生长发育的需要。由于受土壤条件的限制，桑树单靠自然供给养分已远远不能满足高产优质的要求，尤其以采收桑葚为主要栽培目的的果桑，每年因采摘果实、夏伐、采叶、冬季修剪等，带走大量的养分，只有通过不断地科学施肥给予补充，才能使桑园连年丰产、高产。因此，必须重视增施肥料，以满足果桑对养分的需求。

一、土壤管理

（一）桑园中耕

中耕可以改善土壤的理化性状，有利于桑根的吸收作用，增强土壤微生物的活动，加速有机物的分解，促进养分的转化，提高养分的有效性。翻耕后的土壤容重减轻，孔隙度增加，从而增强了土壤的透水和保水能力，提高了土壤的含水量。由于土壤孔隙度的增加，早春桑园地温回升快，桑树发芽早，生长快。在耕翻土壤的过程中会断伤少量桑根，促进断伤处多发新根，促进桑根的生长。但不合理的深翻会造成断伤根过多，削弱根的吸收能力，影响桑树生长。疏松的土壤可减少水分蒸发，有利于抗旱保墒，减轻杂草危害，防除部分病虫害。在盐碱地区，还可减轻土壤返盐。

桑园中耕一年有3次，即冬耕、春耕和夏耕。冬耕在桑树落叶后至土壤封冻前。一般与施冬肥一起进行，深度20 cm左右。冬耕的土块要打碎、耙平，以利冬、春保墒。春耕在土壤解冻后至桑树发芽前进行，以早为宜。春耕深度一般要求10～15 cm。冬耕后的土壤解冻后，由于冬季的冻融交替，土壤得到充分风化，也可以不进行耕翻，而用深锄松土替代。夏耕要与施夏肥结合，在桑树夏伐后1周内结束。深度同春耕。夏耕要及时，如桑树发芽后再进行，会使已经恢复生长的桑根再受损伤，影响夏季生长。

中耕的时间，原则是冬耕宜迟，春耕宜早，夏耕要及时；中耕深度，原则是冬耕宜深，春、夏耕宜浅；行间宜深，株间、树际处宜浅；黏重土壤宜深、沙壤土宜浅；旱地桑园宜深，水浇桑园宜浅；稀植桑园宜深，密植桑园宜浅；树干高的桑园宜深，树干矮的桑园宜浅；每年坚持耕翻的桑园宜深，未每年耕翻的桑园耕翻时宜浅。近年来桑园栽植密度有了很大的增加，中耕的机械化操作受到限制，加之一年多次的施肥，深施肥及冬施有机肥等技术的实施，每次施肥都具有不同程度的中耕作用，因此，桑园可不必专门安排中耕工作，平时注意加强桑园的除草及松土即可。

（二）桑园除草

杂草与桑争夺肥水和光照，妨碍通风，滋生病虫。杂草的危害规律一般是在春、夏树封行前危害较重，生长差的桑园要比丰产桑园危害重。

桑园除草可抓住三个季节进行：春季结合桑园春耕，在桑树发芽前除去越冬杂草；夏季夏伐后结合夏耕松土，除去杂草；秋季在杂草迅速生长和开花结实期前除尽杂草，可明显减少翌年杂草的危害。

桑园除草，目前大多采取人工除草的方法，也可采用机械除草或化学除草。用于桑园的除草剂种类很多，目前桑园常用的除草剂有扑草净、敌草隆、茅草枯、二甲四氯、草甘膦（镇草宁）、氟乐灵、禾克草（蝰禾灵）、盖草能等。

生态除草是利用生态原理剥夺杂草生长必须的条件，达到除草的目的。通过加大栽桑密度，加强肥水等农艺措施，促进桑树枝叶繁茂，迅速增加叶面积，尽快占据生存空间和受光优势，逐渐削弱或剥夺杂草生存条件，从而达到抑制、去除杂草的目的。桑园间作桑苗、蔬菜、绿肥、药材等作物，也可以达到生态除草的目的。在桑园里养鸡、养鸭、养鹅等，不仅节省养殖面积，还可利用家禽除草、除虫之效果，禽粪肥田，一举多得。桑园覆盖秸草，不仅减轻土壤水分蒸发，而且可以遮断地面光照，使杂草难以生长，从而达到以除草目的。

二、施肥管理

果桑园施肥时期和方法，应根据果桑树生长规律、土壤和气候条件，肥料的种类及以采果为主或是叶果兼用的栽培目的来确定，以及时满足果桑树对养分的需求，提高桑葚（或桑叶）的产量和质量。同时，应做到经济施肥，以降低成本。

（一）桑树需肥特点

1. 四季需肥 桑树属落叶乔木，虽一年之中有生长期和休眠期之分，但仍需常年施肥，只不过各期的用肥种类、次数及施用量不同而已。

一般桑树在发芽前根系活动已很旺盛。春季发芽时，就要开始施用第一次春肥；随着生长施第二次春肥；6～8 月桑树生长旺盛，需肥量很大，只有分 2～3 次重施夏肥，才能确保整个夏季持续旺盛生长；虽然秋季桑树生长缓慢，但是桑树积累和贮藏养分以及花芽分化的重要时期；冬季虽桑树根系生长缓慢、吸收微弱，但由于桑是多年生植物，须在冬季增施有机肥，培肥地力、改良土壤、减轻营养偏耗，为来年桑园丰产打好基础。

2. 喜有机肥 有机肥是一种完全肥料，既含有各种大量元素，又有微量元素，还大量含有多种有机质。由于采果和多次用叶对土壤养分消耗量大，土壤中的多种大量和微量元素的丰缺，都会影响到桑葚的产量和质量。

3. 氮、磷、钾需求平衡 氮对叶片的生长很重要，磷、钾肥对提高桑果品质很重要。氮、磷、钾的比例为 5∶3∶4。在氮肥中，一般认为桑喜硝态氮，其次是铵态氮和酰胺（氨基）态氮。

4. 喜钙 桑属喜钙植物，无论是桑树树体还是桑叶，钙的含量都仅次于氮素。然而桑园中只是年年大量施用氮肥，却很少考虑施用钙肥。虽然石灰岩土壤较多，但在丰产和高产桑园内也应考虑钙肥的施用。

5. 次忌氯 桑属次忌氯（中度敏感）作物，也就是说桑不喜氯离子（Cl^-），但也并非对氯离子无忍耐力。所以生产中降低施肥中的氯素含量很重要，防止过多的施用含氯化肥，如氯化铵、氯化钾等，但也不要怕施含氯化肥。

桑园施肥的时期和方法，应根据桑树的生长规律、土壤和气候条件、肥料种类及以采果为主或是叶果兼用为栽培目的等来确定，既要满足桑树生长对养分的需求，提高桑葚和桑叶的产量和质量，同时应经济用肥，尽量降低生产成本。

（二）施肥时期

桑园施肥时期大致分为春、夏、秋、冬四季，每季又施肥 1 至数次不等。

1. 春肥　春肥又称催芽肥，在桑树树液开始流动时施入。此时桑树根系开始生长，树体需要大量养分。施用春肥能促进萌芽抽梢和开花授粉。对迅速形成叶片，增加叶面积指数，促进开花结实和优质丰产有重要的作用。春肥以复合肥为主，注意不偏施氮肥，以防营养生长过剩造成落花落果。春肥可分两次施用，第一次在萌芽前施入，以速效性氮肥为主，占春肥量的 2/3；在幼果膨大期再施一次，以磷、钾肥为主，占春肥量的 1/3，以促使桑果膨大和提高含糖量。为提高桑葚产量和品质，在开花后期至桑果转色前，应叶面施肥 3～4 次。

2. 夏肥　夏肥在桑树夏伐后到 7 月下旬施用，夏肥对桑树生长特别重要。果桑夏伐后，经 10～15 d开始发芽抽条，并逐渐进入旺盛生长期。此期温度高，降雨多，果桑树生长快，也是需肥最多的时期。此时若肥料供应不足或施用过迟，会导致花芽分化不良，严重影响第二年产量。夏肥一般分两次施用，第一次在夏伐后；第二次在 7 月上旬。夏肥应以速效性肥料为主，氮、磷、钾肥要合理搭配，同时也可配合施用有机肥。

3. 秋肥　秋肥在入秋后至 8 月下旬施用。秋肥能促进果桑树持续生长和花芽分化，对树体养分的积累和贮藏，提高翌年果桑树发芽和抽枝率，增加桑葚产量具有重要作用。秋肥施用时期不宜过迟，最迟不得超过 8 月下旬。秋肥施用过迟，导致枝叶后期旺长，养分消耗多，枝条不充实，抗性减弱，影响次年发芽率和抽枝率。秋肥应以磷、钾肥为主，严格控制氮肥施用量。

4. 冬肥　冬肥通常在桑树落叶后至土壤封冻结合冬耕施用，有改良土壤、提高土壤肥力、促进桑树第二年的生长的作用。冬肥应以迟效性有机肥为主，如厩肥、堆肥、土杂肥、污泥、垃圾、炕土、陈土等皆可；施肥量要大，要求每公顷施肥量要在 75 000 kg 以上。

（三）施肥量

影响施肥量的因素很多，适宜施肥量的确定应以达到计划产量时桑树对养分的实际吸收量为基础，以保持和提高土壤肥力为前提，以桑树品种特性、土壤养分、肥料利用率等为参考，以当地高产施肥经验为借鉴，综合考虑。生产中确定适宜的施肥量多采用估算法推算，即以计划产量定氮，再以氮定肥，配施磷、钾肥。根据国内外资料，每千克纯氮可生产 80～100 kg 桑葚。根据各地经验，桑葚产量与施有机肥的比例为 1∶（1～5），即生产 1 kg 桑葚，需施 1～5 kg 有机肥。幼树生产 1 kg 桑葚，施有机肥 3～4 kg；盛果期树，生产 1 kg 桑葚需施有机肥 2～3 kg。新建桑园的施肥量，栽植当年一般按成林桑园施肥量的 1/3，第二年按成林桑园的 2/3 用肥，第三年起按成林桑园施肥。

（四）施肥方法

1. 施肥位置　桑园施肥，要把肥料施到桑树根系分布最密集的土层中去，以利根系对肥料的吸收利用。根系密集层分布深度与树形养成有关，一般根系密集层的分布深度：低干桑为 20～30 cm，中干桑为 20～35 cm，高干桑为 40 cm 左右。

桑树根系的分布，还因树龄、栽植密度、品种、地下水位高低和土壤质地而不同。土壤施肥的位置应根据根系的分布范围而确定。幼树根系浅，分布范围小，应靠近桑树浅施；随着树龄的增大和根系的扩展延伸，施肥位置应逐年加深和扩展。一般当年栽植的桑树，施肥位置距桑株 17～34 cm，第二年距桑株 33～50 cm，第三年距桑株 50～70 cm。生产中可掌握在树冠垂直投射影的外缘处施肥。

不同种类的肥料在土壤中的移动性和肥效快慢不同，施肥深度也不应一样。如氮肥在土壤中移动性大，适当浅施也可以渗透到桑树根系分布的土层中去；钾肥和磷肥移动性差，宜深施到根系密集处。有机肥体积大、肥效慢，应深施；化肥体积小、肥效快，可适当浅施。

2. 施肥方法

（1）穴施。适用于高干桑及稀植桑。穴的大小、深浅，依肥料种类、施肥量及桑树的大小等而定。一般化肥、饼肥、人粪尿等，体积小，穴可开小些；厩肥、堆沤肥、绿肥等体积大，施肥穴也应大些。施肥后应立即覆土整平，以防养分挥发损失。

（2）沟施。一般适于成片密植桑园。行间密的，在中间开施肥沟；行间稀的，在离树干 40 cm 左右处开施肥沟。施肥沟的深度和宽度，依肥料种类和施肥量而定，施肥沟一般深 20～30 cm，开沟时应尽量减少对桑根的损伤。

不论穴施或沟施，一般桑园均可隔行进行，以节省劳力。每次开挖沟穴，须与上一次变换位置，以使桑树根系均衡发展。

（3）撒施。体积较大的厩肥、堆沤肥、泥肥等适于撒施，撒施一般结合桑园耕翻进行。

（4）叶面喷施。叶面喷施是补给桑树生理活性物质最为经济有效的方式，施用后效果明显。在桑树遭受干旱、水涝、晚霜、生长前期、夏伐留残叶或再生长时，根系的吸收机能较差或吸收机能受到影响，以及幼果膨大期采用叶面喷施效果较好。叶面喷施一般在傍晚进行，喷施部位最好是嫩叶的背面（枝条中上部叶片）；叶面施肥一般每 7～10 d 一次，连喷 2～3 次为宜。叶面喷施常用的肥料及其浓度：尿素 0.2%～0.5%，磷酸二氢钾 0.2%～0.3%，过磷酸钙 0.5%～1%，硫酸钾 0.3%，草木灰浸提液 1%；叶面宝、喷施宝、植宝素、丰产灵等（使用浓度参照产品说明书）。

三、水分管理

桑树的一切生命活动都离不开水，当土壤水分适当时，桑树才能正常生长。土壤水分不足时，桑树水分收支平衡失调，严重时就会引起桑树停止生长，甚至桑叶枯黄脱落，桑叶、桑葚减产，质量下降。土壤含水量在田间最大持水量的 70%～80%时桑树新梢生长正常；50%～60%时生长缓慢；50%以下生长停止；40%以下时，先是桑树新梢顶心脱落、停止生长，随着旱情逐渐加剧，老叶、嫩叶、最大光合叶渐次脱落。在我国很多地区降水量较少，且四季分布不均，仅靠天然降水难以保障桑园的优质高产。因此，加强桑园的水分管理，做好灌溉工作，是保证桑园优质、高产的一项重要措施。

（一）灌水时期

桑园灌水时期，应根据桑树不同生长发育阶段对水的需求、土壤含水量和当地的气候特点来确定。在桑树生长期间确定灌水适期的方法：

（1）可根据桑树新梢和叶片的形态、色泽来判断。如果发现新梢生长缓慢或出现止心现象，以及顶端 2～3 片嫩叶显著较小，颜色黄绿，但以下的叶片正常时，就应灌水。这种凭经验来确定灌溉适期的方法虽然比较简单，但是当桑树表现出缺水症状时，桑树的生长已受到一定程度的抑制。

（2）测定叶片含水量决定灌溉适期。一般枝条中上部的桑叶含水量均在 70%以上，测得叶片含水量在 70%以下时，即应灌水。

（3）适宜桑树生长的土壤含水量为田间持水量的 60%～80%，据此，定期测定桑园土壤含水量，当发现低于 60%时，应及时灌溉。

一般发芽开叶期的需水量较大，如果土壤水分不足，就会延迟发芽，降低发芽率并抑制芽叶生长。因此必须在发芽前灌 1 次水。另外，在整个春季还应灌水 2～3 次：桑树开叶 3 片时灌促长水；桑树旺盛生长前期灌转旺水。

夏秋季温度高，日照足，正直桑树旺盛生长阶段，是需肥、需水量最多的时期，如果水分供应不足，就会严重影响桑树生长，降低桑叶产量和质量。一般夏伐后 5～6 d，桑树发芽时灌第二次发芽水。一般雨季来临后不必再灌溉。秋季一般提倡 10 d 左右无有效降水就要灌溉。晚秋桑树生长缓慢，需水量较少，一般不必再灌溉。

冬季待桑树枝条木栓化后，桑园冬季管理结束，低温来临之前灌越冬水，以提高土壤的热容量，防止干冬对桑树造成危害。

另外，应注意炎热中午须禁止灌水；久旱不雨灌第一次水时一定要灌足灌透；灌水结合施肥更能

提高桑树抗旱能力，这一做法称为以肥济水；灌后及时松土保墒。

（二）灌水方法

1. 漫灌、沟灌　目前桑园多用漫灌，方法虽简单，但占地多、用水多，水的利用率低，仅为50%左右，而且灌后易造成土壤板结。近年来为节约用水，有些桑园采用暗沟灌水，节水效果较好，方法是各类灌沟均用瓷管或瓦铺设，在每一行间地头留出水口，干旱时开启出口灌水。

2. 喷灌　喷灌的主要优点是省水、省工、省地，能够改变桑园小气候，清洁桑叶，适于复杂地形灌水，可减轻地面径流，防止土壤板结及返盐。

3. 滴灌　滴灌的优点是省水，水的利用率高。设施可与电脑连接，按拟订最佳灌水方案，根据天气、土壤水分状况等进行自动控制灌水。缺点是滴头易堵塞。

4. 渗灌　与滴灌相似，土法渗灌是栽桑时在桑树根际处埋入瓦管或空心砖，接头处用水泥封好，与地边水泥地相连，水池的水可通过瓦管、空心砖渗入桑根处。该法投资少，方法简单实用。

（三）节水措施

近年来随着地膜应用的普及秸草过剩，桑园开始覆盖地膜和秸草。桑园盖草成本低，对土壤的保温保湿效果好，可以抑制杂草生长，减少桑树下部泥叶，同时可以防止行间土壤板结，秸草翻入土中还可变成有机肥，增强土壤肥力。

覆盖秸草的做法是一年 2 次，每公顷第一次盖草用秸草 11 250 kg 左右。第一次在春季（4 月中旬）桑园管理基本结束后，将秸草撒于行间，为防大风将秸草吹乱，可在秸草上撒些泥土。夏伐后将盖草翻入行间。第二次在 6 月中下旬覆盖，冬耕时将盖草翻入行间。为防秸草上的螨类危害养蚕，可在盖前或盖后对秸草打药。将草翻入土壤时应同时增施少量的速效氮肥，以降低碳氮比，提高肥效。

覆盖地膜，春季具有提高地温、保持土壤疏松湿润、防止养分流失、促进桑树提早发芽生长的作用。另外，还有的报道称，叶面喷洒药剂使气孔开张减少或关闭，或者形成一层不透水膜，可降低叶片蒸腾，达到抗旱节水的目的。用乙酰水杨酸（阿司匹林）做抗蒸腾剂，桑叶气孔显著减小，而对光合作用影响不大，对树体水分平衡有良好作用，在适当的浓度范围内，对蚕生长发育及体质无不良影响。

（四）排涝

桑园积水，既影响桑叶产量又影响叶质。积水后土壤中缺乏空气，根系呼吸困难，吸收作用受到抑制，特别是在雨过天晴后，桑树地上部的蒸腾作用加强，而根的吸水机能受限，桑树水分收支不平，会引起地上部落叶。由于桑根在缺氧条件下会产生乙醇、硫化氢、有机酸等有毒物质，对根系产生毒害作用，使根部腐烂变黑，以致死亡。桑树受水淹 1 d 后根尖开始萎缩；8 d 后叶色变黄，生长缓慢，细根逐渐腐烂；15 d 后新梢停止生长；30 d 后桑叶全部脱落，桑树逐渐死亡。水淹后及时排水，2 d 后即可有新根产生；14 d 后未脱落的黄叶会逐渐转绿，恢复生机。桑树受流水水淹，危害稍轻，因为流水含氧量稍多。但也要及时排除积水，并降低地下水位，才能确保桑树正常生长。

在新建桑园时，要做好规划，建好排灌设施，挖好排水沟，平时要加强检查，注意疏通沟渠。在地势低、地下水位较高的桑园，可每 1～2 行桑树做成一畦，畦面中间稍高、两边稍低，畦两边开挖浅沟，在桑园四周开挖深沟，遇水涝时，能及时排出桑园地面积水，并使地下水位下降。

第七节　整形修剪

栽培果桑必须将其培养成一定的树形，才能够多产桑葚，提高桑葚的质量。“整形”是根据果桑树的生物学特性、立地条件和栽培目的，按照人的意愿，整理成丰产树形。“修剪”是剪除果桑树上不必要的多余枝条。桑树修剪包括剪定、伐条、疏芽、摘心、剪梢、整枝、截干等，是增产桑葚、提高果质的重要措施。

一、树形的结构、种类和特点

（一）树形的基本结构

桑树各种树形都是由主干、各级支干、树冠三部分构成。由于主干高矮、支干级次的多少，树冠的位置固定与否，形成了所谓低干、中干、高干、拳式和无拳式等多种树型。

1. 主干 根颈部以上至第一级支干分枝处一段即为主干。其承受地上部的全部重量，抵抗风雨袭击，支持支干和树冠，连接根系与地上部的骨架，输送水分和养分，贮藏一部分营养物质。各类树形都有主干，只是高矮不同而已，中高干树形均要求有强壮的主干。

2. 各级支干 自主干第一级分枝处起至树冠基部的各级分支即为支干。树形种类不同，支干级次多少也不同，低干树形支干级次少，仅1～2级，高干树形支干可有多级。最上一层支干是生长枝条的部位，称为收获母枝或桑拳。树干的分层配置情况，要按株距大小、枝条开展情况而定。支干级次的多少，每级支干的数量和长短，各级支干的分枝角度大小，对树冠的高低、扩展的范围和枝叶的多少起决定作用。

3. 树冠 树冠着生于最上一级支干，由枝、梢、叶组成，是桑树具有生产能力的主要部分。枝条的粗细、长短、多少、着生状态和稀密程度，对树冠内部的光照、气流状况及植株光合能力有直接影响。

因剪伐采收方式不同，植株上树冠位置有固定不变和不断升高两种方式，前者称为拳式树形，后者称为无拳式树形。

（二）树形的种类和特点

桑树树形因主干高度、支干级次和树冠位置不同，分为高、中、低干拳式树形，高、中、低干无拳式树形，乔木桑、矮干桑等几种。

1. 高干桑 这种树形主干高度在1.5 m以上，支干级数在4～5级，所以，植株高大，树冠开展，根系深广，树势强健，枝叶繁茂，单株产葚量高，盛产期较长。但高干桑叶形小，培养树形所需时间较长，技术较复杂，采摘管理不方便，单株占地面积大，分散栽植时可采用此种树形。

2. 低干桑 这种树形主干高度在30 cm以下，支干级数仅1～2级，所以，植株矮小，树冠紧凑，培养树形所需时间短，技术简单，采摘管理方便，适于密植，单位面积产量高。但低干桑根系短浅，树势易衰败，树龄和盛产期短，管理上水肥需要量大，土壤肥沃，成片种植时采用此种树形。

3. 中干桑 这种树形主干高度在60 cm左右，支干级数2～3级，其特点介于两者之间，无论分散栽植或成片栽桑均适宜。

4. 乔木桑和矮干桑

（1）乔木桑。乔木桑比高干桑的主干还高，多在2 m以上，支干级次也多，有些乔木桑大树可人工培育出高大笔直的中心主干，乔木桑的特点与高干桑大体一致。

（2）矮干桑。矮干或称无干，即主干高度仅10 cm左右，甚至随耕作管理而全部埋入土中，地面上不见主干，这种植株也无所谓支干，主干上、甚至地面上直接长出枝条。广东珠江三角洲塘、基栽桑，高度密植，多用矮干桑。无干密植只适用于气候温和、光照充足、雨量充沛、土质肥沃、桑树生长期长的特定地区，宜慎重采用。

二、基本树形的培养方法

桑树的树形种类虽多，常用的不过高、中、低干和拳式、无拳式几种基本树形。基本树形中，其树形结构也不外乎由主干、各级支干和树冠三者结合而成，要培育出各种需要的树形，需要注意三者的异同。

（一）主干培育

各种树形都要求有健壮的主干。要培育成合乎要求的主干，首要的是栽植粗壮结实的壮苗，中、高干树形尤其应重视。即使是低干桑，主干矮，也不能用小苗。壮苗栽植是树形培养的基础。

桑苗栽植后，在早春桑树发芽前，按树形的要求，在预定部位处剪去苗干，称为定干，留下的一段苗干，经培育即成为主干。留干的高度，视树形要求而定，低干留 30 cm 以下，中干留60～70 cm，高干留 1 m 以上。苗木高度达不到留干要求的，应自根颈部以上 10～12 cm 处剪去苗干，发芽后选留一壮芽向上生长，将其重新培育成主干，其余多发的芽，及时剪除，保证养分集中供应新干。

乔木桑树形虽不限制主干高度，但应注意控制主干上的支干分枝部位和数量，使主干相当高度以上的侧芽萌发抽枝，萌发侧芽间保持适当距离。

各类基本树形定干以后，顶部按适当距离留 2～3 个侧芽萌发抽枝，其余萌发芽应立即删除，使养分集中供应主干和所留新枝生长，促使干、枝健壮。

（二）支干培育

定干以后，主干顶部留 2～3 个位置适当的侧芽萌发抽枝，并控制其伸延方向，使其向四周均匀扩展，加强水肥管理，让主干和新枝生长良好，成为培育支干的基础。第一次分枝经一年的生长，冬季休眠落叶后，植株即形成一个主干，其上具有 2～3 个枝条。第二年春季发芽前，将这 2～3 个枝条按树形需要的长度剪去枝梢，留下的一段即成为第一级支干。

第一级支干的数量常为 2～3 个，其长度视树形而定，低干树形一级支干留 20 cm 左右，中干树形留 50 cm 左右，高干树形留 60 cm 左右。开春后一级支干上端侧芽萌发抽枝，每个支干上仍选留 2～3个位置适当的新枝生长，多余的及时删除，注意培育管理。

第三年春季发芽前，将一级支干上的枝条按树形需要剪去枝梢，留下的一段即成为第二级支干。这一级支干的长度一般应比第一级支干短。开春以后，二级支干上端侧芽萌发，每个二级支干上又选留 2～3 个位置适当的新枝，任其生长，其余的立即删除，注意培护管理。到冬季落叶休眠时，植株即已具备 1 个主干，2～3 个一级支干，4～6 个二级支干，10 多根枝条，这 10 多根枝条即成为培育第三级支干的基础。

以此类推，每生长一年，即可培育成一级支干。

低干树形仅具 1～2 级支干，1～2 年即可培育成标准的低干树形。中干树形具有 2～3 级支干，树形培育需要用 2～3 年时间。高干树形有 4～5 级支干，树形培育需要用 4～5 年。如水肥充足，管理良好，枝条长势旺盛，在一个生长周期内可以用摘心法促使枝条当年分枝，多形成一级支干，即一年中培育两级支干而节省一年的育干时间，高干树形培育时可采用此法。相反，缺水少肥，管理不善，枝条生长细弱，达不到育干的要求，就要剪去弱枝，重新育干，多用一年的育干时间。

各种树形各级支干的数量、长短和分枝角度大小，对树形结构、树冠开展、枝叶多少和分布均匀程度有决定作用。下级支干长，分枝角度大的，树冠开展，上级支干数量多的，枝叶数量多，分布均匀。相反的下级支干短，分枝角度小的，树冠紧凑，枝叶伸展不开，树冠内部光照通气条件不良。中高干树形对此应加以注意。

（三）树冠形成

支干培育完成后，在最上一级支干上长出的枝条和叶片即构成各类树形的树冠。至此，树形培养即告完成，该植株即可大量产果和采叶，投入生产。拳式树形养成投产后，每年剪伐时从枝条基部下剪，由潜伏芽发生新枝，树冠位置固定不变，支干级次不增加，所以树形整齐，管理方便。无拳式树形养成投产后，每年剪伐时在枝条基部留 10～20 cm 一段，其余剪除，由所留侧芽抽枝展叶，树冠位置即不断升高，支干级次实际上也不断增多，处理不好，树形容易紊乱。常见低干树形的培养过程如图 66－7 所示。

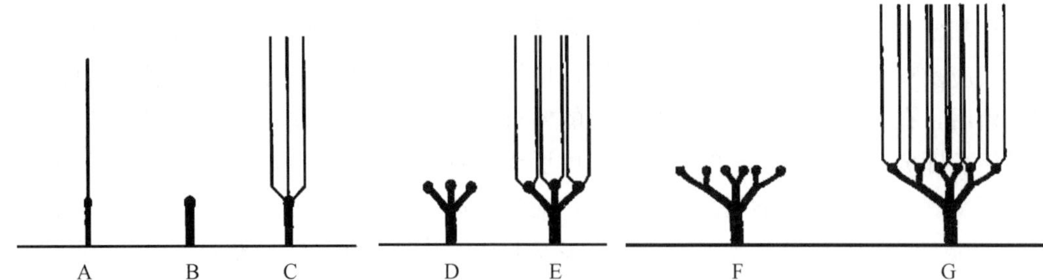

图 66-7　低干果桑树形养成过程示意

A. 栽植时果桑　B. 栽后定干（30 cm 左右）　C. 当年生长情况　D. 第二年春季培养第一层支干（支干长 25 cm 左右）　E. 第二年生长情况　F. 第三年培养第二层支干（支干长 20 cm 左右）　G. 第三年生长情况

（四）培养树形时的注意事项

1. 剪条定干时间　培育主干和各级支干时，应在早春发芽前剪条定干，剪条过早，易遭冻害，所留主、支干不易达到预定长度；剪条过晚，冬芽已萌发抽枝，多消耗贮藏营养物质，适时剪伐，使新抽枝条有较长的生长时间，积累较多的养分，形成健壮的有干基础。

2. 剪定部位和技术　剪条时应在预定部位处的节部侧芽上方动剪，剪口平整，不破皮，不伤芽，不留桩，伤口才容易愈合，防止髓部腐烂空心。

3. 注意品种特性　必须根据品种特性、耐剪伐程度选择培养适宜的树形。发条力强、潜伏芽多的品种，能经受强度剪伐，可培养成各种拳式树形；而发条力弱的品种，不耐剪伐，剪伐后抽不出多少好的枝叶，这类品种就应养成高干无拳式树形或乔木桑。

4. 加强培育管理，防止过度采叶、产果　养形期间是植株建造躯干、发展根系、充实树体、打好基础的关键时期，除了应加强培肥管理外，应做到不产果、少产果、不采叶或少采晚采，特别是培养主干和一级支干时不能产果采叶，使植株发展根系，长好骨架，否则后果严重。

三、修剪时期和方法

果桑树的整形修剪时期一般都在休眠期和生长期进行。在休眠期进行的称为冬季修剪，在生长期进行的称为夏季修剪。

（一）冬季修剪

1. 春伐　春伐在桑树休眠期进行，有显著的复壮功能。桑树在培养树型时，多采用春伐；对因采伐过度、培肥不善而引起的未老先衰桑树，也多采用春伐进行复壮。春伐的缺陷是当年春季无桑葚产量，也无叶养蚕。

春伐应在树液流动之前进行。剪伐时，先将衰老的支干截掉，细弱枝齐拳修去，再将壮条从基部3～5 cm 处剪伐。发芽后，结合春蚕用叶进行疏芽。伐条时，首先要选好剪口芽，然后在剪口芽的上方近 1 cm 处斜剪成斜面。剪削面力求不劈裂，呈马蹄形。选择的剪口芽要向外、向上生长，以利树冠开展，枝条着生整齐，减少下垂枝。剪伐要做到“三平”，即株内平、株间平、行间平，剪伐后确保桑园平整，基本在一个水平高度。剪伐时要掌握高者适当压低、低者适当提高，密处抽、稀处补的原则。

2. 整枝　整枝又称整株，是在桑树休眠期间，修去死拳、枯桩、干枝、病虫枝及细弱、下垂枝等。整枝可以使树形整齐，养分集中，通风透光，对增强树势、减少病虫害有一定作用。整枝整修的切口要力求平滑，以利愈合；修剪部位应靠近分杈处，以利愈合及潜伏芽萌发；修下来的枯死枝条不要遗留在桑园内，也不要在桑园附近长期堆，要在病虫活动前烧掉。

3. 剪梢　剪梢是在桑树休眠期或结合晚秋收叶将枝条上部剪去。通过剪梢能使营养相对集中，

春季发芽率提高。同时，剪梢也能减轻冻害、桑疫病、芽枯病及菱纹叶蝉危害。可以通过修剪的程度不同来调节桑葚与桑叶生产量的比例。轻度剪梢可以保证桑葚的产量，在晚秋或冬季将枝条顶端10～20 cm不充实的梢端剪除，保留足够的结果枝和控制顶端优势，促使其多产果；采取重度剪梢，可以促进新梢生长，提高产叶量，降低桑葚产量。剪梢也可在晚秋进行，剪去未木栓化的嫩绿部分。剪梢后，每条顶部应保留3～4片叶，以免腋芽秋发，消耗营养，同时还能制造营养，增加树体养分积累。

（二）夏季修剪

1. 夏伐　夏伐是指在春壮蚕期对树形养成后的成林桑园，结合收获桑叶进行的一次剪伐。夏伐是保持正常树形的要求，也是目前生产中的主要修剪方法。由于夏伐是在春季桑树旺盛生长期间进行，对桑树影响大，会造成桑树光合作用中断，生理作用失调，必须注意合理剪伐，减轻影响。拳式养成的，从枝条基部1～2 cm剪伐；无拳式养成的，从枝条基部10 cm左右处剪伐。对于细弱条和密处不当条，伐条时要在近定拳处剪伐，以便补拳均衡树势，增加发条数。无拳式养成及提高剪伐的枝条，要在剪口芽上方1 cm处剪伐。发芽后，结合夏蚕用叶进行疏芽。夏伐最好选择在晴天进行，以利伤口愈合，减少伤流，减轻某些病害的发生。夏伐要及时，可以在采摘完桑葚后立即进行，也可结合养蚕，随采叶随伐条，采完伐完，以利提早发芽。

2. 疏芽　疏芽是在春伐和夏伐后，将收获母枝上长出的新芽进行适当疏除。根据树势、品种、土壤及肥水等情况，人为地调节桑树生长，合理控制有效条数。适当疏芽，能使养分集中，枝条分布均匀，充分利用空间，通风透光，枝条健壮整齐。近年提倡结合收夏叶一次性疏芽，能提高夏叶产量。疏芽时掌握“密处多疏，稀处少疏，去弱留强”的原则，可将长势弱的细弱枝、下垂枝、止心条、过密条从基部剪掉，留芽密度以当时新梢间互不相挤为宜；对过旺条进行摘心，抑制生长，均衡树势，尽快形成丰产群体。留芽多少与品种、剪伐方法及培肥情况有关。枝条粗长弯曲，单位面积留芽数可偏少，枝条细直，留芽应偏多。夏伐后一般每667 m^2 留芽数为7 000左右为宜。

3. 摘心　摘心的目的是控制营养生长，抑制新梢徒长，促进开花坐果，促使桑果提早成熟，并有改善桑果品质的作用。摘心一般在新梢上长到6～7叶时即可进行，摘去梢条上生长芽的燕口状的嫩心。

4. 采叶　果用桑园，以果为主，在保证桑树正常生长的前提下适量采叶。春蚕期，尽量不采结果枝条上的叶片，可以在桑果成熟期，结合夏伐将桑叶采完。秋蚕期采叶每根枝条应留上部8～10片叶不采，促使枝条充实，保证正常枝条中下部花芽充实饱满，以利来年桑果丰产。

四、不良树形及改造技术

树形杂乱，难以使桑园形成丰产群体，是各地桑园低产的重要原因，而修剪上存在的许多问题，又是形成种种不良树形的根源。修剪中常见的问题：不重视修剪，对桑树乱砍滥伐，致使树形杂乱，难以形成丰产群体；为了追求当时的效益，对桑树只用不养，使桑树未老先衰，产量逐年下降。

（一）树势不均衡

1. 主要特点　支干稀密不匀，枝条密度、长短悬殊。

2. 改造技术　剪伐时抽掉过密支干；春、夏伐时，将弱拳或病虫害拳重新在支干中下部伐掉，让其强发旺条，次年对旺条剪伐、疏芽，逐步培养成新拳；如果原拳附近有旺条，可直接剪伐，培养成拳，将老拳去掉。注意新拳要适当少留枝条，使枝条粗壮，增强拳体。压高提低，对支干长短不一的类型，在剪伐时可根据全园情况，将高者适当压低，低者适当提高，达到最末一级支干基本相平。剪伐时使剪口芽分向四方，加强伐条后的疏芽工作，以确保枝条匀整，稀密得当。加强对桑天牛等食干害虫的防治工作，以免造成死干、死拳，影响树形。

（二）枝条稀少

1. 主要特点　拳少条少，枝条粗壮而长，或发条少而不旺，形似乌龟爪或鸡爪子。

2. 改造技术 前者的改造技术是伐条时要稍提高剪伐，一般在枝条基部 3～5 cm 处剪伐为宜；疏芽时，对密度小、培肥管理好的桑园注意适当多留芽；对没有养好支干的，要采用春伐、夏季摘心等措施，快速培养支干；桑拳过少的，可将支干中下部生出的壮条提高剪伐，培养成新拳。培拳时要注意位置适当，各拳相平。后者的改造技术是应加强肥水管理，注意合理用叶。严格夏伐技术，疏芽时注意多留芽；因株形过高而引起树势不旺的，要实行春伐降干；树干已坏或品种不良时，可用更新换种，同时加强肥培管理。

（三）树冠紊乱

1. 主要特点 树冠内紊乱，枝条长短悬殊，无效枝多，枯桩干枝也多，形似乞丐蓬头。

2. 改造技术 应严格剪伐技术，防止剪伐忽高忽低及劈裂现象；加强疏芽工作，掌握留强去弱、留芽均匀、壮拳少留的原则；加强冬季整枝工作，将枯桩、干枝、病虫枝、细弱枝、下垂枝等一切无效枝彻底清除；加强肥培管理，促进桑树旺长。对过旺条，在 6～7 月打顶抑制强势，促进弱条生长，使枝条匀整齐一。夏秋蚕期对强条多采叶，对弱条少采或不采叶，平衡长势。

（四）高矮并立、壮弱相邻

1. 主要特点 高矮并立是指邻株枝干高矮悬殊，强弱不一。壮弱相邻是指邻株生长势相差很大，强弱显著。

2. 改造技术 剪伐时，高者应适当降低支干或主干，注意留下部枝条培养支干。低者要适当提高剪伐，逐渐缩小树干高低差距；对弱者实行春伐复壮，增施“偏心”肥，伐后少用叶，控制花果；树干过高的，早春可进行降干剪伐。

五、桑树的复壮修剪

对衰老的桑树，特别是未老先衰的桑树，采用春伐复壮效果显著。对一般桑园，应改变年年夏伐的习惯，根据实际情况，采用一年春伐几年夏伐的办法，养用结合，以防桑树早衰。对因采伐过重、桑拳衰老而引起发条数少，或因干低发条少的桑树，可用提高夏伐的方法来恢复树势。夏伐时，先将细条从基部剪掉，再将粗壮而分布均匀枝条提高到 15 cm 以上夏伐，以后年年在此高度剪伐，形成拳上留拳。这样能使发条数明显增多，产量会迅速提高。提早与提高夏伐一起运用，效果会更好。

由于长期采伐过重，引起桑株个别支干、桑拳衰老枯死，或因遭病虫危害而出现缺拳时，可及时采用补拳增条法补救，以维护树形完整。在夏伐或春伐时，将树干下部发出的枝条在近拳高处剪伐，以后年年在此剪伐，养成新拳。

桑树因年年剪伐，会使树形逐渐增高，支干衰弱，生长不旺。如果支干衰败，主干良好，可以采用截干更新法复壮。在春季树液流动前，于支干分杈上方截干，促使潜伏芽萌发生长，重新养成支干，培养新拳。

第八节　病虫害防治

果桑病虫害防治必须采用“预防为主、综合防治”的方针，根据病虫害的发生规律，及时采取有效措施进行防治，以控制病虫危害，确保果桑园丰产丰收。目前，我国已发现桑树病害有 100 多种，其中危害成灾的有 30 余种。现将果桑主要病害介绍如下：

一、主要病害及其防治

（一）桑萎缩病

桑萎缩病是为害桑树全株的病害之一，又称为隆桑、惊桑。桑萎缩病有黄化型、萎缩型和花叶型 3 种。

1. 病原　黄化型萎缩病和萎缩型萎缩病病原为植原体（Phytoplasma），花叶型萎缩病病原为一种线状病毒（*Mulberry mosaic virus*）。

2. 发病规律　桑萎缩病病原在树体内越冬。黄化型萎缩病和萎缩型萎缩病通过嫁接传染和媒介昆虫——拟菱纹叶蝉和凹缘菱纹叶蝉传播。树体和苗木通过昆虫介体感染后，潜育期为 20～300 d 不等，夏季和早秋感染可当年发病，果桑树枝梢端首先出现症状，第二年夏伐发芽后病势加重；中、晚秋感染后次年发病。花叶型萎缩病主要通过病苗、带毒接穗和砧木传播。本病在气温 20～28 ℃时呈显症，温度高于 30 ℃时为隐症，症状逐渐消失，暂时恢复正常。偏施氮肥、夏伐过迟、修剪过度、多湿地区及地下水位高的果桑园发病较重。

3. 为害症状

（1）黄化型萎缩病。初期枝条顶端的叶片变小、变薄，叶缘卷向叶背，叶黄化。严重时侧枝细小丛生，呈扫帚状，节间短，叶形小，呈塔状。病株经 2～3 年枯死。

（2）萎缩型萎缩病。初期节间缩短，叶形缩小，叶面皱缩，叶色发黄，叶质粗硬。随病情加重枝条细短，叶片更小，叶脉变褐，逐渐死亡。

（3）花叶型萎缩病。初期叶片出现淡绿色或黄绿色斑状，形成黄绿相间的花叶，叶形不正，叶缘向上卷缩，叶背面叶脉上有小瘤状或棘状突起。病枝纤细，节间缩短。严重时叶脉变褐，腋芽早发，侧枝丛生，病枝逐渐死亡。

4. 防治方法

（1）农业防治。① 及时挖除病株并立即烧毁。② 加强苗木检疫。禁止果桑病区苗木、接穗和砧木调运到无病区，防止扩散蔓延。

（2）化学防治。① 防治消灭介体昆虫。桑菱纹叶蝉若虫孵化期用 80%敌敌畏乳剂 1 500 倍液喷杀桑菱纹叶蝉若虫，夏伐后发芽前用 90%敌百虫 3 000 倍液喷洒树干和残叶。7～8 月用 40%乐果乳剂 1 500 倍液防治菱纹叶蝉和桑蓟马。② 黄化型和萎缩型病可用土霉素 2 000 单位溶液浸根 3 h，防止发病；花叶型病树可用硫脲嘧啶 100 单位在夏伐后展叶初期喷布 2 次，每隔 10 d 喷一次，大多数病树可康复。

（二）桑菌核病

桑菌核病是一种由真菌引起的果部病害，俗称桑白果病。全国各产区均有发生，病果无商品和食用价值，严重影响果品产量和质量。

1. 病原　菌核病主要有 3 种病原：桑葚肥大性菌核病、桑葚缩小性菌核病和桑葚小粒性菌核病。桑葚肥大性菌核病病菌［*Ciboria shiraiana*（P. henn.）Whetzel］又称白杯盘菌，属子囊菌亚门真菌。分生孢子梗丛生，基部粗顶端细小，上生分生孢子。分生孢子单胞，卵形，无色。菌核萌发产生 1～5 个子囊盘，子囊盘呈盘状，盘内生子囊，侧丝细长，内有子囊孢子，子囊孢子椭圆形，无色，单胞，隔膜 1～2 个。桑葚缩小性菌核病病菌［*Mitrula shiraiana*（P. Henn）Ito et Lmai］称白井地杖菌，属子囊菌亚门真菌。分生孢子梗细丝状，具分枝，端生卵形至椭圆形分生孢子，单胞，无色。从菌核上产生子实体，单生或丛生。子实体有长柄，柄部扁平，有的稍扭曲，灰褐色，生有绵毛。子实体头部长椭圆形，具数条纵向排列稻纹，浅褐色，子囊生在头部外侧子实层里，子囊盘呈牵牛花头状，内生子囊孢子。子囊孢子单胞，无色，椭圆形。桑葚小粒性菌核病病菌［*Ciboria carunculoides*（Siegler et Jankins）Whetz. et Wolf］，称肉阜状杯盘菌，属子囊菌亚门真菌。分生孢子近球形。子囊盘杯状，长柄。子囊圆筒形，内生子囊孢子。子囊孢子肾形，有半球形小体附着。侧丝有分枝，有隔或无隔。

2. 发病规律　本病病原是以掉在桑树基部周围地上的白桑果腐烂后，以菌核在土壤中越冬。翌年桑花开放时，若条件适宜，菌核萌发长出菌丝，产生子囊盘，盘内子实体上生子囊释放出子囊孢子，借气流传播到雌花上，菌丝侵入子房内形成分生孢子梗和分生孢子，最后菌丝形成菌核，菌核随桑葚落入土中越冬。

3. 为害症状 桑葚肥大性菌核病，受害桑果肥大，其葚小粒的花被及子房膨大，病果呈现乳白色或灰白色，捻破后可闻到带酒精味腐烂臭气，病果中心有一块黑色干硬的大菌核。桑葚缩小性菌核病为害后，桑果呈现灰白色，质地坚硬，表面有细皱纹，分布暗褐色小斑点，病果中心有黑色坚硬的菌核。桑果小粒性菌核病桑果染病后，花被和子房显著膨大，花被尖紫红或青红，近柱头呈现"白嘴"，经 5 d 左右桑果内充满菌丝、菌核及腐败的果肉、果汁，使桑果变为肥胖的白葚，桑果汁变成一种黏稠而灰白色的液汁，并产生一种腥气。桑葚小粒性菌核病能引起断梢病的发生。

4. 防治方法

（1）农业防治。①开沟降湿。园内外沟系畅通，做到雨停田干、无积水，降低田间湿度，减少病菌繁殖机会。②加强桑园管理。注意翻耕清园，剪枝增光，在果桑开花前，用地膜满园覆盖。③摘除病果，切断病源。发现有病果（白果）出现时，及时将其摘除，并收集拿出桑园，异地烧毁或深埋。

（2）化学防治。桑果初花期至盛花期，用 70%甲基硫菌灵 1 000 倍液或 50%多菌灵可湿性粉剂 600～1 000 倍液喷雾预防，每隔 7 d 喷一次，连续防治 2～3 次，在采果前 15～20 d 停用，确保桑果绿色安全。对已发病的果桑每 4 d 用药一次，直至少量桑果由青变红时停喷。

（三）桑芽枯病

桑芽枯病在我国许多产区均有发生。被害果桑树轻者部分枝梢枯死，重者全株死亡。

1. 病原 最常见种为桑生浆果赤霉菌［*Gibberelu bacata*（Walr.）Sacc. var. *moricola*（de Not.）Wolenw.］，属子囊菌亚门核菌纲球壳目肉座菌科赤霉属。

2. 发病规律 病菌以子囊孢子或分生孢子在枝条上或菌丝在病斑处越冬。春季产生分生孢子，从风雨、昆虫造成的伤口侵染为害，再产生分生孢子引起多次重复感染。一般夏季和早秋气温高，果桑愈伤组织分裂旺盛，伤口容易愈合，孢子侵入后，迅速被愈伤组织包围而不能向深层侵染。以后随愈伤组织分裂能力减弱，病菌侵入容易。

3. 为害症状 果桑发芽前后，患病枝中上部各芽附近形成油渍状暗褐色的下陷病斑，以后逐步扩大，并在病部表面密生橙红色的小粒，即分生孢子座。几个小病斑连成一个大病斑，病斑包围枝条时，则病斑以上的枝条枯死。病部皮层易与木质部剥离，产生酒精气味。

4. 防治方法

（1）农业防治。①及时剪除病枝烧毁。②加强管理，增强树势，提高抗病性。③采叶时提倡留叶柄，减少枝条伤口。

（2）化学防治。冬季修剪后，用 4～5 波美度石硫合剂进行树干消毒，杀死越冬孢子。

（四）桑疫病

桑疫病又称桑细菌病、桑细菌性黑枯病、烂头病等。本病为害果桑枝叶。全国各主要蚕桑区均有发生。被害果桑树叶片枯黄、卷曲皱缩，严重时新梢大多枯死。

1. 病原 桑疫病病原菌（*Pseudontonas syringae* pv. *mori* Van Hal.）属裂殖菌纲假单胞杆菌目假单胞杆菌科假单胞杆菌属。

2. 发病规律 病原细菌主要在病枝、土壤和未腐烂的残枝落叶上越冬，成为次年初次侵染源。带病的苗木、接穗可远距离传播本病。在适宜的温度、湿度条件下病斑部溢出菌脓，通过风雨及枝叶接触等不断引起再侵染。多风雨的气象条件有利于病原菌传播、浸入。地势低洼、地下水位高的果桑园易发病。

3. 为害症状 本病分为黑枯型和缩叶型 2 种病型。黑枯型疫病病菌从气孔进入叶片后，叶片产生点发性病斑；通过叶柄、叶脉浸入时，由于叶脉的限制，形成多角形病斑；常连成一片，叶片变黄脱落；病菌从嫩梢浸入时，嫩梢和嫩叶变黑腐烂；病菌浸入枝条表皮，木栓层组织枝条表皮出现稍隆起、粗细不等的黑褐色纵列点条状斑。缩叶型疫病病菌叶片感病初期出现近圆形褐色斑点，周围稍退绿，病斑后期穿孔，叶缘变褐，叶片腐烂；叶脉受害时变渴，叶片向背而卷曲呈缩叶状，易脱落；新梢受害时出现黑色龟裂状梭形大病斑，顶芽变黑枯萎，下部腋芽秋发成新梢。

4. 防治方法

（1）农业防治。①冬季修剪时剪去病梢，集中烧毁。②春季发芽及夏伐后为发病季节，应及时剪去病芽、病枝。③采果、剪枝时不撕破树皮，避免从伤口侵入传染。④加强果桑园管理，降低地下水位，合理修剪，改善树体通风透光条件，不偏施氮肥，防止果桑树徒长。

（2）化学防治。发病早期，用 300～500 单位土霉素或 100 单位农用链霉素或 15%链霉素与 1.5%土霉素混合液的 500 倍液，用喷雾法对嫩梢叶进行防治，隔 7～10 d 再喷一次，连喷几次可控制病情扩展。

（五）桑紫纹羽病

桑紫纹羽病是一种为害果桑树根部的真菌病害，全国各产区均有发生。感病植株不能发芽或者发芽差，高温下芽叶很快凋落，全株枯死，严重时成片死亡。

1. 病原 桑紫纹羽病菌（*Helicobasidiuna nionapa* Tanaka）属担子菌亚门层菌纲木耳目木耳科卷担菌属真菌。本病的菌丝有 2 种，侵入皮层的称营养菌丝，寄生于根部表面的称生殖菌丝。此病除寄生果桑树外，还可为害苹果、梨、茶等多种果树、林木、蔬菜和经济作物。

2. 发病规律 以菌丝束和菌丝核在土壤中越冬、越夏。可在土壤中存活 3～5 年。当环境适宜时便产生营养菌丝侵入桑根。主要以带病的苗木及流水、农具接触传播扩散，地势低洼、排水不良、桑苗连作地等易诱发此病。

3. 为害症状 此病病原菌侵入果桑根部。发病初期，根皮失去光泽，逐渐变成黑褐色。严重时表层腐烂，皮层与木质部易脱离。桑根的表面缠有紫色的根状菌索，以后在露出地面的树干基部及土面集成一层紫红色的绒状菌膜，于 5～6 月生出子实层。在腐朽的根部除菌索外，还生有紫红色菌核。受害植株树势衰弱，叶形变小，叶色变黄，生长缓慢，病情加重后全株死亡。

4. 防治方法

（1）加强苗木检疫。对带菌苗木用 0.3%有效氯漂白粉液浸 30 min，或用 25%多菌灵 500 倍液浸根 30 min，可彻底杀死根部的病菌。

（2）轮作。发病严重的果桑园、苗圃，彻底挖除病株，拣净病根，集中烧毁，改种水稻、小麦、玉米等禾本科作物，轮作期 4～5 年。

（3）土壤消毒。可用 1%的甲醛消毒，消毒后用薄膜覆盖土壤，可提高消毒效果。

（4）加强果桑园肥水管理。低洼果桑园及时排水。酸性较高的土壤每 677 m^2 施石灰 125～150 kg，可降低土壤酸性，对土壤有消毒作用。腐熟的有机肥和石灰氮（每 667 m^2施用 70 kg 石灰氮）混合施入，可杀死病原菌并增加土壤肥力。

（六）桑褐斑病

桑褐斑病是一种由真菌引起的叶部病害，全国各产区均有发生，又称焦斑病、烂叶病。病叶枯萎、脱落、腐烂，严重时影响桑葚的产量和质量。

1. 病原 桑褐斑病菌（*Septogloeum mori* Briosi et Cavara）属半知菌亚门腔孢纲黑盘孢目黑盘孢科粘隔孢属。

2. 发病规律 病菌以分生孢子和分生孢子盘在枝条和脱落的病叶上越冬。第二年春季分生孢子通过风雨或昆虫传播到嫩叶上，引起初次感染。本病潜育期一般为 10 d，出现病斑后再经 4～5 d 形成大量的分生孢子，不断引起再次浸染，扩大危害。其发病时间长，从 4 月末到落叶均可发生，以春季和嫩叶发病较多，高温、多湿发病严重。长时间阴雨，日照不足，地下水位高，栽植过密，偏施氮肥，均易诱发此病。

3. 为害症状 嫩桑叶易发病。发病初期病斑呈褐色、水渍状、芝麻大小的斑点，后逐渐扩大呈近圆形，或因叶脉限制呈多角形。病斑轮廓明显，边缘为暗褐色，其上环生白色或微红色的粉质块状的分生孢子，分生孢子经雨水冲落后露出黑褐色的小疹状分生孢子盘。病斑周围稍退绿变黄，同一病斑可发生在叶片正背两面，病斑吸水后易腐烂穿孔，病情严重时病斑互相连接，叶片枯黄易脱落。

4. 防治方法

（1）农业防治。①清除病原。落叶后收集病叶烧毁，深埋或作为堆肥。②选择应用抗病品种。③加强果桑园管理。开沟排水，改造低湿果桑园。合理修剪留枝，保持通风透光，增施有机肥提高果桑树抗病能力。

（2）化学防治。①发病期用50%多菌灵可湿性粉剂1 000～1 500倍液（加0.2%～0.5%洗衣粉）或70%硫菌灵可湿性粉剂1 500倍液喷洒，相隔10～15 d再喷一次，效果更好。②夏伐后，用4～5波美度石硫合剂或25%多菌灵800倍液进行树体消毒。

（七）桑赤锈病

桑赤锈病又名金桑、金叶、黄疸、赤粉病，是一种为害果桑树芽、叶及嫩梢的真菌性病害。全国均有分布。

1. 病原 桑赤锈病菌［*Aecidium mori*（Bard.）Diet］属担子菌亚门冬孢菌纲锈菌目半知锈菌科锈孢锈菌属。

2. 发病规律 病原真菌以菌丝体在果桑树枝条内越冬。次年随芽叶的生长形成锈子器，产生锈孢子，随风雨传播。一般在春、夏初次侵染发病，病斑上形成锈孢子飞散到新梢、叶片和花萁上引起再次侵染。当气温在28 ℃以下，相对湿度在80%以上时，随温度、湿度的增加而发病加重。在温度高于30 ℃，相对湿度低于80%时，发病率下降。低洼多湿、通风不良、枝叶过密的果桑园易发此病。

3. 为害症状 病原菌侵入幼芽、嫩叶、新梢和花萁等绿色组织而发病后，病患处肥肿弯曲，产生黄色病斑，停止生长，变焦脱落。叶片受害后，病叶正反两面产生圆形病斑，叶面为散发性点状病斑，叶背面多沿叶脉蔓延，呈网状病斑。新梢上的病斑初为黄色椭圆形，后老化变为暗褐色坏死斑、凹陷，病斑木质部变黑、易折损和枯梢。病斑初时为带有光泽透绿的小圆点，以后逐渐扩大隆起如小泡状（青泡），后变黄，突破表皮，产生橙黄色病斑（黄泡），散发出橙黄色粉状物（锈孢子）后，变为焦褐色（焦泡）。

4. 防治方法

（1）农业防治。①人工摘除病芽、病叶、病枝集中烧毁。在果桑树芽脱落到展叶期，锈孢子成熟飞散前经常巡视果桑园，发现病芽及时摘除烧毁，每7～8 d巡视一次，直至不再出现病芽为止，此法防治效果达80%。②夏伐可消除部分病原，防止再次感染。

（2）化学防治。用25%三唑酮1 000倍液，或60%代森锌可湿性粉剂400倍液喷洒桑芽，防治效果可达80%～90%。本病流行时，可用1%有效氯漂白粉液或0.5波美度石硫合剂喷洒枝条，进行树体消毒。

（八）桑青枯病

桑青枯病又称桑细菌性青枯病、桑细菌性枯萎病，俗称“瘟桑”“青枯”。主要分布于广东、广西等地。

1. 病原 桑青枯病病原细菌［*Pseudomonas solanacearum*（Smith）］属裂殖菌纲假单胞杆菌目假单胞杆菌科假单胞杆菌属，是一种短杆状细菌，无芽孢、无荚膜，两端圆，极生鞭毛圆，鞭毛1至数根，大小为0.8～1.9 μm。

2. 发病规律 病原细菌在土中及病株残骸中越冬，能营腐生生活。病菌通过伤口、虫口侵入根部组织，也能通过茎部伤口入侵植株。本病在高温多湿的季节发病较多，7～9月为发病高峰期；低洼积水桑地发病重，传播迅速；一般发病时，往往形成发病中心，再由发病中心向四周扩散。

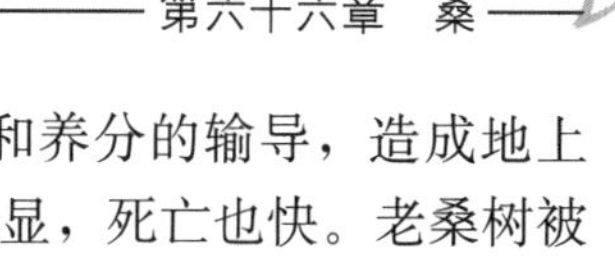

3. 为害症状　本病是典型的维管束病害，病菌从桑根入侵，影响水分和养分的输导，造成地上部叶片和新梢萎凋下垂。在感病桑苗和幼龄桑树上发病速度快，青枯症状明显，死亡也快。老桑树被害后发病较慢，先在上、中部叶片的叶尖、叶缘呈失水青枯，变褐干枯，逐渐扩展到全叶、全株，最后死亡。拔起病株，剥开根皮层可见木质部有褐色条纹，随病情发展向上延伸，严重的木质部全部变黑、变褐。根部的皮层初发病时仍正常，久后则腐烂脱离。

4. 防治方法

（1）实行检疫、封锁病区，严格控制病区的扩展。苗木实行检疫，不调进、调出病苗；新桑园如发现此病，要马上采取措施，严防病区扩展。

（2）发病田实行轮作。与水稻、甘蔗等不感病作物实行轮作，一般要3年以上才可重新种桑。

（3）挖除病株、开沟隔离。初发病桑园及时挖除病株烧毁，并在病株周围挖沟与健株隔离，病穴和附近土壤用0.2%有效氯漂白粉液或0.4%福尔马林液进行浇施消毒。

（4）防止周围病田病原通过灌溉水进入无病田。

二、主要害虫及其防治

目前，我国已发现桑树害虫200余种，其中能危害成灾的有40余种，下面简要介绍果桑树主要害虫危害。

（一）美国白蛾

美国白蛾［*Hlyphantria cunea*（Drury）］又名美国灯蛾、秋幕毛虫、秋幕蛾、网幕毛虫，属鳞翅目灯蛾科。主要为害果树、行道树和观赏树木，尤其以阔叶树为重。

1. 分布及为害特点　美国白蛾是一种食性杂、繁殖量大、适应性强、传播途径广、危害严重的世界性检疫害虫。目前，辽宁、山东、河南、陕西、河北、天津、北京等地均有分布。这种害虫尤其喜食桑叶，危害极重，极易成灾，给果桑生产造成严重损失。

2. 形态特征

（1）成虫。白色中型蛾子，体长13～15 mm。复眼黑褐色，口器短而纤细；胸部背面密布白色绒毛，多数个体腹部白色，无斑点，少数个体腹部黄色，上有黑点。雄成虫触角黑色，栉齿状；翅展23～34 mm，前翅散生黑褐色小斑点。雌成虫触角褐色，锯齿状；翅展33～44 mm，前翅纯白色，后翅通常为纯白色。

（2）蛹。蛹体长8～15 mm，宽3～5 mm，暗红褐色。雄蛹瘦小，雌蛹较肥大，蛹外被有黄褐色薄丝质茧，茧上的丝混杂着幼虫的体毛共同形成网状物。腹部各节除节间外，布满凹陷刻点，臀刺8～17根，每根钩刺的末端呈喇叭口状，中凹陷。

（3）卵。卵圆球形，直径约0.5 mm，初产浅黄绿色或浅绿色，后变灰绿色，孵化前变灰褐色，有较强的光泽。卵单层排列成块，覆盖白色鳞毛。

（4）幼虫。幼虫的形态可分为黑头型和红头型2种，在我国，美国白蛾幼虫大多属于黑头型，头部黑色，具有光泽。老熟幼虫体长28～35 mm，体色为黄绿色至灰黑色，背线、气门上线、气门下线为浅黄色。背部毛瘤为黑色，体侧毛瘤多为橙黄色，毛瘤上着生有白色长毛丛。腹足外侧为黑色，气门为白色，椭圆形，具有黑边。

3. 生活习性与发生规律　在华北地区一年发生2～3代，以蛹在树皮缝、石块下、建筑物缝隙等处越冬。次年5月上中旬为羽化盛期，从5月下旬至树木落叶前都有为害，4龄以后分散为害，食量大增，呈暴发性危害。美国白蛾具有喜光性，在树木稀疏、光照条件好的地方发生严重。第一、二代幼虫主要在树冠中下部为害，结成白色网幕。第三代幼虫在树冠上部为害结成白色网幕。幼虫在1～2龄期间取食叶肉，留下叶脉呈透明纱窗状，3龄时咬透叶片，4龄开始啃食叶缘，5～7龄连同叶肉一起吃光，仅留下叶脉。幼虫边取食边吐丝结网，随虫龄增大网幕不断扩展，可长达1 m以上。

4. 防治方法

(1) 农业防治。加强检疫，疫区苗木不经检疫或处理禁止外运，疫区内积极进行防治，有效地控制疫情的扩散。

(2) 物理防治。①挖蛹灭虫。主要挖越冬蛹。夏季灭蛹可以利用部分老熟幼虫沿树干爬到地面化蛹的习性，在林木主干上绑缚草把，待美国白蛾全部下树后将草把集中烧毁。②黑光灯诱杀。利用美国白蛾具有趋光性的特点，采用杀虫灯进行诱杀。③火把焚烧。适合于美国白蛾发生较轻、树冠低矮的疫点。把草把添上废柴（机、汽）油，点燃后直接焚烧幼虫网幕。

(3) 生物防治。充分利用天敌，周氏啮齿小蜂和黑棒脚小蜂是美国白蛾的天敌，可对虫情起到一定的抑制作用。螳螂也是美国白蛾幼虫的天敌。

(4) 化学防治。幼虫在网幕内危害时，可用灭幼脉 3 号 2 000 倍液、4.5%高效氯氰菊酯 1 500～2 000 倍液、1.8%阿维菌素 2 500～3 000 倍液。也可在树干上涂 1～2 道毒环触杀下树的美因白蛾。但要注意，如果桑叶用于养蚕，以上农药要慎用。

（二）桑象虫

桑象虫（*Baris deplanata* Roclofs）又名桑象鼻虫、象甲虫、桑蝉，属鞘翅目象甲科船象属。是一种主要以成虫在春季食害冬芽和萌发芽心的害虫。

1. 分布及为害特点 全国各主要桑蚕区均有发生。由于成虫蛀食冬芽、嫩心，有时也危害叶片、叶柄及新梢基部，致使萌芽率降低，影响果桑产量。夏伐后危害截口以下的桑芽和新梢，严重时可将整株果桑树芽吃光。6 月间在新梢基部钻孔产卵，使新梢易被风吹折。

2. 形态特征 成虫体长 4 mm，宽 1.8～2.0 mm，黑色有光泽，头小，口喙管状弯曲向下，触角赤褐色，膝形，由竹状喙中部两侧伸出，鞘翅上有 10 条纵沟及刻点。卵椭圆形，乳白色，近孵化前变为灰黄色。成长幼虫体长 6 mm 左右，圆筒形，稍弯曲呈新月形，头部咖啡色。蛹纺锤形，乳白色，腹部末端左右各有一小突起。

3. 生活习性及发生规律 桑象虫一年发生 1 代，以成虫在截枝皮下的化蛹穴内越冬。第二年气温升到 15 ℃以上时开始活动，啃食果桑芽。5～6 月产卵在半截枝上，卵大多产在树皮孔内，少数产在芽苞或叶痕内，每处 1 粒，卵期 5～9 d。孵化后幼虫在半枯枝皮下生活，蛀成细狭的隧道。幼虫期 29～72 d，老熟后蛀入木质部，营造椭圆形化蛹穴，化蛹于其中。蛹经 7～17 d 羽化为成虫后越冬，但当年均不爬出化蛹穴。成虫有假死性，不飞翔，靠爬行活动。成虫 4 月下旬开始交尾，交尾期约 2 周，产卵期长达 4 个月，一头雌虫产卵约 100 粒。

4. 防治方法

(1) 农业防治。冬春彻底修去枯桩、枯枝，挖除死苗，收集烧毁。

(2) 化学防治。桑树夏伐后，可用 50%杀螟松乳油，50%辛硫磷乳油 1 000～1 500 倍液，前后 3 次喷施。

（三）桑尺蠖

桑尺蠖［*Phthonandria atrineat*（Butler）］属鳞翅目尺蛾科。是一种食害果桑树芽、叶的害虫。

1. 分布与为害特点 全国各蚕桑区均有发生。在被害的果桑园中，幼虫常年可见。越冬幼虫在早春桑芽萌发时，常将冬芽内部吃空仅留苞片，严重时整株桑芽蚕食殆尽，影响果桑产量。平时幼龄幼虫群集叶背食害叶片，龄期增大后分散食害桑叶。

2. 形态特征 雌虫体长 20 mm，雄虫体长 16 mm。体翅均为褐色，翅面上散生黑色短纹，前翅外缘呈不规则齿状，翅面中央有 2 条波浪形黑色横纹，后翅具一条波浪形黑线，线外方色深。卵扁平，椭圆形，中央略凹，大小 0.8 mm×0.5 mm，初产时淡绿色，孵化前转成暗紫色。成长幼虫 52 mm。初龄绿色，后变为灰褐色，并散生小黑点。第一和第五腹节背面各有一横形突起，胸足 3 对，腹足 2 对。蛹长 16 mm，圆筒形，深褐色，尾端尖，臂棘略呈三角形，末端生 3 对钩刺。茧浅褐色，茧层疏薄，可从外面透视蛹体。

3. 生活习性及发生规律　桑尺蠖一年发生4代，以第四代幼虫潜入树隙或贴附枝上越冬。次年早春果桑芽现青后，越冬幼虫开始活动，为害桑芽和叶片。春季蜕2～3次皮后化蛹。越冬成虫在5月中旬产卵，下旬孵化，以后各代分别在7月上旬、8月中旬、9月下旬出现幼虫。11月上旬开始休眠越冬。卵多产于枝顶嫩叶背面，一片叶上多至500余粒，一只蛾子可产卵千粒以上，卵期9 d。初孵化幼虫在叶背活动，食害叶片。幼龄幼虫日夜为害，3次蜕皮后的幼虫仅在夜间取食，日间则倚枝斜立于阴处，状酷似小树枝。老熟幼虫在近主干土面或树干裂缝结茧化蛹，蛹期7～20 d。成虫夜间活动，有趋光性。

4. 防治方法

（1）物理防治。① 早春捕杀幼虫。②休眠前在树杈处束草或堆草，诱集越冬幼虫，第二年春烧毁。

（2）化学防治。早春冬芽现青，尚未脱苞前喷洒90%敌百虫或80%敌敌畏1 000倍液；夏伐后也可喷洒相关药剂防治。

（四）桑天牛

桑天牛（*Apriona germari* Hope）又名褐天牛，属鞘翅目天牛科。是一种以幼虫蛀食枝干的重要害虫。

1. 分布及为害特点　全国各桑蚕区均有发生。成虫啃食一年生枝条皮层，一旦皮层被啃成环状，枝条即枯死。产卵时在新枝基部咬一个产卵穴，使枝条容易被风吹折或枯死。幼虫蛀食枝干，深达木质部，被害植株往往营养不良，甚至枯死，造成果桑园缺株。桑天牛为杂食性昆虫，还可为害其他经济树种和林木。

2. 形态特征　桑天牛成虫体长36～48 mm。雌大雄小，黑色，密生黄褐色短毛。头部中央有一条纵沟，大颚锐利，鞘翅密生黑粒点，前胸背面有横行脊纹，中央有1条浅纵沟，两侧中部各有1根小刺状点起。卵长5～7 mm，长圆形，稍弯曲，乳白色。成长幼虫体长约60 mm，圆筒形，乳白色，头小，大颚黑褐色，自第三胸节到第七腹节背面各有1个扁圆形的移动器，称步泡突，可辅助行动，无足。蛹长50 mm，纺锤形，淡黄色，足、翅、触角明显贴于体内。

3. 生活习性及发生规律　桑天牛在长江以北地区2年繁殖1代，在广东、广西、台湾一年繁殖1代。以幼虫越冬。春季桑树萌动时就开始活动、蛀食，幼虫期近2年，越2个冬天。6月初化蛹，6月下旬羽化，7月上旬开始产卵，产卵期长达2～3个月。卵多产在一年生枝条上，木质较松的果桑品种上产卵多。每只雌虫产卵100～200粒。卵多产在近枝条基部或分枝处，以直径10 mm左右部位为多。产卵时先以口器咬断皮层及木质部，形成一个上端连树皮，长约16 mm，宽约10 mm的U形产卵痕，产1粒卵于木质部中，孵化后蛀入木质部，少数迟产卵或迟孵化的幼虫则留在卵壳内越冬，次年开始蛀食。卵壳内越冬，次年开始蛀食。

4. 防治方法

（1）物理防治。①捕杀成虫，刺杀虫卵和幼虫。②枝条上凡见有产卵痕穴的用小刀刮去卵粒，或剪去虫枝烧毁。

（2）化学防治。在虫孔内注入80%敌敌畏乳剂50倍液，再用黏土填塞虫孔，可毒杀幼虫，或用棉花球蘸80%敌敌畏乳油30～50倍液塞入最下排泄孔，并用泥封口。

（3）生物防治。保护天敌——桑天牛啮小蜂，这种蜂产卵于天牛卵内，使之不能孵化。除桑天牛外，还有黄天牛、黄星天牛、白条天牛、星天牛、虎天牛等也可以为害果桑树，都可以用上述方法防治。

（五）褐金龟子

褐金龟子（*Holotrichia paralela* Motscliulsky）又名暗黑鳃金龟子，俗称乌壳虫、大金龟子、瞎碰子等，属鞘翅目鳃角金龟科。是一种以成虫为害嫩果桑叶、新梢的害虫。此外，还有黑绒金龟子、铜绿金龟子等。

1. 分布及为害特点 除新疆外各蚕桑区均有分布。褐金龟子成虫食害桑芽、嫩梢和桑叶，影响果桑发芽及桑葚产量。此外，还为害多种果树、林木和大田农作物。

2. 形态特征 成虫体长16～21 mm，近卵圆形，紫褐色或紫黑色，无光泽，触角鳃叶状，翅鞘密布刻点，每侧具不太明显的纵肋4条；足黑褐色，后足特大，能掘土。卵初产时椭圆形，黄白色，至孵化前3～4 d呈圆形，乳白色，半透明状。幼虫蛴螬体长约22 mm，常卷曲成C形，胸足3对，无腹足，除末端两节外体表多隆起，有皱纹及刚毛。蛹为裸蛹，体长20 mm，椭圆形，初为黄自色，后变为橙黄色，腹末有2个呈“八”字形的钩刺。

3. 生活习性与发生规律 褐金龟子1年发生1代，以幼虫或成虫在土中越冬。4月上旬开始活动，咬食寄主根部。5月开始出现成虫，7月于3 cm深处产卵，卵期约20 d。卵单产或数粒聚集在一起，10 d左右孵化。幼虫在土壤中食害果桑及其他植物根系，也食腐殖质。11月气温下降后，幼虫深入到10～15 cm土中做成椭圆形土室，在其中越冬。成虫有假死、趋光、群集等习性。白天隐匿土中，傍晚飞出活动，交尾取食。

4. 防治方法

（1）农业防治。冬季翻耕果桑园发现蛴螬时，收集杀死。

（2）物理防治。①利用成虫假死性，黄昏成虫交尾取食时打落捕杀。②诱杀成虫。在其活动高峰利用黑光灯诱杀效果很好，也可用其他灯光诱杀。

（3）化学防治。成虫盛发期喷洒80％敌敌畏1 000倍液或辛硫磷1 000～1 500倍液。

（六）桑瘿蚊

桑瘿蚊属双翅目瘿蚊科。在国内原主要分布于广东蚕区，近年发现苏浙蚕区危害亦有严重趋势。

1. 分布及为害特点 以幼虫为害顶芽和叶，被害芽一般从基部渐渐屈曲，最后发黑枯萎；被害枝成扫帚状，腋芽相继生长，形成许多侧枝；被害叶小、质差，影响桑叶产量。以春季危害最严重。

2. 形态特征 成虫体淡黄色，体长1.5～2 mm。卵纺锤形，长径约0.2 mm。初孵幼虫为淡色，渐变乳白色；老熟幼虫为橙黄色，体长约2 mm。蛹椭圆形，体长约2 mm，初化蛹时为淡蓝色，羽化前为黑褐色。

3. 生活习性与发生规律 桑瘿蚊以老熟幼虫越冬。广东1年发生约8代，以2～5月危害最严重；其他地区每年发生世代数不详。老熟幼虫在土壤中化蛹、羽化。成虫昼伏夜动，飞翔力弱。交尾后的雌成虫飞至附近桑树的顶芽上，产卵在顶芽托叶内侧或未开叶的皱褶内；每处产卵数粒到几十粒，共产卵50粒左右。成虫寿命短，存活1～3 d，卵期1～2 d。孵化幼虫渐渐潜入桑芽内部，把口器插入组织中，吮吸汁液。经7～12 d老熟。老熟幼虫不久就弹跳落地，钻入土壤中3～4 d后结茧化蛹，蛹期约10 d。最后一代幼虫大部入土壤，在3～10 cm深处土壤中做成圆形或近圆形包囊，包囊黄泥浆色，沙粒状。身体蜷曲在囊内越夏、越冬。通风不良、土壤潮湿的桑园发生较多。

4. 防治方法

（1）农业防治。①桑园冬季深翻，暴晒虫蛹，夏秋季勤除草，使表土通风干燥，开沟排水，降低桑园地下水位，保持土壤干燥，对抑制桑瘿蚊的发生有一定的作用。2～5月全面摘心一次，在危害严重地区晚秋蚕结束后及时摘除顶芽，杀灭最后一代幼虫，减少越冬虫源。②覆盖地膜，以阻止瘿蚊成虫羽化出土和老熟幼虫入土。

（2）化学防治。①土壤施药。在5月中下旬，休眠体大量羽化前或夏伐后，可用40％辛硫磷乳油800倍液撒（喷）匀在土面上然后翻下；或用5％喹硫磷颗粒剂，每667 m^2 用药2 kg拌20～25 kg细土撒施。②顶梢施药。于各代幼虫孵化盛期，用80％敌敌畏乳油1 000倍液、50％辛硫磷1 000倍液或40％乐果1 000倍液，蚕期用25％灭蚕蝇500倍液喷芽或摘芽防治。

（七）桑木虱

桑木虱（*Anomoneura mori* Schwarz）属同翅目木虱科，又名桑白毛、桑巴茅等，是一种成虫、若虫均能为害果桑树的害虫。

1. 分布及为害特点　全国各桑蚕区均有发生。木虱除为害果桑树外，还为害柏树。若虫、成虫均群集在新梢上部刺吸桑芽和叶片汁液，致使桑芽不能萌发，叶片卷缩，呈“耳朵”叶或“筒状”叶，以致硬化脱落，在枝叶上还布满白色蜡丝，在卷叶内分泌蜜露，被害叶及下部叶均受污染，诱发煤污病或招引蚂蚁。在果桑树无叶时，成虫迁飞到附近柏树上为害，果桑有叶时又回迁到果桑树继续为害。若虫因尾端有白毛，可随风四处飘飞。

2. 形态特征　成虫体长3～3.5 mm，展翅9 mm，初为淡绿，后为褐色，头宽阔。复眼半球形，赤褐色，在复眼内侧有淡红色单眼2个。触角黄色，针状。前翅长圆形、半透明，后翅透明。卵近椭圆形，一端有卵角，一端钝圆，有卵柄。初为乳白色，后变淡黄色。若虫体扁平，初孵时灰白，后变为淡黄色，长2.24 mm，宽0.88 mm，腹末有白色蜡毛，3龄时3束，3龄后4束。最长可达25 mm。

3. 生活习性与发生规律　桑木虱为不完全变态昆虫。1年发生1代。以成虫在柏树、桑树裂缝、蛀孔内越冬。若虫期危害重，成虫期危害时间长。果桑树发芽时，越冬成虫飞至嫩芽处交尾产孵，孵期长达40 d，一只雌虫可产卵2 000余粒，卵期20 d左右。若虫期经4次脱皮，经22～29 d羽化为成虫。当气温下降到4 ℃以下时，进入休眠越冬。桑木虱受环境条件影响很大，夏季高温，冬季暴冷或阴雨连绵，均可引起大量死亡。成虫具群集性。由于桑木虱有在桑柏之间交互为害的特性，所以在桑柏混栽地区，危害较多。此外，在乔木桑、不修剪桑林和实生桑易发生。

4. 防治方法

（1）农业防治。①避免果桑、柏树混栽。②冬剪或夏伐后，堵塞植株裂隙，可减轻危害。③及时摘除卵叶，修剪若虫为害枝，深埋或烧毁。

（2）物理防治。用捕虫网捕杀成虫。

（3）化学防治。用50%的马拉松乳剂1 500倍液喷洒，杀灭若虫。

（八）桑毛虫

桑毛虫［*Prothesia similis*（Fuessly）］属鳞翅目毒蛾科，又名桑毒蛾、金毛虫、毒毛虫等，是一种以幼虫食害桑芽叶的害虫。

1. 分布与为害特点　全国各蚕桑区均有发生。桑毛虫越冬幼虫啃食桑树冬芽，严重时吃光整株，造成春季无产量。此后各代幼虫食害叶片，虫密度大时，可暴发成灾。除桑树外，还为害桃、苹果等多种果树。桑毛虫幼虫身上的毒毛触及人体，可引起红肿疼痛，大量吸入可致中毒，毒毛能使家蚕中毒患黑斑病，致使结薄茧。

2. 形态特征

（1）成虫。雌虫体长18 mm，雄虫12 mm，白色。雌蛾尾部有黄毛，前翅有1茶褐色斑；雄蛾腹面从第三腹节起有黄毛，前翅有2茶褐色斑。触角羽状，淡褐色，复眼黑色，腹末有淡褐色丛毛。

（2）卵。扁球形，灰色，中央略凹入，直径0.6～0.7 mm。卵块由卵带聚成，上覆黄色丛毛。

（3）幼虫。成长幼虫体长约26 mm，黄色，腹部第一、第二节膨大，背面各有1对浓黑色毛丛，各节有多处红黑毛瘤，上生黑色及黄褐色长毛和松枝状毒毛。第六、第七腹节背面各有1红色盘状翻缩腺。

（4）蛹。蛹长9～11.5 mm，圆筒形，棕褐色，胸腹部各节有幼虫期毛瘤痕迹。尾端生细钩刺1束。茧黄色，长椭圆形。茧层疏薄，夹杂有毒毛。

3. 生活习性与发生规律　桑毛虫在北方1年发生1～2代，四川、江苏、浙江3～4代，在珠江三角洲一年发生5～6代。各地均以2～3龄幼虫在桑树皮隙蛀孔及裂缝处越冬。初孵幼虫群集叶背，食害叶片。自2龄开始体上长出毒毛，随着龄期增长，毒毛增多。幼虫具假死性，受惊即吐丝下垂，转移邻株或跌落地面。幼虫老熟后，在叶背及树干裂缝结茧化蛹。最后一代幼虫在霜期前后于枝干裂缝及蛀孔处吐丝结茧越冬。成虫傍晚飞翔，有趋光性。

4. 防治方法

（1）物理防治。①植株冬眠前在树杈处束草或堆草，诱集越冬幼虫，第二年春烧毁。②人工摘除“窝头毛虫”叶片，在幼虫集中1片叶危害期连摘2～3次烧毁。③灯光诱杀成虫。

（2）化学防治。桑葚成熟采收后，可喷洒相关药剂防治。

第九节 果实采收和贮藏保鲜

一、桑葚采收

果桑桑葚的成熟期，因各地气候条件差异而不同，我国华北、西北5月中下旬开始成熟，南方4月下旬至5月上旬，在云南亚热带区种植桑葚成熟期是3月中旬至4月上旬。采果期一般持续30 d左右。同一树冠或枝条上由于开花早晚不统一，果实成熟期也有差异。根据桑果的用途确定桑葚采收的成熟度，就地销售鲜果要求完全成熟，此时充分表现品种特性，色泽鲜艳美观，内含物高，风味最佳。桑葚成熟的标志是果色由红色变成紫红色或紫黑色，白色果桑品种桑葚成熟的标志是果柄开始由绿色变成黄绿色。但充分成熟的桑葚不耐运输，因而外运的桑葚要适时采收（八九成成熟时采摘）。加工蜜饯、罐头的桑葚，为保持果实的形状和硬度，宜在八九成成熟度时采摘。加工果汁的桑果在八成熟后即可采收。

果桑适宜分期采收。一般每1～3 d采收一次。对成熟整齐的树，可以先在树下蓬布盛接，每天清晨进行采收，一枝采收完再采一枝，顺次采完全树。对成熟不整齐的树，一般用手摘，隔一天采收一次，5～7 d后隔2～3 d采收一次，半月后5～7 d采收2～3次，可基本结束。桑葚采收宜在干燥的晴天进行，以条筐或竹筐盛放，然后运往包装或加工场所。供观光旅游果桑园，在果实成熟季节，可让游人进入桑园任意采摘，边赏边尝，也可让游客将桑葚装入塑料盒，每盒100～300 g，任其选购。把果桑融入观赏、品尝、购果为一体的观光旅游业，提高经营效益。

果用桑园以果为主，在保证桑树正常生长的前提下适量采叶。春蚕期，主要采结果枝条上的片叶，夏伐桑园，可在桑葚成熟时将桑叶采完。秋蚕期，主采枝条剪梢部位以上的叶片和细弱枝上叶片，以保证正常枝条中下部花芽充实饱满，以利来年桑果丰产。

二、包装运输

桑葚不耐运输，一般大田采收后用条筐或竹筐包装运输，每筐容量不宜过大，10～15 kg，以防挤压腐烂。近年来，人们开发应用小透明塑料盒，每盒装0.2～0.5 kg，把精选的桑葚装入盒内，盒内用一定数量的保鲜剂，直接上货架或运到消费者手中，较易于运输，也减少了运输途中的损耗。也有用硬纸箱大包装的，内设泡沫托果板包装贮运，每箱15～20 kg。

有条件的还可以定做或购买保鲜箱，每箱可装精选的桑葚2～5 kg，箱内放保鲜剂。该种包装箱较轻，导热系数小，可降低氧气量，提高二氧化碳量，有一定的保水性和保温性，能长途运输，延长桑葚的贮藏寿命，提高贮藏室和运输车堆放高度，从而降低成本，提高经济效益。

三、桑葚贮藏保鲜

（一）保鲜技术

1. 酸-糖保鲜 桑葚用稀亚硫酸钠（Na_2SO_3）溶液浸渍后，晾干葚表水分。容器底部放入9份砂糖和1份柠檬酸组成的混合物，再将桑葚放在上面保存，可显著延长贮藏时间。

2. 二氧化硫处理 把桑葚放入塑料盒中，分别放入1～2袋二氧化硫慢性释放剂，用封条将塑料

盒密封。慢性二氧化硫释放剂应该与果实保持一定距离。因为该药剂有还原、褪色作用，与果实接触会使果实漂白、变软，失去食用价值和商品价值。

3. 药剂保鲜　用0.05%山梨酸浸果2～3 min，可以起到保鲜作用。另外植酸作为优良的食用抗氧化剂，虽然本身的防腐效果不明显，但与山梨酸、过氧乙酸一起具有很好的保鲜效果，配体浓度为0.1%～0.15%植酸溶液，0.05%～0.1%山梨酸和0.1%过氧乙酸。

4. 过氧乙酸熏蒸处理　按每立方米库容用0.2 g过氧乙酸熏蒸30 min，可起到保鲜效果。

（二）贮藏方法

1. 气调贮藏　把采收好经保鲜处理的桑葚，放入特制的0.04 mm厚的聚乙烯薄膜袋中，密封，在0～0.5 ℃、相对湿度85%～95%的环境里贮藏，袋内气体指标为氧3%、二氧化碳6%。在这种情况下，桑葚可保持2个月左右。提高二氧化碳浓度，腐烂率会大大下降，但二氧化碳浓度不得越过20%，否则会使桑葚产生酒精气味。

2. 冷藏保鲜　桑葚采收后在室温下预冷2 h，散失果实的田间温度，预冷后，将桑葚放入大塑料袋中，扎紧袋口，防止失水和干缩变色，然后在0～3 ℃的冷库中贮藏，切忌贮藏温度忽高忽低。

在使用药剂防腐时，因浸果后对贮藏效果有较大的影响，在一定程度上抵消了部分防腐效果，在无有效的防腐剂时，可省去药物处理，以降低成本，避免药剂处理出现的异味。

3. 速冻贮藏　选成熟度80%的桑葚，要求果实为大小适小、果形完整、无任何损伤、当天采摘的桑葚。

速冻工艺：选果—洗果—消毒—淋洗—控水—称量—摆盘—速冻—装袋—密封—装箱—冷藏。

速冻时，在−34 ℃低温，风速3 m/s的条件下，20 min冻结完毕，然后在−18 ℃下贮藏。出库前在5～10 ℃条件下缓慢解冻80～90 min，桑葚品质最佳。

4. 近冻点温度贮藏　桑葚冻结温度是−0.77 ℃。桑葚水分蒸发与湿度无关。即使在近冻点水分蒸发亦很强烈。可用塑料袋小包装提高周围环境的湿度，减少空气对流，抑制蒸发，减少失重损失。呼吸作用强弱受环境影响很大。据试验，近冻点贮藏的具体条件是−0.5 ℃± 0.2 ℃，相对湿度85%～95%，膜厚0.04 mm，30 cm×32 cm聚乙烯薄膜袋中贮藏，扎紧袋口。

第十节　设施栽培技术

桑果的口味鲜美、营养丰富，具有多种医疗保健功能，日益受到广大生产者和消费者的喜爱。但是因为其为浆果，成熟后保鲜比较困难，难以长期贮存，某种程度上讲也就降低了其经济效益。在光热资源丰富、桑果消费需求量大的地区，适宜发展果桑的反季节栽培，通过人工控制，可以从春节开始至初夏时节，持续不断地收获鲜桑果供应市场，上市时间可长达3～4个月。结合发展高效农业，发展了一定面积的果桑反季节栽培，可以取得显著效果。

一、大棚的建立

反季节生产桑果主要是利用日光暖棚或加温暖棚，暖棚也不同于一般反季节蔬菜的暖棚。拱棚面积一般以333～666 m^2为宜，棚小，不易保温、保湿；棚大保湿保温性能好，但不易通风。常规做法是，暖棚南北宽10 m，高4 m，东西长33～66 m。棚内空间较大，棚顶采取四分之一圆弧，后墙高3.5 m，后墙廊斜顶高4 m。墙体要充分保温，墙壁宽不少于80 cm。严冬应有加湿保温设备，供暖自如。棚项有自动喷雾管两根，呈东西走向，以增加棚内的湿度。如果投入较少，也可建立小型拱棚：根据桑树栽植的行距和定形后桑树的高度确定拱棚的宽度、跨度和高度，宽度可取为4～6 m，高度要求桑枝离棚顶50 cm左右的空间，一般棚高取为2～2.5 m，两边肩高1～1.2 m（图66－8）。大棚骨架要求坚固耐用，成本低，易施工，一般采用木桩或竹竿做棚架，竹条做压架，以减少投资，也可采用钢筋制大棚，但一次性投入较大。

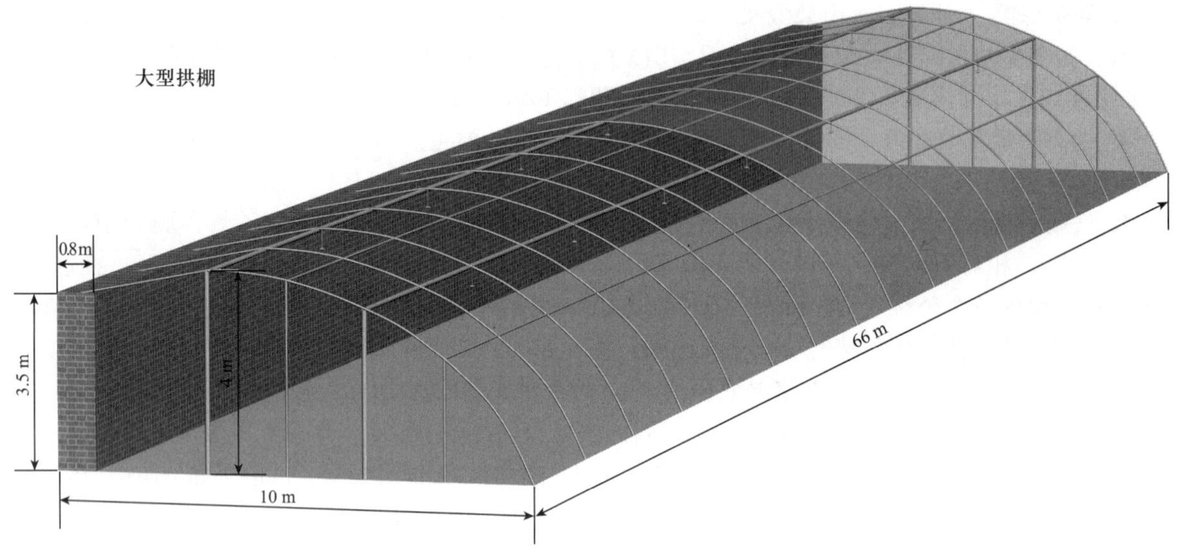

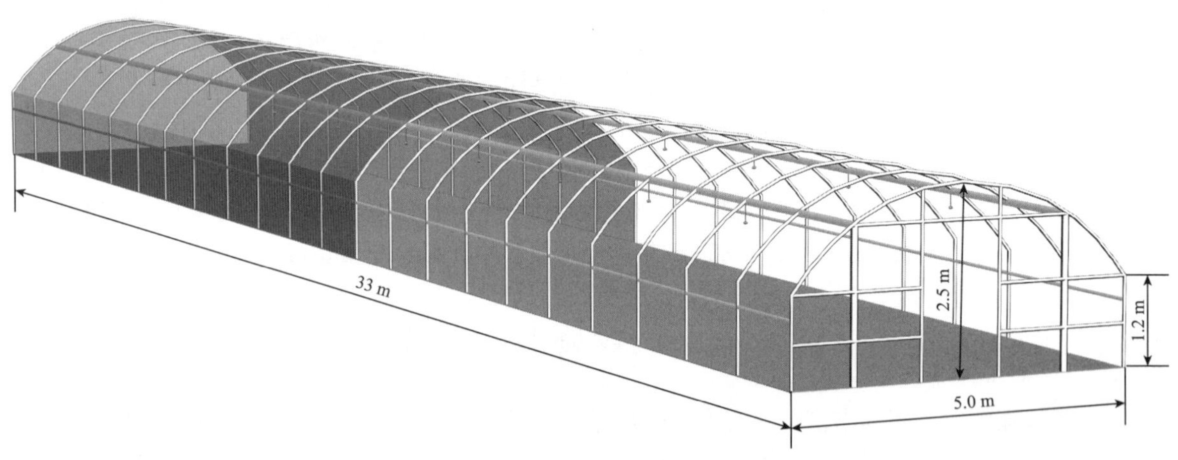

图 66－8 暖棚结构示意

二、栽培技术要点

（一）栽培品种与栽植时间、方式和密度

在北方适合反季节栽培的果桑品种一般有大十、白玉王、红果系列以及地方优良果桑品种。一般是在棚址上先培育反季节苗，然后扣棚开展反季节生产。也可以倒过来，先扣棚，再培育反季节果桑苗木。第一种方法是在秋末冬初土壤封冻前选用三至四年生大苗移植到棚内，每株保留3～4个枝条。12 月初，大棚盖上塑料膜和草帘子，同时施以充分腐熟的有机肥，灌水 1 次。这种方式虽然第一年可以生产少量桑果，但桑树需要缓苗，桑果产量低。第二种方式是先定植果桑苗，经 2～3 年秋末冬初土壤封冻前扣棚。这种方式不需要缓苗，桑果产量高。栽培密度一般为每 667 m^2 330～600 株。过密，不利于空气流通，而且给管理带来不便；过稀，不能充分利用大棚面积，影响大棚产量和效益。为便于栽后管理和果实成熟后的采摘，可以采取宽窄行的栽植方式，每 2 行留出一条通道，以 10 m 宽的大棚为例，其棚内净宽为 9 m。

(二)栽植前土壤消毒

果桑适宜在通气透水的土壤上栽植，栽植前应视土壤情况进行改良。为了防止栽后根系霉烂，栽种果桑的大棚土壤一定要在栽前进行土壤消毒，否则后患无穷。具体办法有5种：

1. 高温闷棚 大棚休闲期或种植前15～20 d，深翻耕地，施入麦草、石灰，灌足水，然后封棚15 d以上。此法可杀死大量病原菌，消除大部分土壤积盐。

2. 硫黄熏棚 大棚种植前2～3 d，密封大棚。每667 m^2 用硫黄粉500 g、锯末1 kg，混合后分成6份，均匀堆放在棚内，点燃封棚12 h时以上，然后大放风。

3. 种植杀菌植物 边角处多种葱蒜类作物，对病原菌有灭杀作用。

4. 土壤消毒 在定植前10～15 d进行，向地面喷洒100～200倍福尔马林液，然后用薄膜覆盖5 d，半个月后即可种植。

5. 采用大棚菜病虫害防治仪 以空气为原料，通过高压、高频产生高浓度臭氧，利用臭氧的强氧化作用达到杀死病虫害的目的。每5 d处理一次，连续3次，有效期可保持30～40 d，对病虫害的防治率可达90%以上。

(三)罩棚

果桑和其他落叶果树一样，也需要一定的低温通过休眠。一般情况下，果桑在深秋自然落叶后休眠30～40 d，就能顺利通过休眠期。品种不同自然休眠期的长短也有所不同。覆膜过早，自然休眠不足，影响果桑萌芽、开花，果实大小参差不齐，产量低，品质差；覆膜过迟，桑果不能提早上市，影响经济效益。因此，我们要在满足果桑的这一生物学特性条件下，计算好罩棚日期。一般来说，大棚果桑经过休眠后，在水分和温度满足后，7～8 d开始萌动，11～13 d开始放叶见到花絮，55～60 d果实开始成熟。因此，罩棚日期一般在春节前2个月左右。大致在11月底或12月初。如果是规模生产，要想达到均衡上市的目标，可以拉开每个大棚的罩棚日期。

(四)大棚的温、湿度控制

1. 温度管理 在罩棚加温前期，棚内的温度是相当低的，罩棚后，由于塑料膜大量吸收太阳光的热量，棚内温度迅速升高，地温也迅速提升，对果桑的生长十分有利。但是，由于外部气温低，夜间必须对大棚进行加温和保温，使棚内温度达到15 ℃以上。果桑适宜的生长温度为18～28 ℃。昼夜各时间段的最佳温度见表66-1所示。升温一定要循序渐进，不能过急。开始升温时，白天棚内温度一般掌握在15～18 ℃，最高不超过25 ℃。开始显露果穗时，白天棚内温度控制在27 ℃左右，最高不超过32 ℃，夜间棚内温度调整到15～18 ℃。白天的升、降温主要靠采光通风调节，晚上的升、降温主要靠暖气调节。每天盖被后，夜间24:00前需要20～22 ℃的温度，以便白天植株光合作用产生的物质的输送；夜间24:00后，植株进入暗呼吸，属于消耗营养物质阶段，温度一定要控制在20 ℃以下，但不能低于15 ℃，以防冷害发生。保温可以在塑料膜外加双层草帘或棉帘来实现。天气晴朗时，大棚内白天气温较高，棚内温度控制在35 ℃以下。温度过高，可以打开通风口降温。

表66-1 各时段最佳温度

时间	2:00	6:00	10:00	14:00	18:00	22:00
温度	20 ℃	18 ℃	24 ℃	28 ℃	24 ℃	20 ℃

2. 湿度管理 最适宜的空气相对湿度为75%～85%，不能低于50%，也不能高于90%。果桑萌芽前，大棚内相对湿度应保持在85%以上。开花期要控制棚内的相对湿度，此期棚内湿度一般掌握在50%左右，坐果后，棚内湿度提高到70%左右。

3. 光照管理 桑树为强喜光、长日照作物。因此，在进入生长期后，一定要保证充足的光照度和光照时间。光照时间最好保持每天10 h以上，最低不能低于8 h，尽量做到早揭晚盖棉被。根据冬季日照情况，每天 7:30～8:00 揭被，17:30 盖被较为合适，若遇降雪等特殊情况，可适当晚揭早盖。

4. 温、湿度综合控制 温室管理最关键的是掌握好光照、温度、湿度及土壤水分之间的关系，切记要防止高温低湿、低温高湿、弱光高温的情况出现。每天当温度达到正常生长温度（28 ℃）或空气相对湿度达到 90%时，及时通风，通风口先小后大，逐渐降温降湿。通风口由西向东，逐渐开放。切记：缓慢通风，不能在高温（35 ℃以上）高湿时突然通风，以防闪苗危害。

（五）棚内土壤管理

1. 浇水 温室内的土壤灌溉，一方面确保桑树生长所需水分，另一方面调节空气相对湿度。土壤湿度要求达到土壤最大持水量的 70%～80%，也就是通常所说的见干见湿。一般在罩棚后要浇一次透水；在新芽发出后，新叶展开前，伴随追肥浇 1 次透水，平时的水分管理主要是保持棚内湿度，空气相对湿度一般要保持在 50%以上。当果实膨大时，需要水分较多，可采取叶面喷水来解决。每 10 d 喷一次，连续喷 3～4 次；如果浇地下水，由于水温度偏低，灌溉时间一定要在 11:00 以前，或 17:00 以后，防止温差过大，损伤植株根系。

2. 追肥 在桑树整个生育期，有 3 次追肥非常关键。第一次为缓苗后，为促使地上部快速生长，可少量施肥一次，每平方米 0.01 kg 尿素及 0.003 m^3 厩肥；第二次在植株进入营养旺盛生长期前，要大量追肥一次，每平方米施尿素 0.04 kg、复合肥 0.03 kg；第三次追肥在花期过后，每平方米追施复合肥 0.04 kg。每次追肥都随灌水进行，防止烧根。为增大果型，提高产量和品质，除了在罩棚前施足有机肥外，还要在叶片放大后进行根外追肥，用 0.1%的磷酸二氢钾进行叶面喷洒。

3. 中耕 中耕一方面可以疏松土壤，增加土壤透气性，促进根系生长发育，另一方面能增加地温，减少灌溉降温的副作用，同时还可以保墒锄草。因此，每次灌溉追肥后，土壤达到适耕期时，均要中耕 1 次。

（六）病虫害防治

由于反季节大棚内温度高、湿度大，十分有利于病菌的繁殖，特别是菌核病的发生，对果桑生产威胁较大。因此，必须做好棚内的消毒灭菌工作。使用的药剂有高锰酸钾、多菌灵、甲基硫菌灵及新洁尔灭等。为了使桑果安全无农药残留，应尽量使用生物药剂防治病害的发生。大棚内的虫害不多，主要是野蚕和桑尺蠖，人工捕捉就可以消灭。

（七）树体管理

大棚桑葚成熟采收后进行修剪，将所有的结果母枝留 2～3 个芽重短截，促其萌发梢，培养成下年的结果母枝。短截宜早不宜迟，以保证新梢有充足的生长时间，积累营养分化花芽。冬季修剪要根据去弱留强、去劣留优的原则，适当疏枝，疏除细弱小枝和病虫枝，并对保留的结果母枝进行短截，一般剪去枝梢顶端 30 cm 左右。此外，还要注意剪除主干上的萌芽和结果母枝基部的弱小芽。另外对结果新梢进行摘心，可提高果桑坐果率、增大果实，提高产量和品质。剪伐后后要给予大水大肥，以利于桑树恢复树势。桑树发芽后要按照常规管理做好树体管理工作。

三、石灰氮在果桑产期调控上的应用

果桑同其他果树一样，一年只结果 1 次，除个别品种外很少有多次结果现象，应用石灰氮进行人工控制，促使桑芽开花结果，可以达到保花结果、一年多个季节有桑果上市的目标。

（一）石灰氮的性质

石灰氮又名氰氨基化钙、氨基氰化钙、碳氮化钙，有吸湿性，在潮湿环境中易结块，含氮量为 18%～20%，水溶液显碱性。石灰氮成品中含有碳素，呈黑色粉末状，因含有少量碳化钙，故有电石腥臭味。石灰氮在工业上是生产多菌灵的原料，在农业上可作为迟效肥料使用，其在土壤中产生的氰氨，能杀死园地上的蜗牛、田螺、线虫、镰刀菌，还能抑制杂草生长，喷洒在植物的叶片上，能使叶片脱落，所以石灰氮既是肥料，又是杀虫剂、杀菌剂、除草剂和植物生长调节剂。

（二）石灰氮配制方法

用 1 kg 石灰氮兑清水 4～6 kg，加热至 50～70 ℃，将其搅拌均匀，加盖封严，浸泡 2 h 以上，待其充分溶解冷却后即可喷洒使用，要求做到随配随用，忌用冷水浸泡。

（三）使用方法

在热带、亚热带的温暖地区可周年使用，其他地区冬季可在温室大棚内使用，用新配的药液对桑树结果枝进行全面喷洒，10 d 后开花结果，2 个月后桑果成热，且桑葚没有菌核病产生，在春季菌核病暴发地区采用此方法可有效避免损失，一般春季采果结束、伐条后，经 2 个月生长即可应用。若计划提前结果，可在早春桑树发芽前，将所有枝条剪掉，促进新发枝条营养生长，经一段时间后再喷洒药剂，喷药前后，应重施腐熟有机肥，在干旱季节，应灌水后喷药。前由于石灰氮的溶液会发出刺激性的腥臭味，而且具有轻微毒性，操作人员工作时要佩戴手套和口罩，防止石灰氮飞溅入眼睛、口中及接触皮肤，以免引起不良反应。

第十一节　果桑种植技术规范和无公害化管理

规模化种植果桑经济效益高，果桑的推广种植也越来越为人们所推崇，同时，桑果作为第三代水果，因其营养和保健作用备受人们青睐。但以食用桑果为目的果桑管理与蚕桑的生产是有所差别的，果桑只有进行规范化种植，无公害生产，才能保证稳产、高产和优质。参照各地果桑种植技术，根据无公害食品生产要求，简要概括了果桑种植技术规范和无公害化管理措施，可以作为果桑种植和管理的参考。

一、果桑种植技术规范

（一）园地选择与规划

1. 园地选择　桑树对土壤有较大的适应性，可因地制宜利用土地，但从稳产、高产角度考虑，最好选择土壤质地良好，疏松肥沃，有机质含量在 1.2%以上，土壤 pH 在 6～8 范围内，活土层厚度在 50 cm 以上，地下水位在 0.8 m 以下的园地。园地条件优先选择远离污染源、土层深厚、地下水位低并有灌溉条件的平原和溪滩地。对坡度在 15°以上的缓坡地，建园时应考虑修筑水平梯地。

2. 园地规划

（1）平整土地。做好土地平整工作，使桑园能排能灌和适应机械化操作。

（2）作业区的划分。以方便田间管理为原则，作业区的大小因地形地势而定。山坡地以水土保持为主，作业区可小些；平地作业区一般以 1 hm^2 左右为宜。作业区以长方形比较好，便于机械作业。

（3）道路系统。为方便桑园管理和运输，根据需要进行道路规划。一般大面积桑园的道路系统由主路、支路和小路组成，主路贯通全园，与公路连接，小区间设支路，与主路垂直，小区间根据需要设小路，以便于行人，并与支路垂直。

（4）排灌系统。设置适当的排水和灌溉沟渠，便于调节土壤水分，保证桑园高产稳产。

（二）品种选择

根据各产区生态条件，选用通过国家审定或省级审定的品种，或是经认定的适应当地气候特点和栽培要求，且抗病性强的品种。可先引种、试种，再选择优质、抗病、适宜本地生产的果桑品种栽植。

应选择品种纯正，根系发达完整，无检疫性有害生物，苗木根颈直径大于 0.7 cm 以上、高度大于 80 cm，大小均匀的一年生良种果桑嫁接或扦插壮苗。

（三）苗木繁殖

1. 嫁接繁殖　选择一年生健壮枝条作为接穗，用一年生健康实生苗作为砧木，在冬春期桑树未发芽前进行嫁接。穗条和砧木应保持新鲜，以提高成活率。嫁接苗在嫁接后要进行保育，待接口愈合稳定后种植到苗圃地。

2. 扦插繁殖 可以选用硬枝扦插或绿枝扦插繁育果桑苗木。硬枝扦插应选择优良品种的一年生健壮枝条中下部，按 10～15 cm 长度剪成插条，插条上端在芽顶部 0.5 cm 处平剪，下端切口近叶痕，但不伤及根原基，切口呈马蹄形斜面。绿枝扦插选健壮的新梢，取充分木质化的中基部，穗长约 10 cm，从上芽上方 1 cm 处剪断，第一片叶面留 1/3～1/2，插穗下端剪成马蹄形。插条可在 50 mg/L 吲哚丁酸溶液或 50 mg/L ABT 1 号生根粉溶液中浸泡促进生根。绿枝扦插可利用塑料薄膜拱棚土床扦插或全光照喷雾扦插。

3. 苗木培育 苗圃地畦宽 1.2～1.5 m，栽植苗木时在畦向垂直方向开种植沟。栽植时嫁接苗摆放要使苗木顶端整齐，覆土至仅露出嫁接苗最顶端的芽为宜。嫁接苗栽植后要精心培育，做好排灌、施肥、除草、防病虫工作。

在嫁接苗栽植后第一个月要保持苗圃地湿润，之后亦要注意水分供给，干旱时期更要及时灌溉，最好在傍晚灌溉，以浸到苗床边缘为度，要求速灌速排、无积水。雨水过多时则要及时排涝。

苗长出 5 片叶时可进行第一次追肥，施尿素 75 kg/hm^2，以后根据苗木生长情况及时追肥，注意氮、磷、钾的搭配，可用桑树复合肥追肥，但须在苗木出圃前 20 d 停止施肥。

在苗木生长早期要人工除草，可以使用氟乐灵、禾克草、盖草能等化学除草剂除草，喷药时注意压低喷头，尽量不让药物喷到苗木上。苗期要注意病虫害的防治，发现病虫害要及时防治，防止病虫蔓延扩散。

4. 苗木出圃 苗木出圃应在苗木落叶后进行，起苗时要注意保证苗木根系完整，将大小苗分级后立即运至移栽地种植，若不能及时种植，应及时假植。

（四）栽植

1. 栽植时期 苗木落叶后到次年春季桑树萌芽前为果桑栽植的适宜时期，缺水特殊地区可以在夏季栽植。

2. 栽植密度 栽植密度视品种和土壤条件而定，一般每 667 m^2 栽植密度为 300～600 株，树形大的品种宜稀植，较肥沃地块宜稀植。

3. 园地整理 每公顷撒施 22 500～30 000 kg 有机肥，全面深耕 40 cm 左右。开挖沟宽、深各 50 cm的栽植沟或深宽为 60～70 cm 的栽植穴，栽植沟或穴内每公顷施有机肥 52 500～75 000 kg，过磷酸钙 900～1 050 kg，填入细土与肥料拌匀后引水灌沟，沉实土壤待栽。

4. 栽植方法 栽植前应以少剪多留为原则对苗木根系进行修剪整理，如有必要可将苗木在 2%～5% 石灰水中浸根 5～10 min，进行苗根消毒。失水较多，有轻度蔫萎的桑苗可将苗根于泥浆中浸润 1 d。栽植时应按大小苗进行分栽，以便管理。栽植必须做到“苗正根伸，浅栽踏实”。栽植深度一般为 2～7 cm（根颈部埋入深度）。

（五）树形培养

大多数果桑品种的树形养成应以低干拳式养成为宜。栽植后在离地 25～30 cm 处剪去苗梢，养成主干。发芽后，新梢长到 10～15 cm 时，选留 2～3 个健壮新梢培养成一级支干。第二年在每个一级支干基础上培养 2～3 个二级支干。一级支干长 20～30 cm，二级支干长 15～20 cm。注意支干分布均匀，形成向四周舒展的树形。从第三年起，每年结果后在其支干顶端处夏伐，达到每 667 m^2 有 3 000～3 500 个二级支干，7 000～8 000 个有效枝条的群体结构。

（六）肥料管理

施肥量和施肥次数根据土壤质地、肥力及桑树生长情况适当调整。果桑对氮、磷、钾的需求比例为 5∶3∶4，每千克纯氮可生产 80～100 kg 桑葚，幼树生产 1 kg 桑葚，施有机肥 3～4 kg；盛果期树，生产 1 kg 桑葚需施有机肥 2～3 kg。成龄园催芽肥在桑树冬芽萌发脱苞至雀口期施入，每 667 m^2

施复合肥 50 kg；果实膨大期施肥以复合肥和钾肥为主，每 667 m^2 施 20～30 kg；收果伐条后以氮肥为主，配施磷、钾肥，分 6 月中旬和 7 月中旬两次施肥，每 667 m^2 施 20 kg 尿素和 20 kg 复合肥；冬肥以有机肥为主，每 667 m^2 施腐熟的土杂粪 1 000 kg 左右。施肥时在离桑树主干约 20 cm 处开穴或沟施肥，施肥后覆土。

（七）水分管理

雨水量多的季节，要及时排除桑园内积水，防止桑树烂根；遇干旱时，当土壤相对湿度≤75%时应及时灌水。果实膨大着色至收获期间尽量少浇水；桑树进入休眠期后不用补充水分；而桑果发育期需水量大，应注意补充水分；在采果前 7～10 d 宜停止灌水。

（八）杂草控制

在新植桑园的桑树未成园前，杂草生长旺盛，采用覆盖法可有效控制杂草的生长，减少化学除草剂的使用。成龄园可以使用地膜、禾草、秸秆等材料覆盖地面，结合化学除草剂减少杂草的生长。

（九）整形修剪

1. 夏伐　投产果桑树，当桑葚采摘完后及时进行夏伐，主要是对去年夏伐后抽生的枝条从基部 1.5～2.0 cm 处剪伐。

2. 疏芽　夏伐后的新芽长至 15～20 cm 时，进行疏芽，每 667 m^2 留条 7 000～8 000 根。疏芽要注意去弱留强、去密留疏；外围多留，分布均匀。

3. 摘心　根据桑树的生长情况，挂果后对营养生长旺盛的新生枝条（20 cm 以上的新芽）进行摘心，摘心主要是摘去新梢顶部嫩芽。新梢摘心应及早、分批进行，摘心后应留 4～5 片桑叶。

4. 剪梢　在桑树休眠期进行，剪掉病虫害枝和枝条顶端未木质化及冻伤部分枝条，可采用离地面 1.8～2.0 m 平顶剪梢，或减去每枝条的 1/5～1/4。

5. 整枝修拳　整枝修拳应在桑树休眠期进行，修去枯桩、枯枝、死拳、病虫害枝条及不良枝条。修拳锯口要光滑平整，紧贴拳、枝基部。修剪下的枝、拳要集中烧毁。

（十）病虫害防治

1. 病害防治　果桑重点防治菌核病。在桑果发育期间经常巡果，及时摘除树上病变果和散落到地上的病果，远离桑园集中烧毁或深埋，减少病原菌在桑园的积累，有效减轻来年的病情，发病严重的桑园，可结合化学药物的使用，在桑树开花期间，用 70%甲基硫菌灵粉剂 1 000 倍液喷花，每隔 5 d喷一次，直至花期结束，一般喷 2～3 次可达到良好的防治效果。

2. 虫害防治　为害桑叶的主要虫害有桑尺蠖、桑螟虫、桑毛虫等，可采取人工捕杀幼虫及卵，用诱杀灯诱杀成虫，幼虫期用 80%敌敌畏 1 000 倍液、90%敌百虫 1 000 倍液喷杀。为害桑枝干的主要虫害是桑天牛，对桑天牛用人工捕杀成虫及卵，用铁丝从枝干上最新的排泄孔伸进去刺杀幼虫，或用注射针注入 80%敌敌畏 50～100 倍液杀死幼虫。

他其他病虫害如达到一定的危害程度，可参照《桑园用药技术规程》（NY/T 1027—2006）进行防治。

（十一）桑葚采收

桑葚充分着色时为适熟果。采果时轻采轻放，选采适熟果，不采过熟果、未熟果、病果和虫口果。采下的鲜果及时上市或加工处理，禁止挤压、堆沤。一般上午采果，鲜果及早上市或加工处理，不宜过夜。

二、无公害化管理

（一）果桑基地建址的选择

园址要选在符合无公害果品产地环境条件要求的生态条件良好的地区，远离工矿区和公路铁路干线，避开工业和城市污染源的影响，具有可持续的生产能力。种植地必须无工业“三废”及农业、城镇生活、医疗废弃物等污染。种植地的灌溉水、大气、土壤必须符合《无公害食品 大田作物产地环境条件》（NY/T 5332—2006）的规定，无重金属和农药污染。

（二）果桑品种的选择

无公害桑果的品种选择既要考虑消费市场的需求，品质优良，适销对路，又要结合当地自然条件选栽抗病、抗虫、耐旱、耐寒、耐瘠薄的品种，以减少生产过程中农药和肥料的投入。

（三）农药污染的控制

1. 农药使用的要求 在桑果的生产中农药是造成桑果污染、影响果品食用安全的主要原因。在无公害生产中病虫害的防治应坚持“预防为主，综合防治”的植保方针，以改善果园生态环境、加强栽培管理为基础，优先选用农业防治、人工防治和生物防治，提倡综合防治。注意保护和利用天敌，充分发挥天敌的自然控制作用。改进施药技术，最大限度地减少农药的使用量和使用次数。及时预测、掌握各类病虫的发生规律，抓早期、适期防治。改进、提高喷药技术，提倡低容量、细喷雾，以把病、虫、草等有害生物控制在生产允许的范围内，而农药在果实中的残留要控制在允许的最低水平之下为宜，并符合农药安全使用间隔期规定的标准。

2. 药物的选择

（1）严禁使用国家禁用的农药和未获准登记的农药。甲拌磷、乙拌磷、久效磷、对硫磷、甲胺磷、氧化乐果、杀虫脒、三氯杀螨醇、DDT、六六六、氟乙酰胺、福美砷等是禁用或未获准登记的农药，在果桑病虫防治中不能使用。

（2）限制使用的农药。乐斯本、抗蚜威、功夫、灭扫利、溴氰菊酯等。

（3）允许使用的农药。阿维菌素、吡虫啉、灭幼脲、尼索朗、螨死净、卡死克、菌毒清、腐必清、农抗120、代森锰锌、甲基硫菌灵、多菌灵、异菌脲、硫酸铜、石硫合剂、多氧霉素、百菌清等。

（四）肥料污染的控制

1. 施肥的要求 在无公害生产中，应根据土壤肥力和桑树的需肥规律确定施肥种类和施肥量。施肥要符合《肥料合理使用准则》（NY/T 496—2006）要求，提倡配方施肥，使用有机肥、商品有机肥和微生物肥料。

2. 肥料的选择

（1）尽量使用农家肥（土杂肥、腐熟的畜禽粪、沼气肥、作物秸秆肥、泥塘肥、饼肥等）但农家肥料无论采用何种原料制作堆肥，必须高温发酵，以杀灭寄生虫卵病原菌和杂草种子，使之达到无害化卫生标准。

（2）可以使用经登记获准的化肥、腐殖酸类肥、有机复合肥、无机复合肥、无机肥、叶面肥等。化肥与有机肥可混合施用，但无机氮与有机氮之比不超过1∶1；化肥也可与有机肥、复合微生物肥配合施用。最后一次肥须在收获前30 d进行。

（3）禁止使用含氮复合肥和硝态氮肥，禁止使用未经无害化处理的城市垃圾或含有重金属、橡胶和有害物质的生活废物。城市生活垃圾一定要经过无害化处理，质量须符合国家相关要求。硝态氮肥、未腐熟的人粪尿和未登记获准的肥料产品不能使用。

（五）灌溉用水标准

灌溉用水必须经过有关部门测定，水质合格、无污染。水不能用未经处理的工厂废水。灌溉水水质符合《农田灌溉水质标准》（GB 5084—2005）要求，无重金属和农药污染。

（六）贮藏和销售过程中污染的控制

适时采收以提高桑果的货架寿命和贮藏质量。贮藏过程中尽量减少防腐剂和保鲜剂的使用。保证采收、贮藏及运输设备卫生、洁净、密闭，减少微生物及外界环境对桑果的后期污染。

第六十七章　阿月浑子

概　　述

阿月浑子（*Pistacia vera* L.）商品名称“开心果”，维吾尔语“皮斯坦”，为漆树科（Anacardiaceae）黄连木属（*Pistacia*）落叶小乔木，是世界四大坚果树种之一，亦是我国珍贵的木本油料树种和干旱荒漠区防沙治沙、水土保持的理想树种。

阿月浑子是最早被人类栽培利用的果树之一。在西亚有 3 500 余年的栽培历史，中亚有 2 500 余年的栽培历史，在地中海沿岸的意大利也有 1 500 余年的栽培历史，后逐步扩展至希腊、西班牙、法国、叙利亚、黎巴嫩、巴勒斯坦、突尼斯、阿塞拜疆、美国、澳大利亚、南非等国。目前，阿月浑子的栽培范围遍及亚、非、欧、美四大洲的 20 多个国家。

我国对阿月浑子记载最早的唐代《酉阳杂俎》一书说：“胡榛子阿月生西国，蕃人言与胡榛子同树，一年榛子，二年阿月。”已有 1 300 余年的历史。药书《海药本草》记载：“无名木实号为无名子，波斯家呼为阿月浑子，状若榛子，味辛、无毒。”从以上书籍的记载中可推断：中国人民对阿月浑子的最初了解来自西亚，很可能来自古波斯。新疆维吾尔族人民称阿月浑子为“皮斯坦”，与伊朗语“pistan”语音相同亦是证据之一。

新疆喀什地区保存的阿月浑子树，均为 20 世纪 20 年代引自乌兹别克斯坦安集延（Andijan）地区阿月浑子的实生后代，有近 90 年的引种栽培历史。新疆喀什地区保存的阿月浑子树在产量与品质方面同世界生产先进国相比差距很大。

我国最早引种新疆阿月浑子的为西安植物园。1962 年西安植物园自新疆疏附县伯什克然木乡引入阿月浑子种子种植成活，至 20 世纪 90 年代植株全部死亡。北京、云南、甘肃、河北、山东、陕西等地自 20 世纪 80～90 年代多次从新疆引进阿月浑子种子试种，但均未见试种成功的报道。

阿月浑子适应性较强。从北纬 28°～40°，东经 53°～77°，西经 116°～120°范围内都有栽培。亚洲的栽培国有巴基斯坦、阿富汗、伊朗、土耳其、吉尔吉斯、乌兹别克斯坦、土库曼斯坦、塔吉克斯坦、阿塞拜疆、叙利亚、黎巴嫩、中国等。欧洲的主要栽培国是地中海沿岸的意大利、希腊、西班牙、法国等。非洲的突尼斯、摩洛哥、阿尔及利亚、南非、马达加斯加等国也有种植。北美洲的美国加利福尼亚州、亚利桑那州，墨西哥的下加利福尼亚州、索诺拉州有种植。澳大利亚的新南威尔士州、维多利亚州自 20 世纪 80 年代以后也在发展阿月浑子种植业。

世界阿月浑子年总产量 43 万～52 万 t。种植面积及产量占据前三位的是：伊朗，约 35 万 hm^2，年产量 20 万～26 万 t；美国约 12 万 hm^2，年产量 10 万～12 万 t；土耳其约 6 万 hm^2，年产量 4 万～6 万 t。

美国阿月浑子生产已实现良种化、区域化和机械化。生产中的主栽品种为 Kerman、Joley 等，栽培区域集中在加利福尼亚州的萨克拉门托和亚利桑那州的图桑等地，耕作采收全部实现机械化作业。阿月浑子盛果期树平均每 667 m^2 产 209 kg，坚果产品行销欧洲、日本等高端市场。伊朗是传统的阿月浑子生产大国，20 世纪 80 年代以来大力推广应用 Badami、Kaleh Ghouchi、Akbari 等优良品种，合理灌溉科学施肥，产量及品质提高幅度很大，坚果产品行销阿拉伯国家和中国、东南亚市场。土耳其是自 20 世纪末以来，阿月浑子种植面积和产量提高最快的国家，新选育的 Siirt、Kirrmizi、Uzum 等主栽品种迅速在生产中推广应用，良种率高达 85%以上，灌溉施肥技术、机械化作业等经营管理措施涵盖全部生产园区，发展前景不容小视。

新疆是我国唯一的阿月浑子栽培区域，阿月浑子年总产量 2.2～2.5 t，进入 21 世纪以来，喀什地区的疏附、莎车、叶城、泽普等县，新定植阿月浑子面积曾达到 2 660 hm^2。但由于管理、资金和阿月浑子根颈腐烂病危害等因素，保存下来的面积仅有 130 余 hm^2。疏附县树木园 1.3 hm^2 阿月浑子 1983 年定植，2002—2003 年采用引进良种 Kerman、Badami、Jombo（E1）的穗条高接改造，2006 年平均每 667 m^2 产 61.3 kg，2007 年平均每 667 m^2 产量达 106.2 kg。坚果千粒重 1 076.7～1 286.7 g，开裂率 59.3%～90%，出仁率 49.1%～55.7%，其产量及坚果品质大大提高，特别是坚果品质已可与美国、伊朗产品相媲美。

世界阿月浑子年贸易量 25 万～35 万 t。伊朗阿月浑子年出口量 16 万～18 万 t。出口金额 13.9 亿～15.7亿美元，是仅次于石油的第二大出口产品。美国阿月浑子年出口量 6 万～8 万 t，出口金额 5.22 亿～6.96 亿美元。中国自 20 世纪 80 年代末开始进口阿月浑子，2005 年进口量达 4 万 t，进口金额约 3.48 亿美元。中国市场上销售的阿月浑子产品基本上来自美国、伊朗两国。

阿月浑子果仁营养丰富。据测定：果仁含脂肪 55%～70%、蛋白质 18%～25%、糖 9%～13%，纤维素 2.6%～4.6%，每 100 g 含维生素 C 21.74 mg、磷 446 mg、钾 969 mg、钙 785 mg。果仁生食具独特清香味，加作料烘烤后味道佳美，食品工业上常用于糕点、冰激凌等。阿月浑子油淡黄透亮，芳香可口，碘价 95.93，含油酸 51.8%～71.2%、亚油酸 17.4%～35.2%、棕榈酸 8.6%～11.1%、硬脂酸 0.2%～2.8%，为高档食用油，并可用于化妆品和医药行业。

《本草拾遗》记载："阿月浑子气味辛温无毒，主治诸痢、去冷、令人肥健。"阿月浑子坚果可防治心脑血管病、肾炎、肝炎、胃炎、肺炎及多种传染病。果皮配药可治皮肤瘙痒、内外伤止血、妇科调经等。树叶浸出液可治下肢湿痒。油可滋阴补肾，对结核病有疗效。枝条及叶片分泌物具强烈的驱虫作用。

阿月浑子树抗干旱风沙，耐贫瘠盐碱，能在干旱少雨的半沙漠戈壁地带生长，是西北干旱荒漠区适宜的治沙防沙和水土保持树种。阿月浑子树树姿及叶片、果实美观，寿命长达百年，极抗干热干旱，耐低温冻害，成年后，树体生长缓慢，是良好的绿化美化树种。

第一节　种类和品种

根据地理和气候因素，世界阿月浑子可划分为中亚、西亚和地中海两个地理气候种植区。在长期的生产和科研实践中，两个地理气候种植区的各个国家均培育并在生产中推广了各自的阿月浑子优良栽培品种。我国新疆阿月浑子科研人员在地产阿月浑子优树和国外阿月浑子优良品种引进筛选基础上，已初步确立了可在生产中推广应用的阿月浑子主栽品种。

一、种类

新疆地产阿月浑子按果实成熟期和形状可分为早熟、短果、长果 3 个类型。

（一）早熟阿月浑子

早熟阿月浑子占喀什地产结果树的 5%～7%。树势较弱、树姿开放。枝条节间短，发枝力弱。中短母枝结果为主，果穗短小，着果密集，坐果率 30%～40%。果实近圆形，阳面红色，坚果单粒重 0.4～0.6 g，开裂率 40%～60%，成熟期 7 月中旬至 8 月初。丰产性好，果实早熟。

(二) 短果阿月浑子

短果阿月浑子占喀什地产树的70%～80%。树势中庸，树姿半开张。新梢年生长20 cm左右，枝条节间中长，发枝力中。以中长结果母枝结果为主，果穗中等大小，坐果率20%～30%。果实近椭圆形，阳面浅红色，坚果单粒重0.5～0.7 g，开裂率50%～70%，成熟期8月初至8月底。产量中，果实品质一般，大小年结果现象严重。

(三) 长果阿月浑子

长果阿月浑子占喀什地产树的13%左右。树势强壮，树姿直立，主干明显。新梢年生长30～50 cm，枝条节间长，发枝力强。长结果母枝结果为主，果穗大而着果稀疏，坐果率15%～20%。果实长卵形，顶端尖，果面多浅黄色，坚果单粒重0.7～0.8 g，开裂率40%～50%，果实成熟期8月底至9月初。适应性强，较抗寒。

二、优良单株

(一) 4-1号

位于疏附县树木园内，母树27年生。树势较弱，树姿开放，枝条细长下垂，发枝力弱。长结果母枝结果为主，果枝率76.2%。结果母枝果穗数4.2个，果穗平均着果数27.7粒，坐果率24.2%。果实浅黄色，坚果近圆锥形，单粒重0.71 g，开裂率100%，出仁率52.9%，种仁浅绿色，味香。果实成熟期8月中下旬。单株最高产量4.2 kg，稳产。坚果开裂率及种仁品质佳，可作为仁用加工类型发展。

(二) 24-65号

位于疏附县树木园内，母树27年生。树势强，树姿直立，枝条短粗，发枝力中。中短结果母枝结果为主，结果母枝果穗数1.7个，果穗平均着果数15.5粒，坐果率13.4%。果实浅黄色，坚果长圆锥形，单粒重0.77 g，开裂率100%，出仁率51.1%，种仁黄绿色，味淡。果实成熟期8月底至9月初。单株最高产量2.7 kg。坚果开裂率高，大小年结实明显，可作为仁用类型发展。

(三) 26-9号

原母树位于疏附县树木园内，1998年死亡。树势较弱，树姿开放，枝条粗长，发枝力强。中长结果母枝结果为主，结果母枝果穗数3.2个，果穗平均着果数15.4粒，坐果率17.6%。果实浅黄色，坚果长圆锥形，单粒重0.73 g，开裂率96.7%，出仁率50.2%，种仁绿色，味香甜。果实成熟期8月中旬。单株最高产量5.0 kg，较稳产。生长势强，较抗寒。坚果开裂率及种仁品质优，可作为优良仁用类型发展。

(四) 4-12号

位于疏附县树木园内，母树27年生。树势强，树姿直立，枝条短粗，发枝力中。中短结果母枝结果为主，结果母枝果穗数1.5个，果穗平均着果数16.7粒。果实浅黄色，坚果长圆柱形，单粒重0.96 g，开裂率65%，出仁率52.2%，种仁浅绿色，味淡。果实成熟期9月上中旬。单株最高产量3.2 kg。大小年结实明显，生长势强，坚果大而美观，可作为带壳销售类型发展。

三、品种

(一) Kerman

Kerman品种原产伊朗克尔曼省。为美国目前栽培应用最广泛，产量最高的商业品种。我国新疆自1998年从美国加利福尼亚州、亚利桑那州引进少数Kerman品种穗条。该品种丰产性强，坚果品质较好，适宜性强，耐-25.7 ℃极端低温。

树势较强，树冠开张。树干灰褐色，基部树皮龟裂。多年生枝条灰白色，一年生枝红褐色，圆形隆起皮孔少，发枝力强，分枝角近90°。叶片大，椭圆形，叶色深绿，无毛，革质，有光泽。小叶3～7枚，多3枚。叶芽小，圆锥形，花芽中大，粗圆锥形。果实椭圆形，外果皮阳面红色，完熟时变蜡白色。坚果大，平均千粒重 1 067.70 g，开裂率 59.3%，出仁率 49.1%，空壳率 27.15%。种仁绿黄色，味淡。种壳基部有棱，光滑，乳白色。

属结实早，高产优质品种，但大小年结实明显。

在喀什地区，4 月上旬芽萌动，4 月中下旬开花，花期 5 d 左右。4 月下旬展叶，叶片生长期 22 d 左右。果实生长发育始于 4 月底，经 20 d 生长，至 5 月中下旬果实大小基本定型。果实硬壳期始于 5 月中下旬，6 月下旬种仁开始生长发育，7 月底至 8 月中旬种仁逐渐饱满，9 月上旬果实开始成熟，成熟期持续 20 d 左右。10 月下旬叶变色，11 月上中旬落叶。

（二）E1（Jombo）

原产伊朗克尔曼省。新疆自 2001 年引进少量品种穗条。E1 品种坚果品质优良，稳产性较好，适应性强，耐−25.7 ℃极端低温，可在新疆阿月浑子适生区发展。

树势中庸，树冠半圆形。树干灰褐色，基部树皮龟裂。多年生枝条灰褐色，一年生枝青褐色，圆形隆起皮孔多。发枝力中等，分枝角大于 90°。叶片小，卵圆形，全缘，叶色中绿，无毛，革质，少光泽。小叶 3～7 枚，多 3 枚。叶芽小，长圆锥形，花芽粗大，短圆锥形。果实椭圆形，外果皮阳面深红色，完熟时呈玫瑰红色。坚果特大，千粒重 1 286.70 g，开裂率 73.3%，出仁率 54.0%，空壳率 21.4%。种仁绿黄色，味香。种壳光滑乳白色。

该品种具有早实性强、产量稳定、品质好等特点。

在喀什地区，4 月上旬芽萌动，4 月中下旬开花，花期 6 d 左右。叶片始长期晚于开花始期 1～2 d 时间，5 月中旬叶片停止生长，叶片生长发育期 20 d 左右。果实生长发育始于 4 月底，至 5 月中下旬果实大小基本定型；果实硬核期始于 5 月中下旬，种仁生长发育始于 6 月下旬至 7 月上旬，7 月底至 8 月中旬种仁逐渐饱满。9 月上旬果实开始成熟，成熟期持续半个月左右。10 月下旬叶变色，11 月中下旬落叶。

（三）E4（Badami）

原产伊朗克尔曼省，为伊朗推广应用最广泛的主栽品种。新疆自 2001 年引进少量品种穗条，高接在地产阿月浑子实生树上进行引种观察。经 8 年的试验观测和嫁接扩繁，确认 E4 品种丰产性强，坚果品质良，适应性强，耐−25.7 ℃极端低温，可在新疆阿月浑子适生区发展。

树势较强，树冠开展。树干灰褐色，基部树皮龟裂。多年生枝灰白色，一年生枝黄褐色，圆形隆起皮孔中多。枝条粗壮节间短，发枝力中等，分枝角小于 90°。叶片中大，卵圆形，全绿，叶色中绿，无毛，革质，少光泽。小叶 3～7 枚，多 3 枚。叶芽小，长圆锥形，花芽特大丰满，粗圆锥形。果实倒卵圆形，外果皮浅红色，完熟后呈土黄色。坚果大，平均千粒重 1 256.60 g，开裂率 90.00%，出仁率 55.70%，空壳率 18.62%。种仁绿黄色，味香甜。种壳乳白色，光滑。

该品种早实性强，丰产，坚果品质优，但大小年结实明显。

在喀什地区，4 月上旬芽萌动，4 月中下旬开花，花期 5 d 左右。4 月下旬展叶，5 月中旬叶片停止生长，叶片生长期 23 d 左右。果实生长发育始于 4 月底，至 5 月中旬果实大小基本定型。果实硬壳期始于 5 月中下旬，6 月下旬至 7 月中旬种仁开始发育，7 月底至 8 月上旬种仁逐渐饱满。9 月中旬果实开始成熟，成熟期持续 15 d 左右。10 月下旬叶片变色，11 月中下旬落叶。

四、授粉品种

（一）Peters

20 世纪 60 年代美国加利福尼亚州选出，属通用授粉品种。新疆 1998 年从美国引进，确认为 Kerman 品种授粉树。树势强健，树姿直立，枝条粗壮弯曲，发枝力中等。新梢年生长量 40.8 cm，平均着芽 19.0 个，雄花芽率 57.9%。母枝着生雄花序 3.4 个，花芽大而丰满，花序大，花粉量多，花期 4～6 d。雄花散粉期与 Kerman 品种雌花盛期吻合。

(二) 2-22号

原树位于疏附县树木园。树势健壮，树姿半开张。枝条短粗，发枝力强。新梢年生长量12.3 cm，平均着芽7.2个，雄花芽数3.6个，花芽率50.0%。母枝着生雄花序2.5个，花芽特大，花序中，花粉量特多，花期5～7 d。雄花散粉期与E1品种雌花开放期全程重合，为E1品种授粉树。

(三) 34-1号

原树位于疏附县树木园。树势中庸，树姿开张。枝条粗长，发枝力弱。新梢年生长量27.4 cm，平均着芽14.1个，雄花芽数5.4个，雄花芽率38.3%。母枝着生雄花序3.8个，花芽大，花序中，花粉量大，花期4～5 d。雄花散粉期与E4品种雌花期一致，为E4品种授粉树。

第二节　苗木繁殖

阿月浑子裸根苗移植成活率低。直播造林整地要求高，管理难度大，苗木保存率低。新疆阿月浑子育苗采用本砧，分为温室营养袋砧木苗培育、苗木定植后嫁接两个阶段。

一、温室营养袋砧木苗培育

(一) 种子采集和贮存

1. 种子采集　采种母树应选择生长健壮、无病虫害、成熟期早、果实中等大小，且坚果种仁饱满、长形种、空壳率低、开裂率高的壮龄树。适宜的采种期为果实外果皮蜡白变软，果实与果柄产生离层时，手摘或摇动树体采集。果实采收后24 h内完成脱皮工作，脱皮种子清洗后薄摊在凉席或筛网上晾晒，每天上下翻动2次。种子晒干后进行粒选，剔除空粒、小粒和畸形破碎种子后，即可入库贮藏。

2. 种子贮存　大量种子贮存多采用室内干藏法。待藏种子含水量不可高于8%，贮存温度－5～10 ℃为宜，空气相对湿度50%以下，通风透气。室内干藏法贮存的种子不宜超过半年。少量种子可放入冰箱、冰柜、冷冻室内贮存，1～3年种子发芽率下降不超过5%。

(二) 种子处理

1. 浸种灭菌　贮藏种子沙藏前需浸种。将种子在水中浸泡3～5 d，每天换水1次，换水前捞除漂浮的空粒及不饱满种子。浸种后用0.1%高锰酸钾药液浸种灭菌15 s，捞出种子控水后沙藏处理。

2. 沙藏　选择地势高、背风向阳、排水良好及无鼠害的地段挖沙藏坑。坑深1.0～1.2 m，宽1.0 m，长度视种子量确定。沙藏用沙子，以干净、细小、均匀河沙为宜，河沙过筛去除杂质后，用0.1%高锰酸钾药液搅拌消毒，河沙湿度以手握成团而不滴水为宜。种子与河沙体积按1∶4比例混合。沙藏坑底部铺放10 cm纯沙后，将种子和沙混合物放入坑内，厚度30～40 cm，上面再覆盖20 cm纯湿河沙。为防霉烂，坑中间间隔0.7～1.0 m竖放一束草把。沙藏50～60 d后，即可将种子取出，放入温室内催芽。

3. 催芽　将已经沙藏后种子清水洗净后，用0.1%高锰酸钾药液浸泡15 s钟捞出，平放在湿麻袋或大布上，在室温15～25 ℃室内催芽，每天早晚洒水1次，每2 d将麻袋或大布用高锰酸钾药液浸泡消毒一次。约10 d部分种子吐白后，捡出吐白种子用100 mg/L生根粉液泡根后即可播种。

(三) 播种前准备

1. 营养袋　阿月浑子育苗用营养袋须选用质地厚实的温室大棚用塑料膜制作。营养袋高40 cm，直径不少于12 cm。在营养袋上口10 cm以下部位，打出4～5排、每排4～6个0.5 cm的透气排水孔。

2. 基质　基质构成为泥炭土、羊（鸡）粪、稻壳（锯末）、园土，比例为10∶2∶1∶1。购进的泥炭土放入坑内用水浸泡2～3 d，每天换水1次进行脱盐碱处理，摆放在场地上进行晾晒后，粉碎过筛备用。羊（鸡）粪和稻壳（锯末）应在前一年 9 月前购进，分别放入坑内（稻壳或锯末加撒 1.0%尿素水溶液搅拌），用土封压后，立即灌水促其腐熟，第二年 2 月将已充分发酵腐熟的羊（鸡）粪和稻壳、锯末掘出坑外，粉碎过筛。按基质构成比例倒入搅拌机内，加 0.5%磷酸液和 0.5%甲醛液充分搅拌后，集中堆放并用塑料布覆盖进行消毒处理，10 d 后揭除塑料布透气 3～4 天，装袋。

3. 温室准备 温室内挖 40 cm 深小畦，畦间隔 3～4 m 用砖和水泥砌隔墙，并摆放固定营养袋的木架，每个畦内放置 2～3 排木架，木架间留出 30～40 cm 的工作带。温室扣棚时间不能晚于 2 月 20 日，扣棚后用 1∶1 的高锰酸钾和甲醛混合物对温室进行熏蒸消毒处理，1～2 d 亮棚透气。亮棚透气后，将装填基质的营养袋 7～10 个一排，整齐排放在温室小畦的木架内，3 月 5 日前完成营养袋摆放工作。

（四）播种及苗木管理

1. 播种 温室气温稳定在 15 ℃以上，营养袋基质温度在 10 ℃以上、相对含水量 70%时，即可播种已吐白的种子。每袋播种 2～3 粒，覆土深度 1.5～2.0 cm。在适宜温、湿度条件下，播种后 7～10 d种子开始出土。种子出土前无须淋水或浇水。温室气温低于 12 ℃时需生火增温，否则易发生烂种。播种后至种子出土前温室全天加盖草帘或棉被，以利于保温和种子出土。

2. 苗木管理

（1）幼苗期管理。苗木出土至 4～6 片真叶生成为幼苗期。时间为 3 月中下旬至 4 月上旬。温室内气温保持在 15～25 ℃，晚上温室大棚上覆盖草帘或棉被，11:00 时揭除温室覆盖物，白天室外气温 20 ℃以上时，揭开塑料棚底部，打开后墙通风孔，促进温室内空气流通，降低温室内湿度。幼苗期苗木不浇水，隔 2～3 天用喷壶对苗木喷水一次。

（2）苗木速生期管理。幼苗 4～6 片真叶至新梢第一次生长停止、苗木根颈部半木质化为苗木速生期，时间为 4 月中旬至 5 月中旬。4 月中旬以后白天逐步加大塑料棚开口面积，夜间盖棚保温，可逐步减少覆盖物直至全部去除。4 月底以后白天逐步亮棚。25～30 d 苗木浇水一次，深度 15～20 cm 为宜，畦内不得积水。

（3）苗木后期管理。5 月中旬以后苗床的营养袋苗木进入后期管理阶段。后期管理的主要任务是促进苗木根系等的全面生长发育和枝干加粗生长。隔 25～30 d 浇水一次，15 d 左右喷施 0.2%磷酸二氢钾＋尿素液一次。9 月将温室营养袋苗木移出，摆放在深 45 cm、宽 1.0～1.2 m 的条状沟内，10 月上中旬浇透水一次，11 月中下旬覆盖草帘防寒越冬。

二、嫁接苗培育

一般为当年或一年生营养袋苗木移植定植到园地内，第二、第三年再对已定植苗木（幼树）进行“坐地苗”嫁接。

（一）采穗圃建立

应按主栽品种、授粉品种分别建立品种采穗圃。采穗圃株行距（2～5）m×6 m。可利用现有阿月浑子林，视树体大小，采用春季枝接或夏季芽接方法高接改造而成；或先定植砧木苗，2～3 年后嫁接改造建立采穗圃。

采穗圃植株嫁接高度控制在 70～80 cm。为提高接穗产量，应采用多头或多枝嫁接方式，尽量多增加嫁接枝头。采穗时采集全树一年生枝或新梢数量的 1/2 或 2/3，枝条基部留 3～4 个芽短截。为延长采穗圃使用年限，每年早春应对采穗树上端一年生根条留 2～3 个芽短截，芽萌发后每个已短截枝上选留 1～2 个芽，培育成新的采穗枝条，及时抹除其他萌芽（枝）。

（二）嫁接技术

1. 芽接

（1）砧木处理。定植 2～3 年的砧木实生树，春季芽萌动后，在主干 50～60 cm 处截干或打顶，

芽萌动后，选留生长健壮、部位适中的萌芽（枝）1～3 个培养为当年芽接砧木新梢，及时抹除其他萌芽枝。6～7 月砧木新梢粗度达 0.6 cm 以上时即可进行芽接。

（2）芽接方法。盾形芽接、方块芽接、T 形芽接均可。砧木新梢芽接枝顶端留 2 片叶剪砧，芽接切口选择枝条外侧直立光滑部位，先在砧木上割划切口，后切取接芽嵌入切口，用塑料条扎紧即可。接芽应选取品种采穗树上当年生长发育新梢枝中部的叶芽，接穗随采随接，贮存时间不要超过 24 h。

（3）芽接树管理。芽接树嫁接前及嫁接后 7 d 内不能浇水。嫁接 15～20 天接芽长至 1.0～1.5 cm 时松绑，接后间隔 5 d 抹芽除萌一次。8 月底停肥停水，接芽枝长至 30 cm 时打顶摘心，促使接芽新梢木质化。当年芽接新梢 11 月下旬需用布条包扎，以利安全越冬。

2. 枝接　阿月浑子适用于插皮枝接。枝接树龄 4 年以上，砧木接口粗度不小于 3.0 cm。新疆一般在展叶后的 4 月中旬至 5 月中旬进行。接穗为低温贮存的一年生营养枝，长度 15～20 cm，接穗上保留 3～5 个叶芽。

枝接前后 7 d 内不得浇水。25 d 后检查是否成活。已成活枝可逐步敞开塑料袋口，45 d 后割断线绳，全面敞开袋口，但不要拆除纸袋、泥土等包扎物。枝接 5～7 d 除萌抹芽一次。未活接口选留 1～2个萌芽（枝），以备夏季芽接补齐。枝接新梢长至 30～40 cm 时绑支架保护。11 月下旬对当年枝接新梢用布条进行包扎，以利安全越冬。

三、砧木苗标准及运输

（一）砧木移植苗木标准

新疆阿月浑子温室营养袋砧木苗有当年 5 月上中旬和第二年早春两个移植时期，以育苗当年 5 月上中旬移植为宜。砧木移植苗木标准质量等级详见表 67－1。

表 67－1　砧木移植苗木标准质量等级

苗木等级	当年生苗木			一年生苗木		
	Ⅰ	Ⅱ	Ⅲ	Ⅰ	Ⅱ	Ⅲ
地径（cm）	0.35 以上	0.34～0.25	0.24 以下	0.55 以上	0.54～0.40	0.39 以下
苗高（cm）	20 以上	19～15	14 以下	30 以上	29～20	19 以下
主根长（cm）	40 以上	39～25	24 以下	40 以上	39～30	30 以下
侧根数（条）	7 以下	6～4	3 以下	9 以上	8～6	5 以下
毛细根（条）	密网状	筛网状	稀疏	密网状	筛网状	稀疏

注：Ⅰ、Ⅱ级苗木为合格苗木，可出圃移植，Ⅲ级苗木为不合格苗木，不得出圃移植。Ⅰ、Ⅱ级苗木可按地径或苗高指标分级归类，后分级移植便于管理。

（二）苗木运输

苗木运输前，营养袋内须灌透水一次。运输过程中车棚加盖棚布防风吹日晒和营养袋基质失水，长途运输注意及时为营养袋浇水。大量苗木调运时，需制作专用苗架，架高 60～70 cm，摆放不得多于 4 层。营养袋苗木整齐排放在运苗架内，空隙处用稻麦草填实。

第三节　生物学特性

一、生长特性

阿月浑子为落叶小乔木，寿命可达数百年，雌雄异株。成年树高 4～7 m，树冠呈圆形或半圆形，干基部萌枝能力强，常自然形成丛生状树形。

（一）根

阿月浑子为深根性树种，主根极发达。1～2 年生幼树主根生长量大，是地上茎干生长量的 8～12 倍，少有侧、须根发生。3 年生以后开始形成较完整的侧、须根等。在干旱的沙地上，成年树主根可深达 7 m 以下，侧根水平延伸半径超过 10 m，根冠比约为 2。成年阿月浑子侧根、须根集中分布在 30～70 cm 的土层中，占总根量的 70%～80%。水平根分布则集中在以树干为圆心的 3 m 半径范围内，外缘大致与树冠边缘一致。

3 月中旬至 4 月中旬，当土壤温度上升 7～13 ℃时，为根系生长高峰期，并开始给地上部生长输送水分和营养；6 月下旬根系生长停止；9 月上旬至 10 月中旬，果实成熟采收后，根系进入年第二次生长高峰；落叶期根系生长停止并逐步进入休眠期。

（二）芽和枝

阿月浑子为雌雄异株植物。成年雌株上着生叶芽、雌花芽；雄株上着生叶芽、雄花芽；未曾开花结实的幼树只有叶芽。

1. 芽

（1）叶芽。萌发后仅长成枝和叶片。根据着生部位和形态特征的不同分为定芽和不定芽两类。开花结实树的叶芽多着生在当年生枝条的顶端和中下部的叶腋处，芽呈三角形，细瘦，较花芽小。不定芽则多集中在主干基部和多年生枝条下部，具寿命长、数量多、萌发部位不定等特点。

（2）雄花芽。萌发后形成圆锥状雄花序，开花散粉后脱落。雄花芽多着生于当年生枝条中上部的叶腋内。雄花芽大而丰满，呈粗圆锥状。

（3）雌花芽。萌发后形成圆锥状雌花序，开花授粉后形成果穗。雌花芽多着生于当年生枝条中上部的叶腋内，呈细圆锥状。

2. 枝条 阿月浑子枝条可分为营养枝、结果母枝和雄花枝 3 种。

（1）营养枝。长度 30 cm 以上，只着生叶芽和叶片的枝条，又称生长枝。营养枝又可分为发育枝和徒长枝两类。

① 发育枝。由上年叶芽生长发育而成，萌发后只长枝叶不结果。发育枝是扩大树冠，增加树体营养面积，形成雄花枝和结果母枝的基础。

② 徒长枝。多由枝干基部的休眠芽或不定芽萌发生长而成，其枝条直立，节间长，生长量大，组织不充实，生长部位不确定。徒长枝数量过大，会紊乱树形，消耗养分，需及时加以控制。但在老树更新、枝组培育方面有利用价值。

（2）结果母枝。着生雌花芽和叶芽的枝条。叶芽着生于结果母枝的顶端、基部和上部，顶端叶芽萌芽后延长生长形成延长枝，基部和上部叶芽萌发生长形成分枝，不萌发叶芽则形成休眠芽（隐芽）。雌花芽多着生在结果母枝的中上部，第二年雌花芽萌芽形成雌花序，开花授粉后形成果穗，果实采收（成熟）后果穗自行脱落。

结果母枝顶芽（叶芽）1 年内可发生 2～3 次生长，形成夏、秋梢。夏、秋梢上当年不能形成雌花芽，并常造成春梢上已形成的雌花芽脱落。

阿月浑子开花结果枝均为二年生枝，即第一年叶芽生长发育形成有雌花芽的结果枝，第二年开花结实。自然生长的阿月浑子结果树结果部位随树冠的扩张逐年外移，树膛内部几乎不见果实。

（3）雄花枝。着生雄花芽和叶芽的枝条。叶芽多着生在枝条的顶端和中下部。雄花芽多着生在枝条的中上部，第二年雄花芽萌发形成雄花序，开花散粉后自行脱落。

阿月浑子未结果树枝条直立生长，分枝角度小，年生长量大，枝条年生长量可达 40～60 cm，具有明显的层性分枝特点。结果树枝条分枝角度逐年加大，枝条开始下垂，枝条年生长量 10～20 cm。

（三）叶

阿月浑子叶为奇数羽状复叶，一年生苗木及大树徒长枝基部常见单叶。小叶 3～7 片，以 3 片具

多，椭圆形或长卵形，长 7.0～13.1 cm，宽 3.5～9.5 cm，草质，无毛，全缘，先端钝圆或微尖。叶脉突出于叶肉，中脉浅绿色至浅红色，侧脉 15～25 对。叶片上下表皮厚且革质化。

二、开花与结果习性

（一）花

阿月浑子花为圆锥花序，分雌花和雄花两种。

1. 雌花　雌花芽第二年萌发生长后形成圆锥花序。花序长 10～20 cm，着生小花数十至数百朵，坐果率 3.0%～40.3%。每个结果母枝上着生雌花序 1～7 个，多为 3～4 个。结果母枝靠上的雌花序坐果率高，坚果也较大。在新疆喀什地区雌花开放期为 4 月中下旬，花期 5～7 d。雌花开花授粉后 7 d左右，生长发育及授粉不良的小花开始脱落。

雌花芽分化始期，在新梢停止生长后的 7～10 d，时间上与果实速生期重叠。在新疆喀什地区雌花芽于 5 月 10 日左右开始花芽分化，5 月底至 6 月中旬已能从芽的外部形态上识别出叶芽和花芽。

阿月浑子大小年结实情况明显，但与前一年花芽形成的数量无直接关系。无论结实的大年或小年，当年春季新梢上均可形成雌花芽，在果实种仁发育期的 6 月底至 7 月中旬，结果量大的树花芽大量脱落，而结果量少的树则花芽很少脱落。可说明花芽脱落的主要原因是果实种仁发育争夺树体营养所致。通过肥水管理和疏花疏果调控产量等技术措施，可减少大小年现象。

2. 雄花　雄花芽第二年萌发后形成圆锥状花序，序长 5～10 cm，开花散粉后自行脱落。雄花枝上着生雄花序 2～8 个，多为 3～4 个。雄花开放时间为 4 月中下旬，花期 3～5 d。阿月浑子系风媒花，花粉飞翔能力很强。雄株上雄花芽数量多，每个开放的雄花序有小花 720～7 800 朵，散发的雄花粉数量巨大。在建立品种无性系生产园时，雄株（授粉品种）与主栽品种的配置比例可为 1∶（10～20）株。

3. 花芽分化　阿月浑子花芽着生于结果枝中上部的叶腋内。在新疆喀什地区，当年新梢停止生长后，在 5 月中上旬花芽开始分化，至 6 月底已分化的花芽可从外部形态上识别出来，7～9 月已分化花芽进入休眠期。第二年 3 月中上旬花芽开始膨大，4 月中下旬开花。从花芽分化到开花需 2 个年头约 11 个月的时间。

（二）果实

阿月浑子果实为核果类坚果。外果皮为肉质状薄皮，果实成熟时变软，蜡白，并于种子分离。内果皮随果实生长发育，逐渐变硬骨质。种皮为膜质薄层，果实成熟时变为纸质，紫色。坚果卵圆形、长圆形或扁长圆形。种仁 2 瓣，浅绿色至乳黄色。一般小粒果实生育期短，种仁发育期早，果实成熟亦早。大粒果实生育期长，种仁发育期晚，果实成熟期亦晚。

（三）结果习性

阿月浑子实生树 8～12 年开花结实，18～20 年进入盛果期，经济寿命可达 200 年以上。阿月浑子品种嫁接苗木定植 4～5 年开花结实，大树高接改造后第二年可形成花芽，第三年开始结实，第四年最高株产量可达 4.8～6.1 kg（各品种间有差异）。阿月浑子大小年结实、空壳率、开裂率三大问题是其栽培上的一个世界性难题。

1. 果实发育　雌花开花授粉后，果实即开始发育，果实发育期 90～160 d。4 月中旬至 5 月中旬为果实速生期，果实的直径增长很快，5 月底果实大小已基本定型；5 月中旬至 6 月底为种壳木质化、骨质化发育期，7 月底种壳已基本骨质化；种胚在 7 月之前基本不发育，果实呈空壳状。6 月底至 9 月初为种仁速生期，种仁由“水浆”状发育至“嫩酥”再至“干脆”成熟，发育期 30～50 d。

果实成熟后，外果皮与种皮（壳）分离，果皮蜡白变软，果柄产生离层，不及时采收果实自行脱落。同一株树上果实成熟期可相差 10～15 d，需分 3～4 次采收。通常树体外围的果实成熟早，内膛果实成熟晚；同一果穗上的果实成熟则是随机的，无规律可循。同一品种树，早熟的果实坚果开裂率高，晚熟的果实开裂率低，早熟和晚熟果实开裂率可相差12.7%～34.2%。

果实采收后应在24 h内进行脱皮、清洗、晾晒等采后处理工作。果实采后如超过24 h脱皮，则坚果外种皮（种壳）颜色变黄变黑，影响坚果种皮外观，产品商品价值降低。

2. 花芽脱落 阿月浑子成果树大小年结实情况表现严重，同一品种结实树大小年坚果产量相差极大。调查结果表明：无论结果大年还是小年，阿月浑子结果树都有足量的花芽分化形成，只是在夏季花芽脱落的程度不同。结果大年树形成的花芽，在7～8月大部分甚至全部脱落；而结果小年树则脱落很少，一般花芽脱落量不超过20%。

阿月浑子花芽在夏季7～8月间的脱落，与此期种仁的速生发育期相一致。结果树大年果实的生长发育加剧了当年新梢上已形成花芽的大量脱落。果实的不同发育期对花芽脱落的影响程度亦不同，果实速生期的5月底至6月底，花芽脱落少，种仁发育期的7～8月，花芽脱落加重，占全部脱落花芽总量的80%以上。种仁发育可能是造成花芽脱落的根本原因。

结果大年通过疏花疏果可减少花芽脱落的数量。疏花疏果越多，花芽脱落程度越轻，第二年结果数量显著提高。采用大年疏花疏果，小年6～7月适当疏除部分当年新形成花芽的方法，可减轻阿月浑子树大小年结果情况。

3. 坚果开裂率 阿月浑子坚果开裂率的高低与品种类型、结实的多少、果实成熟的早晚、果实着生的部位、年度积温、高温等因素相关。新疆喀什地产实生阿月浑子平均坚果开裂率仅为49.7%；引进国外阿月浑子优良品种高接树，坚果开裂率为59.3%～90%。同一品种树结果大年和高产单株坚果开裂率偏低，开裂率降低8.4%～19.1%。成熟早的果实坚果开裂率较高，成熟晚的果实坚果开裂率降低，最晚成熟的果实坚果开裂率仅为正常平均开裂率的50%～70%。树冠外围果实坚果开裂率高，内膛果实坚果开裂率低，较外围低10%～12%。初果树和衰老树果实开裂率偏低，盛果树果实开裂率较高。气温偏低、降水量多的年份，果实开裂率下降。开春早、气温高、极端高温达40 ℃以上、相对干旱的年份，果实开裂率较高。

提高阿月浑子坚果开裂率的栽培措施包括选择坚果开裂率高的品种类型，适生立地条件特别是气候类型区划，科学整形修剪技术，疏花疏果等综合良种良法配套技术的实施。

4. 坚果空壳率 阿月浑子坚果空壳率高，一直是困扰其生产的技术难题之一。新疆喀什阿月浑子坚果空壳率在20%～80%，坚果空壳率同品种类型、结实量的多少、果实成熟的时间、开花授粉期气候条件等因素相关。喀什地产实生结果树不同植株间坚果空壳率为0～100%，差异极大，平均坚果空壳率37.2%。国外引进优良品种高接树坚果空壳率在29.3%～40.7%。丰产高产品种类型树坚果空壳率高，结实大年树坚果空壳率高；低产品种类型树结实小年树坚果空壳率低。盛果树坚果空壳率低，衰退树坚果空壳率高。同一品种树，果实成熟早的坚果空壳率低，果实成熟晚的坚果空壳率高。树冠外围果实坚果空壳率低，内膛果实坚果空壳率高。开花授粉期，气温偏低，温度变化大，大风沙尘天气年份，坚果空壳率普遍较高。

减少阿月浑子坚果空壳率应从栽培品种类型选择、授粉树（品种）配置、科学修剪和疏花疏果、灾害性气候防控、科学施肥浇水等综合技术入手。

三、物候期

新疆喀什阿月浑子全年生长期180～210 d。物候期因栽培区域、品种类型、不同年份气候条件的不同呈现差异。气温，特别是有效积温是影响阿月浑子物候期的主导因子。

阿月浑子早春根系活动期与芽萌动期一致，3月底根系生长进入高峰期，至6月底第一次根系生长停止，9月上旬至10月中旬根系进入第二次生长高峰期，11月上旬落叶期根生长停止。

春季日平均气温稳定在10 ℃以上时，芽开始萌发，时间为4月中上旬。新梢伴随着展叶开始伸长生长，新梢速生期 15～20 d，5 月中旬新梢生长停止，幼树及健壮树可萌生夏梢和秋梢，6 月底至 7 月中旬新梢有一个加粗生长期。叶片速生期 18～22 d。5 月中旬叶片大小已基本定型，10 月下旬至 11 月上旬为落叶期。11 月下旬至第二年 3 月初，树体进入冬季休眠期。

雌、雄花开花期为 4 月上中旬，花期 3～5 d。雌花授粉后，子房生长发育形成果实，5 月底果实大小已基本定型。6 月底至 8 月初果实外果皮开始着色，种仁开始发育生长，30～50 d 种仁发育成熟。果实成熟期 7 月底至 9 月底。阿月浑子地上部各器官相关物候图见图 67－1。

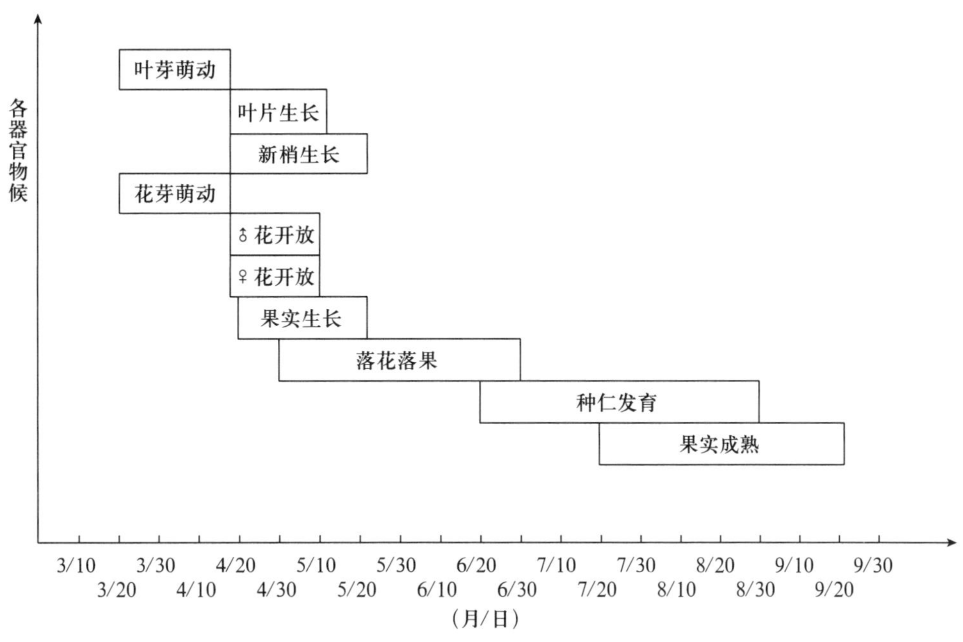

图 67－1　阿月浑子地上部各器官相关物候期

根系的年内两个生长高峰期均为地上部各器官生长发育相对缓慢或停止期。花芽分化期则为枝叶、果实生长停止，种仁发育尚未开始的 5～6 月。各器官除根系第二次生长高峰、果实成熟外，其他器官生长发育均在上半年内完成。

第四节　对环境条件的要求

阿月浑子对适生条件要求较为严格，在不适宜区域栽培虽能生存，但树体生长发育不良，开花结实困难，坚果品质下降，不能形成有市场竞争力的产品，作为经济林栽培无实际意义。

一、温度

阿月浑子树属喜温树种，适宜在年均温 12 ℃以上，极端低温－26 ℃以上，极端高温 38 ℃以上，年≥10 ℃积温 4 000 ℃以上，年无霜期 200 d 以上地区栽培。无霜期 200 d 以上可满足周年生长发育的需要，38 ℃以上的极端高温有利于坚果种仁的生长发育，可提高坚果的开裂率和开口程度，产品商品性好。极端低温－26 ℃以下时，阿月浑子 1～2 年生枝条受冻，当年绝收。年≥10 ℃积温不足 4 000 ℃时，果实成熟期延后，种仁生长发育不良，坚果开裂率、出仁率下降，空壳率增加。

新疆喀什阿月浑子萌芽开花期的 4 月上中旬，日均气温为 13 ℃。果实速生及花芽开始分化的 5 月间，日均气温 17.3 ℃。花芽分化及种仁发育的 6～7 月，日均气温 22.7 ℃。种仁发育、果实成熟的 8 月间，日均气温 26.1 ℃。历年 7 月平均最高气温 32.2 ℃，7～8 月极端最高气温 41.6 ℃。

二、光照

阿月浑子喜光。年日照时数 2 600 小时，生长期日照时数 1 600 小时以上，方能保证树正常生长发育。光照不足，阿月浑子新梢生长停止晚，枝细弱，花芽分化数量减少，果序坐果率下降，落花落果加重，果实成熟期延后，坚果粒小，出仁率、开裂率降低，坚果品质下降。阿月浑子结果树树冠外围结果母枝较内膛结果母枝结果量高，坚果大，开裂率高，也与光照条件好有关。新疆喀什阿月浑子栽培区，年日照时数 2 802 小时，阿月浑子年生长期内，平均日照时数 13.4 h。4 月平均日照时数 12.2 h；5 月平均日照时数 13.7 h；6～7 月平均日照时数 13.8 h；8 月和 9 月平均日照时数分别为 13.6 h 和 13 h。从光照条件看，新疆的喀什、和田、阿克苏等地应是阿月浑子栽培适生区。

三、水分

阿月浑子适宜干旱气候，生长季节降水量高于 150 mm 时，春季开花授粉、坐果受影响，夏季叶部病害发生严重，秋季果实流胶，种皮变黑，种仁霉变。新疆喀什阿月浑子栽培区，年降水量 37.5～82.8 mm，4～9 月空气相对湿度超过 50%，干燥度 12 以上。但有灌溉条件，阿月浑子生长结实情况良好。

阿月浑子需干燥的气候，但对土壤水分状况要求较高，阿月浑子适宜的土壤相对含水量以 70% 为佳。土壤含水量过高时，坐果率下降，落花落果加重，新梢生长细弱，果实成熟期延后，果皮流胶，产量品质下降，特别是在本砧情况下，常诱发根茎部腐烂病发生，造成植株死亡。土壤含水量过低时，新梢生长量小，落果严重，花芽形成量少且易脱落，叶片小、叶多、色浅且提前落叶，果实粒小且不饱满。

四、土壤

阿月浑子对土壤的要求不严，能在多种类型的土壤中生存。适宜的土壤为质地轻的沙壤土、沙石、砾质沙土，土壤 pH7.4～8.2，土壤盐碱总量低于 0.3%。地下水位高，土壤黏重的地块上生长的阿月浑子树势弱、树冠小、产量低、坚果品质差，且易发生根茎部腐烂病。

第五节　建园和栽植

一、建园

(一) 园地选择

应在阿月浑子栽培适生区域内选择。绿洲内部避免选择前期或周围种植棉花的地块建园；避免在低洼地、土壤黏重、地下水位高、盐碱重的地带建园。

(二) 园地规划

园地规划包括小区面积及形状、道路系统、水利系统、防护林及附属建筑物等。

1. 小区（作业区）规划　阿月浑子商品性生产园的小区面积以 6.7 hm^2 为宜。小区形状以长方形、南北向为宜，其长边与主风向之间的夹角不大于 30°。

2. 道路系统规划　道路规划应与小区、渠系、防护林带、输电线路、附属建筑物等相结合。主路贯穿全园，外接公路，内连支路，路宽 6～8 m。支路为各小区的分界线，与主路垂直相接，路宽 4 m左右。小路设在小区内，为田间作业路，宽 2～3 m，与支路垂直相接。

3. 水利系统规划　灌水系统包括输水渠和灌溉渠，灌水系统应与路、防护林配合设置。输水渠贯穿全园，位置要高，设在园地高侧，外接引水的干、支渠，内连灌溉渠，比降为 0.2%。灌溉渠设在小区内，与输水渠垂直相接，直接浇灌果树，比降为 0.3%。大型阿月浑子生产园区，可设置支

渠、农渠两级输水渠，即水源由外界干渠引入支渠，再由支渠输入农渠，后由农渠输入灌溉渠进入果园。在各级渠、路交接处设置闸门、涵管、桥梁等设施。

排水系统也设输水渠和排水渠两级，输水渠与外界总排渠相接，排水渠连接输水渠。在绿洲上缘地下水位极低的戈壁砾石沙土地带建园，可不设置排水系统。

4. 防护林规划　新营建的阿月浑子生产园，必须进行防护林规划和建设。新疆多采用新疆杨、沙枣、红柳等树种作为防护林树种。主林带方向与当地主风向垂直，由4～8行新疆杨、1行沙枣和1行红柳组成，主林带间距200～300 m。副林带方向与主林带方向垂直，由2～3行新疆杨组成。主、副林带株行距（2.0～2.5 m）×（1.0～1.5 m）。

防护林规划应与路、渠相结合。林带与最近果树距离不少于15 m。防护林带建设最好在建园定植苗木前完成。

5. 周围建筑物　园地建筑物包括办公室、库房、果品加工及贮藏室、宿舍、食堂等。一般应建在交通便利、生活生产方便的园地中心地段。

二、栽植

（一）栽植时间及方法

1. 栽植时间　阿月浑子营养袋砧木苗可当年育苗当年栽植，栽植时间5～7月，以5月中下旬栽植为佳。一年生营养袋砧木苗3月中下旬栽植为宜。

2. 栽植方法　栽植密度4 m×6 m或5 m×6 m均可。必须做垄栽植，垄上宽35～40 cm，高25～30 cm，下宽60～70 cm。在垄的一边斜坡挖定植坑，定植坑规格为50 cm×50 cm×50 cm，坑底填5 kg有机肥，加土搅拌后，填土5 cm备用。营养袋苗木栽植前1～2 d浇透水1次。先将营养袋放入定植坑内，填土使苗木根颈部与垄顶平行，取出营养袋，撤去底部塑料布，利刀自下而上划割至塑料袋2/3处，填土至坑深2/3处踏实，利刀将塑料袋剩余部分全部划开，继续填土至垄顶平行，一手按住苗木茎部，一手提出塑料袋，加土踏实。苗木栽植后加修定植垄。

（二）栽植后管理

当年生苗木栽植后，需对苗木进行遮阴处理。用带叶树枝围扎在已定植苗木周围，以全部遮盖苗木为宜，如以芦苇及不带叶或少叶树枝围扎，则顶部需加盖长草。遮阴处理至少需维持15 d左右时间。

1. 浇水及松土除草　苗木定植后立即浇水一次，及时扶苗培土固垄，20 d左右浇第二次水，以后30～40 d浇水一次，浇水后及时对定植坑进行松土除草。8月底停水，10月下旬灌越冬水。

2. 苗木埋土　11月中下旬土壤结冻前，对定植苗木进行埋土越冬保护工作。1～3年定植苗木要求全株埋土，埋土厚度15～20 cm。4年以上幼树主干部分埋土，埋土深度50 cm以上。

（三）授粉树配置

阿月浑子为雌雄异株植物，在建立商品性生产园时需注意主栽品种（雌株）与授粉品种（雄株）的配置问题。

1. 授粉树配置比例及方式　授粉树配置比例和方式的确定，主要是在能满足主栽品种充分授粉前提下，最大限度减少无生产能力的授粉品种的株数。适宜的阿月浑子主栽、授粉品种比例以10∶1为宜，即每0.0667 hm^2林地配置2株授粉品种，每个6.67 hm^2的生产小区配置22株授粉品种。

规模化商品性阿月浑子生产园中授粉品种的配置方式是：春季主风向的第一行、第一株为授粉品种（树），后每隔10株配置1株授粉品种（树）；第三行第五株为授粉品种（树），后每隔10株配置1株授粉品种（树），奇数行授粉品种（树）配置以此类推，偶数行则不配置授粉品种（树）。

2. 主栽、授粉品种嫁接方法　新疆目前采用本砧营养袋苗木先移植，2～3年后再进行田间嫁接的方法，主栽、授粉品种的嫁接，按照授粉品种的配置比例和方式，先标记、嫁接授粉品种植株，后进行主栽品种植株嫁接。

3. 主栽与授粉品种（树）搭配 Kerman 配置 Peters 授粉品种（树）；E1（Jombo）配置 2－22 号授粉品种（树）；E4（Badami）配置 34－1 号授粉品种（树）。

第六节 土肥水管理

一、土壤管理

（一）定植垄加宽及根颈部亮穴

阿月浑子定植垄需逐年加宽。定植 3～4 年幼树，定植垄应加宽至 1.0～1.2 m，5 年以上树加宽至 1.5 m。定植第三年，以树干为中心，清理出深 20～25 cm、宽 30～40 cm 亮出根颈部的穴坑，生长季节保持穴坑干净干燥。随着树龄增大，穴坑宽度可增加至 50～60 cm。

（二）间作

阿月浑子定植 1～4 年内，可间作小麦、豆类、春季矮秆蔬菜。禁止间作棉花及茄科类作物、秋冬季蔬菜和高秆作物。

（三）土壤耕作

春季 3 月中下旬园地全面翻耕一次，翻耕深度 10～15 cm。秋季落叶期（10 月下旬）园地机械全面翻耕一次，翻耕深度 20～25 cm。

（四）松土除草

5～8 月对阿月浑子定植垄进行松土除草工作，全年结合灌水进行 3～4 次。同时清理根颈部亮穴坑，保证亮穴坑干净干燥、土壤通透，减少阿月浑子根颈腐烂病的发生。

（五）土壤改良措施

新疆适宜种植阿月浑子地带，普遍存在着土壤结构差、有机质及各种营养元素含量低的问题，改良土壤培肥地力始终是阿月浑子栽培上关键的技术措施之一。主要措施：

（1）增施有机肥。每年秋季结合秋耕每公顷撒施有机肥 30～45 t。

（2）提倡早春定植行覆盖秸秆，秋季深翻。

（3）前期种植绿肥，行间间作豆类、油菜等绿肥，开花前翻耕。

二、施肥管理

（一）肥料种类

可分为有机肥、化肥、叶面肥三类。有机肥包括人粪便、畜禽粪便、油渣等，主要作为基肥使用。化肥主要有尿素、磷酸二铵、硫酸钾等，主要作为追肥使用。叶面肥包括磷酸二氢钾、硫酸亚铁、硫酸锌、硼砂等。

（二）施肥技术

1. 基肥 基肥应结合冬灌于每年 10 月上中旬集中施用，视树龄大小，每株树施有机肥 10～100 kg。幼树沿定植垄两侧交替开沟施入；结果树行间撒施后，用机械翻耕并冬灌水。

2. 追肥 每年 3～6 月每月各开沟施化肥一次。幼树每次株施 50～100 g，氮、磷、钾元素含量比例为 20∶5∶18；结果树每次株施化肥 300～400 g，氮、磷、钾元素含量比例为 18∶20∶12。

3. 叶面肥 4 月初树体喷施 0.3%的硼砂液，4 月底树体喷施 0.2%的磷酸二氢钾液，5 月初树体喷施 0.3%硫酸亚铁液，9 月底至 10 月初树体喷施 0.2%的硫酸锌液。

三、水分管理

阿月浑子属于干旱荒漠树种，在新疆无灌溉的条件下也可生存，但作为经济林树种栽培必须灌溉。阿月浑子生产园的需水情况随树体年生长节律、树龄大小、土壤质地、气候条件等不同而异。

(一) 灌水时间

根据阿月浑子树各器官年生长发育规律特点和根颈腐烂病发生规律，阿月浑子灌水应坚持“前重后轻”的灌溉制度。前半年加大灌水次数和灌溉量，占全年次数及灌溉量的70%左右。在前一年冬灌基础上，4月上旬灌头水，5～8月每月各灌水一次，结果园8月底至9月初灌水一次，10月下旬灌溉冬水。年灌水6～7次。

(二) 灌水量

结果园每年灌水量6 000 m^3/hm^2，4～6月每次灌水量1 000 m^3/hm^2，7～8月每次灌水量700～800 m^3/hm^2，10月下旬冬季灌水量1 500 m^3/hm^2。

(三) 灌水方法

阿月浑子定植1～3年后采用沟灌，4年以上树采用畦灌。幼树沟灌，即在苗木定植时结合起垄作业，在定植垄的一侧开挖灌水沟灌溉。严禁全园大水漫灌，否则将导致夏季根颈腐烂病的大发生，造成成片植株死亡。

第七节　整形修剪

一、修剪时期

(一) 冬季修剪

阿月浑子冬季修剪是最主要的修剪时期，修剪的目的是培养树体骨架和结果枝组，修剪的方法主要有短截、疏枝（疏剪）、缩剪（回缩）、缓放（甩放）、别枝（拉、撑枝）等。阿月浑子树春季抽条情况严重，冬季修剪时间以萌芽前的2～3月为宜。

(二) 生长期修剪

阿月浑子生长期修剪多在春季和春夏之交进行。生长期修剪的目的是缓和树势、通风透光、节省养分、促发枝条、增加花芽分化数量等，修剪的方法有疏枝、打顶摘心、开张枝条角度、扭梢、拿枝刻伤等。

二、树形培养

(一) 树形

以开心形树形为宜，树高控制在3.5～4.0 m。树干高度70～80 cm，3～4个主枝，各主枝间隔15～20 cm，主枝间夹角90°～120°。每个主枝上配置2～3个侧枝，侧枝上培养结果枝组或结果枝。大、中、小型侧枝和结果枝组，自下而上培养配置。第一侧枝距树干水平距离40～50 cm，第二侧枝距第一侧枝水平距离40 cm。各主枝上同一级侧枝生长方向一致。

(二) 整形过程

苗木定植1～2年内，及时抹除根颈部萌芽萌枝，树干部位绑立支架，保护树干直立健壮生长。树干枝条长至90～100 cm时，及时摘心打顶或短截定干，在30 cm的整形带内，选留培养3～4个主枝，每年冬剪留壮芽短截，及时抹除整形带内其他萌芽（枝），主枝基角控制在45°～50°，促进主枝延长生长。3～4年，冬剪时主枝留强壮外芽短截，以利延长枝生长扩大树冠。在主枝距树干40～50 cm处培养第一侧枝。5～6年，每年冬剪时短截第一侧枝枝条，夏季修剪打顶摘心，促进分枝，培养结果枝组；主枝长至90～100 cm时，培养第二侧枝。7～8年，培养第三侧枝，第二侧枝短截或打顶摘心，培养结果枝组。8～9年整形工作基本完成。

阿月浑子树童期长，枝条生长量小，整形期较其他果树时间长。为提高前期产量，整形时，在不影响骨干枝培育的前提下应尽量多保留辅养枝（临时性枝条）。修剪时多缓放少短截，促进其结实。对主枝背上萌发的徒长枝则应尽早疏除，避免形成“树上树”，紊乱树形。

三、修剪技术

（一）短截

1. 轻短截 营养枝轻短截，可促使其下部半饱满芽萌发，抽生多个中短枝，有利于形成小型结果枝组，故阿月浑子冬剪时，多对辅养枝进行轻短截，以提高前期产量。

2. 中短截 中短截多用于阿月浑子各级骨干枝延长枝的修剪，以扩大树冠。培育大中型结果枝组时也采用中短截修剪方法，以求枝组尽快成形。但已结果的枝条，不宜采用中短截。

3. 重短截 重短截多用于徒长枝和生长旺盛辅助养枝的修剪，以抑制枝条生长量，促发中短枝，形成临时性结果枝组，提高前期产量。

4. 戴帽修剪 树冠内部或主枝背上萌发的徒长枝，可采用戴帽修剪方法，以控制枝条的高生长，促其萌发中短枝，增加结果部位，提高立体结果能力。

5. 摘心打顶 夏季修剪方法，作用同轻短截。主要作用是削弱枝条顶端优势，促进分枝，提高被剪枝条营养水平。阿月浑子一年生营养枝、结果枝多采用此修剪方法，以利于枝组培养和形成结果枝。各级骨干枝的延长枝也常用春、夏季打顶摘心的方法，促进延长枝生长，加速树冠形成。

（二）疏枝

疏枝是阿月浑子修剪的重要技术方法。幼树期要多次疏除根颈部的萌枝萌芽，培养单一的健壮树干。初果期需多次疏除过密枝、下垂枝、直立枝和细弱枝，以利各级骨干枝正常生长发育，改善树体内部通风透光条件，减少营养消耗，促进树体生长、枝条充实、花芽分化、提高产量。盛果树要及时疏除徒长枝、衰老病枯枝，保证丰产稳产和树体强壮，延长结实寿命。衰老树结合枝组更新修剪、疏除衰退干枯枝、病虫枝、下垂枝，除旧留新，去斜留直，更新结果枝组，延长结实年限。

（三）缩剪

通过缩剪均衡各主、侧枝长势，使强枝生长势减弱，弱枝生长势变强，也可用于多年生衰退枝更新复壮，培育新骨干枝和更新枝组。阿月浑子幼树整形时选留的主枝，常因生长部位、分枝角度、生长量等原因，造成各主枝强弱不一，应尽早采用缩剪方法调整枝势。弱枝留直立强壮枝缩剪，可提高主枝生长势、生长量，促进枝势变强。强枝留斜枝弱枝缩剪，可降低主枝生长量，促进枝势变弱，达到各主枝枝势均衡一致，形成结构合理的树体骨架，为丰产、稳产、优质奠定骨干枝构架基础。

（四）缓放

枝条缓放有利于缓和枝梢生长量，增生中短枝条，促进营养积累，利于成花结果。幼树期除构建树体骨架结构，采用短截等修剪方法外，对辅养枝采用缓放方法，可促进结果枝的形成，提早开花结实，增加前期产量。

（五）枝条角度调整

阿月浑子幼树枝条生长直立，分枝角度小。为扩大树冠，尽早形成骨干枝架构，应加大主枝分枝角度，常采用拉、撑等方法扩大主枝开张角度至50°～55°；或每年采用延长枝留外芽短截方法，逐步开张角度。阿月浑子结果后主、侧枝开张角度逐年自行加大，开张角度常大于90°或甚至下垂，枝条生长势衰退，生长量下降，寿命缩短，大小年结实情况严重。冬剪时常采用留强枝直立枝，壮芽、内芽短截或缩剪，以提高枝角，增强枝势，达到丰产稳产之目的。

阿月浑子萌芽率高而成枝力弱，结果母枝中部多为花芽。修剪时要多保留枝条、多缓放，以期增加结果枝条，提高早期产量。为构建树体骨干架构，扩大树冠培养结果枝组，对各级骨干枝的延长枝可采用中短截修剪方法，但结果母枝不宜中短截。阿月浑子各级骨干枝条角度的调整，是修剪的重要内容之一，幼树枝条开张角度和结果树枝条提高角度工作始终是阿月浑子树修剪的重点工作之一。

第八节　病虫害防治

（一）阿月浑子根颈腐烂病

阿月浑子根颈腐烂病是新疆喀什阿月浑子最主要的病害。此病的发生与高温高湿有直接关系，发病重时，常造成园地内成片的阿月浑子植株在几天内死亡。大小树均可染病，具有发病突然、死亡率高、病菌土壤传播、防控困难等特点。其防控技术如下：

（1）农业防治

① 选择通透性良好的沙土、沙壤土、砾质沙土种植阿月浑子，严禁在地下水地 3 m 以上、土壤黏重、盐碱含量大于 0.3%、易积水的低洼地段种植阿月浑子。

② 避免在前期种植过棉花的地块内种植阿月浑子；现有园地内严禁间种棉花、茄科类作物。

③ 阿月浑子根颈部接触灌水后，易感染根颈腐烂病。阿月浑子必须垄上种植栽培。3 年以上树根颈部还需开挖保持亮穴坑，以保证阿月浑子根颈部干燥透气。

④ 幼树采用开沟灌溉，大树行间畦灌。上半年灌溉量及灌溉次数应占到年总量的 70%，春、秋季加大灌溉量，夏季每次每公顷灌溉量控制在 45～55 m^3。5～8 月灌水后，及时进行定植行垄上的松土除草工作。

（2）化学防治

① 病株清除及土壤消毒。及时挖除病死植株，运至林地外集中烧毁；对发病株周围土壤喷施 1% 甲醛后，用塑料布盖严灭菌消毒。

② 刷干。每年 4 月、6 月、8 月用波尔多液（硫酸铜、生石灰、水比例为 1∶2∶20），对树干根颈部进行刷干防控处理。

（二）阿月浑子叶斑病

阿月浑子叶斑病是阿月浑子常见的病害之一，此病的发生程度同品种类型、生长量、降水量、灌溉方法、园地卫生情况、高温高湿等因素密切相关。降水量大，灌溉量大，林地杂草多，树冠紧密，造林密度大则发病严重。为害叶片、嫩梢、幼果严重时可造成全树叶片、嫩梢、幼果全部变黑干枯，当年绝收，树体正常生长发育受阻。

防控技术：

（1）农业防治

① 生长期将病株叶片、幼果、嫩枝集中运出林地集中烧毁。落叶后将病株上残留的病死叶、病死果、病死枝梢收集后烧毁。结合冬灌，行间机械翻耕，将杂草落叶深压入土壤中。

② 春夏季灌溉后及时中耕除草。保持林地通风透光、干净卫生、降低林地下部空气湿度。

③ 早春清理根颈部萌发枝条、及时疏除下垂枝、过密枝、内膛徒长枝，保持树体通风透光。

④ 夏季减少灌水次数和灌溉量，降低林地空气相对湿度；夏季如遇降水量大的月份、适当减少或延后灌水时间。

（2）化学防治。发病始期树体喷洒 50%甲基硫菌灵可湿性粉剂 800 倍液或 65%代森锌可湿性粉剂 500～600 倍液除治，喷洒 2～3 次，喷药时间间隔 7～10 d。

（三）阿月浑子流胶病

阿月浑子流胶病是由多种因素引起的生理性病害。冻害、机械损伤和病虫危害均可导致流胶病发生，发病部位主要是枝干，其次为果实。

防控技术：

（1）农业防治。加强管理，增强树势。夏冬季刷干涂白，减少日灼和冻害；加大病虫害防控力度，修剪伤口、嫁接部位涂药消毒保护。

(2) 化学防治。休眠期树枝喷洒 3～5 波美度石硫合剂或 100 倍波尔多液。生长期及时刮去发病组织、用 5 波美度石硫合剂或 100 倍硫酸铜液涂刷消毒。发病严重的 4～6 月喷洒 50%多菌灵 1 000 倍液防治。

(四) 李始叶螨

李始叶螨又称苹果黄蜘蛛，属蜱螨目叶螨科。是为害新疆喀什阿月浑子树叶片的主要害虫，李始叶螨吸食花芽、叶片及嫩梢的汁液，使花芽不能开绽，嫩梢萎蔫，叶片失绿变黄，受害严重时叶片干枯焦黄，果实瘦小而稀疏，但叶片及果实不会脱落。

防控技术：

(1) 农业防治。冬季刮除老树皮，清扫枯枝落叶，及时烧毁或深埋地下。枝干刷白，减少越冬成螨密度。

(2) 化学防治。关键时期喷药防治。①3 月底喷洒 5%～6%石油乳剂或 3～5 波美度石硫合剂杀死越冬成螨。②5 月上中旬喷洒 20%螨死净胶悬剂或 15%达螨灵乳油 2 000～3 000 倍液，杀死越冬成螨和一代若螨，控制虫口密度。③6～8 月危害严重期，喷洒 15%扫螨净或阿维虫清 2 000～3 000 倍液防治。④9 月上中旬喷洒 75%辛硫磷 2 000 倍液，杀死越冬前成螨。⑤早春刮除树干老皮，涂刷 80～100 倍内吸磷药液，杀死越冬成螨，此法有效期可维持 1～2 个月，具有简单易行、防治效果持久、可大幅度降低春夏季虫口密度、减少前期危害，值得作为常规防治技术在生产中推个应用。

(五) 橄榄片盾蚧

属同翅目盾蚧科片盾蚧属。为新疆喀什为害阿月浑子树的主要介壳虫种类，以若虫和雌成虫吸食阿月浑子枝干、叶片、果实的汁液，造成树体生长衰弱，枝条干枯，叶片发黄，落花落果，果实变小、畸形，严重影响坚果产量和品质。

防控技术：

(1) 农业防治。结合冬季和夏季修剪，剪除虫口密度过大的枝条，并集中烧毁。少量虫枝可人工抹除。

(2) 生物防治。保护利用斑角小蜂、黄蚂蚁、李斑唇瓢虫等天敌。

(3) 化学防治。3 月至 5 月中喷洒 20%灭扫利乳油 400 倍液或速灭杀丁乳油 3 000 倍液、10%氯氰菊酯乳油 2 000 倍液防治。当年第一代是防治重点，间隔 10～15 d 防治一次。

第九节　果实采收、分级和包装

一、果实采收

阿月浑子果实成熟期因品种类型和各年气候条件不同而有早有晚。新疆喀什地区阿月浑子成熟期 7 月底至 9 月底，早熟品种类型果实 7 月底成熟，晚熟品种类型果实 9 月底成熟。选定的 kerman、E1、E4 等 3 个主栽品种果实成熟期则集中在 8 月中旬至 9 月中旬。

同一品种树果实成熟前后可相差 15～20 d。一般情况下树冠外围果实先成熟，成年盛果树果实成熟早，干旱及积温高的年份果实成熟早；初结果树、树冠内膛果实、降水量大而积温低的年份果实成熟晚。

阿月浑子果实成熟时，外果皮蜡白半透明；果皮变软并与种皮分离，果实与果柄部位形成离层，完全成熟时自行脱落。果实不成熟时采摘困难，不易脱除外果皮，坚果开裂率、开口程度及种仁饱满程度降低。

结实树果实成熟达 20%时即可进行第一次采收，间隔 4～5 d 时间再次进行采收。同一品种树果实采收需进行 3～4 次。

新疆喀什阿月浑子果实采收采用手摘及长杆击打枝干振动落地后收集。初果树或树冠低矮树多手

工采摘，盛果树多用长杆击打收集。需注意的是，同一果穗上果实成熟期相差 10～15 d，不可摘除或击打果穗采摘果实。

二、果实脱皮

阿月浑子果实采收后 24 h 内完成脱外果皮工作。脱皮时间晚，种皮污染变褐、种仁颜色加深，影响坚果外观和品质。阿月浑子脱皮多采用人工碾压等方法，挤压破碎外果皮后，放入水桶或水池内加水，滤去破碎外果皮，坚果再用清水冲洗干净晾晒即可。

三、坚果晾晒

阿月浑子果实脱皮后采用日光晾晒法晾干。将去皮后清洗干净的坚果倒在竹帘或铁丝网上自然日光晾晒，晾晒的摊放层次厚度以单层坚果为佳，每天上、下午各翻动一次。为防止晾晒的坚果晚间遭遇露水返潮，延长干燥时间，晚间将摊晒得坚果收存于库房内，第二天早上再摊放晾晒。一般晾晒 7～10 d时间，坚果含水量降至 8%以下时，即可入库贮存。

第十节 果实贮藏保鲜

阿月浑子坚果种仁富含脂肪，常温条件下不宜长久贮藏。国外多建大型恒温库长久贮藏阿月浑子坚果，一般贮藏 2～3 年时间，用来调剂大小年结实和均衡供应市场需求。

阿月浑子坚果常温下贮藏 2 年，坚果种仁味道变淡，口感干燥，品质风味下降；贮藏 3 年坚果，种子发芽率降至 60%以下。坚果放入冰箱内 0～5 ℃低温条件下贮藏 3 年，坚果品质风味仍然如旧，种子发芽率可维持在 80%以上。

常温条件下贮藏阿月浑子坚果前，须对贮放库房进行硫黄熏蒸杀菌灭虫处理。库房室温保持在 20 ℃以下，空气相对湿度不超过 50%，保持空气流通。贮放坚果的库房每年 4 月、6 月、9 月各进行一次硫黄熏蒸杀菌灭虫处理。一般常温条件下贮藏时间不超过 2 年。

第六十八章　沙　　棘

概　　述

我国是世界上最早利用沙棘的国家之一。从20世纪80年代起，我国开展利用沙棘进行荒漠化土地治理及控制水土流失的研究。据统计，我国现有沙棘140万hm^2，占世界沙棘面积90%以上，其中尤以北方地区偏多，占全国总面积的84%。国内现有各类沙棘企业200家左右，其中沙棘饮料厂150家，产品200多种，产值超过20亿元，年上缴利税上亿元。

沙棘是一种起源于喜马拉雅山的植物。其根、茎、叶、花、果都含有多种生物活性物质，可以广泛地用于医药、食品、化妆品等轻化工行业；其产品是航天、矿山井下、野外勘探和强辐射条件下工作的必备品，也是受广大消费者欢迎的绿色食品、药品和保健品，一直是国内外贸易中的抢手货。

在医疗保健方面，由于沙棘含有丰富的维生素、黄酮类、有机酸、多种微量元素、磷脂、单宁等物质，所以沙棘具有除痰、利肺、开胃、补脾、活血、祛瘀、消炎、止痛、促进组织再生的药理功能。以沙棘为原料单方或复方制剂对呼吸系统、心血管系统、消化系统及妇科、眼科及外伤科的各种伤的治疗有明显的疗效。沙棘类药品还有抗辐射及抗癌变的作用，是化疗中不可少的辅助治疗剂。

沙棘医疗保健产品的开发主要是沙棘油、沙棘黄酮的提取，还有就是沙棘的系列药品，沙棘系列的保健品等。

沙棘具有强化日常膳食的价值，其含蛋白质含量高，可以提供热能的价值，促进维生素的吸收，补充人体必需的矿物质元素的价值，食用沙棘能抗疲劳，恢复体力，提神醒脑，并可调节人体免疫力。特别是沙棘果汁，在盛夏饮用可防暑、消食、生津、止渴，四季饮用可强身健体，延缓衰老。在食用方面，沙棘产地自古以来就有食用沙棘鲜果的习惯。沙棘果中含有人们所必需的糖类、蛋白质及氨基酸类、油脂及脂肪酸类、丰富的维生素类，其中维生素E含量在果树中占第一位。

沙棘还具美容护肤价值、延缓衰老、减轻氧自由基毒害的价值。沙棘中含有的甾醇能恢复细胞活力，保湿、抗皱。氨基酸和脂肪酸能增强皮肤的弹性，还能促进头发生长。在化妆品方面，沙棘油中含有生物碱类、酶类及多种维生素和生物活性物质的复合体，使得它能滋养皮肤，促进新陈代谢，抗过敏，杀菌消炎，促进上层皮肤再生，对皮肤有修复作用，保持皮肤的酸性环境，具有较强的渗透性，因而是美容护肤品的首选原料之一。沙棘化妆品使用安全，无毒副作用，很受人们青睐。沙棘的美容化妆品包括沙棘按摩乳、沙棘昼用乳霜、沙棘卸妆乳，还有一些眼霜、洗发水、沙棘的口腔清洁剂、沙棘的专用洗液等。

第一节　种类和品种

沙棘隶属胡颓子科（Elaeagnaceae），沙棘属（*Hippophae*），是一种落叶灌木或小乔木，一般高在1～10 m，雌雄异株，单性花。沙棘属有7个种和8个亚种，7个种分别是沙棘、柳叶沙棘、鼠李

沙棘（包括中亚沙棘、蒙古沙棘、溪生沙棘、喀尔巴千山沙棘、高加索沙棘和鼠李沙棘 6 个亚种）、棱果沙棘、江孜沙棘、肋果沙棘和西藏沙棘。除了溪生沙棘、喀尔巴千山沙棘、高加索沙棘和鼠李沙棘 4 个亚种外，其余沙棘在我国都有分布。

沙棘属植物广泛分布于欧亚大陆的温带地区，南起喜马拉雅山南坡的尼泊尔、锡金，北至大西洋的挪威，东抵中国东北地区，西到南欧的西班牙。欧洲仅有鼠李沙棘种下的 4 个亚种，是高加索沙棘、喀尔巴千山沙棘、溪生沙棘；亚洲分布的沙棘属植物最多，有 6 种 8 亚种，横断山脉至西藏高原地区是其分布最为集中的地区。蒙古沙棘分布于阿尔泰、西伯利亚、蒙古等地区；中亚沙棘分布于中亚等地区；柳叶沙棘主要分布于喜马拉雅山地区；云南沙棘、密毛肋果沙棘和棱果沙棘分布于横断山脉及青藏高原地区；江孜沙棘主要分布于喜马拉雅山地区；西藏沙棘主要分布于青藏高原和喜马拉雅地区。我国境内分布面积最多的属中国沙棘。从分布规律看，沙棘的分布范围主要受气温的影响，即在西南分布于高海拔地段，在东北则分布于低海拔地段。陕西、山西、河北、内蒙古、甘肃、宁夏、青海、新疆、四川、云南、贵州、西藏等地均有天然沙棘分布。

一、种类

1. 小果沙棘　小果沙棘是新疆刚开始种植沙棘时所采用的类型，该品种果实小、产量低，枝上大多有刺，不便于采摘，单果重均小于 0.4 g，大多是野生品种，树体抗性强，能耐不良的环境条件。

2. 大果沙棘　大果沙棘果实大，产量高，无刺或少刺，软刺。果柄长，单果鲜重在 0.4 g 以上，大果沙棘有两种类型：一种是野生，另外一种为人工培育，主要由引进及国内培育。国外引进主要是从俄罗斯、蒙古等引进，主要品种有阿尔泰新闻、浑金、向阳、优胜、巨人、楚伊、卡图尼礼亚等。

二、品种

沙棘现有的栽培品种很多，引入新疆的已有十多个品种。目前已通过新疆良种审定委员会审定的优良品种有向阳、阿尔泰新闻、楚伊、阿列伊（雄株）。

（一）向阳

1. 原产地　俄罗斯。

2. 主要特性　4 龄株高达 2～3 m，冠径 2.5 m，树冠开张，无刺。果实圆柱形，橙色，果大，平均单果 0.9 g，每 667 m^2 产量达 1 500 kg。8 月中旬成熟，高度抗病。

（二）阿尔泰新闻

1. 原产地　俄罗斯。

2. 主要特性　株丛高大，树冠开张，枝干无刺或刺很弱。叶呈绿色略带白色，披针形。果实呈圆形，金红色，平均单果重 0.5 g，果柄长 2～3 mm，大致在 8 月底即可成熟，每 667 m^2 产量达 1 166～2 970 kg。本品种抗干缩病。果实含干物 14.2%、糖 5.5%、酸 1.7%、单宁 0.048%、油 5.5%，每 100 g 果含维生素 C 47 mg、胡萝卜素 0.43 mg。单株产量为 3.0 kg 左右，最高可达 10 kg，每 667 m^2 产达 400 kg 左右。

（三）浑金

1. 原产地　俄罗斯。

2. 主要特性　中熟品种，4 龄株高 2.5 m，树冠开张，树干刺少或刺弱，丰产，果实椭圆形，果柄长 3～4 mm，采收时果实不破浆。口味独特，平均单果重 0.7 g，本品种耐寒、耐旱、抗病虫害。果实含糖 5.3%、油 6.9%，酸 1.55%，每 100 g 果含维生素 C 133 mg、胡萝卜素 3.81 mg。单株产量为 14.5～20.5 kg，每 667 m^2 产量 627～2 200 kg。

（四）阿列伊

1. 原产地　俄罗斯。

2. 主要特性 阿列伊是目前唯一推广的雄株品种，生长势很好，枝干无刺，每一朵花序有 20 朵花左右，花粉产量特别高，且生命力强，抗寒能力强。

第二节 苗木繁殖

一、播种苗培育

（一）播种繁殖的特点

播种繁殖是利用沙棘种子进行的繁殖，对其进行一定的处理和培育，使其萌发、生长、发育，成为新一代的苗木个体。播种苗具有以下特点：

（1）利用种子繁殖，苗木生长旺盛、健壮，根系发达，寿命长，抗大风、低温、干旱及不良环境的适应能力较强。

（2）种子繁殖一次性可以获得大量的苗木，种子获得容易，采集、运输都比较方便。

（3）种子繁殖的幼苗，遗传保守型较弱，有利于新品种的开发及异地引种成功。

（4）种子繁殖的苗木，由于遗传性状的变异，具有不稳定性。

（5）由于播种繁殖要经过很长一段时间，所以，没有扦插繁殖速度快。

（二）苗圃地的选择

应选择交通方便、地势平坦（坡度<15°为最适宜）、土质肥沃、有灌溉条件、排水良好的沙壤土作为育苗地，忌选择黏重、积水和难以排水之地。应少杂草，特别是要选择在无砾石的地段。选定圃地以后，要进行整地，整地一般在雨水充足的季节或是入冬前进行，最好头年冬前灌水一次，以保墒并防止土壤板结。也可早春灌水，待地表风干后，施入基肥。

（三）种子播前处理

1. 消毒 播前将沙棘种子置于高锰酸钾溶液浸泡 30 min，药液浓度为 1∶（1 000～2 000），然后用清水洗净，当然还有其他方法，如可用 0.3%～1.0%的硫酸铜溶液、石灰水、0.15%福尔马林液等。其目的都是为了预防苗木病害的发生。

2. 催芽 在种子消毒以后，可进行催芽工作。

（1）湿沙催芽。在播种前 25～30 d，将 1 份种子与 3 份湿沙混合并分层，摊放在 0～5 ℃的地窖或冷藏箱中，沙的湿度保持在 70%左右，发现种子裂嘴后，再放到雪里或冰上后再播种。

（2）温水浸种，混沙催芽。用温水浸种，水温约 70 ℃左右，调兑方法是 2 份沸水对 1 份凉水，浸种时间通常在 24 h，其间换清洁水 2～3 次。有 50%左右的种子裂嘴发芽，即可播种。

（3）常温清水催芽。在播种前 2～3 周，将种子泡在常温的清水中，每天换水 1～2 次，待种子裂嘴后即可播种。

（四）播种时间和方式

1. 播种时间 沙棘有春季播种和秋季播种，在秋季播种，管理时间较长，因气候等诸多因素变化，效果常不稳定，故在生产上以春季播种最多。对沙棘种子而言，当土层 5 cm 深处温度达 10 ℃左右即可播种，以 15 ℃左右最为适宜，在我区大概在 4 月中旬，此时播种，沙棘种子可早破土出苗，防止日灼伤害。

2. 播种方法 一般有条播、点播、撒播 3 种。通常采用条播，即按一定的株行距，将种子均匀撒在播种沟中，用这种方法，再加上精细的管理，每 667 m^2 大概可以出苗 40 000 株。

（五）播种地管理

在幼芽长出以后，要定期检查苗木的出土情况，最主要是不让土壤板结。

1. 保墒防高温 苗木出土后要适时灌水，防止高温、日灼伤害，苗木主要是在出苗期及幼苗期的抚育工作，这一时期小苗十分脆弱，根系分布浅，抗性弱。所以在一般情况下，若土壤水分不足，

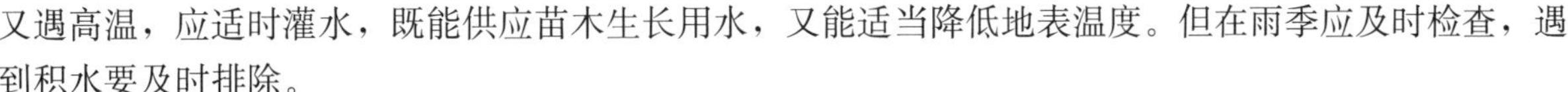

又遇高温，应适时灌水，既能供应苗木生长用水，又能适当降低地表温度。但在雨季应及时检查，遇到积水要及时排除。

2. 间苗与除草 幼苗期，若苗木生长过密，要考虑间苗，通常这一时期需要间苗 2～3 次，使苗木的生存空间得以平衡，提高苗木出圃时的合格率。

第一次间苗在幼苗长出真叶以后；第二次间苗是在第一次间苗后 20 d 左右，拔去过密苗木。在第二次间苗的时候，去除的苗木可以进行再移栽，并且移栽方法得当的话，成活率都会在 85%以上。

除草的方法很多，可以在播种前在苗床内喷施化学灭草剂或人工除草，除草多在幼苗期及速生期，使地里无杂草和苗木竞争。

3. 施肥 在苗木的速生期内，苗木的粗度及高度都在迅速生长，因此，应施有机肥 1～2 次。第一次在 6～7 月，施速效性氯肥，由于沙棘根具有固氮性，所以通常情况下不用施用氮肥，第二次在 8 月，施复合肥。每 667 m^2 每次施肥量为 6～10 kg。施肥也应结合中耕、除草、灌水一并实施。

二、扦插苗培育

（一）硬枝扦插

指用已木质化的枝条剪取插穗而培育苗木的方法。剪取插穗的时间通常在树体落叶后至翌春发叶之前，插穗不带叶片。

1. 扦插基质与苗圃地的选择 由于插穗生根需要适当的水分和适度的通气条件及平坦、肥沃的沙壤土，过于黏重的土壤、沙土等不利于沙棘的生长，所以选择基质或苗圃地时，必须充分考虑基质或土壤的通透性和保水性的问题，此为扦插成败的关键之一。只有使基质或土壤有足够的水分，又保持良好的透气性，如果肥力不够，应施基肥。施肥的种类依土壤而异，这样才能使插穗有良好的生根条件。

2. 整地做垄 硬枝扦插在大棚和温室条件下，一般直接将插穗插于基质中即可，无须做垄。但在露地扦插苗时，一般要整地做垄。大体工作是在扦插之前，要平整翻地，并结合施肥，一是为了提高土壤的肥力，二是为了防治病虫害。做垄的要求是垄直、面平、宽度和高度一致，防止上实下虚。在土壤条件差、高寒或易积水的地方，做垄的效果要好些。

3. 采穗和插穗的处理 扦插所用的木质化枝条，应在沙棘萌芽前采取。具体时间可在前一年 10 月至当年 3 月。采枝对象应是优良品种，树龄在中龄以下、生长健壮、无病虫害的植株。采集的枝条应为 1～2 年的木质化枝条，直径应在 0.7 cm 以上，长度应在 10～20 cm，注意所采枝条皮部应平滑鲜亮，不要粗裂扭曲的枝条，还要去掉基部的花芽和叶芽，剪掉枝刺，在截取木质化枝条时，应注意勿撕裂皮部，采后应及时包于塑料袋内，防止风吹日晒丧失水分。同时，应在避风、遮阴条件下，迅速制备插穗，将插穗剪下后按一定数量捆成一捆，但是要注意其极性，即要上下顺序必须一致，不能搞混，最后把插穗放入 1～3 ℃的冷窖里，注意看管，若有霉变的趋势，应注意消毒，并调整温、湿度。穗条湿沙冷藏的时间一般随采条的时间而定，如果保管的好，时间长些则有利于发根，但是要依据条件，冷藏条件难以控制的话，则不如时间短些好。也可以在早春时随采随插。

4. 扦插方法 4 月中旬是适宜的扦插时间，也是适宜的扦插季节，此时，地面解冻及水分含量较高，但是，春季可扦插的时间一般较短，一般不能超过半个月，墒情较好，土壤温度可以达到 5～10 ℃，为插穗生根创造有利条件。当然，也可以清水或用生根粉配成溶液泡扦插条促其生根。后再将插穗掺入土中，后顺扦插穴插下，扦插深度为插条的 3/4，一定要注意插条的极性，千万不能插倒，插下后要保持土壤的湿度，待其展叶时要适当地遮阴，避免苗木的日灼及水分蒸发过快，还要进行正常的田间管理，通常情况下要按 2 m×4 m 的株行距扦插，每 667 m^2 地 83 株，若按 1.5 m×4 m 的株行距，每 667 m^2 地则有 111 株苗。

(二) 嫩枝扦插

一般是指在春季或夏季采集半木质化带叶的枝条作为繁殖材料，用于培育苗木的方法。

1. 苗床准备 在较寒冷的地区，嫩枝扦插育苗多在大棚内进行或是温室内进行，但我区是在全光裸地进行。不论是在裸地还是在大棚内进行，一般采取圆盘式的苗床，在苗床的底层要铺设 10 cm 厚的河卵石，再铺上 10～15 cm 厚的河沙，使得苗床有足够的水分，又能保持透气性，使沙层有足够的氧气，供根系发育之用，另外，在河沙下考虑铺设一层厚约 10 cm 厚的营养土，但必须严格消毒，并有足够的透水性，免遭病害或积水。

2. 插穗采制 插穗采制是否得当，是嫩枝扦插的成败关键之一，一定要认真对待。采穗时期，总的要求是在沙棘新梢处于半木质化的阶段。通常是 6 月中旬前后。一般采用 5 龄以下母树上的插穗为最好，8 龄以下的基本能正常。同一株上，采穗的部位不同，插穗生根的效果也不同，通常树冠下部的枝条好，萌蘖幼树的枝条的效果更好，采穗的直径多在 0.4～0.5 cm，长度多在 7～10 cm。树龄小，生理上属于幼化状态的枝条，采穗应选在无风的天气进行，阴天效果更好。具体时间应在凌晨或落日以后，避开日光暴晒和炎热、蒸发量的天气进行。采下枝条后立即浸在生根液中。

3. 扦插作业 苗床首先要平整、无杂乱物，扦插前要浇透水，并做好苗床消毒，一般选用化学试剂高锰酸钾。在所有的工作做完后，按 2 cm×7 cm 或 5 cm×10 cm，一般插入深度为 2 cm，扦插时需在苗床周围放上苇帘子等，以减少水分的蒸发。

4. 苗床管理 扦插完毕后，要人为控制水量，使得扦插苗始终处于湿的状态，为了使苗木的生长健壮，可以喷施一些速效肥料，包括氮肥和复合肥，为了防止苗木的病菌感染，可以喷施一些杀菌剂。最后，要及时拔出杂草。

5. 苗木移栽 嫩枝扦插后半个月左右生根，1 个半月至 2 个月时，根系已发育完毕，能独立从苗床上吸收水分和养分，此时，进行苗木的移床工作，移床时的株行距可按 5 cm×10 cm 掌握，起苗后最好将苗根立即置于稀泥浆中，栽植时将苗根舒展开的小苗植于栽植穴中，后及时灌水，使土壤与根系密接。在夏季时应注意遮阴以及土壤水分的变化。

6. 苗木出圃 管理精细，措施得当，当年苗高在 25 cm 以上时，如急需，第二年春可出圃造林，但通常在圃地再培育一年，使苗木达到规定的合格苗标准，这样的苗木即为一年半出圃。

(三) 根插育苗

指以植物的根作为繁殖材料，培育苗木的方法，其主要要点为采根、插根及田间管理。

1. 采根 在早春树液流动前进行，此时根内的营养物质充分，便于成活。采根时，先以树干为中心，在其周围选择便于作业的一角，刨开土层，找寻树根，选择根径在 1.0 以上的根段，用刀、斧等砍断，将其下部分连同各级须根一起挖出。

2. 插根 剪取根段 20 cm 左右，根上所有须根、分叉一概保留。然后将其埋栽于事先准备好的苗床中，对于苗床的要求，与扦插育苗相同。在栽根时还是要注意不要上下颠倒，并使其均衡的展于插壤中。填好，压实，管理与上两种方法大同小异。这种方法成活率不高，用得比较少。

(四) 扦插后管理

一般扦插后应立即浇一次水，且要浇透，以后要经常保持土壤和空气的湿度，做好保墒及松土工作。插条上若带有花芽应及早摘除。当未生根之前地上部分已展叶，则应摘除部分叶片，在生根的时候要每天喷水，也可以用帘子等遮阴以防日灼。

三、苗木出圃

苗木出圃通常是指苗木的生长情况达到所需要的标准时（园林苗木常以胸径、地径、苗高、枝下高、冠幅等作为质量标准）即可出圃。

1. 出圃时间 应在苗木的休眠期进行，在秋季树木进入休眠，春季树液流动之前都可以进行苗

木起挖，当然还要考虑劳动分配及越冬安全等相配合。

2. 起苗

（1）起苗时要考虑苗龄。通常情况下，起苗的具体时间是看苗木的培育方式，若是播种育苗，一般情况下至少 2 年生出圃，才能保证成活率高一些。嫩枝扦插也为 2 年，若是硬枝扦插只需 1 年即可出圃。起苗一般也应在休眠期进行。

（2）起苗。有人工起苗和机械起苗两种，但无论用哪种起苗方法都应注意不能使苗木过度损伤，还要使土壤随时保持湿度，若是遇到大风或阳光比较充足、比较干燥的天气可以停止起苗，或是将起了的苗进行假植，以防止水分的流失。

3. 苗木分级　苗木的分级一般是指把起挖的苗木按一定的标准分成若干等级。苗木分级的目的，一是保证出圃的苗木合乎标准；二是可使栽植后生长整齐美观，且便于管理。苗木在分级时也应在背风、阴湿的地方进行，以减少苗根失水。

苗木分级标准依苗木的种类而异，沙棘属于单干式灌木，按标准地径在 0.8 mm 以上时方可出圃，地径每增高 0.1 m 苗木提高一个等级。表 68－1 为沙棘苗木的分级标准。

表 68－1　沙棘苗木分级标准

苗木等级											
Ⅰ级苗						Ⅱ级苗					
综合指标	苗龄	高度（cm）	直径（cm）	根长（cm）	根数（根）	综合指标	苗龄	高度（cm）	直径（cm）	根长（cm）	根数（根）
有垂直主干和分枝，不允许有干叶片出现，无病虫害出现，可有轻微的机械损伤	2～3 年扦插苗	50	≥0.5	≥20	≥5	有垂直主干和分枝，不允许有干叶片出现，无病虫害出现，可损伤和折断现象	2～3 年扦插苗	35	≥0.4	≥18	≥3

4. 假植　对于起挖了的且不能立即移植到目的地的苗木，要进行假植。假植的地方通常选在背风背阴的地方。挖宽 40～50 cm、深 30～60 cm、东西走向的假植沟，然后将沙棘的茎下部和根用湿润的土埋起来。使得土壤随时保持湿度。也可采用窖藏，窖子的大小依苗木的多少而异。

5. 苗木的包装与运输　若是苗木的运输时间超过 24 h，要求用塑料布、竹席、草包等包住根系，以免根系干燥，并且使苗木始终处于湿润状态。

第三节　生物学特性

一、生长特性

（一）根系生长特性

沙棘的根系发达，但主根不发达，多数侧根呈主根形式发育，深入土层 3～4 m，水平根发达，扩展很大，幅度可达 10 m，分支多，形成了复杂的根系系统。沙棘侧根发达，据调查，五年生单株主根 1 条，长 1.2 m；侧根 27 条，长 20 m，须根 316 条，长 49.3 m。六至七年生沙棘每 667 m^2 根系总长 14.3～61.5 km，其中Ⅰ级占 13.6%，Ⅱ级占 11.3%，Ⅲ级占 22.3%，Ⅳ级占 52.8%。沙棘垂直根随着树龄的增加而不断深入土层，二年生垂直根长 108 cm，四年生可达 2.15 m，六年生可达 45 m。沙棘庞大的根系，可大面积的吸收水分，增强抗旱性。

沙棘发生不定芽的能力强，二年生根系即可形成根蘖，三年生的沙棘即有大量萌蘖。一般每隔 20～40 cm 发生一个不定芽群。根蘖苗多产生于埋藏深度 2～10 cm 土层的根系上，根系埋藏过深，不易产生根蘖苗，产生根蘖苗的根茎一般在 4 mm 以上。沙棘未平茬前，虽有萌生苗，但量不大，平茬后，则涌现出大量萌生苗，每 667 m^2 最高可达 12 000 株。五年生单株萌蘖可达 34 株。一般六年生以后，由于树冠郁闭、光线减少，林内很少出现根蘖苗，只有林缘萌生，每年可向林外扩展 1 m 左右。一株孤立的沙棘，经 5～6 年的生长，可向外扩展 4～5 m，最后形成一个馒头状的沙棘丛。这一特性在造林时应注意利用。

(二) 芽生长特性

1. 芽的类型 沙棘成年植株的芽由简单芽和混合芽组成。简单芽在发育过程中发育成长枝，混合（花）芽形成结果的短枝。成年沙棘较强的枝条，顶端 3～5 个芽往往为简单芽，其下部多为混合芽。

2. 芽的形成 与枝条内部营养状况和外界条件有密切关系。当环境条件适宜时，芽的发育比较充实。在同一年中形成的芽，因其发育过程中内在和外在条件不同，在性质上有差异，因而形成了芽的异质性。早春温度和养分不足形成的芽不充实；夏季及初秋因温度、水分、养分的条件好，形成的芽较充实。因此，在一个正常的枝条上，其中上部的芽比较充实，而下部芽比较弱。

3. 不定芽萌生力较强 沙棘的根和枝干发生不定芽能力强，在正常情况下，二年生的植株，根系即发生不定芽，萌生出植株，当受到刺激后，根芽便大量萌蘖，枝干受到沙子掩埋后，很快发生不定芽，形成新的根系。在受到修剪等刺激时，不定芽大量发生，所以沙棘耐修剪，压条成活也很容易。

(三) 枝条生长特性

当昼夜平均温度为 12 ℃左右时，沙棘嫩枝开始猛长，当花落后，气温上升到 17～21 ℃时，又很快猛长。在温度适宜条件下，一年生嫩枝可持续生长，并形成具有分枝的特性。随着树龄增大，这种能力急剧下降。

一般在树冠外围的枝条，生长旺盛，而内部枝条较弱。在弯曲的地方向上的芽最容易萌发成为强壮的枝条。枝条的生长势与芽的基础密切相关，一年生枝条中上部的芽，发育比较充实，所形成的枝条也比较旺盛，越趋下部，芽的发育越弱，形成的枝条也依次减弱，最下部芽一般不萌发。

(四) 叶生长特性

沙棘叶细长，呈线状披针形，叶片互生、对生或三轮生。中间叶片长 8～10 cm，有时达 12 cm。顶叶 2～5 cm，下部叶片长 4～6 cm。叶宽 0.5～0.7 cm。沙棘叶由栅栏状和海绵状绿色组织构成，即由 2～3 列具有叶绿素的长形细胞组成。栅栏状组织位于叶腹面的角质层及上表皮层下，海绵组织位于叶片背面表皮组织下。

沙棘叶的两面由一层无叶绿素体的圆形表皮细胞保护着，叶的正面表皮细胞被蜡质状类脂质所角化。在叶的腹面无气孔，而下部则密被白灰色多胞绒毛。由于背面有大量的毛因此叶背面呈银绿色，上面呈深绿灰色。叶片上被有大量短柔毛和又密又紧的角质层，这是一种适应性的防护，以使在大气高温和太阳曝晒时植株得以减少水分的消耗。

二、花生长特性

(一) 开花习性

沙棘属于风媒传粉的雌雄异株植物，具有单性雄花和雌花，花芽发生在结实前一年，一般是一个叶腋上着一个花芽，花芽在枝条上呈螺旋状排列，芽闭合，花芽为混合芽。肉质芽鳞保护顶端分生组织，开花后芽鳞脱落。

沙棘生育的前 3 年，雌、雄株个体的形态毫无差别，一般在第四年时，才能根据雌、雄花芽的外部形态区分植株的性别。通常雄花芽比雌花芽大 2～3 倍，雌花芽外被鳞片 2～3 片，而雄花芽有 6～8 个鳞片。因此可通过花芽大小来区分雌、雄株。沙棘的雌花是由短花梗、花托、花被和雌蕊四部分组成。花梗为圆柱形，其顶端膨大成浅杯状的花托，黄绿色；花被为绿色，下部为筒状，其顶部有2个长圆形的小裂片，长2～2.5 mm；雌蕊是由一个单室子房、花柱和柱头（2～3 mm）三部分组成。其中子房圆锥形，被包于萼筒内。花柱圆柱形长度为0.4～0.6 mm，柱头基部比花柱粗，往往形成一个倒扇面，整个花柱头外观呈舌形，从花被间伸出。

雄花亦有花梗，但很短，它的花托与雌花的相似，其上着生不完全萼筒和2个分开的萼片，萼片浅绿色，开放时外凸成一个半球面，内包着4个离生雄蕊，雄蕊的花丝极短，外观看几乎没有，花药舟形，舟底部面向外，白灰色花粉粒有三孔沟。

沙棘的花序为短总状花序，每个雌花包括5～12朵花，平均7～8朵，着生叶腋内。沙棘雌株随着展叶可见到绿色小花蕾，开花后，首先是柱头伸出花被，这整个过程经历4～5 d，成熟前柱头的颜色始终保持鲜绿色，成熟后柱头分泌黏液，授粉后，柱头变黄，最后变成黑褐色。

沙棘的雄株长得高大健壮，花量大，每个花序包括16～17朵花，雄花的开放先在两侧缝合线中间各裂个口，然后自下而上裂开，最后仅剩顶部一点连合，待花完全开放，两个花药出现在张开的两片萼片中间，花药的纵裂散粉开始于未开花前。

沙棘雌雄花序开放一致，都是自下而上以第二、第三轮过渡叶叶腋内柱头成熟最早，对于雄株也以两轮开花最早。通常雄花的花期一般晚2～3 d，雌花和雄花花期相遇10 d左右。同一品种的盛花期持续3～5 d。花期的长短因品种和花期气候条件而异。

（二）授粉受精特性

沙棘雌花授粉后，花粉附着于柱头上，吸收水分而膨胀，经3～4 h后，柱头上的花粉粒开始萌发，从发芽口伸出花粉管，子柱头的细胞间隙进入花柱内。花粉管伸长，进入子房腔，从珠孔进入胚囊中，进行双受精。

一般雌花授粉受精期是在开花后3～5 d。此时雌花成熟，柱头长4～5 mm，金黄色，有明显黏液分泌物，此时为最佳授粉期。另外花粉发芽率对受精效果有很大影响，花粉发芽率平均值盛花期为初花期的1.5倍，即在全株开花50%时，花粉发芽率最高。因此，在杂交育种时，应用盛花期花粉，坐果率会更高。

三、结实习性

（一）果实生长特性

沙棘的实生苗一般需4～5年结实，无性繁殖的扦插苗一般3年开花结果，有的二年即可进入生殖生长阶段，到6～7年才进入盛果期，15年以后沙棘进入衰果期。沙棘的结实量随年龄的增长及土壤肥力的提高而增加。

沙棘果实成熟后，其果柄处不形成分离层，所以只要鸟不啄食，沙棘果实就可以长期在树上保留，甚至可以保存到第二年春季。但个别大果沙棘品种果实成熟后就萎蔫、脱落，故成熟后应立即采摘。

一般野生沙棘刺多果小，栽培品种刺少果大。苏联通过选种育种实践证明：不同种群果实大小不一，变异幅度不同，较大果重是西伯利亚和波罗的海气候型沙棘。通过不同类型的沙棘果实大小分析看，百果重大致波动在40～100 g，甚至超过100 g，最大、最小相差2.5倍。而且在同一种群中可以见到较大果实表现型与较小果实表现型同时并存的现象。野生沙棘果实色泽变异幅度较大，但以橘黄果居多，占总体的74%左右，其次为红果约占14%，黄果占9.1%，红果占1.2%，黄绿果植株最少占1.09%。大果沙棘以橘黄果居多，如楚伊、阿尔泰新闻、状元黄，红果的如深秋红。

（二）果实成熟期

不同颜色的沙棘果实成熟期也不同，一般红色或橘红色较黄色或橘黄色成熟早，成熟早的口感比成熟晚的甜。沙棘果实成熟期地理变异明显，前后可相差20～30 d，这种差异有随地理变异倾向，一般地处高纬度的东北、华北和内蒙古北部的沙棘成熟期要比地处中纬度的甘肃、宁夏、四川等地的成熟期提早10～30 d。

第四节 对环境条件的要求

沙棘是广生态幅植物，喜光，耐旱、耐寒，适应多种贫瘠土壤，是一种少有的适应能力很强的灌木或亚乔木，为了更好地推广，需要对于其自然条件进行综合分析。

一、光照

沙棘属于喜光植物，在弱光条件下生长发育不良，对树木而言，在林冠下不能完成更新。这类植物的光补偿点较高，光合速率和呼吸效率也较高，但在稍受荫蔽的环境下亦不受损害。沙棘生长年日照时数为 2 000～3 000 h 为宜。

二、热量

不同的沙棘品种对温度要求不同，中国沙棘一般在最冷月不低于－15 ℃不会被冻死，大果沙棘可耐－43 ℃低温。当≥5 ℃的积温为 3 400 ℃以上时，沙棘可以正常生长。新疆昼夜温差大，冬季严寒，夏季干旱炎热，极端最低温度为－53 ℃，极端最高温度为 42.2 ℃；年日均温度 0.7～4.9 ℃，无霜期的天数为 123～152 d。在有灌溉条件的区域均可种植沙棘。

三、水分

沙棘是比较耐旱的植物，在年降水量小于 400 mm 的地区种植沙棘必须要进行人工灌溉。但浇水应适量，如果浇水过多，会使根系呼吸不畅而使得植株死亡。

四、土壤

结构疏松、氧气含量较高的沙壤土、壤土、沙土都比较适合沙棘生长，但沙棘也能在盐碱化及荒漠化土地上生长。另外，还有要考虑到土壤的酸碱度，沙棘的最适生长土壤 pH 是 7.0～8.0。

第五节 建园和栽植

一、建园

（一）园地选择

在选择园址时，要依据地形、坡向、土壤等条件，进行栽培小区区划。同一栽培小区的立地条件及小区内经营措施能够一致。

（二）园地规划

为了方便运输和种植管理，园内要设有道路，同时，要根据需要修建一些永久性建筑及临时性建筑，有适宜的管理及建筑物，如休息室、包装厂、办公室等。

在有水源的情况下，要把排灌系统考虑在内，要做到“旱能灌，涝能排”。对于缺水的地区，要考虑保蓄雨水的设施。排灌系统的类型因水源条件而异，水源充足的地方可以采取漫灌，缺水的地方则可采用喷灌、滴灌等节水措施。

有的地块为了农作物长的更好，常设有防护林带，而沙棘本身就是比较耐风沙的木本植物，因此，在种植时，通常不设防护林带。

山地沙棘园一般坡度较大，为防止水土流失，应该先修水平梯田、反坡梯田等，多施农家肥，多种植绿肥，进行土壤改良，必要时可以淘沙换土。

二、栽植

(一) 品种的选择与授粉树的配置

选用大果沙棘的扦插苗或是萌蘖苗，大果沙棘的优点是果大、单株及单位面积产量高，软刺或无刺，油的品质好，生理活性物质丰富。今后在选择沙棘良种的时候还要考虑到适应能力更强且适应幅度更大、少病虫害或无病虫害的品种。

沙棘为雌雄异株的植物类型，其配置方式对其产量有很大影响，通常，新疆多年来的种植经验一般雌、雄株在 8∶1 时为最佳配比。当然这也与花期的主风向及花粉量的大小有关，其配比关系如图 68－1 所示：

图 68－1　沙棘雌雄株植配置

(二) 栽植技术

沙棘种植园的株行距，一般采用的是 2～4 m，这样，每 667 m^2 地可以有 83 株，以采条为主的采穗圃，株行距 1～3 m，每 667 m^2 可以定植 220 株，新疆多是结合退耕还林工程进行种植的，株行距多在 1～4 m，每 667 m^2 定植 110 株，是以套种方式进行。

株行距大小取决于树体的发育情况，与两个因素有关：

① 立地条件。立地条件好，树体发育就良好，灌丛庞大，可适当稀植。

② 与栽植材料本身特性有关。不同的沙棘品种在同一立地环境下表现也不同。

栽培技术包括以下几个方面：

1. 苗地的整理　通常情况下包括打碎土块、耙平地表，以此来改善土壤特性。

2. 苗木的精选　通常情况下选用Ⅰ级或Ⅱ级主干皮层无损伤、一二年生无性繁殖的良种苗，在栽植前要对苗木进行严格检查，再把苗木在泥浆里蘸一下（泥浆里有生根粉），使其生根，提高成活率，促其旺盛生长。

3. 栽植方法　在春季发芽前或秋季结冻前 20～40 d 内进行。但以春季土壤解冻 20～30 cm 时，随起随栽效果最好。栽植的关键技术是栽正扶直，深栽砸实，使根系舒展。一般做法是将苗木按株行距定好，挖好规定规格的栽植坑，将雌、雄株按规定进行栽植。每株都准备腐熟有机肥。埋土时注意苗木根系的伸展，通常情况下，种植时注意要符合“三埋两踩一提”的原则。

第六节　土肥水管理

一、土壤管理

沙棘一般种植 3 年后可以结果，为了不影响以后树体的生长，间种的距离依沙棘树的树冠而定，由于沙棘根部有根瘤，可以自行固氮，所以一般不用刻意去套种豆类的植物，反而可以套种一些禾本科植物，如苜蓿。

1. 松土除草　松土除草主要集中在每年的 6～8 月，松土扩大树盘和消除杂草，尽可能多地积累水分，同时可避免杂草和植株争夺水分和养分，改善土壤通透性。以提高沙棘植株的营养水平，增加枝条叶片的数量和质量，促进枝条的充分成熟。其中，中耕也是松土的一种方式，中耕深度为 5～8 cm，以不伤害沙棘水平根系为原则，还可清除杂草，提高土壤的透气性，使沙棘的根瘤能更多地固定土壤空气中的氮素营养，但是不能中耕过深，否则，将会影响水平根的正常发育，严重时还会引发干缩病。

2. 提高土壤肥力

（1）提高土壤肥力除了增施有机肥外，还可以通过林粮间作，进行整地，使有机物与土壤相结合，并借耕耘疏松土壤。

（2）土壤的排水。特别是沼泽地，实施排水效果显著。沼泽地在排过水后，空气通透性提高，温度状况改变，厌氧细菌减少，好氧细菌增加，土壤硝化作用增强，有机物分解加快，土壤肥力可明显增加。

3. 防治土壤污染 土壤污染是指土壤中有害物质超过了其自净能力。水污染和大气污染是主要途径。

二、施肥管理

施肥不仅可以增产，也可延长沙棘园的有效利用期。

（一）肥料种类

肥料的种类包括缓效肥和速效肥两大类。

1. 缓效肥 有机肥都属于缓效肥，农家肥（人粪便，牛、羊、猪等畜禽饼肥及植物残体等），还有必须经过堆制、消毒、发酵等程序才能够使用。这些都是构成土壤肥力的基础。

2. 速效肥 速效肥主要是尿素、磷酸二铵、多元素复合肥、硫酸钾、无机复合肥等由氮、磷、钾三种元素组成的肥料，施入土壤中有效期短，不能持久发挥作用且容易流失。

（二）施肥时间

沙棘种植园施肥一般由栽植后第二年开始，施农家肥（有机肥）一般在冬季进行。在第二年6月追施第二次复合肥。保证沙棘能够更好地开花结实。

（三）施肥方法

施肥方法通常包括基肥、追肥两种，育苗时候还施有叶面肥。每667 m^2 施肥1 500～2 000 kg，一般2～3年施一次。化肥以磷肥为主，每亩一次施20 kg左右，施后浇水。

沙棘为多年生植物，施肥能促进翌年生长，也能促进翌年的增产。沙棘春季开始时主要靠前一年的物质积累。一般来说，沙棘在栽植前，要施基肥，后面还要追肥，定时施入一定量的肥料能提高苗木的成活率，促进苗木生长，也能促进苗木早结果、早丰产。

腐殖质肥料的有效期在3年以上，改良土壤效果也好。所以，每隔3～4年应施用一次腐殖质。

三、水分管理

沙棘树体需水量依照树龄大小、栽植密度高低、当地气候条件、土壤质地、地下水位高低而异，要做到苗木不缺水，但是也不能旺水，一年灌溉6～8次。

1. 灌水时间 一般在4月下旬灌一次水，促进萌芽生长，灌到地表均匀见水为止。在6月中上旬花快落的时候，灌一次水，此时温度也相对较高，以促进新梢生长和开花结实，灌水最好在早上及傍晚进行。通常情况下，一年要有6次灌水，最后一次灌水要在10月以后采用冬灌。

2. 灌水方式 通常有大水漫灌、渠灌、滴灌等。沙棘对干旱的适应力强，但是长期干旱对沙棘园的产果量影响很大。因而，在雨量充沛的地区，为了使得沙棘对水分和养分的吸收不受影响，要科学灌水。沙棘是中生喜湿植物，在芽苞待放、枝条快速生长、营养繁殖芽形成、结实期、果实膨大期和成熟期，都需要大量的水分供应。特别是在干热的夏季，土壤干燥快，灌溉更为重要。一般来说，每年春季至雨季前需灌溉3～4次，用水300～400 t/hm^2，为了保持田间水分和土壤的通气性，灌水后或雨后，应进行松土，减少土壤水分的蒸发，提高灌溉效果。松土不宜过深，以免伤害表土层的沙棘毛根。

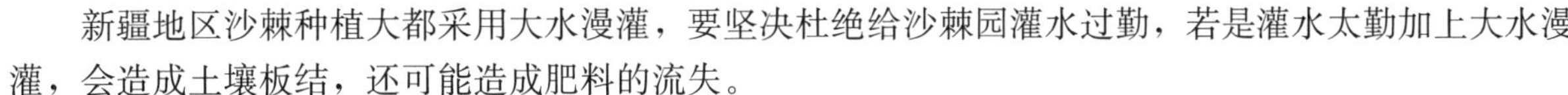

新疆地区沙棘种植大都采用大水漫灌，要坚决杜绝给沙棘园灌水过勤，若是灌水太勤加上大水漫灌，会造成土壤板结，还可能造成肥料的流失。

第七节　整形修剪

整形修剪是沙棘栽培管理的一项重要技术措施。根据沙棘的生长结果习性、立地条件和栽培管理水平等方面特点，为后期的结果及延长树体寿命，对植株进行整形修剪为沙棘生长创造一个通风透光、枝条分布均匀，树冠大而圆满的丰产树形，调节生长与结果的关系。

整形修剪可分为生长期修剪和休眠期修剪，也有称为夏季修剪和冬季修剪，夏季修剪是 4～10 月，冬季修剪是 10 月至翌年 4 月。

一、整形

（一）整形方式

沙棘主要采用自然开心形树形，仅留较低的主干，主干上部分生 3 个主枝，主枝分布有一定的间隔，适于轴性弱，均匀向四周排开；每个主枝各自分生 2 个侧枝，每侧枝再分生 2 枝，而成 12 枝，一般情况下分枝较低，内膛不空。

（二）整形方法

一般情况下，将冠层里外的老弱枝、横枝、立枝、病虫枝进行清除；其次，将徒长枝适当的进行短截；再次，对老弱枝组进行更新回缩；最后，要达到树体枝条上下通畅，疏密分布均匀，树冠大小基本一致，通风透光良好。

1. 幼年树修剪（1～3 年）　幼树的定干高度为 40～50 cm，定干时要求剪口下 10～15 cm 范围有 6 个以上的饱满芽。当新梢长至 20～30 cm，除选留 3～4 个不同方位生长的主枝外，其余新梢都得摘心。冬季修剪选定 3～4 个主枝，剪留长度 30～40 cm，第二年和第三年修剪采用强枝缓放、弱枝短截的方法，侧枝多留斜平枝，不留背斜枝条。疏除重叠枝、交叉枝、直立枝及影响主、侧枝生长的枝。同时，要及时抹除基生枝。

2. 结果初期修剪（4～5 年）　调整主干枝生长势，继续培养主、侧枝骨架，对主枝上生长势过旺的枝结合采收果实，采取疏除、缓放、短截等方法控制树势，对弱主枝上的侧枝短截。在骨干枝两侧培养大、中型枝组，枝组的配置要大、中、小相间，交错排列，并将高度控制在 2 m 以下，以利于果实采摘。

3. 盛果期修剪（6～12 年）　盛果期修剪特别要注意打掉横枝，保留顺枝，去掉旧枝，保留新枝，疏除密处枝，缺空留旺枝，清膛圆底保持树冠圆满。春季剪掉干尖，夏季剪掉徒长枝，秋季剪掉基生、徒长枝和萌芽，并要剪顶稳固树冠，清膛保持通风透光，去掉旧枝促发新枝。

4. 衰老期树的处理（12 年以上）

（1）复壮。对立地条件好、水肥充足的地块，衰老树可以进行结果枝组和骨干枝的更新复壮，培养新的枝组，延长树体寿命和结果年限。对衰弱的主、侧枝进行重回缩，以复壮其生长势。

（2）平茬更新。平茬更新是切去树木的地上部分，促使其长出新枝条的一种经营措施。沙棘本是一种萌蘖性很强的灌木，栽植沙棘 1～2 年后进行平茬，可促使幼林提前郁闭，防止杂草蔓延，同时也发挥较好的生态效益。沙棘平茬的主要目的是更新复壮。沙棘一般是栽后 10 年左右时，生长开始衰退，经过平茬长出的萌芽枝生长却十分茂盛。

沙棘平茬的目的是更新复壮，所以平茬必须在沙棘林旺盛萌发力结束前进行。沙棘林萌发力开始衰退的年龄称作沙棘无性更新年龄。沙棘更新成熟龄因种、品种、生长地域不同而有所差异。一般在 10～15 年（目前应提前 3～6 年）。沙棘平茬后，经过萌发更新成林，过了数年后，应再次平茬，其间隔期为 5～7 年。通常，平茬的季节在落叶后次年树液流动之前。若是平茬会造成大量树液的流失，对以后沙棘生长及以后的萌条及木质化、越冬不利。平茬既可以全面平茬，也可采用带状平茬。全面平茬是把林内所有沙棘地上部分全部砍光，这在地面比较平坦的碳薪林、放牧林中可以使用。在坡地，为了防止水土流失，这可以保证林地上任何时候都有沙棘，仍有一定防护作用。平茬所得沙棘可作薪柴用。在沙棘果衰老的前三年，每株沙棘旁留一根蘖苗，并切断与母树的连根生，加强肥水管理，3 年后根萌苗结果，将老树全部砍除。

二、修剪

沙棘的修剪主要采用疏剪、短截、摘心和抹芽。修剪的原则是促使苗木快速生长，按照预定的树形发展，达到丰产、高产的目的。

（一）疏剪

主要是从分枝的基部把枝条剪掉的修剪，主要剪除直立枝、弱枝及枯死枝。疏剪能减少沙棘树的分枝数量，使枝条分布趋于合理、均匀，改善树冠内膛通风与透光，增强树体同化功能。疏剪对于全树的总生长量有削弱作用，但能促进树体局部的生长。疏剪在母枝上形成伤口，从而影响养分的输送，疏强留弱，对于疏剪的枝条越多，对树木生长将产生越大的削弱作用，所以，一般采用分期进行。

一般情况下，剪去树的 10%为轻疏，强度达到 10%～20%的为中疏，疏剪 20%以上的为重疏。实际应用时，要依据每棵沙棘的生长情况。

（二）短截

指对一年生沙棘枝条进行剪截处理，是把枝条的中段剪除。枝条短截后，养分相对集中，可刺激剪口下侧芽的萌发，增加枝条数量，促进营养生长或开花结果。短截包括：

1. 轻短截 剪去枝条的 1/5～1/4，主要用于刺激饱满芽的萌发，形成大量的中短枝，易分化更多的花芽。

2. 中短截 自枝条长度 1/3～1/2 饱满芽短截，使养分更为集中，促使剪口发生较多的营养枝。

3. 重短截 自枝条中下部，全树可更新复壮。

4. 保留 2～3 个芽，其余全部剪去 剪去后会萌生 1～3 个中、短枝，主要运用于竞争枝的处理。

（三）摘心

摘心是摘除顶端生长部位的措施，摘心后削弱了枝条的顶端优势，改变营养物质的输送方向，有利于花芽分化和结果。摘除顶芽可促使侧芽萌发，从而增加了分枝，促使树冠早日形成。而适时摘心，可使枝芽得到足够的营养。

（四）抹芽

抹芽是指抹掉主干和主枝基部的毛芽及叶，可改善保留存芽的养分状况，增强其生长势，此法可以减少不必要的营养消耗，保证树体的健康生长发育。

第八节 病虫害防治

沙棘的病虫害很多，主要病害有沙棘腐朽病、沙棘烂皮病、沙棘干枯病、沙棘叶斑病、沙棘缩叶病、沙棘猝倒病等；主要虫害有沙棘象、沙棘实蝇、沙柳木蠹蛾、柳干木蠹蛾、红缘天牛、栗黄枯叶蛾、黄褐天幕毛虫、沙棘巢蛾、舞毒蛾、沙枣尺蛾、兰目天蛾、沙棘木虱、华北麟姑、黑绒鳃金龟等。

一、主要病害及其防治

（一）沙棘干枯病

沙棘干枯病是沙棘的主要病害之一，主要危害是在主干或树杈处，幼树多在地表以上 30～50 cm 处发生。发病初期形成长椭圆形暗褐色病斑，后逐渐过渡扩大呈长条形，黑褐色。病斑皮层呈红褐色干腐状，病斑下木质部变为褐色，病斑后期凹陷，上生黑色小粒状突起，即病菌的分生孢子器。湿度大时，从分生孢子器中涌出黄褐色丝状孢子角，病斑扩展围绕树干一周时，可使病部以上的枝干枯死。

防治方法：① 对发病区严格封锁，严禁把病区的沙棘种子和苗木往外地调，无病区对调入的沙棘繁殖材料要执行严格的检疫措施。② 对初期感染，病状轻的植株剪除病枝，剪口应在病枝下的健枝部位，剪下的病枝集中烧毁，对于轻病还要加强水肥管理增强抗病性。③ 发现树干的病斑后，注意刮除病斑，用1%甲醛消毒，然后封锁伤口。

（二）沙棘腐烂病

沙棘腐烂病病原是一种真菌病，该病症状有溃疡型及枝枯型两种，但通常表现为溃疡型居多，多发生在每年 5 月，沙棘主干处病斑呈现暗褐色水渍状，略肿胀，病斑椭圆形，5 月以后病斑继续扩大，树皮呈深褐色，病皮组织腐烂，用手压之有湿润感。至 7 月随气温升高病斑组织干枯下陷，有时发生龟裂，此时病斑上产生密集的小黑点，树皮可用手撕破，从树干上部可撕到下部，严重时，沙棘树可当年死亡。此病一般发生在 10 年以上树势较为衰弱的老沙棘林，特别在郁闭度 0.9 以上，透气性差的林分，最易发生，被害率常达 60%以上。

防治方法：①对于密集过大的沙棘林，可实行间伐，伐后密度控制在 0.6 m 左右，保持林分通风透光，对主干上的病斑实行刮除，刮后涂抹 5～10 波美度的石硫合剂。②对于 5 年以上沙棘应实行平茬，平茬后的树枝集中烧毁，以后每 6 年平茬一次，既消除病害，又使新萌生沙棘树长得健壮。③沙棘园注意排水、防冻，增强有机肥、树干涂白等以防腐烂病发生。

（三）沙棘干缩病

沙棘干缩病被称为沙棘树的“皮肤癌”，当年侵染不易被发现，造成枝干凹陷、硬、干缩状条斑，当年侵染不易被发现，2～4 年发病严重，很难根治，是为害沙棘最严重的病害。

该病侵染开始于花期。通常从 5 月底 6 月初进入侵染盛期，一直延续到 7 月底 8 月初左右。发病于 7 月中旬，灌丛个别树梢发黄，然后落叶，树枝在 8～10 d 干枯，这种现象逐渐向下部枝条扩展，短期内可使整个植株死去，枯死植株上果实提前变色。常有枯死的植株在当年或翌年发出根蘖苗，3～4年内也会同样凋萎。有时使植株中个别枝条先枯死，然后遍及整个植株，这个过程是不可逆的，并且有传染性。

防治方法：①加强种植土地的基肥，防止病菌的最好措施。②对于干缩病目前国内外没有有效的治理方法。最主要的是采取预防措施。干缩病具有传染性，要注意避免机械损伤。如发现病株要及时清理、焚烧、深埋，病枝也要及时剪除。有研究发现在有禾本科杂草遮盖地面的沙棘园，很少见干缩病发生，在沙棘种植园中加种禾本科草也是防病的一种措施。而在土壤种施入石灰、磷钾肥和微量元素肥料抑制病原菌的侵染。

二、主要虫害及其防治

（一）沙棘象

沙棘象是沙棘主要害虫之一，以老熟幼虫在地下筑土室越冬，翌年 6 月上中旬开始化蛹，7 月初在林内开始见到成虫，7 月下旬至 8 月上旬为羽化盛期，7 月下旬成虫开始交尾、产卵，8 月上旬为产卵盛期，8 月下旬结束。8 月中旬幼虫开始孵化，9 月上中旬为危害盛期，10 月中旬结束，老熟幼虫随种实掉下，或在树上果实中咬穿种壳脱果掉下，钻进土内筑室越冬。成虫迁移能力很弱，一般仅做近距离爬行，偶尔也做短距离飞行，成虫只在沙棘雌树上活动，雄树无虫。

防治方法：① 由于幼虫的分布较集中，因此可以进行挑治，只要在林中发现幼虫，必定周围有虫，可以在其附近打药。防治时只对雌树打药无需防治雄树，因沙棘有雌雄之分，只有雌树开花结果，雄树不结果，沙棘象只能在雌树的果实上产卵危害。②对于虫害严重的老沙棘林区，可实行沙棘低平茬措施。冬季从地面上砍掉沙棘的地上部分，第二年萌发的枝条长得十分健壮，最高长 2 m 以上，由于第二年只萌发枝条，不结果实，第二年的成虫出土后，因找不到沙棘果实产卵而死亡，第三年连幼虫和成虫都没有了。平茬时尽量注意连片，一个山头一面坡，一条沟全部平茬，不留死角。第二年再平茬其他地区。③于 8 月上旬沙棘象成虫羽化盛期，喷 2.5%敌杀死 5 000 倍液，20%速灭杀丁 3 000 倍液于树冠进行防治，可杀死刚羽化的成虫，防治率达 90%以上。

（二）沙棘蝇

沙棘蝇（又名沙棘果蝇）也是沙棘主要害虫之一，该虫以幼虫钻入果内，以食果汁，其危害直接降低了果实产量和利用价值。

防治方法：①于 8 月上旬至 9 月中旬老熟幼虫离果落地前，于地面喷 5%敌百虫粉剂，以毒杀幼虫，6 月底至 7 月初成虫羽化高峰期用药剂向林冠喷雾以毒杀成虫及初孵幼虫。②及时清除被害的早黄落果，杀灭果中害虫，对连年受害的沙棘林进行较大范围平茬。③将糖醋液盛于大口瓶内，挂于树冠中上部，每隔 8～10 株挂 1 瓶，每隔 10 d 加液一次诱杀成虫，如遇大雨则第二天要更换一次糖醋液。④选用较抗虫的黄果型沙棘品种，该品种果实小而硬，幼虫较难钻入果内，被害率比红果型品种低。

（三）木蠹蛾

木蠹蛾是属鳞翅目木蠹蛾科钻蛀性害虫。以幼虫钻蛀根颈和树干，造成树木衰退和死亡。以幼虫在木质部内越冬。5 月上旬开始化蛹，5 月下旬至 7 月下旬都有成虫出现，6 月是产卵盛期，6 月中旬始见小幼虫，经过第二年的危害至第三年的 5 月才化蛹，3～4 年 1 代。

防治方法：①注意园内卫生，清扫果园，并铲除杂草，集中烧毁，消灭各种害虫越冬虫态。②结合冬季修剪，剪除有害虫为害的枝条、卵块、虫茧。③展叶期喷布 80%敌敌畏乳油 1 000 倍液，或 50%杀螟松乳油 1 000 倍液，或 25%亚胺硫磷乳液 2 000 倍液防治木蠹的幼虫。④调运苗木时，要认真检查该虫的幼虫或蛹，比较严重的情况下可以不要这种苗木。危害较轻时可以种植造林地，但是一定要把苗木分开种植，带幼虫的种植到一个地方，没有幼虫的种到一个地方，观察一年的危害情况。

（四）沙棘锈病

多发生在实生育苗中期，在密植的成林中也发生。苗木症状是大量叶片发黄、干枯，植株矮化，叶片上的病斑呈圆形，多数汇合。发病初期病斑处轻微褪绿，后变为褐色。

防治方法：①把病叶剪除并及时集中烧毁。②秋季或春季清除越冬场所。③沙棘锈病主要是以预防为主，提前用波尔多液、粉锈宁、石硫合剂等杀菌剂防治。

（五）沙棘叶斑病

沙棘叶斑病是一种真菌性病害，中央灰白色，边缘褐色，微隆起，外缘油渍泡状。发病初期，病斑多集中在叶脉之间，大小 1～2 mm，随后病斑逐渐扩大，片上有 3～4 个圆形病斑，叶片干枯并脱落。

防治方法：①一般用 50%可湿性退菌特粉剂 800～1 000 倍液，每隔 10～15 d 喷一次，连续 2～3 次效果显著。②加强园地管理，清理并焚烧病虫枝。

（六）舞毒蛾

舞毒蛾又称秋千毛虫。小幼虫将叶食成孔洞，老幼虫可将叶片全部吃光。舞毒蛾多发生于通风透光的沙棘林，应适当加大密度，营造多层次针阔混交林，可以抑制舞毒蛾的发生。

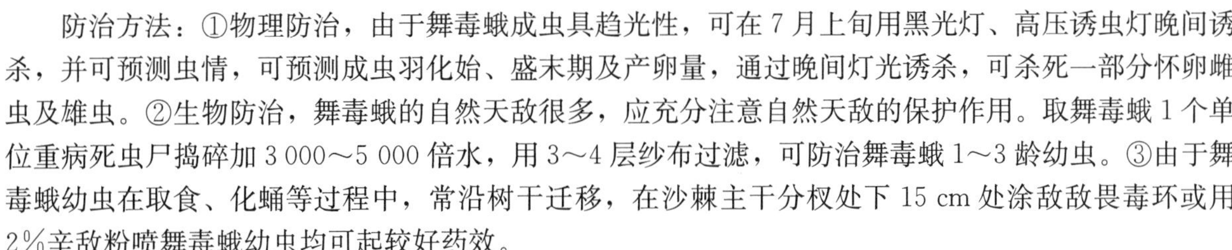

防治方法：①物理防治，由于舞毒蛾成虫具趋光性，可在7月上旬用黑光灯、高压诱虫灯晚间诱杀，并可预测虫情，可预测成虫羽化始、盛末期及产卵量，通过晚间灯光诱杀，可杀死一部分怀卵雌虫及雄虫。②生物防治，舞毒蛾的自然天敌很多，应充分注意自然天敌的保护作用。取舞毒蛾1个单位重病死虫尸捣碎加3 000～5 000倍水，用3～4层纱布过滤，可防治舞毒蛾1～3龄幼虫。③由于舞毒蛾幼虫在取食、化蛹等过程中，常沿树干迁移，在沙棘主干分杈处下15 cm处涂敌敌畏毒环或用2%辛敌粉喷舞毒蛾幼虫均可起较好药效。

(七) 天幕毛虫

每年发生1代，以卵越冬，幼虫在春季孵化，集于新芽或嫩叶上，吐丝造巢形成天幕，于其中食害树叶，可吃光全叶，仅留叶脉与叶柄。

防治措施：①适时浇水、施有机肥，中耕除草，整形修剪所清除的虫枝病叶等一律带出园外，并集中销毁以增强树势，减轻危害。②秋季清园，锯除有虫孔的被害枝，清除枯死枝，及时烧毁。③灯光诱杀。7月下旬至8月中下旬成虫羽化活动期间，在有条件的园内设置黑光灯或杀虫灯诱杀成虫。④化学防治。6月下旬虫口密度大时，用2.5%高效氯氟氰菊酯乳油3 000倍液或10%氯氰菊酯油300倍液等拟除虫菊脂类药剂，或25%灭幼脲1 500倍液等喷施。

第九节　果实采收

(一) 采收时间

沙棘的采收技术对于沙棘的质量有至关重要的作用，一般是从实际出发，最早不能早于果实的成熟期，大果沙棘有些品种果实生理成熟后很快落果，沙棘的果实容易发酵，所以应在生理成熟后立即抓紧时间采集果实。

(二) 采收标准

果实丰满而未软化，表面呈现橙黄色，种子黑褐色。

(三) 采收人员的确定

沙棘的果实小，采摘要求是一粒一粒的采摘，生产者在确定采收人员时，要选用采收技术相对较高、采收精细的人员，以防止野蛮采收和漏收的情况。

(四) 采收方法

沙棘鲜果是肉质浆果，怕捏、怕压，采收时手感要轻，采收时要轻采、轻拿、轻放，在采收中应防止野蛮采收，不采不成熟的果，剪枝取果取叶法，为目前果实采收的主要方法。对具有经济产量的接果枝，结合修剪进行适度剪取；采用手工剪取结果的枝条，把带果枝条剪成10 cm左右的短枝，连枝带果，清除杂质。采果时，即便果实处于初熟期，果实较硬，也要轻摘轻放，切勿多次翻倒。为了便于搬运，装果筐以小些（10～15 kg）为宜，以免挤压果实，擦伤果皮，引起霉烂变质发酵，应及时运输，避免造成浪费。

在沙棘采摘的过程中要注意在雨天或是早晨有露水的情况下，不宜采摘，以免引起摘下的沙棘发酵或霉烂。

第六十九章　枸　　杞

概　　述

枸杞在我国原生长于北方，河北、内蒙古、山西、陕西、甘肃、新疆、青海各地都有野生分布，中心分布区域是甘肃河西走廊、青海柴达木盆地、青海至山西的黄河沿岸地带和新疆。常生于土层深厚的沟岸、山坡、田埂和宅旁。约在17世纪中叶引种到法国后多国均有栽培。

枸杞树栽培管理容易，扦插苗定植后，在管理条件正常的情况下一般当年可开始结果，4年后可进入丰产期。枸杞树的经济寿命也比较长，结果期可达50年以上。枸杞作为特种经济树种，主要是生产枸杞的果实。枸杞经济价值的高低，主要取决于产量的高低，产品质量的好坏。

枸杞果实、叶、根含有大量人体必需的营养物质。枸杞营养成分主要有单糖、多糖、脂肪、蛋白质、淀粉、甜菜碱、玉黍黄质、酸浆红素、胡萝卜素、硫胺素、核黄素、烟酸、抗坏血酸、天门冬酸等及铁、锌、硒、锗、钙、磷、钾等矿质元素。

研究及临床证实，枸杞果实具有滋阴益阳、延年益寿的作用，可作为滋补强壮剂主要用于体弱气虚或劳累过度而精血亏损及老年人的补益之品，还可作为肝肾慢性病治疗剂。枸杞叶补五劳七伤，去皮肤、骨节间湿风，消热毒，散疮肿。以叶代茶，止渴，消热烦，去上焦心肺咳热。枸杞根皮（地骨皮）泻肝肾虚热，治五内邪热，吐血尿血，咳嗽消渴，外治肌热虚汗。

现代研究进一步证实枸杞除具有以上功能外，枸杞子能显著地使老年人血中老化的八项指标向年轻化逆转；有延缓衰老和抗疲劳的作用，能提高脱氧核糖核酸损伤后的修复能力；能显著提高人体白细胞数量和淋巴细胞的转化率及巨噬细胞的吞噬率；可使肿瘤患者不因白细胞数量降低而中断放射治疗；还具有促进雌性激素作用、提升白细胞数量作用；增强人体免疫力，对人体癌细胞有抑制作用和保肝、降血糖、降压作用，久服能延年益寿等作用。

枸杞是盐碱、沙荒地造林的先锋树种。利用枸杞的抗旱、抗高温、耐低温、抗盐碱特性，绿化盐碱沙荒地，提高地区生态效益。

枸杞生育期，集绿叶、紫花、红果于一身，枝条婀娜多姿，叶片翠绿清秀，花朵万紫千红，果实玲珑剔透，极具观赏价值，可用于公园美化、街道绿化、庭院栽种、制作盆景，具有“花紫果红叶翠绿，细枝飘舞现奇景”的效果，不但为人类健康带来福音，还为观光旅游产业增添了花色景点。

枸杞叶、果柄、嫩枝条营养丰富，粗蛋白含量高达14%以上，维生素种类多且丰富。油果、碳果等杂果可作为良好的饲料添加剂，已被畜牧业作为优良饲料开发利用。

第一节　种类和品种

一、种类

（一）黑果枸杞

黑果枸杞（*Lycium ruthenicum* Murr.）分布于我国陕西西部、宁夏、甘肃、青海、新疆和西藏，

中亚、高加索和欧洲其他一些地区亦有。耐干旱，常生于盐碱土荒地、沙地或路旁。

多棘刺灌木，高 20～50 cm，稀的地方高可达 150 cm，多分枝；分枝斜升或横卧于地面，白色或灰白色，坚硬，常成“之”字形曲折；短枝常成瘤状，上着生簇生叶或花、叶同时簇生。叶在幼枝上常单叶互生，条形、条状披针形或条状到披针形。花 1～2 朵簇生于短枝上，花柄细瘦，长 0.5～1 cm。浆果黑紫色，球状，有时顶端稍凹陷，直径 4～9 mm。

（二）宁夏枸杞

宁夏枸杞（*Lycium barbarum* Linn.）原产我国北部，分布于河北北部、内蒙古、山西北部、陕西北部、甘肃、宁夏、青海、新疆等地。常生于土层深厚的沟岸、山坡、田埂和宅旁。本种在我国有悠久历史，约在 17 世纪中叶引种到欧洲，现在欧洲及地中海沿岸国家以及北美洲则有栽培。

灌木或因人工整枝而成小乔木。高 0.8～2 m，分枝细密，野生时多开展而略斜升或弓曲，树冠多呈圆形。叶互生或簇生，披针形或长椭圆状披针形。花在长枝上 1～2 朵生于叶腋，在短枝上 2～6 朵同叶簇生。浆果红色，在栽培类型中也有橙黄色，果皮肉质，多汁液，长椭圆形、短圆形、卵形或近球形，顶端有短尖头或平截，有时稍凹陷，长 8～20 mm，直径 5～10 mm。花果期较长，一般 5～10 月边开花边结果，采摘果实时成熟一批采摘一批。

（三）新疆枸杞

新疆枸杞（*Lycium dasystemum* Pojark.）为野生种，分布新疆、甘肃和青海，中亚。生于海拔 1 200～2 700 m 的山坡、沙滩或绿洲。该种营养价值含量高，可以开发成保健品，也可作为水土保持的灌木。

多分枝灌木，高达 1.5 m，枝条坚硬，稍弯曲，灰白色或灰黄色，嫩枝细长，老枝有坚硬的棘刺；棘刺长 0.6～6 cm，裸露或生叶和花。叶形多变，倒披针形、椭圆状倒披针形或稀宽披针形。花多 2～3 朵同叶簇生于短枝上或在长枝上单生于叶脉；花柄长 1～1.8 cm，向顶端渐渐增粗。浆果卵圆状或短圆状，长 7 mm 左右，红色。花果期 6～9 月。

（四）黄果枸杞

黄果枸杞（*Lycium barbarum* L. var. *auranticarpum* K. F. Ching）是宁夏枸杞的一个变种。本变种不同于宁夏枸杞之处是枝条多棘刺，几乎在每节均有；叶狭窄，条形或条状披针形，老枝叶明显肉质；花稍小，花冠筒比檐部裂片长达 2 倍；浆果小，近球形，直径 4～8 mm，橙黄色，一般仅有2～8 粒种子，果萼先端呈膜质。

（五）柱筒枸杞

柱筒枸杞（*Lycium cylindricum* Kuang et A. M. Lu）多是野生，灌木，分枝多“之”字状曲折，白色或带淡黄色；棘刺长 1～3 cm，不生叶或生叶。叶单生或在短枝上 2～3 枚簇生，近无柄或仅有短柄，披针形。花单生或有时 2 朵同叶簇生，花柄长约 1 cm，细瘦。果实卵形，长约 5 mm，仅具少数种子。

（六）北方枸杞

北方枸杞［*Lycium chinense* Mill. var. *potaninii*（Pojark.）A. M. Lu］是枸杞的变种，不同于枸杞之处是其叶通常为宽皮针刺、短圆状披针形或披针形；花冠裂片的边缘缘毛稀疏，基部耳不显著；雄蕊稍长于花冠。

分布于河北北部、山西北部、陕西北部、内蒙古、宁夏、甘肃西部、青海东部和新疆，新疆精河县有少量栽培。常生于向阳山坡、河沟；亦有栽培作为绿化观赏植物。

（七）云南枸杞

云南枸杞（*Lycium yunnanense* Kuang et A. M. Lu）产于云南。生于海拔 1 360～1 450 m 的河旁沙地或丛林中。

直立灌木，丛生，高 50 cm；枝坚硬，灰褐色，小枝细弱，黄褐色，顶端锐尖成针刺状。叶在长枝上和棘刺上单生，在极短的瘤状短枝上2枚至数枚簇生，狭卵形、矩圆状披针形或披针形。花通常由于节间极短缩而同叶簇生，浅蓝紫色，花柄纤细，长4～6 mm。果实球状，直径约4 mm，黄红色，干后顶部有一明显纵沟，有20余粒种子。

二、品种

（一）精杞1号

精杞1号树势强健，生长快，树冠开张，通风透光好，栽植第五年树高1.6 m，根颈粗5.6 cm，树冠直径1.9 m，一年生枝青灰色，多年生枝灰褐色，枝条长50～90 cm，节间长1.6 cm，着果距1.7 cm，针刺少。叶颜色淡绿，叶质肥厚，披针形。浆果圆柱形，熟果鲜红，顶端平，四棱形，果长2.2～2.8 cm，果径0.8～1.2 cm，种子20～39粒，果实鲜干比4∶1，鲜果千粒重量670 g，当年栽植当年结果，栽种后第三年每667 m^2 产干果180 kg左右，特级果率80%。此品种适应性强，抗病、抗旱性较强。

（二）精杞2号

树冠中大，树姿开张，修剪整形为半圆形、三层楼树形，树干灰褐色，成年树树高1.5～1.7 m，冠幅1.4～1.5 m。分枝均匀，枝条粗壮，斜生，角度开张，枝条节间短，极易形成腋花芽，新枝浅绿色。叶披针形，中大，深绿色，光滑无毛，长4.5～12.2 cm，宽1.9～2.7 cm。花2～5朵为簇；花量大，花盛开后为紫色。浆果圆锥形，顶端钝尖，长1.5～2.2 cm；茎1.1～1.5 m，鲜果千粒重800 g，种子25～57粒/果，四年生枸杞产量250 kg以上。具有生长快、分枝均匀、果大、结果性强、产量高等优点。抗旱能力强，耐盐碱性强，耐高温，耐寒冷，抗病虫害能力较强。

（三）大麻叶

大麻叶生长快，树冠开张，栽后第五年树高1.46 m，根颈粗5.5 cm。树皮灰褐色，当年生枝条灰白色，结果枝细长而软，呈弧垂生长，棘刺极少，平均枝长30.5 cm，节间长1.3 cm。叶深绿色。幼果粗壮，尖端短尖，果长2～2.6 cm，果径0.8～1.2 cm，果肉厚，内含种子28～55粒，鲜果千粒重450～650 g。植株抗根腐病能力低于精杞1号，对枸杞红瘿蚊，枸杞蚜虫及枸杞害螨等害虫要加强预防。

（四）宁杞1号

宁杞1号生长快，树冠开张，通风透光好，定植5年树高1.57 m，根颈粗5.28 cm，树冠直径1.7 m。树皮灰褐色，当年生枝条灰白色，嫩枝梢端淡绿色，因有红色线点而成红绿色，结果枝细长而软，孤垂生长，棘刺极少，长37.6 cm，节间长1.32 cm。叶深绿色，长1.27～8.6 cm，宽0.22～2.8 cm。鲜果平均纵径1.68 cm，横径0.97 cm，果实鲜干比4.37∶1，鲜果千粒重586.3 g。该品种适应性强，在pH9.0～9.8时地下水位90～100 cm的淡灰钙土上生长良好。枝条扦插苗栽植当年结果，栽后第六年每667 m^2 产干果可达474.7 kg，植株抗根腐病能力强，对于枸杞蚜虫、枸杞红瘿蚊、枸杞瘿螨等害虫应加强预防。

第二节　苗木繁殖

一、扦插苗培育

（一）硬枝扦插

1. 育苗地块选择　要选地势平坦、排灌方便、不积水、地下水位在1.5 m以下、含盐量在0.2%以下、土壤有机质含量高、肥沃的沙壤土或壤土为宜。

2. 种条采集　选择无病虫害、无机械损伤，树型紧凑，结果量大、结果均匀并颗粒大的植株，采集直径在0.6～0.8 cm的一年生枝条为种条。

3. 插穗处理 插穗剪成 13～15 cm 长，50～100 个一捆。扦插前用生根生长调节剂浸泡，以种条髓心泡透为标准。

4. 扦插时间、方法 一般在 4 月 10 日左右，土壤膜内地温 5 cm 达到 16 ℃、10 cm 达到 14 ℃时扦插比较适宜。

5. 育苗地管理

(1) 及时放苗。每天 18:00 后解放压在膜下的苗子，用土封好窝眼，压好地膜。

(2) 中耕除草。结合中耕及时除草，中耕 2～3 次。

(3) 灌水施肥。苗木长至 20 cm 时育苗地灌第一水，第二水相隔 10 d 左右。整个生育期灌 7～8 次水，每次每 667 m^2 灌水量 30～40 m^3。打顶摘心后每 667 m^2 追施尿素 10 kg、三料磷肥 10 kg，开花和结果盛期每 667 m^2 追尿素 10 kg，每 10～15 d 喷施腐殖酸叶面肥一次。

(4) 修剪。在苗木长至 20 cm 时，选留一健壮直立枝为主干，去除其余枝条。主干生长到 55～60 cm时摘心。

(5) 设立扶干。6 月 20 日左右摘心打顶后，及时以株或以行为单位增加扶干设备。

(6) 病虫害防治。枸杞苗期易发生枸杞瘿螨、负泥虫、木虱、蚜虫等虫害，用高效低毒的鱼藤酮、苦参碱、哒螨酮、四螨嗪、螺螨酯、吡虫啉、溴虫腈、噻嗪酮等进行防治。

(二) 嫩枝扦插

1. 插床准备 插床底垫 12～15 cm 厚的煤渣、砾石、粗沙作为渗水层，上面铺 10～15 cm 的细河沙作为扦插基质。

2. 插穗选择 从优良品种或优良单株上选择粗壮、饱满、生长旺盛的半木质化嫩枝作为插穗。在 10:00 以前采集枝条，做到随剪随处理成插穗。

3. 插条处理 用 50～100 mg/kg 的 ABT 生根粉（或 250～500 mg/kg 的吲哚丁酸或萘乙酸），再加入滑石粉（黏土）调成糊状，速醮插条下端 1～1.5 cm 处后扦插。

4. 扦插时间 嫩枝扦插适宜 5～8 月，6 月最佳，8 月后扦插的苗木生长期短，当年苗小不能出圃，可在翌年留床培育成大苗。

5. 扦插方法 按 5 cm×10 cm 株行距定点，用细树枝在沙床上插 1～2 cm 深小孔，将浸泡生根剂的插条插入孔里，填细沙，用手指稍微压实。然后喷水，使插穗与基质密切接触，盖塑料拱棚并遮阴，使透光率为自然光的 30%左右。

6. 插后管理 管理的关键是控制棚内温、湿度，棚内空气相对湿度控制在 85%～95%，温度 25～35 ℃。结合喷水，每 3～5 d 喷一次多菌灵，使用浓度按说明书进行。插穗生根后，需逐渐增加透光强度和通风时间，使其逐步适应外部环境。

7. 移栽 插穗成活后要及时移栽，移栽初期采取遮阴、喷水等措施，成苗后要做好抹芽、松土、防治病虫害等工作。

二、苗木出圃

(一) 出圃时间

生产中所用的枸杞硬枝扦插苗为一年生，嫩枝扦插苗一般是二年生。一般于苗木休眠期出圃苗木。春季硬枝扦插的苗木经过一个生长季的培养达到出圃标准，即为成品苗，于当年秋季落叶后或翌春发芽前出圃。夏、秋季嫩枝扦插的苗木成活以后，需经过一次移栽，再经过一个生长季的培育后成为成品苗，于第二年秋季或第三年春季出圃。

(二) 起苗

起苗时首先要保证土壤湿润，苗木含水量充足。其次要保证苗木有较多的须根。

（三）苗木分级

起苗后，应及时在避风处或贮藏库内进行苗木分级。可参考表 69－1 进行分级。

表 69－1 枸杞苗木质量分级标准

<table>
<tr><td rowspan="4">苗木种类</td><td rowspan="4">枸杞苗龄</td><td colspan="10">枸杞苗木等级</td><td rowspan="4">一、二级苗百分率（%）</td></tr>
<tr><td colspan="5">一级苗</td><td colspan="5">二级苗</td></tr>
<tr><td rowspan="2">地径（cm）</td><td rowspan="2">苗高（cm）</td><td colspan="3">根系</td><td rowspan="2">地径（cm）</td><td rowspan="2">苗高（cm）</td><td colspan="3">根系</td></tr>
<tr><td>长度（cm）</td><td>大于5 cm侧根数（个）</td><td>根幅（cm）</td><td>长度（cm）</td><td>大于5 cm侧根数（个）</td><td>根幅（cm）</td></tr>
<tr><td rowspan="2">插条苗</td><td>1</td><td>＞0.70</td><td>＞90</td><td>＞25</td><td>5</td><td>＞12</td><td>0.5～0.7</td><td>75～90</td><td>＞20</td><td>3</td><td>＞10</td><td>85</td></tr>
<tr><td>2</td><td>＞0.75</td><td>＞95</td><td>＞25</td><td>5</td><td>＞14</td><td>0.6～0.75</td><td>80～95</td><td>＞20</td><td>3</td><td>＞12</td><td>85</td></tr>
</table>

（四）苗木假植

起苗后，苗木不能立即移植或运出圃地，或运到目的地后不能及时栽植，需采取临时假植。其方法是将苗木根部和苗干下部临时埋在湿润的土中，防止苗根受风吹日晒而失水，影响栽植成活率。临时假植时间不能过长，一般在 5～10 d。

如果秋季起苗后，当年不栽植，需进行越冬假植。其方法是选择地势高燥、排水良好、土壤疏松、避风、便于管理的地段开假植沟，沟的深宽视苗木大小和土壤情况而定，靠苗的沟壁做 45°的斜壁，顺此斜面将苗木成捆或单株分层排放，每层苗木不宜过多，然后填土踏实，使苗干下部和根系与土壤紧密结合，如土壤过干，假植后适量灌水，但切忌过多，以免苗根腐烂。在寒冷地区，可用稻草、秸秆等将苗木地上部加以覆盖。

（五）苗木贮藏

为保证苗木安全越冬，推迟苗木萌发，以达到延长栽植时间的目的，可利用冷藏库、冰窖、地窖、地下室等进行低温贮藏苗木，温度多控制在 1～5 ℃。关键技术是要控制温度、湿度和通气条件，避免苗木霉变、腐烂或受冻。

（六）苗木质量检验与消毒

为确保苗木的质量，国家和各级主管部门均制定苗木生产许可证、苗木质量合格证和苗木检疫合格证的“三证”制度。苗木出圃前，需进行严格的消毒，以控制病虫害的蔓延传播。常用的苗木消毒化学药剂有石硫合剂、波尔多液、多菌灵、硫酸铜等。

（七）苗木包装和运输

苗木包装前常用苗木蘸根剂、保水剂或泥浆处理根系，或喷施蒸腾抑制剂，减少水分丧失。包装整齐的苗木便于搬运、装卸，避免机械损伤。

包装可用包装机或手工包装。常用的包装材料有苗木保鲜袋、聚乙烯袋、聚乙烯编织袋、草包、麻袋等。包装容器外要挂标签或印刷苗木标识，注明树种、品种、苗龄、苗木数量、等级、生产苗圃名称、包装日期等信息。

苗木运输时间在 1 d 以内的，可直接用篓、筐或大车散装运输，筐底或车底垫以湿草或苔藓等，摆放整齐，并与湿润稻草分层堆积，覆盖以草席或毡布即可。如果是超过 1 d 的长途运输，必须将苗根进行妥善保水处理，并将苗木细致包装，并在运输过程中要经常检查苗木包的温度和湿度，保持良好湿度和适宜的温度，尽量减少苗木失水，提高栽植成活率。

第三节 生物学特性

一、根系生长特性

枸杞属于浅根果树，由主根和侧根构成根系骨架。枸杞根系较发达，五年生麻叶枸杞实生苗有根513条，总长73 m左右，扦插苗有根1 509条，总长128.3 m。其根系沿耕层横向伸展较快，纵向伸展较慢。每年3月中下旬根系开始活动，3月底新生吸收根生长，4月上中旬出现第一次生长高峰，5月后生长减缓，7月下旬至8月中旬根系出现第二次生长高峰，9月生长再次减缓，到10月底或11月初，根系停止生长。

枸杞主根有向地性，向下延伸较深，一年生的实生苗主根可达1 m。调查时看到，在倒塌的高崖上，以主根颈粗不到2 cm的野生枸杞其垂直植根能向下延伸5～6 m。

主根上着生的侧根，按照其在土壤中分布的状况，又可以分为垂直根和水平根。垂直根是与地面呈垂直方向、向下生长的根系，主要是起疏导和支撑树体的作用。水平根与地面平行，是一种重要的吸收根系。它也起固定植株的作用。水平根的分蘖能力很强，栽后1～2年的枸杞就可以产生根蘖苗。

二、叶芽与枝条生长特性

枸杞的芽依其性质分为叶芽和混合芽；依芽在枝上的着生位置分为顶芽和侧芽；依芽所在位置分为定芽与不定芽；依芽萌发特点分为活动芽和休眠芽；依每节芽的数量分为单芽和复芽。冬芽小，被有数枚芽鳞，单叶互生或因侧枝极度缩短而数枚或更多簇生，条状圆柱形或扁平，全缘，有叶柄或近于无柄。

枸杞枝条按生长结果习性分为结果枝、针刺枝、中间枝、徒长枝、强壮枝；按生长季节分为春梢、夏梢、秋梢；按树体结构分为主干、主枝、粗侧枝、细侧枝；按生长姿态分为孤垂枝、直立枝、平展枝、侧斜枝。

枸杞的枝条和叶也有两次生长习性。每年4月上旬休眠芽萌动放叶，4月中下旬春梢开始生长，到6月中旬春梢生长停止。7月下至8月上旬，春叶脱落，8月上旬枝条再次放叶并抽生秋梢，9月中旬秋梢停止生长，10月下旬再次落叶，之后进入冬眠。

枸杞叶为披针形、条状披针形或卵状披针形，全缘、主脉明显而侧脉不明显。叶长4～12 cm，宽0.8～2 cm，具1短柄，簇生，当年生枝第一次生叶为单叶互生。

枸杞的结果枝条有3种。一种是两年生以上的结果枝，称“老眼枝”，这种枝开花结果早，开花能力强，坐果率高，果熟早（多为春果或夏果），是枸杞的主要结果枝。第二种是当年春季抽生的结果枝，产地称“七寸枝”。这种枝条开花结果时间稍晚，边抽生、边孕蕾、开花、结实，花果期较长，结实能力也较强，但坐果率较低。第三种是当年秋季抽生的结果枝，当年也开花结实，但产量较低。虽然秋果枝与前两种结果枝相比，结果所占比重不大，但它可以在第二年转变为老眼枝，增加结果枝的数目，对产量的稳定和增加有较大作用，所以生产上要保持一定数量的秋果枝。开花、结果时间随树龄不同而异，一般五年生以内的幼树，花果期稍晚，随着树龄的增加，花果期逐渐提前，产量也逐步提高。

三、开花与结果习性

（一）花芽分化

枸杞芽眼是一个极度缩短的侧枝，因而由其萌生的叶和花成为数枚簇生，为叶腋簇生，一般2～8朵一簇，也有单生的。一至五年生的枝条都能结果，一年生枝条（春枝、秋枝）上花多单生于叶腋，也有例外；二至五年生枝条花簇生于叶腋中，不同品种稍有差异。枸杞花芽在一年生长的长枝上是无限生长，每个叶腋着生 1～2 朵花，在短枝上是有限生长。通常情况下，以二至四年生的结果枝着生花的数量最多。

树梢上的叶芽原基开始转变为花芽的过程称为花芽分化。花芽分化的过程可分为生理分化、形态分化和性细胞分化。枸杞同一叶腋内的几朵花的分化发育表现出不同时性；花芽在分化过程中如果肥水条件改变或枝条短截造成营养供应状况改变，一年生的长枝上的花芽会变成叶芽；花与花之间还出现各部位不同程度的联合现象。

（二）开花

枸杞是无限花序，一年开放无数次，精河枸杞一般在 4 月中旬开始开花，花期长，一株花期可持续 4～5 个月，盛花期间每天有花开。一个花蕾自出现到开放需 20～25 d。气温低、湿度大或下雨天气，会延迟开花期。平均温度达到 14 ℃以上时开始开花，16 ℃以上时进入盛花期，日夜开花，单花从开放到凋谢约需 4 d。日照强，开花数目相对增多，日气温在 18 ℃时，中午开花数目多，在 18 ℃以上上午开花数多。如日照弱且温差不高，则一天开花数差异不明显。

枸杞老眼枝初花期在 5 月上中旬。但不同的品种和树龄的初花期可相差 1 周左右。即使在同一株树上，不同枝条、不同部位、不同花序的花芽分化期不同，开花期也不一样。老眼枝比七寸枝以及其他当年生结果枝开花早。在同一枝当年生结果枝上，一般低节位的花芽比高节位的先开；同花序内，中间花先开，两侧花后开。老眼枝同节位上的花是外围花先开，中心花后开。精河枸杞开花结果有 2 次高峰，春季现蕾开花期是 4 月下旬至 6 月下旬，果期是 5 月上旬至 7 月底，秋季现蕾开花多集中在 9 月上中旬，果期在 9 月中至 10 月上中旬。

（三）花器官形态

花萼红色或淡红色，通常具柄，单生于叶腋或簇生于极度缩短的侧枝上，花萼钟状，具有不等大的 2～5 萼齿，通常多为 2 齿或深裂，在花蕾中呈镊合状排列，花喉不增大。花冠管状，为漏斗状或近于钟状，端部 5 列，稀 4 列或 6 列，裂片在花芽中呈覆爪状排列，基部具显著或不显著的耳片，花冠长或短，常在喉部扩大，在稍高于雄蕊着生处通常具有一圈茸毛，稀不具茸毛。雄蕊 5 枚稀 4 枚，等长或不等长着生于花冠中部或中部以下，伸出或不伸出花冠。花丝丝状，纵缝裂开。花盘杯状，子房 2 室。花柱丝状，柱头头状，2 浅裂，胚珠数个或极多。

（四）授粉受精

枸杞花粉粒从花粉囊中散发出时是双核，具有 3 个萌发孔，花粉粒在柱头萌发，生长出花粉管。花粉管在花柱组织中生长，营养核在前，生殖核在花粉管内分裂形成 2 个雄核，呈圆形。

花粉管通过株孔进入胚囊，花粉管进入胚囊后穿入其中的助细胞中，内含二雄核，接着花粉管附在卵细胞旁，花粉管释出二雄核，其一贴附在卵细胞上，另一沿细胞质游移到胚囊次生核的旁边，一雄核与胚囊次生核进行三核合并，形成初生胚乳核，另一雄核与卵核隔阂，形成合子。双受精作用后，花瓣迅速枯干，脱落。

四、果实发育与成熟

（一）果实形态特征

果实为浆果，有球形、卵形、卵圆形和长椭圆形等，内质果皮；2 室，每室具多粒种子，种子黄色或黄褐色，扁平，多肾形，细小，种皮骨质，胚弯曲成半环状，子叶半圆柱形。果实熟时红色（黄），长 0.5～2.8 cm，横径 0.5～1.2 cm，内含种子 20～50 粒。

（二）果实生长发育

枸杞花粉传到柱头上，卵细胞受精后，自子房开始膨胀大至果熟前都属果实发育期。一朵花在开放后 1 d 内授粉受精率高，3 d 后花柱干萎授粉不受精。未受精的花，4～5 d 脱落。

1. 果实形态发育期 青果期—变色期—红果期。

2. 生理变化 雄蕊和花粉粒的发育—胚珠和胚囊的发育—传粉和授精—胚乳和胚的发育—种皮和果皮的发育。

授粉后 4 d 左右，子房开始迅速膨大，在果实成熟期间，红果类型品种的果色变化较大，颜色变化的顺序是白色→绿色→淡黄绿色→黄绿色→橘黄色→橘红色，成熟时则变成鲜红色。单个果实的发育约需 30 d。枸杞的落果率较高，一般可达 30%左右，尤其幼果期落果最多，因此在结果期应加强保果管理。精河枸杞开花结果有 2 次高峰，春季现蕾开花期是 4 月下旬至 6 月下旬，果期是 5 月上旬至 7 月底，秋季现蕾开花多集中在 9 月上中旬，果期在 9 月中旬至 10 月上中旬。

枸杞扦插苗当年的苗木就能开花结实，以后随着树龄的增长，开花结果能力渐次提高，36 年后开花结果能力又渐渐降低。多数产区一年有两次开花结果现象，精河产区每年也有两次开花结果现象，一般将 6～8 月成熟的果称为夏果，9～10 月成熟的果称为秋果。一般夏果产量高、质量好，秋果气候条件差，产量低，品质也不及夏果。

第四节 对环境条件的要求

一、温度

枸杞对温度要求不太严格，并且具有一定的耐寒性，从目前的引种栽种范围来看，枸杞对于环境条件的适应性极强，适宜栽培的范围很广，在我国北纬 25°～45°范围内，1 月平均气温－3.3～15.4 ℃，绝对最低气温－25.5～－41.5 ℃，年平均气温 4.4～12.7 ℃，7 月平均气温 17.2～26.6 ℃，绝对最高气温 33.9～42.9 ℃，生存和生产一定量的果实没有任何问题。但要获得既高产又优质的目的还必须考虑当地的气候条件，尤其是注意以下两个温度指标。一是≥10 ℃的有效积温数；二是从展叶到落叶以前的日夜温差。基本趋势是有效积温高，生长周期长，容易获得高产。日夜温差小，呼吸、蒸腾强度大，有效积累偏少；日夜温差大，有效积累多，容易获得优质果实。枸杞物候观测结果表明：在原产地之一精河县，3 月下旬根系层温度达到 0 ℃以上时根系开始活动，7 ℃时新根开始生长；4 月上旬地温达到 15 ℃以上时新根生长进入高峰期。4 月上旬气温达到 6 ℃以上冬芽萌动，4 月中旬气温达到 10 ℃以上开始展叶，12 ℃以上春梢生长，15 ℃以上生长迅速。5 月上旬气温达到 16 ℃以上开始开花，果实开始发育。开花最适温度为 17～22 ℃，果实发育最适温度为 20～25 ℃。秋季气温降到 10 ℃以下，果实生长发育转缓，体积小。

二、光照

枸杞是强阳光性树种，光照强弱和日照长短直接影响光合产物，影响枸杞树的生长发育。在生产中被遮阴的枸杞树比在正常日照下的枸杞树生长差，枝条细弱，节间也长，发枝力弱，枝条寿命短，结果不良，果实个头小，产量低。尤其是树冠大，冠幅厚的内膛枝因缺少直射光照，叶片薄、色泽淡，花果很少，也是落花落果的重点区域。树冠各部位因受光照强弱不一样，枝条坐果率也不一样，树冠顶部枝条坐果率比中部枝条坐果率高。

光照还会对果实中可溶性固形物含量造成影响。据调查表明，在同一株树上，树冠顶部光照充足，鲜果的可溶性固形物含量为 16.33%，树冠中部光照弱，鲜果可溶性固形物只有 13.68%。

由于光照对枸杞树生长发育影响大，所以在生产栽培中，要解决这个问题，最有力的措施是：合理定植；培养冠幅小、冠层薄的立体结果树形。充分利用土地、空间和光照，才能生产出优质、高产的果实。

三、水分

枸杞耐旱能力强，野生枸杞在年降水量仅有 117.4 mm，而年蒸发量是 1 500 mm 以上的干旱山区悬崖上都能生长，并能少量开花结果。但是栽培枸杞要获得优质高产，就必须有足够的土壤水分供应。枸杞栽培对水最适宜的要求是枸杞生长季节地下水在 1.5 m 以下，20～40 cm 的土壤含水量 15.27%～18.1%。地下水位过高，根系分布层含水量过高，土壤通气条件差，影响根系正常的呼吸作用，根系生长与呼吸受阻，对地上部影响明显，具体表现为树体生长势弱，叶片发灰、变薄，发枝量少，枝条生长慢，花果少，果实也小，严重时落叶、落花、落果，整园死亡。因此在枸杞园的建设上，首要考虑的因素是排灌畅通。

枸杞对水质的要求不严，枸杞用矿化度 0.2%以下的天山雪水灌溉枸杞，生产良好。托里乡基布克村用矿化度为 0.3%～0.6%的水灌溉枸杞园也生长良好。

水对枸杞生长的影响，因发育阶段不同而不同。枸杞对水分缺丰最敏感的阶段是果熟期，如果水分足，果实膨大快，个头大；如果缺水，就会抑制树体和果实生长发育，使树体生长慢，果实小，严重时加重落花、落果。所以在枸杞的管理上水的供应要做到科学合理，才能获得优质高产。

四、土壤

枸杞对土壤的适应性很强，在一般土壤如沙壤土、轻壤土、中壤土或黏土上都可以生长。在生产中要实现优质高产栽培，最理想的土壤类型是轻壤土和中壤土，尤其是灌淤沙壤土。如果土壤沙性过强，则会造成肥水保持差，容易干旱，枸杞生长不良。如果土壤过于黏重，如黏土和黏壤土，虽然养分含量较多，但容易板结，土壤通透性差，对枸杞根系呼吸及生长都不利，枝梢生长缓慢，花果少，果粒也小。

枸杞的耐盐碱能力很强，适应范围也很广。但不是说盐含量多的土壤就一定特别适合栽植枸杞。要获得优质高产的枸杞，在土壤盐碱程度选择上最好选择盐碱偏轻的土壤。土壤的盐分组成以钙的重碳酸盐为主，HCO_3^- 占阴离子总量的 30.1%～50.4%。土壤不含 CO_3^{2-} 成分，Ca^{2+} 占阳离子总量的 50%左右。土壤养分在 1～40 cm 深的根系分布层，一般速效氮 56～109 mg/kg，速效磷 105.7～178.8 mg/kg，速效钾 250～300 mg/kg，有机质 1.0%～1.5%。

第五节 建园和栽植

一、建园

（一）园地选择

枸杞的适应性很强，对土壤条件的要求不严，在各种质地的土壤上都能生长。要实现优质高产的目的，在建园时对土壤条件还应注意以下五点：

(1) 土壤质地。最好选择土壤深厚、有良好通气性的轻壤、沙壤和壤土建园。

(2) 土壤有机质含量在 1.0%以上，若有机质含量低，应在建园时和定植后通过深施有机肥来解决。

(3) 由洪积形成的土壤类型，土壤质地不匀，建园时，有砂姜的地不宜建园。如果在这类土壤上建园一般枸杞生长不良，生理病害多，易落叶，严重影响枸杞的产量和质量。

(4) 枸杞比较耐盐碱，盐分阴离子，不论是以 HCO_3^- 为主，还是以 SO_4^{2-} 为主的土壤都能优质高产，但注意 CO_3^{2-} 的含量不能超过盐分阴离子的 5.0%，否则枸杞生长不良。

(5) 建园时要特别注意地下水位的高低，地下水位在未灌溉前或旱季在 1.5 m 以下，灌溉期或雨季在 1.0 m 以下。

（二）园地规划

不论大小枸杞园，在定植之前均要进行规划。所谓规划，就是对园地的划分和用途进行安排。规划后的果园必须达到如下功能：

1. 种植管理和运输方便　也就是必须有四通八达的道路。道路设置可同渠沟坝结合进行，在排水沟两侧坝上留 4～6 m 宽的位置，设置农机具和车辆的道路。一家一户建园时，必须考虑留有 2～3 m宽的生产路，以便保证运送肥料、接运鲜果等需要。

2. 有排灌系统　在建园时先规划出排灌系统，主要是支渠、支沟和农渠、农沟。支渠和支沟的位置应设在地条的各一端，每隔 2 条地设一排水农沟，农沟同支沟连通，保证排水畅通。在水源为井水或水质较好的地方，也可以考虑用高压滴灌、常压滴灌方法进行灌溉。常压滴灌干管、支管和毛管的设置要有一定的高差，灌溉畅通才能有好的效果。

3. 有防护林网　防护林带能防风固沙和改善枸杞园环境条件，所以在风沙频繁地区应设置防风林带。为了合理用地，在园地规划时，防风林带的设置应同园地的渠、沟、路结合起来，统筹安排。林带的设置：主林带一般与主要风向垂直，由于条件限制若不垂直时，偏角不超过 45°。主林带间距以渠、沟、路位置而定，可隔 3～4 条地沿沟、渠、路设一林带（一般 150～200 m），每条林带植树 2 行。副林带与主林带垂直，间距以地条长度而定，每条副林带植树 3～4 行。在林带树种选择上应选用适应性强、直立、抗风力强、与枸杞无共同病虫害，并且枸杞病虫害又不转主的树木，建立乔灌结合的疏透林带。

4. 有适宜于管理的建筑物和场地　如管理人员住房，采果人员住房，储存工具、农药、肥料的仓库，安排排灌机械的机房，配药用的药池，晾晒枸杞用的场地，以及烘干房建筑等。枸杞园每条（每档）的宽度，机械作业一般 40～50 m，人工手工作业 35～40 m。地条的长度 400～500 m 为宜。沟渠路规划完毕，本着方便运输、管理和实用的原则，规划出建筑物、晒场和药池等。

5. 划分小区　大型果园还要利用道路、沟渠将果园划分成若干地块（小区），既有利于土地的局部整平，防止水土流失，也方便日常管理。

二、栽植

（一）种苗选择

枸杞品种多且杂、果粒大小相差悬殊，产量与质量有天壤之别，效益各品种也无法相比。所以应选择大麻叶优系和精杞 1 号、宁杞 1 号等优良品种的无性繁殖大规格苗木，选主、侧根发达，根系完整，地径在 0.8 cm 以上，主枝开张角度大，有 3～5 条侧枝、7～10 条次生侧枝的壮苗，这样在管理好的情况下当年可获得 30 kg 以上的产量。

（二）栽植时间和密度

要保证苗木定植后成活早、成活率高，还要把握好以下几个技术环节。

1. 栽植时间　枸杞栽植分春季定植和秋季定植。我国栽种枸杞地区辽阔，气候相差大，不能用具体日期来确定定植时间，最好用物候期来判断，定植时期要根据当地气候条件来定。新疆一般采用春季定植，春季在土壤解冻后，苗木发芽前的 3 月下旬至 4 月中旬进行。秋季定植主要是为了补栽春季定植没成活的苗木，应在 9 月 15～25 日进行。

2. 栽植密度　合理的栽植密度能有效地增加单位面积上的定植株数，有利早期丰产和以后持续高产，提高枸杞园的经济效益。定植密度主要根据土壤特点、机械化程度和管理水平来确定。在肥沃土壤上，定植密度小些，可以发挥树冠大、枝条多的增产优势；在瘠薄土壤上，定植密度大些，树冠虽小，但可以发挥株数多的增产优势；整形修剪水平高的定植密度大些；机械化作业的行距比人工操作的密度大些。

多采用 1 m×2 m 的长方形定植方式，以后提倡采用 0.5 m×2 m 定植方式，枸杞在定植后的1～2 年树小，株间空隙大，当株间郁闭时，隔一棵挖去一棵苗，移栽到新定植的杞园里。这种定植方式管理操作方便，能早丰产，早日提高枸杞园的经济效益。机械耕作的可采用 0.5 m×2.5 m 的定植方式。

3. 定植技术　按株行距在定植前划行定点挖穴，定植穴规格为 40 cm×40 cm×40 cm。定植穴挖出的表土和心土各放一边，穴内先施入厩肥（经完全腐熟）2～3 kg，加复合肥 100～150 g，将心土填入，混合均匀后盖表土 5 cm，最后放入枸杞苗木，扶直，填入少半坑土，提苗，踏实，再填土至苗木基颈处，踏实覆土使之略高于地面。定植后，根据气温、土壤干旱程度，间隔 7～15 d 灌 2～3 次水，可以有效提高成活率。

三、直插建园

直插建园是按照已确定的株行距，用优质插穗直接在大田建园的一项新技术。该项技术具有投资少，能弥补建园苗木短缺，修剪措施从苗期开始，易于培养优质高产树形，易于品种提纯复壮的优点。直接建园定植与苗木定植相比，虽然当年产量低 20%～40%，但自第二年开始均高于苗木定植产量，是一项适合大面积推广的实用技术。此项技术缺点是技术环节多，技术要求高。在建园时注意抓好以下环节。

（一）选地

直插建园用地要选择地势平坦、土层深厚、土壤肥沃熟化程度高的沙质壤土或轻壤土，并且多年生杂草少，地下害虫少，排灌方便。新开垦的荒地、土质黏重、地下水位高、透气性差地块不能用作直插建园。

（二）基肥深施

直插建园地选定后，按照施肥带施足基肥。基肥以有机肥为主，施肥时间分春、秋两季。秋施结合秋深翻按确定的施肥带每 667 m^2 施入有机肥 2 000～3 000 kg，施后进行深翻，灌足冬水。春施要求有机肥要进行发酵处理，施肥量同秋施肥相同，施后进行深翻，要求肥料和土壤要充分混合。

（三）深翻整地

施肥深翻后，地要再次平整一次，每块地按 400～500 m^2 打好田埂。按照确定的行距起垄，垄下宽 30～35 cm，高 15～20 cm，并要求及时拍实，防止跑墒。垄起好后按株距 50 cm 做深 10 cm、长宽各 20 cm 的扦插穴，以备扦插。

（四）土壤处理

为了保证插穗不受地下害虫如蛴螬、金针虫、地老虎、蝼蛄的危害，直插建园必须进行土壤施药，土壤施药药剂有辛硫磷、乐果粉。土壤施药结合施肥一并进行，按照施药量与有机肥掺匀后施入。

（五）采穗时间

直插建园对采条时间要求很严格，具体时间按物候期掌握，要求在枸杞母树枝条萌动以后、萌芽之前这一段时间采条，精河一般在 3 月中下旬。

（六）采条剪穗

选择采穗圃或枸杞园中品种单株，作为待剪母树，树龄为 4～7 龄为宜。种条以树冠上层二混强壮枝，选取粗度为 0.6～0.8 cm，剪成长 13～14 cm 的插穗，每 50 根为一捆。剪穗时注意剪刀不要挫伤插穗下部。

（七）种条处理

所用药剂、浓度、处理时间同硬枝扦插育苗相同。

（八）扦插覆膜

处理后的插穗要及时进行扦插，每穴扦插插穗 2～4 根。扦插前每穴灌水 0.5～0.8 kg，待穴内无积水时扦插，扦插深度 11～13 cm，上部留芽 1～2 个。扦插后过数小时扦插穴覆土一次，覆土后及时覆盖地膜。

（九）破膜放苗

插后 20 d 以后，插穗就开始发芽生长，要及时检查，凡是插穗长出的新苗顶到地膜时，及时破膜放苗，以防地膜烫伤。放苗后要随时用土将破膜处地膜压好，以保持覆膜的效果。

（十）灌水

直插建园第一次灌水的时间是否合适，对直插建园成活率高低影响很大。第一次灌水时间主要依据土壤墒情及苗木的生长情况决定，苗木生长高度达到 10 cm 以上灌头水。第一次灌水量不宜过大，垄面全部浸湿既可，灌水深的地方要灌后即撤。以后灌水可根据土壤墒情每隔 20～30 d 灌一次。

（十一）修剪

直插建园修剪工作从苗木成活以后就要开始。修剪工作分三个阶段：第一阶段，当苗木生长高度超过 15 cm 后，凡是插穗长出 2 个或 2 个以上新梢时，要选生长势强的新梢作为待留苗木，其余从发芽处全部剪除；第二阶段，已留苗木在生长过程中，从发芽处到 40 cm 高的地方发出的侧枝要及时剪去，待苗高长到 55 cm 时要及时摘心，促发侧枝；第三阶段，促发的侧枝留 15～20 cm，其余长度要剪去，促发二次侧枝，加速丰产树形的培养，多留结果枝，提高当年产量。

第六节　土肥水管理

一、土壤管理

（一）园地间种

枸杞树定植后的 1～2 年树冠小、空间大，可以间种一些矮秆经济作物或绿肥，增加经济收入，改良土壤，培肥地力。枸杞进入盛果期便不在行间种。间种以不影响枸杞生长为原则，间种面积随树冠的增大而减少。第一年间种面积 50%～60%，第二年 30%～50%。间种作物应距树冠 40～50 cm，不影响树冠发育为目的。结合间种作物的管理，加强枸杞松土、除草、施肥等工作。间种作物豆类、瓜类和蔬菜，如大葱、西瓜、打瓜均可，以豆类最好。

（二）幼树培土

枸杞扦插苗根系浅，幼树在良好的肥水条件下，生长快，发枝旺盛，树冠扩大迅速，结果量增加，因此，定植后设立支柱，为每株幼树设立一木棍做支柱，将选定的主干，用布条等绑扎物，绑缚在支柱上，以增强主干的负载力，提高单产，增加经济效益。

（三）土壤耕作

科学合理的土壤耕作不仅是为了松土灭草，也是防治病虫害中重要的农业防治措施之一。

1. 春季浅耕　早春的土壤浅耕可以起到疏松土壤，提高地温，活化土壤养分，蓄水保墒，清除杂草，杀灭土内越冬害虫虫蛹的作用。一般在 3 月下旬至 4 月上旬土壤解冻后进行，浅耕深度 10～15 cm。观测浅耕的土层比不浅耕的土层温度提高 2～2.5 ℃，新根萌发提早 2～3 d，萌芽提早 2～3 d，果实提早成熟 2～3 d，提前采收 3～5 d。

2. 中耕除草　在枸杞生长季节的 5～8 月进行，主要作用是保持土壤疏松通气，清除杂草，防止园地草荒，减少土壤水分和养分无效消耗，夏季蒸发量大，灌水后中耕可减少水分蒸发和土壤返盐。一般全年中耕 3～4 次，中耕深度 10～12 cm。中耕时间一般在 5 月上旬、6 月上旬、7 月中旬及 8 月中旬。

3. 翻晒秋园　枸杞园地经过近半年的生产管理和采果期间的人为践踏，致使活土层僵实，及时翻晒园地可疏松土壤，促进根系和地上部分的秋季生长，也可结合秋施麦草等有机物培肥地力，另外通过深翻可有效增加冬灌蓄水量，保证植株安全越冬。一般深翻 20～25 cm，但在根盘内适当浅翻，以免伤根，引起根腐病的发生。

（四）培肥地力

土壤是枸杞生长发育的载体，土壤的有效土层（耕作层）是供应枸杞生长发育所需营养物质的主要源泉，在枸杞年生育期内不误农时地进行合理的土壤耕作，可促使活土层疏松通气，改善土壤团粒结构，促进土壤微生物繁衍活动，活化土壤养分，提高土壤肥力，营造适宜于根系繁衍生育的良好土壤环境，加上通过土壤耕作可以翻入杂草，施入各种有机肥，达到培肥地力的目的。

二、施肥管理

(一) 基肥

基施以秋施好，以有机肥为主，化肥为辅。基肥一般在秋季进行。秋施以 10 月中下旬为宜，施用的氮、磷、钾肥，可一起施用。有机肥，以鸡粪、猪粪、羊粪和厩肥为宜，这些肥料数量大，肥效持久，尤其是鸡粪、羊粪，要求施前必须预先腐熟。枸杞吸收根分布范围与树冠外缘差不多处于同一位置上，施肥时，在树冠外缘下方开环状、半环状或条状施肥沟，沟深 20～30 cm。全园施肥完毕，灌水一次，但不要灌水太多。

(二) 追肥

1. 土壤追肥 速效氮肥、钾肥、磷酸二铵等复合肥易溶于水，也易流失，施肥不必太深，一般采用穴施，沿树冠外缘施用。一般 1～2 龄树撒施较好，撒施后及时将肥料翻入土中。穴施，每株树挖 6～7 个施肥穴，深 15～20 cm，将肥施入穴内后立即用土覆好。化肥施后在施肥后的 10 d 内，不能灌大水，土壤过分干旱时，可以先灌水，等土壤湿度适宜时再挖穴施肥，或是在施后灌小水一次。

2. 叶面喷肥 一般从初花期开始，每隔半月左右进行一次叶面喷肥。叶面喷肥除直接喷施磷酸二氢钾外，还可间隔喷施新型腐殖酸复合肥、稀土微肥、氨基酸复合肥，有沼气池的农户可在整个生育期把沼液按一定浓度进行喷施。叶面喷肥需要强调指出的基本要领是要喷匀、喷细、喷周到、喷叶片的背面，并在无风的 12:00 以前喷洒，18:00 以后喷洒，这样才能起到叶面喷肥的作用。

三、水分管理

(一) 灌水时间

1. 采果前的生长结实期灌水 4 月中下旬至 6 月上旬约 40 d，是枸杞新梢生长、老眼枝开花结实盛期，应合理灌水，一般 4 月下旬至 5 月初灌头水，灌水量 70～75 m^3，以地表均匀见水为宜，以促进新梢生长和开花结实，防止灌水过深，肥水流失，地温降低时间过长，以后根据土壤肥力情况，气温高低，降水等灌水 1～2 次。

2. 采果期灌水 6 月上旬至 8 月上旬，这期间气温高，蒸发量大，干热风频繁，湿度降低，叶面蒸发强烈，果实成熟带走水分，果实膨大速度加快，生理需水迫切，一般每采 1～2 次果实，根据实际情况灌水一次。此期灌水最好早、晚进行，高温干热风天气，应及时灌水降温，调节枸杞园小气候温、湿度，以防高温促熟、落花落果现象发生，影响粒重和产量，一般灌水控制在 6～8 次，灌水量每次控制在 50 m^3 左右。

3. 秋季生长期灌水 8 月上旬至 11 月上旬，秋梢生长，秋果发育、膨大、成熟期，8 月中下旬结合施肥灌好水，促进秋季萌芽，秋梢生长，秋果发育，9 月上旬灌好白露水，这是生长期最后一次灌水，洗盐压碱、溶肥、保证秋果顺利生产，11 月上旬结合秋施肥灌好冬水。一般除头水冬水外，生长季节中的各次灌水以浅灌为好，不能大水漫灌，否则会使地下水位升高，土壤养分流失，长期积水不利枸杞生长，甚至使其窒息死亡。

(二) 灌水量

根据各地情况不同，灌水次数控制在 8～12 次，灌水量控制在 350～500 m^3。头水、冬水量可大，一般每 667 m^2 每次灌水 60～70 m^3，生育期每 667 m^2 灌水 40～50 m^3，根系分布层土壤含水量达到 15%～18%即可，直观感觉为手捏成团，挤压不易碎裂。切忌枸杞园不能经常大水漫灌，以免引起低洼处积水，造成土壤盐渍化，不利于枸杞生长。

（三）灌水方法

水源充足的地方多采用全园灌溉，在缺水地区可进行沟灌、滴灌。在高温期可结合叶面追肥进行树冠喷雾补给水分。坚决杜绝灌水太勤、大水漫灌造成土壤板结、养分流失的现象发生，所以要实现枸杞的优质高产，必须克服过去枸杞园大水漫灌的水分管理陋习。

第七节　整形修剪

一、枸杞的主要树形

枸杞有多种树形，主要有半圆形、圆锥形、“一把伞”和“鳖晒形”等，还有近几年推广的“三层楼”，现分别介绍如下。

（一）半圆形

半圆形树形，又可细分为自然半圆形和开心半圆形两种。

1. 自然半圆形　有5～8个主枝，分2层着生在中央领导干上，第一层3～5个，第二层2～3个。上下层主枝上不重叠，要相互错开。这种树形冠幅度大，高1.7 m左右，树冠直径1.8～2.0 m，适于稀植栽培，因其的结果面大，单株产量较高。

2. 开心半圆形　有3～5个主枝。因无中央领导干，靠主枝发侧枝及向上延长枝构成树冠。树冠枝条层次不明显，树膛内部空间大，通风透光好，产量也比较高，但不如前者。这种树形也是冠幅大，多用于稀植。

（二）圆锥形

有明显的中央领导干，层次明显，主枝16～20个或更多，分4～5层着生在中央干上，每层有主枝4～5个。这种树形主枝多，但主枝不大，小侧枝多，形成高而窄的锥形树冠。该树形便于密植栽培，是近年来生产上逐渐采用的树形。

（三）一把伞

由自然半圆形或“三层楼”树形演变而来，一般进入盛果期后，主干有较高部位的裸露，而树冠上部保留较发达的主、侧枝。因结果枝全部集中在树冠上部，树形像伞，故名“一把伞”。

（四）三层楼形

有12～15个主枝分三层着生在中央领导干上，因树冠层次分明，故得名“三层楼”。

二、枸杞树的整形修剪

（一）幼树的整形修剪

枸杞树从定植后到大量结果以前，一般4～5年为幼树期。此时树体生长旺盛，发枝能力强。若枝条摘心，一年内能萌发三四次枝。幼树的整形修剪以整形为主，选留强壮枝条培养树冠骨架，逐步扩大树冠，多形结合，以有利于丰产为原则，为以后的高产奠定基础。现以圆锥形为例，将幼树的整形修剪方法介绍如下：

第一年定干。定干高度随苗木大小不同而异，一般在定植当年离地50～60 cm剪顶定干。

定干的当年在剪口下10～15 cm范围内发出的新枝中选4～5个在主干周围分布均匀的强壮枝做第一层主枝，于10～20 cm处短截，使其发分枝。同时，还可以在主干上部选留3～4个小分枝不短截成为临时的结果枝，有利于边整形边结果。对主干上多余枝应剪去，等主枝发出分枝后，在其两侧各选1～2个分枝做一级大侧枝，并于10 cm处摘心或短截。

第二年春，若上年各主枝发出的分枝在当年未短截，则第二年应在各主枝两侧各选1～2个分枝进行短截，使之发出分枝，培养成结果枝，开花结果。同时如第一年在主枝上留的临时结果枝若太弱或过密，可以疏去。当年因树势增强，会从第一年选留的主枝背部发出较直的徒长枝，各选1个枝做主枝的延长枝，并于10～20 cm处摘心，当延长枝发出分枝后，同样在其两侧各选1～2个枝于10 cm处左右摘心，使其再发分枝，培养成结果枝组。这时在主干上部若发出直立的徒长枝，选1个枝高于树冠面10～20 cm摘心，待其发出分枝时留选4～5个分枝做第二层主枝，若此主枝长势强壮，可在10～20 cm处摘心促其发出分枝组成树冠。若此主枝中庸，短截任务可在下年进行。对于影响主枝生长的枝条，可以采用撑或按的方法，把各枝均匀排开，以便发枝构成圆满树冠。

第三至第五年仿照第二年的方法，对徒长枝进行摘心利用，逐步扩大，充实树冠，若中心干上段发出直立徒长枝，则选1个枝位于树冠面10～20 cm摘心。若中心干上段发不出徒长枝时，可在上层主枝或其延长枝上，离树冠中心轴15～20 cm范围内选1～3个直立徒枝，也是高于树冠10～20 cm摘心促发出侧枝，增加树冠。

经过4～5年整形修剪，一般树冠高1.6 m左右，冠径1.2 m左右，根径粗5～6 cm，一个4～5层的树冠骨架基本形成。但是，如果肥不足，栽培管理条件差，树体生长弱，则不能如期发枝或发枝处弱，那么树冠的形成时间就会推迟。若主干上部不能长出直立的徒长枝，就会形成无中央主干的树形。

（二）盛果期的整形修剪

盛果期大量结果，此时树体生长减弱，树冠扩大较慢，这时的修剪任务是在加强田间肥水管理的基础上，通过修剪来调节生长与结果的关系，保持圆满的丰产树形，使其持久、丰产、稳产。

枸杞树修剪，按季节可分成春、夏、秋三季进行，现分述如下：

1. 春季修剪 农户称之为“剪干尖”。在4月上旬和中旬进行，主要任务是剪去越冬后干死的枝条或枝梢，也对上年秋季修剪的不足之处进行补充修剪。

2. 夏季修剪 农户称之为“抽油条”。在5月上旬至8月中旬进行，其主要任务是对徒长枝的清除和利用。

清除：①生长在树冠上，而树冠圆满又不必放顶，同时结果枝数量是够用的徒长枝要清除。②生长在根颈和主干上的徒长枝要清除，在主、侧枝上的，除用于放顶、补空或需增加结果枝外，一般也应清除。

利用：①树冠结果枝少，徒长枝要以利用，对其进行摘心或别枝处理。②树冠高度不够的，对树顶上的徒长枝要摘心处理。③树冠秃顶时，对树顶上发出的徒长枝要摘心，促其侧发枝覆盖顶部。④偏冠树应利用徒长枝纠正冠形。⑤树冠缺空时，利用空缺处的徒长枝摘心或断截后发枝补空。

因夏季肥水条件好，气温适宜，枸杞树发枝多，生长快，养分消耗大，对那些徒长枝若不清除，将会影响开花结果及树体生长，所以要趁早剪去树体无用的徒长枝。一般相隔5～8 d就要抹芽、摘心或疏剪一次。

为了避免年结果期多集中在7月，对部分春枝在5～6月进行摘心，增加8～9月的产果量。

3. 盛果后期的修剪 盛果后期树的生长较好，发枝较少，枝条短，产量显著下降，这时的修剪任务主要是增强树势，除进行盛果期树体那样的一般修剪，还对衰弱的骨干枝或枝组进行更新复壮，具体方法是夏季利用徒长枝摘心，发出侧枝后培养成新的枝组，而把徒长枝以上的骨干枝回缩掉。如果无徒长枝，可在春季修剪时，回缩到三至五年生的骨干枝中部，甚至更重一些，干枝基部发出的无用枝则应及时剪掉。

在更新复壮时，除修剪外，还应加强肥水供应和其他栽培管理，才会受到较好的效果。

第八节 病虫害防治

一、主要病害及其防治

根腐病

枸杞根腐病病原菌为真菌，枸杞园发病普遍，但发病率较低。尤其是近年来枸杞定植年限短，灌水次数少，此病发生轻，因病死株不足1%。

1. 农业防治

(1) 增施有机肥。增强树势，增加树体抗病能力。

(2) 缩短栽培时间。一般最好栽培时间控制在15年以内。

(3) 改善耕作条件。避免耕作时伤颈、伤根，平整园地，减少枸杞根际积水。

2. 化学防治　发现发病单株用45%代森铵200倍液灌根，每株用药液10～15 kg。

二、主要害虫及其防治

(一) 红瘿蚊

红瘿蚊危害地块可造成枸杞园头茬、二茬枸杞大量减产，甚至绝收，后期危害逐渐减轻。由于其成虫有迁飞性，及无公害农药多不具备内吸作用，因此防治枸杞红瘿蚊时农业、物理、化防等多项措施综合利用，才能达到良好防效。

抓关键防治适期。防治红瘿蚊最关键的时期是越冬代成虫羽化期，不论是农业防治，还是化学防治都要紧紧抓住此期防治。羽化期灌水，可抑制羽化率20%～40%。

1. 农业防治　剪除被害果枝或采摘被害幼蕾。发生重、面积大的枸杞园，生产者可采取剪去被害的老眼枝果枝；发生重、面积小的枸杞园生产者可采取摘除症状明显的幼蕾，对降低第一代虫口基数效果明显。

2. 化学防治　红瘿蚊每个世代只有2～3 d时间裸露在树冠表面，其余时间都在幼蕾和土壤中，这就为红瘿蚊的防治增加了难度。为了充分发挥化学防治作用，以地面防治为主、树冠防治为辅，地面防治重点要抓好越冬老熟幼虫羽化前防治和其余各代幼虫落土到成虫羽化前防治。

(1) 地面防治。药剂有40%辛硫磷乳油，每667 m^2 600 mL拌细湿土40～60 kg，闷10～12 h，撒施于园中，树冠下多撒点，撒施后及时灌水。

(2) 树冠喷雾防治。5月中旬当红瘿蚊幼蕾为害率达1%以上，用溴虫晴、噻虫嗪1 500～2 000倍液喷施树冠。

3. 物理防治　在4月初灌泥浆水形成的0.3～0.5 cm厚的板结层；在4月5日前还可采用70 cm宽农膜覆盖杞园，每行中间留20～30 cm走道，到5月中旬可撤去农膜。通过以上措施可以有效阻止红瘿蚊的蛹羽化。

(二) 瘿螨

瘿螨属蜱螨目瘿螨科。被害部呈黑痣状虫瘿，螨虫多生活在虫瘿内。一般防治效果比瘿螨差，造成的损失要比瘿螨轻。

瘿螨防治要抓两头和防中间。抓两头：一是抓春季出蛰初期，4月中下旬防治；二是抓10月中下旬入蛰前防治。防中间：主要防好繁殖高峰5月底6月初之前和8月中旬越夏出蛰转移期。

1. 农业防治

(1) 枸杞瘿螨以成螨在枝条芽眼处群聚越冬，在生产中利用枸杞瘿螨群聚在果枝上越冬的习性，在休眠期对病残枝疏剪，对果枝的短截修剪，减少越冬瘿螨基数有明显的作用。

(2) 选择定植抗螨品种，如大麻叶优系、精杞1号。

(3) 增施有机肥，合理搭配磷、钾肥，增强树势，提高树体耐螨能力。

(4) 新建枸杞园避开村舍和大树旁。

2. 化学防治

(1) 10月中下旬越冬前和4月初之前用3～5波美度石硫合剂全园喷施，4月中下旬，出蛰期用50%溴螨酯乳油4 000倍液或四螨嗪2 000～2 500倍液进行防治。

(2) 生产季节选用苯丁锡粉剂1 500倍液，或45%～50%硫黄胶悬剂120～150倍液，或0.15%螨绝代乳油2 000倍液，或哒螨灵2 000～2 500倍液。

（三）锈螨

锈螨是20世纪80年代发现、鉴定的锈螨型的瘿螨新种，对产量和质量影响很大，是枸杞生产中重点防治的害螨。

瘿螨和锈螨同属于一科害螨，防治药剂、浓度、时间基本上和防治锈螨一致，用防治瘿螨的药剂进行防治锈螨就能达到控制的目的。

（四）木虱

枸杞木虱属同翅目木虱科，又名猪嘴蜜，是枸杞生产中需重点防治的害虫之一。

木虱成虫与若虫都以刺吸式口器刺入枸杞嫩梢，叶片表皮组织吸吮树液，造成树势衰弱。严重时成虫、若虫对老叶、新叶、枝全部危害，树下能观察到灰白色粉末粪便，造成整树树势严重衰弱，叶色变褐，叶片干枯，产量大幅度减收，质量严重降低等，最严重时造成1～2年幼树当年死亡；成龄树果枝或骨干枝翌年早春全部干死。

木虱是为害枸杞的所有害虫中出蛰最早的，一般出蛰盛期，枸杞都还没有展叶，紧紧抓住这一防治佳期，选准对路农药，完全可以控制全年的木虱总量。抓关键防治适期是防治木虱两大防治关键技术之一。

1. 农业防治 木虱主要在树冠下土缝中、落叶下及枯草中越冬，每年3月上旬集中清除枸杞园内落叶和枯草，对减少越冬代基数有很大关系。

2. 化学防治 木虱对农药的选择范围小，要选择对路农药进行防治，防治不困难，防治效果还好。木虱一般抗药性产生较慢，选准一个农药可以使用3～5年，如用敌杀死防治木虱防治时间长达5～7年。在生产中由于防治蚜虫的有些药剂可以兼治木虱，在早春萌芽期对木虱防治较好的枸杞园，在生产季节喷施扑虱蚜、吡虫啉、噻虫嗪等药剂就能达到控制木虱的目的。

（五）负泥虫

在枸杞老产区一般间歇性发生或不发生，在新发展地区，尤其是荒漠的新发展地区属常发性害虫。成虫和幼虫啃食叶片，防治不及时甚至整株树叶被吃光，严重影响植株生长和产量。

负泥虫由于个体大，一般很容易被生产者发现，幼虫体壁薄不耐药，相对防治容易。

1. 农业防治 清洁枸杞园，尤其是田边、路边的枸杞根蘖苗、杂草，每年春季要彻底的清除一次，并在早春全园喷施石硫合剂，对全年负泥虫数量减少有显著作用。

2. 化学防治 选择低毒化学农药在幼虫期进行防治效果很好。如用45%高效氯氰菊酯2 000～2 500倍液或2.5%敌杀死3 000倍液，防治效果都很好。

（六）蚜虫

蚜虫属蚜科，在生产上又称绿蜜、蜜虫和油汗。凡是有枸杞栽培的地区均有蚜虫的危害，蚜虫危害期长、繁殖快，是枸杞生产中需重点防治的害虫之一。

抓住关键防治适期。在精河每年3月中旬蚜虫还没迁飞到室外寄主危害之前，针对大棚蔬菜和室内花卉越冬蚜虫用吡虫啉等药剂进行灭蚜，降低蚜虫越冬基数，减少蚜虫危害。

还应充分运用农业防治、物理防治。

1. 农业防治

（1）充分运用修剪措施。及时进行夏季修剪，蚜虫在5月下旬以前主要集中在徒长枝、根蘖苗和强壮枝的嫩梢部位，通过及时疏剪这些枝条，带出园外烧毁，既降低了生长季节的虫口密度，也提高了防效。

（2）运用水肥措施。主要是重视施用有机肥，增施磷、钾肥，以及适当的控制灌水次数，使枸杞树体壮而不旺，提高树体的抗虫能力。

2. 物理防治 4月上旬在枸杞园四周每隔15～20 m设置黄板，诱杀有翅蚜。

3. 化学防治 选用高效低毒的化学、生物农药进行防治，在生产中经常结合防治锈螨和瘿螨进行混合防治。主要药剂和使用倍数是：75%吡虫啉8 000～10 000倍液，10%吡虫啉1 000～1 500倍

液，3%啶虫脒 2 500～3 000 倍液，3.4%苦参素 800～1 200 倍液，2.5%噻虫嗪 6 000～8 000 倍液。

在使用这些药剂时，要坚持轮换用药，严格控制使用浓度以减缓抗性，提高防治效果。

4. 生物防治　引进和保护天敌，在生产中天敌对枸杞蚜虫有明显的抑制作用。枸杞蚜虫的天敌主要有七星瓢虫、龟纹瓢虫、草蛉、食蚜蝇和蚜茧蜂等益虫。

第九节　果实采收、分级和贮藏

一、采收

采收是指成熟的枸杞果实经人工分批分期一粒一粒从树上采摘的过程。枸杞采果期一般自 6 月初开始至 11 月中旬结束，历时近 5 个月。

（一）成熟度的判定

果实成熟分为青果期、色变期、成熟期三个阶段。

1. 青果期　子房膨大到变色前需时 22～29 d。

2. 色变期　果实颜色从浓绿、淡绿、淡黄到黄红色的过程，此期需时较短 3～5 d，果实大小变化不太明显。

3. 红熟期　果实内黄红至鲜红色，需时 1～3 d。此期气温高，果实变色快，体积增大快；气温低果实变色慢，体积增大也慢。果熟期采早、采晚都会影响枸杞质量，采摘过早果实膨大不够，产量低，商品出等率低。采摘过晚，制干过程中褐变加重，油果、碳果、霉果多。适宜的采收期为果实色泽鲜红、果面光亮，质地变软富有弹性，果实空心度大，果肉增厚，果蒂松动，果实与果柄易分离，果实口感变甜，种子由白变为浅黄，种皮骨质化，此时糖分和维生素含量达到最高，具有较高的药用、食用价值，应及时采收。

（二）采收间隔期

采摘间隔期的长短主要受气温的影响，气温高间隔期短，气温低间隔期长。一般采摘初期，6 月气温比较缓和，间隔期 7～8 d；采摘盛期正是盛夏枯熟季节，气温高，成熟快，间隔期 5～6 d；采摘后期正值秋季，气温逐降，间隔期 8～12 d。

（三）采收方法

枸杞是肉质浆果，容易捏烂，采果时要轻采、轻拿、轻放。果筐盛果不宜太多，一般 5～7 kg 为宜，以免把下层果实压烂。采收时在不损伤果实的情况下，最好不带果把，更不能采下青果和叶片。

（四）采收人员的组织

枸杞鲜果果实小，一般一粒鲜果不足 1 g，采收时一粒一粒采摘，费人、费时，并且果实成熟多少，成熟的快慢不均匀。采收盛期，成熟时间短，产量高，一个采摘工初期可采 15～20 kg，盛期 30～40 kg，后期 10～25 kg。为了保证丰产、丰收，生产者在计划发展枸杞时，必须做好采摘用工计划，及时根据不同时期调集采摘用工，调整采收工资，保证按时采收，保证产量和质量，提高整体经济效益。

二、枸杞制干

制干是由枸杞鲜果脱水变为干果的过程。制干水平的高低，直接影响枸杞的质量和商品出等率。一般分为自然晾晒和人工制干。

（一）自然晾晒

1. 晾晒场地和果栈准备　一般成龄期高产园每 667 m^2 需晾晒场地 60 m^2。晾晒场地要求地面平坦，空旷通风，卫生条件好。果栈一般用长 1.8～2.0 m、宽 0.9～1.2 m 的木框，中间用竹帘或笈笈帘以铁钉钉制而成，每 667 m^2 需 30 个左右。

2. 脱蜡、晾晒 采回的鲜果在晾晒前用食用碱处理，每 100 kg 枸杞鲜果用食用纯碱 100 g 配成 10%水溶液（加 1 000 g 水）拌匀后铺在竹帘子上（每个竹帘上晾 10～15 kg），放在通风的阳光下晾晒，用量过大会在干果表面形成白色残留物，铺得过厚容易形成油粒，影响晾晒质量。自然晒干的快慢与气温高低、太阳照射强弱、晾晒时间长短、空气湿度大小有关，一般需 5 d 左右。

（二）设施制干

自然制干虽然设备简单、成本低，但制干时间长，费工、费力，果实制干后颜色整齐度差，遇阴雨天霉变现象严重，影响下期采收，造成损失大，另外，自然制干卫生无法保证，出现二次污染，影响产品质量。设施制干时间短，可有效避免二次污染，但成本较高，操作技术复杂。制干用主要烘烤房类型有：

1. CH－I 富裕型烘烤房 一次烘烤鲜果枸杞 2 000 kg，需要烤盘 400 个。烤盘尺寸 0.8 m×1.2 m。一个烤盘装 5 kg。烘干时间 4～5 h，烘干温度保持在 60 ℃左右。

2. 马俊热风炉烘烤房 一次烘烤鲜果枸杞 4 000 kg，需要烤盘 770 个。烤盘尺寸 0.5 m×1 m。一个烤盘装 5.2 kg。烘干时间 5 h，烘干温度保持在 50～65 ℃。

3. 火炉土法烘烤房 一次烘烤枸杞 2 300 kg，需要烤盘 320 个。烤盘尺寸 0.5 m×0.8 m。一个烤盘装 7.2 kg。烘干时间 7 h，烘干温度保持在 45～65 ℃。

（三）脱把去杂

果实制干后应及时脱把去杂，以防回潮不易脱把。将干燥的果实装入长 1.8 m，宽 0.5 m 的布袋中，由 2 人来回拉动，再往地上摔打，使果把和果实分离，倒入风车，扬去果把、叶片等杂质。对于大规模经营者，采用脱把机脱把，后将脱把后的果实倒入风车扬去果把和杂质。

三、分级包装及贮藏

（一）去杂

1. 人工拣选去杂 用人工将果实中的油粒、霉变粒、破损粒、青果粒及杂质捡去。

2. 专用色选机拣选 引进现代机械设备及技术，研发适合工厂化作业的大中型枸杞专业色选机设备进行枸杞拣选，减少人力和二次污染，提高枸杞采后商品化处理水平。

（二）分级

枸杞果实制干后，生产者一般以混等枸杞出售，而经销商出售要进行拣选分级和包装（表 69－2、表 69－3）。

根据 GB/T 18672—2014《枸杞子》标准将枸杞果实分为 4 级：特优、特级、甲级和乙级，具体分等指标表。根据各级果实大小，用不同孔径的分果筛进行分级。用人工拣选或色选机拣选。

表 69－2 精河枸杞分级感观指标

项目	特优	特级	甲级	乙级
形状	纺锤形或棒状而略方	纺锤形或棒状而略方	纺锤形或棒状而略方	纺锤形或棒状而略方
杂质	不得检出	不得检出	不得检出	不得检出
色泽	果皮鲜红、紫红或枣红色	果皮鲜红、紫红或枣红色	果皮鲜红、紫红或枣红色	果皮鲜红、紫红或枣红色
滋味、气味	具有枸杞应有的滋味、气味	具有枸杞应有的滋味、气味	具有枸杞应有的滋味、气味	具有枸杞应有的滋味、气味
不完善粒	≤1%	≤1.5%	≤3%	≤3%
无使用价值粒	不允许有	不允许有	不允许有	不允许有

表 69-3　枸杞分级理化指标（按 GB/T 18672—2014 分等级及指标）

项目	特优	特级	甲级	乙级
粒度（每 50 g，粒）	≤280	≤370	≤580	≤900
枸杞多糖（%）	≥3	≥3	≥3	≥3
水分（%）	≤13	≤13	≤13	≤13
总糖（以葡萄糖计，%）	≥39.8	≥39.8	≥39.8	≥39.8
蛋白质（%）	≥10	≥10	≥10	≥10
脂肪（%）	≤5	≤5	≤5	≤5
灰分（%）	≤6	≤6	≤6	≤6
百粒重（g）	≥17.8	≥13.6	≥8.6	≥5.6

（三）包装

果实经过去杂分级后，内销果实用纸箱、木箱包装，每箱净重 20～25 kg，箱内先放防潮衬垫，其技术要求符合 NY/T 658—2012《绿色食品　包装通用准则》的规定。内包装材料应新鲜洁净、无异味，且不含对枸杞果实品质造成影响和污染的成分。同一包装件中果实的等级差异不得超过 10%，各包装件的枸杞在大小、色泽等各个方面应代表整批次的质量情况。积极开发真空包装、铝铂包装和出口产品包装。

（四）贮藏

仓库应具有防虫、防鼠、防鸟的功能。仓库要定期清理、消毒和通风换气，保持洁净卫生。优先使用物理或机械的方法进行消毒，消毒剂的使用应符合 NY/T 393 和 NY/T 472 的规定。不应与非绿色食品混放，不应和有毒、有害、有异味、易污染物品同库存放。工作人员应定期进行健康检查。在保管期间如果水分达不到制干含水量（13%以下），或包装袋打开后没有及时封口，包装物破损很容易吸收空气中的水分，返潮、结块、褐变、生虫，要及时检查，采取相应的措施。积极开发低温冷藏技术及设备，对成品枸杞进行工厂化低温冷藏。

第七十章　黑 加 仑

概　　述

20 世纪初，俄国侨民把黑加仑引入我国，在黑龙江省的哈尔滨、面坡、帽儿山等地栽培。黑加仑果实中所含有的全营养氨基酸、有机酸、多种维生素和矿物质等均高于普通水果，加工性能好，可制作高档果汁、果酒、果酱、药品及保健品，被称为世界第三代水果，也是近年来发展最快的果树树种之一。

目前国内天然果汁和果汁饮料市场需求量不断扩大，黑加仑果汁等产品在国内市场走俏。国外对这类特色果树产品需求量与日俱增，国外一些企业也到我国来寻找货源和开发国内零售市场。对黑加仑产品的需求促进了以新疆为主的原料生产基地的逐步扩大。

黑加仑果实为浆果，营养价值极高，其氨基酸和维生素含量居果品之首，独特的营养成分赋予其独特的保健价值。籽、果实、叶片以及色素均可利用，是很有发展前景的天然食物资源，具有很高的经济利用价值。

黑加仑鲜果中含有大量的维生素，尤其是维生素 C 的含量高于绝大多数水果，比苹果、桃和葡萄的含量要高出几倍至上百倍；含有较高比例的矿物质钙、镁、钠、钾、铁、磷和锌等，其中钙的含量为水果之冠，对幼儿及老年补充钙质十分合适。黑加仑鲜果中含有较高量的生物类黄酮，生物类黄酮能降低血清胆固醇，降低动脉硬化程度，使变脆的血管软化变薄，改善血管的通透性。生物类黄酮还具有阻断亚硝胺生成的作用，人体试验表明，每天饮用 20 mL 的黑加仑原汁，具有阻止人体摄入 30 mg 的硝酸盐所致的体内亚硝酸胺合成的作用。生物类黄酮还具有防癌的作用。

黑加仑籽油中含有 $n-3$ 型和 $n-6$ 型多烯脂肪酸和维生素 E 乙酸酯。这些营养成分具有防治心脑血管疾病和抗癌作用，同时有很强的防癌保健效用。另外，研究人员从黑加仑籽中提取的天然油脂中突破性地发现了 α-亚麻酸和 γ-亚麻酸，尤其 γ-亚麻酸是一种少见的特殊不饱和脂肪酸，在自然界中分布很少，一般植物油中是不存在的。这两种不饱和脂肪酸既是人体必需的，又是人体不能自身合成的，必须从外界营养中摄取。黑加仑籽油可用于制备单方或复方中药固体制剂、降脂保健食品等，广泛应用于医药、食品和化妆品等领域。

黑加仑果实为该植物的传统产品，但树叶一直未被人们认识到其开发利用的价值，四季更替，任由其自生自落。近年来研究发现，黑加仑叶片中维生素 C 含量比果实还要高，这为提取维生素 C 找到了新原料。黑加仑枝叶也是提取珍贵香料的原材料。随着人们对黑加仑营养成分及保健作用的深入研究，尤其是当前生物工程加工手段的进步，黑加仑叶片也成为加工产品，并且价格持续走高。

黑加仑茶叶是以黑加仑成熟叶片为原料，采用独特工艺加工而成的。经检测表明，黑加仑茶对人不仅无毒副作用，而且富含多种维生素和矿物质，另外还含有生物类黄铜和 γ-亚麻酸，如经常饮用，可防治高血压、高血脂、心血管等疾病，同时具有定神美容的功能。该茶外观上不仅保持了原有的绿色天然色泽，而且茶汤嫩绿明亮，滋味鲜醇，香气清爽，是一种理想的保健饮品。成为当地农民增收的一条途径。

黑加仑风味独特，色素含量高，果实不仅宜鲜食，还可以加工成高档果汁、果酱、果酒、果醋、果冻和多种冷饮，也是提取维生素和天然色素的重要工业原料。由于黑加仑具有食用和药用双重利用价值，又具有天然、绿色等特点，受到消费者的青睐。特别是随着人们生活水平的不断提高，人们对生活质量的要求越来越高，对黑加仑果品及其加工产品的需求量逐年增加，为加工企业带来了巨大的经济效益。

第一节　种类和品种

一、种类

黑加仑学名黑茶藨子，属虎耳草科（Saxifragaceae）茶藨子属（*Ribes* L.）植物，大约有 160 个种，我国有 57 个种，黑加仑的野生种分布在欧洲和亚洲，亚洲主要分布于我国。黑加仑主要分布在我国西南、华中、西北、东北各地区。新疆有 7 个种 1 个变种。7 个种为臭茶藨、黑果茶藨、小叶茶藨、天山茶藨、高茶藨、红花茶藨，1 个变种是天山毛茶藨。这些野生种主要分布在阿尔泰山、塔城及天山山区。

二、品种

（一）布劳德

从北欧国家波兰引进的高产抗病品种。树势中庸，成龄树高 112～116 cm，冠径 112～118 cm。在新疆 4 月上中旬开始萌芽，5 月上中旬开花，7 月上中旬果实成熟，属早熟品种。株丛萌芽率高，成枝力中等。基生枝较多，枝条较软，结果多时易下垂，结果枝寿命较短。果穗长 6～8 cm，单芽能抽出 1～3 个花穗，每穗平均着果 12～16 粒。果实大小比较整齐，平均单果重 0.65～0.80 g。果皮薄，果面有果粉。每 100 g 鲜果含维生素 C 120～150 mg，干物质 13%。果实不耐贮运。该品种丰产性强，风味酸甜适口，色素含量丰富，既可用于鲜食，又适宜加工。

（二）寒丰

20 世纪初由俄国引入我国。该品种树势中庸，树姿半开张，基生枝较多，节间较长，株丛较大，栽植株行距以 115 cm×210 cm 为宜。因基生枝萌发较多，要特别注意于 5 月下旬及时除萌，防止树丛郁蔽。果实近圆形，大小较整齐，平均单果重 0.87 g。果实 7 月 10 日左右成熟，成熟期不太一致，需两次采收。栽后第二年可见果，在科学栽培管理下，四年生每 667 m^2 产量可达 747 kg。抗逆性强，耐干旱，丰产稳产。高抗白粉病，正常年份基本不感病，个别年份有轻微发生。

（三）黑丰

树势较强，树姿半开张，枝条粗壮，节间短，株丛矮小，基生枝较少。果实近圆形，大小整齐，平均单果重 0.95 g，可溶性固形物含量 15%。果实 7 月 5 日左右成熟，成熟期一致，可 1 次采收。进入结果期早，产量高，二年生树平均每 667 m^2 产量达 230 kg，五年生达 1 000 kg。高抗白粉病，生育期无需药剂防治，抗寒性较差，需埋土防寒。该品种植株较矮，适于密植，定植株行距以 150 cm×200 cm 为宜。由于其进入结果期早，产量高，栽培上要注意加强肥水管理，合理控制负载量，一般五年生单株产量控制在 3～4 kg 为宜。修剪时注意选留和培养二至三年生结果枝，及时疏除四年生以上下垂的结果枝。

（四）奥依宾

瑞典品种，1986 年引入我国。树冠矮小，株丛紧凑，枝条坚硬，节间短，叶片密，适于高密栽培。果穗长 5～6 cm，每穗着果 6～7 个。单果重 1.2 g，可溶性固形物含量 14%。果实成熟期 7 月上中旬，熟期较一致，可一次采收。三年生每 667 m^2 产量达 264 kg，四年生达 775 kg。抗白粉病能力强，一般在果实采收后有轻度发生，但不影响正常的生长结果。抗寒性较强，果实糖酸比高，香味浓郁，适于鲜食。

（五）利桑佳

从瑞士引进的高产抗病品种。生长势中庸，株丛小，树冠半开张，枝条软，节间短，结果后易下垂，修剪时注意疏掉下垂枝，选留壮枝。果实大小不太整齐，平均单果重为 0.96 g，可溶性固形物含量为 14%。果实 7 月中旬成熟，最好分两次采收。具有明显的早实性，二年生树平均每 667 m^2 产量达 178 kg，四年生为 830 kg。该品种抗白粉病能力强，生育期不用施药。抗寒能力较弱，越冬需埋土防寒。

（六）世纪星

该品种结果早，丰产性好，定植后第二年普遍见果，第三年进入丰产期，该品种树势中庸，树姿半开张，五年生树高 128 cm，冠径 135 cm。4 月上中旬开始萌芽，5 月上中旬开花，7 月上中旬果实成熟，属早熟类型。株丛萌芽率高，成枝力中等（成枝力 58%）。果实近圆形，平均单果重 0.92 g，大小整齐。熟期较一致。可一次性采收。结果早、产量高。二年生平均每 667 m^2 产 250 kg，五年生平均每 667 m^2 产 1 183 kg。高抗白粉病。该品种风味甜酸，酸味重，是很好的加工品种。

（七）黑珍珠

东北农业大学小浆果研究所从波兰引入，为晚熟品种。果粒大，平均单果重 1.33 g；果面光洁明亮，形似珍珠；可溶性固形物含量 14%，总酸 1.3%。丰产，树势强。五年生平均单株产量 2.08 kg。高抗白粉病，在新疆伊犁地区 7 月 25 日前后采收，成熟较整齐。果实含糖量高，品质优良，耐贮运，是优良的加工及鲜食品种。

第二节　苗木繁殖

黑加仑多采用无性繁殖方法育苗，这样繁殖出来的苗木能保持原材料的优良性状。黑加仑的枝条（茎）具有很强的发生不定根的能力，所以非常适宜扦插和压条繁殖，同时由于株丛枝条数目多，还可以进行分株繁殖。

一、扦插育苗培育

（一）硬枝扦插

1. 扦插地的选择　选择地势平坦、排灌方便、土壤熟化程度高的沙壤土，交通方便的地块。

2. 整地与施基肥　每 667 m^2 施入 2 500～3 000 kg 腐熟的有机肥，然后深翻并浇水。于 3 月底整地做畦，畦宽 3 m，长度根据实际情况确定。

3. 插条采集与贮藏　入冬埋土前选择优良品种或优良单株的健壮基生枝为插穗，去掉顶部和基部芽眼不饱满的部分，剪成 50 cm 的枝段，按不同品种或单株每 50～100 根捆成一束，系上标签，注明品种或单株名称、采集地点、单株编号、采集时间等内容，沟藏或窖内湿沙掩埋贮藏。

（1）沟藏。在露地选择向阳处挖深 100 cm、宽 80 cm 的沟，将捆好的枝条摆放在沟内，每摆一层放一层土，尽量使枝条间无空隙，摆放 2～3 层后浇足水，再盖上 30 cm 左右的碎土，土堆高出地面，呈中间高、两侧低的屋脊状，以利排水。

（2）窖贮。将枝条捆好摆放窖中，用湿沙埋严。窖内温度控制在 0 ℃左右。要定期检查，防止霉烂、干燥。

4. 扦插时间　扦插在 4 月中旬日最高气温达到 10～12 ℃、地温已升至 6～7 ℃时进行，扦插时间宜早不宜晚。

5. 插条处理　将插条两头干缩部分剪除，剪成长度 10～15 cm 的插穗，每 2 芽剪成一段，下端

的剪口呈马蹄形，这样剪断后放入水中浸泡 24 h，用生根粉浸泡插条基部 4 h。

6. 扦插 按照行距 40 cm、株距 20 cm 的密度扦插，扦插深度以插条基部入土 5～8 cm 为宜。插后用土补上空隙，让插条与土密切接触，然后立即灌透水。

7. 扦插后的管理 扦插后经常检查土壤湿度情况，及时灌水，保持苗床内土壤的温度和湿度，2～3周即可生根。及时除草、松土。苗木长到 30 cm 左右时 7 月下旬以前可根外追施速效肥 1～2 次，每 667 m^2 施入 15～20 kg 尿素。到 8 月底以后要控制浇水，提高苗木成熟度，不可追施速效肥。11 月上旬浇越冬水。在良好的管理条件下，当年秋季即可成苗。在冬季雪大的地方也可秋季扦插。

（二）绿枝扦插

利用当年生半木质化的新梢进行扦插为绿枝扦插。绿枝扦插与硬枝扦插的不同点是，绿枝扦插的插穗正是生长期，枝条内养分较少，为保证扦插成活率，插穗必须带有少量的叶片进行光合作用，以制造有机养分，使其生根发芽。

1. 苗床准备 苗床高于地面 20 cm，便于提高地温。宽度为 1～1.5 m，床内置筛过的细壤土。扦插床必须有遮阴条件，可搭建简易的遮阴棚，棚高 2 m 左右。

2. 插条采集与保存 插条采用品种纯、生长健壮的母株。剪下当年生半木质化的枝条马上放入水中，以免萎蔫，然后在阴凉处将枝条截成长度 10～15 cm 的插穗，上切口平整，下切口从叶柄下 1 cm处剪斜切口，每个插穗保留 2～3 个壮芽、1～2 叶片，及时浸泡在水中。

3. 扦插时间 绿枝扦插在 6 月中旬进行，气温高，枝条生长旺盛，并且容易秋季成苗。

4. 插穗处理 ABT 生根粉，用酒精充分溶解，每袋兑水 2.5 kg 搅拌均匀，浸泡插穗下端 5 cm，10 min 后取出插入育苗床。

5. 扦插 按行距 15 cm、株距 10 cm 的密度扦插，扦插深度以插到叶柄基部露出叶片为宜。随插随浇水，之后遮阴，以免温度过高，消耗养分，影响成活率。

6. 扦插后的管理 绿枝扦插后的管理主要是通过喷水、遮阴等方法来调节温、湿度。喷水用喷壶喷洒，水滴越细越好。一般情况下每天喷 3 次，以苗木不失水为准。遮阴主要作用是防止高温，阴天或早晚将遮阴帘打开。绿枝扦插 2 周后可生根，生根后需减少喷水次数，去掉遮阴帘，其他可正常管理。秋季可成苗，移栽大田。

二、压条苗培育

压条育苗是指把枝条在不与母体分离的状态下压入土中使其生根，然后再剪离母体成为独立的新枝的方法。

（一）水平压条育苗

春季撤除防寒土后，在母株丛四周挖放射状沟，沟深 5～8 cm，将去年发出的基生枝压倒在沟中，然后填入细土，埋土厚 5 cm。新梢长高后，再覆土厚 3 cm，以扩大生根范围。秋季剪离母株后，即可成苗。

（二）垂直压条育苗

春季撤除防寒土后，将枝条自基部进行重剪，只留下 5～6 cm，促使其萌发分枝，当其达到 20 cm以上时再培一次湿土，厚度约为新根的一半，过 2～3 周再培一次土，使土堆高达到 20 cm 以上，生根后与母株切断分离，即为新株。

三、分株苗培育

在春季撤除防寒土之后，株丛四周和中间都存有一定数量的土壤，一般在每个基生枝下都有不定根，将带根部分的枝条挖起，重新栽植到另一处形成新的独立株丛，即成为可定植的根蘖苗。

四、苗木出圃

（一）出圃前的准备

在秋季落叶后至次年树液流动前，只要土地不冻结，均可起苗出圃。在起苗出圃前浇一次水，苗木出圃前，需进行严格的消毒，以控制病虫害的蔓延传播。常用于苗木消毒的化学药剂有石硫合剂、波尔多液和硫酸铜等。

（二）起苗

采用锹、镢进行人工起苗。应顺行在离苗 30 cm 外挖沟起苗，做到主根完整、少伤侧根。起苗后立即放在阴凉处，以备分级。

（三）苗木分级标准

黑加仑苗木分级标准见表 70－1。

表 70－1　黑加仑苗木质量等级

<table>
<tr><td rowspan="6">一年生
扦插苗</td><td rowspan="3">一级苗</td><td rowspan="2">茎粗
（cm）</td><td rowspan="2">苗高
（cm）</td><td colspan="2">根系</td><td>综合控制指标</td></tr>
<tr><td>主根长度（cm）</td><td>侧根数（条）</td><td rowspan="2">枝条健壮，芽眼饱满，无机械损伤，无病虫害</td></tr>
<tr><td>0.7</td><td>50</td><td>20～15</td><td>12～11</td></tr>
<tr><td rowspan="3">二级苗</td><td rowspan="2">茎粗
（cm）</td><td rowspan="2">苗高
（cm）</td><td colspan="2">根系</td><td rowspan="3">枝条健壮，芽眼饱满，无机械损伤，无病虫害</td></tr>
<tr><td>主根长度（cm）</td><td>侧根数（条）</td></tr>
<tr><td>0.6</td><td>45</td><td>15～12</td><td>10～9</td></tr>
</table>

（四）假植

不能及时栽植的苗木要进行假植。选择平坦、阴凉、避风的地块挖假植沟，以沟宽 1 m、深 50 cm的南北向沟为宜，苗木向南倾斜放入假植沟，培土填埋根部，保证根部不漏风、不干燥，培土的厚度以只露出苗高 1/3～1/2 即可，在上冻之前要将苗木全部埋严。

（五）包装运输

根系进行蘸泥浆处理，并进行包装。每捆 100 株，挂上标签，注明品种、数量、等级、出圃日期、产地检疫证、经手人等。运输中严防风干和霉烂。

第三节　生物学特性

一、根系生长特性

黑加仑的根系非常发达，分为主根、侧根和须根。不同的育种方法其根系也不同。用种子育成的实生苗有主根和侧根，移栽后逐渐生长出许多须根，而须根又长出许多密集的网状根。通过扦插无性繁殖的根由不定根长出须根，而没有明显的主根。

黑加仑根系主要分布在地表以下 50 cm 的土层中，根系一年生长有两个高峰，6 月上旬至 7 月中旬，果实采收期，即土温达到 13～18 ℃时，新根生长最快，为第一次高峰；7 月下旬至 10 月下旬出现第二次高峰。11 月中旬停止生长。根系的生长高峰期与地上部的生长高峰期交替出现，互相依存，两者竞争养分的时间正好错开。

二、茎与芽生长特性

黑加仑是丛生小灌木，所以主茎不明显。每株丛包括有多年生枝、基生枝、结果枝和短果枝群及短果枝。盛果期每株丛由 15～25 个不同年龄的枝条组成。而不同品种基生枝生长发育数量不同，一般一年长出 15～50 个基生枝，有的基生枝当年即可形成花芽，第二年见果，第三、第四年丰产，第五、第六年衰老，产量下降。可通过修剪措施，由每年长出的基生枝来补充更替。

黑加仑叶芽易萌，当年形成的芽，条件适宜当年都能萌发。隐芽，生活力较强，条件适宜时仍可萌发生长。

三、叶生长特性

黑加仑的叶片为单叶、互生，掌状三裂或不明显的五裂，中裂较长，基部心形，叶柄绿色，叶背叶面均无毛，具不规则锯齿，叶具有特殊气味。幼枝浅褐色，光滑无毛，由于品种不同，其叶片颜色、厚薄、皱纹和锯齿都有所不同。叶片是制造供应果实、枝条和根系生长所需要营养物质的重要器官。叶片的光合效能直接关系到整体株丛的生长，对果实产量也有一定的影响，所以保护叶片不受外界环境及病虫危害是非常重要的。

四、开花与结果习性

（一）花芽分化

黑加仑的花序为总状花序，一个花芽内有花序 2～5 个，单生或簇生。每一花序上有花 3～20 朵，有的品种多达 20～28 朵，但落花后一般坐果 5～16 个。不同种类及品种的花略有区别，形状有钟形、杯形或浅杯形，有双层花被，萼为桶形，萼片向外翻转，萼部为紫色、红色、淡绿色。雄蕊花柱 2 个，黏合在一起，柱头分离。

新梢进入缓慢生长后期树体便开始进行营养积累，开始花芽分化。分化时期在 7 月中旬至 8 月中旬，如加强管理，减少病虫害，都可正常进入花芽分化。薄皮型一般在 7 月 15～20 日，亮叶厚皮型在 8 月上旬进行花芽分化。可通过夏季整形修剪的方式提高光合利用率，促进花芽分化；或喷施生长调节剂来促进和调控花芽分化；还可通过加强施肥灌水管理增强树势，使花芽多发育，为来年稳产做准备。

（二）开花

开花期一般在 5 月中上旬，但冷凉的山区花期较迟。一朵花开放 3～4 d，一个花穗从第一朵花开到最后一朵花开需 8～10 d。花期长短与果熟期的集中与否有相关性，如薄皮黑加仑型花期集中，果熟期也集中，而亮叶厚皮型花期长，果熟期不集中。

（三）结果习性

黑加仑自花授粉结实率较高，但部分品种杂交结实率较高。黑加仑种植园应配置 1～2 个授粉品种，主栽品种与授粉品种按（4～6）：1 比例配置。也可进行人工辅助授粉和开花期放蜂。结实率较高的组合是布劳德×利桑佳、世纪星×黑丰。

环境条件也影响黑加仑授粉受精，尤其是温度条件。黑加仑开花期可耐短时间 0 ℃以下的低温。黑加仑花朵抗为－2～－3 ℃低温。低于－3 ℃时，正在开放的花朵易受冻，幼果和花蕾比较耐寒。花期低温、阴雨天气将影响花粉的萌发并阻碍受精。

五、果实发育与成熟

从花开到果实成熟需 55～60 d。果实由果梗、果皮、果肉、果囊、种子、果脐、花萼组成。一般果实单果重 0.7～0.8 g，每个果实中有种子 15～30 粒，不同品种的果实出种子率及单位质量的种子粒数不同，种子的形状大小也不同。如薄皮型种子宽扁，胚部钝，胚根部较尖，而亮叶厚皮型的种子瘦长，两头尖。

果实生长发育分三个时期：

1. 幼果速长期　从 5 月下旬（5 月 22 日）到 6 月上旬（6 月 7 日），持续 15 d 左右。此期果实发育快，纵径生长超过横径，果重增加快，千粒重达 144 g。

2. 缓慢生长期　从 6 月上旬至 6 月中旬，约 15 d。此时种子的纵径及横径增长都缓慢，果实达到成熟果的 1/3 大小，千粒重达 212 g。

3. 采果前速长期 从 6 月下旬至 7 月上旬，约 15 d。果实生长迅速，呈圆形，颜色加深并出现果点，果实成熟时千粒重达 716 g。

第四节 对环境条件的要求

一、温度

黑加仑对热量要求较低，喜光但不喜炎热和干燥的空气，是不耐高温的植物。超过 30 ℃的高温不利其生长，不同生长发育期对温度的要求差异较大。具有一定的抗寒性。高温干旱对黑加仑生长不利，当生长季节温度高达 30～35 ℃，黑加仑的生理活动都会受到抑制，主要表现为叶片枯萎、早期落叶并容易出现秋季二次萌芽，影响下一年生长及产量。所以在盛夏干旱时应及时灌水。随着春季日气温的回升，树液开始流动，在日平均气温 0 ℃时开始萌芽，7 ℃时展叶，15 ℃时新梢生长最快，5 月上旬气温达到 16 ℃以上开始开花，果实开始发育。开花最适温度 17～22 ℃，果实发育最适温度 20～25 ℃。植株生长健壮，营养积累好的花期集中，坐果率高，否则易出现落花果现象。

二、光照

黑加仑是喜光植物，当光照充足时，适宜的叶片密度可最大限度地利用光能，使得植株枝条健壮，叶色浓绿，坐果率高，果实品质好；开花期如果光照不足，会引起落花落果现象。随着黑加仑树龄的增加，内膛的光照越来越少，造成结果部位外移，影响花芽分化，会引起落花落果，合理修剪能显著改善内膛的光照条件。如果遮光严重或连阴雨天气持续时间较长，光照不足，枝叶徒长，树冠郁闭，新梢生长细弱，花芽分化不好，影响下年产量。

三、水分

黑加仑喜湿润，整个生育期对水分的要求都较高，特别是新梢生长和果实膨大期．对水的需求量更大。若在结果盛期水量不足，果实就会变小，影响产量，降低质量。但如果土壤含水量过高、排水不良时，会抑制根系的生长发育，引起叶片脱落，甚至整株死亡。

黑加仑根系发达，根系的深度和幅度为 2 m 左右，对水分的吸收能力及抗旱能力强，对缺氧环境忍耐力较弱，耐旱而不耐涝。所以在建园时要充分考虑排灌条件，不易选择地下水位过高、排水不良的地块。若建园地块湿度大，可采用高畦栽培；土壤湿度小、保水力差的地块可采用低畦栽培。

四、土壤

黑加仑对土壤的适应性很强，在黏壤土、壤土、沙壤土上都能够正常生长，但是以排水良好、较肥沃的壤土、沙壤土较好。不宜栽植在风大、干旱的山坡地、黄沙土、盐碱土中。

黑加仑较耐盐碱，可以在较轻的盐碱地上生长，喜欢中性或微碱性的土壤，要获得优质高产的黑加仑，最好选择土壤 pH 在 6.5～7.5 的范围内。

第五节 建园和栽植

黑加仑为多年生小灌木，株丛高 1.5～2 m，株丛直径可达 2～2.5 m，适应性强，管理方便，栽后第二年即可见果，3～4 年可进入丰产期，管理得当，结果期可达 25 年。

一、建园

（一）园地选择

根据黑加仑喜光、喜温、喜肥沃，怕涝、怕旱、怕瘠薄等特点，应选择温暖向阳、土层深厚、地势平坦、水源充足、排灌方便的地块建园。山区应选择南坡或东南坡，要避开风口，坡度不超过10°的缓坡地带。由于黑加仑果实不耐运输，果园应该建立在交通便利的地方。

（二）园地规划

小区面积以4～6 hm^2 为宜。大区设主道，路面宽5～7 m，路面硬化。小区间设支道，与主道相通，路面宽3～4 m，以便车辆通行和农田作业。渠道从水源开始贯穿全园，支渠应设在地条的两端。

防护林设置应该遵循窄林带、小网格的原则。主林带4～6行树，与主风向垂直，其他3边为副林带。一般主林带间距为200 m，副林带间距为400～600 m，主林带株行距2 m×2 m，副林带1 m×4 m（双行），既有利于防风，又能产生大径材。树种一般以杨树混交林最好。

二、栽植

（一）品种选择

在建园时，品种的选择是一项十分重要的工作。首先应根据当地的生态条件和品种的适应性来选择，一定的品种只能适应于特定的环境条件；其次，选择品种要根据当地的生产方向及市场需求来确定。所用苗木应该是丰产、优质，采用无性系繁殖的二年生壮苗（一、二级苗）。

（二）栽植时间

春栽时间在4月上中旬，白天最高气温达8～10 ℃，地温升到4～6 ℃。秋栽时间在10月下旬。

（三）栽植密度

株行距以1.5 m×2.0 m或1.5×2.5 m为宜。每667 m^2 栽株数200～222株，主栽品种与授粉品种的比例为（4～6）：1。

（四）苗木处理

定植前修剪苗木根系，剪除根系干枯部分，剪留长度15 cm左右，放入清水中浸泡12 h，吸足水分；地上部分用5波美度石硫合剂消毒。

（五）栽植方法

1. 挖穴　按株行距量好定植点，挖定植穴，定植穴的大小为50 cm×50 cm×50 cm，每穴可栽1～3株苗。定植穴挖出的表土和心土各放一边。

2. 定植　定植时，每坑施入腐熟的有机肥3～5 kg、复合肥100～500 g，将心土填入，表土填入一半时放苗木再填土，提苗，踏实。为促进多发不定根和基部多发基生枝，可深植斜栽。栽后连灌水3次。栽植的苗木要成一条直线，以便于耕作或其他。当天未栽植完的苗木需进行临时处理，可在避风背阳处挖沟，沟深30 cm，长、宽视苗木数量而定。苗木放入沟内，用湿土将苗木掩盖埋后，上部覆盖湿草帘保湿防晒。

（六）栽植后管理

1. 灌水　定植后沿着定植行做畦并及时浇水，保持土壤湿润。6月中旬，幼树进入生长旺季，注意适时浇水和施肥，加速苗木生长。全年度灌水8～10次，灌水量300～600 m^3。灌水间隔在20～35 d。

2. 短截　对苗木进行短截，就是在根颈处10 cm左右剪下，这样便于营养集中，抽枝力强，苗木成活率高。如不进行短截，定植后地上部芽多，吸收养分相对要少，苗木生长弱，甚至不能成活。短截应依苗木情况而定，苗木生长健壮的一般短截2/3，细弱苗短截3/4左右为宜。

3. 补植　苗木定植后应经常检查成活情况，发现有死株和病株及时拔除进行补栽，以免在同一园内因为缺株过多而影响产量。

4. 中耕除草 苗木生长期间，结合灌水及时中耕除草，一般全年进行 4～5 次，经常保持土壤疏松无杂草状态。中耕除草切断了土壤毛细管，使土壤疏松，有利于土壤透气、吸水和保墒，防止杂草与苗木争夺水分和营养。

5. 施肥 施肥是实现黑加仑早果、丰产、稳产、优质的主要技术措施。每年需不断增加土壤肥力，以满足黑加仑生长结果对营养的需求，促进黑加仑正常生育，早期丰产、高产、稳产。同时，施肥可增强树势、延长结果年限和树体寿命，并提高抗病性和抵御不良环境的能力。

第六节 土肥水管理

一、土壤管理

（一）土壤耕作

土壤耕作，能提高土壤的保水性和通气性，为土壤微生物的活动创造良好的环境条件，增加土壤的肥力，利于树体生长发育，同时可有效消灭杂草和防治病虫害。

1. 春季浅耕 一般在 4 月上中旬进行浅耕，浅耕深度 10～12 cm。

2. 中耕除草 在生长季节 5～8 月进行，主要作用是保持树冠及周围土壤疏松通气，清除杂草。一般全年中耕 3～4 次，中耕深度 15 cm。与浇水相结合可减少水分蒸发和土壤返盐。

3. 挖树沟 无论是幼树或结果树，树下都要挖树沟，树沟口宽 1.2 m，底宽 1.0 m。建园后 1～2 年，树体较小，树沟可适当窄些，随着树龄增长，逐渐加宽树沟。

（二）间作

1. 间种年限 黑加仑定植后树冠小，可以间种一些矮秆经济作物或绿肥，一般间种 1～3 年，黑加仑进入盛果期不再间种

2. 间种作物 行间可间作豆类、瓜类、绿肥（苜蓿除外）等矮秆作物，禁止间作玉米等高秆作物和秋季晚熟作物。

二、施肥管理

（一）肥料种类

1. 有机肥 有机肥以农家肥为主，一般作为基肥使用，经沤熟的有机肥和各种肥土也可做追肥。主要包括各种畜禽肥、人粪尿、绿肥、饼肥等，基肥应占到施肥总量的 60%～70%。

2. 化肥 化肥种类繁多，有含 1 种有效元素的单元素化肥，也有含 2 种以上元素组成的复合肥。化肥施用方便，易溶于水，分解快，易被植株吸收利用，肥效高而快。但长期大量施用化肥会使土壤板结，施用不当，易导致缺素症的发生，而且污染地下水源，影响生态环境。所以，施用化肥时，要与有机质结合，以有机质为主、化肥为辅，尽量减少单施化肥给土壤带来的不良影响。主要的化肥有尿素、硝酸铵、过磷酸钙、硫酸钾、磷酸二铵、磷酸二氢钾。

（二）施肥时期

1. 基肥的施用时期 基肥在春季或秋季进行，可每隔 1 年施一次。基肥以有机肥为主，辅以少量的磷、钾肥，是较长时期供给黑加仑多种养分的基础肥料，基肥一般在秋季 10 月上中旬施用效果较好。如秋季未施基肥，要在来年春季土壤解冻后尽早补施，春施基肥可配合一些速效磷肥，以便及早发挥肥效。

2. 追肥的施用时期 追肥主要在开花后和 5～7 月施，幼树追肥次数宜少；随树龄增长，结果量增多，长势减缓时，追肥次数要逐渐增多，根据黑加仑生长特点一般每年追肥 3 次，第一次在萌芽期，这次追肥可补充树体储备营养的不足，有利于促进新生枝条的生长，此时主要以氮肥为主，磷、钾肥为辅。第二次在幼果期，黑加仑花量大、开花坐果消耗了很多营养，通过追肥，可补充各生理器

官对营养的需求，减轻生理落果，主要以氮、磷肥为主，辅以根外硼肥。第三次追肥在果实膨大期，此次施肥可促进果实细胞分裂，增大果实体积，减轻后期落果，提高产量和品质。以氮、磷肥为主，钾肥为辅。

3. 叶面喷肥　将肥料溶于水中，稀释到一定浓度直接喷于植株上，通过叶片、幼果等绿色部分进入植物体内，对提高产量和改进品质有显著效果。但叶面喷肥不能代替土壤施肥，只有以土壤施肥为主，根外追肥为辅，相互补充，才能发挥施肥的最大效益。叶面喷肥一般在花前、花后、开始成熟期都可喷施，一般 7～10 d 一次。种类有尿素、过磷酸钙、磷酸二氢钾等。宜在 10:00 前和 18:00 后进行，以免喷施后水分蒸发过快，影响叶面吸收和发生药害。

（三）施肥量

施肥量多少，因树龄大小、树势强弱、肥料种类、结果多少、土壤肥力等情况而异。

1. 基肥　一般成龄株丛每株每次施 1 kg，幼龄株丛每株每次施 500 g。

2. 追肥　追肥所需肥料种类和施用量，因物候期不同而异。发芽期和开花期以氮肥为主；结果大树，每株施速效氮肥 0.5～1.0 kg，以促进枝叶的生长、花芽分化和开花坐果。果实发育期以速效氮、磷肥宜，结果树株施复合肥 1 kg，或腐熟人粪尿，以减轻生理落果，促进果实的正常发育。

（四）施肥方法

1. 基肥　一般采用沟施，具体有条沟施和辐射状沟施。条沟施法是在树冠下东西和南北不同的方位，挖深 15 cm、宽 10 cm 的施肥浅沟，施肥后及时回填土。随树龄增大，施肥沟的位置逐年向外开，沟也加深加宽，直到行间全部施过为止。辐射状沟施法是距主干 60 cm 左右至树冠外围，挖6～8条深、宽为 20～30 cm 的里浅外深的辐射施肥沟进行施肥。

2. 追肥　一般在距植株 40～60 cm 处，挖 15～20 cm 深的沟施。施肥后灌水。

三、水分管理

全年度灌水 8～10 次，灌水间隔在 20～35 天，一般分为 4 个灌水期。

1. 萌芽水　埋土防寒的果园，在 4 月中旬撤除防寒土后灌溉萌芽水，以地表均匀见水为宜，防治灌水过深，肥水流失。此次灌水有利根系活动旺盛，促进枝干恢复生长，保证基生枝和结果枝的伸展，促进花芽分化，以满足开花期对水分的需求。

2. 坐果水　5 月中旬进行，此时气温高，植株生长健壮，需水量大。根据气温高低、降水状况等灌水 1～2 次。此时缺水容易落果，对产量影响很大。

3. 果实膨大水　6 月中旬灌催果水。此时气温最高，蒸发量大，果实膨大速度加快，生理需水迫切，此时灌水 2～3 次，于早、晚进行。

4. 越冬水　在不需埋土防寒的地区，可在土壤封冻前灌水，需要埋土防寒地区，在埋土前灌水。此时灌水有利于稳定温、湿度，防止土壤冻裂。

第七节　整形修剪

整形修剪是获得高产的重要措施之一，随着树龄的增长，株丛不断扩大，其中弱、病、死枝条混乱在一起，致使株丛内膛郁密，通风透光不良，加上病虫害等因素，严重的影响产量及品质。只有通过整形修剪，确定株丛结构，调整不同年龄结果枝的比例，并使各类枝条合理占有空间，才能确保高产、稳产。

整形就是有计划地培养一定数量、分布均匀、强壮的骨干枝，形成良好的株丛骨架结构。因黑加仑可发生大量基生枝，而基生枝下部又发出强壮的大侧枝，外围枝多呈开张或半卧状态等特点，植株成为多骨干枝的丛状。若在自然状态下生长，黑加仑株丛矮小，枝条密集，产量不高而寿命短。只有通过整形修剪，改变自然生长状态，人为地控制留枝量等因素，才能使其形成健壮、丰产而寿命长的株丛。

通过修剪使其达到株丛合理的通风透光，枝繁叶茂，生长平衡。为使株丛有一个比较固定的留枝总量，依据定植密度，一般为20～25个，其中一年生、二年生、三年生和四年生枝各占1/4，及每株丛都有一、二、三、四年生枝各5～6个，5年生枝因产量下降要从基部疏除。总之，整形修剪的目的是人为控制生长发育、延长结果年限，使其达到更高更好的经济效益。

一、修剪时期

黑加仑的修剪时期包括冬季修剪和夏季修剪两个部分。采收完毕至埋土防寒前至萌芽前的修剪称为冬季修剪。从落花后到采收前的修剪称为夏季修剪。

（一）冬季修剪

冬季修剪时期在萌芽前进行，根据品种和栽培方式的不同，修剪时期也不同。冬季不埋土防寒品种在3月中下旬修剪，埋土防寒品种可在解除防寒后进行修剪。冬季修剪主要是去除病虫枝、弱枝、伤枝，调节通风透光条件和树体的根冠养分，恢复树势，增加产量。

（二）夏季修剪

夏季修剪在落花后的5～7月进行。以减少树体营养的消耗，促进坐果。

二、整形方式

每株丛培养和保持有20～25个不同枝龄的枝条，分4年完成。

1. 第一年 选留5～6个当年发生的健壮基生枝，对选留的基生枝剪去全长的1/4～1/3，培养强壮的骨干枝。

2. 第二年 选留6～7个当年发生的健壮基生枝，对选留的基生枝剪去全长的1/4，扩大树冠。

3. 第三年 选留7～8个当年发生的健壮基生枝，对选留的基生枝剪去全长的1/4，扩大树冠。

4. 第四年 为培养寿命长而健壮的骨干枝，要控制其基部发生的基生枝。除保留更新的芽外，将基部发生的其他芽全部抹去，保持良好的光照条件，疏去过密的枝条。

三、修剪技术

（一）修剪原则

通过合理修剪，使枝条主次分明、错落有致，改善透光条件，营养枝和结果枝相互转化，提高光能的利用率，达到加速幼树生长、提早结果、延长盛果期、更新老树、高产稳产、减轻病虫害、提高果实质量的目的。

（二）修剪方法

黑加仑修剪包括短截、疏剪、缩剪三部分。

1. 短截 短截是对骨干枝上的延长枝及新梢留顶端2～5个芽后剪去剩余部分的修剪方法。

2. 疏剪 疏剪是把整个枝蔓从基部剪除的方法。将病虫枝、弱枝、伤枝从基部疏去，改善光照和营养分配，保持生长优势，并且防止病虫害的危害及蔓延。

3. 缩剪 对衰老的骨干枝进行更新，缩剪至壮侧枝上，从而调节通风透光条件和树体的根冠养分，恢复树势，增加产量。通过缩剪，能更新树势，剪去植株前面的老枝，留下后面的新枝，使其处于优势部位，能防止结果部位的扩大和外移，具有疏除密枝、改善光照的作用。

第八节 病虫害防治

黑加仑病害主要有白粉病、返祖病；主要害虫为茶藨子透翅蛾、蚜虫和红蜘蛛。

一、主要病害及其防治

（一）白粉病

该病为害全株，叶片最初表现为背面出现分散的白色丝状霉斑，逐渐扩大布满全叶，致使叶面皱缩，叶缘卷曲；后期病斑变为褐色，其上散生黑色小粒。枝上主要感染新梢和半木质化的基生枝，得病部位布满白粉，后期变褐，生长缓慢，严重时枝条枯死。一般5月下旬至6月上旬开始发病，6月中下旬为发病盛期，适宜发病温度为20～29℃，湿度高有利于病菌繁殖，可随风雨传播。

防治方法：

1. 农业防治

（1）逐步更新感病品种，选用抗病品种和免疫品种，达到避免病害的发生。

（2）入冬之前清除园中落叶以减少病害发生。

2. 化学防治

（1）春季发芽前，喷施3～5波美度石硫合剂2遍，每2周喷一次。

（2）发病初期，喷20%粉锈宁800～1 000倍液，或50%甲基硫菌灵可湿性粉剂500～600倍液，每2周喷一次。

（二）返祖病

返祖病为病毒病，通过瘿螨传播。表现为新梢生长习性改变，花和叶在5～7月旺长，叶片上形成不消失的网纹，严重时叶片变成杂色；结果枝新梢生长量减少，花蕾光秃发亮。

防治方法：

（1）加强检疫，禁止使用带病苗木建园。

（2）加强对瘿螨防治，发现后及时销毁病源。

二、主要害虫及其防治

（一）茶藨子透翅蛾

茶藨子透翅蛾主要为害黑加仑枝干，幼虫钻蛀茎干内串食髓部，茎外出口处有红色粪便排出。导致枝条生长衰弱，叶片发黄、落叶，严重时枝条萎缩、干枯、死亡，冬季埋土防寒时枝条容易折断。又因其生活隐蔽，防治难度大而成为苗木毁灭性害虫。

防治方法：

1. 农业防治

（1）加强检疫。茶藨子透翅蛾属于国家检疫对象，应实行产地检疫和苗木调运检疫，禁止使用带疫苗木建园。同时杜绝带虫苗木调出苗圃。一旦发现虫害，一律平茬或就地烧毁。

（2）秋季落叶至来年春季萌发前，发动人工剪带虫瘿枝条，并集中烧毁，减少虫源，减轻危害。同时加强肥水管理，增强树势。

2. 化学防治　茶藨子透翅蛾的个体生活周期很不集中，给化学防治带来很大不便，一般在成虫羽化初期及产卵高峰期喷施杀虫剂，但在产卵高峰期正是果实进入成熟阶段，因此要注意用药安全，采果前10 d不宜打药。

（1）6月成虫羽化期，喷洒菊酯类化学药剂1 000～2 000倍液，杀灭成虫。

（2）7月上旬卵孵化期喷30%啶虫脒可湿性粉剂1 000～1 500倍液，40%毒死蜱乳油2 000倍液。

3. 物理防治　6月中旬至7月上旬，将来交配的雌成虫放入水盆中，然后放在田间，对雄虫有明显的诱杀效果。

4. 生物防治　用寄生性线虫或茧蜂进行防治。

（二）蚜虫

蚜虫又叫蜜虫、腻虫。主要以成虫和若虫群集在新梢和叶背面进行危害，被害叶片皱缩卷曲，严重影响新梢生长，排泄的蜜状黏液后期滋生真菌，形成霉污病，影响果实外观品质。

防治办法：

1. 农业防治 秋季落叶至来年春季黑加仑萌发前，清除枯枝落叶，保持果园无杂草。

2. 化学防治 落花后大量卷叶前用10%吡虫啉可湿性粉剂4 000倍液，或3%啶虫脒乳油2 500倍液均匀喷雾，有良好的防治效果。

3. 物理防治 在秋季有翅蚜回迁时，用塑料黄板涂抹黏胶诱杀。

（三）红蜘蛛

红蜘蛛喜欢集中在叶背面危害，吐丝拉网，并产卵在丝网中，不活跃。一年发生5～6代，6月中旬开始发生，7～8月最多。主要为害花芽和嫩叶，损伤芽和顶端分生组织后，致使枣树无法抽枝展叶，使整株枣树枝体上形成网状，枣叶变黄脱落，如不及时防治可使果实绝收。一般在9月中旬至10月上旬出现越冬雌成虫。

防治方法：用1.8%阿维菌素，每667 m^2 喷18～32 mL防治，或用20%三氯杀螨醇+2.5%敌杀死液+0.3%的尿素+0.1%的磷酸二氰钾混合液，每7 d喷一次，连喷2～3次可控制其大发生。用0.3～0.5波美度石硫合剂也能起到一定防治效果。

第九节 果实采收与贮藏

一、采收

（一）采收时间

黑加仑果实成熟在6月25日至7月15日，采收时间应在下午和傍晚。

（二）采收方法

成熟的浆果容易脱落，必须分期采收。采收时挑选已经成熟的浆果。完全成熟的浆果重量最大，果汁色泽最好，所含维生素也最高。采下的果实装筐保存在阴凉地带，分品种包装。成熟的浆果只能保留2～3 d。采果之后随时处理或就地加工，以防浆果损耗。

二、贮藏

大量加工用浆果，可以放在矮型塑料筐中，快速预冷之后堆放在−1.5～2.0 ℃的冷库中，筐垛外围盖一层塑料薄膜以减少水分蒸发，贮藏时期可以达1个月之久。贮后的浆果虽失水萎蔫，但是无腐烂果，可溶性固形物及糖含量略有增加，酸及维生素C含量略有减少。

鲜食用的浆果可以用聚乙烯薄膜袋保存，每袋装1 kg。浆果在晴朗干燥天气采收，不带任何伤口，装入袋中之后将袋口扎起来。若干袋放在一个木箱中，将木箱送到冷库，成垛堆放。库中保持恒温0～−1 ℃，相对湿度为85%～90%。这样可以保存2个月左右，浆果外观、风味品质无变化，1 kg浆果仅失重1～2 g。如果用充氮冷箱保存，在温度为2～−4 ℃、相对湿度为70%～75%的条件下，保存70 d之后仍保持新鲜、芳香、风味良好，维生素C含量也降低很少。

贮藏期内尽量保持温度稳定，不要发生大的波动。果实入贮后的前15 d每一天检查2次。以后每隔一天检查1次，检查温度、湿度、气体成分变化和观察果实情况，发现异常情况及时进行处理。贮藏的温度变化幅度不得超过±0.5 ℃。尽可能采用整进整出的方式。

第七十一章　海　　棠

概　　述

海棠即小苹果，是指蔷薇科（Rosaceae）苹果属（*Malus* Mill.）中果实直径（≤5 cm）较小的类型，在我国的栽培时间已有 2 000 余年。海棠在古时候被人们称为“林檎”“奈”，对野生种分布有较早记录的书籍为《山海经》，其中写道“崛山其木多棠、梅”，对海棠的栽培有最早记录的是西汉的《上林赋》。晋代，西府海棠因栽培于安徽西府而被人们熟知；唐代，海棠在宫廷中广为种植；宋代，海棠种植达到鼎盛时段，且有海棠著作出现。沈立的著作《海棠记》记载了海棠的形态特征、栽培技术和分布情况；许多海棠品种也被记录在陈思的《海棠谱》中；明清时期，王象晋在《群芳谱》中分别描述了海棠、奈、苹果、林檎；可见海棠在我国古代的园艺中有重要的地位。

世界苹果属植物资源约有 35 个种，在北温带广泛分布，亚欧、北美均产。原产我国的苹果属植物有 20 余种，我国苹果属种质资源丰富，其中西南的云南、贵州、四川本属植物分布最为密集，可以说世界苹果属植物种类的大基因中心是中国，也可称为苹果属植物遗传多样性中心。

海棠具有较高的观赏价值，海棠花、花红、山荆子、西府海棠、湖北海棠、垂丝海棠、楸子都是良好的观果观花树种。比如湖北海棠春季白色花朵开满整个树体，具直立的树形，较开张的树冠；垂丝海棠有黄绿色果实，紫红色嫩叶，花瓣粉色下垂；西府海棠果实红色，近球形，盛开时满树粉花。可将这些树种应用到公园或街道的道路绿化中。海棠有优良的性状，较高的观赏价值、经济价值和药用价值，所以海棠资源在亲缘关系分析、砧木苗及新品种的选育、果实和叶片的开发利用方面有很大用途。国外专家用原生地在亚洲的楸子、三叶海棠、山荆子、苹果做亲本，做了大量的引种、杂交工作，培育出了许多观果、观花的海棠品种。在砧木苗利用方面，山荆子极抗寒，有发达的根系，嫁接后苗木成活率高，是优良的抗寒乔化砧木。楸子耐盐碱、耐水涝、抗寒、抗旱，幼苗期生长速度快，成苗后须根及侧根多，嫁接苗树体生长健壮，是很好的苹果砧木。在经济价值利用方面，山荆子果实含有大量的有机酸、柠檬酸、苹果酸，可制备果酱、罐头、果丹皮等食品。海红果可酿酒和加工果丹皮、果汁、果干、罐头、果脯等食品和饮料，亦有健脾胃、化痰止咳的作用，是很好的营养品。湖北海棠嫩叶片可以代茶，还有降血糖的作用，三叶海棠叶片也可当作茶叶使用，含有人体必需的 8 种氨基酸，含有的熊果酸有抗癌、抗菌、消炎的用途。海棠的野生种、半野生种和栽培种在园林绿化、砧木苗及新品种培育、苹果属植物起源及亲缘关系研究方面起着重要的作用。

第一节　种类和品种

一、种类

（一）原产中国野生苹果属植物的栽培种

原产中国苹果属植物有自然分布区域并定有学名未经整理的野生状态共有 21 种，亚种 1 种，变种11种，变型5种。

1. 新疆野苹果 新疆野苹果（*Malus sieversii*）是蔷薇科苹果属的植物，类型较多，主要有绿球果、黄球果、红球果等，是某些栽培类型的直系祖先，在引种驯化、杂交育种和种质资源等方面占有重要的地位。新疆野苹果为古地中海区温带落叶阔叶林的残遗植物，对于揭示亚洲中部荒漠地区山地阔叶林的起源、植物区系变迁等有一定的科学价值，已有人工引种栽培。

2. 山荆子 山荆子［*Malus baccata*（L.）Borkh.］别名林荆子、山定子。山荆子分布很广，变种和类型较多，耐瘠薄，不耐盐，深根性，寿命长，幼苗可供苹果、花红和海棠果的嫁接砧木，是很好的密源植物，树姿优雅娴美，花繁叶茂，白花、绿叶、红枝互相映托美丽鲜艳，是优良的观赏树种。各种山荆子，尤其是大果型变种，可作为培育耐寒苹果品种的原始材料。

3. 湖北海棠 湖北海棠［*Malus hupehensis*（Pamp.）Rehd.］别名甜茶果、泰山海棠。主产湖北，分布海拔高度可达2 000 m，山东泰山海拔1 300 m处有栽培，为适应性极强的一个果树观赏树种。喜光、耐涝、抗旱、抗寒、抗病虫，能耐－21 ℃的低温，并有一定的抗盐能力。具有无融合生殖特性，播种苗生长整齐。如平邑甜茶与苹果嫁接亲和力强，根系较浅，抗涝性强。

4. 锡金海棠 锡金海棠［*Malus sikkimensis*（Wenz.）Koehne］，稀有种，分布于云南、西藏等地区海拔2 500～3 000 m亚高山或河谷针阔混交林内及疏林下。5～6月开花，果熟期9月。锡金海棠可作为苹果砧木种质资源，同时，对植物区系和植物地理的研究也具有科学意义并有药用价值，被列为国家二级保护植物。

5. 垂丝海棠 垂丝海棠（*Malus halliana* Koehne）生于山坡丛林中或山溪边，海拔50～1 200 m，垂丝海棠种类繁多，树形多样，叶茂花繁，丰盈娇艳，可作为观赏园林植物，开花后结果酸甜可食。

6. 三叶海棠 三叶海棠［*Malus sieboldii*（Regel）Rehd.］，别名山茶果、山楂子。国内分布在辽宁、山东、山西等地。生于山坡杂木林或灌木丛中，海拔150～2 000 m。春季开花甚美，可供观赏。山东、辽宁有用作苹果砧木者，日本广泛用为苹果砧木。嫩枝叶晒干制茶，有防暑之效。

7. 陇东海棠 陇东海棠［*Malus kansuensis*（Batal.）Schneid.］别名大石枣、甘肃海棠。生于杂木林或灌木丛中，海拔1 500～3 000 m。产自我国甘肃、河南、陕西、四川等地。果树及砧木或观赏用树种。耐高寒，喜阴湿，比较抗旱。嫁接树比较矮化，结果早，根浅，须根发达，与苹果嫁接亲和力强。各地已有人工引种栽培。

8. 变叶海棠 变叶海棠（*Malus toringoides*）为我国特有植物。分布于我国甘肃、西藏、四川等地，生长于海拔2 000～3 000 m的地区，多生在山坡丛林中，目前已由人工引种栽培。根皮率54.5%，耐瘠薄，嫁接苹果成活率高，结果早，品质好，有一定矮化作用。

9. 山楂海棠 山楂海棠［*Malus komarovii*（Sarg.）Rehd.］别名山苹果、薄叶山楂。仅零星分布于长白山，现处于濒危状态。山楂海棠极耐严寒，植株低矮，对研究长白山植物区系及蔷薇科某些属内和属间亲缘关系均有一定的意义。又是培养苹果矮化抗寒新品种的宝贵材料，建议产地有关部门对山楂海棠加强保护，严禁乱砍滥伐，促进天然更新，并进行繁殖栽培，扩大种植。

10. 花叶海棠 花叶海棠［*Malus transitoria*（Batalin）Schneid.］别名花叶杜梨、马杜梨。生长于山坡丛林中或黄土丘陵，海拔1 500～3 900 m处。分布于我国内蒙古、甘肃、青海、陕西、四川等地。在陕西北部有用作苹果砧木者，抗旱耐寒，唯植株生长矮小。已经有人工培育品种，花色以最初的红色和粉红色花蕾至白色鲜花。

11. 小金海棠 小金海棠（*Malus xiaojinensis*）别名铁秋子。分布于四川小金、马尔康等，海拔2 600～3 350 m处，偶尔与变叶海棠混生。本种根系发达，须根多，具有抗干旱、耐瘠薄、耐涝、抗病、耐盐碱等多种抗逆性，是培育抗缺铁砧木的优良种质。具有无融合生殖特性；具半矮化特性，早结果，丰产性好。

12. 滇池海棠 滇池海棠［*Malus yunnanensis*（Franch）］别名云南海棠、云南山楂。分布于我

国云南、四川，缅甸也有分布。生于山坡杂木林中或山谷沟边，海拔 1 600～3 800 m，缅甸也有分布。本种叶片到秋季变为红色，并结多数红色果实，满布枝头，颇为美丽，可为观赏树种。该种分布广遍，适应性强，可试作我国西部各地苹果砧木。

13. 西蜀海棠　西蜀海棠（*Malus prattii*）是我国的特有植物，分布于四川、云南等地，生长于海拔 1 400～3 500 m 的地区，多生在山坡杂木林中。

14. 沧江海棠　沧江海棠（*Malus ombrophila*），分布于我国云南、四川，多见生长于山谷沟边杂木林中，海拔 2 000～3 500 m。叶片较少出现裂叶，叶背有茸毛，较厚。能适应高温多湿的环境。

15. 河南海棠　河南海棠（*Malus honanensis* Rehd.）别名大叶毛楂、冬绿茶等。分布于河南、河北、山西、陕西、甘肃，生于山谷或山坡丛林，海拔 800～2 600 m。是我国的传统名花之一，自古以来是雅俗共赏的名花，素有"国艳""花贵妃"之誉。嫁接苹果树有的表现矮化，结果早，有一定抗寒、抗旱能力。但砧木苗细弱，不整齐，根系少，对土壤要求严格。

16. 台湾林檎　台湾林檎（*Malus doumeri*）别名台湾海棠、东南海棠、大果山楂。产于我国台湾。林中习见，海拔 1 000～2 000 m。本种果实肥大，有香气，生食微带涩味。当地居民用盐渍后食用，称"撒两比""撒多"。一般用实生苗繁殖，种子萌发力很强，可能作为亚热带地区栽培苹果的砧木及育种用原始材料。目前已经有引种栽培。

17. 尖嘴林檎　尖嘴林檎（*Malus melliana*）别名光萼林檎。产于浙江、安徽、江西、湖南、福建、广东、广西、云南。生于山地混交林中或山谷沟边，海拔 700～2 400 m。春季花叶并发，嫩叶红艳，花乳白，红白分明，鲜艳夺目，入秋黄果满枝间，黄绿辉映，集叶、花、果的美于一身。根深，比较抗旱，与苹果嫁接亲和力强，树体明显矮化，结果早，丰产，适应性强。

（二）国外引进野生苹果属植物

近年我国引进的原产国外的苹果属植物共有 10 种、1 个亚种、3 个变种、1 个变型。

1. 森林苹果　森林苹果（*Malus sylvestris* Mill.）原产于欧洲地区。乔木，高达 8～10 m，具有强大的根系。树冠和果实形态多种多样，耐寒力特强。作为苹果的砧木，嫁接时成活率高。直根强大，须根性弱，在苗圃中培育苗木时宜截短直根。1990 年西南农业大学引入野生种枝条进行嫁接繁殖。

2. 东方苹果　东方苹果（*Malus orientalis* Uglitz）别名高加索苹果，原产高加索山区，海拔 200～2 000 m，自然分布类型多样化，与其他森林树种混杂生长，无纯林。变种和亚种包括山地苹果、土库曼苹果。在高加索作为砧木，也可用作早熟品种亲本。西南农业大学 1990 年引入穗条繁殖。

3. 塞威士苹果　塞威士苹果［*Malus sieverisii*（Lde.）Roem］与我国原产的新疆野苹果有同组关系。本品种多型性显著，不论在器官或色泽上都有不同类型，最显著的有红肉苹果变型。1990 年西南农业大学引进枝条进行繁殖。

4. 佛罗伦萨海棠　佛罗伦萨海棠［*Malus florentina*（Zuccagni）Schneid.］原产意大利，又名意大利海棠。树姿美好，叶片在秋季转橘黄色再转红色，富有观赏价值。1992 年西南农业大学引入栽培，生长较弱。

5. 野香海棠　野香海棠［*Malus coronaria*（L.）Mill. Gard. Dict.］原产北美。花期 5～6 月，果实成熟期 10～11 月。野生分布在北美的密苏里和蒙大拿等州。1954 年因为研究工作需要中国西南农业大学引入栽培。

6. 草原海棠　草原海棠［*Malus ioensis*（Wood）Britton. and Brown.］原产北美。小乔木乃至灌木，花期（4）5～6 月，果实成熟期（8）9～10 月。野生分布在北美的密西西比和密苏里盆地。近年因为研究工作需要西南农业大学引入试种。

7. 扁果海棠　扁果海棠（*Malus platycarpa* Rehd.）可能是杂交种，对褪绿叶斑病毒敏感，可作为该病毒的指示植物。20 世纪 60 年代引入中国果树研究所，近年因为研究需要西南农业大学重新自美国引种试种。

8. 褐海棠 褐海棠［*Malus fasca*（Raf.）Schneid.］在北美阿拉斯加到加利福尼亚有分布，花药黄色，与其他北美种花药为紫黑色者有区别，属于花楸苹果组。近年因为研究需要引入西南农业大学试种。

9. 劳斯基海棠 乔劳斯基海棠［*Malus tschonoskii*（Maxim.）Schneid.］原产日本，大乔木。野生分布于日本富士山下，生长于森林中。近年因为研究需要引入西南农业大学试种。

10. 三裂叶海棠 三裂叶海棠［*Malus sieboldii*（Regel）Rehd］又名三叶海棠、禾梨子树等，灌木或小乔木。本种形态特征突出，在黎巴嫩及欧洲的希腊、保加利亚有狭窄的自然分布区。近年因为研究需要引入西南农业大学试种，其分类学地位学者意见不一致。

二、品种

（一）果用品种群

海棠中的食用品种俗称“小苹果”，以沙果品种为数最多，主要散存于农家果园中，分布范围广，株数多，各地均有地方品种，但大部分无严格的品种名称。除少数品种外，习惯上以熟期早晚、果实色泽或风味以及果肉性质等的不同而命名。由于分布地区的不同，品种名称虽然相同，性状上却差异很大，同名异物或同物异名的现象甚为普遍，有时可以在不同地区的同名品种中分出若干个不同的品种。其次是海棠类品种，主要分布于华北和华东山区，习惯上多以果形的不同命名，但亦有从沙果的命名习惯的。槟子和柰子之类，品种较少，但栽培范围较广。生产中现有的苹果属果树栽培品种中，据其种类，大致可以划分为以下品种群（系统）。

1. 海棠系统 属于海棠果及其近缘杂种的品种均归入此系统。由于种类不一，果实性状变化较大。其共同特点是：果型小，横径常在 4 cm 以下，红色，萼脱落或宿存，果柄恒长于果径，枝、叶茸毛少或无毛。属于此系统的品种，散见于华北山区。可划分为 2 个品种群。

2. 尖嘴海棠品种群 属于或近于海棠果的品种均属之。果实以椭圆形或卵形者居多，少数近于扁圆形，萼宿存，凸起，基部肥大呈肉座状，几乎无萼洼。如石榴嘴热海棠、扁尖嘴海棠、小海棠、圆海棠、红海棠、冷海棠、铁海棠、白银子海棠等均属之。

3. 平顶海棠品种群 源于扁棱海棠（*M. robusta*）和脱萼类大果海棠（*M. adstringens*）的品种均属之，主要为山荆子与海棠果或苹果的杂种后代。果实扁圆形和近圆形，少数近于椭圆形；红色乃至紫红色；果面常有浅棱；萼脱落，或仅少数残存，萼洼明显。如白海棠、八棱海棠、磨盘海棠、平顶海棠、平顶红海棠、平顶冷海棠、平顶紫海棠、海红、秋海棠、热磙子海棠、冷磙子海棠、牛妈妈海棠和扁海棠等均属之。

4. 沙果系统 属于沙果（*M. asiatica*）及其近缘杂种的品种均归入此系统。这是河北省固有栽培的小苹果类中分布最广泛的一个系统，类型较为繁杂，地方品种较多，划分为 3 个品种群。

5. 红沙果品种群 果实扁圆形乃至近圆形；果皮薄而光滑，具鲜红或暗红彩霞，或有不明显的红条纹；萼宿存，基部肥大呈肉座状；肉质松软，不耐贮藏。如甜胎里红、酸胎里红、硃砂红、热沙果、酸沙果、红甜果、面沙果、蜜果、秋甜果、秋沙子、笨花红、甜子、马蹄柰子和酸子等属之。

6. 白沙果品种群 果实性状与红沙果品种相近，但果皮无彩色，初熟时绿黄色，充分成熟者呈黄白色，如白沙果、白季果、黄檎、黄甜果、黄沙果和冬果等属之。

7. 槟楸品种群 植株性状近似沙果，但果实较大；卵圆形或圆锥形；果皮较厚，全面鲜红乃至紫红色，果粉十分明显；萼凸出，几乎无萼洼；果柄甚短；味酸或酸甜，稍涩，但香气浓郁。属于此群的品种，主要有酸槟子、甜槟子、火红槟子、满堂红槟子、楸槟子、红楸、虎头槟和大槟子等。此外，还有黄槟子与黄楸，为本群内的黄果类型，或可列为本群内的亚群，称黄果槟楸亚群。

（二）砧木品种群

生产上主要采用海棠作为苹果砧木，苹果产区应用的砧木品种或类型近 40 种，最常用的主要是山荆子、西府海棠、楸子、河南海棠、湖北海棠、新疆野苹果、陇东海棠。大量用作砧木的只有山荆子、海棠果、西府海棠、三叶海棠、湖北海棠、河南海棠等。

1. 山荆子 山荆子在东北地区主要产区在兴安岭、长白山山区，有阔叶山荆子和与椭圆叶山荆子 2 个变种，圆锥果山荆子、扁圆果山荆子和梨形山荆子 3 个变型。西北地区主要在沁源、汾阳以及秦岭山脉个林缘沟谷地区。但低的小石枣、谁求子、野海棠等都属于本种。

山荆子种子需要后熟期很短，据吉林农业科学院果树研究所观察，在 0～2 ℃条件下，山荆子沙藏 25 d 即可通过后熟，萌动所需要的生物学积温为 238.6～248.0 ℃。山荆子苗床播种，每平方约需要山荆子种子 5 g，要求播撒均匀，覆土 1.5～2.0 cm，待长出 3～4 片真叶时，每平方米留苗 30～40株。

山荆子与苹果嫁接亲和力强，嫁接苹果结果早，产量高。据青岛农业科学院果树研究所的砧木试验，3～7 年生的富士，平均累计株产：山荆子砧木 80.25 kg，小海棠砧木 67.3 kg。

原产于东北的山荆子抗寒性极强，在黑龙江、内蒙古、新疆等地能抗－50 ℃以下的低温。对土壤的适应性以疏松的沙质壤土表现良好，黏重的红土地表现较差，能耐瘠薄山地，喜湿润但不耐盐碱。在 pH7.8 以上的土壤中就容易发生黄叶病，在黄河故道地下水位高的盐碱地段，山荆子砧木生长不良，死亡率高，不如海棠好。

2. 海棠果 海棠果根深，须根发达，是一种土壤适应性很强，抗旱、耐劳、耐盐碱，又比较抗寒的优良砧木。如在黑龙江，其抗寒力仅次于山荆子。在西北能分布在干旱著称的定西安家坡和武麻山一带，在渤海湾地区海滩盐碱地也较耐盐碱，且耐夏季水位上升暂时的浸泡。据青岛农科院果树所的观察，在含盐量 0.1%的盐碱土中，烟台海棠果的出苗率可达到 50%～55%，在含盐量 0.188%的土壤中，烟台海棠果的幼苗成活率为 90.2%，在盐碱地海棠果优于山荆子。

海棠果砧木与苹果的亲和力强，对于苹果绵蚜和根头肿癌病也有抵抗能力。烟台沙果、莱芜茶果嫁接的苹果树有一定的矮化特性。在山东沿海一带应用较多。

3. 西府海棠 河北的八棱海棠在本种中占有重要地位，各地引种分布面广，河北、天津、河南、甘肃、宁夏等地，都认为八棱海棠较为抗寒、抗旱、耐涝、耐盐碱，生长快，且抗白粉病，据河北农业大学观察八棱海棠嫁接的苹果树体高，生长势强，结果较晚。

莱芜难咽在山东采用较多，据青岛农业科学院果树研究所观察本种作为苹果砧木较耐盐碱，嫁接后结果早，有一定的矮化作用。在河北农业大学土壤 pH 在 7.5～8.5 条件下实验，莱芜难咽嫁接苹果，生长健壮，结果早，产量高。但是莱芜难咽嫁接 M9 中间砧，成活率差。

4. 湖北海棠 湖北海棠与华北产的山荆子很近似，但比山荆子的种子大，每千克 6 万粒左右。种子后熟需要 30～50 d。本种具孤雌生殖能力，实生苗比较一致，湖北海棠对于苹果的嫁接亲和力因类型不同而有差异。如平邑甜茶亲和力强，而泰山海棠亲和力较差，芽接后当年成活，但来年发芽率低。

湖北海棠根系浅，须根不发达，抗旱能力差，抗涝性很强。湖北海棠适应性强，根腐病少，抗白粉病，抗绵蚜。据青岛农业科学院果树研究所观察：平邑甜茶抗涝性特强，并具有一定的抗盐碱能力，各地反映良好。在黄河故道地区，实生苗粗壮当年嫁接成活率高，黄叶病和早期落叶病感病率极低。

5. 三叶海棠 日本过去广泛用于苹果砧木，在辽宁、山东过去从日本引进苗木栽植的老果园，多是三叶海棠做砧木。

三叶海棠分为红果和黄果，两者的生长特性显著不同。红果三叶海棠生长势强，须根发达，叶大，多 3 裂，抗涝、抗盐碱能力强。与苹果嫁接，生长势强。黄果的三叶海棠根深，须根少，生长势弱，叶小，多5裂，抗涝、抗盐碱能力弱。与苹果嫁接，苗木生长势弱。

6. 河南海棠 河南海棠为灌木或小乔木，武乡的海棠嫁接苹果有矮化作用，并早结果，果实色泽和重量好。据观察，河南海棠嫁接苹果树的干周、树高、冠径一般为山荆子的50%～70%，但表现果实着色好、硬度大，并且嫁接亲和性好，固定性强，但有小脚现象。

7. 圆叶海棠 近年来，从日本青森县引进圆叶海棠经实际观察，以圆叶海棠作为基砧的果树具有长势壮、抗性好、产量高、果个匀、品质优等特点，特别是对难成花品种红富士效果更佳。其生长势、适应性、抗病虫性、早果丰产性、果实商品率均优于实生八棱海棠和新疆野苹果。

圆叶海棠的根系发达，叶片厚，须根多，没有明显的主根。叶片厚大，叶色深绿，有明显光泽。繁殖快，可以采用硬枝扦插进行繁殖。抗寒性强，正常落叶时间为12月上旬，枝条成熟度好。2002年，在极端低温为－19℃持续1周的情况下，经对一年生秋梢调查，无抽干和冻害现象。抗旱性好，2003年6～7月连续2个月无雨，圆叶海棠植株虽然生长缓慢，但叶片没有卷曲、灼焦等不耐旱现象。抗盐碱，原产地在日本，喜偏酸土壤。铜川地区ph7.5，土壤偏碱且黏重，对扦插成活有较大影响，但栽植的有根苗对此不敏感，生长势良好。抗病虫，抗斑点落叶病和白粉病，两种病害发生率均低于八棱海棠，与新疆野苹果相当。但圆叶海棠的叶肉较疏松，容易遭受刺吸性害虫危害。嫁接亲和性好。将常用的矮化砧M26、M9及品种长富2号、克S58、嘎拉、长果12等进行了嫁接亲和性比较试验，均未出现接口肿大现象，愈合完全，接芽发苗快，苗木长势好，与海棠相比长势健壮，整齐度高。

（三）观赏品种

海棠花是我国的传统名花之一，海棠花姿潇洒，花开似锦，自古以来是雅俗共赏的名花，素有“国艳”之誉，历代文人墨客题咏不绝。海棠花栽培历史悠久，深受人们喜爱。海棠花色有绯红色、朱红色、粉红色、浅红色、橘红色、白色及复色等，少数为绿色，海棠花初开似红晕点点，盛时如绮霞片片，至落则若淡妆清雅。海棠不仅花朵娇艳，其果实亦玲珑可观，至秋，红黄相映，晶莹剔透，如珠似玉摇曳枝头，又或果实硕大金黄，芳香扑鼻，也极具特色。且有的味美可鲜食，有的清香可采置盘内观赏，有的可制蜜饯，有的可入药。及至冬季，大雪纷飞，一片银色世界里，而数枚红果仍高挂枝间，引得小鸟前来啄食，为园林冬景增色。海棠不仅外表美艳动人，而且极具韵致，唐代贾耽称海棠为“花中神仙”。

海棠种类繁多，品种丰富，各品种间观赏特性差异很大，分别属于苹果属（*Malus*）和木瓜属（*Chaenomeles*）。苹果属植物在全世界共有35种，亚洲、欧洲及北美洲均有分布，我国是其分布中心，约有25种，而食用的苹果品种及观赏的木本花卉海棠品种不计其数。国际上通常习惯将此属植物中的栽培品种，按其果实大小划分为苹果与海棠两大类，果实大于5 cm的为苹果，果实小于5 cm的为海棠。近100年来，在全世界各苗圃目录中记录的海棠品种已达1 700百余种。木瓜属在全世界共有5种，产于东亚，我国全有。

1. 原产中国观赏海棠种类

（1）西府海棠（*Malusx micromalus*）。落叶灌木或小乔木。小枝细弱，圆柱形，嫩时被短柔毛，老时脱落，紫红色或暗褐色，具稀疏皮孔；冬芽卵形，先端急尖，无毛或仅边缘有茸毛，暗紫色。叶片长椭圆形或椭圆形，长5～10 cm，宽2.5～5 cm，先端急尖或渐尖，基部楔形稀近圆形，边缘有尖锐锯齿，嫩叶被短柔毛，下面较密，老时脱落；叶柄长2～3.5 cm；托叶膜质，线状披针形，先端渐尖，边缘有疏生腺齿，近于无毛，早落。伞形总状花序，有花4～7朵，集生于小枝顶端，花梗长2～3 cm，嫩时被长柔毛，逐渐脱落；苞片膜质，线状披针形，早落；花直径约4 cm；萼筒外面密被白色长茸毛；萼片三角卵形，三角披针形至长卵形，先端急尖或渐尖，全缘，长5～8 mm，内面被白色茸毛，外面较稀疏，萼片与萼筒等长或稍长；花瓣近圆形或长椭圆形，长约1.5 cm，基部有短爪，粉红色；雄蕊约20，花丝长短不等，比花瓣稍短；花柱5，基部具茸毛，约与雄蕊等长。果实近球形，直径 1～1.5 cm，红色，萼洼梗洼均下陷，萼片多数脱落，少数宿存。花期 4～5 月，果期 8～9 月。

西府海棠与海棠花［*M. spectabilis*（Ait.）Borkh.］极近似，其区别在叶片形状较狭长，基部楔形，叶边锯齿稍锐，叶柄细长，果实基部下陷。本种是由山荆子和海棠花杂交而成（*M. baccata*×*M. spectabilis*）。此外有些种类，果形较大，果梗细长，萼片无毛，部分宿存或脱落，另名为 *M. robusta*（Carr.）Rehd.，并推断为山荆子与楸子杂交而成（*M. baccata*×*M. prunifolia*）。这些种类来源于天然或人工杂交，形态变异很大，不易区分。

（2）垂丝海棠（*Malus halliana*）。落叶高达 5 m，树冠开展；小枝细弱，微弯曲，圆柱形，最初有毛，不久脱落，紫色或紫褐色；冬芽卵形，先端渐尖，无毛或仅在鳞片边缘具柔毛，紫色。叶片卵形或椭圆形至长椭卵形，长 3.5～8 cm，宽 2.5～4.5 cm，先端长渐尖，基部楔形至近圆形，边缘有圆钝细锯齿，中脉有时具短柔毛，其余部分均无毛，上面深绿色，有光泽并常带紫晕；叶柄长 5～25 mm，幼时被稀疏柔毛，老时近于无毛；托叶小，膜质，披针形，内面有毛，早落。伞房花序，具花 4～6 朵，花梗细弱，长 2～4 cm，下垂，有稀疏柔毛，紫色；花直径 3～3.5 cm；萼筒外面无毛；萼片三角卵形，长 3～5 mm，先端钝，全缘，外面无毛，内面密被茸毛，与萼筒等长或稍短；花瓣倒卵形，长约 1.5 cm，基部有短爪，粉红色，常在 5 数以上；雄蕊 20～25，花丝长短不齐，约等于花瓣之半；花柱 4 或 5，较雄蕊为长，基部有长茸毛，顶花有时缺少雌蕊。果实梨形或倒卵形，直径 6～8 mm，略带紫色，成熟很迟，萼片脱落；果梗长 2～5 cm。花期 3～4 月，果期 9～10 月。

（3）湖北海棠（*Malus hupehensis*）。落叶乔木，高可达 8 m，树冠开张，干皮暗褐色，小枝紫色、坚硬。单叶互生，叶片卵形，长 5～10 cm，宽 2.5～4.0 cm，先端渐尖，基部宽楔形，缘具细锐锯齿，羽脉 5～6 对，叶柄长 1～3 cm，托叶条状披针形，早落。伞房，有花 4～6 朵，梗长 2～4 cm，蕾时粉红，开后粉白，雄蕊 20 枚，长短不齐，仅达花冠之半，花柱 3，稀 4～5，基部有长柔毛。梨果小球形，径 0.6～1 cm，红或黄绿带红晕，萼脱落，但在果上留有环状萼痕，果柄特长，为果径的 5～6 倍，花期 4～5 月，果熟 8～9 月。干皮、枝条、嫩梢、幼叶、叶柄等部位均呈紫褐色，花蕾粉红、花开粉白，花梗细长，小果红色，为春、秋两季观花、观果的良好园林树种，耐寒性强，为华北地区可选的优良绿化观赏树种。

（4）海棠果（*Malus prunifolia*）。落叶小乔木，又名楸子、海红、红海棠果、柰子，因为果实上有八道棱状突起，又称八棱海棠。花白色，果皮色泽鲜红夺目，果肉黄白色，果香馥郁，鲜食酸甜香脆。花期 4～5 月，果期 8～9 月。河北怀来是知名的产地之一。

（5）紫花海棠（*Malus purpurea*）。落叶大灌木。春季嫩叶紫红光亮，赏心悦目；夏季叶片深绿色；秋季叶片紫红色；冬天果实累累，季相变化明显，枝条萌生力强，树冠丰满，造型丰富，观赏性极佳。

（6）全缘叶海棠（*Malus hartwigii*）。小乔木或灌木，高 3.5 m，为山荆子和垂丝海棠的园艺杂交种。枝条直立，茶褐色。叶卵圆形，先端尖，长 8 cm，边缘光滑。花复瓣，径 35 mm，深粉红色至白色。果微小，红褐色，晚熟。

（7）三叶海棠（*Malus sieboldii*）。落叶灌木。冠开展，枝拱形。叶暗绿色，常有分裂，秋季变为红色或黄色。花白色、淡粉红色至深粉红色，仲春开放。果实小，红色或黄色。

（8）花叶海棠（*Malus transitoria*）。灌木或小乔木，高可达 8 m；叶片卵形或宽卵形，叶片通常 3～5 深裂；伞房花序，具花 3～6 朵，花冠白色。果近球形，浅褐色。花繁洁白，果实可观，株形优美，宜做孤赏树。

（9）滇池海棠（*Malus yunnanensis*）。乔木，高可达 10 m，叶卵圆至长椭圆形，有 3～5 裂片，伞房花序，具花 8～12 朵，白色。果球形，红色。叶片到秋季变为红色，并结多数红色果实，满布枝头，颇为美丽，为优良的绿化观赏树种。

（10）西蜀海棠（*Malus prattii*）。乔木，高达 10 m；小枝短粗，圆柱形，幼嫩时具柔毛，以后脱落，老时暗红色或紫褐色，有稀疏黄褐色皮孔；叶片卵形或椭圆形至长椭卵形，无毛或近于无毛。伞形总状花序，具花 5～12 朵；花瓣近圆形，白色；果实卵形或近球形，红色或黄色。花期 6 月，果期 8 月。观赏特点：花繁洁白，秋果红黄相间。

(11) 贴梗海棠（*Chaenomeles speciosa*）。又称皱皮木瓜。落叶灌木，高 1～2 m，叶卵形或椭圆形，花 3～5 朵簇生，花梗短粗或近无梗，故名贴梗海棠。花粉红、朱红或白色，先于叶或与叶同时开放，花期 3～5 月。果卵形至球形，黄色或黄绿色，芳香。产于我国华北南部、西北东部和华中地区，现全国各地均有栽培。贴梗海棠花朵三五成簇，“占春颜色最风流”，黄果芳香、硕大，可入药。贴梗海棠为良好的观花、观果花木，适于庭院角隅、草坪边缘、树丛周围、池畔溪旁丛植，也可密植成花篱，还可制作树桩盆景。

(12) 倭海棠（*Chaenomeles japonica*）。落叶灌木，干多丛生，多分枝，枝上有疣状物突起，枝上有细刺。花色有大红和粉红色，花期 3～4 月。每簇花由数朵组成，紧贴在枝上，艳丽妩媚。花后结球形果实，黄色。原产日本，中国各地庭院可见栽培，有白花、斑叶和平卧变种。可植于庭院、路边、坡地，也常作盆栽置阳台、室内观赏。

(13) 木瓜海棠（*Chaenomeles sinensis*）。落叶小乔木，枝有小针刺，或无刺，多枝杈，灰褐色，叶片广卵形，顶端钝或着微尖边缘有圆锯齿，花朵簇萼柄粗短，花色有红、橙、白、粉、绿、黄、朱砂等，重瓣，部分品种花后结球形果或着梨形果，成熟后香气宜人，果色浅黄或艳红，味酸，先花后叶，可谓集观蕾观花、赏果、食用药用为一体的高档树种，实属园林绿化中的新秀。既可以做美化公园、家庭院落、街道、广场绿化的优秀观赏树种，又是制作盆景的高档佳品。品种有复色海棠、东洋锦、无名海棠、银长寿、长寿乐、福长寿、长寿冠、世界一等。

(14) 紫红海棠（*Malus atrosanguinea*）。为垂丝海棠（*M. Halliana*）和三叶海棠（*M. sieboldii*）的园艺杂交种。小乔木或灌木，冠开展。叶长 5 cm，表面光滑，蜡质，缘有锯齿。花小，紫红色，果红色，或黄色带红色条纹，径小于 12 mm。

2. 北美观赏海棠 18 世纪以来，欧美等国家的园艺工作者在从中国大量引种和杂交选育的基础上，培育出一系列观花、观果等类型的海棠品种。这些品种的大部分花期为 4 月，花色红艳夺目，花型美丽动人，团团锦簇，随后徐徐长出色彩艳丽的新叶，继而在满树红绿交映的叶丛中缀出姹紫嫣红，累累玲珑的小海棠果，等到 7～8 月红果整树，经久不落，是不可多得的集观花、观叶、观果为一体的观赏树种。适应性强，能耐－30 ℃低温，全国各地均可引种栽培。

主要栽培应用的品种有：

(1) 王族海棠（Royalty）。落叶小乔木，高 7～8 m，主要分布于北温带，为美国海棠系列品种之一，是一个集红叶、红花、红果为一体的优秀品种。我国 20 世纪 90 年代从美国引进。王族海棠为落叶小乔木，花、叶、果甚至枝干均为紫红色，是罕见的彩叶海棠品种。特别是其花朵，半重瓣，观花、观叶、观果落叶小乔木。树形圆，向上，干皮红棕色，株高 4.5～5.5 m，冠幅 6 m，小枝深紫色。新叶红色，成熟后为带绿晕的紫色。花期 4 月下旬。果深紫色，果熟期 6～10 月。本品种花、叶及果实均为紫红色，呈深玫瑰红色，高贵典雅，是少有的彩叶海棠品种。王族海棠喜光，耐寒，耐旱，不耐水湿，对土壤要求不严，耐瘠薄，耐轻度盐碱土，在肥厚的沙质壤土中生长最好。

(2) 凯尔斯海棠（Kelsey Crabapple）。引自美国，我国东北、西北、华北、华南均能生长。观花落叶小乔木。树形疏散，为开放的圆形，高 5～7 m，冠幅 4～5 m，干深褐红色。4 月上旬始花，花蕾深粉色，开放后花深红色，并逐渐变浅，花重瓣，上有白色斑纹，量大密集，直径 5 cm。果实暗紫红色，表面有一层蓝紫色蜡霜，球形，直径 1.8 cm。凯尔斯海棠的生长快，栽培管理简单，繁殖也比较容易。比较耐贫瘠，而且抗寒、抗盐碱能力都比较强。海棠花开春意浓强。对环境的适应性极强，能够忍受冬季－25 ℃、夏季高达 40 ℃的环境条件，是优良的绿化树种。

(3) 绚丽海棠（Radiant）。观花落叶小乔木。树形紧密，株高4.5～6 m，冠幅6 m，干棕红色，小枝暗紫，树皮纵裂，多刺状短枝。嫩叶紫红色，后逐渐变为翠绿。花期4月下旬，花深粉红色，鲜艳夺目，直径约1.2 cm左右，数量甚多。果实灯笼形且萼片宿存，富有特色，成熟期早，6月就红艳如火，结果丰富，挂果期可长达数月，直到隆冬。具有抗病、抗旱、耐瘠薄的特点。

(4) 红丽海棠（Red Splender）。乔木，高9～10 m，树冠为开张的圆球状。新展叶片亮褐红色，逐渐转为微红的亮绿色。4月中旬盛花，花蕾深红色，花浅粉色，内有深粉晕；花径4 cm。果实球形，直径1.2 cm，夏季亮红色，果实丰硕，持续到冬季不落。果实为1～2月鸟类的食物。适应范围广泛，综合抗性佳，无病害。观赏性能出色。幼树需整形至体形丰满，成树美丽整洁。

(5) 红宝石海棠（Ruby）。红宝石海棠为小乔木，高3 m，冠幅3.5 m。树干及主枝直立，小枝纤细；树皮棕红色，块状剥落。叶长椭圆形，锯齿尖，先端渐尖，密被柔毛，新生叶鲜红色，叶面光滑细腻，润泽鲜亮，28～35 d由红变绿，此时新发出的叶是鲜红色，整个生长季节红绿交织。花期4月中下旬，花为伞形总状花序，花蕾粉红色，花瓣呈粉红色至玫瑰红色，多为5片以上，半重瓣或者重瓣，花瓣较小，初开皱缩，直径3 cm。果实亮红色，直径0.75 cm，果熟期8月，宿存。该品种树形矮小，果实小巧，玲珑可爱，挂果量大，如珍珠般点缀于枝头，果实宿存，观果期较长，观赏价值高。谢花后珍珠般果实挂在枝头，有的可至雪降，极具观赏价值，整个生长季节叶片呈紫红色，整株色感极好，蜡质光亮。

(6) 草莓果冻（Malus Strawberry Parfait）。乔木，树冠挺拔，枝条轻微开张。树皮灰色，光滑，老树纵裂，短枝发达，皮孔稀。叶片长椭圆形，嫩叶酒红色，成熟后深绿色，锯齿钝，叶长6.3～9 cm，宽3～4.5 cm，叶柄长3.1 cm。花蕾玫瑰红色，花梗直立，紫红色，具稀疏柔毛，长3 cm。花瓣5数，直径4.5 m，花浅粉色，缘有红晕。花柱3数，萼筒无毛。果实球形，横径1.6 cm，纵径1.4 cm，果柄长4 cm，萼脱落。果向阳一侧鲜红色，背阴一侧淡橘黄色。成熟早，果实宿存，是冬季观果的好品种。本品种树形挺拔，花色鲜艳，着花甚密，花瓣粉红，边缘红色晕纹，且挂果量大，满树红果，持续时间长，观赏价值高。

(7) 琥珀海棠（Hopa Crabapple）。大灌木或小乔木，树冠伞状、开张，侧枝发达，树皮灰绿，皮孔稀，较光滑。新叶暗紫红色，密生茸毛，叶长椭圆形，锯齿钝，长5～7.8 cm，宽2～3.5 cm，柄长3.2 cm。花期4月下旬，深粉色，花瓣椭圆形，具白色长爪，直径5 cm，花梗绿色，带红晕，密被毛，开花繁密。果实球形，鲜红色，横径达2.2 cm，纵径2 cm，果柄长2.7 cm，7月成熟。该种为红肉苹果与山荆子杂交种。花色粉红色，果实为鲜红色，继承了红肉苹果的基因，且具有山荆子的抗性，综合价值高。

(8) 钻石海棠（Sparkler Crabapple）。树形水平开展，干红色，高4.5 m，冠幅6 m。新叶紫红色，长椭圆形，锯齿浅，先端急尖，长5～9.3 cm，宽2.7～5 cm，柄长3 cm。花期4月中下旬，玫瑰红色；每序4～5花，花瓣5数，直径4 cm；萼筒密被柔毛；花梗毛较稀，长2.5 cm，直立；花柱4，着花繁密。果实深红色，球形，横径1.3 cm，纵径1.3 cm，果柄长2.6 cm，果熟期6～10月，果萼多宿存。本品种由明尼苏达大学培育，开花极为繁茂，花色艳丽，且非常适应我国干燥的北方环境，具有推广价值。

(9) 亚当海棠（Adams Crabapple）。乔木，高8 m。树型直立，树冠圆而紧凑。叶片卵圆形至椭圆形，先端急尖，锯齿钝。长4～6 cm，宽2～3.5 cm，叶柄长1.7 cm。4月上旬始花。花蕾深红色，皱缩；膨大后逐渐转为深洋红色，开放花朵浅洋红色，花心部颜色渐淡；单瓣，花瓣稍圆阔，花形半杯状；花直径3～3.5 cm，每个花序5～6朵小花。6月果实浅酒红色，橄榄形，横径1.3 cm，纵径1.4 cm，果柄长1.3 cm。美国1947年选育品种，是重要的冬季观果品种之一，春季果实为亮红色，呈橄榄形，夏季果实为浓红色，果实丰盛美观。

(10) 高原之火（Prairifire Crabapple）。乔木，高5～7 m，树型直立，树冠圆，呈开放型，冬季枝干呈暗红色。春芽3月初萌发，深紫红色，新生叶片亮酒红色，成熟叶片逐渐变成带有紫晕的橄榄绿。叶片长椭圆形，先端急尖，锯齿钝，叶长5～7 cm，宽2～3.9 cm，柄长1.9 cm。花蕾深红色，花深粉红色，颜色艳丽，小花直径3～3.5 cm，非常醒目。6月底果实暗酒红色，繁盛。果实横径1.1 cm，纵径1.2 cm，果柄长2.6 cm，颜色由暗红至橘红，最后到深红，秋冬季长时间挂在树上。本品种秋季叶色变红，花蕾红色，开后深粉红色，颜色亮丽，果实较小，呈灯笼状，秋季呈现深红色，挂果时间较长。

(11) 印第安魔力（India Magic Crabapple)。大灌木或小乔木，高5～7 m，树冠圆，呈开放型。叶椭圆形，先端渐尖，长4.4～8 cm，宽2.4～4.7 cm，柄长2.5 cm，锯齿尖，新叶褐红色，密布茸毛，似挂白霜。夏季叶色深绿，枝条酒红色。4月始花，花期较长，花序紧密，每序5花，直径3.5 cm，花梗长2.5～3 cm，直立。花蕾深粉红色，逐渐转为浅紫红色，花瓣较圆阔，花形杯状，有脉纹，花柱3数。花萼紫红，先端尖，萼翻卷，近无毛。果实橄榄状，6月浅褐红色，夏季为亮红，秋季又变成透金的橙红色，横径1 cm，纵径1.1 cm，果柄长3 cm。美国1969年选育品种，开花量大，花期较长，其最具观赏价值的是橄榄形的果实，挂果量大，可宿存至冬季。

(12) 粉芽海棠（Pink Spire Carbapple)。小乔木，树高5 m。叶椭圆形至卵圆形，锯齿浅，先端渐尖，长5.6～9.7 cm，宽3～4.8 cm，柄长3.4 cm，亮绿色，春叶紫红色。4月上旬始花，着花繁密。花蕾紫红色，花单瓣，倒卵形，浅粉色，直径5 cm。花梗光滑无毛，长2.6 cm。花萼披针形，红绿色，光滑无毛，萼筒紫色，无毛。花柱4数，绿色，雄蕊粉红色。果实球形，横径1.4 cm，纵径1.2 cm，橘红色，果柄长2.2 cm，萼宿存。嫩叶紫红色，花色较为艳丽，落果较早，观赏价值一般。

第二节　苗木繁殖

一、实生苗培育

(一) 种子的检验和处理

1. 生活力测定　用TTC染色测定种子生活力，具有简单方便、快速准确的优点，可较可靠地判断种子生活力的强弱，即种子发芽潜在能力的高低。

2. 发芽试验　海棠种子休眠期较长，发芽试验前须进行层积处理。层积处理可采用沙藏法，即将种子与含水量为田间持水量60%左右的河沙混匀，种子与河沙体积比为1∶3，在4 ℃层积处理。每天观察，种子露白时即视为开始萌发，记录第一粒种子露白时的沙藏天数。记录种子沙藏30、40、50 d的发芽种子数，计算发芽率。

3. 催芽方法　海棠种子催芽主要采用低温层积催芽法。低温层积催芽又名沙藏或露天埋藏，因为催芽的温度是低温，故称低温层积催芽。

目前低温层积催芽是种子催芽效果最好的方法之一，但催芽所需时间较长。

(1) 低温层积催芽所需条件

① 温度。温度对低温层积催芽的效果起着决定性的作用。低温阶段的温度控制在0～5 ℃效果最好，温度高了效果不好。以苹果种子为例，催芽150 d的发芽率，6 ℃的是93.5%，11 ℃的是33%，20 ℃的未发芽。种子中的萌发抑制物质在低温的条件下才能使其含量减少，降低其抑制作用，打破种子休眠；同时在低温的环境中才利于种子产生赤霉素。所以，含萌发抑制物质的种子适于在低温的环境中催芽。此外，催芽的温度如果过高，种子处于高温高湿的环境中容易霉烂。播种前1周左右检查种子，如果尚未露白，移于温度20 ℃左右处催芽。

② 水分。经过干藏的种子水分不足，所以要用温水或冷水浸种，使种皮吸水膨胀后，再层积。浸种的时间一般为1～3 d。为了保证种子在催芽过程中所必需的水分，催芽时要给种子混加湿润物如

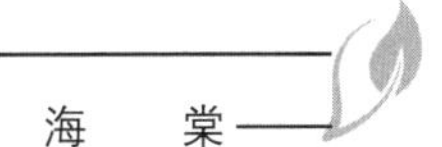

湿沙或湿泥炭。湿沙的含水量为饱和含水量的60%为宜（用手试，抓一把湿沙用力握时沙子不滴水，松开沙子团又不散开）。如用泥炭做湿润物，泥炭的含水率可达饱和程度。

③ 通气。种子在催芽过程中，因为种子内部进行一系列的物质转化活动，呼吸作用较活跃，需要氧气。催芽过程中要使种子能得到所需的氧气并排出二氧化碳，所以催芽时要有通气设备，如秸秆、竹笼、钻孔木筒、草把等，以利通气良好，防止霉变。

④ 催芽的天数。催芽时间的长短也很重要，日期过短达不到要求。低温层积发芽所需的时间因品种而异。主要海棠砧木种子适宜层积时间为山荆子和湖北海棠 30～50 d，赛维氏苹果 70 d 左右，楸子 60～80 d，西府海棠和河南海棠 60 d 左右。

（2）低温层积催芽方法。低温层积一般多在室外进行，因为在催芽过程中要使种子经常处于低温条件，在室外把种子埋在地下便于控制种子的湿度并利用冬季的低温，而在室内进行低温层积催芽，种沙混合物的水分蒸发较快，要经常洒水和翻倒，较费工。选择催芽的地点，要求在背风向阳的地方，地势较高、排水良好，而且沟底不会出水。催芽沟（或坑）的深度直接影响温度，所以沟的深度要根据土壤结冻的深度而定。原则上沟底在结冻层以下，在地下水位以上，使种沙混合物能经常保持催芽所要求的温度为准。沟过深，则沟内温度高，种子容易腐烂。沟底宽度为 0.5～0.7 m，最宽不超过 1 m，过宽种子的温度不一致。沟的长度依种子的数量而定。

种子与湿润物的体积比为 1∶2 或 1∶3，种子与沙子都要先经过消毒。催芽沟底用湿沙（或其他利于排水的铺垫物）铺底，厚度约 10 cm 左右，以利排水。种子与湿润物充分混合均匀。把通气设备放到沟底通气、测温，每隔 1 m 左右设 1 个，再将种沙混合物放入沟中，厚度不宜超过 70 cm，过厚温度不均。其上加湿沙约 10 cm，然后再盖土使顶部成屋脊形以利排水。上层覆土的厚度以能控制催芽所要求的温度为原则。在催芽沟的周围要做小排水沟。

在催芽过程中要定期检查种沙混合物的温度和湿度，如果发现有不符合要求的情况，要及时设法调节，必须控制好催芽所要求的温度。温度如果高了，不仅会降低催芽效果，还会使种子腐烂。当种子裂嘴和露胚根的总数达 20%～40%时即可播种。要防止催芽过度，如果已达到要求的程度，要立即播种或使种子处于低温（稍高于 0 ℃）条件，使胚根不继续生长；如果种子的催芽程度不够，在播种前 1～3 周（依品种情况而定）把种子取出用高温（20 ℃左右）催芽；催芽的种子要播在湿润的土壤上，如果把种子播在干播种沟中，会使种子芽干，造成严重损失。

（二）整地施肥

播种前，结合土壤深翻（深度在 20～30 cm）施入足量优质腐熟农家肥，施用量在 75 000 kg/hm^2 以上，整平圃地，做畦，畦宽以 1.6 m 为宜，然后灌足水使土壤沉实。土传病害较重地块，须进行土壤消毒。常用土壤消毒方法有如下几种：

1. 药剂消毒 在播种前后将药剂施入土壤中，目的是防止种子带病和土传病的蔓延。主要施药方法为：

（1）喷淋或浇灌法。将药剂用清水稀释成一定浓度，用喷雾器喷淋于土壤表层，或直接灌溉到土壤中，使药液渗入土壤深层，杀死土中病菌。喷淋施药处理土壤适宜于大田、育苗营养土、草坪更新等；浇灌法施药适用于果菜、瓜类、茄果类作物的灌溉和各种作物苗床消毒。

（2）毒土法。先将药剂配成毒土，然后施用。毒土的配制方法是将农药（乳油、可湿性粉剂）与具有一定湿度的细土按比例混匀制成。毒土的施用方法有沟施、穴施和撒施。

（3）熏蒸法。利用土壤注射器或土壤消毒机将熏蒸剂注入土壤中，于土壤表面盖上薄膜等覆盖物，在密闭或半密闭的设施中使熏蒸剂的有毒气体在土壤中扩散，杀死病菌。土壤熏蒸后，待药剂充分散发后才能播种，否则，容易产生药害。常用的土壤熏蒸消毒剂有溴甲烷、甲醛等。

2. 蒸气热消毒 蒸气热消毒土壤，是用蒸气锅炉加热，通过导管把蒸气热能送到土壤中，使土壤温度升高，杀死病原菌，以达到防治土壤病害的目的。

3. 电处理消毒 电处理消毒土壤，是埋设于土壤中的电极线在通以直流电后，可在土壤中产生剧烈的理化反应，其中会有大量的氯气、臭氧、酚类气体产生，这些气体在土壤团聚体间隙中的扩散就是灭菌消毒的过程；另一方面，土壤团聚体以及土壤胶体结构和特性的剧烈改变、土壤氧化还原特性以及水环境的剧烈变化改变了土壤微生物的生活环境，进而导致微生物种群活性的巨大改变，最终减轻微生物危害。

（三）播种

3 月上旬至 4 月上旬，当日平均气温达到 5 ℃以上、地温达到 7～8 ℃时即可播种；采用宽窄行条播法，宽行 50～60 cm，窄行 20～30 cm，每畦 4 行；播种深度依种子大小而定，如海棠为 1～1.2 cm，山荆子为 0.5～1 cm；按照每 667 m^2 出苗数不少于 10 000 株的标准确定播种量，山荆子和湖北海棠为 15～22.5 kg/hm^2，赛维氏苹果、楸子、西府海棠、河南海棠为 22.5～30.0 kg/hm^2；播种后及时覆土、耙平、镇压，并封土埝或覆盖地膜。幼苗出土前，除去土埝；幼苗出土 10%～20%时，逐渐去膜；幼苗长出 3～4 片真叶时进行定苗，留苗量 9 万～12 万株/hm^2；幼苗长出 5～6 片真叶时，多中耕保墒，促进生根；1 个月后，适当增加灌水次数，5～6 月结合灌水追施氮肥，施纯氮 33～53 kg/hm^2，7 月上中旬追施复合肥 150 kg/hm^2，并及时中耕除草。

（四）出苗后管理

出苗后，嫁接前追肥 2～3 次，每次每 667 m^2 施硫酸铵 8 kg 左右，施肥后及时灌水。对出苗不足 50%的地方可及时补种，苗高 5 cm 以上开始间苗，移苗在 5 月底前结束，采用带土移栽法，将出双苗的穴位移植单株到补种后还未出苗的穴位，定苗后株距 15 cm，全部为单株苗。苗木生长旺盛期，根据土壤水分状况，及时灌水和中耕除草。根颈部喷施或根部浇灌多菌灵或 0.2%～0.3%硫酸亚铁溶液，防治立枯病。选用啶虫脒、丙硫克百威、丁硫克百威等农药防治蚜虫。后期，结合根外追肥，每隔 15 d 喷施一次多菌灵溶液，防治早期落叶病。

二、嫁接苗培育

（一）砧木选择

目前生产上常用的砧木有山荆子、湖北海棠、赛维氏苹果、楸子、西府海棠、河南海棠等。选择砧木时，要求砧木生长健壮，根系发达，嫁接亲和力强，适应当地气候和土壤条件，抗病虫能力强。

（二）接穗采集

选择适应当地生产条件，具备早实、优质、丰产性状、无病虫害、生长健壮的树作为采穗母树。如果从外地引进接穗，要确保品种纯正，严格进行检疫，防止杂乱品种、带有病虫和病毒的接穗传入。

休眠期采集的接穗，可在地窖内或埋入湿沙中贮藏，也可用蜡封存。在地窖内贮藏时，应将接穗下半部埋在湿沙中，上半部露在外面，捆与捆之间用湿沙隔离，窖口要盖严，保持窖内冷凉，温度要求低于 4 ℃，相对湿度达 90%以上，在贮藏期间要经常检查沙子的温度和窖内的湿度，防止接穗发热霉烂或失水风干。也可在土壤封冻前在冷凉干燥背阴处挖贮藏沟，沟深 80 cm，宽 100 cm，长度依接穗多少而定，先在沟内铺 2～3 cm 厚的干净河沙，将接穗倾斜摆放在沟内，然后充填河沙至全部埋没，沟面上覆盖防雨材料。用石蜡封存的接穗，应根据嫁接的需要，将其剪成适宜的长度，并捆扎成捆，而且要长短整齐一致。封蜡时，须先将石蜡放入较深的容器中加热熔化，待蜡温升到 95～102 ℃时，迅速将接穗的一头放入石蜡中蘸一下，时间不要超过 1 s，然后再将另一头蘸一下，使整条接穗的表面，都均匀地附上一层薄薄的石蜡。注意蜡温不要过低或过高，过低则蜡层厚，易脱落，过高则易烫伤接穗。蜡封接穗要完全凉透后再收集贮藏。

生长期采集的接穗，应立即剪去叶片，以减少水分蒸发。剪叶时，要留下长 1 cm 左右的叶柄，以利于作业和检查嫁接成活之用。接穗采下后，应立即存放在阴凉处，切勿在烈日下暴晒。短时间用不完的接穗，应将下端用湿沙培好，并经常喷水保湿，以防失水影响成活。

（三）嫁接方法

生产上嫁接的方法较多，有 T 形芽接、嵌芽接、劈接、切接、插皮接、腹接和根接等，其中育苗应用最多的是 T 形芽接和带木质芽接。

1. T 形芽接　指芽接时，把树皮划开成 T 形，然后把芽插进去，再用带子捆扎。嫁接时间，我国南北方不同。北方地区以 7 月下旬至 8 月为宜；安徽、河南、江苏等黄河故道地区，一般从 6 月上中旬开始，一直延续到 9 月上旬。

2. 嵌芽接　即带木质部芽接，在削取接穗的接芽时，盾形芽片的内面要削带一薄层木质部。这种方法不受砧木或接穗是否离皮的限制，5～9 月均可进行。

3. 劈接　即在砧木的截断面中央，垂直劈开接口，进行嫁接的方法。此法适用于较粗的砧木，一般选用一年生健壮的发育枝作为接穗，在春季发芽前进行。

4. 切接　即先将砧木与近地面树皮平滑处剪断，在砧木断面一侧下切长 3～5 cm，然后将削成的保留 1～2 个饱满芽的接穗插入砧木，对准双方形成层，严密绑扎和埋土保湿，接穗外露 1～2 芽。此法适用于较细的砧木。

（四）嫁接后苗木管理

1. 检查成活、解绑和补接　夏秋两季芽接愈合较快，一般嫁接后 7～10 d 即可愈合，嫁接后 10 d 左右即可检查成活情况。凡接芽保持新鲜状态，芽片上的叶柄用手一触即落的，说明接芽已经成活；而芽片干缩，叶柄虽经触及也不脱落的，则是没有成活，需要立即进行补接。春季嵌芽接，愈合时间较长，需 30 d 左右，检查成活的办法，主要看芽片是否新鲜和是否萌发生长。接芽成活后即可解绑。解绑过早，会影响接芽成活；解绑过晚，会影响接芽的生长和树体加粗。春季嵌芽接，需 40～45 d 解绑。枝接后 40～50 d 解绑。

2. 剪砧　接芽成活以后，应及时将接芽以上的砧木部分剪掉，以便集中营养，供应接芽生长。剪砧时间不宜过早，以免剪口风干和受冻，需根据嫁接时间确定。春季嵌芽接苗，在确定接芽成活后至开始萌发前剪砧，采用塑料拱棚培育砧木苗时，因其生长期提前，芽接的时间也可提前至 6 月下旬至 7 月上旬，此时气温高，芽接愈合快，一般接后 15 d 左右，即愈合良好，可以解绑并同时剪砧；秋季嫁接的芽接苗，其接芽当年不萌发，因此，可在第二年春季接芽萌发前剪砧。

剪砧时，用锐利的枝剪刃面在接芽上方 0.5 cm 左右处剪，并向接芽对面稍微倾斜，剪口不能离接芽太近，更不能伤及接芽，注意防止劈裂，以免影响成活。

3. 除萌　芽接苗剪砧后，除接芽萌发生长外，从砧木的基部也会不断萌发大量萌蘖，须及时除去；如任其萌发，会与接芽争夺养分，影响接芽正常生长。因为萌蘖不断发生，所以要多次及时除萌。除萌时，应从基部掰除，防止再次发生。

枝接的砧木普遍较粗大，从砧木上容易萌发萌蘖，而且长势较旺，应及时除去，以免影响接芽的正常生长。

4. 肥水管理　幼苗生长迅速，应加强肥水管理。全年灌水 3～4 次，在嫁接苗速长期（5～7 月），结合灌水追施氮肥，施肥量根据苗木生长状况而定，每次追施纯氮 27～54 kg/hm^2。及时中耕除草、防治病虫害。

第三节　建园和栽植

一、建园

（一）园地选择

选择质地疏松肥沃、保水保肥、透气良好的壤土、沙壤土或轻黏土。pH 为 6.0～8.0。土层厚度

1 m 以上，或经过局部改良达到 1 m 以上，海拔高度 1 000 m 以下，排灌良好的平原、坡度 20°以下的坡地均可。避免在低涝、洼、湿地和风口地带栽植。

（二）整地

春季栽植应于上年秋末冬初整地；秋季栽植应于栽植前 2～3 个月整地。平地栽植树穴一般为1 m见方。挖穴时应将表土和心土分开堆放，每穴施用充分腐熟的农家肥 20～30 kg，与表土混合均匀填入坑内，用表土填至穴满。土层较薄的山地宜采取等高线条沟栽植，深宽各 1 m，为将来丰产优质奠定基础。

二、栽植

（一）苗木选择

选用的种苗需要经过引种试验在本地表现良好的品种。建园（基地）必须采用良种嫁接苗。

嫁接苗接口愈合牢固，接口上下苗茎粗度相近，苗干通直，发育充实，主、侧根系完整，苗木无冻害、失水、机械损伤及病虫害等。依据园地具体条件包括土层厚度、肥水条件等确定栽植密度，一般土层越厚、肥水条件越好，栽植密度为 1.5 m×2 m；土层较薄又无水浇条件，栽植密度可相对大一些。

（二）栽植时期和方法

秋末冬初或早春均可，以秋季较好。山东地区秋冬季节栽植适宜在 10 月至 11 月上旬进行，春栽适宜在 3 月至萌芽前进行。土壤肥沃或水肥条件好的地块原根颈土痕应与地面持平。未沉实的树穴或栽植沟，栽植时应充分考虑灌水后苗木下沉的程度，根颈下沉超过 5 cm 应重新定植。

栽植时做到栽直扶正，根系舒展，埋土紧实，栽后立即灌足水。待水下渗后覆土保墒，并修筑蓄水树盘。旱地应用 1～1.5 m^2 的地膜覆盖树盘保湿。秋季栽植应在树盘充分沉实后 4～5 d 围树干培高 50 cm 的圆土墩以防止冻害和动物危害。

后定干高度以苗木的培育目的而定，群植的苗木定干高度应在 1.0～1.5 m，如做园林道路的行道树定干高度应在 1.5～2.0 m。

（三）栽后管理

萌芽后及时抹除定干高度以下侧芽和砧木萌芽。

秋季落叶前调查成活率。对未成活者，用同品种一至二年生大苗及时补植。

幼树栽植后，当年越冬前进行堆土和树干涂白防冻。

（四）间作物的种类

间作期定植后至树冠交接前可适当进行间作，间作物要距离树干 0.5 m 以上。最好在行间呈带状间作，以利通风透光。间作物应具有低干（高度 50 cm 以下）、矮冠、浅根性、无攀缘特点，生长年限不超过 2 年，非共同病虫寄主。可选择小龙柏、金叶女贞、鸢尾等。

（五）整形修剪

以萌芽前 1 个月内为宜。干性强的品种整成自然纺锤形，干性弱的品种可整成多主枝圆头形。及时疏除病虫害干枯枝，调整平衡树势，改善通风透光条件。

（六）土肥水管理

凡进行间作种植，结合作物的管理进行土壤管理。生长季节中耕除草 3～4 次，其范围以树干为中心，达到树冠外围，使园地保持无杂草。

结合深翻和中耕，将肥料撒于树冠下翻入土壤中。每 667 m^2 每年追施磷酸二铵复合肥 20～30 kg，有机肥 1 000～2 000 kg。

全年应灌水 4～5 次，主要是萌芽前、春梢生长期、麦收前、越冬前，结合各时期施肥分别在萌芽前、秋季施肥前进行。

（七）病虫害调查及防治

1. 调查病虫害的发生及危害程度　调查树体被害症状和虫害的栖息场所。

病虫害危害程度分级标准按表 71－1 的规定执行。

表 71－1　受害程度分级

种类	受害级	受害程度	被害株率（%）	单株被害率或病情指数（%）
叶部病虫危害	Ⅰ	轻微	10～30	30 以下
	Ⅱ	中等	31～50	31～50
	Ⅲ	严重	51 以上	51 以上
枝干病虫危害	Ⅰ	轻微	5 以下	5 以下
	Ⅱ	中等	6～20	6～20
	Ⅲ	严重	21 以上	21 以上
果实病虫危害	Ⅰ	轻微	5 以下	5 以下
	Ⅱ	中等	6～20	6～20
	Ⅲ	严重	21 以上	21 以上

发现受害程度已经达到中等，并且继续蔓延扩大时，应在园内设标准地（枝、干、果）进行常规调查。

病虫害调查结果必须详细记录并建立的档案。根据病虫的发生、发展动态提出预报和最佳的防治时间，同事注意保护和利用天敌，以及调整施药期和施药量等。

2. 病虫害防治　预防为主，综合防治。选择适宜的立地条件，选用良种壮苗建园（栽植），加强外调苗木入境的检验检疫，严防病虫检疫对象的入境传播。合理整形修剪，保持树体良好的通风透光条件；搞好土肥水管理，改善园地条件，提高树势，增强抵抗病虫能力。及时剪除病虫枝，清理并消除病原物。通过人工措施，改善天敌的生长繁殖条件。

第七十二章　树　　莓

概　　述

一、树莓产业概况

树莓是多年生小灌木，株丛寿命长，管理条件较好可活 20 年左右，在定植的第二年开始结果，第三年进入盛果期，第四、第五产量最高，此后，丰产、稳产可保持 10 年以上，树莓繁殖容易，栽培管理也比较简单，稍加管理每年都能丰产。

树莓原产欧洲、亚洲和美洲，分布于寒带及温带各国。其中，欧洲栽培面积约占世界树莓生产的一半，主要集中在欧洲北部和中部，欧洲南部如希腊、意大利、葡萄牙和西班牙等国家近年对发展树莓生产积极性逐步高涨。北美树莓主要分布在西北太平洋地区，如加利福尼亚州、得克萨斯州、阿肯色州、纽约地区、密歇根州、宾夕法尼亚州以及俄亥俄州等。目前，智利、阿根廷和危地马拉等南美国家也有广泛的树莓生产栽培。树莓生产以鲜食市场需求为主，但在欧洲中部如波兰、匈牙利和塞尔维亚等国，大部分树莓果实则用于加工。

我国栽培树莓的历史较短，20 世纪初，俄罗斯人将树莓品种带入我国，在黑龙江省尚志市石头河子、一面坡一带农户自发种植栽培；20 世纪 80～90 年代，经历了优良品种引进培育和区划试验阶段；从 2003 年开始，我国进入了树莓区域化、规模化发展的初期阶段；截至 2008 年，我国树莓栽培面积达 8 900 hm^2，产量 5.5 万 t，主要分布在东北、华北和西北等地。

二、树莓的营养价值与保健功能

树莓果实中含有较高的糖类、蛋白质、矿质元素和多种维生素，如 B 族维生素、维生素 C 等，其中维生素 C 含量极高，为苹果的 5 倍，维生素 E 的含量是苹果的 6～7 倍、柑橘的 4 倍、草莓的 3 倍。果实中含有 20 种氨基酸，其中 15 种是人体所必需的，还含有较高的纤维素。红树莓果实中不含钠，含有中等至大量的钾及 B 族维生素、维生素 C 和钙等。此外，果实中抗癌物质鞣花酸和抗衰老物质超氧化物歧化酶及维生素 C 等含量均高于多数栽培水果，是老少皆宜的果中佳品。树莓不仅是鲜美的生食果品，还可以加工制成果酒、果酱、果汁、蜜饯等，市场开发前景广阔。

树莓也是重要的药用植物，根、茎、叶均可入药，具有止渴、发汗、解暑、除痰、活血等作用。树莓浆果含有水杨酸，可作为发汗剂，是治疗感冒、流感、咽喉炎的降热良药。根浸酒可作为养筋活血、消红退肿的药剂，茎叶煎水可洗痔疮等。此外，树莓果实中含有糖类、有机酸、维生素、氨基丁酸和活性元素镁、锰、钙、锌等，具有调节代谢机能、延缓衰老、消除疲劳、提高免疫能力等作用，特别是有降低血液中胆固醇含量，防治心脏疾病、抗癌和降低化疗引起的毒副作用的功效。因此，树莓被联合国粮农组织推荐为健康小浆果果树，誉称为第三代水果。

第一节 种类和品种

一、种类

树莓属于蔷薇科悬钩子属多年生落叶果树，小灌木，又名木莓、黑莓。树莓茎直立或半直立，被刺毛或腺毛，叶三出或五出、掌状、稀羽状复叶，托叶线形、连与叶柄上，聚合果与花托分离。根据果实颜色分为红树莓、黄树莓、黑树莓和紫树莓 4 类。

二、品种

世界上树莓栽培品种有 200 个以上，栽培较多的有 30 余个，主栽品种近 20 个。近些年来，我国引进的树莓品种有 50 多个，在引种试验、适应性评价基础上，筛选出一批栽培性状较好的品种；许多科研单位开展了大量的育种工作，陆续培育出具有自主知识产权的品种。

（一）红宝玉（Boyne）

红宝玉属于红树莓品种群，原产加拿大，1960 年选出，杂交亲本为吉夫（Chief）×夏印第安（Indian Summer），是美国明尼苏达州北部寒冷地区主栽品种之一，吉林农业大学小浆果研究所自 1981 年从美国、波兰等地引种，1991 年通过吉林省农作物品种审定委员会审定。

红宝玉为中早熟品种。二年生枝深棕色，上面着生当年抽生的结果枝。叶背灰绿色，主脉及叶柄上有少量小针刺，长 1.5～2 mm，基部有一个紫红色椭圆形小台座。浆果红色，80～130 粒集生在同一花托上，熟后容易与花托呈帽状分离。果实比红树莓大，平均单果质量 2.9 g，最大 4.0 g，鲜食风味佳。果实可溶性固形物含量 9.4%，稍酸，加工品香味浓，品质好。株丛通常高 1.6～2.0 m。生长势强。同一植株的果实成熟期相差约 1 个月，采收期从 6 月末可延续到 8 月初。坐果率高，在生长良好条件下每公顷最高产量可达 25 500 kg。该品种可在长春及相近气候区或更温暖地区推广。

（二）红宝珠（Latham）

1985 年吉林农业大学从美国引入，2005 年 1 月通过吉林省农作物品种审定委员会审定并定名。

红宝珠为晚熟品种。该品种枝条直立性强，丛生灌木，高 2 m 左右，长势强。发生根蘖能力极强。茎上少刺或无刺。二年生枝深棕色，其上抽生结果枝。多三出复叶，叶背面灰白色，小叶卵圆形或长卵圆形。聚伞花序着生在结果枝的叶腋处。结果的二年生枝于当年秋季死亡，聚合果成熟时为红色至深红色，圆球形。果实中大，2.5 g 左右，含可溶性固形物 10%、可溶性糖 7.0%、有机酸 2.0%、维生素 C 100 mg/kg，出汁率 72%。果香味浓，品质佳。结果能力强，平均花芽率为 50%，每结果枝着生 13～17 个果实，自然坐果率接近 100%。在长春地区 4 月下旬萌芽，7 月中旬果实开始成熟。定植第二年开始结果，盛果期每公顷产量可达 10 250 kg。

（三）红宝达

1985 年吉林农业大学从美国引入，2005 年 1 月通过吉林省农作物品种审定委员会审定并定名。

红宝达为早熟品种。该品种枝条丛生，灌木，灌丛高 2 m 左右。长势中庸，枝条粗壮。叶为三出或五出复叶，背面灰白色。小叶卵圆形或阔卵圆形。一至二年生枝上分布较少的红褐色针状短刺。二年生枝深棕色，枝上抽生结果枝。聚伞花序。同一花序果实陆续成熟。结果后的二年生枝于当年秋季死亡。成熟果实红色至深红色，圆锥形或短圆锥形。果实大，单果质量 3.0 g 左右。果实含可溶性固形物 10%、可溶性糖 7.7%、有机酸 2.2%，维生素 C 180 mg/kg。果实出汁率 75%，果汁红色，果香味浓。在长春地区 4 月下旬萌芽，6 月初第一朵花开放，6 月末果实开始成熟，10 月中旬落叶。发生根蘖能力中等。结果能力强，平均花芽率为 60%。每结果枝着生 11～20 个果实。自然坐果率接近 100%。定植后第三年结果，第五年进入盛果期，产量为 10 100 kg/hm^2。

(四) 托拉米（Tulameen）

加拿大不列颠哥伦比亚省于1980年选育，亲本为奴卡（Nootka）和金普森（Glen prosen）。辽宁省果树科学研究所2001年从中国林业科学院引进，2006年7月通过辽宁省种子管理局组织的专家鉴定。

托拉米一年生枝绿色，外被白粉或蜡质。一年生枝、叶柄和叶背叶脉上具皮刺，皮刺红色、短小、稍硬。叶片绿色，有光泽，互生，多数为三出羽状复叶，少数为五出羽状复叶，心叶略带红色；单叶近椭圆形，顶端渐尖，基部心形，质地柔软，全缘有锯齿，锯齿中大；叶片长度10.4 cm，叶片宽度9.3 cm，叶柄长度5.2 cm。为夏果型红树莓品种。果实完全成熟时，果面亮红色，长圆锥形，果形端正；平均单果重4.5 g，最大单果重6.8 g；纵径2.62 cm，横径2.01 cm，果型指数1.30；果汁多，含可溶性固形物10.30%、可溶性糖7.12%、可滴定酸2.02%，糖酸比3.5，每100 g含维生素C22.16 mg；风味甜酸，芳香味浓，品质上。第二年即开花结果，第四年每667 m^2 平均产量为1 044 kg。在熊岳地区萌芽期为4月中旬，初花期为5月下旬，果实始熟期为6月下旬，采摘期持续时间达40 d以上。

(五) 海尔特兹（Heritage）

美国纽约州农业试验站培育，亲本为米藤（Milton）×达奔（Durbam）。2010年通过山西省林业品种审定委员会认定。

该品种为双季品种。茎直立，生长势强。一年生枝紫红色，枝条上常密生皮刺或刺毛。针刺密度在基部较大，在中上部较小，硬度中等。叶片为3～5出羽状复叶，浓绿色，叶尖钝尖，略向下，叶基心形，叶缘钝锯齿，叶背茸毛密，叶面有皱。花为两性花，白色，花萼5枚，花瓣5枚，雄蕊多着生在花萼上，雄蕊略高于雌蕊。聚合果与花托易分离。果实短圆锥形，空心，夏果纵横径为1.88 cm×2.16 cm，平均单果重3.19 g，大果重为4.6 g；秋果纵横径为2.08 cm×2.26 cm，平均单果重3.84 g，大果重为4.9 g。浆果呈树莓红，色泽鲜亮；核果较小，整齐，其上雄蕊残留短，每100粒种子重2.84 g。果肉红色，肉质较细，果肉质地柔软，鲜食口感酸甜适口，鲜果含可溶性固形物13.54%、总糖7.504%、有机酸2.28%。通常情况下二年生枝开花结果，并在浆果成熟后自然死亡，而基生枝萌发长成的当年生枝作为下一年的二年生枝开花结果，依次更替。3～4年进入盛果期，每667 m^2 平均产量为1 367.06 kg。在山西太谷地区，4月上旬萌芽，夏果5月上旬现蕾，5月中下旬盛花，果实成熟期从6月下旬开始，采收期可持续25 d左右；秋果花期在8月上旬，果实成熟期从8月下旬一直持续到9月下旬，采果期可达30～35 d。

(六) 维拉米（Willamette）

美国俄勒冈树莓产业标准认定的优良品种。辽宁省果树科学研究所2003年从中国林业科学院引进，2010年通过辽宁省种子管理局组织的专家鉴定。

该品种植株强壮，产量高，茎粗细中等，高而蔓生，根蘖力强，易繁殖。为夏果型红树莓品种。果实短圆锥形，红色。平均单果重4.1 g，可溶性固形物含量10.2%，总糖5.8%，可滴定酸1.9%，每100 g果肉中含维生素C 25.78 mg。适宜加工，该品种在美国华盛顿州栽培面积占20%。

(七) 米克（Meeker）

引自美国华盛顿州，亲本为维拉米（Willamette）×考博（Cuthbert），是太平洋西北部第二大主栽品种。果实亮红色，平均单果重3.8 g，高产，不易感染根腐病、疫霉病等。是极好的鲜食兼加工品种，适宜机械采收，占俄勒冈和华盛顿州西北部栽培面积的60%。该品种成熟迟，产量中等，风味和坚硬度均佳，但抗寒性较差，易遭受霜害，因此，在我国河南黄河沿岸表现较好，而在东北地区发展面积较少。

(八) 红树莓

树势中等，萌芽率、成枝力均强。在我国东北地区4月下旬萌芽，5月上中旬开花，果实7月上旬成熟。基生枝多，易产生根蘖苗，结果枝长 60～65 cm。两性花，自花结实力中等。果实均匀，圆头形，深红色，平均果重 2.07 g，甜香味浓，含糖 6.47%、酸 1.08%、蛋白质 1.13%、维生素 C 292.7 mg/kg（鲜果），品质极佳。栽后 2 年结果，3 年丰产，一般每 667 m^2 产 500～750 kg，丰产栽培可达 1 400 kg。极抗寒，为目前栽培最广泛的一个品种。

（九）黄树莓

黄树莓又名黄马林。果实圆形，黄色，味甜酸，香气浓，平均单果重 2.4 g；含糖量 6.6%，产量高，平均每 667 m^2 产 1 000～1 700 kg，果实 7 月上中旬成熟。树势较强，萌芽率、成枝力中等，不易产生根蘖苗。两性花，自花结实力中等。我国东北地区 4 月中下旬萌芽，5 月上中旬开花，果实 7 月上旬成熟。较抗寒。

（十）黑树莓

黑树莓又名黑马林。浆果短圆头形，味甜；平均单果重 1.9 g，含糖量 5.7%，成熟后为紫黑色、有光泽，适于加工。树势中等，萌芽率、成枝力弱。株丛不发根，根系分布深，不易产生根蘖苗，抗病、抗旱能力强，较抗寒。两性花，自花结实力中等，产量高，平均每 667 m^2 产量 1 200～1 700 kg。果实 7 月上中旬成熟。

（十一）紫树莓

紫树莓又名紫马林。树势中等，萌芽率、成枝力均强，不易产生根蘖苗。果实圆形，平均单果重 2.1 g，含糖量 8.3%，产量高，平均每 667 m^2 产 1 200～1 700 kg，果实 7 月中下旬成熟，果肉软，不耐贮，适宜搭配栽植。

（十二）美 22

由美国引入。树势中等，萌芽率、成枝力中等。果实圆锥形，深红色，平均单果重 3.8 g，可溶性固形物含量 11.4%。果实 7 月初开始成熟，丰产性较强，抗寒、抗病力较弱。

（十三）大红树莓

大红树莓又名大红马林。浆果大，略呈圆柱形，味酸甜，品质不如红树莓，发根蘖能力强，产量不太高，果实 7 月中旬成熟。

（十四）双季红树莓

双季红树莓又名双季红马林。浆果圆球形，鲜红色，味甜酸，香气浓，品质好，植株萌蘖力强，由春到秋不断萌发生长，一年生枝在形成的当年就在枝上部及顶端形成花芽，并且开花结果，花期在 8 月，浆果 9 月成熟，夏、秋两季不断产生浆果，可以不断采收一直到下霜，产量较高。

（十五）秋福（Autumn Bliss）

秋福为英国东茂林试验站选育的夏秋两季结果型红树莓品种。

该品种植株生长健壮，枝条较粗壮，直立性强，枝条绿色，刺细软、较少。果实圆锥形，果实鲜红色，果型较大，平均单果重 3.8 g。二年生枝 7 月上旬果实成熟；一年生枝 8 月上旬果实成熟。浆果汁液鲜红色，酸甜，有香味，鲜食品质和外观品质优良，果实可溶性固形物含量 9.0%。果实硬度大。浆果既适于鲜食，也适于加工。丰产性强，定植后第四年每 667 m^2 产量约为 1 200 kg。在辽宁省沈阳地区 4 月中旬萌芽，二年生枝 5 月下旬开花，7 月上旬果实成熟（采收期约 20 d），一年生枝 6 月开花，8 月上旬果实成熟（采收期约 35 d），10 月下旬落叶。

（十六）秋萍

秋萍是沈阳农业大学从英国品种秋福（Autumn Bliss）的自然实生后代群体中选出的早熟优质大果新品种，为一年生茎秋季结果型。2010 年通过辽宁省非主要农作物品种备案办公室备案。

该品种植株生长健壮，直立性好，株高 1.3～1.7 m。枝条绿色有刺，基部分枝少，基部直径 9～13 mm，节间 4～6 cm。叶片多为 3～5 出复叶，叶色深绿，叶厚，叶脉中等深。花大，花蕾直径 6.6 mm，花柄绿色，花萼主色为绿色，边缘为白色，花瓣 5 枚，白色。常自花授粉，授粉后果实迅速膨大，坐果率高。果实圆锥形，亮红色。平均单果重 3.6 g，最大 7.2 g。果大、整齐，易采收，每公顷产量可达 12～14 t。果实硬度好，香味浓，汁多。果味甜中略带酸味，风味好。可溶性固形物 8.0%～12.0%，维生素 C 含量为 0.43 mg/g，可溶性糖含量 4.72%，有机酸含量 1.24%，适宜鲜食。

果实速冻后完整性好，是单体速冻加工树莓的优良品种。冬季不用埋土防寒，沈阳地区 4 月下旬一年生茎从地下长出，5 月初可萌发大量新茎。一年生茎从 6 月中下旬开始从上至下持续开花，8 月 1 日果实开始陆续成熟，收获期约持续 70 d。植株根系发达，耐寒、耐涝，喜肥水。适宜在东北、华北地区栽培。

（十七）丰满红

吉林市丰满区农业水利局、中国农业科学院特产研究所和吉林丰满红研究开发中心从当地栽培的红树莓中选出的冬季不防寒的双季大果型优株，1999 年 3 月通过吉林省农作物品种审定委员会审定并命名。

该品种果实圆形，鲜红色，平均果重 6.9 g，带花托，最大果重 16.3 g；味甜酸适口，可溶性固形物含量 12.8%，可滴定酸 1.4%，维生素 C 含量 140.7μg/g。耐贮运，果实硬度较好，商品性极好。不搭架，不埋土，当年抽生的枝条即结果，可连年平茬、割枝，株高 1.25 m，株产量 1.765 kg，每 667 m^2 产 2 354 kg。在吉林地区，4 月中旬萌芽，一季果枝于 4 月下旬至 5 月上旬抽生，5 月下旬至 6 月初始花，花期持续 20 d 以上，7 月上中旬果实成熟；二季果于 6 月中下旬抽生结果枝，7 月中下旬始花，8 月下旬果实成熟，10 月初落叶。坐果率高，有二次结果能力。抗高寒，极抗旱，耐瘠薄，病虫害较少。

（十八）绥莓 1 号

绥莓 1 号是黑龙江省农业科学院浆果研究所从小兴安岭伊春区野生树莓中选育出的优良品种，原代号 SL04－9－2，2013 年通过黑龙江省农作物品种审定委员会审定。

该品种生长势旺盛，当年生结果枝及当年生营养枝均为绿色，干、枝及叶柄生有棘刺，当年生营养枝枝条柔软下垂。叶片为羽状复叶，具 3 小叶。两性花，自花授粉。果实形状近圆形，最大单果重 8.5 g、平均单果重 6.25 g，小果数 70～95 个。果实橘红色，酸甜适口。果实成熟后易与果托分离，分期成熟可多次采收。含可溶性固形物 4.2%、可溶性糖 1.88%、可滴定酸 0.7%、维生素 C 31.7 mg/kg。在当地 5 月上旬萌芽，6 月中旬开花，果实 7 月下旬开始成熟，熟期至 9 月中旬，10 月上旬落叶。抗寒力强，在黑龙江省伊春以南地区冬季不需埋土防寒可安全越冬，翌年正常萌芽，并开花结果。

第二节　生物学特性及对环境条件的要求

一、生长特性

树莓是半灌木性植物。地上部二年生，而地下部为多年生。地下部有地下茎和由地下茎生长出来的须根性根系，根系在土壤中的分布虽较浅，但分布范围却很广。地下茎上有芽，称基生芽，它们在形成的当年一般是不萌发的，在地面下越冬。来年春季，随着土壤的解冻和地温的增高开始萌动生长，钻出地面，变成新梢。新梢的节上有叶，由于种和品种不同，叶的形状、颜色等有一定差异。

新梢由春季开始生长后一直到秋末冬初，由于日照的缩短和温度的下降而停止生长，变成一年生枝，枝上有针刺。由于种和品种不同，枝梢的粗细、颜色、软硬以及针刺的疏密、粗细、软硬和颜色等也不一样。

由于树莓枝条的各部分是在一年中不同的环境条件下形成和发育的，所以各部分节间的长短、充实程度以及芽的发育程度也不相同。一般以枝条中部的芽发育较壮，而上部和下部的芽发育较弱。在枝和叶腋地方，通常形成 2 个芽，有时 3 个，上面的芽比较肥大，下面的瘦小，来年春季，上面的芽

发育成结果枝，下面的芽发育成叶丛或弱小的结果枝。

结果枝上有叶片，在每个叶腋处发出花序。花序为总状花序、伞房花序或单生花。同一结果枝上各花序的发育程度不一，结果枝顶端叶腋处的花序比较发达，开花也早。在同一花序上，尖端的花又比下部的花早开，同一植株上的花期很长。所以，在同一植株上往往有已经成熟的浆果，也有正在开放的花朵。

树莓的果实是聚合核果，当浆果成熟的时候很容易与花托脱离。浆果成熟之后，整个枝条的髓部便逐渐变空，最后枯死。所以，从整个株丛来看，每年都发生基芽（来年成新梢），由基生芽萌发出新梢（来年结果）及二年生枝（当年结果后枯死）。整个株丛的地上部是由一年生枝和二年生枝组成的。也可以说树梢是二年生的，根系是多年生的。但是由于种和品种不同，地下部却稍有差异。如黑树莓和黄树莓这两个品种，它们的根系分布较深，只能从地下茎上的基生芽长成新梢，而且可由地下茎向四周长出很多不定根，这些不定根顺着土壤的表层延长生长，在不定根上可以形成不定芽，由不定芽萌发生长成新梢（根蘖）。

二、对环境条件的要求

由于树莓的根系分布较浅，不耐干旱，水分不足，特别是在开花期和浆果成熟时水分不足，直接影响浆果的产量和质量。但又不耐涝，内涝则烂根，所以应选择土质疏松肥沃、有机质含量高、土壤湿润而又不积水的地方建园。

树莓是喜光植物，光照充足，才能生长良好，产量也高，因此，在栽培实践中，为了使株丛通风透光良好，对枝梢要进行人工引缚。

第三节　栽培关键技术

一、苗木繁育

根据红树莓根易发生不定芽以及黑树莓的顶芽易生根的特性，生产中多利用根蘖繁殖、根条繁殖和压条繁殖等进行育苗。无论用哪一种方法繁殖，都必须从品种纯正、树势健壮、产量高的母株上剪取繁殖材料。

二、建园

由于树莓根系分布浅，不耐干旱，又不耐涝，因涝易烂根，应该选择向阳的南坡，山地的坡度不宜过大（一般为5°～8°）。土壤以沙质壤土和透水较好的黏质壤土较好，要求土质疏松肥沃，有机质含量高，土壤湿润而又不积水。建园前一年应深耕施肥，有条件的园地周围营造防护林。

树莓是喜光植物。野生的树莓大部分生长在森林边缘或水沟斜坡上，栽培品种只有在光照好的地方才能生长良好。因此，栽培树莓要选择有保护而又不遮阴的地方。

树莓也不能忍耐高温，它们在温度过高的地区生长不良。

树莓是两性花植物，可单品种建园。但多数品种在异花授粉条件下产量更高，果实更饱满。

树莓主要采用春栽和秋栽。春栽应尽量早，土壤解冻后就可以栽植。秋栽在落叶前进行，要使苗木在严寒到来之前能长出新根，并且需要埋土防寒，以保证安全越冬，一般在9月下旬栽植，树莓也可以采用夏季栽植，多在5月中旬进行，随挖苗、随栽植，但应该注意保证水分供应，在炎热的天气下必须遮阴。

定植坑的直径和深度各为30～40 cm。春栽或秋栽的苗，需要在栽植前剪枝，留下15～20 cm长的短桩，减少蒸发面，并刺激下部发出健壮的新梢。每坑内栽苗2～3株，可以较早地形成株丛。定植深度与未脱离母株之前或育苗时的深度相同，栽苗时要注意保护基芽不受损伤。

树莓的栽植方式一般采用带状法或单株法。栽植的行向以南北向为好。发生根蘖多的品种，如各种红树莓，常采用带状法，行距2～2.5 m，株距0.4～0.75 m；黑树莓或发根蘖少的品种多采用单株法，行距（1.5～2）m×（0.6～0.8）m。

三、土肥水管理

（一）土壤管理

在树莓的营养生长期进行4～6次中耕，保持土壤疏松无草，有利于植株的生长和结果。在中耕的同时，铲除多余的根蘖，是保持园地清洁和节省植株养分的必要措施。

在建园的最初两年行间较宽，可以种植绿肥作物、中耕作物及蔬菜等防止杂草丛生和增加土壤肥力，改良土壤。随着根蘖枝和基生枝的不断出现，行间逐渐变小，就不宜再种间作物，须及时松土和除草。

带状栽植的树莓园，夏季枝条呈现郁闭状态，行间变窄，只需在行间除草。单株栽植的树莓园，株间有空间，容易蔓生杂草，必须及时除草。除草与中耕同时进行，深度5～10 cm。每当灌水和雨后都需要松土，以利土壤保墒。到夏末秋初停止土壤耕作，促时枝条成熟，增加枝条抗寒力。

（二）施肥管理

树莓分为基肥和追肥两种施肥方法。

基肥施肥量应该依据土壤性质不同而定，一般黑钙土等肥沃土壤每公顷施基肥（如厩肥）25～30 t，对沙壤土等较瘠薄土壤基肥量应增加。同时应配施一定量的无机肥料（化肥），具体折合有效成分氮为50～60 kg、磷为60～80 kg、钾为60～80 kg。厩肥等有机肥必须是腐熟的，以免发生肥害。

追肥在生长季节进行。一般2次，第一次在开花后，第二次在果实发育及新梢旺盛生长时期。追肥多选用易溶解的化肥如硫酸铵等配成水溶液，按一定比例均匀地喷洒在植株叶片上。注意溶液的浓度要适中，过大易造成药害，过小则作用不明显。

（三）水分管理

树莓根系浅，不耐干旱，对水分不足有不良反应。在北方，树莓开花和果实开始成熟正是干旱的季节，土壤水分蒸发大，水分不足则浆果小、产量低，基生枝弱，根蘖也弱。

在降水量少和降水不均匀的地方需要灌水。时期是防寒土除去之后灌水1次；5～6月新梢生长和开花期间灌水1～2次；7月上中旬果实成熟时灌水1～2次；8月以后根据降水的情况灌水；最后一次是防寒前的封冻水。

在夏季雨水多且易积水的地方应设置排水沟进行排水。

四、整形修剪

（一）修剪技术

树莓树形为丛状形。树高2 m左右，枝条丛生，无主干。株丛每年都发出基生芽，也有新梢和二次枝，红树莓还发出大量根蘖，若不进行修剪是不能获得高产的。树莓在一年中一般进行2～3次修剪。

第一次在早春解除防寒之后，将二年生枝顶端干枯的部分剪去，促使留下的芽发出强壮的结果枝，同时从基部疏去破伤、断枝、干枯及有病虫害的枝条。每株丛内保留7～8个发育健壮的二年生枝。采用带状栽植时，枝条与枝条之间要保持10～12 cm（窄带）或15～20 cm（宽带）的距离，多余的要剪除。

第二次修剪在5月中旬进行，把距离地面30 cm以内的下部侧枝保留3～5片叶剪掉，株丛下部通风好，使营养全部集中到上部结果枝部分，有利于结果。

第三次修剪在夏季浆果采收之后进行，这时株丛内有结过果实的二年生枝和许多基生枝或根蘖。

二年生枝结果之后枝条干枯，将它们从基部疏去，为基生枝生长创造良好的光照和营养条件，并减少病虫害发生。对基生枝每丛保留 10～12 个壮枝，其余的疏去。

此后，结合土壤管理，除去过密的根蘖，保持株丛内或带内一定的枝条数目。

（二）枝条引缚

树莓的枝条柔软，常因果实的重量而下垂到地面，弄脏浆果，影响质量和产量。同时下垂的枝条彼此遮阴，光照及通风条件不良，管理极不方便。为了克服这一缺点，管理上就设立支架，在早春之后将枝条引缚固定。具体方法有以下几种。

1. 支柱引缚法　用于单株配置的树莓园里。在定植的第二年，在靠近株丛的地方设立一根支柱，柱高 1.5～2 m，粗 4～5 cm，以能支持住全株丛的重量为准。将一个株丛的枝条直接引缚到柱子上。这种引缚方法简便省材，缺点是枝条受光照部分不均匀，影响结果。改进方法是多设立支柱，将一年生枝和二年生枝分别引缚于不同支柱上，使之彼此不遮光。

2. 扇形引缚法　即在株丛之间设立两根支柱，把邻近两株丛的各一半枝条交错引缚在两支柱上。这种方法枝条受光良好，便于管理，产量也高。

3. 篱架引缚法　适用于带状栽植的树莓园。在带内隔 5 m 埋一根枝柱，在其上牵引 2～3 道铁线，将枝条均匀地绑在铁线上。这种引缚方法枝条不遮光，通风良好，产量高。为了省材料，也可以牵 1 道铁线，高 1 m，枝条靠在铁线上而不至于下垂。

也可以用木杆、竹竿等简易材料搭成篱架形进行引缚。

五、果实采收与采后处理

（一）果实采收

树莓的浆果成熟期不一致，应该像草莓那样分批采收。浆果在 7 月上旬开始成熟，延续 1 个多月时间，双季树莓的成熟期可延长到 9～10 月。在第一次采收后的 7～8 d 浆果大量成熟，以后每隔 1～2 d采收一次。

充分成熟的浆果具有品种独特的风味、香气和色泽，果皮非常柔嫩，很容易撞破。聚合果与花托易分离，供鲜食用必须带花托、果柄采收，而且需在充分成熟的前 2～3 d 采收，才能保存较长的时间，这样的浆果在冰窖中可以保存 7～8 d 之久。采下的浆果多采用小塑料盒包装。早晨有露水和雨天都不适宜采收，沾水的浆果容易霉烂。供加工用的浆果多不带花托、果柄采收。

（二）采后处理

树莓果的呼吸强度较强，收获后必须小心处理，以维持果实的外观品质。因此，应采用严格的采收、冷藏、运输等操作程序，保证将鲜果送到消费者手中。目前，预冷处理、速冻是最基本的果实保鲜措施。

1. 预冷处理　预冷是在果实采收后和贮存前的冷却处理措施。预冷可将果实的水分散失一部分，使真菌生长和果实破裂降到最低程度。及时预冷对树莓果实保鲜非常关键，应在采后 1～2 h 内完成。

2. 果实贮存　贮藏室温度一般保持在－1.1 ℃，也可将温度稍微提高到 0 ℃，以留有温度波动余地。

3. 果实速冻　鲜果可以速冻起来，待售。采收后立即速冻，以维持果实的完美风味。

第四节　病虫害防治

一、主要病害及其防治

（一）树莓灰霉病

树莓灰霉病原菌为灰葡萄孢，属半知菌亚门丝孢纲丝孢目淡色孢科葡萄孢属真菌。树莓灰霉病是树莓上发生的对产量影响最大的病害，发生严重时可以使树莓绝收。花和果实发育期中最容易受感染。主要防治方法：

1. 农业防治

（1）生长季节摘除病果、病蔓、病叶，及时喷药保护，减少再侵染的机会；秋季落叶后及时清园，清除枯枝、落叶、病果等病残体，集中烧毁。

（2）避免阴天时灌溉，减低空气湿度，有效减轻灰霉病的发生。增施磷、钾肥，控释氮肥，提高植株的抗病能力。

2. 化学防治 开花前和谢花后喷木霉菌可湿性粉剂 600～800 倍液或灰霉特克可湿性粉剂 1 000 倍液，但果实发育期禁止用药。

（二）树莓灰斑病

树莓灰斑病是由蔷薇色尾孢霉（属半知菌亚门丛梗孢目暗梗孢科尾孢霉属真菌）引起的叶部病害，也是树莓上发生较普遍的叶斑类病害，在各产区均有发生。该病菌可侵染一年至多年生树莓叶片，新叶发病较重，老叶抗病力较强。主要防治方法：

1. 农业防治 清除病残体，减少田间初侵染源基数。及时去除结果枝和进行一年生枝的整形，另外，注意降低田间湿度，从而降低病原菌侵染的可能性。

2. 化学防治 春季喷 70％甲基硫菌灵 500 倍液或福美双 600 倍液预防该病发生。发病后可喷 70％甲基硫菌灵或 50％多菌灵可湿性粉剂 500～800 倍液，每 7～10 d 喷一次，喷施 2～3 次。

（三）树莓斑枯病

树莓斑枯病是由壳针孢属真菌（属半知菌亚门腔孢纲球壳孢目球壳孢科针孢属真菌）引起的，是树莓较常见的叶斑类病害，在各产区均有发生。该病菌主要为害叶片，发生严重时整个叶片上密布病斑，叶片退绿，枯死。主要防治方法：

1. 农业防治

（1）加强田间通风，降低冠层内湿度，合理施肥，避免植株旺长，增强抗病能力。

（2）采收后及时清除病残体，减少越冬病原基数。

2. 化学防治 萌芽前喷 3 波美度石硫合剂；从果实始熟期，每隔 10～15 d 喷一次 80％代森锌或 75％百菌清 500～800 倍液，喷 2～3 次。

（四）树莓茎腐病

据国外研究报道，树莓茎腐病主要有 2 种：一种为刺马钉状茎腐病，一种为茎腐病，致病的病原体均为真菌，这 2 种病害常常共同发生，影响枝条的生长。

1. 刺马钉状茎腐病 在晚春或初夏，一般在枝条下部位置的节部出现紫色或褐色的斑点，之后叶片变黄脱落，但叶柄依然保留。变色部位沿着枝条上下延伸，但一般在达到另一个节部停止，受害部位呈现楔形。感染的部位在整个夏季保持褐色或黑色，到了秋季，转为灰色。在变为灰色的同时，树皮纵向裂开，同时可见小的、黑色的孢子形成体。感染部位的芽抽生的枝条一般都比较弱，叶片小而黄。

病原菌子实体在感染的茎上越冬。感染的茎在 5～6 月雨天能够产生子囊孢子和分生孢子，分生孢子在整个夏季借雨水传播。

2. 茎腐病 发生常常和树体上的伤口、害虫为害有关。发病时一般枝条上产生暗褐色条状变色，变色部位从伤口处沿着枝条上下纵向延伸，但和刺马钉状茎腐病不同的是，这种病害的发病部位不只局限于节部。在感染部位出现小的、黑色的病原菌子实体。在前一个季节感染的结果母枝枝条基部黑褐色，并且树皮爆裂，枝条变脆易折，抽生的侧枝生长不好并且在热天的时候易枯萎死亡，最后整株枯死。

病原菌在田间残存的病茎上可以存活几年，主要通过修剪、昆虫咬或茎摩擦造成的伤口侵入。病原菌在春季开始传播，形成的分生孢子在整个生长季节都可以传播，分生孢子借助于风和雨水释放到新生茎的伤口处。主要防治方法：

3. 防治方法　尽管引起2种树莓茎腐病的病原体不同，但两者的防治方法基本相同。

（1）农业防治

① 应在从没有发生过茎腐病的地块里繁殖苗木，选择光照好、排水好的地块种植，防止土壤过湿。

② 注意保持合理的枝条密度，栽植株行距，保证田间的通风透光性。

（2）化学防治。萌芽前喷4～5波美度石硫合剂1次。生长期内每隔10～15 d喷洒甲基硫菌灵500倍液或福美双500倍液或1%波尔多液，可持续到花前或初花期。果实采收后要剪掉病枝，并立即喷药。越冬埋土防寒前喷4～5波美度石硫合剂1次。喷洒药剂时要注意全株喷洒，尤其枝条基部。地面最好也喷洒，尤其是在果实采收后的药剂防治。

（五）树莓根癌病

树莓根癌病是一种毁灭性的细菌性病害，病原为根癌土壤杆菌。树莓根癌病主要发生在根颈部，有时也散生于侧根和支根上。根癌初生时为乳白色，光滑柔软，以后渐变褐色到深褐色，质地变硬，表面粗糙，凹凸不平，小的仅皮层一点突起，大的如鸡蛋，形状不规则。主要防治方法：

1. 农业防治

（1）选择健壮苗木建园。

（2）加强肥水管理。树莓为浅根系果树，根系多分布到20～40 cm表土中，要做到旱浇涝排，特别防止土壤积水。耕作和施肥时，应注意不要伤根，并及时防治地下害虫。

2. 化学防治

（1）发病后要彻底挖除病株，并集中处理。挖除病株后的土壤用10%～20%农用链霉素进行土壤消毒。

（2）用0.2%硫酸铜、0.2%～0.5%农用链霉素等灌根，每10～15 d一次，连续2～3次。采用K84菌悬液浸苗或在定植或发病后浇根均有一定防治效果。

二、主要虫害及其防治

（一）椿象

为害树莓的主要是斑须蝽，别名细毛蝽、斑角蝽。以成虫和若虫刺吸叶脉基部及嫩茎，以成虫危害为主，若虫危害较轻；生长季中后期，主要为害植株上部的叶脉基部及嫩茎。发生严重时，造成伤口只是叶片萎黄。主要防治方法：

1. 农业防治　做好清园工作，及时清除田间杂草，集中处理。

2. 化学防治　开花前5～7 d或第一次采果前15 d，于低龄若虫期危害期，喷2.5%溴氰菊酯乳油2 000倍液或10%吡虫啉可湿性粉剂1 500倍液。

（二）尺蠖

为害树莓的主要是木橑尺蛾。主要取食叶肉，留下叶脉，严重时将树叶全部吃食光。主要防治方法：

1. 物理防治　灯光诱杀成虫。

2. 化学防治　在发生量大时，在幼虫3龄前喷50%杀螟松乳油1 000～1 500倍液，2.5%溴氰菊酯乳油2 000～3 000倍液。

（三）果蝇

为害树莓的主要是斑翅果蝇。主要为害即将成熟或已成熟的果实，斑翅果蝇已成为美国、日本等国家蓝莓生产最重要的害虫。

1. 农业防治　及时采集受害的果实，集中销毁。

2. 物理防治

(1) 糖醋液诱杀成虫。当果实即将成熟时，用敌百虫、香蕉、蜂蜜、食醋 1∶10∶6∶3 配制成混合诱杀液，每 667 m^2 约放置 10 处。

(2) 悬挂粘虫板。每 667 m^2 挂 200 个蓝色粘虫板，可有效杀灭雄虫，干扰雌、雄交配，降低虫口基数。

3. 化学防治 采用 10%氯氰菊酯乳油 2 000～4 000 倍液喷布地面，或用 40%乐斯本乳油 1 500 倍液、2%阿维菌素乳油 4 000 倍液，间隔 10 d 左右，喷布地面和果园周边杂草，降低虫口基数。

第五节 加 工

树莓果实不耐贮运，若要实现大规模生产，必须配套完善的保鲜和加工体系。目前，国际市场上树莓深加工制品需求量很大，因此发展树莓深加工对于促进我国树莓产业高效发展的重要途径。

一、树莓果酒

采用液态深层发酵技术酿造的树莓果酒，澄清透亮，口味纯正，有清新的树莓果香和酒香，涩味平淡，醇香浓厚；酒精度为 10%～13%。

1. 主要原辅料与仪器设备

(1) 原辅料。红树莓、安琪葡萄酒高活性干酵母、果胶酶、亚硫酸氢钠（分析纯）、无水碳酸钠（分析纯）、蔗糖、碳酸氢钠（分析纯）等。

(2) 仪器设备。榨汁机、电子天平、酸度计、糖度计、数显恒温水浴锅、生化培养箱等。

2. 工艺流程

树莓→原料选择→破碎、打浆→添加果胶酶→过滤取汁→灭酶加 $NaHSO_3$→调节 pH→成分调整→主发酵→过滤→后发酵→澄清→陈酿→杀菌→成品

3. 加工操作要点

(1) 原料选择与处理。采摘成熟度高，无病虫害的新鲜树莓清洗干净后冷冻备用。在破碎前适当解冻，进行打浆。

(2) 添加果胶酶。树莓打浆后按 120 mg/L 添加果胶酶，酶解 3 h 后过滤取汁，经加热灭酶，添加 150 mg/L 亚硫酸氢钠后将果汁的 pH 调为 3.5～4.0。

(3) 成分调整。由于树莓原果汁糖度低（为 4.5%），酸度高（pH 为 2.93），故添加少量的碳酸钠和碳酸氢钠将果汁的 pH 调为 3.5～4.0；添加蔗糖调节果汁含糖量为 160～200 g/L。

(4) 安琪葡萄酒用高活性酵母活化。称取葡萄酒活性干酵母溶入 10 倍质量的 2%蔗糖水溶液中，35～40 ℃水中活化 20～30 min。接入 7%经活化后的酵母菌液。

(5) 发酵

① 主发酵。将调整好的果汁在 75 ℃水浴中灭菌 10～15 min 后移至超净工作台，待温度降至室温后将活化后的酵母液接入果汁中，置于 28 ℃的恒温培养箱中进行液态深层发酵，主发酵时间一般为 6 d 左右。

②后发酵。将经过主发酵后的发酵醪用 4 层纱布过滤，同时滤液混入一定空气，部分休眠的酵母复苏，在 20 ℃左右发酵 10～14 d。后发酵的装料率要大，酒液应接近罐顶，目的是减少罐内氧气，防止染上醋酸菌。

(6) 澄清。选用壳聚糖作为澄清剂，按 0.5 g/L 添加，在室温条件下静置 72 h 后即得澄清透亮的树莓原酒。

(7) 陈酿。经澄清后的原酒进行密封陈酿，在 20 ℃以下陈酿 1～2 个月。酒液尽可能满罐保存（减少与氧气的接触，避免酒的氧化，影响酒的品质）。

(8) 装瓶与杀菌。树莓酒装瓶后，置于70 ℃水浴中灭菌15～20 min，取出冷却后即得成品。

4. 产品质量指标

(1) 感官指标

① 色泽。酒红色，澄清透明，有光泽，无杂质。

② 滋味。具有树莓酒固有滋味，纯净，幽雅，爽怡。

③ 香气。具有纯正的果香和酒香。

(2) 理化指标。总糖（以葡萄糖计）≤30 g/L，总酸（以柠檬酸计）为3.0～6.0 g/L，总SO_2≤20 mg/L，酒精度为10%～13%。

(3) 微生物指标。细菌总数≤50个/mL，每100 mL大肠杆菌≤3个，不得检出致病菌。

二、树莓澄清果汁

1. 主要原辅料与仪器设备

(1) 原辅料。树莓、果胶酶、白砂糖等。

(2) 仪器设备。手持式折光仪、分析天平、紫外-可见光分光光度计、离心机、恒温水浴箱等。

2. 工艺流程

树莓→原料选择→清洗→破碎→加温→酶处理→榨汁→过滤→调配→离心→清汁灌装→杀菌→冷却→成品

3. 加工操作要点

(1) 原料挑选。挑选无病虫害、有一定成熟度的树莓果，清洗干净。

(2) 破碎。树莓果去蒂后用组织捣碎机捣碎。

(3) 加温酶处理。将破碎的树莓果浆的温度加热至50 ℃，加入0.35%果胶酶恒温酶解4 h。

(4) 过滤。用两层纱布过滤，除掉粗纤维及树莓种子，取汁。

(5) 调配。按照配方进行调配。

(6) 离心。于4 000r/min下离心20 min，可得到较好的澄清效果。

(7) 杀菌。将饮料灌装后85 ℃下杀菌15 min。

(8) 冷却。用水分段冷却，即85 ℃→60 ℃→40 ℃，自然冷却。

三、树莓果茶

1. 主要原辅料与仪器设备

(1) 原辅料。树莓、胡萝卜；白砂糖：云南产甘蔗糖，一级，市售；酸味剂：柠檬酸，食用级，市售；稳定剂：CMC-Na、海藻酸钠、PGA，食用级，市售；风味增强剂：适量；水：符合国家饮用水卫生标准。

(2) 仪器设备。浆果破碎机、搅拌机、打浆机、夹层锅、胶体磨、均质机、脱气器、杀菌器、各规格贮罐、调配罐、饮料泵。

2. 加工方法

(1) 树毒果浆的制取工艺及操作要点

树莓果实→清洗除杂→加糖搅拌→加热浸渍→加酶分解→打浆贮罐

① 果实。除尽花托、叶子及杂质，洗净。

② 加糖搅拌。加10%白砂糖入搅拌机搅拌，亦可用电动打蛋器代替。

③ 热浸。果浆入夹层锅，加热至65～75 ℃，保温30 min。

④ 冷却。冷却至50 ℃，加入已活化的果胶酶、纤维素酶，加入量0.01%～0.05%，入保温贮罐保温3～4 h。

⑤ 打浆。采用刮板式打浆机打浆，筛网孔径 0.5～1.0 mm。第一次打浆后，浆渣入夹层锅，加10%水（内含分解剂），加热至 80 ℃以上，保持 15 min，再次打浆，两次果浆合并，入贮罐备用。

（2）胡萝卜浆制取工艺及操作要求

胡萝卜→选料处理→清洗→去皮→切片→软化煮制→打浆→贮罐

① 选料处理。选择鲜嫩、色泽一致、中心髓心较细的胡萝卜，切顶，去黑斑及根须。

② 清洗去皮。用清水洗净，采用果蔬去皮剂，温度 90 ℃，1～3 min，流水冲洗至干净。

③ 切片。去皮后的胡萝卜切成 2～3 mm 薄片，迅速投入护色液中。

④ 软化。胡萝卜片入夹层锅，加原重 1 倍水，0.2%柠檬酸，加热 95 ℃以上，保持微沸状态10～15 min。

⑤ 打浆。用刮板式打浆机打浆，筛网孔径 0.6 mm。胡萝卜浆入罐备用。

（3）树莓果茶生产工艺及操作要求

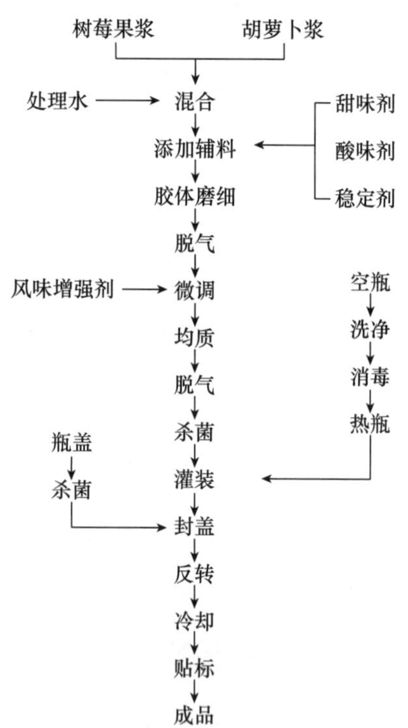

① 浆汁混合。树莓浆、胡萝卜浆按比例入调配罐，加水搅拌混合。混合比例根据试验采用树莓浆 25%，胡萝卜浆 15%，产品风味较好。

② 辅料添加。蔗糖配成 50%糖液，热溶过滤后加入；酸味剂溶解过滤后加入；稳定剂根据预先试验确定合理浓度及比例，先用纯净水软化 6～24 h，热溶后过滤加入。辅料添加注意次序，以免影响产品质量。调配一次成最终产品。

③ 研磨。调配好的果茶入胶体磨进行磨细处理，齿间隙≤0.2 mm。

④ 脱气。用真空脱气器脱去空气，避免氧化。温度 40～45 ℃，气压 79.99 kPa 以上。

⑤ 微调。取样分析糖度及酸度指标，必要时进行微调整，确认合格后入下一工序。

⑥ 均质。温度 40 ℃以上，压力 25 MPa，使果肉颗粒进一步微粒化，均匀一致。均质后再次脱气。

⑦ 杀菌。采用列管式灭菌器迅速加热至 90 ℃以上，保持 30 s。

⑧ 灌装。空瓶经预热后在接近杀菌温度下灌装，封盖后倒置 15 min。

⑨ 冷却。分段冷却至室温。

3. 产品质量指标

（1）感官指标

① 外观。树莓果茶外观为红色均一液体，果肉组织细腻，呈均匀悬浮状态。

② 滋味及气味。树莓果茶口感细腻，不糊口，具树莓浓郁的香气，微有胡萝卜味，酸甜适度。

（2）理化指标。可溶性固形物≥12%；总酸（以柠檬酸计）0.26%；原果肉浆含量≥40%；不溶固形物含量≥15%（20 ℃离心测定）。

（3）微生物指标。细菌数≤100 个/mL；每 100 mL 大肠菌群≤3 个；致病菌未检出。

四、树莓与山楂复合饮料

1. 主要原辅料与仪器设备

（1）原辅料。树莓（黑莓）、山楂（辽红）、白砂糖、抗坏血酸（食品级）、柠檬酸（食品级）、M 澄清剂、海藻酸钠、明胶、果胶酶、蜂蜜。

（2）仪器设备。双层锅、榨汁机、真空过滤机、糖度计、电子天平。

2. 操作要点

（1）树莓汁的制取。选择成熟、无病虫腐烂的新鲜树莓，用流动的自来水清洗干净，沥干水分后用榨汁机榨汁过滤备用。

（2）山楂汁的制取。选择成熟、无病虫腐烂的山楂，用清水洗净破碎，按 1∶2 的比例加入清水，在 80 ℃条件下加热浸提 30 min，再静置浸提 6～8 h，过滤后备用。

3. 工艺流程

树莓汁、山楂汁→过滤→澄清→精滤→调配→脱气→罐装→灭菌→冷却→成品

（1）树莓与山楂果汁澄清

① 澄清剂选择。在试验基础上，选择 M 澄清剂作为树莓山楂果汁的澄清剂。

② 澄清方法。将树莓山楂果汁加热至 40～50 ℃，再将 M 澄清剂溶解后加入果汁中，用量为果汁的 0.1%，并不断搅拌 0.5 h 后再静置 4 h。

（2）精滤及糖浆配制。澄清后的果汁用真空过滤机过滤出沉淀物，再将其装入储备罐中备用；称取一定数量白砂糖，放入双层锅中加热融化，用过滤机滤出糖浆里的杂质后备用。

（3）调配。树莓汁和山楂汁添加量比例为 2∶3，蔗糖添加量 8%，柠檬酸添加量为 0.1%，并按配方比例依次加入，每种原料加入时要不断地进行搅拌，以便混合均匀。

（4）脱气。室温下，将调配好的复合果汁用 90～95 kPa 真空脱气机进行真空脱气。

（5）罐装杀菌。玻璃罐清洗干净灭菌后，沥干水分，再将脱气的果汁趁热罐装，封口后，在巴士温度条件下灭菌 15～30 min。

（6）冷却。灭菌后的饮料分级冷却后，贴标即为成品。

4. 产品质量指标

（1）感官指标

① 色泽。玫瑰红色。

② 口感。风味酸甜适口，柔和无苦涩味，风味独特。

③ 组织结构。澄清透明。

（2）理化指标。可溶性固形物＞10%，总糖＞9%。

（3）微生物指标。细菌数＜100 个/mL；每 100 mL 大肠菌群＜30 个；致病菌未检出。

五、树莓果冻

1. 主要原辅料与仪器设备

（1）原辅料。树莓，采摘后经冷冻后出售的树莓；白砂糖，市售；明胶；果胶。

（2）仪器设备。质构仪、酸度计、糖度计、分光测色仪、电子天平、箱式电阻炉、热恒温水槽、电热鼓风烘干箱、智能变频电磁。

2. 工艺流程

明胶、果胶→浸泡→溶解→过滤

白砂糖

树莓→解冻→榨汁→过滤→熬煮→混煮→灌装→杀菌→冷却→成品

（白砂糖加入“熬煮”工序，“过滤”后的胶液加入“混煮”工序）

3. 操作要点

（1）树莓汁的制备。从冰箱中取出树莓，进行解冻，解冻后放入打浆机中进行打浆，分开果渣，再用 4 层纱布过滤得树莓汁，备用。

（2）混合胶的制备。加15%的明胶和10%的果胶，温水浸泡，待充分吸水膨胀后，将两种胶体一起倒入铝锅中加热溶解，依据胶体的耐热性，选择煮胶温度为70℃，以防止胶壁，并随时搅拌，随后趁热进行过滤，以除去杂质及可能存在的胶粒。

（3）树莓果冻的制备。将制备好的树莓汁倒入铝锅中加入白砂糖加热，边加热边搅拌，搅拌速度不要太快，以防止产生气泡。加热到60℃时，再放入混合胶体继续加热搅拌，直至利用折光糖度计测达到20白利度停止加热，灌装。

（4）灌装、密封。将加热好的树莓果冻趁热装入经洗净消毒的烧杯中，并及时封口。

（5）杀菌、冷却。将灌装品在常压下放入90℃热水中灭菌5 min，灭好菌后迅速取出放入冰箱冷却置室温，以便能最大限度地保持食品的色泽和风味。

六、树莓果脯

1. 主要原辅料与仪器设备

（1）原辅料。市售树莓、白砂糖、氯化钙、明胶、山梨酸钾、柠檬酸。

（2）仪器设备。双层锅、夹层锅、手持测糖仪、真空包装机、烘箱、烘盘、折光仪、打酱机。

2. 工艺流程

原料选择→清洗分级→护色及硬化处理→糖制→烘干→质检→包装→成品

3. 操作要点

（1）原料选择。选择七八成熟、大小均匀、无病虫烂伤、新鲜树莓果实，用清水洗干净备用。

（2）护色及硬化处理。将上述备用果实放入0.6%～0.8%氯化钙溶液中浸泡6～8 h，捞出后用清水冲洗，除去果实表面多余的护色硬化液体，沥干水分备用。

（3）糖制。取树莓果2.5 kg，糖2.5 kg，先将0.75 kg糖加入1.75 kg水，配成浓度为30%糖液，用双层纱布过滤后放入双层锅内加温至70～80℃，再把2.5 kg处理好备用的树莓果倒入锅内，慢火煮沸，当温度达到80～90℃时，保温30 min。煮制的过程中将剩余的糖分成4份，当果实表面出现细小裂纹时开始第一次加糖，然后继续煮制并不断翻动树莓果，把分好的糖每间隔10～15 min加入锅内一份，再把0.1%明胶和0.1%山梨酸钾加入锅中，以增加果脯的色泽并防止果脯贮藏期变质，同时不断翻动使糖均匀渗透以免糊锅，煮至果实表面透明澄清，然后从双层锅中取出树莓果，倒入缸中，继续用糖液浸泡24 h。

（4）烘干。将树莓果脯的半成品滤去多余的糖液，平摊在烘干盘中，放入烘箱烘干，先于70～80℃条件下烘干8～10 h，取出回软整形后，在于55～60℃条件下，烘干10～12 h，当含水量达到16%～18%时即可取出。待烘干的树莓果冷却至常温，进行整形包装，再用真空包装机封口，检验合格后打上日期即可入库。

4. 产品质量指标

（1）感官指标

① 色泽。金红色，透明，内外均匀一致。

② 香气。具有树莓特有的香气。

③ 口感。酸甜适口，具有原果风味，无异味。

④ 形态。椭圆形，与原果相似。

（2）理化指标。总糖量30%～35%，含水量16%，总酸度≤0.35%。

七、树莓果酱

1. 主要原辅料与仪器设备

（1）原辅料。红树莓、白砂糖、柠檬酸（食用级）、水（达到饮料生产标准）。

（2）仪器设备。螺杆式打浆机、化糖锅、调配罐、真空浓缩机、杀菌机（与果酱接触的设备表面必须为不锈钢）、旋盖式玻璃瓶。

2. 工艺流程

红树莓鲜果→剔除霉烂果及杂质→清洗→破碎→调整浓度→调酸→真空浓缩→预热→灌装封口→杀菌→冷却→成品

3. 操作要点

（1）红树莓原料处理。选择新鲜、色泽鲜红、无霉烂的红树莓果实为原料，剔除树叶、树枝等杂质，清水洗净。

（2）原料的破碎。将洗干净的红树莓果实用孔径为 6 mm 的螺杆式打浆机破碎。

（3）调酸。由于果酱的糖含量较高，将果酱的 pH 用柠檬酸调制 3.5 以下。

（4）浓度调配。按以下比例进行调配，调酸后的原果浆与白砂糖按 10∶9 的比例，加入白砂糖进行搅拌。

（5）真空浓缩与一次杀菌。将上述调配好的果酱置于真空锅中，调节加热温度为 65～75 ℃，锅内真空度保持在 0.06～0.07MPa，待可溶性固形物达到 57%～58%时，关闭真空泵，解除锅内真空。将真空搅拌后的物料，在搅拌状态下加热至 85～87 ℃，保持 7 min，这样的杀菌条件能较好地保留果酱中的热敏成分，不会影响果酱特有的芳香风味。

（6）灌装封口。将浓缩好的果酱装入玻璃瓶中，装入量距瓶口 8～10 mm，果酱灌装温度不应低于 82 ℃，装瓶后要立即加盖、封口。

（7）喷淋二次杀菌。将灌装封口完好的果酱产品通过喷淋杀菌机杀菌，杀菌一段温度为 92～95 ℃，保持 8 min；杀菌二段温度为 95～97 ℃，保持 9 min。

（8）冷却。为防止玻璃瓶温度骤降而破裂，冷却采用分两段降温，冷却一段温度为 60～45 ℃，保持 8 min；冷却二段温度为 35～20 ℃，保持 7 min。产品冷却后的中心温度达到 38～40 ℃。

（9）贴标入库。将冷却好的果酱贴标签，喷码，装箱，置于通风、阴凉的库中保存。

4. 产品质量指标

（1）感官指标

① 组织形态。酱体一致，呈胶黏状，含有果皮、籽粒和粒状果肉，无糖的结晶。

② 色泽。酱体呈红色，均匀一致，有光泽。

③ 滋味和香气。甜中带酸，具有红树莓特有的芳香，无焦煳味及其他异味。

④ 杂质。不允许有肉眼可见的外来杂质。

（2）理化指标。可溶性固形物含量（20 ℃，折光法计）62%～68%，铅≤1.0 mg/kg，总砷≤0.5 mg/kg，铜≤5 mg/kg。

（3）卫生指标。微生物指标应符合罐头食品商业无菌的要求，无致病菌及微生物作用引起的腐败象征，食品添加剂符合卫生标准。

第七十三章　欧　　李

概　　述

欧李（*Prunus humilis* Bunge）属蔷薇科（Rosaceae）樱桃属（*Prunus*），是我国独有的落叶小灌木果树。主要分布在山西、内蒙古、辽宁、河南、河北等干旱寒冷地区，有抗寒耐旱、耐盐碱、适应性强等特点。分布较集中的地区有山西中条山区和太行山区，内蒙古的大青山、蛮汉山和科尔沁草原，河北的燕山；零散分布的地区有山东崂山、泰山、沂蒙山区、潍坊和昆嵛山等地，安徽北部的大别山区也有零星分布。其株高 0.5～1 m，枝条细密，叶芽密集，无刺，单株株丛占地 0.2～0.5 m^2。花白色或粉色。果实形似樱桃，味似李子，酸甜适口，风味独特；有核，果呈圆形，单果重 5～15 g，果红色、黄色或紫红色。花期 4 月下旬至 5 月初，成熟期在 8～10 月。因其富含蛋白质、矿物质、维生素等多种营养成分，被誉为果中圣品，是一种保健型水果。其果实因具有较高的钙含量又称“钙果”。

欧李以药源植物利用的记载已有 2 000 多年。目前，生产中采用的主要品种果实口感普遍偏酸，多用于蜜饯、果脯、饮料、果酒、冰激凌和涂抹酱等产品开发。随着经济与科技的发展，欧李作为一种特殊农产品，其出路在于通过深加工开发提高其附加值。欧李将在食品营养与医疗保健等方面发挥积极作用，具有广阔的开发利用前景。因其适于“三北”沙漠地区、干旱半干旱山区、黄土丘陵地区、石质山区栽植，在国家环京津防沙和“三北”乔、灌、草结合防护林建设等重点生态工程中将发挥重要作用。

第一节　种类和品种

一、种类

整体来看，欧李的种类依照其分布区域，主要有三大区域类型。

1. 东北地区　欧李种群类型比较单一，特征为树体较小，果个较小，果实多在 5 g 以下，果实红色，酸度较大，当地群众称之为“酸丁”。成熟期普遍较晚，8 月中旬始有果成熟。品质较差，优良品质较少。

2. 西北地区　欧李资源保护较好。该区欧李的具体分布和特点了解较少。在西吉县天然次生林区分布有毛叶欧李，生于杂灌丛及山地路边。

3. 华北地区　该区地形较为复杂，小气候特别明显，是目前发现的欧李资源最为重要的分布区，类型多样，特别是优质种质较多，如果实较大、色泽与风味多样，果熟期较长，从 7 月上旬至 10 月上旬都有果熟。其中，太岳山种群资源表现为甜度较高，太行山南段资源以酸甜适口或香酸刺激的为上，而中条山优质资源以香味浓郁为最大特点。太行山中部和吕梁山的北部地区，包括山西阳泉、山西中部、山西西北部及河北部分地区，资源分布面积较大，有较多的优质种源，8 月上中旬成熟。山东的泰山、沂蒙山等地区。欧李资源种类较为单一，果实较小，色泽以红色为主，但成熟期较早，树体较大。

二、品种

（一）农大欧李系列

该系列主要有5个品种，是目前我国欧李生产上规模化种植和产业化开发的主要品种。

1. 农大欧李3号 鲜食品种。株高0.5～0.7 m。平均单果重5.5 g，果实圆形，果皮黄色。果肉厚、脆，汁多，味甜，无涩味，可溶性固形物含量15.87%，黏核，可食率93%。坐果率高，8月下旬成熟，丰产性强，四年生株产可达1.5 kg，每667 m^2 栽666株以上。

2. 农大欧李4号 鲜食品种。株高0.3～0.5 m。平均单果重6 g，果实扁圆形至圆形，纵横径1.77～2.33 cm。果皮红色或暗红色。果肉红色，厚、脆、硬，味甜，无涩味，可溶性固形物含量15.87%，汁少，离核，可食率94%。坐果率高，9月上旬成熟，较丰产，四年生株产0.5 kg，每667 m^2 栽666株以上。适应土壤pH7～8，植株抗黄化。

3. 农大欧李5号 该品种生长旺盛，植株高度0.6～0.8 m，一年生枝灰白色，新梢浅绿色，叶片大。花白色，较其他品种大。该品种在山西太谷地区3月20日左右萌动，4月中旬开花，果实圆形、个大，平均单果重10 g。果面、果肉黄色，果肉汁液多，可溶性固形物含量12.5%，可鲜食可加工果脯果汁。8月15日左右果实成熟，10月底落叶。平均单株结果1.2 kg，每667 m^2 产量1 500～2 000 kg，栽植株行距0.5 m×1.0 m。

4. 农大欧李6号 该品种株高80～100 cm，长势强，一年生枝灰褐色，柔软，较直立；二年生枝灰白色。新梢浅红褐色，顶端嫩叶浅金黄色。叶片倒卵形，叶中大，中绿色，叶尖不明显。花蕾绿色，花瓣白色，花中大。果实扁圆形，果皮深红色，光洁无粉，缝合线明显，梗洼较深，果柄粗短。果实甜味浓，中酸，微涩，果肉厚，黄色，果肉汁液较多，肉质细嫩，半离核，可食率96.7%，平均单果重13.03 g，大小均匀，为浓甜型加工兼鲜食品种。

5. 农大欧李7号 植株长势中庸，株高0.6～0.8 m，一年生枝灰褐色，柔软，较直立，二年生枝灰白色，新梢红褐色。基生枝平均节间长1.38 cm，上位枝平均节间长0.91 cm。叶片绿色，倒卵形，叶尖急尖，叶缘单钝锯齿，叶基楔形，叶中大，基生枝平均叶长6.913 cm，宽3.136 cm。花蕾绿色，花白色，果实呈扁圆形，果形指数0.80～0.88。果面底色为橘黄色，阳面着片红，外观漂亮；果沟明显，果柄粗短，长0.8 cm；果实酸甜适口，微涩，果肉厚、黄白色，汁液少，硬而脆，为鲜食品种。平均单果重14.3 g，最大果重18.0 g。

（二）内蒙古大欧李品种系列

该系列主要有2个品种。

1. 品种91-1 果实扁圆形，纵横径为2.06～2.39 cm，平均单果重7 g。果皮暗红色，果肉淡暗红色，果肉厚0.79 cm，肉质软，汁液多，酸而微涩，具浓玫瑰香味，可溶性固形物含量13.04%，微黏核。种子平均0.35 g。该株系丰产性强，三年生株产0.36 kg。

2. 品种91-10 果短卵圆形，纵横径为1.92～2.23 cm，平均果重4.4 g，果皮深红色，肉厚0.51 cm，肉脆，酸甜适口，品质好，离核。树体生长旺盛，丰产性强，三年生株产0.43 kg。

（三）燕山欧李系列

1. 燕山1号 果实主要用于深加工，兼鲜食。果实近圆形，果实纵横径3～3.5 cm，平均单果重15 g。果皮鲜红色，着色度100%，果面明亮美观。果肉厚、粉红色，果汁多，出汁率10%～15%，黏核，可食率97%。

2. 京欧1号 株高1.2～1.5 m。果实扁圆形，紫红色，果肉红色，平均单果重6.2 g，在北京盛果期每667 m^2 产1 000 kg。果实出汁率82.4%，干物质16.2%，平均可溶性固形物15.4%，可溶性糖7.85%，总酸1.12%，糖酸比7.01，钙249 mg/kg，维生素C 380 mg/kg，氨基酸总量5.13 g/kg，必需氨基酸总量1.54 g/kg，占总氨基酸的30.0%。鲜食及加工，种仁可作郁李仁药材。

栽培技术要点：选平地、坡地，也可在梯田地边栽种。春季在苗木萌动前，秋季在落叶后定植，株行距 0.8×1.0 m，定植坑穴深 50 cm，直径 40 cm，配置京欧 2 号作授粉树。合理疏花疏果，加强肥水管理，单株产量控制在 1.6 kg 以内。

3. 京欧 2 号 果实出汁率 81.5%。干物质 15%，平均可溶性固形物 14.7%，可溶性糖 7.54%，总酸 1.32%，糖酸比 5.71，钙 262 mg/kg，维生素 C 含量 449 mg/kg，氨基酸总量 5.22 g/kg，必需氨基酸总量 1.49 g/kg，占总氨基酸的 28.5%。鲜食及加工，种仁可作郁李仁药材。

栽培技术要点：选平地、坡地，也可在梯田地边栽种。春季在苗木萌动前，秋季在落叶后定植，株行距 1.0 m×1.0 m，定植坑穴深 50 cm，直径 40 cm，配置京欧 1 号作为授粉树。合理疏花疏果，加强肥水管理，单株产量控制在 1.6 kg 以内。

（四）太行山欧李系列

1. 品系 A-02 果实桃形、尖顶。平均果重 6 g 以上。初熟时果皮翠绿，软熟后逐渐变为红色。酸甜多汁，香味浓郁，黏核。7 月下旬成熟。叶卵圆形，叶尖圆钝或短凸尖，叶缘微上卷，叶面较光滑，新叶橙红色。新梢暗红色。坐果力强，单株结果 0.4 kg 左右。

2. 品系 A-85 果实圆形，果皮橙红色，果沟浅。平均单果重 7 g。味酸甜且香。成熟期 8 月上旬。叶卵圆形，叶尖短尾尖，叶基狭长。叶色蓝绿，有光泽。新梢浅红褐色。

3. 品系 A-125 果实圆形，果皮深红色，果沟浅。平均单果重 6 g。味酸甜适口。成熟期 8 月上旬。叶长倒卵形，叶尖急尖，叶色蓝绿。新梢红褐色。

（五）泰山早熟欧李品种系列

1. 赤李红 果实扁圆形，单果重 12 g。果肉浅红色，肉质较软，可溶性固形物含量 8.8%，可食率 94%，香味浓，酸甜可口。成熟期为 7 月 10 日。果核大，24 粒重 10 g，是加工中药郁李仁的大核品种。根系发达，抗干旱，耐瘠薄，不抗涝。

2. 赤李紫 幼果桃形、色绿，果沟不明显；近成熟期变扁圆形，果皮深红色，平均单果重 10 g。果肉浅红色，可溶性固形物含量 7.8%，可食率 93.3%。成熟期 7 月 10 日。结果成串，色泽艳丽，也是理想的盆栽品种。

3. 火炬李 3 月下旬开花，4 月上旬盛花期，4 月下旬果实进入硬核期，6 月 25 日进入第二次生长高峰，7 月上旬成熟，11 月下旬落叶。幼果桃形，有果沟，充分成熟后为扁圆形，果皮深紫红色。适应性与抗逆性同赤李红。

4. 樱桃李 幼果桃形，果沟不明显。果个小，平均单果重 3.5 g。果皮黑紫色，果肉软而多汁，果汁紫红色，可溶性固形物含量 11.8%。该品种属极早熟欧李品种，6 月中旬果实开始变软，6 月下旬可采摘，6 月底完熟，是周建中等收集到的 130 个欧李群落中唯一的浆果型品种，适宜加工果汁和果酒。

5. 樱花李 花为雄性花，雌蕊败育，粉红色。3 月下旬始花，4 月中旬谢花，花期长达 20 d 左右，花多而艳丽，香气浓，丛栽可修剪成球形或其他各种造型，适用于园林绿化及公路两旁斜坡栽植。

6. 奥运李 多年生枝干的潜伏芽周围每年有花蕾出现，且坐果率高，花为完全花，白色。红色果实绕生于多年生主干上，是该品种的独有特征。3 月下旬现蕾，4 月上旬开花，7 月上旬果实成熟。平均单果重 3.1 g，鲜食酸甜适口。该品种极耐干旱。

（六）山东品种系列

1. 七月紫 早果性强，苗木定植第二年结果，平均株产 1.4 kg，折合每 667 m^2 产 908 kg；平均单果重 11 g，果实紫色，极美观。可溶性固形物含量 9.8%，钙含量 182 mg/kg，铁含量 1.4 mg/kg，可食率 92.0%，7 月中旬成熟。

栽培技术要点：

（1）园址选择。该树种怕涝，栽培中应注意选择排水良好、不积水的地块。

（2）定植。栽植前挖深、宽各 50 cm 的定植沟，回填时每 667 m^2 掺入腐熟的有机土杂肥 3 000～4 000 kg，浇水沉实。

（3）栽植密度。株行距以 0.8 m×1.2 m 为宜。

（4）修剪。该品种枝条柔软，结果力强，栽培时应及时搭架绑缚，修剪时应保留主枝 2～3 条，利用摘心扩大树冠，提高结果面积。

（5）病虫害防治。建园易受前茬作物及周边作物的影响，会产生共生的病虫害，应引起重视。早春盛花期应防治蚜虫，初夏应注重防治白粉病，果实着色期喷施杀菌剂，防治硫胶病，易畦灌或植株两侧开沟沟灌。

适宜种植范围：山东欧李适生栽培区。

2. 628 欧李 早果性强，苗木定植第二年结果，平均每株结果 208 个，折合每 667 m^2 产 810.3 kg；平均单果重 3.5 g，果面光洁，红色或深红色，美观。可溶性固形物含量 11.8%，钙 260 mg/kg、硒 0.027 4 μg/kg，铁含量 8.6 mg/kg，可食率 89.3%。属早熟品种，6 月下旬成熟。不耐涝，栽培中应注意园址选择和排水。

（1）栽培技术要点。同七月紫。

（2）适宜种植范围。山东欧李适生栽培区。

3. 济欧 1 号 落叶灌木，丛状生长，怕涝；三年生树每 667 m^2 折合产量 1 396 kg；平均单果重 4.8 g，果实黑紫色，果肉紫红色；可溶性固形物含量 14.6%，钙含量 300 mg/kg，可食率 96.0%，7 月中旬成熟。

（1）栽培技术要点

① 园址选择。应选择排水良好、不积水的地块。

② 定植。栽植前挖深、宽各 50 cm 的定植沟，回填时每 667 m^2 掺入腐熟的有机土杂肥 3 000～4 000 kg，浇水沉实。

③ 栽植密度。株行距以 0.8 m×1.2 m 为宜。

④ 修剪。该品种枝条柔软，结果力强，栽培时应及时搭架绑缚，修剪时应保留主枝 2～3 条，利用摘心扩大树冠，提高结果面积。

⑤ 病虫害防治。建园易受前茬及周边作物影响，会产生共生病虫害，应引起重视。早春盛花期应防治蚜虫，初夏应注重防治白粉病，果实着色期喷施杀菌剂。

（2）适宜种植范围。山东欧李适生栽培区。

4. 济欧 3 号 落叶灌木，丛状生长，怕涝；三年生树每 667 m^2 折合产量 1 963 kg；平均单果重 9.5 g，果实扁圆形，紫红色；可溶性固形物含量 16%，钙含量 193 mg/kg，可食率 96.0%，7 月中旬成熟。

（1）栽培技术要点。同济欧 1 号。

（2）适宜种植范围。山东欧李适生栽培区。

第二节 苗木繁殖

欧李的繁殖方法主要有实生苗繁殖、嫁接繁殖、扦插繁殖、分株繁殖、压条繁殖、埋根繁殖、组培繁殖等。

一、实生苗培育

（一）层积处理

购置欧李实生种子，于 1 月初选择地势较高、排水良好的阴凉处，挖东西向沟，沟深 60～100 cm、宽 80～120 cm，长度随种子数量而定。层积前先将种子去杂，并用清水浸泡 1～3 d，每日换水并搅拌 1～2 次，使种子充分吸水。选干净河沙，沙用量为种子体积的 3～5 倍，沙子湿度为 46%～50%，以手握成团不滴水、松手触之即散为度。先在沟底铺 15～20 cm 的湿沙，然后一层沙一层种子（或事先将湿沙和种子按比例混匀），堆放至距地面 20 cm 时不再放种子，全部用河沙填平，然后用土堆成高于地面 20～40 cm 的屋脊形。沙藏沟四周挖 30～40 m 的排水沟，以防积水。种子多时每隔 1 m 竖一草把，以利于通气。天特别冷时应盖上草毡防冻。层积 2 年，中间检查 4～5 次，并上下翻动，以便通气散热，沙子变干要洒水补充，发现霉烂或萌动的及时捡出，霉烂的丢弃，萌动的在大棚营养钵内进行播种育苗。

（二）播种及苗期管理

第三年的 3 月中旬，将沙藏后破壳露芽的种子于塑料拱棚内的苗床营养钵内进行播种。每个营养钵内播 1 粒种子，播种深度为 2～3 cm，播后浇水。幼苗出土前保持拱棚内的温度在 30～35 ℃，当出苗率达到 80%以上时，温度控制在 25～30 ℃。温度的控制可通过加盖草帘或通风方法来实现。幼苗 4 片真叶后每半个月喷一次 0.2%尿素溶液，除叶面喷肥外还要灌施 1～2 次复合肥水。营养钵苗由于处于钵体内，难以利用地下水，因而要特别注意及时浇水，并且要及时去除杂草。4 月底 5 月初逐渐去除拱棚的塑料薄膜。移栽定植前 1 周要适当控水炼苗。

（三）栽植

1. 栽植前准备 可在栽植前 1 年秋季板栗果实采收后，结合板栗基肥的施用，在要定植欧李的地方进行深翻。也可以直接挖定植沟（穴），沟宽 40 cm、深 40 cm，表土与底土分别放置，挖沟后部分回填，杂草、表土和有机肥放下面，再回填部分底土，浇水。经过一个冬季和春季，使杂草、有机肥等充分腐熟。

2. 栽植时期 雨季（7～8 月）栽植。此期雨水充足，可保障水分的供应，成活率 100%。

3. 栽植方法 将适度炼苗的营养钵苗按株行距为 30 cm×50 cm 在定植沟内进行栽植，栽植时将黑色聚乙烯膜钵体从外侧剪开去除，不要弄散土团，栽植深度不要太深，应该使原来苗木根颈部与地面相平。栽后灌一次透水，等水下渗后，用土封盖树盘。以后视土壤墒情进行灌水。欧李栽植成活后，每年按常规方法进行管理即可。

二、嫁接苗培育

砧木可采用山桃、杏、李、毛樱桃，其中在李树上嫁接成活率最高，可达 80%以上。春季枝接接穗可在萌芽前采集，选择健壮、无病虫害的一年生枝条；芽接接穗随采随用。枝接嫁接时间可选择春季树液流动时，芽接可在秋季 8 月上旬至 9 月中旬，秋季芽接第二年萌芽早，苗木质量好。嫁接方法可选择插皮接、劈接、T 形芽接等。嫁接后要及时除萌、抹芽、绑缚支棍、防治卷叶蛾等病虫害。

（一）砧木选择

树做砧木进行嫁接欧李试验，结果表现各异。其中，杏砧表现形成树冠慢；樱桃砧表现亲和力差，成活后萌发枝弱；桃砧长势弱；李树嫁接苗的表现矮化砧冠不协调；绣川小叶李果小、丰产、树势较弱，实生砧表现亲和力强，成冠植株矮小，冠干生长协调。

（二）嫁接苗繁育

欧李优良乔砧和多个优良品种的育出，提供了欧李乔砧嫁接繁殖苗木的可行之路，解决了分株繁育需要的大量母株、枝条硬枝扦插成活率低的问题，为欧李良种大面积建园集约化栽培提供了条件，也为欧李盆栽进入凉台庭院创造了条件。

1. 砧木实生苗培育 采摘成熟的果实，盛入桶内或缸内破果，放置阴凉处加适量水，待果肉发酵变软后，用水淘净果肉，洗净种核，放置阴凉处或摊于室内晾干（忌烈日下曝晒，影响发芽）。1 个月后盛入透气的编织袋内，放置室内干燥处贮藏。入冬后在地势向阳高燥处，挖深、宽 70 cm，长

度视种核多少而定的冷藏坑。提前 1 d 将种核在缸内浸泡 24 h 后，与过筛干净的湿河沙按 1∶4 的比例掺匀入坑，厚度 50 cm，上面覆盖 10 cm 的湿沙，留 10 cm 的空间。坑上横放竹竿，上覆棚用塑膜、草苫，四周压严，冷藏越冬，防止雨雪水流入坑内。翌年春土壤解冻后，在地势平坦有水浇条件的地块育苗，南北向做畦，畦宽 120 cm，两侧埂高 40 cm，拍实，畦面平整，摆放高 25 cm、口径 30 cm 装满基质的黑塑料营养钵。基质配制按 2/5 过筛的田园地表土、2/5 干净过筛河沙、1/5 沤制发酵晒干过筛的牛粪，掺匀。也可买花卉、蔬菜育苗专用的商品基质（成分是草炭土、蛭石、珍珠岩、腐熟的腐殖质），掺入 2/3 过筛的田园地表土，1/3 过筛的干净河沙。营养钵摆满苗畦，浇水沉实。当冷藏的种核开裂露根时播种，每钵 1 粒，深度 4 cm，覆土，浇水。畦面横放竹竿，竿距 1 m，上面覆盖塑料膜，两侧压实保温保湿，温度控制在 25～30 ℃。苗出齐后，畦埂竹竿每隔二竿抬高一竿，两端垫一平砖透风。砧苗高 15 cm 时，每日下午用氮时后分次逐渐撤掉塑膜炼苗。见干就浇水，掺入正常施肥量 1/3 的多元素冲施肥。注意病虫害防治。当苗高 100 cm 以上时移栽，定植后当年 9 月即可嫁接。

2. 接穗苗培育　欧李良种接穗一般采集于丛状生长的优良欧李的锥形枝，除去基部和梢部不充实的芽段，中段做嫁接的饱满芽为数无几，难以解决大批量嫁接所需接穗。经过反复实践，笔者创造出品种分株苗盆栽控根促茎繁育接穗法：春季萌芽前，将丛状生长的欧李品种植株，留茬高 5 cm 剪去地上枝，整株带坨刨出，剔除根土，不要伤根，分成带根的枝，栽入高 40 cm、直径 50 cm 装满基质的盆中，浇水。刨苗时收集根上带有芽眼生长点 15 cm 一段，上剪平茬下剪斜茬，便于分清，扦插在高 25 cm、直径 30 cm 装满基质的盆中，上芽与盆土持平，摆入育苗畦中，浇透水。畦埂上横放竹竿覆膜，控制温度 25～30 ℃，用砖垫竿调节温度。萌芽后追肥喷水，苗高 20 cm 撤膜炼苗，落叶后换入高 40 cm、上口直径 50 cm 的大盆。盆栽欧李品种苗根系集中，施固体肥要溶于水中冲施，按 0.2%～0.3%浓度兑水，严禁直接撒入肥，以免烧根。微量元素肥按说明书施用，每隔 10 d 浇一次肥水。前期施肥以氮肥为主，中期以氮、磷、钾和微量元素肥搭配，10 月后不再施用氮肥，以免影响枝条成熟度。落叶后保持盆土湿润，放置在不上冻的地方或将盆埋入地下略低于地表即可防治病虫害，丛状盆栽湿度较大，防治白粉病可用粉锈宁，蚜虫防治用吡虫啉。枝高 40 cm 时，选留壮旺枝，疏除细弱枝。若秋季嫁接，剪取接条时留 3～5 个枝不剪，以控制残茬萌芽消耗养分影响来年生长。

（三）建园及管理

1. 砧苗栽植　选择地势平坦有水浇条件交通方便的地块建园，栽植株行距 1.5 m×2 m，南北行向挖深 70 cm 宽 70 cm 的定植沟，每 666.7 m^2 施入 500 kg 经沤制腐熟的圈肥，掺入 500 kg 铡碎的秸秆，掺匀回填至沟中部，整平后行间做埂浇水 6 月，绣川小叶李营养钵砧苗高 100 cm 以上时脱钵定植在定植沟上按株距挖定植穴，将砧苗脱去钵皮，带土坨栽植，覆土，浇水及时划锄，结合浇水施入冲施肥，薄肥勤施注意喷药防治粉虱叶蝉。

2. 砧木嫁接　营养钵砧苗 6 月栽植，至 9 月上中旬（白露前后）带木质部芽接在砧木 90～100 cm 高处（干高）选择平滑面，用嫁接刀上下横割两刀，相距 1.5 cm，中间竖割一刀呈“工”字形。将接穗倒拿取中间饱满芽，从芽上方 0.5 cm 处进刀，下削带木质部至芽下 0.5 cm 处横切一刀，带木质部取下芽迅速撬开砧木“工”字竖口两侧皮层，将芽塞入下口对紧，用塑膜条将切口上下缠严实，露出芽和叶柄，1 周后若叶柄发黄一触即掉说明嫁接成活，叶柄干枯不掉应立即补接，如还未成活可翌年春季枝接。砧苗早春枝接，于芽萌动前剪取接穗条，选饱满芽段剪成 40 cm 长 20 枝绑为一捆，用湿报纸包裹 3 层，再用薄膜裹严，放置冰箱恒温 2～3 ℃贮藏。3 月中下旬砧木萌芽树液流动时取出接穗，清水浸泡 24 h，劈接或插皮接嫁接成活后及时立杆，将梢固定在杆上以免被风吹折。欧李自花授粉坐果率低，建园应配置嫁接 1/5 同期开花的另一品种，提高坐果率。欧李旅游采摘园为延迟采摘期，一株砧木可嫁接同期开花的早中晚熟 3 个品种，可延长采摘期 1 个月。

3. 定植后管理　乔砧欧李建园第二年春季萌芽前，从嫁接芽以上 20 cm 处剪截，解除接芽绑膜，去掉嫁接芽以下砧枝，3 月下旬砧木上的接芽砧芽相继萌发，芽上砧桩上的芽抹去，芽下砧木上的萌芽留 3～5 个让其萌发，待嫁接芽长至 15 cm 时，用尼龙匹轻轻拢在桩上以防被风吹折，当萌发新梢长 40 cm 以后，剪去砧木上的萌枝，贴近砧木主干立竹竿，竹竿粗 3～3.5 cm、长 2 m，下端插入地下，紧贴树干用尼龙匹缠绑上下两道，固定在树干上，高出树干部分用作固定。欧李当年发育的枝冠枝条不进行夏剪，及时除去砧木上萌生的枝条，以免争夺养分。

三、营养苗培育

(一) 分株苗培育

欧李根蘖苗多，可于春季芽萌动时进行。欧李苗生长 2 年后，会在其周围地面形成许多新的植株，春季把其与母株的连接处铲断，一般在秋季落叶后或春季萌芽前进行分株，要注意在 3～4 月保护根蘖芽，让其长成大苗。

(二) 扦插苗培育

可选用枝插或根插。枝条扦插于 5 月中旬进行，选择优良单株，采集当年生半木质化、粗度在 0.4 cm 以上的插条，长度 8～10 cm，上面平口，下面斜口，采后立即去叶，只留上部 1～2 片小叶，立即插入清水中放阴凉处。为提高生根率，可用 ABT 生根粉 200～300 mg/kg 浸泡基部 20 min，选用干净的河沙作为基质，厚度 20 cm，上盖塑料布和遮阳网，扦插株行距 10～15 cm，插完后及时浇透水并进行叶面喷水，每天喷水 3～5 次，保持叶片不失水；插后每 3 d 喷一次 0.2%多菌灵或甲基硫菌灵预防病害，这样经过 15～20 d 就可生根，当年可长达 30～40 cm，优良单株扦插成活率达 65%以上。根插选取 0.5～1 cm 粗的根，于 3 月中旬进行扦插。

(三) 组培苗培育

该方法是目前果树育苗中一种先进工厂化育苗技术，可以在短时间内快速培育出大量品质一致的苗木。于 7 月前采集生长健壮的当年生枝上未木质化或半木质化的部分，去掉叶片，剪成 1 cm 长的茎段，用 70%酒精消毒 30 s 后再用无菌水冲洗 3～4 次，接入初代培养基中，每管只接 1 个芽，保持每天光照 12～16 h，2 周后芽即可萌发，转入第二代培养基中培养，6 周后芽长到 3 cm 左右时，可再切成带芽茎段继续培养，1 周生根，4～6 周即可炼苗移栽。

(四) 埋根苗培育

在落叶后至发芽前均可进行。最好于冬初挖取粗 0.5～1 cm 的根，剪成 15～18 cm 长，50 根一捆，进行沙藏，翌年 2 月下旬至 3 月上旬进行埋根，株行距 15 cm×35 cm，上端与地面平齐，埋后浇透水，盖地膜，可保湿增温，提高出苗率、成苗率。

(五) 压条苗培育

欧李枝条柔软，每年早春枝条埋到土中，埋时注意枝条顶端将露出地面，待压在土中的枝条生根后，截断其与母株的连接，到秋季时进行移栽。

第三节　生物学特性

一、根系生长特性

欧李属强分蘖根系，庞大的根系盘根错节，根冠比为 9.17∶1，比苹果大 7.84 倍，比可杏大 1.6 倍，这是其具有强大抗旱能力的内在特点之一。由于根系纵横交错，集中分布在 20～40 cm 的土层内，最深的可达 1.5～2 m，形成表土密集的网状结构，将 20 cm 深土层中的土壤紧紧包住。加之枝繁叶茂，大大减少了雨水对地表的冲刷。能有效阻止表层土壤被风刮走和被雨水冲刷流失，显示出极强的固水保土作用，特别是坡度大、光照强的地方，固土作用更强。

(一) 根系生长动态

欧李根系发达。一年生实生苗垂直根深度可达 40～50 cm，水平根可达 15～20 cm，主要分布在 20 cm 深的土层内。四年生欧李植株，垂直根可达 80～100 cm，水平根 20～80 cm，主要分布于 20～30 cm的土层内。根系总量约 293 条，1 年中有 2 次加长生长。

欧李具有庞大的根系，直径小于 1.0 mm 的根长占比均超过 70%，细根和毛细根是欧李根系的主要组成部分，起着重要的运输、固定和保土作用。毛细根形成了密集的网状根群，将地表至深层的土壤颗粒紧紧包裹，有利于固土防止水土流失。

(二) 根系分布特点

欧李的适应性极强，尤其是在抗旱性上，表现更为突出。欧李对降水量的要求不高，年降水量 400 mm 的地方就能正常生长。欧李的根系由两类根组成。一类是真根，一类是由地下茎形成的假根。真根又分为主根、侧根和须根。主根向下垂直生长，可到达以 2 m 下的土壤中去，侧根斜向生长或水平生长，多分布在 20～60 cm 的土层内。而假根则是由基生枝基部埋于土中的芽萌发后，没有长出地面，沿着地面以下的浅土层生长，生长一段时间后，在其上长出须根，以后芽又萌发，长出新的地下茎，地下茎又形成新的须根，最后形成网状根系。

二、芽、枝、叶生长特性

原生植株为丛生，每年从地下抽生新枝，第二年开花结果，结果枝条只有下部几个芽为纯叶芽，其余为混合簇生状态，叶芽、花芽混生而独立，一个芽位着生多个芽，多为花芽。结果初为串状，果实膨大到成熟后为棒状，美观奇特。果实成熟后一般整枝剪除，第二年抽生新枝结果，交替更新。

在山西省，欧李 3 月上中旬萌芽，4 月中旬展叶，4 月中下旬开花，6 月硬核，7 月下旬果实成熟，10～11 月落叶。

(一) 枝条生长

欧李树结果的枝条有两种，基生枝和侧生枝。枝条粗度与结果的关系：基生枝粗度越粗，成花坐果率越高，当粗度在 0.4 cm 以下时，成花平均在每枝 100 个左右，坐果率在 30%左右，当粗度在 0.4 cm 以上时成花数每枝在 150 个左右，坐果率 45%。0.35 cm 以下的基生枝产量很低，修剪时一般疏除。分析结构表明，基生枝粗度与成花数坐果数均呈正相关。

侧生枝的粗度以 0.29 cm 以上为宜，其每枝成花数在 96.7 个，坐果率在 34%，侧生枝粗度在 0.25 cm 以下的每枝仅能成长 37.8 个，坐果率低，在 22.69%以下。与基生枝相同，侧生枝粗度与成花坐果也呈正相关。由于侧生枝一般较细，所以，要高产必须增加侧枝粗度，上加强肥水管理的基础上，通过修剪是增加枝条粗度的有效方法。

几乎每株欧李树的侧生果枝都高于基生果枝，侧生果枝每株平均 33 个，最多 1 株有 55 个，基生枝平均 4 个，最多 1 株仅有 8 个，可以看出，不进行人工修剪的欧李树，有随着枝龄增加侧生果枝增多的特性，且基生枝由于过多，导致枝条过细，越冬成活也越少。侧生果枝平均结果 549 个，基生枝平均结果 180 个，比基生果枝高 2 倍，说明欧李树主要以侧生枝结果为主，但侧生枝的平均结果只有 15 个，基生枝则有 42 个，相差 1.8 倍。因此，在栽培中必须通过修剪的方法，提高侧生果枝的数量和质量以增加产量，为保证产量的连续性同时，要适当选留基生枝以保证更新。

(二) 叶、芽

叶互生，叶片倒卵形或椭圆形，长 2.5～5.0 cm，宽 1.5～2.0 cm，先端急尖或渐尖，基部楔形，边缘有浅细锯齿，叶柄长 2～3 cm，具 4 片托叶，长披针形。芽分为叶芽和花芽，无真顶芽。枝条近地面 1～3 节的芽质量好，4～8 节的芽稍差，顶芽枯死。一般每节上有 1 个叶芽，着生在几个花芽中间。花芽为纯花芽，每芽内有花 1～2 朵。

第四节 对环境条件的要求

一、土壤

欧李能在多种类型的土壤中生长，如华北地区欧李分布区多属褐土，西北地区、华北长城以北和东北科尔沁沙地一带多为沙土，太行山、太岳山地区多为粗骨土，甘陕一带，吕梁山西侧多为黄绵土，北方山区多为棕土。这些类型的土壤多数通透性良好，不易积水，但较为贫瘠，非常适合欧李怕湿涝而耐干旱的特点，且土壤 pH 7～8，适合欧李生长。

二、温度

欧李分布区的气候有以下类型：湿润半湿润气候，如东北大部分地区和山东等地；半湿润暖温带气候，如晋南、晋东南等地；半干旱气候草原区，如华北北部分布区；半干旱暖温带气候，如华北中部和甘陕南部分布区。这些地区均四季分明，一般冬季严寒而夏季不太炎热或酷热期较短。冬季极端低温在－35～－15 ℃。无霜期 120～240 d，多数地区不超过 180 d。

三、湿度

欧李分布区的平均年降水量 400～600 mm，部分地区可达 700 mm，一般春季干旱而秋季多雨涝，降水较为集中，多属干旱或半干旱地区。

第五节 建园和栽植

一、建园

（一）园地选择

欧李根系庞大，极抗旱，在年降水量 350 mm 的区域可以正常开花结果。可适应我国西北、华北、东北、华中以及南方冬季 0～10 ℃，时间累计 800 h 以上的广大地区种植，可耐－35 ℃低温，在 pH8.0 的土壤均可生长，抗贫瘠，适应性很强。

城市土地由于人流践踏及车辆碾压，土地较密实，通常限制根系生长。多数城市绿地极少生长在自然土壤中，它们多半被栽在贫瘠的基质中，如煤渣、灰烬和破瓦残堆以及各种缺少腐殖质和营养物质的土壤上。而欧李完全可以适应以上土质，因此具有巨大的应用前景和种植价值，是理想的绿化树种。

欧李用于人工栽培也采用带状栽植，每带 3～4 行，带距 2 m，带内株行距 0.8～1.5 m，便于管理和采果。也可与其他果树间作，提高经济效益。

（二）园地规划

确定园址以后，应进行合理规划，其主要内容通常包括防护林营造、栽植区规划、道路设置和排灌系统设置。

1. 防护林营造 在果园的营风口，选择生长快，与欧李无共同病虫害的高大树木作为防风林。防风林带的宽度一般为 5～8 行。

任何果园都应有相应的功能齐全的辅助设施。如办公、生活、加工（包括物资装配、产品初加工等）、包装、存贮（如存贮物资、器械、产品等）等综合服务区。其位置应安排在基地及园区的交通枢纽上。综合服务区应能顺利到达与之相关的每个生产小区。其大小与结构应与园区的规模相配套。不同功能的服务区可集中在一起，也可根据需要分散在基地的不同地点。

2. 栽植区规划 生产基地的建设应实行小区划分制，将其划分为若干小区，以便于以后的管理。

每个小区的气候与土壤条件需基本一致，其次整个小区都应在同一个交通和供水系统之内。小区的面积应根据具体的地形条件而定，一般平川区的小区面积较大，大体为 3.3～6.7 hm^2；而山地、丘陵区较小，大体为 0.7～1.3 hm^2。小区的形状则要考虑到地形特点和作业的方便性，如便于耕作和喷药等田间作业，要保证作业时每个角落都能到达。总的来说，小区规划应遵守“因地制宜，方便管理”的原则。

3. 道路设置　为便于物资运输和田间作业，基地及园区内必须有畅通的道路系统。道路系统、排灌系统的建设要与小区建设统筹安排。大中型基地及园区的道路系统由主干路（宽 5 m 左右）、支路（3～4 m）及小路（1 m 左右）等组成；小型园区的道路系统只设支路、小路即可，在尽量少占地的情况下能安全通过作业机械为准。在一些条件较差的地区可考虑用空中索道或单轨运输车代替部分道路系统，但要考虑到运输成本与交通的安全性。

4. 排灌系统设置

（1）灌溉系统设计。任何园区都应保证最低限度的供水条件。在降水较多的地区，只需有简易的灌溉设施以应对可能出现的旱情。在降水较少的地区，只要条件允许，最好配置比较完备的供水系统，以保证欧李正常生长的水分需求。

灌溉用水源主要有河流、水库、水井和蓄水池等。在地质状况较为稳定的沟谷可修建小型水库或蓄水池以蓄积雨水或溪流作为水源。平原区则常以水井或河流作为灌溉水源。输水方式主要有管道式或渠网式，其配置应依据具体情况合理选择。一般提水灌溉的地区多选择管道式，而有自流条件的地区可选择渠网式，有时也可采取复合结构。灌溉方式多采用沟灌，条件允许时可采用滴灌和渗灌。

（2）排水系统设计。由于气候的不确定性，任何园区都应配置相应的排水系统，以防止可能出现的洪涝。合理的排水系统不仅有利于作物的生长，而且能够减轻可能发生的地质灾害，所以对于山地果园，排水系统显得更为重要。对于地下水位较高的地区，排水系统必须能有效地降低地下水位。

（三）整地和改土

1. 整地　在完成农田基本建设工程，如修筑梯田、撩壕等工作以后，需清除种植区内原有植被和进一步平整土地，然后放线确定定植沟位置，准备开挖定植沟。定植沟深度一般为 60 cm，宽 50 cm，双行定植时一次性挖成宽 1 m 的定植沟。若地表为熟土，开挖时应将地表 23 cm 的熟土与底层土分开堆放。定植沟挖好后进行回填，沟底用粉碎的秸秆与部分生土混合回填 20 cm，中层用剩余的生土与部分表土及农家肥和磷肥等混合后填入。农家肥每 667 m^2 用量 5～10 t，磷肥以过磷酸钙为例每 667 m^2 用 200 kg。最后灌水沉降。剩余的表土留待定植时使用。回填沉降应在定植前一个月完成。

采用高畦定植时，定植沟的深度应根据畦的高度而做相应的变化，其他操作基本不变。

2. 改土　欧李具有抗贫瘠、抗干旱的特点。若想丰产，获取较大收益，对于土壤贫瘠的果园，应换上肥沃的土壤或填入富有腐殖质的肥料。山地栽前应深翻；黏土地要混沙土、施绿肥和土杂肥等用以改土；有隔淤层的沙荒地要深翻破淤，使淤沙混合，先种绿肥肥土；盐碱地解决排水以后，要进行土壤深翻，并大量施有机肥和旱季前种覆盖绿肥，防止返盐。

二、栽植

（一）栽植密度与方式

欧李是矮生小灌木果树，利用桃砧等高位嫁接，亦可进行乔化栽培。在发展种植基地时，要根据不同立地条件、回报周期、更新周期和植株高矮，灵活选择不同的栽植密度和栽培模式。栽培模式主要有以下 6 种。

1. 草地果园高密度模式　株行距 0.5 m×0.5 m，每 3～4 行为一带，带距 2～3 m，便于管理，每 667 m^2 栽 2 500 株左右，此模式见效快，后期可间伐。

2. 常规密度模式 株行距0.5 m×1 m或1 m×1 m，每667 m^2 栽666～1 300株。此方法2～3年内不会郁闭，产量高，生产性能稳定。

3. 宽窄行密植模式 每带2行，带间距1.5～2 m，带内行距为0.5～1 m，每667 m^2 栽880～1 300株。由于带状栽植通风透光好，管理方便，维持年限长，是较为理想的栽培模式。

4. 地埂栽培模式 利用地埂边缘空地栽植，可充分利用空间获得较高收益。

5. 立体栽培模式 此模式是将高位嫁接的欧李栽植成行，株行距可按3 m×4 m，行间栽植欧李自根苗。此方法是目前最佳利用模式，能充分利用高低空间差，改善通风透光条件，可获得较高效益。

6. 果粮间作模式 在耕地少的地区采用果粮、果菜、果药等作物间作模式，株行距可灵活掌握，利用收获期不同的时间差，来获得高效益。注意与欧李间作的作物应低矮，且与欧李没有共同的病虫害，也没有严重的争肥现象。

（二）栽植时期

在冬季较为温暖的地区，春季萌芽前或秋季落叶后均可定植。因秋栽利于根系伤口愈合，翌年春季萌芽早而采用较多。冬季严寒的地区，秋栽易发生生理干旱或冻害而影响成活率，所以以春栽效果较好。

（三）栽植技术

在整好翻好的地块上挖深50 cm、宽40 cm的坑，坑内填入与有机肥混合的表土，将苗木入坑边填土边踩实，深度保持原苗的根颈部位与地表一致，欧李栽植不能太深，否则苗木生长缓慢。

第六节 土肥水管理

一、土壤管理

目前果园土壤管理有清耕法、清耕覆盖作物法、覆盖法、生草法、果粮间作法和免耕法等6种方法。其中以清耕法使用最为普遍。前些年北方地区较普遍采用清耕法。近几年北方地区较普遍采用清耕覆盖作物与覆盖法，生草法多应用在南方果园，而果粮间作与免耕法则使用较少。

传统的清耕法在初冬果树落叶后或春季果树发芽前要深刨1次树盘，在生长季节还要多次锄树盘，以田间无草为标准。实际上，深刨树盘，破坏了20 cm土层内的根系；每次中耕锄树盘，将破坏5～10 cm土层内的根系，使生长对温度最敏感、吸收养分和合成细胞分裂素能力最强的浅层根不能发挥良好的作用，以至于树势难以控制，花芽分化偏弱，果实品质明显降低。清耕还会降低表土有机质含量，更容易使树体发育不正常。

免耕法虽然近年来才被人们所重视，但我国古代劳动人民早已认识到了免耕法的作用。《齐民要术》中记载，“李树桃树下，并欲锄去草，而不用耕垦。耕则肥而无实，树下犁拔亦死亡”。现代免耕理论认为：深层根系起着固定树体、运输营养和决定长势、形成大枝的作用；浅层根系起着吸收养分，形成短枝和决定果品质量的作用。免耕法可以保护和利用浅层根系，获得较多的短枝，以达到稳产和高产。所以，正确的土壤管理方法是幼树期可以深耕深施肥，成龄果园宜免耕、浅施肥。

欧李的根系较浅，清耕法不仅会伤及土壤表层的吸收根，还会破坏横生的根状茎，致使根蘖旺长，株丛失去控制，加速郁闭。所以，欧李园土壤管理宜采用免耕法，同时结合覆盖法进行。春季覆盖宜使用地膜，可有效地提高地温，且对于干旱地区有保墒作用。夏季覆盖则多采用覆草法。覆草在干旱的山区果园尤为重要，其优点主要有以下几点。

（1）保持土壤水分。覆草后可截留较多雨雪水分，减少地表直接蒸发，改善土壤团粒结构，增加土壤持水力和抗旱能力。

（2）增加土壤养分。覆草能增加土壤有机质，改善土壤环境。据调查，每年每667 m^2 覆盖

500 kg以上蒿草、秸秆等有机物连续覆盖5年，能使土壤有机质含量从0.7%上升到2.0%左右，蚯蚓、微生物增加。此外，钾和硝态氮的增加也很明显。

(3) 调节地温。清耕区地表温度在夏季大都超过30 ℃，使根系生长受阻。覆盖后能调节土温，使温度相对稳定，夏季土壤温度变化不剧烈，有利于根系生长。

二、施肥管理

(一) 基肥

1. 基肥的施用 施基肥多在春、秋两季结合土壤耕翻进行，以农家肥为主，辅以一定量的氮肥和磷肥。其中每667 m^2 施用农家肥3 000～5 000 kg、尿素20～30 kg、过磷酸钙100～200 kg，或者氮磷复合肥30～50 kg。各种肥料的具体用量应根据具体的生产状况来定。

基肥肥效期长，容易保证树体的营养平衡，是果树施肥的主要方式。基肥最好在秋季采果后及早施入。秋施基肥的好处在于使有机营养有较长的时间进行分解而利于作物吸收，为翌年的生长做好充分准备；同时，有机物的分解可提高地温，防止根部冻害。

传统施肥方法一般在落叶后开始施基肥，在树冠投影部位挖坑施入肥料，冬前未施入的春季也要补施。这种做法容易使根系遭到破坏，而短期内又难以恢复。如逢春旱无雨，肥料不能充分溶解，树体所需营养难以得到满足。到7～8月雨季来临后，所施肥料才能够被吸收利用一部分，但因施的太深，深层根系能够吸收，而浅层毛细根则难以吸收，对此期花芽的形成和果实品质的提高起不到作用。因此，为使所施基肥得到充分的利用，应推广使用。

浅层施肥的做法来源于日本，是近年来推广的一种土壤管理技术。有人认为这种施肥方法不一定适合我国，其理由是我国北方年降水量少，而且多分布在秋末，春季多干旱，浅施肥效果得不到发挥。确实，在近几年推广应用中也出现过问题，主要表现在：①有些地面覆盖的果园追肥时将肥料撒入地表，也不及时浇水，致使氮肥中的氨气挥发，叶子灼焦；②施基肥也撒于地表，使大量优质鸡粪、圈肥长期裸露地表，加之春旱，基肥不仅长期发挥不了应有的肥效，而且臭气熏天，果树枝梢不长，叶片边缘焦枯，呈现出半死状况。这两个问题，都是不正确使用肥料造成的。正确的施肥方法是，结合果园覆盖，秋施基肥或追肥时，幼龄树可口深施，成龄果园应当从树冠外围开10～15 cm的浅沟，将肥料施入并埋土；或者是将有机肥撒入地表，然后耕翻15 cm深。水是肥料的载体，无水则无肥效，施肥后一定要浇水，既不伤根，又能保证浅层根系吸收到肥料，使肥料不会流失。这样，秋末肥料就能够被吸收一部分，翌年春季肥料大部分会被吸收利用。

新近生产的免深耕土壤调理剂（简称免耕剂）配合浅层施肥法可以收到更好的效果。免耕剂的作用是：促进土壤微生物活性，能够有效地降低土壤的表面张力，使肥水很快下渗；具有极性，可使微土粒之间、微土粒与有机质之间胶合在一起，形成良好的水稳性团粒结构，从而大大提高土壤对肥料、水分的吸收能力；能使地表以下1 m左右的深层土壤逐步转变为团粒结构，彻底打破土壤板结，使耕作层深度增加；使肥料的土壤吸附量、土壤的含水量增加，从而达到保肥水、松土层的作用。

免耕剂使用方法简单，首次使用时，可将表土浅锄，撒入有机肥，每667 m^2 用免耕剂200 g，加水100 L，喷湿地表，或在雨前喷施效果更好。若土壤过度板结，可适当增加用量。必须注意的是，免耕剂一定要在土壤充分湿润的前提下使用，因为水是其活性载体，没有水就不能将其激活。喷施后，也应经常保持土壤湿润，这样可使其有效成分常处在活跃状态，加快疏松土壤的速度。当然，如果天旱无水，也不必担心药剂失效，因为它是一种生物化学制剂，土壤里一旦有水就会被激活，开始对板结土壤发挥疏松作用。另外，它不能代替肥料，增施有机肥对改良土壤更有利。免耕剂与浅层施肥法的配合应用，可为果树优质丰产创造良好的土壤环境。

2. 平衡配方施肥 传统的施肥方法主要依据经验进行，由于缺乏可靠的依据，常常造成施肥不足或肥料浪费，难以发挥肥料应有的作用。平衡配方施肥，是人为控制施肥的种类和数量，充分发挥各种肥料的肥力，实现果树营养平衡，从而提高经济效益的一种施肥方法。平衡配方施肥使用步骤是：按秋施基肥量，结合常用基肥中氮、磷、钾百分比含量，根据作物需肥量、土壤供肥量、肥料利用率和肥料中的有效养分含量等参数，计算各种肥料的使用比例。用在果树上的计算公式为：

每 667 m^2 施肥量＝果树吸收营养元素量－土壤供肥量肥料中有效养分含量×肥料利用率

河北科技师范学院张立彬对 7 种矿质营养元素（铜、锌、铁、锰、钙、镁、钾）在欧李中的变化规律研究表明，叶片中 7 种矿质营养元素含量年均值由多到少的顺序依次是：钙、钾、镁、铁、锰、锌、铜；果实中 7 种矿质营养元素含量均值由多到少的顺序为：钾、钙、镁、铁、锌、锰、铜。欧李在秋季和花前最好要补充钙肥，果实膨大期应注意施钾肥，对容易缺锌的果园，生长前期应施锌肥。由于欧李对氮、磷、钾的需求量尚未有人进行深入研究，施肥量和氮、磷、钾配合比例可借鉴李树进行。即每公顷产量为 9 850 kg，需吸收氮 33.9 kg，磷 10.2 kg，钾 43.5 kg，钙 47.0 kg；叶片氮、磷、钾的适宜含量，氮为 3%，磷为 0.6%，钾为 1.72%。

（二）追肥

果园全年施肥量的 70%～80%应作为基肥在秋季施入，留 20%～30%作为追肥施入。

1. 追肥时期 根据欧李开花、坐果、花芽分化、果实膨大等需要，可以分 3 次进行追肥。

（1）发芽前和开花前追肥。由于欧李春季开花与新梢生长都需要消耗大量养分，所以此期追肥非常重要。这次追肥以速效氮为主，宜早施。

（2）落花后至幼果膨大期追肥。此期追肥可促进幼果膨大，减少落果，同时为新梢生长提供充足的营养，为第二年丰产打下良好基础。此次追肥应氮、磷、钾配合施用。

（3）果实成熟前的迅速膨大期追肥。此期追肥可明显提高果实品质，同时对花芽分化有促进作用。肥料种类以磷、钾肥为主。

2. 追肥方式 有土壤追施和根外追肥两种。

（1）土壤追施。为传统的追肥方式，也是主要的追肥方式。

（2）根外追肥。又称叶面喷肥，即把肥料配制成低浓度溶液，喷到枝、叶、果上。此法经济简便，效果明显，是土壤追施的重要补充形式。

三、水分管理

（一）灌水时期

由于欧李的根系具有较强的吸水抗旱能力，正常年份不需人工灌溉，但在干旱年份，要想达到优质丰产，就要尽可能地配备灌溉系统，以满足植株正常生长结果对水的需求。

一般来说，欧李一年中有 3 个关键的需水时期：

（1）春季萌芽至开花前（3 月下旬至 4 月上旬）。此期肥水管理有利于提高坐果率，花期最好不要浇水。

（2）新梢旺盛生长的幼果膨大期（5 月中旬）。此期施肥灌水有利于新梢生长健壮和促进幼果膨大。

（3）果实第二次生长高峰以前（7 月中下旬）。此期如果缺水果实便不能正常膨大。施肥灌水对加速果实膨大具有重要作用，但此时北方正是雨季，要视土壤墒情而定。同时要注意排水，不让土壤积水。

（二）灌水方法

传统的灌水方法是每年冻土前浇 1 次封冻水，春季萌芽前修好树盘浇 1 次萌芽水，每一次浇水都是大水漫灌。这种做法既浪费水，又造成土壤板结。正确的做法是：结合覆草、覆膜，减少灌溉次

数；在需水时期进行微灌，即渗灌或滴灌。这样，既省水，又有利于根系生长。一般灌溉浸润深度为30～40 cm，而越冬水浸润深度应在60 cm以上。

（三）排涝

欧李的根系不耐湿涝，土壤含水过多会影响其正常生长，所以易发生洪涝和积水的地区应配备相应的排水系统。

山地果园如果排水不良，很容易造成地质灾害，所以，排水工作显得非常重要。梯田排水一般通过背沟将多余的水分排至主排水沟。石壁梯田常在石壁基部筑有排水口，土壤含水过多时下渗的水分从排水口流出，最后通过背沟排走。平原区降水较多时容易积涝，可通过明沟将多余的水分排走。地下水位较高时，需挖深沟或铺设暗沟排除多余的水分，降低地下水位。

果实成熟期如逢雨涝，对于易裂果的品种，可在行间铺设地膜，防止过多的水分下渗。这样由于根系吸水量减少，可有效地减轻裂果程度。

第七节　整形修剪

一、树形及树体基本结构

（一）树形

应根据欧李不同的栽植密度培养不同的树形。主要树形有丛状形、直立形、乔化形等3种。

（二）树体基本结构特点

1. 丛状树形　依栽植密度不同，丛状树形应具有10～15个结果枝，以及当年形成的10～15个新的基生枝。各类枝条组成放射状树冠。丛状树形的优点是技术难度较小，容易推广。特别是欧李植株丛生、低矮、生长快、结果早、易丰产，常规的丛状栽培可形成“草地果园”。但由于欧李枝条细长，结果率高，结果以后容易倒伏，影响果实品质，需要采取高垄栽培或架式栽培。此外，欧李根系具有容易形成根蘖的特性，该特性前期有利于快速提高果园的覆盖度，但后期的萌蘖往往扰乱树形，所以要经常除萌蘖，以保证数量相对稳定的生长枝和结果枝。

2. 直立树形　直立树形应具有1个多年生的25～30 cm的欧李主干，主干上部着生若干结果枝组。直立树形的培养需要连续短截，一般3年左右可培养成相对稳定的树形。直立树形主要用来制作欧李盆景，特点是病虫害容易控制，但树形培养需要一定时间。

3. 乔化树形　具有核果类的乔化砧木，上端着生欧李枝组。在40～60 cm处高接，接穗萌发后在8～10 cm处短截促发分枝，进一步生长多形成披散状树形（形状如龙爪槐）。乔化树形的优点是果园株间清楚，容易管理；提高结果部位，通风透光，减少了病虫危害，是丰产的主要树形。

二、不同年龄期树的修剪

（一）幼树期

春季定植时，每枝留10～20 cm短截，当年可萌发7～15个侧枝和3～5个基生枝，第二年基生枝上的侧生枝已形成大量花芽，并开花结果。

（二）初果期

对二年生以上的侧枝以疏剪为主，疏去过密细弱枝，其余长放结果。对于基生枝可选留株丛中2～3个强壮枝，剪去全长的1/3～1/2促其旺长，其余基生枝长放结果。二年生株丛极易产生大量基生枝，每丛除选留10个做更新枝外，其余基生枝一律疏除。

（三）盛果期

欧李定植后3年即进入盛果期，基生枝和上年短截的二年生枝上的侧枝生长健壮，形成大量花芽，可作为预备结果枝保留。长放二年生枝和三年生枝大量结果后，所发侧枝细弱，宜将整个枝组从基部疏除。

盛果期树体修剪的原则是：冬季修剪时，不论哪种树形，均可参考“三三制”修剪法，即疏除细弱、密集和病虫枝条后，将留下的枝条重剪 1/3（留 3～4 节），短截 1/3（留枝长的 50%），缓放 1/3。重剪的目的是为明年准备健壮的结果枝，短截的目的是为明年提高坐果率和保证足够的营养枝，缓放的目的是利用长果枝结果，充分利用结果空间，要求做到株丛内不同年龄的长放结果枝每年保持在 10～15 个，即基生枝 7～10 个，二年生枝组 3～5 个；要疏除多余的基生枝和二年生枝条上的细弱枝及衰老病虫枝；每年要注意选留和培养新的基生枝 10～15 个，以保证连年优质丰产。

三、修剪时期和修剪技术

（一）修剪时期

1. 冬剪 在早春发芽前对株丛内各类枝条的统筹修剪。在春季发芽前进行，冬剪时对结过果的一年生基生枝，选择 8～10 个要求其基部 5 cm 处，直径在 0.4 cm 以上，使其均匀分布。在株丛内为第二年主要结果枝，其余进行疏除。对于二年生枝上的二次枝，疏除过密、细弱枝，保留粗壮的 3～5 个二次枝。对多年生枝上萌发新枝，在枝条 20 cm 长度内，每枝选择不同方位的 2～3 个新发枝进行中短截，使翌年发出的侧枝粗壮。对衰老的多年生枝可直接疏除，因欧李树枝条易于更新。对多年生老枝可逐年进行更新修剪，使树势生命力始终保持旺盛。最后使株丛枝条保持在基生枝 8～10 个二年生枝，3～5 个多年生枝，对于留下的枝条先端不充实的也要进行剪除。

2. 夏剪 在生长季进行，主要在基生枝萌发后。在基生枝萌发后 5 月下旬进行，由于欧李基生枝数量多，对于过多、过密、过弱的基生枝要进行疏除，以免影响通风透光，保留 10～15 个生长健壮的基生枝并使其均匀分布在株丛内。

（二）修剪技术

根据欧李树的株丛特点、结果特性，为了保证增产稳产，在修剪时就要既有新发基生枝提供将来的产量，也要保留粗壮的侧生枝，保证当年的产量。冬季修剪时，对结过果的二年生基生枝进行有选择的保留，疏除一部分粗度在 0.4 cm 以下的基生枝，保留 9～11 个均匀分布在株丛，为第二年主要结果枝。对多年生枝上的一些结过果的且萌发新枝过弱的要进行重短截，而萌发新枝粗壮的在枝条 20 cm 长度内每枝选择不同方位的 3～5 个新发枝进行中短截，使明年发出的侧枝粗壮；对整枝衰老的多年生枝则可进行整枝疏除。由于欧李树枝条易于更新，可以逐年进行更新修剪多年生老枝，使树势生命力始终旺盛，使株丛枝条构成为基生枝 9～11 个，二年生枝 4～6 个，多年生枝 2～3 个。

夏季修剪，由于欧李基生枝多，每株其生枝 50 个左右，这些新发基生枝如果全部长成，会过分拥挤，影响通风透光，导致枝条过细，枝条过细则不能结果，这就要疏掉一部分，保留 14～16 个并均匀分布在株丛内。这种修剪方式即利用了多年生欧李侧枝结果为主的特性，也利用了基生枝结果来补充产量的性质，又利用了欧李易更新的习性，使欧李的产量得以稳定。

秋季落叶后修剪，采用主干丛枝状树形。当年栽植的幼树，选择向四周生长错落有致的壮旺枝做骨干枝，剪去枝梢的 1/5～1/4，疏去内膛的细弱枝，适当选留部分枝条填补空间，剪去 1/3～1/2 做临时结果枝。欧李枝条顶端部分细弱芽不充实，枝条须短截或疏除，不甩放，及时除去砧干上的萌芽。结果树因树势因品种特性进行修剪，早熟品种 628 济欧 1 号花蕾密集，芽间距短，坐果率高，在上年所留的 5 个结果骨干枝顶端，选择 1 个角度合适的壮旺枝留 20～25 cm 短截做骨干延长枝，骨干枝上的其他枝留 1 个疏 2 个，所留枝条基部留 2～3 个芽短截，其他结果枝适当短截，按空间选留不可过密。七月紫济欧 3 号品种芽间距长，骨干枝上的枝条留 3～4 个芽短截，骨干枝延长枝留 20～25 cm 短截，不甩放枝条。结果 3 年以后，要根据上一年的修剪反应和生长表现灵活调整修剪方式。

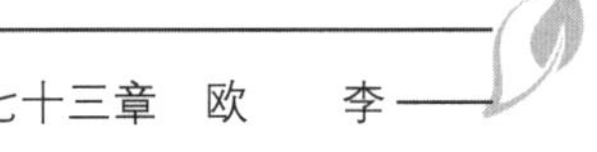

第八节　病虫害防治

一、主要病害及其防治

（一）侵染性病害

1. 白粉病

（1）为害症状。白粉病主要侵染幼嫩的茎叶、花及幼果。叶片染病后，初始叶背出现白粉，严重时叶正面及背面均被白粉状物并扭曲，植株不能正常生长。幼果偶有侵染，但一般不会造成严重危害。

（2）病原与侵染规律。欧李白粉病病原菌属子囊菌亚门真菌。白粉病病菌多以菌丝体或分生孢子在寄主芽鳞中越冬，成为翌年初侵染源。分生孢子借气流或雨水传播，落在寄主叶片或果实上进行侵染。白粉病菌对湿度要求比较特殊，喜高湿，极耐干旱，害怕积水。因此，白粉病在干湿交替出现时发生较重。

欧李在 5 月即开始被侵染，适逢雨季易造成大流行。

（3）防治方法

① 农业防治。搞好清园，将修剪后的病梢、枝、叶清理干净；合理控制枝条密度，保持良好的通风与光照条件。枝条挂果后要及时上架绑缚，防止倒伏。

② 化学防治。发病初期用 15%粉锈宁可湿性粉剂 1 500 倍液每周喷一次，连喷 2 次即可得到有效的控制。

2. 细菌性穿孔病

（1）为害症状。细菌性穿孔病为核果类常见病害，对于欧李主要侵染其叶片。叶片发病时初为水渍状小斑点，扩大后为圆形或不规则褐色或黑色斑点，以后病斑干枯，边缘发生裂纹，易脱落，形成圆形或不规则小孔，严重时造成早期落叶，影响树势。枝梢受侵染后皮部出现溃疡斑，最后树皮开裂，常成为流胶病的病因。

（2）病原与侵染规律。病原属甘蓝黑腐黄单胞杆菌桃穿孔致病型［*Xanthomonas campestris* pv. *pruni*（Smith）Dye］，属细菌性病害。病原菌在枝条皮层组织内越冬，翌年春随着气温的回升和组织内糖分的增加，潜伏的细菌开始活动，形成春季溃疡病斑，为主要初侵染源。植株展叶后，病菌从染病组织内逸出，借风雨和昆虫传播，经叶片气孔与枝条的芽痕或皮孔侵入。叶片一般于 5 月间发病，夏季干旱时病势进展缓慢，至秋季多雨时又发生后期侵染。潜伏期因气温高低和树势强弱而有所不同。在 25～26 ℃的适温下，10 d 后发病率为 100%，树势强时其潜伏期可达 40 d。

（3）防治方法

① 农业防治。休眠期清除枯枝、病叶，深埋或烧毁，以减少越冬菌源。增施有机肥和磷、钾肥，减少施用氮肥，保持合理的密度，做好排水工作，有利于减轻病害。

② 化学防治。发病前喷 5 波美度石硫合剂或 1∶1∶100 倍式波尔多液。植株发芽 1 个月后正为发病初期，每隔 10～15 d 喷一次 80%代森锰锌可湿性粉剂 800～1 000 倍液，或新植霉素 3 000 倍液或 72%农用链霉素 3 000 倍液或硫酸链霉素 4 000 倍液，共喷 2～3 次，可有效地控制该病。

3. 缩叶病

（1）为害症状。主要为害叶片，发病严重时也可为害花、嫩梢及幼果。春季嫩叶刚从鳞芽抽出时，就显现卷曲状，颜色发红。随叶片逐渐开展，病叶肥大、增厚、卷曲、皱缩变脆，并呈红褐色，严重时全株叶片变形，枝梢枯死。春末夏初，叶表面有一层白色粉霜，为病原菌子囊层，最后病叶变褐、焦枯、脱落。

（2）病原与侵染规律。缩叶病病原属子囊菌亚门。病菌以子囊孢子或芽孢子在芽鳞片和枝干的树皮上越夏。以芽孢子在树皮和鳞片中越冬。翌年春季，萌芽后经气孔侵入嫩芽，形成初侵染。一般当年不发生再侵染。在早春低温多雨的地区或年份，发病较重。

（3）防治方法

① 农业防治。加强果园管理，发现病叶，早期摘除集中烧毁，以减少病源。

② 化学防治。在花瓣露红展叶前，喷洒 1 次 5 波美度石硫合剂或 1∶1∶100 倍式波尔多液，消灭初次侵染源，效果良好。

4. 欧李枯枝病

（1）为害症状。该病主要表现为生长期枝条从顶部开始干枯死亡，叶片表现为突然失水状，皮层褐变枯死，严重时整个枝条甚至整个植株死亡。桃砧嫁接苗表现尤为严重，且枯后常有黑色分泌物出现。

（2）病原与防治方法。该病病原尚不清楚，5 月中下旬开始发病，用多菌灵与农用链霉素 500 倍液复配喷洒，有一定的控制作用。

（二）生理病害

1. 流胶病

（1）症状。主要为害一年生以上枝条，嫁接苗愈合不良时嫁接部位也容易出现症状。发病初期病部膨胀，随后陆续分泌出透明柔软的树胶，树胶与空气接触后逐渐变成褐色，最后变成茶褐色硬质胶块。随着流胶量的增加，病部扩大，感病的枝条日趋衰弱。当病部环绕木质部一周时，病部以上枝条即告死亡。

（2）病因。该病是一种非传染性病害，如病虫侵害、霜害、雹害、水分过多或不足、施肥不当、土壤黏重或过分偏酸等，都能引起流胶，其中机械损伤是引起流胶的最主要原因。

（3）防治方法。加强果园排水工作，增施有机肥，改善土壤理化性状，酸性土壤适当增施石灰或过磷酸钙，以降低土壤酸度。在田间作业时，要尽量避免损伤树体。一般情况下，染病的枝条在冬剪时疏去即可，但对于嫁接苗，为防止整株苗木死亡，当嫁接部位染病时，可刮去感病部位的胶体和韧皮组织，然后用多菌灵可湿性粉剂调成糊状涂抹，有较好的治疗作用。

2. 裂果病

（1）症状。在果实成熟期如降水过多容易发生。不同类型的品种对裂果病的抗性不同，硬肉质与黏肉质的品种较易发生，易感病品种在硬熟期甚至硬熟前就可能发生，而大部分感病品种只在软熟后才易发病，软肉质品种则几乎不发病。

（2）病因。主要是因为成熟期根系吸水过多，果肉细胞在大量吸水后迅速膨大，而果实外表皮的生长有一定的限度，导致生长失衡而造成果实崩裂。

（3）防治方法。成熟期如逢雨涝要做好土壤排水工作，尽量避免土壤含水过多，必要时可在行间铺设地膜，将多余的雨水通过地膜排至园外。

在多雨地区建园要尽量选用抗裂果品种。目前，还没有任何药剂能够有效地防治裂果。

3. 枝条猝枯病

（1）症状。在夏季枝条生长旺期容易发生，表现为整个枝条突然死亡，叶片呈失水状。

（2）病因。主要是由机械损伤引起。病菌从机械损伤所造成的伤口侵入，导致环绕木质部的皮层坏死而失去水分与营养的疏导功能，最后枝条表现为失水死亡。流胶病也常常是枝条猝枯的一个原因。与枯枝病的区别在于没有从上到下的发展过程，也不具有侵染性。

（3）防治方法。同流胶病。

4. 缺素症 欧李缺素症表现比较明显的主要是缺铁症和缺硼症。

（1）缺铁症

① 病因。缺铁症的主要原因有：在偏碱或盐碱重的土壤里，大量可溶性的二价铁被转化为不溶性的三价铁而沉淀，不能被植物吸收利用。盐碱地干旱时发病较重，雨季会有所减轻。夏季生长旺盛

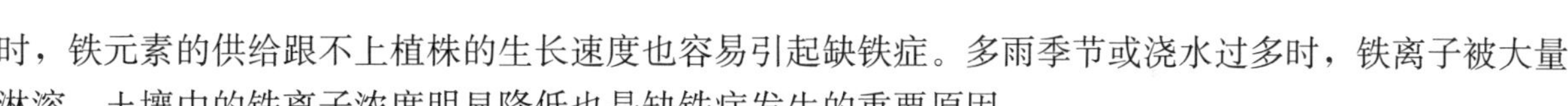

时，铁元素的供给跟不上植株的生长速度也容易引起缺铁症。多雨季节或浇水过多时，铁离子被大量淋溶，土壤中的铁离子浓度明显降低也是缺铁症发生的重要原因。

② 防治方法。盐碱地果园防止缺铁症的主要办法是在春季干旱时灌水洗盐，减少表土中的含盐量，地下水位较浅时还要做好排水工作；同时要进行土壤改良，增施有机肥，降低土壤 pH，把土壤中的铁元素还原为可给状态；必要时，可补充铁肥。对于因湿涝而引起缺铁症的地区，主要办法是做好排涝工作，其次为补施铁肥。

在病情严重时，直接补施铁肥可有效缓解病情。较常使用的办法是：将硫酸亚铁（生产上称为绿矾或黑矾）化成水溶液直接施于根部土壤，或者每 667 m^2 用绿矾 2～4 kg 与有机肥混合施入土中。其次用 0.3%～0.4%的硫酸亚铁水溶液做叶面喷施也有较好的效果。如果使用螯合铁（FeEDTA，乙二胺四乙酸合铁）效果要好于硫酸亚铁。螯合铁由二价铁离子加螯合剂而成，土施效果持久，铁离子不易被钝化。螯合铁溶液也可叶面喷施，浓度为 0.1%～0.2%。土施或叶面喷施注意不可过量，以免产生药害。

（2）缺硼症。5～6 月新梢旺长期容易出现缺硼症。不同的欧李品种抗性稍有不同。缺硼症表现为新生的枝条顶端叶片逐渐变小，严重时生长点褐变死亡，极易脱落，梢部变脆易折。

在土壤瘠薄的山地果园、河滩沙地或沙砾地果园，土壤中的硼极易流失，早春遇干旱时易发生缺硼症。石灰质较多时，土壤中的硼易被钙元素固定。钾、氮过多也能造成缺硼症。

合理施肥，增施有机肥，改良土壤；对瘠薄地进行深翻，加强水土保持；干旱年份注意适时灌水等可有效减轻缺硼症状的发生。在展叶后每隔 7～10 d 喷施一次 0.5%的硼砂液，连喷 3 次，可收到防止缺硼的良好效果。

二、主要害虫及其防治

欧李本身抗虫性较强，果园内病虫害相对较少。为害欧李的害虫主要为蚜虫、食心虫、春尺蠖、桃仁蜂、山楂叶螨、苹小卷叶蛾、黄刺蛾，叶蝉、多毛小蠹、白星花金龟、杨梦尼夜蛾等时有发生。

（一）蚜虫

1. 为害特点 桃蚜与桃瘤蚜是欧李的主要害虫之一。

（1）桃蚜。成虫和若虫群集在芽、叶和嫩梢上刺吸汁液，被害叶片向背面卷缩，严重者卷成绳索状，逐渐干枯。同时，其分泌物会引起霉污病，严重影响叶片的光合作用和果面的光洁。若花期发生，常对防治造成一定的困难。

（2）桃瘤蚜。从 5 月开始出现明显危害。被害叶片从边缘向背面纵卷，被害组织增厚，凹凸不平，呈紫红色或白色，受害严重的叶片卷成绳索状，逐渐干枯。

2. 发生规律

（1）桃蚜。1 年发生 10～20 代，以卵在芽、芽腋、树皮裂缝和枝杈等处越冬。翌年萌芽期卵孵化为若蚜，在芽上吸食汁液，展叶后转移到叶背为害，成熟的蚜虫开始胎生繁殖若蚜。5～6 月为危害高峰期。此后由于有翅蚜迁飞到其他作物上以及麦收后天敌的增多，虫口密度明显下降。10 月有翅蚜迁回，产生有性蚜，交尾后产卵。

（2）桃瘤蚜。在北方 1 年发生 10 余代，以卵在枝条及芽腋处越冬。萌芽后越冬卵开始孵化。若蚜先在嫩叶取食繁殖，叶片长大后受害叶开始卷缩。北方 5 月才见此蚜虫危害，6～7 月繁殖最盛，为害最烈。10 月有翅蚜迁回树上，产生有性蚜，产卵越冬。

3. 防治方法 萌芽前喷施 3～5 波美度石硫合剂杀灭虫卵。开花前可用 10%吡虫啉可湿性粉剂 3 000倍液喷雾消灭刚孵化的若蚜。落花后用 2.5%吡虫啉可湿性粉剂 2 000 倍液喷雾，可消灭卷叶内的蚜虫。

（二）梨小食心虫

1. 为害特点 梨小食心虫是欧李的重要果实害虫之一。以幼虫蛀果为害，被蛀幼果常提前脱落，未落的果实因果肉被蛀成“豆沙馅”而不能食用。野生欧李在虫害严重时虫果率可达80%～90%，造成有果而无产的局面，这也是野生欧李难以被直接利用的重要原因之一。

2. 发生规律 梨小食心虫1年发生2代，少数为3代。以老熟幼虫在土表1～5 cm处或草根旁石块下结茧越冬。翌年4月下旬至5月上旬，越冬幼虫多在越冬茧内化蛹，少数爬出茧外在1 cm左右深的表土内重新结茧化蛹。5月上旬为化蛹盛期，5月中下旬为羽化盛期。成虫具有趋光性和趋化性，昼伏夜出，羽化后1～2 d产卵，卵多产在果实表面，单卵散生，卵期1周左右。幼虫孵化后多直接蛀入幼果果仁。被害果极易脱落，随果落地的小幼虫多数不能完成发育期，其余在被害果脱落前即行转果为害。1头幼虫常能为害2～3个幼果。幼虫约经10 d老熟脱果，爬到地面钻入浅土层内做茧，经3～4 d化蛹，蛹期1周左右。6月中下旬第一代成虫出现，此时果核基本硬化；第二代幼虫蛀果后不能进入果核，仅在果内咬食果肉。一般1头幼虫只能为害1个果实，被害果多不脱落。幼虫期20 d左右。此代幼虫老熟脱果后多数钻入表层土内结茧越冬，其余继续化蛹。7月下旬至8月上旬出现第二代成虫，8月中旬第三代幼虫陆续老熟脱果，进入越冬期。

3. 防治方法 在越冬代成虫羽化前或第一代幼虫脱果前在树丛下面施药，常用50%辛硫磷乳油300～500倍液，每667 m^2用药0.5 kg，毒杀成虫和幼虫。在成虫发生期树上喷布2.5%溴氰菊酯乳油3 000～4 000倍液，20%杀灭菊酯乳油4 000～6 000倍液，对卵和初孵化幼虫均有效。因成虫持续期长，应连续用药两次，用药间隔为10 d。此外，可用性诱剂测报：在园中连续3 d用性诱剂诱到雄蛾时，基本上就是幼虫出土始盛期，即为地面用药的适宜时期。

（三）桃小食心虫

1. 发生规律 在山东、河北一带1年发生1～2代，以老熟的幼虫做茧在土中越冬。越冬代幼虫在5月下旬后开始出土，出土盛期在6月中下旬，出土后多在树冠下荫蔽处（如靠近树干的石块和土块下，裸露在地面的果树老根和杂草根旁）做夏茧并在其中化蛹。越冬代成虫羽化后经1～3 d产卵，绝大多数卵产在果实茸毛较多的萼洼处。初孵幼虫先在果面上爬行数十分钟到数小时之久，选择适当的部位，咬破果皮，然后蛀入果中，第一代幼虫在果实中历期为22～29 d。第一代成虫在7月下旬至9月下旬出现，盛期在8月中下旬。第二代卵发生期与第一代成虫的发生期大致相同，盛期在8月中下旬。第二代幼虫在果实内历期为14～35 d，幼虫脱果期最早在8月下旬，盛期在9月中下旬，末期在10月。

2. 防治方法

（1）预测预报

① 越冬幼虫出土期预测。在树冠下5～6 cm深处埋入桃小食心虫茧100个或更多，4月上旬罩笼，每天检查出土幼虫数，预测幼虫出土期。

② 成虫发生期预测。采用性诱芯诱集雄蛾的方法。每枚诱芯含性外激素500μg，诱蛾的有效距离可达200 m远。成虫发生期前，在枣园内均匀地选择若干株树，在每株树的树冠阴面外围离地面1.5 m左右的树枝上悬挂1个诱芯，诱芯下吊置1个碗或其他广口器皿，其内加1%洗衣粉溶液，液面距诱芯高1 cm。注意及时补充洗衣粉液，维持水面与诱芯1 cm的距离，每5 d彻底换一次水，20～25 d更换一次诱芯。每天早上检查所诱到的蛾数，逐一记载后捞出，预测成虫发生期。

（2）农业防治。减少越冬虫源基数，在越冬幼虫出土前，将距树干1 m的范围、深14 cm的土壤挖出，更换无冬茧的新土；或在越冬幼虫连续出土后，在树干1 m内压3.3～6.6 cm新土，并拍实可压死夏茧中的幼虫和蛹；也可用直径2.5 mm的筛子筛除距树干1 m，深14 cm范围内土壤中的冬茧；幼虫出土和脱果前，清除树盘内的杂草及其他覆盖物，整平地面，堆放石块诱集幼虫，然后随时捕捉；在第一代幼虫脱果前，及时摘除虫果，并带出果园集中处理；在越冬幼虫出土前，用宽幅地膜覆

盖在树盘地面上，防止越冬代成虫飞出产卵，如与地面药剂防治相结合，效果更好。

(3) 生物防治。在幼虫初孵期，喷施细菌性农药（BT 乳剂），使桃小食心虫罹病死亡。也可使用桃小性诱剂在越冬代成虫发生期进行诱杀。

(4) 化学防治

① 地面防治。撒毒土，用15%毒死蜱颗粒剂 2 kg 或 50%辛硫磷乳油 500 g 与细土 15～25 kg 充分混合，均匀地撒在 667 m^2 地的树干下地面，用手耙将药土与土壤混合、整平。毒死蜱使用 1 次即可；辛硫磷应连施 2～3 次。

② 地面喷药。用 48%毒死蜱乳油 300～500 倍液，在越冬幼虫出土前喷湿地面，耙松地表即可。

③ 树上防治。防治适期为幼虫初孵期，喷施 48%毒死蜱乳油 1 000～1 500 倍液，对卵和初孵幼虫有强烈的触杀作用；也可喷施 20%杀灭菊酯乳油 2 000 倍液，或 10%氯氰菊酯乳油 1 500 倍液，或 2.5%溴氰菊酯乳油 2 000～3 000 倍液。1 周后再喷一次，可取得良好的防治效果。

（四）春尺蠖

1. 为害特点 以幼虫为害树木幼芽、幼叶、花蕾，严重时将树叶全部吃光，除为害杨树、榆树、胡杨外，还大量为害杏、枣、苹果、梨、核桃等经济林。此虫发生期早，幼虫发育快，食量大，常暴食成灾。轻则影响寄主生长，严重时则枝梢干枯，树势衰弱，导致蛀干害虫猖獗发生，引起欧李大面积死亡。

2. 发生规律 1 年发生 1 代，以蛹在干基周围土壤中越夏、越冬。2 月底 3 月初或稍晚，当地表 3～5 cm 处地温 0 ℃左右时开始羽化；3 月上中旬或稍迟见卵；4 月上中旬或 4 月下旬至 5 月初开始孵化；5 月上中旬或 5 月下旬、6 月上旬幼虫开始老熟，入土化蛹越夏、越冬。成虫多在下午和夜间羽化出土，雄虫有趋光性，白天多潜伏于树干缝隙及枝杈处，夜间交尾，卵成块产于树皮缝隙、枯枝、枝杈断裂等处，一般产 200～300 粒。初孵幼虫活动能力弱，取食幼芽和花蕾，较大则食叶片；5 龄、4～5 龄虫具相当强的耐饥能力，可吐丝借风飘移传播到附近林木危害，受惊扰后吐丝下坠，旋又收丝攀附上树；老熟后下地，在树冠下土壤中分泌黏液硬化土壤做土室化蛹，入土深度以 16～30 cm 处为多，约占 65%，最深达 60 cm，多分布于树干周围，低洼处尤多。

3. 防治方法

(1) 在干基周围挖深、宽各约 10 cm 环形沟，沟壁要垂直光滑，沟内撒毒土 0.5 kg（细土 1 份混合杀螟松 1 份)，阻杀成虫上树。

(2) 4 龄前幼虫

① 常规喷雾。80%敌敌畏乳油 1 000～1 500 倍液；90%敌百虫晶体 800～2 000 倍液；2.5%溴氰菊酯乳油 2 000～3 000 倍液；20%速灭杀丁乳油 15 000 倍液。

② 超低容量喷雾。50%敌敌畏乳油、柴油，1∶2 混合液，6 kg/hm^2。

(3) 利用杨尺蠖核型多角体病毒防治。当 1～2 龄占 85%，最晚不迟于 2～3 龄虫占 85%左右时，地面喷洒为 3.0×10^{11}～6.0×10^{11} PIB/hm^2，不得低于 2.03×10^{11} PIB/hm^2，飞机喷洒为 3.75×10^{11} PIB/hm^2，不得低于 1.88×10^{11} PIB/hm^2。以 16:00～20:00 应用效果最佳，4：30～8：30 亦可。

（五）桃仁蜂

1. 为害特点 据初步了解，桃仁蜂在山西、辽宁省有发生。目前，所发现的该蜂寄主仅有桃和欧李。成虫产卵于幼果胚珠内，幼虫终生于核仁内蛀食，以致果实成为灰黑色的僵果而脱落。也有的被害果残留枝上，直至翌年开花结果后仍不落地，常被认为是褐腐病病果。该虫在山西境内的野生欧李上危害严重，常出现坐果时果满枝、成熟期却无果的情况，当地群众误认为是干旱所致，其实不然。

2. 发生规律 每年发生 1 代，以老熟幼虫于被害果核内越冬。越冬幼虫 4 月中旬开始化蛹，4 月下旬至 5 月初为化蛹盛期，5 月上旬为末期，蛹期 15 d 左右。田间 5 月中旬始见成虫，盛发期在 5 月下旬，此时正值幼果膨大期；产卵于幼果内，卵期 7 d 左右。幼虫孵化后即在核仁内蛀食，至 7 月中下旬老熟，即在核内越冬。

成虫羽化后经 2～3 d 才能咬破果核，从一圆形羽化孔爬出，飞到树上，白天活动。产卵时先在果面上爬行，寻找适当部位，将产卵管刺入核仁（胚珠）内产 1 粒卵，卵柄扭曲，末端留在核仁皮（珠皮）部，可看到一个黄褐色的斑点。每头雌成虫可产卵 100 余粒，危害较为集中，可见到呈灰褐色的虫果挂满全树。成虫发生期比较整齐。雌虫多于雄虫，雌雄比例近于 2∶1。

幼虫终生蛀食正在发育的核仁，7 月中下旬核仁蜡熟时陆续老熟。此时核仁多被食尽，仅残留部分仁皮。被害果逐渐黄化脱落，或残留枝上。幼虫为害期 40 d 左右。

3. 防治方法

（1）农业防治。秋季至春季萌芽前后彻底清理果园，认真清除地面和树上的虫果，集中深埋或烧毁是经济有效的措施。

（2）化学防治。在成虫发生期喷洒 80%敌敌畏乳油 1 000 倍液，或 10%氯氰菊酯 2 000 倍液，或 20%速灭杀丁乳油 2 000 倍液，均可取得较好的防治效果。

（六）山楂叶螨

1. 为害特点 为害欧李的叶螨有多种，但目前能够确认的只有山楂叶螨一种。山楂叶螨又名山楂红蜘蛛，属蛛形纲蜱螨目叶螨科。寄主植物有桃、李、杏、樱桃、苹果、梨和山楂等，在欧李上也较为常见，果产区尤为严重。在我国北方果区均有分布。以若螨和成螨为害芽和叶片。被害叶正面出现小黄点，严重时黄点连成黄斑。虫口密度大时吐丝拉网，害螨在丝网上爬行。

2. 发生规律 一般 1 年发生 6～10 代，以雌成螨在枝干的翘皮下、树皮缝隙内或植物基部的土缝中越冬。萌芽期越冬雌成螨开始出蛰，初在花芽上取食，以后陆续转移到叶片上为害，并产卵繁殖。6～7 月高温干旱的气候条件最适合害螨的发生，雨季则不利于害螨的繁殖。8 月下旬开始出现越冬型雌成螨。9 月害螨发生严重的地区常造成整体性的早期落叶。大面积使用毒性大的广谱性杀虫剂会大量杀伤叶螨的天敌，叶螨抗性种群的大量出现等是害螨大暴发的主要原因。

3. 防治方法 该虫发生初期多选用残效期长、具有杀卵性的杀螨剂，中后期可选择击倒速度快、对害螨各虫态均有较好触杀作用的杀害螨剂。在越冬雌成螨出蛰期，用 3～5 波美度石硫合剂或 50%硫黄悬浮剂喷雾（可兼治白粉病）；在落花后即第一次卵发生期和若螨发生期，用 20%螨死净胶悬剂 2 000 倍液或 5%噻螨酮乳油 5 000 倍液喷雾；在植株生长后期或虫害大发生前期，用 15%扫螨净乳油 2 000～2 500 倍液，或 20%哒螨酮可湿性粉剂 2 000～2 500 倍液，或 1.8%阿维菌素乳油 6 000 倍液喷雾。

（七）苹果小卷叶蛾

苹果小卷叶蛾别名棉褐带卷蛾、小黄卷蛾、茶小卷叶蛾。分布较为广泛。寄主有苹果、海棠、梨、山楂、桃、李、杏和樱桃等，对欧李的危害也较为严重。

1. 发生规律 在北方 1 年发生 2～3 代。寄主发芽时，越冬幼虫开始出蛰活动。出蛰后，幼虫钻入新萌发的嫩芽间为害，受害重的芽子枯死，轻者被吃得残缺不全，影响抽梢开花。现蕾期常为害花朵。幼虫长大后将叶片缠缀一起，潜居其中食害叶肉；当卷叶严重受害时，幼虫因食料不足，再向新梢嫩叶转移，重新卷叶为害。振动卷叶时，幼虫则剧烈扭动身体从卷叶中脱出，吐丝下垂。第一代小幼虫有群集为害习性，喜欢在原被害卷叶或其他害虫为害的叶片内蚕食叶肉，稍大后即各自卷叶为害叶片，并能潜伏于叶与果、果与果相靠处啃食果皮和果肉，使果面呈现出一个个小坑洼，直接影响果品质量。10 月上旬开始越冬，中旬达高峰，下旬全部越冬。幼虫期第一代 21～42 d，平均 27.8 d；第二代 220～250 d。

2. 防治方法

（1）物理防治

① 人工捏虫苞，消灭幼虫和蛹。如当地幼虫、蛹的寄生率较高，可将摘除的虫苞集中放入饲养笼里，使羽化的寄生蜂返回果园，发挥自然控制作用。

② 利用成虫的趋化性，在树冠内挂糖醋液诱集罐诱杀成虫。糖醋液配比：糖 1 份，酒 1 份，醋 4 份，水 16 份。也可用苹果醋、酒糟浸出液或发酵豆腐水等做诱杀液。

(2) 生物防治。可释放赤眼蜂。在卵发生期，分批、分期在果园中隔行或隔株放蜂，每代放蜂 4 次，每次间隔 5 d，每 667 m^2 放 500～2 000 头有效蜂，可收到明显的效果。

(3) 化学防治

① 在果树休眠期，用 80%敌敌畏乳油 200 倍液涂抹剪口和枝杈，可消灭在该处的越冬幼虫 90%左右。

② 花前和为害果前是药剂防治的两次关键时期。可喷洒 80%敌敌畏乳油 1 000～1 500 倍液，或 50%杀螟松乳油 1 000 倍液，或 50%辛硫磷乳油 1 000 倍液，或菊酯类农药 3 000 倍液。

(八) 黄刺蛾

黄刺蛾别名洋辣子、八角虫。属鳞翅目刺蛾科。为害苹果、梨、杏、桃、李、山楂、樱桃、枣、柿、核桃、酸枣等多种果树和林木。

1. 发生规律 东北、华北地区 1 年发生 1 代，以老熟幼虫（前蛹）在枝干上所结的茧内越冬。越冬幼虫于 5 月下旬开始化蛹，6 月中旬为盛期。蛹期 27～30 d，平均 28.4 d；成虫于 6 月中旬出现，下旬为盛期。成虫羽化多在傍晚，以 17:00～22:00 羽化最多；白天成虫静伏在叶背，夜晚活动，趋光性不强。成虫寿命 4～7 d，喜将卵产于叶背，卵散产或数十粒连成卵块，不规则，半透明。每雌产卵 49～67 粒；卵期 7～10 d。幼虫白天孵化，初孵幼虫先食卵壳，后食叶背的叶肉，留一层表皮，被害叶片呈苍白色或焦枯状；4 龄时将叶食成孔洞或缺刻；5 龄后分散取食，可将叶片食光。幼虫共 7 龄，幼虫期 22～30 d。各龄历期：1 龄 1～2 d，2 龄 2 d，3 龄 2～3 d，4 龄 2～3 d，5 龄 4～5 d，6 龄 5～7 d，7 龄 6～8 d。老熟幼虫在被害枝上吐丝并分泌黏液结硬茧越冬。

2. 防治方法

(1) 农业防治。结合冬季修剪，摘除越冬虫茧。

(2) 生物防治。注意保护茧内寄生蜂。其天敌有上海青蜂、朝鲜紫姬蜂、刺蛾广角小蜂等。被寄生茧的上端有一寄生蜂产卵时留下的小孔，容易识别。

(3) 物理防治。幼龄幼虫有群栖为害的习性，应早期检查，人工摘除虫叶，消灭幼虫。

(4) 化学防治。在幼虫发生期可喷 80%敌敌畏乳油 1 500 倍液，或 90%敌百虫 1 000 倍液，或 20%速灭杀丁乳油 5 000 倍液，均可得良好效果。

第九节 果实采收、分级和包装

一、果实采收

(一) 采前准备

准备好采果盘或浅筐、盛果筐或塑料桶、洗果设备、晾果床、果箱（盛装 1～2 kg），长果柄品种直接带柄采摘放入果盘，短果柄品种带果柄剪下落入盘中，盘满后倒入桶内，用水冲洗掉果实表面的尘土及残留药痕，摊在晾果床上晾干水分，装箱销售。

(二) 采收时期

欧李果实成熟比较集中，鲜食欧李宜在果实着色后八九成熟时采摘，此时李香味浓，糖分高，口感佳，果实有硬度，较耐贮运。若果实制酒制汁，需待果实完熟果肉变软时采摘，此时所含花青素及钙、铁、锌、硒等微量元素达到高峰。

（三）采收方法

欧李成熟后，果柄不易从结果树上脱落，在成熟度较高但未完全成熟时，果柄与果肉连接处反而易产生离层。为提高果实的耐贮性和保证果实的美观，采摘时需注意带上果柄采收欧李时可用剪子剪下，剪下的果实须轻拿轻放，严防碰压损伤。盛放应使用硬质容器，且不宜过大，一般以 2～3 kg 较为合适，周边与底层须用软质材料衬垫。为提高果实耐贮性，采收时也可将结果枝一起剪下，但这样常会影响到第二年的树势生长，而草地化管理的欧李园采收时可将果实与结果枝一起剪下。

二、果实分级

同一品种的欧李果实在正常成熟时果个差别不大，所以欧李果实一般不需要分级，只需将劣质果、畸形果和损伤果分拣出来。可将果实铺放在比较宽敞的平台上进行分拣。操作时需轻拿轻放，轻微的碰伤肉眼常看不出来，但对贮存影响很大，应多加注意。

三、包装、运输

欧李运输必须注意以下几个问题：

① 欧李果实在长途运输前必须经过预冷处理。如果果实是从冷库中运出则不必再次预冷。

② 快装快运。运输过程中的一些环节，如装卸时间越长，果实温度越容易受到外界环境的影响。果实温度一旦升高，其新陈代谢加快，会明显影响果实的品质。

③ 欧李果实不耐碰压，碰压损伤的果实与正常果实相比，耐贮时间明显缩短，所以运输过程中要轻装轻卸。

④选用合理的运输工具。由于欧李耐贮性差，所以运输过程中必须保持较低的温度。短途运输可采用保温装置，长途运输最好采用能够降温的冷藏装置。

第十节 果实贮藏保鲜

在欧李果实达到硬熟程度时采摘。置于常温下经 1 周时间品质便明显变劣，完全失去商品价值，所以欧李最好采用冷库结合气调进行冷藏。经过预冷处理的欧李果实，装入塑料薄膜小包装袋，充入二氧化碳气体进行气调贮藏，可以收到良好的保鲜效果。一般每个包装袋盛放 2～2.5 kg 果实，氧含量保持在 3%～5%，二氧化碳保持在 10%～25%。贮藏温度为（0±0.5)℃，相对湿度为90%～95%。贮藏期可达 1 个月以上，品质和初采时相近。

为提高果实耐贮性，采后应进行浸钙处理。常用钙盐为氯化钙，浓度 2%～3%，浸泡时间 1 min。浸钙处理较麻烦，比较简便易行的办法是采前喷钙，用 0.5%氯化钙水溶液每隔 1 周喷施一次，共喷 2 次，贮运时可明显降低果实腐烂率、掉梗率和褐变指数。同时，注意采前果园 7～10 d 不要浇水，避免大雨之后 1 周内采果，采前不得喷施催熟药剂。

第十一节 设施栽培技术

一、反季节栽培设施

（一）第二代日光温室

1. 日光温室的特点 日光温室是我国独创的一种高效节能型温室，是我国劳动人民智慧的结晶。其造价低，使用成本更低。因其面积较小，机械化作业不太方便，但非常适合我国农民一家一户小规模生产的特点。由于温室间相对隔离，对病虫害的传播也易于控制，所以其优点远远大于其缺点。

日光温室的热源完全依赖于阳光，所以对灾害性天气抵御能力较差，连续的阴雨或降雪以及大幅度的降温会对生产造成非常不利的影响。

2. 常用日光温室类型

（1）普通一斜一立式塑料薄膜日光温室。主要结构为：跨度6～8 m，脊高2.8～3.5 m，后墙由土或砖石砌成空心并填充保温材料，高度为1.8～2.6 m，后坡由秸秆和草泥等构成。这种温室采光好，升温快，保温效果较好，结构简单，空间较大，作业方便，可用于果树保护地栽培。

（2）半拱式塑料薄膜日光温室。主要构造特点是前屋面呈拱圆形。这样的结构不仅采光好、空间大，而且屋面薄膜容易被压紧，抗风能力强。根据骨架使用材料的不同，半拱式温室分为竹木结构和钢结构两种。

（3）熊岳第二代节能日光温室。前屋面为一体化钢骨架，跨度为7.5～8 m，脊高3.5 m，室内无支柱，作业方便，采光好，空间大，保温性能好，坚固耐用。在北纬40°以北地区进行反季节栽培，不管是蔬菜栽培还是果树栽培，都表现出很大的优越性。

3. 第二代日光温室设计要求　第二代日光温室与第一代日光温室相比，具有高效、节能的特点，所以在现代温室生产中占有很大的比例。而且根据各地区不同特点和需求出现了许多不同的型号。如为了满足果树温室生产而设计的熊岳第二代高效节能日光温室就是其中效果较好的一种。第二代日光温室设计的一般要求：

（1）采光设计

① 温室的方位。温室的建造方位应是坐北朝南、东西延长。在寒冷地区，早晨温度低，揭草帘时间迟，建造方位以南偏西为宜，这样可以较好地利用下午光照。在较温暖地区，为争取上午太阳光，充分进行光合作用，要以南偏东建造。但不论温室方位是南偏西或南偏东，偏角均不宜超过10°，否则在中午强光时间内，进入温室的光照少，影响温室气温和地温的提高。

② 温室的采光屋面角度。根据太阳光的入射原理，光线与屋面的入射角度为0时，透过率最高，但是入射角在0～40°时透过率变化不明显。根据这一理论，合理的屋面角度应为：

$$\alpha=A-B-40°$$

式中，α——合理采光屋面角度；

A——当地地理纬度；

B——太阳赤纬，冬至日为－23.5°

但是上述角度只有在正午才能达到合理的采光要求，为使午前和午后的采光都趋合理，第二代温室采用了合理采光时段理论，要求日光温室在冬至前后，每天要保持4 h以上的合理采光时间。根据合理采光时段理论，第二代日光温室的采光屋面角度要比合理采光屋面角大5°～7°。北方大部分地区主采光角应在30°～35°。

③ 温室采光屋面的形状。温室的采光屋面的断面形状主要有半圆拱形、椭圆拱形、两折式和三折式等几种。一般以半圆拱形屋面倾角最合理，获取的太阳辐射多且分布合理。生产中应尽量采取此种形状。

（2）墙体等保温材料的设计。建造温室时，后墙、山墙、后屋面等应采用导热率小、蓄热保温性能好的材料，或采用多层保温材料组合构成复合墙体，减少热量损失，增强保温能力；北方地区，在多数情况下，从南到北，其墙体以1～1.5 m厚为宜（以土墙为例计算）。后屋面若采用保温性能好的秸秆、草泥、稻壳、高粱壳、玉米皮等组成的复合屋面，总厚度宜在40～70 cm。

（3）温室跨度和高度的设计。温室的跨度是指温室南墙至北墙内侧之间的宽度。北方温室跨度一般在6～9 m，配以一定的屋脊高度，可以保证前屋面有较为合理的采光角度，作物有较充裕的生育空间和较便利的田间作业条件。

温室的高度是指屋脊至地面的高度。在跨度不变的情况下，增加脊高可以加大前屋面采光角度，有利于透光，但温室过高相应造价增加，温室保温性能下降。降低高度使前屋面采光角度变小，减少了太阳光入射量，温室吸收的能量减少，温室升温能力下降。虽然保温性能变好，但在低温情况下，其保温作用不大。第二代日光温室屋脊高以 3～3.5 m 为宜。

（4）温室的长度设计。一般以 50～60 m 为宜。在 20 m 以下时，山墙遮光面积占温室总面积比例大，单位造价高，遮阴面积比例和散热面积比例都增大，保温困难，生产性能差。温室长度超过 60 m时，管理操作不便，维护也较困难，温室的结构性能较差，易受风雪和高温危害。

（5）温室后屋面设计。进行冬季生产的温室，必须具有保温良好的后屋面。冬季后屋面得到的散射光及能量远不及散热耗能，所以必须封闭保温。目前，生产中的高效节能温室后屋面大体有长后坡式和短后坡式两种。长后坡式的温室白天升温慢，夜间降温也慢，清晨揭帘前温度较高。短后坡的温室，白天升温快，晚间降温也快，揭帘前温度较低。后坡太长时，温室的有效使用面积变小。综合考虑各种因素，温室后屋顶的水平投影长度宜在 1.2～1.5 m。

（6）其他设计

① 防寒沟设计。在温室前底脚外侧顺温室东西向挖 1 条地沟，沟深 40～60 cm，宽 30～40 cm，内填干草、马粪或细碎秸秆等导热率低的材料，外包以废旧塑料薄膜。填好后从温室前底脚处开始压上向南倾斜成坡状的黏土层，防止雨、雪和水渗入。防寒沟的铺设可有效地防止温室前底脚的土壤贯流放热，同时也可防止冷气从前脚土壤侵入。

② 通风口设计。通风换气是温室生产管理中一项经常性的且十分重要的工作，其作用主要是降温、排湿、排除有害气体、补充二氧化碳等。通风换气主要依靠在温室前屋面上预设的通风口进行，即借助热空气对流或风力达到室内外空气交换的目的。因此，通风口设置的位置及多少是十分重要的。通风口通常分上下两排，上排通风口设在屋脊处，排风力最强，主要是向外排出湿热空气。当通风口开张较大时，也可从通风口涌入部分冷空气。下排通风口一般设在距地面 1 m 处，主要起进气作用。为了防止贴地冷空气直接进入温室侵害作物，下排通风口一般不可设置过低。

通风口的开设方法：一种是在靠近屋脊处隔 3 m 远左右在薄膜上设一直径为 30～40 cm、长约 50 cm的塑料薄膜放风筒，平时关闭，通风时张开。用通风筒通风不易受冷空气侵害，寒冷季节使用较好，但这种方式通风量较小，外界气温高的季节，降温效果较差。另一种是为扒缝通风，上排风口在通风时将屋脊处的薄膜分成上下两片，下片宽 1～1.5 m，固定于拱架上；扣膜时上片叠搭在下片上边约 20 cm，而后在膜上压好压膜线，两片薄膜平时没有缝隙，需要通风时从两片薄膜搭缝处将上片扒开，就变成了一条通风道。这种通风法薄膜不受损，可通过扒缝的大小调节通风量，通风作业速度快。当温室外夜温稳定在 15 ℃以上时，上下两排通风口已不能有效地进行通风换气，可把温室前屋面底脚处的薄膜撩起通风。

4. 日光温室的透明覆盖材料 用于日光温室的透明覆盖材料主要有：

（1）聚乙烯长寿无滴棚膜。简称 PE 无滴膜。这种棚膜透光性好，透光率下降缓慢，尘埃附着轻，耐低温性强，具有防滴防雾功能。一般能够连续使用 2 年。由于成本低，综合性能良好，近年来使用面积在不断扩大。

（2）聚氯乙烯长寿无滴膜。简称 PVC 无滴膜。这种膜具有透光率高、保温性能好、无滴防雾等功能，但透光率衰减较快，高温大风天膜面易松弛破损，一般只能使用 1 年。

（3）乙烯-醋酸乙烯多功能复合膜。简称 EVA 膜。这种膜是一种高透明、高效能的新型棚膜，综合性能良好，经久耐用，目前在北方重点推广。

5. 日光温室常用的保温覆盖材料

（1）草苫。习惯上也常称为草帘，是使用最多的温室前屋面的保温材料，主要有稻草苫和蒲草苫两种。草苫价格低廉，保温性能良好，覆盖 1 层可使室内最低气温提高 3～6 ℃。草苫易掉草屑，影响棚膜的透光性，同时降雨或降雪后变厚而沉重，盖揭困难，而且降雪后也很难清除积雪。如将草苫两面都缝制 1 层防雨布，不仅可避免上述缺陷，还可增加保温效果，同时延长使用寿命。

(2) 纸被。是用 4～7 层牛皮纸缝制而成，长宽视温室大小而定，能够盖严即可。通常与草苫配套使用，覆盖在棚膜之上、草苫之下。覆盖 1 层纸被和草苫，可使室内最低气温提高 4～6 ℃。

(3) 棉被。一般用次品棉花和再生纤维与布做成，保温性能强，主要覆盖在棚膜外，也可以当作塑料大棚的围帘使用。通常情况下，覆盖 1 层棉被，可使室内最低气温提高 8～10 ℃，但由于棉被成本高，吸水力强，如被雪雨弄湿会变得很重，卷、放都比较困难，不注意晾晒又容易霉烂，所以在我国使用很少。

(4) 不织布。又称无纺布、丰收布。是一种轻工产品，是用聚酯热压加工而成的布状物，近似织物强度，可用缝纫机或手工缝合。农业上用的是长纤维不织布，其特点是不易破损，耐水耐光，重量轻，透光性良好，使用保管得好，寿命可达 5 年，多作为棚室内保温覆盖材料。覆盖方式有不织布保温幕、不织布小棚或直接覆盖在作物上。不织布的保温效果因覆盖方式和厚度而有差异。一般 1 层不织布保温幕可使棚室最低温提高 1～3 ℃，棚室中小拱棚内温度可比棚室中提高 1～2 ℃。

(5) 保温幕。用普通塑料薄膜、不织布或专制的塑料薄膜制作，覆盖在棚室内部以提高棚室的保温性。加盖 1 层保温幕可提升棚室气温 3～4 ℃，同时保温幕密封越好保温性越强。保温幕吊挂时要保持一定的斜度，以保证室内蒸发的水汽在膜在膜上不会聚集。

(二) 加温温室

1. 加温温室特点　通常加温温室是指配备加温设施的日光温室。在东北、华北北部等全年最低气温在－20 ℃以下、冻土厚度达 80 cm 左右的寒冷地区进行温室生产，均应配备加温设施。

加温温室具有较强抵御灾害性天气的能力，室内温度可调控范围加大，故生产能力大大提高。用加温温室进行欧李反季节栽培，若结合提前休眠措施，成熟期可提前 3 个月以上。

2. 加温方式

(1) 烟道加温方式。热源为炉火，通过在温室内安装烟道来散热以达到加温的目的。其优点为设施简单，成本低，使用费用也较低，适合于小规模供热；缺点是温度不易调节，室内温度易过分干燥，温度也不够均匀，较大的温室不能使用。用烟道加温要注意管道的密封性，否则泄露的烟气对作物有很大的危害。

(2) 热水加温方式。通过锅炉热水循环达到供热目的，散热装置一般安装在温室前窗底下。其特点是温度与湿度容易保持稳定，且室内温度均匀，是比较理想的加温方式，但初始投入较高。

(3) 蒸汽加温方式。通过高压锅炉输出的高温蒸汽进行加温。其特点是升温快，温度易调节，适用于大面积温室。但设施成本高，锅炉操作人员需要有熟练的技术，所以在温室生产中使用较少。

(4) 电热线加温方式。电热线由 0.6 mm 的 70 号碳素合金钢作为电阻线制作而成，外用耐热性强的乙烯树脂包裹作为绝缘层。在育苗时电热线常用来给温床加温，但在果树生产中一般只用作空气加温。电热线加温具有很强的灵活性，可用作灾害性天气来临时的临时性加温设备。

(5) 热风加温方式。热风加温是利用输送加热后的空气来提高棚室内的温度。其特点是升温快，操作容易，热能利用率高。设施类型有热风炉和热风机两种。热风炉以燃烧煤炭为热源，成本低于水暖，目前在我国已有多种型号出现。热风机以燃油为能源，目前我国较少使用。

(三) 塑料大棚

1. 塑料大棚的常见类型　塑料大棚一般分为竹木结构和钢骨架结构两种，面积为 333～667 m^2，南北向建棚。

(1) 竹木结构大棚。一般棚高 2.5～3 m，宽度 8～14 m，长度 40～80 m。其特点是造价低，可根据使用要求灵活建造，但使用寿命短。由于支柱多，作业不便，且容易遮光。为解决立柱多的问题，人们对普通竹木结构大棚进行了改良，创造了竹木结构悬梁吊柱大棚。这种大棚用小吊柱代替立柱，可减少立柱 2/3～3/4，但增加了对立柱和拉杆的承力要求。

（2）传统钢骨架大棚。一般跨度为 8～12 m，高 2.4～2.7 m。特点是棚内无支柱，光照条件好，作业方便，也方便于加盖保温幕，抗风雪能力强。由于一次性投入较大且不能移动而使用较少。近年制作的钢管装配式大棚是一种新型钢骨架大棚，较受人们欢迎。这种大棚是由厂家按规格生产的薄壁镀锌钢管组装而成，棚膜由纵向的卡槽固定，用卷帘器卷膜通风。一般跨度为 6～8 m，高 2.5～3 m，长 30～50 m。其特点是棚内无支柱，作业方便，光照充足，装卸方便，坚固耐用。

近年来，有人在塑料大棚两端砌墙，顶部搭一块木板，供人拉放草帘和纸被使用，这样的结构可以增加大棚的牢固性和保温效果，人们称其为改良大棚。用这种大棚栽培果树，效果较好。

2. 塑料大棚的特点和要求

（1）塑料大棚与温室相比，人工调控环境因素的能力较差，但管理较为简单，用于欧李反季节栽培时一般只能用于春提早栽培，通常生育期比露地提前 30 d 左右。

（2）早春大棚在密封条件下，当露地最低气温稳定通过－3 ℃时，大棚内最低气温一般不低于 0 ℃，所以早春果树大棚覆盖以露地稳定通过－3 ℃作为开始扣棚的参考指标。此时日照时间已经延长，光照也明显增强，所以不需要覆盖无滴膜，应选用普通聚乙烯棚膜。

（3）大棚棚面设计要有一定的弧度，同时还要考虑大棚的高跨比，高跨比不应小于 0.25，即矢高/跨度≥0.25，否则大棚的抗风与抗雪压能力会受到影响。

大棚的建造场地要选在背风、向阳、土壤肥沃、便于灌水和排水、交通方便的地方。一般棚间距要达到 2～2.5 m，棚头间距 5～6 m，这样有利于运输和通风换气，避免遮阴。

提高大棚保温性能的措施，除改良大棚采用的增加外部覆盖材料外，在棚内增设保温幕是一项非常有效的措施。保温幕可用普通聚乙烯塑料膜或不织布制作。将不织布直接覆盖在作物上也是比较有效的措施。

二、欧李日光温室栽培技术

（一）定植

1. 定植时间

（1）秋冬定植。多在 10～11 月苗木落叶后进行，裸根定植即可。定植当年冬天不扣棚，第二年生长期管理与露地管理相同。秋冬季扣棚，然后进入温室管理阶段。其优点是根系能够早愈伤、早生长，有利于第二年春季的萌发；缺点是温室闲置一冬，没有收益。

（2）春季定植。裸根定植要在 3 月至 4 月初苗木萌芽前进行。如果要照顾温室生产，可在苗木发芽前栽于容器中，到温室生产基本结束后的 5 月中下旬去掉容器，带土球定植于温室中。

2. 苗木要求 定植的苗木要求有 2～3 个健壮的基生枝，根系健壮完整，根长不短于 15 cm，没有病虫害。

3. 定植方式 温室内多采用高畦或高垄栽培方式。其特点是畦垄作抬高了树体，方便管理，通风透光好，易于排水，且地温提升快，有利于根系生长。一般高垄定植时垄高为 20～30 cm，高畦定植时畦高为 30～40 cm。株行距 40 cm×80 cm、40 cm×50 cm（小行距）、40 cm×100 cm（大行距）均可。定植行向为南北向。合理的密度能使温室土地利用最大化，但同时对管理的精度有了更高的要求。

4. 定植流程

（1）高垄定植流程。开挖定植沟的标准以 40 cm×40 cm 为宜。开挖时，表土与底土各放一边，挖好后沟底铺 10～20 cm 厚的粉碎秸秆，并掺入一定量的底土，然后将剩余底土和一半的表土与农家肥、磷肥按比例混合施入。一般每 667 m^2 施用农家肥 5～10 t，过磷酸钙或重过磷酸钙 100～200 kg 或氮、磷复合肥 50 kg。

回填后沟中需浇水沉降，然后定植。定植操作与大田相仿，不同之处是定植的同时要做垄。做垄时从行间取土。定植完毕需用垄沟浇水，且一定要浇透。水完全渗入后用松软的土壤覆盖，尤其要注意把根部埋好，勿使裸露。最后整理垄表，铺设地膜。

定植后的苗木需进行短截，留枝5～10 cm长即可。要经常检查土壤湿度，防止因缺水死苗。检查湿度勿在早晚进行，因早晚土表常有潮气，观测不太准确。

定植后第一个生长季管理与露地管理基本相同。

（2）高畦定植流程。在温室基质较差的情况下，如排水不良或地下水位较高时，可用砖直接砌成定植槽，填土后成畦。其规格是：高30～40 cm，单行内径宽40～50 cm，双行内径宽约80 cm，单排砖干垒。定植槽筑好后在底层铺约5 cm厚的沙土作为排水层，然后填入配好的营养土。营养土基本配方：壤土2份，腐殖土1份，沙土1份，掺入约半份的粪肥和少量的磷肥。磷肥以过磷酸钙为例，每株约50 g。定植最好在土壤沉降后进行。定植后同样需要覆土、铺膜，其他管理与高垄定植相同。

高畦定植除具有高垄定植的优点外，还具有温室环境容易保持清洁的特点。

（二）欧李设施生产周期的管理

1. 休眠期的管理 第一个生长季结束后（10月底至11月初），在落叶后需浇灌1次越冬水，同时追肥，然后扣棚。扣棚时需注意留出上下风口，以利于生长期的通风。下风口留在前窗1～1.2 m的高度，上风口留在屋脊上。扣棚后覆盖草苫，将室内温度调整到－5～7 ℃，整个休眠期的温度都保持在这个水平。

2. 温室升温后的管理 12月初开始揭铺草苫，温室开始升温。此时首项工作是追施萌芽肥，以氮、磷复合肥为主，平均每株20 g左右，然后灌水。灌水后需铺设地膜。萌芽前全方位喷洒1次3～5波美度的石硫合剂，呈淋洗状，以杀灭室内病菌和虫卵。另一项工作为植株修剪。长势强壮的植株修剪时可不考虑预备枝的培养，如需考虑，也只需少量培养即可。其余修剪工作可参照大田管理修剪部分。

萌芽前空气温度最低保持在3 ℃，最高在20 ℃，白天保持在10～12 ℃，在允许范围内平均温度要尽可能的低，以避免花芽过早过快萌发。尽量延长光照时间，保证地温正常提升。具体操作是：日出时揭去草苫，日落时放下，晴天中午尽量通风，11:00～14:00为重点。10 d以后将最低气温调整到5～7 ℃。30 d后即1月初进入现蕾期，最高温可调至20～23 ℃。

3. 花期至坐果期的管理 加温40～45 d欧李开始开花，60～65 d后进入盛花期。从初花期开始最低气温保持在6～8 ℃，最高气温保持在20 ℃左右，中午最高时不得高于23 ℃。2月下旬进入开花末期，子房开始膨大，进入坐果期，授粉良好的表现为花期长，授粉不良的则花易早落。从花期到坐果期温度宜保持在稍低的范围，可抑制叶芽的生长，有利于坐果。

4. 幼果膨大期至硬核期的管理 子房明显膨大后开始进入第一次迅速膨大期，即幼果膨大期。此时可将最高气温调至25 ℃左右，同时需加强水肥管理。

3月底至4月初欧李进入硬核期，此时白天最高气温可调至28 ℃左右，但不得超过30 ℃，同时需保持较大的温差，以利于营养的积累。4月上旬，当平均地温超过25 ℃时可撤去地膜，否则地温偏高会不利于根系的生长。此时枝条生长较快，有的品种易缺硼，可叶面喷洒0.2%～0.3%硼砂溶液，并结合浇水追肥1～2次，以氮肥和磷肥为主，每株20～30 g。

5. 成熟期的管理 4月底至5月初，硬核期基本结束，果实进入成熟前迅速膨大期。此时需进一步加大昼夜温差。在春季最后一次寒流过后，可加大通风量，然后逐步撤去棚膜，这样随着光照加强和温差加大，果实成熟明显加快。5月上中旬果实开始成熟。

进入最后一次膨大期后需浇1次膨果水，同时追肥，每667 m^2追施磷酸二铵15～20 kg。成熟前浇水和施肥有助于增大果个，提高果实品质。

欧李的果实成熟不太一致，需分批采收。5月底至6月初，最后一批果实采摘完毕，比露地提前2个多月。因光照和热量不足，在温室中生育期比露地延长20～30 d。如改进栽培措施，增强温室抵抗灾害天气的能力，可进一步提早成熟。

6. 采摘后至休眠前的管理 果实采摘后，首先在保证枝叶量足够的情况下，疏除过密枝条、过弱枝条。其次要注意防止二次开花。其他管理措施与露地管理基本相同。

落叶前要施入基肥，施肥方法与露地栽培基本相同。在条件允许时，可在10月份采取白天放下草帘、夜晚通风降温的措施促使植株提前休眠。扣棚前要浇1次越冬水。

7. 生长期的病虫害防治 设施欧李栽培的病虫害较少。早期常有蚜虫为害，要注意蚜虫在花期发生时不能使用乐果类药剂，最好在开花前做好防治工作。同时，会有一些螨类为害。病害主要发生在撤去棚膜之后，雨季会发生轻微的白粉病，穿孔病则较少发生。

（三）授粉技术

欧李属虫媒花植物，花期需昆虫等进行授粉方能有较高的坐果率。反季节栽培时，由于自然界的昆虫大多处于休眠状态，要提高坐果率，只能进行人工辅助授粉。

1. 人工授粉 人工点触授粉方法适用于小面积栽培。开花后用筷子粗细的木棍，顶端绑缚1个直径为5～6 cm的纱布棉球，在不同的品种间轻轻接触花朵，以达到授粉的目的。每隔1～2 d进行一次，从初花到盛花要点触5次左右。8:00～10:00为人工点触授粉最好时段。

2. 蜜蜂授粉 温室欧李栽培面积较大时可在花期放养蜜蜂，利用蜜蜂进行授粉。一般在初花期每667 m^2 放养1箱，温室通风口用纱网封住，防止蜜蜂跑失。利用蜜蜂授粉效率高，可减免大量的人力劳动，且效果也好于人工点授。需要注意的是，放蜂前10 d要停施有毒农药。蜜蜂在骚动时会蜇人致伤，也需注意防护。

3. 壁蜂授粉 虽然蜜蜂授粉效果较好，但需人工饲喂，且蜜蜂喜欢在树冠外围活动，内膛授粉效果往往较差。近几年，生产上已在推广壁蜂授粉技术，壁蜂不但不用人工饲喂，而且授粉效果好于蜜蜂。

目前，需要从科研院所购买壁蜂，每667 m^2 用量200～400头。释放前10～15 d停施有毒农药，按放蜂量的2～2.5倍制作新的巢管。巢管用管径为0.65～0.75 cm、长15～17 cm的芦苇管做成。芦苇巢管须一端带节，一端开口，开口端要平滑，并涂成不同的颜色，以方便壁蜂辨认。将不同颜色的巢管按50个为1捆扎好，每300～400个放入一个大小合适的纸箱，箱口与管口同向，口朝南挂于温室外墙上。纸箱附近要放一些湿润的土壤，供壁蜂筑巢用。

初花期将贮藏的壁蜂茧从巢管中取出，放于钻有许多小孔（直径1 cm）的小纸盒内，然后放于纸箱内的巢管上。度过休眠期的壁蜂会自行咬破茧壳，飞出巢室。

释放后的壁蜂采集花粉，在巢管中做成花粉团，并在上面产卵，然后用泥将其封在巢管中。一般1支巢管可产7～10头成蜂，花源不足时常不满1管。授粉结束后将巢管收回，满管与半管分开，按50支或100支每捆扎好，装入纱布袋内扎好袋口，挂于通风、干燥、洁净的室内保存。成虫成形后置于冷库或冰箱内贮藏，温度保持在1～4 ℃。

第七十四章　木　　瓜

概　　述

木瓜（*Chaenomeles sinensis*）属蔷薇科木瓜属植物，系温带和北亚热带果树，落叶乔木或灌木。我国是木瓜属植物的起源分布中心。该属共 5 种，即木瓜、皱皮木瓜、毛叶木瓜、西藏木瓜和日本木瓜，除日本木瓜外其中 4 种产于我国。木瓜是重要观赏植物和果品，现世界各地均有栽培。此外，在栽培条件下还出现了亚特系列贴梗海棠等杂交新品种。

木瓜栽培历史悠久，早在 420 年南朝刘裕时期木瓜就已作为贡品奉送朝廷，并历代沿袭。李圣波、王有为等人长期开展对国内外木瓜种质资源的分布进行调查。木瓜在全国重点种植区域分布在山东、云南、四川、湖南、湖北、浙江、贵州、安徽等 8 省（自治区），其他省份有少量的栽培。国外主要分布在东西欧、日本及东南亚国家，目前我国总种植面积约为 1.3 万 hm^2，野生木瓜 66 hm^2 亩左右，总产量 30 万 t。

一、木瓜的经济价值

木瓜集观赏、药用、食用和饮品原料于一身，是不可多得的多用途树种。作为园林观赏树种，木瓜树姿优美，枝干虬曲苍劲，春季鲜花开放，金秋硕果累累，果实金黄、香气浓郁，具有极高的观赏价值，常作为公园、庭院、城市街道的首选观赏树种；作为药用植物，木瓜果实含皂苷、黄酮类、木瓜酚、苹果酸、柠檬酸、齐墩果酸等大量有机酸，具有消炎、舒筋活络、平肝和脾、治哮喘、降血脂、降血压等功效，并对治疗冠心病有一定疗效，是医药工业的中药原料；作为食品，因其果肉厚、清脆，味甘酸，营养全面，富含糖类、蛋白质、脂肪、维生素和矿物质等多种营养成分，其中维生素 C、胡萝卜素最高；作为化妆品原料，木瓜果实内的超氧化物歧化酶（SOD）的活力较高，能消除生物体在新陈代谢过程中产生的有害物质。不仅如此，木瓜果实内的香气物质丰富，主要成分香精的含量高，可提取天然香料，是重要的工业原料。

木瓜以“百益之果”著称。近代医学证明，木瓜能抗菌消炎、舒筋活络、软化血管、抗衰养颜、祛风止痛消肿，并能阻止人体致癌物质亚硝胺的合成，并能增强人体免疫功能。

经测定亚特良种木瓜中，养颜抗衰老核心物质超氧化物歧化酶（SOD）含量高达 3 227 活性单位，是葡萄干的 200～500 倍，目前人们尚未发现比木瓜更富含 SOD 的果品。木瓜汁中含有一些可以提高免疫力和抗氧化能力的物质，在发酵木瓜中提取的汁液能够增强人体免疫力，具有较强的保健作用。

由于木瓜最突出的特点是富含齐墩果酸等有机酸，其加工品不需添加防腐剂、柠檬酸、香精、色素，是风味独特的纯天然食品。木瓜的果实可制作木瓜酒、木瓜汁、木瓜果脯、木瓜罐头、果冻、木瓜丝、木瓜醋等营养保健食品。

二、木瓜的营养、药用价值

大多数的水果和干果都具有多种营养和保健功能，不仅含有丰富的蛋白质、脂肪和糖分，而且富含多种维生素和无机盐类，是人体的重要营养源，木瓜亦是如此。在国外，木瓜作为潜力巨大的园艺作物引起广泛关注，因为木瓜果实中富含果汁、香料和膳食纤维，及其极高的维生素 C 和酚类物质含量以及较高的酸度，木瓜常被作为食品工业主要成分的原料物质和一些有价值物质的原料。木瓜作为一种名贵药食两用瓜果，在国内很早就有研究和应用。根据《本草纲目》记载，木瓜具有舒筋络、健脾、益筋血的作用。现代临床医学研究证明，木瓜中齐墩果酸是一种护肝、降酶抗炎抑菌、降血脂的多萜物质，强心、利尿、抗衰老等功效。近年来，利用木瓜果实加工罐头、果脯、果酱、果酒、果汁等保健食品更是方兴未艾。

三、木瓜的营养成分

木瓜的果实不仅风味独特，色泽艳丽，而且营养十分丰富，深受人们的喜爱。木瓜果实营养全面，含有糖类、蛋白质、脂肪、维生素和矿物质等多种营养成分，尤以维生素 C 含量最为丰富，高于一般栽培水果 10～56 倍，维生素 E 含量也高于一般水果 5～8 倍。由于受到遗传因素的作用，各种木瓜在鲜果营养成分上相互间存在着明显差异。对此，李圣波等人对来源于国内不同地区的 29 个品种皱皮木瓜进行了 39 种营养成分分析，配合可加工制作出多种风味佳品，是制作果脯、果酱的上乘原料，证实不同品种的木瓜果齐墩果酸含量差异很大，其中金宝亚特绿香玉鲜果含量 1.466 mg/g，不同品种木瓜果齐墩果酸含量相差 6～200 倍。营养在植物体内不同器官间的分布有所不同，虚怀德等人对木瓜海棠籽的主要营养成分进行了全面的分析，得到木瓜海棠籽富含矿物元素，钾含量高于富钾食物南瓜子，木瓜海棠籽中的脂肪高于大豆含油率，木瓜海棠籽油的折光指数、皂化值均达到成品花生油和大豆油要求；色泽达到三级成品大豆油的要求；酸价、过氧化值达到了二级成品花生油和四级成品大豆油的要求，说明木瓜海棠籽油中游离脂肪酸少，是一种优质的油脂，认为木瓜海棠籽油可作保健营养油脂开发利用。

四、木瓜的药用成分

俗语有“杏一益，梨二益，木瓜百益”之说，中医认为木瓜有舒筋、活络、健脾、疏肝、祛风除湿之功效。古人对木瓜已经有很深的认识。《本草纲目》记载：木瓜所主霍乱吐痢转筋、脚气、皆脾胃病、非肝病也。《本草正》记载：“木瓜，用此者用其酸敛，酸能走筋，敛能固脱，得木味之正，故尤专入肝益筋走血，疗腰膝无力，脚气，引经所不可缺。”《本草新编》：“木瓜，但可臣、佐、使，而不可以为君。乃入肝益筋之品，养血卫脚之味，最宜与参、术同施，归、熟（地）并用。”

对木瓜的药用化学成分研究主要集中于国内。除了少数文献有记载木瓜属植物的花和叶含野樱苷，种子含苦杏仁苷，叶含绿原酸、异绿原酸、儿茶素等成分外，大多数研究还是限于果实部位，涉及多种化合物，如三萜类、黄酮类、有机酸等。

1. 三萜类化合物 木瓜果实中含有齐墩果酸、桦木酸、熊果酸、3-O-乙酰坡模醇酸、乙酰熊果酸等化合物。其中最主要药理成分为齐墩果酸。研究发现齐墩果酸能够治疗急性黄疸型肝炎和慢性病毒性肝炎且毒副作用小，可抑制前列腺素、核苷酸、组胺、花生四烯酸酯氧酶等人体炎症、过敏等病理过程中的重要介质与调控因子的合成释放，抑制伤寒、痢疾杆菌和金黄色葡萄球菌，保肝护肝、抑制变态反应等作用。此外，通过对从木瓜中提取的齐墩果酸分析，表明具有抑制乙肝病毒复制的作用。

2. 黄酮类物质 不同产地木瓜的总黄酮含量有所差异，贵州、河北木瓜盅黄酮含量分别为 0.361%、0.809%，而宣州木瓜黄酮含量为 1.67%。而不同种的木瓜在黄酮类物质种类上也存在着差异，研究发现木瓜海棠中主含忍冬苷、儿茶素、广寄生苷等黄酮类物质；皱皮木瓜种主含油皮素、异绿原酸等黄酮类物质；倭木瓜果实种含有左旋表儿茶素，花白苷等。此外，据资料记载木瓜果实中还含有原花色苷的二聚体和多聚体、右旋儿茶素等成分。

3. 有机酸类 有机酸是木瓜的主要成分。通过GC－MS法从木瓜果肉中鉴定出16种有机酸，如棕榈酸、硬脂酸、乌苏酸、苹果酸、酒石酸、枸橼酸、富马酸、柠檬酸、抗坏血酸等。其中含量最高的为苹果酸，在4种木瓜果实中含量为木瓜海棠6.49%、毛叶木瓜39.92%、皱皮木瓜9.71%、西藏木瓜29.72%。

五、木瓜果实香气

果实香气源于其内某些挥发性物质，是果实品质的重要组成部分，能够体现种类和品种的差异性。构成果实香气的物质主要包括酯类、醇类、醛类、萜类和挥发性酚类物质等。果实香气成分是构成和影响果品鲜食、加工质量及典型性的主要因素，对产品的品质起着决定性作用。随着气象色谱和质谱技术的发展，在不同树种果实香气研究方面取得了一些进展，此外，对香气成分的研究也更加广泛深入，扩展至香气成分生物合成途径及其相关酶的研究，以及栽培模式和采后处理对果实香气组成的影响。

木瓜果实香味浓郁，受普遍关注。目前，国内外学者均对木瓜果实的香气成分进行过研究，试图弄清木瓜果实香气的组成情况。龚复俊采取传统的水蒸气蒸馏法，从西藏木瓜挥发油中鉴定出67种成分，主要为饱和及非饱和长链脂肪酸和萜烯类及酯等。史亚歌等人从木瓜海棠挥发油中鉴定出内酯类、酯类、酸类、醇类、酚醚类等46种化合物。Satoru等人从中国木瓜果皮和果肉中分别鉴定出84种化合物和42种化合物，得出果皮中含有的挥发性成分对木瓜香气的影响比果肉更重要的结论。徐怀德等人利用SDE－GC－MS法对不同贮藏期木瓜海棠果实香气成分研究结果发现：香气成分在果实成熟后随着贮藏期延长总体上呈现出醇类、酮类、醛类相对含量下降趋势，酯类、烯烃及萜烯类上升趋势；果实在贮藏后期，酯类物质的相对含量显著增大，尤其是饱和及不饱和脂肪酸乙酯类物质占木瓜整体香气成分的34.86%，成为构成木瓜香气的关键物质。随着顶空固相微萃取技术（HS－SPME）的出现，使得香气成分的研究更加充分。Schreyer等就对蒸汽蒸馏-溶剂萃取法和顶空法提取分离木瓜精油成分进行了对比，发现运用顶空法获得的木瓜精油成分比较简单，且具有令人愉悦的木瓜天然芳香。香气成分受立地条件、栽培模式、光照条件、气候因子、成熟度、试验方法等因素影响，而在组成和含量上出现不同。

六、木瓜社会经济效益

木瓜集观叶、观花、观果、观干、观形、闻香、玩赏于一身。木瓜历来被誉为观赏名木，是园林绿化的优良树种，是珍贵的优良树种，经济效益显著。目前，市场上的木瓜树木价值不菲，一些大树和高档的木瓜盆景价值在几千至数十万元不等。

1. 观花 木瓜花多中生，花朵贴枝而生。木瓜不同类型和品种花期有先有后，自3月中下旬到4月中下旬陆续开放达20～30 d，春时节，或先叶而花，或花叶并举。花冠单瓣，有深桃红、深粉红、粉红、淡粉红和红绿黄白相嵌合的花色，春花烂漫，被誉为“木瓜皇后”。

2. 观叶 木瓜叶片革质，夏季墨绿光亮，和广玉兰树叶正而相仿，深秋变为叶片变黄或橘红，绿化和美化效果别具一格，是园林理想的彩叶树种之一。

3. 观果、闻香、玩赏 木瓜果实果皮光滑细腻，春夏果实翠绿，入秋渐转黄绿至黄色，金果满树，散发出优雅的清香，芳香袭人，观果玩赏价值甚高。缕缕深幽的清香，着实令人闻之心旷神怡，观之久久不厌，抚之爱不释手。香气清新自然，作为空气清新剂效果极佳。还有些晚熟木瓜品种，没有采前落果现象，直至12月下旬，树叶早已落尽，可硕大金黄的木瓜仍挂满枝头。庭院或景点栽植，阵阵香气袭人，雪中观赏满树的金黄木瓜，一派顽强生机，令人遐想连绵，别有一番意境，观赏效果极佳。木瓜在荒山绿化净化空气，美化环境方面有非常好的环保与生态效益。

七、木瓜发展前景

木瓜为药食兼用，在食品、饮料、酿酒、化妆品等方面开发前景良好。果实成熟后，色泽金黄、气味芳香，营养极为丰富。俗语有“杏一益，梨二益，木瓜百益”之说。木瓜含有齐墩果酸，干果中的含量1%以上，保健价值极高。具有护肝除酶、抗炎、促进免疫、抑制变态反应、降血脂、降血糖，对染色体损伤抑制等作用。除齐墩果酸外，木瓜种还有苹果酸、酒石酸、枸橼酸、维生素C、黄酮类等有机成分，因其含有丰富的营养物质，并被我国营养学家推荐为十种最佳食物之一。

（一）药用及保健品市场潜力

目前国内外心血管病、胃肠道病、肝功能不正常的人口数量极大。有资料指出，仅我国有高血压、高血脂病状的人超过了10%，北京市为16%，三种病患者超过3亿人口，欧美国家比例则更大，虽然我国肾功能及心血管病变防治的保健食品在市场上比较多见，而改善肠胃功能，保护肝脏的保健食品、饮料却少见，更未见木瓜做保健品的产品。1998年我国卫生部保健食品管理部门增加了十项保健功能的标准，其中就有改善胃肠道功能、保护肝脏这两项功能指标，而齐墩果酸正有这方面的功效，因此开发改善肠道功能和保护肝脏的木瓜保健食品是大有可为的。利用我国丰富特有的木瓜资源，高效开发生产纯天然、无毒副作用及具有多功能保健和医疗作用的食品、饮料和药品，可以解决目前农民木瓜丰收销售难、大量木瓜急待加工开发的问题，因此开发木瓜不仅有较高的经济效益，而且有较好的社会效益。

（二）市场需求量

随着国内生活水平的提高，人们的保健意识迅速提升。由于木瓜为食用、药用、观赏的多用途植物，极大地刺激了木瓜市场的发展，已经进入人们的日常生活，供需矛盾突出。经初步市场调查表明：60%的木瓜原料用于功能性食品；30%的木瓜原料用于制药；10%的木瓜原料用于其他方面；国际市场需求是符合标准的具有明确化学成分的产品，随着木瓜种植的标准化和高科技含量产品的问市，国际市场的需求量会急剧增加。调查分析表明国内外木瓜市场容量尚有很大的开发潜力，2014年以后市场的容量约有350 000 t/年，并以每年20%需求量增加，市场的潜力很大。

第一节 种类和品种

一、木瓜的分类

木瓜植物栽培历史悠久，栽培区域广泛。经过长期演化，在自然和人工双重选择下，通过变异及种内、种间的杂交，木瓜形成了不同花色、花型、株型、叶型、果型、果实品质等的种类，极大地丰富了木瓜种质资源。对木瓜的品种演化与分类的研究，是木瓜遗传多样性研究的基础，不仅具有重要的理论意义，而且对木瓜的良种选育、优化栽培和园林应用都具有重要的指导意义。针对木瓜植物分类混乱的问题，国内外学者做了大量地研究工作，内容包括了木瓜植物属内各种及种内各品种间的关系，为木瓜种质资源的综合开发利用奠定了基础。

木瓜属是Lindl. 于1822年建立的，当时只有日本木瓜（*C. japonica*）一个组合种，1890年，Koehne将Thouin（1812）发表在榅桲属（*Cydonia*）内的木瓜组合到木瓜属；Schneid. 和Nakai在1906年和1929年又将Hemsl.（1901）和Sweet（1803）发表在榅桲属内的木瓜海棠和贴梗海棠组合到木瓜属；到1963年我国植物分类学家俞德浚发表了西藏木瓜为止，木瓜属共包括5个种。

随着现代生物技术的发展，一些新的实验技术被引入到木瓜属植物的分类中，大大促进了木瓜的分类研究。Bartish等（1999，2000a）、Garkava等（2000）通过同工酶和RAPD技术对木瓜亲缘关

系的研究表明，*C. japonica* 与 *C. speciosa* 和 *C. cathayensis* 有明显的差异，与 *C. cathayensis* 亲缘关系最远；*C. speciosa* 与 *C.* ×*superba* 聚在一起，位于 *C. japonica* 和 *C. cathayensis* 之间，可能来源于两者的种间杂交；*C. tibetica* 和 *C. cathayensis* 具有很近的亲缘关系，与 *Bartish*、*Garkava* 的研究结果相似。王明明、李圣波等（2009）对木瓜属植物的数量分类表明，木瓜属品种资源可按品种的来源划分为 *C. cathayensis*、*C. tibetica*、*C. speciosa* 和 *C. japonica* 等 4 个表征群。*C. japonica* 较为独立，与 *C. cathayensis* 亲缘关系最远；*C. tibetica* 和 *C. cathayensis* 的亲缘关系密切；*C. speciosa* 位于 *C. tibetica* 和 *C. cathayensis* 之间，与 *C.* ×*superba* 和 *C.* ×*vilmoriniana* 聚在一起。

品种分类不同于种及种以上的分类，品种这一层次形态特征相似度高，很难用肉眼区分，分类难度大。但是品种分类是遗传多样性研究的基础，对构建核心种质和选配育种亲本有重要意义，以及对植物品种的推广、交流和科研也有十分重要的意义。木瓜品种分类研究起步较晚。一方面，传统分类通过木瓜植物的品种调查和形态学标记探讨过木瓜属栽培品种的形态分类。另一方面，随着科学技术的发展，现代植物种植资源研究的技术方法已经比较完善，特别是分子生物学和计算机科学的发展，使得许多新技术、新方法正被广泛用于植物种质资源的研究，如数量分类学、孢粉学分析、同工酶分析、分子标记分析等。由于这些新的技术手段的引入，使得木瓜品种的分类进入了新的领域。如日本学者 Kaneko - Y 等人在研究木梨与木瓜的杂交不亲和性原因时，对木梨和部分果用木瓜属品种做了 RAPD 分析。臧德奎采用荧光 AFLP 技术对 29 个木瓜属品种的亲缘关系进行了分析，揭示木瓜品种具有丰富的遗传多样性，通过聚类分析将 29 个品种划分为 4 类，且基本对应着贴梗海棠、日本木瓜、木瓜海棠和傲大贴梗海棠。郑林等利用孢粉学对木瓜属 19 个品种进行了分类研究，并根据花粉形态编制品种分类检索表。此外，正林等还利用数量分类法探讨了木瓜属 18 个栽培品种和 4 个近缘种品种间的亲缘关系，通过 Q 型聚类将其分为两类：木瓜和“豆青”自成一类，其余种类和品种聚合成一类，将第二类又分为 4 个亚类，贴梗海棠、木瓜海棠、日本木瓜以及 5 个杂交品种分别聚合。

无论是在形态还是分子、同工酶和胞粉学方面，木瓜植物分类研究已经取得了一定进展，但是选取品种、采用指标和采取方法的不同导致的分类结果的不一，此外在品种命名、品种之间的亲缘关系和品种分类系统的建立等方面还存在不少问题。因此木瓜植物资源的分类有待于进一步探讨。

二、种类

蔷薇科木瓜属植物原产于亚洲东南部，为落叶或半常绿的灌木或乔木。从中国植物志木瓜属植物分种检索表可知，木瓜属植物主要有 5 个代表种，各种的生物特性、分布区域及应用价值如下：

（一）木瓜海棠

木瓜海棠（*Chaenomeles sinensis*）又名光皮木瓜、冥楂、海棠、木梨等。

1. 形状特征 多年生落叶乔木，高 5～15 m，树冠 3～4 m。主干树皮片状脱落。小枝紫绿色或紫褐色，无刺，幼时被毛，后脱落。单叶互生；托叶膜质，卵状披针形，边缘具腺齿；叶柄长 5～12 mm，微被柔毛，有腺体；叶片椭圆形或长椭圆形，稀倒卵形，长 5～9 cm，宽 3.5～6.5 cm；先端急尖，基部宽楔形或圆形；边缘有刺芒状锯齿，齿尖有腺；幼时下面密被黄白色茸毛，后即脱落。花单生于叶腋，花梗短粗，长 0.5～1 mm，无毛。花直径 2.5～3 cm。萼筒钟状，外面无毛，内面密被浅褐色茸毛，反折；花瓣 5～6，倒卵形，白色、淡粉红色或淡粉紫色；雄蕊多数，长不及花瓣之半；花柱 3～5，基部合生，柱头头状，有不明显分裂，与雄蕊等长或稍长。花期 4 月。果实圆形、长椭圆形或梨状，长 10～20 cm，单果重 300～1 500 g。果色暗黄色，木质或近木质，果梗短；干燥果实外表面红棕色或棕褐色，光滑无皱纹或稍带粗糙；剖面果肉粗糙，显颗粒性。种子多数，密集，每子房室内 30～60 粒，通常多数脱落。种子扁平三角形。气微，味微酸涩，嚼之有沙粒感。果期 10～11 月（随地域不同略有差别，图 74 - 1）。

2. 区别其他种主要特征 枝无刺，该形态特征区别于本属其他 4 种。果实果皮干燥后仍光滑、不皱缩，故有“光皮木瓜”之称。

图 74-1 木瓜海棠

3. 生物学特性 木瓜海棠根系发达，适应性强，耐寒、耐旱、耐瘠薄。除易渍水的河滩和阴湿的沟地外，海拔 3 000 m 以下的地带不论肥瘠都能进行栽培。木瓜海棠树对土壤的要求不严格，pH 在 5.5～8.3 均能正常生长，最适宜的土壤为中性沙质土壤。所以，木瓜海棠适应范围非常广，可以取得良好的经济效益和生态效益。

4. 分布 主产于山东、河南、四川、湖南、湖北、贵州、陕西、安徽、江苏、浙江、江西和广西等地，集中主产区分布于山东菏泽、临沂，湖北郧阳区，以地方及商品命名的木瓜品种有曹州木瓜 5 个品种，即豆青、牡丹、剩花、细皮、玉兰。山东亚特药用植物园已搜集、保存种质 30 份，培育新品种 2 份。此外，韩国及东南亚等地亦产。

5. 应用价值 常见观赏栽培，尤以果实观赏价值高，树木可作为园林绿化树种。果实也是药材的习用品，果实味涩，水煮或浸渍糖液供食用，入药有解酒、去痰、顺气、止痢之效。木材坚硬可作家具用。木瓜汁是化妆品工业的原料。

（二）皱皮木瓜

皱皮木瓜（*Chaenomeles speciosa*）又称贴梗海棠、铁脚梨、酸木瓜、木瓜等。

1. 形状特征 多年生落叶灌木，高 2～3 m。枝外展，有长达 2 cm 的直刺；小枝棕褐色，无毛，有浅褐色皮孔。单叶互生；托叶草质，斜肾形至半圆形，稀卵形，边缘有重锯齿，无毛；叶柄长约 1 cm；叶片薄、革质，卵形、长椭圆形或椭圆状倒披针形，长 3～9 cm，宽 1～1.5 cm，先端急尖，基部楔形，边缘有尖锐锯齿，无毛。花先叶开放，4～6 朵簇生于二年生枝上；花梗短粗，长约 3 mm 或更短；花直径 3～5 cm；萼筒钟状，外面无毛，顶端 5 裂，裂片半圆形，稀卵形，先端圆钝；花瓣 5，倒卵形或近圆形，长 1～1.5 cm，宽 0.8～1.3 cm，猩红色，稀淡红色或白色，基部有短爪；雄蕊 45～50 枚，长为花瓣之半；花柱 5，基部合生，柱头头状。花期 3～4 月。果实球形或卵形，长 4～15 cm，直径 4～8 cm，单果重 200～1 500 g，黄色或黄绿色，疏生不明显斑点。子房 5 室，每室有种子 30～120 粒。果梗短或近于无梗。干燥果实外表面黄绿色或棕色，因干缩有多数不规则的深褶和皱纹，剖面边沿向内卷曲，果肉红棕色、细腻。中心有凹陷的子房，种子大多已脱落。种子红棕色，扁平三角形。气微，味酸涩，以质坚实、味酸者为佳品。果期 8～10 月（图 74-2）。

2. 区别其他种主要特征 枝有刺，叶片有锯齿，小枝平滑。二年生枝无疣状突起，果实中至大型。叶片卵形至长椭圆形，幼时下面无毛或有短柔毛。花柱基部无毛或稍有毛，花色丰富多变，皱皮木瓜的果实俗称“木瓜”。

3. 生物学特性 适生于温带、亚热带，喜温暖湿润气候，喜阳，稍耐阴，既耐严寒又耐酷暑，海拔 4 000 m 以下的地带都能进行栽培。适应性强，对土壤要求不严，微酸、微碱性土壤均能适应，在阳光充足，土质疏松、肥沃、排水良好的沙质壤土里生长良好。

4. 分布 主产于我国山东、四川、湖南、湖北、云南、贵州、西藏、安徽、浙江等地。此外，日本、东西欧等地区亦产。山东省临沂是皱皮木瓜的主要栽培区之一，有着悠久的栽培历史，品种资源和变异类型丰富。

图 74－2 皱皮木瓜

5. 应用价值 果实为药材正品，加工后能食用，也可观赏。可制成木瓜饮料、木瓜醋、木瓜酒、木瓜盆景等。我国南方以野生小果型木瓜资源为主，云南木瓜主供食用；山东以大果型栽植种为主，主供观赏、药用和加工食用。花色大红、粉红、乳白，且有重瓣及半重瓣品种。早春先花后叶，很美丽。枝密多刺，可作绿篱。果实含苹果酸、酒石酸、枸橼酸及多种维生素等，干制后入药有祛风、舒筋、活络、镇痛、消肿、顺气之效。

（三）毛叶木瓜

毛叶木瓜（*Chaenomeles ccthayensis*）又名木桃。

1. 形状特征 落叶灌木或小乔木，高 2～6 m。小枝紫褐色，无毛，有浅褐色皮孔。单叶互生；托叶薄革质，肾形、耳形或半圆形，边缘有芒状细锯齿，下面被褐色茸毛；叶柄长约 1 cm；叶片椭圆形、倒卵状披针形至披针形，长 5～12 cm，宽 2～5 cm，先端尖，基部楔形至宽楔形，边缘有刺芒状锯齿，下半部较稀，有时近全缘，幼时上面无毛，下面密被褐色茸毛，后脱落。花先于叶开放或花叶同时开放，3～5 朵簇生于二年生枝上，花梗短粗或近于无梗，花直径 20～40 mm；萼筒钟状，外面无毛或有短毛，顶端 5 裂，裂片直立，卵圆形或椭圆形，先端圆钝至截形；花瓣倒卵形或近圆形，长 10～15 mm，宽 8～15 mm，淡红色或白色；雄蕊 45～50 枚，长为花瓣之半；花柱 5，基部合生，柱头头状。花期 3～5 月。果实椭圆形、纺锤形或卵圆形，先端有突起，长 8～12 cm，宽 6～7 cm，单果重 300～800 g，果面绿黄有红晕，有蜡质分泌物，干燥果实表面棕色或棕黑色，因干缩而有多数不规则的深纹。横断面果肉较薄，约 0.5 cm。每室种子 20～50 粒，红棕色，扁平三角形，味酸，有香气，果期 9～10 月（图 74－3）。

图 74－3 毛叶木瓜

2. 区别其他种主要特征 枝有刺，叶片有锯齿，小枝平滑，二年生枝无疣状突起。果实中至大型，叶片椭圆形至披针形，幼时下面密被褐色茸毛，花柱基部常被柔毛或棉毛。

3. 分布 云南、安徽、西藏、贵州、江西、湖北、湖南、四川、广西等地。生于山坡、林边、道旁，栽培或野生，海拔 900～3 500 m。

4. 应用价值 绿化、观赏，果实是药材的习用品。各地习见栽培。

（四）西藏木瓜

西藏木瓜（*Chaenomeles thibetica*）又名藏木瓜。

1. 形状特征 西藏木瓜为落叶灌木或小乔木，高 2～5 m，通常多长有长达 1～1.5 cm 的刺。小枝屈曲，圆柱形，红褐色或紫褐色；多年生枝条黑褐色，散生长圆形皮孔；冬芽三角卵形，红褐色，有少数鳞片，在顶端或鳞片边缘微有褐色柔毛。叶片革质，卵状披针形或长圆披针形，长 6～8.5 cm，宽 1.8～3.5 cm，顶端急尖，基部楔形，近全缘，稀在顶端有少数细齿，上面深绿色，中脉与侧脉均微下陷，下面密被褐色茸毛，中脉和侧脉均显著突起；叶柄粗短，长 1～1.6 cm，幼时被褐色茸毛，逐渐脱落；托叶大型，草质，近镰刀形或近肾形，长约 1 cm，宽约 1.2 cm，边缘有不整齐锐锯齿，稀钝锯齿，下面被褐色茸毛。花 3～4 朵簇生；花柱 5 裂，基部合生，并密被灰白色柔毛。果实长圆形或梨形，长 6～11 cm，直径 5～9 cm，单果重 200～500 g，黄色，味香；萼片宿存，反折，三角卵形，顶端急尖，长约 2 mm。种子多数，扁平三角卵形，长约 1 cm，宽约 0.6 cm，深褐色。气特殊，味极酸（图 74－4）。

图 74－4 西藏木瓜

2. 区别其他种主要特征 本种近似毛叶木瓜，唯本种的老叶边近全缘，嫩叶边缘有稀疏毛刺，叶片下面密被褐色茸毛，花柱基部密被灰白色柔毛，而后者叶片具刺芒状细锐锯齿，叶片下面柔毛以后脱落近于无毛，花柱稍被柔毛，易于区别。

3. 分布 主要分布我国西藏拉萨、林芝、察隅、波密、墨脱等区域。生长在山坡、林下、沟谷或灌丛中，海拔 2 000～3 800 m。经李圣波等人的调查发现有 3 个野生品种，并成功在山东亚特药用植物园进行野生变家种栽培。

4. 应用价值 果实是药材的习用品，耐贮存，加工后能食用，可制成木瓜饮料、木瓜醋、木瓜酒、木瓜盆景等。抗寒能力较强，可用于绿化、观赏。

（五）日本木瓜

日本木瓜（*Chaenomeles japonica*）又名倭海棠。

1. 形状特征 矮生灌木，高 0.5～1 m。小枝密，二年生枝有疣状突起，常具针状细刺，皮粗糙；叶片倒卵圆形至匙形，下面无毛，叶边有圆钝锯齿叶，长 3～5 cm、宽 2～3 cm。花朵小，3～5 朵簇生，花梗短，近于无梗，花径 2.5～4 cm，花柱无毛。果实近球形，直径 3 cm。植株常平卧，根蘖外延，茎枝细多，形成 1～1.5 m 有灌丛（图 74－5）。花期 4 月，果熟期 9 月。

2. 分布 原产日本。主要分布在日本的仙台、新潟、横滨、名古屋、千叶、长野等区域。主要栽培为观赏品种，分为单瓣、复瓣、多重瓣、色变化等约 200 个品种，其中约 20 个品种从我国山东临沂引进，经日本木瓜协会登记约 140 个品种。北京、山东均有引种，植物园栽培，供研究、观赏用。

图 74-5 日本木瓜

（六）药用木瓜易混品种区分

现代医学证明：木瓜富含多种氨基酸及营养元素，能抗菌消炎、舒筋活络、软化血管、祛风止痛消肿，并能阻止人体致癌物质亚硝胺的合成，是一种营养丰富、有较高利用价值的果中珍品。

随着近代科学技术的发展，木瓜的医疗保健功效被进一步发掘，再加上木瓜适应性较强，各地均有种植，而且目前在新品种选育方面也取得了很大进展，木瓜产业呈现一种方兴未艾的局面。然而由于自然变异及运用杂交技术产生大量变异品种，以及由于以产地名或别名代替学名的现象普遍存在，同时分类标准也不统一等原因，国内木瓜的命名状况比较混乱，以至于产生异名同物或同名异物的现象，这极大地影响了我国科研工作者对木瓜的正确研究与应用，同时也使生产者和消费者受到了误导。

（七）皱皮木瓜与木瓜海棠

在木瓜属植物各个种之间存在着极大的相似性，名称很容易混淆。如 *Chaenomeles speciosa* (Sweet.) Nakai 为皱皮木瓜，由于语言习惯中“皱皮”和“光皮”的对应关系，使人们常常把木瓜海棠称为“光皮木瓜”，而忽略了“木瓜海棠”这个主名。实际上，木瓜属不同物种之间果实在干燥过程中表现是有区别的，主要在于：木瓜海棠果实在干燥过程中果实不会产生褶皱纹理，而皱皮木瓜、毛叶木瓜、日本木瓜、西藏木瓜等 4 个物种的果实在干燥过程中都会产生褶皱纹理，就干燥过程其果实的表现而言，以上 4 种果树果实均可称为“皱皮木瓜”。

（八）观赏木瓜与木瓜

木瓜属植物观赏类品种，主要是皱皮木瓜的杂交及变逆品种，主要分为三大类约 60 个品种：花单瓣、复瓣、多重瓣；花色红色、淡粉色、粉红色、深红色、猩红色、橙红色、乳白色、绿白色、蓝白色等。色变化约 20 个品种。观赏木瓜大部分不结果，即使结果也无成熟的种子。

三、品种

由于栽培历史悠久，国内外木瓜种质资源在长期繁衍过程中形成了大量自然变异类型，已成为现代木瓜的“栽培种”。但其品种分类和命名一直比较混乱，植物学归属不清，不少国内外品种相互引入后被重新命名，以木瓜产地名代替其学名，“同物异名”“同名异物”现象较为严重，分类观点也不一致。目前为止，国内外对木瓜属植物“种”以下资源缺乏系统分类和一致命名，生产中品名混杂，因此，山东亚特生态技术股份有限公司与国内外科研院校密切合作，建立了山东省中新木瓜合作研究中心，对国内外木瓜种质资源进行广泛的调查、收集，初步查清国内外木瓜资源的分布、类型、现状。共收集引种 8 个种群 522 份木瓜种质材料，建立了目前国内外资源较丰富的木瓜种质资源圃，并组织多学科攻关，对种质进行分析评价。

经人工选择，培育出遗传基因稳定清楚，抗逆性、抗病虫害强，适应性广，果品优质高产，药食兼用，观赏价值较高的30个新品系，其中8个木瓜良种，2007年10月通过山东省林木良种专业委员会的良种审定，2011年12月，4个木瓜良种首批通过了国家良种审定，结束了国内木瓜没有良种的历史，填补了国内的空白。

（一）金宝木瓜

1. 金宝萝青101木瓜（*Chaenomeles speciosa* 'Luoqing101'） 良种编号国S-SV-CS-031-2011，鲁S-SV-CS-024-2007。

（1）形状特征。落叶灌木，高可达2.5 m，树皮浅褐色平滑，枝条紧凑，有疏松灰褐色皮孔，有刺。花瓣近圆形，浅粉红色。果实圆柱形，有小突脐，具黄褐色斑点，大而稀，成熟时黄色，有光泽，棱沟明显。果肉厚3.5 cm，淡黄色，肉细，无纤维，汁液多。单果均重400～500 g，最大1 800 g，栽后1年成花，3年丰产，5年每667 m^2 产5 000 kg。花期3～4月，果期9～10月。耐贮藏，色、香、味俱佳，是鲜食及加工果汁、罐头、果脯的优质原料（图74-6）。

（2）优点。树型优美，果实大，坐果率高，丰产性好，不落果，果品质量好，抗病能力强，药食兼用。100 g鲜木瓜含有总酸2.3 g、糖1.5 g、氨基酸0.53 g、齐墩果酸17.1 mg、熊果酸38.8 mg、维生素C 83.0 mg，氨基酸含量丰富，营养价值极高。

图74-6 金宝萝青101木瓜

2. 金宝萝青106木瓜（*Chaenomeles speciosa* 'Luoqing106'） 良种编号国S-SV-CS-032-2011，鲁S-SV-CS-026-2007。

（1）形状特征。落叶灌木，高可达2.6 m，树皮黄褐色，平滑。枝条平展，有刺，稀少，具疏生褐色皮孔。花与叶同期开放，2～4 朵簇生于二年生枝；花瓣近圆形，花边顶端红色。果实长卵形，有不明显突脐，幼果深绿色，有乳白或黄褐色斑点，向阳面红色，成熟黄绿色，果面光滑，棱不明显，有香味。果肉厚 2.3 cm，白色，汁液多（图 74-7）。单果均重 450～550 g，最大 2 000 g，五年生每 667 m^2 产 6 500 kg 以上。花期 4 月上旬，果期 9～10 月。抗逆性强，丰产性好，耐贮藏，色香味俱佳，是鲜食及加工果汁、罐头、果酱的优质原料。

（2）优点。树型整齐，产量高，果实大，坐果率高，不落果，果品质量好，抗病虫能力强，药食兼用。100 g 鲜木瓜含有总酸 2.6 g、总糖 2.7 g、氨基酸 0.48 g、齐墩果酸 3.8 mg、熊果酸 41.3 mg、维生素 C 72.8 mg。

图 74-7 金宝萝青 106 木瓜

3. 金宝亚特红香玉木瓜（*Chaenomeles speciosa* 'Hongxiangyu'） 良种编号国 S-SV-CS-029-2011，鲁 S-SV-CS-028-2007。

（1）形状特征。落叶灌木，高可达 2.8 m，树皮浅褐色，平滑。枝条紧凑，有疏生褐色皮孔。花与叶同期开放，3～4 朵簇生于二年生枝；花瓣近圆形，浅粉红色，结果多，果实圆球形或短圆柱形，有大萼洼，内有花柱基，具白色斑点，大而稀，幼时浅绿色，向阳处暗红色，成熟时黄绿色，果皮光滑，棱沟明显。果肉较厚，白色，肉细，无纤维，汁液较多。单果均重 200 g～500 g，最大 800 g，五年生每 667 m^2 产 5 000 kg 以上。花期 4 月，果期 9～10 月。耐贮藏，色香味俱佳，是鲜食及加工果脯、果酒、罐头、果酱的优质原料（图 74-8）。

（2）优点。树形优美，果实大，坐果率高，不落果，果品质量好，抗病虫能力强，药食兼用。100 g 鲜木瓜含有总酸 2.7 g、总糖 2.6 g、氨基酸 0.50 g、齐墩果酸 0.142 mg、熊果酸 0.422 mg、维生素 C 含量 99.2 mg。

图 74-8 金宝亚特红香玉木瓜

4. 金宝亚特绿香玉（*Chaenomeles speciosa* 'Lvxiangyu'） 良种编号国 S-SV-CS-030-2011，鲁 S-SV-CS-031-2007。

（1）形状特征。落叶灌木，高可达 2.6 m，树皮浅褐色，平滑。分枝稍斜生，疏生深褐色皮孔。3～4 朵簇生于二年生枝。花瓣近圆形，白色或边缘带红晕。果实长卵形，果脐突出，萼宿存，具白色斑点，小而稀，浅绿色，熟时黄绿色，果皮光滑，具 1～3 条明显沟棱。果肉较厚，白色，汁液较多。单果均重 200～300 g，最大 800 g，五年生每 667 m^2 产 5 000 kg。花期 4 月，果期 8～9 月。耐贮藏，色香味俱佳，是鲜食及加工果汁、罐头、果酱的优质原料（图 74-9）。

（2）优点。树形优美，果实均匀，坐果率高，不落果，果品质量好，齐墩果酸含量为木瓜之首，抗病虫能力强，药食兼用。100 g 鲜木瓜含有总酸 2.6 g、总糖 2.1 g、氨基酸 0.41 g、齐墩果酸 146.6 mg、熊果酸 30.0 mg、维生素 C 91.6 mg。

5. 金宝萝青 102 木瓜（*Chaenomeles speciosa* 'Luoqing102'） 良种编号鲁 S-SV-CS-025-2007。

（1）形状特征。落叶灌木，株高 2.5 m，树皮青灰色，平滑，枝条平展。果实卵形，有突脐，具黄褐色斑点，成熟浅黄色，果面光滑，具 2～3 条深沟，有香味。果肉厚，淡黄色，无纤维。单果均重 400～500 g，最大 1 500 g。栽后 1 年成花，3 年丰产，五年生每 667 m^2 产 6 000 kg 以上。花期 4 月，果期 9 月。耐贮藏，色、香、味俱佳，是鲜食及加工果汁、罐头、果酱的优质原料（图 74-10）。

（2）优点。树形优美，产量高，果实大，坐果率高，果均匀，果品质量好，抗病虫能力强，药食兼用。100 g 鲜木瓜含总酸 3.5 g、总糖 2.3 g、氨基酸总量 0.31 g、齐墩果酸 66.2 mg、熊果酸 31.9 mg、维生素 C 129.0 mg。

图 74-9　金宝亚特绿香玉

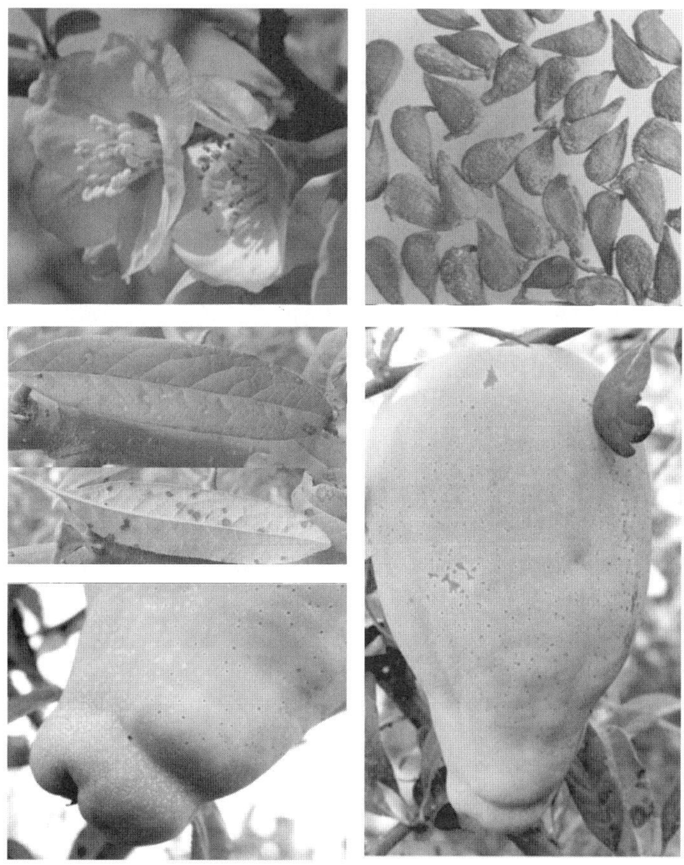

图 74-10　金宝萝青 102 木瓜

6. 金宝萝青108木瓜（*Chaenomeles speciosa* 'Luoqing108'） 良种编号鲁S-SV-CS-027-2007。

（1）形状特征。落叶灌木，高可达3 m，树皮灰褐色，平滑。枝条平展，有刺，稀少；无毛，紫褐色，疏生褐色皮孔。花3～5朵簇生于二年生枝；花瓣近圆形，粉红色。果实长纺锤形，有突脐，幼果深绿色，有乳白或黄褐色斑点，成熟黄绿色，果面光滑，棱不明显，有香味。果肉厚3 cm，白色，汁液多，芳香味浓。单果均重600～700 g，最大2 800 g，五年生每667 m² 产5 500 kg以上。花期4月，果实9月成熟。耐贮藏，色、香、味俱佳，是鲜食及加工果汁、罐头、果酱的优质原料（图74-11）。

（2）优点。树形优美，果实大，坐果率高，不落果，果品质量好，抗病虫能力强，药食兼用。100 g鲜木瓜含有总酸3.9 g、总糖2.9 g、氨基酸0.41 g、齐墩果酸3.0 mg、熊果酸3.0 mg、维生素C 157.3 mg，是维生素C含量极高的木瓜品种。

图74-11 金宝萝青108木瓜

7. 金宝亚特黄香玉（*Chaenomeles speciosa* 'Huangxiangyu'） 良种编号鲁S-SV-CS-029-2007。

（1）形状特征。落叶灌木，株高2.5 m，树皮浅褐色。株型紧凑，分枝稍平。花瓣近圆形，深红色，直径3.0～4.5 cm。果实圆球形或短圆柱形，有小萼洼，具黄褐色斑点，不规则，大而稀，果绿黄色，果皮光滑，棱沟不明显。果肉较厚，淡黄色，肉细。单果均重200～350 g，最大650 g，五年生每667 m² 产4 500 kg以上。花期4月，9月上旬成熟。耐贮藏，色、香、味俱佳，是鲜食及加工果脯、果酒、果酱的优质原料（图74-12）。

(2) 优点。果实均匀，坐果率高，不落果，果品质量好，香味浓郁，抗病虫能力强，药食兼用。100 g 鲜木瓜含有总酸 3.2 g、总糖 2.9 g、氨基酸 0.26 g、齐墩果酸 50.6 mg、熊果酸 36.8 mg、维生素 C 75.6 mg。

图 74-12 金宝亚特黄香玉

8. 金宝亚特金香玉（*Chaenomeles speciosa* ‘Jinxiangyu’） 良种编号鲁 S-SV-CS-030-2007。

(1) 形状特征。落叶灌木，株高 2.5 m，树皮浅褐色。二年生枝红褐色，疏生褐色皮孔。花与叶同期开放，3～4 朵簇生于二年生枝；花瓣倒卵形，深红色。结果多，常 2～3 个聚生，果实短圆柱形，宿萼，具白色斑点，小而密，果黄绿色，果皮光滑，棱沟较明显，果梗短或近于无梗。果肉较厚，白色，肉细。单果重 200～300 g，最大 400 g，五年生每 667 m^2 产 4 000 kg 以上。花期 4 月，果期 9 月。耐贮藏，色、香、味俱佳，药食兼用，是鲜食及加工果脯、果酒、果酱的优质原料（图 74-13）。

(2) 优点。树形优美，果实均匀，坐果率高，不落果，果品质量好，香味浓郁，抗病虫能力强，药食兼用。100 g 鲜木瓜含有总酸 3.3 g、总糖 2.6 g、氨基酸 0.34 g、齐墩果酸 109.2 mg、熊果酸 15.0 mg、维生素 C 68.8 mg。

9. 金宝红叶木瓜 201（*C. sinensis* “Hongye 201”）

形状特征。落叶乔木，高可达 10 m，树皮粉白色，光滑。小枝无刺，叶片卵圆形，花单生于叶腋，先叶开放。果实梨形，金黄色，味异香，果柄短，单果质量 500～700 g，花期 4 月，果实 11 月成熟，观赏价值高（图 74-14）。

图 74-13 金宝亚特金香玉

图 74-14 金宝红叶木瓜 201

（二）金宝观赏木瓜新品系

1. 金宝红粉佳人海棠（*Chaenomeles speciosa*‘Hongfenjiaren’）

形状特征。落叶小灌木，株高 50～60 cm；枝条广开，有刺；小枝圆柱形，微弯曲，无毛，紫褐色，有疏生浅褐色皮孔。初生叶红褐色，成熟叶墨绿色，卵形，先端急尖，长 3～6 cm，宽 1.5～3 cm；叶缘尖锐锯齿；叶柄细而短，长约 0.5 cm。花簇生，每簇 2～3 朵，与叶同期开放；萼筒广漏斗状，外部有条状皱纹；花冠绯红色，花丝白色，花药鲜黄色，花瓣 20～25 枚，雌蕊发育不良；具芳香。不结果或结果早落。萌芽期 3 月中旬，初花期 4 月上中旬，盛花期 4 月中旬，落花期 4 月底至 5 月上旬，花期 30 d 左右（图 74－15）。

图 74－15 金宝红粉佳人海棠

2. 金宝红牡丹海棠（*Chaenomeles speciosa*‘Hongmudan’）

形状特征。落叶小灌木，株高 50 cm，生长势强。成枝无刺，褐色，枝姿斜展。叶深绿色，卵形，先端急尖；均长 6.5 cm，宽 2.5 cm；叶缘具尖锐细锯齿，尖齿开张，无毛；叶柄短，长约 0.6 cm；托叶小，革质，耳形，边缘重锯齿。花簇生，每簇 3～5 朵，后与叶开放；萼筒广漏斗状，外部有条状皱纹；花梗短粗；花冠绯红色，花丝白色，花药鲜黄色，花瓣 15～20 枚，形似牡丹；雌蕊发育不良；具芳香。不结果。萌芽期 3 月中旬，初花期 4 月中旬，盛花期 4 月下旬，落花期 4 月底至 5 月上旬，花期 25 d 左右（图 74－16）。

图 74－16 金宝红牡丹海棠

第二节 苗木繁殖

一、实生苗培育

（一）种子采集和处理

9～10 月中从生长健壮、抗逆性强的母树上采集充分成熟的果实，刀纵切果实，剥出种子，去净果皮和秕粒，种子以棕色发亮、种仁饱满为佳。将种子用 0.3%中性洗衣粉液浸泡 2～3 h，并不断搓洗，将种子外表的黏液洗净，然后用清水浸泡 3～4 h 后将水滤出，再用清水浸泡 3～4 h，将种子表面的洗衣粉洗净，放在通风阴凉处晾干。

（二）种子冬储催芽

于 11 月中下旬，种子漂净后用 1 份种子、4 份细沙混拌均匀，沙的含水量以用手握成团、伸手散开为宜，不可太湿或太干，太湿可使种子沤坏，太干不利于催芽。也可一层沙一层种子（3 cm 沙、1 cm 种子）堆放在室内通风处或室外向阳处，并盖上麻袋、草片或秸秆等，保温保湿进行催芽。

（三）整地施肥

苗圃地应选择土壤肥沃，背风向阳、排水良好、水源便利的土地。圃地应在入冬前进行深翻，施足基肥，施有机肥 60 000～75 000 kg/hm^2，饼肥 1 500～2 250 kg/hm^2，磷肥 450～750 kg/hm^2。苗床耙地时喷施氟乐灵除草，用量为 2 250～3 750 mL/hm^2，同时要对水 450～750 kg。并施入辛硫磷防地下害虫，然后做畦，畦长 50.0m，宽 1.5～2.0m，土层厚 25 cm 以上，以东西排列为最好，挖好排水沟。

（四）播种

种子繁殖有春播和秋播两种，春播最常用。

1. 春播 春播种子需催芽处理。待春季 2～3 月，有 60%的种子裂口露白后，即可播种。播种方法分条播和撒播，一般多用条播。播种的方法是把种子按 3～5 cm 的株距撒于沟内，深约 6 cm，沟距 20 cm 左右，播后浇水覆盖 3～4 cm 厚细土，条播每 667 m^2 用种 5～6 kg。

2. 秋播 10 月将成熟的新鲜种子稍微晾干皮后，直接播种到苗圃。播种方法一般多用条播。条播的播种沟宽 3～5 cm，深 5～8 cm，沟距 30 cm 左右。条播每 667 m^2 用种 5～6 kg。播后起垄 5～10 cm，以保湿润、保温促进发芽。待春季 2～3 月把垄抚平。但当年不能出苗，到第二年的春季发芽出苗。本方法简单，种子不用催芽。另外，秋播的苗木在同等条件下比春播的高 10～20 cm。

（五）苗木管理

播种后 15 d 左右出苗。当苗高 10～15 cm 时，及时移栽。对移栽小苗及时除草、松土、追肥和防治病虫害。

二、嫁接苗培育

1. 嫁接方法 当苗木长到一定高度时，进行苗木嫁接。嫁接方法主要有插皮接、劈接、“丁”字形芽接、带木质嵌芽接等 4 种。

2. 砧木选择 一般用当地一年生的实生苗作为砧木，截取高度 4～5 cm。

3. 接穗采集 选择嫁接的接穗应选已结果、无严重病虫害、生长健壮的优良品种树作为母树。从母树上选取生长充实、芽体饱满的一年生发育枝或当年仍在生长的新枝，接穗长 3～5 cm，留 1～2 个芽苞。

4. 嫁接时期 8 月下旬至 9 月中旬芽接、切接，3 月中旬劈接、切接。

5. 嫁接要点 木瓜苗木成活率在不同嫁接时间、方法、水分管理之间有显著差异，芽接的成活率最高，但苗木高度比劈接苗和切接苗稍低，嫁接方法对苗木地径无显著影响。保湿 1 周的嫁接处理组合均比对照的处理组合成活率有显著提高。木瓜嫁接以 9 月芽接且嫁接后灌水 1 周最佳，嫁接成活率可达 85%以上，适宜在生产中推广应用。

6. 嫁接后苗木管理 接后 1 周内保持土表湿润。苗木嫁接后加强田间管理，浇水施肥，每隔 10 d 喷施 1 次 0.3%的尿素，去除萌蘖，及时检查嫁接成活率，未接活的及时补接。

三、营养苗培育

（一）优良母树的选择

选用优树或优良无性系作为母树，为生产遗传品质优良的枝条、接穗和根而建立林木良种繁殖场，其目的是生产无性繁殖材料。

（二）繁殖方法

1. 分株繁殖 将大树周围萌生的 60 cm 以上的枝条带根刨出，春、秋两季移栽。由于萌生力有限，此方法仅适用于少量的栽植用苗。

2. 埋条繁殖 在春、秋两季在根部长有枝条的母树周围挖穴或槽，深 25～30 cm，然后将枝条中间部位用刀割一伤口，压入穴（槽）内，枝梢部分留在穴（槽）外，以利愈合生根。穴内填土埋实后，同时在枝条基部用刀割一伤口，促进生根。待枝条生根后，将枝条切断，带根移栽。

3. 扦插繁殖

（1）硬枝扦插

① 插穗采集。硬枝扦插于 9 月中下旬后剪取当年生的健壮充实的木质化枝条做插穗，也可在 3

月中下旬剪取健壮充实的一年生枝条做插穗。可培育采穗圃或结合修剪采条。

② 插条剪截。硬枝扦插插穗粗度在 0.5 cm 以上，每段长 15～20 cm。每条应有 3～4 个芽，上端剪口在芽上约 0.5 cm 处，剪口略斜或平口；下端剪口在芽以下 1 cm 左右，剪成平口或斜口。将剪好的插条 50 根一捆捆好。

③ 插条贮藏。冬季采集插穗后应及时窖藏或沟藏。选择排水良好的地方，挖深 0.5～1.0 m 的沟，长和宽依插穗多少而定。挖好后在沟底铺一层 10 cm 厚的干净湿河沙，沙子湿度以手握成团、一触即散为宜。将插穗一捆一捆地按顺序排上，捆与捆之间都以细沙隔离。放完一层插条后，再铺一层 10 cm 厚的湿沙，同时将插穗的缝隙充分填实，防止冻干。通常放 2～3 层。也可以把插条倾斜放入沟中排放，插条间同样用湿沙填实。最后覆土 20～30 cm，使成屋脊形。要求温度－1～5 ℃。沟内温度要保持在 1 ℃左右，不可高于 5 ℃或低于－1 ℃。当沟温接近 7～8 ℃，插穗有发热现象时，应及时倒沟，减薄覆土。过于干燥时，可喷入适量的清水。

3 月下旬采集的插穗，随采随插。

④ 插穗处理。扦插前将 ABT 生根粉按 200～300 mg/L 配成溶液，把插穗的基部浸泡其中 8～12 h，然后进行扦插。

⑤ 扦插。3 月中下旬，选排水良好的沙土地扦插。插入深度约为插穗的 1/2，株行距为 20 cm×30 cm，可直插或斜插。

⑥ 插后管理。插后浇一次透水，并覆膜保温，以后保持膜内土壤湿润，当温度过高时可以揭开塑料膜进行通风，插后约 40 d 生根。

（2）嫩枝扦插

① 插穗采集。嫩枝扦插可在 6～8 月进行，选择生长健壮、无病虫害的幼龄植株为母株，剪取生长旺盛的当年生半木质化枝条为插穗。

② 插条剪截。嫩枝扦插插穗长度为 10～15 cm，剪去下部的叶片，保留上部的叶片。每条应有 3～4个芽，上端剪口在芽上约 0.5 cm 处，剪口略斜或平口；下端剪口在芽以下 1 cm 左右，剪成平口或斜口。

③ 插条贮藏。随剪随用，注意保湿，不适宜贮存。

④ 插穗处理。将插穗的基部浸泡在下剪口用 80 mL/L 的萘乙酸溶液浸泡 10 h 或 ABT 生根粉 200～300 mg/L溶液中 3～4 h，然后进行扦插。

⑤ 插床准备。嫩枝扦插插床底垫 12～15 cm 厚的煤渣、砾石、粗沙作为渗水层，上面铺 15～20 cm 厚的细河沙作为扦插基质。扦插前沙床要喷水，保持水量达到约 40%，而后将沙压实，刮平待用。使用 0.1%～1.0%高锰酸钾溶液彻底杀菌消毒。

⑥ 扦插。扦插深度以插穗长度的 1/3～1/2 为宜，株行距为 5 cm×10 cm，插完后浇足水。

4. 插后管理　搭建遮阴棚，调节光照度，前期要避免强光直射。空气相对湿度应在 85%～95%，温度在 20～28 ℃为宜。一般每天喷水 2～3 次，高温时喷 3～4 次。待插穗生根后，逐渐增加光照和通风时间。

（三）出苗后管理

苗木出土后要及时松土、除草，天旱时要及时浇水。7～8 月在下雨前或结合浇水施 2 次追肥。每次每公顷施尿素 60～90 kg，促进苗木生长。到 11 月，一般苗高 60 cm 以上，秋播或管理好的可达 80 cm 以上，第二年春季即可出圃移栽。第二年春按行株距 50 cm×25 cm 移栽，再培育 1～2 年即可出圃定植。种子繁殖苗的根系发达，抗旱、抗风力较强，但开花结实慢，投产较晚，变异性较大，退化快。

对苗木的要求：不带病毒；苗木健壮；有条件可培育大苗，二年出圃，决不要“三档苗”或劣质苗；苗木上没有检疫性病虫害。

四、苗木出圃

1. 起苗 扦插当年秋后，叶片泛黄后至翌年萌芽前可起苗移栽。在起苗前 2～3 d 浇足水，适度修剪枝叶，用蒲包、草绳等保湿材料覆盖和包装。

2. 苗木分级、假植

（1）一级苗。侧根数 8 条以上，侧根长 20 cm，茎粗度 0.8 cm 以上，苗高 0.8 m 以上。

（2）二级苗。侧根数 6 条以上，侧根长 15 cm，茎粗度 0.6 cm 以上，苗高 0.6 m 以上。

3. 苗木包装、运输 苗木应带有标志牌。标志牌上应注明：苗木名称、起苗日期、数量和发苗单位等内容。

4. 苗木检疫 通过苗木所在地检验检疫部门对苗木的有害生物种类进行检疫，由检验检疫部门出具检疫合格证。

第三节 生物学特性

一、根系生长特性

（一）根系生长动态

木瓜根系的生长在一年中是有周期性的。根的生长周期与地上部不同，其生长又与地上部密切相关，而且往往交错进行，情况比较复杂。一般根系生长要求温度比萌芽低，因此春季根开始生长比地上部早。如种在冬春较寒冷的地区，由于春季气温上升快，也会出现先萌芽后发根的情况。一般春季根开始生长后，即出现第一个生长高峰，这与生长程度、发根数量与树体贮藏营养水平有关；然后是地上部开始迅速生长，而根系生长趋于缓慢；当地上部生长趋于停止时，根系生长出现一个大高峰，其强度大，发根多；落叶前根系生长还可能有小高峰。在一年中，树根生长出现高峰的次数和强度与树种、年龄等有关。

（二）根系生长与环境因子的关系

据研究，皱皮木瓜树一年有 3 次高峰，在长江以北地区萌芽前出现的第一次高峰（3～5 月）。果实成熟期出现第二次高峰（8～9 月），落叶后出现第三次高峰（11～12 月）。同时还与土壤的温度、水分、通气及无机营养状况等密切相关。因此，木瓜根系生长高、低峰的出现，是上述因素综合作用的结果。但在一定时期内，有一个因素起主导作用。树体的有机养分与内源激素的累积状况是根系生长的内因，而夏季高温干旱和冬季低温是促使根系生长低潮的外因。在整个冬季虽然树木枝芽进入休眠，但根并非完全停止活动。

二、芽、枝和叶生长特性

（一）芽

1. 花芽 为纯花芽，顶生。每花芽具 3～5 朵小花，结 1～3 个果实。

2. 叶芽 木瓜叶芽的萌发率高，普通生长枝除基部 1～2 节的盲芽外，各节腋芽几乎全部萌发，但萌发的芽中抽成长枝（30 cm 以上）的能力弱，即成枝率低，在自然生长的情况下，往往仅顶芽抽成长枝，其下各节腋叶均抽成短枝（中间枝），所以产区的木瓜从树形上看，大枝多而小枝少，而且多分布在树冠的外围和上部，这样的树形是难获得高产的。建议对生长枝视其强弱，着生位置，冬季修剪时可剪去全枝的 1/2 或 1/3，以促进分枝。

（二）枝

1. 徒长枝 这种枝条生长势强，一年能生长 1 m 以上。枝条粗，节间长，不充实，往往从根际抽生较多，是造成树冠骨干枝过多、树形紊乱的主要原因。而且这类枝条消耗养分多，抽生过多，严

重削弱树势，生产上利用价值不大，生长季节应注意检查，发现后及时剪去，以免徒耗养分。

2. 普通生长枝 一般由生长枝的顶芽抽生，幼树上抽生较多；也可由多年生侧枝上的短枝（中间枝）受刺激，如修剪而抽生，这在老树上抽生较多。普通生长枝长30～50 cm，叶腋具刺枝，生长充实，是着生短果枝的主要基枝，栽培要注意培养利用。

3. 中间枝 由普通生长枝每节上的腋芽萌发抽成的短枝，长0.3～1.5 cm，节间短，仅见顶芽，每年由顶芽发4～6片叶。中间枝的顶芽若分化成花芽，则中间枝转化成短果枝。中间枝的顶芽能否或何年分化成花芽，主要由营养条件、中间枝着生基枝的强弱及其在树冠中的位置而定。栽培上要力求使更多的中间枝转化为结果枝，以提高产量，整形修剪对于中间枝转化为结果枝有直接影响，产区对木瓜的整形修剪不够重视，这是产量不高的重要原因。

4. 刺枝 木瓜的徒长枝、普通生长枝的叶腋具刺枝，这是木瓜形态上的重要特征。短刺枝上无叶，长刺枝上部具叶，其腋芽亦能抽成中间枝，并能转化为结果枝，开花结果。

5. 结果枝 木瓜的花果枝与营养枝有明显的区别，开花结果枝都是短缩叶丛枝，枝长3～5 mm，着生4～8片叶。当年的新梢上不发生短缩叶丛枝，叶丛枝（花果枝）可着生在，二年生以上的营养枝上（结果母枝），也可着生在花果枝上，即花果枝继续以叶丛枝的形态逐年延伸。叶丛枝的项芽分化形成花芽，第二年开花结果，所以结果母枝都是二年生以上的。由于花果枝很短，一般仅当作果柄的一部分，而把结果母枝当结果枝看待。结果母枝按长短分有棘状短枝（<5 cm）、中等枝（5～10 cm）和长枝（>10 cm），棘状短枝坐果率最高，中等枝的下部次之。

由于木瓜的花果枝是特化枝——短缩叶丛枝，当年发育分化，第二年开花结果，花芽分化和花器发育的时间较长。当短缩叶丛枝上的叶片定形（3月上中旬）后，便开始进行花芽分化，落叶时（11月中下旬）部分花器成形，花芽显现。木瓜花芽是纯花芽，圆形，鳞芽，鳞片上有粉红色茸毛。花芽在叶芽先萌发，当花瓣平展时，开始展叶。木瓜花量较大，花器质量良莠不齐，相对来说坐果率偏低，占总花量的10%左右。

三、开花与结果习性

（一）开花

1. 花序和开花

（1）花序。皱皮木瓜花序为聚伞花序，梗极短似无梗，呈簇状着生，整个花序着花8～15朵。聚伞花序由3～5个小伞形花序组成，小花序着花1～3朵，小花序梗2～5 mm，即为将来的果柄。

（2）开花。皱皮木瓜花序开花顺序为总花序顶部的小伞形花序先开，后向四周开放，每个小伞形花序也是顶花先开。当花瓣枯萎脱落果柱（子房最初膨大成柱状）形成前，有一次生理落花，落下的花主要是雌蕊明显短于雄蕊的发育不良花。

皱皮木瓜花近无梗，萼裂片5，花瓣5、粉红色，雌蕊5，花柱基部合生，合生部位密被白色茸毛，雄蕊多数，花丝着生在萼筒内壁，雌蕊明显长于雄蕊。下位子房，开花时长柄状似花梗，心皮5，中轴胎座，心室5，每心室有胚珠约45粒。梨果圆柱形、长椭圆形、卵状、长卵圆形，萼筒脱落或宿存。花序可坐果2～6个，一般2～3个。

2. 花芽的形态及花芽的分化 皱皮木瓜的结果枝顶芽当年发育分化花芽，第二年开花结果。花芽分化和花器发育的时间较长：当结果枝上的叶片定形（5月上中旬）后，开始进行花芽分化，落叶时（11月中下旬）部分花器成形，花芽显现。皱皮木瓜花芽圆形、鳞芽，鳞片上有粉红色茸毛。花芽先于叶芽萌发，当花瓣平展时开始展叶。皱皮木瓜花量较大，花器质量良莠不齐，坐果率偏低，仅占总花量的5%左右。

（二）果实的发育生长

果实的发育生长要经过两个时期：幼果发育期和果实生长期。

1. 幼果发育期 幼果发育开花时子房呈长柄状，谢花期子房基本上整体增大为圆柱状（即果柱），接着中部的生长最活跃，使幼果呈纺锤状或椭圆形（约在谢花后 10 d）。在由圆柱状到椭圆形的变化过程中，当幼果生长到长 1.5～2 cm、中部粗（直径）0.8 cm 左右时（约在谢花后 7 d），部分萼筒脱落，并伴随第一次生理落果，落下的是发育不全的幼果和弱势果。暂将萼筒脱落拟定为幼果发育期与果实生长期的分界线。

2. 果实生长期 在果实生长期中，当果实达到长 4～4.5 cm（直径）时（不同品种有些差异，在谢花后 35～45 d），在 5 月中下旬，出现第一次生长膨大高峰，伴随第二次生理落果，此次落果的程度与管理水平和气候条件的关系较大。6 月下旬到 7 月上旬，果实定形前有一次生长高峰，出现第三次少量生理落果，且多数是被“挤’掉的，这是由于花序梗太短，当初的 3～6 个果实，随着体积的增大，相互挤压，加上养料的争夺，便有少数果实被迫脱离花序梗（一般称为果柄）而脱落，多数情况下最终挂住 1～3 个果。由于空间的限制，理论上一个花序至多只能容纳 5～6 个果实，交互相对排列。

（三）落花落果

木瓜为异花授粉植物，雌蕊短于雄蕊的花不利于异花授粉，视为畸形花，于生理落花的前期脱落，果柱（子房最初膨大成柱状）形成时，有次生理落花，落下的花主要是发育不良的花（雌蕊明显短于雄蕊），其次是授粉受精不良的花。

春季连阴雨防御措施。加强田间管理促进坐果。前一年的 9 月下旬至 10 月上旬施秋季肥（特别是氮肥）是次年开花、展叶的营养来源，能使花芽质量好，性器官发育完善。早春在萌芽前用 0.5%～1%尿素喷淋树体补氮，有增加贮藏营养，增大早出叶片面积，提高早期光合效率的作用。盛花期前后喷 2～3 次 0.3%尿素液，能促进花粉萌发，花粉管伸长，加速授粉过程。

在遇连阴雨的年份，应采取人工辅助授粉。另外，应加强谢花后的肥水管理，在木瓜幼果初期多施氮肥，在果实后期，氮、磷、钾肥要配合追施，可增加坐果率和单果重，确保灾年有个好收成。

大风的防御措施。采用防风树型；矮化密植、撑杆、支条和整形等措施均能适当消除和减小大风对果树的危害；在大风袭击前喷萘乙酸 20～25 mg/L，可在 30 d 内防止落叶落果。

第四节 对环境条件的要求

国家药品监督管理局制定了《中药材生产质量管理规范》和《中药材生产质量管理规范 GAP 指导原则》，进行木瓜规范化栽培生产时必须按照该规范和指导原则的要求，严格控制影响木瓜品质的各个影响因子，规范其生产的各个环节，才能达到“产量稳定、质量可靠”的目的，并能得到国际认可。

建立木瓜种植基地。首先，要根据木瓜生理特性，充分考虑温度、光照、水分、土壤、空气湿度等气候因子，发挥当地气候资源和生态环境优势，科学选择园区，木瓜园要避开风口、风道，选择背风向阳、比较肥沃、湿润而排水良好、土壤 pH 在 5.5～7.8 的沙壤土地区。其次，要进行合理的规划。本着节约用地、方便管理的原则，统筹合理安排好防护林和排灌系统。营造防护林，在防大风的同时，也可适当改善小气候；搞好排灌系统，做到涝能排水，旱能灌水，雨后果园不积水。

1. 土壤 优质木瓜种植基地的土壤环境要达到 GB 15618—2018《土壤环境质量 农用地土壤污染风险管控标准》标准中的二级标准，主要监控重金属汞、铅、铜、铬、砷及农药六六六、滴滴涕等的残留量。

2. 灌溉水质 水质必须达到 GB 5084—2005《农田灌溉水质标准》的要求，严格监控汞、镉、铅、铬、砷、氯化物、氰化物含量。

3. 大气环境 木瓜生产地的大气环境质量要求达到 GB 3095—2012《环境空气质量标准》标准

中的二级以上标准，产区附近无有害气体、烟尘、氟化物等危害。此外，还要求木瓜生产区无带有各种病菌的城市垃圾和有医院排出的废水、废物污染。

4. 温度、湿度、光照　木瓜抗逆性强，适应性广，喜温暖、较湿润、通风透光、四周植被和灌排条件较好的环境。在海拔 100～3 800 m，极端最高气温为 40 ℃、极端最低气温为－20 ℃，年均气温 8～20 ℃，年降水量 500～1 500 mm，年日照 1 500～3 000 h 的地区都可以生长。对地势、土壤要求不严，但以土层较深厚、土壤较疏松肥沃、有机质较多、通透性较好的沙质壤土最好。

第五节　建园和栽植

一、建园

园地选择

木瓜适应性很强，但在气候温和、阳光充足、雨量充沛的自然环境中生长最佳。种植木瓜的土壤以肥沃湿润、土层深厚的夹沙土或沙壤土为宜，地势宜向阳，切忌在低洼积水荫蔽处栽种。木瓜耐旱耐瘠，对土壤要求不严，在山区适应性强，适于坡地栽培，常被选为优良的退耕还林树种。栽培木瓜，应选温暖向阳、肥沃湿润、疏松透水的山脚坡地种植。坚持因地制宜，合理布局，对基地的大气、水质、土壤以及重金属和环境严格进行监控。示范基地的改造，结合基地土壤肥力较差，保水、保肥力弱等不利因素，在木瓜种植前应搞好园地改造，可采用条沟式改土，要求深、宽各 1 m，重压腐熟有机绿肥。也可利用麦秆、稻草秆、油菜秆等秸秆，配合牛、猪粪共同压入沟内，这对丰产、稳产、优质极为重要。

二、栽植

（一）栽植方式、密度

木瓜树高一般在 1.8～2.8 m，较适于密植栽培。根据不同品种的树体大小和立地条件，栽植行株距宜选择（1.5～2.5）m×（0.8～1.5）m，栽植时应配置一定数量的授粉品种。

（二）栽植方法

最好在头年秋季按照规划设计种植穴，种植穴直径与高度应在 30～80 cm 以上，然后将穴周围肥沃疏松的熟土拌过磷酸钙（每窝 0.5 kg）回填窝内。穴内挖出的生土堆于穴周围，利用冬季冻融交替促其熟化。定植最好在秋季地温不低于 15 ℃进行。穴内施腐熟农家肥等肥料与土混匀，每穴栽苗 1 株。苗栽入穴内要求根系舒展，根部用细土盖严，踩实，然后浇足水，待水渗后，再回填新土封窝。栽后半个月内如土壤干燥，应及时浇水以利于成活。

（三）栽后管理

为提高种苗成活率，如果天气干旱 5～7 d 浇水一次，重复保持。

栽植当年 6～7 月应及时松土除草 1 次。每株施复合肥 60～100 g，尿素 30～50 g。第二年起，每年应松土除草，追肥 3 次。第一次在 1～2 月进行，每株施尿素 50～60 g、复合肥 100～120 g；第二次在 6～7 月进行，每株施复合肥 150～200 g；每年 11～12 月用环沟法每株施土杂肥 8～10 kg。栽后 2 年内可间作草本药材。

第六节　土肥水管理

一、土壤管理

（一）扩穴

整地方式一般采用穴垦或全垦加穴，穴规格为 40 cm×40 cm×30 cm，陡坡地要改成坡梯。整地时，要清除杂草、杂根等杂物，打碎土块。每穴施农家肥、有机生物肥或复合肥作为基肥。

（二）改良土壤

采取冬季深翻扩穴、夏季适时中耕除草、压青培土、间作低秆作物等方法，进行土壤改良，提高地力，增强土壤蓄水、抗寒能力，为根系生长创造良好条件。

（三）间作

在苗木定植后的1～2年，行间可套作绿肥、花生、大豆等作物，但要留出80 cm见方的树盘。

（四）其他措施

木瓜园生草法是一项先进、实用、高效的土壤管理方法，在欧美、日本等国已实施多年，应用十分普遍。与其他土壤管理方法相比，果园实施生草有明显的优势，有较好的综合经济效益。近年来，我国开始实验推广果园生草，特别是那些水土流失严重、土壤贫瘠、劳动力又很紧张的果园，实施果园生草就显得更为重要和有意义。另外，实施果园生草也是无公害木瓜栽培的重要技术措施。在我国果树生产上，大面积推广果园生草势在必行，果园生草的大面积实施必将把我国果园土壤管理提高到一个新的水平，木瓜园生草的优点和目的如下。

1. 提高土壤肥力 木瓜园生草并适时翻埋入土，可提高土壤有机质，改善土壤结构，增加土壤养分，为木瓜树根系生长创造一个养分丰富、疏松多孔的根层环境，从而提高产量和品质。土样测定结果表明，套种6年牧草的红壤木瓜园，其土壤有机质、全氮、速效磷及pH分别比不套种的木瓜园提高12.99%、21.67%、207.35%及2.07%，木瓜产量也比不套种的木瓜园增加46.68%，并且果形大、果色好、甜度高。

2. 增强抗旱能力 木瓜果园生草可降温保湿，改善果园的生态环境。果园夏季套种绿大豆、红小豆等豆科植物，其土壤表层温度平均比不套种的降低4.5 ℃；豆科牧草覆盖地面，截留降水。土壤良好的结构也增加土壤对雨水的接纳和蕴藉能力，从而提高土壤有效水的含量。套种牧草地块比不套种土块0～40 cm土层含水量增加1.13%以上，并随牧草繁茂度的增加而增加，这就大大增强了木瓜果树抗旱能力。必须注意的是，木瓜果园夏季套种牧草应在旱季来临前封行，否则，其降温保湿效果会大大降低。

3. 增强抗寒能力 木瓜果园生草在冬季可提高果树根层特别是果园土壤近表层的温度，并保持根层适宜有效水含量，有效抵御严寒侵袭。据观察，在冬季木瓜果园生草，土壤表层温度比裸地表层平均高2.1 ℃以上，且随气温降低，保温防冻效果更趋明显。如裸地地表温度3.2 ℃时，生草地表温度为5.3 ℃，温差为2.1 ℃；而裸地表层温度−1.2 ℃时，生草地表温度为3.4 ℃，温差达4.6 ℃。并且生草繁茂度越高，其保暖效果越强。因此，在冬季采用木瓜果园生草或秸秆覆盖等措施，可大大改善木瓜果树抗寒越冬能力，减少冻害发生。

4. 作为发展养殖业的物质基础 用以养殖牛、羊、兔、鸡、鹅等，增加产业链条，发展生态农业，增加农民收入。

5. 减少污染 未生草木瓜果园治虫打药次数多达9～10次。木瓜果园生草后，只在牧草苗期用药1～2次，主要依赖天敌防虫。

6. 节约劳力，降低生产成本 生草木瓜果园增加了土壤肥力，减少了施肥量和次数，从而降低了肥料投资；不需要中耕和深耕，减少了劳力投资；木瓜果园小气候的改善使害虫的天敌增加，减少了农药投资。根据生产经验，平均每公顷生草果园可节省投资2 250元，有的每公顷可降低4 500～5 000元生产成本。

7. 有效抑制杂草生长，减少病虫害发生 果园生草大多数为豆科牧草，是养地作物，它可以通过生物固氮来培肥地力，这类牧草都有发达的侧根或匍匐茎，生长旺盛，能与杂草有效竞争并控制杂草蔓延，抑制率达55%～70%，尤其能抑割蓼、藜、苋等恶性阔叶杂草。果园种草可以改善果树的生长环境和营养条件，从而使果树抗病力增强，特别是对果树的腐烂病有明显的抑制作用。同时有利

于害虫天敌的生存和繁育，使虫害发生率明显降低。

二、施肥管理

（一）肥料种类

1. 主要使用有机肥　有机肥的优越性是任何一种化学肥料也替代不了的，有机肥是完全肥料。作物吸收的大部分氮、1/5～1/2 的磷、大部分钾都是由有机质的分解矿化提供的。有机质也是作物所需的各种微量元素及植物碳素营养的源泉。有机质能促进土壤有益微生物的活动，而微生物也能把有机质中作物不能吸收的东西分解供作物需要。有机质中的腐殖质是一种很好的胶结剂，它能使土壤形成团粒结构，改善土壤的理化性质，提高土壤肥力。

2. 提倡使用微生物肥料　土壤中的有机质以及施用的厩肥、人粪尿、秸秆、绿肥等，很多营养成分在未分解之前是不能被植物吸收利用的，要通过微生物的分解才能变成可溶性的物质，才能被作物吸收利用。

3. 提倡有机肥做基肥　腐熟的沼气液、残渣及人粪尿也可用作追肥，但必须充分腐熟，严禁用未腐熟的人粪尿。农家肥料在制备过程中必须高温发酵，以杀死各种寄生虫卵、病原菌和杂草种子，去除有害有机酸和有害气体，达到无害化卫生标准。

4. 有机肥与化肥配合施用　化肥中的无机氮可提高有机氮的矿化率，有机氮能提高无机氮的生物固氮率。增施有机肥在于养地，增施化肥在于用地，因此两者的配合使用有利于果树高产与稳定，尤其是磷、钾肥与有机肥混合施用可以提高肥效。

5. 配方施肥　根据土壤中的营养元素含量情况和果树对营养元素需求的特点，氮、磷、钾肥按一定的比例进行施用，这就是配方施肥。随着肥料工业的发展，现已推出复合肥料、复混肥料，方便了肥料的使用。

6. 叶面肥料　如微量元素肥料、植物生长辅助肥料。

7. 限制使用化肥　化肥在农业生产中一直占有重要地位，但在一些地方出现了过多过滥使用化肥的现象，导致土壤污染，果实品质下降。因此，提倡在大量使用有机肥基础上，根据果树的需肥规律，在一定的使用量范围内，科学合理的使用化肥。

（二）施肥方式

施肥技术主要掌握以下要点：

1. 基肥　木瓜是多年生植物，基肥以秋施为主。一般在果实采收后，果树进入休眠前这一段时间进行。在这一段时期内越早越有利于根系愈合，恢复生长，吸收营养，提高果树营养水平，促进花芽分化和增强越冬性。基肥以有机肥为主，将经过高温发酵或沤制过的有机肥与适量的氮、磷、钾肥混合施用。一般情况下（土壤有机质含量在 1%左右），每公顷在施猪粪 30 000～37 500 kg 或鸡粪 15 000～18 750 kg情况下，应当施磷酸二铵 165 kg、尿素 157.5 kg、硫酸钾 135 kg，如果有机肥用量再增加一半，上述化肥用量可以减半。施用方法有以下几种：

（1）放射沟施肥。距离木瓜树干 50～100 cm 处向外挖放射状沟 4～6 条，近树冠处窄而浅，向外逐渐加深加宽，沟长达树冠外缘，宽度一般为 20～40 cm，肥料施入沟内后覆土填平，隔年更换放射沟位置。

（2）环状沟施肥方法。在木瓜树冠外围挖一环状沟，沟宽 30～50 cm，沟深 40～50 cm，按肥土 1∶3比例混合填平，覆土。

（3）条沟施肥法。在树行间挖一条宽 50 cm、深 40～50 cm 的沟，肥土施入后覆土填平。

（4）全园撒施法。将肥料均匀地撒在木瓜果树行间，然后翻入土中，整平。前两种方法适于稀植的果园，后两种方法适于密植的果园。

2. 追肥　追肥以速效肥为主，要根据树势、产量等，确定施肥种类、时期、数量和次数。长势弱的木瓜树应该在发芽到春梢停止生长前进行，以速效氮肥为主，配合施用磷、钾肥。长势一般的木瓜树在开花前和春梢停长前追肥，以氮肥为主，但在生长后期，要减少氮肥。秋梢停长前，以磷、钾肥为主，追肥一般每年进行2～3次。第一次追肥在开花前后，肥料以氮肥为主，以满足萌芽开花对养分的需要，提高坐果率，促进新梢生长。第二次在花后进行，肥料以氮、磷肥为主，以促进幼果发育，保证花芽分化。第三次在果实膨大期进行，以钾肥或复合肥为主，以保证果实膨大，促进果实成熟。

在秋施足够的有机肥和磷肥的前提下，追肥的种类和数量可参考如下：每公顷尿素120～150 kg、硫酸钾90 kg。当然，树种不同氮、磷、钾肥的配合比例不同，具体到每个木瓜果园，还要考虑土壤条件、历年的施肥情况等灵活掌握，不宜死搬硬套。

3. 叶面喷肥 为了迅速补充木瓜果树养分，促使正常结果和防治缺素症，可采用叶面喷肥方法进行追肥。叶面追肥宜在早晨露水干后或傍晚进行，喷洒部位以叶背为主。整个生长期内喷洒2～3次，但最后一次叶面喷肥应该在果实采收前20 d进行。

具体为：

（1）2月下旬至3月上旬。1％尿素喷淋木瓜树体施氮。

（2）5月上中旬开花前。连喷2～3次0.3％硼酸＋0.3％尿素液，每株施39 g硼砂。

（3）6月。喷布250倍、300倍尿素液1次。

（4）10月中下旬。喷布30～50倍尿素液。

也可进行叶面喷肥或喷植物生长调节剂，从初花期开始，每月喷1次，用0.3％磷酸二氢钾、0.2％尿素、0.2％硼酸、0.1％硫酸锌及防脱落素等，木瓜增产效果明显。

三、水分管理

木瓜萌芽前、新梢速长期和入冬前各灌水1次，其他时期遇持续干旱适当补水，雨季注意及时排水。每次施肥后要及时浇水。木瓜的施肥应与排灌水工作相结合，特别是在谢花后半个月和春梢迅速生长期内，田间持水量宜维持在60％～80％。

第七节 花果管理

一、花果管理的意义

木瓜管理不善会出现大小年，做好花果管理工作意义重大。大年时进行疏花疏果，疏果时应先除枝头果、畸形果、交叉果，一般选留枝条的基部果和中部果，果间距20 cm左右，以保证果大、丰产、稳产。

二、保花、保果

（一）花期人工辅助授粉

木瓜花期遇阴雨天气应进行人工授粉。在主栽品种开花前，从适宜的授粉品种树上采集含苞待放或花药即将开裂的花朵，剥取花药，匀摊在纸上，保持温度20～25 ℃、相对湿度60％～80％，经24～36 h，将散落的花粉收集到洁净的容器中，贮于黑暗、冷冻、干燥的条件下备用。授粉可用毛笔或橡皮头蘸花粉在盛开的柱头上轻点即可。也可以用液体授粉，花粉液的配方是水5 kg、白砂糖250 g、尿素15 g、硼砂5 g，另加干花粉10～12.5 g，用超低量喷粉器喷洒。

（二）果园放蜂

木瓜属于虫媒花，应于盛花期在果园内放蜂，每200株放养一箱蜜蜂即可。既可提高农民的收入，又可以提高木瓜的授粉结实率。

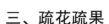

三、疏花疏果

花期和花后需进行疏花疏果，疏花在花蕾期进行。疏去病虫花、畸形花、小花、迟开的花和花蕾，摘除花序内过多的花，一般一个花序保留2～3朵花，花序外围的花可摘除；疏果在落花后7～30 d进行，疏去病虫果、小果和位置不当的果，大型果间距在25 cm左右，小型果间距在20 cm左右，上部及外围多留，下部及内膛少留，盛果期树每公顷的适宜负载量为45 000～60 000 kg。

四、果实套袋

疏果后喷一次40%杀扑磷1 000倍液，待药液干后即可套袋。袋可选用硫酸纸袋，袋长25 cm、宽20 cm，袋口边缘中央应留1个4 cm长的剪口，封袋时，将果柄置于剪口内，扎好袋口，采收时再去袋。

第八节　整形修剪

一、与整形修剪有关的生物学特性

传统的木瓜树形以多主枝自然圆头形为主。这种树形成形快，修剪量小，但后期往往因骨干枝偏多，主枝角度不开张，结果部位迅速外移，产量降低。为提高木瓜栽培的经济效益，可采用小冠疏层形或改良纺锤形。这两种树形的培养可参照苹果树的整形修剪方法进行，不同的是木瓜的小冠疏层形或改良纺锤形主枝数量可稍多，主枝延长头和中心干要弯曲延伸，以防前强后弱，上强下弱。

木瓜修剪有关的生物学特性如下：

(1) 木瓜萌芽率和成枝力均较强，树冠顶端一年生枝条可发出3～4条较长新梢，营养条件好时，当年可进行花芽分化，翌年开花结果；中下部发出的均为短营养枝，基部数芽呈潜伏状态。

(2) 木瓜修剪反应较敏感，潜伏芽寿命长，所以前部短截过多，会发出大量强旺枝；主枝回缩，易刺激后部潜伏芽萌发，多年生枝的潜伏芽萌发后，有的当年就可开花结果。

(3) 木瓜的果枝，可分为长、中、短和极短4种类型。长度在30 cm以上的为长果枝；10～30 cm为中果枝；1.5～10 cm为短果枝；1.5 cm以下为极短果枝，其中以较粗壮的顶花芽短果枝和极短果枝坐果率最高，且果实质量好。

(4) 木瓜花芽为混合芽，一至二年生枝的顶芽或侧芽、果台枝芽、部分隐芽或不定芽均能分化成花芽，其中以多年生果台枝形成的瘤状枝芽结果最佳，且寿命长，可连续多年结果。

二、树形结构特点

木瓜丰产树形有简化疏散分层形和自然纺锤形。

(一) 简化疏散分层形

全树分两层，主干高60 cm左右，层间距60～80 cm，主枝5～6个，树体高2 m左右。第一层留主枝3～4个，每主枝上配备侧枝2个；第二层主枝2个，每主枝配备侧枝1～2个。这种树形主枝较多，树冠较大，适宜于土层较厚、肥沃的地块采用。

(二) 自然纺锤形

树高2 m，有明显的中心干，在中心干上着生5～6个主枝，结果枝直接着生在主枝上，主干高60～70 cm。这种树形只有1级骨干枝，级次少，通风透光好，适宜土壤肥力较差和密植园采用。

三、修剪技术要点

传统的修剪方法是“冬重、夏轻、秋不管，春季多留促丰产”。冬剪时往往见枝重短截，树势不稳，根冠失衡，春季发出大量徒长枝，光照条件差，加之木瓜枝条硬，主枝角度不开张，造成枝条基部光秃，造成表面结果、产量低、果个小、质量差。解决这些矛盾的关键在于一个“稳”字，具体方法是“秋重、冬细、春调、夏控”。

（一）秋重

秋重指在 10 月果实采摘后及时疏除扰乱树形的大枝，回缩复壮枝组。其优点是在生长季修剪的伤口，若用药物或薄膜加以保护，较易愈合，而冬季修剪的大伤口则难以愈合；同时果实采摘后去大枝，树势不返旺，改善了风光条件，有利于花芽分化；而暂时不剪除那些不过分密挤的枝条，还可辅养树体。

（二）冬细

冬细指的是冬剪手法比较细腻。针对一年生枝和少数秋季没有回缩复壮的小枝组，通过冬季细致的修剪，培养健壮的结果枝组。同时由于木瓜长果枝坐果率低，受风影响，枝叶对果皮摩擦严重，常使果皮变褐，影响外观，且果实小，质量差，而木瓜又有基部腋花芽结果习性，因此，木瓜的冬剪原则是短截为主、疏密为辅。木瓜全树主、侧枝数目，枝组的数目和各级延长枝的长度均无具体规定，修剪时要做到有空就留，无空就缩或疏；对枝组做到强则缓放，弱则回缩；各级延长枝的长度要做到主长、侧短且弯曲延伸，以防前强后弱。各类枝基部和中部所萌发的枝条，如无空间可从基部疏除，如有空间要视枝条的长势和角度而定。角度较大，长势中庸或偏弱，可留 10～15 cm 重短截，这样有的当年开花结果，有的先端萌发为发育枝，而基部形成 1～2 个中短果枝，翌年开花结果；如果枝条较直立，长势强旺，可拉开角度后轻短截或缓放，这样经过一个生长季，先端发出 3～4 个中庸发育枝，而基部发育成几个弱中短果枝，第二年冬剪时留 3～4 个短果枝回缩，第三年开花结果。坐果后，这种细弱的短果枝连同果台加粗极快，从而形成可连年结果的稳定的结果枝组。

（三）春调

春调的主要目标是集中营养，减少消耗，进行适当的疏花疏果。在蕾期前后调整适合的花芽留量，疏除弱花、密花；以树定产，适时疏果，留果的间距依果实大小不同为 20～30 cm，选留原则为尽量多留枝条基部和中部的果实。

（四）夏控

夏控主要是控旺、控长、控秋梢。木瓜每年修剪后，将发出大量的长、中、短枝条，使枝叶密挤，营养分散，通风透光差，影响枝条发育和花芽形成，通过夏控达到促壮，促短、促转化。注意以控为主，控促结合。其方法是：从 5 月开始，及时抹芽定梢，为了使伤口快速愈合，每个剪锯口可根据其伤口大小，留 1～3 个中庸枝，其余抹除。对竞争枝，有空间的可拿枝软化，控制生长，促其转化成中庸枝，无空间的及时抹掉。主枝基部的背上枝，可扭梢或拿枝软化，改造为结果枝组，以防止内膛空虚。各级主、侧枝顶端萌发的数个新梢，也要酌情掰去一部分，以便辅助冬剪和培养壮枝。对角度小的大枝，夏季及时拉枝开角。对整体较旺的树体可在 7 月初和 8 月底喷 2 次果树促控剂控长，稳定树势，促进花芽分化。

四、不同年龄期树的修剪

1. 幼树期 以整形为主，促进木瓜树冠或树体骨架及早形成，为下步丰产稳产打好基础。此期以重截促枝，先截后缓，选留和培养主、侧枝为主，尽量多留枝、少疏枝。但对重叠枝、交叉枝和病虫枝要进行疏除。

2. 初果期 主要以增加木瓜结果枝组为主，采用撑、拉、压和多疏少截的方法，抑强扶弱，控制直立枝、竞争枝，保持树体平衡，促使各类发育枝（即强旺发育枝和细弱发育枝）向结果枝转化，增加结果面积，提高产量。

3. 盛果期 盛果期木瓜果树由于连续大量结果，树势逐渐衰弱，易出现树体郁闭、上强下弱、结果部位外移、结果枝瘦弱，致产量不稳，严重的会导致大小年现象。此期修剪的重点是：

① 保持主、侧枝梯次优势，通过回缩、抬高角度、选留强枝代头，及时更新复壮，保证骨干枝稳定。

② 调整好生长与结果的有机关系，交替回缩结果枝组，恢复、保持结果枝组的生长势。对位置理想的徒长枝及时培养，代替衰弱结果枝组结果，保持树体结果量稳定。

③ 疏除上部和外围的稠密枝以及细弱枝、强旺枝，改善树体光照，减少养分的消耗，保障立体结果。

五、主要品种（群）整形修剪

（一）自由纺锤形整形修剪

自由纺锤形整形修剪技术较适于皱皮木瓜、毛叶木瓜和西藏木瓜种群。

1. 定干高度 目前木瓜生产中大多定干高度在 80 cm 以下。调查发现，该高度下层留枝过低，易造成下强上弱，且木瓜果大，下部结果后易触地，造成通风、光照不良，病虫发生严重，也不便于地下管理。定干高度改为 80～100 cm，可充分利用了水平枝和下垂枝结果。对弱苗要重短截促发新枝重新定干，对已定干的小树疏除下部枝，抬高主枝的位置。

2. 中心干的处理 为保持中心干直立健壮和防止上强下弱，在定干后的 1～5 年，对中心干延长枝每年剪留 40～50 cm，其上的竞争枝要及时拉平或用来换头，每年剪留的中心干段内选留 2～4 个小主枝。如中心枝生长过旺，上部光秃的刻芽促枝，或是把延长枝拉向无分枝的一侧，在其背上刻芽，重新培养中心干延长枝。对严重上强下弱树，将中心干从多年生部位锯除，留上部的一个较直立枝作为新的延长枝，促下控上，逐步使木瓜树冠上下生长势一致。

3. 主枝的处理 自由纺锤形主枝不宜过粗过大超过中心干，在选留主枝时，采用单轴延伸、不分层、无侧枝的培养方法，其上直接培养枝组。每年除对中心干延长枝截留 40 cm 使其保持一定生长势外，同时要疏除剪口下的竞争枝及主枝、辅养枝上较大的侧生枝，以削弱主枝生长势，起到缓前促后、开张角度的作用。

4. 辅养枝的处理 中心干上的辅养枝在整形期间应临时保留，一般不疏除、不短截，但要拉开角度，拉向缺枝空间，这样经过 1～2 年缓放处理即可开花结果。这时对成花枝一般不动剪，强而长的枝用弱芽当头，抑前促后，促生短果枝结果，细而密的中、长枝适当疏剪。主枝增粗后，树冠枝条出现密挤时，疏除一部分辅养枝。

5. 枝组的处理 由于树体较小，在枝组配备上以中小型为主。培养方法是先缓后截，或由果枝结果后的果台枝进行适当短截。枝组以着生在两侧为好，兼顾背下，控制背上，以“串”形为主，对局部过旺枝采取环割、刻芽促其成花，缩小体积。

6. 枝条的处理 对枝条以轻剪长放为主。在七年生皱皮木瓜树上对中心干上抽生的侧生枝进行不同程度的短截和长放试验，长放的枝量和中短枝形成数量都比各种短截的枝量多，冠径和树高与短截的差异较小，长放的产量是短截的 6.87 倍。拉枝是 ·项关键技术措施，应从基部拉成 70°～90°，不要拉成弓形，必须坚持定植后 5 年内年年拉枝。经拉枝后，枝条后部和两侧多形成中短果枝。整个生长季节均可拉枝，但以秋季拉枝较好（8 月下旬至 9 月下旬）。被拉枝要求下部枝长 1～1.2 m，上部枝长 0.8～1.0m。如不及时拉枝或拉晚了，中心干上侧生枝多直立生长，抑制中心干生长，造成整形上的困难。

（二）圃地整形修剪

圃地整形修剪技术适用于光皮木瓜种群，主要是培养好的主干和侧枝，为构建良好的树体骨架打好基础，但在实际操作过程中应综合考虑，权衡各项技术措施的利弊，把握好两个基本原则。

1. 轻剪为主原则 小苗期叶面积少，每张叶片都很宝贵，修剪时要注意减少枝叶量的损耗，尽量采用抹芽、除萌、摘心、扭梢的手段，少动剪刀。有些品种，小苗初期丛生枝较多，主干不明显，可以“先乱后治”。苗木在生长过程中会逐渐形成顶端优势，待主干明确后再适当加以引导，千万不要操之过急，强行修剪，大砍大伐。一次修剪量过大，根系损伤严重，苗木难以恢复，达不到整形的效果。对于一些影响主干生长的徒长枝，较大的枝序，要通过去强留弱、去直留斜的方式，削弱其生长势，然后分段处理、逐级回落，待养留的主干发育成形以后，再剪除那些不必要的枝条。

2. 顺势而为原则 圃地整形要根据品种特性和苗木本身生长状况区别对待。有些品种顶端优势明显，干性强，主干容易养成。有些品种分枝多，主干不明显，不一定要培养成主干形，而应根据具体情况采用多种形式整形。树的生长各式各样，圃地整形不能千篇一律，生搬硬套。在掌握基本原则的同时，做到随枝修剪，因树造型。

第九节 病虫害防治

木瓜的规模化种植可以为产地果农带来显著经济效益，但由于种植规模不断扩大，管理过程中科学技术更新速度慢，导致木瓜营养生长和生殖生长过程中很多病虫害大规模发生，严重影响了木瓜产品质量与产量，成为限制我国木瓜生产和发展的重要技术障碍。木瓜生产过程中的病虫害以及病虫害治理问题一般没有引起人们注意，但在发病期间若不进行及时有效的治理，将导致大面积减产，直接影响种植者的经济效益。又因为木瓜具有药食两用的特性，在对木瓜进行病虫害治理的同时还必须考虑农药残留问题。因此，有必要对木瓜的病虫害防治进行系统、全面的研究。建立完善的病虫害防治技术体系，才能有效保证我国木瓜的稳产高产。

一、主要病害及其防治

目前以发现木瓜主要病害种类约有 10 余种，其中以轮纹病、炭瘟病、灰霉病、锈病、叶枯病、干腐病、褐斑病等危害较为严重。以上病害的主要表现及防治方法主要有：

（一）轮纹病

轮纹病为害宣木瓜的枝干、叶片和果实。当年生枝干受害后，初为红褐色水渍状点，后从中心隆起呈疣状并逐渐扩大成斑；当扩至枝干一半时，病斑处发脆，枝干在风等机械外力作用下折断。多个小病斑密集呈粗皮状并随枝干增粗而扩大，可存活数年致使整个树干枯死。在叶片和果实上，病斑水渍状呈深浅相间的同心轮纹并伴有黑色小点（即病原物）。

（二）炭疽病

炭疽病为害木瓜果、枝、叶。发病初期，果实上的小褐点迅速扩大成斑致使整个果实腐烂，病果在湿度大的情况下产生粉红色黏液，失水后成僵果。

轮纹病、炭疽病皆以病原潜伏于病枝、果中越冬，遇高温高湿条件即产生分生孢子进行初次侵染和复染。发病高峰在每年 5 月后的每一次降雨。传统防治除冬季修剪病枝、清除僵果病叶并集中烧毁的农业防治外，还采用在冬季喷施 3～5 波美度石硫合剂、4 月底喷 70%甲基硫菌灵 1 000 倍液（每隔 10 d 喷一次）、5 月底 6 月初喷 75%百菌清 500 倍液 2 次以上。

（三）灰霉病

灰霉病是木瓜苗木生产和木瓜林早春萌芽期的主要病害之一。病原随残枝病叶混入土壤越冬，翌年气温升至 15 ℃以上、相对湿度达 90%以上时再侵染木瓜幼苗的茎、嫩梢和叶片，受害的木瓜幼苗叶片如水烫一般；幼茎、嫩梢由染病初期的褐色小点扩散为一圈，造成病变以上部位萎蔫形成立枯或枯梢，病茎叶在高湿度情况下长出一层灰色霉状物（即病原孢子）进行重复侵染。

传统防治十分重视该病的冬季预防以达到清除病原的目的，即在冬季利用修剪清除病枝及病叶，早播、地膜覆盖以增温促苗早出和早木质化，施足基肥及少用追肥等方法以提高苗木的抗病力。育苗时，土壤消毒尤为重要，植物病理学家柯文雄首创“处女土育苗法”值得借鉴。苗木出土后，1∶0.5∶200倍波尔多液每周喷洒一次，连用2～3周；或70%甲基硫菌灵1 500倍液每10 d喷一次，喷2～3次。发病期间用65%代森锌可湿性粉剂或50%苯菌灵防治。

（四）叶锈病

叶锈病多在8～9月高温多雨季节发生，为害叶片及果实并使大量叶片损伤而失水影响光合作用，最终导致叶枯、梢枯。病灶由橙黄色细点逐渐扩大成圆斑，在叶背或果上先隆起继之产生灰黄色毛状物。此病易造成落叶或落果，不落果者则果面形成隆起病疤而影响品质。病原实行转主寄生，圆柏等松柏树上的冬孢子萌发产生担孢子后侵入木瓜的叶或果。

传统农业防治采用清除木瓜林附近2～3 km范围内的圆柏等松柏树以切断病源，保持林内和树冠通风透光，雨季注意排水；化学防治则应抓准一年当中的病原担孢子入侵期（即每年的3月底雨后天晴时）用15%粉锈宁喷1～2次。

（五）叶枯病

叶枯病4月下旬出现，6月中旬高发，与高温多雨有关，多在气温骤变时感染发病，叶片枯死脱落。防治时用1∶1∶1 000倍波尔多液，或40%多菌灵胶悬剂500倍液，或80%退菌特可湿性粉剂1 000倍液，每隔15～20 d交替喷施。

（六）干腐病

干腐病为害初期一般仅限于表层，应加强林检，及时刮除病斑后涂药消毒保护。病害严重时，可考虑在生长季节重刮皮以铲除病菌防止重复侵染。对于健康植株，可在植株发芽前喷1次80%五氯酚钠300倍液或3～5波美度的石硫合剂等保护树干。

（七）叶斑病

叶斑病主要为害叶片，发病初期叶片上出现褐色斑点，以后逐渐扩大变成黑褐病斑。7～8月为高发期，病斑密布全叶致使叶片枯萎。传统防治采用冬季集中烧毁落叶，减少病源；发病初期喷施1∶1∶200波尔多液，每7 d喷一次，连续3次印可。同时加强肥水管理，尤其注意雨季排水防涝、修剪枝条等以改善通风透光条件。褐斑病为叶斑病的常见种类，防治时可在发病初期于叶面喷洒70%多菌灵可湿性粉剂800倍液或70%甲基硫菌灵可湿性粉剂800倍液。

另外，常年均有发生的立枯病可在生长期喷洒1∶1∶100倍波尔多液预防；冬季清洁圃地，减少病菌越冬。1～3月防治花腐病可选用65%代森锌500倍液或70%代森锰锌500倍液。用50%多菌灵、70%多菌灵500倍液＋20%速灭杀丁3 000倍液，间隔7～10 d，用药2～3次，可防治果腐病、斑点落叶病和蚜虫。

二、主要害虫及其防治

目前在木瓜栽培过程中发现的虫害约有50余种，其中食心虫、蚜虫、天牛、金龟子、刺蛾等危害严重。

（一）食心虫

食心虫为害果、梢，主要有梨小食心虫和桃小食心虫两种。林地面积较大，野生或栽培的梨、木瓜、桃、杏、李等树种构成的林相结构可为食心虫提供丰富的食源，是食心虫高发的一个重要原因。梨小食心虫以幼虫蛀食木瓜果实和嫩梢，该虫一年5代，以老熟幼虫在树基部土层中越冬，1～2代主要为害嫩梢，3代后成虫将卵产在果萼洼部，幼虫孵化后即钻入果内危害。蛀孔随虫龄增长而增大，蛀虫将粪便排在果面上，降低受害果实品质并易感染其他病害。

传统农业防治采取冬季深翻木瓜林以破坏越冬场所；做好生长期虫害测报工作；采取剪受害梢、灯光诱蛾等物理方法降低虫口基数。化学防治则在越冬幼虫化蛹后、成虫羽化出土前用50%辛硫磷乳油100倍液喷洒树冠下。在5月上旬的一代幼虫孵化初期和7月上旬三代幼虫蛀果期喷施敌杀死或灭扫利，每 7 d 一次，连续 3 次以上。桃小食心虫为害木瓜，幼果膨大前期而形成“枣子木瓜”（果实不能长大即脱落），并使之失去药用价值；在果实膨大期为害心室而使内部充满豆沙馅状的粪便，最终导致果实不能正常膨大并在采摘前 1 个月全部脱落。此时的木瓜虽可晒制，但质量和产量均差。

（二）蚜虫

蚜虫常年发生，以菜蚜虫为主，冬季少量不落的叶片是害虫寄存场所。主要为害木瓜的新梢嫩叶（在 3～4 月木瓜抽梢期最为严重），造成嫩梢弯扭、嫩叶卷曲，蚜虫分泌物同时会引起霉污病。受害植株大多花少、果少且小、枝条纤细、节间变短、植株滞长、树势差。该虫的发生与近几年的种植业结构调整与栽培方法有关，氮肥过多和偏施氮肥诱发了木瓜大量的二次梢，木瓜树成为蚜虫重要的夏寄主。传统防治采用吡虫啉喷雾，效果很好。

（三）天牛

天牛是木瓜果园危害性极大的害虫之一，幼虫蛀食枝干，成虫为害枝叶。6 月上旬始发，6 月下旬至 7 月上旬盛发，8 月结束。可用 20%氰戊菊酯 500 倍液、80%敌敌畏乳油 200 倍液等喷杀或用药灌蛀孔。

（四）金龟子

金龟子为害木瓜果树叶片，主要有苹毛金龟子、东方金龟子、铜绿金龟子和茶色金龟子等。防治时可在发生期实施人工捕捉或悬挂糖醋液诱杀。

（五）刺蛾

为害木瓜叶片，种类有扁刺蛾、黄刺蛾和龟形刺蛾等。用 20%速灭杀丁乳油 3 000 倍液即可除治，或 3 龄前喷施菊酯类农药也可获得良好的效果。

此外，咖啡木蠹蛾、舟形毛虫等对木瓜也会造成不同程度的危害。

三、农药的选择

在我国木瓜生产历史上，化学合成农药一直是防治木瓜病虫害的主要方法，虽然效果显著，但也导致抗药性增强、农药残留超标及环境污染，与中药材规范化生产的原则相悖。在药用木瓜规范化栽培生产过程中，应防止果实农药残留量超标，所以加强木瓜果园生物农药研发，以生物农药替代化学合成农药是农药发展、木瓜病虫害防治的必然趋势。根据我国木瓜果园的具体情况，在对木瓜主要病虫害进行分离鉴定的基础上，研制针对性强的生物农药，并对木瓜果园进行生物综合防治，不仅可以规范地道药材病虫害的防治措施，保障药品与食品的质量与安全，同时在其他农作物病虫害的防治方面也可能具有推广示范价值。

第十节　果实采收、分级和包装

一、木瓜采收

合理控制采摘时间对于果实利用有着至关重要的作用，对木瓜果实不同发育时期部分营养物质含量变化进行了研究，得到木瓜的总糖、还原糖含量果实发育前期迅速增长至最高值，随后呈下降趋势，维生素 C、总酸含量在果实发育期间变化较大，在果实成熟时增至最高值，为制定合理的木瓜采收计划提供了理论依据。在营养成分研究的基础上，木瓜系列产品的研发工作相继展开对促进木瓜产业链的形成、加速木瓜食物资源的转化及进一步提升木瓜种植的经济效益有巨大的推动作用。

（一）采收时期

1. 药用木瓜　采收期一般在 7 月下旬至 8 月上旬，此时木瓜近成熟，糖度低，药性好。

2. 食品加工木瓜　一般在 9 月上旬至 10 月中旬较好，成熟的木瓜含糖高，色香俱佳。

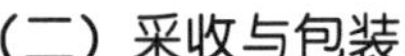

（二）采收与包装

采收时，用手掰下果实，防止机械损伤。于园内进行分类，把无病虫害、无损伤的堆在一起，进行分级。对贮存、外运、销售的果实，要分别用纸包好，放于纸箱或木箱内。

二、加工方法

为保证木瓜的加工质量，采摘鲜果可根据用途不同采用不同的加工方法。

1. 药用木瓜　晴天可采用生晒法，先将木瓜纵切成 2 瓣，然后单摆在水泥晒场上暴晒 15～20 d，开始 2～3 d 要把切面对着阳光。无水分外渗后方可任意单摆翻晒至干。若加工期遇阴雨天，可在烤房中微火烘烤，待机出晒。水洗切片去籽后真空脱水，冷冻干燥或烘干、晒干。

2. 食品加工　鲜果冷藏或榨汁贮存。

第十一节　果实贮藏保鲜

（一）覆膜、沙贮

配制 0.1%～0.4%浓度的海藻酸钠（热水溶解）和 0.1%氯化钙、0.1%山梨酸钾溶液各一份，选择完好无损的新鲜木瓜，依次放入两种溶液中，使得木瓜表面形成一层薄膜，然后取出晾干，将其掩埋于沙中，在沙表面覆盖一层薄膜。

（二）改良地沟贮藏

选背阴处（房、墙的北侧），按高 100 m、深 80～100 cm、长度因果量而定，挖一条贮藏沟。沟壁砌有防护结构以防坍塌，在沟口盖 10 cm 厚的压实草质盖帘。选择完好无损的新鲜木瓜，装入新鲜的薄膜袋中，装后放阴凉处 1～2 个晚上，于第三日早晨封袋放入改良沟内。

（三）冷库贮藏

木瓜采收后贮藏于冷库中。入库前，木瓜果实须经预冷。入库前 3 d 将库房冷却到适温。一般 7～10 d进行一次通风换气。

第十二节　木瓜产业发展及新技术的应用

一、木瓜产业发展需解决技术问题

木瓜属植物是我国的传统中药材，药食同源，具有平肝舒筋、和胃化湿、抗炎抑菌、降低血脂等功效。木瓜果实富含多种营养元素、微量元素和膳食纤维等，在开发功能性食品等方面具有良好前景。

种质资源是优质中药材生产的源头，良种是中药材生产的最基本要素之一，规范生产则是中药材生产的迫切要求，这些都是提高中药材质量和实现中药材产业可扶持发展的关键。

（一）木瓜生产中的种质资源

木瓜在长期的繁衍过程中形成的大量自然变异类型、自然杂交混交型品种，为木瓜新品种及优良品选育、繁育、木瓜种质资源库的建立提供了丰富资源，有必要进行收集、评价、提纯、选育、繁育。目前木瓜的分类及命名都比较混乱，以木瓜产地名代替其学名，同物异名，种质混杂，混种，而种质资源的收集保存和利用更是空白。对木瓜产业发展产生了较大的影响，因此有必要建立一套完善的木瓜分类、评价标准，将国内的木瓜种质进行系统的分类、整理、研究，促进木瓜的研究和开发。

（二）木瓜的良种选育

我国栽培木瓜至少有 3 000 年的历史，虽然分布较广，但种植分散，发展缓慢，品种以农家品种为主，大多混杂栽培，没有经过良种选育和培育，优良农家品种退化或缺少提纯复壮。木瓜在育种研究方面，仅少量开展了自然变异类型的比较筛选。目前，我国审定木瓜新品种不足 10 个，而日本木瓜新品种登记达 140 个。新品种进入市场前必须经过品种审定、区域试验和生产示范等程序，没有稳定一致的品种及药源基因库，药材质量无法保证，从而影响到中药质量和临床疗效稳定及中药产业的可持续发展。

（三）木瓜药材产品质量的源头与基础

我国正在大力推行中药材 GAP 种植，以从源头上保证中药产品质量。木瓜种子、种苗的规范化是 GAP 的前提和基础，是药材质量稳定和保障中药疗效的源头。随着结构调整的进行，生产面积逐步增加，生产上也迫切需要质量标准、可靠、优质的木瓜良种。

（四）干燥生产技术

木瓜的加工技术是影响其产品质量的重要限制因子。通过对木瓜不同干燥方法的比较表明，干燥方法对木瓜质量有较大影响。在色泽方面，晒干棕色，细菌总数为最高，如何综合一项加工技术及设备能同时提高加工效率，保证产品品质急需解决技术问题。

（五）木瓜生产技术

木瓜的种植、加工质量控制技术是该项成果转化非常重要的内容，目前国内木瓜种植及加工方法非常不规范，是造成木瓜质量不稳定一个重要因素，木瓜规范化种植及加工是提高和稳定木瓜质量关键技术。该技术方案建立木瓜干燥加工厂，成果转化首要内容是实施木瓜种植与加工标准化操作规程，该技术是符合《中药材生产质量管理规范》要求的多学科技术组装和整合，可操作性较强，涵盖木瓜种质、种苗繁育、种苗标准、栽培技术，病虫害防治与农药残留控制技术，环境监控与有害成分污染控制技术，木瓜营养特性与规范化施肥技术，采收、产地加工与质量控制技术各环节。

（六）综合开发利用技术

目前国内木瓜种植面积 1.33 万 hm^2 左右，种植区域相对分散，总产量不高，30％以上木瓜流向药材市场，60％加工浓缩果汁进入国际市场，其余部分进入食品加工，加工规模及质量不高。目前国内外保健食品需求量很大，木瓜产品在市场几乎是空白，市场前景广阔，需要快速建立木瓜标准化种植基地，为制药和食品加工提供质量稳定、无污染、品质优良的材料，成为医药、保健食品、化妆品新的增长点。木瓜保健品的开发有非常好的契机及广泛的国内外市场前景。

配套使用的全自动控制木瓜烘干技术推广应用以来，干燥加工后的木瓜药材药性状、出干率、药用成分含量、色泽度度非常优，一级成品率达到 95％以上，微生物、害虫及虫卵全部杀灭，细菌含量达到最低，贮存期可达 2 年以上。每千克加工成本只需 3 元，提高药用质量，降低生产成本。

二、新技术的应用

（一）核心技术

为了解决木瓜生产的瓶颈问题，我国研究机构经过 10 多年的研究，从国内外广泛收集 522 份 9 686株木瓜种质资源，建立了我国第一个木瓜种质资源库，并组织多学科攻关，对种质进行分析评价，选育了 8 个木瓜良种，2011 年 12 月 30 日，首批通过了国家良种审定，结束了我国木瓜没有良种的历史，填补了国内的空白。研究制定的木瓜生产集成配套核心技术，解决了木瓜生产的瓶颈问题，适应于产业化生产。

（二）新技术

建立优质良种木瓜规模化繁育基地和标准化种植示范基地，加快良种木瓜及生产集成配套新技术在全国的推广应用，实现木瓜生产良种化、规范化和产业化。

（三）配套集成生产技术

针对木瓜生长发育各阶段的生长特点，制订优质木瓜的栽培技术。配套使用的全自动控制木瓜烘干技术，连续作业，生产效率高，成本低，木瓜外观色泽良好，药用质量指标提高 30％以上。干燥加工后的一级成品率达到 95％以上，微生物、害虫及虫卵全部杀灭，细菌含量达到极低，贮存期可达2年以上。每千克加工成本只需3元，提高药用质量，降低生产成本，保证药用安全。

（四）木瓜药用质量分析新技术

对木瓜指标成分的提取分离、含量测定、微量元素及农药残留进行了研究，利用现代分析技术对36个木瓜品种（果实）中总糖、总酸、维生素C、水分、蛋白质、脂肪、灰分、有机元素、果胶、维生素B_1、维生素B_2、总单宁、齐墩果酸、熊果酸、氨基酸等39种生物活性成分进行系统分析评价，为木瓜保健食品、日化产品的深层开发提供科学依据。

（五）木瓜的质量标准研究技术

《中华人民共和国药典》（简称《中国药典》）及相关研究中缺少对木瓜齐墩果酸、熊果酸等活性成分的含量作为评价指标，显然不够全面。为了更加全面、深入的反映木瓜的内在质量，有必要进一步提高木瓜的质量标准，增加含量测定的指标，更好的控制木瓜的内在质量。本成果对木瓜指标成分的提取分离、含量测定、微量元素及农药残留进行了研究，建立道地药材木瓜的质量标准。在此基础上，形成了木瓜质量标准草案，为《中国药典》标准备选。为提高木瓜药材的质量控制方法提供技术支撑。

（六）主要用途及应用范围

新技术主要应用于全国木瓜适种产区，实现木瓜生产良种化、规范化和产业化，将改变我国木瓜长期低产、低效益，质量不稳定的现状，使得优良品种的贡献率提高50%以上，提高木瓜产品在国内外市场的竞争力，保持我国在国际木瓜研究与开发的领先地位。

通过全国木瓜适种区大面积种植示范，整合种苗规范化繁育及栽培操作规程，建立国家木瓜种苗标准，制定木瓜规范化种植GAP操作规程及木瓜加工、贮藏、运输地方行业标准，为我国木瓜生产实现良种化、规范化和规模化奠定基础。

第十三节　优质高效栽培模式

一、果园概况

山东亚特药用植物生态示范园，位于临沂市鸡山，示范园园区面积134.5 hm^2，包括生态林及示范园，科研及管理基地配套设施齐全。

生态示范园区包括木瓜种质资源库、木瓜良种培育基地、标准种植示范园和加工基地。

1. 气候条件　示范园属暖温带季风区半湿润大陆性气候，海拔高度262.2 m；春季温暖，干燥多风；夏季湿热，秋季凉爽，昼夜温差大；冬季寒冷，雨雪稀少，四季分明，光照充足，无霜期长。夏季平均气温为25.5 ℃，极端最高气温为38.9 ℃，极端最低气温为－19.2 ℃，年平均降水673.9 mm。

2. 土壤　属于低山丘岭，沙石壤，土层较薄，pH6.0～7.2，有机质含量低，肥力较差。

3. 园区布局　木瓜种质资源库6.7 hm^2，已收集保存木瓜种质522份，活体保存种质材料9 686株，已建成国内外种质资源最丰富的木瓜种质圃。良种培育基地13.3 hm^2，培育亚特金宝系列良种木瓜，首批通过了4项国家良种审定、8项省级良种审定，结束了我国长期没有木瓜良种的历史，填补了国内的空白，培育的50个木瓜新品种正在分批申报国家新品种，年产木瓜良种壮苗200万株。标准种植示范园20 hm^2，年产木瓜鲜果900 000 kg，经济效益良好。

二、整地建园

1. 整地　修筑梯田，深翻扩穴，增施有机肥，培肥土壤，增强树势，提高树体对病虫害和不良气候的抵抗力。

2. 苗木选择　种植品种为金宝萝青101、金宝萝青106、金宝亚特红香玉、金宝亚特绿香玉等4个国审良种木瓜。苗龄2年，地径1 cm，干高80 cm，根系发达。

3. 栽植方式　在木瓜树正常落叶后10月中旬进行栽植，株行距1.5 m×1.5 m，每667 m^2 栽植296株，每坑栽植1株，栽植时要求做到“三埋两踩一提苗”，使苗正、根系舒展，浇足定根水，并在苗距地面80 cm处截干。

三、第一年管理技术

(一) 土肥水管理

3月及时追施催芽肥，以木瓜专用肥与碳酸铵（1∶1）配制，丛施0.5～1 kg，沿树冠外围地面浅施。浇足返青水。

(二) 病虫害防治

4～6月及时用科诺四季红生物农药防治蚜虫。新梢生长期主防木瓜斑点落叶病，喷杀菌剂保护叶片，总共要喷施3～4次，药剂为1∶2∶200的波尔多液，或50%甲基硫菌灵可湿性粉剂600～800倍液。

(三) 果树管理

及时中耕除草，9～11月清理树盘，剪除基部萌蘖，用石硫合剂等喷洒树冠。清理山沟，及时补栽苗木。

(四) 其他措施

12月至翌年2月，每丛树施腐熟农家肥5 kg，施肥穴可大些，并进行树盘浅松土。用硫黄0.5 kg+生石灰5 kg+水10 kg调成糊状，刷白树干。对树部分骨干延长枝进行回缩，其余枝条缓放，疏除部分拥挤枝，去掉顶部直立部分，一般1 m以上；要完善头年骨架修剪措施，一般枝条可缓放，对偏冠缺空要利用徒长枝补缺空位，对顶部无用的徒长枝可重短截或去除。

四、第二年管理技术

1. 土肥水管理、病虫害防治及果树管理　同第一年。

2. 其他措施　12月至翌年2月，每丛树施腐熟农家肥10 kg，施肥穴可大些，对树部分骨干延长枝进行回缩，其余枝条缓放，疏除部分拥挤枝条，去掉顶部直立部分，一般1.5 m以上；要完善第二年骨架修剪措施。

五、第三年管理技术

(一) 土肥水管理

1. 催芽肥　2月中旬施用，正是木瓜花和芽生长消耗营养的旺盛期，用木瓜专用肥与碳酸铵1∶1配比，参照还阳肥数量，浅施于树冠外沿。

2. 壮果肥　对树势较弱的可于5月上旬第二次生理落果后施木瓜专用肥450～600 kg/hm^2，于树冠外进行浅锄，并在表面施肥，以利壮果。

3. 还阳肥　于7～8月份追肥，已复壮树势可用25%木瓜专用肥，小树0.5 kg，沿树冠外缘挖3～5个施肥穴（20～30 cm见方），土肥混匀后再覆土。

4. 冬肥　10～12月进行。主要追施腐熟农家粪肥，每株一般15～20 kg。施法同还阳肥，注意错落方位，穴要挖大些。

5. 水分管理　在花芽萌动前后浇1次透水，果实膨大期和新梢生长期适当浇水。木瓜怕涝，在梅雨季节适时排水。

(二) 病虫害防治

1. 新梢生长期主防木瓜斑点落叶病　在木瓜花谢后新梢抽生期，喷杀菌剂保护叶片，共喷3～4次，药剂为1∶2∶200的波尔多液，或50%甲基硫菌灵可湿性粉剂600～800倍液，或50%百菌清可

湿性粉剂 800 倍液，或 50%速克灵可湿性粉剂 2 000 倍液。

2. 5 月上中旬主治桃小食心虫　当发现树上有 1%～2%的卵果时就要立即喷药，共用药 2～3 次。药剂可选用 10%联苯菊酯乳油 6 000～8 000 倍液，或 30%桃小灵乳油 2 000～2 500 倍液，或高效氯氟氰菊酯乳油 2 500～3 000 倍液，或 20%甲氰菊酯乳油 3 000 倍液，或 25%灭幼脲 3 号悬浮剂 1 500～2 000倍液，或 25%苏脲 1 号悬浮剂 1 000 倍液。

3. 防治蚜虫　重点对幼年树、初结果树和幼苗等可能抽生夏梢及新梢生长期延长的木瓜树和木瓜园进行观测，当 20%的新梢见到蚜虫时，喷药防治。药剂有 30%桃小灵乳油 2 500 倍液，或 50%抗蚜威可湿性粉剂 2 000 倍液。

（三）整形与修剪

初果树主体骨架可培养成高 2 m 左右的开心形树形，多放少截，加速成花，以果压势，保证扩冠增枝和结果。

1. 整形　自然开心形。即全树有 3～4 个一级主枝，6～8 个二级主技，每主枝上有 2 个侧枝，各侧枝上分生结果枝和结果枝组，树高 2.5 m 左右，冠幅 1.8 m 左右。在苗高 80 cm 处进行定干，对整形带间长出的新梢选留 3～4 个留作一级主枝，其余抹除，按不同方向向外延长，一级主枝间要有 10～20 cm 枝距；在一级主枝上 30～50 cm，再选 2～3 个向两侧延长的侧枝留作二级主枝，枝长 40～50 cm；在二级主枝上再选择培养结果枝和结果枝组，枝长为 10～20 cm。

2. 修剪

（1）夏季修剪。从树体萌芽后至停长前（4～9 月）进行。方法为抹芽、摘心、拉枝等。

① 抹芽。及时抹去整形带以下的芽，以及三枝上背上直立芽及延长枝头上的竞争枝。

② 摘心。主枝延长枝长到 50～60 cm 时摘心促发二次枝，培养主枝。其他部位长势强、直立与主枝重叠、交叉的新梢长到 20 cm 摘心，促发二次梢。

③ 拉枝。由于木瓜树枝条直立性强，要对各主枝和一、二级侧枝进行拉枝，加大各主枝和各级侧枝的开张角度。同时在 8 月底 9 月初对不是留作主枝的枝拉平，留作辅养枝。

（2）冬季修剪。时间在 12 月至翌年 2 月间进行。方法为短截、疏枝、回缩和缓放等。木瓜幼树以整形扩冠为目的。第一年冬剪对留作主枝的枝条进行短截，留 40～50 cm 为宜，幼树以轻剪为主。初果期树和盛果期成年树主要是疏除过密枝、竞争枝、交叉枝、重叠枝，对有空间的枝条进行短截或回缩，留 20～30 cm 为宜，次年长到 40 cm 时及时摘心，形成结果枝组。

（四）其他措施

12 月至翌年 2 月进行树盘浅松土。用硫黄 0.5 kg＋生石灰 5 kg＋水 10 kg 调成糊状，刷白树干。疏去纤弱枝和病虫枯枝等。

1. 合理施肥　增施有机肥，合理施用氮、磷、钾肥，防止因多施氮肥引起二次梢和树体徒长。

2. 改进施肥方法，促春梢健壮、抽发生长　基肥提前到 11 月完成，用量占总量的 80%，以有机肥为主，结合三元复合肥施入；萌发肥提前到 2 月中旬施用，以氮肥为主，猛攻春梢，促早发，早成熟。

3. 彻底的清园工作　在秋冬季剪除树上病虫果枝，刮除病斑、翘皮、粗皮，清除枯枝、落叶、杂草、根颈处徒长枝、根蘖苗，销毁残枝败叶，以减少越冬病虫源。同时对树冠喷涂石硫合剂消毒，对主干涂刷石硫合剂保护。

六、第四年管理技术

土肥水管理及整形修剪同第三年。

（一）病虫害防治

木瓜生长与果实发育期是病虫侵染的敏感期，从开花至第二次果实膨大高峰期的 3～5 月，须贯彻“预防为主、综合防治”的方针。

1. 初花期 主要防治花腐病，低温喷70%代森锰锌保护剂，温度回升时喷70%甲基硫菌灵，同时添加营养调节剂，与保花保果一起进行。营养调节剂：0.2%磷酸二氢钾+0.2%硼肥+2%尿素+适量生长素。

2. 终花期 谢花70%时，用70%甲基硫菌灵+15%粉锈宁，防治花（果）腐病和锈病，同时添加科诺四季红防治春蚜虫，添加营养调节剂保果。

3. 第二次果实膨大高峰期 主要防治食心虫和斑点落叶病，食心虫用20%甲氰菊酯或0.6%清源保，长短效药剂结合进行，同时用50%多菌灵或卡苯达防斑点落叶病，同时防治夏蚜虫，喷药时间从5月初开始，间隔10～15 d，用药2～3次。

4. 其他季节 注意压低和减少病虫源基数。萌芽前的2月中旬用45%石硫合剂20倍液进行树体消毒；6月中下旬喷保护剂77%多宁+叶面肥，延长叶片功能期；落叶后10～11月，搞好田间清园及树干涂白工作。

（二）其他措施

其他管理措施同第三年。

第七十五章　文冠果

概　　述

一、栽培意义

文冠果（*Xanthoceras sorbifolium* Bunge）别名文冠木、文冠花、文果，为无患子科文冠果属，落叶灌木或小乔木，是种子植物中的单种属和寡种属特有植物，其单种属具有古老性或新生性，为第三纪残留的孑遗植物。华北的无患子科植物只有文冠果属，是泛热带分布，即热带至亚热带地区的科，有明显的热带渊源，但又在北方生长。

文冠果是我国特有的一种优良木本食用油料树种。文冠果种子含油率为30%～36%，种仁含油率为55%～67%。文冠果油中不饱和脂肪酸含量高达94%，其中油酸占52.8%～53.3%，亚油酸占37.8%～39.4%，易被人体消化吸收。文冠果油在常温下颜色亮丽、淡黄色、透明、无杂质、淡清香、味道甘美、营养丰富；芥酸含量低（2.7%～7.9%），国际上植物油通用标准酸值0.5～1.0的植物油为一级食用油，文冠果油的酸值平均只有0.52，非常低；文冠果油的不饱和脂肪酸含量高，碘值也越高，酸价低、碘价高，所以说明它非常适合于食用，食用可降低高血压、高血脂。文冠果油含碘值125.8、双烯值0.45，属半干性油，凝固点为－37℃。由于凝固点低，乳化稳定性好，可以作为系列乳化香料的基料，亦是制造油漆、机械油、润滑油和肥皂的上等原料。文冠果油分中亚油酸具有极好的降血压作用。

文冠果油是一种优良的生产生物柴油的原料，经水解、甲醇酯化后转化为生物柴油，完全称得上是真正的绿色洁净能源。由文冠果籽油制备的生物柴油相关烃脂类成分含量高，内含18碳的烃类占93.4%，而且无硫、无氮等污染环境因子，符合理想生物柴油指标，可取代柴油而节约大量的不可再生的石油能源，市场前景非常广阔。

文冠果果壳中含糠醛12.2%，是提取糠醛的极好原料，提取完糠醛后的渣滓可制成很好的活性炭；也用于合成树脂、清漆、农药、医药、橡胶和涂料等。

文冠果仁中蛋白质利用率接近酪蛋白，是一种优质蛋白。

文冠果果壳、果柄、种皮和种仁中都含有文冠果皂苷E，近年研究表明：文冠果总皂苷是文冠果的主要有效成分，具有抗炎、抗肿瘤、抗缺氧、抗氧化、抗疲劳、抑制HIV蛋白酶、改善记忆力以及提高人体抗糖尿等有较强的生物活性。沈阳药科大学李欣通过研究，提取出了有显著改善学习记忆活性的新的三萜皂苷——文冠果皂苷E。文冠果的木材、枝叶，性甘、平，无毒；春夏采茎干，去外皮晒干，取木材或鲜枝叶熬膏涂患处，主治风湿性关节炎。叶片含有杨梅树皮苷，有杀菌、止血、降胆固醇作用。文冠果叶制作的绿茶、红茶和黑茶等，汤色浓郁，具有明显的降压作用。花萼片中含有的岑皮苷具有解热、安眠、抗痉等作用。

文冠果喜光，深根性，根系发达，耐干旱瘠薄，抗寒性强，耐0.2%以下盐碱，抗病虫害，适应性较强，分布广，无论在黄土高原、丘陵山区和荒漠沙地，还是平原废弃地，以及海滨轻度盐碱地都能生长。所以它又是荒山绿化、水土保持、防风固沙，增加局部地区森林覆盖率，改善生态环境的优良树种。文冠果树冠开张，羽叶婆娑，满树皆花，果实耐看，作为园林风景和庭院观赏植物，都具较高的观赏价值。

总之，文冠果全身是宝，综合价值高，是许多农林公司和农户首选经济树种。

二、栽培历史与分布

人工栽培文冠果历史比较悠久，宋孝宗乾道三年（1167 年），胡仔编撰完成南宋汉族诗话集《苕溪渔隐丛话》后集四十卷，第三十五卷记载："贡士举院，其地栖广勇故营也，有文冠花一株，花初开白，次绿次绯次紫，故名文冠花。花枯经年，及更为举院，花再生。今栏槛当庭，尤为茂盛。"由此得知，宋朝时称谓的文冠花即文冠果，也称文官果。

明太祖朱元璋的第五子朱橚在永乐四年（1406）所著，并在开封刻印的《救荒本草》，清陈淏子的《花镜》，乾隆时期的《钦定四库全书》，汪灏等人编著的《广群芳谱》，以及近代贾祖璋、贾祖珊于 1937 年著《中国植物图鉴》等中都有文冠果的记载。

庙宇、宅院里很早就有栽植，在西藏、青海、内蒙古一些旧喇嘛庙内，至今仍有树龄较大的老文冠果树。赤峰市翁牛特旗北大喇嘛庙里就有一株几百年的文冠果树，高大挺直、枝叶茂盛，树干粗大，硕果累累，甚是壮观；附近的翁牛特旗林场种植的 2 467 hm^2 全国面积最大的文冠果林，就是由它和周围文冠果古树的种子发展起来的。目前，该树分布于北纬 32°30′～46°00′，东经 100°～127°。我国北部和东北部的陕西、山西、河北、辽宁、内蒙古和河南等广大地区，野生于丘陵山坡等处，海拔 52～2 260 m。由于其耐干旱贫瘠、抗轻度盐碱、抗风沙，故在石质山地、黄土丘陵、石灰性冲积土壤、固定或半固定的沙区均能成长。

第一节 苗木繁殖

一、实生苗培育

育苗地以地势平坦、土层深厚、土壤肥沃、浇水方便、排水通畅、方便管理的沙壤土为最好。文冠果种子因存在休眠，且种皮坚硬致密，不易透气透水，内含物质转化时间较长，发芽比较困难等特点，播种前必须对种子进行混沙埋藏低温处理，也可采用温水浸种快速处理。

（一）催芽处理

文冠果种子的外皮坚硬不透水，并且发芽要有一定的需冷量，所以必须采用湿沙贮藏方法进行 40～45 d 的春化处理。

1. 冬前湿沙贮藏

（1）露天挖坑贮藏。每年 12 月至翌年 1 月上旬开始，选地势干燥、排水良好、背风向阳、土层较厚、沙质土壤、地下水位以上、操作和交通方便的地点开挖长方形贮藏坑，坑深 50～100 cm、宽 80～100 cm，长度据种子数量的多少决定。预留出倒坑和人车行走的空间，并在坑底铺垫厚度 5 cm 左右干净河沙。将干净的河沙与种子按比例 1∶3 混合，以手捏不出水、松手即散开为宜。将与河沙混好的种子置入坑中，每铺厚度为 30 cm 左右，再覆一层 5～10 cm 湿沙，均匀摊平。沙藏前，将种子先用 0.1%的高锰酸钾消毒后放入盛有 50～60 ℃热水的容器中浸泡 3～4 d（每天换水 1 次），中间翻动 2～3 次，让种子充分吸水，令种皮变软。再混拌 2～3 倍干净湿河沙，即手握成团、松开即散为宜。然后放入一层种子，种子厚度 3～4 cm，均匀摊平后，再放一层 1 cm 厚河沙。如此一层种子一层河沙，直至到离地面 10～20 cm 处，然后再覆盖 10 cm 厚的湿沙，坑上培土封堆成屋脊状，上覆盖以塑料布和草帘。

为保持坑内通气，填沙时沿坑长每隔 100 cm 绑草把作为通气孔，从坑底竖立直径 10～15 cm 的

秫秸把，把顶端露出土堆外 10～20 cm。春季解冻时，要适时检查坑内种子干湿情况，必要时春前进行倒窖一次，辅以适量喷水，使种子贮藏的沙层温度、湿度一致，以防种子干燥或霉变。

（2）露天沙箱贮藏。选择背风屋后、排水良好的平地。按 1∶3 比例混合干净的河沙与种子，置入适合塑料周转箱货筐内（520 mm×370 mm×280 mm），装好后叠放于避风背阴的地面上，最多摆放 3～4 层，外搭有一定斜度的架子，上覆塑料布，周围用土或草帘围起来，再上覆一层厚的草帘，为防止大风，上部和四周要用重物压好。

2. 温水浸种处理 袋内干藏未进行窖藏的种子，4 月上中旬播种前半月左右，将种子放在容器内，加入 70～80 ℃的热水，种子和水容积按 1∶3 比例混合，搅拌均匀，10 min 之后加凉水降温至 40～50 ℃，再浸泡 24 h，用清水冲洗 2～3 次，重新放入清水中浸泡 3 d，坚持每天换水 1～2 次，浸泡时间内要翻搅几次。浸泡后的种子与河沙以 1∶3 的比例混合均匀，混合物的湿度以手握成团。松开即散开为宜。

3. 催芽 将上述处理的种子和沙子的混合物或窖藏的种子，堆放在背风向阳的平坦地上，将种子和沙子混合摊平，厚度为 15～20 cm，最好四周用两层砖围成长方形发苗池，上覆塑料薄膜，进行日光催芽，每天翻动 1 次，既能空气流通，又能使沙层温度上下保持均匀，温度如超过 28 ℃应揭膜降温，适时喷水，保持催芽种子所需水分。待种子裂嘴 30%时，即可捡出发芽种子分批播种。

（二）整地施肥

1. 选地 文冠果具有喜肥、怕涝、不耐中重度盐碱的特性，因此育苗用地要选用地下水位浅、排水良好、地势平坦、沙质土壤、深厚肥沃、交通便利、排灌配套的地块为宜。对于黑土、黑钙土地进行育苗，要进行拌沙改良；黏土应当增施熟肥或厩肥；中轻度盐碱地一定要用酸石膏或其他改良盐碱地的方法进行改良。切忌在已经进行过文冠果育苗的地里进行重茬育苗。

2. 整地 秋季用拖拉机深耕 0.5 m，翻土晾晒越冬，翌年春每 667 m^2 全面施腐熟堆肥、腐熟饼肥 800 kg，同时撒入适量预防苗期土壤病虫害的药物，浅翻至 20～30 cm，将肥翻入土内。浅耕后打碎土块、平整土地、拣出草根前茬物。

3. 做床 降水量多、雨量集中、地下水位较高和重黏土质的育苗地，可做成离地面 10 cm 左右的高床；较为干旱、疏松和降水量较少的地区可做成平床。床面宽度，依作业机械的轮距或掘苗犁的宽度来确定；人工操作一般掌握在 1 m 左右。苗床方向以南北为宜。

（三）播种育苗

1. 春播 一般在 3～4 月下旬播种，播种前 10～15 d 浇足底水，待土壤干后，经划锄土壤能散开时即可播种。每亩播种量 25～35 kg。采用开沟撒播或点播的方式，沟深 3～5 cm，点播种距为 5～10 cm。每畦播三行，行与行之间的种子要错开。种脐横放，覆土厚度与地面齐平，覆土后，按行用脚踏实镇压，以使种子与土壤的接触更为紧实，最好用草帘覆盖苗床以保湿，待出苗后揭去草帘。

2. 秋播 大地封冻之前，将种子用水浸泡 2～5 天后，直接按上述方式播种即可。由于种子粒大，极易招惹鸟类和鼠类危害，所以要做好预防工作。

3. 苗期管理 播种后到出苗期间，如果土壤过分干燥，可喷水湿润地皮，或用钩子轻轻搂破床面表土促进幼苗破土。幼苗出齐后，小心进行浅锄松土，防止损伤嫩苗。以后每隔半个月松土 1 次，待苗木长至 10 cm 高，再加深松土的深度。

5～6 月，文冠果开始进入旺长期，这时要及时除草、松土和加强肥水管理。初期以氮肥为主，苗木进入生长高峰期，可施磷、钾肥。为了防止雨季发生涝灾，提前平整畦面，疏通渠道，做到雨季排水通畅、田间无积水。对于弯曲倒伏的苗木，应及时实施培土作业，保证苗木质量。秋季苗木管理不仅要适时松土、除草，以增加地温，同时停止灌水和施氮肥，促进苗木茎秆木质化，保障苗木安全越冬。苗木一般采用留床越冬的方式，霜降前浇灌封冻水，加强冬季管护，防止牲畜践踏和野兔啃食、损伤苗木。

4. 出圃 如果采用裸根出圃，文冠果肉质根，极易失水，严重影响造林成活率；起苗时一定要做到根幅在 20 cm 左右，根系长度不小于 20 cm，淘汰起苗受到伤害的少根系、偏根、独根和过小根盘的苗木，最好随起随包装随造林，不可在阳光下堆集过久，尽量缩短苗根离土时间。苗木运输时一定要泥浆蘸根、分等打捆、包装严实和快速运达目的地，立即造林。以上是提高文冠果造林成活率的关键技术所在。

二、嫁接苗培育

文冠果嫁接一般采用带木质部芽接和芽苗嫁接等方法。一般在春季 4～5 月及秋季 8～9 月进行，此时芽接形成层组织的愈合快，成活率高。雨后或气温过低过高都不宜进行芽接。

（一）砧木选择

文冠果是独属独种，所以都是用文冠果实生苗木做砧木。一般选用基径达 0.4～1.5 cm 的当年生苗或第二年苗木做砧木嫁接，多采用带木质部芽接。实际上多年生幼树、成龄树均可实行高接换头嫁接。芽接前要提前 3～15 d 给砧木苗灌水，同时施入速效氮肥，增进砧木苗形成层的活动，待圃地能进入时即可进行嫁接，嫁接时选择生长健壮、无病虫危害、能使接穗和砧木双方切口粗细吻合的砧木苗进行嫁接效果更好。嫁接前剪除砧木苗基部 20 cm 以内的小侧枝，铲除周围的杂草，将砧木苗下部的泥土清理平整干净，以利于嫁接操作。

（二）接穗采集

采穗一定要从丰产质优、无病虫害和树势强健的优树或母树上采集。

1. 穗条的采集和修剪 选择母树树冠外围和树体中上部向阳处成熟健壮的一年生枝或当年生嫩枝均可，接穗应是中等粗细、芽体肥大的枝条，不选内膛枝、下垂枝。最好随采随接，接穗枝条要立即剪除枝条尾部不饱满芽的部分，以及全部叶片，仅保留叶柄。

2. 穗条的运输 用消毒水（10%次氯酸钠）浸泡穗条 3～5 min，清水冲洗若干次，甩去多余水分，平摊晾干后扎成小捆，密封在塑料袋中。远途运输时，将处理好的穗条成捆放入装有冰块的塑料泡沫箱或冰袋内，在 5～15 ℃条件下，用胶带封严实快速带回。近途运输时一般做法是用湿毛巾包裹枝条，或将枝条半插入盛清水的容器中，快速运回。枝条运输过程中，不管哪种方法都不能使包裹枝条的水分过多，避免引起霉烂。

3. 穗条的保存 田间嫁接时要把成捆穗条 1/4 部分插入盛有清水的容器中，注明接穗品种名称或编号，以备使用。接穗量小时，可放入冰箱贮存；量大时，暂时保存在室内，用湿草袋包裹，置凉爽处贮存；或悬挂于水井内的水面以上保存；也可放入室外背阴冷凉处贮藏坑内暂存，贮藏坑坑底铺一层粗湿沙，再分层放接穗，间隔设置一定距离，设置通气草把，上面培土，四周挖好排水沟。

（三）嫁接方法和管理

嫁接方法同其他果树一样，此处不再赘述。

需要说明的是通过试验认为文冠果采用带木质部芽接法成活率较高。春、夏季嫁接后可培育出成品苗，秋季嫁接待翌春剪砧的可培育出半成品或秋闷子苗。嫁接后，由于文冠果皮薄，往往嫁接部位不牢靠，而且接芽生长快，所以松绑时间不能过早，即使松绑也不能完全去掉，否则嫁接树体上部沉重，常常发生风折现象，待接口部位增粗，愈合牢固时，再完全松绑位为宜。

三、优良无性系培育

（一）优良母树的选择

1. 文冠果性状的多样性 文冠果野生性强，属于异花授粉植物，在长期的自然杂交和自然选择作用下，已经形成在经济性状和形态特征等方面有着明显差异的类型，群体间和群体内都具有广泛的多样性。因此文冠果整个群体，可以说是一个良好的育种资源群，或者说是很好的种质资源库。

2. 优树选择　要在结果盛期的文冠果林地中进行普选，最终决选出较为理想的优良母树，同时进行编号和登记造册，定为今后的嫁接繁殖材料。

（1）表型优树选择程序

① 首先要多方与栽种单位联系，通过访问了解，掌握当地文冠果生长情况和他们提供的优树信息，确定选择文冠果优树的地点。选优的时间最好是在果实收获之前半月之内，尽快着手进行。

② 为了提高选择的准确性，一般要选择具有集中连片栽种文冠果的林场或林地，最好在林龄5年以上的同种同龄林中进行选择。进行选择的林地要求树木疏密均一，管理较为一致。

③ 确定好地点和地块后，研究人员从林地一边开始，“之”字形行走，观察视野到达的区域，尽量不留死角。仔细观看视野内是否有结果量大的单株树木，如果有，即做好标记定为初次侯选优树。待全部调查完结，再对所有初次侯选优树逐株按选择标准进行复选评定，如果符合规定标准，而且以候选优树为中心，在其半径15 m范围之内，观察到的地面无特殊物体或林地表面基本较为一致，无大差异时，即为终选优树，即表型优树。然后进行统一挂牌编号，绘出终选优株的位置图，填写调查内容表。

（2）表型优树选择的标准

① 种子产量指标。侯选优树的种子产量要比对照平均种子产量高15%以上，可作为初选优树。

② 树势指标。生长势强，树体旺盛。

③ 主干和侧枝指标。主干明显，主侧枝角度要大于45°，并且分布均匀，主要侧枝的果台枝在3个以上。

④ 抗逆性较强。树体完整，无明显受损和伤疤。

（3）选择方法

① 五株大树法测量生长量指标。在初选出的侯选优树为中心，目测周围半径15 m距离内，按东、西、南、北4个方向，找出另外5株结果量较多的树木作为对照树。分别采摘优树及目测的另外5株大树的果实，当场称量出种子重量，然后用优树的种子重量和对照的5株大树混合种子重量的平均值比较，如果优树种子重量超过5株大树混合种子的平均数15%以上，即可初步认定为合格。

② 初选优树形质指标的测定。根据上述文冠果制定的形质标准，对初选优树进行目测评价，如果初选优树每一项标准基本都符合，即可通过，认定为合格。

③ 决选。根据结果量标准为主、形质指标为辅的原则，进行决选。当结果量和形质指标标准都合格，即可认为该树为决选表型优树，并且用红色油漆在地面上30～50 cm处，绕树体一周标出宽度10 cm的圆环，同时注明编号。

（二）无性系苗木培育

文冠果无性系苗除嫁接之外，通常还可用插根、根蘖等方法获得，而利用扦插和组织培养快繁无性系的办法，目前还在研究阶段，尚不能用于大量育苗，所以此处只介绍插根、根蘖的具体操作方法。

1. 插根繁殖

（1）插床及基质

① 大田插根。选地势高、土壤疏松、背风向阳的地片。插根圃地深耕20～25 cm，每667 m^2施基肥3 000 kg，做成床或垄。

② 扦插池插根。做宽1.2 m、深30 cm的池子，池底铺一层洁净河沙，厚度5 cm，再铺5 cm沙壤土，用0.4%的高锰酸钾或0.06%～0.1%的多菌灵喷洒消毒；或采用泥炭土＋蛭石＋珍珠岩，按1∶1∶1比例配制人造基质。

（2）准备根穗。在秋季11～12月土壤封冻之前或春季解冻后，选择健壮的幼龄树木或部分老树作为采根母株，距主干0.5 m处挖取1～5条粗0.5～1 cm的新根作为根穗。通常是在春、秋季起苗时，剪取苗木长 20 cm 以上的多余根作为插根用；1 株苗可剪 1～2 根，最多可剪 3～4 根；也可挖出残留在地下粗 0.4 cm 以上的根系，将根穗修剪成长 10～15 cm，大头粗度 0.5～2.0 cm 备用。

根穗修成上平下斜状，剪口要平滑，须根要剪短，不能劈裂，包扎成 20 根左右的捆，进行临时湿沙埋藏，插根全部埋入地下 3 cm 左右，以备扦插用。

（3）插根方法。一般在秋季 11 月中下旬或翌年春进行。扦插前用 500 mg/L NAA 或 250 mg/L 生根粉处理插穗基部 30 min。用 0.05%硫菌灵的溶液浇灌扦插沟，用于防止插条生根前腐烂。区分上、下头，直插土中，插根大头顶端低于地表 1～2 cm，插后浇水沉实即可。扦插不可过浅，否则顶部极易干枯，不易成苗。待水下渗后进行松土。

（4）插后管理。全部插完后，要喷透水，并覆以薄膜，秋插越冬期间补喷 1～2 次小水（喷湿上部沙层）；也可用保温草毡昼掀夜盖，增加生根积温，并起到较长时间维持根系和土壤中水分的作用。3～4 月插根后一般在 15 d 左右伤口愈合，开始萌芽出土。根穗上能萌发许多芽，选留一健壮的芽，其余全部摘除。

雨后或浇水后，立即浅锄，这是保证幼苗生长健壮的关键。移植前半天喷透水，以便小苗带土出畦。

2. 根蘖苗繁殖 文冠果起苗后的原穴内残留许多根系，需要在原苗床进行平整土地，镇压搂平，行间重新做畦筑埂，筑埂后立即灌水，水渗后松土。萌生的出土幼芽，即根蘖苗很多，少则 5～10 株，多则 10～30 株，形成丛状生长。为保证苗木质量，对多蘖的苗要实行摘芽定株，即将苗茎瘦、叶小的萌芽及时除去。

（三）无性系品种选育

1. 无性系对比试验林的建立 选择的文冠果优树是表型优树，为了测定其是否受到外界环境的影响，所以必须进行遗传性测定，以确定其高产和稳产的性能，从中选出真正的丰产型遗传型优树，也即选出能用于生产的丰产型无性系，进而成为无性系品种。

选不同立地条件的 3 个生态区域，分别利用优树繁殖的无性系建立 3 块对比试验林，在每一个试验林中将无性系系号按照完全随机区组设计排列，重复 3 次，每个重复每个系号至少 10 株；并按设计图纸，同一季节进行统一栽植繁殖的优树无性系树株。

2. 性状测定 栽植后的测定过程中，主要观察记录生长状况、发枝特性、结果早晚、可孕花和不可孕花量、落果多少、结果量大小、果实大小、种子多少、千粒重、含油量、抗性等形态和生理及物候等性状的差异，每年进行观察记载。

3. 品种认定 待进入结果期后，连测 3 年，即可进行评定各个无性系的表现；根据测定的性状，分别进行多年份、多地点和多重复的生物统计分析，将表现出结果稳定、高产、含油量高和抗性强的优良无性系选出，定为优良无性系。再通过国家或省地级专家鉴定，据此可以向有关部门申请新品种认定，最终定名为品种。

四、苗木出圃

苗木出圃要根据调查结果及外来订购情况，制订苗木出圃计划，提前做好苗木出圃的一切准备工作，为做好苗木生产供销计划提供依据。

（一）出圃标准

（1）苗木应是树体健壮、树形完整、茎干粗直、上下匀称、高径比值较小、枝条旺盛、枝条充分木质化、枝叶繁茂、色泽正常、成熟度好、顶芽饱满正常、骨干枝架基础良好的优质苗木。

（2）苗木出圃根系应发育良好、大小适中、健全发达、侧根和须根多、断根少、无病虫害、嫁接口愈合良好及无机械损伤。裸根苗木根幅直径，以相当于苗木地径直径的 15～20 倍为宜。

（3）带土球出圃的苗木：高度在 1 m 以下，土球直径×高为 30 cm×20 cm；高度在 1～2 m 时，土球直径×高为 40 cm×30 cm；高度在 2 m 以上时，土球直径×高为 70 cm×60 cm。

（二）出圃时间

起苗一般在当年秋季 11 月上旬至 12 月下旬；翌年解冻后的 2 月下旬至 3 月下旬萌芽前起苗。秋季起苗时，圃地浇 1 次透水后再起苗，并及时栽植，能促使根部长出新根，更好地与土壤紧密接触，使苗木安全越冬，翌春能较早开始生长。

（三）出圃方法

1. 裸根出圃 文冠果是肉质根，极易失水，严重影响造林成活率；一般出圃前 7～10 d 灌 1 次透水，使苗木吸收充足的水分，待土壤松散后起苗，起运的裸根苗就有较强抗御干旱的能力。最好随起随包装随造林，不可在阳光下集堆过久，尽量缩短苗根离土时间。

起苗深度要掌握宜深不宜浅，主侧根系完整，根幅在 20 cm 左右，根系长度不小于 20 cm，尽量减少撕根、劈裂、偏根、独根和根系太少的现象，否则将导致栽后成活率低或生长弱。特别是远途运输，更应该挖取大根系。一般从苗旁 15 cm 处直下深刨，两边分别开挖，不可伤及苗木根皮、根颈处皮层和干基部侧芽。起好的苗木要立即浸蘸黄土和水混合的糊状泥浆，将苗根插入泥浆内反复翻动，使苗根系全部沾满泥浆，以泥浆包裹的根系，无明显裸露根皮，且拿起苗木无过多泥浆滴落为度。如需长途运输，应装入塑料袋中，以保持湿度与温度，防止水分挥发流失。

2. 苗木消毒 对于曾发生过病害和虫害的即将出圃的地块、苗木和外来的出圃苗木，用 4～5 波美度石灰硫黄合剂浸苗木 10～20 min 消毒，再用清水冲洗根部。或每 100 kg 水用 0.1%～1.0%硫酸铜和 80%敌敌畏 150 mL，混合搅拌均匀；浸泡文冠果苗木根系，消毒处理 5 min，然后清水洗净。用杀虫剂浸苗 20 min，可将所带害虫毒死。

3. 分级 为了提高文冠果苗木栽植成活率，保证栽后苗木发育良好、林相整齐及长势均匀，起苗后应按照国家颁布的 GB 6000—1999《主要造林树种苗木质量分级》标准进行二级制苗木分级。虽然国家规定的苗木质量分级中没有文冠果具体标准，但可参考其他树种和具体实践生产经验进行分级，分级标准如下：

（1）合格播种苗（一年生）

① 一级苗。高度>80 cm、地径>0.80 cm、根长>20 cm，一级侧根数大于 10 条。

② 二级苗。高度 60～80 cm、地径 0.60～0.80 cm、根长 15～20 cm、一级侧根数 6～10 条。

③ 综合性状指标。枝条健壮、无病虫害、无机械损伤和枯梢现象。

（2）合格嫁接苗（一年嫁接苗，二年砧木）

① 一级苗。高度>100 cm、地径>1 cm、根长>25 cm，一级侧根数>15 条。

② 二级苗。高度 75～100 cm、地径 0.85～1 cm、根长 20～25 cm、一级侧根数 10～15 条。

③ 综合性状指标。接口愈合良好、枝条充实、茎秆健壮通直、无病虫害、无机械损伤和枯梢现象。

将分级后的各级苗木，立即标记来源、级别和出圃点，按级绑成捆，以便统计、出售、运输和假植。

4. 修剪

（1）树冠的修剪。为了便于包装和运输，尽量减少苗木和幼树的水分损失，提高栽植成活率，起苗前后要进行一定的修剪。文冠果萌芽力强，修剪的主干和侧枝在栽植后都能萌生较多的新枝，所以不必担心修剪的强度。

一至二年生的苗木应在离地 50 cm 处饱满芽处短截定干；将来培育主干疏层形或开心多干形；如在主干高度 40～60 cm 处有主枝，可按 4 个方向，上下分布均匀的原则，酌情选留 3～4 个主枝，并在长度 5～10 cm 的饱满芽处短截，以利于培育开心多干形。三年生以上的幼树树冠剪去 1/3～2/3，主枝尽量保留，主枝上的侧枝通常在饱满芽处短截，并保留 5～20 cm 的长度；同时剪除交错枝、横向生长枝、衰老枝、病枯枝、徒长枝和细弱枝。

（2）根系的修剪。出圃苗木要尽可能多保留根系，但在运输和栽植前要剪除衰老和病虫为害根；短截已劈裂、严重磨损的根和过长的根系；一至二年生苗木根盘在 15～20 cm；三年生以上，更要扩大合适栽植的根盘，使根系在种植坑内能分布均匀。对生长不正常的偏根另行包装，单独栽植。

(3) 苗木修剪质量。剪口平滑，皮层无劈裂；枝条短截时应留外芽，剪口在预留芽上方 0.5 cm 处。修剪直径 2 cm 以上大枝及粗根时，截口必须削平并涂防腐剂。

(四) 苗木假植

不能立即栽植的苗木应采用临时假植，不建议文冠果进行越冬假植。

假植苗木应选择地势平坦、背风阴凉、排水良好的地方，挖宽 50 cm、深 40 cm、东西走向的假植沟，长度根据苗木多少和地块面积可临时确定。将假植苗木解捆向北倾斜排列在沟内，将挖出的泥土拍碎，摆一层苗木填一层较细的泥土，覆盖苗木根系和苗茎的基部，以不露根基处为准，树空隙处要填满碎细土，并踩实，以防透风失水。一般覆土厚度 20 cm 左右。覆土太厚，费工且容易受热，使根发霉腐烂；太薄，则起不到保水、保湿作用。切忌整捆排放及用未拍碎的大土块培填。培好后浇透水，再培土，一般培土达苗木高度的 1/2～2/3。假植苗木怕积水、怕风干，应及时检查。临时假植最好不要超过 10 d。

(五) 苗木检疫

文冠果的病虫害有黄化病、煤污病和茎腐病等；害虫多为根螨木虱、锈壁虱、刺蛾、黑绒金龟子、地老虎、蚜虫、象鼻虫和介壳虫等。应对苗木进行检疫，如发现检疫对象要立即进行消毒或销毁。消毒可用石硫合剂、波尔多液等浸渍苗木根部，并用药液喷洒苗木的地上部分，消毒后用清水洗净。经植物检疫机构签发检疫证书，方能运出。

(六) 包装和运输

文冠果非常容易失水，如果晾晒 1 h 以上，根部会变的松软，严重影响栽植成活率。如运输苗木太远时，要做好苗木保湿工作，并细致包装。苗木包装与运输往往引不起人们的足够重视，起的裸根苗不加以处理就装车运输；当苗木运输时间较长时，苗木暴露在日光下，一路受到风吹日晒，树体的水分大量蒸腾，本来起苗时损伤了较多的根系，加之起苗后又暴露在土壤外大气中一段时间，树体的水分大量散失，苗木容易失去体内的水分平衡，生活力大大下降，轻者栽植成活率不高，重者苗木干枯无法栽植。在生产中，常常因忽略这一环节造成建园、造林失败。所以苗木非常讲究包装与运输的技巧。在运输苗木时，根据具体情况，适当包装，严加保湿，尽量减少水分的流失和蒸发，这对保证苗木的成活率有很大作用。包装好的苗木，也要适当通风透气，以防过热现象发生。包装材料不可太干燥，要洒水保湿，始终保持根部湿润，但又不过湿。外面附上标签，注明苗圃名称、苗龄、数量和等级等。

装车应树根朝前、树梢向后，顺序排码，不宜过高过松，压得不宜太紧太堵，以免压伤树枝和树根，长途运苗最好用苫布、席子、塑料薄膜等将树体盖严，用绳子围拢拴紧，尽量降低苗木失水率。无论是长距离还是短距离运输，运输途中要经常检查苗木湿、温度的变化情况和车况，如包装物和湿润物干燥，应及时给树根部洒水；如刹车绳松散，苫布不严应及时处理；如包内温度高，要将包打开，适当通风；需要中途停车时，一定找有遮阴的场所。苗木的运输最好途中不过多耽搁时间，应提倡及时迅速，尽量缩短运输时间，安全平稳的直抵栽植施工现场。苗木运输到目的地后，应立即解包定植或假植。

第二节 生物学特性

一、根系生长特性

(一) 根系生长动态

一般催好芽的种子播种后，2～3 d 即可以生长至 0.5～1 mm。15～20 d 主根能生长达 15～20 cm，有的长出 3～6 条侧根。3 月中旬以后，气温不断升高，成年树地上部分萌动前 40 d 左右，往往在根

的截断处萌发出新根或从小根段上发出嫩根，有的能长出许多0.5～20 mm白嫩的幼根。此时大多数新发幼根已形成幼侧根，一个新的根系系统逐渐形成。2009年在山东泰安界首山地苗圃挖得十二年生树木，发现主根断裂处萌发出5条粗侧根，平均粗度2.3 cm，在周围1.5 m范围内都能找到其根系的存在，从而形成了完整的根系群。

笔者观察到大部分根系水平分布约在冠幅直径的范围内；侧根大部分分布在深度20～30 cm，而生长在60～100 cm深度的根量明显减少，但主根发达，侧根长且健壮。到秋季落叶时，一年生苗平均高65～70 cm，主根能达1 m以上。盛果期主根长至最深2.5 m，侧根可有20条以上，根幅2 m左右。

根系生长出现早夏和秋季2个生长高峰，8月以后生长过程放缓慢。根系24 h生长趋势呈现上午慢、下午快、夜晚最慢。

文冠果根系发达、分布广、主根深、侧根多、皮层厚、吸水能力强，这些特点保证了文冠果在干旱、贫瘠土地上有较强适应能力。

(二) 根系生长与土壤因子的关系

多年生母树的吸收根群主要分布在树冠投影的外缘，根幅直径比冠幅直径大，最大为5.5倍。在干旱和较干旱的沙土或沙壤土上生长的文冠果幼树和大树，其树盘范围以及深10～30 cm土层内，能看到数量不等的纤细根群。

文冠果栽植时，如果过深，容易降低成活率，特别是大树移植时候，要做到浅栽植。冯大千等指出，文冠果移植苗致死的原因大多是由于栽植过深，当根颈埋植于表土以下1～2 cm时，死亡株数占总死亡株数的21.1%，埋入越深其危害越大。根颈部分是一个敏感区，栽植深度应本着宁露勿深的原则，否则将造成根颈部腐烂，以致整株死亡。

文冠果适应pH<8.2、含盐量<0.2%的土壤；施肥后文冠果的pH适应范围能提高0.1，耐盐量提高0.1个百分点。

二、芽、枝和叶生长特性

(一) 芽

文冠果芽有两类，即叶芽和混合芽。叶芽抽放枝条，并是用于嫁接的良好材料。枝条顶芽和靠近顶芽的数个腋芽为混合芽。较为健壮的枝条顶芽绝大多数是可孕花，可以形成果穗；而腋芽形成的混合芽，绝大多数是不孕花。叶芽一般比较瘦尖，混合芽比较饱满，两者比较好区分。

(二) 枝

文冠果的枝条分为三类，幼树强壮较长的枝条为结果枝，中等枝条为生长枝，其他为短弱枝。由于文冠果栽植的林分，管理粗放，较少抚育，树形凌乱，缺乏修剪，任其自由生长，所以通风透光极差，年年结果外移，造成树冠外围70%～80%为结果枝，内膛均为细弱的生长枝，很难形成果枝，处于基本不结果状态。

枝条抽放新梢，可分为三类：即春梢、夏梢和秋梢。春季顶芽开花的同时抽放出3～4个新梢，2个较长，其他较短，形成春梢；6月中下旬，大部分春梢封顶停止生长，少部分继续生长。部分封顶的春梢在6月下旬和7月上旬可以抽放夏梢，其夏梢生长到一定程度，枝条再度封顶，不再形成秋梢；8月中下旬少部分春梢还可以抽放秋梢，其木质化程度差，很难形成花芽。春梢和夏梢都有可以进行花芽分化，形成混合花芽。在文冠果种植区，以上3种新梢同时存在，其中春梢占的比例较多一些。生产上如果能控制夏梢生长，减少秋梢的数量，促进春梢的形成，将会提高结果率。

(三) 叶

文冠果叶片为奇数羽状复叶。王怡研究认为文冠果主维管束较发达，旱性结构定量指标栅栏组织厚度和叶肉组织厚度的比值为0.7。刘波研究认为五十年生文冠果叶片磷、钾吸收率极显著高于八年生文冠果；反映出其较高的养分保存能力和养分利用效率，能更好地适应贫瘠养分生境。徐东翔早年研究结果表明：果实成熟前半月左右起，叶片所制造的营养物质不再向果穗运输，而是运向枝、干、根系及芽，以满足花芽分化及保证次年开花、抽梢放叶及幼果生长发育的需要。这些研究结果都给制订相应的文冠果高产栽培的措施提供了可靠和有力的科学依据。

三、开花与结果习性

（一）花芽分化

文冠果混合芽即花芽，当文冠果春梢停止生长后，文冠果封顶 1 个月的时间里，即开始花芽分化过程。1977 年吉林省八仙筒国营林场和吉林省林业科学研究所，以及 1979 年内蒙古林学院何宗智详细研究了文冠果花芽分化，大致为：花芽原基及花序原基形成 10 d，花萼原基 60 d，花瓣原基 60 d，雄蕊原基 30 d；雌蕊主要是越冬后，即 4 月 5 日出现心皮突起，4 月 21 日出现 2～5 室的子房，4 月 27 日至 5 月 7 日（10 d 内）形成胚珠。其分化程序是：花萼—花瓣—雄蕊—雌蕊。花芽分化形成全过程时间很长，从头年 7 月开始至第二年 5 月上旬花开放，跨越 2 年时间。

（二）花序形态

文冠果雌雄同株，为异花授粉植物，属于自下而上逐渐开放的无限总状花序。花序长 8～35 cm，每序有花朵 10～40 个。山东地区 4 月上中旬花蕾萌放，4 下旬雌雄已经分化，小花先后开放，此时顶部花序的小花可见到明显的雌蕊，柱头突出，花柱和子房发育正常，也称为可孕花；而同花中的雄蕊萎缩退化成 5 个小乳状突起，没有花丝和花药囊。枝条上的腋芽也同时萌发出花序，小花内明显看出有 8 枚花丝，每个花丝顶端有一个发育良好的花药囊，当中的雌蕊退化，子房萎缩，柱头干缩为一个乳状突起，成为不孕花。可孕花常由 3 个心皮组成，分离的心皮各自独立。也有人称可孕花为雌能花，不可孕花为雄能花。

（三）花的类型和开花时间

文冠果一年生苗木部分当年就可形成花芽，第二年春相当一部分幼株可开花结实。

1. 花的类型 一个群体中，大部分树木同一株上既有可孕花也有不孕花，而不可孕花占多数，可孕花仅仅存在于健壮枝条的顶部和少部分接近顶芽的腋芽。群体中很少量的树株只有可孕花没有不孕花，或相反；个别的树株还存在着全部花序上的小花半开不开的现象，其花呈多瓣绒球状，既没有花粉，也不能结果，俗称“骡子树”。

2. 开花时间 一朵花可开放 5～7 d，一个花序开放 10 d 左右；一株母树开花持续时间为 12～25 d。花瓣的色彩变化主要集中在基部，斑晕大小不一，条纹长短多少不一，有的树株完全开全红色花；一般花瓣外沿白色为主，初期由白色变黄再变为紫红色需经 3 d。不同类型的树株开花时间长短也有差异。小桃形开花时间比穗果形稍长一些，不孕花比可孕多一些。

3. 文冠果物候期 文冠果在山东淄博市引种与栽培的物候期，依各年春冬气候冷暖而不同，一般来说：芽膨胀 3 月 10～20 日；芽展开 3 月 30 日左右；开始出叶 3 月 30 日至 4 月 5 日；完全出叶 4 月 5～10 日；初花 4 月 12 日左右；盛花 4 月 15 日左右；末花 4 月 27 日左右；子房膨大 5 月上旬；果实形成 5 月下旬；果实成熟 7 月中旬；叶初落 10 月上旬；叶全落 11 月下旬。

（四）坐果状况及影响因素

文冠果果实具心皮 3～4 个，少见 2 个或 5 个心皮。每心皮室有 4～6 粒种子。通过对山东淄博昱宏文冠果公司 5 t 果实的调查可知，二心皮果实占总果数的 1.6%，平均每果含种子 16.8 粒；三心皮果占 85%，平均每果 20.5 粒；四心皮果占 9.2%，平均每果 19 粒；五心皮果占 2.3%，平均每果 19 粒。新疆的古丽江和许库尔汗统计文冠果果实类型有 3 种：结 3 裂果的树占总株数 88%～90%；结 3～4裂果的树占 7%～8%；结 5 裂果的占 3%～4%。

果穗坐果不等，最少的 1 个果，最多的能达到 20 个果，一般 2～4 个果；根据平均千粒重 600 g

来算，30～35 个果实可产 6.5 kg 种子。

1. 类型的差异　文冠果群体内的变异很多，可归为几个与产量有关的类型：即分散小桃形、菜椒形、穗状桃形、长果形、梨果形、南瓜形、圆形、方形、早熟穗状果形和一般果形等，其结果数、鲜果总重、平均果重、百粒重、出仁重量等性状见表 75－1。

表 75－1　不同类型文冠果结果情况

果　形	结果数（个）	鲜果总重（g）	平均果重（g）	百粒重（g）	出仁重量（g）
分散小桃形	86.8	2 872.2	32.35	104.5	1 417.7
菜椒形	25.2	1 498.2	61.1	164.38	738.4
穗状桃形	54.56	2 064.8	36.7	111.14	1 106.2
长果形 x	20.22	975.78	47.35	140.69	484.67
梨果形	26.4	1 177	44.62	132.3	615.5
南瓜形	25.3	1 174.7	47.32	139.86	548.95
圆形	28.2	1 204.7	43.13	126.14	618.4
方形	16.5	790.7	48.55	141.56	407.1
早熟穗状果形	58	1 781.14	33.44	106.83	995.57
一般	14.43	657.86	47.24	141.91	374.57
红花	11.17	341.95	29.09	96.7	213.75

由表看出，分散小桃形（即每个果穗结果 1～5 个，每个果都较为分散，不集中成串）和穗状桃形（即每个果穗结果 1～5 个，每个果都较集中成串），其鲜果总重 2 872.2 g 和 2 064.8 g，平均果重 32.35 g 和 36.7 g，出仁重量 1 417.7 g 和 1 106.2 g，是所有类型中结果和出仁量最多的类型，比群体总平均的结果数多出 72.37 个和 40.13 个，出仁量多出 1 043.13 g 和 731.53 g，所以这两个是和产量关联的最好类型；从中分别选出的各 10 株单株，有 8 株当选为优株，进一步进行嫁接繁殖，以待成为无性系。其中早熟穗状果形也不错，其出仁量达到 995.57 g；除此之外，长果形、梨果形、南瓜形、圆形、方形都属于大型果类，虽然果子大，但结果量少，总出仁量也少，并不是理想的高产类型。河北张家口崇礼区的施献举根据调查认为，小圆球形每花序坐果 8 个，每果产籽 23 粒。平头三棱形每花序坐果 4 个，产籽 0.8 kg，小圆球形和小桃形应该是同一类型，都属于丰产型。

2. 不同果枝和树形的差异　在山东东营四年生文冠果调查中，50 cm 以上枝条的结果率占 60%，30～50 cm 的枝条结果率占 35%，小于 30 cm 的枝条占 5%。枝条划分为三类，其中，长度 20 cm 以下或径粗 0.5 cm 以下为一类结果枝，长度 21～40 cm 或径粗 0.5～0.7 cm 为二类结果枝，长度 41 cm 以上或径粗 0.71 cm 以上为三类结果枝；统计分析得出枝类之间产量差异极显著，第三类结果枝显著高于一、二类结果枝的产量。因此，长枝条是最佳结果枝。

按照树体结构的不同，开心形和多主枝丛生形的产量显著高于疏散分层形的产量，极显著高于自然圆头形的产量，是最佳树形。培养和维护正确合理的树形，结合修剪，培养结果枝，是丰产的重要环节。

第三节　对环境条件的要求

一、温度

文冠果天然分布的核心区域位于黄土高原，自然分布区的气候特点属于典型的大陆性气候，一年内有鲜明的季节性变化。文冠果生长的年平均气温为 9.7 ℃，极端高温 42.3 ℃，极端低温－22.9 ℃。

实际上不同研究者研究的样地不同，资料不一样，文冠果的适生温度有一定的差异。笔者调查文冠果在黑龙江牡丹江地区－30 ℃高寒区域也可以生长，正常开花结果，但是在晚秋、早春气温变化较大，有轻度冻伤，整株能安全越冬，开花结实正常，如果适当控制水肥或采取简易的防寒措施，就可以避免寒害。文冠果在接近北纬48°的阿勒泰地区－41 ℃极端低温的条件下都能安全越冬。

另外，不同文冠果生长发育时期，对温度要求也不同。春季3月下旬平均气温在5 ℃以上时，芽开始膨胀；气温升到8～15 ℃时，花序即伸长发育，有的已经可以抽梢展叶；当连续10 d平均气温达到25～26 ℃时，即5月中下旬部分文冠果新生枝条梢部开始封顶。文冠果从其耐寒能力来看，可以在温度较为严寒的地区生长，但终究温度低，光合作用弱，结果性能受到一定限制。

二、湿度和光照

文冠果在主要分布区的年日照时间为1 265～3 500 h，年平均降水量为50～1 121 mm。可以生长的地方日照时间相差2.8倍，年平均降水量相差21.4倍，可见文冠果对于光照和降水量不是特别的渴求。施立民报道位于宁夏海拔2 700～2 900 m，年降水量550～820 mm的宁南山区，依然有野生文冠果生长。而位于山东海拔500 m的淄博市鲁山林场山沟内年日照时间不足1 200 h，年降水量为600～1 000 mm，其文冠果生长也很好。所以，年日照时间和年降水量并不是文冠果在北方地区的限制因子。

三、土壤

文冠果生长和分布的范围广阔，而且环境条件复杂，仅土壤类型，就有黄棕壤、棕壤、褐土、栗钙土、棕钙土和盐碱土，所以文冠果对土壤的适应性很强。虽然文冠果在中性、微碱性或微酸性土壤上均能生长，但以在湿润肥沃、通气良好的微碱性土壤上生长最好。实践证明生长旺盛结果多的林分，多数为沙质壤土或褐土。以富含有机质，氮、磷、钾较充分的沙岩和石灰岩、页岩、片麻岩风化的土壤，对文冠果的生长最有利。如果选择背风向阳、山坡下部、土层较厚、肥力充足、地势较缓的废弃梯田的中性沙壤土栽植，为最佳。文冠果不耐水湿，低湿地不能生长，但凡事都有例外，在山东降水量充足的地区，生长更为良好；主要问题在于遇到夏季连绵大雨的年份，并且在排水不良的地块栽种文冠果，如果积水1 h，容易发生病害导致整片苗木死亡。如果排水良好，即便是黏土地，文冠果也不会发生不良现象，如山东淄川、临淄、临沂、泰安、东营等地区文冠果生长都非常良好。由此来看，文冠果又具有喜肥水的特点。所以在生产上不能将文冠果定位于只能在西北和东北地区生长的特有树种。

四、文冠果分布区划

牟洪香根据文冠果自然分布区的生态情况，在博士论文中将文冠果的分部区划分6类4种基本类型：集中分布区、次集中分布区、零星分布区、文冠果育苗区。作者以为该划分是鉴于历史和现有状况进行的分类，当然是非常合理的。但是对于目前大力发展能源植物文冠果的今天，要考虑的是如何能提高人工栽培的文冠果丰产性能，如果在适合的地区栽植引种，更能提高其结果能力。所以根据文冠果的生态分布、生物学特性和栽培条件等综合来看，笔者将文冠果整栽植分布区划分为6个栽植区：内蒙古栽植区、黄河流域中部栽植区、西部栽植区、东北栽植区、中东部栽植区和其他待开发区。

1. 内蒙古栽植区 包括内蒙古赤峰市的翁牛特旗、阿鲁科尔沁旗，赤峰市属中温带半干旱大陆性季风气候区。年平均气温为0～7 ℃，年平均降水量300～500 mm不等，年日照时数为2 700～3 100 h。土壤主要是风沙土和灰棕漠土，文冠果生长区域是典型的科尔沁沙地发育区。此区文冠果早在20世纪50年代就有栽植，60年代成规模化，是当前我国栽植文冠果面积最广、林龄最大、结果量最多的

地区，仅赤峰市翁牛特旗中部就分布有 1 800 hm^2 保存较完整的人工文冠果林（40 年左右）。

2. 黄河流域中部栽植区 包括陕西、山西和河南，该区为中温带季风区，气候属大陆性暖温带冷凉半湿润气候类型。土壤类型有黄绵土、黑垆土、有栗钙土、褐土、紫色土、风沙土等。

3. 西部栽植区 包括新疆、甘肃和宁夏，该区远离海洋，深居内陆，形成明显的温带大陆性气候。日照时间长，降水量少，气候干燥，气温温差较大。年平均降水量 150 mm 左右，准噶尔盆地北缘最低气温曾达到−50.15 ℃，是全国最冷的地区之一。

4. 东北栽植区 包括黑龙江、吉林和辽宁。该地区多为干旱半干旱地区，属于多风少雨的大陆性季风气候，年平均气温 2.6～4.9 ℃，年平均降水量 433.6～514.5 mm，黑土占土壤总面积的 20.72%。利用耐干旱、耐盐碱的文冠果树种在该地区种植，具有良好的发展空间。

5. 中东部栽植区 包括河北、北京、天津和山东。该区域属于暖温带季风气候类型，年平均气温 7～16 ℃，光照时数年均 2 100～2 890 h，年平均降水量 500～1 100 mm。山东省山地丘陵区面积达 10.1 万 km^2，土壤资源丰富多样，棕壤面积最大，占山地丘陵区总面积的 47%；褐土次之，潮土居第三位；这些地方都有文冠果的栽植，如临沂、苍山、青岛、烟台、泰安、泗水、淄博、莱芜等地。笔者认为中东部文冠果栽植区气候适宜、土壤肥沃、土层深厚、灌水方便、交通发达、科技先进、财力雄厚，是具有文冠果高产稳产巨大潜力的地区，应引起大家的注意。

第四节 建园和栽植

一、建园

（一）园地选择

山区应选择背风向阳的梯田或缓坡地建园。圃地的选择以地势平坦、土壤疏松、深厚肥沃，通气良好、排水和灌溉方便、pH7.0～8.0 的微碱性土壤为好，适合按经济林标准进行集约化经营管理。

（二）园地规划设计

规划设计是指对文冠果项目进行较具体的规划或总体设计。

（1）规划目标。将文冠果打造成集约型、高科技示范性高产稳产产业园；体现出文冠果是自然景观展示、科普教育、科学研究、产品开发、旅游休闲为一体的生态林地。

（2）规划原则。文冠果园具有示范性和生态性，应遵循自然环境规律，建设生态绿化体系，打造生态屏障。

（三）总体规划

1. 造林地各项自然因子 在勘察中要深入实际，做好调查研究，认真调查地形、地貌、坡度、坡位、坡向、土壤质地、土壤厚度、pH、地下水位、前茬、植被、气候、水文等单项因子，奠定文冠果造林重要基础。

2. 调查社会经济因素 调查当地的农田和林业用地面积，劳动力状况，经济发展水平，社会经济发展对发展林业的有利与不利之处、文冠果林产品需求和市场情况，生产所具备的技术状况和经营水平等。

3. 文冠果长远发展规划的制度 根据《中华人民共和国森林法》的规定，编订文冠果经营方案，制定造林总体设计。尽可能地在本地区选取和培育文冠果种苗，尽量减少长途调运种苗的频率和数量，严格控制跨地区、跨生境采挖、移植文冠果。将本地区培育的文冠果苗木尽快纳入当地的生态系统之中。

4. 文冠果造林作业设计 把造林任务与技术要求落到每个栽植林地，包括采种、育苗技术、林地清理方式、整地方式及规格、苗木质量要求、造林方式、造林密度、造林季节、验收标准、施肥种类及数量和幼林抚育次数、时间及方式等，以及附属配套设施和投资概算。

(四) 整地和改土

1. 整地

(1) 清理林地。选定的造林地要进行杂物全面彻底清理，把生长的小乔木、灌木、杂草、藤蔓及前作物等割除或火烧清理，同时清除遗留的倒木、根桩、残根、枝丫、树叶等，整地时将草皮、土块打碎，拣出石块使地面清洁平整，便于施工作业。

(2) 整地时间。整地时间在造林前的 1 个季度至半年进行，提前 1 年进行整地效果更好。

(3) 整地方式。

① 全面整地。在地势平坦、土层深厚、杂草多和土壤质地黏重的平原地区或山区，坡度在 5°以下的地块，秋冬季节翻垦全部土壤，深度为 30～40 cm，春季及时耙压整平。低洼易涝地或盐碱地，要挖排水沟，修筑宽 2～5 m 的台田。

② 山区丘陵局部整地。山地丘陵区的旱坡地是典型的瘠薄土地，缺水，漏水、漏土、漏肥严重，耕作较粗放，文冠果产量低下，人工造林成活率和保存率较低；生态破坏与恶性循环在这类土地上体现得最为明显，因此要细致整地。

水平阶整地。当坡度为 10°～25°时，沿等高线将坡面修筑成台阶状的水平阶。阶面宽 0.5～0.8 m，长一般为 2～30 m。按照自上而下的顺序修造各个水平阶面。生土筑埂，表土填坑，将阶面整成里低外高的倒水平台阶，内侧可开挖深、宽各 0.2 m 的排水沟。

水平沟整地。坡度 5°～10°的山地和丘陵地可修梯形、长方形、三角形等形状水平沟。依造林行距确定沟间距离，一般沟带上口宽 0.5～2 m，隔坡宽 1.5～2.0 m，沟深 0.4～0.6 m。沿等高线每隔 3～5 m 开沟，即呈长条状翻垦造林地的土壤，沟长 4～6 m，两水平沟间距离 2～2.5 m，外侧斜坡约 45°。挖沟时用生土筑沟坎，沟下边埂，埂高 0.4 m。树苗植于沟中间或外侧。

鱼鳞坑整地。在坡度 15°～45°山坡上挖掘有一定蓄水容量、外高内低、交错排列、类似鱼鳞状的半圆形或月牙形土坑，分散拦截坡面径流。挖坑取出的土，在坑的下方培成半圆的埂，或用山地碎石围成半圆形，以增加蓄水量，坑内蓄水，植树造林。鱼鳞坑间的水平坑距为 1.5～3.0 m，上下两排坑的斜坡距离为 3～5 m。埂顶中间应高于两头，填高 0.2～0.3 m，长、宽和深度视情况而定；每坑内栽植 1 棵苗。

穴状整地。当在地势平缓或缓坡地带造林时，整成形状为圆形或矩形坑穴，一般穴长、宽、深为不小于 50 cm×40 cm×30 cm，每 667 m^2 挖 111 个穴。等高线环山水平挖穴，行间穴呈“品”字形排列。这种方法简单易行、用工量少、成本较低。

所有整地方式请参照 GB/T 15776—2016《造林技术规程》。

2. 土壤改良

(1) 文冠果施肥的意义。文冠果很多是栽植在贫瘠的荒山，废弃的梯田，以及少有耕种的平原地带，很少有人进行精细管理，所以大部分文冠果林处于半野生状态，文冠果林缺素现象非常严重，吸收养分的数量较一般农作物低。因此，文冠果林地通过施肥对土壤进行改良作为一种营林措施，与良种壮苗、抚育管理等技术构成了文冠果丰产稳产完整的栽培体系。

大量事实说明，土壤养分含量与植物本身养分含量密切相关。有机肥和化肥的施用，可以增加微生物量和土壤酶活性，加速腐殖质的合成与分解，促进营养物质的转化，有益于提高植物的生长发育。

(2) 合理施肥。秋施基肥能改良土壤结构和质地，增强树势，提高产量。文冠果果实采摘后，一般在 10 月中上旬进行深翻改土施基肥。一般大树每株施用基肥 20～25 kg，尿素 10～20 g/m^2。四年生以下幼树一般每 667 m^2 施基肥 2 000～3 000 kg，单株施农家肥猪圈粪（羊粪、牛粪）5 kg，过磷酸钙 80～150 g/株。

春施肥以速效氮肥如尿素、硫酸铵等为主。四年生以下每株施入化肥 0.1～0.2 kg，成龄大树每株0.3～0.5 kg。早春3～4月花前追施氮肥，是提高产量的最适宜时期，可以弥补树体由于开花结果而造成的营养亏欠，降低其营养不足所形成的落果率。一年进行3～4次追肥，掌握少施氮肥、多施磷、钾肥，花前追施氮肥，果实膨大期施磷、钾肥的原则，可保花保果，提高产量。

二、栽植

（一）栽植时间

北方地区春季栽植，多在3月初至4月上旬，要抢前抓早。

大面积栽植且不具备浇水条件的山区、丘陵要以秋季栽植为主。秋季落叶时移植更较相宜。此期，树体需求水分量减少，地温也比较高，根系尚未完全休眠，移植时被切断的根系能够尽早愈合长出新根。能迅速有效增进翌春时水分吸收功能，有利于树体地上部的生长恢复。

（二）栽植密度及方法

1. 栽植密度　一般而言，土壤瘠薄、肥源缺乏的山地和沙地，株行距可采用1 m×2 m、1 m×3 m、2 m×2 m等均可。较肥沃的山区或黄土丘陵可采用1.5 m×3 m或3 m×4 m。土层深厚肥沃，灌水、施肥方便的平原林地可采用3 m×4 m、4 m×4 m、4 m×5 m。在房前屋后、园田地边、零星栽植可适当稀些，栽植时，可按不同地形因地制宜地确定株行距。在管理条件比较好的情况下，初植密度在每667 m^2 333～666株较为合适。以后根据树体的生长的情况逐步疏伐调整到合理密度。

2. 裸根苗栽植　文冠果裸根苗栽植时苗木一定要浅栽，不宜深栽，根颈紧邻的下部根系似露不露，盖一层1～2 cm土即可。栽植时实行“三踩一提留”的原则进行栽植。做到不窝根、不吊苗、不露根，扶正踏实，修好水盘，及时浇水。待水渗后在树盘上覆盖塑料薄膜，既可保持水分，又可提高地温，这是提高成活率的关键。

3. 土坨苗和容器苗栽植

（1）土坨苗。带土坨起苗是提高文冠果苗木成活率的最好选择，一至二年生的苗，土坨在20 cm×30 cm大小，起挖时不可散坨，所谓带“老娘土移栽”易于成活的道理既是如此。

（2）容器苗。栽植时预先要保持容器内土壤处于半湿状态，装车时每个营养杯摆正、摆紧实。平稳运输到种植点处，挖深度略大于容器高度的土坑，将容器苗整团取出，保持土团完整不散，植入后杯面与大田土表面齐平，周边填土踏实。

4. 坡地造林　栽植时选择根系较多而密集的部分面向山坡下方，栽植扶正后，回填表土护住根系，轻轻踩压，再轻提摇晃树苗数下，使根系自然舒展，让土壤填满根的缝隙，再填土踩紧排出松土空气，使土和根系密切接触，上面覆土至根颈以上5 cm左右，形成锥形土堆，上覆盖塑料薄膜，并踏实防止风吹晃动和水分散失。

（三）栽后管理

1. 浇水　栽植后要及时给苗木灌透安根水，当土壤干后能下地时，抓紧时间细致松土，通气散湿。入冬前进行冬灌有利于保墒。

早春栽植文冠果，浇水不可太勤，以利于土壤气体流通。特别在5月，气温较高，蒸腾量大，根系生理活动旺盛，如果大水漫灌，在土壤黏重地区土壤通气差，会造成根系呼吸困难，严重影响到幼树的成活，因此必须掌握适量灌水、灌水之后及时松土的原则。

2. 除萌　文冠果定干或嫁接后主干上易生长出萌芽，在保留上面3～4个芽的同时，及时除去其他萌芽，以免影响苗木生长。

3. 松土除草　造林后每年在生长季节进行多次全面松土除草，掌握宜浅不深为度，松土时要避免损伤树皮和根颈。尤其是新栽植的树木，由于浇水或雨水积存，使土壤水分多难通气，如果土地黏重，水分散失慢，通气性差，对文冠果成活以及生长都不利。解决这一对矛盾，最好的办法是松土，所谓“锄下有水，锄下有火”既是如此。

4. 施肥 栽植后的苗木根系处在恢复阶段，吸肥能力弱，宜于使用0.3%～0.5%尿素、磷酸二氢钾等进行根外追肥，早晚对叶面喷洒。待苗木生长旺盛时，再根据薄肥勤施的原则，对苗木施入追肥，可每穴每次施入复合肥20 g左右。结合施基肥进行春灌，可避免落花落果。

5. 除蘖割灌 文冠果的根蘖和萌蘖萌发力很强，要结合中耕除草及时除蘖。同时沿栽植行割除去杂草、灌木、藤蔓和萌生的其他树条。

6. 覆草护穴 山地文冠林分常因春季干旱，蒸发量大，水分不足；根据多年经验，连年树盘进行覆草，效果较突出。每年的6～8月，杂草旺盛生长期，进行松土除草，用除后的杂草灌木或收集梯田壁上的杂草均匀覆盖在树盘上，覆草厚度10～20 cm，上压一层薄土或压上一层碎石块以防风刮，一年内可多次进行覆草。杂草腐烂后能增加土壤中有机质含量，提高土壤肥力，有利于文冠果提高产量。

7. 封禁保护及间作 文冠果新造林地要进行封禁保护，严禁人、畜践踏和森林火灾。一至二年生的文冠果在行间可间种苜蓿、花生或其他豆科等矮秆作物，不但可以压制杂草，也可肥沃土壤。

第五节 花果管理

文冠果落果严重，关键是加强合理施肥，防治病虫和科学的修剪，以增强树势，

一、落果原因

文冠果和其他果树一样，也有明显的落果现象。山东地区文冠果从开花盛期开始20 d左右，大部分幼果出现短时间集中脱落现象；20 d后陆续又有少量果实脱落，落果持续时间长；二次落果造成“千花一果”现象。有研究人员统计文冠果园，三年坐果率为2.2%～6.3%。究其原因，首先是文冠果主要栽种在山地、荒地和盐碱地上，土壤贫瘠干旱，缺乏人工细致管理，本身就得不到充足的有机养料进行生长发育，必然导致果实由于营养不良而脱落；其次文冠果树株雄花量太大，其发育和开花消耗了大量营养，剩余的养分不足以支持太多的果实生长；再次，总体雄花花粉量较少，授粉不良也在所难免。种种原因的共同作用，造成了文冠果落果的发生。

二、防治落果的方法

（一）加强肥水管理

文冠果落花落果比较严重，根本原因还是营养不足造成的。由此可以将树体需要营养时期分为4个阶段。

1. 越冬阶段 整个华北地区，春冬雨雪少，干旱多风，土壤和树体的水分蒸腾量很大，树体要消耗很多水分和养分。

2. 发芽开花阶段 4～6月文冠果要进行生根、发芽、开花、抽枝、坐果一系列生长发育过程，又要消耗树体养分和水分。所以花前（4月上旬）施肥灌水1次，根据通辽市林业科学研究所试验，每株施硫酸铵0.15 kg，种子产量比对照区增产72.77%。

3. 果实成熟阶段 从6月以后是果实膨大、种子成熟及次年花芽形成期，即花后半个月左右，成年树每株一次性施入0.25～1 kg复合肥，也可每隔10 d施入0.1～0.4 kg，共施入3次。

4. 树体恢复阶段 树体结果后，营养消耗大，非常需要补充养分，以尽快恢复树体。果实采收后，追肥灌水，10月末施基肥、灌足冬水效果最佳。

因此狠抓文冠果园的土壤改良，施入适量基肥，促使树体健壮，让结果果实具有充足的养分，使树体合成和累积充足的有机养料，是提高翌年坐果率的基础。

(二) 疏剪疏果

自然状态下文冠果幼果期落果严重，坐果率仅为2.2%～6.3%。一方面通过对文冠果大树疏剪能促使枝条剪口下1～3芽抽生可孕花数量，使单株产量得到一定的提高；疏剪时掌握总体上1个果实应该有30～60片复叶供应养分，同一个果序有3～5个果子，所处周围空间的复叶保持在200张叶片比较合适。另一方面要学习其他果树疏花疏果的经验，疏去大量的不孕花。这样做有一定作用，但非常费工，难于大面积操作，一般不提倡这种技术的应用。但可以采用疏果的方法，当果实有莲子粒或花生粒大时即可疏去，留果量应根据树势、结果的疏密和土壤肥沃程度来定。

(三) 喷施微量元素

选用0.1%～0.3%硼酸、10%～20%磷酸二氢钾或50～80 mg/L萘乙酸钠，配成低浓度的水溶液，盛花期均匀喷洒到叶片和花蕾上。可进行预喷试验，找出合适浓度，以减少药害。如喷后5小时内降雨要补喷。

(四) 人工授粉

因本株自花授粉率低，文冠果开展人工授粉无需进行去雄。开花时，不用将可孕花套袋，就可现场收集花粉，直接进行不同株之间的异花人工授粉。异花人工授粉后，同一花序的果实发育较为均匀，结实率较高。授粉后20 d左右，同花序上某些果实会出现间断零散的萎缩干枯的败育现象，30 d后又会再次出现果实落果现象，这是树体营养不足，果实缺乏营养所致，属于生理落果现象。自花授粉处理的花序7～10 d就全部萎蔫死亡，表明文冠果自花授粉很难结实（表75-2）。

表75-2　东营文冠果授粉情况

授粉方式	可孕花授粉数量	20 d内发育良好的果实率（%）	35 d后发育良好的果实率（%）	最终结果率（%）
人工异花授粉	253	95	31.2	30
自花授粉	125	12	0	0
自然授粉	314	65	19.5	18

表中所示人工异花授粉结果率达到30%，自花授粉为0，而自然授粉为18%。这表明，人工辅助授粉对提高文冠果结实率具有显著作用。虽然授粉能解决花的授粉问题，但是在多果的花序上，每一个单花都发育为完整果实的话，需要消耗大量的营养，会造成留存果实后期发育营养不足。如果文冠果栽植在干旱瘠薄的土地上，在北方冬季干旱或大风情况下，人工施肥和浇水不及时，或根本没能力去施肥浇水的话，势必各个果实之间存在着激烈的营养竞争，争夺到足够营养的果实能够继续发育下去，相反，营养不足则败育。另外，在自然授粉条件下，文冠果不孕花虽然花量大，但是有的果园花粉量少，昆虫授粉活动又不多，文冠果完成受精作用的花粉就很有限。因此，如何提高授粉受精效率也是提高文冠果产量的关键之一。但是文冠果园子内大规模进行人工授粉很难完成。可以开展选择花粉量大的不孕花优树，形成花粉量大的无性系群，以作为可孕花的授粉树，为以后配置在优树无性系品种园内进行自然授粉用，这将是解决该问题的唯一途径。

第六节　整形修剪

一、整形

目前文冠果还不能像苹果和桃树等果树一样的进行规程化的修剪，因为目前文冠果的栽培群体首先还没有品种化，栽植地区植株是变异较大的实生群体；同时文冠果具有萌生力强、新梢多呈3～4杈抽生的特性，故枝叶容易茂密混乱，影响树体的生长发育。所以要依树木本身生长特点进行适当修剪，因树做形、因枝修剪，树体内空间合理，减少养分消耗，平衡树势，健壮树体，搭建丰产骨架，逐年扩大树冠，增加结果孕花数量，达到保花保果和减少大小年作用，为文冠果的高产稳产打好基础。

（一）主干疏层形

该形植株主干明显，主干高度 2 m左右，上部有 3 层，每层之间保持一定距离，共计有 5～6 个主枝，在各方向上要均匀分布形成树冠。

1. 定干选留主枝 如为一至二年生树，在距地面 0.5～1 m 左右，选饱满的侧芽处剪去顶部定干，除去顶端芽将来抽生的枝条作主干外，在剪口下 30 cm 的距离内，错位选留分布均匀的 3～4 个饱满芽或中庸枝条作为第一层主枝，其余适当剪掉，主枝基部之间保持一定距离，避免卡脖现象。并且适时抹除主干其他萌芽，以利于主枝的发育和生长。

2. 主枝培养 文冠果结果多在中强枝条的顶端，第一层主枝要进行短截，文冠果是“三三制”发枝规律，剪口下发出 3 个主枝，选当中的一个作为延伸主枝，另两枝尽量采用拉枝、扭梢等方法和主枝拉开 60°左右的夹角，将来培养成结果枝。在来年春季，让其他两结果枝开花结果，在主枝上再选择饱满的芽和合适的位置短截，又长出的 3 个枝条，再选当中的一个作为主枝延长枝进行短截。如法处理几年，这样使主枝向外不断延伸开张，从而扩大树冠，合理利用空间。随着树体生长，当主干枝条生长超过 1 m，在距第一层 70～80 cm 处交错选留 2～3 个主枝，成为第二层；主枝之间插空生长，重点培养结果枝条。结果枝条分布在主枝两侧，呈鱼刺状排列。还可继续第三层，4～5 年树体即培养成主干疏层形。

（二）开心半圆形

该形没有明显主干，即有 3～5 个主枝，主枝错位上下轮生，每个主枝上之间避免交叉、平行，主枝上培养鱼刺状结果枝，几个主干分布方向均匀，角度宜大，最终树体形成开心半圆形。

对于一至二年生树，在距地面 0.1～0.5 m 定干，围绕中央主干，按东、西、南、北四个方向交错选留轮生于主干上的 3～4 个饱满芽或中庸枝条作为主枝，其余适当剪掉，形成无中心领导枝现象。对于起苗后的成丛根萌苗，选择 3～4 条强壮根萌苗作为培养结果主枝，其余的全部清除。对于三年生以上的树木，如果有已经开心或可以培养成开心形的单株，可在此基础上有意识培养成开心形。对于开心的几个主枝，实行拉和撑的技术使其做成和基部 60°的角度，初期树冠成倒三角平头状，使树体内通风透光，合理利用空间。文冠果不同于其他果树，不是短枝结果，所以要在其主枝上培养出多个中长枝条作为结果枝；逐渐培养成树冠疏散紧凑、通风透光良好、合理利用空间，形成里外都能结果的开心半圆形或杯状形。

（三）自然形

对于已经栽植多年的文冠果树，培养上述两种树形有一定难度，所以根据树体具体状况，因树进行整形。在要求植株通风透光、主干枝错落有致、避免大小光腿、结果枝外移的原则下，休眠期修剪时选好主干枝，上下层拉开一定距离，每个主干枝选好结果枝和抚养枝，固定下基本树形，再考虑细致的修剪。

不可让幼树多结果，要着眼于主要培养以上树形为主，为将来的稳产和高产打好基础。

二、修剪

（一）休眠期修剪

文冠果是顶枝结果为主，其修剪方法和桃、苹果等果树不一样，不是去强留弱而是去弱留强。文冠果枝条生长快，树冠很容易郁闭，修剪以疏枝为主，解决通风透光问题。

冬剪一般在早春进行，文冠果侧生花芽大部分是不孕花，主要靠中长枝条顶芽结果，所以要在主枝上培养中长枝条。旺盛的枝条进行短截，容易萌出数条徒长枝，修剪必须因树制宜，随树而异。同时为了使树势均衡，解决枝条过密、内膛光照不足等问题，要疏去过密的大枝，剪去小枝、枯枝、下

垂枝、上年的果台、交叉枝和平行枝。

（二）生长期修剪

开花前1个月从春梢开始生长时要回缩短截较长的结果枝，对于生长健壮的中长枝条，轻剪剪除顶芽，全部疏除中下部的芽，让枝条内营养集中供应上部的侧芽，促使形成可孕花；修剪不可太晚，否则侧芽难形成可孕花。吴国英报道，开花前的1个多月去顶芽，能使部分一年生枝条侧芽花发生性的转化；他还证明徒长枝去顶芽和打盲节处理的侧芽一般都能结实。辽宁省干旱地区造林研究所对一年生的果枝进行短截，有的剪口下第一至第五侧芽都能结果，果枝修剪效果显著。

夏季树木生长旺盛，枝叶较多，为了更好地通风透光，所以要剪除萌生枝条、过密新枝、过旺徒长枝，要注意不可大量修剪，以免影响营养的制造和积累。

文冠果栽植地如果土壤贫瘠，管理不到位，文冠果树变得衰弱，失去结果能力。我们可将弱树多年生主枝和侧枝通过回缩，保留基部30 cm左右，促使萌发强壮新梢，从而改变原有的不良状况。内蒙古林格尔县浑河林场技术人员对七年生文冠果弱树枝条进行了1/2短截处理，其萌芽率均高于对照；其挂果株、枝率分别为100%和72.2%。

树冠过于稠密的文冠果树，可将过密枝、交叉枝、下垂枝、隐蔽枝等疏去，打通里膛空气流动的空间，劈开上方光照的天窗，能提高每花序可孕花的数量、结果枝的比例及坐果率等。空气流通较好的树体内膛，如有向上的细弱枝条，虽然不结果，但有阳光照射，可以进行光合作用，辅养树体，一般不剪除；对于向下或较为隐蔽的细弱枝条，以剪除为好。

（三）老树更新复壮

1. 小更新复壮　如果是30～40年树木，生长发育还比较旺盛，能结出果实，树冠比较完整，枝叶较为浓密，可以采取轻度的小更新方法，修剪量要轻，不可多去枝条，促进树体尽快恢复。同时选比原枝头发育较好的更新枝，锯除原枝头，以及树冠上衰老枝、残缺枝和病虫老枝。

2. 大更新复壮　如果是40年以上树，其树冠残缺、枝条间隙较大、枝条短细弱、枯枝焦梢多、部分主枝枯死和结果少，对此树要进行大更新。可一次性锯除树干中上部和主枝的中下部。锯除后的老干枝上会萌发较多新枝，再重新培养树形和主干、主枝和结果枝，复壮后老树会很快恢复生机，甚至比新栽的树结果要早、结果多。

第七节　病虫害防治

一、主要病害及其防治

（一）文冠果根腐线虫病

1. 为害症状　根腐线虫病又名文冠果黄化病，这是由肉眼难于看见的透明细长状线虫寄生根颈部引起的。受害植株的地上部分萎缩，生长停止，幼树叶片逐渐全部枯黄并长期不落，枝茎干枯变脆，最终死亡。病苗根颈下2～20 cm处出现水肿状态，可见韧皮部和皮下组织呈现水渍状黄褐色、松软、腐烂，并有异味。

2. 传播途径及发生条件　一年繁殖数代，在1～40 cm土层中，二、三龄幼虫较多，从根尖处侵入并寄生于嫩根皮层内，进入细胞吸食，致使活细胞死亡。根腐线虫主要以种苗、带病原泥土、农具、人员、水流和牧畜及自身迁移方式转播。在5月天气干旱需进行大水漫灌或夏季多雨，土壤湿度增加的情况下，植株最容易发病。

3. 防治方法

（1）农业检疫。严格执行检疫制度，严禁病区苗木调入新区。

（2）农业防治。文冠果种植要避免重茬；冬季要进行林地翻耕晾土；播种时灌足底水，减少春灌，防止借水传播；要铲除病株并焚烧处理，以减轻病虫害的发生；要加强田间管理，适时中耕松土。对于病苗可用药剂浸根，杀死根中线虫。苗圃地药剂开沟施入防治。

(二) 文冠果茎腐病

1. 为害症状 茎腐病是由丝核真菌、镰刀菌和轮枝孢菌等真菌在苗木表皮破损处复合侵染致病，属立枯病类型。一年生幼苗最容易受害，根部和茎部会受到侵染使苗木死亡。

2. 传播途径及发生条件 害虫可以携带病菌同时起到传播和接种的作用。均温 30 ℃左右，相对湿度高于 70%即可发病；均温 34 ℃，相对湿度 80%扩展迅速。大水漫灌、雨季地涝、地温过高、密度过大、通风不良、施用氮肥过多等原因都会致使发病。

3. 防治办法

(1) 农业防治。起苗、运输、栽植时避免损伤苗木；酷暑天做好遮阴，避免高温灼伤苗木。合理轮作，高畦栽培，排水良好，清除病残植株，不施用未腐熟的有机肥及氮、磷、钾肥比例适当，促使苗木植株健壮发育，可以降低发病率。

(2) 化学防治。青枯立克 30 mL 兑水 15 kg，进行灌根，每 7～10 d 灌一次，连灌 2～3 次。苗木栽植前用 1%～3%高锰酸钾水溶液浸泡杀菌。

(三) 煤污病

1. 为害症状及发生条件 煤污病是由木虱吸吮幼嫩组织的汁液而为害树木，其富含糖分的分泌物和粪便滴落在枝叶上，初期引起叶片卷曲，严重时枝叶呈现煤黑色，树叶枯萎死亡。苗木树冠过度浓密、湿度过大、通风透光不良容易发病。

2. 防治方法 发病时，每隔 7～10 天喷一次 50%乐果乳油 2 000 倍液毒杀木虱，连续喷 3 次。也可在文冠果休眠期喷施 3～5 波美度石硫合剂，可有效控制住病情。

二、主要害虫及其防治

(一) 地老虎

为多食性作物害虫。主要防治方法：

(1) 农业防治。加强田间管理，多次耕翻苗床，精细整地，采用秋耕冬灌的措施，破坏其越冬环境，减轻小地老虎发生及危害。

(2) 诱杀成虫。在作业道中相距 3～5 m 处堆放老虎喜食的鲜草堆，每天清晨翻开草堆人工捕捉。5 d 后更新草堆。或者将每 50 kg 碎青草加入农药 0.3～0.5 kg，拌匀后成小堆状撒在幼苗周围，每 667 m^2 用毒草 20 kg 诱杀成虫。

也可将 90%敌百虫 500 g 加水 5 kg 均匀喷到 50 kg 炒香的麦麸或饼糁上，充分拌匀，傍晚撒到文冠果苗木根际。或用 90%敌百虫原药 0.5 kg 加饵料 50 kg 制成毒饵，在傍晚撒至地面诱杀。

(3) 人工捕捉。清晨发现有新的被害植株，扒开其根部周围土壤寻找捕杀，每天捉拿，坚持 10～15 d。利用成虫趋光性发生期用黑光灯诱杀。

(4) 化学防治。用 90%晶体敌百虫 500 倍液喷施在幼苗上防治 2～3 龄幼虫，或采用 48%地蛆灵乳油 1 500 倍液、10%高效氯氰菊酯乳油 1 500 倍液等进行地表喷雾喷杀；苗床期用 90%敌百虫 800 倍液叶面喷雾防治；移栽选用 50%辛硫磷 800～1 000 倍液或 2.5%敌杀死 1 500 倍液等农药对地面进行喷雾防治。

(二) 黑绒金龟子

黑色或黑褐卵圆形小型甲虫。主要防治方法：

(1) 毒杀幼虫。可用 50%辛硫磷乳油 3.75 kg/hm^2，制成土颗粒剂或毒水毒杀，早春越冬成虫出土前，在树冠下撒毒土（40%二嗪农乳油 9 kg/hm^2）。

(2) 毒杀成虫。可用 50%杀螟松乳油 1 000 倍液，或 80%敌敌畏乳油 100 倍液喷叶：成虫危害盛期，用 50～60 cm 长的文冠果枝条蘸上 80%敌百虫 20～30 倍稀释液，在文冠果新植林地晴天 15:00

左右，每隔 5 m 插一枝，每隔 7 d 插一次，连续插几次，于黄昏时抖落枝条上的成虫进行捕杀。另外，冬季对土壤进行消毒，杀死越冬成虫。

（三）其他害虫

文冠果其他害虫有根螨木虱、锈壁虱、刺蛾和蚜虫等，都可以参考有关其他植物防治的方法进行，此处不再赘述。

第八节 果实采收、分级和包装

一、果实采收

（一）成熟时间

文冠果自然分布广阔，其成熟期随栽植的不同纬度、经度和海拔而有极大差异；同一地区又因不同温度、降水量和日照长短等因素影响着果实的成熟期。一般越是高纬度的冷凉地区果实成熟期越晚，而低纬度温暖地区果实成熟期越早。内蒙古翁牛特旗文冠果成熟期在 8 月上中旬，而山东济南则在 7 月中下旬，其他地区亦是如此。了解了不同地区文冠果成熟期物候期的差异，我们才可以制订出具体的采种计划，不误时机的收取果实和种子。注意不要采收时间过晚，避免发生果实自然开裂，掉落种子。

（二）成熟的标准

当文冠果果实由翠绿转变成黄绿或部分变成微黄色，果皮由光滑变粗糙，亮度变暗，果尖部分有所微开裂时，果实内的种子由褐色变成黑色，即可准备采收。

（三）采收方法

幼年树体一般都比较低矮，直接用手摘取即可。对于进入结果盛期比较高的树体，树冠上层的果实一般用伸缩梯或折叠梯，再上人用手摘取；文冠果果实较大，果台较长，所以采用高枝剪直接剪取，也是很好的办法。不过最好不用长杆打取，这样容易敲裂果实，散落种子，而且可能击伤顶芽和树梢，影响来年开花结实。

二、采收后处理

（一）收取种子

采收的果实集中运送到宽阔的场院内，摊开厚度不超过 25 cm 进行晾晒，每天翻动数次，可以边晒边踩，或用手掰开果壳，当大批量果实果皮开裂，要集中人力尽快掰取，或采用剥壳机脱粒；特别是东部地区，采收季节恰逢雨季，种子收取不及时，果壳容易发生霉烂，严重的影响种子的发芽率。

收取的种子可在场院内摊开晾晒，经常翻动，当种子外皮鲜亮褪去，种子完全变成黑色或黑褐色，粒形变小，质量变轻时，即可装袋，贮藏于干燥通风的室内。

（二）种子分级及包装贮藏

不同地区产的种子，平均种粒大小不一样，很难定一个统一的分级标准。但可以根据本年度收取种子的大小，自己制订一个当地的标准，基本按照大、中、小二级进行分级，采用合适筛子进行分级筛取，分级装袋贮藏。

贮藏场所要选阴凉、干燥、通风和背光的库房，进行消毒防虫、杀菌处理后才可存放，存放期间如果温度控制在 50 ℃左右，相对湿度在 50%～60%时效果较好。

1. 常温贮藏 将干燥的文冠果种子装在麻袋中，在房内堆成垛进行干藏，同时做好防鼠、防霉和发热等现象的发生。也可直接采用低温混沙贮藏。

2. 塑料薄膜帐充二氧化碳贮藏 在低温干燥场所将装袋文冠果种子堆成垛，用塑料薄膜大帐罩起来封严，充入二氧化碳气体，使帐内含量达到 50%，贮藏过程中维持二氧化碳气体浓度在 20%左右，可防止种仁品质下降，起到防止发霉和生虫的作用。

第七十六章　油用牡丹

概　　述

油用牡丹是我国的原生树种，也是一种新兴的木本油料作物，属于毛茛科芍药属。

与其他油料作物相比，油用牡丹具有较高的单产和出油率，牡丹籽含油率达22%以上。牡丹籽油所含的不饱和脂肪酸高达92%以上，特别是有“血液营养素”之称的α-亚麻酸含量占42%，是品质极高的食用油。牡丹籽油富含油酸（单不饱和脂肪酸），油酸与α-亚油酸和α-亚麻酸的比例约为1∶1∶1.5是非常完美的黄金比例。牡丹籽油还含有丰富而独特的生物活性物质，具有活血化瘀、消炎杀菌、促进细胞再生、激活末梢神经、降血压、降血脂、减肥等作用，既可内服又可外用。外用可以美容养颜，消除色素沉积，减少皱纹，使肌肤细腻、光洁、富有弹性，并对治疗口腔溃疡、鼻炎、关节炎、皮肤病等有奇效；每天直接内服6～10 mL牡丹籽油对身体大有裨益，特别是在饮酒前，内服少许牡丹籽油，还可迅速保护胃、肠和肝功能。随着牡丹籽油正式通过国家新资源食品许可，牡丹籽油的安全性和营养性得到了国家权威机构的认证，牡丹籽油将实现工业化生产，并进入人们的日常生活中。

油用牡丹具有高附加效益值，它全身是宝，根可生产丹皮；花、芽可制作保健茶；牡丹籽饼粕可转化为饲料或用于种植蘑菇。

油用牡丹是一种多年生小灌木，也是一种很好的生态树种。发展油用牡丹是一项绿色产业，大面积的牡丹资源有利于降低大气中的各种有害气体，减轻或消除风沙灾害，减少水土流失，涵养水源。油用牡丹适生范围广，耐干旱、耐瘠薄、耐高寒，既可以结籽，也可以赏花，是很好的绿化美化树种。

油用牡丹适宜林下间作，是农民新的增收致富途径。大力发展油用牡丹有利于促进农业产业结构调整，促进地方特色经济发展，完善经济品种多样化。通过基地建设，也将带动生态文化、观光旅游、市场销售、交通运输、油料加工等行业的发展，解决劳动力的就业问题，社会效益显著。

油用牡丹产业是一、二、三产业相互融合的全链式产业，具有极强的带动能力，能实现很高的综合效益。油用牡丹经过深加工，可生产多种系列产品包括初榨牡丹花籽油、调和牡丹籽油、牡丹花朵茶、牡丹花蕊茶、牡丹花籽油软胶囊、牡丹药用提取物、牡丹系列化妆品等，同时牡丹籽油还含有众多的药用有效成分，可提取作为医药原料，综合经济效益显著，具备巨大的产业化发展潜力。

第一节　种类和品种

一、种类

牡丹可按照株型、花型、花色进行分类。按照株型可分为直立型、疏散型、独干型、开张型和矮生型五类；按照花型可分为单瓣型、荷花型、菊花型、蔷薇型、托桂型、金环型、皇冠型、绣球型、

千层台阁型和楼子台阁型等十类；按照花色可分复色类、绿色类、黄色类、墨紫色类、粉色类、白色类、粉蓝（紫）色类、紫色类、紫红色类和红色类等十类。

二、品种

凤丹牡丹（*Paeonia ostii* ‘Fengdan’）和紫斑牡丹（*Paeonia suffruticosa* var. *papareracea*）在籽产量、出油率方面优于其他种的牡丹，在生产当中被用作油用牡丹的良种加以推广。

凤丹牡丹最初生长在安徽铜陵凤凰山一带，又称铜陵牡丹，属于早花品种，是我国著名的药用兼观赏牡丹，由杨山牡丹长期栽培演化形成。凤丹系列具有植株高大、根系浅、耐湿热、结实率高、适应性强、病虫害少等特点，是江南地区培育耐湿热品种的重要种质资源。凤丹牡丹的花朵瓣性较低，主要是单瓣型花朵。凤丹牡丹为一至二回羽状复叶，大多数是玉白色，先端缺刻，少数花瓣的内面下部或基部有淡紫红晕。雄蕊多数，心皮5～8个，花期4月中下旬，果期7～8月。

紫斑牡丹品种群是中国牡丹品种群中仅次于中原牡丹品种群的第二大品种群，主要起源与栽培分布在以甘肃为主的我国西北地区。与中原牡丹品种群比较，紫斑牡丹植株高大、花梗挺直、少叶里藏花、花香浓郁，以及抗逆性强、适应性广等，具有广阔的发展前景。紫斑牡丹为落叶小灌木，株高180 cm左右，茎直立，圆柱形，微具棱，无毛。茎下部叶为二回羽状复叶，具长柄；其下部一回羽状叶片为卵状长圆形，二回羽片2～7片；最下部叶片为宽卵形，长2.53 cm，宽2～3 cm，深裂或全缘，裂片卵状椭圆形，或长圆状披针形，叶正面无毛，深绿色，叶背灰绿色，疏生柔毛，叶脉较多。花大，两性，单生枝顶。萼片常为4枚，近圆形，先端短尾状尖；花瓣常10枚，白色、粉色、紫色等，腹面基部具紫色斑纹，宽倒卵形，长6～10 cm，宽4～8 cm。基部楔形，先端截圆形，微有蚀状浅齿；雄蕊多数，花药长圆形，黄色；花盘革质，鞘状，包被子房。果开裂成瓣，心皮5～8个，子房密被黄色短硬毛，花柱短，柱头扁平；蓇荚果，被黄毛，尖端具喙。

第二节 苗木繁殖

油用牡丹的繁殖与普通牡丹一样，其方法有两大类：一是有性繁殖，即种子繁殖；二是无性繁殖，包括分株、嫁接、压条、扦插等方法。牡丹种子繁殖，通常在培育药用苗和大批繁殖砧木时采用。

此外，牡丹也可通过人工杂交，从播种实生苗中选育优良品种。

第三节 生物学特性

油用牡丹，为多年生落叶小灌木，高0.8～1 m。幼年期生长较缓慢，3年以后生长发育逐渐加快，4～5年开始开花结实。根颈肥厚，枝短而粗壮。叶互生，通常为二回三出复叶，柄长6～10 cm；小叶卵形或广卵形，顶生小叶片通常为3裂，侧生小叶亦有呈掌状三裂者，上面深绿色，无毛，下面略带白色，中脉疏生白色长毛。花单生于枝端，大型；萼片5，覆瓦状排列，绿色；花瓣5片或多数，一般栽培品种多为重瓣花，变异很大，通常为倒卵形，顶端有缺刻；玫瑰色、红色、紫色、白色均有；雄蕊多数，花丝红色，花药黄色，雌蕊2～5枚，绿色，密生短毛，花柱短，柱头叶状；花盘杯状。

果实为2～5个蓇葖的聚生果，卵圆形，绿色，被褐色短毛。花期5～7月。果期7～8月。

第四节 对环境条件的要求

牡丹喜凉恶热，宜燥惧湿，可耐－30 ℃的低温，在年平均相对湿度45%左右的地区可正常生长。要求疏松、肥沃、排水良好的中性土或沙土，忌黏重土壤或低温处栽植。

(一) 土壤

牡丹适宜疏松肥沃、土层深厚的土壤。土壤排水能力一定要好。对土壤要求不严，一般 pH 6.2～8.3 的范围内都能生长，以中性或中性微碱土壤为好。虽能抗瘠薄土壤，但在肥力较好的土壤中生长健壮，成花率和花瓣瓣化程度都高于瘠薄土壤。

(二) 温度

牡丹耐寒，不耐高温，部分地区可露地越冬，气温到 4 ℃时花芽开始逐渐膨大。适宜温度 16～20 ℃，低于 16 ℃不开花。夏季高温时，植物呈半休眠状态。

(三) 湿度

牡丹为肉质根，不耐高湿，在一般年份不需浇水，但遇长期干旱季节仍需适量浇水，以保持土壤的湿度。

(四) 光照

牡丹喜阳，但不喜欢晒。地栽时，需选地势较高处。

第五节 建园和栽植

一、建园

(一) 园地选择

油用牡丹是一种深根性落叶灌木花卉，喜向阳、凉、燥，畏热、湿，耐寒、耐半阴，一般可以忍受−30 ℃的低温，可以在年平均湿度为 45%的地区生存，且自身具有发达的肉质根。由于油用牡丹具有这些特征，在选择种植园地时应选择地势高燥、向阳、排水良好及土质疏松肥沃的近中性沙壤土或壤土。在栽培油用牡丹时尽量避免黏土地、低洼积水地块或盐碱地，并尽量采用轮作，避免重茬。

(二) 整地

在选择合适的栽培园地时应该在种植前的 2～3 个月对土地进行深翻整地，翻地的深度最好为 30～40 cm，在翻地时要清理园中的杂草及石块等杂物，并在整地的基础上施足基肥。施肥所用的基肥应选用腐熟的粪肥或饼肥，切忌采用生肥。在种植油用牡丹时耕作深度应为 60～100 cm。

二、栽植

(一) 栽前准备

1. 播种育苗 种子一般于 7 月下旬到 8 月上旬开始陆续成熟，成熟种子一般为黑色。实践证明，牡丹种子八成熟时采集，其种子萌发率最高。因此，7 月下旬至 8 月上旬，当牡丹的蓇葖果由青色变成蟹黄色时采集最佳，这时的种子用于育苗质量最好。原则上随采随播，隔年种子几乎不发芽。为使牡丹种子播种后尽早出苗、出苗整齐、出芽率高，在播种前 2 d，需用 0.2%～0.3%的高锰酸钾溶液将种子浸泡30 min左右，以去除种子表面的蜡质和软化种壳，促进萌发；浸泡完后，将种子捞出，用清水继续浸泡 24～48 h。浸泡时间长短与种子成熟程度有关，种子越老越硬，浸泡时间越长。播种方法一般采用条播，将处理好的种子，均匀地撒在沟内，踏实覆土 6 cm，使穴面平整无凹陷，可适当覆盖一些干草树叶，提高地温防旱以利越冬。每 667 m^2 用种 80 kg 左右，1～2 年可移栽。

2. 苗木处理 栽前依据苗木根系多少、主干的粗壮程度、芽体的大小进行分级，一般相同等级的苗木栽植在同一块土地上。分级后在阴凉处放置 1～2 d，待肉质根稍变软后即可定植。定植前用 100 mg/kg 生根剂浸根处理，以减轻病虫害的发生和促进伤口愈合、新根生成，进而提高苗木成活率与生长势。不同地区栽培油用牡丹的时间不同，因此应该对牡丹苗木进行合理的处置。在种植时一般选用 2～3 年的牡丹实生苗，并用福美双 800 倍液浸泡 8 min 左右，晒干后栽植。

（二）栽植时间与方法

1. 栽植时间　春季 3 月 10 日至 4 月 20 日，秋季 8 月 10 日至 10 月 10 日。

2. 栽植密度　在种植油用牡丹时，一般情况下栽植密度 4.95 万株/hm^2，定植株行距为 40 cm×50 cm。为了有效地利用土地，油用牡丹的栽培密度也可以选择 9.9 万株/hm^2，株行距为 20 cm×50 cm。在种植 2 年之后可以隔一株选为新建油用牡丹的苗，剩余的部分继续作为油用牡丹管理。

3. 栽植方法　油用牡丹的种植穴直径一般为 30～40 cm，深度大约在 40 cm。在挖穴时，底土应与表土分开放置，从而方便在种植牡丹时将表土置于下方，底土置于上方。在种植时应先将有机肥与表土混合好之后放入挖好的穴中堆成圆形土丘，之后再在土丘上方撒上一层表土，将牡丹苗木放在土丘上，使苗木的根系垂直均匀分布，并在填穴 1/2 时，将苗木轻提至根颈原土印与地面保持相平，之后再填土、踏实及浇水。在种植 1 周后观看土壤的干湿情况，依据实际情况选择是否浇水，在土壤稍干后用细土封实，等到春季扒开。

三、林下栽培技术

1. 林地选择　油用牡丹耐寒、耐旱、怕水渍。凡是林下土壤肥沃、土层深厚、土质疏松、排水和通气性能良好的中性或微酸性沙质壤土的林地上均可栽培。尽可能连片种植，便于管理。

2. 整地　栽植前在树行间整地，整地时根据每块地的地势，要做好排水通畅，不宜积水。距离树盘 50 cm 外深翻土 20～30 cm，每 667 m^2 施饼肥 150～250 kg 或腐熟的厩肥 1 500～2 000 kg、复合肥 50 kg 作为基肥。整平做成高畦，畦面修整为龟背形，以便排水防涝。

3. 播种育苗　方法同之前传统油用牡丹播种育苗所述。

4. 选苗及苗木处理　栽前依据苗木根系多少、主干的粗壮程度、芽体的大小进行分级，一般相同等级的苗木栽植在同一块土地上。分级后在阴凉处放置 1～2 d，待肉质根稍变软后即可定植。定植前用 100 mg/kg 生根剂浸根处理，以减轻病虫害的发生和促进伤口愈合、新根生成，进而提高苗木成活率与生长势。

5. 栽植密度　林下油用牡丹造林密度不能等同传统种植油用牡丹种植密度，造林密度不宜过大。一般根据不同立地条件栽植不同的密度。林下种植，建议每 667 m^2 种植 2 000～3 000 株，株行距为 50 cm×70 cm 或 50 cm×30 cm。

6. 栽植时间　以每年 9 月上旬至 10 月上中旬为宜，栽植过早，土壤湿度大，易引起烂根或秋冬季抽发新梢；栽植过晚，当年难以形成新根，来年长势弱。起苗时尽量少碰掉幼芽，少伤根。

第六节　土肥水管理

一、土壤管理

油用牡丹生长期内，需要勤锄地，一是灭除杂草，二是增温保墒。开花前需深锄，深度可达 3～5 cm；开花后要浅锄，深度控制在 1～3 cm。为免去下一年除草，必须盖薄膜或稻草。6～9 月要保证薄膜沟内无杂草积水，根部无杂草。11 月要清除落叶及薄膜，深锄一次地，10 月下旬地片干枯后，及时清扫落叶，并集中烧毁或深埋，以减少翌年病虫害的发生。

秋冬季，要将翻地与施肥及清理枯枝、病虫枝、落叶杂草结合起来，翻地深度以 30～40 cm 为宜。

二、施肥管理

油用牡丹栽植后第一年，一般不追肥。第二年开始，每年应施 3 次肥。第一次追肥在春分前后进行，称花前肥，以磷酸二铵、复合肥等化肥为主，每 667 m^2 施用 40～50 kg，可促进花前油用牡丹的枝叶快速生长，使牡丹花大色艳。第二次应在 5 月中旬至 6 月上旬进行，每 667 m^2 施 40～50 kg 复合肥，花农把它称为根肥，因油用牡丹秋发根、春长枝叶，此时施肥可促使牡丹的根系生长，为来年牡丹苗的生长打下基础，并促使结子的油用牡丹籽粒更加饱满。第三次施冬前肥，也称花蕾肥，落叶后至封冻前进行，以腐熟的有机肥为主，如鸡粪、羊粪、饼肥，每 667 m^2 施 200～300 kg。也可掺拌少量复合肥，为第二年的花蕾膨大储备养分。

三、水分管理

牡丹为肉质根，不耐高湿，在一般年份无需浇水，但遇长期干旱季节仍需适量浇水，以保持土壤的湿度，雨季应保证排水畅通，避免积水，大雨后应及时排除牡丹地里的积水，以防止烂根。

栽植后要看天气，适时浇水。干旱年份，栽植后 7 d、15 d、30 d 必须浇 1 次水；不是干旱年份，土干必浇水。

第七节　整形修剪与花果管理

根据定植植株大小、苗木栽植密度、生长快慢、枝条强弱在春秋季灵活进行定干和整形修剪。

定植 1～2 年的幼苗，进行秋季平茬，剪除顶端芽体或从近地面 3～5 cm 处的腋芽上留 1 cm 平剪，以促进单株尽可能多增加萌芽、分枝量、开花量，提高产量。

定植 3 年以后的油用牡丹进入旺盛生长期，地上部逐渐郁闭，要优先考虑通风透光、枝条密度、开花数量，采取春季抹芽、秋季剪枝等技术，使每株留枝 10 条左右，保证每株结果 20～25 个。

对多年生的植株，通过回缩修剪更新结果枝条，降低结果部位，保持整体丰产稳产。

第八节　病虫害防治

一、主要病害及其防治

油用牡丹常见病有褐斑病、灰霉病、叶斑病、根腐病和立枯病等。

（一）褐斑病、灰霉病和叶斑病

主要为害茎和叶，通过伤口和自然孔口侵入，6 月中旬至 7 月下旬为发病盛期。防治叶斑病可选择 50%多菌灵、70%甲基硫菌灵 800 倍液，与叶面施肥混合进行。一年至少防治 4 次，2 月上旬喷施一遍多菌灵，4～5 月每隔 10～15 d 交替喷施多菌灵、甲基硫菌灵。

（二）根腐病

在老牡丹园病株率 30%以上，新园病株率 15%左右。一般土质黏重、地势低洼、不易排水的地块发病较重。可用药剂灌根。

（三）立枯病

多出现在新的育苗地快，种苗根颈部出现腐烂等症状。受害严重时，根部变黑腐烂，植株萎蔫、枯死，但不倒伏。可用 50%福美双可湿性粉剂 500 倍液和 30%甲霜·噁霉灵 1 000 倍液交替喷洒，防治时间一般在 3 月下旬至 4 月上旬。

二、主要害虫及其防治

油用牡丹的害虫一般以地下害虫为主，如金针虫、蝼蛄、地老虎等。一般用药液灌根防治。

第九节　种子采收与籽油的提取

一、种子采收

种子成熟期因地区不同而存在差异，河北地区一般在 7 月下旬至 8 月初成熟，育苗用种子采收时间是在蓇葖果呈熟香蕉皮黄色时即可进行采收。采收过早，种子不成熟；过晚，果荚开裂种子掉落，种皮变黑发硬不出苗。采收后的果荚摊放于阴凉通风的室内，10～15 d 果荚自行开裂，爆出种子。

二、牡丹籽油的提取

常用的牡丹籽油的提取方法有超临界 CO_2 萃取法、冷榨法、有机溶剂浸提法、超声波辅助法和亚临界流体萃取法等，前 3 种在生产上最为普遍。

第七十七章　毛　　梾

概　　述

毛梾［*Swida walteri*（Wanger.）Sojak］别名车梁木（山东）、油树（陕西）、凉子木、黑椋子、小六谷、泰山毛梾等，是山茱萸科梾木属落叶乔木，产于我国，长于山谷杂木林中。寿命长达300多年，盛果期100多年，盛果期每株毛梾可产果实100千克，其生长前期较快，中后期长势缓慢，是药食兼用木本植物，浑身是宝，其枝叶可入药，嫩叶可制茶，叶枝可作饲料，花是蜜源，果实可榨油。

毛梾树高6～15 m；树皮厚，黑褐色，纵裂与横裂成块状；幼枝对生，绿色，略有棱角，密被灰白色短柔毛，老后黄绿色，无毛。冬芽腋生，扁圆锥形，长约1.5 mm，被灰白色短柔毛。叶对生，纸质，椭圆形、长圆椭圆形或阔卵形，长4.0～15.5 mm，宽1.7～5.3 cm，先端渐尖，基部楔形，有时稍不对称，上面深绿色，稀被短柔毛，下面淡绿色，密被灰白色短柔毛，中脉上面明显，下面凸出，侧脉4～5对，弓形内弯，在上面稍明显，下面凸起；叶柄长0.8～3.5 mm，幼时被有短柔毛，后渐无毛，上面平坦，下面圆形。

伞房状聚伞花序，顶生，花密，被灰白色短柔毛；总花梗长1.2～2 cm；花白色，有香味，直径9.5 mm；花萼裂片4，绿色，呈齿状三角形，长约0.4 mm，与花盘近于等长，外侧被有黄白色短柔毛；花瓣4，长圆披针形，长4.5～5 mm，宽1.2～1.5 mm，上面无毛，下面有贴生短柔毛；雄蕊4，无毛，长4.8～5 mm，花丝线形，微扁，长4 mm，花药淡黄色，长圆卵形，2室，长1.5～2 mm，“丁”字形着生；花盘明显，垫状或腺体状，无毛；花柱棍棒形，长3.5 mm，被有稀疏的贴生短柔毛，柱头小，头状，子房下位；花托倒卵形，长1.2～1.5 mm，直径1～1.1 mm，密被灰白色短柔毛；花梗细圆柱形，长0.8～2.7 mm，有稀疏短柔毛。

核果球形，直径6～8 mm，成熟时黑色，近于无毛；核骨质，扁圆球形，直径5 mm，高4 mm，有不明显的肋纹。花期5月；果期9月。

毛梾分布范围广，北起辽宁，南至湖南，西南至云南、贵州，东自江苏、浙江，西至甘肃、青海。以山东、山西、陕西、河南、河北分布最为集中。大部分生长在海拔高度300～1 800 m的地区，少部分生长于海拔2 600～3 300 m的地区；对气温的适应幅度较大，能忍受－30 ℃的低温和43 ℃的高温；在年降水量为400～1 500 mm的环境下生长良好，即使在干旱、贫瘠的山坡上也能正常生长，不耐水浸；较喜光，在阳坡和半阳坡结实正常；对土壤要求不严，在pH 5.8～8.2的沙土、半黏土及黏土等土壤中生长良好。

毛梾根系发达，固土力强，耐干旱瘠薄，抗病虫害，适合在石灰性褐土、酸性棕壤、中性潮土、黄土和南方酸性红壤等多种类型土壤上生长，是荒山造林的先锋树种，又可作“四旁”绿化和水土保持树种。

毛梾能滞留空气中包含PM2.5在内的悬浮颗粒，释放大量氧气，是改善生态环境的新型树种；其树姿优美、树冠圆整、叶形美观，花期长，花白色，花香浓郁，是园林绿化的优美树种；木质坚硬如铁，斧难砍，锯难断，可作为高档家具、室内装饰、工艺美术制品等的重要用材。

毛梾是继黄连木、文冠果等一批生物质能源树种之后，又一个具有发展潜力的能源树种，也是中国传统的木本油料树种，素有“一株毛梾树，一亩油料田”的美誉，其果肉和种仁均含油脂，果实含油量为31.8%～41.3%。毛梾油属半干性油，常当作一般菜油食用，营养丰富，不仅含有食用油中常见的亚油酸（ω-6）和油酸（ω-9），同时含有其他食用油所不具备的棕榈油酸和异油酸，即单不饱和脂肪酸ω-7。ω-7渗透性极强，有很强的杀菌消炎功效，对人体内的粥样黏稠物有很强的冲刷功效，可降低血清和肝脏中的胆固醇，亦可降血脂、血压，抑制血小板凝聚，减少血栓形成，对预防糖尿病、心肌梗死的发生也有一定的作用，长期食用毛梾油对人的健康极为有利。提炼完毛梾油的油渣，还可以用来生产生物柴油；油渣废料与毛梾叶混合可作肥料或禽类饲料。总之，毛梾是集生态、观赏、木材、油料等于一体的多功能性乡土树种，具有极高的开发和应用价值，是典型的“小树种，大产业”，值得大力推广种植。

第一节 种类和品种

截至目前，毛梾没有严格细致的品种划分，只有粗略的各地分类。

如在山西当地人称毛梾为黑椋子，按果实成熟期的不同，分为伏毛梾（伏椋子）和秋毛梾（秋椋子）两个类型。伏毛梾在白露前后成熟，适宜山区种植；秋毛梾在秋分至寒露之间成熟，适宜零星栽植。

毛梾目前多从观赏型和油用型方面进行品种分类。观赏型主要从速生、枝、叶等方面观测选育；油用型主要从单株产量、含油量观测选育。

第二节 苗木繁殖

毛梾的苗木繁殖主要有种子育苗、根插、嫁接和优树选育等方法，而目前的繁育主要是通过种子繁育。

一、播种苗培育

（一）采种

选生长健壮、丰产性强、无病虫害、树龄15～30年的树作为母树，于9～10月，当果实由青变黑、变软时收获，晾干，忌在阳光下暴晒，置于干燥通风处贮藏。

（二）种子处理

由于毛梾果实中含有大量的油脂和坚硬的内种皮，如自然播种，3～4年才能发芽，发芽率低，且不整齐，故种子在育苗前要处理。

先用40℃左右的温水浸泡2～3 d，每天换温水3～4次，揉搓外种皮，除去种皮和漂浮在上面的瘪种子。若种子还有油脂，加沙继续揉搓，亦可加浓酸浓碱处理，洗净后直接秋播，也可沙藏后翌春播种。温水浸泡2～3 d的种子，也可用毛梾种子处理器去除果皮果肉，这部分油脂从装置排除可充分利用，避免浪费，也可把坚硬的内种皮磨薄，利于吸水，提高发芽率用。沙藏的种子置于室外荫处，上冻时灌上冻水使种子充分湿冻，待春季气温回升，移至大棚内加温催芽，有50%露出白头时即可播种。

（三）圃地要求

圃地于上年秋冬深翻30～50 cm，第二年早春浅翻约20 cm，随耕随耙，粉碎土块，使圃地平整，可施腐熟农家肥3～7.5 t/hm^2 或磷酸二氢铵750 kg/hm^2，并用150 ～225 kg/hm^2 硫酸亚铁对土壤进行消毒。后做床，直播备用。北方干旱地区以低床为好，根据圃地病虫害情况使用多菌灵、辛硫磷等进行土壤杀菌灭虫工作。

(四) 播种

用苗床，春、秋播均可，以春播为主，最晚不迟于4月上旬；秋播，最晚可在土壤结冻前播种。行距30 cm，播幅3～5 cm，播种量为150～225 kg/hm²，覆土2～3cm。秋播，在上冻前浇水2～3次，以利翌春发芽、出苗。播种量为150～225 kg/hm²。

(五) 播种方法

开沟条播，沟深3～5 cm，行距2～3 cm，播幅3～5 cm。沿沟底灌水，将种子播撒在沟穴内，用三合土或者湿沙子覆盖，覆盖厚度在2～2.5 cm。为保持温度和湿度，防止土壤板结，要及时覆盖草帘或塑料薄膜，保持湿润。

二、根插苗培育

春季植物萌发前挖长10～18 cm、粗0.5～1 cm的根段，按15～20 cm的行距插入苗床，覆盖干草保持土壤湿润。

三、嫁接苗培育

目前多采用枝接或芽接。枝接于3～4月，此时树汁已上升，从砧木底部防水再嫁接，便于嫁接份愈合，提高嫁接成活率；芽接于7月至8月中旬进行。砧本选一至二年生、基径1～2 cm的实生苗。接穗和芽应选自母树上的一年生枝条。

四、苗木管理

在幼苗管理中，除要注意清除杂草外，要经常保持苗畦的湿润，浇水后应及时松土。在6～7月结合灌水施尿素提苗2～3次，及时松土除草，8～10月施氮磷肥，当年生苗高可达120～150 cm，秋季落叶后，即可起苗栽植。

五、移栽

当年秋季落叶后至第二年春季发芽前，将苗圃中的苗连根挖出后及时栽于大田中，秋季落叶后是最好移栽季节，随起随栽。裸根栽植，起苗时用生根粉、多菌灵保水剂等和泥浆，将毛梾苗蘸泥浆后栽植，不但提高成活率，而且缩短毛梾的缓苗期。第一年移栽的毛梾缓苗期一般持续到当年秋季或翌年春季，经以上方法处理的苗，当年雨季即可正常生长。

六、栽植密度

毛梾的萌生能力很强，直干性较差，对没起来干的毛梾一年生苗（株高为1.2 m左右）一定密植。株行距以0.3 m×0.5 m至0.5 m×1 m为最佳，两年待干长至2.5 m左右再二次移栽，这样毛梾的干性笔直，无论观赏用还是油用都比较美观。对于低于1 m或较细的次苗，可按最大株行距0.3 m×0.5 m密植，当年剪至40～50 cm高，让其自由生长，翌春平茬，施足水肥，秋冬可长至2～3 m。油用大苗的株行距以6 m×6 m或6 m×8 m为好，栽种300～450株/hm²；观赏用株行距2 m×2.5 m，约2 000株/hm²。长至胸径8～10 cm再隔行去行或隔株去株。

第三节 建园和栽植

毛梾虽然适应性强，但并不是在任何地方和立地条件都能很好地生长。只有在自然条件适应其生态学特性的地区，才能成活率高、长得好。

一、建园

（一）园地选择

毛梾为喜光性树种，光照对结实影响较大，适宜在山脚、沟谷、溪边、村宅旁和梯田埂沿栽植，但以山区阳坡和半阳坡生长最佳，结果正常。在荫蔽条件下，结果少或只开花不结果。毛梾适应性强，对土壤要求不严，耐干旱瘠薄，在 pH 5.8～8.2 的沙土、半黏土及黏土等土壤环境中生长良好，但在土层深厚、湿润、疏松、富含有机质、排水良好的钙质土壤上生长最好。所以毛梾用作发展木本油料人工林时，应在适生区内，本着发展生物能源林不与农业争地的原则，尽量选择土层较厚的山坡或不便种植农作物的浅山丘陵地区，而且园地周围应该有水源。

（二）整地

整地工作是改善立地环境条件的一道重要工序。通过整地不但清除了园地上的杂灌木和杂草，增加了投射到地面的光照度，提高了土壤温度，且可以保持水土、减免土壤侵蚀。整地一般均采用局部整地，主要方法有：

1. 穴状整地　穴状整地适于地势平缓和缓坡地带平地以及“四旁”地。具有投工量小、易于掌握、成本较低的特点，是平原、浅山丘陵区毛梾栽植常用的整地方法。穴状整地为圆形或矩形坑穴，分小坑穴和大坑穴。小坑穴一般穴径为 40～50 cm，大坑穴径为 60～80 cm，坑穴深度一般不少于 30 cm。挖穴时，将表土和心土打碎且分开堆放，并除去草根和石块，以备回填。

2. 带状整地　适用于平整的缓坡，平整地面与原地面基本持平，整地带之间的原有植被和土壤保留不动，所以这种整地方法最为省工。整地带的宽度可为 0.5～3 m，保留带的宽度可略宽或略窄。

3. 水平阶整地　一般用于 30°以下的坡面，沿等高线将坡面修筑成狭窄台阶状台面，台面水平或稍向内倾斜，台阶宽度因地而异，石质及土石山可为 0.5～0.6 m，黄土地区可为 1.5 m，阶长不限。这种方法可以蓄水保墒，比较灵活，适用于土层较厚的缓坡。

4. 反坡梯田　适用 30°以下的山地，修筑方法与水平阶相似，地面向内倾斜成反坡，田面宽 1～3 m，反坡坡度 3°～15°。能蓄水、保墒、保土，但工程量大，较费工。

5. 鱼鳞坑　适于坡度较大（超过 30°）、地形比较破碎、土层薄、岩石多的地段。鱼鳞坑为近似半月形的坑穴，排列成三角形。大鱼鳞坑的长边穴径 0.8～1.5 m，短边穴径 0.6～1.0 m，坑距 2～3 m；小鱼鳞坑长边穴径为 0.5 m，短边穴径 0.4 m。

二、栽植

（一）栽植密度

毛梾移栽第一年径生长和侧枝生长缓慢，以地下扎根为主，初植密度可略大些，减少移栽次数一般栽植密度为株行距 2 m×3 m，约 1 650 株/hm²。根据立地条件，土层厚 40 cm 以上，栽植密度 (3～4)m×（4～5）m。在林分未郁闭前，可以套种农作物或药材；成林后，间伐弱小个体，保留 450～600 株/hm²，以增大单株立本的营养空间，促进林木生长。

（二）栽植季节

我国地域辽阔，生态条件多样，地区气候差异大，各地群众栽培经验也不相同。北方植苗在春、秋两季均可进行。春季多在 2 月下旬至 4 月中旬，土壤刚解冻，苗木尚未萌动，土壤墒情较好，随起苗随栽植；秋季要在幼苗落叶以后进行。无论是春季还是秋季，尤其是在水源困难的山地，要根据天气预报，抓住雨前时机，集中劳力栽植，有利于提高成活率。

（三）栽植方法

毛梾可以用种子点播，也可以植苗。由于受灌丛、杂草、鼠害以及土层浅薄等影响，种子点播使用较少，更多的趋向于植苗。为了提高成活率，确保质量，须注意如下问题：

1. 苗木分级 毛梾植苗使用一至二年生苗木，一年生苗木高度多在 1 m 以上，二年生多在 1.8 m 以上，同龄苗木应进行分级，一般是一、二级苗为成苗，可以出圃。同龄苗木按照分级 50～100 个捆扎成捆。一年生苗木高度低于 1 m 的或者根系不好，劈裂的苗木，应该挑出继续作为繁殖材料。

2. 苗木假植 苗圃应随起苗随假植；大面积栽植时，当苗木运到栽植地后，应选择有水源，并离栽植地较近的地方将苗木假植起来，如果干旱，可适当浇水。为了防止太阳暴晒，可以选择阴坡地假植并使用遮阴网覆盖。

3. 苗木根系处理 山地栽植前先对苗木根系进行修剪，剪除过长的主根和劈裂根，对苗木进行蘸泥浆处理，起到根系保湿效果。另外有水利条件的地区，可以在栽植前用 50～100 mg/kg 植物生长调节剂（ABT 生根粉、萘乙酸、吲哚乙酸）浸泡根系 2 h，促使苗木早生根，提高抗旱能力。

4. 苗木栽植 苗木放在植苗穴中央，然后填入湿润而细碎的表土，填到 1/3 左右时，将苗木向上轻提，使苗根舒展，踩紧后，把余土填上，最后踩实。苗木栽植深度，一般要比原来在苗圃内略深一点，但不宜过深或过浅。

第四节 生物学特性及其对环境条件的要求

毛梾属深根性树种，根系扩展，须根发达，萌芽力强，对土壤一般要求不严，能在 pH5.8～8.2 的沙土、半黏土及黏土等土壤环境中正常生长，即使在干旱、瘠薄的山地、沟坡、河滩及地堰、石缝里也长势良好。毛梾不耐水渍、荫蔽和重碱土，但在年降水量 400～1 500 mm、无霜期 160～210 d 的条件下生长良好。

生长在峡谷和荫蔽密林中的毛梾，由于光照不足，树冠发育不良，虽主枝较高大，但结实很少，甚至只开花不结实。

第五节 土肥水管理

一、松土除草与间作套种

栽植 2 年内，一般每年除草松土 1～2 次，以后每年 1 次，以 6 月底为宜。幼林郁闭以前，可林粮间作，种植豆类、薯类、绿肥等低秆作物。如此，在间作同时，也抚育了幼树，一举两得，但要注意间作不要距离毛梾树太近，以免影响树木生长。同时要防止人、畜践踏。

二、灌水与施肥

有灌溉条件的地方，造林当年还应及时灌水 2～3 次，山地无灌水条件要注意水土保持、保墒等措施，以解决毛梾生长对水分的需要。采用环状沟法，在毛梾幼年期，每株每年春季与早夏分 2～3 次施追肥（尿素）0.15 kg，夏秋再分 2～3 次施复合肥 0.20 kg，以加速其生长；当毛梾进入结果年龄时，为满足开花坐果的需要，每年还须在开花前和开花后各施氮磷钾复合肥 1 次，每株穴施 0.15～0.20 kg，夏秋每株再分 2～3 次施磷钾复合肥 0.15～0.20 kg；每次施肥最好在雨前或灌水前结合土壤实施，以提高肥效。

第六节 整形修剪

一、整形

（一）小冠疏层形

在春季，距离地面 80～100 cm 处定干，当新梢生长 20 cm 时，保留顶端枝条作为中心干，在下部选择 2 个生长旺盛且分布在不同方向的枝条作为第一主枝进行培养，忌留 3 个，防止形成卡脖现象，影响主枝直性生长，把其余枝条剪除。第二年春季进行修剪时，重点培养第一层 2 个主枝，如果 2 个主枝生长均衡，同时高度不超过中心干，可不进行修剪，但是要拉枝开角，基角 70°；如果 2 个主枝生长不均衡，则对生长旺盛的主枝进行短截，控制其生长。同时，利用中心枝条上的侧枝培养第二层主枝，注意两层交叉，间距 30～40 cm，保持通光，忌重叠。8～9 月对侧枝进行摘心，减缓高度生长，促进加粗生长，培养结果枝组，促使枝条和主芽发育充实，达到早期丰产的目的。第三年春季修剪时，重点培养第三层主枝，同时对第一、第二层主枝进行短截，每个主枝培养 2～3 个结果枝组。以此类推。

（二）开心形

选优质壮苗定植，春季萌芽前，在距地面 50 cm 定干，当新梢生长 20～30 cm 时摘心，并选择 3～4个不同方向的枝条作为主枝进行培养。第二年春季修剪时，对拟培养主枝的枝条顶部饱满上芽 0.5 cm 处短截，开张角度。第三年春季进行修剪时，在主枝距中心干 80 cm 处饱满芽上 0.5 cm 处进行短截，剪口下的主芽萌发生长成主枝延长枝。在各主枝距树干 40 cm 处，选择方向一致的枝条培养侧枝。8～9 月，主枝延长枝长 50～60 cm 时进行摘心，二次侧枝长到 30～50 cm 时进行摘心，可促生分枝，减缓枝条高度生长，促进主芽发育充实，形成结果枝组，尽快达到优质丰产。

二、修剪

毛梾的修剪分为冬春季和夏季修剪两个时期，每个时期采取的修剪方法不同，其修剪反应也不一样，但两者缺一不可，必须有机配合。

（一）冬春季修剪

冬春季修剪一般于落叶后至翌年树液流动前进行，利用疏剪、短截、回缩、开张角度等技术，对幼树进行整形，对结果树进行精细修剪，疏除交叉、重叠、密生、下垂、细弱、无用枝，轻截各级骨干上不需延长生长的发育枝、结果枝组和枝条先端过于细弱衰老的节段，重截骨干枝背上隐芽萌发的密生枝、丛生发育枝。

（二）夏季修剪

夏季修剪是从萌芽后到 8 月的修剪措施，包括抹芽、摘心等。中心任务是控制营养生长，调节生长与结果的矛盾。通过整形修剪，使毛梾的树冠构型呈开放型的“三密三疏”结构，即枝条分布上稀下密，外疏内密，大枝稀小枝密，使树体骨架牢固，枝条配备合理，从而能改善光照条件，使生长与结果达到平衡，促进幼树早结果，达到丰产优质的目的。夏季修剪严禁重剪，以免影响苗木生长，甚至导致苗木死亡。因毛梾侧枝萌生力超强，若不及时修剪“卡脖”侧枝，会影响其主干生长。进入夏季生长旺盛季后，大部分植株出现侧枝轮生，可将轮生枝条从主干部根据需求剪掉 1～2 个，保证主干正常生长，这也是夏季修剪的关键所在。

在苗圃培育时，要根据不同的定位——观赏用还是油用来培育不同树形的定型，观赏毛梾的整形修剪等同国槐，在此不做细讲。

第七节 病虫害防治

一、主要病害及其防治

常见病害主要是叶斑病。

1. 为害症状 叶斑病其叶、叶柄、嫩枝、花梗和幼果均可受害，但主要为害叶片。叶片受害症状有两种类型：①发病初期叶表面出现红褐色至紫褐色小点，逐渐扩大成圆形或不规则的暗黑色病斑，病斑周围常有黄色晕圈，边缘呈放射状、病斑直径 3～15 mm。后期病斑上散生黑色小粒点，即病菌的分生孢子盘。严重时植株下部叶片枯黄，早期落叶，致个别枝条枯死。②叶片上出现褐色到暗褐色近圆形或不规则形的轮纹斑，其上生长黑色霉状物，即病菌的分生孢子。严重时，叶片早落，影响生长。

2. 侵染途径 叶斑病病菌以菌丝体或分生孢子盘在枯枝或土壤中越冬。翌年5月中下旬开始侵染发病，7～9月为发病盛期。分生孢子借风雨或昆虫传播、扩大再侵染。雨水是病害流行的主要条件，降雨早而多的年份，发病早而重。低洼积水、通风不良、光照不足、肥水不当等条件有利于发病。

3. 防治方法

（1）农业防治。选用优良抗病品种；科学施肥，增施磷、钾肥，提高植株抗病力；秋后清除枯枝、落叶，及时烧毁；加强栽培管理，合理密植，注意整形修剪，通风透光；适时灌溉，雨后及时排水，防止湿气滞留。

（2）化学防治。新叶展开时，喷4%氟硅唑或20%硅唑·咪鲜胺800～1 000倍液，或75%百菌清500倍液，或80%代森锌500倍液，每7～10 d一次，连喷3～4次。

二、主要害虫及其防治

为害毛梾木的害虫主要有金龟子、蝼蛄、地老虎、椿象等。

（一）金龟子

1. 为害特点 金龟子成虫为害毛梾的嫩枝、叶、花及果实，常常造成枝叶残缺不全、生长缓慢，甚至死亡，严重危害幼树和成树的生长、发育。其幼虫主要为害毛梾的根茎部，导致植株生长不良。

2. 防治方法 主要有土壤处理、药液灌根、撒毒土及黑光灯诱杀等。

（二）蝼蛄

蝼蛄，俗名耕狗、拉拉蛄、扒扒狗。西南地区称其为土狗崽，在四川被称为土狗子。

1. 为害特点 生活在泥土中，昼伏夜出，吃新播的种子、植株的嫩茎，咬食作物根部，对幼苗伤害极大，是重要地下害虫。通常栖息于地下，夜间和清晨在地表下活动，潜行土中，形成隧道，使苗木幼根与土壤分离，因失水而枯死。

2. 防治方法 有农业防治、灯光诱杀和药剂防治等。

（三）地老虎

地老虎又称地蚕，种类很多，对农林作物造成危害的有10余种，其中小地老虎、黄地老虎、大地老虎、白边地老虎和警纹地老虎等尤为重要。

1. 为害特点 主要以幼虫为害幼苗，将幼苗近地面的茎部咬断，使整株死亡，造成缺苗断垄。

2. 防治方法 常用除草整地、糖醋液或黑光灯诱杀和药剂防治等。

（四）椿象

椿象也称“蝽”，俗称“放屁虫”“臭大姐”等。

1. 为害特点 主要为害果实，有时会大量吸食毛梾的花蕾、花瓣、叶片、嫩叶、果实的汁液，造成落花落果，叶片枯死。

2. 防治方法

（1）物理防治。成虫和若虫早晚或阴雨天气多栖息于树冠外围叶片或果实上，可在早晨或傍晚露水未干不活动时进行捕杀。卵多产于叶面，成卵块，极易发现，可在5～8月成虫产卵期间，深入园区检查，及时摘除卵块。但发现卵盖下有一黑环者，说明卵已被寄生蜂寄生，应保留田间加以保护，让其自然繁殖，增加园区内寄生蜂的数量。

（2）生物防治。椿象有很多天敌，如黄猄蚁、寄生蜂、螳螂、蜘蛛等，应加以保护利用。

（3）化学防治。如果虫口太大，全靠人工防治解决不了问题时，可使用喷雾：用80%敌敌畏乳剂1 000倍液或90%敌百虫晶体800～1 000倍液。在敌百虫液中加一些松碱合剂，可提高防治效果，在一、二龄若虫期防治效果更好。

参考文献

安徽省农业科学院蚕桑研究所，2011. 果桑产业的十大经营模式［J］. 农家科技（01）：22.

安玉红，任廷远，刘嘉，等，2014. 炒青石榴叶茶干燥工艺关键技术研究［J］. 北方园艺（12）：116－118，202－204.

安玉红，任廷远，刘嘉，等，2014，蒸青石榴叶茶加工关键技术的研究［J］. 食品工业，36（2）：115－117.

蔡健鹰，2000. 香蕉的贮藏保鲜与催熟［J］. 柑桔与亚热带果树信息（7）：123－131.

曹尚银，侯乐峰，等，2013. 中国果树志：石榴卷［M］. 北京：中国林业出版社.

陈家金，王加义，黄川容，等，2013. 福建省引种台湾青枣的寒冻害风险分析与区划［J］. 中国生态农业学报，21（12）：1537－1544.

陈杰忠，徐春香，梁立峰，1999. 低温对香蕉叶片中蛋白质及脯氨酸的影响［J］. 华南农业大学学报，20（3）：54－58.

陈乐阳，黄世荣，2013. 果桑标准化栽培技术［J］. 中国蚕业，34（2）：57－59.

陈栓，宫永宽，沈炳岗，1996. 水溶法从石榴皮中提取单宁研究简报［J］. 陕西农业科学（3）：38.

陈爽，叶正梅，2002. 果桑塑料大棚栽培技术［J］. 林业科技开发，16（1）：48－49.

陈声，2000. 葡萄酒、果酒与配制酒生产技术［M］. 北京：化学工业出版.

陈训庭，阮成英，陈炳华，1986. 无核果桑“大 10”选育简报［J］. 广东蚕业（01）：34－36.

陈延惠，2003. 优质高档石榴生产技术［M］. 郑州：中原农民出版社.

陈延惠，2005. 科学采收石榴［J］. 种植技术：43.

陈延惠，2012. 石榴嫁接方法［J］. 农村 . 农业 . 农民（B 版），1：50.

陈延惠，张立辉，胡青霞，等，2008. 套袋对石榴果实品质的影响［J］. 河南农业大学学报，42（3）：273－279.

程霜，郭长江，杨继军，等，2005. 石榴皮多酚提取物降血脂效果的研究［J］. 解放军预防医学杂志，3：160－163.

仇农学，罗仓学，易建华，2006. 现代果汁加工技术与设备［M］. 北京：化学工业出版社.

崔希云，史更申，李曦，2007. 石榴的开发利用及育栽技术［J］. 中国水土保持，2009（3）：46－47.

崔晓美，2007. 澄清石榴汁的研制［D］. 无锡：江南大学.

戴芳澜，1979. 中国真菌总汇［M］. 北京：中国科学出版社.

单芹丽，赵辉，张付斗，2009. 香蕉组培苗的生产技术［J］. 北方园艺（6）：79－81.

邓兰生，涂攀峰，张承林，等，2011. 水肥一体化技术在香蕉生产中的应用研究进展［J］. 安徽农业科学，39（25）：15306－15308.

丁肖，2005. 优质石榴苗木扦插繁育技术［J］. 现代农业科技，7：11.

丁元娥，魏茂兰，魏云，等，2005. 石榴扦插育苗技术［J］. 落叶果树，2：65.

樊孔彰，宋慧贞，孙日彦，1988. 山东的果桑资源［J］. 作物品种资源（03）：13－14.

樊秀芳，杨海，柏永耀，等，2003. 液膜果袋在石榴上的应用效果［J］. 西北农业学报，12（1）：90－92.

范成明，刘建英，吴毅歆，等，2007. 具有生物熏蒸能力的几种植物材料的筛选［J］. 云南农业大学学报，22（5）：654－658.

丰锋，叶春海，李映志，2006. 波罗蜜的组织培养和植株再生［J］. 植物生理学通讯，42（5）：915－916.

冯立娟，尹燕雷，苑兆和，等，2010. 不同发期石榴果实果汁中花青苷含量及品质指标的变化［J］. 中国农学通报，26（3）：179－183.

冯玉增，胡清波，2007. 石榴 [M]. 北京：中国农业大学出版社 .
付娟妮，刘兴华，蔡福带，等，2007. 石榴采后腐烂病病原菌的分子鉴定 [J]. 园艺学报，34 (4)：877 - 882.
付娟妮，刘兴化，蔡福带，2005. 石榴贮藏期腐烂病害药剂防治实验 [J]. 中国果树，4：28 - 30.
高翔，2005，石榴的营养保健功能及其食品加工技术 [J]. 中国食品与营养 (7)：40 - 42.
龚德勇，代正福，谢惠珏，2000. 西番莲引种及栽培技术研究 [J]. 贵州农业科学，28 (3)：30 - 33
顾志平，陈四保，王晓光，1994. 罗望子的综合利用开发 [J]. 天然产物研究与开发，6 (2)：1188 - 1190.
郭松年，徐驰，刘兴华，等，2011. 响应面法优化石榴汁酶解澄清工艺的研究 [J]. 保鲜与加工，11 (2)：30 - 35.
郭长江，韦京豫，杨继军，等，2007. 石榴汁与苹果汁改善老年人抗氧化功能的比较研究 [J]. 营养学报，29 (3)：292 - 294.
杭东，2013. 石榴盆景管理与整型 [J]. 中国花卉园艺，04：52.
郝庆，吴名武，陈先荣，2005. 新疆石榴栽培与内地的差异 [J]. 新疆农业科学 (S1)：41 - 42.
郝玉娥，张铭洋，谭胜全，等，2012. 水生捕食线虫真菌季节性分布及多样性研究 [J]. 南华大学学报（自然科学版）(1)：87 - 92.
何舒，范鸿雁，罗志文，等，2011. 马来西亚无胶波罗蜜在海南引种试种表现 [J]. 热带农业科学，31 (9)：9 - 13
何勇，2000. 黄果西番莲人工辅助授粉技术 [J]. 中国南方果树，29 (4)：37 - 39
何勇，郑继华，2000. 黄果西番莲开花结果习性观察 [J]. 云南热作科技，23：19 - 20
贺现辉，朱兴全，徐民俊，2011. 寄生线虫 RNA 干扰研究进展 [J]. 中国畜牧兽医，(3)：65 - 68.
赫建超，2003. 果桑的优良品种 [J]. 果农之友 (12)：15.
赫建超，2003. 果桑优良品种及高产栽培技术 [J]. 中国种业 (12)：61 - 62.
侯乐峰，程亚东，2006. 石榴良种及栽培关键技术 [M]. 北京：中国三峡出版社 .
侯乐峰，赵成金，赵方坤，等，2009. 峄城观赏石榴种质资源及其利用 [J]. 山东林业科技，182 (3)：112 - 113.
胡金寿，余永泉，2009. 果桑优质高产栽培技术 [J]. 蚕桑通报，40 (3)：62 - 63.
胡俊，2010. 沙土桑树生态产业化开发与利用 [M]. 北京：中国林业出版社 .
胡美姣，彭正强，杨凤珍，等，2003. 石榴病虫害及其防治 [J]. 热带农业科学，23 (3)：60 - 68.
胡青霞，2001. 石榴贮藏保鲜技术研究及病原菌鉴定 [D]. 杨凌：西北农业大学 .
花旭斌，徐坤，李正涛，等，2002. 澄清石榴原汁的加工工艺探讨 [J]. 食品科技 (10)：44 - 45.
花旭斌，邓建平，柳刚，2002. 浓缩石榴汁的加工工艺探讨 [J]. 西昌农业高等专科学校学报，16 (4)：38 - 39.
华德公，2002. 山东蚕桑 [M]. 北京：中国农业出版社 .
黄秉智，1995. 香蕉优质高产栽培 [M]. 北京：金盾出版社 .
黄楚韶，吴楚彬，1998. 黄果西番莲新品系选 5 - 1 - 1 的选育 [J]. 广东农业科学 (5)：18 - 20
吉宏武，丁霄霖，1998. 罗望子研究进展 [J]. 中国野生植物资源，19 (6)：13 - 15.
简 恒，2011. 植物线虫学 [M]. 北京：中国农业大学出版社 .
简日明，2005. 木菠萝黄翅绢野螟的防治 [J]. 中国热带农业 (1)：43.
江柏萱，1998. 黄化和生根激素处理诱导波罗蜜空中压条生根 [J]. 世界热带农业信息，9：121
蒋跃明，1996. 复合生长调节剂对香蕉产量的影响 [J]. 广西热作科技，58 (1)：17 - 18.
康有德，1991. 台湾果树产业之回顾与前瞻 [C] //杜金池、程永雄、颜昌瑞，台湾果树之生产及研究发展研讨会专刊：1 - 10.
柯益富，1997. 桑树栽培及育种学 [M]. 北京：中国农业出版社 .
雷帆，陶佳林，苏慧，等，2007. 利用“层次分析”法对石榴叶鞣质及主要成分减肥降脂活性的综合评价 [J]. 世界科学技术—中医药现代化，9 (4)：46 - 50.
冷怀琼，曹若彬，1991. 果品贮藏的病害及保鲜技术 [M]. 成都：四川科学技术出版社 .
冷言峰，2008. 西番莲种质资源遗传多样性研究 [D]. 重庆：西南大学 .
李瑶，朱立武，孙 龙，2003. 石榴根结线虫病发现简报 [J]. 中国农学通报，19 (3)：128.
李保印，2004. 石榴 [M]. 北京：中国林业出版社 .
李定格，苏传勤，孙力，等，1999. 石榴叶调节血脂和清除氧自由基作用的实验研究 [J]. 山东中医药大学学报，23：380 - 381.

李宏，刘灿，郑朝晖，2009. 石榴嫩枝扦插育苗技术研究 [J]. 安徽农业科学，37（9）：4003 - 4004，4021.

李建科，李国秀，赵艳红，等，2009. 石榴皮多酚组成分析及其抗氧化活性 [J]. 中国农业科学，42（11）：4035 - 4041.

李建增，纪中华，沙毓沧，2001. 元谋干热河谷旱坡地雨养型酸角早果丰产栽培技术 [J]. 中国南方果树，30（2）：56 - 57.

李建增，纪中华，沙毓沧，2002. 酸角高接换种技术 [J]. 云南农业科技（S1）.

李晋丽，杨伟，伊芳，等，2011. 石榴果酒发酵工艺的优化 [J]. 经济林研究，29（1）：99 - 104.

李兰，高广西，2010. 石榴酒发酵条件的优化 [J]. 酿酒，37（6）：82 - 85.

李璐，罗琴，2001. 石榴花红色素的提取及其性质研究 [J]. 楚雄师专学报，16（3）：79 - 83.

李明社，李世东，缪作清，等，2006. 生物熏蒸用于植物土传病害治理的研究 [J]. 中国生物防治，22（4）：296 - 302.

李瑞梅，胡新文，郭建春，等，2007. 何应对. 波罗蜜研究概述（综述）[J]. 亚热带植物科学，36（2）：77 - 80.

李天忠，张志宏，2008. 现代果树生物学 [M]. 北京：科学出版社.

李维蛟，李强，胡先奇，2009. 木醋液的杀线活性及对根结线虫病的防治效果研究 [J]. 中国农业科学（11）：4120 - 4126.

李文敏，敖明章，汪俊汉，等，2007. 石榴籽油对实验性高脂血症大鼠血脂及脂质过氧化的影响 [J]. 食品科学，28（2）：309 - 312.

李文敏，敖明章，余龙江，等，2006. 石榴籽油的微波提取和体外抗氧化作用研究 [J]. 天然产物研究与开发，18：378 - 380

李祥，马健中，史云东，等，2011. 不同套袋方式对石榴果实品质及安全性的影响 [J]. 北京工商大学学报，29（5）：21 - 24.

李祥，于巧真，吴养育，等，2011. 石榴套袋方式对石榴品质的影响 [J]. 北方园艺（02）：48 - 50.

李云峰，郭长江，杨继军，等，2005. 石榴皮提取物对高脂血症小鼠抗氧化功能和脂质代谢的影响 [J]. 营养学报，27（6）：483 - 486.

李云峰，郭长江，杨继军，等，2006. 石榴提取物对氧化应激血管内皮细胞保护作用的比较 [J]. 中国临床康复，33（10）：81 - 83.

李增平，张萍，卢华楠，2001. 海南岛木菠萝病害调查及病原鉴定 [J]. 热带农业科学（5）：5 - 10

李志西，李彦萍，韩毅，1994. 石榴籽化学成份研究 [J]. 中国野生植物资源，3：11 - 14.

林道迁，2007. 香蕉高产优质栽培技术管理 [J]. 中国热带农业，5：52 - 54.

林瞳，2009. 明清时期植物盆景种类及制作技术研究 [D]. 南京：南京农业大学.

刘程宏，张芳明，宋尚伟，2012. 石榴花粉生活力测定方法 [J]. 江西农业学报，24（1）：15 - 16.

刘东明，伍有声，高泽正，2002. 榕八星天牛发生危害及防治初报 [J]. 广东园林（3）：43 - 44.

刘海刚，2011. 酸角果实评价指标的选择 [J]. 热带作物学报，32（9）：1

刘立立，2010. 石榴硬枝扦插应用技术初探 [J]. 甘肃科技，26（12）：173 - 174，158.

刘丽，2009. 石榴胚培养、茎段快繁体系及倍性育种研究初报 [D]. 郑州：河南农业大学.

刘利，潘一乐，2001. 果桑资源研究利用现状与展望 [J]. 植物遗传资源科学，3（2）；8 - 65.

刘启光，李顺康，曾朝华，2001. 三种套袋方式对攀枝花地区石榴日灼病的防治效果对照 [J]. 四川农业科技，10：28.

刘世平，蔡楚雄，郭国辉，2007. 台湾青枣生产关键技术 [J]. 广东农业科学（7）：11 - 13.

刘维松，2004. 果桑栽培技术要点 [J]. 北方蚕业，25（102）：43 - 44.

刘兴华，胡青霞，罗安伟，1998. 石榴果皮褐变相关因素及控制研究 [J]. 西北农业大学学报，26（6）：51 - 55.

刘永碧，郑德超，2004. 攀西地区西番莲引种栽培技术 [J]. 中国南方果树，06：45 - 47

刘云忠，2007. 石榴根结线虫防治试验 [J]. 中国南方果树，36（5）：80.

刘长青，王德坤，连翠春，2002. 鲁西北地区果桑品种资源调查初报 [J]. 落叶果树（5）：17 - 19.

柳丽萍，楼黎静，钱文春，2005. 果桑的无公害化管理技术 [J]. 江苏蚕业（2）：21 - 22.

龙会英，沙毓沧，李建增，2000. 酸角引种试种初报 [J]. 云南热作科技，23（1）：5 - 6.

龙会英，沙毓沧，李建增，2002. 元谋干热区引种酸豆试验初报［J］. 热带农业科学，22（6）：18－19.
卢全有，夏志松，2003. 果桑专用桑园的栽培与管理［J］. 中国蚕业，24（3）：51－52.
陆斌，邵则夏，杨卫明，2005. 果桑栽培与加工［M］. 昆明：云南科技出版社.
陆春霞，梁贵秋，吴婧婧，等，2012. 果桑产业化发展探讨［J］. 食品科学（11）：282，286
陆丽娟，巩雪梅，朱立武，2006. 中国石榴品种资源种子硬度性状研究［J］. 安徽农业大学学报，33（3）：356－359.
陆丽娟，2006. 石榴软籽性状基因连锁标记的克隆与测序［D］. 合肥：安徽农业大学.
陆永跃，曾玲，梁广文，2002. 香蕉主要害虫的综合治理研究进展［J］. 武夷科学，18：276－279.
陆永跃，吕顺，2012. 香蕉假茎象甲的化学防治技术研究［J］. 中国果树，6：46－48.
罗敬萍，严俊华，2002. 云南罗望子野生资源调查及生态适宜种植区划探讨［J］. 云南热作科技，25（2）：32－33.
骆韩，马国辉，2005. 西番莲引种及生态适应性初步观察［J］. 西南园艺，33：59－61.
吕佩珂，苏慧兰，2010. 中国现代果树病虫原色图鉴［M］. 北京：蓝天出版社.
吕平香，杨永红，杨信东，等，2007. 生物熏蒸—甲基溴替代技术［J］. 世界农药，29（1）：39－40，49.
吕庆芳，丰锋，李映志，等，2013. 波罗蜜新品种'海大1号'［J］. 园艺学报，40（8）：1613－1614.
吕雄，2010. 花红皮石榴套袋试验［J］. 中国果树，4：76.
马蔚红，2002. 火龙果、西番莲、蛋黄果优质高效栽培技术［M］. 北京：中国农业出版社.
买尔艳木·托乎提，2011. 石榴扦插繁殖技术［J］. 新疆农业科技，3：48.
孟甄，孙立红，陈芸芸，等，2005. 石榴叶鞣质对高血脂高血糖模型动物脂代谢的影响［J］. 中国实验方剂学杂志，11（1）：22－24
缪燕. 刘泽东，2014. 石榴叶制茶的工艺研究与应用［J］. 林副产品（1）：60－61.
牛俊丽，李新，2001. 石榴种子含油量的测定［J］. 新疆农业科学，38（4）：176.
农业部发展南亚热带作物办公室，1998. 中国热带南亚热带果树［M］. 北京：中国农业出版社.
彭晓虹，叶武光，邓真华，2012. 果桑品种的性状与高产栽培技术［J］. 蚕桑茶叶通讯（2）：23－25.
蒲彪，邓继尧，蒋华曾，1994. 罗望子果肉的营养成分分析［J］. 四川农业大学学报，12（4）：426－428.
曲泽州，2001. 果树栽培学各论（北方本）［M］. 北京：中国农业出版社.
曲泽州，孙云蔚，1990. 果树种类论［M］. 北京：农业出版社.
权美平，2013. 果胶酶处理石榴果汁工艺优化［J］. 吉林农业科学，38（4）：82－84.
任新军，付先惠，1998. 黄果西番莲栽培技术要点［J］. 福建果树，21（1）：29－30
任新军，彭琼生，1998. 西番莲品种比较研究［J］. 云南热作科技，21（1）：12.
申东虎，2009. 不同果袋对石榴果实生长的影响［J］. 安徽农业科学，37（34）：16809－16810.
申琳，王茜，陈海荣，等，2008. 低温贮藏对鲜切石榴籽粒品质及活性氧代谢的影响［J］. 中国农业科学，41（12）：4336－4340.
沈进，朱立武，张水明，等，2008. 中国石榴核心种质的初步构建［J］. 中国农学通报，24（5）：265－271.
苏超，2003. 红果2号果桑的栽培与管理［J］. 北方蚕业，24（99）：45.
苏超，陈旗，苏利红，2001. 果用桑品种红果1号的选育初报［J］. 蚕业科学，27（1）：59－60.
苏海燕，申东虎，2010. 石榴果实的冷藏保鲜技术［J］. 西北园艺（果树专刊），04：52－53
苏胜茂，路超，曲健禄，等，2008. 不同果袋处理在石榴上的应用效果研究［J］. 山东农业科学，7：28－29.
苏州蚕桑专科学校，1991. 桑树栽培及育种学［M］. 北京：农业出版社.
孙建敏，朱敏华，叶正梅，2002. 果桑塑料大棚栽培技术研究［J］. 江苏蚕业（1）：38－39.
孙建敏，朱敏华，叶正梅，2002. 塑料大棚栽果桑［J］. 林业实用技术（2）：20－21.
孙立南，番一山，李雪岑，2000. 香蕉壮果灵对香蕉生长发育的调控作用［J］. 中国南方果树，29（3）：26－27.
孙其宝，俞飞飞，孙俊，等，2011. 安徽石榴生产、科研现状及产业化发展建议［M］// 中国石榴研究进展（一），29－34.
谭金娥，刘伟，2006. 西番莲的种植与管理［J］. 中国热带农业，2：55－56
谭乐和，刘爱勤，林民富，2007. 波罗蜜种植与加工技术［M］. 北京：中国农业出版社.
汤逢，1985. 油脂化学［M］. 南昌：江西科技出版社.
唐翠明，罗国庆，吴剑安，等，2010. 果桑种植技术规范［C］//中国蚕学会暨蚕桑产业技术体系现代栽桑养蚕学术研讨会论文集，44-47.
唐翠明，罗国庆，2004. 果用桑品种育种研究概况［J］. 蚕桑通报，35（2）：1-5.
唐翠明，任德珠，罗国庆，等，2003. 果桑新品种“穗果2号”选育初报［J］. 广东蚕业，37（3）：23-24.
唐丽丽，2010. 石榴皮多酚类物质的提取、纯化及抗氧化性研究［D］. 西北农林科技大学.
唐兴龙，王和绥，2010. 一种防治石榴根结线虫病的方法［P］. 中国，CN 101843202 A.
田春美，钟秋平，2008. 木薯淀粉/壳聚糖可食性复合膜对鲜切波罗蜜的保鲜研究［J］. 重庆工贸职业技术学院学报（1）：48-51
田晓菊，2007. 石榴发酵酒加工工艺的研究［D］. 西安：陕西师范大学.
田学美，2012. 多株组合制作石榴盆景［J］. 中国花卉盆景，08：58.
汪浩，曹恒宽，何珍，等，2014. 突尼斯软籽石榴采穗圃建立与扦插育苗技术［J］. 现代农业科技，8：109，113.
汪小飞，向其柏，尤传楷，等，2006. 石榴品种分类研究［J］. 南京林业大学学报（自然科学版），30（4）：81-84.
汪小飞，周耘峰，黄埔，等，2010. 石榴品种数量分类研究［J］. 中国农业科学，43（5）：1093-1098.
王 勇，温书恒，武 展，2012. 香蕉采后保鲜技术流程概述［J］. 中国南方果树，41（4）：119-121.
王爱伟，孟繁锡，刘春鸽，等，2006. 我国石榴产业发展现状及对策［J］. 北方果树，（6）：35-37.
王宝森，张虹，郭俊明，等，2007. 套袋和未套袋石榴中氮和磷含量分析比较［J］. 安徽农业科学，35（15）：4522-4526.
王超萍，李敬龙，2011. 鲜石榴汁关键技术的研究［J］. 山东食品发酵（1）：30-35.
王富河，霍开军，赵莲花，等，2005. 低产石榴园高接换优技术［J］. 林业科技开发，19（5）：75.
王国东，张力飞，蒋锦标，等，2006. 紫果西番莲种苗繁育试验［J］. 北方果树，（1）：12-13
王慧，李志西，李彦萍，1998. 石榴籽油脂肪酸组成及应用研究［J］. 中国油脂，23（2）：54-55.
王缉健，1996. 木菠萝的两种新害虫［J］. 广西林业（1）：24.
王俊美，傅家瑞，1990. 木波罗种子萌发与贮藏研究［J］. 中山大学学报（自然科学）论丛，9（2）：42-46.
王力，徐青梅，2011. 石榴汁饮料的制备工艺研究［J］. 陕西教育学院学报，27（3）：77-79.
王敏，2013. 鲜食石榴籽粒贮藏特性及保鲜技术研究［D］. 杨凌：西北农林科技大学.
王敏，寇莉萍，2013. 贮藏温度对鲜食石榴籽粒贮藏品质及抗氧化能力的影响［J］. 食品科学，34（6）：271-275.
王少敏，高华君，史新，2002. 泰山红石榴套袋试验［J］. 山西果树，2：34-35
王新荣，马超，任路路，等，2010. 根结线虫引起的植物根结形态与形成机理研究进展［J］. 华中农业大学学报（2）：251-256.
王秀荣，2003. 黄果西番莲开花结实、扦插繁殖及无性系初选研究［D］. 昆明：西南林学院.
王秀荣，段安安，许玉兰，2003. 国内西番莲引种栽培现状及改良思路［J］. 西南林学院学报，23（3）：88-96.
王雪，赵登超，时燕，2010. 石榴遗传标记研究进展［J］. 中国农学通报，26（1）：36-39.
王燕，张明艳，宋宜强，等，2011. 石榴硬枝扦插技术试验［J］. 中国园艺文摘，6：38-39.
王泽槐，2000. 香蕉优质丰产栽培关键技术［M］. 北京：中国农业出版社.
魏定耀，彭家成，高爱平，1997. 台农1号西番莲在海南儋州地区试种观察初报［J］. 热带作物科技（4）：48-52.
魏守兴，谢子四，罗石荣，等，2013. 植物生长调节剂在香蕉生产中应用研究进展［J］. 中国热带农业，54（5）：48-50.
魏晓军，2005. 台湾2个优良果桑品种及栽培技术［J］. 蚕学通讯，25（4）：38，42.
魏晓军，2009. 果桑产期调控技术［J］.. 农村百事通（22）：41.
魏晓军，陈家庆，2005. 台湾果桑的研究［J］. 蚕桑通报，36（2）：13-15.
温素卿，孟树标，2007. 石榴扦插育苗技术要点［J］. 河北农业科技，3：38.
温学芬，2003. 石榴扦插育苗技术［J］. 河北林果研究，18（1）：46.
吴凡，2002. 石榴扦插的技术要求［J］. 陕西林业，3：23.
吴连军，2007. 石榴酒发酵影响因子的研究［D］. 泰安：山东农业大学.
吴仕荣，马开华，严俊华，1994. 燥热河谷旱坡地雨养酸角林营建技术［J］. 开发研究.
吴远举，李自莲，吴纲，等，1999. 秦堪1号果桑新品种的选育研究［J］.. 西北农业学报，8（4）：119-120.
武云亮，1999. 石榴资源的开发利用与产业化发展［J］. 生物资源，15（4）：208-209.

夏正琼，2010. 永仁县石榴果实套袋技术 [J]. 现代园艺，3：18-19.
肖邦森，1999. 毛叶枣优质高效栽培技术 [M]. 北京：中国农业出版社.
肖邦森，2001. 南方优稀果树栽培技术 [M]. 北京：中国农业出版社.
熊亚，李敏杰，覃懿，2013. 石榴酒发酵生产工艺及褐变研究 [J]. 食品工业科技，34 (09)：179-182.
修德仁，2004. 葡萄贮运保鲜实用技术 [M]. 北京：中国农业科学技术出版社.
徐春香，陈杰忠，梁立峰，2000. 低温对香蕉叶片中甘油等物质含量的影响. 果树科学，17 (2)：105-109.
徐公天，2003. 园林植物病虫害防治原色图谱 [M]. 北京：中国农业出版社.
徐桂云，赵学常，2002. 石榴绿枝扦插技术 [J]. 林业实用技术，6：27.
徐静，郭长江，杨继军，等，2005. 不同抗氧化活性水果汁对老龄大鼠抗氧化功能的干预作用 [J]. 中华预防医学杂志，39 (2)：80-83
徐鹏，2012. 石榴嫁接繁殖技术 [J]. 中国林福特产，2：60.
许林兵，杨护，2008. 香蕉生产实用技术 [M]. 广州：广东科技出版社.
薛华柏，郭俊英，司鹏，等，2010. 4 个石榴基因型的 SRAP 鉴定 [J]. 果树学报，27 (4)：631-635.
严俊华，龙会英，罗敬萍，1999. 酸角实生苗分段快速育苗技术 [J]. 中国南方果树，28 (1)：18-22.
严俊华，罗敬萍，1999. 酸角营养袋实生苗育苗技术 [J]. 云南农业科技 (2)：42-47.
严潇，2011. 西安市石榴苗木标准化生产技术规程 [C] // 中国石榴研究进展 (一)：150-154.
颜昌瑞，李良，朱庆国，1984. 嘉义农业试验分所热带及亚热带果树种源保存及利用 [J]，中国园艺，30 (2)：77-95.
杨彬彬. 我国石榴浓缩汁的产业现状及发展趋势 [J]. 陕西农业科学，2009 (1)：94-96.
杨磊，傅连军，席勇，2010. 等. 影响喀什石榴裂果相关因素的初步研究 [J]. 新疆农业科学，47 (7)：1310-1314.
杨列祥，2010. 套纸袋对预防石榴果实裂果的影响 [J]. 中国园艺文摘，8：32-33.
杨荣萍，龙雯虹，杨正安，等，2007. 石榴品种资源的 RAPD 亲缘关系分析 [J]. 河南农业科学，2：69-72.
杨荣萍，龙雯虹，张宏，等，2007. 云南 25 份石榴资源的 RAPD 分析 [J]. 果树学报，24 (2)：226-229.
杨少桧，2005. 波罗蜜：热带水果保鲜技术 [J]. 保鲜与加工 (3)：26.
杨顺林，2009. 干热河谷罗望子栽培技术 [M]. 昆明：云南科技出版社.
杨致福，1951. 台湾果树志 [M]. 嘉义：台湾省农业实验所嘉义农业实验分所.
叶绿绿，2009. 斜纹夜蛾药剂防治试验初报 [J]. 现代农业科技，20：160，163.
叶耀雄，朱剑云，叶永昌，等，2008. 木菠萝种子繁殖试验 [J]. 中国热带农业 (5)：41.
佚名，2012. 石榴的保鲜和贮藏 [J]. 农村，农业，农民，01：56
殷瑞贞，崔璞玉，左占书，1998. 石榴套袋试验初报 [J]. 河北果树，2：44-45.
殷志祥，2010. 果桑品种及栽培技术 [J]. 蚕桑通报，41 (1)：57-58.
尹燕雷，苑兆和，冯立娟，等，2009. 山东主栽石榴品种果实 Vc 含量及品质指标差异研究 [J]. 山东林业科技，185 (6)：38-40，28.
尹燕雷，苑兆和，冯立娟，等，2011. 山东 20 个石榴品种花粉亚微形态学比较研究 [J]. 园艺学报，38 (5)：955-962.
余东，熊丙全，曾明，等，2004. 热带保健浆果之王—西番莲 [J]. 中国南方果树，33 (5)：44-45
余东，熊丙全，袁军，等，2005. 西番莲种质资源概况及其应用现状 [J]. 中国南方果树，34 (1)：36.
袁冬明，朱德海，李召良，2003. 果桑塑料大棚栽培技术 [J]. 江苏林业科技，30 (4)：39-40.
苑兆和，2015. 中国果树科学与实践：石榴 [M]. 西安：陕西出版传媒集团.
苑兆和，朱丽琴，尹燕雷，等，2007. 山东石榴果实鞣质含量的差异 [J]. 山东林业科技，173 (6)：7-9.
苑兆和，尹燕雷，李自峰，等，2008. 石榴果实香气物质的研究 [J]. 林业科学，44 (1)：65-69.
苑兆和，尹燕雷，朱丽琴，等，2008. 山东石榴品种遗传多样性与亲缘关系的荧光 AFLP 分析 [J]. 园艺学报，35 (1)：107-112.
詹儒林，郑服丛，H H Ho，2003. 海南西番莲茎腐病病原的分离与鉴定 [J]. 热带作物学报，24 (4) 39-42.
张颖，李国红，张克勤，2011. 食线虫真菌资源研究概况 [J]. 菌物学报，(6)：836-845.
张宝善，田晓菊，陈锦屏，等，2008. 石榴发酵酒加工工艺研究 [J]. 西北农林科技大学学报（自然科学版），36 (12)：172-180

张东华，施跃坚，汪庆平，2016. 波罗蜜的保鲜及其市场开发前景 [J]. 资源开发与市场 (5)：462、562

张建国，2001. 石榴干腐病的发生症状与防治 [J]. 烟台果树，03：52.

张健，热合满·艾拉，2009. 石榴榨汁方法及其护色工艺研究 [J]. 中国食品添加剂 (3)：153 - 157.

张杰，詹炳炎，姚学军，等，1995. 中药石榴皮鞣质类成分抗生殖器疱疹病毒作用 [J]. 中国中药杂志，20 (9)：556 - 558.

张立华，王玉海，赵桂美，等，2013. 加工工艺对石榴叶茶酚类物质及抗氧化活性的影响 [J]. 湖北农业科学，52 (20)：5037 - 5041.

张立华，2006. 石榴果皮褐变的生理基础及控制研究 [D]. 泰安：山东农业大学.

张美勇，徐颖，2005. 石榴栽培与贮藏加工新技术 [M]. 北京：中国农业出版社.

张猛，徐雄，刘远鹏，等，2003. 果实套袋在西昌石榴生产上的应用初报 [J]. 四川农业大学学报，21 (1)：27 - 28.

张如莲，高玲，谭运洪，2014. 西番莲种质资源的研究与利用 [M]. 北京：中国农业出版社.

张润光，2006. 石榴贮藏生理变化及保鲜技术研究 [D]. 西安：陕西师范大学.

张润光，2007. 我国石榴贮藏保鲜技术研究进展 [J]. 陕西农业科学 (1)：83 - 85.

张润光，张有林，陈锦屏，2006. 石榴适宜气调保鲜技术研究 [J]. 食品科学 (2)：259 - 261.

张水明，朱立武，青平乐，等，2002. 安徽石榴品种资源经济性状模糊综合评判 [J]. 安徽农业大学学报，29 (3)：297 - 300.

张四普，汪良驹，吕中伟，2010. 石榴叶片 SRAP 体系优化及其在白花芽变鉴定中的应用 [J]. 西北植物学报，30 (5)：0911 - 0917.

张四普，汪良驹，2011. 石榴花青素合成相关基因克隆和表达分析 [C] // 中国石榴研究进展 (一)：111 - 116.

张旭东，刘宗华，2005. 石榴丰产栽培技术 [M]. 成都：西南交通大学出版社.

张旭东，熊红，杨挺，等，2002. 石榴果实不同纸袋套袋比较试验 [J]. 西南林学院学报，4：30 - 31.

张旭东，杨挺，周海波，2002. 浅谈攀西地区石榴套袋技术存在的问题与对策 [J]. 西昌农业高等专科学校学报，4：25 - 27.

张诒仙，1996. 芽条、砧木对波罗蜜芽接成活率和生长的影响 [J]. 世界热带农业信息，11：151

张有林，陈锦屏，杜万军，2004. 石榴贮藏期生理变化及贮藏保鲜技术研究 [J]. 食品工业科技 (12)：118 - 121.

张玉萍，安永红，2005. 影响石榴保鲜效果的因素和贮藏技术 [J]. 山西果树 (1)：22 - 24.

招雪晴，苑兆和，陶吉寒，等，2012. 粉花石榴二氢黄酮醇还原酶基因 cDNA 片段的分离鉴定 [J]. 中国农学通报，28 (01)：233 - 236.

招雪晴，苑兆和，陶吉寒，等，2012. 红花石榴二氢黄酮醇还原酶 (DFR) 基因 cDNA 片段克隆及序列分析 [J]. 山东农业科学，44 (2)：1 - 4.

赵保荣，张乔伟，2007. 酸角嫁接技术研究 [J]. 广西农业科学，38 (2)：123 - 126.

赵丽华，2013. 石榴盆景栽培与制作 [J]. 现代园艺，5：27.

赵培如，2012. 果桑优良品种及丰产栽培技术 [J]. 农村新技术，(06)：9 - 11.

赵苹，焦懿，赵虹，1999. 西番莲的研究现状及在中国的利用前景 [J]. 资源科学，21：77 - 80

赵艳丽，曹琴，2008. 石榴的套袋技术 [J]. 山西果树，3：49.

赵一鹤，杨时宇，李昆，2005. 世界酸角研究现状及进展 [J]. 云南农业大学学报，20 (1)：4 - 7.

赵迎丽，李建华，施俊凤，2011. 气调对石榴采后果皮褐变及贮藏品质的影响 [J]. 中国农学通报，27 (3)：109 - 113.

赵忠平，周全珍，潘志法，等，2012. 果桑资源产业化研究现状与设想. 江苏蚕业 (3)：44 - 48.

郑维全，潘学峰，谭乐和，2006. 波罗蜜嫩茎离体培养的研究. 海南大学学报自然科学版，24 (3)：289 - 293.

郑章云，2011. 果桑菌核病发生原因及防治方法 [J]. 蚕学通讯，31 (3)：14 - 16.

中国科学院华南植物研究所，1964. 海南植物志 [M]. 北京：科学出版社.

中国科学院中国植物志编辑委员会，2004. 中国植物志 [M]. 北京：科学出版社.

中国农业部发展南亚热带作物办公室，1998. 中国热带南亚热带果树 [M]. 北京：中国农业出版社.

钟声，陈广全，钟青，等，2005. 树菠萝苗补片芽接技术 [J]. 中国热带农业，3：401

钟文善，2005. 大飘枝在石榴盆景制作上的应用 [J]. 花木盆景 (盆景赏石)，11：33.

周传波，吉训聪，肖敏，陈绵才，等，2007. 海南省香蕉病虫害种类及防治技术研究初 [J]. 安徽农学通报，13 (19)：205-213.

周建坤，2008. 不同生长调节剂对香蕉果实发育及品质的影响试验初报 [J]. 广东农业科学 (4)：23-24.

周民生，蒋迎春，罗前武，等，2007. 湖北兴山石榴果实套袋栽培试验 [J]. 中国南方果树，36 (2)：68-69.

周银丽，2005. 石榴寄生线虫种类和主要根病复合侵染的研究 [D]. 昆明：云南农业大学.

周银丽，胡先奇，王卫疆，等，2010. 根结线虫在云南石榴枯萎病发生过程中的作用初探 [J]. 江苏农业科学 (1)：149-150.

周银丽，杨伟，余光海，等，2005. 中国云南省石榴根结线虫的种类初报 [J]. 华中农业大学学报，24 (4)：351-354.

周银丽，张国伟，张薇，等，2008. 石榴根际寄生线虫的种类研究 [J]. 安徽农业科学，36 (4)：1478，1493.

周正广，2009. 石榴春季扦插育苗技术 [J]. 河北林业科技，3：127.

朱红业，张映翠，1996. 云南酸角资源及其水保经济林开发 [J]. 云南热作科技，19 (1)：38-41.

朱静，2009. 石榴皮中生物活性成分的提取纯化 [D]. 北京：北京化工大学.

朱有勇，2007. 遗传多样性与作物病害持续控制 [M]. 北京：科学出版社，1-6.

朱桢桢，周小娟，郑华魁，2014. 石榴树高枝嫁接丰产技术 [J]. 农业科技通讯，2：197.

庄惠婷，2011. 发酵石榴酒及其抗氧化性研究 [D]. 泰安：山东农业大学硕士学位论文.

邹瑜，林贵美，韦华芳，等，2008. 香蕉组培苗的生产技术与变异株率关系的研究总结. 广西园艺，19 (6)：20-21.

Alam M Z，1962. Insect and mite pests of fruit and fruit trees in east Pakistan and their control [M]. Department of Agriculture，East Pakistan，Dacca.

Al-Izzi，Mohammed A J，Al-Maliky，Sadika K，et al，1993. Effects of gamma irradiation on inherited sterility of pomegranate fruit moth，Ectomyelois ceratoniae Zeller [J]. International Journal of Tropical Insect Science，14 (5-6)：675-679.

Al-Yahyai R，Al-Said F，Opara L，2009. Fruit growth characteristics of four pomegranate cultivars from northern Oman [J]. Fruits，64 (06)：335-341.

Amin M N，1992. In vitro enhanced proliferation of shoots and regeneration of plants from explants of jackfruit trees [J]. Plant Tissue Culture (Bangladesh)，2 (1)：27-30.

Artés F，Tudela J A，Villaescusa R，2000. Thermal postharvest treatments for improving pomegranate quality and shelf life [J]. Postharvest Biology and Technology，18 (3)：245-251.

Artés F，Villaescusa R，Tudela J A，2000. Modified atmosphere packaging of pomegranate [J]. Journal of food science，65 (7)：1112-1116.

Ayhan Z，E? türk O，2009. Overall Quality and Shelf Life of Minimally Processed and Modified Atmosphere Packaged "Ready-to-Eat" Pomegranate Arils [J]. Journal of food science，74 (5)：C399-C405.

B. T. Ong，S. A. H Nazimah，A. Osman，et al，2006. Chemical and flavour changes in jackfruit (Artocarpus heterophyllus Lam.) cultivar J3 during ripening [J]. Postharvest Biology and Technology (40)：279-286.

Bhatia K，Asrey R，Varghese E，2015. Correct packaging retained phytochemical，antioxidant properties and increases shelf life of minimally processed pomegranate (*Punica granatum* L.) arils cv. Mridula [J]. Journal of Scientific & Industrial Research，74：141-144.

Butani Dhamo，K，1978. Pests and Diseases of jackfruit in India and their control [J]. Fruit，33：351-367.

Caleb O J，Opara U L，Witthuhn C R，2012. Modified atmosphere packaging of pomegranate fruit and arils：a review [J]. Food and Bioprocess Technology，5 (1)：15-30.

Chandra R，Lohakare A S，Karuppannan D B，et al，2013. Variability studies of physico-chemical properties of pomegranate (*Punica granatum* L.) using a scoring technique [J]. Fruits，68 (02)：135-146.

Chantrachit T，Richardson D G，1994. Effect of anaerobic condition on volatile compounds of ripening banana [J]. Hortscience，29 (5)：536.

Hester S M，Cacho O，2003. Modelling apple orchard systems [J]. Agricultural Systems，77：137-154.

Hiwale S S, 2009. The Pomegranate [M]. New India Publishing.

Intrigliolo D S, Nicolas E, Bonet L, Ferrer P, et al, 2011. Water relations of field grown pomegranate trees (Punica granatum) under different drip irrigation regimes [J]. Agricultural Water Management, 98 (4): 691 - 696.

Jones W, 2014. Bonsai Trees [M]. OTB ebook publishing.

Karimi H R, 2011. Stenting (cutting and grafting) - a technique for propagating pomegranate (*Punica granatum* L.) [J]. Journal of Fruit and Ornamental Plant Research, 19 (2): 73 - 79.

Khan M A M, Islam K S, 2004. Nature and extent of damage of jackfruit borer, Diaphania caesalis Walker in Bangladesh [J]. Journal of Biological Sciences, 4 (3): 327 - 330.

Liang A, 2005. The Living Art of Bonsai: Principles & Techniques of Cultivation and Propagation [M]. New York: Sterling Publishing.

Magwaza L S, Opara U L, 2014. Investigating non - destructive quantification and characterization of pomegranate fruit internal structure using X - ray computed tomography [J]. Postharvest Biology and Technology, 95 (03): 1 - 6.

Mayuoni - Kirshenbaum L, Bar - Ya' akov I, Hatib K, et al, 2013Genetic diversity and sensory preference in pomegranate fruits [J]. Fruits, 68 (06): 517 - 524.

Murashige T, Skoog F, 1962, A revised medium for rapid growth and bioassays with tobacco tissue cultures [J]. Physiol. Plant, 15: 473 - 497.

Ong B T, Nazimah S A H, Tan C P, et al, 2008. Analysis of volatile compounds in five jackfruit (Artocarpus heterophyllus L.) cultivars using solid - phase microextraction (SPME) and gas chromatography - time - of - flight mass spectrometry (GC - TOFMS) [J]. Journal of Food Composition and Analysis (21): 416 - 422.

Palmer J W, 2008. Changing concepts of efficiency in orchard systems [J]. Acta Horticulturae, 03: 41 - 49.

Palou L, Crisosto C H, Garner D, 2007. Combination of postharvest antifungal chemical treatments and controlled atmosphere storage to control gray mold and improve storability of 'Wonderful' pomegranates [J]. Postharvest biology and technology, 43 (1): 133 - 142.

Pareek S, Valero D, Serrano M, 2015. Postharvest biology and technology of pomegranate [J]. Journal of the science of food and agriculture. DOI: 10. 1002/jsfa. 7069.

Pierce B, Kader A, 2003. Responses of 'wonderful' pomegranates to controlled atmospheres [C]. Acta Horticulturae, 600: 751 - 757.

Priyanka P, Sayed H M, Joshi A A, et al, 2013. Studies on effect of different extraction methods on the quality of pomegranate juice and preparation of spiced pomegranate juice [J]. International journal of food science, nutrition and dietetics, 2 (5), 51 - 55.

Ram H Y M, Ram M, Steward FC, 1962. Growth and development of the banana plant [J]. Ann Bot, 26: 321～331.

Rosnah Shamsudin, Chia Su Ling, Chin Nyuk Ling, et al, 2009. Chemical Compositions of the Jackfruit Juice (Artocarpus) Cultivar J33 During Storage [J]. Jounal of Applied Sciences, 9 (17): 3202 - 3204.

Roy S K, Islam M S, Sen J, et al, 1993. Propagation of flood tolerant jackfruit (*Artocarpus heterophyllus*) by in vitro culture [J]. Acta Hort (ISHS), 336: 273 - 278.

Roy S K, Roy P K, 1996. In vitro propagation and establishment of a new cultivar of jackfruit (*Artocarpus heterophyllus*) bearing fruits twice yearly [J]. Acta Hort (ISHS), 429: 497 - 502.

Sepúlveda E, Sáenz C, Galletti L, et al, 2000. Minimal processing of pomegranate var. Wonderful [C] // Melgarejo P, Martínez - Nicolás J J, Martínez - Tomé J. Production, processing and marketing of pomegranate in the Mediterranean region: Advances in research and technology. Zaragoza: CIHEAM, 237 - 242.

Sharma N, Anand R, Kumar D, 2009. Standardization of pomegranate (*Punica garanatum* L.) propagation through cuttings [C]. Biological Forum - An International Journal, 1 (1): 75 - 80.

Shelby R, 2013. The Art of Bonsai Trees: bonsai tree [M]. Shird Incorporated.

Simmonds NW, 1962. The evolution of the bananas [M]. London: Longman.

Singh B, Singh S, Singh G, 2011. Influence of planting time and IBA on rooting and growth of pomegranate (*Punica granatum* L.) 'Ganesh' cuttings [J]. Acta Horticulturae, 890: 183.

Smith H，2012. Bonsai Trees：Growing，Trimming，Pruning，and Sculpting [M]. Charlestone：Create Space Independent Publishing Platform.

Squire D，2004. The Bonsai Specialist：The Essential Guide to Buying，Planting，Displaying，Improving and Caring for Bonsai [M]. Cape Town：Struik Publishers.

Stover R H，Simmonds N W，1987. Bananas（3rd edition）[M]. London：Longman Scientific & Technical.

Stover RH，1982. 'Valery' and 'Grand Nain'：plant and foliage characteristics and a proposed banana ideotype [J]. Trop. Agriculture，59：303－305.

Sunyoto S L，2002. Clonal propagation of jackfruit by in vitro culture [J]. Journal Stigma（Indonesia），10（3）：228－232.

Upadhyay S K，Badyal J，2007. Effect of growth regulators on rooting of pomegranate（*Punica granatum* L.）cutting [J]. Haryana Journal of Horticultural Sciences，36（1/2）：58－59.

Vazifeshenas M，Khayya M，Jamalian S，et al，2009. Effects of different scion－rootstock combinations on vigor，tree size，yield and fruit quality of three Iranian cultivars of pomegranate [J]. Fruits，64（06）：343－349.

后记

《中国现代果树栽培》经国内外著名专家和果业技术工作者的辛勤劳动，克服诸多困难，今天终于付梓了。各位同仁传承中华果业技艺，推广、传播果业领域新成果，造福人类的愿望终于变成现实，实在可喜可贺。

本书在长期编写过程中，得到了中国工程院院士、原中国工程院副院长、著名林业教育家、北京林业大学教授、博士生导师沈国舫先生，中国工程院院士、著名生物学家、植物生理学家、北京林业大学教授、博士生导师尹伟伦先生，中国工程院院士、山东农业大学教授、博士生导师束怀瑞先生，中国工程院院士、南京林业大学教授、博士生导师曹福亮先生，世界著名林业科学家、越南林业大学陈文卯教授等多位学者的热情支持，在此表示诚挚的敬意和感谢。

本书涉猎果树树种和品种多，分布区域广，生态型复杂。为确保本书内容的科学性、先进性、实践性，特邀请了多位著名专家、果业生产一线管理人员及技术人员参与撰稿。有些知名专家除完成自己负责的撰稿任务以外，同时又不辞辛劳，做了大量的审核、协调等工作。特别是博士生导师冯殿齐、陈晓阳、严昌瑞、叶春海、廖康、林顺权、吴少华、陈杰忠、张玉兴等多位教授及王志强、高爱平、范海阔研究员等，在此表示诚挚的谢意。

本书的作者来自中国和东南亚一些国家，资料多，文字数量巨大，汇集整理、复核等工作量繁重，需要参与工作的人员多，主要有赵成荣、杨勤民、石振清、张香华、潘天民、龙兴华、龙云飞、赵奎妍、鲁衍文、毕慧仪、龙敦灿、龙健、龙波、龙腾、龙海云、张海英、李瑞雪、刘厚宇、韩致远、假真、谢越、张兴霞、刘尚勇、黎欣欣、李宛珉、王效正、聂传胜、薛海滨、王雪野、张绪磊、卢济启、刘书莲、张琴、章震等，在此对他们无偿付出的心血和劳动，表示谢意。

本书力求将中国具有经济效益的果树树种、品种入编，但在长期撰稿过程中，因多种原因，个别果树树种、品种未能如约成稿，加之稿件工作量大，遗漏错误之处在所难免，欢迎读者朋友批评指正。

龙兴桂

2018年2月

图书在版编目（CIP）数据

中国现代果树栽培 / 龙兴桂等主编．—北京：中国农业出版社，2020.1（2021.7 重印）
ISBN 978 - 7 - 109 - 24847 - 2

Ⅰ.①中…　Ⅱ.①龙…　Ⅲ.①果树园艺　Ⅳ.①S66

中国版本图书馆 CIP 数据核字（2018）第 245727 号

中国农业出版社出版
地址：北京市朝阳区麦子店街 18 号楼
邮编：100125
责任编辑：孟令洋　郭晨茜
版式设计：韩小丽　　责任校对：吴丽婷　周丽芳　巴洪菊　沙凯霖
印刷：北京通州皇家印刷厂
版次：2020 年 1 月第 1 版
印次：2021 年 7 月北京第 2 次印刷
发行：新华书店北京发行所
开本：889mm×1194mm　1/16
印张：131.5　　插页：16
字数：4000 千字
定价：480.00 元

落 叶 果 树

苹 果

元富士（王少敏提供）

烟 富

首 红

新嘎拉

寒　富

红将军（王少敏提供）

矮化苹果细长纺锤形结果状（王少敏提供）

苹果矮化密集结果园（王少敏提供）

桃

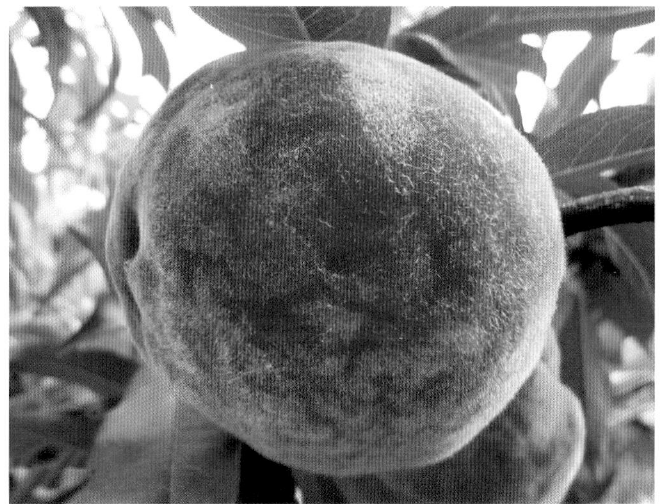

秋　甜（郑先波提供）

秋蜜红（郑先波提供）

瑞蟠14

沪油桃018

主干形结果状（郑先波提供）

葡　萄

玫瑰香（陈谦提供）

红地球（陈谦提供）

赤霞珠（陈谦提供）

霞多丽（陈谦提供）

杏

岱　玉

美　特

骆驼黄

西农25

泰山红

樱　桃

猕猴桃

金　艳（姚春潮提供）

海沃德（姚春潮提供）

秦　美（姚春潮提供）

魁　绿（姚春潮提供）

石 榴

大红甜

大青皮

赛柠檬

山东枣庄峄城500年石榴古树

板 栗

燕山早丰（郭素娟提供）

巴旦木

巴旦木的花（王建友提供）

巴旦木果实成熟期（王建友提供）

银　杏

聚宝银杏

金带银杏

泰山玉帘银杏

松针银杏

夏金银杏

柿

次郎甜柿（高文胜提供）

富平尖柿（高文胜提供）

磨盘柿（高文胜提供）

阳丰甜柿（高文胜提供）

小萼子柿（高文胜提供）

榛　子

榛子雄花序（廖康提供）

榛子结实状（廖康提供）

蓝　莓

半高丛蓝莓北蓝（刘庆忠提供）

南高丛蓝莓佐治亚宝石（刘庆忠提供）

北高丛蓝莓伯克利（张道辉提供）

阿月浑子

阿月浑子雄花序（樊丁宇提供）

阿月浑子雌花序（樊丁宇提供）

阿月浑子果实（樊丁宇提供）

阿月浑子（樊丁宇提供）

沙　棘

沙棘结果状

枸　杞

枸杞果实（廖康提供）

黑加仑

黑加仑果实（廖康提供）

欧　李

欧李花和果实

文冠果

（孙仲序提供）

木 瓜

红叶木瓜

毛叶木瓜

皱皮木瓜

日本木瓜

西藏木瓜

常 绿 果 树

荔 枝

妃子笑（李建国提供）

桂　味（李建国提供）

淮　枝（李建国提供）

糯米糍（李建国提供）

开心形树形结果状（李建国提供）

立冬本幼树丰产状

杨 梅

雌　花（邱继水提供）

雄　花（邱继水提供）

早结果树形（邱继水提供）

枇 杷

佳　伶（林顺权提供）

培　优（林顺权提供）

菠　萝

菠萝生产园

香　蕉

香蕉雄蕾（徐春香提供）

香蕉抽蕾（徐春香提供）

杧 果

贵妃芒(黄建锋提供)

金煌芒

芒果套袋

芒果高接换种

橄 榄

橄榄花序（潘东明提供）

橄榄果穗（潘东明提供）

橄榄高接换种（潘东明提供）

杨 桃

粤好10号（冯瑞祥提供）

粤好3号（冯瑞祥提供）

蜜丝杨桃（冯瑞祥提供）

B17杨桃（冯瑞祥提供）

番木瓜

红铃1号

美中红

穗中红48

红日1号

番石榴

大叶红胭脂红（徐社金提供）

七月红胭脂红（徐社金提供）

全红胭脂红（徐社金提供）

翡　翠（陈军提供）

火龙果

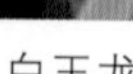
白玉龙

火龙果花

湛红2号

结果状

黄皮

从城甜黄皮

金鸡心

禄田甜黄皮

无核黄皮

莲　雾

莲雾花

黑珍珠莲雾

莲雾树形

酸角人工林（刘海刚提供）

云南省元谋县1 600年酸角古树（刘海刚提供）

人心果

嫁接苗

圆形人心果

大树圈枝

椰　子

椰子结果状

西番莲

种子苗

成龄植株

西番莲花

高产园

香 榧

香榧花期

香榧结果期

香榧丰产状

香榧古树

梅

白粉梅（吴和原提供）

软枝大粒梅（吴和原提供）

赤风红梅（王心燕提供）

腰 果

腰果花和果

山竹

结果树（陈兵提供）

花与蕾（陈兵提供）

未成熟果实（陈兵提供）

成熟果实（陈兵提供）

槟榔

新兴果树

巴西樱桃（颜昌瑞提供）

黄晶果（颜昌瑞提供）

星苹果（颜昌瑞提供）